U0199149

“十三五”国家重点图书出版规划项目

中国主要树种造林技术

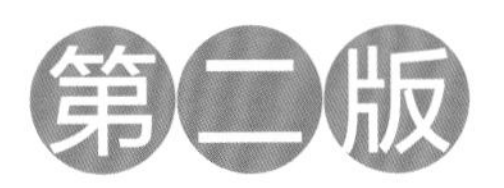

（上册）

中国林业出版社
China Forestry Publishing House

图书在版编目(CIP)数据

中国主要树种造林技术 / 沈国舫主编. --2版. --北京：中国林业出版社，2020.12
ISBN 978-7-5219-0752-0

Ⅰ. ①中… Ⅱ. ①沈… Ⅲ. ①造林—主要树种—介绍—中国 Ⅳ. ①S722.1

中国版本图书馆CIP数据核字（2020）第161591号

策划编辑： 刘家玲　李　敏

责任编辑： 李　敏　刘家玲　肖　静　甄美子　宋博洋　曾琬淋

出版 中国林业出版社（100009　北京市西城区德内大街刘海胡同7号）
http://www.forestry.gov.cn/lycb.html　电话：（010）83143519

印刷 河北京平诚乾印刷有限公司

版次 2020年12月第2版

印次 2020年12月第1次印刷

开本 889mm×1194mm　1/16

印张 129.5

字数 3429千字

定价 1290.00元

《中国主要树种造林技术》（第二版）

编撰工作领导小组

组　长：张建龙

副组长：张永利　彭有冬

成　员（以姓氏笔画为序）：

王祝雄　闫　振　孙国吉　李世东　杨　超
沈国舫　张　炜　张守攻　金　旻　周鸿升
郝育军　郝燕湘　胡章翠　徐济德　黄采艺
曹福亮　程　红

编写委员会

主　编：沈国舫

副主编：曹福亮　张守攻　刘东黎　马履一　赵　忠

各片区（类）编写组组长：

东北片区：沈海龙　　华北片区：贾黎明

西北片区：王乃江　　华东片区：高捍东

华中片区：谭晓风　　华南片区：徐大平

西南片区：李根前　　经济林类树种：谭晓风

竹类树种：范少辉

编　委（以姓氏笔画为序）：

丁贵杰　马履一　王胜东　王浩杰　龙汉利

叶建仁　刘家玲　江　波　李吉跃　李建贵

李根前　余雪标　沈国舫　沈海龙　张　露

张守攻　张彦东　范少辉　林思祖　赵　忠

赵垦田　姜笑梅　骆有庆　贾黎明　徐大平

徐小牛　高捍东　曹福亮　谢耀坚　谭晓风

学术秘书组

组　长：贾黎明

副组长：刘家玲　高捍东

秘　书（以姓氏笔画为序）：

马海宾　王乃江　任利利　刘家玲　苏文会

李　敏　李国雷　李树战　杨立学　肖　静

汪贵斌　陈　仲　陈凤毛　段　劼　段爱国

敖　妍　贾忠奎　贾黎明　高捍东　席本野

焦军影　戴腾飞

序

F O R E W O R D

一部林学巨著的诞生与传承

1978年，是新中国历史上的伟大转折点。在这一年春天，开了一次规模空前的全国科学大会，会上邓小平同志作了重要讲话，提出了“科学技术是第一生产力”的理论，重申了“知识分子是工人阶级一部分”的论断，知识分子欢欣鼓舞地迎来了科学的春天。在这一年里，进行了多次深刻的思想路线上的大讨论，特别是“实践是检验真理的唯一标准”的大讨论，解放了思想，解除了“两个凡是”的束缚，使科技界在思想上又经历了一次大解放。在这一年的12月，中共十一届三中全会召开，提出了一系列正确的路线方针，大大促进了拨乱反正，开启了伟大的历史转折，使中国走上了改革开放的新阶段。正是在这样一个大背景下，中国林业界也在1978年办成了两件大事：一是启动了大规模的三北防护林体系建设伟大工程，另一个就是出版了《中国主要树种造林技术》这部林学巨著。

《中国主要树种造林技术》是在郑万钧先生（中国科学院学部委员）创导和主持下，由全国近300位专家历时3年集体创作的一部林学巨著。事情要从1975年的冬季说起，当时还处于“文化大革命”后期，各林业高等院校还处于下放的处境，只招了少量工农兵学员，没有条件开展什么科学研究工作；各林业研究机构也还不能开展正常的研究工作，广大林业科技工作者都处于“有劲没处使”的状态。当时，我国著名的林学家、树木分类学家郑万钧先生，任职合并后的中国农林科学研究院（在当时合并的农林部领导下）的副院长。他一直有一个编写《中国树木志》的宏大计划，但当时的时机不适合做这项工作，于是设想先编一本有较多应用价值的中国主要树种造林技术方面的书作为编《中国树木志》的先导。根据这个想法，他向当时农林部林业总局的领导提出了具体建议，得到了总局领导的大力支持。这样，一项成立《中国树木志》编委会，由这个编委会先编一部《中国主要树种造林技术》的编书工程就在1976年的春季启动了。郑万钧先生利用他渊博的树木学知识及对中国造林工作需求的深刻认识，提出了编写的树种名单，并提出了分工编写各主要树种造林技术的专家名单。可以想象，这是一项细致繁杂的工作，但这项工作在郑万钧先生的努力下于1976年春季之前已经完成，并向处于各大专院校、科研机构及其他林业单位的大量专家发出了参加编写的邀请。

我是在云南省昆明市安宁县楸木园的云南林业学院（北京林学院1969年搬迁至云南省后于1973年开始招收工农兵学员，改名为云南林业学院）收到这个邀请的。当时给我的任务是编写油松和华山松两个大树种，还有一些云南省的小树种（如旱冬瓜），看来是了解我的专业情况的。我当然欣然接受邀请，并加紧收集资料，撰写文稿，最终于1976年6月前按时完成编写任务，把文稿寄回中国农林科学研究院。不久后我就接到通知，要我在7月下旬到中国林业科学研究院（以下简称中国科学院）原址报到，参加《中国主要树种造林技术》一书的统稿工作。我在1976年下半年正好没有课，就带着孩子从云南楸木园兴冲冲地回到北京，并于7月27日到中国林科院报到，同时报到的还有几位全国造林学科的老前辈和老朋友。趁此机会大家相聚，也是一件快事。没想到，刚刚报到入住中国林科院的主楼（现已拆除）四层一房间，还没有开展工作，第二天凌晨（7月28日）就碰上了唐山大地震。北京的震感很强，我赶紧从四楼跑下楼，在楼前院内还看到大楼在大幅度抖动。好在楼未塌，人没伤，但已无法再回楼里住了。中国林科院的职工在楼前空地上搭了几个防震棚，让我们这些人暂住。在防震棚住下，生活有诸多不便，但最主要的是统稿工作在这种情况下怎么开展呢？郑万钧先生经多方协商联系后，当机立断，决定全体统稿人员移师南京，在郑先生当过院长的南京林产工业学院（即原南京林学院）的校园内进行统稿工作。

我们参加统稿的一行人于1976年8月初来到南京林产工业学院，住在学院的招待所，学院开了一个大教室供统稿人员集中办公使用。我们就在这样的环境下踏下心来做了将近3个月的第一轮统稿工作。此书的统稿工作之所以重要，是因为这本书的书稿由500多位专家编写，虽有编写大纲，但不可避免地出现水平参差不齐，文字风格各异，在内容把握上也有许多不如意之处，有的还有明显错误，所以统稿是保证书稿质量的重要一环。参加这次统稿工作的大多是林学界的知名专家，郑万钧先生亲自坐镇自不必说，老一辈的有南京林学院的马大浦先生和中南林学院的徐燕千先生，中国科学院林业土壤研究所（现为中国科学院沈阳应用生态研究所）的王战先生也曾来参加了一些树种的审稿讨论。中年层次的（指60岁以下）有福建林学院的俞新妥、东北林学院的周陛勋、山东农学院的许慕农、安徽农学院的朱锡春，还有我。南京林学院的黄宝龙和吕士行有时也来参与部分讨论。徐燕千先生带来所在地在海南的广东热带林业研究所的杨远悠当助手。杨远悠熟悉热带树种，给了我们很大帮助。病虫害防治方面，请来了中国林科院的萧刚柔先生和袁嗣令先生帮助把关；树木分类方面（包括绘枝叶图）则主要由郑万钧先生的大弟子朱政德领头，带了一批教师参与工作。这是一个高水平的专家集体，大家按树种分工审阅，好的稿件少改，差一点的稿件大改，个别极差的稿件重写。大家有问题共同商量，坦率交换意见，最终取得共识。我从这段时间的工作中学到了许多东西，受益匪浅。农业出版社（当时中国林业出版社已合并在内）派了关福临编辑自始至终参与统稿工作，对顺利完成此项工作也起到了积极作用。

第一轮统稿结束后，郑万钧先生和关福临编辑一起整理，看了统稿成果后感到统稿人数过多，把握标准有差别，从一些稿件看还有必要再统一次稿。这次定在1977年暑假，郑先生邀请了我和山东农学院的许慕农（他是刺槐造林技术部分的撰稿人）两人到北京进行第二轮统稿工作。至于为什么选中了我们俩，就不得而知了。我和老许就在中国农业科学院的两层主楼（现已拆除重建）中连续工作了2个月，在郑万钧先生的指导下，把全部稿件从头到尾又捋了一遍。关福临编辑自始至终和我们一起工作，郑先生的助手王木林同志也帮我们做了些具体工作。最后，我又按郑先生的要求编制了该书的两个附录。“主要树种木材的物理力学性质简表”是我独立完成的；“各地选择适宜主要造林树种参考表”则由我起草，郑先生修改定稿的，树种中名索引及树种学名索引则由出版社完成。至此，这部巨著的全部稿件已经完成，而且实际上已同步完成了出版社责任编辑的初审，可以交出版社进入后面流程了。这本约170万字、厚达1342页的巨著以很快的速度在1978年春印刷发行。全书简装本分上、下两册，精装本则为单册，在1978年科学的春天里正式面世。

这是一部由几百位专家集体创作的巨著，反映了20世纪80年代以前我国林业科技的主要成就和经验，是有口皆碑的。我常把此书作为礼物赠送给林业界的国际友人，相信还有别的许多人也这样做，开有拓了此书的国际空间，赢得了声誉。此书由于时代的局限，没有著作者署名，只署有“中国树木志编委会主编”。直到1981年，此书荣获首次林业部科技奖（即后来的科技进步奖）一等奖时，只有郑万钧先生出面领奖，而所有编撰人员都由所在的单位代表，没有一个人的名字出现，这就是时代的痕迹。对此，我们都为自己对这本书的出版做了一点贡献而高兴，没有一个人对此表示过不满。

1978年开端的改革开放洪流大大促进了林业事业和林学科技的发展。大规模的林业生态工程建设和全民国土绿化运动的兴起，使造林科技也一日千里地前进。而且，造林的科技内涵也发生了变化，人工林的栽培必须与天然林的培育并行发展，森林培育与森林保护相辅相成。在21世纪来临之际，业界已经发出要再版《中国主要树种造林技术》的呼声。曾经有过一些组织再版的尝试，但终因大家都忙于自己的业务工作而无暇顾及。直到2015年，中国林业出版社根据客观需求再次提出这个项目，而且正式向我提出，希望我来挑起《中国主要树种造林技术》再版主编的重担。那一年，我在中国工程院承担的各项咨询研究任务正好处于收尾阶段，出于年龄及精力的考虑，我正式提出不再接受新的任务了，并且我在中国环境与发展国际合作委员会承担的中方首席顾问的任务也即将告一段落。考虑到种种因素，我痛快地接受了这个再版主编的担子，开始思考并筹划如何开展工作。我根据中国林业的最新进展情况，花了很大工夫初选了要纳入这次改版编写的主要树种名单，审慎地考虑了这次编写书稿的原则、编写人员的组织方式及主要编写人员的初步名单，并于2015年8月与中国林业出版社及几位副主编一起召开了编写工作筹备会。从这一次会议到2017年7月，一共召开了7次修订研讨会。从策划、组织编写到分工编写，再到统稿，依次推进了编写工作的落实和完成。整个再版的约稿、撰稿、统稿和定稿工作是细致而繁重的，所幸得到广大作者（500人以上）的积极支持，工作得以顺利完成。原定计划到2018年中定稿交出版社，但由于个别编写人推迟交稿而又延了半年才完成全稿。这部书稿的体量庞大，要求较严，而大家又是在本职工作很繁重的情况下加班完成的（这与在“文化大革命”末期比较闲空时期工作有很大不同），因此能够在这么短的时间内完成也实属不易。

这一版《中国主要树种造林技术》的编写工作，说是再版，实际上是全部重写。这次编写工作有以下几个特点。

①纳入本书编写的树种扩充了许多，从200多种扩充到500多种，特别是扩充了许多近年来投入应用的特用经济树种、珍贵用材树种和景观绿化树种。之所以说不清具体纳入的树种数量，是因为这涉及种、变种和品种的复杂关系，以及有一些重要树种是以类为单元（如桉树类、红树类）编写，在叙述培育技术的共性基础上再分别描述一些主要种的特点。

②根据各树种的特点及其在应用中的重要性，我们有意识地把树种编写的文字规模划分成几个等级（大、中、小、微以及附属），这样做有利于区分繁简程度，避免简单重复，节约篇幅。各树种的编写内容比原版有所扩展，涵盖了全部森林培育范畴，但书名不变，以维持传承性质。

③参加这次编书的人员都是各个树种培育的科研与实践专家，以改革开放后培养出来的中青年专家为主，像我这样的曾经参与过第一版编写的老人，好像是只此一人了。这个专家队伍很大，有500多人。如何组织好这么多人的编写工作是一项艰巨的任务。我们这次除了确定了主编和副主编之外，还特别设立了区域或类型编写组这个中间层次，即东北、华北、西北、华东、华中、华南和西南7个区域与经济林类和竹类2个类型共9个编写组，分别负责组织各区（类）树种稿件的编写、初步统稿等具体工作。实践证明，这种组织方式很有效，各区（类）编写组组长实际上也起到了副主编的作用。

④组织这么多专家编写这样一部大书，需要有一个强有力的秘书处或办公室做具体的组织联络工作。我本人年龄已经八十好几了，比起编第一版时郑万钧先生的年龄（当时他七十出头）还要大不少，自然精力已不足，需要有年轻人帮我做具体工作。在这次编书过程中，编委会的学术秘书组，特别是我的学生贾黎明教授带了一帮年轻教师和研究生出色地完成了这个任务，为我减轻了不少负担。

我很高兴在我耄耋之年还能完成这样一项意义重大的学术工作，这是时代所赐，是我的幸运。感谢国家林业和草原局各级领导的支持，感谢所有参与这项工作的撰写专家、副主编和各区（类）编写组的组长、学术秘书组（办公室）的工作人员以及中国林业出版社的领导、编辑及工作人员。谢谢你们通力合作，使我们一起完成了一部林学巨著的编写出版工作，为祖国的新时代特色社会主义建设添了一块砖，加了一片瓦！

沈国舫

2020年6月

第二版前言

PREFACE

我国幅员辽阔，森林植被类型多样，造林树种众多，在历史上经历原始植被大量破坏和丧失后，植树造林成为我国生态保护与建设的重要工作，并取得了举世瞩目的成就。党的十八大和十九大将生态文明建设、绿色发展提升为国家战略，提出“绿水青山就是金山银山”的发展理念，将林业和生态建设推到更加重要的地位，高质量森林培育是实现战略目标的重要抓手。《中国主要树种造林技术》第一版自1978年编辑出版至今已有40余年，在扩大森林面积、增加森林资源、改善生态环境、发展林业产业、美化人居环境、丰富人民生活等方面做出了重大贡献，当年被誉为“中国林业科学技术的结晶”。但随着我国林业科学技术突飞猛进的发展，新技术、新方法、新理念等不断涌现，《中国主要树种造林技术》一书的修订已成必然之势。本书的修订由北京林业大学、南京林业大学、中国林业科学研究院和中国林业出版社四家单位携手主持。

本书入选的树种均为我国各地培育且应用广泛的树种，较第一版增加了140%，包括500多个主要造林树种，囊括了裸子植物和被子植物共83科241属。其中，不仅包含常见的乡土树种和珍贵树种，还有从国外引进并驯化的优良树种。对于这些树种，分别介绍了树种名（别名、学名、科、属）、重要性概述、分布、生物学和生态学特性、良种选育、苗木培育、林木培育、主要有害生物防治、材性及用途/综合利用等。树种分类主要参照郑万钧先生主编的《中国树木志》。为了帮助读者更加深入了解各个树种，大部分树种均配有精美的形态或培育相关图片。

为了编好这部巨著，筹备组2015年8月确定了本书编写的基本原则、入选树种名单、编委会组织架构等，于2015年12月正式启动本书的编写。在国家林业和草原局、中国林业出版社的大力支持下，由沈国舫院士领衔，组建了强有力的编撰工作领导小组、编委会、学术秘书组及编辑机构，确定了东北、华北、西北、华中、华东、华南、西南、经济林类、竹类9个大编写组，组织了由来自全国80余所高校、科研院所和有关部门的500余位高水平专家组成的编写队伍。编写过程中，沈国舫院士主持召开了7次修订研讨会，全程把握本书的编撰过程，保证了本书内容的系统性、权威性、新颖性、规范性和可阅读性。为保证成书质量，还邀请了南京林业大学陈凤毛教授、广东省林业科学研究院黄焕华研究员、西南林业大学徐正会教授和伍建榕教授、西北农林科技大学曹支敏教授和贺虹教授、中国林业科学研究院亚热带林业研究所舒金平副研究员等有害生物防治专家参与审稿。本书可作为我国生态建设、林业、农业、水利、环境、风景园林等领域的重要学术及生产用书，有力指导我国重点林业工程、农林业生产、城市建设等，为我国生态文明建设做出巨大贡献。

最后，对全国有关林业单位、高校、科研院所等5年来付出的汗水和努力、大力支持和热情帮助表示衷心感谢！由于中国造林树种众多，最新森林培育技术研究成果不断涌现，本书涉及的领域也很多，书中一定存在不能完整体现相关内容和不当之处，敬请各位读者见谅和批评指正。

《中国主要树种造林技术》（第二版）编委会

2020年6月

第一版前言

P R E F A C E

林业是我国社会主义现代化建设的重要组成部分。发达的林业，是国家富足、民族繁荣、社会文明的标志之一。我国原是个森林资源丰富的国家，但经过历代长时期的严重破坏，到中华人民共和国成立时，全国遗留下来的森林已经不多，林业的基础相当薄弱。

中华人民共和国成立以来，在党和人民政府的领导下，经过广大人民群众和林业职工的艰苦努力，林业建设取得了一定成绩，对社会主义建设做出了重要贡献。30多年来，开展了群众性的大规模植树造林运动。许多地方营造了速生丰产林、水土保持林、防风固沙林、农田防护林、木本粮油林、特用经济林；出现了条条大道林带成行，处处四旁绿树成荫的景象。

保护森林，发展林业，扩大森林面积，增加森林资源，不仅对生产木材，适应“四个现代化”建设和人民生活日益增长的需要有重要作用，而且对保持生态平衡，保护环境，调节气候、涵养水源、保持水土、防风固沙，以及保障农牧业生产均具有十分重要的意义。

我国地域辽阔，造林树种很多，广大人民群众在植树造林运动中创造了丰富的经验。为了总结和推广各地主要树种造林的经验和技术，提高科学造林的技术水平，推动造林事业的发展，《中国树木志》编委会在组织编写《中国树木志》的同时，首先编写了《中国主要树种造林技术》一书。

这部书里，包括全国各地210个主要造林树种，其中绝大多数是我国乡土速生和珍贵的优良树种。也有少数从国外引进经过实践验证适于我国栽培的优良树种。对于这些树种，均分别扼要地介绍了形态特征、分布地区、适生条件、生物学特性和生长发育过程；特别着重地叙述了适地适树、选育良种、培育壮苗、造林方法、抚育管理和主要病虫害防治等栽培技术；同时还简略介绍了木材性质、林产品利用、经济价值及其主要用途等。为帮助读者鉴别各个树种的特征，对于每个树种均附了形态图。

为了编好这部书，我们始终依靠各级党委和政府的领导，坚持依靠各地林业科技人员，走群众路线，组织27个省（区、市）的林业部门、基层生产单位、科学研究单位、农林院校和有关部门的专业人员，共200多个单位、500多人直接参加编写工作。在编写过程中，许多编写人员深入林业生产第一线和科学实验基点，进行调查研究，总结经验。从开始编写到初稿完成，从补充修改到审稿定稿，许多林业专家和基层林业职工参加了座谈讨论，提出了许多宝贵意见，提供了丰富的实践经验和大量的科学实验资料。对全国有关林业单位和广大林业职工所给予的大力支持和热情协助，在这里表示衷心的感谢！由于编写时间仓促，不妥之处，深切希望广大读者指正。

1978年1月第一次印刷，1979年、1980年、1981年连续重印3次，这次是第四次重印。

《中国树木志》编委会

1983年3月

目 录

C O N T E N T S

上 册

第二篇 | 被子植物

双子叶植物

下　册

单子叶植物

PART 1

第一篇

裸子植物

1 银杏

别　名｜白果（华东、华中）、公孙树（四川）、鸭脚树（北京）、佛指甲（浙江）

学　名｜*Ginkgo biloba* L.

科　属｜银杏科（Ginkgoaceae）银杏属（*Ginkgo* L.）

银杏原产于我国，是现存裸子植物中最古老的孑遗植物之一，被称为“活化石”。其树体高大挺拔，寿命长，叶形奇特，秋天叶片金黄色，是优美的园林绿化树种。其栽培历史可追溯到4000年前的商代，在三国时期江南已有大面积栽植，唐代扩及中原，宋代是我国银杏栽培的第一个昌盛发展时期。目前，世界上许多国家已引种种植。银杏是一种多用途树种，集食用、药用、材用、绿化观赏用于一身。其种仁产量高、营养成分含量丰富，还含有一些特殊的药用成分，长期食用可起营养和保健双重功能。其木材材质好、用途广泛，早在三国时期，银杏就被列为珍贵的用材树种。其叶中含有黄酮类、萜内酯类和聚戊烯醇类等多种具生理活性的化合物，具有极高的药用价值。其花粉中含有人体所需要的一些营养元素，在营养学上有“微型营养库”的美誉，具有较高的开发价值。

一、分布

我国是银杏分布中心。第四次的冰川运动使分布在世界其他地方的银杏全部灭绝，仅我国的银杏得以保存下来，使之成为现存古代孑遗植物。我国银杏主要分布在温带、暖温带和亚热带气候区内，北达辽宁沈阳，南至广东广州，东南至台湾南投，西抵西藏昌都，东到浙江舟山普陀岛，跨越21°30′~41°46′N、97°~125°E，遍及27个省（自治区、直辖市）。我国除黑龙江、内蒙古、青海、西藏、海南以外，其余各省份均有栽培。从水平自然分布状况看，以30°N附近的银杏的东西分布距离最长；从垂直分布状况看，从海拔数米至数十米的东部平原到海拔3000m左右的西南山区均发现了生长较好的银杏古树。目前，我国的银杏资源占世界总量的90%以上，重点产区有山东郯城，河南新县、西峡，江苏泰兴、邳州，浙江长兴、临安、诸暨、富阳，湖北随州、安陆、京山、恩施，贵州遵义，以及广西兴安、灵川等地区。

二、生物学和生态学特性

落叶大乔木，树干端直，高可达40m，胸径5m。幼树树皮浅灰色，近平滑；大树树皮灰褐色，不规则深纵裂，粗糙。有长枝与生长缓慢的距状短枝。1年生长枝淡黄褐色，2年生以上变为灰色。在长枝上叶互生，在短枝上叶片3~5片呈簇生状，有细长的叶柄，扇形，两面淡绿色，在宽阔的顶缘具缺刻或2裂，宽5~8cm，具多数叉状并排细脉。幼树及萌蘖枝上的叶中部缺裂较深，叶柄长。雌雄异株，稀同株，花期3月下旬至4月中旬，球花单生于短枝的叶腋；雄球花呈柔荑花序状，雄蕊多数，各有2枚花药；雌球花有长梗，梗端常分2杈（稀3~5杈），杈端生1个具有盘状珠托的胚珠，常1个胚珠发育成种实。9~10月种实成熟。种实椭圆形、倒卵形或近圆球形，熟时黄色或橙黄色，外被白粉，外种皮肉质，中种皮白色、骨质，具2~3条纵脊，内种皮膜质，胚乳肉质，种核300~400粒/kg。

银杏对环境具有较强的适应性和抗逆性。从银杏在我国分布地区的气候条件来看，分布区的年平均气温为12.1～16.3℃，1月平均气温为-3.1℃～5.0℃，7月平均气温为23.5～28.0℃，极端最低气温不低于-32.9℃，极端最高气温不高于40℃。

银杏对水分条件有较高的要求，对降水的适应幅度较大。从当前银杏在我国的分布范围来看，适宜降水量为300～2000mm。降水量过多时，只要排水条件良好，对银杏的生长发育并无不利的影响。但如果排水不良，则对银杏的生长极为不利，涝渍时间过长则会导致死亡。银杏不仅要求充足的土壤水分，还喜爱湿润的空气环境。另外，银杏对干燥的气候环境具有一定的忍耐能力，如北京的相对湿度仅为59%，山西太原的相对湿度为60%，沈阳的相对湿度为65%，甘肃兰州的相对湿度为59%，在这些地区银杏都能良好生长。

银杏属于强喜光树种，光照不足时，生长不良。银杏对光照的要求因树龄的增长有所变化。银杏幼苗有一定的耐阴性，随着树龄的增加，对光照的要求也愈加迫切，特别是在结果期，树冠要求通风透光。

银杏对土壤的要求不十分严格。无论在花岗岩、片麻岩、石灰岩、页岩及各种杂岩风化成的土壤上，还是在沙壤、轻壤、中壤或黏壤上，均能生长。但银杏最喜深厚肥沃、通气良好、地下水位不超过1m的沙质壤土，对土壤肥力反应灵敏，因此在瘠薄干燥的山地上往往生长不良。银杏对土壤酸碱度的适应范围较广，在pH 4.5～8.5范围内均能生长，以pH 6～8最为适宜。银杏能耐一定的盐碱，但当土壤含盐量超过0.3%时，树势逐渐衰弱，叶小早落。

三、良种选育

银杏用途广泛，为了利用上的方便，将银杏品种划分为核用、观赏用、叶用、材用、花粉用等几大类型（曹福亮，2007）。

1. 核用品种

根据种核的外形和某些遗传性状，将现代栽培银杏分为5类，即长籽银杏类、佛指银杏类、马铃银杏类、梅核银杏类和圆籽银杏类。

长籽银杏类 长籽银杏种核长宽比大于1.75，呈长卵圆形，似橄榄果或长枣核形。如‘橄榄果’‘圆枣佛手’‘九甫长籽’‘金果佛手’‘粗佛子’‘金坠子’‘天目长籽’‘余村长籽’等。

佛指银杏类 佛指银杏种核长宽比为1.50～1.75，呈长卵圆形。如‘大佛子’‘佛指’‘扁佛指’‘野佛指’‘长柄佛手’‘长糯白果’‘鸭尾银杏’‘贵州长白果’‘黄皮果’‘青皮果’‘七星果’‘多珠佛手’‘宽基佛手’等。‘泰兴大佛指’，是江苏泰兴主栽品种，在全国各地均有引种栽培。该品种均为嫁接繁殖，叶片较小，为长卵圆形，种核长卵形或纺锤形，色白腰圆，形似手指，故得名，是我国著名的品种。

马铃银杏类 马铃银杏种核长宽比为1.35～1.50，广卵圆形。如‘马铃’‘海洋皇’‘猪心白果’‘圆锥佛手’‘李子果’‘汪槎银杏’‘圆底果’‘药白果’‘处暑红’‘洲头大马铃’‘邳州大马铃’等。

江苏省邳州市港上银杏苗木繁育基地（曹福亮摄）

江苏省邳州市铁富银杏万亩人工林相（曹福亮摄）

梅核银杏类 梅核银杏种核长宽比为1.15～1.35，近广椭圆形，外观似梅核。如‘梅核’‘珍珠子’‘棉花果’‘新银8号’‘大白果’‘面白果’等。

圆籽银杏类 种实为球形，种核圆形，长宽比小于1.15。如‘圆铃’‘龙眼’‘大圆子’‘小圆子’‘松壳银杏’‘皱皮果’‘葡萄果’‘糯米白果’‘桐子果’‘八月黄’‘安银1号’等。

2. 观赏用品种

叶籽银杏 仅产于广西兴安护城福寨二甲村和山东沂源织女洞林场，同一短枝上有部分雌花直接着生于叶片之上，并发育成为带叶种实，故得名。种核畸形，姿态各异，大小不一，多数呈椭圆形。胚乳丰满，绿色，没有胚芽。

垂枝银杏 仅见于广西桂林地区灵川海洋乡，且只有雌株。垂枝银杏的枝条纤细绵长，若丝绦下垂，风过之处，绿影飘然，因而具有较高的观赏价值，通常被作为公园绿化树种。

金丝银杏 雄株，实生，黄条纹叶与绿叶相间排列，从叶基直到叶缘条纹呈线状，宽度1～2mm。

金叶银杏 4～6月叶片黄色，7～10月淡绿色，11月以后黄色。如‘万年金’（良种编号：国S-SV-GB-008-2014）、‘夏金’（品种权号：20020034）。

辽宁省沈阳农业大学银杏大道（曹福亮摄）

3. 叶用、材用、花用品种

近年来，部分学者开展了银杏叶用、材用和花粉用优良品种的选育工作，筛选出了一些优良的叶用、材用和花用单株或品系。

叶用：‘高优Y-2号’‘安陆1号’‘WL43号’、‘叶丰’（苏R-SV-GB-007-2013）。

材用：‘豫宛9#’‘直干银杏S-31号’。

花粉用：‘魁盛’（良种编号：苏R-SV-GB-008-2013）、‘嵩优1号雄株’‘广西早花’‘G♂-12#’。

四、苗木培育

播种育苗 选择品种优良、抗逆性强、速生丰产的银杏植株为母树，待种子自然成熟后进行采种。经过贮藏，种胚继续生长直至发育完全。银杏播前催芽方法有多种，常用的方法主要包括室内恒温或变温催芽、室外温床催芽、加温催芽等。根据各地试验，除夏季外，其余各季均可播种。但由于秋播、冬播的管理时间长，鸟兽害及鼠害严重，所以大部分地区仍采用春播。播种时间，南方为3月中下旬，北方为4月上中旬，未经长时间催芽的，则需提前1周以上。播种方法常采用点播，大面积播种可用机械播种。播种覆土厚度一般为2～3cm。种子萌芽后，适时进行松土、除草、施肥、灌溉、防治病虫害等管理措施。

扦插育苗 穗条应采自30年生以下母树上的1～3年生枝条，秋末冬初落叶后采条，或于春季扦插前5～7天采条。将枝条剪成15～20cm长的插穗，每一根插穗保证有3个以上的饱满芽，上切口为平口（有顶芽者不截），下切口为马耳形、长1.5～2.0cm。将插穗捆扎，下端对齐，用适当浓度的生长调节剂浸泡。在3～4月进行扦插，扦插前对基质或土壤进行药剂消毒。扦插时，地面露出1～2个芽，盖土压实，株行距为10cm×（20～30）cm。扦插后，要保持空气湿度，适时进行遮阴、追肥、病虫害防治等。

嫁接育苗 选择树龄30～50年的优良品种作为采穗母树，以树冠外围、中上部、向阳面的

1～3年生枝条作为接穗。除绿枝嫁接要求随采随接外，其他枝接最好是在发芽前10～20天采集。采集后，将枝条剪成15～20cm长、带3～4个芽的枝段，下部插入干净水桶，使其吸水充足，然后以30～50枝扎成一捆，下端1/3埋放在室内通风的湿沙中贮藏。银杏从萌芽后至秋季落叶前，只要条件许可，均可进行嫁接，但以春季为主。嫁接方法很多，如劈接、切接、插皮接、插皮舌接等。嫁接以后，要及时检查成活情况，并进行抹芽除萌、松绑、剪砧、缚梢等管理措施。

五、林木培育

1. 果用林栽培（曹福亮等，2014a）

银杏果用林是以收获银杏种核为经营目的的银杏林。一般来说，采用银杏实生苗进行造林，银杏树需20年左右的时间才能开花结实，但如果采用嫁接苗造林，则能实现银杏果用园5年始实，7～10年丰产。

（1）适地适树

选择造林地时应注意以下几点：①地势空旷，阳光充沛；②土层深厚，质地疏松，排水良好；③地下水位低于2.5m；④≥10℃的有效积温在4000℃以上，无霜期195～300天，年降水量600～1200mm；⑤土壤pH在6.5～7.5。目前银杏的主要产区虽集中在平原地区，但土层深厚肥沃、雨量充沛的山地和丘陵也很适于银杏果用林的栽植。

（2）良种壮苗

在长期栽培实践中，各地以种核产量、种核外部品质和种核内部品质等方面为评价指标，筛选出一些优良的栽培品种，如‘佛指’‘洞庭皇’‘大金坠’等，应选择这些产量高、品质好、商品性强的优良品种。选用嫁接大苗或以实生大苗为砧木，一般以3～5年生、地径3cm以上的苗木为栽植材料，而且要求苗木生长健壮、根系健全发达、无病虫害。

（3）栽植密度

矮干密植早实丰产林栽植密度大，为625～1250株/hm^2（株行距2m×4m、4m×4m），由于加强了抚育管理，栽植后有的3～4年就开始结实，5～6年就有较高的产量。这种密植林主干矮（20～40cm）、密度高，可以充分利用地力，提高光能利用率，提早结实，增加早期单位土地面积种核产量。

乔干稀植丰产林是我国历史上一直沿用的果用银杏栽培模式。株行距一般采用4m×6m、6m×6m、8m×8m等，定干高度一般80cm以上，若管理措施得当，4～5年也能结实，后期产量较高，且管理方便。在结实之前，还可进行间作，增加前期经济收入。

（4）细致整地

在条件许可的情况下，应实行全面整地。整地前，全面洒施腐熟的厩肥，结合整地，与土壤混匀。整地后，按预定的株行距挖种植穴。种植穴要求长×宽×高不小于60cm×60cm×60cm，大规格苗木还应增加种植穴的规格。

（5）栽植方法

栽植前，对根系进行适当的修剪。修根要适当，只要不过长，可不必修剪。苗圃起苗后需加强保护，以减少失水，防止茎、叶、芽的折断和脱落，避免运输中发热、发霉。在土壤湿润的地方，应尽量浅栽，根颈稍高于地面，只要不使根系裸露便可。在干旱的地方，可适当深栽。要注意使侧根分层舒展开，舒展一层则紧压一层土壤，避免伤根。栽植后，浇透水一次。

（6）抚育管理

松土除草 幼林每年中耕结合除草4～5次，采用全面松土除草的方式。建园初期，苗木根系分布浅，松土不宜太深，随幼树年龄增大，可逐步加深；土壤质地黏重、表皮板结或幼林长期失管，可适当深松；特别干旱的地方，可深松。松土可遵循以下原则：里浅外深；树小浅松，树大深松；沙土浅松，黏土深松；土湿浅松，土干深松。一般松土除草的深度为5～15cm，加深时可增大到20～30cm。

施肥灌溉 江苏邳州通过大量施肥试验，总结出“两长一养”的施肥要领，即长叶肥、长果肥和养体肥。长叶肥和长果肥为追肥，一般用化肥。养体肥为基肥，施用优质的有机肥料。长叶肥多在早春3月即“谷雨”前后施。施肥量的依据为前一年的种核产量，每产100kg种核施5～10kg尿素。多产多施，少产少施。长果肥多在7月以前施，肥料为速效肥料。养体肥多施于9月以后，在采果之后即施，以腐熟的有机肥料为主，适当混合一定量的过磷酸钙，施肥量可按当年白果产量的4倍确定。

间作 合理间作可使银杏生长量提高30%以上，效益提高40%以上。间作的作物除粮食作物外，还有绿肥作物、蒿草、蔬菜、药用植物等。间作过程中，要以树为主，以间作物为辅。

整形修剪 银杏的树形要根据栽培目的来确定。一般来说，以结实为目的的银杏多采用矮干、无中心主干开心形，以果材两用为目的的银杏大多采用有主干分层形、自然圆锥形和有主干无层形等高干树形。

促花促实 有些生长势较好的银杏，营养生长旺盛，进入结实期迟。为加速银杏进入开花结实阶段，可采取适宜促花促实措施，包括刻伤、环剥、环割、纵伤、倒贴皮等。

疏花疏实 有些银杏树，由于开花结实多，营养过度消耗，造成树体生长势减弱甚至死亡。在大年采用疏花疏实措施，可以避免树体营养过度消耗，减轻大小年现象的发生。

人工辅助授粉 银杏雌雄异株，靠风力传粉。授粉的效果除了受花粉质量本身的影响外，还受各种气象条件的限制，如降雨、风力、风向等，造成授粉不均、授粉不良，导致核用园种核产量低，大小年现象严重，品质差。为了确保高产、稳产、优质，果用林中应采取人工辅助授粉措施。

保花保实 银杏授粉后，由于多方面的原因，在5月上旬至6月上旬及7月上旬会出现落实现象。为了减少落花落实，应采取及时追肥、改善立地条件、合理负载、及时防治病虫害等措施。

2. 叶用林栽培（曹福亮等，2014b）

以收获银杏叶为经营目的的银杏林，称为银杏叶用林。

（1）立地选择

银杏叶用林应建立在交通方便、地势平坦、阳光和水源充足、排水良好、土壤深厚肥沃的地方。园区沟、渠、路要统一规划设计，有条件的地方，可安装喷灌系统，特别要注意排水系统的到位，确保雨季或大雨来临时不会长时间有积水。

（2）品种选择

银杏叶片中有效药用成分的含量因品种、产地、树龄、性别、采叶时间、采叶部位、加工方式及实生苗与嫁接苗的不同而有差异，不同银杏品种生长情况也不一致。必须选择叶片产量高、药用成分含量高的品种作为叶用林的造林材料。

（3）栽植密度

栽植密度要依据立地条件及作业方式而定。在土壤瘠薄、立地条件较差的地方宜密一些，而在肥沃的平原可稀些，一般株行距为40cm×50cm、40cm×60cm、60cm×60cm等。如果采用机械化作业，则要根据所采用机器的规格确定适宜的株行距，如美国、法国都采用40cm×100cm的株行距。

（4）叶用林管理

施肥 采取“四季施肥，少量多次”的原则。养体肥在采叶后即施用，一般在9月底至10月施入，最晚不得迟至10月中下旬，以有机肥为主。施腐熟的厩肥或堆肥45t/hm^2，或施腐熟的鸡粪、羊粪、大粪干等1t/hm^2。萌芽肥一般3月施，以氮肥为主，施尿素375kg/hm^2。枝叶肥一般在5月中下旬施用，施复合肥375kg/hm^2。壮叶肥一般在7月下旬至8月上旬施用，可施复合肥375kg/hm^2。

灌溉与排水 根据当地气候条件和银杏对水分的需求适时灌溉，使土壤含水量达田间最大持水量的70%左右。当土壤含水量低于田间持水量的40%时，要引水灌溉。在灌溉过程中或大雨来临时，切忌土壤积水，应适时排除多余的水分。

修剪 应实行矮林作业，能提高叶片产量和叶片有效成分含量。一般当年栽植不截干，第二年可进行截干，截干高度在30cm左右为宜，以后隔年截一次。修剪时，注意剪去发育较差的细弱

枝，留4～5根粗壮枝。

3. 用材林栽培

无论是平原、丘陵，还是山地，银杏都能生长。但为了达到速生、丰产、优质的目标，应选择土壤条件较好的造林地：①有良好的物理性状；②在生长季节有足够的水分；③具有一定的土壤肥力；④土壤通气良好；⑤无积水。造林时，选择速生、丰产、优质的银杏用材林品种。根据目前的调查，银杏雄株的生长速度超过雌株，因此用雄株营造用材林是较好的选择。株行距以3m×3m、4m×4m、4m×5m等较为合适。采用生长健壮、树形良好、有较完整根系、无病虫害的大苗进行造林。银杏用材林的栽植必须用大穴，原则上应采用60cm×60cm×60cm的规格。栽植后要适时进行施肥、灌溉、间作和修枝等。

六、主要有害生物防治

单株银杏一般较少发生病虫害。但是，在连片的银杏园，不仅病虫害种类繁多，而且也会成灾，造成严重的损失。常见的银杏病虫害主要有以下几种。

1. 银杏茎腐病

我国长江以南银杏产区的主要病害之一，1～5年生苗都不同程度地发生，其中1～2年生苗发病最为严重。其病原菌为半知菌类（Deuteromycetes）球壳孢目（Sphaeropsidales）的真菌。茎腐病菌为土壤习居菌，在5～6月温度适宜时侵染危害，病原菌通常向基部发展，引起基部腐烂甚至整株死亡。土壤黏重、透气性差、苗床太低、圃地积水，可使此病流行成灾。发病初期幼苗茎基部出现水渍状黑褐色病斑，叶片褪色、下垂，继而病部不断蔓延，包围茎基并向苗木上部扩展，最终导致全株枯死。防治方法：可通过提早播种、合理密播、行间覆盖、增施有机肥、防治地下害虫、防止苗木机械损伤、遮阴降温、灌水喷水等方法进行预防。在茎腐病发病后要使用50%的多菌灵可湿性粉剂，每隔7天喷洒1次，共进行2～3次，且喷洒药量为一般药量的200～300倍。

2. 银杏叶枯病

银杏叶枯病是银杏栽培地区一种常见的病害，由3种病原真菌侵染引起。其中，链格孢病菌（*Alternaria alternate*）对银杏健康叶或黄化叶都有明显的致病性，是该病害的主要病原菌；围小丛壳（*Glomerella cingulata*）对健康叶、黄化叶也都具有较强的致病性，该病原菌仅在9月较多出现，其他月较少，为次要的病原菌；银杏盘多毛孢（*Pestalotia ginkgo*）只能危害黄化叶，至10月才明显增加，属于一种更为次要的病原菌。发病初期常见叶片先端变黄，6月黄色部位逐渐变褐枯死，并由局部扩展到整个叶缘，呈褐色至红褐色的叶缘病斑。其后病斑逐渐向叶片基部蔓延，直至整个叶片变成褐色或灰褐色，枯焦脱落。7～8月病斑与健康组织的交界明显，病斑边缘呈波纹状，颜色较深，其外缘部分还可见较窄或较宽的鲜黄色线带。9月起，病斑明显增大，扩散边缘出现参差不齐的现象，病、健组织的界限渐不明显。发病期，于病斑上可见多种黑色或灰绿色毛绒状即黑色小点状的真菌子实体。病株叶片8月初即先后脱落。严重时，冠部枝条光秃，果实瘦小，种子产量、质量亦受显著影响。防治方法：选择立地条件好的地块进行育苗或栽培，避免使用土壤瘠薄、板结、低洼积水的土地；在栽培管理过程中，亦应注意防治地下虫害；改进栽培技术，以促进植株良好生长，提高其抗病能力；在银杏幼林中春季间作蚕豆，秋季间作大豆；有条件的场圃，于发病期喷洒40%多菌灵400倍液。

3. 银杏干枯病

又称银杏胴枯病，常见于生长衰弱的银杏树。病原菌为子囊菌纲（Ascomycetes）球壳菌目（Sphaeriales）真菌。病原菌以菌丝体及分生孢子器在病枝中越冬。在长江流域及长江以南地区，3月底至4月初开始出现症状，并随气温的升高而加速扩展，直到10月下旬停止。分生孢子借助雨水、昆虫、鸟类传播，并能多次反复侵染。发病时，银杏树表皮出现圆形或不规则形斑点，且时间越长，斑点越肿大，树皮出现纵向裂痕。在春季，受害树皮上常见枯黄色的疣状子囊孢子座，一旦遇到潮湿天气，疣状子囊孢子座内会挤出多条淡黄色或黄色卷须状分生孢子角。在秋季，子囊孢子座由橘红色变成酱红色，其中间逐渐形成子囊壳。随着病害向下蔓延和发展，树桩呈环状坏死，直至枝条和植株衰败死亡。干枯病的发生与施肥、淋水等有着密切的关系，多在密闭环境以及偏施氮肥、积水较多的条件下出现。防治方法：对于已发病的植株要及时拔除和销毁；对于初见病状的植株，则要从发现病斑的位置刮除病斑，并控制好刮除力度，配用1：100的波尔多液或50%的多菌灵可湿性粉剂按照一定浓度进行定期喷洒，以保证病原菌不会扩散或杀灭病原菌。

4. 银杏超小卷叶蛾（*Pammene ginkgoicola*）

该虫是银杏产区较常见的枝梢害虫，以幼虫蛀害银杏枝条致该枝枯死，降低银杏产量。1年发生1代，以蛹于11月在树干中下部树皮内越冬，翌年3月中旬至4月上旬为成虫羽化期。5～7月是幼虫危害高峰期，初孵幼虫能吐丝结薄网，多潜伏在短枝的凹陷处取食，1～2天后打洞钻入短枝内横向潜食，致使叶、果枯萎，也有的钻入新梢中向基部蛀食。防治方法：可通过树干涂白、糖醋液诱杀、药剂喷施、剪除被害枝等方法进行预防。具体如下：①树干涂白。11月下旬用生石灰5kg、敌敌畏0.1kg、食盐1kg、水20kg配制成涂白剂涂刷树干，防治越冬虫蛹效果良好。②糖醋液诱杀。3月下旬至4月上旬，成虫从蛹内羽化出来时，利用成虫喜欢糖的特点，用糖醋液盛盘诱杀成虫。③药剂防治。4～5月成虫羽化产卵及卵孵化期，每隔7天用80%敌百虫1200倍液或杀螟松800倍液喷洒被害枝条2～3次，可集中消灭初孵幼虫，效果极佳。④剪除被害枝。在幼虫危害盛期，即4月下旬至5月中旬，剪除被虫侵害的枝条，连枝带虫烧掉。

5. 美国白蛾（*Hyphantria cunea*）

又名美国灯蛾、秋幕毛虫、秋幕蛾，属鳞翅目灯蛾科，是世界性检疫害虫。该虫1年发生3代，越冬蛹一般经过150天，自3月下旬开始出现成虫，4月中旬至5月初大量出现越冬成虫；经7天的一代卵期，5月初至6月中旬为一代幼虫发生期；6月中旬至7月中旬幼虫老熟并化为蛹；6月下旬至7月下旬为一代成虫发生期；二代卵期3天，马上进入二代幼虫期（7月中旬至8月中下旬）；7月下旬至8月下旬为二代蛹期；二代成虫发生在8月中旬至9月中旬；三代卵期仍为3天，迅速进入三代幼虫期（9月上旬至10月下旬）；9月下旬开始化蛹越冬。第一、第二代幼虫主要在树冠中下部危害结成白色网幕，第三代幼虫在树冠中上部危害结成白色网幕，低龄幼虫在网幕内取食叶肉，受害叶片仅留叶脉呈白膜状而枯黄。5龄以后幼虫进入暴食期，被食叶呈缺刻和孔洞，严重时把树叶蚕食光后转移危害。防治方法：通过加强检疫工作、人工剪除网幕、人工挖蛹、灯光诱杀、草把诱集、药物防治、利用天敌（周氏啮小蜂）、性信息激素引诱等方法防治。发病时，选择高效低毒的仿生生物杀虫制剂进行高压喷雾防治，可选择20%除虫脲4000～5000倍液、25%灭幼脲3号1500～2500倍液、植物性杀虫剂烟参碱500倍液等。

6. 茶黄蓟马（*Scirtothrips dorsalis*）

又名茶叶蓟马、茶黄硬蓟马，属缨翅目蓟马科，是银杏生产上发生普遍、危害严重的一种叶部害虫。茶黄蓟马1年发生4代，4月下旬至10月下旬均可危害。以成虫、若虫在叶片背面锉吸叶肉汁液，使叶片很快失绿白枯、早期脱落，同时也危害枝梢、嫩头，导致银杏树叶中银杏苦内酯和银杏黄酮的含量大大下降，影响树势及果实产量。受害严重的年份，减产可达20%以上。第一代成虫一般在5月中旬开始发生，6月中旬出现危害初盛期，6月下旬至7月下旬是危害高峰期，8月上中旬是危害盛末期，9月虫量减少。防治方法：可通过扫除并烧掉枯枝落叶、喷施高氮叶面肥、黄色黏虫板、药剂喷施等方法进行防治。发病期（6月中旬至7月上中旬），用5%阿维菌素水乳剂5000倍液或10%多杀霉素水剂800倍液或

0.5%苦参碱水剂1000倍液对树体喷药防治2次，可较好地控制危害。特殊情况可防治3次（8月上旬再防治1次），一般以2次为宜。

七、综合利用

银杏是集核用、叶用、材用、防护、观赏于一体的多功能树种。银杏全身都是宝。银杏果（白果）药食俱佳，为高级滋补保健品。白果中除含有丰富的营养成分外，还含有银杏酸、氢化白果酸、氢化白果亚酸、银杏醇、白果酚、五碳多糖，其中白果酸可抑制多种杆菌及皮肤真菌，并对葡萄球菌、链球菌、白喉杆菌、大肠杆菌等都有不同程度的抑制作用。过去一向丢弃的肉质外种皮，现已成了宝贵的药用（农药、兽药、医药）资源。银杏叶的药用价值日益被重视，用银杏叶提取物制备的新药舒血宁针片剂、冠心酮针剂和片剂，对治疗心血管、脑血管、脑功能衰退等疾病有十分独到的疗效；银杏叶药枕对失眠、头晕、多梦、记忆力衰退等有良好的改善功能；用银杏叶提取物生产的保健饮品深受消费者青睐。此外，银杏叶提取物与维生素相结合，有良好的护发、护肤功效。在绿色致富工程中，银杏综合开发有着广阔的发展前景（曹福亮，2007）。

近数十年来，各国药学界和化学界科学家对银杏叶做了分析研究，发现银杏叶中的成分极为复杂，除药用价值远远超过白果外，已成为食品和饮料的新原料。银杏叶的深加工和综合利用已引起人们的重视。在日本、美国、德国、韩国以及西欧等，在对银杏叶化学成分及其药理功效研究的基础上，已经研制出多种银杏叶提取物制剂，成品销售于全世界，产品供不应求，取得了巨大的经济效益。我国在银杏综合加工利用上发展非常快，加工产品可划分为三大系列：食用保健品、化妆护肤保健品和医药品。我国已经成功地研制出全天然银杏汁、银杏罐头、银杏叶桃果汁，以银杏为主要原料的系列食用保健品的制备方法和加工工艺已获得多项国家专利。对银杏其他保健食品的研究也很深入，涉及加工品的营养与功能及质量控制等方面。张莉（1994）、赵林果等（2017）、杨世龙等（2015）先后研究了在加工过程中除去微量有毒成分氢氰酸或酚酸的方法。目前，已成功地研制出用银杏叶提取物制作护发乳、生发油、护肤膏、减肥雪花膏等专用化妆护肤品的配方。以多酚与银杏树提取液配制化妆品或药物组合、白果白芨系列护肤用品及其制备方法都已获得国家专利。

虽然我国对于银杏种实和银杏叶开发利用的研究已经取得了可喜的成果，并且生产出多种银杏产品投入市场，但在银杏花、材、外种皮开发利用方面的研究尚处于起步阶段。今后，随着科技的进步，银杏资源的开发利用也必定要走综合性的产业化发展道路。

（曹福亮，汪贵斌）

松

松属（*Pinus*）植物为松科（Pinaceae）常绿乔木，是松科中的大属，约110种。产于北半球，分布于欧洲、亚洲、非洲北部、中美洲和北美洲，南半球仅1种。从赤道热带森林到北极圈边缘的极冷地区均有生长。我国有22种16变种，分布和栽培几乎遍布全国，引种栽培14种。

松属的传统分类是以叶内维管束数目为依据，包括2个亚属：单维管束松亚属（Subgen. *Strobus*）和双维管束松亚属（Subgen. *Pinus*）。单维管束松亚属包括五针松组（Sect. *Strobus*）和白皮松组（Sect. *Parrya*）。五针松组包括红松（*P. koraiensis*）、新疆五针松（*P. sibirica*）、偃松（*P. pumila*）、华山松（*P. armandi*）、大别山五针松（*P. dabeshanensis*）、海南五针松（*P. fenzeliana*）、乔松（*P. griffithii*）、北美乔松（*P. strobus*）、日本五针松（*P. parviflora*）、台湾五针松（*P. morrisonicola*）、毛枝五针松（*P. wangii*）、华南五针松（*P. kwangtungensis*）。白皮松组包括白皮松（*P. bungeana*）、西藏白皮松（*P. gerardiana*）。双维管束松亚属包括长叶松组（Sect. *Sula*）和油松组（Sect. *Pinus*）。长叶松组仅西藏长叶松（*P. roxbourghii*）1个种。油松组包括赤松（*P. densiflora*）、兴凯湖松（*P. takahasii*）、巴山松（*P. henryi*）、欧洲赤松（*P. sylvestris*）、樟子松（*P. sylvestris* var. *mongolica*）、长白松（*P. sylvestriformis*）、高山松（*P. densata*）、油松（*P. tabulaeformis*）、马尾松（*P. massoniana*）、南亚松（*P. latteri*）、黄山松（*P. taiwanensis*）、欧洲黑松（*P. nigra*）、黑松（*P. thunbergii*）、海岸松（*P. pinaster*）、热带松（*P. tropicalis*）、云南松（*P. yunnanensis*）、长叶松（*P. palustris*）、西黄松（*P. ponderosa*）、思茅松（*P. kesiya* var. *langbianensis*）、火炬松（*P. taeda*）、湿地松（*P. elliottii*）、加勒比松（*P. carbaea*）、刚松（*P. rigida*）、萌芽松（*P. echinata*）、矮松（*P. virginiana*）、北美短叶松（*P. banksiana*）。

多为喜光树种，但红松稍耐阴；一般喜酸性土壤，但有些种类在石灰岩山地也能生长。

采用种子或扦插繁殖，为各地重要的森林组成树种和造林树种。其中如红松、华山松、云南松、马尾松、油松、樟子松等为我国森林中的主要树种，同时在国土绿化和木材生产、生态保护与修复、风景游憩等功能发挥中占重要地位。引入种如湿地松、火炬松、加勒比松、长叶松、刚松、黑松等生长较快，在各区域表现突出，均为有发展前途的造林树种。因具有抗寒性，古人将松、竹、梅誉为“岁寒三友”。

松属是世界木材和松脂生产的主要资源树种。木材纹理直或斜，结构中至粗，材质较软或较硬，易加工，可作建筑、电线杆、板料、家具、地板等用材。木材纤维是造纸等的工业原料，不少种类可供采割松脂，树皮、针叶、树根均可综合利用，制成多种产品，种子可榨油或食用。为各地森林更新、荒山造林、绿化及观赏树种。

（马履一，贾忠奎）

2 红松

别　名 | 果松（东北地区）、海松（《本草纲目》）、朝鲜松

学　名 | *Pinus koraiensis* Sieb. et Zucc.

科　属 | 松科（Pinaceae）松属（*Pinus* L.）

红松是生态功能显著、经济价值和社会价值很高的乡土树种，以红松为建群种的阔叶红松林是我国温带湿润地区的地带性顶极群落。红松以树干通直、木材材质优良和红松籽营养丰富、味道香美而成为我国重要用材林树种和经济林树种。目前，我国的原始红松林面积已很小，仅存于几个自然保护区和天然母树林内。红松最早的人工栽培活动是1895年辽宁新宾的野生苗移栽、1909年辽宁义县的人工播种造林和1931年辽宁草河口的人工植苗造林，而大规模人工造林是从20世纪50年代开始的，目前已在东北地区营造了大面积的红松人工林。大力发展红松人工林，同时加强培育红松天然林，改培次生林为红松与阔叶树种混交林，对提升东北森林的经济和生态效益、促进东北地区经济发展和我国生态文明建设均具有重要意义。

一、分布

红松分布于我国黑龙江、吉林和辽宁境内。自然分布的界限大致与小兴安岭山脉和长白山山脉（张广才岭、完达山、老爷岭、长白山地等）所延伸的范围相一致。北起小兴安岭北坡黑河胜山林场，约49°28′N；南至辽宁宽甸，约40°45′N；东起黑龙江饶河，约134°E；西至辽宁的本溪、抚顺一带，约124°E（李景文，1997）。在俄罗斯远东南部、朝鲜半岛及日本的四国及本州也有分布。红松阔叶林则以我国东北东部山地为分布中心，向东扩展至俄罗斯远东南部，向南扩展至朝鲜半岛北部。

在我国，长白山林区红松天然林的垂直分布在海拔500～1300m，单株分布可达1500m；在张广才岭垂直分布于400～1000m，单株分布可达1200m；在小兴安岭垂直分布于300～700m，单株分布可达800m左右。海拔愈高，混生云杉、冷杉愈多，构成云冷杉红松林。海拔降低，阔叶树比例增加，构成阔叶红松林。

红松阔叶林的树种组成随着纬度的变化而有所变化，高纬度地区组成比较简单，低纬度地区组成趋于复杂。我国东北东部山地典型的红松阔叶林分布于小兴安岭南坡至长白山山脉中部和北部地区，天然红松常与水曲柳、胡桃楸、黄波罗、紫椴、枫桦、槭树、山杨、蒙古栎、红皮云杉、鱼鳞云杉、臭松和沙松等构成针阔叶混交林。林下的土壤为暗棕壤，弱酸性，土表累积大量腐殖质，含量可达5%～10%，具有较高的肥力。在排水良好、土壤深厚肥沃的缓坡上，红松生长良好，林分中红松占的比例较大，林分生产力较高。区内受海洋性季风气候的影响，降水量在500～1200mm，60%集中在6～8月，水热条件配合良好，有利于树木生长。在小兴安岭北坡的红松林，阔叶树种类减少，红皮云杉、鱼鳞云杉和臭松的成分增多。而分布在长白山山脉西南部暖温带地区的红松林，沙松和鹅耳枥等喜温树种成分增多。

长期不合理采伐利用导致红松天然林分布范围逐渐缩小，而人工造林则使红松的分布范围有所扩大。除了在东北东部自然分布区及其周边相邻适生区（边缘栽培区，如吉林长春、四平，辽宁大连、昌图，黑龙江松嫩平原东部等）有大面积人工栽培外，在黑龙江加格达奇、甘南的音

河，辽宁凌源封山沟，内蒙古呼伦贝尔的巴林、南木、免渡河、图里河、库都尔、吉文、大杨树、克一河、阿里河等林业局，内蒙古喀喇沁旗旺业甸，河北宽城都山和冰沟、隆化茅荆坝、平泉龙头沟、围场孟滦和山湾子等地均有初步引种栽培成功（生长正常且已结实）的试验报道。山西榆次区小五台、阳曲县北小店、离石区王家沟和关帝山林业局三道川林场近年有引种试验。北京西山，山东的泰山、蒙山、崂山和昆嵛山（齐鸿儒，1991）及安徽、四川等地也有引种栽培试验。

二、生物学和生态学特性

1. 形态特性

常绿乔木，树干通直圆满，树龄达450～500年，高达30～40m，胸径1.2～1.5m。叶5针一束，叶鞘早落。花期6月，球果翌年9～10月成熟。成熟球果卵圆锥形，长10～20cm，种鳞先端反曲，每个球果含种子80～140粒。种子三角状卵形，无翅，长1.2～1.8cm，宽0.9～1.6cm，棕褐色。

2. 适应性与抗性

光照　红松的生长发育与光照关系十分密切，光因子是红松生长发育生态影响因子中的主导因子（李景文，1997）。红松属喜光树种，但幼年阶段适应一定程度的庇荫。随着年龄的增长，耐阴能力逐渐减弱，需光量不断递增，直至需要全光条件才能维持正常生长。如果长期生存于林冠下，幼树则趋于衰亡，形成了天然红松林下“只见幼苗，不见幼树”的现象。综合诸多学者的研究成果，将光照条件与红松生长发育的关系总结如下：①红松对光照条件的适应幅度较大，既能在裸地上生长，也能忍受林冠下弱光环境。裸地充足的光照加快了红松的生长，提早了结实年龄，但易感染病虫害，易发生早期分杈，影响良好干材的形成。林墙庇荫下的环境中栽植的红松苗，生长好于林冠下栽植的红松苗。在林冠下，当光照强度低于100～250lx，就会抑制红松生长。②光照条件通过影响红松幼树光合作用进而影响幼树的营养物质含量而影响红松的生长发育。遮阴条件下红松的当年生和1年生针叶光合作用的研究表明，8年生以前的红松幼苗、幼树处于喜光树种和耐阴树种的中间类型，60%的自然光照处理最有利于其生长发育（Zhu et al.，2014）。③伴生树种通过影响红松个体受光条件而影响其生长状况。凡是有阔叶树和灌丛庇荫，上方受光生长最好，侧方庇荫生长次之，上方庇荫生长最差（李景文，1997）。当伴生阔叶树位于红松东侧和北侧时，林冠下红松胸径和树高都要明显大于阔叶树位于红松南侧和西侧时。

温度　红松对温度适应幅度较大。在红松自然分布区内，最低气温-50℃，最高气温35℃，≥10℃的有效积温2200～3200℃，红松具有较强的耐热和耐寒能力。但是，红松是一个要求温和凉爽的气候条件的树种。随着温度由南向北递减，生长期随之缩短，对红松生长有一定影响。在分布区北部小兴安岭的带岭地区，生长期120天左右，但高生长仅为50～60天。在分布区南部辽宁的草河口，生长期150天左右，高生长为70～80天。同是20年生的红松人工林，草河口的胸径生长比带岭大50%，树高大30%左右。幼龄期生长所需温度为6～22℃，生长季温度在15～17℃时，高生长量最大；当温度大于23℃时，高生长趋于停止。草河口地区观察结果表明，红松营养生长从4月中旬开始，当温度达10℃左右时，新枝开始生长；随着温度的升高，新枝生长在不断加快，到5月进入新枝生长迅速期，历时20天左右；以后生长逐渐缓慢，到7月生长基本停止，8月生长全部停止。

水分　红松对大气湿度和降水较敏感。空气相对湿度在65%～75%，湿润度在0.7以上，幼树高生长量最大；相对湿度过低或湿润度较小，生长不良。如湿润度为1的草河口红松人工林比湿润度为0.5的长春净月潭红松人工林生长迅速，40年生的人工林，树高相差40%，胸径相差30%左右。辽东地区调查结果表明，湿润度>0.6，对红松生长有利，为最佳红松适生区；湿润度在0.4～0.6，是红松适生区；湿润度<0.4，

吉林省露水河红松母树林原始林树态（沈海龙摄）

吉林省露水河宏伟苗圃红松人工起苗场面（沈海龙摄）

需严格选择小气候适宜的立地进行局部造林。空气中的饱和差则与生长量呈负相关。5～6月的降水量与当年的高生长有较大的相关性。

地形与土壤 红松生长与地形和土壤条件关系密切。很多学者的调查研究结果表明：①海拔、坡向、坡度、坡位等地形因子对人工红松林生长均有不同程度的影响。红松在半阴半阳坡生长好，在阴坡比阳坡生长好，在山上比山下好，在坡地比平地好。同样坡度的林地，坡短的排水性较好，幼苗、幼树生长也好，而坡长的排水性较差或间歇性积水，红松幼苗、幼树生长不好。岩石裸露地、朝阳陡坡和风口上的红松林生长最差。②土壤类型、土层厚度、腐殖质层厚度和土壤干湿度、土壤酸碱度、土壤容重等均对红松生长有重要影响。土壤肥沃、湿润、通透性良好，土层深厚且腐殖质层厚度大，红松生长良好。在暗棕壤上，土壤含水量在40%～50%时，红松生长良好，土壤含水量过低（低于20%）或过高（高于80%）都生长不良。在黑龙江尚志帽儿山地区，典型暗棕壤、草甸暗棕壤对红松生长最适宜，其次为白浆化暗棕壤，白浆土上红松生长最差。腐殖质层厚度和整个土层厚度是制约红松生长的重要因子，土壤越深厚，养分、水分贮备越多，在干旱情况下缓冲能力越强，红松生长量越大。pH 5.5～6.5的立地生长好。当土壤容重由0.71g/cm^{3}增加至1.02g/cm^{3}时，25年生红松高生长由8.7m降到6.2m。③大量元素中，磷对红松生长特别是主根和侧根发育有促进作用，锰、钙、钴、镍和铜也有重要影响。红松喜肥不耐旱，幼龄阶段对土壤有机质和全氮含量及土壤的通透性和持水量要求较高，而对土壤钾和磷的含量要求不严。红松属浅根性树种，主根不发达，侧根发达，根系常呈水平分布，扩展面广，易风倒，这与红松适宜土壤深厚、排水良好的地块直接相关。

宫伟光等（1992）的研究表明，影响帽儿山红松人工林树高生长的主导因子为土壤类型、A层（腐殖质层）厚度和坡向。根据这些主导因子可划分为3个立地级、13个立地型，其中Ⅰ立地级生产力最高，含有厚黑土层阴坡和阳坡暗棕壤红松林以及中黑土层阴坡典型暗棕壤红松林3个立地型；Ⅱ立地级生产力次之，含有厚黑土层阴坡和阳坡、中黑土层阴坡和阳坡白浆化暗棕壤红松林以及轻度侵蚀阳坡典型暗棕壤红松林5个立地型；Ⅲ立地级生产力较低，含有厚和中黑土层阳坡白浆土红松林、轻度侵蚀阳坡白浆化暗棕壤红松林以及轻度侵蚀阴坡和阳坡白浆土红松林5个立地型。

3. 生长进程与杈干现象

生长进程 红松的天然生长进程是在天然林庇荫条件下形成的，和人工林在全光下是不同的。在天然林庇荫条件下，林冠下天然更新以后，长期处于林冠庇荫条件下的天然红松林和自幼处于全光条件下的人工红松林其生长进程很不相同。伊春林区天然林红松树高连年生长量高峰出现在51～69年生时，生长量可达0.23～0.31cm；

胸径连年生长量高峰出现在92～100年生，生长量可达0.36～0.44cm；材积连年生长量高峰出现在170～180年生（李克志，1983）。在凉水的研究结果（李景文，1997）表明，天然红松的生长进程受林隙垂直生态效应影响，表现"先高后径"生长模式，即160年生以前为树高生长时期，160年生以后为直径生长时期，整体可划分为5个生长阶段：①1～40年生为幼苗、幼树阶段，红松更新苗受上层林冠、下木、灌草的抑制，生长极为缓慢；②41～80年生为成材发展阶段，林隙出现生长空间得到解放的幼树，冲破灌草抑制，高生长开始加快，但径生长仍极缓慢；③81～160年生为成材定型阶段，高生长逐渐加快，达到16m以后，进入上层林冠，进入全光环境，树冠发展壮大，进入直径生长阶段；④161～280年生为成熟阶段，树高生长变缓，主干分杈，冠幅扩大，以直径生长为主，生长速度受立地条件影响为主；⑤280年生以上为衰退阶段，红松树高和直径生长缓慢，并逐步趋于衰退。在吉林省汪清林业局金沟岭林场过伐林的研究结果表明：天然红松树高生长的连年生长量在80年生左右出现最大值，110年生左右与平均生长量相交；胸径连年生长量高峰出现在90年生左右，材积生长在110年生左右仍处于速生状态。

而全光下红松人工林生长进程很不相同，据观察（齐鸿儒，1991），红松人工林7年生以前，树高和胸径生长缓慢，年高生长量在30cm左右，7年生以后生长加速，在15～25年生时，处于生长旺盛期，年高生长量可达50～70cm，最大年高生长量出现在16～18年生阶段，在30～35年生以后高生长减慢；6～7年生出现胸径生长后即进入速生期，连年生长量和平均生长量相交于18年生左右，速生期可持续到40年生，之后下降；10年生以前材积生长很小，20年生后开始加快，45～50年生连年和平均生长量仍处于上升趋势。不同的立地条件，红松人工林生长不同。25年生的人工林，在山地缓坡平均树高8.5m，胸径14.6cm；在山地斜坡，平均树高8.4m，胸径13.2cm；在山脊陡坡，平均树高6.4m，胸径11.7cm。

关于红松的年内季节生长，在帽儿山地区，红松一般4月中下旬树液开始流动，顶芽展开始于5月上中旬，新顶芽形成于6月末或7月初。树液流动但顶芽未展开的4月可视为树高初生期。5月初至5月中旬约20天时间为顶芽展开、新梢出现并缓慢生长的时期，可称为树高缓慢生长期。5月下旬至6月上旬的15～20天时间里，为树高生长速生期，生长量可占全年高生长的近70%。6月中旬开始生长量逐渐下降，6月末或7月初形成新的顶芽，停止生长，这一时期可称为树高终止期。一般树高生长期60天左右。红松树高生长有一个很重要的特点，就是二次生长现象，即在新顶芽形成后的7月、8月甚至9月，会因为光照、温度和水分条件的变化而导致新顶芽重新展开，形成新的新梢并产生一定的生长量。关于红松二次生长是有利现象还是不利现象，目前学术界还有争论，但生产上一般要求控制，不让二次生长发生为好。红松直径生长可分为初生期、缓慢期、速生期、下降期和终止期5个时期。其中初生期始于4月中旬，止于5月上旬（15～20天时间），量上变化不明显；5月上旬至6月上旬（约30天时间）为缓慢期，生长逐渐加快；6月中旬至8月中旬（约60天时间）为速生期，生长量大且持续时间长；8月下旬至9月中旬（20～30天时间）生长量下降至停止，为下降期；9月下旬开始进入休眠，为生长停止期，生长期长90～110天。在小兴安岭南坡凉水的观察结果与上述情况基本相似。而处于暖温带区域的草河口的观察结果表明，红松树高和直径季节生长周期要延长很多（齐鸿儒，1991）。草河口的红松，树高生长始于4月中旬，止于7月中旬，持续期约为3个月；直径生长始于4月下旬，止于10月末，生长期长达约180天。

杈干现象 无论原始林或人工林的红松，都有分杈现象。红松的分杈与一般阔叶树的分杈不同。由于红松有强烈的顶端优势效应，红松分杈后往往形成1～3个甚至更多的生长状况相似的并生主干，早期分杈形成的主干茎梢再次分杈后同

样再形成并生主干，所以称作“杈干”更合适。红松林木杈干现象，是指由于某种原因使树木的顶芽或顶枝停止生长，而由侧芽或侧枝发展起来形成两个或两个以上粗度和高度近似的主干的多歧树干现象。随着树龄的增长，形成多层次的杈干，杈干粗和长随层次增高逐级减少，树冠上宽下狭，称为“四平头”。

对于红松杈干木，按其形态特征划分为3种类型：①单杈干型，即由单个侧枝代替主枝，树干仍是单一的，只是在杈干处形成一定的弯曲。这种杈干类型随着径生长的加粗，杈干点逐渐愈合，仍可以形成通直的树干。②双杈干型，即由两个侧枝替代主枝，两个侧枝生长势基本相同，树干形成双干型。③多杈干型（也称复杈干型），即由多个侧枝代替主枝，多个侧枝生长势基本相同，树干形成多个复干。红松杈干可分为自然杈干和人为杈干两类。红松自然杈干，主要包括红松顶芽或顶枝自然枯死、自然风雨霜雪及突发灾害引起的折顶、虫害和动物损害折顶、人工采塔折顶、红松内在遗传因素导致杈干等原因形成的杈干。在红松生长发育过程中，红松分杈作为一种生理现象始终存在，几乎每株红松都会出现不同程度的分杈。在原始林中分杈开始于80～140年生，与开始结实的年龄基本一致。人工林分杈年龄较早，有的从10年生就开始分杈，纯林分杈株数有的达80%左右。分杈与虫害、结实、再生长等因素有关。当与阔叶树或落叶松混交时，分杈率明显降低，如在孟家岗林场一片落叶松林冠下栽植的30年生红松，分杈率仅为3%。分杈可以促进单株材积和林分蓄积量的增长，适当的分杈也会促进红松的结实。然而，分杈同时会严重影响红松干材的价值，会破坏干材的完整性，降低出材量和材质。

4. 开花结实与种子特性

原始红松林结实年龄一般在80～140年生，180～210年生为结实盛期，结实能力可一直维持至300年生以上。种子品质最好的时期是自190年生开始。人工林结实要早得多，一般在9～15年生开始，19年生的林分结实株数占35%左右，26年生结实株数占50%左右，35年生结实株数占91%以上。红松结实间隔期明显，每隔2～3年有一个结实丰年。

红松雌雄同株异花，无花被，胚珠裸露，是异花风媒传粉植物，一般雌、雄花的开花时间相差3～5天。雌、雄球花的发育都是跨年度的，即在第一年夏季形成原始体，第二年春季开花传粉，第三年春季受精、秋季球果种子成熟。红松雌球花（球果）主要集中于树冠顶部，而雄球花可以遍布整个树冠。根据在露水河红松种子园的观察，母树雌球花数量≤6个时，基本簇生于主梢或分杈的顶梢；＞6且≤40个时，分布于顶梢和第一层轮枝；＞40且≤80个时，可分布至第二层轮枝；＞80个时，才能分布至第三层轮枝。在黑龙江省孟家岗林场、东北林业大学帽儿山实验林场和勃利县通天二林场的40～50年生红松人工林的观察结果，也证实了红松的这一特性。在孟家岗林场观察到下部枝条结球果的情况，但该枝条粗壮且生长强劲，结实处的高度已经接近主梢的高度。

红松的花粉于6月上中旬传粉，受精发生在翌年的6月中下旬。此时，胚胎处于原胚期，种子呈现透明状，内部溶蚀腔尚未形成，珠孔闭合。7月初原胚柄延长，将末端的初生胚细胞推入雌配子体，雌配子体的溶蚀腔随着胚柄伸长而扩大空间并推动胚胎更深入到雌配子体中，先后经历裂生多胚期和柱状胚期。裂生多胚期的特点为胚柄进一步发育同时出现多个初级胚胎，随后多个胚胎之间出现竞争，保留一个优势胚胎进一步发育，最终发育成种子的成熟胚。7月中旬红松胚胎发育成为一个伸长的圆柱体，胚胎发育进入柱状胚期，该时期种子变为不透明，内部溶蚀腔变得更大，优势柱状胚的胚头变大，胚柄伸长。7月底至8月初，种子形态进一步增大，大小与成熟时接近，去除种皮后的种子呈现不透明的乳白色，外观接近成熟胚，种子内部胚柄退化，胚胎发育至具根分生组织、芽分生组织，并分化出子叶，此时进入子叶前期（梁艳等，2016）。红松种子发育过程中内源激素的含量随着胚胎形态发育的变化而发生动态变化，各呈现不同的格局；IAA、ABA、ZR在红松胚胎发育过程中起重要调节作用，而GAs对发育过程没有明显的作用（梁艳等，2016）。

结实旺盛期，天然母树林红松球果的出种率一般为15%～25%，人工母树林为20%～30%，种子园可达34%。小兴安岭天然母树林红松种子千粒重为413g，种子园种子千粒重为525g；长白山天然母树林红松种子千粒重为400～450g，种子园种子千粒重为500～900g。天然母树林丰年种子产量为250～450kg/hm^2，人工母树林为300～450kg/hm^2，种子园结实初期（20年生）即可达300kg/hm^2。种子安全含水量7%～8%。新采种子发芽率一般可达90%以上。

红松种子具有深休眠特性，但引起深休眠的原因尚存在争论，可能与试验材料的来源、种子采收的时间、采收后种子贮藏时间的长短，以及采用的方法、研究角度的不同有关。红松种子的外种皮与休眠有重要相关性，初步认为外种皮机械障碍和种皮透水障碍不是主导因素，而外种皮、胚乳所含抑制物（ABA和酚类物质等）是主要因素。此外，采种时间过早及分布在比较寒冷区域的红松种子，采集时种胚尚未发育完全（未完全充满胚腔），需要一定后熟过程，也是原因之一。内种皮透气性差也可能是原因之一。尽管存在快速催芽方法，但效果最好的还是经夏越冬隔年埋藏法（自然变温层积催芽），说明红松种子休眠的解除需要一定的高低温变化过程，与环境温度、湿度条件相关。

吉林省露水河宏伟种子园红松果实累累（沈海龙摄）

5. 生长类型

红松有粗皮和细皮两种类型。在不同林分里都有粗皮和细皮两种类型红松，在长白山林区细皮红松占多数（82%），粗皮红松占少数（18%）。粗皮红松生长速度快、年轮宽、材质疏松，发育成熟早、结实量多，树冠分杈多；在同一林分内，大径级木，具有扇形冠顶者多为粗皮红松。细皮红松生长速度慢、年轮窄、材质细密，发育成熟晚，寿命长。长白山林区天然红松林，粗皮红松和细皮红松的胸径生长在40年生之前差别不大，50～130年生粗皮红松胸径生长快于细皮红松；80年生左右差别最大，粗皮红松是细皮红松的114%；130年生后，细皮红松连年生长量超过粗皮红松；190年生时，粗皮型生长量仅是细皮型的68%。高生长转折点是85年生，之前粗皮型生长快，之后细皮型生长快，但差异不像直径生长那么明显。材积生长转折点是150年生，之前粗皮型生长快，之后细皮型生长快，差异最大值出现在190年生时，细皮型是粗皮型的127%。在闹枝林场人工林调查结果表明，胸径和材积生长是粗皮型大于细皮型，树高生长是细皮型大于粗皮型；粗皮红松分杈率41%，远大于细皮红松分杈率（12%）；细皮红松（形率0.895）干形好于粗皮型（形率0.785）。

6. 天然更新

红松在原始林下天然更新普遍不良，当老树死亡倒下出现林窗或择伐使林冠疏开后，红松天然更新状况有所好转，但短时期内仍不能占据更新优势，林冠下多数是伴生的几种幼树。不论在哪种林型，红松幼苗、幼树均集中在20年生前阶段。如果林冠不持续疏开，幼树达到10年生或20年生以后，大部分幼树因光照不足而死亡。现存的红松异龄林，是在林冠下经过几个世代能生存下来的幼树长期积累并以长寿命的特点逐渐演替成为林分中的优势者。根据红松种群空间格局分析，红松的天然更新主要是林窗下更新或称林隙更新。老树死亡或各种干扰形成林窗初期，灌木、杂草抑制了红松更新过程，存在着一个更新停滞时期。随着阔叶树的生长，更新环境得到改善，红松更新株数逐渐增加。当阔叶树处于发展中期时，阔叶树林冠下造成一种适应于红松的更新优良环境，形成了红松更新的高峰期。但随着更新红松的生长，需要更多的光照条件和生长空间，上层阔叶树对红松继续更新和生长又产生了抑制，及时适当伐除这些影响更新红松生长和更新的阔叶树，对红松更新并进入主林层有重要意义。不论是原始林还是次生林下，红松更新成功的关键是通过抚育措施调节光照条件，一般采用透光抚育的方法进行。

松鼠、花鼠、松鸦等动物与红松天然更新有密切的关系。动物采集球果，从球果中取出种子，取食掉一部分后，将剩余种子运至贮藏地，埋藏在地被物下准备冬、春食物缺乏时再重新取食。这种种子搬运的距离可从几百米至几千米。种子贮藏点数量很多，每个点有数粒种子（3～6粒居多）。未被动物重新发现和取食的埋藏种子在经历两冬一夏的自然催芽后可能萌发，萌发的幼苗如果遇到适合生长的小环境，就会逐渐生长发育和成长壮大。近年来的高强度掠夺性采种行为，使得动物可以取食和埋藏、遗留的红松种子数量锐减，已经影响到红松正常天然更新。

三、良种选育

红松遗传改良工作始于20世纪80年代，以引种试验、种源试验研究、优树选择为主，同时种子园建设也普遍展开。而初级良种基地母树林的建设随着20世纪50年代末至60年代初红松大规模人工造林的开展就开始了，比较有名的天然红松母树林都已经成为国家良种基地的一部分。

1. 优良种源

杨书文等对红松3个种源60个家系3年生子代苗的研究结果表明：红松种源间及种内家系间苗高、地径和二次生长高均有显著差异，表明对种源或家系的选择是有效的。种源间的变异量大于种源内家系间的变异量。红松生长性状的遗传变异主要来自种源间和个体之间，而家系间的变异较小，因此在实践当中应重视种源和个体的选择。苗高的遗传变异大于地径，因此，在红松苗期选择时应考虑以苗高为主要选择指标（杨书文等，1991）。根据两次红松种源试验共28个种源的生长、分枝和适应性，用主分量分析方法，把红松天然分布区初步区划为小兴安岭、老爷岭—张广才岭和长白山3个种源区。小兴安岭种源区红松生长期短，抗寒性强，高、径生长慢，种子小，枝细、叶短、冠幅窄，叶绿素含量高。老爷岭—张广才岭种源区红松生长期较长，抗寒性较强，高、径生长较快，保存率较高，叶绿素含量中等。长白山种源区红松生长期长，高、径生长快，生产力高，保存率高，种子较大，叶绿素含量少，较不耐寒，在Ⅰ区生长时易受寒害。长白山种源区是红松优良基因资源的富集区（夏德安等，1991）。

新修订的红松种子区区划应用了以上种源试验结果，划分小兴安岭种子区（Ⅰ）、老爷岭—张广才岭种子区（Ⅱ）和长白山种子区（Ⅲ）3个种子区。自然分布区以内用种单位可根据最新种源试验结果或种子区区划调拨种子。自然分布区以外适生区内用种时，应遵照种源试验的结果。尚未进行种源试验时，可按下列要求调拨种子：①松嫩平原松花江以北红松适生区可以从种子区Ⅰ调拨种子；②松嫩平原松花江南部适生区和三江平原适生区可以从种子区Ⅱ和Ⅲ调拨种子；③辽河平原适生区可以从种子区Ⅲ调拨种子。

2. 良种基地

以我国国内红松自然分布区内天然红松群体为对象，根据地域、纬度和山脉的不同，划分为南、中、北3个亚区，在亚区内抽取地点，在地点内选择种源和优树，采集种子和穗条，建立红松实生种子园和无性系种子园。目前已经建立了20多个1代红松无性系种子园和实生种子园，并进行了优树半同胞子代测定，选出一些优良家系、无性系。在此基础上，已经建设成了第二代红松种子园。吉林省露水河宏伟红松种子园是国家级林木良种基地，其生产的种子已被审定为国家林木良种［国S-CSO（1）-PK-001-2004］，适宜小兴安岭和长白山区应用。

建立林木种子园需要较长的时间才能见效，目前红松良种基地中母树林仍然占有极其重要的地位。中华人民共和国成立初期就开始进行红松母树林建设，从最初原始红松林选建到后来的人工林改建，现在已经建立了大规模的红松母树林体系。例如，露水河天然红松母树林最早规划于1950年，1958年建局以后，又分别于1973年、1981年、1987年、2004年、2010先后对母树林进行了5次清查及抚育；经50多年的保护和经营管理，已将其建设成为我国目前保存面积最大（11746hm^2）、最为完整、种质资源最为丰富的红松天然母树林，成为露水河国家红松良种基地的重要组成部分。其他较大的天然红松母树林有黑龙江省鹤北联营林场红松母树林（12000hm^2）、宁安市小北湖红松母树林、汤原县大亮子河红松母树林、伊春丰林红松母树林和五营红松母树林，以及吉林省汪清金沟岭红松母树林等。分布区内各县（市）和森工局均建设有规模不同的人工红松母树林。

第一批（2009年）和第二批（2012年）确定的国家重点红松良种基地有：辽宁省本溪县清河城林场国家红松良种基地、辽宁省森林经营研究所国家红松良种基地（草河口），吉林省汪清林业局国家红松良种基地（亲和红松种子园和金沟岭红松母树林）、露水河林业局国家红松良种基地、临江种苗示范中心国家红松良种基地（闹枝）、通化县三棚林场国家红松良种基地、龙井市开山屯国家红松良种基地、三岔子林业局国家红松良种基地，黑龙江省宁安市小北湖红松良种基地、带岭林业局国家红松良种基地、黑龙江省林木良种繁育中心国家红松良种基地（鹤岗）、佳木斯市孟家岗林场国家红松良种基地、苇河林业局国家红松良种基地（青山种子园）。第三批（2017年）国家良种基地增加了黑龙江省铁力林业局国家红松良种基地和绥棱林业局国家红松良种基地。还有一些省级审定或认定的红松良种基地，如辽宁省本溪桓仁满族自治县黑沟林场红松母树林被辽宁省认定为良种基地，鹤北联营红松优良林木种源基地被黑龙江省审定为林木良种基地。

红松用材林造林用种，应该选用良种基地生产的种子，不应选用一般林分生产的种子。

四、苗木培育

红松育苗目前主要采用播种育苗方式。嫁接育苗用于种子园和坚果林建设。

1. 裸根苗培育

采种与调制 红松球果在9月中下旬至10月上旬成熟。球果的颜色由绿色变成黄绿色，部分种鳞开裂，即为果初熟期。种鳞逐渐变黄褐色，并有个别球果开始脱落的时期为成熟期。造林用种此时采种为宜，一般适宜采种期为9月末至10月初。11月至翌年3月球果自然脱落，影响采种。采集的球果放在通风干燥处，当多数球果鳞片分离时，进行脱粒。脱粒后，种子需经水选和晾晒、除去杂质。当种子含水量降到9%时，装入铁桶密封，放入4℃以下的种子库保存。超干贮藏时种子含水量以4%为宜。

种子催芽 红松种壳坚厚，含有发芽的抑制物质，属于综合性深休眠类型，在播种前要经过催芽。一般常采用露天越冬埋藏法（经夏越冬隔年埋藏）、快速催芽法、室内自然堆积法等。①露天越冬埋藏法是在播种前一年的夏、秋季，将种子放入冷水中浸泡2～3天捞出，然后与2～3倍体积的湿沙均匀混合，放入催芽窖中催芽。一般在采种翌年6～8月埋藏种子，经历夏、秋、冬3季，在埋后第二年春季播种时取出，历时9～10个月时间。如果采种当年埋入，经历冬、春、夏、秋、冬5季，在埋后第三年春季播种时取出，历时18个月左右时间。②快速催芽法是在播种前40天左右，用50℃热水浸种，充分搅动，直到水温降至30℃左右，经过24h后，再换上凉水，以后每隔1～2天换凉水一次，浸种7～10天。当种仁变成乳白色时，将种子捞出，与2～3倍体积的湿沙均匀搅拌，放在背风向阳的地方摊晒。晚间将种子堆成堆，盖上草帘，第二天再摊晒。为了加快催芽，可用塑料薄膜罩上，亦可放在室内适

当加温。种沙温度保持在20～25℃，催芽期间每天要上下翻动2次，均匀浇水，保持一定湿度。③室内自然堆积法是将种子浸泡1～2天后，混2倍体积河沙，湿度60%，放入室内堆成30～40m高的堆，隔天翻动一次，保持一定湿度。天冷结冻时堆成60cm高的堆，并浇水使其封冻，到春季播种前将其翻动，使其温度均匀。本方法前期暖湿处理温度为15～20℃，历时10周左右；后期冷湿处理温度0～2℃，历时15周左右。上述3种方法，在催芽前要对种子进行消毒，当30%～50%的种子裂嘴时，或胚已转黄绿色时，即为催芽良好。

选地 红松喜生于排水良好、质地疏松、结构良好、微酸性（pH 5.2～6.5）的壤土或沙壤土。可连作或与其他针叶树轮作。地势低洼、土壤黏重、风口等地和水湿、钙质碱土（pH大于6.8）等不适合作为红松育苗用地。

整地作床 红松育苗整地一般在秋季进行，随起苗随造林时则春季进行。起苗后首先平整土地，然后深翻细耙。一般翻地深度为25～30cm。红松育苗需要施足底肥，以堆肥为主，施肥量15万～23万kg/hm^2，在翻地和耙地之前分层施入一半，作床时施入另一半（齐鸿儒，1991）。底肥不宜使用化肥。红松采用高床育苗（宜高不宜低）。土壤粉碎，床面要平整。可采用硫酸亚铁或五氯硝基苯等进行土壤消毒。硫酸亚铁用量为300kg/hm^2，加水稀释后喷洒地面，然后翻入土中。五氯硝基苯用量为37.5kg/hm^2，加65%代森锌可湿性粉剂37.5kg/hm^2，混土7500kg/hm^2，撒于床面。具体实施可参考当地经验和最新研究资料及技术规程。

播种 红松春播或秋播均可，以春播为宜。一般多在4月中下旬到5月初进行播种，高寒地区5月中旬播种。从播种到出齐苗需15～20天。注

吉林省通化县三棚林场80年生红松人工林（沈海龙摄）

意适时早播，以延长苗木生长期，减少日灼危害，增强抗病能力。据研究（高永刚等，2008），地中5cm处温度3～5℃时播种，红松新播苗的苗高、地径、主根长、侧根数、干物重、出苗率、保苗率、物候期等质量指标均较优，生产中可参考。红松播种量应根据种子的质量和发芽率而定。千粒重450g左右、发芽率达80%时，播种量3000kg/hm^{2}为宜。可根据种子实际千粒重和预定出苗量适当调整，一般单产800～1000株/m^{2}情况下，播种量1000～1200粒/m^2。采用南北向条播为好，覆土厚度1.0～1.5cm，播后镇压。能及时灌溉条件下可不覆草和遮阴，进行全光育苗。

苗期管理 红松播种苗可分为出苗期、生长初期、速生期和生长后期4个时期。播种后立即浇水，每天要少量多次，经常保持床面湿润，以接上潮土为准。全光育苗需水量大，特别是种子发芽和幼苗出土期间，浇水工作更应注意。幼苗出齐后，也要供应足够的水分。幼苗缺水时，针叶淡黄色或红尖，这时要大量浇水，若水分不足，幼苗易遭日灼而枯死。雨季应做好排涝，以防苗木烂根，做到内水不积、外水不侵。除草时要做到除早、除小、除了。当表土板结时，会影响幼苗生长，应及时疏松表土。松土深度1～2cm为宜，在操作上要防止过深碰伤苗根，损害苗木。松土宜在降雨或浇水后进行。在幼苗生出1～2条侧根时进行第一次追氮肥以促进苗木生长；以后每隔10～15天追肥1次，年追肥量375～450kg/hm^2。用腐熟人粪尿追肥亦可。施肥后必须及时适量浇水、洗净，追肥量越大，浇水量也越大。施用氮肥最晚不要超过7月上旬。播种后至幼苗全部出土、种壳脱落前，注意防鸟害。苗期防治病害主要施用波尔多液。幼苗出土撤草后立即用1%波尔多液喷苗，以后每隔10天左右1次，全年施药4～5次。有晚霜危害地区，注意出苗期和幼苗期防霜冻。

越冬管理 防寒是红松育苗中的关键措施。一般采用土埋法防寒。每年秋后土壤结冻前的11月初，将步道土打碎，均匀地覆盖在苗木上，尤其床边的苗木一定要盖严，南侧床边的覆土厚度要超过苗梢3～5cm。覆土防寒的时间要掌握好，覆土过早容易引起苗木发黄、发霉，过晚则影响防寒质量。春季气温上升，土壤开始解冻，在气温平均5℃左右，苗木开始萌动时进行撤土。撤土过早，苗木因未开始萌动，容易发生生理干旱现象，影响苗木生长，甚至造成死亡。撤土过晚，会使苗木发霉、腐烂。土埋法由于费工、费力，且操控风险大，目前很多苗圃已经不用，代替使用覆草法防寒，且仅对当年生苗进行。方法是使用稻草或草帘，覆盖当年生育苗苗床。2年生以上苗木，仅在迎风面设置防风障或覆盖草帘（或稻草），或设置防寒土墙（苗床迎风面用土堆成高出苗木20cm的土墙），防止发生生理干旱即可，不用全面防寒。

留床苗管理 除早期追肥外，一般和当年播种苗大体相同。红松留床苗为苗高春季生长型，5月上旬就开始高生长，6月下旬高生长停止，因此追肥宜早不宜迟。一般在撤除防寒土（草）后，就开始追肥，追施2～3次，5月末追肥全部结束。年追肥量600kg/hm^{2}左右。

移植育苗 红松移植用苗最好是春季随起随移植，缩短苗木保管时间，防止发霉和风干，有利于提高造林或移植成活率，但缺点是影响前一年的圃地翻耕和由于苗床化冻不够深，推迟起苗时间，影响移植进度。如有充分的窖藏或假植条件，保证苗木质量，也可秋起春移植。无论什么时期起苗，都要先除掉苗床上的覆盖物，然后在苗床一端开出深沟，依次掘取。掘苗前若床土过干，应事先浇水，掘后立即拣苗。拣苗时，需将土块轻轻压碎拣出苗木。有条件时苗根可带些土，不要拔苗或摔苗，保持苗木根系完整。有条件的苗圃应采用机械化作业。在苗木贮藏、包装、运输、假植等各个环节中，都必须注意保护好根系，防止风吹日晒，否则会严重影响造林成活率。红松视地区情况不同培育2-1型或2-2型苗木。换床密度一般为每平方米150～200株，垄作时每延长米20～30株。换床后要精心地进行田间管理，促进苗全、苗壮。2-2型苗高需达20～25cm，地径0.5～0.7cm。

高寒地区也可在塑料大棚内播种培育裸根苗，以延长生长期，缩短育苗期。

苗木出圃　除秋季造林用苗外，均应在春季起苗。最好随起随造林，以提高造林成活率。据试验，秋季起苗假植，翌年春季造林，成活率低，效果不好。起苗注意不伤苗根，主根长保持15cm以上。为提高造林质量，对苗木规格质量必须严格要求，要分级选苗。随选苗随捆把，在选苗过程中，要做好遮阴，防止风吹日晒。未达到标准的苗木，均应按废苗处理。选苗后若不能及时出圃，要临时假植，埋好苗根保持湿润，防止风干。苗木出圃时，必须捆包，包内放湿草，苗根向内整齐摆苗。捆包要紧，不露苗根，一般每包2000株，重量不超过30kg为宜。

2. 容器苗培育

多地造林效果表明，红松容器苗造林成活率和保存率高，特别是初期生长速度远高于裸根苗。而且，配合适当的造林工具，容器苗造林成本也不高于裸根苗。所以，红松容器育苗越来越受重视。

综合近年来的成果，红松容器苗主要可通过如下两种途径进行培育。

容器直接播种、简易环境控制条件下培育容器苗　黑龙江带岭苗圃开发了一套适合我国红松分布区实际情况的红松容器育苗方法（李继承等，2000）：容器内播种，配合温室或塑料大棚简易环境控制，进行容器育苗。选用重量轻、透气性与保水性好、肥力较高且资源丰富、成本低的草炭土+腐殖土、腐殖土+马粪（鲜）、草炭土+马粪（鲜）3种适合红松苗生长要求的基质配方（近年来各地对适用基质配方进行了许多研究，可根据本地实际情况采用这些研究成果）。基质在填装容器前需添加一定量的化肥（如磷酸二铵、硫酸二钾等）和杀菌剂（如五氯硝基苯、敌克松等）并混拌均匀。选用蜂窝纸杯为育苗容器（可根据当地实际情况选用合适的育苗容器）。装填基质时，容器内的基质要虚实适宜。播种前用喷淋机喷水至浇透基质，每个纸杯居中播种1～2粒

黑龙江省伊春市红松种子生产（贾黎明摄）

红松种子（已经经过隔年埋藏催芽处理）。播种后覆土厚度以盖上种子（0.3～0.4cm）为宜。覆土后再轻轻撒上一层细沙，最后再适量浇水。

出苗期间，只浇水不施肥。出苗后施肥与浇水同时进行，按比例将化肥和各种微量元素注入灌溉系统随水施肥。在苗木高生长期间每周灌溉施肥2次。

在育苗期间，塑料大棚的温度应控制在20～30℃，湿度控制在60%～70%。

每年可以播种2次。第一次播种在3月末至4月初进行，播种2个月（到5月末至6月初，60～70天）的红松苗移到棚外炼苗场进行驯化。同时进行第二次播种，10月后红松苗在大棚（去除薄膜）内自然越冬，翌年播种前移到棚外炼苗场进行驯化。驯化期间要进行常规的浇水、施肥、病虫害防治、越冬防寒等田间管理工作。第一次播种的苗木驯化培育1.5年，第二次播种的苗木驯化培育2年，即可上山造林。比当地裸根苗培育年限（4年）节省2年时间，还可节约用种量2/3，提高苗木产量3～4倍。每年11月至翌年3月最冷状态下停止育苗活动，可比自动控制温室条件下育苗有效节省能源消耗，降低育苗成本。

在无环境控制设施情况下，也可采用露天大田容器播种育苗。本法采用的容器最常见的是塑料薄膜容器，一般要求直径8cm以上、高15cm以上、下端扎6～8个孔的较大容器。基质可以因地制宜选用。作深12cm、宽80cm的低床，将装好基质的容器整齐排列在育苗床上，之后进行基质消毒，消毒后播种。其他操作参照裸根苗培育。

移植容器育苗 实践中开发出移植容器育苗的方法，即利用1年生裸根苗移栽入容器培育容器苗的方法。

移植用红松苗木一般为1年生播种苗。多用单杯有底塑料薄膜容器，规格同露天大田容器播种育苗或更大。基质要求参照以上所述。先在容器内填装1/3的基质，压实后将苗木植于容器中央，填土至一半时提一下苗使根系舒展，压实，再继续装土；栽植深度要略高于原苗木土印，早春移植要随起苗、随剪根、随移植。将移植好的容器成行摆放在苗床上，容器要垂直摆放整齐。其他管理参照以上所述。

一般培育1年或2年出圃，可有效提高造林成活率。

3. 嫁接苗培育

红松嫁接苗可以通过本砧嫁接和异砧嫁接来实现。

（1）本砧嫁接

选砧与修砧 选取当年高生长量达7～10cm的2-1型或2-2型红松苗木，剪掉嫁接部位下部第一轮侧枝的顶芽2～3cm，然后顺针叶生长方向向上拔掉主干部位的针叶束，注意不能损伤苗木外皮。

选穗与修穗 根据造林目的选取繁殖材料。建立种子园，选优良无性系穗条；营建食用坚果林，选用成年结实多的幼树或选育出的果实生产品种采集穗条。穗条直径不能大于对应砧木。留取顶芽第一轮针叶7～10束，其他针叶按生长方向拔除，修好后截取7～10cm备用。

嫁接 采用改良髓心形成层贴接法（嫁接后立即剪去砧木梢部）或用插坐髓心形成层贴接法嫁接（王国义等，2011）。

绑扎 用有弹性的薄膜条从下至上包好全部切口处，保证不透气。最后做好标志。整个过程要严格按照技术要求操作。其他参照裸根苗培育。

（2）异砧嫁接

以樟子松或油松为砧木进行嫁接。选择2-1型、2-2型或更大苗龄樟子松或油松苗为砧木材料，其他同本砧嫁接。适用于干旱、贫瘠立地营造食用坚果林。

（3）野外高枝嫁接

培育食用坚果林，可选红松或樟子松幼林树高在0.5～1.5m的阶段进行野外高枝嫁接。将接穗嫁接在幼树主梢上。具体嫁接操作方法同上。

五、林木培育

1. 宜林地选择

在产区（表1）内，宜选择土壤深厚肥沃、

排水良好，山坡中下部或坡度平缓的立地进行造林，不宜选择干旱向阳坡、贫瘠山顶和水分聚集过多的低平地及排水不良的地块等，造林地海拔应在造林地区红松自然分布范围内。根据造林目的和造林区的不同，宜林地选择可有所区别。坡度较缓（一般25°以下）、腐殖质层厚度超过10cm、土层厚度超过30cm、不过分干旱、不长期积水的阴坡、半阴坡、缓坡、斜坡等立地，如皆伐迹地、稀疏或中等密度杨桦林和杂木林等次生林、带状改良的低产林、择伐林地、荒山荒地、柞矮林及杂灌丛林地、撂荒地和退耕地等，应优先培育用材林和果材兼用林。不适合培育木材但红松能够正常生存且能完成生殖生长的立地，如坡度陡峭（一般大于25°）、土层较薄（20cm以下）、腐殖质层厚度10cm以下、不过分干旱、不长期积水的立地，以及石块多但局部土层较厚较肥沃的坡地、岗地和其他不适合营造用材林的立地，都可以培育食用坚果林。培育食用坚果林应选可提供全光环境的立地，如皆伐迹地、荒山荒地、严重退化柞矮林及杂灌丛林地、撂荒地、退耕还林地等。

在产区外培育红松林，除了满足土壤深厚肥

表1　红松产区分级［根据闻殿墀（1991）改制］

产　区	产区自然条件	亚区与生产力等级	区域代表站
Ⅰ类产区，南部红松林产区，30年生优势木高≤15m	≥10℃的有效积温2701～3500℃，≥10℃年生长活跃期天数150～180天，≥10℃年生长活跃期降水量600mm，总降水量>800mm	$Ⅰ_1$吉东山地南端、老爷岭主脊以东、龙岗山余脉主脊以东和千山主脊以东亚区	桓仁、宽甸、草河口、凤城、岫岩、集安
		$Ⅰ_2$吉东山地南部、老爷岭主脊以西、龙岗山余脉主脊以西和千山主脊以西亚区	清原、新宾、通化、浑江、临江、抚顺、沈阳、本溪、鞍山、海城
Ⅱ类产区，中部红松林产区，30年生优势木高=12m	≥10℃的有效积温2401～2800℃，≥10℃年生长活跃期天数130～150天，≥10℃年生长活跃期降水量450mm，总降水量>550mm	$Ⅱ_1$吉东山地南部亚区	西丰、铁岭、柳河、抚松
		$Ⅱ_2$吉东山地北部亚区	蛟河、永吉、九站、桦甸、磐石、浑南、靖宇、梅河口
		$Ⅱ_3$吉东山地威虎岭东坡、牡丹岭和黑龙江张广才岭南部亚区	尚志、五常、舒兰、敦化、安图
Ⅲ类产区，北部红松林产区，30年生优势木高=10m	≥10℃的有效积温2101～2700℃，≥10℃年生长活跃期天数120～140天，≥10℃年生长活跃期降水量400mm，总降水量>500mm	$Ⅲ_1$老爷岭延吉盆地干旱亚区	宁安、东宁、绥芬河、依兰、延吉、汪清、图们、和龙
		$Ⅲ_2$张广才岭北段东坡亚区	林口、海林、穆棱、鸡东
		$Ⅲ_3$小兴安岭南坡、张广才岭北段西坡、完达山亚区	伊春、铁力、庆安、绥棱、绥化、巴彦、方正、呼兰、通河、木兰、宾县、阿城、罗北、佳木斯、桦南、勃利、密山、鸡西、汤原、集贤、宝清、饶河
Ⅳ类产区，南部红松林产区，30年生优势木高<9m	≥10℃的有效积温1901～2500℃，≥10℃年生长活跃期天数110～130天，≥10℃年生长活跃期降水量350mm，总降水量>450mm	$Ⅳ_1$小兴安岭北坡东南段亚区	北安、海伦、克东、嘉荫
		$Ⅳ_2$小兴安岭北坡西北段亚区	孙吴、逊克、德都（五大连池）

沃、排水良好的基本条件外，还要特别关注土壤微酸性的要求（pH 5.2～6.5，不大于6.8），而且严格选择小生境条件，宜选择湿润、温暖的阴坡、半阴坡、阳坡山麓、山坳等。产区外采用异砧嫁接苗营造食用坚果林时，可按砧木生态学特性选择立地条件。如砧木为樟子松时，可以选择沙土造林。

2. 造林密度和种植点配置

目前造林技术规程规定红松造林初植密度为3300～4400株/hm^2，这也是符合红松培育特性的造林密度。但是，在实际执行中，可以根据造林地实际情况、造林目的和种植点配置方式的不同适当调节。这也是被2016年修订、2017年开始执行《造林技术规程》（GB/T 15776—2016）所允许，且在实际造林实践中已经执行的原则。

在造林地立地条件比较一致、没有前更幼树且采用均匀配置的情况下，培育用材林或果材兼用林，可按照4400株/hm^2（株行距1.5m×1.5m）、5000株/hm^2（株行距1.0m×2.0m）或6600株/hm^2（株行距1.0m×1.5m）的初植密度均匀配置，或者625簇/hm^2（簇行距4m×4m）、500簇/hm^2（簇行距4m×5m）或400簇/hm^2（簇行距5m×5m）初植密度的植生组（每植生组3～5株，株距1.0m或1.5m，以下同）配置方式造林。为了培育良好干形，有效降低枝丫度，可以采用较高的初植密度，如6600株/hm^2，但需要后期及时抚育间伐。如果造林地交通不便、集约经营度低，无法及时抚育间伐，可选用低限密度，即3300株/hm^2。在造林地已有符合培育要求的前更幼树情况下，前更幼树应纳入栽植苗木，计入造林密度统计数字中，可按照2500株/hm^2（株行距2m×2m）均匀配置或者500簇/hm^2（簇行距4m×5m）初植密度的植生组配置方式造林。

由于红松主要是顶端结实，所以采用实生苗培育食用坚果林，可采用规定的低限密度，即按照3300株/hm^2、不低于2500株/hm^{2}的初植密度均匀配置，或依据造林地具体情况进行不均匀配置造林。而采用嫁接苗营造食用种子林，应采用1100～2000株/hm^{2}的较低密度，甚至可低至400株/hm^2。

在造林地立地条件变化较大情况下，可只在局部适合红松生长的地段营造红松林，在该地段内执行以上密度配置规则。林冠下造林要真正做到“见缝插针”，在适合栽植红松的地方栽植红松，不必特别强调均匀性。但为了形成有效混交，也不要造成较大面积区域无红松栽植的状态。

实践证明，植生组配置（群团状配置）适合于红松造林应用，效果很好。使用植生组配置时，若把每个植生组作为一个栽植点来对待，则造林初植密度应充分考虑植生组内栽植株数。可采用1100～2000植生组/hm^{2}的较低密度，甚至可低至400植生组/hm^2。并且，前更幼树应该计算在内。

有前更幼树情况下或通过“栽针保阔”途径构建混交林时，为了能够形成有效混交，红松的栽植密度不能过低。在抚育及时的情况下，以1250株/hm^{2}为宜；经营管理比较粗放的情况下，以2500株/hm^{2}为宜。

产区外红松造林，要考虑造林地水分供应是否充足的问题，也要考虑尽快郁闭提升林分抗不良环境能力的问题。因此，可以采取规则或不规则块状造林、块内局部高密度（如1.5m×1.5m株行距）、块间大间隔而造林地整体低密度的方式进行造林。

3. 混交配置

红松可以人工营造混交林，更可以通过“栽针保阔”途径构建红松阔叶树人工天然混交林，甚至可以通过人工促进天然更新方式形成红松阔叶树混交林。

红松可以与水曲柳、黄波罗、胡桃楸和紫椴构成带状混交林或团块状混交林，以带状混交较好。带状混交每带2～4行，株行距1.5m×1.5m，其中红松带要宽于阔叶树带，原因是早期红松生长较阔叶树种慢。一般红松阔叶树种比例为6：2或4：2。采取哪一种方式进行混交，一定要考虑立地条件。在平缓湿润的地方，宜与胡桃楸、水曲柳混交；山地阴坡、半阴坡、半阳坡的中下

腹，宜与紫椴、黄波罗混交；在山地阳坡，可与色木、山杨、白桦等混交。实践中还有与大青杨、色赤杨混交的试验报道。辽宁和吉林南部地区，可以营造红松-紫穗槐混交林。

实践中可通过栽针留阔、栽针引阔和栽针选阔及栽针伐阔、抚育留阔和伐针引阔等“栽针保阔”途径构建红松阔叶树人天混交林。栽针留阔就是在造林地已有天然阔叶树存在的情况下，采用多种栽植模式人工栽植红松，适当保留天然阔叶树，建立混交林。栽针引阔就是在造林地虽无天然阔叶树存在，但在造林地附近有天然阔叶树种源存在，这时采用多种模式人工栽植红松，适当留出效应带或效应岛，诱导天然阔叶树发生，建立混交林。栽针选阔是栽针留阔和栽针引阔的后续阶段。栽针伐阔指在现有次生林已经成林，密度很大、林相较好的情况下，人工伐除阔叶树，稀疏林分或造成各种形式和规模的效应带或效应岛，然后在林冠下、效应带上或林隙内人工栽植红松，建立混交林。抚育留阔是指在红松人工纯林的抚育间伐过程中，有意识地保留天然更新起来的阔叶树，建立混交林。伐针引阔是指现有红松等树种人工林内虽然没有天然阔叶树存在，但在其附近有天然阔叶树种源存在的情况下，结合抚育间伐，采用多种模式在人工林内开拓效应带或效应岛，诱导天然阔叶树的发生，建立混交林。人天混交的阔叶树可以是山杨、白桦、水曲柳、胡桃楸、黄波罗、紫椴、蒙古栎、色木槭等树种的单种、2种（杨桦、水胡等）或多种（杂木林），还可以是胡枝子、榛子等灌木树种。

在次生林区或灌丛地带附近有红松种源情况下，可通过人工促进红松种源扩散至相邻次生林内或灌丛地带的方法，构建阔叶红松混交林。其中红松种源可以是天然林，也可以是人工林。红松更新后，应进行适当的人工促进措施，如更新苗生长空间调控（上层阔叶树间伐）等，以促进红松生长发育，尽快形成有效混交。

此外，落叶松人工林林冠下人工营造红松林或通过人工促进天然更新方式引进红松，构成阶段性混交，效果很好。这对改造东北林区大面积落叶松纯林、防止二代林地力衰退、有效扩大红松造林规模等均有益处。人工营造红松林一般选择主伐前10～20年林冠已经充分疏开的落叶松人工林，造林前一年间伐至郁闭度0.5左右，翌年春季营造红松林。造林密度2500株/hm^{2}为宜，均匀配置为主。天然更新在落叶松人工林附近有红松种源的情况下可以采用，需要人工更新进行辅助（天然更新红松苗密度较大时，可通过移植天然更新红松苗的方式进行）。

4. 整地和造林

整地 一般于造林前一年秋季整地。整地前要根据造林地情况不同，先进行造林地清理。采伐迹地要进行采伐剩余物整理，林冠下造林、灌木林造林要进行块状或带状清理等。红松造林主要采用块状整地，翻扣草皮，刨碎，堆在松土后的穴面上，栽植穴直径60～100cm，深25～30cm。腐殖质层深厚的新采伐迹地，可以不整地造林。在杂草、灌木繁茂立地造林，可采用斜山带状整地或带状清理穴状整地，坡度小于20°时也可采用顺山带状整地。注意结合立地状况调整整地方式和规格，如局部低洼地段的高台整地、局部陡坡干旱地段的大穴整地等。植生组造林可以整大穴或多个小穴。

苗木选择 选用2-1型3年生苗或2-2型4年生苗造林。苗木质量要达到国家、行业或地方技术规程要求的Ⅰ、Ⅱ级苗标准。宜随起苗、随运输、随造林，整个过程中注意保护苗根，避免干燥死亡。条件允许的情况下，可以秋季起苗，假植越冬或苗木入窖越冬，春季造林。食用坚果林营造可选用生长健壮但干形质量不良或分杈的苗木。

容器苗规格参照各地试验研究结果。一般采用2年生容器苗即能达到造林要求的规格。

造林时间 各地的气候不同，造林时间也不一样。东北地区多采用春季造林，当土壤解冻15cm深以上时，可以开始造林，但春季以“顶浆”（土壤解冻20cm时）造林效果最好。容器苗可采用雨季造林。

栽植方法 栽植方法主要有窄缝造林和明穴造林两种。在土壤深厚疏松、水分条件较好的新采伐迹地和次生林林冠下造林地等，可采用窄缝造林法（保土防冻更新法），因为没有破坏土壤原来的结构，有利于保持土壤水分和养分。大多数情况下，特别是在杂草和灌木较多、土表草根盘结、水分条件较差的造林地上，宜采用明穴造林。两种方法都要求栽植时根系舒展，培土踩实，培土至根颈上1～2cm。

在没有鸟兽危害情况下，也可以直播造林。实践中有成功例子，但应用不普遍。

5. 幼林抚育

幼林抚育是保证成活、提高保存率的关键。红松幼树生长缓慢，幼年需要一定的庇荫，需根据立地条件的不同及造林地和造林方式不同，采取相应的抚育措施。红松的幼林抚育主要是采取割灌、割草、培土的方法，加速郁闭成林。可采用全面、带状和穴状方式抚育。由于红松幼树易遭春季干旱风的影响，造成针叶变红甚至死亡，所以带状或穴状抚育，保留一定的杂草、灌木形成侧方庇荫，更有利于红松幼树生长发育。一般需连续抚育3～5年，如二、二、一，二、二、一、一或二、二、一、一、一等，才能保证幼树正常生长。撂荒地上造林当年和第二年可以不抚育，或第二年采取穴状割草抚育即可。在灌木或疏林地造林时，连续割灌抚育3～5年。在采伐迹地上更新，林地上阔叶树和萌条较多，一般需连续抚育5～7年，尤其2、3、4年的抚育更重要，每年要抚育2次，5月进行培土，6～7月除草、割灌，去掉妨碍幼树生长的灌木。红松割灌抚育的标准是使幼树侧方庇荫，上方保证充足的光照。随着幼树的生长，需光量增大，割灌的范围要逐渐扩大，以不影响幼树枝条的生长为宜。

混交造林或人天混交林的抚育，在保证红松生长发育的同时，还要考虑混交树种或前更珍贵阔叶树种幼树的生长发育。

6. 抚育间伐和树体管理

红松是珍贵用材树种，特别适合于培育优质大径材。红松同时也是优质食用坚果生产树种，生产食用种子可以满足市场需求，提高林农收入，实现以短养长。生产中培育红松果材兼用林和食用种子林已经是大势所趋。所以，红松培育过程中，要根据造林地情况的不同，明确红松林培育目的，确定不同生长阶段的培育目标，进行合理的抚育间伐和树体管理（修枝、截顶促杈、施肥等），获取最大培育效益。

在造林地有前更幼树、混交造林和林冠下造林情况下，在红松10～15年生期间，需要进行一次透光抚育。透光抚育按照“护着别盖着”红松主枝、“挨着别挤着”红松侧枝的原则调控红松幼树生长空间。以开敞度为数量指标调控时，5年间隔期开敞度可调整为1.0～1.5，10年间隔期开敞度调整为2.0。在红松幼树株数能保证1250株/hm^{2}以上的情况下，尽量保留生长良好的珍贵阔叶树种的幼苗、幼树，并进行适当透光抚育。在上层阔叶树或落叶松密度较大的情况下，一次透光抚育强度过大会影响红松成活、成长，可分2次逐步提高透光度。

透光抚育后，按照分阶段定向培育进行抚育间伐和树体管理。

对于果材兼用林，在树高达到12m、基本材长达到6m之前，应保证较高的经营密度（适当弱度抚育间伐），控制分杈，促进良好干形和基本材长的形成。这个阶段在小兴安岭地区需要20～30年（按照年平均高生长量40cm计算），在长白山脉中北部地区需要16～24年（按照年平均高生长量50cm计算），在长白山脉南部地区需要13～20年（按照年平均高生长量60cm计算）。之后进行强度疏伐，均匀配置疏伐至1000～1200株/hm^2，植生组配置每植生组保留2株，采取促进自然杈干措施或人工截顶促杈措施，限制高生长，促进多个杈干形成，增大光合作用面积，促进结实和直径生长。适当修去下部干枝及濒死枝，并根据密度变化不断调整经营密度。通过栽针保阔途径建立的果材兼用林，在树高达到8～12m、基本材长达到6m之前，控制分杈，促进良好干形和基本材长的形成。之后进行强度疏伐上层阔叶树，保证林下或林内红松个体充足的生存空

间，采取促进自然杈干措施或人工截顶促杈措施等进行经营。均匀配置红松林，小兴安岭地区在25年生、30年生、35年生、40年生、45年生、50年生和55年生左右，长白山北坡地区在20年生、25年生、30年生、35年生、40年生、45年生和50年生左右，分别疏伐至800株/hm^2、700株/hm^2、600株/hm^2、500株/hm^2、400株/hm^2、300株/hm^2、200株/hm^{2}左右，之后保持200株/hm^{2}左右至主伐。植生组配置每植生组在50年生之前保留2～3株，50年生之后保留1株。小兴安岭地区在35年生、40年生、45年生、50年生和55年生左右，长白山北坡地区在30年生、35年生、40年生、45年生和50年生左右，分别疏伐至600簇/hm^2、500簇/hm^2、400簇/hm^2、300簇/hm^2、200簇/hm^{2}左右，之后保持200簇（株）/hm^{2}左右至主伐。造林地有阔叶树存在或有阔叶树同时更新，保留密度参照上述2种情况，并去除影响保留红松个体生长的相邻阔叶树。有条件的情况下，可通过枯落叶管理和林地施肥来加速直径生长和提高结实量，也可通过施用植物生长调节剂来控制树高生长、加速直径生长和提高结实量。目标树经营情况下，修去大径材培养单株和果材兼用单株基本材长部分主干上的所有活枝和死枝。活枝轮枝数超过4轮时，隔5年分2次修去。

在优质立地条件下培育大径无节良材时，在树高达到16m、基本材长达到8m之前，经营密度适中（2～3次中度抚育间伐）；确定400～600株培养前景最佳的单株，用固定直径（8cm）修枝法（即在主干达到规定直径时修枝）对基本材长部分进行修枝；杜绝杈干，促进良好干形和基本材长的形成。这个阶段在小兴安岭地区约需要30年（按照年平均高生长量50cm计算）；在长白山脉中北部地区，约需要26年（按照年平均高生长量60cm计算）；在长白山脉南部地区，约需要23年（按照年平均高生长量70cm计算）。之后进行2～3次强度疏伐至400～600株/hm^2，植生组配置每植生组保留1株，促进直径生长。通过栽针保阔途径建立的大径无节良材培育林分，在树高达到8～12m、基本材长达到6m之前，严控杈干，采用固定直径修枝法修枝，促进良好干形和基本材长的形成。之后进行强度疏伐上层阔叶树，保证林下或林内红松个体充足的生存空间，促进干材直径生长。具体各阶段保留密度可参照果材兼用林。

针对食用坚果林，造林伊始就进入多杈（3个以上同级杈干）宽冠培育阶段，采取促进杈干木杈干发育、定期连续人工截顶促杈、抑制顶端优势的措施，保证多杈干、宽树冠的形成。结实开始后即进入坚果生产阶段，继续进行多杈宽冠培育，同时采取措施有效促进结实。对于生长状况不良、早期杈干现象严重或绝大多数杈干个体杈干高度在4m以下的现有红松林，可以改培成食用坚果林。采取扩冠促杈、控制杈干顶端优势的措施，形成适宜坚果培育的冠形，促进结实量有效提高。

一般红松纯林的抚育间伐，主要采用下层抚育法。随着林分的生长，林分内个体生长出现了分化，个体差异很大，林分郁闭度较高。采用五级分类法，当Ⅳ级木和Ⅴ级木等小径木的比例占总株数的25%～30%时，或林分郁闭度达到0.9时，可进行第一次抚育间伐。伐除Ⅳ级木和Ⅴ级木以及部分Ⅲ级木，株数强度控制在25%～30%，郁闭度控制在0.6～0.7，间伐的间隔期一般7～10年。之后间伐的时间、间伐强度、保留木的确定等要根据林分经营目的、林分状况、林地状况和林木与林分生长阶段的不同而定，具体应根据确定的经营方案执行。

混交造林，不管是人工混交还是人天混交，都要通过抚育间伐及时调整种间关系，促进红松和珍贵阔叶树种协调生长发育。人工混交林，可以根据以上原则分别对不同树种进行间伐，同时要保持合理混交比例。对于人天混交林，以红松个体为对象，调控其生长空间，同时兼顾珍贵阔叶树种的生长发育调控。在红松没有突出阔叶树林冠前，以开敞度为控制指标调控红松生长空间，保持红松个体开敞度2.0左右，低于1.0即进行调控。在红松突出阔叶树林冠后，按照采育择伐的原则和方法进行经营。

为了培育大径无节良材，要对目标树及时进行修枝，采用固定直径修枝法修去达到预定直径部分的所有死枝和活枝。但要保持树冠长占树高的2/3左右。随着树木的长高，修枝的高度逐渐上升。当枝下高达到预定的6～8m时，停止修枝。修枝一般在秋、冬季进行。修枝切口与树干平齐，不留枝桩。

对于一般林木个体，修去死枝即可。

针对果材兼用林，在达到预定树高和预定基本材长后，可进行一次人工截顶处理。方法是在顶梢第三轮枝下部截断，促使下部轮枝发育形成杈干，有利于增大光合作用面积，提高结实量，并促进主干直径生长。根据韩国的经验，第一次截顶以后不必特意人工截顶，只需在球果采集的时候定期有意识地折断部分顶梢，就可以促进形成多重杈干。

针对食用坚果林，依照韩国的经验，参考我国和俄罗斯的研究成果，总结树冠整形技术如下，实践中可参考执行。当红松幼林达到8个轮枝以上且树高1m以上时，即可开始修剪主梢。宜在林龄15年、树高2m之前完成主干截顶。①主干截顶。在从主干顶梢往下数第三轮或第四轮轮枝上部，剪去顶梢以下2轮或3轮侧枝。平切，留枝桩5cm。切口应涂抹沥青等防腐。②一级骨干枝截顶。主梢截除后的第三年，根据截梢后顶端轮枝中各个侧枝的发育状况，选择其中生长势最强的2～4个侧枝保留为一级骨干枝，修剪去其他多余侧枝。红松顶端优势很强，一级骨干枝4～5年后就会恢复直立生长。应采取拉枝方式扩大其与主干的夹角。截除主梢8年后，在一级骨干枝从梢往下数第三轮或第四轮轮枝上部，剪去带有2轮或3轮侧枝的一级骨干枝主梢。③二级骨干枝截顶。一级骨干枝主梢截除后，留下的最上端一轮侧枝会加强发育以代替被截除的主梢。第三年时选择其中生长势最强的2～4个侧枝保留为二级骨干枝，修剪去其他多余侧枝。可采取拉枝方式扩大二级骨干枝与一级骨干枝的夹角。6～8年后（此阶段会有1～2次结实丰年，宜选第二个丰年采集球果时进行），在二级骨干枝从梢往下数第三轮或第四轮轮枝上部剪去带有2轮或3轮侧枝的主梢。④三级骨干枝截顶。二级骨干枝主梢截除后，留下的最上端一轮侧枝会加强发育以代替被截除的主梢。第三年选择其中生长势最强的2～4个侧枝保留为三级骨干枝，修剪去其他多余侧枝。可采取拉枝方式扩大三级骨干枝与二级骨干枝的夹角。三级骨干枝形成后，冠形基本成型，以后不再培育骨干枝。应不定期进行主梢和各级侧枝的修剪，宜在每1个或2个结实周期（3～8年）的丰年进行主梢和各级侧枝的修剪。修枝宜在球果采集时或球果采集之后进行，或者在早春树液流动前进行。

六、主要有害生物防治

1. 红松疱锈病（*Cronartium ribicola*）

经常发生在红松天然林和人工林中的20年生以内的幼树上，个别地区的发病率可达70%，一般为5%～10%。本病是由茶藨子生柱锈菌引起的，其性孢子和锈孢子生在3～20年生的红松枝干皮上，夏孢子、冬孢子和担孢子生在两类植物叶上（在天然林内生在茶藨子叶上，在人工林内则生在马先蒿叶上）。该病的发生与立地条件有密切关系，一般在阴坡或半阴坡的坡下部、地势低湿的地块上，常成块状发生。防治方法：①选择合适的立地条件，避免在低湿或排水不良的立地上造林。②林分郁闭后要及时进行抚育，清除寄主马先蒿、茶藨子属的植物。③已患病树干涂松焦油可治愈，严重枝条进行修枝和清除病腐木。

2. 松梢螟（*Dioryctria rubella*）

危害多种松树，以幼虫钻蛀主梢，影响树木生长；幼虫蛀食球果，影响果实生产。松梢螟近年来危害红松球果现象逐年加重，严重影响红松种子的产量和质量，影响红松产业发展。松梢螟每年5月上旬开始产卵，下旬进入产卵盛期，6月上旬开始孵化幼虫，6月中旬至7月上旬为幼虫危害盛期。幼虫在球果底部或球果内蛀食，导致球果枯萎早落。防治方法：①利用赤眼蜂等寄生性天敌进行防治。②通过栽针保阔方式建立红松阔

叶树混交林，减少松梢螟种群数量和危害程度。③成虫期用黑光灯诱杀。④用内吸型杀虫剂在主干上打孔注药。

3. 红松球蚜（*Pineus cembrae pinikoreanus*）

严重危害采伐迹地上和人工林内20年生以下的幼树，有时也危害苗圃内的3年生幼苗。防治方法：①育苗时，注意防止第一寄主和第二寄主在同一苗圃。造林时，避免第一寄主和第二寄主混交。②在球蚜易于集中分布的避风的洼地、沟槽及坡面等小地形环境中，避免营造易感染虫害的树种。③保护和利用瓢虫、食蚜蝇等天敌。④一年中，在虫口相对集中、虫龄发育较为整齐、抗药力较弱的侨蚜第一代卵孵化盛期至若虫1龄、2龄期，用药剂防治。

4. 松梢象甲（*Pissodes nitidus*）

危害红松、樟子松、油松等。1年发生1代，在林内枯枝落叶层内越冬。4月末，越冬成虫上树活动，啃食嫩枝皮层进行补充营养，被害针叶出现针刺状孔，引起流脂。5月中旬至6月初，雌虫产卵于前1年生长的枝梢皮下。幼虫沿皮层进入髓心，引起顶梢枯萎下弯，以至丧失主干。7月初老熟幼虫在隧道末端化蛹，7月下旬羽化。新成虫9月末至10月初越冬。此虫喜光、喜温，一般阳坡和林内无阔叶树庇荫的红松幼树发生严重。防治方法：①利用天敌进行防治。②造林整地时，保留一定的阔叶树，使红松有一定的庇荫。③6～7月剪除病害枝条放置于40目铁纱笼中，以利于广肩小蜂安全返回林内。④5月初或7月中旬，喷洒药剂毒杀成虫。

5. 松苗猝倒病

松苗猝倒病又称松苗立枯病，是苗圃中针叶树苗木发生普遍且危害严重的传染性病害。防治方法：①选地。选择地势较高、排水较好、不黏重、无病地或轻病地作苗圃，不用旧苗床土。②精细整地，施用净肥。③土壤消毒。④适期播种。在可能的条件下，应尽量避开低温时期，同时最好能够使幼苗出芽后1个月避开梅雨季节。⑤药剂防治。

七、材性及用途

红松树体高大，树干挺直圆满，木材纹理通直、节疤较少，是著名的珍贵用材树种。红松边材淡黄白色，心材淡黄褐色或淡褐红色；材质轻软，结构细腻，纹理密直通达，形色美观且不容易变形，气干密度0.38～0.46g/cm^3；木材中树脂含量较高，不易开裂翘曲，耐水湿、耐腐朽，有松脂香气；木材力学强度适中，加工性能良好。红松木材是建筑、桥梁、枕木、家具制作的上等木料，可供建筑、舟车、桥梁、枕木、电线杆、家具、板材及木纤维工业原料等用材。红松的枝丫、树皮、树根也可用来制造纸浆和纤维板。木材及树根、松叶、松脂可提制松节油、松针油、松香等工业原料，树皮可提制栲胶。

红松是世界上100多种松属树木种粒最大、质量最佳、营养最丰富、食用价值最好的食用松之一。红松种子的出仁率为35%，种仁中油脂占56.76%，蛋白质占7.99%，多糖占11.74%，含水率4.22%，含灰分4.99%、粗纤维4.82%、碳水化合物9.56%，其中油脂含量最高。红松的种仁含有多种独特的活性成分，具有防止血脂沉积、降低胆固醇、预防动脉粥样硬化的作用。红松松籽油中含大量的亚油酸、亚麻酸、花生四烯酸、二十碳五烯酸（EPA）和二十二碳六烯酸（DHA）等不能在人体内合成、必须从食物中摄取的不饱和脂肪酸成分。常食松子可以强身健体，特别对老年体弱、腰痛、便秘、眩晕及小儿生长发育迟缓有补肾益气、养血润肠、滋补健身的作用，是深受人们喜爱的绿色食品和保健食品。

（沈海龙，谭学仁，王元兴，王国义，殷霈瑶，孙文生，张鹏）

3 华山松

别　名｜华阴松、五针松、青松、白松（河南）、五须松（四川）、吃松、果松（云南）、马袋松、葫芦松（陕西）

学　名｜*Pinus armandi* Franch.

科　属｜松科（Pinaceae）松属（*Pinus* L.）

华山松是松科中的著名常绿乔木树种之一，树形优美，原产于我国，因模式标本采自陕西的华山而得名。华山松不仅是天然林的主要组成树种，也是园林绿化和荒山造林的主要树种。华山松耐寒力强，能适应多种土壤，分布范围广，更新繁殖容易，生长迅速，材质优良，种子可食用，树皮可制栲胶，立木可采割松脂，经济价值较高。华山松人工林发展很快，已建成许多万亩以上集中连片的华山松人工林基地，产生了一些年均材积生长量达14～16m^3/hm^2的典型速生丰产林。在一些地区，华山松人工林已成为重要的后备森林资源。

一、分布

华山松分布于30°30′～36°30′N、88°50′～113°00′E的高海拔区域内，垂直分布范围海拔1000～3400m，其上限一般南部高于北部，同纬度时则西部高于东部（《山西森林》编辑委员会，1992；邹年根和罗伟祥，1997）。在分布区南部的云南、西藏地区，华山松多分布在海拔2400～3000m，最高可达3400m；在分布区北部的宁夏和山西地区，分布在海拔1100～2500m。青海东部的循化、化隆、民和一带，华山松的垂直分布海拔为1950～3000m，由此向东，甘肃分布海拔为1400～2700m，宁夏六盘山为2000～2500m，陕西为1400～2600m，河南为1500～2200m，山西为1100～2000m（邹年根和罗伟祥，1997）。江西庐山、浙江杭州等地也有栽培（梁纬祥和王道植，1980）。

经过多年的引种驯化和造林，华山松人工林已有相当规模，并且在林业生产中起到了极为重要的作用。华山松人工林主要分布于云南中部、东南、东北部，贵州西北部及中部高原、德江一带。四川盆地边缘的山地，如巫溪、巫山、旺苍、南江等地也有大面积华山松人工林（辛培尧等，2010）。湖南境内华山松人工林主要分布于安化、衡山、怀化、邵阳等地区，海拔1000～1600m。湖北华山松人工林主要分布在西部山地、恩施、宜昌等地区。北京八达岭，山东泰山、崂山、蒙山、鲁山，陕西渭北黄土高原的耀县、白水、旬邑，甘肃泾源，江西庐山、宜春明月山、安福武功山，河北兴隆六里坪，内蒙古汉山，山西永济、安泽及霍县，以及上海、南京、杭州等地，已经引种成功，生长良好（辛培尧等，2010）。此外，辽宁东部山区及华东、华中一些高山地区也正在试验引种。

在分布区的北部，华山松基本处于松栎林带与松桦林带范围内，上接云杉—冷杉林带，从河谷、山坡到山脊，阴坡、阳坡，甚至陡峭山坡或土层不太厚的坡地上皆有分布。在气候较干燥的地区，常分布于阴坡和半阴坡；在高寒山地，常分布于阳坡或半阳坡，如青海孟达林区，华山松生长于2200～2600m的阳坡或半阳坡。

华山松分布区年平均气温4～18℃，极端最低气温-24℃，极端最高气温32℃，1月平均气温为7.0～8.3℃，7月平均气温13～25℃。一方面，在分布区西北部，受大陆性气候影响，冬季寒冷、干燥，常是华山松分布的限制因子；另一方面，在低纬度的低海拔区，高温特别是夏季干热气候，也是限制其分布的因子之一。在亚热带海拔较低处常被马尾松（*Pinus massoniana*）或云南松（*Pinus yunnanensis*）代替，向东到湖北东部、安徽西南大别山，则为相近的大别山五针松（*Pinus dabeshanensis*）所代替。

华山松分布区内年降水量波动于500～1200mm，多集中于夏、秋两季，500mm降水等值线常被认为是天然分布界限（《山西森林》编辑委员会，1992）。可见，湿润气候是其生境特点。

华山松能适应多种土壤，在酸性黄壤、山地黄褐土、山地褐土、山地灰褐土、山地棕壤、钙质土上能正常生长，pH 6.0～7.5，其中以在深厚、湿润、疏松、微酸性的森林棕壤和山地褐土上生长最好。华山松对土壤水分条件要求比较严格，不耐盐碱，在干燥、瘠薄的石质土及排水不良的潜育土上生长不良，特别是在其分布带的下限及比较干热的地区，必须有充足的土壤水分供应才能正常生长（《山西森林》编辑委员会，1992；邹年根和罗伟祥，1997）。

二、生物学和生态学特性

1. 生态学特性

华山松是较喜光树种，幼苗较耐阴，能在林冠下自然更新，气候不过于干燥时，可在全光下生长，幼树随年龄增大而对光照要求增强。据调查，5年生以前可耐40%的遮阴，而侧方遮阴则有利于高生长及干形发育。6～10年生后，上方遮阴条件下，生长几乎停滞，连年高生长量仅为全光下的1/7。

华山松喜温和、凉爽、湿润的气候，高温及干燥的气候是限制其分布的主要因素。不同的水热条件下华山松的生长差异显著，在比较干燥的六盘山，华山松的生长远不如比较湿润的秦岭（《山西森林》编辑委员会，1992）。在滇中安宁县海拔2100m以上的地区华山松生长优良，15～21年生人工林的材积年均生长量每公顷6～11m^3；而在海拔1900～2000m比较干热的地带，同龄人工林的材积平均生长量仅为前者的40%左右（孟广涛等，2001）。滇中宜良县禄丰村林场在海拔1870m、2040m及2280m营造的华山松林，4年生平均高分别为57cm、65cm及130cm。

2. 生长特性

华山松是生长比较迅速的针叶树种。在条件适宜的地方幼年期的生长速度与油松相当，较好立地上10年生后高生长可超过油松，在南方有些地区高生长可超过云南松。

滇中地区海拔1800～2400m，华山松直播人工林的生长发育分为以下6个阶段。

幼苗期 2～3年生，地上部分生长缓慢，年平均高生长8～12cm，根系发展较快，主根长达50～70cm，根幅为冠幅的2倍左右。

幼树期 4～8年生，树高生长逐年加快，连年生长量为0.4～0.6m。林分逐渐进入郁闭，分化尚不明显，保持原有的造林密度，即每公顷18000～24000株。

幼林期 8～15年生，林分完全郁闭，林木高生长达到高峰，连年生长量一般为0.6～0.8m，立地条件好的常达1m以上，个别植株的年高生长量可达2m。这一阶段林木开始分化，进入强烈的自然稀疏阶段。13～15年生时每公顷保存8000～13000株。在此阶段可进行第一次抚育间伐。

干材期 15～25年生，树高连年生长量已开始下降，胸径生长逐步加快，连年生长量可达1cm以上。林分自然稀疏现象仍很激烈，被压木和枯立木占的比例很大，自然整枝强度大。经过再次抚育间伐，20～25年生时每公顷保留2000～4000株。此时平均胸径已达12～18cm，可间伐出小径用材。

中龄林期 25～40年生，树高生长急剧下降，进入了胸径生长旺盛期，连年生长量可达1.5cm左右。材积生长也迅速增加，每公顷平均生长量可达10～15m^3。自然稀疏现象已减缓，结实量迅速增加。

成熟林期 40年生以后，胸径生长开始下降，材积生长仍在增加，多数林木胸径已达25～35cm。除少数继续培育大径材外，一般在40～50年生进行主伐作业。在较好的立地条件下，每公顷蓄积量可达400～500m³。

各生长发育阶段的年龄区间及生长指标随地区及立地条件的不同有差异。一般北方的发育阶段较迟缓，生长量也较小。与天然林相比，华山松人工林的各发育阶段持续的时间比较短，生长较快（王亚南等，2015）。

在华山松天然分布区内，由于气候、土壤等条件差异，华山松个体生长差异较大。一般而言，在分布中心区，生长发育表现最好，边缘区则较差（表1）。

3. 物候学特性

华山松物候学特性因地区不同有所差异。在滇中地区，2月底（平均日温约10℃）顶芽开始萌动，3月嫩枝抽梢，4月初高生长停滞，然后逐渐形成新的顶芽。枝上叶芽4月中旬膨大，4月下旬出叶，一直延至6月上旬叶才长成。雄花于4月上旬出现在嫩枝基部，4月下旬大量开花散粉；雌花多在4月中旬出现在新梢顶部，一般在4月底至5月初授粉。授粉后雌花体积并不显著增大，直至翌年2月下旬才开始发育，9月上旬少数球果成熟，9月中旬大部分成熟，10月初种子即开始脱落。在华山松分布区的北部地区，其物候期常较云南推迟20～40天。在同一地区的不同年份以及同一年份的不同植株，其物候期可相差10～15天。

4. 生殖特性

华山松一般散生木结实年龄为10～12年生，林缘木为16～18年生，林分内大部分林木25年生左右结实。30～60年生为结实盛期，平均单株可结25～40个球果。70～80年生时仍大量结实，未见衰退。华山松个别植株在8～9年生时就开始结实，但球果小，种子发芽率低。

华山松种子年间隔期一般为3年。林分郁闭度过大时，结实量少，空粒增多，郁闭度为0.6的林分单位面积结实量最大。一般阳坡、半阳坡的种子品质好。

5. 根系特性

华山松根系较浅，但可塑性大，主根不明显，侧根、须根均发达，对土壤水分要求较严格。一般成年树主根长1.0～1.2m，侧根、须根主要分布在地下80cm之内，以10～30cm较集中，在干湿季明显的地区，吸收根分布较深。华山松根系水平分布可达3m以外，土壤深厚、湿润的地方须根发达，菌根较多，距地表10～20cm处产生不定根。

华山松与菌根菌共生，形成菌根的真菌有栗壳牛肝菌（*Suillus granulatus*）和美味牛肝菌（*B.*

表1　华山松处于天然分布区不同位置的生长比较

产　地	在分布区中位置	年龄（年）	树高（m）	胸径（cm）	资料来源
西藏察隅	中心区	70	22.6	45.4	《西藏森林》
陕西宁陕四亩地	适中区	78	26.9	42.7	
陕西宁陕火地塘	适中区	56	23.4	32.1	
宁夏六盘山	北部边缘区	28～30	7～8	12.1	《宁夏森林》
青海	西北部边缘区	102	12.4	41.7	《青海森林》
河南栾川	东部边缘	93	8.9	18.8	《河南森林》
云南安宁	中心区	15	8.5	10.1	《云南森林》
云南宜良	中心区	18	8.0	7.5	《云南森林》
河北兴隆	天然分布区外	18～21	4.5	6.4	《河北森林》

edulis）等。菌根对于华山松的营养吸收及生长发育具有重要意义，在栽培华山松时，应进行菌根菌的接种。

三、良种选育

长期大面积营造华山松人工纯林，使林分生长量持续减少，林分衰退现象明显，引发多种病虫害。为发掘优良基因资源，合理利用遗传变异，提高林分生产力，我国自20世纪70年代起开展了华山松的遗传改良工作并取得较大成果，特别在华山松良种生产基地建设方面开展了系列理论基础和配套技术研究。

1. 引种

中华人民共和国成立以来，贵州、广西、湖北、湖南、四川、河北、山东、辽宁和吉林等省份陆续开展了华山松引种工作。湖南西部、武陵山区和雪峰山及山东泰安先后引种成功，山西门限石林场、山东鲁山林场、辽宁北票辽西林场常河分场也相继进行了华山松的引种，打破了之前认为的在我国亚热带低海拔山区和40°N以北中温带地区均不宜引种种植华山松的说法，使华山松的适宜引种范围向北推移至42°20′N。

2. 种源选择

1979年，中国林业科学研究院在全国9省份统一开展了华山松种源研究。研究认为，以云贵高原区为代表的南方种源无休眠期，发芽早于北方种，整个发芽期也短于北方的种源。另外，北方种源冬季几乎全部封顶，具有一定的休眠期，抗寒性强，而南方种源抗寒性非常弱。北方种源生长期短，生长较慢，针叶短。原陕西省林业科学研究院华山松种源试验表明，华山松发芽率、苗高及保存率在不同种源场圃存在极显著差异，并且这些苗期性状与地理纬度呈负相关；不同种源抗逆性差异显著，但与地理纬度相关性不强（胡先菊等，1982）。湖北三峡地区35个华山松种源试验结果显示，重庆城口华山松种子最适宜三峡山区造林，25年生华山松相比本省巴东种源材积提高60.1%，比供试种源材积平均值提高22.3%。

3. 优树选择

原贵州农学院林学系针对华山松的选种目标曾制定了优树选择标准、复选指标和分级评分标准。

①华山松优树树高、胸径和材积应分别大于5株优势木平均树高、胸径和材积的5%、17%和30%。

②树干通直圆满，树皮薄，裂纹细，胸高形率不小于0.65。

③树冠枝叶浓密，树冠较窄。

④无严重机械损伤和病虫危害。

4. 新技术改良

我国对华山松进行遗传改良才刚刚起步，近几年进展较慢。主要的改良技术有将华山松种子催芽后用^{60}Co γ射线辐照，也有将华山松种子搭载在返回式卫星上进行太空诱变。这些研究工作填补了华山松诱变育种的空白，不仅为华山松诱变育种积累了经验，同时也为其他林木的诱变育种提供可参考的理论依据（周应书，1991；杨国斌，1995）。

另外，在华山松组织培养方面，虽然对华山松的胚性愈伤组织进行了诱导，诱导率最高达到52.71%，但在愈伤组织继代培养过程中未获得成功。也有报道称，从子叶期的华山松幼胚中直接诱导出具有根和茎的完整植株，诱导率高达92%以上。此外，研究发现，在对胚性愈伤组织转接培养以促进体胚成熟时出现褐化现象是组织培养最终失败的主要原因。

5. 遗传测定

从陕西和云南的8个优良林分中，共选取32株优良单株，其中从云南省临沧市林业局小道河林场选出11株。在11年栽培试验中，华山松半同胞家系间树高生长差异明显，陕西种源单株子代高生长显著低于云南种源。华山松树高广义遗传力为85.3%，而遗传增益为17%。贵州威宁县华山松良种基地，约有1/2的家系树高比当地生产种高，2/3的家系地径大于当地生产种；树高和地径的广义遗传力分别高达92.7%和76.69%，遗传增益分别为65.8%和26.24%。在华山松的遗传改良工作中，应主要利用加性遗传效应。西南林业大学曾从选出的24个优良半同胞家系中选出了15个种子园自由授粉优良半同胞家系和14个表现优或良好的家系，并对各无性系、家系及测交系的子代生长性状进行遗传测定，筛选出了华山松优良家系，为其杂种优势的利用和华山松杂交育种积累了丰富的经验。

6. 种子园技术

华山松种子园技术方面的研究主要集中在开花授粉及种子结实量等方面。华山松无性系种子园初果期，在雌球花可授粉期的初花期和盛花期各进行1次人工辅助授粉，可明显提高果实坐果率、种子饱满率和千粒重，在一定程度上降低无性系花粉量不能满足自然授粉需要而对种子生产造成的不良影响（马双喜，2013）。

对无性系开花习性的研究发现，华山松球果生长期最长约为170天；年生长大致呈“S”形曲线，5～7月出现较明显的速生期；其球果主要着生在树冠中上部1～2龄枝上，结实稀疏区位于树冠内膛，树冠北向结实量比西、南两个方向要低。定植株行距以5m×5m结实量最高，为其他株行距的5倍。树冠垂直方向上球果种子的千粒重有显著差异，树冠上部种子的千粒重最大，中部最小。华山松种子园雌球花着生于树冠外围，而雄球花大多着生在树冠的内膛。横向水平上，雌球花多着生在树冠南部，而雄球花的分布相对匀称；雌球花主要分布在树冠的中上部，雄球花大多集中在树冠的中下部。

华山松雌球花的分化和发育对光照和营养要求较高，而雄球花的要求一般。大多数无性系雌球花可授期比雄球花散粉期晚2～4天；不同无性系间雌、雄花期较为一致，但各无性系间雌、雄球花的数量差异极显著；明显的偏雌或偏雄不利于提高种子园种子的产量和质量。此外，无性系种子园子代群体可能有遗传基础变窄的现象。华山松不同无性系遗传力处于中上水平，结实量较为稳定，但不同种源间的结实量差异明显（杨国斌，1995），所以在调种时，要注意选择适当的种源。华山松结实量是其选择育种中的良好指标之一。

7. 采种基地

我国主要的华山松采种基地有云南省易门县林业局华山松采种基地、贵州扎佐林场华山松种子园和云南楚雄华山松种子园。

云南省易门县林业局华山松采种基地面积10531.5亩[①]，2011年被云南省林木品种审定委员会认定为云南省林木良种，良种证编号为云R-GSB-PA-021-2011，在滇中海拔1800～2500m区域内适宜推广。贵州扎佐林场华山松种子园建设于1973年，海拔1400m，共有15个无性系，面积13亩。云南楚雄华山松无性系初级种子园建于1986年，面积30hm²，包含126个无性系，2000年开始结实，种子园位于24°58′58″～25°04′00″N，101°22′29″～101°26′07″E，海拔2200～2400m。

四、苗木培育

1. 采种

华山松球果在9月中旬至10月中下旬成熟，果实成熟时由绿色变为绿褐色，果鳞白粉增加，先端鳞片微裂。球果成熟后，种子变为黑色，陆续散落。因此，应及时采收。球果采回后，先堆放5～7天，再摊开暴晒3～4天，果鳞大部分张开时，经敲打翻动，种子即可脱出。取出的种子不能再暴晒。为防止变质，要及时水选，剔除空粒、杂物，阴干后装入麻袋贮藏在阴凉通风的地方。在秋雨多的地区，可用人工加热干燥的方法取种，注意加热的温度不可太高。

华山松球果出种率7%～10%，每个球果一般有种子120～150粒，最多170粒，少者也有30～40粒。种子当年发芽率可在90%以上，发芽势60%～70%，隔年种子发芽率常下降到40%以下。如需长期保存，要用密封贮藏法。有的地方采用球果贮藏法，即将球果适当干燥后放贮藏地，厚度不超过1m，经常检查翻动，10年后发芽率可保持36%～63%。

---

①1亩=1/15hm²，下同。

华山松的播种品质随种子粒度的增大而提高，特别是千粒重、发芽率、种子活力及发芽指数等指标。不同种粒大小差异显著。大粒种子比小粒种子大70%左右，发芽率高70%以上，种子活力高60%以上，大粒种子的1～2年生苗高均比小粒种子高40%以上，比中粒种子高8%～13%。

2. 育苗

（1）苗圃地选择

华山松喜温和、凉爽、湿润，忌水湿，不耐盐碱，具有菌根菌，幼苗易患病害。选择华山松育苗地除满足一般要求外，需注意以下三点：第一，应选择土壤疏松、微酸、湿润、肥沃、排水良好的沙壤土，忌盐碱地；第二，近期撂荒地以及种过玉米、棉花、豆类、马铃薯等农作物的地方，一般不宜选作育苗地，如迫不得已，应对土壤采取改良和消毒措施；第三，在苗圃中最好选前茬为松树、云杉、冷杉等针叶树或杨柳科、壳斗科树种的育苗地，因为这些地里有栗壳牛肝菌和美味牛肝菌等，有利于苗木菌根形成，促进苗木吸收营养和生长。

除固定苗圃外，还可采用山地育苗。山地育苗应选择阴坡或半阴坡、地势较平缓、土层较深厚、排水良好的生荒地，按等高线带状整地作床。鼠类活动猖獗之处要加强灭鼠工作或者避开。

（2）整地作床

在荒地和采伐迹地上育苗，应先清除杂草、灌木和迹地残留物后整地。南方整地宜在冬前进行，北方宜在雨季前进行。春季作床，施入基肥并进行土壤消毒。一般使用高床。

前一年秋季或播种前1～2个月深翻土地25～35cm。灌木、杂草要清除堆烧，以增加土壤中的养分，减少病虫害。山坡上可开成小块水平梯田，宽1m左右，在苗床内侧留10～20cm宽的排水沟。林区降水多的地方，可筑成高床，结合整地每公顷施基肥60000～75000kg。

宁夏回族自治区泾源县华山松球果脱粒（王乃江摄）

（3）催芽

华山松种皮坚硬，吸水慢，发芽也慢，播种前种子进行催芽，常用方法有下述几种。

冷水浸种 用冷水浸种3～7天，每天换水一次。浸后可用消石灰拌种，预防猝倒病，促进苗期生长。也可用冷水浸种2～3天，按1：3的比例与马粪掺混、堆积，表面用草覆盖，经常洒水，约2周后种皮裂开，即可播种。

温水浸种 用50～60℃温水浸种至自然冷却，5～7天后播种。

热水浸种 用80℃的热水浸种至冷却后，继续用冷水浸泡5～7天，每天换水1～2次，换水时将浮于水面的空粒和杂质捞出，用下沉饱满的种子播种。或将用热水处理的种子掺混河沙，放在15～25℃室内，经常淋水，保持湿润，或每天早、晚用45℃温水淋洒增温，7～10天后有20%左右裂嘴时，即可播种。

流水浸种 把种子装入袋子或筐中，在流水中浸15～20天，有个别种子裂嘴时取出播种。也可在河沟流水中浸种至种子个别裂嘴后播种。

层积催芽 用1份种与2～3份湿沙混合，放在0～5℃的条件下催芽效果较好。

温床催芽 种子经温水浸种后，再用冷水浸泡2～3天，每天换水，然后按1：3的比例与湿沙混合置于背风向阳的温床内，上盖塑料薄膜保湿，每天翻动3～5次，待有20%种子裂嘴时即可播种。

（4）播种

华山松种皮厚、发芽慢，宜早播。秦岭林区、陇东关山一带多在4月上中旬播种，甘肃高寒地区在4月下旬至5月上旬播种，云贵高原则一般在3月播种。在滇中地区可避开春旱，在5月末及6月雨季前期播种，苗木当年能木质化，并安全越冬。

育苗采用条播、撒播均可，以条播为主。条播的播幅宽度10～15cm，行距约20cm，覆土厚度2～3cm，一般每亩播种100kg。

根据种子质量、立地条件和造林密度确定播种量。北方的1年生苗及南方的百日苗，以每公顷300万～375万株为目标，每公顷播种量1500～1875kg。北方的2年生苗及南方的1年生苗，以每公顷180万～225万株为目标，每公顷播种量750～1125kg。播种要均匀，覆土深浅要合适，播后覆草或松针。出苗前注意防鸟害和鼠害。

（5）播种地管理

播种后要覆土3cm左右，20天左右出苗，40天出苗结束。在出苗整齐后分次揭除覆盖物。刚出土的幼苗有10～12片子叶，子叶长3～4cm。多数幼苗出土时头顶种壳，植株矮壮，生长慢。幼苗期苗木高约4cm，粗0.2cm左右，主根深12～15cm，侧根较少。这时要适量浇水，保证苗床水分适宜，但水分不能过多，以免发生病害。同时，刚出土的幼苗带有种壳，易受鸟害，因此应注意鸟害。6～8月为苗木速生期，要及时追肥。第一次追肥应在幼苗期的末期开始。9月顶芽形成。1年生苗高一般达10cm，地径约0.4cm，冠幅8～9cm，要继续培育1年，苗高达20cm以上、地径0.6cm左右才能出圃造林。

翌年春季苗木开始生长前定苗，株行距8cm×8cm或8cm×10cm；条播株距7～8cm，每亩定苗7万株左右。中耕除草要及时，灌溉和雨后及时中耕，除草要每年5～6次。高寒地区，苗木要留床越冬时，应采取覆土或覆草等防寒措施。

五、林木培育

1. 适地适树

选择造林地时要注意小气候、土壤水分和海拔。坡向以阴坡、半阴坡为主。在干热地区及海拔偏低的地方，要特别注意地形的选择。

在引种时要考虑保证栽植地的立地条件与华山松的生物学和生态学特性相一致，做到适地适树、适种源。要选择与引种地区自然条件较接近的种源进行引种试验，取得经验后再大面积推广。在原产地造林，也要注意种源选择，尽量采用种子园或母树林的种子，做到适地适树。

2. 整地

造林前一个月整地。在有冻拔害的地区，可随整地随造林。干旱、半干旱地区在雨季前或雨季整地。整地深度一般为30cm，北方干旱、半干旱地区整地深度为40cm。山地、丘陵采用穴状整地。山地陡坡、水蚀和风蚀严重地带采用穴状整地，穴宽30～40cm，深15～20cm。山地丘陵也可采用带状整地，带状整地要沿等高线进行，整地方式可采用水平阶、水平沟、反坡梯田等。带状整地的宽度大于60cm，带长100m左右，带间隔0.5～1.0m，且保留自然植被。在干旱、半干旱地区宜用鱼鳞坑法整地，鱼鳞坑半径不小于60cm。

3. 造林密度和混交方式

目前生产上采用1.0m×1.5m和1.5m×1.5m的株行距（即6667穴/hm^2和4444穴/hm^2）。但在以下情况造林密度可适当小些：无灌溉条件的干旱、半干旱地区；培育大径材，不进行间伐的用材林；长期进行林农间种或机械作业的造林。在次生林区造林，考虑到天然更新，造林密度可降到每公顷2500～3333穴。

为防止森林火灾及病虫害发生，提倡营造华山松混交林。华山松可与桦、柏、椴、槭、杨等阔叶树种混交，采取行间或块状混交方式，一般采用5行华山松3行阔叶树或3行华山松3行阔叶树的混交模式。在天然次生林区可采用“栽针保阔”的方法进行林分改造。华山松与油松或云南松混交的林分生长效果较为理想。

4. 造林方法

主要的造林方法是植苗造林，也可以播种造林。

（1）植苗造林

造林在早春土壤解冻后即可进行，也可在雨季进行。北方多采用2年生苗春季造林。云贵高原地区一般在6～7月进行雨季造林，每穴2～3株，成活率较高；也可在第二年雨季用头年春季或雨季培育的1～1.5年生的苗木，造林效果也很好。在有鸟兽危害的阴坡、半阴坡，宜用2年生苗在春季造林。

植苗造林栽植穴的大小应略大于苗木根系。苗干要竖直，根系要舒展，栽植深浅适当，严格按照“三埋两踩一提苗”的技术要求栽植。缝植时，在整好的造林地上用锄或锹开缝，放入苗木，要深浅适当、不窝根，然后拔出工具，踏实土壤。开沟栽植要求地势较平坦，用机械或人工开沟，苗木植于沟内，填土踏实。

（2）播种造林

播种造林对立地条件要求较高，应选鸟兽危害较轻的阴坡、半阴坡，土壤较湿润、植被较茂密的地方造林。播种季节因地而异，北方林区及有冻拔害的高寒山区以春播（3～4月）为主，在干湿季分明的滇中高原则以雨季前期为主，可在雨季来临前的5月播种，也可在雨季后的6～7月播种。播前一般进行宽30～40cm、深15～20cm的块状整地，然后进行穴播，每穴播4～6粒种子；也可块播，每块地3～5穴，共播10～20粒种子。每公顷用种15.0～37.5kg。在北方也可在带状整地的造林地上穴播。云南保山群众有混农播种的传统，即在造林地清理的基础上全面整地，然后混荞麦撒播华山松，每公顷用种37.5～60.0kg，播后覆盖一层火烧土或浅犁一遍，10月收获荞麦时留下荞秆以保护松苗。这种方法造林，华山松的保存率高，生长好。

鸟兽害是对播种造林的最大威胁，要采取各种措施进行预防，如掌握好播种期、催芽以缩短发芽期、拌药、人工看守等。

（3）幼林抚育

幼林抚育包括实施除草、割灌、修枝、间伐、定株等。造林头一年，需在栽植穴周围割除杂草，2～3年生时松土除草并扩穴，一般连续抚育3～4年，每年1～2次。对杂木林地，萌条及藤蔓较多，影响幼树生长时及时砍伐。播种及丛植的幼林，穴内多株丛生，生长初期对幼林的形成和林分生长有利，6～7年生后株间竞争强烈，对生长不利，应在5年生时开始每穴保留一株优势株。如穴内苗数较多，定株分2次进行，在3～4年生时第一次定株，每穴保留2～3株，6～7年生时最后一次定株。

随着幼树的生长，华山松对光照的要求日益强烈，应及时砍去周围的灌丛，以免幼树生长受到抑制。在灌丛及山杨林冠下，华山松生长十分衰弱，因此，对遮光环境下的幼林要进行透光抚育，以增加光照，促进生长。

5. 成林抚育

幼林郁闭后，树干下部出现1～2轮枯枝时即可修枝。修枝强度要适当，一般修枝后树冠长度不要小于树高的2/3，随着树龄的增大，逐渐使冠长相当于树高的1/3～1/2。在交通不便、劳力缺少、薪材充足的地区，可利用华山松自然整枝良好的特点，不必人工修枝。

幼林阶段后，林分开始自然稀疏，要及时进行抚育间伐，以改善林地环境，促进生长，提高质量，发挥森林的生态效益，并能生产一定数量的木材。

由天然更新发展而来的华山松多为混交林，幼林组成比较复杂，8～10年生以前要及时进行透光间伐，伐除对象为影响华山松生长的混交树种或灌木。一般间伐强度按株数为10%～40%，保证华山松上方不受压盖。以后每隔3～5年间伐一次，间伐强度为15%～20%，伐后郁闭度0.7。中龄林后可延长间伐间隔期。

6. 采伐更新

林分成熟后进行采伐更新，采伐更新要贯彻“以营林为基础，普遍护林，大力造林，采育结合，永续利用”的方针。根据我国2010年公布的森林采伐更新规程，华山松天然林的采伐年龄在南方为Ⅴ龄级（41～50年生），在北方为Ⅶ龄级（60～70年生）。人工林生长迅速，采伐年龄相应地也较小，在南方为Ⅳ龄级（31～40年生），在北方为Ⅴ龄级（41～50年生）。

采伐后应贯彻“人工更新为主，人工更新和天然更新相结合”的方针，积极进行森林更新，使更新幼林在4～7年（南方）和6～10年（北方及高山区）内达到郁闭成林。

华山松的采伐方式主要是小面积皆伐、采育择伐、二次渐伐。成过熟单层人工林、中幼龄树

太白山国家森林公园红桦坪华山松天然次生林（王乃江摄）

木少的异龄林实行皆伐。皆伐面积一次不得超过5hm²，坡度平缓、土壤肥沃、容易更新的林分，可以扩大到10hm²。在采伐带、采伐块之间，应当保留相当于皆伐面积的林带、林块。对保留的林带、林块，待采伐迹地上更新的幼树生长稳定后方可采伐。皆伐后依靠天然更新的，每公顷应当保留适当数量的单株或群状母树。

天然更新能力强的成过熟单层林，应当实行渐伐。全部采伐更新过程不得超过一个龄级期。上层木郁闭度较小，林内幼苗、幼树株数已经达到更新标准的，可进行2次渐伐（第一次采伐林木蓄积量的50%）；上层林木郁闭度较大，林内幼苗、幼树株数达不到更新标准的，可进行3次渐伐（第一次采伐林木蓄积量的30%，第二次采伐保留林木蓄积量的50%，第三次采伐应当在林内更新起来的幼树接近或者达到郁闭状态时进行）。

华山松天然更新能力较强，在秦岭南坡每公顷华山松幼树大多在3000株以上，最多可达14100株。要充分利用华山松天然更新能力较强的特性，加速其采伐后林分的恢复。值得注意的是，华山松种子无翅，不能随风远飘，需要在采伐以前的种子年采用在林内松土的人工促进更新措施，保证林冠下天然更新的能力。采伐过程中要注意保护幼林和小径木，采伐迹地上要根据更新情况进行补播、补植。注意到这些问题，华山松天然更新就可达到满意的效果。

六、主要有害生物防治

1. 疱锈病（*Cronartium ribicola*）

疱锈病是华山松毁灭性的病害之一，属国内外检疫对象。病菌首先侵染松树侧枝皮层，然后向主干扩展。发病初期皮部略膨变软，后期产生黄白色疱状物，即病菌锈孢子器，锈孢子器破裂释放出大量橘黄色锈孢子。当病皮环绕枝干一周时，出现枝枯或整株死亡。防治方法：严格检疫，防止病害传播蔓延；采用松焦油、不脱酸洗油或松焦油+柴油涂抹病株枝干；铲除苗圃地周围的茶藨子等病菌转主寄主；营造抗病林分，发挥自然控制作用。

2. 华山松大小蠹（*Dendroctonus armandi*）

华山松大小蠹是危害华山松的毁灭性害虫，在秦岭巴山林区较为严重，主要危害30年生以上的健康华山松，导致树势衰弱，为其他害虫的入侵危害创造了条件。其年世代数随海拔高度而变化，1700m以下1年发生2代，1700～2150m 1年发生2～3代，2150m以上1年发生1代，主要以幼虫越冬，部分以蛹和成虫在韧皮部内越冬。该虫为单配偶制，坑道类型为单纵坑。成虫入侵后在侵入孔外可见树脂和蛀屑形成红褐或灰褐色漏斗状凝脂。初孵幼虫取食韧皮部，随幼虫发育子坑道渐变宽加长并接触到边材部分，幼虫化蛹于坑道末端的蛹室内，危害严重时树干周围韧皮部输导组织全遭破坏。初羽化成虫在蛹室周围及子坑道处取食韧皮部补充营养，然后即向树皮外咬筑近垂直状的圆形羽化孔飞出。其危害与林分结构、林型、坡向等生态因子关系密切，发源地多始于纯林，再向混交林发展，纯林受害重于混交林，过熟林和成熟林受害最重，近熟林次之，中龄林最轻，随着坡度变陡而危害逐渐加重。防治方法：营造针阔叶混交林，加强抚育管理，提高林木生长势；在冬季彻底清除初感染虫害木、枯萎木、新枯立木，进行剥皮烧毁处理；伐倒林内生长不良的被压木作为饵木，在全部虫卵孵化成幼虫而成虫尚未出现时剥皮烧毁；在林间悬挂性信息素诱捕成虫。

3. 松黄新松叶蜂（*Neodiprion sertifer*）

1年发生1代，以卵在当年生针叶内越冬。4月上中旬幼虫孵化，5月上中旬为危害盛期，老熟幼虫潜入枯落物中结茧以预蛹越夏，9月上中旬化蛹，9月底至10月初成虫羽化产卵、越冬。初孵幼虫群集于针叶顶部向下食害针叶，3龄以后渐自树冠外围向内部及中下部扩散取食整个针叶，危害严重时可使树木枯死。老熟幼虫主要在树冠垂直投影下的枯枝落叶层结茧化蛹，少数在干基部树皮缝内化蛹。成虫产卵于树冠阳面枝梢顶端的枝叶中。防治方法：营造混交林，促进林分提早郁闭，增强树木抗性；利用幼虫群集性，进行人工捕杀；苗圃及幼林喷施化学农药，大面积发生时可释放烟剂。

4. 油松毛虫（*Dendrolimus tabulaeformis*）

1年发生1代，少数2～3代。发生1代的地区以3～4龄幼虫于树干基部背风向阳的树皮裂缝、枯枝落叶层、石块下越冬。翌年3月中下旬至4月上旬，当林内日平均气温回升到10℃时越冬幼虫开始上树取食，5月上旬至6月中旬为危害盛期，5月中下旬至8月上旬化蛹，7月至8月上中旬为成虫羽化盛期，产卵于针叶上。幼虫孵化后，当林内日平均气温降到5℃以下时幼虫即开始下树越冬。以幼虫危害针叶，大发生时常把针叶全部吃光，影响树木生长。防治方法：冬季捕杀越冬幼虫；在幼虫越冬前，在树干束草诱杀越冬幼虫；应用白僵菌、松毛虫杆菌液或赤眼蜂防治3龄、4龄幼虫。

5. 松梢螟（*Dioryctria rubella*）

1年发生2代，以幼虫在被害寄主梢部或球果中越冬，世代重叠，生活史不整齐。越冬代幼虫于翌年2月开始化蛹，3月下旬至4月下旬开始羽化。1条幼虫可危害树梢，一年四季均可危害。初孵幼虫先沿着嫩梢表皮下或在顶芽上方取食，然后再蛀入木质部。成虫夜晚有趋光性，将卵产在枝梢针叶或叶基部，也可产在被害枯梢针叶和被害球果上。防治方法：营造混交林，合理密植，注意抚育管理，使林木早郁闭，可以减轻危害；冬季和早春幼虫活动前，剪掉被害枯梢，消灭越冬幼虫；注意保护和利用其寄生天敌长距茧蜂（*Macrocertus* sp.）；于越冬成虫出现期或第一代幼虫孵化期喷洒化学农药。

6. 鼠类

主要有鼢鼠（*Myospalax fontanieri*）、花鼠（五道眉）（*Eutamias sibircus*）、岩松鼠（*Scinrotamias davidianus*）等。主要营地下生活，咬食松子，影响树木种子更新，并啮食苗木根系、茎叶和种实，造成播种的松苗成片死亡。防治方法：春天架设弓箭捕杀鼢鼠，或用洋芋芽拌磷化锌，或将葱切成段内装磷化锌做毒饵诱杀；可用1.5%～3.0%磷化锌拌种、浸种然后播种；鼠类过多的地方可用捕鼠笼、捕鼠夹捕捉。

（1）鼢鼠（瞎老鼠、瞎狯、地羊）（*Myospalax fonfanieri*）

主食松子，并啮食苗木根系，使树木枯死。防治方法：①弓打法。春天是架设弓箭捕杀鼢鼠的好时机，要勤下弓、勤去看、勤换弓。②药剂防治。用马铃薯芽拌磷化锌，或将葱切成段内装磷化锌做毒饵诱杀。

（2）花鼠（五道眉）（*Eutamias sibircus*）、岩松鼠（*Scinrotamias davidianus*）

损害种子，影响树木种子更新。防治方法：以磷化锌为主的综合措施最好。可用1.5%～3.0%磷化锌拌种，浸种催芽至大部分裂嘴后播种，播种后覆土宜深些（4～5cm）；或用20%碱水浸洗种子，再用活性炭拌种，然后播种。鼠类过多的地方可用捕鼠笼、捕鼠夹捕捉。

七、材性及用途

华山松树体高大，叶色翠绿，冠形优美，生长迅速，是重要的用材树种和园林绿化树种。

华山松边材淡黄色，心材淡红褐色，材质轻软，比重0.42，纹理直、不翘裂、易加工，宜制作家具、细木工及多种旋制品，是建筑、枕木、桥梁、电线杆、矿柱、农具用材，也可作铸型木模、火柴梗片、包装箱、胶合板等。

华山松木材含纤维素47.26%～53.5%、木质素27.65%、纤维长2.7～4.0mm，宽0.03～0.07mm，是优良的造纸材；松脂含量0.53%～7.46%，可采脂制松香、松节油；树皮含鞣质12%～23%，可提制栲胶；针叶综合利用可提制芳香油、造酒、制隔音板、造纸（包装用）和制绳索；精油中龙脑酯（$C_{12}H_{2002}$）的含量较马尾松高，香味亦较好；种子可食用，亦可榨油，种子含油量42.76%（出油率22.24%），皂化值196.6，碘值132.2，酸值3.5，属干性油；种仁含丰富的蛋白质和钙、磷、铁等元素，是上等干果食品，具有滋补作用，经济价值较高。

（王乃江）

4 西伯利亚红松

别　名｜阿尔泰红松（陈嵘）、西伯利亚松（《内蒙古植被》）、新疆五针松（《中国植物志》）

学　名｜*Pinus sibirica* (Loud.) Mayr

科　属｜松科（Pinaceae）松属（*Pinus* L.）

西伯利亚红松是寒温带地区重要成林树种，广泛分布于俄罗斯境内，在我国新疆、内蒙古和黑龙江也有少量分布，为集珍贵用材、木本粮油、园林绿化为一身的重要用材林和经济林树种。

一、分布

西伯利亚红松广泛分布于欧亚泰加林带，俄罗斯分布最多，哈萨克斯坦及蒙古北部地区有少量分布，我国新疆阿尔泰山西北部、内蒙古及黑龙江大兴安岭西北部等也有少量分布。在俄罗斯，西伯利亚红松的分布从西到东延伸4500km（48°40′～127°20′E），由北向南延伸2700km（46°30′～68°30′N）。其以成熟林和过熟林为主，幼林只占总面积的4.8%，其中大部分位于克拉斯诺亚尔斯克边区，面积为1050万hm^2，秋明州830万hm^2，伊尔库茨克州660万hm^2，托木斯克州330万hm^2，赤塔州83万hm^2，卡麦罗沃州22万hm^2，鄂木斯克州13万hm^2，新西伯利亚州4万hm^2，阿尔泰边区102万hm^2。80%的西伯利亚红松林生长在南西伯利亚山地，最适宜的生长地区位于山地斜坡海拔1500m以下，那里有充足的降水和有效积温（赵光仪，1991）。

二、生物学和生态学特性

西伯利亚红松是欧亚泰加林著名的成林树种和寒温带针叶林的建群种，材果兼优，木材、松子皆可与号称“东北木王”的红松媲美。一般寿命为300～500年，个别达到800年；幼年耐阴，成年喜光；为浅根性侧根发达的直根系，具有较好的水土保持功能；有性繁殖，为雌雄同株，异株授粉，坚果园及种子园营建时要考虑不同无性系分株的合理配置；其生殖器官和孢子叶球发育需要3年的时间，开花时间多集中在每年的6月，球果翌年9～10月成熟；结实年龄最早出现在13～15年生，大量结实出现在40～60年生，结实盛期出现在100年生以后；有单性化倾向的植株，为杂交育种亲本选择提供了物质基础。

其种子含蛋白质15%～19%、脂肪55%～70%、碳水化合物14%～20%、微量元素和维生素等，是珍贵的绿色食品；它是优质的松香原料重要来源；其针叶中含有大量的挥发油、可生产维生素浓缩剂和针叶维生素粉等，同时为满足国民经济的需要提供高质量的种子和木材等。

西伯利亚红松既能生长在蒙古北部沙地上，具有抗旱特性，也能生长在泥炭沼泽地上，具有耐水湿性，这些特点是红松不具备的。在冻土区，西伯利亚红松占据的是“最暖”的地形、排水良好的地段和最适宜的土壤条件。

在自然条件下，星鸦是西伯利亚红松种子的

黑龙江省哈尔滨市西伯利亚红松球果（张文斗摄）

黑龙江省哈尔滨市西伯利亚红松雌球花（张文斗摄）

黑龙江省哈尔滨市西伯利亚红松雄球花（张文斗摄）

主要传播者。西伯利亚红松的森林演替过程分为3个阶段，早期杨桦林过渡到杨桦-西伯利亚红松混交林，最后演替为西伯利亚红松纯林。

西伯利亚红松占俄罗斯森林总蓄积量的1/6，林分对防止水土流失与全球碳循环起重要的作用，同时是山地水文动力的主要维护者，是平原地区、沼泽生态系统的主要稳定者。西伯利亚红松林是各种鸟兽的栖息地，又是药材、工业原料和食品［阿尔泰醋栗（*Ribes aciculare*）、巴旦李（*Prunus communis*）、稠李等］的采集地。

三、良种选育

我国自1990年开始从俄罗斯引种西伯利亚红松，在9个省份34个地点进行试验，其中以内蒙古、黑龙江、吉林等地区引种最多。调查发现，早期在大兴安岭、小兴安岭、长白山等林区的试验林达20余年生，生长较快，均已成林，部分单株已开花结实，尚未发现严重的病、虫、鼠、风、霜、冻等灾害，引种已成功（刘桂丰等，2002）。

为了育苗及造林用种的科学性，俄罗斯将西伯利亚红松划分出72个种源区，其中优良种源区21个。划分出42个种子调拨区，其中16个为引种地区，26个为种群原产地（韦睿等，2011）。此外，还划分出遗传保护区、资源收集区。为了解决西伯利亚红松等主要成林树种的良种繁育问题，建立了统一的遗传育种联合体，包括林木种子园、固定林木种子基地、优良林分、优树子代测定等。为了获得遗传上有价值的育种群体或个体，依据树干和种子生产力指标、松脂产量以及光合物质积累程度等对其评价。

根据生长速度和木材质量建立了优树选择标准。要求其树高超过同龄林分平均值10%以上，胸径超过30%以上，树冠长度应为树高的40%～55%，枝下高为全树高的25%～40%。根据产种量建立了优树选择标准。要求其多年的相对结实量为林分平均值的1.8倍以上，在西伯利亚气候条件下，一个球果种子数不少于80粒或重量不少于20g，饱满粒数不低于90%，种子千粒重不少于250g，即使在种子产量低的年份亦存在很大的球果（直径10cm以上）。

进行优树子代测定研究。俄罗斯在克拉斯诺亚尔斯克边区、哈卡萨、新西伯利亚、伊尔库茨克、克麦罗夫斯克、托木斯克和赤塔州及图瓦共和国等地根据西伯利亚红松优树选择标准选择优树，并采种进行子代测定，分析特定气候条件下优树及其子代的变异关系，选出了速生型、繁殖型、适应型等各种优良种群子代。

提出了西伯利亚红松种子园营建技术体系，建立了西伯利亚红松实生种子园、无性系种子园；建立了坚果型、用材型及生态效应型等种子园。

四、苗木培育

1. 种子催芽方法

西伯利亚红松种子属于中度深休眠综合类

型，休眠深度不及红松，但比一般松树（樟子松、油松等）深。春播前若不进行催芽处理，播后迟迟不能发芽，或有少量发芽，持续期很长，场圃发芽率很低。常用的方法为低温混沙层积催芽法。催芽要点：一要低温，窖温始终保持在0℃±1℃范围；二要通气，种子与沙混合比例为1∶3，装入通透性较好的尼龙丝袋，种沙体积过大时中间要插通气筒；三要保湿，种沙混合物的湿度要求为饱和含水量的50%～60%（手握成团但不出水，打开时略成形即可）。催芽时间约4个月。催芽期间还要防鼠害。催芽到位时胚充分发育，胚根直抵发芽孔，黄胚率（胚变黄乃至黄绿色的种粒数所占比例）高于60%。临播前若催芽尚不到位，可提前取出，筛去沙，白天在背风向阳处晾晒增温（注意洒水防芽干），晚上堆起防寒，可加速催芽。

2. 播种育苗

圃地必须选择肥沃、深厚（30cm以上）的壤土和沙壤土。尽量采用休闲地、轮作地，若有机质含量达不到10%，可以用腐熟草炭土3600～5400kg/亩混入土壤耕作层内。初次育苗要加入适量的松针土，有条件的可人工接种菌根菌。

苗床要呈南北走向。床宽110cm，床间步道宽50cm，床面要高出地面25cm，床长与耕作区同长。苗床在播种、移植前做好，要求达到耕作层无石块、无草根杂物，拌匀粪肥，土要细碎，无直径1.5cm以上土块，表面平整，镇压。

圃地施肥要以有机肥为主，化肥为辅；施足基肥，适当追肥。根据土壤化验结果和苗木对肥力的需求，掌握好氮、磷、钾的配合比例。

春季播种前测试圃地和附近土壤深度5cm

内蒙古自治区大兴安岭阿龙山林业局西伯利亚红松人工示范林（刘桂丰摄）

处≥5℃的积温超过40℃，≥5℃气温积温超过50℃，此时土壤解冻深度达到30～40cm，为该地区最适播种期。上述方法适用于我国大兴安岭等寒温带林区。温带林区苗圃是在当地平均气温稳定超过5℃的第十二天，土壤5cm深处稳定超过5℃的第五天进行播种。

也有单位采用深秋播种。秋播前经温水浸种和选种后，再用0.1%高锰酸钾或硫酸锰消毒处理，秋播时间在冰冻之前。应该注意的是，采用秋播的区域，年降雪厚度要大于40cm。

播种前一周每平方米用5kg 2% $FeSO_4$溶液进行土壤消毒。播前1～2天浇透底水，待土壤干湿度适宜时进行播种。雨天或雨后床面泥泞和5级以上大风天不宜播种。

播种量依据种子千粒重、设计密度、种子发芽率等确定，大兴安岭地区设计苗木密度200株/m^2，小兴安岭和长白山地区设计苗木密度300株/m^2左右。

播种方法：采用条播，播幅15cm，播距8cm，每米5行，用播种框或播种机播种，播完一床及时盖土和用除草剂封闭覆盖土。

播种程序为：确定黄胚率和播种量、催芽、种子检斤（干种子播种量折算成处理后种子重量）、播种、镇压、覆土、再镇压、除草剂封闭、灌水、盖草帘。

为提高苗床温度，可试用地膜覆盖，待苗木出土30%时，在傍晚或阴天撤除覆盖材料。

灌溉、排水、除草和松土、苗木灾害防除均参照红松的管理方法。

俄罗斯托木斯克州西伯利亚红松天然林（刘关君摄）

3. 移植（换床）育苗

2～3年生播种苗需要换床移植。按苗木地径分级，相同等级集中移植。可分为3级，即≤1.9mm、2.0～2.5mm、≥2.5mm，培育成S_{3+2}苗木造林。

实行春起春换。一般早春土壤解冻15cm以上进行，苗木芽膨大到展叶前换完。移植苗木需适当剪根，一般剪除主根长的1/4～1/3。

换床要边起苗、边选苗、边剪苗、边换床，苗木要装在盛有少量清水的苗木罐内，随取随栽，用换床板控制株行距，使苗木直立整齐，根系舒展，埋土深度至地径1cm以上，踏实。

移植密度根据播种苗年龄和培育年限而定，一般采用4～5年生苗定植。春旱严重地区提倡采用容器苗上山造林。

五、林木培育

1. 人工林种类

西伯利亚红松人工林主要分

为用材林、坚果林、防护林、特种用途林。其中特种用途林是指西伯利亚红松树势雄伟、壮观、有浓密的针叶并且分泌大量杀菌剂，对游憩、绿化、森林公园、卫生疗养等有特殊价值。

2. 造林地选择

尽管西伯利亚红松天然分布于寒温带泰加林带，但在俄罗斯的欧洲部分和西伯利亚森林草原地区已有几百年的引种历史，上百年生小块的人工林和散生树随处可见。因此，西伯利亚红松是一个适应性非常强的树种，既可以在我国的大兴安岭、小兴安岭、长白山林区造林，而且可以在东北西部森林草原过渡带造林。

西伯利亚红松造林应选在疏松、潮湿、排水良好的土壤上，特别是坚果林应在生产力条件最优之地。

3. 整地

全面整地多在建立坚果林、种子园时采用，局部整地通用于各种宜林地及各种人工林。局部整地又分为带状整地、块状整地、高台整地、犁沟整地等。其中，经济适用的带状整地，每隔7～10m带状整地宽度2.5m。坡度大于8°时，要采用平行等高线50～100cm窄带整地。整地深度15～20cm，整地后带面呈垄状。新采伐迹地、疏林地等采用60cm×60cm×20cm块状整地。整地宜在夏季及秋季翻地，翌年春季耙平。

4. 造林方法

西伯利亚红松可在春、夏、秋等季节造林。但我国东北地区的春天温度急剧上升，并伴随干旱，适宜造林时间仅7～10天，为了防止苗木萌动，要将圃地的苗木提前起苗并窖藏。从夏季（7月中旬）枝条结束生长至初秋（8月末），降水量多，湿度大，造林成活率高，尤其用营养钵苗在夏季及初秋季节造林，其成活率将更高。

东北地区一般采用4～6年苗龄的西伯利亚红松造林，但俄罗斯也采用8年生左右、高度在80cm以上的营养钵苗造林，这种苗木造林可节省抚育费用。

5. 造林密度

用材林造林株行距采用2m×2m或2m×3m，1600～2500株/hm^2。

坚果林初期造林密度采用800～1000株/hm^2，要根据40年生时Ⅰ、Ⅱ地位级每公顷均匀分布250～300株，Ⅲ、Ⅳ地位级上每公顷350～400株设置间伐强度。80年生时，每公顷保留150～200株和200～250株即可。

6. 混交林

西伯利亚红松可与落叶松、云杉、欧洲赤松、冷杉等树种营造混交林。在较湿、寒冷的条件下与兴安落叶松混交，在山地阳坡、山脊、坡上腹、凸坡等地与欧洲赤松混交，在河谷、溪谷、沿河山麓、峡谷、凹形坡地、过湿山前等经常积水、寒冷的土壤气候条件下与云杉混交。营建种子园或坚果林时，西伯利亚红松与云杉或冷杉行状混交，待行内郁闭时将云杉或冷杉全部伐除，形成纯西伯利亚红松种子园或坚果林。

六、主要有害生物防治

1. 松赤枯病（*Pestalotiopsis funerea*）

松赤枯病病原菌是半知菌类黑盘孢目多毛孢属的枯斑盘多毛孢（*Pestalotiopsis funerea*）。该病一般于5月开始发生，当月平均气温为19.5～19.9℃。6～9月为大发生期，其间月平均气温20.3～22.9℃，月降水量68.2～346.6mm，月平均相对湿度84%～86%。7月出现发病高峰期，月降水量247.0～298.2mm，当月平均相对湿度86%～89%。以后随气温下降，发病率逐渐减小。温度至12℃以下时，即11月以后，病害基本上停止发生。防治方法：①适地适树，合理造林，加强管理，增强树势，提高林木抗病能力。②化学防治方面，6月上旬施放一次621烟剂（621烟剂加硫黄按7∶3的比例均匀混合），每亩1.5～2.0kg，效果良好；施用10%多菌灵粉剂或10%可湿性退菌特粉剂等也有一定的防治效果；喷施40%多菌灵胶悬剂500倍液（或90%疫霜灵1000倍液），每隔20天喷一次，可有效防止此病发生。此外，发病前喷施50%多菌灵等广谱性杀菌剂可湿性粉剂1000倍液，可以抑制病菌孢子萌发。

2. 松梢枯病（*Sphaeropsis sapinea*）

防治方法：①减少侵染来源，及时清除病枝、病叶，集中销毁；②适地适树，选用抗病树种。③药剂防治方面，百菌清油剂或多菌灵、代森铵、波尔多液、0.2%硼酸等喷雾都有一定的防治效果。④生物防治方面，Swart（1985）提出用*Pestalotiopsis* sp.、*Cryptomeriae* sp.和*Gluconobacter* sp.抑制病菌，减少侵染。

3. 松叶枯病（*Cercospora pinidensiflorea*）

防治方法：①选好圃地，苗圃地要选在没有叶枯病发生、土壤疏松肥沃及利于排灌的地方。在发生松苗叶枯病的苗圃，应与抗病树种实行轮作，或在冬季进行深耕，将病苗深埋土中，促使腐烂，减少病源。②加强管理，在苗木生长期要及时间苗、施肥、浇水、中耕除草，保障苗木生长健壮，增强其抗病能力。发病期间及时检查，对少数发病早的植株可摘除感病针叶或拔除病苗集中烧毁，防止苗地形成发病中心，引起病害蔓延。③选好苗木，造林时要选择生长良好的苗木，严禁用带病苗木造林。④药剂防治方面，发病期，每隔半个月喷一次1：1：100倍波尔多液或0.2～0.3波美度的石硫合剂，每亩喷药液150～200kg（注意这两种农药不能同时用）。此外，也可喷洒50%退菌特可湿性粉剂等杀菌剂，使用浓度为500倍液，每隔15天左右喷一次，需喷2～3次。

4. 根朽病（*Armillaria mellea*）

防治方法：①及时发现并清除中心病株或中心病区，可采用开沟隔离病区的办法。②应适当间伐以降低林内温度，保持林内卫生。③可用化学药物喷灌干基和根部。④发现染病后，及时清除病根。对整条腐烂根，须从根基砍除，并细心刮除病部，用1%～2%硫酸铜溶液消毒，也可用40%五氯硝基苯粉剂配成1：50的药土，混匀后施于根部。⑤在早春、夏末、秋季及果树休眠期，在树干基部挖3～5条辐射状沟，然后浇灌50%甲基硫菌灵可湿性粉剂800倍液，或50%苯菌灵可湿性粉剂1500倍液，或20%甲基立枯磷乳油1000倍液。

西伯利亚红松的其余病虫害与我国的红松大致相同，防治技术可参考红松。

七、综合利用

西伯利亚红松木材是著名的大径级建筑良材。其花纹美丽，质地均匀轻软，易于加工，也是细木工和各种装修的好材料；长期以来广泛用于家具业、图板和美术工艺；由于共振性好，又广泛用于制造乐器。因易用刀具加工，在西伯利亚到处可见由其制成的图案精美的建筑装饰。由于其横纹理抗剪力小、削面光滑，特宜作铅笔材。

西伯利亚红松种子作为食品有很长的历史。其种粒虽较小，但由于种壳较薄，不仅容易去皮，而且种仁占松子全重的比例达47.3%，比红松的33.8%高，种粒又大于偃松，是很理想的保健食品。其种仁中含脂肪60%～65%、蛋白质16%～17%、碳水化合物12%～15%、矿物质2.0%～2.5%。松籽油浅琥珀色，爽口而稍具果香，多元不饱和脂肪酸特别是亚油酸含量高达62%～80%，蛋白质含氨基酸18种，其中对幼儿生长极重要的精氨酸比例颇高，必需氨基酸的含量在理论上与鸡蛋相近，且易消化，100g种仁的氨基酸含量够一人一昼夜的生理需要。西伯利亚红松也是重要采脂树种。此外，枝繁叶密而且经年始终翠绿泛蓝，是很好的园林绿化树种。

（刘桂丰）

附：大别山五针松（*Pinus dabeshanensis* Cheng et Law）

别名青松、果松（安徽、湖北）。主要分布于湖北与安徽交界的大别山区。安徽西部的岳西县、金寨县，湖北东部的罗田县与英山县，以及河南商城有零星分布。常与黄山松、灯台树、紫荆、香榧、三尖杉等混生。垂直分布于海拔700～1350m处。为我国特有珍稀树种、国家二级重点保护野生植物。

大别山五针松属喜阴树种，喜温凉湿润气候，多生于近山脊的悬崖石缝中，具有一定的耐寒、抗风、抗旱能力。土壤为山地黄棕壤，要求pH为5.0～5.5，要求土壤肥力一般，生长较慢。伴生乔木有黄山松、化香、白栎、栓皮栎等。伴生灌木有映山红、三桠乌药、柃木、长叶鼠李、盐肤木、白檀、川榛、山胡椒、冬青、尖叶山茶、连翘等。伴生藤本植物有华中五味子、翼梗五味子、鸡屎藤、葛藤、胡枝子等。林下草本层有一枝黄花、山萝花、披针苔、兔儿伞、前胡及蕨类植物等。

以人工采种，播种育苗为主。大别山五针松结实母株罕见，授粉率极低，球果种子十粒九空，种子败育率极高，发芽率极低。而且常因球果种子遭松鼠危害，林下幼树极少，自然更新较困难。在大别山五针松开花季节，需组织人力进行人工采集花粉，对现存的大别山五针松母株进行人工授粉，解决授粉率极低的问题，提高种子的质量，减少败育种子。生产上良种选育工作仍欠缺，各地以本地的地理种源为主进行播种育苗，自然选育良种。

苗木培育方法主要采用播种育苗、嫁接和扦插育苗。

大别山五针松分布范围狭小，有其特殊的生物学和生态学特性。对适生环境条件要求比较严格。所以，造林地要选择中心产区土壤深厚湿润、肥沃疏松、排水良好的沙质壤土或轻壤土，海拔在700～1400m的坡谷地。以阴坡或半阴坡为好，选择峰峦重叠的沟谷地，水肥条件好的地方。阳坡亦可造林，幼龄期适当间作高秆作物（玉米、高粱），以供庇荫。造林地精细整理，清除地被杂草，深翻挖大穴，以提高土壤疏松度和肥力，株行距一般为2m×2m或2m×3m，每亩定植111～166株。冬季整地，翌年春季2月中旬至3月中旬栽植。选用1年生壮苗，随起随栽，防止失水。栽植时，分层覆土，做到根系舒展、苗正，深度以“黄毛”入土为宜。

大别山五针松幼龄期容易受杂草危害，需进行中耕除草、林粮间作等抚育措施，特别是幼龄阶段需要一定的庇荫，并保持湿润，才有利于生长。最有效的办法就是幼林地间种玉米等高秆作物，作物与幼林根基部距离不少于40cm，避免作物争水、争肥，影响幼林生长。也可在稀疏的黄山松林或杉木林下营造大别山五针松林，待其成长后，需光照逐渐增加时，再去除其上木。据调查，10年生左右的五针松人工林，平均树高4～5m。嫁接苗生长较快，平均高达5～6m，生长良好。从立地条件来分析，在0.6郁闭度下的幼树地径生长快于裸露条件下幼树的地径生长，树高生长也明显超过裸露条件下的树高生长。这说明造林地的光照和湿度是这个树种幼龄期生长快慢的主导因子。在幼龄阶段（10年生以前）需要一定的庇荫，小气候要湿润，才有利于正常生长。到成龄阶段，对光照要求逐渐增强，在纯林中，若密度过大，要适当进行间伐；在混交林中，要适当清除其上层杂木，以免遮盖影响正常生长。

大别山五针松木材纹理通直，结构中庸，略均匀；光泽中庸；略有松脂气味，无明显滋味；髓心略呈圆形，暗褐色；常有树脂囊；原木表面有细棱。边材淡黄色，心材淡红褐色，边材易染蓝变色。材质轻软，体积干缩系数小，干燥容易而且均匀；抗弯强度中等，抗弯弹性模量中等，顺纹抗压强度属中等，顺纹抗剪切强度属低级，冲击韧性中等。易加工，切削面光洁。握钉力适中，钉钉容易，胶黏性和油漆性能良好。木材不耐腐，易遭虫蛀和腐朽，使用前需进行防腐处理。适于作铸造木模、建筑物的内部装修、细木工、家具、雕刻、乐器及绘图板等用材。可作为庭院观赏树种，生长较快。树干可割取树脂，树皮可提取栲胶；叶可制芳香油；种子油可食用或工业用。

（刘盛全）

附：海南五针松（*Pinus fenzeliana* Hand.-Mzt.）

海南五针松主要分布于海南、四川、广西、贵州等部分山地，湖南西南部有栽培。据海南霸王岭、尖峰岭、五指山及鹦哥岭自然保护区等地的调查研究发现：海南五针松群落为针阔叶混交类且乔木层针阔叶比例为1：18，海南五针松种群的重要值达21.9%，散生的种群幼苗及种子发育受林下光照影响；贵州黔东南苗族侗族自治州各县均有零星分布，而在黎平县的雷洞、双江、德凤、孟彦、茅贡乡镇在海拔600～1000m的山地呈散生，雷洞瑶族水族自治乡海拔360～550m山地有片状（500株）近熟林分布，龙额乡海拔600～900m山地有数十公顷散生片状分布；1992年及2009年就有研究报道，在广西大苗山存在15km^{2}以上（12万株）的海南五针松天然林且与马尾松及杉木混生，胸径为10.0～25.0cm，最大胸径超过60.0cm，长势与更新良好。湖南通道县边远山区的坪阳、牙屯堡、独坡、大高坪等乡分布的海南五针松，多为针阔叶混交林或小块带状纯林分布。

海南五针松适宜热带北缘及南亚热带气候，通常生长在海拔1000～1600m，喜光，能耐干旱、贫瘠的土壤。或散生于山脊、山坡、石边、石灰岩山坡的马尾松林中，或与阔叶林混交。海南霸王岭、尖峰岭、五指山及鹦哥岭的年均气温在22.4～25.0℃，年降水量在1800.0～2600.0mm，海南五针松生长的山地海拔在1000～1300m，以中上坡为主，土壤为山地红壤性黄壤。生长于贵州黎平县高屯、雷洞及龙额的海南五针松喜光、耐旱，适宜年平均气温在16.4～18.3℃，年降水量在1215.0～1370.0mm，以丘陵山坡为主（海拔在600～1000m）。生长在雷洞瑶族水族自治乡山地（海拔在350～600m）的海南五针松，其适应性强，生长较快，宜于为南亚热带、中亚热带山地造林的先锋树种。栽培于贵州省赤水县国营有渡采育林场的17年生海南五针松纯林，适且年平均气温18.1℃，年降水量1300mm，山地（海拔930m）红黄壤，pH为6.5～7.0，土壤腐殖质厚度在5.0～10.0cm，土层60.0cm。广西大苗山的海南五针松适合于中低山和丘陵地且在板岩、变质砂岩等形成的硅质土壤上栽培，也可在石灰岩等钙质土壤中生长。在湖南的分布及栽培区，适宜海拔290～800m的中坡，喜光照及湿暖多雨气候；土壤适应性广，板岩发育的红壤、岩石裸露的悬岩或中等肥厚的酸性土壤也能生长。

常规种子苗圃育苗培育方法（参照五针松培育方法） 播种在3月下旬至4月进行；播种前一个月，挑选色泽新鲜、颗粒饱满的种子，用40～60℃的温水浸泡6～8h，然后捞出种子，用湿沙拌匀放入花盆中,上面再覆盖一层湿沙，置于室内温暖荫蔽处，进行沙藏催芽。苗床播种土壤最好取林区的针叶土、山泥土作为播种培养土。为了防止幼苗发生立枯病，土壤可用多菌灵进行消毒处理，每100kg土用50%的多菌灵0.5kg，充分混合过筛上盆备用。播种后，覆土表面覆盖一层苔藓，用细孔喷水法浇一次透水，置于温暖荫蔽处，保持土壤湿润（水分不可过多），30～40天种子生根带壳冲出土面，这时可揭去苔藓，逐步进行弱阳光照射。小苗出土后还要适当控制浇水，每周喷一次1%的硫酸亚铁溶液，可连续喷2～3次（防立枯病）。夏季要遮阴、叶面喷水；立秋后可施一些稀薄的有机肥，9月以后停止施肥，减少浇水，加强阳光照射；11月便可移于低温温室，进行正常管理。

嫁接技术 建立母树林，从嫁接苗培育开始，先采种育苗建立砧木基础，然后选择优良单株剪采理想穗条嫁接。

材性及用途 木材的边材为黄白色，心材为红褐色，木材气干快、少开裂、纹理直，材质轻软有弹性，结构较细，比重0.55～0.59，易加工，切面光滑。材质优于马尾松和华山松，稍次于杉木，用途较广，是建筑、家具制造的良好材料，可作梁、柱、檩、椽、门窗、地板、火柴、包装箱、桥梁及枕木。海南五针松节疤小，相对于其他松科树种皮薄，出材率高，有利于切木片；树干具有多量的树脂道，富含树脂，产脂量高于马尾松，有香味、甜味，是我国南方的采脂树。种子可食，香脆可口。

（陈步峰）

附：台湾五针松（*Pinus morrisonicola* Hayata）

台湾五针松又名台湾松、台湾白松、台湾五须松，为松科松属大乔木，高可达30m，胸径1.2m。球果楔状椭圆形，种子椭圆状卵圆形或长卵圆形，长0.8～1.0cm。主要分布于中国台湾中部山地，海拔300～2300m（可达3000m）地带的山脊、南坡，散生或与其他针阔叶树混生，也有成片纯林。

在中国台湾可作为高山地带的造林树种。幼树干皮光滑，老树则呈不规则浅龟裂，姿态高雅、树形优美，是制作盆景的上乘树种，目前主要用于园林绿化和制作盆景。木材可供作建筑和家具等用材。

（沈海龙）

附：华南五针松（*Pinus kwangtungensis* Chun ex Tsiang）

华南五针松又名广东松、粤松、广东五针松，为松科松属大乔木，高可达30m，胸径1.5m。球果圆柱状长圆形，翌年10月成熟；种子椭圆形或倒卵形，长0.8～1.2cm。分布范围为18°～27°N，106°～116°E，生于我国广东北部、中部，海南五指山，广西北部、东北部，以及湖南南部和贵州，在南岭、黔东南、桂南和海南五指山等分布在海拔700～1800m地带，为针阔混交林或悬崖上的保护植物。喜光树种，初期生长慢，10～30年生生长迅速。喜温暖湿润气候，适合生长在多石的山顶和山脊，耐干旱瘠薄，在土层深厚、排水良好的酸性土生长最快。华南五针松幼年期生长比较慢，5年生后生长逐渐加快，10～30年生为速生期，40～50年生即可成材，寿命可达300年以上。

华南五针松主要靠种子繁殖。选择50～60年生、生长健壮的母树采种。采回堆放3～5天，摊开暴晒并经常翻动，敲打脱粒。可室内普通干藏。种子具生理休眠特性，5℃低温层积催芽60天可解除休眠（段小平和陈卫军，1991）。在分布区内选择疏松肥沃、排水良好的缓坡地育苗。高床条播。播种时间以4月初为宜，出苗期约1个月。视育苗区域和育苗地情况不同，可以培育1年生、2年生、3年生不同苗龄苗木出圃造林。选择荒地、荒坡、山脊等灌草稀疏、阳光充足的立地造林。造林前或造林时大穴整地（直径和深度均40cm左右）。初植密度2500株/hm^2（株行距2m×2m）或1666株/hm^2（株行距2m×3m），前更幼树要适当保留。注意幼林抚育和抚育间伐，促进成林、成材。

华南五针松干材端直、质地优良、坚实，适合作高级家具、乐器、建筑用材，以及用于造纸等。种子有食用潜力。华南五针松是亚热带中山地区的优良造林树种、潜在食用种子生产树种，也是良好的庭院观赏和盆景树种。可用黑松、马尾松作砧木嫁接育苗。

（沈海龙）

附：乔松（*Pinus griffithii* McClelland）

乔松也叫蓝松、喜马拉雅松，为松科松属大乔木，高可达70m，胸径1m以上。分布于云南西北部、藏南、藏东南海拔1200～3300m，最高可达3800m，缅甸、不丹、尼泊尔、印度、巴基斯坦、阿富汗等有分布。球果圆柱形，翌年10～11月成熟；种子椭圆状倒卵形，长0.7～0.8cm，千粒重46g。喜光树种，耐瘠薄，能在风化母质和岩石缝隙中生长，但以山地棕壤及河岸冲积土上生长为好。

乔松以种子繁殖为主。在播种前4个月，种子消毒后用35～50℃温水浸种，自然冷却后浸泡1昼夜，然后混沙层积催芽。一般4月初采用高床条播。苗木生长期间注意防控立枯病。冬季需防寒、防风。2年生或3年生出圃。刘永春等（1987）研究认为，乔松幼苗在地中平均温度18℃、空气相对湿度大于70%时生长最快；在西藏林芝地区，使用北斜面高床（床面向北倾斜），具有接受散射光多、地中温差变幅小、土壤湿度大、小环境立地条件变化小等有益于幼苗生长的条件。

木材轻软、纹理细、不翘不裂，可供作造船、地板等用材，是优良用材树种。同时，乔松对病虫害抗性强，涵养水源和保持水土能力强，是荒山荒地造林先锋树种。种子可食，有食用坚果生产潜力。

（沈海龙）

附：北美乔松（*Pinus strobus* L.）

北美乔松又名东部白松，树高可达60m，一般20～30m；胸径可达1.5m，通常为30～50cm，是著名的北方速生针叶树种。自然分布于美国和加拿大，能在分布区内各类土壤上生长，但以排水良好、疏松肥沃的沙壤土上生长最好，排水不良的黏土上生长不良。不耐盐碱和烟害，抗风，耐雪压。较耐阴、较抗寒，适宜于湿润地区栽培。主根发育较弱，侧根发达，有菌根菌共生。

我国在20世纪初开始引进（辽宁熊岳树木园1918年引进），80年代多地开始引进和试验栽培，目前在吉林南部、辽宁、北京、江苏（南京）、浙江（富阳）、山东、河南等地均有小规模引种栽培。

辽宁的试验栽培结果（尤文忠等，2005）表明，北美乔松在辽东、辽南、中部低山丘陵区均能较好地生长，生长量与原产地相似或更好。大边沟林场10年生北美乔松树高和直径均远远大于同龄红松。可以作为优良用材树种推广栽培。试验栽培结果表明，引种北美乔松首先要做好种源选择工作；其次在引进国外种子育苗造林的同时，注意良种基地建设。

北美乔松主要靠种子繁殖。种子千粒重18g左右，播种前宜进行低温层积处理，播种前一年入冬前进行处理，1～5℃低温层积60天后用于播种。在辽宁，播种时间以4月中旬前后、地温15℃左右时进行。选用沙质壤土，高床条播。应特别注意越冬防寒，可采用埋土法。2-0型或2-1型苗出圃造林较好。具体可参照红松育苗。可以采用容器育苗方法育苗，以提高种子利用率，加快育苗进程。选择背风向阳地段，土层深厚、松软肥沃、有机质含量高、排水良好的沙壤土和壤土造林。植苗造林，初植密度2500～4400株/hm^2。幼林抚育和间伐参照红松。

其木材性质与红松类似，质软而轻，耐腐力强，易于加工和刨光，广泛用于家具、模型和飞机等制造。

（沈海龙）

美国爱达荷州科达伦国立苗圃附属种子园的北美乔松母树球果和针叶状态（沈海龙摄）

5 白皮松

别　名｜白骨松、三针松（河南）、白果松（北京）、虎皮松（山东）、蟠龙松（河北）、蛇皮松（江苏）

学　名｜*Pinus bungeana* Zucc. ex Endl.

科　属｜松科（Pinaceae）松属（*Pinus* L.）

白皮松是我国特有树种，天然分布于山西、陕西、甘肃、河南、湖北、四川、湖南7个省，在北京、河北、辽宁、山东、青海等省份有引种栽培。白皮松喜光，幼苗期稍耐阴，深根性，寿命长达数百年。能适应干冷气候，耐干旱瘠薄，也能适应微酸性、中性至微碱性土壤，但要求土壤通透性良好，在排水不良或积水地段不能生长。白皮松树形优美、挺拔苍翠，老年枝干色如白雪形如龙，针叶在寒冬能保持深绿，是我国华北及其他适生区城市、庭园、四旁美化及绿化的珍贵树种，是山区或干旱地带造林优良树种，也是森林公园、风景区优化配置的首选树种之一。其木材可供建筑用，球果可入药，种子可食用（王九龄，1992）。

一、分布

白皮松主要分布于我国29°55′~38°25′N、103°36′~115°17′E，横跨暖温带、北亚热带和中亚热带，遍及甘肃南部，陕西西部、西南部，山西中部、南部及西南部，河南南部、西南部，四川北部、西北部，湖南北部，湖北北部、西部及西北部等地区（王小平，2002）。白皮松天然林垂直分布下限为海拔600m，上限可达1850m。在陕西秦岭分布于海拔500~1000m；在山西吕梁山分布于1200~1800m，中条山分布于600~1400m，太行山分布于650~1200m，太岳山分布于800~1400m，关帝山分布于1350~1800m；在河南伏牛山分布于500~1200m；在湖北西部分布于1000~1250m；四川江油观雾山海拔1000m山顶有散生林木。

根据我国植被分布，白皮松分布区分属于暖温带落叶阔叶林带、北亚热带常绿落叶阔叶林带及中亚热带常绿阔叶林带。进而按照山地森林分区，白皮松分布区则属于暖温带针叶落叶阔叶混交林带的黄土高原山地丘陵松栎林区，北亚热带落叶阔叶与常绿阔叶混交林带的秦巴山地落叶阔叶针叶林区和淮南长江中下游山地丘陵落叶阔叶针叶林区的西部，中南亚热带常绿阔叶林带的四川盆地丘陵山地常绿栎类松杉柏木林区的北部，以及贵州高原常绿栎类松杉林区的东北部（王小平，2002）。其分布总的特点为：天然林水平分布区域相对较广，分布呈现明显的不连续性，属于小面积块状分布。在河北、北京、山东、辽宁南部、江苏、浙江等地均有栽培。

二、生物学和生态学特性

常绿乔木，高达30m，胸径可达2~3m。树冠阔圆锥形，树形雄壮多姿，苍翠挺拔，具有塔型、圆顶型和散开型3种主要类型。树皮灰白色、粉白色或白黄相间，近似虎皮、蛇皮，呈不规则鳞片状脱落。幼树树皮平滑，灰绿色，老树树皮不规则鳞片脱落后露出粉白色内皮，斑驳美观。针叶3针一束，短粗亮丽，长5~10cm。叶背面与腹面两侧均有气孔线，树脂管4~7个，通常边生或边生与中生，叶鞘脱落。1年生枝灰绿色，无毛。雌雄同株，雄花无梗，生于新枝基部，多数集成穗状。花期4~5月，球果单生，初直立，后下垂，第二年9~11月成熟。球果长5~7cm，直径4~6cm，种子灰褐色，倒卵圆形，长约1cm，直径0.5~0.6cm。白皮松寿命长达数百年，如山

北京市昌平区白浮苗圃白皮松移植苗（王永超摄）

北京市昌平区大东流苗圃白皮松大苗（智信摄）

东曲阜有高35m、胸径1.6m的大树，天水市街子乡有一株约500年生古树，树高达30m，胸径约2m。

白皮松为深根性树种，主根明显，根系庞大。根系具有菌根菌，可促进苗木根系吸收土壤水分和养分。白皮松生长较缓慢，1年生苗高仅3～5cm，2年生高10cm左右，4～5年生高30～50cm，10年生高100cm左右。一般高生长旺盛期在10年生以后，高峰出现在20～30年生，40年生以后生长趋于缓慢。而直径生长在10年生后迅速上升，高峰期在50～60年生。材积生长旺盛期在20年生以后出现，高峰期在50～60年生。山东药乡林场帽架子山海拔750m的东南坡，25年生树高达6.68m，胸径11.1cm。在山西关帝山海拔1420m西南坡，66年生树高8.6m，胸径达15.5cm（《中国树木志》编委会，1976）。在山西省榆次乌金山自然保护区内，42年生白皮松平均树高7.6m，平均胸径13.9cm。甘肃成县红川乡有一片树龄在1000年以上的白皮松林，平均胸径1.0～1.5m，平均树高达23～32m，至今仍枝繁叶茂，生长势旺盛。在甘肃两当县杨官峡白皮松自然保护区内，40年生平均树高为11.3m，平均胸径达16.6cm。在四川江油窦团山，50年生平均树高7.2m，平均胸径为10.4cm。

白皮松喜光，幼苗期稍耐阴，抗性强，病虫害少，能适应干旱瘠薄的立地条件。白皮松属于“高水势延迟脱水耐旱树种”，有极强的抗旱性，而在排水不良或积水地段不能正常生长。白皮松具有较强的抗寒能力，1年生幼苗可忍耐-10℃左右的低温，若采取覆盖稻草的简单防护措施则可忍耐-15℃的低温，若在播种前对种子进行BR（油菜素内酯）处理，再加上覆盖稻草则可忍耐-20℃的低温，成年大树无需处理可抵抗-30℃的干冷极端气温。在酸性石质山地有天然分布，也能在石灰岩地区生长，而在土层深厚、肥沃的钙质土或黄土上生长良好，能适应pH高达7.5～8.0的土壤。此外，对SO_2及烟尘等污染有较强的抗性，对病虫害也有较强的抗性。

三、良种选育

白皮松分布可划分为8个种源区：北部区——吕梁山、太岳山山地等，如蒲县、榆次、陵川；西部区——秦岭西段北、西北、西南坡及关山、小陇山等，如两当、徽县、成县、麦积山、留坝；中部区——山西南部、陕西东部、河南西部等，如临汾、中条山、韩城、大松岭、洛南、卢氏；中南区——伏牛山南坡、秦岭东段南麓、湖北北部等，如西峡、宁陕、柞水、蓝田、陨西、神农架；西南区——江油北部、广元及大巴山区、午子山林区等，如窦团山、大巴山、午子山等；南部区——湖北西北部以及武陵山北部地区，如巴东、保康、石门；北京区——北京昌平、房山、门头沟等地；松潘区——岷江流域的松潘地区。在良种选择中，一般选择所在地区的中心分布区种源，一般在60年生的天然林或40年生的人工林林木群体中，选择生长健壮、冠幅圆满、干形通直、结实量大的个体。

母树林、种子园或采穗圃一般应位于光照充足的坡地或平地。在纬度较高的地区，由于阴坡水分条件优越且光照条件可以满足其结实对光照的要求，也可选择立地条件适宜的阴坡。除了常规的建立母树林和种子园措施外，根据白皮松林生长结实特点，维持郁闭度0.3～0.4较为适宜，而采穗圃适宜的郁闭度建议在0.5～0.6范围内。

用于育苗的种子须来自种子园或母树林，应为充分成熟、粒大饱满、无病虫害、纯净、无伤、活力旺盛的新鲜种粒。在9～10月，球果颜色变黄褐色，种子颜色变为褐黄色即开始采种较为适宜。将采收的球果放置在通风良好处，摊开晾晒，每天翻动1～2次。果鳞开裂后轻轻敲打，种子全部脱出后，风干、去杂、贮藏。

四、苗木培育

白皮松以有性繁殖为主，多采用播种育苗和容器播种育苗。在实践中也可采用嫁接育苗和扦插育苗的方式。

1. 播种育苗

催芽 白皮松不同种源的种子休眠程度不同，打破休眠的催芽方法各异，可根据当地种源选择适宜的催芽方法。①低温层积催芽。一般需要120～150天。②改进型催芽。将种子用200mg/L GA_3和20%相对分子质量为6000的PEG混合溶液浸泡48h，然后从混合液中取出种子，继续在常温下浸水48h，再把种子浸入35%相对分子质量为6000的PEG溶液中浸泡48h，即可播种。③冬季室内层积沙藏催芽。沙藏催芽应在土壤上冻前进行。用浓度为0.5%的高锰酸钾溶液浸种2h，经清水冲洗。选择干净且门窗完好的房屋进行全面消毒，把已消毒且湿度为60%左右的纯沙堆放于室内，用纯布袋将种子与沙按1∶3的比例装好，沙和种子体积占布袋容积的30%～40%，然后将布袋摊平层埋于沙中，沙堆上覆草帘，注意通风、保湿、防冻。翌年当种子有40%～50%裂口时即可播种。④用浓度为0.50%的高锰酸钾溶液浸种2h，或用浓度为3.0%的高锰酸钾溶液浸种30min，取出后密封0.5h，再用清水冲洗干净，捞出后待播。

育苗地选择 选择排水良好、有灌溉条件、地势平坦、土层深厚的沙壤土或壤土，深度50cm

北京市香山松堂清乾隆年间栽植的白皮松林（贾黎明摄）

北京市北海公园白皮松片林（智信摄）

以上。重黏土、盐碱土或低洼积水的地段不能选作苗圃地。要避免常年种植玉米、马铃薯、烟草、蔬菜、棉花等感病植物的土地和有病虫鼠害的土地。白皮松根系具有菌根菌共生，育苗地宜连作。

育苗地准备 首先，对圃地精耕细整，深翻、整平、耙细，清除杂草，施足底肥。做南北向高床或高垄，育苗地周围要挖好排水沟，做到内不积水、外不淹水。在播种前的5～10天，喷洒1%硫酸亚铁溶液或1.5%福尔马林稀释液；或在整地作床的前期阶段，每亩撒施20kg左右的硫酸亚铁，将其翻入土中，对土壤进行消毒杀菌处理。

播种 适当早播可减少松苗立枯病危害，以土壤解冻后10天内播种最为适宜，一般在3月下旬至4月上旬播种。播前浇足水，开沟条播（行距20～30cm，宽8～10cm，深4～5cm），每亩播种量40～50kg，覆土1.0～1.5cm。根据墒情播后可覆盖塑料薄膜，以减少灌水并提高发芽率，也可使用土面增温剂以提高土温并促进提早出苗。

出苗期管理 白皮松属于子叶出土型，带种壳出土。在北京播种后第九天胚根突破种皮开始向下伸展，播后20天种子开始顶土，23～25天种子大部分出土，30天左右主根上出现小凸起，45～49天真正长出侧根。出苗期一般持续45天。北京地区的出苗期约在5月14日结束。此期结束时平均苗高仅2.8cm，而根系增长快速，可达8cm左右。关键技术措施是：及时喷水维持土壤适宜的含水量，出苗后要及时除草、松土，促进幼苗生长，并逐渐加强苗床间通风，提高幼苗适应性和抵抗能力。幼苗稍耐阴，出苗初期要适当采用遮阳网遮阳，避免强光，防止日灼危害。幼苗出土前不需要浇水，可采取多次少量的方式喷雾补水。

幼苗期管理 幼苗期约自5月15日开始，一般仅持续8～10天。种皮完全脱落，子叶展开，出现幼小真叶。苗高生长缓慢，而根系保持快速生长势头，侧根数量持续增多，但未出现二级侧根。地径开始缓慢增长。此期间应少量多次浇水，防止冲刷幼苗。

速生期管理 此期苗木高生长快，北京地区

从5月27日起，一般可持续50～55天。速生期高生长从4.4cm可增至9.5cm，地径生长不明显。根系生长很旺盛，二级侧根在后期出现。速生期要根据天气情况适时灌溉，以利于促进苗木迅速生长。6～7月追肥2～3次，以液体速效肥喷洒叶面为主，施肥后要及时用清水冲洗叶面。第一次追施氮肥，以后增施磷、钾肥。

生长后期管理 高生长呈现明显下降趋势，地径持续保持增长。此期在北京地区为从7月20日至8月20日。根系仍保持旺盛生长，出现大量二级侧根，可延续到9月15日前后。生长后期可持续55～60天。8月幼苗进入生长后期时最后一次追施磷酸钙，促进苗木充分木质化，以利于安全越冬。秋后适当控制浇水，雨后及时排涝，防止土壤过湿而发生病害。

2年生播种苗管理 ①生长初期。在北京地区持续55～60天，从3月15日顶芽开始膨大至5月11日高生长开始迅速增加止。地上部分生长量变化不大，主要以根系生长和侧根数量增加为主。②速生期。北京地区从5月20日开始至7月10日止。高生长迅速增加。③生长后期。7月10日后高生长基本停止，地径生长在7月10～20日出现一个生长高峰。根系活动旺盛，至9月20日左右才结束。采取的主要措施与当年生苗木类同。

苗木移植 白皮松幼苗生长缓慢，在培养过程中需2～3次移植才能出圃。移植宜在晚秋或早春进行，移植后要加强土、肥、水管理，以促进生长。一般2年生苗高10cm左右时应进行第一次移植，注意保护好苗木根系、不伤顶芽，4～5年生苗高30～50cm时需进行第二次带土坨移植，8～10年生苗高1.0m左右时带土坨进行第三次移植，经三次移植后可用于园林绿化工程。

苗木修剪 大苗移植前，将垂至地面的枝条剪掉。苗高达50cm以上的，剪除距地面约10cm范围内的枝条；苗高达到1m以上的，剪除距地面20cm范围内的枝条；高度达到2m以上的，剪除距地面约30cm的枝条。为保持移栽后大苗的外形美观，对大苗侧枝周围分布不均匀的枝条及时拉枝，即将密度过大的枝条移到空处，并对同级枝条中生长过于繁茂的及时拦头。

促进苗木生长技术 相关研究（王木林和孙福生，1996）表明，在生长季用复硝钠类植物生长调节剂能明显促进苗木生长。具体做法是：用4000倍保多收稀释液浇苗根，每月3次，连续4个月。平均地径生长量提高43%，苗高生长量提高15%。

2. 容器播种育苗

育苗地准备 常用低床（宽80～100cm，深12cm），苗床以南北向为宜，底部修平、拍实，四壁垂直，苗床间距40cm，长度视地形而定，一般10～20m。床的深、宽取决于容器规格，容器码放应与地面齐平。

基质配制 要求基质质地疏松、保温、透气和透水均良好。一般选择70%腐殖质土和30%黄土混合而成，也可将园土和腐殖土按照1∶1的比例混合后加入适量细沙，在青海等高寒地区可用55%森林土、30%生黄土、5%蛭石和10%沙土配制基质。首先将基质粉碎过筛，除去草根、石块等杂物，充分拌匀。为增加肥力，每立方米基质内添加5.0kg过磷酸钙和2.0kg尿素，再拌入40g辛硫磷防治地下害虫，最后用0.30%硫酸亚铁溶液进行土壤消毒。

容器规格 常用的为蜂窝状无底折叠式塑膜容器，规格标准一般为高12cm，直径5～8cm，厚度0.02mm左右。也可使用塑料薄膜容器袋，规格为直径5～12cm，高12～20mm，厚度0.02mm；或用营养钵，规格为13cm×16cm。

先将蜂窝状无底折叠式塑膜容器拉开，横排于育苗床中，与育苗床宽度相当，然后填装基质。注意要先装4个角落的容器，最后填补中间部分的容器。须采取逐袋装取的方式，以确保床内的容器达到直立紧靠，不存在过大空间。装袋时要适当压紧，基质低于容器袋边缘以便于浇水。

播种方法 一般在3月底至4月初气温持续升高时适时播种。播种前几天充分浇水灌透容器，每个容器播2～3粒种子，后覆土1.0cm将种子覆盖，及时洒水保持土壤表面湿润。

容器苗移植　2年生容器苗可进行带营养土移植。起苗前2~3天灌透水，起苗时沿底部将根系截断。移植过程中，务必要注意去掉容器袋，但要保持苗木根系的完整性。

3. 嫁接育苗

采用常规嫁接方法。将1年生白皮松嫩枝接穗嫁接在3~4年生的油松新梢上，接穗应选生长健壮的新梢，粗度以0.5cm左右为好。一般成活率可达85%~95%。嫁接繁殖比种子繁殖可提前5年出圃，同时减少多次移栽、防寒、抚育管理等工作。

4. 扦插育苗

基质准备　最好选用蛭石，也可用河沙作基质。

制穗　在1~3月的扦插当天清晨，在4~5年生母树上采1~2年生枝条，插穗长12~18cm。扦插前去掉插穗基部的针叶，插穗切面要平滑，流水脱脂24~48h，再用100mg/L的吲哚丁酸处理12h或用50mg/L的吲哚丁酸处理24h。

扦插　用扎孔器扎孔后扦插，扦插深度约为插穗长度的1/3，插后压实，浇透水。扦插株间距为10cm×10cm。

育苗环境控制　搭弓形塑料棚，棚高以管理方便为宜，遮阴棚透光率为50%。扦插后浇透水，采用遮阳网、通风、喷水等措施控制光照、温度及湿度（湿度为80%以上，温度控制在25~30℃）。为避免病虫害发生，每隔一周喷洒多菌灵溶液一次。6月下旬将薄膜去掉，同时增加喷雾次数。

五、林木培育

1. 立地选择

在山西、河南、陕西、甘肃海拔1000m（或1800m）以下山地及平原地区，以及华北地区800m以下的阴坡或阳坡均可造林。白皮松在低山阳坡薄土立地能生长，但以深厚肥沃土壤为宜，微酸性至微碱性土壤也能生长，在排水不良、积水以及含盐量过高的土壤上不易种植。北京山区低山阳坡厚土的立地条件适宜白皮松造林，在平原地区造林时以透气、透水的沙壤土为好，同时要避开盐碱土和建筑渣土（蔡宝军，2015）。

如用于城市绿化，可在公园、庭院、小区或街道等土壤深厚、通透性良好的地段栽植。

2. 整地

一般在造林前整地，石质山地用水平条、鱼鳞坑、穴状方式整地，黄土地区用窄带梯田、水平沟、反坡梯田整地。山区造林不要全垦，整地规格一般为0.5m×0.5m×0.7m（长×宽×深）。如用于园林绿化景观造林，整地规格依苗木及土坨尺寸而定。

3. 造林

混交方式　山地宜营造混交林，混交方式以块状、带状为宜。可与油松或紫穗槐混交，或与元宝枫块状或带状混交，适合营建风景林。与栓皮栎块状或带状混交，适合营建防护林（蔡宝军，2015）。也可营造小片状纯林。

栽植时间及苗木规格　栽植时间一般在春季或雨季。山区造林宜用1~1.5年生裸根苗或2~3年生容器苗，造林密度依据造林目的和立地条件而定，一般为500~2000株/hm^2。如用于园林绿化观赏和作行道树，需用带土坨大苗栽植。一般土坨直径为地径的10~15倍，用草绳缠绕固土。胸径大于15cm的，则需要特殊设备或器材保护根部进行苗木运输。庭园绿化和行道树栽植，株行距应不小于6m。

景观造林种植点配置　①在园林景观绿化中，可通过孤植、对植、行列栽植、丛植和林植等方式来形成独特景观。其中孤植适用于城市的公园、广场、大型公共绿地、附属地等；对植适合于庭院入口两侧；丛植多用于城市自然式绿地的美化，也可用于山坡或丘陵地带，或作为城市的草坪衬景；林植可在城市和风景区的绿化带等大空间内应用。②与山石、建筑配景。这种应用方式在南、北园林中都较为广泛。在北方，如北京皇家园林，形成一种以建筑为背景，山石互称的美感。在南方，可依据假山将山石、树相配的绿化风格形成一种精致典雅的古韵松石美。③与其他植物配景。与其他植物配景绿化时，白皮松

多作为配景树。

4. 幼林抚育

山地造林后连续抚育4～6年，主要是局部松土和割灌除草，直至幼林高于周围灌草为止。必要时实施灌水措施。同时，进行必要的病虫害防控和火险防控措施。公园和庭院等地景观绿化造林后，根据需求进行必要而精细的灌溉、施肥、除草、修剪措施，同时注重病虫害防控。

六、主要有害生物防治

1. 松纵坑切梢小蠹（*Tomicus piniperda*）

松纵坑切梢小蠹（*Tomicus piniperda*）属于鞘翅目（Coleoptera）多食亚目（Phytophaga）象虫总科（Curculionoidea）小蠹科（Scolytidae）海小蠹亚科（Hylesininae）林小蠹族（Hylurgini）切梢小蠹属（*Tomicus*）。越冬成虫离开越冬场所后，绝大多数直接飞向倒木、濒死木、衰弱木和新伐根处蛀孔繁殖。我国北方一般5月开始出现新成虫，羽化后即飞往当年生新梢蛀食补充营养，其危害一直持续到11月。

松纵坑切梢小蠹隐蔽性强、危害性大，一年中大部分时间在树干和新梢内隐蔽生活，导致树势衰弱，新梢大量死亡，树冠扩张受限，难以培育良好树形，尤其危害中幼林。主要防治措施：①及时剪除被害枝梢、死梢；②当越冬成虫及新羽化成虫进行补充营养造成枝梢枯萎时，应及时剪除枯梢并烧毁；③成虫侵入新梢之前，用敌敌畏乳油或磷胺乳油喷洒树冠；④保持圃地卫生条件良好，及时伐除濒死木并烧毁。

2. 松落针病（*Lophodermium pinastri*）

导致松针感病脱落的病原菌主要为散斑壳属真菌，隶属于盘菌纲（Discomycetes）斑痣盘菌目（Rhytismatales）斑痣盘菌科（Rhytismataceae）。病菌多数以菌丝体或子囊盘在落地针叶上越冬，有的在树体针叶上越冬，翌年3～4月形成子囊果发育成熟，4～5月产生子囊孢子。遇雨或潮湿条件，子囊果吸水膨胀放射出子囊孢子。子囊孢子可以借气流传播，从气孔侵入，潜育期1～2个月。病菌一般侵染2年生针叶，后期可侵染当年生针叶，不同龄期的白皮松均可能受害，造成针叶枯黄早落，严重时树木濒于死亡。主要防治措施：①加强圃地水肥管理，增强树势，及时防治其他病虫害；②伐除衰弱木、濒死木；③在春、夏子囊孢子散发高峰前喷洒波尔多液、退菌特液、敌克松液、代森锌液或代森铵液。

3. 微红梢斑螟（*Dioryctria rubella*）

参见油松。

七、材性及用途

白皮松边材黄白色或黄褐色，通常窄狭，心材黄褐色，纹理斜而均匀。年轮明晰，木材略有松脂气味，具有光泽，花纹美丽。气干密度为0.486g/cm^3，木材加工容易，一般用于制作建筑板材、家具、文具等，但利用其木材的极少。

白皮松树干纹理性很好，而且木质属于轻柔型的，制成的木质家具使用时间也很长。如果是搭建景区的木质房屋，白皮松的木材特点也是符合要求的，在深加工后会出现独特的光泽，细木的花纹也十分漂亮。

除了山区绿化和城市园林景观建设及高档用材或特殊用材方面的利用外，白皮松在如下几个方面也有重要的利用价值：所含松脂、多种芳香化学成分如α-蒎烯和α-莰烯及β-蒎烯，具有重要的化工价值；松粒大、味美，可以食用；花粉含有多种参与人体代谢的生理活性物质，对人体有益的不饱和脂肪酸含量很高；球果含挥发油、皂苷、酚等，有平喘、镇咳、祛痰、消炎功能，常被用来煮水治哮喘；种子可润肺通便。

（王小平，智信）

6 油松

别　名｜黑松（东北）、短叶松（《中国树木志》）
学　名｜*Pinus tabulaeformis* Carr.
科　属｜松科（Pinaceae）松属（*Pinus* L.）

油松是我国北方地区主要造林树种之一。自然分布区辽阔，适应性强，根系发达，树姿雄伟，枝叶繁茂，是优良的用材林和防护林树种，也是城市绿化、园林造景的重要树种。其木材坚实，耐腐朽，多作为建筑、电线杆、枕木、矿柱等用材。另外，其树干可割取松脂，提取松节油，树皮可提取栲胶，松节、针叶及花粉可入药。

一、分布

油松的自然分布范围较广，跨31°～44°N、103°30′～124°45′E。北至辽西的医巫闾山，西至宁夏的贺兰山及青海的祁连山、大通河、湟水流域一带，南至四川、甘肃接壤地区向东而达陕西的秦岭、黄龙山，河南的伏牛山，山西的太行山、吕梁山及河北的燕山，东至山东的蒙山。陕西、山西为其分布中心，有较大面积的纯林。在河北东北部、辽宁西部及山西海拔较高的山地，由于降水较多，空气湿度大，油松在阴坡、阳坡均有分布。河北西部、山西吕梁山以西及海拔较低的山地，因降水较少，空气湿度小，油松只分布在阴坡、半阴坡。油松的垂直分布因地而异，辽宁地区的油松分布于海拔500m以下；华北山区分布于海拔1500m（燕山）以下及1900m（吕梁山）以下，海拔过低的阳坡生长不良，2000m以上仅有个别散生树木；在青海则可分布到2700m左右。油松天然林主要生长在山地，在高原、平原和盆地内也有分布。油松适应能力强，在年平均气温2～14℃、年降水量300～900mm的范围内均可生长。

二、生物学和生态学特性

1. 形态特征

常绿针叶乔木，树高可达30m，胸径可达1.8m。树冠塔形、卵圆形或圆柱形。树皮灰褐色、黄褐色、灰黑色或红褐色。树皮为龟裂、纵裂、片状剥落等形态开裂。针叶2针一束，雌雄同株，种鳞木质。种子卵圆形或长卵圆形，长6～8mm，淡褐色或深褐色，有翅，翅长约1cm。花期4～5月，翌年9～10月种子成熟。

2. 适应性与抗性

油松是温带树种，抗旱、抗寒能力较强，可耐−25℃的低温。油松适应大陆性气候，在年降水量仅有300mm左右的地方（如大青山），也能正常生长。在年降水较多的地方生长良好。在分布区以北的哈尔滨地区引种的油松在个别年份有枝条冻死现象。在分布区内的高寒地带，如太行山海拔1500m以上，恒山1800m以上，油松生长不良。海拔过低或水平分布偏南地区，高温及季节性干旱对油松生长有不良影响，表现为高生长量小，虫害多。

油松是喜光树种，在全光条件下能天然更新，为荒山造林的先锋树种。1～2年生幼苗稍耐庇荫，在郁闭度0.3～0.4的林冠下天然更新幼苗较多，但4～5年生的幼树则要求充足的光照。过度庇荫会导致幼树生长不良甚至死亡。在低海拔地带，大多分布在阴坡，这主要是由于较好的土壤水分条件起到了决定性作用。但在一些日照时间极短的阴向陡坡上，即使有良好的土壤水分条件，由于光照不足，油松生长也极为不良。

内蒙古自治区黑里河国家级油松良种基地（贾黎明摄）

河北省黄土梁子林场油松大径材培育（贾忠奎摄）

油松适生于森林棕壤、褐色土及黑垆土，以在深厚肥沃的棕壤和淋溶褐土上生长最好。油松的根系发达，蒸腾强度较低，较耐土壤干旱，在山顶陡崖上能生长。土壤过度干旱，不利于幼苗、幼树成活，导致幼林生长缓慢。油松要求土壤通气状况良好，故在轻质土上生长较好，如果土壤黏结或水分过多，通气不良，易早期干梢，长势较差，在地下水位过高的平地或有季节性积水的地方则不能生长。

油松耐瘠薄，对土壤养分条件要求不高。从土壤中吸收氮素及灰分元素的数量较其他树种少，枝叶中氮素及灰分元素含量较低（落叶中灰分含量2.0%～3.5%），故改良土壤的性能较弱。油松根系能伸入岩石缝隙，利用成土母质层内分解出来的养分。母质层疏松多裂隙的立地有利于油松生长。在花岗岩、片麻岩、砂岩等母岩风化的母质上，即使上层土壤贫瘠，油松也能生长。油松幼年时对土壤养分条件的差异不敏感，随着林龄增长差异显著。在过于瘠薄的土壤上虽能成林，但容易早衰而不易成材，或只能长成小径材，容易形成“小老树”。

油松喜微酸性及中性土壤，不耐盐碱，土壤pH 7.5以上即生长不良，在平原地区栽植油松尤应注意。在酸性母岩风化的土壤上生长良好；在石灰岩山地，如土层较深厚，有机质含量高，降水量较多，油松也能生长良好。

3. 生长进程

油松的生长速度中等。幼年期生长缓慢，一般2年生苗高20～40cm，第三年开始生长侧枝，从第四或第五年起开始加速高生长，连年生长量可达40～70cm，一直维持到30年生左右，以后高生长减缓。在立地条件较差的地方，20年生后高生长即衰退；在立地条件较好的地方，高生长速生期持续时间长，生长量大，有些年份个别植株的高生长量可达100cm以上。油松的径向生长高峰出现略迟，一般在15～20年生后胸径生长加速，在良好条件下，旺盛生长期可维持到50年生左右，胸径连年生长量最大可达1.0～1.5cm。人工油松林，一般在造林后5～7年林分郁闭，15年生后林木分化显著，开始自然稀疏。

油松的高生长集中在春季，在北京附近约从3月下旬开始芽膨胀，到5月上旬前生长迅速，5月下旬停止生长，形成新顶芽，生长期约60天。有时部分植株的当年新生顶芽在7～8月再进行延伸，出现第二次生长，但二次抽梢往往不能形成顶芽或顶芽瘦小，木质化程度也低，容易形成越冬冻害，或至冬末春初温度升高时，由于蒸腾加强，容易发生枯梢现象，对第二年高生长有不利影响。油松的径生长从5月中下旬开始，7月中下旬有一段停顿，8月、9月出现第二次高峰，延续生长到11月初结束，生长期约5个半月。油松的针叶生长从4月下旬开始，5月持续生长，5月底高生长停止后针叶生长旺盛，7月针叶基本定型，到8月完全停止生长。不同地区及不同地形部位的油松，其生长始末期可相差1个月左右。

油松根系在土壤解冻时开始生长，4～5月生长旺盛，分生大量新根，初夏干旱时期生长停顿，8月又加速生长，延至11月以后土壤结冻时停止。

油松6～7年生时开始开花结实，但结实球果小，瘪籽多，发芽率低。15～20年生后结实增多，种子质量也显著提高。30～60年生为结实盛期，直至100年生之后仍有大量结实，但种子质量差。油松4月末至5月上旬开花，当年授粉，翌年春受精后球果开始发育，到9～10月球果成熟。

河北省黄土梁子林场油松主伐保留母树促进林下更新（贾忠奎摄）

内蒙古自治区旺业甸油松人工林林相（贾黎明摄）

三、良种选育

油松造林的范围广，面积大。目前种子调拨很普遍，主要存在人工造林种源不清、种源混乱的现象。由于各地种子产量不均，种子质量差异较大，许多地方选用良种，造林效果好。有的未经选种，种子质量差，新造幼林生长缓慢，过早结实，干形不良，病虫害多。为了解决这些问题，2012年国家林业局公布了平泉县七沟林场、吕良林管局上庄、土默特左旗万家沟林场、宁城县黑里河林场、北票市、延安市乔山林业局、陇县八度林场、洛南县古城林场、庆阳市中弯林场、卢氏县东湾林场、辉县市白云寺林场等第一批国家油松林木良种基地，加强了油松良种的选育和高产稳产的良种生产基地的建设。

1. 种子区划

1988年4月13日林业部批准了由北京林业大学徐化成教授主持的油松种子区划，并按《中国林木种子区油松种子区》（GB 8822.1—1988）颁发，同年8月1日实施。

（1）种子区和种子亚区

区划系统由种子区和种子亚区组成。种子区是生态条件和林木遗传特性基本类似的地域单元，是控制用种的基本单位，而种子亚区是控制用种的次级单位。为便于生产应用，一般以省界和县界等行政界线、山脊和河流等天然界线及铁路和公路等人工界线，作为种子区和种子亚区的界线。依据气候，包括年平均气温、1月和7月平均气温、≥10℃的有效积温、年降水量及植被状况等，将油松主要分布区划分成西北区、北部区、东北区、中西区、中部区、东部区、西南区、南部区和山东区9个种子区；区以下，又划分了22个种子亚区。

（2）就近用种原则

造林首先应当采用同种子区内同一亚区的种子，其次是同种子区内其他亚区的种子；在本种子区种子不能满足造林需要时，经主管部门批准，可遵照种子区间允许调拨的方向和范围，使用其他种子区的种子。种子区间允许调拨的方向

和范围规定如下：

①东北区的种子可调拨到北部区使用。

②北部区的种子可调拨到西北区使用。

③东部区的种子可调拨到中部区使用。

④中部区的种子可调拨到东部区、中西区、南部区和山东区使用。

⑤中西区的种子可调拨到西南区和南部区使用。

⑥西南区的种子可调拨到南部区使用。

⑦种子区界两侧造林，允许采用毗邻地区种子。

2. 种源试验

1978—1988年，全国进行了三次大种源试验。第一次全分布区试验于1978年秋季采种，1979年育苗，参试种源19个；第二次全分布区试验于1982年采种，1983年育苗，参试种源26个；第三次局部分布区试验，采取统一组织，分片进行，于1987年采种，1988年育苗（徐化成，1993）。

这些区域的种源试验主要观测了球果和种子的形态特征、结实习性、高径生长状况、干形、生长节律、根系特征、耐寒和耐旱特性、气候条件、造林成活率和保存率等，个别参试单位还研究了不同种源的同工酶变异及生长对不同土壤基质的反应等。通过比较研究，一般认为种源的选择可遵循以下原则：

①东北区，以本区种源最适宜，与北部区种源差别不大。可试用东部区、中部区种源，其他种子区，包括西北区种源都不适宜。

②北部区，以本区或东北区种源为宜。

③东部区（含辽东、辽西、冀东山地和北京山区）和中部区（含山西中南部），都以本区种源最适宜；东北区种源生长和保存率比东部区种源稍低；南部区和西南区种源越冬时常遭寒害；西北区种源，成活率和保存率都低，生长也差。

④南部区（含四川北部、秦岭、豫西山地、鲁中南山地等），以采用本区种源为宜，陕南亚区宜采用本亚区种子，豫西亚区以栾川种子生长较好。

⑤山东区，宜采用山东本地种源。

⑥西南区（含甘肃东南部、甘肃西南部白龙江流域，四川西北部南坪等），各区种源苗木越冬成活率和造林保存率差异小。黄陵（中西区）、洛南、商县等（南部区）种源生长好。相邻种子区的种源优于本区种源，是西南区的特点。

⑦西北区（含青海东部、甘肃北部），各区种源苗木越冬保存率都较低，种源间差异大，本区或与本区条件相似的贺兰山、关帝山高海拔种源表现较好。

总之，东部区和中部区适应性较强，在各地生长较好，东北区和西北区种源仅能适应于寒冷、干旱地区，而中西区、西南区和南部区种源也仅能适应温暖、湿润地区。在9个种子区中，采用邻近区种源造林仅在西南区表现出优势，在其他各区都是以本区种源为最好，或邻区种源属于最佳种源区之一。据研究，在河北坝上地区较适合采用山西隰县的人工林、母树林和种子园的种源造林。由辽宁、河北、山西种子调到四川、陕西、湖北、河南造林，幼林成活不成问题，但可能会严重影响林分的生长量。可见，“就近使用油松种子造林”的提法是有依据的，油松大规模造林不宜调用远距离的种子。

3. 优树选择

为建立种子园，自1983年以来，全国油松种子园协作组在各地业务部门的配合下，在辽宁、内蒙古、河北、河南、山西、陕西、甘肃等省份的油松主要分布地区选择出优树8000余株。优树覆盖了油松主要分布区：北起辽宁的阜新、内蒙古的赤峰，南至秦岭、伏牛山、白龙江流域，东自抚顺地区，西迄哈斯山等。

优树选择的原则 优树林分选择未遭人为破坏的天然林或人工林，对人工林应了解其确切产地；优树要适当分散，每个林场不宜选树过多；入选率控制在1/10000～1/5000。优树以材积生长为主要选择指标，材积评定采用3～5株优势木法、小标准地法和绝对值法。优势木法和小标准地法中候选优树超过其周边3～5株优势木和小标准地内30～50株树木平均值的指标如表1所示。

绝对值法标准地的选择因地区、立地条件而异，也因树龄而不同。北京林业大学在辽西立地条件较好的天然林中确定了优树的数量指标，如表2所示。

表1 优势木法和小标准地法候选树标准

方 法	树 高	胸 径	材 积
小标准地法	>5%～10%	>50%	>150%
3～5株优势木法	>5%	>20%	>50%

表2 绝对值法标准地优树的数量指标

树龄（年）	树高年平均生长量（cm）	胸径年平均生长量（cm）
15～20	>40	>0.8
21～30	>35	>0.7
31～45	>30	>0.6
>45	>25	>0.5

4. 种子园营建

油松种子园是油松良种繁育的主要场所。我国在上述优树选择的基础上，开展了种子园的营建。

种子园园址选择包括大的地域范围的选择和具体地点的选择。我国现有油松种子园的水平分布和垂直分布的范围很广：从34°19′N到41°25′N，跨越纬度7°；从105°57′E到121°00′E，跨越经度16°；海拔高度在100～1750m，相差1650m。无霜期120～190天，相差70天。

种子园的园址地区确定后，在具体地段选择上，需考虑自然条件和社会经济条件。自然条件主要是选择地势平坦、光照充足的阳坡、半阳坡和土壤肥沃、土层深厚、微酸或中性的轻壤土或中壤土。社会经济条件主要考虑交通条件、劳动力来源、水电与配套设施等。为防止外来花粉对种子园的侵染，种子园的附近不能有大量近缘松树分布。

园址选定后要根据预定经营项目的要求和具体的立地条件进行区划。种子园的区划包括种子园的基因收集圃和子代测定林。由于油松种子园多建在山区，所以，一般是按照山脊沟壑等自然地形进行区划，不能强求区域边界的规则和面积的一致。种子园的区划分为大区和小区两个层次。大区面积一般80～100亩，小区面积10～20亩。

四、苗木培育

油松造林常用苗木有裸根苗和容器苗2种。裸根苗为1～3年生，容器苗有百日苗、1～2年生容器苗和容器移植苗。目前生产上使用较多的是2～3年生裸根苗、1～2年生容器苗或带土坨大苗植苗造林。油松可在平地固定苗圃育苗，也可在临时（山地）苗圃育苗。

1. 播种育苗

（1）固定苗圃育苗

圃地选择 首先是选择地势平坦、土壤肥沃、土层深厚、灌溉方便、pH 7.5以下、排水良好、土壤质地为沙壤或壤土的地段作为苗圃。

油松育苗连作的效果好，但发病率较高时不宜连作。在前作为杨树、板栗、蒙古栎、桦树、赤杨、芝麻等地上生长良好，不宜在刺槐、白榆、黑枣、马铃薯、棉花和蔬菜的前茬地上育苗。

苗床规格 因为油松幼苗不耐水淹，对于土壤的通透性要求较高，所以育苗多采用高床作业。大型苗圃实行机械化作业，苗床长度可根据实际情况增加。

土壤消毒 通常采用福尔马林、硫酸亚铁、五氯硝基苯等药物混合液。福尔马林的适宜浓度为1%～4%，以2%为常用。每平方米施用50mL福尔马林，加水5～10L，于播种前10～20天撒在苗圃地上，以塑料膜覆盖，依靠熏蒸杀灭病原菌。播种前一周撤除塑料膜，待药味全部散失后播种。也可用2%～3%的硫酸亚铁水溶液消毒，每平方米9L。辛硫磷是杀除蛴螬、蝼蛄等地下害虫的有效药剂，用锌硫磷乳油拌种，种子和药物的比例为1000：3，也可用锌硫磷颗粒剂，每亩用药量2.0～2.5kg。

播种季节 一般采用春播，以适当早播为宜。

播种方法 分撒播和条播两种。撒播有利于幼苗在群体环境中生长发育，提高苗木质量。生产上为方便管理，多采用条播，条幅5～10cm，条间距20cm。播种量为每亩15～27kg。覆土厚度1.0～1.5cm，然后稍加镇压。在保水性差的沙地苗圃，有时必须在播后灌水才能保证发芽，此时灌水宜用喷灌或侧方灌溉。

密度控制 油松苗木喜群生，但过密则生长纤细。适宜的苗木密度应控制在每亩15万～20万株。

灌溉与施肥 油松幼苗耐旱、怕涝、怕淤，灌溉要适当控制。施肥分为基肥和追肥，基肥常用有机肥，追肥多用氮肥。生长期前期施用氮肥，后期施用磷、钾肥。一般在第一年生长季的5月中旬、6月中旬、7月上中旬各施硫酸铵1次，每亩施用量分别为4～5kg、10～12kg和12～18kg。由于我国北方地区土壤中的磷绝大部分被固定，可利用态磷的含量极低，所以施用磷肥对于油松苗木的影响很大。据在华北平原地区的试验，油松育苗适宜的氮、磷、钾比例为4：3：0.5。

松土和除草 要勤松土除草，也可施用除草醚等除草剂。雨季前，苗圃杂草少，应以松土为主，以保持土壤水分，改善通气状况，促进苗根发育；雨季后杂草滋生，应注重除草和松土同时进行。灌溉和雨后应及时松土。松土深度宜根据苗根的深度掌握，做到松土而不伤根。

苗木出圃 《主要造林树种苗木质量分级》（GB 6000—1999）中规定Ⅰ级苗在1.5～2年生出圃，中间不必经过移植。出圃的规格一般要求达到苗高15cm以上，地径0.6cm以上。有些地区为节约育苗地，1年生苗也可出圃，要求苗高和地径分别达到8cm和0.25cm以上。

（2）山地育苗

山地育苗具有离造林地近、便于苗木运输和保护、利于保持苗木活力、造林成活率高和节约造林成本等一系列优点，在生产中被重视和应用。山地育苗的技术要点和平原地育苗基本一致，只是在选地、整地方面需充分考虑山地的特点。一般选择油松适生范围内的阴坡、半阴坡，土层深厚、腐殖质含量较高的地方。同时要考虑避免选择风口、山顶、常年不见阳光的阴坡或水土流失严重的地段。

山地育苗一般在造林前一年采用不同宽度的水平带状整地。带的宽度根据坡度而定，1～5m不等。在地形破碎的地方，也可采用一至数平方米的块状整地。带状整地的带间应留有一定宽度的保护带，以保护天然植被，避免引起水土流失。山地育苗一般采用春播，秋播也可取得良好效果，但需注意防止鸟兽危害，并掌握好播种时机。

2. 容器苗培育

（1）容器选择

容器可选择用无壁营养砖或营养钵。营养砖呈长方体，长、宽、高分别为8cm、8cm、12cm；营养钵呈圆柱状，高5～10cm，直径4～7cm。也可用有壁的容器，通常是用塑料袋装入配制的营养土而制成。袋的直径可达7～10cm，高可达18～20cm，袋的底部可打3～4个直径为2cm左右的孔，以利于排水和透气。

（2）营养土配制

本着就地取材、价格低廉、资源丰富，并应达到不沙不黏、有营养、无病菌和对苗木生长有利的原则，各地都有不同的营养土配方。笔者在平泉基地的研究表明，采用草炭55%、珍珠岩25%、园林废弃物堆肥20%的轻基质配比效果较好，Ⅰ级苗的比例提高了17.3%。配制营养土时切忌使用未腐熟的有机肥和蔬菜地的土壤。

（3）播种育苗

苗床要求选在交通便利、有水源、有电源、

地势平坦、背风向阳的地方，周围杂草要求清除干净，无病虫害。苗床为水平低床，宽1.2m，步道宽30～40cm，步道高出地面20cm，苗床长度不限。苗床上平铺5cm厚的细沙，将营养杯（袋）整齐地排列在苗床上，然后及时灌足底水，3～4天后即可播种。每杯（袋）播3～4粒种子，并覆盖沙土1cm左右。一般在春季播种。播后需经常浇水，保持营养土湿润。苗期油松容器苗生长的最佳水分灌溉梯度为75%，最佳施肥量为100mg/株。8月、9月雨季即可上山造林。

3. 园林绿化大苗培育（成仿云，2012）

移植是保证苗木高产和提高定植成活率的重要措施，也是培育符合规格要求的成品大苗的必要环节。

（1）移植地准备

土地粗整 用剩下的耕作土壤填平树坑；根据缺土数量，有计划地回填质地好的耕作土，并根据实际情况进行一定的土壤改良；漫灌大水，通过灌水，使回填土紧实，以便耕种。

施基肥 为了恢复土壤肥力和保证后期苗木的生长，移植前必须对移植地进行施肥。基肥最好使用腐熟的有机肥。

土壤消毒 可以结合施肥一起进行，即施肥时混入杀虫剂、杀菌剂和除草剂。

耕耙整平 在施肥和土壤消毒处理后，要进行土壤翻耕。翻耕深度视苗木大小而定，大苗深些，小苗可浅些，耕后碎土，然后整平。

作业区内划线定点 根据计划要求，在作业区内划线定点，以保证移植后株行距整齐。

挖树坑 根据定植点位置挖树坑。

（2）苗木准备

做到“随起苗、随分级、随运送、随修剪、随栽植”。通过分级，分别栽植不同规格的苗木，以保证苗木的均匀生长，便于后期管理。移植前需对苗木的根系和枝叶进行适当修剪。

（3）移植密度

园林绿化用油松一般以培育冠形为主，需要适当加大行距，以促进侧枝生长，养好树冠。在北京地区，园林苗木移植的株行距可参考表3。

（4）移植时间

移植的最佳时间是苗木休眠期，即从秋季10月（北方）至翌年春4月，若环境条件适宜，也可在生长期移植，但要保护好苗木，切忌苗木失水，否则会降低移植成活率。

（5）移植方法与技术

移植方法与技术因移植方式不同而分为裸根移植、带土球移植与容器苗移植3种类型。

裸根移植 适用于幼小的繁殖苗，移植时根部不带土或带部分“护心土”，且保持根系少受损伤与防止失水。其优点是保存根系比较完整，便于操作，节省人力和物力，运输方便。

带土球移植 适用于较大规格的苗木，移植时在不影响树冠的情况下要适当疏去一些轮生枝，保持地上部与地下部的相对平衡。其特点是栽植成活率高，但施工费用高。

容器苗移植 对使用不可降解的容器培育的容器苗，移植时要注意去除容器并防止根团散开；而使用可降解容器培育的容器苗，可带容器直接移植。

表3 园林苗木移植株行距

苗木类型	第一次移植（cm×cm）	第二次移植（cm×cm）	说明
常绿大苗	150×150	300×300	第一次移植可培养胸径到3～4cm； 第二次移植可培养胸径到5～8cm
常绿小苗	30×20（床栽） 或40×30	60×40 或80×50	第一次移植指油松小苗； 第二次移植指培养绿篱苗

（6）移植后期管理

灌水 灌水是保证苗木成活的主要措施，特别是北方地区春季干旱、降水少、蒸发量大，加上移植过程苗木的根系受到了不同程度的损伤，若供水不足，苗木成活与生长就会受到影响。

扶苗 第一次灌溉后，容易造成土壤松软，苗木极易倒伏，所以应及时扶正苗木，同时进行根际培土，整理苗床。

遮阴保湿 北方春季干旱的气候条件对移植苗尤其是幼小繁殖苗的缓苗极为不利，遮阴保湿可有效提高移植成活率，增强苗木适应性。

平整苗区 移植后经过连续3次灌水，土壤易塌陷，坑洼不平，所以应平整圃地，为以后的浇水、施肥等抚育工作打好基础。

油松潜伏芽寿命短，萌芽力弱，生长缓慢。园林绿化应用时，一般采用低干或保留全部分枝的树形，培育大苗时一般不进行修剪。同时注意保护好顶芽，无顶芽则不再长高，注意及时剪去树冠内枯枝、病残枝。轮生枝过密时，可适当疏除，每轮留3～5枝，使其均匀分布。冠内出现侧生竞争枝时，应逐年调整主侧枝关系，对有竞争力的侧枝利用短截削弱其生长势，培育主干。同时，油松较喜光，应使其充分受光，在此基础上，加强肥水，才能成为生长健壮的合格苗木。

五、林木培育

1. 立地选择

（1）区域性选择

油松主要在其自然分布区内山地造林。按照油松对气候条件的要求，其最佳适生区年平均气温6～12℃，年降水量600mm以上。符合这种条件的地区主要有秦岭南北坡、中条山、太岳山、太行山上部及燕山东部和北部山地，自西南向东北呈一条断续的窄带。在这个中心带的周围是油松的一般造林地区，如太行山的中下部、渭北黄土高原、辽西山地、鲁中山地等。

（2）适生立地选择

在油松的适宜造林地区内，较干旱的低山丘陵和西北黄土地区，土壤水分是决定油松成活与生长发育的主导因子，因此，一般选择在阴坡、半阴坡造林。通过对河北平泉不同立地上油松人工林生产力进行调查，结果表明阴坡厚土为最佳

内蒙古自治区旺业甸油松人工林纯林（贾黎明摄）

立地，油松生产力比半阳坡厚土高144.2%。海拔较高地段（华北800m以上），油松对坡向的选择不太严格，在厚土层的阳坡生长反优于阴坡。培育油松大径级用材林，应选择土壤深厚肥沃、排水通气良好的造林地。

2. 整地

由于油松的造林地区气候干旱，降水量稀少、分配不均，树木生长所需要的水分全靠天然降水。所以，造林整地的任务是通过各种整地方法截蓄有限的天然降水供林木生长所需。石质山地多采用水平条阶和鱼鳞坑整地，黄土高原多采用水平沟和反坡梯田等整地。无论采用哪种整地方法，均应将表土放在坑的上方，心土放在下方或做埂。为了提高土壤的含水量，增强抗旱保墒能力，提高造林成活率，提倡提前整地，提前的时间以半年至1年为好。

3. 造林密度

油松的造林密度曾经历过一系列的变化。中华人民共和国成立前零星种植的油松人工林一般密度较稀，20世纪50年代和60年代初，为了保证造林成活率，造林密度普遍偏密，一般每亩在660株，有的高达每亩1000株以上，林分总体效果很差。60年代以后人们逐渐认识到这种偏差，一直在研究合理的造林密度。油松侧枝发达，树冠大、郁闭早，造林初植密度不宜过大，但在生产中，一般推介2222～4000株/hm^2，株行距1.5m×3m、1m×3m、1m×2.5m，生长过程中再逐渐调整密度。直到80年代后期，随着科学研究资料的积累，对于油松造林密度的确定有了比较科学的依据。孙鹏森和马履一（2002）根据北京石质山地立地水量和林木需水平衡的理论，制定了油松人工林密度经营表（表4），建议油松造林密度为750株/hm^2。考虑到造林后成活率问题，造林的初植密度可适当提高，但不宜超过1500株/hm^2。

4. 树种混交（陆元昌等，2009）

以往生产中营造的油松绝大多数是纯林，随着大面积纯林出现病虫害（尤其是松毛虫）猖獗、火险性大和改良土壤的性能差等弊端，近些年来，越来越多的地区营造混交林的积极性日益高涨，早期营造的混交林已初见成效。油松混交林类型主要有以下5种。

（1）油松阔叶树混交林

与油松混交的阔叶树种主要有元宝枫、椴树、刺槐、花曲柳、山杏以及栎类。大多数阔叶树种的初期生长比油松快，为保证油松在混交林中的优势，首先应选择对油松更为适生的立地条件，同时采用油松3行和阔叶树种单行的混交方法。例如，北京西山地区的油松-元宝枫行间混交林在海拔500～800m的阴坡厚土层上生长良好，油松平均树高大于元宝枫，两树种的关系基本协调；而在海拔400m以下的阳坡，油松受到元宝枫的强烈压抑，群体结构差，生产力低下。

松栎混交林也属于针阔混交林，但由于此类混交林的适应范围广、培育优点多、栽培意义大，所以需单独讨论。适合与油松混交的栎类树种有栓皮栎、麻栎、辽东栎、蒙古栎、槲树、槲栎等，但不同树种与油松混交均要求一定的适生条件。

（2）油松侧柏混交林

此类混交林开始是由造林时苗木混用或交叉补植而形成的，由于混交效果好，才得到推广应用。侧柏竞争较弱，混交时比例可大一些。据调查，在北京市西山地区中等立地条件下，29年生油松纯林和侧柏纯林蓄积量为26.61～33.35m^3/hm^2，相同立地条件的油松-侧柏混交林则为34.43～38.99m^3/hm^2。

（3）油松灌木混交林

目前用于与油松混交的灌木树种主要有紫穗槐、胡枝子、黄栌、沙棘、锦鸡儿等。在合理的初植密度条件下，造林2～5年时，灌木生长可能超过油松而对油松产生一定压制，此时可对灌木进行平茬，8～9年生进入全面郁闭，油松和灌木均能很好生长。

（4）油松阔叶树及灌木混交林

此类混交林林分结构更为复杂。在辽宁的油松色木混交林中，林木行内隔株栽植灌木，幼龄阶段灌木可以促进油松和色木的生长，到15～20年生时林分郁闭，灌木逐渐被淘汰，形成比较

表4　不同林龄油松林立地水分与经营密度的关系　　mm

年龄（年）	750株/hm^2	1500株/hm^2	2250株/hm^2	3000株/hm^2
10	19.64	39.28	58.93	78.57
11	23.92	47.85	71.77	95.70
12	28.64	57.29	85.93	114.57
13	33.80	67.60	101.40	135.21
14	39.40	78.81	118.21	157.61
15	45.45	90.90	136.35	181.79
16	51.94	103.88	155.82	207.76
17	58.88	117.77	176.65	235.53
18	66.27	132.55	198.82	265.10
19	74.12	148.24	222.36	296.48
20	82.42	164.83	247.25	329.67
21	91.17	182.34	273.51	364.69
22	100.38	200.77	301.15	401.53
23	110.05	220.11	330.16	440.21
24	120.18	240.37	360.55	480.73
25	130.78	261.55	392.33	523.10
26	141.83	283.66	425.49	567.32
27	153.35	306.70	460.05	613.39
28	165.33	330.66	496.00	661.33
29	177.78	355.57	533.35	711.13
30	190.70	381.40	572.10	762.80
31	204.09	408.17	612.26	816.35

稳定的油松色木混交林。

（5）油松落叶松混交林

在华北海拔800m以上的山地和辽东山地，油松与落叶松混交能形成良好的森林环境，对油松和落叶松的生长均有利，一般采用带状混交。

5. 造林方法

油松造林可用植苗或播种两种方法。播种造林省工，幼林生长好，但用种量大，对造林地条件要求高，鸟兽害严重，成活率不稳定。目前生产中以采用植苗造林为主，而播种造林多用于飞机播种造林（马履一，2011）。

（1）植苗造林

植苗造林几乎适用于所有的立地条件。应选择顶芽饱满、根系发达、叶色浓绿、高径规格符合标准、没有病虫害的1～2年生播种苗。

可在春、夏、秋三季造林。春季造林应用较广。春季造林应掌握适时偏早的原则，即在土壤解冻后尽快栽植。栽植过早，会因土壤解冻层薄而栽植不实；栽植过迟，会因根系来不及愈合深扎而遭遇干旱。雨季造林要掌握好雨情，一般在雨季前期，以第一次透雨后的连阴天栽植为好。秋季造林时间较长，在阔叶树落叶后到土壤冻结前均可，但有些地区要注意防止新栽苗越冬受寒风而干枯，一般用覆土防寒的措施可取得良好效果。高寒山区易产生冻拔害的地方不宜采用秋季造林。

植苗造林以穴植法为主，要求做到穴大根舒、深植（干旱区以不埋进针叶为准）埋实。采用裸根苗造林时，要求在起苗、包装、运输中保护好苗根，不受风吹日晒，不受热发霉，不受机械损伤；栽植中防止窝根；栽植后保证苗木与土壤的紧密接触。

（2）播种造林

播种造林要选择土层深厚、土壤水分充足而稳定的造林地，一般以阴坡为主。有冻拔害和鸟兽害的地方不宜采用。

播种造林多采用穴播，即在已完成整地的造林地上开穴播种，每穴播种15～25粒种子。由于油松芽弱，顶土能力差，所以相对集中播种有利于幼苗出土。覆土厚度以1.5～2.0cm为宜。播种季节以春季为主，适当早播，在水分稳定的地区可催芽后播种，幼苗出土早，有利于抗御初夏的高温和干旱。

油松是我国北方地区飞机播种的主要树种之一。飞机播种适用于海拔较高、人烟稀少的大片宜林地，以阴坡为主，植被盖度在0.3～0.7。飞播作业适宜在雨季前期进行，播种量平均每亩0.5kg。20世纪70年代以后，飞机播种造林得到很大发展。河北、北京、陕西南部、河南、湖北西部和四川东部等地的飞播面积都比较大。

6. 抚育管理（马履一等，2011）

（1）幼林抚育

从油松造林或人工更新开始到林分郁闭期间，需要对幼林地进行抚育，主要包括以下措施。

松土除草 松土除草是最普通的幼林抚育措施，一般每年抚育2～3次，连续抚育3～4年。抚育次数取决于具体的立地条件，特别是植被条件。植被茂盛的造林地，松土除草工作的频率和强度要高一些，反之，则少一些。

覆土防寒 在冬季要注意覆土防寒工作，特别是造林后的第一年，冬季低温不利于新栽植苗木的存活。在冬季来临之前，将苗木就地覆土，对减少失水和减免冻害均有重要的作用。覆土应在上冻不久前进行，解冻后立即撤土。覆土厚度以幼苗各部分均不露出土面为标准，或在此基础上再加盖2～3cm厚的土壤。

地表覆盖 为减少土表水分的蒸发，可采用地面覆盖措施。可用整地清理获得的杂草和枝条等覆盖栽植穴。此外，地膜覆盖也有提高油松林造林成活率的作用，在关键地段可以采用生态垫覆盖，主要是起到防止土壤水分蒸发、提高土壤温度、减少杂草量和杂草对水分及养分的竞争的作用。

（2）抚育间伐

我国现有油松林251.33万hm^2，大部分为天然次生林和人工林，其中，人工林面积160.8万hm^2。油松是喜光树种，其人工林又多为同龄单层林，当林分充分郁闭后，便开始出现林木间的分化。我国油松人工林主要为1949年后营造，多为中幼龄林，造林密度较大，长期以来缺少抚育，林木分化极为严重，林分质量较差。通过科学合理的间伐措施，可促进油松的生长，提高油松林生产力。我国油松分布范围广泛，立地条件和林分类型差异较大，经营要求也各有不同，应根据各地的气候、土壤和林分的实际生长情况，合理确定间伐技术。

经营密度 马履一等通过对北京及河北地区油松的调查研究，采用营养面积法，根据林木年龄、胸径和冠幅之间的规律，编制了油松人工用材林的合理经营密度表（表5、表6），在林木理论营养面积的基础上，根据不同林分郁闭度要求，计算出林分的合理经营密度。在实际生产中，结合林分实际密度和期望达到的林分郁闭度，利用密度表可以确定林分密度、现实林分间伐起始期和间隔期、抚育强度等技术参数。

表5　北京地区低山阴坡油松林合理经营密度

低山阴坡厚土			低山阴坡薄土		
平均胸径（cm）	合理密度（株/hm²）	郁闭度	平均胸径（cm）	合理密度（株/hm²）	郁闭度
4	1640～2186	0.5～1.0	4	1068～1424	0.5～1.0
6	1277～1703	0.5～1.0	6	1021～1361	0.5～1.0
8	1039～1385	0.5～1.0	8	936～1248	0.5～1.0
10	870～1160	0.5～1.0	10	832～1109	0.5～1.0
12	745～994	0.5～1.0	12	724～966	0.5～1.0
14	649～865	0.5～1.0	14	623～831	0.5～1.0
16	572～763	0.5～1.0	16	534～712	0.5～1.0
18	510～680	0.5～1.0	18	457～609	0.5～1.0
20	459～612	0.5～1.0	20	393～524	0.5～1.0
22	416～555	0.5～1.0	22	339～452	0.5～1.0
24	379～506	0.5～1.0	24	294～292	0.5～1.0
26	348～464	0.5～1.0	26	257～342	0.5～1.0
28	321～427	0.5～1.0	28	226～301	0.5～1.0
30	297～395	0.5～1.0	30	199～266	0.5～1.0
32	276～367	0.5～1.0	32	177～236	0.5～1.0

表6　河北平泉不同立地类型油松人工林合理经营密度

株/hm²

径阶（cm）	立地类型				
	半阳坡厚土	半阴坡厚土	阴坡厚土	阴坡中土	阴坡薄土
6	1850～4188	2145～4995	1288～2409	2445～4995	2892～4995
8	1248～2467	1438～2860	951～1717	1354～3259	1708～3856
10	917～1664	1064～1917	721～1267	847～1805	1169～2227
12	716～1223	842～1418	560～962	573～1130	877～1558
14	584～954	702～1123	500～741	410～764	703～1170
16	500～778	608～935	500～591	500～546	591～937
18	500～657	544～810	500	500	517～788
20	500～570	501～725	500	500	500～689
22	500～506	500～668	500	500	500～622

间伐开始期 油松林间伐开始期主要取决于林分密度、立地条件、林木生长分化情况、经济条件和其他相应的经营方式。随着油松林分的生长，当林分充分郁闭后，叶量达到饱和状态，林木间竞争激化并发生分化，出现自然整枝，这时树木的直径生长也开始受到抑制。但是，为了提高林木的形质，不应该一郁闭就间伐。当天然整枝高度达到2.5m左右时，可开始间伐。如果密度在7000株/hm²，则可等到林分平均胸径达7～8cm时开始间伐，这时砍伐下来的木材收入能抵上支出或略有盈余。辽宁省林业科学研究所的研究表明，辽东地区初植密度为4444株/hm²和6667株/hm²的油松林，当优势木平均树高分别达到7～8m和6m时，可开始间伐。如果有适合于当地的油松林分密度管理图或合理经营密度表，可按经营要求，借助这些图表推算有关林分的间伐开始期。表7是马履一等以油松林分胸径连年生长量的变化为依据确定的不同立地条件的林分间伐起始期和间隔期。

间伐间隔期 确定间伐间隔期的主要因素是上次间伐的强度、间伐后林分的郁闭度和生长的恢复速度。在林木生长旺盛期，同时间伐强度也较低时，林分生产力恢复较快。根据各地间伐试验和生产经验，地位指数为9或9以上的林分，在连年生长量的盛期，采用中等强度（25%～30%）的间伐，一般5年就能恢复到基本郁闭和高生产力。因此，采用5～6年的间隔期，即可获得高产和高经济效益。对超过速生期的壮龄林，郁闭度和生产力的恢复能力逐渐减弱，中等强度间伐的间隔期要延长至7～8年，才能实现高产。若采用40%左右的强度间伐或遇上连年干旱，则要酌情延长1～2年。

间伐强度 主要取决于林分密度、林龄、立地质量和经济条件，以及与这些条件相关的培育目标和经营方式。

首先，间伐强度与林分密度有密切的关系。根据油松林分密度管理图推算，对于地位指数为9～11、造林保留密度为3000～4000株/hm²的油松林，宜采取低密度经营，即可以进行高强度的间伐。这样树冠发展较大，林木直径生长快，成材年限可以缩短；其缺点是干材占地上生物总量的比率低，材质和产量也稍低。根据林分经营密度表，可以确定间伐强度。例如，从表5中，低山阴坡厚土，现实林分平均胸径为10cm，密度为3000株/hm²，大于合理密度1160株/hm²，从二者之差可算出间伐强度。其次，间伐强度与林龄也有一定的关系。对于地位指数为9～11、20～35年生的油松人工林和优质天然次生林，它们正处于生长旺期（尤其是20～30年生），可塑性强，既能耐较高的密度，也能耐强度较大的间伐。30年生或35～45年生的壮龄油松林，由于已越过连年生长量的最盛期，可塑性已逐渐降低，间伐后恢复的能力也开始减弱，林木的干性也已定型，这个阶段的经营目标是为林木提供较开阔的生长空间，促进林木直径的生长，使其尽快成材。

间伐木的选定 林分间伐是以培育保留木为目标的留优去劣的过程。林木选留适当，可实现优质高产，选留不合适就会显著降低质量并减少产量。要正确选木，首先要对林木进行评价和区分。为便于掌握，可将林分分为3类：①优势木，形质和生长状态良好的林木。②中等木，形质和生长状态没有显著缺点的林木。③劣势木，濒死木、病腐木、树冠短小的被压木、弯曲木、双杈木等形质和生长显著低劣的林木。

选木的顺序首先是劣势木，然后按计划的间

表7 河北平泉不同立地类型油松人工林抚育间伐参数

项 目	半阳坡厚土	半阴坡厚土	阴坡厚土	阴坡中土	阴坡薄土
起始期（年）	17	12	12	12	12
间隔期（年）	9	6	4	6	5

伐强度再从中等木中选取生长较弱和形质较差的树木。

在山林地区，林地条件变化较大，选木时应适当注意保留木分布的均匀性。强调林分的防护效益时，可考虑保留老狼木。

马履一等（2011）从胸径、树高、冠长、树冠体积、冠面积、冠幅、生长空间指数等18个林木竞争因子中筛选出相对树高、相对胸径、相对冠幅、相对冠长和相对冠面积等主导竞争因子，根据这些主导竞争因子的平均值和标准差，量化确定间伐木（表8）。

（3）整枝

天然整枝 由于油松具有喜光特性，且速生期到来的也较早，所以其枝条死亡速度较快。油松下部枝条从10年生左右开始枯死，10～15年生和15～20年生下部枝条死亡最快，以后稍减慢。

人工整枝 为了培育少节良材，进行修枝时，要注意修枝林分的选择。在林分中不必对每一株树都进行修枝，要选择高地位级的幼龄林和干材林。进行修枝时，首先确定Ⅰ、Ⅱ级木为修枝对象，也可选择Ⅲ级木进行修枝，Ⅳ级和Ⅴ级木不进行修枝。

油松修枝应在林冠郁闭后进行，保留的树冠长度与树干比最初可为3/4，然后逐渐过渡到2/3，再变为1/2。研究发现，油松密林的修枝可从10年生时开始，第一次保留最上面的4轮枝条，以后每两年去掉1轮，到20年生时，有10轮侧枝时即可停止。

修枝时，应齐树干切断枝条，不留枝桩。油松齐树干修枝有时会造成伤口比例过大，类似环割。在修枝中要注意使切口平滑，防止撕裂树皮。

（4）主伐与更新

一般来讲，油松林的主伐必须考虑到水土保持作用的维持和森林更新的要求。由于油松天然林多分布于多石、土层薄的阳坡，或在立地较差的低海拔阴坡，从水土保持的要求出发，应采用择伐或渐伐。因为油松并非耐阴树种，择伐的强度可大一些，使伐后林分的郁闭度保持在0.4～0.5。实行渐伐时，可采用二次渐伐。在正常情况下，达到成熟年龄的油松林，它们林冠下已有良好的幼树更新，通过二次渐伐，即可完成更新过程。对于人工林，有的地方可发生天然幼树，可考虑第二代采用天然更新；有的地方根本不会产生合适的天然下种的幼树，则下一代只能采用皆伐和人工造林。

六、主要有害生物防治（李成德，2004）

1. 猝倒病

发病时期不同，表现出来的症状各异。在播种后至出芽前被感染，表现为种腐型；在种子发芽后至幼苗出土前被感染，表现为芽腐型；在幼苗出土后至嫩茎尚未木质化前被感染，则表现为典型的猝倒病；在苗茎木质化后，由于苗木根部受感染而腐烂枯死的，因苗木枯死而不倒伏，故称立枯型。土壤带菌是猝倒病的主要来源。这些病菌主要活动在10cm左右的土壤表层，种子也能带菌，但机会较少，而且以镰刀菌（*Fusarium* spp.）、丝核菌（*Rhizoctonia solani*）为主。防治猝倒病要以预防为主，从土壤处理、种子消毒和

表8 间伐木量化标准

林木分级	标 准
优势木	$x+s>1.2$
中等木	$x+s<1.2$且$x-s>0.8$
劣势木	$x-s<0.8$
间伐木量化标准	劣势木=间伐木

注：x为林分平均胸径，s为标准差。

出苗后预防三个方面严格把关就能起到明显的预防效果。选好圃地，对连作和茄科、十字花科植物为前作的育苗地必须进行土壤消毒处理。山地育苗，不但降低了育苗成本，而且由于山地菌源少，大大减轻了猝倒病的发生；将床播改为垄播，不但操作方便，而且由于垄面土壤温度高、通风好、排水状况好，也使发病率大大下降；在易发病季节，为了防止土壤水分过大，必要时扒开苗木根颈处土壤，以改变土壤湿度状况，也能减轻病害。采用黑矾（硫酸亚铁）、五氯硝基苯、代森锌、敌克松、多菌灵、退菌特等药剂在出苗后立即喷布均能起到良好的预防效果。此外，利用木霉菌防治猝倒病也有较好的效果，绿黏帚霉F051和敌克松混合施用效果更好；某些外生菌根如厚环乳牛肝菌等不但对油松苗木生长有利，而且对苗木猝倒病也有控制作用。

2. 油松毛虫（*Dendrolimus tabulaeformis*）

油松林的重要害虫，以幼虫危害针叶，大发生时常把针叶食尽，严重影响油松的生长发育。油松毛虫在北方各省份每年发生1～2代，以幼虫在树干基部树皮裂缝和树干周围落叶层或石块缝隙越冬。翌年3月中下旬至4月上旬活动，上树取食针叶。5月中下旬至6月上旬开始结茧化蛹，6月中下旬为化蛹盛期，7月下旬为化蛹末期。成虫于6月上旬开始出现，7月上中旬为羽化盛期，8月中旬为羽化末期。第一代卵于6月上旬开始出现，7月上中旬为产卵盛期，8月中旬为产卵末期。第一代幼虫于6月中旬开始出现，至10月上中旬开始下树越冬，1年完成1代。生长发育较快的第一代幼虫，于7月下旬开始结茧化蛹，8月成虫开始羽化，产生第二代卵，8月底至9月上中旬孵化为幼虫，10月中下旬幼虫下树越冬，1年完成2代。防治方法：适地适树，合理规划，提高造林质量；适当密植，加强幼林抚育管理，促进迅速生长，提早郁闭；保护林内杂灌木，改善林内生态环境，以预防虫害的发生。用4cm宽的光滑塑料薄膜带，在高1.6～1.7m处树干周围围成环状，或做成塑料裙，以阻隔越冬幼虫上树危害。用溴氰菊酯与柴油混合液在树干上喷成3～4cm宽的药环，毒杀越冬后上树活动的幼虫。保护天敌，自然控制害虫，是最经济的生物防治措施。卵期释放松毛虫赤眼蜂，每亩放蜂量3万～5万头，可在松毛虫成虫羽化的始、盛、末期分3次释放。在虫害大面积发生的情况下，用敌马合剂（敌百虫、马拉硫磷）、6096杀敌松乳剂（敌百虫、马拉硫磷和杀灭菊酯制成的复合剂）、乙酰甲胺磷乳油、锌硫磷或双硫磷乳油等喷施，均能取得良好的杀虫效果。

3. 油松球果小卷蛾（*Gravitarmata margarotana*）

油松的重要害虫之一，以幼虫危害球果和嫩梢。受害嫩梢枝枯顶秃，干形弯曲，影响树木生长和成材。当年生球果受害后提早枯落，种子不能成熟。多年生球果受害，干缩枯死，颗粒无收，影响采种育苗。油松球果小卷蛾多发生在海拔1900m以下的油松林中，海拔愈低，受害愈重。其发生特点是：山下部林分重于山中、上部；纯林重于混交林；疏林重于密林；幼龄、中龄林重于近熟林和成熟林；人工林重于天然林，尤以结实好的林分受害较严重。此虫每年发生1代，以蛹在枯枝落叶及杂草下越夏、越冬。在陕西乔山林区，成虫于4月中旬开始羽化，4月下旬至5月上旬为羽化盛期及幼虫始孵期，5月中旬达盛孵期。6月中下旬幼虫老熟，开始离开球果，在地面落叶、杂草及松土处结茧化蛹。防治方法：造林时适当增加密度，因地制宜营造混交林。严格封山育林，提高林分的郁闭度，创造不利于害虫发生的森林环境。在4月中下旬卵出现期，释放赤眼蜂，或在4月下旬至5月上旬，喷洒杀螟松乳油或乐果乳油。5月中旬幼虫孵化盛期，喷洒敌敌畏乳油、马拉硫磷乳油、亚胺硫磷乳油等可有效防控。6月中下旬在老熟幼虫下地结茧化蛹前，剪除虫害果和被害枝梢，集中烧毁。在郁闭度0.6以上的林分，可在成虫期释放烟剂熏杀。

4. 松枝小卷蛾（*Laspeyesia coniferana*）

以幼虫蛀入树干及粗枝的韧皮部危害，1m以下树干基部受害最为严重。松枝小卷蛾在辽宁清原地区每年发生1代，3～4龄幼虫在树皮虫道的丝巢内越冬。翌年4月中旬越冬幼虫开始活动取食，5月下旬开始化蛹，6月中旬为化蛹盛期，蛹期11～15天。6月上旬出现成虫，6月下旬为成虫羽化期。卵于6月上旬开始出现，6月底至7月上旬为产卵盛期。6月中下旬开始出现幼虫，9月底至10月初幼虫停止取食进入越冬状态。此虫易在8～15年生油松纯林中发生，在郁闭度0.5以下的稀疏林分中发生尤为严重。一般林缘比林内严重。混交林内虫害发生很少。防治方法：适地适树，营造混交林。营造纯林时，必须适当加大造林密度，并注意封山育林，加强抚育管理，以提高林分的郁闭度，预防害虫。4月下旬和7月上旬，在受害树的树干上喷洒敌百虫、敌敌畏乳油毒杀幼虫。

5. 松果梢斑螟（*Dioryctria mendacella*）

又名油松球果螟，以幼虫危害油松的球果和嫩梢。球果受害后，造成局部变褐枯死，果形弯曲；严重的整个球果受损，种子颗粒无收。嫩梢被害后，枝梢枯死，形成大量丛生枝，严重影响油松生长，降低木材工艺价值。防治方法：保护林内种植的杂灌木，改善林木的生态环境。在稀疏林地中，补植胡枝子、紫穗槐等蜜源植物，保护天敌，预防害虫。5月越冬幼虫开始活动，危害雄球花，可喷洒敌敌畏乳油、晶体敌百虫、疏果磷等防治。7月上旬成虫羽化盛期，喷洒敌敌畏乳油防治，每隔7天喷洒1次。在虫害较轻的幼林内，及时摘除虫害果，剪除虫害梢，集中烧毁。为保护寄生蜂，可将剪下的有虫球果和枝梢放在大铁纱笼内，将羽化出来的寄生蜂放回林中。

6. 油松大蚜（*Cinara pinitabulaeformis*）

又名松大蚜，在油松上较为常见，以成虫和若虫危害油松嫩梢或幼树枝干，刺吸树汁。危害严重时，可使嫩梢枯萎，影响树木生长，并在被害枝皮处形成一层黑色分泌物，松针上出现小块松脂。松蚜每年可发生多代，以卵在松树针叶上越冬。防治方法：注意保护天敌，发挥天敌对松蚜的自然控制作用。当必须使用化学农药防治时，应考虑在虫害严重株上进行喷药，不要全面喷洒。对虫害严重的油松，要抓住春季若虫孵化盛期，喷洒乐果乳油、敌敌畏乳油或马拉硫磷乳油防治。

7. 松叶小卷蛾（*Epinotia rubiginosana*）

又名松针卷叶蛾，以幼虫危害油松针叶，虫体小时钻入2年生针叶内蛀食，虫体增大后转向当年生针叶。松叶小卷蛾每年发生1代，以老熟幼虫在落叶层或土表层内结茧越冬。在北京西山地区，越冬幼虫于翌年3月底化蛹，4月初开始出现成虫。在辽宁，4月初开始化蛹，成虫于4月上中旬羽化，5月中旬羽化结束，10月下旬至11月上旬幼虫开始越冬。防治方法：适地适树，合理规划，提高造林质量；适当密植，加强幼林抚育管理，促进迅速生长，提早郁闭；保护林内杂灌木，改善林内生态环境，以预防虫害的发生。在7月幼虫危害单叶期间，喷洒杀螟松乳油、敌敌畏乳油、乐果乳油或敌百虫乳油，可获得良好的防治效果。当病虫害发生面积不大时，可在成虫期于清晨在树下铺设塑料布，击落树上成虫，集中捕杀。

8. 新松叶蜂（*Neodiprion* sp.）

在陕西、河北、辽宁等地都有发生，以幼虫取食针叶，常群集一起危害。我国北方各省份每年发生1代，以卵在枝梢顶端的幼嫩针叶内越冬。在陕西越冬卵于4月上中旬开始孵化，5月上中旬为幼虫危害盛期，5月底至6月初幼虫老熟开始结茧，9月上旬化蛹，9月底至10月初成虫羽化并产卵。新松叶蜂的发生与环境条件有关，一般来说，阳坡比阴坡重，在同一林分，幼林比成林发生多，林缘比林内严重，山下部比山上部严重。降雨偏少，气候干旱，利于幼虫成活和成虫羽化，容易爆发成灾。防治方法：严格封山育林，保护林木和地被物。幼林修枝间伐不宜过度，保持郁闭度在0.7～0.8，创造不适于虫害发生的林内环境，减轻虫害。4月下旬至5月上旬幼虫全部孵化后，喷洒杀螟松乳油、敌敌畏乳油或乐果乳油防治。也可在5月下旬喷洒苏云金杆菌防治。此虫有群集危害习性，人工捕杀幼龄幼虫可收到良好效果。也可在6～8月，在严重被害树下的枯枝落叶层中拣拾虫茧，并集中烧毁。

9. 微红梢斑螟（*Dioryctria rubella*）

又名松梢螟。在吉林1年发生1代，北京、辽宁、河南1年发生2代。以幼虫在被害枯梢及球果中越冬，部分幼虫在枝干伤口皮下越冬。越冬幼虫于3月底至4月初开始活动，在被害梢内继续蛀食，向下蛀到2年生枝条内，一部分爬出，转移到另一新梢内蛀食。防治方法：做好幼林抚育，促使幼林提早郁闭；加强管理，避免乱砍滥伐，禁牧，修枝留桩短、切口平，减少枝干伤口，防止成虫在伤口上产卵；在越冬幼虫出蛰前剪除被害梢果，及时处理。当虫口密度低时，可释放长距茧蜂防治幼虫。在成虫产卵盛期释放赤眼蜂。也可用敌敌畏乳剂喷洒害梢，毒杀微红梢斑螟。

10. 松纵坑切梢小蠹（*Tomicus piniperda*）

1年发生1代，以成虫越冬。越冬场所在被害树干基部落叶层或土层下0～10cm处的树皮内。在吉林越冬成虫于翌年4月中旬，当最高气温达8～9℃时开始离开越冬部位，飞向倒木、衰弱木，蛀入后交尾、产卵。产卵盛期在4月下旬至5月中旬，卵期9～11天。5月中旬幼虫开始孵化，5月下旬至6月上旬为孵化盛期，幼虫期15～20天。6月中旬开始化蛹，6月下旬为化蛹盛期，蛹期8～9天。7月初出现新成虫，7月中旬为羽化盛期。防治方法：可通过加强检验检疫、严禁调运虫害木、对虫害木及时进行药剂或剥皮处理等措施综合防控。适地适树、合理规划造林地、适龄采伐、合理间伐、采脂林分先行清理林场、伐除低发育级木和衰弱木、贮木场设在远离林分的地方等合理经营措施是有效预防小蠹虫的根本措施。维护生态系统的稳定，减少杀虫剂的使用和人为对森林系统的干扰，可加强天敌的作用，有效降低小蠹虫的危害。亦可将人工合成的性信息素或化学引诱剂设置在特定的诱捕器内进行诱杀。在伐除虫害木、清除林内残枝的基础上，当有虫株率低于2%时可以设置饵木诱杀。

11. 红脂大小蠹（*Dendroctonus valens*）

在山西、河北1年发生1代，主要以老熟幼虫和成虫在树干基部或根部的皮层内成群越冬。越冬成虫于4月下旬开始出孔，5月中旬为盛期；成虫于5月中旬开始产卵；幼虫始见于5月下旬，6月上中旬为孵化盛期；7月下旬为化蛹始期，8月中旬为盛期；8月上旬成虫开始羽化，9月中旬为盛期。8～9月越冬代的成虫、幼虫与子代的成虫、幼虫同时存在，世代重叠现象明显。防治方法：可通过加强检验检疫、严禁调运虫害木、对虫害木及时进行药剂或剥皮处理等措施综合防控。适地适树、合理规划造林地、适龄采伐、合理间伐、采脂林分先行清理林场、伐除低发育级木和衰弱木、贮木场设在远离林分的地方等合理经营措施是有效预防小蠹虫的根本措施。维护生态系统的稳定，减少杀虫剂的使用和人为对森林系统的干扰，可加强天敌的作用，有效降低小蠹虫的危害。亦可将人工合成的性信息素或化学引诱剂设置在特定的诱捕器内进行诱杀。在伐除虫害木、清除林内残枝的基础上，当有虫株率低于2%时可以设置饵木诱杀。

12. 日本松干蚧（*Matsucoccus matsumurae*）

雌成虫体卵圆形，腹末肥大，体长2.5～3.3mm，橙褐色。体壁柔软，分节不明显。卵椭圆形。1年发生2代，以1龄寄生若虫在树皮缝隙、翘皮下越冬。在山东，越冬代寄生若虫于翌年3月开始取食，4月下旬至6月上旬出现茧蛹，5月上旬至6月中旬可见成虫；5月下旬至6月下旬第一代若虫寄生，7月中旬至10月中旬出现第一代成虫；第二代若虫寄生后于12月上旬越冬。防治方法：可通过加强检验检疫、栽植抗虫品种、营造混交林、封山育林等措施综合防控。在虫量少时，可结合修枝剪除带虫枝条，或用麻布刷、钢丝刷等工具刷去虫体。减少或避免在天敌发生盛期使用农药，保护天敌的越冬场所，为天敌的生长和繁殖创造良好的条件，也是一种重要的防治措施。在幼龄若虫发生期，在树干上刮1个宽

20～30cm的树环，涂上氧化乐果、久效磷原液防治。在初孵若虫发生盛期，使用化学农药喷洒树冠1～3次。在蚧危害期，使用氧化乐果乳油注入受害株基部，注入后用湿泥或胶带封注孔。

七、材性及用途

油松木材有光泽，有松脂气味，触之有油性感。纹理一般通直。结构中，略均匀。重量轻，质软。基本密度0.36～0.45g/cm^3，气干密度为0.43～0.54g/cm^3。干缩系数小至中，体积干缩系数0.416%～0.484%。端面硬度2510N，顺纹抗压强度38MPa，静曲（弦向）抗弯强度73MPa。其木材可作建筑、桥梁、矿柱、枕木、电线杆、车辆、农具、造纸和人造纤维等用材。

油松木材的化学成分可分为主要成分和浸提成分两大类。主要成分是构成木材细胞壁的化学成分，包括纤维素、半纤维素和木质素，总量一般占木材的90%以上。浸提成分主要是树脂、脂肪、蜡、单宁和色素等。

油松纤维素是造纸、人造纤维、玻璃纸、胶片、塑料及涂料的重要原料。油松可采割松脂提炼松节油和松香，是重要的工业原料，但产量不及马尾松多。成年的油松在7个月的采脂季节里，每株可产1.5～2.0kg松脂。油松松枝和松根可培养医用名药茯苓。松烟可制墨、油墨、鞋油和黑色染料。

松针可用来提取挥发油，残渣还可提取松针栲胶。将提取过挥发油和栲胶的松针残渣加上酵母菌发酵，可用于制酒精和饲料。用松针可制造松针软膏及枕褥的填充料。松针也是制造维生素C和胡萝卜素的好原料。

树皮含单宁7.02%～13.47%，可生产栲胶。将树皮粉碎后，在容器育苗中可作为培养土的配料。

松花粉对人体具有多种保健功能，可以调节和改善机体新陈代谢，促进生长发育，提高免疫力，增强体质，提高骨髓造血功能，降低血脂及减轻化疗和放射损伤等；用于体弱多病者作滋补药，也可辅助治疗血液病、高脂血症、铅中毒及尘肺等疾病；对老年性前列腺增生、消化道溃疡也有一定效果。

（马履一，贾忠奎，邓世鑫，段劼）

附：黑松（*Pinus thunbergii* Parl.）

黑松原产日本。我国辽东半岛、山东、江苏、浙江和台湾有栽培。在山东海拔600m以下地带生长正常，林分稳定；海拔700m以上山区生长不良，易受冻害。

幼龄黑松生长比较缓慢，2年生苗高20～25cm，4～5年生后生长加快，每年高生长可达40～100cm。高生长旺盛期在5～8年生，胸径生长旺盛期为8～15年生，材积生长速生期为15～25年生，25年生后生长逐渐放缓。海拔高度对黑松生长有明显的影响。随着海拔的升高，树高、胸径生长量均显著递减，12年生的林木在海拔700m，树高为4.1m，胸径5.8cm；在海拔600m，树高5.0m，胸径6.1cm；在海拔400m，树高5.4m，胸径7.0cm。抗病虫害能力较强，对松干介壳虫、松毛虫的抗性都优于赤松及油松。

黑松的培育技术见油松。

黑松生长快，抗风力强，耐海雾，耐干旱瘠薄，对恶劣气候抗性较强，具有防风固沙、保持水土的作用，是我国东部沿海营造海岸林和沿海荒山荒滩造林的先锋树种。其树形高大美观，常绿，又是庭园绿化观赏树种。木材可作矿柱和家具等用材。

（马履一）

附：赤松（*Pinus densiflora* Sieb.）

赤松分布于黑龙江东部（鸡西、东宁）、吉林长白山区、辽宁中部至辽东半岛、山东胶东地区及江苏东北部云台山区，自沿海地带上达海拔920m山区，常组成次生纯林。赤松为深根性喜光树种，比马尾松耐寒，能耐贫瘠土壤；能生于由花岗岩、片麻岩及砂岩风化的中性土或酸质土（pH为5～6）山地，不耐盐碱土，在通气不良的

黑龙江省帽儿山国家森林公园赤松人工林林相（吴玉德摄）

在我国愈向北分布，针叶相对愈短一些，小枝上的白粉间或不太明显或部分明显，球果颜色淡些，为淡褐黄色。不抗松干蚧，要以营林为基础，采取综合防治措施。对长势好、虫口密度小的松林，及时进行修枝、间伐；对被害严重的松林，有计划地进行营林改建，适当补植阔叶树，大力营造针阔叶混交林。易受赤松毛虫侵害，可用2.5%溴氰菊酯乳油2000～3000倍液或90%晶体敌百虫800～1000倍液喷雾，或每亩用25%乐果乳油超低容量制剂200～300mL兑水进行超低容量喷雾防治。

赤松的其他培育技术见油松。

赤松抗风能力较强，可作辽东半岛、山东胶东地区及江苏云台山区等沿海山地的造林树种，也可作庭园树。木材富树脂，纹理直，质坚硬，结构较细，耐腐力强，可供建筑、矿柱、家具等用。

（吴玉德）

重黏壤土上生长不好。

赤松的树皮橘红色，小枝具或多或少的白粉，雌球花梗直伸或斜伸，不向下弯曲，球果成熟时淡褐黄色，针叶长7.5～12.0cm，一般短的也有5～6cm，不柔软下垂，易与马尾松、油松区别。

7 樟子松

别　名 | 海拉尔松

学　名 | *Pinus sylvestris* L. var. *mongolica* Litv.

科　属 | 松科（Pinaceae）松属（*Pinus* L.）

樟子松是欧洲赤松（*Pinus sylvestris* L.）的地理变种，国家三级保护渐危种。樟子松有很大的生态适应幅度，具有耐干旱、耐严寒、耐瘠薄，根系可塑性大、穿透力强，不苛求土壤，以及生长快、产量高、材质好、用途广等种种特点，是优良的用材林、水土保持林、水源涵养林、农田防护林、防风固沙林、草牧场防护林以及荒山绿化和四旁绿化的造林树种。因此，樟子松在其天然分布区以外被广泛引种栽培，已经成为东北林区四大针叶造林树种之一，同时也是三北防护林地区主要针叶造林树种。此外，樟子松树形优美，观赏价值大，且适应性强，因此在城市绿化中也被广泛应用。樟子松材质接近于红松，是良好的建筑、造船、桥梁、水闸板、桩木、车辆、电线杆及制造家具等用材，同时也是良好的造纸用材。

一、分布

樟子松主要分布在大兴安岭北部（50°N以北），向南分布到内蒙古呼伦贝尔盟的暖岗，经海拉尔西山、红花尔基、罕达盖至中蒙边界的哈拉哈河有一条断断续续的樟子松林带。内蒙古兴安盟的伊尔施为其自然分布的最南端。在小兴安岭向大兴安岭延伸的北端，黑河境内的爱辉和卡伦山有少量团块状的樟子松林。有研究（孟强，2013）指出，在伊春林区的汤旺河和乌伊岭林业局及嘉荫县（小兴安岭中部北坡）也有樟子松的天然分布。其自然分布范围是46°30～53°39′N、118°21～130°8′E。

樟子松在大兴安岭主要分布在海拔300～900m的山顶、山脊或向阳坡，背阴坡较少，在海拔1000m以上也可见到偃松-樟子松林。在小兴安岭北端200～400m的低山上，也有樟子松小片连续分布或与兴安落叶松、白桦等树种形成的混交林。伊春林区现保存完好、成片的天然樟子松多存在于高山顶、跳石塘等立地条件十分恶劣的地方。

樟子松最早被引种到吉林长春的净月潭（1936年）和黑龙江的带岭（1941年左右），而大规模引种则是在中华人民共和国成立以后。1955年，辽宁章古台，吉林长春净月潭、九台土门岭和长白山西坡的漫江，黑龙江带岭凉水沟、南岔浩良河和尚志一面坡等地开始引种栽培樟子松（沈海龙，1994）。20世纪50年代末至60年代初，东北开始大面积引种栽培。1963年，河北塞罕坝机械林场从内蒙古红花尔基引种樟子松，进行荒山荒地绿化。1964年，内蒙古赤峰开始了引种试验，樟子松现已发展成为该地区常见的主要绿化和人工栽培树种（赵晓彬和刘光哲，2007）。20世纪60～70年代，西北地区开始引种试验。1964年，陕西榆林红石峡沙地引种樟子松成功。1966年，宁夏沙坡头地区开始引种试验。1976年，中国科学院兰州沙漠研究所在甘肃张掖地区临泽县进行引种定植试验（赵晓彬和刘光哲，2007）。20世纪80年代后，樟子松引种造林飞速发展，被广泛引种到东北山地、沿海沙地和三北地区。目前，樟子松引种栽培范围已达黑龙江、吉林、辽宁、河北、北京、天津、内蒙古、山东、山西、陕西、宁夏、甘肃、青海、新疆和四川等省份（沈海龙等，1994；赵晓彬和刘光哲，2007）。引种栽培面积较大的是辽宁、吉林和黑龙江三省所属的东北山地区域，樟子松已经是这一地区第三大针叶造林树种。

二、生物学和生态学特性

1. 形态特征

樟子松为常绿乔木，老树皮黑褐色，鳞片状开裂，树干上部树皮呈褐黄色或淡黄色，薄片脱落。针叶2针一束，粗硬，稍扁，微扭曲，长4～9cm。球果卵圆形或长卵圆形，长3～6cm，径2～3cm。种子黑褐色，长卵圆形或倒卵圆形，微扁，长4.5～5.5mm，千粒重在6g左右。

2. 适应性与抗性

樟子松极喜光，即使在幼年阶段，耐阴性也很弱。林下天然更新的幼苗，大部分在1～2年生时死亡。樟子松耐寒性强，能耐-50～-40℃低温。樟子松抗旱性强，不苛求土壤水分，在干旱荒坡和沙地生长正常，但它在水分充足、排水良好的立地条件上生长更好。与营养积累有关的降水量、气温、日照时数和相对湿度等因子对樟子松影响都较大，其中降水量是主导因子（沈海龙等，1994）。

黑龙江省孟家岗林场55年生樟子松人工林（沈海龙摄）

内蒙古自治区大兴安岭莫尔道嘎樟子松林（沈海龙摄）

樟子松属于寡养型（瘠土型）树种，对土壤养分浓度要求不高，在风积沙土、砾质粗沙土、沙壤、黑钙土、栗钙土、淋溶黑土、白浆土上都能生长。在季节性积水地段，樟子松能够成活，但幼年生长不良，生长量很小，后期生长逐渐正常。樟子松耐盐能力较弱，在pH 7.6～7.8、总盐量0.08%的薄层碳酸盐草甸黑钙土上生长发育良好。如果土壤pH超过8，含碳酸氢钠盐量超过0.1%，则对樟子松的生长有不良影响。

樟子松具有很强的抗沙埋能力，对有毒气体二氧化硫具有中等的抗性，对松梢螟、松干蚧及松针锈病具有一定的抗性。樟子松幼林阶段（10年生以下）易遭鼠害，这是其造林应用的最大障碍。

3. 种实与幼苗特性

樟子松花期为5月中旬至6月中旬，翌年9～10月种子成熟。樟子松天然林15～20年生开始结实，结实间隔期3～4年。

樟子松幼苗属于子叶出土型，当年生苗无真正的针叶，第二年才长出针叶。当年播种苗不分枝或微分枝，2年生及以上苗木的高生长类型为前期生长型。

樟子松苗木脱离原培养环境后，若不加保护，其体内水分会不断散失，严重影响造林成活率。樟子松1-1型苗木，一定条件下若失水率小于10%，对苗木影响不大；失水率10%～20%时，苗木成活率和生长量下降；当失水率大于20%时，苗木生长量和成活率降到最低或全部死亡。

幼苗主根明显，根系发达，在沙质壤土上生长较好，在黏重土壤根系发育不良。幼苗喜光，顶芽活动较早，但不受晚霜危害。2年生以上苗木有二次生长现象。苗木有外生菌根。

4. 生长进程

樟子松属于早期速生且生长持续期很长的树种。樟子松人工林一般在15年生开始结实，25年生林分普遍结实。

5. 天然更新

樟子松天然更新良好，在有种源条件下，林外裸地一般都能发生更新，更新状况受主风方向、林分密度、土壤裸露程度和土壤微地形等影响较大。密度小、林木稀疏的林分在其周围林地无杂草，土壤完全裸露且有波状起伏时可形成密集均匀的天然更新群体，这些更新苗完全可以成林；30年生以上的樟子松林内普遍发生天然更新，但天然更新苗通常只能存活1～2年，3年生以上天然更新苗很少（沈海龙等，1992）。要想利用林内天然更新，必须进行疏伐和采取人工促进天然更新措施。

樟子松自然整枝强烈，树冠比较稀疏，透光度较高，因此只要樟子松林内或林缘附近有阔叶树种源存在，林内就能发生阔叶树更新（沈海龙等，1994）。中高龄（20年生以上）樟子松林内大多有阔叶树更新，林分密度越小，阔叶树更新越多。采伐迹地和荒山造林时，阔叶树往往同时发生，且可在主林层出现。

三、良种选育

樟子松遗传改良工作始于20世纪50年代，初期主要是引种试验、优良林分选择和母树林建设工作。70年代末期开始，伴随着大规模种源试验研究，优树选择、种子园和采穗圃建设也普遍展开，在自然分布区和引种区母树林建设的基础上，建立了一批种子园及少量采穗圃。

1. 优良种源

樟子松种源间变异较大，种源选择十分有效（刘桂丰等，2003）。山地樟子松分布区东部偏南的种源生长量较大，靠近分布区西北的种源生长量较小；沙地樟子松分布区北部的高纬度、低海拔种源生长量较大，靠近分布区南部的低纬度、高海拔种源生长量较小。樟子松可划分为3个大的天然种源区（高凤山等，2001；刘桂丰等，2003）：大兴安岭北部种源区，大兴安岭、小兴安岭过渡带黑龙江沿岸种源区，呼伦贝尔沙地种源区。此外，还有黑龙江嫩江、黑龙江林口、吉林长春净月潭和辽宁章古台等人工种源区。东北东部山地栽培樟子松，以黑龙江林口、辽宁章古台、吉林长春净月潭人工种源及小兴安岭卡伦山（黑河）天然种源为好，红花尔基天然种源次之，大兴安岭天然种源较差。

2. 优良类型

樟子松可以划分为4种类型：①黄皮型（俗称青皮，老树叫大白杆），树干下部2～4m，树皮暗褐色，细鳞状或长块状浅裂，表皮鳞片状剥落，树干2m以上，树皮黄色或浅黄色，呈纸片状开裂并反翘，极易剥落；内皮薄，绿色；叶多为浅绿色，较稀疏。②褐皮型，树干下部4～5m，树皮黑褐色或暗灰褐色，块状或长块状开裂；4m以上树皮褐色或黄褐色，片状剥落；针叶多为绿色。③红皮型，树干下部4～5m，树皮黑褐色或暗灰褐色，块状或长块状深沟裂，沟裂底部露出内皮红褐色；上部树皮红褐色，片状剥落；针叶多为深绿色，较密。④黑皮型（俗称黑铁杆），树干下部树皮黑褐色，块状或长块状深裂，上部暗灰色或暗灰褐色，鳞片状，常高达树冠中上部，远看整个树干色调灰暗。针叶多为深绿色，较密。褐皮型在各林区均占总株数的90%以上，是樟子松林的建群类型。黄皮型、红皮型、黑皮型是少数类型，它们一般是散生在大量的褐皮型群体中，但也存在某一类型在局部地段株率较大，并呈群团状分布的情况。4种类型樟子松材积生长量差异显著，黄皮型、红皮型和黑皮型是速生类型。与褐皮型相比，黄皮型、红皮型和黑皮型的树干材积生长量分别高17.8%～44.9%、9.3%～18.3%和26.7%～28.7%。4种类型樟子松的木材物理力学性质无显著差异。黄皮型樟子松树干圆满、树皮较薄，可提高木材等级和出材量。

3. 种子园与良种基地

在种源试验的基础上已经建立了很多樟子松1代无性系种子园，进行了优树半同胞子代测定，选出一些优良家系、无性系，并已经开始建设1.5代种子园。

目前，樟子松国家良种基地有：内蒙古红花尔基林业局国家樟子松良种基地、辽宁昌图县付家机械林场国家樟子松良种基地、吉林白城市国家樟子松良种基地、黑龙江嫩江县高峰林场国家樟子松良种基地、黑龙江大兴安岭林业集团技术推广站国家樟子松良种基地、黑龙江省森林与环境科学研究院国家樟子松良种基地、黑龙江龙江县错海国家樟子松良种基地、龙江森工桦南林业局国家樟子松良种基地、甘肃武威市良种繁育中心国家樟子松良种基地、陕西榆林市国家樟子松良种基地。

四、苗木培育

目前，樟子松育苗主要采用播种育苗方式。

1. 裸根苗培育

采种　樟子松种子在9月中下旬开始成熟时即可采集。采种最好在春、秋两季进行，秋季在9月中下旬至11月上中旬，春季在3月上旬到4月中下旬。摘取球果时，要特别注意保护母树。

调制　樟子松球果坚硬，不易开裂，需要通过日晒或室内烘干促其干裂。一般球果出种率为1%～2%，调制出来的种子要去掉种翅，除去夹杂物，使种子纯度达到90%以上。樟子松种子适宜干藏，短期贮藏用麻袋等盛装置于通风干燥的库房中即可，长期贮藏要采用密封干藏法。樟子松安全含水量9%～10%。

选地　樟子松育苗地一般选在质地疏松、排水良好、地下水位较低（1.5m左右）、有灌溉条件的微酸性（pH 6～7）沙质壤土地段。不应选低洼地、盐碱地（pH大于8）或黏重土壤地段。在沙区可选沙土，在陕西等黄土高原区可选表土疏松、排水良好、地下水位3.0m以下的微酸性或中性的壤土或黄壤土。有病虫害地块不应选择育苗。如果选定的土壤不符合要求，则必须进行土壤改良。樟子松有菌根，适合于同针叶树连作，也可以和栎类、杨树等连作。不宜与榆树、核桃、蔬菜等连作，在陕西不宜与洋芋连作。新开辟无菌根菌的育苗地，应接种菌根菌。菌根化育苗适合的菌根菌有厚环乳牛肝菌和点柄乳牛肝菌等。一般可以采用菌液沟施法接种菌根菌，移植苗可在换床时结合苗木修根用菌液浸根（30min）接种菌根菌。

整地　樟子松育苗地要深翻，深度以20～30cm为宜。山区、平原、黄土高原应秋翻，沙区应春翻。有积雪地区应秋翻后翌春顶凌耙地。在翻地、耙地或作床时分1次或2次施基肥。播种地每公顷施入7万～10万kg腐熟的厩肥为好，沙地和黄土地以15万～20万kg腐熟厩肥外加粉碎过的过磷酸钙800～1000kg为宜。2次施基肥时，第一次施用总施肥量的2/3，第二次施用总施肥量的1/3。

黑龙江省加格达奇樟子松万亩种子园（贾黎明摄）

催芽　播种前种子用混雪埋藏、混沙埋藏或温水浸种等方法催芽。也可以使用生物助长剂（1/3000浓度浸种24h）等化控物质或物理方法处理催芽。

作床　樟子松育苗一般采用高床作业。作床时可先作下床，充分灌足底水，待水渗下后，再将步道土翻到床上，耧平、压实，并保持床面平坦，以免降雨或浇水时种子或幼苗被冲淤，影响种子发芽和幼苗生长。

土壤消毒 播种前土壤用0.5%～1.0% $FeSO_4$或其他新型土壤消毒剂、熏蒸剂等消毒。注意各类药剂使用要求和注意事项，避免发生药害。

播种 樟子松一般采用春播。平均地表温度达8℃以上时即可播种，一般在4月中下旬，大兴安岭地区5月中旬播种，东北东部山地4月末至5月初播种，东北南部和西部、华北、西北等地可在4月中旬（平原地区）至下旬（山地地区）播种。播种前苗床表土要保持适度温润，若干燥应少量浇水，待床面稍阴干时，用耙将床上面耧起0.5～1.0cm深的麻面，然后播种。通常采用条播法播种，播幅宽3～4cm，行距8～10cm，覆土约0.5cm，覆盖材料以细沙和草炭为好，播后及时镇压。播种量75kg/hm^{2}左右，在精选种子和精细管理前提下，也可采用稀播（30kg/hm^2）全留育苗。

播种地管理 风沙严重的地区，如育苗地无防护林或防护林稀疏，则必须在播种区四周及中间设置防沙障，防沙打幼苗。5月下旬至6月上旬，季风已停，苗茎已木质化，可分期分段撤除防沙障。播种后宜在床面覆一层稻草，厚度以不见土为限。当幼苗出土50%时，把草撤除一部分，全部苗齐后，将覆草全部撤除。为防止浇水或降雨时冲刷表土，同时调节床面温度、湿度以防止土壤表层板结，可保留行间稻草，直到秋后。樟子松幼苗顶壳出土，易遭鸟类啄食，应设专人看护到种壳全部脱落为止。高寒山区注意防寒害和霜害。

苗期管理 ①灌溉。在风沙区、黄土高原区或春旱时，出苗期每天应浇水一次，午后进行，浇水至种子层湿润即可。生长初期每天浇水1次，浇水量不宜过大，浇水应于午后进行。大风天或气温高、蒸发量大时，上午也需要浇水。出苗后到6月末，幼苗易患立枯病，浇水宜少量多次，以调节床面温度、湿度，减少立枯病的发生及日灼危害。7～8月间为高生长旺盛时期，必须供给充足的水分，每隔2～3天浇一次透水。8月以后，每5～7天浇水1次。8月中下旬后，一

河北省塞罕坝机械林场樟子松–落叶松混交林（贾黎明摄）

般不进行浇水。如果天气特别干旱，可每隔10余天浇水一次。起苗前5～7天浇一次透水，促使土壤疏松，有利于掘苗时保持根系完整。②施肥。施肥与浇水结合进行。一般从6月中下旬开始，每平方米施硫铵5～10g（以速效氮、磷、钾为主，配合微量元素肥料为好），以后每隔10天左右追肥一次，数量可根据苗木生长情况酌情增加，但最多每平方米一次不得超过25g，8月中旬停止追肥，一般施肥总量100～150g/m^2。③松土和除草。除草可用果尔及其他化学除草剂进行，或人工除草。除草剂可在播种时混拌在覆土中，或在出齐苗后拌上沙土撒到苗床上，然后浇水。一般情况下，每年施用除草剂2次。土壤板结时进行松土。于7～8月，每隔10～15天松土1次，深2～3cm。④间苗。樟子松幼苗适宜群生，如播种量掌握适当，播种均匀，就不必间苗。当出苗不均时，可于6月末到7月剔除幼小、细弱苗木，以留苗600～700株/m^{2}为宜。

越冬管理 樟子松耐寒冷，但苗木易失水分，必须采取适当的保护措施才能安全越冬。樟子松苗木采用土埋法或雪埋法越冬。①土埋法：在11月中旬左右，土壤将要冻结时进行，到翌春4月上旬化土层达20～30cm时，分2～3次把土撤除，并及时灌水。②雪埋法：在降雪后1次或数

次用雪覆盖树苗，深度超过苗高，然后盖上草帘。翌年3月下旬天气转暖后，撤除草帘。由于土埋法费时、费工，目前多数苗圃已经不用，而是采用覆草或草帘法只针对当年生苗防寒，2年生以上苗无需防寒，只在迎风面搭建防风障进行防寒（防生理干旱）即可。

移植育苗 樟子松以培育移植苗为主，可视地区情况不同，培育1-1型、1-2型或2-2型苗木。移植以春季为最好，换床密度一般为200～220株/m^2。4月上旬土壤解冻30～40cm时可以开始移植。床作时，顺行栽8行，株距4cm，行距12cm。垄作时，在垄面上栽2行苗，株距4cm，行距16～20cm。栽苗前要充分灌足底水，栽苗过程中，要保持好苗木根系不受风吹日晒。移植后要及时把垄面（或床）及垄侧踏实并浇透水。移植后每隔10～15天浇水一次，并于5～6月根据苗木生长情况适量追肥1～2次。

苗木出圃 樟子松造林用苗最好是春季随起苗随造林。如有充分的窖藏或假植条件，也可秋起春造。起苗时，要先除掉苗床上的覆盖物，然后在苗床一端开出深沟，依次掘取。掘苗前，如果床土过干，应事先浇水，掘后立即拣苗。拣苗时，须将土块轻轻压碎拣出苗木，不要拔苗或摔苗，保持苗木根系完整。在苗木贮藏、包装、运输、假植等各个环节中，都必须注意保护好根系，防止风吹日晒。

2. 容器苗培育

樟子松可以在温室或塑料大棚内进行容器育苗，尤其在干旱地区和高寒地区，更适合于采用容器育苗。容器育苗的营养土，在东北林区以草炭土加腐殖土、草炭土加马粪或腐殖土加马粪等为主，外加速效和微量元素肥料进行配制；在三北地区以用黑壤土加猪粪、炉灰渣、细沙为主，外加速效肥料来配制。樟子松育苗容器一般要求直径8cm以上，高15cm以上。容器育苗所用种子要精选。

辽宁省樟子松育苗基地（贾黎明摄）

移植用苗木 1年生播种苗和2年生换床苗可以用于培育樟子松移植容器苗。1年生播种苗的标准为苗高7cm，地径1.8mm；2年生换床苗的标准为苗高12cm，地径3.5mm，顶芽健壮饱满，侧根发达，无病虫害。

移植用容器 多用单杯有底塑料薄膜容器，厚0.02～0.04mm。其规格因苗木大小而异。移植1年生播种苗，容器直径10cm，高20cm；移植2年生换床苗，容器直径12cm，高20～25cm。容器底部剪去两角，底部和底侧打直径0.5～1.0cm的小孔10～15个。

移植操作过程 移植前进行苗木根系修剪，剪去过长的、劈裂的、折伤的根系。先在容器内填装1/4～1/3的营养土，按实后将苗木植于容器中央，填土至一半时提一下苗使根系舒展，按实，再继续装土。装土时容器上端留1cm左右的空隙，以便于喷水、喷肥。栽植深度要略高于苗木原土印。于早春进行移植，随起苗、随剪根、随移植。有条件时可使用ABT生根粉液浸根处理（50mg/kg生根粉溶液浸根6～12h）后移植。

移植后管理 移植后要立即浇1次透水，并经常保持营养土的湿润。5月至6月下旬为苗木速生期，要每隔1～2天浇水1次。结冻之前要浇好封冻水。速生期（5月初至6月下旬）追施氮肥2次，每次每个容器施尿素1g。7月追施磷肥1次。苗木室外越冬注意防寒。移植容器苗一般培育1年，于第二年出圃造林，也可以培育2年出圃。

在天然更新良好、天然更新苗木资源丰富的地方，可以挖取天然更新苗进行移植，培育容器苗。一般可选择10～20cm高的优质天然更新苗参照上述方法进行移植。

五、林木培育

樟子松可以直播造林，但由于种子缺乏，目前以植苗造林为主。

1. 立地选择

除了水湿地、排水不良的低洼地和临时性积水地、土壤可溶性盐含量0.12%以上的立地外，其他立地均可栽植樟子松。若培育速生丰产用材林，则需要选择排水良好、湿润肥沃的立地条件。

2. 整地

整地在春季、夏季、秋季都可进行。在大兴安岭地区，对于土壤肥沃湿润的地方，可采取随挖穴随栽植的方式；在石质山地或干旱的阳坡上，多采取鱼鳞坑、水平阶或者水平沟等方式进行整地。整地应在樟子松造林前一年的夏季或秋季进行。在新采伐迹地、新撂荒地，可随整地随造林。

3. 造林

（1）纯林营造

樟子松采用容器苗造林时在春、夏、秋三季均可进行，采用裸根苗造林可在春季、秋季和雨季进行，但主要是在春季采取顶浆造林。在多风的干旱地区，春季造林应躲过大风期，或改为雨季造林。在无冻拔危害的干旱沙地造林地，可以秋季造林。樟子松多采用单株穴植造林，穴规格30cm×30cm或50cm×50cm。三北防护林区和长白山区多采用1−1型或1−2型苗造林，大兴安岭、小兴安岭山区多采用2−2型苗造林。

造林密度在3300～6600株/hm^2，以4400～6600株/hm^{2}较好。东北东部山地鼠害严重地区建议采用6600株/hm^{2}的初植密度造林。在大兴安岭山地，可选择3300～5000株/hm^{2}的初植密度造林，以避免密度过大造成苗木供水不足而干枯死亡。

（2）混交林营造

樟子松混交林可用2种方法建立。一种是人工配置混交林，可以山地的樟子松与落叶松、水曲柳、胡桃楸、黄波罗、紫穗槐等混交，或以沙地的樟子松与白榆、杨树、沙棘等混交。另一种方法是在樟子松林内开拓效应带，诱导天然阔叶树进入形成人工天然针阔混交林，其中以樟子松−柞树混交（干旱地）和樟子松−水曲柳混交（湿润地）效果较好。

东北东部山地樟子松和落叶松人工混交林，可以采用行比2：2、3：3或3：2、2：3成窄带方式混交。在25年生以前，主要是促进林木树高生长，并培养良好干形；25年生以后，则以促进林木直径生长为主。樟子松和水曲柳、胡桃楸或黄波罗混交与樟子松和落叶松混交相似。樟子松与紫穗槐混交主要起改良土壤的作用，可以樟子松2～3行成一窄带与1行紫穗槐进行带状混交。

东北山地樟子松与天然阔叶树的人工天然混交林主要通过栽针留阔、栽针引阔、抚育留阔和伐针引阔等手段来建立。其必要条件是在樟子松造林地上或其附近、樟子松人工林内或其附近有阔叶树繁殖体（如有活力的种子、有萌发力的伐根等）存在。

（3）沙地造林

在流动沙丘和半固定沙丘上栽植樟子松，必须先栽植固沙植物用以固沙，当地面流沙基本上停止流动时，再借助于铺草或插草墙的办法进行造林。生物固沙可以使用胡枝子或黄柳。

胡枝子固沙　用1年生截干苗带状栽植，1带2行，带宽30cm，株距50cm。亦可直播，开沟深4～5cm，宽5～10cm，沟内撒播种子，覆沙2～3cm。

黄柳固沙　用1～2年生枝，切成45cm长的插穗。春、秋带状扦插，带与主风垂直，带距、行距与胡枝子同，但株距30cm即可，受沙埋的背风面插穗露出3～5cm，受风蚀的迎风面应深埋入沙中3～5cm。经2～3年沙丘固定后即可栽2年生樟子松。沙地栽樟子松主要用小坑靠壁栽植法及窄缝栽植法，要强调深栽。三北防护林区干旱风沙地带营造樟子松林时，可以采用地膜覆土法防止生理干旱。

4. 抚育间伐与修枝

东北东部山地樟子松人工林抚育间伐和结构

调整可以按如下程序进行：①初植密度可选择4400（3300）~6600（8000）株/hm^2。②对于公益林，不进行间伐或采用弱强度、短间隔期方式进行间伐，不需要修枝。③对于用材林，生产小头直径12cm高级文化用纸纸浆材为目的时应采用中密度经营，即10年生时，4000~5000株/hm^2；之后每次按15%~50%的强度递减，30年生时，1000~3000株/hm^2；40年生时，1000~1500株/hm^2；80年生时，400~800株/hm^2。生产小头直径20cm普通大径材和生产小头直径26cm胶合板材时，以低密度经营较合适，即10年生时1000~1100株/hm^2，之后按15%~50%的强度递减。为了保证木材质量，必须进行人工修枝。首次间伐时间、间伐间隔期和各次间伐的强度要根据以上要求进行调整。

樟子松抚育间伐采用下层间伐法，也可以采用小群体分级法，将林木生长分为5级，按照保留1级木，采伐2级木，解放3级木，去除4、5级木的方式进行抚育间伐。

5. 天然更新

樟子松种子小，有翅，能飞散500m或更远，且种壳薄，需水少，易发芽，是天然更新能力很强的树种。这种更新能力，可以采用如下方式加以利用：①在已经结实的樟子松林分附近有空地（迎风面距林缘10m以内，顺风面在山地距林缘50m以内，沙地、平原及草原距林缘100m以内），或林内有空地（直径10~50m）存在时，可在这些空地上采取人工促进天然更新措施，促进樟子松天然更新发生及更新苗健康成长。②在无空地存在的30~50年生樟子松林内开拓效应带或效应岛（带宽或岛径为1倍树高以上，30m以下），并采用人工促进天然更新措施，促进樟子松天然更新发生及更新苗健康成长。③偏远地区无樟子松林生长的地段，可采用在立地较好地段群团状栽植樟子松，待其结实后采用人工促进天然更新措施，促进樟子松天然更新发生及更新苗健康成长，以形成樟子松多世代林分。

人工促进天然更新措施主要有去除枯枝落叶层、活地被物，破除土壤表面，造成起伏微地形等。时间一般在结实丰年的9月至翌年5月。对已有幼苗、幼树要采取有效措施加以保护。

六、主要有害生物防治

1. 松苗立枯病

主要危害当年生幼苗，有种腐型、根腐型和猝倒型3种类型。防治上以预防为主，用波尔多液、甲基托布津等进行定期喷洒防治。

2. 蝼蛄和蛴螬

蝼蛄和蛴螬是樟子松育苗地常见地下害虫。可用地虫灵等防除。

3. 樟子松疱锈病（*Cronartium flaccidum*）

主要危害樟子松树干和侧枝，症状与红松疱锈病相似，在我国东北地区，其轮换寄主为一种山芍药（*Paeonia obovata*），芍药（*P. albiflora*）上也有发生。防治方法参照红松疱锈病。

4. 松球果象虫（*Pissodes validirostris*）

1年发生1代，每年5月成虫出外取食，6月上旬雌虫在球果表皮下产卵，6月中旬幼虫孵出，幼虫在果内取食种子和果轴，导致受害部分腐烂。可用烟剂熏蒸或溶液喷洒防治。

5. 松纵坑切梢小蠹（*Tomicus piniperda*）

在辽宁1年发生1代。成虫在干基皮下过冬，3月中下旬出现新成虫，蛀入新梢补充营养，被害梢枯黄，易风折。防治方法：保持林地卫生，及时清除虫害木、枯立水、风折木及风倒木等；剪除被害新梢；放置饵木；在越冬成虫出现以前，可在干基施药（粉）毒杀成虫。

6. 松梢象虫（*Pissodes nitidus*）

在黑龙江1年发生1代。成虫在枯枝落叶层下越冬，5月中旬开始活动，啃食顶梢嫩树皮。5月下旬至5月上旬交尾产卵，6月上中旬孵化为幼虫。幼龄幼虫在树皮下啃食形成层，造成环状剥皮，使顶梢枯死。至老龄时，取食木质部。6月下旬化蛹，7月中旬开始羽化为成虫。防治方法：5月中旬成虫上树时可进行烟剂毒杀，若幼林未郁闭，可用其他杀虫药剂毒杀；利用成虫的假死性，进行人工震落捕杀；营造混交林，适当增大造林密度。

7. 松毛虫（*Dendrolimus* spp.）

松毛虫可分为落叶松毛虫、油松毛虫和赤松毛虫等，应综合采用营林、生物和化学防治措施进行防治。

8. 鼠害防治

鼠害是东北山地引种区樟子松人工林培育的一个重要问题，一般发生在10年生以下幼龄林中，20年生以上林分基本无鼠害。应以营林措施为基本措施，生物防治、化学防治、人工和机械防除等为辅助措施，综合防治樟子松鼠害（沈海龙等，1994）。

①通过营林措施防除樟子松鼠害。在蒙古栎矮林地区、浅山区、中缓坡、火烧迹地、荒山荒地、低洼地、弃耕地等，可选择落叶松、红松、水曲椴、椴树、柞树等与樟子松构成各种形式的混交林来防鼠害。在鼠害严重的地区，可以营造樟子松-稠李或樟子松-接骨木混交林（樟子松2行成窄带与1行稠李或接骨木以带行混交方式混交）来防鼠害。还可以使用较高的造林密度（6600株/hm^2，即株行距1.0m×1.5m）和保持高郁闭度（0.7）来控制鼠害。

②通过生物防治，控制害鼠种群数量。保护自然界的鼠类天敌，如蛇、黄鼬、猫头鹰等；人工招引天敌，如堆草招引黄鼬，设立栖木招引猛禽等；人工饲养天敌，放入林中防鼠；利用生物制剂防鼠，如吉林省黄泥河林业局的鼠类抗生育剂。

③局部化学防治、人工和机械防除，迅速降低害鼠鼠口密度。用毒杀剂毒杀，或驱避剂驱避。化学防治和人工及机械防除一样，都可在短期内迅速降低鼠口密度，但化学防治有副作用。人工和机械防除面小、耗费大，只适合于局部地方鼠害大发生时或防除特殊鼠类如东北鼢鼠、高山鼠兔等时使用。

七、材性及用途

樟子松木材是良好的建筑、造船、桥梁、水闸板、桩木、车辆、电线杆及家具等用材，同时也是良好的造纸用材。材质较轻软，富含松脂，木材纹理通直，力学强度较大。木材抗性强，耐水湿及真菌腐蚀，对酸、碱的抵抗力亦较大，浸渍后，形状和颜色均无显著变化，注入防腐剂也较其他针叶材容易。木材易于加工，刨、旋切不起毛。易钉入，易干燥，油漆性能良好。材质接近于红松，在结构用材方面，可代替红松木材。樟子松的木材纤维长度虽短于红松，木素含量稍高，但其灰分含量低，纤维含量高、长度均匀，制浆得率比红松高5%～6%，碱耗和木耗比红松分别低10%～13%和27%～29%，且易漂白；抄纸匀度好，表观密度大，可用于制造普通纸、一般新闻纸，特别是中高级文化用纸和电器用纸等。

（张鹏，王耀国，张雪松）

附：欧洲赤松（*Pinus sylvestris* L.）

欧洲赤松是现代松树100多个种类中分布区最广、生态适应幅度和占地面积最大的一个种。分布范围在37°～70°N，横跨33个纬度。英国、瑞典、挪威、芬兰、德国、波兰、捷克、罗马尼亚、保加利亚、匈牙利、法国、苏联、瑞士、意大利、奥地利、土耳其、西班牙、伊朗、南斯拉夫、希腊、蒙古和中国（樟子松、长白松）等20多个国家和地区是其自然分布区。欧洲赤松在全世界范围内引种栽培，并在北美东部形成半野生状态。我国少数地方也对欧洲赤松进行了引种试验。其种内变异较多，形成许多变种和变型。欧洲赤松生物学特性、生长特点和生长过程与樟子松相似。

欧洲赤松经营和研究历史非常长，已经形成多种多样的品种，用于培育用材林、圣诞树、观赏、采脂等多种用途。欧洲赤松种子千粒重6g左右，繁殖方式以播种育苗为主（方法参见樟子松）。春播时种子需要低温层积2个月，种子发芽率可达80%～90%，播后2～3周开始发芽。欧洲赤松以植苗造林为主，可采用2年生苗造林，初植密度以6000～8000株/hm²为好，若采用修枝操作，初植密度可降至1000～4000株/hm²。不采用修枝操作时，初植密度6000～10000株/hm²。采用大苗造林时以4000株/hm²最佳。初植密度8000～11000株/hm²时，间伐从10年生时开始；初植密度6000～8000株/hm²时，间伐从10～15年生开始；初植密度4000株/hm²左右时，间伐从15～20年生开始。采用中密度经营时，10年生4000～5000株/hm²，之后每次按15%～50%的强度递减，30年生时1000～3000株/hm²，40年生时1000～1500株/hm²，80年生时400～800株/hm²。采用低密度经营时，10年生时1000～1100株/hm²，之后按15%～50%强度递减。用材林以中密度经营更合适。间伐以带状间伐与选择伐相结合效果较好。欧洲赤松可以采用人工促进天然更新的方法更新。混交林以松栎混交、松锦鸡儿混交、松椴混交、松桦混交等为好。

欧洲赤松的材质和用途同樟子松。目前，在我国尚未发现严重病虫害。

（沈海龙）

附：长白松［*Pinus sylvestris* var. *sylvestriformis*（Takenouchi）Cheng et C. D. Chu］

别名长白赤松、美人松、长果赤松。长白松是欧洲赤松分布最东的一个地理变种，其树体高

吉林省长白山池北区长白松球果（黄祥童摄）

大挺拔，树干金黄而通直圆满，冠形匀称，苍翠秀丽，婀娜多姿，素有“美人松”之称。原产地只见于我国吉林省安图县长白山北坡海拔630～1600m的二道白河与三道白河沿岸的狭长地段（42°06′～42°32′N，128°05′～128°13′E），纯林仅见于二道白河镇的河流冲积平原处，面积112hm²。1999年长白松被列为第一批国家一级重点保护野生植物。目前，长白松的引种栽培范围已经向南扩大至江西庐山，向北延伸到黑龙江的哈尔滨、伊春、甘南等地，向东扩展至吉林的珲春、图们，西到内蒙古的奈曼旗一带。在辽宁（沈阳、章古台）、北京、河北（小五台山）、新疆、内蒙古、甘肃等地均已成功引种栽培。吉林东部山区、中部丘陵区和西部干旱平原区均有其人工林分布。

长白松天然林在25年生开始开花结实，结实盛期在70～150年生。人工林15年生就可进入开花结实期，结实盛期在50～100年生。种子园无性系单株在定植后3～5年就有部分开花结实，10年生就普遍进入结实期。白城市1977年建立了一个小面积无性系种子园。

长白松主要采用播种方式育苗。球果9月下旬至10月成熟。采种时间以每年10月为宜。采收的球果必须经过干燥，使种鳞张开，其干燥及调制方法同樟子松。长白松种子采用气调干藏法，种子含水量在10%～15%为宜。长白松播种育苗方法与油松、樟子松基本相同。长白松以植苗造林为主。一般在排水良好、湿润肥沃的中性或酸性沙壤土或棕色、暗棕色森林土上生长良好。排水不良、低洼地、积水地以及重盐碱地不宜营造长白松林。长白松造林和抚育管理方法参照樟子松。长白松的天然林和人工林很少有病虫害发生，但长白松与黑松、赤松、落叶松混栽时有少量病、虫、鼠害发生。

长白松天然树木已经严格保护，禁止采伐利用。目前，采种育苗主要用于营造防风固沙林、荒山荒地绿化林、水源涵养林、风景林等。

（黄祥童）

8 马尾松

别　名｜青松、厚皮松、山松、枞树

学　名｜*Pinus massoniana* Lamb.

科　属｜松科（Pinaceae）松属（*Pinus* L.）

马尾松是我国松属中分布最广、面积及蓄积量最大的主要工业用材树种，以速生、丰产、适应性强、用途广泛、综合利用程度高等优良特性，而成为我国南方特有乡土重要用材树种之一（丁贵杰等，2006）。现有林分面积1.5亿亩，林分蓄积量达5.91亿m^3（国家林业局森林资源管理司，2013），在我国林业建设和森林资源发展中占有十分重要的地位。

经过“七五”至“十二五”连续6个国家5年计划研究，马尾松良种选育、壮苗培育、立地控制、造林技术、整地、施肥、抚育管理、密度调控、采伐年龄、优化栽培模式（丁贵杰，1998，2000；丁贵杰等，2000）及林产品开发利用等理论与技术均有较大突破，试验示范林生产力及林副产品产量明显提高，促进了我国马尾松森林资源及相关产业的发展和提升。但目前大面积马尾松用材林的平均生产力只有78m^3/hm^2，远低于世界平均水平。究其原因，很重要的是现有配套技术和管理经验没能在生产上普遍应用。因此，加快已有研究成果的组装配套和转化应用，对促进马尾松全面高效发展十分重要。

一、分布

马尾松分布广，跨北、中、南亚热带及热带北缘和暖温带南缘气候区，介于21°41′~33°56′N、102°10′~123°14′E；涉及17个省（自治区、直辖市），主产于广西、广东、贵州、湖南、福建、江西、浙江、四川、湖北西南部；自然水平分布北起秦岭南坡、伏牛山、桐柏山、大别山，沿淮河到海滨一线，即暖温带与北亚热带的交界线；南界沿十万大山西端国境线，经北部湾海滨向东抵达雷州半岛及东南沿海一线；东界抵东海之滨及近海岛屿；西界在四川盆地西缘二郎山东坡，向南沿大相岭、青衣江到贵州赫章、六枝，沿北盘江到广西百色一线。此外，台湾中、北部山区（阿里山）和东北部山区也有分布。自然连续分布面积约220万km^2（周政贤，2001）。越南在其中北部（凉山、河内）已引种多年，表现良好；近年又引种至新西兰。

垂直分布各地变化较大，分布上限由东向西随地势升高而逐渐抬高，从东部浙江天目山海拔800m以下，西进至贵州与湘西交界的雪峰山区升到1000m，再西进至贵州黔中山原苗岭山地海拔升到1300~1350m，继续西进到四川的二郎山和贵州西部毕节乌蒙山区上限达1500~1650m。南岭山地腹地分布上限可达海拔1500m，北部安徽黄山分布在700m以下，河南桐柏山、伏牛山分布在800m以下，大别山分布在600m以下，湖北大巴山分布在800m以下；东南武夷山、戴云山分布在1200m以下，向南到广西十万大山、六万大山均分布在800m以下。

全国马尾松产区共划分为3个带6个区，每个区内再分2~3个产区或亚区。带根据影响马尾松分布与生长的热量条件的纬度地带性分异，并参考其他气候因子及土壤和植被等划分；区根据大地貌和经向水湿及气候条件的差异进行划分；产区（地区）是各省份区划单位，主要根据省份内大地貌、山地垂直带、地方性气候等中尺度地域分异划分。其中，产区一般划分为3类：Ⅰ类产区（速生高产地区）、Ⅱ类产区（一般生长地区）、Ⅲ类产区（生长较差或边缘区）。从发展战略出发，今后马尾松基地造林应优先布局在Ⅰ类产区，其次是Ⅱ类产区，作为国家工程建议不考虑Ⅲ类产区。考虑到分布区内垂直分布差异很大，为确保安全和取得较好经济效益，建议按照中、南亚热带山系及山地分布格局，布局国家一级马尾松用材林基地。如南带的十万大山（北坡）和云开大山，中带的南岭山地，武夷山—戴云山，武陵山—雪峰山，以及中亚热带北缘的天目山、幕阜山、鄂西、川东山地和中带西区的九万大山、苗岭山地等。

全国马尾松商品材基地共划分为14个片区，分布在广西、广东、福建、江西、贵州、湖南、浙江、湖北、四川、安徽、重庆11个省（自治区、直辖市）的373个县（市），其中重点基地县有5个片区，共计129个县（市）；一般基地县有9个片区，共计244个县（市）（周政贤，2001）。

（1）十万大山重点基地片

包括广西上思、宁明、凭祥3个县（市），属于I_1产区。

（2）云开大山及萌诸岭重点基地片

包括广西岑溪、梧州、苍梧、北流、贺县、蒙山、昭平、容县、桂平、金秀及广东信宜、高州12个县（市）。前9个县（市）属I_1产区，后3个县（市）属I_2产区。

（3）南岭山地、罗霄山及大庾岭重点基地片

包括湖南资兴、江永、江华、蓝山、临武、宜章、汝城、桂东、酃县、茶陵，广西富川、恭城、钟山，广东连山、连城、连县、乐昌、仁化、乳源、翁源、连平、和平、始兴、南雄，江西全南、龙南、定南、寻乌、安远、会昌、信丰、南康、赣州、于都、赣县、上饶、崇义、大余、遂川、井冈山、永新、宁冈、莲化、安福，共计44个县（市），属I_2产区。

（4）九万大山、苗岭及雪锋山余脉重点基地片

包括广西龙胜、三江、融水、融安、资源，贵州从江、榕江、三都、黎平、雷山、台江、剑河、锦屏、天柱，湖南新晃、会同、靖县、绥宁、通道、城步，共计20个县（市），属I_2产区。

（5）武夷山及戴云山重点及一般基地片

包括福建浦城、崇安、松溪、政和、建瓯、顺昌、南平、将乐、泰宁、邵武、沙县、龙溪、三明、明溪、宁北、清流、永安、大田、德化、津平、漳平、连城、武平、上杭、龙岩、永定、华安，浙江遂昌、松阳、云和、景宁、龙泉、庆元，广东蕉岭、平原，共计35个县（市）为重点基地县（市），属I_2产区。

另外，福建寿宁、周宁、屏南、古田、闽清、闽侯、永泰、光泽、建宁、长汀、长泰、龙和、平和、漳州，江西玉山、上饶、铅山、贵溪、南城、宜黄、乐安、南丰、黎川、石城、瑞金，浙江文成、泰顺，共计28个县（市）为一般基地县（市），属Ⅱ类产区。

（6）武陵山、雪峰山主体重点及一般基地片

包括湖南石门、临澧、桑植、龙山、花垣、保靖、吉首、泸溪、麻阳、辰溪、怀化、芷江、溆浦、黔阳、洪江、洞口、隆回、武冈、新化、涟源、娄底、新邵、邵县、邵东，共计24个县（市）为一般基地县（市），属Ⅱ类产区。

另外，安化、沅陵、古丈、永顺、大庸、慈利6个县（市）为重点基地县（市），属I_2产区。

（7）鄂西、川东山地重点及一般基地片

包括湖北宜都、利川、咸丰、来风、鹤峰、建始、恩施、五峰、长阳，共9个县（市）为重点基地县（市），属I_2产区。湖北兴山、宜昌、秭归、巴东，四川巫山、奉节、云阳7个县（市）为一般基地县（市），属Ⅱ类产区。

（8）天目山、黄山及怀玉山一般基地片

包括浙江临安、富阳、桐庐、淳安、建德、开化，安徽黟县、祁门、休宁、歙县、绩溪、屯溪、广德、宁国、泾县、旌德、黄山、青阳、贵池、石台、东至，江西婺源、德兴，共计23个县（市），属Ⅱ类产区。

（9）幕阜山、九岭山一般基地片

包括湖北咸宁、通山、崇阳、蒲圻、临湘、

通城，江西武宁、修水、铜鼓、宜丰，湖南平江、浏阳、株洲、醴陵，共计14个县（市），属Ⅱ类产区。

（10）贵州山原一般基地片

包括贵州松桃、铜仁、玉屏、万山、江口、岑巩、三穗、沿河、德江、印江、思南、石阡、余庆、施秉、镇远、桐梓、仁怀、遵义、金沙、习水、道真、务川、正安、绥阳、凤冈、湄潭、赤水、凯里、麻江、丹寨、都匀、安顺、平坝、清镇、修文、息烽、开阳、瓮安、黄平、福泉、贵定、龙里、贵阳、关岭、镇宁、普定、长顺、惠水、平塘、独山、荔波，共计51个县（市），属Ⅱ类产区。

（11）阳山一般基地片

包括广西南丹、环江、河池、凤山、东兰、巴马、都安、马山、天等、大新，计10个县（市），属Ⅱ类产区。

（12）海洋山及湘南山地一般基地片

包括广西兴安、灌阳、灵山、桂林、临桂、永福、阳朔、平乐、荔浦、鹿寨、象州、全州，湖南攸县、衡山、衡东、衡阳、安仁、永兴、耒阳、郴县、郴州、桂阳、嘉禾、宁远、新田、双牌、道县、永州、东安、冷水滩、祁阳、祁东、衡南、双峰，共计34个县（市），属Ⅱ类产区。

（13）粤北及九连山一般基地片

包括广东怀集、清远、曲江、韶关、新丰、龙门、河源、兴宁、梅县9个县（市），属Ⅱ类产区。

（14）川西南、川南及重庆东南山地一般基地县

包括重庆市及长寿、涪陵、江津、万州、梁平、忠县、垫江、丰都、秀山、酉阳、黔江、彭水、武隆、綦江15个区，以及四川开江、大竹、邻水、达县、邛崃、大邑、峨嵋、夹江、新津、青神、乐山、名山、丹棱、洪雅、犍为、井研、威远、万柱、古蔺、叙永、兴文、筠连、南川、珙县、高县、长宁、合江，共计42个县（市），属Ⅱ类产区。

二、生物学和生态学特性

1. 形态特征

马尾松因针叶似马尾而得名。常绿乔木，高40m以上，胸径1m以上。树皮红褐色，下部灰褐色，深裂成不规则的鳞状块片，中亚热带有厚皮和薄片两种类型。大枝斜展，老树大枝近平展，分枝角度随枝龄增大而增大，最下面两轮枝分枝角度可达80°～90°。中带和北带种源，枝条每年生长1轮；南带种源每年多生长2轮枝（占98%），个别生长1轮或多轮。叶2针一束，偶见3针一束，长12～20cm，宽约1mm，边生树脂道4～7个。雌雄同株，单性，花期2月中旬至4月上旬。球果2年成熟，卵圆形或圆锥状长卵形，成熟时栗褐色或暗褐色。种子卵圆形，长4～6mm。

马尾松花（刘仁林摄）

马尾松球果（刘仁林摄）

2. 生物学特性

马尾松是典型的先锋树种和先锋群落。结实周期短、结实量大，种子轻、易飞散、飞播距离远、发芽率高，主根发达、穿透力强。在生境较恶劣情况下也能成林，形成先锋群落。

主干通直圆满，尖削度小，形数大，材质好，出材量和产脂率高，是理想工业用材树种。

根系庞大，主根明显、侧根发达，是典型的扩散型根系。人工纯林的根系约有90%集中分布在0～30cm土层，在侧、须根上有较多的菌根菌共生。

树冠稀疏，侧枝分枝角很大（70°～90°），近于平展。针叶狭窄，角质层发达，厚壁组织充分发育，气孔下陷，能耐缺水而不受伤害，蒸腾强度低，抗旱性强。针叶灰分含量低，且富含油脂，凋落后分解较慢，酸性较强，pH在4.5～5.5。

3. 生态学特性

马尾松是强喜光、喜温树种，不耐庇荫，林下更新不良。对热量条件要求较高，年平均气温13～22℃地区才生长良好，生长速度和生长量均随温度升高（纬度降低）而加速、加大，当冬季低温达-15～-13℃时不能正常生长。马尾松耐土壤干旱能力较强，是通过高水势延迟脱水来适应和忍受干旱。对土壤要求不严，喜深厚肥沃酸性土壤。马尾松最适宜在光照充足、水热条件好的低山或低中山的坡下部、中下部或中部，由板岩、砂页岩、长石砂岩或花岗岩等发育而成的疏松肥沃、土层深厚的微酸性（pH 4.5～5.5）土壤上生长。

4. 生长发育过程

（1）年生育期划分及其特点

根据福建林学院在中亚热带东部地区的观察研究，马尾松年生长发育过程可划分如下6个生育期（俞新妥，1978）：

树液流动和顶芽萌发期 2月底至3月上旬树液开始流动，芽萌发。芽基现绿色，顶芽开始延伸。

抽梢期 3月上旬至5月上旬休眠芽簇中的主芽抽生为主梢，周围直立的侧芽抽生为侧枝；初期生长缓慢，经7～10天后加快，30天后又下降。随着新梢的抽长，针叶开始从梢上显露并不断增长。

封顶期 5月中旬至6月上旬新梢长度生长停止，顶芽开始显露。

营养生长期（二次梢生长期） 6月上旬至8月针叶伸长加快，同化器官不断扩大，直径生长加快，新梢长度生长一般停止，但部分植株抽二次梢。

马尾松大径材丰产林林相（丁贵杰摄）

顶芽发育期 9月上旬至11月顶芽发育加快，出现侧芽（形成簇生的休眠芽），针叶、直径转入缓慢生长。

休眠期 12月至翌年2月顶芽发育完成，直径生长停止，地上部分停止增长。

值得注意的是，不同海拔高度、不同生物气候带、不同种源的生育期不同。在南带几乎全年无明显高、径生长休眠期，而由中带向北带过渡，各物候的开始期相应推迟，结束期相应提早。以1987年为例，树液流动期，中带（贵州花溪、湖南城步）为2月上旬至中旬，北带（河南商城）为2月中旬；高生长开始期，贵州为2月中旬，北带为2月下旬至3月上旬；高生长结束期，中带为6月下旬，之后顶芽有微弱延长，而北带为6月中旬，顶芽不再延长；针叶出现时间，中带为3月中下旬，北带为3月中下旬；针叶脱落时间，中带始于11月上旬，北带始于10月中下旬。

随种源产地纬度的提高，各生育期开始迟，结束早，历时短。同一地区，不同年度间，因气候的差异，各生育期也略有差异。

（2）高和径生长节律（朱守谦等，1991）

高生长节律 不同生物气候带的马尾松高生长节律显著不同，可把高生长节律归并为3种类型，即单峰型、双峰型和介于二者之间的准双峰型。单峰型的高生长全过程是抽梢后进入速生期，随生长速度变慢至停止而形成顶芽，一个生长周期中只出现一次生长高峰，生长曲线呈单峰型。双峰型高生长全过程是抽梢，进入速生期，随生长速度逐渐变慢至停止，形成顶芽；经一段时间后，顶芽再次延长，针叶萌发，又一次进入速生期，持续一段时间后，再变缓并停止生长形成正常的顶、侧芽。准双峰型是一个生长周期出现两次生长高峰，生长曲线呈双峰型。在经过第一次生长高峰形成顶芽转入休眠以后，顶芽再次延长但数量极少，偶尔亦出现几枚针叶，但长度较短。

马尾松的二次生长可划分为3种，即典型二次生长、中间型二次生长和隐生型二次生长。典型二次生长形成典型的双峰型生长节律。中间型和隐生型的二次生长形成准双峰型生长节律。马尾松二次生长有2个特点：①区域性。南带有98.5%的植株都属典型二次生长，始终未发生过二次生长的单株仅占1.5%。中带和北带少见典型二次生长，多属中间型和隐生型二次生长，以后者为多。②稳定性。据在南带调查，典型二次生长不随树木生长势、生境及年度而变化，表现出较高稳定性。这种稳定性在南带种源引种到中带时仍保持，这已被多点的种源试验结果所证实。

不同生物气候带高生长节律变化规律性明显，从南至北高生长开始时间和进入速生期时间均推迟，而结束时间均提早。此外，南带还有1年有2个速生期，以及速生期生长量自南向北递减的特点。

径生长节律 马尾松径生长节律也有3种类型。其一为单峰型，即在整个生长周期中生长速度基本呈现慢—快—慢，生长曲线呈单峰型，通常峰顶较平缓，即速生期持续时间较长，且生长量相对稳定，这种类型多出现于中带。其二为双峰型，即在整个生长周期中，可明显区分出2个生长高峰期，生长曲线呈典型双峰型，多出现在北带。其三为过渡型，生长曲线表现为不典型的双峰，曲线的低谷较浅、持续时间较短，低谷期生长量可保持在高峰期的50%～60%，在南带常见。

不同生物气候带的径生长节律差异较大，从南至北径生长开始时段、进入速生期时间均推迟，而结束时段均提早，且持续时间缩短。速生期的径生长量自南向北递减。

与高生长节律相比，径生长期长、生长曲线较平缓，且速生期长、速生期出现时间较迟，增长速率相对较低。

（3）人工林生长发育过程

分不同生物气候带和不同立地指数级调查马尾松人工林全林分解析样地52块，做径阶解析木415株，在分析归纳计算出各指数级林分平均高、径及蓄积量生长过程的基础上，采用最优分割法，对马尾松人工林生长过程进行综合划分，结果见表1。比较马尾松高、径、蓄积量生长过程及发育规律发现，径生长过程趋势与高生长过程相似，只是进程略迟于高生长过程，而蓄积量生长过程各阶段均明显滞后于高、径生长过程。在同一个生物气候带内，随着立地指数的降低，进入速生前期和速生期的时间依次推迟1～2年。

表1 马尾松人工林林分生长阶段划分结果 年

分布带	第一阶段（生长缓慢期）	第二阶段（速生前期）	第三阶段（速生期）	第四阶段（近熟期）	第五阶段（成熟期）
南带	0～2（3）	3（4）～8（9）	9（10）～18	19～23	24～30
中带	0～3（4）	4（5）～9（10）	10（11）～18	19～23（24）	24（25）～30
北带	0～4（5）	5（6）～10（11）	11（12）～18（19）	19（20）～24（25）	25（26）～31（32）

三、良种选育

马尾松良种选育工作先后围绕种源选择，1代种子园、1.5代种子园、2代种子园建园经营，以及高世代优良家系和无性系亲本选择、杂交育种等层次展开。通过多点、多批次、多年种源试验研究，选出了各地优良种源，并科学地划分了马尾松种源区、种子区及种子亚区；基于高世代遗传改良路线及策略，马尾松种子园经历了1代、1.5代和2代种子园建立及管理发展阶段，目前已开始进入第三代种子园建园材料选择及管理阶段，特别是一些专用性种子园的建立，为马尾松定向培育科学选种奠定了坚实基础；“有性创造，无性利用”的选育策略达成共识，马尾松无性系选育已由单一层次、单一途径、单一性状向多层次、多途径、多目标性状综合选育推进，这些技术成果为造林提供了丰富的优良材料。经过近40年的科技攻关和联合选育研究，在全国各主要产区累计已选育出马尾松各类良种（新品种、优良家系、优良无性系、优良单株、优良种源等）数百个，为马尾松全分布区良种选育工作提供了丰富的遗传材料和造林材料，奠定了我国马尾松遗传改良研究与生产应用的基础，对提高我国马尾松良种化水平和造林质量发挥了很大作用。

1. 种源区划分及种子区划

1976—1986年，中国林业科学研究院主持全国林木良种科技协会，采取“四统一”，在全国多个试验点，分多批次进行了种源试验研究，明确了地理变异规律，为各地选出一批适用优良种源，并完成我国马尾松种子区划。这一阶段的特点是：以通用材为目标，强调速生性。

根据多点、多批次、多年种源试验研究结果，将马尾松种源划分为3带9区，具体划分结果如下：北带南界沿大巴山、巫山向东南，沿长江、沮水后折向西南，经武陵山东端折向雪峰山北端，沿洞庭湖平原南部东走，经九岭山至庐山，沿怀玉山、仙霞岭北坡至海滨。北带分东、西2个区，分界线为淮阳山脉。东区含长江下游平原和天目山地，西区含秦岭、武当山、南阳盆地和两湖平原。中带南界从六沿山中部出发，经岑王老山向东到大瑶山中部，沿南岭、武夷山南坡到戴云山中部。中带又分东、中、西区和四川盆地4个区，东区含浙闽山地、沿海丘陵，西界为怀玉山、武夷山；中区含湘中丘陵、南岭、罗霄山地和赣江流域；西区为雪峰山、南岭西端越城岭，含贵州高原及湘西、桂东北山地；四川盆地区含四川盆地和三峡山地。东界为巫山，南界至大娄山北麓。南带依北江、云雾山一线分为东、西两个区。东区含珠江三角洲、雷州半岛和福建、广东沿海丘陵，西区含南宁盆地和桂粤台地。另有一个台湾北部山地区。

种子区划是为了在造林中真正贯彻适地适种原则，按生态条件和林木遗传结构的相似性，将一定地域范围划分若干单元，通常分种子区和种子亚区两级。种源区是完全自然的生态遗传单位，而种子区和种子亚区作为用种的地域单元，通常还要考虑种子经营因素。结合种源区划分结果，将马尾松分布区内的种源划分成9个种子区和20个亚区。

2. 优良种源选择

通过多点、多批次、多年种源试验的连续研究观测，结果表明云开大山、南岭山地、武夷山地和大娄山地均为马尾松优良种源区。马尾松由低纬度向高纬度引种，能显著提高生长量，但要注意冻害。南带应优先选用十万大山和云开大山的广西宁明（桐棉）、岑溪、容县，以及广东信宜、高州种源；中带可优先选用广西恭城（古蓬）、岑溪、恭城、藤县，广东信宜，江西崇义，湖南汝城，以及贵州都匀和黄平等种源；北带可优先选用广西恭城、忻城，福建长汀、邵武，江西安化，以及贵州黄平、都匀等种源。在贵州龙里，即使到20～27年生，引进的广西容县种源林分平均树高、胸径、蓄积量仍分别比本地种源大14.9%～21.71%、5.36%～10.14%和28.19%～40.04%（立地条件相同），优良种源造林增产增效十分明显（丁贵杰等，1994）。在育苗时，可到相应的优良种源区调用种子园或优良林分种子，具体参见表2。

3. 种子园技术及遗传改良

我国马尾松种子园主要始建于20世纪70年代，在国家“六五”“七五”“八五”科技攻关课题资助下，经过南方7省份联合研究，先后选出优树4700多株，评选出优良无性系及其亲本350多个，营造子代测定林253.3hm^2，建立1代无性种子园逾1000hm^2，改建初生种子园13.3hm^2，完成第一批改良代种子园营建，形成种子园建立和经营技术。1990—2005年，林木遗传改良重点为完善种源试验结果，进一步明确不同区域可用优良种源，总结完善种子园建园和促进种子丰产配套技术，实施改良代种子园建园研究；同时进行遗传改良、种质资源收集保存、早期测定等

表2　各造林区优良种源和参考利用种源

造林区		优良种源	立地类型	参考利用
北带	东区	恭城、长汀、高州、安化	好	英德、黄平、都匀、邵武
		德江、资兴、江永	差	绥宁、龙泉、永康
	西区	忻城、乳源、邵武、黄平	好	石城、漳平、博罗、资兴
		广宁、永定、岑溪	差	闽清、漳平、都匀、邵武
中带	东区	百色、崇义、罗定、恭城	好	柳州、常宁、英德、贵县
		邵武、德江、博罗	差	平南、仙居、永康、余江
	中区	宁明、古蔺、永定、岑溪	好	信宜、英德、忻城、安远
		资兴、江永、崇义	差	恭城、崇仁、凯里、黄平
	西区	都匀、安远、恭城、岑溪	好	高州、宁明、广宁、博罗
		汝城、罗定、资兴	差	三门、古田、万载、凯里
	四川区	英德、江永、恭城、崇义	好	宁明、南溪、忻城、蒲江
		南雄、黎平、涪陵	差	贵县、信宜、百色、清江
南带	东区	宁明、岑溪、广宁、恭城	好	高州、英德、信宜、博罗
		信宜、江永、三明	差	乳源、罗定、邵武、永定
	西区	岑溪、容县、高州、忻城	好	宁明、罗定、桂平、恭城
		古蔺、贵县、信宜	差	汝城、资兴、博罗、贺县

研究，并把分子生物学手段及基因工程技术应用于选优和辅助育种，收到较好效果，选出大量优良家系和无性系，并建立大量子代测定林；选优和遗传改良仍以通用材为主，后期开展了单目标定向（纸浆材、高产脂）选育，并进行了杂交育种的理论和技术研究。理论上对马尾松的育种策略和遗传变异规律等进行了研究，提出“有性制种，无性利用”等策略，揭示一些特殊性状遗传变异规律，为遗传改良提供了理论基础。先后完成了改良代种子园营建和2代种子园及专用性种子园建园材料选择和建立工作。

自2006年起，真正开始以利用为目标，实行多性状定向选育，广泛开展了高世代遗传改良和育种，加强了抗性育种；将分子生物学手段及基因工程技术广泛应用于辅助育种，改进了早期选择，加快了育种进程；加强了优异种质资源的收集、保存、评价和开发利用；加强了杂交育种（种内、种间）研究并取得较大突破，获得性状更优的杂交组合，并用于试验示范。2代种子园的建立和生产性经营全面展开，特别是一些专用性种子园（高产脂种子园、纸浆材种子园等）建成并投产，为马尾松定向培育真正提供了种子保证。“十三五”期间进入第三代种子园建园遗传改良材料选择和利用阶段，围绕建园技术，重点开展优树选择、建园程序、园址选择、无性系配置、嫁接技术、种子园经营管理等方面研究。

4. 所选良种特点及适用地区

经过国家和各省份的连续科技攻关，已选出适合不同培育目标和不同地区使用的马尾松优良家系和优良无性系等良种，增产效果十分明显。今后各省份可优先选用已审（认）定的国家级及省级马尾松良种。现列举部分良种供经营者参考。

（1）速生型优良种源

由福建省林业科学研究院选出并经省级审定的速生型优良种源MP8189（福建永定）、MP8166（广西岑溪）、MP8136（江西崇义），其材积遗传增益达43.08%～47.76%，属高产稳产型，可在福建及中带中东部推广应用。

（2）速生优良家系

贵州优良家系　由贵州大学和贵州都匀马鞍山国有林场共同选育的福3马尾松家系（黔S-SF-PM-02-2014）和福5马尾松家系（黔S-SF-PM-03-2014），以种子园混系种子作为对照，二者材积遗传增益分别达28.33%和34.04%，增产效果较明显。两家系在抗寒、抗旱和耐瘠薄能力方面均优于当地商品种。适于在贵州海拔1400m以下山地、年平均气温14～22℃、年降水量800～1800mm、绝对最低气温不低于-10℃、立地指数≥14地区种植。中带各省份以及北带南部低海拔气候相似地区也可应用。

广西优良家系　由广西壮族自治区林业科学研究院等单位选育的优良家系良种桂MVF443、桂MVF557，增产效果明显。桂MVF443、桂MVF557优良家系材积分别比当地种（种子园混系）增益21.65%～75.00%和35.45%～50.00%，均属速生高产稳产型良种，可在广西及中亚热带以南的海拔300～800m、立地指数≥16地区种植。

福建速生优良家系　由福建省林业科学研究院选出并审定的速生优良家系W82170、W82138等，其材积遗传增益达36.89%～63.31%，均属高产稳产型，可在福建全省及中带的中东部推广应用。

“闽林”系列优良家系　由福建省漳平五一国有林场选育的“闽林”优良家系系列良种（24个，

浙江省淳安县姥山林场国家马尾松良种基地的种质资源库（1代育种群体）（秦国峰摄）

闽林WY36至闽林WY62）已成为福建著名品系，"闽林"马尾松良种具有速生、木材基本密度高、抗逆性强（抗旱、耐瘠薄）等特点，11年生子代材积遗传增益达154%。其中，高纤维良种，木材气干密度达0.5105g/cm³；高产脂良种，10cm割沟单刀产脂量23.89g；高红心率良种，红心率78.95%。表现出优良遗传品质，适宜在南方低海拔的低山或高丘推广应用。在福建、江西、重庆、湖南等地已推广应用。

（3）速生优良无性系

广西优良无性系 由广西壮族自治区林业科学研究院等单位选育的优良无性系桂MVC027、桂MVC085，增产效果明显。桂MVC027和桂MVC085材积分别比当地商品种（种子园混系）增益达21.6%～93.6%和23.0%～80.5%，并具有速生、树干通直圆满、适应性较强、结实量较高、球果饱满、出种率高等特性。可在广西及中亚热带以南的海拔300～800m、立地指数≥16地区种植。

福建优良无性系 由漳平五一国有林场选育的35个优良无性系（闽S-SC-PM-242-2009至闽S-SC-PM-276-2009），具有速生、结实量高、出种率高等特点，适宜作为高世代种子园建园材料和杂交育种。

（4）种子园良种系列

初级无性系种子园良种 由广西壮族自治区林业科学研究院等单位选育的国家级良种——广西南宁市林业科学研究所马尾松初级无性系种子园种子［国S-CSO（1）-PM-005-2012］和广西藤县大芒界马尾松初级无性系种子园种子［国S-CSO（1）-PM-006-2012］，二者均具有速生稳产、适应性强等特点，前者种子园混系与当地商品种相比，其材积增益达36.15%～100.00%，材积增益显著；后者种子园混系与当地商品种相比，其材积增益达40.6%～100.0%，材积增益更为明显。这两个种子园的良种已在广西、福建、贵州、重庆等地得到广泛应用，效果普遍较好。今后，这两个种子园的良种可继续在南带或中带海拔300～800m的低山或高丘、立地指数≥16的立地上应用。由贵州大学和贵州都匀马鞍山国有林场共同选育的都匀马尾种子园种子［黔S-CSO（1.5）-PM-01-2014］，具有速生稳产、抗寒和抗旱性较强等特点，其子代较当地商品种树高、胸径、材积分别提高17%、15%和66%，可在贵州和中带各省份及北带南部低海拔气候相似地区应用。

2代种子园良种 由福建上杭白砂国有林场选育的2代种子园良种［闽R-CSO（2）-PM-025-2013］，具有抗逆性强（抗旱、耐瘠薄）、速生等特点，其子代材积遗传增益达34.9%，现实增益达103.3%，木材基本密度提高3.3%，适宜在马尾松中带中东部各省份推广应用。由福建漳平五一国有林场选育的2代种子园良种［闽R-CSO（2）-PM-131-2010］，具有速生、木材密度中等、材质优良等特点，适合在福建全省马尾松分布区推广种植。

（5）专用性种子园良种

漳平五一马尾松产脂型种子园 由福建漳平五一国有林场选育的产脂型种子园良种［闽R-CSO（1）-PM-015-2009］，具有速生、产脂量高等特点，适合在福建全省马尾松分布区推广种植。

四、苗木培育

1. 采集良种

马尾松5～7年生开始结实，10年生后结实逐渐增多，有大小年之分，2～3年丰产一次，以15～35年生母树的种子质量最佳。因此，应在种子园或母树林或优良林分内选择干形通直、生长健壮、冠形匀称的15～35年生母树采种。球果10月中旬至12月上旬成熟，当球果由青绿色变为栗褐色、鳞片尚未开裂时采集。

马尾松球果鳞片含有松脂，不易开裂脱粒。一般可采用堆沤软化松脂，然后通过晒、烤等干燥方法处理球果获取种子。也可用烘烤方法处理球果，烘烤过程中控制温度在50℃以下。此外，还可用IHT球果烘干机处理球果。球果出籽率一般为2.0%～3.5%。种子脱落后要及时收集，并揉去种翅，经过净种和晾干后，装入容器，放在种子冷库或通风干燥的地方贮藏。种子贮藏最佳温度和湿度条件为：−10℃～−5℃最佳，0～5℃次之；含水量9%以下为宜，3.42%～5.74%最佳。种子发芽力保存期约1年；种子纯度80%～95%；发芽率一般80%～85%，最高达96%；发芽势一般67%，最高83%；千粒重10～12g，最高达13.4g；每千克种子8300～10000粒。马尾松种子等级标准分三级：一级纯度96%，发芽率90%；二级纯度93%，发芽率80%；三级纯度90%，发芽率60%。

2. 壮苗培育

（1）圃地育苗

苗圃地选择 马尾松幼苗具有喜光、怕水涝、易感病等特点。因此，苗圃地应选择在地势较平坦、易于排水、土层深厚肥沃、靠近造林地、阳光充足、土壤呈微酸性（pH 5.0～6.0）、质地适中（沙壤、轻壤）、靠近水源（水源最好在圃地上方）的缓坡地或山坡中下部。苗圃地最好设在新开荒地或前茬是灌丛、阔叶树地段，不能选用种过蔬菜、瓜类、马铃薯及针叶树种的土地。选地一定要考虑病虫危害，特别要预防最易感染的立枯病和地下害虫。马尾松圃地连作以不超过2年为好。

整地、施基肥、土壤消毒和作床 冬耕深度16～20cm。越冬风化后，碎土并刮平床面，床面土粒直径不超过3mm；床面略呈弧形，以利于排水。犁耙圃地的同时，施足以磷为主的复合基肥。为预防立枯病和地下害虫，作床前要进行土壤消毒。①五氯硝基苯与敌克松、苏化911（甲基硫化砷）、代森锌等混合使用，混合比例为五氯硝基苯75%、其他药剂25%，施用量4～6g/m^2。使用时在药剂中混入细沙，做成药土，药与土比例为1∶（200～400）。播种前先将药土在播种沟中垫1cm厚，然后播种，播种后用药土覆盖。②敌克松和苏化911也可单独使用，敌克松用量为75%粉剂4～6g/m^2，苏化911用量为30%粉剂2g/m^2，用法同上。③用适量细土混拌50%辛硫磷杀虫剂（2g/m^2），然后撒于苗床土壤中。此外，还可以在床面上垫0.3cm过筛黄心土，厚度0.5～1.0cm。

土壤经耙碎、消毒后，便可作床。马尾松育苗最怕积水，因此，圃地排水系统布设十分重要。先挖好圃地四周排水沟，如果圃地上方坡度较陡，还要设置拦洪沟。然后在圃地内沿坡面集水中线开设中沟，以利于排水。同时设置高于中沟的步道，中沟要有低洼出水口。圃地要求上方径流不进圃，步道积水排于中沟，中沟积水又向低洼处流，做到沟沟相连、流水无阻。圃地应沿等高线耕作，苗床倾斜横向坡面（床面高于步道15～20cm）与中沟构成倒“人”字鱼骨形对称，床宽100～115cm。

马尾松是典型外生菌根树种，如果苗木根系上菌根过少将直接影响其生长，因此要进行圃地接种。经筛选，彩色马勃菌（*Pisolithus tinctorius*）、褐环乳牛肝菌（*Suillus futeu*）和星裂硬皮马勃菌（*Scleroderma polyrphizum*）等是马尾松优良菌种，可用这些菌种进行圃地接种。接种方法：用直径1cm的竹扦，打深10cm垂直孔注入菌剂接种。

种子处理 播种前，先净种并进行种子分级，然后测定发芽率、发芽势、平均发芽速度等指标。为防治病害，播种前要进行种子消毒。①用0.3%～1.0%的硫酸铜溶液浸种4～6h，或用0.5%的高锰酸钾溶液浸种2h，捞出置于容器中闷0.5h，用清水冲洗后催芽或阴干后播种。②在播种前1～2天，用0.15%的福尔马林溶液浸种30min，取出后置于容器中密封2h，或用0.3%福尔马林溶液均匀喷洒种子，然后置于容器中密封0.5h，最后用清水洗去残药，将处理后的种子摊开、阴干，便可播种或催芽。消毒应注意的问题：对胚根已突破种皮的种子，不能用高锰酸钾溶液消毒，以免产生药害，影响种子发芽率和发芽势；用福尔马林溶液进行消毒时，一定要准确掌握药液浓度，浓度不能过大，且消毒后要保证能及时进行播种或催芽，否则会降低种子的发芽率和发芽势。

播种时间和播种量 春季以当地气温稳定

在10℃时播种为好。中带一般在3月上旬或中旬，北带可推迟10天左右。只要种子纯度及发芽率在75%以上，千粒重在10～12g，条播播种量60kg/hm^{2}为宜，撒播75～90kg/hm^2。条播行距17～20cm，沟深0.5～0.8cm，条幅10cm，播种后将沟覆平。撒种一定要注意均匀一致，且控制覆土厚度不超过1cm（以0.5～0.8cm为好），覆土后要稍加镇压。

苗圃管理 播种后可用塑料薄膜、稻草等进行覆盖。覆草要均匀，厚度以不见地面为宜，当种子发芽出土达50%～60%时即可揭去盖草70%左右，待种子萌发出土80%以上即可将余草全部揭去。撤草最好在阴天或傍晚进行。若遇晴天应分2～3次于傍晚揭除，以免发生日灼。撤草后，应派专人看守赶雀，直到种壳脱落为止。久晴不雨或夏季高温土壤干燥时，要适时进行灌溉。大雨或灌溉后，应及时清理积水。

苗圃以化学除草为主。除草剂施用方法主要有喷雾和毒土法2种。喷雾应选择无风或风力在1～2级的晴天，在早晨叶面露水干后或傍晚露水出前进行。出苗前每公顷用25%可湿性除草醚6～9kg或扑草净750g，溶于900～1125kg水中，用喷雾器将药液均匀地洒在苗床上。幼苗出土后，应采用毒土法除草。幼苗出土后1个月，每公顷用25%除草醚6kg，用细土将其配成毒土，用土量900～1125kg，均匀撒在苗床上。若土壤干燥，可适当喷洒清水使毒土溶解扩散，形成薄薄的毒土层，以提高除草效果。幼苗出土后第二个月，每公顷可选用扑草净1500g，或灭草灵15kg，或西玛津1500g，进行毒土处理。在苗木生长过程中，一般使用除草剂除草3～4次，即可保持圃地无草。

一般在幼苗出土约2个月后，苗高3～5cm时，结合除草进行第一次间苗，间后留苗数应比计划产苗量多15%～25%，1个月后即可进行最后定苗。间苗应在雨后天晴、阴天或灌溉后进行。

苗木生长初期可追施过磷酸钙1～2次，每公顷用量80～105kg；在速生期到来前后，可追施人粪尿或硝酸铵、尿素等，每公顷有效氮用量控制在22.5～37.5kg；在8月中下旬进入速生末期时，可施一次草木灰（钾肥），以促进苗木木质化，按期封顶。干施化肥后一定要及时用树枝轻扫苗木，在雨后或苗木针叶持水时不能干施，否则因肥料残存在叶上会引起烧伤苗木现象。水施化肥后要用清水冲洗苗叶，以免肥渣或肥液黏附于叶面而造成肥害。

针对常规育苗和薄膜营养袋育苗中存在的诸多缺点，福建省明溪县林业科技推广中心经7种育苗方式造林对比试验研究结果表明，用芽苗移栽3次切根育苗方法所培育的苗木造林效果最好。具体技术要点：当芽苗出土，具有2片子叶时即可移栽。移栽前苗床要浇透清水，用手轻提芽苗，然后用刀剪去胚根1/3～1/2。为了防止芽苗脱水，可把修剪后的芽苗立着放在面盆的清水中。根据行距10cm、株距5cm进行移栽，移栽完成后立即浇水定根。移栽时间最好在傍晚或早晨，以阴天为好。切根方法：在进行芽苗移栽时，切去胚1/3～1/2（第一次），8月底切主根（第二次），9月中旬切侧根（第三次）。

半年生苗 广东和广西的中南部，由于气温高、生长期长，圃地培育1年生苗基本上无休眠期，苗木高径比、根冠比均极不协调，封顶率很低，用1年生苗造林较困难且成活率低。针对这一特点，这些地区总结出了用半年生苗造林。培育半年生苗所用的种子，提前一年采集处理，采取密封或冷库贮藏，于6中旬播种。幼苗出土后搭棚遮阴，10～11月拆除遮阴棚。在苗木速生前期或中期以施速效性的氮肥或磷肥为主，后期控制使用氮肥，防止陡长，根据各地情况可施一次钾肥。

苗木出圃 苗木出圃时要做好苗木调查、起苗、分级、统计、假植、包装、运输等工作。确保随起苗随造林，保护好苗根，少伤根系，严防失水，为造林提供优质壮苗。

（2）容器育苗

采用容器苗造林可克服马尾松造林初期根系恢复慢和造林季干旱的弱点，起到促进早期生长的作用。据在各地试验调查，用容器苗和裸根苗造林，初期树高、胸径、单株材积均有显著差异。5年生时，容器苗的树高、胸径、单株材积比裸根苗分别高11.8%、33.9%和82.5%。

目前马尾松多采用可降解的帆布袋或塑料薄膜袋（容器高10～12cm，底径6～8cm）育苗，其次用可降解杯（杯高10～12cm，口径6cm，底径5cm）育苗。

不同地区营养土（基质）的组成及配比差异较大，基质配方主要取决于土壤中黄心土的黏重程度及表土的肥力状况。中带贵州黄心土比较黏重，基质选配比例为：黄心土40%～45%、火烧土15%～20%、松林表土30%～40%、过磷酸钙3%～5%，如果黄心土特别黏重，还可加5%锯末或少量蛭石，以利于疏松土壤和保水。广西黄心土相对较疏松，基质配比为：黄心土60%、火烧土10%～20%、松林表土20%～25%、过磷酸钙3%左右。建议今后尽量采用轻基质作为育苗基质，其基质配比为：椰糠70%、泥炭20%、碳化谷壳5%、过磷酸钙2%～3%、黄心土2%～3%。

容器育苗的基质在装容器前同样要进行消毒处理。具体容器育苗的管理技术可参考前面的圃地育苗和相关著作。

（3）扦插育苗

马尾松是一个扦插较难生根的树种，余能健等（1992）通过课题组多年研究，揭示了插穗、母株年龄、扦插基质和时间、种源（家系、无性系）、生长激素等对扦插成活率及生根的影响。主要成果介绍如下。

插穗选择和处理 一般以2～4年生母株插穗成活率高，6年生以上成活率明显下降，保持采穗母株幼化是提高马尾松插穗成活率的关键。插穗选2～3年生马尾松幼树当年生半木质化侧枝及修剪后诱发的萌芽枝，长度3～8cm、粗度0.2～0.6cm。插穗下切口用单面刀片切削，保持切口干净平滑，保留插穗上部1.0～1.5cm的针叶束。插穗截取后随即进行生根促进剂处理，处理时间约30min。目前，对马尾松扦插生根有明显作用的促进剂有：吲哚丁酸100mg/L、吲哚丁酸100mg/L+α-萘乙酸100mg/L、ABT1号100mg/L和200mg/L。

扦插基质 根据多种扦插基质对比试验，以山地火烧土+细沙+黄心土（1∶1∶1）、松林表土+黄心土+细沙（2∶2∶1）和黄心土+山地火烧土+细沙（2∶1∶1）3种基质扦插生根率最高。

扦插时间 以9～11月扦插生根效果最好，其中尤以11月最佳，其次是早春2月至3月上中旬。秋季扦插选用当年生半木质化的促萌枝条作为插穗；早春扦插以选用前一年夏末秋初促萌枝条较好。

种源（家系、无性系） 不同遗传材料的扦插生根率及生根状况差异较大，南部种源扦插生根率高于北部种源，特别是广西宁明种源（桐棉松）明显高于其他种源。

促进生根 对生根促进效果较好的促进剂有：吲哚丁酸、吲哚乙酸、α-萘乙酸、ABT1号，以及有关单位研究开发出的促根剂等。

马尾松插穗生根均属愈伤生根型，扦插生根需较长时间，因此，防止插穗腐烂十分重要。

扦插造林效果 用优良无性系扦插苗造林增产效果十分明显，4年生树高和胸径分别达3.63～4.31m和4.60～5.13cm，分别比用当地母树林种子营造的幼树（平均树高2.40m、胸径2.5cm）高51.25%～79.58%和84.0%～105.2%，比普通品标准（2.0m）高81.5%～115.5%。

五、林木培育

1. 立地选择

通过多年立地分类和评价研究，以及固定样地多年调查测定结果，在中小尺度的立地分类等级上，影响马尾松生长的主要因子有：海拔、地貌类型、母岩、坡位、黑土厚、土层厚，其中尤以母岩和坡位最为重要。林木各项生长指标大体上都呈现随坡位下降而增加的趋势，同一坡面，山顶立地指数只有14.6，而坡下部达18.5。因此，应尽量在低山或低中山的坡下部、中下部或中部，由板岩、砂页岩、长石砂岩或花岗岩等发育而成的疏松肥沃、土层深厚的微酸性（pH 4.5～6.0）土壤上营造马尾松速

生丰产林，而应避免选择山顶、山脊及坡上部立地。

2. 整地方式及规格

据在全国各地不同立地类型上布设的不同整地方式及整地规格试验的多年跟踪调查研究，在母岩为板岩、砂岩、花岗岩发育而成的黄壤或红壤地区（立地指数＝16～18），不同整地方式（全垦、带垦、块状、三角状）对马尾松幼林的生长无显著影响；不同整地规格对马尾松幼林的生长有一定影响，其影响有明显的时效性，其差异主要表现在造林初期的前7年，此后差异逐渐消失。综合各地试验结果，得出的结论是：在土壤质地适中、立地质量中等的南方山地营造马尾松人工林，造林时宜采用块状整地，整地规格以中穴（40cm×40cm×25cm）为宜。

3. 造林密度确定

为研究合理造林密度及成林的密度管理技术，在全国南、中、北3个分布带的7个试验点开展了造林密度、密度动态调控、中龄林间伐试验。经过各试验点多年跟踪调查分析，并结合优化栽培模式计算结果，培育建筑用材林和纸浆用材林的各指数级合理造林密度见表3和表4（丁贵杰，2000；丁贵杰等，2002）。

4. 提高植苗造林成活率的技术关键

（1）正确选择栽植季节和天气条件

马尾松宜适时早栽，有早发根、易成活、早生长、能抗旱等优点。较佳栽植时间为1月中旬至2月中下旬，南带可提前到12月中下旬，北带可推迟到2月下旬。栽植天气最好选阴天、小雨天，或日降水量20mm以上、土壤含水量25%以上的雨后多云天气，吹干风或高温天气不要栽植。

（2）严把苗木质量关

细致起苗，严格选苗，保证用Ⅰ、Ⅱ级苗上山造林。

（3）严防苗木失水

苗木要随起、随运、随栽，尽量缩短假植时间。起、运过程中，一定要采取措施，确保苗木不失水或少失水。

（4）科学栽植

对于起苗前没有进行统一截根的苗木，造林时要进行截根（保留根长10～15cm）。马尾松栽植有暗穴（一锄法）、半明穴和明穴3种。目前以半明穴栽植为主，该方法首先按规定的整地规格挖松定植点土壤（不取出土壤），然后用一锄法（如果尚达不到栽植深度，可复1～2锄）植树，

表3 建筑用材林各指数级合理造林密度 株/hm²

培育目标	立地指数				
	12	14	16	18	20
小径材	2500～3000	2500～3000	2500		
中径材			1667～2000	1667～2000	1667～2000
大径材				1667～2000	1667～2000

表4 纸浆用材林各指数级合理造林密度 株/hm²

间伐状况	立地指数				
	12	14	16	18	20
不间伐	3900	3300～3500	2500～3100	2500～3000	2500～2900
间伐1次	4100～4400	3900～4100	3700～3900	3500～3700	3300～3500

该方法在贵州、广西、福建及安徽等省份得到广泛应用，效果较好。根据苗木定植位置及栽植过程的不同，又分多种方法，其中以三壅两打成弧形缝植法较为普遍。该方法的关键是：要保证根系舒展，不窝根、不悬空，要分层填土、打紧、打实，最后在上面盖松土成弧形。

此外，还有人工点播、人工撒播和飞机播种3种播种造林方式，但今后应以植苗造林为主。

5. 抚育管理

（1）幼林抚育

马尾松侧、须根分布很浅（多分布在表土层3～15cm内），抚育过程一定要注意避免伤侧根。在确保造林成活率和幼林正常生长的前提下，为探索马尾松幼林经济高效抚育方式，分别在各地设置了不同抚育方式对比试验。综合各地试验结果，为各带制定了经济实用的抚育模式。南带：采取2-2-1（2）模式，即造林第一年和第二年分别在4月和9月各刀抚1次，若立地指数在16以上，第三年只刀抚1次，否则刀抚2次。中带：采取1-2-2-（1）模式，即造林第一年只在8～9月刀抚1次，第二年和第三年分别在4月和9月各刀抚1次，第四年再刀抚1次。北带：采取1-2-2-1（2）模式，前3年抚育与中带一样，第四年刀抚1～2次。抚育过程中只割草，不松土，特别是造林第一年，一定不能用锄松土，以免损伤表层须根。如果造林地特别黏重，可在第二年配合除草松土1次，但一定要注意松土深度，尽量减少对表层须根的伤害。试验结果表明，每年只进行刀抚2次，比每年刀锄并抚2次，每公顷可节省15.0～22.5工日，经济效果十分可观。由于各地水热条件，造林地的清理方式、整地质量、土壤质地等物理性质，以及植被的种类、盖度等都有较大差异，因此，各年的幼林抚育次数、抚育方式及抚育时间等都要因地制宜，不强求一致。

（2）成林抚育

林分郁闭后，林木之间相互作用及竞争加剧，并逐渐产生分化，甚至产生自然稀疏。因此，及时进行林分密度调控，使林分群体生长始终处于一种合理结构，是成林抚育最关键的技术措施。此外，在北带成林初期，还要合理修枝。

先后在贵州、广西等省份多个试验点上布置了密度动态调控、中龄林间伐强度及间伐次数等试验，各地试验结果表明，间伐效果明显。

间伐起始年龄 确定间伐起始年龄，除考虑造林密度、立地条件、培育目标及木材市场需求等因素外，还要考虑经济效益，应尽量提高第一次间伐木材的利用价值。经几种确定方法综合分析比较，并结合多年定位观测试验结果，以中等造林密度（2500株/hm^2）、16指数级、培育通用材为对象，间伐起始年龄为10年生左右。随立地指数提高，间伐起始年龄提前，每提高1～2个指数级，相应提前1～2年，否则推迟1～2年。随造林密度提高，间伐起始年龄提前。造林密度每增加500～600株/hm^2，间伐起始年龄约提前1年，相反推迟1年。考虑到广西及广东南部速生期来得早，北带北部速生期来得晚，可分别在上述基础上分别提前1年和推迟1年。

间伐方法和间伐强度 第一次间伐以下层间伐为主，对个别地段及个别树木也可以适当辅以上层间伐；以后间伐，以调整林木营养空间、疏开林冠层、确保林木分布相对均匀为目的选择被伐木。对于中等造林密度林分，采用中等间伐强度效果较好。按株数计算间伐强度，每次的间伐强度控制在25%～30%比较合适。如果造林密度过大，第一次的间伐强度可适当加大。

对造林密度较大的纸浆用材林，可在10～12年生时进行1次较大强度（40%左右）间伐，然后在16～18年生时采伐利用。

间伐间隔期 中幼林阶段，弱度间伐的间隔期一般为3～4年，中度间伐的间隔期一般为3～5年，强度间伐的间隔期一般为4～5年。18年生以后，同等强度的间伐，间伐间隔期可适当延长。

北带修枝试验结果表明，修枝能明显促进生长和提高木材质量。因此，在北带培育建筑材、单板材和锯材，可进行修枝。培育纤维用材，可不修枝或只修枝2～3年。当林分树冠下出现枯枝时，开始修枝。修枝强度：在10年生前，冠干比应控制在2/3左右，10～15年生冠干比控制在

1/3～1/2。在每年的初冬和早春进行修枝，修枝过程要做到：修枝口平滑，与树干相齐，留柱小于1cm，不要撕破树皮。中带和南带可不修活枝，但要及时去掉树冠下的枯枝。

6. 林地施肥

在贵州、广西等省份多个试验点的不同立地上（立地指数14～18）先后开展了幼林、中龄林及近熟林系列施肥试验研究，多年连续跟踪调查结果表明：无论是幼林还是中龄林及近熟林，只要合理施肥，均能产生明显效果；不同施肥时间，施肥效果在前两年有显著差异，之后均趋一致；不同肥种施肥效果差异较大，南方林地土壤养分状况多表现为缺磷、少钾、氮中等，因此，施以磷为主的复合肥或钙镁磷肥效果最佳，若能配合施入少量氮、钾，效果更好。对于幼林，可采取栽植前每穴施不低于60g的钙镁磷肥作为底肥，也可在造林后第二年5～7月每株施不低于30g的复合肥作为追肥；对于中龄林以磷、氮、钾混合施效果最好，其配比用量为每株林木施用过磷酸钙500g、尿素150g、氯化钾50g。合理施肥的效果与立地、林龄关系很大，立地条件越差（如14指数级以下），施肥效果越好；当立地指数在18以上时，施肥效果不明显。在相同立地上，近熟林和中龄林施肥效果好于幼林，幼林施肥虽然也能促进林木生长，但经济效果并不好。因此，16指数级以上立地，不提倡幼林施肥。应提倡在中等以下立地进行中龄林和近熟林施肥，特别是近熟林施肥，不但可以促进生长，而且还能明显提高松脂产量和缩短轮伐期。

林地施肥必须在营养诊断基础上，结合施肥区土壤中的养分元素含量情况，坚持缺素施肥、适量施肥、平衡施肥原则。只有肥种和施肥量确定合理、搭配得当，施肥才能取得良好效果。

7. 合理采伐年龄

以建筑用材林经营模型系统为基础，采用国际上通用的动态经济评价方法（基准贴现率10%），以净现值最大为标准，适当兼顾内部收益率的原则，综合确定各立地指数级合理采伐年龄，可使采伐年龄明显缩短，经济效益明显提高。各指数级合理采伐最低年龄见表5、表6（丁贵杰，1998，2000）。

表5 建筑用材林各指数级合理采伐年龄（以贵州为例）

指数级	小径材		中径材		大径材	
	采伐年龄（年）	IRR（%）	采伐年龄（年）	IRR（%）	采伐年龄（年）	IRR（%）
14	22～24	14～15				
16	20～22	17～18	24～26	15～16		
18	18～20	20～21	21～23	20～21	27～29	16～17
20	17～19	22～24	20～22	22～23	26～28	18～19

注：IRR为内部收益率。以下同。

表6 纸浆用材林各指数级合理采伐年龄

指数级	南带		中带		北带	
	采伐年龄（年）	IRR（%）	采伐年龄（年）	IRR（%）	采伐年龄（年）	IRR（%）
12			17～19	9.5～11.0	20～22	12.5～14.5
14	15～17	17.0～19.5	16～18	13.5～15.0	17～19	15.0～17.5
16	14～16	22.0～24.0	15～17	17.0～18.5	17～19	18.0～20.0

续表

指数级	南带		中带		北带	
	采伐年龄（年）	IRR（%）	采伐年龄（年）	IRR（%）	采伐年龄（年）	IRR（%）
18	13～15	26.0～28.0	14～16	20.0～21.5	16～18	21.0～23.0
20	13～14	30.0～31.5	13～15	22.5～24.5		

8. 优化栽培模式

优化栽培模式是在一定立地条件下，根据培育目标，在用生长收获模型进行生长收获预测的基础上，用经营模型系统逐年进行经济分析，并对森林培育全过程各项营林措施和采伐年龄逐一进行优化，使其达到最佳组合而形成的一种栽培模式。按优化栽培模式培育人工林可明显提高经济效益，各立地指数级优化栽培模式见表7（丁贵杰等，2000）。

9. 营林模式提升

（1）混交林营造

马尾松混交林营造可采用针阔混交、针针混交，可以是同龄混交，亦可为异龄混交。今后应不断增加混交林营造比例。为确保混交林营造成功，取得良好综合效益，须抓好以下技术环节。

正确选择混交树种 南带可选红锥、黧蒴

表7 贵州省马尾松建筑用材林优化栽培模式

SI	培育目标	造林密度（株/hm²）	间伐（次，年，强度）						保留密度（株/hm²）	采伐年龄（年）	平均高（m）	平均胸径（cm）	蓄积量（m³）	出材量（m³/hm²）			NPV	IRR
			年	%	年	%	年	%						小	中	大		
14	XJC	3000	10	30	14	25			1417	22	15.29	17.8	250.1	195	15.6		1744	16.54
14	XJC	2500	11	25	15	20			1350	23	15.90	18.7	272.4	201	29.5		1837	16.58
16	XJC	2500	11	25	15	20			1350	20	16.12	19.0	284.6	207	35.5		3524	20.23
16	ZJC	2000	10	25	13	25	17	20	810	21	17.48	23.4	270.1	132	86.9	16.7	3577	20.02
16	ZJC	1667	12	25	16	20			900	22	17.93	23.4	308.0	149	100.2	20.0	3723	19.88
18	ZJC	2000	11	25	15	25			1012	20	18.29	23.3	350.5	170	113.0	22.2	5864	23.13
18	DJC	2000	10	30	13	25	17	25	709	26	22.08	29.5	454.0	101	169.4	127.7	4190	18.81
18	DJC	1667	12	30	16	30			735	26	22.06	29.3	465.4	106	174.0	128.2	4347	19.05
20	ZJC	2000	11	25	15	20			1080	19	19.00	19.00	386.0	185	125.4	25.5	7593	25.44
20	DJC	2000	10	30	13	25	17	25	709	25	23.15	23.15	482.6	102	176.5	143.6	5281	20.08
20	DJC	1667	12	30	16	25			787	26	23.59	23.59	529.3	118	194.0	150.1	5099	19.68

注：①SI为立地指数（是以本地种源为基础确定的），NPV为净现值；XJC代表小径材，ZJC代表中径材，DJC代表大径材。
②各种培育模式均采用块状整地和选用南带优良种源。
③抚育方式：第一年抚育1次，第二和第三年各抚育2次。

栲、火力楠、西南桦、甜槠栲等树种；中带可选木荷、猴樟、光皮桦、杉木、闽楠等；北带可选枫香及壳斗科的麻栎、栓皮栎、白栎等树种。

选择合理混交方式、混交比例和造林模式 选择混交方式和混交比例时，要考虑混交树种的生物学和生态学特性。目前主要混交方式有：行间混交、带状混交、团块状混交等。具体采用何种混交方式和比例，要因树种特性而定。造林模式主要有2种，一种是目的树种与伴生树种同时造，另一种是将伴生树种晚造2～3年或待马尾松幼林基本郁闭后再造伴生树种。一般对幼年需要一定庇荫和初期生长很快的伴生树种，多采用第二种模式造林。如罴蒴栲、木荷就是在马尾松幼林郁闭度达到0.5左右时才开始营造，而火力楠、栎类一般都是在马尾松造林后的2～4年才开始营造，杉木等则可同时营造。

造林和经营技术 针对混交林特点及树种特性，加强混交林的采种、育苗、造林及林分经营管理工作，具体可参考前面的有关部分和混交林培育方面的参考书。

（2）改进造林模式及经营方式

要逐步改变传统人工林培育观念，充分吸收德国“近自然林业”和美国“生态系统管理”中合理的精华做法。在逐步加大混交林比例的基础上，实行人工林的混交异龄化、复层化，要按目标树经营，实行单株采伐利用，禁止皆伐，确保林分始终存在，林地不裸露。一切营林措施（如清林、整地等）制订，要有利于环境和生物多样性保护，遵循自然客观规律，尽量依靠自然力进行更新和恢复森林植被。林分既要高产，又要稳定，确保林地生产力长期存在。在经营方面的显著变化之一，就是在同一块林地上各种育林措施如抚育、更新和采伐等可同时进行。

六、主要有害生物防治

1. 主要病害防治

（1）松苗猝倒病（也称松苗立枯病）

猝倒病是马尾松苗期最常见病害。由立枯丝核菌（*Rhizoctonia solani*）、镰孢属的多个种（*Fusarium* spp.）、瓜果腐霉菌（*Pythium aphanidermatum*）和德巴利腐霉菌（*Pythium debaryanum*）引致。症状有4种类型：第一种，芽腐烂型，苗床出现缺苗，可挖出腐烂了的种芽；第二种，幼苗猝倒型，幼苗茎未木质化，苗茎被侵害或被粗土粒、石砾灼伤，有伤口或腐烂斑，幼苗突然倒伏；第三种，子叶腐烂型，幼苗刚出土，子叶被侵害至腐烂，幼苗死亡；第四种，苗木根腐型，幼苗茎已经木质化，病原菌难以侵入，可危害根部，使根腐烂，苗木根死不倒，立枯。防治方法：①选择地势平坦、排水良好、土层深厚、肥沃疏松的荒地或二荒地育苗，忌用土壤黏重、前作为瓜类、棉花、马铃薯等蔬菜地育苗；②认真进行土壤消毒，在苗床上垫厚1～2cm的黄心土再播种；③精选良种，适时播种，及时揭草、松土、除草和间苗，疏通沟渠，保持土壤干爽；④病害发生时，可用0.5%波尔多液或敌克松500～800倍液或苏化911乳剂500～600倍液或代森铵500～800倍液喷洒幼苗及周围土壤。

（2）松苗叶枯病

由赤松尾孢（*Cercospora pini-densiflorae*）引致。该病害常从幼苗下部针叶逐渐向上发展，病叶开始出现黄褐色斑点，后扩大呈段斑，并逐段枯死，颜色变为暗黑色，在病斑上产生许多纵行排列小黑点，病叶枯萎下垂，但不脱落。如全部针叶发病，苗即枯死。此病一般在7月下旬开始发生，8月中下旬至10月中上旬是发病盛期，10月底以后危害逐渐减弱。防治方法：实行轮作，冬季深耕，将病株残部埋于深层土壤中，施足基肥；夏季注意防旱，适时灌溉；对过密苗木要及时间去弱苗、病苗；从8月开始，用100～200倍波尔多液喷雾防治，每2周喷药1次，或用0.2～0.3波美度石硫合剂，每公顷用1125～1500kg；发病盛期用50%退菌特800倍液防治，效果较显著。

（3）松赤枯病

由枯斑盘多毛孢（*Pestalotiopsis funerea*）引

致。主要危害当年新叶，病叶初出现淡黄褐色或灰绿色段斑，逐渐向上、下方扩展，随后转为赤褐色，最后变为灰白色并出现黑色小点，针叶自病斑部分弯曲或折断。病、健交界处有线状红褐色边。病斑内产生突破针叶表皮的黑色霉点，即分生孢子盘；潮湿时，分生孢子盘长出褐色或黑色具光泽的黏状物小黑点，即分生孢子角。防治方法：可用“621”烟剂或含30%硫黄粉的“621”烟剂，每公顷用11.25～15.00kg，在6月上中旬放烟1次，效果良好。

2. 主要虫害防治

（1）马尾松毛虫（简称松毛虫）（*Dendrolimus punctatus*）

松毛虫是分布广、危害很严重的食叶害虫。防治方法：①营造混交林，实行多林种、多树种混交；保护林中植被，增加物种多样性；增植蜜源植物。②加强虫害预报，根据卵块密度，适时投放赤眼蜂等天敌；保护益鸟，利用益鸟捕食幼虫。③微生物防治。在11月至翌年4月，喷洒含孢量1亿～2亿个/mL白僵菌的菌液或30亿～50亿个/g孢子的菌粉，防治越冬代幼虫。④药物防治。在松毛虫暴发前或虫源地上，可使用杀虫烟剂、灭幼脲、溴氰菊酯类、敌敌畏乳剂、辛硫磷乳剂等防治3龄前幼虫。⑤用性信息素引诱、黑光灯诱蛾、植物性杀虫剂等来防治害虫。

（2）松干蚧

主要包括日本松干蚧、马尾松干蚧，以前者危害最为严重，是树干的重要害虫之一。防治方法：营造混交林，加强林地管理，及时进行间伐、修枝；清除病虫害来源；注意保护天敌，做好检疫工作；查清虫情，建立防虫隔离带；利用瓢虫、草铃、花春、蚂蚁等天敌进行生物防治；用尖斧打孔，注入15倍氟己酰胺或5倍50%久效磷乳油或40%氧化乐果等防治第一龄寄生若虫，用50%杀螟松乳油300倍液喷洒树干及树枝，以毒杀无肢若虫和卵。

（3）松突圆蚧（*Hemiberlesia pitysophila*）

3～5月是虫害高峰期，9～11月是虫害低峰期。防治方法：设置一定距离没有松树的隔离带，断绝害虫食料，同时控制周围虫源传入。加强林地管理，及时进行间伐和修枝，增加林内透光。加强天敌保护，充分利用天敌进行生物防治，天敌中尤以花角蚜小蜂防治效果最好。在每年松突圆蚧大发生之前全面喷洒松脂柴油乳剂。

（4）松梢螟（*Dioryctria rubella*）

主要危害马尾松幼树顶梢。幼树被害后，树高生长和材质将受到严重影响。防治方法：营造混交林，加强林地管理，保护林下地被物；在冬季或早春幼虫活动前，剪掉被害枯梢，控制越冬幼虫；及时伐掉被小蠹虫寄生的林木。加强天敌保护，适时适量释放长距茧蜂或赤眼蜂。用夏梢小卷蛾性外激素提取物诱杀雄虫，用苏云金杆菌和白僵菌制剂防治幼虫。成虫羽化盛期和幼虫期用50%敌敌畏1000倍液喷洒树梢和主干，每隔10天左右喷一次，连续喷2～3次。

七、材性及用途

1. 木材性质

（1）木材物理力学性质

马尾松木材纹理直或斜，结构粗，不均匀；材质硬度中等；干缩率中等。力学性质较好，木材顺纹抗压强度和抗弯强度分别达40～50MPa和82～98MPa。据测定，采脂木材的容重、顺纹抗压强度、弯曲强度、剪切强度、劈开强度及硬度均比未进行采脂的增加11%～17%，但同时木材脆性和干缩性有所增加，韧性下降。因此，在使用时应充分考虑这些变化。

（2）木材化学等特性

研究表明：不同年龄的木材化学组成、材性均有较大差异，木材基本密度随年龄增加而增加，造林密度对木材化学组成（苯醇抽出物、1%NaOH抽出物、木质素、多戊糖、综纤维素）影响不显著，木材基本密度随造林密度增大呈现增加趋势。造林密度对生长轮宽度、晚材率、管胞列数影响较大，差异显著。随造林密度增大，生长轮变窄，管胞列数减少，晚材率增加。施肥

表8 3种树龄制浆造纸特性综合比较

树龄（年）	纸浆得率（%）	Y/K	木耗（m^3/t浆）	碱耗（t/t浆）	打浆性能排序	裂断长（km）	耐破指数（$kPa \cdot m^2/g$）	白度（%）
10	45.37	1.62	6.60	0.353	3	11.16	8.75	69.0
21	46.90	1.55	5.45	0.341	2	11.24	9.46	68.2
29	46.10	1.64	5.03	0.390	1	9.59	8.90	71.8

对木材化学组成、材性影响较复杂。随施钾肥量增加，灰分含量呈增加趋势，且处理间差异显著；施肥对1%NaOH抽出物有明显作用，处理间差异显著。孙成志等（1986）研究表明：纤维素含量以干材最高，根材次之，枝材最低，但枝材的木质素和多戊糖含量最高，其他化学成分比较接近；根材是较好的造纸原料。

另据研究，化学成分、木材基本密度等性状家系间差异显著，且受中等至强度的遗传控制，其中，木材基本密度、灰分含量、多戊糖和1%NaOH抽出物是遗传性很强的性状。

（3）制浆造纸特性

3种树龄（10年生、21年生、29年生）主要制浆造纸特性指标见表8。

造林密度对水分浆、纸浆得率、木耗、碱耗、抗张指数、耐破指数有一定影响，但差异不显著，且规律性不明显；随造林密度增加，撕裂指数增大，处理间差异显著。

施肥对水分浆、纸浆得率、木耗、耐破指数的影响差异不显著，且规律性不明显。施氮、钾肥可导致碱的耗量增加。随施磷肥量增加，抗张指数呈下降趋势；随钾肥用量增加，抗张指数呈下降趋势。随钾肥用量增加，撕裂指数增加。

孙成志等（1986）的研究结果表明：在相同蒸煮条件下，以干材和根材纸浆得率最高（45.71%~46.07%），其次是梢材（45.16%），枝材最低（42.16%）。耐破指数为干材＞梢材＞根材＞枝材，撕裂指数为根材＞干材＞梢材＞枝材。

综上所述，马尾松木材具有物理及力学性质优良、纤维长（早材3.02mm，晚材3.38mm，15年生，下同）、纤维长宽比大（早材87.7，晚材102.5）、综纤维素含量高（76%~81%）、木质素含量低（26%~29%）、纸浆得率高（45%~48%）、耐破指数和撕裂指数大等优良特性，是优质的制浆造纸和三板（胶合板、刨花板、纤维板）生产原料。

2. 木材及林副产品利用

马尾松是我国工业、建筑、民用传统用材树种，广泛作为坑木、枕木、桩木、桥梁、建筑、家具、包装业用材及农村的薪材，是我国南方三板生产和制浆造纸最主要原料之一。马尾松也是我国生产松香、松节油等工业原料（产量占世界首位）的传统出口创汇主要产脂树种，其松脂产量占全国总产量80%以上。松针可提取松针油，提取剩余物可酿酒和蒸制酒精，松针还可作饮品和食品的添加剂及优质饲料。花粉可入药，可制作保健品和酒等。木材可培养贵重的中药材——茯苓。林下可采集到美味的松乳菌。总之，马尾松是一个全树综合利用率极高的树种。

（丁贵杰）

9 黄山松

别　名｜短叶松（浙江）、台湾松、台湾油松（台湾）

学　名｜*Pinus taiwanensis* Hayata

科　属｜松科（Pinaceae）松属（*Pinus* L.）

黄山松为我国特有树种，是东部亚热带高海拔山地绿化、造林和生态恢复的重要树种。其干形通直，材质良好，纹理直而不匀，坚实、经久耐用，适作建筑、桥梁、家具等用材，经防腐处理后可作枕木、坑木、木桩等。立木可采割松脂。生长持续时间长，能培育大径材。在山中气候恶劣环境下，黄山松具有马尾松无法企及的生态演替功能。此外，在高山植被恢复、固碳、水源涵养、针叶药效开发以及应对全球气候变化等方面，显示出巨大的生态、社会与经济价值。

一、分布

黄山松在河南、安徽、浙江、福建、台湾、江西、湖南、湖北、山西、广西、贵州、云南等省份均有分布。其具体海拔分别为：浙江（西天目山海拔700～1200m）、福建（戴云山、武夷山海拔1000m以上）、台湾（中央山脉海拔750～2800m）、安徽（大别山海拔600～1700m，黄山海拔700～1800m）、江西及湖北（海拔600～1800m山地）、湖南（衡山海拔1000m）。从水平分布看，可将其分为台湾、南部、西南部、东南沿海、中西部、东北和北部大别山7个气候生态区和闽南区、闽赣区、湘西南区、皖浙区、鄂湘赣和豫皖大别山区6个地理类型。从垂直分布看，黄山松在长江流域以南和以北海拔分布的上、下限分别为800～1800m和500～1700m（苏松锦等，2015）。自然分布区范围为25°～31°N、109°～120°E。

二、生物学和生态学特性

黄山松为常绿乔木，高达30m，胸径80cm。在无风处树干端直。枝下高达10m以上。壮龄木树冠呈塔形，老树顶部平展；在悬崖峰顶，因受强风吹袭，树冠偏斜或平截。树皮暗棕色，鳞片状剥离。枝刚直斜出。针叶2针一束，着生于稍凸起的叶枕上，硬直散立，长4～14cm或更长一些；叶内含3～5条中生树脂道；气孔器之间有明显条纹状纹孔及细胞腔。雄球花黄色，雌球花红色，单生或数枚顶生。球果卵圆形，长3～5cm，直径3～4cm，几无梗，向下弯垂，成熟前绿色，熟时褐色或暗褐色，后渐变呈暗灰褐色，常宿存树上6～7年；中部种鳞近矩圆形，长约2cm，宽1.0～1.2cm，近鳞盾下部稍窄，基部楔形，鳞盾稍肥厚隆起，近扁菱形，横脊显著，鳞脐具短刺；种子倒卵状椭圆形，具不规则的红褐色斑纹，长4～6mm，连翅长1.4～1.8cm；子叶6～7枚，长2.8～4.5cm，下面无气孔线；初生叶条形，长2～4cm，两面中脉隆起，边缘有尖锯齿。花期

黄山松球果（朱鑫鑫摄）

黄山松枝叶（刘军摄）

4～5月，球果第二年10月成熟。

黄山松抗风能力极强。在孤峰岭脊，风速达到40m/s、其他木本植物都不易生存的地方，黄山松仍然能够生长。极喜光，即使幼树也不耐庇荫。林木的自然稀疏及自然整枝强烈（刘金福等，2013）。喜生于气候凉润、空气相对湿度大的山区，适生于年平均气温7.7～15℃，但也能耐-22℃的低温。耐干燥、瘠薄。分布区最高气温一般不超过28℃，降水量在1500mm以上。

三、良种选育

1. 种子园建设

高海拔黄山松采种最佳时间段为“霜降”前后，采种时间越早，种子品质越差。黄山松较低的种子发芽率（21.6%）与综合逆境活力（15.5%）一定程度上影响了其繁殖能力。在阴天对高约12cm的黄山松苗进行切根，可促进其径粗生长与根系发达，并显著提高其菌根感染率与造林成活率。黄山松无性系分株主要依靠嫁接来完成，嫁接时应优先考虑嫁接部位和接穗粗度。浙江天台县华顶林场黄山松种子园无性系物候期和生长节律、土壤改良、树体管理、定砧与嫁接、花粉管理及病虫害防治等方面营建技术先进，效果良好，值得示范推广。

2. 无性系种源

浙江天台县华顶林场根据大量的调查分析，制定了黄山松选择优树的标准和方法。在浙江黄山松分布区进行优树选择，选出优树181株，分布于14个县（市）21个场（村）。嫁接时共采集到143株优树接穗。此外，从黄山松地理种源试验中选择出6个优良种源（庆元、遂昌、东阳、缙云、文成和英山种源），并从优良种源的优良单株中采集接穗（石雷，2012）。

四、苗木培育

1. 选地采种贮藏

圃地可选择在土层深厚、排水良好的酸性土地或山坡地。宜选择薄皮疏枝宽冠形20～50年生的健壮母树采种。“霜降”到“立冬”球果黄褐色时，从干形通直、树冠茂密、30年生以上的健壮母树上采集饱满的球果。该种子成熟后发芽率最高。采种时间一般为10月中旬，当球果黄褐色时进行人工采种。因黄山松树木很高，可以请专业人员进行爬树采种，也可以在采伐黄山松树木时进行采种。将采回的球果堆沤10天左右后进行摊晒，每天翻动球果4～5次，待大部分种子脱落后，再用筛子筛去球果，簸去细小杂质。其球果有短柄，着果坚牢，采时必须用力拧断，所以，采下的球果有拧断的短柄，同时球果鳞背隆起，鳞脐有短刺。收集的种子去翅除杂后摊晒至种子含水量为8%～9%时进行密封贮藏，贮藏温度为1～5℃。

2. 苗圃地选择和整地

选地时应注意以下几点：一是育苗地应选择在海拔700m左右的山地；二是圃地要土壤肥沃，面向南坡或东南坡，且圃地坡度应小于15°。圃地于播种前深翻40cm，施复合肥750kg/hm^2、硫酸亚铁粉60kg/hm^{2}进行土壤消毒，之后再“三犁三耙”使土壤细碎，同时使肥料和硫酸亚铁混合均匀。之后在圃地上作高床，床宽80cm、床高30cm、床长8m，边沟深45cm，中沟深30cm。要求苗床方向一致，排列整齐，步道窄宽一致，床面平整，苗床边整齐，雨后圃地沟内不积水。因黄山松种子种粒较小，在苗床上铺一层过筛的黄心土，并用宽木板对床面进行镇压待播，可以防止种子因播种过深不易出苗，也可以防止苗床杂草滋生。

3. 播种育苗

播种前种子需消毒和浸种催芽。播种期在2月上旬至3月中旬，也可采用冬播。条播幅宽10cm，条距17～20cm。播种量为条播每亩6kg左右，撒播每亩9kg左右。

在歙县，黄山松播种时间为3月中旬，采用条播。在整理好的床面上，开3cm深的播种沟，将处理后消毒的种子播于沟内，覆土厚1.5cm，喷1次透水，盖上稻草保温、保湿。用种量一般为105～120kg/hm^2。

4. 苗期管理

播种后，经20～30天发芽出土，应适时分批揭去盖草，揭草时动作要轻缓，防止带动幼苗出土。注意防鸟害。1年生苗高可达20cm左右，根径0.3cm以上，每亩产苗量8万～10万株。

黄山松喜光，但幼苗时较耐阴，去掉稻草后应随即盖上遮阳网，以防高温日灼和立枯病的危害。待幼苗基本出土后，喷1次1%多菌灵溶液防止幼苗发生病害。当苗木高5cm时，要进行间苗。第一次间苗时间为6月10日，留苗280株/m^{2}左右；第二次间苗时间为6月30日，留苗230株/m^{2}左右。间苗最好在雨后天晴、阴天或灌溉后进行。从5月中旬开始到7月底以前，追肥2～3次。久旱不雨或夏季高温时要及时浇水。苗圃除草可采用化学除草，每亩用扑草净125g加25%可湿性除草醚250g，兑水25kg（或拌细土25kg），喷洒在苗床上（或撒在苗床上），除草效果达90%以上。条播苗拔草后要适当覆土，以防裂缝。除草和松土可以结合进行，间苗和补苗也可以一次完成。

5. 大田苗切根培育技术

近年来黄山松人工更新造林发展很快，每年都需要大量的苗木。黄山松造林以大田苗为主。由于黄山松是深根性树种，幼苗主根细长，侧、须根少，根团不发达，菌根感染率低，在起苗时易受损伤，苗木质量不高，且造林时易窝根，造林成活率低。黄山松采用壮苗培育方法，对提高苗木质量和造林成活率具有现实意义（林盛松，2006）。

采用随机区组设计，安排了黄山松大田苗切根培育技术试验。试验结果证明，切根技术简便易行，合理切根对苗高生长影响不显著，但能使所培育的黄山松大田苗苗木粗壮、根系发达、菌根感染率高、高径比小，达到优质壮苗的标准，提高苗木质量，显著提高造林成活率。因此，黄山松大田苗培育过程中应重视切根技术的推广应用，以提高苗木的质量和造林成活率。

在不同切根处理中，以苗高达12cm左右、选择阴天在床面以下7cm处进行切根的苗木质量最好，育苗效果最佳。本试验结果可为高山地区的黄山松大田苗培育提供参考，在推广应用时，应考虑地域和气候的差异性，在时间上和技术条件上做必要的调整。

五、林木培育

1. 立地选择

选择在土层深厚、风势较弱的酸性土地造林。

2. 造林

前一年秋、冬季进行全面整地、带状整地或块状整地。黄山松有喜光和侧枝扩展的特性，初植密度宜适当大一些，林分郁闭以后，再间伐修枝。其造林密度尤其重要，初植株行距一般采取1.7m×1.7m或1.3m×1.7m，每亩栽240～312株。黄山松枝坚韧，抗风雪能力很强，但造林较密时，幼林早期郁闭，树干细长，在风口易遭受风折，在陡坡易遭受成片雪压。因此，在风口及陡坡造林时，株行距以2m×2m或1.7m×2m、每亩栽167～196株为宜。

（1）植苗造林

早春2月，以穴植法为主，也可采用缝植法。栽植天气忌大风。基本要点是：分级栽植，黄毛入土，根系舒展，踩实捶紧。

（2）播种造林

分为穴播和撒播2种。

穴播　播种前先块状整地，每穴播种子6～12粒，覆土厚0.5～1.0cm，稍加压实。

撒播　造林地要有适当密度的植被，使种子不受阳光直射或被雨水冲走。利用冬季雪盖山场，将种子均匀撒播在雪上，待雪融化后，种子随雪水落

到地面，发芽出苗。每亩播种量250g左右。

（3）营造混交林

松栎混交 麻栎、栓皮栎可形成侧方庇荫，抑制松树侧枝生长，培养通直干形，还可减轻松毛虫的危害，并能抑制森林火灾的蔓延。

松杂混交 结合次生林改造，能降低造林成本，混交树种有枫香、化香、白栎、山槐等。

黄山松木荷混交 能形成稳定高产的复层针阔叶混交林，对防止森林火灾以及松毛虫的发生和蔓延，均有一定作用。

松杉混交 黄山松是深根性树种，杉木是浅根性树种，两者根系分布在不同的土壤层次中。黄山松主根穿透力强，可为杉木根系的伸展创造有利条件。杉木幼龄阶段可得到松树的庇荫，有利于杉木生长。高海拔山地杉木、黄山松人工混交林对幼龄杉木个体树高和中龄杉木个体胸径有促进作用，其立木蓄积量、胸高断面积和生物量明显高于杉木纯林。混交方式以采用带状、块状或梅花形配植为好。

3. 幼林抚育

一般连续抚育3年，每年除草、松土1～2次。最适宜的抚育时间应在幼林生长旺盛期来临以前，以5～6月为好。抚育与造林成效分析是黄山松林集约化经营的重要环节。黄山松幼林生长主要受坡位、种源和造林密度影响，而整地方式、施肥和幼林抚育对其影响较小。

（1）土壤水肥管理

松土除草与水平带整修 由于黄山松生长相对较慢，为使林地保持一定的生态环境，减少或抑制病虫害的发生，每年5～6月和9～10月各除草松土1次。入秋以前，杂草尚未结籽，除草、松土效果好，能减少翌年杂草的滋生。同时修整水平带，在水平带内侧挖竹节沟，可增强园地保水保土和抗旱能力。水平带间的杂草在7～8月劈除1次，不进行铲草松土，给害虫天敌提供生存环境，有利于病虫害的防治。

施肥、套种 根据土壤肥力状况及植株营养分析，大多数种子园土壤主要是缺乏有机质、氮和磷，有效钾含量也偏低。几年来，在部分水平带边缘栽种紫穗槐（*Amorpha fruticosa*），在水平带上套种大豆（*Glyine max*）、赤豆（*Phaseolus calcaratus*）等，结合抚育，每年割刈嫩柴草覆盖作绿肥，并先后施菜籽饼肥18.2t，每株施氮、磷、钾肥0.1～0.2kg。

（2）树体管理

黄山松嫁接后接株基本上不存在偏冠现象，即使是用接穗的第二段和第三段或用针叶束嫁接，萌发出的不定芽形成的主梢均可正冠，但砧木侧枝的修剪对接穗生长影响严重。嫁接成活后于当年7～8月截去主梢，保留下部1～2轮砧木侧枝3～6根。砧木侧枝的生长不能高于接穗，如果高于接穗，应及时修剪，否则会抑制接穗的生长。砧木侧枝分2～3年逐步剪除，待接穗正常生长以后，全部剪除砧木侧枝。这种留砧促穗的方法，有效地保证了接穗幼年生长的养分供应，有些接穗第二年就可形成一定的树体冠形。

（3）花粉管理

黄山松种子园嫁接以后第二年就开花结果，

黄山松雄球花（朱鑫鑫摄）

为保证接株正常生长，应摘除花球。第三年有60%以上的接株开雌花，但是如同其他树种的种子园一样，雄花甚少，大多数无性系只有雌花，没有雄花，园内花粉明显不足。为提高结实量，1992年从资源收集区（1982年建立）采集花粉进行辅助授粉4.47hm^2，1993年授粉10.0hm^2，1994年授粉12.7hm^2，1995年全园21.6hm^{2}都进行1次辅助授粉。授粉时间一般在4月25日至5月5日较好。通过人工辅助授粉，球果出籽率达4.0%，比一般林分出籽率提高30.0%以上。为探讨黄山松双亲子代的遗传规律，先后于1992年和1993年2次进行5×5全双列杂交与4×1测交系测交。

4. 天然更新

黄山松天然更新容易，撂荒地、火烧迹地、岩石缝隙、岗脊及沙地等，凡周围有母树都可以飞籽成林。幼林一般生长良好。撂荒地上天然更新的幼林，每亩有黄山松幼树1000～2600株。但是黄山国家森林公园林下黄山松的更新，主要在林隙自然或者人工更新。据吴泽民、傅松玲等研究，林冠空隙面积40m^{2}或扩展林隙面积110m^{2}的林隙，其光照基本能满足黄山松的生长，林隙更新能够发生（吴泽民等，2000）。通过人工方法造成适当面积的小块林隙来促使更新发生，可作为风景区黄山松林在维持景观基础上的经营措施（傅松玲等，2000）。

六、主要有害生物防治

1. 松材线虫病（*Bursaphelenchus xylophilus*）

病原线虫在媒介昆虫天牛从树林吸取营养时从伤口进入木质部，寄生在树脂道中，后遍及全株，造成导管阻塞、树脂分泌急剧减少和停止。针叶陆续变为红褐色并萎蔫，最后整株枯死。通常感病后40多天即可造成松树枯死，3～5年即可摧毁成片松林。防治方法：首先是利用多种措施防治媒介天牛，其中包括空中与地面喷药防治天牛成虫、熏蒸杀灭天牛幼虫、用引诱剂捕杀、生物防治；其次，对于风景区的观赏树种或名贵树种，可用注射法注入药剂，如用15%铁灭克药液注射树干1次，可使植株当年免受病害。

2. 黄山松黑松叶蜂（*Nesodiprion* sp.）

该蜂群集取食松针，轻则影响松林的生长，重则将针叶全部食光导致树木死亡。防治方法：在其3～4龄幼虫期，使用10%敌虫菊酯3000～5000倍液防治。

3. 微红梢斑螟（*Dioryctria rubella*）

幼虫蛀害主梢，使其不能成材，或降低木材价值；蛀害球果，影响种子产量；蛀害幼树枝干，造成幼树死亡。防治方法：用40%的乐果乳油或50%杀螟松乳油100倍液涂抹被害部位；用50%杀螟松乳油1000倍液喷雾防治幼虫；用黑光灯在成虫羽化期诱杀成虫。

4. 细纹新须螨（*Cenopalpus lineola*）

该虫害先导致针叶基部发黄，到整束针叶黄褐色，直至小枝枯死，成片危害松林。防治方法：用20%倍乐霸可湿性粉剂2000倍液，或20%扫螨净可湿性粉剂2000倍液，或20%螨死净悬浮剂2000倍液，交替喷洒防治。

七、材性及用途

黄山松是耐干旱瘠薄的高山造林先锋树种，也是树势高大挺拔、冠形整齐美观的防护林和风景林树种。木材物理力学性质属中等。幼龄材与成熟材材质差异显著，成熟材材质平均高于幼龄材10%以上，幼龄材变异大于成熟材。成熟材的力学品质优于幼龄材，亦优于马尾松等同类木材。黄山松木材主要力学指标具有较高的容许应力，优于红松等优良木材，可替代优良木材用作建筑结构材。黄山松郁郁苍苍，生气勃勃，枝干挺立，凌霄直上，叶瘦如针，疏风掩翠，四季常青，是松类最佳观赏树种之一。

黄山松用途广泛，木材可作建筑、桥梁、矿柱、枕木、电线杆、车辆、农具、造纸等用材；针叶通过加工可制成松针粉；松花粉可作为天然高级营养食品原料；松香和松节油是重要的工业原料；松脂是绝佳的防腐剂与驱虫剂等。

（傅松玲，袁应菊）

10 云南松

别　名｜飞松、青松

学　名｜*Pinus yunnanensis* Franch.

科　属｜松科（Pinaceae）松属（*Pinus* L.）

云南松是云贵高原的主要针叶树种，分布范围广、适应性强、耐干旱瘠薄，生长迅速、蓄积量大，木材较好、用途广泛，且天然更新容易，是优良的先锋造林树种。在云南，云南松木材产量和森林面积均居首位，是构建云南广大山区防护林体系及林业产业体系的重要树种。但是，蹲苗现象、纯林衰退等问题亟待解决。

一、分布

云南松水平分布于23°～30°N、96°～108°E；纵跨8个纬度，南北水平距离达900km；横跨13个经度，东西水平距离达1000km以上。其中以云南、四川、贵州为主，广西、西藏也有分布。垂直分布于海拔250～3500m，主要分布在海拔1600～2900m，集中分布在海拔2000～2500m（金振洲和彭鉴，2004）。

云南省禄丰县平浪林场云南松天然林林相（李根前摄）

二、生物学和生态学特性

1. 气候条件

云南松分布区气候暖和、年温差较小，基本上夏无酷热、冬无严寒，年平均气温13～19℃；年降水量800～1200mm，雨水集中，干、湿季分明。云南松是喜光树种，对光照条件要求较高，尤其是幼苗、幼树不耐荫蔽。

2. 土壤状况

云南松对土壤水肥条件要求不严，主要分布于各种酸性土壤上，如红壤、褐红壤、粗骨性红壤和紫色土，pH为4.5～6.0；在其他树种不能生长的贫瘠石砾地或冲刷严重的荒山上，云南松也能生长，具有一定的耐干旱、耐瘠薄能力。

3. 生长过程与蹲苗现象

云南松虽为速生树种，但造林初期（头3年）生长缓慢，具有蹲苗现象（蹲苗期或草丛苗期）。

云南松容器育苗（蔡年辉摄）

云南松容器育苗（蔡年辉摄）

在此期间，根系发育较快但地上部分生长缓慢，从而影响郁闭成林速度。蹲苗期过后，高生长明显加快。以整个生长过程来看，10年生前生长较慢；10～20年生分化强烈，立木不断向被压木和优势木两极分化，自然死亡率也较高；20～40年生是生长最旺盛的时期，树高和胸径增长比较快；到60～90年生时，生长明显减缓，逐步趋于上限。

三、良种选育

1. 地理变异与种源选择

根据云南松分布区生态条件差异，在总结生产经验、参考种源试验结果的基础上，提出种子调拨区划（表1）。调种时应根据就近用种原则，优先使用当地的种子或本亚区的种子；当本亚区的种子不能满足需要时，可使用同一种子区内其他亚区的种子，但区界两侧毗连、生态条件基本近似时，可相互用种，区间种子调拨宜从相邻种子区调用（陈舒怀和伍聚奎，1987）。

2. 优良林分选择与母树林营建

一般应选择光照充足、土壤深厚的高地位级（Ⅰ、Ⅱ级）地段，且林相整体生长良好、长

表1 云南松种子调拨区划

种子区	种子亚区	范 围
Ⅰ川藏种子区	$Ⅰ_1$察隅亚区	察隅
	$Ⅰ_2$川西南亚区	凉山和甘孜南部、稻城、石棉、泸定、峨边、金阳、天全、宝兴、雅碧江下游地区、木里、盐源、米易、西昌、冕宁、普格、宁南、盐边、会理、昭觉
Ⅱ滇西北种子区		兰坪、丽江、宁蒗、维西县南部
Ⅲ滇西种子区		腾冲、昌宁、保山、施甸、龙陵北部、永平、云龙、剑川、漾濞、洱源、巍山、南涧西部、梁河北部、凤庆、云县北部
Ⅳ滇东种子区	$Ⅳ_1$滇东北南部亚区	昭通、鲁甸、巧家、宣威、会泽、东川，以及贵州威宁、赫章、水城
	$Ⅳ_2$滇中亚区	昆明地区各县、曲靖、沾益、陆良、马龙、富源、寻甸、玉溪、江川、澄江、易门、峨山、华宁北部、楚雄、双柏、南华、禄丰、禄劝、武定、元谋、永仁、大姚、姚安、牟定、大理、下关、祥云、宾川、弥渡、鹤庆、洱源、巍山、南涧东部、华坪、永胜等县
Ⅴ滇南部种子区	$Ⅴ_1$哀牢山西部亚区	施甸、昌宁南部、临沧、永德、双江、凤庆、云县南部、耿马、沧源东部
	$Ⅴ_2$滇东南亚区	新平、元江、通海、华宁南部、石屏、建水、开远、个旧、蒙自、弥勒、泸西、红河、元阳、丘北、屏边北部、富宁、文山、西畴、马关、麻栗坡北部
Ⅵ桂西北细叶云南松种子区		贵州兴义、安龙、凌云、册亨、罗甸、望谟，广西隆林、田林、凌云、乐业、天峨、百色

势旺盛、树干通直。或者可根据综合选择指数的评价结果将云南松林分划分为好、中、差三级，确定好的和中等林分为优良林分。接着在优良林分中通过疏伐建立母树林，作为云南松采种母树林。对8~15年生的云南松天然优良林分进行改建时，以疏伐后林分郁闭度为0.3~0.4确定疏伐强度，当林分郁闭度增长到0.6以上时进行下一次疏伐。疏伐过程中，保留Ⅰ、Ⅱ级木作为采种母树，伐除生长衰弱的Ⅲ、Ⅳ级木，以及干形弯曲木、纹理扭曲木、病腐木、被压木、秃顶的风折木等。

3. 优树选择与种子园建立

（1）优树选择

云南松优树应在优良种源区Ⅱ地位级以上的同龄林分中选择，一般采用评分法或5株大树法进行评定，评选标准既要考虑生长指标，又要考虑形质指标，如树干通直不扭、树冠发育良好、对病虫害具有较强的抵抗能力，并以木材纹理为独立标准。通常情况下，当候选优树各观测性状的实测值大于优势木的均值时或候选优树各观测性状的实测值大于优势木均值的1倍标准差时即可入选为优树。采用评分法时，以材积、木材纹理通直度、木材密度、松脂含量4个重要性状分别给予0.5、0.2、0.2、0.1的权重进行优良单株的综合选择（郑畹等，2003）。

（2）种子园营建

种子园建立过程中，涉及种子园园址选择、种子园规划及其营建。园址应选在云南松的适生区，交通方便、地形开阔、地势平缓、地面空气流通、水源充足的地方，以阳坡或半阳坡为宜，同时要求土壤深厚、肥力较高、透水透气性良好。此外，园地应具备良好的花粉隔离条件，周围数百米不能有云南松林（何富强，1994）。

种子园规模的大小取决于当地土地资源、地形条件、管理能力，小区面积一般以50亩为宜。将可供建园的土地按沟谷、坡向等划分为不同的大区，大区面积一般在100亩；再将大区划分为若干小区，面积10~20亩不等。种子园建设时需开挖梯地、开设防火线、设置隔离带，同时建立苗圃（何富强，1994）。

初建的种子园必须拥有80~100个无性系，在经过留优去劣疏伐之后，保留60个左右。无性系配置以小区为单位，每个小区配置来自不同选优林区的无性系20~25个，每个无性系在一个小区内应有10~20株，株行距以6m×6m为宜，最大不超过7m×7m，可先嫁接后定植，也可以先定植砧木再嫁接（何富强，1994）。

（3）种子园管理

种子园管理包括树体管理、土壤（植被）管理、水肥管理、花粉管理、病虫害防治等方面。树体管理的关键在于定干、定形，即嫁接树5年生左右时截去主干，将树高控制在4m以下，同时对侧枝进行修剪，形成低矮宽阔的树冠。土壤（植被）管理、水肥管理的关键在于维持土壤肥力和土壤水分，减少竞争。为此，可在种子园梯地外侧栽植根系发达的多年生作物以固持地坎，园内普遍播种适于山地条件生长的豆科绿肥或牧草，既抑制杂草生长，又可增加土壤的氮素含量，也可降低火灾的风险，还可作饲料喂养家畜；在旱季及时进行灌溉，每月浇水1~2次；在普种绿肥的情况下，结合浇水，增施适量的磷、钾肥，未种绿肥期间施复合肥。花粉管理的关键在于提高开花结实率并防止花粉污染。开花结实的头几年需进行人工辅助授粉，方法是在种子园和优树收集区收集混合花粉，与80%的滑石粉充分混合装入纱布袋，在已开雌花的树冠上方抖动或装入喷粉器对树冠进行喷洒（何富强，1994）。

四、苗木培育

1. 种子的采收与处理

云南松球果一般在12月至翌年2月采收，但具体时间与林分的海拔高度、坡向、气温、光照等有关。生长在低海拔、南坡、光照充足地区的林木，球果成熟要早一些，可提前采收，反之则要推迟。球果采集后，将其铺开晾晒。对于不易开裂的球果，每天晚上将其堆积起来，适度洒水使其湿润，第二天继续晾晒；对部分含脂量高的球果，可用50℃的热水浸泡一下，于第二天摊开暴晒。在球果摊晒期间，每天都要收集脱出的种子并将其晾晒一天，使种子的水分保持在9%左右，然后装入麻袋放在干燥、通风的地方贮存。同时，贮藏处应放置灭鼠诱饵以防鼠害。播种前可先测定种子的品质，云南松种子的千粒重为10.4～22.8g。

2. 育苗技术与苗期管理

（1）容器苗培育

基质配置 育苗基质采用天然菌根土、生地土、火烧土，再加适量肥料进行配置。菌根土可在云南松林下挖取，取土时首先清除地表的枯枝落叶及杂草、灌木，然后挖取土层25cm以内的土壤。生地土可在圃地附近土层厚、无石砾地段，挖取土层50cm以内的土壤。熟地土因病菌多不宜作为育苗基质使用，但可收集圃地附近的枯枝落叶及杂草、灌木，连带土壤混合燃烧，烧透冷却后的火烧土即可应用。

种子处理 播种前一天，先用40℃的热水浸泡种子到自然冷却，除去空粒、杂质，然后用0.5%的高锰酸钾或多菌灵溶液浸泡种子10min进行消毒，再采用彩色豆马勃菌剂按0.5%的比例拌种，使菌剂附着在种子上。

播种技术 播种育苗适宜的时间为3月初。播种时，每个容器袋播种2～3粒，播后覆盖0.5cm厚的营养土。为防止袋土水分大量蒸发和鼠害，可用松叶或草秆覆盖容器苗床并及时浇水，此后进入精细的苗期管理阶段，待苗出齐后揭去容器苗床的覆盖物。种子萌发以温度15～25℃、湿度80%～100%为宜。当苗木根系出现后，其主根生长较快，3个月生时苗根长达14.4～30.4cm，而地上部分生长缓慢，苗高约5.0cm。因此，实施促成培育极为必要。

（2）裸根苗培育

云南松裸根苗的培育宜采用条播法，即在平整好的苗床上挖出宽5～8cm的播种沟，播种沟间距8cm。然后，将种子均匀地播于沟内，播后覆盖厚度1cm左右的营养土。裸根苗培育也可采用撒播，即将种子均匀地撒在苗床上，播后同样用营养土覆盖。其余如播种时间、种子处理、播后管理均与容器苗相同。

（3）嫁接苗培育

适宜的嫁接时间为4月底至7月中旬，嫁接方法以髓心形成层对接为主，以侧劈接和髓心对接为辅。嫁接后30～40天，接口愈合后即可拆除保

四川省西昌市云南松人工林林相（贾黎明摄）

云南省腾冲市古永林场云南松林分（许玉兰摄）

水罩，同时适当修剪接穗上方及周围的砧木枝叶，改善接穗的通风透光条件。嫁接当年8～9月松绑，12月剪去接口以上砧木的顶梢，翌年2月剪去砧木的侧枝顶部以抑制侧枝抽梢、减少养分消耗，保证接穗抽梢生长。

（4）扦插苗培育

基质的配制与消毒　扦插育苗基质为1/3云南松林下土加2/3苗圃土，扦插前应对基质进行消毒。一般在扦插前一周用0.5%的高锰酸钾溶液浇透基质，扦插前一天再用0.5%的多菌灵溶液浇透基质。

插穗的选择与截取　在树龄≤4年的云南松母树上，剪取生长健壮、无病虫害的当年生顶枝作为插条；在插条上截取7～8cm作为插穗，切口均为马耳形，拔掉插穗基部2～3cm部位的松针。

插穗的处理与扦插　将制备好的插穗整个放入0.5%的多菌灵溶液中浸泡3s后捞出，轻轻甩掉水分后再把穗条下端浸入0.2%的高锰酸钾溶液中3s，即完成插穗的消毒。扦插时可使用一定种类或浓度的激素处理促进插穗生根，扦插时用玻璃棒引洞，插入深度为1～2cm，插后将周围基质稍加压实并浇透水。

采用激素处理插穗时应选择适当的浓度，浓度过高或过低均不利于插穗生根。2年生母株插穗单用IAA的最佳浓度为0.809g/L，单用NAA的最佳浓度为0.560g/L，生根率可达55.0%以上；IAA和NAA混用的最佳浓度分别为0.701g/L和0.314g/L，生根率可达75.0%；IAA和IBA混用的最佳浓度分别为0.313g/L和0.163g/L，生根率为60.0%以上（赵敏冲，2009）。

苗期管理　扦插后及时覆盖薄膜并搭设90%的遮阳网，每隔半个月喷施0.2%的多菌灵和0.2%的高锰酸钾溶液。3个月后逐渐揭开薄膜透气，揭开遮阳网增加光照强度；4个月后过渡到不盖薄膜和遮阳网，移入遮阴区炼苗。扦插育苗3个多月后，扦插苗长出较多的侧根，可出床转袋移植，即将扦插苗移植到容器内继续培育。移植育苗基质只能用无菌的生土，待移植苗成活长壮后才能适当施肥。施肥宜少量多次，肥量逐步加大。待扦插移植苗培育2～3个月后，才能出圃造林。

3. 苗木促成培育

促成培育是促进苗期生长、缓解蹲苗现象的有效措施，可在播种或苗期进行，途径包括基质中配施肥料、激素浸种、叶面喷肥（激素）。确定肥料（激素）的适宜用量和比例是促成培育成功的关键。张跃敏等（2009a）的研究表明，苗木生长能力随肥料（激素）用量增大呈钟形曲面变化，即先升后降，曲面顶点就是苗木生长量（或生物量）最大时的肥料（激素）用量和比例，据此确定了最佳肥料（激素）用量及比例。在育苗基质中添加适宜数量和比例的氮、磷肥料，苗木高度、地径生长量及根、干、叶生物量分别比对照提高25.3%、29.1%、151.6%、21.2%和175.2%。采用适宜浓度和比例的IAA、IBA混合液浸种24h，苗木高度、地径生长量及根、干、叶生物量分别较对照提高22.6%、66.1%、62.4%、198.0%和83.3%（李允菲等，2011）。采用适宜数量和比例的氮、磷肥料对苗木进行叶面喷施，苗木高度、地径生长量及根、干、叶生物量分别较对照提高39.6%、15.0%、78.0%、75.1%和34.5%（张跃敏等，2009b）。同样，采用适宜浓度和比例的IAA、IBA混合液对苗木进行叶面喷施，苗木高度、地径生长量及根、干、叶生物量分别较对照提高22.0%、79.8%、48.7%、82.2%和107.0%（Xu et al.，2012）。据此确定了最佳肥料（激素）用量及比例（表2至表5）。

表2　氮、磷配施对云南松实生苗生长的促进作用

生长指标		最佳施肥量（g/kg）		最佳配比（N：P）	最高理论产量
		氮用量	P_2O_5用量		
生长量	苗高	0.17	0.97	1：5.70	8.20cm
	地径	0.16	1.04	1：6.43	0.55cm
生物量	根	0.20	0.99	1：5.03	1.37g
	干	0.15	0.88	1：5.88	0.18g
	叶	0.19	0.99	1：5.20	2.30g

表3　激素配合浸种对云南松实生苗生长的促进作用

生长指标		最佳激素用量（mg/kg）		最佳配比（IAA：IBA）	最高理论产量
		IAA	IBA		
生长量	苗高	50.03	85.89	1：1.72	8.00cm
	地径	56.69	142.50	1：2.51	0.51cm
生物量	根	52.84	88.29	1：1.67	0.38g
	干	48.76	98.83	1：2.03	0.39g
	叶	45.12	107.01	1：2.37	1.23g

表4　氮、磷配合叶面喷施对云南松实生苗生长的促进作用

生长指标		最佳施肥量（g/L）		最佳配比（N：P）	最高理论产量
		氮用量	磷用量		
生长量	苗高	1.93	8.32	1：4.30	10.08cm
	地径	1.73	6.83	1：3.95	0.53cm
生物量	根	1.78	8.06	1：4.53	1.21g
	干	1.78	7.41	1：4.16	0.39g
	叶	1.68	8.08	1：4.81	1.217g

表5 激素配合叶面喷施对云南松实生苗生长的促进作用

生长指标		最佳施激素量（mg/kg）		最佳配比（IAA：IBA）	最高理论产量
		IAA	IBA		
生长量	苗高	166.75	185.66	1：1.11	7.90cm
	地径	310.06	217.14	1：0.70	0.60cm
生物量	根	192.84	158.61	1：0.82	0.33g
	干	191.13	220.53	1：1.15	0.33g
	叶	206.47	185.55	1：0.90	1.52g

五、林木培育

1. 造林地的选择与整理

在Ⅰ、Ⅱ地位级比较平缓的山坡中下部，土层深厚肥沃、水分条件较好，云南松生长良好，林分蓄积量和出材率较高，适宜于营造用材林；在土层瘠薄的地段，合理采用良种和良法（如改地、施肥措施），云南松也能生长良好，可用于营造防护林或多功能林。

云南松造林整地一般采用块状或带状整地，块状整地可用于不同的坡度，特别适用于陡坡地带。其中，植苗造林的整地规格（长×宽×深）为50cm×50cm×50cm或40cm×40cm×30cm；带状整地宜在缓坡平坦地带，带宽40～60cm、带间距1.0～1.5m、深度40～50cm；平坦地带如果套种农作物，可采用全面整地。整地时间为造林上一年秋、冬季或造林当年春季（1～2月）。

2. 造林季节与造林密度

云南松的造林方法有植苗造林、人工直播造林、飞机播种造林等，但播种造林的效果不如植苗造林。近年来各地已普遍采用容器苗造林，受季节的影响较小，除冬季外均可造林。特别是营造速生丰产林最好用容器苗造林，并且在育苗时利用菌根土或接种菌根菌，造林成活率可以达到95%以上。

云南松的造林密度因培育目标、立地条件、集约经营程度不同而异。在立地条件较好、交通方便、集约经营程度较高地段，可以培育中小径材，初植密度为每亩222～666株。对一些交通不便的地区，后期抚育木材难以运输，以培育大径材为主，初植密度为每亩134～167株。

3. 造林方式与造林技术

（1）植苗造林

容器苗造林 云南松容器苗造林于3月初育苗，6月中旬出圃造林，苗龄100天左右（百日苗）。容器苗出圃造林的合格苗木标准是：苗高大于5cm，地径大于0.2cm，顶芽健壮、苗干直立、无病虫害、无机械损伤、针叶翠绿等。6月中下旬，待雨水下透后即可进行造林。栽植时，将保存完整的带苗土坯端正地放入已整好的穴内，用周围的熟土填实压紧，覆土稍高于苗木的根际或与之齐平。

裸根苗造林 云南松裸根苗造林以百日苗为好，裸根苗的起苗时间最好安排在早上、阴天，或者设置一定的遮阴条件，以防止强光灼伤苗木幼嫩的根系。所起苗木应尽量多带泥土并保持根系的完整，栽植时要求根系在穴内呈舒展状态，且与穴内土壤紧密接触、填实压紧。

（2）直播造林

人工直播造林 该法是将云南松种子直接播种于整好的种植穴内。于11～12月将穴内的土块打碎整平，翌年的5月下旬至6月上旬播种，每个小穴播种3～5粒，然后覆土1cm左右。

飞机播种造林 云南松飞播造林适用于宜林荒山面积大、集中成片、人烟稀少且有效面积在60%以上的地区，以宜林地植被盖度40%～70%

地段的效果较好。播种宽度一般为70～100m，播种量4.0～7.5kg/hm²，以雨季之前飞播较好。

4. 抚育管理

谚语称云南松“3年不见树、5年不见人”，由此可见幼林抚育管理的必要性。尤其是造林3年内应及时进行松土、除草、砍灌，避免杂草、灌木竞争对幼树成活与生长造成的不利影响。通常情况下，抚育范围为树穴40cm以内，松土深度10～20cm。待林分进入郁闭状态后，必须及时进行抚育间伐。

云南松进入郁闭状态的年龄与立地条件、造林密度有关，因此抚育起始年龄、强度、周期也与立地条件及林分密度有关。例如：培育中、小径材的云南松人工林，造林密度较大，且处在土壤较为肥沃的Ⅰ、Ⅱ地位级，一般造林后8～10年就进入郁闭状态，需进行抚育间伐，其间伐的时间早、次数多；培育大径材的云南松人工林，种植的株行距较大，林分郁闭也迟，间伐抚育的次数也相应少一些。抚育采伐的对象是Ⅳ级木、Ⅴ级木、双杈木、扭曲木、弯曲木、病腐木以及部分过于密集的Ⅲ级木。

5. 主伐与更新

（1）主伐年龄与方式

云南松的主伐年龄与其起源有关，在天然林中一般用材林的主伐年龄为40年以上，人工林的主伐年龄为30年以上。随着良种的推广应用，主伐年龄有望缩短，因此可根据实际情况对上述标准进行合理调整。例如：采用株行距1m×1m或1m×1.5m的纸浆原料林，11～20年生即可采伐。目前，云南松的主伐方式主要有块状皆伐和择伐。

（2）人工更新

人工更新与荒山造林相同，雨季前开好防火线，有控制地烧毁采伐剩余物和杂草，雨季来临时及时播种，出苗率很高，幼苗出土后也能茁壮成长。

（3）天然更新

云南松结实丰富且种子具翅，能借风传播，天然更新能力强。根据调查，单株母树落种有效范围为20m，山脊林墙落种有效范围为40m，为保证天然更新效果，必须合理选留下种母树，及时清理林地覆盖物。

6. 低质低效林改造

在云南松分布区内，各地均不同程度地存在着扭曲松、弯扭松、地盘松、疏林等质量差、效益低的林分，这些低质低效林必须进行改造、重造。造林时必须选择适生立地并采用良种；抚育间伐时保留生长良好、干形通直的Ⅰ、Ⅱ级林木；主伐时保留适宜数量下种母树。

7. 纯林近自然化改造

云南松纯林不仅存在林分生产力、林地土壤肥力衰退，以及生物多样性、群落稳定性下降问题，而且存在林分质量衰退威胁。林分质量衰退的首要原因是更新种源质量低劣且其比例越来越大。林分生产力衰退主要源于林分质量衰退、林地土壤肥力衰退。群落稳定性减弱则主要源于生物多样性下降。针对这些问题，相关单位开展了云南松纯林近自然化改造研究，主要采用目标树单木控育技术体系。首先，根据云南松群落时空动态规律确定目标林相，包括群落类型、混交比例等关键技术参数。其中，山脊为云南松纯林；山坡上部为云南松与阔叶树混交林，混交比例为8∶2～7∶3；山坡中部为云南松与阔叶树混交林，混交比例为6∶4～5∶5；山坡下部为常绿阔叶林或云南松与常绿阔叶树混交林，混交比例为2∶8。参考天然林的树种组成，选择旱冬瓜、黄毛青冈、滇青冈、槲栎、高山栲等作为混交树种。其次，根据目标林相、林分发育阶段、立地条件等确定目标树保留密度。其中，在林分形成的初期不适宜确定目标树，林分形成期的目标树保留密度为250～300株/hm²，林分稳定期的目标树保留密度为150～200株/hm²（蔡年辉，2007）。最后，根据目标林相、目标树保留密度等要求对林木进行分类，包括目标树（用材目标树和生态目标树）、干扰树、一般林木。其中，用材目标树肩负木材生产和更新下种双重任务，要求树干通直、生长良好、在林分中处于优势地位，待其成熟并完成下种更新后采伐；生态目标树主要是

林分中的阔叶树种，肩负提高生物多样性、维持林地土壤肥力的任务，要长期保留；干扰树指影响目标树生长及林分质量的个体，属于间伐对象；一般林木对目标树生长及林分质量目前尚无影响，如在下一个采伐期变为干扰树则予以采伐。

六、主要有害生物防治

1. 苗木猝倒病

病原菌是立枯丝核菌（*Rhizocto-nia solani*）、镰孢属的多个种（*Fusarium* spp.）、瓜果腐霉菌（*Pythium aphanidermatum*）和德巴利腐霉菌（*Pythium debaryanum*）。症状有4种类型：第一种，芽腐烂型，苗床出现缺苗，可挖出腐烂了的种芽；第二种，幼苗猝倒型，幼苗茎未木质化，苗茎被侵害或被粗土粒、石砾灼伤，有伤口或腐烂斑，幼苗突然倒状；第三种，子叶腐烂型，幼苗刚出土，子叶被侵害至腐烂，幼苗死亡；第四种，苗木根腐型，幼苗茎已经木质化，病原菌难以侵入，可危害根部，使根腐烂，苗木根死不倒，立枯。猝倒病是危害松树幼苗较为严重的病害之一，可使芽、茎、叶甚至整株苗木腐烂而死亡。防治方法：育苗期间应加强监测，并定期喷洒0.5%～1.0%的波尔多液或0.5%的高锰酸钾溶液。一旦发现病株必须立即拔除，并用0.1%的多菌灵或0.15%的百菌清喷洒，也可用0.14%的敌克松溶液浇灌进行防治，从而避免其余苗木感染。

2. 针叶病害

云南松的针叶病害主要有云南松落针病和云南松赤枯病。云南松落针病的病原菌是松针散斑壳（*Lophodermium pinastri*），其症状是发病初期病针叶先出现黄绿色小点，逐渐扩大或变为黄色段斑，后成为黄褐色枯斑，其内产生深褐色圆形小点，病害严重时针叶全变成灰黄色并脱落。在落下的或尚未脱落的枯死针叶上有椭圆形隆起的黑色痣状物。云南松赤枯病的病原菌是枯斑盘多毛孢（*Pestalotiopsis funerea*）,该病的症状是发病初期有黄色段斑，渐变为褐色，有时稍缩，后变成暗灰色或灰白色。病健交界处有线状红褐色边。病斑内产生突破针叶表皮的黑色霉点，即分生孢子盘；潮湿时，分生孢子盘长出褐色或黑色具光泽的黏状物小黑点，即分生孢子角。防治方法：采取有力的营林措施，从云南松林分的营建起就注意选择适宜的种源，从生长健壮、抗病力强的林木上采种育苗造林，从内因上提高云南松人工林的抗病能力。此外，多营造云南松与阔叶树混交林，加强林地管理、提高林地的肥力促进云南松林木的生长，从而增强抗性。在云南松幼林的经营期内强化间伐抚育措施，及时清除林分中的带病木、被压木，搞好林地卫生，切断病源。病害严重时，可采取药剂防治，使用50%的退菌特、70%的敌克松500～800倍液，在病原菌子囊孢子散发期的6～7月喷洒染病林分，每15天喷洒一次。对郁闭度较大的云南松幼林，可施放621烟剂进行防治。

3. 蛀干害虫

云南松的蛀干害虫主要有云南切梢小蠹（*Tomicus yunnanensis*）、横坑切梢小蠹（*Tomicus minor*）、松墨天牛（*Monochamus alternatus*）。防治方法：①饵木诱杀。利用小蠹虫和松墨天牛对寄主气味十分敏感的特性，用云南松木段以单层或多层垫木的方式堆放于林中空地诱集小蠹虫和松墨天牛，然后对诱虫饵木进行剥皮烧毁或喷洒化学药剂灭杀处理。②性引诱剂诱杀。在林间悬挂放置了诱芯的诱捕器，可以大量诱集并杀灭小蠹虫和松墨天牛。诱捕小蠹虫和松墨天牛需要使用不同的专一性诱芯。③清理防治。在小蠹虫和松墨天牛幼虫期，受害松树明显表现为针叶枯黄症状，据此对受害植株进行人工伐除清理，对移除松林进行剥皮和杀灭处理，可以大幅度降低虫口密度。④生物防治。在小蠹虫和松墨天牛成虫羽化期，在湿度大的林区喷洒白僵菌（*Beauveria bassiana*）或粉拟青霉菌（*Poecilomyces farinosus*）粉剂，可以感染并灭杀小蠹虫和松墨天牛。

4. 枝梢害虫

云南松的枝梢害虫主要是松梢螟（*Dioryctria rubella*）。防治方法：①化学防治。在该虫越冬代成虫羽化期或第一代幼虫孵化期，喷洒化学药剂防治。②生物防治。保护好松梢螟的天敌长距茧蜂（*Macrocentrus* spp.）能有效控制松梢螟的发展。

5. 食叶害虫

云南松的主要食叶害虫有思茅松毛虫（*Dendrolimus kikuchii*）、云南松毛虫（*D. houi*）、祥云新松叶蜂（*Neodiprion xiangyunicus*）、楚雄新松叶蜂（*Neodiprion chuxiongensis*）、广西新松叶蜂（*Neodiprion guangxiicus*）、景熹吉松叶蜂（*Gilpinia jingxii*）等。防治方法：①化学防治。在1～2龄幼虫群集活动期，喷洒化学药剂，能收到较好的防治效果。②灯光诱杀。利用松毛虫成虫的趋光性，在羽化期用黑光灯诱杀。③生物防治。松毛虫和松叶蜂均有不少天敌昆虫，如松毛虫赤眼蜂（*Trichogramma dendrolimi*）、黑胸姬蜂（*Hyposoter takagii*）、花胸姬蜂（*Gotra actocinctus*）等，捕食性鸟类有大山雀（*Parusmajor subtibetanus*）、大杜鹃（*Cuculus canorus*）、喜鹊（*Pica pica*）等，病原微生物有白僵菌（*Beauveria bassiana*）、苏云金杆菌（*Bacillus thuringiensis*）等，若加以保护利用，可有效降低害虫虫口密度。

七、材性及用途

1. 材性

云南松心材、边材区别明显，边材宽、黄褐色，心材黄褐色带红色或红褐色，生长轮明晰、不均匀，平均宽3mm左右，晚材带狭、色深。早材至晚材急变，木射线甚细微。树脂道多，分布于早、晚材，在纵剖面上呈深色条纹。云南松为松属中的双维管束树种，木材结构中至粗，不均匀，密度中，材质软，干缩系数中至大，力学强度低至中，冲击韧性低，品质系数高。

2. 用途

（1）经济价值

云南松是云南的主要用材和绿化造林树种，在云南的林业经济建设中起着举足轻重的作用。云南现有云南松林面积超过480万hm^2，林木蓄积量28676.5万m^3，分别占云南林分总面积和木材蓄积量的19.63%和14.28%，木材生产量占云南木材生产总量的40%以上。

云南松木材用途广泛，可作民用建筑、农具、生活器具用材，可作通信、交通运输等工业的用材，亦是纤维板、刨花板、胶合板材的原料。特别要强调的是，云南松木材具有纤维长、细胞壁厚、纤维获得率高等优良特性，是重要的纸浆生产原料。同时，还可充分利用云南松林的采伐剩余物如枝丫、梢头、树根等作为生产纸浆的原料，从而提高云南松林木的利用率。

云南松能分泌树脂，亦是一种采脂树种。胸径在20cm以上的云南松林木每株可年产松脂3～5kg。近50年间，云南从云南松采脂林中共采松脂27.6万t，生产松香20.6万t，提取松节油4.3万t。其松香和松节油不仅畅销全国各地，还出口创外汇，对山区农林经济发展起到了积极的推动作用。

云南松的经济用途除生产木材及采脂外，还可通过采收花粉、松针进行加工利用。此外，在云南松林下还可培植药用茯苓、采收多种野生食用菌。

（2）生态价值

云南松发达的根系对土壤具有较强的固结作用，从而起到控制和减少林地土壤侵蚀、防止山体滑坡和泥石流等灾害的作用。云南松林木的根系和林地上的枯枝落叶改善了林地土壤的物理化学性能，增加了土壤的疏松性、透气性、透水性和土壤肥力，有效地促进了林木的生长。云南松具庞大的树冠，在林分状态下，能够截留大部分的降水，减轻雨水对地表的冲击，以避免产生地表径流，从而抑制其对土壤的侵蚀作用，而截留的大部分降水通过蒸发返回大气，使森林中的水分循环得以加强。总之，云南松林对于涵养水源、保持水土、改善生态环境、维持生态平衡起着极为重要的作用。

（蔡年辉，许玉兰，李根前）

附：高山松（*Pinus densata* Mast.）

高山松分布于四川西部、青海南部、西藏东部及云南西北部高山地区。在康定以西沿雅砻江两岸及西藏东部海拔2600～3500m向阳山坡或河流两岸形成纯林，其垂直分布较云南松高，在森林的下段（即海拔3000m以下）往往与云南松、华山松混生。整个分布区北接油松分布的南缘，南依云南松分布的北界，在形态特征上介于油松与云南松之间。

高山松适宜酸性土壤，但在石灰岩母质上发育并残有碳酸盐的棕色森林土上也能生长，对土壤酸碱度的适应幅度较大，pH为3.5～8.0都能生长，但以pH为5.0～6.0最适宜，耐干旱瘠薄。

高山松较其他松树生长缓慢，尤其是高生长。40年生以下为幼林阶段，林分平均树高为7.4m，胸径13.5cm；41～60年生为中龄林阶段，平均树高和胸径分别为10.8m、18.6cm；61～80年生为近熟林阶段，平均树高和胸径分别为13.7m、22.2cm；成熟林在Ⅴ、Ⅵ龄级期间，即81～120年生，平均树高和胸径分别为17.9m、30.5cm；120年生以上为过熟林，到170年生时已基本停止生长（云南省林业科学研究所，1985）。

高山松的苗木培育、林木培育、主要有害生物防治、材性与用途，可参考云南松部分。

（蔡年辉）

西藏自治区林芝市色季拉山森林垂直分布带（海拔由低到高为川滇高山栎–高山松–糙皮桦–急尖长苞冷杉）（贾黎明摄）

11 思茅松

别　名｜白松、卡锡松、喀西松

学　名｜*Pinus kesiya* Royle ex Gord. var. *langbianensis* (A. Chev.) Gaussen

科　属｜松科（Pinaceae）松属（*Pinus* L.）

思茅松是云南西南部南亚热带及热带湿润和半湿润地区重要的速生用材树种，具有生长快、树干高大挺拔、耐瘠薄、适应性强及材质优良、木材纹理直、树干富含松脂和松节油等优良特性，是该地区林业产业发展的一大优势树种。

一、分布

思茅松分布于印度、缅甸、老挝、泰国等国家。在我国，大面积集中分布于云南哀牢山和无量山海拔1100～1800m的南亚热带及热带山地，包括思茅、临沧、西双版纳、德宏等地州及龙陵、南涧、红河、绿春、金平、元江等县的部分地区。其中，以阿墨江、把边江、澜沧江中下游海拔700～1800m的宽谷盆地周围和红河两岸山地最多，分布的东面和北面及垂直分布的上限都与云南松相接，在相接地带，常见两者之间的过渡类型（中国科学院昆明植物研究所，1986）。

云南省普洱市思茅松采穗母株萌条（许玉兰摄）

二、生物学和生态学特性

在思茅松自然分布区，气候主要受印度洋西南季风的控制，中心产区年平均气温17～22℃，年降水量1000～1600mm，相对湿度70%～80%，年蒸发量稍大于降水量，总体表现出温度高、降水多、湿度大的特点。土壤多属砂页岩、片麻岩、千枚岩等发育的砖红壤性红壤、山地红壤。适生于土层深厚、疏松的地段。

思茅松为强喜光树种，自然稀疏早，林内很少有3年生以上的幼树；根系发达，适应性强，是云南西南部南亚热带的代表种，也是该区域荒山造林绿化的主要用材树种之一。高生长十分迅速，每年春季、夏季各抽梢一次，一般春梢较夏梢长；在气候温和、湿度较高、土层较厚、结构

云南省普洱市思茅松扦插育苗（许玉兰摄）

云南省普洱市思茅松采穗圃（许玉兰摄）

疏松、立地较好的地方，有的一年内能长出3～4轮枝条。7～8年生以后林分即可郁闭，自然稀疏现象逐渐强烈；5～20年生是思茅松的高生长旺盛期；10～30年生是直径生长的旺盛期，也是自然稀疏最激烈的阶段；40年生左右，林分平均胸径可达25～30cm，进入主伐利用阶段。

三、良种选育

1. 地理变异与种源选择

思茅松种源间生长性状存在显著差异，较好种源比较差种源高23.9%～58.2%。通过种源试验，评选出‘景东者后’‘思茅普洱’‘镇源振太’等优良种源，可供生产用种（郭宇渭等，1993）。

2. 优良林分选择与母树林营建

通过优良林分选择研究，将多年平均生长量和产脂力作为选择的主导因子，建立了优良林分的综合选择公式和综合选择指标I值。其中，$I>1.73788$的林分为Ⅰ级优良林分，$I=0.90547\sim1.73788$的林分为Ⅱ级优良林分，$I<0.90547$的林分为非优良林分（赵文书等，1993）。

3. 优树选择与种子园建立

（1）优树选择

20世纪80年代后期，在林木良种资源普查工作中开展了思茅松优树选择。后来，翁海龙等（2008）针对思茅松高产脂与纸浆速生用材两个方面确定了优树选择的因子及选择指标。

环境因子对思茅松产脂量水平的影响不显著，但树体因子的影响极显著。胸径、树高都与产脂量具有相关性，但树高在山地复杂环境中不便测量且误差较大，因此在野外选择思茅松高产脂优树时应将胸径作为主导因子。例如，思茅松高产脂优树单位产脂量（单株单刀每厘米割沟24h产脂量，即日单刀产脂量/侧沟长）与胸径生长量呈一元回归线性关系，且相关性极强（$r=0.964$）；当胸径达到21cm以上时，产脂性状稳定。

在思茅松纸浆速生用材优树选择中，材积是最主要的评价指标，而胸径与材积具有极显著相关性。在观测条件较差导致树高测量误差较大时，以胸径作为主要选择因子是有效的。在一般用材优树选择中重要的评价指标之一是干形，但在纸浆速生用材优树选择中干形不是主要选择因子。在思茅松无性繁殖发展前景较好的前提下，候选优树的结实量指标也可降低，即在生长量指标与生殖指标产生冲突时以生长量指标为主，而与材积相关性不强的其他性状也可在优树选择及优树等级评价阶段忽略其影响。

（2）种子园营建

种子园必须营建在地势平缓（坡度≤25°）开阔的阳坡或半阳坡，土壤深厚且通透性良好，周围具有天然隔离带或易于营造人工隔离带。思茅松无性系种子园先定砧后嫁接，砧木一般培育半年，苗高≥20cm时可定植。定植砧木要求苗高基本一致，选择生长健壮的Ⅰ、Ⅱ级苗。株行距通常为：一类立地类型为6m×8m或7m×7m，二类立地类型为6m×7m，三类立地类型为6m×6m；当砧木苗龄达10～15个月，苗高≥80cm、地径≥1.2cm时可进行嫁接。嫁接时，选取生长健壮、无病虫害、当年生、有顶芽的半木质化或全木质化枝条作为接穗；嫁接方法可采用髓心形成层对接或侧劈接；嫁接时间应选择在5～6月和11～12月，考虑嫁接后种子园的建园质量和无性系林相整齐，大量嫁接应在5～6月进行，当年的11～12月进行补接。嫁接后应定期观察，一旦捆绑的塑料绑带内有积水，必须立即排干；嫁接50～60天后成活植株开始生长，摘除塑料绑带；

当接穗针叶开始展开时松开塑料绑带和抹除砧木萌芽；接穗能独立生长时，从接口以上约2cm处切除砧木的上部（唐社云，1999）。

（3）种子园管理

思茅松种子园需加强抚育管理，除一般管理外，第一、第二年每年要抹除主干萌芽3～4次，第三年后每年要抹萌芽1次。为保证成活率和初期生长量，一般嫁接头一年包括中耕和除草共抚育3～4次，以后逐年递减，第五年后每年抚育1次（唐社云，1999）。此外，还需要注重种子园的花粉管理，适当进行人工辅助授粉。

四、苗木培育

1. 种子的采收与处理

思茅松种子从开花结实到种子成熟长达两年，11～12月种子成熟，采种期在翌年1～2月；球果出种率为1.5%～2.0%，种子千粒重5～19g，每千克有种子5.2万～6.6万粒，发芽率为70%～90%，种子寿命一般保持8年，种用价值2年。思茅松种子贮藏采用普通干藏法，把种子放入袋中置于通风干燥处即可；若需保存2年以上，选择1～4℃的冰箱或冰库冷藏即可保持种子活力。

2. 育苗技术与苗期管理

（1）容器苗培育

基质配制 思茅松育苗基质的基本要求是偏酸性、疏松透气、保水性好，采用森林菌根土的配方。选取思茅松林下的（A+AB）层壤土，其中菌根土必须达基质总体积的1/3，即2/3思茅松林下森林土和1/3思茅松林下菌根土均匀混合，以保证苗木良好的菌根菌接种。

种子处理 播种前必须进行种子处理，先用0.15%的福尔马林或2%的高锰酸钾溶液浸种30min，然后取出用清水洗净待用。也可对种子进行催芽处理，在生产上用50℃左右的温水浸种24h后自然冷却，再换温水浸种12h，晾干播种。经催芽的种子可以提前萌发、出土整齐、缩短出苗期、提高苗木质量。

苗圃地选择及准备 苗圃地要选择阳坡、半阳坡，水源充足的地方。思茅松苗圃地多为山地临时苗圃，在按要求整好地的基础上，应对育苗地严格消毒，以避免苗木感染猝倒病等致死性病害。可结合苗圃整地清理过程，对地上杂物烧除进行消毒；也可用多菌灵和高锰酸钾粉剂或二者浓度为0.5%的溶液消毒，即平整好的苗床用8g/m^{2}的多菌灵混合3g/m^{2}的高锰酸钾粉剂均匀撒开消毒，或用0.5%的多菌灵溶液均匀喷湿苗床20cm表层土壤，之后用相同浓度的高锰酸钾溶液再浇湿相同深度的苗床表层一次。

播种技术 播种时将思茅松种子点播在袋土表面，每个容器袋播种2～3粒，播后将细土轻撒于床面，厚度不超过5mm。为保持土壤湿润，可先用青松针、再用遮阳网覆盖，以后管理措施包括浇水、松土除草、间苗、施肥等。

（2）嫁接苗培育

砧木的培育 思茅松苗高10～20cm、地径0.2～0.3cm时，移入规格为（12～15）cm×（20～25）cm的容器中继续培育，内装有用红心土、菌根土和过磷酸钙按6∶3∶1比例混合配制的基质，待苗木地径长至1～2cm时即可嫁接（张建珠等，2013）。

接穗的采集 在无病虫害的优良母株上，选择树冠中上部健壮、顶芽饱满的当年生枝条，剪取长18～25cm、茎粗≥0.6cm枝条作为接穗。穗条采集后宜用水浸泡，长距离运输则用湿毛巾包裹保湿，穗条保存时间不宜>7天（张建珠等，2013）。

嫁接方法 在4～5月，采用髓心形成层对接法进行嫁接，选取与砧木径粗相似的接穗，保留顶芽下1～2cm处针叶，其余部分剪除，从保留针叶处向下削一个平滑斜面至髓心，削面长4～5cm；根据接穗切面的长、宽，用刀片在砧木上由上向下切削，切至露出形成层时，削至与接穗切面长度相等，横切一刀，及时将接穗斜面与砧木切面对齐，使形成层相互紧密接合、压紧；然后用宽2～3cm、长40～50cm的塑料薄膜绑带绑紧，不漏缝隙。嫁接完成后，用长15～20cm、宽7～10cm的塑料袋套罩穗条，并用绑带扎紧下端，将扎口周围用手提起使塑料袋呈中空灯笼状。

嫁接后管理 嫁接后，每隔3～5天浇水一次，及时除草，每30天喷施浓度为1%～3%的复合肥（氮：磷：钾＝15：15：15）一次。嫁接后20～25天，针叶鲜绿、穗梢开始伸长时可解除防护罩。解除防护罩30天后，及时解除绑带。嫁接2～3个月后，对成活植株解绑，剪去砧木苗嫁接口以上枝条。出现虫害时，用4.5%氰戊菊酯乳油2000～3000倍液喷雾；出现病害时，用50%的多菌灵1000倍液或75%的百菌清800倍液进行喷雾（张建珠等，2013）。

苗木出圃 苗木质量检测按DB53/T 663规定，出圃苗的容器不破损、有良好根团，苗木长势好、苗干直、无机械损失、无病虫害，并达到Ⅰ级苗苗高＞12cm、地径＞0.8cm，Ⅱ级苗苗高＞8～12cm、地径＞0.6～0.8cm。苗木包装宜用塑料箱、竹箩筐和环保袋，包装后及时运输，途中注意通风、保湿，避免风吹、日晒。

（3）扦插育苗

建立采穗圃 选择土层深厚、土壤肥沃、灌溉方便的圃地建采穗圃。苗床设置为地床，床宽1.0～1.5m、长15～20m，采穗母株定植的株行距为40cm×40cm。定植前每株施基肥50g，定植成活后采穗母株高10cm以上，截顶高度8cm。每次采完穗条后追肥一次（复合肥20g），结合采穗圃中耕除草进行覆土施肥。为了保证穗条质量，采穗前一个月不施肥，及时对采穗母株进行修剪，剪除营养过剩枝、老弱病残枝、过密枝等（唐红燕等，2011）。

插穗的选择与截取 采穗枝条要生长健壮、顶芽饱满、半木质化，插条采集后及时放在阴凉潮湿处或用湿润材料包好，以免失水。将枝条截成长度8～10cm的插穗，做到随采条、随剪截、随处理、随扦插（唐红燕等，2011）。

基质的配置与消毒 苗床宽1.2m、步道30cm，营养袋规格为12cm×15cm，基质用山地红壤（去掉腐殖层），扦插前装好袋并在扦插前1天进行土壤消毒备用，可选用多菌灵500倍液和甲基托布津800倍液喷施（唐红燕等，2011）。

插穗的处理与扦插 插穗下端剪成平切口，摘除切口上方1～2cm范围的松针，扦插前基部浸入1g/L ABT1号水溶液速蘸5s后垂直插入基质中；扦插时若土壤疏松度不够而不能直接插入穗条，可先用木棍戳孔再插入。扦插深度一般为3～4cm，压实土壤使穗条插入土壤部分与土壤紧密结合。扦插后要使插穗直立，以针叶不重叠为宜。插好后要立即浇透定根水，使插穗与土壤密切结合（唐红燕等，2011）。

苗期管理 扦插后搭建80cm高的塑料小拱棚，外加一层遮光率75%的遮阳网，棚内湿度保持在85%左右，温度保持在25～32℃；温度过高时要及时采取小棚两端通风降温措施，但要注意保证棚内湿度的前提下把温度降到适宜范围内。同时，扦插后每隔10天喷施一次多菌灵1000倍液防止穗条霉变，40天左右插穗开始生根。当有虫害发生时，根据不同种类采取措施加以防治，发现霉烂的枝条应及时拔除。

炼苗 按DB53/T 388标准，思茅松扦插90天后可以炼苗。刚开始炼苗时，先把小拱棚两端的塑料薄膜打开15天，然后再揭掉整个小拱棚塑料薄膜，30天后揭除全部遮阳网。此外，在炼苗期间要注意水肥管理，采用追施和叶面喷施相结合，这样炼苗成活率在85%以上。经炼苗后，苗高≥12cm、地径≥0.2cm即可出圃造林。

3. 返幼复壮技术

（1）嫁接

于4～5月采集思茅松成年优树枝条进行嫁接幼化，采用劈接法连续嫁接3次。即每次嫁接时采用无性系种子园种子培育的1年生实生苗作砧木，苗高70～100cm、地径1～2cm，在砧木离地面10～15cm处剪断主干。第一次嫁接的穗条采自优树所萌侧枝，嫁接后待侧枝完全木质化、顶芽饱满、长到20cm后，取其作为第二次嫁接的穗条，如此反复嫁接3次。

（2）嫁接苗的管理

接后60～80天接穗上的针叶仍为绿色或针叶已经脱落但顶芽抽出的新梢已达3cm以上，表明已经成活，此时嫁接苗管理的好坏直接影响嫁接

云南省景谷县思茅松无性系种子园（贾黎明摄）

成活率和嫁接苗的生长。由于嫁接后接穗的芽较嫩，人为活动多时容易造成损伤，应尽量减少圃地内作业。根据苗木生长情况每个月追施复合肥5～10g，要求复合肥中氮（N）、磷（P_2O_5）、钾（K_2O）含量分别为15%。

（3）平茬萌蘖

反复嫁接3次后的植株，在其主干20～30cm处断顶促其侧枝萌发，用作嫩枝扦插的材料。

五、林木培育

1. 造林地的选择与整理

造林地宜选择在坡度小于35°、地势相对平缓的区域，选择立地指数14以上（即思茅松20年生时树高达14m）的造林地进行人工林培育；短周期工业原料林培育，以立地指数18以上（含18）的造林地为主。海拔高度700～1700m为思茅松人工林的适宜造林区，其中，以740～1400m地带最为适宜。根据现有植被情况，可选择原有思茅松生长较好或思茅松与阔叶树种混交林地段作为人工林的优先造林地。

思茅松造林整地包括砍山、后期清理等几个步骤。砍山最好在上年底至造林当年2月前结束，要求全面砍除林地乔灌木和草本植物，乔木伐桩要求低于20cm，灌木和草本应平地面砍除。炼山一般在砍山结束后20天进行，炼山时应先在四周开好防火线，点火宜从山坡上部点起，使火自上而下燃烧；点火后要派人密切监视火场，严防跑火蔓延成灾。如遇雨季，最好行状堆积，以便于造林和抚育活动的开展。思茅松造林整地一般采用穴状整地，穴的大小为40cm×40cm×40cm。

2. 造林季节与造林密度

山地造林缺乏灌溉条件，特别在云南干湿季节比较明显的情况下，造林季节最好选在雨季，最佳的时间是在雨季头1～2次透雨后的间歇晴天。这一时期，土壤已充分湿透，空气湿度大，即使是晴天土壤会也保持潮湿，保证成活率的同时也便于施工。由于思茅松林区土壤黏重，雨天造林踏实土壤会导致通透性差，造林出现“僵苗”现象，即造林后苗木根系生长缓慢、较长一段时间内停止生长的现象，因此雨天造林不可取。

思茅松造林的株行距应根据立地条件、造林目的和林地抚育管理水平而定，传统上造林密度多数采用均匀密度，现代林业资源培育产业化试验与示范采用宽窄行（非均匀密度）模式造林。株行距常采用1.5m×1.5m、2m×2m、2m×3m、2.5m×3m、3m×3m、3m×4m，其中，最适宜思茅松中龄林生长的株行距是2m×3m（杨利华等，2013），非均匀密度1.5m×1.5m、1.5m×3m、3m×3m。采用非均匀密度，在每亩造林株数与均匀密度相同或相近的情况下，前者充分利用边缘效应的同时，通过群体效应，不但可以提高成活率、保存率和抗杂草、病虫害的抗性，还可以提高挖穴造林、杂草砍除、病虫害防治等方面的效率，并在环境保护、混农林业或间作及土地的可持续经营方面具有积极的意义。

3. 造林方式与造林技术

挖掘栽植穴时，将燃烧后的灰分和表土置于栽植穴上方，深层土（生土）置于栽植穴下方。栽植前，先将育苗容器撕掉；为防止袋内土壤松散影响成活率，先用两手轻轻压实袋内土壤使其成团，然后自袋底向上撕开；撕除的塑料袋统一烧毁，以免影响苗木成活或污染环境。栽植时，将苗木直立置于栽植穴内，立即回填表土、踏实。回土时首先填到苗木基部2/3，用脚踩或手压实土壤，使苗木根系与土壤紧密结合；然后再回土到苗木原来露出袋内的基部或略高于基部，再踩实土壤；最后再盖上一层表土，覆土略高于塘面。之后进行扩穴，即把栽植穴周围1m内的杂灌、草清理干净，并把周围的表土层作为回填或覆盖土充分利用。

思茅松短周期工业林可营造成纯林，其他林分可营造混交林。在低海拔（低于1100m）地区，思茅松可与阿丁枫、马尖相思、西南桦、栎类、红木荷等树种混交；阳坡和高海拔地带，除西南桦、阿丁枫和马尖相思外，栎类和木荷是较好的思茅松混交树种，混交比例多为3：7。另外，火灾是思茅松林区的主要灾害种类之一，为防止火灾造成人工林的大规模损失，必须营造防火隔离带，即在造林地四周、山脊等营造宽20～40m的林带，防火带的株行距2m×2m。若在天然林中种植防火林带，则原有阔叶树种可以保存。为了防止病虫害和易燃的思茅松引起火灾，防护林带内的思茅松必须砍除。在其分布区内，红木荷属耐火烧树种，是最好的防火隔离带树种。

4. 抚育管理

（1）幼林抚育管理

思茅松人工幼林除草主要采取砍除，从造林当年开始，一般杂草砍除要求连续进行3～4年。造林当年8～10月砍除一次；第二年砍除2次，第一次在5～7月，第二次在10月至翌年1月；第三年砍除2次，时间与第二次相同；第四年砍除1次，时间为7～11月。杂草必须从地面砍除，砍除后的林地可看见地面。在不影响周围林木生长的前提下，乔、灌木从第二年开始尽量保留，使人工林逐步形成人工造林（目的树种）-天然林（伴生的阔叶树种）的乔、灌木混交林。同时，幼林期间注意追肥，但需氮、磷、钾肥配合施用，适宜的用量为：尿素50g/株、过磷酸钙200g/株、硫酸钾50g/株。

牲畜践踏、啃食也是影响幼林生长的主要因素。思茅松枝梢是牛、羊等喜食部分，因此，造林初期应严格防护，一般开挖防牛沟或搭建围栏防止牲畜危害。同时，制定乡规民约，严格惩处，并安排专人巡护；从造林当年开始，5年内严禁牲畜进入林内。

森林火灾也是思茅松人工林的主要毁灭性灾害，在营造防火林带的前提下，必须注意防止火灾发生，这一项工作从造林后直至主伐前的整个时期内都应长期监测和防控。

（2）成林抚育管理

疏伐是思茅松人工林抚育管理必须实施的一项重要措施，否则会因密度过大形成见林不见材（林木直径小，达不到用材规格）、病虫害严重、林分生物多样性降低、地力衰退等一系列不良影响。思茅松林生长最佳的郁闭度不超过0.8，当郁闭度达到1.0时林木的生长将受到严重的抑制，这时应及时进行疏伐。2m×2m的初始造林株行距，在立地条件较好（立地指数在14以上）的造林地，造林后5～6年郁闭度可达0.8，必须进行第一次疏伐；大于2m×2m的造林初始株行距，则疏伐时间应提前；株行距小于2m×2m则可推迟疏伐。当思茅松人工林12～15年生时，开始实施第二次抚育间伐，疏伐后保留林木的郁闭度应在0.4～0.7，以0.5左右为宜，应视疏伐次数、疏伐木材的可利用程度和轮伐期的长短而定。为保持林木的干形和林下植物的适度生长，宜采取每次间伐强度相对较低、短间隔期多次疏伐的措施。如需培育大径材，经抚育间伐后，每亩保留林木80株左右，疏伐结束10年后作为大径材主伐，伐后可以进行天然更新。

疏伐遵循留优去劣、伐小留大的原则，伐除思茅松林分中的Ⅳ、Ⅴ级木以及病腐木、虫害木、分杈木，使林木保持稀密分布均匀，不能出现较大林窗，以增大主林层林木的营养空间，使主林层的林木获得较好的生长条件，加快林分的生长进程。抚育间伐后必须对林木进行认真清理，以免火灾及病虫害发生。各地可根据具体情况，本着有利于林木生产、提高投入产出比和林地生产力长期维持的原则确定疏伐开始年龄、疏伐强度和间隔期。

5. 主伐与更新

（1）林木采伐

当林分生长40年左右、平均胸径达25～30cm时进入主伐利用阶段，采用“小块状保幼伐”的采伐方式。目前多采用径级择伐，采伐胸径＞22cm的林木，而把生长旺盛、胸径较小的思茅松幼树保留下来，让其充分生长。采伐季节应选择在冬、春季，以便充分利用林分最后一批种子作为天然更新的种源。

（2）人工促进天然更新

思茅松林区自然条件优越、天然更新能力较强，小块状皆伐利于促进思茅松天然更新。但在针阔混交林（阔叶树占30%以上）、植被覆盖度较大（60%以上）地段，思茅松天然更新能力较低，需要实施人工促进天然更新。当种群密度过高，尤其是灌草丛盖度较高时，伐除其中矮小、弯曲、断梢、有病虫害的植株，避免造成种群个体小、种质资源差的现象。对于针阔混交林，若常绿阔叶树种生长过于繁茂，应合理伐除其中一部分生长旺盛的常绿阔叶树种，保留树桩，形成林窗，同时让阔叶树进行萌生。当常绿阔叶树种的萌生枝再次形成较大的荫蔽时，应再次对萌生枝进行部分修剪（廖迎芸等，2013）。

在思茅松林的采伐迹地采用人工促进天然更新的方式，能形成大面积的思茅松纯林。根据主伐设计，在思茅松林的主伐区内保留一定数量的母树，并于每年3～4月对思茅松主伐林地内的采伐剩余物进行人工清理，分片集中烧除，于雨季来临前在其采伐迹地上人工点播或撒播思茅松种子，与保留母树每年飞散至地面的种子一起发芽出苗而生长成幼林。

6. 采脂技术

思茅松高产脂幼林郁闭后，不需进行抚育间伐，待其林分中林木的胸径达21cm时即可进行采脂作业。思茅松林木的割面负荷率（割面宽度/树干周长）为20%～40%时可获得较高产脂量及较好材积生长量，可以做到脂、材双丰。思茅松常规的采脂方法有：下降式采脂法、上升式采脂法、复合式采脂法、双窄割面采脂法。其中，下降式采脂法是从树干距地面2.0～2.5m处开第一刀，以后逐步向下延伸采割；上升式采脂法与下降式采脂法相反，第一刀从树干离地面20cm处开割，以后逐步向上延伸；复合式采脂法是下降式采脂法与上升式采脂法的组合，吸取了二者的优点，减少了二者的缺点，是思茅松林木较好的采脂方法，即从树干离地面1.3m处开第一刀，每季轮换使用下降式采脂法或上升式采脂法直至割完；双窄割面采脂法是思茅松的一种新采脂方法，又称为两个半割法，它将40%的割面分为两个负荷率各为20%的窄割面，两条割脂主沟间为10～12cm宽的营养带，形成2条导脂沟，每条导脂沟下方设1个导脂器，可采用上升式或下降式采脂法采脂。

六、主要有害生物防治

思茅松人工林的病害主要有松针锈病（*Coleosporium solidaginis*）、松落针病（*Lophodermium* sp.）等。

松针锈病的症状是针叶表皮下散生（0.5～1.0）mm×0.5mm黄褐色斑点状物，后期在针叶表皮下方形成外露扁平或舌状具包被的锈孢子器，鲜时橙黄色，后变淡黄色至乳白色，内有橙黄色粉末状锈孢子，成熟时从不规则开裂的锈孢子器包被中散放出来，此为典型病症。松针锈病的发生、发展与树龄有关，幼树高达1.8m后病轻。松针锈病发病扩散较快，一般危害2～5年生思茅松幼林。防治方法：以抗病的思茅松林木作采种母树育苗造林，加强思茅松人工林幼林期的抚育管理强度，及时清除发病的植株，幼林发病时喷洒石硫合剂或敌锈钠200倍液。

松落针病多发生于5～9年生的思茅松幼林，防治方法：营造思茅松与其他阔叶树种的混交林，防止松落针病病菌的快速扩散，注意适时对幼林进行抚育间伐以改善幼林的生境条件，发病期喷洒等量式波尔多液或多菌灵1000倍液及70%的敌克松等进行防治。

思茅松的害虫分为食叶害虫和枝梢害虫两大类。常见食叶害虫有思茅松毛虫（*Dendrolimus kikuchii*）、云南松毛虫（*D. houi*）、祥云新松叶蜂（*Neodiprion xiangyunicus*）、云南松镰象（*Drepanoderus leucofasciatus*）、皱鞘沟臀叶甲（*Colaspoides subrugosa*）、云南松叶甲（*Cleporus variabilis*）；枝梢害虫有松实小卷蛾（*Retinia cristata*）、松梢螟（*Dioryctria rubella*）、云南松大蚜（*Cinara piniyunnanensis*）等。造林初期松大蚜和叶甲危害较重，2～3年后以松实小卷蛾、松梢螟为主，3年之后以松毛虫、松叶蜂、松镰象危害最重。防治方法：①松毛虫必须丁3龄前幼虫期进行防治，一般用胃毒剂或触杀就能达到良好的效果（唐社云，1999）；也可以人工保护天敌松毛虫赤眼蜂（*Trichogramma dendrolimi*）、松毛虫黑卵蜂（*Telenomus dendrolimus*）等，依靠天敌生物控制该虫的发生；人工捕杀虫茧；在松毛虫成虫期可采用黑光灯进行诱杀。②针对云南松叶甲，加强幼林期管理，促进林分郁闭，可减轻危害；天敌蚂蚁能捕食其卵、幼虫和蛹，蜘蛛能捕食云南松叶甲成虫；在成虫活动期，用化学药剂喷杀。③松梢螟一般用化学药剂喷雾防治，发生期每10天1次，连喷2～3次；或将化学药剂施于树根部土壤中，嫁接后1～2年生的植株每株施药15～20g，3～4年生植株每株施30g，5年生以上每株施药50g。其余病虫害的防治措施同云南松。

七、材性及用途

思茅松心材、边材区别明显，边材黄色或浅红褐色，心材红褐色，结构中至粗、不均匀，重量和硬度中等。其树干通直，很少扭曲，木材纹理直、变形小，可供建筑、胶合板、桥梁、枕木、坑木、造纸、中密度纤维板、电线杆用材。木材性质及用途与云南松相似。

思茅松树干富含松脂，单株最高年产量达15kg，一般3～4kg，最低1kg；松节油含量高，最高达32%，平均20%，最低8%，是云南的主要采脂树种。同时，树皮含单宁5.8%，纯度65.3%，单宁的主要成分为凝缩类，可供制鞣革用。

思茅松的生态价值与云南松相似。

（许玉兰，蔡年辉，李根前）

12 南亚松

别　名｜海南松、油松、南洋二针松

学　名｜*Pinus latteri* Mason

科　属｜松科（Pinaceae）松属（*Pinus* L.）

南亚松是我国自然分布最南的松科植物之一，主要分布于海南岛中部、广东雷州半岛和广西合浦、钦州及防城海岸一带，是热带、南亚热带地区荒山造林的先锋树种。其木材用途广泛，树脂含量高，产脂力强，每株树松脂年产量可达5～10kg。

一、分布

南亚松在我国天然分布于18°45′～22°45′N，即南起海南岛乐东县的佳西岭，北至广西钦州的平吉、青塘和东兴县。在国外，分布区包括越南、柬埔寨、老挝、泰国、缅甸、印度尼西亚及菲律宾的吕宋岛、苏门答腊岛和民都洛岛。在海南岛垂直分布是从近海台地至1200m，海拔500～800m为分布中心，即从儋州市松鸣滨海沙地至昌江县雅加斧头岭。迄今为止，海南岛霸王岭自然保护区有保存完好的天然林，广东雷州半岛和广西钦州等地已罕见天然林。我国亦有早期华侨从东南亚零星引种栽培的林分，如广西防城港市大垅村保存的林分（韩超等，2014）。

二、生物学和生态学特性

常绿乔木。树高可达40m，胸径可达2m。树皮厚，灰褐色，深裂成鳞状块片脱落。针叶2针一束。球果长圆锥形或长卵状圆柱形，长5～10cm。花期3～4月，球果翌年8～9月成熟。

南亚松是喜光树种，天然分布区年平均气温为18.3～26.2℃，极端最低气温为1.4～1.8℃，极端最高气温37.5～38.8℃，年降水量为900～2060mm。土壤有花岗岩、玄武岩、砂岩、砾岩和页岩发育成的各种土壤，在干旱瘠薄的粗骨质砖红壤，以至热带滨海冲积的粗沙土或厚层铁质黄红壤性黏土，均能正常生长。耐高温，抗寒性则较弱，耐旱性强。在海南岛西部的滨海粗沙地，年降水量仅900mm，蒸发量达2000mm以上，地表极端最高温度达65.3℃，且有“焚风”袭击，为高温干旱地带，但也能正常生长。

三、苗木培育

1. 采种

选择优良林分，于9～10月球果由青绿色转青褐色、果鳞微开裂时采种。采种和种子处理方法与其他松树相同。种子在室温下用布袋盛装易丧失发芽力，可装入塑料袋并抽真空，于-4℃低温贮藏，保存2年仍具较高发芽率。

2. 苗木培育

接种菌根菌是培育壮苗的关键技术措施，南亚松对与之共生的菌根菌的选择性比其他松树更

南亚松叶（施国政摄）

南亚松松枝（施国政摄）

南亚松树皮（施国政摄）

为严格。因此，在沙地和荒山荒地育苗造林，应选用松林表土作基质，或采用人工接菌的方法，用马勃子实体混拌育苗基质。营养土的配制为火烧土、轻基质和松林表土各1/3。轻基质采用粉碎的松树皮、椰糠、蔗渣和泥炭土等，加0.1%过磷酸钙（体积比）经充分堆沤腐熟，过筛后充分拌匀即可装杯，装杯后应淋水保湿。

为预防蚂蚁和地下害虫的危害，播种前先用0.3%的马拉硫磷溶液淋洒苗床及其四周，再用1.5%～3.0%的高锰酸钾溶液喷洒淋透，盖上薄膜闷5～7天。用40～50℃温水浸种24h，自然冷却后捞出并稍晾干，再用2%福尔马林浸种20min，把药水倒净晾干后，即可撒播或点播种子。覆土0.4～0.5cm或薄盖新鲜松针，用遮阳网覆盖苗床。晴天早、晚各淋1次水，约1周后种子开始发芽。当发芽达1/3时，上午及下午揭开遮阳网，正午时适当遮阴。当幼苗长至3～4cm，种壳脱离子叶时移植上袋或及时间苗保留1株壮苗。苗龄达到2～3年，苗高35～40cm时，可出圃造林。

四、林木培育

南亚松适宜在我国北回归线以南的热带、南亚热带地区发展，该区域极端最低气温大于−2℃，造林地选择以低山丘陵、土层深度＞60cm地块为宜。

对杂灌木较多的荒山、迹地，要进行砍杂、除草处理。海滨台地或坡度＜10°的地块，采取机耕带垦整地，开沟犁耕深度40cm；坡度＞15°的丘陵、低山，采用垦穴整地。植穴规格为50cm×50cm×35cm。无论采用何种整地方式，都应沿等高线进行，以利于水土保持。整地一般在造林前3个月或造林前一年雨季末进行，犁翻后的土壤经冬晒、风化，土壤中的有效养分增加，促进幼林生长。

造林密度可视培育目标而定。培育小径材，初植密度为1800～2550株/hm^2；培育中大径材，初植密度为1350～1665株/hm^2；培育大径材或采脂林，初植密度为840～1125株/hm^2。幼林以施磷肥为主，基肥可施用钙镁磷肥或过磷酸钙150～200g/株。在贫瘠的粗骨土、海滨沙质土和侵蚀严重的造林地，当土壤中有效钾含量低于60mg/kg时，要适当配施钾肥。

在滨海沙地造林时，最好选用3年生苗木造林。造林后连续抚育4～5年。当幼树度过“蹲苗期”之后，在第五年进入树高速生期的雨季前，应进行砍杂、除草，同时松土扩穴（范围1m×1m），追施钙镁磷肥或过磷酸钙200～300g/株，再加施56%的钾肥（K_2O）50～100g/株。

南亚松不喜遮阴，旺盛生长期在50年生

南亚松（施国政摄）

以上，宜培育大径材。首次间伐保留优势树900～1000株/hm^2；到25～30年生时，再间伐一次，保留立木450～600株/hm^2，培育成为大径材。

五、主要有害生物防治

南亚松苗期主要病害有猝倒病（*Pythium aphanidermatum*）和叶枯病（*Helminthosporium helianthi*），防治方法参见马尾松苗猝倒病和叶枯病。虫害为马尾松毛虫（*Dendrolimus punctatus*）和思茅松毛虫（*Dendrolimus kikuchii*），严重时树高20～30m的大树受害率可达60%，有时全株针叶被吃光。防治方法参见马尾松毛虫。

六、材性及用途

南亚松木材纹理通直，结构细致，材质稍软，容易加工；干燥后少开裂、少变形；心材红褐色，较耐腐；边材浅黄褐色，较易受变色菌侵染。适于作建筑上的梁柱、金字架、桁桷、门窗等用材，并可作桥梁、造船、枕木、矿柱等用材，也用于制作胶合板和纤维板，还可作为较好的造纸材。同时，南亚松松脂是摄影、油墨和干油脂的良好原料。

（徐建民）

13 国外松

国外松（exotic pine），意即自国外引种的松属（*Pinus*）树种。我国已引种过的国外松类有近30种，有的仅属于标本式引入，有的尚待时间检验，通常所说的国外松是指自北美东部引种、隶属于松亚属（Subgenus *Pinus*）三针叶组（Section *Trifoliae*）南方松亚组（Subsection *Australes*）、经系统引种和种源试验已明确适生栽培区及其适宜种源、达到一定推广应用规模的湿地松（*P. elliottii*）、火炬松（*P. taeda*）、加勒比松（*P. caribaea*）及晚松（*P. serotina*）等几个树种，主要在南方地区木材、松脂生产加工等产业经济中，以及困难立地造林等生态建设中发挥着重要作用（潘志刚等，1994）。

一、自然分布与引种栽培区域

1. 湿地松（*Pinus elliottii* Engelm.）

天然分布于美国东南部，从佛罗里达州向北经佐治亚州大部至南卡罗来纳州南部的大西洋沿海地区，向西包括阿拉巴马州南部、密西西比州东南部、路易斯安那州东南部的墨西哥湾沿海地带，垂直分布多在海拔150m以下，一般不超过600m。其中，佛罗里达州南部种群被划分为南佛罗里达变种（var. *densa*），其幼苗阶段具丛草期，松脂流动性差，少有利用，一般所说湿地松为原变种。分布区内为亚热带暖湿气候，年平均气温15.4～21.8℃，极端高温41℃，极端低温-18℃，年降水量1270～1460mm，生长季降水量占总量的70%。所处立地多为沿海低地和低丘台地，表层多属沙土或老成土，底土则为粗沙质至黏土，常有排水不良的黏土硬盘层，导致季节性积水，土壤淋洗程度高，酸性强，相对贫瘠。在表土层深厚、地下水位较高、土壤水分充足的低湿平原或池沼、河流沿岸，湿地松林分生产力最大（Burns and Hokala，1990）。

我国20世纪30年代华南地区最早零星引种，40～60年代多地点小规模试种和示范性造林，70～80年代进行了大范围推广并开展种源试验及造林区评价，90年代后将其列为南方人工造林主要树种。引种地点南自海南北部和云南西双版

湿地松雌球花（姜景民摄）

湿地松雌雄球花（姜景民摄）

湿地松雄球花序（姜景民摄）

纳，最北有陕西汉中、山东平邑。自20世纪90年代以来，经对各地引种林分表现进行全面调查，结合主要引种区种源试验结果，并与本土或同类树种进行对比，明确了湿地松在我国的适宜发展区域布局（潘志刚和游应天，1991）。湿地松在中、南亚热带东部低海拔山地丘陵区生长大多优于马尾松，在海南、雷州半岛等热带地区生长量不及加勒比松，在北亚热带沿江丘岗地带生长整体上不及火炬松，四川盆地生长季热量不足，在暖温带地区易发生寒害，在东部深山区因多雾高湿而易发生针叶病害。因此，湿地松规模造林的主要区域是亚热带东部地区的低山丘陵地带，北到大别山以南的平原、丘岗地区。

2. 火炬松（*Pinus taeda* L.）

天然分布于美国东南地区，28°~39°N，75°~98°W，自佛罗里达州中部，北至新泽西州南部，西到得克萨斯州东部，自沿海平原向内陆至阿巴拉契亚山脉东部和南部山麓台地，垂直分布上限至海拔700m，一般在300m以下。区内大部地区气候温暖湿润，年降水量1020~1520mm，年平均气温13~24℃，1月平均气温4~16℃，北部偶有−23℃以下低温，无霜期北部5个月、南部10个月。北部地区的限制性气候因子主要是冬季低温和冰雪灾害及开花期寒流，向西扩张的限制因子则是生长季降水量不足。区内土壤主要是老成土，土层深厚、蓄水及排水性良好的黏质土壤和地下水位较高的沙质土壤地段生长良好，表土层浅薄的坡地，或根系层有硬盘、排水不良的低洼平地，或蓄水性差的沙土地及盐碱地生长不佳。

火炬松引种推广的历史与湿地松相同，引种地点南自热带地区的雷州半岛，西到云南昆明，最北有河南沿黄地带、山东烟台昆嵛山等，规模栽培的区域包括广东、广西和闽南的南亚热带地区，中、北亚热带东部地区的低海拔地段，四川盆地低丘台地，暖温带地区豫南、皖中沿淮岗地，及鲁东南、苏北沿海低山背风地段。在北部地区生长优于湿地松和本土松类，在南部地区幼龄阶段生长量多不及湿地松，但优于马尾松。基于木材及采脂经营综合效益，近年来直到北亚热带的大多数地区造林均以湿地松为主，火炬松主要造林区是在东部的中亚热带北部低海拔地带至淮河流域丘岗地。

3. 加勒比松（*Pinus caribaea* Morelet）

天然分布于中美洲和加勒比海地区，其下分3个变种：原变种古巴加勒比松（var. *caribaea*）产古巴西部及周边岛屿，海拔至400m，酸性土壤，年降水量1000~1800mm，但年内存在干湿季交替；洪都拉斯变种（var. *hondurensis*）产中美洲墨西哥东南端至尼加拉瓜的加勒比海沿

火炬松雄球花开花状（姜景民摄）

火炬松幼果（栾启福摄）

火炬松枝叶及球果（姜景民摄）

岸地区，海拔700m以下地带，酸性土壤，年降水量660～4000mm，无霜但冬季干旱；巴哈马变种（var. *bahamensis*）产巴哈马群岛，沿海岸带珊瑚石灰质浅薄土壤，pH 8.5，降水量1000～1500mm，主要为飓风降雨。

我国20世纪60～70年代相继引入加勒比松3个变种试种，80～90年代在华南地区开展系统的遗传资源收集和系统评价。从生存适应性和生长表现及其与湿地松的造林经济效果比较判断，加勒比松的适宜造林区在23.5°N以南地区（包括海南、广东西南部、广西东南部和云南南部），生长性状优于马尾松、湿地松等，目前主要推广造林的是古巴变种。近年在云南景谷布设的洪都拉斯变种海南临高种子园家系测定林，6年生生长表现优于引种南亚松家系和本地思茅松对照，表明其适于滇南地区发展。

4. 晚松（*Pinus serotina* Michaux）

晚松曾被认为是刚松（*P. rigida*）的变种，但目前多将其作为一个独立种。其天然分布区为美国东部北起新泽西州南部、南到佛罗里达州中部和亚拉巴马州东南部的沿海平原地带，垂直分布不超过100m。区内气候温暖湿润，年平均气温13.2～23.5℃，1月平均最低气温-10～-3℃，北部极端最低气温-23℃，无霜期190～350天，年降水量1120～1500mm，雨量季节分布从南向北渐趋均匀。

我国20世纪60年代引入晚松，80年代组织了

江西省泰和县螺溪林站困难立地晚松林伐桩萌芽状况（刘苑秋摄）

引种试验，试种范围南到广东广州、广西南宁，西到云南昆明，北到河南南部，各引种点生长表现正常。树种间生长量比较，南方试点晚松不及湿地松、火炬松，江苏等北部试点超过湿地松。因此，晚松的适宜发展造林区是中亚热带北部和北亚热带南部的低丘岗地，在荒山造林、困难立地植被恢复、城市绿化中具有应用前景。

二、生物学和生态学特性

1. 湿地松

（1）形态特征

湿地松原变种，树高可超40m，胸径超1m，干形通直，树皮纵裂，片状剥落，小枝粗壮，冬芽红褐色，无树脂；针叶束2～3针，长15～25cm，粗1.2～1.5mm，刚硬挺直或稍扭转，通常宿存2年，内生树脂道多3～5，叶鞘长1～2cm；雌、雄球花分别着生于春梢的顶端和基部，球果单生或2～4聚生于近枝端，2年成熟，成熟前窄卵形，长7～18（～20）cm，径4～7cm，鳞脐疣状具短粗刺，果柄长至3cm，成熟后种鳞张开，散种后即脱落；种子卵形，略具棱脊，长6～7mm，暗褐色，种翅长至2cm。

（2）生态习性与生长发育特性

湿地松适生于亚热带暖湿气候，光照充足、高热量和高降水量叠加有利于快速生长。对气温有较强的适应性，可耐短暂的-20℃低温，树冠遇积雪和结冰重压后折枝断干现象严重。强喜光树种，不耐阴，林下生长缓慢，造林一般采用皆伐后同龄纯林模式。山地地形对积温、湿度、光照等因素影响甚大，云贵高原、四川盆周山地，夏季气候凉爽，热量不足，生长较差；地形封闭的山地沟谷，光照短、通风差、湿度大，易感针叶病害。因此，湿地松宜选择地形开阔的低山丘陵和平原岗地发展。

适生于酸性至中性土壤，pH 3.8～6.8。耐水湿，也具有一定的耐旱力，但最佳立地是生长季节能保持近饱和含水量的土壤，其细根具有强分生能力和吸水力。在原产地，硬盘层埋藏深、地下水位稳定在40～60cm的地段上生长最佳，沿海

湿地松7年生林分（栾启福摄）

沙地如果下面1～2m有硬盘层，即可良好生长。浅层土壤、高地下水位限制主根深扎，排水、作床有助于降低地下水位，改善土壤透气性，提高根系生长深度。根系具有内生和外生共生菌根，有助于增加根系表面积，提高吸收矿质元素的能力。土壤酸性过高，不利于共生菌根发育。对土壤养分要求不严，冲蚀严重的粗骨质红壤、养分含量很低的沿海沙地上均能正常发育，对土壤养分改善反应明显，肥沃立地最能实现商品林培育目标。美国原产地和我国亚热带地区均属低磷地带，林分增施磷素或氮、磷肥同施，生长量增加显著。在土壤质地通透的海滩地带可以存活，但其针叶不耐盐雾，长期海风吹袭下针叶失活枯萎，生长不佳。

湿地松原变种苗期无丛草期，若土壤湿度合适，自然下种种子可在2周内萌发。种子萌发后快速生长，高生长量集中于6～8月。土壤质地影响苗木根系发育，黏质土地的1年生苗侧根数量和根系总长度最大，壤土次之，沙土最小。春梢生长至6月上旬，树势旺盛可抽发1～4次夏梢，形成多个枝轮，一般11月中下旬封顶。径生长与高生长同步，2月启动，4～5月生长最快。湿地松早期速生，中幼龄阶段中等以上立地年均生长量树高可达0.8m以上，最大可2m左右，胸径可在1cm以上，最大可达3cm，10～15年生树高连年生长量达到高峰，25年生后高生长量大大下降，胸径生长尚可持续几年；材积生长在10年生后开始加速，年平均生长高峰在25～30年生，之后趋于平缓。因此，湿地松适合于短周期集约经营，一般在25年生前采伐。主根生长中等，侧根系发达，幼树侧根长度可超过树高的2倍，中龄树侧根长度可相当于树高。

在华南低山和沿海平原地带，多地11年生林分年均生长量为树高0.87m，胸径1.27cm，单株材积0.0065m^3；中亚热带东部低山地带，多地10～12年生林分年均生长量为树高0.80m，胸径1.45cm，单株材积0.00758m^3；北亚热带低丘岗地，10～11年生林分年均生长量为树高0.72m，胸径1.41cm，单株材积0.00598m^3。地点间生长表现随纬度、海拔、土层厚度和肥力变化显著，中部地区低海拔土层深厚地段生长更具优势。

一般在10年生左右进入开花结实年龄，大量结实则多在15龄后，嫁接苗一般在嫁接后2～3年始花，有效结实多在8龄后。6～7月形成雄花原基，雄花芽多见于树冠中、下部，8月末至9月中形成雌花原基，雌花芽多见于树冠上部枝条。翌年春季开花散粉、受精，南方早，北部迟，单株受粉期约2周，异花传粉为主，自花受精种子及植株多发育不良。受粉后雌球花缓慢生长，直到第二年春后花粉管才进入胚珠完成授精，胚珠开始发育增大，之后小球果急剧增大，到9月球果成熟，种鳞开张散种，整个周期约20个月。自然飞籽在50m范围内。每千克种子21160～42550粒，平均29760粒，每公顷300株的适龄母树林分年产种子可达30kg左右。

2. 火炬松

（1）形态特征

高大乔木，树高一般可达30～35m，最高

达60m，胸径60～90cm，最粗达160cm，最大龄个体240余年生。干形一般通直，树皮方块状裂，小枝较细，冬芽少树脂；针叶束2～3针，宿存3年，长10～18（～20）cm，粗1～2mm，顺直稍扭转，较柔软，叶鞘长至2.5cm；球果单生或少数簇生于近枝端，窄卵形，长6～14cm，径4～6cm，几无柄，鳞脐先端反曲刺尖，翌年成熟，不易脱落，成熟后种鳞张开；种子近菱形，长5～6mm，暗褐色，种翅长至2cm。

（2）生态习性与生长发育特性

火炬松原产地分布区较湿地松广泛，较湿地松耐寒，冰雪灾害程度较湿地松轻，但不同种源抗寒性差异很大。在分布区和引种地的北部地区，可能会发生低温伤害或导致幼苗死亡，冰灾会造成包括枝干折断、倒伏、翻蔸等损失。耐旱性与种源密切相关，密西西比河以西地区的种源耐旱能力强。夏季极端高温、干旱、长期涝渍会造成幼苗、幼树死亡。

幼龄时可耐中等遮阴，随着树龄增长需光性逐渐增强。栽植地土壤的理化性质，光照、气温、光周期、降雨及其季节分布，以及种间、种内的空间和养分竞争等，都会对生长产生影响。植被竞争对生长的影响程度取决于立地、林龄、伴生植物大小和数量。栽植密度过大或伴生植被茂盛状况下，幼树水分供给和光合作用受到抑制，存活率和生长量可降低80%以上。造林头3年抚育对火炬松摆脱植被竞争非常重要，林下植被控制可增加材积生长量20%～43%，因此幼林上层植被和林下植被的控制是重要的营林措施。

火炬松根系侧向扩张远大于树冠，在深厚的沙质或壤质土立地，主根长可达1.5～2.0m，但在黏重土壤中，主根一般短粗状，过度潮湿立地或存在高地下水位或有硬盘层时，根系主要限于土壤A层。根系生长基本全年不停止，但4～5月和夏末秋初是生长高峰期。土壤水分供应充足有利于增加养分吸收，春、夏季土壤干旱水分亏缺会显著抑制生长，并对翌年高生长造成影响，生长季干旱少雨是造林失败的主要原因。苗木保护、栽植措施不到位、整地措施不恰当、植被竞争都会因造成水分压力而影响成活率。总体而言，火炬松对立地条件的要求要高于湿地松。

火炬松杂交品系6年生植株（栾启福摄）

火炬松花原基形成于上年7～10月，开花期自2月中旬至4月中旬，同株树上雄球花开放早于雌球花。幼年期营养生长旺盛，很少能形成花原基，随着树龄增大，开花量逐渐增多。夏季降水量和营养供给对花量影响甚大。每球果有种子可达200粒，每千克含种子27000～58000粒，平均40100粒。单株种子产量随树龄、树冠大小而增加，郁闭林分疏伐可提高种子产量3～10倍。

种子有较长休眠期，自然落籽经冬解除，3月日温达到18℃后开始发芽。通常采用低温（3～5℃）湿沙层积1～3个月的方法人工处理解除休眠。湿度是种子发芽成苗的关键因子，春季降水量与成苗率直接相关，苗床质地过轻不利于保持土壤湿度，土壤过于紧实会阻碍胚根入土、伸长，影响苗木成活率及生长量。

火炬松在我国种植，一般3月初芽萌动抽梢，9月底至10月上、中旬停止生长封顶，高生长集中于4～7月。中部地带幼树一年中高生长会有2～5个高峰期，成熟龄一年内有2～3个生长高峰，第一次为5月下旬至6月上旬，第二次在7月上旬，第三次在8月上旬。

火炬松具有速生特性。福建闽侯较好立地40年生解析木结果表明，树高28m，胸径31cm，单株立木材积1.1091m³，树高连年生长量5～10年生期间年均0.94m，20年生期间年均0.86m；胸径连年生长5～10年生时最快，年均1.12cm；连年生长量和平均生长量曲线交叉时树高为17年生，胸径为23年生；25年生时胸径为23cm，树高20.6m，材积0.41505m³；材积生长在10年生后加速，连年生长在35年生时达到最高峰，为0.0468m³，平均生长则直到40年生时仍在上升，即尚未达到经济成熟龄。

在雷州半岛等南缘，火炬松早熟，树型粗矮，尖削度大，中幼龄林年高生长约0.55m，10年生之前即开始大量结实。在广西、广东南亚热带地带，中幼龄林年均树高生长量0.65m，胸径生长量1.2cm，单株材积生长量0.0084m³。中亚热带东部地区多点平均结果表明，11年生林分年均生长量树高0.85m、胸径1.62cm、单株材积0.0098m³，树高、胸径、材积生长分别高于同龄湿地松林约10%、15%、40%。火炬松适生于四川盆地低海拔河谷阶地与丘陵区，在紫色岩层发育的肥力较高的酸性土立地，8～11年生林分年均生长量树高1.05m、胸径1.52cm、单株材积0.0076m³。在湖北、皖南、苏南等北亚热带地带，11年生林分年均生长量树高0.8m、胸径1.7cm、单株材积0.0103m³，30年生火炬松单株材积较湿地松高约40%。在豫南、皖中、苏中等沿淮地带，10～12年生林分年均生长量树高0.68m、胸径1.39cm、单株材积0.00635m³。山东半岛南部至江苏东北部的沿海地区是我国火炬松可以发展的最北部地带，幼龄阶段易发生寒害，需采用耐寒种源材料在低丘阳坡处造林，11年生林分年平均生长量树高0.75m、胸径1.56cm、单株材积0.00814m³。因此，中亚热带和北亚热带南部是火炬松在我国栽培效果较好的地带，且林分生长优于湿地松，在立地条件较好的地段培育大径用材林，应以火炬松为主。在北缘低平地带，火炬松林分生长显著优于油松、黑松。随海拔升高，火炬松生长量下降，高海拔处会发生冻害，中部地带应在海拔500m以下、北部地带应在200m以下的低平地段种植。

3. 加勒比松

（1）形态特征

高大乔木，高可达45m，胸径达1.3m以上，主干通直，树皮褐至灰色，长块状深裂，巴哈马变种树冠窄小；针叶通常3（2～4）针一束，硬直，稍扭转，宿存3年，长15～25cm，粗1.5mm，内生树脂道2～4（～8）个，叶束鞘长至20mm；球果通常2～5轮生于近枝端，第二年成熟，卵状圆柱形，长5～12cm，径4～6cm，果柄长至2.5cm，种鳞数120～200，鳞脐有细直刺，果成熟后种鳞即张开散种；种子窄卵形，淡灰褐色至黑色，长约6mm，宽约3mm，种翅长至2cm，易脱落或紧贴种子而不易脱落。

（2）生态习性与生长发育特性

加勒比松原产地属热带海洋性气候区，全年内只要是降雨时节，即可抽梢生长，每年可抽梢5～7次，以至新梢连续抽长，降水量、降雨季长与生长关系密切。但连续的高温多雨常会导致“狐尾”现象，即新抽发的枝干有时长达3～4m无侧枝，后期易导致干形扭曲，这在特别速生的洪都拉斯变种中更为常见。在华南地区，加勒比松在玄武岩、花岗岩等发育而成的红壤和砖红壤上生长较好，赤红壤上最差。在干旱贫瘠立地，加勒比松与湿地松生长量差别不大。

洪都拉斯变种在海南，4～6年始花，花期为11月底12月初至1月下旬2月上旬，8月中下旬球果成熟。巴哈马变种在广西合浦10年生左右进入结实龄，12月出现雄球花，翌年2月上旬出现雌球花。古巴变种在广东遂溪、广西合浦，10年生左右进入结实龄，雄球花花期为12月中旬至翌年

2月中旬，雌球花花期2月上旬至中旬，翌年7～8月球果成熟。种子生产基地宜建于热带，其次为雷州半岛地带。

华南地区多个引种试点表明，变种及其种源间生长差异显著，并与立地交互作用明显。3个变种中以洪都拉斯变种最为速生，苗期基本无缓苗期，古巴变种和巴哈马变种生长稍慢，但洪都拉斯变种狐尾现象及抗松梢螟和叶枯病方面都较差，枝轮和分杈多，节疤多，干形不佳，木材材质也较差。干形方面，巴哈马变种最为通直，冠幅较好，适宜密植。3个变种中，以巴哈马变种较耐寒，洪都拉斯变种的抗寒性最弱，宜在海南地区应用，古巴变种安全规模栽培北界至北回归线以南。抗风能力强于木麻黄和桉树，以古巴变种最抗风。

4. 晚松

（1）形态特征

中大型乔木，树高一般12～24m，良好立地可至30m，胸径至90cm，干形直或常弯曲，多萌发不定芽枝，树冠不规则，树皮方块状裂，小枝常被白粉，冬芽多树脂；针叶束3针，簇生枝端，宿存2～3年，长15～20cm，粗至1.5mm，顺直稍扭转，叶束鞘长至2cm；球果数个轮生，多树脂，卵形，长5～8cm，鳞脐先端有短刺尖或无，果柄无或长至1cm，果2年成熟，常宿存多年，采摘困难，遇火炙烤后才种鳞张开散种；种子椭圆形，长5～6mm，淡褐色，种翅长至2cm。

（2）生态习性与生长发育特性

晚松自然生境为沿海排水不良的低湿沼地，泥炭土或沙质土，土壤长期处于水分饱和状态，林下灌草植被茂盛，有机质丰富但分解缓慢，利用率差，生长受限，幼树年高生长不过30cm。自然林分多为火烧后的同龄纯林，靠火烧维持其群落不被阔叶树种替代。适应性强，在黏土、矿渣土、石砾土、沙滩土及极其潮湿的地方，均可正常生长。生长对地下水位的调控响应显著，沼地排水后林分可快速生长，台地上中龄树生长量可比火炬松。喜光，庇荫下枝叶稀疏，生长不良。浅根性，干材较松软，抗风能力较差，冬季积雪严重时易树干弯曲、倒伏或折断。

江西省泰和县螺溪林站困难立地造林25年生晚松（刘苑秋摄）

晚松在2～10年生时即开始开花结实。在原产地花期为3月下旬至4月下旬，晚于火炬松、湿地松，我国一般在4～5月。果实10月前后成熟，每球果有种子80粒左右，每千克种子平均11900粒。晚松是松类中最易萌芽的树种，针叶束休眠芽可在树皮中长期维持，采伐伐桩、遇火失叶后沿树干和分枝均会萌生大量短枝。

国内多地引种林分测定结果表明，幼树一年中可多次抽梢，春梢生长量最大。树高生长高峰主要在4月至7月中旬，或有2次高峰，第

江西省泰和县螺溪林站困难立地造林25年生晚松林分（刘苑秋摄）

一次在4～6月，第二次在8月至9月中旬。早期速生，10年生左右的幼林，树高年均生长量0.75cm以上，胸径达1.2cm；24年生林分平均树高14.3～15.8cm，平均胸径18.5～23.4cm。22年生树木解析，高生长高峰在5～7年生，胸径在13～16年生，材积生长在22年生时尚未达到数量成熟。在同等立地上，中幼龄林阶段晚松生长低于湿地松、火炬松，但高于马尾松。

三、良种选育

外来树种引种驯化，实现本土化生产性推广，应在树种及其种源层面试验评价在各引种点的适生性表现和引种价值，明确适宜的栽培目标和区域，为不同生态气候区筛选具有最佳引种效果的种源。在此基础上，充分发掘优良种源内个体间的遗传变异，优选遗传材料培育良种生产群体，从而保障造林种苗供应、提高造林收益。我国在20世纪70～80年代对10余个国外松类树种在各地的生存生长表现进行了调查研究和评价，明确了不同气候区适生的、栽培目标效果优于本土松种的引种松类。自80年代开始对湿地松、火炬松等几个优良国外松类树种开展了系统的种源选择试验研究，明确了生长与适应性性状的种源变异规律、种源效应和种源与造林地点的互作效应，为各造林区自适宜种源区进口造林种子提供了依据。针对重点树种开展良种选育，建设了母树林、种子园良种生产基地，按照速生、优质、高产脂、耐寒等目标定向选育了育种材料，实施多世代遗传改良，多地点已营建了2代种子园，并培育了3代育种群体。实施了湿地松、火炬松与加勒比松的种间杂交育种，选育超亲优势杂种家系、无性系良种，营建采穗圃采穗扦插扩繁无性系苗木，湿加松已成为华南地区的主栽品系。

1. 优良种源评价选择

（1）湿地松

湿地松自然分布区限于美国东南部大西洋和

墨西哥湾沿岸低平地带。20世纪50年代美国组织了全分布区种源试验，未能发现生长、抗性性状随地理或生态因子梯度的倾群性变化，但种源内林分间和林分内个体间存在着显著的变异，即多少呈现随机性种源变异格局。这一现象与分布区相对狭窄、区内地形相对平缓未形成生态型有关，变异格局可能与林分生长的土壤类型、地下水位等立地因子相关，遗传改良应集中利用其林分内变异，以个体选择为重点。

我国利用美国近20个产地种子园的种子作为种源材料，在南方11个省份布点开展种源试验。结果表明，种源间在树高、胸径、材积等生长性状上的差异不甚显著，种源与造林点的交互作用也不显著，而不同造林点间差异则极显著。相比之下，南部种源的生长表现较优，评选出的优良种源多集中在佐治亚州南部、佛罗里达州北部到南卡罗来纳州的一个狭长地带。原产地南部的种源在北部造林点发生寒害，西部墨西哥湾区的种源在较差立地条件下表现较好。目前，国内一些省份仍需进口原产地种子进行造林，可以佛罗里达州至佐治亚州的大西洋沿海地带和密西西比河沿岸一带的产地种子园为首选商购种子来源。

（2）火炬松

火炬松分布于美国14个州，区内自然条件变化较大，多数经济和抗性性状存在明显差异，并表现为随地理位置的连续或不连续的变异。美国将火炬松种源区划分为4个种源区，密西西比河以西的种源较抗锈病及耐干旱，路易斯安那州东部至佛罗里达州西北部及佐治亚州的东南部沿海地区和南、北卡罗来纳州沿海平原区生长速度快，弗吉尼亚州至马里兰州的种源生长慢但耐寒，内地山麓地带种源生长慢且锈病感染率高。

我国在南自广东、广西，西到四川，北至河南、山东的广大区域内多地点布设了火炬松全分布区种源试验，结果表明，不同种源间生长量和耐寒性差异显著，种源与造林点间互作效应显著。研究明确了不同气候带的适宜种源，华南、江南丘陵区、四川盆地的优良种源区包括南卡罗

安徽省南陵丫山林场湿地松林采脂（姜景民摄）

来纳州、佐治亚州至佛罗里达州沿海和路易斯安那州东南地区，北亚热带北部及暖温带南部宜采用北卡罗来纳州及以北耐寒种源。

（3）加勒比松

国际上开展的加勒比松天然分布区种源联合试验表明其变种间、种源间生长差异具有广泛性，并与立地间的交互作用显著。国内在华南地区组织开展了多批次加勒比松种源试验。除不同地区3个变种的性状表现差异外，洪都拉斯变种和巴哈马变种内种源间在生长速度上存在显著差异，而古巴变种则无明显的种源间差异，这可能与古巴变种地理分布范围窄、环境变化不大有关。洪都拉斯变种的伯利兹、波普顿种源表现优异，巴哈马变种的阿巴科岛种源生长最好。

2. 母树林和种子园良种

20世纪60年代初，广东营建了我国第一个湿地松种子园（朱志淞和丁衍畴，1993）。进入80年代，湖南、浙江、江西、湖北、广西、福建、四川、安徽、河南等省份相继建立了一批湿地松、火炬松无性系初级种子园和母树林。在国家林业和草原局确定的国家重点林木良种基地中，湿地松基地包括广东台山红岭种子园、广西合浦林业科学研究所、湖南汨罗桃林林场、桃源县良种基地、浙江余杭长乐林场、江西吉安白云山林场、峡江林木良种场、安徽泾县马头林场的湿地松种子园和湖北荆门彭场林场母树林，火炬松基地包括广东英德、湖南汨罗、浙江余杭、江西安福武功山等地的种子园和河南泌阳的母树林，加勒比松审定良种有广东遂溪和海南临高的古巴正种1.5代无性系种子园，广西合浦的巴哈马变种初级实生种子园。主要造林省份还有一批省级良种基地。其中，管理较好的广东台山湿地松种子园、英德火炬松种子园、湖南汨罗湿地松种子园、浙江余杭长乐湿地松种子园、火炬松种子园等，在科研团队的引领支撑下，开展了子代测定，根据测定结果，对种子园进行留优去劣，改

浙江省余杭长乐林场湿地松2代矮化种子园开花结实状（姜景民摄）

建成去劣种子园或重建了改良代种子园（又称1.5代种子园），并采取水肥控制和花粉管理等措施，种子产量较高且稳定，遗传品质较好。利用优良亲本开展遗传交配，创制下一代育种群体，到2000年，广东、湖南和浙江的湿地松、火炬松遗传改良已建成了多处第二代无性系种子园或高产脂、耐寒定向种子园，逐步进入投产期，广东、浙江的育种协作团队已在培育第三代育种群体。

应用台山、汨罗、余杭经遗传去劣改造的1代湿地松种子园种子造林，与母树林或初级种子园种子相比，材积遗传增益在10%～20%，已被所在省审（认）定为良种，可在本省和周边省份使用。广东台山湿地松精选种子园、浙江余杭长乐林场火炬松1.5代种子园与美国提供的2代种子园家系进行联合测试，其造林效果达到甚至超过美国优选家系水平，浙江长乐林场火炬松种子园种子已通过审定为国家级林木良种。上述种子园经子代测定，还选育出了一批优良家系，部分已经单独审定为良种。如果按照单系采种造林，较混系种子相比，有更大的遗传增益，林分更加整齐。目前，广东、广西、湖南、浙江等省份的湿地松、火炬松良种生产已可满足自身造林用种需求。

华南地区营建了加勒比松良种生产基地，目前有广东湛江良种场和海南临高县良种场两个国家级基地和广西合浦县林业科学研究所省级基地，培育的湛江古巴加勒比松改良种子园种子、巴哈马加勒比松实生种子园种子已获广东、广西省级林木良种审定。

中国林业科学研究院亚热带林业研究所20世纪70年代在各地引种晚松林分中选择了30多株优树，在浙江建立了3处嫁接种子园或嫁接母树林，之后营建了优树家系子代测定林，目前浙江余杭长乐林场嫁接种子园尚维持种子生产能力。

3. 优良杂种

松类树种种间基因交流相对容易，自然界中两种松树混生地带常见种间杂种后代，20世纪中期人工创制种间杂交后代的研究也很多，证明了松类种间杂交的可配性，但种间杂交结实率低下，制种成本高，且杂种种子批内后代个体间存在显著的遗传分化，扦插育苗技术不成熟，杂交育种与繁殖利用并未成为松类育种和种苗生产的重要手段。20世纪70年代后，澳大利亚针对湿地松×加勒比松后代个体的穗条扦插育苗技术研发取得突破，利用幼龄母株的幼嫩穗条在控制环境下扦插实现规模化育苗，从而为通过选择优良种间杂交组合家系中的优势后代并通过无性扩繁形成生产性苗木产能实现杂交遗传优势提供了可行途径。

国内广东省林业科学研究院、华南农业大学和中国林业科学研究院亚热带林业研究所等单位开展了湿地松、火炬松与加勒比松的杂交育种，选育出一批杂交优势突出的杂种组合，材积生长比母本湿地松、火炬松无性系提高50%以上，同时熟化形成了配套的采穗圃建设经营和扦插苗规模生产技术，建立了优良杂种扦插苗生产基地。

杂交种由于导入了适生于南亚热带的速生加勒比松的遗传基因，抗寒性较湿地松、火炬松弱，因此杂交品种的选择也更需强调重视品种适应性试验，界定适宜推广应用区域，不可盲目推广，以免造成冻害。目前推出的广东湿加松杂种可在江西和湖南南部以南地区安全发展，以浙江湿地松无性系为母本培育的湿加松品系可在江西中北部至安徽南部地区安全应用，相比湿地松种子园良种具有生长优势，以浙江火炬松无性系为母本培育的火加松品系可在江西北部、浙江中部以北至安徽中部地区安全应用，相比湿地松和火炬松具有生长优势。

四、苗木培育

国外松造林苗木培育主要采用种子播种培育实生苗，其中又分为裸根苗和容器苗。针对杂交品种的造林，则需要采用扦插育苗（姜景民2010）。

1. 播种育苗

（1）种子播前处理

湿地松、火炬松一般华南地区9月、江南地区10月，加勒比松8月中下旬，晚松10～11月，球果表面由绿色转为黄褐色时采收，过早采收有损种子千粒重和发芽率。球果经摊晒后脱粒，去翅净选，火炬松、晚松球果种鳞闭合较紧，种子难脱出，可采用40～50℃热烘使其张开脱粒。种子含水量8%～10%，室温或低温保存。

湿地松、加勒比松新采收种子贮藏至翌年春季播种，华南地区常当年秋季播种。火炬松、晚松种子有较长休眠期，自然状态下种子需经冬打破休眠，待气温超过18℃后才开始萌发，人工播种育苗前需要进行催芽处理，以提高发芽率和进程整齐度。一般常采用低温湿沙层积催芽，将种子与干净湿沙按1∶4混合，0～5℃放置1～2个月以打破休眠。湿地松、加勒比松贮藏种子也需经过催芽处理，可采用低温层积法，或温水浸种法，用温水（40～50℃）浸种，一昼夜后取出晾干，即可播种。播种前需进行种子消毒，一般用0.5%高锰酸钾溶液浸种约5min，或2%福尔马林或2%波尔多液浸种0.5h，捞起后用清水洗净。

播种种子的遗传品质和生理品质一致，可减少苗木分化，提高优质苗木出圃率。提高播种种子出苗一致性的方法：可以对种子按粒级筛分后分别播种，分别按家系播种，或采用沙床播种、依芽苗出苗进程分批移栽育苗，对不同苗批分别管护。

（2）芽苗培育

国外实生苗培育一般采用圃地苗床或容器盘直播，依赖筛分种子良好的播种品质保障出苗进程和苗木生长的相对一致性。我国一些育苗单位采取了先行沙床密播培育芽苗，按出苗早晚和芽苗大小，分期移栽至苗床或容器培育的程序，以提高种子发芽率，缩短田间发芽时间，实现均匀成苗、苗批整齐。还有在芽苗移栽时截除根尖的做法，以刺激苗木形成更丰富侧根，提高造林成活率。

沙床设置与播种　在向阳、避风之处设置沙床，规格以方便作业为度，用干净细沙铺填10～15cm厚，用0.2%高锰酸钾全面消毒，以免发生芽苗猝倒病。2月底至3月初播种，播种量0.15～0.25kg/m^2，随后薄覆细沙，喷雾浇透水，最后盖上薄膜。

催芽期管理　温度保持在25℃左右，喷雾保持沙床湿润，晴天高温多淋，阴、雨、低温少淋或不淋，以沙床面发白与否作为是否淋水的标志。每天视天气一次或多次揭开覆膜两端换气。萌发幼苗开始脱除种壳时，就可开始炼苗，早、晚揭去覆盖物，夜间也可以不覆盖，使之逐渐适应外界环境。但要注意防鸟、鼠的危害。发现有病害苗要立即清除，并喷施0.1%退菌特或5%新吉尔灭1000倍液，喷后30min用清水淋洗，以免发生药害。

芽苗移植　芽苗脱掉种壳、子叶初展后即可移植，过迟由于已抽梢发根，移栽时易伤苗。移苗前沙床要浇水一次，轻轻拔出芽苗，置于盛有5%新吉尔灭1000倍液的容器中，送往移栽圃地。移栽前可用刀片截去少量幼根根尖。

（3）圃地育苗

苗圃地选择与整地、筑床　苗圃地应选择在交通方便、接近水源、无涝渍之忧的平地或平缓阳坡之处。土壤为疏松肥沃、通气排水性能良好的黏质土或壤土，偏酸性或近中性（pH 6以下），避免板结黏重的地块或冷水田地、前茬蔬菜、棉花、马铃薯、烟叶等田地。2～3年后宜换茬轮作。

在前一年冬季或早春深翻一次，结合翻耙采用灭虫杀菌的农药消毒，并施基肥。施肥以农家有机肥为主，化肥为辅。一般每亩施农家肥500kg或饼肥100～150kg，加施过磷酸钙或钙镁磷肥50～75kg。苗床床宽100～120cm，床高15～20cm，步道宽25～35cm。床面要细碎、平整，播种或移苗前一天床面淋透水，保持湿润状态。

松苗的根部共生菌根有利于促进松苗的正常生长及之后的栽植成活和早期生长。如果是第一次育松苗的圃地，整地时应加上一些松林表土，或撒施马勃菌人工接种。

播种或芽苗移栽　①直播育苗。华南地区当年收获湿地松、加勒比松种子，当年10～11月播种，此时气温一般在20～30℃，播种一周后种子即发芽，到翌年3～4月半年生苗木可达20cm左右，适值雨季，即可造林。而火炬松、晚松及其他地区湿地松一般贮藏种子至翌年春季播种，3月中旬日平均气温已稳定在10℃以上时进行，培育1年生苗木。播种时在苗床上划出浅沟，沟间距10～12cm，将经过消毒和催芽处理的种子按约5cm间距均匀点播于沟内，然后盖上一层焦泥灰或细黄心土，厚度以不见种子为度，轻轻压实，最后覆盖一层稻草，喷淋浇水，保湿、保温。育苗密度一般每亩4万～5万株比较适宜，健壮合格苗数量也比较高。密度过稀，亩产苗量少，经济效益低；过密则苗木根茎比小，质量差，合格苗比例低。②芽苗移栽育苗。移植时用薄竹片直插一小孔，深度比芽苗的根长略深一些，将苗根插入洞中，再从旁边斜插竹片将苗根土压实。移栽株距5～8cm，行距10～12cm。移植后及时浇定根水，上搭遮阳网。

田间管理　播种种子发芽出土期间，选择阴天或傍晚时及时、分次揭去覆盖物，过迟揭开会影响苗木生长。如果苗木密度过大，要及时间苗。

出苗期保持床面湿润即可，不要过多淋水。按照苗木生长初期少量多次、速生期多量少次、后期控制水分的原则适时适量灌溉。高温干旱季节要适时喷水，或在傍晚进行侧方灌溉，使苗床土壤湿透。雨季来临前，要及时清沟，防止步沟道积水，冲刷床面。

追肥主要依苗木前期的生长状况来定。以化肥为主，可液施，也可结合松土干施，但要控制安全浓度和用量，以免灼伤苗木。液施用尿素的较多，浓度在0.1%～0.3%，幼苗淡一些，大苗浓一些。干施多用复合肥，沟施或拌细土撒施，但要选择晴天叶子上露水晒干之后进行。施肥后，要掸去苗叶上残留肥料并用清水淋洗一次。

除草应做到“除早、除小、除了”。幼苗期用手拔草，以免伤及幼苗或使根系悬空，中后期结合除草进行浅层松土，以利于根系发展和苗木的生长。

种子播种后到幼苗出土尚未掉壳时，特别要防止鼠和鸟危害。苗期病害主要是猝倒病，一般定期喷波尔多液预防，一旦发病要及时清除病苗，进行土壤消毒，用退菌特或多菌灵喷施。虫害常见地老虎，可清晨人工捕捉或施杀虫剂防治。

2. 容器育苗

（1）容器选择

所用容器有塑料薄膜袋、软质和硬质塑料容器管、杯、蜂窝状穴盘等各种样式。国外松树育苗容器主要是管状容器，直径7～9cm，高12～15cm，底部有孔以利于透水和空气切根，内壁有纵肋防根系盘绕。我国南方过去多采用薄膜袋装填黄心土作育苗袋，袋长15cm左右，径8～10cm。现各地大力推广无纺布网袋容器，采用可降解纤维材料制成，装填轻型基质，规格为直径4.5～6.0cm，长10～12cm，优点是重量轻，根系发达不盘绕，便于运输。

（2）育苗基质配制

重基质　多用于薄膜袋容器。采用黄心土或火烧土，与经过发酵腐熟的厩肥+磷肥（5%～10%）拌和，碾碎过筛。营养土要求保水、保肥性好，通风、透气，排水良好，不松散、不黏结，肥性高，呈酸性。营养土须经过消毒，常用的方法有：0.5%的高锰酸钾溶液，每1000kg用5kg；或1%硫酸亚铁水溶液，容器装土后，每平方米喷洒5kg。消毒后7～14天方可播种或移苗。

轻基质　多用于无纺布筒形容器或塑料杯容器，常用原料有泥炭土、蛭石、珍珠岩，或经过发酵的细碎松鳞、谷壳和木屑，并添加少量的松林表土、长效控释肥、磷肥等混配而成。

（3）苗床准备

提供一定的设施条件，如大棚、遮阳网、喷灌等。育苗场地要求平整，清除杂草、石块，开排水沟。地面覆盖地布、地膜可防止杂草生长并避免根系穿杯入土。为利于容器沥水透气、空气修根，采用下垫砖块或架设铁架，作成架空苗床，将管状容器或无纺布容器放于托盘中，置于床架上。

（4）播种或移苗

可点播种子，或采用芽苗移植。播种或移苗的前一天，容器内基质淋透水。直播育苗种子处理同前，播种后即覆上薄土，喷洒广谱型杀菌剂水溶液。芽苗移植与大田移植的方法相同。每个容器保持一株健康苗，根据余缺情况及时间苗或补植。

（5）苗期管理

生长期视干湿情况喷水以保持基质湿润。容器体积小，基质肥力有限，要补充施肥。苗木出土或移植20～25天后，可开始施肥，每10～15天一次，以0.1%～0.2%的尿素喷施。后期要施用磷、钾肥，控制水分，增强苗木抗性，调控出圃苗木规格。幼苗期可定期雾喷0.5%～1.0%波尔多液预防病害，发现病害用敌克松或多菌灵800～1000倍液喷洒。

湿地松用于通道绿化或营造防护林带一般采用2～3年生容器大苗，现有些地区山地营造原料林亦采用2年生大苗，以达到提早成林、减少植被抚育投入的目的。多年生容器苗宜采用1年生裸根苗上盆或小容器苗换盆的方式，在根、芽未萌动前进行。选择适当规格的黑加仑盆或美植袋，装填以粉碎松鳞为主、混拌泥炭和长效控释肥的轻基质，上盆时应去除原容器，适当修剪根系，定植后浇透定根水，放在遮阳网下度过缓苗期。小容器直接培育多年生苗或换装容器过小易限制根系发育，造成根系盘卷，大容器直接培育多年生苗或换装容器过大则产生空间和培育成本的浪费。适当间距培养，日常管护主要是喷滴灌保持基质适度湿度，防止干旱或过湿烂根。

3. 扦插育苗

扦插育苗主要应用于不能批量供种的杂交品系或优良家系品种，利用优势苗木培育成采穗母株生产穗条扦插繁殖苗木。

（1）采穗圃营建

建圃母株选择 目标家系播种，培育容器苗半年后，从苗木群体中选择优势苗移栽至采穗圃圃地，株行距50cm。亦可利用扦插无性系苗分别按无性系建立采穗圃，用于扩繁培育无性系苗木。

母株修剪 母株定植生长稳定后，就可对母株进行首次截顶，截顶高度10～15cm，促发萌芽枝。当萌条达到半木质化时，结合采穗进行修剪，修剪部位应控制在保留枝基2cm左右。为控制株型，维持大量萌芽能力和穗条生根力，即使不采穗育苗，也要对已半木质化的萌梢进行修剪，每年可修剪或结合采穗2～3次。平顶式修剪的母株受光均匀、萌芽部位多、萌条生长整齐。采穗母株成型后每株每次可产有效穗条50枝以上。

浙江余杭长乐林场湿地松播种容器苗（姜景民摄）

浙江余杭长乐林场湿地松杂交品系采穗圃采穗作业（姜景民摄）

管护　母株由于经常性修剪采穗，养分消耗大，须及时施肥补充营养。可埋施长效有机肥，枝梢修剪培萌期需叶面淋施速效肥。根据墒情及时灌溉、排水。生长季节尤其雨季要勤除草。母株采穗利用5～6年后，由于生理老化，萌条能力减弱，穗条扦插生根率下降，应更新重建。

（2）扦插繁殖

容器与基质　以容器扦插育苗为宜，采用塑料管型或无纺布网袋容器，基质采用细碎过筛的黄心土、珍珠岩、少量长效肥料混配的重基质，或用经发酵或炭化的木屑、谷壳及粉碎并发酵过的松鳞，与泥炭、珍珠岩、长效控释肥等配制成轻基质，要求保水、透气、呈酸性。

插穗处理与扦插苗管理　自采穗圃采集的萌条中修剪出半木质化的健壮穗条，长度约8cm，用1g/L多菌灵水溶液浸泡2～3min，基部再进行生根剂处理，用50～100mg/L双吉尔（GGR）生根粉溶液浸泡2～4h。应当天取穗，当天插毕。插穗入土深度约3cm，压实基质，浇透清水。

虽然一年四季均可扦插，但依造林季节和造林时苗木适宜规格来说，较适宜的时间是秋末和春季扦插，培育半年生苗或1年生苗。扦插育苗一般是在有遮阴的玻璃或薄膜温室内进行。间歇性自动喷雾，保持基质温度25℃左右，空气温度稍低于基质温度，空气相对湿度在90%以上，基质湿润而透气。每周喷施杀菌剂一次，如1g/L多菌灵溶液。1个月左右插穗生根，之后可逐步降低室内湿度，适量施肥，以低浓度化肥为主。

炼苗　扦插苗生根后应适时移出大棚炼苗。刚出棚的幼苗，要逐步适应室外环境，适时遮阴，等完全适应后撤除遮阴纱。及时浇水保湿，适量追肥，宜采用低浓度、少量多次的方法。

4. 合格苗木规格

造林苗木要达到国家规定的合格苗标准。合格苗的主要特征是顶芽完整饱满，地径粗壮，根系发达，高与径、地上与地下部分平衡，充分木质化，无机械损伤，无病虫害。地上部分过旺而根系不够丰富的苗木造林成活率低。营造工业原料林或山地绿化，华南地区较常采用半年生容器苗造林，合格苗高约20（15～25）cm，基径0.4cm以上；其他地区一般采用1年生苗，苗高20～30cm，基径0.4cm以上，主根长15～20cm，侧根细根丰富。现推行在合格苗基础上再按照苗木大小分级造林，可提高幼林整齐度，减少株间分化。大容器苗规格按工程需求而定，适当修剪侧枝，主要需防止顶芽损伤。

五、林木培育

1. 立地选择

（1）造林区划

根据我国水平地带性气候分界和不同地带的栽培条件及生长差异，以速生丰产林为栽培目的时，湿地松、火炬松两树种的栽培区均可划分为南带、中带和北带。南带栽培区包括南岭以南、雷州半岛以北、广东、广西、福建的中南部的南亚热带低山丘陵台地；中带栽培区为中亚热带的江南山地丘陵区，含湖南、江西、闽北、浙中南、桂北、黔东、鄂东南、皖南，火炬松还有四川盆地区；北带栽培区为湖北、安徽的桐柏山—大别山以南沿江地带及苏南地区，火炬松还有豫南、皖中的沿淮暖温带地带。两者不同的是，湿地松生长量总体上呈从南带向北递减趋势，南带和中带南部地区，12～15年生林分树高年生长量为0.83m，立地指数（20年生）为17.1，适于培育大中径级用材；中带中北部，12～15年生林分树高年生长量0.68m，立地指数为14.9，适于培育中径级用材；中带北部、北带地区，12～15年生林分树高年生长量0.61m，立地指数为13.6，适于培育中小径级用材。而火炬松则以中间地带生长更快，20年生林分，南带平均树高14.2m以上，平均胸径22.4cm以上，中带东部分别为17.7m、27.8cm以上，西部为17.1m、26.6cm以上，北带分别为15.8m、24.0cm以上（国家林业局，LY/T 1528—1999，LY/T 1824—2009）。

加勒比松的适宜造林区在北回归线（23.5°N）以南的热带、南亚热带地区，包括海南、广东西南部、广西东南部，以及云南南部。晚松在亚热带地区均可生长，但最适宜规模造林区是中亚热带北部和北亚热带南部。

（2）造林地选择

松类尤其是湿地松、晚松，对立地水平要求不高，在满足最低温、充足光照的酸性土壤上均可正常生长，因此在瘠薄土壤上进行生态造林具有优势。但要发展丰产商品林，不仅要求其能够适生成林，更要求其高产高效，因此要在适宜栽培区内选择能够实现丰产的林地。在影响人工林生长的诸多因子中，地形（海拔、坡向、坡位）和土壤（母岩类型、土层厚度）是主导因子（成子纯等，2004）。

栽培结果表明，几个树种规模造林均宜选择地形开阔的低山、丘陵、台地等平缓地带，南部宜选择海拔600m以下，中、北带宜选择海拔400m以下区域。山地阳坡日照时间长，热量高，生长优于阴坡，而岗地阳坡土壤水分蒸发快，阴坡土壤保水情况好于阳坡。山坡下部、山洼处土壤厚度、水肥条件都优于上部，因此上坡位、山脊一般不宜发展商品林，以栽植阔叶树防火林带为好。深山区、地形狭窄的山坳和背阴地段，由于湿度大、光照不足，松林极易发生病害。陡坡山地造林整地成本高、容易造成水土流失，营造林和采伐作业难度大，且往往使树木形成应力材，遇大风、雪压易倒伏折断，不是今后商品林发展的适合地段。

南亚热带造林区土壤主要是以砂页岩、花岗岩发育的赤红壤，江南地区造林土壤主要是由红色及紫红色砂岩、花岗岩发育的红壤，四川盆地土壤多为紫色砂页岩发育的紫色土，北亚热带地区则主要是花岗岩、千枚岩、砂页岩发育的黄棕壤。国外松在由花岗岩、页岩、砂岩发育的土层60cm以上的厚层土壤上生长良好，可以实现丰产目标；花岗岩发育的浅层白沙土保水性能极差，肥力低下，难以成材丰产；有些片麻岩、花岗岩发育的土壤，有效硼含量低，会出现流脂与顶梢丛生现象。湿地松、晚松在石灰岩发育的深厚酸性红壤上可正常生长，而中性、微碱性、薄层土壤则发生黄化现象。在土层深厚、底层为黏土、上层土壤质地较为疏松、地下水位0.5m以下的冲积土、沙质土地，湿地松生长迅速，在含盐量较高、土壤黏重、透气性差、地下水位高或长期积水的海涂，或地下水位低的深厚风积沙土，生长较差，需进行立地改造后方能造林。

2. 造林地准备

（1）清杂、整地

造林前进行林地清山除杂，视杂灌和杂草等植被状况、采伐剩余物数量、造林方式及经济条件选用全面或带状、块状清理。国外松一般营造纯林，但应根据地形、土壤推行区域内的块状混交，山脊、沟边等易发生水土流失的地段应保留天然植被，长坡地应每隔一定高程沿等高线保留3m以上宽的天然植被带，质量较好的天然林分应加以保留。

土壤质地疏松通透、前茬植被根桩量少的林地可不必垦挖，直接挖穴造林；质地黏重、前茬植被根系密布的地段，根据地形决定整地方式。坡度15°以下的平缓造林地可全面整地，全垦或机械整地；15°～25°的坡地沿山坡等高线带状整地，带宽0.8～1.2m，带间距视造林密度而定；陡坡地、水蚀现象严重的丘岗地采用1m×1m的块状整地。整地垦挖深度30cm以上，江、湖滩地及沿海低湿地应开挖排水沟或起垄。

造林一个月前开挖栽植穴，规格为（40～60）cm×（40～60）cm，30～50cm深。挖穴时，表土和心土分开堆放，造林前几天将经过风化的穴土回填，先填表土，后填心土，等待栽植。

（2）施用基肥

商品林造林必须施用基肥，在表土回穴时施入穴中，混拌均匀后盖上心土。南方基肥以施磷为主，一般每株施钙镁磷肥150～250g，或施用复合肥300～500g。侵蚀严重的贫瘠粗骨土、海滨沙质土造林地，宜施用有机肥，适当配施钾肥。

3. 造林密度

造林密度取决于培养目标，并考虑经营投入能力及间伐成本与效益等因素综合决策。湿地松用材林、脂材兼营林及火炬松用材林一般采用的造林密度为1110～2000株/hm^2，即株行距2m×2.5m、2m×3m、3m×3m。湿地松瘠薄丘岗地绿化造林，多采用高密度，株行距2m × 2m，2500株/hm^2。加勒比松培育中小径材常用的初植密度为1330 ~ 2500株/hm^2，株行距2m × 2m、3m × 1.5m或3m × 2m等，培育大径材或采脂林采用830 ~ 1110株/hm^2，株行距3m × 3m、4m × 3m。晚松用材林、荒山绿化可采用1650 ~ 2500株/hm^2，能源林采用4500 ~ 6000株/hm^2。

4. 栽植技术

苗木保护 裸根苗在起苗和运输途中，宜加以包扎并使用物流箱装运，要避免长时间堆叠发热或风吹日晒失水，一时栽种不完可在阴凉处假植或用保湿物覆盖保护。种植前根部打上黄泥浆。容器苗起苗、运输过程中要防止容器基质散落。

适时造林 华南地区一般在4 ~ 5月雨季采用容器苗造林，中北部地区裸根苗造林宜在早春进行，早栽有利于早发根，提高成活率，容器苗可以在春季和雨季造林。宜选在无大风天、阴天或雨后造林，风吹日晒强烈或雨后土壤过于湿黏时不宜进行。

细心栽植 裸根苗栽种时要分层填土打实，做到苗正根舒，如果窝根会长期影响根系正常发育，并降低抗风倒能力。容器苗栽植时应去除并回收容器，四周压紧。可适当深栽，培土成馒头形。

5. 幼林抚育

抚育方式和强度 造林后应采取封护措施，禁止牲畜进入林地践踏啃咬幼树，严防火灾。一般在造林后连续抚育3年左右，每年1 ~ 2次，根据林地杂灌木数量和幼林郁闭时间决定抚育的年限和次数。除去苗木附近杂草和林地灌木，在苗木周围50cm内松土15cm左右，松土应避免伤根。有些地区推行除草剂控制杂灌，应筛选适宜的药剂，在空气湿润的无风天早晨喷施，慎防误伤松苗。

幼林追肥 由于磷素较易固定，有效期可维持较长年份，而氮素容易被植物转运吸收、土壤淋溶，施加氮肥的生长反应维持年份较短，因此应适时补充氮素。幼林追肥，宜在幼树超越灌木层、进入快速生长期，即造林后的2 ~ 4年结合抚育除草进行。每株施复合肥150g左右。追肥采用开沟撒施方式，施后随即覆土。

6. 间伐、主伐

中、长轮伐期经营的林分，在林分郁闭度达到0.8以上时应进行间伐。一般采用下层间伐法，去弱留强、去劣留优、去密留疏、去病留健，砍去弱势木、虫害木、弯曲木、多头木、断梢木，不可以中上层优势健壮木为间伐对象，生长均匀的林分可采用隔株、梅花状间伐。间伐前应进行每木调查，标记间伐对象。

纸浆材林的密度管理制度：在高等级立地上，可按1670株/hm^2初植密度，7 ~ 8年生时间伐一次，强度30%，轮伐期12 ~ 15年；在中等立地上，可按1670株/hm^2初植密度，8 ~ 10年生时间伐一次，强度30%，主伐龄18 ~ 20年，或采用初植密度1330株/hm^2，轮伐期15年左右，不间伐。

建筑材林的密度管理制度：在高等级立地上，初植密度1110株/hm^2或1670株/hm^2，8年生时和15年生时间伐，强度分别为40%、30%，轮伐期20 ~ 25年，培育中大径材；在中等立地上初植密度1330株/hm^2，10年生时间伐一次，强度40%，轮伐期20年，培育中径材。

结合间伐作业，对保留木再次施用追肥，每株200 ~ 300g复合肥或尿素，可维持保留木的旺盛生长时期。

晚松可萌芽更新经营能源林。在10 ~ 15年生高、径生长速生期后采伐，伐桩保留1 ~ 2个粗壮萌条，留条太多时光照营养不足，枝条细弱。前3年每年进行1 ~ 2次砍杂抚育，控制杂草竞争。

7. 采脂

湿地松、加勒比松均是优质高产的活立木产脂树种，脂、材兼营已成为普遍的经营模式，能够实现木材和松脂双重收益。松脂是树木生理代谢的产物，影响生理代谢活动的立地和林分经营因子与松脂产量有密切关系，土壤肥沃、养分充足立地的林分产脂量显著高于干燥贫瘠立地的林分，因此低立地指数的林分采脂产量效益不高。同时，松脂的生产能力又有显著遗传性差异，直径大小相近的植株，产脂量可能相差悬殊，以松脂效益为主要考量的经营应选用高产脂品系苗木造林。

采脂对幼龄树生长影响较大，到近成熟阶段，树木直径生长速度下降阶段，采脂对木材生长速度的影响相对较小。因此，对于材用主伐木的采脂不宜过早。对间伐木伐前可连续2～3年强度割脂，主伐木伐前连续3～4年中低强度割脂，大径材、建筑材目标树以不割脂为宜。林分经营者应明确标明拟采脂间伐树和主伐木，避免“杀鸡取卵”。

产脂量与树木直径和年龄呈正相关，树体越大，越接近成熟龄，树脂道数量及总容积也随之越大，形成松脂的能力越强。产脂量还与树木营养面积及代谢功能紧密相关，冠幅开张，枝叶茂密，水、肥、光照充足，生长旺盛，产脂量自然较大。因此，可选择优良立地低密度造林，以采脂为主营目标。间伐1次，保留树势旺盛、分枝平展的宽冠植株，600株/hm^{2}左右，低强度采脂，并加强施肥垦抚措施提高其生长势，采脂年限10年以上，主伐年龄为25～30年。

活立木采脂形成应力木，遇强风湿雪易折干，陡坡地段程度更重。林分密度过大，树干粗度、强度都受影响，割脂木遇重压也易倒伏，并极易造成连环效应，毁坏林分。因此，采脂宜选择平缓坡地林分，针对松类喜光的特点，及时间伐降低密度，培育强壮树体、旺盛树势。

六、主要有害生物防治

随着国外松尤其是湿地松发展规模扩大，其有害生物已呈种类增加、危害扩大趋势，湿地松粉蚧、松突圆蚧、萧氏松茎象等还被列为需严加防范的检疫性虫害。

1. 主要病虫害特征及发生规律

（1）食叶类害虫

马尾松毛虫 ①危害性及症状：幼虫取食湿地松等松树针叶，丘陵地区松林中常间歇性猖獗危害。被害松树针叶呈枯黄卷曲，严重时针叶被食尽。②形态识别：成虫体长20～32mm，体色变化较大，有灰褐和黄褐等色，前翅有3～4条不明显的波状横纹，翅中有1个白点，近外缘有9个黑斑。幼虫体长38～80mm，体色有黑白与红黄色两种，胸部背面有2丛深蓝色毒毛，腹部各节背面有蓝黑色片状毛，体两侧生有许多白长毛。③发生规律：广东、广西南部每年发生4代，长江流域每年发生2～3代。幼虫蛰伏在树冠顶端针叶丛、树干裂缝中越冬。长江中下游地区3月上旬至4月中旬越冬代幼虫取食危害，5月上中旬至7月上旬、7月下旬至9月上旬分别为第一、第二代幼虫期，9月下旬发生第三代幼虫。幼虫一般喜食老叶，成虫有趋光性。成虫、幼虫扩散迁移能力都较强。

（2）枝梢类害虫

微红梢斑螟 ①危害性及症状：幼虫危害幼树，先蛀当年主梢，后转蛀侧梢，致梢枯秃顶，侧枝丛生，树冠呈扫帚状，严重影响高生长和材质；还钻蛀球果，造成种子产量歉收，是多种松树常见且严重的梢果害虫。②形态识别：成虫体长10～14mm，前翅灰褐色，有3条灰白色波形横带，翅中有1个灰白色肾形白斑，外缘黑色。幼虫体长19～27mm，头和前胸背板红褐色，中后胸及腹部各节有4对褐毛片。③发生规律：浙江、江西每年发生2～3代，广西1年发生3代。幼虫在枯梢中越冬，翌年3月下旬转蛀嫩梢，4月下旬至6月底为越冬代成虫期，5月中旬至8月底为第一代幼虫期，8月上旬始，大部分第二代幼虫居于害梢内，并在其中越冬，少部分9月下旬出现第二代成虫，10月中旬始出现第三代幼虫，并越冬。成虫白天静伏针叶基部，夜间20:00～22:00时飞翔，具较强趋光性。初孵幼虫啃食嫩梢皮，并在皮下钻蛀细线状坑道，受害处流出白色松脂。6月3龄幼虫蛀入木质部，坑道中充塞蛀屑和粪粒，主梢坏死。

松实小卷蛾 ①危害性及症状：幼虫蛀害多种松树嫩梢和2年生球果，造成梢弯枯折，蛀孔外具流脂并黏附大量虫粪和蛀屑，是我国分布最广、侵害严重的一种梢、果害虫。②形态识别：成虫体长4～9mm，前翅具红褐和银灰色斑，翅

中有一较宽的银色横斑，近翅基有3～4条银色横纹，近外缘下方有银色肾形斑，内有3个小黑斑。幼虫体长9～15mm，淡黄色，前胸背板黄褐色，体表光滑无斑纹。③发生规律：1年发生4代，以蛹在枯梢及球果结薄茧越冬，3月初成虫羽化。第一、二、三和四代幼虫期分别为3月下旬至6月中旬、6月中旬至8月上旬、8月中旬至9月中旬和9月中旬至11月中旬。成虫具趋光性，白天静伏杂草灌木丛。第一代幼虫危害嫩梢，6月大部分幼虫从梢转至球果危害。

（3）吸食汁液类害虫

松突圆蚧 ①危害性及症状：蚧虫群栖于松针基部叶鞘内、嫩梢基部和球果上吸食汁液，致使被害处变色发黑、缢缩和腐烂，针叶枯黄，严重者针叶脱落。连续几年危害，将致植株枯死。松突圆蚧是我国对内、对外的森林植物检疫对象。②形态识别：成虫雌体宽梨形，淡黄色，长0.7～1.0mm。介壳圆形或椭圆形，隆起，白色或浅灰黄色；雄体橘黄色，细长，约0.8mm。翅膜质，白色透明。初孵若虫无介壳，体卵圆形，深黄色，长0.2～0.3mm。1龄固定若虫介壳圆形，白色。③发生规律：广东1年发生5代，福建1年发生4代，无明显越冬现象。在广东3～5月为发生高峰期，是危害最严重时期。初孵若虫在母介壳蜡壳下孵化，爬行寻找适宜部位，将口针刺入树体组织内，固定寄生，1h后开始泌蜡，经1～1.5天后蜡壳完全盖住虫体。寄生叶鞘基部的多为雌性蚧虫，而分散寄生针叶、嫩梢和球果上的多为雄性蚧虫。

湿地松粉蚧 ①危害性及症状：若虫危害松梢、嫩枝及球果，轻者松梢抽梢和针叶长度明显减少，重者害梢针叶不能伸展或顶芽枯死，形成丛枝，老叶大量脱落，尚存针叶易伴发煤污病，严重影响松脂产量和材积生长。②形态识别：雌成虫体长1.5～2.0mm，浅红色，梨形，在蜡包中腹部向后尖削。雄成虫体长0.9～1.1mm，粉红色，分为有翅型和无翅型两种。若虫约略椭圆形，体长0.4～1.5mm，浅黄色至粉红色，末龄虫分泌蜡质，形成蜡包覆盖虫体。③发生规律：在广东1年发生4～5代，以1龄若虫在老针叶叶鞘内越冬。初孵若虫从蜡包边缘裂缝爬出，爬动1～4天后，在梢上各隐蔽处聚集、固定。2龄若虫在嫩梢上、老针叶叶鞘内或球果上，分泌大量蜜露，引起煤污病爆发，大量松梢发黑。2龄若虫性分化后，雌虫在梢顶新针叶基部固定，泌蜡形成蜡包；雄虫在老针叶叶鞘内或枝、干裂缝处聚集。上半年虫态整齐，种群密度较大；下半年世代重叠，种群密度较小。

（4）蛀干类害虫

松墨（褐）天牛 ①危害性及症状：成虫啃食松树嫩梢皮，致木质部裸露，造成寄主生理衰弱，随后雌成虫聚集树干产卵。幼虫钻蛀皮层和木质部，蛀孔外有白色流脂和丝状蛀屑，树皮下充塞硬块状蛀屑和粪粒，木质部凿成众多坑道，致松树枯死。成虫是松材线虫的重要传播媒介。②形态识别：成虫体长14～28mm，体棕褐或赤褐色，前胸背板中央有2条橙黄色纵纹，每个鞘翅上有5条由长方形黑色与灰白色斑块相间组成的纵纹。幼虫体长40～50mm，乳白色，头黑褐色，前胸背板褐色。③发生规律：华东地区1年发生1代，广东1年发生2～3代。华东地区多以4龄幼虫在木质部，少数以2龄、3龄在树皮内越冬。5月上旬至7月下旬成虫羽化，6月中旬至翌年6月上旬为幼虫期。成虫多选林中生长优势松树，咬食1～3年生嫩枝梢皮。成虫平均寿命达60余天，喜在疏林、阳光充足林地内交配，选树干上1～2mm厚的薄皮区产卵，产卵疤呈眼状。幼虫钻蛀木质部，蛀道成“C”形。

松材线虫 ①危害性及症状：由松墨天牛携带传播。松树感染该虫后，针叶变成红褐色，整株萎蔫枯死，针叶当年不脱落。树冠枝梢有天牛取食传播的片状或环状疤，树干横切面多有蓝变现象。该线虫引发松树的毁灭性灾害，是国际重要的森林植物检疫对象。②形态识别：虫体细长，约1mm。雌虫尾部近圆锥形，末端钝圆。雄虫尾似鸟爪状，向腹面弯曲。③发生规律：松材线虫病是植物性传染病。传播流行需病原（松材线虫）—中间寄主（松墨天牛）—终宿寄主（松树）

三链接，缺一则不能传播。5月中旬始，松褐天牛成虫携带松材线虫，从病死树飞至健康树枝梢，咬食嫩皮，线虫由伤口入侵。线虫取食松树薄壁细胞，大量繁殖，并向树体各部移动。松墨天牛雌成虫在感病树上产卵，孵化为幼虫，夏、秋寄主枯死。天牛幼虫蛀入木质部。翌年初夏天牛携带线虫而出。松树感染松材线虫40天后死亡，从发病到整片松林毁灭只需3～5年的时间。

纵坑切梢小蠹 ①危害性及症状：成虫钻蛀嫩梢和树干，致梢中空折断，树干皮层中蛀成大量单纵行的母坑道及两侧众多的子坑道。被害树表密布圆形小蛀孔，孔外下方堆聚黄褐色蛀屑和松脂。纵坑切梢小蠹是我国南、北方松树的重要钻蛀性害虫。②形态识别：成虫体长3.6～4.0mm，头、前胸背板黑色，鞘翅红褐至黑褐色，上有明显的刻点，排列整齐。幼虫：体长5～6mm，乳白色，头黄色，体粗而多皱纹，微弯曲。③发生规律：1年发生1代，以成虫分散在被害梢内越冬。翌年4月上旬成虫聚集衰弱松树干部，咬筑长约10cm的单纵行母坑道。4月中旬至6月中旬为幼虫期。幼虫在母坑道两侧，分别上、下行蛀食子坑道。虫口密度大时，子坑道相互交叉，切断树木疏导组织，寄主逐渐枯萎。5月中旬后子代成虫羽化，出离坑道，分散蛀害嫩梢，并越夏、越冬。

马尾松角胫象 ①危害性及症状：幼虫钻蛀多种松树皮层，坑道呈块状，粪粒与蛀屑紧塞于坑道内。该虫常与松墨天牛等蛀干害虫混同发生。虫口密度过大时，树皮与边材脱离，成片松林枯死。②形态识别：成虫体长4.7～6.8mm，体红褐色或灰褐色，前胸背板中间有排成一直线的4个白斑点，鞘翅中央前、后缘各有2个小白斑。幼虫体长7～12mm，体黄白色，头淡褐色，体弯曲呈新月形。③发生规律：1年发生1～4代。华东地区2代，以幼虫在皮层坑道内越冬。5月中旬越冬代成虫出现。5月下旬至7月下旬为第一代幼虫危害期，8月上旬出现第二代幼虫。成虫白天多躲藏在地表杂草丛中，夜间活动，爬、飞行能力较强，有趋光性，寿命41～62天。老熟幼虫在边材，顺木纤维排列方向作蛹室，外盖粗丝。

萧氏松茎象 ①危害性及症状：幼虫蛀害树干基部或根颈部韧皮组织，被害树根颈地表溢出紫红色或污白色排泄物，坑道内凝聚成堆树脂。其危害造成大量流脂，并切断树内养分输送，致被害株枯死，是湿地松等的危险性害虫。②形态识别：成虫体长14.0～17.5mm，暗黑色，鞘翅上有黄白色斑点。幼虫体长约19mm，白色略黄，前胸背板具黄色斑纹，体柔软弯曲成“C”形。③发生规律：2年发生1代，以成虫在蛹室（多数）或土中（少数）、蛹和幼虫在蛀道内越冬，3月始成虫出离越冬处活动。6月上旬至翌年9月下旬为幼虫期，9月下旬至翌年8月中旬为成虫期。成虫傍晚上树取食嫩枝皮，清晨爬回树缝、土缝和枯枝落叶层下潜伏。初孵幼虫在皮层内蛀成细小坑道，4龄后环蛀，受害株即枯死。林内湿度大、植被覆盖率高、树龄在5～10年生的湿地松人工林危害较重。

（5）松苗幼树病害

幼苗立枯病 ①危害症状：因发病时期不同，病苗出现多种症状。出苗前，种芽在土中被病菌侵染，引起腐烂，造成地表缺苗；出苗期间，松苗或根部染病腐烂，缢缩倒伏；松苗出土2个月后，病菌从根部侵入而腐烂，茎叶枯黄，但病苗不倒伏；松苗生长后期，下部针叶染病腐烂，引起成丛苗枯死。②发病规律：有非侵染和侵染两类。非侵染性病害主要是圃地低洼积水、土壤黏重板结、老苗圃、过多施氮肥、雨天整地播种或播种期过迟等引起；侵染性病害由病原丝核菌、镰孢霉和腐霉菌等寄生所致。

松针褐斑病 ①危害症状：主要危害松苗和幼树。发病初期，针叶上产生约2mm宽的圆筒形褪色小斑点，逐渐变成褐色，外围常有褪色晕环，后期数个病斑连成褐色斑段，针叶枯死。病害从树冠基部开始逐渐向上发展，严重时整株枯死。②发病规律：松针褐斑病是由松针座盘孢菌侵染引起的。病原菌3月下旬借风雨传播，分生孢子从针叶伤口、气孔或直接穿透表皮进入组织寄生，一年中可多次侵染，如遇连续多天降雨，病害发展迅速并很快流行。5～6月为发病高峰，7～8月病害发展缓慢，9～10月为第二次发病高峰，11月后病害基本停止发展。

松枯梢病 ①危害症状：发病初期，嫩梢出现灰蓝色溃疡病部，皮层破裂，从裂缝中流出松脂。病斑周围的针叶短小枯死，嫩梢弯曲，逐渐梢枯。②发病规律：松枯梢病是由松色二孢菌侵染引起。每年3～5月首次发病，第二年发病期为7～8月，7月中下旬为发病高峰期，10月后病情发展缓慢。病原菌靠风雨传播，嫩梢未老化前可直接从嫩梢、嫩叶侵入；老化后从伤口侵入。在林间，该病主要发生在嫩梢伸长的后期。

2. 主要病虫害防控策略和技术

（1）食叶类害虫防治

科学营林 遵守"适地适树"原则，选用良种壮苗造林，推行多树种混交。视经营目的和立地条件，可选择阔叶类用材和经济树种与湿地松混交，带状和块状混交均可。

释放天敌 马尾松毛虫卵期选择晴天无风天气，释放松毛虫赤眼蜂，每亩3万～10万头，设3～6个点，间隔5～7天释放一次，每代释放3～4次。将蜂卡固定在最低一轮枝的树干背阴处。

招引益鸟 杜鹃、黄鹂、松鸦、喜鹊和啄木鸟等20余种鸟兼食松毛虫和松叶蜂等食叶害虫。每公顷悬挂2个巢箱，巢箱挂于距地2m以上树冠中下部，巢口面向下坡。

生物制剂防治 中温高湿季节，采用每毫升或每克含孢量1亿～3亿个的白僵菌液或菌粉，地面喷雾或喷粉（干旱少雨季节不宜使用）。温度较高季节（20～30℃），4龄左右松毛虫幼虫期，可喷洒每毫升含0.5亿～1.0亿个孢子的苏云金杆菌（Bt）菌液，但多雨季节不宜使用。

仿生制剂防治 可用25%灭幼脲Ⅲ号粉剂，用粉量每亩30～40g，早、晚有露水或雨后喷粉；也可用胶悬剂1500倍液喷雾防治。

抗生素类杀虫剂防治 用1.8%阿维菌素乳油6000～8000倍液喷雾或与0号柴油按1：40比例混合喷洒。

拟除虫菊酯杀虫剂防治 用2.5%溴氰菊酯乳油，每亩用药量1～2mL，或用20%氰戊菊酯乳油，每亩用药量2～4mL，加水稀释喷雾防治。

灯诱监测和杀蛾 马尾松毛虫、松毒蛾等食叶害虫具较强趋光性。成虫期可应用频振式、太阳能等杀虫灯监测林内害虫种类和动态，并杀灭多种害虫成虫，降低虫口密度。

（2）枝梢类害虫防治

采摘害梢，保护并利用天敌 加强幼林的抚育管理，及时摘除被害干梢、虫果，集中处理。绒茧蜂和长距茧蜂是微红梢斑螟和松实小卷蛾等害虫的优势天敌，在其幼虫期和蛹期释放天敌。

药剂喷雾 3月下旬至4月中旬微红梢斑螟、松实小卷蛾等幼虫危害期，采用2.5%溴氰菊酯乳油（敌杀死）、20%氰戊菊酯乳油（速灭杀丁）和2.5%功夫乳油等拟除虫菊酯乳油杀虫剂各1500倍液喷雾。每7～10天喷洒一次，连续2～3次。

打孔注药 虫口密度大时，采用便携背式打孔注药器，每株打2～3孔，注射10%吡虫啉30倍液，该药内吸作用强，药效高，持效期长。

灯诱 微红梢斑螟、松实小卷蛾等枝梢害虫成虫均具较强趋光性，成虫期可用杀虫灯诱杀，降低虫口密度。

（3）刺吸类害虫防治

检疫监测 严禁到松突圆蚧、湿地松粉蚧疫区和疫情发生区调运苗木、穗条、新鲜球果。出现疑似症状，在直观检验基础上，采集样品请专家识别。

生物防治 在松突圆蚧疫情发生区可施放松突圆蚧花角蚜小蜂；湿地松粉蚧发生区用芽枝状枝孢霉或蜡蚧轮枝菌进行林间喷雾。

化学防治 松突圆蚧发生期可用40%毒死蜱乳油400～800倍液，或40%毒死蜱与40%杀扑磷乳油按11：25复配混合稀释成400倍液均匀喷洒。

（4）蛀干类害虫防治

严防毁灭性和危害性病虫害侵入 严禁到松材线虫病疫区和萧氏松茎象发生区调运苗木、穗条和未经除害处理的染疫松原木及其松属植物制品（如包装箱等）进入林区。

清理林地 密切关注极端气象灾害引发的害

虫种群数量的剧增，及时清理林中倒树、断木和衰弱木，清除蛀干害虫生长繁殖的场所。

引诱剂监测和诱杀成虫 4～8月松墨天牛等蛀干害虫成虫羽化期，林中悬挂诱捕装置，可监测和诱杀松墨天牛等蛀干害虫，降低下代虫口密度。诱捕器间距100m，下端距地面1.5m，7天收集一次诱虫。诱芯间隔20天更换一次。

释放管氏肿腿蜂 在松墨天牛幼虫期，林间气温25℃以上时，每公顷设一个放蜂点，每点放蜂约1万头。

药剂喷粉、喷雾 6月采用弥雾喷粉机，喷洒1%噻虫啉微胶囊颗粒剂，剂量为每亩500g，用滑石粉或高岭土按1：1.5与上述剂量混合均匀喷粉；或喷洒2%噻虫啉微胶囊悬浮剂，稀释2000倍液，每亩用药量2000mL；也可喷洒氯氰菊酯微胶囊剂（绿色威雷），稀释300～400倍，每亩用药量50～80mL。

（5）苗木、幼树病害防治

选好圃地 选择地势开阔平坦、排水良好的土地育苗，不用黏重土壤或前作为棉花、马铃薯等的土地作苗圃，实行换茬轮作制度。

严格苗木产地检疫 出圃松苗清除病株。禁止从疫区引进种子、苗木及接穗。

圃地土壤消毒 每隔半个月一次，连续2～3次喷洒1：1：100的波尔多液或分别喷洒10%多菌灵和75%百菌清各800～1000倍液，预防幼苗立枯病和松针褐斑病。

及时修剪、清理病株 松枯梢病多发生于幼林期，通过下层修枝，改善林分透光通风，并增施磷肥，可预防或减轻松枯梢病的危害。松针褐斑病一旦发生，及时调查发病中心，砍除重病株，剪除重病枝，防止病害蔓延扩散。

感病幼林药剂防除 松针褐斑病是一种可毁灭性病害，应在4月、8月中旬至9月中旬，每隔半个月喷1%等量式波尔多液，75%百菌清500～1000倍液或25%多菌灵可湿性粉剂500倍液。松枯梢病发生林分，可用1：1：100波尔多液、可湿性托布津2000倍液和75%百菌清500～1000倍液喷雾防治。

七、综合利用

国外松主要作为建筑材、锯材和造纸材树种培育经营，湿地松、加勒比松更是优良产脂树种，现今脂材兼营已成为主要的培育方向。

1. 用材

对浙江富阳22年生湿地松、火炬松、马尾松3种松树各5株样木的物理力学性质的测试比较如下（表1）。

火炬松顺纹压力好于湿地松并与马尾松相近，抗弯强度、顺纹剪力强度（弦向）、冲击韧性均高于马尾松和湿地松。若以我国的木材物理力学性质分级标准衡量，火炬松属品质系数高的树种。湿地松晚材率、气干密度及干缩系数与马尾松相近，端面硬度和冲击韧性高于马尾松，但抗弯弹性模量、顺纹抗剪强度、顺纹抗拉强度低于马尾松，作屋梁及檩条易弯，可作坑木、枕木、电线杆等柱材，综合评价湿地松木材品质系数属中等。但不同树龄、产地、经营措施的木材性质有些差异，南方地区的木材密度和强度均高于北方地区，木材密度变幅为0.35～0.53g/cm^3。

根据20年生火炬松试材的造纸性能测试分析

表1 木材品质系数比较

树种	气干密度（g/cm^3）	品质系数［极限强度（MPa）与气干密度之比］					
		顺纹压力	抗弯	顺纹压力抗弯之和	顺纹剪力	冲击韧性	端面强度
火炬松	0.441	646	1687	2333	234	1.157	671
湿地松	0.463	600	1535	2185	225	0.734	711
马尾松	0.466	657	1612	2269	215	0.665	562

结果，其气干密度为0.49g/cm^3，平均纤维长度2.56mm，宽度42μm，长宽比61，晚材率33.0%；木材化学组成中，纤维素46.09%，综纤维素75.31%，木素28.27%，灰分0.27%。采用硫酸盐法制浆，卡伯值为33，用碱量16.5%（以Na_2O计），粗得浆率46.2%，经四段漂白后白度可达到78%以上，可用于生产一般的高档纸。湿地松木材特征值在针叶纸浆材一般范围内，纤维长度2.93mm，宽度41μm，长宽比72，晚材率51.7%，晚材壁腔比0.96。木材硫酸盐法制浆容易，得浆率一般，纸浆总的强度性能较好，但由于松脂含量高，不适于制机械浆。对湿地松、火炬松、马尾松木材造纸性能做对比试验，结果表明，化机浆物理特性以马尾松最高，火炬松次之，湿地松最低，3种松木化机浆经过氧化氢漂白后可以制作新闻纸、胶印书刊纸及其他文化用纸。由于火炬松松脂含量比湿地松低，木材产量较高，故更适宜用作造纸材树种。

加勒比松木材气干密度0.4～0.6g/cm^3，主要用作桩木、梁柱、杆材、枕木、坑木、细木工等，含松脂多，干燥稍慢，不耐腐，易蓝变，作室外用材需经防腐处理。10年生木材纤维长度3.3mm，宽44μm，综纤维素含量为65%，α-纤维素45%，制化学浆得浆率稍高于马尾松，抄成纸张的平滑度较佳，但耐折度低，硬度偏大，白度亦低。用于造纸，适宜与短纤维浆粕混合生产包装纸。

2. 采割松脂

湿地松是美国南方松中最优良的产脂树种，其松脂产量高且质量好。根据木材解剖，湿地松纵向树脂道直径为180～220μm，多分布于晚材带中，横向树脂道直径为58～70μm；而马尾松纵向树脂道直径为200μm，横向树脂道直径为37μm；湿地松横向树脂道直径大，有利于树脂向外分泌。湿地松松脂流动性较好，不易凝固，割面不易被松脂阻塞，有利于较长时间分泌树脂，流脂持续时间可达5～12天。气温在12℃以上，松脂分泌正常，采脂季节长，年割脂可从4月到11月。湿地松松脂呈米黄色半透明状，不易凝固，可存放多年而不氧化变质。松脂经加工得到约20%的松节油、77%的松香，总得率96.6%，对所得松节油品质分析为优级，松香品质为特级，松节油中β-蒎烯含量高达50%，这在香料工业中有较高的利用价值。美国早期一般在林分主伐前进行采脂，一株胸径30cm左右的大树，可年产松脂5kg，4年得松脂约20kg，4年采脂期间减少商品材积累计生长量约5%，但松脂的产值远高于损失的木材产值。

加勒比松生长量大，产脂量、松脂品质接近湿地松水平，但其松香的不皂化物含量高于马尾松，亦作为采脂树应用。火炬松也是一种富含松脂的树种，但其松脂易硬化结晶，不适合立木采脂，在美国是从制浆过程中回收浮油作为一种副产品。

3. 生态防护

湿地松适应性强，在水土流失严重、土层瘠薄的红土丘陵地带，有机质含量低的风积滨海沙地，以及季节性积水以致排水不良的地区，均能较正常生长。湿地松早期生长迅速，树势强壮，在较短的年限内即可郁闭成林，改良土壤结构效果显著，因此是南方荒山荒地绿化工程的主要优选树种，是华南、华东沿海基干防护林和农田林网营造树种之一，也是良好的城镇绿化和行道树树种。

火炬松较湿地松耐寒、抗雪压，栽培北带分属本土树种马尾松、油松自然分布区的北缘和南缘，在水分供应充分立地，火炬松表现出较本土松种优良的生长势和干形、冠形，已成为重要的常绿性绿化乔木成分。

晚松在较干旱瘠薄或潮湿的立地均能生长，且伐桩萌芽能力强，可进行萌芽更新，在冲蚀坡地、矿区废弃地等困难造林立地植被恢复以及能源林建设中有较好的应用前景。

（姜景民，徐建民，刘苑秋）

附：辐射松（*Pinus radiata* D. Don）

隶属松亚属三针叶组（Section *Trifoliae*）瘤果松亚组（Subsection *Attenuatae*），树高15～30

辐射松枝叶及果实（吴宗兴摄）

四川省阿坝藏族羌族自治州理县干热干旱河谷辐射松造林（吴宗兴摄）

（～64）m，胸径30～90（～280）cm，树干通直或扭曲，小枝细，冬芽多脂；针叶束3针或2针，长8～15cm，直顺稍扭转，宿存3～4年；球果单生或轮状簇生，2年成熟，卵形，长7～15cm，黄褐色，多脂，宿存多年；种子扁椭圆形，长约6mm，暗褐色，种翅长至3cm。

天然林仅局限于美国加利福尼亚州中部海岸3个间断的山前丘陵地段，海拔30～400m，墨西哥下加利福尼亚半岛西海岸附近的2个海岛山地，海拔600～1200m，有2个群体，被处理为变种（var. *binata*）。分布地受太平洋低温洋流影响，年平均气温16.7～18.3℃，最冷月平均气温9～11℃，最热月平均气温16～18℃，降水量150～890mm，集中于12月至翌年3月，剩余月份雨量不足50mm，7月、8月基本无雨，但云雾凝结水量可达每周15mm，生境温和高湿。辐射松在原产地属被保护小种群物种，天然群体面积不足1万hm^2，少有栽培利用，但引种至澳洲、南美、南非、欧洲西南部等地后，经遗传改良，成为当地主要商品材造林树种和世界知名松种。成功引种地区属于冬雨型、均雨型气候区，年平均气温12～20℃，最高气温46℃，年降水量500～1250mm，酸性土壤。新西兰集约化经营的林分，轮伐期25～30年，年均生长量可达28m^3/hm^2，蓄积量达650～800m^3/hm^2，平均单株材积2.4m^3。

辐射松木材是我国主要进口材种，木材密度0.51g/cm^3，结构均匀，色泽柔和，握钉力强，是良好的家具、住房用材；易于防腐处理，为户外防腐木主要原料；收缩效率平均，稳定性和渗透性强，极易干燥、固化、上色，是优质的人造板材料，可生产胶合板、纤维板、刨花板等各种人造板；木材纤维长，可生产薄叶纸、印刷纸、新闻纸等多种纸制品。

我国于20世纪80年代末期在岷江干旱河谷地带引种辐射松，获得初步成功，并在攀枝花等地试种。汶川点27年生树高可达22.5m，胸径达49cm；茂县困难立地条件下，27年生树高达13.7m，胸径21.1cm。21世纪初，四川阿坝藏族羌族自治州林业科学研究所于新西兰获得少量种子造林，胸径和树高年平均生长量分别达1.03cm、0.72m。

辐射松目前主要是作为干热河谷植被恢复造林，生态、用材兼营，适宜立地为沟谷阴坡坡脚等低平湿润之处，以及山中云雾带地段。播种育苗，亦可采用优树播种苗之超级苗培育采穗圃，进行嫩穗扦插育苗。穴状整地，春季或雨季采用容器苗造林。用材林营造纯林，造林密度1650株/hm^2，水土保持林宜多树种造林，混交树种有岷江柏、侧柏、刺槐、花椒、油松等，造林密度3330株/hm^2，4～5年即可郁闭成林。

（吴宗兴）

云杉

云杉属（*Picea*）为植物常绿木本，属裸子植物门松科（Pinaceae），是松科中仅次于松属（*Pinus*）和冷杉属（*Abies*）的第三大属。现在较为广泛接受的是Farjon对该属物种的分类，他认为云杉属包括34种，另外，还有3个杂交种、3个亚种和15个变种。其中，8种分布于北美洲，2种分布于欧洲，其余24种分布于亚洲。云杉属模式种为欧洲云杉（*Picea abies*）。

云杉属植物为北半球主要森林树种，多分布于寒温带、温带高山和亚高山地带，常形成大面积纯林，或与其他针叶树、阔叶树混生。在欧亚大陆，云杉属分布区西起法国阿尔卑斯山区，东至勒拿河流域及鄂霍次克沿海；在欧洲向南仅沿山区分布，达巴尔干半岛；在亚洲向南可至缅甸内陆和我国台湾。在欧洲和亚洲的北界分布伸入北极圈内的斯堪的纳维亚半岛和西伯利亚卡丹加河口。在北美洲，向西分布至阿拉斯加和西部沿海，呈连续的带状分布并延至加拿大东部和美国东北部沿海地区；北界伸入北极圈以内达加拿大西北部的巴罗角；向南有3个间断的分布区，一是沿太平洋沿岸至加利福尼亚北部，二是沿落基山区高山带星散分布至美国西南部和墨西哥中部，三是沿喀尔巴阡山至卡罗来纳北部；南界达杜南戈和埃尔桑托。

我国境内的云杉属树种根据针叶的形态、气孔线的数量被分为3组：云杉组、丽江云杉组和鱼鳞云杉组。在我国东北地区分布有红皮云杉（*P. koraiensis*）和鱼鳞云杉（*P. jezoensis* var. *microsperma*），华北地区分布有青杆（*P. wilsonii*）和白杆（*P. meyeri*），西北、西南地区主要分布有西伯利亚云杉（*P. obovata*）、天山云杉（*P. schrenkiana*）、青海云杉（*P. crassifolia*）、粗枝云杉（*P. asperata*）、川西云杉（*P. likiangensis* var. *balfouriana*）、麦吊云杉（*P. brachytyla*）、油麦吊云杉（*P. brachytyla* var. *complanata*）、紫果云杉（*P. purpurea*）、丽江云杉（*P. likiangensis*）、长叶云杉（*P. smithiana*）、林芝云杉（*P. likiangensis* var. *linzhiensis*）、西藏云杉（*P. spinulosa*）、白皮云杉（*P. aurantiaca*）、鳞皮云杉（*P. retroflexa*）、黄果云杉（*P. likiangensis* var. *hirtella*）、康定云杉（*P. likiangensis* var. *montigena*）和台湾云杉（*P. morrisonicola*）。此外，国内还分布有引进种欧洲云杉（*P. abies*）和蓝云杉（*P. pungens*）等。我国云杉林面积430.96万hm^2，占乔木林面积的2.77%；蓄积量100159.61万m^3，占全国的7.5%。我国2013年进口针叶锯材中43.3%为云杉材，原木中16%为云杉材。云杉属树种材质优良，纹理直、结构细、轻柔、有弹性，易加工，很少翘裂，耐久用，可作建筑、桥梁、造船、车辆、航空器材、细木工、乐器、文化体育用具、木纤维原料等用材。树皮可提制栲胶。多数种类是造林和森林更新的重要树种。

（王军辉）

14 红皮云杉

别　名｜红皮臭、白松、虎尾松

学　名｜*Picea koraiensis* Nakai

科　属｜松科（Pinaceae）云杉属（*Picea* Dietr.）

红皮云杉是我国东北林区主要用材树种之一。其生长速度较快、产量高、材质优良、用途广泛，且适合于多种立地条件下生长，是东北地区营造用材林、水土保持林、水源涵养林、农田防护林及园林绿化的优良树种。红皮云杉人工造林始于20世纪50年代，黑龙江、吉林、辽宁和内蒙古东部林区都在营造和发展红皮云杉人工林，栽培历史已有近70年。黑龙江省绥棱林业局从1955年开始营造红皮云杉人工林，1986年把红皮云杉列入主要造林树种，到2010年红皮云杉人工林面积已达15万亩，郁闭成林5万多亩，长势良好。但由于红皮云杉作为速生丰产用材树种的时间不长，其栽培技术研究落后于红松、落叶松和樟子松等东北地区主要用材树种，相关研究亟须加强。

一、分布

红皮云杉在我国主要分布于小兴安岭、张广才岭、长白山及吉林山区，在大兴安岭东部和北部的河谷沿岸有少量分布，赤峰市克什克腾旗白音敖包林区沙漠边缘微酸性沙土地上也有较大面积的天然林。自然分布范围是41º31′～53º30′N、119º19′～134º09′E。在东北林区，以小兴安岭、长白山区、吉林山区分布普遍，常与针叶、阔叶树种混生成林，间有成片纯林；在大兴安岭仅中部、东部部分河流的两旁、溪旁及山坡下部平缓地带有散生树木。在日本、朝鲜北部、俄罗斯远东地区也有分布。

垂直分布：红皮云杉在大兴安岭分布于海拔400～1000m，在小兴安岭分布于海拔300～900m，在张广才岭、完达山、长白山山脉分布于海拔500～1800m，在赤峰市克什克腾旗白音敖包林区分布于海拔1100～1300m。

红皮云杉引种栽培区主要包括大兴安岭、辽宁章古台地区、青海宝库林区等。大兴安岭林区从20世纪50年代始引进克什克腾旗白音敖包红皮云杉种源进行造林试验，经过多年来的反复试验和大面积育苗造林，该树种已成为大兴安岭林区主要造林树种和城镇绿化的优良树种。在绰源林业局，18年生的引种红皮云杉人工林与原产地50年生天然林的生长基本相同。青海省大通宝库林场（青藏高原东端，大板山南麓）1981年引进红皮云杉，1986年开始上山造林试验，证明红皮云杉在引种区生长正常，能安全越冬，没有发生病虫危害，比乡土树种青海云杉生长快1～2倍，是一个很有栽培前途的针叶树种；该地区红皮云杉在海拔2800m以下生长良好，海拔超过2800m，因气温低，热量不足，虽能成活，但生长缓慢。辽宁章古台地区1965年开始引种红皮云杉，引种效果良好，在立地条件较好的地段可代替樟子松造林。河北省、山西省也有引种。

二、生物学和生态学特性

红皮云杉为乔木，高达30m以上，胸径80cm；树皮灰褐色或淡红褐色，裂成不规则薄条片脱落；大枝斜上伸至平展，树冠尖塔形，1年生枝黄色，上有突起明显的叶枕。叶四棱状条形，微弯，长1.2～2.2cm，宽约1.5mm，先端急尖，横切面四棱形，四面有气孔线。球果卵状圆柱形，或长卵状圆柱形，长5～8（～15）cm，径2.5～3.5cm，熟前绿色，熟时绿黄褐色或褐色；

黑龙江省孟家岗林场红皮云杉球果（沈海龙摄）

球果在着生果枝上下垂。种子倒卵圆形，长约4mm，连翅长1.3～1.6cm。

红皮云杉幼树生长较慢。一般天然生长的红皮云杉在40年生以前的生长落后于落叶松，之后生长逐渐加快，进入速生期，100年生左右超过落叶松。100年生的原始林分每公顷蓄积量可达400m^3。生长良好的单株木，40年生树高20m，胸径30cm。红皮云杉人工林幼树初期树高年生长量一般不超过10cm。15年生以后逐渐加快，树高年生长量可达40cm以上。有生长良好的林分，41年生中等木树高19m，胸径35cm，其胸径和材积总生长量均超过同等立地条件下长白落叶松。在小兴安岭地区，红皮云杉于5月下旬高生长开始，初期生长速度缓慢，6月上旬高生长开始加速，快速生长期约半个月，至7月中旬结束，高生长只有50～60天。树高生长与积温、降水、日照紧密相关。直径生长6月中旬开始，7～8月生长迅速，8月底结束。雄球花5月下旬开放，雌球花晚4～5天开放。9月下旬球果成熟，10月下旬种鳞开裂，种子飞散。天然林内的红皮云杉林木20～30年生时开始结实，80～110年生以后大量结实，一般每株可结球果400个左右，有大小年之分，间隔期为3～5年。

在分布区内，除有积水的沼泽化地带及干燥阳坡山脊外，其他各类型立地条件下均能生长。耐阴，喜冷湿环境，浅根系，抗病力强。多生于山坡中腹以下，河岸、沟谷、山麓地带。常与红松、鱼鳞松、臭松、落叶松、白桦、椴树、水曲柳等混生，为红松针阔混交林主要组成树种。红皮云杉是耐阴能力较强的树种，通常在阔叶红松林或杨桦林下生长有较多的幼苗和优树，由于光照条件不足而生长缓慢，上层林木经择伐后，林分郁闭度降低，光照增加，红皮云杉幼树生长加快。红皮云杉的耐寒性和耐湿性较强，天然林木多分布在沟谷两岸，与臭松组成谷地云冷杉林。最适生长环境为空气湿度大、排水良好、土层肥沃的山麓缓坡或小台地，在这种条件下生长的云杉林（以红松、云杉为主）的生产力最高，病腐率也较低，经济材的出材率可达80%。而在排水不良的低湿地上，红皮云杉生长不良，病虫害也较重，常有成片的死亡。在这种林分内，天然更新的红皮云杉幼苗多分布在腐朽的倒木或局部小台地上。红皮云杉是浅根性树种，在云冷杉林中进行较大强度的抚育采伐或择伐后，易发生风倒现象。它对火灾的抵抗力较弱，因其自身整枝不良，发生火灾后很容易发展为树冠火。同时因为红皮云杉树皮薄，不耐火烧，又无萌芽力，一旦发生火灾就可能受害严重，甚至全林毁灭。

三、良种选育

1. 优良种源

由于自然分布区内生态条件不同，使得红皮云杉在不同的环境条件下，经受长期自然选择和种内群体的遗传分化，形成了具有不同遗传结构的地理种群，造成在生长、形态和适应性状上存在着显著差异。红皮云杉大规模种源试验始于1980年。1997年对红皮云杉种源试验林15年生子代生长性状的调查分析表明：红皮云杉天然分布区内存在着遗传变异；影响种源生长性状变异的主要地理因子为纬度和海拔。对3个（帽儿山、凉水、加格达奇）试验林种源生长性状的遗传稳定性分析表明，可将参试种源按照生长及遗传稳定性划分成4种类型：高产稳定型，包括大丰、天桥岭、柴河种源；高产非稳定型，包括乌伊岭种源；中产稳产型，包括桦南、凉水种源；低产型，包括穆棱、爱辉、高峰种源。红皮云杉最佳种源区为伊春种源区（杨书文等，1991）。对红皮云杉种源的遗传多样性研究的结果表明：红皮云杉在DNA水平上具有较高的遗传变异，其遗传变异程度由桦南、乌伊岭、柴河、穆棱、天桥岭、爱辉、高峰、大丰依次递增。遗传距离聚类分析表明，8个种源可聚为三大类：天桥岭、穆棱种源为第一类；柴河、桦南种源为第二类；大丰、乌伊岭、爱辉和高峰种源为第三类。

2. 早期选择

综合近年来对红皮云杉天然林、人工林树木生长规律的研究，红皮云杉个体各生长性状的变异规律是：幼龄阶段变异较大，随年龄的增长，变异逐渐减小；到达一定年龄后，树高、胸径、材积变异趋于平缓。这说明对红皮云杉实施早期选择是可行的。但由于各研究的地理位置及选材的不同，其研究结果（早期选择年龄）稍有差异。杨传平等（1990）及其他一些研究表明：红皮云杉天然林优树的早期选择年龄为40～50年，人工林优树的早期选择年龄为12～18年，甚至可以为9～10年。杨书文等（1991）对红皮云杉种源生长性状的多点联合分析、稳定性分析、生产力指数分析的结果表明：利用10年生红皮云杉种源试验结果进行最佳种源的早期选择不仅是可行的，而且也是可靠的。

3. 种子园

20世纪70年代始，黑龙江、吉林两省在红皮云杉原产区先后建立多处红皮云杉第一代无性系种子园，同时开展了遗传测定工作，近年来评选出多批高品质优良家系和无性系。吉林省永吉县林木种子园对红皮云杉第一代种子园进行多性状无性系评价，评选出优良无性系54个；对13年生红皮云杉单亲本子代进行评定，以树高性状>CK 20%为标准选择出18个优良家系。红皮云杉种子园生产的良种很少，远不能满足生产用种需要，当前生产用种的主要来源仍然是母树林或未经改良的红皮云杉天然林及人工林。

优树选择是建立林木种子园的基础工作，优树选择的质量直接影响到种子园生产良种的遗传增益和应用推广范围。红皮云杉具有良好的种源试验基础，依据目前的种源试验结果，红皮云杉的优树选择应主要在黑龙江省的伊春种源区（包括伊春市、嘉荫、萝北、鹤岗、汤原、佳木斯、依兰、七台河、沾河等）、柴河林业局及吉林省的天桥岭林业局进行，以上种源生产力高且适应性强；其次是乌伊岭种源，为高产非稳定型种源，适宜于立地条件较好的地区建立红皮云杉种子园及良种推广。

目前，已开展红皮云杉良种选育的国家级林木良种基地有吉林省永吉县国家落叶松良种基地、吉林省汪清林业局国家红松和云杉良种基地、吉林森工集团临江种苗示范中心国家红松和水曲柳良种基地、黑龙江省龙江森工带岭国家级林木良种繁育中心、龙江森工集团黑龙江省林业科学院国家落叶松良种基地、黑龙江省嫩江高峰林场国家樟子松良种基地等。

四、苗木培育

1. 裸根苗培育

采种 红皮云杉种子9～10月成熟，成熟时球果的颜色由最初的绿色、紫红色变为黄绿色或褐色。红皮云杉的球果在未完全成熟时即可采集，否则种鳞开裂、种子飞散，就难以收集了。采集前要选择生长健壮、干形优良、无病虫害的母树。采种的方法主要是人工上树采种或高枝剪采种。红皮云杉树体高大，上树采种时要注意人身安全及枝条的保护。用高枝剪采种，应注意尽量只剪球果，少带枝条。若种子园、母树林的采种母树球果已部分开裂，种子已开始飞散，可在地面铺设苫布、塑料薄膜进行树下收集（可通过震动树干促进落种）。

调制 球果采摘后，需要通过日晒或室内烘干法使种子脱落。调制出来的种子通过筛选或风选去除种翅及夹杂物，使种子净度达到90%以上。红皮云杉出种率为2%～5%。红皮云杉种子适宜干藏，短期贮藏用麻袋等盛装置于通风干燥的库房中即可，长期贮藏要采用防潮的容器密封放在低温条件下贮藏。红皮云杉安全含水量8%～10%，有条件的情况下可以采用超干贮藏法

贮藏。

种子处理 红皮云杉的种子小，千粒重5～7g，种子14万～20万粒/kg。种子发芽率高，一般达80%以上。为提早出苗、出苗整齐，播种前需进行种子催芽处理。可以用混雪（碎冰）埋藏、混沙埋藏或温水浸种等方法催芽（具体按技术规程的要求执行）。也可以使用植物生长调节剂，应用FGM浸种48h后的红皮云杉种子进行播种，出苗早、出苗齐，出苗率增加15%～20%。

选地 红皮云杉育苗地一般选在地势平坦、质地疏松、排水良好、地下水位较低（1.5m左右）、有灌溉条件的微酸性（pH 6～7）的沙质壤土（含沙50%左右）。不应选低洼地、盐碱地（pH大于8）或黏重土壤。有病虫害地块不应选择。如果选定的土壤不符合要求，则必须进行土壤改良。新开辟无菌根菌的育苗地，可以接种菌根菌，实现红皮云杉菌根化育苗。适合的菌根菌主要有各种林型下伞菌目林地菇等，采用苗间菌液沟施法接种菌根菌。移植苗可在换床时结合苗木截根，用菌液浸根（30min）接种菌根菌。

整地 红皮云杉育苗地最好在秋季深翻（20～25cm），第二年春季4月下旬再耙地1～2次，拣出树根、石块。有积雪地区应秋翻后翌年春季顶凌耙地。红皮云杉一般采用高床育苗，也可采取垄作育苗。在翻地、耙地、作床时按“分期分层”方法施用基肥，每公顷施入腐熟的厩肥4.5万～7.0万kg，一般在秋翻地时施入25%作底肥，翌年耙地前施入50%作中层肥，在作床（垄）时施入25%作上层肥。

吉林省汪清县林业局金沟岭林场红皮云杉天然林林相（李凤明摄）

播种 播种前7天，用2%～3%$FeSO_4$水溶液喷床面消毒，用量1.5～2.0kg/m^2；或用75%五氯硝基苯2～4g/m^2、代森锌3～4g/m^2，混拌适量细土撒入土壤中灭菌；或用辛硫磷2～3g/m^{2}混拌适量细土或锯末制成颗粒剂撒入土壤中灭虫。红皮云杉一般采用春播。播种时间以苗床5cm深处的平均土壤温度在7～8℃为宜，大兴安岭地区5月中旬播种，东北东部山地4月末至5月初播种，东北南部和西部等可在4月中旬（平原地区）至下旬（山地地区）播种。红皮云杉通常采用条播法进行播种，播种量60kg/hm^{2}左右。覆盖材料以细沙和草炭为好，厚度2～3mm，播种镇压后上面再盖一层薄草。一般半个月内幼苗可出齐，苗出齐后撤除覆草。

苗期管理 播种后注意防鸟兽危害，高寒山区注意防寒害和霜害，风沙区注意设防风障。出苗后为防止立枯病，每周喷1次浓度为0.5%～1.0%的波尔多液，或用硫酸亚铁、多菌灵、代森锌等药剂在发病期交互使用。速生期每2～3天浇1次透水（湿透整个根系层）。在高生长速生期结束前，要注意灌溉，前期要掌握少量多次的原则，既保证苗木生长所需水分，又调节床面温度，避免日灼。8月以后每5～7天浇水1次，水量逐渐减少至停止。施肥与浇水结合进行，从幼苗期开始，每隔10天左右浇施1次，持续到8月上旬。以速效氮、磷、钾为主，配合以微量元素肥料。设施好、管理水平高的苗圃可以采用灌溉施肥法，即在灌溉水中加入低浓度肥料，灌溉同时施肥。幼苗密度过大时在6月末到7月初间苗，当年保留株数1000～1200株/m^2。除草可用果尔、烯禾啶及其他适宜的化学除草剂进行。人工除草结合松土进行。

越冬管理 苗木采用土埋法或雪埋法越冬。雪埋法是在冬季雪多之地，降雪后1次或数次用雪覆盖苗木，深度超过苗高，然后盖上草帘；3月下旬天气转暖后，撤除草帘，任雪融化。土埋法由于费工、费力，且操控风险大，目前已经基本不用。代替使用覆草法防寒，且仅对当年生苗进行。方法是使用稻草或草帘，覆盖育苗苗床。2年生以上苗木，仅在迎风面设置防风障或覆盖草帘或稻草，或设置防寒土墙（苗床迎风面用土堆成高出苗木20cm的土墙），防止发生生理干旱即可，不用全面防寒。

移植育苗 红皮云杉造林苗需要在苗圃培育4年才能够出圃，在苗龄2年时必须进行移植（换床）。移植可实行秋起春换或春起春换。春季移植一般在早春土壤解冻15cm以上时进行，苗木萌动前完成。掘苗前如果床土过干，应事先浇水，掘后立即拣苗，不要拔苗或摔苗，保持苗木根系完整。栽植前要先选苗，剔除带病虫害、机械损伤和无顶芽的苗木。苗木栽植前要剪根，保留主根长10～14cm，供移植的苗木应按2cm一个级差分级栽植。移植后的苗木必须做到：苗木直立、根系舒展、踏实，不窝根也不露根，埋土深度控制在苗木径痕1cm以上。移植后，及时灌足定根水，以保证移植成活率。移植密度一般为200～220株/m^2。S_{2-2}型苗龄每亩产苗7.2万～7.8万株。

2. 容器苗培育

容器苗培育可缩短育苗期，提高苗木质量和造林成活率，促进造林后幼树早期生长。红皮云杉容器苗培育可以在露地、塑料大棚或温室内进行。可分为播种容器育苗和移植容器育苗。

（1）播种容器苗培育

栽培基质的调制与消毒 红皮云杉容器育苗的栽培基质在东北林区以55%原苗圃表土+35%草炭土+5%河沙+5%腐熟厩肥，或45%森林腐殖土+45%原苗圃表土+8%腐熟厩肥+2%磷酸二氢铵等进行配制。在西北地区可以用草皮土（黄心土）+河沙+有机肥，外加速效肥来配制。近年来各地对适用基质配方进行了许多研究，可根据本地实际情况参照相应研究成果。营养土在装杯前，要把各种原料分别粉碎、过筛、混拌拌匀，并进行消毒。其方法是：每立方米的栽培营养土加入70%的五氯硝基苯和25%的敌克松30～40g，喷洒拌匀；或每立方米营养土用硫酸亚铁25kg，翻拌均匀后，用不透气的材料覆盖24h以上进行土壤消毒。

育苗容器选择 育苗容器一般采用连体（蜂窝）定植容器或回收容器。如果是工厂化育苗可选用连体定植容器，效果较好。

装杯 装杯时如栽培营养土太干，可喷少量清水保湿，然后将一批容器排放整齐，用铁锹装满、镇实，余土留用播种覆土。如果有装播生产线，可采用机械装杯播种。

播种 容器育苗所用种子要精选，以确保出苗率和成苗率。播种前，种子要经过催芽处理。没有装播生产线的，可采用人工播种，要求快速、准确。播种量应根据种子品质而定，发芽率不低于70%的，每杯播2～3粒，发芽率低于70%的每杯播4～5粒，必须将种子均匀地播在容器中央。播后及时覆土，覆土厚度为种子厚度的1～3倍。覆土后随即浇水。

容器苗抚育管理 为提高土温，促进苗木早日出土，发芽期应控制浇水（播前浇透底水，播后每天1～3次，每次量少，保持容器内表土2～3cm湿润，不干芽）。幼苗期适当控制浇水，只要表面保持潮湿，不出现“花脸”或地表温度不超过35℃，原则上不浇水。速生期一般1天浇1次水即可，硬化期或出圃前控制浇水量。如当年不出圃，在上冻前可浇1次透水。要适时进行病虫害防治、根外追肥、间苗、补苗、除草等工作。

塑料大棚、温室育苗 高寒地区也可在塑料大棚内播种培育裸根苗，以延长生长期，缩短育苗周期。何其智等（1989）运用塑料大棚培育红皮云杉容器苗，利用塑料大棚温室效应，并采取补充光照打破夏休眠，及合理的水肥管理和其他技术措施的配合，总结出了完整的塑料大棚育苗技术，使红皮云杉育苗周期缩短了1～2年。红皮云杉苗木的生长量有了显著的提高。从4月7日播种到9月15日约150天，平均苗高11cm，平均地径0.21cm，有分枝苗木在98%以上。

朗乡林业局于1988年从加拿大引进了成套温室容器育苗设备，在乡南营林所苗圃开展了温室容器育苗（王录和等，1995），现已总结出一套适合红皮云杉苗木生长发育的生活环境和相应的技术措施，形成了完整的育苗技术。采用这一技术不受自然周期性和非周期性气候变化的制约，定向培育苗木，生产灵活，生长稳定，空气切根，提高了苗木质量及良种利用率。幼苗生长发育24周平均苗高7.05cm，平均地径4.12mm，达到了黑龙江省技术标准S_{2-2}型Ⅱ级苗标准。使容器育苗工作实现机械化和自动化，实现了红皮云杉工厂化育苗。

（2）移植容器苗培育

栽培基质的调制与消毒　同播种容器苗培育。

移植用苗木　移植采用2年生留床苗。2年生留床苗的标准为苗高>6cm，地径>2.0mm。移植用苗木应顶芽健壮饱满，侧根发达，无病虫害。

移植用容器　多用单杯有底塑料薄膜容器，厚0.02～0.04mm。容器直径15cm，高20～25cm，底部要留有3个直径1cm的通气孔。

移植操作过程　移植时间以土壤解冻能装杯时为宜，随起苗随移植。移植前进行苗木根系修剪，保留根系长度8cm左右，剪去过长的、劈裂的、折伤的根系。先在容器内填装1/4～1/3的营养土，按实后将苗木植于容器中央，填土至一半时提一下苗使根系舒展，按实，再继续装土。装土至容器上端留1cm左右的空间，以便于浇水时保水。栽植深度要略高于原苗木土印，以相对增加根系在容器内的分布范围。有条件时可进行ABT生根粉液浸根处理。摆放容器苗的苗床一般采用低床，以便灌溉，床面宽1.0～1.1m。将移植好的容器成行摆放在苗床上，容器要错位排列，容器上口要平整一致，摆放一行后用木板水平向推挤一下使容器靠近，苗床周围用土培好，容器间空隙用细土填实。

移植后管理　由于移植的苗木较大，有条件的可以用小水流直接灌溉。移植的容器摆放好后，立即浇1次透水，并经常保持营养土的湿润。5月至6月下旬为苗木速生期，要每隔1～2天浇水1次。土壤结冻之前浇好封冻水。要及时除草，松土可与除草结合进行。速生期追施2次尿素，每次每个容器施1g。7月追施1次磷肥，每个容器施1g。注意防寒。10月下旬即霜降前后，在苗木上覆土厚4～5cm，必要时还可设防风障，防止风把覆土吹走，风干苗木。为防止苗根穿透容器向土层伸展，可挪动容器进行重新排列或截断伸出容器外的根系，促使容器苗在容器内形成根团。移植容器苗一般培育2年，于第三年出圃造林。

3. 扦插苗培育

扦插育苗具有保持母株优良性状、加速良种扩繁等优点。此前对红皮云杉扦插育苗研究取得较多试验研究成果，但因为各试验研究的材料、方法以及试验效果等的不同，目前还较难归结出一套达到理想成苗率的红皮云杉扦插育苗方法。建议有意开展红皮云杉扦插育苗的，应根据当地的自然条件并参考相应的研究成果进行。刘桂丰等（1991）的研究表明，红皮云杉扦插育苗时间一般在6月下旬至7月上旬，扦插基质可以采用森林土或泥炭土，用100mg/mL的吲哚丁酸（IBA）浸泡插穗根部4h，插穗生根效果较好；剪取新生嫩枝和硬枝，长度8～12cm，经激素处理后，在全光自控喷雾条件下，在细河沙组成的基质上扦插，其生根率最低可达87%；对红皮云杉扦插生根有影响的因素大小依次为，切口方式>母树年龄>基质类型；红皮云杉插穗在生根能力上存在着明显的年龄效应，即随着采穗母株年龄的增加，扦插生根率下降；就嫩枝来说，插穗生根率的母树年龄效应尤为突出，来自3、4年生母树的插穗生根率均在94%以上，比10年生母树插穗的生根率分别高134.50%和129.57%，随着母株年龄的增加，插穗生根率急剧下降；和嫩枝相反，来自较大年龄母株的硬枝插穗生根率较高，7、8、9年生插穗的生根率无显著差异，均在84%以上。黑龙江带岭林业科学研究所采用红皮云杉2～4年生休眠枝扦插苗和2～3年生嫩枝扦插苗造林，其生长量均超过裸根苗的生长量。

五、林木培育

红皮云杉以植苗造林为主。

1. 立地选择

红皮云杉幼年具有较强的耐阴性、耐湿性和耐寒性，但光照过强或过弱、土壤过湿或过干都不利于红皮云杉幼树的生长。选择土层深厚、肥沃、湿润、排水良好的山麓缓坡、小台地、河谷两岸，暗棕壤、山地棕色森林土壤，空气湿度较大、无积水的平坦地或缓坡地为宜。在自然条件良好的立地类型（谷地草甸土，平缓坡中、厚层森林土），适合于培育速生丰产林。

2. 整地

整地在春、夏、秋都可进行，方式因地区和立地条件而异。块状、穴状和鱼鳞坑整地均应于造林前一年（一般在8～9月）进行，因夏季杂草嫩小，草籽尚未成熟，地温高、雨水多、易腐烂，可增加土壤肥力；在造林前一年的秋季以前进行整地、实行隔年休闲的效果也很好，为顶浆造林创造条件；在石质山地上或干旱的阳坡上，多采取鱼鳞坑、反坡梯田、水平阶或者水平沟等方式进行整地。在新采伐迹地、新撂荒地，杂草少、土壤结构好，可随整地随造林。

3. 造林

（1）纯林营造

容器苗造林在春、夏、秋三季均可，裸根苗造林可在春、秋和雨季进行。早春土壤水分较多，苗木根系生根能力旺盛，是绝大多数地区红皮云杉造林的最佳季节。春季植苗要抓住顶浆时期，不违“林时”抢墒造林。一般在土壤解冻深度达到15cm时开始植苗，树木发芽前完成。先阳坡后阴坡，先低山后高山。先造已整地的，后边整地边植苗。一般年≥10℃的有效积温1800℃以上的地区在4月15日至5月20日造林，年≥10℃的有效积温小于1800℃的地区在4月20日至5月25日造林，最迟不得超过5月末；雨季植苗、补植适宜容器苗造林。雨季补植必须在透雨后的阴天实施，补植要随起苗随栽植，补植工作应在造林后的前3年内完成。秋季植苗在苗木停止生长达到木质化时开始至土壤结冻不超过3cm厚为止。红皮云杉多采用单株穴植造林，立地条件好的造林地也可采取缝植（郭氏锹）造林。三北防护林区和长白山区采用S_{1-3}型或S_{2-2}型苗效果好，大、小兴安岭山区多为S_{2-2}型苗造林。

裸根苗栽植时，先将杂物搂除穴外，再将穴内心土搂至穴边，抖开根系将苗植入穴中，扶正，填土至根系1/2处时轻提苗、踩实，再填土踩实，最后培一层浮土。要求苗植于穴中心，苗径倾斜不超过10°，轻提苗根不动。踏实后的穴面高于苗径地迹1～2cm，并平于地表面，干旱地段培浮土达2～3cm。在16°以上坡地植苗，栽植点要靠近穴面上方，保持穴面上低下高。容器苗栽植，用镐（锹）在穴的中心处刨（挖）一个超过容器坨体积的坑，把容器坨直接放于坑内（塑料杯体应去掉），坨周围培满土并踏实。要求坨面与地面相平或略低于地面0.5～1.0cm，坨外围踏实，不透风，坨直立。在阳陡坡造林时，根据条件可先进行鱼鳞坑整地。

为保证成活率，干旱山地以小坑造林法为好，有条件的地方造林后应及时浇水。越冬贮藏苗木上山造林前应进行活力测定，新根生长点达到Ⅱ级苗规定标准以上（含Ⅱ级）时方可上山造林。用裸根苗植苗时，造林作业要坚持“五不离水”，即圃地假植不离水、包装不离水、运苗不离水、林地假植不离水、植苗罐不离水。栽植时尽量减少根系的暴露时间，并根据苗木规格大小，实行分级造林。造林前根据苗木特点和土壤墒情，对苗木进行修根、修枝、苗根浸水、蘸泥浆、用生根粉和保湿剂浸蘸等处理，也可采用促根剂、蒸腾抑制剂和菌根制剂等处理苗木。用容器苗造林坚持做到容器苗“起苗、运输、植苗”时营养土坨不破坏。原则上使用易降解的容器杯，若使用不易降解的容器杯（如塑料容器），苗根不易穿透，栽植时必须先去掉容器，并对容器进行无公害处理。此外，土壤比较坚硬时或皆伐迹地、火烧迹地，有条件的情况下，可采用全面或带状整地，可更大程度地提高幼树初期生长量，并为幼树后期的生长和抚育管理打下良好的基础。

各林种造林密度，应严格执行技术规程的要求。公益林一般采用4400～6600株/hm^2，株行距1.5m×1.5m或1m×1.5m；商品林采用2500～3300株/hm^2，株行距2m×1.5m或2m×2m，东北东部山地鼠害严重地区建议采用上限，即6600株/hm^{2}的初植密度造林；进行丰产林设计时，不宜过分加大密度，培育大径材用材林时，初植密度宜在

2500～3300株/hm²，培育小径材用材林，初植密度宜在3300～4400株/hm²。

（2）混交林营造

红皮云杉混交林提倡利用人工造林和封山育林相结合的方式营造。要根据树种的生物学特性和立地条件选择适宜的混交方式。人工造林配置混交林，在山地可以选择红松、水曲柳、胡桃楸、黄波罗、椴树、白桦、蒙古栎等作为混交树种。沙地可以选择樟子松、白桦、杨树、榆树、柳树为混交树种。在水土流失和风沙危害严重的地区，应采取乔灌结合的混交方式，并加大灌木树种的比例。避免红皮云杉和落叶松混交（落叶松球蚜以红皮云杉为转寄主）。混交比例在30%以上，根据具体情况增加阔叶树种的比例。亦可在林内开拓效应带或效应岛，诱导天然阔叶树进入形成人工红皮云杉和天然针阔树混交林。

东北林区红皮云杉混交林一般主要有以下3种方式：带状混交，包括人天混的效应带造林，适用于大多数立地条件的针阔混交、乔灌混交、耐阴树种与喜光树种混交；块状（局部）混交，适用于树种间竞争性较强，或地形破碎、不同立地条件镶嵌分布的地段；株间混交，用于瘠薄土地和水土流失严重区，在乔木间栽植具有保土、保水作用的灌木，或在灌木中稀疏栽植耐干旱、耐瘠薄的乔木。

红皮云杉属于耐阴树种，樟子松属于强喜光树种，东北东部山地、大兴安岭林区、辽宁章古台地区现有的红皮云杉和樟子松人工混交林，除少数属于有意识营造的以外，绝大多数属于营造樟子松成活率不高，通过补植红皮云杉后形成的。章古台地区红皮云杉和樟子松混交的研究表明，红皮云杉造林地可选择在立地条件较好的林间空地，或在营造樟子松时，留些水肥条件较好的地带，待樟子松7～10年生后，再栽植红皮云杉，以形成樟子松、红皮云杉的块状混交林。

在东北林区立地条件较好的造林地，营造红皮云杉-水曲柳混交林效果较好。红皮云杉的良好伴生树种还有黄波罗、核桃楸、紫椴、蒙古栎等阔叶树。混交方式可采取带状（3～5行）混交。

在新老采伐迹地或火烧迹地上，白桦是红皮云杉的良好伴生树种。混交方式可以采用行状或带状（3～5行）混交。在育苗数量不足或红皮云杉成活率不高时，在种植点上注意保留白桦。造林地内小片白桦林应全部保留，不能采取砍掉白桦栽红皮云杉的方法，通过栽针保阔的办法逐渐实现人工天然混交。

在天然幼林密度达不到更新标准时，应栽针保阔，形成混交林，如阔叶树和红皮云杉不属同一个林层时，红皮云杉栽苗数量不少于1500株/hm²，并精心抚育，使上、下两层都能形成较高的生产力。

东北山地红皮云杉与天然阔叶树的人工天然混交主要通过栽针留阔、栽针引阔、抚育留阔和伐针引阔等手段来建立。更新造林时，尽量保留、诱导能与红皮云杉共生（混交）的幼苗、幼树，使之形成混交林。对现有红皮云杉幼龄、中龄纯林，必要时可逐渐改造为混交林。

人工混交林造林密度为不低于2500株/hm²；人工天然混交林造林密度为2500株/hm²（含天然目的树种单位面积有效株数），其中人工植苗株数每公顷不能低于40%；林冠下造林的造林密度为800～1200株/hm²。

4. 抚育间伐与修枝

红皮云杉林应根据不同产区、不同立地、不同培育目标进行动态抚育经营。红皮云杉幼林抚育，一般采取带状割灌、割草抚育法。在辽宁连续抚育3～5年才能保证幼树正常生长。在黑龙江、吉林东部林区多采用5年7次（2-2-1-1-1）的抚育方式。每年在6月下旬到7月上旬进行抚育。抚育间伐的开始年限、间伐强度，应根据造林密度、培育目标、林木的生长状况和分化程度，以及考虑间伐材的利用价值等，合理地加以确定。红皮云杉人工纯林初植密度4400株/hm²时，在造林后14～15年进行第一次间伐较为适宜。红皮云杉林在40年生以前间伐强度以40%左右为宜（以株数百分数计算）。间隔期可为7～10年。间伐抚育主要采用透光抚育、生态疏伐、生长抚育、卫生抚育、定株抚育等，伐除被压木、干形不良林木以及部分中径木。工艺成熟前林分定株密度控制在

860～900株/hm²，定株林木应为优良木且均匀分布于林内。如果分布集中，又互相影响生长，则可适当伐去部分大径木。在确定砍伐木时，应遵循“留大砍小，留优去劣，密间稀留”的原则。为保证木材质量，当红皮云杉幼林郁闭后，树干下部出现2～3轮枯死枝时，应及时修枝。修枝时间一般在初冬至早春树液流动前。间隔期幼龄林7～8年，中龄林8～10年。修枝高度幼龄林不超过树高的1/3，中龄林不超过树高的1/2，定型时枝下高以6～8m为宜。抚育方法及技术要求按森林抚育技术规程要求执行。

5. 天然更新

红皮云杉种子小、翅长，容易传播，且发芽率高，又能耐阴，因此在东北林区，地势平缓而水分条件较好之处，红皮云杉在林冠下天然更新良好。有天然母树的择伐区，红皮云杉天然更新占绝对优势，但以伐前更新为主，约占90%，伐后更新则很少。择伐后的林分杂草会生长旺盛，将对天然更新的红皮云杉幼苗（树）生长产生较大影响，此时应增加抚育管理。在水分充足的条件下，红皮云杉也可以在空旷地尤其林窗内得到良好的天然更新。

在有充足种源的皆伐迹地或择伐林分内，也可采用人工促进更新的措施，如块状或带状清除地被物并翻松表土，或低湿地采用小台状整地等，一般在种子丰年的9～10月至翌年5月之前下种季节内进行。当幼苗、幼树分布不均或单位面积株数不足时，可就近移植多余的野生苗。

六、主要有害生物防治

1. 红皮云杉叶锈病

病原菌为杜鹃金锈菌（*Chrysomyxa rhododendri*），主要危害天然及人工云杉幼林，以及苗圃1～4年生的云杉幼苗。一般6月下旬红皮云杉当年生嫩叶上出现淡黄色的段斑，其上成行排列黄褐色至黑褐色小点，即病原菌的性孢子器，小点顶部有淡黄色密滴珠。发病严重的林分远望整个树冠呈现一片枯黄色。苗圃和人工幼林发生红皮云杉叶锈病，采用喷药剂防治，也可在苗床上用塑料薄膜做拱棚，直接阻隔病原菌的侵染，侵染期过后撤除拱棚。

2. 云杉红斑病

病原菌为松穴褥盘孢菌（*Dothistroma pini*），4月中旬发病，红皮云杉最初在针叶的尖端或其他部位出现褪绿的点状斑，边缘深绿色，点状斑及其边缘很快呈红色或红褐色。随着病斑的扩大，组织坏死，叶枯黄脱落，严重时整株死亡。目前主要采用药剂防治。

3. 云杉枯梢病

病原菌为松色二孢菌（*Diplodia pinea*），病原菌在病枝、病皮和病梢内越冬，借风和雨传播，多从伤口入侵，每年7～8月发病重。对发病严重的树应及时清除烧掉，以防病害的进一步蔓延。可采用化学药剂防治，以预防为主，在红皮云杉未抽穗时喷2～3次药可以较好地预防病害的发生。

4. 红皮云杉球蚧（*Physokermes* sp.）

1年1代，以2龄若虫在针叶上越冬，翌年5月上旬进入成虫期，5月中下旬为交尾盛期，雌体内的卵于6月中下旬多已发育成熟，6月下旬至7月上旬雌虫死亡并干枯成硬壳，若虫由母体内爬出，在针叶上吸食叶汁。红皮云杉球蚧是喜阴虫种，大多为4～6个（最多8个）雌蚧壳环集于光线不能直接照射到的枝基部（以一二年生的小枝基部居多），危害严重时，一些叶的基部也可见，易造成枝叶枯死。可在5～6月成虫期，应用内吸型杀虫剂，采用树干基部打孔注药方法进行防治，也可用拟除虫菊酯类杀虫剂，在成虫及若虫期进行喷雾防治。

5. 落叶松球蚜（*Adelges laricis*）

完成一生需要两个寄主：第一寄主是云杉属树种，主要在其枝条端部产生大量的虫瘿，主要危害红皮云杉；第二寄主是落叶松属树种，主要以侨蚜刺吸落叶松针叶及嫩枝汁液，并产生大量白色丝状分泌物，造成枝条霉污而干枯。可在5月末采用乳油或可湿性粉剂喷雾防治。

6. 云杉八齿小蠹（*Ips typographus*）

在东北林区1年1代，以成虫在树干基部皮下或枯枝落叶层下越冬，少数在枯死树皮下或旧坑道内越冬。翌年5月下旬至6月上旬越冬成虫开始活动，7月初为侵入危害盛期。成虫侵入树干2～5天后产卵，产卵周期较长，约15天，幼虫周期约为21天，蛹周期约13天。防治措施：加强检疫，严禁调运虫害木；对虫害木要及时进行药剂或剥皮处理，以防止扩散；也可进行化学诱杀或饵木诱杀。

七、材性及用途

红皮云杉木材材质轻软，结构匀细，纹理通直，早、晚材缓变。木材淡褐黄白色，心材、边材区分不明显，气干密度0.59～0.66g/cm³。木材干燥容易，但稍有干裂和翘曲，抗腐性中等，不甚耐磨损，弯绕性能、声学性能良好。木材是良好的建筑、桥梁、枕木、电线杆、造船、家具、木纤维工业原料、细木加工等用材。由于声学性能良好，也是制造乐器的良好材料。树干可割取树脂。树皮及球果的种鳞均含鞣质，可提制栲胶。同时，红皮云杉是东北地区重要的用材树种及庭园绿化树种。幼树耐阴，也是林冠下更新的主要树种，在低质低产林改造和提高水源涵养林质量等方面发挥着重要作用。

（李凤明，徐永波）

附：鱼鳞云杉［*Picea jezoensis* Carr. var. *microsperma* (Lindl.) Cheng et L. K. Fu］

鱼鳞云杉别名鱼鳞松（东北）、鱼鳞杉，是松科云杉属常绿大乔木。分布于我国东北大兴安岭至小兴安岭南端及松花江流域中下游。在海拔300～800m、气候寒凉、棕色森林土的丘陵或缓坡地带，常与红皮云杉、红松等针叶树以及白桦、胡桃楸、黄檗等阔叶树混生成林。鱼鳞云杉材质优良，木材轻软，易加工，用途广，是东北林区重要的用材树种。可供建筑、飞机、桥梁、舟车、家具及木纤维工业等用材。由于其树势挺拔，树姿优美，亦是城镇园林绿化的优良树种。

黑龙江省五常市雪乡公路鱼鳞云杉（果实下垂，枝平展）（沈海龙摄）

鱼鳞云杉种子不具生理性休眠，种子易发芽，但为了提高发芽率和出苗整齐度，需对其进行雪藏催芽。春季当地温稳定在10℃以上时即可播种育苗。苗木生长期的田间管理主要是进行浇水、除草及施肥。由于鱼鳞云杉幼苗木质化程度低、幼嫩，抗寒性差，因此，冬季之前要采取有效措施，做好越冬防冻。灌水或者覆上以备防寒越冬，浇水防止晚霜冻害。

在天然林中，自然灾害和虫害是造成鱼鳞云杉枯死的直接原因。由于风灾、干旱、大雪等异常气候的影响，出现大量的风倒木、风折木、枯死木和濒死木。加之没有及时的清理，这就为云杉八尺小蠹、天牛和松纵坑切梢小蠹的发生和发展创造了有利的条件，致使害虫的数量迅速增加。目前对鱼鳞云杉病虫害主要采取化学药剂防治和生物防治，而聚集信息素诱捕法监测、诱杀八尺小蠹已经在实践中取得了较好的防治效果。加强森林经营，改善林分卫生条件，是防止病虫害继续扩散蔓延的行之有效的方法。对采伐迹地进行更新造林，培育复层异龄林，改变树种组成，提高林分非寄主树种的比例，提高森林抗病虫害能力，是杜绝虫害、培育后备森林资源的重要途径。

（杨立学）

15 青海云杉

别　名｜泡松（青海东部）

学　名｜*Picea crassifolia* Kom.

科　属｜松科（Pinaceae）云杉属（*Picea* Dietr.）

青海云杉为我国青藏高原东北边缘特有树种，生长较快，四季常青，寿命长，树体挺拔、高大、雄伟，树干通直，树姿、冠形优美，是西北地区重要的用材和观赏兼用树种，也是主要的森林更新和荒山造林树种，还是优良的水源涵养林和护牧林树种。木材可供建筑、桥梁、船舶、车辆、装修、家具、航空器材及木纤维工业原料等用，球果种仁可食用，种鳞可作燃料，树皮可提制栲胶，树干可割取树脂，树根、木材、枝丫和针叶可提取芳香油。

一、分布

青海云杉主要分布于我国青海、甘肃、宁夏、内蒙古等省份，32°40′～41°30′N、98°40′～112°30′E。在青海分布在都兰以东、西倾山以北，在甘肃分布在河西走廊及靖远、榆中、夏河、卓尼、舟曲，在宁夏分布在贺兰山和罗山，在内蒙古分布在大青山和贺兰山。垂直分布在海拔2200～3500m。分布区内常为纯林，西部海拔2900m以上有少数与祁连圆柏混交，东部海拔2900m以下有少数与山杨、桦木等混交。分布中心地带是甘肃、青海两省交界的祁连山，占总分布面积的94.6%，是祁连山森林的主要建群树种（刘兴聪，1992；彭守璋等，2011）。1974年引种到吉林，1982年引种到黑龙江，生长发育良好，生态适应幅度较宽。

二、生物学和生态学特性

常绿乔木。高达25m，胸径60cm。树冠灰蓝绿色，树皮鳞状开裂。枝条轮生，1年生枝淡绿黄色，2～3年生小枝呈粉红色或淡褐黄色，稀呈黄色，小枝具有显著隆起的叶枕和沟槽，基部有宿存的芽鳞，开展或反曲。叶条形，螺旋状排列，横断面四棱形或扁四棱形，长1.0～3.5cm，宽2.0～2.5mm，叶顶端钝或尖头。球花单性，雌雄同株，雄球花通常单生于叶腋，雌球花单生于枝顶。球果卵圆形或长圆柱形，成熟前种鳞上部边缘紫红色、背部绿色，成熟后下垂，褐色，当年成熟，长7～15cm，宽2.0～3.5cm；种子卵圆形或倒卵圆形，上部有膜质翅，长约3.5mm，连翅长约1.3cm。

幼苗、幼树时期生长缓慢，在苗圃里一般前4年高生长依次为2cm、4cm、8cm、16cm左右。天然更新幼树5年生时通常高不到10cm，10年生不超过1m。15年生后生长逐渐加快，20～90年生高生长旺盛，40～50年生时径连年生长量出现最大值，140～160年生时材积生长量出现最大值。

甘肃省祁连山青海云杉当年生新枝（吕东摄）

甘肃省祁连山青海云杉雌球花（吕东摄）

甘肃省祁连山青海云杉球果（赵祜摄）

甘肃省祁连山青海云杉雄球花（吕东摄）

多生长在阴坡、半阴坡上，呈带状和块状分布，半阳坡及河滩阶地上也有少量生长。在侧方庇荫的条件下天然更新良好，在小片火烧迹地上也能天然更新，但在稠密的林冠下天然更新不良。较耐寒、耐旱、耐瘠薄，分布区的最低气温可达-30℃，年降水量不足400mm。在土层肥沃的山地棕褐土、褐色土上生长良好，在沼泽或冷湿黏性土上生长不良，能适应微酸、中性、微碱等土壤。幼时很耐阴，逐渐排挤其他树种稳定生长，5年生以后喜光性渐增，能在全光照下生长。浅根性树种，1～4年生有主根，随年龄增长主根逐渐停止生长，同时开始大量生长侧根和水平根，大树根系一般入土仅40cm左右，在土层较薄或有冰冻层的地方根浅，因此强度择伐后保留木易风倒。

三、良种选育

目前青海云杉国家重点林木良种基地有2处，分别是张掖市龙渠国家青海云杉祁连圆柏良种基地和大通县东峡林场国家青海云杉良种基地。

张掖市龙渠国家青海云杉祁连圆柏良种基地的青海云杉种子园种子经甘肃省林木良种审定委员会审定，被认定为省级林木良种，良种编号甘S-CSO-PC-02-2007。2009年被国家林业局确定为首批国家级林木良种基地。目前该基地从78个青海云杉半同胞子代家系中筛选出优良青海云杉家系8个，平均树高、胸径和材积分别比对照大13.99%、30.66%和63.27%，筛选出的优良家系树高、胸径和材积遗传增益分别为8.89%、16.75%

甘肃省祁连山青海云杉天然林林相（赵祐摄）

甘肃省祁连山青海云杉种子园（赵祐摄）

和28.82%（张宏斌等，2013）。该基地无性系种子园共收集优良无性系260个，建有优树种质资源收集区181亩，2016年无性系种子园采收青海云杉种子202kg。

四、苗木培育

1. 种子生产

寿命可达450年左右，孤立木、散生木20年生左右便能结实，林木40～60年生时开始结实，60～80年生时进入结实盛期，约4年出现一个结实丰年，300年生左右丧失结实能力。花期5～6月，9～10月球果成熟，采种最好在有5%的种鳞开裂时进行，阳干法脱粒，风选净种，出籽率为2%～3%，千粒重约4.5g，发芽率一般85%，在干燥阴凉通风环境中种子可保存4～5年。

2. 播种育苗

选择土层深厚肥沃，pH 6.5～7.5的沙壤土、壤土育苗，提前整地，施足底肥，在气温低、水分多的地方作高床，气温较高、水分不足的地方作低床，同时做好土壤消毒。一般在4月下旬至5月上旬播种，播种前进行种子消毒和催芽，播种量225～450kg/hm²，宽幅条播，播幅5～15cm，沟深1.0～1.5cm，行距10～20cm，播种后覆盖保墒、保温，70%左右幼苗出土后分次撤除覆盖物。当年播种苗和2～4年生苗应重点预防立枯病、防鸟兽鼠虫害，遮阴调节透光度，松土除草，适时适量追肥灌水，预防霜冻并做好越冬保护。2～4年生苗每株苗生长所需土壤空间不少于5cm²，苗木密度过大时，自然枯死现象较多。3～4年生苗苗高达8～10cm时移植培育。

也可满床干播育苗，即不进行催芽直接将种子撒播于全床面。该方法出苗齐、扎根深，播种时机好控制，种子损失小，土地面积利用率高，苗木成活率和保存率高，但出苗比较慢。

3. 扦插育苗

（1）采穗圃的建立

培育大量扦插苗时须建立足够的采穗圃。整地施足底肥后，于早春根据经营年限按株行距0.5m×0.5m或1m×1m定植母株，采用激素处理和剪除苗顶芽或1年生主干抑制树高生长，促进隐芽萌发和枝条健壮生长，每隔两年春季行间施肥和夏季采穗后追肥，连续采条5～6年后，春季剪除苗顶芽或1年生主干，把新生枝培养成新的采穗母枝。

（2）扦插育苗技术

既可硬枝扦插繁殖，又可嫩枝扦插繁殖，扦插繁殖的主要技术环节及要求见表1。

表1　青海云杉扦插繁殖技术

技术环节		要求	
		嫩枝扦插	硬枝扦插
扦插环境		全光照自动喷雾装置	温室或温棚+自动喷雾装置
基质		河沙、泥炭、珍珠岩、苔藓、森林土等	河沙、泥炭、珍珠岩、苔藓、森林土、锯末等
采条	时间	6月中旬至7月上中旬在10:00前和16:00后剪取，及时放入盛有清水的容器内保湿	4月上旬至4月下旬冬芽萌动前
	母树年龄	2～15年生	2～12年生
	枝条	母树中部健壮、无病虫害的当年生枝条	母树中上部顶芽饱满、健壮的1年生枝条
剪穗	插穗长度	多为8～12cm	多为10～15cm
	下切口	平切或斜切	平切、双面切（楔形）
催根		IAA、IBA或ABT1号，100～200mg/kg溶液处理1～2h	IBA、NAA、ABT1号，100～400mg/kg溶液处理1～3h
扦插	密度	3cm×3cm～5cm×5cm	4cm（或5cm）×（15～18）cm
	深度	插穗长度的1/3～1/2，一般3～4cm	插穗长度的1/2～2/3，一般5～6cm
管理	湿度	空气湿度保持在85％以上，生根前白天每5～8min喷雾30s，50天左右开始生根时每8～10min喷雾30s，70天后每10min喷雾30s，根系形成后，以保持基质不干燥为准	空气湿度保持在85%左右，不得低于60%，每天喷灌2～3次水，7～8月大棚内温度较高，可隔2～3天漫灌1次清水
	温度	大田为自然温度；若在温棚扦插，棚内温度白天保持在25℃左右，日最高温度不得超过28℃	白天应控制在30℃以下，以25℃左右为宜；夜晚温度平均为14℃，最低温度不低于10℃。插壤温度控制在8～30℃，有地热线加热设施时苗床温度平均保持在约17℃
	追肥	20天或生根后至9月下旬，每7～10天喷施1次0.3%磷酸二氢钾或开始生根后每周喷1次0.3％尿素+1％磷酸二氢钾	每隔半个月交替喷洒1次0.4%磷酸二氢钾和尿素溶液（10g/m^2）
	消毒	插床全部插齐后，喷洒500倍多菌灵药液进行灭菌，用量为1000mL/m^2。以后每10天左右喷1次高锰酸钾或多菌灵等杀菌剂消毒，喷药在傍晚停止喷雾后进行	全部插穗插入插床后，用0.2%高锰酸钾溶液全面喷洒，灭菌防病，5～7月每隔7～15天喷施1次30～40g/L多菌灵或1%硫酸亚铁
生根		扦插后20天左右愈伤组织形成，35～45天愈伤组织分化，开始生根期45天左右，大量生根期70天左右	35天左右逐渐形成愈伤组织并产生根原基，约50天开始生根，到9月底可拆除大棚，加速苗木木质化

扦插繁殖中存在着明显的年龄效应，随采穗母树年龄增加，插穗生根率逐渐下降。硬枝扦插，生根效果为一级侧枝＞二级侧枝＞顶芽穗条，且母树下部枝条生根效果较上部枝条好。嫩枝扦插，生根效果为去顶芽萌发枝＞一级侧枝＞二级侧枝，且顶端和上部的枝条比中部和下部的枝条生根特性较好。康建军等（2014）的研究表明，7、10、15、20和25年生母树的插穗中，15年生的母树插穗生根率最高，基部腐烂率最低；15年生母树插穗生根率和平均生根数由高到低、腐烂率由低到高的顺序依次为直径0.5～1.0cm的嫩枝插穗、直径0.3～0.5cm的嫩枝插穗、直径大于1cm的硬枝插穗，而直径为0.5～1.0cm的根插穗不生根，腐烂率几乎为100%，根插穗不存在扦插生根的无性繁殖生理特性。师晨娟等（2002）的研究表明，7年生母树1年生枝条剪取的硬枝插穗，激素处理效果由大到小依次为：IBA（吲哚丁酸）＞NAA（萘乙酸）＞IAA（吲哚乙酸）＞ABT1号；IBA不同浓度处理中，100mg/kg生根效果最好，50mg/kg、150mg/kg的居中，200mg/kg较差；扦插基质的生根效果为森林土＞泥炭土＞珍珠岩+泥炭土（3：1）；温室和露地覆膜扦插对插穗生根和生长情况影响差异不大。7年生母树，嫩枝扦插插穗分别在100mg/kg和200mg/kg两种溶液浓度、处理2h的情况下，在相同浓度时对插穗生根的影响均为IBA＞ABT＞IAA，且200mg/kg IBA处理生根效果最好（邓志力和王晓娅，2013）。同等条件下，硬枝扦插针叶全保留的插穗比自下而上摘除1/2针叶的插穗生根效果好（旦正加，2013）。扦插苗比同龄的实生苗生长快，可提早3～4年出圃。

4. 强化育苗

1年生苗，高不足2cm，3～4年需换床移植，6～7年才能出圃造林。常在温室中用高架床容器育苗，基质常由森林土、泥炭土、珍珠岩按一定比例混合而成，可全年播种，一般每月播种1次，每穴播2～3粒种子；苗木生长期每天采光时间保持在18～20h，棚内温度保持在8～25℃，冬季温度不低于3℃，夏季温度不超过29℃，棚内相对湿度保持在50%以上；日常做好洒水喷雾、间苗除草、施肥、病害防治等管理；出苗前做好炼苗工作。1年生强化苗苗高超过苗圃传统培育的3年生苗，可提早3～4年出圃（张守攻等，2005）。

五、林木培育

1. 立地选择

选择高纬度的寒带、寒温带至低纬度的暖温带与亚热带的亚高山与高山的阴坡、半阴坡和谷地，海拔2600～3300m，土壤肥沃深厚、排水良好的地块造林。

2. 整地

可在春、夏、秋三季进行，最好在造林前一年的夏季或秋季整地。在坡度大于25°的陡坡一般采用鱼鳞坑整地，根据土层厚度整地规格为60cm×40cm×30cm或80cm×60cm×30cm，株行距为2m×3m。在25°以下缓坡地，如果条件许可，则采用行距为2m、面宽为1.5m或1m的反坡梯田整地；也可以采用规格80cm×60cm×40cm或100cm×80cm×40cm，株行距为1.5m×2.0m或1m×2m的鱼鳞坑整地。

3. 造林

苗木选择　裸根苗造林选用苗高20～35cm、苗龄为3-2的Ⅰ级苗。春季多大风、少雨的地区，最好选用苗龄为3-2-3的带土球苗，造林后不会进行第二次扎根而造成“缓苗”，有利于保障造林成活率。

造林时间　以春季为主，也可秋季造林。春季造林一般在4月中旬至5月中旬，造林地土壤解冻，苗木未萌动或刚进入萌动期时造林；秋季造林在树木高生长停止后，土壤冻结前栽植，一般在10月上旬至11月中下旬进行。但在春季风力较大的地区，秋季造林后第二年春季苗木容易风干，降低造林成活率。

造林密度　根据立地条件适当密植。在北坡、坡度＜25°、土层厚度在0.5m以上的造林地，株行距为1m×2m或1.5m×2m，初植密度为5000株/hm^2或3300株/hm^2；坡度＞25°，应采用株

行距2m×3m，初植密度2505株/hm²。

栽植技术　裸根苗造林要严格按照“三埋两踩一提苗”的栽植方法，埋土深度比苗木原土痕高3～5cm。

混交造林　可采用块状、团状、株间或行间混交，混交树种多为白桦、红桦、沙棘等阔叶树或灌木。

其他技术　大苗造林和容器苗造林成活率、保存率高，能快速恢复林草植被。在旱作地区，保水剂、干水、抗旱造林粉、覆膜等保水措施的应用可提高造林成活率和高、径生长量。

4. 抚育

（1）幼林抚育

荒山造林多采用苗龄为3-2的裸根苗，由于幼树生长速度缓慢，因此要在造林后连续抚育3～5年，每年最少抚育2～3次，进行松土、除草，同时做好封禁保护、病虫鼠兔害防治、防火等工作。造林后前3年主要为幼树根系生长期，地上部分基本不生长，地上部分开始生长后继续抚育2年以上，可确保造林成功率。

（2）成林抚育

主要是间伐。30年生左右林分中林木严重分化并开始自然稀疏，高、径生长均处于速生期，这时可进行间伐，采用下层抚育法，当林分郁闭度或疏密度达到0.9左右时间伐，间伐强度控制在保留郁闭度0.7以上，间隔期10年左右，一般全年都可以进行，以秋季以后比较好。

5. 更新

天然林更新困难，采用“单株择伐—小面积林隙—天然更新”的技术可以促进更新。该技术采用单株择伐作业体系，将林分郁闭度控制在0.4～0.7，形成一些100m²左右、不超过200m²的小面积林隙或伐孔，以改善天然林分内的光环境，促进天然更新（李金良等，2008）。

六、主要有害生物防治

1. 苗木猝倒病（*Fusarium solani*; *Pythium aphanidermatum*）

幼苗出土后，扎根时期，由于苗木幼嫩，茎部未木质化，病菌自根颈侵入，产生褐色斑点，病斑扩大呈小溃状。病菌在苗颈组织内蔓延，破坏苗颈组织，使苗木迅速倒伏，引起典型的幼苗猝倒病状。多在4～6月发生，因发病时期不同，可出现种芽腐烂型、茎叶腐烂型、幼苗猝倒型和苗木立枯型4种症状类型。育苗时，首先需细致整地，务必使畦内所有苗床床面在同一平面上，可高床育苗，以利于透水、透气；其次要进行土壤和种子消毒。发病后，可立即用$FeSO_4$或$CuSO_4$溶液喷洒床面，以淋湿床面为准，喷洒后用清水冲洗苗木。

2. 青海云杉叶锈病（*Chrysomyxa qilianenses*）

青海云杉叶锈病的病原菌为祁连金锈菌（*Chrysomyxa qilianenses*），其转主寄主是青海杜鹃（*Rhododendron qinghaiense*）。该病害主要危害当年生针叶，6月底至7月初发病，发病初期，在当年生针叶上出现淡黄色小条斑，上有针尖状小点，即性孢子器，在其顶部有数根淡黄色丝状蜜露；11～12天以后小点由黄褐色变为黑褐色，针叶上逐渐形成淡黄色微隆起的锈孢子器；7月下旬锈孢子器大量成熟，包被膜破裂，释放出大量黄色粉状锈孢子；8月初病叶变为灰黄色而逐渐干枯脱落。对大面积青海云杉天然林，应以营林措施为主进行综合治理，可合理控制森林抚育间伐量，保持林分郁闭度在0.7以上，在宜林地尽可能营造针阔叶混交林。对于青海云杉幼林，侧重加强抚育，促进幼林尽快郁闭，可减轻病害。

3. 光臀八齿小蠹（*Ips nitidus*）

在甘肃祁连山林区1年发生1代，以成虫在地下枯枝落叶层和苔藓层内越冬，少数在树干下部或倒木树皮内越冬。翌年4月底至5月初，当林内气温达6℃左右时，越冬成虫出土寻找寄主入侵，形成复纵坑。5月上中旬产卵，5月下旬至6月上旬幼虫孵化，6月中下旬老熟幼虫在坑道末端筑椭圆形蛹室化蛹。新羽化的成虫于6月下旬至7月上旬出现，先在蛹室附近补充营养，然后飞出，侵入新寄主继续进行补充营养，9月中下旬当林内温度低于6℃时进入地下越冬。幼虫蛀食青海云杉树干和粗大枝条的韧皮部，危害严重时树皮与木质部脱离，可导致林分整片死亡。加强林分管理，增加林分郁闭度，可降低林木被害率。伐除虫害木，并进行剥皮、熏蒸处理，将枝丫、树皮堆积焚烧。在成虫扬飞期喷施化学农药，或者利用聚集信息素诱捕成虫。

4. 云杉梢斑螟（*Dioryctirin schutzeella*）

在甘肃1年发生1代，以1龄幼虫在当年新梢基部和针叶中越冬。翌年5月中旬开始活动并危害新梢，6月中旬化蛹，7月上中旬达羽化高峰，7月中旬为产卵盛期，7月下旬幼虫孵化，于9月中下旬进入越冬状态。云杉梢斑螟以幼虫危害青海云杉新梢嫩叶，害虫主要集中分布在树冠上部和枝梢端部危害，被害株下遍布针叶残片，新梢枯黄，被害针叶中空、枯黄。危害新梢者，常将新梢蛀食成光秆，继而干枯，向被害面弯曲，生长缓慢或停止生长。害虫亦加害幼嫩球果，受害球果的幼嫩鳞片呈现疤痕，有的有松脂溢出，球果向被害面弯曲。6月中旬幼虫处于2～3龄时喷施化学农药，成虫羽化期进行灯光诱杀，以降低产卵量，减少虫口基数。

5. 云杉球果小卷蛾（*Cydia strobilellus*）

1年或2年发生1代，以老熟幼虫越冬。4月上旬越冬幼虫开始活动，5月中旬为化蛹盛期，5月下旬至6月上旬成虫羽化、产卵，6月中下旬为幼虫孵化盛期，8月老熟幼虫进入果轴内越冬。卵单产在幼嫩球果果鳞内侧种翅的上方，幼虫孵出后即钻入鳞片内，蛀成虫道，取食幼嫩的种子，食害未成熟的胚乳。幼虫的分布规律是阳坡大于阴坡，树冠阳面大于阴面，树冠上部大于下部，幼龄林大于中、老龄林，疏林大于密林，纯林大于混交林。造林时适当密植，营造针阔混交林，加强抚育管理，使树冠尽快郁闭，以减少害虫的发生。对遗留地面或挂在树枝上的球果进行清理，以消灭其中的越冬幼虫。成虫羽化期利用黑光灯诱杀，在幼虫孵化盛期喷施生物农药。

6. 中华鼢鼠（*Myospalax fontanieri*）

中华鼢鼠常年在地下生活，在林地开穴挖洞，啃食林木根系，使幼树枯萎死亡，对青海云杉造林地的危害期长达20年以上。中华鼢鼠一年中有4～5月和9～10月两个危害高峰，第二次高峰期由于杂草根茎较多，因此危害远低于春季。通过营造混交林、适度增加造林密度并及时补植、加强抚育管理等措施促进青海云杉快速生长、提早郁闭，同时破坏鼠洞，降低鼠口密度，减轻鼢鼠危害。利用鼠类天敌如鹰、狐狸、黄鼬等食肉类动物和病原微生物抑制害鼠种群密度。采用人工机械捕杀方式，减少林地内的鼢鼠数量，降低危害程度。害鼠种群密度较大、已造成一定危害的林地，施用化学药剂进行杀灭。

七、材性及用途

青海云杉材质优良，是我国西北地区重要的用材树种。心材、边材区别不明显，木材乳白色或黄白色，具有绢光光泽，年轮明晰，早材至晚材的过渡为急变。木材气干很快，板材气干易开裂；木材富有弹性，纹理细，具有较好的耐湿性，不耐腐，易遭树蜂、天牛、小蠹等虫害。木材密度轻，材质松软，干缩小，顺纹抗压强度、抗弯强度、端面硬度很低，抗弯弹性模量和冲击韧性中等，顺纹抗剪强度低。木材容易加工，旋切性能良好，不耐磨，握钉力不强，染色、胶合等效果良好。

由于其材质优良，因而用途广泛。因木材很轻而具有一定强度，为重要的航空用材；又因为木材结构较为均匀细致和声学性质良好，而被视为名贵的乐器用材，常用作小提琴面板和钢琴发音板等重要构件。同时，木材宜作铸型木模、火柴梗、胶合板、航空胶合板、仪器箱盒和室内装饰方面用材，还宜作家具、箱柜、盆桶、食物盛器、细木工、雕刻、美术工艺和轻型车旋制品用材。板材在建筑、家具及其他方面应用极广。原条或原木亦可作电线杆、桥梁、舟车、家具及造纸用材。

（武利玉）

16 雪岭云杉

别　名｜天山云杉（新疆）
学　名｜*Picea schrenkiana* Fisch et Mey.
科　属｜松科（Pinaceae）云杉属（*Picea* Dietr.）

雪岭云杉是天山林海中的特有树种，树体高大，材质优良，抗性强，生产力高，是新疆山地的主要用材树种，对天山林区水源涵养及区域生态系统形成和维护起着主导作用。

一、分布

雪岭云杉主要分布在新疆天山的北坡，新疆昆仑山西部、准噶尔西部山地也有少量分布。在天山，雪岭云杉林自东向西绵延1800km，向西延伸到吉尔吉斯斯坦的天山与阿赖山，是中亚荒漠带最主要的山地常绿针叶林（Wu and Raven，1999）。

二、生物学和生态学特性

乔木。高40m，胸径1m。树皮暗褐色，裂成块片。树冠圆柱形或窄塔形。大枝较短，近平展，小枝下垂，1～2年生枝淡黄灰色或黄色，无毛或有疏毛或密毛，老枝暗灰色。冬芽圆锥状卵圆形，微有树脂。叶四棱状条形，直伸或微弯，长2.0～3.5cm，宽约1.5mm，先端锐尖，横切面菱形，四面有气孔线，上两面各有5～8条，下两面各有4～6条。球果椭圆状圆柱形或圆柱形，长8～10cm，径2.5～3.5cm，熟前绿色，熟时带褐色。中部种鳞倒三角状卵形，上部圆形。种子斜卵圆形，长3～4mm，连翅长约1.6cm。花期5～6月，球果9～10月成熟。

幼苗耐阴，不耐日炙、霜冻、干旱，通常在阔叶林下更新良好。在适度湿润条件及全光下生长旺盛。

三、苗木培育

雪岭云杉目前主要采用播种育苗（国家林业局国有林场和林木种苗工作总站，2001；吐尔汗巴依·达吾来提汗等，2007；王军文，2009）。

1. 播种育苗

（1）采种与调制

雪岭云杉尚未建立母树林和种子园，采种仍在普通林分中进行。应根据培育目的不同，选择合适的优良母树采种。雪岭云杉有明显的结实间

雪岭云杉植株（徐晔春摄）

雪岭云杉枝叶（徐晔春摄）

隔期，一般4～5年，采种应有周密计划并组织种子产量预测预报工作。雪岭云杉种子9～10月开始成熟散种，种子成熟后应立即采收，严格把握采种期，可以根据球果颜色变化判断是否成熟。摘取球果时应注意保护母树，以免影响今后产量。

采回的球果摊在晒场上暴晒，使种鳞收缩开裂，种子脱落。球果摊晒，需经常翻动球果，使种鳞均匀张开并从张开的种鳞上脱落。每天扫集脱落的带翅种子。夜晚或有雨雪时须用覆盖物遮盖球果。

种子干藏的适宜含水量为7%～9%或再低一些。越冬后即将播种的种子可以在干燥通风的室内存放。必须贮藏较长时间的种子则应密封后在低温处保存。

（2）种子催芽

为促进萌发，播种之前可用始温45℃左右的水浸种1～2天，或者用0.3%～0.5%的高锰酸钾浸泡30min，或用温水浸种之后再用高锰酸钾浸泡。高锰酸钾浸泡过后的种子用清水冲洗后播种。为了出芽整齐，也可将种子沙藏低温层积一段时间，层积温度为1～5℃，时间1～2个月。

（3）整地

新育苗对育苗地的要求甚高，整地一定要做到精耕细作，时间以秋季为宜。整地包括翻地、耙地。翻地深度为30cm，做到"两翻三耙"，至土壤细碎、疏松为止。连年作业的圃地应在整地过程中施足基肥和客土改良。一般施基肥（厩肥、堆肥、绿肥等）45～60t/hm^2，增加客土（森林土）700～800m^3/hm^2，以改善土壤结构，增加土壤养分。

（4）作床

采用低床，床埂高20～25cm、宽30cm，床的规格为（4～6）m×1.2m或（4～6）m×2.5m。作床时水渠、步道的占地面积应尽可能减少到最低限度，以提高土地利用率。

（5）土壤消毒

用0.5%硫酸铜溶液或10%多菌灵或0.05％甲基硫菌灵溶液每平方米苗床喷洒1000～1500mL；也可用五氮硝基苯每平方米喷洒4～5g，然后浅翻20cm，耙平即可准备播种。

（6）播种

播种期以春播最好，可以参考表层土温，平均温度达到8℃左右即可播种。根据种子质量、计划产量、种子净度、千粒重、发芽率确定单位面积播种量，一般播种量75～150kg/hm^2。

一般采用条播，条距20cm，播幅10cm，播种时要分床定量下种，撒种要均匀，做到边开沟、边下种、边覆土。播种时，要控制播种量，通过计算确定每公顷、每床及行间的播种量，达到整体均匀一致。播种后覆土时应以过筛的森林腐殖土或锯末等为主，覆土厚度一般为0.5～1.0cm，覆土后要稍加镇压，然后用麦秸、草帘等（就地取材）覆盖床面，以便遮阴、保湿、保温，避免雨水淋打表土，使土壤板结和流失，同时预防晚霜低温等自然灾害。

2. 苗期管理

（1）苗木灌溉

幼苗出土期本着少量多次的原则，根据天气和土壤情况适时适量用喷壶洒水，洒水量为3～5kg/m^2。遇连续阴雨天气应揭开覆盖物，保持适宜的土壤温度和湿度；如果遇暴风雨引起土壤严重板结，应及时松碎覆土，以利于幼苗迅速出土。幼苗生长期少量多次地进行缓水漫灌，6月中旬到7月底应增加灌溉次数。每次追肥后灌溉1次，以后一般5～7天灌1次透水，速生期后逐渐减少灌溉次数和灌水量，8月底要停止灌溉，以防止苗木徒长，促进苗木木质化。

（2）遮阴

幼苗出齐、种壳脱落后，搭起遮阴棚。每天18:00至次日8:00将竹帘卷起，逐渐增加光照，至8月30日左右即可全部去掉竹帘，以促进苗木封顶和木质化。2年生苗木应减少遮阴时间，3年生苗木除春末防霜遮阴外实行全光育苗。

（3）除草、松土

苗木出齐后，每7～10天除1次草，松土结合灌水后进行，深度为2～3cm。经常保持土壤疏松无杂草，促进苗木生长。松土一般在每次浇水后土壤表层略发白时进行。为了防止入冬和开春两季的苗木冻拔，原床苗和当年移植苗应在9月初停止除草。

（4）适量追肥

苗木生长季节还要适量追肥。应以化肥为主，也可施腐熟的人尿和厩肥液。1年生苗木追肥方式主要采用叶面喷施，新播苗浓度要小（不大于0.5%），床苗、移植苗浓度要大（不大于2%），在苗木顶芽萌发前后施萌动肥，以氮素肥料为主，每平方米浇施1%的尿素液或铵态、硝态氮肥液0.5～1.0kg；苗木生长高峰期以氮、磷肥为主，每平方米浇施磷酸二铵0.5～1.0kg；夏末秋初（7～8月），在苗木封顶木质化前，可适量追施1次磷、钾复合肥（如磷酸二氢钾），促进顶芽饱满，以利于越冬。

（5）病虫害防治

应贯彻“预防为主、积极消灭”的方针，采取化学防治、生物防治、改善经营管理相结合的综合防治措施。云杉幼苗最容易被立枯病侵染。因此，自苗木出土后应立即喷药防治，每7～10天喷1次0.5%～1.0%等量式波尔多液。发病期喷1%硫酸亚铁液，喷药后0.5h用清水喷洗叶面药液，前后要持续2～3个月。

（6）移苗

雪岭云杉幼苗生长缓慢，1～3年出圃，经过移植再培育管理5～10年，根系发达、抗旱能力增强，喜阴的特性逐渐改变为喜光耐热的特性，提高了城市平原地带移栽的成活率。雪岭云杉移栽时间最好选在春、秋两季。春季移栽的最佳时间是当年的4～5月，秋季移栽的最佳时间是当年的10～11月。移苗后要定期浇水、遮阴。

四、林木培育

1. 造林地选择

雪岭云杉喜光向阳，适宜生长在土壤较为疏松的阴坡或者半阴坡。对于低温、干旱和盐碱的忍耐程度较高，造林地应选择土层较为深厚，而且土壤呈中性或者微酸性，同时海拔在1500～3000m，能够良好生长（李喜春，2016；吕宏伟，2016）。

2. 混交林营造

可采用混交林的方式进行造林。要根据实地情况中立地条件以及其他目标和要求，进行自然林生长和发育结构的模仿，实现带状、行间混交以及团块状混交方式之间的结合。在干旱的阳坡进行雪岭云杉造林时，要将其与刺槐、杨树等树种进行搭配，以实现优势互补以及相辅相成的效果。在进行造林时，如果是在西部地区进行造林，那么应该选择在早春，尽量选择大苗大坑深栽的方式进行栽种。

3. 抚育管理

为了防止牲畜误入造林地，要将混交林严密封禁起来。在出现漏栽或者其他现象后，要进行及时浇水及补栽，对积水坑进行修补，还要时刻注意消除有害生物。

五、主要有害生物防治

贯彻“预防为主、积极消灭”的方针，采取化学防治、生物防治及改善经营管理相结合的综合防治措施（李春萍，2014；费小娟等，2016）。

1. 立枯病

参见日本落叶松。

2. 虫害

雪岭云杉的虫害危害相对较小，主要造成立木枯死或腐烂，影响木材材质及出材率。为防治病虫害发生，在营林措施方面忌密植，宜营造混交林，结合抚育采伐，增强树势；注意林区卫生，清除虫害木和风折木。

六、材性及用途

雪岭云杉为新疆天山地区的主要森林及用材树种。木材优良，材质细密、坚韧，纹理直、耐久用。可供飞机、机械、舟车、桥梁、枕木、电线杆、房屋建筑、家具及木纤维工业原料用材。树皮可提制栲胶。

（王军辉，贾子瑞）

新疆维吾尔自治区独库公路雪岭云杉阔叶混交林（贾黎明摄）

17 青杆

别　名｜刺儿松（河北）、紫木树（陕西佛坪）、红毛杉（湖北神农架）、细叶松、方叶杉、华北云杉

学　名｜*Picea wilsonii* Mast.

科　属｜松科（Pinaceae）云杉属（*Picea* Dietr.）

青杆是我国特有的常绿针叶树种，产于华北、西北、华中北部地区。其生长缓慢，耐阴、耐寒，适应力强，常成纯林或针阔混交林，在凉爽湿润的气候环境及排水良好的微酸性土壤中生长良好。青杆树干高大通直，树形美观，是主要的园林绿化树种之一，也是建筑、家具和造纸等行业良好的用材树种。

一、分布

青杆的自然分布范围较广，生于海拔1400～2800m的山地，常组成纯林或与白杆、白桦、黑桦等针阔叶树混生成林。其分布区东起河北（小五台山、雾灵山海拔1400～2100m地带），西至甘肃中部及南部（洮河、白龙江流域）、青海东部（海拔2700m）、四川东北部及北部（岷江流域上游海拔2400～2800m地带），南起陕西南部、湖北西部海拔1600～2200m，北至内蒙古（多伦、大青山）。山西（五台山、管涔山、关帝山、霍山海拔1700～2300m）有分布，北京，山东青岛、济南，以及江西庐山等地亦有栽培。

北京林业大学校园的青杆（右）和白杆（左）（张凌云摄）

二、生物学和生态学特性

常绿乔木。高达50m，胸径可达1.3m。树冠绿色。树皮灰色、淡黄灰或暗灰色，裂成不规则鳞状块片脱落。叶四棱状条形，直或微弯，长0.8～1.3cm，宽1～2mm，先端尖，无白粉。球果卵状圆柱形或椭圆状长卵形，顶端钝圆，中部种鳞倒卵形，种鳞上部圆形、急尖或呈钝三角状，背面无明显的条纹。种子倒卵圆形。花期4月，球果10月成熟（傅立国等，2001）。

青杆天然林木生长缓慢，50年生树高6～8m，胸径8～11cm。适应性强，为国产云杉属中分布较广的树种之一，耐干冷气候条件。在气候温凉、湿润、土层深厚、排水良好的微酸性棕色森林土或灰化棕壤上生长良好，在淡栗钙土上也可生长（郑万钧，1983）。在年平均气温6～9℃、年降水量800～900mm的地段生长良好。

三、苗木培育

青杆育苗可采用露地播种育苗和容器育苗方式。

1. 露地播种育苗

采种与调制 青杆采种宜在生长表现良好的林分中进行，球果由绿色转为栗褐色时，应及时采集。球果采回后用暴晒法进行脱粒，净种后装入密封容器低温贮藏。

种子催芽 播种前对种子进行催芽处理。将处理过的纯净种子和细沙以1：2的比例混合均匀后进行层积催芽，催芽温度应保持在20～25℃。催芽过程中要不时进行翻动以防水分蒸发和种子霉烂。当种子裂口率达到30%时，即可进行播种。

整地播种 选择地形开阔、海拔较低的阳坡或半阳坡，土层厚度在30cm以上且具有排灌条件的缓坡地进行育苗。于秋季土壤冻结前和翌春土壤解冻后，分别深耕1次，深度为25～30cm。在4月中下旬，采用条播方式，按宽15cm、行距10cm开沟播种，沟深1m，将处理好的种子均匀撒入沟内，用消毒过筛后的腐殖土和细沙按1：3的比例拌匀后覆盖。覆土厚度1cm，然后用木磙压实，使种子与土壤充分接触。每亩播种量18～25kg，播种完成后立即用消过毒的草帘覆盖并及时洒水。

苗期管理 苗期应及时搭棚遮阴，重视水分管理，注意预防病虫害。为防止发生立枯病，可用退菌特和硫酸亚铁进行预防，一般每10天喷药1次。施肥前期以氮肥为主，后期应重施磷、钾肥。

越冬防寒 1年生幼苗木质化程度低，抗寒性弱，应在土壤结冻前做好防寒保护。

换床移植 为培育壮苗和大苗，在第四年早春土壤解冻后，苗木顶芽尚未萌动、树液尚未流动前进行移植。将苗木按大小分级后分别移到大床，继续培育1～2年，移栽株行距为5cm×20cm。移植应做到随起随栽，栽正、压实，防止窝根、露根或埋叶、埋苗，栽后浇定根水（彭祚登，2011）。

2. 容器育苗

育苗准备 为缩短育苗周期，可采用塑料大棚容器育苗技术。容器可采用塑料营养杯，塑料大棚要安装喷雾设施。播种营养土采用腐殖土：圃地土：泥炭土：腐熟农家肥为2：2：1：0.5的混合基质。一般在早春气温达到10℃即可播种。采用过筛、消毒后的腐殖土或云杉林地土进行覆盖，厚度0.6～1.0cm，注意苗期保持营养土湿润。

苗期管理 注意控制棚内温湿度和光照，适度遮阴。适宜空气温度为20～25℃，白天超过30℃时，要开通风口降温或采用遮阴网遮阴。下午棚内温度降至25℃以下时，要关闭通风口。遮阴可在10:00～11:00进行，16:00或阴雨天撤除，有条件的可采用钠光灯、白色日光灯辅助补光。苗期土壤湿度维持在60%～80%，后期可适当控制水分，防止病害发生（季海红和姚永章，2010）。

目前关于青杆组织培养和体细胞胚的研究尚未形成生产应用技术。

四、林木培育

1. 造林地选择

宜选择土层深厚、湿润肥沃、排水良好、微酸性的皆伐迹地、火烧迹地、林中空地及林缘缓坡地造林。阴坡、阳坡均可栽培，但阴坡成活率较高，长势良好。阳坡地可选择坐水覆膜法以提高成活率。

2. 整地

在整地前进行林地清理，需适当清除杂灌木、迹地伐根和根系盘结层，疏松土壤以改善林地的卫生条件和造林条件。中高山区宜采用穴状整地，一般规格为40cm×40cm×30cm或50cm×50cm×30cm。土壤黏重、板结或表土层水分过多的采伐迹地，整地可深一些。干旱、半干旱地区的坡地和石质山地可采用鱼鳞坑形式，规格为近似半月形的坑穴，外高内低，长径沿等高线方向展开，一般为0.6～1.0m，短径略小于长径，深度为30cm以上。在有冻害或土壤质地较好的湿润地区，可以随整地随造林；干旱、半干旱

地区造林整地，应在雨季前或雨季进行。

3. 造林

青杆以春季、雨季造林为佳，连阴天为最好时机。栽植时要将苗木放于坑内中央并保持立直，栽植深度适宜，苗木根系伸展充分，不窝根，填土一半后提苗踩实，再填土踩实，最后覆盖虚土。栽植时必须做到随起苗、随蘸浆、随栽植，注意保护苗木根系完整、湿润。高海拔地区可将苗木斜植于穴内，与地面保持20°~30°的斜角。造林密度一般为每公顷3750~4500穴，单株栽植或2~3株丛植。采用容器育苗的要注意移栽时去掉苗木根系不易穿透或不易分解的容器袋。

4. 幼林抚育

造林后必须每年进行松土除草、培土施肥、间苗定株等抚育管护。一般第一年抚育1~2次，第二、第三年每年抚育2~3次，之后每年抚育1~2次。抚育时间以6~7月为宜（李树琴和张战勇，2004）。

松土应做到里浅外深，不伤害苗木根系，深度一般在5~10cm，干旱或半干旱地区应再深些，丘陵山区可结合抚育进行扩穴，以增加营养面积。因干旱、冻害、机械损伤以及病虫害造成生长不良的，应及时平茬复壮（罗伟祥等，2007）。

五、主要有害生物防治

青杆育苗及天然林生长过程中，主要易遭受以下病虫害：云杉枯梢病、云杉尺蛾、云杉顶芽瘿蚊、云杉矮槲寄生。

1. 云杉枯梢病（*Diplodia pinea*）

云杉枯梢病是由松色二孢菌引起的，以未成熟的子囊果在病部枝梢上越冬，翌春条件适宜时产生子囊孢子，借风雨传播，侵染枝梢，7月中旬达到高峰。受害针叶脱绿渐变为黄至黄褐色，严重时导致落叶，枝梢枯死。生产上可加强幼苗抚育管理，适时灌水、施肥和修剪。4月上旬开始喷施多菌灵等药剂进行防治，集中清理带病枝条。

2. 云杉尺蛾（*Erannis yunshanvora*）

云杉尺蛾为云杉类树种主要害虫之一。在我国西部地区1年发生1代。以卵在枝条或树皮缝中越冬，翌年5月中下旬幼虫孵化，6月下旬到7月上旬老熟幼虫入土化蛹，8月下旬到9月上旬成虫羽化。春季幼虫孵化后危害嫩芽及新叶。管理中春季要及时剪除带有卵块的枝条，5~6月幼虫期可地面或飞机喷洒无公害药剂消灭幼虫。

3. 云杉顶芽瘿蚊（*Dasinneura rhodophaga*）

云杉顶芽瘿蚊属双翅目瘿蚊科。1年1代，4月中旬在虫瘿中化蛹，6月上旬羽化，6月中旬成虫产卵于枝条新芽上，6月下旬幼虫入嫩芽蛀食顶芽生长点，受害部位顶端膨大发红，形成虫瘿。主梢受害后，引起侧枝萌发，最终造成树势衰弱。该虫具有喜湿、喜温、隐蔽的特性，传播蔓延主要靠带虫苗木调运，因此控制好林分密度，做好苗木检疫工作，可减少此虫害发生。也可利用天敌进行防治，如云杉瘿蚊长尾小峰、云杉瘿蚊金小蜂、瘿蚊肿胫金小蜂等。此外，蜘蛛、蚂蚁、小花蝽、瓢虫及鸟类亦捕食该虫（董鑫等，2000）。

4. 云杉矮槲寄生（*Arceuthobium sichuanense*）

云杉矮槲寄生属半寄生性多年生种子植物，是云杉天然林毁灭性生物灾害之一。矮槲寄生的侵染是通过果实内液体的压力将种子弹射出去，粘在寄主植株上，形成内部寄生植物系统，并在翌春萌发枝芽。其侵染可以引起寄主从被侵染点长出大量的扫帚状丛枝，导致青杆针叶变小，材质下降，树体生长量和种子产量降低，削弱青杆对环境的适应能力。生产上可在7月喷施乙烯利水剂进行防治，促进矮槲寄生果实脱落（高发明等，2015）。

六、材性及用途

青杆可作为用材林、防护林和绿化及观赏树种来栽培，是具有多种用途的优良资源树种。其木材淡黄白色、纹理直、较轻软、结构略粗，气干密度0.45g/cm^3，耐久性良好，可供建筑、桥梁、枕木、电线杆、家具、包装箱和造纸等用材。青杄树体高大，寿命较长，是营造水源涵养林的理想树种。因其树干挺直、姿态优美，亦被广泛用于我国淮河流域及其以北地区的城市园林绿化。树皮含单宁，可提制栲胶；针叶可提取挥发油；松节油、松叶等可活血止痛、发表解毒、明目安神。

附：白杄（*Picea meyeri* Rehd. et Wils.）

别名白扦、红杄、白儿松、罗汉松（河北）、红杄云杉（《东北木本植物图志》）、钝叶杉（《中国裸子植物志》）、刺儿松（《经济植物手册》）、毛枝云杉（中国东北裸子植物研究资料），是我国特有的常绿针叶树种，产于山西（五台山、管涔山、关帝山）、河北（小五台山、雾灵山）、内蒙古西乌珠穆沁旗，北京、河北北戴河、辽宁兴城、河南安阳等地都有栽培。白杄生于海拔1600～2700m山地，组成以白杄为主的针阔混交林或成单纯林。

白杄高达30m，胸径可达60cm。树冠灰绿色，树皮灰褐色，裂成不规则薄块片脱落。小枝基部宿存芽鳞的先端反曲或开展。1年生枝黄褐色，冬芽圆锥形，微有树脂。叶螺旋状排列，锥形，长1.3～3.0cm，宽1.2～1.8mm，先端微钝或钝，球果矩圆状圆柱形，长6～9cm，径2.5～3.5cm，种鳞背面露出部分有纵纹。种子连翅长约1.3cm。球果9月下旬至10月上旬成熟。

白杄天然生林木生长慢，50年生树高可达8～12m，胸径10～15cm。喜凉爽湿润的气候和灰化棕色森林土或棕色森林土，在栗钙土上也可生长。

木材黄白色，纹理直，结构细，较轻软，气干密度0.46g/cm³，可作建筑、桥梁、电线杆、枕木、家具及木纤维工业原料用材。宜作华北地区高山上部的造林树种，以及城市绿化、庭院观赏绿化的园林绿化树种。

（张凌云，袁义杭）

河北省塞罕坝机械林场白杄人工林（张凌云摄）

18 云杉

别　名｜粗枝云杉、粗皮云杉、粗云杉

学　名｜*Picea asperata* Mast.

科　属｜松科（Pinaceae）云杉属（*Picea* Dietr.）

云杉是我国西部亚高山特有树种，也是川西北亚高山、甘肃南部和陕西西南部地区森林演替的顶级群落之一。该树种适应性强，喜干燥及寒冷的环境条件，在气候温凉湿润、土层深厚及排水良好的微酸性棕色森林土地带生长迅速。其树干通直，单位面积的生产力水平较高，是优良的纸浆工业、家具和建筑用材。高山和亚高山地区的森林采伐后，冷湿的生境条件发生变化，林分自然更新较困难。自1955年开展人工更新以来，云杉成为主要的造林树种，林业工作者积累了丰富的经验，人工云杉幼林的生长速度比天然林成倍增长，作为纸浆材原料林的轮伐周期为25年，30～40年后可作为用材林，是优良的材用和生态树种。在建设长江上游生态屏障、促进西部社会经济可持续发展和生态文明建设、维护长江和黄河中下游的生态安全等方面，云杉林都起着不可替代的重要作用（罗建勋等，2014）。

一、分布

云杉分布于四川的岷江、大小金川和白龙江流域，并延伸到青海东部、甘肃南部和陕西西南部，垂直分布于海拔1600～3800m，集中分布在海拔2300～3200m的地带，常与紫果云杉、岷江冷杉等树种混交或单独成为纯林。云杉林分布的垂直海拔通常随纬度的降低而升高（刘增力等，2002），海拔下限主要受到干热胁迫的影响，而上限则主要与冷湿、干旱胁迫相关（李贺等，2012）。在土层深厚、排水良好的微酸性棕色森林土地带生长迅速。

二、生物学和生态学特性

常绿乔木。树体高大，树干通直。树皮淡灰褐色，裂成不规则鳞片或块片。球果圆柱形，球果上端渐窄，成熟前绿色，熟时为淡褐色或栗褐色；苞鳞三角状匙形。种子呈倒卵形。花期4～5月，果实成熟期9～10月。在全国区域尺度上，云杉的球果和针叶等表型性状与经、纬度存在一定的相关关系，具有一定的地理变异模式。

云杉喜凉润的气候条件，多分布于年平均气温6～9℃、年降水量600～1017mm、相对湿度达70%以上的高山峡谷。云杉在幼苗阶段耐阴，但幼树生长需要一定的光照，林分郁闭后对光照的需求量增加，与其他树种竞争成为上层乔木。云杉根系较浅，主根不明显，侧根发达，有3/4以上的根集中分布于地表层。幼树时期，云杉地上部分生长缓慢，根幅与根深的增长量近相等；树龄达15～20年后，地上部分生长加快，根幅增长量大于根深。

天然云杉一般与冷杉或与阔叶树构成复层混交林，在组成上占30%～70%，多为异龄林，因此林相不甚整齐。云杉初始结实年龄为30～40年，孤立木的初始结实年龄较群体林木早，60～120年生林木的结实量较多，每公顷平均产种量40kg左右。2年生枝条的结实量较高，约占云杉单株结实总量的50%。通常，半阳坡和半阴坡的单株结实量高于阳坡和阴坡。不同林型中，藓类–云杉林型的结实量较多，种子千粒重也较高。

云杉是寿命较长的树种，其生长速度随年龄的增加而变化。在树龄20年以前，云杉的生长十

云杉果枝（李晓东摄）

云杉果枝（喻勋林摄）

云杉针叶（徐晔春摄）

云杉树干（李晓东摄）

分缓慢，年平均生物量为0.14～1.67kg，生物量积累以小枝和针叶为主；20年生以后，云杉林开始郁闭，不同单株之间对光照的竞争激烈，树高生长加快，树干生物量积累比例较大。

三、良种选育

1. 优良林分选择和采种母树林营建

在国家“六五”林业科技攻关课题的基础上，云杉分布区选择评价出3个云杉天然林的优良林分，分别为松潘的川盘林分、松潘的林坡林分和若尔盖的巴西林分。四川省林业科学研究院对上述3个优良林分进行2～3次去劣留优的疏伐，砍伐出与周围林分间宽度为150m的隔离带，改建为云杉的初级良种基地——云杉天然采种母树林，3个采种母树林的地理生态因子见表1。

表1　云杉母树林的地理生态因子

地　名	经度	纬度	海拔	坡度	坡向	地貌类型	土　壤
四川若尔盖巴西	33°36′	103°13′	2980m	10°	SW	高原丘陵区	山地暗棕壤
四川松潘川盘	32°53′	103°37′	3100m	25°	SW	高山峡谷区	山地暗棕壤
四川松潘林坡	32°45′	103°38′	3200m	20°	NW	高山峡谷区	山地暗棕壤

2. 初级无性系种子园的营建

20世纪80年代初，四川阿坝藏族羌族自治州境内的川西林业局、黑水林业局、松潘林业局、马尔康林业局和金川林业局分别在各区域的云杉天然林作业区内，采用四川统一的云杉优树选择标准，各选择60～80株表型优树，采集优树穗条，先在苗圃内嫁接到3年生云杉砧木上，再依据无性系配置法共营建了600余亩云杉初级无性系种子园。

四、苗木培育

1. 采种及贮藏

10月中上旬，对母树林或种子园的成熟云杉球果进行采收，将球果适度晾晒后敲打脱粒，经风选可去掉种翅和其他夹杂物，提高种子纯度，出种率通常为3%～5%，千粒重3.6～4.6g。种子贮藏期间，应保持通风、干燥和凉爽，湿度较大的贮藏室内应放置干燥剂。对贮藏室内壁、盛种器进行严格消毒，可采用0.5%福尔马林杀菌、0.5kg/m^{2}的石灰-煤油乳剂涂刷板壁以防治虫害。将种子置于密封容器或塑料袋低温贮藏，5年后发芽率仅降低5%；若采用麻袋贮藏，2～3年后发芽率降低8%～15%。

2. 苗木培育

（1）圃地选择

苗圃地通常选在交通方便、地势平坦、灌溉便利、排水良好的地方，土壤中石砾含量少、土层深度达30cm以上的壤土或腐殖土地块，在圃地周围设置围栏，或将苗圃地选在造林地附近条件较好的区域。可随起苗随栽，以缩短运输距离，提高造林成活率，且能有效地解决低山地区苗木萌动早、高山解冻迟，不能及时开展造林工作的矛盾。

（2）整地作床

整地包括3次：第一次在播种前一年的秋季进行深翻，深度达30～35cm，使土壤疏松透气，并清除杂草、石头，对圃地的陡坡或低洼处进行平整。第二次在春季土壤解冻后，将消毒剂和杀虫剂均匀撒于土壤中再进行一次浅耕，深度达25～30cm，每亩施有机肥1500～2500kg作为基肥，高山林区土壤有效磷含量较低，每亩应施磷肥20～30kg。第三次为整地作床，苗床宽度可设置为100～120cm，床间距30～40cm，以南北方向为宜，缓坡地顺山筑床，有利于排水。干旱地区作平床；少雨地区作矮床，床高8～10cm；多雨地区作高床，床高15～20cm。川西地区云杉苗圃常选用高床，苗床需“细、深、透、平、实”，有利于保墒，并采用800倍多菌灵或其他药剂进行土壤杀菌后，即可播种。

（3）种子处理

把种子置于清水中进行搅拌，将浮在水面的空瘪种子去掉，分离出下层颗粒饱满的种子后，用冷水浸泡4～6h进行催芽处理，再采用0.1%的高锰酸钾溶液浸种15～30min进行消毒杀菌，最后采用清水冲洗种子2～3次，将种子与沙进行混合即可用于播种。

（4）播种技术

云杉种子发芽的有效温度为8℃，气温在8℃以上便可播种。四川阿坝藏族羌族自治州海拔2600～3200m处，以4月下旬至5月中旬播种为宜。若遭遇气候干燥、缺乏灌溉的情况，播种期可延至雨季前夕。但播种不宜过迟，如果较晚会造成秋季苗木木质化程度低，越冬困难。云杉每亩播种量为15～20kg，可采用30cm深的心土拌以30%～50%的腐殖质土作为覆土。覆土厚度以0.6cm为宜，超过

1cm或浅至0.2cm，均会显著降低种子的发芽率。播种后应保持苗床湿润，可采用喷壶洒水，但不能浇水漫灌，避免将种子冲出土壤。

（5）苗木管理

云杉苗在苗圃地一般需要培育3～5年才能用于造林，因此苗期管理需根据苗木不同的生长发育阶段进行。

①育苗当年苗木管理措施

出苗期 云杉播种后20～40天胚芽开始带壳出土，幼茎直立，略带红色，子叶展开。此时应注意控制苗床水分，床面过湿则需加深步道进行排水，或在雨天用塑料膜覆盖床面。若遇连续晴天应及时浇水，必要时搭建遮阴棚，以透光度30%～50%较好。出苗期注意防鸟兽危害、日灼和病虫害，及时除草且遵循"除早、除小、除了"的原则。

幼苗期 幼苗开始出现侧根，苗茎由红变绿，需继续重视防治病虫害和水分管理，定期喷施多菌灵、甲基硫菌灵等杀菌剂，以防治立枯病等病害。幼苗高生长加快的时期，应以速效氮肥为主，施10～20kg/hm^{2}尿素稀释溶液，每年2次左右，以6月至7月初为宜。此外，需适时进行间苗，苗木过密则纤细，不利于培养壮苗。

木质化期 生长季末期，施肥应以磷、钾肥为主，每亩用量为3～5kg，或在叶面喷施磷酸二氢钾等叶面肥，以加速木质化，促进地径和根系的持续生长，增加干物质的积累，提高苗木抗性，增强越冬能力。

休眠期 苗木生长基本停止时，搭建霜棚，此阶段应将霜棚全封。要注意观察床面干湿情况，防止冻拔。

②育苗第二年苗木管理措施

萌动期 春季云杉苗木顶芽膨大，新根开始生长，应及时进行施肥，以氮肥为主，辅以磷肥，以促进苗木萌动生长。此时应保留霜棚，以防止晚霜危害嫩芽。若苗木需要移植，则可在土壤解冻后、云杉苗木的芽萌动前进行移栽，一般密度为180～230株/m^2。移植可有效促进侧根的生长，利于培育根系发达、苗干粗壮的云杉苗。

速生期 速生期苗木生长迅速，在高生长迅速的时期，应以速效氮肥为主，适当辅以磷肥；苗木地径和根系的生长高峰期，则以磷、钾肥为主，可有效地提高苗木茎干质量，增强其抗性。原床苗圃中，若苗木过密，应及时进行间苗，避免苗木因养分、水分和空间不足，形成纤弱苗。此外，还应及时进行除草、浇水和病虫害防治。

木质化期 茎干由绿变黄，叶面积达到最大时，苗木干物质剧增，应停施氮肥，以施磷、钾肥为主，加速木质化，有利于培育茎干粗壮、根系发达的优质苗木，对于提高造林成活率具有重要作用。

休眠期 休眠期苗木生长活动停止，应根据苗木情况和霜害严重情况及时搭建霜棚，以利于苗木越冬。

③第三年、第四年苗木管理措施 第三年可不封步道，第四年可不搭霜棚。其他管理措施与第二年苗木管理基本相同。

云杉苗木的培育年限应根据不同地区的水、热条件而决定，当幼苗高度为15～25cm、地径为0.3cm以上时即可上山造林。在四川高山峡谷区，3～4年生苗即可达到造林要求；高原丘陵地区需5～6年。造林苗木应选用生长健壮、茎粗叶茂、顶芽完整、冠幅均匀、根系发达、细根较多、无病虫侵染的苗木。出圃苗木规格见表2。

五、林木培育

1. 迹地更新

（1）清林整地

采伐剩余物清理 高山迹地采伐剩余物一般进行就地粉碎还林，难以进行粉碎的杂物则采用腐烂法使其自然腐烂，主要包括散铺法、堆腐法、带腐法。火烧法可有效消灭剩余物上的有害细菌、真菌和害虫，但也有引起森林火灾的风险，不宜在防火期内进行焚烧。

杂灌清理 一般采伐3年后的迹地植被覆盖度较高，影响林分更新，因此需要进行杂灌清理。四川盆地边缘山地杂灌高大、生长迅速，湿度大，应实行3～5m的宽带清林或全面清林。高山峡谷区内的清林带宽为2～3m，保留带宽为1～2m。高原丘陵区和高山峡谷区的高海拔及阳

表2 云杉苗木出圃规格

生长发育指标	合格苗	壮苗
高度（cm）	15～25	＞25
地径（cm）	0.3～0.5	＞0.5
冠幅（cm）	5～10	＞10
根深（cm）	6～12	＞12
根幅（cm）	5～10	＞10
侧根数（条）	3～5	＞5

坡迹地湿度小、雨量小、旱季长、温差大、霜冻严重，杂草、灌木稀少，可实行窄带清林（1.0～1.5m）或不清林，适度保留灌木。近年来，“藏植法”在云杉造林中得到广泛的应用，主要根据牦牛不食灌木的特性，以高大茂密的灌木丛作为云杉小苗的保护伞，在灌木丛中间挖穴栽植云杉苗，既满足了云杉幼苗喜阴的特性，又避免了牦牛的践踏，可有效提高造林存活率和保存率。在天然更新幼树分布不均或成块分布的旧迹地上可采用局部块状清林。清林过程中，应保留针阔叶乔木，以形成混交林。应酌情保留裸露的岩石、悬岩峭壁、流沙槽和运材道上的植被，以发挥水土保持作用。

整地 进行细致整地。由于采伐迹地土壤中的根系量较多，一般平均可达15～20t/hm^2，盆地边缘地区达40t/hm^2，整地有利于增大土壤孔隙。若整地不细致，将影响更新效果。宜采用50cm×50cm×30cm或40cm×40cm×30cm穴状整地，若迹地的土壤黏粒含量高、易板结、表土层含水量高，可适当加大整地深度；在草根盘结特强或排水不良的区域，可采用高墩式整地方式。

（2）更新方式

贯彻执行以人工更新为主，人工更新和天然更新相结合的方针，因地制宜选择人工更新、人工促进更新、天然更新方式，可促进云杉林的快速恢复。在山的中下部，较低海拔的箭竹迹地、悬钩子迹地、针阔叶树混交迹地可进行人工更新；山的中上部，高海拔处的杜鹃花、苔草、禾草等迹地可实行人工促进更新和天然更新相结合的方式。

人工更新 人工更新以植苗更新为主，川西地区更新时间一般是3～5月，但造林时间并不十分严格，也可于7～8月的雨季进行造林，成活率的高低主要取决于植苗前后的天气状况。高原丘陵区和高山峡谷区南部干旱期长的地区，则主要在雨季进行植苗更新。

起苗时应注意保护苗木根系，随起随栽，必要时可将苗木假植或将根系装入湿润的塑料袋内短暂保存。在运输和栽植过程中，应保持苗木根系湿润，防止风吹日晒造成失水，影响造林成活率和保存率。

在杂灌繁茂或过于裸露的地方，采用多株丛植（2～5株），能显著提高保存率。在立地条件较好容易成活的地段，可进行单株栽植。高原丘陵区霜害严重，宜采用多株丛植的方法。可将植苗穴选在庇荫物侧面，造林2年后云杉苗的保存率可达80%以上。植苗前将根系蘸泥浆，或采用生根粉浸根后再进行栽植。栽苗时根系要舒展，采用“三埋两踩一提苗”的方法进行栽植，栽植深度为原土痕以上2～3cm，在有冻拔害的地段可适当深植，但不宜超过苗木的第一轮枝叶。霜害、干旱严重地区或温差较大的阳坡或高海拔地带，可进行斜植，即苗木与地面呈20°～30°倾斜角，根系呈扇形与土壤贴紧。

云杉更新密度为每亩250～300穴（单株栽植），丛植每亩为300穴。为防止春旱、温差大和大雨冲击的影响，可在植苗穴表面覆盖苔藓、凋落物和树皮。

在大多数地区，直播更新的效果较差。幼苗出土后阳光直射穴面，幼苗易被灼伤，加上鸟兽危害、夏季暴雨冲刷、冬季冻拔等的影响，苗木保存率极低。即使部分幼苗保存下来，受到植被庇荫，也难以生长。但在坡度较缓、湿度较大、杂灌稀疏、腐殖质层薄的地方，可适当采用人工直播方式进行更新。

天然更新 在交通不便、人工更新困难、有适当庇荫条件和具有母树下种的地方，可采用天然更新或人工促进更新的方式。人工促进更新即在种子丰年时对母树周围进行清林、松土，为种子发芽扎根创造有利条件。但该方法更新的苗木数量较少，分布不均匀，越冬相对困难，保存率较低。

2. 抚育管护

云杉更新后缓苗期长、生长缓慢，抚育管理时注意松土扶苗。幼树高度未超过杂灌层之前必须坚持每年抚育，抚育次数依据杂灌的繁茂程度而定。盆地边缘和高山峡谷区的坡面中、下段每年抚育2次，其余地区每年抚育1次。抚育时间应在植被生长旺盛前的6～7月，坚持“造林一时，护林长期”，严格禁止牛羊践踏，防止火灾，并及时进行病虫害防治。

云杉林郁闭后，宜进行抚育间伐，以改善林内光照和通风条件，提高林分生产力。应遵循“轻抚育、勤间伐”的原则，伐除劣等单株和病株，将郁闭度控制在0.7左右，以促进大径材的单株生长，调控优良单株的生长发育，增加森林生态系统的生产力。

六、主要有害生物防治

1. 云杉幼苗立枯病

云杉幼苗立枯病的病原菌为立枯丝核菌（*Rhizoctonia solani*），主要危害幼苗茎基部或地下根部，1～2年生苗木较易感染该病菌。防治方法：发病时，及时除去感染立枯病的病株并集中烧毁。在6～7月，高温、高湿的条件下，每2～3周喷施1次波尔多液或其他杀菌剂。

2. 云杉枯梢病

云杉枯梢病的病原菌为松色二孢菌（*Diplodia pinea*），病菌常从根部或茎干伤口侵入，先造成树冠上部枯死，针叶逐渐变黄干枯，部分脱落，以后整株枯死。防治方法：需及时防止枝梢发生伤口；冬季或早春剪掉病枝烧毁；发病期可喷1：1：150的波尔多液。

3. 云杉球果锈病

云杉球果锈病主要由栅锈科的3种病菌引起，即稠李盖痂锈菌（*Thekopsora areolata*）、鹿蹄草金锈（*Chrysomyxa piror-lata*）和畸形金锈菌（*Chrysomyxa deformans*）。感病的球果提早枯裂，导致种子产量和质量降低。防治方法：可在云杉球果鳞片开裂的授粉期内，喷施300～500倍粉锈宁进行防治。将云杉母树林、种子园内及其附近的稠李、鹿蹄草等寄主清除，并采用草胺膦进行处理。

4. 云杉立木腐朽病

云杉立木腐朽病的病原菌主要为合生层孔菌（*Fomes conatus*）、密环蕈（*Armillaria mellea*）、根白腐菌（*Fomes annosus*）、松白腐菌（*Fomes pini*）和云杉白腐菌（*Fomes pini* var. *abietes*）。在云杉过熟林中易发生，一般从Ⅳ龄级开始，病腐率逐年增加，林分地位级愈低，病腐愈严重。防治方法：可采用健壮的大苗进行人工更新，加强抚育管理，及时对林分进行卫生伐，防止林木机械损伤，对已腐朽林木尽快采伐，天然林分提前到120年生左右采伐。

5. 落叶松球蚜（*Adelges laricis*）

落叶松球蚜在落叶松和云杉两种树上交替繁殖，有翅蚜于6月中旬飞回云杉产卵，卵孵化为若虫后，使云杉枝梢基部针叶肿大形成虫瘿，新梢萎蔫缢缩变色。防治方法：①经营防治。在营林技术上可营造云杉与阔叶树混交林，避免落叶松与云杉混交。②化学防治。5月上旬落叶松上

出现第一代若虫和6月中旬云杉上出现有翅蚜时，选用化学药剂同时在两种寄主上进行防治。③生物防治。保护、利用瓢虫控制蚜虫。④人工防治。在虫瘿未开裂前，剪去虫瘿并集中烧毁。

七、材性及用途

云杉木材通直，呈黄褐色、黄白色或灰黄色，心材、边材界线不明显，粗细均匀且细密，易加工，节少，无隐性缺陷（成俊卿等，1992）。木材基本特性受较强的遗传因子控制，其密度径向变异由髓心向外呈递减趋势，云杉中幼龄人工林的木材基本密度基本与天然群体一致。15～30年生人工林基本密度为0.29～0.42g/cm^3，纤维长度为1480～2590μm，宽度为19.70～38.00μm，纤维的长宽比为60.40～93.17；60～100年生天然云杉林的木材基本密度平均值为0.39g/cm^3，纤维长度为1820μm，宽度为28.89，纤维长宽比为62.99。云杉木材的纤维柔性和弹性较好，材质轻软，细小纤维含量少，纸浆和产品的质量好，因此云杉人工林是优良的纸浆原料林（四川省云杉纸浆材协作组，2001）。以纸浆林为培育目标的云杉人工林培育周期宜为25年，可达到工艺和数量成熟年限。

此外，云杉木材可作为电线杆、枕木、建筑和家具等用材，是纤维工业的重要原料（李晓清和罗建勋，2001），也可用于制造乐器、滑翔机等产品；云杉针叶含油率为0.1%～0.5%，可提取芳香油；树皮单宁含量为6.9%～21.4%，可提取栲胶；树皮粉作为脲醛树脂增量剂，可节省化工原料，降低成本。

附：川西云杉［*Picea likiangensis* var. *rubescens*（Rehder et E. H. Wilson）Hillier ex Slsvin］

川西云杉树干通直、树体高大，为分布广泛的优良用材树种，产于四川西部和西南部、青海南部、西藏东部，分布区地势险峻、气候严酷，林分破坏后，恢复过程极其艰难和缓慢。川西云杉是云杉属分布海拔最高的树种，主要位于海拔3000～4100m气候较冷的棕色森林土地带，多组成大片纯林，或与其他针叶树组成混交林。川西云杉林是川西高山地区相对稳定的森林群落，也是川西高原地区森林和草原过渡地带的树种，对防止草原南移、森林线下降及涵养水源、保持水土和长江源头地区的防护都有极为重要的作用（贺家仁，1993）。川西云杉最大树高和直径的年生长量分别出现在30～45年生和40～45年生，最大材积年生长量在145年生左右。该树种的苗木可通过播种或硬枝扦插的方法进行培育，采用播种育苗的川西云杉苗木，苗期生长缓慢，一般需要在苗圃地培育3～5年后才能上山造林。川西云杉的天然林和人工林病虫害较少，而其幼苗感病率较高，在苗期可定期采用多菌灵、甲基硫菌灵等药剂进行杀菌，以防治立枯病。

附：紫果云杉（*Picea purpurea* Mast.）

紫果云杉为我国特有树种，主要分布于海拔2600～3800m气候温凉的山地棕壤地带，常与冷杉、云杉、红杉等针叶树混生成林或单独为纯林。现有的紫果云杉天然林或天然次生林主要分布在四川松潘县牟尼沟、茂县、汶川县、理县、壤塘县、色达县、阿坝县、黑水县、红原县刷经寺、马尔康县、金川县、小金县、白龙江流域的九寨沟县大录乡、若尔盖县包作乡，甘肃榆中及洮河流域，青海西倾山北坡。紫果云杉生长较快，常作为川西地区森林更新及荒山造林的重要树种之一。其材质坚韧，呈淡紫褐色或淡红褐色，纹理直，可用作乐器、家具、建筑、细木加工及木纤维工业原料。

紫果云杉的生长受不同年份气候变化的影响较大，胸径平均年生长量为0.85mm左右。苗木培育方式主要采用种子播种繁育，苗木生长期间易感染锈病，可采用浓度为0.5%的敌锈钠溶液喷洒；茎叶害虫主要包括松大蚜和叶蜂等，可采用20%的氰戊菊酯乳油3000倍液进行喷杀。

（罗建勋）

19 丽江云杉

别　名｜黑杉（云南）
学　名｜*Picea likiangensis* (Franch.) Pritz.
科　属｜松科（Pinaceae）云杉属（*Picea* Dietr.）

丽江云杉是西南地区重要的寒温性针叶树种，常形成大面积纯林，或与高山松、华山松、川滇冷杉、长苞冷杉、怒江红杉、大果红杉、高山栎等组成混交林，具有生长快、寿命长、材质优良的特点，而且树干通直、高大，是分布区的主要造林树种，也普遍作为庭园观赏树种。

一、分布

丽江云杉主要分布于云南西北部的香格里拉、德钦、维西、丽江、宁蒗、剑川、腾冲、贡山等地海拔2300～3800m地段，以及四川西南部的金沙江流域及其以西、以南的盐源、德荣、稻城、木里、九龙、盐边、理塘等地海拔2800～3900m的高山地带。该树种虽然垂直分布于海拔2300～3800（3900）m，但以海拔2800～3600m比较集中，其中心分布地区为高山暗针叶林的下半段，上接长苞冷杉林，下接亚高山亮针叶林。

二、生物学和生态学特性

丽江云杉分布区属寒温带半湿润、半干旱气候。根据香格里拉及丽江玉龙雪山云杉坪的气象记录：年均气温5.0～5.5℃，活动积温1392～1700℃，全年无夏，冬季超过8个月，水热条件悬殊。其中，香格里拉年降水量676mm，年均相对湿度70%；玉龙雪山年降水量1500mm，年均相对湿度83%。分布区土壤多为棕色森林土，部分地区有不同程度潜育化、灰化现象，在碳酸盐土上也偶有生长。其中，在冲积母质上发育的泥炭质棕色森林土生长最好，山地腐殖质棕色森林土次之，在山地弱潜育化或灰化棕色森林土生长最差。

丽江云杉生长比较缓慢。10年生之前，年均高生长量3～5cm；10～20年生，年均高生长量20～30cm；20～50年生，年均高生长量30～50cm，为生长旺盛期，这一期间树高在2.5～15.0m范围，胸径3～7cm；50～80年生高生长减慢，径生长继续增加，并大量结实；80年生以后生长缓慢。丽江云杉喜光，其林分虽多为世代复层混交林，但它均居乔木上层。5～10年生以前，尚可耐30%左右的上方庇荫；15年生时，在30%的上方庇荫下树高生长比全光照下减少1/3；20年生时，在30%、50%、80%的庇荫下树高只分别为全光照条件下的50%、35%和23%。丽江云杉在人为活动较少的平缓丘陵及河阶地常呈纯林，在山地则多见于山坡的中、下部及沟谷部位，在阴坡、半阴坡和沟谷多为纯林或云杉、冷杉混交林，在滑坡地段多为丽江云杉–川滇高山栎林。

云南省迪庆藏族自治州白马雪山国家级自然保护区丽江云杉球果（邓莉兰摄）

三、良种选育

胡华等（2015）以引自甘肃省小陇山林业实验局林业科学研究所的15个丽江云杉家系3年生苗为材料，在国有樟村坪林场造林观测各家系的成活率、保存率以及树高、新梢、地径、冠幅生长量和一级分枝数，并对生长性状指标进行分析。2008—2015年历时8年，从15个丽江云杉家系中综合选择出丽江云杉优良家系3个。

针对丽江云杉结实晚、种子成熟率低的问题，体细胞胚胎发生成为植株再生的重要途径之一。陈芳等（2010）进行了丽江云杉成熟合子胚培养直接诱导体细胞胚胎发生和植株再生研究，筛选出丽江云杉体细胞胚胎发生过程4个阶段的培养基，分别为胚性愈伤组织诱导培养基P_6+0.5mg/L 6-BA+1.5mg/L 2,4-D、胚性愈伤组织保持与增殖培养基P_6+0.5mg/L 6-BA+1.0mg/L 2,4-D、成熟体胚诱导培养基P_6+20mg/L 6-BA、体胚萌发培养基P_6+5g/L活性炭+5g/L蔗糖，为丽江云杉离体快速繁育提供了参考。但是，该试验建立的丽江云杉体细胞胚胎发生体系，在利用生物反应器大规模生产丽江云杉体细胞胚方面还有待进一步完善。

四、苗木培育

1. 播种苗培育

（1）种子采收

丽江云杉的球果10月成熟，当球果呈淡红褐色或淡紫色，球果中有少量种子散出时即可采摘。采收的球果及时摊放在背风、向阳的地方，3～5天后种鳞裂开即可脱出种子，去杂质得净种，阴干贮藏备用。每100kg球果出种3～5kg，每千克有种子126000～186000粒。

（2）种子处理

播种前先将种子用40～50℃的温水浸泡24～48h，除去上浮空粒，捞出阴干外表水分，每50kg种子拌500g赛力散（或用0.5%硫酸铜溶液浸4～12h，或用0.5%高锰酸钾溶液浸2h）进行种子消毒。有条件的地区，种子播前经过雪埋处理或用雪水浸种催芽均可提高发芽能力。也可将消毒后的种子用1：3的湿沙催芽15天后播种，种子出土迅速而整齐。

（3）播种技术

在丽江云杉垂直分布的下限附近，选择土壤疏松肥沃、地势平缓、背风向阳、排水良好的地段作床；春播3～4月进行，秋播8～9月进行；播种量以每亩50kg为宜，采用条播或点播。播种后，用松针或塑料薄膜覆盖苗床，一般15～20天发芽。苗木大部分出土后，及时拆除覆盖物，加盖遮阴棚。为改善圃地的水热条件，促进苗木生长，缩短育苗周期，可于播种后搭设拱形塑料棚。

（4）播种苗管理

追肥 播种后第一年在幼苗高生长开始后，每隔20天叶面喷施0.3%的氮肥溶液1次，施用100天（6次）后停止；8月开始，同样每隔20天叶面喷施0.5%的磷酸二氢钾溶液1次，总共施用2次。播种后第二年在苗木展叶后，每隔15天叶面喷施0.3%的氮肥溶液1次，施用120天（9次）停

云南省迪庆藏族自治州白马雪山国家级自然保护区丽江云杉林相（邓莉兰摄）

止；8月开始，同样每隔15天叶面喷施0.5%的磷酸二氢钾1次，总共施用2次。

防病 丽江云杉的容器苗易染立枯病，在苗木出土后，每隔7天叶面和育苗基质表面喷施1次多菌灵、氢氧化铜或噁霉灵溶液，3种溶液轮番使用。

除草 丽江云杉苗圃地苗期杂草生长旺盛，要及时进行除草。注意除草时要保护好苗木，不使根系受到伤害。

越冬管理 播种后第一年冬季11月搭设塑料棚保护苗木越冬，翌年4月揭棚；播种后第二年冬季苗木自然越冬。

（5）移植苗培育

为了提高造林成活率、促进苗木生长，幼苗生长1年后可移植到容器内培养1～3年用于造林。容器的制作可就地取材，可用塑料袋、土坯等。通常情况下，培育1～2年生苗木选用5cm × 10cm塑料薄膜容器、10cm × 10cm营养钵或3cm × 10cm压缩基质块容器；培育2～3年生苗木，选用10cm × 15cm、10cm × 18cm营养钵。容器的摆放方式可以是架摆式和地摆式，也可以是压实的自然土地面，便于水分管理和保湿。移植苗可在塑料大棚内培育，也可放在露地有适当庇荫的场所。

（6）补光技术

为了解决丽江云杉苗期生长缓慢的问题，王军辉等（2006）对丽江云杉容器苗进行补光处理，不仅加速了苗期生长、延迟封顶，而且与传统的育苗技术相比可提前出圃，有效保证丽江云杉的成活率和苗圃保存率。具体做法是在播种后生长季节连续补光2年。第一年从容器苗的幼苗脱壳后开始补光，补光时间为22:00至翌日2:00；第二年从容器苗展叶开始补光，时间为21:00至翌日1:00，补光120天。补光光源为白炽灯、高压钠灯、荧光灯、日色镝灯、碘钨灯、氖灯或氦灯。

（7）苗木出圃

通常情况下，3～4年生苗木高度达30cm、地径0.5cm以上即可出圃造林。

起苗 出圃前1～2天将苗圃地或容器浇透水，待育苗基质稍干后再起苗，容器苗则连同容器袋同时起出。

包装 起苗后立即分级，并分类装箱。

运输 装车运输时，在温度较低的阴天或夜晚进行，运到造林地后及时散开，以防苗木积压发热。春季运苗要做好防风、防冻、保温工作。

在上述过程中，操作要仔细，尽量少伤根系，要做到随起、随选、随包，严防风吹日晒并尽快运至造林地。

2. 扦插苗培育

王军辉等（2006）采用丽江云杉长8～20cm的顶轮、一级和二级侧枝作插穗，用300mg/L IBA处理2h进行扦插育苗，生根率可达到90%以上。其中，硬枝的扦插成活率高，成活苗根系发达、健壮。

基质配制 将水分不超

云南省迪庆藏族自治州白马雪山国家级自然保护区丽江云杉林分（邓莉兰摄）

过35%的炭化稻壳和泥炭土2种基质按体积比6：4放到轻基质搅拌筛分机的料筒里充分搅拌，筛除粒径大于8mm的杂物。接着，经基质网袋容器机生产出直径40～50mm的轻基质网袋容器，用0.3%的高锰酸钾溶液浸泡1h左右再切断。切后每个容器长10cm，摆放到透水性较好的筛网状育苗托盘里。然后，将托盘放于架空的插床上以待扦插。

扦插育苗　丽江云杉扦插苗培育采用轻基质网袋在全光喷雾条件下进行，6月中下旬扦插，插穗采自5年生母树的顶部轮生枝条。在网袋容器扦插苗管理中，需加强水分管理和根外施肥，以促进根系的发育和木质化，具体做法可参考播种苗培育的追肥部分。

五、林木培育

1. 造林地选择

丽江云杉造林应选择海拔3600m以下，土层比较深厚、湿润的丘陵地及山坡中下部和山谷地段。在海拔3000～3200m的阴坡、半阴坡采伐迹地、火烧迹地、宜林荒山，可与高山松、华山松、黄果冷杉、高山栎等树种进行混交造林；在海拔3200～3400m的半阴坡和半阳坡，土壤较深厚、湿润地段，可与苍山冷杉进行混交造林；在土壤较瘠薄干燥地段，可与高山松混交；在海拔3400～3600m的半阴坡和半阳坡，可与川滇冷杉、长苞冷杉进行混交造林。

2. 造林地整理

高山针叶林采伐迹地上枝丫、梢头等采伐剩余物多，箭竹、灌木丛生，如果不进行清理，不仅火灾危险性大，也无法更新造林。因此，应首先清除杂灌木再进行整地。在箭竹滋生的地段可采用带状整地，带宽50～100cm，带距1.0～1.5m。然后在带上挖穴植苗，穴的大小视苗木而定，一般可用50cm×50cm×30cm。

3. 苗木栽植

丽江云杉植苗造林应在早春幼苗萌动前（云南时间5月中旬）、林地土壤解冻后进行，每穴栽植裸根苗或营养袋苗2～3株，穴距1.0～1.5m，每亩栽植400～700株，栽前苗根蘸稀薄泥浆效果较好。栽苗时，使根颈处低于塘面2～3cm，表土回填，覆土至根颈以上，轻提苗后踏实，上面再盖一层松土，穴面要高出地表2～3cm。在春旱严重地段，植苗后穴面还应覆盖苔藓、枝丫、树皮、死地被物等；在冻拔害严重地段植苗造林时，栽植应深达40cm以上，将苗深栽（比原根颈处深）10cm以上。冻拔害不严重的地段，也可在秋季叶黄后进行造林。

4. 林分抚育

（1）幼林抚育

丽江云杉幼树不耐庇荫，造林后当年就应开始进行抚育工作，及时除草、松土和清理杂草、灌木。立地条件好、杂草繁茂的地段，每年应抚育2～3次。抚育应在雨季之前，7～8月和秋初草籽成熟前进行，直至幼林郁闭为止。丽江云杉根系浅，抚育松土不宜太深，以免损伤幼根和加剧冻拔。一般情况下，松土深度不宜超过2～6cm。同时注意，树大、土黏、土湿，应深锄；树小、沙土、土干，应浅锄。

（2）抚育间伐

抚育间伐主要是为了调节林分密度、改善林木品质、缩短培育期和获取中间收入，以及改善林分卫生状况，利于防火、防病虫害等。根据丽江云杉的生长过程、造林密度和经济条件，约20年生时进行第一次抚育间伐，间伐强度以株数计算约为30%。

六、主要有害生物防治

1. 幼苗立枯病（又名猝倒病）

丽江云杉苗期易感染立枯病，病原菌为丝核菌（*Rhizoctonia solani*）和多种镰刀菌（*Fmsarium* spp.）。立枯病的防治应以预防为主，防治结合。苗圃地应排水良好，苗床湿度不要过大；播种前种子需进行消毒催芽，使出苗整齐健壮；在播种床或播种沟内撒药土，农药可选用敌克松，每亩1.0～1.5kg，或苏农6401每亩2.5～3.0kg，或五氯硝基苯、代森锌合剂（1：1）每亩2.5～3.0kg，将农药同30～40倍干燥细土混合均匀使用。或用高锰酸钾1000倍液，或70%敌克松500倍液，或漂白粉200～300倍液浇于苗茎基部。

2. 云杉球果锈病

云杉球果锈病的病原菌为杉李盖痂锈菌（*Thekopsora areolata*）。夏初在球果鳞片上产生白色小泡状物（性孢子器），仲夏在球果鳞片上产生橙黄色的锈孢子器，林缘木和孤立木较林分内发病重，阳光明媚处较阴坡发病重。锈孢子橙黄色，散布不断扩大，借气流传播，萌发后侵染云杉，在云杉叶背表皮内长夏孢子堆，夏孢子可以多次侵入云杉叶片再长夏孢子堆。防治方法：少量球果有锈病时，应及早修剪，集中烧毁，将近邻植株或发病林分进行化学防治，即喷洒杀菌剂将锈菌控制到极低水平。一般初期发病用20%三唑酮乳油2000倍液，或45%三唑酮硫黄悬浮液1000～2000倍液、12.5%速保利可湿性粉剂2000～3000倍液。

3. 云杉叶锈病

云杉叶锈病的病原菌为疏展金锈菌（*Chrysomyxa expansa*）。6月嫩枝的叶片初有黄色段斑，并逐渐增多，后在黄色斑上长出褐色小点状物（性孢子器），在黄斑另一侧长出扁平的深黄色粒状物，其上有白色膜状物（锈孢子器和护膜）。一片叶上长出多达6个左右的膜状物，散生或连生。防治方法：少量云杉有叶锈病时，应及早修剪，集中烧毁，将近邻植株或发病林分进行化学防治，即喷洒杀菌剂将锈菌控制到极低水平。一般初期发病用20%三唑酮乳油2000倍液，或45%三唑酮硫黄悬浮液1000～2000倍液、12.5%速保利可湿性粉剂2000～3000倍液。

4. 大痣小蜂（*Megastigmus likiangensis*）

大痣小蜂以幼虫取食云杉种子，蛀食胚乳导致种子中空而失去发芽能力。该虫的卵、幼虫、蛹的生活都在种子内，应采取多种措施进行防治（潘涌智等，1998）。防治方法：①建立母树林和种子园，以利于种子的生产和害虫防控。②建立和实行严格的检疫制度，杜绝带虫种子调拨。需要调拨种子时，要进行熏蒸处理。③及时清除林地虫源，可在当年采种时尽量将树上成熟球果采光，以减少翌年的虫口来源。④用清水漂洗种子，将上浮的有虫种子及空种子去掉，并用温水浸15min，这一方法能够将大痣小蜂的幼虫和蛹杀死。⑤成虫发生期（6月下旬至7月上旬），喷洒50%对硫磷乳油1500～2000倍液、40%乐果乳油1500倍液。

5. 球果螟（*Dioryctria* spp.）

球果螟危害丽江云杉球果，可使出种率下降50%（无虫害出种率为86%，有虫害出种率仅48%）。防治方法：①可在冬季剪除虫害果、枝条并烧毁。②在幼虫初孵及转移危害期，喷洒50%杀螟松乳油500倍液，或喷硫磷粉剂或苏云金杆菌等。

七、材性及用途

丽江云杉木材坚韧，纹理细致均匀而通直，刨面略有光泽，心材、边材界线不明显，组织均匀细密，富弹性、节少，无隐性缺陷，天然干燥良好，切削容易，易于加工，气干密度0.40～0.44g/cm^3，是制造飞机螺旋桨和滑翔机的好材料。同时，其木质纤维素含量高，适宜于制造高级铜版纸等，也是电线杆、坑木、枕木、桥梁、造船、建筑、家具、板材之优良用材。此外，由于丽江云杉木材结构对声音的共振性能极好，还是制作键盘乐器的好材料。由它制作的键盘乐器，演奏时能产生一种“余音绕梁三日不绝”的效果。

丽江云杉树姿雄伟，园林中通常作为行道树及观赏树；树皮含单宁15.65%，纯度68.76%，可用于提炼单宁。

（邓莉兰）

20 欧洲云杉

别　名 | 挪威云杉
学　名 | *Picea abies* (L.) Karst.
科　属 | 松科（Pinaceae）云杉属（*Picea* Dietr.）

欧洲云杉又名挪威云杉，原产欧洲的中部和北部，主产挪威。该树种适应性强、耐霜冻、生长潜力大，已成为西欧、北欧、波罗的海沿岸国家和俄罗斯、加拿大等国的主要用材树种。在我国已有80多年的引种栽培历史，与其他乡土云杉树种相比，该树种不仅速生而且适应性强，开花结实正常且抗寒、抗病虫害，生长速度明显优于红皮云杉（*Picea koraiensis*）和青海云杉（*Picea crassifolia*）。欧洲云杉材质硬、重量轻、颜色浅、纹理细密、质地均匀、纤维长，可作乐器的共鸣板。木材品质好，可作纸浆材和建筑材，是重要的工业用材林树种。广泛用作圣诞树，在城市可作园林绿化树种。

一、分布

欧洲云杉自然分布在整个中欧和北欧，从比利牛斯山、阿尔卑斯山到巴尔干半岛，向北到德国东部和斯堪的纳维亚半岛，向东通过波兰到俄罗斯的乌拉尔山及波罗的海地区，是德国、挪威、波兰、捷克、匈牙利、保加利亚、意大利和俄罗斯等国家的乡土树种。在美国东部和加拿大东部也有引种栽培，一些引种国家或地区的生长和其他特性明显优于本地的乡土树种。

欧洲云杉是典型的山地树种，在瑞典南部，垂直分布接近海拔2000m。在德国北部分布区海拔为10～2000m，年降水量1000mm左右，年平均气温4.4～9.2℃（德国北部）、7～10℃（奥地利），属亚寒带、温带湿润气候，特点为夏季干燥而凉爽，冬季湿润而温暖（Caudullo et al.，2016）。目前人工栽培很多在海拔1000m以下。欧洲云杉喜酸性、肥沃的土壤，能生长在存水较多的黏土上。我国甘肃、湖北宜昌、四川、黑龙江、江西、山东、辽宁等生态区引种，生长良好。

二、生物学和生态学特性

1. 形态特性

欧洲云杉为乔木，在原产地高达60m，胸径

甘肃省小陇山欧洲云杉雌球花（马建伟摄）

甘肃省小陇山欧洲云杉圃地育苗（马建伟摄）

达4～6m，寿命通常为200～300年。树冠尖塔形，轮生枝，顶端枝条向上生长，而底端枝条下垂，枝条浓密。幼树树皮薄，老树树皮厚，裂成小块薄片。冬芽圆锥形，先端尖，芽鳞淡红褐色，上部芽鳞反卷，基部芽鳞先端长尖，有纵脊，具短柔毛。幼枝淡红褐色或橘红色，无毛或有疏毛。小枝上部叶片向前或向上伸展，下部叶片向两侧伸展或向上弯伸，或下垂小枝叶片辐射向前伸展。叶片四棱状条形，直或弯曲，叶长1.2～2.5cm，横切面斜方形，四边有气孔线。球果圆柱形，长12～15cm，成熟时褐色；种鳞较薄，斜方状倒卵形或斜方状卵形，先端截形或有凹缺，边缘有细缺齿。种子长约4mm，种翅长约16mm。

2. 适应性与抗性

欧洲云杉具有较强的抗逆性和适应性。我国引种观察30年，欧洲云杉未发生病害，表现较强的抗旱、抗寒、抗风、抗雪压及抗病虫害能力。

3. 生长进程

甘肃林木良种‘欧洲云杉1号’（良种编号甘S-ETS-Pa-002-2015）和‘欧洲云杉2号’（良种编号甘S-ETS-Pa-003-2015）苗期生长缓慢，5年生苗高60～75cm，平均每年生长12～15cm，以后逐渐加快，在10～20年生期间，年平均生长量约为50cm；生长高峰出现在20年生左右；24年生时，连年生长量与平均生长量相等；30年生左右又出现一次高峰；至34年生时，连年生长量与平均生长量持平；到38年生时仍无下降趋势，当年生长量约为35cm。胸径生长在15年生以后呈直线型上升，15～20年生，年平均生长量为1.5cm；20年生时达高峰；15～35年生平均生长量仍近1.0cm；36～37年生连年生长量与平均生长量相等，随后明显下降。材积生长15年生以后呈直线上升，35年生时达高峰，以后开始回落；至38年生时，连年生长与平均生长两条线还未相交，表明离成熟年龄尚早，此时单株材积为0.5653m^3。

三、良种选育

欧洲云杉遗传改良工作始于20世纪50年代欧洲瑞典等国家，初期主要是引种试验、优良林分选择和母树林建设工作。20世纪70年代末期开始，伴随着大规模种源试验研究，优树选择、种子园和采穗圃建设也普遍展开，在自然分布区和引种区母树林建设的基础上，建立了一批种子园及少量采穗圃。我国在甘肃小陇山沙坝国家落叶松、云杉良种基地和国家云杉种质资源库里建有欧洲云杉无性系种子园。

欧洲云杉种源间差异显著，种源选择十分有效。中国林业科学研究院自1983年以来从德国、奥地利、捷克、挪威和法国等10多个不同产地引进欧洲云杉种子，开展区域引种育苗试验，并在2005—2008年先后在小陇山林区的渭水流域、嘉陵江流域、西汉水流域的7个林场，以及湖北宜昌、四川、黑龙江等生态区进行了区域化试验和示范推广，研究结果表明捷克种源是优良种源（国R-SP-Pa-003-2014）。

捷克种源树皮深灰色，裂为小块薄片，厚度0.8cm左右（20年生）。大枝斜上伸展，小枝通常下垂，幼枝红褐色，无毛或有疏毛，小枝侧面及下部叶向两侧或向上弯伸。叶四棱形，直或微弯，叶长1.2～2.5cm。雌雄同株，花期4～6月；球果圆柱形，长10～15cm，成熟后紫色；种鳞较薄，斜方状倒卵形，先端截形微凹，边缘有不规则锯齿。种子长4mm，翅长1.5～1.7cm。树冠尖塔形，枝条浓密，材质硬、重量轻、颜色浅、纹理细密、质地均匀，纤维长。该种源试验示范林造林成活率在95%以上，造林后8年生平均树高1.5m，冠幅77cm，第八年抽梢35cm。同期引种的德国种源8年生时平均树高为1.3m，捷克种源平均树高较德国种源高15%。并且，捷克种源在各试验点长势良好，表现较强的抗旱、抗寒、抗风、抗雪压及抗病虫害能力。

目前，在种源试验的基础上已经建立了很多1代欧洲云杉无性系种子园，进行了优树半同胞子代测定，选出一些优良家系、无性系。但距离生产上大规模使用种子园种子尚有很长的路要走。

四、苗木培育

欧洲云杉育苗目前主要采用大田播种育苗、播种容器育苗、扦插容器育苗和嫁接育苗方式。

1. 大田播种育苗

整地 在播种前1年的雨季杂草未结籽前进行深翻，秋末再翻动耙平，拣去草根以备翌春作床。开春解冻后，整平土地、作床，播种前5天用10%的硫酸亚铁进行土壤消毒。

播种 播种前5～7天，采用1%高锰酸钾给种子消毒15min，捞出种子，将种子放在泥盆里进行催芽，每天洒水并翻动1次，保温、保湿，待种子裂口露白开始播种。一般在4月中旬播种，用条播和撒播两种播种方式。条播采用宽幅播种，条幅宽10cm，幅间距20cm，覆土厚度0.5～1.0cm，覆土最好是林内腐殖土或锯末土，每亩播种量为10～15kg，播后立即用草覆盖或用竹帘铺在苗床上，以便遮阴、保温，避免雨水淋打表土，防止土壤板结和流失。

苗期管理 为达到培育壮苗、丰产的目的，播种后要加强遮阴、喷药、灌溉、松土除草、防寒等环节。遮阴：待苗木出齐，打桩绑架将苗床上的遮阳网搭在棚架上，采取上方遮阴，遮阴棚离地20～30cm，其透光度25%～50%较好。防病：云杉幼苗易染立枯病，幼苗出土2/3时，每周喷1次1%波尔多液和喷2～4次1%甲基托布津。除草：1年内的云杉苗，幼嫩细弱，除草很关键，只要苗床上发现有杂草，应及时拔除。拔草要彻底干净，同时要保护苗木，不使苗根受损。

越冬管理 需要冬季防寒，即11月中旬揭开遮阳网，覆土，其厚度以盖住苗木为宜，而后将草帘一并盖在苗床上。翌年3月中下旬，野草返青时，揭草帘，再去覆盖。去草帘勿过早，以防春寒。

甘肃省小陇山欧洲云杉人工林（马建伟摄）

播种育苗以生产裸根苗为主。高寒地区也可在塑料大棚内播种培育裸根苗，以延长生长期，缩短育苗期。

2. 播种容器育苗

可以采用在温室或塑料大棚内进行播种容器育苗，尤其在干旱地区和高寒地区，更适合采用容器育苗方法培育苗木。

催芽 干藏的种子播前要进行催芽，用始温40～45℃的温水浸种24～36h，种子吸水后拌锯末催芽，4天左右种子开始露白，即可播种。

播种 进行网袋容器育苗，基质为泥炭土和河沙，每袋播3～4粒种子，然后用筛子筛覆一层腐殖土或泥炭土，厚度0.3cm。催芽的种子播后3天开始萌发出土，发芽较快，并且出芽整齐。

播种后管理 幼苗对干旱的抵抗力弱，应经常浇水保持湿润，但切忌积水，因为幼苗易受立枯病危害。约有60%出苗时要喷洒波尔多液预防立枯病，以后每隔5～7天喷洒1次，至大多数幼苗长出真叶为止。幼苗出土后在夜间采用LED植物生长灯补充光照4～8h，光强10～50μmol/($m^2 \cdot s^2$)（欧阳芳群等，2016；张宋智等，2009）。

甘肃省小陇山欧洲云杉球果（马建伟摄）

3. 扦插容器育苗

插床准备 将水分不超过35%的炭化稻壳和泥炭土两种基质按比例1：2放到轻基质搅拌筛分机的料筒里，充分搅拌，通过筛分机筛除粒径大于8mm的杂物。然后经基质网袋容器机生产出直径40～50mm的轻基质网袋容器。用0.3%的高锰酸钾溶液浸泡容器1h左右，然后切断。每个容器长10cm，摆放到透水性较好的筛网状育苗托盘里，每托盘装65个容器，再将托盘放于插床上。插床采用悬臂转动式全光自动喷雾装置，为直径12m、高60cm的圆形架空插床。

插穗采集 插穗来自5～6年生欧洲云杉母株。在6月中旬至7月中旬，从采穗母株中部一级侧枝上剪下1龄半木质化嫩枝插穗，插穗长9～12cm，直径0.3～0.4cm（Ouyang et al., 2015），迅速用利刃刀将基部削成楔形备用（不去掉顶芽和针叶）。

扦插方法 插条先用100mg/L IBA浸泡1h后扦插，扦插深度3.5cm，插后轻按，随插随淋水，使插穗与插壤密切结合。

扦插生根进程 6年生母树上采集的穗条，扦插后20天愈伤组织开始形成，37天时根尖开始出现，50～65天是生根的高峰期和根系发育期，65天时扦插苗根系基本形成（胡勐鸿，2014；靳景春等，2009）。

插后管理 插后全面喷洒500倍多菌灵进行灭菌，以后每隔10天复喷1次。插后前20天晴天中午每23min喷雾1次，10:00前和17:00后每57min喷雾1次。此后相应地减少喷雾次数。20天后每7～10天喷0.2%的尿素和0.3%的KH_2PO_4混合液进行根外施肥。灭菌、根外施肥在傍晚停止喷雾后进行。

移植换床 为了加快苗木生长，必须将扦插成活的1年生苗移栽到苗圃地培育2年。10月要将插床上的成活苗起出沙藏越冬。第二年将成活的苗木移栽在13cm×16cm的营养钵中或按株行距10cm×（15～20）cm移栽到大田中，常规培育2年，苗高达到23cm以上时出圃造林。栽后及时浇水，其他苗期管理措施与大田实生苗相同。

4. 嫁接育苗

砧木培育及选取砧木　要选择苗高70cm左右、发育良好、无病虫害且当年新梢生长大于10cm的苗木。如采用青海云杉7年生实生苗，不仅能满足嫁接对切削面的要求，且养分充足，亲和力较强。

接穗来源　从采穗母株上采取接穗。采穗母树来自欧洲云杉优良无性系、播种育苗中的超级苗或优良单株。

嫁接时间　根据物候观察，绝大部分欧洲云杉顶芽开始萌动时，是细胞活动最旺盛时期，适宜进行嫁接。此时砧木形成层细胞活动旺盛，容易形成愈伤组织。

嫁接方法　采用髓心形成层对接法。形成层长度5cm左右，应与削面紧密结合，对接后用弹力塑料薄膜绑扎。

嫁接苗管理　嫁接后根据天气干湿及杂草生长情况适时浇水、除草、培土，并根据接穗生长情况适时解除绑带（以接穗与砧木整体愈合开始生长为佳）。于9月解除绑带并对砧木进行适当修剪。

嫁接苗移植培育　嫁接苗定植前进行整地、除草、割灌。定植株行距50cm×50cm、穴深40cm，完全随机化栽植。6月嫁接苗旺盛生长时，剪除全部砧木侧枝，有利于接穗充分吸收养分、水分，并加强水肥管理和病虫害防治。

嫁接育苗目前主要应用于种子园建设。

五、林木培育

欧洲云杉可以直播造林，但由于种子缺乏，目前以植苗造林为主。

1. 立地选择

造林地宜选择海拔1000～2000m的阴坡、半阴坡、平地、阳坡的采伐迹地、火烧迹地、疏林地、宜林地和农耕地。土壤肥沃且排水良好，微酸性或中性。在干旱陡坡生长缓慢，在排水不良或间歇性积水的地方容易造成苗木死亡。

2. 整地

可采用人工穴状或机械整地，人工穴状整地规格为50cm×50cm×40cm，机械整地规格为长度4～6m、宽×深为50cm×30cm。不论采用哪种方法均应注意排水。

3. 造林

以营造混交林为宜，可与落叶松、山杨、油松、樟子松等喜光树种进行块状或带状混交。

造林分春季造林和秋季造林。在春季造林要注意土壤墒情，以土壤解冻达到或超过根长20～25cm为宜，一般在4月末至5月初开始造林。秋季宜在苗木完全木质化后，土壤封冻前（10月初）进行造林。造林采用3年生Ⅰ级或Ⅱ级裸根苗，规格：苗高＞20cm、地径＞0.5cm，顶芽饱满，无损伤。也可采用容器苗造林，采用3年生Ⅰ级或Ⅱ级容器苗，规格：苗高＞20cm、地径＞0.5cm，顶芽饱满，无损伤。苗木运输过程中用保湿透气的包装物打包并浇透水，不得重压、日晒，注意保湿和通风。苗木运到造林地后不能立即栽植，可挖一条25cm宽、25cm深的长条带状坑，注入水后，假植苗木，保持根系湿润。裸根苗造林应适当修剪受伤的根系、发育不正常的偏根、过长的主根和侧根；将根系蘸上稀稠适当的泥浆或保水剂；清理穴面，露出湿土。在定苗点直立开缝，深送浅提，舒展根系，脚踩定苗，离苗5cm左右压实苗根；最后平整穴面，覆盖心土。容器苗造林可直接将容器苗木置于穴内，填土、压实，整平穴面。造林密度要根据造林小班的立地条件和经营价值取向确定，一般为1600～3000株/hm^2。

4. 幼林抚育

幼林抚育主要采用带状或块状割灌抚育，连续抚育3～4年，每年抚育2～3次。

5. 天然更新

云杉通常不在其林冠下更新。20世纪50年代，一些学者发现云杉更替冷杉、冷杉更替云杉的现象。欧洲云杉通常与欧洲冷杉更替。

欧洲云杉不易天然更新，受管理、木材供应、土壤条件和光照强度影响（Juntunen and Neuvonens，2006）。

六、主要有害生物防治

1. 松苗立枯病

发生症状、规律及防治技术参见日本落叶松。

2. 地老鼠危害

部分地区欧洲云杉易受地老鼠危害，应加强地老鼠防治。防治方法可参见其他树种。

七、材性及用途

木材白色至浅黄褐色，心材、边材不明显。结构细致，纹理通直。强度中等，木材易加工，胶合性能良好。适宜作建筑材、室内装修、家具、地板、箱盒、乐器、单板、胶合板、细木工板等用材。欧洲云杉木材的冷水、热水抽出物及碱抽出物和有机溶剂抽出物均较低，综纤维素含量相对较高，而木素含量较低，而且欧洲云杉的平均纤维长度较高，纤维的长宽比也较大，是造纸良材。

（王军辉，欧阳芳群）

附：西加云杉［*Picea sitchensis*（Bong.）Carr.］

西加云杉原产于北美西海岸，沿着北太平洋海岸从阿拉斯加南部一直延伸到加利尼福亚北部，海拔在1000m左右。19世纪开始引入到欧洲，现在在16个国家内种植，主要种植区域是英国和爱尔兰。西加云杉自然分布区是海洋性气候，每年降水量1000mm，具有较高的湿度，不适合干旱、地中海气候（Taylor A. H.，1990）。

西加云杉是大型、生长较快的针叶树种，具有笔直的树干、锥形树冠和水平分枝。寿命高达500年，是最大的云杉树种，在原生境下树高达100m，但在欧洲达50m。树皮薄，开裂成大红色至棕色鳞片。针叶硬、尖，蓝绿色至浅黄绿色。树龄20～25年的时候产种子，球花红色，2～4cm；球果5～10cm，由薄的波浪状鳞片、不规则的齿状边缘和种子组成；种子长2～3mm，具有8mm长的种翅。

西加云杉通常用作建筑材，无节良材常用于制作桅杆、帆桁、甲板横梁等船用产品以及扶梯，高等级木材也可用于制作乐器。

西加云杉的苗木培育和林木培育、有害生物防治等参照欧洲云杉。

（王军辉，欧阳芳群，贾子瑞）

附：沙地云杉（*Picea meyeri* var. *mongolica* H. Q. Wu）

沙地云杉是耐阴、耐寒、耐旱能力很强的浅根性树种，根长是树干3倍，前期生长较慢，15年生以后渐快，年高生长可达40cm，是治理沙地及荒漠化土地的一个非常有前途的树种，也是城乡绿化的常绿优良树种。

沙地云杉仅分布在内蒙古小腾格里沙漠东部边缘的固定沙地上，主要分布在锡林浩特和白音敖包，在白音敖包自然保护区分布最为集中。

沙地云杉属常绿乔木，高达30m，胸径约为60cm。树皮鳞片状，1年生枝淡橙黄色，有密毛，2～3年生枝淡黄色或灰黄色。叶螺旋状排列，四棱状锥形。球果成熟前紫色，成熟后褐色。种子倒卵形，暗褐色。生于海拔1000m沙地，常组成单纯林，偶见少量白桦混入其间。

沙地云杉尚未建立母树林和种子园，采种仍在普通林分中进行。

（王军辉，贾子瑞，欧阳芳群）

21 杉松

别　名｜杉松冷杉（《东北木本植物图志》）、沙冷杉（《黑龙江树木志》）、沙松（东北）、辽东冷杉（《中国树木分类学》）、白松（吉林）

学　名｜*Abies holophylla* Maxim.

科　属｜松科（Pinaceae）冷杉属（*Abies* Mill.）

杉松为松科冷杉属高大乔木，长白山区温带针阔混交林重要伴生树种，同时也是高级纸浆用材林树种。过去，杉松主要以开发利用天然林资源为主，人工造林只是小面积试验。如黑龙江仅有40年生左右杉松人工林500hm^{2}左右，分布在海林、柴河等几个林业局；吉林土门岭林场有20世纪40年代引种栽培杉松的报道；辽宁有20世纪60年代初在白石砬子引种栽培的试验。目前，人们已经认识到杉松是一个丰产的大径材树种，已经加强了其育苗造林试验研究和生产。

一、分布

杉松主要分布在以长白山为中心的我国东北东部低海拔地区。朝鲜、俄罗斯远东地区也有分布。东起黑龙江东宁，西至东北东部山地与西部平原交界处，南达辽宁丹东地区，北界止于黑龙江宁安镜泊湖一带，一般纬度不超过43°40′N，分布区狭小。人工林主要集中在黑龙江海林、林口、尚志，吉林长春，辽宁宽甸、凤城和桓仁等地，最北界在勃利县通天一林场（45°50′N），海拔一般不超过700m。其分布区域与东北其他地区相比气候较温暖，且降水量充沛。

二、生物学和生态学特性

杉松为针叶高大乔木，高可达40m。叶线形扁平，先端急尖或渐尖，无凹缺。雌雄同株，球果生于2年生枝上。花期4～5月，球果9月下旬至10月初成熟。

天然林杉松常散生在以红松为主的针阔混交林中，无纯林。典型植被类型为红松、杉松、千金榆林，林内暖温带植物种类丰富。杉松为冷杉属中生长较快的树种，耐阴性强，喜生于山腹、溪谷，土层肥厚湿润、排水良好的山地暗棕壤斜坡林地。阳向陡坡、水湿地、草甸、盐碱地等不适于其生长。天然幼林生长缓慢，15年生后生长加速。人工林10年后进入速生期，Ⅰ类立地不同初植密度的杉松人工林17～23年生连年生长量达到最大，每公顷蓄积量可达111.9m^{3}以上。杉松耐寒性较臭冷杉、红皮云杉差，抗病虫害能力强，仅幼林时有森林鼠害发生。

三、良种选育

东北地区，以培育优质纸浆用材林为目标的杉松种源和优树选择试验，于2009年后由牡丹江林业科学研究所在黑龙江东部地区开展。露水河和苇河林业局建有初级种子园。初步研究表明，杉松低经纬度、低海拔种源的球果、种子千粒重要显著大于高经纬度、高海拔种源（祝旭加和孙

黑龙江省柴河林业局向日林场杉松人工林下的天然更新（孙岳胤摄）

岳胤，2013），可作为种源和优树选择的重要指标予以利用。

四、苗木培育

1. 种子生产

杉松采种基地应建在海拔500m以下的天然林中，也可由中龄以上的人工林改建母树林。9月下旬球果即可采摘，种子成熟期半个月左右。球果两端空粒很多。种子紫褐色，倒三角形，含油量高，中粒，千粒重49～54g，空腐率为35%～40%，发芽率40%左右。

2. 播种育苗

应选择pH 5.5～7.0的壤土和沙壤土。种子混沙堆积或雪藏催芽。杉松适合密播，播种量420～450g/m^2，播种系数2.7。床式作业，按2.3×10^4～3.6×10^4kg/hm^{2}施入有机肥。覆土厚度为0.8～1.2cm。播后第三年春换床，换床密度180～200株/m^2。

3. 苗期管理

追肥前期施氮肥，每次8～9g/m^2；中期施磷肥，未施过的圃地首次施200g/m^2，以后每年施用80g/m^2；后期钾肥以1%的水溶液喷施。杉松苗不耐积水，对空气湿度要求较高，幼苗浇水要少量多次。7月中旬后应控制水肥，以防止二次生长，促进苗木质化。

4. 病虫害防治

杉松苗期主要病虫害是新播苗的立枯病和苗圃地下害虫。

5. 防寒越冬

杉松苗木对霜冻敏感，5月中下旬至6月初可采取烟熏、盖草、盖农膜或浇水等方法预防晚霜。杉松苗木易受寒害，3年生以下苗木均需防寒。海拔较高或春季处于风口的苗圃，4年生苗木也需防寒，防寒于11月中下旬进行。

黑龙江省柴河林业局向日林场60年生杉松人工林林相（孙岳胤摄）

五、林木培育

1. 立地选择

杉松人工林适宜的立地条件为：阴坡、半阴坡；中下坡位；坡度10°～30°；有效土层（A+B）厚≥30cm，A层厚≥20cm；土壤湿润，排水良好。如果培育纸浆用材林，立地条件不宜过高。

黑龙江东南部杉松人工林可划分3种立地类型：①有效土层（A+B）厚>30cm，坡度≤8°，立地指数9.02m。②土壤A层厚>15cm，立地指数8.62m。③有效土层（A+B）厚<30cm或土壤A层厚<15cm，坡度8°～32°，立地指数6.62m（孙岳胤等，2005）。

2. 整地

清林按6m带顺坡进行，穴状整地，直径60cm，深25cm，时间在造林前1年10月下旬。

3. 造林技术

初植密度 杉松耐阴，适度提高造林密度可促进林分提早郁闭，增加间伐收益。造林密度应在3300～5000株/hm²。纸浆用材林造林密度应在4400株/hm²以上。

造林 造林苗木采用S_{2-2}型或S_{2-3}型。Ⅰ级苗苗高≥23cm，地径≥5mm；Ⅱ级苗木苗高18～23cm，地径4～5mm。造林前苗木要剪除12cm以上的主根，保留须根。应在春季适时顶浆造林。如果条件允许，4月20日以后就可以进行。造林方法参见红皮云杉。

混交造林 选用具有用材价值、可固氮或培肥地力的阔叶树种（如山槐、白桦等）混交造林，可提高杉松林分生长量10%以上。

4. 抚育

幼林抚育 幼林应连续进行5年的松土（镐抚）和除草（刀抚）。

间伐 造林密度4400株/hm²以上，间伐起始时间17～23年，间伐次数1～2次。间伐方式采用下层间伐法。

5. 主伐

常规杉松林培育轮伐期可参照各地营林技术规程的树种龄级、龄组划分确定。大密度集约经营的杉松纸浆用材林轮伐期为25～30年。主伐方式为渐伐或皆伐。

6. 更新

杉松中龄以上的林分中天然更新良好，林下天然更新的幼苗密度达130株/m²以上。但郁闭度较大，林下3年生以上苗木或幼树较少。可通过在林内适度开天窗的方式，促进杉松天然更新。

六、主要有害生物防治

杉松造林后的主要灾害是鼠害，发生的时间为冬季。一般在雨季（5～8月）降水量少、秋季坚果歉收、冬季雪大的年份，平缓坡地、山中下部易于发生。防治时间在春季雪融化后，或秋季寒露之后。防治的方法为在造林地内投放溴敌隆150g/亩，分为20～30堆，每堆5.0～7.5g。

七、材性及用途

杉松木材黄白色，质地轻软，气干密度0.39g/cm³，纹理直，韧性好，有光泽，具香气，可供建筑或作枕木、器具、家具等用材。杉松纤维长度2.1～3.6mm，纤维宽度25μm，长宽比116，纸浆质量好，且其苯醇抽取物低，综纤维素高，木材中树脂含量少，适于机械磨浆，生产的纸张强度高，因此是高级纸浆材树种。此外，杉松根皮主治风湿痹痛、祛瘀、消肿、接骨，可用于治疗跌打损伤、骨折、疮痈、漆疮；杉松树形优美、亭亭玉立、秀丽美观，是优良观赏树种。

（孙岳胤，王元兴，闫朝福，章林）

附：臭冷杉［*Abies nephrolepis*（Trautv.）Maxim.］

别名臭松、东陵冷杉、白果枞、华北冷杉。产于东北小兴安岭、完达山、张广才岭、老爷岭、长白山区海拔1000～1800m地带，以及河北雾灵山、围场、小五台山及山西五台山海拔1700～2700m地带。朝鲜、俄罗斯远东地区也有分布。

黑龙江省林业科学院伊春分院苗圃臭冷杉S_{2-2}型苗（叶林摄）

黑龙江省伊春市小兴安岭植物园臭冷杉人工林（叶林摄）

臭冷杉极耐阴，林冠下天然更新良好，在原始林内多与红松、云杉及其他阔叶树种混生。在东北林区的过伐林和次生林中，臭冷杉在有母树的林冠下均有良好的天然更新。臭冷杉根系浅，耐水湿，在排水极差的低湿地有潜育层的土壤上也能够生长，常在山地中腹以下缓坡及谷地形成密集小片纯林，称“臭松排子”。在立地条件良好的山坡地生长良好，但生长速度较慢，在小兴安岭林区臭冷杉天然林60年生树高平均只有13m。

臭冷杉采用种子繁殖，种子千粒重10g。种子处理于3月初进行，先用0.5%高锰酸钾溶液消毒1h，洗净后用温水浸泡1天，捞出后按种子与湿沙体积比1：3混拌，放在5℃左右的冷湿环境中保存。5月中旬至下旬，地温稳定在8～10℃时播种育苗，床作条播，播种苗密度1000株/m^2，覆土0.4～0.6cm，镇压、浇水，覆盖苇帘保持土壤湿度。播种1周后种子开始发芽，2周左右苗出齐后撤去苇帘，支棚架覆盖遮阳网（50%遮阴率）。第三年春天换床，换床植苗密度400株/m^2。臭冷杉育苗期4年，S_{2-2}型苗高平均14.9cm，平均根径5.8mm。臭冷杉人工造林，选择阴坡或半阳坡，坡度较缓（6°～15°）、土层较厚（≥40cm）的山坡下部。整地、造林方式：造林地秋季细致整地；穴状整地，穴径60cm、深25cm；植苗造林，株行距1.5m×2.0m，造林密度3300株/hm^2。

臭冷杉心材白色或黄红色，木材轻软，纹理直，供一般建筑、家具及电线杆等用材；木纤维平均长2.44～3.22mm、宽47～49μm，可作纤维工业原料用材；树皮可提取栲胶；树皮含树脂，可提取冷杉胶，制备光学仪器胶接剂。

（叶林，徐杰）

22 冷杉

别　名｜峨眉冷杉、泡杉、塔杉
学　名｜*Abies fabri* (Mast.) Craib
科　属｜松科（Pinaceae）冷杉属（*Abies* Mill.）

冷杉林是四川盆地西缘山地特有的暗针叶林类型，天然林面积约23万hm^2，蓄积量近8000万m^3（陈有超，2013），构成了青藏高原东缘的绿色生态屏障，在涵养水源、保持水土、生物多样性保护和科学研究等多方面具有重要意义（管中天，1981；樊金栓，2006）。冷杉林也是重要的用材林基地，在国民经济建设中占有重要地位（杨玉坡等，1992）。中华人民共和国成立以来，由于该地区天然森林资源被开发利用，推进了营林更新工作蓬勃开展，使其成为我国西南高山林区的主要造林树种之一（吴中伦，1959）。目前，营造的一批冷杉人工林，生长速度超过天然林3倍以上（杨玉坡等，1992），为天然林资源保护工程实施、区域森林资源多功能发挥和可持续发展奠定了基础。

一、分布

冷杉为大型温性针叶树种，是我国特有种，在青藏高原外围形成狭长而有限的带状分布区。我国所分布的22种冷杉属植物中，该种为最耐阴湿的一个自然种群，这与其地处四川盆地西缘“华西雨屏带”的特殊生态条件不无关系（管中天，1981，1982；李承彪，1990；庄平，2001）。冷杉分布于四川盆地西缘山区，包括巴郎山、二郎山、大小相岭、黄茅埂等山脉，形成南北向狭长的分布区。北自理县、汶川、绵竹，向南经都江堰、宝兴、大邑、芦山、天全、洪雅、峨边、马边，南达雷波、金阳，向西可至康定、泸定、石棉、越西，西部的贡嘎山东坡和东部的峨眉山也有分布，以峨边最为集中，其次为宝兴和甘洛等县（管中天等，1984）。从流域分布格局来看，主要分布于四川大渡河流域（康定、泸定、石棉、峨边、峨眉、普雄、越西）、青衣江流域（宝兴、洪雅、天全）、马边河流域（洪溪、马边）、金沙江下游（雷波、金阳）、安宁河上游（冕宁）及岷江流域的都江堰等地的高山上部。

从海拔分布来看，冷杉单株垂直分布幅度较宽，下限至海拔1900m，上限达海拔3800m，但在盆地西缘山地通常于海拔2600～3600m地带形成森林，主要集中于峨边、马边等地，其次为雅安地区。冷杉林分布于四川大渡河中下游、青衣江流域、大小凉山及康定以东海拔2000～4000m地带，组成纯林或混交林。分布区地势由东向西逐渐升高，由于受迎风坡面降水量的影响，冷杉垂直分布亦由东向西逐渐上升，在峨眉山为海拔1800～3000m，在泸定、天全则为3000～3800m。在康定以东，由于湿度大、光照少，阴坡、阳坡均有分布；到了康定以西，因湿度减少，冷杉只分布于阴坡、半阴坡。

在气候温凉、湿润，年降水量1500～2000mm，云雾多、湿度大、排水良好、腐殖质丰富的酸性棕色森林土，在海拔2000～4000m地带组成大面积纯林；在峨边、马边等地则与铁杉（*Tsuga chinensis*）、云南铁杉（*Tsuga dumosa*）、油麦吊云杉（*Picea brachytyla* var. *omplanata*）、扁刺栲（*Castanopsis platyacantha*）、包石栎（*Lithocarpus cleistocarpus*）、三尖杉（*Cephalotaxus fortunei*）、领春木（*Euptelea pleiospernnum*）、吴茱萸（*Evodia rutaecarpa*）、扇叶槭（*Acer flabellatum*）等形成针阔混交林。

二、生物学和生态学特性

1. 分布区气候特征

集中分布区具有雾天多、降水丰富、日照少、气温偏低等基本气候特点（表1）。如川西高原新龙县（海拔3000m），年平均气温7.3℃，较冷杉分布区的峨眉山高4.2℃，较普雄高2.3℃。分布区即使在夏半年也经常出现0℃以下低温。据普雄林区记载，平均每年出现0℃以下低温达17次，无霜期仅83天，较新龙还少74天。相对湿度大，7月、8月达90%，最低月（1月）也有79%；蒸发量小，仅次于金佛山（751.4mm）而居全国第二位；降水丰富，峨眉山在1961年降水量高达2506.1mm，全年雨天多达264.4天。峨眉山全年雾天达324.4天，居全国首位，最多年份达334天，差不多天天有雾。日照少，与雷波西宁、马边等盆地西缘山区均被列为全国日照最少的地区。

2. 分布区土壤特性

一般海拔2500～3000m为山地暗棕壤，海拔3000m以上为山地棕色针叶林土，这类土壤具有较高的生产力，有利于冷杉的生长，林木生长通常为Ⅱ、Ⅲ地位级。前者主要发育于以冷杉为优势的针阔混交林，后者分布面积较广，主要发育于冷杉纯林，为冷杉林下的土壤代表类型。以普雄林区海拔3360m的箭竹冷杉林下山地棕色针叶林土剖面为例说明土壤特征（管中天等，1984）：①层次较为明显。在枯枝落叶层下有明显的棕灰色淋溶层，其下则为淀积层。②淋溶作用强烈。淋溶层中代换盐基总量仅2.86me/100g土，水解酸度却有10.98me/100g土，盐基高度不饱和。从表层向下盐基饱和度增高。土体黏粒下移较明显。③具有一定程度的灰化作用。二氧化硅在淋溶层有比较明显的累积，铁铝化物明显下移，并在淀积层中有累积现象。④生物累积和矿化作用较强。土壤表层腐殖质含量6.25%，并具良好的团粒结构，淀积层无板结现象。

3. 生长发育特点

（1）人工林生长发育特点

①常绿乔木。树形雄伟，树干端直，平均形数0.5以上。最大树龄可达450年，最高达46m，最大直径127cm，最大单株材积20m^3。耐阴、耐湿，抗寒性特强，为四川其他冷杉所不及。但结实力较低，天然下种成苗率不高。

②浅根性树种。幼苗、幼树期具明显主根，但随树龄增大而逐渐退化，50～60年生已无明显的主根。侧根发达，呈水平伸展，近树干基部的根系粗大、侧扁，常暴露于地面；水平根系主要集中于地表层（40cm以上），呈交织网状，这与林地潮湿和地下水位较高有关。因此，风倒现象较为常见。幼苗根系发育与光照关系亦较密切，林冠下幼苗主根长、侧根少，影响更新成苗。林窗或林墙下幼苗根系较粗壮，成苗率较高。

③结实特性。结实开始年龄，孤立木、林缘木为40～50年，林木为80～100年，以Ⅷ～Ⅻ龄级结实较多。结实母树大部分为Ⅰ、Ⅱ生长级的林木，占结实总株数的71.4%～100.0%。结实周期4～5年，果实出籽率5%，种子丰年，可采种子约40kg/hm^2。结实量以阳坡、半阳坡中等地位级

表1　冷杉林区气候特征

地点	海拔（m）	气温 年平均（℃）	气温 4～9月平均（℃）	日平均≥10℃ 初终期	日平均≥10℃ 天数（天）	日平均≥10℃ 积温（℃）	相对湿度（%）	降水 年平均（mm）	降水 天数（天）	年蒸发量（mm）	日照时数（h）
普雄林区	3000	5.0	9.7	3/6～28/8	60	761.0	87	1484.3	270.5	884.9	1369.7
峨眉山	3047	3.1	8.3	7/7～24/8	48	586.4	86	1959.8	64.4	814.6	1386.2

四川省贡嘎山海螺沟四号营地海拔3600m冷杉原始林天然更新林相（刘兴良摄）

的箭竹-冷杉林较多。冷杉在种子丰年时，落种量虽可达300粒/hm^2左右，但由于植被繁茂、庇荫度大、土壤潮湿，一般天然更新苗出现不多，生长势差。而在植被稀疏、排水较好、阳坡或半阳坡的林缘或林窗，有较多的天然更新苗出现，长势较好。特别是裸露全光处的天然更新苗生长更好，生长量大于有庇荫处的5～10倍（管中天等，1984）。

（2）天然林生长发育特点

天然林和人工林生长发育特点有所不同。

①冷杉天然林

a.生长规律 为四川生长较快的种类，在40年生以前生长最快，连年生长量树高最高为0.38m，胸径最大为0.65cm，树高、胸径的平均生长量和连年生长量均交于40～50年生，交会后连年生长量显著降低。树高生长在130年生后很慢，连年生长量仅0.10～0.15m。胸径生长则略有上升。树高、胸径连年生长高峰期以及连年生长与平均生长交会年龄，均较四川其他冷杉树种早，表现出生长较为迅速。材积连年生长量均大于平均生长量，生长持续时间长。

有300年生的天然林，初期生长缓慢、中期生长迅速，连年高生长量可达60cm，150年生后生长显著下降，连年高生长量在10cm以下，病腐率激增，易遭风折风倒。材积生长率，20～40年生时均在11%以上，90～110年生时为2.4%～3.7%，120年生后降为1.2%，材积生长量最大值是100～120年生时。

b.林分结构 通常为多世代异龄纯林，虽然层次结构简单，但年龄世代结构比较复杂。根据越西、普雄林区调查，一般林分的平均树高25～30m，平均胸径40～50cm，疏密度0.6～0.8，地位级Ⅲ、Ⅳ级。蓄积量常为400～600m^3/hm^2，最多可达800m^3。林内枯立木多，枯损率（蓄积量）7%～10%。但峨边林区林分的平均树高与平均胸径较为偏大。

林层结构 在海拔2700m以上，组成树种单一而常为单层纯林，这与四川其他冷杉的林层结构特点有所差异。后者常为复层林，而且多与相应的云杉混交。从林木的树高序列分析（杨玉坡等，1992），树高和枝下高曲线平缓而长，显示出单层林特征。其树冠层长度一般在10m左右，这比其他冷杉林要短。相反，枝下高则比其他冷杉要高，通常20～25m，占树高的70%～75%，自然整枝较为良好，显然与林区日照偏低有关。29～30m树高级株数最多，为曲线顶点，曲线自此顶点两侧均匀降低；23～34m的树高级中，树木株数占89%，蓄积量占95%；其他树高级所占甚小，频度低。根据林层划分条件，冷杉天然林为明显的单层林。

径级结构 峨眉冷杉林林木直径跨幅较大，最大径级木为80～100cm（杨玉坡等，1992）。相对直径的变动，通常最小值为0.3，最大值为2.2。径级株数分布序列规律性强，常呈偏正态分布。120年生以上林分，中、小径级木多，尤其是中径级木（30～60cm）最多，可占总株数的60%～75%。林型不同，胸径结构亦有所差别。在林分年龄相同的情况下（130年），藓类-杜鹃-冷杉林平均胸径偏小，径级株数曲线高峰偏左；藓类-箭竹-冷杉林胸径较大，胸径高峰偏右，同时后者大径级木（60cm以上）比前者多13%。

年龄结构 以成熟林、过熟林为主，面积占该群系的87%，蓄积量占94%，但林分平均年龄普遍较四川省内其他冷杉林偏小，多为120～180年，这与林木生长较快、成熟期早、生长发育期短有关。同一林分的林木，年龄常相差180～240年，年龄幅度较宽，异龄性显著。年龄株数分布在不同的林型中均为连续的双高峰曲线（杨玉坡等，1992）。

林型及生产力特征 多为纯林，也有混交林，冷杉组成常占60%以上，其比例随海拔增高而增大。异龄性大，林层、世代明显。林分地位级Ⅲ、Ⅳ级，疏密度0.3～0.7，主要林型有箭竹-冷杉林、杂灌-冷杉林、杜鹃-冷杉林等（杨玉坡等，1992）。

林型是立地条件的综合反映，而乔木层的生长情况是立地条件的最好指标。不同林型的各项测树因子及生产力测定对森林经营具有重要意义。根据川西南林区林型调查（管中天等，1984），在相同年龄情况下，箭竹林型组的林分平均胸径、树高、疏密度均大于杜鹃林型组，而且立木蓄积量约为杜鹃林型组的1.9倍（表2），反映了杜鹃林型组所处地势较高、寒凉多风、生长期短的气候特点。

②箭竹-冷杉人工林 川西山地人工林树种以云杉、川西云杉为主，其次为冷杉，其余少部分人工更新树种为落叶松、高山松、油松、华山松和桦木等，截至2000年，已完成人工造林730695.6hm^2，郁闭成林面积约58.37万hm^2，蓄积量达3051.71万m^3。冷杉天然林采伐后，从20世纪60年代初期开始实行人工更新，人工林比天然林生长迅速，15年生树高可达4.31m，胸径达5cm（杨玉坡等，1992）。

胸径生长 人工林幼年生长极为缓慢，1～8年生尚未出现胸径。随着树龄的增大，其胸径

表2 不同林型生产力特征

林 型	林龄（年）	胸径（cm）	树高（m）	疏密度	株数（株/hm^2）	蓄积量（m^3/hm^2）
泥炭藓-箭竹-冷杉林	124	40.6	27.7	1.0	426	891
草类-箭竹-冷杉林	127	40.8	25.0	0.73	278	668
藓类-杜鹃-冷杉林	126	37.7	21.6	0.64	310	419
草类-杜鹃-冷杉林	127	36.7	36.7	0.68	360	398

注：数据引自杨玉坡等（1992）。

表3 冷杉胸径年平均生长量、连年生长量

指 标	树龄（年）											
	10	12	14	16	18	20	22	24	26	28	30	32
年平均生长量（cm）	0.09	0.18	0.26	0.33	0.40	0.43	0.44	0.45	0.44	0.44	0.44	0.43
连年生长量（cm）	0.10	0.56	0.71	0.79	0.90	0.69	0.60	0.48	0.42	0.39	0.31	0.38

注：数据来自样地数据平均值（向成华等，1996）。

表4 冷杉树高年平均生长量、连年生长量

指 标	树龄（年）											
	10	12	14	16	18	20	22	24	26	28	30	32
年平均生长量（m）	0.15	0.20	0.22	0.26	0.30	0.33	0.34	0.36	0.28	0.38	0.39	0.39
连年生长量（m）	0.40	0.38	0.53	0.63	0.62	0.56	0.62	0.46	0.49	0.49	0.45	0.40

注：数据来自样地数据平均值（向成华等，1996）。

生长加快，到林龄12年时连年生长量可达0.7cm。随着树龄的增大，林分密度过大对单株胸径生长的抑制作用越来越明显（表3）。

树高生长 随着林龄的增大，高生长加快（表4）。到林龄10年时，连年生长量可达0.40m；在林龄14年出现异速生长，连年生长量可达0.53m，但到24年生时树高连年生长量有所下降，从林龄22年的0.62m递减到0.46m。林分30～32年生时胸径平均生长量与连年生长量接近，但因林分密度的不同有所差异。

蓄积量生长 适生范围内（峨边林区为海拔2200～2700m），树龄在15年后蓄积量生长显著加快，18年生幼林蓄积量可达10m³/hm²，20年生幼林蓄积量可达38.85～55.65m³/hm²，22年生蓄积量达66.05m³/hm²，32年生蓄积量达到293.67～337.8m³/hm²（杨玉坡等，1992；向成华等，1996；宿以明等，2000）。

林分生物量、净初级生产力及其分配 以峨边林区32年生冷杉人工林为例，林分平均胸径14.1cm，平均树高11.9m，平均密度2834株/hm²，蓄积量337.8m³/hm²。人工林分总生物量为195.704t/hm²，其中，乔木层生物量为173.100t/hm²，占林分生物量的88.4%，灌木、草本、苔藓和枯落物层生物量分别占林分生物量的0.3%、0.1%、0.2%和11.0%（宿以明等，2000）。

人工林乔木层生物量为173.100t/hm²，其中树干生物量最大，为82.247t/hm²，占乔木层生物量的47.5%，其余依次为树枝、树根、树皮和针叶生物量，分别占乔木层生物量的18.4%、14.4%、10.0%和8.7%。冷杉为喜阴树种，浅根性，树冠枝叶浓密，乔木层根系生物量为24.907t/hm²，不同根系级生物量的大小排序为：粗根＞根桩＞细根＞中根（宿以明等，2000）。

林分净初级生产力和净同化率 峨边林区32年生冷杉人工林分净初级生产力为9360.4kg/（hm²·a），其中，乔木层净初级生产力为8474.6kg/（hm²·a），占林分净初级生产力的90.5%，枯枝落叶层、灌木层、苔藓层和草本层的净初级生产力分别占林分净初级生产力的6.5%、1.4%、1.0%和0.6%。乔木层中以针叶的净初级生产力最高，为3369.4kg/（hm²·a），占乔木层净初级生产力的39.8%，其余器官净初级生产力大小顺序为树干＞树枝＞根系＞树皮。乔木层净同化率为36.1g/（m²·a）（宿以明等，2000）。

三、良种选育

1979年始，在四川美姑境内苏来所初步营建了一处种子园，但还未实现优良种子生产。

1. 优树选择

建园优树来源于四川凉山彝族自治州凉北林业局施业区内冷杉天然林。

标准 选择树龄40～60年，树干通直、树形雄伟、自然整枝良好，平均形数在0.5以上，树冠浓密、塔形树冠、无病虫害和无明显缺陷的单株，林分的优良单株选择率控制在每10hm^{2}4株。

方法 采用优势木对比法，在候选优树半径50m范围内选择长势良好的优势木5株，通过对候选优树及优势木的胸径、树高和材积指标比较，大于标准且符合其他条件可初步中选。

2. 园区建设

（1）位置及自然概况

园址地处102°54′～102°54′E，28°38′～28°39′N；年平均气温5℃，极端最低气温-18.3℃，极端最高气温25.9℃，年平均≥10℃积温760.7℃；日照时数1361.5h，年平均相对湿度为84%，年平均降水量1484.3mm，蒸发量884mm。海拔2910～3000m，土壤为山地暗棕壤，质地为壤土，厚度约85cm。面积4.98hm^2。

（2）建园材料

按四川林木良种选优标准，优树生长性状与优势木之比，胸径为120%以上，树高为100%以上，材积为145%以上，并对入选优树和优势木登记和建档。共嫁接无性系71个，2002年调查时保留63个无性系。

（3）砧木的培育

1979年，选择4年生超级苗定植到初级种子园园址内，全面清林，株行距为4m×4m，挖穴规格为80cm×80cm×60cm，共定植3078株，培育3年后砧木成活率为98.64%。

（4）优树穗条嫁接

1982年，取优树树冠中上部枝条的顶梢，采用髓心形成层对接法嫁接，3年后嫁接保存率为86.07%。

（5）无性系配制和种子园的经营管理

无性系排列为双向错位排列，建园后的前10年每年进行施肥、灌溉、中耕和病虫害防治等针叶树种子园的常规管理。

3. 无性系选育

从种子园保留的63个无性系来看，无性系分株的变幅为3～101株，树高变幅为8.04～12.27m，胸径变幅为15.32～26.45cm，冠幅变幅为4.05～7.02m，无性系间差异均极显著。嫁接无性系经20年生长发育，只有极少数开花结果。无性系分株在20株以上的39个无性系中，树高（SH）均值在全种子园平均值以上的无性系共20个，小于均值的有19个。39个无性系冠幅均值为4.95m±0.82m（变幅为2.76～6.39m），有20个无性系冠幅小于4.95m，说明种子园内有50%的无性系冠幅生长受到影响。

由于种子园初植密度过大，目前无性系分株间冠幅生长相互影响很大。无性系分株在20株以上的39个无性系中（罗建勋等，2005），除12号、19号、54号、55号、119号和124号共6个无性系外，其余33个无性系分株树高和胸径生长呈显著的正相关，初步说明在初级种子园初植密度大，严重影响树冠和树高生长的条件下，以无性系的胸径生长性状作为优良无性系评价指标是可行的。

该种子园是国内外唯一的冷杉初级无性系种子园，且技术档案建立和保存完整，宜作为该树种优良基因资源的收集圃，但还不具备良种基地的花粉隔离条件，不适合用作种子园。因此，可疏伐一定数量重复的无性系分株以调节园内密度，并采用现有成熟的种子园和母树林促进开花结实的技术。只要多数无性系结实，就可以进行冷杉种间和种内杂交育种工作，同时可评价无性系营养生长和生殖生长的关系、无性系间（内）对种子园的花粉贡献率等遗传多样性参数。

四、苗木培育

1. 采种与贮藏

球果成熟期通常在9～10月，采集后摊晒使其开裂，风选净种。如遇阴雨天，可在通风良好

四川省贡嘎山海螺沟三号营地干河坝对面海拔3100m冷杉原始林林相（刘兴良摄）

的屋内摊开阴干，并经常翻动，防止球果发热被闷烂。可烘烤脱粒，但温度不能超过30℃，以免烘伤种子。用于育苗的种子品质要求达到千粒重10～16g、发芽率9%～15%、纯度90%以上。

种子含油脂多，不宜水选，风选后装入袋中，放在通风干燥处贮藏。在湿度大的地区，可下垫木板并放置干燥剂进行贮藏，种子可保存3～5年，发芽率不会显著降低。堆放种子的地方，墙壁和麻袋都应用药剂消毒。

2. 苗圃地选择

冷杉林区气候冷湿，在阴坡、半阴坡地幼苗易遭冻拔，不利于苗木生长，因此苗圃地应选在背风阳坡、半阳坡。具体而言，应选谷底、河滩等比较开阔平坦且避风的地方，土层深厚（耕作层在30cm以上）、pH 6.0～7.2的肥沃地段，海拔1800～2500m。同时，水源充足、交通便利。

3. 整地及土壤改良

须进行深度为25cm以上的深翻土地2次。第一次应深挖细拣，将一些深根性杂草的根系挖出。对于根段多、易萌发的杂草，应将其根系统一收集起来销毁或掩埋。要求整平，全面耕作，碎土均匀，清除石块、杂草和树根，可适当保留细树根。整地后，撒施生石灰450kg/hm^{2}进行土壤消毒并精细除草。播种前一个月再进行1次深翻土，清除杂草、石砾和粗土，同时施过磷酸钙75～112.5kg/hm^{2}作为底肥。耕种过的老苗圃则要进行一年以上的轮休，才能二次耕种。

4. 作床

苗床依地势而定，一般苗床长10m左右、床宽1m左右、床高15cm，步道宽为20cm左右；易积水的圃地、降水较多和气候较寒冷的地区，采用高床育苗，床高24～28cm，床宽1.2m，床长6～10m，步道宽30～40cm。苗床方向为东西向；播种沟深度1.5～2.0cm，沟宽4cm，间隔2cm，方向为南北向；根据实际条件也可采用平床直播，这样苗木受光均匀、通风良好，利于苗木生长。床面要保持平整，无石砾、草根等，耕种层土壤要保持细、碎。播种前，再次对床面进行消毒和除草。

5. 种子处理

播种前将种子进行活水浸泡3～4天，每天要换水；用0.5%福尔马林溶液进行种子消毒，消毒结束后用清水冲洗1～2遍，然后摊开晾干、待播种。有条件的还可用30～40℃的温水再进行催芽，到芽嘴处微露白色后进行播种。

6. 播种

播种时间 在每年3月下旬至4月上旬播种。种子发芽的有效温度为6.5℃，当日平均气温稳定上升到7℃以上时，是适宜的播种时期。在海拔2500m左右的地区，4月上旬播种；在海拔较高、温度较低的地方，可延至4月中下旬播种。

播种量 播种量依种子的质量来定，一般播种600～750kg/hm^2。若种子品质差，宜播种750kg/hm^{2}左右。2～3年生原床（播种）苗产苗450万株/hm^{2}左右，可供0.25～0.35hm^{2}换床移植用。

播种方法 播种采取撒播为主，播种时要做到播撒均匀，无播种沟时可以直接在苗床上进行撒播。

覆土 播完种后，需覆盖一层细土，覆盖厚度4～6mm，一般以不见种子为准，过薄或过厚都会降低种子发芽率。

遮阴 播种完毕后，搭建透光度为25%～35%的遮阴棚遮挡苗床；幼苗出土后，应及时搭盖透光度50%的遮阴棚，以避免霜害和日光灼危害。遮阴棚所用的竹帘或塑料网宽度为1.1m，长度可根据苗床长度而定，做到帘子不淌水。有条件的地方用可升降的桩作为帘子的支撑点，可以根据苗木生长的不同季节来升降帘子，有利于调节透光性。在云雾多、温差小的地方可不搭棚，进行全光育苗。在幼苗扎根期可开始施肥，浓度宜稀（有机肥不超过10%，尿素不超过0.5%）。若圃地过湿，应注意排水，以利于扎根。幼苗木质化期，不施氮肥，施磷、钾肥，促进木质化。苗木封顶休眠期，应搭盖霜棚，以防害保温。

7. 田间管理

（1）原床苗的管理

施肥 1年生苗幼苗出土扎根后，施用有机肥兑水（肥水比例为1：10）、尿素溶液（肥水比例为1：100）各1次。2～5年生苗入秋前，以施氮肥为主，促进苗木生长；入秋后，多施用磷、钾肥，促进苗木木质化。

遮阴 一二年生苗入冬后要用干草或树枝将幼苗覆盖起来以防霜冻。第三年苗木萌动后要及时撤除遮阴棚，进行全光培育。在苗期内，特别是夏、秋季，要经常整理步道，发现有积水的地方，应及时疏通清理，使土壤保持干湿适中，严防苗木立枯病的发生。还要及时进行除草中耕，以促进苗木的生长。

除草 由于林区气候湿润，在5～7月期间，杂草生长迅速，10～15天就要除草一次。第一年应早除草、勤除草，在8月前除草应做到苗圃地无杂草，草大根深后拔草时会带走幼苗造成损失，而且杂草生长茂密会造成幼苗光照不足推迟木质化，引起冬季幼苗死亡。9月后可以不除草，保留少量杂草可以保土保苗，防止苗木冻拔。连续3年除草。

防冻害 冻拔是冷杉苗遭受的冻害之一。冷杉幼苗苗小根浅，1年生幼苗高3cm，地径0.10cm，冬季土壤结冻膨胀时，把幼苗根系抬高，翌年春天昼夜温差大，容易造成幼苗根系冻拔而死亡。因此，冷杉1年生幼苗可用玉米秆或小箭竹覆盖，增加地表层温度，减轻温度强烈变化对幼苗的影响，起到预防冻拔的作用。幼苗一旦出现冻拔，初春苗木未萌动前，要及时进行覆土镇压，使苗木根系与土壤紧密结合，可减小幼苗受害率。

防晚霜 冷杉苗很容易遭晚霜危害。冷杉苗早春顶芽萌动较早（4月底至5月初），而侧芽比顶芽平均萌动晚5～7天。如果在萌动至抽出新梢期间降晚霜，则会使芽或刚抽出的新梢萎蔫干死。防晚霜的具体办法是搭防霜棚，一般在5月中旬可撤除。

防生理干旱 冷杉分布区在11月至翌年3月间日温差大。由于1年生冷杉幼苗根系很浅，冬季土壤表层往往会结冻，加之空气湿度降低，可使气孔开放进行较强蒸腾，从而引起植物生理干旱而导致幼苗死亡。因此，通过覆盖玉米秆、枯枝落叶或加盖遮阴棚等，达到保土增温、保湿、

降低蒸腾强度等，减少苗木受害率。

幼苗管理 2年生苗，在根的萌动期可薄施有机肥并加少量磷肥，以促进新根生长。在出叶期和抽梢期，高、径增长快，消耗大量养分，总氮、总糖含量显著降低。在此期间，撤除防霜棚，并多施肥（辅以磷肥），促进幼苗对氮的吸收。施肥以有机肥为主，浓度要加大，次数要增多。木质化期和封顶期，高、径生长基本停止，苗干木纤维素增多，总糖、总氮含量逐渐增加。此时停施氮肥，施磷、钾肥，加速木质化，以利于苗木休眠越冬。

（2）移植苗的管理

苗木移植 冷杉幼苗主根长，侧根、须根少。为了促使根系发达，培育壮苗，应将2～3年生的原床苗换床移植（行距15～20cm、株距2.5～3.0cm），再全光培育2年。

幼苗移植时间与处理 幼苗移植应在芽萌动前进行，起苗后应遮盖苗木，以防苗根失水。必须随起苗随移栽。若原床苗距移床地点远，应将幼苗带土包装运输。移栽时苗木应摆正、压紧，防止晒根，并浇水，使表土保持湿润。

移植后管理 移植后，实行全光培育，其余方面同原床苗的管理一样。经移床培育的苗木生长粗壮、根系发达，苗高25cm、地径0.5cm、根幅15cm，Ⅰ级侧根10条以上，符合出圃造林规格。移床苗比原床苗地径增大49%，根幅增大75%，侧根增多30%，而主根短12%，造林成活率高、生长快，可提早2～3年郁闭。

五、林木培育

1. 造林地选择

冷杉分布区的气候特点是又冷又湿，在生长季节里气温低、有效积温少、湿度大、光照少。海拔3000m处，日平均气温稳定超过10℃的天数为62天，积温773℃，年平均相对湿度83%，4～9月日照率22.5%。土壤一般海拔2500～3000m处为山地暗棕壤，海拔3000m以上为山地棕色针叶林土，这类土壤具有较高的生产力，有利于冷杉的生长，林木生长通常为Ⅱ、Ⅲ地位级。森林采伐后，迹地光照条件改变，杂草、灌木生长迅速，3年后全盖迹地，高度1～3m，根量可达42t/hm^2，根系盘结层深达40cm以上，对更新苗生长发育有严重影响。采伐迹地类型可分为箭竹迹地、蓼草迹地和杂灌迹地。其中以蓼草迹地密不透风，对更新苗的影响更为突出。因此，在冷杉自然分布区内，充分考虑冷杉生物生态学特性、采伐迹地特点的基础上，造林地选择在海拔2000～3600m地带的阴坡、半阴坡或林中空地、采伐迹地、火烧迹地和撂荒地。

2. 清林与整地

（1）清林

对杂灌茂密的老迹地和杂灌林地可进行横山带状或块带结合的方式进行清林，并根据植被高度和生长繁茂情况、立地条件、气候干湿情况以及便利操作来决定清林宽度，根据经营强度、更新方式来决定清林带密度。一般100m×100m的面积上带状清林15～20带，清林带宽度控制在3～5m。宽带清林，可以得到较多的自然光照，提高土壤温度、降低湿度，带宽应不低于杂灌、箭竹的高度，一般为2～3m。保留带的宽度以能将砍除物全部平稳堆放为准，一般为1.2～1.5m。

（2）整地方式及规格

造林时在清林带上采用穴状整地方式进行整地，高海拔地区一般在前一年的秋季整地。规格视苗木大小与植苗方式来定，一般单植穴为40cm×40cm×30cm，丛植穴为50cm×50cm×30cm。具体操作为：先清除穴面，然后由上而下疏松土壤，拣去石块、草根，表土需回填到穴内。如果土壤黏重，应适当深挖。

3. 造林方法

（1）苗木选择

采用发育好、叶色均匀、侧枝发达、细根较多、未受任何病虫害侵染的4～5年生大苗上山造林。其中，实生苗按《主要造林树种苗木质量分级》（GB 6000—1999）应达到Ⅰ级或Ⅱ级苗标准；无性系苗按《主要造林树种苗木质量分级》（GB 6000—1999）应达到Ⅰ级或Ⅱ级苗标准；或按《四川主要造林树种苗木质量分级》（DB51-T

705—2007）规定的Ⅰ级或Ⅱ级苗标准。

（2）苗木准备

苗木旺盛的生机是苗木存活生长的重要前提，保持苗木体内水分平衡是植苗造林成活的关键。保护苗木，特别是保护苗木根系，对保持苗木体内的含水率非常重要。对外调苗木，在起苗和运苗前要进行逐一洒水，且水要灌足，然后盖上毡布，运输途中注意防止苗木风干失水，苗木运回后要立即卸车进行临时假植。苗木假植地要选择背风的阴坡低洼地和水源充足的地方，假植苗木应集中，假植结束时要充分灌水。一般在早上太阳出来之前、晚上太阳落山后进行浇灌，并保证浇透水。

（3）造林时间

应在春季土壤解冻后、苗木开始萌动前造林，也可在秋季苗木停止生长、土壤结冻前栽植，应在新梢萌动之前完成。通常在12月到翌年3月栽植，最佳时间在冬末春初的2月初至3月上旬，川南林区一般选择在春季（4～5月）植苗。

冬末春初气温较低、蒸发量小，且苗木地上部分处于休眠状态，起苗、栽苗不致过多失水，栽后容易成活。同时，冷杉苗根系活动较早（冬末即已开始），造林之后先扎根、后长叶，抗旱能力强，当年生长量比春季造林大20%以上。但在冬季干旱和严寒的地区，仍以春天造林为宜。同时注意，造林应在雨前或雨后、最高气温低于20℃的天气进行，土壤过干、连续大雨或结冰期间以及大风天均不宜造林。

（4）栽植方法

栽植方法一般采用穴植，在挖栽植穴时应将表土与心土分开堆放，穴底要平。栽植时保持苗木端正，苗木入土1/3～1/2，根系要舒展，覆土要细致，先覆表土、后覆心土。覆土时将苗轻轻上提，以免窝根，并适度层层压实，做到"苗正、舒根、栽深、紧实"。最后，在穴面上再覆些松土，使略高于地面，雨季不致积水。也有不少地方采用"一锄法"栽植，这是在细致整地的基础上，由于土壤松软或是穴内先回填了表土，栽植时一手用锄挖出一道缝，另一手放苗，并保持根直、栽深，然后用锄头把土夯实。

按"苗正根伸、细土壅根、栽紧栽稳"的原则进行栽植，单株栽植时一般要求窝大、底平、壅根不宜太深，根颈处高出苗圃地2～3cm。壮苗丛植时，选用粗壮高大、顶芽饱满、叶色正常的壮苗丛状栽植，每穴栽苗3～5株。从植苗的保存率可达94%，比单株栽植的高37%，幼林可提早2～3年郁闭，减少补植工作量。操作时栽深踏紧，并覆以地被物防止冻拔。但在杂灌稀疏的迹地，可单株栽植。

4. 造林密度

单株栽植时应适当密些，栽植密度应不小于3000株/hm^2。栽植穴的密度视经营强度、苗木质量而定，初植密度为2000株/hm^{2}左右。

5. 幼林抚育

造林结束后，连续进行2～3年的幼林抚育，将窝穴周围杂草、杂灌砍除，直至郁闭成林。若迹地上杂草、灌木十分茂密，对苗木的成活、生长极为不利，特别是蒿草迹地，幼苗易被"闷"死，秋后又易被枯倒的蓼草埋压致死，所以更新苗未超出植被层前，每年都要抚育2次，以后每年1次。抚育应在植被生长旺盛以前进行，将植树带上的杂草、灌木全部清除，保留带上的箭竹、灌木也要拦腰斩断。海拔高、植被稀少的迹地，可进行弱度抚育，抚育次数和年限可以减少、缩短。

6. 抚育间伐

立木胸径连年生长量下降时的树龄与密度的关系呈幂函数曲线关系。林分胸径连年生长的变化规律，能比较准确地反映林分密度状况，可作为Ⅰ～Ⅱ龄级冷杉人工林间伐起始期的基础。可通过林分胸径连年生长量的变化判定不同初植密度林分的间伐起始期。为此，编制了冷杉人工林的经营密度表，为科学地经营森林提供依据（徐润青和唐巍，1994）。

（1）间伐林龄

冷杉人工林间伐起始期见表5。

（2）间伐强度

在实际生产中不可能做到林分密度与合理

经营密度保持一致，只能将其控制在合理经营密度附近一定范围内来确定经营密度的范围。根据川南林区冷杉人工林生长状况分析计算，林分密度保持在合理密度加减1倍标准差（用回归剩余标准差*S*估计）范围内，都有较高的年蓄积生长量。因此，将此区间定为合理的经营密度范围（表6）。

（3）间伐次数与重复期

间伐后的林分，林冠疏开，保留木的树冠因得到充分扩展，胸径生长量提高，等到树冠重新郁闭，林分郁闭度恢复到0.9～1.0时，林分营养面积又近于饱和，胸径连年生长量又开始明显下降，此时林分应进行第二次间伐（表7）。

表5 冷杉人工林间伐起始期

初植密度（株/hm^2）	1500～1950	1965～2400	2415～3450	3465～4125	4140～5250	5265～6150	6165～7470	7485～8475	8490～9750	9765～10425
间伐起始期（年）	29	25	22	20	17	15	14	13	12	11

表6 冷杉人工林合理经营密度

平均胸径（cm）	各地位指数级林分年龄（年）				合理经营密度（株/hm^2）	
	16	14	12	10	平均值	范围
4	10	12	13	13	4163	3782～4544
5	11	13	14	15	3312	2913～3693
6	12	14	15	16	2833	2452～3214
7	12	15	17	18	2517	2136～2898
8	13	16	18	19	2288	1907～2669
9	15	18	20	21	2112	1731～2193
10	16	19	22	23	1971	1590～2352
11	18	21	24	24	1855	1474～2236
12	19	23	26	26	1756	1375～2137
13	21	25	28	29	1671	1290～2052
14	23	27	30	31	1597	1216～1978
15	25	30	32	33	1531	1150～1921
16	27	32	35	35	1472	1091～1853
17	30	35	37	38	1491	1038～1800

注：数据来自徐润青和唐巍（1994）。

表7 峨眉冷杉人工林间伐间隔期

林分径级范围（cm）	7～8	9～10	11～12	13～14	15～16	16～17
间隔期（年）	5	7	8	9	12	13

（4）间伐方式

一般采用下层间伐，砍伐居于林冠中、下层立木，培养中、上层干形通直的林木。如果采取间伐强度较大的下层间伐，即采用中层间伐法，则砍伐木除了处于林冠下层的被压木外，还包括相当数量的处于林冠之中较拥挤的中间木。

间伐植株一般是居于下层的林木，但对于感染病虫害的、干形不良或双杈的、受机械损伤的、过密的植株，虽然有的处于林冠上层，也应予以伐除。生长在林窗中的被压木或小树都要保留。在冷杉次生林、人工林近自然改造过程中，应加大林分间伐力度。人工纯林的近自然经营目标是将单一树种的人工林通过近自然改造最终形成异龄、与乡土树种混交、多林层结构的森林。峨眉冷杉人工纯林，可结合间伐进行近自然改造作业，确定人工林培育目标树，加大间伐力度，使郁闭的林分形成适当大小的林窗，并在其中补植乡土阔叶树种，最终形成针阔混交异龄林。

7. 主伐与更新

（1）主伐年龄

冷杉林腐朽病区，冷杉林分腐朽率较高，平均腐朽率为55.48%，冷杉腐朽木腐朽高度为8.5m，腐朽材积占树干材积的12.4%，腐朽木经济出材率62.3%，较健康木经济出材率（82.4%）低20.1个百分点，林分平均出材率为67.50%，属Ⅱ级。根据冷杉各林分径级的腐朽率和出材率相关性，确定峨眉冷杉主伐年龄在40～60年，出材率可达65.4%～71.2%（陈守常和肖育贵，1993）。

（2）主伐方式

冷杉传统主伐方式为皆伐。目前，生产上多采取小面积皆伐；立地条件好，更新造林较易的，部分天然散生林和混交林可采取择伐方式。

（3）天然更新规律

①天然更新 冷杉林下更新普遍不好，没有更新占63.0%，更新不良占22.2%，更新中等占7.4%，更新良好占7.4%。林冠下更新情况因林型不同而差异较大，藓类–箭竹–冷杉林更新最差，仅有幼树1720株/hm^2，且冷杉幼树仅占59.7%，由于此种林型的箭竹层较为密集，严重影响更新。泥炭藓–箭竹–冷杉林更新则较藓类–箭竹–冷杉林型为好，并以冷杉幼树为主，有幼树5072株/hm^2，而且冷杉占82.6%，因为本林型的箭竹较为稀疏，而冷杉幼树又能忍耐一定酸沼环境，故占有优势。藓类–杜鹃–冷杉林更新虽不及泥炭藓–箭竹–冷杉林，但仍较藓类–箭竹–冷杉林为好，有幼树2950株/hm^2，而且冷杉占87.7%，这是因为本林型分布海拔较高，林木较为稀疏，且无箭竹层的影响。由于浓密的箭竹导致林地光照的不同，即使在同一林型也常因箭竹分布状况不同而更新有较大差异。因此，峨眉冷杉林更新不仅依赖于林窗的出现，而且林窗下箭竹的疏密程度也是影响更新的主要原因（管中天等，1984）。

②演替规律

藓类–箭竹–冷杉林 经采伐后，如果地表未遭受过大破坏，则原来的林下箭竹不但能继续存在，而且由于伐后光照条件改善，生长更为繁盛，每100m^2有1300余株。由于箭竹秆密、叶茂、常绿、鞭根密结，严重影响冷杉伐后更新，冷杉幼树仅695株/hm^2，虽阔叶幼树有7640株/hm^2，但大都是1～2年生，高度30cm以下的占67.3%～81.3%，多被压抑于箭竹层之下，更新进程不良，需要经过较长的时间才能演变为箭竹–槭–桦–冷杉混交林，只有在箭竹稀疏或箭竹层被破坏后，才可较快演替为槭–桦林或槭–桦–冷杉混交林，最后发展为藓类–箭竹–冷杉林。

本林型如果采用皆伐，由于集运材的影响箭竹常遭受较大的破坏，地表土壤疏松，植被往往形成秀丽莓和珠芽蓼（*Polygonum viviparum*）、圆穗蓼（*P. sphaerostachyum*）类型。据峨边林区调查，阔叶幼树可达11623株/hm^2，更新进程良好。秀丽莓、珠芽蓼这两种类型优势植物每年冬季地上部分枯死，翌年春天需重新发芽生长，但槭、桦幼树生长较快，每年平均生长约50cm，故常高居其上，通常10年即可郁闭成林。槭、桦幼树为冷杉的发展提供条件，继而进入槭–桦–冷杉混交林阶段，最后演变为藓类–箭竹–冷杉林。从峨边林区藓类–箭竹–冷杉林的10个不同年代皆伐迹地

幼树株数和组成情况来看，总的趋势是距采伐年代越久，则幼树越多，7年以上迹地已形成较稳定的以槭树为主的针阔叶混交林，依演替规律冷杉将逐渐增加，任其发展将恢复为原来的箭竹–冷杉林。

泥炭藓–箭竹–冷杉林 演替规律与藓类–箭竹–冷杉林大不相同，伐后天然更新不像箭竹–冷杉林以阔叶幼树为主，而是以冷杉幼树为主。因此，在演替上常缺少槭、桦幼树阶段。

本林型被择伐后，由于林地仍保留有一部分林木，有利于天然下种和阻止林地沼泽化，冷杉可获得较好的伐后更新，冷杉幼树达7918株/hm^2，为藓类–箭竹–冷杉林择伐后的冷杉更新株数的11倍。因此，通常可以直接发展为原来的泥炭藓–箭竹–冷杉幼林。

泥炭藓–箭竹–冷杉林如果采用皆伐，则森林的蒸腾作用随着森林的消失而停止，因大气湿度大而蒸发作用极为微弱，使沼泽化进一步加深，泥炭藓不断滋长积累，这不仅影响更新下种成苗，而且原来林下生长的箭竹也因生长不良而发生矮化，从而使迹地发展成为泥炭藓、矮箭竹类型。从12个不同年代的皆伐迹地上的幼树株数和组成情况来看，6年以内的迹地虽多有幼树出现，并以冷杉幼树为主，但6年以上的迹地则完全没有幼树。此类沼泽迹地阶段持续时间甚长，植被变化缓慢，严重影响森林更新，亟待采取措施，如垒堆土埂或土墩，在地形许可条件下亦可开沟排水等，以利于人工更新的进行，保证该类迹地更新成效。

六、主要有害生物防治

1. 主要病害及防治

（1）立枯病

主要由半知菌类丝孢纲无孢目无孢科丝核属的立枯丝核菌、半知菌类丝孢纲、瘤座孢目瘤座孢科镰刀菌属的真菌等引起，主要有以下3种类型：①烂芽立枯型。即在苗木出土后，还没有进入木质化，茎部受立枯菌危害，日照后猝倒。②茎叶腐烂型。在苗木的茎叶部出现丝状白毛或灰白色蜘蛛网状物，茎叶萎蔫腐烂，使苗枯死。因圃地排水不良、土温过高或光照太弱引起。③根腐立枯型。在夏末秋初苗木进入木质化期间，苗木的根颈部受立枯病菌的危害，整个根系霉烂。由于土壤湿度太大、地温过高引起。立枯病可喷0.1%～0.4%波尔多液或0.3%福尔马林溶液防治，一般每隔10～15天喷一次；或用50%托布津0.124%～0.250%溶液、0.2%退菌特溶液、25%多菌灵0.100%～0.125%溶液防治；或用1%～3%硫酸亚铁防治，每亩喷100～150kg，喷后用清水洗掉幼苗上的落液，避免药害；加强土壤消毒，用细干土混2%～3%硫酸亚铁，每亩撒药土100～150kg，也可用30%溶液每亩施90kg。

（2）冷杉立木腐朽病

常发现于雨量充沛、温度高、湿度大的过熟林中，病腐株率约50%。病株从外表常可看到真菌子实体，树皮严重龟裂，有伤口，树干基部不正常膨大。为了合理利用森林资源，改善林地卫生条件，对于天然林或人工林中的病腐木应及时清除。

（3）冷杉叶枯病

由枯斑盘多毛孢（*Pestalotiopsis funerea*）引起。此病侵染幼树和大树，在苗期针叶被害后生长势严重受到抑制。大树上常有病叶，对长势影响不大，但观赏性较差。病叶初有黄色段斑，逐渐成半叶枯斑至全叶枯，最后病斑呈灰褐色，病健交界处较明显微隆起，有红褐色分界线，病斑内有突破表皮的黑色有光泽的小点。潮湿时，小点成为黑褐色卷丝状物。防治方法：及时清除病枝，减少病原菌，同时要喷洒杀菌剂。可选75%百菌清可湿性粉剂600倍液、50%多菌灵可湿性粉剂500～800倍液等喷施整株，喷洒2～3次，每次使用一种，交替喷施。

2. 主要虫害及防治

（1）小地老虎

在苗期咬断幼苗，造成缺苗。防治方法：①关键要在3龄幼虫以前扑灭，幼虫期用烟末25kg加草木灰20kg混合撒于苗木根部，或用90%敌百虫800～1000倍液喷洒于苗床上，或用鲜苦楝叶2kg加水5kg煎煮取汁，灌注虫害发生的地方，可杀死地老虎。②成虫出现时，傍晚以糖醋液诱杀。

（2）蚜虫

越冬卵一般在萌芽期孵化。防治方法：①结合防治病害，萌芽期喷1次5波美度石硫合剂杀灭越冬虫卵，萌芽期与花期前后一般不会发生蚜虫严重危害。②在花后蚜虫发生严重前及秋季10月蚜虫又从其他作物迁飞到枝芽上产越冬卵时，使用化学药剂防治，杀灭蚜虫成虫与产下的卵。

七、材性及用途

1. 木材性质

木材黄褐带红或浅红褐色，年轮明显；纹理通直，均匀细致；材质软而轻，气干密度0.37～0.43g/cm^3。木材容易干燥，切削容易，切面光滑，握钉力弱，油漆和胶黏性质中等。

2. 木材及副产品利用

可作建筑、枕木、电线杆、板材及纸浆原料、火柴、牙签等用材。

树脂可用作外伤敷药，能防止伤口腐烂发炎，特别是对长期不愈的溃疡性外伤及火伤、烫伤有治疗作用，并可作为泻药。树脂中树脂酸及其衍生物广泛用于涂料、塑料、橡胶、造纸、肥皂、电器、农药、金属加工、食品、建筑、密封剂、印刷等方面。树脂含有大量中性成分，是优良天然增塑剂，可用于光学胶和涂料的增塑。树脂还可用于制作清漆、绘画颜料、瓶口密封剂、黏合药丸等。树脂制剂对革兰氏阳性细菌和葡萄球菌有抑制作用，对某些病虫害有杀死和抑制作用。

油具特殊的组分，如蒎烯、柠檬烯、水芹烯、莰烯、乙酸龙脑酯等。除可用作溶剂，用于油漆、涂料和纺织工业等方面外，也是医药、香料和有机合成工业的重要原料，如用于龙脑、樟脑的生产，用作药物的配合剂和农药毒杀酚的原料，用来制造聚萜烯树脂、马来萜烯树脂和萜烯酚树脂等。

树皮分泌的胶液，可提炼精制成冷杉胶，是光学仪器的重要黏合剂。树皮粉碎后可作尿醛树脂增量剂。树皮还可用作污水处理剂、肥料和燃料。树皮含4%～15%凝缩类单宁，其释革性能接近于铁杉，是一种较优质的栲胶原料。

叶中不仅含有丰富的钙、镁、铁、锌、磷等10多种元素，而且含有胡萝卜素、脂肪、蛋白质、水溶性维生素（维生素B_1、维生素B_2、维生素P、维生素C等）、18种人体必需的氨基酸和17种黄酮醇糖苷（黄酮类物质）等，特别是维生素C含量可高达17mg/100g。可利用针叶来提取生物活性物质，如β-胡萝卜素、叶绿素、维生素E、甾族化合物及植物杀菌素等。苏联时期已用冷杉叶制成叶绿酸钠、香脂膏、叶绿素-胡萝卜素软膏、针叶蜡、维生素源浓缩物、针叶维生素软膏、维生素粉、医用针叶浸膏等产品，并广泛应用于农业、医药、香料、食品、酿造等行业。

枝丫是制浆造纸的好原料。枝丫材可生产高档漂白木浆，白度可达85%以上，质量符合《漂白亚硫酸盐木浆》（GB/T 13506—2008）。

（刘兴良，刘世荣，宿以明，冯秋红）

落叶松

落叶松属（*Larix*）植物为裸子植物门松科（Pinaceae）落叶乔木，主要分布在温带山区、寒温带平原以及高山气候区，是一个高纬度、高海拔的树种，也是北方泰加林水平地带的绝对优势群系，形成广袤的纯林。全世界落叶松约有18种，我国天然分布的有10个种1个变种。自然分布区域辽阔，气候型多样，各种均有特定的综合生态生境，为各地培育落叶松林提供了丰富的基因库。在我国从26°N的西藏南部，直至52°N的黑龙江黑河，随着纬度和海拔的变化依次分布。

根据分布区的不同，落叶松属可分为两组：一组为红杉组落叶松，分布于西南和华中高海拔山区，主要种有西藏红杉（*L. griffithiana*）、怒江红杉（*L. speciosa*）、四川红杉（*L. mastersiana*）、喜马拉雅红杉（*L. himalaica*）、太白红杉（*L. chinensis*）、红杉（*L. potaninii*）；另一组为北方落叶松组，分布于西北、华北和东北山区，主要种有新疆落叶松（*L. sibirica*）、华北落叶松（*L. principis-rupprechtii*）、兴安落叶松（*L. gmelini*）、长白落叶松（*L. olgensis*）。此外，还包括2个引进种——欧洲落叶松（*L. decidua*）和日本落叶松（*L. kaempferi*）。落叶松属分布的一个特点是以地理替代方式，在我国大陆中部形成一条由西南至东北向狭长的斜切分布带，这种独特的地理格局，反映着落叶松属历史演化的轨迹及生态、遗传学特性；另一个特点是红杉组北不越秦岭，落叶松组南不逾黄河，而人工引种却打破了这种格局，自然分布区极小的日本落叶松在我国获得了最大的发展空间，自1884年引入我国后，在我国温带（吉林、辽宁、内蒙古等）、暖温带（山东、河南、甘肃等）及中北亚热带（湖北、湖南、重庆、四川等）高山区得到迅速推广应用。

落叶松通常形成纯林，有时也与云杉（*Picea*）、冷杉（*Abies*）、松（*Pinus*）等属树种形成针叶混交林，以及与杨（*Populus*）和桦（*Betula*）等属树种形成针阔混交林。我国现有落叶松林面积1069万hm^2，蓄积量10.01亿m^3，分别占乔木林总面积的6.50%、总蓄积量的6.77%。其中，落叶松人工林314万hm^2，占人工林总面积的6.66%，在我国16个省份均有分布或商品性栽培。落叶松是强喜光先锋种，具有早期生长快、价值高、抗逆性强等优良特性，深受喜爱，为各分布区内重要的速生用材林树种和生态防护林树种。落叶松木材有树脂道，心材和边材明显，坚韧细致，纹理直，耐水湿和耐腐性强，可用作房屋、桥梁、造船、车辆、家具、胶合板、地板等建筑、装饰用材，同时也是我国四大针叶纸浆材树种之一。

（张守攻，孙晓梅）

23 长白落叶松

别　名 | 黄花落叶松（《东北木本植物图志》）、黄花松（东北）
学　名 | *Larix olgensis* Henry
科　属 | 松科（Pinaceae）落叶松属（*Larix* Mill.）

长白落叶松是我国东北林区重要的工业用材林树种之一。该树种生长快、树干通直、圆满，木材耐腐、耐湿，是重要的电业、煤矿、造船、桥梁、铁路等方面的优良用材。由于该树种成林容易、轮伐期短、适应性强，木材又符合多种工业用途，自20世纪50年代以来，在我国东北地区，特别是辽宁、吉林的东部和中部、黑龙江的东南部等林区先后营造了大面积的人工林，成为该地区人工林主要造林树种。此外，该树种的造林范围已扩大到辽宁南部和西部、内蒙古大兴安岭东麓、河北燕山山地和山东北部，在培育和扩大森林资源、保护和改善生态环境及维持物种多样性等方面发挥了重要作用。

一、分布

长白落叶松在我国主要分布在黑龙江东南部、吉林的长白山和辽宁的东部山地，并以长白山地区为分布中心。在国外向东分布于俄罗斯哈巴罗夫边区的日本海沿岸，向南分布在朝鲜北部山地。在我国的分布区内气候寒温多雨，年降水量540～1200mm，年≥10℃的有效积温在2700～2800℃，土壤一般为典型暗棕壤和泥炭沼泽土等。在长白山垂直分布于海拔500～1800m针阔叶混交林中。在长白山的西侧海拔750～1100m地带，长白落叶松多分布在谷地中的沼泽地上，往往形成大面积的纯林。在小漫岗上常与水曲柳、春榆、白桦、紫椴等阔叶树种形成混交林。在海拔1100m以上的山地缓坡地带与红松、鱼鳞云杉、臭松、白桦等混生。在长白山北坡长白落叶松分布上限达海拔1900m，有时呈小片纯林夹杂于岳桦林中（在背风隐蔽处）。此外，在长白山北部的完达山山脉及张广才岭一带，则分布于海拔500～700m的沿河两岸及沼泽地上。

由于长白落叶松分布广，随着立地条件的变化和森林演替程度的不同，大体上可划分为3种林分类型：山地长白落叶松林、低山谷地长白落叶松林、沼泽长白落叶松林。除东北三省外，长白落叶松已引种到内蒙古、河北、山东、山西、陕西和河南北部等地区。

二、生物学和生态学特性

1. 形态特性

针叶落叶乔木。雌雄同株。成熟时树高可达35～40m，胸径达80～100cm，天然的长白落叶松树龄在200～250年，最长约300年。树干通直，树皮灰褐色，树冠尖塔形。叶线形，簇生，长1.5～2.5cm，先端钝或微尖。球果成熟前淡红紫色或紫红色，熟时淡褐色，或稍带紫色，长卵圆形，种鳞微张开，通常长1.5～2.6cm。球果具有种鳞16～40枚，苞鳞不露出，排列较紧密。雌球花小，常具短柄，直立向上，多红色；雄球花单生，黄色。5月下旬至6月上旬幼果形成，8月中旬球果成熟。种子倒卵形，具短翅，种皮淡黄色，种子较小，千粒重3～5g。

2. 生长发育特征

顶芽展叶、抽新梢时间较早，而封顶时间较迟。花芽于7～8月形成，翌年3～4月花芽开始分化，4月中旬至5月初形成完整的雌、雄球花。吉林地区的物候观察发现，5月下旬幼果发育，8月

黑龙江省帽儿山长白落叶松纯林林冠（谷加存摄）

中旬球果成熟，9月初鳞片开裂，种子自然散落。9月下旬开始落叶，10月中旬落叶结束。人工种植的长白落叶松一般在20年生左右开始结实，30～35年生后开始大量结实，其丰年周期一般为4～5年。

人工长白落叶松林在好的立地条件上高生长速生期出现在7～8年生，在中等立地条件上高生长速生期在15年生左右，差的立地条件上高生长速生期出现在20～23年生。材积生长在15年生以后开始明显增加，在35年生以后材积生长量开始下降。黑龙江江山娇林场20年生的长白落叶松人工林在好的立地上，当林分密度为1790株/hm^2时，平均树高达14.6m，平均胸径14.5cm，林分蓄积量154.9m^3/hm^2，平均生长量7.75m^3/hm^2。在中等立地上，林分密度1760株/hm^2时，平均树高11.9m，平均胸径12.8cm，林分蓄积量123.4m^3/hm^2，平均生长量6.17m^3/hm^2。在较差的立地上，林分密度2060株/hm^2时，平均树高9.8m，平均胸径10.2cm，林分蓄积量75.8m^3/hm^2，平均生长量3.79m^3/hm^2。

3. 适应性与抗性

长白落叶松为耐寒、喜湿、喜光树种，为针叶树中喜光树种之一。幼苗初期有一定的耐阴能力，但是造林后苗木不能正常在林冠下生长。当林分郁闭度为0.3时，4年生长白落叶松的生长量即出现显著降低。

长白落叶松环境适应性强，对土壤要求不严，在较干燥瘠薄的土壤或沼泽化的土壤上都能生长，但是其生长速度与土壤的水肥条件关系密切，尤其对水分条件敏感。最适宜生长在排水良好而又湿润的沙质土壤的缓坡地上，具有较高的林分生产力。对土壤酸碱度的适宜范围在pH 6～8，过高或者过低均不适于生长。朱元金等（2010）对黑龙江佳木斯孟家岗林场长白落叶松人工林适生立地的研究显示，影响其生长的立地因子依次为坡向、土壤A层厚度、坡度和坡位，最适宜生长的立地是坡度平缓、土层深厚的阴坡中下部。

长白落叶松为浅根性树种，但根系生长有较大的可塑性，不同的立地条件下，根系的发育状况不同。地上部分生长与地下根系生长状况密切相关。生于冲积粗沙土上的长白落叶松，侧根发达，分杈多，有许多"下垂侧根"，其主根有向深层生长的能力，15年生时主根可达60cm以上，这类土壤上根系生长最好，地上部分的生长也最快。在沼泽化地区，长白落叶松的根系主要分布在土壤表层，不能向下伸展，但有不断生出不定根的能力，此时地上部分生长也较缓慢。

长白落叶松结实期容易受到晚霜的危害，导致结实量下降。不同无性系对低温的抗性存在明显差异，因此应选择抗寒性强的个体来采集种子和嫁接枝条作为种子园的建园材料。室内模拟研究显示，枝叶喷施磷酸二铵、尿素、硫酸钾和蔗糖溶液可以提高长白落叶松雄球花及花粉的抗寒性。

三、良种选育

长白落叶松的林木遗传改良工作始于20世纪60年代。经过多年的系统研究，已在长白落叶松群体遗传结构、优树收集、种源选择、种子园建立和管理、杂交育种和无性繁殖等领域取得了长足的发展。

1. 优良种源

种源试验表明，长白落叶松生长性状呈现出海拔垂直梯度渐变为主、纬向为辅的连续型变异模式。黑龙江帽儿山地区21年生长白落叶松种源对比试验证实，采用长白落叶松各种源的相关性状做聚类分析并参照地理气象因子，在遗传距离0.370的水平上可以将长白落叶松自然分布范围区内10个参试种源划为6个种源区：小北湖种源区、白刀山种源区、完达山种源区、白河种源区、大石头种源区以及桓仁种源区。低海拔、低等效纬度的小北湖种源是长白落叶松优良基因资源的富集中心，为帽儿山地区最佳种源，大海林种源也是可选种源。因为供试长白落叶松种源遗传力不高，建议生产上应从低等效纬度地区向高等效纬度地区调拨种子，以期获得较大的遗传增益（李景云等，2002）。

杨传平等（1991）对黑龙江和辽宁多地点10年生长白落叶松种源试验的研究发现：辽宁龙岗山造林生态相似区最佳种源为小北湖（参试点：草河口）、和龙（参试点：抚顺）；黑龙江牡丹江造林生态相似区最佳种源为小北湖（参试点：帽儿山、石河、东方红）和穆棱（参试点：林口）；大、小兴安岭造林生态相似区最佳种源为大石头（参试点：凉水）和鸡西（参试点：加格达奇）；松嫩平原造林生态相似区最佳种源为大海林（参试点：龙江）。

吉林长白落叶松种源选择试验的研究显示，长白落叶松种源子代性状与立地条件间的交互作用达极显著水平，表现出不同种源对不同生态环境的适应程度存在明显差异。依据种源遗传稳定性与生产力指数分析，可将全部参试种源划分成4种类型，即：①高产型，包括白石山、和龙及汪清种源；②稳定高产型，包括长白中海拔、长白中低海拔、白河中海拔、松江河青川及松江河锦北种源；③中产型，包括小北湖、绥阳及临江种源；④稳定低产型，包括长白高海拔、白河高海拔、白河低海拔和敦化种源。综合分析显示，白石山种源在吉林绝大多数试验点表现均较好，除延吉盆地外，可在吉林大面积推广营造速生丰产林。延吉盆地龙井试验点研究结果显示和龙种源最佳（吉林省主要造林树种种源研究组，1997）。

2. 良种基地

从中华人民共和国成立到目前，在长白落叶松自然分布区内建立了大量母树林。在种源试验的基础上，已经建立了1代、1.5代（第一代改良种子园）和2代长白落叶松无性系种子园。

近年来，有学者针对1.5代和2代种子园提出了相应的建园和管理建议。对于1.5代种子园，建议优树无性系的6年生子代的树高（家系均值）须超过对照（供选择群体混合种子）10%以上，花期居中、花量居中等偏上（雌花丰富），干形通直圆满，侧枝同主干夹角近90°。种子园的定植应采用小群团均匀分布的模式，每个小群团4株，群团内株间距离为5.0m，而群团间的距离为10m，种子园从9年生即可开始结实，结合控制树高（树高控制在7.0m以下），则可长期保持旺盛结实能力（张含国和潘本立，1997）。2代种子园的建园材料主要来自子代测定林，建议选择材积增益达20%以上，且开花结实能力较强、干形好，具有高抗性，开花期和结实周期与多数无性系比较一致的优树作为建园材料；在科学选择园址的基础上，挑选生长健壮、无病虫害的砧木和接穗进行髓心形成层贴接；无性系配置方式采用分组复错位小群团排列法；定植建园后，要进行集约化的经营，从幼龄阶段即开始实施树体管理，以培养树体矮、树冠大、便于种实采收的优良个体。

第一、二、三批认定的长白落叶松国家良种基地有：辽宁清原县大孤家林场国家落叶松良种基地、抚顺县哈达林场国家长白落叶松良种基地、岫岩县清凉山林场国家落叶松良种基地、桓仁县老秃顶子国家落叶松良种基地、辽宁省森林经营研究所国家落叶松良种基地，吉林省永吉县国家落叶松良种基地、四平市石岭国家落叶松良种基地，龙江森工集团带岭林业局国家落叶松良种基地、苇河林业局国家落叶松良种基地、桦南林业局国家落叶松良种基地，黑龙江省林木良种繁育中心国家落叶松良种基地、佳木斯市孟家岗林场国家落叶松良种基地、林口县青山国家落叶松良种基地、宁安市小北湖国家落叶松良种基地、五常市宝龙店国家落叶松良种基地、黑龙江省林业科学院国家落叶松良种基地等。

造林用种应优先选用国家良种基地生产的种子。

四、苗木培育

长白落叶松育苗目前主要采用播种育苗方式，在种子来源缺乏的地区也可采用扦插育苗。

1. 播种育苗

（1）种子生产

长白落叶松球果在8月中下旬至9月初成熟，成熟后种鳞开裂较快，种子易飞散，一般采集期只有7～10天。球果经过露天摊晒3～4天后，种子即脱出，平均每个球果内含30～40粒种子，千粒重3～5g，可风选或筛选。长期贮备种子，一般采用低温、密封的贮藏方法，即种子适当干燥后，含水量达7%～9%时，密封于薄铁筒中，每筒装2.0～2.5kg。在存储库年平均温度5℃、相对湿度50%～60%的条件下贮藏，贮藏10年的种子其发芽率仅降低15%左右。

（2）种子处理

种子处理采用混雪埋藏方法。在11月下旬以后降雪不融时进行浸种和洗种工作。采用0.3%～0.5%的硫酸铜溶液浸种5～10h，或采用0.3%的高锰酸钾溶液洗1遍，再用清水洗种1次。最后按1：3的比例将种子与雪混在一起，放置于坑内。混雪种子层下需垫雪10cm，上面覆雪10cm。稍压实后，再盖上稻草约1m。一般在春播前15～20天取出，露天混沙或摊晒5～10天，当种子有30%裂嘴露白时即可播种。

（3）选地与作床

播种一般在苗床上进行，苗床宜选择在地势平坦、土壤结构疏松、水源充足、既往病虫害发生少的地方，适宜土壤为中性（pH 6.5～7.5）或微酸性（pH 5.5～6.5）的壤土或沙壤土，土层厚度不小于50cm。长白落叶松育苗对土壤粒度要求

黑龙江省帽儿山长白落叶松与水曲柳混交林林相（谷加存摄）

辽宁省湾甸子林场长白落叶松纯林林相（贾黎明摄）

很高，一定要充分打碎苗床土块，拣出草根、石块等，使苗床土层细碎疏松。翻地和作床时施入基肥。

（4）播种

不同地区播种的时间有所不同。东北地区一般在4月中下旬，地表温度在10℃以上时就可播种。地表温度在10～20℃时，15天可出齐苗。播种量依发芽率而定，发芽率较低时，应加大播种量。一般采用条播或撒播两种方法。

（5）苗期管理与起苗

幼苗的不同生长发育时期，对水、肥条件要求不同，因此灌溉和施肥要因时制宜。氮肥施用量45～55kg/亩，6月初至7月初可分3次施用，间隔10天左右，第一次3～10kg/亩，第二次16.7kg/亩左右，第三次26.7kg/亩左右。一般在8月中下旬可停止浇水，并及时施磷肥和钾肥，以促进苗木木质化。磷肥每亩一次用量2.5～2.8kg，钾肥每亩一次用量约2kg。此外，也可采用根外追肥。

在苗木出齐1个半月后，可进行间苗，过半个月后再进行1次定苗。首先间掉长势弱的苗木，每平方米保留450～550株。间苗过程与除草最好结合进行。除草可采用人工除草或化学除草。化学除草用40%的除草醚效果好，一般每年施2次，第一次在播种后至出苗前，平均1.5～2.0g/m^2，第二次在6月末至7月初，平均1.2～2.0g/m^2，可抑制杂草发生。

苗木停止生长前一个半月，一般在7月下旬至8月上旬，用切根机切根，深度距苗床面15cm左右，以促进根系发育和苗木木质化。切根后应将土压实并灌水。苗木大部分落叶后开始起苗，起苗时进行苗木分级，计数绑扎成捆，露天培土假植，或及时窖藏。

（6）幼苗移植

第二年春季，整理好苗床后，可将窖藏的苗木取出，移植到苗床上再培育1年。移植苗密度平均每平方米约300株。在辽宁及河北等地区，可采用1年生苗木上山造林；在吉林和黑龙江地区，大多采用2年生苗木上山造林。移植苗秋季切根起苗后进行窖藏，翌年春季造林。

2. 扦插育苗

长白落叶松也可采用嫩枝扦插进行育苗。6月末至7月上旬，采用2年生原株，插穗长度10cm，地径（距切口3cm）2.0～2.6mm。当原株年龄大于2年生时，可用IBA、GA等激素处理，以促进生根。可在沙盘上进行扦插，床面高出地面50cm，底部铺有30cm的河卵石和煤渣，上层为20cm消过毒的河沙。扦插密度800株/m²，扦插当天和以后每周用800倍多菌灵灭菌，用量0.4kg/m²。采用全光时自动喷雾技术确保插穗水分需求和适宜温度，喷雾时间段为7:00～20:00（阴雨天除外）。扦插苗移植时间为8月中旬，为提高生根率可以采用ABT生根粉处理。

五、林木培育

长白落叶松以植苗造林最为普遍。

1. 立地选择

立地选择是影响造林成败的关键条件之一。影响长白落叶松生长的主要立地因子包括海拔、坡向、坡位、坡度和土壤等。海拔应低于800m；坡向以阴坡或者半阴坡为佳，坡位选择在中、下坡，或山脚、谷地，坡度宜在20°以下，以平缓坡为佳；最好选择在土壤结构良好、湿润、肥沃的沙壤土，疏松的黏壤土或河谷冲积土及滩地，或排水良好的草甸土、暗棕壤。

2. 整地

整地前先清林、割灌。如果灌丛较密、较高，割带宽3m，保留带宽1m；若灌丛矮小、稀疏，可设置割带宽1m，保留带宽1m。

整地在造林前一年的秋季或者雨季前进行。有研究证实，采用秋整地春造林，比春季边整地边造林能够获得更高的造林成活率，因为秋季整地通过翻动、疏松土壤和熟化，促进了地温提高，增强了土壤蓄水保墒能力，有利于苗木根系在栽植穴内的扎根和伸展。

整地方式因地区和立地条件而不同，包括带状整地、穴状整地和高台整地，以穴状整地较普遍。在坡度＜15°、土壤腐殖质层厚度＞25cm、排水良好的平地和缓坡地区，可应用带状整地。整地带宽80cm，深度25cm。在小面积排水不良的低湿地，需采用高台整地。台高30cm，台面1m×1m或0.7m×1.7m，每公顷800～1200块。除以上特殊地区以外，均可采用穴状整地（带状整地地区也可应用穴状整地）。整地时铲除草皮或植物根桩，形成直径约60cm的栽植穴区。栽植穴直径50cm，深度25～30cm，打碎大的土块，拣出石块、树根，穴土整齐堆放在穴外一侧。在春旱较严重的地区，可以采用低穴造林，栽植穴面低于地面10～15cm，有利于蓄水保墒。

3. 造林方法

（1）苗木选择

栽植苗木以2年生移植苗为宜，应选择苗干通直、根系粗壮、须根发达的Ⅰ、Ⅱ级合格苗木进行造林［《国有林区更新造林树种苗木标准》（DB23/T 342—2003）］。

（2）造林时间

造林应在春季顶浆进行。适时顶浆造林、提早造林，有利于提高长白落叶松造林成活率。长白落叶松具有春季萌动早的特性，因此在苗木处于休眠期时造林，能够更好地保持苗木体内的水分状况。东北地区，一般土壤化冻深度达20cm时，即可进行植苗造林。

（3）栽植方法

穴状整地时，栽植时要将苗木栽植在穴中央，扶正、扶直，深浅适中，确保根系舒展。高台整地时，应在台面上均匀栽植3～5株。覆土时要分层覆土，先填表土、湿土，再填心土、干土；覆土深度要超过苗木原根际1～2cm，表层覆1cm左右的虚土。栽苗前，可将长白落叶松苗木进行切根处理，剪去1/4左右，并做好保湿处理。在春季风沙严重、干旱地区，在植苗后的1周左右可再次培土，以减少穴内水分蒸发，防止苗根干旱。在冻拔害严重的地区，可以采用窄缝栽植法（也称保土防冻栽植法），将苗木栽植到窄缝中，以提高苗木的存活率。

（4）初植密度

初植密度以造林目的和立地条件为依据确定。立地条件好、以大径材为培育目的时，每公顷栽植2500～3500株；立地条件一般时，培育中径材每公顷栽植3300～4000株，培育小径材每公顷栽植4000～4400株。

4. 幼林抚育

幼林抚育要坚持“除早、除小、除了，适时抚育”的原则，采取连续3年或者5年抚育期。5年期，第一、第二、第三年每年抚育2次，第四、第五年每年抚育1次。造林前3年，根据不同的整地方式分别采用带状或穴状除草、松土，后2年，须在造林地进行全面的割草、割灌。3年期，每年应分别按照3次、2次、1次进行；第一年的首次抚育应在造林后立即进行，第二次抚育7月末前完成。幼林抚育前2年主要是扩穴培土，扶正踏实；后一年主要任务是带状割除灌、草。除草松土、培土正苗要结合进行，松土深度要达到5cm，注意里浅外深，并在根颈周围培土2～3cm，不得损伤幼树。

5. 抚育间伐与修枝

抚育间伐的开始年龄、间隔期以及间伐强度与初植密度、立地条件和集约程度等因素有密切关系。初植密度2500～4400株/hm^2的林分，一般在10～15年生开始间伐，间伐强度20%～30%，间隔期5～10年，间伐方式采用下层抚育法。间伐原则是留优去劣，间密留稀，留大去小。间伐时，可按照克拉夫特分级法，伐除全部非目的树种和目的树种中没有培育前途的林木，以及竞争性的灌木和藤本植物。伐除的目的树种包括Ⅳ、Ⅴ级木，以及生长不良的少部分Ⅲ级木。伐除林木时，应注意不要在林中形成大的空地，避免风倒、风折。对偏冠位于林缘的、干形弯曲位于林中空地的立木，可暂时保留待后期间伐。对个别抑制周围树木生长的霸王树应当及时伐除。具体的间伐实施技术要素可参考各地区的林分密度经营表（或间伐标准表）。

修枝可去除死节，减少活节，提高木材圆满度，改善木材质量。当林分充分郁闭，林冠下部出现枯枝时，即可开始修枝。修枝一般在秋季落叶后至第二年春季解冻前进行，修枝高度依据培育目的和树木生长状况而定，一般为树高的1/4～1/3。当第一次修枝处生长出2轮以上枯枝时，即可进行第二次修枝，以后修枝开始期应结合培育目的进行。

6. 主伐与更新

（1）主伐年龄与方式

主伐年龄与方式受培育目的、产区和立地条件的影响，主要依据林分的数量成熟龄，兼顾考虑工艺成熟和经济成熟时间。东北、内蒙古地区营造以纸浆林为培育目标的长白落叶松人工林，依据产区、地位指数和初植密度的差异，建议主伐年龄为14～20年；以培育大径材为目标的人工林，主伐年龄建议在40年以上。

主伐方式有皆伐和择伐两种，皆伐又可以分为带状皆伐和块状皆伐。皆伐适用于坡度≤25°的商品林，择伐适用于坡度＞25°的商品林和公益林。辽宁省实验林场等通过对该省落叶松大径材培育技术的研究认为，在商品林中皆伐，坡度6°～15°时采伐面积应≤20hm^2，坡度16°～25°时面积应≤10hm^2，坡度＞25°的不得进行皆伐；在坡度＞25°的商品林和公益林中，每次择伐的蓄积量强度最大不超过40%，伐后林中空地直径不得大于林分平均树高，林木保留株数不低于伐前总株数的60%，林分郁闭度不小于0.5，择伐的间隔期不低于1个龄级期限。

（2）人工促进天然更新

长白落叶松具有天然更新的特点，在采伐迹地上常见更新的幼苗、幼树。充分利用其天然更新能力，加以人工促进措施，不仅能够节约造林成本，而且有助于培育混交林，提高林分的多样性和稳定性。

考虑到天然更新的限制因素，可在土壤湿润、保留母树的皆伐迹地与窄带皆伐迹地，进行全面或带状整地，以促进天然更新。一般单株母树或群状母树的有效落种更新范围为100m，距母树50m以内效果最好。林墙下种的有效更新距离为130m，距林墙80m以内效果最好。

7. 长白落叶松混交林

长白落叶松可通过与水曲柳、紫椴、红松合理配置构建混交林。研究表明，长白落叶松与水曲柳混交能够有效地提高长白落叶松的叶绿素含量和净光合速率，改善土壤养分状况和物理性状，促进单株胸径和树高生长，增加林分蓄积量。混交林不仅适合培育大径材，而且在改善微立地条件、提高生物多样性、增进人工林的抗性和稳定性上，都比纯林具有更大的优势。

营造混交林对立地的选择相对严格，要同时考虑长白落叶松及其混交树种的生态适应性。在山区宜选择坡度≤15°的山坡中下部或山间平地，坡向以阴坡或半阴坡为宜；在丘陵漫岗地区，坡度≤15°时可全坡位造林。选择疏松、湿润、排水良好的土壤，土层厚度应≥45cm，避免选择排水不良的涝洼地，以及迎风口、窄沟谷等易发生霜害的地段。造林苗木应选择由良种培育的Ⅰ、Ⅱ级苗木，其中长白落叶松的苗龄不应小于水曲柳的苗龄，水曲柳宜采用2年生苗。

在杂草和灌木丛生的造林地段，要在整地前清林。可全面、带状或团块状割除地表的灌木和杂草。整地时宜采用穴状整地，穴面圆形，穴径50～70cm，穴深25～30cm。整地宜在造林前1年的夏季或秋季进行。整地时将穴内土壤翻松，土块打碎，拣出石块、树根、草根等杂物。

混交林造林密度宜采用3300株/hm^2，株行距1.5m×2.0m；或采用4400株/hm^2，株行距1.5m×1.5m。水曲柳、落叶松混交林宜采用3行水曲柳与3～5行落叶松带状混交，或2行水曲柳与3行落叶松带状混交。栽植时间宜选择在春季，顶浆造林。植苗前宜对水曲柳苗木切根，保留主根长约15cm。

混交林幼林抚育时间为4年，每年抚育次数分别为2次、2次、2次、1次。造林当年抚育2次，第一次镐抚，造林后立即进行，主要目的是扩穴培土；第二次刀抚，于7月初进行，清除竞争性的杂草和萌条。第二年抚育2次，第一次镐抚，在6月初进行；第二次刀抚，于7月中旬进行。第三年抚育2次，第一次镐抚，在6月初进行；第二次刀抚，于7月中旬进行。第四年刀抚1次，于6月中旬进行。

长白落叶松-水曲柳混交林也可以通过“栽针引阔”或“伐针引阔”的方式构建人工天然混交林。

六、主要有害生物防治

1. 松苗猝倒病

又称立枯病，是许多针叶、阔叶树幼苗的重要病害。在我国，引起猝倒病的病原菌是丝核菌（*Rhizoctonia solani*）和多种镰刀菌（*Fusarium* spp.）。发生的症状主要有：①种芽未露土，就腐烂死去，为种腐型；②幼苗刚出土，子叶尖端变褐色，腐烂钩头而死亡，为梢腐型；③幼苗出土不久，苗茎近地面处变色、水渍状腐烂缢缩，幼苗倒伏而死，为猝倒型，是最严重的一种类型；④幼苗出土2个月以后，茎基已木质化，幼根受侵腐烂，苗木直立枯死，为立枯型。猝倒病的防治主要以育苗技术为主，化学防治为辅。主要防治措施为：①制作苗床时注意苗床平坦、排水良好，忌用黏重土壤，忌将以前种植瓜类、薯类、蔬菜等土地用作苗圃作床。晴天整地，精细筑床，用无菌土垫床1～2cm，然后播种。②精选种子，做好催芽工作，适时播种，及时割草，旱灌涝排，确保苗全、苗壮。③播种时苗床或播种沟内撒药土，药土可选用敌克松每亩1.0～1.5kg，苏农6401每亩2.5～3.0kg，或五氯硝基苯代森锌合剂（1∶1）每亩2.5～3.0kg，将农药同30～40倍干燥细土混合均匀使用；或每亩用硫酸亚铁15～20kg碾碎撒施。

2. 早期落叶病（*Mycosphaerella larici-leptolepis*）

早期落叶病是30年生以下长白落叶松的重要病害。病原菌在地面染病落叶中越冬。一般在5月下旬子囊孢子开始成熟，6月下旬至7月上旬为子囊孢子传播主要时期。7月中旬在受害针叶上开始出现淡黄色小斑点，7月下旬病斑逐渐扩大，至数个病斑连成一片或形成黄绿相间的黄褐色段斑，多有散生小黑点，即性孢子器。受害严重的林木，在8月上中旬，树冠大部分或全部针叶呈红褐色，病叶纷纷脱落，比一般较正常的林木提早50～60天落叶。防治方法主要有：①营造针阔叶混交林，对防治早期落叶病有积极作用。②在过密的林分中清除被压木、病腐木，适当进行修枝以减少病源，促进下木生长，减少病菌子囊孢子发芽的概率。③化学防治，在发病重的林分中，6月下旬至7月上旬用化学药剂喷洒树冠或用杀菌烟剂防治。

3. 西伯利亚松毛虫（*Dendrolimus sibiricus*）

西伯利亚松毛虫属鳞翅目枯叶蛾科。在东北地区其幼虫主要危害长白落叶松针叶。多为1年1代，在北部及高山区亦有2年发生1代的。生活史在不同的地区及不同年份有变化，但多以3～4龄幼虫于落叶层下卷曲越冬，第二年春季，当气温达到5～10℃时，上树危害。此虫多发生在山坡较温暖而排水良好的10年生以上的长白落叶松人工纯林。天气干旱时，常常大量发生，造成严重危害。防治方法主要有；①建立虫害预测预报系统和网络，根据气候条件，定期进行虫口密度调查，做好虫情预测预报。②营造与阔叶树种的混交林。③生物防治，在卵期释放赤眼蜂和平腹小蜂，幼虫期喷洒青虫菌或苏云金杆菌悬浮液1亿个孢子/mL。④幼虫期化学防治。⑤成虫期用黑光灯及性外激素诱杀。

4. 落叶松花蝇（*Hylemyia laricicola*）

落叶松花蝇属双翅目花蝇科。成虫外观很像家蝇，幼虫专危害球果内种子。1年1代，以蛹在落叶层内或土中越冬，在翌年5月上中旬长白落叶松开花时羽化为成虫，开始在球果基部、鳞片间及种子旁产卵。花蝇喜于温暖而光亮的场所产卵，一般每球果只产1～2粒，幼虫分布阳坡大于阴坡。通常长白落叶松开花后3～7天幼果内即可发现第一批卵粒。卵经8～10天孵化为幼虫，绕果轴自下而上食害种子。幼虫期约1个月，当鳞片和种子变老时，幼虫也老熟。老熟幼虫6月下旬至7月上旬离开球果落地化蛹越冬。蛹有滞育性，因此有2年1代的。防治方法：①营林方法，加强母树林、种子园的抚育管理，及时清除虫果。②化学方法，成虫出现前，往林地喷洒化学药剂防治；郁闭度较大的林分可施烟剂防治；幼虫落地前，地面喷洒化学药剂防治。

5. 落叶松球蚜（*Adelges laricis*）

落叶松球蚜属半翅目球蚜科，为长白落叶松幼林叶部重要害虫，生活史复杂，一个完整的生活史需要2年，而且必须有2种寄主。第一寄主是红皮云杉，第二寄主是落叶松。它在长白落叶松上以黑褐色裸露无翅伪干母若虫，在当年生或前1年生枝条的缝隙中，排列成行或聚集于叶芽的基部越冬，第二年春季开始活动，5月初可发现已产卵的伪干母成虫。伪干母所产的卵，一部分若虫于5月末羽化为具翅性母成虫，迁回第一寄主红皮云杉；另一部分于5月下旬长成第一代侨蚜，即开始危害长白落叶松。防治方法：①早春用化学药剂溶液喷杀或烟剂毒杀第一代侨蚜若虫；②应慎重营造落叶松与云杉混交林。

6. 落叶松鞘蛾（*Coleophora laricella*）

又名兴安落叶松鞘蛾，属鳞翅目鞘蛾科。幼虫危害叶肉，1年1代，以老熟幼虫在鞘内过冬。4月中旬开始危害嫩芽，5月上旬开始化蛹，中下旬出现成虫，6月上旬开始产卵。卵经10～12天孵化为幼虫。防治方法：①在4月中下旬越冬幼虫活动期或5月下旬至6月上旬成虫出现盛期，施放烟剂或喷洒药剂溶液杀幼虫。②保持合理的林内郁闭度（0.8～0.9）。③成虫有趋光性，可以用灯光诱杀。④春季燕雀、灰鹟、绣球鸟、栗鸦等能捕食大量幼虫和蛹，应注意保护和招引。

七、材性及用途

长白落叶松木材纹理通直、结构较粗，木材重，硬度中等，力学强度高，心材含水率小，密度较大。木材锯解、切削、车旋、钻孔及刨光等均较困难。钉钉易开裂，不易钉入。油漆性能尚好，稍难干燥。抗弯力大，耐朽性好，亦耐水湿，适宜作桩木、桥梁和排水涵洞用材。此外，多用于造船、机械加工、电柱、桅杆、枕木、坑木、车辆以及建筑等方面。木材还是较好的造纸原料，松脂可提取松香、松节油，是橡胶、冶金等多种工业的重要材料。树皮可提取单宁浸出液，为良好的栲胶原料。

（谷加存，王政权）

24 兴安落叶松

别　名｜一齐松（东北）、意气松（大兴安岭）

学　名｜*Larix gemelini* (Rupr.) Rupr.

科　属｜松科（Pinaceae）落叶松属（*Larix* Mill.）

兴安落叶松是大兴安岭森林的建群种和优势种，是松柏目中较年轻的物种，出现于比较干冷的古近纪和新近纪，能适应高寒环境条件，主要分布于高纬度地区。具有耐湿、抗寒、生长较快、适应性强、树干通直圆满、易成林、轮伐期短、木材耐腐、工业用途广等特点，已成为东北林区的重要用材林树种，在黑龙江、吉林等林区已营造了大面积的兴安落叶松人工林。此外，该树种树势高大挺拔、冠形美观、抗烟能力强，也是优良的园林绿化树种，在我国扩大森林资源、保护生态环境等方面发挥了重要作用。由于强度和耐腐性较大，其木材适宜用作坑木、枕木、电线杆、木桩、房架、包装箱等，是重要的电业、煤矿、造船、桥梁、铁路等方面的优良用材；其幼龄材制浆效果好，是造纸的重要原料；同时，其树干可提取树脂，树皮可浸提单宁。

一、分布

兴安落叶松是亚洲东北部分布最广的针叶树种。分布中心在俄罗斯的东西伯利亚，分布的北界（约73ºN）从阿纳德尔湾开始，通过科雷马河河口、勒拿河河口到北冰洋沿岸附近的哈坦河下游，最北达北冰洋沿岸的冻原地带，分布的西界（约85ºE）是俄罗斯叶尼塞河左岸的分水岭，向东经东西伯利亚跨鄂霍次克海和鞑靼海峡分别到达堪察加半岛、库页岛和日本的北海道（约145ºE）。在俄罗斯萨哈共和国的连斯克市，分界线折向西南，达贝加尔湖北岸，再向南延伸，在恰克图进入蒙古，再进入我国大兴安岭、小兴安岭。我国是兴安落叶松分布的南界。

兴安落叶松在我国的分布以大兴安岭为中心，西起中俄边境的额尔古纳河和中蒙边境的巴尔图乌兰沙达，东达小兴安岭伊春林区的汤旺河中下游（可达老爷岭山地的海林、大海林），北至黑龙江南岸，南至内蒙古的阿尔山（内蒙古赤峰市克什克腾旗的黄岗梁）。跨越纬度、经度各11°（杨传平，2009）。其自然分布范围为46º40′N以北和119º30′～131ºE。但是，杨志香等（2014）研究发现我国兴安落叶松气候区主要为低适宜区和中适宜区，其中低适宜区主要分布于黑龙江北部、中部、南部和西部及内蒙古部分地区，吉林北部有零星分布，中适宜区主要分布在黑龙江西北部和内蒙古东北部。随着全球变暖的加剧，兴安落叶松在我国的分布范围将逐渐缩小，甚至可能北移出境（李峰等，2006）。

兴安落叶松在大兴安岭地区垂直分布于海拔300～1700m，其中北部分布的海拔为300～1200m，中段为800～1200m，南端为900～1700m。在该分布区内可自山麓到森林上限，组成大面积纯林，或与白桦、山杨组成混交林，在大兴安岭山脊则与樟子松、偃松混生成林。随海拔升高，兴安落叶松林木高生长量降低，在海拔1480～1670m的大兴安岭南段阿尔山摩天岭，180年生兴安落叶松高仅5～7m，地径8～12cm。兴安落叶松在小兴安岭主要分布在北坡，南坡海拔450m以上的河谷低湿地段也有分布，为隐域性植被，在张广才岭、老爷岭山地则零星分布。

兴安落叶松在我国东北地区的黑龙江、吉林、辽宁和内蒙古东部地区有大面积的人工林栽植，已成为黑龙江林区人工林的主要造林树种。

此外，该树种的人工造林已扩大到河北坝上和内蒙古中部等地，在北京门头沟区、山东崂山林场亦有引种。

兴安落叶松一般与长白落叶松共同进行产区区划，根据水热指标和生产力的差异可将其产区划分为如下3类。

Ⅰ类产区：辽宁的抚顺、本溪市区各县、西丰县、铁岭县东部、开原县东部、丹东、宽甸县北部、凤城县北部，吉林的集安县、通化县、柳河县、白山市南部、东丰县西部、辉南县大部分地区。

Ⅱ类产区：吉林的延边朝鲜族自治州、吉林市区各县、通化地区除Ⅰ区外各县、大黑山脉以东的长春地区、四平地区，黑龙江的宁安县、东宁县、穆棱县、林口县、海林县、尚志市、延寿县、通河县、依兰县、方正县、鸡西市、鸡东县、密山市、汤原县、铁力市、伊春市东南部、鹤岗市西部、佳木斯市、宝清县南部地区、五常市、巴彦县、绥化市、绥棱、海伦东部地区、双鸭山市。

Ⅲ类产区：黑龙江的克山、克东、拜泉、北安、孙吴、逊克、黑河、嫩江、德都、伊春市西北部地区、海伦以西、讷河、依安、明水、望奎北部，内蒙古的扎兰屯、喜桂图旗东南部、乌兰浩特以北、额尔古纳左旗南部、鄂伦春自治旗南部。

二、生物学和生态学特性

1. 形态特性

兴安落叶松为落叶乔木，高达30（~35）m，胸径0.8（~0.9）m。幼树树皮深褐色，老树树皮暗灰色或灰褐色。树冠卵圆锥形。小枝不下垂，1年生枝淡黄色，2~3年生枝褐色、灰褐色或灰色。叶线形，柔软，簇生于短枝顶端，在长枝上互生。雌、雄球花均单生于短枝上，球果幼时紫红色，成熟前球果卵圆形或椭圆形，成熟后球果上端种鳞张开，球果呈杯状，黄褐色或褐色。球果长1.2~3.0cm，径1~2cm。种鳞14~30枚，五角状卵圆形，鳞被无毛。种子三角状卵形，长3~4mm，顶端具膜质长翅，灰白色。

2. 适应性与抗性

兴安落叶松为喜光树种，幼树10年生以内稍耐侧方庇荫。安守芹等（1997）研究不同林分郁闭度下的兴安落叶松更新，发现郁闭度在0.4~0.6的更新效果较好，而郁闭度大于0.6时更新株数减少。兴安落叶松耐寒力强，能够忍耐最低温度达-52.3~-49.0℃，极端可低至-70℃。

对土壤的适应能力强，耐水湿、耐干旱、耐瘠薄土壤，在深厚肥沃的土壤中形成发达的深根系，而在瘠薄的角砾层、沼泽化严重的永冻层能够形成发达的表面根系，因此，在比较干旱瘠薄的石砾山地以及水湿的河谷沼泽地均能生长成林。由于树干基部有形成不定根的能力，因此可以在泥炭沼泽地中生长，但生产力较低，而在土壤湿润肥沃和排水良好的山中下腹的坡地上生长最好。生长在大兴安岭阴坡和半阴坡的落叶松林，由于土层厚、湿度适中，水肥条件优越，林

兴安落叶松球果（贾黎明摄）

分生长最好。

抗火能力较强，与大兴安岭地区其他主要树种相比，兴安落叶松树皮和树叶的各项燃烧指标均较低，释烟、释热比较缓慢，抗火性能较强（彭徐剑等，2014）。

3. 生长进程

不同地区兴安落叶松年生长期差别较大，一般随纬度的增大而减小。在大兴安岭南坡，兴安落叶松生长期为100～110天；在大兴安岭北坡，生长期为80～90天；而在海拔较高的山地，生长期仅为50～70天。在大兴安岭地区其高、径生长开始于6月初，速生期在7月，高生长在8月中旬停止，直径生长在8月末停止。在张广才岭的帽儿山地区，生长期120～130天，高、径生长开始于4月中旬，6～7月为生长迅速期，8月末或9月初高生长停止，胸径生长可延至9月下旬。雌球花和雄球花在7～8月形成，翌年3～4月花芽开始萌发并逐渐分化，4月中旬至5月初形成完整的雌、雄球花，花期为5月中旬，在针叶伸长之前5～10天开放，5月下旬至6月上旬幼果形成，8月下旬至9月初种子开始成熟。

兴安落叶松的生长在不同地区差别较大，在大兴安岭每公顷年生长量平均为0.87m^3，在小兴安岭平均为3.3m^3，人工林每公顷年平均生长量8.58m^3。在大兴安岭地区较好的立地条件上，30年生兴安落叶松天然林平均树高11.5m，胸径10cm；50年生，树高18m，胸径16cm；100年生，树高27m，胸径29cm；150年生，树高30m，胸径35cm；200年生，树高32m，胸径39cm，每公顷蓄积量300m^{3}左右。兴安落叶松人工林生长可分4个时期，即缓慢生长期、速生期、干材期和成熟期。缓慢生长期在造林后5～6年，幼树生长受杂草、灌木的影响较大。速生期在造林后的8～15年，高生长明显加速，年均高生长在1m以上，加强抚育可提高生长量。干材期在造林后15～25年，直径生长明显，林木分化也明显。成熟期在50～80年生，林木生长缓慢，应进行主伐更新。兴安落叶松人工林生长较快，但与立地条件的好坏有密切关系。如在黑龙江东部山区，20年生的兴安落叶松人工林在好的立地上，树高17～18m，胸径14～16cm；在中等的立地上，树高13～14m，胸径11～13cm；而差的立地上，树高7～8m，胸径8～10cm。

4. 天然更新

兴安落叶松天然更新能力强，具有大量结实和抵抗不良环境的能力。在落种条件好、植被稀疏、林分郁闭度较低、排水良好、光照充足的地带，会有大量的天然更新幼树，天然更新效果较好。为适应严酷的自然环境，兴安落叶松种群的种子产量为r型对策，更新种群为聚集型分布（韩铭哲，1994）。班勇（1995）和徐化成（1996）研究发现兴安落叶松土壤种子库属于间断类型，种子的活力能够保持1年，最长不超过2年。一般兴安落叶松种子在6月迅速萌发，7月中下旬，土壤中已经不存在有活力的种子，林下地被物层（苔藓、枯枝落叶等）是林下幼苗更新成活的主要影响因子，因此为促进天然更新，可在种子年进行整地，能够有效提高更新效果。一般在山坡中下部，土壤湿润的杜香落叶松和藓类越橘落叶松迹地促进天然更新效果较好。

三、良种选育

兴安落叶松种源研究起始于20世纪80年代，主要进行了兴安落叶松地理变异规律与模式、种源区划、优良种源选择及兴安落叶松种内同工酶分析等研究。

1. 优良种源

兴安落叶松的地理种源间存在着丰富的遗传变异，其生长量与经度呈正相关，与纬度负相关，具有明显的经向为主、纬向为辅、经纬双向连续渐变的特点。根据16个种源点在13个种源试验点的生长状况，杨传平（2009）将兴安落叶松天然分布区划分为4个种源区，分别为大兴安岭北部种源区，大兴安岭南部种源区，大兴安岭、小兴安岭过渡种源区和小兴安岭东南部种源区，筛选出小兴安岭友好和乌伊岭种源为优良种源，适于在小兴安岭、大兴安岭东南部及张广才岭、完达山地区推广，而在大兴安岭北部可用小兴安岭北部的黑河三站、桦皮窑等地的种子。

通过对兴安落叶松不同种源子代的管胞长度、长宽比和年轮宽等性状进行分析，结果表明，兴安落叶松成浆制纸综合性能较好的种源为乌伊岭、友好、塔河、鹤北和阿尔山种源。

研究发现，兴安落叶松与日本落叶松、长白落叶松、欧洲落叶松杂交后具有较高杂种优势，但是在不同的地区具有生长优势的杂种家系并不相同，目前在辽宁东部、佳木斯、小兴安岭南部、牡丹江等地已进行了兴安落叶松杂种家系的筛选。

2. 种子园

兴安落叶松种子园营建始于20世纪60年代，现已建立较多的1代种子园，进行了母树花期、结实规律、子代测定、优良家系选择等研究工作，并已经开始建设1.5代种子园。

第一、二、三批认定的兴安落叶松国家良种基地有：内蒙古森工集团甘河林业局国家兴安落叶松良种基地、乌尔旗汉林业局国家兴安落叶松良种基地、龙江森工集团带岭林业局国家落叶松良种基地、苇河林业局国家落叶松良种基地、桦南林业局国家落叶松良种基地、大兴安岭林业集团技术推广站国家落叶松良种基地、加格达奇林业局国家兴安落叶松良种基地、黑龙江省林木良种繁育中心国家落叶松良种基地、佳木斯市孟家岗林场国家落叶松良种基地等。

造林用种应优先选用国家良种基地生产的种子。

四、苗木培育

1. 裸根苗培育

采种与调制　兴安落叶松球果内的种子在8月中下旬至9月初开始成熟，成熟后种鳞开裂较快，种子易飞散，一般采集时间只有7～10天，因此应尽快在种子飞散前进行采种。采下来的球果经5～6天的露天摊晒后，种子即可脱出，然后采用风选或筛选进行净种。种子贮藏采用低温、密封的贮藏方法。长期贮藏的种子必须进行适当干燥，种子含水量控制在7%～9%，库内温度年平均±5℃，相对湿度60%左右。贮藏10年的种子，发芽率仅降低15%左右，因此低温、适当干燥是保持种子活力的重要贮藏条件。

催芽　兴安落叶松种子催芽和育苗技术与长白落叶松基本相同。种子催芽处理采用雪藏方法，在11月下旬降雪不融时，取出种子，用0.3%～0.5%的硫酸铜液浸种5～10h，或用0.3%的高锰酸钾洗1遍，再用清水洗种后，混以3倍的雪，放置于坑内，混雪种子层下需垫雪10cm，上面覆雪10cm。稍压实后，再盖上稻草。一般在春播前15～20天取出，进行露天混沙（1∶2）或摊晒5～10天，种子有30%裂嘴时，即可播种。

选地　苗圃地应该选择交通便利、土层深厚、土壤肥力高、地势平坦、灌溉方便的中性或弱酸性沙质壤土或沙壤质草甸土上。干旱、瘠薄、通气差、地势低湿、保水保肥差的地块，以及黏土、盐碱土均不宜选为育苗地。为改善土壤环境，增强土壤通透性，提高土壤肥力，在苗圃整地时可加入有机肥改良土壤。

整地　圃地需实施全面整地，应于每年秋季深翻30cm左右，待早春解冻后耙地，或再春翻1次，深20cm左右即可，随翻随耙，使表土细碎，并去除杂草根、碎石。宜多施用大粪干、绿肥、猪粪等有机肥，三者混合比例为1∶5∶3，每亩可施肥7500kg左右。基肥中的底肥在春、秋翻地时混入耕作层的下部，而表肥在作床时撒在床面上，结合作床碎土使其与床面土壤充分混合，深达10cm左右。为防止病虫害的发生，每亩应施杀菌剂（硫酸亚铁或65%代锌锰森等）和杀虫剂（如地虫灵、甲胺磷等）。可采用高床、低床和高低床育苗，沙土宜作低床，黏土宜高床，床长一般10m以上，高10～30cm，宽约1.2m，床面间步道兼作排水沟宽约40cm。

播种　播种一般在苗床上进行，在4月中下旬，地表温度在10℃以上时就可播种。地表温度在10～20℃时，15天可出齐苗。播种量依发芽率而定，一般采用条播或撒播两种方法。条播播幅5～8cm，间距5～8cm。播种后需覆盖，盖种材料可选用半腐熟的马粪、苗床土、草炭粉按

龙江省带岭林业局东方红林场兴安落叶松人工林（张彦东摄）

蒙古自治区大兴安岭莫尔道嘎林业局境内的杜香兴安落叶松林
沈海龙摄）

内蒙古自治区大兴安岭莫尔道嘎林业局境内的杜香兴安落叶松林
沈海龙摄）

体积1：2：1混合，也可采用锯屑、苗床土、草炭粉按体积比1：2：1混合，使用落叶松、樟子松针叶覆盖（1.5cm厚）效果也很好。撒播时将种子和沙的混合物按发芽率分3次均匀撒在床面上，镇压使种子与土壤紧密接触，再用粗筛覆土0.5cm，播完后及时喷水，全部播完再统一喷水1次，保持土壤湿润，提高土温。出苗后及时喷洒波尔多液，预防病害。

苗期管理 播种后苗圃的水、肥管理要因时制宜。播种后到幼苗抽出新梢前，为利于种子发芽和幼苗扎根，灌水要多次而少量，使床面保持经常湿润，播种后半个月内可不灌水；在幼苗抽出新梢，苗木进入高生长期，气温逐渐增高时，要增加日灌水量，应少次而多量，确保苗木的水分平衡，并开始追施氮肥。可采用根外追肥，追施硫铵或碳铵等，每亩总用量33kg左右，6～7月初施用3次，每隔10天左右施1次。一般在8月上旬开始施磷、钾肥，以促进苗木木质化，磷肥每次用量约2.5kg/亩，喷施浓度1%左右，钾肥每次用量2kg/亩，喷施浓度0.5%左右，在8月中下旬停止灌水。

苗木出齐一个半月后，可进行间苗，过半个月后再进行一次，水肥足、生长快的，要早间苗。密间稀留，首先间掉生长势弱的苗木，每平方米保留450～550株。间苗可与除草同时进行。苗圃地除草方式可采用化学除草和人工除草相结合。化学除草可用药剂包括除草醚、拿捕净和果尔等，一般在播种后和2个月后分别喷洒1次。要及时喷洒波尔多液和甲胺磷防治苗木立枯病和金龟子等病虫害。幼苗长出真叶前后开始中耕松土，根据表土板结情况，隔半个月左右中耕1次，以疏松床面表土，改善土壤的保水性和内部的通气性。松土前先少量灌水，松土后要灌足水。

在苗木停止生长前一个半月，一般在8月上旬，用切根机切根，深度距苗床15cm左右，以促进根系发育和苗木木质化，切根后应压实并灌水。

起苗 苗木大部分落叶后开始起苗（10月上旬至11月上中旬），起苗时同时进行苗木分级，分出成苗和幼苗，计数绑扎成捆。起苗后可利用假植、窖藏和垛藏法进行贮藏。

在一些高寒地区，兴安落叶松当年生播种苗相对较小，抗性较差，可以对苗木进行留床培养。冬季留床时需要进行越冬保护，一般在10月中旬利用土埋法进行防寒，将幼苗卧倒后用步道土压实，埋土厚度3～5cm，苗床两侧覆土稍厚。

移植育苗 起苗后未达到标准的幼苗可再移植培育1年。移植时间在东北地区为早春4月上旬至下旬，圃地化冻约15cm时。移植苗可采用大垄双行栽植，行距10cm左右，株距3～5cm；或采用苗床栽植，植苗密度平均每平方米300株。培育时同样要注意苗木的水、肥、病虫害及除草管理。

封顶现象及其防止措施 兴安落叶松当年播种出苗后的第一个月内，容易发生封顶现象，其特征是：子叶伸展后，幼苗不立即长出真叶，也不抽出新梢，而是在上端形成一个球形顶芽。这种封顶现象一般可持续2周，在水肥、温度条件良好时，可重新突破或抽出侧枝，代替苗木主茎。这种现象能使成苗率和产量下降，减少当年出圃苗，因而增加育苗成本。可采取用优良种子、适时播种、保证水分、调整土温和适量追肥等措施预防。根据国外经验，施用较高浓度氮肥可避免封顶的产生，生产中可试验验证后使用。

2. 容器苗培育

大兴安岭地处我国寒温带气候区，气候寒冷、土壤瘠薄，生长期和造林季节都很短，从而增大了造林工作的难度。容器苗带土移栽，不伤根，对造林地适应性强，全年大部分时间均可造林，同时可以克服困难立地条件下裸根苗造林成活率低的弊端，大大提高了造林成活率。因此，对实现兴安落叶松速生丰产、加快大兴安岭地区林业生态建设具有重要意义。

移植用苗木 选择生长健壮、没有病虫害、根系完整、顶芽没有损坏的1年生兴安落叶松裸根苗进行培育。起苗时，要保证苗木根系完整、不失水，若不能及时装杯，要随起苗随蘸泥浆或假植。

移植用容器 兴安落叶松育苗容器以纸容器和复合纸容器为宜，这两种容器透水、透气性能好，易于水肥疏导，有利于苗木根部穿透容器壁，不易形成盘旋和窝根现象。容器规格在提高基质营养的条件下，选择筒式蜂窝育苗纸容器（直径4.5cm，高12cm左右）为宜。

移植用营养基质 容器苗培养基质的成分和配比是容器育苗能否成功的基本条件，兴安落叶松的容器育苗可选用的基质及配比有：苗圃表土（70%）+新鲜松树锯末（20%）+腐熟人粪尿（8%）+磷酸二铵（2%）和松针（67%）+苗圃土（33%），也可采用堆放2～3年的草炭和腐熟的锯末，或者其与常规的基质土的混合物。

移植操作过程 一般在4月下旬装杯移植，装杯前先将床底铲平、压实，装杯时在杯中先装入1/3土壤，然后将兴安落叶松裸根苗放入杯内，若根系过长则须进行剪根，使根系保留10～12cm，保证苗木不窝根。继续填土，将杯装满，提苗压实。营养杯要摆放整齐，成行、成列，杯面高度要一致，杯与杯之间要紧密接触，有缝隙时，用细土封严。

移植后管理 装杯后立即喷透水，使杯内水分充足，确保苗木成活。3～4天后再喷1次透水，以后根据天气情况及苗木需水情况适当喷水。在缓苗期进行人工除草，苗木成活后，结合进行人工除草与药剂除草，药物为拿捕净和果尔的混合液。

3. 扦插苗培育

扦插繁殖可减少种子的用量，并利于优良苗木的生产，是兴安落叶松无性繁殖的重要手段。扦插方法可采用嫩枝扦插和休眠枝扦插。嫩枝扦插采条时间是在6月下旬，原株年龄1～4年，采穗长度10～12cm，7月上旬开始扦插；休眠枝扦插采条时间在树叶萌动之前的3～4月，原株年龄与嫩枝扦插相同，采穗长度10～15cm，5月上旬开始扦插。两种扦插方法的基质均为河沙或河沙加锯末（2∶1），密度是800株/m^2，在全光照自动喷雾或塑料棚内培育，扦插前可用生根粉等处理插条，促进生根。扦插当天和以后每周用800倍

多菌灵灭菌，用量0.4kg/m²，扦插后2～3周开始生根。

五、林木培育

兴安落叶松目前以植苗造林为主。

1. 立地选择

兴安落叶松人工造林最佳的立地类型为海拔600m以下的低山丘陵或山地，坡向为阴坡、半阴坡和半阳坡，坡度20°以下，以山坡的下坡位、山脚或谷地为主，土层厚度60cm以上，黑土层厚度20cm以上，土壤类型为暗棕壤和棕色森林土。

2. 整地

整地在造林前一年的夏季和秋季都可进行。在杂草和灌木丛生的造林地，在整地前应进行清林作业，可全面、带状或块状割除地表的灌木和杂草。整地方式一般采用穴状整地，穴面圆形，穴面直径50cm或60cm，穴深25～30cm。整地时，需翻松土壤，除去草根、石砾，肥沃表土和心土分别放置。在坡度小于15°、母岩为泥质岩类、腐殖质层厚度大于25cm、土壤水分和肥力较好的地段，可用带状整地，带宽80cm，深25cm。沼泽地、湿草地，需先作好高床，筑土台，挖好排水沟，建成排水系统，而后植苗造林。对于土壤肥沃湿润的地方可采取随整地随造林的方式。

3. 造林密度与混交方法

兴安落叶松生长较快，而且喜光，造林密度不宜过大。一般培育中小径材采用3300～4400株/hm²的造林密度，但是在一些交通方便且对小径材有需求的地区，可用4400～6600株/hm²的造林密度。在立地条件较好的地区，一般以培育大径材为目标，应适当稀植，可用2500～3300株/hm²的造林密度。

兴安落叶松可营造小面积的纯林。大面积造林，应营造混交林。在大兴安岭地区可营造兴安落叶松–天然阔叶树混交林和兴安落叶松–樟子松混交林，其中兴安落叶松–天然阔叶树混交林主要为兴安落叶松–天然白桦混交林，兴安落叶松–白桦天然混交林是大兴安岭地区的主要林型，研究表明两者的混交比例为5：5或7：3时，林分结构合理，有利于生物多样性的保护，因此可在人工更新或天然更新的兴安落叶松林地内，按照该比例进行合理的抚育。兴安落叶松–樟子松混交林的营造可参看樟子松混交林营造。除了樟子松和白桦，适于营造兴安落叶松混交林的阔叶树种还有水曲柳、椴树、五角槭等，混交方式应以带状混交为主，也可块状混交。

4. 造林季节与造林方法

裸根苗造林可在春季或秋季进行，一般春季造林的效果较好。春季造林在土壤解冻15～20cm时进行，黑龙江北部在5月上旬，中部在4月末，南部在4月中旬。吉林造林时间一般在4月中旬，辽宁造林时间可在4月上旬。秋季造林一般在10月中下旬至11月上旬，但秋季造林容易引起冻拔害，栽植穴上需覆盖6～7cm厚的枯草、落叶或苔藓，以防止冻拔害，或采用窄缝栽植的方法。容器苗造林在春、夏、秋皆可进行，夏季一般在雨季进行。

造林方法一般均采用植苗造林。春季造林时，土壤解冻不深，须防止植苗穴过浅，造成主根卷曲、侧根缠结。应将苗木放正，使根系舒展。覆土要打碎，将肥沃表土覆在根系周围，心土覆在上面。覆土要比原穴面高些，以备将来下沉，可比苗圃栽植时深1～2cm。最后在穴面盖一层松土，防止土壤开裂。

5. 幼林抚育与抚育间伐

营造兴安落叶松速生丰产林应在造林后连续抚育5年，一般造林前3年幼林需抚育2次，而在第四、第五年，每年抚育1次。在造林后的1～3年，应根据不同的整地方式分别采用带状或穴状除草、松土，同时在幼树根部进行培土踏实，防止苗木露根影响成活；在造林后4～5年，需在造林地内进行全面割草、割灌。营造兴安落叶松用材林和纸浆林可在造林后连续抚育3年，抚育方式为3–2–1或2–2–1，其中，新采伐迹地、弃耕地、杂草较少的地段，造林当年除草培土1次，第二年除草抚育2次，第三年不抚育或抚育1次。幼林修枝，视树冠发育情况而定，修枝高度一般控制在树高的1/4～1/3。

抚育间伐的开始年龄、间隔期以及间伐强度，与初植密度、立地条件及经营强度等因素有密切关系。造林密度每公顷为2500～4400株的林分，一般在15年生左右开始间伐，强度在20%～30%，间隔期在5～10年，其中，首次间伐的强度略高，然后逐次降低，间伐方式采用下层抚育法。间伐原则是：留优去劣，留稀砍密，留大去小。在砍伐时，应注意不要造成林中空地，对偏冠位于林缘的及干形弯曲位于林中空地的立木，可暂保留待后期间伐。对个别影响周围树木生长的霸王树应伐除。

6. 主伐与更新

（1）主伐

一般兴安落叶松天然林的数量成熟龄在110年以上，而兴安落叶松人工林的数量成熟龄在30年以上，大径材的数量成熟龄在50年以上，人工林的工艺成熟龄与此相似，分别为中径材33～40年、大径材50～55年，但是如果培育兴安落叶松干材，主伐年龄可提前至25年。兴安落叶松主伐年龄的确定还需要综合考虑各地区该树种的生长过程、林木病害发展规律以及经济效益，以保护当地生态平衡和木材供应（陈东升，2010）。

兴安落叶松天然林的采伐一般采用皆伐的方式进行，其中，顺序皆伐是应用最多的一种方式。但是大兴安岭地区土层瘠薄、冲刷严重，且天然更新和人工促进天然更新良好，因此，在坡度较小的地区（阳坡10º和阴坡15º以下）宜采用窄带皆伐（实践证明，100m宽的窄带比较好），坡度较大的地区宜采用二次渐伐，而在坡度更大（阴坡26º、阳坡16º以上）且土层浅薄的地区应采用择伐。

（2）更新

采伐后林分的更新主要有两种方式，即人工造林和天然更新。人工造林主要采用植苗造林的方式，主要在大面积皆伐或火烧后天然更新不良时进行，具体按前述造林方法进行。在大兴安岭地区，天然更新普遍良好。只要保护好现有幼苗、幼树，森林采伐后，依靠伐前更新可以成林。大面积皆伐，由于伐后生态环境的改变，引起伐前更新的苗木死亡。因此，在大面积皆伐或更新不良的立地上，应合理地保留母树，并辅以人工促进更新措施，即可成林。在其他地区，如小兴安岭，兴安落叶松的天然更新效果不良。

人工促进天然更新应在种子结实的丰年，种子成熟落种前（8月末和9月初）在林下带状、块状或随机状整地，扒开枯枝落叶层，除去部分灌木，露出表土，以利于散落的种子接触土壤，翌年萌发，形成幼苗。

六、主要有害生物防治

兴安落叶松在苗圃育苗时易遭立枯病危害，幼龄林易得早期落叶病，成林后易遭西伯利亚松毛虫的危害。此外，还有落叶松球蚜和落叶松鞘蛾等虫害，这些病虫害的防治方法详见长白落叶松。

七、材性及用途

兴安落叶松心材和边材区分明显，边材黄褐色，狭至略宽，心材红褐色或黄红褐色。生长轮明显，晚材色深，宽度不均匀。早材带占全轮宽度较大部分，为全轮宽度的2/3或更高比例，晚材带狭窄，比早材带致密坚硬，早材至晚材急变。树脂道分为轴向和径向两类，轴向树脂道明显，数量少，常分布于晚材带内；径向树脂道小，不易见。

木材有光泽，略有松脂气味，纹理直，结构中至粗，不均匀。密度中等，硬度软至中，干缩大，强度和冲击韧性中等。干燥较慢，且易开裂和劈裂，早、晚材性质差别大，干燥时常有沿年轮交界处发生轮裂现象。耐腐性强，抗蚁性弱，能抗海生钻木动物危害。多油眼，早、晚材硬度相差大，横向切削困难，但纵面颇光滑，油漆后光亮性好，胶黏性质中等，握钉力强，易劈裂。可作枕木、矿柱、桩木、电线杆，以及桥梁、建筑、车辆等用材。特别在水中和土壤中较长时间不腐朽，所以可作造船工业及地下建筑的用材。

树皮单宁含量高（8%～16%），可提炼栲胶，松脂可提制松香和松节油等。

（孙海龙，王政权）

25 华北落叶松

别　名 | 红杆（山西）、黄杆（河北）
学　名 | *Larix principis-rupprechtii* Mayr
科　属 | 松科（Pinaceae）落叶松属（*Larix* Mill.）

华北落叶松原产于河北北部和山西高山地带，是我国华北地区主要乡土树种之一。其生长迅速，材质坚韧，结构致密，纹理直，含树脂，耐久用，可供建筑、桥梁、电线杆、舟车、家具等用材，是我国华北地区重要的用材树种；具有较好的抵抗不良气候能力及较好的保土和防风效能，是适生区良好的生态树种；由于其树冠整齐、呈圆锥形，叶轻柔而潇洒，也逐渐成为当地的风景林树种。

一、分布

华北落叶松主要分布在河北、山西两省，在北京和内蒙古最南部也有少量分布，一般生长在海拔1200～2800m的阴坡。水平分布北起42°37′N的河北塞罕坝机械林场，南到36°30′N的山西太岳山区沁源县，东界是118°30′E的内蒙古赤峰市旺业甸林场，西界为山西关帝山山脉的云顶山。集中分布在山西吕梁山山脉中段的关帝山林区和北段的管涔山林区、太行山山脉的五台山林区、恒山林区、太行山与吕梁山之间的太岳林区，以及河北的燕山山脉。除了天然分布区以外，还向我国北方低海拔山区、西北干旱和半干旱山区进行了引种，栽培面积远超其原有生境。目前，人工林分布范围最北到黑龙江，西至新疆天山山地，南至川西高山区，东至长白山区。有些引种区树龄已超过50年，经过多年的栽培及驯化，其适应性极大增强。

二、生物学和生态学特性

1. 形态特性

针叶落叶乔木。树皮暗灰褐色，成小块片脱落。1年生枝淡黄褐色或淡褐色。叶片披针形或线形，叶长2～3cm，先端尖，两边气孔线各4～5条。雌雄同株，单性花，雄球花体积较小，小孢子囊2个，芽鳞50～80枚；次年生或者多年生短枝上有雌球花，体积比较大，有大孢子叶50～58枚，苞鳞有60～70枚。球果在成熟时为淡褐色，长度2～4cm，直径2.0～3.5cm，苞鳞暗紫色，略短于种鳞或近等长。种子有长翅。

2. 适应性与抗性

华北落叶松耐寒冷、耐干旱及抗风能力强，喜光，造林地在温凉湿润、海拔1200～2800m的阴坡、半阴或半阳坡为宜。华北落叶松集中分布区具有十分严酷的气温条件，特别是夏季气温很低，≥0℃的积温在1500～2200℃，年温差达29～36℃，昼夜温差达14～16℃。特殊的气候条件，造就了华北落叶松适于低温生长和耐严重干旱的生理特性。此外，华北地区春季风沙频起、冬季大雪连绵，也使华北落叶松具有较强的抵御

河北省木兰围场华北落叶松43年生人工林（陈东升摄）

风沙和雪压的能力。华北落叶松生长所需土壤组成以花岗岩和片麻岩最优，其次是石英岩，最差的为石灰岩。在弱酸性的山地棕壤和暗棕壤中长势较好，在草甸沼泽土则不宜栽植。华北落叶松对温度较敏感，当春季气温还在0℃以下时，已开始缓慢的生理活动，而日平均气温稍高于0℃，即开始萌芽展叶，这是其为利用早春土壤水分和短暂生长季尽快生长而形成的对特殊生境的适应性，但这种特性也致使其容易遭受晚霜的危害。

3. 生长进程

华北落叶松年生长期仅有90天左右，8月即停止新梢生长，开始越冬前的锻炼期。华北落叶松属早期速生树种，前20年生长较快，成熟龄一般为40年，其年际生长具有阶段性、地区差异性及不同指标增长的异步性。河北围场和宁夏六盘山的华北落叶松人工林生长情况表明，胸径和树高在造林后5～10年即进入速生期，在15～20年生时连年生长量无显著下降，20年生后开始下降；材积速生期开始于10～15年生，到20～24年生时有所降低（王晶，2009）。对80年生华北落叶松解析木研究发现，胸径生长比较稳定，虽在60年生后有所降低，但年生长量仍在0.5cm左右；树高生长量到50年生后明显减小，70年生时年生长量基本在0.2m左右，表明华北落叶松在优良立地上生长周期可以延续较长时间（张二亮等，2015）。

三、良种选育

华北落叶松良种选育研究始于20世纪70年代末，相继开展了种源试验、优树选择、种子园营建、杂交育种、子代测定和高世代育种、扦插繁殖和无性系选优等工作。经过50年的持续选育，其优良种质的遗传增益已得到显著提升。华北落叶松地理种源间存在明显的遗传变异。按纬度与水分条件可将华北落叶松种源划分为晋北、吕梁山脉中段、五台山—管涔山林区3个种源区，其中，晋北种源和吕梁山脉中段种源表现良好；华北落叶松向北引种后形成的多数次生种源，如巴林、龙江、讷河及围场等种源生长表现均优于原生种源。华北落叶松初级种子园和2代种子园种子的遗传增益分别可达23%和57%。

（1）选育目标性状

华北落叶松良种选育主要考虑的经济性状包括以下方面。

速生型 以胸径、树高、材积生长量为评价指标，筛选生长优良的家系或无性系。

质优型 针对木材密度、物理力学等指标，筛选材质优良的家系或无性系。

高抗型 针对抗寒、抗旱等指标，筛选抗性优良的家系或无性系。

综合型 以高产、优质、多抗为选育目标，筛选综合性状优异的家系或无性系。

（2）良种特点及适宜地区

孟滦华北落叶松种子园种子［国S-SSO（1）-LP-002-2004］ 生长快、干形直，抗寒，出材率高。种子园种子发芽率91.7%，Ⅰ级苗率70%以上。2年生苗高89cm，地径0.67cm。年平均生长量1.2m，最高达1.8m。适生于冀北山地海拔800m以上的燕山山区、太行山区、内蒙古南部及甘肃东南部等地区。

关帝林局华北落叶松种源种子（晋S-SP-LP-016-2014） 15年生平均树高9.5m，平均胸径10.6cm。极耐寒，根系发达，抗风力较强，干形直、材质优、耐湿耐腐，易于加工。适宜在山西吕梁山、关帝山、太岳山、管涔山海拔1400～2000m种植。

静乐华北落叶松（晋S-CSO-LP-003-2006） 树干通直圆满，生长快、耐旱、耐寒、喜光，对土壤适应性较强。种子千粒重4.8g。20年生平均高8.39m，平均胸径15.14cm，分别超对照6.2%和5.7%。适宜在山西海拔1200～2400m山地及生态条件类似地区栽培。

长城山华北落叶松（晋S-CSO-LP-007-2001） 树干通直圆满，耐旱、耐寒、喜光，对土壤适应性强，抗风力强。20年生平均高13m，平均胸径14cm。适宜在山西北部海拔1200m以上、中南部海拔1400m以上山地栽培。

上高台林场华北落叶松母树林种子（内蒙古S-SS-LP-006-2009）、旺业甸林场华北落叶松母树林种子（内蒙古S-SS-LP-009-2011） 树干通直圆满，自然整枝良好，根系发达，生长快，耐寒性强，喜光，适应干燥气候。适宜在内蒙古大部分地区及河北承德等山地栽培。

黑里河林场华北落叶松种子园种子［内蒙古S-CSO（1）-LP-006-2011］ 树干通直圆满，天然整枝良好，根系发达，生长快。耐寒性强，喜光，适应干燥气候。适宜在内蒙古部分地区及河北承德等山地栽培。

苏木山林场华北落叶松种子园种子［内蒙古S-CSO（1）-LP-005-2009］ 树干通直圆满，天然整枝良好，根系发达，生长快，耐寒性强，喜光，适应干燥气候。适宜在内蒙古土壤为沙壤土、年平均降水量500mm左右、海拔1800～2000m的山地、丘陵地区栽培。

乌兰坝林场华北落叶松种子园种子［内蒙古S-CSO（1）-LP-003-2011］ 树干通直圆满，天然整枝良好，根系发达，生长快。耐寒性强，耐水湿，喜光，对大气干燥的适应性也较强。适宜在赤峰市和锡林郭勒盟东北部山地栽培。

六盘山华北落叶松1代种子园种子［宁S-CSO（1）-LP-001-2007］ 材积生长为常规品种的137.45%～190.95%，种子千粒重为7.15g，平均发芽率为52.63%。适宜栽种于六盘山及周边地区。

（3）良种基地

华北落叶松良种基地有：内蒙古喀喇沁旗旺业甸林场国家落叶松良种基地，内蒙古巴林左旗乌兰坝林场国家落叶松良种基地，山西静乐县国家华北落叶松良种基地，山西大同市长城山林场国家华北落叶松良种基地，河北木兰林管局龙头山国家落叶松良种基地等。

四、苗木培育

目前生产上华北落叶松主要采用播种育苗，扦插育苗技术也日趋成熟（DB62/T 631，1999；LY/T 1892，2010）。由于华北落叶松主要分布在较为干旱的区域，为了提高造林成活率和幼林生长量，容器育苗技术也逐渐受到重视。

1. 播种育苗

（1）整地与作床

育苗前一年伏天进行整地，拣除石砾、铲除灌草等，使其充分熟化腐烂分解。育苗当年圃地解冻后进行更细致的整地，拣除未腐烂的杂草、杂物，做到土壤细碎、上虚下实，并以每公顷750kg的黑矾进行土壤消毒后作床。采用高床育苗，床宽80～100cm，高15～20cm，步道沟宽30～40cm，沿等高线整平，每隔两床留一条宽60cm的顺坡排水沟。

（2）种子催芽

一般在播种前5～7天进行种子催芽。将冬藏的种子去除沙、雪，使用0.3%高锰酸钾溶液浸泡消毒1h，再用清水洗至无色，置于温棚内催芽。温棚内地表需垫马粪15～20cm，在马粪上部铺苇席或草帘，然后将种子均匀摊放在上面，种子厚度10～20cm，每隔1～2h翻动种子一次。棚内温度保持在25～30℃，当棚内温度过高时可通过通风、淋水等措施降温；保证种子湿润，当种子表面露干时用20～25℃温水加湿。夜间将种子堆起，白天摊开，当种子有30%左右胚根萌发露白、多数种子裂嘴时即可播种。

（3）播种

当日平均气温达到10℃、地下5cm处的地温

河北省塞罕坝机械林场华北落叶松与白桦混交林（张守攻摄）

达8℃以上时，即可播种。华北落叶松种粒较小，适宜浅播，播种沟深1.8cm，播幅宽6～8cm，条幅间距15～20cm，下种后及时覆土，圃地土和细湿锯末屑以1：1的比例混合（过筛）作覆土效果最佳，能提高和保持床面土壤温度与湿度，利于种子发芽出土。覆土厚度1.5cm左右，以填平播种沟为宜，覆土后用苇帘覆盖苗床，用木棍压边，起保温、保湿的作用，也可防止鸟害。

（4）苗期管理

出苗期管理 出苗期15～20天。期间要保持种子层土壤湿度，提高地温，防止冻害，注意防鸟。浇水在9:00前、16:00后进行，每天3～5次，每次少量，保持床面似干非干即可。当幼苗出土达70％时，适当增加光照，但需在10:00～15:00进行遮阴，以促壮苗。待幼苗适应后，可将苇帘撤掉。

幼苗期管理 幼苗期以促进苗木根系生长为主，每天浇水3次左右。当地表温度超过36℃时要及时对床面喷水降温以防日灼。使用0.1％～0.3％的高锰酸钾溶液喷施预防立枯病；当苗木长出2轮针叶开始追肥，以速效氮肥和磷肥为主，6～10天1次；破碎表土0.3～0.5cm进行松土；当苗木生长稳定后，进行间苗，保留苗株数要比计划产苗量多25％～30％。

速生期管理 速生期约60天。需追施速效氮肥3～5次；浇水掌握多量少次的原则，3～5天浇1次透水，使床面表层土壤（20cm左右）经常保持适宜的含水量。苗木进入速生期后，需进行第二次间苗，保留苗株数要比计划产苗量多15％～20％。

生长后期（木质化期）管理 生长后期约30天，该时期要停止一切促进苗木生长的措施，同时撤去遮阴棚，增加光照，采取切根措施，使苗木充分木质化。可追施磷、钾肥，提高苗木抗性。上冻前灌足底水，使苗木安全越冬。

切根技术 用锋利的机引起苗犁或专用工具，使犁刀从床面往下15cm左右处切过，切断苗木的主根和部分过长的侧根，然后镇压床面，使苗根与土壤密接。切根能有效促进侧根生长，抑制高生长，防止苗木徒长，有利于翌年苗木吸收水分和养分，提高生长量，缩短缓苗期，提高造林成活率。

2. 扦插育苗

（1）扦插设备及插床建设

扦插育苗宜采用自控喷雾扦插技术，采用直径12m的圆形插床，四周用砖砌高35cm墙挡，基部留排水孔。插床内自下而上铺卵石15cm、粗沙3～5cm、扦插基质（细沙或蛭石）15cm。插床建好后用55％～75％的遮阳网将其全部遮盖，遮阴棚直径14m，呈蒙古包状，中心最高点2.1m。

（2）基质消毒

扦插前把基质喷透水，然后用0.15％高锰酸钾溶液喷淋，彻底消毒，直至插床出水口流出红色高锰酸钾液为止，再用清水喷淋至出水口流出清水后即可扦插。

（3）插穗

以半木质化嫩梢作插穗，剪取15cm左右的插

河北省塞罕坝机械林场华北落叶松人工林（贾黎明摄）

条置于阴凉处，插前剪取枝条梢段10cm作插穗，对插穗剪口用100～200mg/L ABT生根粉溶液进行速蘸处理，时间3～5s，浸水深度1.5～2.0cm。

（4）扦插

用带有4cm左右深度标记的硬物在基质上扎孔，孔径0.6～0.8cm，然后放入经生根粉处理的插穗，插穗周围压实，株行距2cm×6cm，密度800株/m^2。

（5）插后管理

扦插完毕用1500mg/L退菌特溶液喷洒床面消毒，每平方米0.4kg，此后每7天消毒一次。扦插10天后，喷施一次营养液，生根前期喷0.54mg/kg三十烷醇液，后期喷0.8%KH_2PO_4溶液，喷后2～3h内禁止喷雾。30天后，逐渐调减喷雾次数和喷雾量。上冻前清除落叶，用干净的细河沙覆于床上，厚度15cm左右，以完全盖上苗为宜。沿床周围用土把排水孔封住，使扦插苗安全越冬。

3. 容器育苗

（1）容器选择

容器规格一般为直径5～8cm 、高12～15cm。容器可采用塑料薄膜专门制成的圆柱形、圆锥形塑料钵或简易塑料薄膜袋，底部留有小孔，也可采用透水、透气和透根性强的无纺布制作的网袋容器。

（2）育苗基质

根据育苗区实际，就地取材。常采用泥炭、珍珠岩、碳化稻壳、松针、锯末等，按一定比例充分混合、发酵（参见日本落叶松）。选择控释肥（如落叶松专用控释肥）作为肥料，按每立方米基质施用2.5kg控释肥比例添加，也可使用有机肥。

（3）育苗

播种时间与圃地播种苗相同，一般为春季播种。播种前种子要经过精选、检验、消毒和催芽。充分湿润基质，每个容器播3～6粒，播后覆盖 0.3～0.5cm的沙土或腐殖质土，用喷雾器向表面喷一次水。

依据天气状况、生长阶段和苗木表现，适时适量进行浇水。出苗期宜采取少量多次的原则，每天浇水2～3次，保持基质表层0～4cm湿润。幼苗期宜采取适时适量的原则，经常检查墒情，每天浇水2次，保持基质0～10cm湿润。速生期宜采取多量少次的原则，每天浇水1～2次，每次须浇透网袋容器。木质化期本着适量原则，保持基质不干燥，以促进苗木木质化程度。适量施加以磷、钾为主的复合肥，以提高苗木质量。炼苗时需控制水分，使苗木适应露天环境。

一般在7月对苗木进行空气修根，当容器内侧根横向穿过网袋时，及时挪动袋苗，使其产生空隙，视天气情况适时控水，达到空气修根的目的。可根据穿出网袋的侧根生长情况，二次或多次修根。

如果在基质中未施加控释肥，则需根据生长阶段追肥。幼苗期施加氮肥，每7～10天施用一次，同时还可喷施一些植物生长调节剂，如生命素、生根壮苗剂等；速生期施肥以氮肥为主，辅以磷、钾肥，每7～10天喷施一次，连续施用3～4次，喷施完肥液后及时用清水洗苗，防止烧苗。

五、林木培育

1. 立地选择

华北落叶松生长受海拔、土壤和坡向影响显著。海拔800～2500m时，造林后林木保存良好，34年生林分平均树高26m，平均胸径32cm，可达速生丰产标准；海拔低于800m时，保存率不足30%，且树木生长不良，年平均胸径和树高生长量分别仅为0.2cm和0.3m。在花岗岩和片麻岩基岩母质上，当土层厚度在40cm以上时，华北落叶松生长良好，而在石灰岩上造林保存率仅为35%。因此，选择营造华北落叶松速生丰产林立地时，需满足海拔800m以上，基岩母质是以微酸性花岗岩、片麻岩为主的棕壤或褐土，坡向以阴坡和半阴坡为主，土层厚度40cm以上。

2. 整地

常见的整地方式有穴状整地、鱼鳞坑整地或带状整地。穴状整地适于土层较厚，植被、水分条件较好，坡度25°以下的坡面。一般为圆形穴，穴径40～60cm，深30cm。挖穴时清除穴内残根、石块，将草皮打碎翻入穴内，表土回穴。在石块较多、坡度陡的立地条件下，可采用鱼鳞坑整地，规格为深30cm以上、宽40cm、长70cm。在坡度平缓的造林地上可采用带状整地，带宽40～60cm。

3. 造林时间

以春季造林为主。在土壤解冻30cm以下、5cm地温达到6℃以上时即可进行春季造林，需在苗木萌动前顶浆造林，在苗木展叶前完成栽植。冬季无冻拔的地区，可在秋末冬初苗木落叶后、土壤结冻前进行秋季造林。雨季造林只适用于容器苗，选择雨季降水较为集中期间进行。

4. 造林密度

华北落叶松是强喜光树种，若造林密度过大，林分郁闭早，树冠生长受到抑制，植株个体营养空间较小，胸径增长缓慢，影响单位面积上的蓄积量，对于培育大、中径材则延缓了成熟时间。若造林密度过小，幼林迟迟不能郁闭，林分抵抗自然灾害的能力减弱，稳定性差，也不利于培育良好干形。用材林合理造林密度还需结合培育目标、经营条件、立地条件进行确定。当培育小径材时，初植密度为4400株/hm^2（1.5m×1.5m）；培育中径材时，初植密度为3300株/hm^2（2m×1.5m）；培育大径材时，初植密度以1600株/hm^2（2.5m×2.5m）或2500株/hm^2（2m×2m）为最佳（李盼威等，2003）。

5. 苗木选择

实生苗和无性系苗按《主要造林树种苗木质量分级》（GB 6000—1999）应达到Ⅰ级或Ⅱ级苗标准。

6. 栽植方法

造林按照苗木类型分为容器苗造林和裸根苗造林。容器苗造林采用挖穴栽植法。穴深要超过容器高度3～4cm，穴径大于容器径1.5～2.0倍。栽植时将容器苗轻放于穴内，确保苗木根团完整，根团顶部与栽植穴面持平，在根团四周填土达到根团1/2时，踩实一次，然后将土填至与穴面持平，进行二次踩实，覆上虚土，完成栽植。苗木根系不易穿透的容器苗栽植前应取下容器。裸根苗造林使用植苗锹窄缝栽植法。栽植前苗木根部需进行蘸泥浆和生根粉处理，栽植深度以苗木地径处与地面齐平即可，在土壤较湿地块，切不可深栽，但可略浅一点。植苗锹开缝深度须达到20cm以上，深送浅提苗木，使根系舒展，避免窝根，挤紧踩实。

7. 幼林抚育

幼林抚育主要从土壤管理入手，通过松土、除草、施肥，改善土壤理化性质，排除杂草、灌木对幼树的影响。此外，还包括补植、修枝等。

复踩 对秋季栽植的华北落叶松，在翌年春季4月上旬，土壤化冻深度接近苗木根系深度时，根据穴面土壤水土状况，及时组织复踩。将苗木周围10cm范围土壤踩实，以消除冬季不同程度冻拔造成的危害，使苗木根系与土壤密切接触，减少通风透气，保持土壤墒情。

松土除草 松土除草进行到幼林郁闭为止，一般3～5年。松土除草的季节和次数要根据造林地具体条件和幼林生长特点综合考虑。造林第一、第二年，每年松土除草2次，第三、第四年，每年1～2次。松土深度以3～5cm为宜，既要除掉杂草，疏松土壤，又要避免伤害树木主要根系，还应结合松土除草修整穴面，以便蓄水保墒。

割灌 在荒山上营造的华北落叶松速生丰产林，需进行全面割灌。对阔叶树采伐迹地更新营造的华北落叶松，在不影响落叶松生长的情况下，割灌的同时还需选留带间天然萌生的干形良好的阔叶树萌条，如白桦、柞树、山杨等，以培育针阔混交林，针阔比例一般6∶4以上为宜。全面割灌应在6月下旬开始，避免割灌除草过晚造成落叶松幼树因光照不足、通风不良而死亡。

树体管理 根据树体发育情况适时进行修枝，一般在造林后5～10年进行。时间为秋季落叶后至早春树液流动前的非生长季。间隔期为前一次修枝后出现2轮死枝时进行再次修枝。强度不宜过大，小于冠高1/3。修枝应切口平滑，面积小，不偏不裂，不带皮，不留枝桩。

8. 抚育间伐

间伐年龄　间伐开始年龄可根据优势木的冠高比确定，当冠高比接近1/3时开始间伐；或可依据连年生长量确定，当连年生长量（胸径、断面积或材积）明显下降时开始间伐。通过对河北木兰围场管理局华北落叶松人工林连年生长量分析发现，初植密度为2500～3000株/hm^2、3300～4400株/hm^{2}和4800～6600株/hm^{2}的林分生长量分别在14年生、13年生和12年生后开始下降，间伐开始年龄也分别为14年、13年和12年（李盼威等，2003）。

间伐间隔期　应根据年龄、立地和上次间伐强度等多因子综合确定，一般为4～6年。幼、中龄林生长快，自然稀疏强烈，故间隔年限要小，反之则要大。上一次间伐强度较大，恢复到稳定林分结构间隔年限要长；立地差，间隔年限也可长些。

间伐次数　间伐次数因培育目标而不同，培育大径材需进行3～5次间伐，培育纸浆材则可不间伐或只进行1次间伐。

间伐强度　间伐强度的确定，需综合考虑立地条件、林分密度、生长发育阶段、前一次间伐强度和间隔期、培育目标等（贾忠奎等，2012）。控制间伐强度目标的方法有3种：①按照株数占总株数的百分比；②按照间伐蓄积量或断面积占林分蓄积量或断面积的百分比；③以郁闭度来控制间伐强度。目前，华北落叶松纯林间伐常采用株数和蓄积量百分比法作为强度指标，华北落叶松混交林中常采用蓄积量百分比和郁闭度法。定量间伐以林分各年龄阶段的生长发育状况为基础，确定各时期的间伐强度。①根据树高定量间伐：一般采用林分优势木平均树高，并考虑经营目的，确定最适株数进行采伐。华北落叶松一般以树高每增长2～3m进行一次间伐。②根据胸径定量间伐，通过确定胸径生长量和树冠面积之间的关系，作为确定立木生长适宜营养面积的基础，从而确定最优保留密度（表1）。

间伐方式　生产上一般采用下层疏伐法，根据“留优去劣，留大去小”的选木原则，伐除生长和干形差的被压木和病腐木，培养中、上层干形通直的林木。近年来，广泛采用目标树经营技术，在选择间伐木上主要考虑空间的配置和释放，从空间结构优化方面确定采伐木，从而形成冠形合理、干形通直的保留林分，增强林分的活力和稳定性。河北木兰围场管理局18年生华北落叶松目标树经营效果表明，目标树经营作业释放了树木生长空间，不仅显著提高林分生长量，而且在林分结构优化和稳定性上都有较

表1　华北落叶松人工林理论密度

胸径（cm）	冠幅估计值（m）	最大冠幅面积（m^2）	理论株数（株/hm^2）
10	2.22	3.85	2594
12	2.47	4.80	2085
14	2.73	5.84	1713
16	2.98	6.98	1432
18	3.24	8.23	1215
20	3.49	9.58	1043
22	3.75	11.04	906
24	4.01	12.59	794
26	4.26	14.25	702

大的改善。通过目标树经营2年后，华北落叶松平均单木胸径生长量提高1.14cm、冠幅生长量提高0.28m，每公顷断面积增长37.21m^2，林分直径分布更接近于正态分布，Hgyi竞争指数由对照的5.15下降为2.43，平均大小比数从0.72降至0.41，林分Marglaef、Simpson、Shannon-Wiener生物多样性指数明显增加（郄可义等，2014）。

保留株数 根据不同立地条件及培育目标，确定主伐时林分保留株数。立地指数16及以上，培育大径材时每公顷保留400~600株，培育中径材时每公顷保留600~900株；立地指数16以下，适合培育中小径材，每公顷保留1500~2200株。

9. 主伐年龄

主伐年龄一般为40年以上，根据培育目标的不同适当调整主伐年龄。当培育大径材时，可适当延长主伐年龄；培育中小径材时，适当缩短主伐年龄。

六、主要有害生物防治

参照日本落叶松。

七、材性及用途

华北落叶松树干通直、尖削度小，木材淡黄色或淡褐色，平均气干密度0.419g/cm^3，晚材率26.30%，顺纹抗压强度59.3MPa，弹性模量12.87GPa，力学性质较好，在针叶材中属重硬材质，顺纹抗压强度、抗弯强度在针叶材中居于前列。材质坚韧，结构致密，纹理直，含树脂，耐久用和耐湿。由于材质优良、相对速生，已成为我国重要的商品木材，广泛用于建筑、桥梁、电线杆、舟车、器具、家具、木纤维工业等方面。

华北落叶松根系发达，具有耐寒、抗干旱等特性，对不良气候的抵抗力较强，在泥炭沼泽地、干燥的山坡均能生长，并具有保土、防风效能，可作分布区内以及黄河流域高山地区森林更新和荒山造林树种，也是京津冀协同发展生态环境支撑区的主要经济与生态树种。

华北落叶松高大挺拔，叶轻柔而潇洒，树冠呈圆锥形，合理配置的林分整齐划一，相比其他一些针叶树种具有独特的落叶特性，针叶春天为浅绿色，夏天为翠绿色，秋天则呈金黄色，冬天是白雪覆盖下的洁白色，形成了四季分明、美丽壮观的森林景色。如地处较高海拔和纬度的河北塞罕坝机械林场建成的万亩华北落叶松林海，如今已成为一道独特的风景线。

（张守攻，孙晓梅，陈东升）

附：西藏红杉［*Larix griffithiana*（Lindl.et Gord.）Hort.ex Carr.］

别名西藏落叶松（西藏）。针叶落叶乔木。树皮灰褐色或暗褐色，深纵裂。1年生枝红褐色、淡褐色。球果圆柱形或椭圆状圆柱形；中部种鳞倒卵状四方形，边缘有细缺齿。种子斜倒卵形，灰白色。

产于喜马拉雅山区北坡及波密、林芝等地海拔3000~4000m高山地带。耐高山寒冷气候，在微酸性暗棕壤生长较好。海拔3100m处，80年生的天然林树高近40m，胸径40cm，随海拔升高则生长减缓。喜光，耐干旱瘠薄，天然更新良好。木材硬度适中，心材褐红色，耐久用，可供建筑、枕木、桥梁、家具等用材，是西藏地区重要的荒山造林树种。

（张守攻，孙晓梅，陈东升）

附：四川红杉［*Larix mastersiana* Rehd. et Wils.］

别名四川落叶松（四川）。针叶落叶乔木。树皮灰褐色或暗黑色，不规则纵裂。当年生长枝淡黄褐色或棕褐色，顶端叶枕之间密生淡褐黄色柔毛，嫩叶边缘有疏毛。雌球花及小球果淡红紫色，苞鳞向后反折。球果成熟前淡褐紫色，熟时褐色，中部种鳞倒三角状圆形或肾状圆形。种子斜倒卵圆形，种翅褐色。

我国特有植物。分布于四川的汶川、都江堰、平武等海拔2300~3500m的地区，喜温凉、湿润气候，常与其他阔叶树种组成针阔混交林。

幼龄阶段有明显速生性，生长期长，但抗病虫害能力较弱。

（张守攻，孙晓梅，陈东升）

附：太白红杉（*Larix chinensis* Beissn.）

别名太白落叶松（陕西）。针叶落叶乔木。树皮灰色至暗灰褐色，裂成薄片状。当年生枝淡褐黄色、淡黄色或淡灰黄色，顶端叶枕之间有较密的淡黄色短柔毛，着生球花的短枝通常无叶。雄球花卵圆形，雌球花和幼果淡紫色，卵状矩圆形。球果卵状矩圆形，苞鳞较种鳞长，直伸不反曲。种子斜三角状卵圆形，种翅淡褐色。

我国特有树种，国家三级保护渐危种。分布于陕西秦岭太白山、户县、玉皇山等海拔2000～3500m的地区。具有喜光、耐寒、耐旱、耐瘠薄及抗风等特性。

陕西省太白山太白红杉雌球花（李双喜摄）

陕西省太白山太白红杉（李双喜摄）

（张守攻，孙晓梅，陈东升）

附：红杉（*Larix potaninii* Batal.）

针叶落叶乔木。树皮灰色或灰褐色，纵裂粗糙。1年生长枝红褐色或淡紫褐色，通常无毛，着生雄球花的短枝通常无叶。雌球花紫红色或红色，球果矩圆状圆柱形或圆柱形。种子斜倒卵圆形，淡褐色，具不规则的紫色斑纹，种翅倒卵形。

产于甘肃南部、四川岷江流域、大小金川流域至康定道孚、丹巴等海拔2500～4100m高山地带，天然更新能力强，常形成过渡性纯林。在3800～4000m的高山地带，生长缓慢，250年生的林分平均树高14～15m，胸径38～40cm，每公顷蓄积量100～110m^3；在海拔3000～3600m优良立地条件下，250年生林分平均树高24～26m，胸径40cm，每公顷蓄积量350～400m^3。

落叶松属红杉组树种的良种选育与栽培技术参照华北落叶松。

云南省香格里拉县碧塔海自然保护区红杉（张守攻摄）

陕西省太白山天然太白红杉林（贾黎明摄）

（张守攻，孙晓梅，陈东升）

26 新疆落叶松

别　名｜西伯利亚落叶松

学　名｜*Larix sibirica* Ledeb.

科　属｜松科（Pinaceae）落叶松属（*Larix* Mill.）

新疆落叶松为新疆主要用材树种，面积约占山区森林面积的40%，主要分布于阿尔泰山山区，其次是天山东部的巴尔库山和哈尔雷克山。其树脂具有舒筋活血、破瘀的功效，可用于治疗疖肿和关节疼痛。果实具有止咳、化痰、平喘等药效，用于治疗气管炎等症。

一、分布

新疆落叶松主要分布于43°10′~49°5′N、84°55′~90°50′E，是西伯利亚山地南泰加林在南段的延续。它不仅楔入干草原和半荒漠地区的阿尔泰山山地，且进一步南移至荒漠地带的天山东端。山地垂直分布由西北向东南逐渐递升，在阿勒泰山西北部分布于海拔1300~2400m，在东南部的青河上升到海拔1600~2400m，在天山东部的哈密林区则上升到海拔2200~2800m（陆平，1989；罗伟祥，2007）。

二、生物学和生态学特性

新疆落叶松林分自然成熟龄250~350年，20年生进入初果期，50~80年生为盛果期。

1. 形态特征

落叶乔木。树高达40m，胸径80cm。树冠尖塔形，树皮灰褐色条状纵裂。1年生枝粗壮，浅棕黄色或浅黄色，2~3年生枝灰黄色。短枝顶端叶枕间密生灰白色长柔毛，针叶倒披针条形、柔软，长2.7~4.4cm。

雌雄同株，球果卵圆形或长卵形，长1.8~4.5cm，直径1.5~2.0cm。果鳞三角状卵形或卵形，上缘圆形、钝尖或近截。花期5月，球果9~10月成熟。种子发芽率30%~40%。

可分为绿果型（果型小、冠幅较大、生长较快，用于培育大径材）、红果型（果型大、冠幅窄小、生长较慢，用于培育小径材）和杂果型（雌球花与球果半红半绿、冠幅及生长中庸、生长不稳定）。

2. 生长发育特征

生长迅速，耐高寒，抗旱能力强。湿度过大、低温、通风不良时，生长缓慢。土壤水分不足时，常形成弯曲、低矮的树干。

新疆维吾尔自治区新疆落叶松人工林（张林摄）

新疆维吾尔自治区新疆落叶松天然林（张林摄）

3. 生态学特性

4月中下旬萌芽，5月上旬吐叶，5月中旬新梢生长。花期5月，果熟期9月，种子成熟脱落为9月中下旬，9月下旬至10月上旬树叶渐变黄。

喜光，不耐遮阴，耐−40℃低温。耐旱性较强，在天山东部哈密山地，降水量200mm左右时生长仍然较好。主根不明显，根系多分布在地表0.3～0.6m（陆平，1989；罗伟祥，2007）。

三、良种选育

1974年在天山东部的哈密林场开始营建良种基地，面积1000亩，包括无性系嫁接初级种子园、采穗圃、种质资源库、母树林、5个落叶松树种的种和种源试验林、自由授粉半同胞子代测定林。现为国家级重点林木良种基地。

1. 初级种子园及优系选择测定

1974年营建34个无性系嫁接种子园，测定生长、结实、形态、形质等10项指标，划分三大类群：优系类2个，占6%；中等类19个，占56%；较差类13个，占38%。1986年、1990年、1991年收集初级种子园40个自由授粉半同胞家系种子，营造子代测定林，结果表明：千粒重、发芽率、种实虫害、高径生长量等技术指标存在差异，树高（幼树）遗传力大于胸径（张松云，2007）。

2. 优良基因资源保存

在哈密、哈巴河、布尔津、阿尔泰和富蕴林区的优良林分内，选择优树398株，采穗建立优树资源圃。

3. 种源试验

1983年和1986年营建两批试验林，包括新疆落叶松、兴安落叶松、长白落叶松、华北落叶松和日本落叶松5个落叶松树种（共计48个种源），种植密度2m×2m。1988年收集自然分布区内12个种源，开展多点区域试验，营建种源试验林，选择出遗传稳定性和适应性均佳的奇台种源。

四、苗木培育

1. 种子贮藏及处理

种子贮藏 短期贮藏（2～3年）采用普通干藏法，长期贮藏（10年）采用密封贮藏法。贮藏前需晾晒，含水量8%～10%。密封贮藏时，温度控制在0～5℃，相对湿度60%左右。

种子处理 用0.5%的高锰酸钾浸种2h，温水浸泡1～2天，放在竹筐内，筐底垫放麻袋，上面覆盖湿麻袋，每天用温水冲洗2～3次，1/3种子露白时即可播种。

2. 整地作床

选择地势平坦、灌溉方便、土壤肥沃的土地作为育苗圃，深翻、耙地，撒入硫酸亚铁消毒土壤。

新疆维吾尔自治区新疆落叶松天然林（张林摄）

新疆维吾尔自治区新疆落叶松种子园（张林摄）

新疆维吾尔自治区新疆落叶松人工林（张林摄）

3. 适时播种

采用条播，播幅3～5cm，播距10～15cm，覆土厚度0.3～0.5cm，用细沙或腐殖土覆盖。地表气温10℃以上、5cm土层气温8℃以上时播种。

4. 苗期管理

保持床面湿润，出苗时用喷壶洒水，出苗1个月后间苗，剔除弱苗，每平方米留400～500株，8月中旬后停止浇水。

五、林木培育

1. 立地选择、整地

选择土壤pH 6～8的棕壤、褐色土、栗钙土等山地土壤造林为宜，穴状整地为主。

2. 苗木选择

选择苗干粗壮、顶芽完整、根系发达、无病虫害和机械损伤的裸根壮苗造林。

3. 造林株行距

培育小径材，株行距1.5m×2m；培育中径材，株行距2m×2m；培育大径材，株行距2m×2.5m。

4. 合理施肥

栽植前每穴施50～100g磷肥，造林后第二年每株追施氮肥100g。根据土壤肥力现状增施氮、磷、钾肥或其他有机肥料。通过合理施肥，林木生长发育好，增产效益明显。

5. 抚育管理

造林后1～3年每年穴状松土1次。

6. 抚育间伐

幼林郁闭至成熟林采伐前，幼龄林郁闭度在0.9以上和中龄林郁闭度在0.8以上时，适时伐除生长不良林木。间伐原则：间密留稀，伐小留大，留优去劣（曾东等，2000）。

六、主要有害生物防治

1. 新疆落叶松落叶病（*Hypodermella laricis*）

新疆落叶松落叶病是30年以下树龄的重要病害，病原菌在地面落叶中越冬。7月中旬受害叶片上出现黄色小斑点，8月中上旬转为红褐色，病叶脱落。防治方法：可通过营造针阔混交林、清除被压木和重病木、发病初期喷施杀菌剂等措施进行防治。

2. 松苗猝倒病

主要发生在1年生以下的幼苗上，特别是出土1个月以内的受害者最重。在幼苗期间，可连续多次发病。防治方法：发病时每隔7～10天喷洒1%～3%的硫酸亚铁，喷洒后用清水洗苗。也可用1：1：100的波尔多液或50%的退菌特800倍液防治。

3. 落叶松毛虫（*Dendrolimus superans*）

1年1代，少数2年1代，以3～4龄小幼虫、6～7龄大幼虫在枯枝落叶层下越冬。4月中旬越冬幼虫开始上树危害，6月上中旬老熟幼虫在树枝、树干处结茧化蛹，7月上旬成虫羽化产卵。防治方法：通过营造针阔混交林，创建不利于落叶松毛虫生存的生态环境；利用黑光灯、高压汞灯等诱杀成虫；保护并利用松毛虫赤眼蜂（*Trichogramma dendrolimi*）等寄生蜂、寄生蝇以及鸟类。

4. 华北蝼蛄（*Gryllotalpa unispina*）

3年1代，以成虫或8龄以上的若虫在土中越冬，10cm土层温度达8℃时开始危害。6～7月成虫交配，在10～15cm土层中做卵室产卵，幼虫14个龄期。防治方法：成虫有趋光性，可以利用灯光诱杀成虫，也可在苗圃周围栽植阔叶树招引益鸟，或者发生期用毒饵诱杀进行防治。

七、材性及用途

木材纹理直，结构中，略均匀；木材重，硬度中等，力学强度高。干燥较慢，且易开裂和劈裂；早、晚材性质差别大，干燥时常有沿年轮交界处轮裂现象；早、晚材硬度差异大，横向切削困难，但纵面光滑。木材可作坑木、枕木、电线杆、木桩、桥梁及柱子等用材。板材作房架、径锯地板、木槽、木梯、船舶、车梁等用材。

（史彦江，吴正保，宋锋惠）

27 日本落叶松

别　名｜富士松（日本）

学　名｜*Larix kaempferi* (Lamb.) Carr.

科　属｜松科（Pinaceae）落叶松属（*Larix* Mill.）

日本落叶松原产于日本本州岛中部山区，落叶乔木，属温带喜冷湿树种，具有适应性强、早期速生、产量高、材质好、用途广等优点，在我国引种已有100余年的历史，是我国引种最为成功的树种之一，现已成为温带、暖温带及中北亚热带高山区主要用材树种。与我国乡土落叶松树种相比，日本落叶松生长优势明显，且随着引种区的南移，生长优势变大，暖温带中山区和中北亚热带亚高山区正成为新的速生丰产林基地，中北亚热带亚高山区是我国最适引种区，23年生人工林平均胸径达26.4cm，蓄积量为338.94m^3/hm^2，年平均材积生长量14.74m^3/hm^2。日本落叶松用途广泛，其木材顺纹抗压强度、抗弯强度位居针叶材前列，具有较高的防腐和耐湿性能，生物质产量高，纤维长且粗度大，纸浆得率相对较高，在结构材利用和制浆造纸方面潜力巨大。

一、分布

日本落叶松自然分布范围为35°08′～38°05′N、136°45′～140°30′E，是落叶松属中天然分布最南端的一个种。主要分布于日本本州岛中部大约200km^{2}的狭小范围内，最南为富士山区，北限为藏王山和宫城县的刈田以南的诸高山，东界为宫城地区，西至石川县白山地区（田志和等，1995）。原产区年平均气温1.1～6.8℃，无霜期130～180天，年降水量1330～2866mm，年日照时数2000h。分布区内群体间呈不连续的岛状分布，群体大小变化很大，从数公顷到濒临灭绝的数十个单株，同时该树种的垂直分布变动也很大，海拔在900～2500m表现为日本落叶松纯林或混交林，海拔在2500～3100m呈帚状矮林（王战和张颂云，1992）。其人工造林主要集中在日本中北部降水量较少、寒冷和高海拔山区。

日本落叶松在欧洲、北美和亚洲很多国家均有引种。我国最早引种始于1884年，栽植于青岛市崂山林场。大规模生产性引种始于日本侵占东北后，当时引种区域局限在以辽宁本溪、抚顺为中心的东三省。在全国落叶松种和种源试验项目的带动下，目前日本落叶松人工引种区域北起黑龙江林口县青山林场，南至江西庐山，西南到四川西北高山林区，西达新疆伊犁，29°35′～45°50′N、81°30′～130°50′E的广阔地区均有栽培，遍布全国16个省份。日本落叶松对海拔的适应范围较广，在100～3000m海拔均可生长，垂直分布随着引种纬度的降低而海拔升高。我国东北地区主要引种在海拔1000m以下的山区，河北、山东在海拔500～1100m，河南在海拔800m以上，湖北在海拔1200～2000m，川西达海拔3000m左右。

根据日本落叶松引种栽培的地理范围，将其划分为4个生态栽培区：①长白山－辽东山区（温带）；②燕山－太行山区（温带）；③伏牛山－秦岭山区（暖温带）；④大巴山－邛崃山区（中北亚热带）。

二、生物学和生态学特性

针叶落叶乔木。树皮暗褐色，纵裂成鳞状块片脱落。1年生长枝淡红褐色，2～3年生枝灰褐色或黑褐色。球果广卵圆形或圆柱状卵形，长2.0～3.5cm，直径1.8～2.8cm，种鳞46～65

枚，上部边缘波状，显著地向外反曲；种子长3~4mm，直径约2.5mm，千粒重3.8~4.3g。喜光树种，不耐上方庇荫，喜冷凉湿润气候，适于年平均气温2.5~12.0℃、年降水量500~1400mm的气候条件（尹祚栋等，2000）。在气候凉爽、降水量大、空气湿润的区域表现出明显的速生性，湖北建始县长岭岗林场13年生人工林（海拔1600m）年均树高和胸径生长量分别可达1m和1cm。对土壤肥力和水分反应敏感。在土层深厚、肥沃、疏松、透水良好的壤土或沙壤土上生长良好，在排水差的黏重土壤上生长不良，适宜生长在pH 5.0~6.5的微酸性土壤。属浅根性树种，不抗强风，易风倒。由于其秋季落叶，枝条柔韧性好，抗冰雪和雪折等自然灾害能力优于其他常绿针叶树。相比于乡土落叶松种，该树种的抗旱和抗寒性较差，但对早期落叶病和枯梢病有较强的抗性。日本落叶松全年生长期为130~150天，明显长于其他落叶松种，这是其速生的主要原因之一。依据日本落叶松林分生长过程，其幼树、幼龄林、中龄林、近熟林和成熟林阶段分别为造林后1~5年、5~10年、10~25年、25~35年、35年后至主伐年龄。该树种人工林随着生态区的南移生长量逐渐变大，温带地区（辽宁大孤家林场）成熟林林分年平均胸径、树高和材积生长量分别为0.39cm、0.49m和0.005m^3，平均生物量为50.51t/hm^2，暖温带地区（甘肃沙坝林场）分别为0.61cm、0.63m、0.007m^3和54.91t/hm^2，北亚热带地区（湖北长岭岗林场）分别为0.66cm、0.71m、0.01m^3和61.34t/hm^2，北亚热带地区是我国最适引种区。

湖北省建始县长岭岗林场最早引种的日本落叶松林分（1960年造林，50年生最大单株材积达4.95m^3）（许业洲摄）

辽宁省清原县大孤家林场日本落叶松容器育苗（谢允慧摄）

三、良种选育

我国日本落叶松良种选育工作始于20世纪60年代，1965年在辽宁清原县大孤家林场营建了我国最早的日本落叶松初级种子园，随后相继在内蒙古、山东和湖北等地营建初级种子园，并陆续建立了一批日本落叶松子代测定林。1978年开展了包括日本落叶松的种和种源地理变异研究，规范了引种区种子调拨（马常耕等，1992）。20世纪80年代以来开展了日本落叶松种内杂交以及日×长、日×兴等种间控制授粉及选育工作。1990年在辽宁大孤家林场组建了我国首个落叶松采穗圃，攻克了良种规模扦插育苗关键技术，开展了优良无性系选育。1998年与日本合作开展了种质资源收集与评价，引进包括6个原产地84个天然林分和213个优良家系，进一步丰富了我国育种资源。2000年以后，在对各育种区子代测定林测定、评价的基础上营建了2代种子园和2代育

种园，同时开拓了日本落叶松材质育种新途径，选育出了适合不同育种区推广的结构材和纸浆材良种。

（1）结构材良种

‘大孤家81’（国S-SF-LK-009-2012） 速生丰产，树干通直，材性优良。27年生平均单株材积较母本对照提高48.06%，期望材积遗传增益18.9%。木材基本密度0.66g/cm^3，弹性模量18.24GPa，抗弯强度138.73MPa，顺纹抗拉强度161.81MPa。

‘大孤家1061’（国S-SF-LK-008-2012） 速生丰产，材性优良，抗病虫害、抗倒伏和雪折能力强。28年生平均单株材积比子代林平均单株材积提高54.15%，预期材积增益37.35%。

‘大孤家303’（国S-SF-LK-010-2012） 18年生较种子园良种对照提高36.98%，期望材积遗传增益7.60%。平均基本密度为0.51g/cm^3，弹性模量11.24GPa，抗弯强度88.57MPa，抗压强度55.14MPa。

‘大孤家35’（国S-SF-LK-007-2012） 22年生平均单株材积比生产对照提高70.55%，期望材积遗传增益4.18%。平均基本密度为0.53g/cm^3，弹性模量13.91GPa，抗弯强度104.05MPa，抗压强度51.33MPa，力学性能指标优于对照。

‘大孤家27’（国S-SF-LK-011-2015） 22年生平均单株材积超出表现最好的桓仁种源对照74.49%，期望材积遗传增益14.10%。平均基本密度为0.402g/cm^3，弹性模量14.03GPa，抗弯强度101.58MPa，抗压强度58.96MPa，力学性能指标优于对照。

上述良种均适合在辽宁、吉林、河北等温带低山区推广，营建结构材速生丰产林。

（2）纸浆材良种

长岭岗日本落叶松家系（国S-SF-LK-010-2015） 18年生优良家系材积比对照提高20.91%～77.71%。平均基本密度为0.451g/cm^3，纤维长2.762mm，纤维宽41.819μm，综纤维素含量67.97%。

长岭岗日本落叶松家系224（国S-SF-LK-001-2009） 19年生平均材积0.2558m^3，比对照提高36.4%，材积预期遗传增益6.56%，12年生基本密度0.38g/cm^3，10g/L抽出物14.8%，早、晚材纤维长度分别为3.44mm、3.77mm，综纤维素含量68.62%。

长岭岗日本落叶松家系340（国S-SF-LK-002-2009） 22年生平均材积比对照提高46.7%，材积预期遗传增益8.41%。12年生基本密度0.35g/cm^3，10g/L抽出物14.1%，早、晚材纤维长度分别为3.43mm、3.92mm，综纤维素含量71.32%。

上述良种适宜在湖北、湖南、重庆等中北亚热带海拔1200～1900m日本落叶松栽培区营建纸浆材用材林。

‘建始3号’（鄂S-SC-LK-002-2013） 速生、丰产、优质、适应性强。11年生平均胸径、树高和材积生长量分别为14.1cm、12.2m和0.092m^3，适宜栽培于湖北海拔1200～1900m日本落叶松适生区。

‘洛阳1号’（豫S-SV-LL-025-2011） 生长、生根和材性兼优的日本落叶松无性系。12年生树高、胸径分别比对照提高70.6%和116.2%，表现出明显的速生性，适宜在河南日本落叶松适生区推广。

（3）国家级日本落叶松林木良种基地

湖北省建始县长岭岗国家日本落叶松良种基地；辽宁省清原县大孤家林场国家落叶松良种基地；甘肃省小陇山林业局沙坝国家落叶松、云杉良种基地；吉林省柳河县五道沟国家日本落叶松良种基地等。

四、苗木培育

主要采用大田播种育苗（DB21/T 2297—2014），同时扦插育苗和容器育苗技术也日趋成熟。

1. 大田播种育苗

（1）种子调制与贮藏

在8月中下旬至9月上旬种子成熟后，人工采摘球果。采收后于晒场上晾晒3～4天至大部分球果鳞片开裂后，使用筛子脱粒。晾晒过程中，每0.5～1.0h翻动1次，重复晾晒4～5次。约20天后，使用木棒敲打至球果鳞片全部开裂后过筛。调制净种后，干燥使其含水率达7%～8%，密封于桶中贮藏于-18～-8℃冷库内。如第二年播种，建议种子采用雪藏法保存，即将种子与雪按1：2或1：3混合，装桶后放于苗木窖中用雪深埋，第二年春天播种前一周取出。

（2）圃地规划

以地势平坦、排水良好、灌溉方便、土质疏松、土层深厚较肥沃的中性或微酸性（pH 6.5～7.5）沙壤土为宜，土壤含盐量控制在0.1%以下，地下水位不宜过高。

（3）整地与作床

整地一般结合育苗前一年秋季起苗时进行，在土壤结冻前深耕整地，深翻25～30cm；春季整地深度为18～20cm。春耙是土壤保墒的主要措施，一般应在土壤解冻后顶凌耙地。作床一般采用高床，床面宽110cm，床沟宽40cm，床高10～15cm，具体高度应视圃地的干旱程度而定，易发生水涝的圃地可适当加高床面。

（4）土壤施肥与消毒

施足基肥，适当追肥，以腐熟有机肥为主、化肥为辅。有机肥90～150m^3/hm^2，过磷酸钙300～375kg/hm^2，尿素225～300kg/hm^2，硫酸钾75kg/hm^2。土壤消毒常用氯吡硫磷（又名毒死蜱），按照22.5kg/hm^2，拌土后均匀撒进地里消毒，然后播种。

（5）催芽

播种前7～10天，以45℃温水浸种直至自然冷却，48h后使种子充分吸水后（雪藏种子无需浸种），使用0.3%的高锰酸钾溶液浸泡1h左右，用清水冲洗至无色，将种子与细沙按1：2或1：3混合，摊放在大棚内覆草帘的筛子上，大棚温度23～28℃，筛子距地1m左右。每0.5h翻动一次，适当浇洒温水，晚间将种子集堆，以草帘覆盖。待1/3种子裂嘴时即可播种。

（6）播种

当气温达12℃以上、苗床5cm表层土壤温度达8℃以上时可开始播种。播种量约为75kg/hm^2。播种后浇水少量多次，保持3～5cm表土层始终处于湿润状态。

（7）苗期管理

出苗期约需10天，保持最适土壤含水量15%～18%，干土层勿超覆土厚度。为了提高土温，促使幼苗提早出土，可在垂直主风方向每隔20排苗床间加设一道防风障。

生长初期约需45天，期间每天根据土壤墒情适当浇水，保持床面湿润。6月中下旬，苗茎呈紫红色，通过少浇水控制苗高、促进根系生长，进行“蹲苗”。经过蹲苗，施肥浇水后幼苗迅速

辽宁省清原县大孤家林场34年生日本落叶松结构材定向培育试验林（陈东升摄）

辽宁省清原县大孤家林场30年生日本落叶松子代测定林（陈东升摄）

生长，应及时除草。苗期注意防治立枯病，幼苗出齐后立即喷洒0.5%～1.0%多菌灵溶液，每隔7～10天喷洒1次，连续喷洒4～5次；发病期在床面上均匀喷洒1%～2%硫酸亚铁溶液，喷药后立即用清水冲洗幼苗。当地表温度达35℃以上时可采取浇水降温，防止日灼。

速生期一般为6～8月，需适当增加浇水量和次数，使表层土壤保持含水量15%～18%，8月中旬后停止浇水。当幼苗长出2轮针叶时，进行第一次施肥，每10m²苗床施硫铵0.1kg；隔10天施肥一次，共施肥2～3次，每次递增0.05kg；7月末或8月初开始施过磷酸钙10～15kg/亩。第一次间苗在6月中下旬，保留密度为600～700株/m²，第二次在半个月后，保留密度为400～550株/m²。

生长后期又称木质化期，一般为9～10月，停止浇水施肥以促进苗木木质化，增强苗木抗寒性。

（8）起苗、假植与防寒

在10月下旬到11月上旬起苗。健壮苗木每50株为一束，假植越冬。假植沟深度为30～35cm，呈45°斜坡。摆苗掌握稀摆、深埋、苗根舒展、培碎土的原则。假植区四周建立防风障，气温0℃以下时在苗行间覆盖一层秸秆或干草防寒，并撒药防鼠，确保苗木安全越冬。

（9）移植

早春土壤解冻15～20cm时开始移植。修剪苗根约15cm长，依苗木大小进行移植。采取大垄双行移植，株距3～4cm，行距15～20cm，密度为80～120株/m²。定植后浇透水，及时除草松土、施肥。

2. 扦插育苗

（1）采穗圃营建与管理

营建采穗圃前深翻整地。采穗母株常用1～2年生良种实生苗或优良无性系苗。一般早春定植。穴植规格30cm×30cm×30cm，每穴施入农家肥约1.5kg。株行距1m×1m，分系栽植，并绘各系位置图，填写建圃卡片。采穗圃应精细化管理，适时灌溉、施肥、松土、除草。

（2）采穗母株树体管理

定植后第三年早春发芽前，将母株上所有侧枝从距主干2～3cm处剪除，培养产穗母枝。结合夏插采穗进行第二次修剪，每个产穗母枝保留2～3个新枝作为抚养枝，其余枝长＞13cm的萌生枝全部从距母枝约0.5cm处剪下，制作插穗。母株定干高度140cm左右，以后每年通过剪枝控制主干高度，及时剪除顶生直立萌生枝。产穗母枝连续采条4～5年后，可结合春季修剪将产穗母枝距主干0.5～1.0cm处剪下，由新生枝短截后培养成新的产穗母枝。母株8年生时，从主干1/3高处再进行截干处理，第二年保留一向上新生主枝，使之形成新的主干，定高140cm，可延长母株利用年限10～12年。

（3）育苗设施与插壤

可采用全光自动喷雾育苗装置。采用圆形插床（盘），可由单砖（石块）砌成，内径12m，高45～50cm，插床每隔1.5～2.0m留排水孔，底层铺厚约20cm的鹅卵石，上铺厚约10cm小石子组成滤水层。裸根扦插在滤水层上铺15cm厚新鲜粗河沙（适用于北方）或20cm新鲜锯末作插壤，河沙和锯末应每年更换。扦插前一天，启动喷雾设备，先用水将插壤淋洗约90min，再用0.3%的高锰酸钾溶液喷淋床面，边喷淋边翻动（4～6cm深），使其受药均匀。轻基质网袋容器扦插采用架空苗床，床底垫起15～20cm。容器基质为1/3粗泥炭、1/3碳化稻壳和1/3粗珍珠岩（或2/3碳化稻壳）。容器规格为直径4.5cm，长10～15cm。基质pH 6.0左右。扦插前一天，将容器装入托盘，容器摆放密度为450～500株/m²。启动喷雾设备，先用水将容器淋洗约30min，再用0.3%的高锰酸钾溶液喷淋。

（4）插穗制备

春插为硬枝扦插，4月中上旬至5月初芽萌动时，分系剪取前一年形成的枝条，剪成长约10cm、直径≥3mm的插穗；夏插为嫩枝扦插，6月下旬至7月中旬，每个产穗母枝保留2～3枝长度＜13cm的萌生枝作抚养枝外，其余＞13cm的枝条或过密枝全部剪下，剪成长13～20cm、直径≥2.5mm带顶芽的插穗。分系束成捆，挂好标牌。插穗制备、贮存和处理过程中要低温、保湿，避免污染。

（5）扦插时间和方法

春插在4月上中旬（南方）至5月初（北方）进行，夏插在6月下旬至7月初进行。春插行株距2.5cm×4.0cm，夏插3.0cm×4.0cm。插前穗条进行激素处理，将插穗基部3～4cm在吲哚丁酸（IBA）或ABT3号溶液中浸泡30min，10年生以下母株插穗激素处理浓度为200～400mg/L，大于10年生时浓度为100～200mg/L。先用打孔板打孔深3～4cm，将插穗基部垂直插入，并用手轻轻捏压基部，使插穗与插壤密切接触。扦插完成后绘制现场图。

（6）插床管理

插后前20天，晴天10:00～17:00每隔1～2min喷雾一次，其余时间每隔6～7min喷雾一次。每次喷雾量以臂杆旋转一周半为宜。插后20～40天，相应减少为每4～5min、10～15min喷雾一次；插后40～60天和60天后，分别减少为每隔6～7min、20～30min和10～15min、40～60min喷雾一次。阴天减少喷雾次数，夜间和雨天停喷，如遇干燥有风天气，夜间自控喷雾每小时1次，每次喷雾2～3min。扦插结束后全面喷500倍多菌灵或800倍百菌清灭菌，用量1000mL/m²，以后每隔7～10天复喷一次，刮风、雨后加喷一次。插后20天至9月下旬，每隔7～10天喷施0.2%尿素和0.3%磷酸二氢钾的混合营养液进行根外追肥。灭菌和根外追肥在傍晚停止喷雾后进行。

（7）扦插苗越冬

南方高海拔山区11月上旬土壤结冻前插床喷灌一次透水，上覆3cm厚锯末即可安全越冬。北方地区土壤封冻前，预先在地势高、背阴、背风的地方挖深约15cm，上口宽约15cm的假植沟，沟底铺湿沙厚约5cm。分系将扦插苗起出，剔除未生根或生根不良（生根量＜3条根）的插穗，每100根束成捆，挂标识牌后贴沟一侧放入。覆土至苗高3/5处，并浇水。

3. 容器育苗（LY/T 2291—2014）

（1）容器种类、规格

育苗容器推荐使用器壁透水、透气和透根性强的无纺布网袋容器，规格一般为直径5cm，高10～15cm。春季干旱和立地条件恶劣的造林地区，可适当加大容器规格。

（2）基质配比

根据育苗区实际情况，就地取材，常见轻基质配方见表1。轻基质材料粉碎粒度在2～5mm，充分发酵、腐熟或炭化处理后，经筛分和干燥。轻基质配制时需将不同种类和粒度的原料充分混合。肥料选择控释肥（如落叶松专用控释肥），按每立方米基质施用2.5kg控释肥比例添加，也可施用复合缓释肥或有机肥。

（3）育苗管理

选择质轻、底部筛孔状的塑料托盘或筛

表1　常见轻基质配方

序号	分类	材料和比例	备注
1	常规	泥炭（纤维状）33%、粒状珍珠岩33%、碳化稻壳33%	
2	常规	泥炭67%、珍珠岩33%	
3	发酵基质	松针20%、泥炭40%、珍珠岩20%、碳化稻壳10%、锯末10%、保水剂0.3%	松针、锯末发酵完全后使用
4	发酵基质	食用菌棒50%、松针40%、泥炭10%	混合发酵后使用
5	发酵基质	食用菌棒50%、松针48%、复合肥和菌肥2%	发酵完全后使用
6	发酵基质	松针20%、泥炭30%、珍珠岩20%、稻壳15%、锯末15%、保水剂0.3%	松针、锯末发酵完全后使用

网摆放网袋容器。托盘规格一般为60cm×30cm×12cm（长×宽×高），适宜单人操作。根据育苗地实际情况，也可选择透水性好的地布作为网袋容器承托物。将网袋容器摆放在承托物上，容器间保持空隙，以便进行空气修根。容器摆放前，用1∶500多菌灵溶液或1∶500百菌清对温室大棚消毒1次。播种前1～2天对网袋容器用0.3%高锰酸钾溶液进行消毒。

当温室白天气温15℃以上、基质温度10℃以上时即可播种。根据播种前种子检验的结果确定播种数量，一般每个容器点播1～3粒。须浅播，深度以0.8～1.0cm为宜，覆盖厚0.3～0.5cm干沙或锯屑，及时浇水。

出苗期采取少量多次的原则每天浇水2～3次，用雾化好的喷头喷洒，保持基质表层0～4cm湿润。幼苗期采取适时适量的原则每天浇水2次，保持基质0～10cm湿润。速生期采取多量少次的原则每天浇水1～2次，每次浇透网袋容器。炼苗期需控制水分，使苗木适应露天环境。

修根一般在7月进行，当容器内侧根横向穿过网袋时，及时挪动容器，使其产生空隙，适时控水达到空气修根的目的，并根据穿出网袋的侧根生长，两次或多次修根。如果没在基质中加入专用控释肥，则需要根据生长情况追肥。幼苗期施氮肥，如0.5%硫酸铵溶液，每7～10天施用一次，连续施3～4次，同时可以喷施植物生长调节剂。速生期施肥以氮肥为主，辅以磷、钾肥，如1.0%～1.5%硫酸铵溶液，每7～10天喷施一次，连续施用3～4次，喷施完及时用清水洗苗，防止烧苗。7月下旬可喷施0.5%～0.6%的磷酸二氢钾溶液，7～10天喷施一次，连续施用3～4次。

五、林木培育

1. 立地选择

该树种对土壤的适应性较广，棕壤、暗棕壤、暗棕壤性白浆土、草甸土、褐土、黄土、黄棕壤、黄褐土、山地棕壤等都适合其生长。造林地一般选择土层厚度50cm以上、腐殖质层厚度8cm以上的立地。该树种对海拔适应范围较广，100～2800m均能生长，北方寒冷地区宜低海拔造林。随着种植区域的南移，造林地海拔逐渐升高，当海拔超过2800m，虽无明显冻害但生长速度明显降低，如在祁连山东段的天祝华隆林场，树高和胸径年生长量仅为0.29m和0.30cm。对于降水量少的北方造林地，坡向以阴坡、半阴或半阳坡为宜，坡度一般小于30°，阳坡不适合日本落叶松生长，造林成活率较低，如祁连山同一海拔高度，阴坡林分平均树高大于半阳坡和阳坡，最大差值达66.3%；对于降水量较多的南方，对坡向的要求不高。立地质量好坏对日本落叶松人工林产量影响极大。辽宁地区30年生日本落叶松，立地指数16的蓄积量为152.66m^3/hm^2，立地指数22的蓄积量可达253.93m^3/hm^2。因此，应依照不同品系和不同培育目标的精细化要求来选择造林地，如中等及以下立地（立地指数12、14）通常应以高密度造林培育制浆造纸等小径材为主，中上立地（立地指数16以上）则以培育大径材为主要目标。依据水热条件将日本落叶松的适生区划分为三大栽培区域（表2）。

2. 整地

为防止水土流失和减少整地费用，一般采用穴状整地。穴状整地一般为圆形，穴径为40～60cm，深30cm。挖穴时清除穴内残根、石块，将草皮打碎翻入穴内，表土回穴。当坡度大于20°时，可采用鱼鳞坑整地。在坡度平缓、可以实施机械作业的造林地上可采用带状整地，带宽40～60cm。整地最好在造林前一年的雨季，林地清理后进行。

3. 造林方法

（1）苗木选择

实生苗应按《主要造林树种苗木质量分级》（GB 6000—1999）达到Ⅰ级或Ⅱ级苗标准。

（2）时间

一般为春季造林，待土壤解冻25cm、苗木地上部分尚未萌动时进行，即顶浆造林，容易成活。容器苗造林不受季节影响，在春季干旱的北方可采取雨季造林，即第一次透雨后造林，以提高造林成活率。

表2 日本落叶松适生区域

适生区	海拔（m）	年平均气温（℃）	年≥10℃的有效积温（℃）	无霜期（天）	降水量（mm）	土壤类型	地理位置
温带低山丘陵区	200～700	3～8	2600～3500	120～150	500～800	棕壤、暗棕壤	吉林长白山和辽东低山丘陵区
暖温带中山区	700～2000	7～10	1650～4700	140～160	500～800	棕壤、褐土等	河南伏牛山区、陕西和甘肃秦岭北部地区
中北亚热带亚高山区	1000～2500	5～16	3200～4800	160以上	600～1500	黄棕壤、黄褐土、山地棕壤等	湖南、湖北和重庆秦岭南部、巴山地区

（3）栽植

一般采用植苗造林，目前仍以裸根苗造林为主，有些地区开始采用容器苗造林。

裸根苗造林 采用2年生移植苗，栽植前对苗木进行蘸浆或用ABT生根粉溶液处理。栽植方法一般采用穴植，栽植深度比苗根原土印深1～2cm。

容器苗造林 适合降水量小的干旱区造林。造林前几天给容器苗浇水一次，搬运时不易破碎。网袋容器可随苗木一起栽植，塑料容器栽植前先脱去容器。栽植深度随容器的高度而定，在营养土团上覆土2～3cm。

4. 造林密度

造林密度需根据培育目标、品种特性、立地条件和经济条件等因素确定，通常为1600株/hm^2（2.5m×2.5m）、2500株/hm^2（2m×2m）、3300株/hm^2（2.0m×1.5m）或4400株/hm^2（1.5m×1.5m）。培育目标为大径材（结构材），初植密度可适当小些以保证径向生长；培育中、小径材（纸浆材），可适当密植。立地条件好，树木生长较快，林分郁闭较早，适宜稀植；立地条件较差，可适当密植。不同品系生长、分枝和冠幅也各不相同，应采取不同的初植密度。交通方便、劳力充足、小径材有销路的地方，造林密度可适当大些。

5. 幼林抚育

主要包括除草割灌、扩穴松土和施肥。一般采用2-2-1的抚育方式，即造林后连续2年割灌除草2次，第三年割灌除草1次，作业时间为植物生长旺盛期。对于杂草和灌木生长旺盛的林地，应采用2-2-2的抚育方式，即造林后连续3年割灌除草2次。作业方式一般为全面割灌除草，但这种方法费时、费力，也有采用局部抚育法，即扩穴割灌除草方式。一般林地不需幼林施肥，但土壤过于贫瘠、短轮伐期林地，可适当施肥，以改善幼林营养状况。

6. 间伐与修枝

间伐时间 为造林后10～13年。因立地、密度条件不同，可适当提前或推迟首次间伐年龄，同时还要考虑造林地经济、交通、劳力和产品销售等条件。

间伐强度 株数强度一般为20%～30%，材积强度为10%～15%。间伐强度因林龄、密度和立地及培育目标等不同而异，造林密度大、速生期、立地好则强度大，反之则小。合理间伐强度要保证保留木迅速生长，符合培育材种的质量要求，并确保间伐后的林分稳定。

间隔期与次数 一般为4～6年，应根据年龄、立地和上次间伐强度等多因子综合确定。幼、中龄林生长快，自然稀疏强烈，故间隔年限要小，反之则要大。间伐强度较大，恢复到稳定林分结构间隔年限要长；立地差，间隔年限也可长些。间伐次数因培育目标不同而不同，培育大径材需进行3～5次间伐，培育纸浆材则可不间伐或只进行1次间伐。

间伐方式　一般采用下层间伐方式，遵循"留优去劣，留大去小"的选木原则，砍伐居于林冠中、下层立木，培养中、上层干形通直的林木。伐除病虫危害、干形不良、机械损伤、过密的植株，注意保留生长在林窗中的树木。目标树作业法在林分结构优化和稳定性上较传统间伐方式有较大的提高。

修枝　是大径材培育中提高木材质量、提升出材率的有效方法。一般在8～10年林分郁闭后，开始自然稀疏时进行人工修枝。第一次修枝强度为树高的20%～25%，第二次为30%左右，第三次为30%左右，间隔年限为5～7年（董金伟等，2008）。修枝操作时，应从枝条下方先锯口，再从上方对准下切口切下枝条，做到切口平滑、不偏不裂、不破皮和不带皮。

7. 主伐

主伐年龄的确定遵循以工艺成熟为基础、重点考虑经济成熟、适当兼顾数量成熟的原则（盛炜彤，2014），既可使培育木材品质达到目的材种的最佳要求，同时获得最大出材量和最高经济收益。日本落叶松的成熟龄随立地、密度和培育目标的不同而不同，在立地指数16～18、20～22和24以上的数量成熟龄分别为33～35年、30～32年和28年左右，经济成熟龄分别为15～21年、15～18年和15～16年。该树种培育大径级加工原木的主伐年龄为40年以上，培育民用建筑材主伐年龄为36～40年，培育小径材的主伐年龄为20～25年。

8. 纸浆材培育配套技术

依据自然地理、水热条件和生长差异，将引种区划分为Ⅰ类产区（中北亚热带亚高山区）、Ⅱ类产区（暖温带中山区）和Ⅲ类产区（温带低山丘陵区）3个区域。该树种作为纸浆材培育要求：木材基本密度≥0.4g/cm^3，综纤维素含量≥85%，纤维长度≥2.3mm，纤维长宽比≥70%，得浆率≥42%，林龄在13～30年。由此提出了中北亚热带、暖温带、温带日本落叶松纸浆材速生丰产定向培育配套技术（表3）。

表3　日本落叶松纸浆材定向培育技术

引种区	初植密度（株/hm^2）	整地方式（穴状，cm）	抚育方式	立地指数	主伐年龄（年）	平均胸径（cm）	蓄积量（m^3/hm^2）	最佳轮伐期（年）
中北亚热带亚高山区	3300	60×60×35	2-2-2	15	23	14.87	145.19	15～23
				17	20	14.15	137.40	
				19	17	13.65	132.26	
				21	15	13.71	133.86	
暖温带中山区	3300	40×40×35	2-2-1	15	24	14.23	143.95	17～24
				17	21	13.45	130.54	
				19	19	13.31	128.03	
				21	17	13.70	132.08	
温带低山丘陵区	3300	40×30×30	2-2-1	15	26	14.64	143.05	19～26
				17	24	14.27	136.50	
				19	21	13.47	130.90	
				21	19	13.34	128.56	

9. 结构材培育配套技术

通过研究林龄、密度和立地条件对日本落叶松木材物理力学性质的影响，明确了适合培育结构材的林分条件：良种Ⅰ级苗木造林；中等及以上立地条件，土层厚度60cm以上，腐殖质层厚度10cm以上，土壤疏松、湿润，排水良好立地；30年以上林分；最终保留密度约450株/hm^2。基于立地指数模型、林分生长模型、密度效应模型等林分模型系统，结合结构材加工工艺要求，应用动态规划法确定了不同立地条件和初植密度下的定量化抚育间伐要点及其主伐年龄，提出了结构材速生丰产定向培育配套技术（表4），间伐3～5次，每公顷最终保留密度400～500株，轮伐期在38～48年，可达到原木小头直径≥24cm，出材率在70%以上，木材物理力学性质符合结构用集成材性能要求。

六、主要有害生物防治

1. 主要病害及防治

（1）落叶松苗立枯病

又称苗木猝倒病，是苗圃中针叶树苗木发生普遍且危害严重的传染性病害。病原菌主要为尖镰孢（*Fusarium oxysporum*）、立枯丝核菌（茄丝核菌）（*Rhizoctonia solani*）、瓜果腐霉（*Pythium aphanidermatum*）、终极腐霉（*Pythium ultimum*）等土壤习居菌，春季引起的立枯病以镰刀菌为主，雨季以腐霉菌为主。苗木主要表现出腐烂型、猝倒型、立枯型等症状。防治方法：播种前可通过选择排水良好的沙质土壤圃地、细致整地、合理施肥、对种子和土壤消毒进行预防，播种后可用波尔多液、甲基硫菌灵等进行定期喷洒预防。发生病害时用敌克松、多菌灵或代森

表4　日本落叶松结构材定量间伐培育技术

立地指数	初植密度（株/hm^2）	第一次间伐		第二次间伐		第三次间伐		第四次间伐		第五次间伐		保留密度（株/hm^2）	主伐年龄（年）
		年龄（年）	强度（%）	年龄（年）	强度（%）	年龄（年）	强度（%）	年龄（年）	强度（%）	年龄（年）	强度（%）		
18	3300	12	35.0	19	34.0	26	32.5	34	32.0	40	32.9	442	48
	2500	14	34.0	21	32.0	28	33.5	36	35.0			462	46
20	3300	10	36.0	18	32.6	26	30.4	33	33.5	40	31.7	431	45
	2500	13	34.0	20	32.5	27	34.2	35	33.5			457	43
	1600	15	33.5	21	34.6	29	34.3					448	41
22	3300	10	35.2	18	34.0	25	32.3	33	30.5	39	31.6	450	44
	2500	12	34.1	18	33.2	24	32.7	32	35.0			469	42
	1600	15	34.7	22	33.6	28	34.9					449	39
24	3300	9	35.6	18	33.3	24	32.9	32	31.2	39	32.1	444	42
	2500	12	32.5	18	34.7	25	33.6	31	34.9			471	40
	1600	14	34.8	21	33.2	27	35.2					450	38

锌制成药土洒在根颈部，也可用波尔多液喷洒苗木。

（2）早期落叶病

该病由日本落叶松球腔菌（*Mycosphaerella larici-leptolepis*）引起，病菌以菌丝体在落地病叶上越冬。5月中下旬形成座囊腔，6月中下旬子囊孢子成熟开始散放，借气流传播，由气孔侵入新叶，7月上中旬发病。从1年生苗木、新植幼树至大树均有发生，以5～20年生的林分发病最为严重。发病初期，针叶尖端或近中部出现近圆形褪绿斑，渐变为棕褐色，后期病斑相连成段斑，病针两面出现黑色小点，为病原菌的性孢子器。病叶比正常树木提前落叶40～50天。危害严重时，患病针叶呈红褐色，整个树冠状似火烧。病株在8月中下旬开始落针，9月下旬基本落光。防治方法：选用抗病性强的日本落叶松及其杂种造林，或营造针阔混交林，以及适时适度修枝、间伐是控制该病发生的有效措施。发病后在孢子飞散期（6月下旬至7月上旬）施放五氯酚钠、百菌清烟剂可有效防治。

（3）枯梢病

为落叶松人工林的危险性传染病害，由落叶松葡萄座腔菌（*Botryosphaeria laricina*）引起。自苗木、幼林至30年生成林均能感病，以6～15年生的幼林受害最为严重。7月上旬从新梢开始发病，从树冠上部或主梢开始向下蔓延，茎部或茎轴逐渐褪绿，由淡褐色变为褐色，顶端下垂呈弯钩状，病叶呈暗褐色，大部分脱落，仅顶端残留灰紫色枯萎叶簇，有时呈丛枝状，高生长停止，形成小老树，甚至整株死亡。病原菌的传播靠雨水淋洗、飞溅和风力。兴安落叶松、华北落叶松、长白落叶松易感病，日本落叶松感病最轻。防治方法：可通过加强检疫、清理染病植株、加强抚育管理、营造混交林等措施综合防治。化学防治可在6月下旬至7月上旬采取百菌清、落枯净等油剂进行树冠喷雾，或用多菌灵、五氯酚钠进行烟剂防治。

（4）褐锈病

由同主寄生菌落叶松拟三孢锈菌（*Triphragmiopsis laricinum*）引起，在落叶松上完成发育循环。以苗期和幼林发病较重。发病初期，叶尖端或中部出现褪绿斑，严重时变淡红褐色，后期叶面枯黄甚至脱落。6月中下旬在褪绿斑背面形成夏孢子堆，8月中下旬，叶背面出现褐色至黑褐色冬孢子堆。该病菌适于在低温小雨天气中扩散与传播，因此降水量大的年份病害严重。防治方法：幼林修枝、抚育，集中烧埋处理林地内病叶，可起到预防和减轻病害的作用。化学防治可在6月下旬至7月上旬林冠喷洒石硫合剂、代森胺液、福美双液，或7月初施放五氯酚钠烟剂。

（5）癌肿病

又称溃疡病，是世界有名的危害性病害。只发生在落叶松枝干上，病原菌为韦氏小毛盘菌（*Lachnellula willkommii*）。细枝发病，病皮下陷、开裂、微肿。粗枝与主干发病，病部下陷变黑，凹陷部常有病菌白色小毛盘子实体，呈椭圆形或梭形病斑，老病部有同心环状隆起带。长年发病后，病部中心不能愈合，外部周围不断增生，使之深陷形成空洞，常从中流出大量树脂，日久变为暗褐色，病干偏心，树势减弱直至死亡。霜冻与日灼伤是其发病的主要诱因，冻死的芽和小枝皮部是病菌侵染的主要部位。防治方法：提高检验检疫、增强林内卫生、营造混交林、适当加大幼林初植密度增强抗冻能力、成林后适时间伐修枝可减少发病机会。病发后需将病皮打孔或割条伤，然后再使用50%多菌灵等稀释液进行防治。

2. 主要虫害及防治

（1）落叶松毛虫（*Dendrolimus superans*）

1年1代，少数2年1代。以3～6龄幼虫在树干基部枯枝落叶中越冬，翌年4～5月上树危害。6～7月老熟幼虫结茧化蛹，7～8月羽化成虫产卵，经过10～12天孵化成幼虫，8～10月新生幼虫危害。11月下树越冬。幼虫于春季上树危害，先啃食芽苞，展叶后取食全叶。多发生于背风向阳、干燥稀疏的落叶松纯林，常周期性猖獗发生。防治方法：修剪有虫枝，在6月下旬虫蛹期进行人工摘茧；幼虫盛发期人工捕捉可有效防治。成虫羽化盛期，可在夜间用灯光诱杀成虫。4月中旬老熟幼虫上树前或9月中旬下树前，用除虫菊酯类药剂制成的毒笔等在树干上涂毒环，或在树干上缠塑料布毒杀。每年5月中下旬至6月上旬，可超低量喷施阿维菌素等高效生物药剂进行防治，也可在卵期释放赤眼蜂及悬挂鸟巢招引益鸟灭虫。

（2）落叶松叶蜂（*Pristiphora erichsonii*）

危害华北落叶松、兴安落叶松、日本落叶松。1年发生1代，以老熟幼虫在落叶层下或周围松软的土壤中结茧越冬，长达10个月。幼虫取食针叶，发生时连续受害，导致树木死亡；成虫产卵时刺伤嫩梢皮层，致使枝梢弯曲枯萎，严重影响树木生长。防治方法：幼虫取食针叶量40%时，应采取防治措施。营造混交林，加强抚育，增强树势，可减少危害。防治适期在7月上旬2龄幼虫进入高峰期，3龄幼虫进入始盛期。幼龄幼虫群集叶上时，可采取人工捕捉的方法除虫。使用化学药剂防治应尽量选择在低龄幼虫期。保护并利用天敌进行生物防治。

（3）落叶松鞘蛾（*Coleophora dahurica*）

危害兴安落叶松、长白落叶松、日本落叶松和华北落叶松，15～35年生人工纯林受害最重。1年发生1代，5月中旬为化蛹盛期，6月上旬为成虫羽化盛期，6月中旬为产卵盛期。7月上旬为孵化盛期，多以3龄幼虫在短枝、小枝基部、树皮粗糙及开裂处越冬。翌年4月中旬越冬幼虫负鞘取食嫩芽，幼虫取食叶肉。林缘、林间空地及郁闭度小的林分虫口密度较大，危害较重。防治方法：营造混交林，合理抚育，增强树势，促使林分尽早郁闭可有效预防；及时剪除受害针叶，摘除有虫芽苞，集中处理防治。成虫有强趋光性，可在羽化期设置黑光灯进行诱杀。成虫羽化盛期的早晨或傍晚，用化学药剂进行烟熏。人工悬挂鸟巢，人工迁移蚁巢，增加鞘蛾天敌种群，提高天敌控灾能力。

（4）落叶松球蚜（*Adelges laricis*）

常在落叶松人工幼林内猖獗危害。完成一个完整的生活史需2年，包括干母、瘿蚜、伪干母、有性蚜等多种型态昆虫。由于干母的危害刺激，形成虫瘿。6月上旬干母产的卵孵化出若虫就在虫瘿内危害。8月初虫瘿开裂，具翅芽的若虫脱皮羽化为有翅瘿蚜，迁飞到落叶松上，孤雌生殖。瘿蚜卵于8月中旬孵化，9月中旬开始进入越冬状态。翌年4月下旬，越冬的伪干母若虫开始活动，脱皮3次后变为成虫，5月上旬产卵。一部分卵5月末羽化成具翅的性母，迁回到云杉上。另一部分为无翅的侨蚜，留在落叶松上，每年可发生4～5代。主要危害10～20年生幼树，影响树木高生长。防治方法：造林时避免云杉和落叶松混交可有效预防。7月在云杉虫瘿开裂之前，可剪除虫瘿烧毁。5月中上旬第一代侨蚜若虫期，可用植物杀虫剂进行防治。在郁闭的林内施放杀虫烟剂也有一定的防治效果。

（5）舞毒蛾（*Lymantria dispar*）

能取食500余种植物，落叶松和云杉受害较重。1年发生1代，以完成胚胎发育的幼虫在卵内越冬。4月下旬或5月上旬幼虫孵化群集在原卵块上，气温转暖后上树取食幼芽，蚕食针叶。初孵幼虫夜间取食叶片，受震动后吐丝下垂借风力传播。2龄后分散取食，日间潜伏，黄昏后取食。幼虫期约60天，5～6月危害最重，取食量大，能吃光老嫩树叶。6月中下旬陆续老熟结茧化蛹。蛹期10～15天，成虫7月大量羽化。雄蛾日间常在林内大量飞舞，故称“舞毒蛾”。防治方法：舞毒蛾的卵大量集中在石块、树干或主枝、树洞、草丛、屋檐等处，卵期长达9个月，可人工采集集中销毁；也可用灯光诱杀成虫，或释放黑瘤姬蜂、卷叶蛾姬蜂、毛虫追寄蜂、多种寄生蝇、多角体病毒等天敌防治；每年5月下旬至6月上旬，在舞毒蛾幼虫3龄期左右进行化学烟剂防治，或在卵孵化高峰期进行喷雾防治1龄幼虫。

（6）落叶松八齿小蠹（*Ips subelongatus*）

为落叶松人工林蛀干害虫的先锋种，已构成巨大威胁。1年发生1代，部分1年2代。5月下旬越冬成虫开始出蛰、交尾、产卵，6月上旬幼虫孵化，6月下旬化蛹，7月上旬可见新成虫；主要在枯枝落叶层、伐根及原木树皮下越冬，少数以幼虫、蛹在寄主树皮下越冬。成虫1年内出现

3次扬飞高峰期，即5月中旬（越冬成虫）、7月中旬（姊妹世代和新成虫）及8月中旬（第二代及姊妹世代新成虫）。主要以成虫在树皮内啃食韧皮部，筑坑道危害，子坑道横向，由母坑道两侧伸出。按侵害部位分为树冠型、干基型和全株型。从干基到12m高处均可入侵定居，但随树干高度增加侵入孔数量减少，一般0～8m区间、树皮厚4～20mm最适其繁殖和发育。该虫成灾规律是从倒木向衰弱木扩散，进而危害活立木。防治方法：营造混交林，夏季结合林区抚育清除虫害木，冬季结合抚育伐除风倒木、被压木，可减少侵染概率。3月中下旬至4月上中旬选择带新鲜树皮的风倒木作饵木，放置在林缘或林中空地，放置高度为1m左右，引诱成虫前来产卵，在成虫飞出前进行剥皮处理，可消灭成虫。保护和利用步行虫、寄生蜂、啄木鸟等天敌也可有效防治。必要时可采用化学药剂喷干防治。

（7）云杉大墨天牛（*Monochamus urussovi*）

危害日本落叶松、兴安落叶松、长白落叶松。一般2年1代，少数1年1代或3年1代，以大、小幼虫越冬。成虫在6月上旬开始羽化，6月下旬至9月上旬为产卵期，7月上旬幼虫开始孵化，在树皮下啃食韧皮部和边材表层，1个月左右幼虫开始向木质部筑垂直的坑道，至9月末钻入坑道内越冬。第二年5月从木质部钻出到韧皮部取食，到7月中旬幼虫成熟，再次钻入木质部中筑坑道，深达6.6～14.0cm，并在坑道末端做蛹室。幼虫共6龄。老熟幼虫在蛹室中再次越冬，约300天，第三年5月上旬化蛹。幼虫危害生长衰弱的立木、伐倒木、风倒木及原木，形成粗大虫道，成虫啃食活树小枝嫩皮。防治方法：严格检疫，严禁带虫原木、木材传播和扩散。选育抗虫树种，营造混交林或设置饵木林诱杀。保护花绒坚甲、啄木鸟等天敌。用硫酰氟熏蒸原木和木材，或用磷化锌毒签堵塞活立木虫洞以消灭幼虫。

（8）云杉小墨天牛（*Monochamus sutor*）

侵害活立木、伐倒木和风倒木。在东北地区1年1代，以幼虫在木质部虫道内越冬。翌年5月继续取食，老熟后在距树皮2～3cm的虫道内化蛹。6月初成虫羽化。幼虫开始时取食周围韧皮部，虫道不规则，20～30天后蛀入木质部，形成如指状粗大的虫道，使木材失去利用价值。成虫啃咬树枝韧皮部，影响立木生长。危害程度与树木径级有关，落叶松以32～36cm受害最重。防治方法：营造混交林，加强抚育，增强树势；在成虫不活动期进行采伐，采伐原木要及时运出林外；对贮木场原木应及时剥皮，减少天牛的适生寄主可有效预防。可采用黑光灯诱杀成虫。小面积发生时可用打孔机注射大力士等内吸性强的药物进行防治。在天牛成虫期，特别是羽化高峰期用绿色威雷喷干进行防治，也可用相关药剂对虫害木进行熏蒸或用杀虫剂毒杀。保护和利用啄木鸟、寄生蜂、大蚂蚁等天敌。

七、材性及用途

该树种树干通直，尖削度小，强度高，耐腐性强，常作为电线杆、桩木、桥梁、枕木、坑木，用于车辆和造船等，以及作为建筑中的屋架、梁、檩等用材。此外，该树种结构材利用和制浆造纸方面应用潜力较大。结构材加工利用方面，其木材纹理通直，顺纹抗压强度、抗弯强度位居针叶材前列，平均气干密度0.50g/cm^3，抗弯强度78MPa，抗压强度44MPa，弹性模量9.8GPa，剪切强度7.8MPa，同时具有较高的防腐和耐湿性能，干燥性能良好，加工性能、胶黏性能和耐磨性能中等，握钉力较大，可作为优良的结构用集成材原料，也是推动国产材在现代木结构建筑领域应用、降低国外进口材依存度极具潜力的树种之一。制浆造纸应用方面，其生物质产量高，纸浆得率高，Kappa值较低，纤维长且宽度大，打浆能耗低，成纸的耐破指数为6.36kPa·m^2/g，撕裂指数为7.16mN·m^2/g，均大于国家标准A等（GB/T 13507—1992），混合制浆造纸工艺易于控制，成纸性能稳定，且木材、枝丫和间伐幼龄材均适合造纸，特别适用于生产包装纸、高强瓦楞纸和纸板及生活用纸等高撕裂度、高挺度、高松厚度和高透气度的纸种。

（张守攻，孙晓梅，陈东升）

28 金钱松

别　名｜金松（浙江杭州）、水树（浙江湖州）

学　名｜*Pseudolarix kaempferi* (Lindl.) Gord.

科　属｜松科（Pinaceae）金钱松属（*Pseudolarix* Gord.）

金钱松为我国特有的珍贵用材树种，是著名的孑遗植物，地质年代的白垩纪金钱松曾经在亚洲、欧洲、美洲都有分布，更新纪的冰河时代各地金钱松都相继灭绝，唯有我国长江中下游残留少数，成为现今仅存于我国的单属单种特有植物。由于其特殊的分类地位，金钱松成为植物系统发育的重要研究对象，为国家二级重点保护野生植物。其木材材质优良、用途广，生长后劲足，寿命长，生态幅度广，是长江中下游地区中海拔山地良好的造林树种；树干通直，冠形优美，入秋叶色转为金黄色，十分壮观，是世界著名的庭园观赏树种。

一、分布

金钱松零星分布于长江中下游各省份温暖地区，东起江苏宜兴、溧阳，浙江东部天台山、西北部的西天目山及安吉，福建的蒲城、崇安及永安；西至湖北西部的利川及四川东部的万县；南起湖南安化、新化、莲源；北至河南南部的固始及安徽的霍山、岳西、黟县、黄山和绩溪等。金钱松垂直分布幅度较大，海拔100～2300m均有分布，常生长于海拔1500m以下的常绿阔叶林和落叶阔叶混交林中，但在海拔1000m以下生长较好。另外，作为园林绿化树种，已在国外许多地区被引种成功。

二、生物学和生态学特性

高大落叶乔木。高达40m，胸径可达1.5m。树干通直，枝平展，树冠宽塔形。具有长、短枝之分，短枝生长极慢。叶条形柔软，镰状或直，长2.0～5.5cm，宽1.5～4.0cm，在长枝上螺旋状着生，在短枝上簇状密生，平展成圆盘状；叶脱落后有密集成环状的叶枕，秋季叶呈金黄色。雌雄同株，其球花生于短枝顶端。球果当年成熟，种鳞木质化腹面有种子2枚。种子白色，具宽大的种翅，几与种鳞等长，种翅膜质、淡黄色，子叶4～6枚。花期4月，果期9～10月。

金钱松适生于亚热带山地温凉湿润的气候条件，其分布区年平均气温为13～17℃，年降水量1200～1800mm。土壤多为黄壤或黄棕壤，pH为4.5～6.0。喜光，在幼龄阶段稍耐庇荫，生长较慢，但10年生后需光性增强，生长不断加快。在适宜的立地条件下，20～30年生时，每年高生长在1m左右，胸径生长在1cm左右。30～35年生时，树高和直径生长都趋于缓慢，60年生以后逐步进入衰老期。在中等郁闭和土壤较湿润的条件下，天然更新最好，只要适时抚育就能成林。常见与金钱松伴生的树种有青冈、甜槠、绵槠和紫楠等。

浙江省林业科学研究院苗圃金钱松容器育苗（朱锦茹摄）

三、苗木培育

1. 种子生产

应在20年生以上的健壮母树上采种。金钱松结实间隔期较长，一般3～5年结实1次。10月中下旬球果成熟，当种鳞转为淡黄色即可采收。球果采下后堆于室内，使种鳞自然开裂，不能暴晒。脱落下的种子筛选去杂后，堆放于通风干燥的室内阴干，然后袋装干藏。

2. 播种育苗

金钱松为菌根性树种。宜在海拔500m左右的山地建立永久性育苗基地，或在土内有菌的林间育苗。平原和丘陵地区可选择比较荫蔽的地方作苗圃。2月上旬至3月上旬播种，播前将种子放入40℃温水中浸一昼夜。条播或撒播，每亩播种量12kg。播后用有菌根的土覆盖，以不见种子为度，上盖稻草或其他覆盖物，通常20天后发芽出土，应及时揭草。苗期需半阴环境，在晴天可喷波尔多液预防病害。幼苗期因不耐干旱，水肥管理宜勤。林间育苗可不遮阴，6～8月应设遮阴棚遮阴，以降低土表温度，并保持苗床湿润，以利于菌丝繁殖，促进苗木生长。9月前后，进入旺盛生长期，更要加强管理，促使快速生长。在正常管理下，当年生苗高可达10～15cm。金钱松起苗移栽应多带宿土，随起随栽，保持根部湿润。栽植宜早，应于冬季落叶后至翌年春萌动前进行。

四、林木培育

立地 金钱松喜湿润的气候条件，要求深厚肥沃、排水良好的中性或酸性沙质壤土。能耐−20℃的低温，但不耐干旱，也不适应盐碱地及长期积水地。造林地宜选避风向阳、土层深厚、排水良好的山谷、山坳和山脚地带。

整地 采用块状或穴垦整地，块状整地不小于50cm×50cm，深度均不小于20cm。栽植穴底径不小于30cm，深不小于30cm。

造林 可以营造纯林或混交林。直播造林，

浙江省桐庐县大奇山森林公园金钱松人工林林相（朱锦茹摄）

浙江省林业科学研究院午潮山实验林场金钱松–杨桐混交人工林林相（朱锦茹摄）

可春季播种，每穴播8～10粒，覆土1cm，盖上碎草，结合抚育，拔除病、弱苗，每穴选留1株壮苗。植苗造林，于冬季落叶后至第二年萌发前造林，宜用2～3年生苗木造林，造林密度为每公顷3000～3600株，株行距1.7m×1.7m～1.5m×2.0m。

抚育 金钱松初期生长比较缓慢，可结合间种、套种，每年劈草松土抚育2～3次。抚育时，不宜打枝，一般5～6年即可郁闭。郁闭后，每隔3～4年进行砍杂、除蔓1次。

间伐 金钱松造林12～15年后当林分郁闭度达0.9以上，被压木占总株数的20%～30%时，即可进行适当间伐。采用下层抚育间伐方式，第一次间伐强度为林分总株数的25%～35%，每亩保留120～160株。也可将幼树挖出移植，供观赏绿化之用。以后间伐强度为20%～30%，间伐后林分郁闭度不小于0.7，间伐间隔期为10年左右。培养大径级用材，可在20～25年生时再间伐1次，每亩保留60～80株。

采伐更新 金钱松无萌芽更新能力，种子天然更新能力在天然林中表现也很差，种群处于衰退状态。速生丰产林主伐期为30年，一般林分主伐期为30～50年。

五、主要有害生物防治

1. 猝倒病

播种前用1%硫酸铜溶液浸种24h或每100kg种子用1～2kg敌克松拌种预防；发病后要及时拔去病苗并喷洒70%敌克松700倍液防治。

2. 茎腐病

播种前施用棉籽饼或抗生菌饼肥预防，或用10%苏化911以1∶100的毒土撒施于苗床上。夏季在行间覆草可减轻病害，如果有发病及时用70%百菌清1000倍液防治。

3. 大袋蛾（*Cryptothelea vartegata*）

及时摘除袋囊，集中烧毁；对幼龄幼虫，用90%敌百虫800～1000倍液喷雾；在离桑园较远的高山地区，喷用青虫菌、苏云金杆菌、白僵菌等也有较好效果。

4. 金钱松小卷蛾（*Celypha pseudolaxicola*）

以幼虫危害金钱松当年生针叶，常常造成林冠一片焦黄，影响树木的生长。以2.5%溴氰菊酯乳油或40%氧化乐果乳油1000倍液喷雾防治。

六、材性及用途

金钱松木材纹理通直，硬度适中，材质稍粗，性较脆，可作建筑、板材、家具、器具及木纤维工业原料等用材；树皮可供提制栲胶，也可作造纸胶料；种子可榨油；根皮可药用，可治疗食积，抗菌消炎、止血，治疥癣瘙痒、细菌和抑制肝癌细胞活性等。树姿优美，叶在短枝上簇生，辐射平展成圆盘状，似铜钱，深秋叶色金黄，极具观赏性，是珍贵的观赏树木之一，与南洋杉、雪松、金松和北美红杉合称为世界五大公园树种。

（沈爱华，朱锦茹）

29 雪松

别　名｜喜马拉雅杉、喜马拉雅雪松
学　名｜*Cedrus deodara* (Roxb.) Loud.
科　属｜松科（Pinaceae）雪松属（*Cedrus* Trew）

雪松原产于喜马拉雅山，印度、尼泊尔、阿富汗均有分布。该属共有4种，另外3种原产于地中海地区山地。雪松树体高大，干形通直，材质优良，树姿雄伟壮丽、挺拔苍翠，是珍贵的用材树种和世界著名的园林绿化树种。其材质紧密、耐用，常用于家具、造船、建筑等方面。

一、分布

雪松原产于喜马拉雅山西部，从阿富汗至印度海拔1300～3300m的山地均有分布。我国自1920年开始引种，现北至旅顺、北京，南至长江流域各地及西南各地均有栽培。

二、生物学和生态学特性

常绿大乔木。高达50～72m，胸径达3m。老树树皮深灰色，鳞片状裂。树冠尖塔形，大枝不规则轮生，平展；小枝微下垂，具长短枝，1年生长枝淡黄褐色，有毛，短枝灰色。针叶三棱针形，长2.5～5.0cm，幼时有白粉，灰绿色，在短枝顶端聚生20～60枚。雌雄异株，稀同株，雌、雄球花异枝。雄球花椭圆状卵形，长2～3cm；雌球花卵圆形，长约0.8cm。球果椭圆状卵形或近球形，长7～12cm，径5～9cm；种鳞阔扇状倒三角形，背面密被锈色短绒毛。种子三角状，种翅宽大，连翅长2.2～3.7cm。花期10～11月，球果翌年10月成熟。

北京林业大学校园内雪松枝叶（赵国春摄）

雪松有很多自然类型。在南京地区，根据树形和分枝状况，分为3种类型。

厚叶雪松　针叶短，平均长2.8～3.1cm，厚而尖；枝平展开张，小枝微下垂或几近平展；生长较慢；树冠壮丽，用于绿化最好。

垂枝长叶雪松　针叶最长，平均3.3～4.2cm；树冠尖塔形，枝条下垂；生长较快。

翘枝雪松　针叶平均长3.3～3.8cm；树冠宽塔形，枝条斜上，小枝微下垂；生长最快。

雪松较喜光，有一定耐阴能力，但最好顶端有充足的光照，否则生长不良；幼苗期耐阴力较强。喜温凉气候，有一定耐寒能力，大苗可耐短期-25℃低温，但对湿热气候适应能力较差，往往生长不良。耐旱力较强，年降水量600～1200mm生长最好。对土壤要求不严格，在深厚肥沃疏松的土壤上生长最好，也能在黏重的黄土或土壤瘠薄、岩石裸露地上生长，但忌积水。酸性土、微碱性土均能适应。对氟化氢、二氧化硫较敏感，可作为大气污染监测植物。

雪松为浅根性树种，主根不发达，侧根一般分布在40～60cm的土层内，最深不超过80～90cm。根系水平分布可达数米，容易发生风倒。生长速度较快，属速生树种，平均每年高生长达50～80cm，但视生境及管理条件而异。寿命长，600年生高达72m，干径达2m。

三、苗木培育

雪松可用播种、扦插、嫁接、压条等方法繁殖，以扦插育苗为主。

1. 扦插育苗

采穗母树和枝条的选择 采穗母树和枝条的年龄大小是雪松扦插成活率高低的关键因素之一。选择健壮幼龄实生母树上的1年生嫩而壮的枝条作为插穗，其成活率可高达100%。如缺乏幼龄母树，则10年生以内母树上的1年生壮枝仍可剪取作为插穗，但成活率相对较低。夏季扦插应剪取当年春季抽出的新梢作为插穗。如果夏插时间较早，则插穗基部应带一部分去年老枝。

选取插穗的部位 幼龄母树以树冠中部枝条作插穗成活率较高；而年龄较大的母树，则以树冠上部枝条作插穗成活率较高。

插穗的剪截和处理 剪截插穗宜在无风有露水的早晨或阴天进行。插穗长15cm左右，如果自幼龄母树上采取插穗，即使插穗稍短，对生根成活也无影响。插穗基部要剪平滑，剪去二次分枝，然后用浓度为500mg/kg的α-萘乙酸水溶液或酒精溶液将插穗基部快浸5s。应随剪随插，如果不能及时扦插，应洒水摊放在阴凉的地方。

扦插时间和方法 雪松以春插为主，夏插次之。春插以2～3月为宜；夏插视当年新梢生长情况而定，在南京地区，可在5月至6月上旬进行。

为管理方便和促进苗木生长均匀，各类插穗（长短、粗细）要分床扦插。株行距5cm×10cm。夏插因插穗较短小，可适当密些。扦插方法可采用先开沟后扦插或直接插入苗床。入土深度一般为6～8cm，但也要视插穗的长短和土壤的质地而定。长插穗可深些，反之则浅些。土壤黏重的要浅些，质地疏松的可深些。扦插后应及时用喷壶浇1次透水，有利于插穗与土壤密接以及插穗补充水分。

扦插后管理 雪松扦插生根时间较长。5年生左右母树上的插穗，大约90天后开始生根，120天后才大量生根。从实生小苗上采的插穗，60天左右开始生根。

扦插后应及时架设遮阴棚，减少蒸腾，防止插穗在生根前萎蔫。温度高时要盖双帘，必要时四周加设防风障。遮阴棚必须做到晴天早盖晚揭，久雨后迟盖早揭，视天气晴盖阴揭；生根后，逐步晚盖早揭。立秋后，可以拆除遮阴棚。

插穗未生根前，水分管理是关键措施。要经常保持土壤处于湿润状态。若天气晴朗干旱，每天早、晚用喷壶淋水1次。阴天，土壤尚处于湿润时不必浇水，或用细眼喷壶洒1次轻水。插穗生根后要适当控制浇水的次数和水量，若土壤过湿，容易烂根死亡。

2. 播种育苗

人工辅助授粉 雪松一般30年生开始开花结实，并有大小年现象。自然授粉比较困难，人工辅助授粉是播种育苗的先决条件。于花期每隔2～3天重复授粉1次，重复2～3次。

采种 雪松球果翌年10月中下旬变棕色时成

印度德拉敦雪松天然林林相（贾黎明摄）

熟，可采集暴晒脱粒。种子含油脂，在一般贮藏条件下不宜长期保存。

播种 雪松不耐水湿，圃地要选择排水通气良好的沙质壤土。播种在春分前进行。精选的种子约8000粒/kg，播种量75kg/hm²。用冷水浸种1～2天，晾干后即可播种。为节约种子，可在播种行上点播，行距12～15cm，株距4～5cm。播后覆土、盖草、浇水。经3～5天种子开始萌动，15天左右相继出土，持续时间可达30天以上。

管理 大部分幼苗出土后，应架设遮阴棚。幼苗管理除经常浇水、除草松土外，为培育壮苗，在幼苗出土后，每隔10～15天应施肥一次。以腐熟的人粪尿为好，浓度逐步增大。如果施化肥，每亩用量2.5～5.0kg，撒于床面或沟施，施后须立即浇水。冬季应防寒，翌春移植，注意勿伤主根，否则会影响发育。

3. 温床营养杯育苗

可以减少种子用量，并可早播，延长幼苗生长期，有利于培育壮苗。营养杯用经过消毒的营养土压制而成，直径5～7cm，高10cm。把营养杯放在用塑料薄膜盖成的温床中。于12月下旬播种，每杯1粒种子。定期喷水。温床温度保持在5～10℃。至翌年3月下旬，苗高6～7cm，按株行距15cm × 20cm移植于苗床。其后与苗床育苗管理相同。

四、林木培育

1. 造林地选择和整地方法

在雪松适宜生长的气候范围内，无论山地或平原，酸性到微碱性的土壤，只要排水良好，或地下水位低于1.5m的地方均可造林，但以土层深厚肥沃、质地疏松、排水良好的壤土或沙壤土生长最好。

雪松侧根较为发达，成片造林最好全面整地，在山地成片造林可用反坡梯田整地。在比较干旱的山区，可采用鱼鳞坑整地。树冠下造林则用大穴整地。平地栽植如果地下水位较高，整地时应抬高地面。

北京林业大学校园雪松树姿（戴腾飞摄）

2. 造林密度

成片造林，宜采用3m × 3m或2m × 4m的株行距。在立地条件较差的地方，株行距采用2m × 2m。主干道两侧可按株行距5m单行布点，或按10m × 5m的株行距双行布点。

3. 栽植季节

成片造林宜在早春进行，用高1m左右的大苗，起苗后要用泥浆蘸根，坑底要平，使根系舒展。庭园绿化栽植大苗或移植大树时，务必带土球，并用草绳捆扎，栽植时将雪松苗木上的圃地土印深埋10cm，但不可栽植过深，定植后立即浇水并设支架，以防风吹摇动，影响成活。

4. 抚育管理

幼树生长比较缓慢，须经常松土除草、去蔓扶苗。用材林造林10年以后，应抚育修枝，可修去树冠下部1/3的枝条。随着林龄增大，可修去1/2的枝条，以培育良材。用于庭园绿化的雪松，除经常松土除草、培土外，也应整形修枝，保持优美树形。在高寒地区，栽植初期的冬季要打桩搭架、缠扎防寒材料，形成密闭防风障，翌春解除防寒设施后，用水冲洗枝条，如此进行2～3年使其逐步适应栽植地气候后便可自然越冬（罗伟祥等，2007）。

五、主要有害生物防治

1. 猝倒病（立枯病）

危害情况和防治方法见马尾松苗猝倒病。

2. 枯梢病

雪松枯梢病有生理性枯梢和病理性枯梢两种。根据寄主外部症状可分为针叶束枯型和梢枯型两种症状类型。不同地区分离鉴定的致病菌不同。防治方法：可在发病早期喷施50%多菌灵、70%甲基托布津、50%代森锰锌500倍液等进行防治（高智辉等，2005）。

3. 地老虎

地老虎是苗圃主要害虫，咬断幼苗嫩茎。防治方法见湿地松虫害部分。

4. 蛴螬（*Polyphylla gracilicornis*）

蛴螬为金龟子幼虫。咬断或咬伤苗木、幼树的根或嫩茎，导致苗木、幼树枯萎死亡。冬季深翻冻垡，可以消灭部分幼虫。施用的堆肥、栏肥要充分腐熟。防治方法：在播种前半个月，每亩均匀撒施敌百虫粉2.0～2.5kg，并立即翻入土中。苗期可喷施40%氧化乐果0.2%液防治。

5. 大袋蛾（*Cryptothelea variegata*）

在南京1年发生1代，以幼虫在袋囊中越冬。翌年3月开始活动取食，以7～9月危害最烈。防治方法：人工摘除袋囊；药剂防治应在初龄幼虫发生时进行，可用90%敌百虫800～1000倍液或80%敌敌畏1000～1500倍液喷雾。

6. 松毒蛾（*Dasychira axutha*）

幼虫在9月、10月危害针叶，少数严重的可吃光针叶，以致全株死亡。防治方法：可喷洒敌百虫1500倍液毒杀幼虫。

7. 松梢螟（*Dioryctria rubella*）

危害幼苗顶梢，防治方法见马尾松虫害。

8. 红蜡蚧（*Ceroplastes rubens*）

危害枝干。防治方法：可喷洒40%乐果乳剂或50%马拉松乳剂各1000倍液。

六、材性及用途

雪松材质紧密、坚实耐腐，有芳香，不易翘裂，宜作家具、造船、建筑、桥梁等用材。木材可用来蒸制香油，涂抹皮绒有防水浸的作用。

雪松树体高大，树冠繁茂雄伟，为世界著名的观赏树种，是很好的城市和庭园的绿化树种。

（高捍东，李广德）

30 南方铁杉

别　名｜浙江铁杉

学　名｜*Tsuga chinensis* var. *tchekiangensis* Flous

科　属｜松科（Pinaceae）铁杉属（*Tsuga* Carr.）

南方铁杉为铁杉（*Tsuga chinensis*）的变种，是地质年代第三纪后残留的少数树种之一，有"活化石"之称，为我国特有植物。铁杉在松科植物起源与迁移等方面具有很高的学术研究价值（李林初，1988）。南方铁杉主要分布于广东、广西、贵州、湖南、江西、安徽、福建、浙江等省份，但种群数量少且分散，被列为国家三级重点保护野生植物（封磊等，2003）。同时，南方铁杉材质优良、纹理细致、坚实耐用，可广泛应用于建筑、航空、造船和家具等领域，具有很高的经济价值（郑万钧，1983）。

一、分布

南方铁杉常散生于亚热带山地的针阔混交林分布区，地跨中亚热带至北亚热带，具体地理分布为安徽南部黄山，浙江西北部临安与南部龙泉、庆元、遂昌、松阳、缙云、仙居，福建西北部崇安、泰宁与西南部上杭，江西东北部铅山与西部安福、遂川，广东北部乳源，广西兴安、大瑶山，湖南东部酃县、桂东与南部宜章、新宁、桑植，贵州中部贵阳以及云南东南部马关、麻栗坡等地。其分布的垂直高度变化较大，于海拔600～2100m，但以分布于海拔800～1400m的生长较好（张志祥等，2008）。

二、生物学和生态学特性

我国亚热带地区的暖性针叶树种，常绿高大乔木。树高25～30m。树冠直立高大，大枝平展，枝稍下垂。树皮灰褐色，纵裂，片状脱落。叶螺旋状排列，基部扭转排成2列，呈线形。冬芽呈卵圆形，无树脂，芽鳞宿存。雄球花单生于叶腋，花粉无气囊；雌球花单生于侧枝顶端，珠鳞大于苞鳞。南方铁杉与同属铁杉的区别在于：南方铁杉叶背面具有粉白色气孔带，球果中部的种鳞常呈楔状圆形、方形或长圆形（郑万钧，1983）。由于无法远距离传播，种子常在母树周围散布（张志祥等，2008）。

南方铁杉多数生于中山上部，适宜生长的气候特点为夏凉冬寒、雨量多、云雾重、湿度大，是我国中亚热带中山山地针叶林及针阔混交林中的优势种或残存的伴生树种。南方铁杉生长缓慢，寿命长，喜光，具有典型喜光树种特征，根系深且发达，是水源涵养林的重要组成树种（苏宗明，1983）。具有较好的抗寒性，同时外生菌根生物多样性极为丰富（钱晓鸣等，2007）。大

福建省泰宁县峨眉峰南方铁杉叶片背面（陈世品摄）

福建省泰宁县峨眉峰南方铁杉叶片正面（陈世品摄）

树较耐水湿，但幼苗不耐水湿，根系极易腐烂（李晓铁，1990）。

三、苗木培育

南方铁杉扦插繁殖较为困难，主要采用播种育苗方式（蒋善友，2010）。

1. 苗圃地的选择和处理

南方铁杉为深根性树种，苗期耐阴。圃地应选择土层深厚、肥沃、水源充足、排水良好的沙质壤土，靠近半山腰、海拔不低于800m的农田更佳。于初冬对圃地进行深翻1～2遍，播种前要三犁三耙，保证土壤精细。

2. 采种与调制

采种在南方铁杉天然林分中进行。南方铁杉球果10月下旬成熟时立即采收，待种子脱落后，除去球果杂物等，置于通风干燥处阴干3～5天，之后采用冷库贮藏（温度为3～5℃）。

3. 种子催芽

南方铁杉种子种皮坚硬，不易透水，在播种前应进行种子催芽处理。翌年2月中旬，净种后，用0.5%的高锰酸钾溶液浸泡30min消毒，然后滤出置清水中冲洗干净。采用草木灰浸种3天，再用35℃温水浸种2天后，将种子与消过毒的湿细沙按1：10的比例进行层积催芽。在层积催芽过程中，要翻动1～2次种子，否则会造成烂种。种子有1/3露白时即可播种。

4. 播种

在壤土或沙壤土地块高床育苗。将床面耙细整平，然后浇1次透水，待水渗透、床面稍干时即可播种。播种时采用开沟条播的方法，沟距25cm，沟深5cm。开好沟后，在播种前5～6天，用10%的高锰酸钾溶液或其他有效方法进行土壤消毒。播种时间以4月初为宜。取出层积催芽的种子，用清水小心冲洗干净，再用0.5%的高锰酸钾溶液浸泡10min消毒，滤干后不必冲洗即可播种，种子间距2～4cm。覆草木灰3cm厚，立即喷1遍透水，再在畦面上盖一层1cm厚的锯屑。苗床上要均匀覆盖1层薄稻草，以保持床面湿润、疏松、无草。

5. 苗期管理

遮阴要求 南方铁杉播种后即需遮阴，可在苗床四周搭架，高1.5m，上盖防晒网进行遮阴，透光度为30%～35%。

间苗和补苗 间苗和补苗在苗高2～3cm时进行为好，保留苗木4000～5000株/亩。取苗时一定要带土团，以利于苗木成活。补苗后于早、晚连续浇水2～3次。通过间苗和补苗，使苗木密度均匀、合理。

除草和施肥 南方铁杉在初期苗木生长缓慢，每隔10天除草、松土1次，每15天加施0.5%尿素1次。梅雨季节要清沟排水。生长盛期为6月上旬至9月下旬，此时气温高，苗木生长较快，晴天要注意及时浇水保湿。每次拔草后，要及时浇水等。当苗木进入生长后期（9月中旬到11月），应停止施肥，去除遮阳网。9月下旬可喷施1次0.5%的磷酸二氢钾溶液，以促进苗木木质化，以便安全越冬。

四、林木培育

1. 人工林营造

南方铁杉适合高海拔地区种植，宜选在土壤深厚、湿润肥沃、排水良好、呈弱中性土壤的缓坡地上造林，在干旱陡坡生长不良，在排水不良或间歇性积水的地方不能造林。在造林前一年冬季进行整地，无论采用何法均注意有利于排水。南方铁杉以营造针阔混交林为宜，关键在于合理安排阔叶树种。安徽黄山休宁县造林采用在平缓湿润的地方混交黄山栎、黄山花楸、青冈、华东椴等。混交比例一般为2：2（南方铁杉苗）或3：2（南方铁杉苗），适宜栽植密度为60株/亩（蒋善友，2010）。造林要采用2年生苗，幼林抚育采取带状或块状割灌，割草抚育要连续抚育5～8年，每年抚育3次，才能保证幼树正常生长（蒋善友，2010）。

2. 天然林改培

南方铁杉具有典型喜光树种的特征，萌蘖能力差，更新过程全靠种子萌发及幼苗的健康成长（李晓铁，1990）。群落结构及其光资源分配是南方铁杉自然更新的重要限制因子，调整群落结构，增加透光度，是促进南方铁杉更新的关键（杨清培等，2014）。以江西武夷山国家级自然保护区内南方铁杉群落为例，促进南方铁杉实生苗更新可以采取以下措施：对早期以落叶阔叶树为主的群落，因其群落透光度较强，南方铁杉可以自然更新；对常绿阔叶树较多的群落，因其郁闭度较大，透光度低，应适当择伐或间伐部分猴头杜鹃等常绿阔叶树，以降低林地郁闭度，改善群落通风条件，促进其种子传播，促使南方铁杉种子萌发；对遭受箭竹或箬竹入侵的群落，将箭竹或箬竹伐除，并采取各类措施防止竹类植物扩张，以利于南方铁杉正常更新（杨清培等，2014）。

五、主要有害生物防治

目前暂无南方铁杉病虫害报道。

六、材性及用途

南方铁杉是我国特有的第三纪孑遗濒危珍稀树种。南方铁杉材质优良，纹理细致美观，坚实耐用，耐水湿，可作航空、高级家具、仪器箱盒、装饰品、高级地板等用材，有些地方用于制剑柄及剑鞘。同时，其树形高大，枝叶浓密，树姿优美，也是良好的观赏树种。树皮含鞣质，可供提制栲胶，种子可供榨油。因此，南方铁杉具有很高的科研价值和经济价值。

（吴承祯）

附：长苞铁杉（*Tsuga longibracteata* W. C. Cheng）

长苞铁杉为我国特有种，产于贵州东北部（印江梵净山、婺川）、湖南南部（新宁、莽山）、广东北部（连县、乳源）、广西东北部（资源、兴安、临桂、融水）及福建南部（连城、永安、德化、清流、上杭）山区。生于海拔300～2300m、云雾多、气温高的酸性红壤、黄壤地带。

常绿乔木，高可达30m，胸径可达1m以上。树皮暗褐色，纵裂。1年生小枝干时淡褐黄色或红褐色，光滑无毛，2～3年生枝呈褐灰色、褐色或深褐色，侧枝生长缓慢，基部有宿存的芽鳞。冬芽卵圆形，先端尖，无毛，无树脂，基部

福建省尤溪县长苞铁杉叶片（陈世品摄）

福建省尤溪县长苞铁杉枝叶（陈世品摄）

福建省尤溪县长苞铁杉单株（陈世品摄）

芽鳞的背部具纵脊。叶辐射伸展，条形，直，长1.1～2.4cm，宽1.0～2.5mm。球果直立，圆柱形，长2.0～5.8cm，径1.2～2.5cm；鳞背露出部分无毛，有浅条槽，熟时深红褐色；苞鳞长匙形，上部宽，边缘有细齿，先端有渐尖或微急尖的短尖头，微露出。种子三角状扁卵圆形，长4～8mm，种翅较种子长，先端宽圆，近基部的外侧微增宽。花期3月下旬至4月中旬，球果10月成熟。

长苞铁杉为喜光树种，多生于中山地带气候温凉潮湿区坡度30°以上的山脊或山坡向阳处，形成纯林或针阔混交林，能适应岩石裸露、土层较浅的岩隙地，但在土层深厚肥沃之地生长更好。根系较深且发达，分布土壤多为酸性黄红壤或黄棕壤。

长苞铁杉育苗目前主要采用播种育苗及短穗扦插方式。人工林营造：选择海拔较高、立地条件较好、向阳的坡地，选用3～4年生生长势旺盛的留床苗或移植苗造林。为了有效控制长苞铁杉的密度效应，初植株行距以1.5m×2.0m或2m×2m为宜。其他方面遵循一般造林方法即可。长苞铁杉天然林资源匮乏，其中，中老龄林占绝大多数，应对全国范围内的长苞铁杉天然林设置省级以上保护区进行保护，保存长苞铁杉野生种质资源。

长苞铁杉木材淡黄褐色微带红色，纹理直，结构细，硬度中等，耐水湿，抗腐性强，坚实耐用，可作建筑、家具、造船、桩木、板材及木纤维工业原料等用材。树皮可供提制栲胶。长苞铁杉可选作福建中部与西部、江西南部、湖南南部、广东北部、广西东北部及贵州东部山区的造林树种。

（吴承祯）

31 云南油杉

别　名 | 杉松、黑杉松、云南杉松、蓑衣龙树

学　名 | *Keteleeria evelyniana* Mast.

科　属 | 松科（Pinaceae）油杉属（*Keteleeria* Carr.）

云南油杉是古老的孑遗树种，也是西南地区特有乡土树种，但天然林多而人工林少。自然状态下，云南油杉除形成小片纯林外，经常与高山栲、滇青冈、云南松或华山松混交。云南油杉树干高大、通直，木材纹理直、有光泽、耐水湿、不翘不扭，为军工、建筑、造船、家具等的优良用材；种子含油，可用于制造肥皂；富含树脂，可以用于割脂。

一、分布

云南油杉为我国特有种，主要分布于云南、贵州西部及西南部、四川西南部安宁河流域至西部大渡河流域海拔700～2600m的地带，以海拔1400～2200m常见，常混生于云南松林中或组成小片纯林，亦有人工林，是西南地区优良的用材林和风景林树种（舒树淼等，2015）。

二、生物学和生态学特性

乔木。高可达40m，胸径可达1m。3月发新梢，花期4～5月，10～11月果熟（中国科学院昆明植物研究所，2006）。喜光，喜温暖湿润气候，耐寒、耐旱能力较差，在高山寒冷地带不见生长。中心分布区年平均气温11.2～18.1℃，日平均气温≥10℃的有效积温3270～6610℃，最冷月平均气温3.8～11.7℃，极端最低气温-7.4～-1.5℃，年降水量780～1600mm，相对湿度大于70%，水热系数1.5～2.5。对土壤要求较高，常生长在山地红壤、红黄壤、砖红壤性土以及棕色森林土上，在腐殖质层较厚、水分条件较好的地段生长较好。在腐殖质含量低、土壤板结黏重、肥力低的地方，云南油杉生长差。萌生力强，在野外可常见到砍伐后萌生植株。树皮木栓层较厚，耐火性强。

云南油杉多散生于阔叶林或针阔混交林中，常与栎类、旱冬瓜、木荷、滇合欢、樱桃、大树杨梅、华山松、云南松等树种混生，也有小片纯林，如在昆明金殿、安宁、宜良狗街等地，但多在寺庙周围，在人为保护管理下形成（云南省林业科学研究所，1985；陈美卿等，2010；李小

云南油杉（董琼摄）

云南油杉株型（董琼摄）

云南油杉林（董琼摄）

双等，2013）。一般生长高大，树冠高于阔叶树，为上层林木。

云南油杉天然更新良好，在昆明金殿的东北坡，大树下幼树生长密集，已郁闭成林。禄丰县樟木箐云南松采伐迹地天然更新调查结果显示（云南省林业科学研究所，1985），样地内每公顷云南松4268株、云南油杉1845株、华山松105株，云南油杉更新情况仅次于云南松。

云南油杉为生长较慢树种，洱源县西山林场海拔2010m松栎混交林内所做的解析木研究发现：107年生，胸径29.5cm，高22.6m，单株材积0.73m^3，比云南松生长慢。高生长50～60年生时进入高峰，连年生长量36～48cm，70年生后逐渐下降；胸径生长旺盛时期在30～40年生，连年生长量约0.5cm，50年生逐渐下降；40年生以后，材积增长较快，连年生长量达0.01m^3，到107年生还未出现下降趋势。另外，据林勘四大队在新平、永仁所做标准木调查结果（云南省林业科学研究所，1985），124年生，高18.13m，胸径44.8cm，同样可以佐证其生长较慢。

三、苗木培育

云南油杉以有性繁殖为主，多采用播种育苗（潘燕等，2014；邢付吉，2002）。

1. 采种

10～11月球果成熟，由绿色变为褐色或棕褐色即可采收。采下后暴晒使果鳞张开，再用棒敲击使种子从果鳞中脱出。种子含油脂，不耐贮藏，宜随采随播或混沙贮藏，即使沙藏也只能贮藏半年。根据测定，30kg球果可晒1kg种子，每千克有种子14400～14600粒，发芽率49%。

2. 苗圃地选择

选择云南油杉育苗地需要注意以下几点：①土壤疏松、微酸、排水良好，以红壤沙质土为宜，切忌盐渍土；②近期撂荒地以及种过玉米、棉花、豆类、马铃薯等农作物和蔬菜的地方一般不宜选作育苗地，如果选择作育苗地则要采取相应的土壤改良及消毒措施。除了固定苗圃外，还可以采用山地育苗，省工、病虫害少，而

且就近起苗造林，能提高成活率。山地育苗应选择阴坡、半阴坡，地势较平缓、土层较深厚、排水良好的生荒地，按等高线带状整地作床。鼠类活动猖獗的地段，要加强灭鼠工作或者避开此类地段。

3. 苗圃地整理

选好圃地以后，应细致整地，施足基肥。无论是新圃地或是老圃地，应在上一年秋或播前1～2个月深翻土地25～35cm，以不将心土翻上来为准。灌木、杂草要清除堆烧以增加土壤中的养分，减少病虫害。同时，拣净草根、石块。经过一段时间的暴晒和风化，于播种前再烧挖1次，然后按地形碎土作床，床面宽1.0～1.5m，长以地形和管理方便而定。山坡上可开成小块水平梯田，宽1m左右，在苗床内侧留10～20cm宽的排水沟。林区降水多的地方可筑成高床，并结合整地作床每亩施农家肥4000～5000kg。

4. 播种技术

播前用温水浸种催芽。除催芽外，云南油杉种子在播前还可用当地常用杀虫剂拌种以防止鸟兽害。播种时间宜在3～4月，清明前后降雨便会慢慢发芽出土，在6月中下旬用于造林。云南油杉育苗采用条播、撒播均可，条播行距15～20cm，撒播时种子要均匀，播种量300kg/hm^{2}左右。覆土厚度0.5～1.0cm，而且覆土要细。覆土不仅要厚度适当，而且要求均匀一致，否则会造成出苗不齐，影响苗木的产量和质量。一般覆土采用疏松的苗床土即可，如果苗床土壤黏重，可采用细沙或腐殖质土、锯屑等覆盖。为了减少病害和杂草，也可采用黄心土、火烧土等。播后还要覆草或松针，以不见地面为度。

5. 苗期管理

种子出土后应加强除草松土工作，并适当间苗、施肥，1年生苗高可达20cm，3年生苗高达40～80cm。幼苗出土前要注意保持土壤湿润，久晴不雨或夏季高温、土壤干燥时要及时灌溉，雨后要清沟排水。当幼苗出土达60%～70%时，对影响光照、不利于幼苗生长的覆盖物，要及时分2～3次撤除。撤除时间最好在傍晚或阴天，并注意勿伤幼苗。在条播地上，可将覆盖物移至行间，使之继续起到防止土壤板结、减少水分蒸发、抑制行间杂草滋生的作用，直到幼苗生长健壮后再全部撤除。及时清除杂草，要注意防止立枯病和根腐病，防止鸟兽和鼠害。一般都在全光下育苗，不必搭遮阴棚。

四、林木培育

1. 造林地选择与整理

云南油杉喜温、喜湿，造林地应选择土壤肥沃、水湿条件好的地段。根据造林地的种类、植被繁茂程度、土壤状况和造林技术的不同要求，可采用不同的林地清理方式。采伐迹地、火烧迹地、杂草地、灌木繁茂地和准备进行全面整地的造林地都采用全面清理或带状清理，杂草稀疏、低矮的造林地可进行块状清理。清理造林地的方法很多，有割除、火烧、堆积、挖除以及利用化学药剂清理等。植苗造林采用穴状整地，栽植穴规格40cm×40cm×30cm或30cm×30cm×25cm，纯林株行距为（1.0～1.5）m×1.5m；直播造林可采用全面整地、带状整地或块状整地，纯林株行距1m×1m，混交林株行距视树种而定。整地一般在当年的3～4月进行，以保证土壤充分风化，同时清除穴中的石砾、草根、树皮。

2. 栽植技术

云南油杉一般以雨季6～7月为最佳造林时间。为了保持和改善土壤肥力，可与麻栎、栓皮栎、旱冬瓜混交造林。“百日苗”一般采用植苗造林。起苗时要先松动苗床土壤，再行起苗，防止苗木被拔断。苗木要随起随运随栽，避免风吹日晒。初植密度一般为4440～6675株/hm^2。选择阴天栽植，栽植时注意扶正苗木、舒展根系；填土时先用湿润而细碎的表土填入穴内，填到2/3左右，将苗木轻轻向上提，使苗根舒展；踩紧后，把余土填入穴内，再踩实。苗木栽植深度一般要比原土痕略深2～3cm。为了保持土壤中的水分，栽后应在穴面上盖一层松土。栽苗成活的技术关键是穴大、根舒展、深浅适当、根土密接。

云南油杉林（董琼摄）

3. 幼林抚育

苗木栽植后，要及时检查成活情况，遇到死亡植株应尽快补植。造林后4～5年内，要杜绝人员频繁活动和牲畜践踏，并制定规章制度，实行专人看管。同时搞好监测观察，防止鸟兽侵害、病虫危害，发现危害及时防治，林地要随时注意防火。有条件的地方，每年春、夏搞好除草、施肥工作，以保证幼树有一个良好的生存环境。

五、主要有害生物防治

云南油杉苗木及林木的主要病虫害有以下几种类型（任玮等，1992；武春生等，1992；岩野等，2000）。

1. 主要病害防治

（1）立枯病（*Rhizoctonia solani*）

立枯病多在育苗中后期发生，发病中无絮状白霉，植株得病过程中不倒伏。防治方法：①采用新开荒地进行山地育苗。②用1∶1∶100波尔多液喷洒，每7～10天一次，连喷数次，每公顷用药液约1125kg；或用1%～3%的硫酸亚铁溶液喷苗，每10～15天一次，每公顷用药液1500～2250kg。特别要注意，喷后必须洒水洗苗，否则易发生药害。③雨天不宜喷药时，用70%的草木灰、30%的石灰粉和细心土混合均匀，撒于苗床。

（2）猝倒病

猝倒病常发生在幼苗出土后、真叶尚未展开前，产生絮状白霉，倒伏过程较快，主要危害苗基部和茎部。防治方法：①选好圃地。②精耕细作。③土壤消毒，用五氯硝基苯与代森锌或敌克松混合，其比例为3∶1，施用量为4～6g/m^2。④科学施肥。⑤病害发生期，在晴天用65%敌克松500～800倍液喷洒苗木根颈，喷药后即以清水喷洗苗木，雨天可用敌克松药土施在苗木根颈部，施药2～4g/m^2。

（3）云南油杉矮槲寄生

云南油杉矮槲寄生的病原菌为油杉矮槲寄生（*Arceuthobium chinese*）。受侵害的植株常出现丛生疯枝，当寄主的大部分侧枝上有寄生物寄生时，可致死亡，3～5年生幼树若受侵害，数年后枯死。防治方法：①结合抚育采伐，清除病株上的寄生物（应在果实成熟前）。对十分严重的林区，有必要进行皆伐。②不在被寄生的母树上采种。③调查油杉矮槲寄生的病虫害，探索生物防

治。④移栽大树前必须将云南油杉矮槲寄生植株连同寄主受害枝一起锯去，应该在寄主健康部位下方约20cm处锯断，伤口涂封固剂保护。

（4）云南油杉叶锈病

云南油杉叶锈病的病原菌为油杉金锈菌（*Chrysomyxa keteleeriae*）。夏季当年抽生的新梢有部分叶片呈现淡黄色段斑，段斑叶背生出橘红色舌状物（病症），头年未脱落的病叶老病斑上还可以长出新的舌状物，连绵阴雨天后舌状物渐变黑、萎缩、脱落，大多数病叶也提早落叶。防治方法：云南油杉叶锈病多发生在幼林、幼苗和伐桩的阴枝上，尤其是在比较阴凉潮湿或大雾的地带。如及时将所见患叶锈病的叶片一次性修剪清除，翌年不再发病。即使不修剪病叶，当年的冬孢子柱也会自己脱落，翌年虽发病，但几乎没有必要防治，必要时可采集病叶烧毁或喷洒杀菌剂。

2. 主要虫害防治

（1）种实害虫

云南油杉的种实害虫主要有：云南油杉种子小卷蛾（*Blastoperrova kereleerieola*），以蛹在受害的球果内越冬，导致不结实或欠实；球果角胫象（*Shirahoshizo coniferae*），取食球果；油杉球果螟（*Dioryctria* sp.），取食球果。防治方法：①经营防治。建立云南油杉种子园或母树林，提高种子产量和质量。②化学防治。4月、6月和8月施用内吸性或具渗透性的杀虫剂及其缓释剂。③人工防治。冬季收集受害球果集中烧毁。

（2）食叶害虫

思茅松毛虫（*Dendrolimus kikuchii*） 思茅松毛虫是云南油杉的主要食叶害虫，严重时可将新、老针叶一扫而光。防治方法：①物理防治。利用成虫的趋光性，在成虫羽化期用灯光诱杀成虫。②化学防治。选择高效、低毒、低残留农药，并交替使用，针对虫源地防治3龄以前幼虫效果最好。③生物防治。利用松毛虫的天敌如大杜鹃、大山雀、喜鹊、赤眼蜂、黑卵蜂、松毛虫绒茧蜂、蚕饰腹寄蝇等降低虫口密度。④人工防治。人工捕杀幼虫、采茧、摘卵。

油杉毒蛾（*Lymantria servula*） 防治方法：①人工防治。刮除位于干基树皮缝内的卵块。②化学防治。对树高林密的林分，可施放杀虫烟剂防治3龄以前幼虫；一般中、幼林可用化学药剂防治。③物理防治。成虫趋光性强，可用灯光诱杀成虫。

油杉吉松叶蜂（*Gilpinia disa*） 大量发生时可造成小范围针叶受害。防治措施：①化学防治。幼虫危害盛期，使用化学药剂喷雾防治。②生物防治。保护并利用姬蜂、茧蜂、小蜂、寄生蝇等天敌，或喷洒苏云金杆菌、白僵菌等病菌，可有效降低虫口密度。

（3）枝梢害虫

云南油杉的枝梢害虫主要有：油杉花翅小卷蛾（*Lobesia incystata*），低龄幼虫吐丝将梢头生长点附近十数片叶缀成一佛焰苞状，在其中取食，不转移，多发生在郁闭度较低的林缘、阳坡、高地；黄卷蛾（*Archipis binigrata*），以幼虫取食嫩梢针叶，吐丝将梢头嫩叶结成一个不太紧密的虫苞；油杉梢麦蛾（*Epimimastis* sp.），钻蛀新梢头，引起梢头顶端8～15cm枯萎，成虫将卵产于新抽嫩梢头上，幼虫孵化后钻入幼嫩的梢头内，慢慢向下蛀食，梢头逐渐由上向下枯萎。防治方法：①经营防治。加强苗木及幼树的抚育管理，增强树势。②物理防治。成虫羽化期灯诱成虫。③化学防治。使用化学药剂喷雾防治。④人工防治。人工摘除虫苞。

六、材性及用途

云南油杉木材结构细，不翘不扭，经济价值较高。木材淡灰褐色，心材、边材界线不明显，无特殊气味，纹理直而不均，结构细至中等。干燥快，变形小，加工容易，油漆及胶黏性质良好，抗腐性强，可作建筑、枕木、坑木、桥梁、木模、手榴弹柄、枪械、包装箱、快艇、家具及农具等用材。

种子含油率30%，油可用于制造肥皂；木材富含树脂，可以采割但未进行生产。

（董琼）

32 黄杉

别　名｜红杉（云南宣威）、罗汉松（云南嵩明）
学　名｜*Pseudotsuga sinensis* Dode
科　属｜松科（Pinaceae）黄杉属（*Pseudotsuga* Carr.）

黄杉属植物均是国家二级重点保护野生植物，黄杉是其中分布最广、最为常见的种。黄杉树冠塔形，树干挺拔、树形优美，生态适应性较广，病虫害较少，木材纹理直、结构细致、易加工，可作为用材林、景观林和园林绿化树种。

一、分布

黄杉为我国特有树种，产于云南中部至东北部（安宁、禄劝、东川、易门、嵩明、寻甸、会泽、沾益、宣威、鲁甸、昭阳区等地），四川西南部至东部（西昌、冕宁、越西、会东、万源等地），重庆（黔江区、万州区、南川区等地），贵州西北部至东北部（威宁、赫章、毕节、盘县、桐梓、德江、黎平、道真、松桃、务川等地），湖北西部（利川、宣恩、建始、鹤峰、五峰、竹溪等地），湖南西部（沅陵、桑植、永顺、永州、双牌、慈利、大庸、蓝山、宁远、龙山等地）。陕西东南部（镇坪、镇巴）、广西北部（隆林、乐业、南丹）等地也有分布。

据李楠（1993）、覃家理等（2014）的研究，黄杉的分布主要在我国中、东部，其西线大致在云南的嵩明、禄劝和四川冕宁、西昌一线以东地区。在其整个分布区内，黄杉生长于海拔1500～2800m（西部）、400～1000m（东部）、900～1600m（北部）、300～1200m（南部）的山地地带，在东部最低海拔可至300m以下。

二、生物学和生态学特性

黄杉分布区广阔，生态适应性较广，但总体上喜温暖至温凉性气候，分布区年平均气温12～16℃，最冷月平均气温可低至-4℃，极端低温可至-14℃，年平均降水量800～1700mm，且夏季多雨，冬、春较干。可生长于红壤、黄壤或棕色森林土地带的偏酸性土壤，能适应比较贫瘠的土壤。生于针叶树、阔叶树混交林中或形成纯林。随分布区不同，其群落中的伴生种或优势种有很大差异，乔木层主要针叶树种有云南松、马尾松、华山松、云南油杉和铁杉等，阔叶树种以壳斗科的栲属、石栎属、栎属、青冈属以及山茶科、樟科、金缕梅科、桦木科的种类为主（曾觉民，1987；左家哺，1995；张少冰等，2004）。

云南省鲁甸县黄杉枝叶及树干（覃家理摄）

云南省德钦县澜沧黄杉球果（李双智摄）

云南省德钦县澜沧黄杉张开球果（李双智摄）

云南省德钦县澜沧黄杉植株及生境（覃家理摄）

三、苗木培育

黄杉一般在4～5月开花，球果在9～11月成熟，成熟时球果变为黄褐色。球果成熟后，其种鳞可维持一段时间不张开，此时不会散播种子。在11月下旬，球果的种鳞通常已张开，大部分种子已散播。因此，黄杉种子采集应在球果成熟后而未张开前进行，选取健壮、无病虫害植株剪取球果。球果采集后暴晒2～3天，然后在通风处晾干待种子脱落，收集种子并去除种翅、杂质和不饱满的种子，收藏备用或直接播种。

据曹先发（1991）、高顺良（2004）等报道，黄杉育苗可选择在坡度8°以下的半阳坡或平地，要求苗圃土质肥沃、排水良好、结构疏松、透气性强。育苗前应全面整地，并采用40%的甲醛溶液对土壤进行消毒；种子用10%的石灰液加少量硫酸铜处理5～6天，再用清水泡1～2天即可播种。播种一般在3月进行，播种方式可采用点播，每个营养袋播1～2粒种子；或采用条播，播种沟间距10～15cm、深度约3cm，种子可均匀撒播或成列放置。播种后覆盖一层细沙土或松土，以看不见种子为宜，不能覆土过厚，然后覆盖松针等保水，出苗后搭盖遮阴棚。播种后约1个月出苗，萌发率在50%～90%，在第二年苗高10～14cm时即可出圃造林。

云南省昭通市昭阳区黄杉植株（覃家理摄）

云南省鲁甸县黄杉–铁杉林（覃家理摄）

四、林木培育

据曹先发（1991）、高顺良（2004）等报道，黄杉造林要选择土层深厚、土质疏松、土壤肥沃的疏林地；带状整地，带宽1m，带间留1m宽的灌草丛带作为防护带；栽植穴的长、宽、深在30～40cm；造林适宜季节在雨季6～7月，初植株行距以2m×1m为宜；造林后至郁闭前每年除草1～2次。

五、主要有害生物防治

有关黄杉病虫害的研究报道较少，其幼苗期有立枯病和金龟子取食根部，可参照此类病虫害的一般防治方法。据刘友樵和武春生（2001）报道，黄杉球果易受黄杉实小卷蛾危害，在云南禄劝云龙乡的黄杉球果受害率达80%～90%。据张晓峰等（2007）的研究，黄杉实小卷蛾以球果内危害，难以发现和防治，以母树优选及种子严格检疫、林地虫源清除等预防性手段为主；在每年4月上旬至5月下旬成虫发生期，喷洒20%杀灭菊酯1500～2000倍液或2.5%溴氰菊酯3000～5000倍液进行防治。

六、材性及用途

黄杉木材有光泽，心材、边材区别明显，边材颜色较浅，淡黄色至淡黄褐色，心材颜色较深，红褐色；结构细致、纹理直，易于干燥和加工，抗腐能力强；切面光滑，油漆性能好，握钉力强，是建筑、家具、桥梁、造船、胶合板、纸浆等的良好用材（张铁中等，1995）。

黄杉树形呈塔形，树干挺拔、树形优美，适用性广泛，可以作为园林绿化的优良树种。同时，黄杉树皮提取物有抗炎镇痛的作用。

附：澜沧黄杉（*Pseudotsuga forrestii* Craib）

澜沧黄杉是黄杉属分布最西和海拔最高的种，局限于滇西北和藏东南一带。在垂直分布上，澜沧黄杉分布于海拔2100～3200m的范围内。其树形优美、干形通直、材质优良，适合作为我国西部中高海拔温湿山地的优良造林树种。

澜沧黄杉喜温凉湿润环境，对生境要求与华山松和云南铁杉、丽江铁杉等十分类似，一般群落均出现在阴坡到半阴坡，可形成纯林或针阔混交林，在混交林中可为优势种或伴生种。但其更新却需要较充足的光照环境，这种带有矛盾性的生态需求或许是澜沧黄杉分布局限、极易受环境变化影响而处于濒危状态的生物学原因，也是在育苗、造林中需要加以考虑的重要因素。

澜沧黄杉球果一般在9中下旬至10月成熟，至11月上旬基本上已经张开并完成大部分种子散布。种子采集应选发育良好的成熟球果，剪下球果并晒干或晾干，待其自然开裂后收集饱满的种子。收集到的种子去除种翅和杂物后保存备用，种子可在常温室内保存。澜沧黄杉播种可在当年随采随播，也可以在翌年2～4月直播，一般选取气温逐步升高的季节。澜沧黄杉因种子较小，播种时采用浅播，即先开出1～2cm深的播种沟，然后将种子大致均等播种，播种完成后回土掩埋并覆盖少量腐殖土，浇透水后覆盖松针或塑料薄膜保持水分。春季播种约20天后萌发，萌发持续周期较长，可持续达半年，但大部分在播种后2～3个月内萌发。澜沧黄杉种子为出土萌发，播种时采取覆盖措施的，土层不宜过厚。

（覃家理）

33 华东黄杉

别　名｜浙皖黄杉

学　名｜*Pseudotsuga gaussenii* Flous

科　属｜松科（Pinaceae）黄杉属（*Pseudotsuga* Carr.）

华东黄杉是我国特有的第三纪孑遗植物，华东地区特有珍稀树种，国家二级重点保护濒危植物（刘晓燕，2007），树形雄伟壮丽，冠形优美，观赏价值较高，可作为山区及庭园观赏树种。木材硬度适中，干材通直，纹理直，无病腐空心，制成家具经久耐用，是珍贵的用材树种。其生长较快，适应性强，栽培历史悠久，又可作为分布区的造林树种。同时，其遗传多样性丰富，是树木育种中难得的种质资源，保护好本种，对研究植物区系和黄杉属分类、分布均有重要的学术意义。

一、分布

华东黄杉最先在江西的三清山被发现，目前主要分布于浙江西部、中部、南部，安徽南部，福建北部及西部，江西东北部，以及湖北西南部的海拔500～1500m处，以散生分布和小片林为主（沈如江，2010）。其中，徽州山区海拔600～1500m的局部高山地带为其天然分布区。浙江临安西天目山、淳安、龙泉、庆元、遂昌、平阳等地山谷溪边天然林中有散生，垂直分布于海拔700～1300m。贵州的东北部及西部、四川东部至西南部、云南东北部海拔1500～2800m的酸性黄壤山地也有分布。江西东北部玉山县怀玉山玉景峰有较大面积的华东黄杉天然林，尤以海拔1200m的风门至1400m的结须岩一段最为集中。在上述地区的针阔混交林内，华东黄杉常与黄山松、南方铁杉、青冈、山枫香等混生。

二、生物学和生态学特性

常绿乔木。高达40m，胸径可达1m。树皮深灰色，裂成不规则块片。1年生枝淡黄灰色（干后灰褐色或褐色），叶枕顶端褐色，主枝无毛或有疏毛，侧枝有褐色密毛。冬芽卵圆形或卵状圆锥形，顶端尖，褐色。叶条形，排列成2列或在主枝上近辐射伸展，长2～3cm，先端有凹缺，上面深绿色，有光泽，背面有2条白色气孔带。球果常呈圆锥状卵圆形，基部宽，上部较窄，中部种鳞肾形或横椭圆状肾形，鳞背露出部分无毛。种子三角状卵圆形，微扁，长8～10mm，上面密生褐色毛，背面有不规则的褐色斑纹。花期4～5月，球果10月成熟。

华东黄杉苗期、幼树生长缓慢，一般15年生开花结实，可孕的种子极少，有的全部不孕，有的胚干缩或被虫害，天然林一般在20～25年生以后生长逐渐加快。休宁六股尖海拔1040m处，160年生的华东黄杉树干解析表明，20年生以前生长很慢，20年生以后逐步加快，高生长较快时期为30～60年生，连年高生长最大值在40年生左右，年生长量为0.3m，60年生以后高生长开始下降，90年生以后年高生长量不足10cm。

华东黄杉生态幅比较狭窄，适生于气候温暖湿润、土层深厚、排水良好、呈酸性的红壤和山地黄壤中。深根性，侧根粗大，伸展力强。植株结果率较低，种子空粒较多，繁殖难度较大，对环境要求严格。自然状态下幼树早期耐阴，忌强光及干旱，后期需光。植株周围需要其他阔叶树维护其凉爽湿润的气候和土壤。群落外貌多为残存的次生林，可与马尾松、玉兰、交让木、尖叶山茶等伴生。

三、良种选育

良种华东黄杉多散生在海拔较高的天然林中，一般树龄较大，个体间授粉概率低，种子空粒多，加上种子受到寄生蜂的危害，发芽率极低。因此，发展这一珍稀树种，首要问题是种源。其解决途径如下。

1. 人工授粉

组织人工授粉，并将授粉球果套上袋子，防止寄生蜂危害，促进林木产种。

2. 建立良种基地

一是利用日本冷杉5年生幼木作砧木，选取20年生左右的华东黄杉幼树枝条，采用髓心形成层对接法嫁接，将嫁接后的幼树集中移植到土层深厚、海拔500m以上的山谷坡地。或选好适宜的山场，定植砧木，待其成活2～3年后，就地嫁接。

二是选择10～15年生散生的华东黄杉幼树，于3月中旬带土挖取集中移植到地势开阔、土层深厚、排水良好、有机质含量较高、海拔500m以上的坡地。

上述两种良种基地中最好有较大的稀疏乔灌木，以利于侧方遮阴以保持林木湿度。栽植前冬季进行块状整地挖穴，植后将四周杂草砍除并覆盖幼树根际保湿，每年7～8月进行垦复抚育，并防止其他林木压顶。

华东黄杉（刘仁林摄）

四、苗木培育

1. 播种育苗

华东黄杉结果后，黄杉大痣小蜂（*Megastigmus pseudotsugaphilus*）喜欢将卵产于幼果的种子上，后孵化幼虫蛀食种仁。因此，10月中下旬种子成熟后，把采回的球果放于通风的光滑地面晒干，然后用木棒轻轻敲打球果，以弹出种子。收集种子后，除去杂质、空粒及损伤的种子，阴干，再用药剂熏烟杀死种子中的幼虫，贮存在通风干燥处待播。也可用10%的石灰液加少量硫酸铜泡种5～6天，然后取出用清水洗净，再用清水泡种1～2天后播种。用此方法处理种子，发芽率可达90%以上。

选择海拔500m以上、地势开阔、光照时间短、土层深厚肥沃、土质疏松、保水透气性好、便于排水且水源方便的沙壤土地块作为苗圃地，切忌选黏重土壤和积水地。3月上旬深挖圃地作床，床高15～20cm，宽度100cm左右，并施以腐熟基肥。在床面上开1cm的播种沟，播种沟行距30cm左右。将种子均匀播下，播后盖0.5cm厚的细土并轻轻拍平，盖以稻草或茅草，喷水浇湿。幼苗出土后揭去稻草并立即搭遮阴棚，翌年6～7月苗高10～15cm时，即可出圃造林。华东黄杉在幼苗时期对环境的要求尤其严格，保湿、遮阴、除草，选择较高海拔保证凉爽湿润气候是幼苗成活的根本保证。

2. 容器育苗

容器育苗具有能抗旱移栽、耐长途运输、成活率高等特点，目前在华东黄杉苗木培育中应用较广。具体步骤如下。

（1）苗圃地选择及整理

选择坡度在8°以下的平地或半阳坡，土壤肥沃、土质疏松、保水透气性好、便于排水且水源方便的沙壤土地块作为苗圃地。先清除苗圃地杂草，全面翻垦暴晒，以杀灭病原菌、线虫及杂草种子。冬初，每亩施用20kg钙镁磷肥、1000kg腐熟的农家肥，进行耙耕，精整土地。同时用0.5%高锰酸钾消毒杀菌，用25kg呋喃丹杀虫，或烧挖1～2次，然后碎土作床。苗床一般采用高床方式，苗床宽100～120cm，步道沟宽30～35cm，深20～30cm，长度依地形而定。床面的熟土，应集于一旁作营养土的配料（高顺良和高顺全，2004）。

（2）营养土的准备

用3份腐殖质土和2份已腐熟的农家肥，再加1份细沙和4份苗圃地的熟土混匀，进行2～3天暴晒，然后敲细，用1mm孔径的筛子筛去粗粒及杂草，以备装袋。营养土装袋后排放于整好的苗床上，排与排间距40cm，四周用土埋好（埋土至与营养袋相平为宜）。

（3）播种

播种一般于3月中旬进行，方式为点播。点播前将营养袋浇透水，每个营养袋播1粒处理过的种子（处理方法见播种育苗中描述）。播完后再在营养袋上面覆盖一层细沙，厚度以看不到种子为宜。播种后要及时缓慢喷洒清水，以不冲走细沙为宜。出苗后要搭遮阴棚，以防止幼苗被暴晒。

（4）炼苗

容器苗上山造林前必须经过炼苗。较简单的方法是：造林前一个月，逐渐减少淋水的次数和淋水量，去遮阳网及防寒膜，以促进苗木木质化，增强对病虫害的抵抗能力，提高造林成活率（朱泰恩，2013）。

五、林木培育

1. 立地选择

华东黄杉的生态幅较窄，造林地选择的适宜与否直接关系到幼树的成活及林木生长。根据其生物学和生态学特征，造林地宜选择在中亚热带海拔500m以上、常年湿润、土地肥沃、排水良好的残次林山坡和沟谷两侧，林地不宜砍灌全垦，而是利用疏林空地、林间隙地，或采用有规律砍伐创造人工林地天窗，进行块状整地、挖穴造林，形成侧方有乔、灌木保护庇荫的生境。

2. 造林

造林时间为3月上中旬，由于华东黄杉幼时生长缓慢，应选择5年生以上、粗壮、无病虫害、无损伤的Ⅰ、Ⅱ级苗木作为造林材料。定植时，将苗木直立端正地植于穴正中，穴的规格为30cm×30cm×30cm或40cm×40cm×40cm，然后将备好的腐殖土填入穴中，边填边踏实，填土应略高于地面成小丘形。

3. 抚育管理

造林后要及时检查成活情况，遇到自然死亡株应尽快补植。华东黄杉幼时怕强光直射，生长到一定年龄后又较喜光，因此，造林后的抚育主要是保湿，并利用侧方乔灌木遮阴，同时又要防止上方受压，尤其是大树不能受到其他树冠的遮压。种植后前5年要每年夏季除草、垦复扩穴，有条件的地方可配施有机肥以促进苗木生长。在抚育管理中，应随时除去幼树基部的萌条，以促进主干生长。同时，造林地要随时注意防火，加强造林地块的病虫害监测和防治工作。

六、主要有害生物防治

1. 桑寄生（*Loranthus coloreas* var. *fargesii*）

桑寄生的种子主要靠鸟类传播，种子可忍受鸟体内高温及消化液作用而不被消化，随鸟粪排出后即黏附于华东黄杉枝干上，在适温下吸收清晨露水即萌发长出胚根，先端形成吸盘，然后生出吸根，从华东黄杉伤口、芽眼或幼枝皮层直接钻入形成桑寄生害。侵入后在树木木质部内生长延伸，分生出许多细小的吸根与寄主的输导组织相连，从中吸取水分和无机盐，也可直接夺取寄主植物的部分有机物，导致植株受侵害后生长势逐渐减弱，落叶早、发芽晚，不开花或延迟开花，木质部纹理被破坏，枝干逐渐萎缩干枯，最后甚至整株死亡。防治方法：坚持连年彻底砍除桑寄生的枝条、根出条及已侵入寄主组织内的吸根，于果实成熟前进行。同时，桑寄生可以入药，因此砍除病株既可防治其害，又可供药用，一举两得，较易推行。用硫酸铜、氯化苯氨基醋酸等进行喷洒防治也有一定效果。

2. 黄杉大痣小蜂（*Megastigmus pseudotsugaphilus*）

大痣小蜂是生产和检疫上都值得注意的一类食植群害虫，对华东黄杉的侵害主要以幼虫在其种子内生活和取食，蛀食种子的胚乳，导致种子中空，使种子丧失发芽能力（章今方等，1994）。防治方法：用清水漂洗种子，将上浮层有虫种子去掉，并用温水（50～60℃）浸种15min，以杀死大痣小蜂的幼虫和蛹等。严格实行检疫制度，严禁带虫种子外运。加强对母树林、种子园的管护，清除林地虫源，且每年尽量将树上球果采光，以减少翌年的虫口来源。化学药剂处理：①在成虫羽化期施放杀虫烟雾剂熏杀成虫，每亩1kg，需放烟2次，间隔3～5天一次。②用磷化铝熏蒸。③用40%氧化乐果乳油进行超低容量喷雾，也可用25%杀虫双水剂300倍液、90%敌百虫晶体800倍液喷雾，杀虫率可达80%以上。

七、材性及用途

华东黄杉为我国上等用材树种。树干粗大圆满，边材淡褐色，心材褐色，木材硬度适中，纹理直，材质略粗，不矫不裂，经久耐用，可作建筑、车辆、桥梁、家具等用材。

（陶晓）

附：北美黄杉［*Pseudotsuga menziesii*（Mirbel）Franco］

别名花旗松，是松科黄杉属乔木，原产于美国太平洋沿岸，生长茂盛，树干通直高大，树冠尖塔形，壮丽优美，在园林造景中可用作孤植树，观赏价值较高（张永贵，1993）。其材质坚韧，纹理细致，木材纤维长，是家具、桥梁、建筑、造船等的优良用材，曾经是我国最主要的进口材。

北美黄杉主要分布于加拿大不列颠哥伦比亚省及美国华盛顿州、俄勒冈州，是组成北美西海岸温带针叶林的主要成分。其原变种与变种的分布呈倒“V”形，由北部加拿大的不列颠哥伦比亚省向东一支为华旗松原变种，沿太平洋海岸带向南达美国的加利福尼亚。向右一支为变种，由加拿大不列颠哥伦比亚省中部沿洛基山脉呈带状向南分布到墨西哥中部，生长于海拔600～3000m的针叶林或混交林中。而人工林则分布于矿质土壤裸露的地区。

常绿乔木，高达100m，胸径可达12m。1年生枝灰黄色，略被毛。树皮质略硬，厚1～2cm，不易剥离。外皮灰褐色至深灰褐色，夹有白色的栓皮层，具不规则深纵裂，呈块状脱落，内皮黄褐色。树皮横切面具黄色网状花纹。叶条形，长1.5～3.0cm，先端略尖或钝圆，上表面深褐色，下表面色较浅，有2条灰绿色气孔带。球果椭圆状卵形，褐色，有光泽，长约8cm。种鳞斜方形或近菱形，长宽略等。苞鳞直伸，显著露出，边缘有锯齿（陈有民，2006）。

北美黄杉具有耐低温、耐瘠薄、抗风力强、病虫害少等特点，对土壤、气候等因子的适应幅度较宽，具有较强的生态适应特性。目前在我国庐山、北京等地引种栽培，但在庐山生长不旺，在北京生长良好。

北美黄杉木材纹理挺直，细胞排列井然，原木尺寸稳定，经干燥处理后依然能够维持原来的形状和尺寸，不会因收缩而破裂或出现凸起的纹理，其硬度足可与阔叶材媲美。在含水率为12%的情况下，木材比重为0.48（各种西部针叶材的比重介于0.32～0.52），每立方米的平均重量为540kg（各种西部针叶材的平均重量368～577kg），硬度为3160N，胶合性能在各种针叶树种中居前4位。

木材泛淡玫瑰色，颜色随着日照强度增加而加深。边材从白色到淡黄色，心材红褐色并具有松脂香味，春材和夏材的心材颜色明显不同。此木材可以顺纹理形状加工成多种产品，表面容易上漆（包括清漆、透明涂料、蜡或油漆，乃至各种染色及明亮或柔和色泽的涂漆）。其木材韧性纤维不易手工切割或雕琢，但使用锋利的电动工具和机床可以获得平滑的切割面，可作建筑、桥梁、枕木、车辆、船舶等用材，是北美重要的用材树种之一。同时，其木材能抵抗震动和位置改变所产生的磨损，特别适合制作大门和房门。

（陶晓）

34 杉木

别　名｜沙木、沙树（西南各省份）、正杉、正木（浙江）、刺杉（安徽）

学　名｜*Cunninghamia lanceolata* (Lamb.) Hook.

科　属｜杉科（Taxodiaceae）杉木属（*Cunninghamia* R. Br）

杉木是我国重要速生乡土针叶用材树种，栽培历史悠久，分布范围广阔，生长快、产量高、材质好且繁殖容易、病虫害少、用途广泛，是最受产区人民喜爱的造林树种（吴中伦，1984）。杉木栽培面积达1.34亿亩，蓄积量达6.25亿m^3，分别约占全国人工乔木林主要优势树种的1/5和1/4，在现代林业建设中具重要地位。杉木栽培有数千年历史，栽培区域遍及南方山区、丘陵、平原，从早期的零星栽植到大面积撂荒栽植与集约化栽培，杉木栽培技术不断得到改进和提升。在国家“六五”规划以来连续多个五年科技计划支持下，杉木立地选择、良种选育、苗木培育、整地造林、密度管理、抚育经营等技术具有较大突破，对杉木生长发育及培育效果具有了新的认识，推动了杉木资源培育及产业的持续发展。福建南平安槽下扦插营造杉木人工林53年生时材积达1200m^3/hm^2，年平均生长量逾22.6m^3/hm^2，因此，杉木被誉为“绿色银行”。但目前我国杉木生产力仍普遍较低，现有林分每公顷蓄积量不到75m^3，这与杉木快速发展进程中一些成功的经验和新的科研成果并没有真正应用到杉木培育实践中去有关。在传统培育技术中融入新的技术成果并加以推广应用，对杉木资源高效培育意义重大。

一、分布

杉木地理分布范围很广，遍及我国整个亚热带、热带北缘、暖温带南缘等气候区。分布北起秦岭南坡，伏牛山南坡，桐柏山、大别山及宁镇山系；南到广东、广西、云南；东至浙江、福建沿海山地及台湾山区；西到云南西南和四川盆地边缘的安宁河、大渡河下游。由于自然分布与人工引种栽培，我国杉木全分布区包括湖南、福建、江西、贵州、浙江、广东、广西、海南、四川、重庆、湖北、云南、安徽、山东、江苏、河南、陕西、甘肃及台湾19个省份，分布于19°～37°N、98°～122°E，面积200多万hm^2（林业部造林司，1982；盛炜彤和施行博，1992）。欧美、东南亚、非洲、大洋洲等区域内国家如英国、美国、加拿大、马来西亚、日本、南非及新西兰进行了引种，关注其用材林栽培前景，扩大了杉木分布范围。

杉木垂直分布根据地区的纬度、海拔高度、地形而有较大变化。中心产区杉木主要分布在海拔1000m以下的丘陵山地；在西部山地与高原地区分布海拔较高，贵州、四川峨眉山、云南大理与会泽等地杉木分布可达2000～2900m；在北部、东部及孤立山体分布海拔较低，如安徽大别山、江西庐山、浙江天目山、福建戴云山等地杉木分布一般都在1000m以下；在分布区东南部，如海南、台湾等地在800～1000m生长适宜，在台湾海拔2000m的山地也有杉木分布。

1. 产区区划

杉木产区区划首先根据气候划分带及区，然后根据地貌差别划分亚区。全国杉木产区共划分为3个带5个区5个亚区。

杉木北带（相当于《中国植被》的北亚热带） 杉木北带西区；杉木北带东区。

杉木中带（相当于《中国植被》的中亚热带） 杉木中带西区；杉木中带中区；杉木中带东区，包括湖南、湖北沿江丘陵台地滨湖亚区（a），江西、浙江、福建中低山亚区（b）和南岭

山地亚区（c）。

杉木南带（相当于《中国植被》的南亚热带） 划分2个亚区，分别为广东、广西低山丘陵亚区和广东、广西丘陵台地亚区。

2. 重点速生丰产林基地

根据杉木产区区划与生产潜力，可划出15片杉木速生丰产林基地，分布于福建、浙江、江西、湖南、贵州、湖北、广东、广西、四川、云南、安徽、河南12个省份188个县（市、镇）。其中，1～8片基地分布于7个省份106个县（市），地处武夷山脉、南岭山地、雪峰山区，亦称杉木中心产区；第9～15片基地，分布在7个省份82个县，虽位置不在中心产区，但多属高丘、低山、中山地带，由于地形对水、热条件的重新分配与组合，形成了有利于杉木生长的环境，杉木生产力仍可达到一般水平以上。

（1）闽北（闽江上游）

包括南平、建瓯、建阳、顺昌、将乐、邵武、明溪、三明、沙泉、建宁、清流、宁化、泰宁、永安、崇安、大田、光泽、浦城、尤溪、松溪20个县（市）。

（2）赣南（赣江上游）

全南、定南、龙南、大余、崇义、信丰、上犹、寻武、安远9个县。

（3）粤北（北江流域）及桂东（西江流域）

乐昌、始兴、乳源、仁化、南雄、连平、和平、怀集、连山、连南、广宁、贺县、恭城、昭平、金秀15个县。

（4）赣江（赣州以下，赣江两支流）

遂川、安福、宁冈、莲花、永新、泰和、井冈山7个县。

（5）湘南（湘江）及鄂西南（清江）

江华、双牌、蓝山、汝城、祁阳、资兴、郑县、桂东、茶陵9个县。

（6）黔南及桂北（柳江上游、榕江）

榕江、从江、三都、三江、融安、融水、兴安、龙胜、资源、南丹、凤山、天峨、环江、全州、永福、临桂、富山、灌阳18个县。

（7）黔东及湘西南（清水江、源江中上游、资江）

锦屏、天柱、剑河、黎平、台江、雷山、丹寨、松桃、江口、丹江、会同、芷江、靖县、通道、黔阳、源陵、溆浦、辰溪、城步、绥宁、安化、洞口、新化23个县。

（8）鄂西南（清江）

恩施、来凤、鹤峰、咸丰、利川5个县。

（9）浙南（瓯江上游）

龙泉、云和、庆元、泰顺、丽水、遂昌6个县。

（10）皖南及赣东北（新安江及信江上游）

祁门、黟县、休宁、歙县、绩溪、东至、泾县、石台、青阳、太平、旌德、宁国、玉山、德兴、务源、景德镇16个县（镇）。

（11）大别山

霍山、金寨、岳西、潜山、太湖、舒城、宿松、商城、罗山、固始、信阳、光山、新县13个县。

（12）赣西北、湘东北及鄂东南

修水、铜鼓、宜丰、万载、奉新、武宁、靖安、平江、浏阳、通山、通城、崇阳12个县。

（13）川南、黔北及滇东（长江上游及南盘江）

叙永、古蔺、习水、洪县、赤水、筠连、屏山、合江、绥口、盐津、彝良、威信、罗平、师宗、富源15个县。

（14）川西（岷江流域）

雅安、洪雅、峨眉、沐川、邛崃、什邡、崇庆、彭县8个县。

（15）滇东南及滇西南

屏边、金平、马关、麻栗坡、元阳、绿春、西畴、富宁、广南、腾冲、龙陵、陇川12个县。

二、生物学和生态学特性

1. 形态特征

针叶常绿乔木。单轴分枝，干形通直圆满。高达30m，胸径达3m。树皮棕色至灰褐色，长条状开裂，内皮淡红色。侧枝轮生，与主干近于80°角，放射状开展。雌雄同株异花（俞新妥，1982）。

2. 生物学特性

分布及栽培区广阔，生长过程及潜力因气候、地形、土壤条件的变化而具较大差异。

喜温暖湿润、喜光，怕干旱强风。分布范围内的气候条件：年平均气温15～23℃，1月平均气温1～12℃，极端最低气温约-20℃，年降水量600～2000mm。杉木生长的适宜气候条件：年降水量1300～2000mm，分布均匀，旱季1～3个月或无旱季，年降水量接近蒸发量，或者相差不大，年平均相对湿度在77%以上，年平均气温16～19℃，绝对低温-9℃，年降水天数150～190天，年日照时数1600～1800h，年≥10℃的有效积温4500～6500℃。所形成的环境温暖湿润，霜雪罕见，生长期长，无强风侵袭。在分布的偏南地区，主要受高温旱季限制，光照强也不利于杉木生长，如广东信宜等地，有时旱季长达5～6个月。在分布的北缘地区，主要受长期低温干燥限制，光照强、寒流多，对春、秋生长不利，如河南信阳极端低温达-20℃，该区域只有在山麓山洼背风、温暖、湿润的地方生长较好。在高海拔地区，由于降水多，湿度大，温差变幅小，蒸发量远小于降水量，虽温度偏低，杉木也能正常生长。对杉木生长和分布起着限制作用的主要因素是温度和湿度，且湿度的影响程度往往较温度更大。

地形是影响杉木生长的间接因素，通过对水、肥、光等因子的再分配产生作用。山脚、山冲、谷地、阴坡等地方，一般日照短、温差小、湿度大、风力弱、土层深厚、肥沃湿润，是杉木速生丰产的理想环境。而在山顶山脊、阳坡或山坡上部，日照长、温差大、湿度低、风力强、土壤侵蚀严重、肥力差，杉木生长最差。山腰部位的气候土壤条件介于两者之间，杉木生长中等。“当阳油茶背阴杉，松树山岭杉木洼”，简明地概括了杉木的适生环境。地形对气候土壤的影响，在孤山较为显著，从而对杉木的影响也较大。而在山岭连绵的群山区，坡向、坡位对气候土壤的影响就小得多，不论阴坡、阳坡，杉木都能长好。所以，在同一海拔高度，同一土壤条件，群山中的杉木产量总是高于孤山地区。

土壤是直接影响杉木生长的因素。杉木栽培区自北往南有黄棕壤、红黄壤、红壤，这些土类都能生长杉木，但以红黄壤土上生长较好。杉木生长快、生长量大，根系又集中分布在土壤表层，喜肥嫌瘦，怕碱、怕盐，对土壤的要求较高。各种酸性和中性基岩母质特别是板岩、页岩、砂岩、片麻岩、花岗岩等，经过长期风化发育形成的土壤，只要土层深厚（一般在100～150cm以上）、质地疏松、富含有机质、pH为4.5～6.5、肥沃湿润而又排水良好，就是杉木生长最好的土壤，称之为乌沙土（又叫油沙土或黑沙土），杉木生长快、成材早、产量高。黄沙土又称糯黄土或黄泥土，土壤肥力不及乌沙土，质地较黏重，有机质含量较少，土壤结构、透水性和通气性较差，属于中等土壤条件，杉木生长中等。黏重的死黄土、薄层土和含石多的石沙土是最差的土壤条件，杉木生长缓慢，早熟早衰，树干矮小，产量很低。选择土层疏松、腐殖质含量高的林地造林，对杉木集约经营具有重要意义。

3. 生长发育过程

杉木顶端优势明显，很少分枝，主干发达，侧枝相对细弱。因此，杉木树干高、直且圆满，出材率高。树液一般2月下旬开始流动，3～4月抽枝发叶，至11～12月结束生长。侧枝较主梢萌动早，也早停止生长。胸径比树高生长开始得早

江西省分宜县中国林业科学研究院亚热带林业实验中心杉木无性系试验林（段爱国摄）

且结束得迟。在年生长发育过程中，主梢高生长通常有2次高峰，第一次在5～6月，第二次在9～10月，第一次的生长量最大，占全年的52%～60%；直径生长也有2次高峰，第一次在5～6月，与高生长同时到来，第二次在9月前后。下半年的生长量大于上半年，为全年的60%～70%。

杉木是浅根性树种，没有明显的主根，侧、须根发达，再生力强，但穿透力弱。根系生长与地上部分生长、树龄、土壤条件有关。垂直根系缺乏主根而具有3～11条主要垂直根，成年杉木根系通常入土深达1.5～2.0m。水平根系造林后初期扩张很快，成年后正常发育林木的根幅大于树冠1倍左右；85%以上细根都分布在10～60cm的土层中，且大部分最细的须根集中于表土20～30cm范围。

杉木雄花一般于3月中下旬开放，花期长短与天气有关，晴天5～10天结束，阴雨天有时延长到20多天。球果成熟期多数在10月下旬到11月下旬，成熟种子一般20～30天后开始飞散，适宜采种季节是球果成熟后2～3周内，通常在11月中下旬比较适合。雌花多生于树冠中上部，雄花多生于树冠中下部。杉木一般8～10年生开始结实，15～30年生大量结实。

随着年龄的变化，杉木林分的内部结构和对外界环境条件的要求均有所不同，并表现出一定的阶段性。依据林木生长进程，杉木林分生长发育过程可划分为4个阶段：幼林阶段、速生阶段、干材阶段及成熟阶段。随着对杉木林分生长发育过程观测的深入，特别是长期密度试验的观测，对杉木林分生长发育有了更多深入的认识，可划分为5个阶段（盛炜彤，2014）：①幼林阶段，即大体在3年生前，是属于幼林与灌木、杂草竞争阶段，由于当前采用良种和集约栽培技术，造林当年是缓苗期，2～3年生是树高、直径、冠幅的快速生长期，立地指数14～16的幼林3年生后已有较强的对杂草、灌木的竞争能力，但3年生前仍需要注意中耕除草，以减轻幼林竞争压力，促进成林。②林分形成阶段，即林分已开始发挥群体作用的阶段，大体从4年生开始到7～9年生，这一阶段是树高生长、树冠生长的快速生长期，并出现峰值，林冠开始郁闭，出现林木分化与自然整枝，直径生长迅速下降，这一阶段材积生长也在快速上升期，林内杂草、灌木由于光照不足而快速被淘汰，并开始有少量枯落物产生。这一阶段由于林分处在旺盛生长期，对土壤肥力要求较高，对于土壤肥力不足的林分，需要施肥管理，这时施肥可取得较好成效。③林分激烈竞争阶段，从9～10年生到17～18年生或20年生，这一阶段林冠高度郁闭，重叠度高，树高生长下降，直径生长进一步下降，林木分化及自然整枝强烈，林木的枝下高快速上升，自然稀疏开始出现，材积生长出现峰值，并逐渐下降，平均生长与连年生长相交。这一阶段林内透光度极差，几无林下植物。这一时期，急需通过间伐调整林木的密度、光照和营养空间，以促进保留林木的树冠和直径生长，使需要培育的保留林木得到适宜的光照和空间。④林分生长发育的持续阶段，从17～18年生或20年生以后到25年生或30年生，这个阶段通过林木自然整枝，林冠郁闭度下降，林木树高、直径维持在一定水平上的持续生长，材积尚有较大增长，而上层木及优势木仍有较快的生长量，是培育大径材的有效期。林内由于透光度增加，林下植被得到较快发展，地力得到一定程度的恢复。⑤林分生长发育衰退阶段，这一阶段从30年生到40年生，林木直径、树高与材积生长进一步下降，直径、树高年生长量分别下降至0.5cm、0.5m以下，生长量很低，林冠疏开，通常达到了采伐年龄。这一时期，林下植被得到充分发展，林木对养分的吸收量下降，而林分凋落物量提高，养分归还量增加，延长采伐期，对地力维护是有利的。

三、良种选育

杉木优良造林材料选择基于杉木多路线遗传改良，主要源于种源选择、种子园营建技术、家系与无性系选育等良种选育成果。全面系统的杉木种源试验科学划分了杉木种子区，为杉木全分布区良种选育工作提供了丰富的遗传材料，奠定了我国杉木遗传改良研究与生产应用的基础；基于高世代遗传改良路线及策略，杉木种子园营建技术经历了1代、2代发展阶段，步入第三代种子园建设及管理时期；“有性创造，无性利用”选育策略达成共识，杉木无性系选育已由单一层次、单一途径、单一性状向多层次、多途径、多目标性状综合选育推进。杉木良种选育技术成果现支撑建设有湖南省靖州县排牙山林场、攸县林业科学研究所、资兴市天鹅山林场，福建省洋口林场、邵武市卫闽林场、沙县官庄林场、尤溪县尤溪林场、上杭县白砂林场、光泽县华桥林场，江西省信丰县林木良种场、安福县武功山林场、安福县陈山林场、安远县牛犬山林场，广西融安县西山林场、全州县咸水林场，贵州省黎平县东风林场，浙江省龙泉市林业科学研究院、杭州市余杭区长乐林场、开化县林场，广东省乐昌市龙山林场、韶关市曲江区小坑林场，湖北省恩施市铜盆水林场、阳新县七峰山林场，四川省高县月江森林经营所、洪雅县林场、南岸区长生林场，安徽省休宁县西田林场，云南省马关县倮洒等31处国家级杉木良种基地，为杉木造林提供了丰富的优良材料。

1. 种源选择

根据全国杉木种源试验协作组对296个地理种源在14个省份85个试点的生长观测结果，杉木优良种源增产潜力可达20%以上，并能改善木材品质及树种抗逆性能（全国杉木种源试验协作组，1994）。

据种源试验结果及分布区的生态条件，我国杉木全产区可划分为10个种子区：Ⅰ——秦巴山地种子区；Ⅱ——大别山桐柏山种子区；Ⅲ——四川盆地周围山地种子区；Ⅳ——黄山天目山种子区；Ⅴ——雅砻江安宁河流域山地种子区；Ⅵ——贵州山地种子区；Ⅶ——湘鄂赣浙江山地丘陵种子区；Ⅷ——南岭山地种子区；Ⅸ——闽粤桂滇南部山地丘陵种子区；Ⅹ——台湾中北部山地种子区。

广西融水、那坡，贵州锦屏，福建大田、建瓯，广东乐昌，湖南会同，四川邻水及江西铜鼓等种源速生性强、生产力高、适应性广，为优良种源。除四川邻水和广西那坡外，杉木优良种源分布范围明显地集中于南岭山地区，包括：桂北、黔东南、闽北、粤北、赣南、湘西南。其中，又以融水、锦屏为代表的南岭山地西部三江流域（清水江、都柳江、融江）的种源表现尤为突出。

杉木种源对不同造林区和不同立地类型有不同的适应性。不同造林区应选择适于本地的优良种源造林。北带西区，本区种源适应性强，应以本区种源种子为主并引进相似生态条件的优良种源种子同时应用；北带东区，宜从优良种源中选择抗寒性强的速生高产种源；中带中区和西区，除用本区优良种源外，应积极引进南岭山地的优良种源；中带东a区、b区和南带，主要调进南岭山地的优良种源；中带东c区，用本地优良种源。所推荐的优良种源，应定点采种、调种。应先利用本区优良种源。

2. 种子园营建技术

种子园是用优树无性系或家系按设计要求营建，实行集约经营，以生产优良遗传品质和播种品质种子为目的的特种人工林。杉木种子园是当前杉木良种繁育及推广的重要手段。我国杉木种子园始建于20世纪60年代，70～80年代先后完成了1代、2代杉木改良代种子园的营建，并于20世纪90年代，在杉木优良亲本选择及无性繁殖、种子园营建技术及丰产技术方面取得系统进展。21世纪初，我国南方各省份杉木高世代种子园已全面进入第三代试验性或生产性种子园建设时期，“十三五”规划时期将步入第四代遗传改良阶段；利用高特殊配合力的双系种子园也在理论与技术方面取得重要进展，进入生产阶段，以红心为目标性状的杉木专营性种子园步入快速发展时期。第三代种子园营建技术主要包括优树选择、建园程序、园址选择、无性系配置、嫁接技术、种子园管理等方面。

（1）优树选择

优树主要衡量因子有树干、树冠、材质、抗性、结实性等。优树选择应优先在优良种源区进行。第三代优树选优林分可来源于2代全同胞家系、2代半同胞家系、2代种子园嫁接母株。杉木杂交组合的表现与其父、母本的生长水平密切相关。杉木部分杂交组合有明显的超亲优势，且具较高的单株遗传力，优树性状可得到有效遗传。2代全同胞家系中选出的优良组合非常有限，往往营造的2代半同胞家系更多、面积更大，能够选择出的优良半同胞家系较多。为了丰富建园材料，防止基因变窄，可在优良半同胞家系中选择优树作为补充材料。根据2代种子园嫁接母株的生长、结实与形质指标，可评选出生长快、结实多、形质优的母株，作为补充3代种子园的建园材料。另可选择部分其他来源的优异单株，以增强基因多样性。

（2）建园程序

杉木嫁接容易成活，通常采用先定砧后嫁接的建园程序，即先在园址定植砧木，然后于翌年进行嫁接；另一种新的杉木种子园建园程序为先嫁接后定植，可称为分步式建园方式，即先在苗圃地培育砧木并于1年后就地进行嫁接，后将培养1年的嫁接苗直接定植于园址。后一种建园方式相对传统建园方式，可增加种子园土地利用时间1年，促进种子园提前1年结实，并提高种子园正冠率、成活率及整齐度，且在经济上亦较为合算。

（3）园址选择

种子园园址选择在杉木适宜栽培生态区内是建园基本原则。除此，园地综合立地条件及外源花粉隔离条件为种子园园址选择的两大考量因素。园址要求选择在地形平缓、坡度小于20°、地势开阔的阳坡或半阳坡林地，有利于母树结实，增加种子产量；要求中等水平肥力、排水性能良好的土壤，有灌溉条件，交通方便。严格控制外源不良花粉的进入，进行隔离处理。具体隔离方式有以下几种：一是种子园距污染花粉源的距离在300m以上，注意散粉期风向，尽可能将种子园建立在主风上方的山坡上；二是将种子园建在其他树种林分内，如把杉木种子园建在油茶林分内；三是在种子园周围人工营建50m宽以上的隔离带。

（4）无性系配置

随着世代的发展，近交是难以完全避免的。为控制共祖率和减少近交的抑制作用，将一个育种群体划分成较小的几个亚群体，将没有亲缘关系的材料归为一个亚群体。在同一个亚群体内可以自由交配，但在不同亚群体间不能自由授粉，亚群体是封闭的。以大区为界限（大区间相对隔离）安排亚群体，这样最大程度上避免了近交的发生。将无性系内的不同分株相隔20m以上，可尽量避免自交衰退。在建园时少量加入一些谱系不清的优树进行无性系配置是可行的。以生产小区为单位进行无性系配置，每小区配置无性系30~45个。

（5）嫁接技术

采用髓心形成层对接法进行嫁接，该嫁接方法行之有效、简单易行，适宜杉木大面积生产嫁接，成活率高。嫁接时间直接影响到嫁接成活率，不同地方嫁接时间不一样，一般宜在2月中下旬至4月上旬进行嫁接，这时植株体内营养物质、激素含量相对较高，细胞生理活动加强，此时嫁接有利于愈伤组织的形成，有利于接穗和砧木的结合。接穗应采集建园亲本优树树冠中上部外围的一级侧枝主梢，挑选顶芽粗壮、中心芽明显的嫩梢，穗条在采集、运输、嫁接过程中要注意保湿。

（6）种子园管理

种子园管理水平直接影响种子产量和播种品质。种子园的管理可分为建成前管理和建成后管理。建成前管理关系到种子园园相的整齐，时间跨度虽短，但十分关键；建成后管理主要包括土壤管理、花粉管理、树体管理等。

种子园建成前的管理措施主要有三点：一是接株解带，接株愈合之后，顶芽抽长10cm左右即可解带，解带的时间大约在5月中旬；二是抹芽去萌，结合解带时有发现嫁接口附近砧木上长出的不定芽应及时抹掉，嫁接后2年内应反复抹芽，具体视萌发情况而定；三是折梢修枝，一般保留1~2轮侧枝作为营养枝，2年内逐步修剪。

土壤管理包括施肥、中耕和除草。为了达到

稳产、高产、优质的要求，必须进行合理施肥。每年全面除草、松土、培土2～3次。

花粉管理包括3个方面：一是防止种子园以外的花粉飞窜入园内，造成污染；二是使园内各无性系或家系能充分相互授粉，扩大种子遗传基础，减少自交；三是授粉期内，如果因天气原因导致授粉不充分，应及时进行人工辅助授粉。

树体管理的要点是对树木进行人工修剪，促使杉木树形矮化，扩大结实面积，便于管理操作和果实采摘，降低种子生产成本。集约化经营程度高的种子园可采取截顶措施控制高生长并促进侧枝发育及生殖生长。

此外，杉木双系种子园作为利用两个无性系特殊配合力的一种良种繁育方式，避免了每年花费大量资金和精力去爬树进行套袋控制授粉，应用价值愈显重要。浙江、湖南杉木双系种子园的2个亲本正交和反交的后代材积生长都超过生产种30%以上。

3. 无性系选育

无性系造林是遗传改良成果的高层次利用。杉木无性系造林具有3个方面的优越性：一是无性系选择层次高，选择强度大，拥有最大的遗传增益；二是无性系选育周期短，育种成本低；三是无性系能保持母本的遗传特性，生长一致，林相整齐，便于集约经营。杉木无性繁殖造林的历史据史料记载已有1000多年，但对于杉木无性系遗传改良及其选育研究则始于20世纪70年代后期。经过近几十年的科学研究与选育实践，我国的杉木无性系选育工作取得了重大进展，为生产造林提供了大批优良无性系苗木，极大地提升了杉木人工林产量。

（1）选育程序与基础

依据储备材料的起点或基础的不同，杉木无性系选育程序可大致归纳为5种类型：基于杉木种源试验，以适宜当地优良种源的子代为选育基础；产地种子园半同胞无性系自由授粉的子代；无性系种子园半同胞无性系自由授粉的子代；人工控制授粉全同胞优良杂交组合的子代；自然界优良表型或自然杂种的子代。

无性系增益一般只限于一个世代，所以必须搜集广泛的基因资源，防止无性系衰退。只有经过测定和区域化栽培试验，选出的优良无性系才具有可靠的遗传增益，才允许大量繁殖和应用于生产。

（2）选育目标性状

无性系属于单一基因型，围绕某一既定目标展开选育工作是无性系选育的基本思路。以建筑材、纸浆材、装饰材等为选育目标，杉木无性系选育主要考虑的经济性状包括如下几个方面。

速生型 以杉木胸径、树高、材积生长量为评价指标，筛选生长速度快、生长量大的无性系。

质优型 以杉木木材密度、纤维长度等为指标，筛选材质优良的杉木无性系。

高红心比率型 针对杉木优良类型——红心杉所具有的优异性状，以心材红心比率为选育指标，筛选红心比率高的优良无性系。

耐瘠薄型与单一营养型 针对杉木立地差异性，为充分利用林地，提高较差立地条件下杉木生产力，以立地与无性系交互试验为基础，选育耐贫瘠土壤条件的杉木优良无性系；以单一营养组分如氮、磷等对杉木生长的影响，选育氮素、磷素营养高效型无性系。

抗病、抗虫型 利用不同基因型无性系对常见病虫害的反应差异，筛选抗病、抗虫能力强的杉木优良无性系。

综合性状优异型 以高产优质多抗为选育目标，综合考虑多性状特性，筛选综合性状优异型杉木无性系。

（3）遗传增益

我国在杉木速生、优质、耐瘠薄等性状及联合性状方面筛选出一大批优良无性系，实现了较高的遗传增益。

速生型优良无性系 江西大岗山17年生中选优良无性系湘杉300、湘杉88、湘杉68的材积生长量分别较生产用种高76%、37%、35%，这3个优良无性系在广西武宣同样表现出优异速生性状，较优良种源种子的材积生长量分别高19%、57%、39%，为首次审定的国家级杉木无性系良种，适宜于跨区域推广栽培。贵州黎平8年生杉木无性系试验表明，参试无性系的树高、胸径和材积之间的差异均达极显著水平，中选的5、11、20号等12个速生型无性系材积生长量较当地第一代种子园混合种高100%～240%。

优质速生型无性系 基于种源、林分和单株三水平选择出的无性系，95%以上的无性系单株材积大于一般生产种，且杉木无性系生长性状与材质性状之间具有相对独立的遗传性，根据综合评分法，江西选育出生长与材性兼优的27、31、57号等8个杉木无性系，中选11年生杉木无性系平均胸径、树高、单株材积、木材基本密度和纤维长分别为15cm、10.2m、0.0977m^3、0.2956g/cm^3和3256μm，与一般生产种相比的遗传增益分别达22.6%、12.9%、71.6%、5.09%和5.11%。

速生营养高效型无性系 在不断衰退和肥力较低的林地上，培育有效利用土壤营养元素的良种已成为重要途径。遗传参数分析表明，无性系营养性状遗传力变化范围为0.077～0.7069，平均为0.4653，无性系吸收营养受中等遗传控制。湖南选育出3个速生营养高效型杉木优良无性系，16号无性系适应14指数级立地，属速生、耐瘠薄营养高效型无性系；13号无性系适应16指数级立地，属速生、中等营养高效型无性系；12号无性系适应18指数级立地，属速生、高营养高效型无性系。

四、苗木培育

杉木可有性繁殖或无性繁殖，播种育苗是主要繁殖途径。杉木无性繁殖方式主要为扦插育苗和组培育苗，其中扦插育苗的大面积应用受限于插条数量不足，而随着组织培养技术的日渐成熟，组培育苗应用前景较大。由于冬、春干旱和造林地土壤贫瘠，裸根苗造林成活率低，容器育苗技术取得较大进展。

1. 播种育苗

（1）圃地选择

杉木苗喜湿润、怕干旱、忌积水。圃地土壤要求疏松、肥沃、湿润，以沙壤土至轻壤土为宜，忌黏重土壤和积水地。山区育苗应选坡度平缓的杂木林地或老荒地、背风半阴坡的山垄山窝地，不宜选风口峡谷及冷空气汇集的洼地。丘陵平地应选土壤疏松肥厚、排灌方便的背风面。圃地要有充足的水源，以便淋水，保持苗圃地湿润。此外，为防止或减少病虫害，应避免选用老菜园地及种过瓜类、马铃薯、烟叶、番茄等农作物的地块为圃地。

（2）整地

杉木种子小，带壳出土，根系穿透力差，圃地必须深耕细整。在清理圃地杂草、灌木的基础下再深挖翻土，拣尽树头、草根，经1～2个月风化，于冬、春播种前犁耙或翻挖1～2次，碎土作床，土粒不大于1cm。用水稻田和熟土育苗，应在秋、冬前开好排水沟；进行“三犁三耙”，改良理化性质，提高水肥能力。结合最后一次犁耙整地要每亩施用石灰25kg左右、磷肥60kg、腐熟堆肥（或火烧土）约60kg，磷肥与堆肥等最好混合堆沤后施用。采用高床育苗，床高25～30cm，宽1.0～1.2m，步道40～50cm。

（3）播种

杉木播种可在冬、春两季进行。杉木种子开始发芽最低温度为8℃，最适温度为15～25℃。一般杉木南带在12月到翌年1月上旬播种，杉木中带在1月下旬至2月播种，杉木北带宜在3月播种。春播最迟不宜超过3月下旬，迟播幼苗刚出土不久即遭受高温多湿雨季，易发生病害，且夏季到来易遭旱害。

播种前种子须经过浸种催芽和消毒。用50℃

福建省南平市安曹下97年生高产杉木人工林（贾黎明摄）

温水浸种一昼夜，捞起后晾干，用0.3%～0.5%高锰酸钾或1%的漂白粉液浸15min。

播种方法有条播和撒播。条播利于中耕除草，撒播生长均匀，产苗量高。通常采取条播方式，沟宽2～3cm，深约2cm，沟距20cm左右。播种量视种子质量而定，如种子发芽率在35%以上，条播每亩用5～6kg，撒播每亩用6～7kg。播后用过筛的细火烧土或黄心土覆盖，厚约0.5cm，上面再盖无草籽的杂草或新鲜稻草，以保温、保湿，促进发芽。

（4）管理

根据杉苗不同生长阶段的特点，其管理可分为4个时期。出苗期从播种、幼芽出土（20～30天）到真叶出现（40～50天）。发芽前要保持床面湿润，发芽后要及时揭草。生长初期（扎根期）从出现真叶到迅速生长为止（4～5月，约60天），此时期苗木幼嫩，又逢雨季，易发猝倒病，要注意遮阴、防旱、防涝、抗病。生长盛期（速生期）在6～9月，约120天，苗木生长达到高峰，出现侧枝和分化现象。为适应苗木高速生长，要适时适量追肥、灌溉、松土、间苗，并继续防旱、防涝、抗病。生长后期在10月以后，苗木生长渐停，形成顶芽，要防止苗木徒长，促进木质化，停止施肥、灌溉。

福建省邵武市卫闽国有林场杉木速生丰产林林相（段爱国摄）

幼苗初期多施氮、磷肥，以促进苗木早期发育生根，增强抗病力；中期多施氮、磷、钾完全肥料，或几种肥料配合使用。生长盛期过后，则应停施氮肥，酌施磷、钾肥，以促进苗梢木质化，提高抗性和造林成活率。9月以后即应停止追肥（北带8月即应停止追肥）。

当苗高5～6cm，进入生长盛期，应开始间苗，最后每平方米保留100株左右，1m长条播沟保留20株左右。

2. 扦插育苗

扦插苗培育过程中的圃地选择、整地、苗期管理要求与实生苗培育相同。此外，扦插苗培育关键技术还包括采穗圃营建、插穗选择、扦插季节、扦插方法。

（1）采穗圃营建

对于新选优树，可将中选优株砍倒挖蔸移植直接建圃，与就地促萌相比，无性萌条数提高3倍以上，采条工效可提高10倍以上，是一项简单而有效的快繁新技术，已在南方各杉木产区推广。

采用已无性系化苗木建立采穗圃时，提高采穗圃繁殖系数主要有六项关键技术：一是斜干式作业方式，可提高采穗圃单株产量25%以上，单位面积产穗量提高8%以上；二是弯根栽植母树，提高单株产穗条量2倍以上；三是超短穗扦插繁殖，提高插穗利用率2倍以上；四是定植初期截顶和8月压干，能有效地增加建圃初期产条量；五是适当移植的压干式和高密植的换干式，是采穗圃树形管理的主要形式；六是采穗圃施磷肥、钾肥、复合肥，可提高单株产穗条量50%以上。

（2）插穗选择

选择采穗母株根际萌发、顶芽明显、长度一致、粗细均匀和较为粗壮的穗条用于扦插，能显著提高苗木生长量、整齐度和成活率，顶芽不明显或树干上萌条均不能用于扦插。当日采穗当日扦插，注意采用容器装穗条进行保湿。

（3）扦插季节

按扦插育苗管理的难易和育苗效果，一年之内3月至4月上旬是最好的扦插季节，每平方米扦

插100株，每亩4万株左右较为合适。8～9月进行寄插，可充分利用占全年产条量1/4～1/3的穗条；夏插要搭遮阴棚，每平方米扦插400～500条，及时灌水保湿，至第二年春大田扦插时成活率可达80%以上。

（4）扦插方法

扦插时，将插穗上已展叶的侧枝剪掉，插穗切口剪成马蹄形，插穗长度8～10cm；可先用小木棒插一个引洞再进行扦插或开沟放穗，深度为插条长度的1/2，株距3cm，行距15cm，插后压紧，浇透水。

3. 组培育苗

我国杉木组织培养开始于20世纪70年代，对杉木组培苗生产各环节包括外植体采集、组织培养、移栽等进行了系统深入的研究与实践，南方各省份目前均已具备不同规模杉木组培苗生产条件。

（1）外植体采集

选择优良单株伐桩基部或采穗母株根颈部萌条，用锋利刀片从基部截取，随即进行保湿与冷藏，并尽快送实验室处理。外植体的诱导以冬、春季较好，外植体表面灭菌相对比较容易，新芽的萌发和生长也比较快，而在夏、秋季节由于气温较高、病虫害较多，萌芽条木质化程度较高难以消毒，外植体诱导率很低，不适合进行诱导培养。

（2）组织培养

杉木不同无性系或单株组培中外植体的诱导、继代培养（包括壮苗培养）以及生根培养实践表明，杉木无性系组培3个阶段中，不同无性系差异显著，适于不同无性系的培养基不同。一般外植体诱导培养基采用1/2MS+0.3～0.8mg/L 6-BA，诱导率达30%以上，继代培养基采用1/2MS+0.3～0.5mg/L 6-BA+0.1～0.3mg/L IBA，增殖倍数在2.5以上，生根培养基采用1/4MS+0.5～1.0mg/L IBA+0.5～1.0mg/L NAA+1.0～1.5mg/L ABT1号，生根率达50%以上。对于诱导率高、萌芽能力强但生根困难的优良无性系，将继代苗接入壮苗培养基进行壮苗，然后移栽到加入10%细沙的黄心土基质上，经ABT生根粉溶液处理后移栽苗的生根率亦可达50%以上。

（3）移栽

对于杉木组培苗的移栽，移植季节以春季最好，温度控制在25℃左右，相对湿度不低于85%。利用已成功的杉木组培技术，进行优良无性系和中选单株的扩大繁殖，可缩短无性系投产时间3～5年。

4. 容器育苗

容器苗随着容器制作材料的不断改进和寒冷、干旱、瘠薄立地造林需求，在造林苗木中的比例显著增加，有效提高了造林成活率和造林质量。

（1）育苗容器

常用的杉木育苗容器主要为塑料薄膜袋和无纺布育苗袋两种。容器规格以填装基质后容器的直径和高度表示，一般采用的容器规格为直径5～6cm、高度10～12cm。

（2）育苗基质

分重型基质和轻型基质两种。重型基质按比重以95%黄心土+5%农家肥或以85%黄心土+15%火烧土（或腐殖质土）的比例配制。轻型基质在经熟化和炭化处理后，按30%木糠、55%松皮粉或杉皮粉、13%碳化木糠或泥炭土或腐殖质土、1%复合肥（N：P：K=15：15：15）和1%尿素比例配制。

（3）育苗过程

主要包括基质与种子处理、播种方法、幼苗保护、水肥管理等。

育苗基质以0.5%高锰酸钾溶液于播种或移苗前1天淋透备用；种子用0.3%～0.5%高锰酸钾溶液浸泡15min后用清水冲洗干净，再用约30℃温水浸种24h。

播种时间从12月至第二年4月；经催芽露白的种子，每个容器播1粒，未露白的播2～3粒，播种后覆盖基质约0.5cm。

早春低温时，播种后需加盖薄膜保温，待幼苗出土后再掀开薄膜。幼苗长出真叶，高3～5cm时即可移栽。3月中、下旬至10月中、下旬，用

70%遮阳网遮阳。

播种或苗木移栽后，每2天淋水1次，干旱天气则早、晚各1次，保持苗床和育苗容器湿润。5～7月，以追施氮肥为主，每10天淋施0.5%～1.0%的水肥溶液1次；8～10月，以磷、钾肥为主，每15天淋施1.0%～2.0%的水肥溶液1次。每次淋施水肥后需喷施适量清水，冲洗叶面残留肥液。

容器苗高15～20cm时，可按苗木大小分级重新摆放，株行距（5～6）cm×（12～15）cm。

五、林木培育

1. 立地选择

选择海拔500～800m或能达到高产的中地形和中气候条件，或300～800m的低山丘陵地带。以中大径材为培育目标的造林地，应选择土层深厚、质地疏松、富含有机质、湿润而又排水良好的地带。以中小径材为培育目标的造林地，则可选择立地条件较差、植被较少的地方，但须加强栽培措施，提高土壤肥力，达到速生丰产。过于干燥瘠薄的土壤、盐渍土以及低洼积水或地下水位过高的地方，不能用来营造杉木林。通常12及14指数级的立地，小径材出材率达到峰值的时间均在20年生以上，主要以培育中小径材为主；16指数级立地低密度造林可用于培育中大径材，较高密度造林可用于培育中小径材；18及以上指数级立地，小径材出材率在20年生前达到峰值，26年生后进入大径材生长期，因此可用于培育中大径材。

特定的植物对立地条件好坏具有一定的指示作用，可作为判断杉木造林地好坏的指标。次生阔叶林中的疏林或低产林及高灌丛，立地条件较好，可以选作杉木造林地。矮灌丛与草本植物群落中生长有映山红、白檀、山栀子、芒、芒萁（北带），映山红、赤楠、豆腐柴、铁子、芒、白茅、芒萁（中带），以及桃金娘、岗松、芒、芒萁、白茅、旱茅（南带）等对瘠薄立地有指示意义的植物，其立地往往不适合杉木造林。但灌丛中一些生长有水竹、苦竹等的竹蔹地，以及五节芒占优势的高草丛立地条件较好，土层较深厚，可以选作杉木造林地。

2. 整地

采用局部穴状、带状清林整地方式。传统的杉木造林整地方式为全面炼山、全垦整地等高规格整地方式，此种整地方法易造成林地水土流失，目前不提倡使用该技术。

局部穴状整地 局部穴状整地常用于地势平缓和缓坡地带，只在栽植点上挖穴翻土，栽植穴的规格（长×宽×高）为40cm×40cm×30cm，穴面与原坡面持平或稍向内倾斜。局部穴状整地可根据小地形变化而灵活选定整地位置，整地投工数量少，易于掌握，成本较低。

带状整地 沿水平方向隔一定距离进行带状翻土整地，上、下带的中心距离与造林行距相一致。对于带状整地，应严格沿等高线进行，而且应里切外垫呈反坡梯田状，以利于水土保持。若带状整地不按等高线进行，易造成水土流失。带的宽度通常以70～80cm为宜，栽苗时，应栽在带的中间偏外，因那里松土层较厚，表土比较集中。

3. 栽植

（1）苗木选择

采用1年生苗木造林，实生苗和无性系苗均应达到GB 6000—1999 Ⅰ级或Ⅱ级苗标准。

（2）造林时间

杉木造林应在新梢萌动之前完成，通常在12月到翌年3月栽植，最佳时间在冬末春初的2月初至3月上旬。造林天气应选择雨前或雨后、最高气温低于20℃的天气，土壤过干、连续大雨或结冰期间以及大风天，均不宜造林。

（3）栽植深度及方法

杉木根际有大量不定芽，其最活跃部分是在根际以上10cm左右范围内，当它们全部或部分裸露于土外，可因光照太强、干燥高温等因素而大量萌发。因而，杉木应采用适当深栽的方法，将根颈萌条活跃区埋入土中，用土压制萌条的成长，从而减少萌条发生，以减轻幼林抚育任务。一般栽植深度为苗高的1/3～1/2。

栽植方法常采用穴植，在挖栽植穴时应将表土与心土分开堆放，穴底要平。栽植时保持苗木端正，苗木入土1/3～1/2，根系要舒展，覆土要细致，先覆表土，后覆心土。覆土时将苗木轻轻上提，以免窝根，并适度层层压实，做到“苗正、舒根、栽深、紧实、不反山”。最后，在穴面上再覆些松土，使略高于地面，雨季不致积水。也有不少地方采用“一锄法”栽杉木，这是在细致整地的基础上，由于土壤松软或是穴内先回填了表土，栽植时一手用锄挖出一道缝，另一手放苗木，保持根直，栽深，然后用锄头把土敲实。

杉木不同造林密度30年生林相（左图株行距2m×3m；右图株行距1m×2m）（段爱国摄）

4. 造林密度

中国林业科学研究院杉木研究组利用30年连续观测数据研究表明（刘景芳和童书振，1996；童书振等，2002；张建国和段爱国，2004；张建国，2013），林分密度在中幼林时期影响单位面积林分出材量，在成熟林时期影响林分直径分布及材种结构。立地条件一致时，林分密度大，幼林时期林分蓄积量大，林分郁闭早，自然整枝和自然稀疏剧烈，间伐次数多，所获间伐材积较多，但成熟林时所获中大径材较少。反之，林分密度小，幼林时林分蓄积量小，所获间伐材积也较少，但成熟林时所获中大径材较多。

立地条件较好时，早期苗木生长速度较快，林分郁闭较早，适宜稀植；立地条件较差时，林分生长速度较慢，林分郁闭较晚，适宜密植。交通方便、劳力充足、需用小径材的地方，造林密度适当大些。

根据各带各立地指数级不同造林密度的出材量和经济效益分析结果，确定杉木最适宜的造林密度（表1）。

5. 幼林抚育

（1）块状或带状局部抚育

块状抚育　以杉木蔸为中心在50～60cm半径范围内松土、除草和培蔸；对周围的林地植被实施高度控制，以较少影响杉木幼树的光照条件为限。特别是对一些不影响杉木生长的灌木和乔木幼苗及幼树予以适度保留。在抚育块之外，妨碍幼树生长的灌、草、藤应个别割除。

带状抚育　在杉木蔸两边进行局部松土除草，并形成一条宽80～100cm的带状，对保留的林地植被带也实施高度控制，以较少影响杉木的光照条件为限。同样，在抚育带之外，妨碍幼树生长的灌、草、藤应个别割除。

表1　各带最适宜的造林密度

带别	立地指数级	第一选择			第二选择		
		株行距（m×m）	密度（株/hm^2）	密度（株/亩）	株行距（m×m）	密度（株/hm^2）	密度（株/亩）
南带	14～16	2×1	5000	333	2×1.5	3333	222
中带	18以上	2×1.5	3333	222	2×3	1667	111
	14～16	2×1	5000	333	1×1.5	6667	444
北带	12～14	2×1	5000	333	1×1.5	6667	444

（2）除蘖防萌

应按照“除早、除小、除了”的要求，认真做好除萌工作。在幼林抚育时应及时扶正歪倒的幼树，抹去萌芽，用厚土培蔸，使根际遮光，抑制芽的萌动，保持其顶端优势，并注意保护幼树不伤顶芽、树皮，特别是不要打活枝。

（3）抚育

5～6月和9～10月是杉木生长的高峰期，而杂草种子多在秋季成熟，在生长高峰和杂草种子成熟前进行幼林抚育效果较好。造林后1～3年，每年抚育2次：第一次5～6月，除草、割灌，表土培蔸，扶正；第二次9～10月，除草、割灌。

（4）施肥

立地指数18及以上的林地比较肥沃，通常不缺肥；立地指数12以下的林地，土壤肥力差，水分不足，施肥效果比较差。因此，杉木施肥重点应放在中等立地条件，如14、16指数级等立地上，可获得较好效果。杉木连栽林地土壤肥力下降严重，可能出现养分缺乏，也应作为施肥重点。以施枯饼或其他有机肥和钙、镁、磷肥为主，幼龄林以施磷肥为主。

中上等立地（立地指数16）杉木施肥每公顷施P_2O_5 50～100kg，相当于每公顷施含14%P_2O_5的钙镁磷肥320～360kg，如果无该肥，也可用每公顷施110～220kg磷酸氢二铵代替。每公顷3600株时，每株施钙镁磷肥量相应为100～200g或者每株施磷酸氢二铵30～60g。肥料可一次施入作基肥，也可分基肥和追肥施入。

中等立地（立地指数14）杉木施肥以磷肥为主，由于有机质总量少，土壤养分不平衡，应考虑施适量的氮、钾肥。

6. 抚育间伐

（1）间伐林龄

确定杉木林间伐的开始林龄，是实行间伐首先要解决的问题。间伐过早，对促进林木生长作用不大，且不能取得可用的间伐材；间伐过迟，会影响林木的生长。间伐起始期还要考虑造林地经济、交通、劳力和产品销售等条件。中国林业科学研究院杉木研究组在研究杉木生长过程中，根据胸径连年生长量降至1.0cm以下、径高比达到1/80以上、枯枝高度占全树高达到30%以上及重叠度达2.2四项指标确定了开始间伐年龄，见表2。

（2）间伐强度

根据不同立地条件及培育目标，林分到主伐时的保留株数：立地指数16及以上立地，可

表2　杉木开始间伐年龄

带别	立地指数级	造林株行距		
		2.0m×1.5m	2m×1m	1.0m×1.5m
南带	16	10	9	8
	14	11	10	9
中带	20	9	8	7
	18	10	8	7
	16	10	9	8
	14	11	9	8
北带	14	10	10	9
	12	10	11	10

以用于培养中大径材，其他类型只能培养中小径材。立地指数20及以上样地，每公顷保留900～1800株，培育大径材900～1200株，或中径材1200～1800株；立地指数18，每公顷保留1500～1800株；立地指数14，每公顷保留1800～2100株；立地指数12，每公顷保留2100～2700株。

（3）间伐次数与重复期

杉木间伐的重复期一般为4～6年，第一次间伐强度大的，重复期可以长些。立地条件较好的林分可以低密度造林，可不间伐或只进行一次间伐。

（4）间伐方式

根据杉木林分垂直结构及各级林木生长发育特点，生产上一般采用下层间伐，砍伐林冠中下层立木，培养中上层干形通直的林木。

对于感染病虫害、干形不良或双杈、受机械损伤、过密的上层植株应予以伐除。通俗地讲，杉木间伐要做到：砍小留大，砍坏留好，砍密留稀，不留天窗（林窗）。

在杉木人工林近自然改造过程中，应加大林分间伐力度。人工纯林的近自然经营目标是将单一树种的人工林通过近自然改造最终形成异龄、与乡土树种混交、多林层结构的森林。杉木人工纯林，可结合间伐进行近自然改造作业。确定人工林培育目标树，加大间伐力度，使郁闭的林分形成适当大小的林窗，并在其中补植乡土阔叶树树种，最终形成针阔混交异龄林。在广西凭祥市热林中心青山实验场设置杉木人工林近自然化改造样地，将14年生杉木人工林进行间伐强度为47%的间伐，林分保留密度为44株/亩，林下补植6种阔叶树种，4年后，林分年蓄积生长量及单株生长量均有明显提高。

7. 主伐与更新

（1）主伐年龄

以工艺成熟为基础，重点考虑经济成熟，适当兼顾数量成熟，依据培育目标，不同立地杉木合理轮伐期如表3所示。

（2）主伐方式

杉木传统主伐方式为皆伐，目前生产上多采取小面积皆伐。立地条件好、更新造林较易的，部分天然散生林和混交林可采取择伐方式。

（3）更新方式

更新方式主要有两种，即植苗造林和萌芽更新。植苗造林为收获木材全部运出林地后，经过清林整地，按前述造林方法进行栽杉造林。萌芽更新是指因杉木萌芽能力很强，可依靠伐桩上的休眠芽或不定芽发育成植株，经抚育管理，恢复成林。萌芽更新节省造林成本，林木早期生长速度快、轮伐期短。

萌芽能力 杉木的萌芽能力与年龄、采伐代数、伐桩高度有关。杉木1年生苗在根颈处就有许多待萌的不定芽，到30年生左右伐桩萌芽力最强，萌芽能力减退年龄在60年生以后。据观察，杉木采伐3～5代尚有较好的萌芽能力，且生长未见衰退，但采伐7～8代后萌芽能力下降，生长衰退，故萌芽林一般只经营3代。萌芽能力随伐桩高度的增加而降低。

采伐促萌 杉木在不同季节里采伐均有萌生能力。在春季杉木顶芽萌动前采伐，此时根系养

表3 杉木人工林不同立地指数与培育目标的合理轮伐期

立地指数	培育目标	轮伐期（年）
14	小径材	16～22
16	中径材	20～22
18	中径材	16～20
18	大径材	26～30
20	大径材	25～30

分较丰富，有利于芽条生长；在阴坡、山洼采伐阳光较充足的林地，可在夏季采伐，但阳坡的杉木不适于夏季采伐，因夏季高温干旱，对萌芽条生长不利。伐桩要尽可能低，要求在5cm以下；降低伐桩利于有效控制萌条数量，且萌条着生位置低，不易风折、风倒；伐桩断面要平齐并稍有倾斜，以免积水。

萌芽林管理 为促进萌芽条的生长，2年内在伐桩周围须整地除草和培蔸，对五节芒等严重影响萌条生长的杂草、藤、灌务必除尽。萌芽条生长1～2年后，选留1～2根健壮的萌条，其着生位置以上坡部位最好，两侧次之，靠下坡不宜选用，因易被风雪、泥土压折，并会加大成材后的干基弯曲。对于密度不足的萌芽林，应挖大穴补植大苗，还可在一个伐桩上留2～3根萌条。萌芽林的密度一般要求不低于160株/亩，如果培育小、中径材，不需间伐，采取短轮伐期作业（一般为20年）。

8. 杉木混交林

杉木混交林营造可采用针阔混交、针针混交，可以是同龄混交，亦可为异龄混交。以杉木为目标树种的混交，主要考虑长期生产力的维护及杉木大径材的培育这两个问题。通过选择适当的树种与杉木混交，能增加林地凋落物量，加速其分解速度，提高土壤有机质和各种养分含量，可改善土壤理化性质，有利于提高土壤肥力，维护林地地力，保证林木持续丰产；通过强度间伐，林下栽植适宜混交树种，可维护地力，同时持续培育杉木保留林木，培养大径材。

研究表明，杉木与马尾松、柳杉、湿地松等针针混交，以及杉木与檫树、火力楠、米老排、桤木、木荷、枫香、樟树等针阔混交，可取得较好生产与生态效果。对于立地条件较差的造林地，宜采用一些适应性强的树种，如马尾松同杉木混交。多代连栽，林地生境恶化，地力衰退，可选择固氮改土的树种，如桤木等与杉木混交。此外，还可选用栲类等与杉木混交。在立地变化较大的造林地，可根据土壤变化情况，采用不规则块状混交，如山窝、山洼、山脚造杉木纯林，其他部位选松树或其他阔叶树，既做到适地适树，又达到混交效果。

9. 大径材培育

随着人们对木材材种的需求呈多样化，市场上杉木大径材供需矛盾凸显，定向培育速生、丰产、优质杉木大径材日益受到重视。

（1）适宜区域

主要选择杉木产区中带造林，包括：武夷山以东海拔100～600m丘陵山地，个别地方海拔达到800m；武夷山以西雪峰山与武陵山以东，雁荡山以西幕阜山以东，以及南岭海拔300～800m的低山丘陵；四川、重庆、贵州及鄂西南海拔500～1000m的低山；滇东南海拔1000～1700m的中山山地。

（2）立地选择

杉木大径材培育对立地条件要求较高，应选择立地指数16以上的宜林荒山、第一代杉木人工林采伐迹地、马尾松林采伐迹地及常绿阔叶次生林和针阔混交残次林等采伐迹地。地形应选择山洼、谷地、长坡的中下部及短坡的下部，坡向为阴坡或半阴坡，土壤应较为肥沃，不应选择迎风坡风口处和地形陡峭的地方。应选择花岗岩、板岩、千板岩、砂岩、页岩、片麻岩等风化和发育的黄红壤，土层厚度80cm以上，腐殖质层厚度10cm以上，土壤疏松、湿润，排水良好。

（3）苗木选择

造林苗木种源选用达到国家标准（GB/T 8822.2—1988）的优良种源，或根据造林区域种源试验评价结果选择优良种源。从1代以上种子园选择经过国家或地方审（认）定的优良家系及优良无性系种子育苗造林。造林苗木应选择达到GB 6000—1999 Ⅰ级苗标准的实生苗，以及达到GB 6000—1999的Ⅰ级或Ⅱ级无性系苗。采用杉木无性系造林时，优良无性系数量不得少于3个，且同一个无性系或成片栽植面积不得超过3hm^2。

（4）整地

采用穴状或带状整地。清林整地时最好将采伐剩余物粉碎后回撒到林地，若无条件可将采伐剩余物堆放于栽植穴旁，以利于林地养分归还。

栽植穴规格达到40cm×40cm×30cm，栽植时要求表土先行回穴。

（5）造林密度

立地指数20及以上立地，造林密度111～133株/亩，株行距2m×3m或2.0m×2.5m；立地指数16～18立地，造林密度133～167株/亩，株行距2.0m×2.5m或2m×2m。

（6）造林

造林通常在新梢萌动之前完成，最佳造林时间在2月初至3月上旬，选择雨前或雨后、最高气温低于20℃的天气栽植。冬末春初，雨后阴天栽植为宜。栽植时，做到舒根、栽深、栽正、压实，栽植深度为苗高的1/3～1/2，覆土略高于地面。造林成活率未达85%以上的林地需补植，补植时间以造林当年冬天或翌年春天为宜。

（7）抚育间伐

造林后1～3年，每年抚育2次：第一次5～6月，除草、割灌，表土培蔸，扶正；第二次9～10月，除草、割灌。当林分郁闭，林木之间发生激烈竞争时，应本着"立地指数越大，造林密度越高，间伐越早"的原则进行适度间伐，一般16、18指数级立地林分间伐林龄应在12～15年，20以上指数级立地林分间伐林龄应在10～12年。间伐方式主要采用一次性下层间伐，伐小留大，伐劣留优。间伐保留密度：16～18指数级立地林分密度控制到80～100株/亩，20及以上指数级立地林分密度控制到60～80株/亩。

（8）轮伐期

以生产大径材为目的的林分其轮伐期应适当延长，以增加大径材出材量，其中20及以上指数级立地林分，轮伐期应控制在25～30年；18指数级立地林分，轮伐期应控制在30～35年；16指数级立地林分，轮伐期应控制在35～40年。

（9）地力维护

采伐迹地不炼山，采伐剩余物归还林地。同时，在整个大径材培育过程中要保护和培育林下植被。此外，培育大径材地力消耗大，立地条件相对较差的16指数级立地应适当施肥。底肥以施枯饼或其他有机肥和钙镁磷肥为主，幼龄林以施磷肥为主，近成熟林以施氮肥为主，每株200g左右。

六、主要有害生物防治

杉木对病虫害具有一定的抵抗能力，以往在杉木人工林发展范围小、纯林不多的情况下，很少发现病虫灾害，但随着杉木为主的用材林基地建设的发展，加上纯林在主要产区的不断扩大，加强杉木林的病虫害防治工作，已显得越来越突出和重要。

1. 主要病害及防治

杉木林病害已发现的有杉木黄化病（侵染性病害）、杉木炭疽病、杉木叶斑病、杉木叶枯病、杉木枝枯病5种。目前，对于杉木病害的防治主要是采取营林措施，化学防治仅能起到预防作用，另生物防治方面已发现并筛选出有效的炭疽病拮抗菌株。

（1）杉木黄化病

杉木黄化病是杉木生理性病害，是杉木幼林主要病害。杉木发病后，3～5年即枯死，有的虽不枯死，但生长缓慢，平顶早衰，形成"小老树"。杉木针叶由下而上和由内向外逐渐失绿变黄，病树的根系不发达。防治方法：①适地适树，选好适合杉木生长的造林地；②集约经营，搞好幼林的抚育管理；③在土壤板结的地方进行深挖抚育，以促进林木良好生长。

（2）杉木炭疽病（*Glomerella cingulata*）

杉木炭疽病在我国各杉木产区均有发生，尤以丘陵地区较为严重。2～3年生的幼树发病严重时，可使整株死亡；4～10年生幼树，发病轻者针叶枯萎，重者大部分嫩梢枯死。杉木炭疽病的典型症状是颈枯，俗称"卡脖子"，即在顶芽以下10cm内的针叶发病，重的还会继续向枝条下部扩展，枯死的嫩梢呈勾头状。杉木炭疽病的流行主要是树木受到其他环境因素的不利影响，生长势弱，抗病力低所致。防治方法：重点是加强林分健康管理，提高林分抗病能力。

（3）杉木叶斑病

杉木叶斑病又叫杉木细菌性叶枯病，在我国

杉木产区各地发生比较普遍，尤以海拔300m以上的山区和半山区最常见。杉木叶斑病由杉木假孢杆菌侵染所致，危害针叶和嫩梢。严重时，嫩枝也感病，使嫩梢变褐色，植株梢部针叶枯死，林冠似遭火焚。防治方法：主要以营林措施为主，选择土壤好、受风小的地段造林；提倡营造混交林，同时要注意苗木检疫，避免病菌扩散。

（4）杉木叶枯病（*Lophodermium uncinatun*）

杉木叶枯病亦称杉针黄化病，为杉木幼林和成林中常见病害，发病原因也是树势生长衰弱，故防治重点也是以提高林分抗病能力为主。

（5）杉木枝枯病

主要发生在闽南地区，病株率几乎达100%。闽南沿海土壤贫瘠，杉木生长不良，枝枯病严重。相反，立地质量好、抚育管理好的地方发病轻。防治方法：加强经营管理，避免在挡风坡造林。

2. 主要虫害及防治

已发现的杉木树干害虫有粗鞘双条杉天牛、杉天牛、一点蝙蛾，嫩梢害虫有杉梢小卷蛾，食叶害虫有雀茸毒蛾、小袋蛾、中华象虫、日本黄脊蝗、叶螨，苗圃地害虫有白蚁、非洲蝼蛄、蛴螬、地老虎、种蝇。针对杉木虫害，可采取物理防治、化学防治及生物防治等措施。

（1）粗鞘双条杉天牛（*Semanotus sinoauster*）

双条杉天牛是杉木主要害虫。幼虫蛀害直径4cm以上的杉木，使树势衰弱，针叶逐渐枯黄，常造成风折甚至整株枯死，未致死的杉木，木材工艺价值显著降低。防治方法：①及时清除被害木；②当幼虫尚未进入木质部时，用尖刀挑开树皮并将其刺杀，幼虫进入木质部后，可用甲基氧化乐果乳剂注入虫孔灭杀；③在成虫出现期，用烟熏杀或以敌百虫溶液喷树干；④在成虫出现前，在林缘附近堆积一些病虫木或被压衰弱木，引诱成虫前往产卵繁殖，然后剥去树皮，予以烧毁；⑤实施生物防治，保护天敌如肿腿蜂、红头茧蜂、白腹茧蜂等。

（2）白蚁

白蚁俗称白蚂蚁，主要分布在热带及亚热带地区。白蚁的危害程度因地理环境而异，较多发生在干旱季节。白蚁通常以工蚁筑巢于土中，取食树木的根颈部，并在树干上修筑泥被，啮食树皮，还能从伤口侵入木质部危害。防治方法：①挖巢灭蚁，主要是根据地形特征、危害情况、蚁路方向等因子判断蚁巢的位置，挖巢灭杀；②药杀，用灭蚁灵毒杀，或采用压烟熏杀及毒饵诱杀等方法；③在营林措施中注意清除林内枯死树桩、枝干，撩壕深挖整地，消灭蚁巢。

（3）杉梢小卷蛾（*Polychrosis cunninhamiacola*）

杉梢小卷蛾是杉木的一种重要害虫，在广大栽杉地区都有发生，特别在新发展杉木的地区，危害非常严重。此虫食性单一，专食杉木嫩梢顶芽，2年生苗木到20m高的大树均能危害，尤以3～5年生幼树受害最为严重。防治方法：可采取生物防治和化学防治2种途径。一是生物防治，防治重点在4～5月，放松毛虫赤眼蜂压低虫口密度，控制和减轻虫害。二是化学防治，在初龄幼虫阶段，喷施杀螟松、敌百虫或乐果乳剂。在老熟幼虫阶段，可使用杀虫畏乳剂或蔬果磷乳剂喷雾。防治老熟幼虫，可采取“三看嫩梢重复打”的办法，看到嫩梢有虫粪、枯心、粪迹的重点打药，也可重点喷主梢顶端，以保护主梢免受虫害。

七、材性及用途

杉木木材质地轻软细致，纹理通直，结构均匀，不翘不裂。木材强度适中，具有芳香气味，含有“杉脑”，能抗虫耐腐，是我国重要的商品木材，广泛用于建筑、桥梁、造船、电线杆、家具、室内装修、生活器具等方面。

杉木木材解剖性质、化学性质、力学性质、物理性质具有一定的年龄效应和早、晚材效应。杉木幼龄期生长迅速，成熟期生长缓慢，成熟材比幼龄材的早材和晚材管胞长度分别长36.9%和34.1%，早材管胞长度略低于晚材；幼龄材抽出物要高于成熟材，而木质素与综纤维素含量则是幼龄材略低于成熟材；成熟材抗弯强度、抗弯

表5　不同地区杉木物理力学性质

地区	密度（g/cm³）		干缩系数（%）		顺纹抗压强度（MPa）	抗弯强度（MPa）	抗弯弹性模量（GPa）	径面抗剪强度（MPa）	硬度（N）		
	基本密度	气干密度	径面	弦面					端面	径面	弦面
云南	0.301	0.362	0.152	0.308	29.25	53.15	8.43	5.79	2167	1205	1469
广西	0.286	0.345	0.116	0.280	34.23	63.75	9.02	6.18	2204	1244	1705
贵州	—	0.358	0.180	0.308	34.62	49.82	6.74	—	2195	1375	1469
广东乐冒	0.260	0.320	0.100	0.260	29.13	44.03	7.45	—	2016	1121	1291
广东怀集	0.324	0.396	0.147	0.299	40.70	67.18	9.02	—	2524	1469	1591
湖南	—	0.371	0.123	0.277	37.07	62.57	9.41	4.12	2383	1309	1536
河北	0.316	0.360	0.152	0.259	37.47	69.63	8.14	4 .90	2854	1469	1497
安徽	0.316	0.357	0.115	0.257	39.56	72.28	9.22	5.88	2863	1742	1940
江西	0.300	0.350	0.103	0.246	35.20	64.43	8.92	5.79	2731	1469	1865
福建	0.295	0.383	0.105	0.269	34.13	65.90	9.12	5.10	2486	1544	1591
广西	0.305	0.390	0.123	0.268	37.27	71.10	10.00	5.00	2618	1366	1836
四川	—	0.416	0.136	0.286	35.31	67.08	9.41	5.88	2731	1630	1808

弹性模量、顺纹抗压强度、径面抗剪强度和抗劈力、冲击韧性显著高于幼龄材；幼龄材的基本密度、气干密度及全干密度明显低于成熟材。木材基本密度平均为0.30g/cm³，气干密度平均为0.37g/cm³，晚材率22.0%。

杉木木材性质受到遗传因素和栽培措施的影响。不同地理种源杉木木材物理力学性质呈显著性差异，不同地区杉木木材各物理性质指标可参考表5，杉木中心产区种源木材材性相对较差，边缘产区杉木种源材性相对较好；不同杉木无性系基本密度、纤维形态、径向全干干缩率等材性指标存在显著差异，生长性状与材质性状呈现一定的负相关性，但可通过联合选择，筛选出速生优质无性系。通常，速生杉木材性相对较差，不宜作强度要求较高的承重结构构件，但具有质轻、韧性好、通直、成材快、采伐周期短等特点，可作为细木工板、芯板等原料。造林密度、抚育间伐及立地条件等栽培措施对木材材性具有一定的影响，造林密度较大的林分，木材密度较大，木材干缩性小，而通过间伐可缩小木材干缩比，中度间伐可提高木材密度。中等立地条件时，木材基本密度往往较大，干缩性较小，而立地条件好的木材性质、尺寸稳定性要较差。

（张建国，段爱国，林思祖，何宗明）

35 秃杉

别　名 | 土杉、老鼠杉、西南台杉

学　名 | *Taiwania flousiana* Gaussen

科　属 | 杉科（Taxodiaceae）台湾杉属（*Taiwania* Hayata）

秃杉为常绿高大乔木，第三纪珍稀孑遗植物。在1984年我国公布的第一批珍稀濒危保护植物名录中，将秃杉列为8种一级保护植物之一；1999年8月国务院批准公布的《国家重点保护野生植物名录（第一批）》，将秃杉与台湾杉合并，列为国家二级重点保护树种。秃杉适应性较强，寿命长，病虫害少，树体高大，枝叶繁茂，树形优美，四季常青，具有较高的观赏价值；生长迅速，干形通直，树皮薄，材质好、产材量高，木材花纹美观，具有清香味，又名香杉，耐腐、耐磨性能强，属家具、室内装潢和建筑的上等用材，是我国南方山地主要造林树种。

一、分布

秃杉间断分布于我国台湾中央山脉、贵州东南部、湖北西南部、四川东南部、云南西北部与西部及毗邻的缅甸北部。郑万钧认为，秃杉产于云南西部怒江流域的贡山、福贡、碧江、腾冲、龙陵和澜沧江流域的兰坪、云龙等地海拔1700～2700m，湖北西南部利川毛坝海拔800m，贵州东南部雷公山海拔500～600m的地带，在缅甸北部也有分布，而台湾杉产于我国台湾中央山脉海拔1800～2600m的地带。

二、生物学和生态学特性

主干发达，顶端优势明显，从幼树到老树，均单顶直立，未见有分杈树干及根部萌蘖成丛株。具有飞籽更新能力，可天然飞籽成林，但在林分密度大、林内光照弱、林下枯枝落叶层厚的情况下，天然更新能力弱。浅根性树种，无明显主根，侧根发达，须根疏散，再生力强，但穿透力弱。在疏松土壤中，根系的水平扩展迅速，幼年期根幅常大于冠幅，这为造林整地质量要求提供了依据。

从秃杉自然分布区的适生环境综合分析，其分布区内有充沛的降水量，云雾多、湿度大、凝冻少，为亚热带湿润季风气候类型。适生范围较宽，年平均气温11.2～17.4℃，年降水量1050～1700mm，适宜在砂页岩、浅变质的板岩或花岗岩等母岩发育的山地黄壤、黄棕壤或山地红壤上生长，但在粗骨土、石砾土上也能生长，

雷公山1990年造人工秃杉及杉木混交林（谢镇国摄）

雷公山1990年造人工秃杉及杉木混交林林相（谢镇国摄）

雷公山天然秃杉单株（谢镇国摄）

在土层深厚、肥沃、腐殖质层疏松的壤土上生长迅速，从酸性、中性至微碱性均能生长。自然分布高度自东向西逐渐增加，在湖北多分布在海拔750～900m，在贵州分布在900～1300m，到云南则在2200～2400（2700）m。一般分布在常绿针叶阔叶混交林中，并呈团状或岛状分布，在其分布区内与常绿阔叶林波状起伏的外貌相比，具有鲜明而又独特的外貌景观，高大通直的树干、弧形伸展的枝条、浓郁且四季常青的针叶，在崇山峻岭中十分明显。

中性偏喜光的树种，幼年期可耐中等庇荫，进入速生期后，随着林龄的增加，对光照条件的要求随之增加。

速生长寿树种，速生期持续可达130～140年，通常60～70年生才开花结实。在同等立地条件和经营管理水平下，其生长速度与杉木接近；而在高海拔地区，由于秃杉还具有抗凝冻、抗冰挂不断梢的特点，其生长可超过杉木。在贵州雷山县苗圃场海拔1150m地区，杉木受凝冻，断梢率达30%，16年生相同年龄的杉木树高、胸径和材积生长量分别只为秃杉的61.2%、71.3%和47.6%。天然秃杉的个体生长，树高生长在10年生后增长加快，年生长量在60～80年生时达到最高，80年生后生长速度下降；胸径与材积生长均为20年生后迅速增加，而到80年生后仍在继续增长。而秃杉人工林，其树高生长表现为栽植后2年内是缓慢生长期，3～30年生为速生期，最大的年生长量可达2m，30年生以后为下降期；胸径生长随着树高生长的加速，速生期也出现在3～30年生，到35年生以后生长量保持平稳至60年生后逐渐下降；材积在头10年以内生长很慢，10年生以后不断加大，50年生时，连年生长量仍大于平均生长量。云南腾冲县天台山人工秃杉林的单株解析木资料表明：54年生秃杉树高29.5m，胸径43.9cm，单株材积1.9759m^3，胸径的年生长量最高可达2.4m，树高最大年生长量为1.25m；20年生左右便可成为15m高、胸径30cm的林木。54年生时，仍保持胸径0.8cm、树高0.55m的年均生长量，显示出秃杉具初期速生、衰退迟、单株材积大的特点。

人工引种栽培范围逐年扩大。自20世纪60年代以来，云南、四川、贵州、湖南、湖北、广东、广西、江苏、浙江、福建、安徽、江西、河南13个省份对秃杉进行了广泛的引种试验，引种范围广达22°15′～33°48′N，98°15′～122°06′E，从海拔仅3.8m的大丰到海拔高达3400m的腾冲界头乡都有栽培。从各省份引种栽培的幼、中林阶段看，其生长正常，表明秃杉对立地条件的要求并不严格，无论在阴坡、阳坡、半阴半阳或坡麓、山顶、缓坡及陡坡地种植秃杉，林木均生长良好，显示出秃杉具生态幅度较广、适应性强的特点。但以山洼阴湿地或土层较深厚的山坡下部种植秃杉为佳。同时引种试验得出，秃杉虽喜阴凉湿润的立地环境，但不耐积水。在地下水位过高的地方育苗，因土壤过湿通气不良而导致秃杉幼苗根系窒息，造成幼苗烂根死亡或严重生长不良。即使在幼林阶段，种植地地下水位的高低，也严重影响秃杉林木的生长。

三、良种选育

秃杉林的天然分布区具有复杂多样的生境，因没有基因交流，在地理上又有数代的隔离，导致秃杉拥有较大的遗传变异性。从大量的引种试验获悉，秃杉的生态适应性较强，能够适应各引种地的气候条件。秃杉不同种源的生长物候以及对气候、海拔等的适应性在不同地区表现不一（陈强等，2012）。施行博和洪菊生（1999）对13个秃杉种源的5年生林木的树高、地径、冠幅、枝数、生物量、地上部分鲜重、地下部分鲜重、主根长、最长侧根和根幅10项因子进行聚类分析，参照自然分布区生态特点，将秃杉分布区划分为3个种源区2个种源亚区，即贵州黔东南雷公山秃杉种源区、湖北鄂西利川秃杉种源区以及滇西高黎贡山秃杉种源区（包括滇西北贡山秃杉种源亚区、滇西腾冲秃杉种源亚区）。王明怀用11年生秃杉的树高、胸径、单株材积3个性状，通过主成分遗传指数方法综合评选出5个秃杉优良种源，即贵州的交、格、昂、丹种源和云南的腾冲种源。优良种源的平均单株材积遗传增益为29.68%，实际增益为34.60%。经对秃杉林木的发芽、物候、生长等11个性状进行主成分分析，将秃杉分布区划为3个种源区：①湖北利川种源区；②云南昌宁、腾冲种源区；③云南龙陵和贵州丹、格、昂、交种源区。其中用③种源区繁育的秃杉林木在广东生长表现良好（王明怀等，2007）。江西乐安秃杉7个种源、27个家系的试验表明，按秃杉生长和材性的不同指标选择出的优良种源和家系不相同。按秃杉林木的速生性选择出优良种源3个、优良家系5个，即云南龙陵和贵州台江、剑河种源，云南龙陵L12和贵州格7、交1、丹6、丹8家系。入选种源与对照相比，树高、胸径和单株材积的遗传增益分别为9.98%、11.72%和36.53%；入选家系与对照相比，树高、胸径和单株材积的遗传增益分别为8.53%、38.18%和60.97%。用林木生长量（树高、胸径、材积）、木材比重和木材纤维长度作为参评因子，综合评选出秃杉速生优质种源1个、家系4个，即贵州剑河种源以及贵州格5、昂10、丹8、昂9共4个家系。严学祖等（1996）在川南对11个秃杉种源林木的树高、基径、冠幅、1年生侧枝数、造林成活率等12个因素进行模糊聚类，将秃杉分布区划分为4个种源区，即贵州雷公山脉种源区、云南腾冲种源区、云南龙陵种源区和湖北利川河谷种源区。贵州雷公山脉种源区为泸州市发展秃杉的最适引种区，在泸州及其相似生境引种栽培秃杉可采用的优良种源为方祥、雷公山、雀鸟3个种源。其中，方祥、雀鸟秃杉种源在丘陵地带表现良好，雷公山、方祥秃杉种源在低山地带表现良好，雷公山、雀鸟秃杉种源在中山地带表现良好。

四、苗木培育

1. 种子采收

选择干形通直圆满、叶色浓绿、生长势旺、无病虫危害的健壮母树采种。秃杉球果在10～11月成熟，当球果由青色变为褐色时即可采收。采集过早，种子发育不充分，发芽率低；采集过迟，球果开裂，种子飞散。球果采回后，摊晒数日，并经常翻动，使种子脱出，然后收集种子并进行除杂、提纯和去瘪。将种子晒干或风干后，用麻袋或瓶、罐等贮存于通风阴凉处。

2. 育苗

（1）播种育苗

秃杉种子无休眠期，采种后即可播种，但常规播种育苗多在早春进行。苗圃地应选择在地势较平缓地段，以土层深厚、土质肥沃、湿润、疏松通气、排水良好、pH 4.5～6.0的轻壤土

雷公山1990年造人工秃杉及杉木混交林林相（谢镇国摄）

雷公山天然秃杉林（谢镇国摄）

或沙质壤土为宜，切忌选用黏重土和积水地。秋末冬初进行深翻，翌年春季结合平整圃地施足基肥（每亩施腐熟厩肥或火土灰拌磷肥、饼肥等1500～2000kg），筑成高床。播种育苗应适当早播，一般在2月中旬至3月上旬进行。播种前将种子用温水浸种24h，捞出后用0.1%高锰酸钾或多菌灵拌种。采用条播，条距20～25cm，播幅10cm，每亩播种1.5～2.0kg。播种后用细土过筛覆盖，厚度0.5～1.0cm，然后再盖草。为保持土壤湿度和提高土温，促进种子提早萌发，可加盖塑料薄膜。一般20天以后即可出土，30天后为出苗盛期，40天以后全部出齐。在出苗盛期开始时要及时揭草，同时搭遮阴棚，其透光度以50%为宜。

在苗木出土后至6月初前，生长十分缓慢，此时主要是保持土壤湿润、除草、松土和预防病害；自6月上旬开始，苗木生长加快，并逐步进入速生阶段，直到10月下旬，此期间可追2～3次肥。间苗工作在6月底至8月底分期进行，最后一次定苗以每平方米保留100～120株为宜。

（2）扦插育苗

以春季和秋季为宜，尤其以春季为好。秃杉幼树、老树枝条均可扦插，以选取树冠中下部外围一级侧枝主梢的梢段为宜，其中插条部位又以梢枝最好，中段次之，基部最差。插穗长度10～15cm，保留其顶端1/2处的针叶，用50mg/L或100mg/L的萘乙酸或吲哚乙酸浸泡24h后扦插，扦插行距10～12cm，株距6～8cm。插壤应选择较肥沃的沙壤土，插条直接插入苗床上，入土1/2，压紧，浇透水后，覆盖塑料薄膜，并搭遮阴棚。

（3）容器育苗

营养土采用腐殖质丰富的森林土加拌菜籽饼和尿素，比例为每立方米土加25kg菜籽饼和2.5kg尿素，土与饼肥应在播种前3～4个月混合加水发酵，尿素在播种前一周加入，混匀后装袋。育苗前，先进行种子处理与消毒，并进行温水浸种催芽，待种子萌动裂嘴时，将种子播入容器中，播后用地皮灰盖种，厚度0.2cm左右，以不见种子为宜，然后再盖草。待幼苗出土后分次揭草，幼苗长出10片叶时搭遮阴棚遮阴，透光度以50%为宜，8月撤除。

五、林木培育

1. 造林

秃杉是浅根性树种，主根不明显，侧根发达，要求土壤疏松、通气良好。因此，造林地应选择土层深厚、湿润肥沃、腐殖质含量高的棕壤、黄棕壤、黄壤或红黄壤，地形以山脚、山谷、山中或阴坡、半阴坡的山中、下部为好，避免选择在土壤干燥、多石、土层浅薄的阳坡、山脊和土壤黏重积水的地方造林。整地方式根据经营方式、地形条件、社会经济等来确定。成片造林，在平原、丘陵和缓坡地区，可采用全面整地，深度25～30cm。采用块状整地的规格为60cm×60cm×50cm。由于秃杉树冠大，又适于培育大、中径材，一般株行距为2m×2m或2m×3m，每亩111～167株。四旁绿化栽植时株距3～4m。造林季节一般在冬、春，以早春为好。通常采用1～2年生苗木造林。秃杉根系十分纤细，容易折断损伤，裸根苗造林起苗前要灌透水，使土壤湿润疏松，并做到随起苗随分级打捆，随打泥浆，使苗根始终保持湿润状态。栽植时适当深栽，注意使根系舒展，分层填土打实，最后在上面盖松土成弧形。

造林后的前3年，秃杉生长缓慢，易被杂草遮蔽导致生长不良，甚至死亡，故应加强抚育管理。造林后第一年，分别在4～5月、6～7月、8～9月各锄抚1次，抚育深度5～15cm，内浅外深。造林后第二年的4～5月和9～10月各锄抚

1次，7月刀抚1次。造林后第三年的4～5月锄抚或刀抚1次，8～9月锄抚1次。造林后第四年进行2次刀抚，时间分别在5～6月和8～9月。秃杉造林后3～5年即可郁闭。当林分郁闭度达0.8～0.9，林木分化逐渐明显，出现被压木和自然整枝达树高1/3～1/2时开始间伐。间伐起始的具体年龄与造林地区、造林密度、立地条件、经营水平等有关，一般在造林后5～9年内。间伐强度为造林株数的35%～50%，立地条件好的可以多些，反之应少些；造林密度大的可多些，小的宜少些。立地条件好、造林密度每亩200株以内的林分，一般经过1次间伐即可。造林密度大的林分，可进行第二次间伐，时间为第一次间伐后的4～6年。第一次间伐强度大的，可间隔长一些，反之间隔时间要短些。秃杉主伐年龄为20～30年，低山地区和中山区生长良好的林分为20～25年，生长稍差的林分于25～30年生时主伐为宜。

2. 抚育管理

定植后，最好连续抚育4～5年，进行中耕除草、追肥。根据秃杉幼年期需要一定庇荫的特点，前3年尽可能间种农作物，以耕代抚。

六、主要有害生物防治

秃杉天然林由于多处于混交状态，林木病虫害很少。仅在云南见个别植株遭一种食梢螟危害，严重时顶梢卷曲，叶色变为浅黄绿色，树势衰弱。防治方法尚未有研究。

1. 猝倒病

猝倒病是秃杉苗期的主要病害，是危害秃杉幼苗较为严重的病害之一，可使芽、茎、叶甚至整株苗木腐烂而死亡。病原菌为立枯丝核菌（*Rhizoctonia solani*）、镰孢属的多个种（*Fusarium* spp.）。有4种类型：第一种，芽腐烂型，苗床出现缺苗，可挖出腐烂了的种芽；第二种，幼苗猝倒型，幼苗茎未木质化，苗茎被侵害或被粗土粒、石砾灼伤，有伤口或腐烂斑，幼苗突然倒伏；第三种，子叶腐烂型，幼苗刚出土，子叶被侵害至腐烂，幼苗死亡；第四种，苗木根腐型，幼苗茎已经木质化，病原菌难以侵入，但可危害根部，使根腐烂，苗木根死不倒，立枯。防治方法：育苗期间应加强监测，并定期喷洒0.5%～1.0%的波尔多液或0.5%的高锰酸钾溶液。一旦发现病株必须立即拔除，并用0.1%的多菌灵或0.15%的百菌清喷洒，也可用0.14%的敌克松溶液浇灌进行防治，从而避免其余苗木感染。预防可用敌克松500～800倍液或0.5%～1.0%硫酸亚铁或0.5%～1.5%波尔多液喷洒。

2. 枯萎病

秃杉枯萎病主要是在引种地区由于造林地选择不当、立地条件较差而出现的一种溃疡性病害，其症状出现在早春，主要危害1～5年生苗木。1～3年生苗木往往表现自根颈以上逐渐枯萎，引起全株死亡；3年生以上苗木多表现出梢部枯萎，病斑以下部分可以继续生长。该病由半知菌属的壳梭孢菌（*Fusicoccum* sp.）在植株受到灼伤或机械损伤后侵染引起。防治方法：选择好造林地，避免林木遭受日灼；幼林抚育时不要损伤林木树皮，在酷热季节采取涂白措施或用石灰水喷秃杉茎干；药剂防治可用40%的灭菌威、多菌灵等在5月初病菌侵染初期喷雾。

七、材性及用途

秃杉木材纹理通直、材质均匀、切面光滑，易干燥、不翘裂、耐腐蚀，为优良的建筑、造船及造纸等用材；其边材、心材明显，边材淡黄色，心材紫红色，花纹美观，具香味，为杉科植物中特有双黄酮的种类，心材中还含有较丰富的香精油，其香精油及其组分有很好的抑制真菌和细菌的效果，因此可用于居室杀菌和防治尘螨。

秃杉木材的弦面硬度、抗弯弹性模量、顺纹抗压强度和顺纹抗剪强度比当地杉木略低，但其端面硬度、径面硬度、抗弯强度、冲击韧性和顺纹抗劈力比当地杉木高。因此，秃杉木材作为承重构件的质量是可以保证的，可作为房屋建筑、门窗、天花板、船、车、家具及室内装饰等用材（梁宏温等，2008）。

（谢双喜）

36 柳杉

别　名 | 长叶孔雀松（《中国裸子植物志》）

学　名 | *Cryptomeria fortunei* Hooibrenk ex Otto et Dietr.

科　属 | 杉科（Taxodiaceae）柳杉属（*Cryptomeria* D. Don）

柳杉为我国特有的常绿高大乔木，主要分布于长江流域以南地区。其寿命长，生长快，用途广，适生范围宽。柳杉木材质地较松，纹理通直，干燥后不翘曲，少开裂。柳杉树姿雄伟，树干通直，四季常绿，纤枝略垂，孤植、群植均极为美观，是我国南方优良速生用材和园林风景树种。柳杉对二氧化硫、氯气、氟化氢等有较好的抗性，能净化空气、优化环境，也是优良的环保树种。

一、分布

柳杉属于第三纪孑遗植物，已处于衰退状态，自然分布极其狭窄，形成间断的或孤立的分布区。栽培分布于18°～38°N、98°～122°E，在浙江、福建、江西、湖北、湖南、四川、贵州、云南、广东、广西、江苏、安徽、山东、河南等省份均有栽培。在浙江西天目山有成片大树，其中有株柳杉胸径2.33m，单株蓄积量75.46m^3，被称作“大树王”。垂直分布在浙江西部为海拔300～1000m，在福建北部为海拔400～1400m，在云南中部上升到海拔1600～2400m，在平原和低丘也有人工栽培的柳杉林。

二、生物学和生态学特性

常绿高大乔木。高达40m，胸径3m。树皮红棕色，纤维状，裂成长条片脱落。大枝近轮生，平展或斜展；小枝细长，常下垂，枝条中部的叶较长，常向两端逐渐变短。柳杉天然林分10年生左右开始结实，人工林、光照充足的疏林5～10年生开始结实。结实盛期在20年生以后，有大小年之分，间隔1～2年。柳杉为较喜光的浅根性树种，无明显主根，侧根很发达。柳杉生长快，直径生长持续时间长。直径生长5～30年生为速生阶段，连年生长量1.00～1.69cm；30年生以后生长缓慢，但能持续到150年生左右，连年生长量0～5cm。树高生长前5年为缓慢增长阶段，年高生长30～80cm；5～20年生为速生阶段，年高生长60～120cm；20～40年生，年高生长50～100cm；40年生以后为生长缓慢阶段，年平均高生长50cm左右；80年生以后基本稳定。柳杉对土壤、温度、光照等环境因素的反应非常敏感，对生长环境的要求极高，适宜在气候温和湿

天目山国家级自然保护区柳杉单株（杨淑贞摄）

润、土壤pH 6～7、水分充足的环境中生长。柳杉对环境的适应能力强，与其他树种的种间竞争程度较小，有利于自身的生长。但是，柳杉种群具有前期薄弱、中期稳定、后期衰退的特点。

三、苗木培育

1. 采种

宜选受光充足，无病虫害的15～60年生林中优势木作为母树进行采种。每年立冬前后采果，晒3～5天，待种鳞开裂，筛出种子。出籽率5%～6%，每千克种子约25万粒，千粒重约4g，发芽率60%左右，成苗率20%～30%。种子阴干后可贮存于缸内或布袋内，置通风处，可保持质量一年。

2. 育苗

（1）播种育苗

圃地宜选阳光充足、空气流通、地势平坦、排灌方便、土壤稍肥沃、病虫害少的沙质壤土。冬初深耕，细致整地作床，床高20～25cm，每公顷施750g过磷酸钙作为基肥。种子需消毒后播种，每公顷播种量110kg左右，播种时间可在大寒至翌年雨水间，以适当早播为好。播后覆土盖草，田间管理要及时遮阴、除草、排涝和间苗，1年生苗每平方米留130～150株。

（2）扦插育苗

宜采用4年生以下幼林的一级侧枝或采穗圃母株上的一级侧枝和带分枝的粗壮二级侧枝末梢作穗条。春季剪取半木质化枝条长5～15cm，插入沙床，遮阴保湿。插后2～3周生根，当根长2cm时可移栽。移植在3～4月进行，苗木需分级移栽，使2年生苗生长整齐均匀。2年生留床苗平均55～65株/m^2。

四、林木培育

1. 立地选择

选择在气候凉爽多雾的山区缓坡中下坡和冲沟、洼地以及排水良好的地方，土层较深厚湿润、质地较好、疏松肥沃的地块。土层瘠薄、干旱的山顶、山脊或西南向山坡不宜栽植。

2. 整地

头年秋、冬季或造林前一个月进行林地清理，劈除灌木和杂草，清理范围一般1.5m×1.5m。可带状或块状整地，深40cm。挖种植穴，表土和心土分开堆放，种植穴规格0.4m×0.4m×0.4m。

3. 造林

柳杉除营造单纯林外，可营造混交林，混交方式常采用单行混交或单双行混交。以大、中径材为主要培育目的的柳杉人工林，选择柳杉与杉木混交的模式，可提高林分收获量，达到速生、丰产、优质的人工林经营效果（蒋林等，2012）。柳杉还可与马尾松、日本扁柏等树种混交，形成较为稳定的群落结构，获得较高的林地生产力和防护效益。

一般纯林，培育小径材初植密度为3330～5000株/hm^2，培育中径材初植密度为2500～

天目山国家级自然保护区柳杉片林（杨淑贞摄）

3330株/hm^2，培育大径材初植密度为1665～2500株/hm^2；营造混交林，亦可采用此密度。造林季节冬、春均可。春季干旱严重地区，宜雨季造林。栽植时，应对苗木过长的根系进行适当修剪，以免造成窝根。苗木入土深度超过根颈2～3cm，回细土壅根后，稍向上提苗，使根系舒展，再次填土压实，最后盖一层松土呈弧形。

4. 抚育

（1）幼林抚育

造林当年，在秋季除草松土1次；第2～3年，进行春挖秋铲各1次；第4～5年，每年再除草松土1次。初植密度每公顷3000株、立地条件中等的林分，5～6年即可郁闭成林，一般10年内无自然整枝现象。

（2）间伐

10年生左右应进行第一次间伐。根据林分保存密度及立地条件，采用间伐株数占林分总株数20%～40%的不同间伐强度。以后，视林分生长状况和培育目标，再进行1～2次间伐，间隔期5～6年。间伐方法宜用下层抚育法，伐除生长衰弱、有病虫害、干形和冠形不良的林木，对个别拥挤的大径木也同时伐除，尽量保留生长健壮、树干通直圆满、冠形良好的大径木及个别用于调整密度的小径木。在不同的生长阶段，合理地控制林分密度可以有效地促进林分生长。江希钿等（2005）根据植物种群平均单株材积增长模式和最终产量恒定理论，提出一种新的植物种群密度效应机制模型：

$$V^{-\beta}=AN^{\beta}+B$$

式中：N和V分别为林分密度和平均单株材积；A、B、β分别是随生长阶段而变化的参数。

培育大径材宜采用目标树经营。

5. 采伐更新

20～29年生为柳杉成长阶段，林木出现开花结实现象。此阶段应对林分及时疏伐和人工整枝，以促进林木直径生长，缩短林分成材期。30～40年生为成熟阶段，林分的直径生长趋缓慢，但材积生长在此期逐渐达到最大值，达到数量成熟。此阶段林分出现大量开花结实，林分以生殖生长为主，种子的质量好、产量高，自然稀疏减慢。采伐更新应选择在结实壮年期，即30～40年生为宜。及时采伐利用，单位面积平均年生产力、林地利用率高。培育大径材，可在80年生以后进行采伐更新。

五、主要有害生物防治

1. 赤枯病（*Cercospora cryptomeriace*）

防治方法：①合理施肥，培育无病壮苗：施肥要合理，氮肥不宜偏多，以提高苗木抗性，培育无病壮苗。②药剂防治：发病期间用0.5%的波尔多液、401抗菌剂800倍液及25%的多菌灵200倍液，每2周喷1次。

2. 枝枯病（*Guignardia cryptomeriae*）

防治方法：①抽叶前及入冬后分别喷施1：1：100的波尔多液1～2次。②在开春后，新梢抽发前，在喷药防治的同时，从病健交界处切除病死枝条，切口涂波尔多液加以保护并防止水分蒸发，将切下的病死枝条集中烧毁。③病苗栽植前加以及时处理或不用病苗栽植。

3. 瘿瘤病（*Nitschkia tuberculifera*）

防治方法：①农业防治。加强水肥管理，增施有机肥，增强树势，减少发病；发病初期注意修剪瘿瘤，消除侵染源。②药剂防治。严重发病的柳杉林地，可在孢子萌发传播季节在林间喷施杀菌剂，抑制孢子萌发。药剂可用多菌灵800倍液、50%退菌特可湿性粉剂800倍液。

4. 柳杉毛虫（*Dendrolimus houi*）

防治方法：①农业防治。加强抚育，科学管理肥水，增强树势，减少虫害；注意修剪有虫枝，摘除受害叶，人工摘除虫茧，集中烧毁；利用炎热天幼虫需下树避阴喝水的习性，在树干涂刷毒环（较浓的药液加些胶性物质），截杀幼虫。②诱杀成虫。成虫羽化盛期，利用黑光灯或火堆进行诱杀。③药剂防治。必要时，可用90%敌百虫1000倍液喷药防治。

六、材性及用途

柳杉是重要用材树种。高利祥等（2014）指出，柳杉树干通直，木材纹理直，材质轻软，密度低，气干密度为0.330g/cm^3，基本密度为0.296g/cm^3，心材、边材区别明显，边材白色，心材红色，而且心材、边材含水率差异显著，生长应力大，渗透性差，综合强度低。在锯解时可使用四面下锯法，将心材、边材尽可能地分开，在干燥时对心材、边材分类处理。柳杉也是一个良好的绿化观赏树种和环保树种，常用作庭荫树、植于公园或作行道树。

附：日本柳杉 [*Cryptomeria japonica* (L. f.) D. Don]

日本柳杉与柳杉是接近种，原产于日本。在日本分布范围很广，是日本重要用材树种之一。我国于1914年开始引种栽培，现遍及淮河流域、秦岭山地以南广大地区。除此以外，日本柳杉在其他温带地区也作为观赏树木使用，如英国、欧洲、北美及喜马拉雅以东地区的尼泊尔和印度等地也多有种植。

常绿高大乔木。在原产地高达40m，胸径可达2m以上。树皮红褐色，纤维状，裂成条片状脱落。大枝常轮状着生，水平开展或微下垂，树冠尖塔形；小枝下垂，当年生枝绿色。喜光耐阴，喜温暖湿润气候，耐寒，畏高温炎热，忌干旱。适生于深厚肥沃、排水良好的沙质壤土，积水时易烂根。对二氧化硫等有毒气体比柳杉具更强的吸收能力。温和湿润的中山气候是日本柳杉的适生气候。树高年平均生长量0.7m以上，胸径年平均生长量0.8m以上，材积年平均生长量为杉木的2倍，20年生可以达到中径材标准，22年生材积连年生长量仍呈上升趋势，可作大径材培育。

以播种繁育为主，原产地日本海沿岸地区因多雪，其雪压枝条着地易生根形成新个体，与太平洋沿岸少雪地区种植的柳杉形成鲜明对比。著名的吉野林业以每公顷8000～10000株超密度种植闻名，前期以整枝除草为主，15年生左右开始间伐株数的25%～30%，至40年生每隔5年间伐1次，至70年生每隔10年间伐1次。前30年为保育性间伐，40年生以后为生产性间伐。经过多次弱度间伐，长期作业，形成年轮幅度小、通直无节的高附加值木材。

日本柳杉（刘仁林摄）

（吴初平，朱锦茹）

37 水杉

别　名 | 梳子杉
学　名 | *Metasequoia glyptostroboides* Hu et Cheng
科　属 | 杉科（Taxodiaceae）水杉属（*Metasequoia* MiKi ex Hu et Cheng）

水杉是我国特有的、古老的珍稀孑遗树种。20世纪40年代我国植物学家在湖北利川县谋道镇发现第一株活的水杉之前，对于水杉的认识仅来自于化石的记载，生物学界一度认为水杉已经灭绝，因此水杉也被称为"活化石"（Hu and Cheng，1948）。水杉的发现是中国近代植物学界的一件大事，被公认为我国乃至世界20世纪植物界的重大发现，不仅对于我国有重要价值，也具有世界意义。

水杉自发现以来一直受到国家的重视和保护。1941年，日本植物学界三木茂以发现的植物化石为依据发表了水杉新属。1943年，王战在川鄂交界的磨刀溪采集到第一份水杉的枝叶和果实标本，并于1945年将其转交给郑万钧教授进行鉴定。自此开始，这一物种引起了郑万钧等学者的重视，并开展了大量的调查研究。1948年，胡先骕与郑万钧发表了著名的《On the new family Metasequiaceae and on *Metasequoia glyptostroboides*, a living species of the genus *Metasequoia* found in Szechuan and Hupeh》一文，确定了水杉学名为*Metasequoia glyptostroboides* Hu et Cheng，明确了水杉在植物进化系统中的重要位置。同年5月，中国水杉保存委员会正式成立，7月筹设川鄂水杉保护区。1947年秋，郑万钧先生等到利川采集到第一批水杉种子，开始了在国内外植物园、试验林场的引种和繁殖、栽培研究；我国树木生理学家汪振儒先生和森林生态学家董世仁先生于1949年1月在《Chinese Journal of Agriculture》杂志正式发表了有关水杉种苗研究的第一篇论文《Observations on seed germination and seedling development of *Metasequoia glyptostroboides* Hu & Cheng》，极大地推动了水杉的有效保护和资源扩大工作。水杉在1982年我国国家环境保护局公布的第一批《中国珍稀濒危保护植物名录》中被列为8种国家一级重点保护野生植物之一；在1992年国家林业部公布的第一批《国家珍贵树种名录》中又被列为一级监管树种；在国务院1999年8月批准的《国家重点保护野生植物名录（第一批）》中被列为一级重点保护野生植物；在2004年出版的《中国物种红色名录》中，因其"分布地点少于5个，占有面积少于500km^2"被列为濒危物种（汪松和谢焱，2004）。针对水杉童期长、种子园几十年都不开花结实的难题，北京林业大学尹伟伦教授在揭示水杉花芽分化机理的基础上，提出"花芽分化生理发端期"是人工促进其开花结实最佳时期，成功建立水杉人工促花结实技术，极大地促进了水杉造林良种化进程。该成果获得2003年度国家科技进步二等奖。目前，《国际自然保护联盟（International Union for Conservation of Nature，IUCN）濒危物种红色名录》（2013）中也仍然将水杉划定为濒危物种等级（Farjon，2013）。自中华人民共和国成立以来，这个古老树种作为造林树种和道路绿化树种在全国各地广为栽培，并被引种到世界各地进行广泛栽种。

水杉适应性强，生长迅速，树干通直圆满，材质较好，可作建筑、家具、农具等用材，也可作造纸原料，是营建农田防护林、道路防护林等的重要树种。水杉树形优美，也是城镇、庭院绿化和四旁绿化的主要树种，在木材供应和生态环境保护中起到了重要作用。

一、分布

水杉这一类植物最古老的化石发现于中生代下白垩纪地层。根据化石记载，水杉在第三纪时曾广泛分布于北半球，上白垩纪时在北极圈内分布到80°～82°N的斯匹次卑尔根群岛，到了第三纪，分布扩大到欧洲大陆、西伯利亚、我国东北、朝鲜、日本、北美等35°N以北的广大地区。这一时期的水杉类植物生长繁茂、种类多，现知的化石种达10种之多。但在第四纪时，北半球北部冰川降临，水杉类植物多受寒害灭绝，仅现存的这一种水杉得以保存在我国川鄂边界的一个很局限的范围内。目前，水杉自然集中分布在鄂西（湖北利川）、湘西（湖南龙山）、渝东（重庆石柱）所形成的面积约600km^{2}极为狭窄的三角形分布区内，沿着河沟两侧的冲积地带和山麓附近分布，海拔为750～1500m，气候温和，夏、秋多雨，土壤以酸性黄壤为主。这些个体主要都是历史上由当地群众移植天然下种的野生苗于四旁隙地，经人工培育而成长起来的，常与杉木、茅栗、锥栗、枫香、漆树、灯台树、响叶杨、利川润楠等树种混生。

1947年秋，郑万钧教授等到湖北利川采集到第一批水杉种子，开始了在全国植物园、试验林场的引种研究。1948年，庐山森林植物园首先完成了水杉的扦插繁殖，并认为水杉是易扦插繁殖的树种，这一结果推动了水杉的扦插育苗工作。中华人民共和国成立后，水杉开始在国内各地引种，栽培地区不断扩大。20世纪60年代，水杉成为主要的园林绿化树种，70年代成为主要造林绿化树种，70年代末成为速生丰产林造林树种，80年代成为我国沿海防护林的主要造林树种。目前，北起北京、延安、辽宁南部，南及广东、广西、云贵高原，东临东海、黄海之滨及中国台湾，西至四川盆地都有栽培。特别是长江流域的江苏、浙江、上海、湖北、湖南、安徽、江西等地育苗造林的规模逐年扩大。湖北潜江县从20世纪60年代初即开始成片造林，并且从1972年开始开展水杉的育种工作。江苏从60年代以来，遍及全省各地开展群众性的扦插育苗，20世纪70年代的育苗数量即已达到1亿株以上，扬州地区成片造林达4万～5万亩，太仓县百里海堤栽植水杉，均已蔚然成林。河南、山东、山西等省份引种水杉也都取得了良好效果。据蒋延玲和周广胜（1999）报道，截至1999年，我国水杉造林面积已超过1.08×10^4hm^2。

水杉在国外引种和栽培遍及亚洲、非洲、欧洲、美洲等的50多个国家和地区，均生长良好。在60°N的高纬度地方如圣彼得堡、哥本哈根、阿拉斯加等地，−34℃及−47℃的低温条件下能在野外安全越冬生长。

二、生物学和生态学特性

1. 形态特征

落叶大乔木。高达39m，胸径达2.5m。树干基部常膨大。幼树树皮淡红褐色，裂成薄片脱落；成年树树皮灰色、灰褐色或暗灰色，纤维质浅纵裂，长条片状剥落，内皮淡紫褐色。幼树树冠尖塔形，老树树冠广圆形，枝叶稀疏。枝斜展，小枝下垂，1年生枝光滑无毛，幼时绿色，后渐变成淡褐色，2～3年生枝淡褐灰色或褐灰色；侧生小枝排成羽状，长4～15cm，初冬凋落；主枝上的冬芽卵圆形或椭圆形，顶端钝，长约4mm，直径3mm，芽鳞宽卵形，先端圆或钝，长、宽几相等，2.0～2.5mm，边缘薄而色浅，背面有纵脊。叶条形，长0.8～3.5cm（常1.3～2.0cm），宽1.0～2.5mm（常1.5～2.0mm），正面淡绿色，背面色较淡，沿中脉有2条较边带稍宽的淡黄色气孔带，每带有4～8条气孔线。叶在侧生小枝上列成2列，羽状，冬季与小枝一同脱落。球果下垂，近四棱状球形或矩圆状球形，成熟前绿色，熟时深褐色，长1.8～2.5cm，直径1.6～2.5cm，梗长2～4cm，其上有交对生的条形叶；种鳞木质，盾形，通常11～12对，交叉对生，鳞顶扁菱形，中央有一条横槽，基部楔形，高7～9mm，能育种鳞有5～9粒种子。种子扁平，倒卵形，间或圆形或矩圆形，周围有翅，先端有凹缺，长约5mm，直径4mm；子叶2枚，条形，

北京林业大学校园水杉叶片（戴腾飞摄）

长1.1～1.3cm，宽1.5～2.0mm，两面中脉微隆起，上面有气孔线，下面无气孔线；初生叶条形，交叉对生，长1.0～1.8cm，下面有气孔线。

2. 适生条件

喜光树种，幼苗能稍耐庇荫，对环境条件的适应性较强。

气候 水杉原产地处于华中山地鄂西南半高山地带，气候温和、湿润。利川县的年平均气温为12.8℃，绝对最低气温-8.5℃，绝对最高气温35.4℃，年平均降水量1260mm，平均相对湿度82%，无霜期230.9天；但从国内外广泛引种水杉的情况说明，它对于气候条件的适应幅度很广，并不局限于类似原产地的条件。就温度而言，水杉生长良好的地区，年平均气温大致为12～20℃，但它的耐寒性很强，如引种成功的我国陕西武功，冬季绝对最低气温为-18.7℃，辽宁大连为-19.9℃，水杉能在室外越冬，生长良好。国外水杉引种结果也表明，在东欧的圣彼得堡、基辅、利沃夫等地，水杉引种都已成功，圣彼得堡位于58°N，地处寒带，已靠近北极；基辅和利沃夫在50°N左右，引种的水杉经受了-28℃严寒的考验。从降水量来说，在年降水量1000mm的地区，水杉一般生长良好，但雨量充沛对其生长更为有利。水杉也能在大陆性气候条件下生长，对大气干旱的适应能力相当强，如在陕西武功年降水量仅557mm，大连为641mm，水杉在干旱季节进行灌溉使土壤水分得到保证的条件下，生长速度并不亚于长江流域一带，因此，水杉可以在我国华北南部、西北东部、东北的南部地区扩大栽培。

土壤 水杉在原产地主要分布在河滩冲积土及由侏罗纪砂岩发育的山地黄壤和紫色土上，大多生长良好，少数见于在石灰岩发育的石灰性土上，则往往因土层浅、土质黏、易受旱而生长较为缓慢。引种栽培的实践证明，水杉在黄褐土地带生长适宜，但对立地条件的要求是比较严格的，要求土层深厚、肥沃，尤喜湿润，故在长江中下游水网地区引种后，生长量常较原产地大。对土壤水分不足反应很敏感，土壤严重干旱时可导致死亡，在我国北方干旱的褐土地区生长良好的林分，主要是得益于灌溉。但是在地下水位过高、长期滞水的低湿地，生长也极为不良。水杉抗盐碱能力比池杉强，在轻盐碱地（含盐量0.2%以下）可以生长。

水分 水杉耐水湿，但抗旱能力较弱。在洞庭湖区栽培的水杉，夏季常遭水淹，每到汛期，滨湖的水杉林经常被淹10天或半个月以上。据历年观察，水杉被淹只要不没顶，就不易死亡，但被淹时间太长对生长有影响，如果是停滞的死水，淹后也会造成死亡。如湖南澧县官垸乡七一林场于1975年在松滋河畔栽植水杉40亩，生长良好，至1980年夏季遭水淹50多天，水深淹及树冠，退水后90%林木死亡。另据湖南沅江县林业局对东洞庭湖湖滨水杉造林地的观察发现，7年生水杉林的水杉在流水中被淹20天，退水后生长正常；但水淹70天的，有5%林木死亡；而6年生水杉林分在停滞水中被水淹15天后，林木全部死亡。

地形 水杉在原产地分布的海拔高度为900～1500m，以海拔1050m的小河镇、下水杉坝等地最为集中。在当地主要生长在排水良好的沟谷、溪旁及山洼，极少见于山腹以上土壤干燥、瘠薄之地。引种时一般以平原的河流冲积土为好，丘陵山区则以山洼及较湿润的山麓缓坡地较为适宜。

3. 生长特征

水杉生长迅速，在原产地，树高年平均生长量为30～80cm，在50年生以前一般均能保持在

60～80cm；胸径年平均生长量1.00～1.75cm，在20年生以后增长较快，一般均保持在1.3～1.6cm，80～100年生以后趋于缓慢。根据树干解析材料，在原产地树高连年生长最高峰（1.43m）出现在10～15年生，胸径连年生长最高峰（2.1cm）出现在20～25年生，而在引种地区则树高和直径连年生长的最大值出现得更早，其绝对值也更大，显示出速生丰产的特点。引种地区凡成片造林的，例如，南京中山陵园，树龄24年时（包括苗龄，下同），平均树高22.5m，平均胸径26.8cm，最大胸径39cm；湖北潜江县广华寺农场，树龄16年时，平均树高11.5m，平均胸径14.5cm，最大胸径18cm。江汉平原水杉人工林的观察调查和树干解析结果表明，水杉树高前期生长较快，平均生长量6年生时达到最大，连年生长量和平均生长量在13～15年生相交；胸径连年生长量和平均生长量均表现为先升后降，其中6～12年生的生长最为迅速；材积总生长量在前24年一直处于较快生长状态。甘肃小陇山林区营造的32年生水杉林的调查结果表明，在当地的立地和气候条件下，水杉人工林蓄积年均生长量达到11.5m^3/hm^2。单行或单株散生的水杉则生长更为迅速，如安徽滁县琅琊山，树龄25年时，树高23m，胸径53cm；南京师范大学，树龄22年时，平均树高22m，平均胸径39.8cm，最大胸径44cm；南京林业大学，树龄20年时，平均树高14m，平均胸径28.8cm，最大胸径34cm。在一般栽培条件下，水杉可以在15～20年生达到成材；通过集约栽培，水杉更显示出快速生长的特点，如江苏江都县红旗河北段，树龄4年时，平均树高7m，平均胸径11.2cm。因此，在立地条件适宜、栽培措施精细的情况下，水杉的成材期有望缩短至10～15年。

4. 开花结实特性

水杉花单性，雌雄同株，异花授粉。成熟个体花期为2月下旬，球果11月成熟。

水杉开始结实的年龄较晚，虽然个别2～3年生的幼树能产生雌花，但几乎都不能形成雄花，未受粉的球果虽也发育，但种子全为空粒，不能用于播种。在原产地，一般25年生以后才能同时出现雌、雄花，25～30年生时开始结实，40～60年生大量结实，迄100年生而结果未衰，仍能生产出质量较好的种子。在引种地区，如江苏、浙江、安徽、湖北等省份，一部分生长良好的18～20年生的树木，能形成正常的雌、雄花而获得有发芽能力的种子，较原产地早5～7年。此外，水杉种子的发芽率和成苗率随着树龄的增长而逐年提高。

水杉结实大小年明显，种子的充实率往往很低，一般有胚种子所占的比例仅10%左右。研究表明，胚器官分化不全，珠心早期发育中止，雌配子体和胚细胞发育不良，花粉粒寿命短、外壁遇水易裂，雌球花胚珠数目过多、雌雄花花期不育以及寒潮是导致产生大量空粒、发芽率低的主要原因。

三、苗木培育

水杉可以采用播种或扦插的方式培育苗木。由于水杉母树稀少，种子产量有限，播种育苗远远不能适应大规模发展的需要，因此，在南方地区，特别是长江中下游的平原湖区，扦插育苗比较普遍，可以解决大规模造林对苗木的需求。

1. 种子生产

水杉通常25年生左右开始结实，母树的结果盛期一般在30～80年生。

水杉在3月上中旬开花，10月中下旬至11月上旬球果成熟。当种鳞转为黄褐色、微裂，有少量种子散出时即为采种适期。采收后的水杉球果需采用阴干的方式干燥，并定期翻动，待种鳞大多张裂时轻击球果，筛出种子，出种率6%～8%。

水杉种子千粒重为1.75～2.28g。自然条件下生长的水杉结实量很大，但种子空粒率很高，约为85%。种子发芽率通常为5%～11%，但饱满种子的绝对发芽率可达到68%以上。种子脱出后可采取风选的方法，清除夹杂物及空粒种子，提高种子纯度。

采收的种子通常采用干藏法置于阴凉、通风、干燥处进行保存。在一般干藏条件下，种子生活力虽可保存2年，但发芽能力显著下降。傅

紫菱（1981）对水杉种子贮藏条件研究后认为，控制温度是保持发芽率、延长种子寿命的决定因素，温度控制在0℃左右，贮藏2年后发芽率可保持在原发芽率的86%左右。因此，当年不使用的种子采收后应尽量进行低温冷藏。

2. 播种育苗

水杉种粒细小，幼苗较弱，忌旱怕涝。播种前应进行种子消毒，采用多菌灵50g拌种1kg待播。

圃地应选择地势平坦，排灌方便，杂草和病虫害少的肥沃、疏松的沙质壤土，坡向以向阳的东南坡或西南坡为宜。苗圃地要求全面翻耕30cm以上，结合施用基肥。细致整地、筑高床。

播种期依各地的气候条件而定，一般在3月下旬至4月上旬，土温12℃以上时为宜。在正常的情况下，播后约10天种子萌发，15天幼芽开始出土，20天后可基本出齐。条播（行距20～25cm）或撒播，播种量1.5～4.0kg/亩，依种子质量而定。播后覆土不宜过厚，以不见种子为宜。播后用稻草或茅草覆盖，然后用敌克松3.5kg/亩兑水在覆盖物上喷雾。

种子发芽出土前要注意经常浇水，保持床面湿润，切忌时干时湿。幼芽大量出土时，分次揭草，并注意防止鸟害。幼苗初期生长缓慢，扎根不深，除经常浇水外，最好适当遮阴，以免下胚轴受日晒灼伤。幼苗移植的成活率很高，可在子叶期结合间苗，移密补缺。间苗一般在幼苗出土半个月后开始，可间2次，定苗6万株/亩为宜。

播种苗的生长期很长，在南京地区高生长可持续到10月下旬，增粗生长可达11月中旬。在生长期中，当平均气温在22～26℃时，生长最为旺盛。在此期间，加强抚育（松土、除草、灌溉、追肥），可以显著促进生长。1年生播种苗苗高可达40cm以上，地径0.8cm以上。抚育管理措施到位的情况下，苗高可达80～130cm。

3. 扦插育苗

水杉种子空粒率高，发芽率低，播种育苗受到一定限制，不能适应生产需求，因此，扦插育苗是繁育水杉苗木的主要途径，在早期进行了大量研究。湖南省林业科学所（1977）在水杉扦插育苗成功的基础上总结了水杉扦插育苗的技术措施，即选择优良种条，适时采条与贮藏，选好圃地细致整地，选好及处理好插穗，掌握扦插季节、密度及方法，适时灌水，施足基肥，巧施追肥，及时除蘖定苗，加强中耕除草，积极防治病虫害。

水杉扦插育苗可采用硬枝扦插或嫩枝扦插。由于枝条的分生能力通常随母树年龄增大而下降，并且枝条内容易积累生根抑制性物质，因此，水杉插穗的生根能力随着母树年龄的增大而递减。采用硬枝扦插时，从1～3年生幼树上采取的插穗发根期早、抽梢率高，7～8年生以后的母树再生能力有所下降，15～20年生的母树发根率很低。采用嫩枝扦插时，不同年龄的母树生根早晚的差异更为明显，并且直接关系到幼苗生长期的长短，是育苗成败的关键之一。因此，采用扦插育苗时需建立采穗圃，以提高扦插育苗的成功率和苗木产量。

硬枝扦插时通常在入冬落叶后至翌年萌动前剪取穗条。在南京地区，平均气温达到6～8℃时（3月上中旬）即可进行扦插。剪取穗条时应做到切面光滑，不伤芽、不破皮、不开裂。插穗上端距芽1cm，下端紧靠芽斜剪呈楔形。穗条长约10cm。提前剪制的穗条应在室内沙藏或室外窖藏，常翻动检查，防止干枯霉变。

嫩枝扦插通常在6月上旬至7月上旬，当年生枝条半木质化时进行，穗条长8～10cm，穗条的剪制方式基本同硬枝扦插，剪制时去掉下部2/3的叶片，随剪随插。

扦插前通常需要采用萘乙酸、吲哚乙酸或ABT生根粉等激素对穗条进行处理。一般采用50mg/L的浓度慢浸，硬枝扦插时处理20～24h，嫩枝扦插时处理5～6h。嫩枝扦插时也可采用300～500mg/L的高浓度激素快浸3～5s。

扦插株行距通常为10cm×15cm，采用直插的方式，硬枝扦插时扦插深度为穗条的1/2～2/3，嫩枝扦插时扦插深度为穗条的2/3。插后浇一次透水，扦插后保持床面湿润。若遇高温天气应及时浇水。嫩枝扦插时需搭遮阴棚遮阴，并及时进行叶面喷水保湿。

硬枝扦插时5月中旬至6月下旬为生根阶段，嫩枝扦插通常在插后20～25天即可生根，以皮部生根方式为主。育苗过程需及时除草松土，穗条生根后每隔20天左右追施1次稀薄粪水，可有效促进生长。

扦插育苗的育苗量通常每亩4万株左右。

水杉多代扦插的苗木造林后容易出现早衰现象，这一现象在1973年的调查中首次发现，到20世纪80年代中期，这种现象在水杉造林过程中大量出现后引起了重视，并开始对此进行研究。针对部分地区采用实生苗重复扦插，随繁殖代数增加普遍出现生根推迟、生根率下降、生长势衰退等现象，彭方仁（1989）从形态学和生理学的角度对影响水杉硬枝扦插育苗的若干因子进行了探讨，发现插穗的营养状况、激素含量以及抑制物质的多少是影响扦插成活率的主要因子，随着插穗繁殖世代的增加，抑制物质增多，生根力下降，成活率降低；通过浸水处理能消除抑制物质，采用地膜增温能诱导根原基早日形成，促进根系发育。

四、林木培育

1. 立地选择

水杉造林时立地条件的选择需要特别注意水杉的生态学特性及各栽培区的自然条件。在主要栽培区造林时造林地立地条件的选择如表1所示。

2. 整地

在造林前一年的秋、冬季整地。在江湖滩地可采用全面整地，整地深度20～25cm；在沟谷、山洼、较湿润的山麓缓坡地及丘陵岗地可采用块状或带状整地。栽植穴的规格不小于60cm×60cm×50cm。

3. 造林

水杉生长迅速，喜光，顶端优势较强，主干通直，侧枝不过分伸展，造林密度不宜过大。片林营造时若不考虑间伐，采用一次成林的方式时，初植密度以1100～1250株/hm^{2}为宜；若考虑间伐，初植密度以1700～2500株/hm^{2}为宜，造林后经过1～2次间伐，可以获得较多的大径材。

造林用的苗木一般以2～3年生为好，苗高要求达1.5～2.0m，地径要求达到3～4cm。苗木应随起随栽，起苗时多带宿土，少伤根系，注意保护苗木根系湿润。经过远途运输的苗木可将根部浸于流水中使之充分吸水后再栽植。

造林季节从晚秋到初春均可，但切忌在土壤冻结的严寒时节栽植。一般以晚秋为好，可以使起苗时受损的根系迅速恢复，提高造林成活率，减少缓苗期。

栽植时注意根系舒展，分层填土后压实。移

表1　水杉速生丰产林造林地条件

栽培区	地形地势	母岩土壤	立地条件
Ⅰ	海拔在50m以下的江河冲积平原、湖滨滩地、四川盆地以及海拔在900～1200m的原产地低、中山沟谷溪边	近代冲积物发育的冲积土、湖积土，页岩、千枚岩、砂岩等发育的山地黄壤、黄棕壤、黄红壤	A.平原湖区土层厚度1m以上，有机质层厚度15cm以上，地下水位1m以下 B.山区沟谷溪旁及盆地平原，土层厚度80cm以上，有机质层厚度10cm以上
Ⅱ	黄河、淮河流域，海拔200m以下的丘陵以及海拔1000m以下的低山山洼及山麓	砂页岩、千枚岩等发育的黄棕壤、黄红壤、黄土，第四纪黄土、红土发育的褐土	C.江河平原、岗丘溪沟两旁，土层厚度1m以上，有机质层厚度15cm以上 D.山洼及较潮湿的山麓缓坡地，土层厚度60cm以上，有机质层厚度10cm以上
Ⅲ	海拔500m以下的丘陵以及海拔1000m以下的低山山洼	页岩、砂岩、千枚岩等发育的红壤，第四纪红壤	E.山洼、高丘溪流沟旁及较潮湿的山麓缓坡，土层厚度60cm以上，有机质层厚度10cm以上

福建省洋口林场水杉单株（田野摄）

植大苗最好能适当带土，侧根应尽量保留。

水杉造林后应及时加强抚育，以保证成活并迅速恢复生长，提高早期的生长量。大苗造林时要特别注意高温季节的干旱，及时灌溉。每年进行除草、松土2～3次。5～6月及7～8月的快速生长期进行抚育、追肥，效果最为显著。

水杉休眠芽的生活力一般能保持2～3年，3～4年生以上的植株贴主干修枝后往往很难再度萌发，影响树冠的形成，对生长不利，因此成林以前一般不必修枝。成林以后适度修枝，一般树高6～10m时，修枝高度达树高的1/4～1/3；树高10～15m时，修枝高度为树高的1/3～1/2。

密度过大的水杉人工林在郁闭后需要及时间伐，初次间伐的强度不宜超过33%，以避免林地环境的剧烈变化，影响保留木的正常生长。间伐2～3次，可显著提高大径材的产量和经济效益。

五、主要有害生物防治

水杉苗木及林木的健康状况直接或间接影响造林质量，因此不可忽视苗木以及造林后的病虫害防治。

水杉叶部病害主要有水杉赤枯病、水杉叶枯病和叶斑病，枝干病害主要有茎腐病。叶部病害防治方法：可在秋季落叶后及时清除并处理落叶，然后向地面喷石硫合剂，以减少越冬病原基数，可预防和减轻叶部病害的发生。茎腐病防治方法：可于发病初期用1%硫酸亚铁溶液或5%新鲜石灰水澄清液浇灌病株根部周围土壤，防治效果较好。

水杉虫害主要为鳞翅目的水杉色卷蛾（*Choristoneora metasequoiacola*）和大袋蛾（*Cryptothelea variegata*）。水杉色卷蛾主要于4月上旬至5月中旬取食新生嫩叶。防治方法：可于幼虫出蛰危害初期（4月上中旬）防治，用50%杀螟松以及菊酯类药剂均有良好效果。大袋蛾主要在干旱季节（7～8月）爆发，严重时可在数天内将叶片取食殆尽，严重影响林木生长。防治方法：可以人工摘除幼虫（连袋）烧毁；或用杀螟松1000倍液喷杀幼虫，效果明显。

六、材性及用途

水杉材表平滑，心材、边材区别明显，边材黄白色或浅黄褐色，心材红褐色或褐色带紫色。木材有光泽，纹理通直，材质轻软，气干密度为0.29～0.38g/cm^3，略有香气。早材占年轮宽度的绝大部分（约85%），木材力学强度略小于杉木，干缩差异小，易于加工，油漆及胶黏性能良好，适于建筑（桁条、门窗、楼板等）、家具、造船等用材。

水杉木材管胞长度范围为3.99～4.42mm，管胞长宽比85.7～89.1，壁腔比0.363～0.354，腔径比0.731～0.739，纤维素含量高达47.1%，纤维离析时木质素容易去除，是优良纸浆原料。

水杉生长快，树姿优美，是著名的庭园树种，也可作长江中下游、黄河下游、南岭以北、四川中部以东广大地区的造林树种及四旁绿化树种。

（田野）

38 落羽杉

别　名｜落羽松

学　名｜*Taxodium distichum* (L.) Rich.

科　属｜杉科（Taxodiaceae）落羽杉属（*Taxodium* Rich.）

落羽杉原产于北美东南部，是古老的孑遗植物，在第三纪中新世、上新世时期（2000万～4000万年前）曾广泛分布于北美洲和欧亚大陆北部，第四纪冰川之后，仅在北美洲保存下来。落羽杉为高大乔木，强喜光树种，适应性强，能耐低温、干旱、涝渍和土壤瘠薄，耐水湿，抗污染，抗台风，且病虫害少，生长快。其树形优美，羽状叶丛极为秀丽，入秋后树叶变为古铜色，是良好的秋色观叶园林绿化树种，常栽种于平原地区及湖边、河岸、水网地区。我国引种落羽杉已有80多年的历史，具有广阔的应用前景。

一、分布

落羽杉现天然分布于美国北自马里兰州，南到佛罗里达州，西至德克萨斯州的南大西洋，东沿西大洋沿岸向南到佛罗里达州墨西哥湾沿海地带及阿拉巴马河与密西西比河沿岸，绝大部分分布于沿河沼泽地和每年有8个月浸水（季节性泛滥）的河漫滩地（汪企明和王伟，1999）。分布区内气候、立地差异很大，属湿润、半湿润、干旱半湿润型气候，年平均最低气温为−18～4℃，极端低温达−34～−29℃，年降水量760～1630mm，海拔0～150m（个别地区海拔300～530m）。地形包括平原、山坡、溪谷、河岸等。土壤从酸性土到盐碱地。生长季节在北部为190天，在南部为365天。在分布区的极北部尚能结实，在南部温暖气候条件下生长最好。天然林生长在平地或微洼地上，海拔低于30m，在密西西比河河谷最高海拔约150m。

世界各地有引种。1917年前后，广州、杭州、上海、南京、武汉、庐山及河南信阳（鸡公山）等地引种栽培，生长良好，多作引种试验和庭园观赏；中华人民共和国成立后，特别是20世纪90年代以后，南京林业大学等单位进行了大规模的引种试验。实践证明，落羽杉具有生长快、耐水湿、抗性强、材质好等优良特性，无论是在河湖滩地、平原农区，还是丘陵山区，均能生长良好，特别适于用作滩地、低湿地及平原农区农田林网等的造林树种。近十几年来，落羽杉栽培区有了较大发展，以湖北和广东珠江三角洲栽培较多，山东、河南、陕西和南方各省份均有栽培。

二、生物学和生态学特性

落叶大乔木。树高可达25～50m，胸径3m以上，树干尖削度大，干基通常膨大，生长于低湿地的个体常有屈膝状呼吸根伸出地面。树皮淡褐色，裂成长条片状脱落。大枝近平展，幼树树冠圆锥形，老则呈宽圆锥状。叶条形，扁平，螺旋状排列，互生基部扭转，在小枝上排成羽状2列，长1.0～1.5cm。落羽杉为雌雄同株植物，一般在3月中下旬至4月上旬开花、传粉。雄球花卵圆形，有短梗，在小枝顶端排列成总状花序状或圆锥花序状。一般在6月中旬雌球花受精后长成大球果，初为绿色，成熟时褐色。当年11月下旬至12月上旬球果成熟。球果近圆形或倒卵形，直径2.0～2.5cm，每个球果具9～15枚盾形鳞片，具短梗，向下斜垂，成熟时淡褐色；每枚鳞片内侧着生2粒不规则多角形种子，种长1.2～1.8cm，

江苏省东海县李埝林场落羽杉种源试验林（汪贵斌摄）

褐色。每个球果有饱满种子2～50粒，平均15～25粒。落羽杉5年生就能开花结实，10年生进入种子丰产期，一般每隔3～5年出现一个种子丰产年。

落羽杉一般3月上旬树液开始流动，3月下旬至4月上旬开始萌动。5月下旬至7月上旬，生长量为全年生长的60%～70%。在8月下旬至10月中旬，另有几次生长高峰，一年中产生2个以上的年轮（假年轮）。植苗造林后，一般5～6年进入速生期。树高连年生长量达0.6～1.0m，胸径连年生长量达1.0～2.0cm，材积生长量速生期出现较迟，历时可达50年以上，数量成熟期在200年生左右，年均单株材积生长量可达0.10m³。在美国原产地，落羽杉材积一般为112～196m³/hm²，最高可达1400m³/hm²，在佐治亚州一株落羽杉材积可达168m³/hm²。从种源试验结果看，引进的不同种源生长情况不一样，生物量在1年生时可相差3倍之多，因而在造林时，应选择优良的种源。

落羽杉对多种气候、土壤条件及恶劣环境具有很强的适应性，尤其耐低温、耐盐碱、耐水淹。落羽杉喜光，寿命长，可达千年以上，在原始林生长较慢，伐后萌生力强，生长也较快。从国内外广泛引种及其生长情况来看，也证实了这一点。落羽杉的现代分布区已到美国40°N一带，和我国北京相似。落羽杉对−25℃的低温环境是完全能够适应的，如河南鸡公山（−20℃）历年引种的落羽杉均生长良好，未见有受冻害的报道。美国对落羽杉等不同树种对水淹的适应性研究表明，落羽杉属高耐水淹树种，在水中连续2个生长季节（一般50天以上），绝大多数仍能成活。汪贵斌和曹福亮（2002；2004）的试验也进一步证明了落羽杉具有极强的耐水淹能力，尤其是间歇性淹水对落羽杉生长最为有利。在一些干旱瘠薄的丘陵岗地上，同时表现出很强的耐干旱瘠薄能力。对城市废水、工业烟尘区落羽杉生长情况的调查结果表明，落羽杉的生长依然正常，有时还得到促进。在原产地受病虫危害少，主要是一些危害开花结实的害虫，使种子的产量受到一定影响；枝叶害虫如避债蛾、皮下害虫和鼠类，仅产生轻度危害。我国引种多年来，仅发现有少量的避债蛾、天牛、卷叶蛾和赤枯病，未见严重受害致死的报道。另外，木材耐腐性强，伐倒木很少受病菌危害，对白蚁有较强的抗性。

三、苗木培育

1. 播种育苗

采种 在15年生以上生长健壮、干形和冠形好、无病虫害的母树上采种。上树采集球果，或树下摊放采种布后用竹竿打落收集。采集的球果可暴晒或在室内摊晾。堆放厚度不要超过8cm，要经常翻动防止霉变。待球果干燥之后即可脱粒，去除种壳等杂质即可得到净种。一般50kg球果可得净种7.5～20.0kg。

播种地选择与整地 一般选择地势平坦、灌排设施齐全、沙质壤土的田块作育苗基地，育苗地要求施腐熟厩肥2000～3000kg/亩，随整地翻耕入土，经一个冬季的冰冻风化，翌年春天（3月上旬）对播种地进行春耙平整，筑成地上畦田（宽1.2m、高20～30cm，长度依地块大小而定），用0.3%硫酸亚铁溶液进行床面消毒。

适时播种 播种前，应对种子进行适当处理。于12月对净重后的种子进行湿沙层积催芽，90天后播种。苗木的数量控制在10000～12000株/亩。当年苗木高度可达0.8～1.0m，地径达1.0cm以上。具体方法为：在整平、整细的畦田上横开浅沟，沟距80～100cm，浅沟宽5～6cm、深2～3cm，然后将催好芽的种子播入沟内，播种量8～10kg/亩，浇1次透水，稍稍晾干表土，覆盖1～2cm厚的细土，最后用稻草或麦秸覆盖，以保温、保湿促出苗。

苗期管理 出苗后逐渐除去覆草。当幼苗长出2～3片叶时应先浇1次透水，然后进行分次间苗，以幼苗树冠恰好相互衔接遮住苗床为宜。结合间苗做好松土除草及抗旱浇水工作。对幼苗可分次追肥，开始时应少量追施，4片叶时可进行1次叶面喷肥，一般选用0.3%尿素溶液或三元复合肥溶液喷施叶面；幼苗长到30～50cm时，苗圃追施稀粪水800～1000kg/亩；当幼苗长到80～100cm时，苗圃追施尿素10～15kg/亩或三元复合肥20～25kg/亩。

2. 扦插育苗

对目前已经选育出的一些优良品种或无性系，主要采用扦插育苗的方法进行育苗（曹福亮和刘成林，1995；柳学军等，2006）。插穗应在生长健壮、无病虫害的幼年母树树冠中部及中上部采集（少于10年生），插穗一般为当年生枝。扦插可在春季、夏季和秋季进行。春插一般在上一年12月采集插穗，埋入背阴处湿沙内冬藏，3月扦插，根系可在6～7月形成。夏插在6月中下旬至7月中下旬进行，一般剪取当年萌发的幼嫩新枝作插穗，枝龄1～3个月，扦插后30天左右开始生根。秋插在8月上旬至9月上旬进行，剪取当年生新枝作插穗，枝龄4～5个月，扦插后50天左右开始生根，但一般要到第二年才能长成苗木。无论在何时扦插，扦插前均可用一定浓度的NAA、IBA、IAA、ABT等激素处理，能明显提高生根率。有条件的地方可采用全光照喷雾设施，效果更好。

园林绿化用苗应分床培育大苗，一般于3月中旬左右移植，且大苗带泥球，以确保成活率。当幼苗长至一定高度（2.0～2.5m），苗木充分木质化时，即可出圃定植于河道两岸或水畔。

四、林木培育

1. 造林

落羽杉适应性强，无论是在平原、河湖滩地、丘陵山区，还是在酸性、中性、碱性土壤上均能适生。但以土壤深厚肥沃且湿润的沙壤土上生长最好。造林以植苗造林为主，造林季节以早春最好，长江以南为2～3月，长江以北延迟到4月中旬。用1～2年生苗造林，株行距可采用2m×2m、2m×3m、3m×3m、3m×4m，前两种株行距在造林后10年左右可间伐1/3～1/2。如果用于道路或园林绿化，株行距可适当加大。造林前要对苗木进行适当修剪，试验证明，根系中度修剪后造林对落羽杉生长无不良影响，但便于造林施工。

定植前，将挖起的幼苗进行适当修剪、整枝，保持一定的树形，且定植苗必须带土球。定植处应先挖掘好深坑（深80cm），长×宽为1m×1m，挖出的生土、熟土各放一旁，每定植坑先施腐熟厩肥1kg于坑底，浅盖覆土后，再移栽定植树苗。树苗栽植后先盖熟土，再盖生土。盖土结束后，立即浇1次透水，并在定植树四周开1条浅水沟，以利于干旱时浇水抗旱。以后每隔3～5天浇1次水，直到定植树成活。如果遇雨天应及时抓好排水工作，以确保定植树成活和正常的生长发育。

2. 抚育

栽植后2～3年，每年除草中耕2～3次，在干旱季节要浇水抗旱。林内最好间种粮食作物、油料作物或绿肥作物，直到林分郁闭为止。在河滩沙地或黄土岗地间作绿肥作物是保证林木生长的重要措施。

林木生长过程中，要及时进行整形修剪。林分郁闭后，要及时进行间伐抚育，以调整林分的密度，改善光照及营养条件，保证林木的速生丰产。

五、主要有害生物防治

落羽杉病虫害很少，主要为一些食叶性害虫，如大袋蛾、刺蛾等；幼苗期间易受小地老虎幼虫等地下害虫危害；在苗期和幼树期，会发生少量的茎腐病。

1. 茎腐病（*Tubercularia abutilonis*）

主要发生在夏季高温炎热的地区，是苗木上的严重病害。苗木发病初期，茎基部变褐色，叶片失去绿色而发黄，稍下垂，顶梢和叶片逐渐枯萎，以后病斑包围茎基部并迅速向上扩展，全株枯死，叶片下垂但不脱落。防治方法：整地时施入石灰粉25kg或硫酸亚铁粉15～20kg，以抑制病原菌。在苗期和幼树期，会发生少量的茎腐病。发现病苗，应立即拔除并烧毁，然后喷多菌灵500倍液或硫酸铜300倍液，防止病害蔓延扩大。

上海市崇明区落羽杉繁育基地（汪贵斌摄）

2. 大袋蛾（*Cryptothelea vartegata*）

鳞翅目蓑蛾科窠蓑蛾属的一种食性多样的害虫。在河南、江苏、浙江、安徽、江西、湖北等地1年发生1代。在郑州地区，4月中下旬幼虫恢复活动，但不取食。雄虫5月中旬开始化蛹，雌虫5月下旬开始化蛹，并开始交尾产卵。6月中旬幼虫开始孵化，6月下旬至7月上旬为孵化盛期，8月上中旬食害剧烈，9月上旬幼虫开始老熟越冬。3龄后，食叶穿孔或仅留叶脉。幼虫昼夜取食，以夜晚食害最凶。幼虫取食树叶、嫩枝及幼果，大发生时可将全部树叶吃光。防治方法：秋、冬季树木落叶后，人工摘除越冬护囊，集中烧毁。幼虫孵化后，用90%敌百虫1000倍液或40%氧化乐果1000倍液或25%杀虫双500倍液喷洒，也可用2.5%敌百虫粉剂喷粉。在幼虫孵化高峰期（6月上旬）或幼虫危害期（6月上旬至10月上中旬），用每毫升含1亿个孢子的苏云金杆菌溶液喷洒；也可用25%灭幼脲500倍液，或森得保可湿性粉剂2000～3000倍液，或3%高渗苯氧威乳油3000～4000倍液，或1.8%阿维菌素乳油3000～4000倍液，或0.3%苦参碱可溶性液剂1000～1500倍液，或1.2%苦烟乳油植物杀虫剂800～1000倍液，喷雾防治。

3. 扁刺蛾（*Thosea sinensis*）

鳞翅目刺蛾科昆虫的通称，分布全球，多数在热带。低龄幼虫啃食叶肉；稍大则食成缺刻和孔洞，严重时食成光杆。北方1年发生1代，长江下游地区发生2代，少数发生3代。1代区5月中旬开始化蛹，6月上旬开始羽化、产卵，发生期不整齐，6月中旬至8月上旬均可见初孵幼虫，8月危害最重，8月下旬开始陆续老熟入土结茧越冬。2～3代区4月中旬开始化蛹，5月中旬至6月上旬羽化。第一代幼虫发生期为5月下旬至7月中旬，第二代幼虫发生期为7月下旬至9月中旬，第三代幼虫发生期为9月上旬至10月。以末代老熟幼虫入土结茧越冬。幼虫共8龄，6龄起可食全叶，老熟后多夜间下树入土结茧。防治方法：挖除树基四周土壤中的虫茧，减少虫源。幼虫盛发期喷洒50%辛硫磷乳油1000倍液、50%马拉硫磷乳油1000倍液、25%亚胺硫磷乳油1000倍液、25%爱卡士乳油1500倍液、5%来福灵乳油3000倍液等。

4. 地老虎（*Agrotis ypsilon*）

全国各地都有分布，其中以沿海、沿湖、沿河及地势低洼、地下水位较高处和土壤湿润杂草丛生的地区发生最重；发生世代各异，东北1年发生1～2代，广西南宁1年发生5～6代，无滞育现象。全年中主要以春、秋两季发生较严重。小地老虎低龄幼虫在植物的地上部危害，取食子叶、嫩叶，造成孔洞或缺刻。中、老龄幼虫白天躲在浅土穴中，晚上出洞取食附近土面的嫩茎，使植株枯死，造成缺苗断垄甚至毁苗重播，直接影响生产。防治方法：落羽杉幼苗期间易受小地老虎幼虫等地下害虫危害，在幼苗出土后，采用毒饵诱杀、步道放泡桐叶诱捕、人工挖杀、床面灌浇90%敌百虫500倍液等措施，可取得一定效果。

六、材性及用途

落羽杉材质优良，是理想的用材林树种。落羽杉木材纹理直而细致、材质轻软（干重约450kg/cm^3）、年轮窄、硬度适中、干缩性小、极耐腐蚀、易于加工。木材颜色为紫棕色或红棕色，有特殊气味，对白蚁危害有较强的抗性，在美国被称为“永不腐朽之材”，广泛用作枕木、建筑、水槽、车辆、造船、电线杆、棺木、招牌板、桩柱、洗衣房及温室内的用具及装饰用材。在我国，落羽杉已用于建筑、家具、农具、造船及运动器材等方面，同时也是优美的庭院、道路绿化树种。

（曹福亮，汪贵斌）

39 水松

别　名 | 水帝松、水杉松、水莲、长柏、水枞

学　名 | *Glyptostrobus pensilis* (Staunt.) Koch

科　属 | 杉科（Taxodiaceae）水松属（*Glyptostrobus* Endl.）

水松为杉科水松属的唯一种，我国特产，主要分布于华南和西南地区。半常绿乔木，喜光，成年树木高度一般10m左右，少数可达25m以上。喜温暖湿润的气候，耐水湿，不耐低温，适宜在江河冲积土上生长，具有一定的耐盐碱能力。多采用种子育苗。可作用材林树种，其木材轻软、细密，耐腐蚀，可供建筑、板材、造船等用材，也可加工为瓶塞、救生圈等；种鳞、树皮富含单宁，可染渔网或制皮革。根系发达，也可作防护林树种，多栽植于河边、堤旁，作防风固堤用。树姿优美，可作为盆景、园林绿化树种。对污染比较敏感，尤其对含硫的空气污染抗性较弱（《中国植物志》编委会，1978）。

一、分布

水松在白垩纪至新生代广泛分布于北半球，第四纪冰河期后期在欧洲、美洲及日本等地灭绝，仅存化石，现主要分布在我国中亚热带的广东珠江三角洲和福建中部及闽江下游的海拔1000m以下地区。广东东西部、福建西北及北部、四川东南部、广西及云南东南部也有零星分布，南京、武汉、庐山、上海、杭州、信阳等地有栽培。20世纪70年代初，越南曾从广东新会县引种。水松1984年被《中国植物红皮书》列为稀有濒危树种；1996年被国际松杉类植物专家组列为渐危种；1997年被世界保护监测中心（WCMC）列为稀有种；1999年被国际自然资源保护联盟（IUCN）列为极危种；1999年被国务院公布的《国家重点保护野生植物名录（第一批）》列为国家一级重点保护野生植物（李发根和夏念和，2004）。

二、生物学和生态学特性

在湿生环境下，树干基部易膨大成柱槽状，柱槽高达70cm，并能形成膝状呼吸根；树皮纵裂成不规则的长条片；枝条稀疏，短枝从2年生枝的顶芽或多年生枝的腋芽伸出，冬季脱落；主枝则从多年生及2年生的顶芽伸出，冬季不脱落。叶多形：鳞形叶较厚或背腹隆起，螺旋状着生于

江苏省南京市水松单株（唐罗忠摄）

多年生或当年生的主枝上，冬季不脱落；条形叶两侧扁平、薄，常排成2列，先端尖；条状钻形叶两侧扁，背腹隆起，先端渐尖，辐射伸展或排成3列状。条形叶及条状钻形叶均于冬季连同侧生短枝一同脱落。花期1～2月，球果秋后成熟。球果倒卵圆形，长2.0～2.5cm，直径1.3～1.5cm；种子椭圆形，稍扁，下端有翅，翅长4～7mm（徐祥浩和黎敏萍，1959；《中国植物志》编委会，1978）。

水松生长速度中等，一般20年生树高达10m左右，但立地条件和栽培技术不同，生长差异明显（《中国森林》编辑委员会，1999）。在华南平原江河下游的冲积土上，水松生长较快，特别在中幼龄阶段，树高和胸径年均生长量分别可达1m和1.5cm，11年生、密度为3000株/hm^{2}的林分生物量可达110t（徐英宝和余醒，1980）。水松根系发达，其生物量占树木总生物量的30%左右。在珠江三角洲平原中等立地上，树高在4～18年生生长较快，年平均在0.5m以上，18年生之后降为年平均0.5m以下。胸径在5～20年生生长较快，每年可达0.5～2.0cm，20年生之后胸径生长减慢（徐英宝和余醒，1980）。材积生长较快的时期主要集中在8～20年生。实生苗栽后8年左右开始开花结实，扦插或萌芽更新可提早开花结实。种子在天然状态下较难萌发。

水松主要分布于中亚热带地区，喜光，喜温暖潮湿的环境，年平均气温15～22℃为适宜温度，能耐40℃高温和短暂的-13.9℃低温。要求年降水量1200mm以上，雨量充沛对其生长有利。极耐水湿，多生于河流两岸、堤围及田埂等地下水位较高的地块（徐祥浩和黎敏萍，1959）。长期淹没在水中虽能正常生长和开花结实，但生长缓慢，树干尖削度大。对土壤的适应性较强，能耐一定程度的盐碱，土壤pH范围为6.0～8.0，在水分较多、有机质含量较高的冲积土上生长最好，在山地或水分不足的丘陵岗地往往生长不良。主根和侧根发达，结构疏松，富有通气组织，可作为河流、湖泊的护岸树种。

中国科学院华南植物园水松护岸林（旷远文摄）

三、良种选育

水松虽有一定数量的人工栽培，但是繁育材料多采自自然林木，至今尚未开展系统的选育工作，今后有必要在良种选育和推广应用方面加强研究。

四、苗木培育

1. 种子生产

选择15年生以上处于壮年期、干形通直、长势良好、无明显病虫害的树木作为采种母树（广东省水松研究组，1991）。秋后，球果由粉绿色变为浅黄褐色、鳞片开始微裂时进行采种，未成熟的种子发芽率较低。球果采收以后，除去枝叶杂物，放在室外干净处暴晒，每天翻动数次，晒

至鳞片开裂，再用棍棒敲打球果，使种子脱落，用筛选和风选法获得干净种子，即可播种和袋装干藏。

2. 播种育苗

选择有水源、阳光充足、地势平坦、排灌良好、肥沃的沙壤土作播种苗床。作床之前要求细致整地、施足基肥，结合翻土，每亩撒施石灰粉10kg、1%～3%的敌百虫粉5kg进行土壤消毒处理。苗床宽1.2m左右，高20cm左右。春播以2～3月为宜，无霜地区可在11～12月播种。一般用撒播，也可条播，条播行距15～20cm，每亩用种7～10kg。播种前用0.5%福尔马林溶液喷洒种子，闷种2h后用清水洗净，再以清水浸种1天，把种子捞起堆放进行催芽。每天翻动种子数次并洒水，待种子露白后即可播种。播种后用细土覆盖至不见种子为宜，苗床上再覆盖干净的山草或松针。出苗后小心移除覆盖物。

幼苗初期抗逆性差，必须加强防寒措施和水分管理。水松育苗处在冬、春季，气温较低，易受寒潮袭击，必要时用塑料薄膜覆盖保温，使幼苗免受冻害。要注意水分管理，保持圃地湿润。苗高6～8cm时，开始施肥，以少量多次为宜，同时每隔10天喷洒波尔多液一次，以防病害（广东省水松研究组，1991）。苗高15～20cm时，要进行分床移植。分床苗圃每亩施土杂肥1000kg作基肥，作宽1m左右、高10cm左右的平床，留步道0.5m宽。移苗前一天，先将播种苗床浇透水。小心起苗，保持幼苗根系完整。移栽株行距20cm×30cm，栽植时要保持根系舒展。幼苗分床后经常保持圃地土壤湿润，但又不能长期处于积水状态。平时还要做好施肥和除草管理，早期以氮肥为主，7月之后以磷、钾肥为主。待苗高1m以上时便可出圃造林。

3. 扦插育苗

（1）硬枝扦插

可在早春进行，选择3年生以下幼树，采集该幼树1年生枝条或萌条作为种条，制成长约10cm的插穗，用2000mg/L的IBA速蘸处理30s，或用150mg/L的ABT1号或100mg/L的NAA浸泡插穗基部2h，然后扦插在人工基质中，其中草炭：珍珠岩=2：1的混合基质效果最好，扦插深度为插穗长度的2/3，扦插成活率最高可达85%以上（李博和李火根，2008）。从种条上截取插穗的部位，以梢段和中段为好，梢段只要发育充实，冬芽饱满，即使粗度较细，成活率也较高。硬枝扦插后1～2个月生根。水肥管理合理的扦插苗当年高度可达50cm左右。

（2）嫩枝扦插

多在夏季利用当年萌发的半木质化枝条进行。成活率虽然也受母树年龄的影响，但没有硬枝扦插那么严格，4～7年生的母树经修剪后萌发的侧枝扦插成活率仍可达到30%以上（吴则焰等，2012）。嫩枝扦插基质同硬枝扦插，但水分和光照要求更高。采集嫩枝宜在阴天或晴天的早、晚进行，采集后及时剪切处理，防止风吹日晒使种条干枯。为了促进生根，可用50mg/L的萘乙酸处理6h，或用1000mg/L萘乙酸处理30s。

扦插最好在阴雨天进行，如果为晴天，插前将苗床灌透水，扦插深度一般为插穗长度的1/2。嫩枝扦插的密度可大些，株行距为5cm×10cm。如果有间歇性喷雾系统，可在全光照条件下育苗，以促进光合作用和生根。如果没有全光照喷雾设备，一般要求架棚遮阴，并要使苗床经常保持湿润状态。

嫩枝扦插后的生根时间比硬枝扦插短，一般只要20～30天。水肥管理恰当的情况下，嫩枝扦插苗当年高度可达30cm以上。

4. 组织培养

外植体 用幼苗茎段作为组培外植体。

培养条件 诱导腋芽及不定芽的培养基：MS（培养基）+0.1mg/L的ZT（玉米素）+5.0mg/L的维生素C。腋芽及不定芽伸长培养基：MS+0.01mg/L的NAA（萘乙酸）+5.0mg/L的维生素C。生根培养基：1/2MS+0.5mg/L的NAA +5.0mg/L的维生素C。MS培养基的琼脂和蔗糖含量分别为0.54%和3%，培养基灭菌前pH为5.8。培养温度为23～25℃，光照强度为20～25μmol/（m^2·s），光照时间12h/天（李博等，2006）。

腋芽及不定芽的诱导 挑选饱满种子，用洗洁精浸泡5min，然后用流水冲洗2h，置于蒸馏水中浸泡30min，使之充分吸水膨胀，用75%酒精消毒1min，再用0.1%升汞灭菌8min，用无菌水冲洗4次。取出后用滤纸吸干表面水分，将其置入MS基本培养基中。15～20天后，种子萌发，待其伸长到6cm左右，将无菌苗剪成2cm左右的茎段，插入诱导腋芽及不定芽的培养基中。1周后，腋芽及不定芽开始萌动；35天左右，从基部及叶腋产生大量不定芽，诱导率最高达90%，增殖系数达4以上。

腋芽及不定芽的伸长 将腋芽及不定芽切下，接种于腋芽及不定芽伸长培养基中。30天继代1次，60天后，大部分腋芽及不定芽可伸长至3～4cm。

生根与移栽 将伸长到3cm的腋芽及不定芽转接到生根培养基上。25天后，其基部产生大量黑色愈伤组织；40天后，黑色愈伤组织上有白色的根尖生成；50天后，根伸长到2cm左右。每苗发根数一般为2～3根，诱导生根率最高达60%左右。打开瓶盖，炼苗3天左右。取出小苗，洗去琼脂，移植于基质（草炭：珍珠岩=7：3）中，放置于阴凉处，用塑料薄膜覆盖，每天喷水3次。保持空气湿度，30天后，成活率可达70%左右。

用1年生的水松实生幼苗茎段也可进行组培育苗，腋芽诱导的较好条件是DCR（培养基）+5.0mg/L的维生素C+3%蔗糖，经30天培养，腋芽平均增殖系数为2.4；在MS培养基中进行伸长培养，采用微扦插（瓶外生根）方式诱导生根，生根率为30%左右。

5. 容器育苗

芽苗培育 选择新鲜饱满的种子，用0.5%的高锰酸钾溶液浸泡20min，用清水冲洗，采用层积催芽法进行催芽处理。将种子均匀撒播在沙床上，以种子不重叠为度，覆盖约1cm厚的沙子，用0.1%的新洁尔灭对沙床进行喷洒杀菌，然后盖上稻草，再用0.1%的新洁尔灭对覆盖的稻草进行喷洒杀菌。经常检查沙床湿度，及时补水，保持含水量在60%左右，床底不能积水。每14天用0.1%的新洁尔灭药液对沙床进行喷洒，以防霉烂。春季经过20多天催芽处理，种子陆续萌发。萌发期要经常喷水保湿，气温上升后晴天中午需提供60%～70%的遮阴（史骥清等，2008）。

穴盘育苗 由于水松芽苗较小，可选用多孔小型穴盘作为容器，基质配比为草炭：珍珠岩=9：1，苗期基质可不添加肥料。当沙床芽苗高2～3cm时，分批移栽到穴盘。此时小苗只有一根较短主根，侧根及须根尚未形成，移栽成活率较高，可达90%以上。放于温室内养护，做好水分管理。移栽初期湿度控制在85%以上，以后逐渐降低湿度。晴天提供60%～70%的遮阴，逐渐缩短遮阴时数。每14天喷0.5%的绿亨一号药液防病；移栽14天后每7天喷施100mg/L氮：磷：钾=20：10：20的复合叶面肥1次。移栽50～60天，单株穴盘苗的根系长满穴盘孔穴后可以移植至较大体积的营养钵培育。

营养钵育苗 当穴盘苗苗高达到15cm左右、地径达1.5mm左右时，可以将穴盘苗移栽到营养钵内，并从温室内转到露天带有遮阴设施的圃地进行培育。采用壁厚0.02mm、上口直径9cm、高9cm、底部有3个直径1.2cm排水孔的黑色塑料钵。将25%珍珠岩、50%草炭土、25%园土及6kg/m^{3}颗粒有机肥按体积混合均匀作为栽培基质。混合后基质干湿度控制在手握成团、稍碰即散的程度。

基质填至离营养钵上口2cm处。将营养钵无间距整齐摆放，地面铺地布以透水、透气并防杂草，上方设遮阴率60%～70%的遮阳网。用手指或小木棍等工具打孔后栽入穴盘苗，稍用力覆土使小苗直立不倒伏即可，覆土厚度以稍盖过穴盘苗根颈部为准。移植后立即浇透水。

日常管理 移植后7天内多进行叶面喷水，以防止叶面失水萎蔫并保持基质湿润。7天后正常管理水分，遵循见干见湿的原则。苗木成活后每隔45～60天施1次液态肥，选用复合肥，按含氮量200mg/L的浓度随浇水施入，施后喷清水冲洗叶面，9月后停止施肥以避免秋梢徒长而导致冬季受冻。水松病虫害较少，原则上以预防为主，综合治理。

出圃苗木要求长势好、茎干通直、色泽正常，无机械损伤，无病虫害。出圃时要随起、随运、随栽植，特殊情况需进行假植处理。

五、林木培育

1. 立地选择

造林地应选择江河两岸滩地、湖泊围堤、地势较低的农田。水松成片栽植区一般分为潮水影响大的潮水区、潮水影响不太明显的潮洪混合区和洪水区三大地类。在潮水区，水松栽植点应在平均潮水线之上；在近海的潮水区可栽在潮水线以上50～60cm处，离海岸稍远的区域，种植点应相应降低；在潮洪混合区，潮水涨落差异不大的区域，种植点则设在平均潮水线上，要求在每日涨潮时，潮水能够浸过植株基部10～50cm，使土壤湿润，退潮时水位低于栽植点1m以上，以保持土壤良好的通气条件。在静态水区（如池塘）或半静态水区（如水库、洪水区），水松的栽植区宜设在高于平常水面1m左右，可避免水松树干尖削度过大，或因受淹时间过长而影响生长（广东省水松研究组，1991）。若为了防浪固堤而栽植水松林，水松栽植点可低一些。水松在山地或地下水位较低、土壤水分不足的丘陵岗地生长不良。

2. 整地和栽植

适合水松生长的造林地往往水草丛生，造林前必须清除杂草。连片造林应全垦整地。若只适宜带状造林，可采用穴状整地，栽植穴的大小要根据苗木规格以及土壤条件而定。在地势较低的地方，特别是容易淹水的地块，一般采用1.5m以上的大苗造林，栽植穴的规格（长、宽、深）一般为50～60cm。在大寒前完成整地（广东省水松研究组，1991）。栽植水松宜在冬末春初嫩梢生长前进行。容器苗可在大寒开始定植，种植时除去塑料类容器。裸根苗在立春前后完成栽植，尽量在雨天进行栽植，以提高造林成活率。提倡随起苗随栽，如果起裸根苗，运输又远，则要用泥浆蘸根，遮阴、保湿、防日晒，防止苗木失水。栽植时要培土压实，使土壤与根系紧密结合。植后有条件的地方要用竹竿或木棍固定苗木，特别在地势较低、土壤松软的地方，苗木容易倒伏，要用棍棒支撑。营造水松成片林的密度一般为1500～2500株/hm^2，株行距为2.0m×2.0m、2.0m×2.5m或2.0m×3.0m。

3. 抚育管理与主伐

造林后2～3年，每年锄草2次，块状松土，根部培土，扶正幼树，剪除基部萌条。除采用苗木造林外，水松也可采用插条造林，或者采用萌芽更新。在林分郁闭前进行林下间作是一种切实可行的林分抚育措施，既可以促进林木生长，又可以收获间作物。在好的立地条件下水松生长较快，例如，广东新会县8年生水松试验林平均树高达11.9m，平均直径达11.1cm，树高和直径年平均生长量分别达1.49m和1.39cm。作为用材林，往往需要进行抚育间伐。如果是培育大径材，一般需要在10年生和20年生左右分别间伐2次，使林分密度最终控制在500～1000株/hm^2，到主伐年龄（30年生左右）时，林木胸径可达25～30cm；如果培育小径材，根据初植密度和林分郁闭度来确定是否间伐，20年生左右进行主伐时，胸径一般为15～20cm。如果造林时采用正方形或长方形等规则造林，则多采用机械间伐法，即隔行间伐或隔株间伐，每次间伐强度为50%。

六、主要有害生物防治

水松的主要病虫害包括猝倒病、根腐病和大袋蛾。

1. 猝倒病（*Rhizoctonia solani*）

主要危害幼苗，在短期内引起苗木大量死亡。苗木得病后，倒而枯死者为猝倒病，死而不倒者为立枯病。根据幼苗猝倒病的发生规律，应采取以育苗技术为主的综合防治措施。猝倒病的发病部位多在幼苗茎基部。最初病部呈水渍斑，逐渐变为淡褐色至褐色，并凹陷缢缩，病斑迅速绕茎基部一周，使幼苗倒伏。此时，幼叶依然保持绿色。最后，病苗腐烂或干枯。

病原菌在土壤内或病残体上越冬，腐生性较

强，能在土壤中长期存在。病原菌借灌溉水和雨水传播，也可由带菌的播种土和种子传播。当育苗土温过高、播种过密时，幼苗生长不良，有利于猝倒病的发生。连作或重复使用没有消毒的播种土，发病严重。防治方法：①土壤消毒。由于该病病原菌主要来源于土壤，故可利用化学方法对土壤进行处理。在碱性土壤中，播种前施硫酸亚铁粉225～300kg/hm^2，既能防病，又能增加土壤中铁元素含量和改变土壤的pH，使苗木生长健壮。在酸性土壤中，播种前施生石灰300～375kg/hm^2，可抑制土壤中的病原菌并促进植物残体腐烂。此外，还可以用福尔马林进行消毒，其方法是：用40%福尔马林50mL/m^2，加水6～12L，在播种前10天洒在土壤上，并用草袋覆盖，播前3～4天揭去覆盖物，然后栽苗。②加强苗圃管理。合理施肥，细致整地，适时移栽，及时排灌，注意中耕除草，有利于苗木生长，防止病害发生。对于幼苗猝倒病，因多在雨天发病，喷波尔多液易流失和产生药害，可用黑白灰（即8：2柴灰与石灰）1500～2250kg/hm^2，或用65%敌克松2g/m^2，与细黄心土拌匀后撒于苗木茎基处，抑制病害蔓延。对于苗木立枯病，要及时松土，使苗木根系生长发育良好，增强苗木抗病性，也可用2%硫酸亚铁炒干研碎后与细土拌匀，1500～2250kg/hm^2，或用65%敌克松4g/m^2，与细黄心土拌匀后撒于苗木茎基处，再松土1次，使药剂与苗木根部接触，可抑制病害扩展。

2. 根腐病（*Pythium ultimum*）

根部腐烂容易导致苗木吸收水分和养分的功能逐渐减弱，最后全株死亡。根腐病属真菌病害，病菌在土壤中和病残体上过冬，一般多在3月下旬至4月上旬发病，5月进入发病盛期，其发生与气候条件关系很大。苗床低温高湿和光照不足，是引发此病的主要环境条件。育苗地土壤黏性大、易板结、通气不良致使根系生长发育受阻，也易发病。另外，苗木根部受到地下害虫的危害后，伤口多，有利于病原菌的侵入。防治方法：①选择适宜地块，细致整地；选择优质种子，适期播种。②做好种子消毒处理。播种前，可用种子重量0.3%的退菌特或种子重量0.1%的粉锈宁拌种。③使用多菌灵等进行苗床土壤消毒，且可兼治猝倒病、立枯病。④加强田间管理。如精耕细作，悉心培育，在移植时尽量不伤根，保证不积水沤根，施足基肥，定植后要根据气温变化适时适量浇水。

3. 大袋蛾（*Cryptothelea vartegata*）

1年发生1代，在南方地区可发生2代。以老熟幼虫在袋囊中挂在树枝上越冬。在高温干旱季节（7～8月）大发生时，能在几天内将树叶吃光，严重影响树木生长。可以人工摘除幼虫，集中烧毁；或用敌百虫800～1000倍液喷杀幼虫。

七、材性及用途

水松是我国特有的单种单属孑遗树种，属于国家一级重点保护野生植物。其外形似杉又似松，树干粗壮挺直，根系发达，枝叶疏密适度，造型美观，既是优美的观赏植物，又是防风固堤的好树种。多生长于沼泽湿地，喜湿润土壤，木材耐腐力强，是建造涵洞、船只、桥梁的优良材料；树根质轻、松软，浮力大，比重仅为0.12，能用来制作救生工具与软木塞；鲜果和鲜叶富含单宁，球果可供制作染料，树皮可供提制栲胶，枝叶含有多种黄酮类化合物，树皮、果实均可入药，具有很高的生态、经济利用价值，同时具有很高的科学研究价值。

（唐罗忠）

40 北美红杉

别　名｜长叶世界爷、海岸红杉、常青红杉、加利福尼亚红杉

学　名｜*Sequoia sempervirens* (Lamb.) Endl.

科　属｜杉科（Taxodiaceae）北美红杉属（*Sequoia* Endl.）

北美红杉原产于美国加利福尼亚州海岸，我国上海、南京、杭州以南有引种栽培，常绿高大乔木，树干挺直，树皮红褐色、纵裂，树冠圆锥形，大枝平展，为世界第一大树。喜温暖湿润和阳光充足的环境，不耐寒、不耐干旱，耐半阴、耐水湿，生长适温18～25℃，土壤以土层深厚、肥沃、排水良好的壤土为宜。北美红杉树姿雄伟，枝叶密生，生长迅速，适用于湖畔、水边、草坪中孤植或群植，景观秀丽；也可沿园路两边列植，气势非凡。北美红杉是一种国内外广泛应用的世界著名速生珍贵大径级用材树种，也是巨大锯木工业原料，木材材积高、出材率高、材性好，广泛用于作建筑、家具等用材。

一、分布

北美红杉产于北美洲，仅分布于美国加利福尼亚州和俄勒冈州海拔1000m以下、南北长800km的狭长地带，是植物界的“活化石”。在我国适生范围较大，在西南地区、华东地区都相继引种成功。

二、生物学和生态学特性

常绿针叶高大乔木。树高可达100m，胸径可达10m，为世界第一大树。叶有鳞状叶与线形叶二形。球花雌雄同株；雄球花单生于枝顶或叶腋，雌球花单生于枝顶。球果当年成熟，卵圆形。种子2～5粒，寿命长。其树皮厚，具有很强的避虫害和防火能力，生长迅速，成活率高，被公认为世界上最有价值的树种之一。天然更新能力极强，在采伐迹地上可以萌发出5～10倍的幼苗。萌蘖力强，如果被砍伤或火烧，容易萌发新枝，恢复生机，插枝也易生根。北美红杉对温度条件适应的范围较窄，不能太高，也不能过低，适宜在年平均气温12～18℃的条件下生长，冬季能耐-5℃低温，短期可耐-10℃低温。光合效率很高，所以生长迅速，在仅为全光照1%的荫蔽条件下，也能生长良好。根系发达，适宜在土层深厚的丘陵、低山、平原地带造林。北美红杉几十年才能开花结果，虽然结有大量球果，种子量多，但发芽率很低。

三、苗木培育

1. 采种

宜选受光充足、无病虫害的40年生以上的优势木作为母树进行采种。

2. 育苗

（1）播种育苗

北美红杉种子价格较贵，发芽率低，通过对种子提前处理，可提高播种苗的发芽率（可达65%）。发芽后北美红杉小苗需要湿润的土壤和充足的阳光。

（2）扦插育苗

对北美红杉采用无性系短穗扦插繁殖，以2年生带当年新梢的插穗最好，通过用生根粉溶液浸基部，用山地黄壤心土作床，搭棚遮阴，成活率可达85%以上。基质配比、激素种类、浓度及处理时间、采条部位等对北美红杉扦插成活率均有显著影响。选取合适的基因型，采集顶部插穗，用1000mg/kg的ABT生根粉速蘸处理，扦插在珍珠岩：草炭=7：3的基质上，能获得理想的效果。

浙江省建德市新安江林场北美红杉单株（盛卫星摄）

（3）组培快繁

在北美红杉外植体接种前，采用多菌灵喷洒植株，再采用新洁尔灭及HgCl消毒，可降低外植体的死亡率与污染率，有较好的消毒效果。以萌枝的腋芽茎段为外植体诱导丛芽的效果比用顶芽好。组培的各阶段中，芽苗生长随季节变化明显，因此，在生产过程中必须根据其特性及时处理好各工序中出现的问题，特别是在芽苗增殖速度较快的季节，及时调整继代培养基中细胞分裂素的含量以保证继代苗的质量。

四、林木培育

1. 立地选择

根据北美红杉的生物学特性，深厚肥沃、疏松湿润、排水良好的中性、微酸性土壤最为适宜，一般山地红壤、黄壤、黄红壤、黄棕壤、棕壤甚至砖红壤性红壤上都能生长。一般要求在5°～20°的东向、西向、东北向坡。海拔高度以1350～2180m较为合适，海拔低于1350m，则温度高、湿度大；海拔高于2200m，则气温低、降水少，不适宜北美红杉的非抗寒类型生长。年平均气温14.7～15.3℃、绝对最高气温31～35℃、绝对最低气温-3.5～7.8℃为好。综上，比较适宜北美红杉造林的是低山、中山类型的台地和山麓以及湖盆宽谷类型，地势平缓、土层深厚，水分、气温都较适合。

2. 整地

造林前15天对选择好的林地应进行清理和整地。目前广泛应用的是局部整地，包括穴垦、带垦整地。穴的底径为40cm×40cm×40cm。整地规格大小与林木生长及立地条件有关，好的立地条件（如腐殖质层厚度在20cm以上的立地），表土层本身很疏松，加大整地穴规格对生长并无明显效果（全垦整地也不明显）。带状整地应严格沿等高线进行，而且应里切外垫呈反坡梯田状，以利于水土保持。

3. 造林

根据北美红杉的生物学特性，选择1年生以上的健壮苗木造林。定苗时用表土与5kg腐熟的堆肥回填坑内，拆除苗木营养袋，把带土球的苗木放入坑内，保持苗木主梢直立，回填土并分层压实，让根系与土壤紧密结合，覆土厚度至根颈部5cm以上。

4. 抚育

带状整地和全垦松土抚育对北美红杉幼林树高、地径生长有利，其他整地方式及抚育措施对生长量无显著影响。针对中幼林，现较为流行的是可变密度间伐（variable-density thinning，VDT），即在同一林分实施不同的间伐密度。研究证明，VDT可以增加林分的空间异质性，改变林分的物种组成，促进林分的发展（Kevin and Lathrop，2012）。培养大径材，主要是通过强度间伐，剩余个体密度适宜为125～250株/hm^2。研究证明，间伐可以促进剩余个体的生长和天然更新，加快林分的发展（Kevin et al.，2010）。

五、主要有害生物防治

对北美红杉病虫害方面的研究，目前在国内尚无任何资料报道。对引进的北美红杉在云南几个试验示范种植点造林后调查表明，北美红

浙江省建德市新安江林场北美红杉人工林（盛卫星摄）

杉主要受白蚁危害，其他病虫害少见发生。白蚁危害给造林保存率和生长带来了极大影响，其随着海拔的升高而减少，但不显著，其中在海拔1200～2000m处发生严重，海拔2300m以上无白蚁危害。在北美红杉育苗过程中，猝倒病危害现象较常见。猝倒病是北美红杉幼苗期的主要病害，必须进行严格预防和防治，减少生产损失。不论是种子处理、苗床处理，还是出苗后的管理，对猝倒病的防治效果较显著的是21%克菌星。播种后，从有30%苗出土到第一片真叶出现的这段时间，是最易感染猝倒病的时期，因此这也是对猝倒病施药控制的最佳时期。

浙江省建德市新安江林场北美红杉心材（盛卫星摄）

六、材性及用途

北美红杉树干通直圆满，木材纹理美观，耐腐、耐火，有香气，是贵重的高级建筑和细木器用材。其富含一种称为缩合丹宁的物质，具有抵抗细菌、真菌入侵的自我防御作用，这种物质天然地凝结在木材上，是一种优良的无毒木材防腐剂。树皮含单宁，根、叶、树皮、木材、球果、杉节均可入药，所含红杉醇可降低血糖、血脂。北美红杉树姿雄伟，枝叶密生，生长迅速，是极好的绿化树种，具有很高的观赏价值，为公园、庭园、广场常见的著名观赏树，与银杉、金钱松、日本金松、南洋杉合称世界五大园林木。

（吴初平，袁位高，朱锦茹）

41 肯氏南洋杉

学　名｜*Araucaria cunninghamii* Sweet
科　属｜南洋杉科（Araucariaceae）南洋杉属（*Araucaria* Juss.）

肯氏南洋杉为澳大利亚、新西兰和巴布亚新几内亚广泛栽培的一个商品材树种。木材硬度适中、易加工，广泛应用于制作单板、胶合板、室内装修材和各类家具及造纸等。树干通直、粗壮，树形美观，也是我国热带、南亚热带地区园林绿化树种及用材林树种。

一、分布

肯氏南洋杉原产于澳大利亚昆士兰、新南威尔士，以及巴布新几内亚和印度尼西亚伊里安查亚省，分布于8°～32°S，海拔0～1300m（潘志刚和游应天，1994）。非洲的肯尼亚、尼日利亚、津巴布韦、乌干达、厄立特里亚和毛里求斯，大洋洲的所罗门群岛和新西兰，南太平洋岛国斐济，亚洲的马来西亚、印度等国相继引种。在我国的海南、广西、广东、云南、福建、台湾等省份，肯氏南洋杉被广泛引种栽培。

二、生物学和生态学特性

常绿乔木。高达60m，胸径达1.9m。树干通直，树冠塔形。树皮灰褐色或暗灰色、粗糙。大枝轮生，稍向上斜伸，柔韧。根系发达，具有较强的抗风能力。一般12～15年生时产雌花，22～27年生时产雄花。通过嫁接技术建立种子园，可使雌花和雄花开花时间分别缩短为2～3年和5年。肯氏南洋杉生长迅速，广东开平市种植的人工林，14年生平均树高9.7m，平均胸径14.1cm。海南尖峰岭热带树木园内29年生平均树高18m，平均胸径23cm，优势木树高20m、胸径28.7cm（白嘉雨等，2011）。

中国林业科学研究院热带林业研究所苗圃肯氏南洋杉播种育苗（周再知摄）

在澳大利亚主分布区，年平均气温18～26℃，最热月平均最高气温28～32℃，最冷月平均气温5～10℃，年降水量1000～2000mm。从平原到沿海地区的丘陵和山地，在排水良好的冲积沙质土以及玄武岩、闪长岩、石灰岩、酸性千枚岩、角砾岩、片岩、花岗岩、页岩发育的土壤上，肯氏南洋杉均能生长。

肯氏南洋杉在我国经过多年驯化且逐步北移，在闽西北的南平、三明、龙岩等中亚热带地区栽培种植亦生长良好，正常年份可安全越冬，偶遇极端寒冷天气，幼树枝叶受冻害。

三、良种选育

澳大利亚昆士兰州的肯氏南洋杉遗传改良始于20世纪30年代，历时70年（黄永权，1999），开展了优树、种源、家系选择和控制授粉等多项技术的研究。2001年中国林业科学研究院热带林业研究所从澳大利亚昆士兰林业研究所引进29个优良家系，2003年在广东建立了家系筛选试验林，初步选出10余个优良家系。

四、苗木培育

选择3～5月或9～11月播种为宜。播种前用清水浸种24h，然后用0.3%的高锰酸钾溶液消毒5～10min。

可用河沙直接作播种床。用0.3%的高锰酸钾溶液或代森锰锌可湿性粉剂500～600倍液进行基质消毒，消毒后隔天播种。

播种后，浇0.1%的高锰酸钾溶液，加盖30%～50%透光度的遮阳网。如果遇上连续低温阴雨天气，需盖薄膜，以保持苗床干燥。播种2～3周后，种子陆续萌发，种壳脱落，子叶张开。当小苗脱掉种壳、针叶完全伸展时，可移苗上袋。未及时移出的苗木易感染猝倒病，应每隔7天喷施1次0.5%波尔多液或多菌灵500～600倍液加以预防。

广东省开平市国有镇海林场肯氏南洋杉10年生人工林林相（周再知摄）

移苗后需盖遮阳网。幼苗生长期间，进行常规水分管理。移植的小苗恢复生机后即可施肥，宜少量多次。以复合肥（氮：磷：钾＝15：15：15）按0.1%～0.2%水溶液喷施，施后用水淋洗叶面以免烧苗。每隔10～15天施肥1次，适当单施尿素或磷肥，以促进植株及根系生长。营养袋苗高25～35cm时可出圃。出圃前2～3个月，移除遮阳网炼苗。培育2年生苗，苗高为35～55cm，其造林效果更优。

五、林木培育

造林地宜选择土层深厚、肥沃、湿润、排水良好的山地或丘陵地。种植前清杂、挖穴，穴规格50cm × 50cm × 45cm。穴施生物有机肥或农家肥1.0kg，以及氮磷钾复合肥500g或钙镁磷肥1.0kg。于春季透雨后造林。初始种植密度依据培育目的和集约经营程度而定。立地条件较差、集约程度低的，株行距宜采用3m × 3m或3.3m × 3.3m，以后通过3～4次间伐培育中、大径材；立地条件好、集约经营程度高的，宜采用3.6m × 3.6m、3m × 4m，或宽行窄株种植方式2.5m ×（5～8）m，通过1～2次间伐，最后留400株/hm^2培育大径材（Fisher et al.，1980）。

六、主要有害生物防治

肯氏南洋杉幼苗期易感染立枯病（*Rhizoctonia solani*）。树干常受象鼻虫（*Elaeidobius kamerunicus*）、宝石甲虫（*Sternocera acquisignata*）危害，应及时修枝和间伐或用90%敌百虫1000～1500倍液喷杀。

七、综合利用

肯氏南洋杉木材纹理细腻，硬度适中，相对无节，不变形，弯曲性能好，易着色、加工，可用于制成锯材、单板及胶合板，制作模型、器具、家具、室内装饰品、高级细木工制品等，还可作为纸浆材。

（周再知）

42 侧柏

别　名｜香柏（河北）、柏树（河南、山东、江苏、陕西、河北）、扁柏（浙江、安徽、四川）

学　名｜*Platycladus orientalis* (L.) Franco [*Biota orientalis* (L.) Endl.; *Thuja orientalis* L.]

科　属｜柏科（Cupressaceae）侧柏属（*Platycladus* Spach）

侧柏树干高大、通直、挺拔，树姿古雅，长寿、终年青翠，耐干旱瘠薄、抗盐碱、适生性强、分布广泛、栽培历史悠久，是重要的荒山造林、园林绿化和绿篱树种。其材质有光泽且耐腐蚀，是重要的建筑、造船、桥梁、家具等用材，其种子、根、枝、叶、树皮等均可入药。传说由轩辕黄帝亲手所植的陕西黄陵县黄帝陵前的轩辕柏，即为侧柏。

一、分布

侧柏在我国的分布很广，全国各地都有栽培，北起内蒙古南部、东北南部，经华北向南达广东、广西北部，西至陕西、甘肃，西南至四川、云南、贵州、西藏德庆、达孜等地，黄河及淮河流域为集中分布地区。侧柏垂直分布在吉林海拔250m以下，在华北可达1000～1200m，河南、陕西可达1500m，至云南中部及西北部可达2600m。多为人工林，其中，北京房山、河北兴隆、山西太行山区、陕西渭河流域及云南澜沧江流域山谷中有天然林分布。在年平均气温8～16℃，年降水量300～1600mm的气候条件下生长正常，能耐−35℃的绝对低温。

二、生物学和生态学特性

温带树种，常绿乔木。树皮淡褐色或灰褐色，纵裂成条片。幼树树冠卵状尖塔形，老树树冠广圆形；着生鳞叶的小枝扁平、直展，两面均为绿色。鳞叶长1～3mm，交互对生，先端微钝，背部有纵凹槽。雄球花黄色，卵圆形，长约2mm；雌球花近球形，蓝绿色被白粉，直径约2mm。球果长卵形，长1.5～2.0cm，种鳞4对，扁平，背部上端有一反曲的小尖头。种子长卵形，长4～6mm，无翅，或顶端微有短膜。花期3～4月，果实成熟期9～10月（张志翔，2008）。

侧柏为喜光树种，主要分布在低山阳坡和半阳坡。幼苗和幼树都耐庇荫，在郁闭度0.8以上的林地中，天然下种更新良好。20年生以后，需光量增大，林分郁闭度宜保持在0.6～0.8。在薄土至中土层中，为具有垂直根的水平根型，在厚土层中为斜生根水平根型，并且根基四周均具有密集的细根，具有极强的吸水能力和原生质忍耐脱水能力，因而抗旱性强；不耐水涝，在排水不良的低洼地上易于烂根而死亡。抗风力弱，在迎风地生长不良。北京市西山试验林场9年生侧柏林，背风处平均高1.47m，平均地径3.2cm，生长正常；迎风处平均高1.04m，平均地径2.6cm，顶梢干枯，生长不良。不耐雪压，2003年和2012年北京大雪使低山阴坡侧柏林成为山区受害最严重的一种森林类型，倒伏的侧柏不能直立，清理后

北京市西山试验林场侧柏–黄栌混交林（陈鑫峰摄）

形成疏林。萌芽性强，枝干受损伤后能萌发出新枝。对二氧化硫、氯气、氯化氢等有毒气体抗性中等，对氧化氮、臭氧等烟雾及硫酸雾的抗性较弱，抗烟力较差。

侧柏是长江以北、华北石灰岩山区的主要造林树种。能耐贫瘠干旱的生境，可生长于一般树种难以生存的陡坡石缝中，在高山区、石灰岩山地、岩石裸露的低山和土壤瘠薄的条件下也能生长，但多为疏林。喜钙质土，在pH 5.0～8.0范围内都能生长，以pH 7.0～8.0为最好。抗盐碱力强，在土壤含盐率0.3%的情况下也能生长，在土壤含盐量0.2%以下时生长良好。山东泰安25年生的侧柏人工林，在厚层砾质黏壤土上的林分，平均树高8.2m，平均胸径13cm；在中层砾质黏壤土上的林分，平均树高6.5m，平均胸径7cm。黄河下游的山东区域、江苏徐州、安徽宿县土层瘠薄的荒山上，尤其是石灰岩山地及黄泛沙地、轻度盐碱土上，造林面积广，生长良好。

侧柏苗高生长在一年中有2次高峰，第一次在6月底至7月底，第二次在8月中旬至9月中旬。地径生长以8～9月生长最快。通常1年生苗高15～25cm，地径0.25cm以上。根据侧柏树干解析资料，树高在2～6年生为生长最快时期；8～55年生生长渐慢，连年生长量15～70cm；60～90年生生长缓慢，连年生长量3～14cm；90～100年生连年生长量下降并与平均生长量相交；100～264年生连年生长量2～8cm。胸径在5～40年生为生长快速时期，连年生长量0.45～1.00cm；45～100年生生长较慢，连年生长量0.19～0.44cm；110～140年生连年生长量下降并与平均生长量相交；110～264年生连年生长量0.07～0.17cm。材积生长开始比较缓慢，生长量小，生长快速时期出现较晚，约70年生后增长较快，而且持续时间长，至264年生连年生长量仍保持上升趋势（盛炜彤，2014）。

三、苗木培育

1. 种源

根据国家标准局发布的《中国林木种子区侧柏种子区》，以侧柏天然分布区为区划范围，共划分4个种子区和7个种子亚区，见表1。

河南国有郏县林场从274个优良家系中嫁接繁殖建立了侧柏种子园，种子园平均千粒重30g，空壳率19%。子代生长快、干形好，6年生林分平

表1　侧柏种子区区划

种子区		种子亚区		范　围
编号	名称	编号	名称	
Ⅰ	西北区	$Ⅰ_1$	西部亚区	内蒙古包头、鄂尔多斯，宁夏大部，甘肃靖远县
		$Ⅰ_2$	东部亚区	内蒙古呼和浩特、乌兰察布市南部、赤峰，山西北部，陕西北部，宁夏南部，甘肃永登县、榆中县、临洮县
Ⅱ	北部区	$Ⅱ_1$	西部亚区	山西大部，陕西中部，甘肃东部
		$Ⅱ_2$	中部亚区	河北中部、南部，北京，山东西北部
		$Ⅱ_3$	东部亚区	辽宁中部、西部
Ⅲ	中部区	$Ⅲ_1$	西部亚区	甘肃东南部，陕西中偏南大部，河南西部
		$Ⅲ_2$	东部亚区	河南东部，山东大部，安徽北部，江苏北部
Ⅳ	南部区	—	—	四川北部，陕西南部，河南南部，安徽中东部

均地径5.65cm，平均树高3m，造林效果好。

目前，全国建立了河南郏县国有林场国家侧柏良种基地、甘肃陇南市徽县国家侧柏良种基地、山东徐庄林场国家侧柏良种基地等，这些基地可为良种生产提供支撑（石文玉和施行博，1988）。

2. 播种苗培育（李二波等，2003；孙时轩和刘勇，2013；邹学忠和钱拴提，2007）

（1）圃地选择

选择交通便利、地势平坦、向阳、排灌条件好、灌溉水含盐量不超过0.15%且较肥沃的沙壤土或轻壤土，土壤pH 6.0～8.0为宜。

（2）整地作床

秋末冬初，施入腐熟的农家肥2000～3000kg/亩，深翻20～25cm。春季播种时，浅翻，并喷洒3%的硫酸亚铁溶液进行土壤消毒，细耙两遍后作床、作垄。湿润地区、低洼地作高床或高垄育苗，干旱地区作低床育苗。播前一周灌透底水，待床内水分渗干后，耧平播种。

（3）种子消毒与催芽

侧柏种子空粒较多，先进行水选，将上浮的空粒捞出，再用0.3%～0.5%硫酸铜溶液浸种1～2h，或0.5%高锰酸钾溶液浸种2h进行种子消毒。最后，进行种子催芽处理。催芽多用混沙催芽和温水浸种催芽法。有1/3种子开口时，即可播种。

（4）播种

侧柏适于春播，各地因条件差异播种时间不同，华北地区3月中下旬、西北地区3月下旬至4月上旬、东北4月中下旬为好。播种前灌透底水，待土壤松散后，开沟条播。播幅5～10cm，行距15～20cm，沟深3～5cm，播后覆土1.0～1.5cm，稍加镇压，使种子与土壤密接。干旱风沙地区可覆膜或覆草保墒。

（5）苗期管理

幼苗出土后及时喷洒0.5%～1.0%的波尔多液以预防苗木立枯病，每隔7～10天喷一次，连续喷洒3～4次。幼苗生长期要适当控制灌水来促进根系发育。苗木速生期（6月下旬以后）气温高、降水少时，根据墒情每10～15天灌溉1次，灌后及时松土，进入雨季后应注意排水防涝。结合灌溉进行追肥，苗木速生期前追施1次，间隔15天左右再追施1次，每次施硫酸铵4～6kg/亩。冬季寒冷多风地区，在土壤封冻前要灌封冻水，并采取覆草、埋土等防寒措施。

（6）苗木移植

侧柏苗木多1.5年出圃，苗木地径为0.25～0.35cm，苗高15cm以上，翌春移植。培养绿化大苗，需经过2～3次移植，培养成根系发达、生长健壮、冠形优雅的大苗后再出圃栽植。一般以早春（3～4月）移植，成活率达95%以上。

苗木移植后培养1年，株行距10cm×20cm；培养2年，株行距20cm×40cm；培养3年，株行距30cm×40cm；培养5年生以上的大苗，株行距为1.5m×2.0m。依据苗木的大小而采取不同的移植方式，常用的有窄缝移植、开沟移植和挖坑移植等方式。

移植后苗木需及时透灌水，根据墒情适时进行松土除草和追肥。园林绿化苗木要求适当整形修剪。

3. 容器苗培育（张鹏远等，2014）

（1）圃地选择

选择交通便利、劳力充足、距山区造林地较近、地势平坦、排灌方便、土层厚度不少于50cm、肥力较好的微酸至微碱性的沙壤土、壤土或轻黏性壤土作为圃地。圃地应避开常年育苗的重茬地。

（2）整地作床

苗床要平整，长度随地块形状而定，床埂高出床面20～25cm，床宽0.8～1.5m。苗床间步道宽30～50cm，要坚实耐踩踏。有条件的苗床下铺无纺布，透水、透气，不透根、不漏基质。

（3）基质配制与消毒

传统基质主要成分为育苗地的表层土或就近选取质轻、透水、保肥、透气性好的土壤，并掺杂腐熟的厩肥，按9：1拌匀即可。基质成分以育苗地表层土为主，约占60%，掺杂30%的锯末或

炭化物（主要有炭化玉米或小麦秸秆、炭化稻壳、松针土、树皮粉、草炭土、泥炭土等）、10%的腐熟厩肥。基质用硫酸亚铁、高锰酸钾溶液、福尔马林溶液或代森锌进行消毒。

（4）容器选择

常用的育苗容器有塑料薄膜容器、轻基质网袋育苗容器、穴盘，根据苗木大小选择规格。将配置、消毒后的基质用人工或机械均匀填充到容器中，摇动容器，填实基质。基质装到距容器口0.5cm处即可。

（5）采种

8月下旬至9月上旬从树龄20～60年的健壮母树上采集种子。

（6）种子消毒与催芽

种子消毒与催芽同播种育苗。

（7）播种

一般春播3～4月进行，秋播10月中下旬进行（秋播可采用塑料大棚或小拱棚育苗方法）。点播，用竹签或小木棍在容器（袋）中间插深1.0～1.5cm的播种穴，每穴播种2～3粒，用过筛的细营养土均匀覆盖。

（8）苗期管理

种子出土前，每天喷水1次，保持土壤湿润，但湿度不宜过大，避免降低土温，影响发芽。出土后见营养土干时喷水。在种壳脱落、真叶开始生长时即可间苗，选择阴天或傍晚后进行。每袋保留2～3株苗木，结合间苗进行补苗。随间出，随补栽，补后及时喷水。幼苗长出第四片真叶时即可定苗，每营养袋保留苗木1株，以培育优质壮苗。出苗40天后按20～27kg/亩的用量追施磷酸二氢铵，出苗60大后按3.5～4.0kg/亩的用量追施尿素，1个月后再追施1次。按照“除早、除小、除了”的原则，每年人工拔除杂草6～8次。

四、林木培育

1. 立地选择

侧柏可在山区和丘陵区造林，宜选海拔1000m以下的阳坡、半阳坡，石质山地干燥瘠薄的地方、轻盐碱地和沙地均可作为造林地。避免风口造林，严重盐碱地和低洼易涝地不宜造林。侧柏虽耐干旱、瘠薄，但在土层深厚、土壤肥沃的地方生长快，因此造林地尽量选择在土层厚度35cm以上的地方。

2. 整地

一般情况下，在造林前一年秋季或冬季整地，能提高土壤蓄水保墒能力。在干旱、瘠薄的石质山区阳坡，应边整地边造林。一般采用水平阶、水平沟、反坡梯田、鱼鳞坑、穴状整地等方法。

（1）水平阶整地

适于山地和黄土丘陵土层较厚的缓坡、中坡造林地。阶面水平或稍向内斜，阶宽随林地条件而异，石质山地一般0.5～0.6m，土石山地和黄土地区可达1.5m。阶长随地形而定，一般为2～10m，深度30cm以上。

（2）水平沟整地

适于坡陡的山地和水土流失严重的丘陵地区。沟底面水平但低于坡面，沟的横断面可为矩形或梯形，梯形水平沟的上口宽度0.5～1.0m，沟底宽0.3～0.6m，沟长4～10m。沟长时，每隔2m左右应在沟底留埂。沟深40cm以上，外缘有埂。

（3）反坡梯田整地

适于地形较平整、坡面不破碎的山地。梯田面向内侧倾斜成反坡3°～15°，沟田宽1～2m。

（4）鱼鳞坑整地

适用于干旱、水土流失的山地和陡坡、土层薄的造林地。坑面水平或稍向内倾斜。一般长径0.8～1.5m，短径0.6～1.0m，深40～50cm，外侧用生土修筑半圆形、高于穴面20～25cm的边埂。

（5）穴状整地

适用于平地或陡坡、破碎山地。一般为圆形或方形穴，穴径30～50cm，穴深30cm。

3. 造林

春、秋两季均可造林。春季缺水地区，应在雨季抢墒造林，在春、秋降雨充足或土壤墒情好的地区，可春季或秋季造林。一般春、秋季造林可用 1 年生苗（高15～25cm，地径0.25cm），雨

北京市昌平区十三陵林场抚育后侧柏林分（贾忠奎摄）

北京市密云区穆家峪镇水漳村侧柏幼林（贾忠奎摄）

季造林可用1.5年生苗（高25～30cm，地径0.4cm以上）。

侧柏造林密度依立地条件、培育目标等不同而有区别。在干旱瘠薄山地，株行距1.0m×1.5m或1m×2m为宜；立地条件好的地方，株行距1m×2m或1.5m×2.0m为宜；作绿篱定植时，单行式株距约40cm，斜双行式行距30cm，株距40cm。造林苗木通常选用1～3年生裸根苗、1～2年生容器苗、2～3年生移植苗。一般2.5年生移植苗高50～70cm，地径0.6～1.5cm。

营造侧柏与阔叶树种混交林，可以改良土壤、保持水土、涵养水源，并且起到隔离作用，防止病虫蔓延或减轻危害，是提升林分质量的重要措施。全国应用较多的混交方法见表2，表中“立地条件”按照立地生产力由高到低分为Ⅰ～Ⅳ级。

4. 抚育（马履一等，2011）

（1）松土除草

在造林后3～4年内，每年松土除草3次，以促进迅速生长。第一次在4月下旬，第二次在7月，第三次在10月上旬。干旱地区松土深度要深一些，但不要损伤根系。

（2）修枝

侧柏易萌生侧枝，造林5年后，在秋末或春初进行修枝，修枝强度为树高的1/3，做到不劈不裂。以后2～3年修枝1次。

（3）间伐

侧柏属于喜光树种，且种内竞争性弱，林分郁闭后短期内不会产生自然稀疏，因此侧柏宜采用机械抚育法，按事先确定的行距和株距，机械地确定采伐木。马履一等（2011）通过对侧柏的调查研究，应用营养面积法，编制了侧柏林合理

表2 营造混交林实例

树种组合	栽培区域	立地条件	混交方法	混交比例	造林密度（株/亩）
侧柏、元宝枫	华北低山	Ⅱ、Ⅲ	带状	（6～7）:（3～4）	330～440
侧柏、黄连木	华北低山	Ⅱ、Ⅲ	带状	（6～7）:（3～4）	330～440
侧柏、臭椿	华北低山	Ⅰ、Ⅱ、Ⅲ	带状	（6～7）:（3～4）	330～440
侧柏、紫穗槐	华北、西北山地	Ⅱ、Ⅲ、Ⅳ	株、行	5:5	330～440
侧柏、黄栌	华北低山	Ⅱ、Ⅲ	株、行	5:5	330～440
侧柏、刺槐	西北黄土沟壑	阳坡Ⅲ、Ⅳ	行状	5:5	300左右

表3　北京低山阳坡侧柏林合理经营密度

低山阳坡厚土			低山阳坡薄土		
平均胸径（cm）	合理密度（株/hm²）	郁闭度	平均胸径（cm）	合理密度（株/hm²）	郁闭度
2	6565～8753	0.5～1.0	2	5137～6850	0.5～1.0
4	3132～4175	0.5～1.0	4	3568～4758	0.5～1.0
6	1974～2633	0.5～1.0	6	2560～3413	0.5～1.0
8	1401～1868	0.5～1.0	8	1902～2536	0.5～1.0
10	1063～1417	0.5～1.0	10	1458～1944	0.5～1.0
12	841～1122	0.5～1.0	12	1149～1531	0.5～1.0
14	687～916	0.5～1.0	14	926～1234	0.5～1.0
16	573～764	0.5～1.0	16	761～1014	0.5～1.0
18	487～650	0.5～1.0	18	635～847	0.5～1.0
20	420～560	0.5～1.0	20	538～718	0.5～1.0
22	367～489	0.5～1.0	22	462～615	0.5～1.0
24	323～431	0.5～1.0	24	400～533	0.5～1.0
26	287～383	0.5～1.0	26	350～466	0.5～1.0
28	257～342	0.5～1.0	28	308～411	0.5～1.0
30	231～308	0.5～1.0	30	274～365	0.5～1.0
32	210～279	0.5～1.0	32	245～327	0.5～1.0

经营密度表（表3），为侧柏林间伐强度、间伐开始期和间隔期的确定提供了依据。

五、主要有害生物防治（李成德，2004）

1. 双条杉天牛（*Semanotus bifasciatus*）

幼虫取食于皮、木之间，切断水分、养分的输送，引起针叶黄化，长势衰退，重则引起风折、雪折，严重时很快造成整枝或整株死亡，直接影响侧柏的速生丰产和优质良材的形成。防治方法：要及时清除被害木，采伐原木要及时剥皮，伐根要力求降低强度或剥皮。当幼虫尚未进入木质部时，用尖刀挑开树皮，找出幼虫将其杀死；当幼虫进入木质部后，可用乐果、辛酸磷或敌敌畏注入虫孔，然后用黄泥封闭虫孔，将其杀死。成虫出现前，在林缘附近堆集一些病虫木或被压衰弱木，引诱成虫前往产卵繁殖，然后在幼虫未蛀入木质部前，剥取树皮，加以烧毁。在成虫出现盛期，可以用烟剂熏杀或以敌百虫喷射树干。

2. 柏肤小蠹（*Phloeosinus aubei*）

在成虫补充营养期危害枝梢，影响树形、树势，繁殖发育期危害寄主枝干造成枯枝和立木枯死。初孵幼虫乳白色，老熟幼虫体长2.5～3.5mm，乳白色，头淡褐色。成虫体长2.1～3.0mm，赤褐色或黑褐色，无光泽；头部小，藏于前胸下，触角赤褐色。防治方法：加强检疫，严禁调运虫害木。对虫害木要及时进行药剂或剥皮处理，以防止扩散。保护和利用天敌，如柏蠹黄色广肩小蜂、柏蠹长体刺角金小蜂等。将人工合成的信息素或化学引诱物质放置在特定的诱捕器内进行诱杀，以迅速降低种群密度和交配成功率。及时采伐衰落木、风倒木，并迅速处理，以免繁殖扩散。卫生伐后的林窗隙地应选用适宜树种及时补植，改变林相以增加森林本身的抗虫性能。在越冬代成虫扬飞入侵期（5月末至7月初，因地而异），使用氧化乐果乳油、毒死蜱或林丹涂抹（或喷洒）活立木枝干，可杀死成虫。

3. 侧柏毒蛾（*Parocneria furva*）

在青海1年1代，北京、山东、陕西1年2代，江苏1年2～3代，均以卵在侧柏鳞叶或小枝上越冬。4～5月和8～9月危害叶尖，被害严重的树冠呈现枯黄。防治方法：幼虫危害期，可单独使用无公害的仿生制剂灭幼脲Ⅲ号悬浮剂、敌敌畏、除虫脲等喷冠防治。3～4月初刮树皮，消灭潜伏在树皮下、皮缝内的幼虫。4月敲树震落幼虫并杀灭。5月下旬和9月中旬在树叶、树皮缝处人工摘取蛹。在成虫发生期，4～5月和8月中下旬设置黑光灯诱杀成虫，集中消灭。

4. 红蜘蛛（朱砂叶螨）（*Tetranychus cinnabarinus*）

参见板栗。

5. 松梢小卷蛾（*Rhyacionia pinicolana*）

松梢小卷蛾又名侧柏球果蛾，主要危害侧柏果实及种子。蛹黄褐色，羽化前灰黑色。幼虫的头及前胸背板褐色，胸、腹部红褐色，趾钩单序环式，趾钩数32～50不等。成虫翅展19～21mm，体红褐色，复眼黄色，触角丝状。防治方法：秋末至翌春，彻底剪除被害梢及球果，消灭其中的蛹。在成虫盛发期的无风夜晚，设置马灯于林地高处，灯下放一个盛水的容器，滴少量煤油，每公顷点灯15～30盏诱杀，或用黑光灯、糖醋液诱杀。保护及利用天敌。用人工合成的性信息素诱杀成虫。对幼龄虫可用溴氰菊酯、杀灭菊酯常规喷雾。对成虫可用“741”烟雾剂或“741”烟雾剂与硫黄粉混合熏杀。

6. 侧柏大蚜（*Cinara tujafilina*）

侧柏大蚜是侧柏重要害虫之一，对侧柏绿篱和幼苗危害性极大。嫩枝上虫体密布成层，大量排泄蜜露，引发煤污病，轻者影响树木生长，重者幼树干枯死亡。防治方法：保护和利用天敌，如七星瓢虫、日光蜂、蚜小蜂等，可有效地防控。春季发生不严重时，尽量不打药，可喷清水冲刷虫体，以保护日后的天敌繁殖和发展。当蚜虫初侵染危害时，剪除带虫萌芽或枝条，并予以消灭，防止其扩散。在成蚜、若蚜发生期，特别是第一代若蚜期，使用乐果乳油、硫磷酸乳油、马拉硫磷乳油均有良好的防治效果。

7. 紫色根腐病（*Helicobasidium purpureum*）

参见欧美杨。

六、材性及用途

侧柏心材浅橘红褐色，边材浅黄褐色，窄狭，富含油脂，木材有光泽、有香味，纹理斜而匀，结构甚细。年轮明晰，甚狭，不匀，间有假年轮出现，木射线甚细。木材略轻，气干密度0.570g/cm^3，干缩系数中等，顺纹抗压强度36MPa，抗弯强度86MPa，硬度中等。木材干燥较慢，干燥后尺寸稳定性好，耐腐蚀性强，切削容易，切面光滑，油漆和胶黏性质良好，握钉力强，作建筑、造船、桥梁、家具、雕刻、细木工、文具等用材。种子、根、枝、叶、树皮等均可药用，种子（柏子仁）能滋补强壮、养心安神、润肠通便、止汗，枝、叶能收敛止血、凉血、利尿、健胃、解毒散瘀。种子含油量约22%（出油率18%），可用来榨油，供制肥皂和食用，在医药和香料工业上用途也很广。

（马履一，贾忠奎，邓世鑫，尹群，王华田）

43 翠柏

别　名｜长柄翠柏、大鳞肖楠、香翠柏、粉柏、山柏树、翠蓝柏

学　名｜*Calocedrus macrolepis* Kurz

科　属｜柏科（Cupressaceae）翠柏属（*Calocedrus* Kurz）

翠柏是一种古老的孑遗植物，在云南发现有早在渐新世、中新世至上新世的翠柏化石（Shi等，2012），在研究裸子植物分类、植物区系、植物演化及古地理气候等方面具有重要价值。翠柏生长快，木材纹理通直、结构细密、有光泽及香气、耐腐，是桥梁、家具的优良用材，也是农村住房建筑材料中大柱、大梁的主要用材，这些房屋材料因历经百年不朽而受到追捧。种子可用来榨油，供制漆、蜡及硬化油等化工加工利用，还可入药，有润肺、化痰止咳、消积之功效。翠柏叶片加工的茶叶在市面上很受推崇。同时，翠柏树形优美，是一种优良的园林绿化树种。此外，研究人员发现其枝叶含有单萜、倍半萜、二萜、C_{35}萜类、木脂素、酚类化合物等成分，其中许多成分具有明显的抗菌和细胞毒活性，在开发植物医药方面具有广阔的前景（Wu et al.，2013；王蕾等，2013）。目前，其居群仅在云南、贵州、广西、海南等几个地区有少量分布，由于它的大径材非常珍贵而长期遭受人为利用与破坏，种群数量已明显下降，如果不采取有效保护措施，将很快成为濒临灭绝或绝迹的濒危物种。早在1986年，翠柏就被《中国珍稀濒危植物名录》（第一册）划定为国家三级重点保护野生植物，1999年的《国家重点保护野生植物名录》（第一批）将其列为国家二级重点保护野生植物（宁世江等，1997；刘方炎等，2010；Liao et al.，2014）。

一、分布

翠柏属含3种1变种。翠柏为该属模式种，常绿乔木，主要分布于我国云南、贵州、广西、海南等省份的局部亚热带地段，境外缅甸北部、越南东北部、老挝和泰国有分布（陈子牛，1997；陈文红等，2001；农东新等，2011）。在我国，翠柏生长于海拔400～1700m的山地，多散生于林中或四旁。

翠柏主要为零星分散分布，面积小、破坏严重、林分退化，数量有限、质量不高。其中，在贵州仅产于荔波茂兰、三都羊福、惠水牛场、榕江乐里、雷公山小丹江等地海拔400～1020m的山地、林中或零星见于村寨周围。在广西，主要分布在靖西、乐业、环江等石质山的顶部，其中，乐业的翠柏主要生长在大石围天坑、黄猄洞的悬崖峭壁上，数量不超过200株，面积约2hm^2；在环江县，分布在木论国家级自然保护区中，生境为石质山的山顶。在云南面积约有110hm^2，分布于云南中部及西南部禄丰、昆明、安宁、易门、石屏、元江、墨江、宁洱、普洱、澜沧、龙陵、腾冲、临沧、凤庆、昌宁等地，其中，禄丰、昆明、安宁和易门的分布区相邻，数量在1000株以上。在海南主要分布在昌江、乐东、琼中、五指山等地（云南省林业科学研究所，1985）。

二、生物学和生态学特性

常绿高大乔木。高达30m以上，胸径可达2.5m。幼树树冠塔形，老树树冠广圆形。树皮红褐色或灰褐色，鳞片状剥裂。翠柏属雌雄同株植物，雄球花着生在新枝的基部，雌球花着生在顶部；雄球花有6～8对交互对生的雄蕊，每雄蕊有2～5枚花药；雌球花有3对交互对生的珠鳞，珠鳞的腹面基部有2枚胚珠。2～3月，雌花开放，

云南省昌宁县西山林场翠柏营养袋实生苗（廖声熙摄）

云南省墨江县联珠镇翠柏人工中龄林林相（廖声熙摄）

当年秋天球果成熟。

翠柏适应性较广，适生于酸性到偏酸性、弱碱性的土壤，能适应多种母岩发育的土壤。以水湿条件优越、相对湿度较大的环境下生长较好，适宜在亚热带湿润、温暖地区栽培。

三、苗木培育

1. 播种育苗

翠柏通常采用种子育苗，现采现播，平均发芽率为70%。种子在室内常温条件下贮存后发芽率会逐渐降低，贮存1年后的种子发芽率不到50%。翠柏百日苗较小，上山造林成活率低，植株生长差；当年8～9月采种，翌年6～7月上山造林，1年生容器苗造林成活率达85%，植株生长较好。

（1）种子采集与处理

翠柏3～4月开花，8～10月当果实变黄成熟时采集。采回的果实置于通风处风干3～5天，待种鳞裂开后将种子取出，用筛子选出纯净种子，阴干后于4℃冰箱贮藏。播前要进行种子处理，将种子放入容器中，用25℃温水和冷水交替淋洗3天，每天换水4次，再用50mg/L萘乙酸浸种5min，即可播种，种子发芽率可提高到75%～80%。

（2）整地作床与播种

苗圃地选择地势平坦、通风向阳、排水良好的地段，雨季播种。育苗采用高床，长3～5m、宽1.2m、高0.2～0.3m，床面铺一层炉渣，在其上面铺基质。基质为腐殖质土、细沙、谷糠（6：2：2）混合而成，混合过程中用清水将基质浇湿，用喷雾器均匀喷400倍的高锰酸钾溶液，后用塑料薄膜密封暴晒1周左右，即可揭膜播种。播种量为1.1kg/亩，播前施足基肥、浇透水。基肥可用复合肥，施肥量320kg/hm^2。播种方式采用条播，行距40～50cm、沟深3cm，播后覆土0.5～0.8cm，以不见种子为度。然后以松针或干草覆盖，以不露土为度。浇透水后盖上农膜，待有15%的种子发芽时及时除去农膜。

（3）苗期管理

播种后加强幼苗管理，防止病虫害；及时浇水，浇水方式为喷灌，以保持土壤湿润为宜；播种后30天和60天时各追加1次氮肥和复合肥，施肥量200kg/hm^2；间苗2次，使苗木分布均匀。雨后和浇水后要松土和除草，防止土壤板结。苗高12cm以前，苗床上方采用遮阳网，透光度40%左右。

定苗和出圃间苗宜在灌溉后或早晨湿度较大时进行，当苗木出现第二对真叶时开始间苗，株距保持4～5cm。苗木生长至14cm时可以定苗，最终苗株距为12～15cm。株高≥16cm、地

径≥0.4cm时出圃，木质化程度超过苗高2/3。一般雨季6～9月出圃定植，出圃前20天开始炼苗，停止水肥供应，促进苗木木质化。

2. 扦插育苗

苗圃地选择、整地作床与种子育苗相同。插穗的采集与处理要求为：以15～35年生生长旺盛、无病虫危害的翠柏作为采穗母树；采集成熟度好、发育健壮的中上部外围枝条，剪成8～12cm长的插穗，将基部3cm内的叶子剪掉，上部枝叶保留，下端剪成楔形或马耳形。扦插前，用5mmol/L的萘乙酸溶液处理接穗5s，几小时后即可扦插。适宜扦插时间为每年的2～3月，插入深度为穗条全长的1/3～1/2，行距5cm，株距8cm。插后及时喷水保持基质湿润，插床上覆盖塑料薄膜进行保温，使床面温度保持在20～30℃。同时，在薄膜上搭遮阴棚，透光度保持在40%左右。扦插苗成活后，按常规要求进行圃地管理和苗木出圃。

3. 天然更新苗采集与移植

翠柏新鲜种子发芽率较高，种子成熟后会自然掉落于地上形成天然更新苗，但由于小苗初期生长极其缓慢、根系不发达，往往会大量死亡，很难在翠柏林中见到更新良好的幼龄林。因此，可以采集翠柏天然更新苗，移植到苗圃中培育至大苗。移植应选在10:00前或阴天进行，天然更新苗采集应用小铲连根带土取出，移到营养袋中，避免根系损伤，及时浇水；翠柏幼苗喜阴，用70%的遮阳网遮阴，以保持苗床的温度和湿度，后期根据苗木成活和生长情况可逐步除去遮阳网；苗木管理技术与播种育苗一样，当苗木长至16～30cm高时可出圃定植。

四、林木培育

1. 造林地选择

翠柏适应性较广，能适应多种母岩发育的土壤，以水湿条件优异、相对湿度较大的环境生长较好，适宜在亚热带温暖湿润、海拔1000～2300m的地区栽培。虽然翠柏的分布地域较广，适应性较强，但翠柏天然林主要生长在水肥条件较好的地方，土壤pH在4.26～7.68，有机质含量比较丰富的道路两旁、田边地角、房前屋后、自然保护区等。

2. 造林地清理

在立地条件较差的地方，须加大整地规格，增施肥料，提高土壤肥力，才能达到丰产的目的。林地清理应提前2～3个月进行，根据造林地植被的情况和坡度大小来确定是否炼山清林。一般采伐迹地采伐剩余物较多，坡度较小的可采用

云南省元江县因远镇翠柏天然林林分状况（廖声熙摄）

云南省墨江县推广总站林场翠柏幼林林相（廖声熙摄）

云南省宁洱县卫国林业局翠柏新造林林地（廖声熙摄）

炼山清理林地，将砍除的杂灌和采伐剩余物均匀铺于林地，选择无风阴天火烧炼山，从上到下、由外到内点火烧山，注意防止山火事故；杂灌不多、坡度较陡的造林地，采用块状清理或环山水平带清理；丘陵缓坡地带，植物较少的可不必烧山，将清理的杂灌铺于地面上，腐烂后有利于增加土壤养分，促进林木生长。

3. 整地与栽植

整地一般在10月至翌年5月进行，提前整地可以促进土壤熟化，改善土壤墒情，提高造林成活率。整地方式采用水平带上穴状整地，带宽为1.5m，常用的穴状整地规格为40cm×40cm×40cm和50cm×50cm×50cm。在陡坡地形不规则处，可采用块状整地；在土壤贫瘠的地段，宜采用60cm×60cm×60cm种植穴。

栽植时间在每年6～8月雨季初期，造林密度以600～850株/hm^2为宜，株行距为3m×4m或4m×4m。适当密植可使林分提前郁闭，减少抚育管理次数，抑制中下部枝条生长，保证干形通直。栽植时，先将表土回穴，苗干要竖直，根系要舒展，深浅要适当；填土一半后提苗踩实，再填土踩实，灌透水，最后覆盖虚土。若苗木栽植当年未成活，翌年要补植。

4. 幼林抚育

翠柏初期生长缓慢，容易被杂草、灌木覆盖，使成活率降低，因此造林后应及时抚育。造林3年内，每年进行2次除草施肥，即5月底至6月中旬及9月底至10月初分别抚育1次。肥料以速效氮肥为主，适当配以磷、钾肥，其中，每株施磷肥50g、钾肥50g。施肥采用环沟法，施肥前应进行块状抚育，疏松土壤，清除杂草、灌木根系。在干旱季节，有条件的地方适时适当灌溉。造林后第一、第二年，把树干中下部侧枝和萌芽全部清除，以培养干形；修枝时，不要留桩，防止劈裂，以免影响树木生长。间伐时间和强度与经营目的相关，因翠柏初期生长较慢，后期可通过林

分郁闭后的自然稀疏来达到间伐目的。

5. 退化天然林改造技术

翠柏种群数量下降的主要原因是自然灾害与人类的干扰，使翠柏天然林生态系统、群落或种群的结构遭受破坏，直接影响植物群落结构与更新动态过程。因此，可利用森林的自然更新能力，促进其恢复植被，形成结构合理的翠柏林分。抚育和恢复技术的关键是增强翠柏天然更新能力，调整林分结构，使单层林变为复层林、同龄林变为异龄林，变疏林为中林，促进林隙天然更新，提高林分的健康水平。因此，主要采取科学的封禁保护、封山育林，防治森林火灾、森林病虫害和鼠害对森林资源的危害，以及抚育改造等措施。①根据林分状况和林地条件，在病虫害严重的天然林内，采用全面改造的方法，彻底清除原有林木，重新造林。②在零星分散的疏林地内，进行局部改造，通过补植提高密度。③在多代萌生且分布不均的天然林内，实行综合改造，伐除生长差和无培育前途的林木，保留优良翠柏植株的中小径木，并在林冠下或林中空地上补栽幼苗。

五、主要有害生物防治

1. 翠柏落针病

翠柏落针病的病原菌为刺柏散斑壳（*Lophodermium juniperinum*）。发病后，针叶小枝上开始出现黄绿相间的段斑。到8月初，病斑逐渐扩大，并由黄绿色转为红褐色，病叶开始脱落。至11月，病叶由红褐色转为黄褐色，并在病斑上产生许多小黑点，即分生孢子器，此时针叶大部分脱落。翌年3～4月，在落叶或小枝上产生具有光泽的黑色椭圆形小点，即病菌的子囊盘。每个落叶或小枝上子囊盘少则有1～2个，多则4～5个。防治方法：秋末彻底清除病叶、枯枝并集中烧毁，可减少翌年的侵染源；自新芽展叶开始，每半个月喷洒1次1%等量式波尔多液或75%的百菌清可湿性粉剂600倍液，连喷3～4次，可防止该病发生。

2. 红蜘蛛

红蜘蛛的成虫、若虫用口器刺入翠柏叶内吸吮汁液，被害叶片叶绿素受损，叶面密集细小的灰黄点或斑块，严重时叶片枯黄脱落，造成植株死亡。防治方法：虫害发生期采用化学防治。

3. 天牛

天牛以幼虫或成虫在翠柏根部或树干蛀道内越冬，幼虫孵化后，蛀入木质部危害。受害枝条枯萎或折断。防治方法：在成虫发生前，在树干和主枝上涂白（生石灰：硫黄：食盐：兽油：水=10：1：0.2：0.2：40），防止成虫产卵。幼虫进入木质部后将浸蘸化学药剂的棉签塞入蛀孔，用泥巴封堵，熏杀幼虫。人工捕杀成虫，或在成虫发生盛期喷5%西维因粉剂防治。

六、材性及用途

翠柏木材优良，纹理通直，有香气且极耐腐蚀，为少有的珍贵用材。翠柏木材管胞长度为1886～3370μm，宽度为7～23μm，结晶度为30.26%～50.12%，且木材管胞的径向变异规律相似，均是20年生前显著增加，于20～25年生趋于稳定，可将翠柏木材的成熟期界定为20～25年。依据国际木材解剖学会的规定，翠柏木材管胞长度属于短纤维，是制浆造纸等很好的纤维原料。翠柏材质坚硬致密，棕红色，芳香且美观，极耐腐，因此宜作建材、家具、棺木、画板和铅笔等用材。此外，翠柏种子可供榨油或入药，枝叶可供提取萜类和酚类化合物。

（廖声熙，崔凯，崔永忠）

44 柏木

别　名｜香扁柏、垂丝柏（四川）、理珞柏（浙江、江西）、柏枝树、柏香树（贵州）
学　名｜*Cupressus funebris* Endl.
科　属｜柏科（Cupressaceae）柏木属（*Cupressus* L.）

柏木是我国南方主要乡土树种，自然分布和人工种植面积均较大。柏木为常绿乔木，树干通直、材质优良、用途广泛，为我国珍贵用材树种。柏木适应性强，耐干旱瘠薄，在钙质紫色砂岩、页岩的侵蚀山地和各种岩溶地貌上皆能正常生长。柏木寿命长、树姿优美，是乡村和城郊绿化的优良树种。柏木在我国具有悠久栽培历史，尤其在庭院、公园、陵园及风景区常见柏木古树。四川剑阁县翠云廊目前仍保存有1.3万多株古柏，是世界上罕见的人工种植最早、规模最大的行道树群，其中，部分古树为三国时代蜀将张飞任巴西（今阆中市）太守时，命令士兵沿驿道植树标路，民间称为“张飞柏”，亦称“汉柏”。

一、分布

柏木在我国分布十分广泛，西至四川大相岭，东达浙江，北至甘肃、陕西南部，南至广东、广西北部，南北分布跨900km，东西分布跨1700km。在华东、华中地区分布于海拔1100m以下，在四川、云南分布于海拔2600m以下山地和丘陵。柏木是亚热带代表性的针叶树种之一，尤以中亚热带的四川和贵州分布、栽培面积最大，仅长江中上游的柏木林面积就达1000万亩以上。在四川嘉陵江、涪江、沱江流域紫色砂岩、页岩发育的钙质紫色土区域营建了大面积人工柏木林，且生长良好。

二、生物学和生态学特性

1. 形态特性

常绿乔木。高达40m，胸径可达2m。树皮呈长条状开裂。小枝细长下垂。叶为鳞形，先端锐尖，两侧叶船形，中间叶斜方状卵形，背面有条状腺点，鳞叶长约1.5mm。雄球花椭圆形或卵圆形，长2.5～3.0mm，雄蕊6对，黄色；雌球花近球形，长3～6mm，珠鳞4对。球果球形，着生于小枝顶端，直径0.8～1.2cm，微被白粉；种鳞4对，能育种鳞有种子5～6粒。花期3～5月，球果第二年7～9月成熟。

古柏（龚固堂摄）

2. 适应性与抗性

柏木为常绿树种，树干通直，树冠紧密、狭小；主根浅而细，穿插力强，可沿松土或岩石缝隙下伸2～4m，侧根发达。柏木为喜光树种，需要有充分的上方光照才能正常生长。柏木具有较强的天然更新能力，但林下光照不足时更新较差。

柏木要求常年温暖湿润的气候条件。分布区内年平均气温13～19℃，1月平均气温3～8℃，7月平均气温20～30℃，≥10℃的有效积温4500～6000℃。全年降水量1000mm以上，无明显旱季。

柏木对土壤适应性广，在中性、微酸性及钙质土均能生长。耐干旱瘠薄，特别是在瘠薄的钙质土和石灰土上，其他树种不易生长的地段柏木却能正常生长。天然柏木林常与麻栎、栓皮栎、化香、黄荆、黄檀、马桑、铁仔等乔木或灌木混生，可为营建柏木人工混交林选择伴生树种提供参考。

3. 生长进程

柏木属于中期速生且生长持续期极长的树种。柏木人工林胸径、树高和材积生长可划分为4个时期：树高在10年生前生长缓慢；10～25年生为速生期，年生长量可达1m；25～50年生生长缓慢，年生长量20～40cm；50年生以后年生长量极小。胸径在10年生前生长缓慢；速生期在10～25年生，年生长量可达1.0cm；25～70年生生长量仍可维持在0.4～0.8cm，说明径向生长力强、持续时间长。材积生长的速生期为25～40年生，年生长量近0.04m^3（杨玉坡和李承彪，1990）。柏木生长过程如表1所示。

4. 天然更新

柏木人工林一般在20年生开始结果，25年生普遍结实，大小年不明显，有飞籽成林的特性，具有良好的天然更新能力。柏木在林窗、林缘更新良好，但林冠下天然更新受环境因子影响较大，其中主要影响因子为土壤pH、林分郁闭度和下木盖度。pH低的土壤，基岩多为紫色砂岩或页岩，发育为酸性紫色土或黄壤，由于钙质流失，已不再适宜柏木幼苗正常生长发育。人工林由于郁闭度过大，林下光照条件差、土壤干燥，不利于种子萌发。林下灌木、草本盖度过大，种子难与土壤接触，也影响天然更新。土壤裸露程度和土壤微地形对天然更新效果的影响也较大。柏木更新幼苗通常只能存活1～2年，3年以上天然更新苗很少。间伐可改善林内光照条件，从而降低郁闭度，促进天然更新（龚固堂等，2015）。

三、良种选育

1. 良种基地

蓬安县白云寨林场国家柏木良种基地和三台县金鼓国家柏木良种基地是我国仅有的2处国家级柏木良种基地，收集保存的柏木种质资源处于全国领先水平。

蓬安县白云寨林场国家柏木良种基地始建于1986年，为原国家林业部、四川省林业厅、蓬安

表1 梓潼县林场不同年龄柏木树高、胸径生长过程

年龄（年）	树高（m）		胸径（cm）	
	总生长量	平均生长量	总生长量	平均生长量
5	2.0	0.40	0.9	0.18
10	3.7	0.37	2.4	0.24
15	5.1	0.34	4.4	0.29
20	6.4	0.32	6.5	0.33
25	7.7	0.26	8.1	0.32

县国有白云寨林场联合营建，总面积约80hm²，其中，柏木第一代去劣实生种子园40hm²、第一代改良实生种子园22.04hm²、种质资源收集区1hm²、采穗圃0.56hm²、子代测定林6.49hm²、试验林6.49hm²。基地共收集保存柏木优良种质资源280份，其中，种质资源收集区保存家系95个，子代测定林收集保存家系185个。基地材积增益效果十分明显，平均遗传增益为18.79%。2009年，基地被国家林业局确定为第一批国家重点林木良种基地。2010年完成去劣疏伐建成柏木第一代去劣实生种子园40hm²，2011年第一代去劣实生种子园通过四川省林木品种审定委员会审定。目前，基地年产柏木良种种子600kg。

三台县金鼓国家柏木良种基地位于金鼓乡，于1985年开始建设，优树来自广元、剑阁、南江、通江、巴中、云阳、平昌等地，共118个家系。现已建成柏木良种基地36.33hm²，包括种子园22hm²、优树收集区3hm²、子代测定林11.33hm²，并建隔离带（墨西哥柏引种示范林）73.33hm²。种子园共分5个大区17个小区。子代测定林共有4处，11.33hm²，其中：1987年定植的第一次子代测定林面积1.33hm²，参试家系55个；1989年定植的第二次子代测定林面积2hm²，参试家系133个；1991年定植的第三次子代测定林面积2hm²，参试家系121个；2009年定植的第四次子代测定林面积6hm²。

柏木虽开展了选优建园培育良种，但良种建设相对缓慢，良种成果在生产上推广应用严重滞后。

2. 无性系选育

1982年，中国林业科学研究院亚热带林业研究所在浙江淳安县姥山林场建立了国内首个也是至今唯一的柏木1代无性系种子园，面积3.8hm²（金国庆等，2013）。

（1）建园材料

姥山林场柏木1代无性系种子园的建园材料，来自浙江淳安、开化、临海、黄岩、仙居5个县（市）柏木优良林分中选择的45株优树。

（2）嫁接苗培育

通过嫁接培育优树无性系苗木。砧木采用1年生（14个月）容器苗，接穗采用未木质化嫩梢，嫁接方法采用髓心形成层对接法。取长3～5cm的嫩梢，用锋利的嫁接刀从梢头以下1cm左右入刀，逐渐向下通过髓心平直切削，削面长2～3cm，再在削面背面下端削小斜切面。砧木在距地面5～15cm的光滑部位下刀，略带木质部切削，削面长、宽应与接穗削面相当，切掉一半以上切开的皮层。将削好的接穗长削面朝里插入，使接穗与砧木的形成层至少有一边对齐，用塑料绑带捆扎严紧。嫁接之后及时搭遮阴棚，透光度为40%～50%。当嫁接苗新梢长至10cm以上时要解除绑带、剪去砧木营养枝。在风大的地方，要立杆撑梢，以防风折。

（3）整地定植

对选定的园地进行全面劈山，按2m宽的要求开筑水平带，在带面上全垦深挖整地，并在水平带内侧挖竹节沟。定植株行距为3.3m×3.3m，栽植穴规格为80cm×80cm×50cm，每穴施0.25kg饼肥和0.25kg磷肥作为基肥。

（4）无性系配置

姥山林场柏木无性系种子园面积3.8hm²，共分10个生产小区，建园材料共45个优树无性系，无性系配置采用完全随机排列，同一无性系的2个分株至少应间隔5株以上。

（5）花粉隔离带设置

姥山林场柏木无性系种子园周围是用其他树种林分隔离的，其中一边是杉木种子园，另外三边是马尾松林分，在种子园投产之前清除周围300m以内的少量非良种柏木。

（6）园地管理

建园之后，按园地年度管理计划，每年3月实施经营管理。经1999年和2007年2次抚育间伐，种子园保留密度由最初的950株/hm²左右变成300株/hm²左右。

（7）遗传增益

子代测定结果表明，子代15年生时树高、胸径和材积平均生长量分别比淳安当地普通柏木大13.12%、13.69%和30.85%，平均遗传增益分别为7.82%、7.69%和17.03%，平均单株结实量和种子

遗传品质均得到了明显提高（骆文坚等，2006）。

四、苗木培育

1. 播种育苗

（1）种子采集

柏木一般3～5月开花，球果第二年成熟，成熟期各地不同。四川成熟期在翌年8～9月成熟，湖南在翌年7～9月，贵州在翌年9～11月。宜选择20～40年生健壮植株作为采种母树。柏木树上一般有2年生成熟的绿褐色球果和当年生青绿色球果，应采2年生成熟的球果。球果成熟后，种鳞开裂，种子飞散，应在种鳞微开裂时采集。采集前细心观察球果成熟程度，若球果呈绿褐色、微裂、有明显褐色条纹并可见到里面的褐色种子，即可进行采集。采集时先在树下铺上塑料布，再摇动植株，种子可散落。此外，也可用采果法，采摘树上成熟球果，暴晒2～3天即可脱粒。实践证明，摇树法获得的种子质量优于采果法。净种后，可盛于木箱等容器内贮藏。种子千粒重约3.3g，实验室发芽率约60%。

（2）播种育苗

苗圃地宜选择地势平坦、土壤肥沃湿润、向阳的沙质壤土、壤土或黏质壤土，pH 7.0～7.5的地段为佳。床面需进行平整，土块要打碎。筑床前宜施底肥，若拌以磷肥（过磷酸钙），效果更好。

播种前应进行种子处理。先用清水选种，再置于45℃温水中浸种24h；捞出放在箩筐内催芽，待有50%以上种子萌动开口露白时即可播种。经浸种的种子播种后1周内可出土，比未处理的可提前15～20天发芽。

柏木育苗春、秋皆可进行，生产上以春播为主。在夏旱严重地区，秋播具有较大优越性。秋播可随采随播，可免去种子贮藏环节，翌年春暖后苗木即可迅速生长，且在夏季干旱时，苗木扎根已较深，抗旱力强。

一般采用条播。条距20～25cm，播幅5cm，播种量每亩6～8kg。播后用山草等覆盖，经常浇水以保持床土湿润。当出苗达50%时揭去一半草，揭草应在早、晚或阴天进行。宜在3～4天内将草全部揭除，以免压弯幼苗。

（3）苗期管理

苗木出土后，初期易受干旱日灼威胁，应加强田间管理，进行松土除草，并注意及时浇水，保持床土湿润。雨后及时清沟排水，避免赤枯病发生。当苗高4～5cm时，应进行第一次间苗。间苗后培土0.5～1.0cm，以避免日灼。7～9（～10）月为速生期，高、径生长量占全年60%以上，是培育壮苗的关键期。这期间除继续松土除草外，应施速效性肥（如尿素）1～2次，以满足苗木迅速生长所需营养。如果出现干旱，应及时灌溉。8～9月应开展第二次间苗（定苗），每米播种沟内均匀留苗50～60株。生长后期，随气温下降苗木生长放慢，为促进苗木木质化，不宜灌溉和施氮肥，但可施适量钾肥。实践表明，1年生苗木高可达15～20cm，地径0.2～0.3cm，产苗量每亩可达10万株以上。

2. 容器育苗

（1）圃地选择及作床

选择土壤肥沃、湿润、疏松的沙壤土、壤土地段作圃地，圃地选择在地势平缓、交通便利处。首先，清除圃地上的杂草与石块，平整土地；周围要挖排水沟，保证不积水。然后，在平整的圃地上，划分苗床与步道。在温室大棚内或利用小弓棚制作培育芽苗的苗床，床面宽100～120cm，高度（或深度）20～25cm，床间步道宽30～40cm。苗床下层铺设15～20cm厚的沙性黄心土，每立方米土中均匀拌入200～250g复合肥，上面再覆盖2～3cm的干净细土或与泥炭的混合物。降雨较多或灌溉条件较好的地方可用高床，反之采用低床或平床。

（2）容器选择

可以选择使用塑料薄膜容器、营养钵或无纺布网袋容器。塑料薄膜容器由厚度为0.02～0.06mm的无毒塑料薄膜加工制作而成。营养钵以具有一定黏性的土壤为主要原料，加适量磷肥及沙土压制而成。无纺布网袋容器为圆柱状，外表是一层薄的、可降解或半降解的网孔状透气材料。采用无纺布网袋容器育苗不仅透气、透水、透根，侧壁可以全面空气修根，而且以农林废弃物为主要原料的轻型育苗基质有根系生长所需的良好物理、化学和生物学性能，在苗木生产中应用广泛。

（3）容器规格

育苗容器大小取决于育苗地区、育苗期限、苗木规格、运输条件以及造林地的立地条件。在保证造林成效的前提下，尽量采用小规格容器。在干热、干旱和立地条件恶劣地区，可适当加大容器规格。如果培育1年生苗木，塑料薄膜容器规格为5cm×10cm，无纺布网袋容器规格为4.5cm×8.0cm，营养钵规格为6cm×8cm×10cm。

（4）基质配制及装袋

配置基质的土壤需选择疏松、通透性好的土壤，主要有黄心土、腐殖质土、泥炭等。塑料薄膜容器基质配比为土壤：炭化谷壳（锯屑）=8∶2；无纺布网袋容器的基质采用轻型基质，配比为泥炭：谷壳（或树皮粉和锯屑）=7∶3。每立方米基质添加磷钾复合肥2.0～3.0kg；并加入托布津、多菌灵或福尔马林等粉剂充分拌匀，用薄膜覆盖24h进行消毒。配制的基质pH以弱碱性（pH 6～8）为宜。

（5）基质装填和容器摆放

基质装填前保持湿润，含水量10%～15%为宜。将消毒后的基质装入容器中，均匀压实，装至距容器口0.5～1.0cm处。将装填好基质的容器整齐地摆放在苗床上，床边覆土至与容器高度持平，容器空隙用细土填实以防容器倾倒。

古柏林（龚固堂摄）

（6）播种

为了提高发芽率、缩短发芽期及出苗整齐，播种前用40～50℃的温水浸泡种子24～48h，去除杂质和浮在水面上的种子，再用0.5%高锰酸钾溶液浸泡0.5h；捞出种子用清水冲净晾干，拌钙镁磷肥后即可播种。按10g/m^{2}的播种量均匀地撒播在苗床上，然后覆盖细沙土，厚度以不见种子为宜，随即浇水并搭上塑料薄膜拱棚。可采用秋播或春播。秋播时间为10月下旬至11月中旬，春播时间在1月下旬或3月上旬。

（7）播后管理

播种后要根据土壤墒情及时浇水，以保持床面湿润。种子出土期间棚内温度控制在30～35℃。种子出土后，苗床温度控制在30℃以下，可采用通风、闭风和喷水方式调节温度。种子出土后应及时喷施0.1%退菌特或5%新洁尔灭100倍液，以防芽苗猝倒病的发生。当芽苗出现1～2片针叶时，在阴天或早、晚喷施0.1%～0.2%尿素，喷后及时用清水淋洗。如秋播出苗早，还需防寒。

（8）芽苗移栽

当芽苗长至4～6cm高，种壳脱落前即可移栽。移栽前苗床和容器基质均要喷水，保持湿润。芽苗移栽最好选择在阴雨天进行，晴天应在早、晚进行。移栽时将芽苗轻轻拔起，放入盛有少量清水的盆里，注意不要损伤苗木。用削尖的竹签在装好基质的容器袋中间插2～3cm深的小孔穴，将柏木芽苗放入孔中，再用竹签在边上插几下使芽苗根部与基质压实。若芽苗根系过长，可适当修剪。栽植深度要在原根颈以上0.5～1.0cm，做到根系舒展、苗土密接。每个容器移植芽苗1～2株。移植后用0.1%新洁尔灭溶液进行喷雾消毒并喷洒1次透水。

（9）苗期管理

遮阴 芽苗移植后即用70%左右遮阳网搭架遮阴。连续晴天时，再加盖一层遮阳网。15天后渐渐揭去遮阳网，以促进苗木根系生长发育及炼苗。

查苗补缺　芽苗移植7～10天后对未成活的缺株容器及时补苗，对生长不正常的苗木及时更换壮苗。

除草　要及时除草，做到容器内、床面和步道上无杂草，以免影响苗木生长。除草要在基质湿润时连根拔除，除草后应及时喷水。

水分管理　芽苗移栽初期应多次适量喷水，保持基质湿润；速生期喷水应少量多次，在基质达到一定的干燥程度后再喷水；生长后期应控制喷水。同时注意，喷水宜在早、晚进行。如遇连续大雨，应注意容器和圃地排水。

追肥　追肥时间和次数根据苗木长势确定。分别用0.3%～0.5%尿素和0.3%～0.5%复合肥轮流浇施，每隔10天左右施1次。前期宜多施尿素，中期宜用氮磷钾复合肥，后期宜用磷、钾肥。追肥应在晴天的傍晚或阴天进行，忌在午间高温时进行。施肥应与浇水和病虫害防治结合进行。

炼苗　从9月下旬开始，逐步揭开遮阳网以增加光照并控制水分等进行炼苗。此时停止施肥，以促进苗木木质化。

病虫害防治　苗木生长前期每隔10天左右用0.1%新洁尔灭溶液或1000倍多菌灵溶液喷雾消毒，以防赤枯病发生。

苗木出圃　经过1年的培育，苗高可达15～30cm，地径0.3cm以上（麻建强等，2009）。起苗前1～2天需浇透水，起苗时应轻拿轻放，将穿透容器的过长的根须剪除。然后，按地径和苗高分级打捆，并附上苗木标签。起苗与造林时间要衔接好，做到随起、随运和随栽。

3. 扦插育苗

（1）插穗选择

选用3～6年生优良无性系或优良单株采穗，挑选生长旺盛、无病虫危害的侧枝，采集未木质化枝条。

（2）基质配置

基质采用1：1（体积比）的细河沙和黄心土的混合物。

（3）插穗处理

截取枝条顶部5～8cm嫩枝，保留顶芽，去除其余枝叶，然后25～30个一捆，将穗条基部2～3cm浸入80%多菌灵粉剂800倍水溶液中浸泡3～5h。

（4）整地作床

先将圃地翻耕整平，按床面1.1m、步道0.4m的宽度作床。接着，将床面土壤均匀扒向两侧，用0.1%高锰酸钾溶液进行土壤消毒，将扦插基质铺垫在床面上，厚20cm左右。然后，均匀抛撒适量的3%辛硫磷颗粒剂杀灭地下害虫。最后，耙平床面，清理苗床边沿和步道。

（5）扦插技术

先用竹签按要求的株行距定点插孔，然后将插穗插入孔中，深度为穗长的2/3；插后压紧插穗基部基质，覆盖细沙1～2cm；最后喷洒800倍多菌灵溶液进行土壤消毒。柏木扦插通常在6月上旬进行。

（6）苗期管理

扦插后用条形竹片在苗床上搭建小拱棚，拱顶距床面60cm，每隔80cm左右插一条弯成弓状的竹片，上面罩盖无色透明塑料薄膜进行插床密封。

搭建遮阴棚用竹木为支柱，在圃地上方距离床面2.0m高，搭建成遮阴棚架，上面铺盖透光度40%的黑色遮阴纱，在遮阴纱与小拱棚之间铺设喷水、喷雾设施，以备降温保湿之用。

柏木嫩枝扦插较易生根，插后2个月左右就开始生根，3个月后基本成活，扦插成苗率一般可达75%以上（楼君等，2014），但扦插后头3个月须特别注意插床的温度和湿度调控及灭菌防病等。圃地其他管理措施同一般播种育苗。

五、林木培育

1. 造林地选择

柏木造林地宜选择石灰岩、紫色砂岩、页岩等母质发育的中性、微碱性土壤；一般选择海拔1300m以下背风坡。土层肥沃湿润的地块可营造用材林，土壤干旱瘠薄的地块可营造薪炭林或水土保持林。

2. 造林地整理

采用块状或带状整地，块状整地范围为100cm×100cm，带状整地的带宽100cm，栽植穴规格50cm×50cm×30cm。营建防护林时，整地时尽量保留原有灌木，严禁火烧整地。

3. 造林方法

造林季节一般在立春到雨水为好，山区在惊蛰到清明亦可，但不宜再迟，否则气温升高，影响成活。四川盆地丘陵也可在9～10月进行栽植。

柏木造林采用植苗法。由于2年生苗侧根发达，起苗时易伤根而影响成活，且费工较多，一般采用1年生小苗上山造林。栽植一般选择阴天或雨后进行，晴天栽植要对苗木根系蘸泥浆，栽植时要保持根系舒展。四旁绿化时应分床移植培育2年生以上的大苗。为保证成活，起苗要多带宿土，整地要细致。植穴随苗木加大而增大，一般用2年生大苗植树的树穴规格为80cm×80cm×30cm。

4. 造林密度

柏木树冠不大，加之能耐侧方庇荫，故造林密度宜大。一般立地条件较好的地方可用1.5m×1.5m的株行距，造林密度4444株/hm^2；立地条件较差的地方可采用1.5m×1.0m的株行距，即6666株/hm^2，以利于尽快郁闭。

20世纪70年代以来，四川丘陵地区大力发展柏木混交林。主要混交树种有桤木、栓皮栎、麻栎。根据研究，柏木混交林中柏木高生长量比纯林大1倍。同时，混交的阔叶树种能改良土壤结构，增加林分稳定性，减少蜀柏毒蛾危害发生率。

5. 幼林抚育

柏木幼年生长较慢，需及时开展幼林抚育。造林当年及翌年，夏、秋两季及时进行除草，以后每年1次，直至幼林郁闭为止。

根据调查，柏木纯林郁闭度差异较大（0.2～0.9），密度1000～7000株/hm^2。林木生长以酸性紫色土最佳，其次为中性紫色土，而在钙质紫色土上生长较差（表2）（李荣伟，2004）。

表2 柏木纯林林分因子测定结果

调查地点	土壤类型	林分年龄（年）	郁闭度	平均胸径（cm）	平均高（m）	立地指数	每公顷株数（株）	蓄积量（m^3/hm^2）
巴中	酸性紫色土	18	0.70	9.29	10.22	17.26	1600	63.07
通江	酸性紫色土	25	0.55	14.50	14.07	22.07	1680	203.06
通江	酸性紫色土	29	0.48	11.70	10.85	15.17	1550	97.74
苍溪	中性紫色土	15	0.90	7.70	7.23	18.95	3225	65.09
盐亭	中性紫色土	20	0.60	6.00	7.00	15.55	4725	47.80
巴中	中性紫色土	32	0.80	12.70	9.57	11.77	1750	114.77
盐亭	中性紫色土	40	0.80	12.80	10.80	13.04	1750	133.24
射洪	中性紫色土	50	0.89	14.90	13.94	15.08	1550	206.92
巴中	钙质紫色土	10	0.80	2.44	3.18	10.68	9125	8.94
射洪	钙质紫色土	20	0.72	5.40	6.00	12.65	5067	42.44
梓潼	钙质紫色土	29	0.72	10.20	8.46	10.13	2925	56.69
剑阁	钙质紫色土	42	0.68	11.50	8.34	11.84	1700	81.00
剑阁	钙质紫色土	50	0.85	15.70	13.25	15.18	1167	165.86
金堂	钙质紫色土	64	0.60	16.20	12.02	11.74	980	127.55

6. 抚育间伐

柏木侧枝不甚发达，自然整枝较差，冠幅比较紧密狭窄。当林木分化较严重，下部枝条干枯，出现自然整枝时，应及时对林分进行间伐，以调整林分结构、促进林木生长发育。柏木人工林首次进行间伐抚育的时间，应根据林分大量出现Ⅳ～Ⅴ级木的时间而定，在造林后的8～12年。间伐时首先伐除林分中的Ⅳ、Ⅴ级被压木和枯死木，视需要再伐除部分Ⅲ级木。抚育间伐强度应根据柏木不同生长阶段的密度进行设计。用材林不超过伐前林分总蓄积量的20%，防护林不超过15%，疏伐后郁闭度不低于0.6，第一次疏伐后郁闭度降低不超过0.2。此后，根据林分的生长状况再进行2～3次间伐。林分密度超过表3相应生长阶段合理株数30%以上时应进行疏伐。通过对人工柏木纯林林分郁闭度与灌木、草本及枯落物盖度和生物量分析，认为人工柏木防护林适宜林分郁闭度为0.6～0.7（龚固堂等，2012）。

抚育间伐也可采用基于目标树的单株作业体系。首先，把林分中长势良好、树冠和树干优良的植株选择为目标树，目标树之间的距离为7～10m；然后，伐除1～2株影响目标树生长的干扰树，其他不良木根据培养目标酌情伐除。

7. 低效林改造

由于栽植密度过大，且采用纯林方式造林，柏木分布区现有大量柏木低质低效林，表现为木材产量和质量低、天然更新不良、林分稳定性差、生态功能低下，宜通过开窗补阔、块状或带状改造方式进行改造。

开窗补阔是根据局部地形和立地条件，以群团状方式采伐，在林窗内栽植适宜的阔叶树种。每一群团采伐3～5株，间距不低于50m，所留下的林窗直径不超过周围林木平均树高的2倍，采伐蓄积量强度不超过伐前林分总蓄积量的20%，补植苗木以2年生大苗为宜。

块状改造连片面积不大于3hm^2，间距不低于伐块平均直径的3倍；带状改造砍伐带宽不超过20m，保留带宽度不低于砍伐带宽度的2倍。采伐后采用其他适宜树种重新造林。

对于没有培养前途的商品林，坡度≤15°时，可采用全面改造措施，即一次性皆伐后重新造林。如果是防护林，坡度≤15°时，皆伐连片面积不大于5hm^2；坡度15°～25°的林分，一次性皆伐连片面积不大于3hm^2（DB51/T 1160—2010）。

六、主要有害生物防治

1. 赤枯病

赤枯病的病原菌为盘多毛孢（*Pestalotiopsis apiculatus*）。尤以2年生苗受害最为严重。受害苗木初期下部针叶变黄，向上蔓延，苗梢缩成爪状，最后整株枯死。防治方法：在发病初期结合苗期管理喷施1%波尔多液，也可用70%百菌清500～600倍液或50%可湿性退菌特500～800倍液。

表3 柏木林分各生长阶段的合理密度

序号	胸径（cm）	密度（株/hm^2）	序号	胸径（cm）	密度（株/hm^2）
1	6	5800	8	20	1400
2	8	3800	9	22	1100
3	10	2900	10	24	1000
4	12	2300	11	26	900
5	14	1800	12	28	850
6	16	1600	13	30	750
7	18	1400	14	32以上	700

2. 柏木落针病

柏木落针病的病原菌为刺柏散斑壳（*Lophodermium juniperinum*）。发病后，针叶小枝上开始出现黄绿相间的段斑。到8月初，病斑逐渐扩大，并由黄绿色转为红褐色，病叶开始脱落。至11月，病叶由红褐色转为黄褐色，并在病斑上产生许多小黑点，即分生孢子器，此时针叶大部分脱落。翌年3～4月，在落叶或小枝上产生具有光泽的黑色椭圆形小点，即病菌的子囊盘。每个落叶或小枝上子囊盘少则有1～2个，多则4～5个。防治方法：秋末彻底清除病叶、枯枝集中烧毁，可减少翌年的侵染源；自新芽展叶开始，每半个月喷洒1次1%等量式波尔多液或75%的百菌清可湿性粉剂600倍液，连喷3～4次，可防止该病发生。

3. 蜀柏毒蛾（*Parocneria orienta*）

蜀柏毒蛾又名柏毛虫，为毒蛾科柏毒蛾属昆虫。在四川1年2～3代，贵州1年2代，以幼虫越冬。幼虫吃食叶子，严重时可将树叶全部食完，造成树木成片枯死。防治方法：①物理防治，蜀柏毒蛾成虫趋光性强，于20:00～24:00在林区设置黑光灯诱杀，灯下搁置水盆，盆内水面加少许煤油或农药，杀灭诱集的成虫；②人工防治，蜀柏毒蛾化蛹时，用少许铁丝倒挂枝叶上，轻击树干或用竹竿轻击树冠四周，杀死落地虫蛹，控制蔓延；③化学防治，在虫口密度大的林区，采用敌马油剂、溴氰菊酯低量喷雾控制虫害；④生物防治，可用苏云金芽孢杆菌乳剂防治，该药适用于中度和轻度危害林区及第一代幼虫，气温25℃以上时用200～400倍液防治3～4龄幼虫效果较好。喷药时尽量喷均匀，中午阳光太强时不宜施药，以免阳光中紫外线杀死芽孢杆菌中的晶体，降低防治效果。也可用蜀柏毒蛾病毒NPV防治，气温在17～25℃范围内早晨或傍晚施药，避免阳光中紫外线使病毒钝化，用240亿聚异丁烯/亩对3～5龄幼虫防治效果较好。蜀柏毒蛾病毒与其他杀虫剂混用，可提高防治效果。

七、材性及用途

柏木为有脂材，纹理直、结构细，坚韧耐腐。心材大，黄棕色，边材黄白色。木材伐后无树脂流出，具香气。横切面年轮明显，早材过渡到晚材渐变，晚材带狭，红棕色，射线细而不见。径切面年轮线明显，射线灰白色，线状与年轮相交，弦切面射线不见。

柏木是珍贵用材树种，主要用于高档家具、办公区和住宅的高档装饰、木制工艺品加工等。柏木坚固耐用，经数百年而不腐，可用于制造船舶，称为“柏木船”，经久不坏；在江南保存至今的许多古典建筑中，柏木多用于雕梁、额枋、窗格、屏风等。

柏木球果、根、枝叶皆可入药。果治风寒感冒、胃痛及虚弱吐血，根治跌打损伤。柏木的枝叶、树干、根蔸都可供提炼精制柏木油，柏木油可用来制作多种化工产品，树根提炼柏木油后的碎木经粉碎成粉后可作为香料。

（龚固堂）

附：冲天柏（*Cupressus duclouxiana* Hickel）

冲天柏为我国特有树种，自然分布于云南西北部澜沧江流域及四川西南部的雅若江、大渡河、安宁河流域，垂直分布海拔范围2400～3400m。冲天柏对环境条件具有广泛的适应性，在酸性土和石灰土上均能正常生长。

冲天柏育苗主要采取播种育苗方式。播种期为2～3月，一般采用条播，每亩用种15kg，亩产苗木约8万株。

根据立地条件，造林株行距采用1m×2m或1.0m×1.5m。在干湿季节明显的云南、四川西南部，造林季节要选在雨季到来以后的6～7月期间。降雨比较均匀或有灌溉条件的地方，也可选择春季造林。

冲天柏植苗造林的各类用苗标准为：裸根小苗（苗龄4～5个月），苗高30～35cm，地径0.3cm；1年生裸根苗，苗高45～50cm，地径0.45cm；塑料袋容器苗，苗龄10个月，苗高30～35cm、地径0.3cm；营养杯苗，苗龄4～5个月，苗高15cm、地径0.5cm。

冲天柏树高生长的速生期较早，5年生左右，年高生长达0.4m，速生持续时间依立地条件和林分密度不同而有差异。立地条件差、密度大的林分，高生长在15年生后即急剧下降。反之，则可以持续至25～30年生。胸径生长在初期缓慢，5年生后开始加快，年生长量达0.8～1.5cm，胸径速生期在10～15年生后开始下降。

冲天柏人工林首次进行间伐抚育的时间在造林后的8～10年。密植的林分，造林7～8年后即宜开始抚育间伐，首次间伐抚育量约占其立木总株数的30%。此后，根据林分的生长状况再进行2～3次间伐。冲天柏主伐年龄宜在30年以后。

冲天柏主要病虫害为柏木尺蠖，可采用1.8%阿维菌素、1.2%苦烟乳油等速效药剂进行地面喷药防治，也可使用喷雾器施放烟雾剂（1.0%苦参碱、2%噻虫啉）。

冲天柏木材褐黄色，微具香气，结构细密，材质略较柏木软，抗腐和抗白蚁能力不及柏木。但冲天柏木材仍具有结构细密、切面光净、收缩变形小、施工干燥容易及不易翘裂等优点，广泛用于建筑、电线杆、枕木、造船及制作上等家具。

（龚固堂）

附：墨西哥柏（*Cupressus lusitanica* Mill.）

原产于墨西哥、危地马拉及洪都拉斯，水平分布在15°～27°N、88°～105°W，垂直分布为海拔1300～3300m。20世纪50年代中期，我国从苏联、印度和葡萄牙引进9个墨西哥柏种源。1979年，中国林业科学研究院从墨西哥、危地马拉、西班牙、埃塞俄比亚和肯尼亚等国引进多批种源，用于引种对比和种源实验，得出墨西哥柏适生范围的主要区划指标如下：极端最低气温＞-10℃，最热月平均最高气温20～30℃，年平均气温15～20℃；年降水量900～1000mm，年日照时数＞1500h；海拔＞500m。

墨西哥柏育苗主要采取播种育苗方式。苗床按东西走向筑床，床宽110～120cm，床高30cm。采用容器育苗时，可选择直径为6cm、高为15cm的营养钵，下部有直径为1cm的透水透气孔。营养土采用土壤、沙子、珍珠岩、熟化的泥炭土（比例为5：1：2：3）配置。早春开冻后即可播种，宜早不宜迟，将种子播入育苗容器，用细沙土覆土1cm，浇水至土壤湿润。

墨西哥柏喜生长在土层深厚、质地中等、中性或偏酸性、排水良好的湿润土壤。由于墨西哥柏根系浅，易风倒，造林地应避开风较大的地带。墨西哥柏造林以容器苗较好，株行距采用2m×2m。在干旱地区或石灰岩山地造林时，宜采用多种保水措施。可将适量保水剂施入定植穴下部，并与土壤充分混拌均匀，再覆盖5cm厚的表土，以免保水剂在阳光下过早分解，也可在苗木栽植后用地膜覆盖。这样，可以显著提高墨西哥柏造林成活率与生长量。

墨西哥柏木材易于加工，是建筑、家具、造纸、胶合板的良好用材。

（龚固堂）

45 巨柏

别　名 | 雅鲁藏布江柏木
学　名 | *Cupressus gigantea* Cheng et L. K. Fu
科　属 | 柏科（Cupressaceae）柏木属（*Cupressus* L.）

巨柏是我国特有树种，仅分布于西藏东念青唐古拉南翼区雅江及其支流的沿江地段，为雅江山地峡谷水土保持的重要树种。其树干通直、高大挺拔，树冠姿态各异，适应性强，材质优良，是重要的城市绿化、庭园绿化、四旁绿化树种和用材树种。由于巨柏地理分布狭窄，种群数量少，加之遭砍伐，现处于濒危状态，属于国家一级重点保护野生植物。巨柏生长缓慢，寿命长，树龄可达2000年以上，对研究柏科植物的系统发育和西藏高原气候环境变迁都有比较重要的意义。

一、分布

巨柏天然分布于西藏东南部的林芝市朗县、米林县、巴宜区（原林芝县）、波密县4县（区）的雅鲁藏布江及其支流尼洋河下游、易贡藏布的沿江地段，天然分布狭窄，水平空间呈间断岛状分布。由西向东可明显分为朗县、米林、林芝、易贡4个大小不一的种群（郑维列等，2007）。其中，朗县居群巨柏连续分布于朗县以西至甲格一带，并向东延伸到里龙，沿雅鲁藏布江两岸呈带状分布，面积和数量最大，是巨柏的现代分布中心。米林居群位于米林县多卡村附近的雅江宽谷左岸，巨柏在江边石滩地或谷坡上成群聚状分布。林芝居群巨柏主要集中分布于雅江支流尼洋河左岸的巴结乡后山。易贡居群位于波密县易贡湖区，巨柏数量不到10株。巨柏分布的海拔高度，易贡居群为2250m，其他分布区为3000～3400m。巨柏天然分布区属于高原温带季风气候，但气候类型多样，朗县居群处于半干旱区，米林和林芝居群处于半湿润区，易贡居群处于湿润区。在年平均气温8.2～11.4℃，极端最低气温-16℃左右，年降水量425～1000mm的范围内都能生长，但在年平均气温8.2～8.9℃、年降水量425～700mm的范围内分布比较集中。

二、生物学和生态学特性

常绿大乔木。高25～45m，胸径达1～3m，稀达6m（吴征镒，1983）。幼苗、幼树3月底至4月上旬开始萌动，之后便进入树高缓慢生长期，5月下旬生长开始加快，7～8月进入速生期，9月中旬前后停止高生长，径生长可一直持续到10月下旬。幼苗和幼树期生长速度较快，但大树生长

西藏自治区拉萨市巨柏温室容器苗（赵垦田摄）

相对缓慢。树龄低于140年时为速生期，以后生长速度下降，树龄超过500年时树高和胸径仍在继续生长（潘刚，2008）。

巨柏人工林15～20年生以后开始零星结实，而天然林50～100年生后开始结实，树龄在500～1000年为结果旺期，但处于结果旺期的巨柏仍有70%～80%的成熟个体不结实或结实极少。巨柏雌雄同株。花芽分化期为上一年10月至当年2月底，3月初花芽开始萌动，至4月中下旬花期结束。其中，雄球花花期早于雌球花花期，雌、雄花期物候平均分别为25天和20天，翌年4～5月球果开始成熟。

巨柏苗木主根发达，为深根性，但自然界中巨柏主根消失，水平根系十分发达，且可塑性极强，常随土壤环境而发生令人惊叹的形态变化。此外，巨柏根系的再生能力也比较强。

自然界中巨柏能够在雅江最高水位线、高河漫滩沙地、古河床砂砾层阶地、山麓坡地风化堆积物上生长，甚至在裸岩裂隙中都能生长，形成疏林，表现出很强的适应性和顽强的生命力，成为一道奇特的景观。巨柏喜中性及微碱性土壤，其生长状况受生境影响很大。

三、苗木培育

巨柏苗木有裸根苗和容器苗两种，但生产中以前者数量居多。

1. 裸根苗培育

（1）种源选择与种子采集

种源选择 在巨柏的主要天然分布区中，米林、林芝居群不仅面积小、个体数量少，而且老龄植株比例大，导致结实量小、种子质量不高。相比之下，朗县居群不仅面积大、个体数量多，而且结实植株比例大、结实较多，种子质量也较高。因此，朗县种群适宜作为采种种源。

种子采集 巨柏球果当年传粉受精，翌年成熟。采种时，要选择生长健壮的母树。一株树上通常有成熟的2年生灰褐色球果和未成熟的当年生青绿色球果。种鳞7～8月张开，种子露出飞散。因此，应在种鳞微裂前采集球果。

（2）种子调制与贮藏

种子调制 球果采回后不宜暴晒，应及时置于干燥环境下阴干。经常翻动，使种子从球果中脱出，收集散落的种子并去除杂物。巨柏种子微扁，平均长度3.8mm、宽1.7mm，种子两侧具窄翅。不同种批的种子差异较大，一般种子发芽率为30%～60%，千粒重3～5g。

种子贮藏 自然状态下，巨柏种子寿命较短。室温下贮藏3年，种子发芽率只有14%，下降了近60%；贮藏5年，种子发芽率只有2%，种子几乎丧失发芽能力（王景升等，2005）。生产中，纯净种子可置于密闭容器内低温贮藏。

（3）种子处理

巨柏种子播前处理方法较多，但生产上常用温水浸种法。首先将种子浸泡24h，然后将沉水种子捞出放在渗水的容器中催芽，每天喷1次水，室温保持在20℃左右（18～22℃），3～4天后待50%以上种子萌动露白即可播种。另外，浸种24h后漂浮的种子，由于部分仍具有发芽能力，加之巨柏种子珍贵，故不应丢弃，可单独播种。

（4）育苗技术

选地作床 培育巨柏的圃地应选择地势平坦、土壤比较肥沃、pH 7.5～8.0的沙壤土，按照高床要求整地、作床。巨柏苗木对土壤肥力敏感，在瘠薄的土壤上苗木生长细弱，故结合作床前整地可进行土壤施肥和土壤消毒。每亩可施入磷酸二铵5.5～7.0kg+有机肥5000kg作为基肥，土壤消毒可用2%～3%硫酸亚铁水溶液。

播种技术 目前，生产中有撒播和条播两种方式，适宜时间为4月下旬至5月上旬。撒播育苗方法简单、易操作，但种子浪费较大，苗木分布不均匀、生长分化大、易染病，故不建议使用此法。采用条播育苗，条距20cm、播幅5cm，播种量6～8g/m^2，播后覆土1cm（陈端，1994）。巨柏虽然喜光，但幼苗阶段需要一定庇荫，故播种完毕后可搭棚遮阴，同时起保墒作用。

苗圃管理 巨柏1～2年生苗木生长很缓慢。1年生苗高6cm左右，主根长度不超过10cm，其一级侧根也不发达，数量平均只有5～7条，9月上旬才出现二级侧根，故需精细抚育。一是保证播种后正常出苗，土壤含水量保持在田间最大持水量的70%～75%比较适宜；二是预防病虫害发生。巨柏2年生留床苗苗高平均12cm，主根长可达20cm左右，一级侧根达到15条左右，二级侧根12条左右，并发育出三级侧根。由于苗木生长需要养分增加，故可在速生期进行追肥。巨柏苗木从第三年起，可以去除遮阴，苗木生长明显加快。到4年生时苗高平均达到64cm，地径12mm，主根长达60～80cm，但根系主要分布在近地表0～15cm土壤范围内。在第三、第四年留床培养期间，要特别预防雨季由于地形导致土壤水分过多对苗木生长的负面影响，及时排涝。巨柏苗木在3～4年生时可以出圃，用于更新造林。用于园林绿化的苗木，可换床继续培养。

2. 容器苗培养

为了解决拉萨困难地造林问题，西藏自治区林业科学研究院从2004年开始研究温室巨柏容器苗培育关键技术，2012年取得成功。巨柏容器育苗一般多用圆形、黑色软塑料容器，规格为直径18cm、高21cm。营养土以当地沙壤土为佳，拌腐殖土（农田土）或农家肥，基质消毒后装入容器。每个容器播3～5粒种子，覆土后立即浇水。催芽良好的种子，一般10～15天即可出土。育苗时，容器要摆放在离地面20～100cm的架子上，以便发挥空气切根的作用。其他管理环节同裸根苗培育。

四、林木培育

1. 造林地选择

在西藏东南部地区，巨柏造林宜选择花岗岩、千枚岩等母质发育的中性及微碱性的轻壤及沙壤土。同时，造林地宜选在海拔3400m以下河谷地带的河漫滩、阶地、山麓坡地，避开地下水位较高、雨季排水不良和有强风吹袭的地段。

2. 造林地整理

藏东南地区春季干旱多风，加之地形破碎、坡度较大、土壤砂砾含量高，故多采用秋季造林、穴状整地。用3～4年生苗木更新造林时，一般栽植穴直径30～50cm、深度30～40cm；庭

西藏自治区朗县洞嘎镇扎西塘村雅江阶地和山坡下部的巨柏疏林（赵垦田摄）

院绿化等用7～8年生大苗造林时，整地规格为80cm×80cm×80cm。整地时必须清除石块。

在河谷地带的高漫滩沙地、砾石阶地、山体下部土层薄的坡麓地和岩石风化堆积物等困难立地造林，需要改土，并施复合肥、羊粪等基肥。

3. 栽植技术

巨柏采用穴状植苗造林。

苗木选择 巨柏造林所用苗木有播种苗、移植苗和容器苗。根据造林目的，可选择不同种类和苗龄的苗木。更新造林、水土保持林采用3～4年生苗木，庭院、园林、四旁绿化采用7～8年生大苗。要求苗木粗壮、高粗匀称，枝梢充分木质化，根系发达，无机械损伤。在困难立地条件下造林，要优先选用容器苗。

造林季节 巨柏造林季节以春季为主、雨季为辅。藏东南地区春季3月末至5月中旬造林，巨柏苗木根系再生能力最强，但恰逢气候干旱多风，干旱对造林成活率影响比较大，须做好抗旱保墒工作。6～7月苗木根系再生能力处于低谷，不适合造林。8月，巨柏苗木出现根系再生的第二个高峰，可以进行补植和雨季造林。

苗木保护 在造林过程中要严格掌握起苗、运输、栽植等技术环节。巨柏裸根苗主、侧根均较发达，苗木出圃后需剪除过长的根，4年生苗木修根强度以保留15（～20）cm为宜，过度修根（保留5cm）则会降低造林成活率。另外，巨柏苗木根再生对失水比较敏感，故苗木从土壤起出后，在分级、包装、运输、栽植等工序中，必须加强保护，以最大限度减少水分散失。

栽植措施 初植密度视立地条件和造林目的而定。更新造林、水土保持林，株行距一般为2.0m×2.5m；庭院、园林、四旁绿化栽植，株行距为4.0m×4.0m。造林时覆土厚度要高出根颈或容器基质2～3cm。栽植前坑中灌水，栽植后要浇足定根水。为了土壤保墒，栽植后要留好10～20cm的蓄水坑，这在半干旱地区尤为重要。

初期管理 藏东南地区春季干旱少雨，巨柏造林后初期管理的主要任务就是土壤保墒与促进生根。巨柏造林最初1个半月的土壤温度、湿度对根系再生影响最大。为了促进巨柏苗木尽早生根，缩短缓苗期，生产中要加强土壤温度、湿度管理。一是土壤含水量保持在田间最大持水量的70%～75%；二是通过增温措施，使白天土壤耕层温度尽量升到20～25℃范围，再利用夜晚自然降温形成昼夜变温。创造这样的土壤温度、湿度条件，对巨柏苗木生根非常有利。在城市园林绿化工程中，为了提高巨柏大苗造林的成活率，可以采用遮阳网包裹树冠，以减少枝叶过度失水。

4. 幼林抚育与更新造林

西藏自治区米林县4年生巨柏播种苗（赵垦田摄）

巨柏造林后头2年地上部分生长较慢，地下部分根系生长较快，2年后高生长明显加快，故这一阶段宜加强林地管理。造林当年及翌年的7月、9月应除草、松土，以后每年1次，连续进行10年。此外，对造林地的过密灌丛应清除。巨柏苗木基部侧枝较多，如果在培育过程中没有进行过修枝，则庭院绿化造林3年后可修枝1次。

巨柏种群的天然更新不良，主要表现为缺乏幼苗、

西藏自治区林芝市巨柏自然保护区巨柏林林木（树高40m以上、胸径1.5m以上）（贾黎明摄）

幼树，这与自然界中巨柏苗木的保存率低有关。所以，巨柏更新应以人工植苗造林为主。

五、主要有害生物防治

巨柏病虫害较少，但幼苗阶段易发生猝倒病，并受地老虎、蛴螬、金针虫等地下害虫的危害。

1. 猝倒病

苗木猝倒病为苗期常见病害。病原菌为立枯丝核菌（*Rhizoctonia solani*）、镰孢属的多个种（*Fusarium* spp.）。症状有4种类型：第一种，芽腐烂型，苗床出现缺苗，可挖出腐烂了的种芽；第二种，幼苗猝倒型，幼苗茎未木质化，苗茎被侵害或被粗土粒、石砾灼伤，有伤口或腐烂斑，幼苗突然倒伏；第三种，子叶腐烂型，幼苗刚出土，子叶被侵害至腐烂，幼苗死亡；第四种，苗木根腐型，幼苗茎已经木质化，病原菌难以侵入，但可危害根部，使根腐烂，苗木根死不倒，立枯。防治方法：猝倒病是危害巨柏幼苗较为严重的病害之一，可使芽、茎、叶甚至整个苗木腐烂而死亡。对巨柏苗木猝倒病的防治，育苗期间应加强监测，并定期喷洒0.5%~1.0%的波尔多液或0.5%的高锰酸钾溶液。一旦发现病株必须立即拔除，并用0.1%的多菌灵或0.15%的百菌清喷洒，也可用0.14%的敌克松溶液浇灌进行防治，从而避免其余苗木感染。

2. 地下害虫

巨柏苗木地下害虫主要有地老虎、蛴螬、金针虫3类，主要为黄地老虎（*Agrotis segetum*）、八字地老虎（*Amathes c-nigrum*）、丽腹弓角鳃金龟（*Toxospathius auriventris*）、胸突鳃金龟（*Hoplosternus nepalensis*）、沟金针虫（*Pleonomus canaliculatus*）、细胸金针虫（*Agriotes subrittatus*）。防治方法：①经营防治。除草灭虫，在出苗前或地老虎1~2龄幼虫盛发期及时铲除杂草，减少幼虫早期食料，消除中间寄主；灌水灭虫，有条件的地区，在地老虎发生后及时灌水，可收到一定效果。②物理防治。金龟子、地老虎的成虫对黑光灯有强烈趋性，可于成虫盛发期用黑光灯诱杀。③人工防治。利用金龟子的假死习性，进行震落扑杀，减少土中蛴螬发生；在地老虎点片发生时，采用拨土捕捉有一定效果。④化学防治。撒施毒土，用50%辛硫磷乳油拌细沙或细土，在根旁开浅沟撒入药土，随即覆土，可防几类地下害虫；毒液灌根，在地下害虫密度高的地块，可采用化学药剂，从16:00开始灌在苗根部，杀虫率达90%以上，兼治蛴螬和金针虫。毒草诱杀，将新鲜草或菜切碎，用化学药剂喷在100kg草或菜上，于傍晚分成小堆放置于田间，诱杀地老虎。

六、材性及用途

巨柏为我国特有珍贵树种，同时也是当地传统的用材树种。巨柏木材优良，纹理辉丽有光泽，坚韧耐用，经久不腐，且有香气，广为藏族群众喜爱。木材可供建筑、桥梁、家具、体育、文化用具等方面利用。此外，巨柏枝叶可提取芳香油；种子可供榨油，治疗心悸、失眠和健忘症。

（赵垦田，臧建成）

46 红桧

别　名 | 薄皮松罗（《中国植物志》）、松梧（台湾）（《中国植物志》）、台湾扁柏（《经济植物手册》《中国植物志》）

学　名 | *Chamaecyparis formosensis* Matsum.

科　属 | 柏科（Cupressaceae）扁柏属（*Chamaecyparis* Spach）

红桧为我国著名珍稀树种，特产台湾，为台湾重要的原生树种之一。红桧在台湾原本数量很多，但由于过度砍伐，致使红桧天然林变得稀少。现存于台湾各地的红桧古树，树龄已达数千年，素有“神木”之称。红桧木材价值高，近年来台湾开始大面积营造红桧人工林，被列为全民造林运动的主要树种之一。红桧可作为我国南方林区的珍贵用材树种。

一、分布

红桧为热带、亚热带树种，主要分布于我国台湾中央山脉和北部雪山山脉，喜生长于山坡中部及下部或侧坡上，从地形而言多生长于洼地，平地也有分布。水平分布于22°35′～24°49′N、121°30′E。垂直分布的海拔高度随纬度的增加而降低，在南部海拔为2200～2500m，在北部海拔为900～2500m，在东南部生长的海拔较西北部低。

二、生物学和生态学特性

常绿大乔木。树高可达65m以上。树皮灰红色至红褐色，纵向浅沟裂，隆起棱平顶，长叶条状剥落，有时具方形鳞片；外皮纤维质，断面呈深红褐色，略具层次；新生周皮极显著，鲜紫红色；内皮纤维质，淡红色，刀削后渐为橘黄色。枝条呈水平状但枝梢疏生而略下垂。叶鳞片状，对生，略互生，侧叶先端横断面如“V”字，幼苗多数有长约1cm的线形初生叶遗留苗茎。雌雄同株、异花，球果椭圆形，长10～12mm，宽8～9mm；果鳞10～11枚，棕色盾形，每果鳞具种子1～2粒。种子11月上旬成熟，扁平卵状纺锤形，棕色，具薄翅，宽约3mm，子叶2枚。种子千粒重1.14g。

红桧生长需要较高的降水量和较高的相对湿度。原产地生境温暖而高湿多雨，年平均气温为10.6～12.7℃，年降水量为2980～4360mm，相对

红桧果枝（林世宗摄）

福建省国有来舟林业试验场红桧温室育苗（张纪卯摄）

湿度为81%～94%，且在具有云雾的地带尤其适宜其生长。红桧成林偏喜光，幼苗生长较耐阴，其耐阴性居于喜光松类与耐阴冷杉之间。林地90%的光照强度对红桧生长最佳，而光照强度低于50%时红桧不易成林。同时，红桧生长喜土层厚度中等而湿润的地带，灰化土或棕壤土有利于其生长。

三、苗木培育

红桧苗木培育方式主要是播种育苗。

采种与调制 选择外形圆满通直、分杈少、生长量大且无病虫害的母树，以生长旺盛的壮龄母树为佳。红桧球果通常在9月下旬后果鳞接缝处开裂、外观开始转褐色时种子成熟，此时为最佳采摘时期。球果采收后不宜放置过久或堆积过厚，在日光下脱粒，以木耙每日翻动2～3次，促其均匀干燥，并将种子密闭于容器内，置于低温下贮藏。

播种 选择排水良好、土层较厚的平坦地，以富含腐殖质的沙质壤土或壤土为苗圃地。一般3月上旬至下旬为适宜播种期。红桧种子于10～11月成熟，此时种子发芽率最高，贮藏时间越久发芽率越低，故播种愈早愈佳。播种可采用撒播及条播的方法。苗圃条播育苗所需种子较撒播少，一般9～10g/m^{2}即可。条播的苗木行间规整，管理较易，起苗工作也比撒播方便，苗木生长较健壮；红桧的种子较小，撒播操作性强，同时撒播的苗木产量较高，但撒播管理不便。种子播后均要覆土，一般使用土筛，将土筛于苗床上，覆土厚度2mm左右，以隐没种子为度，沙质土壤覆土可略厚，黏质土壤覆土可略薄。选用稻草垂直排列覆盖，至不见土壤为度，也可用稻壳撒于苗床之上，其厚度与稻草相同。

苗期管理 播种后应立即遮阴，一般采用遮阳网遮阴。种子发芽后遮阳网不要急于除去，否则未发芽种子接触强光后无法发芽，已发芽种子则会因光照过强而枯萎。一般6～7月拆除遮阴棚。在有条件的苗圃地，灌溉以滴灌为宜，但设备费用较高，一般可采用喷灌和地下灌溉。在冬季苗木停止生长前应及时控制灌溉次数及灌溉量。拔草应在阴雨天进行，此时土壤疏松，工作效率高。当年除草至少4次。根据土壤肥力适当施用钾肥、氮肥、磷肥及微量元素，可提高苗木质量。红桧初生幼苗若苗间未见拥挤，可免间苗。间苗以生长不良苗、受害苗、小苗为对象，以苗木生长旺盛季节的细雨天进行为宜。

换床 红桧播种苗高60cm、苗径0.5cm以上时开始换床。苗木换床需修剪，即略剪叶部及主根过长部分。苗木换床不必遮阴，一般2年生苗木换1次床即可出圃栽植。

四、林木培育

1. 整地挖穴

造林地全垦，深度20cm以上，栽植密度每公顷2500～3300株。采用挖穴栽植，穴规格为50cm×50cm×40cm，栽植时要求根系在穴内自然伸张，回填表土，施底肥。肥料可采用多元素复合肥，每公顷用量300kg。

2. 林下栽植

采用疏伐后林地或带状疏伐地栽植，或在天然阔叶林下栽植，以形成针阔混交林。大面积皆伐林地栽植时因阳光强烈，土地干燥，苗木生长不良。红桧天然林生长缓慢，而人工林经抚育后生长迅速，所以在天然林内空隙地进行红桧林下栽植以调整林相。林下栽植可用裸根苗，成活率可达90%以上。红桧较为耐阴，林内透光度在55%～90%均为理想之地。

3. 造林方式

在红桧天然林中，由于幼树成长时受上层林遮蔽，一般难以进入上层林，而且上层林寿命长，所以更新进程极为缓慢。因此，在发展其树种造林时应大力营造人工林或针阔混交林，以扩大其繁殖面积，同时在苗期管理上采取适当遮阴措施有利于苗木生长。混交树种一般选用柳杉、蓝桉。红桧混交林也可采用福建柏或鹅掌楸栽植3行，再植红桧1行，20年后鹅掌楸等树种疏伐或皆伐，以利于红桧生长。

红桧人工林林相（林世宗摄）

台湾太平山扁柏与红桧混交林（林世宗摄）

福建省国有来舟林业试验场红桧林下层修枝（张纪卯摄）

4. 劈草清杂

除草次数应视苗木生长的立地条件及植被状况而定。一般1~2年生造林地每年除草3次，3~4年生除草2次，5~6年生除草1次，至幼树生长高达2m，对杂草抵抗能力增强时，除草可停止。除草季节以5~9月为妥。

5. 修枝

修枝时间在植后第一、第二、第四及第六年，也可在除草时兼进行修枝，修枝比不修枝材质高出数倍。一般胸径达6cm后开始修枝，修枝强度以剪除树高1/3（~1/2）以下枝条为宜，沿树干垂直切平。修枝伤口痊愈需3~5年，为避免病菌感染伤口，应在冬季生长休眠期或秋季生长停止期及早春树液流动前修枝，如果能以药剂涂刷伤口则更佳。

6. 抚育间伐

林分郁闭后，为促进林木生长，调整立木株数和合理的林分结构组成，应及时对林木进行疏伐。若疏伐过迟，林木生长细密，易受风害、病害。疏伐强度以林地郁闭度控制在0.7~0.8为宜。

五、主要有害生物防治

红桧易发生叶枯病、茎腐病、腐朽病等病害。叶枯病可采用50%多菌灵800倍液或50%甲基托布津1000倍液喷洒幼苗病叶表面防治。茎腐病防治主要是对衰弱木及时清理，对病死木及时清理烧毁，病情较轻的可及时彻底地刮除病斑，然后刷涂砷平液或2%腐殖酸钠，同时对刮除的病腐组织及时烧毁。腐朽病防治方法主要是：对老龄红桧加强管理，增强树势，提高抗病力；伐除林下杂灌，增强林间通风透光条件，降低林间湿度，同时可适当施肥。

六、材性及用途

木材具怡人芳香。边材和心材区别稍明显，材色较扁柏略呈淡红色。生材较扁柏重，而干材及全干材均较扁柏轻，其生材含水率较扁柏高。木材纹理通直，结构细致均匀，密度小，弦切面具美丽纹理，不具密而细锯齿状木纹，横切面上可见早、晚材转移渐进状木纹。树脂细胞多在秋材部位散状分布，或成切线状。材质轻软，刨削加工容易，机械强度性质稍逊，但耐湿性及耐白蚁性却较扁柏好。因收缩膨胀率小、形体稳定，很少割裂。红桧木材为上等建筑、家具、器具用材，在造船、雕刻、板材、车辆用材及其他工业用材上应用广泛，其木屑有芬芳气味，可用以制作线香。

（高伟，肖祥希，郑维鹏）

47 日本扁柏

别　名 | 白柏（青岛）（《中国植物志》）、钝叶扁柏、扁柏（台湾）（《中国植物志》）
学　名 | *Chamaecyparis obtusa* (Sieb. et Zucc.) Endl.
科　属 | 柏科（Cupressaceae）扁柏属（*Chamaecyparis* Spach）

日本扁柏原产于日本，其天然分布区为亚热带湿润季风气候区。树形优美，四季常青，可作园林景观树、行道树、树丛、绿篱、基础种植材料。木材材质坚韧、耐腐芳香，边材供作建筑材、家具及木纤维工业原料等。对二氧化硫有较强的抵抗能力，适用于受空气污染的工矿区绿化。

一、分布

日本扁柏天然分布区南界为鹿儿岛县（30°15′N），北界为福岛县（37°10′N）。集中分布于长野县木曾，岐阜县飞禅高原，静冈县千头和水洼，纪伊半岛的大峰和大台原山，以及高知县脊梁山脉等地区，天然林大多生长在山脊两边，其中以木曾分布最为广泛。人工林已发展到本州北部和北海道南部地区。垂直分布在北部地区为海拔200～800m，在中部地区为海拔10～2200m，在南部地区为海拔250～1800m。

从1860年开始，欧美国家开始引种日本扁柏作为观赏树，目前世界各国广泛进行了引种栽培。我国20世纪20年代在江西庐山植物园开始引种，70年代开始推广，现主要分布在湖南、湖北、安徽、江苏、浙江、福建、山东、河南等长江中下游10多个省份中、高山地带，其中浙江、江西、安徽等省份造林面积较大。

福建省闽侯县廷坪乡日本扁柏人工林优良单株（江立行摄）

二、生物学和生态学特性

常绿乔木。在原产地高达40m。树冠尖塔形。树皮红褐色，光滑，裂成薄片脱落。生鳞叶的小枝条扁平，排成一平面。鳞叶肥厚，先端钝；小枝上面中央之叶露出部分近方形，长1.0～1.5mm，绿色，背部具纵脊，通常无腺点；侧面之叶对折呈倒卵状菱形，长约3mm；小枝下面之叶微被白粉。雄球花椭圆形，长约3mm，雄蕊6对，花药黄色。球果圆球形，径8～10mm，熟时红褐色；种鳞4对，顶部五角形，平或中央稍凹，有小尖头。种子近圆形，长2.6～3.0mm，两侧有窄翅。花期4月，球果10～11月成熟。

日本扁柏天然分布区的年平均气温13～17℃，最北端平均最低气温为-5.1℃，最高处平均最低气温为-16.7℃，最南端平均最高气温为29.9℃；年降水量为1000～3000mm，多为台风雨和梅雨，冬季降水较少；生长期要求一定的降水量，7～8月的降水量应在200mm以上。天然林分布较多的地区，气温因子（*F*/*L*）2.0～7.0，雨量因子（*P*/*L*）3.0～15.0。其中*F*为气温＞15℃的有效积温，*L*为生长期（天），*P*为生长期间总降水量（mm）。

日本扁柏适应性强，对土壤条件要求不严，能耐中性和微酸性土（pH 5.0～7.2），耐干旱瘠薄，但在土层深厚、肥沃湿润、排水良好的地方生长更好。在石灰岩发育而成的钙质土上也生长良好。较喜光，幼时稍耐阴，20%～50%的RLI（相对光照强度）最有利于人工林内的幼苗生长。需光度60%～70%，随树龄增大而增加。

三、苗木培育

1. 播种育苗

（1）采种

可在10～11月进行采种，自然风干球果，脱粒水选。浸泡12h，选出的种子干藏。球果出籽率约15.6%，种子千粒重1.8～2.4g。丰年种子品质好，发芽率30%～40%，平年发芽率约20%，歉收年发芽率10%～15%。阴干种子（含水率6%～8%）密封，5℃以下低温可贮藏2年以上，常温下只能贮藏1年。

（2）育苗

种子发芽最适宜温度：新鲜种子26℃左右，贮藏种子20℃左右。在3月中下旬至4月上中旬播种，播种量225～375kg/hm^2。1年生苗高10～15cm时，需移植或留床。第一次移床每平方米保存64株，第二次移床每平方米保存36株。2年生苗高30～35cm，地径3～4mm时，即可出圃造林。

2. 扦插育苗

日本扁柏属愈合型生根。春季（3～4月）从10年生以下的幼树上剪取1～2年生侧枝，取穗条长20～25cm，将2/3穗条插入土中。40～50天后生根，一般成活率在85%以上，扦插苗株行距5cm×20cm，产苗30～55株/m^2。2年生苗高30～40cm，地径4～5mm时，可出圃造林。另据日本福冈林业试验场1987年研究，来自9～12年生树长10～15cm的插条不仅生根容易，而且生长快。

四、林木培育

1. 造林地选择

根据日本扁柏的生物学和生态学特性，选择温暖湿润、肥沃、排水良好的山场作为造林地。

2. 造林密度

依据不同的造林地和不同的造林用途，选择不同的造林密度。一般交通方便、以培养绿化大苗为目的的，可适当密植，造林密度4500～6000株/hm^2，待林分郁闭时，即可适当移植再培养；交通不便、山场坡度比较大、以培养用材林为主的，造林密度一般2500～3300株/hm^2，尤其是坡陡的山场，造林密度宜小。

浙江省景宁县林业总场草鱼塘分场日本扁柏9年生人工林林相（刘日林摄）

浙江省景宁县林业总场草鱼塘分场日本扁柏12年生人工林林内（刘日林摄）

3. 整地方式

采用块状整地，其规格不小于60cm×60cm，深度不小于30cm；栽植穴底径不小于40cm，深不小于40cm。整地要求表土翻向下面，挖穴后要求表土回填。

4. 抚育管理

土壤肥沃、排水良好的酸性山场，温暖湿润的气候条件下，容易使新造林地内杂草滋生，影响林分生长。因此，日本扁柏新造林后3年内，要根据林木的生长特点加强抚育管理工作。一般1年抚育2次，以块状松土、除草为主，第一次5～6月进行，第二次8～9月进行。由于造林初期苗木小，所以抚育时要倍加小心，先将苗木60cm×60cm范围内除草、松土，然后再进行全面砍草。3年之后，视林分生长情况决定抚育次数。

5. 修枝

日本扁柏林分郁闭后，受光照和营养因素的影响，植株会出现下枝枯死。为了调节单株木的树冠量，促进树体大小均匀，提高林分的立木密度，要适当修去林木的枯死枝和部分绿枝。一般初次修枝以树冠高的1/3左右为标准，修枝时刀口宜从下往上修，防止劈撕树干。

6. 间伐

当林分郁闭度达0.9以上，被压木占总株数的20%～30%时，即可进行间伐。间伐起始年限一般为10年生左右。采用下层抚育间伐方式，第一次间伐以定性间伐为主，即按照林木的分级标准，采用“砍小留大，砍弯留直，砍劣留优”的原则，伐去林分中的Ⅳ、Ⅴ级木和部分Ⅲ级木，其强度为林分总株数的25%。18年生以后进行第二次间伐，以定量间伐为主，间伐强度为20%～30%。首次间伐后林分郁闭度不小于0.7，间伐间隔期不小于5年。

7. 主伐期

一般日本扁柏在30～40年生采伐为宜。

五、主要有害生物防治

1. 主要病害及防治

日本扁柏易发生立枯病、青枯病等病害。立枯病发病初期可喷洒38%噁霜嘧酮菌酯800倍液，或41%聚砹·嘧霉胺600倍液，或20%甲基立枯磷乳油1200倍液，或72.2%普力克水剂800倍液，隔7～10天喷1次。青枯病预防采用无土、新土育苗。定植时用杀菌农药灌根或浸根，可用77%可杀得500倍液，或用农用硫酸链霉素3000～4000倍液或甲霜噁霉灵600～800倍液，浸根1～2h。

2. 主要虫害及防治

日本扁柏易遭受日本扁柏毒蛾、日本扁柏小蠹和柳杉大痣蜂等虫害。在日本扁柏毒蛾幼虫危害期，喷洒50%敌敌畏800～1000倍液，或用黑光灯诱杀成虫。日本扁柏小蠹发生时要及时采伐衰弱木、风倒木，迅速处理，以免繁殖扩散危害；在大量发生时，可设饵木诱杀，然后剥皮处理。柳杉大痣蜂用20%速灭杀丁乳油、80%敌敌畏乳油、40%氧化乐果乳油或50%马拉硫磷乳油进行超低容量喷雾防治。

六、材性及用途

日本扁柏木材坚韧，纹理细微，边材淡红色或黄白色，心材淡黄褐色，具芳香，加工后有光泽，耐腐性强，可供作建筑、家具木纤维工业原料等用材。日本扁柏树形优美，叶色浓绿，为优良的园林绿化和庭园观赏树种。除利用木材外，还可以开发树叶的综合利用，提取芳香油、香精等。

（肖祥希，高楠，尤龙辉）

48 福建柏

别　名｜杜杉、杜树、建柏（福建）、滇柏（云南）
学　名｜*Fokienia hodginsii* (Dunn) Henry et Thomas
科　属｜柏科（Cupressaceae）福建柏属（*Fokienia* Henry et Thomas）

福建柏为我国特有树种，也是国家二级重点保护野生植物。其树形美观，树干通直，生长较快，适应性强，病虫害较少，栽培管理容易。其木材颜色漂亮，纹理匀直，为建筑、装饰、雕刻的优良用材，是我国南方值得大力发展的优良树种。

一、分布

福建柏自然分布于我国南亚热带的北部和中亚热带中南部中山丘陵地带。主要分布区为福建、江西南部、浙江南部、广东北部、广西北部、云南中部及东南部、湖南南部、贵州和四川南部以及越南北部。水平分布在22°～28°30′N、102°～120°E；分布中心在24°30′～26°30′N、110°～118°E，呈东西走向的长方形窄条状。垂直分布于海拔1800m以下地带，一般在海拔150～1200m。福建柏虽然分布较广，但种群个体数量少，常与甜槠、南岭栲、木荷、白克木、细柄阿丁枫、马尾松、铁杉、黄山松等树种混生于常绿阔叶林中，偶有小片纯林。另外，由于人为破坏严重，天然福建柏林已被毁殆尽，零星大树也很少见，仅边远地带尚存有星散状小群体，群体数量均在20株以下，少则2～5株，仅湖南都庞岭、福建梅花山和鹫峰山等地保留有一定面积的以福建柏为优势树种的群落。

二、生物学和生态学特性

树皮紫褐色，平滑；生鳞叶的小枝扁平，排成一平面，2～3年生枝褐色，光滑，圆柱形。鳞叶2对交叉对生，成节状；生于幼树或萌芽枝上的中央之叶呈楔状倒披针形，上面之叶蓝绿色，下面之叶中脉隆起，两侧具凹陷的白色气孔带，侧面之叶对折，近长椭圆形，略斜展，较中央之叶长，背有棱脊，先端渐尖或微急尖，背侧面具一凹陷的白色气孔带。雄球花及球果近球形，球果熟时褐色；种鳞顶部多角形，表面皱缩稍凹陷，中间有一小尖头突起。种子顶端尖，具3～4棱，上部有2个大小不等的翅。花期3～4月，种

福建农林大学福建柏球果（陈世品摄）

福建省南平市森科种苗有限公司福建柏轻基质容器苗（荣俊冬摄）

子翌年10～11月成熟。

福建柏喜温暖湿润气候，适生于中等肥力以上的酸性甚至强酸性黄壤和红黄壤立地，在有机质较多、腐殖质层较厚的疏松中、黏壤至轻壤上生长良好，较耐干旱瘠薄，在黏质、沙质土壤及局部沙质土上也能生长，故适于丘陵和荒山地区造林。在中等立地条件的林地上，生长速度优于杉木，而在肥沃湿润的林地上，生长速度不如杉木。在页岩风化板结黏重的土壤上，杉木根系只能分布到20～40cm，而同龄的福建柏根系却能穿透60～70cm，且密集范围广、幅度大，地上部分生长也远超过杉木。

根据对30年生福建柏天然林的调查，福建柏树高连年生长量最大值出现在10年生前后，连年生长与平均生长相交于15年生左右；胸径连年生长量最大值出现在20年生前后，连年生长与平均生长相交于30年生以后。福建柏人工林生长较天然林快，根据对32年生福建柏人工林调查得出：树高连年生长量最大值出现在8年生，平均生长量最大值出现在10～12年生；胸径连年生长量最大值出现在6年生；材积连年生长量在20年生达到最大值，到32年生为止材积平均生长量未达到最大值。福建柏人工林生长发育可分为4个阶段：1～4年生为幼林期，4～14年生为速生期，14～24年生为干材期，24～32年生为近成熟期。

福建柏属中性偏喜光树种，幼年能耐一定的荫蔽，喜侧方遮阴，可在林冠下造林；天然更新能力较强，对杂草、灌木有较强的竞争能力，在庇荫条件下能自然生长，常散生于阔叶林中，形成天然的针阔叶混交林；对土壤条件要求不严。

三、良种选育

福建柏作为一个珍稀树种，长期以来未引起科研和生产部门的重视。直到1996年，“福建柏珍贵建筑材树种良种选育及培育技术研究”被列为国家“九五”科技攻关子专题后，才大大推动了该树种的遗传改良研究。

通过20余年的攻关，从福建和湖南等6个省份采集到18个地理种源的种子，开展了种源的多点试验，选择出在福建、江西等地都表现优良的福建龙岩和湖南道县2个种源；从福建柏主要分布区——福建、湖南两省的福建柏人工林和天然林中开展优树或优良单株选择，以及在种源试验林中开展优良种源、单株选择，利用这些遗传材料在福建安溪白濑国有林场和仙游溪口国有林场建立福建柏种质资源库，保存优良种质资源400多份，开展了优树子代测定试验及选择、种子园建园材料选择与营建等工作。

良种选育试验研究不仅保护了福建柏的珍稀种质资源，而且筛选出一批福建柏优良遗传材料供林业生产上推广应用，为提高福建柏人工林的经营水平提供了良种支撑。

四、苗木培育

1. 种子生产

福建柏球果的成熟期多在10月下旬至11月中旬，尽可能在福建柏种子园中采种。如果没有种子园，最好选在母树林中进行采种，亦可在天然林或人工林中采种。在天然林中选择20年生以上的健壮母树或人工林中选择15年生以上的长势旺盛林木，于10月上旬起观察种子成熟程度，当球果由青绿色变成黄色至灰褐色，且球果略微开裂时，即可采集球果。球果经过阳光暴晒很容易开裂，采下的球果一般不需做特殊处理，只将球果摊晒于平坦晒场或竹席，经过2～3个晴天暴晒，球果即可开裂，陆续脱出种子，经过4～6天翻晒后种子即可全部脱出。傍晚翻动球果，用筛子筛取种子。筛出的种子经过扬选除杂提纯，再晒1～2天，以降低种子含水量，并保持干燥，以备贮藏。种子出籽率2.5%～4.0%，纯度85%，千粒重3～7g，发芽率30%～50%。

2. 播种育苗

苗圃地选择地形荫蔽、日照较短、水源充足、土质疏松肥沃的沙质壤土或壤土，不宜选择在干旱或强日照的地方。秋末冬初进行深翻，翌年春结合细致平整圃地施足基肥，每公顷施3000kg过磷酸钙和90000kg火烧土，并结合整地每公顷灌淋甲基托布津70%可湿性粉剂22.5kg，或撒施硫酸亚铁粉末90～105kg进行土壤消毒。2～3天后挖好排水沟，修筑苗床。苗床方向为东西向，苗床高30cm，床面宽1m，苗床间距20～30cm。

2～3月播种，撒播和条播均可，播种前用温水浸种，播种量为60～90kg/hm^2。条播时播种条间距12cm，播种条幅为2cm。播种前用0.1%福尔马林或0.1%高锰酸钾消毒种子20min，洗净后稍阴干，用钙镁磷肥混拌后播种。播后用60%的火烧土和40%黄心土混合均匀覆盖，覆土要求均匀，厚度以不见种子为度，然后床面再盖一层稻草。

播种后30天左右开始发芽，35天左右有60%种子发芽出土时逐渐揭草，到80%种子发芽出土时全部揭草。4月后开始间苗，间苗3～4次，每次间苗量宜少，以免影响幼苗正常生长。8月中旬定苗，每平方米留苗130～180株。

当苗木长出真叶后，开始施浓度为0.2%的尿素或进口复合肥，6月之前每7～10天施一次，结合拔草和浇水进行，6月之后每20～30天施一次，浓度提高到0.3%～0.5%，施复合肥为佳，10月上旬停止施肥。

5月当光照增强、气温升高时，为保持苗床湿度，应及时用遮阳网或插芒萁骨进行遮阴，同时应注意浇水，9月底至10月初当光照减弱、气温下降时逐渐拆除遮阴物。幼苗初期生长缓慢，出土后要及时拔草，保持苗床干净。1年生出圃的合格苗为60万～90万株/hm^2，苗高25cm以上，地径0.3cm以上。

福建省安溪白濑国有林场福建柏大田育苗（荣俊冬摄）

福建省大田梅林国有林场6年生福建柏人工林（郑仁华摄）

五、林木培育

1. 立地选择

福建柏以荒山植树造林为主，也可在稀疏树冠下造林和混交造林。造林地在山区以中低山山谷两侧、山坡中下部的阳坡为宜，丘陵地带则以阴坡、半阴坡为宜。福建柏适应性强，但不同立地条件其生长量差异大，在土层深厚、肥沃的林地上生长好，可营造纯林；在较差立地条件下生长不良，宜营造混交林。

2. 整地

在秋末冬初全面清理后进行块状整地，挖穴规格为40cm×40cm×30cm，翌年春回填表土后造林。造林密度视立地条件而定，土壤肥力高的1800～2500株/hm^2；立地条件差的密度可适当加大，3000～4500株/hm^2；四旁

福建省安溪丰田国有林场20年生福建柏人工林林相（郑仁华摄）

绿化，株行距3m × 4m。福建柏侧枝发达，自然整枝缓慢，树干尖削度比杉木大，适当密植可提早郁闭，抑制侧枝生长，提高干形质量。

3. 造林

福建柏萌动期早，造林季节以冬末早春为宜，多于春季下透雨后进行。从起苗到栽植过程中要随起随栽，尽量避免苗木受伤，防止苗木失水干燥。造林前苗木根系应先蘸上黄泥浆，最好在黄泥浆中拌些生根粉3号和灭蚁灵，以提高造林成活率及苗木抗性，但要注意别把黄泥浆蘸在苗木的叶子上。栽植时要做到深栽、根舒、栽直、压实。1年生苗木根系发达，侧根数量多，在阴雨天造林成活率可达90%以上。

营造混交林对于改善林分结构，抑制福建柏侧枝发育，减小树干尖削度较有利。福建柏适宜与杉木、马尾松、柳杉、栲树、火力楠、木荷、桉、檫木、湿地松、黑木相思、秃杉、香樟、光皮桦等树种一起营造混交林，以带状或小块状混交效果较好，混交林中福建柏的比例为20%～50%。福建柏天然更新能力强，天然林下幼苗很多，可用野生苗移植造林，或人工促进天然更新。

4. 幼林抚育

福建柏幼树生长较慢，根系浅、根幅广，造林当年苗木侧根主要分布在土壤表面深10cm左右范围内，故松土不宜过深，切忌在夏季进行松土。幼林抚育第一年应在10月土壤湿润时进行，清除林地内的杂草及灌木，同时进行扩穴培土。第二年在春、秋季各进行1次抚育。第三年以后每年进行1次抚育，直至幼林郁闭为止。郁闭前的最后一次抚育要翻土。抚育时要里浅外深，逐年扩大穴盘。除掉的杂草不可堆在树干周围，以免招引白蚁危害。福建柏自然整枝能力较弱，从造林后第五年起，可进行适当修枝，以促进林木主干生长。修枝时保留的树冠层厚度应占全树高的50%～70%，修枝常在秋季进行。福建柏幼树生长过程对养分丰缺较敏感，每年适当追加磷、氮肥1～2次，可促进其生长，施肥配方以钙镁磷肥200g/株、尿素100g/株、氯化钾50g/株最佳。

5. 间伐

林分郁闭后，为保证林木的正常生长，应及时进行抚育间伐以调整立木密度。第一次间伐在10～14年生时进行，强度为15%～25%，间伐后郁闭度以0.7～0.8为宜，并根据土壤、植被情况进行带状或全面深翻土，亦可结合施肥，促进保留木生长发育；第二次间伐一般在15～20年生时进行，间伐后保留1500～2100株/hm^2。对经营集约度较高的人工林，间伐时要结合整枝，锯掉树冠中下部枯死或长势较差的枝条，以改善干材的工艺品质，提高出材率。林冠下造林和混交林，造林6～7年后应逐渐伐去上层木或伴生树种。

六、主要有害生物防治

1. 苗木猝倒病

苗木猝倒病又称为立枯病，是一种世界性的苗圃病害，以针叶树苗木受害最严重。其症状随着生长阶段不同表现为种芽腐烂、子叶坏死、幼苗猝倒及苗木立枯。为防止或减少苗木猝倒病发生，应提倡在新垦山地育苗，若用原耕作地育苗，前作不应是感病植物。播种前土壤应采取药剂消毒。用细干土混2%～3%的硫酸亚铁粉，每公顷撒1500～2250kg药土；或用3%的硫酸亚铁溶液，每公顷洒施1350kg；对酸性土壤，结合整地每公顷撒施生石灰300～375kg，也可达到消毒目的。幼苗初发病时要及时施药，以控制病害的蔓延。天晴土干时，可用甲基托布津400～800倍液、退菌特500倍液、敌克松及多菌灵800～1000倍液进行喷洒，以淋湿苗床土壤表层为度，每隔10天淋洒1次，2～3次可抑制病害发展。还可用0.1%高锰酸钾溶液、1%～3%硫酸亚铁溶液，每公顷喷洒1500～2250kg，这两种药剂喷洒后要立即用清水喷洒，洗掉幼苗上的药液，以免发生药害。

2. 白蚁

白蚁危害福建柏的根部、根颈部和树皮，可致使福建柏苗木枯死，使造林成活率降低及幼林枯死。若在新建苗圃或新造林地发现白蚁危害，可用诱饵剂诱杀。诱饵剂配方：75%灭蚁灵活粉剂2份、菝葜块茎与蕨类粉末6份、食糖1份，或甘蔗粉（或桉树皮粉）4份、食糖1份、75%灭蚁灵活粉剂2份，每包2g。在白蚁活动频繁的春、秋季，在白蚁活动处，将表土铲开5～10cm深，铺上一层白蚁喜食的枯枝杂草，放上毒饵后仍用杂草覆盖，上面再盖一层薄土，每公顷投放诱饵剂360包，可收到较好的防治效果。在白蚁危害比较严重的林地造林时，在种植坑和填土中撒3%呋喃丹颗粒剂，或在幼苗、幼树四周开沟，撒放3%呋喃丹颗粒剂于沟内后覆土，可明显提高造林成活率。生产中根据土栖白蚁取食活动常留下泥被、泥线等外露迹象的特点，进行挖巢灭蚁。

七、材性及用途

木材心材黄褐色，边材淡黄色，材质轻软，收缩度小、强度中等，纹理匀直、结构细致，加工容易、切面光滑，胶黏性良好，油漆性欠佳，耐腐性好，握钉力中等，易干燥，干后材质稳定、耐久性良好，是建筑、家具、细木工、装饰装潢、雕刻的优良用材。树叶、小枝及树皮含有较高的精油，提取加工后可用作消毒剂等。另外，福建柏具常绿鳞形叶，树形优美，树干通直，适应性强，为优良的园林绿化树种。

（叶功富，郑仁华，高伟，傅玉狮）

49 圆柏

别　名｜桧、桧柏、刺柏、红心柏（北京）、柏树、珍珠柏（云南）
学　名｜*Sabina chinensis* (L.) Ant.
科　属｜柏科（Cupressaceae）圆柏属（*Sabina* Mill.）

圆柏分布于我国华北、西北、华东、华中、华南、西南等地区，朝鲜、日本也有分布。喜光，幼龄树较耐阴，耐干旱瘠薄，对土壤要求不严，酸性、中性、钙质土上均能生长，寿命长达数百年。圆柏是重要的用材树种，其木材淡褐红色，有香气，坚韧致密，耐腐力强，是良好的建筑、家具、文具及工艺品等用材。其树根及枝叶可供提取柏木脑及柏木油，种子可供提制润滑油。圆柏树干通直，树冠尖塔形，针叶常绿，在古庭院、古寺庙等风景名胜区多有千年古柏，“清”“奇”“古”“怪”，各具幽趣，是理想的城市绿化和庭园观赏树种。

一、分布

圆柏变种较多，在我国分布广泛，北自内蒙古及沈阳以南，南至广东、广西北部，东自滨海省份，西至四川、云南。在华北及长江下游海拔500m以下、中上游海拔1000m以下排水良好山地可选作造林树种。

二、生物学和生态学特性

常绿中生乔木。高可达20m，胸径可达3.5m。树皮深灰色，纵裂。幼枝斜上伸展，老枝平展。叶二形，即刺叶和鳞叶，刺叶生于幼树之上，老龄树全为鳞叶，壮龄树二者兼有。鳞叶3叶轮生，长2.5～5.0mm，背面近中部有椭圆形微凹的腺体；刺叶3叶交互轮生，长6～12mm，上面微凹，有2条白粉带。圆柏雌雄异株，稀同株，雄球花黄色，椭圆形，长2.5～3.5mm，雄蕊5～7对，常有3～4枚花药。球果近圆球形，直径6～8mm，2年成熟，熟时暗褐色，被白粉或白粉脱落（孟少童，2006；赵瑾，2007）。

喜光树种，较耐阴，喜温凉，耐寒、耐热。在中性、深厚且排水良好的土壤条件下生长最佳。深根性，侧根也发达。对土壤的酸碱性要求不严，能生于酸性、中性及石灰质土壤上，对土壤的干旱及潮湿均有一定的抗性。

三、苗木培育

圆柏主要采用播种、扦插育苗，辅以嫁接、分株等育苗方式。

北京市十三陵林场圆柏果枝（刘勇摄）

1. 播种育苗

采种 种子于11～12月逐渐成熟，呈褐色，球果成熟时为紫褐色，表面有白粉，果肉变软方可采集，亦可等到翌年1～2月球果自行脱落后及时收集。采收后的球果经晒干、揉搓去壳、清除杂质得到纯净种子，随后干藏。

催芽 种子播前应经过低温层积催芽。将种子放入0.3%的高锰酸钾溶液中浸泡2h，取出用清水反复清洗净，再用40～60℃的温水浸泡48h，捞出种子再次洗净，此时可去除干瘪种子，混入3倍体积的干净湿河沙中拌匀，装入透气容器内，置于2～5℃温度下低温沙藏160天，使种沙混合物保持60%饱和含水量，每20天翻动查看一次（刘继生等，2003）。

播种 种子可春播（立春到清明），也可冬播（立冬前后），但以冬季播种出苗效果更佳。采用高床育苗，床高10cm、宽75cm即可，床面耙细整平，然后浇一次透水，待水渗透、床面稍干时即可播种。可在播种前5～6天，用3%的硫酸亚铁溶液进行土壤消毒。采用床作条播或撒播方法。每亩播种量15～20kg。条播播种沟深4～5cm，播幅4～5cm。播种时下种要均匀，播后覆土2～3cm，然后镇压一遍。镇压后浇水，床面再覆盖细碎的草屑、松针或木屑等覆盖物，保持床面湿润、疏松、无草。

苗期管理 播种后要始终保持床面湿润，同时预防小动物偷食种子。出苗后应注意水分控制，不宜过干或过湿。这一时期幼苗易发生猝倒病，应合理调控水分和光照，同时结合药物防治。苗高4cm左右便可间苗，留苗150～200株/m^2。苗期灌溉要本着少量多次的原则，灌溉要在早、晚进行，切忌中午大水漫灌。苗木速生期，氮、磷、钾混合追施，施肥量为150～225kg/hm^2；苗木木质化期，施肥以钾肥为主，停施氮肥。

留床育苗 播种苗通常留床2年。冬季寒冷，需要防寒，应及时加盖草帘，设立防风障使苗木安全越冬。第二年春季土壤解冻时除去草帘，立即浇水，以防春风抽根。苗木进入速生期再次间苗，留苗100～120株/m^{2}即可。注意病虫害防治，及时除草、追肥。第三年3月出圃造林或移植培育大苗。

移植育苗 为培育大规格苗木，第三年可以进行移植。移植育苗一般采用大垄育苗的方式进行，培育3～4年生造林或绿篱用苗木的株行距约50cm。园林绿化用大规格苗木需2～3年后再次移植，加大株行距，以免郁闭造成下部枝条枯死（苏爱平等，2014）。

2. 扦插育苗

扦插育苗适宜的生根温度为25～30℃，6月扦插成活率较高。苗床应建立在地势较高、排水良好的地方，床宽1m左右，高30cm，长视情况而定，床面应耙平耙细。插条选取4～6年生母树的枝条为宜，截取15～20cm。扦插前对切口消毒，避免病菌感染导致腐烂，可用适宜浓度的生根粉浸泡促进生根，扦插深度控制为插条长度的

北京市地坛公园圆柏人工林林相（刘勇摄）

北京市景山公园圆柏古树林林相（刘勇摄）

1/3。扦插后应注意温度和湿度的控制，保证适宜的光照，合理通风。扦插成活后要注意田间管理，适量施肥，及时除草松土，以促进生长（崔汝光和王心慈，2010）。

3. 嫁接育苗

嫁接育苗通常以幼龄侧柏作砧木，选择具有优良性状且顶芽饱满的1～2年生圆柏枝条作接穗，接穗长4～8cm，嫁接时间以7月至9月上旬最佳，嫁接方法为双髓心形成层对接、髓心形成层贴接和双形成层对接法均可，嫁接成活后要及时剪砧和松绑，当年不宜施肥，以防止徒长（冯巾帼和胡庆恩，1986）。

4. 分株繁殖

分株繁殖亦称压条繁殖，全年皆可进行，但以春季最好。选植株下部1.5～2.0cm粗且分枝多的枝条（分枝多，可以多生根）压入土中，压条后3～4个月生根，生根后即可移栽（苏爱平等，2014）。

四、林木培育

1. 人工林营造

选择土层厚度达30cm以上的立地（如采伐迹地、退耕还林地、撂荒地、荒山荒地等），造林苗木选择2～3年生苗，易生根，利于成活。造林时间一般3～4月为宜，起苗时带土球，土球大小与树冠相近，直径20～25cm。圆柏须深植，遵循"三埋两踩一提苗"的规则精细栽植。初植株行距以1m×1m或1.0m×1.5m为宜，栽植后立即浇水。

2. 园林造景栽培

园林绿化所需苗木规格较大，为便于运输，起苗时土球大小可略小于树冠大小，用草绳保护土球和根系，适当修剪枝叶，以减少水分蒸发。苗木采用穴植法栽植，栽植穴直径和深度应大于土球，其他遵循一般苗木造林方法即可。栽植后第二年夏季，可对苗木进行整形修剪，形成正常冠形。

五、主要有害生物防治

1. 立枯病

立枯病是圆柏育苗中的常见病害，3年生以下幼苗最易感染，主要是由半知菌亚门真菌的立枯丝核菌（*Rhizoctonia solani*）侵染引起，发病时表现为根颈处产生水渍状腐烂并变细软，幼苗倒伏死亡或幼苗嫩叶和茎部腐烂，发病植株的茎、叶上常见块状菌核。该病原菌喜湿，对酸碱度要求低，可通过雨水、肥料及覆盖物传播。目前，主要的防治措施为通过土地改良与消毒、科学播种进行预防，发病时可使用波尔多液等药物进行药剂治疗（兰丽萍，2013）。

2. 梨锈病

梨锈病的病原菌为担子菌亚门的梨胶锈菌（*Gymnosporangium asiaticum*），在发病过程中需要经过梨树、圆柏2个寄主。该病主要危害植株的叶片、叶柄、新梢、嫩枝和幼果等，发病初期，叶片正面出现橙黄色、有光泽的小病斑，随后病斑逐渐扩大，病斑上着生有针头大小的黄色小点，天气潮湿时变为黑色，即为病原菌的性孢子器。在园林设计中不要将圆柏与梨混植，并且适度修剪，混种区必须在3～4月和8～9月向植物喷施波尔多液、粉锈宁等药剂进行防治（管秀兰，2006）。

3. 苹果锈病

苹果锈病的病原菌为担子菌亚门真菌的山田胶锈菌（*Gymnosporangium yamadai*），也是一种转主寄生菌，发病时造成圆柏叶片、嫩枝被满橙黄色斑点，小枝衰亡。其防治措施与梨锈病一致（兰丽萍，2013）。

六、材性及用途

圆柏是具有木质材料用途和非木质材料用途（观赏、药用等）等多种用途的优良用材林树种和园林绿化树种。木材坚韧致密，心材桃红色及红褐色至紫红褐色，美观而有芳香，且耐久、耐腐力强，故宜作房屋建筑、棺木、家具、文具及工艺品等用材。幼龄树树冠整齐、圆锥形，树形优美，大树干枝扭曲，姿态奇古，可以独树成景，亦可群植于草坪边缘作背景，或丛植片林、镶嵌于树丛的边缘及建筑附近。圆柏的树根、树干及枝叶可供提取柏木脑及柏木油，种子可供榨油或入药。因此，圆柏亦可作为多用途经济林树种栽培。

（刘勇，万芳芳）

附：铅笔柏 [*Sabina virginlana*（L.）Ant.]

别名北美圆柏、红柏，是柏科圆柏属常绿乔木，是圆柏属中生长最快的乔木。它原产于北美洲东部和中部，广泛分布于加拿大、美国、墨西哥，是北美洲东部分布最广的针叶树种。目前，许多国家都有引种栽培，我国在20世纪初期开始引种，最早在20世纪30年代引种至南京，后来延伸向江苏、安徽、北京等地，现今辽宁、河北、山东、甘肃等地均已成功引种栽培（孟少童，2006）。

铅笔柏是早期速生树种，11年生以前高生长迅速，32年生以后高生长几乎停滞，胸径生长缓慢，干形稳定。铅笔柏雌雄异株，稀同株，开花结实年龄不一致，在北美较晚，我国引种的人工林开花结实较早，一般4年生就偶见开花结实，8年生普遍进入结实期（田丽杰等，2006）。

铅笔柏育苗主要采用播种育苗和扦插育苗方式。球果10月下旬至11月成熟。采种时间以每年11月为宜。将采收的球果揉搓除去果肉（若球果过干可用清水泡1～2天），漂洗获得纯净种子，晾干，放在2～5℃冷藏或沙藏。铅笔柏播种育苗，需要经过低温层积催芽处理60天，其他与圆柏育苗方式基本相同。扦插育苗是铅笔柏重要的繁殖方式，扦插时间以5月为宜，其他技术要领与圆柏相似。铅笔柏以植苗造林为主。一般以排水良好、土层深厚的立地生长最佳。对土壤酸碱度要求不高，在土壤pH 4.7～7.8范围内均能正常生长，较耐旱。

铅笔柏育苗过程中易发生猝倒病，防治方法与圆柏相同。铅笔柏成林的主要病害是枯梢病，国外称之为铅笔柏疫病。发现铅笔柏枯梢病时要及时防治，拔除病株，防止蔓延。采取喷药结合剪除病枝和铲除病苗，效果理想。除此之外，调查发现煤污病、柏肤小蠹、双条杉天牛对铅笔柏移植大苗危害比较严重。

铅笔柏枝繁叶茂、树冠优美，适应性强，寿命长、用途广，是珍贵的用材林树种和优良的园林绿化树种，也是荒山荒地的良好造林树种，特别是可为半湿润、半干旱气候区提供多种利用价值的优良造林树种，对我国北方地区生态环境建设、退耕还林、治理水土流失、发展人工用材林等具有重要意义。

（刘勇，万芳芳）

50 叉子圆柏

别　名｜新疆圆柏、天山圆柏（新疆）、双子柏、爬柏（内蒙古）、臭柏（陕西）、砂地柏、沙地柏

学　名｜*Juniperus sabina* L.

科　属｜柏科（Cupressaceae）刺柏属（*Juniperus* L.）

叉子圆柏适应性强，可护坡固沙、保持水土，是华北、西北地区良好的水土保持及固沙造林绿化树种。树体匍匐有姿，常植于坡地供观赏及护坡，或作为常绿地被和基础种植，增加层次，是良好的地被树种。

一、分布

叉子圆柏适生范围较广，主要分布在欧洲中部和南部、中亚及西亚海拔1000～3300m的部分地区，在我国主要分布在西北、华北地区的干旱石质山区，天然生长于新疆阿尔泰山和天山山区的亚高山地带，宁夏贺兰山、香山、罗山，青海东北部，甘肃祁连山北坡及古浪、景泰、靖远等地，陕西神木、榆林、横山县等地，西藏、四川的松潘、山东的崂山等地，内蒙古贺兰山、阴山西段以及毛乌素沙地和浑善达克沙地。叉子圆柏常与针叶树、阔叶树形成混交林，或成纯林或零星分布（王林和等，2014）。

二、生物学和生态学特性

有2个变种，一些植物学家将它们分为不同的种：*Juniperus sabina* var. *sabina*，成年树上罕见幼叶；*J. sabina* var. *davurica*（syn. *J. davurica*），在成年树上经常可见到幼叶（The Plant List，2017）。

常绿匍匐灌木，稀灌木或小乔木。高1m。枝密集，斜上伸展，枝皮灰褐色，裂成薄片脱落；1年生枝的分枝皆为圆柱形，直径为1mm。叶二形；刺叶常生于幼树上，稀在壮龄树上与鳞叶并存，常交互对生或兼有三叶交叉轮生，排列较密，向上斜展，长3～7mm；壮、老龄树上多为鳞叶，交互对生，排列紧密或稍疏，斜方形或菱状卵形，长1.0～2.5mm，先端微钝或急尖，背面中部有明显的椭圆形或卵形腺体。叶为灰绿色和黄绿色两大主色，且灰绿色叶上被少量或大量白粉。

雌雄异株，稀同株；雄球花于上年8月出现；雌球花于4月下旬至5月初出现，5月上中旬为盛花期，随后转入果期；雄球花椭圆形或矩圆形，长2～3mm。球果生于微曲的小枝上，果皮被白色蜡粉，中果皮肉质，呈黄绿色或灰绿色，球果需3年成熟；球果形态各异，有不规则倒卵状球形、近圆形或卵圆形，顶端圆、平或呈叉状，多为倒三角状球形，长5～8mm，直径5～9mm。球果内含种子2～3粒，卵圆形，微扁，呈棕褐色，种脐部呈灰白色，较软；种皮木质，厚而坚硬；种胚条形直生于中央部，双子叶具胚乳；种子短径3～5mm，长径4～6mm，顶端钝或微尖，有纵脊与树脂槽。

叉子圆柏对干旱、半干旱气候以及沙土基质环境有很强的适应能力，在海拔1000～2800（～3300）m，年降水量110～570mm，年平均气温−1.4～9.3℃，绝对高温30.0～38.6℃，绝对低温−32.7～−26.0℃，无霜期60～194天，年蒸发量1230～2650mm的钙质土壤、微酸性土壤、微碱性土壤及沙质土上均能生长（王林和等，2011）。

三、良种选育

叉子圆柏有许多栽培种（Adams，2004）。在我国西北地区发现的野生叉子圆柏与圆柏的杂交

种*Juniperus* × *pfitzeriana*（*Pfitzer juniper*，synonym *J.* × *media*）也是一个常见的栽培种，高度可达3～6m。

目前，叉子圆柏的良种选育主要以自然变异类型筛选为主。在原国家林业局备案的已经审定的良种有以下4种。

沙地柏（*Sabina vulgaris*，鲁S-ETS-SV-007-2010） 山东省林业科学研究院申请，山东省林木品种审定委员会审定。品种特性：树形优美，根系发达，耐干旱、瘠薄，抗病虫，是防风固沙和城镇绿化的优良匍匐灌木树种。用途：防护林。适宜种植范围：山东瘠薄山地、风沙地区。

伊金霍洛旗沙地柏优良种源穗条（内蒙古R-SP-SV-005-2012） 伊金霍洛旗国有霍洛林场申请，内蒙古林木品种审定委员会审定。品种特性：多年生常绿匍匐灌木，分布于固定及半固定沙地。树皮灰褐色，植株无明显主干，侧根发达，匍匐枝沙埋后产生的不定根能长出新的植株继续蔓延繁殖。抗风蚀，耐寒、耐旱、耐盐碱、耐瘠薄。用途：防护林。适宜种植范围：适宜在内蒙古pH为6.5～8.5的流动、固定和半固定沙地种植。

乌审旗沙地柏优良种源穗条（内蒙古S-SP-SV-003-2009） 乌审旗林业局申请，内蒙古林木品种审定委员会审定。品种特性：多年生常绿匍匐灌木树种，密集成片生于流动沙丘及半固定沙地。植株高2m，树皮灰褐色。无明显主干，侧根发达，枝条具极强的萌根抽枝繁殖特性，匍匐枝沙埋后产生的不定根能长出新的植株继续蔓延繁殖。抗风蚀，耐寒、耐旱、耐盐碱、耐瘠薄。用途：防护林。适宜种植范围：内蒙古境内pH为6.5～8.5的土壤，肥力较差的流动沙地及固定、半固定沙地均可栽培。

锡盟洪格尔高勒沙地柏优良种源穗条（内蒙古S-SP-SV-012-2011） 锡林郭勒盟林木种苗工作站申请，内蒙古林木品种审定委员会审定。品种特性：多年生常绿匍匐灌木，分布于固定及半固定沙地。树皮灰褐色，植株无明显主干，侧根发达，枝条具极强的萌根抽枝繁殖特性，匍匐枝沙埋后产生的不定根能长出新的植株继续蔓延繁殖。抗风蚀，耐寒、耐旱、耐盐碱、耐瘠薄。用途：防护林。适宜种植范围：适宜在pH为6.5～8.5的流动、固定、半固定沙地栽培。

四、苗木培育

1. 无性繁殖

（1）硬枝扦插育苗

利用发育充实、无机械损伤、无病虫害的木质化枝条为种条，剪成15～30cm的插穗，插穗下切口为单斜或平口，切口应平滑，不得撕裂，并剪除基部6～8cm处的枝叶，以便于扦插。将截制好的插穗按粗细分级，每50～100根捆成一捆备用。

将成捆插穗基部浸入清水中浸泡1～2天，吸足水分后再进行扦插有利于生根、抗旱；或将成捆插穗基部浸入浓度为50mg/L的ABT2号溶液中浸泡，浸泡深度10cm左右，浸泡时间为4～6h；或用浓度200mg/L的ABT2号浸穗基部1～2h，能明显提高插穗成活率。采用NAA（萘乙酸）50mg/L溶液在扦插前浸泡2～3h，或者经水浸后速蘸药立即扦插，均能提高生根率。

育苗地土壤应选择质地疏松、通透性较好的黄绵土或沙质壤土，pH最好为6.5～8.5。作床

毛乌素沙地叉子圆柏天然种群（张国盛摄）

前要细致整地，同时施入腐熟的有机肥和草木灰6000～9000kg/hm²，5%的辛硫磷颗粒剂30～45kg/hm²，或硫酸亚铁150～225kg/hm²，或者用5%西维因粉剂15～45kg/hm²进行土壤消毒。根据土壤养分状况，也可施入腐熟人粪尿30000～37500kg/hm²、过磷酸钙750kg/hm²、磷酸二铵120kg/hm²。选用高床或平床，用0.5%高锰酸钾或1%～3%的硫酸亚铁溶液对床面进行消毒。采用简易塑料拱棚扦插时，苗床可作低床或平床，床宽1.0～1.5m，步道宽25～35cm，苗床长视地形和扦插量而定。采用遮阴棚扦插时，插床宽1.2m，高30cm，长视需要而定。

硬枝扦插一般在春季（4～5月）和秋季（9～10月）进行。插穗较短、土壤疏松时，较适于直插，否则也可斜插。扦插株距为8～12cm，行距为20～25cm，深度为插穗长的1/4～1/3，插后稍加压实。扦插初期，控制棚内温度在20～33℃，5～10cm地温控制在20～30℃。如果棚内温度超过35℃，要采取喷水、通风、遮阳等措施。保持空气相对湿度在80%～85%为宜，基质含水量在60%～80%为宜。插穗未生根前，应采用遮阴度60%的遮阳网降低光照强度，高温季节用遮阴度为90%的遮阳网。生根后宜在45%～60%的遮阴度下生长。初期可以结合喷水，高温天气中午棚内两侧通风；生根后，增加通风次数和时间，使苗木接受锻炼，逐渐适应自然环境。

（2）嫩枝扦插育苗

嫩枝扦插最佳时间为6月上旬。选健壮母树上生长旺盛的1年生半木质化或尚未完全木质化的嫩枝作插穗，采条长为15～22cm。采集的嫩枝，应在阴凉处迅速制穗。将插条剪成15～20cm长，去掉基部扦插部位的叶片及侧枝，保留上部叶片，下端切成平口。最好现采现插，若插穗及种条事先剪好，要做好保湿处理。为了促进插穗生根，提高扦插成活率，将插穗捆成小捆（30～50根穗为一捆），浸泡在50mg/L的ABT 2号溶液中1～2h（穗条浸泡部位不超过穗长的1/3），也可用300～500mg/L的萘乙酸溶液速蘸，其中，用450～500mg/L的萘乙酸溶液速蘸处理效果最好。

选用高床或低床，将浓度为0.3%～0.5%的高锰酸钾溶液喷到苗床上，药液要喷透彻、喷均匀，1h后用清水冲洗，扦插前再将插床喷1遍水。也可在扦插前用0.3%的高锰酸钾对基质进行消毒，2h后用清水冲洗。6月上旬至7月中旬，采集当年半木质化枝条，制成插穗。将插穗下部插入苗床基质中3～7cm，以5cm为最好。密度以插穗叶片刚刚交接为宜，一般株行距5～10cm。

插穗生根成活前，控制好苗床及空气温、湿度。期间应保持空气相对湿度在80%～85%，以叶面常有水珠为标准。苗床基质温度在25～32℃最为适宜。嫩枝扦插要求高温、高湿环境，但太阳光照射过强、温度过高时应采取适当遮阴措施，以减少叶面蒸腾。可选用遮阴度达70%、85%或90%的黑色遮阳网或苇帘。大多数插穗25～40天即可生根，再经过15～20天管理，减少喷水量，延长喷水间隔时间，逐渐揭去遮阳网进行炼苗管理。经过1～2周的炼苗即可移栽到容器或大田继续培育。

（3）压条繁殖

早春，在叉子圆柏匍匐枝条的地上挖浅坑，将枝条拉压在浅坑内，但不剪断，埋土10～15cm，踩实，有条件的地方可浇水，当年便可形成新根，生根率达100%，翌春从母株处截断即可形成新植株。

（4）埋条繁殖

早春土壤解冻后选取健壮枝条，剪成50～60cm，平放埋在土中，覆土3～5cm，不露枝条，踏实后浇透水。保持土壤湿润，土温在15～20℃的情况下，1个月后可生根、针叶返青，成活率达90%以上。

2. 播种育苗

（1）采种

球果在10月以后成熟，呈褐色至紫蓝色或黑色，冬季开始脱落。当年10月球果成熟后至翌年3月前均可采种，最佳时间为当年11月至翌年1月。成熟后要及时采收，用堆沤、揉搓的方法弄碎果肉，在水中冲洗去果皮取出种子，采用水选法除去空粒，将饱满种子阴干后装入袋内，在室内普通干藏备用。

（2）催芽

播种前须进行催芽。常用方法有：

高温催芽 播种前用90%浓硫酸浸泡1～2h，然后用清水冲洗干净或碾破坚硬的种皮，再用高锰酸钾溶液进行消毒，用清水冲洗干净，置于阳光充足的地方进行层积催芽。期间保持含水量为其饱和含水量的60%，直到种子膨大露白后开始播种。

自然层积催芽 在6～7月将种子用0.3%～0.5%的高锰酸钾消毒，与3倍河沙混合，挖深30cm、宽1m的沟，将种沙混合物埋于其中，至近地面15cm左右用沙土埋实，到秋季筛去细沙播种。亦可在翌年3月播种前挖出，堆于向阳处，上盖草帘，经常淋水保湿。

低温层积催芽 在播种前3～4个月，将充分吸水的种子与含水量为60%～70%的河沙按种沙比1∶4充分混合，在0～15℃的室内低温催芽。期间观察含水量并翻动，当30%的种子萌动时结束催芽。

（3）播种

选择土壤疏松、通透性良好的沙壤土，进行细致整地作床，床宽1m，床长视地形而定，床面上铺4cm厚细沙，在床上建拱形塑料大棚或小拱棚，用0.3%～0.5%的高锰酸钾溶液对床面进行消毒，2～4天后灌足底水。于11月中旬或翌年3月上旬进行条播。土壤含水量达到饱和含水量的70%左右时，开沟播种，沟深2～3cm，播种量150～225kg/hm^2，覆土厚度1.0～1.5cm，播种后用木板压实表土。用草帘或地膜覆盖，保持空气湿度在80%左右，出土前要保持床面湿润。播种后10天左右开始出苗，20天左右出苗结束，此时应逐步撤去地膜或草帘。幼苗期一般不施肥，注意清除杂草。由于棚内温度较高，每隔7～10天浇水1次，进行通风、松土除草、防病虫害。出苗3～4个月后期应去掉大棚塑料膜，只留遮阳网，以提高幼苗抗性。秋季生长停止后，土壤开始结冻时灌冻水越冬。

五、林木培育

叉子圆柏以营造生态公益林、防沙固土防护林为主体，也可以营造特种用途林及风景绿化林。

1. 造林区划

我国西北地区的沙地、山地、黄土丘陵和其他适应地区为主要造林区。坚持生态多样性原则，因地制宜地营造叉子圆柏混交林。

2. 造林地选择

土壤要疏松、透气性良好，不得选用黏重的下湿地。海拔高度800～2000m，pH 6.5～8.0，土壤总盐量<0.2%，年平均降水量在250mm以上的沙地、黄土丘陵、山地等均可造林。

3. 造林林种

防沙治沙林 根据生态环境需要，在风沙土立地条件下，依沙地植被状况、覆盖率、沙害程度等自然条件设置沙障，营造防沙治沙林。

水土保持林 在黄土丘陵、山地立地条件下，可营造水土保持林。

4. 混交方式与混交树种

混交方式 根据生物学特性、立地条件和营林目的选择适宜的混交方式。一般采用块状或带状混交。

混交树种 混交树种有沙柳、乌柳、锦鸡儿、花棒、樟子松、油松、白榆、沙棘、胡枝子等。

5. 造林密度

密度调控原则 由于叉子圆柏属匍匐生长并扩大群落的灌木，密度不宜过大。立地条件较好地段可适当密些，反之宜疏。

沙地造林密度 参照《生态公益林建设技术规程》（GB/T 18337.3）规定，初植密度可控制在900～1500株/hm^2。

水土保持林密度 参照《生态公益林建设技术规程》（GB/T 18337.3）规定，初植密度控制在600～1000株/hm^2。

6. 造林苗木

采用容器苗、1～2年生扦插苗或2～3年生播

种苗，苗木高度50cm以上。

7. 造林整地

整地时间 沙地造林不需整地。黄土丘陵和山地造林整地时间根据造林季节而定，要在造林前半年以上（经过一个雨季）进行，不经预整地不得造林。

整地方式 穴状整地沿等高线布设，正方形或长方形，穴面略向内侧倾斜，“品”字形配置。适于土层较厚，植被、水分条件较好，坡度25°以下的坡面。整地规格：深度40cm以上，口径50cm×50cm，穴距2～3m，行距3.5～5.0m。带状整地沿等高线进行，一般采用水平阶整地。适于坡度15°以下、坡面平整、立地条件较好的地块。整地规格：深度40cm以上，宽度70cm以上，带长根据坡面确定，一般在10～50m，阶间距5～10m。在石块较多、坡度陡的立地条件下，可采用鱼鳞坑整地。常用鱼鳞坑整地主要有两种规格，深30cm以上、宽40cm、长70cm和深50cm以上、宽80cm、长120cm。

8. 造林时间

春季造林 春季造林是最适宜季节，必须在苗木萌动前土壤刚解冻顶浆时进行，造林顺序为先沙地后山地，先阳坡后阴坡。如果是采用容器苗造林，春、夏、秋三季均可进行。

雨季造林 在灌溉条件差或无灌溉条件的区域，以雨季造林为主。雨季造林应注意雨情动态，掌握土壤水分情况，适时造林。

秋季造林 不宜秋季造林，实施秋季造林须在秋末冬初土壤结冻前进行，结束时间不晚于10月。

9. 造林技术

容器苗造林，造林前一天灌足水，造林时按顺序取出，轻放于运苗器中。运往造林地后，轻放于穴内，栽正后封埋，先培表土，后培心土，踏实，但要把容器苗的土坨踏散。根系不易穿透的容器应取出苗木后造林。栽植深度30～50cm，可单株栽植，也可以2～3株合植，以利于尽快形成株丛。栽植后应灌透水1次。

10. 抚育、管护及补植

抚育 对秋季栽植的叉子圆柏，在翌年春季（4月上旬），土壤化冻深度接近苗木根系深度时，将苗木周围10cm范围土壤踩实。

造林后应及时进行松土除草，连续进行2年。松土除草要做到细致铲锄，一般距苗木10cm左右下锄，深度3～5cm，做到里浅外深，树小宜浅，树大宜深。松土可与压条结合，促进不定根形成。根据土壤水分条件适时进行灌水。造林当年，根据造林地的土壤及天气条件灌水2～3次，第二年春季灌水1次。

管护 参照《生态公益林建设技术规程》（GB/T 18337.3），造林后进行封禁、防火、病虫鼠害防治等管护。

补植造林 成活率为41%～85%时应及时进行补植，成活率不到41%时应重新造林。植苗造林的补植和重造应用同龄大苗。

六、主要有害生物防治

1. 圆柏锈病

圆柏锈病冬季寄生危害圆柏的嫩枝，夏季寄生危害苹果、海棠和梨等树木的叶、果实和嫩枝。病原菌属于真菌中担子菌纲锈菌目中的山田胶锈菌（*Gymnosporangium yamadai*）和梨胶锈菌（*Gymnosporangium haraeanum*），都是转主寄生菌。夏季，苹果、海棠或梨叶片上的锈斑上产生性孢子器，6月下旬开始在叶片背面病斑上生出黄须，内含锈孢子。7～10月锈孢子放出，借风传播到圆柏嫩枝上，侵入嫩枝或叶过冬，并逐渐形成瘤状的冬孢子堆。冬孢子4～5月遇雨膨胀破裂，成舌状，杏黄色，似柏树“开花”，并产生小孢子，开始侵染海棠或梨等。防治方法：不将圆柏与苹果、海棠、梨等果树种植距离太近。于3～4月冬孢子堆成熟时，往圆柏树枝上喷石硫合剂或喷波尔多液；4～5月侵染海棠或梨的初期，往转主寄主如海棠、苹果、梨上喷粉锈宁可湿性粉剂；于7～10月往树枝上喷波尔多液防止病菌侵入。

2. 侧柏毒蛾（*Parocneria furva*）

侧柏毒蛾又名柏毒蛾，是柏类树木的一种主要食叶害虫，主要危害柏树的嫩芽、嫩枝和老叶。受害林木枝梢枯秃，发黄变干，生长势衰退。1年发生2代，以初龄幼虫在树皮缝内越冬。翌年3月幼虫出蛰，危害刚萌发的嫩叶尖端，使叶基部光秃、逐渐枯黄脱落。幼虫夜晚取食活动，白天潜伏于树皮下或树内，老熟幼虫在叶片间、树皮下或树洞内吐丝结薄茧、化蛹，6月中旬羽化为成虫。卵产于叶柄、叶片上。第一代幼虫于8月中旬化蛹，8月下旬出现成虫。9月上中旬出现第二代幼虫。防治方法：成虫具趋光性，成虫羽化期利用黑光灯诱杀，或用敌敌畏烟雾熏杀；喷施化学农药毒杀幼虫；5月下旬和9月中旬在树叶、树皮缝处人工捉蛹。

3. 双条杉天牛（*Semanotus bifasciatus*）

双条杉天牛是一种钻蛀性害虫，主要危害侧柏等柏科植物，幼虫取食于韧皮部和木质部，切断水分、养分的输送，引起针叶黄化，长势衰退，重则引起风折、雪折，严重时很快造成整枝或整株树木死亡，直接影响柏树的速生丰产和优质良材的形成。在山东、陕西1年发生1代，以成虫越冬。翌年3月中旬至4月上旬为成虫活动盛期。3月下旬幼虫孵化，5月中旬开始蛀入木质部内，8月下旬化蛹，9月上旬羽化为成虫进入越冬阶段。成虫喜欢向阳避风的场所，在新修枝、新采伐的树干和木桩以及被压木、衰弱木上均可产卵。防治方法：加强抚育管理，促进苗木速生，增强树势；冬季进行疏伐，伐除虫害木、衰弱木、被压木等，使林分疏密适宜、通风透光良好，树木生长旺盛，增强对虫害的抵抗力。越冬成虫还未外出活动前，在前一年发生虫害的林地，将树干涂白预防成虫产卵。成虫活动期人工捕捉。初孵幼虫危害处，用小刀刮破树皮，搜杀幼虫。也可用木槌敲击流脂处，击死初孵幼虫。在虫口密度高、郁闭度大的林区，可用敌敌畏烟剂熏杀成虫。初孵幼虫期，喷施化学农药。保护和利用双条杉天牛幼虫和蛹期的天敌。

七、综合利用

枝叶、果实中含有多种化学成分，具有抗肿瘤、治腰膝痛等功效，在农业上具有杀虫（Zhang，2016）、驱蚊作用，叉子圆柏精油（苏柳等，2016）还是重要的香料。此外，叉子圆柏是重要木本饲料，能提高牲畜抵御不良环境的能力。

（张国盛）

附：铺地柏［*Juniperus procumbens* (Endlicher) Siebold ex Miquel］

别名爬地柏、矮桧、匍地柏、偃柏、铺地松，是一种矮小的柏科圆柏属灌木，原产于日本。在黄河流域至长江流域广泛栽培，在园林中可配植于岩石园或草坪角隅，又为缓土坡的良好地被植物，各地亦经常盆栽观赏。现各地都有种植。主要繁殖培育基地有江苏、浙江、安徽、湖南、河南等地。

铺地柏为常绿匍匐小灌木。高达75cm。枝条沿地面扩展，褐色，密生小枝，枝梢及小枝向上斜展。刺形叶三叶交叉轮生，条状披针形，先端渐尖成角质锐尖头，长6～8mm，上面凹，有2条白粉气孔带，气孔带常在上部汇合，绿色中脉仅下部明显，不达叶之先端，下面凸起，蓝绿色，沿中脉有细纵槽。球果球形，被白粉，成熟时黑色，直径8～9mm，有2～3粒种子；种子长约4mm，有棱脊。

铺地柏为温带喜光树种，栽培、野生均有。喜生于湿润肥沃、排水良好的钙质土壤，有很强的耐寒、耐旱能力，忌低湿。适应性强，耐瘠薄，对土壤不甚选择。在干燥、贫瘠的山地上生长缓慢，植株细弱。浅根性，但侧根发达，萌芽性强、寿命长，抗烟尘，抗二氧化硫、氯化氢等有害气体。

其他培育及管理技术与叉子圆柏相同或相似。

（张国盛）

51 鸡毛松

别　名｜爪哇罗汉松、岭南罗汉松、异叶罗汉松、竹叶松、柏木（云南屏边）

学　名｜*Podocarpus imbricatus* Blume.

科　属｜罗汉松科（Podocarpaceae）罗汉松属（*Podocarpus* L' Hèr ex Persoon）

鸡毛松主产于我国海南，是热带山地雨林群落中的表征树种之一；树干通直高大，出材率高，生长迅速，是我国热带和南亚热带地区优良的造林树种之一；树冠扩展，苍翠常绿，针叶似鸡毛，也是园林、道路绿化美化的优良树种（周铁烽，2001）。

一、分布

鸡毛松主要分布于我国南部以及越南、缅甸、菲律宾、马来半岛、加里曼丹岛、苏门答腊岛、巴布亚新几内亚等地。云南东南部、南部，广西的大瑶山及海南的尖峰岭、坝王岭、吊罗山等林区均有天然分布。近年来在广东东莞、潮州、信宜等地天然林中亦发现有少量鸡毛松植株生长。

鸡毛松林下更新幼苗（许涵摄）

二、生物学和生态学特性

常绿乔木。高达30m，胸径达2m。树干通直圆满。树皮灰褐色，枝条开展或微下垂。小枝密生，纤细，下垂或向上伸展。叶异型，螺旋状排列，下延生长，两种类型之叶往往生于同一树上。雄球花穗状，生于小枝顶端，长约1cm；雌球花单生或成对生于小枝顶端，通常仅1个发育。种子无梗，卵圆形，长5～6mm，有光泽，成熟时肉质假种皮红色，着生于肉质种托上。花期4月，种子10月成熟。

鸡毛松叶和果（许涵摄）

在海南，鸡毛松常与海拔400～1000m的热带山地雨林和季雨林中的阔叶树种混生。喜温凉、云雾重、湿度大的生态环境，多生于山谷、溪涧旁和河溪台地，年平均气温20～22℃，最低月平均气温16℃，年降水量2500mm，常与海南木莲、油丹、厚壳桂、倒卵阿丁枫、红椆等常绿阔叶树种组成混交林，居林冠上层，长势雄伟。海南尖

鸡毛松叶和花（许涵摄）

峰岭地区海拔850m山地种植的鸡毛松纯林，35年生时，林分保留密度为2392株/hm^2，平均树高10.9m，平均胸径13.5cm（陈德祥等，2004）。

三、苗木培育

鸡毛松育苗主要采用播种育苗方式。

1. 采种与调制

选择生长健壮、无病虫害的成年母树，于10月种子成熟（种皮变为红色）时采种。用手揉搓肉质种皮，用清水冲洗干净，摊开稍晾干即可。新鲜种子的纯度为99.2%，含水率39.4%。种子宜随采随播。采用4°C低温冷藏，种子可保鲜6个月左右。

2. 播种

种子撒播在事先平整的沙床面上，用木板压实床面，依次覆盖薄土、稻草，适当遮阴，20～30天开始发芽，发芽率达95%。

3. 苗期管理

芽苗3～5cm高时可进行移苗，可移植到营养袋中，或作为地苗分床培育。地苗的株行距为20cm×20cm或25cm×25cm。加强苗期的水肥管理，适当遮阴。当1年生苗高30～40cm时，可以出圃种植，优质苗出圃率达85%以上。

四、林木培育

1. 人工林营造

选择海拔400～1600m、温凉湿润的山谷、山坡下部或溪流台地造林。采用带状整地方式，带宽2～3m，先砍伐带内杂灌，穴状整地，种植穴规格50cm×50cm×50cm，造林株行距2m×3m或3m×3m。在海南，7～9月的雨季栽植为宜。

原始林中枯倒的鸡毛松树干（许涵摄）

2. 天然林改培

在低效次生林内，选择林分生长不良、培育目的树种不明显或倒木形成的林窗等地块，采用穴植方法补植鸡毛松。植穴规格同上。

3. 幼林抚育

鸡毛松幼苗、幼树期间生长稍慢，需要适当遮阴。造林后3年内，每年抚育3～4次，进行砍杂、松土、扩穴、施肥等。抚育时，需保留幼苗周围的小树，为鸡毛松提供荫蔽环境以利于生长。鸡毛松纯林成林后生长速度加快，林下杂灌较少，为培育鸡毛松优质大径材，可间伐部分弱小植株。

五、主要有害生物防治

偶见蓝绿象（*Hypomeces squamosus*）危害鸡毛松嫩枝叶及顶芽。混交林中鸡毛松几乎无病虫危害，因此，营造鸡毛松混交林是一种值得推广的培育模式。

六、材性及用途

鸡毛松的木材结构细致，心材黄色，边材淡黄色，纹理直而均匀，结构细密，易加工，有光泽，木材气干密度为0.64g/cm^3，耐腐力强，是建筑、桥梁、造船、农具、家具、细木工等优良用材。鸡毛松后期生长较快，高大通直，树冠优美，叶形奇特，可作为观赏树种应用于庭园、行道绿化和美化。

鸡毛松为热带山地雨林中为数不多的松柏类表征成分，是构建合理群落结构的重要树种，在天然林改培和低效生态公益林改造中不可或缺，具有重要的生态学意义。

（李意德）

52 竹柏

别　名 | 铁甲树、糖鸡子、山杉、罗反柴、猪油木、船家树、宝芳

学　名 | *Podocarpus nagi* (Thunb.) Zoll. et Mov. ex Zoll.

科　属 | 罗汉松科（Podocarpaceae）罗汉松属（*Podocarpus* L' Hèr. ex Persoon）

竹柏为华南地区优良的多用途树种之一。其材质较好，纹理美观，属商品材二类材。种子含油量高，可供工业用和食用。其枝叶翠绿，四季常青，冠形美观，具较高观赏价值，对大气中的二氧化硫抗性较强，常用于城市庭园、住宅小区和道路绿化。

一、分布

竹柏主要分布于21°～28°N、105°～120°E。在我国分布于海南、广东、广西、湖南、福建、浙江、江西、四川和台湾等省份。在日本南部及马来半岛亦有分布。垂直分布于海岸线至海拔1600m，多混生于海拔800m以下的中下坡和沟谷两旁的阔叶林中。

二、生物学和生态学特性

常绿乔木。高达30m，胸径达80cm。树干通直。幼树皮平滑，大树皮褐紫色，裂成薄片。树冠圆锥形。小枝圆筒形，嫩枝有棱。叶对生或近对生，排成2列，厚革质，长椭圆披针形至卵圆披针形，似竹叶，平行细脉，无明显中脉，叶背色淡。雌雄异株，球花单性，生于叶腋；雄球花穗状分枝，雌花序有梗，种托肉质。种子单生于叶腋，球形核果状；外种皮肉质，被白粉，成熟时暗褐至紫黑色；种皮骨质，白色；胚乳含油质。4～5月开花，9～10月果熟。

竹柏在年平均气温18～26℃、1月平均气温6～20℃、极端最低气温-7℃、年降水量为1200～2000mm处均能生长，降水量低于800mm则生长不良。对土壤要求较严，在砂页岩、花岗岩、变质岩等母岩发育的深厚、疏松、湿润、腐殖质层厚、呈酸性的沙壤土至轻黏土上均能生长，在沙壤土上生长迅速。在石灰岩山地上无分布。竹柏耐阴，在阴坡生长快。在天然阔叶林下天然更新良好。在山地的中下坡较常见，而且生长良好。

三、苗木培育

1. 采种与调制

宜选择20～30年生健壮优良母树采种，果

广东省广州市天河区龙洞竹柏果枝（骆土寿摄）

皮由青转黄时即可采收。种子不宜暴晒，应及时去除肉质假种皮，用水淘洗取出种子，置于阴凉处晾干，以提高种子发芽率。也可用沙藏层积处理延长种子保湿贮藏期，方法是：每层厚10cm，1层种子1层沙，堆高不超过1m。千果重5000～6000g，直接播种发芽率为32%～45%；种子千粒重300g，发芽率90%左右。

2. 催芽与播种

种子以随采随播为好。圃地选择地势平坦、土壤疏松肥沃、排水良好、背风的耕地或旱地。播种前土壤要求深翻细作，清除杂草、杂物，平整作床，消毒及施足基肥。开沟点播，沟距15cm，宽3～4cm，粒距3cm。播种后覆盖火烧土或黄心土1～3cm，然后盖草。早、晚淋水各1次，保持土壤湿润，15天后开始发芽。

3. 苗期管理

幼苗期耐阴喜肥，忌积水及高温。幼苗出土后揭除盖草，搭棚遮阴，喷灌或滴灌，保持土壤湿润，及时排水、松土和适量施肥，每15天施1次0.2%的尿素。待苗高6～8cm时拆除遮阴棚，此时可隔株间苗，将幼苗移植到新苗床或营养土杯中进行培育。8月底至9月上旬，停施氮肥，每隔10～15天喷施1次0.2%～0.5%的磷酸二氢钾溶液，促进其木质化，提高苗木越冬抗寒能力。

四、林木培育

1. 人工林营造

多采用1年生容器苗（高20～50cm）或2年生裸根苗（高50～80cm）雨季造林。造林地宜选择土层深厚、肥沃、湿润的山地或丘陵地，于阴坡或半阴坡的中下部种植。平缓坡采取全垦整地，坡度超过20°的坡地宜沿等高线带垦，带宽60～120cm，带深40～50cm，再挖穴，穴规格为50cm×50cm×40cm，株行距为3m×3m。城镇行道、庭园绿化宜用3～4年生苗木，其胸径3～5cm，需带土移栽，土球直径15～30cm，用草绳扎紧以防松散；造林前应合理修枝剪叶，以防水分过度蒸发造成干枯，种植后浇透定根水。

2. 幼林抚育

首次抚育在造林当年雨季后进行，主要是穴状锄草和松土。以后3～4年内，每年的4月、10月各抚育1次。结合抚育在雨季前施复合肥100g/株，直

广东省广州市天河区龙洞竹柏行道树（骆土寿摄）

到林木郁闭或树高3m以上为止。到10年生左右可视林分情况进行抚育间伐。对于园林观赏植株，应修枝整形，清除病虫枝叶，加强水肥管理，保障林木健康生长，提高观赏价值。

3. 林分更新

竹柏结实量大，潮湿林内天然更新能力强，可将部分壮苗移入容器或苗床继续管理，或在林地上按一定间距保留足够的幼苗、幼树，通过加强抚育和施肥促进生长，达到更新标准时伐除母树，通过科学经营形成有序更新和演替的稳定高效结构。

五、主要有害生物防治

1. 竹柏炭疽病

竹柏炭疽病为竹柏的主要病害，病原菌为半知菌亚门刺盘孢属的胶胞炭疽菌（*Colletotrichum gloeosporioides*），主要表现为叶缘、叶尖或叶内先出现针头状褐色小斑，后变为黄褐色至黑褐色的枯斑，病斑不断向叶基扩展，严重时病斑扩展至整叶而落叶。炭疽病4月中旬开始发生，4月底至5月中旬为发病高峰。可用50%多菌灵可湿性粉剂防治（周建良，2007）。

2. 竹柏橙带丹尺蛾（*Milionia zonea-pryeri*）

橙带丹尺蛾属鳞翅目尺蛾科，是竹柏主要食叶害虫，幼虫取食嫩叶、嫩梢。每年发生3代以上，4月后成虫出现，2天后交尾，分多次产卵，8～9月是幼虫危害高峰，10月下旬至11月上旬陆续以蛹越冬。防治方法：①人工捕杀幼虫和虫蛹；②在幼虫期喷施白僵菌进行生物防治；③在幼虫、卵、蛹和成虫期喷施2.5%溴氰菊酯EC 3000倍液进行化学防治（王缉健等，2014）。

六、材性及用途

竹柏为优良的用材树种、能源树种、绿化树种和药用植物。木材结构细致、纹理通直，气干密度0.47～0.52g/cm^3，具韧性，易加工，不裂、不变形，纵切面平滑具光泽，材色淡黄而美观，生长轮略现花纹，可作建筑、家具和装修等用材。果实肉质，种子含油率达30%，种仁含油率50%～55%，其油属不饱和脂肪酸，是传统的工业油脂之一。种实含约23%的淀粉，通过发酵或高温可降解为乙醇（周俊新，2008）。竹柏组织化学物质较多，主要有正花色素、竹柏内酯、榄香烯等，具有极强的抗菌、抗细胞毒性作用，是传统瑶药的重要植物之一（虚怀春和解成骏，2007）。

（骆土寿）

53 三尖杉

别　名｜岩杉、背荫杉

学　名｜*Cephalotaxus fortune* Hook. f.

科　属｜三尖杉科（Cephalotaxaceae）三尖杉属（*Cephalotaxus* Sieb. et Zucc. ex Endl.）

三尖杉为三尖杉科中分布最广、三尖杉酯碱类含量最高的我国特有种，是古老的孑遗植物，主要分布在长江以南各省份，喜温凉湿润气候和排水良好的肥沃沙质壤土，多散生于溪边、阴坡、山谷等针阔混交林中。三尖杉木材优良，心材与边材区别明显，纹理结构细致，硬度大，是制作家具和雕刻艺术的高级用材。其种子、根、茎、树皮均可入药，树叶、树皮、树根可供提取分离出紫杉醇、高三尖杉酯碱和三尖杉酯碱，用于治疗急性白血病、恶性淋巴瘤、黑素瘤、肺癌、乳腺癌和脑肿瘤等。目前，三尖杉药类产品在国际市场十分走俏，具有广阔发展前景和市场。

一、分布

三尖杉星散分布于浙江、安徽、福建、江西、湖南、湖北、河南、陕西、甘肃、四川、云南、贵州、广东和广西等省份，在东部分布于海拔1000m以下，在西南海拔可达3000m，多零星生于常绿阔叶林和针阔混交林中，现主要分布于一些自然保护区和保护小区内。

二、生物学和生态学特性

中小乔木。树皮褐色或红褐色，裂成片状脱落。枝较细长，稍下垂，树冠广圆形。叶排成2列，披针状条形，通常微弯，上部渐窄，先端长、渐尖，基部楔形或宽楔形，上面深绿色，中脉隆起，下面气孔带白色。根据叶的长短，三尖杉有2个变种：长叶三尖杉（*Cephalotaxus fortune* var. *longifolia*）与短叶三尖杉（*C. fortune* var. *brevifolia*）（胡玉熹，1999）。种子椭圆状卵形，假种皮成熟时紫色或红紫色，顶端有小尖头。三尖杉属单性花，雌雄异株或同株。雄球花生于1年生小枝叶腋，8～10枚聚成头状，总柄长0.6～1.0cm；雌球花生于1年生小枝基部，由8～16枚交互对生聚成头状，总柄长0.8～1.2cm。大年结果5～10个，多达14个，小年结果1～2个。小枝基部多结果，顶部稀结果或不结果。果实为椭圆状卵形，未成熟时为绿色，表面被白粉，成熟时假种皮呈红色或紫红色。花期4月，种子8～10月成熟。

福建省柘荣县三尖杉大田短周期原料林（郑郁善摄）

主根明显而侧根和须根较少，但苗木经切根后，其侧根和须根能形成网络结构，根系发达。三尖杉喜生长在肥沃、疏松、湿润、排水良好，花岗岩、砂岩、石灰岩、玄武岩风化的酸性、中性土壤上，pH多在5.5～6.0。三尖杉苗木和幼树萌芽力强，较耐修剪，耐寒。

三尖杉在苗期和幼林阶段喜阴、忌晒，需在遮阴条件下生长，5～6年生后渐喜光。散生于常

绿阔叶林或针阔叶混交林林冠下乔木下层，多为零星分布和混生，极少集中成片。常生长在山坡中下部、沟谷、溪边和山脚等水湿条件相对较好的地方。

三尖杉种子成熟期8～10月，时间跨度长。其种子兼具生理休眠和器质休眠的特性，种皮坚硬，当年不易发芽，一般有1年4个月的休眠期，给种子繁育带来了较大的难度。

三、苗木培育

1. 采种与调制

选取20～50年生三尖杉母树，假种皮由青绿色变成红色或紫红色时及时采收。过早采种，种子还未成熟，发芽率低；过迟采收则容易脱落，并被鸟类、鼠类等食用。将采得种子搓去假种皮，用清水清洗干净，晾干后及时沙藏或湿沙层积。

2. 种子贮藏与催芽

种子在当年采收后需湿沙层积，并经过当年和第二年冬季低温才能发芽。及时解除三尖杉种子休眠对其播种育苗至关重要。

按一般沙藏处理，种子发芽需要1年4个月的时间。种子采收后先经过5℃的低温处理30天左右后再沙藏，可使种子提早1年打破休眠，及时发芽，种子发芽率可达70%左右。当翌年3月上旬至5月上旬三尖杉种子破壳露白、开始发芽时应及时播种。

3. 圃地选择

有机质较多、透气性较好的壤土和沙壤土有利于三尖杉侧根和须根生长、发育。选择在全光照的地方育苗，每年4～10月必须搭棚遮阴，否则幼苗易受日灼死亡。不宜选择鸟兽危害较严重的地方为育苗地。

4. 播种

播种前施足基肥、做好土壤消毒。种子催芽后进行点播，行距14cm，株距5cm，一般每公顷播种量为1875kg，约75万粒，盖土厚度为0.5～1.0cm，然后覆盖1.0～1.5cm的松针或稻草。4～9月搭遮阴棚遮阴，透光率25%。产苗量在67.5万株左右。

5. 扦插

采穗母树选用生长健壮的优良母树，年龄3～5年。采树冠中上部1～2年生粗壮枝条或伐桩萌生条为插条，规格为枝径0.25～0.35cm，长10～12cm。先进行剪枝去叶，留3～5片针叶，下剪口呈斜面，然后将穗基浸入800倍多菌灵水溶液中消毒30～60min，再用150mg/kg ABT生根粉处理16h。扦插基质采用30%黄心土+70%河沙。扦插密度为6cm×5cm，深度为5～10cm，株行距为4cm×5cm。扦插后进行水肥管理，扦插3个月后调查成活率，18个月后调查苗木生长量。待其生根成活后，按常规的育苗抚育管理直至苗木出圃。

三尖杉幼苗当年苗高10～30cm，地径可达0.3～0.5cm。需精心培育2年以上，苗高可达40～60cm。

四、林木培育

造林地选择和整地 在山地的中下部、山洼、阴坡等阳光不能直射的地方，选择肥厚、疏

福建省漳平天台国家森林公园三尖杉大树树干（郑郁善摄）

松、湿润、排水良好的Ⅰ、Ⅱ类立地。劈除灌木和杂草，带状整地，带宽60cm，带距为1m，挖大穴，规格为50cm×30cm×30cm，造林株行距50cm×100cm，造林密度12000株/hm^2。整地时在定植穴旁预留1～3株小常绿庇荫树，亦可在定植时栽植，最好栽于东南边。

初植密度和种植时间 定植穴株行距50cm×150cm。定植常在1～3月进行。选择2年生以上、根系已木质化、新梢长10cm以上、无病虫害、生长良好的苗木上山造林。定植前以ABT3号溶液蘸根，可提高造林成活率，缩短缓苗期。

栽植要求 起苗后封宿土，用薄膜包装，边起苗、边包装、边运输、边栽植。栽植时提苗悬空于穴中，一回土、二提苗、三踩实、四培土，要求不弯根，苗木要直立，培土以苗木地径部分加高5cm为宜。山地种植密度为800株/亩，大田种植密度为1000株/亩。

幼林抚育 4～10月是三尖杉幼树生长的高峰期，其树高和地径生长量占全年生长量的80%左右，应加强幼抚。抚育以锄草、清沟、培土为主，培土高度8～10cm。在林地栽植三尖杉，造林后3年，每年于5月和8月各抚育1次。5月以全面锄草为主，8月全面锄草并结合扩带培土，但注意在扩带时不得锄伤幼树树体，培土要保证幼树直立。造林后4～5年，每年于7～8月全面锄草，结合培土1次。雨季须做好清沟排水工作。

造林管护 由于三尖杉生长缓慢，因此幼苗期的管护十分重要。对于预留和预种的遮阴植物，既要让其起到遮阴作用，又不可庇荫太多，要及时修剪。

福建省漳平天台国家森林公园三尖杉大树（郑郁善摄）

施肥以有机复合肥或农家肥为主。每年5月、8月各施1次，结合扩穴培土在畦中开沟施肥，每亩施用复合肥100kg或农家肥250kg。夏季适量施一些氮肥和喷洒100×10^{-6}mg/L的赤霉素At，以促进细胞分裂。

采收利用 农田设施栽培的三尖杉高密度药用林3～4年生即可收获，3年生幼树单株鲜生物收获量可达0.4kg。林地栽植的三尖杉药用林4～6年生可进行收获。在Ⅰ类和Ⅱ类山地上，4年生单株鲜生物收获量可分别达0.6kg和0.4kg。三尖杉短周期药用林主要收获的是枝叶和树皮，与南方红豆杉收获方法一样，可采用枝叶采收、全株采收和截干采收3种方式。枝叶采收即于每年的9～12月采收4～5年生幼树50%的枝叶。全株采收则可隔株隔行采收全株生物量，并挖取根系。每年按50%株数挖取，连续采收4～5年。在生产上提倡截干采收，截干采收的高度以10cm为宜，并通过促萌实现多年采收利用。

五、主要有害生物防治

三尖杉苗木抗病性强，苗期受病虫危害较轻，与南方红豆杉类似。主要病害有茎腐病、根腐病、炭疽病、叶枯病、赤枯病，以及夏、秋干旱季节的生理缺水和日灼等。出苗后每半月用0.5%波尔多液或65%敌克松800倍液喷苗木基部，连续3次以防治苗木猝倒病和立枯病。每月预防性喷洒40%乐果乳剂1000倍液或50%敌敌畏1000倍液防治虫害，效果均好。

六、材性及用途

目前，三尖杉酯碱类药物主要来源于三尖杉属植物，其中，三尖杉为我国分布最为广泛、三尖杉酯碱类含量最高的特有种。因此，目前其主要是用作三尖杉酯碱类的提取原料和三尖杉经济果的开发。

（郑郁善，陈礼光，荣俊冬）

54 海南粗榧

别　名｜红壳松（海南）、薄叶篦子杉（《海南植物志》）
学　名｜*Cephalotaxus mannii* Hook. f.
科　属｜三尖杉科（Cephalotaxaceae）三尖杉属（*Cephalotaxus* Sieb. et Zucc. ex Endl.）

海南粗榧散生于天然林中，资源稀少，被列为国家二级重点保护野生植物，在海南原产地人工种植生长良好，但人工林发展缓慢。海南粗榧是我国含有抑瘤生物碱种类最多和含量最高的树种，为天然抗癌药用植物，也是珍贵用材树种。

一、分布

海南粗榧分布于东亚和中南半岛北部，主产于我国海南岛西南部，在云南南部、广东信宜、广西容县和西藏墨脱也有分布。在海南原产区有成片的人工林和少量四旁种植。

二、生物学和生态学特性

常绿乔木。最高可达20～25m，胸径80～110cm。树皮褐色、红褐色或红紫色，表面平滑，常有薄片状脱落。叶条形扁平，螺旋状着生在小枝上，紧密排成2列，质地较薄，长2～4cm，宽2.5～3.5mm，基部圆截形，先端微急尖或近渐尖，下面有2条白色气孔带。球花单性异株，雄球花5～6朵聚生成头状，雄球蕊7～8枚；雌球花有长梗。3～4月开花，9～11月果实成熟。果实为核果，卵圆形或卵状椭圆形。种子通常微扁，长2.2～2.8cm。

一般数株或数十株成小片散生于海拔700～1200m山地雨林或季雨林的沟谷、溪涧或山坡。属喜湿暖半耐阴树种。分布区土壤属山地黄壤或砖红壤性黄壤，云雾多，相对湿度高达90%左右，年平均气温18～20℃且变化幅度较小。

种壳坚硬，萌发困难，天然更新难，但萌芽更新能力强。自然条件下若有荫蔽湿润环境，有少量种子发芽成苗。在海南尖峰岭天池五分区和海南屯昌枫木林场各有一片成功的人工林，在海南其他各山区有少量四旁种植，树高年平均生长量达1.39m，胸径年平均生长量达为1.42cm。

海南省乐东黎族自治县尖峰岭国家森林公园海南粗榧果实（黄桂华摄）

海南省乐东黎族自治县尖峰岭国家森林公园海南粗榧苗（黄桂华摄）

三、苗木培育

1. 实生苗培育

选择15年生以上生长旺盛的优良单株采集种子。9～10月果实成熟变红时采收，收回后堆沤数天，用水搓洗净种。需将种子与湿沙或湿椰糠混合拌匀后于5～10℃贮藏90天进行催芽。宜在温室内播种，基质为掺沙的腐殖质土，先用0.3%的高锰酸钾溶液浇透消毒，撒播后盖土0.5～1.0cm，再适当浇水，搭建1.0～1.5m高的遮

海南省乐东黎族自治县尖峰岭国家森林公园海南粗榧大树（黄桂华摄）

阳网，透光度50%，保持土壤湿润。1.5个月后，种子开始发芽，最终发芽率可达80%左右。

幼苗长出1对嫩叶时可移植，苗床需搭棚遮阴，保持土壤湿润。1个月后，每半个月浇施1次0.5%～1.0%的复合肥。4个月后，可增施1%的氯化钾。培育1.5～2.0年后，苗高40～50cm时，可出圃造林。

2. 扦插育苗

在海南宜在10月后的秋、冬季进行扦插育苗。剪取1～2年生向阳枝条，修剪成长10～15cm的插条。用1500mg/L的IBA溶液浸泡插条基部1h，扦插基质以甘蔗渣、椰糠或锯木糠按1∶1拌表土均可，先用0.3%的高锰酸钾溶液浇透消毒，插后喷水，覆盖塑料膜，保持湿度在80%以上，45天后插条开始生根，最终生根成活率可达85%左右（黄桂华等，2012）。

四、林木培育

1. 林地选择与整地方式

在分布区或类似气候区选择500～900m中海拔山区造林，要求温暖湿润气候，土层深厚、肥沃、排水良好，可在沟谷、溪涧旁已有稀疏林地里套种。于造林前3个月砍倒、清除造林地的乔、灌、草，种植穴规格为40cm×40cm×50cm。纯林药用模式的株行距（1.5～2.0）m×（1.5～2.0）m，种植密度为2500～4447株/hm^2；纯林材用模式株行距2m×3m，种植密度为1667株/hm^2。套种模式一般是在稀疏林和残次林的改造中，条状清理后挖穴种植，或选择林窗（林隙）处种植，控制原有林层的郁闭度为0.3～0.5。

2. 造林与管理

造林宜在雨季初期进行。在海南和云南宜选择7～8月，而在广东和广西一般是每年的4月，在雨后林地湿透后造林。造林前1个月，以生物有机肥为主施基肥，每穴施1.0～1.5kg，加施0.2～0.3kg复合肥（氮∶磷∶钾＝15∶15∶15）。也可施用0.4～0.6kg复合肥代替。

造林后前3～5年分别在5月、7月和10月进行除草、松土和追肥等抚育管理。在5月抚育时，每株追施0.3～0.5kg复合肥。

3. 密度控制和采收

药用培育模式　不进行间伐。胸径达到10cm后，通常在5～6月采收叶片及枝条。在清明到夏至期间采割树皮，在树干基颈部20cm处和树干120cm处按树的大小分别对应横割10cm左右刀口，然后自上而下对齐割2条切口，剥下树皮；数年后树皮能愈合成原状，并可继续剥用。晴天收集树皮较好，但不要让树皮暴晒，以免生物碱被破坏（杜道林等，2012）。

材用培育模式　在纯林第一次郁闭后，考虑到林木稀少珍贵，可间挖移植，移除1/4～1/2。在混交林第一次郁闭后，根据长势，对伴生树种进行间伐。

五、材性及用途

海南粗榧是国内三尖杉属植物中酯类生物碱含有种类最多（共有11种）和含量最高的树种，对各类白血病及急性淋巴病有特殊疗效，被确认为最具潜力的天然抗癌药源。木材坚硬，纹理通直，结构细密，切面光滑有光泽，材色清淡柔和，为上等建筑、家具、装饰等用材。海南粗榧高耸挺秀，具有很好的观赏价值。种子含油率28%～32%，油可食或作为工业用油，用于制肥皂等。

（黄桂华）

55 中国红豆杉

别　名｜卷柏（四川峨眉）、扁柏（四川宝兴）、红豆树（湖北宣恩）、观音树（湖北）
学　名｜*Taxus wallichiana* var. *chinensis* (Pilger) Florin
科　属｜红豆杉科（Taxaceae）红豆杉属（*Taxus* L.）

中国红豆杉原产于我国，是第四纪冰川时期遗留下来的世界珍稀植物，是重要的经济林（木本药材）树种，其体内提取的紫杉醇及其衍生物是目前世界上最好的抗癌药物之一（张宗勤和刘志明，2010）；种子含油率达60%，具有极高的开发价值（宋保伟，2009）。中国红豆杉树形美观大方，四季常青，果实成熟期红绿相映的颜色搭配令人陶醉，是改善生态环境、建设秀美山川的优良园林观赏树种；木材细密、色红鲜艳、坚韧耐用，常用于雕刻，制作高档家具、工艺品等，为珍贵的用材树种。

一、分布

中国红豆杉为我国特有种，分布于黄河以南部分地区，包括陕西南部、甘肃东南部、四川西部以及东部和西北部、重庆南部、云南东北部和东南部、贵州中部和东南部、湖北西部、湖南西北部、广西东北部、安徽南部、浙江北部；垂直分布差异较大，贵州东南部最低分布海拔750m，四川西南部最高分布海拔2700m，湖北、湖南、安徽、云南、广西、浙江分布海拔1000～1600m，陕西、甘肃及重庆东部分布海拔1400～1800m，四川西部1600～2400m，四川西南部达2200～2700m。该种分布范围广、种群密度低，多生长于针阔混交林中，呈零星分布（檀丽萍和陈振峰，2006）。

云南省昆明树木园中国红豆杉雄花（张劲峰摄）

二、生物学和生态学特性

乔木。高达30m，胸径达60～100cm。种子生于杯状红色肉质的假种皮中，间或生于近膜质盘状的种托（即未发育成肉质假种皮的珠托）之上，常呈卵圆形，上部渐窄，稀倒卵状，长5～7mm、直径3.5～5.0mm，微扁或圆，上部常具2条钝棱脊，稀上部三角状具3条钝脊，先端有凸起的短钝尖头；种脐近圆形或宽椭圆形，稀三

云南省昆明树木园中国红豆杉种子成熟状（张劲峰摄）

角状圆形。

喜生于气候较温暖潮湿地带，为典型的耐阴树种，常处于林冠下乔木第二、第三层，基本无纯林存在，常见散生，极少团块分布；只在排水良好的酸性灰棕壤、黄壤、黄棕壤上生长良好，苗喜阴、忌晒。种皮厚，种子处于深休眠状态，自然状态下经两冬一夏才能萌发，天然更新能力弱；用种子繁殖，种胚休眠期较长，采种后必须在低温下用湿沙层积处理，春季播种发芽期可延至第二年（宋保伟，2009）。

三、苗木培育

1. 种苗培育

（1）种子采收与调制

植株间种子成熟期差别较大，8月中旬至10月上旬成熟的都有，即使在同一株或一枝上的种子成熟时间也会有先后，采摘时应注意分批进行。但其果熟特征极为明显，假种皮呈肉质杯状、饱满多汁并为鲜红色，汁液具有甜味时种子即充分成熟。成熟的种子采摘时种子即与苞片分离，这是辨别红豆杉批量种子是否成熟的重要特征，在实践中一定要充分予以注意。

种子采摘后，可自然堆放3～5天让其发酵腐烂，然后充分揉搓使假种皮分离；接着以清水冲洗漂除杂质、空粒，滤出纯净种子；种子洗净后，须在阴凉处晾干表面水分，切忌暴晒和高温干燥。红豆杉安全含水率19.4%，千粒重52.6g。

（2）种子贮藏与催芽

目前种子催芽最安全、发芽率最高的方法是沙藏催芽。晾干后的种子用湿沙层积埋藏在背阴干燥处，河沙湿度以手搓可以成团、但不出水为宜。上面覆盖塑料膜及草帘。每月翻动种子2次，到翌年3月初即可播种育苗。

（3）苗圃地选择

根据中国红豆杉的生物学特性及育苗要求，苗圃地应选择肥沃的轻壤质土壤，具有良好的灌溉条件而又不会积水的地段，切忌选用黏重土壤和积水地段。如果土壤瘠薄，可以用有机肥及森林腐殖质土进行混拌改良。为防止虫害及猝倒病，避免选用前作为茄科作物的菜地。

（4）整地作床

在育苗前14～30天整地，深翻土壤使其充分暴晒，并做到耕实耙透，达到松、平、匀、碎的要求。若土壤黏性重、结构较差，可根据当地条件在土壤中加入适量的锯末或煤渣、腐熟的农家肥等，以改良土壤结构、增加其透气性。作床前施入基肥（农家肥）3.5kg/hm^2，撒施磷肥150～187kg/hm^2，并翻入苗床内。苗床高20～30cm、床宽1.0～1.2m，步道宽30～40cm。

（5）土壤消毒

播种前必须进行严格的土壤消毒，预防猝倒病的发生。可采用烧土法或杀菌剂处理。烧土法：在圃地放柴草焚烧，使土壤耕作层加温进行灭菌。

（6）播种技术

播种方式可采用条播或撒播。条播播种量20kg/亩（30g/m^2），撒播30kg/亩（45g/m^2）。条播是开浅沟，沟深3cm、沟距20cm，覆土厚度1.0～1.5cm；撒播是将种子均匀撒于整理好的床面上，然后用木板加以镇压，再覆土1cm厚。播种后，床面覆盖松针、浇透水，再搭建小拱棚覆盖塑料薄膜。

（7）苗期管理

遮阴 4月初气温升高，幼苗出土约40%后选择阴天或晴天傍晚揭去覆盖物，及时搭设70%遮阳网，苗木速生期改为50%遮阳网，直至苗木速生期结束后选择阴雨天揭去遮阳网。

追肥 从幼苗真叶展开后开始追肥。6月以施氮肥为主，每隔半个月施一次浓度为0.1%～0.2%的尿素溶液，施肥2次；7月以施磷、钾肥为主，每隔半个月施一次浓度为0.2%～0.5%的磷酸二氢钾溶液，施肥2次；8月停止施肥，促使苗木木质化。

除草 在苗木生长前期，做好除草松土工作，改善土壤通气条件，防止杂草滋生影响幼苗生长。

水分管理 播种后和幼苗期要适时喷水，防止种子幼苗失水和土壤板结。30℃以上高温天气要及时喷水，并加大喷水量，做好保湿降温工作。9月以后减少浇水次数，促进苗木木质化。

越冬保护 冬季可在苗床地表覆盖一层熟土，到土壤封冻时灌足冬水，7天后再灌1次效果更佳。另外，入冬时可在苗木基部覆盖2～3cm厚的稻草进行越冬保护。

（8）裸根苗培育

播种苗留床培育或经移植在地床培育，出圃时挖起即为裸根苗。培育1.5年生苗木，留床或移植株行距为10cm×10cm，每亩产苗3万株；培育2年生苗，株行距为15cm×15cm，每亩产苗2万株。留床或移植苗管理，半年生以前应用70%～90%遮阳网遮阴，半年后撤去遮阳网。出圃前3个月，还应停肥减水，进行炼苗。

2. 插苗培育

（1）扦插季节

春季和秋季均可扦插，秋季扦插适宜于气候偏热的地区。其中，春季扦插在枝条尚未萌发的早春进行，秋季扦插在新梢部分开始木质化、枝条进入休眠的秋末冬初进行。

（2）穗条的采集

穗条应采自生长健壮、无病虫害的幼龄植株，尤其是靠近树干基部、树冠中下部外围的枝条，以及根际附近或往年已采枝、干部萌生的顶生枝、干部的新萌生枝、健壮的侧生枝。穗条的年龄应为1～3年生，1年生穗条应充分木质化，3年生以上的穗条不予选用；穗条直径＞2mm，从枝条采集到扦插的间隔时间不超过48h。

（3）插穗的制作

穗条采集后，应在阴凉之处制作插穗。将其剪成数段长15～20cm作插穗，要求下切口为斜口（马蹄形）、上切口为平口，同时摘除下端1/3～1/2段的枝叶、上端留1～3个侧枝或侧芽（侧枝应截顶，无侧枝、侧芽时保留叶片即可）。插穗在一定浓度（50～1000mg/L）的生根药剂（吲哚丁酸、萘乙酸、ABT2号）溶液中处理后扦插，浸泡时间视具体浓度而定，低浓度3～8h，高浓度速蘸。

（4）扦插基质

河沙、锯末、珍珠岩、黄土、腐殖土、蛭石、田园土、森林表土均可作为基质，其中，锯末、珍珠岩、沙土混合的基质扦插成活率高。

（5）扦插技术

扦插前，苗床上洒水使土壤松软湿润，扦插采用直插式。扦插后，将插穗周围的土压实，保持插穗直立，再次对苗床浇透水。适宜采用的株行距为4cm×8cm～5cm×10cm，150～180株/m^2；扦插深度为5～8cm，在该深度范围内，气温低的地方扦插深度略浅，气温高的地方略深。

（6）插后管理

插穗生根过程中，首先，温棚内空气相对湿度宜保持在80%以上。当床面土壤发白呈干燥状时，选择早、晚时间适当浇水（或喷水）保持土壤潮湿，但忌苗床积水。密封的小拱棚只要每日早晨和下午有水珠凝结于拱膜，则不必浇水。其次，保持温度在25～30℃，温度低于25℃时应封闭棚门保温，超过30℃应采取降温措施。再次，保持良好的遮阴，防止阳光直射插穗，遮阴度在75%～90%范围内，早、晚能照射到阳光的温棚侧面也应遮阴。此外，温棚内环境阴湿，易发生苔藓类真菌侵染，引起插穗落叶或影响土壤透气。出现真菌侵染时，可隔一段时间掀开膜晒1～2h，增加通风时间或用消毒药剂处理。插穗开始萌芽时，叶面喷施0.3%的尿素+0.2%磷酸二氢钾溶液实施叶面追肥，每15天追肥1次。

插穗生根后，土壤水分应相对减少，忌过湿、过干，逐步增加通风换气时间及次数；插穗大量生根后应加强追肥，追肥应以有机肥为主，适当施用无机肥。其中，有机肥可选用沼液、清粪水、人尿粪、粉碎的牲畜粪等，无机肥可选用氮肥、复合肥、磷酸二氢钾等。

3. 容器苗培育

容器苗培育为两段式：第一段是芽苗培育，以种子在苗床进行密播。第二段是幼苗高长至3～4cm移入容器进行培育，采用8cm×12cm或10cm×15cm的容器。移植前先搭建75%～80%的遮阳网，移苗时应先将芽苗淋透，做到随移随栽，晴天中午或阳光过强时不宜移苗。移植前一天先将营养袋浇透水，第二天移植；移苗时用竹

签在容器中心位置打小孔，然后把芽苗小心插入小孔中，再用竹签从芽苗旁边插入并挤压，使芽苗与土壤充分密接；移后及时浇定根水。培育半年后，可逐步撤网炼苗。培育期间每月追肥1次，直至出圃前3个月停止。容器内的杂草一旦长大就很难拔除，对幼苗生长影响极大，因此应及时除早、除小。

四、林木培育

1. 林地选择

中国红豆杉造林地宜选择在地势平缓、土层深厚肥沃、近水源缓坡地的中下坡或山谷的阴坡，也可选在密度小的幼林下造林。然后，根据气候条件、土地资源状况等，因地制宜地选择种植模式。

（1）密集种植模式

在有水源条件，土壤疏松肥沃、肥源充足、耕地资源丰富，需要集约经营、尽快产出原料的，或幼林期全光下难以正常生长，需要集中遮阴、灌溉等管理的，宜选择该模式营建中国红豆杉原料林基地。

（2）常规造林模式

在气候温暖湿润、降雨丰富，苗木在全光下能正常生长的山地，或土壤湿润、植被良好、林分郁闭度0.5～0.6的林地，宜选择该模式营建中国红豆杉原料林。

2. 林地整理

（1）密集种植模式（茶园式密植化种植模式）

采用带状整地，沿等高线开挖水平沟，宽60cm、深50cm，相邻两沟的中心水平距离为0.8～2.0m。挖沟时，上层表土移至坡上一方堆积，生土移至坡下一方。提前30～60天开挖定植沟，挖成后充分露晒。定植前，先施入充足的有机腐熟肥料作基肥，并加入表土拌匀，再以熟土在下、生土在上的原则将土壤回填至沟满凸起。坡地整理做成水平阶，阶面宽60cm；平坦地在定植沟上作垄，垄面宽40～60cm、高15cm，垄底宽60～80cm。

（2）常规造林模式

采用穴状整地。根据设计的株行距开挖定植穴，规格40cm×40cm×40cm。然后，每穴施5～10kg腐熟的圈肥与表土拌匀后，以熟土在下、生土在上的原则将土壤回填至坑满凸起。

3. 造林季节

密集种植模式有水源及灌溉条件保障，并为苗木提供人工遮阴时，可选择春季或秋季造林。裸根苗选择早春或晚秋季节栽植；容器苗在春季、雨季栽植；冬季有雨多雾、气候湿润的地方可选择冬季节栽植；山地常规造林模式应选择雨季栽植。

4. 造林密度

（1）密集种植模式

苗圃式 按150～180株/m²的密度进行育苗，1.0～1.5年生后选择优势苗木出圃造林，其余苗木培育至1.5年生以上挖出作为原料，圃地则重新育苗或轮作其他作物。

农作式 作苗床定植，床宽1.2m，床间留宽40cm的操作步道，株行距可选择25～30cm，密度82995～124995株/hm²，苗木矩形配置或“品”字形配置。或在温棚内作苗床，密植进行苗木培育，能增加植株的生长速度和生长量，苗床规格、定植密度及配置方法同前。种植第二年即开始配合整形剪枝收获，以后随苗木生长逐步调整密度。

茶园式 以尽早、更多地获取枝条为目的的茶园式密集种植模式，采用带状双行种植，行间距0.8～2.0m、株距30～50cm，每公顷种植19995～82995株。可单独采用实生苗或扦插苗种

云南省马关林场中国红豆杉山地造林（张劲峰摄）

植，也可以将实生苗与扦插苗混交种植，矩形配置或“品”字形配置。自定植第二年开始配合整形进行剪枝收获。

（2）常规造林模式

山地或林下以1m×1m、1m×2m、2m×2 m、2m×3m等的株行距定植，1665～10005株/hm^2，矩形配置。

林冠下造林模式 选择气候湿润、适合中国红豆杉生长的林地，按一定的株行距挖穴定植，将中国红豆杉定植于林冠下造林。定植后，通过适时除草、松土、施肥等进行抚育管理，林木达到适采林龄后采摘枝叶为原料。

林区、山地种养结合的有机造林模式 选择气候湿润、适合中国红豆杉生长的林区、山地，

云南省普洱市林业科学研究所1年生中国红豆杉种植园（张劲峰摄）

云南省普洱市林业科学研究所中国红豆杉实生苗培育（张劲峰摄）

适当开垦空地或林下进行中国红豆杉造林。同时，结合种植庄稼或草料等作为饲料，进行养殖业发展，可将养殖产生的大量农家肥提供给中国红豆杉原料林。

乔木-红豆杉复层林造林模式 依据中国红豆杉需要遮阴、树体较小、浅根性等特点，将中国红豆杉与其他速生树种混交种植，其他树种生长到一定高度后能为中国红豆杉提供遮阴，利用多层人工群落采取优势互补的方法进行复合经营。

林地更新造林模式 在气候温暖湿润，降雨丰富、无春旱、秋冬季节有雾雨、相对背阴、林木全光照条件下能正常生长的小气候环境的林地，用材林采伐后，以红豆杉作为更新树种种植。

5. 栽植技术

修根 剪去过长的根系，将根系剪成扫帚形，而不要成为毛笔形。

修枝 目的是达到根系与苗冠平衡，剪去过长、过多的侧枝；若苗木细长、过高且根系细弱，要在适当高度截去顶枝。

深度适当，填入细土 中国红豆杉为浅根性树种，栽得过深会导致根系缺氧死亡，但根系过浅易受干旱危害，因此栽植时要求与原苗深度一致。

保持端正，提苗踩实 栽植穴填满土后，植苗者应手提苗干轻轻上提至适宜高度，然后踩实土壤。

6. 抚育管理

不同种植形式，其修剪、整形、疏伐要采取不同的措施。对密植方式，第二年就可开始修剪整形，生产一部分枝条原料，第三年可以采取隔行低位截干的收获方式开始大量采收，以后逐年疏伐，收获受压、无发展空间的林木，以充分发挥地力。采收之后均要松土中耕、追施肥料，促进林木恢复生长。施肥量要视具体地块而定，红豆杉喜肥、耐肥，可以较其他针叶树多施一些。常规模式造林后1～2年可以间种豆类、药材、绿肥等，以耕代抚，既可提高经营集约度，又可带来附加收入。

五、主要有害生物防治

1. 猝倒病

猝倒病是苗期主要的病害。引起猝倒病的病原菌为立枯丝核菌（*Rhizoctonia solani*）、镰孢属的多个种（*Fusarium* spp.）和腐霉菌（*Pythium aphanidermatum*）、交链孢菌（*Alternaria lenuis*），主要表现为侵染幼苗根、茎连接部，破坏茎部组织，产生褐色病斑，逐渐扩大成水渍状病斑，使组织坏死，根颈部腐烂、缢缩，叶片下垂，甚至脱落，幼苗迅速倒伏。防治方法：可通过杀菌剂对土壤、种子和幼苗喷施进行预防和防治。

2. 白绢病

白绢病的病原为半知菌亚门齐整小核菌（*Sclerotium rolfsii*）。发病初期6月地面会出现白色圆形块丝层，菌丝蔓延至苗木基部感染致病，造成皮层腐烂，苗木逐渐凋萎枯死。防治方法：可通过加强管理，如筑高床、疏沟排水，及时松土、除草；增施磷、钾肥和有机肥料，以促使苗木生长健壮，增强抗病能力；发病后，应及时清理病株、落叶和感染基质；药剂喷施，15天1次进行预防和防治。

3. 红豆杉叶尖枯

引起红豆杉叶尖枯的病原是红豆杉茎点霉（*Phoma taxi*）。症状为病叶从叶尖至半叶为褐色枯斑，病健界线不明显，在病斑内有一些小黑点。发病初期受害叶较少，后来在同一小枝上的病叶不断增加，秋季时病枝上几乎无健全叶片。在空气湿度大的季节，红豆杉叶尖枯病比较严重，影响其生长发育和观赏。本病多发生在夏、秋季，气温高、湿度大、通风不良的小环境，以及植株生长较弱、管理较差之处易发病。防治方法：预防红豆杉叶尖枯病要加强养护。发病期必须浇水时，采取地表灌注；增施有机肥和钾肥；及时剪除病虫枝、叶，集中销毁或深埋。可交替喷施杀菌剂，例如，75%百菌清500～1000倍液，或70%甲基托布津可湿性粉剂1000倍液、50%敌菌灵可湿性粉剂400～500倍液、5%菌毒清水剂200～300倍液等，每次使用一种，每隔7～10天喷一次，连喷2～3次。

4. **东方食植行军蚁**（*Dorylus orientalis*）

通过啃食中国红豆杉幼苗根颈距地面5～10cm处韧皮部，破坏植物输导组织，导致中国红豆杉植株生长缓慢，直至完全切断根颈韧皮部输导组织导致苗木死亡。幼苗受害率达24%，死亡率达14%。每年4月开始危害，直至9月结束。防治方法：在圃地周围挖沟，堆入树皮、甘蔗渣等物，在其上泼洒一些米汤、红糖水覆盖踏实。发现取食时，往沟内撒入适量的化学药剂淋灌苗根；或用化学药剂与细土拌匀，撒布于土表，耙入土中。

六、综合利用

中国红豆杉是世界公认的濒临灭绝的天然珍稀抗癌植物和珍贵材用、药用树种。从其根、树皮和枝叶中提取的紫杉醇，是继阿霉素和顺铂之后被公认的最好的广谱、强活性天然抗癌药。临床试验结果表明，紫杉醇对多种癌症疗效显著，

福建省将乐县龙栖山国家级自然保护区南方红豆杉古树（贾黎明摄）

总有效率达75％以上，主要用于治疗晚期乳腺癌、肺癌、卵巢癌及头颈部癌、软组织癌和消化道癌等。目前，98％纯度的紫杉醇国际市场价格为40万～60万美元/kg，我国纯度为70％的紫杉醇的售价为160万～180万元/kg，比黄金价格还要昂贵（张静，2014）。

中国红豆杉木材心材与边材区别甚明显，边材浅黄褐色、宽约1cm，心材橘红色至紫红色，无特殊气味和滋味，光泽强、纹理直、结构细，密度、硬度、强度中等；年轮（生长轮）明显，呈波状，甚窄，轮介于深色晚材带。在每个年轮中，早材带宽，色浅；晚材带窄，色深；早材至晚材过渡渐变。由于中国红豆杉心材颜色鲜艳、花纹美丽夺目，状如流水行云、峰峦叠翠，且重、硬适中，坚韧耐久、防腐抗虫，为高档家具、美术雕刻和装饰工艺特种用材（王卫斌等，2006）。

（张劲峰，耿云芬，王磊）

附：云南红豆杉（*Taxus yunnanensis* Cheng et U. K. Fu）

云南红豆杉是以云南为中心分布区的地方特有种，分布集中，种群密度高，主要分布在云南西部的保山市、腾冲县，西北部的大理、中甸、丽江、维西一带。其紫杉醇含量高，所以药用价值高，是我国生产紫杉醇药物的主要树种。

（张劲峰）

附：南方红豆杉［*Taxus mairei*（Lemeé et Lévl.）S.Y. Hu ex Liu］

南方红豆杉分布于我国长江流域以南，分布较广泛，因鸟类取食、传播而导致其分布分散、零星。该种大部分分布区与中国红豆杉的分布重叠、交叉，但生长海拔低。南方红豆杉树形好，外观丰满、美丽，净化空气能力强，人们称它为“环保红豆杉”，主要用于环保绿化、盆景栽培。

（张劲峰）

56 东北红豆杉

别　名｜紫杉、朱树、赤柏松
学　名｜*Taxus cuspidata* Sieb. et Zucc.
科　属｜红豆杉科（Taxaceae）红豆杉属（*Taxus* L.）

东北红豆杉为珍贵的第三纪孑遗树种，是世界上公认的濒临灭绝的天然珍稀抗癌植物，因其特殊的药用价值，被誉为“国宝级树种”，我国已经将其列为一级珍稀濒危保护植物，联合国也明令禁止采伐。东北红豆杉木材紫红色，材质优良，为珍贵用材；其树形端丽，鲜红色果实衬托在青翠的针叶上，非常具有观赏价值。

一、分布

东北红豆杉分布于我国辽宁的本溪、桓仁、宽甸，吉林的长白、抚松、靖宇、临江、敦化、和龙、汪清、安图、珲春，黑龙江的绥棱与穆棱附近。此外，朝鲜北部，韩国的济州岛，日本的北海道、本州、九州、四国，俄罗斯的千岛、萨哈林岛、阿穆尔地区等地亦有分布与栽培。英国、美国对东北红豆杉开展了引种驯化栽培工作。

二、生物学和生态学特性

常绿乔木。高可达20m，胸径达1m。树冠倒卵形或广卵形，枝条密生。树皮红褐色，薄质。小枝条带红褐色。叶于枝上螺旋状着生，呈假二列羽状展开；叶条状镰刀形，叶上面浓绿色，中肋部稍隆起，下面的中肋及两缘部浓绿色，其中间为气孔带，黄绿色。雌雄异株；雌花生于腋生的短枝上，有1枚卵形淡红色的胚珠，胚珠下部遗存有假种皮的原始体。种子卵圆形至卵状广椭圆形，假种皮长约1cm，肉质，倒卵形，深红色，上部开孔。

耐阴树种，在密林内也能够生长，多数散生，很少为纯林，常与其他针阔叶树种混生。多分布在东北山地海拔500～1000m、气候冷湿、微酸性土地带。东北红豆杉在不同立地类型上生产率差异很大，斜缓坡立地类型东北红豆杉林优于山脊陡坡和平谷立地类型，可作为培育东北红豆杉高产栽培基地。

三、苗木培育

东北红豆杉育苗目前主要采用播种育苗和扦插育苗两种方式。

1. 播种育苗

采种与调制　9月下旬至10月上旬种子成熟，呈深红色即可采收。种子采回可浸在水中3～5天，捣碎果肉（假种皮），洗净阴干后，贮藏于室内阴凉干燥处。

种子催芽　种子有深休眠特性，采用隔年埋藏催芽和越冬埋藏催芽处理。

播种　播种量为0.045kg/m^2。常规育苗即可。

吉林省汪清东北红豆杉生物科技有限公司优良种源育苗基地（张启昌摄）

苗期管理 常规管理即可。2年生留床苗可施腐熟稀人粪尿3～5次，硫酸铵1～2次，硫酸铵用量100kg/hm^2。6～7月再施以钾肥，以提高苗木木质化程度。幼苗生长缓慢，当年苗高5cm左右。1～4年生苗均需防寒越冬。

2. 扦插育苗

选取幼年母树靠近树干基部或树冠中下部的外围发育良好的2～3年生枝条作为插穗。扦插全年都可进行，但春季扦插效果比较好。扦插基质采用河沙即可。使用ABT1号50μg/g溶液处理，浸泡插穗基部24h，插穗伤口愈合面积达100%。适于扦插生根的气温是18～27℃，空气相对湿度80%以上为宜。

四、林木培育

1. 品种选择

提高红豆杉枝条产量的有效途径是培植大径级苗木资源基地。选择生长快、灌木型的红豆杉进行人工栽培，是目前解决紫杉醇资源紧缺最简易的方法。优良的采叶品种栽后3～5年即可采收枝叶。

2. 造林地选择

选择在山坡中下部土层较厚、排水良好的山地暗棕色森林土，郁闭度0.3以上的林分。

3. 造林时间

东北红豆杉栽植时间主要分为春栽和秋栽。春季一般2～4月栽植，秋季9～11月栽植。

4. 整地

整地采用穴状整地，整地与栽植同时进行，规格为50cm×50cm×30cm，注意保留伴生树种。可根据土地肥力情况，结合整地施基肥。

吉林省春阳林场东北红豆杉播种苗培育基地（张启昌摄）

5. 造林模式

东北红豆杉药用原料林人工种植经营模式主要分为山地栽培、大田栽培和四旁种植3种模式，其中以林下和集约化山地密集式栽培为主。山地栽培包括茶园式密集种植（株行距0.5m×1.0m）、台地种植（株行距2.0m×3.0m）、坡地种植（株行距2.0m×3.0m）和林下种植（株行距3.0m×5.0m）模式。大田栽培包括林粮间种、设施（温室和遮阴棚）栽培和林果套种模式。

6. 造林方法

造林苗木应随起苗随造林。长途运输苗木应使用吸水剂。如果造林地为榛子、胡枝子等灌丛，采用割带造林。如果在郁闭度0.3以上的针阔混交或阔叶疏林地造林，应割除灌丛、藤条，施行林冠下更新。

7. 抚育管理

中耕除草 由于东北红豆杉生长速度慢，因此抚育年限较长，一般5年，每年5～6月和8～9月锄抚2次。切不可伐去上部的全部遮蔽物，只能逐渐地进行轻度的透光抚育。另外，抚育时应保留其他的自然更新树种作为其伴生树种，恢复原生境植被，有利于东北红豆杉的生长。雨后土壤板结要及时中耕，中耕时要尽量做到不伤根或少伤根。1～2年生的幼林根系不甚发达，中耕不要太近根际，以免伤根过多而影响其生长。中耕深度3～6cm，成林后每年垦复1～2次即可。结合中耕清除杂草，尤其攀缘性和缠绕性杂草一定要除去，以免缠绕红豆杉幼林，影响其生长。

灌溉 灌溉次数根据天气情况和林地含水量而定，原则上土壤干燥即进行灌溉，保持土壤不干不湿。

施肥 施肥以复合肥为主，辅以尿素，有条件的可施入充分腐熟的有机肥。可结合中耕将肥料埋入林地，以减少肥料流失和挥发。施肥量为450kg/hm^{2}左右，氮、磷、钾比为4∶3∶0.5。施肥时间与施肥技术：每年4月中旬至5月中旬开始施肥，过磷酸钙全量一次施入，氮肥施入全量的

吉林省汪清东北红豆杉生物科技有限公司扦插苗培育基地（张启昌摄）

2/5；6月中旬施入氮肥全量的2/5；7月下旬施入氮肥全量的1/5，钾肥全量一次施入。距树干约20cm开宽10cm、深10～15cm的沟，把肥料均匀地撒入并覆土。

修剪 修剪能够显著促进主枝粗度、次级枝平均长的生长及三级侧枝芽萌发。春梢短截1/3能够显著增加次级枝数量、次级枝总长。对播种苗从第三年开始剪顶，再加上施肥措施，可显著促进苗木生长，提高单位面积的生物量10倍。对成（过）熟母树进行适度修剪，不仅能有效刺激母树主干萌蘖更新芽的形成和生长，而且能极大地增加一级侧枝上生长的各级侧枝的数量和提高枝条生长量。复壮修剪采用短截回缩和疏剪相结合的方式。

8. 采收及处理

秋季植株紫杉醇含量较高，适宜采收期确定为9～10月。主要采取刈割方式收获枝叶。新采集的枝叶应该马上晾晒，或放在烘箱中用90～100℃烘干。原料不宜放置太长时间，热、堆积和雨淋会加速紫杉醇的分解。

五、主要有害生物防治

幼苗出齐后喷浓度为1%的波尔多液，以后每隔7～10天喷一次，共喷5～7次，防治幼苗猝倒病。如果发现少量白蚁蛀食，可用白蚁药防治。病害主要是1～3年生幼林的根腐病，发生时间多在雨水多的春、夏两季，防治方法为高垄种植，开好排水沟和药物防治。

六、综合利用

根、茎、叶、树皮均可入药，叶可通经利尿，治疗高血压症，并有抑制糖尿病及治疗心脏病之效。树皮、根、茎、叶等部位含有的紫杉醇对卵巢癌、乳腺癌等有较好的疗效。

心材与边材区别明显，早、晚材急变，年轮窄，年轮平均宽度为0.82mm，晚材百分率为18.65%；木材管胞平均长度为1.88mm，平均直径为37.55μm，胞壁厚度为4.86μm，其长宽比约为50；管胞壁上具有明显的螺旋纹增厚，射线管胞内壁锯齿状加厚明显，平均锯齿高度为2.83μm；木材气干密度平均值为598kg/m^3，差异干缩小，平均值约为1.8。材质优良，纹理通直，结构致密，富弹性，力学强度高，具光泽，有香气，耐腐朽，易刨削，不易开裂反翘，不含松脂，着色、涂饰及胶接性能优越，适用于作乐器、雕刻、高级家具、美工装饰等用材。

东北红豆杉树形优美，鲜果红色，其枝叶四季浓密苍翠，可作为优美的庭园观赏树种。树皮、木屑、种子可供提取栲胶原料。

（张启昌，其其格，葛丽丽）

57 榧树

别　名｜彼、赤果、榧子树、玉山果、香榧

学　名｜*Torreya grandis* Fort.

科　属｜红豆杉科（Taxaceae）榧树属（*Torreya* Arn.）

榧树是我国特有珍稀树种，具有生长慢、结实迟、寿命长等特性，主要生长在我国东南至西南中部地区。作为优良的用材林树种，其木材用途广泛，可用作木模、木工、建筑材料用材，亦可作桩柱、造船、铅笔杆、算盘珠、棋子、雕刻等用材。香榧是实生榧树的果用优良变异类型的统称。香榧果实营养丰富，是品质优良的果中珍品。富含脂肪油、蛋白质、糖类，还含有丰富的氨基酸，具备多种药用功效，具有一定的降血脂和降低血清胆固醇的作用，并可调节老化的内分泌系统，同时还具有一定的抗菌、抗癌作用。

一、分布

榧树的主要分布区有安徽、江苏、浙江、江西、福建、湖南、湖北南部及贵州东部。水平分布在26°～32°N、109°～122°E；垂直分布在北亚热带（海拔800～1500m），中亚热带西部的湖南、贵州的武陵山、雪峰山（海拔1500m），中亚热带南部的武夷山（海拔1800～2000m）及浙江沿海地区（海拔＜100m）。在年平均气温15℃以上、绝对最低气温不低于−16℃、年降水量达1000mm的区域，榧树均可正常生长发育（程晓建等，2007）。主要产区是会稽山的诸暨、绍兴、东阳、嵊州、磐安等地，以诸暨市分布最多，诸暨市的赵家镇、嵊州市的谷来镇、绍兴县的稽东镇是集中产区（贾姗姗，2016）。

榧树对地质土壤条件适应性较广，土壤类型以红壤、黄壤为主，在山区海拔600m以上的红壤、黄壤、山地黄壤和局部（海拔1500m以上）的黄棕壤上生长结实正常。在有机质丰富、疏松、质地由沙壤到轻黏、pH 5.2～7.5的土壤上生长发育良好。

二、生物学和生态学特性

常绿乔木。树形呈尖塔形或圆锥形。树干通直，分枝匀称。树皮灰白色，呈不规则纵裂或薄鳞片状脱落。顶芽一般3个，其中1个为真正顶芽，抽生延长枝，其余为顶侧芽，抽生顶侧枝。叶交叉对生或近对生，条形叶，坚硬，叶表皮细胞为厚壁细胞，表面具角质层；叶肉中有石细胞或无，有较多或大量菱形或六边形结晶。雌雄异株，稀同株。雄球花单生于叶腋，稀呈对生，椭圆形或卵圆形，有短梗，具8～12对交叉对生的苞片，呈4行排列。雌球花无梗，2个成对生于叶

榧树叶（刘仁林摄）

榧树枝叶（刘仁林摄）

腋；每一雌球花具2对交叉对生的珠鳞和1枚侧生的苞鳞，具胚珠1个，直立生于漏斗状珠托上；通常仅一个雌球花发育，受精后珠托增大发育成肉质假种皮。其种子核果状；外被肉质假种皮，绿色，熟时淡黄色至暗紫色或紫褐色，外有白粉；种皮骨质，内种皮（俗称种衣）膜质，紫红色，胚乳向内皱褶或微皱。

榧树属生长慢、结实迟、寿命长的树种。自然生长的100年生实生榧树树高仅10m左右，胸径20～30cm。人工栽培下，实生苗前1～2年生长缓慢，1年生苗高仅15～20cm，2年生高20～40cm，从第三年起生长加快，年高生长量达30cm以上，干径年增长量可达1cm左右。一般20年生左右开始结实，寿命可达1000年。

三、良种选育

榧树为我国特有珍稀树种，大部分呈野生、半野生状态。香榧是从实生榧树群体中按照果用性状指标选育的优良变异类型统称，也是商品名。其中'细榧'是香榧中最具特色的代表品种，特征为种子小而细长、蜂腹形，核壳薄、纹细、光滑，胚乳实心而皱褶细浅，容易脱衣，肉质细而香脆，种仁油脂、蛋白质含量显著高于实生榧树，而淀粉含量显著低于实生榧树。浙江农林大学对我国榧树分布区和香榧主产区进行榧树资源调查、收集与选种，通过省级良种审定或认定的良种有以下几种。

'细榧'（*Torreya grandis* 'Xifei'，浙S-SV-TG-005-2002）原产于浙江诸暨，籽大小均匀，形态整齐，棱纹细密平直，壳薄，种仁饱满，油脂含量高。炒后，质松脆，味清香，有独特的榧香风味，品质最佳。9月上中旬成熟。

'珍珠榧'（*Torreya grandis* 'Zhenzhufei'，浙R-SC-TG-008-2006）原产于浙江嵊州，籽形短而圆，壳薄，种仁饱满，光滑白亮，口感香酥，有甜香余味，脱衣好。成熟期9月中旬。

'大长榧'（*Torreya grandis* 'Dachangfei'，浙R-SC-TG-006-2006）原产于浙江磐安的优良品种，籽形长，壳薄，种仁饱满，个大，脱衣稍难。成熟期比普通香榧早7天左右。

'东榧3号'（*Torreya grandis* 'Dong No.3'，浙R-SV-TG-004-2008）原产于浙江东阳，种实基部略圆，端部略尖，叶片两侧近于平行，基部楔形，丰产，种仁松脆，品质优良。

'东白珠'（*Torreya grandis* 'Dongbaizhu'，浙R-SV-TG-002-2009）原产于浙江诸暨，籽形较圆，壳薄，种仁饱满，脱衣容易，品质优。种实成熟期9月上中旬，比'细榧'迟7～10天。

'东榧2号'（*Torreya grandis* 'Dong No.2'，浙R-SV-TG-003-2008）原产于浙江东阳，种实细长、均匀，种仁松脆，品质优，丰产稳产，成熟早，比一般品种早8～10天。

四、苗木培育

1. 播种育苗

香榧种子需经过生理后熟才具发芽能力。其发育比较特殊，自然成熟时，种胚的子叶特别发达，下胚轴很短，根冠没有明显的组织分化，需经3个月以上贮藏，达到生理成熟后才能发芽，而发芽条件是温度、湿度和通气及三者之间的协调。因此，种子催芽必须掌握以下几个环节。

①种子必须充分成熟，应在假种皮大量开裂、部分种子脱落时采种。

②采下的种子堆放于阴凉室内，待大多数种皮开裂时，脱去假种皮，用水洗净，浮去空籽，堆放阴凉处，上覆湿稻草保湿，堆厚20～30cm。在种子催芽前一定要防止种子干燥或一干一湿。

③催芽时间以10月下旬至11月中旬为宜，12月以后催芽效果很差。

④采用双层塑料棚下湿沙层积催芽，在催芽期保持沙的湿度为9%左右，棚内最高温度不低于20℃，保持通气良好，层积层数不超过2层。

⑤种子胚根露出到1.5cm长以内播种为好，所以要分期播种。4月中旬不发芽的种子集中沙藏，下半年播种。

榧树树干（刘仁林摄）

通过以上措施，种子当年发芽率可达80%左右。

2. 容器育苗

香榧容器苗具造林成活率高且造林不受季节限制的优点，且缓苗期短、保存率高。香榧喜肥沃通气土壤，营养土应多放有机肥，pH保持微酸性至中性，生产上有以下几种配法。

①黄泥土49%、鸡粪（干）35%、饼肥15%、钙镁磷肥1%，分层堆积，经一个夏季腐熟。播种前充分混合打碎，加入少量硫酸亚铁消毒。

②肥土（菜园土、火烧土等）每立方米加入人粪尿100kg、牛粪100kg或鸡粪50kg，钙镁磷肥2.5～3.0kg，饼肥4～5kg，石灰1～2kg，充分混合拌匀堆好，外盖尼龙薄膜密封，半个月翻一次，堆沤30～45天。

在营养土配制过程中要十分重视有机肥特别是饼肥的充分腐熟。

经催芽的种子，待种壳开裂，胚根伸出至长2cm以内时最适播种。一般现装土现播种，覆土厚2cm，为防容器内土壤下沉，装土略高出容器口，呈馒头形。移苗时，先将根系完整的苗木置于容器内，一边填土一边摇动容器，再上提苗木至根颈处低于容器土表1cm左右，并使根土密接，浇水后待土壤下沉再适当补充营养土。移植深度宜浅，根上覆土厚2～3cm即可。

3. 扦插育苗

扦插育苗是香榧苗木繁育的重要途径，不仅能保持果用母树的优良性状，矮化树冠，提早结果，而且能缩短苗木留圃时间，节省成本，是有推广前景的育苗方法。

（1）插穗的选择与处理

选取20～30年生、发育健壮、生长旺盛、无病虫害的优株剪取当年生枝，插穗长度以15～20cm、粗度0.3cm以上为好，除去下部1/2的小叶。用ABT 6号处理能提高扦插的成活率，且以1000mg/kg速蘸或300mg/kg浸20min后再扦插为佳。

（2）扦插时间

扦插时间在7月上中旬，此时新梢发育已基本完成，顶芽已形成，茎部半木质化，插后35天开始出现根突。

（3）作床与扦插

扦插苗床选择土层深厚、排水良好、背阴湿润的土壤，pH在6左右。苗床高20～25cm，宽1m，扦插的株行距为4cm×4cm。扦插时先用圆棒打孔，然后再插，插好后浇透水，搭塑料小拱棚，再搭1.5m高的遮阴棚，前期湿度控制在95%～100%。

五、林木培育

1. 幼林抚育

香榧造林后至开花结实以前这段时间为其幼林期。幼林期是香榧营养生长、丰产树体结构形成的重要时期，后期随着树体和叶面积增大，营养物质积累到一定程度，逐渐过渡到开花结实阶段。

（1）保证造林后苗木成活生长

裸地造林1～2年内，幼苗一般采用50%～75%遮光度的黑色遮阴纱遮阴，四周用支杆撑起固定。冬季造林应在11月中旬前进行，春季造林则在造林后立即进行，9月中旬去除遮阴纱。在高温、干旱和强日照的低丘，遮阴时间2～3年；在海拔400～500m的地方，遮阴时间1年；在海拔500m以上的山地，如果四周林地植被保存较好，可不遮阴。因此，在对幼林抚育时，尽量保留种植带侧或种植穴周围的杂草、灌木，或选择玉米、大豆、芝麻等高秆作物套种，造成侧方庇荫。

（2）做好林地水土保持

造林时，尽量避免采用全垦整地，应在山顶、山腹和山麓分别保留一些块状、带状植被，称之“山顶戴帽了，山腰扎带了，山脚穿裙子”。阶梯整地带状造林的林分，每年要清沟固坎，保留带间的植被，带外一侧可因地制宜套种茶叶、黄花菜等作物以保持水土和增加收益；在坡度大的地块采用鱼鳞坑造林的，可从造林的翌年开始逐步清除植株周围植被，在种植穴下垒石坎、移客土做成水平树盘以保持水土。

（3）构建合理的树体骨架和林分结构

幼年期，保障下部枝条先结实，上部枝条

斜向生长担负增加枝条数量和扩大树冠体积的任务。一般侧枝在结实1～2次后自然脱落。下部下垂枝条，处于光照不良处的结实一次后一般无力再次结实，如果密度太大，可以适当疏删，以减少营养消耗，改善光照条件，但修剪量不宜过大。另外，香榧树冠扩展不快，应保持林分的郁闭度在0.7以内，否则会因光照不足而枝条细弱，尤其对于与速生树种混交的混交林，必须及时调整林分，调节光照条件。

（4）幼林施肥及除草松土管理

幼林应多用复合肥，并结合有机肥进行施肥。每年施肥2次，时间分别为每年的3月下旬（0.05～0.20kg）、9月中旬至10月下旬（栏肥10～20kg或腐熟饼肥1kg）。此外，每年雨季结束后，应及时进行除草松土。

2. 成林抚育

成林抚育是指香榧进入结实期，在保证营养生长的基础上，促进结实树高产、稳产和优质的一系列管理措施。

（1）合理施肥

根据香榧种子中所含氮、磷、钾三要素的比例（2∶0.2∶1），考虑到香榧是干果中含钾量最高的树种及酸性红壤上磷的有效性较差的实际情况，氮、磷、钾的配比应为2∶0.5∶1.5较好。同时要注意酸性土壤上的钙、镁、硼和石灰土、紫沙土（富钙）上的铁、铜和钴等常量元素和微量元素补充。另外，香榧在一年的物候期中有3个时期很重要：①4～5月的开花授粉和新梢发育期；②6～9月中旬的种子生长发育期；③采种以后的营养贮备期和花芽分化期。因此，每年施肥2～3次，春肥3～4月施入，促进新梢和雌球花发育；秋肥9月中下旬采果后结合施用化肥和有机肥，为即将开始的雌球花分化和翌年的新梢、花器官发育创造条件。在丰产年份还应于7～8月增施1次夏肥，以磷、钾肥为主，以促进种子发育。春、夏肥施入的化肥应占年施化肥总量的2/3以上，有机肥（基肥）以秋施为主。

施肥方式应采用沟施。沟施有环沟和放射沟之分，前者是在距主干到树冠滴水线之间开环形沟，宽30cm，深25cm左右；后者是在冠幅范围内由主干向外开4～5条放射沟，规格同环形沟。沟开好后去除树冠下及周围地表杂草填于沟底，将肥料撒于杂草上，再回填沟土。这样不仅可以防止烧根，还能提高肥效，减少流失。另外，当土壤干燥，土施效果不好时，或某些关键时期急需营养时，可以进行根外追肥，但应在无风的早、晚或阴天进行。

（2）保花、保果

采用人工辅助授粉是弥补香榧林因雄树不足、分布不均、花期不遇、花期多雨等导致授粉不良最后大量落花的重要手段。人工辅助授粉的方法有喷粉、撒粉等。

落果主要指受精的幼果在第二年的5～6月开始膨大时脱落，严重的落果率约占幼果总数的80%～90%，对产量影响极大。因此，应控制氮肥用量，增加磷、钾肥及采用其他调节生长、生殖关系的农业技术来解决。

榧树结果状（金毅摄）

榧树林分（喻卫武摄）

香榧古树（佚名摄）

（3）老树保护和更新

对香榧古树的保护更新应根据老树、老林的具体情况，制订合适的保护更新方法。具体有：①改善老树立地条件；②截干更新，包括截干、留枝、松土和断根等做法；③防腐和补洞，对出现树干腐朽或半边枯死的老树，必须先用刀刮去暴露在外面的腐朽部分（刮至露出新鲜的木质部），涂上多菌灵800倍液后，用塑料薄膜包裹紧实，待新的愈伤组织形成后去掉塑料薄膜即可。

六、主要有害生物防治

我国现有的香榧结果林地大多是由野生榧树嫁接改造而来，在主产区大多呈散生或小片状分布，加之多数分布地区海拔较高，榧林混杂，林间生态环境较好，同其他果树相比，病虫害较少，但有几类病害和虫害对香榧的产量影响很大。

1. 主要病害及防治

（1）香榧细菌性褐腐病

病原菌为胡萝卜软腐欧氏菌（*Eriwinia carotovora*），适应性强，菌丝能在风雨、高湿条件下传播，也能在低温条件下（0℃）维持侵染活性，每年5～6月危害香榧果实，造成大量落果。被害果面初期出现圆形或近圆形软腐状小病斑，随后病斑迅速扩展呈不规则形状，蔓延全果；病果呈褐色，果实腐烂松软，有特殊香味。后期果面上出现灰色或米黄色小绒球状突起的菌脓，果实松软呈海绵状，略有弹性。发病的果实多于早期脱落或少量残留于树上，最后失水干缩成黑色僵果；贮藏期间发病的果实上易出现蓝黑色斑块。防治方法：①病原菌在落地病果中越冬，因此，及时清除林中病残果可以减少侵染源；②5月上旬开始用药剂，保果至7月上旬雨季结束。每公顷可用5%菌毒清农用杀菌剂（1000mL兑水300kg）、50%代森铵（1000mL兑水800kg）、50%退菌特（1000mL兑水400kg）、20%叶青双及农用链霉素（1000mL兑水600kg）交替喷施。

（2）苗木菌核性根腐病

病原菌为半知菌亚门丝孢纲无孢目的齐整小核菌（*Sclerotium rolfsii*），有性阶段为担子菌亚门层菌纲非褶菌目的刺孔伏革菌（*Corticium centrifugum*）。在开春香榧根部萌动时即可危害，往往香榧根系衰弱时遭到在土壤中腐生存活的多种镰刀菌的侵染而发病。病原菌从伤口侵入木质部。病株树叶变黄，干枯早落，输导组织受阻，重则枯死。观察根皮，可见其木质部表面有白色的菌丝呈放射状蔓延，危害严重时则布满白色绢丝。老熟的菌丝束外表暗褐色，脱离。在高温、高湿环境下，病树的根颈部常着生蜜黄色蘑菇状子实体。防治方法：①加强管理，发现病死树，要及时挖除或烧毁。对树势弱或树龄高的衰弱香榧，应用配方施肥技术，以恢复树势增强抗病力。②不施用未腐熟的农家肥，以免将菌源带入苗圃，造成危害。③保护树体，减少伤口，是预防本病的重要有效措施，对剪锯口要涂1%硫酸铜消毒后再涂波尔多液或煤焦油等保护，以利于促进伤口愈合，减少病菌侵染。④田间出现中心病株后要立即用药，隔1周时间用药液灌浇1次，连续防治2次。常用药剂有80%代森锌可湿性粉剂500倍液、64%杀毒矾液、25%甲霜灵可湿性粉剂800倍液。施药液时，在病株根部周围挖数条不同半径的环沟或辐射状条沟，深及见根，用药液进行灌浇，灌浇可分数次进行，让根部充分被药液消毒，后覆上松土。

2. 主要虫害及防治

（1）香榧细小卷蛾（*Lepteucosma torreyae*）

属鳞翅目卷蛾科（Tortricidae）。第一代幼虫蛀害香榧的叶芽，危害严重时榧林里新抽发的叶芽几乎全部落在地上。第二代幼虫潜叶。成虫体长4.6～6.0mm，翅展14mm左右，头顶和前胸金黄色，胸部黄褐色，翅基部灰色，前翅金黄色杂有黑色和白色鳞片；雄性有前缘褶，最显著的特征是前翅前缘有10组白色斜纹，中央部分有横纹。1年发生2代。2月中旬，香榧腋芽开始萌发，越冬虫态开始发育，成虫3月上旬羽化并开始产卵，从4月上旬至5月中旬，蛀食腋芽、嫩梢，被蛀食的腋芽、嫩梢不久就会脱落，幼虫随虫苞落地后，爬出虫苞化蛹，6月中旬为第一代成虫高峰期。成虫产卵于幼嫩叶片，6月下旬开始出现潜叶症状，8～9月为潜叶高峰期，10月虫道迅速加宽。11月上旬幼虫老熟，吐丝下垂至枯枝落叶、苔藓中做茧越冬。防治方法：①11月下旬至翌年3月中旬，清除香榧树下的枯枝落叶，消灭越冬虫源；②3月上中旬香榧叶芽长1cm时，防治成虫，4月上旬初见虫苞和7月上旬初见潜道时防治幼虫，每公顷可用阿维苏云可湿性粉剂450g兑水1000～1500kg，抑太保粉剂1000g兑水800kg，重点喷虫苞；③5月上旬用白僵菌粉炮，每公顷施放30个；④11月幼虫老熟吐丝下垂时每公顷用49%乐斯本乳油1000～1500mL兑水1000～1500kg，50%辛硫磷乳油1000～1500mL兑水1000～1500kg，在树冠下喷雾。

（2）星天牛（*Anoplophora chinensis*）

属鞘翅目天牛科（Cerambycidae）。幼虫钻蛀树干危害。星天牛成虫长19～39mm，宽6.0～13.5mm，全体漆黑，具金属光泽。幼虫体长45～60mm，扁圆筒形，淡黄白色。1年发生1代，少数地区2年发生1代或2～3年发生1代。11～12月以幼虫在树干近基部木质部隧道内越冬。防治方法：①营林措施，主要采用加强栽培管理、捕杀成虫、刮除虫卵和初期幼虫、钩杀蛀道内的幼虫和蛹等一套完整的技术措施；②生物防治，利用蠼螋、蚂蚁、管氏肿腿蜂等天敌来防治；③化学防治，用小棉球浸80%敌敌畏乳油按1∶10兑水塞入虫孔或用磷化铝毒塞入虫孔，再用黏泥封口，隔5～7天查一次，如有新鲜粪便排出再防治1次。

七、综合利用

榧树木材纹理直、结构细而匀，材质中等，有弹性。其木材干燥容易，少开裂、变形小，颇耐腐且耐水湿，切削容易，油漆胶黏性质良好，为良好的木模、木工、建筑材料用材，亦可作桩柱、造船、铅笔杆、算盘珠、棋子、雕刻等用材。野生榧树现为国家二级保护树种，禁止砍伐。榧树枝叶、树皮也是天然药用植物，具有驱虫、镇咳、抗真菌及抗肿瘤等作用（戴文圣等，2006；贾姗姗，2016）。

榧籽营养丰富。其果用栽培品种——香榧种仁含脂肪油45%～51%、蛋白质10%、糖类28%、灰分2.2%～2.3%。脂肪油的主要成分是油酸、亚油酸、棕榈酸、硬脂酸和亚麻酸等不饱和脂肪酸，且含有麦胶蛋白、草酸和鞣质等。果用栽培类型种子中含有丰富的氨基酸（牛磺酸、天冬氨酸、苏氨酸、丝氨酸、谷氨酸、脯氨酸等19种氨基酸），且含有19种矿物元素（贾姗姗，2016）。其具备多种药用功效，主治虫积腹痛，可润肺化痰、滑肠消痔等，具有一定的降血脂和降低血清胆固醇作用；具有软化血管，促进血液循环，调节老化的内分泌系统的作用，同时还具有一定的抗菌、抗癌作用（朱杰丽等，2018）。香榧种子假种皮中富含植物精油，提取得率在1%～2.5%，提取的精油广泛应用于面膜、护肤水、护发素等护理用品制作。

（黄坚钦）

PART 2

第二篇

被子植物

双子叶植物

杨树

杨树为杨柳科（Salicaceae）杨属（*Populus*）落叶乔木，是世界上分布最广、适应性最强的树种。全世界杨树有100多种，主要分布在北半球温带、寒温带的山区和平原，地跨22°～70°N，海拔直到4800m。我国杨树约有60种，自然地理分布区域在25°～53°N，76°～134°E，遍及东北、西北、华北、西南和华中等地，即从寒温带针叶林区到亚热带常绿阔叶林区，从森林草原区到干旱荒漠区，均可见天然生长的杨树，在我国森林资源中占有重要地位。杨属分类系统共分为五大派：青杨派（Tacamahaca）、白杨派（Leuce）、黑杨派（Aigeiros）、胡杨派（Turanga）、大叶杨派（Leucoides）。

我国杨树集中栽培区为长江中下游各省份，淮河、黄河流域各省份以及东北三省和内蒙古东部及河套地区，即主要分布在低海拔的河流沿岸和平原地区。其中，长江中下游主栽品种为美洲黑杨（*P. deltoides*），淮河流域和黄河流域各省份主栽各种欧美杨，东北和内蒙古、甘肃及新疆以小叶杨（*P. simonii*）与欧洲黑杨（*P. nigra*）的杂种为主，同时栽种少量北方型欧美杨。这些主栽品种多数为黑杨派种质，而我国只有新疆阿尔泰地区有欧洲黑杨的天然分布，自然分布种被边缘化。为了解决"无米之炊"的难题，我国多次引进高生产潜力黑杨种质资源。特别是20世纪70年代，美洲黑杨南方型无性系'I-63杨'（*P. deltoides*'Harvard'）、'I-69杨'（*P. deltoides*'Lux'）成功引种和北方型美洲黑杨'山海关杨'（*P. deltoides*'Shanhaiguanensis'）再发现，以此两型美洲黑杨为主体亲本，培育出一大批杨树优良新品种，彻底改变了我国杨树栽培的格局。

我国是世界第一大杨树栽培国，种植面积超过其他国家和地区之和的4倍，现有人工林面积854万hm^2，占全国人工林总面积的12.32%。其中，用材林面积482万hm^2，占全国用材林面积的7.66%，而产出木材占全国木材总量的34.42%。杨树在我国26个省份均有商品性栽培，已成为我国现有人工林中栽种区域最广的树种。由于其具有繁殖方法简单、造林成活率高、生长快、成材早、经济价值高、抗逆性强等优良特性，深受人们喜爱，为各分布区内重要的用材林树种和防护林树种。杨树木材加工容易、用途十分广泛，可用作房屋、家具、胶合板、地板等建筑、装饰用材，同时杨木原料在我国制浆造纸产业中占据不可替代的位置。

（苏晓华）

58 毛白杨

别　名 | 大叶杨（河南、河北）、响杨（河南）
学　名 | *Populus tomentosa* Carr.
科　属 | 杨柳科（Salicaceae）杨属（*Populus* L.）

毛白杨是我国北方特有乡土树种，生长快，寿命长，树干高大、通直、挺拔，树姿雄伟壮丽，冠形优美。毛白杨适应性强，分布广泛，栽培历史悠久，是重要的速生用材树种。其材质优良，可作为建筑、家具、箱板、火柴杆等用材。其抗烟和抗污染能力强，是绿化工厂、矿山的良好树种，同时也是农田防护林树种。另外，毛白杨还是纤维工业的重要原料。

一、分布

毛白杨是我国北方地区特有的乡土树种，分布广泛，北起辽宁、内蒙古南部，经河北、山西、山东、河南、陕西、安徽、湖北，南达江苏、浙江，西至甘肃、宁夏、四川、云南等地区，黄河中下游是其适生分布区，垂直分布在海拔1500m以下的山谷、温和平原地区。在年平均气温7～16℃、绝对最低温度-32.8℃、年降水量300～1300mm的范围内毛白杨均可生长，但以在年均气温11.0～15.5℃、年降水量500～800mm的地区生长为好。

二、生物学和生态学特性

乔木。温带树种，喜光。树皮幼时暗灰色，壮时灰绿色，渐变为灰白色，老时基部黑灰色，纵裂，粗糙，皮孔菱形散生，或2～4个连生。叶下面密生毡毛，后渐脱落。原河北农业大学园林化分校研究发现，毛白杨生长发育过程可分10个时期：芽膨胀和树液开始流动期、芽展开和叶初展期、春季营养生长期、春季封顶或高生长减缓期、夏季营养生长期、夏季生长减缓期、第二次夏季营养生长期、夏季封顶和芽发育期、落叶和芽发育期、冬季休眠期。

毛白杨树高、胸径生长与叶面积变化密切相关。春季营养生长期，树高、胸径生长主要与前一年的营养物质积累量有关，之后，则与叶面积大小有关。毛白杨胸径生长开始期比树高和叶面积晚1周左右。春季营养生长期，树高生长较快，胸径生长缓慢。春季封顶期，总叶面积达到春季最大值，而树高生长暂缓，胸径生长出现第一次高峰（4月下旬至5月下旬），高峰持续时间和封顶期间相吻合。夏季营养生长初期，树高生长加强，胸径长势略降；中期，二者生长同时降低，形成第二次缓慢生长期；之后由于高温多雨，胸径和树高生长再次加强，形成第二次高峰，后者生长高于前者，其胸径生长到越冬准备期显著下降。北京林业大学近期研究发现（席本野，2013），山东黄泛平原潮土上，三倍体毛白杨胸径在5月和7月有2次生长高峰，但6月出现低谷，8月逐步下降到停止生长。

毛白杨生长与立地条件关系密切，对土壤水、肥状况敏感。生长期间，旬平均气温24～26℃时，水分是决定速生的主导因子。年均材积生长量以壤质和沙壤质潮土最大，其次是沙质和黏质潮土，风沙土最小。在干旱瘠薄或低洼积水的盐碱地、茅草丛生的沙荒地上，其根系发育不良，生长很差，病虫害严重，易形成“小老树”。例如，在沙壤土上，19年生毛白杨平均树高15.8m，胸径41.6cm，单株材积1.37m³；在壤土上，次之；在盐碱地上，19年生平均树高5.9m，胸径9.6cm，单株材积0.027m³。

国家良种'北林雄株1号'（9年生）（康向阳摄）

三倍体毛白杨与二倍体毛白杨生长对比（康向阳摄）

大树耐水湿，在积水2个月的地方，生长正常；抗烟性和抗污染能力强；耐寒性较差，在早春昼夜温差悬殊的地方，树皮常冻裂，产生"破肚子病"；在高温、多雨气候下，易受病虫危害，生长较差。

三、良种选育

1. 良种选育方法

（1）选择育种

在毛白杨基因资源收集与保存的基础上，采用根段人工促萌获得的幼化材料建成了500个无性系10省份测定林，从中选育出一系列速生、优质的毛白杨建筑材、胶合板材和绿化雄株新品种。这些新品种在其主栽地区先后通过良种审定，如北京的'3124''4103'等，河北的'1316''1319'等，甘肃的'1347''2000'等，河南的'豫选1号''豫选2号'，山东的'鲁选1号''鲁选2号''鲁选3号''鲁选4号'等，其中部分无性系迄今仍应用于生产。

（2）杂交育种

毛白杨杂交育种始于1946年，叶培忠在甘肃天水成功进行了河北杨×毛白杨杂交试验。徐纬英以毛白杨为母本杂交选育出了毛新杨。由于毛白杨雌株生殖能力较弱，在杂交育种中不适合作母本，朱之悌采取毛白杨杂种——毛新杨雌株进行回交和双杂交的杂交育种策略，选育出毛新杨×银灰杨等优良无性系。张志毅以毛新杨为母本，截叶毛白杨、'鲁毛50'等为父本组配杂交组合，选育出'毅杨1号''毅杨2号''毅杨3号'等杂交新品种（朱之悌，2006）。

（3）多倍体育种

朱之悌（2006）利用毛白杨天然2*n*花粉与毛新杨（*P. tomentosa*×*P. bolleana*）、银腺杨（*P. alba*×*P. glandulosa*）授粉杂交，于国内首次选育出27个生长、材质俱优的异源三倍体。这些三倍体材积生长量超过普通毛白杨的2～3倍，且具有纤维长、木质素含量低、纤维素含量高等优良特性。在此后的三倍体育种中，大多采用理化处理毛新杨雌、雄花芽诱导配子染色体加倍，或用毛白杨花粉给加倍的雌配子授粉等（康向阳等，2004），并选育出‘北林雄株1号’等一系列毛白杨三倍体新品种。

2. 良种及适用地区

以下是近年由北京林业大学等单位选育出的毛白杨优良品种。

（1）“三毛杨”系列优良品种

为毛白杨天然2*n*花粉授粉杂交选育出的三倍体新品种，具有速生、材质优良、抗病性强等特性，适宜于在华北平原地区栽植，如在北京、天津、河北、河南郑州以北、陕西、山西太原以南、山东兖州以北等地栽培。

‘三毛杨7号’（良种编号：国S-SC-PT-003-2012） 雌株，叶片大，树形开展，广卵形，侧枝粗且稀疏，分枝角小于45°。前期生长迅速，无蹲苗期，年平均胸径生长量3～4cm，生长期为3月中旬至10月中旬，是优良的纸浆林等纤维用材林栽培新品种。

‘三毛杨8号’（良种编号：国S-SC-PT-004-2012） 雄株，叶片大，树形开展，长卵形，侧枝粗度中等，分枝角大于45°。前期生长迅速，无蹲苗期，年平均胸径生长量3～4cm，生长期为3月中旬至10月中旬，是优良的纸浆林等纤维用材林栽培新品种。

（2）“北林”系列优良品种

为人工诱导2*n*花粉授粉杂交选育出的三倍体新品种，具有生长迅速、材质优良、树形美观等特性，适宜在河北、北京、山西中南部、山东西北和河南北部等平原和河谷川地栽培。

‘北林雄株1号’（良种编号：国S-SC-PB-006-2014） 雄株，在木材基本密度、生长量、纤维长度、树形等方面表现突出，5年生时，木材基本密度平均达到（0.3555±0.0030）g/cm^3，材积生长量、纤维长度、综纤维含量平均分别为5.90m^3/亩、0.854mm、85.90%，木素含量平均为17.42%，是优良的用材林和城乡绿化兼用新品种。

‘北林雄株2号’（良种编号：国S-SC-PB-007-2014） 雄株，在木材基本密度、生长量和纤维长度方面表现突出，5年生时，木材基本密度为（0.3393±0.0450）g/cm^3，材积生长量、纤维长度、综纤维素含量平均分别为6.80m^3/亩、0.820mm、85.46%，木素含量平均为17.72%，是优良的用材林和城乡绿化兼用新品种。

（3）“毅杨”系列优良品种

为杂交品种，具有速生、形美、材优、抗病性强等特性，适宜在河北、山东等平原地区栽培。

‘毅杨1号’（良种编号：国S-SV-PY-001-2013） 雄株，速生，干形通直圆满，尖削度适中，冠幅较大；发芽早，落叶晚；抗溃疡病；木材基本密度0.3177g/cm^3，纤维长度1059.341μm，纤维长宽比44.830；综纤维素和纤维素含量分别为77.35%和49.14%，是优良的纸浆材和城乡绿化新品种。

‘毅杨2号’（良种编号：国S-SV-PY-002-2013） 雌株，速生，干形通直圆满，冠幅较大；发芽早，落叶晚；抗溃疡病；木材基本密度0.3248g/cm^3，纤维长度1059.098μm，纤维长宽比38.262；综纤维素和纤维素含量分别为76.29%和49.52%，是优良的纸浆材新品种。

‘毅杨3号’（良种编号：国S-SV-PY-003-2013） 雄株，速生，窄冠，树形美观；发芽早，落叶晚；抗溃疡病；木材基本密度0.3259g/cm^3，纤维长度872.895μm，纤维长宽比37.742；综纤维素和纤维素含量分别为75.81%和48.36%；适合城乡园林绿化、四旁植树、农田林网和短周期纸浆林栽培。

四、苗木培育

以无性繁殖为主，多采用根蘖、嫁接（“一条鞭”“炮捻”等）或几种方式配合的方法，这里主要介绍北京林业大学提出的毛白杨多圃配套系列育苗技术（朱之悌，2006）和毛白杨根蘖与容器硬枝扦插配套育苗技术（康向阳，2016）。

1. 多圃配套系列育苗技术

毛白杨多圃配套系列育苗技术由四圃构成（根繁圃、采穗圃、砧木圃和繁殖圃），以下为技术流程（图1）：

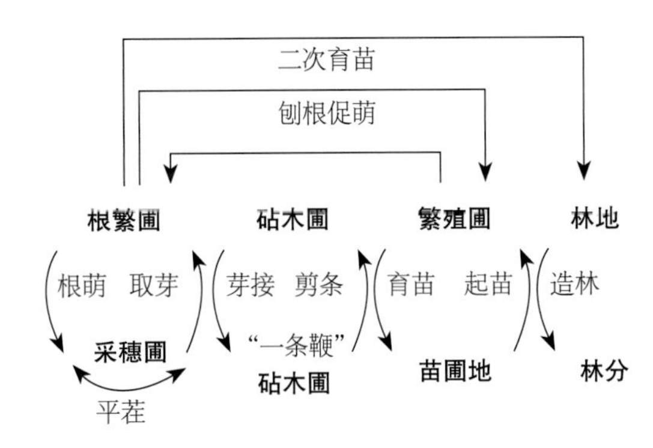

图1 多圃配套系列育苗技术流程

（1）采穗圃

建圃 采穗圃建立分留根苗方式、根芽平茬式和插根建圃式。

留根苗方式：将上一年繁殖圃于早春起苗后，用铁耙在行间松土成沟，暴露根端。待苗长到20～25cm后再逐次培土将沟填平，每亩将有根萌条6500株，亩产芽13万个，8月下旬可用于芽接。

根芽平茬式：利用上一年芽接过的砧木根芽萌条或当年"一条鞭"插条萌条长出自生根后，于根颈上方15～25cm处平茬，到8月时每侧枝上有40～50个饱满芽，平均亩产芽15万个，用于8月芽接。

插根建圃式：选用繁殖品种的细根，剪成5cm长根段，埋于沟内或畦内，覆盖薄膜保湿以促萌。

管理 包括培土、施肥、中耕除草、病虫害防治、平茬保幼和挖根重建等。用异砧芽接苗木建圃时，当苗高20～30cm后，应培土使其换根。采穗苗要及时截顶，高度一致的丛式单干条便于出芽。采穗圃需年年平茬，保持幼态，3～5年后挖根重建。根繁圃萌出的枝条可连续3～5年作采穗圃使用。

（2）砧木圃

毛白杨最好的砧木是群众杨、太青杨或大官杨。1株砧木基部可接根芽，翌年可培育"二根一干"大苗；中间部分可嫁接"一条鞭"插条，顶部1/3可继续作砧木扩繁材料。

建圃 选有饱满芽的群众杨或太青杨等种条，剪成10～15cm的插条，留一个饱满芽于插条顶端1cm处。扦插可在秋天砧木落叶后到翌春苗木萌动前进行。株行距为0.22m×1.00m，每亩3000根。

管理 包括抹芽、追肥和芽接。插条萌发后，随着主干延长，上边将有许多侧芽萌出，要及时抹除，直至主干达2m左右。8月中旬，砧木达2.5m以上时芽接，以后每隔12～15cm接下一个芽，连续至第8～10个芽为止。芽接时间至接穗或砧木不离皮为止。

（3）繁殖圃

建圃 整地做畦如常规，施足基肥。扦插在畦内两行沟中进行，株距30～33cm，每亩扦插2000～2200根。

管理 4月初插条萌发、抽梢，及时清除砧木萌芽，并注意水分管理。6月上旬、7月下旬应追肥，同时5月下旬和6月中旬各培土一次。保留1.5m以上的侧枝以利于通风透光和土壤管理。

（4）根繁圃

建圃 根繁圃的建立方式有埋根法、带根埋条法或不带根埋条法，以及繁殖圃和采穗圃改建法等，其建立是为与采穗圃配套，使其复幼，常由采穗圃挖根促萌转化而来，很少单独建立。

管理 根繁圃经营管理取决于经营目的。若希望根繁圃呈条状分布，就用铁耙开沟，露出根端，然后于两沟之间堆成一条长的土埂，其下的残根全部埋没，而沟内根端则暴露，成为根萌苗。

（5）多圃配套中圃间用地比例

采穗圃以0.5m×1.2m株行距定植，每亩插"一条鞭"插条1110根，一年后每株提供100个以上的接芽，则每亩产接芽10万个；砧木圃以0.26m×1.00m株行距定植，每亩插2500根砧木，成苗以2200根计算，每株砧木均接8个芽，则每

三倍体毛白杨地面滴灌及沟灌试验林（贾黎明摄）

山东省高唐县大径级毛白杨人工林（贾黎明摄）

地下滴灌条件下三倍体毛白杨纸浆林（席本野摄）

亩砧木圃将接芽1.76万个。采穗圃与砧木圃用地比例约为1∶5。若繁殖圃以0.3m×1.0m株行距定植，每亩插"一条鞭"插条2220根，每公顷砧木圃可提供7.9hm²繁殖圃所需的育苗材料，采穗圃、砧木圃、繁殖圃用地比例约为1∶5∶40，扣除不成活等损失，实际操作控制在1∶4∶30的比例。

2. 根蘖与容器硬枝扦插配套育苗技术

近年来，毛白杨多圃配套系列育苗技术开始出现与生产不适应的问题，主要是由于该技术依靠嫁接繁殖，技术环节多而复杂，而随着农村劳动力转移以及用工成本提高，嫁接成本逐年增加，且成熟的嫁接工人越来越少；加之土地租金提高，采穗圃占用圃地导致育苗成本增加的问题愈发突出，一些育苗单位和个人开始弃用采穗圃，而直接剪取繁殖圃内苗木侧枝为接穗材料，成熟与位置效应累积导致苗木老化等问题十分突出。从各地近年栽植的三倍体毛白杨和选种雄株看，造林当年开花、无顶端优势等老态现象十分普遍，改进毛白杨育苗技术已十分迫切。

为此，康向阳（2016）提出了"白杨根蘖与容器硬枝扦插配套育苗方法"（ZL201010100819.7），创新点在于白杨硬枝扦插容器育苗技术和根蘖育苗技术的组合配套。技术要点为（图2）：①通过组培快繁技术加大白杨新品种繁殖系数，为白杨根蘖与容器硬枝扦插育苗提供大量原始繁殖材料。此外，当根蘖苗出现老化问题时，可通过组培进行品种幼化和更新。②利用根蘖苗的幼化特性，通过塑料小拱棚为容器硬枝扦插育苗创造优越环境条件，保证白杨硬枝扦插成活率，当容器苗生长到20cm以上、外部气温稳定后移栽到大田育苗。容器硬枝扦插育苗主要为白杨根蘖育苗提供原始材料。对于地温、气温等环境条件较为优越的地区，或者材料直接来源于组培苗的，也可以直接进行大田扦插育苗。③通过推迟定苗时间等优化技术措施，解决以往限制白杨根蘖苗生长不整齐等问题。根蘖育苗除提供大量合格且幼化的白杨苗木用于造林外，其少量不能出圃造林的等外苗可作为新建根蘖育苗圃地的原始材料，用于容器硬枝扦插育苗采穗，从而形成循环配套。

该育苗方法简单，不需要单独建立采穗圃，可大幅降低大田育苗费用，且可防止出现苗木老化等问题。初步应用表明，白杨硬枝扦插成活率达75%以上，出圃率达70%以上，根蘖育苗成活率100%，比"一条鞭"扦插育苗每株节省成本

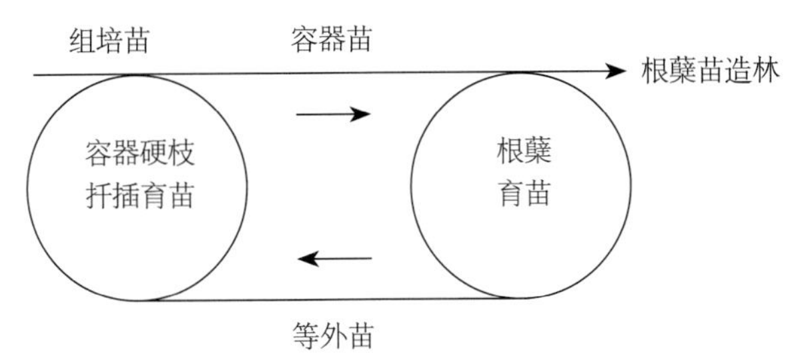

图2 毛白杨根蘖育苗与容器硬枝扦插育苗的关系

50%以上，可保证毛白杨良种的大规模高效无性繁殖。

五、林木培育

1. 立地选择

毛白杨对水肥条件要求高，选择适合的立地造林，才能达到预期目的。在鲁西黄泛冲积平原，毛白杨最适宜的立地为平地，土壤为潮土或褐潮土，质地为中壤、沙壤或轻壤，地下水位2m左右，立地指数为16级以上；在鲁中南、胶东山麓河谷平原，最适宜的立地为河滩阶地或平地，土壤为河潮土、棕壤或褐土，质地为轻壤、沙壤或中壤，地下水位1.5m左右，立地指数为16级以上。毛白杨适宜立地的土壤容重为1.26～1.40g/cm^3，土壤含盐量在0.1%以下，有机质含量大于0.4%，全氮含量大于0.3g/kg，有效氮含量大于15mg/kg，速效磷含量大于2mg/kg，速效钾含量大于40mg/kg。在鲁西黄泛平原上的密度为825株/hm^{2}的10年生毛白杨用材林，其林分蓄积量年均增长量在适宜立地下可达9.45～11.25m^3/hm^2，但在不适宜立地下仅为5.85～6.45m^3/hm^2（姜岳忠，2006）。

2. 整地

在河滩、平原较疏松的沙性土壤上栽植毛白杨，可全面深耕（或深翻）30cm以上，然后挖穴径60～80cm、深60～80cm的大穴，既能满足根系生长，又能降低成本。对于某些特殊立地，需采取针对性的整地改土措施。例如，有黏质间层的沙地，可带状深翻，带宽1m以上、深80～100cm，实现沙黏拌和；纯沙地可带状客土整地，客土带宽一般1m，每亩客土80～120m^3，或通过在栽植穴底部掺入壤土、平铺塑料膜、分层掺入作物秸秆等方式实现蓄水抗旱栽培。在低洼盐碱地区，需挖沟修筑条田、台田，排水、排盐，然后再整平深翻。在土壤黏重、土层较薄的造林地上，机械开沟，宽80～100cm、深100cm以上，对改良土壤有良好效果。在沙区，多采用带状整地，整地宽度为5～15m。在土壤肥沃、杂草稀少的土地上造林，晚秋或冬初整地，利于土壤风化，提高土壤肥力，并可蓄积雨水，提高翌春造林成活率，或随整地随造林；在茅草丛生的地方，要抓住关键时期，整地灭茅。

3. 造林

采用植苗造林，使用2年生Ⅰ、Ⅱ级苗（地径大于3.0cm，苗高大于3.5m）和1年生Ⅰ级苗（地径大于2.0cm，苗高大于3.0m）即可，不必选用3年生以上大苗，以节约成本。同时，要求苗木粗壮、高粗匀称，枝梢充分木质化，根系发达（根幅50cm以上，根深30cm以上），具有充实而饱满的顶芽，无机械损伤，无严重病虫害。造林前，苗木在条件允许时可泡水1～2天以促使苗木被动吸足水分。此外，应剪除苗木所有侧枝和抹除主干上多余的芽，以减少水分和营养消耗，促进根系生长。顶端生长优势较差的品种，需剪去30～50cm的顶枝；顶梢木质化不好、顶芽不饱满者，可剪梢至饱满的侧芽，以剪去苗木新梢顶部1/3为宜。培育毛白杨大径材尽可能不剪去顶枝。

多用穴状栽植，春、秋、冬三季均可。挖穴一般60～80cm^3，若栽植过浅，新生根较少，成活率低且不抗风倒；若栽植过深，不利于根系生长，造林成活率和林木生长量也较低。应施足基肥，每亩施土杂肥1500～2500kg，掺入过磷酸钙50kg左右，集中施入栽植穴内根系主要分布深度。基肥也可用农家肥、缓释肥等。栽植后要及时灌1次定根水；在土壤保水能力较差立地上，应及时灌溉2～3次，以防苗木顶梢枯死。同时，灌水后倒伏或倾斜的苗木应扶正，有条件的地区可进行树干固定。

造林密度依品种特性、培育目标、立地条件、抚育措施不同而有区别。初植密度确定后一般不间伐，初期可农林间作。立地条件好、培育集约度高的情况下可适当稀植，每公顷栽植255～330株（株行距6m×5m、8m×4m、5m×8m、10m×4m等），采伐年龄15～16年，可培育大径材；立地条件稍次、培育集约度较高情况下不宜稀植，每公顷栽植399～555株（株行距5m×4m、6m×3m、5m×5m、6m×4m等），采伐年龄12～13年，可培育大中径材，也可每公顷栽植624～825株（株行距3m×4m、4m×4m），采伐年龄8～9年，培育中小径材；立地条件较差，抚育管理条件困难，或培育小径材时，造林密度要密些。例如，培育毛白杨短轮伐纸浆林，每公顷可栽植1110～2500株（株行距2m×3m、3m×3m、1m×2m+6m或1.5m×1.5m+5m）；培育超短轮伐期纸浆林，每公顷可栽植9990株（张平冬等，2011）。

造林一般采用正方形或长方形均匀栽植林木，但为提高土地利用率而需进行农林间作、方便机械化操作或营建农田林网时，可采用单行带状或双行带状（宽窄行）栽植模式。

4. 抚育

（1）幼林抚育

松土除草 当年即进行抚育，直到幼林郁闭为止。除草松土的次数和方式因当地条件不同而有区别。在风沙危害的地方，采用带状或穴状抚育；在草少、风小、土壤肥沃的林地，全面机械除草松土。除草松土的次数和时间依当地具体条件而定，以保证林内土壤疏松、无杂草丛生为宜。目前，采用林农复合经营，以耕代抚效果很好。

灌溉 每年展叶前应灌1次展叶水，落叶后至入冬前应灌1次冻水。毛白杨生长关键期和降水较少的旱季为其高效灌溉时期，如山东黄泛平原4～7月是毛白杨关键灌溉期。灌溉幅度和深度因林龄而异，以控制在树木主要吸收根系分布区为宜。灌溉时间、次数及灌水量可根据气候和土壤条件决定。在华北平原沙质潮土上，可在春、夏干旱季节以田间持水量的50%～60%作为阈值对毛白杨实施顺行畦灌，具有极显著的近期和后期水分补偿效应。河北农业大学在邯郸的试验结果显示，在连续灌溉4年后，林分材积年净生长量达到18.0m^3/hm^2，较传统的灌溉方法提高8%，灌溉水利用率提高37%，获纯利增加138%。在华北平原的山东地区，培育毛白杨人工林需在生长季内均匀灌水，当土壤相对含水量低于60%时即应灌溉，对于一般降水年份（降水量600mm），每年应在4～6月灌水2～3次，每次灌水量以600～750m^3/hm^{2}为宜，遇到伏旱时也应及时灌溉（姜岳忠，2006）。北京林业大学在山东高唐沙壤质潮土上研究形成了三倍体毛白杨纸浆林（无性系B301，宽窄行栽植模式）地下滴灌灌溉制度：采用地下滴灌（滴管埋深20cm，管径16mm，迷宫式滴头（流量2L/h）进行灌溉，管道布设方式为“2行2带”或“2行3带”式；以距滴头10cm、地下20cm处的土壤水势达到−25kPa作为灌溉起始阈值；4～7月加强灌溉，8～10月考虑排水；结合毛白杨（基础）作物系数曲线与常规气象数据计算灌水量；灌溉水主要供给并维持到0～40cm土层（分布有1/3吸收根）、树干周围1m区域以及土壤中碱解氮和有机质含量较高区域；在对地下水位定期监测的基础上调整灌溉制度。研究结果显示，应用该技术体系可使林分年均蓄积量增长量达到37.2m^3/hm^2，比对照提高42%（席本野，2013）。

施肥 传统施肥方式下（穴施、沟施等）毛白杨的追肥应分2次，第一次在4月底或5月初，第二次在6月中下旬。施肥时可在林木两侧各挖一个20～30cm的施肥穴进行穴施，或在树干两侧或周围开20～30cm深的沟进行沟施，肥料均匀施于穴或沟中后应随即覆土并及时灌水。施肥穴和施肥沟距树干的距离应依冠幅增长而增大，一般位于树冠边缘投影下，每年对换方位。地下滴灌结合随水施肥方式下，适宜施氮量为115～150kg/（hm^2·年），造林当年可适当少施、晚施或不施，第二年开始在生长季分4次施入［5月初、5月底、6月底、7月中旬（若进入雨季较早，该次施肥可适当提前）］。应用该技术体系可使林分（密度1400株/hm^2，轮伐期5～6年）年

均蓄积增长量达到30.1m^3/hm^2，较对照提高45%（王烨，2015）。不同地区、土壤和无性系下，毛白杨对施肥的反应有差异，应根据土壤和树体实际情况，选择适宜的肥料种类和用量。氮肥是毛白杨人工林施用的主要肥料，其对林木生长的促进作用最大，其次为磷肥和钾肥，单施氮肥或氮、磷、钾配施都能取得较好效果。

合理的灌溉配以合理的施肥对毛白杨的促生作用大于单一灌溉或施肥措施。河北威县的毛白杨人工林中采取“灌溉起始阈值为田间持水量的75%+施氮量240g/株”的水肥耦合措施，林木胸径和树高生长较单一灌溉措施（灌溉起始阈值为田间持水量的75%+施氮量0g/株）分别提高52.1%和53.8%。

冠层管理　造林第一年，把树干中部以下的萌芽全部抹掉。上部每隔3个芽再抹去3个芽，以促进顶芽生长。从栽后第二年开始，对主干下部过多的侧枝疏去一部分。疏枝时，首先疏去较长枝、并立枝和轮生枝，以免主干弯曲形成“卡脖”。林木修枝一般在造林3～5年后开始。修枝一般在秋末落叶后或翌春发芽前进行，晚秋树木停止生长时进行修枝，切口不流出树液，容易愈合，能避免病虫危害，效果较好。修枝时不要留桩，防止劈裂，以免影响树木生长；修枝后，5～6年生林木的冠高应占树高3/4左右，7～8年生林木冠高应占树高2/3左右，9～10年生林木冠高应占树高1/2左右，修枝强度最大不能超过树高1/2。

（2）抚育间伐

间伐时间和强度与经营目的密切相关，间伐年龄以不影响林木生长为原则。如培育15cm粗以下的小径材，间伐后的密度以2m×3m或3m×3m为宜；若培育20cm以上的大径材则间伐后的密度应大于4m×4m或4m×6m。

5. 林农间作

毛白杨幼林进行间作，能改善土壤水分、养分状况和树体营养状况，促进林木生长，并提高综合经济效益。鲁西黄泛沙地毛白杨幼林间作西瓜—蔬菜、花生—小麦、大豆，能使林木全株叶面积、冠幅、枝条数、平均枝长分别达到不间作林分的1.7～3.0倍、2.2～2.5倍、1.0～1.4倍、1.7～2.3倍（姜岳忠，2006）。在鲁西黄泛平原宽窄行栽植下的1年生和2～5年生毛白杨林分中分别间作棉花和苜蓿（播种量15kg/hm^2），可使土壤有机质、全氮、碱解氮含量分别提高39%、44%、83%。

六、主要有害生物防治

1. 毛白杨锈病

毛白杨锈病为毛白杨幼苗和幼林主要病害之一，病原菌为担子菌亚门的马格栅锈菌（*Melampsora magnusiana*）。该病主要发生于叶芽萌动之后的春季和秋季，病菌在芽内潜伏越冬。春天展叶期，受侵染的冬芽先于正常芽萌动，形成布满黄色粉堆的畸形芽；正常展出的叶片受侵染后，在叶背散生黄色粉堆，严重影响树木的生长发育。防治方法：可通过摘病芽、剪病枝、加强营林措施（氮肥忌过多，苗木密度勿太大）、选用抗病品种、清除田间病落叶等方法进行预防；在发病初期，通过喷施杀菌剂进行防治，每月1次，连续2～3次。

2. 叶斑病

毛白杨叶斑病主要为黑斑病、角斑病。黑斑病：病原菌为半知菌亚门的杨生盘二孢菌（*Marssonina brunnea*），2年生以上的幼树和根萌的植株发病很重，主要表现为病叶正面先产生针头大的黑色小斑点，中央有乳白色分生孢子堆，严重时叶背和叶柄、嫩梢上也有发生，病斑密集汇合成片，病叶枯死早落。病菌在有病斑的嫩梢上和落叶上越冬。角斑病：病原菌为半知菌亚门的杨尾孢菌（*Cercospora populina*），常与叶枯病（*Alternaria alternata*）混合发生。一般6月中下旬叶片出现症状，发病初期叶片正面出现针尖状褐色小斑点，随后病斑扩大而呈不规则形或近圆形，深褐色；7～8月高温、高湿条件下病害发展迅速，严重时多个病斑连合形成大斑；后期病斑中央灰白色、灰褐色至褐色，叶片正面可见灰绿色绒毛状物。发病后，叶片大量提前脱落。防治方法：病菌初侵染之前，可通过喷施保护性有机硫杀菌剂进行预防，发病初期也可通过喷施杀菌剂进行防治，6月上旬开始每15天喷施1次，共3次。

3. 毛白杨根癌病

毛白杨根癌病病原菌为薄壁菌门的根癌土壤杆菌（*Agrobacterium tumefaciens*）。主要表现为病株根部、根颈或树干上出现木质肿瘤，初青灰色，后逐渐扩大、硬化，大者直径20cm以上。表面粗糙并龟裂，瘤的内部组织紊乱，薄壁组织及维管束组织混生。防治方法：可通过清除病株和育苗时对插条进行消毒等方式进行预防；成年大树感染后，可通过切除病瘤，再用硫酸铜溶液进行伤口消毒的方式进行防治。

4. 白杨透翅蛾（*Parathrene tabaniformis*）

该虫在我国北方一般1年发生1代，以幼虫在树干坑道末端越冬，翌年4月开始危害，5月化蛹，5月下旬开始羽化，6月为羽化盛期且可见初孵幼虫。该虫是杨树重要的钻蛀性害虫，枝梢被害后枯萎下垂，抑制顶芽生长，形成秃梢，尤其是苗木主干被害后形成虫瘿，易遭风折。防治方法：春、秋季幼虫期，可通过往虫口注射化学药剂、毒签插入虫孔、毒泥堵虫孔、化学药剂涂抹虫瘿处等方式进行防治；在初孵幼虫阶段，可利用杀虫剂进行喷雾防治。

5. 桑天牛（*Apriona germari*）

该虫在我国北方2～3年发生1代，幼虫在枝干内越冬，寄主萌动后开始危害，落叶时休眠越冬。在北方幼虫于6～7月老熟后，在隧道内两端填塞木屑筑蛹室化蛹，幼虫危害造成毛白杨造纸化学性能下降。幼虫羽化后咬羽化孔钻出。成虫在2～4年生枝上产卵较多，多选直径10～15mm枝条的中部或基部产卵。卵孵化后于韧皮部和木质部之间向枝条上方蛀食约1cm，然后蛀入木质部内向下蛀食，稍大即蛀入髓部。防治方法：可采用枝条或麦秆蘸化学药剂插入虫孔、毒签插入排粪孔等方式进行防治，也可在树体内注入相关药剂来防治树干上部的幼虫。

七、材性及用途

毛白杨为我国北方重要用材和园林绿化树种。木材淡黄褐色或黄褐色，纹理直，结构细。年轮较明显。15年生木纤维长度在1140～1210μm，18～27年生木纤维长度在1200μm以上，至27年生时纤维长度开始下降，所以毛白杨树木生长达17～30年生时，即达到纤维用材工艺成熟期，可以采伐利用。北京林业大学研究发现，三倍体毛白杨超短轮伐纸浆材纤维平均长度介于0.77～0.86mm，平均宽度介于24.18～28.07μm，长宽比28.83～34.59，符合制浆造纸的要求。其木材的物理力学性质中等，气干密度0.457g/cm^3，易干燥，加工性能良好，刨、锯、旋切容易，油漆及胶黏性能良好，是杨树中木材最好的一种，用途很广，可作建筑、家具、包装箱、火柴杆、人造板等用材，也是造纸、纤维工艺的原料。

附：河北杨（*Populus hopeiensis* Hu et Chow）

河北杨为毛白杨与山杨的杂种，产于华北、西北，为河北山区常见树种，生于海拔600～2000m的河边、沟谷、阴坡及冲积阶地上；耐旱，耐寒，耐碱，喜湿润，不耐涝，抗病虫能力强；速生，根系发达，萌蘖性强。其木材轻软，供家具、农具等用。河北杨为华北、西北黄土丘陵及沙滩地造林的防护林树种，也可供观赏及作行道树的园林绿化树种。

树高和直径最高年生长量分别出现在1～3年生和8～10年生，工艺成熟期为25～30年生。有性繁殖困难，可通过带根埋条育苗进行无性繁殖，也可用新梢或根部萌发的新枝条作为外植体进行组培快繁，或通过离体叶片诱导不定芽进行繁殖。河北杨易患腐烂病，其防治方法参见欧美杨。

（贾黎明，康向阳，席本野，戴腾飞）

59 新疆杨

别　名 | 青杨（新疆）、白杨（新疆）

学　名 | *Populus alba* L. var. *pyramidalis* Bunge in Mem.

科　属 | 杨柳科（Salicaceae）杨属（*Populus* L.）

一、分布

新疆杨主要分布于我国长江以北的广大地区，原产地在我国新疆，南疆、东疆地区杨树人工林占栽培的65%以上，在北疆各地区也有一定量的栽培，在我国北方各地区如山西、陕西、甘肃、宁夏、青海、辽宁等省份大量引种栽植。生长良好，有的省份将其列为重点推广的优良树种。新疆杨垂直分布于海拔100～2500m。

二、生物学和生态学特性

1. 形态特征

乔木。高可达30m。分枝角度小于30°，树冠圆柱形或尖塔形。树皮灰绿色，老时灰白色，光滑或少裂。小枝圆筒形，光滑无毛或微被绒毛，嫩枝常被白绒毛。芽长10～12mm，长圆状卵形，被薄绒毛。萌条和长枝叶掌状深裂，5～7裂，边缘具有不规则粗齿，表面无毛或局部被毛，背面被白绒毛；短枝叶较小，近革质、浅裂，幼时背面密生白绒毛，后渐脱落近无毛；叶柄长4～5cm，侧扁。只有雄株，柔荑花序，雄花序长4～5cm，粗约1cm，穗轴微有绒毛；苞片膜质，淡红褐色或深棕色，阔卵圆形或近圆形；花盘具柄，呈阔椭圆形，肉质，内部平凹，无毛；雄蕊10～12枚，具纤细花丝；花药紫红色，圆形。

2. 生长发育特征

新疆杨在南、北疆物候期差异较大。在南疆生长期长（200～210天），树液流动期一般在3月上中旬，展叶期3月下旬，4月中下旬进入快速生长期，封顶在10月初；在北疆无霜期短（170～180天），树液流动期在4月初，展叶期4月中下旬，5月初进入快速生长期，封顶在9月底，南、北疆相比生长期相差1个月左右。年内树高和胸径生长不是一个逐步增大或减少的过程，而是在一年内时高时低，呈波浪状，树高和胸径5月底进入生长高峰期，8月后逐渐减缓直到结束生长。造林当年主要是地下根系生长发育时期，树高和胸径生长量很小，为缓苗期，高生长由于干梢现象甚至会出现负增长，第二年起胸径、树高进入快生长期，第三、第四、第五年为其丰产期，第六至第二十五年为均匀生长期，之后开始下降，但第六年以后和前期相比生长相对减缓。第四、第五年开始开花。单株材积生长高峰比树高和胸径生长高峰出现得晚，到第四年材积出现成倍增长。

新疆杨（李宏摄）

3. 适生立地及适应性

新疆杨喜光，喜温暖湿润气候及肥沃的中性和微碱性沙土，耐大气干旱及轻盐渍土，深根性，抗风力强，抗病虫能力强；耐寒性不强，在年平均气温8～9℃、极端最高气温39.5～42.7℃、极端最低气温-25℃的气温条件下生长最好，在绝对最低温-35℃时，在树干基部会出现冻裂，苗木冻梢严重。

三、良种选育

1. 良种选育方法

（1）优树选择

对成龄树，在相同立地、管理条件下，以胸径生长量、树高生长量、抗寒性、抗旱性、抗病虫能力、分枝角度、顶端优势、干形和尖削度、耐盐碱能力、干部的愈伤能力、抗干热风能力为指标进行打分筛选，按入选率1%选择优树。在优树上采集种条繁育苗木。

（2）超级壮苗选择

在苗圃地培育的苗木中以地径、苗高和干形及顶端优势为指标进行打分筛选，按入选率5%选择超级壮苗。利用超级壮苗作为种条繁育苗木。

2. 良种特点及适用地区

新疆杨杂交良种由新疆林业科学院杂交选育，母本是银白杨，父本是新疆杨，包括‘准噶尔1号’和‘准噶尔2号’两个品种（银新杨）。杂交良种具有双亲的优点，克服了双亲的缺点，是目前新疆北疆推广应用的白杨派主栽杨树品种，适宜在长江以北等省份重点栽培。‘准噶尔1号’和‘准噶尔2号’喜光，喜温暖湿润气候及肥沃的中性和微碱性沙土，耐大气干旱及轻盐渍土，深根性，抗风力强，耐寒性强，在极端最高气温39℃、极端最低气温-40℃的气温条件下可正常生长。

四、苗木培育

1. 大田扦插育苗

（1）扦插方法

苗圃地选择要求沙壤土、沙土或壤土，土地平整，具有很好的灌溉条件和供水保证。在确定地块后进行整地，可秋季整地，也可春季整地。整地前施有机肥，施肥量为每亩2～4t，然后进行犁地；春季合墒时耙地，之后打埂作畦（畦状扦插）或作垄（垄状扦插），畦宽2～3m为宜，垄高35～40cm，垄间距60～80cm，整好的地要求能够顺利灌溉；之后，最好覆膜，可全面覆膜，也可带状覆膜。剁条可采用人工或机械（切割机），插条长度以具有3个芽为标准，通常18～20cm，在有条件时将插穗浸泡1天后扦插。在膜上扦插，扦插时要求地温在13℃以上，每亩扦插量5500～6000株（1年出圃）或10000～12000株（2年出圃或80%苗木1年出圃），扦插深度以地面留1个芽（露出3cm左右）为准。

（2）管理

浇水是关键的管理措施，扦插后应及时浇水。第一次浇水应浇透，之后视土壤墒情灌溉，原则是见干见湿。要求前期浇水要勤，浇水时不能积水，后期注意控水，特别是进入8～9月以后，应严格控制水分，以提高苗木木质化程度。松土除草目的，一是保墒（覆膜的不用松土），二是清除苗木周围杂草，促进苗木健康生长。松土宜早进行，松土时应先用大锄除掉行中间的杂草，插条周围10cm不能动锄，应用小铲轻轻铲除，以免伤及幼根。待苗高80cm时，插条已完全扎根后方可动大锄除草，锄草深度以10cm为宜，不能只刮地皮。灭芽第一遍在苗高10～15cm时进行，一般留上芽较好，以后视苗木生长情况及时灭芽，主干上不得出现15cm以上侧芽。施肥一般分2次进行，第一次5月底至6月初，第二次6月底至7月初，每次施肥量20～30kg/亩；施肥方法以沟施为主，沟深3～5cm，距离树苗10cm左右，施肥时应注意均匀，少量多次，施肥后应及时浇水，以利于苗木吸收肥分。入冬前后期管理，一要把苗木周围的杂草清除干净，减少病虫害，二要严格控制水分，避免出现二次生长，影响苗木越冬。

2. 营养钵扦插育苗

新疆杨是新疆平原地区最主要造林树种，每

年育苗量在2800万～3200万株，长期以来一直沿用传统的大田育苗技术，在春季进行裸根植苗造林。但是随着国家生态文明建设的发展，一方面造林面积在一定时期会逐年增加，另一方面造林地点由农田等向困难立地转移，同时新疆春季造林时间短、水源短缺、低温干旱，易发生农林争水，实施春季大面积造林往往易造成成活率、保存率相对较低的问题。营养钵扦插育苗在一定程度可解决这些问题，具有育苗时间短（45～60天，高度可达20～45cm）、苗木根系完整、带土移植不损伤根系、无需缓苗、造林成活率高、单位面积产量高、不受造林季节限制的特点，只要掌握好育苗时间，5～7月均可实施造林，当年苗木高生长可达2.5m以上，可大大延长造林时间，充分利用丰水季节造林，提高造林成活率和保存率，而且做到当年育苗当年定植，可以广泛应用于大面积工程性造林，是育苗今后的一个发展方向。营养钵扦插育苗既可在温室内进行（一般育苗周期45～50天），也可在露天条件下进行（一般育苗周期60～65天），需要喷灌系统进行灌溉。营养钵规格为10cm×10cm，插穗长10～12cm。种条采集一般在落叶入冬后、树液流动前进行。

3. 建立采穗圃技术

分区域和地区，根据每年苗木需求量确定采穗圃的面积，在良种选育的基础上，在优树上采集种条或在良种壮苗上采集种条，利用良种种条建立采穗圃，采穗圃的株行距采用60cm×50cm，每亩2000～2200株，采穗圃当年每株留种条1个，第二年每株留2～3个种条，3年以后每株留4～5个种条。通常每亩可产8000～10000个种条，每亩可生产10万～12万个插穗。

五、林木培育

1. 立地选择

新疆杨喜光、喜水、喜肥，根系好氧，在适宜的林地条件下生长迅速，在不适宜的林地条件下往往表现不良，病虫害多，寿命短。生态林和防护林造林通常对林地没有选择的余地，是根据生态需要和农田布置进行造林和栽培，但是栽培用材林、园林绿化需要选择在较好的、适宜的立地条件下，生产和绿化效率才会相对较高。在相同或相似的地区范围内，造林成功与否很大程度上取决于立地条件的选择。用材林和园林绿化林选择造林地时，首先应该考虑灌溉条件是否具备，土壤选择沙土、沙壤土及壤土，土壤越黏重，杨树生长表现越差；应尽量选择土壤较深厚、水肥条件较好的地块，对于中、小径级用材的杨树造林地，可选择土层厚度60cm以上，对于培育大径级用材的杨树造林地，要求土层厚度100cm以上。总体而言，新疆杨生长良好的土壤条件应具备三点：一是土壤疏松，通气透水，具有良好的物理性状和一定的肥力；二是生长季节有足够的水分；三是土壤有效层厚度在80cm以上，新疆杨一般水平根系发达，根系大部分分布在50～70cm土层。

2. 整地

林地确定后，荒地应在造林前一年平整土地，要求达到灌溉条件，滴灌情况下可以不进行平整土地。秋季完成造林地的犁地工作，犁地深度确定在30～50cm，之前也可深松土地，通常深度越大，造林效果越好。风沙严重的地区可在造林带上进行带状整地，秋季造林的在入冬前放线开沟，之后挖坑造林；春季造林的在春季放线开沟，之后挖坑造林。在熟地上不需要平整土地，犁地后直接开沟造林。一般整地根据环境特点和风沙情况分为全面整地、带状整地、穴状整地。根据灌溉方法有畦状整地（畦植畦灌）和沟状整地（沟植沟灌）。通常情况下，造林地的整地标准越高，林木成活率和当年的生长情况越好。

3. 造林

（1）经营密度

在一般情况下，造林密度应根据造林地的土壤肥力、土层厚度、立地条件、管理水平、经营强度，尤其是经营培育目的、培育材种、树种特性等多种因素来决定。土壤立地条件和立地指数越好和越高，栽培的密度可以越大，否则反之；管理水平、经营强度越高和越大，栽培密度越大，否则反之；经营培育目的不同，在其他条件相同的情况下，密度可能完全不同，要完全根据培育的目的进行确定，以求短期内能够达到目的；培育材种决定密度，培育大径材密度小，培育小径材密度大。新疆杨属于窄冠杨树，适合于高密度栽培（表1）。

（2）常规植苗造林

南疆新疆杨常规植苗造林在3月上旬至中旬，北疆在4月上旬至4月底。通常完成整地后，在确定苗源和起苗调运计划的基础上准备挖坑造林。调运（使用）的苗木要求确定苗木（根系）规格，采用Ⅰ、Ⅱ级优质苗木，苗木最好做到及时就近调运，苗木出圃做到随起苗、随运、随栽。有条件的地方，造林前将苗木根部浸泡入水中12h以上，让苗木吸足水分后进行造林。长距离调运的苗木，必须做好检疫和苗木保水工作，包括蘸浆、包裹湿稻草和塑料布等措施。提前调运到的苗木一定要做好造林前的苗木假植工作，假植苗木时深度要求达到根颈部以上30cm，假植后立即灌水，造林时随用随起。总之，苗木在造林前失水率不能超过10%，否则成活率就会大大降低。根据苗木规格确定挖坑的大小，通常坑的大小比根系大10～15cm，以保证造林苗木根系舒展，深度要求达到根颈部以上10～15cm，不宜过深；根据林木培育目的确定适宜的株行距；造林时要求苗木根系舒展并和土壤紧密接触，踩紧踏实；栽后立即灌水，在第一次灌溉后合墒时及时扶苗培土，之后再进行第二次灌溉，保证壮苗精栽，一次全苗。为了提高成活率和保存率，南、北疆可以采用截干、半截干和全苗等方法造林，具体采用哪种方法需要根据当地的造林期灌溉保证情况、干热风情况、苗木的质量情况以及牛、羊等危害情况确定，造林期灌溉无保障、干热风严重、苗木失水多的条件下，采用截干和半截干造林的成活率高。截干和半截干的苗木应该在截干处用塑料布包裹防止失水，牛、羊等危害严重的地区尽量采用全苗造林，并且利用葵花秸秆等材料包裹，防止危害。苗木半截干的高度一般在1.5～1.8m，苗干粗度不宜超过0.8cm，否则干材部分会形成较大的疖瘤和扭曲，影响材质。

在常规管理条件下造林，当年基本没有生长量，在新疆通常高生长量在30cm，胸径在0.1cm左右。如果灌水问题解决不好，很多树高会呈现负增长状况（干梢现象），形成所谓的缓苗期。根据试验和研究，造林当年在壮苗精栽、把好造林关和水肥管理到位的条件下，不会形成缓苗期，当年高生长量即可达到2.5m，胸径生长量达

表1　窄冠类杨树（新疆杨）人工林合理经营密度管理

培育材种	胸径（cm）	饱和密度（株/亩）	郁闭度0.8		郁闭度0.7	
			密度（株/亩）	干距（m）	密度（株/亩）	干距（m）
椽材	10	327	261	1.60	228	1.70
	11	287	229	1.70	200	1.80
	12	256	204	1.80	179	1.90
矿柱材	15	189	151	2.10	132	2.20
	16	173	138	2.20	121	2.30
檩材	24	100	80	2.80	70	3.00
	25	95	76	2.90	66	3.10
	26	90	72	3.00	63	3.20
大径材	38	54	43	3.90	37	4.30
	39	52	41	4.00	36	4.02
	40	50	40	4.10	35	4.40

到2.5cm以上，因此造林和当年管理显得非常重要。减缓缓苗期有以下措施：一是保证造林苗木失水不高于3%，根系完整，毛根正常、无死亡，苗木处于休眠状态；二是对苗木根系进行植物激素[如赤霉素（GA_3）、生根粉（ABT）、吲哚丁酸（IBA）、萘乙酸（NAA）、旱地龙等]处理；三是造林后保证水肥充足供给。试验证明，苗木造林在休眠状态下、不失水、根系完整且保证造林后整个生长期的林木正常所需水肥的条件下，配合激素喷根（浸根）处理，能保证98%以上的成活率和当年正常生长量，形成无缓苗造林。

4. 抚育

（1）灌溉

新疆杨是喜肥、喜水的高耗水树种，不同的灌溉方式、次数、灌量对新疆杨用材林树木生长的影响差异很大。新疆杨随林龄的增加，地下根系分布的深度和广度不同，地上生物量不断扩大，对水的需求量逐年增大，直到林木成熟达到相对稳定的状态，不同林龄灌溉的次数及灌量应随之改变。

大水漫灌 这种灌溉模式目前仍然是各林种的重要灌溉方式，最大的缺点是灌溉量大，每亩每次灌溉量在150～450m^3，土壤的含沙量、透水性越大，灌溉量越大，水利用效率差；优点是对地下水具有一定的补给作用和洗盐压碱作用，对林木根系的全面发展具有一定的促进作用，且灌溉次数少，通常一年灌溉8次左右。

沟植沟灌 这种灌溉模式是目前最常见和多用的灌溉方式，缺点是灌溉量较大，每亩每次灌溉量在80～150m^3，土壤的含沙量、透水性大，沟越大，灌溉量越大，水利用效率较差，灌溉次数较多，速生丰产要求下，一年通常灌溉10次左右；优点是对沟内具有洗盐排碱作用，和大水漫灌相比用水量较小，如果间作农作物，林木灌溉可以和农作物灌溉系统分离。

节水灌溉 这种灌溉模式是目前推广的灌溉方式。缺点：一是滴灌系统在造林期一次性投入很大，每亩根据材料的质量、品牌和株行距等需要投入550～1200元不等；二是对当前新疆杨的根系地下生长和发育及分布没有研究清楚，造成滴灌的滴头流量选择、滴灌持续时间、轮灌间隔期等存在一定的盲目性；三是管道系统特别是毛管容易损坏，需要经常更换。优点：一是节约灌溉水量，每亩每年300～400m^3；二是灌溉量可以很好地实现人工控制，不同林龄的林木，根系分布大小和对水的需求量不同，滴灌可根据滴灌湿润模型有效地控制灌溉量；三是灌溉用水和肥料可以通过管道直接到达林木根系部位，提高水肥利用效率；四是灌溉管理容易，省时、省工。

（2）除草松土与中耕

除草松土（中耕）主要是通过以下直接和间接途径对林木生长产生影响：一是通过光照、水分、肥料的直接利用竞争产生影响。幼林期杂草与林木同时具有争光、争肥、争水现象，特别是大型高干杂草，直接影响林木的生长发育和生长量；苗期杂草对成活率也产生显著影响，随着林龄的增加杂草对林木的影响减少。二是除草松土（中耕）可以改变林地微环境从而间接影响林木的生长发育，主要是可以调节土壤温度、湿度、通风透光和包括鼠、兔类有害生物的生存环境来间接地影响林木的生长发育。研究表明：除草松土（中耕）对土壤湿度的影响较大，因为在新疆，水是影响林木生长的最关键因素，除草松土（中耕）会形成裸露的地表，形成很强的地表蒸发和空气流通，土壤水分丢失很快，在相同灌溉量的条件下，夏季保持地表一定量的小型杂草是保持土壤水分的有效措施之一；从林木的生长发育周期看，苗期杂草要求除早、除小、除了；幼林期（林分未郁闭前）对于大型杂草要求除早、除小、除了，对低于50cm的小型杂草应该结合松土（中耕）在春、秋两季进行除草；中后期林分（林分郁闭后）由于林木和杂草之间的各种竞争不存在大的矛盾，松土（中耕）除草工作已经显得不十分重要，可以结合施肥和有害生物防治在春、秋进行。从管理角度看，每次灌水后都松土（中耕）除草效果（松土通过切断土壤毛细管也可减少蒸发）最好，但大面积进行，人财、物力都是不可能达到的。在夏季除掉杂草后，水分蒸发太快，林内的通气性增强，土壤有机质减少，但是若不除草，过多的杂草特别是芦苇等大型杂草会与林木发生争光、争肥、争水现象，影响林木从土壤中吸收水肥。所以，在林分未郁闭前，在夏季最好不要中耕除草，而应在5~6月或8~9月进行，这样既能消灭杂草，又能在夏季保持一定的小杂草，保证地表郁闭从而减少蒸发。在新疆鼠、兔害严重的地区，秋季进行中耕除草，特别是林木周边的杂草必须清除，这是防除鼠、兔害的关键措施。

（3）修剪

修剪与否直接关系到生长、干形、通直度，以及尖削度、圆满度、木材节疤、木材纹理等指标，同时通过修剪可以改善林内通风透光状况，有效抑制病虫害发生。用材林修剪包括下部枝条的修剪和竞争枝的处理，竞争枝、并头枝、卡脖枝一般在当年或翌年修去，越早越好，否则不仅影响干形，而且会造成大伤口，引起风折或易染病虫害；对树下部枝条，在前两年原则上可以不修剪，尽量保留较大的树冠，保证充足的光合作用面积以利于生长，两年之后开始对树下部枝条修剪，首先修剪影响主干生长的粗大枝和轮生枝中的粗大枝，修剪高度逐年提高。修枝高度为树高1/3为最好，一般不要超过树高的1/2，否则生长将要受抑制。通常3年生枝下高2m，5~6年生枝下高达4~6m即可。在培育目的材种没有特殊要求的情况下，一般枝下高保持在4~6m是比较合理的高度，修枝高度再提高将存在很大的工作量。修枝要求伤口平滑并尽量减小伤口，修枝要逐年进行。修枝因不同季节伤口愈合能力不同，在不同的时间不同大小的伤口其感病率不同。试验证明，3cm以上的伤口最好在夏季（7月初）修枝，3cm以下可在任一季节进行，竞争枝在7月初进行修剪。

（4）施肥

施肥主要包括造林前施基肥和造林后追肥。基肥（一般是有机肥，也可使用化肥）施用方法有两种：一种是撒施，即在造林整地前将基肥均匀撒于造林地上，之后进行翻耕整地和造林；另一种方法是坑施基肥，在造林挖坑时（后）将基肥和土混合后放入坑底或植苗回填，这种施肥方法效果较为显著。追肥（一般是化肥，也可使用有机肥）施用方法：一是地面撒施，即在林木生长期将肥料均匀撒于造林地上（或造林沟中），之后结合中耕、除草松土和灌溉将肥料混入土壤供给林木；二是坑施，在林地以林木为中心环状、点状或条状挖坑埋施，之后灌溉使肥料混入土壤供给林木；三是叶面喷施追肥，在林木生长期将可溶于水的肥料（特别是微量元素肥料）溶解于水中进行叶面喷施，少量多次，也可结合病虫害防治与农药混合使用；四是利用节水灌溉管道系统将可溶于水的肥料溶于水后，在灌溉的同时随水施肥，实现肥水耦合，这种方法肥效高、省工省力。追施化肥对新疆杨的生长有显著促进作用，是丰产栽培管理中不可缺少的一项技术措施，但要考虑林分的具体情况和生长年龄等因素。在树木郁闭前施肥对胸径产生的促进作用明显高于对树高的促进作用，当郁闭度0.8以上，光合作用面积不能满足林木生长需求时，施肥对树高产生的促进作用明显高于对胸径的促进作用；随着林龄的增加，在光合作用面积和根系足够大时，一定量的施肥效果越来越不明显，即随树龄的增加，根系、光合作用面积的扩展，一定量的化肥对树木所产生的影响越来越小。土壤越贫瘠，一定量的施肥效果越好，否则反之。根据新疆杨自身的生长规律，结合灌溉施肥最佳为5月底至6月初1次，6月底至7月初1次；基肥最好坑施（每株10~20kg），以有机肥为佳，幼龄林以追施氮肥为主、磷肥为辅，中龄林以磷肥为主、氮肥为辅；采用两边挖坑埋施的方法，滴灌条件下，随水滴施效果最好。

（5）间伐

为了充分利用土地和空间，解决投资时期长、见效慢、前期无收入等林业发展的一些缺点，造林初植密度一般较大，特别是用材林培育，因此间伐是一项非常重要的管理程序。间伐过程中会对保留木存在一定的伤害，林分已经形

成的相对稳定的群落结构和生态环境被打破，林分如果不能及时加强管理，树势不能得到恢复，极易造成林分感染病虫害和树势衰退。

间伐时间的确定 间伐时间可根据初植密度和林木的生长情况确定。通过研究，新疆杨林木在郁闭度达到0.85以上时，林木之间开始发生明显的竞争（包括水、肥、气、热等方面的竞争），开始形成被压木，个体生长出现分化，这是需要间伐的重要指标之一。另外，间伐的时间还可根据林木生长所达到的材种确定，通常在达到椽材（胸径12cm左右，高度9～10m）、矿柱材（胸径15cm左右）、中径材等规格时进行适时间伐。通过间伐，一方面能很好地调节和保障保留木的正常生长，另一方面保证间伐出的木材能够有效利用和具有很好的收益。

间伐方法 根据郁闭度和林木达到的材种规格确定间伐时间的前提下，在林木调查的基础上，首先确定间伐木。间伐木原则上按保留的株行距进行确定，需要注意保留上层木，采伐被压木和衰弱木，对采伐的林木用红漆打号。具体采伐时间在冬季，采伐时注意选择倒木方向，尽量减少树木搭挂和对保留木的碰撞及伤害。开春前完成清林和林地的整理工作，保证在开春能够正常进行水肥管理等工作，及时和尽快恢复保留木的树势并使其进入正常生长。

5. 主伐

根据林分的培育目的，在达到目的材种规格或数量成熟时，进行全面采伐。以培育椽材为目的，造林密度大，每亩200～250株，5～6年主伐；以培育矿柱材为目的，每亩造林100～120株，8～9年主伐；以培育大径材为目的，每亩造林40～50株，18～20年主伐；以生态防护为目的，每亩35～40株，30年以上主伐和更新。

6. 更新

新疆杨林分主伐后，可采用常规植苗更新造林、萌蘖更新造林或全生长季营养钵苗更新造林的方式进行更新造林。更新造林前需要整地，一种方法是全面整地（萌蘖更新造林的除外），需要将伐根全面挖除，再进行全面整地和植苗更新造林；另一种方法是局部整地，即在行间整地，在行间植苗更新造林或利用伐桩更新造林。

常规植苗更新造林 在土地整理完后，采用常规植苗造林方法进行更新造林。

萌蘖更新造林 林木采伐要求伐桩高度10～15cm。非冬季采伐后及时培土，培土厚度要求将伐桩覆盖（覆盖厚度5～10cm），保证伐桩不严重失水；冬季采伐后在开春土壤解冻后及时培土，培土厚度同非冬季采伐。采伐、培土后及时清林并恢复林地的灌溉和管理系统，在此基础上充分灌溉1次，加强田间水肥管理。在萌芽过程中会出现大量的萌蘖，要求在主害风的方向留2～3个最健壮的芽，当芽生长到30～50cm时，适当剪去1个芽，保留1～2个芽。当芽生长到50～80cm时，保留1个最健壮芽，培养成为今后的主干，其余的萌芽全部剪去。

全生长季营养钵苗更新造林 在确定具体造林时间的前1～2天通知苗木培育管理者，对出圃苗木进行控水，保证营养钵苗木的土球有一定的硬度，以便保障在起苗、运苗和栽植过程中营养钵苗木的土球不松散。将营养钵苗用周转箱运送到造林地，可先灌溉后造林，完成造林后，在3～5天再灌溉一次，成活后进入正常管理程序；也可先造林后灌溉，灌溉后4～6天土壤基本合墒前，需要对造林的苗木全面进行一次人工培土工作，保证造林苗木在灌溉后能够正常植于土中，之后进入正常管理。如果营养钵的规格是10cm×10cm，造林时用手或小铲在造林穴位挖一个12cm×12cm的小坑（小坑的大小要求比营养钵略大）。先灌溉后造林方式要求灌溉后立即开始造林或边灌溉边造林，先造林后灌溉方式要求完成造林后立即进行灌溉，或边造林边灌溉，特别是在炎热的夏季。造林时将营养钵苗从周转箱取出，人工用手覆盖营养钵口将苗木反转，另一只手将塑料营养钵轻轻抽出，要求苗木土球不松散，之后将苗木轻轻放入挖好的小坑中。之后人工培土，栽植的深度要求在营养钵之上2～3cm，先造林后灌溉方式要求对培土在保证土球不松散的前提下轻轻镇压。如果营养钵是纸质品（或其他不影响根系生长发育的材料），营养钵苗木可直接造林。造林后通常1周后苗木进入正常生长。营养钵苗木造林由于苗木小、栽植浅、根系小，造林季节在生长季，前期锄草工作一定要做好，要求苗木周边的杂草不能高于苗木的1/2，做到锄早、锄小、锄了，同时做好灌溉工作，保证苗木的正常快速生长。

六、主要有害生物防治

1. 春尺蠖（*Apocheima cinerarius*）

（1）生态防治法

夏季灌溉林地，秋末翻耕林地，破坏该虫在地下越夏、越冬的化蛹场所并挖出大量蛹集中处理。保护和利用尺蠖脊茧蜂（*Aleiodes* sp.）、裸眼琶寄蝇（*Palesisa nudioculata*）、茹蜗寄蝇（*Voria ruralis*）、蛛步甲（*Carabus* sp.）、斜纹猫蛛（*Oxyopes sertatus*）等天敌。

（2）物理防治法

在早春此虫开始羽化前即2月底，采用树干绑塑料布或涂胶的方法阻止雌成虫爬上树干产卵。用糖醋液诱杀雄成虫：糖醋液的配方为红糖6份、醋3份、白酒1份、少量洗衣粉、水10份。每亩地一般布置2～3个糖浆盘为宜。成虫期在果园内架设黑光灯诱杀成虫。

（3）生物防治

要抓准防治时机，即“榆钱落，幼虫多”，这时期是幼虫防治的最佳时机。一般用Bt（苏云金杆菌）可湿性粉剂稀释800～1000倍喷洒。或在50cm长的枝条上2～3龄幼虫数占总幼虫数的85%左右时，用该春尺蠖核型多角体病毒来防治，施用量是：含2×10^{10}个病毒粒子的制剂，每亩按3～5mL的量加20kg水稀释喷洒。

（4）药剂防治法

一般在春尺蠖虫口密度大、危害严重的区域应用10%氯氰菊酯乳油、20%氰戊菊酯乳油或2.5%溴氰菊酯乳油2000～3000倍液喷雾防治。

2. 锈病（病原菌主要有马格栅菌、杨栅菌）

（1）生态防治法

不同杨树抗锈病能力不同，显著抗病树种很重要。苗圃地繁育白杨派树种时进行土壤消毒，清除田间带病菌的枯枝落叶，减少病菌来源，苗区应尽可能远离发病区500m以上。

（2）物理防治法

在春季病芽出现时，利用病芽颜色鲜艳和形状特殊等特点人工摘除，摘除要早、彻底，将摘下的病芽装入塑料袋中集中焚烧。

（3）药剂防治法

在发病期间喷洒50%的代森氨100倍液或50%退菌特500倍液等制剂，有一定效果。

3. 白杨透翅蛾（*Parathrene tabaniformis*）

（1）生态防治法

引进或输出苗木时，严格检疫，发现虫瘿要及时剪下烧毁，以杜绝虫源。保护和利用天敌啄木鸟，发挥益鸟对害虫的控制力。

（2）物理防治法

幼虫蛀入时，有粪屑或小瘤出现，及时剪除虫害枝并烧毁。用性诱剂诱杀雄虫。

（3）药剂防治法

初孵幼虫尚未钻入枝干时，在枝干上喷洒敌敌畏500～1000倍液，每9天喷1次，毒杀效果良好。用80%敌敌畏乳剂500倍液注射虫孔，或用蘸药棉球堵孔，杀死幼虫。在成虫羽化出孔前用杀虫剂：胶泥＝1：（20～50）的药泥堵塞虫孔，使其在羽化出孔时被杀死，杀死率90%以上。

4. 青杨天牛（*Saperda populnea*）

（1）生态防治法

不同杨树品种（品系）抗天牛能力不同，在新疆杨天牛疫区选择抗虫品种（品系）栽培。保护和利用管氏肿腿蜂等天敌。

（2）物理防治法

人工随时剪除带虫的枝、干疖瘤集中烧毁。

（3）药剂防治法

用80%敌敌畏乳剂500倍液注射虫孔，或用蘸药棉球堵孔，杀死幼虫。在成虫羽化出孔前用杀虫剂：胶泥＝1：（20～50）的药泥堵塞虫孔，使其在羽化出孔时被杀死。

新疆杨（李宏摄）

5. 新疆杨破腹病

由于新疆杨干部形成层分生细胞横向分生能力很弱，一般发病后没有理想的防治方法。破腹病发病多的地区只能更换树种，建议使用和新疆杨各方面特性基本相同的银新杨；破腹病不严重的地区可以通过在树干基部包扎玉米秸秆、涂抹胶泥等方法减少冻伤和冻裂。

七、材性及用途

新疆杨是优良的防护林和用材林树种。作为防护林树种，可保持水土、防风固沙、防护农田、护路、护岸（堤）及其他。作为用材林树种，可作为椽材、矿柱材、檩材、加工用大径材，可造纸和加工制造各种人造板。材性方面的缺点是干缩比在2.3～2.5，属于变形量大的一类，干燥时性能较差，旋切的单板干燥时易开裂、翘曲。

（李宏）

60 山杨

别　名｜响杨、麻嘎勒

学　名｜*Populus davidiana* Dode

科　属｜杨柳科（Salicaceae）杨属（*Populus* L.）

山杨是一种分布范围广的用材林树种，广泛分布于东北、华北、西北、华中乃至西南众多省份的山地，是撂荒地、采伐迹地和火烧迹地森林更新的先锋树种，以及良好的造纸和用材树种。山杨在东北林区次生林中占有重要地位，常与白桦组成典型次生林——杨桦林（这类次生林又称为派生林），也常构成小面积纯林。山杨林面积和蓄积量都很大，全国23个省份分布的山杨总面积超过200万hm^2，其中黑龙江山杨面积超过60万hm^2，蓄积量超过3000万m^3。山杨生长快、适应性强，经营管理好山杨林，对荒山治理和速生用材生产均具有重要意义。

一、分布

山杨主要分布于20°～55°N、100°～135°E，从东北大小兴安岭、完达山至华北、西北、华中乃至西南等地（包括黑龙江、吉林、辽宁、内蒙古、山西、山东、河南、河北、北京、陕西、甘肃、宁夏、青海、新疆、江苏、浙江、安徽、江西、湖南、湖北、四川、云南、西藏等省份），垂直分布在东北低山海拔1200m以下，青海海拔2600m以下，湖北西部、四川中部、云南海拔2000～3800m，多生于山坡、山脊和沟谷地带，常形成小面积纯林或与其他树种形成混交林。朝鲜半岛、俄罗斯西伯利亚和远东地区、日本等地也有分布。

二、生物学和生态学特性

乔木。高可达25m，径可达60cm。树皮光滑，灰绿色或灰白色，老树基部黑色粗糙。树冠圆形。小枝光滑，赤褐色。叶三角状卵圆形或近圆形，叶柄长2～6cm。柔荑花序，蒴果，雌雄异株。山杨一般寿命约60年，长者可达100余年。

山杨为强喜光树种，适应性强，耐寒、耐旱、耐瘠薄，酸性至中性土壤上均能生长，但在山腹以下排水良好的肥沃土壤上生长良好。山杨天然更新能力强，在东北及华北常于老林破坏后，与桦木类混生或成纯林，形成天然次生林。因立地条件差异，山杨生长速度差异很大（郭树平和李春明，2012），小兴安岭25～35年生山杨天然林，平均胸径15～25cm，蓄积量100～200m^3/hm^2；完达山林区山杨林，35年生左右山杨胸径16～18cm，树高18～20m，蓄积量可达300m^3/hm^2。

三、良种选育

自20世纪80年代开始，黑龙江省林业科学研究所在山杨主要分布区开展了种源、家系和无性系的生长、抗逆性和材性联合选择研究工作，建立了种

山杨叶片（薛凯摄）

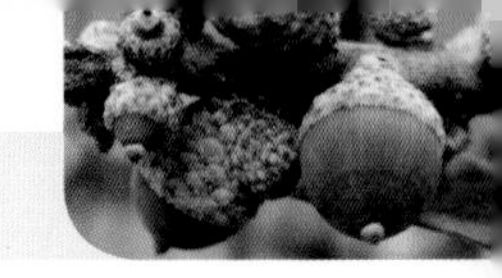

质资源圃，评选出黑龙江、吉林和河北等省份优良种源、家系和无性系（刘培林，1995；郭树平和李春明，2012），评出江山娇、永幸、方正、带岭、大牙克、青山、湖上7个种源为优良种源。选育的银×山1333号无性系，14年生时生长量比山杨对照大1倍以上；培育出的山×银山1132号无性系，具有速生、抗寒、抗病等优点；利用美洲山杨花粉与山杨开展杂交育种，选育出4个中美山杨优良无性系。2011年，5个优良品系通过了良种审定，分别为‘山×银山1132’（龙S-CSD-PN-046-2011）、‘银×山1333’（龙S-CSD-PN-047-2011）、‘中美山杨1号’（龙S-CSD-PN-048-2011）、‘中美山杨2号（龙S-CSD-PN-049-2011）和‘中美山杨3号’（龙S-CSD-PN-050-2011）。

四、苗木培育

1. 播种育苗

采种与调制 山杨蒴果成熟到散种的时间只有2～3天，所以及时采种特别关键。山杨果实成熟一般是5月中旬后期到下旬前期，蒴果成熟的标志是果皮变成米黄色，种子浅棕色。从5月中旬开始就要天天观察种子成熟情况，一旦成熟（以有飞絮出现为准）立即采种。折下小果枝后应立即将果穗摘下储放，避免蒴果失水干燥、果絮飞扬、损失种子。采集的蒴果在受光和通气良好的室内摊放，注意防止发霉，5～6天后敲打取种，净种后保存在0～5℃条件下备用。

播种 选择地势平缓、排水良好的圃地育苗，不能重茬，不宜选菜地、豆茬地，宜选用针叶树育苗地。播种前一周，用3%硫酸亚铁等对土壤消毒。灌好底水，保持表土层湿润的情况下播种。播种量为1.3～1.4g/m^2，混湿沙条播，播后覆草或草帘保湿。出苗期间注意苗床土壤要保持湿润状态。一般3～5天出齐苗。

苗期管理 出苗后管理重点是防暴雨、冰雹，防猝倒病。苗木适宜密度80～100株/m^2，第二年换床，第三年上山造林。

2. 无性繁殖育苗

山杨扦插难以成活。黑龙江省林业科学研究所联合东北林业大学开发了一套以组培技术为核心的工厂化育苗技术体系，包括山杨组培技术、微扦插技术、移栽技术、容器苗培育技术等，详情请参阅李春明等（2011）。

五、林木培育

1. 人工林培育

立地选择 山杨适合栽植于山中下部半阳坡、坡度6°～15°、土层厚度20cm以上、相对湿度60%、排水良好的立地条件。山杨造林地整地必须在造林前一年封冻之前进行。

造林 山杨主根不明显，侧根特别发达且粗壮，因此，整地规格为长60cm、宽30cm、深25cm。造林的苗木为2年生换床苗，苗高1m以上，地径0.5cm以上，无枯梢，无病虫害，枝干颜色为灰白色，主干明显，根系发育完整，侧根

山杨树干（薛凯摄）

上根毛的数量保持15条以上。山杨侧根特别发达，有些侧根2年生可达2～3m，将太长的侧根剪去，但保持充足的须根。将综合性杀菌剂营养液制成泥浆，苗木造林前用泥浆蘸根，挂一层保护层。山杨在相对湿度保持60%的小气候条件下生长旺盛，否则易发生虫害。为了早成林，山杨造林密度可株距加密，行距稍远，一般为株距0.5m、行距1m，造林后第三年郁闭；也可选择株距1m、行距2m，每穴中栽植2株。

抚育 第一次抚育时间为5月中下旬，对苗木进行中心培土和扶正。第二次抚育时间为6月中旬，距苗木10cm处除草、松土，由里向外，里浅外深，培土厚度为根际上部2～3cm。第三次抚育时间为7月中旬，割除影响幼树生长的杂草、灌木和侧方非目的树种的萌条，带宽1.5～2.0m。山杨具有再生能力的不定芽，主要分布在根际下部，因此一定要在根际下部平茬，3年生时平茬效果最佳。山杨的生理复壮主要解决根系的生长环境条件问题，因此，必须及时进行抚育、除草、松土，减少土壤中的草根盘结，使土壤疏松，为山杨根系生长创造良好的条件。

经营 山杨最大连年生长量在10～15年生，蓄积量生长量和经济出材率的高峰都在25～30年生，7～8年生开始感染心腐病，到26～30年生转为严重，31年生起可进入主伐。因此，山杨林可在10～15年生与16～20年生进行2次综合抚育伐，间伐强度按株数为30%～40%，抚育后的郁闭度一般不低于0.6，否则易产生大片风倒或雪折而破坏整体林相。

2. 天然林培育

山杨易于天然更新，林区的山杨林以天然次生林为主，因此，应该重视山杨天然林的培育。山杨次生林培育主要包括促进天然更新、抚育间伐、低质林改造、人天混交林诱导和主伐更新等环节。在人工更新不能及时进行或其他珍贵树种不适宜且附近有山杨种源的情况下，应采取人工促进天然更新措施（如控制火烧、人工破坏枯落层等），促进山杨天然更新。对于密度较大、个体分布均匀、生长良好的山杨次生林，采取适当的抚育间伐措施，促进生长和提升质量。对于密度偏低、个体分布不均、生长不良的山杨林，采取适当措施进行改造。在温带湿润的小兴安岭和长白山林区，各个生长阶段和生长状态的山杨林，都可以通过“栽针保阔”经营途径引进红松，构建红松山杨人工天然混交林。山杨成熟早、衰退快，成熟的山杨林要及时主伐更新。

六、主要有害生物防治

山杨主要病害有：叶锈病、叶黑斑病、皱叶病、毛毡病、缩叶病、褐斑病、灰斑病、黑星病、叶点病、瘤瘤病、烂皮病、白色中央腐朽、白色心腐病、煤污病、大斑溃疡。山杨发生普遍、危害严重的主要虫害有：卷叶蛾类（杨叶小卷蛾、山杨麦蛾、杨柳小卷蛾、杨灰小卷蛾等）、杨白蚧、叶蚜类（杨叶瘿绵蚜、白杨假瘿蚜、山杨伪卷叶绵蚜等混合发生）、卷叶甲、杨毒蛾、尺蛾类、杨白星象、山杨卷叶象鼻虫、杨金花虫、杨树树粉蝶、天幕毛虫等种类。山杨成林病虫害发生较为普遍，但危害较轻，一般不采取专门的防治措施，结合卫生抚育，即可有效控制。危害山杨幼林的害虫为山杨卷叶象鼻虫、杨金花虫、杨树树粉蝶、天幕毛虫等。危害幼树时期为6月10～30日，用药剂溶液进行喷雾防治。

七、材性及用途

山杨材质优良，木材色白、质轻而软、结构均匀、纹理通顺，其用途广泛，是胶合板、刨花板、造纸、火柴等的优质原料。将山杨优树与意大利杨、小黑杨进行比较，山杨优树纤维长度均值为1136.40μm，较意大利杨（1091.75μm）高4.09%，比小黑杨高5.71%；纤维长宽比为67.64，比意大利杨（49.55）高36.51%，比小黑杨（41.97）高61.16%。生长在黑龙江省东方红林业局的山杨与大青杨材性分析比较，山杨各项指标均优于大青杨。

（邢亚娟，白卉，李春明）

附：山新杨（*Populus davidiana*× *Populus bolleana* Shen）

山新杨是黑龙江省防护林研究所于1964年以山杨为母本、新疆杨为父本进行人工杂交育种，经20年选育而成，2000年通过品种审定。山新杨树干通直，树皮光滑，淡绿色，被白粉，树姿秀丽整洁美观，果序自然脱落不飞絮，是北方寒冷地区杨树品种中观赏价值很高的城乡绿化及庭院绿化的优良树种，可营造片状风景林。因其具有速生性，可作为防护林、纸浆林、用材林树种。

山新杨适应性强，抗逆性好，根据区域化栽培试验结果，在年平均气温3.2℃，≥10℃的有效积温2870℃，年极端最低气温不低于−39.5℃，年降水量400～500mm，无霜期130天左右，土壤类型为黑土、草甸土、暗棕壤、沙壤土等条件下均能正常生长。该品种生长速度较快，喜生长于土壤肥沃、水分充足的沙质土壤。

山新杨生根能力较差，常规扦插成活率低，一般通过嫁接、埋干、嫩枝扦插及组织培养等方式进行繁殖。

山新杨苗期易遭受柳金钢钻、白杨透翅蛾危害，若经营管理及防治措施不当，易造成大苗无顶芽或形成虫瘿，严重影响苗木质量。柳金钢钻主要危害山新杨的嫩梢和幼叶，易形成多头苗，早春在苗木发芽展叶后，应及早摘除虫芽消灭其中的幼虫，同时幼虫初发期可喷洒药液防治。白杨透翅蛾主要危害枝干，可采用性诱剂捕杀白杨透翅蛾的成虫，也可用药液注入蛀孔防治。结合修枝将危害形成的虫瘿剪下集中烧毁，减少虫口密度，能收到较好的防治效果。

（邢亚娟，王福森）

黑龙江省林口县青山国家落叶松良种基地山杨优良种源基因保存林（白卉摄）

黑龙江省林口县青山国家落叶松良种基地山杨优良种源基因保存林（白卉摄）

61 响叶杨

别　名 | 风响树、团叶白杨、白杨树、山白杨
学　名 | *Populus adenopoda* Maxim.
科　属 | 杨柳科（Salicaceae）杨属（*Populus* L.）

响叶杨是我国特有的速生阔叶用材林树种，在我国南方10多个省份均有分布，是主要造林及四旁绿化树种之一，具有主干通直、生长快、寿命长、冠形美、材质好、用途广等特点，是工业和民用的良材。

一、分布

响叶杨主要分布于24°~34°N、102°~120°E，西起甘肃南部至陕西、河南、安徽、江苏、浙江、福建、江西、湖北、湖南、广西、四川、贵州和云南等省份；垂直分布于海拔300~2500m；多在丘陵、低山、沟谷、四旁等水肥条件好的地方生长。

二、生物学和生态学特性

落叶大乔木。5年生后进入速生期，10年生后达到高峰期，10~15年生时为胸径的生长高峰期，30年生后生长量渐趋下降。树高可达30m以上，胸径可达100cm以上。花单性，雌雄异株；雄花序长5~10cm，苞片条裂，有长缘毛，花盘齿裂。花期3~4月，果期4~5月。响叶杨形态变异大、类型多样，按生长快慢可分为：速生型（粉皮响叶杨）、中生型（细皮响叶杨）、慢生型（粗皮响叶杨）。

响叶杨喜光，不耐荫蔽，较能耐寒，−15℃左右的低温下无冻害现象。响叶杨适应性强，抗虫害能力较强。其生长的主要影响因子是温度、海拔、土壤酸碱度和有机质含量。响叶杨一般要求年平均气温10~16℃，≥10℃的有效积温4000~5000℃，最热月平均气温20~26℃，最冷月平均气温2~6℃，年降水量1000~15000mm，

响叶杨苗木（熊忠华摄）

响叶杨叶（熊忠华摄）

响叶杨树干（熊忠华摄）

相对湿度80%左右；对土壤要求不严，在黄壤、黄棕壤、沙壤土、冲积土、钙质土上均能生长，土壤的酸碱度适应幅度较大，酸性、微碱性土上都能生长，但在酸性至中性、有机质含量高的壤土上生长良好；萌芽力强，天然更新良好，是火烧迹地和采伐迹地的先锋树种，多生于山坡疏林边、砍伐迹地及幼松林地。

三、良种选育

响叶杨遗传改良起步较晚，所选优良无性系过少，不能满足生产用所需苗木，至今仍以选择优良母树（优树）为原材料，通过有性或无性繁殖的方式育苗造林。

优树选择方法 在天然次生林中，采用优势木对比法选择优树，即在15～30年生的林分中，在以候选树为中心的100m²范围内选择仅次于候选树的3株优势木作对比树，当候选树达到或超过对比树平均树高5%、平均胸径15%、平均材积50%时入选为优树。若是带状林分，也可采用候选树前后各5株林木的平均生长量作对照，当候选树胸径大于对照树平均胸径30%、大于对照树平均材积80%、大于对照树高平均值者即可入选。此外，也可采用绝对生长量法选优，按5年一个龄级制定优树标准：16～20年生，树高、胸径、材积年均生长量分别达到或超过1.1m、1.5cm、0.032m³；21～25年生，树高、胸径、材积年均生长量分别达到或超过1.0m、1.4cm、0.035m³；26～30年生，树高、胸径、材积年均生长量分别达到或超过0.9m、1.3cm、0.038m³。形质指标要求是：树干通直圆满、无结瘤，中下部无弯曲，上部无中度以上弯曲，树皮光滑，自然整枝良好（干高比小于0.6），分枝夹角小于40°，树冠处于优势层，冠径比小于14；没有受过蛀干害虫和心腐病危害，其他病虫危害在轻度以下（伍孝贤和朱忠荣，1996）。

四、苗木培育

1. 有性繁殖

采种 在选好的优树或优良母树上采种，当蒴果外表由浅绿色变为黄绿色、果穗上端个别蒴果已裂口吐出白色种絮时，即已接近成熟，应及时采种，否则1～2天内种子即随絮飞散。果穗采集后，在通风良好的室内苇帘上薄薄地摊开，经常翻动，以免霉烂；2～3天后有70%左右蒴果开裂时，放在直径0.5mm网眼的细筛上轻轻敲打或揉搓脱粒后取种，或采用真空吸收装置从蒴果中吸取种子。还可采集将要成熟的蒴果枝条放在温室或者水培，成熟后脱粒取种（南京林产工业学院《主要树木种苗图谱》编写小组，1978）。出种率2%～6%，千粒重0.2～0.5g。新鲜种子发芽率可达80%～90%，但在自然状态下放置1个月后大多种子即丧失发芽力；长期贮存需充分晾干后，置于含干燥剂（氯化钙）的密封容器中，在低温环境下贮存。

播种 选择地势平坦、排灌方便的沙壤土作播种地。因种粒细小，整地需特别细致。一般在4～5月采后即播，采用撒播或行距15～20cm的条播，每亩播种量0.5kg左右，拌细沙或细土播种，不必覆土，但要盖草或薄膜。播后每天喷水2～3次，保持床面湿润，但不要喷洒过多，以免种子或幼苗感病。3～5天即可大量萌发，须即刻揭开覆盖物。在此期间一般需遮阴，防止日灼。幼苗高10cm左右、具有7～8片真叶时定苗，达到25株/m²左右。在幼苗生长期间要及时除草、间苗，苗期要防治立枯病发生，及时通风，定期喷洒波尔多液。当苗高达到1.0m、地径0.8cm以上时，可当年出圃。

2. 无性繁殖

由于响叶杨母树枝条扦插难以生根存活，故要通过埋根促萌、嫁接复壮和组织培养等技术以优化处理，再用其嫩枝扦插，可使生根存活率达80%以上（朱忠荣和伍孝贤，1996）。

（1）扦插育苗

用根萌条、嫁接苗平茬萌生条和组培苗的硬枝或嫩枝扦插在沙床上，以6月中旬和9月下旬嫩枝扦插的生根率最高。若采用激素NAA和ABT生根粉（质量浓度为100mg/L）快浸10s处理，生根率可提高到近100%。

（2）嫁接育苗

用1年生北京杨作砧木，1年生响叶杨萌条作接穗，无论采用枝嫁接或芽嫁接，成活率均达到80%以上。

（3）组培育苗

采集优树带柄嫩叶和茎尖经常规消毒后分别置于初代培养基WPM和1/2MS培养基培养，前者采用0.5～1.0mg/L 6-BA+1.0mg/L NAA配方，芽的增殖系数较高。后者采用0.2～0.5mg/L 6-BA+0.1mg/L NAA配方，芽的增殖系数较高。当不定芽高生长达到2cm左右时，切取转移到生根培养基（1/2MS+0.2mg/L NAA），30天后根长和苗高达3cm以上时移出培养室外炼苗1周，后取出试管置于温室营养土（2/3火烧土+1/3田园土）栽培。待苗高达到50cm以上时，移植到大田育苗。无性繁殖苗高和地径分别达到1.5m和1.0cm以上，可当年出圃造林。

响叶杨单株（熊忠华摄）

五、林木培育

1. 造林地选择

选择平地、丘陵、沟谷、低中山麓和四旁空地中土层深厚、水肥条件较好的黄壤、沙壤、紫色土、冲积土等为造林地，在土层深厚的石灰岩山地也可造林。由于响叶杨抗污染和抗寒能力不强，在有空气污染的城镇、厂矿和凌冻严重的高海拔地区不宜造林。若作为城镇绿化树种，应避免选择雌株，因为雌株种子成熟时容易飞絮造成空气污染。

2. 整地与栽植

造林前，清除林地上的杂灌、草。定点挖穴，穴径50～60cm，穴深40～50cm，造林株行距2m×（2.0～2.5）m，即1995～2505株/hm^2，四旁植树株行距4m×（4～5）m。通常采用2～3年生大苗造林。12月至翌年3月初取苗造林，避免营造单系林，营造一个林分的无性系应不少于8个。栽植前最好放基肥和回填表土，栽植时，做到苗正、根舒、土紧。由于响叶杨根系较深，密集分布范围在1m深以下，因此可与浅根性树种混交，也可与栎类、桦木等生态位宽度差异不大（0.6～1.0）、生态位重叠度小（0.30～0.37）的树种进行带状混交。同时，也可林下种植其他经济植物。

响叶杨造林后3年内进行块状抚育，逐年扩大，并将杂草埋于距根际30cm的上坡处。响叶杨生长快，间伐起始时间15年生左右，主伐期在30～35年生。

3. 次生林改造

响叶杨次生林绝大多数都处于密集萌生的自生自长以及自然淘汰状态，往往成林、成材缓慢。为了充分利用好响叶杨次生林资源，应有组

织、有计划地开展响叶杨次生林改造（李忠洪和张洪清，1996）。

（1）改造原则

保护物种多样性 在抚育中不仅要保护乔木层的所有树种，也要尽可能地保护灌木层的树种，使其物种多样性、遗传多样性和生态系统多样性都能够充分展现。

留优去劣 优先保留响叶杨中的优良类型（速生型），其次是中生型，伐去慢生型及其他树种中不良个体；在灌木层中，伐去劣种树种及其他树种的不良个体。

合理控制密度 控制株间距离（0.5～2.0m），使其在有限的生态条件下达到最大的生物量，提高单位面积蓄积量。

（2）改造方法

抚育间伐 保留乔木层中的所有健康树种和灌木层中的优良树种，伐去乔木层中不良个体以及灌木层中的劣种。

补植或营造混交林 在林分中的荒地或空地，补植群落中的优势种，或松土促进根萌和天然下种成林，或选择生态位重叠度小的树种营造混交林（伍孝贤和熊忠华，2001）。

六、主要有害生物防治

1. 立枯病

苗木立枯病又称幼苗猝倒病，病原菌为立枯丝核菌（*Rhizoctonia solani*）、镰孢属的多个种（*Fusarium* spp.），在我国各地苗圃中发生普遍。症状有4种类型：第一种，芽腐烂型，苗床出现缺苗，可挖出腐烂了的种芽；第二种，幼苗猝倒型，幼苗茎未木质化，苗茎被侵害或被粗土粒、石砾灼伤，有伤口或腐烂斑，幼苗突然倒伏；第三种，子叶腐烂型，幼苗刚出土，子叶被侵害至腐烂，幼苗死亡；第四种，苗木根腐型，幼苗茎已经木质化，病原菌难以侵入，但可危害根部，使根腐烂，苗木根死不倒，立枯。防治方法：立枯病是危害响叶杨幼苗较为严重的病害之一，可使芽、茎、叶甚至整个苗木腐烂而死亡。对响叶杨立枯病的防治，育苗期间应加强监测，并定期喷洒0.5%～1.0%的波尔多液或0.5%的高锰酸钾溶液。一旦发现病株必须立即拔除，并用0.1%的多菌灵或0.15%的百菌清喷洒，也可用0.14%的敌克松溶液浇灌进行防治，从而避免其余苗木感染。

2. 白杨透翅蛾（*Parathrene tabaniformis*）

白杨透翅蛾1年发生1代，以幼虫侵害苗木和幼树枝干、侧枝和顶梢，被害枝干形成瘤状虫瘿，造成树木枯萎、秃梢，易遭风折。防治方法：成虫产卵盛期，发生严重的地块可喷施化学药剂防治；已蛀入枝干的幼虫，用针管将化学药剂注入蛀孔内，并用胶泥封堵虫孔，毒杀幼虫。成虫羽化盛期用黑光灯诱杀成虫。

3. 白杨叶甲（*Chrysomela populi*）

白杨叶甲1年发生1～2代，幼虫蚕食叶缘呈缺刻状，成虫危害嫩梢幼芽，被成虫或幼虫危害后，叶及嫩尖分泌油状黏性物，后渐变黑而干枯，影响生长和发育。防治方法：利用成虫假死性，震落捕杀。成虫和幼虫发生期，喷化学药剂防治；郁闭度较大的林分，可施放杀虫烟雾剂防治，每亩0.5～1.0kg。

4. 天牛

在响叶杨少数树干发现天牛危害，主要有光肩星天牛（*Anoplophora glabripennis*）、云斑天牛（*Batocera horsfieldi*）等。防治方法：将化学药剂注入蛀孔，然后用黏土将蛀孔封堵，或用棉签蘸化学药剂堵塞蛀孔，再用黏土封堵，熏杀幼虫。

七、材性及用途

响叶杨木材白色，心材微红，材质轻软，纹理细致美观，加工容易，切面光滑，是房屋建筑、家具、板材、火柴、器具等工业和民用良材。同时，响叶杨的纤维素含量为43.74%，木质素含量最高为25.86%，灰分为0.54%，纤维长度为0.933mm、宽度为0.198mm、长宽比为47.50，基本密度为0.437g/cm^3，可作为纸浆材树种。枝皮纤维可作造纸及人造纤维原料，叶可作饲料。

（熊忠华，伍孝贤）

62 青杨

别　名｜大叶白杨、家白杨（青海省）

学　名｜*Populus cathayana* Rehd.

科　属｜杨柳科（Salicaceae）杨属（*Populus* L.）

青杨是我国北方常见乡土树种，生长迅速，树干通直、高大，具有抗逆性好、适应性强、分布广泛、栽培历史长等特点，是重要的高山荒山造林、山地绿化和速生用材林树种。同时，该树种具有一定的抗尘埃能力，也是重要的城市园林绿化、四旁绿化和农田防护林树种。其木材纹理直、结构细、质轻柔、加工易，是良好的民用建筑、家具及箱板等材料。

一、分布

青杨在我国西南、西北、华北、东北地区的四川、甘肃、青海、河北、山东、北京、辽宁等多个省份均有分布，垂直分布在海拔800（华北地区）～3200m（青海）的山谷、河岸和阴坡山麓，地跨草原带、森林草原带和荒漠带。分布区年均降水量300～600mm，在绝对最低温度-30℃的地方也能开花结果。在青海东部和柴达木盆地，青杨人工林分布较多。

二、生物学和生态学特性

青杨喜温凉湿润气候，较耐寒，最适宜生长在年平均气温4～10℃、1月平均气温-9～-4℃、7月平均气温20℃的地区，可耐冬季-40～-23℃的低温，但不适宜夏季高温；对土壤要求不严，适生于土壤深厚、肥沃、湿润、透气性良好的沙壤土、河滩冲积土上，也能在沙土、砾土及弱碱性的黄土、栗钙土上正常生长；在低湿地、黏重土壤、常年积水地生长不良，甚至死亡；在盐碱含量大的土壤上不能生长。根系发达，垂直分布深度可达0.7m，水平分布范围一般为3～4m，因而具有一定的抗旱能力。

青杨属于早发芽、迟封顶、生长期长的树种。在西宁地区，4月底开始展叶，6月中旬种子成熟，10月下旬落叶。其树液流动在平均气温达到2.5℃左右时开始，平均气温达到9℃以上开始开花展叶，秋末平均气温下降至5.5℃左右时全部落叶。青杨防护林的生长过程可分为3个时期：0～6年生为幼树期，7～15年生为速生期，16～21年生为成熟期。树高速生期在3～14年生，胸径速生期为6～16年生，材积速生期为7～15年生。青杨初始防护成熟龄在第八年，数量成熟龄约为18年（施翔等，2013）。培育青杨速生用材林时，在林龄达到20年左右采伐利用较适宜。但其速生能力与适生环境有密切关系。在河谷滩地，土层深厚（2m左右）湿润、质地疏松、通气较好、保水能力强的沙黏壤土条件下，23年生青杨林每公顷蓄积量800m^3，年均生长量34.8m^3；在有间层的薄沙土河滩，表层沙土厚5cm、5～30cm处含石量15%、30cm以下为卵石层的贫瘠条件下，19年生青杨林每公顷蓄积量仅27m^3，年均生长量1.4m^3，年均生长量仅为土壤较好条件下的4%。

青杨是雌雄异株树种，雌雄群体的分布特征沿海拔梯度的变化明显不同，中等海拔（1600m）区域可能为青杨种群的最适繁衍区（王志峰等，2011）。雌雄群体在不同海拔梯度上雌雄个体比例有所不同，低海拔的性比显著偏雌，高海拔的性比偏雄。雌雄群体的大小级结构在不同海拔上有差异，在海拔1400m，雌株群体中Ⅰ级和Ⅱ级植株占群体比例最大；雄株群体Ⅰ级和Ⅱ级植株占群体比例最大的海拔是1600m。青杨雄株

青杨人工林（辜云杰摄）

更耐高寒，适生范围更广。青杨在铝胁迫下，会调整体内化学物质含量而适应新环境（李俊钰等，2012），其体内的丙二醛和可溶性蛋白质含量显著增加，且雄株的丙二醛含量显著低于雌株；雄株的可溶性蛋白质含量、抗氧化酶活性、叶绿素含量和光合速率高于雌株，且抗逆性强于雌株。青杨在水淹胁迫时，叶片中的丙二醛含量和根颈部淹水区的不定根数量显著升高，雄株比雌株有更高的气孔导度、胞间二氧化碳浓度和不定根数。雄株可通过维持更高的光合能力和增加不定根数量来维持植株生长，从而表现出比雌株更强的抗逆性（杨鹏和胥晓，2012）。青杨雌、雄植株在树木年轮生长方面对全球气候变暖可能具有不同的响应机制，雌株比雄株更侧重于密度生长（黄科朝等，2014）。

三、良种选育

青杨良种选育工作自20世纪50年代已开展，中国林业科学研究院林业研究所、青海省林业科学研究所、陕西省林业研究所等科研院所采用常规杂交育种方法开展了以青杨为亲本的杂交育种工作，并选育出一批生长快、抗性强的优良杂种，如‘北京杨’‘陕林4号杨’和西丰杨系列等。

1.‘北京杨’及其系列

中国林业科学研究院林业研究所的徐纬英等于1956年杂交选育出‘北京杨’。该品种树干通直，树冠卵形或广卵形，短枝叶卵形，雄花序长2.5～3.0cm，雄蕊18～21cm，花期3月。在土壤水肥条件较好的立地下，生长较快，12年生高达23.5m，胸径达28cm，但抗寒性不如小黑杨，在吉林以北易受冻害形成破肚病，在干旱瘠薄和含盐碱的土壤上生长较差。中国林业科学研究院林业研究所在对该品种的选育过程中又选育出一些优良品系，如生长更快的‘中林8000号’和‘中林0567号’，以及耐寒性更好的‘中林605’。该树种主要在北京、山西、辽宁、四川等地广泛分布，作为防护林建设和四旁绿化的优良速生树种。

2.‘陕林4号杨’

该品种由陕西省林业科学研究所的符毓秦等人利用美洲黑杨与青杨为亲本进行杂交选育出的

优良品种。树形美观、树干通直，对蝉害抗性较强，耐旱、耐寒性较‘I-69杨’强，遗传稳定性高，适应性强，造林成活率高。该品种造林5年后树高达12.7m，胸径达16.0cm；其木材基本密度约0.395g/cm^3，纤维长度为0.756mm，具有纤维长、得率高的特点，是很好的纸浆用材；适合在陕西南部、北部、关中等地造林，也可在黄河、长江流域气候条件相近的其他地方作为用材林和短周期纸浆林栽培（符毓秦等，1990）。

3. 西丰杨系列

中国林业科学研究院林业研究所和青海省林业科学研究所利用美洲黑杨与青杨为亲本进行杂交育种，选育出西丰杨系列（‘西丰6号’‘西丰18号’‘西丰77号’‘西丰17号’和‘西丰21号’）。该系列杨树具有苗期生长量突出、生长潜力大、抗病虫害能力较强、抗寒性较好、遗传增益较大等优良特点。7年生林分树高达9.8m，胸径达11.4cm，生长速度较快。该系列适合在甘肃金昌、陕西延安、内蒙古通辽、辽宁彰武等地栽植，主要用作防护林、用材林和城市道路绿化树种（杨自湘等，2004）。

四、苗木培育

1. 播种育苗

采种 选择树干通直、无病虫害、树龄在15～30年的健壮树作为采种母树，其种子在5月下旬至8月初成熟，即蒴果颜色呈黄绿色、果穗上蒴果开裂吐絮、种子呈杏黄色时表明种子成熟。青杨种子成熟后1～2天内即可飞散，必须经常观察，掌握时机适时采种。采种时，将果穗摘下用网袋或筐子盛装运回，晾在通风良好、干燥凉爽的室内凉席或竹帘上，厚度小于5cm，并经常翻动，以免种子发热、发霉。待蒴果有2/3开裂飞絮时，用细竹竿轻轻敲打，种子即可脱离。用细筛精选，除去果皮、白絮等杂质后，即可得到净种子。正常情况下，每17.5～20.0kg青杨果穗可得净种子500g，每500g种子有55万～80万粒。刚处理的种子发芽率在90%以上。

选地 青杨育苗地一般选在地势平坦、排灌方便、无风害的地方，以肥沃、湿润的沙壤土或壤土为最好。重黏土、黏性土、含碱太大的土地以及低凹湿地或干旱台地，不宜作为育苗地。

整地 青杨育苗地要翻地、清除杂物、改良土壤、平整土地。翻地以秋翻为好，在土地结冻前进行，深度20～25cm，晒垡过冬；春季先耙磨，将土块打碎，再轻翻一次，深度以15cm为好。苗圃施肥以基肥为主，追肥为辅。基肥以有机肥料为好，施基肥时将70%的有机肥料结合秋翻施入地内，其余30%的肥料作为面肥，在播种前撒在床面。有机肥施肥量以2500～5000kg/亩为宜，过磷酸钙施用量以25～50kg/亩为宜。苗床采用小畦作业，床面平整，土壤细碎。

播种 播种前土壤用等量式波尔多液（硫酸铜：石灰：水为1：1：100）或3%的硫酸亚铁溶液消毒。种子可随采、随调制、随播种，不进行种子处理；隔年贮藏的种子，应用20℃温水浸泡种子0.5h，或将种子放在湿布上喷洒30℃温水再覆盖湿布，阴干2h即可播种。播种一般是随采随播，5月下旬至8月中旬采集获得种子后，争取早播。以横床条播为宜，行距30～40cm，播种量每亩约1kg种子。

苗期管理 幼苗出土后要保持苗床湿润，灌水以“少量多次”为原则，随苗木生长逐渐增加灌水量。整个生长季，一般灌水5～7次，8月开始逐渐减少水量至停止。苗高3～5cm时第一次间苗，苗高8～10cm时开始定苗，每亩产苗2万～4万株。间苗时，应喷洒多菌灵或百菌清，防止幼苗遭受病害。对苗圃及时除草松土，以减少水分蒸发。施肥与浇水相结合，苗期施肥以速效氮、磷、钾肥为好，初期每亩施尿素2～3kg，7～8月可施尿素和复合肥10～30kg/亩，8月中旬停止施肥。10月初进行冬灌，以促进苗木更好地木质化，防止冻害。青海地区根据苗木生长情况（苗高＜30cm）可在翌年春季对苗木平茬，使原苗重新萌发，穗条可扦插育苗。苗期的病虫害防治以“预防为主，标本兼治”为原则，适时喷洒百菌灵、代森锰锌预防锈病、腐烂病，喷洒杀灭菊酯、氧化乐果防治虫害。

2. 扦插育苗

整地作床 选择地势平坦，土壤疏松、肥沃、深厚，且便于排灌的沙质壤土地段作床。作床前先灌足底水，然后施有机肥15t/hm^2、磷酸二铵300kg/hm^2、尿素225kg/hm^2，并用300kg/hm^{2}的硫酸亚铁粉进行土壤培肥和消毒。深翻土壤后，作成宽4.3m、长10～30m的低床，床面整平耙细。

种条采集 种条采集遵循“良种壮苗”的原则，选择10～20年生树干通直、健壮、无病虫害的青杨大树作为采条母树，选取生长适宜、木质化程度好、侧芽饱满的1～2年生健壮枝条作为种条，可在春季芽萌发前或秋季落叶后采集。秋季采集后，应埋在地下或藏在地窖中。

穗条制备 在采集的种条上选择穗条，一般长15～20cm、粗0.8～1.5cm，穗条上保证有1～2个饱满、无病虫害、无损伤的侧芽。插穗扦插前应在流水中浸泡5～10天，以促使插穗生根，提高成活率。

扦插技术 春季和秋季均可扦插，但以春季早插为好，土地解冻20cm时即可扦插。扦插方法：可用斜插或直插，以斜插为好，扦插株行距为30cm×50cm或30cm×40cm。

苗期管理 扦插后及时浇水，保持土壤湿润，全年灌水5～7次。在苗木生长旺盛期，要及时除蘖抹芽。及时除草松土，全年除草4～6次。结合浇水在6～7月苗木速生期用4～6kg/亩尿素进行2～3次追肥。8月中旬后，停止灌水和施肥。结冻前，冬灌一次。苗期定期喷洒波尔多液和石硫合剂，可防治黑斑病和锈病。

青杨人工造林（王乐辉摄）

五、林木培育

1. 立地选择

青杨对立地要求不严，但适宜的立地条件是青杨速生丰产的前提，因此造林地应选择土层深厚、土质疏松、土壤肥沃、湿润、排水良好的河滩地、平坝地或坡度小于15°的坡地。最适立地条件是有效土层厚度在1m以上，地下水位在1.5～2.0m；中等立地条件是有效土层厚度在70～100cm，地下水位在1m左右；劣等立地条件是土壤有效层厚度小于40cm，地下水位在50cm以上。青杨造林地对土壤养分的要求是：有机质含量大于0.4%，含氮量大于0.03%，有效氮含量大于15mg/kg，速效磷含量大于2mg/kg，有效钾含量大于40mg/kg。造林地土壤含盐量应小于0.1%，地下水矿化度小于1g/L。

2. 整地

造林前对青杨造林地进行整地，可提高土壤通透性，改善土壤的保肥、蓄水能力，也能使根系更好地利用深层土壤养分、水分。对河流冲积土形成的河滩地、平原中的弃耕地或平坦地，可根据土壤坚实度确定翻耕深度。在中壤土或沙壤土上，可全面深耕30～40cm；在较黏重的土壤上，可全面深耕40～60cm。青杨山地造林时，应整修反坡梯田，梯田长度随地形而定，上、下梯田水平间距3～5m，每条梯田一般栽一行，苗木栽于梯田中间。在平原地区，可用带状或穴状整地，带状整地带宽0.5～1.0m、带距3～4m，穴状整地规格为50cm×50cm×30cm或70cm×70cm×80cm。整地时间可选早春或秋季，但以秋季为主。

3. 造林

植苗造林 根据造林地类型选择相应的苗木规格，以提高造林效果，降低造林成本。在四旁造林时，可选择2～3年生的壮苗；在立地条件好的地方，可选用1～2年生的壮苗。造林前将苗干根部在清水浸泡2～3天，能提高成活率。栽植时，将断根及机械损伤严重的根系清除，避免发生腐烂而感染病害。栽植穴的规格可用100cm×100cm×80cm、80cm×80cm×60cm或60cm×60cm×50cm。合理深栽（>60cm）可增加根系量，吸收深层土壤中的水分，提高抗旱力和成活率。栽植时，每株施有机肥5～10kg、过磷酸钙0.5kg左右。

插干造林 青杨苗干萌发不定根的能力强且浸入地下水的基部易吸水分，使得插干造林的成活率高、生长量大、苗木抗旱力强。插干造林应具备可供采集插干的优良母树，多在青杨林木分布较多的地方实施。插干造林地应优先选择质地为沙壤土、轻壤土的地类，其次为沙土、中壤土，最次为土层较深厚、含水量较多的轻黏土。平原地区和山地中位于谷地、土层深厚疏松的地块可插干造林。插干应选生长健壮、干形通直、无病虫害的树枝，根据插干大小可分为高干（干长为2.0～2.5m）和矮干（干长50～70cm）。插干在造林前应在活水中浸泡5～10天，干条从基部而上入水1/2，以促进不定根及时萌发，提高成活率。高干造林时，埋干70～90cm，外露1.2m以上，埋后压实，封土固定。矮干造林时，应以深埋、实压、少露为原则，外露部分小于10cm。插干造林时，钻孔可用便携式植树钻孔机，孔的大小根据干条大小确定，一般20～30cm，深度约为100cm。钻孔后，每个树穴施有机肥5kg、过磷酸钙0.5kg，与表层土混合均匀后施入穴内。

造林时间 青杨造林可在早春和秋末冬初开展。春季造林宜早，当土地解冻后，树芽萌动初期开始，栽植后能尽快达到发芽温度，苗木可迅速发芽生根成活。秋季造林应在树木落叶后、土地结冻前进行，栽植时应深栽，地温高可促使苗木当年生根，有利于成活。

造林密度 青杨造林密度根据培育目的、材种、品种特性、立地条件、气候条件、抚育管理措施和林地发育阶段的不同而有所差异。四旁单行造林时，株距3～4m；成片造林时，在立地条件好的造林地，以培育大径材为目标，采用林粮间作模式经营，通常稀植，可采用6m×6m、7m×7m或8m×8m的株行距，也可按宽行窄株配置，即3m×8m、3m×10m、4m×10m、4m×12m，此时造林密度在156～416株/hm^2；间

作农作物5～7年，该造林模式下确定初植密度后不间伐，轮伐期为10～15年。在立地条件较好的造林地，林分经营措施相对集约化，可每公顷栽植330～625株（即株行距为4m×4m、4m×5m、5m×5m、5m×6m），间伐年龄为6～7年，采伐年龄为8～10年，可培育大中径材；也可按3m×3m、3m×4m、4m×4m的株行距造林，培育中小径材，采伐年龄为8～9年。在立地条件较差的造林地，经营管理粗放时，可密植造林，株行距可按2m×2m、2m×3m，培育短期的纸浆林、纤维板林，轮伐期为3～5年。

4. 抚育管理

适时浇灌 青杨蒸腾量大，对水分要求较高，及时浇灌能提高造林成活率，提升林木生长量。除对新造幼林要及时浇灌外，在春末夏初及秋季的干旱季节，要对林分适时浇灌，保证树木的旺盛生长。浇水次数和浇水量以当地气候和土壤情况确定，一般每年浇水2～3次，可用沟灌或定穴浇灌，浇水后及时覆土保墒。

合理施肥 造林前每亩施有机肥1500kg左右、过磷酸钙约50kg，将有机肥与无机肥混合后施入坑穴内。每年5～6月，进行2次追肥。施肥量每次应为：每亩碳酸氢氨10～15kg或尿素4～7kg。造林当年可适当少施、晚施。第二年后，随着林龄的增加可适当多施，追肥应与浇水结合进行。施肥时采用开沟或开穴环状埋肥法，2～3年生幼林，在根际周围1m左右开沟，3年生后在根际周围2m左右开沟，肥料深埋10～15cm，防止流失。结合施肥，可将落叶埋入土中，使其加速腐烂，促进林地改良和林木生长。

松土除草 林分郁闭前，每年除草2～3次；林分郁闭后，每年应最少进行一次除草，并疏松土壤，防止土壤板结。除草松土时，可根据林分类型进行块状抚育或全垦抚育。以耕代抚，松土时不要伤害树木。

修枝整冠 青杨造林后，对插干造林的林分在当年开展摘芽；植苗造林林分应修剪掉与主枝竞争的侧枝与下部少数侧枝，第二或第三年适当剪去衰弱和特别强大的枝条，实行修枝定干。青杨修枝强度根据树高确定，4～5年生保证树冠占全树高的2/3，6～8年生保证树冠占全树高的1/2～2/3，9～10年生可修去主干的侧枝2～3轮，但要保持树干高度占全树高的1/2。培育胶合板材时，幼林生长最初2～3年不进行较大强度的修枝，当最下部侧枝着生部位的树干直径达到6cm时，将这一轮侧枝修去，以后每年随树干直径增长，凡达树干直径6cm处的侧枝修去一轮，直至枝下高达8～10m。修枝应该在秋季树木落叶后进行，切口要平滑，不留伤疤、残茬或撕裂树皮。修枝后，修枝口萌发出的大量萌条应在春末夏初及时抹除，以减少养分消耗、控制树形。

抚育间伐 造林后5年可根据林分生长情况和培育目标进行间伐，若郁闭度小于0.6，可推迟间伐。培育中小径材时，间伐后株行距约3m×3m或3m×4m，间伐间隔期为3～5年；培育大径材时，间伐后株行距约4m×4m或5m×6m或6m×6m，每3～5年间伐一次。

六、主要有害生物防治

1. 杨树褐斑病

杨树褐斑病病原菌为尾孢菌（*Cercospora insulana*），属真菌性病害，可发生在苗木、幼树、大树的叶片、嫩梢、果穗上，自上而下蔓延，以危害叶片为主。发病初期在叶背面出现针状凹陷发亮的小点，而后病斑扩大，叶面出现褐色斑点。病菌以菌丝体在落叶或枝梢的病斑中越冬。该病5月初开始发生，夏、秋最盛，直至落叶为止，形成角状、近圆形或不规则的黑褐色病斑，直径约1mm，有的达5mm。翌年5～6月病菌新产生的分生孢子借风力传播，落在幼苗叶片上，由气孔侵入叶片，3～4天出现病状，5～6天形成分生孢子盘进行再侵染。染病幼苗叶片易枯死，导致植株死亡。防治方法：①加强苗圃管理。应选用抗病品种育苗，注意及时间苗，改善通风透光条件，搞好排水等田间管理，减少发病条件；苗圃地应避免连作或避免将苗圃设在感病植株附近，带菌种子须进行化学处理，防止实生苗发病。②加强营林管理。合理密植，及时间伐，保持林内通风透光；增施有机肥、土杂肥，增强树势，提高树木的抗病性；雨后要及时排除林地积水，随时清扫处理病叶、落叶，消灭病原菌。③发病期间，喷200倍波尔多液、70%代森锰锌600倍液、50%多菌灵700倍液或70%甲基托布津1000倍液等，连喷2～3次。

2. 杨树烂皮病

病原菌为污黑腐皮壳菌（*Valsa sordida*），易侵染生长不良、树势衰弱的树木。病害易发生在主干、分枝交叉处、死节和死皮部位，并逐渐对活组织进行侵染。树皮含水量与病害发生关系密切，树皮含水量低有利于病害发生。该病每年4月、5月开始发生，5月、6月为发病盛期，7月以后病势渐趋缓和，至9月基本停止发展。防治方法：①加强抚育管理，合理修枝，科学施肥与灌溉，提高树木生长势，增加林木抵抗力，是有效途径。②改善绿地或防护林卫生状况，清除生长衰弱的植株及枝条，减少侵染来源。③早春、初冬进行树干涂白，以防冻裂、日灼等自然灾害，涂白剂可用生石灰、杀虫剂与杀菌剂配制混合使用。④先用钉板或小刀对病斑部位进行刮皮处理，刮至好皮，再用毛刷进行涂药，涂3次，每7天涂一次。药剂使用10%碱水（NaOH），或可杀得（53.8%干悬浮剂）800倍液，或甲基托布津（50%可湿性粉剂）900倍液，或双效灵（10%）40倍液，或甲基托布津（50%可湿性粉剂）600倍液。

3. 芳香木蠹蛾（*Cossus cossus*）

幼虫孵化后，蛀入皮下取食韧皮部和形成层，以后蛀入树干、树枝和根颈的木质部，蛀成不规则的坑道，造成树木的机械损伤，破坏树木的生理机能，使树势减弱，形成枯梢或枝、干遇风折断，甚至整株死亡。在北方地区，该虫2年发生1代，9月中下旬以老熟幼虫在被害树木的木质部或附近根际处、杂草丛生的土埂、土坡等向阳干燥的土壤里结茧过冬。第二年4月上中旬开始活动，4月下旬至9月中下旬中龄幼虫常多头群集钻入树皮蛀食危害，此时是该虫种危害最严重时期。6月下旬至7月上旬为成虫羽化期，昼夜均可羽化，成虫有趋光性，产卵于树皮裂缝或根际处。防治方法：①培育壮苗，加强林木抚育管理，树干使用涂白剂，防止成虫产卵危害；②对尚未蛀入树干内的初孵幼虫，可用化学药剂喷雾毒杀，效果较好；③用磷化铝片剂堵塞虫孔，每虫孔用0.11g或0.165g，外敷黏土，熏杀根、干内幼虫，杀虫效果好；④成虫羽化盛期，用黑光灯诱杀成虫。

4. 杨干透翅蛾（*Sphecia siningensis*）

杨干透翅蛾主要以幼虫在树干内危害，蛀食树干或根基，危害5～7年生青杨树干，影响树木生长和木材质量，受害木易遭受风折或枯死。杨干透翅蛾在青海2年发生1代。当年孵化的幼虫蛀入树干，在皮下或木质部虫道越冬，翌春4月初活动危害，至10月上旬停止取食，越冬。第三年4月中下旬再危害，成虫于6月下旬开始出现，8月下旬与9月上旬为羽化盛期，9月中下旬羽化结束。成虫羽化后多在树冠活动，飞翔力强。防治方法：①对引进或输出的苗木和枝条进行严格检疫，及时剪除虫瘿，防止传播扩散；②加强水肥管理，适时施肥灌水，增强树势，提高树木自身抗虫能力；③结合修剪，铲除虫疤，以冻死或杀死露出的幼虫，刮除虫疤周围的翘皮、老皮并加以烧毁，以消灭幼虫；④幼虫期用棉球蘸化学药剂堵孔；⑤在成虫期，用黑光灯进行诱杀，或用性信息素诱杀雄成虫。

七、材性及用途

青杨是我国重要的用材树种。3年生幼树的木材基本密度为0.331～0.473g/cm^3，纤维长为668～950μm，纤维宽为17.2～22.5μm，导管长为337～453μm（杨自湘等，1995）。青杨木材纹理细致，材质轻软，纤维含量高，干燥容易，胶黏、油漆及施工性能良好，可作家具、建筑等用材，也是造纸等工业原料。

（辜云杰，贾晨）

63 小叶杨

别　名 | 白达木、冬瓜杨、白大树（陕西）、水桐（陕北和晋西）、山白杨（甘肃）、南京白杨（南京）、明杨、青杨（河南）

学　名 | *Populus simonii* Carr.

科　属 | 杨柳科（Salicaceae）杨属（*Populus* L.）

小叶杨是我国的乡土树种，分布广、适应性强、生长快、繁殖容易，广泛用于保持水土、防风固沙、护岸固堤、四旁绿化，是我国三北地区营造防护林和用材林的主要造林树种之一，也是我国杨树抗逆育种中优质的种质资源和优良抗逆基因的宝库，是我国最早开展人工栽培和杂交育种的树种之一。据统计，我国现有杨树人工林660万hm^2，其中小叶杨的面积约64万hm^2（卫尊征等，2010）。

一、分布

小叶杨在我国分布很广，遍布东北、华北、华中、西北、西南各省份，在我国干旱、半干旱地区的内蒙古高原、黄土高原、河西走廊、新疆的北疆及青海高原均有天然分布。其中，以河南、陕西、山东、甘肃、山西、河北、辽宁等省份最多，为其适生分布地区。垂直分布最高可达海拔3000m，但在1500m以下的山谷、沟道、河旁、平原、沙滩荒地及四旁土壤肥沃、湿润的地方生长较快；在天然次生林中，多为松栎林带下缘的组成树种之一。

小叶杨的变种、变型较多，主要变种有：宽叶小叶杨（‘鞍山1号杨’），分布于辽宁南部地区；辽东小叶杨（‘辽东杨’），分布于辽宁、河北、内蒙古等地；圆叶小叶杨，分布于内蒙古赤峰一带；菱叶小叶杨，分布于辽宁、陕西、甘肃、青海等省份；秦岭小叶杨，分布于秦岭南坡陕西丹凤一带。主要变型有：垂枝小叶杨，分布于湖北及甘肃；扎鲁小叶杨，分布于内蒙古扎鲁特旗；塔形小叶杨（‘塔杨’），分布于辽宁、河北、北京、山东（罗伟祥等，2007）。

二、生物学和生态学特性

落叶乔木。高可达30m，胸径达1m以上。树冠开展。树皮灰褐色，后变为黄褐色。小枝光

小叶杨枝叶（朱鑫鑫摄）

小叶杨（薛自超摄）

小叶杨树干（周洪义摄）

滑，红褐色，后变为黄褐色，长枝棱线明显，枝叶上绝无毛茸，皮孔明显。叶菱状倒卵形或菱状卵圆形，边缘具细钝锯齿。雌雄异株，6～10年到达成熟年龄，开始开花、结实。花期3～4月，果熟期4～5月。蒴果小，无毛，每穗有种子117～300粒。

小叶杨为强喜光树种，不耐庇荫；对气候适应能力较强，耐旱、耐寒，能忍受40℃的高温和−36℃的低温。在降水量400～700mm、年平均气温10～15℃、相对湿度50%～70%的条件下生长良好，但在土壤较湿润的地方，且早春温度变化剧烈时，会产生冻裂。

小叶杨对土壤要求不严，在黄土、冲积土、灰钙土、栗钙土、沙土上均能生长，尤喜生于河滩地、河流冲积扇等湿润肥沃的土壤。在干旱瘠薄、沙荒草地和梁峁顶部、斜坡上部生长不良，往往形成“小老树”；在长期积水的低洼地上不能生长。小叶杨对土壤酸碱度的适应幅度较大，在pH 7～8的土壤上能正常生长，并能适应弱度至中度盐渍化土壤。

小叶杨萌芽力强，扦插繁殖容易，生长速度因立地条件不同而异。据调查，陕北沙区小叶杨在地下水位较低的草滩地生长最好，固定沙地次之，固定沙丘再次之，轻盐碱地最差；在细沙土、滩地和阶地、黄土沟壑区坡脚的梁峁斜坡底部、侵蚀沟沿上生长好（罗伟祥等，2007）。实生苗造林树高生长最盛期为5～22年生，胸径生长最盛期为5～30年生；材积20年生以前生长最快，20年生以后生长逐年下降。

小叶杨根系发达，萌蘖力强，沙地上用实生苗栽植的幼树，主根深达70cm以上，支根水平展开，须根密集。用插干造林长成的大树，主根不明显，侧根发达，向下伸展达1.7m以上，因而能耐干旱、耐风蚀。在陕北榆林风蚀区发现土层被风吹走60cm的4年生小叶杨幼林，根系裸露，仍能生长。

三、良种选育

小叶杨栽培历史悠久，种内遗传变异丰富，杂交可配性强，为通过杂交育种创造优良无性系奠定了基础。中国林业科学研究院遗传研究室等单位自1955年即采用黑杨和小叶杨、小叶杨和加杨等杂交，成功培育出了一系列蕴含耐旱、耐寒、耐热、耐盐碱及耐瘠薄等特性的优良杂种无性系（品种），在东北建立了中等规模的小叶杨基因库，并已在生产中大面积推广。主要有以下几种。

‘群众杨’（*Populus*‘Popularis’） 以小叶杨为母本、钻天杨和旱柳的混合花粉（1∶8）为父本进行杂交培育而成的10个无性系的多系品种（又称“小美旱杨”），1957年杂交，1981年通过鉴定（徐纬英，1988）。该品种具有生长快、对气候和土壤适应性强、耐盐碱、抗风沙、抗病虫害、稳定性强、繁殖容易等特点，适宜于华北、西北栽培。据研究，‘群众杨’比母本小叶杨、父本钻天杨生长量提高2倍以上，林分生产力大大提高。

‘合作杨’（*Populus opera*） 以小叶杨为母本、钻天杨为父本，于20世纪50～60年代进行杂交而培育形成的无性系（徐纬英，1988）。该品种生长迅速，抗叶部病害，且具有耐旱、耐寒、耐瘠薄、耐盐碱等优良特性，在东北、华北、西北、华东等许多地区生长良好。

‘小黑杨’（*Populus*‘Xiaohei’） 以小叶

杨为母本、欧洲黑杨为父本，于1960年人工杂交培育而成的新品种（徐纬英，1988）。该品种生长迅速、抗寒性强、抗旱效果好、抗病虫、适应性较广、树干通直圆满、材质洁白，现已成为营造杨树速生丰产林的优良树种之一。

‘黑小2号’（*Populus* ‘Heixiao 2’） 以欧洲黑杨为母本、小叶杨为父本的杂种无性系，为抗病杨树优良品种。与小黑杨比较，其抗冻性、抗病性、抗虫性和生长量均明显提高。

‘赤峰杨’（*Populus* ‘Chifengsis’） 1961年在赤峰地区白城铁路林场等地选出的一个小叶杨与钻天杨的天然杂种，经较长期的栽培试验，选出了‘赤峰杨-34’‘赤峰杨-36’‘赤峰杨-17”3个无性系，1976年经全国杨树良种普查鉴定会评定为推广良种之一（徐纬英，1988）。该品种具有生长快、耐旱性高、抗病虫害、适应性广、材质优良等特性，最适宜栽培区域为内蒙古高原和松辽平原。

‘白城杨2号’（*Populus* ‘Baicheng-2’） 1961年在白城铁路林场等地选出的一个小叶杨与钻天杨的天然杂种。作为派间杂种，‘白城杨 2号’在生长、抗性及适应性等方面具有明显的杂种优势，可在东北、华北和西北地区广泛推广。

‘白林3号杨’（*Populus* ‘Bailin 3’） 1964年用白城铁路林场等地选出的一个小叶杨为母本，以天然分布于新疆阿勒泰额尔齐斯河畔的欧洲黑杨为父本，进行人工杂交育种，通过30年的反复筛选育成的杨树新品种。该品种具有速生、耐干旱瘠薄、耐涝、耐盐碱、耐寒、抗病虫害等优良特性。单株材积或$1hm^2$蓄积量为白城小黑杨的120%～172%，可在吉林省中西部地区推广应用。

小叶杨单株（徐晔春摄）

‘三北1号杨’（*Populus* ‘Sanbei 1’） 以欧洲黑杨为母本、小叶杨为父本，于1960年进行有性杂交，历经27年培育选出的优良无性系，1988年赤峰鉴定称“中赤黑小杨”，1989年黑龙江省林业总局鉴定称“迎春5号杨”。该品种生长、抗性、材质等各项指标在相同条件下均超过国内外现有的杨树良种，是我国20世纪80年代杨树育种的重要突破。其生长量为引进国外优良品种健杨的110%，为当地原有树种小叶杨的329%。

'汇林88号杨'（*Populus* F_1 cl. 'Huilin 88'） 由小叶杨优良母树自然杂交的种子繁育的后代中选育而成。该品种2011年获国家林业局新品种保护权，具有速生、耐寒冷、抗干旱、耐瘠薄土壤、抗病虫等适生性强的特点，可在三北地区大面积栽培（付贵生等，2014）。

四、苗木培育

小叶杨育苗既可采取播种法，也可运用扦插法。近年来，采穗圃日益增多，加之小叶杨易生根、易成活，操作简便，扦插育苗成为小叶杨育苗的主要方式。扦插育苗方法如下。

1. 插条采集与插穗处理

（1）插条采集

春、秋两季均可采集。春季一般在树木萌动前的5～10天，选择健康母树采集萌条，亦可采用1年生扦插苗干。秋季采条，应全株压埋或窖藏过冬。插条以2年生枝为好，粗度以0.8～1.5cm为宜。

（2）插条的剪截

剪截时先去除梢部，其余部分截成15～20cm长的插穗。插穗上平下斜，然后按直径大小，50根扎成一捆（注意插穗的上、下端要一致，不能颠倒），整齐排放在阴凉、湿润处待插前处理或沙藏。

（3）插穗的处理

小叶杨扦插前应先对插穗进行浸泡或催根处理，具体做法是：将成捆的插穗水平排放在地窖内，层间铺设湿润细沙5～10cm，隔1～2天喷洒清水一次，隔天喷洒50%多菌灵500～800倍液，保湿并防止窖内霉菌发生。扦插前5～7天，从窖内取出插穗，排放在流水中催芽，当插穗显芽萌动时，即行扦插育苗。干旱地区也可采用ABT生根粉溶液浸泡插穗1h，浸泡深度2cm，边泡边插。

2. 整地作床与插穗扦插

（1）整地作床

扦插前先对育苗地进行平整，深耕细翻，耕深30～35cm；然后施足底肥，打磨耙平；再按照扦插育苗的要求精细作床，畦宽2～3m，灌足底水。

（2）插穗扦插

春季扦插在芽萌发前进行，用铁锨插缝或落水扦插，扦插深度以地面露1～2个芽为宜，一般12～15cm；风沙区可不露芽，插穗与地面平；插后把插缝踏实。培育2年生大苗，每公顷插3.0万～4.5万株；培育一般的1～2年生出圃苗，每公顷插7.5万～12.0万株。

秋季扦插在落叶后至土壤冻结前进行。采用直插，插后盖土6～10cm，翌春发芽前将土刨开。

3. 插后管理

（1）灌水

小叶杨生根的适宜温度为17℃，湿度为60%～80%。插后应立即灌水，使插条底部与土壤密接，特别是在扦插后的2个月内，要经常保持苗床湿润。一般扦插后灌1～2次透水，即可满足生根需要，全年灌水次数不少于5次。

（2）松土除草

扦插后全年松土除草次数不少于4次，特别是每次灌水后要注意松土，以增强土壤透气性。

（3）抹芽和除蘖

生长期要及时抹芽和除蘖。小叶杨扦插后的第一次抹芽在萌发新条高度达到10cm左右时进行，除保留主枝条外，侧生枝芽全部抹除，此后随萌发随抹除。

（4）追施肥料

小叶杨插穗生根后，要追施氮肥，每公顷施60～120kg；6～7月为苗木速生期，对水肥的需要量最大，这时应沟施氮肥2～3次，每公顷用量120～150kg，同时适量配施磷肥，深度10～15cm为宜。另外，追肥最好结合灌水进行，以提高肥料利用效率。7月底要减少灌水、停止施肥，以促进苗木木质化。

4. 苗木出圃

秋季出圃应在苗木落叶后进行，1年生扦插苗挖深25～30cm，根幅30～40cm；2年生苗挖深30～35cm，根幅40～50cm。对于过长的主根和侧根及劈裂部分要进行修剪。苗木外运前要严格

包装，防止根系失水。春季起苗一般在3～4月进行，随起苗、随运苗。

五、林木培育

1. 立地选择

适宜小叶杨的造林地有黄土丘陵沟谷、丘间低地、河滩地、河流两岸、沟道川台、山涧坝地以及渠旁、路旁、宅旁、沟壕地等地，但以土壤湿润、肥沃的地块或四旁为宜。营造农田林网和速生丰产林，宜选在土层深厚、肥沃、地下水位高的地方。山西省黄土高原区20世纪50年代营造的小叶杨人工林，不同立地条件下的生长量见表1（齐力旺和陈章水，2011）。

2. 整地与造林方法

没有风蚀的平坦生荒地，采用全面整地；沙荒地可带状或块状整地；草少且易风蚀的沙荒地，可不整地。小叶杨造林方法主要采用植苗、插干和压条。

（1）植苗造林

通常用1～2年生壮苗造林。栽植时，挖40cm×40cm×40cm栽植穴，将苗木放入穴内，采用“三埋两踩一提苗”的栽植技术，适当深栽，以抗旱保墒。在干旱地区，造林前应将苗木放入流水中浸泡5～7天，或采用蘸泥浆造林；在干旱多风的地区，可采用截干造林，能提高成活率。在干旱沙荒地，可用保水剂，每株10～20g与土混匀填入坑内，可提高成活率。

（2）插干造林

在容易采集插干的条件下，可用插干造林。依据插干长度，可分低干造林和高干造林两种。

低干造林　选1～2年生、粗2cm左右的枝干、苗干或萌条，截成40～50cm长的插干，造林时直接按栽植点栽入或插入坑内，要掌握深埋、少露、压实的原则。插干小头露出地面3～5cm，在有风蚀的风沙地，埋入土中不露头。这种造林法在河滩地、沙土地上采用甚多。

高干造林　选2～4年生、粗4～6cm、高2～3m的枝干或苗干，用钻孔深栽的技术造林。这种方法宜在地下水位1.5m左右的疏松沙、壤土地进行。先用钢钎钻孔，再把插干插入孔中至地下水位以下15～20cm处，填沙压实。造林前把插干在水中浸泡10～20天，可以提高成活率。

（3）压条造林

有些地方曾采用水平阶—压条造林，将枝条斜放在水平阶上，使梢头向外，由阶埂上铲土覆盖枝条，边覆土边踏实，覆土厚度20cm左右。在

表1　不同立地条件下小叶杨人工林生长情况

立地条件	林龄（年）	林木生长情况			
		平均胸径（cm）	平均树高（m）	蓄积量（m^3/hm^2）	年平均生长蓄积量（m^3/hm^2）
河流两岸一级阶地，土壤无盐碱，地下水位1.5m（压条造林）	27	21.30	17.10	271.95	10.05
风积沙梁，沙壤土，地下水位7m（压条造林）	27	7.22	5.23	8.70	0.30
风积沙梁，沙壤土，距地表4～100cm处有一层白干土层，地下水位14m（压条造林）	16	5.94	3.48	2.85	0.15
下湿盐碱地，pH 8.6，含盐量0.6%，沙壤土，地下水位2m（压条造林）	12	8.81	6.70	24.15	1.95
一般平地，地下水位2～3m（实生苗造林）	23	17.21	12.74	244.80	10.65

河滩地上，可采用压条法，进行护岸、挂淤。

3. 造林密度

一般商品用材林密度为667～1667株/hm²；生态公益林密度为3333～5000株/hm²；四旁植树栽单行，株距2～4m；农田防护林，一般应乔木、灌木混交，株行距以3m×4m为宜，一般主带3～5行，副带2～3行。山西省黄土高原区20世纪50年代营造的不同密度小叶杨人工林生长情况见表2（齐力旺和陈章水，2011）。

4. 混交造林

小叶杨可与刺槐、白榆、柳等乔木混交，也可与紫穗槐、柠条、沙棘、沙柳等灌木混交。特别是许多灌木树种根系带有根瘤菌，能增加土壤中的氮素，促进林木生长。山西阳高一带采用小叶杨与沙棘混交，每公顷各栽植3000多株，小叶杨主干通直，生长良好，而且在沙棘的影响下，促进了小叶杨的自然整枝。

5. 抚育管理

幼林抚育　造林后前3年，应进行松土除草，第一年3次，第二年2次，第三年1次。沙区还应根据风蚀情况，对被风吹出的根系进行培土压沙。

修枝　幼林郁闭以后，开始修枝。夏季修枝伤口愈合快，萌生徒长枝少，但要躲过害虫产卵期；修枝切口要光滑，小树宜平，大树应稍凸，以利于愈合。林内修枝后树冠占树高的比例随树龄而递减，一般5年生以前约为2/3，6～10年生约占1/2，10年生以上的不超过1/3。

抚育间伐　小叶杨造林5～7年后林木郁闭，应进行首次间伐。一般间伐后的株行距为3m×2m或2m×4m。再过5～6年后，进行第二次间伐，间伐后株行距为3m×4m或4m×4m。密度大、生长好的人工林，可实行隔行、隔株间伐；林分状况较差时，可实行非等距间伐；郁闭度低于0.7时，不进行间伐。

6.“小老树”改造

我国北方地区营造了许多小叶杨林，一般生长良好，对防风固沙、保持水土起到了很重要的作用。但由于起初在适地适树、造林技术以及抚育管护等方面存在问题，致使一部分幼林长势很弱，干形不良，成了“小老树”。多年来，在改造“小老树”方面做了很多工作，积累了丰富的经验。

间伐深耕　由于条件太差、造林密度过大形成的“小老树”，可采取隔行、隔株间伐的办法降低密度，由原来的1m×1m或1m×1.5m，间伐成2m×3m、2m×4m或4m×4m，然后用机械深翻林地，改善土壤条件，消灭杂草，可使树势明

表2　不同密度小叶杨人工林生长情况

立地条件类型	林龄（年）	密度（株/hm²）		林木生长情况					
		初植	现存	单株营养面积（m²）	胸径（cm）	树高（m）	蓄积量（m³/hm²）	年平均生长蓄积量（m³/hm²）	成材率（%）
盐碱滩地	14	3945	2085	4.8	5.9	5.1	17.3055	1.2361	24.8
	14	2415	1635	6.1	7.0	5.8	19.4565	1.3898	43.5
	14	1575	1065	9.4	8.8	6.7	24.1755	1.7268	55.8
	14	900	615	16.3	8.1	5.7	9.7785	0.6985	67.4
风积沙梁地	24	6600	1560	6.4	5.8	3.7	9.9840	0.4160	20.7
	24	6600	1005	9.9	7.8	4.5	8.9445	0.3727	43.5
	24	1230	705	14.2	10.5	6.2	18.4710	0.7696	71.8

显恢复。

加强抚育管理 由于原来造林缺乏细致整地，抚育管理不及时所形成的“小老树”，要加强抚育管理，除草砍灌，松土垦复，改变环境条件，可获得较好效果。

实行林粮间作 间作豆类等矮秆作物后，加强了农作物的施肥、中耕、锄草等管理措施，起到了“以耕代抚”的作用，使林木受益，生长明显变好。如辽宁章古台林场，在小叶杨“小老树”行间间种玉米、黄豆、绿豆等作物以后，杨树高生长比未间作的分别增高18%、24%和36%。

开沟排水，种植绿肥 在地下水位过高、盐渍化较严重的平缓地上，开沟排水，覆沙压碱，改良土壤性状；在贫瘠沙地上可种紫穗槐、豆类、田菁等绿肥植物，提高土壤肥力。

嫁接改造与更新 对于违背“适地适树”原则所形成的“小老树”，则应采取嫁接改造或更换成其他树种。如将小叶杨“小老树”由基部伐去，嫁接毛白杨、新疆杨等优良品种；对没有希望的小叶杨林，则应全面伐除，重新整地，选择适生树种重新造林。

六、主要有害生物防治

1. 杨树腐烂病

杨树腐烂病又称烂皮病，是杨树和柳树的重要病害之一，主要由子囊菌亚门的污黑腐皮壳菌（*Valsa sordida*）引起。在我国北方，每年3～4月开始发病，5～6月为盛发期，7月以后病势渐趋缓和，9月病害基本停止发展。防治方法：加强抚育管理，提高树木抗病力，是预防腐烂病的主要措施。改善林地及周围卫生状况，春、夏季对侵染较轻病株应及时刮除病斑，并喷涂波尔多液或石硫合剂；对发病较重、已枯死或濒临死亡的树木，应立即伐除、销毁。早春树干刷涂白剂；对发病较轻又不易剪除的枝条，喷施杀菌剂；对于小病斑，可用钉板或小刀纵向划破病部树皮，用毛刷涂抹杀菌剂。3～5月，可用木霉孢子悬浮液对已发病的林木进行刮皮涂药和喷雾防治。

2. 杨树叶锈病

杨树叶锈病的病原菌主要为栅锈菌属（*Melampsora*）的多个种，侵染青杨派各树种的主要是落叶松–杨栅锈菌（*Melampsora larici-populina*），居杨树五大严重病害之首。每年6月开始发病，7～8月为盛发期，以2年生苗木受害最重。防治方法：改善种植结构，阻断锈菌侵染循环，杨树种植区不要设在落叶松林等转主寄主附近（相距500m），避免营造黑杨派或青杨派杨树与落叶松的混交林。加强栽培管理，增强林木抗病能力，选择抗病品种或无病害的大苗。在初春展叶期及时摘除幼苗或幼树上颜色鲜黄的芽，清除苗圃地和幼林内的病落叶并烧毁或沤肥，减少病菌来源。适当控制栽植密度，降低空气湿度。春季锈孢子出现前后喷施一次石硫合剂，夏孢子形成期连续喷施粉锈宁。

3. 杨黑斑病

杨树黑斑病是由2种盘二孢属真菌引起，其中褐斑盘二孢菌（*Marssonina brunnea*）多发生在东北、内蒙古、陕西、河南等地，杨盘二孢菌（*Marssonina populi*）主要发生在江苏、上海、河南及新疆。黑斑病危害小叶杨、小青杨、欧美杨和银白杨等多种杨树，引起早期落叶。每年在6月末幼苗长出3～4片叶片时发病，7～8月为发病盛期，9～10月为末期。防治方法：选择排水良好的圃地，深翻地，多施基肥，合理留苗，浇水要少量多次，及时排水，提高抗病力。秋季落叶到翌年展叶前，应清除落地病叶及感病枝梢。尽量换茬育苗，避免连作。及早发现病苗，5月中旬至7月初，每半个月向发病幼苗喷杀菌剂一次，到发病盛期过后为止。苗木、种条调运时，严格实行检疫。

4. 光肩星天牛（*Anoplophora glabripennis*）

在陕西、宁夏、甘肃多为1年发生1代或2年发生1代，以卵、卵壳内发育完全的幼虫、幼虫和蛹越冬。越冬幼虫3月下旬开始活动取食，4月底至5月初开始在隧道上部做略向树干外倾斜的椭圆形蛹室化蛹，6月中旬至7月上旬为成虫羽化盛期，成虫取食树叶及嫩枝皮或木质部表层，以补充营养。6月中旬至7月下旬成虫在椭圆形刻槽内产卵，8月上旬幼虫开始孵化，取食腐坏的韧皮部，排泄物褐色。2龄幼虫取食健康树皮和木质部，将粪便、蛀屑和白色木丝从蛀孔排出，隧道初横向稍有弯曲，然后向上，随幼虫增大而扩大。该虫为小叶杨毁灭性蛀干害虫，成虫、幼虫都危害，以幼虫最为严重，造成树干千疮百孔，导致整株树木枯死，木材失去利用价值。防治方法：该虫的防治采用预防为主、综合防治的策略。严格检疫，严禁虫害木上市和调运，防止人为传播。营造抗虫结构林分。初发区的虫害木要及时伐除，重灾区全面皆伐；砍伐的虫害木要进行烧毁、浸水、磷化铝片剂熏蒸等处理，彻底消灭其中害虫。在片林中采取悬挂朽木段以招引大斑啄木鸟、释放花绒坚甲和斯氏线虫、喷雾、涂干、注孔等方法防治树干内的幼虫。在成虫发生期，在树干上喷药环消灭成虫。

5. 杨扇舟蛾（*Clostera anachoreta*）

杨扇舟蛾在北京1年发生4代，陕西发生4～5代，江西发生5～6代。第一代幼虫4月下旬或5月上旬开始出现，成虫略有趋光性，以幼虫取食杨树叶片，严重影响杨树生长发育。防治方法：翻耕土壤，可以减少越冬蛹的基数。成虫羽化盛期用灯光诱杀。初龄幼虫群集期，组织人力摘除虫瘿和卵块，可杀死大量幼虫。9月下旬在被害株的树干上绑扎草把，诱使老熟幼虫在此结茧化蛹，再集中收集起来烧毁。对片林和防护林，在害虫产卵初期释放赤眼蜂等天敌，并充分利用当地益鸟资源，挂放招引箱招引食虫益鸟定居。在幼虫3龄前喷施化学药剂进行防治；对郁闭度在0.5以上的林分，在幼虫3龄前于凌晨或傍晚无风时，释放烟雾剂进行防治。

6. 杨干透翅蛾（*Sphecia siningensis*）和杨大透翅蛾（*Aegeria apiformis*）

两虫均是小叶杨的毁灭性害虫，已被列入全国林业危险性有害生物名单。两虫除领片颜色、外生殖器结构不同之外，生物学和生态学特性极其相似。在陕西榆林2年发生1代，当年幼虫孵化入侵树干后多潜伏于树皮下越冬，亦有蛀入木质部于虫道内越冬的。翌年春季4月初活动危害，至10月上旬停止取食，进入越冬期。幼虫入侵后，在树干内经过2个冬季，危害时间长达22个月。幼虫多蛀食7年生以上的大树干基和根部，胸径30cm以上的大树也会受害。虫害木生长衰退，逐渐枯萎、死亡并易造成风折、风倒。防治方法：在树林中悬挂性诱捕器诱捕雄虫；严格进行检疫，发现带虫苗木及时采取消灭措施；带虫木材可用水浸、暴晒等处理。尽量营造混交林。于8月中旬成虫产卵前将树干离地面1m内全部涂白，可减少成虫产卵。集中连片的林木，可在8月下旬至9月初成虫羽化盛期、9月中下旬幼虫孵化期和入侵初期、成虫羽化末期，对杨树干基部连续使用化学农药喷雾，毒杀成虫、卵和刚孵化的幼虫。

7. 蓝目天蛾指名亚种（*Smerinthus planus planus*）

该虫又名柳天蛾，在辽宁、北京、兰州1年发生2代，在陕西、河南1年发生3代，江苏1年发生4代，以老熟幼虫在土中化蛹。成虫有趋光性，卵单产于叶背、枝及枝干。初孵幼虫取食卵壳，1～2龄幼虫分散取食较嫩的叶片，将叶吃成缺刻；4～5龄幼虫食量骤增，常将树叶吃尽。老熟幼虫在化蛹前2～3天下树入土化蛹，以蛹在树干周围60～100mm深的土室中越冬，翌年5月上旬成虫出现。防治方法：在成虫发生期用黑光灯诱杀；利用幼虫受惊易掉落的习性，在幼虫发生期将其击落；蛹期可在树木周围耙土、锄草或翻地，消灭虫蛹。保护并利用天敌。喷施化学农药防治4龄前幼虫。

8. 杨毒蛾和柳毒蛾（*Stilpnotia* spp.）

杨毒蛾（*S. candida*）和柳毒蛾（*S. salicis*）多混合发生。杨毒蛾在黑龙江、陕西、新疆北部1年发生1代，以3龄幼虫于8月开始在树冠下隐蔽处越冬。翌年4月下旬杨树展叶时幼虫上树取食，6月上旬老熟幼虫在各类隐蔽场所群集结茧化蛹，6月下旬为化蛹盛期，6月中旬成虫开

始羽化、产卵，7月上旬，幼虫孵化，危害至8月下旬，在树冠下隐蔽处越冬。杨毒蛾幼虫食害叶片，大发生时，往往数日即能将全部叶子吃光，严重影响林木生长，甚至造成死亡。防治方法：根据越冬幼虫春季上树取食的习性，在树干上束草把诱集幼虫，然后集中烧毁。在害虫越夏期间，可人工挖蛹、抓捕成虫，翻耕土壤进行防治。在杨毒蛾成虫羽化期，在林间悬挂黑光灯或在林缘点燃火堆诱杀成虫。在幼虫危害盛期喷施化学农药。

七、材性及用途

小叶杨在杨属中属于材质较好的一种，接近于毛白杨。其木材纹理通直，结构细致，具韧性，耐摩擦，易加工，纤维长度1.0mm左右。木材可作建筑、器具、造纸、火柴杆、牙签、胶合板、车轮板、压缩板、人造纤维和施工用材，伐期宜在10年生以上；树皮含鞣质5.2%，可提制栲胶；叶子可作饲料。

附：小青杨（*Populus pseudosimonii* Kitag.）

小青杨为我国特有种，主要分布在黑龙江、吉林、辽宁、河北、陕西、山西、内蒙古、甘肃、青海、四川等省份海拔2300m以下的山坡、山沟和河流两岸，以39°～48°N范围内的平原及丘陵漫岗地区栽培较多。其树干通直圆满，生长迅速，繁殖容易，适应性强，在农田防护林、用材林及城乡绿化中占有重要地位。

落叶乔木。树高20m，胸径30～50cm。树冠广卵形。中龄树皮淡灰绿色，光滑；老龄树皮灰白色，树干下部有浅纵裂。幼枝绿色或淡褐绿色，有棱，萌枝棱更显著，先端带红色；小枝圆柱形，灰绿色，无毛，呈45°～50°角开展（徐纬英，1988）。芽圆锥形，浅赭石色，有黏液。叶菱状卵圆形、卵状披针形，长5.3～9.0cm，宽3.3～5.2cm，边缘有细钝锯齿。雌雄异株，雌花序长8～11cm。蒴果近无柄，卵圆形，长约0.8cm，2～3瓣裂。

小青杨喜光、喜温暖多雨的气候。对寒冷、干旱有较强的适应性，耐盐碱且抗病虫害能力较强。在绝对最低气温-39.6℃下未见冻害。当土壤pH为7.5～8.1时，生长优于小叶杨。一般4～8年生为树高速生期，6～10年生为胸径速生期；12年生以后，树高、胸径生长量都开始下降；林分密度对生长量有很大影响。寿命长，甘肃临夏一带有300年生古树，树高达38.5m，胸径190.7cm，生长良好（罗伟祥等，2007）。

小青杨是小叶杨与青杨之间的天然杂种，与青杨相比，叶较狭，基部不为圆形和近心形，蒴果2～3瓣裂；与小叶杨相比，树皮色较淡，裂沟浅，沟距较宽，枝较粗而疏，叶最宽处在中部以下。目前主要的变种或优良栽培品种有‘钻天小青杨’‘赤城小青杨’‘垂枝小青杨’‘黄花小青杨’（王荣臻等，1982）以及2012年审定的小青杨新无性系（夏萍和石常兰，2013）等。

小青杨实生苗有分离现象，一般采用优树的1年生插条扦插或埋条育苗，利用苗根造林或插干造林，成活率高、生长快、成材早。造林的初植密度为1800～3000株/hm^2，采用双行窄带配置为宜。

小青杨病虫害少而轻微，病虫害种类除腐烂病、杨毒蛾外，还有黄叶病，是一种缺铁性生理病害。发病期间喷1%硫酸亚铁防治。另有杨梢金花虫（*Parnops glasunowi*），取食时咬断幼苗新梢或咬断叶柄，造成大量落叶。成虫出现盛期使用相关药剂进行地面喷雾，郁闭林内可施放烟雾剂熏杀成虫。

小青杨木材似小叶杨，材质较软，可作一般建筑、工业用材（徐纬英，1988）；小青杨提取液具有明显的抑菌、抗炎、利尿作用，用以治疗家畜的肠炎及泌尿系感染等疾病。

（王进鑫，王明春）

附：辽宁小钻杨

学　名 | *Populus × xiaozhuanica* W. Y. Hsu et Y. Liang [*Populus simonii* Carr. × *Populus nigra* L. var. *italica* (Moench.) Kochne]

科　属 | 杨柳科（*Salicaceae*）杨属（*Populus* L.）

小钻杨是小叶杨（*P. simonii*）与钻天杨（*P. nigra* var. *italica*）的杂种（有天然杂种，也有人工培育的种）的统称，由于长期自然选择、人工筛选和繁殖，形成了不同的生态型并在形态特征上略有差异的优良无性系。辽宁小钻杨只分布于辽宁，是宝贵的乡土杨树资源，其材质优良，是重要的民用建筑和包装用材，也是纸浆材的重要原料，还是营造防护林和四旁绿化的优良树种。

一、分布

辽宁小钻杨广泛分布于辽宁各地，以锦州、朝阳、阜新、营口、鞍山、辽阳、沈阳、铁岭、本溪、黑山、彰武、法库、新民、昌图、桓仁等地为多。由于其分布广泛，受不同环境条件的影响，其形态特征及生物学特性亦均有差异，各种之间的适应性也不尽相同（王玉华，1994）。

辽宁小钻杨的品种较多，有‘桓仁小钻杨’（大青皮杨）、‘锦县小钻杨’（锦新杨）、‘彰武小钻杨’（彰杂杨、阜新杨、阜杂杨）、‘昌图小钻杨’（付杂2号杨）、‘铁岭小钻杨’（阿吉杨）、‘鞍山小钻杨’（金家岭杨、鞍杂杨）、‘宽甸小钻杨’‘辽阳小钻杨’‘灯塔小钻杨’‘法库小钻杨1号’‘法库小钻杨2号’‘北镇小钻杨’‘义县小钻’‘金县小钻杨’‘喀左小钻杨’‘兴城小钻杨’‘新民小钻杨’。

辽宁地域辽阔，自然地理条件复杂，影响辽宁小钻杨生长的主因子即气温、降水和立地土壤分异规律较为明显。根据不同辽宁小钻杨的生态习性，结合自然地理分区特点，将辽宁小钻杨在辽宁的栽培做如下区划，

1. 西部山地丘陵干旱区

本区包括凌源、喀左、建平、北票、阜新市全部及朝阳、阜新县大凌河以北地区。本区山势较低，植被稀少，干旱少雨，常发生春旱，属半干旱季风气候。年平均气温7～8℃，年降水量400～500mm，无霜期160天。土壤为棕黄土（本区棕黄土是辽宁分布最多的）。适宜品种：‘兴城小钻杨’‘灯塔小钻杨’‘义县小钻杨’‘北镇小钻杨’‘法库小钻杨1号’‘昌图小钻杨’。

2. 西北部沙地干燥区

本区包括彰武、康平及阜新县东部、法库北部、昌图西部地区。本区多风沙，气候干燥。年平均气温7～8℃，年降水量400～500mm，无霜期140～150天。土壤多为风沙土。适宜品种：‘法库小钻杨1号’‘鞍山小钻杨’‘北镇小钻杨’‘桓仁小钻杨’‘义县小钻杨’。

3. 辽北低丘平原半湿润区

本区包括黑山、北镇北部、昌图、开原、铁岭平原地区及沈阳、新民等地。本区位于辽河平原的北部，气候属半湿润气候，气候特征是气温较低，严寒期长，春季风大，年平均气温6～7℃，年降水量600～700mm，无霜期150天。土类较多，有棕黄土、草甸土、黑色土及河沙土等。适宜品种：‘鞍山小钻杨’‘灯塔小钻杨’‘兴城小钻杨’‘铁岭小钻杨’‘法库小钻杨1号’‘北镇小钻杨’。

4. 辽西平原丘陵半湿润区

本区包括锦州、兴城、绥中、锦西、建昌全部及其大凌河以南地区。本区南部为沿海平原，部分为丘陵，地势较低，境内属大、小凌河流域，气候属暖温带半湿润季风气候，热量条件好，春季温度回升快，年平均气温8～9℃，年降

水量500～600mm，无霜期160天。土壤为山地沙石土、坡地棕黄土，沟谷两岸平地及沿河分布有较肥沃的山淤土和河淤土。适宜品种：'桓仁小钻杨''义县小钻杨''灯塔小钻杨''喀左小钻杨''昌图小钻杨'。

5. 辽南平原湿润区

本区包括辽阳、鞍山、灯塔、海城、营口、盖州、辽中、台安、盘山、大洼等市（县）。该区河流较多，雨量适中，气候温暖。年平均气温8～9℃，年降水量600～800mm，无霜期160～180天。本区土壤受人为活动影响较大，熟化程度较高，一般平地较肥，大部分为河淤土，在河流两岸也有河沙土。适宜品种：'灯塔小钻杨''义县小钻杨''鞍山小钻杨''兴城小钻杨''昌图小钻杨''桓仁小钻杨'。

6. 半岛丘陵温暖区

本区位于辽东半岛的南端，包括大连、普兰店、瓦房店及庄河市。境内丘陵面积大，气候温暖且较湿润，是全省热量条件最好、生长期最长的地区。年平均气温9～10℃，年降水量600～800mm，无霜期长达180～210天。土质以沙石土为主，土层较薄，一般地下水位也较高。适宜品种：'喀左小钻杨''兴城小钻杨''铁岭小钻杨'等。

7. 辽东山地湿润区

本区位于辽宁省东部，包括宽甸、凤城、岫岩、东沟、桓仁、本溪、新宾、清原、西丰和抚顺东部。本区山峦起伏，森林资源丰富，气候属湿润季风气候，雨量多，气温低，无霜期短。南部年平均气温6～8℃，年降水量800～1100mm，无霜期140天；北部年平均气温5～6℃，年降水量750～800mm，无霜期140～160天。土壤以棕色森林土为主，在坡脚和沟谷两旁平地有山淤土和河淤土分布。适宜品种：'桓仁小钻杨''昌图小钻杨'等。

二、生物学和生态学特性

乔木。高达30m。树干通直，尖削度小。幼树皮灰绿色，老时褐灰色，基部浅裂。侧枝斜展，分枝角度较小。幼树被毛，有棱，先端锐尖，长0.8～1.4cm。萌枝及长枝叶菱状三角形，稀倒卵形，先端突尖，基部阔楔形或圆形，具圆齿，近基部全缘，表面沿脉被疏毛；叶柄圆，长1.5～3.5cm，先端微扁。雄花序长5～6cm，雄蕊8～15枚。果序长10～16cm；果卵圆形，2～3裂。花期4月，果期5月。

作为一个杂种，异叶性极其明显，既具有两亲本的固定叶形，又具有各种各样的中间型，从叶形状，叶形大小，以及叶柄长短、扁圆等的不同，一般就可以看出它的杂交种。再根据叶形，可以科学地确定出其亲本。小钻杨主要品种的形态特征与识别特点如下。

'锦县小钻杨' 雌株。高达25m。树干通直圆满，尖削度小。树冠小，呈塔形。侧枝细，斜上生长，枝有不明显的棱条。短枝叶密集，呈簇生状；异叶性极明显，叶以菱形或菱状三角形者为多，间有卵形或卵圆形者；叶柄长短差别很大，靠近叶身处呈扁形。花序无毛。果序长8～9cm。果5月下旬成熟，2裂。本种是1950年起源于锦县新庄子，后经选优、提纯、繁育起来的优良品种。其抗性强、速生、材质好，各地多有引种栽培。锦县朱坨子林场防护林带当中的18年生平均解析木树高22.4m，胸径47.3cm（周玉石和陈炳浩，1987）。

'灯塔小钻杨' 干形通直圆满，主干基本不分杈。树冠小，呈塔形。树皮光滑，发白且较暗。皮孔呈菱形，散生。枝叶密集，侧枝均匀，底轮分枝与主干约成70°，中部分枝与主干成45°左右，上部侧枝与主干成30°左右。异叶性明显，短枝叶小而多，叶菱状倒卵形，叶先端渐尖或突尖，基部楔形，叶缘细锯齿状，中部以下多无锯齿状；萌生枝叶扁三角形，先端圆尖，基部近楔形。

'桓仁小钻杨' 雄株，是起源于桓仁县下甸子一带的小叶杨与钻天杨的自然杂种，以后逐渐推广栽培到辽宁的许多地区。树干通直，尖削度小。中等冠幅，呈卵形。树皮光滑，色浅，带灰绿色，故有"大青皮杨"之称。老树基部树皮有短浅条纵裂，树干有密集菱形皮孔。主干明显、侧枝较少，分枝均呈50°～60°向上伸展，枝痕呈三角形或倒钟形。与辽宁小钻杨突出区别点是叶形较大，萌枝叶密集，异叶性较强，有菱形、菱状圆形、菱状倒卵形等，先端渐尖、突尖，基部楔形、阔楔形，叶缘锯齿向叶背扭曲；萌条叶痕下有明显3条棱线，叶常呈三角形或扁三角形，宽大于长，基部近截形，先端突尖；叶柄大于叶长的1/2，叶柄有时呈紫红色并有槽线；叶芽纤细，尖而靠背，芽长一般在0.6～1.0cm。桓仁小钻杨是浅根性树种，但根系发达，侧根和须根繁多，根幅面大。适宜生长于河谷之上、山腹之下的河淤沙石土和坡积沙石土，喜欢沙土至壤土，地下水位一般在2～3m为宜，但在水位较低（4～5m）的旱河滩地生长也较好。'桓仁小钻杨'对气候的适应能力较强，耐瘠薄、耐寒、耐旱，既能忍受37.2℃的高温，又能抵抗−35.7℃的低温，在冬、春日温差较大的情况下，也很少发生冻害（唐世俊等，1984）。

'昌图小钻杨' 20世纪80年代初由辽宁省杨树研究所在昌图地区选育的小钻杨优良无性株系。雄株。高达30m。树干通直圆满，尖削度小。树冠小，呈塔形。侧枝细，斜上生长。小枝棱明显。芽贴生，长1cm，顶芽树脂为白色。叶心形，宽大于长，叶先端突尖，边缘锯齿波状；叶柄红色，平滑，无沟槽。采用扦插繁殖。喜光，耐寒，耐干旱，耐瘠薄，抗病虫，喜沙质壤土。中等速生。

'彰武小钻杨' 又名彰杂杨、阜新杨、阜杂杨。本栽培变种起源于章古台、彰武、阜新一带，形态特征与小钻杨大同小异，但总体看来，尖削度较大。本种在彰武、阜新等地栽培，生长尚好，适应性较强，在风沙干旱地区的防护林、护岸林、水土保持林以及四旁绿化林等建设中都是一个重要树种。对病虫害的抗性较差，是其一个缺点。本种比同地栽植的同龄小青杨的生长快得多。一眼望去，树干高大通直、叶色深绿的就是这个种。

'义县小钻杨' 皮细、灰绿色。树冠近塔形。小枝微红。顶芽深红色或紫红色，苗茎芽细小、紫红色。侧枝细，分枝角45°～60°。萌枝叶三角形，先端凸尖或极凸尖，基部截形或近心形，叶柄圆、无沟且隆起。

'兴城小钻杨' 树干较直或微弯，灰绿色。皮孔椭圆形。枝痕倒钟形。树冠圆卵形。枝粗大，萌枝有明显的顺向条线。叶大而较密，菱形或菱状卵形，先端长、渐尖，基部阔楔形。萌枝叶三角形，先端凸尖或极凸尖，基部截形或近心形；叶柄圆，无沟且隆起。

三、良种选育

辽宁小钻杨是小叶杨和钻天杨天然杂交种，经过人工选择和培育，最后按照发现和选择的地点定名。1982年在辽宁杨树良种普查中开展了小钻杨优良无性系的筛选工作，先后复查和审定了19株小钻杨优树，并进行繁殖。为了进一步选择省级杨树良种，扩大其栽培范围，必须广域多点试验，探索其适生区域和生产潜力。

通过综合评定方法对参试的19个小钻杨优树无性系的生长量差异进行方差分析、多重比较、遗传力和遗传增益的估算，并以超过锦县小钻杨遗传增益20%者拟定为省级良种。锦县小钻杨于1985年已经被鉴定为锦州地区杨树良种。按照拟定标准，灯塔小钻杨、昌图小钻杨、兴城小钻杨、义县小钻杨、桓仁小钻杨、北镇小钻杨、法库小钻杨、铁岭小钻杨、喀左小钻杨和鞍山小钻杨共10个小钻杨无性系被确定为省级杨树良种。这些入选无性系遗传稳定，适应性强，生长量大，它们的遗传增益超过锦县小钻杨20.06%～63.22%，与参试的无性系群体相比增益61.5%～243.37%。

四、苗木培育

以扦插繁殖为主，种条少的情况下可采用嫩枝扦插。在北方寒冷地区，气温较低，可覆膜增温保湿。

1. 育苗地选择

苗圃地要求地势平坦、排水良好、交通便利，土壤为疏松的沙壤土或轻壤土，地下水位不

超过1m，土层厚度不少于0.8m。

2. 整地作床

11月中旬前，深耕土30～35cm，苗床宽1.6～1.8m，沟深30cm。立春后，耙细土壤、细致整地，疏松表土厚度20～25cm，有条件的地方施混合肥作基肥。

3. 种条和插穗

将上一年生苗干或采穗圃的枝条，截取中部木质化程度高、芽饱满健壮、无病虫害苗干为插穗。插穗长度12～15cm，粗度1.0～1.5cm，扦插前浸水1～2天。

4. 扦插

扦插时间为3月上中旬至4月中下旬，密度3000～4000株/亩。

5. 苗期管理

扦插后2～3周浇灌2～3次，浅层松土。萌条高20cm时定干，保留1个粗壮萌条。速生期（5月至8月上旬）追施尿素2次，每次撒施5～10kg/亩。及时抹芽（2周一次），除杂草（2周一次）。5月、6月各喷洒1次甲基托布津，防治溃疡病。8月中下旬以后停施氮肥，改施钾肥，促进苗木木质化。

辽宁省阜新市蒙古族自治县建设林场‘彰武小钻杨’防护林林相（梁德军摄）

五、林木培育

1. 立地选择

培育速生丰产林时应满足充足的水肥条件，选择地势平坦、土壤深厚、水源充足、相对集中连片的平原、滩地、阶地或废弃河道、采伐迹地、次耕地以及退耕还林地进行造林，适宜的土壤pH 6.5～8.0，有机质含量0.5%以上，土层厚度1m以上，土壤可溶性总盐量低于0.4%，地下水位1.5～3.5m（郑世锴，2006）。

2. 整地

整地方式包括全面深翻、带状深翻、大穴整地和客土深翻，垦深30～50cm。对于某些特殊立地，需采取针对性的整地改土措施。例如，对于有黏质间层的沙地，可带状深翻，带宽1m以上、深80～100cm；对于纯沙地，可带状客土整地，客土带宽一般1m，每亩客土80～120m^3；沙区造林，多采用带状整地，整地宽度为1～3m。

3. 栽植

随整地随造林，采用插干深栽和植苗人工造林。造林前，苗木泡水1～2天，可提高造林成活率。立地条件较好、培育集约度较高情况下，每公顷栽植666～1666株（株行距2m×3m～3m×5m），栽植深度60～80cm。插干深栽，即用截根的大苗进行造林，打孔深度0.8～1.2m，插入截根苗，灌浆土密封。

4. 抚育

松土除草 造林当年至幼林郁闭期间，每年松土除草1～3次。对于风沙危害林地，采用带状或穴状抚育；对于草少、风小、土壤肥沃的林地，全面机械松土除草。

灌溉 每年至少要浇足3次水。第一次是返青水，于3月至4月中旬，浇足底水。第二次浇水在5月至6月中旬，可结合施肥进行。第三次浇水在上冻前，灌封冻水。浇水后要及时中耕保墒。

施肥 造林后第二年开始施追肥，氮、磷、钾施肥参考比例为3∶1∶1，氮素用量一般为每株50～100g。追肥应分2次，第一次于4月底或5月初，第二次于6月中下旬。

修枝 造林3年以后可以修枝，修枝时间一般在秋末落叶后或翌春发芽前。修枝要留桩，防止劈裂。修枝后，5～6年生林木的冠高应占树高1/2左右，7～8年生林木冠高应占树高1/3左右，修枝强度最大不能超过树高1/2。

六、主要有害生物防治

辽宁小钻杨易感染腐烂病和溃疡病，其防治方法参考‘辽胡1号杨’。

七、材性及用途

小钻杨材质轻软、硬度适中、纹理细致、不翘不裂，可用于民用建筑，直接使用作椽材、檩材，也可用于加工锯材，适用于制作家具、包装箱等。同时，它还含有较长的纤维，质量好，是制浆造纸、人造纤维、胶合板、刨花板、纤维板的原料。

（杨成超，梁德军，潘成良）

64 大青杨

别　名｜憨大杨（吉林抚松）、哈达杨（吉林临江）、乌苏里杨（东北）

学　名｜*Populus ussuriensis* Kom.

科　属｜杨柳科（Salicaceae）杨属（*Populus* L.）

大青杨是我国东北林区特有的乡土树种，也是东北地区分布范围广、生长快、干形好、材质优良、利用价值最大的青杨派用材林树种。大青杨是少数几个能在山地条件下更新造林且早期速生的杨属树种之一，是东北林区山地营造速生丰产林、短周期纤维工业用材林的主要树种。中华人民共和国成立以来，由于过度采伐利用，大青杨的天然林资源受到严重破坏，可利用资源量已经很少。因此，大力培育人工林，保育和改培天然林，扩大发展大青杨资源，对维系我国东北地区生态环境和东北林区在全国木材生产基地的地位具有重要意义。

一、分布

大青杨主要分布在我国东北的小兴安岭、长白山林区，在俄罗斯远东地区和朝鲜也有分布，垂直分布在海拔300～1300m的山腹缓坡低山丘陵、河滩谷地及沟谷河旁；在缓坡下部、中部有小面积纯林，山中、山腹多为散生，是红松阔叶林的伴生树种之一，常与香杨、山杨、桦树、柳树、核桃楸、毛赤杨、红松、沙松、臭松、红皮云杉等树种混生。

二、生物学和生态学特性

落叶乔木。高达30m，胸径1～2m。树干通直。树皮幼时灰绿色、较光滑，壮龄呈浅灰色，老时暗灰色、纵裂。芽圆锥形，有黏质，无香味，长渐尖。叶椭圆形、广椭圆形至近圆形，长5～12cm，先端突短尖，扭曲，基部近心形或圆形，边缘细圆锯齿，密生缘毛，上面暗绿色，下面微白色，两面沿脉密生或疏生柔毛；叶柄长1～4cm，密生与叶脉相同的毛，上面有沟槽。花期4月中旬至5月上旬，果期5月下旬至6月下旬。

大青杨是不耐庇荫、要求充分光照的喜光树种，即使在郁闭度0.3的条件下也不能很好生长。

大青杨比一般杨树具有较强的抗寒性。在长白山林区海拔700～1000m、年平均气温0～2℃、绝对最低气温−42℃以下、年降水量平均800～900mm、无霜期100天左右的高寒潮湿、生长期短的自然条件下，大青杨不受冻害且很少发生病虫害，这是当地其他杨树品种不能相比的（李华春等，1979）。1970年，黑龙江省带岭林业科学研究所先后引入130余种杨树品种进行栽培试验，并以大青杨作对照，结果表明，绝大多数杨树品种不能适应伊春林区的自然与栽培条件，并且发生严重病害，破肚率达100%，而大青杨生长良好（张桂芹等，2015）。1990年黑龙江省森林工业总局组织了由带岭和方正等13个局参加的第二轮杨树引种区域化试验，参与评比的‘A15’‘A43’‘A100’‘迎春1号’‘迎春3号’‘B6’‘小黑14’‘黑小2’‘6502’9个品种均“破肚”，发生严重烂皮病，死亡率达65%～100%，只有大青杨生长良好（贾云飞等，2001）。

大青杨是喜湿润、中生偏湿的速生树种，适于微酸性棕色森林土或山地暗棕壤，通常生长在山坡中下腹和缓坡地、平坦地、河流两岸、溪边谷地，不能生长在长期积水的低洼湿地、塔头甸子和沼泽化迹地上或土壤黏重、排水通气不良的地方。在贫瘠的沙石砾土和干燥的黏土上，大青

吉林省临江林业局苗圃大青杨扦插苗（邹建军摄）

杨虽能生长，但长势不良，难成大材。大青杨只有在新鲜松软、土层深厚、湿润肥沃的壤土和沙壤土上生长迅速且能保持良好的树形，长成优质高产的大径级材。

大青杨根系在黑龙江南部（苇河）在4月下旬即已活动，随之叶芽膨大；4月末开花，5月初叶芽开放，5月上旬展叶并开始生长，6月中下旬果穗成熟，9月中旬至10月上旬封顶，10月中旬开始落叶，年生长期125～130天。

大青杨人工林的生长特性表现在生长高峰来得早。25年左右就可达到一个轮伐期。在适宜条件下20年生左右其产量为黑龙江林区众树之冠。其树高生长在10年生以前最快，连年生长量可达1～2m，10年生以后逐渐下降。胸径生长比树高生长来得晚，5～15年生胸径生长最快，连年生长量可达1～2cm，以后逐步下降。材积生长较胸径生长来得更晚，15年生开始加快，20年生以后急剧下降，具有明显的早期速生丰产特点。

大青杨天然林一般20年生开始结实，30～40年生大量结实；人工林10年生左右开始结实，20～30年生大量结实。

三、良种选育

1. 种源选择

1983—1985年吉林省林业科学研究院选取了11个大青杨种源（黑龙江的丰林、双丰及亚布力种源，吉林的敦化、上营、辉南、集安、泉阳、石门、和平和临江种源）。大青杨种源试验林分别设立在辉南森林经营局和四岔子林场2个立地条件不同的地块上。选出临江、集安2个优良种源（大青杨种源试验课题组，1993）。

2001—2002年东北林业大学在大青杨自然分布区内选择有代表性的17个地点，每个地点选择15～20株优树，采集枝条，开展苗木扩繁、苗期种源试验和在4个地点（帽儿山、东方红、带岭和哈尔滨）营造种源试验林。通过生长性状和材性性状联合选择，确定露水河大青杨、汪清大青杨、苇河大青杨和上营大青杨为适合张广才岭山区的优良种源。露水河大青杨优良种源树高比帽儿山对照提高24%，胸径提高49%，综纤维素含量提高1%，纤维长度提高1%；汪清大青杨优良种源树高比帽儿山对照提高15%，胸径提高14%，综纤维素含量提高1%；上营大青杨优良种源树高比帽儿山对照提高23%，胸径提高24%，综纤维素含量提高3%，纤维长度提高1%；苇河大青杨优良种源树高比帽儿山对照提高12%，胸径提高21%，综纤维素含量提高3%。

2. 无性系选择

大青杨HL系列无性系（*Populus uasuriensis* ‘HL’）是由吉林省林业科学研究院在大青杨自然分布区内的大青杨天然林中采取选择育种方法选育出的系列优良无性系，该无性系为混系，包含有25个优良个体。该无性系于2002年通过了吉林林木品种审定委员会的审定，可以在吉林东部大青杨适宜栽培区进行生产性栽培（赵海莉等，2011）。

伊春林业科学院从近30多万株大青杨中遴选出优良无性系，其中包括‘3号杨’‘5号杨’‘6号杨’‘7号杨’‘8号杨’‘10号杨’，无性系‘7号杨’最佳。在退耕还林地上造林对比试验

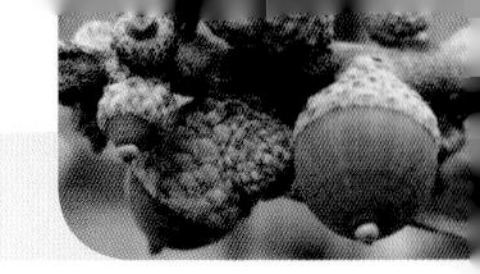

结果表明，‘7号杨’根苗树高、地径、胸径分别超对照67.2%、53.4%和81.3%，‘7号杨’扦插苗树高、地径、胸径超过对照‘A5杨’104.4%、104.5%和119.3%；根苗造林可提高造林成活率25%~30%，提高劳动效率25%以上，降低经营成本20%~25%；预测伊春地区利用优良无性系‘7号杨’在退耕还林地营造工业原料林，初植密度2500株/hm^2，15年轮伐，蓄积量可达320m^3/hm^2（张新春等，2011）。

3. 杂交育种

黑龙江省林业科学研究所刘培林研究员从1980年开始，进行了大青杨和香杨种源间杂交育种试验，选育出4个优良组合、8个无性系，既保持了大青杨、香杨适宜林区生长的遗传性，又具有杂种优势，生长率较一般优树材积生长高30%以上。它们是‘30号杨’（大岱×大奋）、‘60号杨’（大岱×香虎）、‘61号杨’（香奋×香岱）、‘94号杨’（香虎×香奋）。这些杂交组合适宜栽培在小兴安岭南坡、完达山和长白山系林区中的山坡下部至沟谷地（严言等，1999）。

四、苗木培育

1. 播种育苗

（1）采种

林区采种日期在6月中下旬。蒴果外表由深绿色变成黄绿色、有裂口露絮时应立即采集。种

大青杨在天然次生林内傲立（黑龙江省五常市雪乡公路）（沈海龙摄）

子千粒重0.35g左右。

选择干形通直、无病虫害、发育良好的健康个体作为采种母树。果穗采集后，在通风良好的室内进行干燥，筛选得纯净种子。蒴果出种率3%～6%。

种子贮藏：除了随采随播外，可将种子贮存到翌年春季播种。种子含水量达5%～6%，将种子放入消过毒的玻璃容器中密封，而后放入具有冷藏设备的室内或地窖中（0～5℃）。

（2）育苗

苗圃地需选择地势平坦、靠近水源、排水良好、无风害的湿润肥沃的沙壤土。黏性土排水不良，易遭受病虫害。苗圃地要细致整地，做到秋翻春耙，将大块土充分打碎。作床或作垄前，要施足底肥，每亩可施绿肥或厩肥10000kg。

播种量 每亩播种0.4～0.5kg。播种育苗的关键在于播后床面保持充分的湿润。

间苗 播种苗床密度为150株/m^2。通过间苗调整苗床密度。间苗可分2次进行，第一次在幼苗出土1周左右，幼苗长出3～4片真叶时进行，第二次在第二周进行。第一次首先将过密的苗间去，第二次将过密的和发育不良的苗间去。

除草 在第一、第二周，间苗的同时拔去杂草；以后每隔10～15天人工除草一次，除草的同时可进行松土。

2. 插条育苗

大青杨育苗以扦插为主，其插条生根能力强、出根快、出根多。同一根种条，以中段最好，下段次之，上段较差。

插条的采集 选无病虫害、生长健壮、水分充足、冬芽饱满的1年生枝条作种条。采条于晚秋至早春进行，采后埋在地下或放在窖内备用。

剪穗 扦插前1个月进行剪穗。插穗长12～15cm，粗一般以0.8～1.5cm为宜，插穗上切口平，距离第一个芽1cm，下切口按45°削成马耳形斜面，保留有3个芽以上。每100根一捆，低温混沙埋藏，每周喷水保湿。

扦插时间 多采用春季扦插，土壤化冻即作床或作垄，一般气温达到16℃时即可扦插。

扦插方法 插前将育苗地灌透底水，插穗浸水1～2天。株距10cm，直插入土，插穗上端外露1cm或与地面平齐，插后踩实、浇透水。

田间管理 根据天气与土壤湿度及时浇灌。苗木成活后，及时除草、松土、抹芽及防治病虫害。

3. 采穗圃

为了培育大量的扦插苗，要设立采穗圃，培育插条材料。大青杨插条苗木粗壮，垄距要大（70～80cm），株距18～20cm。

采穗圃的建立 选择林分优势木中干形良好、发育旺盛、抗病虫性强的个体作采条母树。从其上采下枝条进行扦插繁殖。扦插后的扦插苗，其地上部分年年剪下，进行扩大繁殖，其地下部分保留，使其继续萌发新条。第一年每个插穗只保留一个萌条，第二年每株可保留2个萌条，第二年之后每株保留2～3个萌条。

五、林木培育

1. 立地选择

选择阳坡或半阳坡、坡度小于20°、土层深厚肥沃、排水通气良好的沙壤土或壤土为宜。

2. 造林苗木

在选择良种的基础上培育壮苗，成活率高、生长快，提早成林。选择苗木等级为Ⅰ级或Ⅱ级，充分木质化，顶芽饱满，根系发达，无机械损伤，无病虫害的$S_{1.5-0}$、S_{1-0}、C_{2-1}苗木作为造林苗木。

3. 整地

采用穴状整地。在新皆伐迹地、新废耕地或退耕还林地上，由于杂草、灌木较少，土壤条件较好，穴状整地规格可以为60cm×60cm×30cm，早春随整地随造林。在老皆伐迹地或荒山荒地上，由于杂草、灌木滋生，应采用大穴整地，宜在前一年秋季整地，翌年春造林，整地规格为80cm×80cm×40cm。

4. 造林密度

培育刨花板材、中小径材为目的的大青杨人

工林，初植密度为2000～2500株/hm²；培育纸浆材时，初植密度为1000～1600株/hm²；培育胶合板、锯材等大径材时，密度应小些，初植密度为800～1000株/hm²。

5. 造林方法

采用植苗造林，即4月下旬至5月初，选择满足造林苗木规格的苗木或根苗，刨大穴，在造林穴中央栽植，分层培土，分层踏实。培土应超过根颈（原土印）3cm。

6. 造林配置

在林区山地环境条件下，选择适宜的树种与大青杨混交，有利于防止杨树大规模传染病的发生及蔓延，形成稳定的林分类型。利用红皮云杉幼年生长缓慢，需要一定的侧方庇荫，比较耐阴等特性，以及大青杨喜光、早期速生、成熟早的特点，培育红皮云杉与大青杨混交林。大青杨可与红皮云杉或其他阔叶树隔行或隔带按1：1或3：1的比例混交，但不能与落叶松混交，以防止杨锈病大面积发生。

7. 幼林抚育

（1）幼林抚育

造林后，第一年进行2次松土除草，第二年2次，第三年1次。1年生苗造林后，若当年成活生长不好，第二年春要进行平茬，令其萌发新条。采用根苗造林，当年会萌生出多根萌条，结合前2次幼林抚育，及时定干，每株保留1个健壮的萌条，否则影响生长。

（2）施肥

在新采伐迹地营造大量青杨速生丰产用材林，用厩肥作底肥，对造林成活率及苗木生长效果明显，但在山区大规模使用极为不便。造林当年可以不施肥，造林后4～5年，为了促进生长，应进行施肥，每株施氮肥100g。立地条件差、迹地肥力不高的可适当增加施肥量，对促进幼林速生、增强幼林抗性均能起到良好作用。

（3）修枝

大青杨人工林进行修枝能提高材质（少节、无腐），增加树干长度及完满度，从而提高经济效益。在林龄8年时按树高的1/2强度进行修枝（枝下高约为树高1/2），2年后修枝林木和对照林木相比，胸径生长和树高生长均降低1/3左右。过早修枝可能刺激切口重新生长嫩枝，起不到培育无节良材的作用。因此，修枝宜迟，强度宜小。

修枝应在冬末初春树液流动前进行。修枝工具要锋利，切口要平滑，不留桩、不伤干皮。由于修枝是一项繁重而困难的工作，在大青杨人工林林分中仅需对有培养前途的目的单株进行修枝（速生丰产林修枝林木为600株/hm²），而其余林木可以起到保护作用，防止修枝后因树干裸露而引起不良条件对其造成伤害（病虫侵害或伤口重萌新枝）。

第二次修枝可在10年以后，结合间伐进行。修枝强度以枝下高占树高的1/3为好。修枝可一直保持到枝下高8m时为止。

（4）抚育间伐

中等立地条件下，初植密度为2500株/hm²左右的情况下，造林10年就应该进行首次间伐。根据大青杨人工林的特点，采用以下层间伐为主的综合间伐法，在间伐中要按照“五砍五留”的原则，选定保留木及砍伐木，即砍弯留直，砍小留大，砍劣留优，砍弱留强，砍坏留好。尽可能使保留木分布均匀，有利于林木生长。

大青杨在中等立地条件下（山下腹），林龄20年时，林分密度为1100株/hm²左右的林分，蓄积量较高。林木径级过小，经济价值低，故将大青杨林龄20年时保留木的株数确定为1000株，并以此根据林木生长情况确定每次间伐强度，通过2～3次强度较大的间伐，淘汰较小的林木，给保留木提供充分的生长空间。若培育胸径15cm以下的小径材，间伐后的株行距以2m×3m或3m×3m为宜；若培育胸径20cm以上的大径材，则间伐后的株行距应大于4m×4m或4m×6m。

六、主要有害生物防治

1. 青杨叶锈病

青杨叶锈病是一种分布广泛的叶锈病，在东北各地苗圃普遍发生，在某些局部地区危害尤为严重。6月初至6月中旬为发病始期，7月末至8月末为发病盛期，9月末至10月初为流行终止期。在相对湿度65%～75%、平均温度18～20℃、降水量80mm以上时，病害发生严重。防治方法：①避免营造大青杨与落叶松混交林。②采用化学药剂防治。

2. 白杨透翅蛾（*Parathrene tabaniformis*）

白杨透翅蛾幼虫主要危害苗木及幼树的主干和枝梢，使受害部位形成虫瘿，易遭风折并影响树木干形和材质。1年发生1代，以幼虫在虫道中越冬，翌年4月开始活动危害，6月底至7月初为羽化盛期。防治方法：①做好检疫。在苗木繁育过程中发现白杨透翅蛾虫瘿及时剪除销毁。苗木出圃时再次实施检疫，对调入的苗木实施严格的复检，严防疫情传出或传入。②仿生防治。雄虫对雌虫的性外激素很敏感，在百米范围内均可感受到，可采用其“活体”或“粗提物”引诱消灭雄虫。③化学防治。在幼虫活动期用毒泥堵虫孔或往虫口注射药剂；在初孵幼虫阶段，即幼虫蛀入枝干之前，用药液喷雾防治。

3. 青杨天牛（*Saperda populnea*）

青杨天牛1年发生1代，以老熟幼虫越冬，翌年4月底至5月初为成虫羽化盛期，5月上旬至6月上旬为产卵期。初孵幼虫起初危害韧皮部，经10～15天即蛀入木质部内，虫瘿近乎纺锤形，成虫羽化后在虫瘿上咬一个圆形羽化孔。防治方法：①结合冬、春修剪，将有虫瘿的枝、梢剪下烧毁，以消灭越冬幼虫；②成虫大量羽化时喷药剂防治。

七、材性及用途

大青杨是一种速生材，具有树干通直、耐贮存、不易腐烂、旋切出材率高等优点。大青杨木材平均纤维长度为820～840μm，平均纤维宽度为20.3～21.2μm，长宽比38.6～41.4，木纤维比量51.3%，导管比量23.8%，符合制浆造纸的要求（刘君良，1991）。

大青杨的木材基本密度偏低（0.381～0.412g/cm³），不适合制作木材强度要求较高的制品，但是易于加工和木材改性（刘君良，1991）。

大青杨的材质结构比较松软，旋切时很容易产生毛刺沟痕，这主要是由于压榨率、切削角和木段温度不合适造成的。大青杨本身的原始含水率较高，不经水处理就可旋切。木段处理工艺简单，节省能源，这是大青杨的另一优点。

大青杨适合用于造纸和纤维工业，也适合用于包装板、胶合板、火柴生产等行业。

附：香杨（*Populus koreana* Rehd.）

香杨为我国东部山区、半山区的速生、高产、乡土优良树种。由于香杨与大青杨外形及生长环境彼此接近，多年来人们混称其为大青杨。香杨是发展和扩大森林资源、改造低质低产林的优良先锋树种。它以速生、高产、成林周期短、易栽培、出材量大、长势良好、树形高大、干形通直、寿命长等特点，而被人们所重视。

香杨广泛分布在长白山、小兴安岭林区，俄罗斯远东及朝鲜亦有分布，分布范围在42°～48°N，126°～132°E。垂直分布在海拔400～1100m地带，主要分布在山腹缓坡及沟谷河旁。香杨是耐寒、喜湿润、喜光的树种，自然分布在我国北部最低气温-40℃的寒冷地区。分布区年降水量在500～800mm，空气相对湿度在70%以上。在干燥气候条件下，香杨生长不良。香杨喜深厚肥沃土壤，长势好的林分，其土层厚度在40cm以上，且富有腐殖质。在自然生长的林分里，香杨大都组成上层林冠，在阴坡、半阴坡天然更新不良。在皆伐迹地或道路两旁，香杨萌芽及种子更新均良好。在林中的香杨，一旦被压，很快枯死。过密的小片香杨纯林，分化现象严重，生长缓慢。香杨寿命长，一般在100年以上仍生长良好。木材的抗腐朽性较强，100年以上的大树多不心腐。

香杨与大青杨一样，均耐寒、喜湿、喜光和喜土层深厚、排水良好的肥沃土壤。不同的是，香杨分布在山腹缓坡及山中部，常与红松、白

桦、云杉、山杨等混生；大青杨分布在沟谷、河旁及山脚下，常与柳树、胡桃楸、臭松冷杉、红皮云杉等混生。但由于坡度、坡向的不同，其分布也随之发生变化。有时两者生长混杂在一起，如山的阴坡、中上腹阶地，不但有香杨，也有大青杨，但长势较差，从而说明大青杨较耐水湿，而香杨喜生长在排水良好的肥沃土壤上。

香杨与大青杨的形态特征区别：两者均属于高大的落叶阔叶乔木，高达30m，胸径1～2m，干形通直。不同的是，香杨树皮灰黄色，冬芽长而宽，黏液多，有芳香味，有刺舌的辣味，1年生枝条浅棕色，萌条紫红色，有光泽；大青杨树冠及未开裂的外皮是浅灰色，冬芽短而窄，手捻有黏液，且有苦味，1年生枝条黄白色，萌条浅紫色，表皮像有一层白灰，无光泽。两种杨树在生长季里，1～2年生枝条上的叶子差异不大，但粗枝上的叶子有差异。香杨的叶倒卵形或狭倒卵状披针形，叶边缘和叶脉无毛，叶表脉纹深，粗糙不光滑；大青杨叶椭圆形、广椭圆形至近圆形，边缘着生密毛，背面绿白色，叶脉有毛，叶表面脉纹浅，比较光滑。

香杨木材的边材乳白色，心材淡灰褐色，纹理直，早、晚材无显著区别；木材缺乏光泽，无特殊气味，材质轻软，易燃，力学强度低，可作一般建筑用材、器具、箱板、包装用材、造纸原料等。其木纤维含量较高，可作人造纤维原料。香杨树干尖削度小，死节少，易加工和易干燥，为良好的胶合板用材。

附：甜杨（*Populus suaveolens* Fisch.）

甜杨又称西伯利亚杨，是杨属青杨派中一个非常耐寒的树种，主要集中分布在内蒙古东部及黑龙江省大兴安岭山区，小兴安岭也有零星分布，俄罗斯西伯利亚也有分布。其生存区的年平均气温−3.8℃，冬季气温−40.5℃～−27.4℃，极端最低气温 46.9℃。其树干高大通直，生长迅速，枝干比小，易于繁殖，普遍沿河生长，常与钻天柳混交成河岸林，对护岸有很大作用。甜杨与香杨的区别是其叶上面无明显皱纹，与大青杨的区别是叶柄、花序轴及果轴均无毛。依据成年大树或2～3年生幼树及当年扦插苗的叶长、质地薄厚和叶片背面是否有绢毛等可以将甜杨分为两类：一类叶片质地较厚，背面具有绢毛，叶面颜色较深（深绿），叶缘较平展，简称为“厚叶有毛型”；另一类叶片质地较薄，背面不具绢毛，叶面颜色稍浅（亮绿），叶缘翘曲呈波浪状，简称为“薄叶无毛型”。厚叶有毛型甜杨的成龄树树皮为灰绿色，花枝较粗，花芽也较大，花期较早，叶片被白杨叶甲危害较轻；薄叶无毛型甜杨的成龄树树皮多为灰白色（灰色中带有很淡的绿色），花枝较细，花芽较细小，花期较晚，叶片易被白杨叶甲食害。甜杨是研究木本植物抗冻性及有关抗冻基因问题的理想材料，也是当地重要的商品林树种和城乡绿化树种。

（李开隆，赵云，邹建军，张雪松）

65 藏川杨

别　名 | 藏青杨（西藏）、高山杨（西藏、四川）

学　名 | *Populus szechuanica* Schneid. var. *tibetica* Schneid.

科　属 | 杨柳科（Salicaceae）杨属（*Populus* L.）

藏川杨是青藏高原地区珍贵的乡土树种，生长于气温低、相对湿度大的高山地带或高纬度地区，是一种耐寒、抗旱、耐瘠薄、抗病虫害的用材林和防护林树种。其生长快、寿命长、干形通直、材质好、适应性强，利用价值高，广泛用于防风固沙，用作建材、薪材、家具及雕刻工艺品等用材。近年来，随着该地区“一江两河”“两江四河”等项目的实施，藏川杨被广泛应用于西藏中西部干旱、半干旱地区的造林绿化，成为高原生态环境建设的最佳造林树种之一。藏川杨较强的环境适应能力和可塑性，使其具有很高的生态和经济价值。

一、分布

藏川杨是青藏高原特有的高大落叶阔叶乔木，分布于四川、西藏，在西藏的拉萨、林芝、日喀则、山南、昌都等地区均有分布，在拉萨地区尤以墨竹工卡县分布最多；多生于年平均气温4～12℃，海拔2000～4500m，年平均相对湿度60%以上的河谷、沟边的冲积土或草甸土上。目前，藏川杨在西藏各地区均有大面积的人工栽培。

二、生物学和生态学特性

落叶乔木，浅根性树种。树干灰白色、端直。树冠整齐。皮光滑或具纵沟。髓心五角状。叶色柔和。雌雄异株，雄性无飞絮；花先于叶开放，无花被，有杯状花盘；雄蕊常多枚。蒴果；种子小，具白色绵毛。花期4～5月，果期5～6月，成熟期一般在7月上旬至8月中下旬（吴征镒，1983）。结实年龄一般为30～40年生，60～120年生为结果盛期，生长周期可达200年左右。一般情况下，3年生以上的成品苗在适生区可作为造林树种用于防风固沙和城市绿化。

藏川杨喜温凉湿润气候，较耐阴冷；喜中性或弱碱性土壤，对土壤要求不严。造林成活

西藏自治区拉萨市龙王潭公园藏川杨古树（辛福梅摄）

后，藏川杨比较耐旱、喜光、耐贫瘠，适合于河谷农田、房前屋后、公路绿化栽植。藏川杨也是当前西藏工程造林中主要的树种之一，具有早期速生、分布范围广的特点，可广泛用于营造生态防护林、农田防护林和工业用材林等（范志浩，2015）。

三、苗木培育

藏川杨以无性繁殖为主，多采用硬枝扦插进行育苗。其扦插技术与育苗管理如下。

1. 母树及插条选择

合理选择采穗母树和插条是藏川杨扦插育苗成功的基础。采用硬枝扦插育苗时应考虑母树的自然生存条件。相对来说，山南、日喀则等地气候干旱，不宜于选择母树，最好在拉萨市区、墨竹工卡、堆龙德庆、林芝等气候条件稍好的区域选取母树（拉巴片多，2014）。母树应该选择生长旺盛、枝条健壮、无病虫害的成年树，插条选择树皮发白、芽饱满、1～2年生木质化枝条，最好是取自幼龄母树的萌生枝条，粗度1.0～2.0cm。在拉萨地区，适宜的采条期为12月或者翌年3月。

2. 插穗制作和贮藏

为防止失水，采集的插条应尽快制作成插穗并及时贮藏。插穗长12～15cm，确保上部有2～3个完好无损、健壮饱满的芽，插穗上端切口距离第一个芽2cm左右。春季采条的适宜时间为芽开始萌动时，随采随插，不需贮藏。冬季采集时必须进行冬藏，冬藏选择室外地势高且排水良好的地方沟藏。沟宽1.0m，深1.5m，使插穗经常处在土温0℃的深度为原则，温度的变幅不超过±4℃。贮藏插穗时，先在沟底铺8～10cm厚的湿沙（湿度是饱和含水量的60%），之后沿沟长方向将插穗分层埋在沟内，上面再覆盖10cm厚的湿沙。在拉萨地区，冬季冻土厚度为30cm左右，插穗埋藏在距地面30cm以下，然后加土成屋脊状，高于地面。同时在沟内插入成束的秸秆或带孔的竹筒、塑料筒等散热，并留温度检查口进行土壤温度监测。

3. 催根技术

扦插前，要进行插穗的药剂处理以促进生根，增加生根数量。可用50mg/L、100mg/L、200mg/L ABT生根粉进行处理，插穗浸泡时间为1年生休眠枝1～2h、多年生休眠枝3～4h，浸泡深度为距下切口2～3cm。

4. 扦插要点

（1）整地

扦插前要准备好苗床。苗床圃地在上一年秋、冬季深翻30cm，扦插当年春季待土壤解冻后灌水、施基肥、翻耕。翻耕的同时施土壤消毒剂杀菌灭虫。育苗前碎土，要求平、整、净、碎、匀。苗圃基肥多采用羊粪、牛粪或腐殖质土，一般每亩施2500kg充分腐熟的羊粪和10kg磷酸二铵作为基肥。

（2）扦插

温室扦插 藏川杨扦插不易生根，因此一般多采用温室内沙床打孔直插。插穗入土深度2cm左右，插穗插入地下2/3，顶端露2～3个芽，株行距为20cm×30cm，插后将土壤压实、浇水。温室严格控制在15～20℃，一般不能超过25℃，扦插初期（展叶期以内）要适当遮阴。

大田扦插 藏川杨采用开沟扦插。先沿苗床开沟，沟的一侧为垂直面，沟深10～12cm；再将插穗直立放于沟的垂直面上，株行距20cm×20cm；最后填埋，深度为10～12cm，顶端露出2～3个芽，压实、浇水。之后，每隔3～5天灌水一次，连续灌2～3次，直至愈合生根后每隔1～2周灌水一次。拉萨地区基本在每年4月上旬最低气温达到2℃以上时进行大田扦插。

5. 田间管护

藏川杨扦插15天左右开始发根。此时需及时松土，保持土壤疏松透气并提高地温，以促进根系生长。除草和松土同时进行，如喷施除草剂则要单独松土。随着气温逐步回升，20天后须根大量发生，约25天后地上部分开始生长。

准确把握好浇水时间是提高藏川杨扦插苗成活率的关键。插后当天浇足定根水，插后第三天浇第二次水，距第二次浇水7天后浇第三次水，与第三次浇水相隔10天后浇第四次水，浇水间隔时间逐渐延长。雨季来临后，根据苗床内土壤墒情确定浇水次数。9月底停止浇水，促使苗木木质化。11月中旬，苗木落叶后封冻前浇1次越冬水。追肥与灌溉结合进行。嫩枝长至5～10cm时进入速生期，在其生长旺盛期的6～8月每亩追施50～60kg尿素和磷酸二铵的混合肥料2～3次（王玉霞等，2012）。当嫩枝长至10～20cm后需进行定芽，每个插穗上保留最优枝条1枝，其余基部芽和侧芽全部抹去。此外，西藏常有晚霜危害，可采取灌水和烟熏措施预防。

6. 炼苗及移栽

藏川杨温室苗床扦插苗或营养袋苗需移入大田继续培养2～4年才能出圃造林，移栽前需要炼苗，尤其是展叶之后移栽必须经过炼苗。苗床扦插苗移栽至营养袋后移至遮阴棚放置2周，注意控制水分，2周后可移栽大田。温室扦插苗在展叶之前移苗，可在移苗前一个月左右将温室薄膜揭开，移栽前一周浇透水一次。移栽前将苗木分成3级，过长的主、侧根要修剪，保留12～15cm，病腐根则要全部切除，移栽后压实、浇透水。

四、林木培育

1. 立地选择

藏川杨是杨属中分布海拔最高的树种，对于高原环境具有良好的适应性，但在空旷干燥的环境中生长不良。藏川杨在西藏分布较广，随分布区环境变化，树干、枝条、叶片和芽等形态特征变化显著，形成了不同的生态型：在雅鲁藏布江中下游温带湿润、半湿润山地针叶林区，温、湿、热、气等条件好，植株生长迅速；在拉萨和山南等干热河谷地区，环境条件相对较差，植株生长较慢，但依然健壮、挺拔；在环境相当恶劣的江孜等干燥区，缺乏灌溉和养护，树势较弱，但株高仍可达到17m。因此，造林地选择首先考虑气候条件，同时注意选择当地适生的生态型。

西藏自治区拉萨市半干旱河谷河滩地藏川杨人工林（辛福梅摄）

2. 整地造林

在河谷、冲积土或草甸土的平坦地上种植藏川杨，以穴状整地为主，坡地则以鱼鳞坑整地为主。栽植穴规格为50cm×50cm×80cm，要求上下口通直，不得挖成锅底状。生产中提倡“三大一深”，即采用大株行距、大穴、大苗、深栽，深栽70～80cm可使苗木部分树干产生根系，增加根量，吸收深层湿润土壤中的水分，提高抗旱力和成活率。

藏川杨喜湿，不适合在坡地上种植，即使河滩地段也需经深翻整地、施肥灌溉才能满足丰产栽培的需要。其中，最适宜的土壤质地为沙壤至轻沙壤。西藏多数造林地有机质含量较少，肥力较低，应采取追肥和掩埋落叶等措施来弥补。

春季是适合大多数树种造林的季节，对藏川杨也不例外。但在“一江两河”地区，由于春季干旱、少雨，加之晚霜结束较晚，霜冻现象严重。根据多年的经验，该地区的造林适合在3月底至4月进行，雨季之前进行补栽。

苗木选择2～3年生裸根苗或1年生容器苗，3～4年生苗的栽植穴应适当加大。采取“三埋两踩一提苗”的传统办法栽植，要求表土回填，根系舒展、不窝根，栽后踏实并浇定根水。在土层较薄的地段，坑内要填细土或进行客土造林，以促进林木健壮生长。

栽植密度大小由环境条件、培育目的及造林类型等来决定，若单行植树则株距以3～5m为宜。成片造林的密度不宜过大，一般株行距以4m×4m为宜。立地条件差的情况下，适当稀植，采用混交，以提早郁闭，增加林木群体的抵抗力。

西藏自治区林木科学研究院藏川杨人工林（辛福梅摄）

3. 幼林抚育

（1）松土除草

松土除草从栽植开始直到幼林郁闭为止。抚育时以植株为中心，在半径50cm范围内除草松土，松土深度5～10cm，外深内浅，翻出的草皮和石块要移至外缘。同时，把倾斜植株扶正踏实。松土除草的次数和时间因当地条件不同而有区别。林芝地区雨量充沛，杂草生长快，除草次数多；日喀则等降水量少的地区可适当减少除草次数。总之，保证林内土壤疏松、无杂草丛生即可。

（2）灌溉

藏川杨作为速生丰产树种，水分供应十分重要。条件允许的情况下，藏川杨每年至少灌水3～4次。3月中旬左右在展叶前需灌1次返青水，以促进树木发芽；5月初需灌溉1～2次，以促进叶面积扩大和树木生长。之后西藏各地区相继进入雨季，可视降雨情况适当灌溉。11～12月树体落叶后入冬前需灌1次封冻水，以防御西藏地区漫长干季的干旱胁迫，同时保暖防冻，防止或减轻冻害，有效增强树木的抗寒能力。

（3）施肥

栽植当年可不追施肥料，追肥时间在造林后第二年起每年的4月上旬至下旬，可结合抚育同时进行。施肥一般采用穴施，施肥时先在树木两侧各挖一个20～30cm深的施肥穴，之后将肥料均匀施于穴中后随即覆土并及时灌水。施肥穴距树干的距离依冠幅增长而增大，一般位于树冠边缘投影下，每年对换方位轮流施肥，肥料以氮肥为主。

（4）修枝整形

栽植后第一年5～6月，应及时抹去主梢旁能够与主梢形成竞争的嫩芽或嫩枝；若主干不明显或断梢，在背阴方向处留1个健壮芽并在其上方1cm处进行短截。栽植后1～3年秋、冬季，剪去影响主枝生长的竞争枝及树干1/3树高以下的枝条，避免形成多头植株。

五、主要有害生物防治

1. 杨树白粉病

杨树白粉病由杨球针壳白粉菌（*Phyllactinia populi*）、棒球针壳菌（*Phyllactinia corylea*）和钩丝壳白粉菌（*Uncinula mandshurica*）侵染所致。杨树白粉病发生广泛，是杨树上常见的叶部病害，也可侵染新梢。初期叶片上出现褪绿色黄斑点，圆形或不规则形，逐渐扩展，其后长有白色粉状霉层，严重时白色粉状物可连片，整个叶片呈白色。后期病斑上产生黄色至黑褐色小粒点。病害发生严重时，叶片小，生长势衰弱，影响绿化效果。防治方法：①清除病源。及时清扫病叶和落叶并烧毁，以消灭菌源，减少来年侵染源。②加强管理。苗木种植不宜过密，注意通风透光。新种植的苗木要加强水肥管理，增强树势。③化学防治。每12～15天喷药1次，连续防治2～3次。

2. 杨树叶斑病

杨树叶斑病主要由黑斑病（*Marssonina brunnea*）和（*Marssonina populi*）、角斑病（*Cercospora populina*）引起，主要危害叶片甚至嫩枝，病叶枯死早落。杨树黑斑病、炭疽病等在条件合适时，往往出现暴发性大流行。防治方法：采用化学药剂进行防治。10～15天喷药一次，一个生长季喷药3～5次。雨季施药时增加黏着剂，以增强药剂的耐雨水冲刷能力。

3. 杨白潜蛾（*Leucoptera susinella*）

杨白潜蛾属鳞翅目潜叶蛾科，为藏川杨叶部主要害虫之一，幼虫在叶片组织中钻成隧道危害，严重时蛀道连成一片，形成较大潜痕，整个叶片枯萎脱落。以蛹在茧内越冬。防治方法：①化学防治。在虫斑出现始盛期采用化学防治。②人工防治。在越冬蛹羽化前或在苗木出土后扫除落叶，集中烧毁或集中在坑内沤肥。③物理防治。成虫期用灯光诱杀成虫。

4. 春尺蠖（*Apocheima cinerarius*）

春尺蠖俗称吊死鬼，为鳞翅目尺蛾科昆虫，主要危害杨、柳、榆、桑、槐、苹果等树种。1年发生1代，5龄，老熟后下地，在树冠下的土壤中分泌黏液硬化土壤并做土室化蛹。初孵幼虫活动能力弱，取食幼芽和花蕾。该虫发生期早、危害期短，幼虫发育快、食量大，常暴食成灾。防治方法：①在树干基部周围挖深、宽各约10cm环形沟，沟壁垂直光滑，沟内撒毒土，阻杀成虫上树。②生物防治。当1～2龄幼虫占85%，最晚不迟于2～3龄虫占85%左右时，利用杨尺蠖核型多角体病毒（AciNPV）防治。③采用化学防治。

5. 鼠害

鼠害在拉萨河谷很普遍，危害杨树幼树的害鼠主要是高原鼠兔（*Ochotona curzoniae*），在杨树的根颈处至地面向上10～15cm范围内局部或全部的树皮被啃食一圈，形成“环剥”现象，不久幼树就会死去。防治方法：大面积严重危害时用C型肉毒梭菌毒素防治，小面积用铁板铗灭鼠，轻度危害用招鹰灭鼠。

六、综合利用

藏川杨作为生长在高原的高大、挺拔、材质坚韧的落叶阔叶乔木，是当地传统的用材林树种，具有很高的生态、观赏、经济价值。其耐寒、抗旱、耐瘠薄、抗病虫害，常被用于防风固沙、农田防护、水土保持；其干性强、萌蘖多、材积量大，常被用作建材、薪材以及家具和雕刻工艺品用材。据当地居民描述，藏川杨作建筑用椽子，结实、经久耐用、不易变形。另外，藏川杨的叶可用作野生动物及家畜饲料；芽脂可作黄褐色染料，部分品种芽脂、花序可供药用；树皮含单宁，可作鞣料（唐宇丹等，2012）。因其使用价值高，近年来深受当地人民喜爱，并广泛用于各地的造林绿化，这也将有力推动高原生态恢复和青藏高原特有植物资源的保护和可持续利用。

（辛福梅）

66 滇杨

别　名 | 云南白杨

学　名 | *Populus yunnanensis* Dode

科　属 | 杨柳科（Salicaceae）杨属（*Populus* L.）

滇杨是我国西南地区特有的乡土树种，树体高大、树干通直、生长快、成材早，是典型而稀有的低纬度高海拔杨属树种；耐寒、抗旱、适应性强，是高海拔地区较好的速生用材林树种，也可用作城市绿化和四旁种植、农田防护林造林树种；其木材纹理较粗，但具有较好的酸性染料易染性，可作民用建筑、箱板、火柴杆等用材，也是较好的纸浆材。此外，滇杨极易扦插繁殖，可用于大枝扦插造林，是道路两旁、矿山迹地快速绿化的良好树种。

一、分布

滇杨为我国西南地区特有的青杨派树种，水平分布于云南省中部、西北部、东北部，以及贵州省威宁县、四川省凉山彝族自治州；垂直分布于海拔1300～3200m，在部分山区可达3700m，多沿山涧溪流生长。滇杨在海拔2050m以上地带表现较好，树干通直、树体高大、蛀干害虫危害轻，尤其是云南的西北部、东北部及四川凉山彝族自治州，是其适宜生长区。现有研究表明，丽江属于滇杨分布中心和起源中心（纵丹等，2014）。

二、生物学和生态学特性

滇杨花期在3月下旬至4月中旬，具有较多3核花粉，即1个营养核、2个生殖核。滇杨虽然分布于亚热带地区，但生长于高海拔地段，更喜温凉气候，在年平均气温8～18℃、年降水量600～1300mm、相对湿度70%左右的地区可以正常生长，其中以年平均气温13℃左右生长较好；同时，在土壤深厚、肥沃、湿润的冲积土立地条件下才能表现出速生特点，栽后前10年，树高年均生长量可达2m，胸径年均生长量达5cm，而在紫色土或红壤上生长不良，尤其在干燥瘠薄的山地生长更差（徐纬英，1988）。

由于主干和枝条产生不定芽的能力均极强，滇杨能够适应不同程度的修剪（袁金成，2004）。在资源调查中还发现，分布于不同海拔高度的滇杨在生长、分枝特性、干形、病虫害等方面表现出较大差异，反映出滇杨具有明显的表观遗传调控效应。例如，在海拔2050m以上地区的滇杨，树干通直、侧枝细小、分枝部位较高，病虫害也较少；而在海拔较低地区（$<$1600m），部分植株的树干通直性差、侧枝粗大、分枝部位低，病虫害也较严重，尤其以蛀干害虫危害更为突出（何承忠等，2010）。

在冬季时芽被覆芽鳞，并附着许多黏液，因此滇杨抗寒性较强，但春季发芽较迟。收集于云南和四川的52株滇杨优树无性系1年生扦插苗木的年生长规律结果表明：在昆明地区，滇杨苗木的芽萌发期主要集中在3月末至4月初；高生长高峰期出现在6～10月，其中增长最快时期为6～7月，进入10月后部分无性系形成顶芽，高生长停止，另有部分无性系的高生长可延续至11月，但生长量较小。苗木地径的年生长规律与株高基本一致，生长高峰期出现在6～10月，其中增长最快时期为6～7月，但地径生长期一直可延续至10月下旬。对四川美姑县25年生滇杨的树高、胸径和材积生长规律研究结果表明：滇杨具有较强的生长适应性，25年生树高达到29.56m，胸径为

49.4cm，材积2.24m^3。在造林初期，滇杨生长相对缓慢，10年生时树高和胸径连年生长量到达峰值，之后开始下降但仍保持较高的年生长量，且滇杨林分在前20年表现出了较大的胸径连年生长量，说明滇杨速生期较长；在材积方面，连年生长量和平均生长量随着树龄的增大表现为持续增长趋势，25年生时仍维持较快的增长速度。

云南省昆明市阿子营镇滇杨扦插育苗（何承忠摄）

三、良种选育

与其他杨树相比，滇杨良种选育工作较为滞后。曾用引种栽培的美洲黑杨优良无性系与滇杨进行杂交，并对子代过氧化物同工酶进行了比较分析，确定了10份杂种株系；以滇杨为母本，与美洲黑杨开展了杂交育种，得到22株杂种苗木；采用室内切枝水培法开展了欧洲黑杨×滇杨的人工杂交实验，二者杂交可配性强，杂交结实率和种子发芽率均较高，并且子代苗木在苗干、叶形、叶基和叶柄等性状上表现出了多态性。构建了滇杨抗蛀干害虫转基因表达载体，开展了滇杨基因工程育种的有益探索。为快速高效地利用滇杨自然资源，西南林业大学何承忠等人先后从四川凉山彝族自治州、云南曲靖、开远、丽江等地收集了滇杨优树/变异类型52株，经扦插繁殖法无性系化后，开展了苗期物候、生长、遗传基础等方面的研究。采用组织培养结合秋水仙素诱导筛选出了滇杨四倍体新种质。综上，滇杨遗传改良方面的研究还处于起步阶段，且比较散乱，缺乏系统性和持续性，目前还没有能够用于生产实践的良种。

1. 优良单株

西南林业大学开展的滇杨优树遗传分析及生长观测表明，前期选择的52株滇杨优树/变异类型具有较广泛的变异基础，代表了不同基因型，开展滇杨优树选择的效果比较明显。滇杨优树在物候期上表现出明显差异，尤其是落叶始期的变幅最大，可划分为5种类型，即总体物候期出现较晚类型、总体物候期出现较早类型、生长期较短类型、生长期较长类型、中间型物候类型。

2. 倍性育种

（1）多倍体诱导

以滇杨叶为外植体，首先加入2%的次氯酸钠振荡8min，用无菌水冲洗3次，再用70%酒精消毒30s，之后加入0.1% $HgCl_2$消毒5min，最后用无菌水冲洗6次（每次1min）获得无菌材料。将叶片剪切为1.0cm^2的大小，以MS+1.0mg/L 6-BA+0.05mg/L NAA基本培养基添加80mg/L的秋水仙素处理30天进行分化培养，以MS+0.1mg/L 6-BA+0.02mg/L NAA培养基进行增殖培养，以1/2MS +0.02mg/L NAA培养基诱导生根。将生根组培苗的组培瓶转移到普通实验室内闭瓶培养3天、开瓶培养2天后，以河沙：腐质土：珍珠岩＝1：1：1为移栽基质进行组培苗移栽，其移栽成活率达到93.3%。

（2）多倍体鉴定

对滇杨变异植株与正常植株进行外部形态及单位叶面积气孔数目的观察，发现变异株与正常株形态差异明显，表现为叶色浓绿、叶片肥厚、质地粗糙、茎段明显增粗、锯齿变大、节间距离缩短、生长速度较快、单位叶面积内气孔数目明显减少。同时，保卫细胞中叶绿素的含量也明显增多，约为二倍体的1.5倍。经过染色体计数鉴定，多倍化植株染色体数目为76条（$2n=4X=76$），证明为四倍体。

（3）滇杨四倍体生物学特性

滇杨四倍体与其二倍体相比较，染色体数目加倍，特异性十分明显，部分表现为生长迅速、一致，苗期生长量增加30%；而部分则表现为叶

片近圆形，叶面积变大，叶色浓绿，叶缘锯齿变大且呈波浪状，叶片变厚且革质化程度加强；另有一部分植株在感染黑斑病后，病斑不扩散，叶片及植株生长正常，表现出明显抗性优势。

四、苗木培育

滇杨极易生根，以无性繁殖为主，多采用扦插繁殖，甚至可以采用粗度在8～10cm的多年生大枝直接扦插造林，也有埋根育苗与组培快繁育苗的报道。

1. 扦插育苗

采取滇杨树冠下部粗度为2.0～3.0cm的1～2年生枝条，截为下端斜口、上端平口、长度20cm的插穗，置于水中浸泡12～24h，然后捞出直接进行扦插。扦插前，将制作好的高床先覆盖黑色薄膜。扦插时，用一根粗度与穗条接近的顶端削尖木棍打孔，深度约15cm，然后将插穗插入，顶端距离地面5cm，株行距20cm×30cm。整床扦插完后，将高床沟畦内的细土撒于床面，填满插穗与插孔之间的孔隙，使穗条与土壤充分接触。在结束扦插育苗工作时，在床面洒水，淋湿插床土壤的深度为20cm以上，同时在沟内灌水，确保插床充分吸水湿润。

云南省会泽县乡间道路中滇杨绿化（何承忠摄）

2. 埋根育苗

选取滇杨优树作为采集根段的母树，挖取生长充实且粗度为5～8cm的侧根作为繁殖材料。将采集的侧根剪切成长25～30cm的根段，置于清水中浸泡5h左右，然后用500倍多菌灵溶液浸泡约2h，捞起后直接用于育苗。育苗床制作成宽1.2m、高20cm的高床，床内土壤最好用红土：河沙＝1：2或红土：草炭＝1：1的基质填充。埋根时，依照床面宽度方向开沟，将种根倾斜约45°摆放，顶部高出床面2～3cm，种根之间相距15cm，覆土后保持床面平整。埋根后在床面喷水，淋湿埋根床土壤的深度为20cm以上。床面喷水后，制作高度为80cm的简易拱棚，上面用塑料膜和遮阳网覆盖。之后在沟内灌水，使埋根床土壤保持一定湿度。待根萌苗高度达20cm左右时，去除简易拱棚的塑料膜与遮阳网，每种根选留生长势较好的萌苗5根，在接近地面处刻伤、堆土，将刻伤部位埋入土中，培养第一层根系；间隔20天后，在距离第一次刻伤部位上部的3～5cm处再次刻伤并堆土，将刻伤部位埋入土中，培养第二层根系。在第二年造林时，将根萌苗从基部切断，即获得具有2层根系的完整苗木用于造林（刘东玉等，2014）。

3. 组培快繁育苗

选取滇杨2～3年生枝条，在室内进行水培。约1个月后长出嫩茎及嫩叶，可选取嫩茎或新生叶柄作为外植体进行组培快繁（张春霞等，2006；辛培尧等，2011）。

（1）无菌体系的建立

取新生叶柄，在自来水下冲洗2h，置入无菌锥形瓶内，加入稀释20倍的84消毒液振荡8min，用无菌水冲洗3遍，再加70%酒精消毒40s，之后加0.1% $HgCl_2$消毒5min，最后用无菌水冲洗6遍即得无菌材料。或者取抽生嫩茎置入烧杯中，加入2%次氯酸钠振荡6min，用无菌水冲洗3遍，再加70%酒精消毒40s，之后加0.1% $HgCl_2$消毒7min，最后用无菌水冲洗5遍获得无菌嫩茎外植体。

（2）不定芽诱导与增殖培养技术体系

将获得的无菌叶柄切成0.8～1.0cm的小段，平放于1/2MS＋0.005mg/L TDZ+ 0.01mg/L NAA培养基，约7天后叶柄两端开始膨大，10天后有绿色芽点产生，30天左右长出丛生芽，将丛生芽接入1/2MS＋0.001mg/L TDZ+ 0.01mg/L NAA培养基进行增殖培养。或将获得的无菌嫩茎切为1.0cm的小段，平放于MS ＋ 0.5mg/L 6−BA+ 0.05mg/L NAA分化培养基上，20～25天分化出愈伤组织，约30天从愈伤组织上产生丛生不定芽，将不定芽接种到MS ＋ 0.1mg/L 6−BA ＋ 0.02mg/L NAA培养基进行增殖培养约25天。

（3）诱导生根培养技术体系

将增殖后生长至3cm左右的不定芽从外植体上切下，转入生根培养基1/2MS ＋ 0.01～0.02mg/L NAA中培养，15天时平均每苗可长出3～4条根，根长约2.5cm，生根率达100%。

（4）炼苗与移栽技术

将生根后高度在4～5cm的组培苗去掉封口膜，放在组培室中锻炼3～5天，小心去除根上的培养基并用无菌水冲洗干净，移栽到草木灰：珍珠岩＝1：1或经消毒处理的河沙：腐殖土＝1：1的培养基质中，其成活率可达90%以上。

五、林木培育

1. 造林地选择

滇杨造林应选择土层深厚、土壤肥沃疏松、水分充足的地段。滇杨对土壤要求不严，但对水分条件敏感，在水分条件较好地段，即使土壤内石砾较多、土层浅薄，依然能够正常生长，但以土层深厚、肥沃、疏松的宅旁、路旁、河堤及箐沟两边冲积土上生长最好。滇杨在干旱的山坡上也能生长，但生长不良（袁金成，2004）。

2. 整地与造林

由于滇杨造林多在较为平缓的坡地，因此整地多采用块状整地，栽植穴的长、宽和深度均为60～80cm。若用大枝扦插造林，栽植穴的深度尽可能达到100cm，而长度和宽度可以适当减小到40～50cm。通常情况下，造林株行距采用3m×4m或4m×4m。

滇杨造林最适宜于早春进行，但在浇水困难地段也可在雨季来临时进行。造林苗木选用1年生扦插苗，要求苗木粗壮、根系发达、无机械损伤和病虫害。造林前，将苗木置于水中浸泡12～24h，使其吸足水分。此外，若苗木已抽生侧枝，则在起苗前清除所有侧枝。在条件许可情况下，应施足基肥，每穴内施入农家肥3～5kg，掺入100g左右的磷肥，也可以使用80～100g的复合肥，集中施入栽植穴内苗木主要根系分布深度。

3. 抚育管理

滇杨造林后的抚育管理主要是进行杂草清除、施肥和修枝，尤其在造林后第一年和第二年，杂草清除非常必要。一般每年进行2次除草，第一次在雨季来临前，人工清除树盘内杂草；第二次在“立秋”之前进行，此时最好能够清除造林地内的所有杂草，从而有效减少第二年杂草种群数量。

滇杨造林后应每年施肥1次，一般在雨季来临时进行，可以采用穴施或沟施。施肥时在植株两侧各挖深度为20～30cm的施肥穴，每株放入氮肥（如尿素）或复合肥20～30g，然后覆土。也可以用一根粗度在5cm以上的木棍，将一端削尖，在苗木两侧打孔后放入肥料，然后覆土填埋。采用沟施对造林地的平整性有一定要求，在块状整地的造林地内不宜采用，而较适用于平地。在苗木周围开挖深度为20～30cm的环状或半环状沟槽，均匀地撒入50g氮肥或复合肥，然后覆土。施肥穴或施肥沟距苗木主干的位置应随苗龄的增长而逐渐增大，施肥穴或施肥沟的内侧一般位于树冠投影的边缘处。有条件的地方，施肥后应及时进行浇水。

滇杨分枝能力较强，同时也比较耐修剪，还容易在切口处形成愈伤组织。在滇杨苗木定植时，去除全部侧枝，以促进当年高生长。自定植后第二年开始，将主干中下部侧枝全部剪除。随

着树龄增加，可以适当增加修枝强度。对于5年生以上的植株，可以将修枝高度确定在树高的2/3处。滇杨萌发较晚，修枝可在早春进行。修枝时，既要防止劈裂，也不能留桩，以免在留桩处形成大量愈伤组织而使留桩处形成空洞，影响树木生长及木材质量，且容易诱发病虫害。

六、主要有害生物防治

1. 杨树黑斑病

杨树黑斑病是由真菌引起的病害，病原菌为杨盘二孢（*Marssonina populi*）、杨生盘二孢（*M. populicola*）和褐盘二孢（*M. brunnea*）。叶片、嫩梢和果穗受害时，初为红色小圆斑，边缘色深，渐变成黑褐色的不规则斑，病斑中心部位常有极小的乳白色胶状物，即分生孢子堆。常常造成大量苗木枯死，导致育苗失败；对扦插幼树会引起早期落叶，严重时影响生长。防治方法：选择排水良好的高燥地作苗圃，并加强育苗管理，促使苗木生长健壮，提高抗病能力。病害发生时，可采用硫酸铜：生石灰：水为1：1：（150～200）的波尔多液等化学药剂进行防治。

2. 杨树溃疡病

杨树溃疡病也由真菌引起，病原菌为壳梭孢属的一个种（*Fusicoccum* sp.）。病害多发生在嫩枝和成长主干上，扦插枝和移栽苗易染病。扦插枝材料和苗木在准备的过程中处于弱势，嫩枝病斑处先有脱水现象，形成一个个的椭圆形病斑，逐渐形成枯斑。在病斑上生成许多淡色小泡，随着小泡内的病菌逐渐成熟，淡色小泡逐渐成为小黑点；在老枝上直接生成许多淡色小泡，不久淡色小泡变为小黑点。主要危害树皮，严重时病斑连结环绕树干一周，树干上部即枯死。防治方法：主要措施是培育壮苗，起苗及栽植过程中要尽量避免损伤根系。危害较轻时，可用硫酸铜：生石灰：水为1：1：（200～240）的波尔多液涂抹病斑处；危害较重时，幼树应及早截干，促使根部再发新枝。

3. 杨树叶锈病

杨树叶锈病多发生在9月中旬，10月为盛发期，密生橙黄色夏孢子堆，后期在叶正面产生棕褐色孢子堆。防治方法：主要采用0.1%～0.2%波美度的石硫合剂防治，在发病期每隔10天喷施一次。

4. 蛀干害虫

滇杨经常受天牛等蛀干害虫的危害，多见于主干胸径5cm以上的植株，蛀食树干造成流液、节疤、空心、枯梢、风折等，甚至引起整株死亡。防治方法：①5～6月成虫发生旺盛期，人工捕杀成虫。②在主干上发现产卵刻槽后，可用小锤对准锤击，杀死其中的卵和幼虫。③按石灰：水＝1：4的比例配制涂白剂，搅拌均匀后自主干基部围绕树干涂刷0.8～1.0m高，可防治天牛产卵。④在黄色泡沫流胶的刻槽处涂化学药剂防治。

七、材性及用途

滇杨木材呈淡黄褐色，纹理较粗。采用大枝扦插直接造林得到的木材，湿心材比较明显。对22年生滇杨的材性分析表明：木材基本密度0.378g/cm^3，生材密度0.943g/cm^3，气干密度0.459g/cm^3，绝干密度0.428g/cm^3。在干缩性方面，滇杨边材与心材的径向干缩率差异小，根据差异干缩指标，滇杨木材属于不易发生开裂类型，体积干缩率在7.0%左右。在力学性质方面，滇杨边材的纵向和径向抗压强度大，平均分别为32.77MPa和5.96MPa，抗冲击韧性为35.12kJ/m^2，端面硬度为3582.23N，抗弯强度为65.76MPa。在干燥特性方面，滇杨湿心材比例为20.8%，生材含水率为128.56%。根据干燥指标，滇杨木材短端表裂属于Ⅱ级，内裂属于Ⅰ级，截面变形为0.68mm，干燥时间为10.85h。木材纤维平均长度1148.0μm，宽度为22.6μm，符合制浆造纸要求。

滇杨木材的加工性能良好，用途较广泛，可作为民用建筑、箱板、火柴杆、工艺品等用材，也是较好的纸浆材。

（何承忠，辛培尧，焦军影）

67 欧洲黑杨

别　名 | 黑杨
学　名 | *Populus nigra* L.
科　属 | 杨柳科（Salicaceae）杨属（*Populus* L.）

欧洲黑杨是黑杨派树种的原始种之一，是低地势森林中的水生、贫养、乡土树种，广泛分布于欧洲、非洲北部、亚洲中部和西部，垂直分布可达俄罗斯山区的1500m海拔高度。我国新疆有少量天然分布。

欧洲黑杨为乔木，高可达30m。侧枝开展。树冠阔椭圆形。树皮暗灰色，深沟裂。芽长卵形，富黏质，赤褐色，花芽先端向外弯曲。叶薄革质，菱形、菱状卵圆形、三角形或卵形，长5~10（~12）cm，宽8cm，边缘具细密锯齿，有半透明边，无缘毛。雄花序长5~6cm，雌花序长8~13cm。花期4~5月，果期6月。

欧洲黑杨常见于冲积土壤、淤泥的沙质土壤和低地势森林的泥炭中，在洪水和沙质沉积物中，能够生长不定根和形成多层的根系统。实生苗仅在新鲜的少沙土壤中生长良好。欧洲黑杨寿命超过200年（甚至可达400年），是抗逆性极强的树种，具有耐寒、冠窄、生根力强、材质优等优良特性。

欧洲黑杨是创造欧美杨新品种最主要的亲本资源，国际注册的杨树品种约有63%的品种拥有欧洲黑杨基因，我国育成的北京杨、群众杨、小黑杨及众多小钻杨类品种均来源于欧洲黑杨。经长期栽培引种驯化，选育出欧洲黑杨的大量变种和栽培种，如钻天杨（*Populus nigra* var. *italica*）、箭杆杨（*P. nigra* var. *thevestina*）和智利黑杨（*P. nigra*）等。钻天杨早在18世纪就在波河河谷出现，随后传播到全世界，目前在欧洲大量栽培。箭杆杨在叙利亚、黎巴嫩、约旦、伊拉克及伊朗等国广泛栽培，很适应干旱气候，若有灌溉条件，生长极为迅速。智利黑杨是其突变型，在智利叶子几乎不落，生长比钻天杨更快。钻天杨与箭杆杨是我国北方干旱、半干旱地区长期广泛栽培的2个主要欧洲黑杨品种。

（黄秦军，苏晓华，丁昌俊）

北京市昌平区欧洲黑杨种质资源库林相（黄秦军摄）

附：钻天杨

别　名 | 黑杨（河北）、美杨、美国白杨
学　名 | *Populus nigra* var. *italica*（Moench）Koehne.
科　属 | 杨柳科（Salicaceae）杨属（*Populus* L.）

钻天杨是我国长江以北地区的重要造林树种，无性繁殖能力强，树干通直、挺拔，树姿雄伟壮丽，冠形优美。其适应性强，抗逆性高，栽培范围广泛，是重要的园林绿化和农田防护林树种。其材质较软，可作箱板、火柴杆等用材，也是重要的用材林树种。

一、分布

钻天杨原产于意大利，在我国没有天然分布，现广泛栽植于欧洲、亚洲、美洲，我国哈尔滨以南至长江流域各地均有栽培，适生于西北、华北地区（郑万钧，1985）。

二、生物学和生态学特性

乔木。高30m。树冠阔椭圆形。树皮暗灰色，老时沟裂，黑褐色。芽长卵形，富黏质，花芽先端向外弯曲。长枝叶扁三角形，通常宽大于长，长约7.5cm；短枝叶菱状三角形或菱状卵圆形，长5～10cm，宽4～9cm。叶柄侧扁，无毛，顶端无腺点。花期4～5月，果期6月。

钻天杨喜光、耐寒、耐干冷气候，湿热气候条件下多病虫害；稍耐盐碱和水湿，忌低洼积水以及干燥黏重土壤；抗病虫害能力较差。在新疆立地条件好的地方，25年生时，树高25m，胸径36.90cm。在南方湿热气候下，钻天杨多虫害，易风折，生长不良，常干梢，寿命短。

三、良种选育

钻天杨最初于18世纪由意大利北部龙巴地（Lombardy）的一株雄树繁殖而成，经由外国传教士引种，用于我国城市园林绿化。1954年起，中国林业科学研究院利用钻天杨为亲本开展控制授粉杂交育种。随后，辽宁省杨树研究所、南京林业大学、白城市林业科学研究院和陕西省林业科学研究院等多家单位陆续展开钻天杨良种选育工作。

1. 良种选育方法

小叶杨与钻天杨的正交和反交均获得了较优良的杂种后代，杂种良种速生，较耐干旱瘠薄，耐轻度盐碱。1954—1957年，中国林业科学研究院徐纬英教授选育出‘群众杨’（小叶杨×钻天杨的杂交后代）和‘北京杨’（钻天杨×青杨的远缘杂交品种），其中19年生‘群众杨’的材积比加拿大杨高243.5%，为父本钻天杨的606%（赵天锡和陈章水，1994）。‘北京杨’在华北、西北各地种植很广。

钻天杨常与乡土杨树（小叶杨）自然授粉，产生许多天然杂种，如20世纪60年代河南中牟县选育的大官杨，70年代初吉林白城市林业科学研究所选育的白林杨。1982年辽宁省内调查筛选出17个适应各种立地条件的优良小钻杨无性系（全国杨树科技协作组和王明庥，1977；陈鸿雕，1985）。另外，长期引种驯化过程中也选育出一些自然变种，如新疆伊犁哈萨克自治州林木良种繁育中心选育的大叶钻天杨，其生长迅速，干形直，抗病虫能力强，抗寒，耐低温（−43.2℃），喜沙土，但不耐干旱和瘠薄。

2. 良种特点及适用地区

（1）‘北京杨’（*Populus*×*beijingensis*）

钻天杨与青杨的杂交后代，由5个优良无性

北京动物园钻天杨园林绿化（黄秦军摄）

系形成的多系品种，形态表现出父本、母本融合遗传型，要求昼夜温差大、较凉爽气候，目前是三北部分地区杨树主要造林树种。

（2）'群众杨'（*Populus × xiaozhuanica* 'Popularis'）

见小叶杨。

（3）'白林2号杨'（*Populus nigra × Populus pyramidalis* 'Bailin-2'）

吉林省白城市林业科学研究所培育，该品种树干通直，抗病性强，耐寒，适合干旱瘠薄的沙地和丘陵山地，可以在吉林16个三北防护林县（市）营造农田防护林和平原造林中推广。

（4）'赤峰杨'（*Populus × xiaozhuanica* 'Chifengensis'）

见小叶杨。

四、苗木培育

钻天杨以扦插繁殖为主，种条少的情况下，可采用嫩枝扦插。在北方寒冷地区，气温较低，可覆膜增温保湿。

1. 育苗地选择

苗圃地要求地势平坦、排水良好、交通便利，土壤为疏松的沙壤土或轻壤土，地下水位不超过1m，土层厚度不少于0.8m。

2. 整地作床

11月中旬前，深耕土30～35cm，苗床宽1.6～1.8m，沟深30cm。立春后，耙细土壤，细致整地，疏松表土厚度20～25cm，有条件的施混合肥作基肥。

3. 种条和插穗处理

选择1年生苗干或采穗圃的枝条，截取中部木质化程度高、芽饱满健壮、无病虫害苗干为插穗。插穗长度12～15cm，粗度1.0～1.5cm，扦插前浸水1～2天。

4. 扦插

扦插时间为3月上中旬至4月中下旬，扦插密度为3000～4000株/亩。

5. 苗期管理

扦插后2～3周，浇灌2～3次，浅层松土。萌条高20cm时定干，保留1个粗壮萌条。速生期（5月至8月上旬）追施尿素2次，每次撒施5～10kg/亩。及时抹芽（2周一次），除杂草（2周一次）。5月、6月各喷洒1次甲基托布津，防治溃疡病。8月中下旬以后停施氮肥，改施钾肥，以促进苗木木质化。

五、林木培育

1. 立地选择

培育速生丰产林时应满足充足的水肥条件，选择地势平坦、土壤深厚、水源充足、相对集中连片的平原、滩地、阶地或废弃河道、采伐迹地、次耕地以及退耕还林地进行造林，适宜的土壤pH为6.5～8.0，有机质含量1.0%以上，土层厚度1.0m以上，土壤可溶性总盐量低于0.4%，地下水位1.5～3.5m（郑世锴，2006）。

2. 整地

整地方式包括全面深翻、带状深翻、大穴整地和客土深翻，垦深30～50cm。对于某些特殊立地，需采取针对性的整地改土措施。例如，有黏质间层的沙地，可带状深翻，带宽1m以上，深80～100cm；纯沙地可带状客土整地，客土带宽一般1m，每亩客土80～120m^3；沙区造林，多采用带状整地，整地宽度为1～3m。

3. 栽植

随整地随造林，采用插干深栽和植苗人工造林。造林前，苗木泡水1～2天，可提高造林成活率。立地条件较好、培育集约度较高的情况下，每公顷栽植666～1666株（株行距2m×3m～3m×5m），栽植深度60～80cm。插干深栽，即用截根的大苗进行造林，打孔深度0.8～1.2m，插入截根苗，灌浆土密封。

4. 抚育

松土除草 造林当年至幼林郁闭期间，每年松土除草1～3次。风沙危害的林地，采用带状或穴状抚育；草少、风小、土壤肥沃的林地，全面机械松土除草。

灌溉 每年至少要浇足3次水。第一次是返青水，于3月至4月中旬浇足。第二次浇水在5月至6月中旬，可结合浇水进行施肥。第三次浇水在上冻前，灌封冻水。浇水后要及时中耕保墒。

施肥 造林后第二年开始施追肥，氮、磷、钾施肥参考比例为3：1：1，氮素用量一般为每株50～100g。追肥应分2次，第一次于4月底或5月初，第二次于6月中下旬。

修枝 造林3年以后可以修枝，修枝时间一般在秋末落叶后或次春发芽前。修枝要留桩，防止劈裂。修枝后，5～6年生林木的冠高应占树高1/2左右，7～8年生林木的冠高应占树高1/3左右，修枝强度最大不能超过树高1/2。

六、主要有害生物防治

钻天杨易感染腐烂病和溃疡病。

1. 腐烂病（*Valsa sordida*）

参见欧美杨。

2. 溃疡病（*Botryosphaeria dothidea*）

溃疡病主要发生在树干的中下部。病菌由皮孔侵入，形成水浸或水泡型病斑，病部韧皮部腐烂坏孔，可深达木质部，严重时病斑密集连片，造成植株生长不良甚至死亡。早春喷1次甲基托布津溶液；秋、冬季进行树干基部涂白；在4～5月和8～9月这两个发病高峰期，发现感病植株，及时用强力苯菌灵或甲基托布津溶液涂树干，半个月后再涂一次；对已经死亡的树木要挖出，清出林地，并进行土壤消毒，防止病菌扩散。此外，加强栽培管理，促进林木健康生长，能有效地控制该病。

七、材性及用途

钻天杨是我国北方重要造林树种，干形通直圆满，木材松软，易于加工，可作火柴杆、铅笔和造纸等用材。其树形圆柱状，高耸挺拔，在北方园林常见，丛植于草地或列植于堤岸、路边，也常作行道树、防护林。树皮具有凉血解毒、祛风除湿的功效，入药用来治疗感冒、风湿疼痛、脚气肿、烧烫伤等。

（黄秦军，苏晓华，丁昌俊）

附：箭杆杨 [*Populus nigra* var. *thevestina*（Dobe）Bean]

箭杆杨是欧洲黑杨的变种，广泛栽培于中亚地区、欧洲、北非和巴尔干半岛等地。在我国陕西、山西南部、河南西部、宁夏南部、新疆、内蒙古和甘肃等地，海拔2000m以下沟谷、渠边及平原有栽培（郑万钧，1985）。

乔木。高30～40m。树皮灰白色，较光滑。枝向上直立，树冠窄圆柱形。叶互生，较小，三角状卵形，长5～10cm，基部圆形或阔楔形，先端渐尖，边缘具细钝齿，表面深绿色，背面浅绿色，无毛。只见雌株，蒴果2瓣裂，先端尖；果柄细长。花期4月，果期5月中旬。

箭杆杨喜光，喜肥沃土壤，稍耐盐碱，耐寒、抗旱。在季节性积水的地方生长不良，而干燥气候下生长良好。箭杆杨理想适生区在新疆、青海高原和河西走廊地区，年均降水量300mm以下，≥10℃的有效积温在3500～4500℃，无霜期180～230天（赵天锡和陈章水，1994）。箭杆杨树高、胸径、材积速生期分别在造林后7年以前、12年以前、8～10年。

箭杆杨材质较软，可作家具、建筑、电杆、箱板、火柴杆、造纸、纤维板等用材，是重要的用材林树种。

苗木培育和林木培育、有害生物防治等参照钻天杨。

（黄秦军，苏晓华，丁昌俊）

68 美洲黑杨（南方型）

学　名 | *Populus deltoides* Marsh.

科　属 | 杨柳科（Salicaceae）杨属（*Populus* L.）

杨树是杨属各种的统称，共有100多种，我国有50余种。植物学将杨树分为5派（组），即黑杨派、青杨派、大叶杨派、白杨派和胡杨派。黑杨派杨树具有很重要的地位，世界上90%以上的杨树栽培种都属于黑杨派，经济价值最高。黑杨派杨树主要包括美洲黑杨、欧洲黑杨以及杂种欧美杨。美洲黑杨是我国南方平原地区的重要造林树种。

一、分布

美洲黑杨是北美洲的重要森林树种，自然分布于北美洲30°~50°N的密西西比、俄亥俄、密苏里等大河河谷及其支流沿岸冲积平原地带（Dickmann et al.，2001）。我国引种栽培的黑杨派杨树无性系很多，约300个，其中美洲黑杨栽培区域主要分布在黄淮流域和长江中下游平原地区。

二、生物学和生态学特性

落叶乔木。树干通常端直，树皮纵裂，常为灰白色。枝有长、短枝之分，圆柱形或具棱线。单叶互生，三角形，在不同的枝（长枝、萌枝和短枝）上常为不同的形状；叶柄长，侧扁或圆柱形，先端有或无腺点。花单性，雌雄异株，柔荑花序下垂，常先于叶开放；雄柔荑花序稍早开放，每花基部具一斜杯状花盘，着生在尖裂或条裂的苞腋内，苞片膜质、早落；蒴果，种子细小、具毛、多数，子叶椭圆形。

1. 生物学特性

美洲黑杨可以通过有性和无性繁殖方法繁育苗木。在河谷生态系统中，其不仅可以通过种子

美洲黑杨的叶、枝、花（果）序、树皮和干形（方升佐等，2004）

繁殖，而且还可以通过脱落的小枝、树桩或树根进行无性繁殖；在山地生态系统中，美洲黑杨的生活史是通过种子繁殖和萌芽更新来完成。美洲黑杨一般在6～10年生到达成熟年龄，开始开花结实，花期随品种及其分布区不同而有所不同。黑杨类种子略大，每个蒴果1～15粒种子，也有达1000粒以上者。美洲黑杨的细胞核含有2套染色体，每套19条（$2n=28$）。

（1）年生长发育规律

美洲黑杨全年生长期为240天左右。在江淮平原生长发育过程的年周期变化，大致可以划分为以下几个阶段。

萌动期 3月下旬至4月上旬，当气温逐渐上升，旬平均气温达12℃时，叶芽开始萌动，芽苞逐渐增大伸长；4月上旬至下旬，增大的芽苞开放展叶，成年树花芽开放，花序形成，主茎和侧枝嫩梢随着展叶开始生长，雄花序逐渐凋谢。

春季营养生长期（第一次生长高峰期） 展叶后迅速进入生长旺盛期。初展的嫩叶叶片小而薄，随着嫩梢生长，嫩梢上逐渐展放新叶，且单叶面积迅速增大。与嫩叶生长过程相吻合，当旬平均气温达17℃时，进入第一个生长盛期（5～6月），此阶段生长速度迅速提高，叶面积显著增大，胸径生长不显著，成年树5月底至6月上旬种子成熟，蒴果开裂，吐絮散种。

夏季营养生长期 随着气温升高和日照增强，夏季（7～8月）是营养生长高峰期。此时气温变化在19～28℃，嫩枝继第一个生长高峰期后逐渐加速生长，胸径增长加快，当年新梢（含主茎、侧枝）木质化逐渐由下部向上部转移，植株生长量的增长主要靠这个时期的积累，在这个时期要特别注意林地的水肥管理。

越冬准备期 夏末至冬初（8月下旬至12月上旬），树冠下部枝条开始进入封顶期，向上逐渐扩展到树冠顶部的侧枝，主枝封顶最晚，即侧枝生长期较主枝短，下部侧枝较中上部侧枝生长期短。封顶后，枝条长度生长停止，芽加速发育，木质化加速，含水量降低，这种变化有利于枝条休眠越冬和来年的发育。

休眠期 从落叶后到翌年芽萌动前为休眠期。11月下旬至12月上旬，当秋季气温降至12℃时开始落叶，降到9.5℃时大量落叶。落叶后即进入休眠期，但是其生命活动并未停止。

（2）生长阶段划分

以树高和胸径连年生长量为分析指标，采用有序样本聚类分析方法对美洲黑杨（‘I-69杨’）进行聚类，可以划分4个生长时期，即生长初期、速生期Ⅰ、速生期Ⅱ和生长后期，其中速生期生长量占整个生长期生长量的绝大部分（约70%）。因此，林业生产实践中，保证速生期有良好的水肥条件和延长速生期的年限是提高产量的关键。生长阶段划分还与立地条件密切相关（表1）。在好的立地条件下（如SI=22），生长初期相对短，速生期提前到来且持续时间长。因此在制订相应的栽培技术措施时，应充分考虑其造林密度、立地条件对生长特性的影响，以便获取最大的技术经济效益。

表1 ‘I-69’杨生长期划分与立地条件和造林密度的关系 年

生长阶段	立地指数（m）	林分密度（株/hm^2）				
		625	400	278	204	156
生长初期	14	1～2	1～2	1～2	1～2	1～2
	16	1～2	1～2	1～2	1～2	1～2
	18	1～2	1～2	1～2	1～2	1～2
	20	1～2	1～2	1～2	1～2	1～2
	22	1	1	1	1	1

续表

生长阶段	立地指数（m）	林分密度（株/hm²）				
		625	400	278	204	156
速生期Ⅰ	14	3	3	3～4	3～4	3～5
	16	3	3～4	3～4	3～5	3～5
	18	3～4	3～4	3～5	3～6	3～6
	20	3～4	3～4	3～5	3～6	3～6
	22	2～3	2～4	2～4	2～5	2～5
速生期Ⅱ	14	4	4～5	5～6	5～6	5～6
	16	4～5	5～6	5～6	6～7	6～8
	18	5	5～6	6～7	7～8	7～9
	20	5	5～6	6～7	7～8	7～9
	22	4～6	5～7	5～8	6～8	6～9
生长后期	14	5～6	6～7	7～8	7～9	7～9
	16	6～7	7～8	7～8	8～9	9～11
	18	6～7	7～8	8～9	9～11	10～12
	20	6～7	7～8	8～9	9～11	10～12
	22	7～8	8～9	9～11	9～12	10～12

2. 生态学特性

（1）光照条件

美洲黑杨是喜光树种，对光照的要求由于树种和品种不同而略有差异，一般要求长日照和一定辐射强光的天气。日照时间短，辐射强度弱，则生长不良。光照的强弱影响着杨树的光合作用和其他生理活动（如蒸腾速率），同时光的作用受植物水分状况和土壤湿度的制约。当土壤湿润，植物水分状况良好时，蒸腾随光照增大而加大，其中以红光影响较大。

美洲黑杨非常喜光，若侧方或上方遮阴，其生长与发育就会受抑制。因此，在集约栽培与抚育管理、设计栽植密度和确定间伐强度时，要注意其光生态特性的调节与运用。黑杨派的种和无性系如美洲黑杨、欧洲黑杨、钻天杨、箭杆杨、加拿大杨、健杨等属强喜光组。

（2）温度条件

美洲黑杨对温度的适应性很大，但也有一定限度。大部分美洲黑杨属强喜温组，都是生长在北半球的温带和暖温带，不十分抗寒，对早霜和晚霜敏感。美洲黑杨自然分布区的南限是1月平均气温8℃、7月平均气温28℃的地方（能耐短时期40℃左右的高温）。在1月平均气温12℃的以南地区基本上无杨树分布，因此不能栽培美洲黑杨。

（3）水分条件

美洲黑杨对水分需要量较大，人工林在生长活跃期叶（干重）每增加1g，每天要吸收6～7cm³的水。在5～9月，按每天每克叶（干重）吸收水的量计算，美洲黑杨达50.1cm³。美洲黑杨喜水但不耐水，在生长季中流动水平均停留100天以上的立地不宜种植，地下水位高于50cm或地下水位低于2m的黏重土壤也不宜栽植。从形态学和解剖学上的特征看，美洲黑杨叶片上表皮和下表皮都有气孔，叶内组织也较松散，属偏湿生型。

土壤有效水分与杨树生长密切相关。有效水分特征由地形和地下水位两个因子构成。对南方地区现有美洲黑杨人工林的调查研究表明，地下水位对林木生长的贡献率比地形因子大，其贡献率超过50%。生长季节地下水位在1m以上最有利于美洲黑杨生长，0.5m以下时不利于其生长。

（4）土壤条件

一般而言，适宜杨树生长的土壤应具备良好

的物理性状，在生长季节有足够的有效水分，具有一定的土壤肥力，土壤通气良好。生产实践和大量的试验研究表明，土壤有效层厚度（植物根系能够正常生长和可能生长的土层厚度）是影响杨树生长的主要因子。最适于杨树生长的土壤有效层厚度应在80cm以上；土壤有效层在60～80cm的土地为中等立地条件；土壤有效层在40～60cm，尚能栽植杨树；土壤有效层在40cm以下的土地则不宜种植杨树。

美洲黑杨是一种喜氧植物，紧实的土壤，如孔隙度小于10%的结构不良的土壤，不适合种植美洲黑杨。适宜美洲黑杨生长的土壤黏粒总含量应小于30%，当容重达1.45g/cm^{3}时，‘I-69杨’根系生长将受到严重抑制。

杨树生长要求适宜的土壤pH，美洲黑杨生长最适宜的pH为6.5～7.5。

三、良种选育

杨树种类多，种内又有种源、家系、无性系的区别，在生长、材质、抗性、适应性等诸多性状上的表现各不相同，各地的自然条件也不相同。经过鉴定登记的品种，只能表明在其区域性试验区及其相似地区是适宜的，不应该在区域性试验区以外的地区盲目推广。从外地引进的品种，特别是从与本地自然条件差异大的地区引进的品种，必须先进行小批量的区域性试验，待试验成功后才能在生产中应用。没有在本地区进行区域性试验的“新品种”，不一定是适合本地区的好品种，盲目推广的风险很大。近50年以来，我国林业科技工作者通过引种、杂交、选育等手段培育了大量的杨树优良品种和无性系，在生产上得到了广泛应用，取得了良好的经济效益和生态效益。美洲黑杨主要有以下优良品种和无性系（国家林业局速生丰产用材林基地建设工程管理办公室，2010；徐纬英，1988）。

1.‘I-69杨’

雌株，是20世纪70年代初从意大利引进的黑杨派无性系。该品种起源于美国中部南伊诺斯州，具有生长快、材质好、适应性强及抗褐斑病等特点。在黄淮地区，生长4年树高可达16m，胸径22cm，生长甚为迅速。由于生根力不强，抗寒性差，特别在干旱年份，育苗和造林成活率会受到影响；湿心材含量较高，据徐州、宿迁、宝应等地调查，湿心材含量达50%～60%，对单板质量有一定影响。由于该品种生长快、产量高、适应性强，目前仍是江苏苏北地区的主栽品种，可用于成片造林、四旁植树及农田林网等绿化造林。

2.‘I-63杨’

雄株，来自意大利的无性系。起源于美国密西西比州，具有生长快、干形通直圆满、抗褐斑病等特点，生长量略次于‘I-69杨’，干形和材质优于‘I-69杨’。该品种生根能力差，抗寒性弱，因此在推广中没有‘I-69杨’普遍。栽植时须注意栽植季节，春季造林时应在顶芽萌动时进行，秋季造林应在高生长结束时进行，栽植季节掌握得好坏直接影响造林成活率。此外，应尽量深栽，栽植深度大于60cm。

3.‘南林351杨’

雌株，具有母本和父本（‘I-69杨’×‘I-63杨’）的优良特性，生长快、干形通直圆满、材质优良、抗病性和适应性强。在江苏，5年生树高达19.7m，胸径27.3cm，平均单株材积生长量达到0.4513m^3，超过对照‘I-69杨’26.1%。不足之处是育苗成活率低于‘I-69杨’，侧枝比较多，可通过选用优质种条、加强春季水分管理和抹芽等措施来提高育苗成活率和苗木质量。其栽培要求同‘I-63杨’。‘南林351杨’是单板用材的优良品种，结合“二根一干”苗造林，可培育6m以下通直圆满的无节良材，可提高单板利用率。栽培技术要点：选用“二根一干”苗造林，一般密度为18～28株/亩，穴规格为1m×1m×1m，栽植深度为80～100cm，灌足底水。栽植时间为3月下旬萌动之前，植前把苗木用水浸泡根部24h以上。

4.‘南林3244杨’

雄株，该品系生长迅速，干形通直圆满，侧枝细，分布均匀，自然整枝能力较强，材质优

良，抗褐斑病。在南京地区，7年生树高达24m，胸径30cm，超过对照‘I-69杨’25%～28%。该品种春季萌动迟，秋季落叶迟，物候期明显不同于其他杨树品种，可作为单板用材造林和城市、公路两旁绿化造林树种。

5.‘中涡1号杨’

美洲黑杨审定品种。树干通直，育苗与造林成活率均在95%以上；在沙姜黑土上，胸径年生长量3～5cm，材积比‘I-69’杨提高37.7%～54.8%，较‘I-72杨’提高11.6%～23.5%；树干形率0.529～0.621；木材纤维长度1.068～1.270mm。

栽培技术要点　选择地势平坦的肥沃土壤，深耕，施足基肥，作好苗床。选择1年生、粗度1.5cm左右、叶芽饱满的种条剪取插穗，3月上中旬将用清水浸泡24h的插穗按3000～3500株/亩进行扦插。造林技术特点是“四大一深”，即挖大穴、栽大苗、施大肥、浇大水、深栽植。适宜种植范围为淮北平原及长江沿江平原。

6.‘丹红杨’

美洲黑杨认定品种。雌株，耐瘠薄，早期速生，干形通直；较抗光肩星天牛，耐桑天牛，较耐水涝。可作纸浆材、胶合板材和锯材。

栽培技术要点　造林前苗木必须浸泡2天以上，以提高其造林成活率；每年应修去竞争枝；每年中耕1～2次；为免受食叶害虫危害，应采取合理的比例与抗食叶害虫的品种混交。造林株行距：纸浆材4m×3m，大径材5m×6m或6m×6m。适宜种植范围为江淮地区。

7.‘中潜3号’

美洲黑杨认定品种。生长迅速、材质优良、树干通直、干形圆满、抗性强，8年生平均单株材积达1.256m^3。

栽培技术要点　造林土壤肥厚，厚度1m以上，地下水位在1～5m；全垦整地，大苗造林；栽前泡水50～70h，带根深栽1m，截干深栽1.0～1.5m；造林初期农林间作，适时修除虫枝。适宜种植范围主要为湖北平原地区。

8.‘南林-95杨’

美洲黑杨×欧美杨的杂种无性系，国家审定品种。雌株，速生、优质、高产，干形通直圆满，材质优良，适于培养大径级单板用材；适应性较强，较耐干旱瘠薄，对杨树食叶害虫和蛀干害虫有一定抗性，较耐盐碱。可用于杨树单板用材造林和纤维用材造林。

栽培技术要点　大穴、大水、大肥，采用壮苗或“二根一干”苗，栽培时间应在3月20日以后，栽前需将苗木浸水2～5天。适宜种植范围为黄淮、江淮及长江中下游的广大平原地区。

9.‘南林-895杨’

美洲黑杨×欧美杨的杂种无性系，国家审定品种。雌株，速生、优质、高产，干形通直圆满，材质优良，适于培养大径级单板用材；适应性较强，较耐干旱瘠薄，对杨树食叶害虫和蛀干害虫有一定抗性，较耐盐碱。可用于杨树单板用材造林和纤维用材造林。

栽培技术要点　大穴、大水、大肥，采用壮苗或“二根一干”苗，栽培时间应在3月20日以后，栽前需将苗木浸水2～5天。适宜种植范围为黄淮、江淮及长江中下游的广大平原地区。

四、苗木培育

插条繁殖是美洲黑杨生产过程中使用最广泛的无性繁殖方式，简便易行，在短期内可获得大量的苗木。美洲黑杨属于皮部生根型树种，从插穗周身的皮部长出不定根，从扦插到生根，一般需要30～60天。扦插繁育技术主要包括穗条选择、采穗时间、穗条长度、扦插方式、苗圃地准备及插后的管理等（赵天锡和陈章水，1994）。

扦插材料主要来自1年生的扦插苗或采穗圃中当年生萌条，大多为硬枝扦插。通常在落叶后的冬季和翌年春季发芽之前采集穗条，在江淮及长江中下游等地区最迟应在清明前后1～2天。采条时间因品种差异而有所不同，有些品种展叶比较早，采条时间不能太迟，否则萌芽展叶后再取插穗其成活率很难保证。

种条好坏直接影响当年扦插成活率和苗木

的质量。种条应取生长健壮、腋芽饱满、侧枝少、粗度适中（一般为1～2cm）、无病虫害的1年生扦插苗或1年生萌条。一般情况下，种条选自45000～60000株/hm^{2}的扦插苗最为理想。

插穗长度一般为15～20cm。基部截取的插穗其芽数比较多，在3个芽以上；中上部芽间距比较大，3芽2节一般都超过15cm。插穗切口的位置，上端在芽上1cm左右，下端在芽下方0.5cm左右为好。插穗截取方式有平口和斜口两种，在生产上采用平口的比较多。制作好的插穗如果不能及时扦插则必须进行贮藏处理，通常采用地下贮藏法和室内沙藏法。

苗圃地在冬季前深翻1次，翻耕深度为25～30cm。在扦插前，要深耕细耙，施足基肥，筑床后即可扦插。在长江以北少雨干旱地区采用平床或洼床扦插，以便于灌溉和保水；在江南多雨地区采用高床扦插，有利于雨季排水和透气。扦插主要在春季进行，扦插后灌足底水，如能用地膜覆盖，将利于增温保墒，提高成苗率。

插后管理共分2个阶段：第一阶段为插后生根之前，第二阶段为生根以后到出圃。前者为提高成苗率的主要时期，后者为促进苗木生长、提高苗木质量的重要时期。第一阶段由于插后至生根需经过一段时间，插穗容易脱水死亡，特别是春季干旱时，要及时灌溉，还要注意对地下害虫特别是地老虎的防治。扦插生根以后，加强除草松土、施肥管理。施肥应在9月以前进行，最晚不得晚于9月下旬，过晚施肥容易造成苗木木质化差，生长期延长，封顶迟，冬季易造成枯梢。

五、林木培育

1. 造林地选择

在相同或相似气候范围内，杨树商品林定向培育能否成功，取决于立地条件，特别是土壤条

美洲黑杨（江苏省泗阳农场修枝与不修枝林分比较）（方升佐摄）

件。在众多影响杨树生长的土壤因素中，土壤有效层厚度和土壤水分状况是最重要的两个因素。

影响根系生长发育的另一土壤因素是土壤水分状况，土壤水分过多或亏缺都会限制根系生长及其功能发挥。最好的立地条件，地下水位应在1.5～2.0m，如果地下水位长期在0.5m以上，又无排水措施，则不宜种植杨树；如果地下水位稍低于2.0m，但土壤结构较好，尚能栽植杨树。否则，不宜种植杨树。

2. 密度控制

林分密度是在培育森林过程中最易控制的因素。培育杨树胶合板用材林，轮伐期一般为10～15年，并要求培育的木材小头直径达到24cm。

林分单位面积上的产量主要取决于两个因素，一个是单株材积，另一个是单位面积上的株数。密度大小对胶合板材的产量和出材率有显著影响，但在不同立地条件及不同年龄时作用方式不同。当立地指数（SI）为16时，'I-69杨'林分的胶合板材产量及出材率都随密度的增大而减小；而当SI为20和22时，在一定密度范围内，胶合板产量随密度的增大而增加，出材率基本相近，约为50%（表2）。林分年龄对胶合板材的产量影响很大，选择适当的轮伐期也十分重要。合理的杨树造林密度不是常量，而是随培育目标、立地条件及轮伐期的变化而变化。培育杨树胶合板材，如轮伐期定为10～12年，立地指数为22指数级，则造林密度以278株/hm^2和400株/hm^2为宜。

3. 造林季节与方法

杨树常规栽植均在秋季落叶后或春季萌芽前进行。一般冬季气候条件较好的地方，所用无性系苗木入秋已完全木质化时，可在秋季造林。这时气温下降虽快，但是20～30cm以下土层中仍然能保持较高温度。苗木栽植后还可发出新根或形成良好的愈伤组织，为翌年早春发根做好准备。同时，秋后劳动力比春季富裕，秋季造林可以更好地安排和使用劳动力。但在冬季干旱、寒冷和多风之处，秋季造林会使苗木严重失水，造成顶梢干枯，应在春季造林或秋季进行截干或扦插造林。

杨树有扦插造林、植苗造林和插干造林3种方法，但以植苗造林为主。造林时必须按照"四大一深"的技术规格进行，即大苗、大穴、大水、大株行距和深栽。植苗造林技术要领可用"三埋两踩一提苗"来概括，具体来说是：先埋1/5深（20cm）表土，然后将苗放入，埋土至2/3深，将苗往上提，再踩紧实，最后埋土至地面，踩紧实，浇足水。在平原农区发展杨树，主要采用穴状整地。培育大径材时应挖大穴，规格为100cm×100cm×100cm；培育小径材、纸浆材时穴的规格可小些，但不应小于

表2　密度、立地条件对'I-69杨'胶合板材产量及出材率的影响

林分年龄（年）	林分密度（株/hm^2）	立地指数 16 产量（m^3/hm^2）	16 出材率（%）	18 产量（m^3/hm^2）	18 出材率（%）	20 产量（m^3/hm^2）	20 出材率（%）	22 产量（m^3/hm^2）	22 出材率（%）
10	156	21.3	28.5	49.2	46.2	68.1	49.3	116.1	50.0
	204	17.7	13.2	50.7	39.9	86.9	49.1	140.7	50.0
	278	8.5	7.3	42.8	27.4	102.7	46.6	176.7	50.0
	400	0.6	0.4	43.6	19.9	113.4	39.5	232.4	49.9
12	156	50.8	46.1	82.5	50.0	112.3	50.0	181.6	50.0
	204	63.2	44.8	98.8	49.7	136.1	50.0	210.5	50.0
	278	63.3	36.3	120.5	48.6	170.9	50.0	266.7	50.0
	400	45.6	20.2	145.7	45.0	207.4	49.4	333.7	50.0

60cm×60cm×60cm。

研究表明，采用大苗和壮苗造林既可提高造林成活率，苗干又比较通直，有利于培育无节良材。在培育杨树胶合板材林时，以采用4m以上的1/2苗（2年生根、1年生干苗）或2/2苗（2年生根、2年生干苗）造林为宜，少用1年生小苗、弱苗造林。

植苗造林过程中的技术环节主要有：

①防止苗木失水是保证成活的关键。要尽一切可能在起苗、运苗过程中防止苗木失水。苗木运到造林地后，最好把苗干下部在水中浸泡2～3天（至少浸泡24h），使之充分吸水后再取出造林。

②在轻质土壤和地下水位较深的地段栽植大苗时，应适当深栽，可使原根颈深入土中50～70cm或更深。但在黏重土壤上或夏季地下水位过高处，不宜深栽。

③在栽植时，应将太长的侧根截短，以防栽时窝根，影响生长；将断根及机械损伤严重的根系清除，以免发生腐烂，感染病害。

④春旱严重地区，造林后必须立即灌透水1次，灌后栽植穴土壤下沉不均造成苗木倾斜时，及时扶正。如栽植后发现苗木地上部分已干死，成活无望，但苗根还存活，应立即平茬。在干旱地区造林，也可使用保水剂等新产品和新技术。

插干造林是以杨树的苗干

智利15年生美洲黑杨速生丰产林（方升佐摄）

美洲黑杨（智利杨树人工林的管理技术）（方升佐摄）

直接扦插于造林地上的造林方法。此方法可在水肥条件较好的立地上采用，造林材料以1～2年生、苗高5～6m的苗木或1～6年生根桩上1～2年生的萌条为好，插干深度控制在80～100cm。用这种方法造林，苗干比较通直，扦插成活后生长较快，可培育大径材。

4. 林分抚育管理

（1）松土除草

松土除草对幼林生长影响很大，能防止杂草与幼树争夺土壤水分和养分，提高土壤通气性，促进土壤微生物繁殖和土壤有机物分解，改善杨树根系呼吸作用。以株行距6m × 6m杨树林分为例，造林后前3年林分未郁闭，杂草容易生长，与树木争夺养分，一般每年应进行松土除草至少1次，因此，建议前3年进行林粮间作。通过林粮间作既可代替松土除草，又可在对农作物施肥的同时改善土壤养分状况，同时通过林粮间作可增加经济收入。林分郁闭后，不宜进行林粮间作，同时杂草也不易生长，但最好坚持每年松土除草、施肥各1次。

（2）修枝

胶合板材的质量常因枝节多而严重下降，所以修枝是改善干材质量的重要措施之一。修枝工作量大，技术复杂，效果如何与无性系、林木年龄、修枝时间和修枝强度密切相关。

美洲黑杨其分枝习性比较相似，有明显的轮生性，即每年基本上发生大侧枝1轮，5～6根。这些大侧枝都是由主枝顶端分化的侧芽形成，侧枝的髓与主干的髓相连接，随着主干的增大而加粗，形成活节。同时，这类无性系在主干上也会形成少量的由不定芽形成的小枝，与主干髓部不相连接，其随主干的加粗逐渐脱落。美洲黑杨在第一次修枝时只能修去第一轮侧枝，并尽可能保留小枝。此后每隔2年修去1轮大侧枝，修枝强度约控制在1/3树高，连续进行3～4次，即可使无节干材达10m以上。

5. 复合经营技术

林农复合经营是指在同一土地经营单位上，把林、农、牧、副业等有机地结合在一起而形成的具有多种群、多层次、多效益、高产出特点的复合生产系统。从经济方面看，这种生产系统收益高、见效快、投资回收期短；从生态方面看，林农复合系统在空间上是多层次的立体结构，在时间上是合理套种农作物和经济植物，更有效地提高光能和土地资源利用率。林农复合经营的方式多种多样，主要包括以下两种。

（1）速生丰产林型（片林）

速生丰产林型是指以林为主的林农复合经营方式。造林株行距可为5m × 7m或6m × 6m，林木配置成三角形。林下间种要选用良种，精耕细作。从第三年起，林木要适当修剪，既可改善林间光照条件，有利于间作物生长，又可以提高木材质量。修剪量控制在树高的1/3～1/2。

（2）带状林农复合型

该类型适用于人少地多、种粮劳动力和农业资金不足的地区，田块类型主要是中低产农田和半荒地。选用速生的杨树无性系，旨在近期内获得一定效益，在短期内生产大量木材。带状林农复合型是今后平原农区林农复合经营的一种主要方式。

造林密度和配置方式是杨-农复合型的关键技术措施。根据多年试验结果，带状林农复合型造林株行距有以下2种设计：单行式，株距4m，行距10m、20m、30m、40m 4种；双行式，株距4m，采用宽窄行，即小行距4m，大行距10m、20m、30m、40m 4种，小行距4m与株距4m配置成三角形。间种物以粮食作物为主，一年二熟，一季小麦，一季黄豆。当林内光照不足时，秋季间种一季油菜、蔬菜，或种耐阴的牧草，发展畜牧业、渔业。有条件的地方也可根据市场需求和加工能力，种草莓、生姜、耐阴中药材及其他耐阴经济作物，以增加收入。

带状农林复合型的杨树，由于行距大，单位面积上株数少，以培育大径材为目标。其技术要点是选粗壮大苗造林、整形修枝、加强抚育管理，以培育无节良材，提高木材品质，增加经济效益。

6. 主伐与更新

（1）主伐

森林成熟有多种，对于用材林主要是数量成熟、工艺成熟和经济成熟。应首先在考虑立地潜能及可能的优势营林措施基础上确定培育目标，然后以工艺成熟为基限，重点考虑经济成熟，适当兼顾数量成熟，确定最佳主伐年龄。

短轮伐期经营主要用于生产胶合板等大径材，林分密度一般控制在400株/hm²以内，主伐年龄为12年生左右，胸径可达30cm以上。

中短轮伐期经营一般造林密度在1000～4000株/hm²，轮伐期为4～8年。生物量通常在种植后5年收获，可采用植苗造林或扦插造林。林分收获后采用萌芽更新，萌芽更新林分一般也在5年生左右收获，可连续收获3～5次。

超短轮伐期经营适用于高密度、集约化经营，轮伐期1～3年，并采用萌芽更新经营的林分。造林密度一般在10000～35000株/hm²，株行距为0.3m×0.9m、0.5m×0.5m、1.0m×1.0m。第一次产量收获是在造林后的2～3年，萌芽更新的林分（萌芽林）也可在1～3年收获，共可收获5次左右。

中短轮伐期或超短轮伐期经营的杨树人工林，其生长和产量受诸多因子的影响。林分的年生物产量多在10～15t/hm²。从中短轮伐期经营林分中收获的生物量可用于生产纤维板和纸浆，其他的非传统利用方式有提炼蛋白质、替代石油化学产品、制作饲料等。

（2）更新

美洲黑杨根桩具有很强的萌芽能力，如果经营得当，生产力可超过第一代。萌芽更新可以节约清除根桩、整地、准备苗木、栽植的费用。萌芽更新对于培育小径材尤为适用。通过对黑杨派优良无性系‘I-69杨’和‘南林351杨’萌芽更新的研究，萌芽林的生物产量和木材产量比扦插林、植苗林高10%～40%，木材性质则差别不大，而更新技术则更为简便。

美洲黑杨的萌芽特性：杨树采伐后，母桩上的休眠芽或新分化的不定芽能形成数株萌芽条，而根萌条极少。最易萌生的是母桩切口四周的切口萌条。侧面萌条着生在母桩根颈以上四周。地下萌条基部在土壤中，具有较强的生长优势。

萌条的形成能力是由立地条件、采伐季节、采伐年龄、母桩高度、母桩皮厚等多种因素共同决定的。林分母桩的萌条率一般在98%以上。在多代萌芽林中，不同伐桩所萌生的萌条数目变异很大，而经过一段时间的自然稀疏后，萌桩上所保留的萌条一般在1～4株。

萌芽更新的技术要点如下。

采伐季节和采伐年龄：采伐宜选休眠季节进行，此时树木贮藏的物质多，萌芽力强。幼树伐后出现萌条较快，成年树萌发较慢，一般在采伐后的翌年6月不再产生萌条。

伐根高度和伐根断面：采伐时伐桩降低至5～10cm为适宜。伐桩断面要平滑微斜，以防雨水停滞，并尽量避免劈裂、伤皮，防止母桩失水。

除萌与优势萌条的选留：杨树母桩形成较多的萌条，只有1条至数条成为优势萌条。早期间条可以减少竞争，有利于萌条的生长和形成良好的干形。据观察，‘I-69杨’优势萌条中地下萌条的比例为52.4%，而侧面萌条和切口萌条分别为24.1%和21.7%，因此除萌时应尽量保留地下萌条。一个母桩上的保留萌条数，要根据萌桩上实有的优势萌条数目，综合考虑立地条件、培育材种等确定。在纸浆林培育中，以保留2根优势萌条较适合，这与自然稀疏的结果相一致。

抚育措施：美洲黑杨早期速生，对光照、土壤水分和养分要求较高，在更新后的1～3年采用林粮间作，不仅给林木生长创造较好条件，还可获得一定的经济收益。在造林3年后林分胸径超过10cm时进行一次修枝，有条件的连续施肥3～5年，可以缩短培育周期，提高木材产量和质量。

六、主要有害生物防治

1. 常见病害及其防治

（1）杨树黑斑病

黑斑病是美洲黑杨的重要病害，主要发生在

苗圃，引起早期落叶，造成育苗失败。病害发生在叶片、嫩梢及果穗上，以危害叶片为主。在叶上，首先在叶背出现针刺状、凹陷、发亮的小点，后变为红褐色至深褐色，直径为1mm左右。5～6天后出现灰白色小点，为病菌的分生孢子盘。病斑扩大后，连成圆形或多角形的大斑，致使部分甚至整个叶片变黑，病叶可提早2个月脱落。出土不久的实生苗感病时，叶片全部变黑并枯死，苗茎扭曲，幼苗成片死亡。重茬苗床发病重。苗圃地留苗过密、地势低洼、积水及排水不良的成林发病严重。防治方法：①选用抗病无性系。②苗圃地应避免连作，或避免与有病的苗圃、成林相邻近，要选用排水良好的苗圃地。③进行化学防治。用1：（150～200）的波尔多液或0.2%～1.0%的代森锌液，喷洒3次左右，间隔10～15天，防病效果均在70%以上。

（2）溃疡病

美洲黑杨溃疡病在我国分布很广，在华北、西北地区及辽宁、吉林、湖北、湖南与江苏等地均有发生，是杨树上发生最普遍、危害最严重的干部病害，也危害枝条，常引起幼树死亡和大树枯梢，对生长量影响很大。

病害发生在主干和大枝上，症状主要有3种类型。在光皮杨树品种上，多围绕皮孔产生直径1cm左右的水泡状斑。初期表皮凸起，内部充满褐色液体，破裂后流出黑褐色液体。后期病斑干缩下陷，中央常有纵裂。该类型一般不危害木质部，有时病斑下的木质部可变为黑褐色。在粗皮杨树品种上，通常不产生水泡，而是产生小型局部坏死斑。当从干部的伤口、死芽和冻伤处发病时，形成大型的长条形或不规则形坏死斑。初期病皮下陷，为暗褐色，后期干裂，极易剥离，木质部甚至髓心变褐的范围也很大。枝条上的症状多为条斑，下陷明显，当病斑横向扩展围绕枝条一圈时，造成枯梢。

栽培管理不善，水分、肥力不足，以及其他导致生长衰弱的条件等，均会使杨树易发病。国内外的研究认为，树体内含水量与发病关系非常密切，树皮膨胀度低于60%时发病重，高于80%时抗病性增强。造林时，起苗伤根过多，运输、假植过程中失水过多，以及定植时浇水不足等，均容易引起溃疡病的发生。造林地土质瘠薄，林木长势差，病害也重。防治方法：①选用抗病品种，黑杨派品种一般发病较轻。②造林选地要适当。瘠薄地、沙石地与盐碱地均不宜直接造杨树林。③加强幼苗和幼林的管理。育壮苗，起苗要尽量避免伤根。运输、假植时力求保持树苗的水分不散失。定植时，种植坑要适当加大，并浇足底水。有条件的地方，定植前把树苗根部放在水坑中浸泡2～3天，以利于增加树体含水量。定植后，也可在幼树周围覆1m^{2}的塑料薄膜，能保持土壤水分，增高地温，促进根系生长。采用修枝措施调节树体水分。定植后剪掉幼树全部侧枝，重病区应剪掉全部侧枝和顶梢，以延缓叶片的生长，同时也促进根系的生长，使地上部分的水分蒸腾量减少，从而使根的吸水能力增强，能显著地增强杨树的抗病能力，提高移栽的成活率。对重病地区或感病重的品种，用截根法造林，也能大大地减轻病害，提高成活率。④化学防治。为控制造林后第一个春季的发病高峰，化学防治必须在前一年的苗圃中进行，以减少幼苗的带菌量。一般可在6月和8月分别向苗干喷药一次。防治该病的有效药剂有：50%代森铵200倍液、50%多菌灵400倍液、75%百菌清400倍液。⑤喷施防病促生剂。造林后，向幼树干部喷施5406细胞分裂素100倍液，以促进愈伤组织形成，诱导杨树产生抗性，降低发病程度。

2. 常见虫害及其防治

美洲黑杨害虫种类较多，其中危害严重的有地老虎、蛴螬等苗木害虫，舟蛾、毒蛾、尺蛾、刺蛾、螟蛾、卷蛾与叶甲等叶部害虫，以及蚧虫、天牛、木蠹蛾、透翅蛾等枝干害虫。

（1）地老虎类

地老虎俗称地蚕、地根虫和土蚕等，最为常见的是小地老虎和大地老虎。小地老虎广布全世界，我国以雨量丰富、气候湿润的长江流域及东南沿海各省份发生较多。大地老虎分布范围较狭小，国内南北皆有发生，而以南方较多。

地老虎的食性很杂，均以幼虫危害苗木。1～2龄时不入土，多群集在杂草或幼苗的顶心和嫩叶上咬食叶片；龄期渐大，幼虫昼伏土中，夜出活动危害，从地面将苗木幼茎咬断，然后将幼苗拉入土中取食，这是地老虎危害的重要特征。防治方法：应以预防为主，加强虫情监测，以第一代为重点。具体措施是：①土壤处理。苗床作好后，每亩用3%呋喃丹500～1000g或用2.5%敌百虫粉剂1000～1500g与30倍细土（或细粪）拌匀，撒施于土表，然后用锄翻入土中。②清除杂草。杂草是地老虎的产卵寄主和初龄幼虫的食料，故清除圃地及附近杂草可消灭越冬代成虫产卵场所和第一代幼虫的食料来源。③诱杀成虫。利用地老虎成虫趋光、趋化习性，在羽化期用黑光灯引诱成虫，既可诱杀，又可监测虫情。还可在圃地及周围设置糖醋液（配比为糖或山芋6份、醋3份、白酒1份、水10份、敌百虫1份）诱杀成虫，可有效降低第一代虫量。④诱杀幼虫。利用其幼虫喜食杂草的习性，在林木出苗前后清除圃内杂草，然后用90%敌百虫1kg加5～10kg温水溶化后，拌新鲜多汁的杂草100kg，于傍晚撒于苗圃地上，每亩撒15～20kg，或堆成长70cm、宽20cm、高15cm的草堆，可诱杀3龄以上幼虫。⑤药剂防治。用90%敌百虫、75%辛硫磷乳油等1000倍液喷于幼苗或四周土面上，也可在苗床上开沟或打洞将药液浇灌到土中毒杀幼虫。⑥人工捕捉。因地老虎幼虫危害特征明显，在清晨检查圃地苗木，如发现新鲜被害状，则在苗株附近挖土捕杀幼虫。

（2）蛴螬类

蛴螬是金龟子幼虫的总称，俗称地蚕。这类害虫除少数为腐食性种类外，60%为植食性。在林业上危害严重的有20余种，主要有东北大黑鳃金龟、暗黑鳃金龟、黑绒鳃金龟和铜绿丽金龟等。其中，东北大黑鳃金龟分布最广（北起黑龙江，南至江苏、浙江，西到陕西等地），危害最重。

预防措施 对选作苗圃的用地，应进行土壤调查，若蛴螬的虫口密度大，需进行土壤处理。处理方法：用3%敌百虫粉每亩1500～2500g或用3%呋喃丹、50%辛硫酸颗粒剂2500g加细土25～50kg充分混合后，均匀撒于床面上，再翻入土中，毒杀土中蛴螬。苗圃用地在冬季前要深耕、深翻，增加蛴螬的越冬死亡率。施入苗圃的基肥一定要充分腐熟，以减少其成虫产卵。

成虫期防治措施 利用成虫的假死性和趋光性，在成虫出土期可人工震落捕杀和用黑光灯诱杀。在成虫寄主树木上喷洒90%晶体敌百虫800～1000倍液、80%敌敌畏乳油1000～1500倍液、绿色威雷300～500倍液，均有良好的防治效果。在苗木生长期发现有蛴螬危害时，可用50%辛硫磷乳油、25%异丙磷乳油、40%久效磷水剂等1000～1500倍液，在苗床上开沟或打洞灌溉根际毒杀蛴螬。利用蛴螬不耐水淹的特点，可在每年11月前后冬灌或5月上中旬适时浇灌大水，保持一定时间，水久淹后，蛴螬数量会下降。

（3）杨尺蛾

又名春尺蠖、沙枣尺蠖，发生期早，幼虫发育快、食量大，常爆发成灾，轻则影响林木生长，严重危害时引起枝梢干枯、树势衰弱，林木大面积死亡。

防治措施 ①灭蛹：在蛹越夏、越冬期间，可深翻林地，将蛹锄死或翻于地表集中杀死。②灯光诱杀雄成虫：利用雄成虫的趋光性，设置黑光灯诱杀雄蛾，并可测报虫情。③阻杀无翅雌成虫：在树干基部周围挖深、宽各约10cm的环形沟，沟壁要垂直光滑，沟内撒毒土（细土1份混合杀螟松1份）；用20%杀灭菊酯乳油50倍液或2.5%溴氰菊酯33.3倍液，用柴油作稀释剂，将制剂在树干1m处喷闭合环；用20%杀灭菊酯或2.5%溴氰菊酯和柴油以1∶21.3配比稀释，将宽约5cm的牛皮纸浸入，取出晾干后，于上述树干高度围毒纸环。这些方法对羽化后无翅雌成虫上树均有良好的毒杀效果。④药剂防治：幼虫危害时，

对低矮幼树可用机动喷雾器喷洒菊酯类杀虫剂2000～3000倍液；对高大树木，用防治草履蚧的方法打孔注药毒杀。

（4）舟蛾类

舟蛾是一类种类众多的重要食叶害虫类群，常给美洲黑杨带来严重危害的有：杨小舟蛾、杨扇舟蛾、分月扇舟蛾和杨二尾舟蛾等。因杨树舟蛾发生世代多、大龄幼虫有暴食习性，故轻则影响杨树生长和产量，重则2～3天可将美洲黑杨叶全部吃光，造成重大经济损失。

防治措施 ①做好虫情监测和预测预报：各地必须落实好各级监测人员，做到专职技术人员与兼职护林测报员相结合，定点、定时进行虫情动态监测，这是防治的前提和关键。②人工杀灭越冬蛹：在全面、准确掌握第五代幼虫发生地点、面积及越冬前后蛹密度的基础上，利用冬、春季开展人工灭蛹工作，这是事半功倍的措施。③药物防治：对3～4年生幼树，用25%灭幼脲悬浮剂1500倍液加2.5%溴氰菊酯乳油5000倍液，或用4.5%绿丹微乳剂1500～2000倍液、12%路路通乳油3000～4000倍液、0.2%阿维菌素2000～3000倍液等机喷。对树高超过10m的大树，可采用打孔注药毒杀法，先在杨树树干处用打孔机打孔，然后用20%久效磷可溶性剂或40%氯化乐果乳油1：1浓度，胸径几毫米则注几毫升药剂。此法杀虫效果好、安全，对天敌、环境副作用小，并可兼治其他刺吸类害虫等。④生物防治：在防治第一、第二代幼虫以后，进行下一代卵期生物防治工作。杨树舟蛾的卵寄生蜂主要是舟蛾赤眼蜂、松毛虫赤眼蜂、黑卵蜂等。放蜂量：虫口密度较低的放45万～75万头/hm^2，虫口密度较高的放75万～150万头/hm^2。

对美洲黑杨舟蛾害虫的防治，必须以虫情监测预测预报为基础。重点人工杀灭越冬蛹，抓住第一、第二代虫源地的幼虫防治，压低虫口密度，加上卵期人工释放寄生蜂等措施综合防治，可把杨树舟蛾控制在经济允许水平之下。

（5）刺蛾类

刺蛾又名洋辣子、刺毛虫，杨树上常见种类有黄刺蛾、褐刺蛾、扁刺蛾和褐边绿刺蛾等。

刺蛾是一类经常发生于林带、行道树、庭院树木及果树的重要害虫，食性杂，能危害多种阔叶乔、灌木。其小幼虫常群集啃食树叶下表皮及叶肉，仅存上表皮，形成圆形透明斑；3龄后分散危害，取食全叶，仅留叶脉与叶柄，严重影响林木生长，甚至致使树木枯死。幼虫身上的刺触及人体，会引起红肿和灼热剧痛。

防治措施 ①消灭越冬虫茧：刺蛾越冬期长达7个月，可据不同种类刺蛾的结茧地点，采摘、敲击、挖掘虫茧，并挖深坑埋杀，可有效地降低虫口密度。②杀灭初龄幼虫：刺蛾小幼虫多群集危害，叶片上白膜状危害特征明显，可以摘除消灭。③杀治老熟幼虫：老熟幼虫入土结茧需爬行，清晨在树下检查，见幼虫则杀灭，可以降低下代虫口密度。④灯光诱杀成虫：大多数刺蛾成虫有趋光性，在成虫羽化期设置黑光灯诱杀，效果明显。⑤药剂防治：刺蛾幼虫对药剂抵抗力弱，可喷90%晶体敌百虫1000倍液或80%敌敌畏乳油、50%辛硫磷乳油、25%亚胺硫磷乳油1500～2000倍液，或用拟除虫菊酯类农药3000～5000倍液喷杀，效果均好。

（6）草履蚧

此虫可危害多种林木，常大量群栖于嫩枝、幼芽，吸食并诱发煤污病，致使植株生长衰弱，芽不能萌发，甚至造成植株死亡。

防治措施 ①加强检疫与测报：严禁疫区带虫苗木、原木向非疫区调运。②人工防治：夏季或冬耕时挖除树冠下土中的白色卵囊并烧毁。早春用粗布或草把等抹杀树干周围的初孵若虫。③药物防治：在树干离地面1m处，先用刀刮去一圈老粗皮（30cm左右），涂上一圈捕虫胶（市售）或粘虫胶（取废机油1.1kg、石油沥青1kg，先将废机油加热，充分熬煮后，投入石油沥青溶化后混合均匀），一般涂1～3次。④在树干离地面1m处，刮平老皮，绑扎光滑塑料薄膜，或用宽胶带纸做成20cm宽的阻隔带，阻止草履蚧若虫爬树，同时在阻隔带下涂毒环（废机油40份+2.5%溴氰菊酯乳油1份，搅匀后即可用）或喷洒绿色威雷

200～300倍液或80%敌敌畏乳油1000～1200倍液毒杀。⑤如果若虫已上树危害，对新栽幼树可于3月下旬喷洒20%大力士或40%久效磷2000～3000倍液。⑥对高大杨树，可用打孔注药法，药剂可用40%久效磷可溶性液剂，或2%啶虫脒1倍液，用量为每厘米胸径用药1mL，均可取得良好的防治效果。

（7）天牛类

天牛是林木重要的钻蛀类害虫，全世界已知有3500种以上，我国已记载天牛种类约2700种。我国目前严重危害杨树的天牛主要是星天牛、光肩星天牛、黄斑星天牛、桑天牛（粒肩天牛）、云斑白条天牛等。

防治措施 ①选栽抗虫杨树品种，改变林相结构与功能：在造林设计上，可用主栽树种、辅栽树种、引诱树、驱避树及隔离林带等不同功能的林分搭配，确保优良主栽树种速生、丰产、优质。②改变防治观念：天牛类害虫因其个体大、体壁硬、生活隐蔽、成虫出孔期长，防治难度大，故必须改变以往天牛幼虫蛀入枝干木质部后的被动防治为天牛蛀入前的主动防治，即要着眼于杀灭其成虫、卵和蛀入前的小幼虫。幼虫蛀入木质部后，即使将其杀死，其对木材造成的损害已不可挽回。③利用天牛出孔后成虫大多数有补充营养的习性进行诱杀：可在造林设计时，根据不同种类天牛成虫补充营养的习性，有目的地设置（种植）一定数量天牛补充营养嗜食的寄主植物（如桑天牛成虫以桑科树木枝皮补充营养，光肩星天牛成虫喜欢取食糖槭树的枝皮，云斑白条天牛成虫以蔷薇科植物补充营养），引诱其成虫来取食而捕杀。④清除：在林缘或林内彻底清理天牛成虫必须取食补充营养的植物，使成虫出孔后得不到营养补充，降低其生存和繁殖能力。⑤触杀：在天牛成虫补充营养的嗜食植物上喷施触杀剂或胃毒剂让其爬触或取食后死亡，也可以喷施灭幼脲、印楝素生物碱等生长繁殖抑制剂，扰乱其生殖机能，逐代降低其种群密度。利用天牛成虫出孔后在树干上爬行、寻找产卵部位和咬刻槽的习性，在杨树枝干上喷施持效期1～2个月的新型触杀式微胶囊剂——绿色威雷200～300倍液，让成虫爬触“地雷”致死。⑥灭卵和未蛀入的小幼虫：天牛产卵刻槽明显，在其产卵期，可用小锤子击杀或用氧化乐果、敌杀死等药剂加少量柴油（或煤油）点喷或涂刷刻槽，可渗入皮内毒杀其卵和小幼虫。⑦保护和利用天敌，大力开展生物防治：对已蛀入木质部的幼虫，可利用啄木鸟、肿腿蜂、花绒坚甲等天敌捕杀。

七、材性及用途

美洲黑杨是重要的用材林树种，木材具有重量轻、强度高、弹性好、纤维长度中等而易加工等特点，用途广泛。许多国家均把杨树木材列为重要工业原料。在木材物理性质上，木材基本密度0.30～0.40g/cm^3，顺纹抗压强度20～40MPa，抗弯弹性模量3899～12000MPa。在木材化学性质上，纤维素占杨树木材全量的40%～50%（α-纤维素），半纤维素占木材全量的25%～35%，木素含量一般在30%以下；纤维平均长度介于0.70～1.20mm，平均宽度介于24.0～28.0μm，长宽比28.0～35.0，符合制浆造纸要求。木材的次要化学成分含量主要为浸提物，包含多种类型的有机化合物，其中常见的有多元酚类、萜类、树脂酸类、脂类和糖类等。

美洲黑杨木材易干燥，加工性能良好，刨、锯、旋切容易，油漆及胶黏性能良好。木材用途很广，可作建筑、家具、包装箱、火柴杆、人造板材等用材，也是造纸、纤维工艺的原料。南京林业大学以美洲黑杨无性系‘I-69杨’和‘I-63杨’为原料，采用碱性亚硫酸钠-蒽醌法制浆，制取得率可达57%～60%的化学浆。

（方升佐）

69 美洲黑杨（北方型）

学　名 | *Populus deltoides* L.
科　属 | 杨柳科（Salicaceae）杨属（*Populus* L.）

美洲黑杨是北美重要森林树种，有4个变种（亚种），即棱枝杨（南方型）（*P. deltoides* var. *angulata*）、密苏里杨（中间型）（*P. deltoides* var. *missouriensis* Henry）、念珠杨（北方型）（*P. deltoides* Marsh ssp. *monilifera* Henry）和沙氏杨（*P. deltoides* var. *occidentalis* Rdyb.）。其具有生长快、树干通直、枝叶茂盛、冠形优美、适应性强、易繁殖等优点，引种至我国后分布广泛，是主要的用材林树种。其木材用途很广，可作造纸、纤维工艺的原料，也可作为家具、包装箱、建筑等用材。多数人工栽培的树种与黑杨派有关，其在杨树的栽培中起着极为重要的作用。

一、分布

美洲黑杨在我国没有天然分布，自然分布在北美洲30°～50°N，主要分布在密西西比河及其支流河谷冲积平原。

二、生物学和生态学特性

乔木。高30m。树皮很早就纵裂。芽光亮，富有黏质。叶通常为三角状卵形或菱状卵形，先端长、渐尖，基部截形或阔楔形，边缘具圆锯齿，并有半透明狭边，两面皆为绿色，均有气孔；气孔主要为平列型，少数为不等细胞型；叶柄长而侧扁。雄蕊15～30枚，花药近球形或椭圆形；苞片光滑，常条裂；柱头2裂，无花柱。蒴果2～4瓣裂，花盘宿存。

喜光、喜水、喜肥、速生，是主要的用材树种，多数人工栽培的树种与本派有关，本派有性、无性均可繁殖，扦插也容易成活（王胜东等，2006）。

三、良种选育

我国美洲黑杨和欧美杨早期品种全部依靠国外成熟品种引种驯化，如‘I-69杨’‘I-63杨’。20世纪80年代后，我国研究人员利用引进的美洲黑杨资源开展广泛杂交育种，创制出许多具有自主知识产权的美洲黑杨新品种。辽宁省杨树研究所1982年开始进行山海关杨与‘I-69杨’‘I-63杨’等美洲黑杨及美洲黑杨与小钻杨类间的杂交，推出辽宁杨、辽河杨、辽育杨系列。随后，黑龙江省森林与环境科学研究院、赤峰市林业科学研究院等单位陆续展开美洲黑杨与青杨派的杂交育种工作，选育出‘龙丰杨’‘赤美杨’等。

1. 良种选育方法

美洲黑杨与青杨派、黑杨派杂交容易，且能获得优良的杂种后代，杂种具有速生、抗逆性较强等特性。

2. 良种特点及适用地区

（1）‘辽宁杨’（*Populus × liaoningensis*）

‘辽宁杨’是美洲黑杨种内人工杂交种，雌、雄株均有。树干通直，树冠尖塔形，枝叶茂盛。树皮粗糙，顺向深纵裂，灰褐色。小枝有5～6条明显的棱线，侧枝角度大。短枝叶三角形，叶基部为浅心状，叶端宽圆渐尖或微凸尖。花期在4月初，展叶期在4月中旬，初展叶颜色为淡绿色。果实成熟在6月末至7月初，封顶在9月中旬。使用多基因型混合造林，通过调查、测试，‘辽宁杨’7年平均单株材积是沙兰杨的2.2倍，比重为0.387，也比沙兰杨（0.309）高，而且木材原浆白度高达70%以上，是早期速生优良品种之一，并对溃疡病有明显抗性。另外，在盘锦轻盐碱地上生长良好。‘辽宁杨’是喜温树种，以年平均气温在8℃以上，有效积温超过3400℃（≥10℃）和降水量400～800mm，无霜期

180多天，沙壤土、轻壤土为佳。耐寒性相对较好，是抗性较好的速生品种。

‘辽宁杨’是辽宁重要的速生用材树种，同时在湖北、山东、江苏、河南、河北等地均有栽植。

‘辽宁杨’材质优良，木材易干燥，加工性能良好，刨、锯、旋切容易，油漆及胶黏性能良好；可作造纸、纤维工艺的原料，也可作家具、包装箱、建筑材等的用材（陈鸿雕等，1995）。

（2）‘辽育3号杨’（*Populus × deltoides* ‘Liaoyu-3’）

‘辽育3号杨’是辽宁省杨树研究所董雁等于1993年利用‘辽宁杨’和从加拿大高寒地区引进的抗寒美洲黑杨‘D189杨’采用人工控制授粉的方法进行种内地理远缘遗传改良选育出的新品种。良种编号：辽S-SC-PD-011-2004。雌株，树干通直，树干1/3以下为暗灰色，成纵裂；树冠大，呈尖塔形，分枝较密；叶心形，腺点多为2个。1年生苗茎为绿色，上半部棱线明显，皮孔灰白色，分布均匀。出芽期4月中旬，展叶期4月下旬，果期6月中旬。辽西7年生平均单株材积生长量：‘辽育3号杨’为$0.32m^3$，‘D189杨’为$0.25m^3$，‘辽宁杨’为$0.26m^3$。辽宁沈阳以南

辽宁省杨树研究所杨树资源保存圃‘辽宁杨’树干（蔄胜军摄）

辽宁省杨树研究所杨树资源保存圃‘辽宁杨’单株（蔄胜军摄）

辽宁省杨树研究所杨树资源保存圃‘辽育3号杨’树干（蔄胜军摄）

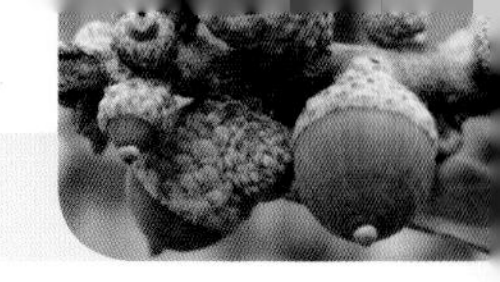

辽宁省杨树研究所杨树资源保存圃‘辽育3号杨’叶片（蔄胜军摄）

辽宁省杨树研究所杨树资源保存圃‘辽育3号杨’果枝（蔄胜军摄）

地区平原区域可以栽植。‘辽育3号杨’木质轻软，纹理细致，木材胶黏性能好，易于加工，可作家具、包装箱等用材；纤维长1164μm，密度0.391g/cm^3，纸浆得率为48.37%，适合造纸，也可用作胶合板、纤维板等原料。

（3）‘辽育1号杨’（*Populus* × *deltoides* ‘Liaoyu-1’）

‘辽育1号杨’是利用辽河杨与鞍杂杨为亲本、人工控制授粉进行有性杂交选育出的抗寒、耐旱的杨树优良新品种（编号：LS200201；国S-SC-PL-005-2002）。雄性，树干通直圆满，树干1/3以下树皮为暗灰色，成纵裂，树冠大，尖塔形，分枝密而细，层枝明显，下部枝夹角45°~60°，5~6年生进入花期。当年生苗顶端冬芽离生，芽长圆柱形，夏胶乳白色。叶为心形，基部深心形，叶宽大于长，表面平滑，两边缘下垂，腺体多为2个。辽北地区昌图县6年生区域试验林中，‘辽育1号杨’平均胸径为18cm，树高14m，单株材积0.1340m^3，分别是当地主栽品种‘昌图小钻杨’（*P.* ×*xiaozuanica* ‘Changtu’）的2.3倍、1.7倍和6.0倍。辽宁沈阳以南地区平原区域可以栽植。‘辽育1号杨’木质轻软，纹理细致，木材胶黏性能好，易于加工，可作为建筑、家具、包装箱等用材；木材纤维长1127μm，宽23μm，长宽比49：1，基本密度0.361g/cm^3，纸浆得率50.24%，原浆白度50.12%，适合造纸，也可用作胶合板、纤维板等原料（董雁等，2003）。

辽宁省盘锦市盘山县石山种畜场林场‘辽育3号杨’林相（蔄胜军摄）

辽宁省杨树研究所杨树资源保存圃‘辽育1号杨’树干（蔄胜军摄）

（4）‘赤美杨’（*Populus deltoides* × *Populus cathayana* ‘Chimei’）

‘赤美杨’是赤峰林业科学研究院与中国林业科学研究院合作开展的美洲黑杨（*P. deltiodes*）与赤峰地区青杨（*P. cathayana*）的种间杂交种群，经过20多年的杂种初选、无性系化和无性系对比试验等选育环节，选育出的速生、抗病虫、抗旱和抗寒能力强及木材用途广的优良无性系。

乔木。树干通直，干形圆满，尖削度小。树皮幼时浅绿色，光滑且具有明显棱线；8年生大树树皮灰绿色，基部呈纵状浅裂，皮孔零星分布，呈菱状；20年生大树2/3干部纵状浅裂。树冠塔形，侧枝较弱而少，层次分明，多向上斜伸展。小枝有棱，灰绿色，分枝角度45°～65°。短枝叶片长宽比为1.57，绿色，光滑无毛；叶柄正面为红色，背面为绿色；第二条叶脉与主叶脉夹角为40°～49°，叶基宽楔形，叶尖微渐尖，基部有2～3个瘤状突起。长枝叶柄有棱线和沟槽（叶基部具3条明显棱线），灰绿色，梢部绛红色，气孔卵圆形、圆形、线形，均匀分布，茎上有薄膜；芽长4～10mm，呈长等腰三角形，棕红色，先端尖，枝中上部的侧芽紧贴枝条，但先端与枝条分离，顶端具橙色分泌物，顶芽圆锥形；长枝叶脉红色，第二条叶脉与主叶脉夹角为68°～85°，叶基截形，叶尖渐尖，基部有2～3个瘤状突起，腺点2～3个，顶芽分泌物为黄色；1年生枝条少量。

‘赤美杨’具有速生、抗寒、适应性强、耐旱、抗病虫的特点。在较干旱瘠薄的丘陵地环境条件下比‘少先队杨’速生。

‘赤美杨’出材率高，木工性能好，容易加工，材质细致，纹理通顺，洁白，节少，美观光滑，心材与边材区别不大，用途广。木材基本密度0.408g/cm^3，气干密度0.498g/cm^3；纤维长1263μm，宽23μm，长宽比55.6。木材综纤维素含量478.44%，半纤维素含量32.44%，木质素含量21.29%，是很好的家具、民用建筑、工业纤维和造纸用材。‘赤美杨’既是用材树种，也可用于水土保持、水源涵养、农田防护、护路及四旁绿化。

（5）‘龙丰1号杨’（*Populus deltoides* × *Populus simonii* ‘LongFeng-1’）

雄株。树干通直圆满，树冠宽卵形，10年生时冠幅4m左右。树干基部中纵裂，且裂纹较密，树皮灰黑色或暗褐色，中上部青绿色。侧枝斜上，分枝角54.4°（23.5°～108°）。皮孔扁菱

内蒙古自治区赤峰市平庄镇‘赤美杨’苗木（白玉茹摄）

内蒙古自治区赤峰市林业科学研究院试验场‘赤美杨’试验林林相（乌志颜摄）

形，分布稀疏。叶卵形、卵圆形，叶基楔形，叶缘锯齿状，初生叶暗红色；叶长1.58～6.90cm，宽1.67～5.28cm，长宽比为0.87～1.78；叶柄向阳面红色，遮光面黄绿色，长0.67～4.34cm；叶脉3～4对，向阳面红色或淡红绿色。1年生萌条生长期绿色，木质化后基部逐渐变成褐绿色，中部以上黄绿色，具6～7条褐绿色中棱。芽红褐色，卵形、长卵形，饱满，贴生，渐尖，有胶脂。长枝叶片阔卵形，叶缘钝锯齿状，渐尖，叶基心形，具1～2个腺点。当年扦插苗叶长7.7～15.7cm，宽5.9～14.3cm，中下部最宽；叶柄粉红色至红色，侧扁，长3.4～7.3cm；叶脉红色，4～6对，微凹陷于叶片表面。花序浅红色，长4.5～7.0 cm；小花约30朵；雄蕊20～30枚。

10年生‘龙丰1号杨’纤维长度为1062μm，长宽比为44.3，气干密度为0.39g/cm^3，综纤维素含量为79.88%，体积干缩系数小，硬度（端面）很软，抗弯强度和顺纹抗压强度低，水分、灰分及总木素含量低，较适合作纸浆等工业用材。‘龙丰1号杨’雄株不飞絮，树干通直圆满，是理想的用材林、护路林、农田防护林、防风固沙林和绿化树种。

‘龙丰1号杨’具有速生、优质、自然整枝能力强、抗寒、耐旱、耐瘠薄、耐轻度盐碱、抗病虫等优良特性，在48°03′N以南、最低气温−35.0℃以上、年降水量大于294.6mm、无霜期132天以上、土壤pH 8.4以下、含盐量<0.3%的自然条件下生长正常，是黑龙江省松嫩平原、三江平原和东部浅山区等主要造林树种。

（6）‘龙丰2号杨’（*Populus deltoides* × *Populus simonii* ‘LongFeng-2’）

‘龙丰2号杨’主要分布于哈尔滨、齐齐哈尔、牡丹江、佳木斯、大庆、绥化等地及环境相似的三北地区。雄株，树干通直圆满，基部树皮浅裂，裂纹较‘龙丰1号杨’浅且稀；树皮薄，略带褐色。初生叶绿色，苗干浅褐色，冠幅较宽，分枝角52.9°（26°～105°）。树高、胸径和材积年均生长量分别为1.40m、1.66cm和0.0176m^3，分别超过‘小黑杨’（对照）20.7%、55.1%和179.4%。

‘龙丰2号杨’个别单株有轻微破腹，后期愈合，受害率不到5%。在苗期和试验林内均具有很强的抗病虫性，对杨灰斑病、锈病、烂皮病、溃疡病抗性较强，对青杨天牛、杨干象、白杨透翅蛾等有较强抵抗力。

10年生‘龙丰2号杨’纤维长度为1063μm，

黑龙江省龙江县错海林场‘龙丰1号杨’示范林林相（王福森摄）

长宽比为45.2，气干密度为0.39g/cm³，综纤维素含量为79.39%，体积干缩系数小，硬度（端面）很软，抗弯强度和顺纹抗压强度低，水分、灰分及总木素含量低，较适合作纸浆等工业用材，同时也是理想的用材林、护路林、农田防护林、防风固沙林和绿化树种。

四、苗木培育

1. 采集种条

育苗采取无性繁殖，从采穗圃选择当年生无病虫害的粗壮枝条或当年生扦插苗及母树根部萌蘖条作为种条。种条采集一般在秋季落叶后到早春树液流动前的休眠期进行为宜。北方地区秋季落叶后采集种条贮藏越冬，越冬贮藏方法有室内贮藏和室外贮藏。室内贮藏为在阴凉的室内或地窖内，将湿沙与种条层积放置，上面覆一层湿沙；室外贮藏应选择排水良好的地方挖沟，沟深1m，宽2m，长可以根据种条数量来定。贮藏时先在沟底铺2～5cm厚湿沙，种条和沙层厚度各为10～15cm，分层装至距地面30cm左右，上部覆盖湿沙50cm左右，中间要留通气孔。翌年3～4月气温回升时扒出种条，以备剪穗之用。

2. 剪穗

剪取部位 插穗成活率和苗木生长量以枝条中部的插穗为最好，剪掉种条基部无芽眼和梢部幼嫩部分。

插穗长度 在土壤水分条件较好的地区插穗长度为12～13cm，在较干旱的地区插穗长度为15～18cm，干旱地区插穗长度为25cm左右。

3. 扦插技术

整地与施肥 北方地区育苗地要强调秋季深翻25～30cm，翌春顶凌耙地，做到地平、土碎、无石块和草根、上松下实。作垄时每公顷集中施腐熟的粪肥45t作基肥。

扦插时间 4月中旬，当20cm深的土壤温度稳定在10℃左右时开始扦插。

扦插方式 插穗上切口与垄面平或略低于垄面。

扦插密度 采用大垄单行，行距60～70cm（垄间距离），株距15～20cm，每亩可扦插5000株左右。

4. 扦插苗管理

灌溉 扦插后灌透水1次，根据苗圃土壤干湿状况，一般隔10～15天灌水一次，保持土壤湿润。雨季注意排涝降渍。

追肥 一般在6月下旬至7月上旬雨季前追施氮、磷肥，每公顷施尿素300～400kg或磷酸二铵50～60kg。追肥过晚易造成苗木徒长。

松土除草 松土除草宜早进行，插条周围应用小铲轻轻铲除杂草，用大锄铲掉行中间的杂草，不能碰伤插条及幼根。待苗高80cm，插条已完全扎根后方可动大锄铲草。

抹芽打杈 抹芽的目的是减少养分散失，应尽早抹掉侧芽和幼嫩的小杈，促使植株长高。

5. 苗木出圃

出圃的苗木必须进行分级，有病虫害的苗木和机械损伤严重的苗木应禁止出圃。

五、林木培育

1. 立地条件选择

美洲黑杨喜水、喜光和喜肥，造林地最好是河流两岸或者地下水位比较适中的平原地区，土壤以沙壤土、轻壤土为好，土层厚度1.5m以上为最佳。土壤的有机质含量不低于0.5%，通常速效氮含量大于40mg/kg，速效磷含量高于0.5mg/kg，速效钾含量超过20mg/kg，pH 6.5～8.5。

2. 造林苗木准备

造林苗木要求根系完整，根径在2.0cm以上，

黑龙江省齐齐哈尔市绿源林业科技示范基地‘龙丰2号杨’基因库林相（王福森摄）

根桩苗高30～40cm，上部剪一平茬，侧根根幅达到25～30cm。造林前苗木应浸泡，整个根桩要全部浸入水中，浸泡时间3～5天，浸泡过程中不断换水。栽植前进行修根，单侧根系长保持在20～25cm。

3. 整地

在河滩、平原较疏松的沙性土壤上，可采取全面机械深耕（或深翻）整地，深度30cm，对于某些特殊立地，可采取带状整地，带宽1m以上、深40～60cm。

4. 栽培密度

栽培密度设计，要在不减少单株营养面积的前提下，尽量加大行距。这样既有利于林地间种和抚育管理，又可以满足林木对光照的需求。具体设计如下。

大径材主要用于胶合板等工业原料，可根据林地条件进行初植密度设计，主要有333株/hm^2、312株/hm^2、285株/hm^2、282株/hm^{2}和250株/hm^2。其配置方式分别为5m×6m、4m×8m、5m×7m、6m×6m、5m×8m。

中径材介于大径材和小径材之间，可作为工业、家具制造、包装材料和建筑等原材料，初植密度设计为500株/hm^2、417株/hm^2、400株/hm^{2}和360株/hm^2，其配置方式分别为4m×5m、4m×6m、5m×5m和4m×7m。

小径材主要是造纸材，定向培育纸浆林的密度应设计为1250株/hm^2、1111株/hm^2、1000株/hm^2、833株/hm^2。其配置方式分别为1m×8m、1.5m×6m、2m×5m、2m×6m。

5. 造林

造林季节 辽宁地区分春季造林和秋季造林。春季采用1年生根桩苗、截干苗或整株苗在土壤刚化冻时造林。秋季造林采用1年生根桩苗在土壤冻结前造林。

定点挖穴 按造林设计的配置方式和株行距定点，点的标记要清楚，然后在已定点上挖穴。有人工挖穴和机械挖穴两种，穴规格根据造林时间和立地条件等具体条件定，其长、宽和深度一般为40cm×40cm×40cm ～80cm×80cm×80cm，人工挖穴要求上下一致，不能挖成锅底坑。

栽植方法 将根桩苗放进穴中心，回填表土至苗根际处，扶正、提苗、踏实，使苗切口处和地面平行，然后再次填土踏实，再将苗切口上方埋上小土包，即栽植时应坚持“三埋两踩一提苗”的原则。在轻质土壤和地下水位较深处栽植大苗时适当深栽，可使原根颈深入土中50～70cm。在黏重土壤上或春季土温过低的地方，不宜深栽。春季栽整株苗，填满土踩实后，灌一次透水，灌水后因穴内土壤下沉不均匀造成苗木倾斜时，应立即扶正、培土、踩实。

根桩苗套袋 春季对根桩造林苗可采取套袋方式防治食芽害虫，同时能增温保墒促进苗木生长。用高于苗根的塑料袋，以苗根桩为中心将苗根套住，将袋口呈圆形压于土中，当苗根长出3～4片叶子时，及时放风或完全撤掉塑料袋，以免灼伤幼叶。套袋还可避免因间种使用除草剂产生的药害，对苗木生长有利。

6. 抚育管理

定根除萌 根桩造林，会从根桩上萌发数株幼芽，当幼芽抽枝到20～30cm时（5月下旬或6月上旬），选留一个健壮的靠近基部的枝条培育主干，将其他萌条全部抹去。在7～8月，除掉幼树主干1m以下的萌枝。

除草松土 林地每年除草松土2～3次（在5～7月进行），要求林地土壤疏松、无杂草。可以用间作农作物的方式控制杂草。

灌水 北方春季比较干旱，幼林对水分条件反应敏感，缺水时，植株很快停止生长。目前常用的灌溉方法主要是树盘灌水，方法简单且省水。

中耕翻耙 4年生以后，林分通常已经郁闭，每年在秋季林木停止生长后在树木行间用重耙松土一次，以改善林地土壤的通气状况，控制杂草，促进林木生长。

修枝 主要针对培育中、大径材用材林，2～3年生的幼树要在冬季剪掉影响顶部生长的竞争枝、卡脖枝。从第三年或第四年开始，去掉一轮枝，隔2～3年再修掉一轮枝，直到枝下高8m处。从修第二轮轮生枝开始，通常去掉2cm粗以上的大枝，保留小萌生枝。修枝工具要锋利，保证切口平滑，紧贴树干，不留桩。

农林间作 造林后1～3年，可在树木行间种植农作物。1～2年生幼林间种矮秆农作物，如大豆、花生、西瓜等；3年生幼林可间种玉米、高粱等高秆农作物。间作作物与造林苗应间距60cm以上。

林下复合经营 4～8年生的中龄林，利用立地空间和形成的环境条件可因地制宜开展林下复合经营，主要包括：①林-畜-特复合模式，林下以养殖蚯蚓、金蝉等特种动物为主。在林下建牛棚，林间圈养肉牛或奶牛，利用牛粪养蚯蚓，用蚯蚓粪种植有机蔬菜。②林-药复合模式，林木为药材提供阴湿凉爽的环境，避免夏季烈日高温危害。③林-菌复合模式，林木能为食用菌生长提供一个适宜的低温湿润小气候，春、秋两季均可种植。④林-畜-沼复合模式，在林下建造畜棚，每亩可利用林地空间养猪20～30头，用猪粪沤制沼气，用沼气照明、做饭、取暖，将沼渣作为肥料沟施于树干，形成循环生态模式。

7. 主伐

主伐年龄要根据培育目的和效益确定，一般大株行距如5m×6m、6m×6m、4m×8m用于培养大径材，材积连年生长量高峰期出现较晚，并能持续较长时间（3～4年），采伐年龄应适当延长。纸浆林等密度比较大，材积生长高峰出现较早，且持续时间较短，采伐应及时，一般在4～5年（杨成超等，2015）。

六、主要有害生物防治

1. 杨树叶锈病（*Melampsora* sp.）

发病部位与危害 锈病主要发生在叶片上，小苗、幼树和大树都能发病，但以小苗和幼树受害较为严重，有些苗圃的发病率达100%。该病害造成叶片提前1～2个月脱落，严重影响苗木和幼树的生长，削弱树势，为其他病害的发生创造了条件。

发病规律 病菌以冬孢子堆在落叶的病斑中越冬。翌年4～5月病叶上的冬孢子遇水和湿气萌发，产生担孢子，并由气流传播到落叶松叶片上，一周后形成锈孢子和性孢子。锈孢子由气流传播到杨树树叶上，由气孔侵入。经过10～15天产生夏孢子，夏孢子萌发的芽管通过气孔或表皮侵入，能重复侵染杨树。到8月末以后，杨树病叶上形成冬孢子堆，随病叶落地越冬。

防治方法 ①苗圃地应合理密植，避免苗圃地湿度过大、不透风。②合理施肥，避免氮肥过量和钾肥不足。③用1%波尔多液或25%粉锈宁1000倍液或50%多菌灵可湿性粉剂600倍液喷洒苗木。④秋天收集苗圃地内掉落的病叶，集中烧毁，清除苗圃地周围的落叶松。

2. 杨树烂皮病（*Valsa sordida*）

发病部位与危害 杨树烂皮病危害杨树枝干皮部。发病初期，病部产生暗褐色水渍状病斑，略微肿起，病健组织界限明显，手压有软感，剥皮则有淡淡酒精味，隆起斑块渐渐失水，随之干缩下陷，甚至产生龟裂。剥皮可见皮下形成层腐烂，木质部表面出现褐色区。发病后期，在下陷的病皮上出现密集的小黑点，为病原菌的分生孢子器，遇雨或湿度过大时，由黑点顶端挤出乳白色浆状物，并逐渐变为橘黄色，为病原菌的分生孢子角。

防治方法 ①培养大苗、壮苗是预防腐烂病发生的关键。造林要做到随起随栽，栽前用水浸泡，使苗吸足水分，缩短返苗期，增强抗性，栽后浇足底水；②秋末或春初进行树干涂白（生石灰、食盐、水的配比为1：0.3：10），以防冻裂、日灼及病虫，可有效减轻腐烂病的发生；③改善林地卫生状况，清除生长衰弱的植株和枝条，减少侵染来源；④可用2%康复剂（843）3倍液，或10%双效灵10倍液、松焦油柴1：1、50%琥珀酸铜10倍液、10%碳酸钠液、多菌灵25倍液、5波美度石硫合剂涂干或喷干。

3. 杨树溃疡病（*Dothiorella gregaria*）

发病部位与危害 幼树受害时溃疡病主要发生于树干的中下部，大树受害时枝条上也出现病斑。杨树溃疡病是我国杨树重要的枝干病害，分布普遍，危害严重，常引起林木的大量死亡。

发病规律 病原菌主要以菌丝体在病组织内越冬。3～4月开始发病，5月下旬进入发病高峰期，此后病势减弱，8月下旬后又出现新病斑，10月以后停止发展。病原菌主要借风、雨水传

播，通过带菌苗木和插穗等繁殖材料的调运可进行远距离传播。该病原菌为弱寄生菌，由于种种原因致使树木衰弱时均易发病。

防治方法 ①造林过程中尽量减少苗木失水，定植前用水浸根。②造林后加强管理，合理整枝间伐，保护伤口，初冬及早春树干下部涂白。③4月中旬至5月中旬或8月中旬至9月中旬，用多菌灵500倍液、布托酚1000倍液、托布津1000倍液、敌克松500倍液涂抹患部。涂抹前用刀在患部纵向刻划数道伤痕，涂药1～2次。

4. 杨干象（*Cryptorhynchus lapathi*）

发生与危害 杨干象主要危害2～3年生幼树。幼虫在韧皮部内环绕树干蛀道，并在木质部内钻蛀隧道。由于切断了树木的输导组织，轻者造成枝干干梢，重者整株树木死亡。成虫蛹化后，爬到嫩枝或叶片上取食，补充营养，常在被害枝干上留有无数针刺状小孔。

发生规律 1年发生1代，以卵及初龄幼虫越冬。每年4月中旬越冬幼虫开始活动，越冬卵也相继孵化。幼虫蛀食初期，由针眼状小孔排出红褐色丝状排泄物，并渗出树液。于5月下旬钻入木质部化蛹。成虫6月中旬开始羽化，7月中旬达到盛期，羽化大都在早晨或夜晚，后经6～12天咬孔外出。

防治方法 除利用成虫的假死性于早晨捕杀成虫外，幼树可用40%氧化乐果乳油和5%高效氯氟氰菊酯（按4∶1混合）5～10倍液注孔或点涂虫孔杀死幼虫；中龄林可用上述混合药剂2倍液在树干基部（离地10cm左右）45°向下打斜孔（机械钻孔）注药，每株树5～10mL，用黄油堵孔，通过树液流动，将药液传导至整株树杀虫，可减少大树折头。

5. 美国白蛾（*Hyphantria cunea*）

发生规律 美国白蛾在辽宁等地1年发生2～3代，其一生有卵、幼虫、蛹、成虫4种虫态，属于完全变态。以蛹在树皮缝、土石块下、建筑物缝隙等处越冬，翌年4月下旬至5月下旬越冬代成虫羽化产卵。5月中旬开始危害，幼虫孵出数小时后即能吐丝结网，3～4龄时网幕可长达1m以上，有的甚至可以扩及整株树，这个过程可延续至6月下旬。幼虫进入5龄后开始弃网自由取食，多数分开危害树冠上部。7月上旬当年第一代成虫出现，成虫期至7月下旬。第二代幼虫7月中旬发生，8月中旬为危害盛期。8月中旬出现世代重叠现象，可以同时发现卵、初龄幼虫、老龄幼虫、蛹及成虫。8月中旬当年第二代成虫开始羽化，第三代从9月上旬开始危害至11月中旬，10月中旬第三代幼虫陆续化蛹越冬。

防治方法 在幼虫3龄以前，用25%灭幼脲Ⅲ号胶悬剂2000倍液防治；在幼虫4龄以前，应用1.2%烟参碱乳油1000～1500倍液、绿灵800～1000倍液等植物性杀虫剂防治；对各龄幼虫也可以使用5%氯氰菊酯乳油1500倍液、1.8%阿维菌素3000倍液对发生树木及其周围50m范围内所有植物、地面进行立体式周到、细致喷药防治。

6. 蛴螬（*Mimela lucidula*）

蛴螬是金龟子的幼虫，危害苗木根部。1～2年发生1代，幼虫和成虫在土中越冬，主要咬食幼苗嫩茎。金龟子种类很多，较为常见的有东北大黑鳃金龟、棕色鳃金龟、灰粉鳃金龟等。幼虫主要危害时期为每年的5～10月。

形态特征 幼虫身体柔软、肥胖，体表多皱褶，具细毛；腹部末节圆形，整个身体向腹面呈“C”字形弯曲。

防治方法 在历年发生的地区，要在翻地的同时每亩撒1.5～2.5kg的乐果粉，效果良好。还可以在虫害发生时用扎孔的方法灌敌百虫水溶液，每250g敌百虫加水1.5kg（王胜东等，2006）。

七、材性及用途

美洲黑杨木材结构细，年轮明显，木材的物理力学性质中等。木材易干燥，加工性能良好，刨、锯、旋切容易，油漆及胶黏性能良好，是杨树中木材最好的一种。木材用途很广，可作造纸、纤维工艺的原料，也可作家具、包装箱、建筑材等用材。

（王胜东，梁德军，蔄胜军，潘成良，白玉茹，乌志颜，王福森）

70 欧美杨

别　名 | 黑杨
学　名 | *Populus euramericana* (Dobe) Guinier
科　属 | 杨柳科（Salicaceae）杨属（*Populus* L.）

欧美杨是我国长江以北地区重要的速生丰产用材林树种，其树干高大、通直、挺拔，生长快，出材率高，无性繁殖能力强。其优良品种（如'加拿大杨''沙兰杨''I-214杨''107杨'等）适应性强，抗逆性好，栽培范围广泛，是我国不同时期的重要速生丰产用材林树种，也是重要的城市绿化、庭园绿化、四旁绿化和农田防护林树种。其材质优良，是重要的民用建筑、家具、箱板、火柴杆等用材，也是纤维工业重要原料。另外，其抗烟和抗污染能力强，还是环境污染治理、矿山修复的绿化造林树种。

一、分布

欧美杨类品种是美洲黑杨和欧洲黑杨的杂交种，在我国没有天然分布，早期品种（'加拿大杨''健杨''I-214杨''沙兰杨''72杨''107杨'和'108杨'等）均由国外引进。该类品种栽培广泛，我国大陆仅海南、广西、广东和福建等省份未见大面积栽培，其余各省份均有引种栽培，主要栽培区集中在长江中下游地区、江淮流域、黄泛平原、华北平原和环渤海湾地区，在年平均气温10.0～17.5℃、年降水量600～1200mm的地区生长良好（苏晓华等，2007）。

二、生物学和生态学特性

欧美杨为温带树种，喜光、喜水肥。典型的欧美杨形态特征为：树干通直，窄冠；树皮纵裂或粗纵裂，下部树皮黑色或浅黑色，上部树皮开裂或不开裂，灰绿色或灰色；皮孔菱形；叶柄扁平，叶片为三角形、深绿色，叶缘皱、波浪形；叶芽长4～8mm，宽而较钝，顶端褐色，基部淡绿色。林分密度较大时，林木自然整枝良好，能形成高干、通直、无节良材。同时，该类品种由于冠幅较小、早期速生，特别适合于纤维材和纸浆材等人工速生丰产用材林营建，也是我国工业用材林营造的重要树种。

欧美杨生长与环境条件关系密切，是强喜光的长日照植物，其生长季节至少需要1400h的日照。一般认为，欧美杨生产力最高地区的年平均气温不小于9.5℃，生长期内平均气温大约为16.5℃。同时，欧美杨对土壤水、肥状况敏感，年均材积生长量以壤质和沙壤质潮土最大，其次是沙质和黏质潮土，风沙土最小。在干旱瘠薄或低洼积水的盐碱地、茅草丛生的沙荒地上，其根系发育不良，生长很差，病虫害严重，易形成"小老树"。

三、良种选育

1. 良种选育方法

我国欧美杨早期品种全部依靠国外成熟品种引种驯化。'加拿大杨'最初是1949年前由外国传教士引种，1974年前约引进30个欧美杨无性系，1975年'I-72杨'引种成功，成为我国杨树引种的典范，掀起我国杨树引种和育种的高潮。在长时间、大量引进的基础上，中国林业科学研究院、南京林业大学、山东省林业科学研究院、辽宁省杨树研究所等单位对外来杨树开展生物学特性、遗传多样性、生产力、抗性、适应性等指标评价，结合大范围的田间区域化栽培试验，在不

同时期选育出适合我国的欧美杨优良品种。中国林业科学研究院1956—1960年广泛引入东欧杨树品种，并推出‘沙兰杨’‘I-214杨’和‘健杨’等品种，1980—1987年引入西欧及北美品种，推出‘107杨’和‘108杨’等品种。20世纪70年代以后，中国林业科学研究院开始利用黑杨资源进行杂交育种，以美洲黑杨为母本、欧洲黑杨为父本开展控制授粉的杂交，采取室内切枝杂交，以及室外以一株雌株为母本与多个父本立木树杂交。80年代以后，我国研究人员利用引进的美洲黑杨资源和欧洲黑杨资源开展广泛杂交育种，创制出许多具有自主知识产权的欧美杨系列新品种和良种（中林抗虫系列、中林速生系列、渤丰杨系列、南林杨系列、中金杨系列、鲁林杨系列、辽宁杨系列等）。南京林业大学1983年以后大量引入美洲黑杨和欧美杨，并进行杂交，1999年以后推出美洲黑杨NL-95、NL-895等系列。辽宁省杨树研究所1982年开始‘山海关杨’与‘69杨’‘63杨’‘3930杨’等美洲黑杨间、美洲黑杨与小钻杨类间的杂交，推出辽宁、辽河、辽育系列和‘中辽1号’。山东省林业科学研究院自20世纪50年代以来一直开展杨树良种选育研究，先后选育出‘L35杨’‘鲁林1号’‘鲁林2号’和‘鲁林3号’。几乎所有欧美杨品种均具有生长快、抗病虫、扦插易生根等优点，生长量超过老品种20%以上，扦插成活率达95%（赵天锡和陈章水，1994）。

2. 主要优良品种及其适生地区

（1）‘I-72杨’（*Populus* × *euramericana* ‘San Martino’）

中国林业科学研究院选育。雌株，蒴果2裂瓣，中叶脉和下端第二个叶脉之间夹角66°，叶基微心形，尖端凸出，叶茎腺点数不定，中叶脉绿色，叶柄绿色，正面部分被毛，叶柄长为中叶脉长的55%～60%。该良种前期生长迅速，年平均胸径生长量3～5cm，生长期为3月下旬至10月中旬，8月为生长高峰期，适宜栽培在长江中下游及江淮流域地区，造林密度为5m×6m或6m×6m，可为纸浆材或大径材栽培良种。

（2）‘107杨’（*Populus* × *euramericana* ‘Neva’）和‘108杨’（*Populus* × *euramericana* ‘Guariento’）

中国林业科学研究院选育。‘107杨’和‘108杨’均为雌株，树干通直，窄冠，侧枝细，与主干夹角小于45°，叶片小而密，树皮灰色、较粗。二者区别在于‘108杨’树皮粗糙，‘107杨’树皮较光滑。这两个品种造林成活率高，较抗病虫害，早期速生，在华北地区胸径年生长量3.0～4.5cm，树高年生长量3～4m，适宜栽培区域为华北平原区的山东、河北和河南。

（3）渤丰杨系列品种

中国林业科学研究院“十一五”期间选育的杨树纸浆材良种。该系列品种具有速生、资源高效、材质优良、抗病性强、适应性广等特性，在杨树工业用材林建设中具有广阔应用前景，适宜在辽宁、河北、山东等环渤海平原地区栽培。

‘渤丰1号’ 雌株，速生。树冠长椭圆形，冠幅中等，树皮红褐色，幼树浅纵裂，皮孔较密但较浅，主干与中部分枝夹角55℃左右。在年平均气温10℃、平均降水量500mm、无霜期190天左右的辽西地区雨养下生长良好，造林成活率高，养分利用率高（节肥）。辽宁凌海市金城原种场6年生‘渤丰1号’杨树高达17.90m，胸径达25.55cm，材积达0.3487m^3。

‘渤丰2号’ 雌株，速生。树干通直，窄冠，树皮灰褐色，幼树皮孔菱形，较小；侧枝较细，主干与中部分枝夹角45℃左右。在年平均气温10℃、平均降水量500mm、无霜期190天左右的辽西地区雨养下生长良好，造林成活率高，年最低温-25℃下未见冻害，无叶部病害，对溃疡病抗性强。辽宁凌海市金城原种场6年生‘渤丰2号’杨平均树高达18.20m，胸径达24.45cm，材积达0.3239m^3。

‘渤丰3号’ 雌株，速生。树干通直，窄冠，树皮黄褐色，幼树皮孔菱形，较小；侧枝较细，上下分布均匀。在年平均气温10℃、平均降水量500mm、无霜期190天左右的辽西地区雨养下生长良好，造林成活率高，年最低温-25℃下未见冻害。在辽宁凌海河滩沙地上，8年生‘渤丰3号’杨树高达17.50m，胸径达31cm，胸径年均增长量接近4cm。其木材适合作为各种工业原料，包括纸浆、纤维板和胶合板等用材。

（4）南林系列品种

南京林业大学在“九五”期间选育出的杨树单板用材新品种。该系列品种具有速生、优质、高产、干形通直圆滑、材质优良、适应性强、较耐干旱瘠薄等特性。

‘南林95’ 见美洲黑杨（南方型）。

‘南林895’ 见美洲黑杨（南方型）。

（5）‘鲁林2号’

山东省林业科学研究院选育品种。雌株，苗干通直，光滑无毛，棱角间凹槽深。叶片三角形，长14～18cm，长宽比为1.2～1.3。成年树树干通直，尖削度小，顶端优势明显；树皮浅纵裂；树冠长卵形，冠幅中等；分枝较稀疏。该品种适应性较强，造林成活率高，适宜培育纸浆材，在鲁南、鲁中、鲁西等气候相对温暖、湿润、地下水位较高的地区生长良好，在与山东气候、土壤条件相似的华北平原、黄淮、江淮地区也可推广应用。

（6）‘中辽1号’

辽宁省杨树研究所选育。雌株，树干通直，树冠尖塔形，枝叶茂盛，幼树树皮较光滑，成年树树皮下部较粗糙，顺向纵裂，灰褐色，分枝角度45°左右；嫩枝有棱，苗叶大，多三角形，茎上部略带红色。在辽宁地区其生长量超过‘辽宁杨’‘沙兰杨’‘荷兰3930杨’和‘I-214杨’14.8%～68.1%。该品种高生长最快期在第5～6年，连年生长量最大值达到3.60m；胸径生长最快期在第3～5年，连年生长量最大值达到6.34cm。其干形好、材质优良，对杨干象（*Cryptorrhynchus lapathi*）有相对较强的抗性，可作为新品种在辽宁沈阳以南地区推广。

四、苗木培育

欧美杨以扦插育苗为主。采用插干造林的地区（湖南、湖北和安徽等）则使用留桩育苗，留桩3～5年；采用全苗造林的地区（山东、河南和河北等）采用采穗圃和育苗地结合，保证插穗供应；采用截干造林的地区（辽宁等）可直接用造林后剩余苗茎作为翌年繁殖材料。

1. 苗圃地选择

苗圃地应地势平坦、交通方便，土壤为疏松的沙壤土或轻壤土，地下水位不超过1m，土层厚度不少于0.8m，同时要注意选择排水条件好的地块。欧美杨育苗要避免重茬。重茬育苗极易因病虫害而遭失败。欧美杨一般可与刺槐、紫穗槐或油松等松树育苗地轮作倒茬或与农作物地倒茬。

山东省宁阳县高桥林场‘107杨’人工林林相（黄秦军摄）

北京市房山区‘108杨’人工林林相（黄秦军摄）

2. 整地作床

11月上旬，土壤上冻前整地。整地要求深翻土壤30～40cm，实行“两耕、两耙”，做到耙细、耙透、平整，苗床宽1.6～1.8m，沟深30cm。基肥每亩施饼肥、磷肥各50kg，钾肥15kg。扦插前1周，每亩再施50kg复合肥、3～4kg呋喃丹，然后耙细土壤，同时将肥料、农药均匀耙入土内，耙出20～25cm的疏松土层。

3. 插穗制备

选择1年生苗干或采穗圃的种条，截取中部木质化程度高、芽饱满健壮、无病虫害的苗干作为插穗。插穗以长15～20cm、粗1.2～1.8cm为宜，上平下斜，上端第一个侧芽应完好，距上切口1.0cm左右。

4. 扦插

根据实际造林苗木需求，扦插密度以2500～4000株/亩为宜。扦插时间根据春季气温而定，在树液流动前完成扦插，一般在2月中下旬至4月上中旬。插穗在扦插前应浸水2～4天，扦插时插穗垂直插入，插穗上切口与地面相平或略高于地面，插后压实土壤，灌水后松表土。

5. 苗期管理

扦插后2～3周，灌水2～3次同时及时浅层松土，以防地表板结。扦插后5周左右，萌条高20cm后应及时定干，保留1个粗壮萌条，并注意防虫。速生期（5月至8月上旬）追施尿素2次，下雨之前按5～10kg/亩撒施，同时还要注意及时抹芽（2周一次）。5月、6月各喷洒1次甲基托布津于苗干上，防治杨树溃疡病。整个苗木生长过程，要及时除杂草（2周一次）。8月中下旬以后开始封顶，可适当施加钾肥，以促进苗木木质化。

五、林木培育

1. 立地选择

欧美杨适应性较广，但是要速生丰产必须有充足的水肥条件，选择最适宜造林无性系生长的立地造林，包括地势平坦、土壤深厚、水源

辽宁省凌海市金城原种场渤丰杨纤维材林林相（黄秦军摄）

充足、相对集中连片的平原，河流的滩地、阶地或废弃河道，采伐迹地以及退耕还林地。与其他树种相比，欧美杨根系的呼吸速率极强，良好的土壤通气状况是欧美杨栽培成功的重要条件。适合欧美杨生长的土壤机械组成是：黏粒（小于2μm）与粉粒（2～20μm）的比例为1：1，黏粒总含量不超过30%。土壤pH 6.5～8.0，有机质含量1.0%～1.5%，土层厚度0.8m以上，土壤可溶性盐总量低于0.2%，地下水位1.5～2.5m，土壤容重在1.25～1.35g/cm^{3}的沙土、轻壤和中壤土较为适宜（郑世锴，2006）。

在长江中下游和江淮流域平原区，欧美杨适宜的造林地为平地，土壤为潮土或灰潮土，质地为中壤、沙壤或轻壤，具有流动地下水，地下水位2m左右，最高水位不应超过0.8m，土壤上层可溶性盐总量不超过0.3%，立地指数为16级以上；大面积的江湖河冲积滩地为该地区欧美杨丰产栽培提供丰富的土地资源（赵天锡和陈章水，1994）。湖区滩地年均淹水时间小于30天的，可营建速丰林；年均淹水30～60天的，可营建一般工业用材林、血防林等；年均淹水超过60天的，不宜营建欧美杨人工林。

在黄淮平原北部的黄河冲积扇平原、南部淮北平原、豫西黄土丘陵区和晋南盆地区、鲁中南低山丘陵区等区域，最适宜的造林地为河滩阶地或平地，土壤为河潮土、棕壤或褐土，质地为轻壤、沙壤或中壤，地下水位1.5m左右，立地指数为16级以上。适宜立地的土壤容重为1.26～1.40g/cm^3，土壤含盐量在0.1%以下，有机质含量大于0.4%，全氮含量大于0.3g/kg，有效氮含量大于15mg/kg，速效磷含量大于2mg/kg，速效钾含量大于40mg/kg。

环渤海湾地区也是欧美杨栽培集中且高产地区，主要有辽南和辽西丘陵区两岸冲积土区（包括辽河、浑河、大凌河、老哈河沿岸等）、华北平原北部区（从冀辽山地和太行山麓以东直至渤海区域）、山东半岛的冲积平原区等区域。欧美杨适宜的造林地为平地、河滩地或阶地，土壤为潮土、冲积土、草甸土或沙土等，质地为中壤、沙壤或轻壤，具有流动地下水，地下水位2m左右，最高水位不应超过0.8m，土壤可溶性盐总量低于0.2%，0～30cm土层有机质含量0.9%以上，全氮含量0.06%以上。滨海盐碱地不适宜发展欧美杨人工林。

2. 整地

（1）造林地清理

造林地清理分全面清理、带状清理、块状清理3种。可依据造林地天然植物状况、采伐剩余物数量和散布情况、造林方式及经济条件等不同，选择其中一种实施，地上物清理后留存的高度低于20cm。对杂草、灌木较多的荒滩、荒地及采伐迹地，整地前要进行除杂，最好用除草剂杀死其萌芽能力，以免影响新造幼林的生长。

（2）整地

整地时间根据造林季节而定。春季造林的林地，在前一年的秋末冬初整地最佳。农田、水库、沟渠上方的林地，应保留宽15～50m的缓冲带，配合人工挖穴，以保持水土。坡度小于15°的林地适合机械带垦，沿等高线作业，带宽150cm，垦深30～50cm，严禁在坡地顺坡带垦作业。对于某些特殊立地，需采取针对性的整地改土措施。如有黏质间层的沙地，可带状深翻，带宽1m以上、深80～100cm，实现沙黏拌和。纯沙地可带状客土整地，客土带宽一般1m，每亩客土80～120m^3，或通过在栽植穴底部掺入壤土、平铺塑料膜、分层掺入作物秸秆等方式实现蓄水抗旱栽培。在低洼盐碱地区，需挖沟修筑条田、台田，排水、排盐，然后再整平深翻。在土壤黏重、土层较薄的造林地上，用机械开沟，沟宽80～100cm、深100cm以上，对改良土壤有良好效果。沙区造林，多采用带状整地，整地宽度为1～3m。

3. 造林

随整地随造林。人工林营建采用插干造林（湖南、河北、江苏和安徽等）、植苗造林（河南、河北、山东、北京等）和截干造林（辽宁、内蒙古东部等），使用2年生Ⅰ、Ⅱ级苗（地径大于3.0cm，苗高大于4.0m）和1年生Ⅰ级苗（地径大于2.0cm，苗高大于3.5m）即可（黄秦军等，

2009）；为培养大径材，在长江流域也可选用3年生大苗扦插造林。苗木要求粗壮、匀称，枝梢充分木质化，根系发达（根幅50cm以上，根深30cm以上），具有充实而饱满的顶芽，无机械损伤，无病虫害。造林前，苗木在条件允许时可泡水1～2天以促使苗木吸足水分，可提高造林成活率。

长江中下游和江淮流域欧美杨造林主要在春、冬两季进行，华北平原区造林在春、秋、冬三季均可，而辽宁、内蒙古等北方地区主要在春、秋两季造林。春季造林适用于绝大部分栽培区，但不同栽培区造林时间不尽相同，具体造林时间视气温和土壤温度而定，但不能晚于当地杨树萌动期。

植苗造林提倡"三大一深"，即采用大株行距、大穴、大苗和深栽技术，栽植深度为60～80cm；在长江中下游、江淮流域或内蒙古东部沙区造林宜采用插干造林，即用截根的大苗进行造林，成本低、成活率高。用机械或人工钢钎打孔至地下水处（0.8～1.2m），插入截根苗，灌浆土密封。栽桩造林适合于秋季造林，在土壤上冻前用截干后的根造林，根部留20cm干，采用常规造林方式，造林后露干2～5cm，再进行第二次培土，形成约10cm的小土堆，翌年春季扒开土堆。在春季多风、干燥、较冷的地区可使用该方法。

一般采用正方形或长方形均匀栽植，可提高林分生产力和树干圆满度。但为提高土地利用率而需进行农林间作、方便机械化操作或营建农田林网时，经常使用大行距、小株距配置，通常要求行距不小于6m，也可采用单行带状或双行带状（宽窄行栽植）栽植模式。初植密度确定后一般不间伐。立地条件好、培育集约度高的情况下可培育大径材，每公顷栽植250～312株（株行距4m×8m、5m×8m、10m×4m等），采伐年龄15～16年。立地条件较好、培育集约度较高情况下不宜稀植，每公顷栽植333～555株（株行距3m×6m、4m×6m、5m×6m等），采伐年龄12～13年，可培育大中径材。土壤肥力差、抚育管理条件困难时，造林密度大一些，每公顷栽植624～825株（株行距3m×4m、4m×4m），采伐年龄8～9年，可培育中小径材。若以收获纸浆原料和能源薪炭原料等为目的，欧美杨超短轮伐林每公顷可栽植10000～20000株（株行距0.5m×1.0m、1.0m×1.0m），采伐期1～3年。

栽植后第一生长季结束时进行1～2次查苗补植，保证造林成活率达95%以上。对虫害、旱死等导致的缺苗要补植，补植时应选用同龄大苗，以免形成被压木。植苗造林和栽桩造林可施基肥。根据造林地土壤肥力状况安排施肥，除黑土、黑钙土、湖淤土等有机质含量较高的土壤可以不施基肥外，一般均应施基肥，尤其是重茬造林地上，施肥量应该酌情增加。每亩施土杂肥1500～2500kg，掺入过磷酸钙50kg左右，集中施入栽植穴内根系主要分布深度。基肥也可用农家肥、缓释肥等。栽植后要及时灌1次定根水。在土壤保水能力较差立地上，应及时灌溉2～3次，以防苗木顶梢枯死。

4. 抚育

（1）松土除草

当年即进行松土除草（若秋、冬季造林，在第二年春季开始松土除草），直到幼林郁闭为止。松土除草的次数和方式因当地条件不同而有区别，应做到除早、除小和除了，每年1～3次。风

辽宁省凌海市金城原种场'中辽1号杨'人工林林相（黄秦军摄）

沙危害的地方，采用带状或穴状抚育；草少、风小、土壤肥沃的林地，全面机械松土除草。松土除草深度5～10cm，里浅外深，扩穴部分松土深度10～15cm，以保证林内土壤疏松、无杂草丛生为宜。松土除草在高温、高湿的长江中下游地区更为重要。目前，采用林农复合经营，以耕代抚效果很好。

（2）灌溉

由于对水分要求较高，要想培育好欧美杨速生丰产林，每年至少要浇足3次水。第一次是返青水，要在3月至4月中旬浇足底水。第二次浇水在5月至6月中旬，此时是欧美杨生长的高峰期，且适宜欧美杨生长的大多数地区一般干旱少雨，结合施肥更为关键。第三次水在上冻前，灌封冻水，促进根系发育，浇水后要及时中耕保墒。灌溉幅度和深度因林龄而异，以控制在树木主要吸收根系分布区为宜，新造幼林可以采用宽20～30cm的沟灌或畦灌，灌溉深度较栽植深度深20～30cm即可；5年生以上的林分，畦宽可扩展到100cm和200cm左右，深度分别为100cm和120cm左右。灌溉时间、次数及灌水量可根据气候和土壤条件决定。沙质土上，生长季节内（主要在5～6月春夏之交的干旱期）灌水2～3次，轻壤土上可灌水1～2次，每次灌水量以600～750m^3/hm^{2}为宜，遇到伏旱时也应及时灌溉。在华北平原沙质潮土上，可在春、夏干旱季节以田间持水量的50%～60%作为阈值实施顺行畦灌，具有极显著的近期和后期水分补偿效应。中国林业科学研究院在北京沙壤土上开展欧美杨人工林培育的试验研究表明，地表滴灌采用流量恒定为4L/h的滴头比较适宜。对欧美杨人工林0～40cm深土壤中的根系进行充分灌溉，需要连续滴灌6h才能使40cm深的土壤形成60cm宽的湿润带，并在灌后48h内使土壤含水量处于欧美杨根系可利用的最适状态。滴灌栽培的2年生欧美杨人工林的灌溉定额预案为368.8mm，在生长季内的单次有效灌溉量为6.0～9.0mm，每周的灌溉频率为1～3次，在生长季内通过滴灌系统对新造林进行灌溉与施肥管理（傅建平，2013）。在北京潮白河沙壤土上，地下滴灌4年后，‘I-214杨’人工林的平均胸径、树高和单株材积分别达到21.18cm、14.23m和0.1815m^3，比常规灌溉分别增加了54.5%、36.9%和247.6 %，林地生产力每年达到22.78～25.81m^3/hm^2，比常规灌溉增加了3.9～4.6倍；地下滴灌使林木吸收根数量提高80%以上，净光合速率提高10.0%～21.4%，叶生物量提高177.6%（贾黎明等，2004）。

（3）施肥

造林后第二年开始施追肥（氮钾肥或氮肥），氮、磷、钾施肥参考比例为3∶1∶1（尿素∶过磷酸钙∶氯化钾）。氮素用量一般为每株50～200g。追肥时沿树行和树冠投影开环状沟（20～30cm深），将肥料撒施于沟内，盖土。有条件的可追施有机肥。追肥应分2次，第一次应在4月底或5月初，第二次应在6月中下旬。施肥时可在林木两侧各挖一个20～30cm深的施肥穴进行穴施，或在树干两侧或周围开20～30cm深的沟进行沟施，将肥料均匀施于穴或沟中后应随即覆土并及时灌水。施肥穴和施肥沟距树干的距离应依冠幅增长而增大，一般位于树冠边缘投影下，每年对换方位。

（4）修枝和间伐

修枝和间伐主要应用于大径材的培育中，一般在造林3年后进行。为避免伤口感染，修枝一般在秋末落叶后或翌春发芽前的树木休眠期进行，切口不流出树液，容易愈合，能避免病虫危害，效果较好。修枝要留桩，防止劈裂。修枝后，5～6年生林木的冠高应占树高1/2左右，7～8年生林木冠高应占树高1/3左右。早期修枝可在地面作业，如修枝高度超过3m，则用升降机或在拖拉机上用固定平台进行。

人工林通常采用一次定植，很少间伐。中国林业科学研究院研究表明：①间伐不能增加木材产量，但能提前收获小径材，得到早期收入；②2m×3m和2m×5m等初植密度较大林分，间伐后保留树木增粗较少，不宜间伐；③3m×5m和3m×6m初植密度的林分可以间伐，间伐强度和次数视造林密度和培育目标而定，通常采用隔行或隔株间伐，每次的间伐强度为30%～50%；

④间伐可在林分栽植4～6年时（间伐胸径16～18cm）开始，间伐时间过早则可能出材少而经济效益太低。

5. 林农间作

为延长间作期限和效益，欧美杨人工林的行距要求不小于6m，株距不小于2m。间作的农作物种类较多，主要有花生、大豆、苜蓿、小麦、玉米、向日葵、油菜、棉花、南瓜、西瓜和甜瓜等。但是为了不影响林分生长，造林当年不能间作高秆作物（玉米、向日葵、棉花）。造林后3～5年，林分逐渐郁闭（郁闭时间取决于造林密度，密度越大，郁闭越早），不能进行杨农间作，但可以采用林菌、林禽、林药、林牧等多种复合模式。在山东宁阳，利用'I-107杨'造林，密度4m×6m，轮伐期8年，前2年间作大姜，第三年间作小麦和大豆，4年后养殖双孢菇，平均每年净收益145919元/hm^2，产出/投入＝5.93；若前3年间作小麦和大豆，之后养殖双孢菇，平均每年净收益143701.1元/hm^2，产出/投入＝6.17。辽西地区造林最佳密度为1111～1666株/hm^2，株行距为1m×6m、1.5m×6m、（1×4）m×8m、（1.5×4）m×8m，间种年限可提高1～2年，间种面积可提高到20%，产量提高30%～50%。

六、主要有害生物防治

1. 主要病害及防治

叶部病害主要包括叶锈病、白粉病、黑斑病、灰斑病、叶枯病等，干部病害主要有腐烂病、溃疡病等。

（1）叶锈病（*Melampsora laricipopulina*）

杨叶锈病又名黄粉病，在我国发生普遍。病菌夏孢子萌发，5～6月为侵染高峰，9月为第二次侵染高峰。防治方法：叶片发病初期喷三唑酮可湿性粉剂、粉锈宁可湿性粉剂、代森锌、退菌特或石硫合剂。

（2）白粉病（*Phyllaclinia populli*）

白粉病发生很广泛，是杨树上常见的叶部病害，一般6～9月发病。防治方法：在5月末至6月初喷1%波尔多液预防；发病初期，可用粉锈宁或可湿性代森锌或敌锈钠溶液喷雾，每15天喷1次，共2～3次即可。

（3）黑斑病（*Marssonina brunnea*）和灰斑病（*Coryneum populinum*）

这两种病害5月初开始发生，夏、秋最盛。防治方法：发病初期喷施代森锌次氯化铜或波尔多液，每隔10～15天喷洒1次，共喷5～7次。

（4）叶枯病（*Alternaria alternata*）

防治方法参见毛白杨。

（5）腐烂病（*Valsa sordida*）和溃疡病（*Dothiorella gregaria*）

防治方法：在种植前，用好润、禾甲安、溃腐灵等杀菌剂溶液浸泡苗木12h，能起到杀菌、提高树木抵抗力的作用。在孢子扩散期，在主干上喷洒波尔多液、退菌特、代森铵或多菌灵。

2. 主要虫害及防治

（1）食叶害虫

以幼虫危害叶部的有舞毒蛾（*Lymantria dispar*）、杨毒蛾（*Lymantria candida*）、杨双尾舟蛾（*Cerura menciana*）、杨扇舟蛾（*Clostera anachoreta*）、黄刺蛾（*Cnidocampa flavercens*）、杨枯叶蛾（*Gastropcha populifolia*）、杨白潜蛾（*Leucoptera susinella*）、杨潜叶甲（*Zeugophora scutellaris*）、杨黑点叶蜂（*Pristiphora conjugata*）、杨潜叶叶蜂（*Messa taianensis*）及杨吉丁虫（*Buprestis confluenta*）。以成虫危害叶部的有杨梢叶甲（*Parnops glasunowi*）、苹果卷叶象（*Byctiscus princeps*）、梨卷叶象（*Byctiscus befulae*）、大青叶蝉（*Cicadella viridis*）及黑绒金龟（*Serica orientalis*）。幼虫、成虫都危害叶部的有杨叶甲（*Chrysomela populı*）和杨蓝叶甲（*Agelastica alni*）等。

防治方法：在成虫羽化前，可在树干基部捆扎塑料薄膜或贴宽胶带，或喷高效氯氰菊酯触破式微胶囊剂溶液、涂溴氰菊酯乳油毒环毒杀，阻止其上树交配产卵，即可防止其幼虫食叶危害。

（2）蛀干害虫

欧美杨的蛀干害虫主要有白杨透翅蛾（*Paranthrene tabanifomis*）、天牛类害虫、木蠹蛾

（*Cossidae*）等。

白杨透翅蛾（*Paranthrene tabanifomis*）防治方法参见毛白杨。

光肩星天牛（*Anoplophora glabripennis*）光肩星天牛在我国不同地区生活史存在一定差异，主要1年发生1代，少量如在陕西2年发生1代。除成虫外，其余虫态均能在树干内越冬。幼虫孵化后啃食树皮下韧皮组织，逐渐向内横向取食至木质部，并在木质部内蛀成不规则的“S”形或“U”形坑道，严重阻碍养分和水分的输送，影响树木的生长，使枝干干枯，甚至全株死亡；成虫羽化后，以嫩枝皮、树叶、叶柄为食补充营养。防治方法：可采用人工捕捉成虫、锤击卵粒和幼虫、辐射不育、高压电击、采伐受害树等方法进行防治；采用化学药剂熏蒸或插入排粪孔杀灭幼虫，在成虫活动期喷洒相关药剂杀灭成虫；保护和利用大斑啄木鸟、管氏肿腿蜂、赤腹茧蜂、花绒坚甲等天敌；营造混交林和适时改造纯林。

星天牛（*Anoplophora chinensis*） 星天牛在我国主要为1年发生1代，在山东等地2年发生1代，在福建也有3年发生2代的情况。以幼虫在被害寄主木质部内越冬，于翌年3月以后开始活动，4月化蛹，4月下旬至6月成虫羽化。以幼虫蛀食干基部、树根，被害处常堆积有木屑状的排泄物。成虫羽化后，取食细枝皮层和叶片。防治方法：可以采取及时伐除枯折树木、在成虫盛发期人工捕杀成虫、在产卵盛期刮除虫卵、锤击幼龄幼虫等方法防治；在星天牛雌虫产卵的常见部位喷涂化学药剂灭杀雌虫；采用苦楝树和银糖槭作为饵树诱集星天牛；保护和利用天敌，包括蚂蚁、花绒寄甲和川硬皮肿腿蜂；采用白僵菌、病原线虫、芜菁夜蛾线虫和蠢蛾线虫防治。

木蠹蛾（*Cossidae*） 防治方法：可用硫磷乳油、乐果乳油、溴氰菊酯、氰戊菊酯喷雾毒杀；对已蛀入干内的中、老龄幼虫，可用敌敌畏、马拉硫磷乳油、氰戊菊酯乳油或乐果乳油溶液注入虫孔毒杀；开春树液流动时，在树干基部钻孔灌入35%甲基硫环磷内吸剂原液，方法是先在树干基部距地面约30cm处交错打直径10～16mm的斜孔1～3个，按每1cm胸径用药1.0～1.5mL，将药液注入孔内，用薄农膜或湿泥封口。

七、材性及用途

欧美杨木材淡黄褐色或黄褐色，纹理直，年轮明显。晚材带宽，均匀，色较深；早材带窄，略带白色。木材气干密度0.395～0.450g/cm^3，物理力学性质中等。木材易干燥，加工性能良好，刨、锯、旋切容易，不起毛，油漆及胶黏性能良好。欧美杨木材用途很广，可作建筑、家具、包装箱、火柴杆等用材，也可作为中密度纤维板、胶合板、细木工板及包装材原料。对北京市顺义地区3种5年生欧美杨的材性测定表明：美杨品系树种的综纤维素含量都比较高（80%以上，最高达85.89%），木质素含量平均为22.33%；纤维长度在1.00mm左右，纤维宽度平均值20.88μm，长宽比最高为54；碱性亚硫酸盐-蒽醌制浆（AS-AQ）粗得浆率在50%以上。这说明欧美杨作为纸浆材原料，5年生时木材性能完全满足制浆造纸工艺需要。12年生欧美杨纤维的平均长度为1.0～1.2mm，长宽比大于50，壁腔比为0.50左右，综纤维素含量超过80.0%，木质素含量在20.0%左右，硝酸-乙醇纤维素含量接近50.0%，苯醇抽提物含量为1.70%，灰分含量为0.15%～0.31%。从其纤维形态以及化学组成来看，欧美杨是制浆造纸的优良原料。

欧美杨具有早期速生、适应性强、分布广、易繁殖、造林成活率高、分枝角度小、树冠较窄、枝细等特点，因而广泛用于我国长江以北地区工业用材林建设，也是防护林和四旁绿化的主要树种。另外，其抗烟和抗污染能力强，还是环境污染治理、矿山修复的绿化造林树种。

（黄秦军，苏晓华，丁昌俊）

71 大叶杨

别　名 | 水冬瓜（湖北、四川）
学　名 | *Populus lasiocarpa* Oliv.
科　属 | 杨柳科（Salicaceae）杨属（*Populus* L.）

大叶杨是我国特有的乡土树种，树形高大、美观，树干灰白、端直，是很好的城镇街道园林绿化树种。其木材材质细致轻软，是良好的建筑、造纸、家具等优良用材；树皮含鞣质，可提制栲胶，是良好的工业原料。该树种有一定的耐寒能力，是培育山地杨树的潜在优良育种材料。

一、分布

大叶杨是我国特有树种，主要分布在湖北、四川、陕西、贵州、云南等省份，以鄂西和川东林区为多，黄河中下游为其适生分布区，垂直分布在海拔600～3500m。

二、生物学和生态学特性

乔木，高达20m以上，胸径0.5m。树冠塔形或圆形。树皮暗灰色，纵裂。枝粗壮而稀疏，黄褐色，有棱脊。花期4～5月，果期5～6月。

大叶杨为喜光树种，耐阴性较差，喜温凉气候，分布区年平均气温8～16℃，年均降水量600～1600mm。对土壤要求不严，黄壤、山地黄壤、沙壤土等土壤上均能生长，但喜深厚、肥沃、湿润的土壤，在沟边、河边、道路两旁、院落周边生长良好。天然林木主要生长在山坡、沿溪林中或灌丛中。

大叶杨生长迅速，在适生环境中，25年生树高可达20.5m，胸径达27.6cm。生长期内，树高连年生长量达0.36～1.69m，平均生长量达0.82～1.51m，6～9年生是树高生长旺盛期，10～15年生为树高生长减缓期，15年生后是稳定期；胸径连年生长量达0.70～1.65cm，平均生长量达1.00～1.43cm，6～9年生是胸径生长旺盛期，10～18年生是生长减缓期，19年生后是胸径生长稳定期（蒋小林等，2015）。

大叶杨果序（贾晨摄）

大叶杨枝叶（贾晨摄）

大叶杨叶背（贾晨摄）

三、苗木培育

大叶杨育苗主要以扦插育苗和嫁接育苗为主，播种育苗很少，现将无性繁殖方法介绍如下。

1. 扦插育苗

穗条选择 穗条的质量关系着扦插育苗的成活效果。采集穗条时，应选择优树上的1年生健壮、无病虫害枝条，或者选1年生的苗干。采集时间可以在春季枝条萌动前或者秋、冬季苗木休眠时，秋、冬季采条可用湿沙窖藏保存。

插穗处理 扦插前，对插穗进行适当处理可提高繁殖系数和成活率。插穗长度10～12cm、粗度1.0～1.5cm，保留1～2个健壮侧芽，每30～50根一捆，穗条方向一致，捆扎整齐，方便药剂溶液浸泡处理。插穗上切口为平口，下切口为斜切口或平口。

扦插方法 春季采集的穗条，可按规格截制后直接扦插；秋、冬季采集的穗条，由于长时间放置，会流失水分，在扦插前可用清水浸泡1～2天，使用生根剂溶液浸泡或蘸取生根粉处理穗条。为防治病害，可用50%多菌灵可湿性粉剂300倍液或70%代森锰锌500倍液蘸插穗后扦插。扦插时间一般在3～6月，株行距根据培育苗木的要求而定，一般为10cm×20cm或20cm×20cm。苗圃地应选择土壤疏松、地势平坦、肥沃、有机质丰富、排灌良好的地块，土壤以沙壤土为好。

抚育管理 扦插后立即灌水，促使穗条与土壤密接；生长前期保证土壤水分含量，生长后期要控制水分，以促进苗木木质化。插穗萌发新枝后，保留一个健壮新枝，及时除萌。在苗木速生前期和中期可施速效氮肥、钾肥，以提高苗木生长量。苗圃除草以“除早、除小、除了”为原则，避免杂草与苗木竞争土壤养分和水分。

2. 嫁接育苗

嫁接砧木一般选择1年生山地杨[美洲黑杨（*Populus deltoides*）与辽杨（*Populus maximowiczii*）的杂种]的扦插苗或者苗干，粗度1～2cm，生长健壮、无病虫害。选择1年生大叶杨枝条中部生长健壮、发育饱满的芽作接芽。嫁接方式采用芽接法，嫁接时间可在6月中旬至9月中旬。嫁接后及时进行除草、除萌、解绑、浇水、追肥和病虫害防治等苗期管理。1年生壮苗可出圃造林。

3. 组培育苗

华中农业大学对大叶杨组培快繁体系的研究（彭言劼等，2015）结果显示：组培育苗时，以大叶杨幼嫩的带腋芽茎段为外植体，应用0.1mg/L NAA + 0.1mg/L 6−BA培养基作为最适腋芽诱导培养基，腋芽萌发率达到100%；使用0.1mg/L NAA+ 2.0mg/L 6−BA培养基作为最适增殖培养基，增殖系数为4.0；使用0.1mg/L NAA+0.2mg/L IBA培养基作为最适生根培养基，生根数为4.0条，根系平均长度4.7cm。该组培方式能培养出根系粗壮、分枝发达的植株，经炼苗、移植可成为健壮的造林苗木。

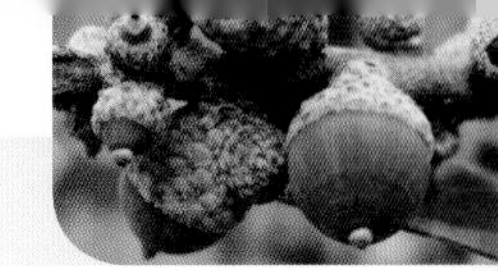

四、林木培育

造林地应选择地势平坦、土壤深厚、排灌条件良好的山谷、河滩冲积土或沙壤土地带，或者土层深厚、疏松、湿润的四旁地。造林地整地可根据造林地的地势、地形而定，在立地条件较好的地方（如新废耕地或新皆伐迹地）采用穴状整地，在立地条件较差的地方（如荒山、荒地）采用带状整地。穴状整地规格40cm×40cm×30cm或60cm×60cm×40cm；带状整地带宽0.6～1.0m，带间距3～4m。

大叶杨造林一般采用植苗造林，选择1年生壮苗，造林密度可根据培育目标、经营方式来确定，一般为2m×3m、3m×4m或4m×5m，每公顷造林500～1650株。造林后的前3年每年开展2～3次除草、松土、施肥等幼林抚育管理。林分一般在6～9年生时初次郁闭，此时可开展第一次间伐，在15～18年生时进行第二次间伐，25～30年生时进行主伐。

五、主要有害生物防治

大叶杨在生长期易发生蚜虫、蛀干害虫和叶锈病等病虫危害。防治方法：①苗期发生蚜虫危害时，可用化学防治。②出现蛀干害虫危害时，可用棉花浸泡化学药剂塞入虫孔中，然后用泥巴封闭虫孔，通过熏蒸杀死树干内幼虫。③叶锈病的防治，可在发病初期每15天喷1次0.3～0.5波美度的石硫合剂或敌锈钠200倍液，或65%可湿性代森锌250倍液，共喷3次。

大叶杨树体（贾晨摄）

六、材性及用途

大叶杨的木材材质细致轻软，气干密度0.38g/cm^3，抗压强度34.5MPa，抗弯强度61.2MPa，端面硬度3560N，是良好的建筑、造纸、家具等用材。

（辜云杰，贾晨，罗建勋）

72 胡杨

别　名 | 水桐（内蒙古）、胡桐（古代习称）、异叶杨（古代习称）
学　名 | *Populus euphratica* Oliv.
科　属 | 杨柳科（Salicaceae）杨属（*Populus* L.）

胡杨是中国西北、中亚和西亚荒漠半荒漠地区天然分布的最重要的乔木树种，也是我国三北防护林工程体系的重要组成部分。胡杨极喜光、耐高温、耐盐碱、耐气候干旱和抗风沙，对于稳定荒漠地区的生态平衡、防风固沙、调节绿洲气候和形成肥沃的森林土壤具有十分重要的作用。胡杨林是我国西北干旱地区极其珍贵的森林资源与环境资源，它不仅为荒漠地区农牧业的发展提供天然屏障，而且是优良的四季牧场和野生动物栖息地，是当地人民生活和生产不可缺少的物质基础。

一、分布

胡杨属杨属胡杨派，分胡杨（*P. euphratica*）、灰胡杨（*P. pruinosa*）和肯尼亚胡杨（*P. ilicifolia*）3个物种。我国胡杨林分布在新疆、内蒙古、甘肃、青海和宁夏，90%以上的胡杨林面积集中在新疆（王世绩等，1995）。其中，塔里木盆地有着最大的胡杨和灰胡杨原始天然林（李志军等，2003）。胡杨垂直分布范围广，在我国分布于海拔800～1100m，上限可到2400m，在国外分布于哈萨克斯坦、蒙古、俄罗斯（中亚部分和高加索）、埃及、叙利亚、印度、伊朗、阿富汗、巴基斯坦等地的荒漠地区，具有地域跨度大、分布不连续性和沿河流两岸呈走廊状分布的特点。

二、生物学和生态学特性

落叶乔木，稀灌木状，树高可达15m。雌雄异株。花期5月，果期7～8月，花果物候期属杨树中最长。胡杨主要靠种子繁殖，插条繁殖较为困难。实生苗8～10年生开始开花结果，15～30年生达到结实盛期，寿命最长可达150年左右。影响胡杨生长发育和繁殖的主要因素是地下水位、土壤水分和土壤盐分的变化。种子成熟后，于湿润的土壤有望成苗，同样湿润条件下，幼苗逐步形成其适应干旱和抗盐的能力。有研究指出，胡杨可能通过上调与离子转运相关的基因，以及增加维持内稳态相关的基因拷贝数响应或适应高盐胁迫（Ma et al.，2013）。立地条件不良的林分，种子繁殖有限，根系萌蘖是其主要繁殖方式。地下水位3～7m的天然居群，生长发育不良，种子繁殖和营养繁殖均很低；而地下水位在1.5～2.5m的居群，生长正常，花果产量高（李志军等，2003）。

三、良种选育

相对于其他杨树树种，胡杨的良种选育研究比较少，仅在优树选择、种源选择和种间杂交方面做了一些初步的工作。在国内，周林元（1982）曾开展胡杨的优树选择工作，提出了优树选择的标准和三因子方法；孙雪新和韩泽民（1992）在对甘肃胡杨全面考察的基础上，以三因子法为主，结合形质指标进行综合评分，选出19株优树。在国外，摩洛哥从20多个无性系中选出2个对土壤盐渍化适应性较强的无性系品种‘MA-241’和‘MA-261’；巴基斯坦从辛德省的7个地点选出树高生长量最大的种源‘T-1’和直径生长量最大的种源‘T-6’（王世绩等，1995）。在杂交育种方面，一些学者试图通过杂交育种引进青杨派或黑杨派杨树的基因，

新疆维吾尔自治区轮台县胡杨林（张建国摄）

新疆维吾尔自治区若羌县塔里木盆地沙地胡杨林（张建国摄）

新疆维吾尔自治区巴楚县灰胡杨林（张建国摄）

新疆维吾尔自治区尉犁县塔里木河流域胡杨林（张建国摄）

以改善胡杨无性繁殖困难的问题，取得了一些进展。

四、苗木培育

1. 播种育苗

播种育苗是胡杨繁殖的主要方式。

（1）种子采集

种子的成熟盛期因气候条件而异。6月下旬至8月上旬，当蒴果开始呈乳黄色且有部分蒴果开裂时，即可剪取果穗。将果穗堆放于通风干燥的空房阴凉处，当果壳变脆即可脱粒，种子及时存放于0～5℃的冰箱保持活力。

（2）整地及播种

苗圃地应建立在土壤含盐量不高于0.3%的沙壤和壤土地块。土壤要消毒、施肥，然后开沟起垄，沟距1m，沟深25～30cm。播种前先用冷水浸种2h，然后用0.1%～0.5%高锰酸钾溶液浸泡1～20min，用清水洗净后，再浸水8h。浸泡好的种子可混以10～15倍的干细沙或过筛的风化煤，当垄沟中的水落到垄高2/3处时，将种子播在水线以上3～13cm宽的播种带上，无需覆土。贮存的种子可在5月上中旬播种，播种量为0.3～0.5kg/亩；当年采的种子在6月中旬至7月上旬播种，播种量为1.0～1.5kg/亩。

（3）播后管理

播种后10天内垄沟内始终保持有水，但灌水不能高于播种带；播后10～15天改为每隔1～2天灌水1次。播种1个月后开始施肥，每亩施尿素

4.5kg，每周施1次，至9月中旬停止。胡杨苗期要注意防治锈病和木虱，及时松土除草和间苗，防止苗木密度过大。

2. 扦插育苗

扦插育苗包括硬枝扦插和嫩枝扦插两种方式。

（1）硬枝扦插

种条采集时间一般在2月，4月中下旬进行扦插。种条生根外用激素处理一般采用吲哚丁酸、萘乙酸（NAA）、ABT生根粉、2,4-D、腐殖酸等生长调节剂。报道用浓度100mg/L的ABT生根粉浸泡6h的催根效果较好。ABT生根粉处理后，采用温室电热催根扦插育苗，育苗成活率可达80%，出圃率达90%（蒋军，2013）。

（2）嫩枝扦插

扦插时间6月中下旬，随采随插。用生长调节剂处理插穗能显著提高成活率，插穗下端1.0～1.5cm速蘸用滑石粉调成糊状的150mg/L IBA后立即扦插，成活率达86%（王大为和刘克彪，2015）。

3. 嫁接育苗

嫁接是解决胡杨无性繁殖困难的有效方法之一。嫁接时间为4～9月，以8月中下旬为最宜。嫁接砧木为新疆杨（*Populus alba* var. *pyramidalis*）、二白杨（*Populus gansuensis*）、柳树（*Salix* sp.），采用芽接、劈接和套接方法，以舌形芽接效果较好，成活率可达到80%以上。

五、林木培育

1. 立地选择

胡杨具有很强的耐盐碱、耐水淹等特征，但在荒漠、半荒漠地区立地上造林难度非常大。造林地应选择土层深厚、地势平缓、排水良好、灌溉方便或有水源保证的土地，选择1m土层内含盐量低于1%、地下水位在1.0～1.5m的沙壤土为好。如果在土壤含盐量高、土质黏重和积水立地上栽植，需要通过脱盐、深翻混合河沙、挖排水沟等措施改善土壤理化性质。

2. 整地

整地后再开沟作垄。整地要深耕细整、地平土碎，整地深度22～25cm，耙净草根杂物。可采用机械开沟起垄，沟底间距0.8～1.2m，垄高30～35cm，呈屋脊形；垄坡应平缓，土块要细碎。

3. 栽植

采用植苗造林和直播造林，造林季节为春季。

（1）植苗造林

通常采用平畦或浅沟栽植，栽植深度应比原土印深3～5cm。若土壤表层含盐量高或地形起伏，宜采用50～80cm深沟栽植。植树坑规格根据苗木大小、土壤质地和肥力而定。2年生苗的植树坑以40cm×40cm×50cm为宜，3年生苗以50cm×50cm×50cm为宜。如造林地土壤质地黏重和板结，植树坑应适当加大。造林密度见表1。

表1 不同立地下胡杨造林密度与采伐年龄

地 区	立地条件	造林密度（株/hm²）		主伐保留株数（株/hm²）	采伐年龄（年）
		不间伐	间伐		
新疆荒漠区	Ⅰ类	2050～3300	3300～4950	165～2700	30～40
	Ⅱ类	3300～4950	4950～6600	2700～3300	
	Ⅲ类	4950～6600	6600～10005	3300～4950	
北疆、甘肃、内蒙古、半荒漠及荒漠区	土壤较好	3300～4950	4950～6600	2700～3300	30
	土壤一般	4950～6600	6600～10005	3300～4950	

注：Ⅰ类立地条件为轻度盐渍化草甸土，土壤肥厚；Ⅱ类立地条件为轻度盐渍化荒漠土，土壤肥力中等；Ⅲ类立地条件为盐化荒漠土，盐碱重、较瘠薄，需改良。本表改自王世绩等（1995）。

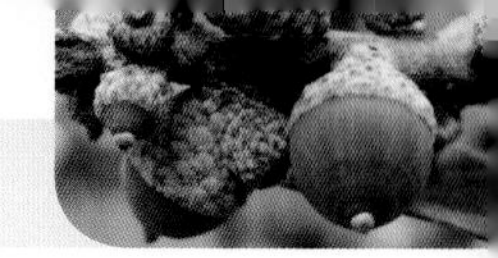

（2）直播造林

直播造林选择盐碱较轻、水分充足的立地，其方法与播种育苗方法相同。秋末或翌年春季间苗，株行距1m×1m。造林实践中，插穗直播造林有较好的效果，即在盐碱地上用犁开沟，灌足底水，在沟的两侧按一定的株距将成熟的胡杨果穗插入沟的两侧，让其自然落种，成活率可达80%以上。

4. 抚育管理

胡杨的幼林抚育管理与其他杨树相同，但在修枝整形方面有其特殊性。1～3年生植苗造林的幼林，除竞争枝外，一般不进行修剪。幼林修剪强度宜轻不宜重，修枝高度以不超过树高的1/3为宜。立地条件较好的幼林，由于生长势旺，修剪强度可适当大一些；沙地或重盐碱地的幼林，一般不修剪。修剪季节以春季或夏季为好，这时修剪的伤口愈合快，不易造成“伤流”。直播造林2年后按植苗造林的株行距进行间苗，每公顷留苗2500～6600株。

5. 间伐

植苗造林8年后可进行一次间伐，间伐时间应在冬季。间伐强度根据立地条件的差异而不同，详见表1。直播造林林分7～8年后间伐一次，间伐时间及强度同植苗造林，主伐年龄同植苗造林。

6. 更新复壮

胡杨次生林或单株，可采取萌芽更新、封滩育林以及人工促进天然更新等措施进行更新复壮。萌芽更新方法有如下3种。

挖桩 对衰老胡杨林，可采用人工挖桩或机械除桩，利用桩坑周围的萌条，培育成新林。作业时间应在晚秋至早春，以早春更佳。

断根 对郁闭度在0.3以下的胡杨残次疏林，可在离树根1.5m处挖环状沟，切断林木水平根，使断根外露，萌蘖成苗。断沟深度0.5～0.7m，沟宽0.3～0.4m。作业时间同上。

伐桩 对于干形差、木心已腐的中幼龄林，可采用桩萌更新，伐桩高度不超过10cm。

六、主要有害生物防治

1. 春尺蠖（*Apocheima cinerarius*）

防治方法参见槐树。

2. 异叶胡杨个木虱（*Egeirotrioza* sp.）

异叶胡杨个木虱又称胡杨瘤枝木虱，属同翅目木虱科，是胡杨苗期及幼树的主要害虫。防治方法：注意保护瓢虫、草蛉、益蝽等天敌；选用2%速灭杀丁、2.5%敌杀死、40%乐果溶液施药2～3次，每隔25天一次；对1年生幼苗于8～9月施药，2年生苗木从5月下旬开始施药，定植1～3年的胡杨林于6月中旬至7月下旬施药（王世绩等，1995）。

3. 胡杨锈病

病原菌属担子菌亚门栅锈菌科的粉被栅锈菌（*Melampsora pruinosae*），多发生在2年生苗木。应加强检疫，对进出苗圃的苗木实施严格检疫；适当稀植，及时抹芽，打杈和创造良好的通风条件；及时清除病叶、病枝及病残体；发病初期针对性地喷药杀菌。

七、材性及用途

胡杨是我国西北地区重要的防护林树种，具有防风固沙、防浪护岸、阻挡流沙移动等作用，也是荒漠地区重要的生态树种，在创造适宜的绿洲气候和形成肥沃的土壤等方面起重要作用。胡杨还具有园林绿化用途，树形优美，是优良的行道树、庭园树树种。其木材纹理直，材质较轻软，结构细而均匀，易切削加工，但切面易起毛；耐水抗腐，具有较好的物理力学性质，可作为建筑构件、家具、农具、造船、乐器等用材。胡杨树叶富含蛋白质和盐类，是牲畜越冬的上好饲料；胡杨木材的纤维长，是造纸的原料，枯枝则是上等的燃料。

（曾艳飞，张建国）

附：胡杨类杂交种

‘辽胡1号杨’

别　名｜‘辽胡耐盐1号杨’‘小胡23’
学　名｜*Populus simonii* × *Populus euphratica*
科　属｜杨柳科（Salicaceae）杨属（*Populus* L.）

‘辽胡1号杨’是辽宁省杨树研究所李驹等1998年在本单位杂交种小胡杨试验林内选育的自然授粉的抗盐碱复合杂种，在三北地区滨海和内陆的轻至中盐碱地区推广，可用于盐碱地生态和环境的绿色治理和木材生产。

一、分布

已经在黑龙江、吉林、辽宁、内蒙古、甘肃、宁夏等地栽植，可适生于三北内陆和滨海轻、中度盐碱（含盐量0.2%～0.4%，pH 7～9）地区。

二、生物学和生态学特性

雌株。树干通直圆满。树皮白灰色。树枝与主干成45°～60°。树冠塔形。叶形较小，呈狭菱形，先端渐尖，基部楔形，角度可达140°左右。‘辽胡1号杨’能在含盐量0.5%以下的地块中正常生长，在新民内陆盐碱试验林，脱盐后，树高、胸径、材积和生物量分别为对照种‘小美旱’的123%、140%、240%和256%。

三、良种选育

‘辽胡1号杨’选育始于1963年的小胡系杨树育种，首先以小叶杨母本花粉提取液处理母本柱头的方法克服了小叶杨×胡杨杂交不可交配性的困难，获得了前人未获得的母本型和父本型两种类型杂种，再以小叶杨×胡杨母本型（♀）为桥梁树种与其他杨树进行复合杂交，获得了速生、耐盐碱杂交无性系，经对各组合优良无性系进行品种比较和评选后，在20个优良无性系中，选出了最优的5个无性系，并定为速生、耐盐碱杨树新品种。其中‘辽胡1号杨’是小叶杨×胡杨的自然杂交种，在中盐碱地上，较当地适生树种‘小美旱’表现出了明显的优势，18年生树高、胸径和平均单株材积分别为对照种‘小美旱’的

辽宁省杨树研究所杨树资源保存圃‘辽胡1号杨’树干（蔄胜军摄）

辽宁省杨树研究所杨树资源保存圃‘辽胡1号杨’整株（茼胜军摄）

123%、140%和256%。该种适生于三北地区轻、中度盐碱地（王胜东和彭儒胜，2015）。

四、苗木培育

‘辽胡1号杨’为易生根和抗性强的品种，采用常规硬枝扦插，圃地选轻盐碱地较好。培育方法同辽宁小钻杨。

五、林木培育

造林选轻、中度盐碱地（0.2%～0.4%）为好。在造林过程中辅以土壤改良措施，在地下水位高于树木生长的安全地下水位的地点与季节或年份，应有相应的台田工程并合理施肥，解决土壤中必要元素缺乏及生理贫瘠与自然缺肥问题，以提高造林成活率，确保幼林正常生长。

林木培育方法同辽宁小钻杨。

六、主要有害生物防治

1. 腐烂病（*Valsa sordida*）

防治方法主要是在种植前，用好润、禾甲安、溃腐灵等杀菌剂溶液浸蘸苗木，能起到杀菌、提高树木抵抗力的作用。在孢子扩散期，在主干上喷洒波尔多液、退菌特、代森铵或多菌灵。

2. 溃疡病（*Botryosphaeria dothidea*）

溃疡病主要发生在树干的中下部。病菌由皮孔侵入，形成水浸或水泡型病斑，病部韧皮部腐烂坏孔，可深达木质部，严重时病斑密集连片，造成植株生长不良甚至死亡。早春喷1遍甲基托布津溶液，秋、冬季进行树干基部涂白。在4～5月和8～9月这两个发病高峰期，如果发现感病植株，应及时用强力苯菌灵或甲基托布津溶液涂干，15天后再涂1遍；对已经死亡的树木，要挖出，清出林地，并进行土壤消毒，防止病菌扩散。此外，加强栽培管理，促进健康生长，能有效地控制该病。

七、材性及用途

木材特性与群众杨相似，可用作民用建筑、包装、胶合板、纤维、造纸等原材料。

（王胜东，茼胜军，彭儒胜）

‘辽胡2号杨’[（*Populus simonii* × *Populus euphratica*）× *Populus nigra*]

辽胡2号杨是辽宁省杨树研究所1998年通过小胡杨与欧洲黑杨人工杂交获得的复合杂种。雄株。树干圆满通直。树枝与主干成40°～50°。树冠长六角形。叶形较小，近三角形，叶尖拧扭状，基部广楔形。该种适生于辽宁内陆和滨海盐碱地区。能在含盐量0.5%以下的地块中正常生长。在新民内陆盐碱试验林，脱盐后，其树高、胸径、材积和生物量分别为对照种‘小美旱’的110%、126%、175%和169%。该种适生于三北地区轻、中度盐碱地区（王胜东和彭儒胜，2015）。

（王胜东，茼胜军，彭儒胜）

‘小胡杨-1号’（*Populus simonii* × *Populus euphratica*-1）

‘小胡杨-1号’是1974年选用当地抗逆性较

辽宁省杨树研究所杨树资源保存圃‘辽胡2号杨’树干（茼胜军摄）

辽宁省杨树研究所杨树资源保存圃‘辽胡2号杨’林相（茼胜军摄）

强的乡土树种小叶杨作母本，巴盟乌拉特前旗水桐树林场天然生长的胡杨为父本，在通辽市林业科学研究所温室内进行切枝水培人工杂交选育出的新品种。该品种为雄株，具有抗干旱、耐盐碱、无性繁殖容易、比亲本生长快等优良特性。在干寒地区栽培能生长于沙壤土及轻度盐碱地，在常规的栽培管理条件下，在轻壤土地8年生平均树高7.83m，平均胸径7.03cm，根系分布在15～45cm深土层。该品种适合三北地区沙壤土地及轻度盐碱土地绿化造林。其木材轻软、细致，利于加工利用，可用于造纸等。

‘小胡杨-1号’为雄性无性系。树干通直圆满。分枝＜45°。树冠塔形。干皮灰暗绿色，4～5年生后出现纵向浅裂状，枝痕呈三角形和半圆形。当年生苗木及萌生叶狭披针形；大树叶形类似胡杨，异叶形，短枝叶为卵形、广椭圆形、椭圆形，叶长3.5～6.0cm，叶宽2.4～3.0cm，叶柄长1.4～3.3cm。展叶期一般在5月初。9月下旬枝条生长封顶后逐渐落叶。对自然条件的适应能力较强，特别是遇到气候发生异常（干旱）变化的年份，同样能保持良好的生长发育。盐碱土上pH 9.21～9.58地块3年生平均高2.21m、胸径3.30cm。可采用萌条扦插育苗，常规扦插成活率67%以上（杨宏伟等，1984）。

（付贵生，姜鹏）

内蒙古自治区通辽市科左后旗查金台牧场‘小胡杨-1号’（姜鹏摄）

内蒙古自治区通辽市科左后旗查金台牧场‘小胡杨-1号’防护林林相（姜鹏摄）

‘密胡杨2号’

别　名 | ‘密胡杨’‘胡杂’

学　名 | *Populus talassica* Kom. × *Populus euphratica* Oliv.

科　属 | 杨柳科（Salicaceae）杨属（*Populus* L.）

‘密胡杨2号’是新疆林业科学院与吉木萨尔县林木良种试验站经30余年辛勤研究选育出的人工杂交种。该品种抗盐碱、抗寒、抗旱、耐瘠薄、抗风沙、耐高温，生长快、干形通直、材性优良，秋叶金黄，是新疆等干旱区，特别是盐碱区等困难立地生态环境建设、绿化美化的优良景观林、用材林和防护林树种。

一、分布

已经在新疆南北疆、甘肃河西走廊、内蒙古、陕北等地栽培。在极端低温-42.0℃、极端最高温 42.9℃、年平均降水量30～600mm的地区正常生长。

二、生物学和生态学特性

雄株，树干通直。树形多为倒圆锥形，树皮白青色、光亮。侧枝似胡杨多而细弱。叶色较胡杨深绿。叶形似胡杨，为异形叶，下部为线形、披针形，中部渐变为狭长桃叶形、长卵圆形，上部渐变为圆形；10月后，叶色渐变为金黄色。抗盐碱性强，可与胡杨媲美，3年生以上大苗在总盐0.24%、pH 9.46的土壤中可正常生长。'密胡杨2号'为同等条件下胡杨生长量的2.6倍、材积量的2.2倍；年均高生长量为162.1cm，10年生树高9～12m，胸径13～16cm。主根发达、须根多，苗木繁殖容易，抗旱，造林较胡杨成活率高。耐瘠薄、抗风沙，在含有30%土壤的沙漠戈壁，不用换土生长正常。

新疆维吾尔自治区阿拉尔市盐碱地防护林'密胡杨2号'4年生树（张东亚摄）

新疆维吾尔自治区阜康市北部戈壁重盐碱地防护林'密胡杨2号'14年生树（张东亚摄）

新疆维吾尔自治区阜康市北部戈壁重盐碱地防护林'密胡杨2号'14年生树秋景（张东亚摄）

三、良种选育

1975年开始人工杂交育种工作，1980年成功获得杂种种子。以抗盐力、无性繁殖力、生长量、形态等为主要评价指标，2008年选育出胡杨（♂）×密叶杨（♀）的2个优良品种（系），2009年通过新疆林木良种审定委员会审定，命名为'密胡杨1号''密胡杨2号'。

四、苗木培育

密胡杨是极易生根的品种，采用硬枝扦插生根率达90%～92%，嫩枝扦插生根率高达93%～95%。培育方法同新疆杨。

五、林木培育

集约造林株行距参考（2～4）m×（4～6）m，防护林造林株行距参考（2～3）m×（3～4）m。选择地下水位1.5m以下的造林地。土壤含盐在0.13%以内，可以直接用裸根苗栽植；土壤含盐在0.13%～0.24%，选择3年生以上大苗或者带土球苗木栽植为好。在和田塔克拉玛干沙漠移栽成活率为91.2%，需要滴灌条件，生长期间合理施肥，确保树木正常生长。林木培育方法同新疆杨。

六、主要有害生物防治

主要有春尺蠖、白杨透翅蛾、锈病，防治方法同新疆杨。

七、材性及用途

材性优良、细密坚实，纤维长且顺直。可用作民用建筑、包装、胶合板、纤维、造纸等原材料。

（张东亚，陈同森，张富玮）

73 旱柳

别　名｜柳、柳树、江柳、河柳、红皮柳

学　名｜*Salix matsudana* Koidz.

科　属｜杨柳科（Salicaceae）柳属（*Salix* L.）

旱柳为落叶乔木，高可达20m，较粗壮。树冠呈广圆形，枝直立或斜展。根系发达，抗风能力强，生长快，易繁殖，低湿地常有小片天然林。以扦插和埋干繁殖为主。旱柳是北方平原地区重要的速生用材树种，营造农田防护林及水土保持林的重要树种，也是较好的防沙林、护田林、护岸林、行道树和城市绿化树种。木材可供建筑、家具、造纸、制火药等用。

一、分布

主要分布于黄淮流域一带，华北、华东、东北、中南各地，西北平原地区及四川等省份均有分布。垂直分布可达1600m。在北方有些河流两岸的滩地和低湿地常有小片天然林。

二、生物学和生态学特性

乔木，高可达20m，胸径可达80cm。枝条直立，较粗壮。叶披针形或阔披针形，长4～10cm，宽1.0～1.5cm，边缘有细锯齿。雄花序长2～3cm，宽1cm。雌花序长2.0～2.5cm，宽0.6～0.8cm。雄蕊2枚，花丝分离，背、腹各有1个腺体，棒状或盾片状。子房长椭圆形，无毛，花柱较短，近无柄，背腹面各有1个腺体。喜光，耐寒，湿地、旱地皆能生长，但以湿润而排水良好的土壤上生长最好；根系发达，抗风能力强，生长快，易繁殖。

有2个变种：龙爪柳，枝条卷曲；馒头柳，分枝开阔，树冠为广半圆球形（涂忠虞，1982）。

三、良种选育

1.‘苏柳172’（*Salix×jiangsuensis* ‘J172’）

‘苏柳172’是垂白柳（*S. babylonica×S. alba*）（阿根廷）与漳河旱柳（*S. matsudana* f. *lobatoglandulosa*）（山西黎城）的人工杂种（涂忠虞和潘明建，1987），由江苏省林业科学研究院于1987年育成，2010年通过江苏省良种审定。雌株，乔木。树皮墨绿色，树干通直，冠形为圆柱形，冠幅2.5m，树高可达18m；叶片阔披针形，长7.5～10.3cm，宽1.6～2.2cm，长宽比为4.6～5.1。叶缘锯齿状，初生叶为嫩绿色，正面有绒毛，叶柄长1cm，灰绿色，托叶3片，半透明，侧脉6～7对；叶芽黄绿色，长0.7cm，枝为土黄色。圆柱形花序，花序长2.2cm，宽0.5cm，花梗长0.2cm，托叶为2～3片，柱头2裂，子房长圆卵形，苞片卵形，有短毛，嫩黄绿色，子房柄近无，花柱较短。‘苏柳172’抗旱、抗涝性强，适宜营建纸浆

江苏省淮安市洪泽区林柴场柳树良种‘苏柳172’大径材用材林（施士争摄）

林，其木材具有易打浆、成纸性能好、细浆得率高等优点。

2.‘苏柳795’（*Salix×jiangsuensis* ‘J795’）

‘苏柳795’是旱柳（*S. matsudana*）（北京）与白柳（*S. alba*）（乌鲁木齐）的人工杂种。雄株，乔木。树皮深墨绿色，树干通直，冠形为圆柱形，冠幅3m；叶长椭圆形，长1.5cm，宽0.4cm，叶全缘，初生叶嫩绿色，后黄绿色，背面有绒毛，叶柄长0.1mm，淡青绿色，托叶2片，半透明，侧脉6～7对。叶芽嫩绿色，长0.8cm，花芽青绿色，长0.6cm，枝黄绿色。圆柱形花序，花序长2.3cm，宽0.3cm，花梗长0.2cm，托叶为2～3片，花丝长0.3cm，雄蕊2枚，花药黄色，苞片卵形，乳黄色。耐旱、耐寒、耐水湿，并具有较强抗弯和抗压、抗冲强度，适合作矿柱材。

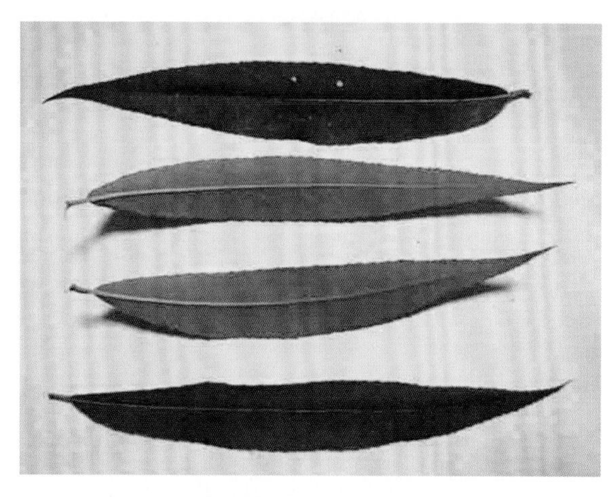

‘苏柳795’叶（施士争摄）

3.‘苏柳799’（*Salix×jiangsuensis* ‘J799’）

‘苏柳799’是旱柳（*S. matsudana*）（北京）与白柳（*S. alba*）（乌鲁木齐）的人工杂种。雄株，乔木。树皮墨绿色，树干通直，冠形为圆柱形，冠幅2.5m；叶长椭圆形，长1.4cm，宽0.4cm，叶缘有锯齿，初生叶嫩绿色，后黄绿色，背面有绒毛，叶柄长0.1mm，淡青绿色，托叶3片，侧脉6～7对。叶芽黄绿色，长0.5cm，花芽嫩绿色，长1.2cm，枝土黄色。圆柱形花序，花序长1.5cm，宽0.4cm，花梗长0.5cm，托叶为2～3片，柱头2裂，子房长圆卵形，苞片三角形，黄绿色，子房近无柄，花柱较短。耐旱、耐涝性强，

‘苏柳795’枝叶（施士争摄）

‘苏柳795’树皮（施士争摄）

‘苏柳799’叶（施士争摄）

‘苏柳799’枝叶（施士争摄）

生长快，产材量高，适宜营建纸浆林；其木材能生产强韧性包装纸、高档牛皮卡纸，经漂白后可用于部分替代进口纤维木浆配抄高级文化、印刷用纸。5年生及9年生纸浆林平均年产木材15.89m^3/hm^{2}和28.69m^3/hm^2，平均纤维长1.0847mm，长径比47.22：1，纤维素含量48.6%。

4.‘苏柳194’（*Salix×jiangsuensis* ‘J194’）

‘苏柳194’是（旱柳×钻天柳）×漳河旱柳[（*S. matsudana*×*Chosenia arbutifolia*）×*S. matsudana* f. *lobatoglandulosa*]的人工杂种。雄株，乔木。钻天柳为黑龙江带岭种源，漳河柳为山西黎城种源。于1977年杂交，1979—1981年进行苗期测定，从4个杂交组合、2173株杂种无性系中选择生长优势的21个，于1982—1983年在江苏沭阳和洪泽进行龄期测定，1983年在江苏、山东、河南、湖北等9个点进行区域试验。1990年后，在洪泽湖滩地、高邮湖滩地和扬中市长江滩地等地引种造林。‘苏柳194’树干直，耐水淹，抗寒性较强。材积生长量遗传增益为57.54%，木材力学强度较高。

‘苏柳799’树干（施士争摄）

5.‘苏柳485’（*Salix×jiangsuensis* ‘J485’）

‘苏柳485’的母本为旱柳×钻天柳（*S. matsudana*×*Chosenia arbutifolia*）的杂种，父本为旱柳中的漳河柳（*S. matsudana* f. *lobatoglandulosa*）。雌株，乔木。叶互生，披针形，最宽处在叶中部偏下，叶片基部急尖。成熟叶上表面无毛、无粉，背面被白粉。叶芽绿褐色，叶柄上部呈红绿色。幼树皮灰绿色，分枝较多，角度多数小于45°。树冠浓密、较窄，树干直，树冠下部小枝略下垂，

江苏省盐城市大丰区沿海林场柳树良种‘金丝垂柳1011’盐碱地农林复合经营（施士争摄）

生长快，适宜密植。耐水淹，对镉离子的富集能力较强。

6.‘苏柳797’（*Salix*×*jiangsuensis*‘J797’）

‘苏柳797’的母本是北京旱柳（*S. matsudana*），父本是白柳（*S. alba*）（新疆）。雄株，乔木。叶互生，叶片较长，披针形，最宽处接近叶中部，叶片基部锐尖。成熟叶表面无毛、无粉，背面被白粉，托叶较短，披针形。幼树及大树皮光滑、橙黄色，分枝较多，角度多数小于45°。树冠较窄，树干直。对土壤和水中的重金属镉离子富集能力较强。

7.‘青竹柳’（*Salix matsudana*×*S. babylonica*‘Qingzhu’）

‘青竹柳’是旱柳（*S. matsudana*）与垂柳（*S. babylonica*）的人工杂种，由江苏省林业科学研究院育成。2012年通过黑龙江省良种审定，审定编号为黑S-SC-SMB-037-2012。雄株，乔木。树干通直，树皮暗灰褐色，干基不规则浅裂，窄冠，树冠长椭圆形，冠幅2.57m；叶披针形，叶长4.5～15.0cm，宽0.6～1.9cm，长宽比为（7.1～11.3）：1。叶缘锯齿状，初生叶为嫩绿色，

叶柄长0.3～0.8cm，灰绿色，托叶2片，披针形，侧脉8～10对；叶芽黄绿色，枝为土黄色。圆柱形花序，黄绿色，花序长1.7～2.7cm，宽0.5cm，花梗长0.1～0.2cm，托叶2～3片，雄蕊2枚，花丝分离，少数基部合生，基部有长毛，花药卵形，黄绿色，花粉嫩黄色；苞片盾形，顶端渐尖或尾尖，黄绿色，密生比苞片长的柔毛，背腹各有一腺体。

‘青竹柳’可用作多林种造林，如纸浆等工业用材林、农田防护林、水土保持林、护堤护岸林等，因其树干通直饱满、树冠窄、不飞絮等优良特性，是城乡、四旁绿化的好树种。

8.‘旱布329柳’（*Salix matsudana* × *bulkingensis*）

‘旱布329柳’是旱柳（*S. matsudana*）和布尔津柳（*S. bukingensis*）的人工杂种，由江苏省林业科学研究院杂交筛选，在南京地区生长不良。1984年黑龙江省森林与环境科学研究院（原黑龙江省防护林研究所）引入黑龙江试验，经该院10多年测试，证明该品种适应黑龙江地区干旱、半干旱和寒冷的气候条件，生长表现良好。1995年通过省级技术鉴定，1996年获黑龙江省科技进步三等奖。雄株，乔木。树干通直，树皮灰褐色，规则纵裂；树冠长卵形，冠幅2.85m，分枝稀疏；叶披针形，长6.6～9.6cm，宽0.8～1.9cm，长宽比为3.9～9.6。叶缘锯齿状，浅绿色，初生叶为红绿色；叶柄长0.4～0.7cm，红绿色；叶有白色绢毛，托叶2片，披针形，侧脉5～9对；叶芽浅绿色，枝为灰绿色。雄花序长1.8～2.8cm，雄蕊2枚，花丝分离。

‘旱布329柳’主要特点为速生、耐寒、抗旱、抗病虫、耐盐、材质优良。尤其对河谷、低湿地等废弃地利用及流域治理具有广阔应用前景（潘明建，2004）。

四、苗木培育

以扦插育苗为主，也可用种子繁殖。

1. 扦插育苗

（1）圃地建立

圃地宜选择在交通方便、地势平坦、排灌畅通且靠近水源、电源的地方。土壤疏松、湿润而富含有机质。土层厚度1m以上，地下水位1m以下，土壤含盐量0.1%以下，pH 6.5～8.5（涂忠虞，1982）。冬季土壤封冻前进行全垦，深度0.25m以上，建好排灌系统。翌年春季扦插前精细耕地，随耕随耙，及时平整。在酸性土壤中，施生石灰300～375kg/hm^2。在碱性土壤中，施硫酸亚铁75～225kg/hm^2。全垦前施腐熟的农家肥75000～150000kg/hm^2，磷肥或复合肥600～750kg/hm^2。作床前清除草根等杂物，细整耙平，苗床宽1.2～3.6m，两床之间床底作为灌水沟和步道，步道宽0.3～0.4m，苗床高出步道0.15～0.3m，床面和步道平整。

（2）插穗制备

选取生长健壮、侧芽饱满、木质化程度高、无病虫害的1年生苗木作为种条。一般在春季萌动前剪条，也可在深秋苗木落叶后采条，冬藏春插。插穗长度160～200mm，直径15～20mm。按不同部位、直径大小分级捆扎。冬藏时选背阴处挖坑贮藏插穗，坑深0.4～0.5m，宽1.0～1.5m。坑底铺一层湿润的细沙土，将捆好的插穗芽向上直立排放，排放时每捆之间留空隙，填充细潮土。插穗上面覆土0.20～0.25m，间隔2.0～2.5m，用草把留排气孔。有条件的地方，可放置温室贮藏。

（3）扦插方法

2月底至3月初，地温稳定在10℃以上时进行扦插。扦插前将插穗放入清水中浸泡1～3天。采用直插的方法。插穗下切口朝下垂直插入土中，上切口与苗床平齐，插后覆土10mm。扦插密度为（400～500）mm×600mm。

（4）地膜覆盖

有条件的地方进行地膜覆盖。采用先覆膜后扦插的方法。将地膜平铺床面，四周用土压紧压实，以免被风吹破。扦插前将膜破洞再插，防止插穗口吸附膜片，影响生根或水分的吸收导致成活率下降。扦插后将破口处用细土压实，防止地膜空鼓。

（5）苗期管理

扦插后立刻灌水一次。遇干旱，应及时补

足水分。雨后渍涝，应及时排水。除草应人工勤除，如果化学除草，发芽前使用除草醚、氟乐灵、活稗和抑草灵等；苗期使用百草枯等；除草剂不要喷到苗木。松土应及时、全面，不伤苗、不伤根。

苗木生长期间施肥2～3次。第一次在5月中旬，沟施碳铵225～375kg/hm^2；第二次在6月中下旬，沟施尿素300～450kg/hm^2；第三次在7月中旬，沟施复合肥750～900kg/hm^2。

插穗发芽50～100mm时，每株选留一个无虫害且长势好的芽，其他芽从基部剪去。苗木出圃时应适量修剪侧枝。地膜覆盖时，起苗后应该把地膜收集移出苗圃。

2. 播种育苗

（1）种子采集和处理

旱柳果序成熟时为黄绿色，当有50%的果序蒴果微微开裂，稍露出白色时，及时采下。把采下的果序在阴凉通风的室内摊开放在纸上，1～2天后蒴果开裂，把开裂的蒴果在孔径0.2～0.3cm的筛内揉搓，再经孔径为0.15～0.25cm的筛子筛除杂物取得较为纯净的种子。也可收集飞落的柳絮，过筛除杂取得种子。采集后的种子不耐贮藏，要及时播种。

（2）整地及播种

选择土壤为肥沃的沙壤土并且容易灌溉的地方作育苗地。冬季深耕30cm，播前施足基肥，耙平整细，床面要平，床宽1.0～1.5m。播种前灌足底水，当水快渗完时，将种拌入2～4倍细沙进行条播，播种量7.5～15.0kg/hm^2。播种带宽5cm左右，带间距离30～50cm。播种后一般不需要覆土，播种后一天便开始发芽，2～3天出齐。或将床面土壤湿润，整细整平后就播种，播种后用小水浸灌，灌水量低于床面3～5cm，不可灌水浸流到床面将种子漂走。

也可采用水田育苗法，把种子集中播种在用水浸灌的苗床上，当幼苗长到15cm高的时候再进行移栽。播种前，将圃地耙平整细，作成宽0.8～1.0m、长3～5m的苗床，床间开宽40cm、深30cm的灌水沟，床面整细，用木板或滚筒压平，喷水润湿表土，然后播种。播种量为11.2～22.5kg/m^2，采用撒播。然后往沟中灌水，经常保持沟中有足够的水量，沟中水分渗透润湿床面土壤。当幼苗高10cm左右，可放掉沟中水分，以后浇水灌溉。这种育苗方法可以使幼苗在初期集中生长在面积较少的苗圃地，管理方便，育苗效果好，当年播种苗高达2.0～2.5m，可用于成片造林。

（3）幼苗抚育

根据播种苗的生长特性进行适时的抚育管理。播种苗分为出苗期、真叶形成期及速生期。出苗及真叶形成期，幼苗的根系没有完全形成，根系分布于土壤表层，要多浇水，保证土壤有较高的含水量，使表土维持湿润状态，适宜用小水浸灌。真叶形成期幼苗易感染立枯病，应及时喷洒1%硫酸亚铁。当幼苗高5～10cm，已长出5～7片真叶时要间苗，或进行小苗移栽，并开始第一次追肥，施150kg/hm^{2}尿素或硫铵（加水500kg）。幼苗速生期是在8月，要加强水肥管理，追肥3～4次。在幼苗生长期要经常除草松土。

五、林木培育

1. 造林地选择

河岸、河漫滩地、沟谷、低湿地、四旁地，或地下水位1.5～3.0m的冲积平原、平地、缓坡地，水分良好的沙丘边缘的沙土至黏壤土，土壤厚度≥1m、pH 6.5～8.5、含盐量不超过0.20%的立地，均可造林。

2. 整地

秋季或冬季全面翻耕造林地，翻耕深度≥40cm。在土质较为松软湿润的低湿滩地造林时，可不用翻耕；抬田造林时，垄面筑平，不用翻耕。

3. 时间

秋季落叶后至早春萌芽前均可栽植，冬季结冰期间不宜栽植。

4. 造林方法

主要有插条、插干和植苗造林。

插条造林 适用于农耕休闲地或全面翻垦、杂草很少的河滩地。以柳编、取薪为主要目的

时，造林密度宜大，应为1500株/hm^2左右。以用材为目的时，可适当稀植，造林后应及时清除过多的萌条。

插干造林 选用苗干通直、苗高4m以上、地径3.5cm以上，无病虫害的壮苗造林，常用于低湿滩地造林。在苗圃中用锋利的工具将达到规格要求的苗平地切断，剪除全部侧枝，苗木及时归集，1/3苗干置于清水中浸泡。造林前，插干苗在清水中浸泡24h以上。采用钢钎打孔，孔深60～80cm，直径3～4cm，随打孔随插干，将准备好的苗干直接插入打好的孔中，苗干插入深度视造林地水分条件定，一般为60～80cm，插后踩实根部土壤。

植苗造林 在沿海及多风地区造林时宜采用带根苗植苗造林。选用苗干通直、苗高4m以上、地径3.5cm以上、无病虫害的壮苗造林，起苗时保留根长≥25cm，将起苗时劈裂的根系修剪平整，苗木起出后及时归集，将根系置于清水中浸泡。造林前，苗木在清水中浸泡24h以上。根据立地状况，选择打孔或开穴。在土壤疏松的立地，采用钢钎打孔，孔深60～80cm，直径3～4cm；在土壤较黏重的立地，在全面翻耕的基础上挖穴，栽植穴规格为60cm×60cm×70cm（深），挖穴时表土与心土分开放置。向栽植穴中回填15～20cm表土后，放入浸泡过的苗木，扶正填土。填土30cm后轻提树苗，使根系舒展，分层踩实，浇水，继续填土至穴口，踩实。

5. 造林密度

四旁绿化 大多成行栽植。光照、通风较好，土壤营养面积也比较充足，株距4m，可长成檩材；株距2m的长成椽材时，要隔株间伐。双行栽植的行距不少于3m。

用材林 初植行距2.5～3.0m，株距2.0～2.5m；也可采用带状栽植，每带5～7行，带间距5～8m。

防护林 行距2.0～2.5m，株距1.5～2.0m。

6. 抚育管理

新栽植的柳树，当年春季风雨过后，应及时进行扶苗培土。新造林地，前两年每年中耕抚育2次。在5月中下旬进行第一次中耕，在秋末冬初进行第二次中耕。中耕深度以10～15cm为宜。在未采用开沟抬田措施的低湿滩地造林时，每隔2～3行林木开一条浅沟，沟深30～40cm，便于洪水或潮水退后林地迅速排水。造林当年5月下旬每株柳树追施尿素0.1kg，距树50cm左右挖环状沟均匀埋施；第二年4月下旬到5月上旬，每株追施尿素0.2kg，复合肥0.1kg，距树1m左右挖环状沟均匀埋施；第三年及以后，追肥时间、追肥方法、追肥量同第二年，追肥距离树干每年增加50cm。在造林当年及第二年的生长期内，及时修除粗大竞争枝、萌芽枝和病虫枝条，培育良好干形；整形修枝一般在冬季进行，一般只修除上部竞争枝。培育中大径级木材，林分5年生时，隔行间伐，强度50%，密度调整为4.0m×3.0m；8年生时再间伐50%，密度调整为4.0m×6.0m。防护林要根据不同地区、林带结构以及对防护林效益的要求，进行适度间伐。

六、主要有害生物防治

1. 柳锈病（*Melampsora coleosporioides*）

幼苗、幼树受害率较高，尤其播种育苗，初期苗地湿润，密度又大，就更易感染蔓延。防治方法：及时间苗、定苗，灌水充分后，及时排水，保持苗圃行间通风良好，发病期喷洒1∶1∶100波尔多液，每10天一次。

2. 杨柳溃疡病（*Pseudomonas syringae* f. sp. *populea*）

危害枝干树皮，由树皮皮孔或伤口侵入传染。严重时病斑相连环绕枝干，造成上部枝干死亡。对长势衰退的树危害严重。防治方法：加强抚育管理，增强树木长势，提高抗病能力；清除并烧毁病树、病枝，减少病菌来源；合理修枝，在剪口处涂石硫合剂；用50%多菌灵或70%甲基托布津500倍液喷雾防治。

3. 柳金花虫

主要为柳蓝叶甲（*Plagiodera versicolora*），成虫蓝绿色，有金属光泽，椭圆形，前胸背板两侧黄色，鞘翅棕黄色，各有10个黑色斑点。幼虫长椭圆形，以幼虫和成虫危害叶片及嫩梢，在苗圃和幼林较为严重。防治方法：利用成虫假死特性，震落捕杀；用90%敌百虫500～600倍液或者50%马拉松乳剂800倍液毒杀成虫及幼虫；成片林用杀虫烟雾剂毒杀成虫和幼虫。

4. 柳毒蛾（*Stilpnotia salicis*）

1年发生1～2代，危害2～3次。成虫白色，有丝状光泽，在叶片上产卵。幼虫黑褐色，怕光，夜间上树危害，叶片被啃成许多透明小白点，喜群聚。防治方法：在树干基部放置杂草、瓦块等物，引诱幼虫进入缝隙内以便捕杀；用黑光灯诱杀成虫；用1.8%阿维菌素乳油6000～8000倍液喷雾防治。

5. 柳天蛾（*Smerinthus planus*）

成虫暗灰色，翅灰色带绿或褐色，趋光性强。卵绿色，椭圆形。幼虫绿色，危害叶片。防治方法：检查虫粪和被害状，及时捕杀幼虫；用1.8%阿维菌素乳油6000～8000倍液喷雾防治。

6. 刺蛾

幼虫蚕食叶片，而且毒毛刺人。危害旱柳的刺蛾，主要是绿刺蛾（*Latoia consocia*）、扁刺蛾（*Thosea sinensis*）和黄刺蛾（*Monema flavscens*）。绿刺蛾1年发生1代，幼虫危害期是7月；黄刺蛾和扁刺蛾1年发生2代，6月下旬至7月下旬或7月上旬到8月中旬第一代幼虫危害，8月下旬至9月下旬第二代幼虫危害。防治方法：初孵化幼虫有群集性，可摘掉虫叶，杀死幼虫；于冬、春季在树干附近土壤挖虫茧或剥取树干枝杈处虫茧将其杀死；用1.8%阿维菌素乳油6000～8000倍液喷雾防治。

7. 天牛

天牛为主要的蛀干害虫。防治方法：人工捕捉成虫；用小铁锤打击刻槽，将里面的卵或幼虫锤死或用小刀挖取卵和幼虫；于幼虫还未蛀入木质部之前，用90%敌百虫800～1000倍液喷射树干，杀死幼虫；幼虫蛀入木质部后，可从最小排粪孔往里注射30～50倍80%敌敌畏乳油或90%敌百虫30倍液毒杀幼虫；修除虫害严重的枝干。

七、材性及用途

旱柳边材狭，暗白色至暗黄白色，心材微红至淡红褐色，早、晚材无区别。木材气干快，板材气干较易发生干裂。不耐腐而耐湿性良好。

木材可作建筑、桩木、矿柱、包装箱板（无气味）、胶合板、家具、炊具、薪炭用材。枝条可编筐，细枝条和树叶可作饲料。花期早而长，为蜜源树种。

（施士争，王红玲，黄瑞芳）

74 垂柳

别　名 | 水柳、垂枝柳、垂杨柳、倒挂柳、垂丝柳
学　名 | *Salix babylonica* L.
科　属 | 杨柳科（Salicaceae）柳属（*Salix* L.）

垂柳为落叶乔木，树冠开展而疏散，分布广泛，生命力强。是常见树种之一，也是美丽的观赏树种，是园林绿化中常用的行道树，引种栽培范围广，全国各地都有栽植。垂柳可作护堤、行道和庭园绿化树种，木材可制作家具，树皮可提取栲胶和造纸，枝条和须根可为药用，用以祛风湿、治筋骨疼痛等。

一、分布

垂柳是平原水边常见树种，也是江南水乡重要的速生用材树种，主要分布在长江以南平原地区，在江苏、上海、浙江、湖南、湖北、江西、四川、广东、云南等地分布较多，沙漠地区城镇、村庄也有栽培。全国各地均广泛栽培。在温暖河谷，海拔2000m的地方也能生长。在亚洲、欧洲、美洲各国均有引种。

二、生物学和生态学特性

乔木，高达12～18m，胸径可达60～80cm。树形优美，枝条细长、通常下垂，但也具直立的分枝类型。叶狭披针形，先端长尖，基部楔形，叶面光滑，边缘有细锯齿。叶长10～16cm，宽0.5～1.5cm。雄花序长2～4cm，宽1cm。雄蕊2枚，花丝分离，背、腹各有1个腺体，花药黄色。雌花序长1.5～2.0cm，宽0.5～0.8cm。子房长椭圆形，无毛，近无柄，花柱很短，柱头肥大，4裂，有1个腺体，生于子房腹面，苞片三角状长圆形，与子房等长，下部有疏毛。

喜光，喜温暖湿润气候及潮湿深厚的酸性及中性土壤。生长迅速，一般10～15年即能成材利用。耐水湿，萌芽力强，根系发达，是防浪护堤的常用树种。

三、良种选育

1.‘金丝垂柳J1010’（*Salix*×*aureo-pendula*‘J1010’）

‘金丝垂柳J1010’是垂柳（*S. babylonica*）（南京种源）与黄枝白柳（*S. alba* f. *vitellina*）（新疆种源）的人工杂种。雄株，乔木。树皮嫩黄色，树干通直，冠形为圆柱形，冠幅4～6m。叶披针形，长5～12cm，宽0.8～1.5cm，叶近全缘，初生叶黄绿色，后绿色，背面有绒毛；叶柄长3～6mm，淡青绿色；托叶2片，半透明，侧脉6～7对。叶芽暗绿色，长0.7cm；花芽嫩绿色，长1cm；枝橘黄色。长圆柱形花序，花序长3.2cm，宽0.5cm，花梗长0.3cm，托叶为4～5片，花丝长0.4cm，雄蕊2枚，花药黄色；苞片卵形，乳黄色。耐水淹，较抗寒，生长速度快，枝条修长下垂，枝色黄色或红色，极具观赏价值。适应性强，可以在东北南部、华北及长江中下游地区推广，能在含盐量0.2%的土壤上正常生长。

2.‘金丝垂柳J1011’（*Salix*×*aureo-pendula*‘J1011’）

‘金丝垂柳J1011’是垂柳（*S. babylonica*）（南京种源）与黄枝白柳（*S. alba* f. *vitellina*）（新疆种源）的人工杂种。雄株，乔木。树皮浅黄色，树干通直，冠形为圆柱形，冠幅4～6m。叶

‘金丝垂柳J1010’单叶（施士争摄）

‘金丝垂柳J1010’枝叶（施士争摄）

‘金丝垂柳J1010'树干（施士争摄）

‘金丝垂柳J1011’叶（施士争摄）

‘金丝垂柳J1011’枝叶（施士争摄）

‘金丝垂柳J1011’树干（施士争摄）

披针形，长5～12cm，宽0.8～1.5cm，叶近全缘，初生叶黄绿色，后绿色，背面有绒毛；叶柄长3～6mm，淡青绿色；托叶2片，半透明，侧脉5～6对。叶芽暗绿色，长1cm；花芽黄绿色，长1.2cm；枝橘黄色。长圆柱形花序，花序长3.5cm，宽0.5cm，花梗长0.4cm，托叶为4～5片，花丝长0.5cm，雄蕊2枚，花药黄色；苞片卵形，乳黄色。耐水淹，较抗寒，生长速度快，枝条修长下垂，金黄色，极具观赏价值。适应性强，可以在东北南部、华北及长江中下游地区推广，能在含盐量0.2%的土壤上正常生长。

3.‘青竹柳’（*Salix matsudana*×*S. babylonica*‘Qingzhu’）

‘青竹柳’是旱柳（*S. matsudana*）与垂柳（*S. babylonica*）的人工杂种，由江苏省林业科学研究院育成。1992年2月21日引入黑龙江省森林与环境科学研究院（原黑龙江省防护林研究所），2012年通过黑龙江省良种审定，审定编号为黑S-SC-SMB-037-2012。雄株，乔木。树干通直，树皮暗灰褐色，干基不规则浅裂，窄冠，树冠长椭圆形，冠幅2.57m。叶披针形，叶长4.5～15.0cm，宽0.6～1.9cm，长宽比为7.1～11.3；叶缘锯齿状，初生叶为嫩绿色，叶柄长0.3～0.8cm，灰绿色，托叶2片，披针形，侧脉8～10对；叶芽黄绿色，枝为土黄色。圆柱形花序，黄绿色，花序长1.7～2.7cm，宽0.5cm，花梗长0.1～0.2cm，托叶2～3片，雄蕊2枚，花丝分离，少数基部合生，基部有长毛，花药卵形，黄绿色，花粉嫩黄色；苞片盾形，顶端渐尖或尾尖，黄绿色，密生比苞片长的柔毛，背、腹各有1个腺体。‘青竹柳’可用于多林种造林，如纸浆等工业用材林、农田防护林、水土保持林、护堤护岸林等，因其树干通直饱满、树冠窄、不飞絮等优良特性，也是城乡、四旁绿化的好树种。

4.‘垂爆109柳’（*Salix chuibao*‘109’）

‘垂爆109柳’是垂柳（*S. babylonica*）与爆

竹柳（*S. fragilis*）的人工杂种，由江苏省林业科学研究院育成。1984年引入黑龙江省森林与环境科学研究院（原黑龙江省防护林研究所），经11年的测试研究，证明该品种适应干旱、半干旱和寒冷的气候条件且生长良好。1995年通过品种鉴定，1996年获得黑龙江省科技进步三等奖。雄株，乔木。树干通直，树皮浅褐色，干基不规则浅裂，树冠阔卵形，冠幅3.75m，小枝下垂。叶披针形，叶长7.0～12.7cm，叶宽1.1～1.8cm，长宽比为3.9～8.6；叶缘锯齿状，初生叶为嫩绿色，叶柄长0.9～1.4cm，灰绿色，托叶2片，耳形，侧脉9～11对；叶芽绿褐色，枝为灰褐色。圆柱形花序，黄绿色，雄花序长2.8cm，雄蕊2枚，花丝分离。1年生扦插苗，叶片长10.8～18.9cm，宽1.4～2.7cm，叶基2腺点。苗茎在夏季灰褐色，冬季紫红色。速生、耐寒、抗旱、抗病虫、耐盐、材质优良、树姿优美。该品种在辽宁可生长在含盐量0.4%的滨海黏土上，在黑龙江可耐-42℃低温，5年生单株材积0.011187m^3，比旱柳（*S. matsdana* var. *anshanensis*）快86.5%，比白皮柳快34.3%；10年生单株材积0.06805m^3，比旱柳快8.06%。

四、苗木培育

繁殖以扦插为主，也可用种子繁殖。

1. 扦插育苗

（1）圃地建立

圃地宜选择在交通方便、地势平坦、排灌畅通且靠近水源、电源的地方。土壤疏松、湿润而富含有机质。土层厚度1m以上，地下水位1m以下，土壤含盐量0.1%以下，pH 6.5～8.5。冬季土壤封冻前进行全垦，深度0.25m以上，建好排灌系统。翌年春季扦插前精细耕地，随耕随耙，及时平整。在酸性土壤中，施生石灰300～375kg/hm^2。在碱性土壤中，施硫酸亚铁75～225kg/hm^2。全垦前施腐熟的农家肥75000～150000kg/hm^2，磷肥或复合肥600～750kg/hm^2。作床前清除草根等杂物，细整耙平，苗床宽1.2～3.6m，两床之间床底作为灌水沟和步道，步道宽0.3～0.4m，苗床高出步道0.15～0.30m，床面和步道平整。

（2）插穗制备

选取生长健壮、侧芽饱满、木质化程度高、无病虫害的1年生苗木作为种条。一般在春季萌动前剪条，也可在深秋苗木落叶后采条，冬藏春插。用锋利的剪刀截条，穗条下切口切削角度45°、上切口剪平，切口平滑，不破皮，不劈裂，不伤芽。上切口距第一个芽上端10mm，确保插穗上端的第一个芽完整。插穗长度160～200mm，直径15～20mm。按不同部位、直径大小分级捆扎。冬藏时选背阴处挖坑贮藏插穗，坑深0.4～0.5m，宽1.0～1.5m。坑底铺一层湿润的细沙土，将插穗芽向上直立排放，每捆之间留空隙，填充细潮土。插穗上面覆土0.20～0.25m，间隔2.0～2.5m，用草把留排气孔。有条件的地方，可放置温室贮藏。

（3）扦插方法

2月底至3月初，地温稳定在10℃以上时进行扦插。扦插前将插穗放入清水中浸泡1～3天。采用直插的方法，插穗下切口朝下垂直插入土中，

江苏省淮安市洪泽区林柴场‘金丝垂柳1011’形态（施士争摄）

上切口与苗床平齐，插后覆土10mm。扦插密度为（400～500）mm×600mm。

（4）地膜覆盖

有条件的地方进行地膜覆盖。采用先覆膜后扦插的方法。将地膜平铺床面，四周用土压紧压实，以免被风吹破。扦插前将膜破洞再插，防止插穗口吸附膜片，影响生根或水分吸收导致成活率下降。扦插后将破口处用细土压实，防止地膜空鼓。

（5）苗期管理

扦插后立刻灌水1次。遇干旱，应及时补足水分。雨后渍涝，应及时排水。除草应人工勤除，如果化学除草，发芽前使用氟乐灵、活稗和抑草灵等；苗期使用百草枯等；除草剂不要喷到苗木。松土应及时、全面，不伤苗、不伤根。

苗木生长期间施肥2～3次。第一次在5月中旬，沟施碳铵225～375kg/hm^2；第二次在6月中下旬，沟施尿素300～450kg/hm^2；第三次在7月中旬，沟施复合肥750～900kg/hm^2。

插穗发芽50～100mm时，每株选留一个无虫害且长势好的芽。苗木出圃时应适量修剪侧枝。

2. 播种育苗

（1）种子采集和处理

垂柳果序成熟时为黄绿色，当有50%的果序蒴果微微开裂，稍露出白色时，及时采下。采下果序在阴凉通风的室内摊开放在纸上，1～2天后蒴果开裂，把开裂的蒴果在孔径0.2～0.3cm的筛内揉搓，再经孔径为0.15～0.25cm的筛子筛除杂物取得纯净种子。也可收集飞落的柳絮，过筛除杂取得种子。采集后的种子不耐贮藏，要及时播种。

（2）整地及播种

选择土壤为肥沃的沙壤土且易灌溉的地方作育苗地。冬季深耕30cm，播前施足基肥，耙平整细，床面要平，床宽1.0～1.5m。播种前灌足底水，当水快渗完时，将种拌入2～4倍细沙进行条播，播种量3.75～7.50kg/hm^2。播种带宽5cm左右，带间距离30～50cm（涂忠虞，1982）。播种后一般不需覆土，播种后一天便开始发芽，2～3天出齐。或将床面土壤湿润，整细整平后就播种，播种后用小水浸灌，灌水量低于床面3～5cm，不可灌水浸流床面将种子漂走。

也可采用水田育苗法，把种子集中播种在用水浸灌的苗床上，当幼苗长到15cm高时再进行移栽。播种前，将圃地耙平整细，作成宽0.8～1.0m、长3～5m的苗床，床间开宽40cm、深30cm的灌水沟，床面整细，用木板或滚筒压平，喷水润湿表土，然后播种。播种量要加大，为37.5～75.0kg/hm^2，采用撒播。然后往沟中灌水，经常保持沟中有足够的水量，沟中水分渗透润湿床面土壤。当幼苗高10cm左右，可放掉沟中水分，以后浇水灌溉。这种育苗方法可使幼苗在初期集中生长在面积较少的苗圃地，育苗效果好，当年播种苗高达2.0～2.5m，可用于成片造林。

（3）幼苗抚育

根据播种苗生长特性进行适时抚育管理。出苗及真叶形成期，要多浇水，保证土壤有较高含水量，使表土维持湿润状态，适宜用小水浸灌。真叶期幼苗易感染立枯病，应及时喷洒1%硫酸亚铁。当幼苗高5～10cm，已长出5～7片真叶时要间苗，或进行小苗移栽，并开始第一次追肥，施75kg/hm^{2}尿素或硫酸铵（加水500kg）。幼苗速生期是在8月，要加强水肥管理，追肥3～4次。在幼苗生长期要经常除草松土。

五、林木培育

1. 造林地选择

河岸、河漫滩地、沟谷、低湿地、四旁地或地下水位1.5～3.0m的冲积平原、平地、缓坡地，水分良好的沙丘边缘的沙土至黏壤土，土壤厚度≥1m、pH 6.5～8.5、含盐量不超过0.20%的立地，均可造林。

2. 整地

秋季或冬季全面翻耕造林地，翻耕深度≥40cm。在土质较为松软湿润的低湿滩地造林时，可不用翻耕；抬田造林时，垄面筑平，不用翻耕。

3. 时间

秋季落叶后至早春萌芽前均可栽植，冬季结冰期间不宜栽植。

4. 造林方法

主要有插条、插干和植苗造林。

插条造林 适用于农耕休闲地或全面翻垦、杂草很少的河滩地。以柳编、取薪为主要目的时，造林密度宜大，应为100株/亩左右。以用材为目的时，可适当稀植，造林后应及时清除过多的萌条。

插干造林 选用苗干通直、苗高4m以上、地径3.5cm以上，无病虫害的壮苗造林，常用于低湿滩地造林。在苗圃中用锋利的工具将达到规格要求的苗平地切断，剪除全部侧枝，苗木及时归集，1/3苗干置于清水中浸泡。造林前，插干苗在清水中浸泡24h以上。采用钢钎打孔，孔深60～80cm，直径3～4cm，随打孔随插干，将准备好的苗干直接插入打好的孔中，苗干插入深度视造林地水分条件定，一般为60～80cm，插后踩实根部土壤。

植苗造林 在沿海及多风地区造林时宜采用带根苗植苗造林。选用苗干通直、苗高4m以上、地径3.5cm以上、无病虫害的壮苗造林，起苗时保留根长≥25cm，将起苗时劈裂的根系修剪平整，苗木起出后及时归集，将根系置于清水中浸泡。造林前，苗木在清水中浸泡24h以上。根据立地状况，选择打孔或开穴。在土壤疏松的立地，采用钢钎打孔，孔深60～80cm，直径3～4cm；在土壤较黏重的立地，在全面翻耕的基础上挖穴，栽植穴规格为60cm×60cm×70cm（深），挖穴时表土与心土分开放置。向栽植穴中回填15～20cm表土后，放入浸泡过的苗木，扶正填土。填土30cm后轻提树苗，使根系舒展，分层踩实，浇水，继续填土至穴口，踩实（潘明建，2004）。

5. 造林密度

四旁绿化 大多成行栽植。光照、通风较好，土壤营养面积也比较充足，株距4m，可长成檩材；株距2m的长成椽材时，要隔株间伐。双行栽植的行距不少于3m。

用材林 初植行距2.5～3.0m，株距2.0～2.5m；也可采用带状栽植，每带5～7行，带间距5～8m。

防护林 行距2.0～2.5m，株距1.5～2.0m。

6. 抚育管理

新栽植的柳树，当年春季风雨过后，应及时进行扶苗培土。新造林地，前两年每年中耕抚育2次。在5月中下旬进行第一次中耕，在秋末冬初进行第二次中耕。中耕的深度以10～15cm为宜。在未采用开沟抬田措施的低湿滩地造林时，每隔2～3行林木开1条浅沟，沟深30～40cm，便于洪水或潮水退后林地迅速排水。造林当年5月下旬每株柳树追施尿素0.1kg，距树50cm左右挖环状沟均匀埋施；第二年4月下旬到5月上旬，每株追施尿素0.2kg，复合肥0.1kg，距离树1m左右挖环状沟均匀埋施；第三年及以后，追肥时间、追肥方法、追肥量同第二年，追肥距离树干每年增加50cm。在造林当年及第二年的生长期内，注意及时修除粗大竞争枝、萌芽枝和病虫枝条，培育良好的干形；整形修枝一般在冬季进行，一般只修除上部竞争枝。直径≤4cm的枝条，用锋利的工具紧靠树干修除，切口要平；修剪直径＞4cm的枝条，先从下面切一刀，再由上向下切割，以防止撕裂树皮。培育中大径级木材，林分5年生时，隔行间伐，强度50%，密度调整为4.0m×3.0m；8年生时再间伐50%，密度调整为4.0m×6.0m。防护林要根据不同地区、林带结构以及对防护林效益的要求，进行适度间伐。

六、主要有害生物防治

1. 天牛

主要有光肩星天牛（*Anoplophora glabripennis*）、桑天牛（*Apriona germari*）、云斑天牛（*Batocera horsfieldi*）、星天牛（*Anoplophora chinensis*）等（表1）。防治方法：人工捕捉成虫；用小铁锤打击刻槽，将里面的卵或幼虫锤死或用小刀挖取卵和幼虫；于幼虫还未蛀入木质部之前，用90%敌百虫800～1000倍液喷射树干，杀死幼虫；幼虫蛀入木质部后，可从最小排粪孔往里注射30～50倍

表1 光肩星天牛、桑天牛、云斑天牛、星天牛危害特征

种 类	刻 槽			幼虫蛀入木质部蛀食情况	隧道形状	虫粪排出位置
	部位	形状	大小（长×宽）（mm×mm）			
光肩星天牛	多在4～10cm粗枝干或萌生枝条部位	椭圆形	7.4×9.8	由下向上（部分）	“L”形或“S”形	有排粪孔
桑天牛	多在1～3cm粗枝干	“U”形	30×20	沿枝干木质部往下深入心材	弯曲长条形	每间隔5～20cm有一排粪孔
云斑白条天牛	多在10～20cm粗枝干	椭圆形	10×15	初期由下向上，后期由上向下	弯曲不规则	有排粪孔
星天牛	离地面向上10cm以内的主干上	“T”形或“人”形	8×5	向上蛀成不规则虫道，向下蛀入根部	不规则，残渣多	有排粪孔

80%敌敌畏乳油或90%敌百虫30倍液毒杀幼虫；修除虫害严重的枝干。

2. 柳瘿蚊（*Rhabdophaga* sp.）

成虫头小，复眼黑色，产卵于嫩枝或幼干的树皮裂缝或皮孔中，孵化后幼虫危害枝干，形成肿大的瘿瘤，材质受影响严重的造成枝干死亡。在江苏1年发生1代。幼虫在瘿瘤树皮内越冬。第二年3月上旬化蛹，3月下旬开始羽化，4月上旬为羽化盛期。羽化后产卵于瘿瘤中，卵孵化为幼虫后，幼虫在瘿瘤内取食危害，并在瘿瘤内越冬。防治方法：在成虫羽化期和产卵期进行防治，因柳瘿蚊成虫羽化和产卵期短而集中，一般在3月上中旬将瘿瘤外糊一层泥，泥外缠上一层稻草，这样成虫羽化后就不能飞出来。另外，用小铁锤将瘿瘤外层组织锤破，也能锤死里面的幼虫。或者用刀削去瘿瘤外的薄皮，瘤内温、湿度由于环境条件改变而变化，使幼虫不能化蛹，蛹也不能羽化，最后干瘪而死；用50%石硫悬浮剂200～300倍液等农药喷雾防治；插干造林时，要选择无柳瘿蚊危害的树干；注意保护天敌尖腹黑蜂和圆腹黑蜂。

3. 柳毒蛾（*Stilpnotia salicis*）

成虫白色，有丝状光泽，在叶片上产卵。幼虫黑褐色，怕光，夜间上树危害，叶片被啃成许多透明小白点，喜群聚。1年发生1～2代，危害2～3次。防治方法：在树干基部放置杂草、瓦块等物，引诱幼虫进入缝隙内以便捕杀；用黑光灯诱杀成虫；用1.8%阿维菌素乳油6000～8000倍液喷雾防治。

4. 杨柳溃疡病（*Pseudomonas syringae* f. sp. *populea*）

危害枝干树皮，由树皮皮孔或伤口侵入传染。严重时病斑相连环绕枝干，造成上部枝干死亡。对长势衰退的树危害严重。防治方法：加强抚育管理，增强树木长势，提高抗病能力；清除并烧毁病树、病枝，减少病菌来源；合理修枝，在剪口处涂石硫合剂；用50%多菌灵或70%甲基托布津500倍液喷雾防治。

七、材性及用途

垂柳是江南水乡的重要速生用材树种，也是美丽的观赏树种，可用于庭园绿化，作庭荫树、行道树、公路树等。木材纹理直、坚韧，可作矿柱、农具、家具、箱板、胶合板以及小型建筑材料，也可营造薪炭林和防护林，还是固堤护岸的重要树种。枝材是造纸和人造纤维的原料；枝条可编筐；叶及嫩梢可作肥料及饲料；树皮含鞣质，可提制栲胶（涂忠虞等，1997）。

（施士争，隋德宗，韩杰峰）

75 圆头柳

别　名｜白皮柳（黑龙江）
学　名｜*Salix capitata* Y. L. Chou et Skv.
科　属｜杨柳科（Salicaceae）柳属（*Salix* L.）

圆头柳是东北地区重要的绿化观赏树种，具有较强的速生性、耐寒性和耐旱性，再加上树形优美，因此在东北地区东、西部都有栽培，为水田防护林、城乡绿化等理想树种。木材可供建筑之用。

一、分布

圆头柳主要分布于我国东北地区的黑龙江、吉林、辽宁等地，尤其是在黑龙江中部地区较多。河北、陕西等省份有引种栽培。圆头柳生于海拔100～300m。

二、生物学和生态学特性

落叶乔木，高10～15m。大枝斜上，树冠圆形。树皮暗灰色，有纵沟裂。小枝细长，萌发枝绿色，具短柔毛，后无毛，1年生枝灰绿色，质脆。叶披针形，长3.5～7.0cm，宽0.5～1.2cm。雌花序长1.5～1.8cm，粗0.7cm，与叶同时开放。蒴果淡黄褐色，长4～6mm。花期4月下旬，果期5月下旬。

圆头柳为喜光树种，稍耐阴，与其他柳树相比具有较强耐旱性，在土壤湿润、排水良好的立地条件下生长良好，稍耐盐碱和水淹，但是在干旱的沙岗地、盐碱地和长时间积水的水湿地生长较差。在黑龙江，作为孤立木及行道树的圆头柳有时有树干冻裂现象。

三、苗木培育

圆头柳育苗目前主要采用扦插育苗方式。

采集种穗　圆头柳扦插容易，可到采穗圃采集种穗条，没有采穗圃时也可以选择优树直接采集穗条。穗条采集后浸透水，放入沟内沙埋。

扦插　圃地直接起垄整地，整地前需要施有机肥或者磷酸二铵等化肥作为基肥。扦插要求做到不漏插、不倒插，扦插后踏实并浇透水。扦插时间在4月中旬至5月上旬，温度稳定在10℃以上时。扦插量$10 \times 10^4 \sim 15 \times 10^4$根/hm^2。

苗期管理　苗期及时灌水、除草。灌溉要在早、晚进行，切忌中午大水漫灌。当年7月苗木速生期要追施肥料，氮、磷、钾适当配合追施。由于圆头柳一般需要大苗造林，因此需要留圃培育2～3年或3年以上才能出圃造林。在培育过程中可以采用平茬法，培育“二根一干”苗或者3根2干苗用于造林。培育过程中还需要疏苗，一般最后保留密度为2株/m左右。如果培育城乡绿化大苗，可以采取大株行距移植育苗。

四、林木培育

圆头柳虽对立地要求不严，但干旱岗地及积水地、重盐碱地不宜栽植。营造薪炭林及护岸林，可以直接栽植苗根；营造农防林、护路林，可以采用“二根一干”苗或者“三根二干”苗造林；城乡绿化可按照要求采取大苗造林。造林前要求细致整地，造林后及时松土、除草直至郁闭成林。干旱地区造林后需要及时灌水以确保成活率。

五、主要有害生物防治

圆头柳主要病害为杨树灰斑病（*Phyllosticta populea*）和生理性缺铁导致的黄化病。灰斑病主要以预防为主，应保持圃地以及林地处于通透状态，发病初期喷洒化学药剂防治。生理性黄化可采取叶片喷施1%～2%硫酸亚铁溶液缓解。

圆头柳主要害虫为柳毒蛾（*Stilpnotia salicis*）和柳天蛾（*Smerinthus planus*）。柳毒蛾为圆头柳常见的叶部虫害，很少造成毁灭性灾害；幼虫常在春、夏季夜间上树取食树叶，白天下树潜伏在树干基部周围落叶层或树皮缝里；可用化学药剂毒杀3～6龄幼虫，或用黑光灯诱杀成虫。柳天蛾大发生时，幼树新梢上的叶子全被吃光，在地面上可见被咬掉的叶片和黑褐色粪便；可在幼虫期喷洒杀虫剂，或用黑光灯诱杀成虫，也可结合抚育人工捕杀幼虫。

六、综合利用

圆头柳是具有多种用途的优良树种。木材韧性好、材质优良，可作胶合板、细木工等多种用材。因其树姿优美、叶色丰富，是我国北方地区重要的早春绿化树种和优良的水田防护林造林树种。

（张建秋）

附：'白林85-68柳'（*Salix babylonica*×*Salix glandulosa* 'Bailin 85-68'）

'白林85-68柳'是吉林省白城市林业科学研究院用东北地区的垂柳（*S. babylonica*）为母本、河柳（*S. glandulosa*）为父本经过人工控制杂交而选育出的优良柳树新品种。该品种具有抗寒、速生、耐盐碱、树形优美、雄性无花絮等优良性状，已通过吉林省林木良种审定并在吉林、黑龙江、辽宁以及内蒙古等地推广栽培，尤其是在吉林和黑龙江推广较多。此外，山东、新疆等地也进行了引种。该品种主要在平原地区栽培。'白林85-68柳'小枝紫红色，光滑，有亮泽，微下垂；苗期分枝少；冬芽小；叶间距8～10cm，叶背有银色光泽；花雄性。'白林85-68柳'能耐-40℃的低温；耐盐碱性强，在pH 9以下、含盐量0.3%以下的轻度盐碱低湿地上造林，树木可正常生长和发育；速生，病虫危害较轻，喜湿润土壤。

'白林85-68柳'育苗目前主要采用扦插育苗

吉林省白城市林业科学研究院试验林场'白林85-68柳'（李振洲摄）

方式。‘白林85-68柳’对立地要求不严，但在干旱瘠薄地及重盐碱地上不宜栽植。一般营造农田防护林可使用苗木胸径2～4cm的大苗，营造护路林和园林绿化时可使用苗木胸径6cm以上的大苗。造林前要求细致整地，造林后及时松土、除草直至郁闭成林。干旱地区造林后需要及时灌水以确保成活率。

病虫害防治参照圆头柳。

‘白林85-68’柳树形优美，是东北地区优良的绿化树种。在山东开展的柳树观赏性试验中，‘白林85-68柳’在11个参试品种中表现较好。该树种耐水湿，是水田防护林的优良树种。其木材韧性好、材质优良，可作胶合板、细木工等多种用材。

（张建秋）

吉林省白城市林业科学研究院试验林场‘白林85-70柳’（李振洲摄）

附：‘白林85-70柳’（*Salix babylonica*×*Salix glandulosa* ‘Bailin 85-70’）

‘白林85-70柳’是吉林省白城市林业科学研究院用东北地区的垂柳（*S. babylonica*）为母本、河柳（*S. glandulosa*）为父本经过人工控制杂交而选育出的优良柳树新品种。该品种具有抗寒、速生、耐盐碱、树形优美、雄性无花絮等优良性状，已通过吉林省林木良种审定并在生产中大量推广。由于目前在东北地区适宜栽培的柳树品种较少，因此该品种在东北地区具有较大的推广应用潜力。该树种雄株，小枝皮黄绿色，光滑，有亮泽；苗期分枝较多，冬芽心形、较大；叶片较长，平均8cm，叶间距较小，6～7cm。其萌动期较‘白林85-68柳’稍晚。‘白林85-70柳’在-40℃的低温条件下，可安全越冬；耐盐碱性强，在pH 9以下、含盐量0.4%以下的中轻度盐碱低湿地上造林，树木生长良好；苗期生长稍慢，造林后3年生长速度加快；苗期高生长量与‘109柳’相近，4～5年生后超过‘109柳’；无严重病虫害，极耐水湿，喜低湿土壤，在干旱瘠薄土地上生长不良，可在中轻度盐碱地、低湿地上造林。

该树种具有良好的生根性，可用硬枝、嫩枝扦插繁殖。其他培育技术与‘白林85-68柳’相同，由于萌芽能力强，故须经常抹芽。造林技术及病虫害防治与‘白林85-68柳’相同。

‘白林85-70柳’用途与‘白林85-68柳’相似，耐水湿性比‘白林85-68柳’稍强，为轻度盐碱地、水湿地上造林新品种，也是水田防护林和城乡绿化优良柳树品种。

（张建秋）

76 白柳

学　名｜*Salix alba* L.

科　属｜杨柳科（Salicaceae）柳属（*Salix* L.）

白柳为护田林、防沙林、盐碱地造林和城市绿化的优良树种，也是较好的园林观赏树种。白柳以插条育苗繁殖为主，也是蜜源植物，幼嫩枝叶可饲用，木材可作建筑、家具等用材。

一、分布

主要分布在我国新疆、西藏、青海等地区，西北各地较多栽培，多沿河生长，在额尔齐斯河有野生白柳林，可以分布到海拔3100m。在塔什库尔干城海拔3000m有栽培，生长良好。在青海、宁夏、甘肃、内蒙古等省份有栽培，在伊朗、巴基斯坦、印度北部、阿富汗、欧洲均有分布和引种。

白柳花（徐晔春摄）

二、生物学和生态学特性

高大乔木，树高可达20～30m，胸径达1.53m。树冠开展宽阔，幼枝有白色绒毛，老枝无毛，淡褐色，树皮暗灰色，深纵裂。叶披针形或阔披针形，长5～15cm，宽1～3cm，基部楔形。幼叶有白绒毛，老叶上表面无毛，背面有毛。雌雄异株，雄花序长3.0～3.5cm，宽1.2cm，花药鲜黄色；雌花序长3～4cm。花期4～5月，果期5月（《中国植物志》编辑委员会，1984）。

白柳喜光，抗寒，耐干旱，也耐水涝，在黏重土壤也能生长。根系发达，抗风、固土作用较大（涂忠虞，1982）。萌芽力强，可进行萌芽更新。抗煤烟气和烟尘，适合在工矿区绿化造林。

三、良种选育

柳树种类繁多，遗传多样性丰富，杂交容易、可配性高、易无性繁殖，选取不同的有价值的性状作为遗传改良的主要目标，可选育出不同利用途径的优良品种和无性系。江苏省林业科学研究院从1962年起开展柳树改良研究，对国内外的柳树种质资源进行收集，保存柳树亲本材料70多种，基本涵盖了世界上有经济价值的柳树主要种，丰富了我国柳树基因资源。在此基础上，主要从纸浆纤维用材、矿用材、抗逆性、观赏性、高生物量等方面进行遗传改良（潘明建，2004）。如江苏省林业科学研究院综合材积生长、纤维性

状，选育出J799等无性系作为纸浆材优良无性系（涂忠虞等，1997）。在观赏柳方面，选育出的‘金丝垂柳J1010’‘金丝垂柳J1011’，是南京垂柳与新疆黄枝白柳的人工杂种（涂忠虞等，1996），兼有速生、耐水湿的优良特性，是江河沿岸滩地营建景观与用材、防浪相结合的多功能人工林优良种植材料，可以在东北南部、华北及长江中下游地区推广，现已在全国各地推广多年。

以下是由江苏省林业科学研究院选育出的优良品种。

1.‘苏柳795’（*Salix×jiangsuensis* ‘J795’）

‘苏柳795’是旱柳（*S. matsudana*）（北京）与白柳（*S. alba*）（乌鲁木齐）的人工杂种（郭群等，1997）。雄株，乔木。树皮深墨绿色，树干通直，冠形为圆柱形，冠幅3m；叶长椭圆形，长1.5cm，宽0.4cm，叶全缘，初生叶嫩绿色，后黄绿色，背面有绒毛，叶柄长0.1mm，淡青绿色，托叶2片，半透明，侧脉6～7对。叶芽嫩绿色，长0.8cm；花芽青绿色，长0.6cm；枝黄绿色。圆柱形花序，花序长2.3cm，宽0.3cm，花梗长0.2cm，托叶为2～3片，花丝长0.3cm，雄蕊2枚，花药黄色；苞片卵形，乳黄色。耐旱、耐寒、耐水湿，并具有较强的抗弯和抗压、抗冲强度，适合作矿柱材。南京长江滩地上的5年生人工林年平均林木蓄积生长量为18.70m^3/hm^2；9年生时年平均林木蓄积生长量则上升到29.17m^3/hm^2。

2.‘苏柳799’（*Salix×jiang-suensis* ‘J799’）

‘苏柳799’是旱柳（*S. matsudana*）（北京）与白柳（*S. alba*）（乌鲁木齐）的人工杂种（郭群等，1997）。雄株，乔木。树皮墨绿色，树干通直，冠形为圆柱形，冠幅2.5m；叶长椭圆形，长1.4cm，宽0.4cm，叶缘有锯齿，初生叶嫩绿色，后黄绿色，背面有绒毛，叶柄长0.1mm，淡青绿色，托叶3片，侧脉6～7对。叶芽黄绿色，长0.5cm；花芽嫩绿色，长1.2cm；枝土黄色。圆柱形花序，花序长1.5cm，宽0.4cm，花梗长0.5cm，托叶为2～3片，柱头2裂，子房长圆卵形；苞片三

‘苏柳799’植株（施士争摄）

‘金丝垂柳J1010’单株（施士争摄）

江苏省淮安市洪泽区林柴场‘苏柳795’水源涵养林（施士争摄）

湖南省沅江县洞庭湖滩地‘苏柳795’滩地纤维用材林（施士争摄）

角形，黄绿色，子房柄近无，花柱较短。耐旱、耐涝性强，生长快，单位面积产材量高，适宜营建纸浆林；其木材能生产强韧性包装纸、高档牛皮卡纸，经漂白后可用于部分替代进口纤维木浆配抄高级文化、印刷用纸。5年生及9年生纸浆林平均年产木材15.89m^3/hm^{2}和28.69m^3/hm^2，平均纤维长1.0847mm，长径比47.22，纤维素含量48.6%。

3.‘金丝垂柳J1010’（*Salix×aureo-pendula*‘J1010’）

参照垂柳中的‘金丝垂柳J1010’。

4.‘金丝垂柳J1011’（*Salix×aureo-pendula*‘J1011’）

参照垂柳中的‘金丝垂柳J1011’。

四、苗木培育

繁殖以扦插为主，也可用种子繁殖。

1. 扦插育苗

（1）圃地建立

圃地宜选择在交通方便、地势平坦、排灌畅通且靠近水源、电源的地方。土壤疏松、湿润而富含有机质。土层厚度1m以上，地下水位1m以下，土壤含盐量0.1%以下，pH 6.5～8.5。冬季土壤封冻前进行全垦，深度0.25m以上，建好排灌系统。翌年春季扦插前精细耕地，随耕随耙，及时平整。在酸性土壤中，施生石灰300～375kg/hm^2。在碱性土壤中，施硫酸亚铁75～225kg/hm^2。全垦前施腐熟的农家肥75000～150000kg/hm^2，磷肥或复合肥600～750kg。作床前清除草根等杂物，细整耙平，苗床宽1.2～3.6m，两床之间床底作为灌水沟和步道，步道宽0.3～0.4m，苗床高出步道0.15～0.30m，床面和步道平整。

（2）插穗制备

选取生长健壮、侧芽饱满、木质化程度高、无病虫害的1年生苗木作为种条。一般在春季萌动前剪条，也可在深秋苗木落叶后采条，冬藏春插。用锋利的剪刀截条，穗条下切口切削角度45°,上切口剪平，切口平滑，不破皮，不劈裂，不伤芽。上切口距第一个芽上端10mm，确保插穗上端的第一个芽完整。插穗长度160～200mm，直径15～20mm。按不同部位、直径大小分级捆扎。每一捆插穗挂一个标签，并注明品种名称。冬藏时选背阴处挖坑贮藏插穗，坑深0.4～0.5m，宽1.0～1.5m。坑底铺一层湿润的细沙土，将捆好的插穗芽向上直立排放，排放时每捆之间留空隙，填充细潮土。插穗上面覆土0.20～0.25m，间隔2.0～2.5m，用草把留排气孔。有条件的地方，可放置温室贮藏。

（3）扦插方法

2月底至3月初，地温稳定在10℃以上时进行扦插。扦插前将插穗放入清水中浸泡1～3天。采用直插的方法。插穗下切口朝下垂直插入土中，上切口与苗床平齐，插后覆土10mm。扦插密度

为（400～500）mm×600mm。

（4）地膜覆盖

有条件的地方进行地膜覆盖。采用先覆膜后扦插的方法，即在施足肥的苗床上直接覆盖黑色地膜，覆膜后进行扦插。将地膜平铺床面，四周用土压紧压实，以免被风吹破。扦插前将膜破洞再插，防止插穗口吸附膜片，影响生根或水分的吸收导致成活率下降。扦插后将破口处用细土压实，防止地膜空鼓。

（5）苗期管理

扦插后采用浇灌或漫灌等方法立刻灌水1次。遇干旱，应及时补足水分。雨后渍涝，应及时排水。除草应人工勤除，如果化学除草，发芽前使用氟乐灵、活稗和抑草灵等，苗期使用百草枯等，除草剂不要喷到苗木。松土应及时、全面，不伤苗、不伤根。

苗木生长期间施肥2～3次。第一次在5月中旬，沟施碳铵225～375kg/hm^2；第二次在6月中下旬，沟施尿素300～450kg/hm^2；第三次在7月中旬，沟施复合肥750～900kg/hm^2。插穗发芽50～100mm时，每株选留一个无虫害且长势好的芽，其他芽从基部剪去。苗木出圃时应适量修剪侧枝。地膜覆盖时，起苗后应该把地膜收集移出苗圃。

2. 播种育苗

（1）种子采集和处理

白柳果序成熟时为黄绿色，当有50%的果序蒴果微微开裂，稍露出白色时，及时采下。把采下的果序在阴凉通风的室内摊开放在纸上，1～2天后蒴果开裂，把开裂的蒴果在孔径0.2～0.3cm的筛内揉搓，再经孔径为0.15～0.25cm的筛子筛除杂物取得较为纯净的种子。也可收集飞落的柳絮，过筛除杂取得种子。采集后的种子不耐贮藏，要及时播种。

（2）整地及播种

选择土壤为肥沃的沙壤土并且容易灌溉的地方作育苗地。冬季深耕30cm，播前施足基肥，耙平整细，床面要平，床宽1.0～1.5m。播种灌足底水，当水快渗完时，将种拌入2～4倍细沙进行条播，播种量0.25～0.50kg/亩。播种带宽5cm左右，带间距离30～50cm。播种后一般不需要覆土，播种后一天便开始发芽，2～3天出齐。或将床面土壤湿润，整细整平后播种，播种后用小水浸灌，灌水量低于床面3～5cm，不可灌水浸流床面将种子漂走。

也可采用水田育苗法，把种子集中播种在用水浸灌的苗床上，当幼苗长到15cm高的时候再进行移栽。播种前，将圃地耙平整细，作成宽0.8～1.0m、长3～5m的苗床，床间开宽40cm、深30cm的灌水沟，床面整细，用木板或滚筒压平，喷水润湿表土，然后播种。播种量要加大，每亩播种量为2.5～5.0kg，采用撒播。然后往沟中灌水，经常保持沟中有足够的水量，沟中水分渗透润湿床面土壤。当幼苗高10cm左右，可放掉沟中水分，以后浇水灌溉。这种育苗方法可以使幼苗在初期集中生长在面积较少的苗圃地，管理方便，育苗效果好，当年播种苗高达2.0～2.5m，可用于成片造林。

（3）幼苗抚育

根据播种苗的生长特性进行适时的抚育管理。播种苗分为出苗期、真叶形成期及速生期。出苗及真叶形成期，幼苗的根系没有完全形成，根系分布土壤表层，要多浇水，保证土壤有较高的含水量，使表土维持湿润状态，适宜用小水浸灌。真叶形成期幼苗易感染立枯病，应及时喷洒1%硫酸亚铁。当幼苗高5～10cm，已长出5～7片真叶时要间苗，或进行小苗移栽，并开始第一次追肥，施尿素或硫酸铵5kg/亩（加水500kg）。幼苗速生期是在8月，要加强水肥管理，追肥3～4次。在幼苗生长期要经常除草松土。

五、林木培育

1. 造林地选择

河岸、河漫滩地、沟谷、低湿地、四旁地，或地下水位1.5～3.0m的冲积平原、平地、缓坡地，水分良好的沙丘边缘的沙土至黏壤土，土壤厚度≥1m、pH 6.5～8.5、含盐量不超过0.20%的立地，均可造林。

2. 整地

秋季或冬季全面翻耕造林地，翻耕深度≥40cm。在土质较为松软湿润的低湿滩地造林时，可不用翻耕；抬田造林时，垄面筑平，不用翻耕。

3. 时间

秋季落叶后至早春萌芽前均可栽植，冬季结冰期间不宜栽植。

4. 造林方法

主要有插条、插干和植苗造林。

插条造林 适用于农耕休闲地或全面翻垦、杂草很少的河滩地。以柳编、取薪为主要目的时，造林密度宜大，每亩100株左右。以用材为目的时，可适当稀植，造林后应及时清除过多的萌条。

插干造林 选用苗干通直、苗高4m以上、地径3.5cm以上、无病虫害的壮苗造林，常用于低湿滩地造林。在苗圃中用锋利的工具将达到规格要求的苗平地切断，剪除全部侧枝，苗木及时归集，1/3苗干置于清水中浸泡。造林前，插干苗在清水中浸泡24h以上。采用钢钎打孔，孔深60～80cm，直径3～4cm，随打孔随插干，将准备好的苗干直接插入打好的孔中，苗干插入深度视造林地水分条件定，一般为60～80cm，插后踩实根部土壤。

植苗造林 在沿海及多风地区造林时宜采用带根苗植苗造林。选用苗干通直、苗高4m以上、地径3.5cm以上、无病虫害的壮苗造林，起苗时保留根长≥25cm，将起苗时劈裂的根系修剪平整，苗木起出后及时归集，将根系置于清水中浸泡。造林前，苗木在清水中浸泡24h以上。根据立地状况，选择打孔或开穴。在土壤疏松的立地，采用钢钎打孔，孔深60～80cm，直径3～4cm；在土壤较黏重的立地，在全面翻耕的基础上挖穴，栽植穴规格为60cm×60cm×70cm（深），挖穴时表土与心土分开放置。向栽植穴中回填15～20cm表土后，放入浸泡过的苗木，扶正填土。填土30cm后轻提树苗，使根系舒展，分层踩实，浇水，继续填土至穴口，踩实。

5. 造林密度

四旁绿化：大多成行栽植。光照、通风较好，土壤营养面积也比较充足，株距4m，可长成檩材；株距2m的长成椽材时，要隔株间伐。双行栽植的行距不少于3m。

用材林：初植行距2.5～3.0m，株距2.0～2.5m；也可采用带状栽植，每带5～7行，带间距5～8m。

防护林：行距2.0～2.5m，株距1.5～2.0m。

6. 抚育管理

新栽植的白柳，当年春季风雨过后，应及时进行扶苗培土。新造林地，前两年每年中耕抚育2次。在5月中下旬进行第一次中耕，在秋末冬初进行第二次中耕。中耕的深度以10～15cm为宜（涂忠虞，1982）。在未采用开沟抬田措施的低湿滩地造林时，每隔2～3行林木开1条浅沟，沟深30～40cm，便于洪水或潮水退后林地迅速排水。造林当年5月下旬每株追施尿素0.1kg，距树50cm左右挖环状沟均匀埋施；第二年4月下旬到5月上旬，每株追施尿素0.2kg、复合肥0.1kg，距离树1m左右挖环状沟均匀埋施；第三年及以后，追肥时间、追肥方法、追肥量同第二年，追肥距离树干每年增加50cm。在造林当年及第二年的生长期内，注意及时修除粗大竞争枝、萌芽枝和病虫枝条，培育良好的干形。整形修枝一般在冬季进行，一般只修除上部竞争枝。直径≤4cm的枝条，用锋利的工具紧靠树干修除，切口要平；修剪直径＞4cm的枝条，先从下面切一刀，再由上向下切割，以防止撕裂树皮。培育中大径级木材，林分5年生时，隔行间伐，强度50%，密度调整为4.0m×3.0m；8年生时再间伐50%，密度调整为4.0m×6.0m。防护林要根据不同地区、林带结构以及对防护林效益的要求，进行适度间伐。

六、主要有害生物防治

1. 斑枯病（*Septoria salicicola*）

常引起叶片枯死，提早脱落。防治方法：苗木栽植不要太密，保持通风透气；庭园树要清扫落叶，以减少越冬病原菌；发病严重地

区，在苗木展叶后，可用等量式波尔多液或800～1000倍的可湿性退菌特等，每10～15天喷一次，共喷3～4次。

2. 柳锈病（*Melampsora coleosporioides*）

主要危害幼苗和幼树，特别是播种育苗，密度大，苗圃湿润，很容易感染柳锈病，危害也较严重。防治方法：适当稀植，进行修枝抚育，保持良好的通风透光条件，如是播种育苗，要及时间苗、定苗并控制灌水；扫除并烧毁落叶；发病严重地区，初放叶后，可用0.1～0.3波美度的石灰硫黄合剂或65%可湿性代森锌400～500倍液等，每10～15天喷洒一次，共喷3～4次进行预防。

3. 杨柳溃疡病（*Pseudomonas syringae* f. sp. *populea*）

危害枝干树皮，由树皮皮孔或伤口侵入传染。严重时病斑相连环绕枝干，造成上部枝干死亡。对长势衰退的树危害严重。防治方法：加强抚育管理，增强树木长势，提高抗病能力；清除并烧毁病树、病枝，减少病菌来源；合理修枝，在剪口处涂石硫合剂；用50%多菌灵或70%甲基托布津500倍液喷雾防治。

4. 柳毒蛾（*Stilpnotia salicis*）

成虫白色，有丝状光泽，在叶片上产卵。幼虫黑褐色。怕光，夜间上树危害，叶片被啃成许多透明小白点，喜群聚。1年发生1～2代，危害2～3次。防治方法：在树干基部放置杂草、瓦块等物，引诱幼虫进入缝隙内以便捕杀；用黑光灯诱杀成虫；用1.8%阿维菌素乳油6000～8000倍液喷雾防治。

5. 芳香木蠹蛾（*Cossus cossus*）

幼虫蛀食树干，严重影响白柳生长并降低木材使用价值。防治方法：用1.8%阿维菌素乳油6000～8000倍液喷雾防治；成虫羽化前，在树干下部刷白涂剂，防止成虫产卵；伐除被害木。

七、材性及用途

白柳木材心材、边材区别明显，心材红褐色，边材白色、狭窄。木材无气味，纹理较直，结构较细，容易切削，油漆性质好，容易胶黏，不易劈裂。可用来修建房屋、制造家具和农具柄，也可供制胶合板、火柴、纸浆、盆桶等用。枝条可编制筐、篮、箱等，也可作薪材。还可作观赏树种和早春的蜜源植物，也是营造防护林的优良树种。

（施士争，教忠意，王红玲）

77 左旋柳

学　名 | *Salix paraplesia* Schneid. var. *subintegra* C. Wang et P. Y. Fu

科　属 | 杨柳科（Salicaceae）柳属（*Salix* L.）

左旋柳为康定柳（*Salix paraplesia*）（原变种）的变种（赵能，1993；林祁等，2007），是西藏中部地区的乡土树种，树干向左盘旋、弯弯曲曲拧麻花似地生长，树龄愈大扭曲越明显，躯干优美、粗犷有力，生长快、寿命长，具有极高的生态价值和文化价值。左旋柳具有易栽培特点，是西藏“一江两河”河谷地带防风固土（沙）的重要资源植物，也是重要的城市绿化、庭园绿化、四旁绿化和农田防护林常用树种。1983年出版的《西藏植物志》正式对其定名（中国科学院青藏高原综合科学考察队，1983）。

一、分布

左旋柳在西藏分布于雅鲁藏布江中游及其支流拉萨河、年楚河的河谷地带，生于海拔3600～3900m的河边、路旁及山沟。在高原温带半干旱季风气候区，年平均气温6～9℃、年降水量300～600mm的地区生长为好。

二、生物学和生态学特性

小乔木，高6～7m。小枝带紫色或灰色，无

西藏自治区拉萨市龙王潭左旋柳古树（杨小林摄）

毛。左旋柳与康定柳的主要不同在于：叶至少基部为全缘，生于雌花序梗上的叶通常为全缘，叶柄顶端不具腺点，幼叶两面具绢毛，成叶下面疏生伏毛，有时近光滑；雌花序长4～5cm，果序达6cm；果较小，长约5mm。

左旋柳为中生喜光树种，抗寒、喜水湿，不怕泡、淹；抗风，不怕沙埋（王国玉等，2014）；对土壤要求不严，在草甸土、沙砾土、沙壤土等土壤上均能正常生长。左旋柳既可用于营造防护林、薪炭林，又可用于发展采条林、饲料林（张永青等，2010）。

三、良种选育

左旋柳母株最好选自多个单株，以保证左旋柳种苗优质遗传因子的保存和人工繁育左旋柳种苗的多样性。种苗应用区域环境应选择与左旋柳群落相近似的种源环境。筛选的左旋柳母株应为群落中的优树，处于青壮年期，树体健壮、生长势强、无病虫害。

四、苗木培育

左旋柳繁殖以扦插为主，也可采用种子育苗。

1. 插穗采集

秋、冬季，选当年生、健壮、粗度达到0.5cm以上的枝条作为穗条，将其剪截成长20cm左右的插穗，上切口剪成平面、距第一个饱满芽上端0.5～1.0cm，下切口剪成斜面（呈马蹄形），然后绑成50根一捆。

2. 插穗贮藏

冬季剪截的插穗需进行贮藏，多采用坑藏法。选地势较高、排水良好、土壤质地疏松的背阴处挖坑，坑深、宽各1.0～1.5m，坑长依插穗数量而定。先在坑底铺10cm左右湿细沙，然后一层插穗一层10cm左右湿细沙交互层积，插穗斜面朝下；每摆一层必须浇透水，顶层覆盖30～40cm湿细沙。每隔一定距离插一把草束，要经常检查，适时浇水，保持湿润。

3. 插穗处理

也可随剪（取）插穗、随处理、随扦插，当天必须将处理的插穗扦插完毕。扦插前将插穗在0.005% ABT1号溶液中浸泡10h左右，取出即可扦插。

4. 扦插技术

拉萨一般在4月上旬至5月上旬扦插，即土层15cm处的地温达到4～6℃时进行。扦插前每

西藏自治区拉萨河谷5年生左旋柳人工林（杨小林摄）

西藏自治区拉萨河谷15～20年生左旋柳人工林（杨小林摄）

亩施腐熟的有机基肥3m³，撒匀后整地作畦。一般畦宽150cm，畦长随苗圃地而定，采用地膜覆盖。扦插方法可直插也可斜插，将地膜打孔后把插穗斜切面稍倾斜插入床面，扦插深度以插条上端和地面持平为宜。扦插后两侧用脚踏实并覆土、灌透水，及时松土、除草、补充水分和防治病虫害。

5. 扦插密度

扦插一般行距35～40cm，株距25～30cm，以3000～114000株/hm²为宜。当年扦插苗高可达1.5m以上，地径达2cm，2年生苗高可达到2m以上，地径3cm以上，可以出圃造林。若培植3～5年生大苗，则对2年生苗木移栽培育，通过截干使苗高在2.5m左右、地径达到5cm以上出圃造林。

五、林木培育

1. 立地选择

在西藏“一江两河”地区，适于左旋柳造林的宜林地分4种立地类型（中国科学院青藏高原综合科学考察队，1985）。

河谷草甸地 是左旋柳最适宜的立地类型。主要分布在河流的Ⅰ级阶地和老的河滩地，土壤以中有机质草甸土占优势，土层厚度约1m，为沙壤土或轻沙壤，弱粒状结构，松软、土体较湿润，春季土壤的含水量平均在20%～30%。土壤肥力较高，表层有机质含量为2%～8%，全氮含量0.09%～0.21%，全磷含量1.78%～2.65%，保肥力较强。是宜林地中条件最好的一种，宜于营造防护林和高质量速生丰产林。

河谷冲积沙地 分布在洪积扇与老河漫滩上，坡度平缓，面积不大。土壤为中层或厚层阿嘎土。土层深厚，以细沙为主，表层常有20～30cm的干沙层，无粒状结构、较松、干旱。春季土壤含水量仅为3%～5%。土壤呈碱性，肥力较低，表层有机质含量仅为0.29%～1.53%。本类型可培育薪炭林或用材林。

砾质坡麓地 主要分布在河流两侧支沟山谷坡地，坡度10°～15°，地形破碎。本类型为薄层或中层阿嘎土，土层变化大。土壤粗骨性强，细土物质少，以多砾质沙壤土为主，团状或块状结构、紧实，旱季土壤含水量仅为1%～3%。土壤呈中性或碱性，土壤肥力较高，表层有机质含量1%～2%，全氮含量0.08%～0.10%，全磷含量0.04%～0.09%，全钾含量2.10%，保肥力一般。土质条件较好，对左旋柳造林成活较为有利。

河谷沼泽地 分布在河流边缘的低洼地和扇缘潜水溢出地，地表有积水或季节性积水。土壤为腐质沼泽土与泥炭土的组合，土层厚度一般为60～70cm，以半分解的植物残体为主，只有少量的矿物质颗粒，比重轻，常处于过湿的泥泞状态。土壤呈酸性，肥力较高，表层有机质含量达15%以上，土壤保肥力较强。本类型立地面积较小，土壤过湿、通气性差，左旋柳造林时需进行排水和高台整地。

2. 林地整地

在阶地沙壤土地段采用穴状整地，规格为70cm×70cm×70cm的大穴。土层较薄的河滩地可用机械开沟，宽80～100cm、深100cm以上，每亩客土80～120m³，进行土壤改良。坡麓地采用鱼鳞坑客土整地，开挖面呈半圆形，长径100～120cm、短径70～100cm、深50～70cm，土埂高15～20cm、埂顶宽10cm。沼泽低洼地需挖沟修筑条田、台田排水，然后再整平深翻。整地一般采用随整地随造林或在造林前30天内进行。整地时捡净石砾，可针对性地采取整地改土措施，通过栽植穴底部掺入壤土或分层掺入作物秸秆等方式实现蓄水抗旱栽培。根据条件，可在前一年秋季雨水集中的时间整地，蓄积雨水。

3. 栽植技术

（1）植苗造林

采用春季植苗造林，整地、掘苗、栽植均在春季进行。根据陈向珍（2016）的研究，左旋柳苗木晾晒极限时间为6h，苗木起苗到栽植过程中应采取保持水分的各种防护措施，减少水分散失，做到随起随栽，以提高苗木活力和栽植成活率。造林苗木，要求地径大于3cm、苗高2m以

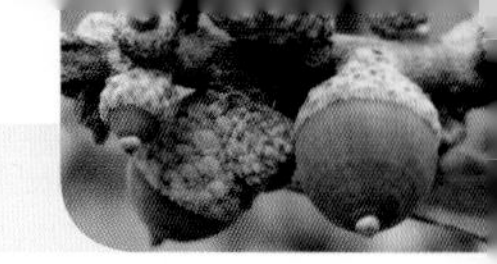

上。宜林荒山荒地营造防护林应与江孜沙棘混交，株行距为3m×4m或4m×4m。栽植时，要做到“三埋两踩一提苗”。栽植深度根据立地条件和土壤墒情确定，一般应超过苗木根颈。

（2）插干造林

插干造林是左旋柳造林常用方法，即采用2～3年生的枝条插干造林，一般长度为2.5～3.0m、直径5cm左右。采条时间以春季发芽前为宜，一般是随采随栽。在造林前经浸水处理，能提高插干的含水量，增强抗旱能力，提高成活率。插干深度在土壤水分较好的造林地为40～50cm，在较干旱地区为60～80cm，插干上切口平整、涂抹防腐剂。

4. 幼林抚育

栽后立即浇水，待水下渗后整树盘、覆膜、覆草或覆石子。造林当年秋末，对幼树主干涂白并套铁丝网对树干进行维护，以防牲畜啃食树皮。造林后1～3年，每年在雨季来临之前松土除草1次；结合松土追施氮肥100g/株，施肥后及时灌水。栽培成活率不合格的地段应及时补栽，补植的苗木应为同龄优质壮苗。

加强树木水、肥等养护管理，增强树势，提高抗病能力。特别是新移栽的树木，要保持好苗木水分，修剪适合，及时浇水养护，促进树木发芽、复壮。树干涂白（生石灰5kg、硫黄粉1.5kg、食盐2kg、水36kg），可防止病菌侵入并有杀菌作用。

六、主要有害生物防治

1. 树干病害

树干病害主要为杨树腐烂病（*Valsa sordida*）。患病枝干皮层腐烂，死皮上有小点，春季生有橘黄色丝状物或橘黄色胶块状物，即病原菌的分生孢子角。防治方法：①加强树木肥、水等养护管理，增强树势，提高抗病能力。对严重感病的植株或林带要及时清除，及时刮除病部，然后涂药处理。②腐烂病发生时可用10%的硫酸钠涂抹病斑，对较大病斑可涂蒽油原液或砷平液、不脱酚洗油、3倍的碱水等治疗。

2. 食叶害虫

（1）丽腹弓角鳃金龟（*Toxospathius auriventris*）

防治方法：5月底至6月初大发生期，用50%的辛硫磷乳油200倍液进行叶面喷雾。在6～7月成虫大发生时，晚上利用黑光灯诱杀。或在春播或秋播整地时，每亩用3%呋喃丹2～3kg或5%速灭威1.5～2.0kg加入20～30kg细土，拌匀后均匀撒在地表，再翻耕一次，可起到杀灭幼虫和蛹的作用。

（2）柳瘤大蚜（*Tuberolachnus salignus*）

1年发生多代，以成虫在树主干下部树皮缝隙中或其他隐蔽处越冬。早春越冬成虫向树干上部移动，4～5月一度盛发，多群集于枝条分杈处或嫩枝上吸食汁液。防治方法：可采用化学防治。

3. 鼠害

高原鼠兔（*Ochotona curzoniae*）主要危害幼苗的根颈部，啃食树皮，常常造成地上部干枯或生长不良。

七、材性及用途

左旋柳材质轻、易切削、无特殊气味，可供建筑、坑木、箱板等用材；木材纤维含量高，是造纸和人造棉原料；柳木、柳枝是很好的薪炭材；柳叶可作牛、羊等的饲料；为优美的观赏树种，这种雪域高原上树干拧得像麻花一样的柳树，一直从根部由左向右旋转向上生长，看起来非常结实有力，在西藏代表着不畏风雪傲然而立的抗争精神。虽然目前尚无法给其左旋特征的形成原因下定论，但反而使得左旋柳显得越发神秘，越发吸引人，其观赏价值比用材价值更为重要。在拉萨古城的河岸上、街道边、寺庙里、居民区、机关大院内，到处都有左旋柳的身影，因其树龄有的在1000年以上，有着“活着千年不死，死后千年不倒，倒后千年不腐”的美誉。

（杨小林，臧建成）

78 杞柳

别　名｜簸箕柳

学　名｜*Salix integra* Thunb.

科　属｜杨柳科（Salicaceae）柳属（*Salix* L.）

杞柳为灌木，采用插条育苗繁殖为主。为柳编的重要原料，可编制柳箱、柳包、箩筐等各种生产、生活用具，也适合作绿化沟渠和坡面的树种。花叶杞柳春季可作城市绿化的优良树种，也是良好的园林观赏树种。

一、分布

杞柳主要分布在黄河及淮河流域一带，辽宁、吉林、黑龙江三省的东部及东南部，内蒙古等省份，在河北、河南、江苏、山西、陕西栽培普遍。朝鲜、日本等也有分布。

二、生物学和生态学特性

灌木，高2～4m。枝条红褐色或黄绿色，长而柔韧。叶互生，叶形为线状披针形或倒披针形，长3～13cm，宽0.8～1.5cm，叶缘有细锯齿。雄花序长2.5～3.0cm，雌花序长2.0～2.5cm。子房长卵形，有柔毛，近无柄。花柱2裂，蒴果4～6月成熟。

杞柳喜光照，喜肥水，抗雨涝，以在上层深厚的沙壤土和沟渠边坡地生长最好，可选择沙壤土、河滩地以及近水的沟渠边坡等肥沃的地方种植。

有3个变种：白皮杞柳（大白皮），枝条黄白色，落叶后为褐色，枝条长、柔韧，粗细均匀，髓心大，节间长，生长快，产枝量高，是优良品种；红皮杞柳（红皮柳），枝条紫红色，叶柄红色，节间短，髓心小，枝质仅次于白皮杞柳；青皮杞柳，枝条青绿色，粗壮，粗细不匀，生长快，产量高，但枝条脆，品质差（涂忠虞，1982）。

三、良种选育

1.‘簸杞柳JW8-26’（*Salix suchowensis* × *S. integra*‘JW8-26’）

‘簸杞柳JW8-26’是簸箕柳（*S. suchowensis*）（江苏如皋）与杞柳（*S. integra*）（哈尔滨）的杂种。雌株，灌木。柳条均匀光滑，叶互生，叶和托叶披针形，叶两面无毛，枝条秋季青绿色。平均条长230cm，平均条粗1.10cm，柳条均匀光滑，青条产量为29115kg/hm^2，白条率40.96%（为含水率15%的白条率）。耐旱、耐涝性强。柳条韧性好，条长，产量高，利于加工柳编工艺品。

2.‘杞簸柳JW9-6’（*Salix integra* × *S. suchowensis*‘JW9-6’）

‘杞簸柳JW9-6’是杞柳（*S. integra*）（黑龙江）与簸箕柳（*S. suchowensis*）（江苏南京）的杂种。雌株，灌木。柳条均匀光滑，叶缘有细腺

‘簸杞柳JW8-26’（张珏摄）

齿，托叶线状披针形。枝条秋季黄色或橙黄色。平均条长217cm，平均条粗1.08cm，柳条均匀光滑，青条产量为26205kg/hm^2，白条率39.50%（为含水率15%的白条率）。耐旱、耐涝。

3.‘花叶柳’（*S. sinopurpurea* × *S. integra*‘Tu Zhongyu’）

‘花叶柳’为红皮柳×杞柳杂种无性系。灌木，平均条长230cm，平均条粗1.10cm，柳条均匀光滑。叶互生，披针形，长14cm，宽2cm，叶缘细锯齿，托叶披针形，叶柄长0.8cm，叶两面无毛。嫩梢淡黄，微发红，成熟枝条绿色，成熟叶6月以前叶片上分布白色、淡黄或粉红色斑点，形似花叶，观赏性好。6月中旬以后叶面上的斑点逐渐褪去，变成全绿色。主要用于园林绿化，具有优良观赏性。

四、苗木培育

繁殖以扦插为主，也可用种子繁殖。

1. 扦插育苗

（1）立地选择与整地

选择交通方便、地势平坦、排灌畅通且靠近水源、电源的地方，土壤疏松、湿润而富含有机质，土层厚度1m以上，地下水位1m以下，土壤含盐量0.1%以下，pH 6.5～8.5。冬季土壤封冻前进行全垦，深度0.25m以上，建好排灌系统。翌年春季扦插前精细耕地，随耕随耙，及时平整。

（2）插条制备

在春季萌动前选取生长健壮、无病虫害、无机械损伤、木质化程度高的种条，用锋利的剪刀截条。切口平滑，上、下切口均平切，插条长度200mm，直径8～15mm。按不同直径大小分级捆扎。选背阴处用塑料薄膜覆盖保湿进行短期贮藏，也可装入密封塑料袋放置在−4～−2℃环境长期贮藏。

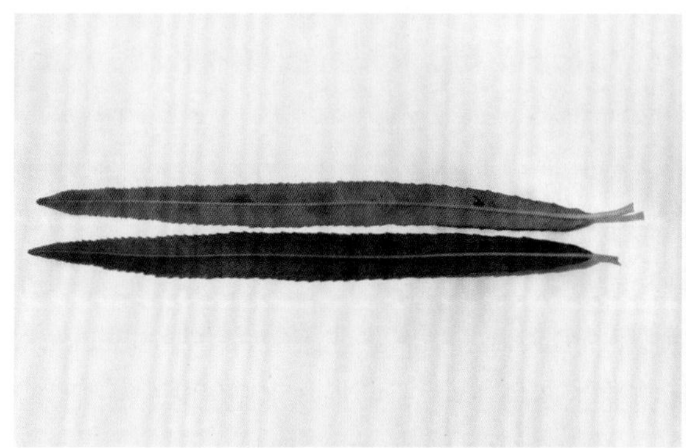

‘杞簸柳JW9-6’（张珏摄）

江苏省南京市江宁区‘花叶柳’形态（施士争摄）

‘花叶柳’（黄瑞芳摄）

（3）扦插方法

一般在2月底插条萌动前栽植，低温冷藏的插条可在6月以前选择土壤墒情好的时间栽植。扦插前将插穗放入清水中浸泡1～3天。采用直插的方法，插条下切口朝下垂直插入土中，上切口与苗床平齐。采用宽窄行配置方式扦插，窄行距为75cm，宽行距为150cm，株距50～60cm。

（4）地膜覆盖

有条件的地方进行地膜覆盖。采用先覆膜后扦插的方法。将地膜平铺于床面，四周用土压紧压实，以免被风吹破。扦插前将膜破洞再插，防止插穗口吸附膜片，影响生根或水分的吸收导致成活率下降。

（5）苗期管理

栽植后立即灌水1次。遇干旱应及时补水。雨后渍涝，应及时排水。新造林地，前两年每年浅耕抚育2次。在5月中下旬进行第一次浅耕，在秋末冬初进行第二次浅耕。浅耕的深度以5～10cm为宜。苗木生长期间施肥3次。第一次在5月中旬，沟施碳铵225～375kg/hm^2；第二次在6月中下旬，沟施尿素300～450kg/hm^2；第三次在7月中下旬，沟施复合肥750～900kg/hm^2。

2. 播种育苗

（1）种子采集和处理

果序成熟时为黄绿色，当有50%的果序蒴果微微开裂，稍露出白色时，及时采下。把采下的果序在阴凉通风室内摊开放在纸上，1～2天后蒴果开裂，然后在孔径0.2～0.3cm的筛内揉搓，再经孔径为0.15～0.25cm的筛子筛除杂物取得较为纯净的种子。也可收集飞落的柳絮，过筛除杂取得种子。采集后的种子不耐贮藏，要及时播种。

（2）整地及播种

选择土壤为肥沃的沙壤土并且容易灌溉的地方作育苗地。冬季深耕30cm，播前施足基肥，耙平整细，床面要平，床宽1.0～1.5m。播种前灌足底水，当水快渗完时，将种拌入2～4倍细沙进行条播，播种量7.5～15.0kg/hm^2。播种带宽5cm左右，带间距离30～50cm。播种后一般不需要覆土，播种后一天便开始发芽，2～3天出齐。或将床面土壤湿润，整细整平后就播种，播种后用小水浸灌，灌水量低于床面3～5cm，不可灌水浸流床面将种子漂走。

也可采用水田育苗法，把种子集中播种在用水浸灌的苗床上，当幼苗长到15cm高时再移栽。播种前，将圃地耙平整细，作成宽0.8～1.0m、长3～5m的苗床，床间开宽40cm、深30cm的灌水沟，喷水润湿表土，然后播种。播种量要加大，为75～150kg/hm^2，采用撒播。然后往沟中灌水，经常保持沟中有足够水量，沟中水分渗透润湿床面土壤，当幼苗高10cm左右，可放掉沟中水分，以后浇水灌溉。这种育苗方法可使幼苗在初期集中生长在面积较少的苗圃地，管理方便，育苗效果好，当年播种苗高达2.0～2.5m，可用于成片造林。

（3）幼苗抚育

根据播种苗生长特性进行适时抚育管理。出苗及真叶形成期，幼苗的根系没有完全形成，根系分布于土壤表层，要保证土壤有较高含水量，使表土维持湿润状态，多浇水，适宜用小水浸灌。真叶形成期幼苗易感染立枯病，应及时喷洒1%硫酸亚铁。当幼苗高5～10cm，已长出5～7片真叶时要间苗，或进行小苗移栽，并开始第一次追肥，施150kg/hm^{2}尿素或硫酸铵（加水500kg）。幼苗速生期是在8月，要加强水肥管理，追肥3～4次。在幼苗生长期要经常除草松土。

五、林木培育

1. 造林地选择

地势平坦，土层厚度≥40cm，pH 5.5～8.0，含盐量不超过0.30%，壤土或沙壤土，不积水或夏季有短期淹水，但淹水时间不超过30天、最大淹水深度不超过100cm的立地。

2. 整地

在深秋或冬季全面深翻，深度为30cm，春季种植前耙平，作成3～5m的宽床备用。

3. 时间

一般在2月底插条萌动前栽植，低温冷藏的插条可在6月以前选择土壤墒情好的时间栽植。

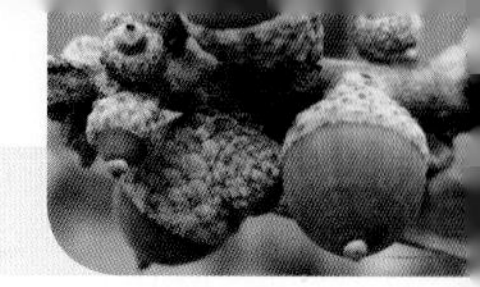

4. 造林方法

以插条造林为主。适用于农耕休闲地或全面翻垦、杂草很少的河滩地。采用直插的方法。插条下切口朝下垂直插入土中，上切口与苗床平齐。造林后应及时清除过多萌条。

5. 造林密度

纤维用材和能源林采用宽窄行配置方式扦插，窄行距75cm，宽行距150cm，株距50～60cm。

6. 抚育管理

新造林地，前两年每年浅耕抚育2次。在5月中下旬进行第一次浅耕，在秋末冬初进行第二次浅耕。浅耕深度以5～10cm为宜。苗木生长期间施肥3次。第一次在5月中旬，沟施碳铵225～375kg/hm^2；第二次在6月中下旬，沟施尿素300～450kg/hm^2；第三次在7月中下旬，沟施复合肥750～900kg/hm^2。栽植第一年冬季全部砍伐，保留伐桩3cm高，促进第二年生长时形成更多的分枝。栽植后第三年皆伐，产量达到40t/hm^{2}干重，以后每3年一个轮伐期。连续收获4个轮伐期后需清理伐根重新栽植。

六、主要有害生物防治

1. 柳锈病（*Melampsora coleosporioides*）

主要危害幼苗和幼树，特别是播种育苗，密度大，苗圃湿润，很容易感染柳锈病，危害也较严重。防治方法：适当稀植，进行修枝抚育，保持良好的通风透光条件，如是播种育苗，要及时间苗、定苗并控制灌水；扫除并烧毁落叶；发病严重地区，初放叶后，可用0.1～0.3波美度的石灰硫黄合剂或65%可湿性代森锌400～500倍液等，每10～15大喷洒一次，共喷3～4次进行预防。

2. 杨柳溃疡病（*Pseudomonas syringae* f. sp. *populea*）

危害枝干树皮，由树皮皮孔或伤口侵入传染。严重时病斑相连环绕枝干，造成上部枝干死亡。对长势衰退的树危害严重。防治方法：加强抚育管理，增强树木长势，提高抗病能力；清除并烧毁病树、病枝，减少病菌来源；合理修枝，在剪口处涂石硫合剂；用50%多菌灵或70%甲基托布津500倍液喷雾防治。

3. 柳毒蛾（*Stilpnotia salicis*）

成虫白色，有丝状光泽，在叶片上产卵。幼虫黑褐色，怕光，夜间上树危害，叶片被啃成许多透明小白点，喜群聚。1年发生1～2代，危害2～3次。防治方法：在树干基部放置杂草、瓦块等物，引诱幼虫进入缝隙内以便捕杀；用黑光灯诱杀成虫；用1.8%阿维菌素乳油6000～8000倍液喷雾防治；用2500IL/mg BT乳剂500～800倍液喷雾防治。

4. 刺蛾

幼虫蚕食叶片，而且毒毛刺人。危害杞柳的刺蛾主要是绿刺蛾（*Latoia consocia*）、扁刺蛾（*Thosea sinensis*）和黄刺蛾（*Cnidocampa flavscens*）。绿刺蛾1年发生1代，幼虫危害期是7月；黄刺蛾和扁刺蛾1年发生2代，6月下旬至7月下旬或7月上旬到8月中旬第一代幼虫危害，8月下旬至9月下旬第二代幼虫危害。防治方法：初孵化幼虫有群集性，可摘掉虫叶，杀死幼虫；于冬、春季在树干附近土壤挖虫茧或剥取树干枝杈处虫茧杀死；用1.8%阿维菌素乳油6000～8000倍液喷雾防治；用2500IL/mg BT乳剂500～800倍液喷雾防治。

5. 杞柳跳甲（*Altica weisee*）

杞柳跳甲是杞柳苗期的主要害虫，危害叶片及嫩梢。成虫长椭圆形，体长4～6mm；幼虫灰黑色，体细长；卵表面有白色蜡粉，平卧于叶背。防治方法：喷洒90%敌百虫500～600倍液、50%马拉松乳剂800倍液等毒杀幼虫或成虫；成虫有假死习性，可利用这个特点，震动枝干使成虫落地，进行捕杀。

七、材性及用途

杞柳枝条柔软、韧性强，是柳编的重要原料，经过刮皮加工，可编制柳箱、柳包、箩筐、笆斗以及桌椅、凳等各种生产、生活用具。杞柳也适合作绿化沟渠和坡面的树种。茎皮纤维可制人造棉。皮含水杨酸，可供药用。‘花叶柳’春季可供观新叶，幼树也可盆栽供观赏。

（施士争，张珏，黄瑞芳）

79 沙柳

别　名｜蒙古柳、筐柳（《中国植物志》）
学　名｜*Salix linearistipularis* Franch.
科　属｜杨柳科（Salicaceae）柳属（*Salix* L.）

沙柳为灌木，抗逆性强，较耐旱，抗风沙，是我国沙荒地区重要固沙造林树种；枝条为优良的柳编原料，也是制作刨花板、中密度板的原材料；还具优良燃烧性能，可进行生物质发电。

一、分布

主要分布在河北、山西、陕西、内蒙古、四川、甘肃等省份平原低湿地。

二、生物学和生态学特性

灌木。枝条黄色或栗黄色。叶披针形或线状披针形，长8～15cm，宽0.5～1.0cm，叶缘有锯齿。雄花序3.0～3.5cm，宽1cm，雌花序长3～4cm，宽约0.7cm。雄蕊2枚，花丝合生，苞片倒卵形，上部黑色，有长毛，腹生1个腺体。子房卵状圆锥形，有毛，无柄，柱头2裂，腹生1个腺体（《中国植物志》编辑委员会，1984）。

沙柳抗逆性强，较耐旱，喜水湿，抗风沙，耐严寒和酷热，喜适度沙压，繁殖容易，萌蘖力强。

三、苗木培育

繁殖以扦插为主，也可用种子繁殖。

沙柳（教忠意摄）

1. 扦插育苗

（1）立地选择与整地

选择在交通方便、地势平坦、排灌畅通且靠近水源、电源的地方，土壤疏松、湿润而富含有机质，土层厚度1m以上，地下水位1m以下，土壤含盐量0.1%以下，pH 6.5～8.5。冬季土壤封冻前进行全垦，深度0.25m以上，建好排灌系统。翌年春季扦插前精细耕地，随耕随耙，及时平整。

（2）插条制备

在春季萌动前选取生长健壮、无病虫害、无机械损伤、木质化程度高的种条，用锋利的剪刀截条。切口平滑，上、下切口均平切，插条长度200mm，直径8～15mm，按不同直径大小分级捆扎。选背阴处用塑料薄膜覆盖保湿进行短期贮藏，也可装入密封塑料袋中放置在−4～−2℃环境长期贮藏。

（3）扦插方法

一般在2月底插条萌动前栽植，低温冷藏的插条可在6月以前选择土壤墒情好的时间栽植。扦插前将插穗放入清水中浸泡1～3天。采用直插的方法，插条下切口朝下垂直插入土中，上切口与苗床平齐。采用宽窄行配置方式扦插，窄行距75cm，宽行距150cm，株距50～60cm。

（4）地膜覆盖

有条件的地方进行地膜覆盖，采用先覆膜后扦插的方法。将地膜平铺于床面，四周用土压紧

压实，以免被风吹破。扦插前将膜破洞再插，防止插穗口吸附膜片，影响生根或水分的吸收导致成活率下降。

（5）苗期管理

栽植后立即灌水1次。遇干旱，应及时补足水分。雨后渍涝，应及时排水。新造林地，前两年每年浅耕2次。在5月中下旬进行第一次浅耕，在秋末冬初第二次浅耕。浅耕深度以5～10cm为宜。苗木生长期间施肥3次。第一次在5月中旬，沟施碳铵225～375kg/hm^2；第二次在6月中下旬，沟施尿素300～450kg/hm^2；第三次在7月中下旬，沟施复合肥750～900kg/hm^2。

2. 播种育苗

（1）种子采集和处理

沙柳果序成熟时为黄绿色，当有50%的果序蒴果微微开裂，稍露出白色时，及时采下。把采下的果序在阴凉通风的室内摊开放在纸上，1～2天后蒴果开裂，把开裂的蒴果在孔径0.2～0.3cm的筛内揉搓，再经孔径为0.15～0.25cm的筛子筛除杂物取得较为纯净的种子。也可收集飞落的柳絮，过筛除杂取得种子。采集后的种子不耐贮藏，要及时播种（涂忠虞，1982）。

（2）整地及播种

选择土壤为肥沃的沙壤土并且容易灌溉的地方作育苗地。冬季深耕30cm，播前施足基肥，耙平整细，床面要平，床宽1.0～1.5m。播种前灌足底水，当水快渗完时，将种拌入2～4倍细沙进行条播，播种量约7.5～15.0kg/hm^2。播种带宽5cm左右，带间距30～50cm。播种后一般不需要覆土，播种后一天便开始发芽，2～3天出齐。或将床面土壤湿润，整细整平后就播种，播种后用小水浸灌，灌水量低于床面3～5cm，不可灌水浸流床面将种子漂走。

也可采用水田育苗法，把种子集中播种在用水浸灌的苗床上，当幼苗长到15cm高时再移栽。播种前，将圃地耙平整细，作成宽0.8～1.0m、长3～5m的苗床，床间开宽40cm、深30cm的灌水沟，喷水润湿表土，然后播种。播种量要加大，为75～150kg/hm^2，采用撒播。然后往沟中灌水，经常保持沟中有足够的水量，沟中水分渗透润湿床面土壤。当幼苗高10cm左右，可放掉沟中水分，以后浇水灌溉。这种育苗方法可以使幼苗在初期集中生长在面积较少的苗圃地，管理方便，育苗效果好，当年播种苗高达2.0～2.5m，可用于成片造林。

（3）幼苗抚育

根据播种苗生长特性适时抚育管理。出苗及真叶形成期，幼苗的根系没有完全形成，要多浇水，保证土壤有较高的含水量，使表土维持湿润状态，适宜用小水浸灌。真叶形成期幼苗易感染立枯病，应及时喷洒1%硫酸亚铁。当幼苗高5～10cm，已长出5～7片真叶时要间苗，或进行小苗移栽，并开始第一次追肥，施150kg/hm^{2}尿素或硫铵（加水500kg）。幼苗速生期是在8月，要加强水肥管理，追肥3～4次。在幼苗生长期要经常除草松土。

四、林木培育

1. 造林地选择

地势平坦，土层厚度≥40cm，pH 5.5～8.0，含盐量不超过0.30%，壤土或沙壤土，不积水，或夏季有短期淹水，但淹水时间不超过30天、最大淹水深度不超过100cm的立地。

2. 整地

在深秋或冬季全面深翻，深度为30cm，春季种植前耙平，作成3～5m宽床备用。

3. 时间

一般在2月底插条萌动前栽植，低温冷藏的插条可在6月以前选择土壤墒情好的时间栽植。

4. 造林方法

以插条造林为主。适用于农耕休闲地或全面翻垦、杂草很少的河滩地。采用直插的方法。插条下切口朝下垂直插入土中，上切口与苗床平齐。造林后应及时清除过多的萌条。

5. 造林密度

纤维用材和能源林采用宽窄行配置方式扦插，窄行距75cm，宽行距150cm，株距50～60cm。

6. 抚育管理

新造林地，前两年每年浅耕抚育2次。5月中

沙柳枝叶（徐晔春摄）

下旬第一次浅耕，秋末冬初第二次浅耕。浅耕深度以5～10cm为宜。苗木生长期间施肥3次。第一次在5月中旬，沟施碳铵225～375kg/hm^2；第二次在6月中下旬，沟施尿素300～450kg/hm^2；第三次在7月中下旬，沟施复合肥750～900kg/hm^2。栽植第一年冬季全部砍伐，保留伐桩3cm高，促进第二年生长时形成更多的分枝。栽植后第三年皆伐，产量达到40t/hm^{2}干重，以后每3年一个轮伐期。连续收获4个轮伐期后需清理伐根重新栽植。

五、主要有害生物防治

1. 柳毒蛾（*Stilpnotia salicis*）

成虫白色，有丝状光泽，在叶片上产卵。幼虫黑褐色，怕光，夜间上树危害，叶片被啃成许多透明小白点，喜群聚。1年发生1～2代，危害2～3次。防治方法：在树干基部放置杂草、瓦块等物，引诱幼虫进入缝隙内以便捕杀；用黑光灯诱杀成虫；用1.8%阿维菌素乳油6000～8000倍液喷雾防治。

2. 天牛

主要的蛀干害虫。防治方法：人工捕捉成虫；用小铁锤打击刻槽，将里面的卵或幼虫锤死或用小刀挖取卵和幼虫；于幼虫还未蛀入木质部之前，用90%敌百虫800～1000倍液喷射树干，杀死幼虫；幼虫蛀入木质部后，可从最小排粪孔往里注射30～50倍80%敌敌畏乳油或90%敌百虫30倍液毒杀幼虫；剪除虫害严重的枝干。

3. 柳干木蠹蛾（*Holcocerus vicarious*）

以幼虫蛀食树干，严重影响沙柳生长并降低木材使用价值。防治方法：用1.8%阿维菌素乳油6000～8000倍液喷雾防治；成虫羽化前，在树干下部刷白涂剂，防止成虫产卵；伐除被害木。

六、材性及用途

沙柳生长迅速，枝叶茂密，根系繁大，固沙保土力强，是我国沙荒地区重要的造林树种。沙柳可作纸板、造纸用材。枝条是优良的柳编原料，也可作为制作刨花板、中密度板的原材料出售。将沙柳粉碎青贮，还可做成牲畜饲料。它具有优良的燃烧性能，可用来进行生物质发电。

（施士争，韩杰峰，教忠意）

80 康定柳

别　名 | 高山柳、拟五蕊柳（《中国高等植物图鉴》）

学　名 | *Salix paraplesia* Schneid.

科　属 | 杨柳科（Salicaceae）柳属（*Salix* L.）

康定柳目前尚未人工引种栽培。康定柳适应性广，牛、羊喜食其嫩枝叶，属优良饲用植物，也是优良的防风固沙植物，在防沙治沙、退耕还林等生态建设工程中发挥重要作用。

一、分布

康定柳主要分布于浙江、河南、山西、陕西、宁夏、甘肃、青海、西藏东部、云南、四川及湖北，分布区经纬度范围为27°36′~38°55′N、91°3′~122°3′E，生于海拔1500~4000m的山沟及山脊。欧洲、中亚及朝鲜有分布。

二、生物学和生态学特性

小乔木。枝紫褐色或黑紫色，无毛。叶椭圆形或倒卵状椭圆形，全缘，无毛，先端钝，基部圆形或宽楔形，表面暗绿色，背面稍带白色，侧脉6~9对；托叶近圆盘状，长约5mm。雄花序生于短枝顶端，长约10mm；子房长卵形，无毛，具短梗，先端渐尖，柱头2裂。蒴果2裂，花期6月上中旬，果期6月下旬至7月上旬。

康定柳根系发达，根系萌蘖能力强，耐沙埋、耐旱、耐热，喜光、不耐荫蔽；喜低湿而微具盐碱的土壤，在含盐量0.5%~0.7%的盐渍化土壤上能很好生长，在含盐量2%~3%的盐土上生长不良。

四川省若尔盖县高寒地区康定柳灌丛（陈德朝摄）

三、良种选育

由四川省林业科学研究院和若尔盖县林业局选育出了2个优良品种，即‘若柳1号’和‘若柳4号’。

‘若柳1号’　采条9年后，灌丛高和每丛株数比其他品种高59.1%和72.2%；沙地造林7年后保存率比其他品种高41.4%，灌丛高、每丛株数和沙障萌发比其他品种分别高287%、127.3%和125.6%。

‘若柳4号’　采条9年后，灌丛高和每丛株数比其他品种高81.8%和83.3%；扦插成活率、高年生长量和地径年生长量比其他品种分别高15.7%、50%和50%；沙地造林存活率、灌丛高和每丛株数比其他品种分别高36.1%、241.7%和94.4%。

‘若柳1号’和‘若柳4号’枝条、根系萌发性强，扦插成活率高，抗风蚀、耐沙埋，适应高寒沙地的恶劣环境，是优良的防沙治沙材料，适宜在川西北、甘肃、青海、西藏等高寒地区栽植。

四、苗木培育

康定柳育苗主要采用扦插育苗。

1. 苗圃地选择

苗圃地宜选择在高原丘陵区和高山峡谷区、

海拔2500～3500m、土壤pH 6.0～7.0、坡度小于10°的坡地。

整地作床 作床翻耕土壤时加入腐熟有机肥（厩肥、堆肥）7.5t/hm^2，将土壤与有机肥均匀混合。4月下旬作高床育苗，加入2%～3%硫酸亚铁溶液或采用其他方法进行土壤消毒。苗床高出步道10～20cm，床面宽1.4～1.6m，长随地形而定，步道宽度30～40cm，铺上地膜。

2. 插条采集

优先在采穗圃或认定良种母树上采集插条，如未确定优良品种、未建立品种园和采穗圃，在立地条件较好、开花结实的林中选择生长健壮、无病虫害的植株采集。采集在4月中下旬前，枝条芽苞未萌发时进行。插条选择发育充实、冬芽饱满、充分木质化的2～3年生、直径1～2cm的营养枝。

3. 插穗剪截

将插条基部不饱满的芽与梢部木质化程度不足的部分弃除，选择中间大部剪取直径1～2cm、长度20～25cm的枝条作插穗。剪穗应在室内或庇荫背风处进行，每根插穗保留2～3个芽，上端平剪，剪口距芽0.5～1.0cm，下端呈45°斜剪，剪口距芽1cm左右，呈马耳形。剪好的插穗按粗细分级，下端整齐成捆。

4. 插穗处理

扦插前对插穗进行清水和生根剂浸泡等预处理。常用3种生根剂处理。①根多壮：将插穗下端3～5cm插到10mg/L根多壮药液浸泡10～15s，取出晾置2～3min即可扦插。②福生活力：将插穗下端3～5cm插到3400mg/L福生活力溶液浸泡0.5～1.0h，取出即可扦插。③根旺：按每小袋（5g）根旺兑水10kg，将插穗下端3～5cm插到根旺溶液浸泡1～2h，取出即可扦插。

5. 扦插

4月下旬至5月上旬进行，株距5～8cm、行距15～20cm。深度以插穗上芽基部刚好露出地面为宜，竖直扦插。注意地上部分至少要保留1个芽，且不同粗细、不同年龄的插穗分床扦插。

6. 插后管理

插穗生根前每5～7天浇水1次，定根后15～20天灌溉1次。后期减少或停止浇水，以促进苗木木质化。同时，按“除早、除小、除了”的原则及时除草。扦插当年6月下旬和8月中下旬分别除草1次，扦插第二年8月除草1次。结合除草清除多余萌条，原则为除弱留壮（保留1～3根）。苗高15cm时根据长势确定追肥，苗木长势弱时追施尿素75～150kg/hm^2。土壤缺磷、钾时，可追施一定量磷钾复合肥。

四川省若尔盖县康定柳苗圃扦插苗床（陈德朝摄）

7. 苗木出圃

春季（4～5月）苗木萌动前起苗。起苗时，用铁锹沿行距离扦插苗10cm左右倾斜插入一定深度，然后将苗挖出，保持根系完整和不折断苗干。苗木起苗后及时打捆包装，长距离运输时采用草帘、篷布覆盖。若苗木不能及时运出，需临时假植。

五、林木培育

1. 造林地选择

康定柳抗旱性强，适

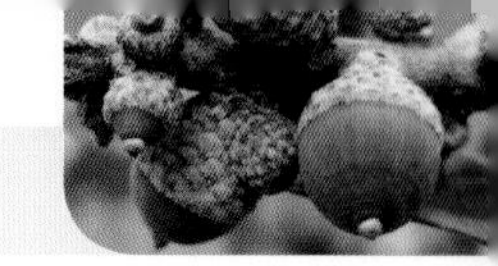

于在高寒沙区的沙化土地造林。

2. 造林地整理

采用人工或机械整地，注意保留好原有植被，防止水土流失。整地与栽植同步进行，整地方式采用穴状整地，整地规格40cm×40cm×60cm。种植穴采用“品”字形配置。

3. 造林技术

造林时间在4月中旬至5月下旬，栽植在阴天或雨后进行，切忌晴天、土干或土冻时节造林。尽量做到当日起苗当日造林。栽植前，流动沙地每公顷施用5t有机肥（牛粪、羊粪、马粪）作底肥，半固定沙地施用4t，以维护和增加土壤肥力。

栽植采用单植和丛植两种方式。单株栽植株行距1m×1m～2m×2m，丛植按每穴2～5株，株行距2.0m×2.0m～2.0m×3.0m。栽植苗木必须采用合格壮苗，2年生苗地径大于0.6cm、苗高大于100cm，1年生苗地径大于0.4cm、苗高大于80cm。栽植前先将苗木根部浸入0.05g/L的生根粉溶液（不能用金属容器盛装生根粉溶液）10～15s，取出晾干。同时，对种苗进行浆根、修枝、断梢等处理。根据树种生物学特性适当深栽，培土壅蔸，栽紧压实；对有水源条件的地块浇足定根水，栽植完成后清除剩余物、轻耙松土、平整地表。

4. 抚育与管护

栽植后应及时浇水和适时施肥，追肥以有机肥为主。造林当年入冬前可将植株地上部分剪掉（剪掉的枝条任其堆置在沙地内，既可起到沙障作用，腐烂后又可改善沙地土壤结构和肥力），促使植株翌年萌蘖大量的新枝条，尽快郁闭成林发挥阻风固沙作用。连续抚育5年，每年抚育2次。造林地选择全封封育方式，采用人工弓箭灭地下鼠和生物毒饵灭地面鼠，选用B13生物制剂防治高原毛虫。

六、主要有害生物防治

危害康定柳的主要病虫有杨柳烂皮病、柳天蛾、柳尺蠖、柳金花虫等。

1. 杨柳烂皮病

病原菌是金黄壳囊孢（*Cytospora chrysosperma*）、柳黑腐皮壳（*Valsa salicina*）。发病时，枝干皮层腐烂，死皮上有小点，春季生有橘黄色丝状物或橘黄色胶块状物，即病原菌的分生孢子角。防治方法：选择抗病品种栽培；加强栽培管理；培养健壮苗木，科学修剪；秋季树干涂白，防止灼伤或冻害，发现有病死树木及时伐除并烧毁；对种条严格检疫，及时平茬；必要时也可在春季病菌活动前刮除病斑，涂刷10%碱水或95%苛性钠200倍液或1∶1∶1的波尔多液。

2. 虫害

康定柳的主要虫害为柳天蛾、柳尺蠖和柳金花虫。防治方法：①人工防治：当柳天蛾和柳尺蠖幼虫进入中龄和入地化蛹以后，结合抚育，人工捕杀幼虫或人工挖蛹。可利用柳金花虫假死习性，震落捕杀。②化学防治：在柳天蛾和柳尺蠖幼龄期及柳金花虫幼虫、成虫期，喷洒化学药剂杀灭幼虫和成虫。

3. 鼠害

危害康定柳的主要鼠害种类有黑唇鼠兔（*Ochotona* sp.）、藏鼠兔（*Ochtona thibetana*）、间颅鼠兔（*Ochotona cansus*）、高原鼢鼠（*Eospalax fontanierii*）、根田鼠（*Microtus oeconomus*）、青海田鼠（*Microtus fuscus*）、高原松田鼠（*Microtus irene*）、喜马拉雅旱獭（*Marmota himalayana*）等，一方面直接啃食康定柳树皮造成地上部干枯或生长不良，另一方面鼠兔掘洞损害康定柳根系，影响树木对养分和水分的吸收。

七、综合利用

康定柳生长速度快，由于抗风蚀、抗干旱、耐沙埋，是防沙治沙的主要生物材料之一，在防沙治沙、退耕还林、植被恢复等生态建设工程中有广泛应用。其嫩枝、鲜叶营养价值高，牛、羊喜食，属良等饲用植物。枝条韧性好、木材质软，可以用于圈井、筑篱、编排柳栅及牲畜棚圈等。

（邓东周，鄢武先，贺丽）

81 钻天柳

别　名｜朝鲜柳、顺河柳（黑龙江）、红毛柳（小兴安岭）、红梢柳（桓仁）、化妆柳（日本）
学　名｜*Chosenia arbutifolia* (Pall.) A. Skv.
科　属｜杨柳科（Salicaceae）钻天柳属（*Chosenia* Nakai）

钻天柳为杨柳科单种属植物，全世界仅一种，属珍贵稀有濒危植物，在我国集中分布于东北大、小兴安岭和长白山林区，国家二级重点保护野生植物。钻天柳在进化上是介于杨属和柳属之间的过渡类型，对研究杨柳科系统发育具有一定的科学价值。钻天柳是东北地区营造护岸林的优良先锋树种，较速生且木材质软，可供建筑、家具、矿柱、造纸等用。另外，钻天柳树姿优美，秋季落叶后，幼梢逐渐变红，极具观赏性，是理想的绿化观赏乔木树种。

一、分布

钻天柳分布于亚洲东部的朝鲜、日本、俄罗斯远东地区和东西伯利亚地区以及我国东北三省、内蒙古（大兴安岭山区）。整个分布区基本上是呈从南向北退缩的趋势，最南从我国的华北地区（41°N）的零星分布，到小兴安岭的小片分布，直至在我国大兴安岭到俄罗斯的远东地区、东西伯利亚地区及日本本州岛一带沿河流空旷地区的大片分布，最北到达俄罗斯的阿纳德尔地区（60°N），东西的分布界线在125°～170°E，海拔高度在200～1500m（马宏宇等，2015）。

二、生物学和生态学特性

落叶乔木，高达20～30m，胸径1.5m。树皮褐灰色，片状纵裂。小枝无毛，黄色带红色或紫红色，被白粉。叶长圆状披针形或披针形，长5～8cm，宽1.5～2.3cm。花序先于叶开放，雄花序下垂，雌花序直立或倾斜。花期5月，果期6月。

钻天柳喜光、耐淹，天然林主要生长在河流两岸的沙砾或沙壤土地段，沿河流形成纯林或与杨树、柳树形成阔叶混交林。立地条件对钻天柳的胸径及材积生长量影响较大，调查表明，在20年生林分中，沙壤土立地的胸径、材积年均生长量比沙砾立地的分别高73.2%和140.4%。

三、苗木培育

钻天柳扦插育苗困难，组培育苗已获成功，但诱导生根率较低，目前生产上主要采用播种育苗的方式进行苗木培育。

种子采集　钻天柳种子的成熟期因各地气候条件及立地条件的不同而略有不同，在6月下旬至8月初。种子成熟的外部形态特征是：蒴果穗由绿色变为米黄色，果穗顶端有少数蒴果开裂。新鲜种子千粒重0.34g，发芽率95%以上。

播种时间　钻天柳的播种可采用春播和秋播两种方式。秋播采用随采随播的方式，种子萌发率高，但秋播苗生长期短，小苗木质化不完全，需采取适当的保护措施以利于苗木越冬。在常温下，钻天柳种子生命力仅能维持1周左右的时间，若需春播育苗，应在采种后3～5天内调制好种子。调制方法是：将种子和变色硅胶以1∶3的比例混拌在一起，放置在干燥器内，每天2次取样，测量种子含水率，当含水率降到4%时，把种子筛出，装瓶密封，放在冰箱中（3～6℃）冷藏保存，第二年春测试贮藏种子的发芽率为56%。春播种子萌发率低，但春播育苗可补充歉收年份种子来源，两种方式各有其优缺点，生产上多采用秋播的方式育苗。

播种方法　采用床播方式育苗，选择壤土或

沙壤土地块作床，床面耙细整平，用0.5%高锰酸钾溶液或2%硫酸亚铁溶液进行土壤消毒。将采集的果枝或蒴果均匀摆在床面上，在阳光下晒至大部分蒴果开裂，适时喷雾浇水以防止飞絮。撤去果枝随即盖草帘并在草帘上喷足水，出苗率在90%以上。

苗期管理 钻天柳新鲜种子萌发较为容易，播种12h后即可萌发，种子萌发后应及时撤去草帘并搭建遮阳网。种子扎根阶段对水分条件要求较高，此时的浇水要求雾化喷水，以床面无积水为原则，始终保持床面湿润，种子萌发后2天即出现1～2cm的水根。幼苗长出第一片真叶后适时撤去遮阳网，以免影响苗木生长。育苗地要适时除草、间苗，适宜的留床密度为50～80株/m^2，秋播小苗当年高15～25cm，地径4～7mm，秋季落叶后枝条变为红色，需适当覆盖保护越冬。

越冬防寒 钻天柳秋播苗生长期短，未完全发育成熟，需进行越冬管理。封冻前浇好封冻水，并在苗床上覆盖草帘或1.5cm落叶松针叶（闫学民等，2001），可有效避免早春枯梢现象的出现。

移植育苗 圃地移植育苗可有效提高钻天柳小苗的抗逆性、增加根系量，2年生移植苗其苗高、地径比相同苗龄的留床苗可提高2～3倍。春季，土壤解冻层达到15～20cm时，做宽1.0～1.2m、高15～20cm的苗床，选择雨季按株行距5cm×15cm进行坐水移栽，移栽成活率85%以上，移栽当年平均苗高77.0cm，平均地径0.71cm，苗高最大可达145.0cm，地径最大可达1.25cm。移栽苗生长速度快、分枝较多，常造成植株直立困难，需适度修剪。

四、林木培育

1. 立地选择

钻天柳对立地类型的适应区域较窄（张国夫等，2000），若造林地立地条件与原生态环境相似，林分表现出较好的速生丰产性；反之，长势衰弱，生长缓慢。根据钻天柳的生物学和生态学特性，适宜选择江河两岸、城市河流两岸、池塘沟边等地下水位高、土壤透气排水良好且含有一定腐殖质的地块营建护岸林或四旁绿化。

2. 护岸林建设

选择江河两岸地势平坦、无季节性积水的沙壤土地块营建护岸林。选用2年生苗木为好，若用大苗造林，易发生枝梢干枯现象。春季土壤化冻10～15cm时进行顶浆造林，提前清除造林地的杂草和灌木，按株行距2m×2m定点，挖直径50cm、深20cm的穴，植苗、踏实、培土。苗木移植过程中保持根部完整、湿润是提高造林成活率的关键，用配制比例为1：800的保湿剂浸泡苗木根系1min后栽植，效果较好，造林当年成活率90%以上。林地郁闭前要加强抚育管理，每年透光抚育1～2次，清除林分内的杂草及灌木，并对苗木进行扩穴培土、扶正踏实。钻天柳具有早期速生的特点，林龄5年时，胸径6～8cm，树高5～7m，保存率70%以上。

3. 四旁绿化

钻天柳树姿优美，冬季新梢变红，极具观赏性，可作为绿化观赏树种栽植于池塘沟边、城市

黑龙江省牡丹江市海林林业局35林场钻天柳播种育苗（陶双勇摄）

黑龙江省牡丹江市海林林业局35林场钻天柳2年生换床苗（陶双勇摄）

河流两岸或人工灌溉方便的绿化地带。为了提高观赏效果，可选用多年生大树，在春季树液流动前进行带土移栽。移栽时应对苗木进行截干处理，留干高度1.7～2.0m，移栽后加强水肥管理。移栽成活后对枝干中下部的萌发枝进行修剪，促使苗木形成正常冠形，从而提高树木观赏性。

五、主要有害生物防治

钻天柳播种育苗过程中易受华北蝼蛄（*Gryllotalpa unispina*）危害，导致小苗成片枯死。可以利用蝼蛄喜肥趋光的特点进行人工防治，即在苗床边挖30cm×30cm×20cm的坑，内堆湿润马粪并盖草，每天清晨捕杀蝼蛄；或在蝼蛄羽化期用黑光灯诱杀成虫。使用敌百虫或辛硫磷乳液进行药剂防治，效果也较好。

钻天柳苗期病害较少，在雨季偶尔发生烂皮病和根癌病，可用硫酸铜：生石灰：水＝1：1：100的波尔多液喷干或灌根进行防治。

六、综合利用

钻天柳用途广泛，既是优良的用材树种，又可作为江河护岸和四旁绿化观赏树种。钻天柳是东北高寒地区较为速生的树种，对吉林漫江林场的50年生钻天柳天然林进行树干解析发现，其平均胸径生长量仍保持在0.8cm以上。钻天柳树干通直、材质轻软、纤维长，木材适用于纤维工业、造纸箱板、制造农具等。钻天柳喜水耐淹、根系发达，有很强的固沙、固土能力，是东北地区营造护岸林的优良先锋树种。另外，钻天柳树形高大、树冠圆满，秋季叶落后，幼梢逐渐变红，极具观赏性，是东北地区唯一枝条为红色的观枝大乔木，是十分难得的绿化观赏树种。

（陶双勇，张士俊）

栎类

栎类属壳斗科（Fagaceae），在我国南北均有，遍布各地，包括栎属（*Quercus*）、栲属（*Castanopsis*）、青冈属（*Cyclobalanopsis*）、石栎属（*Lithocarpus*）和水青冈属（*Fagus*）共5个属。全世界主要栎类树种有300～400种，我国大约有120种。形成我国森林群落的落叶阔叶栎类主要有蒙古栎（*Q. mongolica*）、辽东栎（*Q. liaotungensis*）、麻栎（*Q. acutissima*）、栓皮栎（*Q. variabilis*）、水青冈（*F. longipetiolata*），常绿阔叶栎类有青冈（*C. glauca*）、栲类、石栎（*L. glaber*），硬叶栎类有高山栎（*Q. semecarpifolia*）等。据第八次全国森林资源清查（2009—2013年），我国栎类面积和林分蓄积量分别为1672万hm^2和12.94亿m^3，分别占全国森林面积和蓄积量的10.15%和8.76%，在全国各主要优势树种（组）林分中面积、蓄积量均居首位，可见栎类在我国森林资源中占有举足轻重的地位。我国天然栎类乔木林的面积和蓄积量分别为1605.26万hm^2和12.84亿m^3，分别占全国天然林面积、蓄积量的13.66%和10.45%。其中，幼龄林占41.2%，中龄林占21.9%，近熟林占15.6%，成熟林占14.2%，过熟林占7.1%。我国各省份的天然栎类乔木林按照面积从大到小排名前三位的依次为陕西、内蒙古和黑龙江，其中，陕西的天然栎类乔木林面积达249.17万hm^2，主要优势树种为槲树（*Q. dentata*）、槲栎（*Q. aliena*）、锐齿栎（*Q. aliena* var. *acuteserrata*）、辽东栎、栓皮栎、橿子栎（*Q. baronii*）、乌冈栎（*Q. phillyraeoides*）和巴东栎（*Q. engleriana*）等；内蒙古和黑龙江的天然栎类乔木林面积分别为212.80万hm^2和188.88万hm^2，其主要优势树种均为蒙古栎。我国人工栎林面积和蓄积量分别为54.56万hm^2和1245.71万m^3。

栎林分布范围广，为我国许多地区稳定的地带性植被类型。栎类因其适应性强、萌芽力强等特点，其林分水土保持、水源涵养等生态功能也很强；栎林多为混交林，群落结构复杂，生物多样性高。栎类木材质地坚硬、花纹美丽，是高档用材，可作制造车船、农具、地板、室内装饰等用材；在欧洲，栎类木材多用于高档家具、室内装饰等，价值极高。栎类木材热值高、耐燃烧、火力旺、树木易更新，栎实（橡子）富含淀粉，因而是经营能源林的优良树种。栓皮可制作发动机的缸垫、瓶塞等，还可制作隔音防噪的高档地板和墙板。栎类叶子的蛋白质含量达20%左右，可食用，也可饲柞蚕。栎实富含淀粉，含量达50%～60%，可供酿酒或作家畜饲料，加工后也可供工业用或食用。栎类的壳斗、树皮富含鞣质，可提制栲胶。栎类木材和枝丫材还是培养香菇、木耳、银耳等食用菌的良好基质。

（贾黎明）

82 麻栎

别　名｜橡树（浙江、山东）、大橡子树（陕西）、橡子（河北）

学　名｜*Quercus acutissima* Carruth.

科　属｜壳斗科（Fagaceae）栎属（*Quercus* L.）

麻栎为深根性树种，具有耐干旱、耐瘠薄、萌芽更新能力强等特点，是我国传统的优良硬阔叶用材林、能源林、防护林和园林绿化树种。麻栎木材因硬度大、有弹性、耐腐蚀等特性被广泛地应用于生活中的各个领域，包括作高档家具、建筑、造船等用材，亦可加工成木炭。果实可提取淀粉及制作酒精，树叶可饲养柞蚕，木屑可培养木耳、香菇，树皮和壳斗为鞣质原料。

一、分布

麻栎主要分布在18°～41°N、91°～123°E，北界为河北（丰宁、涞水）—河南（辉县、济源）—山西（永济）—陕西（周至、华阴、宝鸡）—甘肃（天水、榆中）一线，南界至海南三亚、陵水、五指山，西可分布到西藏山南地区错那县和林芝地区的察隅、墨脱和波密，向东分布至辽东半岛—胶州半岛—江苏连云港—浙闽沿海丘陵—台湾台北一线。适宜生长的年平均气温为5.1～20.7℃，年降水量为471.0～1712.6mm（张兴旺等，2014）。

二、生物学和生态学特性

落叶大乔木，高达25m，胸径可达1m。树皮暗褐色，深纵裂。小枝带黄褐色，无毛。叶互生，呈长椭圆状披针形，长8～19cm，宽3～6cm，先端渐尖，具芒状锯齿。壳斗杯状，包被坚果约1/2。坚果卵状球形，9～10月成熟。麻栎为喜光树种，对土壤条件要求不严格，为荒山瘠地的先锋树种或形成次生林；不耐水湿，耐火、抗烟能力强，为防火林带的优良树种；萌芽更新力强，萌蘖留养4～6年后就可以郁闭成林；深根性树种，根系庞大，主根明显而深，有很强的抗风暴和抗旱能力。

安徽省滁州市南谯区红琊山林场苗圃3个月麻栎幼苗（刘志龙摄）

三、良种选育

1. 良种种源

采集了麻栎自然分布区13个省份36个种源，分布范围为25°17′～35°03′N，105°51′～119°57′E，开展了多点育苗和造林试验，初步选出优良种源：①适应江淮丘陵地区（北亚热带向暖温带过渡地带）的种源有浙江开化、浙江富阳、安徽太湖、贵州榕江和安徽休宁种源；②适应赣西南丘陵山区（中亚热带地区湿润季风气候）的种源有浙江富阳、浙江开化、江苏句容、浙江龙泉和贵州三穗种源；③适应浙西低山区（亚热带北缘季风气候）的种源有浙江龙泉、安徽池州、四川泸州、安徽滁州和浙江建德种源（刘志龙，2010）。

2. 种子园

在种源试验的基础上，在安徽省滁州市红琊

山林场建立了1代麻栎实生种子园。

四、苗木培育

麻栎主要采用播种育苗。

种子调制、贮藏和催芽　种子采集后清除壳斗和小枝，水选后得到纯净饱满的种子。采用室内混沙埋藏的方法贮藏。播种前10天左右，将种子浸入清水1~2天，然后摊放于凉爽处，经常喷水保湿，待种子幼芽露白出尖时即可播种。

苗圃整地和苗床、苗畦作业　秋（冬）翻耕25cm以上，翌年春季翻耕20cm以上，结合耕翻施基肥，以有机肥为主，均匀施入深土层中。气候湿润、多雨的地区采用床作，床面要高出步道20~30cm，床宽1.0~1.5m，床长20~50m，床间步道30~50cm。气候干旱地区采用畦作或平作，畦面要低于畦埂15~20cm，畦宽1.0~1.5m，畦长10~20m，畦埂宽30cm。

播种　春季当土壤5cm深处的地温稳定在10℃左右即可播种，一般播种量2625~3750kg/hm^2，采用点播方法播种。用锄头开挖宽7~10cm、深5~7cm的播种沟，行距为30~50cm，株距为3~5cm，覆土厚度为3~5cm。播种后应覆盖秸秆保湿，有条件的还可用塑料薄膜拱棚或覆盖地膜。

苗期管理　幼苗出土后，要及时分批撤除覆盖物。幼苗出齐1个月后进行第一次间苗，以后根据实际情况进行第二、第三次间苗和定苗，保留的株数比计划产苗量多15%左右。生长初期采用少量多次的方法灌溉，速生期采取多量少次的方法，生长后期控制灌溉。除草要掌握“除早、除小、除了”的原则。速生期要追施肥料2~3次，一般以尿素为主，采取行间开沟法或床面先撒后锄的方法进行。还可以结合雨季雨中撒施，采用少量多次的原则，苗木封顶前1个月左

安徽省滁州市南谯区红琊山林场人工麻栎中龄林林相（刘志龙摄）

安徽省滁州市南谯区红琊山林场人工麻栎幼龄林林相（刘志龙摄）

右停止施肥。

病虫害防治 苗期食叶害虫主要有栎褐舟蛾、刺蛾、栎芽象、金龟子等，地下害虫主要有蝼蛄、蛴螬等，可用50%辛硫磷乳油1000～1500倍液进行化学防治，也可用人工或光、电、热等物理方法进行防治。

苗木出圃 在秋季苗木生长停止后和春季苗木萌动前起苗，根系保留长度以40cm为宜，修剪过长的主根和侧根及受伤部分。苗木分级后，选择Ⅰ级和Ⅱ级苗出圃。

五、林木培育

1. 立地选择

麻栎对土壤条件要求不严格，但在湿润、肥沃、深厚、排水良好的中性至微酸性沙壤土生长迅速，在山沟和山麓生长更好，造林地宜选择土壤疏松肥沃、排水良好、pH 5.5～7.5、土层厚度50cm以上、坡度25°以下的中低山和丘陵区。

2. 整地

在前一年的10～12月进行整地。清除地表各种附属物和杂草，尽量增大活土层深度，增强土壤的蓄水保墒能力。直播造林整地方式：陡坡地带适用鱼鳞坑方式整地，规格50cm×50cm；缓坡处和山顶采用穴状整地，规格40cm×40cm×30cm。植苗造林采用穴状整地，植穴规格60cm×60cm×40cm。

3. 造林

（1）直播造林

冬季应在土壤封冻前播种，春季在冻土融化以后播种。当年第一场透雨后可进行雨季播种，保证幼苗在早霜到来之前有60天以上的生长期，使其能充分木质化，安全过冬。每穴下种5～8粒，覆土厚度一般为种子直径的2～4倍，根据本地土壤、气候情况具体确定。如冬季播种，覆土应较其他季节厚，雨季播种、土壤湿度较大时覆土宜薄，在沙质土条件播种时覆土可适当加厚。播后回填土，平整后踏实，再覆一层虚土。

（2）植苗造林

一般采用1年生苗木，在早春进行造林，华北地区多在土壤解冻后即开始，也可以在晚秋苗木落叶后造林。栽植时宜将主根剪短。栽植深度比根颈部深2～3cm。

（3）造林密度和混交造林

用材林的初植密度为4500～6000株/hm^2，薪炭林的初植密度为4950～6600株/hm^2。麻栎适合与油松、侧柏、柏木、槐等树种混交造林，此造林方式下麻栎生长快、干形通直，且病虫害较少，土壤表层腐殖质增多，保水、保土及保肥力显著增强。

4. 抚育

（1）幼林抚育

直播造林 幼苗出齐后，当年7～8月进行间苗抚育，每穴保留2～3株健壮苗。穴内进行除草封蔸，穴外砍除影响幼苗生长的杂灌、草。第二年7～8月定苗，保留1株生长健壮、树身通直苗。为促进麻栎生长成材，直播后3～5年进行平茬，平茬后前3年砍除林中杂灌，进行合理修枝，保留1/3～1/2的枝条。

植苗造林 造林后连续进行抚育2～3年，重点为除草、松土。可间种2～3年农作物（花生、豆类、中药材等低秆作物），林木郁闭后，停止间作。培育用材林，第5～7年开始修枝，以培

养优良干形，提高木材品质。修剪强度不能过大，一般在10年生以前，保留树冠长度为树高的1/2～2/3，10年生以后树冠长度维持在树高1/3以上。

（2）抚育间伐

实生林5～7年生、萌芽林4～6年生开始郁闭成林，一般8～10年生进行第一次间伐，每亩保留200株左右；15～17年生进行第二次间伐，每亩保留120株左右。混交林采用综合抚育法，同龄纯林采用下层抚育法。

5. 主伐

轮伐期根据培育目标而定，中小径级材为20～30年，大径级材为60年以上，薪炭材10～15年。

6. 更新

培育中小径级的用材林或薪炭林通常采用萌芽更新，伐根接近地面，翌年每伐桩选留1～2株萌条抚育成林，10年左右再行皆伐，以便再萌芽。经多次砍伐后，其萌芽力衰退时，将老桩刨出，重新整地造林（Liu et al.，2011）。

培育大径级的用材林宜重新造林。麻栎天然更新能力强，可采用德国“近自然森林经营”理论中目标树培育的方法，充分利用自然力，培育优质大径材，实现恒续覆盖。

六、主要有害生物防治

1. 栗实象鼻虫（*Curculio davidi*）

防治方法参见板栗。

2. 栗山天牛（*Massicus raddei*）

栗山天牛发生在天然阔叶柞树林内，属活立木蛀干害虫，除成虫期补充营养和产卵时在林内外，其余时间均生活在树干木质部里。该虫3年发生1代，跨越4个年度，以幼虫在树干内越冬，成虫6月末开始出现并啃食树皮，靠吸食树液补充营养。成虫多喜在树上爬行，具有趋光的习性，其危害具有阳坡大于阴坡、山脊大于山中、大径材大于小径材、林缘大于林内、大龄大于小龄的规律性。传统的防治方法包括灯光诱集、人工捕捉诱杀、饵木诱杀、树干药物注射防治法、火烧药物熏蒸防治法、药剂喷干以及孔道注药等。利用管氏肿腿蜂进行生物防治的方法已经在各个栗山天牛大发生的地区得到进一步推广。在成虫羽化高峰期前1周左右，采用触破式微粒胶囊剂对栗山天牛成虫有较好的防治效果，不仅能够毒杀大量羽化后尚未来得及交配产卵的成虫，而且能够大幅度降低林分内平均虫口密度。针对栗山天牛幼虫在干材里危害、隐藏性强、一般药物很难触及等特点，在栗山天牛成虫羽化期，用触杀式威雷微胶囊水悬剂喷干灭虫可收到明显的防治效果，但此方法切忌在阴雨天使用（张浩洋和葛芳，2014）。

3. 栎褐天社蛾（*Ochrostigma albibasis*）

栎褐天社蛾为食叶害虫，在安徽1年发生1代，以卵越冬，卵于4月上中旬孵化成幼虫，老熟幼虫于5月中下旬入土化蛹，成虫约于10月下旬出现，产卵越冬。幼龄幼虫聚集性强，多在树冠危害嫩叶，被害症状明显，此时可用高枝剪将小枝和幼虫一起剪下集中焚烧。当老熟幼虫下树入土蛹化前，在树木周围地面上撒上农药粉末，杀死入土化蛹幼虫。生物防治方面可采用林间防治鸟箱，招引鸟类消灭害虫，亦可使用白僵菌防治4龄幼虫。

七、材性及用途

麻栎木材为环孔材，边材淡红褐色，心材红褐色，气干密度约0.8g/cm^3，材质坚硬，纹理直或斜，耐腐朽，为优等家具、建筑、造船等用材，也可作枕木、坑木、桥梁、地板等用材。木材亦可烧制栎炭，其色泽光亮，燃烧具有彻底持久、热值高、无烟、火力强等优点，还可制作活性炭等。

（刘志龙，马履一，贾黎明）

83 栓皮栎

别　名｜软木栎（山东）
学　名｜*Quercus variabilis* Blume.
科　属｜壳斗科（Fagaceae）栎属（*Quercus* L.）

栓皮栎主产于我国，分布范围广，是重要的用材林树种和能源林树种。栓皮栎的树干高大，枝叶浓密，根系发达，适应性强。其树皮为珍贵软木资源，可用作装饰、航空航天领域的防护和葡萄酒瓶塞等材料；其材质致密坚实，强度大，花纹美丽，主要用于制作高档家具、桌椅、地板等，还是枕木、矿柱、车辆、船舶、体育器械等的良材；此外，栓皮栎还在薪炭、涵养水源、保持水土、培肥土壤、改善环境等方面起着重要的作用。

一、分布

栓皮栎在我国分布范围极广。水平分布四界：东界为浙江舟山的普陀山和台湾，西界为云南的碧江，南界为云南的西双版纳，北界为辽宁的锦州地区（罗伟祥等，2009）。栓皮栎在我国的垂直分布范围为海拔数十米（如安徽萧县皇藏峪）至3000m（如云贵高原），总的趋势为自北向南、由东向西海拔不断升高。秦岭至大别山为栓皮栎的分布中心，在河北邢台、山西中条山、北京平谷等地分布较多。

二、生物学和生态学特性

落叶乔木，喜光。树干高大，树皮栓皮层发达。树冠广卵形或圆柱形，主根明显，细根少。叶卵状披针形或长椭圆披针形，叶缘具芒状锯齿。雌雄同株，壳斗杯状。花期3～4月，果熟期翌年9～10月。

林分生长受起源、立地条件、林木类型等的影响较大。一般情况下，萌芽林早期生长快于实生林，但生长潜力较实生林差。中厚层土壤上的高生长优于薄土上的，坡下部较坡上部生长好。阴坡年轮和年增加的断面积显著大于阳坡。栓皮栎天然次生林，相同龄阶的优势木平均高，秦岭地区较伏牛山地区高，伏牛山地区又较华北地区高（张瑜等，2014；郑聪慧等，2015；张西，2015）。秦岭北坡上的薄皮类型栓皮栎树高速生期在5～25年，胸径速生期也在5～25年；厚皮类型栓皮栎树高速生期在5～15年，胸径速生期在

河南省栾川县伏牛山密林中的栓皮栎古树（贾黎明摄）

5～30年；秦岭北坡的栓皮栎厚皮类型软木优于薄皮类型。

栓皮栎的开花结实特性因林分起源、地理、纬度、气候、海拔的不同有较大差异。通常4～5月开花，雄花早于雌花开放。北京地区约在4月中旬开花；辽宁地区，由于春季气温回升较慢，到5月上、中旬才开始开花；陕西秦岭北坡山麓地区雄花序开放时间在4月中下旬，南坡在4月下旬。栓皮栎萌生林3～5年生开始结实，实生林15～20年生才开始开花结实。栓皮栎20～30年生为结实初期，40～100年生为结实盛期，200年生左右渐趋衰退（罗伟祥等，2009）。多数地方一般3～4年为一个结实周期。栓皮栎果实发育过程很长，雌花授粉后到果实完全成熟需要2个生长季。一般而言，我国北方栓皮栎种子成熟期较南方早、阳坡的比阴坡的早、疏林比密林早、平原比山区早、人工林比天然林早（罗伟祥等，2009）。单株结实量，阳坡大于阴坡。

栓皮栎对气候适应性广，具有较强的抗寒性，从分布范围看，能忍耐的绝对最低温度达-27.3℃（罗伟祥等，2009）。栓皮栎能吸收深层土壤的水分，对水分的适应范围很广，耐干旱能力特别强，在分布区内，年降水量500～1600mm，最高达2000mm（黄山）。栓皮栎对土壤要求不严，酸性土、中性土、钙质土，pH在4～8均能生长，以深厚、肥沃、排水良好的壤土和沙壤土生长最好。栓皮栎不易燃烧，抗火。

三、良种选育

由于地理隔离、自然选择等原因，天然群体内存在极为丰富的表型变异，其中有些变异具有很好的经济价值。从天然群体中选择优良遗传类型是栓皮栎良种选育的一个重要途径。

1. 种源选择

栓皮栎不同种源种子的纵径、横径、纵径/横径、淀粉含量、单宁含量以及粗蛋白质含量差异均极显著，种源选择十分有效。李迎超（2013）将15个栓皮栎种源划分为3个类群，分别是大果高淀粉含量类群、小果低淀粉含量类群和中果中淀粉含量类群，其中，陕西太白、湖南郴州、北京平谷、河南泌阳、河南窑店、陕西镇坪的种源为品质优良种源。巴山、秦岭北坡以及黄土高原等天然次生林中筛选的4个优良种源的耐旱性强度次序为黄龙林区种源＞秦岭中段北坡种源＞伏牛山种源＞巴山种源，其中，黄龙林区种源与巴山种源和伏牛山种源差异显著（张文辉等，2014）。此外，同一生境下，不同种源栓皮栎对光强的适应特性及对环境的适应能力也有所不同。

2. 变异类型

学者对巴山北坡、秦岭北坡和黄龙山区的栓皮栎天然次生林进行了类型划分（罗伟祥等，2009；张文辉等，2014）。根据胸高、皮厚和叶柄长，将栓皮栎划分为长柄厚皮、短柄厚皮、长柄薄皮和短柄薄皮4种类型：①长柄厚皮型，树皮深块裂，裂纹红褐色，具有厚的木栓层，周皮厚度大于韧皮部厚度，叶卵状披针形，叶柄长17～25mm，叶宽42～55mm，多生长于土层深厚的向阳山坡上，巴山北坡、秦岭北坡、黄龙山区均有分布；②短柄厚皮型，树皮深块裂，裂纹暗红色，具有厚的木栓层，周皮厚度大于韧皮部厚度，叶长椭圆形，叶柄长5～12mm，叶宽39～55mm，多生长于向阳山坡上，巴山北坡、秦岭北坡、黄龙山区均有分布；③长柄薄皮型，树皮浅纵裂，裂纹灰白色，周皮厚度小于韧皮部厚度，叶卵状披针形，叶柄长17～25mm，叶宽41～62mm，多生长于半阳坡上，巴山北坡、秦岭北坡、黄龙山区均有分布；④短柄薄皮型，树皮浅纵裂，裂纹灰白色，周皮厚度小于韧皮部厚度，叶长椭圆形，叶柄长5～13mm，叶宽39～55mm，多生长于半阳坡上，巴山北坡、秦岭北坡、黄龙山区均有分布。

根据树皮形态，将栓皮栎划分为厚皮深裂、厚皮浅裂、薄皮深裂和薄皮浅裂4种类型：①厚皮深裂型。树冠椭圆形；树皮较厚，条纹顶部宽度可达1.5～2.0cm，新鲜裂纹内红褐色，块裂深，裂纹密度小，周皮厚度大于韧皮部厚度；叶卵状披针形，叶柄长1.5～2.0cm，叶缘浅裂；坚果长椭圆形。②厚皮浅裂型。树冠椭圆形；树皮较厚，条纹顶部宽度不到0.3～0.5cm，新鲜裂纹内红褐色，块裂浅，裂纹密度大，周皮厚度大于韧皮部厚度；叶长椭圆形，叶柄长1.5～2.0cm，叶缘浅裂；坚果长椭圆形。③薄皮深裂型。树冠塔形；树皮较薄，裂纹条形纵脊宽度0.3cm左右，裂纹内为灰白色，纵裂深，裂纹密度较小，周皮厚度略大于韧皮部厚度；叶卵状披针形，叶柄短，仅0.6～1.5cm，叶缘深裂；坚果近球形。④薄皮浅裂型。树冠塔形；树皮较薄，裂纹条形纵脊宽度0～0.3cm，裂纹内为灰白色，纵裂浅，裂纹密度大，周皮厚度与韧皮部厚度基本相同；叶长椭圆形，叶柄短，仅0.6～1.5cm，叶缘深裂；坚果近球形。这4种类型的栓皮栎，在栓皮特性、速生性、抗旱性等方面差异显著：栓皮优良性为厚皮深裂型>厚皮浅裂型>薄皮深裂型>薄皮浅裂型；速生性为厚皮深裂型>薄皮浅裂型>厚皮浅裂型>薄皮深裂型；抗旱性为薄皮深裂型>薄皮浅裂型>厚皮浅裂型>厚皮深裂型；综合优良性为厚皮深裂型>厚皮浅裂型>薄皮深裂型>薄皮浅裂型，厚皮深裂型是栓皮栎天然变异类型中的最佳变异类型，应当作为首选类型，进行保护和定向培育。

四、苗木培育

这里主要介绍广泛应用到生产中的播种育苗技术，包括苗床育苗和容器育苗。

1. 苗床育苗

采种 选30～100年生干形通直完满、生长健壮无病虫害的母树。种子成熟期一般是8月下旬至10月上旬，种熟时种壳棕褐色或黄色。良好的种子，棕褐色到灰褐色，有光泽，饱满个大，粒重，种仁乳白色或黄白色。采种后立即放在通风处摊开阴干，每天翻动2～3次，至种皮变淡黄色，便可贮藏。贮藏前要采取措施防止果内虫卵孵化成幼虫破坏种子。

种子贮藏时，既要保持一定的湿度和适宜的温度，又要注意通风透气，尤其要注意防止病虫的危害及蔓延。大量研究资料表明，栓皮栎种子贮藏的适宜含水量为30%左右，适宜温度为0～3℃（罗伟祥等，2009）。主要有以下几种贮藏方法。

沙藏：包括室外坑藏和室内堆藏。前者多用于冬季少雨、气候寒冷的地区；后者多用于冬季湿度较大、温度较高的地区（罗伟祥等，2009）。

冷藏：秋、冬季，把阴干的种子用箩筐、麻袋、塑料袋（扎眼）或布袋装好，放入冷库或冰箱，温度调控在1～2℃，翌年可春播。

其他方法：流水贮藏栓皮栎种子，也是一种行之有效的方法，即用竹篓、木筐盛种子，放在流速不大的流水中（河流、溪流），用绳索和木桩固定竹篓、木筐防止被流水冲走。另外，在北方降雪的地方，采用雪堆埋藏，效果也较好（罗伟祥等，2009）。

上述几种贮藏方法，都必须注意定期检查，发现有霉烂或者鼠害等要及时处理。

整地 土壤以沙壤土、轻壤土为宜。秋、冬季或提前一季进行整地，翌年春天，每亩施有机粪肥2000～3000kg。苗床高度由于当地的雨量、灌溉、排水等条件不同，酌情作高床（高于地面10cm）、平床或低床（低于地面10cm），湿润地区多用高床，干旱地区多用低床（罗伟祥等，2009）。

播种 长江流域各省份采用冬播（11～12月）。黄河流域各省份宜采用秋播（8月下旬至9月中旬），也可用春播（3月）。但秋、冬播比春播好。一般用条播，即在作好的床面上开播种沟，条距15～20cm，每隔10～15cm平放种子1粒，发芽率90%以上的种子，每亩播种量175～200kg。每亩可培养壮苗（平均高40～50cm，平均地径0.6～0.8cm）15000株左右。

苗期管理 幼苗出土前后，必须保持苗床一定湿度，注意灌溉和松土除草。在施足基肥的基础上，因地因苗适时追肥（罗伟祥，2009）。栓皮栎为直根性强的树种，可于秋季进入休眠后，当苗木地上部分长到20～30cm（地下部分已超过30～40cm）时，在距幼苗10～15cm的地方，在地下18～20cm处切断主根，以促进侧根和须根的生长发育，达到提高造林成活率的目标（罗伟祥，2009）。

2. 容器育苗

种子准备　9月上旬采集种子，种子经过初期浸种筛选，除去瘪粒和杂质，再用46～50℃温水浸种。随后阴干10～16h，选出无病虫且尚未萌芽的种子，于1～5℃的冷藏箱中越冬，贮藏期间进行反复翻转种子以使贮藏条件相似（程中倩和李国雷，2016），也可11月初将种子与湿沙混合后进行室外层积催芽。此外，播种前适当切除种子远端子叶有利于加速萌发并提高萌发率，同时可以排除霉变及虫害严重种子，切除强度为种子长度的1/3～1/2。切除所得的胚轴远端子叶可收集作为动物饲料、淀粉、酒精生产的生物原料。

容器与营养土配置　配制营养土的种类较多：泥炭和蛭石，二者按3：1混合后用多菌灵消毒；10%厩肥、80%耕作土、10%沙土混合；表土与锯屑（或稻壳）按2：1混合，再加入5%的饼肥粉及过磷酸钙充分搅拌（罗伟祥等，2009）。培育主根发达的栓皮栎容器苗时，选用深容器（如深度为36cm）比较适合，不仅可避免根系窝根，而且还有利于苗高生长、茎干物质积累、茎钾和根氮浓度的提高（程中倩和李国雷，2016）。

播种　翌年4月春播前，先将贮藏的种子取出，与湿沙混合均匀，进行催芽，当种子1/3露白时，再播种，每个容器播1粒种子，种子质量差的可以播2粒，覆土厚度1cm左右。在选用塑料膜容器培育栓皮栎时，先将种子催芽至胚根长度达4～5cm，然后切去2/3的胚根，再移栽到营养钵中。移栽时先用竹签在基质中央扎出4～6cm深的小洞，再将种子小心放入，注意不要将胚根再次折断，然后用基质覆盖。该方法不仅能有效缓解主根盘旋生长，还有利于苗木地上部分生长和养分积累，并且促进造林后的苗高生长、生物量和养分积累（Liu et al.，2016；刘佳嘉，2017）。

苗期管理　播种后，保持基质湿润，使温室或棚内湿度控制在65%～85%，并随时注意温室或棚内的温度变化，直至出苗。出苗后，做好浇水、施肥、松土、除草等工作。从4月（播种）到9月（施肥结束），温室温度为25/18℃（日/夜），

北京林业大学实验林场（北京海淀鹫峰）65年生栓皮栎人工林（贾黎明摄）

当基质含水量达到75%以下时，进行灌溉；从9月到10月（加速硬化），温室温度为25/21℃（日/夜），当基质含水量达到65%以下时，进行灌溉（程中倩和李国雷，2016）。施肥可采用指数施肥方式，施肥16～20周，每周1次；施用肥料为水溶性复合肥，累计施入量可以氮肥进行核算，每株苗木苗期和速生期累计施入100mg氮（Li et al.，2014）。

五、林木培育

1. 立地选择

栓皮栎对土壤要求不严，以深厚、肥沃、排水良好的壤土、沙壤土最适宜。培育以用材和栓皮结合的人工林，应选在阳坡或半阴坡土层深厚、肥沃、湿润的地方作为造林地。在较好立地条件下，栓皮栎生长快，软木产量高。营造水源涵养林、防火林等，则土壤浅薄、干燥的山脊、石质山地、水库上游岩石裸露的陡坡，以及山口迎风处都可作造林地，尽量选择阳坡、半阳坡造林。北京林业大学（郑聪慧等，2013；张瑜等，2014；张西，2015）近年编制了华北地区、秦岭地区、伏牛山地区的栓皮栎立地指数表，可以用于生产上立地条件的评价和选择。

2. 整地

整地时间 春、夏、秋都可进行。春季造林可在前一年的夏季或秋季整地，秋季造林可在当年春季整地。

整地方法 根据坡度及水土保持的需要，采取带状、穴状或鱼鳞坑整地。

3. 造林

包括直播造林、植苗造林和容器苗造林。直播造林适宜在立地条件较好，且鼠害较轻的地方采用；鼠兽危害严重的地区，适宜采用植苗造林；有条件的地区还可用容器苗造林，以提高造林成活率。北京地区在20世纪50、60年代采用播种造林取得了较好的效果。比如，平谷地区阴坡薄土立地44年生的栓皮栎人工林，其平均树高、平均胸径、单位面积蓄积量分别为9.8m、13.4cm和123.297m^3/hm^2；西山地区阳坡中土立地50年生左右的栓皮栎人工林，其平均树高和平均胸径分别为11.8m和16.1cm。栓皮栎植苗造林成功的例子较少，且不宜用大规格苗木。

（1）直播造林

造林时间 秋季随采随播，或翌年春季播种。

直播方式 以穴播的成苗率最高。每穴下种3～4粒，立地差的地方，每穴4～5粒。均匀播种到穴内，播后覆土，用脚踩实。每亩按300穴计算，需要种子6～7kg。

（2）植苗造林

造林时间 春季、雨季和秋季均可。春季造林应在冬芽开放前进行；雨季造林以下过1～2场透雨、出现连阴天时为最好时机；秋季造林需在幼苗落叶后进行。

苗木处理 起苗前3～4天灌一次水，起苗时应留主根长度30cm以上。苗木起出后进行分级，选择Ⅰ、Ⅱ二级苗木进行造林，不立即造林的苗木应及时假植。造林前，高度1.5m以上的苗木最好截干，剪去多余的枝条；高度不足1.0m的幼苗不需截干，但也要修剪侧枝（张文辉等，2014）。为促进根系发育和增加移栽成活率，可以对栓皮栎的苗木根系做蘸根、浸根处理。

造林密度 山腰以下，山脚山凹处，土层一般深厚肥沃，株行距宜采用1.33m×1.67m～1.67m×1.67m，每亩240～300株；山腰以上，土层较薄，株行距宜采用1.33m×1.5m～1m×2m，每亩333株；丘陵地区，土壤贫瘠、干燥，人口稠密，为提早郁闭，以利于栓皮栎生长，并可提供农具柄等小材、小料及薪炭材，宜适当密植，株行距宜采用1m×1.67m～1m×2m，每亩333～400株；岩石裸露的陡坡和石质山地，造林主要目的是保持水土，造林密度可适当加大，每亩400株。

栽植方式 “三埋两踩一提苗”。栽植深度以埋土线超过苗木原土痕印3cm为宜。

（3）容器苗造林

苗木处理 容器苗出圃时，要保持容器及苗木根团的完整，铲去或修剪穿过容器的过长

根系。

造林密度　造林前一年的冬天，在整好的造林地上挖好栽植穴，穴的规格70cm × 70cm，株行距1.5m × 2.0m（罗伟祥等，2009）。

栽植方式　造林前，先将穴内填入3/4的表土，然后将除去不可降解容器的容器苗放置于穴的中央，扶正，再覆土压实即可。

4. 抚育

（1）幼林抚育

松土除草　带状和块状整地的造林地，第一年抚育2～3次，第二年和第三年，每年抚育2次。鱼鳞坑整地的造林地，可结合松土除草修整鱼鳞坑。

间苗　穴播的栓皮栎，幼年成簇生长，2～3年后，穴内出现争光争肥现象，应及时除去纤弱苗。立地条件好的地方，间苗时间早，强度大，次数少；立地条件差的地方，间苗开始晚，强度小，次数多，可在数年内完成。

平茬　造林2～3年后，对主干不明显，或萌蘖成伞状的丛生植株，采取平茬措施。平茬宜在树木休眠季节进行，用利刀平地面砍去，并覆土。平茬后，选留根颈部萌蘖条中最好的1～3个，作为培育对象。

修枝　以冬末春初较好。造林初期，应修去下层枝条和生长不良的枝条。10～15年生时，保留树冠占树高的2/3～3/5，修去枯死枝、遮阴枝，以及影响主干干形完满的粗枝。

（2）抚育间伐

包括人工林抚育间伐和天然林抚育间伐。

人工林抚育间伐　开始期和间伐强度因林分密度、幼林抚育状况、培育目标、生境条件等的不同而有差异。一般情况下，当栓皮栎的林分郁闭度达到0.9时，自然整枝约占树冠1/3时，开始间伐，伐除10%～20%的生长势弱、干形不好的植株，并结合修枝；15～20年后，当林分郁闭度再次达到0.9时，进行第二次间伐，间伐强度为30%～50%；以后根据生长发育情况，可再次进行间伐。

天然林抚育间伐　栓皮栎天然林生态系统本身具有很强的再生力和维稳力，主要采取近自然目标树经营法开展抚育间伐。主要有3个阶段：①通过高密度竞争性生长，形成通直主干；②逐步间伐，为保留树的树冠发育拓展空间；③选择目标树，伐除干扰树，促进目标树的径生长。从第二阶段向第三阶段转移时应注意：疏伐要逐步，树冠要暴露，树干要庇护。天然林最终的经营目标是实现复层异龄混交恒续林。抚育间伐（择伐）形成的林窗对于栓皮栎林的更新恢复有重要意义，不同大小的林窗对幼苗生长发育的影响有差异。抚育间伐时创造面积为150～200m^{2}的林窗，林分郁闭度保持在0.75左右，以改善林地生境，促进种子萌芽和实生幼苗及萌生幼苗的生长发育，提升林木质量（马莉薇等，2013）。

（3）低产林分抚育改造

对于栓皮栎天然次生混交林，应选优除劣，砍去过密的萌条与畸形、生长不良的植株，并根据立木分配的均匀度，淘汰部分非目的树种，以改善林分组成，增加通风透光度和减少栓皮的腐烂。对于栓皮栎次生纯林经营，可以提前1～2年在次生林中选择间伐对象，环剥林木基部的韧皮部，待其产生干基萌苗后再行砍伐，以促进林地的快速恢复。对于栓皮栎矮林经营，若需培养小径级木材，除萌留壮处理以每个树桩保留1个粗壮萌条为宜；若培育薪炭林，每个树桩均以保留2～3个萌条为宜。

5. 栓皮采收

工业用栓皮采自栓皮栎的周皮。栓皮质量除了要考虑栓皮厚度外，更重要的指标为年轮的平均宽度，同时还应结合工业的最低厚度（>10mm）及容重、可压缩性等指标；栓皮的产量则是取决于栓皮的厚度和采剥长度（罗伟祥等，2009）。

（1）采剥年限

通常栓皮栎20～25年生，胸径15cm以上，栓皮层厚度大于2cm，即可进行第一次采剥，剥下的栓皮称为初生皮或头道皮。第二次采剥宜在头道皮采剥15～20年后进行，往后再过15年就能进行第三次采剥（罗伟祥等，2009），剥至衰老为止。

（2）采剥季节

应在树液流动旺盛期进行。采剥过早，外皮和内皮不易分离，强行剥离会伤及内皮造成树木死亡；采剥过晚，树木因来不及形成新的周皮而容易被冻死。栓皮具体采剥时间因地区而异，长江以南5~9月；长江以北、秦岭以南，6~8月；秦岭以北，采剥时间更迟。此外，低山地区（海拔800m）较高山区（海拔1400m）的采剥时间早；土层深厚肥沃的地方较沙壤瘠地或石缝处早；幼树较老树早。

（3）采剥方法

一般从树干离地面5cm处向上至大分枝处全部树干可一次进行采剥。对某些大树的巨大侧枝也能采剥，但不宜与主干部分的采剥同时进行，最好相隔2~3年。采剥时，在树干离地面5cm处割（或锯）一圆环，再在树干的上端，在主枝杈的下部割一圆环，在两圆环间割一条垂直的切缝，割入深度均以切断外皮见到绿皮层为度（相当于初生皮裂缝最深处），不得割伤韧皮部，否则将影响新周皮的再生及树木的生长，严重时，剥皮后，树木即会枯死。将斧柄或木楔或木铲插入垂直缝中，进行撬剥，栓皮即成筒状剥落（罗伟祥等，2009）。

六、主要有害生物防治

1. 云斑天牛（*Batocera horsfieldi*）

参见核桃。

2. 泰山红蚧（*Kermes taishanensis*）

在山东地区，1年发生1代。以二龄若虫雌雄分群在芽基或枝干裂缝中越冬。以若虫和雌成虫固定于细枝上刺吸寄主汁液，致使树势衰弱、发芽迟、落叶早，甚至枝条或整株枯死。可用相关药剂涂于树干两侧刮去粗皮露出韧皮的部分，再用塑料薄膜覆盖扎紧，杀死越冬后出蛰的若虫。在雄虫羽化盛期，可用相关药剂喷杀树干和地面上的雄茧，使雄虫无法出茧，使雌虫无法受精（罗伟祥等，2009）。

3. 栓皮栎波尺蛾（*Larerannis filipjevi*）

在陕西和河南1年发生1代。以蛹在土内越冬。幼虫蚕食叶片，危害严重。在成虫发生期，可用黑光灯诱杀。也可用相关药剂喷杀低龄幼虫。

4. 栎空腔瘿蜂（*Trichagalma glabrosa*）

2012年由Pujade-Villar和王景顺鉴定并命名。在安阳1年发生1代，以成虫越冬。有性世代成虫出现在4月中旬，产卵于栓皮栎嫩叶侧脉上，幼虫孵化后刺激叶脉产生球状虫瘿并在虫瘿内取食危害。在成虫产卵期，叶面喷施相关药剂防治。

5. 栎冠潜蛾（*Tischeria decidua*）

在福建地区，1年发生3代。以第三代老熟幼虫在落地枯叶的蛹室中越冬。是栓皮栎叶部的一种主要害虫，食性专一。幼虫初孵后立即潜入叶片，取食叶肉，形成棕褐色虫斑，虫斑逐渐扩大使叶片干枯脱落，甚至整株枯死。在各代成虫盛发期，采用黑光灯诱杀。每年的5月、7月、9月，可用相关药剂喷杀幼虫（罗伟祥等，2009）。

6. 栗实象鼻虫（*Curculio davidi*）

参见板栗。

七、材性及用途

栓皮栎是我国特产的用材树种。木材坚硬，纹理美观，耐腐蚀，强度大，耐冲击，是一种高质量的木材。栓皮栎的木材可以用作造船、枕木、建筑和地板等多种用材。边材、心材明显，边材浅黄褐色或灰黄褐色，心材浅红褐至鲜红褐色。木材气干密度变化范围为0.79~0.92g/cm^3。干缩系数径向0.146%~0.229%，弦向0.327%~0.443%。顺纹抗压强度44.30~63.25MPa，抗弯强度75.50~117.48MPa（罗伟祥等，2009）。

栓皮栎用途广泛。软木可作航海用的救生衣、浮标，军用火药仓库、冷藏库等所需的软木板，广播室、电影院的隔音板、软木砖，化学工业的保温设备，以及软木塞等。果实含大量淀粉，可用于饲养家畜、酿酒、提取葡萄糖等。种壳可制活性炭。种仁和壳斗可提制栲胶。枝干可烧木炭和培养食用菌。叶可饲养柞蚕。

（贾黎明，郑聪慧，李国雷）

84 蒙古栎

别　名 | 柞树、蒙栎、小叶槲树（东北）、柞栎（《东北木本植物志》）、青冈栎（山东）

学　名 | *Quercus mongolica* Fisch.

科　属 | 壳斗科（Fagaceae）栎属（*Quercus* L.）

蒙古栎是我国北方落叶阔叶林的主要建群树种，被列为国家二级重点保护野生植物。其萌芽力强，对干旱、低温、瘠薄土壤有较强的抗性和适应性。蒙古栎用途广泛，是我国的主要用材林树种和园林绿化树种，也是营造防风林、水源涵养林及防火林的优良树种；蒙古栎具有很高的饲用价值和药用价值，因其种子淀粉含量高，是优良的木本淀粉能源林树种。我国有超过600万hm^2的蒙古栎林，经营管理好蒙古栎林，对我国经济发展具有重要意义。

一、分布

蒙古栎广泛分布于寒温带、温带和暖温带，从行政区划上看，主要分布于俄罗斯的远东、西伯利亚地区及蒙古东部、中国、朝鲜及日本，在我国主要分布于东北和华北地区，北自黑龙江边，向南达连云港附近的云台山，西至山西、陕西两省。蒙古栎为栎属在我国分布最北的一个种。其分布区内年平均气温-3℃以上，年降水量在500mm以上。蒙古栎具有垂直分布的特性，垂直分布随纬度的降低而升高，在东北地区的大兴安岭、小兴安岭常生于海拔600m以下，为落叶阔叶林主要树种；在华北常生于海拔800m以上，常与辽东栎混生，在阳坡或山脊与杨、桦混生，有时成纯林；在东北西部大兴安岭以南地区，蒙古栎的分布高度可上升至海拔870～1600m；在东部三江平原的残丘上也有生长。

二、生物学和生态学特性

落叶乔木，高达30m。树皮灰褐色，纵裂。幼枝紫褐色，具棱，无毛。顶芽长卵形，微有棱，芽鳞紫褐色，有缘毛。叶倒卵形至倒卵状长椭圆形，长7～19cm，宽3～11cm，先端短钝或短凸尖，基部窄圆形或耳形，叶缘具7～10对深波状圆钝锯齿；叶柄2～5mm。花单性同株；雄花序生于新枝下部，为下垂柔荑花序，长5～7cm；雌花序生于新枝上端叶腋，长约1cm，有花4～5朵，通常只1～2朵发育。壳斗杯形，包果1/3～1/2，苞片鳞状，呈瘤状凸起，密被灰白色短绒毛；坚果卵形至长卵形，直径1.3～1.8cm，长2.0～2.3cm，无毛，果脐微凸起。花期5～6月，果熟期9～10月。

蒙古栎为喜光树种，对温度、水分及养分有广泛的适应性。从我国亚热带的华中地区直至寒温带的西伯利亚均能生长，为栎属中最耐旱和耐寒树种。主根发达，在深厚肥沃土壤上具深根性，生长良好，但也能在贫瘠土壤上生长。因其抗逆性强，并具有强烈的萌芽力和抗火性，在石质土和干旱的阳坡上，能形成灌丛状“栎矮林”，在肥沃土壤上常被其他树种所排挤。蒙古栎不耐阴（幼龄稍能耐庇荫）、不耐盐碱，对酸雨有一定的抗性，能适应较广的土壤类型，多生长在酸性或微酸性较肥沃的暗棕色森林土和棕色森林土上。

蒙古栎具有较强的有性与无性繁殖能力，生长速度中等偏慢。由于林木起源不同，即使在立地条件完全一致的情况下，林木的生长发育也存在很大差异。据白山市林业局的资料，林木胸径在9cm以前，萌生蒙古栎林比实生蒙古栎林树高生长快，以后反之；林木胸径在6cm以前，萌生林木生长率高，以后反之；萌生林胸径达28cm时，树高即近乎停止生长，而实生林胸径达35cm时才开始出现生长缓慢现象。原生蒙古栎林，林木30～50年生后仍有一个较长时期的持续生长（《中国森林》编辑委员会，2003）。在辽宁西部地区，蒙古栎在初植的5年内，树高、胸径、材积生长都极为缓慢；10年生以后生长逐渐加快；到25年生时，树高生长达最高峰；30年生时胸径生长高峰出现，并一直持续到33年生。材积生长规律与胸径生长规律极为相近。蒙古栎15～20年生后结实丰富，萌生的蒙古栎30年生左右开始结实。蒙古栎萌芽力强，40年生为其高峰，持续到300年生以后仍能萌芽更新，但多代萌生后林分质量差，通常在80年生后林分内实生苗渐占优势。

三、良种选育

1. 母树林的营建

选择排水良好、背风向阳、光照充足的坡地蒙古栎林或台地漫岗蒙古栎林，坡度小于20°，以坡地的阳坡、半阳坡为好。应选择同龄林，异龄林年龄要控制在2～3个龄级内，目的树种组成在60%以上，郁闭度大于0.7。初始林龄在20年以上。蓄积量疏伐强度保持在20%～25%，保留株数为650～1000株/hm^2，优良木＞25%，劣等木＜20%（牟智慧等，2012）。选择生长健壮、主干明显、无病虫害的候选木为采种母树。

2. 优良种源选择

由于蒙古栎适应范围广泛，不同种源生长生理特征均存在差异，遗传资源变异丰富（黄秦军等，2013）。蒙古栎为多用途树种，培育目标不同，造林时优良种源选择标准也要有所侧重。

我国在20世纪90年代开展了蒙古栎优良种源选择的研究。黑龙江带岭林业科学研究所在黑龙江、吉林、辽宁等地选择25个种源的种子，分别在黑龙江带岭，吉林松花湖、敦化，辽宁抚顺育苗，之后造林，发现各种源间林木生长差异显著。初步选择出苗期生长最好的种源是吉林集安种源，其次是黑龙江的带岭种源。张杰等（2007）认为吉林汪清、辽宁湾甸子和白石砬子种源具有优良光合生理功能。

以木本淀粉能源植物为选育目标的良种选育工作刚刚开始。初步研究表明：不同种源或优树之间淀粉含量存在差异。通过对蒙古栎主要自然分布区内16个种源的种子进行表型性状分析与淀粉含量测定，认为黑龙江带岭、辽宁本溪和内蒙古大杨树3个种源为优良种源。共选择出高产、大果和高淀粉含量综合性状优良的10株蒙古栎单株和综合性状优良的群体（历月桥等，2013）。

目前，我国蒙古栎良种选育手段不够先进，选择出来的良种遗传增益较低，无法满足生产的需求。

3. 种子园的建立

优树选择应在已确定的适宜优良种源区及种子调拨区内进行。若种源区、种子调拨区未划定，应在用种范围相应的生态区内进行。

（1）用材林优树选择技术

采用小标准地法，在选定的林分内设置标准地，标准地规格40m×25m，面积1000m^2，蒙古栎株数不少于30株。将标准地内蒙古栎胸径8cm以上的样木实测胸径。入选优树需满足数量指标，即入选优树的胸径为林分平均胸径+2倍标准差。同时，入选优树还要满足形质指标，即：干形圆满，纹理通直，无扭曲，无水裂，形率在0.65以上；树冠匀称，冠幅较窄，顶端优势强；单一主干，自然整枝好，活枝下高为树高的1/2；无病虫害和机械损伤。

（2）生物质能源林优树选择技术

果实淀粉含量高是生物质能源林的主要选择目标之一，因而林木结实性状就成为选择优树的关键指标。优树选择工作应在蒙古栎植株结实状况充分表现出来时进行，初选在果实成熟前1～2个月，复选在果实成熟落地时。

在处于盛果期的天然林分内选择30～80年生的单株。优树标准为：树体健康、树形完整；株型矮化（灌木或小乔木＜8m）；分枝低，枝条粗壮；树冠内膛丰满，结果部位多；果实虫蛀率低；幼龄期结实或早熟，单果个大；优树之间距

离保持在30～50m为宜（张桂芹等，2013）。

采集已选择优树的枝条，采用先嫁接后定植的方式。定植密度为5m×5m，每穴定植2株，400穴/hm^2（约800株/hm^2）。无性系配置采用随机排列。

四、苗木培育

蒙古栎育苗一般采用播种育苗的方式。嫁接育苗目前主要应用于种子园建设。扦插育苗、组培育苗已有个别研究成果，但蒙古栎属难生根树种，扦插生根率低，不能满足大量育苗生产需求，组培育苗等技术又相对复杂，尚未应用于育苗生产。

1. 裸根苗培育

（1）圃地选择

育苗圃地宜选择向阳、地势平坦、排灌方便的地块，要求土质肥沃、土层厚度40cm以上的壤土或沙壤土，土壤pH 5.5～7.0。

（2）整地作床

整地包括翻耕、耙地、平整、镇压，要求做到深耕细整。圃地起苗后，要及时耕作，北方地区多采用秋季整地，一般从9月中下旬开始，秋季翻耕深度25～30cm，清除草根、石块。结合整地，秋翻时可施入50%辛硫磷制成的毒土，防治地下害虫。于翌春播种前耙地，春季翻耕深度以20cm为宜，随耕随耙，同时施入充分腐熟的农家肥5kg/m^2。

辽宁省本溪县草河口镇蒙古栎林下天然更新（丁磊摄）

播种前7～10天作高床。为防止蒙古栎根系下扎过深，可采取床底铺牛皮纸等措施。沈阳农业大学采用垫砖法进行蒙古栎育苗试验，即育苗时先在苗床地取出表土，铺上一层砖，上面覆20cm厚的土壤，使苗木生长在20cm厚土层上。结果表明，垫砖法可有效增加蒙古栎苗木侧根、须根数量，改善根系效果明显，可以作为蒙古栎苗木培育的简便方法。

（3）种子的采集

选择专有母树林或种子园采集种子，或者选择林相整齐、生长旺盛、树冠完整、无病虫害、树种组成在80%以上、郁闭度为0.6以上、林龄为35年左右的天然实生蒙古栎林采集种子。

采种以地面收集为主，初期落地的种子不饱满且虫害严重，不宜收集。

（4）种子处理

采收后的种子用手选法剔除有虫孔、形态不正、有损伤和过小的种子，再用清水漂洗淘汰浮在水面上的霉烂、瘪粒种子，捞出阴干。

将选好的种子用25%乐果乳剂350～500倍液浸泡48h杀虫，或用50～55℃的热水（种子与水的体积之比为1∶3）浸泡20～30min进行杀虫处理。之后再用0.5%～1.0%的高锰酸钾溶液消毒0.5～1.0h，用清水冲洗后阴干至种子相对含水量35%左右，可直接秋播。如翌年春季播种，应妥善贮藏。

低温层积　将经过杀虫和表面消毒的种子阴干后，将种子与湿沙（种沙体积比为1∶2或1∶3，湿沙含水量60%）混拌均匀，装入丝袋（或筐中）放入苗木窖中层积，窖内温度控制在3～5℃。或种子与湿沙分层放置于苗木窖中。

室外埋藏　在北方地区于地表结冻前，在室外选择地势高的地方挖深、宽各1m的坑，坑的长度依种子数量而定，坑底铺5~10cm厚的一层湿润河沙（湿沙含水量60%），然后铺8~10cm厚的种子，再铺一层沙子，直至距坑口15~20cm，上面用沙土盖严，呈土丘状。坑中间立草把，表面用草帘盖上。

播种前3~5天，将种子从苗木窖中或室外埋藏坑中取出，放于温暖的地方进行增温催芽，保持种沙混合物温度在15~25℃范围内，湿度保持在70%左右，每天翻倒3~4次。2~3天后约30%种子露白时即可播种。

（5）播种

春季，土壤5cm深处地温稳定在8~10℃时即可播种，秋播宜在土壤结冻前播完，土壤不结冻地区在树木落叶后播种，也可以随采随播。

一般采用条播或点播。生产上主要以条播为主。条播苗床上按行距25cm开沟，沟深5~6cm，将种子均匀撒在播种沟内，播种量300~400g/m^2。点播苗床上按（7~10）cm×25cm株行距挖小穴，穴深5~6cm，每穴放2~3粒种子，播种量150~200g/m^2。播后覆土4~5cm，镇压，有条件的还可用塑料薄膜拱棚或地膜覆盖。

（6）苗期管理

经过催芽处理的种子播后20~30天发芽出土，一般20天左右可出齐。当苗高5cm左右时第一次间苗。每米播种沟上留苗20~25株，共留苗80~100株/m^2。根据土壤状况实施灌溉，每次灌溉量保证根系主要分布层湿润即可。中耕除草3~5次，施肥3~4次。

蒙古栎主根发达，为控制苗木主根生长，促进侧根发育，可在苗木长出3~4片真叶时用工具进行截根处理，保留主根长10~15cm，截根后应及时灌溉。在苗木高生长速生期进行第二次间苗并定苗，每米播种沟上留苗12~15株，共留苗50~60株/m^2，间除过密株、双株和病弱苗。

（7）起苗

蒙古栎1年生苗即可出圃造林。根据当地气候条件，应在苗木树液流动前进行起苗，起苗与造林、移栽时间相衔接。起苗时保持根系完整，不损伤顶芽，不破损根皮，小苗起苗深度不能少于25cm。采用截根处理的2年生蒙古栎移植苗造林效果更好。

2. 容器苗培育

容器育苗春播、秋播均可。蒙古栎也可在温室或塑料大棚里进行容器育苗，在干旱地区和高寒地区尤为适用。容器育苗的基质可采用原土、山皮土、草炭和马粪，按体积比3：1：1：1的比例进行配制，或采用60%苗圃土+30%草炭+10%沙子配比组成，也可采用轻基质容器育苗。育苗容器多为侧壁带孔的塑料薄膜容器、无纺布袋制作的容器，容器规格一般为直径8~12cm、高20~25cm。也可选用目前应用较多的硬塑杯，如DeepptTM D40、DeepptTM D60、Air slit PPAC40（有孔），但适宜的容器规格还有待进一步探索。每容器播1~2粒种子。由于蒙古栎主根发达、侧根较少，为提高造林成活率，播种时可采用一系列促进侧根发育的技术。如沈阳农业大学曾采用去芽（胚根）法，即待催芽处理的种子胚根长至1~2cm时将胚根去掉立即播种，或将催芽处理露出胚根的蒙古栎种子用150mg/L NAA浸种12h后播种育苗，均可有效促进蒙古栎容器苗侧根发育。

五、林木培育

1. 直播造林

（1）造林地的选择

造林地以山地上中腹、半阳坡、阳坡为宜。选择坡度小于25°、土壤为暗棕壤、土层厚度大于20cm的地块。在干旱、半干旱地区，一般选择坡度10°左右的向阳疏林地以及森林中的林隙、林窗、林中空地等。

（2）林地清理与整地

一般8月进行林地清理作业，割带宽4~6m，保留带宽约1m，保留清理带内有价值的阔叶树和针叶树幼苗、幼树，其余灌木全部清除。

秋季整地或春季整地均可，秋播整地可在“立秋”至“白露”之间进行，春播整地可在春季播种前进行。整地可采用带状和块状两种方式。干旱、半干旱地区块状整地以鱼鳞坑形式为

主。带状整地带宽80～100cm，深40cm，带间距1～2m。块状整地穴面60cm×60cm×40cm，株行距可采用1m×1.5m或1m×2m或1.5m×1.5m。

（3）种子采收及处理

蒙古栎种子成熟后，及时采收盛果期的种子并立即进行杀虫处理（处理方法见苗木培育部分）。用水浸法净种以清除混杂物、虫蛀粒、腐烂粒、损伤粒等，将纯净种子装入草袋或麻袋里在流水中浸24h，然后放在通风良好的室内，摊成3cm厚自然阴干，当重量达到鲜种子重85%～90%时为适度。播种前要对种粒筛选分级，选用较大粒的种子直接造林效果更好。

（4）播种时间

可采用秋季直播。北方地区在采种后的9月中下旬到10月中下旬播种。当年土壤结冻前就能萌发3cm左右的胚根，翌春土壤化冻后，苗根即开始萌动生长。实践证明，秋季随采随播造林的出苗率要明显好于春播及土壤上冻前的播种造林。春播宜在土壤解冻后的返浆期进行，尽量早播。

（5）播种方法

考虑蒙古栎干性弯曲的特点，播种密度可适当增大，一般为4500～6500穴/hm^2，采用簇状点播，每穴播3～5粒种子，种距3～4cm，覆土5～8cm，踩实后再覆浮土1cm。

（6）抚育管理

幼林抚育 因蒙古栎幼苗、幼树期生长脆弱，难以适应高温、干旱、强光、燥热的自然条件，所以在干旱和半干旱地区，细致的幼林抚育是蒙古栎造林成功的重要保证。在夏季，为给幼树创造一定的庇荫通风条件，可根据杂草的高矮、疏密程度确定苗穴周围除草范围。冬、春季保留穴间草丛以避免强风引起生理干旱造成枯梢。4～5年以后，逐渐加大除草松土面积，6～7年后，将遮阴灌草割去。

间苗 在翌年除草松土的同时进行间苗。每穴选留干形端直、生长健壮的幼树1～2株，促使幼树迅速生长。

修枝 在幼树郁闭前，适当修去枯枝或部分活枝，修枝高度不宜超过树高的1/3，以培育无节良材或少节的圆满树干。

直播造林2～3年后，为促进高生长，在秋末春初进行平茬。

2. 植苗造林

（1）苗木选择

裸根苗一般选用2～3年生的Ⅰ、Ⅱ级经移植的苗木，造林时剪掉过长主根，其主根长度以25cm为好。容器苗选择1～2年生苗木。

（2）造林地的选择

同直播造林。

（3）造林密度的确定

由于造林目的不同，造林地的立地条件、土层厚度各异，因而造林密度不尽相同。营造蒙古栎人工林初植密度一定要大，用材林一般不小于5000株/hm^2，水土保持林、薪炭林一般保持在6000株/hm^{2}左右。营造纯林可采用丛植、双株、三株的形式，可使幼树主干明显、冠幅小、自然整枝好，增强对外界不良环境的抵抗能力。营造混交林以窄带、松类与蒙古栎混交为宜。

（4）造林整地

根据造林地的立地条件，可采用带状整地和块状整地方式。整地时间秋季和春季均可。

带状整地 带宽80～100cm，株行距1m×2m或1.5m×1.5m。

块状整地 在干旱、半干旱丘陵和山地可采用穴状、鱼鳞坑、水平阶、水平沟及反坡梯田等块状整地方式。从拦蓄水效果看，以水平沟、反坡梯田整地最好，鱼鳞坑整地次之，小坑穴状整地最差。

（5）造林季节及造林方法

造林季节以春季土壤化冻后的返浆期为好。气候条件较湿润地区，采用穴植，注意栽后踩实，防止土壤跑墒。在干旱、半干旱地区，可采用坐水返渗造林技术、地膜覆盖造林技术、庇护造林技术等方法，以提高造林成活率和保存率。

坐水返渗造林技术 挖穴后先填半坑土，然后灌水，待水下渗后土壤不黏时植苗，再将土填满土坑，踩实土壤，穴面再覆盖一层松土即可。切忌先填土踩实后再灌水。注意水渗完后立即植树，保证树苗根系能“坐”在饱含水分的土壤上。与传统植树方法相比，坐水返渗法树坑内土体上虚下实，蓄水量足，透气性好，有利于根系恢复生长。

地膜覆盖造林技术 造林时，在挖好的树穴底部和四周衬贴一层防渗薄膜（厚度为0.007mm的可降解塑料薄膜），将苗木栽好并覆土浇水后，再在地表面覆膜，防止浇水（施肥）的渗漏和蒸发，使树根在栽植后较长时间内处于含水量较高、四周封闭的潮湿土壤之中，从而达到提高成活率和促进林木前期生长的目的。地表覆膜如选用黑色薄膜，还可有效抑制栽植穴内杂草滋生，提高地温，促进生根。

庇护造林技术 20世纪90年代，沈阳农业大学针对辽宁西部半干旱的自然条件，在油松砍伐带内、油松林冠下、油松疏林下等庇荫条件下进行了一系列蒙古栎直播和植苗造林试验。研究发现，蒙古栎在3～4年生以前主要是主根的伸长生长，吸收根量极少，难以维持地上、地下水量平衡，特别是在高温、强光、干旱、强风俱全的辽西地区，荒山造林很难成功。在庇荫条件下，夏季光照强度大大降低，蒸腾强度显著减小，在冬季和冬春之交，则避免了因生理干旱失水造成的枯梢甚至枯干死亡，从而使蒙古栎造林成活率、保存率大大提高，生长状况明显改善。结合油松纯林改造，在油松砍伐带内造林，砍伐带宽度根据油松树高以6～8m为宜。亦可在林间空地或疏林下造林。在郁闭度较大的林冠下造林，虽然造林初期保存率可高达100%，但后期树高和地径生长量均很小，造林效果不佳。在合适的庇荫条件下，辽宁西部地区6年生蒙古栎造林保存率在90%以上，平均地径0.45～0.93cm，平均树高19.5～32.3cm，根系深超过70.5cm，侧根、须根增多，吸收能力增强，已进入稳定生长期。

蒙古栎与杨树、刺槐等速生树种或与落叶松、红松等松类窄带混交也可达到较好造林效果。混交比为：针叶树2～3行，蒙古栎1～2行。

（6）幼林抚育管理

同直播造林。在干旱和半干旱地区，在植苗造林的最初1～2年，可根据土壤墒情适当补充灌水。幼林抚育后期要及时进行透光抚育，纯林10年生左右进行，混交林7年生左右进行。

六、主要有害生物防治

1. 蒙古栎心材白腐病（*Spongipellis litschaueri*）

蒙古栎心材白腐病主要是由于受到毛盖绵皮孔菌侵染所致，该真菌是严重危害蒙古栎的病菌之一。染病时树干内部出现腐烂现象，并且由腐烂点向周围扩散，直至整个树干都被腐蚀，严重者在树的顶端、粗的树枝也被侵染，导致整株树木枯萎死亡。防治方法：目前还没有切实有效的防治手段。可采取彻底清除已经感染病菌的树木，定期燃烧枯枝烂叶，改善林内卫生状况，防止病菌滋生。严禁乱砍滥伐，尽量减少蒙古栎机械伤口的出现。造林时选择具有抗病基因的品种或家系。

2. 栎树根部腐朽病（*Armillaria ostoyae*）

病原菌为奥氏蜜环菌，属于担子菌门菌物，是一种真菌病害，危害蒙古栎、辽东栎等，引起树木根部腐朽或基干腐朽，连续多年危害可导致树势下降或死亡。该真菌通常在腐烂的枝叶、腐败的落叶和植物残体上以孢子形式存在。防治方法：适当间伐，改善树木通风透光条件。加强林地卫生，对腐朽的根渣、树桩及时清除，在改造中幼林对保留木尽量避免造成机械损伤。及时清除杂草，及时采集菌体，消灭传染源。

3. 栎树斑枯病（*Pestalotiopisis breviseta*）

病原菌为短毛拟盘多毛孢，属于子囊菌门无性型菌物，危害蒙古栎、辽东栎、麻栎、槲栎等树种，对幼树危害较重，常造成叶片枯死、早期脱落。该病发生与湿度有密切关系，郁闭度大的林分更容易发病。防治方法：秋、冬季清除地面的枯落叶，并集中烧毁处理；加强管理，及时抚育，增强光照，增强树势，提高抗病能力；化学药剂防治。

4. 橡实象（*Curcuria arakawai*）

别名橡实象甲、橡实象鼻虫，为鞘翅目象甲科昆虫，主要以幼虫危害橡实，被害率为40%～80%。成虫亦能危害幼嫩的橡实和嫩芽。防治方法：对于在采集前就先落地的种实要先行收集并将其烧毁，以达到消灭虫害的目的；浸种杀虫是最简单、性价比最高的杀虫手段，即种子采收后用50～55℃温水浸种20～30min；当气温在23℃时，用37.4g/m³溴化钾蒸熏40h，杀虫率可达100%。

5. 花布灯蛾（*Camptoloma interiorrata*）

又名黑头栎毛虫，属鳞翅目灯蛾科，是重要的蒙古栎食叶害虫，主要危害辽东栎、蒙古栎、栓皮栎、麻栎、槲栎等壳斗科栎属树木。幼虫取食时间与蒙古栎的萌芽、发叶时间同步，以越冬幼虫早春蛀食蒙古栎芽最甚。防治方法：①人工防治。3月中旬越冬幼虫上树取食前和10月中旬幼虫全部下树后，人工捡除地面越冬虫苞，集中烧毁处理。7月中下旬及时摘下带有卵块的树叶，集中烧毁或深埋。②物理防治。6月下旬至7月中旬，在林间空旷地段设置紫外荧光灯诱杀成虫。③化学防治。春季越冬幼虫活动初期，幼虫未上树前，在地面和树干喷洒药剂防治；或在越冬幼虫大量取食活动期，在树冠喷洒药剂防治。此外，在害虫上树前5天及下树前5天，可在树干胸高部位捆绑毒绳防治。

6. 栗山天牛（*Massicus raddei*）

属鞘翅目天牛科，为枝干害虫，主要危害蒙古栎、辽东栎、麻栎、栓皮栎、槲栎、桑树、栗等，已成为东北以栎木为主的天然林区的头号害虫。被害树冠枝条大部分干枯，千疮百孔，树势衰弱，风折木较多，严重被害木通常枯死，木材丧失工艺价值。被害严重的林分多分布在成熟林和过熟林，林龄一般在40～60年，树木胸径在16cm以上。栗山天牛3年发生1代（跨历4个年头），以幼虫在被害树干蛀道内越冬，在第四年6月中旬化蛹，7月上旬羽化出成虫，成虫有聚集性和趋光性，卵产在树皮缝中，8月幼虫孵化后即蛀入树皮内取食危害，当年以1～2龄幼虫越冬。翌年春幼虫蛀入木质部，一般在树干4m以下部位和大侧枝干内蛀食坑道危害，1个世代在树干内隐蔽期达1000多天，只是在成虫、卵期裸露几十天。防治方法：①物理防治。危害较轻的条、块状林分，采取卫生伐，将被害单株清除；成虫出现期，可采取人工捉虫的方法大量捕杀；成虫发生期，采取灯光诱杀。②生物防治。保护并利用林内啄木鸟、花鼠、獾子、山鸡、花绒寄甲等天敌，提高自控能力；林间均匀释放人工繁育的管氏肿腿蜂。③化学防治。8月中旬在集中连片的林内施放杀虫烟剂防治初孵幼虫，或在树基部交错打孔3～5个，注射药液防治蛀道内幼虫。

七、材性及用途

蒙古栎是优良的硬阔叶用材林树种之一，也是多用途生态型用材树种。木材边材浅黄褐色，心材黄褐或浅栗色，气干密度0.67～0.78g/cm³，强度较高，干后易开裂。蒙古栎因其木材坚硬、耐腐，纹理美观，用于建筑，尤其是用于细木工，用来制造名贵家具、地板与室内装修材料等。其木材燃烧热值高，为优良的能源林树种。其枝丫、叶片、壳斗和果实在食用菌培育、柞蚕饲养、栲胶提取、活性炭制作、色素提取、食品饲料加工、酿酒、纺纱和医疗保健方面都有广泛的应用，也是具有开发前景的经济林树种。蒙古栎种子含淀粉达50%～70%，是具有发展潜力的优良木本淀粉能源林树种。

（陆秀君，王玉涛，张晓林）

附：辽东栎（*Quercus wutaishanica* Mayr）

又名辽东柞（《中国树木分类学》）、小叶青冈（河南）、柴树（河北、山西）、青冈柳（辽宁、吉林），属壳斗科栎属落叶乔木，高10～15m。树皮深灰色，深纵裂。幼枝绿色，无毛，老时灰绿色，具淡褐色圆形皮孔。叶倒卵形或倒卵状长椭圆形，长5～17cm，先端圆钝或

山西省临汾市侯马市辽东栎天然次生林（韩丽君摄）

短凸尖，基部窄圆形或耳形，叶缘有5～7对波状圆齿，叶柄长2～5mm。雄花序腋生于当年新枝，长5～7cm；雌花序常1～3朵簇生于新枝顶端叶腋，长0.5～2.0cm。壳斗浅杯状，包果约1/3，直径1.2～1.5cm，高约8mm；苞片鳞状，背部不呈瘤状凸起；坚果卵形或卵状椭圆形，直径1.0～1.3cm，高约1.5cm，顶端有短绒毛，果脐略凸起。花期5月，果期9～10月。

辽东栎主要分布在我国和朝鲜，分布区位于32°08′～44°05′N，103°01′～130°02′E。在我国，辽东栎主要分布在东北地区的东部和南部及河北、山西、山东、甘肃、宁夏、青海、陕西、四川的山区。辽东栎垂直分布从北向南海拔逐渐升高，垂直分布范围为海拔800～2800m。

辽东栎是我国黄土高原森林的主要建群树种和优势树种，是重要的工业原料，也是优良的用材林树种。辽东栎喜光，耐寒、耐干旱瘠薄，喜凉爽气候，多生于向阳干燥山坡，对气候和土壤有广泛的适应性，在酸性、中性、钙质土上均能生长。辽东栎根系发达，萌生能力强，有很强的抗风、抗火、抗旱能力，其中抗火能力尤为显著。

辽东栎以播种繁殖为主，可采用大田裸根育苗和容器育苗，裸根育苗以行距30～40cm、株距8～10cm为宜。宜采用秋播。可直播造林和植苗造林。直播造林密度为4000～5000穴/hm^2，每穴双层点播4～5粒种子。植苗造林密度为1650～2500穴/hm^2。

辽东栎以萌芽更新为主，也可天然下种更新或人工植苗更新，但长期利用萌条更新会出现生长退化现象，林木生长不良，大多呈灌丛状。萌生辽东栎林具丛生性，自然稀疏明显，丛内强烈稀疏出现在10年生以前。萌生辽东栎林具有早期生长快、数量成熟早的特点。随着林木年龄的增长，树高生长有阶段性变化。10～20年生为树高速生期，以后生长速度减慢，40～50年生以后仍继续微量生长。胸径速生期在20～30年生，50年生后材积增长绝对值仍呈上升趋势。

有害生物防治参照蒙古栎。

（陆秀君，王玉涛，张晓林）

85 槲栎

别　名｜大叶栎树（四川、贵州）、白栎树（陕西）、青冈树（山西）、孛孛栎（《中国高等植物图鉴》）、细皮青冈（《中国树木分类学》）、大叶青冈（金平、屏边）

学　名｜*Quercus aliena* Blume.

科　属｜壳斗科（Fagaceae）栎属（*Quercus* L.）

槲栎分布广泛，是重要的用材林树种和能源林树种，生于海拔100～2000m的向阳山坡，常与其他树种组成混交林或成小片纯林。槲栎为多用途优良树种，木材坚韧耐腐，纹理致密，可作坑木、枕木、舟车、军工、建筑、农具、胶合板等用材；其枝叶丰满，叶片大多为椭圆形，秋叶转黄，具较高的观叶价值，是重要的风景林树种。此外，槲栎还在薪炭、涵养水源、保持水土、培肥土壤、改善环境等方面起着重要的作用（陈有民，1998）。其种子富含淀粉，还含有糖类、蛋白质、脂肪等物质，可酿酒，也可制凉皮、粉条和做豆腐及酱油等。其果实的壳斗、树皮、树叶及木材均含有鞣质，是重要的栲胶材料。

一、分布

槲栎广泛分布于我国温带至亚热带北部山地，常与其他树种组成混交林或成小片纯林。槲栎是栎属树种中变异较大的物种，种下变种（变型）主要包括锐齿槲栎（*Q. aliena* var. *acuteserrata*）、北京槲栎（*Q. aliena* var. *pekingensis*）、高壳槲栎（*Q. aliena* var. *jeholensis*）。其中，锐齿槲栎广泛分布于我国华北、华中至西南的19个省份，生于海拔100～2700m的山地杂木林中，或形成小片纯林；北京槲栎分布于辽宁、河北、北京、山西、陕西、山东、河南等地区，生于海拔200～1850m的山坡或杂木林中；高壳槲栎分布于辽宁凤城、河北承德、山东牟平昆嵛山等地，生于海拔200～500m的山地（徐永春，1998；李文英和王冰，2001）。

二、生物学和生态学特性

落叶乔木，高达20m，树冠广卵形。树皮暗灰色，深纵裂。叶片倒卵形，长10～20cm，先端微钝或短渐尖，基部楔形或圆形，叶缘具波状钝齿，叶背被灰棕色细绒毛，侧脉10～15对；叶柄长1～3cm，无毛。雄花序长4～8cm，雄花单生或数朵簇生于花序轴，雄蕊通常10枚；雌花序生于新枝叶腋，单生或2～

北京市鹫峰国家森林公园槲栎种子着生位置（杨雄摄）

北京市喇叭沟门乡槲栎标本（霍辰睿摄）

北京市鹫峰国家森林公园槲栎叶片（杨雄摄）

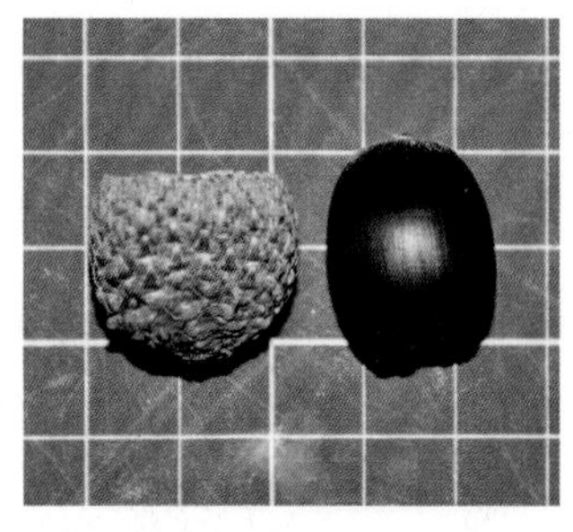

北京市鹫峰国家森林公园槲栎壳斗和种子（杨雄摄）

北京市鹫峰国家森林公园槲栎种子（杨雄摄）

3朵簇生。壳斗杯形，包果约1/2；坚果椭圆形至卵形，直径1.3～1.8cm，高1.7～2.5cm，果脐微凸起。花期4～5月，果期9～10月。

深根性，生长稍慢，寿命长，萌蘖力强，以种子或萌蘖繁殖；喜光，耐寒，对气候适应性强，喜酸性至中性、湿润深厚、排水良好的沙壤土，较耐干旱贫瘠；耐烟尘，对有害气体抗性强。在肥沃、湿度较大、排水良好、半阴坡、半阳坡及阳坡的地块上生长良好。

三、苗木培育

槲栎育苗目前主要采用播种育苗方式。

北京市鹫峰国家森林公园槲栎单株（杨雄摄）

1. 裸根苗培育

采种 种子在8～10月由灰绿色变为棕褐色即为成熟。一般生长于平原的种子成熟期比山区早，生长于阳坡的较阴坡早，疏林比密林早。需根据本地区种实成熟期适时采收种子。

调制 新采收的种子含水量高，不宜堆积过厚，防止发霉。槲栎种子中常有栗实象鼻虫，外表不易发现，用始温55℃温水浸泡15min后即可杀死种内害虫。弃去漂浮在水面的劣种，剩余种子置于筛子中沥水，分离壳斗（果碗）和种子。经杀虫处理后的种子在庇荫干燥的地方摊开晾干，每天翻动3～4次，以防种子发热生霉。采用种子箱低温贮藏或者室外沙藏，贮藏期间注意透气。

整地 结合撒施底肥耕地。苗床一般宽1.0～1.5m，高10～20cm，床长以方便作业为好，步道宽40cm。苗圃垄一般垄底宽为60～80cm，垄面宽30～40cm，垄高15～20cm。在干旱地区宜用宽垄，垄内水分条件好；在湿润地区宜用窄垄，以利于提高土地利用率。

播种方式 可点播和条播。点播株距为20～30cm，行距为30～40cm。条播一般多采用直行，行距30～40cm。播种时应将种子平放。

播种季节 秋播、春播均可。秋播可免去种子贮藏，成苗率和苗木质量也高。秋播以当年不发芽出土为基本原则，若秋播过早，幼苗入冬常发生冻害。

苗期管理 在秋季播种的圃地上要浇1次水，地面冻结形成冰封可以防止鼠害，春季冰冻融化，增强土壤湿度，有利于种子发芽。整地前所有圃地已施基肥，基本能满足苗木前期生长需要。5月初至7月上旬，需要结合松土、除草进行施肥。

苗木出圃 幼苗在苗圃里生长1～2年后，即起苗出圃栽植。槲栎幼苗起苗，一般秋起秋植或春起春植，随起随植；也可秋季起苗，假植越冬，翌年春季造林。

2. 容器苗培育

容器种类 常采用硬塑料杯或无纺布容器。

营养土配置 育苗基质一般采用泥炭与蛭石（或草炭与珍珠岩）按适宜比例混合。

苗期管理 播种后至发芽出土前（30～40天），要经常保持苗圃和容器内土壤湿润，并随时注意温室内温度变化。播种前可将一定量的缓释肥均匀拌施于基质中；也可采用水溶肥进行追肥，出苗后至7月底，每周或2周随水施肥1次。

四、林木培育

槲栎可以直播造林，但由于种子缺乏，目前以植苗造林为主（罗伟祥和刘广全，2007）。

1. 整地与造林

平缓地用机械全面或带状整地。山地陡坡，多采用鱼鳞坑整地。裸根苗可在秋季或者春季造林，容器苗可充分利用多雨季节造林。

2. 抚育管理

造林后连续进行除草松土2～3年，第一年分别于4月、6月及8月进行；第二年分别在4月、6月进行；第三年在6月进行。如苗木干形不良，可在造林后3～4年平茬，翌年选留1株直立粗壮的萌芽抚育成林。槲栎要及时修枝，以培养优良干形，提高木材品质。一般在树木休眠期间进行修枝，切口要平滑、不伤树皮、不要留桩，这样伤口愈合快。注意修枝强度不能过大，避免影响林木生长量。

3. 天然更新

槲栎种子较大，在适宜条件下易发芽，是天然更新能力很强的树种，因此主要以天然更新为主。天然纯林较少，可在天然散生林采取人工促进天然更新措施，促进天然更新发生及更新苗健康成长。

五、主要有害生物防治

1. 栎黄枯叶蛾（*Trabala vishnou gigantina*）

栎黄枯叶蛾也叫栎毛虫，在陕西1年发生1代，以卵越冬，4月下旬开始孵化，5月中旬为孵化盛期，5月下旬孵化结束。老熟幼虫于8月上旬结茧化蛹。8月中旬出现成虫，9月上旬为羽化盛期。该虫蚕食叶片，影响树木生长。防治方法：可通过营造针阔混交林、合理密植、加强经营管理、补植稀疏残林并施肥、适当疏伐和修剪密度过大的林地等措施综合防治；也可采用黑光灯诱杀成虫或用相关药剂喷杀栎毛虫幼虫，效果均很好。

2. 栗实象鼻虫（*Curculio davidi*）

槲栎种实主要害虫是栗实象鼻虫（*Curculio davidi*）。栗实象鼻虫以幼虫蛀食果实，被害槲栎种实内充满虫粪，既不能作种子，也易霉烂，不便贮藏，严重威胁槲栎种实发芽。此虫每2年发生1代，以老熟幼虫在土内越冬，翌年继续滞育土中，第三年6月化蛹。6月下旬至7月上旬为化蛹盛期，经25天左右成虫羽化，羽化后在土中潜伏8天左右成熟。8月上旬成虫陆续出土，上树啃食嫩枝，吸取营养。8月中旬至9月上旬成虫在槲栎壳斗上钻孔，咬破种皮，将卵产于槲栎种实内。经10天左右，幼虫孵化，蛀食种实，虫粪排于蛀道内。槲栎种实采收后幼虫继续在果实内发育，危害期30多天。10月下旬至11月上旬老熟幼虫从果实中钻出入土，在5～15cm深处做土室越冬。防治方法：7月下旬至8月上旬成虫出土之际，用农药对地面实行封锁；8月中旬成虫上树补充营养和交尾产卵期间，可向树冠喷洒相关药剂杀

北京市鹫峰国家森林公园槲栎树皮（杨雄摄）

灭成虫。种实成熟后还可将新采收的槲栎种实在50～55℃的温水中浸泡15min或在90℃热水中浸10～30s，杀虫率可达90%以上。注意要严格把握水温和处理时间。处理后的种实晾干后即可沙藏，不影响发芽。

六、材性及用途

槲栎是我国特产的用材林树种。其木材为环孔材，气干密度可达0.73～0.78g/cm^3，材质致密坚实，耐腐，强度大，花纹美丽，可用于制作理想的高档实木家具、办公桌椅、实木地板等，还是车辆、船舶、枕木、矿柱、体育器械等的良材。木材坚硬，耐腐，纹理致密，供作建筑及薪炭等用材。

槲栎枝叶丰满，叶片倒卵形，秋叶转黄，具较高的观叶价值，是重要的园林绿化树种。此外，槲栎还在薪炭、涵养水源、保持水土、培肥土壤、改善环境等方面起着重要的作用（陈有民，1998）。种子富含淀粉，还含有蛋白质、脂肪等物质，可酿酒，也可制凉皮、粉条和做豆腐及酱油等。果实的壳斗、树皮、树叶及木材均含有鞣质，是重要的栲胶材料。

锐齿槲栎边材灰白色，心材黄色，气干密度0.73g/cm^3，树叶含蛋白质12.53%，种子含淀粉55.8%、单宁9.7%；北京槲栎边材淡黄色，心材浅褐色，气干密度0.78g/cm^3，树叶含蛋白质12.53%，种子含淀粉68.6%，含鞣质5.5%；高壳槲栎木材气干密度0.78g/cm^3，树叶含蛋白质11.72%，种子含淀粉68.6%，含单宁5.5%（徐永春，1998）。

附：槲树（*Quercus dentata* Thunb.）

落叶乔木，高达25m。树皮暗灰褐色，深纵裂。小枝粗壮，有沟槽，密被灰黄色星状绒毛。芽宽卵形，密被黄褐色绒毛。叶片倒卵形或长倒卵形，长10～30cm，宽6～20cm，顶端短钝尖，叶面深绿色，基部耳形，叶缘波状裂片或粗锯齿，幼时被毛，后渐脱落，叶背面密被灰褐色星状绒毛，侧脉每边4～10条；托叶线状披针形，长1.5cm；叶柄长2～5mm，密被棕色绒毛。

槲树产于黑龙江、吉林、辽宁、河北、山西、陕西、甘肃、山东、江苏、安徽、浙江、台湾、河南、湖北、湖南、四川、贵州、云南等省份。朝鲜、日本也有分布。槲树生于海拔50～2700m的杂木林或松林中。其木材为环孔材，边材淡黄色至褐色，心材深褐色，气干密度0.8g/cm^3，材质坚硬，耐磨损，易翘裂，供作坑木、地板等用材。叶含蛋白质14.9%，可饲柞蚕。种子含淀粉58.7%，含单宁5.0%，可酿酒或作饲料。树皮、种子入药作收敛剂。树皮、壳斗可提取栲胶。

（李国雷，姚光刚）

86 川滇高山栎

别　名｜巴郎栎（《中国高等植物图鉴》）

学　名｜*Quercus aquifolioides* Rehd. et Wils.

科　属｜壳斗科（Fagaceae）栎属（*Ouercus* L.）

高山栎类群是壳斗科栎属的硬叶常绿阔叶树种，包括9种（周浙昆，1993）。这类植物具有复表皮、中脉呈“Z”字弯曲、顶端分杈、壳斗苞片短等易于识别的特征，是横断山区森林群落中的优势树种和建群种，常见的有川滇高山栎和高山栎，数量多、分布广，通常呈纯林、针阔混交林、灌木丛等形式分布，对高海拔干旱地区的水土保持、防风固沙具有重要作用。

一、分布

川滇高山栎是我国植被中非常特殊的亚高山硬叶栎林，产于四川西北部、贵州、云南、西藏等省份，生于高山峡谷地区的阳坡、半阳坡或高山松林下。其垂直分布范围较宽，成林主要分布在海拔2400～3400m，下限可到1900m，上限达4000m左右。

二、生物学和生态学特性

川滇高山栎为常绿硬叶乔木，高可达25～30m，但生于干旱阳坡、山顶或经常樵采的地方时常呈灌丛状。王国严和徐阿生（2008）表明：川滇高山栎10年生前树高生长很缓慢，年均生长量仅3～4cm，10年生后生长速度加快。伐根萌芽生长较快，20年生的伐根萌芽条年平均高生长量可达20～25cm，但火烧后的萌芽条年平均高生长仅7～10cm。高生长旺盛期在30～50年生，年均生长量超过10cm。之后生长缓慢并下降，至200年生时为7.7cm。70年生时林分平均树高为6～10m，140年生时树高为11～16m，240年生时为16～21m。

川滇高山栎根系发达，根系较深，主根明显。在土壤深厚肥沃的地方，主根深度超过1m，侧根也很发达，在林内很少看到高山栎的风倒现象。在土壤瘠薄、底土太硬或遇石块时，虽主根生长受阻，但侧根的穿透力仍很强，须根密生于根蔸附近组成根网。因此，即使在岩石裸露甚至石缝地段，川滇高山栎也能生长。

川滇高山栎林在坡度平缓、土壤疏松湿润的地段不仅林分生产力较高，而且树干通直；在干燥瘠薄的石灰岩裸露山地和土壤侵蚀严重的陡坡长势较差，常成矮林状，树干弯曲、分枝低，有

西藏自治区川滇高山栎花期（邓莉兰摄）

西藏自治区川滇高山栎林相（邓莉兰摄）

的枝下高仅1.5m左右，有的为3～5枝呈丛状，生产力和出材率均极低。刘兴良（2006）对四川川滇高山栎灌丛生物量的研究表明，地上部分生物量分布随树干的升高而降低，集中分布在0～1.0m处，占地上部总生物量的60%以上。

随着海拔的升高或人为干扰的加剧，川滇高山栎具有明显的矮化特征，这是对水分、养分、干扰等环境胁迫的一种适应机制。川滇高山栎林分郁闭度一般在0.6以上，既有单层林，也有复层林，其中单层林最为常见。单层林多起源于萌芽更新，林相整齐，80%以上的林木都分布在14～18m树高级内。复层林大都属于冷杉、云杉等与高山栎的混交林。

三、苗木培育

川滇高山栎主要采用播种育苗，扦插育苗及组培技术等还在不断研究摸索中。

1. 播种育苗

采种与处理　川滇高山栎果实为不开裂的坚果，民间将壳斗科的坚果称为栎实、橡实或种子等，具浅杯形包着坚果基部的壳斗。花期5～6月，种子当年9～10月成熟后即可采收。采收时连同壳斗一起采回，去除壳斗等杂质后得净种，用水选法选种。值得注意的是，栎实内常有栎实象鼻虫危害，需浸入40～45℃温水中10min，将杀虫处理后的种子晾干。川滇高山栎种子属于无休眠种子，成熟后只要温度和湿度适宜即可萌发。如果是春播，需在-3℃条件下贮藏备用。

播种与管理　川滇高山栎春播、秋播均可。在播种前先整地作床，床宽2m、高20cm、长8～12m。再按行距20～25cm进行点播和条播，每亩播种量15～20kg。春季播种在3月，播种前用水浸泡栎实1～2天，每天换水1～2次，捞出后放阴凉处，每天喷水，至种子出芽时即可播种育苗。秋播在10月，种子不需贮藏，当年播下一般都不萌发，翌春开始萌发，且芽有鳞片保护越冬。秋播苗木根系发达、生长旺盛、植株健壮，苗梢能完全木质化，可抗冬季低温。春季或秋季起苗时，注意保护根系，避免劈裂。起苗后不可放置过久，应及时造林或进行假植。

2. 扦插育苗

程晓彬等（2014）曾进行扦插育苗技术研究。采集多年生木质化枝条作插穗，要求生长健壮、腋芽饱满并且未抽芽。将其剪成长10～14cm的插穗，上端靠近节平切，下端靠近节下斜切。然后用浓度为150mg/kg的ABT生根粉浸泡12h，将处理好的插穗直接插入土壤，扦插深度约为插穗的2/3，株行距5cm×10cm。扦插后按紧平土、浇透水，保持土壤湿润并注意遮阴。采用此法的扦插成活率均小于30%，说明某些环节有待进一步研究。

3. 组培技术

张翠叶等（2014）以川滇高山栎未成熟合子胚为外植体，研究了基本培养基、植物生长调节剂配比、采样时期、抗氧化剂以及培养条件（光培养或暗培养）对体胚诱导的影响。结果表明：未成熟合子胚在MS、1/2MS、B_5和WPM基本培养基上均有体胚发生，其中MS基本培养基诱导效果较好，诱导率达60.0%，显著高于其他培养基，且愈伤组织量最多；以MS为基本培养基，同时添加1mg/L 6-BA和0.5mg/L 2,4-D，诱导率达83.3%；光照在体胚发生中具有较为重要的作用，诱导率较高。本研究初步建立了川滇高山栎体胚诱导体系，但要真正实现从体胚诱导、增殖、成熟、萌发至最终的试管苗的移栽，仍有许多工作需要进一步研究完善。

四、林木培育

1. 造林地选择

川滇高山栎与其他高山栎类一样，喜光、耐旱，适生于干湿季明显的气候和肥沃深厚的土壤，造林地可选择海拔3400m以下、坡度平缓、土壤疏松湿润、土层比较深厚的向阳山坡、丘陵等地段。在海拔3000～3200m的阴坡、半阴坡采伐迹地、火烧迹地、宜林荒山，可与高山松、丽江云杉等营造混交林。

2. 清林与整地

首先应清除枝丫、梢头、杂草及灌木丛。若是直播，可采用穴状整地，播种穴的规格为30cm×30cm×30cm；若是植苗，采用全面整地或带状整地，栽植穴规格为50cm×50cm×30cm。若土层较厚、坡度在25°以下，可采用水平阶整地，围山等高呈“品”字形排列，阶面长2.5～3.0m、宽0.8～1.5m，松土深度40cm，上下间隔1.0～1.5m。

3. 造林

直播造林　川滇高山栎种子属于无休眠种子，种子大、出土能力强，可用直播进行造林。直播造林时间为3月中下旬及10月中旬，多采用穴播，每亩300～400穴，每穴播种5～6粒，覆土厚6～8cm。播种时要把种子均匀撒开，保证出苗整齐、均匀。

植苗造林　在事先整好的造林地上，每穴栽植3～4株苗，每亩栽植300～400穴。栽植深度比根颈深2～3cm，覆土踏实。植苗造林宜在早春解冻后或夏、秋雨季进行。

萌芽更新　由于川滇高山栎萌生能力强，因此可利用采伐迹地、火烧迹地等残留树桩上的休眠芽和不定芽形成新植株而促使森林更新。由于萌生植株能通过基株原有的根系更有效地利用土壤资源，使得萌生植株比实生植株生长快，且具有较强的适应能力，能较快地再次占据林窗，因此是高山栎种群快速恢复的经济而有效的途径。

朱万泽等（2010）对川滇高山栎灌丛萌生过程中的营养元素供应动态研究表明：树木萌生更新需要消耗资源，萌生能力与地下根系糖类的储存密切相关，生物量在地下根系和地上茎干生长的分配影响萌生更新能力，地下根系资源储存在萌生更新中起着重要的作用。因此，川滇高山栎的砍伐强度和留桩高度影响萌芽更新效果。

在川西、滇西北或藏东南地区，砍伐强度60%～80%较适宜更新造林，砍伐平均高度2m以上、平均地径约2cm及以上的植株。地径2.5cm以上的植株，砍伐留桩高度15～20cm；地径小于2.5cm的植株，砍伐留桩高度10～15cm。砍伐时间在12月至翌年3月或4月中旬，即树木萌动之前，砍伐选择在晴天或阴天实施。同时，为持续发挥川滇高山栎对林地的覆盖和防护作用，间伐（砍伐）可采取块状轮伐，轮伐面积、轮伐期以及砍伐灌丛的年龄均可依具体情况而定。

4. 抚育管理

采用直播造林，苗高30cm时进行第一次间苗，每穴留苗2～3株；苗高40～50cm时进行第二次间苗，每穴留苗1株。所间之苗，可用于补缺。同时注意，幼苗出土后及时进行第一次除草松土，这是保苗率高的关键。第一年除草松土3次，分别在5～6月、7～8月及9月进行；第二年2次，分别在4月及6月进行；第三年1次，在6月进行。采用植苗造林，早春解冻后造的林通常在夏、秋雨季前后或夏、秋雨季进行除草松土。

四川省稻城县川滇高山栎天然林林相（贾黎明摄）

五、主要有害生物防治

1. 白粉病

受害叶片上初期出现黄绿色不规则小斑，边缘不明显，随后病斑不断扩大，表面生出白粉斑，最后该处长出无数黑点，染病部位变成灰色，连片覆盖其表面，呈污白色或淡灰白色。受害严重时叶片皱缩变小，生长衰退，甚至落叶死亡。白粉病在低海拔和高海拔处都有，多在夏、秋（6～10月）发生，主要危害叶片。防治方法：不宜过度密植，适当进行整枝修剪以便通风，避免病菌侵入；发病时每2周喷0.3波美度石硫合剂一次，共2～3次。

2. 根腐病

苗期4～7月常有此病发生，发病初期，仅仅是个别支根和须根感病，并逐渐向主根扩展。主根感病后，早期植株不表现症状，后随着根部腐烂程度的加剧，吸收水分和养分的功能逐渐减弱，地上部分因养分供不应求，新叶首先发黄，在中午前后光照强、蒸发量大时，植株上部叶片才出现萎蔫，但夜间又能恢复。病情严重时，萎蔫状况夜间也不能再恢复，整株叶片发黄、枯萎。此时，根皮变褐色，并与髓部分离，最后全株死亡。防治方法：用1%～3%的硫酸亚铁，每隔4天喷一次，连续2～4次，再在苗床上面撒生石灰（每亩15kg），效果显著，但需注意喷药后用清水洗苗。拔除病株，并在苗床撒生石灰消毒。

3. 地老虎（*Agrotis ypsilon*）

地老虎又名土蚕，幼虫夜出活动，咬断幼苗嫩茎、啃食叶芽，导致苗木死亡。幼虫有假死性，成虫有趋光性。防治方法：①用烟末25kg加草木灰20kg混合撒于苗木根部，或用化学药剂喷洒于苗床上，或用鲜苦楝叶2kg加水5kg煎煮取汁，灌注虫害发生的地方杀死幼虫。②成虫羽化盛期用黑光灯诱杀成虫，降低虫口密度。

4. 金龟子

金龟子是金龟总科昆虫的总称，有多个种同时成灾。幼虫危害幼苗根系，造成苗木萎缩枯死；成虫危害树叶及嫩枝，有假死性，黄昏时出来活动。防治方法：①冬季深翻整地，冻死越冬幼虫或成虫。②利用成虫的假死性，将其震落杀死。③成虫盛发期傍晚，用化学药剂喷杀。④营造松栎混交林不但生长快，而且病虫害少。可采用带状或行间混交，造林后及时除草松土。

六、材性及用途

川滇高山栎具有较强的生态效应，它的适应性和环境改善能力很强，且根系发达、入土深、萌蘖能力强，大多分布在江河上游陡坡地带，对高海拔干旱地区的水土保持、防风固沙、涵养水源以及土壤改良具有重要作用。

川滇高山栎木材坚硬，用作机舱板、刨架、木钉等；树皮和坚果含单宁，可用于鞣制皮革、护肤，入药具有沉淀、收敛蛋白质的作用，能使皮肤变硬，从而保护黏膜，制止过分分泌及止血，还能减少局部疼痛，并有防止细菌感染等作用。坚果含有大量的淀粉、蛋白质、脂肪和维生素等营养成分，具有一定的食用和药用价值。

川滇高山栎萌蘖能力强，经人为砍烧破坏依然能靠萌芽恢复成林，常被当地居民用作薪材、用于制炭等。林下盛产多种食用菌，常见种有青冈菌、松茸等，可制菌干或鲜食，具有较高的经济价值。

（邓莉兰）

附：高山栎（*Quercus semicarpifolia* Smith）

高山栎产于西藏的波密、吉隆、错那、聂拉木等地，而川滇高山栎分布于四川、贵州、云南、西藏等省份。

高山栎与川滇高山栎的区别在于：高山栎的坚果近球形，直径1.0～2.5cm；川滇高山栎坚果卵形或长卵形，直径1.0～1.5cm。

高山栎的生物学和生态学特性及繁殖技术与川滇高山栎相同。

（邓莉兰）

87 北美红栎

别　名 | 北方红栎（美国）、东部红栎（美国）、灰栎（美国）
学　名 | *Quercus rubra* L.
科　属 | 壳斗科（Fagaceae）栎属（*Quercus* L.）

北美红栎是优良的城市观赏树种，树体高大，树冠匀称，枝叶稠密，叶形美丽，色彩斑斓，且红叶期长，秋、冬季叶片仍宿存枝头，观赏效果好；也是优良的园林绿化树种，广泛用于街道、公园、校园和球场作遮阴树；还是良好的细木用材树种，材质坚固，纹理致密美丽，可制作名贵的家具；特别适合大面积栽培，是公路、荒山绿化及生态环境林建设的首选树种，具有重要生态价值，可用于植被恢复。

一、分布

北美红栎原产于美国东部和加拿大东南部，从加拿大新斯科舍省布雷顿角岛向西到美国安大略南部，向南至俄克拉荷马东部，向东到卡罗来纳（美国农业部林务局，1984），均有分布。欧洲及我国长江中下游也有分布。垂直分布一般不超过海拔3000m。欧洲人于150年前就将其引种到法国、德国并很快传遍整个欧洲。北美红栎早在中华人民共和国成立前就已被少量引进我国，近几年其种子又被大量从美国、荷兰和德国购进，适宜在我国华北、东北乃至西部种植。

二、生物学和生态学特性

落叶乔木，树体高大，成年树干高达18～30m，胸径90cm，冠幅可达15m。幼树呈金字塔状，树形为卵圆形，随着树龄的增长，树形逐渐变为圆形至圆锥形。树干笔直，树冠匀称宽大，树枝条直立，嫩枝呈绿色或红棕色，第二年转变为灰色。叶片形状美观，叶柄长2.5～5.0cm，叶大，互生，叶形波状，宽卵形，具波状锯齿或羽状深裂，有光泽。两侧有4～6对大的裂片，革质，表面有光泽，叶片7～11裂，长11.5～21.3cm，宽10～15cm；春、夏叶片亮绿色有光泽，秋季叶色逐渐变为粉红色、亮红色或红褐色，直至冬季落叶，持续时间长。雄性柔荑花序，花黄棕色，下垂，4月底开放。坚果棕色，球形。

北美红栎苗期地上部分生长较缓慢，主要是根系发育。北美红栎地上与地下部分呈交替生长，地上生长停滞期是地下根系速生期，并且生长季内的抽梢次数与遗传、湿度、温度、光照及肥培管理等因素有关（Reich et al.，1980）。

北美红栎喜光、耐半阴，在林冠下生长不良，充足的光照可使秋季叶色更加鲜艳；主根发达、耐瘠薄，萌蘖强；抗污染、抗风沙、抗病虫；对土壤要求不严，对贫瘠、干旱、不同酸碱度的土壤适应性均强，喜沙壤土或排水良好的微酸性土壤，在水肥充足的地方生长迅速。

三、苗木培育

北美红栎目前主要采用播种育苗。

采种与调制　目前主要从国外进口种子育苗，尚未建立母树林和种子园。应根据培育目的不同，选择合适的优良母树种源。种子10～11月成熟，成熟后应立即采收或地面收集，或者敲击、摇动树枝，让果实落到树下的帆布单上。

种子的脱粒　采收后的种子经阴干、净种除去松掉的壳斗及小枝、碎片残渣后，即可得到纯净种子。贮藏和播种前还需要把有缺陷的种粒、空粒、被动物部分啃食的种粒清除掉，杀灭潜藏的象鼻虫幼虫。常用风选、水选选种，也可以用手或水漂的方法捡选，以提高健全种子的比例，具体情况视栎实的含水量和各批种子的相对净度而定。常用浮选法把水中漂起的种子去掉，用手捡出缺陷明显的栎实（坚果上有象鼻虫成虫产卵小孔的、种皮开裂的、感染霉菌的等）。连同壳斗一起脱落的栎实往往有缺陷，主要害虫是栗实象鼻虫。

种子贮藏与催芽 经阴干脱粒净种处理后的种子，置于温度0～5℃、湿度60%～80%的冷藏库中进行贮藏。播种前30天左右，将贮藏的种子取出，清水浸种1～2昼夜，每昼夜换水2次（早、晚各一次），捞出种子略控干，用0.4%高锰酸钾溶液浸泡消毒2h后，把种子捞出淘净，混入3倍体积的干净湿河沙中拌匀，播种前转入室外温棚催芽，温度保持20～30℃；没有冷藏库条件的地方，经阴干脱粒净种处理后的种子，种子消毒后按种沙1∶3比混合进行室内越冬贮藏，使种沙混合物保持60%湿度，播种前30天左右转入温棚催芽。整个催芽过程中要经常翻动种沙混合物，促使温度、湿度均匀，至1/3种子裂口时即可播种。

播种 在东北、华北、西北和长江中下游均可种植。除东北等冬季寒冷地区外，育苗春播不如秋播，秋播经历天然的层积催芽，到春季种子很快萌发。如果春播种子，播前应经过湿沙层积催芽。春播种子催芽过程中可选取露白的种子分批播种，有利于苗木生长整齐一致。壤土或沙壤土地块苗床育苗，床面要耙细整平，播种要保证湿度和良好的排水性。播前浇1次透水，待水渗透、床面稍干时即可播种。可在播种前5～6天，用2%～3%的硫酸亚铁溶液或其他有效方法进行土壤消毒。在3月中旬至4月上旬播种，采用床作条播，播种沟深3～5cm，播幅4～5cm，播种株行距为20cm×30cm左右，也可按照固定株行距穴播。每亩播种量在80～100kg，播种时应将种子横放，以利于胚根向下生长。播种时下种要均匀，播后覆土2～3cm。秋播苗床用秸秆等进行必要的覆盖，春季晚霜危害消除后撤除覆盖物，部分遮阴对种子萌发是有利的。利用容器育苗，采用珍珠岩∶蛭石∶泥炭土＝1∶1∶1基质组合，育苗效果好（圣倩倩等，2014）。

苗期管理 播种后要经常灌溉，经过2～3周种子开始发芽出土。苗期灌溉要本着少量多次的原则，灌溉要在早、晚进行，切忌中午大水漫灌。苗木春季追施农家肥或复合肥1500kg/hm^{2}作基肥，速生期要追施氮肥，速生期后期氮、磷、钾适当配合追施；苗木硬化期以钾肥为主，停施氮肥。

移植育苗 北美红栎为直根系，顶端优势明显，主根长，侧根发育差，1年生苗通常长势较弱，造林成活率和保存率低，可以通过移植育苗培育2年生以上根系发达、生长势旺盛的移植苗。培育2～3年生的造林用苗木，苗木株距以40～50cm为宜。秋季移植较好，待高生长停止后进行，有利于根系恢复。移植前最好对苗木进行分级，分级栽植的苗木生长整齐，便于管理。培育观赏大苗，宜加大株行距，且要根据目标规格多次移植栽培。

目前，虽然有关于北美红栎嫩枝扦插和组培育苗的研究，但还未形成生产应用技术。

四、林木培育

造林方式有直播造林和植苗造林两种。采伐迹地、灌丛地或荒山荒地上都可营造。

1. 直播造林

秋季随采随播，亦可春播，但以秋播效果较好。选择土壤深厚、通气良好、腐殖质丰富、无季节性积水的造林地。栎实成熟后，及时采集并用水选法选种直播。播种前用水浸泡栎实1～2天，每天换水1～2次，捞出放阴凉处，每天喷水，至种子出芽时即可播种。每公顷播种量200～300kg。多采用穴播，每公顷4000～6000穴，每穴播种5～6粒，覆土厚6～8cm。

2. 植苗造林

根据不同经营目的，造林密度应有所不同，一般株行距为（1～2）m×（1.5～2.0）m，立地条件好的可适当稀植，立地条件差的可适当密植。

山东省日照金枫园林科技有限公司北美红栎片林（曹帮华摄）

植苗造林宜在早春解冻后（华北）或晚秋落叶后进行，每公顷4000～6000株。营造松栎混交林不但生长快，而且病虫害少。可采用带状或行间混交。造林后除草松土。选用2～3年生壮苗造林，一般在早春（2月下旬至3月上旬）进行。栽植时将苗木扶正，不要窝根，若主根过长可采取截根措施，即从根际向下保留15～20cm截根。其他方面遵循一般造林方法即可。

3. 观赏树木栽培

选择胸径为2～4cm的苗木，于春季或秋季树液停止流动时裸根起苗，根幅直径50～60cm。苗木起出后抖去宿土，尽量保留好须根。苗木采用穴植法栽植，栽植穴直径和深度应大于苗木根系。遵循“三埋两踩一提苗”规则精细栽植。栽植株行距3m×4m或4m×4m，根据培育目标适当疏枝和修枝，栽植初期可林下种植绿肥或豆科植物。

五、主要有害生物防治

1. 栎黑星天牛（*Anoplophora leechi*）

栎黑星天牛2～3年发生1代，以幼虫在隧道内越冬。成虫发生期在6月中旬至8月上旬，盛期在7月上旬。成虫羽化后常啃食嫩枝皮，造成枝条死亡。成虫交尾后即可产卵，产卵部位多在1m以下的主干上。幼虫孵化后10余天即蛀入树皮取食韧皮部。在春末夏初，长大后的幼虫蛀入木质部，从排粪孔排出的木屑和虫粪堆积于地面。到了秋季，未成熟的幼虫即在隧道内越冬，翌年继续危害。栎黑星天牛防治方法主要有人工防治和药剂防治两种。①人工防治：在成虫发生期，利用成虫不善飞行的习性，人工捕捉成虫；在成虫产卵期，根据产卵痕用小刀刮除或刺破卵粒；发现树干上有排粪孔时，刺死其中的幼虫。②药剂防治：药剂防治的重点是向隧道内注药，消灭已蛀入木质部的幼虫，常用80％敌敌畏乳油或40％乐果乳油50倍液熏杀其中的幼虫。

2. 栗实象鼻虫（*Curculio davidi*）

防治方法参见板栗。

3. 蛴螬

防治方法参见山桐子。

4. 芳香木蠹蛾（*Cossus cossus*）

芳香木蠹蛾2～3年发生1代，以幼龄幼虫在树干内及末龄幼虫在附近土壤内结茧越冬。5～7月发生，产卵于树皮缝或伤口内，每处产卵十几粒。幼虫孵化后，蛀入皮下取食韧皮部和形成层，后蛀入木质部，向上或向下穿凿不规则虫道，被害处可有十几条幼虫，蛀孔堆有虫粪，幼虫受惊后能分泌一种特异香味。防治方法：及时发现和清理被害枝干，消灭虫源；用50%的敌敌畏乳油100倍液刷涂虫疤，杀死内部幼虫；树干涂白，防止成虫在树干上产卵；成虫发生期结合其他害虫的防治，喷50%的辛硫磷乳油1500倍液杀灭成虫；对木蠹蛾幼虫危害的新梢要及时剪除，消灭其中的幼虫，防止扩大危害。

六、材性及用途

北美红栎树体高大，观赏效果好，可作庭荫树、行道树等景观树种，构成城市风景林。其木材坚硬，射线明显，花纹美观，耐磨损，韧性强，不易折断，较耐腐，可作家具、室内装修、车辆、枕木、桩柱等用材。栎实含淀粉50%以上，可作饲料、彩色印刷用胶及用于酿酒、浆纱等。树皮、壳斗含有丰富的单宁，可提制栲胶。栎木还可以用来培养香菇、木耳。此外，北美红栎的木材及其枝丫燃烧时火力旺、热值高，是很好的能源树种。

（曹帮华）

附：夏栎（*Quercus robur* L.）

落叶乔木，树高可达40m。幼枝被毛，不久即脱落；小枝赭色，无毛，被灰色长圆形皮孔。冬芽卵形，芽鳞多数，紫红色，无毛。叶片长倒卵形至椭圆形，长6～20cm，宽3～8cm，顶端圆钝，基部为不甚平整的耳形，叶缘有4～7对深浅不等的圆钝锯齿，叶面淡绿色，叶背粉绿色，侧脉每边6～9条，叶柄长3～5mm。果序纤细，长4～10cm，直径约1.5cm，着生果实2～4粒；壳斗钟形，直径1.5～2.0cm，包着坚果基部约1/5；小苞片三角形，排列紧密，被灰色细绒毛。坚果当年成熟，卵形或椭圆形，直径1.0～1.5cm，高2.0～3.5cm，无毛；果脐内陷，直径5～7mm。花期3～4月，果期9～10月。

夏栎原产于欧洲的法国、意大利等地。我国新疆、北京、山东引栽，在新疆伊宁、塔城、乌鲁木齐生长良好。坚果含淀粉54.4％、单宁6.9％、蛋白质5.7％、油脂4.6％。其木材坚重，供作建筑、桥梁、车辆、家具用材。夏栎是新疆地区有发展前途的造林树种。

（李国雷）

88 苦槠栲

别　名 | 苦锥（《福建植物志》）、苦栗（《中国高等植物图鉴》）

学　名 | *Castanopsis sclerophylla* (Lindl.) Schott.

科　属 | 壳斗科（Fagaceae）栲属（*Castanopsis* Spach）

苦槠栲是常绿乔木，木材浅黄色，结构致密、纹理直，是家具、建筑、农机具、运动器材等方面的上等用材；鲜叶耐火温度高，是防火林带的优良树种；枝叶浓密，冠形优美，可用于园林绿化；种仁富含淀粉，可加工成各种食品；干材和枝丫材是优良的食用菌培养材料。苦槠栲不仅利用价值高，而且适应性强，是珍贵的造林树种，在长江流域及以南区域有大面积推广价值。

一、分布

产于我国长江流域及以南各省份（海南、台湾除外），是栲属分布最北的一个种。生于海拔1000m以下丘陵、山坡林中，常与壳斗科其他树种、马尾松、杉木、毛竹及樟科树种混生，村边、路旁时有栽培。

二、生物学和生态学特性

常绿乔木，高达20m，胸径可达50cm。树皮浅纵裂，片状剥落。叶厚，革质，长椭圆形或倒卵状椭圆形，长6～12cm，宽2～6cm；顶部渐尖或尾状，基部圆形或宽楔形，常一侧略短而偏斜；叶缘在中部以上有锐齿，少有全缘叶；叶背灰绿色，有蜡质；侧脉10～14对。雄穗状花序通常单穗腋生，雄蕊12～10枚；雌花通常单生于总苞内。壳斗近圆球形，全包或包着坚果的大部分，径12～15mm，小苞片鳞片状，排成6～7个环带状凸起。坚果近球形，径10～14mm，顶部短尖，被短伏毛；果脐大，可达11mm。花期4～5月，果期10～11月。

苦槠栲（陈世品摄）

苦槠栲喜温暖、湿润气候，喜光，也能耐阴，幼苗、幼树更耐阴。喜深厚、湿润土壤，也能耐干旱、瘠薄。生长速度中等。在山区或丘陵的深厚、湿润的中性和酸性土壤上生长较适宜，在红壤或黄红壤土均可造林。

三、苗木培育

种子采集　选择20～40年生的健壮母树，以棍棒击落或待自然掉落后于地面收集。净种时挑选籽粒大、种仁饱满、种壳光亮、无病虫害的坚果留作种子。采后即播或沙藏。种子含水量高，若失水过多会使种壳纵裂，丧失发芽力。种子用0.2%~0.4%的高锰酸钾溶液浸种20~30min进行消毒。沙床也要用25%多菌灵200~300倍液或0.2%~0.4%的高锰酸钾溶液进行消毒处理。沙藏时含水量40%~60%，也可与干沙混合，藏于避风处。种子千粒重1.1~1.4kg，发芽率70%~85%。

育苗 育苗地选择肥沃的沙壤土作为育苗基质，垄高25~30cm为宜。可随采随播或沙藏后春播。播种沟深3~5cm，每5~7cm用种1粒，播种量约900kg/hm^2。播种时果脐向下放置于土中，覆细土厚2~3cm，浇透水后盖上稻草或地膜。种子采后即播的翌春3月出土，春播的则会推迟到4~5月出土。约1/3出苗后揭去地膜或稻草，搭遮阴棚以60%遮阳网遮阴，适时浇水以保持土壤水分和空气湿度。6~9月追肥，用总养分25%的复合肥稀释200~300倍喷施，适时除草。8月中下旬切断主根以促进须根发育，结合切根可进行间苗和选苗或移入容器，间苗后保持株距10~15cm、苗高一致。管理好的1年生苗高可达30~50cm。

四、林木培育

造林地选择 苦槠栲的适应范围广，在干旱瘠薄的土壤中也能正常生长。在花岗岩、板页岩、沙砾岩、红色黏土、河湖冲积物发育的红壤、山地黄壤、潮土中均适宜造林，对造林地的坡向、坡位、坡度也没有严格的要求，适应良好，但较好的造林地是土层深厚和腐殖质含量高的沙土、沙壤土、轻壤土，pH 5~6，土壤排水条件较好。

整地和栽植 通常采用块状整地、穴垦，穴的规格为60cm×60cm×40cm。春季造林以2~3月芽未萌动前起苗栽植为宜，应选择阴天或小雨天气栽植。裸根苗起苗后剪除2~3片叶片、离地面30cm以下的侧枝和过长的主根，浆根时用黄心土和钙镁磷肥按10∶1配比并加微量生根粉混合成的泥浆，及时包装，随运随栽。栽植时采用通常的“三埋两踩一提苗”的造林方法。栽植容器苗时，要注意解袋时容器内的土壤不能解散，栽植过程中轻踩、不提苗。

造林密度 可营造纯林或混交林。材用纯林株行距2m左右，密度可控制在2700~3300株/hm^2，培育大径材的密度适当减小，培育食用菌材的密度要大一些。果用纯林株行距约4m×5m或5m×6m，密度为300~450株/hm^2。混交林伴生树种可选木荷、马尾松、甜槠、米槠、青冈等。

抚育 苦槠栲造林后3~5年内生长较慢，幼林郁闭前每年要锄草松土2~3次，在生长高峰期和雨水较少时进行，一般在5~6月及8~9月。苦槠栲幼苗见光后萌芽枝较多，要进行适当抹芽和修枝，及时去除根颈处的萌芽枝、树干上的霸王枝及树冠下受光较少的枝条，以保证主干顶梢生长。果用林培育时要及早去除顶梢，培育3~4个主枝。郁闭后视培育目的进行稀疏。在每年芽未萌动前施肥，在树冠周围开沟施复合肥，每株0.25kg。

五、主要有害生物防治

苦槠栲未发现严重的病虫害，常见的病虫害按一般方法防治，平时注意清洁林地，清除虫卵、蛹和病菌。

六、材性及用途

苦槠栲心材和边材区别不明显，木材呈淡黄色或黄白色，气干密度为0.55~0.6g/cm^3，纹理直、结构细密，材质坚韧、富有弹性，耐湿、抗腐，可作建筑、桥梁、运动器材、家具、农具等用材，也是优良的食用菌材。生长适应性优良，可大量用于防火林带和荒山造林。枝叶茂密，可作绿化树种。坚果富含淀粉，可制作苦槠豆腐、苦槠糕等多种原生态食品，且有通气解暑、去滞化淤的功能。

（陈世品）

89 甜槠栲

别　名｜茅丝栗（浙江）、丝栗（湖南）、甜锥（福建）、反刺槠（《台湾木本植物志》）、小黄橼、锥子（广西）、曹槠、槠柴、酸橼槠

学　名｜*Castanopsis eyrei* (Champ.) Tutch.

科　属｜壳斗科（Fagaceae）栲属（*Castanopsis* Spach）

甜槠栲是中亚热带山地最常见的常绿阔叶林组成树种之一。其适应性强，天然更新力强，常形成纯林或与木荷、樟楠、含笑类混生，是中亚热带山地生态维护树种，其生态效益远大于经济效益。

一、分布

分布于长江以南各地，如江苏、安徽、浙江、江西、福建、台湾、湖北、湖南、广东、广西、重庆、贵州等，但海南、云南不产。常见于海拔300～1700m丘陵或山地疏林或密林中。在常绿阔叶林或针阔混交林中常为主要树种，有时成小片纯林。

二、生物学和生态学特性

常绿高大乔木，高达20m。叶革质，卵形、披针形或长椭圆形，长5～13cm，宽1.5～5.5cm；叶柄长7～10mm，稀更长。雄花序穗状或圆锥状，花序轴无毛，花被片内面被疏柔毛；雌花的花柱3枚或2枚。果序轴横切面径2～5mm；壳斗有1颗坚果，阔卵形，顶狭尖或钝，连刺径长20～30mm，2～4瓣开裂，壳壁厚约1mm；刺长6～10mm，壳斗顶部的刺密集而较短，通常完全遮蔽壳斗外壁，刺及壳壁被灰白色或灰黄色微柔毛；若壳斗近圆球形，则刺较疏少，近轴面无刺；坚果阔圆锥形，顶部锥尖，宽10～14mm，无毛，果脐位于坚果的底部。花期4～6月，果翌年9～11月成熟。

适宜在气候温暖多雨地区的肥沃、湿润的酸性土上生长，在瘠薄的石砾土上也能生长。幼年耐阴，成年则需一定的光照。深根性，萌芽力强，抗污染，寿命长。

三、良种选育

当前，甜槠栲的良种选育尚未开展。可以在

甜槠栲（刘仁林摄）

分布区内按技术规定要求开展种源试验，筛选优良林分，再进行优树选择。在当前条件下，可以先开展母树林营建。在已选好的优良林分中保留优良木，淘汰中等木和被压木，进行清杂、除草、松土、施肥等抚育管理工作，开辟林道和防火路，并进行母树林的混合后代测定。

四、苗木培育

甜槠栲育苗目前主要采用播种育苗方式。

1. 采种

选择20～40年生的健壮母树采种。当刺苞转现黄褐色、微裂时，连种苞采回或待其自然掉落后拾起来。选取种仁饱满、籽粒肥大、种壳光亮的种子，稍晾干，层积沙藏，留待播种。

2. 育苗

选择灌溉方便、日照时间较短的沙质壤土地为育苗圃地。冬季深翻、施基肥后整平做成高20cm、宽1.2m、长不等（依地形而定）的苗床。早春条播，每亩播种量50kg。待幼苗出土后，应立即遮阴，及时中耕除草施肥，培育成2年生苗出圃造林。

五、林木培育

1. 林地选择

甜槠栲属中性树种，幼年耐阴，成年则需相应的光照条件，否则会出现偏冠与干形弯曲等现象。造林地应选择半阴坡或半阳坡的Ⅰ、Ⅱ类立地，林地的土壤为疏松、肥沃、湿润的酸性或中性的红壤、黄壤或黄棕壤。

2. 整地方式

劈山炼山后，挖宽50cm、深40cm的栽植穴造林。在水土流失严重的陡坡，应修筑水平梯地或块状整地。

3. 造林密度与造林方法

根据坡度和经营目的确定造林密度。在短轮伐经营和坡度大的地方，造林密度适当加大；培育大径木和采种用林，需稀植造林。用材林的造林密度一般为1800～2250株/hm^2，薪炭林的造林密度为2500～3600株/hm^2，水源涵养林的造林密度为2250～2500株/hm^2。造林时，为提高成活率，应做到随起苗随造林。起苗前适当修剪去部分叶片，根部蘸泥浆，选无风的阴天或小雨天造林，成活率可达90%以上。

4. 混交造林

在海拔800m以下，甜槠栲可以与米槠、木荷、毛竹、杉木、马尾松、木荚红豆树、栲树、苦槠栲等混交造林。

5. 抚育管理

造林后3～5年内，每年需抚育2次，第一次在4～5月，第二次在8～9月，并结合2次抚育施1次化肥。到中龄林期，每年仍需劈山抚育1次，从而为加速幼龄、中龄林的生长创造条件，提高林分产量。林分郁闭后陆续分次疏伐。

6. 采伐与更新

宜采用择伐的作业方式开展主伐。更新方式宜采用天然更新或人工促进天然更新。

六、主要有害生物防治

甜槠栲人工林较少，多为天然混交林，林分中病虫害少见。但在人工育苗时，白粉病常有发生，主要是危害叶片，造成苗木生长衰退甚至落叶死亡。防治方法：播种时不宜过度密植，适当修枝，发病时每2周喷0.3波美度石硫合剂一次，共喷2～3次。

七、材性及用途

甜槠栲树干通直，枝叶茂密，四季常绿，材质良好，可作营造针阔叶混交林的树种和次生林抚育时的主要留养树种。宜庭园中孤植、丛植或混交栽植，或作风景林、沿海防风林及工厂区绿化树种应用。果实出仁率约66%，含淀粉及可溶性糖约61.9%、粗蛋白质约4.31%、粗脂肪1.03%，可生食，也可作饲料，亦可酿酒。木材可作车辆、运动器械、纺梭工具、农具、建筑和造船等用材，同时还是优良的薪材和制作活性炭的原料。

（刘宝，陈宇）

90 红锥

别　名｜红黎、赤黎、黎木、刺栲、红栲、红橡栲、红柯

学　名｜*Castanopsis hystrix* A. DC.

科　属｜壳斗科（Fagaceae）栲属（*Castanopsis* Spach）

红锥是华南地区重要的乡土阔叶珍贵用材和高效多用途树种，集材用、果用、景观、水源涵养等多效益于一体，是一个经济、社会和生态效益均具有显著优势的优良树种。

一、分布

天然分布于18°30′～25°0′N、95°20′～118°0′E，主产地集中于广东、广西、福建南部，其周边分布在云南南部、贵州东南部以及湖南、江西、福建、海南等省份的南部，边缘分布达西藏的墨脱县。

二、生物学和生态学特性

1. 生物学特性

高30m，胸径1.5m以上。当年生枝多呈紫褐色。叶柄和花序轴均被疏密不一的微柔细毛及棕褐色带状蜡鳞。2年生枝呈暗褐色，几乎无毛或蜡鳞，密生暗褐色皮孔。叶互生，2列，纸质或薄革质，宽披针形或卵状披针形。树皮浅纵裂，块状剥落，外皮灰白色，内皮红褐色，厚6～8mm（邵梅香，2012）。雄花序为圆锥花序或穗状花序；雌花序为穗状花序，单穗位于雄花序上部叶腋间，花柱2或3枚，长1.0～1.5mm，通常被稀少微柔毛，柱头位于花柱的顶端（丁奕炜，2015）。

2. 生态学特性

适生于温暖气候，年平均气温在18～24℃，以20～22℃的地区最为常见，极端最低气温为－5～0℃。喜湿润，多生于年平均降水量1000～2000mm的地区，适生于由花岗岩、砂页岩、变质岩等母岩发育成的酸性红壤、黄壤、砖红壤性土，在土壤深厚、疏松、肥沃、湿润的立地条件下，生长良好；在土层浅薄、贫瘠的石砾土或山脊，生长矮小。

三、良种选育

1. 选育方法

首先，在全分布区范围内调查、选择优树，收集优树种子与接穗资源，开展系统的有性和无性选育研究；其次，开展主要分布区种源、家系试验研究，为优良种源、家系以及母树林、种子园、育种群体建设提供科学依据；最后，在优良种源家系进一步选育优良单株开展杂交和无性系利用研究，创建高世代育种材料，并推动无性系林业发展。

2. 良种特点及适用地区

选育的5个红锥家系具有主干通直、生长快、材质优、适应广、效益高等优良特性，其1/2树高处的形率大于0.5，木材密度0.60g/cm^{3}以上，弹性模量7400MPa以上，静曲强度77MPa以上。其抗逆性较强，可耐－3℃的低温，在广东、广西、福建、海南、云南、贵州等南方地区具有良好的适应性。

四、苗木培育

1. 种子园建设

选择在年平均气温21℃以上、立地条件Ⅰ和Ⅱ级的地点建园为好，周边30m范围内避免相同树种。无性系种子园在当年12月至翌年2月采用切接方式进行高位嫁接。砧木截干促萌高度80～120cm为优，保持主干上只有3～5条侧枝生

长，每个砧木嫁接1～2个接穗。实生种子园采用子代测定林改建或优良家系新建，家系数量15～30个为宜。

2. 播种育苗

种子采集与处理 采收后除去果壳，混沙藏运，可以在室内沙藏催芽，也可即采即播。

播种 播种前将种子完全浸于水中1～2天，苗床洒上1.5～2.0cm细河沙或黄泥心土，采用撒播，每公顷播种量900～1050kg。播种后，保持苗床湿润，同时注意防鼠。

移苗上袋 小苗长出2～3对真叶时，可移苗入营养杯育苗，以每周一次复合肥（N：P：K=15：15：15）与尿素（4：1）混合，按0.1%～0.2%水溶液喷施，8月之前每周可追肥1～2次，此后可适当施用复合肥或磷、钾肥。

五、林木培育

1. 立地选择

按其生态学特性选择。

2. 林地准备

林地清理 全面清除林地内乔木和较高灌木。植穴周围0.8～1.0m范围清除杂草、灌木。

整地方式 以带状整地为主，带宽0.8～1.2m，局部地段坡度25° 以上采用穴状整地。

植穴规格及基肥 植穴规格为50cm×50cm×40cm，每穴施有机肥1～2kg或复合肥250g+磷肥料500g作基肥。

3. 造林

栽植季节 在栽培最适区以2～3月为宜，在栽培较适区以2～4月为宜。

栽植密度 视立地条件、集约经营强度、树种配置模式等确定，初植密度宜稍大。中等立地条件每公顷2250～3000株，较好的立地条件每公顷1650～2250株。

抚育管理 造林后前3年，每年铲草、扩穴、松土1～2次。当年每株施氮、磷、钾复混肥100g，第二年至第四年每株每年施氮、磷、钾比例为15：15：15的复混肥200g。在幼林郁闭度达

广西壮族自治区凭祥市大青山热带林业实验中心35年生红锥人工林（贾黎明摄）

0.8时进行人工修枝，修枝高度为树高的1/5。

间伐 8年生进行第一次间伐，每公顷保留750～900株；培育大径材，15年生进行第二次间伐，每公顷保留600株左右。

萌芽更新 每树蔸选留1～2个壮条，加强人工抚育施肥，促进萌芽条生长。

六、主要有害生物防治

地下害虫主要有地老虎、蟋蟀、蝼蛄、白蚂蚁和金龟子幼虫等，可用90%的敌百虫或52%的马拉松乳剂500～600倍液进行喷杀；危害嫩叶的卷叶虫、竹节虫，危害幼林或成林，用90%敌百虫1500～2000倍液进行喷洒可防治。

七、综合利用

红锥主干通直、材质坚硬、呈红色、耐腐蚀性强，可供建筑、造船、高档家具、木制地板、军工用品、体育器材等用（邵梅香，2012；中国科学院中国植物志编辑委员会，1998）。种子富含淀粉，可炒食、作饲料和酿酒，种实、壳斗均富含单宁，可提制栲胶。枝丫为优质薪炭材（彭其龙，2014）。林下可生长红菇。红锥林萌芽力强，一次造林可采伐10次以上，可作为用材和水源涵养林进行纯林和混交林种植推广（蒋燚和朱积余，2003）。

（张卫华，张方秋）

附：栲树（*Castanopsis fargesii* Franch.）

别名红栲、红叶栲、红背槠、火烧柯（《中国植物志》）、丝栗栲、栲木、柯木、赤叶栲、赤锥（《福建植物志》）。分布于长江以南各地，西南至云南东南部，西至四川西部，北至安徽南部。

常绿乔木，高达20m。树皮浅裂，小枝被早落的红棕色鳞秕。叶呈狭椭圆形至椭圆状披针形。雄花序圆锥状，雌花单生于壳斗内。果期为翌年10月。栲树适宜在肥沃湿润、排水良好的酸性红壤或黄壤土上生长。中等喜光，幼年耐阴，成年喜光。

苗木培育、林木培育及主要有害生物防治与红锥相似。

栲树木材纹理通直，易加工，刨面光滑具光泽，胶黏性能好，为建筑、家具等用材。栲树是优良的菇木树种，坚果味甜可食。

（刘金福）

91 黧蒴栲

别　名｜黧蒴锥、黎蒴、闽粤栲、裂壳锥、大叶栎、大叶槠栗（江西）、大叶锥、大叶枹（广西、云南）
学　名｜*Castanopsis fissa* (Champ.) Rehd. et Wils.
科　属｜壳斗科（Fagaceae）锥属（*Castanopsis* Spach）

黧蒴栲为壳斗科锥属常绿乔木，是我国中亚热带以南各省份广泛分布的乡土树种。黧蒴栲生长迅速，繁殖容易，适应性强，树形高大，是城乡绿化、薪炭林和纸浆材的优良树种。其木材纹理直，材质稍软适，作家具等一般用材，易加工，也可用于食用菌栽培。果富含淀粉，可供食用、酿酒和作饲料。

一、分布

黧蒴栲主要分布在亚洲东南部，中、南亚热带交界一线26°N以南地区。在我国，黧蒴栲主要分布在福建、江西、湖南、贵州四省南部以及广东、海南、香港、广西和云南东南部，生于海拔1600m以下山地疏林中，在阳坡较常见。

二、生物学和生态学特性

乔木，高达20m，胸径可达60cm。幼枝被疏柔毛。叶互生，革质，长椭圆形。壳斗幼嫩时被红褐色粉末状蜡鳞。果宽卵形或圆锥形。花期4～6月，果期9～11月。

黧蒴栲喜温暖湿润气候，多生长在山地红壤等酸性土壤上，根系发达，有一定耐旱抗风能力。幼苗期稍耐阴，2～3年生以后需较强的光照，10年生前为高生长速生期，树高年生长量可达1m。黧蒴栲天然更新良好，常绿阔叶林被破坏后，为先锋树种，在次生林中占优势。

三、良种选育

黧蒴栲良种选育仍以常规育种为主要手段，选育工作主要以表型选择为主，开展优树选择和优良种源收集。广东省林业科学研究院建立了黧蒴栲优良基因资源保护区，收集保存优良家系300多个，在广东英德市南江口设立有黧蒴栲采种基地。

四、苗木培育

1. 采种

采种母树树龄以15～30年为宜，黧蒴栲果熟期为11～12月。可选生长健壮、无病虫害的母树

黧蒴栲（刘仁林摄）

采种，为保证种子质量，宜在成熟期上树采种，也可及时在地面捡拾。种子最好随采随播，不能及时播种的，可用湿润细沙短期混藏。播种前可将种子装于竹箩，放流水中浸泡3～4天，闷死象鼻虫。

2. 育苗

黧蒴栲的人工育苗时间通常在11～12月，采集种子后即可进行。

沙床育苗 将泥土打碎并平整压实，畦面比畦边高5～10cm，用过筛的河沙和火烧土垫在苗床上。

容器育苗 苗长4～5cm时即可移苗。基质采用60%新鲜黄心土+30%火烧土+3%腐熟过磷酸钙+7%菌根土，调节基质pH在3.0～6.5。菌根土可用人工培养的菌种配制，也可从黧蒴栲林分内采集。移植后淋足定根水。

苗期管理 苗生长早期应注意遮阴。移苗后1周内，每天早、晚淋水。15天后可逐步减少淋水，保持容器基质湿润即可。追肥最好以腐熟人尿浸磷肥兑水淋施，也可用复合肥浸溶淋施。

苗木出圃 Ⅰ级苗地径0.50cm以上、苗高50cm以上；Ⅱ级苗地径0.40～0.49cm、苗高35～49cm。

五、林木培育

黧蒴栲对立地条件要求不严格，山地、山脊和山顶等不同环境都可造林。但黧蒴栲幼龄期需要适度庇荫，不耐干旱酷热，造林地应有一定植被覆盖度，也可在种植后用树枝扦插遮阴。

1. 立地选择

应选择山地中下坡，土层较深厚的赤红壤、红壤或黄壤。Ⅰ类立地类型选择丘陵和山坡的下部、阳坡，土层厚100cm以上，黑土层厚20cm以上，轻壤质至轻黏质，疏松，水气通透。Ⅱ类立地类型选择丘陵和山坡中部及以下，土层厚60cm

中国科学院华南植物园黧蒴栲花（徐晔春摄）

以上，重壤至中黏质，稍紧，水气通透性中等。（DB44/T 504—2008）。

2. 整地

整地前砍杂归带，清理杂草。穴状整地，规格为50cm×40cm×40cm。挖出的土风化15天后回填，回土至1/3深，每穴施复合肥250～500g，将肥料与土充分混合均匀，再回填土至高出穴面5～6cm。

3. 栽植密度

一般Ⅰ类立地株行距为2.0m×2.5m，约2000株/hm²；Ⅱ类立地株行距为2m×2m，约2500株/hm²。

4. 种植

栽植适宜在雨后进行。栽植前一天，将造林苗淋透水。栽植时，剥去育苗袋并保持根系土球不松散，放入苗木后填土，提苗并分层踏实后在穴面覆一层松土。苗木较高时，可适当深栽。

5. 抚育管理

抚育管理包括除草、松土、培土、施肥。种植后2～3个月应抚育管理一次，之后每半年一次。

6. 萌芽更新

造林6～7年后可分片砍伐。以后每隔6～7年可再次采伐，最适宜采伐季节为12月至翌年2月。对于萌芽林的萌芽更新采取以下措施。

采伐迹地清理　采伐后，清理周围的杂草、枝条，保留树叶，使其分解回归林地，以改良土壤。

施肥　伐后及时施肥，在距树桩30cm的两侧挖深15cm的施肥沟，每株施复合肥400g。

抹芽定株　当萌芽条生长至20～30cm时应及时定株，每主伐桩留1株最健壮的萌条，2个月后再清理一次（刘有成等，2012）。

六、主要有害生物防治

1. 枝枯病（*Cytosporella cinnamomi*）

黧蒴栲枝枯病主要危害枝、干。发病时，初期表现为下层侧枝和叶干枯，顶层树叶仍为绿色；后期症状逐渐向上蔓延，多数枝叶干枯死亡。

2. 英德跳䗛（*Micadina yingdeensis*）

英德跳䗛取食叶片，1年发生2～3代，以卵在林间枯枝落叶层下越冬。4月中下旬为若虫高峰期，5月和8月是两个成虫高峰期，为林木受害表现最严重期。可采用生物防治或胃毒性药物防治。

3. 榉祥硕蚧（双孔皮珠蚧）（*Kuwania bipora*）

蚧虫吸食寄主植物汁液，初期树冠基部叶片黄化；危害中期，雌蚧虫和红色若虫聚集，树干、树枝表面出现白色絮状物；危害末期，白色棉絮变灰黑色，树皮韧皮部变褐，最后树枯萎死亡（刘春燕等，2015）。

七、材性及用途

黧蒴栲萌芽力强、生长快，6～7年一个轮伐期。心材、边材界限分明，心材淡黄棕色，边材色淡，年轮明显。木材弹性大、质地轻软、结构细致、易加工、干形直、出材率高，可作为家具、人造板和造纸等的原材料。

（周韬）

92 青钩栲

别　名｜赤枝栲、吊皮锥、赤栲（台湾）、格氏栲（福建）
学　名｜*Castanopsis kawakamii* Hayata
科　属｜壳斗科（Fagaceae）栲属（*Castanopsis* Spach）

青钩栲生长快速，树干高耸挺直，树形优美，材质坚硬细密，具有抗湿、耐腐等优良特性，广泛用于造船及作为桥梁、坑柱、木模、家具、农具、车辆等用材，是我国南方稀有珍贵、速生、优质的用材树种。其采伐剩余物可作为食用菌栽培原料。另外，其壳斗和树皮富含单宁，为栲胶原料；种子富含淀粉，味美可口，可制作高级糕点，是良好的木本粮食树种。青钩栲已被列入我国三级珍贵濒危植物。

一、分布

青钩栲自然分布范围狭窄，仅分布于福建、江西、广东、广西、湖南等山地海拔200～1000m及台湾中部地带的玉山及其附近的日月潭、嘉义、南投、台中马太平山等山地海拔2400～2900m的天然林内。

福建三明市莘口镇小湖青钩栲省级自然保护区内现有连片以青钩栲占优势的混交林超过800hm^2，其主要伴生树种有木荷、酸枣、枫香、栲类等，山脊或高燥坡面有马尾松混生，沟谷地带有拟赤杨混生。三明市莘口镇青钩栲的主要生态环境因子：年平均气温19.1℃，最冷月（1月）平均气温8℃，最热月（7月）平均气温28.2℃，极端最低气温-5.8℃，每年有霜冻，雪罕见，无霜期300天以上，年降水量1740mm。4～6月为雨季，降水量占全年降水总量的50%以上；8～10月为旱季，干湿季节比较明显，冬季多雾，年平均湿度81%，缓和了旱季的不利影响。林区土壤以黄化红壤为主，其次为红壤，间或出现紫色土及一些过渡性的土壤，枯枝落叶层视坡度不同而异，陡坡约1cm，缓坡2～3cm，分解状况良好，表土层厚，腐殖质含量较多（3.2%～4.8%），pH 5.5～6.2，各层差异不大，土壤质地轻壤至中黏壤，下层较上层为黏，母岩以灰黄色砂岩为主间或出现紫色砂岩。

二、生物学和生态学特性

1. 生物学特性

常绿乔木，高达40m，胸径1.5m。树皮灰褐色，呈薄长条片剥落或剥而不落，重叠悬挂在树干上。小枝红褐色，无毛。叶卵状披针形或椭圆状披针形，基部近圆形或宽楔形，有时不对称，全缘，下面淡绿色，无毛。叶柄长1.0～2.5cm，无毛。雌雄同株，雌花序长5～8cm，花序轴无毛，雌花单生于总苞内；雄花序圆锥状或穗状，直立，成熟壳斗近圆球形，连刺直径可达6～8cm，整齐4瓣开裂，壁厚约4mm，外壁被密生的刺完全遮盖，刺长2～3cm，4～5次分叉，末级分叉长1.0～1.5cm，刺基部合生成束，粗2～5mm。每壳斗有坚果1颗；坚果扁圆锥形，高1.2～1.5cm，直径1.5～2.0cm，密被褐黄色毛，2年成熟。

2. 生态学特性

青钩栲为中性偏喜光、深根性树种，宽冠幅，枝叶浓密，抗火性强，幼苗耐阴，怕日灼，成林需光量大，喜生于高温多雨、湿度大的山区。天然林下更新不良，稍大幼树仅见于林缘或林中空地上。根据调查，莘口教学林场青钩栲天然林分是在荒芜的毛竹林、油茶林和抛荒地上经

青钩栲（刘仁林摄）

天然下种逐渐形成的，树龄差异很大。据莘口教学林场1962年调查，平均林龄90～120年，个别老树林龄200年以上；林相比较整齐，树干端直圆满，郁闭良好，多为单层林相，个别出现上层为马尾松的复层林，活立木蓄积量350～600m^3/hm^2。种子年间隔期长，5年才有2次丰产年。

青钩栲幼苗期主根特别发达，侧根稀少细弱，随着年龄的增大，逐渐过渡到侧根代替主根。根蔸入土浅，垂直分布密集范围不超过A和B两层土壤。趋肥性、好气性强，随着树龄的增大，树干基部常有隆起地面的根股形成的板状根。骨干根分叉力强，分叉多，根与根之间的连生现象时有发生。须根常见有寄生菌丝。萌芽力强，幼苗断顶后，很快萌生新芽，天然林中常见有2～3株同一根蔸的大树。

3. 生长发育过程

根据莘口教学林场对青钩栲天然林和1967年营造的人工林树干解析木的调查得知：天然林树高生长旺盛期出现在11～30年生，平均年生长量0.5m，以后缓慢下降，至90年生时仍保持一定的生长量；胸径生长旺盛期在20～70年生，年均生长量0.45cm，以后缓慢下降，到90年生时，年生长量为0.23cm；材积生长旺盛期出现在50年生以后，到90年生时仍保持较大的生长量，而且下降速度非常缓慢，平均生长量仍在上升。人工林高生长旺盛期出现在5～11年生，年均生长

1.07m；胸径速生期出现在6～13年生，年均生长1.2cm；材积速生期从第11年开始一直持续不衰。23年生人工林的树高、胸径、材积生长量分别是同龄天然林的1.4倍、2.0倍、5.2倍。23年生格氏栲人工林生物量为165.94t/hm^2，其中乔木层为165.20t/hm^2，占林分总生物量的99.56%；干材生物量为104.14t/hm^2，占乔木层总生物量的63.04%；树枝生物量为24.80t/hm^2，占乔木层总生物量的15.02%；树叶生物量为6.89t/hm^7，占乔木层总生物量的4.17%；根系生物量为29.35t/hm^2，占乔木层总生物量的17.77%。47年生人工林林分密度为675株/hm^2，其平均胸径28.9cm，平均树高21.5m^2，立木蓄积量443m³/hm^2，单株最大胸径56cm。树高、胸径、材积生长速生期持续时间长是青钩栲的突出优点，青钩栲是培育大径级优质珍贵材的良好树种。

三、苗木培育

1. 采种

青钩栲结实大小年明显，一般每隔2～3年出现1次，11月开始陆续成熟，壳斗开裂，种子掉落，由地上拾取种子或用竹竿敲落。采种应选健壮母树，拾取的种子经水选除去杂质、空粒及有病虫的种子，晾干后即可贮藏，切忌暴晒。种子含水量高，必须湿藏保持种子含水量。一般用河沙贮藏，沙的湿度以手触有湿感，握能成团、松开即散为度，贮藏时一层种子（厚2～3cm）一层沙子，沙的厚度以不见种子为度。青钩栲种子大小、形状多种多样，中等大小的种子千粒重2000～2300g，场圃发芽率达85%以上。

2. 育苗

（1）播种育苗

青钩栲幼苗主根发达，胚根深入地下后，胚茎才开始生长，幼苗出土时间迟，易遭灼伤。苗圃地选择土层深厚、肥沃、湿润、排水良好、直射光少的地方较为适宜，一般山垄地、林缘地比较理想。圃地耕翻时结合消毒，撒下除虫剂和硫酸亚铁防治地下害虫与病菌。施足基肥，苗床高度一般25cm，宽0.8～1.0m。春播比秋播鼠害少。沟状条播，每米床面开播种沟5条，沟深约3cm；每米播种沟播种子15～20粒，覆土厚度以覆盖种子2cm为宜。由于青钩栲胚茎生长慢，盖草比杉松育苗要厚一些，以保温、保湿及控制杂草滋生。幼苗出土1/3时即可揭草，出土的幼苗特别脆嫩，阳光直射强的圃地要适当遮阴预防日灼。为促进苗木侧根生长，提高造林成活率，可于幼苗出土后用利铲（切根器）切断主根（5～10cm处），以增加侧根数量（一般2～3根，最多8根）；亦可在种子沙藏至胚根长2～3cm时，先切去根尖0.5cm，并蘸ABT生根粉播种，可增加侧根3～5条。圃地管理无特殊要求，但间苗应迟一些，一般至7～8月幼苗半木质化，且生长密集拥挤时才开始间苗，定苗密度50～60株/m^2。1年生苗较弱，造林成活率低，一般不出圃，应留圃1年，2年生苗高60cm以上，地径0.7cm左右，可出圃造林。

（2）容器育苗

青钩栲种源稀少，种子珍贵，大田播种的裸根苗，若无特殊处理，其主根发达，侧根、须根少，造林成活率较低，因此一般不采用大田播种育苗，宜采用容器切根育苗。种子经沙藏至翌春，胚根长至3cm左右时，先切去根尖0.5cm，并蘸ABT生根粉，移入容器袋培育，可增加侧根3～5条。这是有效解决主根发达，侧根、须根少而造林成活率低的问题的关键。营养土配比是黄心土55%、火烧土30%、腐熟有机肥12%、过磷酸钙3%，拌匀堆沤15天备用。装袋后规整地排列在平整苗床上，注意淋水保湿。苗床上需搭棚遮阴，以防日灼。当1年生苗高25～30cm、地径0.30～0.35cm，或2年生苗高60cm以上、地径0.7cm左右时，可出圃造林。

四、林木培育

1. 造林

青钩栲适应性强，对造林地要求不苛，在分布区一般中厚土层采伐迹地或荒山均可栽植，营造纯林和混交林均生长良好。

造林地清理及整地与营造杉木林相似，一般采用块状穴垦，规格60cm×40cm×40cm，挖明穴，结合回填表土可穴施100g复合肥或钙镁磷肥250g作基肥。青钩栲顶端优势明显，冠幅大，在造林成活率有保证的前提下，造林密度不宜大，纯林1500～1800株/hm^2。可与杉木、马尾松、福建柏、木荷等树种混交，混交比例应视伴生树种的生物学特性确定，青钩栲一般占30%左右，混交方法以行带或星状为宜。莘口教学林场1984年在郁闭度0.6左右的马尾松林冠下套种青钩栲，套种密度1200株/hm^2，2004年9月调查，青钩栲平均胸径15.6cm，平均树高12.3m，蓄积量75.525m^3/hm^2。

造林多采用植苗造林。裸根苗造林，苗木枝叶先行修剪，剪去2/3的叶片和过长的主根，要做到随起苗，随修剪、蘸根，随造林；容器苗造林，应脱去容器袋或撕去容器袋底部。调运苗木时必须仔细包装，严防风吹日晒。栽植要做到根系舒展、打紧，适当深栽。

造林季节以冬至到立春为宜，选择土壤湿透后的阴天或小雨天气为好。切忌土壤未湿透或连续晴天造林。

2. 抚育

造林后4年内，每年抚育2次，分别为4～6月和8～10月，第二年或第三年上半年结合松土除草，施复合肥100～150g/株作追肥。第五、第六年深翻扩穴和除草各1次，至郁闭为止。纯林幼林郁闭后4～5年进行第一次疏伐，间伐强度30%左右，伐去被压木，保留郁闭度0.6。培育大径材时，要再进行1～2次间伐，最后保留目的树种450～600株/hm^2。混交林的间伐可参照纯林进行。

五、主要有害生物防治

1. 褐斑病（*Phyllosticta* sp.）

主要危害当年新叶和嫩梢，在幼林中普遍发生，严重病株叶片焦枯脱落。叶上病斑初为褐色圆形，后逐渐扩大，边缘似稍隆起，色暗。病斑中散生多数黑色小点。许多病斑连在一起形成不规则棕色大块斑，组织坏死脱落，形成穿孔。病菌以菌丝在落叶上越冬，翌年春季分生孢子借气流传播，进行初侵染。在阴湿条件下分生孢子可以进行多次再侵染。该病对幼苗威胁最大，常导致幼苗枯梢缺顶、长势不良，严重影响苗木质量。防治方法：发病初期喷洒退菌特杀菌剂有一定效果。在发病比较严重的幼林中，可结合抚育清除病叶或在初春喷1∶1∶100波尔多液，保护新叶不受侵染。

2. 种实象鼻虫

以幼虫蛀食坚果危害，引起早期落果，被害坚果种仁大半被吃去，且易受病菌侵入而霉烂。成虫补充营养时，用喙刺入嫩枝皮层、嫩芽、叶子、幼果吸取液汁。成虫依靠爬行和短距离的飞翔活动上树，卵产于幼果内。防治方法：①采用1∶100百僵菌液喷洒成虫，具有感染效果。②在化蛹盛期，结合抚育全面翻土灭蛹。③采用45℃温水浸20min或50℃温水浸15min，可杀死种实内90%～100%幼虫。播用种子切忌用40℃以上温水浸种，以防烫坏种胚，失去发芽能力。④7～8月成虫上树后，产卵以前每亩施放2kg 2%敌敌畏烟雾剂，熏杀效果显著。

六、材性及用途

青钩栲边材浅灰褐色、韧性大，心材红褐色、稍脆；材质坚而重，气干密度0.74g/cm^3，顺纹抗压强度644N，端面硬度778N，纹理直至斜，很耐腐朽和水湿，易于加工，广泛用于造船及作为桥梁、坑柱、木模、家具、农具、车辆等用材。坚果可食，壳斗和树皮富含单宁，为栲胶原料。

（刘春华，邸道生）

附：钩栲（*Castanopsis tibetana* Hance）

别名钩锥、钩栗、大叶钩栗、野板栗，是亚热带地区优良乡土阔叶树种，也是一种优良的珍贵用材树种。木材红褐色，色泽美观，质坚重、耐腐，强韧性、耐撞击，结构粗而均匀，径切面具美丽的射线斑纹，作为一类主要的高档家具家

钩栲（刘仁林摄）

装材料，具有广阔的发展前景。主要分布于浙江、安徽两省南部及湖北西南部、江西、福建、湖南、广东、广西、贵州、云南东南部。生于海拔1500m以下山地杂木林中较湿润地方或平地路旁或寺庙周围，有时成小片纯林。

乔木，高达30m，胸径达1.5m。树皮灰褐色。壳斗圆球形，连刺径6～8cm或稍大，整齐的4瓣开裂，很少5瓣开裂。有坚果1颗，坚果扁圆锥形，高1.5～1.8cm，横径2.0～2.8cm，被毛，果脐占坚果面积约1/4。花期4～5月，果翌年8～10月成熟。

适宜在水分条件较好的沟边、溪边和山地背阴坡生长，喜温暖湿润气候，在土壤深厚肥沃处生长良好，不耐干旱瘠薄。

钩栲育苗目前主要采用播种育苗方式。人工林营造：将苗木置于穴内中央，扶正，舒展根系，边埋土边踏实，埋土深度以高出原根际土痕2～4cm为宜，栽后立即浇定根水，待水下渗后覆土保墒。每穴施基肥：腐熟的农家肥及饼肥2～3kg或磷肥0.25kg。种植后应及时检查，清除死苗、缺苗或弱苗，及时进行补植。

造林后当年松土除草1次，宜在8～9月进行。第二、第三年每年松土除草1～2次，分别在5月和8月进行。施肥可结合松土除草进行，春季以施氮肥为主，每株0.1～0.3kg，夏季以施复混肥为主，每株0.1～0.3kg，施肥后浇水。宜雨前施肥，9月下旬停止追肥。施肥量随树龄增加而增加。

修枝宜在初冬或早春进行。截去生长旺盛的侧枝，截至充实饱满的壮芽处。疏去过密的侧枝。抹去尚未木质化的萌发嫩芽。

钩栲树形优美，是一种优良的园林绿化树种。其材质坚重，色泽美观，耐水腐、少开裂、胶黏性能较好，是优良的建筑、车船、室内装修、家具、面板、工艺品用材。枝丫是良好的菇材；果实富含淀粉，味香甜，可食用；树皮和壳斗可制取栲胶。全树综合利用价值高，是材果两用型树种。

（李志辉）

栗

壳斗科（Fagaceae）栗属（*Castanea*）植物在世界上有7种，广泛分布于北半球温带的广阔地域。分布在亚洲的有4种：板栗（*C. mollissima*）、茅栗（*C. seguinii*）和锥栗（*C. henryi*），分布在中国大陆；日本栗（*C. crerta*），分布在日本及朝鲜半岛。分布在北美洲的有2种：美洲栗（*C. dentate*）和美洲榛果栗（*C. pumila*）。欧洲大陆仅有1种：欧洲栗（*C. sativa*）。栗属7种中，目前商业化经济栽培的主要是板栗、锥栗、欧洲栗和日本栗。板栗、锥栗以及茅栗原产于我国，为落叶乔木。

板栗现广泛分布于北半球，包括东亚、北美以及地中海国家。板栗在我国分布最为广泛，南至18°30′N的海南岛，北至41°20′N的吉林永吉马鞍山，南、北纬度差达23°；西至雅鲁藏布江河谷，东至台湾（122°E），分布区域跨越温带、亚热带。板栗在我国主要分布于吉林、辽宁、河北、北京、天津、山东、河南、安徽、江苏、浙江、福建、广东、台湾、广西、江西、湖南、湖北、四川、重庆、贵州、云南、陕西、甘肃及山西的局部地区。锥栗为我国特有，分布范围在23～33°N，104～121°E，主要分布于我国秦岭、淮河以南广大亚热带丘陵山区，包括甘肃、陕西、江苏、安徽、浙江、福建、台湾、江西、湖北、湖南、四川、重庆、贵州、云南、广东、广西等地，大多分布在海拔300m以上的低山丘陵及山区，最高可达海拔2000m以上，湖南湘西武陵山区是其自然分布中心。

目前，我国板栗栽培面积有180万hm^2，锥栗栽培面积有7.47万hm^2，是我国重要的木本粮食树种。栗属植物用途十分广泛。栗果富含淀粉、糖和蛋白质，并含少量脂肪及抗坏血酸和胡萝卜素；栗树干形较通直，材质坚实，耐水湿，适于作为建筑、地板、家具、桥板等用材；壳斗和树皮含大量鞣质，可提制栲胶；根皮入药可洗疮毒，花可治痢疾、提取精油。

（谭晓风）

93 板栗

别　名｜中国板栗

学　名｜*Castanea mollissima* Blume.

科　属｜壳斗科（Fagaceae）栗属（*Castanea* Mill.）

板栗是我国重要的木本粮食与果品类经济林树种之一。西安半坡村仰韶文化遗址的发现证明，板栗早在6000年以前就被我国祖先采集食用。《史记·货殖列传》中记载，"燕、秦千树栗……此其人皆与千户侯等"，证明板栗在春秋时期已成为我国驯化并大量栽培的树种，素有"木本粮食、铁杆庄稼"之美称（张宇和等，2005）。据《2013年全国板栗产业调查报告》统计，2012年我国板栗的种植面积超过180万hm^2，总产量达194.7万t，总产值为207.2亿元，既维护了我国粮食安全，又在我国经济建设中发挥着重要的作用（曹均，2014）。

一、分布

板栗原产于我国，广泛分布于北半球，包括东亚、北美以及地中海国家。板栗在我国分布广泛，南至18°30′N的海南岛，北至41°20′N的吉林永吉马鞍山，南、北纬度差达23°；西至雅鲁藏布江河谷，东至台湾（122°E），分布区域跨温带、亚热带。主要分布于我国吉林、辽宁、河北、北京、天津、山东、河南、安徽、江苏、浙江、福建、广东、台湾、广西、江西、湖南、湖北、四川、重庆、贵州、云南、陕西、甘肃及山西共24个省份（张宇和等，2005）。种植面积较大的地区是陕西、湖北、河北、辽宁和山东，其种植面积分别为26.7万hm^2、26.4万hm^2、25.2万hm^2、16.7万hm^2和13.9万hm^2，分别占全国板栗种植面积的14.88%、14.69%、14.01%、9.31%和7.74%。年产量较高的地区是湖北、山东、河北、广西和安徽，其年产量分别为27.3万t、25.6万t、24.6万t、17.8万t和16.8万t，分别占全国年产量的14.12%、13.2%、12.68%、9.21%和8.67%（曹均，2014）。

二、生物学和生态学特性

高大落叶乔木，树高达20m，胸径1m，冠幅8～10m，寿命长达数百年。单叶互生，长6～22cm，宽4～10cm，叶片矩圆状披针形或长圆状椭圆形，先端渐尖，基部楔形或近心脏形，叶缘锯齿状。雌雄异花，雄花序为柔荑花序，长

板栗雌花序（郭素娟摄）

板栗幼果（郭素娟摄）

板栗果实成熟（郭素娟摄）

8～20cm，着生在叶腋，有时着生雄花序的节上无叶，雌花3朵，聚生于密被鳞片的总苞内，称为雌花簇（也称雌花序），着生于雄花序基部，日后长成为总苞。果实总苞又称栗蓬，密被分枝长刺，通常内有2～3颗坚果，有时可达4颗或以上，有时仅1颗；坚果形状以边果为标准，可分为椭圆形、圆形或三角形；外果皮大多为褐色或赤褐色。果实成熟期9～10月。

1. 生物学特性

（1）根系生长特性

板栗为深根性树种，土层深厚时其垂直根和水平根都很发达。种子萌发时有一个垂直的主根，生长1～2年后分成几个纵横交错的侧根，主要向水平方向发展，所以板栗大树没有明显的中央主根。在土层较厚的地方，根系分布深达1.0～1.5m，但大部分根系均在20～80cm范围内。

板栗根系再生能力差，根破伤后，皮层与木质部易分离，愈合和再生能力弱，需经较长时间才能萌发新根。因此，出圃移栽或土壤耕作时切忌伤根过多，以免影响苗木对水分、养分的吸收。

板栗根系可与27种真菌共生形成外生菌根，其中，以伞菌目的牛肝菌科、红菇科、口蘑科、毒伞科、马勃科及须腹菌占绝对优势。菌根的分泌物可以溶解土壤中的难溶养分，吸收根系无法吸收到的难溶物质，增强板栗的抗旱和耐瘠薄的能力。

（2）芽的类型及特性

板栗的芽有混合花芽、叶芽和休眠芽3种。混合花芽分完全混合花芽和不完全混合花芽。完全混合花芽能抽生带雌、雄花序的结果枝，着生在粗壮枝的顶端，芽扁圆形、肥大；不完全混合花芽抽生带雄花序的雄花枝，着生在在粗壮枝条基部或细枝的顶端，芽较小，呈短三角形。叶芽又称小芽，呈三角形，瘦小，萌发出短小发育枝和叶片。休眠芽又称隐芽，着生在枝条基部或潜伏在多年生的枝干上，这种芽平时不萌发，在枝条受到严重刺激或重修剪时，能萌发长出徒长枝。板栗寿命长与隐芽萌发力有关，老树的隐芽通过强度刺激能长出新枝而“返老还童”。

（3）枝的类型及特性

板栗的枝条分为结果母枝、结果枝、发育枝和雄花枝4种。

结果母枝 着生完全混合花芽的枝条称为结果母枝。根据其生长势可分为强壮结果母枝、弱结果母枝、更新结果母枝3种。强壮结果母枝生长粗壮，有较长的尾枝，长度在15～30cm，上有3个以上完全混合花芽，结实力强，能连续结果。弱结果母枝生长细弱，尾枝短，长度约10cm，仅着生1～2个完全混合花芽，结实力差，一般不能连续结果。更新结果母枝生长粗壮，长度6～10cm，无尾枝，顶部无大芽，翌年从基部抽生结果枝，母枝上部自然枯死。

结果枝 能生长果实的枝条称为结果枝，又称混合花枝。先在结果枝上开雄花和雌花，而后结果。结果枝着生在1年生枝的前端，自然生长的板栗，结果枝多分布在树冠外围，有些品种在枝条中下部短截后也能抽生出结果枝。结果枝从下到上可分4段：基部2～3节为叶芽（瘪芽）；中部4～17节叶腋中是雄花序；雄花脱落后成为盲节；最上端1～6节是混合花芽，也称果前梢或尾枝。

发育枝 由叶芽或休眠芽萌发形成的枝条。根据枝条的生长势可分为三类：普通发育枝、徒长枝和细弱枝。普通发育枝由叶芽萌发而成，生长健壮，长20～40cm，是扩大树冠的主要枝条。徒长枝俗称“娃枝”，由休眠芽萌发而成，生长旺盛，节间长，组织不充实，是老树更新和缺枝补空的主要枝条。细弱枝由枝条基部叶芽或由于枝条所处部位和营养不良而形成，长度一般在10cm以下。

雄花枝 由不完全混合花芽抽生而成，只着生雄花序的枝条。自下而上分为3段：第一段，基部1～2节，叶腋内具有小芽；第二段，中部5～10个芽，着生雄花序，花序脱落后成盲节，不再形成芽；第三段，花前有几个小叶片，叶腋内芽较小。雄花枝生长量小，顶芽瘪小，在一般管理水平条件下，很难形成雌花。

（4）花芽分化

在河北地区，雄花序一般在新梢停止生长后开始花芽分化，到8月基本完成分化过程，约需70天。雌花簇在第二年发芽前开始形态分化，至萌芽后抽梢初期迅速完成。

（5）开花与授粉

板栗是雌雄同株异花植物。雄花从雄花枝和结果枝上抽生出雄花序，长约20cm。在雄花序上螺旋状排列着雄花簇，每簇5～7朵雄花，花簇聚集在一起形成穗状花序。每朵雄花有花被5～6枚，中间有黄色雄蕊10～12枚，花丝细长，花药卵形，每个花药有花粉数千粒。板栗的雄花很多，有特殊的腥香气味，能引诱昆虫传粉。雄花序和雌花序的比约为12：1，而花朵之比为3000：1。雄花数量过多，消耗大量营养，因此，疏雄可以节省养分，增加产量。雌花着生在结果枝前端、雄花序的基部。生长雌花的雄花穗比较细短，一般着生1～3个雌花簇（也称雌花序），也有3个以上的，多数为2个。

板栗雄花和雌花开放的时期不同，存在雌雄异熟现象。一般雄花先开，雌花后开。板栗雄花开放过程大致可分为花丝露出、花丝伸直、花药裂开和花丝枯萎4个阶段，整个开花过程10～15天。在一个雄花序上总是基部的雄花先开，逐渐向上延伸，先后相差15～20天，带有雌花的花穗比单雄花的花期晚5～7天。

板栗靠风传粉为主，最佳授粉距离为20m，一般最远授粉距离可达150m。自花结实率低，异花授粉坐果率高。因此，生产中应注意配置授粉树。

（6）果实生长发育

板栗坚果为种子，不具胚乳，可食部分为两片肥厚的子叶，内含大量淀粉。落花后，果实即开始形成并逐渐发育膨大，在其外面有一个带刺的外壳，称为总苞。坚果着生于总苞内，通常1～3粒，坚果与苞皮连接处称底座，负责向坚果运输养分和水分。坚果果实在成熟前一个月（8～9月）重量增长最快。而果实的充实是在成熟前十几天完成的。果实在生长发育过程中有落果现象发生，但落果时期比其他果树晚。谢花后很少落果，一般在7月下旬以前为前期落果，8月上旬至下旬为后期落果。前期落果由受精不良引起，后期落果主要是由于营养不良引起，病虫危害、机械损伤等管理不当也常引起落果。因此，加强肥水管理、人工辅助授粉及加强病虫防治等对减少落果很重要。

2. 生态学习性

板栗生长对气候条件的要求一般为年平均气温8～22℃，极端最高气温35～43℃，极端最低气温-35℃，年降水量500～1900mm，但在年平均气温10～14℃、生育期16～20℃、花期17℃、受精期气温17～25℃、年降水量600～1400mm的地方生长最好。

板栗对土壤要求不甚严格，但对碱性土特别敏感，在pH 4.5～7.0的范围内生长良好，pH大于7.6、含盐量大于0.2%时，生长不良。板栗是高锰树种，生长良好的板栗叶片含锰量为0.25%，叶片含锰量低至0.1%则发育不良，叶片黄化。无论是在山地、丘陵或河滩冲积沙地均可栽培，但以土层深厚、富含有机质、质地疏松、排水良好的土壤为宜。板栗为深根性树种，具有发达的根系，较耐旱，但不耐涝。一般来说，北方品种较南方品种耐旱，南方品种较北方品种耐涝。

板栗喜光，忌荫蔽。在每天光照不足6h的沟谷，树冠生长直立，叶薄枝细，产量低。在开花期间，若光照不足，易引起生理落果。如长期过度遮阴，会使内膛枝叶黄瘦细弱甚至枯死，或枝条过多，影响产量。因此，在栽植时以选择光照充足的阳坡或开阔的沟谷地为宜。

三、良种选育

1956年，我国开始进行板栗种质资源调查，由此，我国各板栗产区相继开展了资源调查和生物学特性等研究，并在12个板栗主产省份整理出地方品种近300个，筛选出一批优良类型（张宇和等，2005）。20世纪70年代开始，各主产区科研院所和高校开展了品种筛选和多途径、多手段育种研究工作，并在当时迅速推广嫁接繁殖，全国各板栗主产区进入大规模高接换优和品种化工作，取得了阶段性成果，形成了一大批分布于各主产区的主栽品种，促进了我国板栗产业的快速发展。90年代以来，育种途径更加多样化，杂交育种、辐射育种等技术手段逐步成熟，并选育出一批优良品种。然而，我国板栗育种研究工作从未间断，仍有大量早熟、优质、丰产、大果型、多抗以及专用型新品种见诸报道。据估计，目前报道的板栗品种数量为350~400个，用于商业化栽培的有50~100个。根据品种的区域特性，将板栗划分为6个地方品种群，各品种群分布地区已选育出不少优良品种（沈广宁，2015）。

1. 板栗品种群

（1）华北品种群

该品种群坚果多小型至中型，果形整齐，底座较小，平均单果重以7~10g居多，占品种类型的70%以上。外果皮色泽较深，黑褐色至红棕色，富光泽，茸毛少。果实含糖量较高，一般在12%~20%，淀粉含量较低，一般为50%左右，肉质细糯甜香，含水量少，品质优良，为炒食栗类型，比其他产区的较耐贮藏。主要栽培品种有河北的‘燕山早丰’‘燕奎’‘燕山短枝’‘崔家堡子2399’‘遵玉’‘燕金’‘迁西晚红’等，北京的‘燕山红’‘燕丰’‘燕昌’等，山东的‘石丰’‘金丰’‘海丰’‘红栗’‘泰栗1号’‘蒙山奎栗’‘沂蒙短枝’等，江苏的‘陈果油栗’‘炮车2号’等，河南的‘豫罗红’‘红油栗’‘艾思油栗’等，是我国炒食类型核心品种群。

（2）长江中下游品种群

该品种群坚果大型，品种内形状相对一致，特征比较明显，平均单果重15g以上。外果皮色泽浅，茸毛较多。果肉质地偏粳性，淀粉含量高，含糖量低，平均含糖量12.5%，含水量高于华北品种群，耐贮性较差，适宜菜用。主要栽培品种有江苏的‘九家种’‘处暑红’‘焦扎’‘青毛软刺’，安徽的‘粘底板’‘大红袍’‘蜜蜂球’，湖北的‘中迟栗’‘红毛早’‘浅刺大板栗’，湖南的‘檀桥板栗’‘花桥板栗1号’‘结板栗’‘邵阳它栗’等。

（3）西北品种群

该品种群坚果以小型为主，平均单果重8~9g，外果皮浅褐色，光泽暗淡。肉质偏糯性，香甜，适宜炒食。主要栽培品种有‘长安明拣栗’‘长安灰拣栗’‘镇安一号’‘新早栗’‘汉中红板栗’‘柞水11号’‘柞水14号’等。

（4）东南品种群

该品种群坚果中大型，平均单果重13~14g，外果皮茸毛少而短，以赤褐色居多，富光泽。含水量高，果肉偏粳性，味淡，淀粉含量高，含糖量较低，含水量高，不耐贮藏，适宜菜用。主要栽培品种有江西的‘金坪矮垂栗’‘薄皮大油栗’，浙江的‘萧山大红袍’‘毛板红’‘魁栗’，广东的‘韶关18号’‘农大1号’，广西的‘中果红皮栗’‘大果乌皮栗’‘中果油毛栗’‘早熟油栗’‘中果黄皮栗’等。

（5）西南品种群

该品种群坚果小型，平均单果重8g左右，贵州及云南中东部品种大多果皮色泽深，湘西及云南中西部品种果皮色泽较鲜艳。大多数品种含糖量偏低，肉质细腻，糯性。主要栽培品种有‘玉屏大板栗’‘宜良早板栗’‘兴交薄壳板栗’‘永富大油栗’‘鸡腰子栗’‘赤马1号’‘红皮大油栗’‘早熟油毛栗’等。

（6）东北品种群

该品种群分布于辽宁、吉林南部，集中产地为丹东的东沟、宽甸、凤城，主要品种为丹东栗，与日本栗有混交的区域，丹东栗约占90%。丹东栗与日本栗性状相近，目前与日本栗归为一个种。丹东栗的涩皮不易剥离，肉质疏松，抗病虫能力弱，但产量较高，多用于加工。主要栽培品种有‘辽栗10号’‘辽栗15号’‘辽栗23号’和日本栗品种‘金华’‘银寄’等。

2. 板栗主要栽培品种

（1）‘燕山早丰’

又称‘3113’。原产于河北迁西县，为实生优株，于1973年选出。因早实丰产，果实成熟期早，故名“早丰”，是河北主栽品种之一。

树冠高，圆头形，成龄树树势中等。每个结

果母枝平均抽生果枝1.8个，结果枝平均着生总苞2.4个。坚果扁椭圆形，平均重8.0g，出实率40.1%。幼树生长势强，树冠紧凑。盛果期树形开张，始果期早，嫁接苗一般2年见果，3年进入大量结果。坚果整齐，果肉黄色，质地细腻，味甜香。果实9月上旬成熟，耐贮藏，品质优良，适宜炒食。

（2）'燕奎'

又称'107'。原产于河北迁西县杨家峪村，1973年选出，由于其坚果在当地板栗中较大，故称"燕奎"。

树冠开心形，树势强，抗干旱，耐瘠薄。每个结果母枝平均抽生果枝2.4个，每个果枝着生总苞1.9个。苞皮薄，每苞含坚果近3个，出实率41.3%，空苞率低。坚果平均重8.6g，整齐度高，果肉质地细腻、香甜。幼砧嫁接后4年平均株产3.34kg。果实成熟期9月中旬，耐贮藏。

（3）'燕金'

来源于燕山野生板栗。其母株位于河北宽城县王厂沟村，树龄120年。2013年12月通过河北省林木品种审定委员会审定。

树体生长势强，树冠紧凑，树姿直立。结果母枝平均着生刺苞1.98个，翌年平均抽生结果新梢2.80条。总苞椭圆形，平均单苞质量43.2g，苞内平均含坚果2.1颗。坚果椭圆形，紫褐色，油亮，果面茸毛少。果肉淡黄色，糯性，口感香甜，质地细腻。坚果单果质量8.2g，耐贮，适宜炒食。出实率38.5%。幼树结果早，产量高，嫁接4年即进入盛果期，盛果期平均产3500kg/hm^2，无大小年结果现象。耐旱，耐瘠薄，抗寒性强。

（4）'迁西晚红'

从河北迁西县实生单株中选出。2013年通过河北省林木品种审定委员会审定。

坚果平均重8.0g。母株（50年生）树势中等，树冠半开张，树高10.0m，冠幅9.1m×10.5m，干径37cm。嫁接4年生树体，球果平均重34.0g，呈椭圆形，球苞皮厚0.21cm；刺束粗，长1.11cm，分枝点高，分枝角度中；平均每苞有栗果2.0个。果枝率48.6%，发育枝率46.4%，纤弱枝率5.0%。结果母枝平均长40.4cm，粗1.99cm，平均有完全混合芽3.2个。每结果枝着生雄花序9.2条，雄花序长11.4cm。果实成熟期9月下旬。

（5）'遵玉'

从'紫珀'×'垂枝栗'的人工杂交中选出。2002年通过河北省林木品种审定委员会审定。

树姿开张，强壮树的结果枝较长，为40.20cm，尾枝长14.80cm，平均有芽8.5个，节间长1.70cm。树冠紧凑、矮小。雄花着生在结果枝第2～8节以上，每个结果枝有雄花序10～13条，雄花序长20.30cm；雌花着生在结果的第10～13个雄花节位上，雌、雄花序比为1∶3.3。总苞椭圆形，"一"字开裂或"十"字开裂，平均出实率40.0%左右。坚果椭圆形，平均粒重9.7g左右，果粒外观整齐均匀，紫褐色，色泽光亮，茸毛少；肉质细腻、性糯，香味浓，味甜。总糖含量37.9%，每100g鲜果含维生素C 25.28mg。果实糯性强，耐贮、耐运，适宜矮化密植栽培。

（6）'怀九'

从北京怀柔区九渡河镇九渡河村实生大树中选出，母株树龄40年左右，树高7m，冠幅8m×6m。2001年通过北京市林木品种审定委员会审定。

早实丰产，树形为半圆形，树姿开张，主枝分枝角度50°～60°，结果母枝平均长度65cm，属长果枝类型。每个果枝平均着刺苞2.37个，刺苞中型，重64.7g，呈椭圆形，刺束中密；每苞含坚果2.35个。坚果为圆形，皮色为栗褐色，有光泽，茸毛较少，种脐小。出实率48%。鲜果重7.5～8.3g。9月中旬成熟。

（7）'燕山红'

原名为'北庄1号'，简称'燕红'。于1974年从北京昌平区黑寨乡北庄村选出。母树株产41.5kg，坚果色泽鲜艳，呈棕褐色，故名"燕山红栗"。

树形中等偏小，树冠紧凑，分枝角度小，枝条硬而直，母枝连续结果能力强，每个母枝抽生2.4个果枝，每个果枝平均着生1.4个刺苞，全树果枝多，产量高。总苞重45g，椭圆形，皮薄刺稀，单果重8.9g，果面茸毛少，果仁褐棕色，有光泽。果肉味甘，糯性，含糖20.25%、蛋白质7.7%。果实9月下旬成熟，成熟期整齐，耐贮、耐运。

（8）‘泰安薄壳’

原产于山东泰安市麻塔区，1964年选出。

树冠高圆头形。成龄树树势中庸。每个结果母枝平均抽生果枝2.2个，结果枝平均着生总苞1.9个，出实率56%。平均坚果重10g左右，果皮枣红色或棕红色，光泽特亮。幼树直立旺长，嫁接苗3年开始进入结果期，大量结果后，树势缓和，连续结果能力强，丰产、稳产。坚果大小整齐一致，充实饱满，果皮薄，果肉质地细腻甜糯，品质上。果实9月下旬成熟，极耐贮藏。

（9）‘鲁岳早丰’

于20世纪90年代末从山东泰安市岱岳区黄前镇麻塔村山地栗园选出的实生变异优良品种。2005年12月通过山东省林木品种审定委员会审定。

树冠圆头形，早熟、丰产、品质优良，耐瘠薄，适应性强。总苞椭圆形，纵径5.6cm，横径7.2cm，高径5.3cm，总苞皮厚0.2cm，每苞含坚果2.4个，成熟时“一”字形开裂，出实率55.0%，空苞率4.8%。单苞质量51.1g，坚果近圆形，平均单粒质量11.0g。果肉黄色，细糯香甜，含淀粉67.8%、糖21.0%、蛋白质9.5%、脂肪2.1%。果实8月底成熟，坚果光亮饱满、整齐度高、耐贮藏。

（10）‘辽阳1号’

于1975年在辽宁辽阳县峨眉林场栗子园选出。

树冠半圆头形或圆头形。叶片大而肥厚。总苞近圆形，刺束短，较密，平均每苞含坚果2.3个。坚果较小，平均单果重7g，果面毛茸较少，果皮红褐色，具光泽。成龄树树势生长健壮，平均每一母枝抽生结果枝2.1个，结果枝平均着果1.6个，出实率35.2%，在辽阳地区9月下旬果实成熟。果肉质地细腻，甜糯，品质优良。本品种适应性强，较丰产。在辽宁中北部栽培无冻害。

（11）‘辽丹61号’

原株产于辽宁宽甸县，为‘丹东栗’选优株系，1980年鉴定推广。

树姿开张，结构松散，结果早，丰产。总苞圆形或椭圆形，刺束稀，平均每苞含坚果2.1个。坚果圆形，果皮浅褐色，有光泽。成龄树树势健壮，平均每一结果母枝抽生果枝2.6个，每个果枝着果2.6个。在当地，果实成熟期9月下旬。2年生嫁接树结果率达95%。4年生树冠投影每平方米产量0.7kg。坚果每千克100个左右，大小整齐，稍贮后涩皮较易剥离。果肉味甜，品质优良。

（12）‘长安明拣栗’

该品种产于陕西长安区内苑、鸭池口一带。植株高大，树冠为自然圆头形，结果枝较多，单株产量可达35～70kg，4月下旬至5月上旬开花，9月上旬成熟。该品种喜阴凉、耐瘠薄，能在阴湿的山区发展，也可在沙质土上栽培。幼树生长快，易形成树冠，提早结果。平均单果重10.5g，每千克100个左右，大小均匀，品质优良。

（13）‘镇安1号’

原产于陕西镇安县云盖寺镇金钟村，从板栗实生群体中选育出的大果型优良品种，2006年通过陕西省林木品种审定委员会审定。

树势强健，自然分枝良好。总苞圆形，平均每苞含坚果2.5个。坚果大，扁圆形，平均单粒重13.15g。果皮红褐色，有光泽。出籽率35.3%。果实成熟期9月上旬。树冠投影每平方米产量0.246kg。种仁涩皮易剥离，果肉含可溶性糖10.1%、蛋白质3.69%、脂肪1.05%、维生素C 376.5mg/kg。品质优良，抗病力强。

（14）‘九家种’

原产于江苏吴县洞庭西山，是江苏优良品种之一。由于优质、丰产、果实耐贮藏，当地有“十家中有九家种”的说法，因此得名。

树冠紧凑，呈圆头形或倒圆锥形，树型较小，适于密植。幼树生长直立，生长势强，枝条粗短，节间较短。成龄树树势中等，20年生树高

4.7m，树冠5.5m。结果母枝芽的萌发率为88%，当年生枝条中结果枝占50%，雄花枝占36.8%，每结果母枝平均抽生结果枝2.0颗，每结果枝平均着生刺苞2.2个，每苞平均含坚果2.6颗。刺苞呈椭圆形，重65.8g，刺束稀，分枝角度大，出实率50%以上。坚果椭圆形，平均单粒重量12.3g，果皮褐色，光泽中等。果肉质地细腻，甜糯，较香，含水量40.3%，干物质中含糖15.8%、淀粉45.7%、蛋白质7.6%。果实成熟期在9月中下旬。果实耐贮藏，适于炒食或菜用。

（15）'焦扎'

原产于江苏宜兴、溧阳及安徽广德，因刺苞成熟后局部刺束变为褐色，成为焦块状，故得名。1993年通过江苏省林木品种审定委员会审定。

树冠较开张，呈圆头形，树势旺盛。结果母枝平均长29cm，粗0.6cm，皮孔圆形，大而较密。成龄树树势旺盛，平均每结果母枝抽生新梢4.8个，其中结果枝0.9个，每结果枝平均着生刺苞2.1个，每苞平均含坚果2.6个，出实率47%左右。刺苞较大，单苞质量100g左右，长椭圆形，刺束长，排列密集。坚果椭圆形，紫褐色，平均单粒质量23.7g，果面毛茸长且多。果肉细腻，较糯，含水量49.2%，干物质中含糖15.58%、淀粉49.28%、蛋白质8.49%。在江苏南京地区果实9月下旬成熟，丰产、稳产，适应性强，较耐干旱和早春冻害，抗病虫能力强，尤其对桃蛀螟和栗实象鼻虫有较强抗性，采收时好果率达91.8%，极耐贮藏。

（16）'处暑红'

原产于江苏宜兴、溧阳及安徽广德。由于果实成熟期早，一般在当地"处暑"成熟，故得名。

树冠半圆头形，树势较强，树形开展。成龄树平均每结果母枝抽生3.7个新梢，其中结果枝0.9个，雄花枝2个。每结果枝平均着生刺苞1.7个。刺苞大，呈椭圆形，单苞质量100g以上，刺长2.0cm，密生、硬，出实率40%左右。坚果圆形，红褐色，果皮果面茸毛短而少，明亮美观，果顶平或微凸。每苞平均含坚果2.6个，出实率47%左右，平均单粒质量17.9g。果肉含水量49%，干物质中含糖16.4%、淀粉46.3%、蛋白质8.7%，质地细腻，偏糯性，香甜，不耐贮藏。在江苏产区果实9月上中旬成熟，较丰产，果大而美观，抗逆性和适应性较强，成熟期早，作菜食栗用。

（17）'青毛软刺'

又名青扎、软毛蒲、软毛头，原产于江苏宜兴、溧阳两地，栽培数量较多。1993年通过江苏省林木品种审定委员会审定。

树冠呈半圆头形，成龄树树势中等，树姿较开展。平均每个结果母枝抽生结果枝2.9个，结果母枝长约14cm，新梢灰褐色，混合芽大。叶片椭圆形。刺苞呈短椭圆形，刺束密生，软性，刺苞皮厚，平均每苞含坚果2.4个，出实率43%，空苞率10.5%。坚果椭圆形，果顶平，中等大，平均单粒质量14.2g，70粒/kg。果皮棕褐色，光泽中等，茸毛短而少，集中分布在果顶处。果肉细腻，耐贮藏，果肉含水量44.8%，干物质中含糖14.8%、淀粉45.7%、蛋白质7.43%，品质优良。在江苏宜兴、溧阳等地果实9月20日左右成熟。丰产、稳产，为优良的炒食和菜用兼用品种。

（18）'粘底板'

原产于安徽舒城，因成熟时刺苞开裂而坚果不脱落，故得名。

树冠开张，呈圆头形或扁圆形，成龄树树势旺盛。枝条粗壮，叶片大，肥厚，皮孔扁圆形，较大，中密。结果母枝长22cm，粗0.7cm，果前梢长4cm，结果母枝平均抽生结果枝1.4个，每结果枝平均着生刺苞1.8个。刺苞大，呈椭圆形，平均单苞质量84.2g，刺束密，较硬，平均每苞含坚果2.7个，出实率40%。坚果椭圆形，红褐色，果面茸毛较少，有光泽，大小整齐、美观，果顶微凹，平均单粒质量13.5g。果肉细腻香甜，干物质中含糖9.2%、淀粉50.1%、粗蛋白质5.95%。在舒城地区9月中旬成熟，果实较耐贮藏。早实丰产，大小年不明显，适应性广，抗逆性较强。

（19）'大红袍'

又名迟栗子，原产于安徽广德县。

树冠开张，树体高大，呈扁圆头形，成龄树树势强健。结果母枝粗壮，长24.8cm，粗0.78cm，平均每结果母枝抽生结果枝1.2个，每结果枝平均着生刺苞1.2个。刺苞近圆形，单苞质量117g，刺束绿色、较硬，疏密中等，平均每苞含坚果2.5个，出实率40%，成熟时“十”字形开裂，少3裂。坚果近圆形，红褐色，有光泽，果面茸毛呈纵向条状分布，果顶凸，果肩平，底座中等偏大，接线微波状，平均单粒质量18g。果肉质脆，风味淡，含水量45.5%，干物质含糖9.9%、淀粉51.8%、粗蛋白质6.0%。果实耐贮藏，在广德县9月下旬成熟，早实、丰产、稳产，适应性广，抗旱能力较强。

（20）‘蜜蜂球’

别名早栗子、六月暴、落花红，产于安徽舒城等地。因着生刺苞成簇状，犹如巢上的蜂群，故得名。

树冠紧凑呈圆头形，树型中等，成龄树树势旺盛。结果母枝长18.5cm，粗0.7cm，每结果枝平均着刺苞2.2个。刺苞椭圆形，单苞质量65.5g，刺束绿色，较稀，每苞平均含坚果2.4个，出实率42.3%。坚果椭圆形，红棕色，顶微凹，重13.5g，底座小，接线平直，粒小，射线明显，大小整齐。果肉细腻，干物质中含淀粉45%、糖13.8%、粗蛋白质4.18%，贮藏性较差。果实成熟期早，丰产、稳产，品质较好。

（21）‘迟栗’

原产于湖北宜昌、莲沱、秭归等地。因苞刺长而密，故又名“深刺大板栗”。

树体高大而开张，叶片大而肥厚，结果母枝粗壮。刺苞椭圆形，刺束排列密集，分枝角度小，每苞含坚果3个，出实率39.2%。坚果椭圆形，茸毛少，平均单粒质量25.5g，大小整齐，底座大。果肉淡黄色，略有香气，水分含量54.3%，干物质中含糖19.2%、淀粉51.4%，品质优良，生食较好，耐贮藏。在湖北地区果实成熟期为9月中旬。幼树生长势中等，嫁接后4年结果，连续结果能力较强，连续3年结果的枝条占47%；成年树树势强健，大小年明显。

（22）‘六月爆’

主要分布于湖北罗田县。

树势较强而直立。叶卵状椭圆形。结果母枝平均长18.3cm，粗0.67cm，每结果枝平均着生刺苞1.1个。雄花序平均长13.9cm。刺苞刺束稀疏、斜生，苞壳较薄，出实率45%。坚果椭圆形，黑褐色，光泽暗，茸毛多，单粒质量18g左右，含水量51.49%，干物质中含糖14.44%、蛋白质5.39%，不耐贮藏。在武汉地区开花盛期为5月下旬，果实成熟期为9月上旬至中旬。早期丰产性较差，栽植第四年株产0.53kg，易受桃蛀螟危害。

（23）‘红毛早’

主要分布于湖北京山县。

树冠较开张，树势较强。1年生结果母枝平均长18cm，粗0.58cm，每结果枝平均着刺苞1.3个。叶卵状椭圆形。雄花序平均长13.88cm。刺苞刺束长，排列较密，略斜生，苞壳较厚，出实率42%。坚果椭圆形，赤褐色，茸毛少，光泽好，单粒质量16g，整齐，含水量50.07%，干物质中含糖15.03%、蛋白质3.7%。在武汉地区盛花期为5月下旬，果实成熟期为9月中旬。早期丰产性强，栽植第二年株产达0.51kg，第四年株产2.58kg，贮藏性较差，易受桃蛀螟危害。

（24）‘豫罗红’

主要分布于河南信阳等地。

树势中强，树冠紧凑，枝条疏生、粗壮，分枝角度大。母枝萌发成枝率为67.67%，连续结果能力为50%。母枝抽生结果枝率为1.754个，结果枝着苞2.032个，每苞含坚果2.77个，每千克坚果98.4个，单粒重10g左右。出实率45%。坚果椭圆形，皮薄，紫红色，鲜艳。果肉淡黄色、甜脆、细腻、香味浓，有糯性，每100g果实含可溶性糖17g、淀粉58.4g。果实10月初成熟，丰产、稳产，耐贮藏，抗病虫。

（25）‘艾思油栗’

从河南信阳板栗种质资源中选出，2005年通过河南省林木品种审定委员会审定。

树冠圆头形，树姿开张，树势生长旺盛。发枝力强，内膛充实，连续结果能力强。叶宽大、

浓绿。刺苞椭圆形，苞刺长，排列紧密，坚硬直立，平均每苞含坚果2.5个，出实率40%。坚果椭圆形，红褐色，具油亮光泽，茸毛少，平均坚果重25.0g，鲜重含水量52.3%，干物质含糖20.6%、淀粉58.8%、粗蛋白质8.1%。果肉淡黄色，味甘甜，品质上等。果实10月上旬成熟。耐贮藏，适应性强，耐旱、耐寒，抗病虫能力强。

（26）'红油栗'

主要分布在河南罗山、新县、光山、商城、固始等地。

树冠自然半圆形，树高8.5m，冠幅10.5m×11.3m，表皮灰褐色，较粗糙，浅纵裂，新梢浅黄色，具茸毛。叶浅绿色，叶背有绿色茸毛，叶缘浅锯齿状。苞近圆形，"十"字形开裂，刺疏而斜生，每苞含2～3个坚果，苞皮厚，出实率为35%。果个中等，近圆形红色，具油光，皮薄易剥，味香甜，品质中上，丰产、稳产。

（27）'邵阳它栗'

原产于湖南邵阳、武岗、新宁等地，为当地主栽品种，栽培历史悠久。

树冠半圆头形，树势较强，树型矮小，枝条开张，分枝低，连续结果能力强。每结果枝着生刺苞1.8个。刺苞椭圆形，单苞质量87g，刺束较密而硬，每苞含坚果2～3个，出实率35%。坚果扁椭圆形，果顶稍凹，棕褐色，光泽暗淡，底座中等，接线平直，平均单粒质量13.2g，大小整齐。果肉稍粗，含水量48.2%，干物质中含糖21.8%、淀粉32.9%、蛋白质12.1%，品质中等，耐贮藏。在当地9月下旬成熟。

（28）'檀桥板栗'

主要分布在湖南衡阳等地。从衡阳县檀桥乡实生资源中选出，母树为檀桥乡200年生左右的实生板栗树。

树冠圆头形，树体生长旺盛，较高大，树姿较直立，树冠紧凑、圆头形。树皮深灰色，纵纹路。5年生幼树干周平均直径73.17mm，平均树高2.86m，平均冠幅2.86m×2.85m。单叶，革质，长椭圆状，青绿，富光泽，边缘有刺毛状齿，叶尖渐尖，叶基楔形，具托叶环痕；叶片平均纵径19.7cm，横径8.1cm，叶柄长22.66mm，锯齿0.2～0.4cm，叶脉14～18对；叶片背面有星状毛。1年生新梢为青灰色，节间平均长25.03mm；芽扁圆形。雄花为直立柔荑花序，粗而短；每个结果新梢平均有雌花簇3.2个。5月上旬始花，果实10月上旬成熟。坚果枣红色，平均坚果重16.22g，涩皮易剥离。果肉黄色，质地细腻，生食似核桃，熟食如莲，风味独特，鲜果果肉含淀粉48.5%、脂肪1.8%、可溶性糖8.53%、水分31.2%，适宜鲜食、菜用或加工。

（29）'花桥板栗1号'

主要分布在湖南湘潭等地。

树冠圆头形，树姿直立，主枝分枝角小于45°。枝条平均长度40cm，平均粗度0.5cm，枝条稀疏，皮色赤褐，皮孔扁圆。果前梢长6cm，平均节间长2.5cm，芽体三角形，芽尖黄色。叶片倒卵状椭圆形，叶色深绿，有光泽，斜向着生。每结果母枝平均抽生结果枝2.6个，每结果枝着生刺苞1～6个。刺苞散生分布，出实率31.8%。坚果椭圆形，红褐色，油亮，茸毛多，平均单粒重15.6g，底座大，肉质细腻，香味浓，耐贮藏。果实8月下旬成熟，早实、丰产性强，对栗疫病、栗瘿蜂、天牛等病虫害有较强的抗性。

（30）'接板栗'

产于湖南黔阳、怀化、靖县、芷江等地。产区群众自油栗中经长期人工选择，采用嫁接方法繁育的乡土品种，故得名。

树冠圆头形，树型紧凑，树势强。结果枝长22cm，每结果母枝抽生新梢3.8个，其中结果枝占34%，雄花枝占54%，每果枝平均着生刺苞2个。叶片椭圆形，先端渐尖，叶缘波状深锯齿。刺苞椭圆形，刺较密，长1.5cm，苞皮厚0.49cm，单苞质量70g，每苞多含坚果3个，出实率41.3%。坚果红褐色，有光泽，茸毛分布在果肩部，平均单粒质量13.6g，大小整齐，底座中等，接线平直，含水量50.3%，干物质中含蛋白质8.1%、脂肪1.1%。在湖南9月下旬果实成熟。丰产性强，大小年不明显。

（31）'油板栗'

主要分布于湖南湘西武陵山脉，多为实生繁殖。

树冠圆头形，树势强。发枝力强，每结果母枝抽生新梢3.8～4.2个，其中结果枝占41.4%，雄花枝占47.1%。结果枝长21.0～26.3cm，粗0.4cm，每结果枝着生刺苞1.8～2.4个，出实率35%～50%。叶片长椭圆形，叶缘波状深锯齿。刺苞椭圆至长椭圆形，刺较密，长1.2～1.5cm，苞皮0.3～0.5cm，单苞质量48～76g。坚果圆或椭圆形，红褐色，茸毛少，有光泽，果顶平齐或稍凹，单粒质量9～14g。果肉细腻，味甜，含水量47.8%，干物质中含淀粉48.6%、总糖7.5%、蛋白质6.7%，品质优良，较耐贮藏。在湘西盛花期为5月下旬，成熟期为9月下旬至10月上旬，树体适应性强，在黄红壤、紫色土、红色石灰土上均生长较好。

（32）'薄皮大油栗'

原产于江西龙南县和全南县等地。

树冠开张，呈半圆头形，成龄树树势中等。结果母枝长24cm，粗0.5cm，分枝角度较小，皮孔圆形，密而小，混合芽为三角形，小而具有黄色茸毛。每结果母枝抽生结果枝2个，每结果枝平均着生刺苞3个。叶长披针形，先端锐尖，基部楔形，深绿色，两侧略向上反卷，质地厚，锯齿直向，叶柄长1.5cm。刺苞长椭圆形，刺束长1.1cm，硬、斜展，分枝点低，分枝角度大。刺苞皮薄，平均每苞含坚果2.5个，出实率43%，空苞极少。坚果椭圆形，紫褐色或赤褐色，有光泽，果面茸毛较少，仅果肩以上有灰黄色茸毛，果顶微凹，果肩浑圆，单粒质量18g，底座大，接线呈弯曲月牙形。萌芽期为3月中旬，果实成熟期为9月中下旬。

（33）'灰黄油栗'

原产于江西靖安仁首、周坊、香田乡等，靖安县主栽品种。

树形高大，树姿直立，呈高圆头形，成龄树树势中庸。结果母枝长19cm，粗0.5cm，分枝角度较小，皮孔圆形，小而稀，混合芽扁圆形，小、黄褐色，平均每结果枝着生刺苞2个。叶长椭圆形，先端渐尖，基部微心脏形，长16cm，宽6cm，黄绿色，质地较薄，锯齿直向，叶柄长1.8cm。刺苞高椭圆形，单苞质量100g以上，刺束密，刺长1.5cm，分枝点较低，分枝角度较大。刺苞皮厚0.2cm，"十"字形开裂，每苞含坚果2.6个，出实率33%。坚果椭圆形，红褐色，有光泽，果顶微凸，果肩浑圆、有茸毛，单粒质量14g，底座较小，接线平直。在江西果实成熟期为10月上旬。

（34）'薄皮大毛栗'

原产于江西龙南县渡江乡红星村和全南县龙下、江口乡的桃江流域河滩地上，实生类型。

树冠开张，呈扁圆形，树形高大，成龄树树势中等。结果母枝长23cm，粗0.7cm，分枝角度小，皮孔圆形，细而密，混合芽圆形，小，被黄褐色茸毛。每结果母枝抽生结果枝2.5个，每结果枝平均着生刺苞2.3个。叶长椭圆形，先端渐尖，基部楔形，长18cm，宽7cm，淡绿色，两侧略向上反卷，质地较薄，锯齿内向，叶柄中长，老叶无毛，幼叶叶脉有黄色茸毛，叶背有淡黄色茸毛。刺苞长椭圆形，刺束密而硬，分枝点稍高，分枝角度较小。单苞质量120g，苞皮厚0.2cm，"十"字形开裂，平均每苞含坚果2.6个，出实率45%。坚果椭圆形，褐色，光泽暗，果面被灰白色茸毛，果顶微凸，果肩浑圆，平均单粒质量18g以上，底座中等，接线月牙状。果实成熟期为9月中旬，丰产，坚果耐贮藏。

（35）'魁栗'

原产于浙江上虞横塘孝丰村，分布于浙江上虞县岭南、陈溪、下管和诸暨县斯宅等地，为上虞的主栽品种，栽培历史悠久，以果大著名。

树冠较开张，呈圆头形。成年树树势中庸。结果枝占新梢总数的40%左右，结果枝长16.9cm，粗0.7cm，枝较密，皮灰褐色，皮孔扁圆，大而密，枝无茸毛。平均每结果母枝抽生结果枝1.8个。刺苞椭圆形，刺束长，密而硬，黄绿色，分枝点低，分枝角度大，平均单苞重132.1g，苞皮厚0.49cm，平均每苞含坚果2.1个，出实率

33.6%。坚果椭圆形，顶部平或微凸，肩部浑圆，果皮赤褐色且油亮，茸毛少，坚果色泽美观，平均单粒质量17.8g，大小均匀，底座小，接线平直，涩皮易剥离。果肉淡黄色，味甜质粳，干物质中含糖24.49%、蛋白质7.88%、淀粉57.49%、脂肪3.31%，品质优良，适宜菜用，不耐贮藏。在浙江萌芽期4月1日，展叶期4月16日，雄花盛花期6月18日，果实成熟期9月25日，落叶期11月6日。该品种易受天牛、桃蛀螟和象鼻虫危害，不耐瘠薄土壤。

（36）'毛板红'

别名长刺板红、旺刺板红。原产于浙江诸暨市视北乡朱砂村，已有500多年的栽培历史，嫁接繁殖，为该县主栽品种。

树冠紧凑，发枝力强，结果母枝抽生新梢中结果枝占60.1%，雄花枝占20.5%，平均每结果母枝抽生结果枝2.1个，每结果枝着生刺苞1.9个。刺苞椭圆形，平均单苞质量112.5g，刺束长2.1cm，密而软，黄绿色，分枝点低，分杈较小，苞皮厚，每苞平均含坚果2.3粒，出实率33%。坚果长圆形，顶部微凸，果背有较明显纵线，果皮暗红色，顶端毛密，平均单粒质量15.2g，底座长椭圆形，浑圆凸出。果肉淡黄色，味甜具糯性，干物质中含糖8%、蛋白质5.67%、脂肪2.75%、淀粉39.4%，耐贮藏。在朱砂村，萌芽期4月1日，展叶期4月15日，雄花盛花期6月15日，果实成熟期10月5日，落叶期为11月。适宜密植，不易受桃蛀螟和象鼻虫危害，不耐瘠薄土壤。

（37）'萧山大红袍'

产于浙江萧山市所前乡，一直采用嫁接繁殖。

树冠开张，树势强健。叶片椭圆形至披针状椭圆形，先端楔形，长18cm，宽6.5cm，锯齿直向。刺苞大，呈扁椭圆形，平均单苞质量111.7g，刺束长1.7cm，苞皮较薄。坚果椭圆形，果皮赤褐色，少茸毛，富光泽，平均单粒质量20.8g，底座较大，果肉味甜而糯性。果实成熟期10月上旬。

（38）'永富大油栗'

产于云南富民县赤鹭乡水富村，实生选出。

树体较大，树姿开张，呈多主干半圆头形，树势旺。结果母枝长15.3cm，粗0.55cm，节间长1.24cm，混合芽扁圆形，黄赤褐色。叶长椭圆形，先端渐尖，基部广楔形。刺苞椭圆形，平均单苞果质量80.05g，刺束密度中等，长1.82cm，分枝点较低，开张，苞皮厚0.26cm。坚果椭圆形，紫褐色，富光泽，平均单粒质量14.32g，底座小。果肉含水量49.5%，干物质含量13.86%，淀粉含量53.64%，蛋白质含量8.49%，淀粉糊化温度55℃，品质中上，外观商品性好。在水富村，果实9月初成熟，产量高，连续结果能力强。

（39）'鸡腰子栗'

产于云南禄劝县九龙乡万宝民村，实生优株，母树树龄逾百年。因其边果的内侧面中部凹，弧面不对称，形似鸡腰子，由此得名。

树体高大，树姿开张，高圆头形，叶幕呈层形。结果母枝长19.2cm，粗0.54cm，节间长1.54cm，皮孔圆形，小而密，混合芽卵圆形，被灰褐色茸毛。平均每结果母枝抽生新梢1.9个，其中结果枝占52.6%，雄花枝和发育枝各占6.3%，每结果枝平均着生刺苞1.5个。叶椭圆形，先端渐尖，锯齿粗大。刺苞椭圆形，刺束密度中等，长1.54cm，硬，苞皮厚0.39cm，平均单苞质量94.83g，每苞平均含坚果2.85个，出实率39.16%。坚果椭圆形，果顶微凹，果肩浑圆，平均单粒质量13.81g，整齐度高，果皮紫褐色，光泽中等，底座小，接线平直或略呈小波纹状。果肉含水量44.6%，干物质中含糖15.34%、淀粉52.27%、蛋白质10.43%，淀粉糊化温度55.0℃，品质优良。果实成熟期为9月上旬。

（40）'赤马1号'

产于云南玉溪赤马果林场。1991—1992年云南板栗资源调查时发现并选出。

树冠呈圆头形，树姿较直立。结果母枝长27.1cm，粗0.73cm，节间长1.5cm。枝条灰褐色，茸毛极少，皮孔大而稀，扁圆形。平均每结果母枝独生新梢3.3个，其中结果枝占45.5%，雄花枝占9.1%，发育枝占3.0%。叶椭圆形，先端急尖，锯齿直向。刺苞椭圆形，刺束长1.5cm，较密，苞皮厚0.22cm，平均单苞质量46.7g，成熟时"十"字形开裂成3裂，出实率54.78%。坚果短椭圆形，黑赤褐色，果面全面被茸毛，短而稀疏，果顶微凹，果肩平，平均单粒质量5.78g，接线如意形。果肉黄色，细腻，糯性，味香甜，含水量48.7%，干物质含糖17.74%、淀粉50.18%、蛋白质8.58%，淀粉糊化温度58.0℃。在当地果实成熟期为7月13～17日，成熟早，13年生树高4.5m，树体小。

四、苗木培育

我国板栗传统栽培采用实生繁殖，即直接利用板栗坚果经沙藏层积后，翌年在圃地播种培育成板栗苗。采用实生苗繁育，方法简单易行，且在短时间内能培育出大量的苗木，苗木根系发达、生长健壮、寿命长、适应力强、移栽成活率高。20世纪70年代以后，我国各板栗产区全面推广嫁接栽培和野生、劣杂实生板栗林的良种改接工作，之后一直采用良种建园方式：一是直接采用优质嫁接苗建园，品种配置栽植；二是采用直接播种或栽植实生苗，翌年进行良种嫁接（胡芳名等，2006）。

1. 采穗圃营建

建立板栗良种采穗圃，既可以通过高接换优，尽快批量地繁殖种条，又可以通过建立良种密植园进行优良品种繁殖。

（1）高接换优建立采穗圃

选择立地条件好、植株生长健壮、无病虫害的板栗实生成龄林，通过高接换冠改造成良种采穗圃。采用这种方法，可以较快地满足当前生产上对良种接穗的需求。

（2）高密度栽植建立采穗圃

定植前全面整地，每亩施有机肥3～5m³。砧苗选用大苗，按1m×1m或2m×2m株行距定植。栽植后当年或第二年嫁接均可，采用插皮接或插皮舌接。嫁接部位可在地面上5～10cm的苗干基部，也可定干高40～60cm，在定干剪口下的苗干上高位嫁接。若第二年嫁接，则栽植当年也要截

板栗林（郭素娟摄）

板栗树（郭素娟摄）

干，以刺激根系生长。采穗圃的管理是大量繁育优良品种接穗的首要工作，具体内容包括施肥、抚育、浇水与排水以及病虫害防治等。

2. 砧木培育

选择充分成熟、粒大饱满、无病虫害、大小均匀的种子作种用。播种前用硫黄粉和草木灰拌种，每100kg种子用硫黄粉0.4kg、草木灰2kg。培育嫁接砧木苗一般在春季采用畦播，畦内开沟，沟深5～6cm，株行距10cm×（30～40）cm，播种时种子侧放或平放，切勿使果尖朝上或倒立放置，播后覆上3～5cm，根据土壤墒情及时浇水。北方多用本砧，以2～3年生的实生苗作砧木。长江流域一带有利用5～6年生的野生板栗作砧木就地嫁接的习惯。湖南部分地区利用锥栗作砧木，成活率较高。

3. 接穗选择与贮存

在芽萌发前45天左右，选择经省级以上品种审定（或认定）的品种或者优良板栗农家品种，在采穗圃中选成年植株上生长健壮的结果枝或发育枝作接穗，置于3～5℃、填充物含水量为30%～35%的地下室或土窖中贮藏。

4. 嫁接时期和方法

枝接一般当砧木的芽开始萌动，树皮易剥开的时候进行，在河北一般是4月中下旬，在广西是3月上中旬。此外，嫁接应选择晴天，18℃的气温为好。秋季嫁接在长江流域以9～10月为宜。

板栗嫁接方法主要有枝接和芽接，其中，枝接又分劈接、双舌接、切接、腹接、插皮接等方法。砧木较粗或改劣换优的大树进行高接，如果主、侧枝光秃，嫁接宜采用插皮接。

5. 苗期管理

清除萌蘖　嫁接后10天砧木就有萌蘖发生，为提高嫁接成活率，必须及时抹除萌蘖，避免萌蘖与接穗争夺养分，影响接穗萌发生长，一般要除萌蘖3～5次。

松捆绑　嫁接1个月后，新梢长至30～35cm时，要将嫁接捆绑的塑料条松开，改为轻松捆绑，促进愈合牢固。注意此时还不宜脱绑，避免愈合不好或风吹折断，影响成苗率。

水分管理 板栗幼苗不抗旱、不耐涝，必须注意水分管理。6月下旬进入雨季前视墒情灌水2～3次，灌水后松土保墒，防止土壤板结。雨季要及时排水，防止圃地积水。8～9月视墒情灌水。封冻前浇足水有利于苗木越冬，防止抽干。

施肥管理 雨季对幼苗及时追肥或喷施叶面肥，追肥以氮肥为主，每公顷不超过225kg。为促使幼苗木质化，9月上旬后不再追施氮肥。秋季停止生长后，施有机肥。

综合管理 及时进行中耕除草，在幼苗出土后立即进行1次，在以后生长季节内进行2～3次，使土壤保持疏松状态。北方冬季严寒干燥，易引发栗苗抽干，即自上而下干枯。为防止抽干发生，秋季剪除苗干（平茬）。土壤贫瘠的栗园，可连续平茬1～2年，以培育壮苗。

五、栽培技术

1. 选地建园

在板栗林（园）的营建中，可直接栽植嫁接苗建园，也可先栽植实生苗，成活1～2年后进行嫁接。

（1）造林地的选择

造林地应选择土壤肥沃、土层深厚、排水良好、地下水位不高的沙壤土、沙土或砾质土，pH 7.0以下，石灰质碱性土壤不适宜板栗生长。在山坡地建栗园，以选择坡度较缓的阳坡为宜。

（2）整地

整地是改良栗园土壤的重要措施。平地和缓坡地宜采用全面整地，深度不小于30cm；山地应根据情况进行水平梯地和鱼鳞整地。整地一般应提前3～6个月进行。

（3）良种壮苗的选择

选择经过省级以上良种审定的优良品种或引种栽培试验的优良农家品种，要求具有病虫害少、抗逆性强、坚果耐贮藏的特点。选用2～3年生壮苗，苗高不低于60cm，地径不小于0.6cm，根系发达完整，生长健壮，无病虫害，无机械损伤。

（4）造林密度

一般平地每亩可栽45～56株，山地栗园每亩可栽60～80株，株行距以3m×4m、4m×4m、3m×5m为宜。如若采取早期丰产密植与后期疏间相结合，栽植密度每亩密度可达111～333株，这样可提高栗园早期单位面积产量。

（5）品种配置

板栗虽不是完全的自花授粉不结实的树种，但自交结实率低，通常只有10%～40%，因此必须注意授粉树的配置。在建园时，可选用花期相遇、授粉亲和力强的2种或2种以上优良品种混合栽植，以便互相授粉，提高结实力。一般主栽品种每4～8行配置1行授粉树。

2. 土肥水管理

板栗树对各种营养元素的吸收在时间、数量上存在较大差异。萌芽期和新梢速长期偏重对氮素的吸收；开花期至采收前逐渐由营养生长转向生殖生长，此阶段则加大了对磷、钾等元素的吸收量；板栗花芽分化、授粉受精、果实膨大期碳水化合物的合成等都需要硼素参与，要保证树体在萌芽期、开花期、果实膨大期能够摄入足够的硼素。

（1）施肥时期和方法

基肥 基肥以土杂肥为主，并配合施入适量氮、磷、锌、硼肥。一般在9～10月板栗采收后进行施肥，施用量可根据树体大小、产量以及土壤肥力等情况而定，施用方法有放射状沟施肥、环状沟施肥和全面撒施等。

放射状沟施肥：即在树冠边缘下开4～6条放射状浅沟，沟长60cm左右，宽、深各30cm左右，在沟内施肥后覆土封沟。

环状沟施肥：即在树冠边缘下挖半月形沟2～4条，沟长70cm左右，宽、深各30cm左右，将肥料撒在沟中，覆土封沟。

追肥 土壤追肥以速效氮肥为主，配合磷、钾肥为好。

第一次：4月上旬至下旬，一般每株可施碳酸铵0.5～1.0kg或尿素0.3～0.5kg，或人粪尿（有

机肥）40～80kg。

第二次：7月下旬至8月正是果实体积和重量开始迅速增长期，这时每株施碳酸铵0.5～1.0kg，或尿素0.3～0.5kg，或人粪尿40～80kg，以及过磷酸钙1.5～2.5kg。

根外追肥 根外追肥可作为土壤施肥的一种辅助措施，在水肥条件差的山区栗园或弱树上施用，效果更显著，比土壤施肥养分吸收效率提高1.5～2.5倍。常用的根外追肥浓度：尿素为0.3%～0.5%，过磷酸钙为2%，磷酸二氢钾为600～800倍液（花期和花后期喷施效果好），硼砂为0.1%，硫酸亚铁为0.5%，硫酸锌为5%（喷干枝）。一般根外追肥结合喷药同时进行，可节省劳力。根外追肥选择在湿润无风的天气较好。在一天内，以早晨露水未干或傍晚时进行较好。

（2）合理灌水和排水

在发芽前、果实膨大期和深秋施基肥时各灌一次水。易积水的栗园，雨季应及早挖好排水沟，及时排出积水。

3. 整形修剪

（1）修剪时期

板栗的修剪主要在冬季进行，一般在落叶至发芽前都可修剪。

幼树的整形修剪除冬季进行外，还须进行夏季修剪，以促进新梢的分枝，提早成形，这在栗园管理中尤为重要。

（2）幼树整形修剪

根据栗树丰产树形的标准，目前栗树的树形主要有自然开心形、主干疏层形。

自然开心形 这种树形多适用于山地栗园和矮冠密植园，没有中心主干，2～4个主枝。

定干：山区栗园树干高30～50cm，平原树干高50～80cm。在规定高度选饱满芽处截干。

摘心留枝：定干发芽后，选留3个角度分布均匀的旺芽，将顶芽和其余的芽抹去；当新梢生长到30cm左右时进行摘心，以促进当年抽生二次枝，二次枝生长到25cm时再进行摘心。一般当年摘心、留枝2～3次，再结合冬季修剪，树形就可基本形成，第二年就有部分栗树开始结果。

主干疏层形 适应平原或土质肥沃的栗园以及零星栽植的板栗树。这种树形有明显的中心干，全树共有主枝7个，自下而上呈3211排列。第一层有主枝3个，上下错开，各枝的平面夹角120°，垂直角60°～70°，层内距30～40cm；第二层有主枝2个，着生部位与第一层主枝相互交错，距离80cm左右，层内距40cm左右。每个主枝上着生侧枝3～4个，冠高4～5m为宜。其方法与自然开心形相同。

（3）初结果树的修剪

板栗自开始结果到大量结果，其树体营养生长较旺，树冠逐年显著扩大，结果数量逐年增多。这时修剪，除要继续培养多级骨干枝外，还要注意保留辅养枝，疏去无用的密挤枝、徒长枝和细弱枝；使各类枝条分布均匀，树冠内膛要适当多留结果枝，并要保持稀密适度以加大结果面积；用去强留弱的办法来调整各级骨干枝的生长，以保持树势均衡发展，培养成丰满的树冠。

（4）盛果期树的修剪

板栗进入结果盛期，树冠仍在继续扩大，结果部位不断增加，容易出现生长与结果之间的矛盾，保证板栗达到高产稳产优质是这一时期修剪的主要任务。此时修剪以保果增产、延长盛果期为主，对树冠内外密生的细弱枝、干枯枝、重叠枝、下垂枝、病虫枝要从基部剪除，以改善通风和光照条件，促生健壮的结果母枝和发育枝。对内膛抽生的健壮枝条应适当保留，以利于内膛结果。对过密大枝，要逐年疏剪，剪时伤口削平，以促进良好愈合。在修剪上应经常注意培养良好的枝组，用好辅养枝和徒长枝，及时处理背后枝与下垂枝。

（5）衰老树的修剪

板栗树的长势衰退时，要重剪更新，以恢复树势，延长结果年限。着重对多年生枝进行回缩修剪，在回缩处选留一个辅养枝，促进伤口愈合和隐芽萌芽，使其成为强壮新枝，复壮树势。对过于衰弱的老树，可逐年对多年生骨干枝进行更新，利用隐芽萌发强壮的徒长枝，按照整形的方法，做好留枝、摘心工作，一般第二年就可形成新的树冠，开始结果。修剪的同时，与施肥、浇水、防治病虫害等管理结合起来，则效果更好。

六、主要有害生物防治

1. 栗疫病

板栗疫病是造成栗树死亡的一种主要病害。该病的病原菌是一种真菌，属于囊菌亚门核菌纲球壳菌目间座壳科的寄生内座壳菌（*Endothia parasitica*）。病害发生在其枝干上，病部初期红褐色，发软，稍隆起，内部皮层腐烂，流液汁，有酒精味，后渐干缩，上生橘黄色至橘红色小瘤状凸起。后期病部略肿大成纺锤形，树皮龟裂。防治方法：可通过加强检验检疫和水肥管理、增强树势、彻底清除重病枝和重病树等措施综合防控。对主干和枝条上的个别病斑，可进行刮治，然后涂抹碱水、甲基或乙基大蒜素溶液、石硫合剂原液、菌毒清水剂等药剂。

2. 栗白粉病

栗白粉病属真菌病害，该病的病原菌属子囊菌亚门白粉菌目球针壳属（*Phyllactinia roboris*），主要危害栗叶，在叶面形成灰白色病斑，并逐渐扩大，出现白色粉末（分生孢子），最后在其上散生黑色小粒点，即子囊孢子。病叶呈现皱缩，凹凸不平，失绿，引起早期落叶。防治方法：可通过加强栗园综合管理，增施有机肥、磷肥和钾肥，控制氮肥，以及增强树势等措施综合防控。4～5月发病初期喷施0.2～0.3波美度石硫合剂或粉锈宁液。冬季刮树皮，及时收集病枝叶并烧毁。

3. 栗叶斑病（*Mycosphaerella maydis*）

栗叶斑病主要危害叶片、苗木，在幼树的叶片上形成枯死的病斑。发病初期，叶脉间、叶缘及叶尖上形成圆形或不规则的黄褐色病斑，边缘色深，外围组织褪色或出现黄褐色晕圈。随着病斑扩大，叶面病斑上出现小黑粒体（为分生孢子盘和分生孢子）。后期小黑粒体数量增多并密集相连，排列成同心轮纹状。以分生孢子盘或分生孢子在病斑上越冬，为第二年初侵染源。防治方法：可通过加强栗园树体、土壤管理及增强树势等措施综合防控。发病前喷波尔多液预防，发病时喷0.3～0.5波美度的石硫合剂或5%硫酸铜液。冬季将落叶、修剪的病枝和枯枝集中烧毁，消灭越冬病源。

4. 根腐病

该病原菌属担子菌亚门（Basidiomycotina），以菌丝在病残组织或田间病株上越冬。该病初期发病部位不定，但迅速扩展在主根颈部。皮层与木质部之间有白色扇形菌丝层，新鲜时在暗处发蓝绿色荧光为该病主要特点。病部皮层腐烂，有浓烈的蘑菇异味。防治方法：可通过加强栗园土肥水管理、增强树势等措施综合防控。田间发现有伤口的栗树用硫酸铜溶液消毒，再用波尔多液喷洒，严重的病株应及时铲除、集中烧毁。

5. 栗瘿蜂（*Dryocosmus kuriphilus*）

栗瘿蜂以幼虫危害板栗芽和叶片，形成各种虫瘿，虫瘿呈绿色或紫红色，到秋季变成枯黄色，每个虫瘿上留下1个或数个圆形出蜂孔。栗树受害严重时很少长出新梢，不能结实，树势衰弱，枝条枯死。防治方法：冬季剪除树冠内的纤弱枝及有虫瘿的枝条，虫瘿形成后至成虫羽化前（在5月以前）摘除新虫瘿，成虫羽化出瘿前后喷施无公害药剂。保护和培养利用长尾小蜂等天敌。

6. 栗实象鼻虫（*Curculio davidi*）

栗实象鼻虫1年发生1代，成虫7～8月出现，产卵于壳斗内，10～11月老龄幼虫自壳斗外出，多在土内越冬，翌年7月化蛹，8月羽化出土。以幼虫在栗实内取食，形成较大的坑道，内部充满虫粪，被害栗实易腐烂变质，完全失去发芽能力和食用价值，老熟幼虫脱果后在果皮上留下圆形的脱果孔。防治方法：在板栗收获前，及时剪除和拾取落地的虫果，集中烧毁或深埋，以消灭其中的幼虫。7～8月喷施灭幼脲悬浮剂、速灭杀丁乳油等药剂杀死卵和初孵幼虫。采收后立即用50～55℃的水浸泡10～15min，及时进行脱粒，入冷库存放。

7. 桃蛀螟（*Conogethes punctiferalis*）

桃蛀螟在北方地区1年发生3代，越冬幼虫于4月中旬化蛹，5月中旬羽化成虫。5月底至6月上旬为第一代成虫盛发期，7月中下旬为第二代成虫盛发期，8月中下旬出现第三代成虫，转移到板栗上产卵，8月中下旬为产卵蛀果盛期，至果实采收时还有少量幼虫蛀果。幼虫于树皮裂缝或落地的干栗苞等处越冬，羽化成虫后约于8月产卵于总苞，孵化后从总苞柄柱入，常引起严重落果。栗果生长期间仅少数老龄幼虫蛀入，但采收后大量蛀食，常可使栗果被蛀空，而以虫粪和丝状物相粘连，使未蛀空的栗果失去食用价值。防治方法：在栗园周围种植向日葵或玉米等桃蛀螟的喜食植物，然后将葵盘等及时烧毁，或利用糖醋罐诱杀桃蛀螟。生长期即8月上旬到下旬喷施氯氰菊酯、杀蛉脲；总苞采回后5～6天内及时脱壳取栗果，以减轻危害；采收后用二硫化碳熏蒸总苞，或用敌百虫液速浸总苞。

8. 板栗大蚜（*Lachnus tropicalis*）

板栗大蚜1年发生多代，以卵于枝干皮缝处或表面越冬，阴面较多，常数百粒单层排在一起。第二年4月孵化，群集在枝梢上繁殖危害，5月产生有翅胎生雌蚜，迁飞扩散至嫩枝、叶上危害和繁殖，10月中旬产生有性雌、雄蚜，交配产卵，11月上旬进入产卵盛期。成蚜、若蚜群集枝梢上或叶背面和栗苞上吸食汁液，影响枝梢生长，蚜虫排出的蜜露招引蚂蚁取食。防治方法：冬、春季结合修剪查找卵块，消灭越冬卵。蚜虫初发期喷施吡虫啉可湿性粉剂或可立施水分散粒剂等进行防治。

9. 板栗红蜘蛛（*Oligonychus ununguls*）

该螨1年发生7～9代，以卵在1～4年生枝条上越冬，尤其在2年生枝芽周围、树皮缝隙及分枝为多，6～7月危害最为严重。进入雨季后，该螨数量骤减。防治方法：在越冬卵孵化盛期和末期连续喷洒灭扫利或尼索朗、螺螨酯等杀螨剂可以控制全年危害，发芽前树上喷洒石硫合剂或机油乳剂+辛硫磷，可同时防治介壳虫、蚜虫等。

七、综合利用

1. 果实

板栗坚果富有营养，味道甘美、香甜。分析显示，种仁含糖10%～20%、淀粉40%～60%、蛋白质6%～11%、脂肪2.7%～5.0%，以及维生素B、维生素C和磷、钾、钙、镁、铁等营养元素，素有“干果之王”的美誉。鲜食主要为生食、炒食、煮食或作菜肴配料。在加工利用方面，板栗可加工成美味的甘栗、板栗脯、糖水栗子罐头、栗粉、栗子蜜饯、栗子酱、栗子粥、栗子羹、板栗酒、板栗饮料、板栗奶、板栗米饼、板栗脆片等。

2. 苞壳

板栗苞壳含有碳、氮和矿物质等多种成分，经适当处理后可作为培养食用菌的原料。栗苞中含有酚类、有机酸、糖类或苷类、黄酮、植物甾醇、内酯、香豆素等化学成分，是提取色素、多酚、栲胶的原料，还可以生产栗苞炭，作为饲料和肥料的原料。

3. 花

板栗花气味香甜宜人，香气柔和。板栗花提取物可以抗菌、抗氧化、抗病毒、抑制肿瘤等。板栗花可提取精油，应用于香皂、香水、护肤露等各种化妆品，目前河北迁西正在开发板栗花露水等产品。板栗花粉还可以提取黄酮类物质。

（郭素娟，邹锋）

94 锥栗

别　名｜尖栗、甜栗、榛仔

学　名｜*Castanea henryi* (Skan) Rehd. et Wils.

科　属｜壳斗科（Fagaceae）栗属（*Castanea* Mill.）

锥栗是我国南方重要的木本粮食和果品类经济林树种、用材林树种。因其坚果锥形，故而得名，自古被视为“铁杆庄稼”“木本粮食”（郑诚乐，2008）。锥栗果实富含淀粉、糖和蛋白质，并含少量脂肪及抗坏血酸和胡萝卜素。锥栗肉质细嫩、香甜，耐贮藏，是营养和保健俱佳的木本干果。锥栗树干通直，材质坚实，耐水湿，适于建筑、地板、家具、桥板之用；壳斗和树皮含大量鞣质，可提制栲胶；根皮入药可洗疮毒，花可治痢疾。木材耐腐性较板栗强（江由，1999）。锥栗对风化土适应能力极强，能在荒山荒坡大量发展，特别是在困难立地条件下其顽强的生命力仍能保证良好生长结实。发展锥栗生产，对维护我国粮食安全和生态安全具有重要意义。

一、分布

锥栗为我国原产，分布范围广，栽培历史悠久。锥栗的分布范围在23°～33°N、104°～121°E，主要分布于我国秦岭、淮河以南广大亚热带丘陵山区，包括甘肃、陕西、江苏、安徽、浙江、福建、台湾、江西、湖北、湖南、四川、重庆、贵州、云南、广东、广西等地（张宇和等，2005），大多分布在海拔300m以上的低山丘陵及山区，最高可达海拔2000m以上，湖南湘西武陵山区是其自然分布中心。在古代，人们长期将板栗与茅栗、锥栗统称为栗，并与桃、杏、李、枣一起称为“五果”（胡芳名等，2006）。锥栗多处于自然野生状态，作为栽培树种主要集中分布在浙江南部、福建北部、湖南东部和湖南西部，这些地方是锥栗的集中产区（范晓明等，2014b；Fan et al.，2015），目前全国锥栗栽培面积有112万亩。近年来随着锥栗新品种不断出现，以及山区精准扶贫对发展特色高效经济林需求的加大，锥栗作为结实早、效益好、耐贮的干果，在我国南方呈现快速发展态势。

二、生物学和生态学特性

1. 形态特征

落叶乔木，高可达20～30m。主干通直，是我国所产栗属三大栗树（板栗、茅栗和锥栗）中

锥栗果枝（袁德义摄）

能成长为高大通直木材的一种。树皮深灰色，纵裂。小枝光滑无毛，新梢黄绿色，多年生枝紫褐色，散生有白色圆形皮孔。芽小，卵形，芽鳞紫褐色，光滑无毛。叶2列，单叶互生，叶片长卵圆形至卵状披针形，长12～19cm，宽2～5cm，先端尾状渐尖，基部楔形至近圆形、歪斜，边缘有芒状锯齿；叶片表面绿色，有光泽，背面黄绿色，两面无毛或下面沿脉略有毛；叶脉黄绿色，侧脉13～16对，直达齿端；叶柄细，长1.0～1.5cm，黄绿色，无毛。花单生，雌雄同株异花；雄花柔荑花序直立、细长，花密生，花序长10.5cm左右，一般生于新梢下部叶腋，花被6裂，密生细毛，雄蕊通常12枚；雌花序生于新梢上部叶腋雄花序基部近枝端，雌花单生于总苞内，基部有5枚苞片，有毛，花被片6枚，两面及边缘密生细毛，花柱6～9个。球果（或称总苞）圆球形，密被分枝的长刺；坚果单生，卵圆形或圆锥形，顶端尖；果肉黄色，质地细腻，口感香甜，涩皮易剥离（张宇和等，2005）。

2. 生长结果习性

锥栗是速生树种，种子发芽力强。苗期生长快，年生长达60～80cm，造林后在适宜环境条件下，每年生长可达1.0～1.5m。实生或萌生锥栗林5～7年生开始结实，15～20年生后进入盛果期，80～100年生后结果能力开始减弱，逐步进入衰老期。嫁接锥栗林一般3年生开花结实，6～7年生进入盛果期。锥栗在天然群落中，主要与松树、竹、樟树、木荷等树种混生成常绿落叶阔叶混交林。在该类型林分中，锥栗树体高大，可作材用，但结实量低。在栽培条件下，用锥栗或毛栗嫁接，可矮化（胡芳名等，2006）。

根系 锥栗根系分布随土壤管理和栽培条件的变化而有不同，在天然混生的林分中根系可达1.5～2.0m深，水平根系的分布比冠幅更大些。锥栗常与真菌共生形成外生菌根，细根多时，菌根的形成也多。菌根多分布在20～40cm的土壤表层内。

枝梢 根据生长结果特性的不同，可将锥栗的枝梢分为生长枝、结果母枝、结果枝。生长枝是指全枝无花芽，即自顶芽及以下各节腋芽全为叶芽，基部为隐芽。依生长势的强弱，生长枝又可分为徒长枝、普通生长枝、纤弱枝。结果母枝是指在1年生枝条顶部着生花芽，第二年可萌发抽生结果枝的枝条。结果母枝一般由生长中庸的1年生普通生长枝或由上一年结果枝的果前梢转化而来，在树体营养管理较好时，部分上一年的雄花枝或花果早落的枝条也能转化为结果母枝。根据生长势的不同，又可将结果母枝划分为强枝、中枝、弱枝、极弱枝和鸡爪枝几种。结果枝是从结果母枝顶部花芽及以下相邻的几个腋芽萌发抽生而成。结果枝常位于树冠的中上部和外围。

芽 芽可分为花芽、叶芽和隐芽3种类型。花芽萌发后抽生出含有雄花序和雌雄花混合花序的结果枝或不含雌花序的雄花枝。抽生结果枝的花芽称为雌花芽（也称完全混合芽），抽生雄花枝的花芽称雄花芽（也称不完全混合芽）。叶芽较小，外观近圆锥形，着生在生长枝的叶腋间、果前梢的叶腋间或结果母枝的中下部。隐芽也称休眠芽。

花 锥栗为雌雄异花同株树种。雄花序为柔荑花序，雄花序的数量与抽生开花的习性因枝条的种类而不同。着生于结果枝上的雄花序是春季由结果母枝上的顶花芽和腋花芽萌发抽生的结果枝逐渐延长抽生而来。在花序段上，每节叶腋间着生1个雄花序，长12～16cm。1个结果枝上，可连续有5～12节的叶腋间抽生雄花序。在雄花段的上部为雌花段（也称为混合花序段），一般有1～4节，每节叶腋间抽生雄花序1个和雌花序1～3个，雌花序着生于雄花序的基部。雌花段上所着生的雄花序，长度与粗度较雄花段上的雄花序短而细，一般仅10～12cm。另一类雄花序着生在雄花枝上，由雄花芽萌发抽生而来。雌花序为球状，着生于结果枝雌花段1～3节叶腋间混合花序的基部。雌花序的外表有针刺束的球苞，其中有雌花1～3朵，但以1朵为多。锥栗为风媒花树种，花粉量极大，花粉粒小而轻，在风大时，单粒花粉可传播至100m以外。花期较长，约1个月。

花粉具香气，有很多昆虫采食其花粉，兼具虫媒传粉现象，所以自然授粉结实率高（范晓明等，2014a）。

果实 果实分果苞和坚果两部分。果苞又称球苞或栗蓬，由总苞发育而成。果苞因品种不同形状也有不同，有圆锥形、近球形、扁球形等。果苞由刺束、果苞肉、苞梗等组成。成熟时，果苞由绿色转成黄绿色，由顶部沿纵轴开裂，一般2裂，少数有3～4裂。开裂后，坚果逐渐从果苞内掉落地面，此时表明坚果充分成熟。果苞上刺束的长度、粗度、坚硬度、密度和数量等均因品种不同而异，可作为品种区分的标准之一。坚果由子房发育而成。

一般品种的果苞内仅着生1颗坚果，少数品种有2～3粒，但仍以单粒果为多。坚果重量2～13g，其大小、形状、重量和品质因品种和栽培管理及立地条件的差异有所不同。

3. 生态学习性

锥栗是深根性喜光树种，喜温暖湿润的环境，在向阳、土层较厚、土壤较湿润肥沃的高山山谷或山坡上生长良好，在南方一般板页岩发育的黄红壤或红壤丘陵地区皆可生长。锥栗适生于年平均气温11～20℃、年降水量1000～1500mm的气候条件，但也能耐极端最低温度-16℃。锥栗适应性较强，甚至陡坡上也能生长。但在土壤表层瘠薄、质地坚硬、干燥的地方，生长不良。我国长江流域以南到南岭以北的广大地区为其适生区，该区属中亚热带湿润季风气候（郑诚乐，2008）。

温度 锥栗不同品种对温度要求不同，一般要求年平均气温15～17℃，生长期气温18～20℃。不同物候期对温度要求也不相同，开花期要求温度在17℃以上，此期温度低于15℃或高于27℃均对受精不利，引起结果不良；在休眠期则需要一定的低温，最适温度是0℃左右。

光照 锥栗为喜光树种，光照是影响产量和品质的重要环境因子。锥栗光饱和点、光补偿点分别为1480.35μmol/（m^2·s）和63.89μmol/（m^2·s）。年平均日照2000h以上，能满足生长发育的需要。但生长季日照时间在6h以下，不能满足生长对光照的要求。当日照不足时，树冠生长直立，枝干秃，枝条纤细，节间长，叶片薄，树冠内膛和下部枝条枯死，产量低甚至不结果。

水分 中心产区年平均降水量1000～2000mm，但全年雨量不均，上半年多雨，下半年雨少。在大多数年份，7～11月常出现干旱，尤其在7～9月是果实生长发育的重要时期，此期遇旱则造成果实发育不良，产量锐减。

土壤 对土壤pH的适应范围为4.6～7.5，在微酸性土壤中生长最好，pH低于4.6或高于7.5则生长不良。

从中心产区的调查情况来看，海拔高度是锥栗栽培中重要的生境因子之一，目前在中心产区锥栗多分布在300～1000m丘陵山地。

三、良种选育

锥栗为我国板栗的野生近缘种，我国野生锥栗资源极为丰富，除福建、浙江、湖南有锥栗栽培外，多地的锥栗处于野生状态。

1. 品种群

锥栗为雌雄同株异花授粉植物，生产上均采用无性繁殖或实生播种繁殖。随着栽培区域气温、地域变化，在长期自然生长与栽培过程中产生变异，形成在形态、物候期、经济性状和抗性等不同方面表现差异的品种群。生产中根据锥栗成熟时间的早晚，划分为早熟品种群、中熟品种群和晚熟品种群。

（1）早熟品种群

成熟期在8月底至9月初（“处暑”到“白露”），为早熟品种，如栽培品种有‘华栗1号’，农家品种有‘处暑红’‘白露籽’‘长芒籽’等。

（2）中熟品种群

成熟期在9月上旬至中旬（白露到秋分），为中熟品种，如栽培品种有‘华栗2号’‘华栗3号’‘YZL07号’和‘YLZ24号’，农家品种有‘嫁接毛榛’‘欧宁籽’‘薄壳籽’‘黄榛’‘黑壳白露籽’‘油榛’‘油栗籽’‘麦塞籽’等。

（3）晚熟品种群

成熟期在9月下旬至10月（“秋分”到“寒露”），

为晚熟品种，如栽培品种有‘华栗4号’‘YLZ25号’，农家品种有‘乌壳长芒’‘温洋红’‘黄壳长芒’‘穗榛’‘坝头榛’‘红籽榛’‘尖嘴榛’等。

2. 主要栽培品种

目前生产上普遍栽培的主要品种有：‘华栗1号’‘华栗2号’‘华栗4号’‘YLZ07号’‘YLZ24号’和‘YLZ25号’。

（1）‘华栗1号’（湘S-SC-CH-007-2015）

由中南林业科技大学从自然野生锥栗中选育，无性系亲本来自湖南郴州，经多年多点无性系测定和生产试验选育出的早熟、大果、丰产良种，2015年5月通过湖南省林木品种审定委员会审定。树体生长旺盛，树势强，树姿直立，树冠自然圆头形。新梢黄绿色，多年生枝绿褐色。皮孔扁圆形，白色，中密。混合芽扁圆形，大而饱满。叶片长椭圆形和披针形，叶基圆形、歪斜，叶缘锯齿钝，单边锯齿数19.6个，叶脉16.1对，叶柄长1.96cm，叶片长21.83cm、宽6.50cm，叶面积92.62cm^2，叶表面绿色，背面灰绿色。雌雄同株异花，雄花柔荑状，长17.78cm，两性花序长8.20cm，着生在结果枝第5～11节位上。结果母枝平均长35.33cm，平均粗度8.28mm，平均抽生结果枝2.01个；结果枝平均长30.52cm，平均粗度6.14mm，平均着生总苞3.18个；果前梢平均长4.75cm，混合芽数2.36个。总苞圆形，纵径54.42cm，横径23.11cm，苞皮3.01mm，成熟时呈“一”字形开裂；刺束红色，中密，较硬，分枝角度中等；总苞出实率40.23%，空苞率5.1%。坚果圆形，红褐色，光亮美观，充实饱满，大小整齐一致；果肉黄色，质地细腻，口感香甜，涩皮易剥离，底座大小中等；平均坚果重12.69g，坚果纵径26.73cm，横径23.11cm，含水量47.26%，含可溶性糖9.80%、淀粉36.35%、蛋白质4.39%、脂肪0.99%、维生素C 322.90mg/kg；耐贮藏，适宜炒食，商品性优。

该品种在湘南郴州地区3月上中旬萌芽，3月中下旬展叶，雄花盛花期和雌花盛花期均为5月4日左右，果实成熟期为8月27日左右，11月中旬落叶。早实丰产，栽植第二年可结果，5年进入盛果期，盛果期平均产量达5193kg/hm^2。其抗病性强，耐干旱，耐贫瘠，适合湖南、浙江等同纬度区域发展。

（2）‘华栗2号’（湘S-SC-CH-008-2015）

由中南林业科技大学从自然野生锥栗中选育，无性系亲本来自湖南郴州，经多年多点无性系测定和生产试验选育出的中熟、大果、优质良种，2015年5月通过湖南省林木品种审定委员会审定。树体生长旺盛，树势强，树姿半开张，树冠自然圆头形。新梢黄绿色，多年生枝绿褐色。皮孔圆形，白色，密。混合芽扁圆形，大而饱满。叶片披针形，叶基圆形、歪斜，叶缘锯齿钝，单边锯齿数18.24个，叶脉15.5对，叶柄长1.60cm，叶片长20.31cm、宽5.51cm，叶面积71.78cm^2，叶表面绿色，背面灰绿色。雌雄同株异花，雄花柔荑状，长10.64cm，两性花序长6.84cm，着生在结果枝第4～12节位上。结果母枝平均长27.73cm，平均粗度8.78mm，平均抽生结果枝2.86个；结果枝平均长27.12cm，平均粗度7.45mm，平均着生总苞4.00个；果前梢平均长5.75cm，混合芽数3.67个。总苞圆形，纵径48.56cm，横径48.98cm，苞皮2.89mm，成熟时呈“一”字形开裂；刺束红色，中密，较硬，分枝角度中等；总苞出实率42.23%，空苞率6.4%。坚果椭圆形，紫褐色，充实饱满，大小整齐一致；果肉黄色，质地细腻，口感香甜，涩皮易剥离，底座大小中等；平均坚果重8.55g，坚果纵径23.64cm，横径23.82cm，含水量49.94%，含可溶性糖7.60%、淀粉34.00%、蛋白质3.96%、脂肪0.60%、维生素C 3315.0mg/kg；耐贮藏，适宜炒食，商品性优。

该品种在湘南地区3月上中旬萌芽，3月中下旬展叶，雄花盛花期为5月4日左右，5月5日左右为雌花盛花期，果实成熟期为9月中旬，11月中旬落叶。早实丰产，栽植第二年可结果，5年进入盛果期，盛果期平均产量达5253kg/hm^2。其抗病性强，耐干旱，耐贫瘠，适合湖南、福建等同纬度区域发展。

（3）'华栗4号'（湘S-SC-CH-010-2015）

由中南林业科技大学从自然野生锥栗中选育，无性系亲本来自湖南怀化，经多年多点无性系测定和生产试验选育出的晚熟、大果、丰产良种，2015年5月通过湖南省林木品种审定委员会审定。树体生长旺盛，树势强，树姿半开张，树冠自然圆头形。新梢黄绿色，多年生枝绿褐色。皮孔扁圆形，白色，中密。混合芽扁圆形，大而饱满。叶片长椭圆形和披针形，叶基圆形、歪斜，叶缘锯齿钝，单边锯齿数16.0个，叶脉14.3对，叶柄长1.63cm，叶片长21.20cm、宽6.10cm，叶面积85.21cm^2，叶表面绿色，背面灰绿色。雌雄同株异花，雄花柔荑状，长12.13cm，两性花序长7.72cm，着生在结果枝第4～10节位上。结果母枝平均长29.33cm，平均粗度7.61mm，平均抽生结果枝3.56个；结果枝平均长28.93cm，平均粗度5.34mm，平均着生总苞2.67个；果前梢平均长6.58cm，混合芽数4.89个。总苞圆形，纵径54.42cm，横径23.11cm，苞皮2.92mm，成熟时呈"一"字形开裂；刺束红色，中密，较硬，分枝角度中等，总苞出实率39.24%，空苞率2.1%。坚果圆形，红褐色，光亮美观，充实饱满，大小整齐一致；果肉黄色，质地细腻，口感香甜，涩皮易剥离，底座大；平均坚果重9.01g，坚果纵径26.73cm，横径23.11cm，含水量48.84%，含可溶性糖5.75%、淀粉35.90%、蛋白质4.97%、脂肪1.06%、维生素C 281.4mg/kg；耐贮藏，适宜炒食，商品性优。

该品种在湘南地区3月上中旬萌芽，3月中下旬展叶，雄花盛花期为5月7日左右，雌花盛花期为5月8日左右，果实成熟期为9月下旬至10月，11月中旬落叶。早实丰产，栽植第二年可结果，5年进入盛果期，盛果期平均产量达4831.80kg/hm^2。该品种适合湖南、福建等同纬度区域发展。

（4）'YLZ07号'（浙S-SC-CH-002-2006）

由中国林业科学研究院亚热带林业研究所选育，在浙江、福建大面积锥栗实生林中选优，经多年多点无性系测定和生产试验选育出的早熟、风味品质好、可密植栽培的良种，2006年3月通过浙江省林木品种审定委员会审定。树体较小，树高约3m，树冠自然开心形或圆头形。平均每果枝结苞3～4个。球苞近椭圆形，平均23～27g，出籽率32%～40%，刺束稀疏，每苞含坚果1粒，成熟时"一"字开裂。坚果长圆锥形，8～10g，最大20g，棕褐色，外观油亮，果壳顶部有少量毛茸；肉质细嫩、香甜，糯性强，淡黄色，品质好；栗果含水量44.7%，干样含蛋白质5.2%、可溶性糖12.7%、淀粉59.7%、游离氨基酸总量1.87%、脂肪1.58%。9月上旬果实成熟。一般管理条件下，种植第二年挂果，第五年平均株产2kg，盛果期产量3750～4500kg/hm^2。该品种喜肥沃土壤，适合在浙江、福建等同纬度区域发展。

（5）'YLZ24号'（浙S-SC-CH-003-2006）

由中国林业科学研究院亚热带林业研究所选育，在浙江、福建大面积锥栗实生林中选优，经多年多点无性系测定和生产试验选育出的早熟、风味品质好、可密植栽培的良种，2006年3月通过浙江省林木品种审定委员会审定。树势中等，树体较小，树高3～4m。每果枝结苞3～7个，平均3.9个。球苞卵形或圆锥形，苞刺稀疏而较软，球苞平均32～35g，出籽率34.7%。每苞坚果1个，成熟时"一"字开裂。坚果圆锥形，9～12g，最大22g，红褐色，果面茸毛少，油亮美观，耐贮；肉质细嫩，黄白色，品质好；栗果含水量46.6%，干样含蛋白质6.43%、可溶性糖13.7%、淀粉66.3%、游离氨基酸总量1.76%、脂肪1.69%。9月上中旬果实成熟，比'YLZ07号'迟约4天。该品种适应性强，一般管理条件下，种植第二年挂果，第五年株产3kg，盛果期产量4050～4500kg/hm^2，适合在浙江、福建等同纬度区域发展。

（6）'YLZ25号'（浙S-SC-CH-004-2006）

由中国林业科学研究院亚热带林业研究所选育，在浙江、福建大面积锥栗实生林中选优，经多年多点无性系测定和生产试验选育出的优良品种，适应范围广、树体紧凑、丰产稳产、风味好，2006年3月通过浙江省林木品种审定委员会审定。树势中等，较矮化，树

冠自然开心形或圆球形，树高3m左右。枝叶密，叶色浓绿、叶片油亮。每结果母枝常抽生3~5个长度较整齐的结果枝，果枝粗短，结果枝比例高达90%左右，每果枝结苞4~8个，多时28个，具成串结果的特性。球苞椭圆形，刺束中密，平均23~26g，出籽率30%~34%，成熟时“一”字开裂。每苞含坚果1粒，坚果圆锥形，平均质量8~11g，褐色，果顶茸毛较多；果肉细嫩、香甜，品质好，含水量45.8%，干样含蛋白质6.53%、可溶性糖10.1%、淀粉68.45%、游离氨基酸总量1.87%、脂肪2.09%。9月中下旬成熟。一般管理条件下，种植第二年挂果，第三年平均株产2kg，第五年株产5kg，单位面积产量0.5kg/m^2，盛果期产量5200~6000kg/hm^2。该品种适应性强，特别耐干旱瘠薄，对土壤要求不严格，连续结果能力强，丰产稳产。适合在浙江、福建等同纬度区域发展。

3. 农家品种

目前在生产上普遍栽培的主要农家品种有：‘乌壳长芒’‘黄榛’‘油榛’‘白露仔’和‘嫁接毛榛’。

（1）‘乌壳长芒’

树冠呈圆锥形，树体较高大，半开张。叶片长椭圆形，平均叶长19.0cm，宽7.5cm，绿色，叶顶钝尖，叶基楔形，叶缘粗锯齿状，具齿刺。球苞高5.1cm，宽4.5cm，暗褐色，刺毛短而密，排列整齐，稍斜生，刺长1.0cm，球肉厚，成熟时呈2裂状，内含果实1颗，球梗长1.1cm。该品种果实中大，平均单粒重为8.77g，长圆锥形，果实纵径为2.92cm，窄面横径为2.47cm，宽面为2.76cm，暗褐色；花柱宿存，柱头开叉；果顶急尖明显，果座中大，中部凸出，接线直或微波状；果皮薄，毛茸多，于果顶处密生；果实干基粗脂肪含量为7.35%，粗蛋白质含量为8.97%；每100g果内含淀粉31.75g、水溶性总糖8.70g、维生素C 39.10mg；果肉淡黄色，质地稍硬，粉质，味甜，品质上。果实成熟期为9月下旬至10月上旬。

该品种以高产、优质著称，盛果期株产可达50~60kg，落果轻，果实兼具鲜食、加工特性，备受群众欢迎。

（2）‘黄榛’

主栽品种之一。树冠呈圆锥形，树势中等，树姿开张。叶长椭圆形，叶身平均长14.6cm、宽6.3cm，绿色，叶顶尖，叶基宽楔形，叶缘锯齿状，齿刺尖长，叶柄长1.1cm。球苞高4.8cm，宽4.9cm，成熟时暗褐色；刺毛密而硬，且直立，刺长平均为0.9cm；球肉厚，熟时成2裂状，内含果实1粒。该品种果实最大，平均单粒重为11.11g，短圆锥形，果实纵径为2.96cm，窄面横径为2.85cm，宽面为2.92cm，果顶缓尖；花柱宿存，果座大，接线直或微波状；果皮中厚，光滑美观，自果顶至果底有许多条纹，毛茸中等，于果顶处密生；果实干基含粗脂肪6.80%、粗蛋白质6.60%，每100g果肉含淀粉34.1g、水溶性总糖8.96g、维生素C 31.70mg；果肉黄白色，质硬，味甜，品质中上。果实成熟期为9月下旬至10月上旬。

该品种果大色佳。一般多年生砧嫁接后2~3年开始结果，10年进入盛果期，株产可达15~25kg，树体耐旱、耐贫瘠、耐病力较强，但果不耐贮藏。

（3）‘油榛’

树冠呈圆锥形，树体高大，树姿开张。叶长椭圆形，平均长14.5cm，宽5.0cm，淡绿色，叶顶急尖，叶基楔形，叶缘粗锯齿状，齿刺钝而短，叶柄长1.2cm。球苞高4.6cm，宽4.5cm，淡褐色，刺毛稀软，直生，刺长1.2cm，球肉厚，成熟时呈2~3开裂状，内含果1粒。该品种果实中人，平均单粒重6.25g，短圆锥形，果实纵径2.62cm，窄面横径2.35cm，宽面为2.49cm，赤褐色，果座小，接线呈直线；果皮中厚，光滑，富光泽，毛茸少；果实干基含粗脂肪6.98%、粗蛋白质8.21%，每100g果肉含淀粉34.08g、水溶性总糖10.03g、维生素C 39.30mg；果肉黄白色，黏质，味甜，品质上等。果实成熟期为9月中旬。

该品种因外观优美而赢得市场信誉，且产量

较高，抗病虫力强。

（4）'白露仔'

树冠呈圆锥形，树势旺，树体高大，开张或半直立性。叶片长椭圆形，长17.5cm，宽8.0cm，青绿色，叶顶急尖，叶基楔形，叶缘锯齿状，锯齿短粗，叶柄长0.8cm。球苞高3.5cm，宽3.7cm，熟时褐色；刺毛短密且排列整齐，直立，长1.0cm；球肉中厚，成熟时呈2～3开裂状，内含果实1粒。该品种果实中大，平均单粒重为6.25g，长圆锥形，果实纵径2.66cm，窄面横径为2.32cm，宽面为2.41cm，红褐色；果顶尖而瘦，周围具灰黄色茸毛，果座最小，底部凸出为本品种特征，接线直或微波状，果皮薄；果实干基含脂肪7.61%、粗蛋白质7.80%，每100g果肉内含淀粉35.63g、水溶性总糖7.26g、维生素C 32.0mg；果肉淡黄色，质地粉而带黏，味香甜，品质中上。果实成熟期为9月上旬至下旬。

该品种早熟、高产，结果年龄可达100年以上，盛果期株产可高达50kg。

（5）'嫁接毛榛'

树冠呈圆锥形，开张。叶长椭圆形，长14.0cm，宽4.2cm，淡绿色，叶顶尖，叶基宽楔形，叶缘锯齿状，具齿刺。球苞高3.4cm，宽3.4cm，褐色；刺毛稀而硬，稍斜生；球肉厚，成熟时呈2裂状，内含果实1粒，球梗长1.3cm。该品种果实小，平均单粒重为3.85g，圆锥形，果实纵径2.23cm，窄面横径1.83cm，宽面为1.85cm，棕褐色；果顶急尖，果座中大，接线直或微波状；果实干基含粗脂肪6.39%、粗蛋白质6.95%，每100g果内含淀粉35.13g、水溶性总糖10.80g、维生素C 30.00mg；果肉浅黄色，黏质，味甜，品质优。果实成熟期为9月下旬。

该品种果实虽小，但其质优味甜，深受广大群众欢迎，且该品种具有适应性强等特点，亦适合加工成旅游食品。

四、苗木培育

苗木培育主要包括以下几个内容：采穗圃营建、实生砧木培育、嫁接技术以及嫁接苗培育等。目前，在主产区主要选用当地野生小毛榛作为砧木，嫁接后成活率高、生长旺盛、寿命长。用野生小毛榛作砧苗，每亩约需种子60kg，可培育砧木苗1万株（胡芳名等，2006）。

1. 采穗圃营建

锥栗采穗圃的营建方法一般有3种：一是利用原有的良种锥栗园，通过重修剪，刺激芽萌发，供采穗用。二是直接用良种嫁接苗定植建采穗圃，圃地应选择地势较平缓的坡地，要求土层深厚肥沃、质地疏松、排水良好的微酸性或中性沙壤土或壤质土，最好有灌溉条件，且交通方便，位于生产用穗的中心地区。三是利用现有的实生低产锥栗园，选择立地条件较好、树势较强的栗园，采用高接换冠的方法，用良种接穗嫁接改造成采穗圃。

2. 实生砧木培育

（1）采种

种用锥栗应在树体健壮、成熟期一致、高产稳产、抗逆性强的优良盛果期单株上选留。种子采收后，随即密播，或用湿沙贮藏至冬末春初播种。

（2）苗床整理

选择排灌水条件良好、阳光充足的沙质壤土，深挖30cm，整细、整平，床宽1.2m，长度视种子多少而定。播幅宽度1m，四周筑3cm高的床，床土每平方米施钙镁磷肥0.5kg，与表土混合耙平后，将种子密播于床面。

（3）种子密播

将选好的无病虫害、无损伤的优质种子密播于床面，以不重叠为度，每平方米约播3kg，播后用木板将种子拍平压实，然后用细沙或腐熟的火土灰覆盖好，厚度以1cm为宜，上面覆盖农膜，农膜上面再盖细土，细土上面铺以柴草，四周加设屏障。这样可有效地防鼠、防腐烂、防人畜踩踏和提高发芽率。

（4）苗期管理

种子密播后，要经常检查有无老鼠危害。如有老鼠侵入，要立即用薄膜封严，并用鼠药毒杀。到春季气温升高，种子出土时，拆除覆盖物，改平膜为棚膜。种子齐苗后，立即进行小苗移栽，培育砧苗。出苗后除草松土，及时灌水。播种前已施足底肥，苗期不必追肥，以防苗木徒长。瘠薄地可追施一次化肥。当年秋季不起苗，越冬后，发芽前从根颈部位进行平茬，第二年即可生长出主干直、根系发达的幼苗。砧木苗2～3年生时即可进行嫁接。

3. 嫁接技术

嫁接时间以早春为主，夏季和秋季嫁接虽然可以成活，但目前较少应用。

劈接 多用于地径1～2cm的砧木。其方法是：接穗留1～2个芽，然后在接芽下3mm左右的两侧削成一个楔形斜面，斜面长3～4cm。削面要平整光滑，防止水分蒸发和粘土。在距地面3～5cm（依据树干光滑程度定高度）处，剪断或锯断砧木的树干，断口要用刀削平滑，以利于愈合。在砧木上选皮纹直顺的地方作切口，然后将接穗插入砧木切口，二者的形成层对准后再进行绑扎。

插皮接 在树液开始流动，砧木木质部与韧皮部能削离时进行。多用于大树高接，树干直径3～20cm。对地径20cm以上的大树，在休眠期从基部伐除后，使其萌生新枝。选留不同方位的萌蘖枝3～4个，于第二年早春嫁接。方法是：在适当高度截去萌蘖枝上部（断面削成平面）备作砧木，选择树皮光滑的侧面，切长3cm左右、深至木质部的切口，用刀尖将上端切口两边的皮层轻轻挑开，取带1～2个芽的接穗，在下芽背面0.5cm处削一个长3～4cm的马耳形斜面，然后在马耳形斜面背面的下端两侧各削一刀，深达木质部，将接穗贴紧砧木木质部，顺切口直插入砧木，上端露出斜面0.1cm左右，用塑料膜包扎。根据砧木横断面直径的大小，确定嫁接接穗的数量。直径＜5cm可接1个接穗，直径6～10cm接2个接穗，直径11～20cm接3～4个接穗。在断面上盖上塑料膜保湿，连同接穗一起捆扎。

切接 适用于地径1～2cm的砧木。在接穗下芽的背面1cm处斜削一刀，削掉1/3的木质部，斜面长3～4cm；在斜面背部削个小削面，长0.8～1.0cm；在离地面4～5cm处剪断砧木，削平切口，用刀向下切3～4cm，将接穗插入（砧木和接穗形成层要对准），进行绑扎。

提高嫁接成活率要注意：①刀要锋利，削面要平；②切入砧木切口时，用力要均匀，带木质不宜过厚，更不能向外斜滑；③接穗插入砧木切口时，形成层紧靠；④绑扎要紧，务必使接口处密接。

4. 嫁接苗培育

除萌蘖 嫁接后砧木萌发量很大，必须及时疏除；如果是大树改接，要注意在枝条稀疏方位选留萌蘖枝，准备第二年补接。

补接 利用贮藏的接穗，在判断接穗未成活后，及时在原接口以下断砧补接。嫁接当年进行补接可以提高嫁接成活率，保证树冠当年形成。

绑支柱 接穗萌发的新梢在完全木质化前，接穗与砧木未完全愈合，很容易遭风害折损，必须绑防风支柱。方法是：待新梢生长至30cm左右，用粗3～5cm、长80～100cm的木棒或竹竿，下端牢固地绑缚在砧木上，上端缚引新梢。随新梢的生长每达30cm绑缚1次。每一接口枝都要绑一支柱。

锥栗林地单株（袁德义摄）

解绑 在接穗进入生长高峰期前，解除接口处的绑扎材料，以防缢入砧穗组织中形成缢痕。枝干生长的高峰期为5月中下旬，正值雨季来临，应及时解除绑扎物。

摘心 摘心是夏季修剪的重要措施之一。特别是中幼龄栗园改接的栗树生长旺盛，在生长季需要进行1～2次摘心，以利于促进分枝萌发形成树冠。

抚育管理 嫁接后幼林每年除草1～2次，施肥2次，于3月和端午节前后分别施碳酸铵0.15kg/株和复合肥0.15kg/株，并及时防治病虫害。重点防治枝叶部害虫金龟子、天牛、栗大蚜等。为了使母树形成较多的有效芽和花芽，使之既可用于采枝条，也可用于结实，必须加强对母树的整形修剪工作。整形修剪主要采用自然开心形和主干疏层开心形两种树形结构。

五、林木培育

1. 选地

一般来说，阳坡、山坡中下部，土层深厚、肥沃、排水良好的平缓山坡的微酸性土壤，海拔500～1000m，坡度20°以下，最适宜锥栗的生长。低畦地和排水不良的地段不适宜锥栗的生长。

2. 整地

整地方式主要有全垦、穴垦和筑水平梯带几种。目前，在生产上采用最广泛的是穴垦。

3. 栽培

（1）造林时间

秋季落叶后至翌年春季芽萌动前均可造林，但以雨天过后造林成活率最高。

（2）造林密度

锥栗人工林的定植密度视经营管理条件而定，在较集约经营条件下，由于采用定干和整形修剪技术，树体矮化，树冠缩小，可适当密植，每亩40～50株；在较粗放管理下，每亩25～35株。此外，还应根据坡度大小而定，在坡度较大时，密度可大些，反之密度宜小些。

（3）造林方法

锥栗人工林的营造可分直播造林和植苗造林两种。但目前直播造林已很少采用，即使是将种子直播林地，也是培育实生砧木苗，为1～2年后嫁接做准备。植苗造林是目前锥栗人工林营造的主要方式。根据苗木种类的不同，植苗造林可分为实生苗栽培、芽苞苗栽培和2年生嫁接苗栽培3种。

实生苗栽培 将经过圃地培育1年的实生苗栽植在林地上，经过一个生长季后，采用优良的穗条直接进行嫁接。这种方法由于根系生长好，嫁接的穗条容易选择和控制，便于田间不同品种的搭配栽植，嫁接成活率也很高，便于掌握和推广，已成为目前主要造林方式之一。但嫁接后，除萌、解绑工作较在圃地操作困难。

芽苞苗栽培 芽苞苗一般是指在夏、秋季用芽接方式嫁接圃地的实生砧木苗，嫁接成活后经过一段时间生长的苗木。出圃时，苗木尚未萌动。芽苞苗造林的成活率较高，但同样存在芽萌发后的剪砧、解绑等技术环节，要注意萌发后的管护工作。

2年生嫁接苗栽培 嫁接苗在生产上一般指在圃地已培养好的嫁接苗，定植后，不必再行除萌、剪砧、解绑等工作，因此管理较容易。这类苗培育周期长，故苗木成本较前两者高。但在新种植区，由于技术和管理的相对不足，宜以此类苗木栽培为宜。

4. 抚育技术

整形修剪是锥栗人工林优质高产栽培极其重要的技术内容。

（1）未结果期幼树的整形修剪

在定植后的2～3年，锥栗处于营养生长时期，此时尚未开花结果。该期主要是通过整形修剪培养矮化和丰产的良好树形，加快树冠形成，使其提早结果。适用的树形有自然开心形和主干疏层形。

冬季修剪中，各主枝所留长度应视生长势或粗度而定。对主枝粗达1.5cm以上的，留长50～55cm短截，剪口芽要选留饱满的外芽。如果各主枝生长不平衡，有粗、细、强、弱区别，则应对强枝适当重剪，留40～45cm，弱枝轻剪，留50～55cm。辅养枝顶芽饱满的为花芽，不要短

截，可利用使之结果。此外，根据同样的原则，可在不同方位，在各主枝上选留副主枝。同一主枝上的副主枝间距应适当，间隔60～70cm。一般经过4年左右的整形修剪，树形就可基本形成。

（2）始果期至盛果初期的修剪

嫁接苗定植后的3～4年，锥栗开始结果，至7～8年，结实量有明显增加，此时，进入了盛果初期。应在保证适量结果的同时，继续使树形完善，培养各级骨干枝和控制骨十枝的生长势，有计划地培养结果枝组，为盛果期的大量结果提供物质基础。此期的修剪主要在夏、冬两季进行。夏季修剪任务主要是抹芽、疏枝、拉枝、摘心等，冬季修剪则重点对主枝、副主枝和结果母枝进行修剪。

（3）盛果期的修剪

在盛果期，主要通过疏剪来培养强壮的结果母枝，以保持高产和稳产。结果母枝的选留量应适宜，过多或过少均会影响产量和树势。

六、主要有害生物防治

1. 锥栗叶斑病

病原菌属半知菌亚门槲树盘多毛孢真菌，主要危害叶片，初期在叶片上产生红褐色小斑点，后期扩大为圆形或椭圆形褐色斑纹，外围有褐色晕圈。病菌以分生孢子盘在病叶上越冬，翌年4月初开始危害叶片，借风雨传播，侵染叶片，多雨年份发病重，叶片受害后逐渐褪绿变黄，树势衰弱，遇大风叶片提早脱落，对产量影响极大。防法方法：在开花前用80％大生可湿性粉剂600倍液+40％信生可湿性粉剂4000倍液+禾丰硼2000倍液混匀后喷雾。

2. 锥栗白粉病

病原菌有2种，分别为桤叉丝壳（*Microsphaera alni*）和槲球针壳（*Phyllactinia roboris*），均属子囊菌亚门真菌，主要侵害叶片及嫩梢，发病初期，叶片产生圆形或不规则形褪绿斑块，病斑正、反两面布满白色粉霉状分生孢子堆（即白色粉末），严重时嫩梢、叶片畸形枯死。防治方法：可在4～6月，用40％信生可湿性粉剂4000倍液或25％三唑酮可湿性粉剂1000倍液或50％硫悬浮剂300倍液或12.5％烯唑醇1000倍液喷雾；发病初期可用0.2～0.3波美度的石硫合剂喷雾，冬季可用3波美度的石硫合剂喷雾。

3. 栗瘿蜂（*Dryocosmus kuriphilus*）

栗瘿蜂1年发生1代，以初孵幼虫在被害芽内越冬。以幼虫危害芽和叶片，形成各种各样的虫瘿。翌年栗芽萌动时开始取食危害，被害芽不能长出枝条而逐渐膨大形成坚硬的木质化虫瘿，称为枝瘿。虫瘿呈球形或不规则形，在虫瘿上有时长出畸形小叶。在叶片主脉上形成的虫瘿称为叶瘿，瘿形较扁平。虫瘿呈绿色或紫红色，到秋季变成枯黄色，每个虫瘿上留下1个或数个圆形出蜂孔。自然干枯的虫瘿在一两年内不脱落。栗树受害严重时，虫瘿比比皆是，很少长出新梢，不能结实，树势衰弱，枝条枯死。防治方法：主要是清洁林地，清除虫卵、蛹和病菌，在必要时也可用药物防治。

七、综合利用

锥栗鲜果亮泽，风味鲜美。新鲜坚果含水分47.26%、淀粉36.35%、蛋白质4.39%、脂肪0.99%、可溶性糖9.80%、维生素C 322.9mg/kg，以及17种氨基酸和多种无机盐，被评为“中华名果”。种仁脆嫩甘美，鲜食、炒食、菜食风味甚佳。目前已开发出即食栗仁、速冻栗仁、带壳即食栗果、速食锥栗鸡等产品。

锥栗加工产品有锥栗曲奇饼干、锥栗糕、锥栗月饼、锥栗粽子、锥栗粉、锥栗酥脆果等一系列产品，深受北京、上海、江苏等地消费者青睐。

（袁德义）

95 石栎

别　名 | 柯、红椆、椆木、枥木、青锡、白楣树

学　名 | *Lithocarpus glaber* (Thunb.) Nakai

科　属 | 壳斗科（Fagaceae）柯属（*Lithocarpus* Blume）

石栎为常绿乔木，是我国亚热带地区广泛分布的优良用材林、水源涵养林和水土保持林树种。木材纹理直、质地硬、光泽好，是家具、建筑、船只及胶合板贴面的良好材料来源。另外，对二氧化硫的抗性强，吸收能力亦较强，在工厂、住宅附近种植，对空气净化、防火、防风、防尘沙、防潮湿有良好作用。

一、分布

石栎主要分布于广东、福建、广西、浙江、湖北、湖南、江西、安徽等长江以南地区。多见于海拔500m以下的低山丘陵地区。主要分布区年平均气温19～22℃，最热月平均气温27.7～28.7℃，最冷月平均气温8.0～13.9℃，绝对最低气温-4℃，年降水量1400～1800mm，年平均湿度75%～80%（徐英宝和罗成就，1987）。

二、生物学和生态学特性

常绿乔木，高7～15m。树冠球形。干皮青灰色，不裂。小枝密生灰黄色绒毛。叶长椭圆状披针形或披针形，厚革质，长8～12cm，宽2.5～4.0cm，两端渐狭，先端短尾尖，基部楔形，全缘或近端有时具几枚钝齿，下面老时无毛，略带灰白色，侧脉6～8对，叶柄长1.0～1.5cm。雄花序轴有短绒毛。果序比叶柄短，轴细，有短绒毛。壳斗杯形，近无柄，包围坚果基部，直径0.8～1.0cm，高0.5～0.6cm；苞片小，有灰白色细柔毛；坚果卵形或倒卵形，直径1.0～1.5cm，长1.4～2.1cm，略被白粉，基部和壳斗愈合；果脐内陷，直径3～5mm（中国科学院植物研究所，1972）。

耐阴树种，幼树更耐庇荫，喜温湿气候，在砂岩、页岩和花岗岩等发育的酸性土壤上均能生长，以深厚、湿润的地方生长最好，也能耐一定程度的干旱瘠薄。在自然分布区内常与马尾松、木荷、枫香、白栎、苦槠栲等树种混交成林（覃尚民和石清峰，1994）。

实生起源的人工林，生长速度中等，8～10年生林分直径生长达7～8cm，高生长4.5～5.3m。石栎萌芽力强，生长迅速，2年生高可达4m，3～5年生高生长趋缓。7～8年生，立地条件较好时，林分平均树高可达6.8m，平均胸径达6.5cm；立地较差的平均树高5m，平均胸径4.2cm（徐英宝和罗成就，1987）。

三、苗木培育

1. 种子处理

10～11月，石栎坚果由青色变栗褐色时成熟，选择生长健壮、结果率高、无病虫害的优良单株作为采种母树。在地下铺塑料薄膜，用竹竿将果实敲打落地后收集，采用水浮法除去空粒种子和混杂物，忌晒，稍晾干，48h后用细润沙在室内采用层积法贮藏。底层沙厚不少于5cm，种子均匀平铺摆放，上层沙厚5～6cm，保持水分适中，以手握沙松开后不散为合适湿度。如需远途运输，可用细润沙或苔藓混种实，装于木箱或竹箩内，途中加强检查，防止发热变质或干燥。到达目的地后，应及时播种或沙藏。

2. 播种育苗

圃地要求光照充足、土壤肥沃、排灌方便、

石栎（刘仁林摄）

无病虫害。钙质土或土壤黏重、排水不良的积水地，都不宜选作圃地。播种前种子用90℃的开水淋泼一遍，并用温水浸种24h后播种。每亩播种量40～55kg。苗床宽110～120cm，苗床高15～20cm，床面铺lcm厚黄心土，均匀摆放种子，密播，上下不重叠，采用黄心土覆土，厚度为2～3cm，盖塑料拱膜，遮阴，保持土壤湿润。经浸种催芽的种子，播后15～20天发芽出土，未经催芽的种子需60天左右才发芽出土。苗木出土后撤去遮阳网，用多菌灵喷洒防治病虫害。1年生苗高30cm时，可上山造林。每亩产苗量2万～5万株。为了促进侧根生长，可在春季苗高5～20cm时，在阴雨天用利锹斜插入土，切断主根，以提高造林成活率。

3. 营养袋育苗

石栎苗主根生长强，裸根苗移植成活率低，可采用营养袋育苗造林以确保造林成功。营养土采用黄心土50%+腐殖土30%+火烧土20%配置，营养袋装好土后用竹签在中间插一个深约2cm的小孔，用于芽苗移植。当芽苗长到2～3cm时起苗，剪去主根长度1/3～2/3，植入营养袋，轻轻压紧，使根与营养土充分接触，及时浇水，遮上透光率30%的遮阳网，保持土壤湿润，60天后阴雨天气揭开遮阳网，不再遮阴，以提高苗木的木质化程度，促进苗木粗壮和根系生长。9月中旬左右，苗木根系开始穿透营养袋，此时进行苗木分级移袋，不同规格苗木分级管理，促苗木侧根生长（叶钦良，2011）。

四、林木培育

1. 立地选择

造林地宜选择低山丘陵的中下部及山谷地带，由砂岩、页岩、花岗岩等母岩发育的土层深厚、土质疏松、土壤肥力较好的红壤、黄红壤地块作造林地，山脊、山顶及山坡上部不宜种植石栎。

2. 整地

石栎幼苗主根较短，侧根比较发达，为促进根系发展，以利于幼苗、幼树生长，应进行高标准整地。在低山丘陵地区可以全垦整地或块状深挖整地。整地前进行林地清理，然后深翻整地，深度视土层厚薄而异，一般在20～25cm。坡度大于15°时宜采用穴状和带状整地。植穴规格50cm×50cm×40cm，株行距2.0m×2.5m或3.0m×2.5m，每穴施基肥（复合肥）0.25kg，用表土覆土至半穴，回填表土时必须清理枝丫和草根等杂物，将肥料与表土搅匀，再覆土填满。于早春（2～3月）的阴雨天或小雨、透雨后，选择健壮苗木，小心撕去营养袋，勿弄碎土团，小心种植，填土夯实。只要保持土团完整，成活率很高。带状整地宽度60cm以上，带长根据地形确定（不能过长），每隔一定距离应保留0.5～1.0m自然植被。

3. 造林

（1）直播造林

石栎种粒大、顶土能力强，适于直播造林。秋播一般随采随播，春播宜早，播前种子要进行催芽处理，待种子吸水膨胀，破肚露白后播种。每穴播种子3～4粒，均匀撒开，覆土厚4～5cm，每亩播440穴。石栎直播造林宜在土壤湿润、肥沃的缓坡地带进行，干旱贫瘠和鼠害严重的地方应采用植苗造林。

（2）植苗造林

一般用1年生苗或2～3年生移床苗造林，冬季和春季均可栽植。在事先整好的造林地上挖穴，植穴规格50cm×50cm×40cm，株行距2.0m×2.5m或3.0m×2.5m。栽前适当剪去部分枝叶和过长主根，做到深栽、根舒、踏实。

（3）营造混交林

石栎幼年时耐阴，能在其他树种林冠下正常生长，在自然状态下多与马尾松、樟树、楠木、槠、栲树、冬青等针阔叶树形成混交林。广西苍梧县长发公社群众习惯在荒山先点播马尾松，10年后砍去一部分烧柴，然后点播石栎，待石栎长成后伐去马尾松成为石栎纯林。广西六万林场营造马尾松、石栎混交林的方法是：马尾松植苗造林，9年后间伐1次，翌年在林下见缝插针挖穴整地，每亩100～160穴，定植石栎，10年后形成马尾松、石栎异龄复层混交林（舒裕国等，1985）。

4. 抚育

造林后要及时除草松土、扩穴、培土，连续进行3年，每年2次，分别于4～5月和9～10月各1次。结合除草浅松土扩穴，在幼树树冠滴水线外围开环形沟，每株追施复合肥0.15kg，覆土。环形沟随着幼树长大而向外扩展，施肥量适当增加，春、夏季各1次。直播造林应视出苗情况适当间苗，每穴留健壮苗2株（叶钦良，2011；舒裕国等，1985）。

五、主要有害生物防治

栎树枯死病（*Ceratocystis fagacearum*）

主要危害壳斗科的栎树，也危害其他阔叶树种，石栎属的石栎为其主要寄主之一。栎长小蠹（*Pseudopityopthorus* spp.）和栎枯菌是有共生关系的复合体。栎枯菌依靠栎长小蠹携带侵入寄主，并在栎长小蠹蛀道中繁殖，破坏树木的输水组织，阻断水分从根向上传导，病树先表现萎蔫症状，很快枯死。树干上可见许多栎长小蠹的侵入孔，树干基部地面上可见栎长小蠹从蛀道排出的木屑。解剖病树，可见处于边材部分的栎长小蠹蛀道周围的木材发生褐变。

防治方法：将已经枯死的树木采用威百亩（NCS）堆垛熏蒸，树桩用NCS或其他气化渗透性较好的农药钻孔注射后立即用塑料薄膜或胶贴纸带包裹，用药时间选在栎长小蠹羽化前。用药后2周进行栎长小蠹生存调查和“栎树菌”分离培养，结果证实，熏蒸处理可以完全杀灭栎长小蠹，同时大部分的“栎树菌”也可被杀灭，其药效十分明显。进一步的试验证明，采用树干注射法，在易被害的树干基部1.60m以下部位根据防治对象粗细适当打孔注射适量NCS，并立即用包装封口带包住，该树木的上部均有农药含量，对上部已寄生的栎长小蠹及“栎树菌”有杀灭作用。这种防治方法与松材线虫的防治方法十分相似。采用钻孔注射法在理论上是可行的，但在实际操作中，如此庞大的阔叶材量是无法用这种方法来防治的，除非是非常重要的少数树木。因此，大规模的防治仍有待进一步研究（翁甫金等，2000）。

六、材性及用途

木材纹理直至稍斜，结构中、材质均匀，硬度中强、干缩量中等，干燥缓慢，常沿宽射线开裂，切削容易、质稍脆、切面光滑，油漆效果良好，胶黏牢度中等，握钉力大且入钉较准，径切面宽、射线斑纹别致。可作建筑、车船、龙筋、农具、家具等用材。作为薪炭材，易劈、易燃，烟少、火力强，每千克薪柴燃烧发热值为17.43kJ，耐燃烧、炭质好。果实含淀粉27%～36%，可作淀粉原料、饲料和酿酒，每100kg干种子可酿制50°的白酒27～30kg。树皮和壳斗含单宁，可作栲胶原料（徐英宝和罗成就，1987；许增辉等，1988）

（黄庆丰）

96 青冈

别　名｜青冈栎（通称），槠、槠木、白槠、铁槠、铁丝槠、秃槠、石头槠、紫心木、加曾、槠仔、槠仔柴、槽木（福建），猴钻子、细叶稠、铁栎（湖北），椆树（湖北、湖南），栎树（江西），青刚、青栲、花梢树（浙江），石榉（湖南），大叶青冈（河南、陕西），石虎、青柴、大叶栎、铁栗子、栗子树、柞子、斗栎树、苦槠、四季青（安徽），咪中（广西隆林）

学　名｜*Cyclobalanopsis glauca* (Thunb.) Oerst.

科　属｜壳斗科（Fagaceae）青冈属（*Cyclobalanopsis* Oerst.）

青冈是我国亚热带东部湿润常绿阔叶林带的主要树种之一，生长较慢，适应性广，为优质硬材树种，是农具、车辆、建筑、运动器材、机械和军工等特种用材，也是食用菌原料林、防火林带、水源涵养林的理想树种之一。

一、分布

青冈是我国亚热带常绿阔叶林中分布最广泛的一个树种，广泛分布于我国长江流域各省份，在印度、缅甸、朝鲜和日本也有分布。分布北界为秦岭—伏牛山南坡—桐柏山北坡—大别山北坡—宁镇山地—上海大金山岛一线；向南分布到广西的靖西、德保，广东北部，福建南部以及台湾的玉山主峰；向西可分布到云南怒江上游，西藏喜马拉雅山东南坡；向东分布到我国的浙江、福建沿海和台湾。其分布范围为23°～33°N、97°～121°E。垂直分布一般在海拔1500m以下（倪健和宋永昌，1997）。

二、生物学和生态学特性

常绿乔木，高达20m，胸径可达1m。单叶互生，叶矩圆形或卵状椭圆形，长8～14cm，宽2.5～6.0cm，先端突渐尖或渐尖，基部宽楔形或近圆形，中部以上有尖锯齿。雄花为柔荑花序，簇生下垂；雌花为2～3朵的穗状花序，着生于新梢上部叶腋。壳斗单生或2～3枚集生，盘状，具5～7环带鳞片环；果卵状短圆柱形，长约1.2cm，直径约1cm，棕褐色。花期4～5月，当年10～11月果实成熟。

青冈适应性广，中性喜光，幼龄稍耐侧方庇荫。喜生于湿润、土壤肥沃的地方，对土壤要求不苛，适宜酸性土、中性土和钙质土，pH 4～8。在中性的石灰岩土壤上也能生长，还可生长于多石砾的山地。较耐寒、耐阴和耐旱。青冈生长较慢，树干多分杈，深根性直根系，具有较强的萌芽能力，可采用萌芽更新。青冈具有较强的天然下种能力，由于有充足的种源，林下更新幼苗数

福建省莘口教学林场青冈叶背、叶面、树皮和果实（刘春华摄）

量较多。据浙江晋云县城南乡调查，青冈天然林林下有更新幼苗每公顷10005～16875株，其中青冈幼苗2505株（《浙江森林》编辑委员会，1984）。

三、苗木培育

青冈育苗目前主要采用播种育苗方式。

采种与调制 选取20～30年生、树形端直、无病虫害的健壮母树采种。在11～12月种子成熟时拾取或摇落坚果。种子采集后必须进行水选，除去空粒、坏粒和早期落果不成熟的种子等。水选后应及时放在通风的室内薄薄地摊开阴干。晾干水渍后必须立即贮藏，贮藏方法多采用河沙分层湿藏，贮藏地点可以是室内、地窖或露天埋藏。青冈种子千粒重1100g，每千克约900粒，发芽率80%～90%。

播种 青冈幼苗喜阴耐湿，圃地宜选择在土层深厚、疏松、肥沃、排水良好的山垄田，或平缓的山坡下部。整地时撒些农药，消灭地下害虫，并施足基肥。苗床高些，一般在25cm以上。青冈春播或冬播育苗均可，播种方法应以沟状条播为宜，播种沟深为3～8cm，条播行距15～25cm，每米播种沟播种子40～50粒。播种量约1125kg/hm^2。播种后用火烧土、细沙覆盖，并覆盖稻草。覆土厚度2～3cm。

采用容器育苗时，先准备营养土（泥炭：珍珠岩：稻壳=1.7：1：1或泥炭：锯屑：稻壳=1.7：1：1），然后将配好的营养土粉碎后过筛，装入直径12cm的容器钵。每钵播1粒，也可催芽后播种。播种时先打洞2～3cm再播种，播种后放在60%的遮阳网下，适度喷水，保持土壤表面湿润，到9月后可以去除遮阳网。

苗期管理 幼苗出土达1/3时应及时揭草，若揭草过迟，幼苗被压，苗茎弯曲，影响生长和苗木质量。因幼苗初期生长很缓慢，苗茎幼嫩，易发生日灼，宜搭遮阴棚遮阴。间苗不可过度，适当增加留苗密度可减轻灼伤，每平方米床面留苗140株左右比较适宜。幼苗侧根不发达，仅有一发达的主根，育苗时在幼苗初期截断主根，可促进侧根发育，提高造林成活率。切根要在幼苗出土后长出真叶时进行，过早效果不明显，过迟则影响苗木高生长。幼苗最佳施肥配比为[N（99.5mg）+K_2O（100mg）+P_2O_5（40mg）]/株或[N（0.626mg）+K_2O（0.629mg）+P_2O_5（0.252mg）]/cm^3，施缓释肥时肥料用量可以减半，也可以喷施叶面肥，将肥料稀释成1%～5%的浓度喷施，喷施时间一般为下午，每15天喷施1次，坚持少量多次的原则。在施肥的情况下，青冈幼苗第一年可长到30cm，地径0.5～1.0cm（易咏梅，1999）。一般2年生苗木方可出圃造林。

四、林木培育

造林 青冈对土壤酸碱度要求不苛，采伐迹地、灌丛山、管茅山、苦竹山等宜林地均可造林前进行细致整地。一般在造林前的冬季进行整地，整地挖穴规格为（50～60）cm×40cm×40cm。青冈造林从大寒至立春最为适宜，若土壤湿润可提前到初冬进行。青冈1年生幼苗主根特别发达，侧根稀弱，植树造林前苗木应进行修枝剪叶（剪去枝叶2/3和过长的主根），选择阴天或小雨天气随起苗随栽植，并做到深栽（埋土至根颈上5cm）。青冈种子活力强，发芽率高，鼠害轻、炼山透、土壤疏松的山地可从初冬至春季采用播种造林，每穴播种子5粒，成梅花形排列，覆土3～5cm，冬播时覆土应厚一些。青冈具有萌芽力强的特性，长途运输的苗木，为了减少蒸腾失水，可以采用截干造林，切干部位离苗基10cm为宜，幼弱苗木不可用于截干造林。

福建农林大学莘口教学林场54年生青冈人工林林相（刘春华摄）

青冈幼苗初期生长缓慢，顶芽优势不明显，若密度过小，会致使侧枝与主干竞长，适当提高造林密度可以抑制侧枝生长扩展，促进主干高生长。青冈纯林造林密度一般以4500株/hm^2左右为宜。青冈除营造纯林外，还可营造混交林，促进主干生长，如采用青冈与檫树行间混交，对青冈主干高生长有明显的促进作用，主干明显、通直的优势木占全林的86%。

抚育管理 青冈造林后至林分郁闭之前，应加强幼林抚育管理。连续抚育5年，前3年每年除草松土2次，第四、第五年每年除草1次，抚育时间在5～6月或8～9月，有条件的也可适当施肥。播种造林抚育次数应适当增加，特别是第一年要加强播种穴的管理，第二、第三年，幼苗高达30cm以上后，若每穴株数在1株以上，应当除去弱苗，保留壮苗1株。

青冈的萌生能力强且1年多次抽梢，容易形成多个顶梢，影响主干的生长，对于以用材为主的林分，要在造林的头几年注意抹芽和去除次顶梢，确保主梢的生长。抹芽时将树干高2/3处以下的芽全部抹除。青冈侧枝发达，自然整枝弱，幼林郁闭后要适当修枝，改善林内透光率，促进主干生长。修枝应及早进行，否则伤口不易愈合，造成伤口腐烂，影响干材质量。修枝从晚秋到早春都可进行。修枝切口要平，切不可留有枝桩（汤榕等，2014）。

林分郁闭后，林木出现分化时，应适时疏伐。间伐时间根据不同经营目的、不同造林密度和生长状况而异，一般在10年生左右，密度大的林分间伐时间可适当提早。按留优去劣、留稀去密的原则，间伐被压木、弯曲木和被害木。

五、主要有害生物防治

青冈人工林中主要病害是青冈煤病，危害叶片。发病初期，叶片上形成散圆形黑色斑点，病斑逐渐扩大增多并连接一起形成一层黑色煤层，影响光合作用，妨碍林木生长。防治方法：除加强抚育管理，搞好林内卫生外，在冬季喷3次、初春喷1次石硫合剂，可杀死越冬菌丝。

主要虫害有吉丁虫，危害干基。幼虫蛀入干基韧皮部，吃食部分韧皮部，而后钻入木质部危害木材，严重时造成植株枯死。防治方法：可用果树治虫常规方法中的熏杀法。

六、材性及用途

青冈木材纹理直、结构粗而匀，木材重、硬或甚硬、干缩大、强度高、冲击韧性高，耐腐、耐磨损，为优质的硬木用材树种。木材材质均匀一致，且坚硬耐磨，为国内制作纺织木梭的首要材料。木材因强度大、弹性好、耐冲击，在土木工程及运动器械方面用得很多。原木或原条可作枕木、矿柱、篱柱、电线杆、横档、木桩、桥梁、房梁、柱子及胶合板。板材是船舶、车辆、工农具柄及其他农具、油榨、刨架、车工（如玩具等）、流体木桶等的材料。加之木材耐磨损、油漆性能良好、花纹美丽、硬度大，适于用作木地板、家具、走廊扶手、仪器盒箱等。青冈木材火力强，又为薪炭材的好材料。树皮及壳斗可提取单宁。枝丫、木屑是培育香菇、黑木耳等食用菌的优良原料。种子富含淀粉，脱涩后可供食用。青冈枝叶浓密，叶质厚，具有防风阻燃的作用，是营造防火林带的理想树种之一；适生于湿润而较阴暗的山涧地带，在岩石裸露处也能适应，是理想的水源涵养林。随着国家经济建设的发展，对青冈类特种用材的需求日益增加，使资源遭到破坏，青冈资源日趋减少。为合理开发利用资源，应列入限额采伐指标，严格加以控制，并做好封山育林，保护母树资源，通过人工造林加快青冈林资源的恢复和发展。

（林开敏）

97 赤皮青冈

别　名｜赤皮（《Flora of Taiwan》）、赤皮椆（《中国高等植物图鉴》）、红椆
学　名｜*Cyclobalanopsis gilva* (Blume.) Oerst.
科　属｜壳斗科（Fagaceae）青冈属（*Cyclobalanopsis* Oerst.）

赤皮青冈为珍贵的用材树种，树干通直，木材坚硬、色彩红艳，常用于制作木工工具、高档家具，也是历史上重要的军事用材，可制作枪托、枪杆等。种仁可制淀粉及酿酒。树皮、壳斗可提制栲胶。赤皮青冈常零星散生于常绿阔叶林中，偶见以其为优势种的天然群落。其人工造林历史较短，但因其木材珍贵，近年来在福建、湖南、浙江、江西等地已开始大规模造林利用。

一、分布

产于湖南、浙江、福建、台湾、广东、江西、贵州等省份。生于海拔300～1500m的山地，常与枫香、木荷、栲属及石栎属植物等混生。一般散生于低山丘陵阔叶林中。本种为青冈属中东亚广布种，在分布区内为主要建群树种之一。

日本也有少量分布。

二、生物学和生态学特性

常绿乔木，高达30m。胸径可达1.5m，树皮暗褐色。芽、小枝密生灰黄色或黄褐色星状绒毛。叶倒披针形或倒卵状长椭圆形，长6～12cm，宽2～3cm，顶端急尖或短渐尖，基部楔形或近圆形，叶缘中部以上有短芒状锯齿，叶背被灰黄色星状短绒毛；叶柄长1.0～1.5cm，有短柔毛。雌花序长约1cm，通常有花2朵，花序及苞片密被灰黄色绒毛。壳斗碗形，高6～8mm，包着坚果约1/4，直径1.1～1.5cm，被灰黄色薄毛；小苞片合生成6～7条同心环带，环带全缘或具浅裂，下部的环带与壳斗分离；坚果倒卵状椭圆形，直径1.0～1.3cm，高1.5～2.0cm，顶端有微柔毛，果脐微凸起。花期5月，果期10～11月。

福建省赤皮青冈枝叶（陈世品摄）

赤皮青冈适应于春夏多雨、年降水量1200mm以上、年均温16～20℃的气候，冬季能度过降雪、结冰天气。

对土壤的适应性较强，在红壤、黄红壤、山地黄壤、黄棕壤甚至部分石灰岩发育的土壤上也能生长，但在土层深厚、排水良好、弱酸性的土壤生长良好。不耐旱，土壤含水量需60%以上。

一二年生苗耐阴，幼树喜光，年高生长60～80cm。2年生苗造林1年后平均高74cm，平均地径2cm，冠径50cm以上，地径生长迅速。天然林近100年生树高达22.1m、胸径92cm，平均胸径年生长量可达1cm左右。

三、苗木培育

赤皮青冈育苗目前主要采用播种育苗和扦插育苗方式。

1. 播种育苗

采种与调制　10月果实由青绿色变为褐色，表明种子已成熟，应及时采收。赤皮青冈种子为

顽拗性种子，采收过程中应严防种子失水致使种子活力严重下降。采回的种子，先经0.5%高锰酸钾溶液浸种2h，或1%高锰酸钾溶液浸种30min，倒去药液，用清水淘洗干净，再把种子用清水浸种12～24h，注意适时换水，除去上浮种子，取下沉种子沥干水分、阴干。用清洁湿河沙和消过毒的种子按4∶1的比例混合，放在室内或室外地面沙床层积贮藏，厚度不超过50cm，并适时淋水，保持湿润。室外层积，应于床面覆盖一层塑料薄膜，保持床面湿润。也可采用青苔湿藏或流水贮藏。在种子催芽之前，还可室内堆藏，堆高不超过0.5m，每隔1m左右放置草把，以利于透气散热，并适时淋水，保持沙堆湿润（景美清等，2012）。

种子催芽 催芽在1～3月进行。宜采用室外湿沙层积催芽，或用浓度0.05%的GA_3溶液浸泡种子3～5min。

播种 播种时间为1～3月。种子播种可与湿沙层积贮藏同时进行。在大棚内，用70%甲基托布津可湿性粉剂800倍液消毒地面，然后在地面上铺一层10cm厚的纯净细河沙，在沙上均匀撒播种子，上面盖1cm厚的火土灰，再铺盖一层干净稻草。所用的河沙、种子、火土灰、稻草都要消毒。

苗期管理 苗期管理的重点是控制苗床内温度和湿度。温度以25℃为宜，湿度以保持苗床湿润为准。播种后，要经常掀草检查土壤的湿度，每浇水一次，都要用50%的多菌灵可湿性粉剂800倍液或70%甲基托布津可湿性粉剂800倍液消毒处理。播种30～50天后出芽，出芽后掀开稻草，经常保持苗床湿度。苗木发芽后每周交替施用敌克松500倍液或50%的多菌灵可湿性粉剂800倍液。

当芽苗长出一对真叶时就可移植。随起随栽，将芽苗移植入袋内，用手指轻轻摁实根部，埋土至原土痕。移植时做到快移、勤浇水。

苗木出圃时选择顶芽饱满、无病虫害、无机械损伤的幼苗。起苗前应浇透水，起苗时保持苗木根系完整，苗木出圃后避免风吹日晒。

2. 扦插育苗

扦插苗床 扦插棚的面积根据产苗量定。棚顶遮光度为50%～70%。扦插棚的四边低、中间略高，以利于排水。扦插场的地面为实地，四周低、中间略高，苗床插苗后做小拱棚，上盖遮阳网，遮光度60%～70%，待扦插苗大部分生根，就地炼苗出圃。

福建省赤皮青冈冠丛（陈世品摄）

育苗容器 育苗容器由厚度0.02～0.06mm的无毒塑料薄膜加工制作而成，规格为：长6cm，直径3.5cm。在育苗容器的中下部打6～12个直径0.4～0.6cm的小孔。也可用无纺布制成育苗容器。

扦插基质 容器内装糠壳或锯木屑、泥炭土、轻型基质等混合基质。基质用0.5～1.0g/L的高锰酸钾水溶液充分淋透，消毒24h后即可使用。

采穗母株 选择高10～15cm、生长健壮、无病虫害的播种苗作采穗母株。母株种植采用正方形配置，即株行距40～50cm。

插条的采集 宜在早上或天气凉爽时剪取母株上生长健壮、半木质化、长度为8～10cm的枝条，基部切口要平滑，剪下的枝条放入盛有清水的盆中。枝条采集完毕，用0.05%的高锰酸钾溶液浸泡基部5min，再用清水冲洗干净。

生根激素处理 用300mg/L GGR、200mg/L IBA和IAA激素处理插穗，能明显提高扦插生根效果。

扦插 在秋、冬季的阴天或天气凉爽时进行扦插。扦插时先在基质上打孔，扦插深度为4～6cm，把经生长素处理生根的枝条插好后压实（汪丽等，2014）。

插后管理 插床遮光70%，保持空气相对湿度85%～90%。插后当天喷1次灭菌剂，以后每周喷灭菌剂1次。发现烂叶、死株，应立即清除，并喷灭菌剂。发病的苗床每3天喷一次灭菌剂。发现扦插穗条有害虫，应及时喷洒杀虫剂。

四、林木培育

1. 造林整地

选择海拔800m以下的土层深厚、土壤肥沃、湿润、排水良好的沙壤土地段造林。秋、冬季整地挖穴，穴规格60cm×60cm×50cm，然后回填表土。通透性差的地块可掺入少量炉灰或河沙，拌匀，回填表土。

2. 造林时间

用袋苗造林可于春分前选择雨后或小雨天气进行，裸根苗造林宜在立春前进行。

3. 造林密度

造林密度随经营目的、立地条件、培育技术和培育时间等因素而变化。

4. 人工林营造

造林宜在1～3月进行，在雨季前进行即可。将苗木置于穴内中央，扶正，舒展根系，边埋土边踏实（埋土深度以高出原根际土痕2～4cm为宜），栽后立即浇定根水，待水下渗后覆土保墒。每穴施基肥：腐熟的农家肥及饼肥2～3kg或磷肥0.25kg。种植后应及时检查，清除死苗、缺苗或弱苗，及时进行补植。

5. 抚育管护

造林后当年松土除草1次，宜在8～9月进行。第二、第三年每年松土除草1～2次，在5月和8月进行。施肥可结合松土除草进行。春季以施氮肥为主，每株0.1～0.3kg，夏季以施复混肥为主，每株0.1～0.3kg，施肥后浇水。宜雨前施肥，9月下旬停止追肥。施肥量随树龄增加而增加（赵嫦妮等，2013）。

修枝宜在初冬或早春进行。截去生长旺盛的侧枝，截至充实饱满的壮芽处。疏去过密的侧枝，抹去尚未木质化的萌发嫩芽。

五、主要有害生物防治

赤皮青冈幼苗生长期间病虫害很少，若有少量病虫害出现可用氧化乐果溶液喷施。

六、材性及用途

赤皮青冈是优良的风景园林绿化树种，成片栽植成林，呈幽深之感，防风、防火、隐蔽。可与马尾松组成混交林，在广大丘陵区大力推广，也可作四旁植树。其心材暗红褐色，有光泽，纹理直，质坚重，气干密度0.84g/cm³以上，为优质硬木，可作为上等家具、车轴、油榨、地板、运动器材、工艺品等用材；种实富含淀粉，可制淀粉及酿酒；壳斗、树皮含单宁，可提制栲胶。

（李志辉，王佩兰，张斌）

赤皮青冈优良单株（陈世品摄）

98 水青冈

别　名｜山毛榉
学　名｜*Fagus longipetiolata* Seem.
科　属｜壳斗科（Fagaceae）水青冈属（*Fagus* L.）

水青冈主要分布于北半球的温带地区，是温带和亚热带落叶阔叶林的重要优势种，在我国主要分布于西南部至东部。其木材坚硬、纹理致密，适于作建筑、家具、枕木等用材；果实可作为肥皂的原料，也可食用。

一、分布

水青冈主要分布在温带，范围较广，在我国不连续分布在南方亚热带山地海拔700～2600m范围内，在南方及中原（河南等省份）都有分布，纬度约跨10°，经度约跨18.5°。全世界有水青冈10～13种，我国占5～7种，主要包括长柄水青冈、米心水青冈、亮叶水青冈（*F. lucida*）、台湾水青冈和巴山水青冈（李腾飞和李俊清，2008）。我国水青冈显示出南北变化较小、东西变化显著，一些区域出现较周围地区较高或较低分布的“岛屿化”现象的空间分布格局（方精云和郭庆华，1999）。

二、生物学和生态学特性

乔木，高可达25m。小枝的皮孔呈狭长圆形或兼有近圆形。叶长9～15cm，宽4～6cm，顶部短尖至短渐尖，基部宽楔形或近于圆形，有时一侧较短且偏斜；叶缘波浪状，有短的尖齿；侧脉每边9～15条，直达齿端，开花期的叶沿叶背中、侧脉被长伏毛，结果时几近无毛；叶柄长1.0～3.5cm。总梗长1～10cm；壳斗4（3）瓣裂，裂瓣长20～35mm；小苞片线状，向上弯钩，位于壳斗顶部的长达7mm，下部的较短，与壳壁均被灰棕色微柔毛，壳壁的毛较长且密；通常有坚果2颗，坚果比壳斗裂瓣稍短或等长，脊棱顶部有狭而略伸延的薄翅。花期在4～5月，果期在9～10月。

水青冈为北半球温带森林的重要建群种，喜温湿气候。其抵御不良环境的能力相对较强，但不耐严寒。

三、苗木培育

水青冈育苗目前主要采用播种育苗方式。

水青冈叶片（陈世品摄）

水青冈果实（陈世品摄）

1. 采种与调制

水青冈采种在普通林分中进行。选择10～25年生、树干通直、树冠整齐匀称、无病虫害的优良单株作为母树采种。在12月至翌年1月上旬适时采种，种子干藏或沙藏。沙藏种子可直播，干藏种子在播前一个月进行沙藏或浸种24h后播种效果较好。

2. 播种

选择水源方便、稍荫蔽、土壤深厚肥沃、疏松的沙壤土为宜，深耕30cm左右，床面耙细整平，碎土作床。可在播种前5～6天，用2%～3%的硫酸亚铁溶液或其他有效方法进行土壤消毒。用淡粪水施透1次，施足基肥，按1：3的比例将种子与细沙混合撒播或条播。用过筛的细土覆盖，加盖薄层稻草，还可加盖弓形塑料薄膜小棚。播种量为每亩2.0～2.5kg。播种季节为2月中旬至3月上旬。

3. 苗期管理

播种后保持床面湿润，8～10天可出土，此时应控制温度，待气温上升后，再揭去盖草。出土后3～4天长出真叶，1周内出齐。3周后当苗木长到1.5～2.0cm高时即可进行第一次间苗，留苗200株/m^2。当苗木长到2.5～3.0cm高时可定苗，留苗150株/m^2，定苗后要及时灌溉。苗期灌溉要本着少量多次的原则，灌溉要在早、晚进行，切忌中午大水漫灌。苗木速生期要追施肥料，以氮、磷、钾适当配合追施，施肥量为每亩10～15kg；苗木硬化期以钾肥为主，停施氮肥。

与毛竹混交的水青冈（陈世品摄）

4. 留床育苗

种子播种后8～10天可出土，当幼苗生长出2～3片真叶时，追施第一次肥；长出6～8片真叶以后，可追施第二次肥。这期间要经常浇水，保持床面湿润。苗高8～10cm时，应进行间苗或换床移植。每亩产苗量控制在1.5万～1.7万株。高度70cm，地径0.8cm以上为Ⅰ级苗。

四、林木培育

林地选择　1月，选择海拔800m以下的山坡下部及低海拔平原地区，土层厚80cm以上，湿润的黄红壤、紫色土、山地红壤和冲积土以及水网地区等，营造水青冈速生丰产林。山地不宜营造纯林，应营造水青冈与杉木、马尾松等针阔混交林，混交比例为1：3。

抚育管理　造林后第一年3～4月进行扩穴培土1次，5～6月和8～9月分别全面锄草1次，清除萌芽，挖除林地内茅草蔸，第

水青冈木材（陈世品摄）

二年再全面锄草2次，第三年抚育1次。每年冬季可适当整枝。2～3年可郁闭成林。

间伐 立地条件较好的，造林后5～7年郁闭度达0.7～0.8，林木明显分化，小径木株数占25%～30%。自然整枝强烈时，进行1次性间伐，每亩砍伐60～90株，伐后保留70～80株，间伐后郁闭度不低于0.6。立地条件较差的，造林后7～8年首次间伐，间伐后郁闭度不低于0.6。造林后9～13年郁闭度恢复到0.7～0.8时进行第二次间伐，间伐后每亩保留90株直到主伐。

五、主要有害生物防治

1. 白蚁

在定植时喷洒灭蚁灵；应用WYA-8202林木白蚁诱杀剂，灭蚁率达90%以上。

2. 叶甲虫

①可敲击树干捕杀成虫。②成片高大的林内，可施放941杀虫剂，每亩用药0.5～1.0kg。③越冬前后喷洒90%敌百虫4000～6000倍液或50%敌敌畏2000倍液。④保护天敌，如大蝇瓢虫、寄生蝇、小蜂等。

3. 汀蛾

①利用群居性及白天下树栖藏的特性，捕捉杀灭。②在高大林内，施放741烟剂。③在低矮林分内用马拉油超低量喷雾防治。

六、材性及用途

水青冈木质重硬，结构均匀，强度高，木材有光泽，材质细腻，因此在建筑装饰中被广泛使用。其用途除一般室内装饰用材外，还有木地板、复合木门等用材。水青冈属植物也是很好的油料树种，其种子榨出的油是一种良好的食用油，含油率和出油率都较高。水青冈林还能改善环境质量，其林下土壤中菌类分解甲烷的活性很高，还是良好的造林树种与水土保持树种。

（洪伟，洪滔）

99 樟树

别　名｜香樟、芳樟、樟木、小叶樟（湖南）

学　名｜*Cinnamomum camphora* (L.) Presl

科　属｜樟科（Lauraceae）樟属（*Cinnamomum* Trew）

樟树是我国特有珍贵用材林和经济林树种之一，为国家二级重点保护野生植物，我国人工栽培樟树的历史有2000多年。樟树材质致密，心材、边材明显，结构细且匀，易加工，切面光滑，纹理美观，香气浓郁，耐腐防虫，为造船、制家具和工艺美术品的上等材。江南出产的樟木箱在国际市场上久负盛名。樟树的根、茎、叶均可提炼樟脑油，并含有桉叶素、黄樟素、芳樟醇、松油醇、柠檬醛等重要成分，樟脑、樟油广泛应用于化工、医药和国防工业。天然樟脑纯度及性能均高于合成樟脑，主要用于医药行业，还可用来制造橡胶接触剂和电器绝缘材料。其中，我国台湾所产樟脑数量多、质量好。樟树种子榨油可供制皂，作润滑油用。樟油在香料工业中一直占据重要地位，可直接使用，或作贵重合成香料的原料。树叶含鞣质，可作栲胶原料，还能饲养樟蚕，其蚕丝不仅是渔业上钓鱼制网的好材料，还可作医疗外科手术缝合线。同时，樟树寿命长，树形优美，四季青翠，绿荫面积大，抗烟、抗二氧化硫、抗风沙和除尘埃的能力甚强，是净化美化生态环境的优良树种。

一、分布

樟树为亚热带常绿阔叶林的代表树种，分布在10°～30°N、88°～122°E，主要产地是我国台湾、福建、江西、广东、广西、湖南、湖北、云南、浙江等省份，尤以台湾为多，越南、朝鲜、日本亦有分布，多生于低山平原，垂直分布一般在海拔500～600m，但越往南，其垂直分布就越高，在湖南、贵州交界处可达海拔1000m。在台湾中北部以下多为人工林，在海拔1800m的高山上还有天然的樟树，但以海拔1500m以下的生长最茂盛。

二、生物学和生态学特性

樟树是较喜光树种，喜温暖湿润气候，各生长发育阶段对光照要求不同。幼时喜在适当庇荫的环境下生长，随年龄增长，对阳光需求增加，树高到2～3m时喜光，到壮年时更需阳光。适生于年平均气温16℃以上、1月平均气温5℃以上、极端低温－7℃以上以及年降水量在1000mm以上且分布比较均匀的地区。降水量少于600mm或多于2600mm，生长不良。1～2年生幼苗对低温、霜害敏感，易受冻害，以后抗寒性渐强。

樟树不耐干旱瘠薄，能耐短期水淹，对水肥要求高，虽在一般山地丘陵上均可生长，但只有在水、肥条件好的林地上才生长良好。要求土质湿润肥沃，土层深厚，pH酸性至中性，质地为沙质、轻沙质的黄壤、红黄壤、红壤及冲积土壤。樟树树冠发达，分枝低、主干较矮，在与其他树种混生的条件下，侧枝少、主干明显而通直，有利于干材形成。樟树的根系强大，主根尤为发达。幼苗期侧、须根较少。造林定植后根系很快恢复并发展强大的水平和垂直根系。樟树根的再生能力强，自然情况下，常见邻株根系连生。

樟树生长快，寿命长。在适宜条件下，如在广东乐昌土壤较好的地方，5年生即可高达5m，胸径12cm。江西信丰一片天然樟树林仅25年生的

樟树果实（刘仁林摄）

标准木，平均高达15m，平均胸径达18cm，林内优势木的胸径达24cm。湖南宜章101年生樟树的树干解析表明，高生长于10～30年生较快，30年生后渐次下降，胸径生长于10～40年生较快，材积生长率以50～60年生最大，达20%。5年生樟树即可开花结实，但结实少且品质差，15～50年生为结果盛期。其树高生长一年中有2个高峰期，分别在每年5月和9月。

三、良种选育

选择生长迅速、健壮、主干明显通直、分枝高、树冠发达、无病虫害、结实多的20～60年生樟树作为采种母树。在一般情况下，向阳疏立母树的种子比背阳孤立的好；生长在土层深厚、水肥充足地方的母树种子比生长在土层瘠薄地方的好。尽量选用当地良种。当需要从外地调种时，应考虑两地纬度不宜相差太大。

现有优株不能满足大面积造林对良种的要求时，可通过建立母树林或种子园解决良种供应的问题。

1. 培育母树林

当前可以从现有樟树成林和幼林中选择，以林相整齐、分布均匀、树龄适中、无病虫害、结实较多且稳、品种类型优良的实生林划分界限，四角设立标桩，并从中选择优良母树编号，竖立母树林标牌，进行合理疏伐（伐密留稀，伐劣留优），适当施肥、砍杂、松土并防治病虫害等，将其逐步培育为母树林。同时，选育优良苗木，选择适当林地进行全垦或穴垦整地，并下足基肥，采取6m×6m或7m×7m的密度营造新的母树林。

2. 建立种子园

根据生产需要，在中心地区选择平坦宽敞、土壤良好和附近没有劣质樟树林木的地方，用优树上的种子、种穗培育出来的良好实生苗、嫁接苗、扦插苗或在一般生产苗圃中选择超级苗，营造有性系或无性系良种园。

樟树种子一般于10月下旬开始成熟（在海南为9月中旬），当浆果呈紫黑色时即可采集，过迟或过早采集均不利于种子发芽。采回的浆果应及时处理，以防变质，最好随采随处理，将果实放入桶或箩筐内浸水2～3天，等果皮充分吸水腐烂时，取出揉搓，脱去肉质果皮，洗净后拌草木灰12～24h，以除去种壳表皮的蜡层。洗净后晾干，切忌暴晒，以免失水油化。阴干后即可运输、贮藏。每100kg鲜果实可得纯种子24～30kg。每千克种子一般有7200～8000粒，种子千粒重120～130g，种子含水量40%～50%，发芽率一般达到70%～90%。

种子必须湿藏，用湿度30%的河沙与种子按2∶1混合，进行露天埋藏，具有催芽作用，可使出芽整齐、迅速，苗木健壮。也可把种子与含水量30%的湿沙层积贮藏于干燥通风的室内，或混沙放在木箱中贮藏，效果较好。

3. 营建采穗圃

樟树良种快繁需要营建采穗圃，提供大量的穗条。根据福建农林大学近年来的试验结果，大田与山地采穗圃各有特点和优势，大田采穗圃年产穗条100万条/hm²，山地采穗圃年产穗条较大田采穗圃少，仅60万条/hm²，但成本较低，不占用农田、有利于各地推广。大田采穗圃需要下足基肥，采用垄作，定植密度为6948株/hm²（株行距1.2m×1.2m）。山地采穗圃定植密度8338株/hm²（株行距1.2m×1.0m），每年抚育2～3次，3月和8月各追肥1次，母株穗条产量可达1337条/株，而对照仅771条/株。采穗圃应注意修剪整形，培养骨干枝4～5枝，培育采穗冠形，防止骨干枝徒长，提高穗条产量。当年秋季（9～11月）可采穗扦插（山地采穗圃宜在第二年春季采穗）。第二年可采条2～3次。最后一次采条后要平茬或截干处理。采用平茬复壮（留干高15～20cm为宜），有利于促进新梢萌发生长，穗条粗短，质量好、产量高。而高干截枝效果较差。平茬处理时间以7～8月效果较好，其次是初春3月，5月树体处在生长旺盛期，平茬更新效果较差。平茬后干基部萌生大量萌芽条，应适当抹芽，留优去劣，防止萌条太密集，使穗条细弱，通风不良，易遭受蚜虫、介壳虫等危害。

四、苗木培育

樟树育苗有播种育苗、扦插育苗育苗、组培育苗、分根育苗、容器育苗等多种方式。扦插育苗和组培育苗能保持母本优良特性，是繁殖良种的好方法。分根育苗行之简便，苗木生长迅速，在2～3月结合樟树采伐进行，挖起蔓延至地表附近的根，切成10～15cm长的插穗，横埋或斜插即可。容器育苗苗木质量好，造林成活率高，幼林生长快，林木生长好，可采用营养砖、营养杯、营养袋等容器育苗。下面重点介绍播种育苗、扦插育苗和组培育苗的技术要点。

1. 播种育苗

（1）圃地准备

选择土层深厚、疏松肥沃、排水良好的轻、中壤土且水源充足便于灌溉的圃地，忌地下水位过高、排水不良的圃地。圃地翻耕深度25cm以上，以不耕起底土为原则。翻耕时应施足有机肥为底肥，每公顷施3%敌百虫15～23kg防治地下害虫。

最好在冬初土壤干湿度适中时耕耙一次，到冬末春初将要播种时再进行“二犁二耙”，做到耙细耙平。基肥以厩肥、堆肥、饼肥较好，但施用前要注意充分腐熟。一般每亩可用2500～5000kg堆肥、1500～2000kg厩肥，或25～50kg饼肥。

（2）催芽

樟树种子种壳紧密，透水性差，经湿藏的种子播种前应进行催芽处理。福建三明莘口林场用50℃温水间歇浸种催芽（让温水自然冷却浸种24h）2～3次，发芽率可提高15%～20%，并提前10～13天发芽，且出土整齐，出苗均匀。广东龙门县农民常用30℃的温水浸种0.5h，混沙装入木

樟树（刘仁林摄）

箱，盖层稻草，每天浇水，待种壳开始龟裂、种胚微微凸起即取出播种，发芽快而且整齐。台湾则用温汤浸种催芽：先将种子浸在15℃温水中5h，下沉种子再用40～50℃的温水浸10～30min或用70℃水浸10s，均获得良好催芽效果。

（3）播种

播种前，可用0.5%的高锰酸钾溶液浸种2h，进行消毒杀菌。

樟树播种可随采随播，以早春2～3月播种为宜，也可采用冬播，最迟不宜超过“惊蛰”，“惊蛰”后播种幼苗生长量显著下降。樟树种粒大，幼苗生长快，以条播为宜。条播条距20～25cm，每公顷用种量180kg左右。随后覆盖2～3cm火烧土，再盖稻草或茅草约1cm。若要嫩苗移植，则可用撒播。种子撒播前，应在畦面上撒施一层1cm左右厚的混合肥（混合肥是由100kg火烧土和钙镁磷肥5kg、复合肥5kg混合，经过搅拌均匀打碎，过筛而制成的细土肥），播种后要盖上火烧土和稻草。

（4）苗木抚育管理

经催芽的种子20～30天发芽，20%～30%种子发芽时，分期揭除覆盖物。当幼苗长出数片真叶时即可进行间苗，定苗距4～6cm，每米沟留10～15株苗，以亩产合格苗2万株左右为宜。

4～6月每月除草1～2次，此时期幼苗生长缓慢。7～8月是苗木生长旺盛期，这一时期的生长量占总生长量的73%，此时期应结合中耕除草进行追肥灌溉，以满足苗木对水、肥的要求。8月后停止施氮肥，宜施钾肥。盛夏和秋旱季节，要注意保持土壤湿润，适时进行灌溉。

苗高4cm时，使用除草剂除草效果好。5月每亩使用50%的扑草净可湿性粉剂100～250g，加水40kg稀释喷洒，杂草死亡率达90%。

（5）切根和嫩苗移植

为促进侧根发育和培育大苗，可采用切根和嫩苗移植。切根适用于条播育苗，当苗木长出2～5片真叶时，用锋利铁铲与苗株成45°角切入，深度以5～6cm为适当。嫩苗移植可在梅雨季节进行，挖起撒播的嫩苗，切断主根，用尖锥形的竹竿于行距25cm、株距6cm的移植沟内扎小穴进行移植。

2. 扦插育苗

樟树要实现工厂化育苗，必须攻关解决扦插育苗的生根等问题。近年来福建农林大学先后开展不同季节、硬枝与嫩枝扦插、不同育苗方法、不同促进生根激素处理等10多种试验，探索樟树扦插最佳技术组合，使扦插成苗率从30%～40%提高到85%以上。

关键技术如下。

①温室大棚或简易大棚是实现工厂化育苗的基础设施。

②不同季节扦插育苗：春季2～3月，春梢展叶前硬枝扦插成活率较高，第二年春季可出圃造林，但樟树春梢物候早，适宜扦插时间太短，难以大规模扦插；夏季嫩枝扦插，气温太高，成活率很低；秋季（9～10月）扦插成活率最高，但第二年春天不能出圃，育苗时间长达1.5年，成本高；冬季扦插在闽南是秋插延续到12月，但因气温渐低，当年不能形成良好的愈伤组织。因此，最好早春扦插一部分，大部分等到秋季扦插。

③扦插部位效应：枝条上部第1～3穗条生根率达到85%以上，下部穗条扦插效果较差，基部穗条成活率最低。

④不同基质育苗方法：利用简易大棚沙床扦插，出圃时是裸根苗，造林成活率低，尽量少用；采用传统的营养土配方容器育苗，成苗率高，但装卸易破损，运输成本高；利用新技术轻基质容器育苗，搬运方便、造林成活率高，可广泛推广。

⑤穗条规格：穗条长度12～15cm生根率最高。穗条直径0.3～0.5cm，留2～3片叶，扦插效果最好。若插穗过细，养分不足，容易枯死；插穗过粗，则生根困难。

⑥穗条处理：穗条下切口呈“一个斜面”生根率最高，其次是“平切口”，最差是呈“两个斜面”。插穗下切口要平滑，防止表皮劈裂，以免影响愈伤生根。嫩枝插穗在基部1.0～1.5cm处

用刀片纵切2～3刀，深达木质部，用溶液处理，对生根具有促进作用。

⑦营养土基质：传统塑料膜容器育苗，基质采用火烧土30%、红心土65%、锯糠或珍珠岩2%、磷肥3%；沙床扦插以混合基质蛭石：珍珠岩：河沙＝2：2：3，生根率较高。

⑧激素促进生根处理：以NAA、ABT1号处理效果较好，用IBA处理樟树插穗效果不理想；低浓度（100mg/L、4h，或200mg/L、4h）的NAA处埋效果最好，其次是ABT1号（100mg/L、4h）。

最佳组合：母株年龄小于4年，秋季（8～10月嫩枝）或早春（2月至3月上旬硬枝）小枝条上部1～2段，长12～15cm，粗0.4～0.5cm，保留2～3片半叶，激素NAA、ABT生根粉低浓度（100mg/L，4h）处理，轻基质容器袋或营养土容器袋育苗。

3. 组培育苗

（1）外植体选择

最适宜的外植体为第三节以下嫩梢茎段，芳樟型最佳的启动培养基为：MS+1.0mg/L 6−BA+0.10mg/L IBA（或0.10mg/L NAA）。脑樟型最佳启动培养基配方为：MS+2.00mg/L 6−BA+0.50mg/L NAA。

（2）增殖培养

①从基部辐射状萌发多个嫩枝和从主茎的腋枝萌生2种增殖方式同时发生，有利于提高增殖率；②筛选出芳樟型最佳增殖培养基为MS+3.00mg/L 6−BA+0.20mg/L IBA，脑樟型最佳增殖培养基为改良MS+1.50mg/L 6−BA+0.30mg/LNAA，在增殖培养基中培养45天，平均增殖系数达到6.1；③将培养基的琼脂浓度提高至6.0g/L，pH调至6.0等，可使继代增殖过程中玻璃化现象得到有效缓解；④加入抗氧化剂，选择合适的外植体材料以及缩短继代周期，对于减轻褐化有一定效果。

（3）生根与炼苗培养

芳樟型最佳生根培养基配方为1/2MS+0.2mg/L IBA，脑樟型生根培养最佳培养基配方为1/2MS+1.2mg/L IBA+0.1mg/L NAA+0.1mg/L AC。采用瓶内生根和瓶外扦插生根2种试管苗生根方法培养时发现，后者生根率和成苗率都很高；苗基部蘸1000mg/L IBA，扦插于上层蛭石、下层珍珠岩（体积比1：1）的基质中，成活率81.9%，生根率91.6%，且简化培养程序，缩短成苗期。

五、林木培育

主要用1年生或多年生苗植树造林，或用种子直播造林，还可用萌芽更新。只要掌握技术要点，都能获得成功。下面介绍樟树造林的技术要点。

1. 立地选择

樟树苛求立地，对水、肥条件要求较高。可选择山区、丘陵及平原四旁的红壤、黄壤地作为造林地，尤以土层深厚、水湿条件好的Ⅰ、Ⅱ级地更好，造林地不宜大面积集中连片。

2. 整地

整地有全垦、带垦、穴垦，以全垦最有利于樟树幼林生长，但造林整地也应因地制宜。坡度15°以下的平缓林地可考虑全垦和带状整地。陡坡林地为防止水土流失，宜采用穴垦，挖明穴，回填表土。因樟树根系发达，最好用大穴，规格不小于60cm×40cm×40cm，小穴容易造成窝根。在四旁的整地规格应适当加大。整地时间以秋、冬季为宜。

3. 造林

樟树宜在芽苞萌动之前造林，最迟不宜超过立春。若林地准备及时，冬季少霜冻和雨量较多的地方也可进行冬季造林，冬季造林不仅成活率高，而且幼树能提前生长。

樟树适应性强，可用植苗、截干或直播造林，　般成活率可达90%。植苗造林前应严格修剪枝叶及过长的主、侧根，以减少水分散失。剪除部分或全部叶片以及离地面30cm以下的侧枝，并适当修剪过长的主、侧根。一般要求随起苗、随修剪、随浆根、随栽植。栽植时做到苗正、根舒、打紧。遇不良天气或外调苗木时间过长时，为提高造林成活率，可采用截干造林，即截去主干10cm以上部分后造林，但第二年必须除去萌条。截干造林易于成活，成活率一般都在95%以上。缺少苗木时，也可采用直播造林。可春播或冬播，播种穴深20～25cm，穴径33cm，每穴播4～5粒种子，覆土2～4cm厚，在穴面盖层茅草，保持土壤疏松湿润。

樟树侧枝发达，树干多杈，营造混交林能促进樟树生长，有利于培育优质干材形质。适宜与樟树混交的树种有杉木、马尾松、福建柏、台湾相思、木麻黄、楠木、格氏栲、枫香等。丘陵地区在造林初期的2～3年可间种农作物，以促进林木生长，增加收益。根据现有经验，伴生树种要选择当地速生树种，为樟树幼年生长创造庇荫条件，促其有良好的高、粗生长；同时，伴生树种又能在早期提供小径材或薪炭材，并在改良土壤、保持水土、防止病虫害方面起到相应的作用。混交树种配置，采取株间混交或行间混交。

樟树生长较快，树冠扩展，栽植密度要适应其生长规律。纯林每公顷株数：山区不宜超过1500株，丘陵地区不宜超过1950株。混交林每公顷株数：山区不宜超过750株，丘陵地区不宜超过1050株。伴生树种的密度要根据其对樟树生长的有利影响来决定。

4. 抚育

造林后应及时进行抚育。幼林阶段主要是中耕除草、深翻扩穴、抹芽修枝等工作，不断改善林木生长环境条件，提高林木生产力。一般造林后前3年，每年除草抚育2次。第一年除草应结合松土，播种造林要拔除穴里的杂草。截干造林第二年除草时应劈除萌条。幼林抚育宜在生长高峰和旱季将到之前进行，第一次抚育一般在4～5月，第二次抚育在9～10月，有条件的地方可进行抹芽修枝。在丘陵地区造林的第一年要预防日灼的危害，在林内间种农作物，以耕代抚，是促进林木生长较有效的办法。

造林后幼林生长快，郁闭后林木竞争激烈，应及时进行间伐。一般幼林郁闭后4～5年即可开始间伐，若过迟间伐，林木自然整枝强烈，间伐后树冠不易恢复，影响幼树生长，易感染病害。间伐强度应视造林密度、林木分化程度及立地条件等确定。第一次间伐强度以25%～30%较为适合，间伐后郁闭度宜保持在0.7以上。由于樟树小径材无销路，目前各地樟树人工林均较迟间伐。等间伐郁闭后，可进行第二次间伐。

樟树多萌生枝，影响主干生长。以培育用材为目的时，在造林头3年要进行抹芽，之后根据生长情况适当修枝，以加快主干高生长。抹芽是将离地面树高2/3以下的嫩芽抹掉。修枝主要是将树冠下部受光较少的枝条除掉，但枝径大于6cm的不宜修去。修枝要保持树冠相当于树高的2/3，过多修枝会丧失一部分制造营养物质的树叶，从而影响树木生长。切口要平滑，紧挨树干而又不伤皮，以免造成死节。如用锯修枝，则要用利刀将切口削光滑。修除稍大的枝条时，应先从下向上砍口，再由上向下砍去全枝，以免撕裂干皮。为防止病虫害侵入，切口要涂抹生石灰水。修枝宜在冬末春初进行。

5. 主伐与更新

樟树更新方法因经营目的不同而异，以用材为目的时，多采用植苗造林、直播造林和萌芽更新；以取枝叶提制樟脑油为目的时，有矮林、截枝林和头木林等方法。

（1）萌芽更新

樟树萌芽力强，萌芽更新是采伐迹地恢复樟树林简易可靠的方法。但此法不宜多次连续采用，否则樟树生活力逐代衰退，难以育成优质用材。樟树萌芽更新的技术关键有二。

①掌握采伐年龄：樟树在中龄和接近成熟时萌芽力较强，在幼年或老年一般萌芽力较弱，萌芽更新要掌握这一规律。宜在冬季或早春进行采伐，这时伐口不易感染病菌，而且伐根的萌芽力也强。

②降低伐根部位：更新采伐时应尽量使伐根矮到接近地面，促使根部萌芽，由这种根蘖成长的植株，阶段性比较年轻，生活力较强。

（2）矮林更新

栽植后5～6年在幼树离根际20cm处截去，利用其枝叶，再使其根株萌芽成林。以后每隔3～4年进行一次，连续进行4次。

（3）截枝林更新

栽植10年后可开始截枝利用，保存主干，每

隔2～3年截取其枝叶一次。

（4）头木林更新

当幼林5～10年生时，截去离地面2m以上的主干枝叶利用，使其萌发枝叶，以后每隔2～3年截取枝叶一次，蒸制樟脑油。

此外，可在同一林分内兼顾培养用材和以枝叶制樟脑为目的，即在用材林内利用间伐的根株萌芽组成乔林与矮林混合作业；或在矮林作业的林分中，每公顷选留75～150株较好的林木，不截取枝叶而育成大径材。

六、主要有害生物防治

1. 白粉病

多发生在苗圃幼苗，嫩叶背面先出现灰褐色斑点，随后蔓延到整个叶背面，并出现白粉，相互感染至整株枝叶。在气温高、湿度大、通气不良的环境中最易发生。初发时可用石硫合剂喷洒，每10天喷1次，连续3～4次，并及时间苗，注意圃地的通气状况，及时拔除病株。

2. 黑斑病

樟树种子发芽出土后长出1～4片叶时，容易发生此病。发病时，从苗尖向根部变成黑褐色而死亡，病因未明。在播种时做好种子、土壤及覆盖物等消毒工作。在发病时，先拔除并烧毁病苗，并用0.5%的过锰酸钾溶液或福尔马林喷洒2～3次，即可防止蔓延。

3. 毛毡病

主要危害当年新叶，被害叶片皱缩卷曲，影响光合作用，导致林木生长不良，尤以夏、秋季危害严重。此病由一种螨引起，其隐藏在叶背面茸毛间吸取汁液，刺激叶表面细胞伸长为茸毛，并形成褐色毛毡状斑。4～5月若虫发生期，可撒硫黄粉或喷杀螨剂可湿性粉剂800～1000倍液，每隔21天喷一次，对杀死若虫很有效；对发病严重的林分，可在春季萌动前喷5波美度石硫合剂，杀死越冬虫体。

4. 膏药病

主要危害幼树枝干，严重时病斑扩展包被干、枝表皮，破坏韧皮组织，影响植株生长。多发生在密度大、通风不良的山凹地带林分。发病初期用45%石硫合剂涂抹病斑有一定效果；及时间伐，改善林分通风状况，可抑制该病蔓延。

5. 樟叶蜂

以幼虫食叶危害，尤以幼苗、幼树受害严重，能食光全株幼叶及嫩芽，严重影响林木生长。该虫1年发生2～4代，3～6月均可发现有幼虫危害，老熟幼虫入土内结茧化蛹，经蛹越冬。在幼虫期喷洒25%DDT乳剂200倍液，能取得良好效果，也可用90%的敌百虫2000倍液喷杀。

6. 樟梢卷叶蛾

以幼虫蛀食梢髓心危害，致使干形弯曲，影响树高生长。该虫以蛹在落叶中越冬，主要从3月下旬到9月中旬危害，其中7月中旬危害最为严重。在刚开始抽梢时，用20%乐果200～300倍液加25%DDT乳剂200～300倍混合液喷洒嫩梢，每隔10天喷一次，连续2～3次，可杀死初孵化的幼虫；当幼虫钻入嫩梢后，可用20%乐果200～300倍液进行喷洒，杀死效果可达85%；幼虫化蛹期间，可结合抚育将地面枝叶翻入土内或集中烧毁。

7. 樟巢螟（*Orthaga achatina*）

一般危害樟树幼苗和20年生以下幼树。1年发生2代，以老熟幼虫入土结茧越冬，翌年4月中下旬化蛹，5月中下旬羽化。7月上中旬是危害盛期，第二代幼虫取食期从8月上旬到10月上旬（少数发育迟的到10月底），幼虫老熟入土越冬。成虫夜间羽化，无趋光性，卵产于两叶相叠的叶片之间。幼虫5龄，初孵幼虫群集危害，主要啃食叶和嫩梢，危害严重时将樟叶吃光，并在树冠上结鸟巢状的虫苞，影响树的正常生长。幼虫刚开始活动尚未结成网巢时，用90%敌百虫4000～5000倍液进行喷洒，即可将其杀死。如果幼虫已结成网巢，可将其摘掉烧毁。通过加强管理、冬季清理枯枝落叶及树围内杂草、摘除虫苞并烧毁等措施综合防控。

8. 樟天牛

主要蛀食侧枝和主枝。可在樟天牛成虫卵期（5月上旬至6月上旬）用铅丝刷产卵疤痕，刺杀卵或初孵幼虫。也可人工剪除被害枝，或由排泄孔注入敌敌畏等药剂，将其幼虫杀死。

9. 沉水樟黑蜕白轮蚧（*Aulacaspis rosarum*）

通常1年发生2～3代，以2龄若虫及少数雌成虫越冬，越冬代雄成虫在野外于3月下旬至4月初羽化，雌成虫3月中旬出现。有世代重叠的现象。以口针刺吸危害，喜阴湿环境，树冠下层的虫口密度最大。防治主要结合冬季修剪，剪除被侵害的枝条，刮除树干上的成虫；若虫孵化活动期用强触杀剂喷洒，每7天喷洒一次，连续喷3次。注意保护和利用草蛉、瓢虫、蠼螋等天敌。

10. 樟叶螨（*Oligonychus yothersi*）

以卵在叶上越冬，其生活史极其复杂，代数多，且世代重复，常年可见卵、若螨及成螨。幼虫一般爬到叶表面刺吸汁液，导致叶片失绿呈米黄色，无光泽。严重时，危害部位呈红色，并蔓延到整张叶片，常出现不正常落叶。防治通常在4月上中旬进行，用0.3%阿维菌素乳油稀释1000倍喷雾，防治卵及孵化后的若螨，效果达95%以上。与BT（无公害生物制剂）复配可扩大使用范围，提高杀虫效果。4～5月是防治的关键时期，每隔7～9天喷药一次，连续喷2～3次，最好能交替或混合施药。

11. 黑刺粉虱（*Aleurocanthus spiniferus*）

1年发生4～5代，以2～3龄幼虫在叶背越冬。成虫多在早晨露水未干时羽化，初羽化时喜欢荫蔽的环境，日间常在树冠内幼嫩的枝叶上活动，有趋光性，可借风力传播到远方。卵多产在叶背，散生或密集成圆弧形。幼虫孵化后短距离爬行吸食。2～3龄幼虫固定危害，严重时排泄物增多，引起较为严重的煤烟病。防治可采取管理、喷药、天敌结合方式。剪除密集的虫害枝，及时中耕、施肥、增强树势，提高植株抗虫能力；喷洒相关药剂，喷药时要注意喷施均匀；保护和利用寄生蜂、捕食性瓢虫、寄生性真菌等天敌。

七、材性及用途

樟树木材为散孔材、半环孔材，通常以散孔材为主。华中农业大学的徐有明和中国林业科学研究院的江泽慧、费本华等人的研究表明：樟树木材基本密度为0.41～0.50g/cm^3，气干密度为0.578g/cm^3；纤维长度为1100～1310μm，宽度为22.56～24.56μm，纤维直径为14.27～15.91μm，壁厚为4.14～4.47μm，壁腔比为0.55～0.62，腔径比为0.58～0.65，长宽比为46.9～53.4；导管平均长度为380.2～424.2μm，壁厚为5.78～9.23μm，导管宽度变化范围为102.9～140.5μm，导管直径变化范围为91.8～127.0μm；弦向气干干缩率为3.60%，径向气干干缩率为2.65%；抗弯弹性模量为9.10GPa，抗弯强度为73.61MPa，顺纹抗压强度为40.7MPa，侧面硬度为3267N，端面硬度为3973N。

樟树的材质致密，心材、边材明显，结构细且匀，易加工，切面光滑，纹理美观，香气浓郁，耐腐防虫，为造船、制家具和工艺美术品的上等材。

（林思祖，刘宝，陈宇，曹光球，陈存及）

附：云南樟［*Cinnamomum glanduliferum*（Wall.）Nees］

云南樟集中分布于西南山地，包括云南西部、中部至北部以及四川南部和西南部、贵州南部至东部、西藏东南部，其中，云南中部至四川西部一带为中心。云南樟是樟属中分布广泛的种，也是樟属向西和高海拔区域分布的种；多生于山地常绿阔叶林中，海拔多在1000～2500m，最低可达560m，最高可达3000m。

云南樟属中性树种，喜欢温暖、湿润环境，苗期和幼树较耐阴，后期喜光；主要适生于年平均气温12～16℃、≥10℃的有效积温3710～6390℃、年降水量760mm以上的地区，具有较好的抗低温、耐水、耐旱能力。云南樟通常零星分布，很少形成大面积群落或构成群落的

优势种，通常与其他樟科、山茶科和壳斗科种类混生。

云南樟可采用播种育苗、根蘖繁殖（李世华和方存幸，1993），主要用于城市、公园、风景区、住宅区等的绿化，在用材林、经济林中大规模应用还比较少，林木培育技术可参考樟属其他树种。

云南樟病虫害报道较少，陈秀虹等（1991）曾报道其可受云南樟白脉病危害。云南樟白脉病是由一种星孢属真菌（*Asteroconium saccardoi*）所引起，病菌以菌丝、孢子在病叶上越冬，成为翌年的初侵染来源。在成年林中，这一病害较轻，可不必防治；在苗圃，该病严重时，可用45%石硫合剂防治1～2次，兼杀蚜虫和病菌，效果较好。

云南樟材质优良，具香气；树干、枝叶和根可提取樟油和樟脑；树皮、根的芳香油可入药，具有祛风、散寒之效；抗病虫害能力较强，是优良的园林绿化、香料、用材树种。

（覃家理）

附：沉水樟（*Cinnamomum micranthum* Hay.）

樟科樟属，别名大叶樟、萝卜樟、臭樟（广东、湖南）、泡樟（广西、福建）、牛樟（台湾）。

沉水樟属自花授粉植物，由于雌、雄花发育成熟期不一致，因而结实率很低，天然繁殖能力弱，天然林资源处在濒危境地，1982年被列入国家三级重点保护野生植物。同时，沉水樟是我国大陆和台湾的间断分布种，研究沉水樟对探索东亚植物区系有重要意义。

沉水樟主要分布在中亚热带的中南部至南亚热带的大部分地区，包括浙江、江西、湖南（中南部）、台湾（北部）、福建、广东、广西等省份。其地理位置为22°20′～27°30′N，106°～120°E，海拔100～800m（在台湾北部海拔可达1800m）。

沉水樟为常绿乔木，叶互生，长圆形，羽

江西省崇义县横水镇茶滩村沉水樟叶、果形态（钟以山摄）

江西农业大学校园沉水樟立木树相（邓光华摄）

状脉；圆锥花序顶生或腋生，花期7～8（～10）月，果期10～12月。沉水樟属偏喜光树种，幼林较耐阴，喜温暖湿润气候和湿度大、肥力高的生境；耐湿性强，不耐旱。沉水樟干形比樟树更圆满通直，生长也比樟树快，冠幅广，林冠略呈波状起伏，但抗寒性稍差，易受风害和雪压。沉水樟根系发达，主根粗壮，侧根多，根基部有较强萌芽能力，可萌芽更新，是中亚热带常绿阔叶林的重要组成树种，也是一个比较稳定的常绿阔叶林顶级群落。沉水樟适生于土层深厚的酸性红壤，多分布于阴坡及避风的沟谷、坡面，在中亚热带地区常散生在由栲属、润楠属、楠属、樟属、阿丁枫属、冬青属和杜英属等树种组成的常绿阔叶林中。

沉水樟的人工繁殖主要采用播种育苗和扦插育苗。一般用1年生苗春季造林，宜选土层深厚、湿润肥沃的缓坡或平坡地为造林地，造林密度为1.5m×2.0m或3.0m×4.0m。在全垦的基础上挖穴40cm×40cm×40cm。每穴施磷肥0.5kg、复合肥0.25kg。选择阴天或小雨天造林，栽植前应修剪部分枝叶，并适当修剪过长主根。根系蘸泥浆，深栽、打紧、扶正，保持造林苗木根系舒展。

沉水樟萌芽力强，也可采用截干法造林，即在离苗根颈处5～8cm截干，待根际萌蘖后选留一粗梢培育。幼林抚育对沉水樟幼树生长至关重要。造林后前3年每年都要及时松土除草2次，并及时除去多余的萌芽枝和树冠下部受光较少的枝条，保持冠高比2/3，及时修剪竞争枝。造林密度为1.5m×2.0m的林地，可在造林后4～5年进行一次密度调整，隔行、隔株移植或间伐，移植出的胸径6～8cm苗木可用于园林工程。沉水樟的主伐期为16～20年。为培育大径材或大规格绿化苗木，可视林分状况进行必要的修枝、间伐或移植。在采伐和火烧迹地上，可利用沉水樟萌芽力强的特性，采用封山育林及萌芽天然更新恢复，让其萌芽成林。

沉水樟叶的樟脑油含量高，是优良的调料与香料类经济林树种；其生长快、树形优美、材质好，也是优良的用材林树种。沉水樟是我国樟科植物中含油量最高的速生经济树种，根部精油含量为1.86%，树干为0.076%，枝条为0.051%，叶为0.079%，是较好的提炼芳香油的材料；其木材纤维长，纹理通直，结构均匀细致，质地紧密，气味芳香，是船舶、桥梁、造纸和家具的重要用材，同时也是涵养水源和美化环境的优良树种。另外，沉水樟树形高大雄伟、干形通直、枝叶繁茂，且属自花授粉植物，结实率很低，易保持地面清洁，为良好的园林绿化树种。

（邓光华）

附：猴樟（*Cinnamomum bodinieri* Lévl.）

别名香树（四川）、猴挟木（湖南）、大胡椒树（贵州），为我国特有种，是亚热带常绿阔叶林中的伴生树种。喜光、喜温，散生于常绿阔叶林中或组成小片纯林。

与香樟不同的是，猴樟叶片较大，上面幼时被极细微柔毛，后无毛，下面苍白，密被绢状柔毛；果形比香樟略大，径7～8mm。猴樟3月中下旬开始萌动，4月上中旬开始萌发抽梢，4～5月换叶，一些叶变为红色才脱落；花期5～6月，果期7～8月，果实成熟期9月下旬至10月上旬，比香樟早1个月左右成熟。

猴樟主要分布在贵州、四川东部、湖北和湖南西部、云南东北及东南部，常生长于海拔400～1500m的山地，在云南、贵州可达海拔2000m，常在山谷林中形成针阔混交林或常绿落叶阔叶混交林，也常在山坡中下部、石灰岩山、宅旁等生长。猴樟对水热条件要求不严，抗寒性强，以在海拔850～1100m、年降水量1200～1500mm、年平均气温15～16℃的地区生长最好；猴樟喜生于深厚、肥沃、水湿条件好的土壤上，但适应性比香樟强，在石灰岩、变质岩、砂岩发育的土壤上均可以正常生长。

猴樟种子采集与处理、贮藏、播种育苗方法同香樟。但其苗木生长与香樟有所不同，猴樟苗木在贵州硬化期为9月中旬至11月中旬，停止生

贵州省猴樟1年生苗（韦小丽摄）

贵州省猴樟花蕾（韦小丽摄）

长期比香樟晚30天左右。猴樟苗高、地径生长及生物量积累均比香樟高。猴樟1年生苗平均高可达50～60cm，平均地径可达0.7～0.8cm，合格苗产量可达24万～27万株/hm^2。因猴樟停止生长较晚，应注意霜冻的危害，最好把苗圃地选择在背风处，也可在霜冻到来之前采用熏烟法预防。

造林用地适宜海拔为700～1600m，宜选择山坡中下部、土层较深厚的微酸性至微碱性、通透性与保水保肥性能良好的沙质壤土及壤土，其中以砂页岩发育的土壤上生长最好。在砂页岩发育的土壤上，猴樟树高、胸径年平均生长量分别为0.97m和1.26cm；在石灰岩发育的土壤上，猴樟树高、胸径年平均生长量分别为0.85m和0.83cm。猴樟造林整地、栽植方法、抚育及有害生物防治基本上同香樟，但猴樟生长快，栽植密度比香樟略小，适宜株行距为2m×3m。猴樟比香樟郁闭早、分枝大，幼林郁闭后应根据生长情况适当修枝，将树冠下部受光较少的枝条除掉，保持冠高比1/3。修枝宜在冬末春初进行，采取平切法。

猴樟木材坚韧、耐腐，为优良家具、纱锭、器具用材；种子可榨油，含油率20%，供制肥皂或机器润滑油；根、干、枝、叶均含芳香油，主要成分为黄樟油素，供香料和医疗等用。猴樟速生、观赏性好、移栽容易，抗病虫害、抗污染力强，适应性强，越来越多地用在绿化造林中，是亚热带地区绿化造林的速生树种和城镇园林绿化的优良树种。

（韦小丽）

100 浙江楠

别　名 | 浙江紫楠（浙江省）、浙紫楠（浙江省）

学　名 | *Phoebe chekiangensis* C. B. Shang

科　属 | 樟科（Lauraceae）楠属（*Phoebe* Nees.）

浙江楠为高大乔木、国家二级重点保护野生植物、华东地区特有的珍贵用材树种，分布于浙江、福建北部、江西东北部和安徽南部，多分布在海拔1000m以下的丘陵山谷或红壤山坡常绿阔叶林内，喜温暖、湿润气候及酸性或微酸性土壤。浙江楠幼树耐阴，生长稍慢，5年生后生长加速，10年生后材积生长迅速，成年树喜光。其材质优良、纹理美观，可作建筑、家具等用材，是一种珍贵的用材树种。树干通直高大，树冠葱郁，因此还是优良的园林绿化树种，具有很大的经济和观赏价值，名列“四大名木”之首。

一、分布

产于安徽、浙江、江西及福建等地，主产于浙江杭州、宁波、镇海、龙泉、诸暨、庆元，福建邵武、光泽县，以及江西铅山县和安徽南部，多分布在海拔1000m以下的丘陵沟谷或红壤山坡常绿阔叶林内，喜温暖湿润的气候及酸性或微酸性的土壤（傅立国，2000）。在杭州云栖、九溪分布有以浙江楠为优势树种的常绿阔叶林，在其余地区均为散生分布（李东林等，2004）。

二、生物学和生态学特性

常绿阔叶乔木，树干通直，高达20m。胸径达50cm。树皮淡褐黄色，薄片状脱落，具明显的褐色皮孔。叶革质，倒卵状椭圆形或倒卵状披针形，少为披针形。圆锥花序，密被黄褐色绒毛；花被片卵形，两面被毛，第一、第二轮花丝疏被灰白色长柔毛，第三轮花丝密被灰白色长柔毛。种子两侧不等，多胚性。花期4～5月，果期9～10月。

浙江楠生态适应性范围较窄，现有的分布范围较为狭窄，成片分布仅见于浙江杭州，其余主要零星分布在江西、安徽和福建。目前江苏南部的南京、苏州、无锡、宜兴均已引种成功（吴小林等，2011）。浙江楠适生于温暖湿润的环境，使其受到一定的限制，野生浙江楠常只分布于较湿润的山谷（徐世松，2004），其对光照、土壤厚度、肥力以及水湿等条件的要求较高，土壤主要为红壤和黄壤（吴初平等，2013）。浙江楠幼树耐阴，生长略慢，5年生后加速生长，10年生后材积迅速生长。成年树喜光。

三、苗木培育

1. 采种

于10月下旬至11月上旬果皮颜色由绿色变为蓝黑色时采集成熟种子。选20年生以上健壮母树剪下果枝，或将果实击落后收集。采回后，将果实擦去果皮，用清水漂洗干净，置于通风的室内阴干，待水迹消失后，可用湿沙低温层积越冬贮藏，也可阴干后播种，但层积处理能解除休眠，提高发芽率。

2. 种子催芽

浙江楠的种子多胚，发芽率较高，一般为76%～92%，发芽势为42%～54%，场圃发芽率为60%～78%（李东林等，2004）。浙江楠种子有非胚休眠期，种皮是阻碍种子充分萌发的主要因素，除去种皮后萌发率大大提高。去种皮种子萌发的适宜温度为30℃。用室外层积（1.5～11.5℃）和变温层积（15～25℃，15～30℃变温，高温8h，低温16h）3周，都能够软化种皮，增强透气性，促进萌发，发芽率可达81.5%～90.0%。变温层积效果比室外层积好，但在生产上不及室外层积经济简便和易于推广应用（史晓华和史忠礼，1990）。室外层积的具体做法是：在室外选择地势高燥、排水良好的地方挖坑，坑的深度应保证在地下水位以上，而且保证种子在催芽期间的温度在适宜范围。一般60～80cm深。坑底先铺一层粗沙，再将种沙混合物（种子与细沙按1：3的比例混合）放入坑内。当种沙混合物离地面10～20cm时，铺沙填平，最后用土培成屋脊形。坑四周挖排水沟，便于排水。若种量少，也可放在室内进行。把种沙混合物放到一个塑料容器中，低温贮藏，每隔一段时间检查一下湿度，防止干燥。到翌年3月中旬前后，此方法处理过的种子多数会裂嘴、萌动，可取出播种（李东林等，2003）。

3. 育苗

浙江楠育苗主要采用播种方式，以苗床或容器培育，2年生苗造林成活率高。

（1）苗床育苗

播种 2月上中旬进行播种。撒播，以种子不相互重叠为宜，播种量约1kg/m²。播后盖草木灰或黄心土2cm左右，再盖草，以保持床面湿润、疏松。

芽苗移栽 3月中旬前后，当部分种子发芽出土时改用小拱棚薄膜覆盖。4月上中旬，当芽苗长出3～5片真叶时进行移栽。移栽前要进行3～5天炼苗，然后即可开始分批移栽芽苗。选择阴雨天或晴天的早、晚进行芽苗移栽。

移栽密度 培育1年生苗，行距20cm，株距15cm，每亩栽植约1.5万株；培育2年生苗，行距40cm，株距25cm，每亩栽植约0.6万株。

苗期管理 移栽苗缓苗期过后就可开始追肥，分别用0.3%～0.5%浓度的复合肥和0.2%～0.3%浓度的尿素液肥轮流浇施，每15天施1次，直至9月上旬。也可在苗木部分木质化后，于行间条状撒施复合颗粒肥，并及时松土、浇灌，施肥量为每亩10～15kg；苗木硬化期以钾肥为主，停施氮肥。7～10月正值苗木生长高峰期，对水分需求量大，若遇久晴无雨要注意及时灌溉。

遮阳 芽苗移栽后应立即为苗木搭设遮阴棚。遮阳材料一般选用60%～70%透光率的遮阳网。高温季节过后及时揭去遮阳网，以免影响苗木当年生长。

防冻 为防止冬季休眠期苗木遭受冻害，9月以后停止施氮

江西省崇义县横水镇茶滩村浙江楠育苗基地（钟以山摄）

肥，10月以后适当控制水分供给，在11月可用0.3%～0.5%磷酸二氢钾进行叶面追肥。

出圃造林 浙江楠为典型的深根性树种，主根明显，侧根细密，1年生苗即可用于造林。但由于1年生苗侧根过细，起苗时不容易带土，从而影响其造林成活率。而2年生苗侧根比较粗壮，便于带土移植，造林成活率可达95%以上。

（2）容器育苗

浙江楠苗期耐阴且生长缓慢，导致其裸根苗和1年生容器苗在采伐迹地造林成效较差（邱勇斌等，2016），因此生产中以2年生容器苗造林为佳。

容器及规格 选用无纺布容器袋，1年生苗容器规格为直径5～7cm、高度10～12cm，2年生苗容器规格为直径15cm、高度20cm。第二年春季将1年生容器苗连苗带袋直接移入2年生苗无纺布容器袋内。

基质配制 基质配方为：1m³泥炭+0.3m³珍珠岩+3.0kg/m³缓释肥，或1m³泥炭+0.5m³黄心土+0.2m³草木灰+3.0kg/m³缓释肥。

育苗地准备 清除圃地现有杂草、石块，做到地面平整，并划分放置育苗容器的苗床和步道。苗床一般宽1.0～1.2m，长度依地形而定，步道宽40cm。有条件的，可在苗床上铺上河沙并耙平，以便容器平稳摆放；或铺设地布，以防幼苗根系扎入土壤中，同时可减少杂草的生长。育苗地周围要挖排水沟，以防积水。育苗地上方搭建遮阴棚或大棚架，上覆遮光度为30%的遮阳网。

水分管理 芽苗移栽后15天内，要保持容器袋内基质湿润。喷水时间一般在10:00以前或17:00以后。梅雨季节要清沟排水。

4. 苗期管理

苗期其他管理措施可参照苗床育苗。

浙江省开化县浙江楠古树群（朱锦茹摄）

四、林木培育

1. 立地选择

浙江楠喜湿耐阴，造林地宜选择低山丘陵土层深厚、肥沃湿润的山坡、山谷两侧及冲积地。

2. 整地

整地要求细致，一般林地采用带状深翻，肥沃的林地可穴垦，穴规格为40cm×40cm×30cm。

3. 造林

造林时间从冬至到雨水均可，最好选择春季。起苗后修剪部分枝叶和根系，根部蘸泥浆。挖定植穴栽种，株行距2m×2m或1.67m×2m。栽植穴径40cm，深30cm以上，表土施肥回填。栽植时尽量随起随栽，选择阴雨天或小雨天，遵循苗正、根舒、深栽、打紧的原则，保证成活。

以往对浙江楠的研究显示，浙江楠对光照、土壤厚度、肥力以及水湿等条件的要求较高，分布区的土壤主要为红壤和黄壤。浙江楠在天然林中基本生存于林分的中层，比较弱势。浙江楠和杉木、木荷的生态位比较相似，对生境要求比较相近；生态位宽度值的比较显示，浙江楠的生态位宽度值在各优势种中最大，在群落内部其适应群落小生境的能力以及对小生境内资源的利用能力都表现出很强的优势（吴初平等，2013；邹慧丽，2012）。由此可见，在天然林中，可以选择和杉木、木荷一起在针阔混交林及阔叶林中增植浙江楠。林下补植林分的郁闭度应在0.7以下。

4. 抚育

造林的前3年进行常规的除草、松土、施肥，每年2次；郁闭后，及时抚育间伐。补植林分，3~5年后可对林地每年进行1次刀抚，增加林地透光度，10年后可根据林分生长情况砍伐上层木。

5. 采伐更新

10~30年生时，对胸径达到15cm以上的单株进行择伐。40年生时，可按照径级的分布砍大留小。浙江楠幼苗的耐阴性较强，在母树林内或紧邻母树林的林地内幼苗数量很多，因此在母树林或母树林附近的林地内，自然更新更加便利。

五、主要有害生物防治

浙江楠不易感染病虫害，苗期虫害仅发现有少量地老虎、卷叶蛾、灰毛金花虫等食叶害虫，尚未发现病害。

1. 地老虎（*Agrotis* spp.）

防治方法：播种前期防治地下害虫，可用敌百虫拌麦麸或糠制成诱饵，均匀地放入土内，以杀死蛴螬、地老虎等（李东林等，2003；李东林等，2004）。

2. 卷叶蛾（Tortricinae）、灰毛金花虫（Alticinae）

防治方法：常用的药剂是2%的硫酸亚铁、0.5%的福尔马林或3%的生石灰水，用量为2~3kg/m^2（李东林等，2003；李东林等，2004）。

六、综合利用

浙江楠生长快、材质好，木材黄褐色，结构细、均匀，硬度和强度中，不变形，耐腐，有香气，以材质优良而闻名中外，为高档建筑、家具、雕刻和精密模具的珍贵良材，还可应用于制造胶合板、漆器、木胎等。浙江楠树体高大端庄、树冠秀丽，枝叶繁茂，四季常青，在我国南方城市园林绿化中可作为行道树、庭荫树和风景树。浙江楠在长江中下游地区有较强的环境适应性，因此可作为丘陵山区的理想造林树种。浙江楠具有较强的持水、保土能力，生态效能非常显著，特别适合于下坡固土林带，可作为水土保持林和水源涵养林的造林树种。

（房瑶瑶，邓光华，袁位高）

101 闽楠

别　名｜竹叶楠（福建）、兴安楠木（广西）、楠木等

学　名｜*Phoebe bournei* (Hemsl.) Yang

科　属｜樟科（Lauraceae）　楠属（*Phoebe* Nees）

闽楠树干通直圆满、材质纹理美观、结构细致、削面光滑、质韧难朽、奇香不衰，是建筑、家具、雕刻的上等用材；闽楠是常绿阔叶树种，树形优美，具有隔音、驱虫、净化空气等功能，被广泛用于庭院观赏和园林绿化。由于长期来对闽楠资源的严重破坏，目前我国闽楠资源接近枯竭，已被列为国家二级珍稀渐危种。因此，大力营造闽楠人工林已成为满足社会对楠木珍贵用材及绿化需求的重要途径。

一、分布

闽楠主要分布在福建、广东、广西、江西、浙江、湖南、贵州、湖北等省份，多生于海拔1000m以下的常绿阔叶林中。在长江以南各省份以至台湾均可栽培，纵跨亚热带、暖温带和寒温带，具有分布区域范围广、地形地貌及气候条件差异大等特点（葛永金等，2012）。中心栽培区主要分布在福建中北部、广西和广东北部、湖南中南部、江西和浙江南部地区，气候温暖湿润，春季多雨，年平均气温18℃左右，1月平均气温7℃左右，年降水量1200～1800mm。一般栽培区主要分布在浙江、江西和湖南北部，安徽、云南、广西、广东和福建南部，以及贵州和湖北东南部，年平均气温20～22℃，1月平均气温10～13℃，年降水量1500～1800mm。边缘栽培区分布在河南和湖北东南部、安徽北部、云南东北部、贵州西北部，年平均气温12～17℃，1月平均气温-3～6℃，年降水量1000mm左右。

二、生物学和生态学特性

大乔木，高逾20m。树干通直，分枝少。小枝有毛或近无毛，树皮灰白色。叶革质或厚革质，披针形或倒披针形，长7～15cm，宽2～4cm，先端渐尖或长渐尖，基部渐狭或楔形，上面发亮，下面有短柔毛；脉上被伸展长柔毛，有时具缘毛；中脉上面下陷；侧脉每边10～14条，上面平坦或下陷，下面凸起；横脉及小脉多而密，在下面结成十分明显的网格状；叶柄长

闽楠的花（陈世品摄）

福建省邵武卫闽林场闽楠容器苗（马祥庆摄）

5～11mm。花序生于新枝中、下部，被毛，长3～7cm，通常3～4个，为紧缩不开展的圆锥花序，最下部分枝长2.0～2.5cm；花被片卵形，长约4mm，宽约3mm，两面被短柔毛；第一、第二轮花丝疏被柔毛，第三轮密被长柔毛，基部的腺体近无柄；退化雄蕊三角形，具柄，被长柔毛；子房近球形，与花柱无毛，或上半部与花柱疏被柔毛，柱头帽状。果椭圆形或长圆形，长1.1～1.5cm，直径6～7mm；宿存花被片被毛，紧贴。花期4月，果期10～11月。

闽楠为中性树种，幼时耐阴性较强，喜温暖湿润气候，抗寒力较强，能耐-8℃极端低温，但不耐旱，喜土层深厚、肥沃、排水良好的中性或微酸性冲积土或壤质土，在干燥瘠薄或排水不良的地方生长不良。主根明显，侧根发达。幼年期耐荫蔽，一年抽3次新梢。闽楠生长速度中等，寿命长，50～60年后达到生长旺盛期，300年生尚未见明显衰退，但要培育优质大径材需上百年（葛永金等，2012）。

三、苗木培育

1. 果实采收

在闽楠天然林或生长优良的人工林中，选择树体通直的母树采种。闽楠4月开花，种子成熟期在小雪前后，即每年10～12月当果实由青色变为蓝黑色时及时采收。

2. 果实处理

采集的果实要及时处理。将果实放在箩筐或木桶中捣动，脱出果皮，再用清水漂洗干净，置室内阴干，切忌暴晒。水迹稍干，即可贮藏。一般100kg果可产出种子40～50kg。种子纯度92%～99%，千粒重200～345g，发芽率80%～95%。

闽楠种子含水量较高（20%～40%），容易失水开裂，子叶发霉，丧失发芽力，因此处理好的种子要马上用潮湿河沙分层贮藏。采用湿沙层积法常温贮藏种子，种子和干净细河沙按1∶1的体积比分层堆放，经常检查沙的湿度，干燥时及时喷水以保持湿润。需要催芽时可放在温度较高有阳光照射的地方，立春前后种子便开始大量萌动，用来播种能提早数天发芽。

3. 育苗技术

（1）容器育苗

基质配制方法 轻型基质按体积比将60%～70%泥炭土、30%～40%珍珠岩或锯糠等均匀混合而成。普通基质按体积比将25%泥炭土或腐殖质土、50%黄心土、25%火烧土晒干、捣细、过筛后混合均匀，每吨混合土加入过磷酸钙15kg和硫酸亚铁150g，充分拌匀，并盖塑料薄膜闷封4～5天。

容器选择与装袋 轻型基质灌装前，选用半降解性的无纺纤维材料，利用轻基质网袋制作机，制成口径8～10cm、长10～12cm的轻型基质容器，用0.15%高锰酸钾溶液浸泡12h后，灌装上述轻型基质，供育苗用。普通容器装袋则选择直径4.0～6.5cm、高10～15cm的聚乙烯薄膜容器袋。装袋前先对整平的床面进行踏实和喷水。将容器袋装满配好的营养土后，整齐排列在苗床上，并用基质土填充袋间空隙。有条件进行工厂化设施育苗时，可将容器袋整齐排列在塑料盘上，再将塑料盘放到离地面20～30cm的架子上。

种子处理方法 2月下旬至3月上旬，把沙藏的种子取出清洗，用0.5%高锰酸钾溶液浸种0.5～1.0h，捞出后用清水冲洗干净，再用温水浸种24h后捞出阴干待播。

催芽与芽苗移植 处理后的种子在圃地苗床上进行密播，用种量为150～200g/m^2，以不重叠为宜。播种后用干净细沙覆盖，厚1.5～2.0cm，浇透水，用聚乙烯薄膜拱形覆盖苗床。播种后，适时喷水，保持床面湿润，进行芽苗催芽。当芽苗高4.0～6.0cm时，选择阴雨天，起苗并切除芽苗主根生长点，移植入袋，每袋种植1株芽苗，浇透水。移植时注意将弱苗、病株剔除。定植后应注意观察1～3d，及时剔除打蔫的苗木，并进行补植。

苗期管理 用遮阳网遮阴，在幼苗期或芽苗移栽恢复期棚内透光度控制在40%左右，以后逐渐增大透光度，9月中下旬拆除荫棚，进行全光育苗。苗木生长初期喷施1次2.5%磷酸二氢钾水溶液，施肥量为37.5g/m^2。在7～9月苗木速生期用1%尿素水溶液进行叶面喷施1次，施肥量为0.4～1.0g/m^2。

断根技术 9月搬动基质容器袋，将穿透容器袋的根系断除，重新摆放在苗床上。

（2）大田播种育苗

圃地选择与整地 选择避风、肥沃、疏松、排水良好的沙质壤土为育苗圃地。秋、冬季进行圃地苗床除草和深翻，并施腐熟厩肥600～700g/m^{2}和氮磷钾复合肥60～100g/m^2，翻耕入土作基肥。播种前在苗床上喷洒1%～3%的石灰水溶液进行消毒。

播种方法 通常采用条播法播种，行距15～20cm，沟深5cm。播种量22～30g/m^2，覆土2cm，盖稻草，浇透水，保持苗床湿润。

苗期管理 注意遮阴，及时浇水，出苗期以保持苗床湿润为度；幼苗期勤浇、量少、忌积水；速生期勤浇、量足；生长后期适当控水。生长初期喷施1次2.5%磷酸二氢钾水溶液，施肥量为40g/m^2。在7～9月苗木速生期应加强苗圃水肥管理，用1%尿素溶液进行叶面喷施1次，施肥量为0.6～1.2g/m^2，以加速苗木生长，提高苗木质量。11月还有部分植株抽梢生长，因此在苗圃后期管理中要注意不使幼苗越冬时受冻害。

间苗和定苗 出苗2个月后，在阴雨天进行2～3次间苗和移苗，保持苗木株距约10cm，留苗45万株/hm^2。1年生壮苗造林效果比2年生苗造林好，但一些生长细弱的苗木可留圃一年再造林。

四、林木培育

1. 造林地选择

闽楠对立地要求较高，应选择土层深厚、肥沃湿润且排水良好的山地阴坡、半阴坡中下部或山坳、谷地等Ⅰ、Ⅱ地位级立地的林地进行造林，包括无林地和林冠下套种。在杉木、马尾松人工林林冠下套种时，应先进行强度择伐，一般保留密度为200～300株/hm^2，郁闭度控制在0.3～0.4（陈存及等，2007）。也可选择村旁、宅旁、路旁和水旁等四旁林地进行闽楠大苗栽植造林。

2. 整地

秋、冬季完成林地清理和整地。无林地造林或林冠下套种可采取劈除杂灌平铺成带和穴状整地，挖明穴，施基肥，回表土。穴规格60cm×40cm×40cm，每穴施钙镁磷肥150g、复合肥150g或有机颗粒肥200g，与底土拌均匀再回填表土至穴满。

3. 造林时间

在冬末或春初晚霜后的阴雨天造林。

4. 造林技术

（1）容器苗造林

山地造林时，将轻型基质容器苗直接放入穴内，普通基质容器苗需脱袋后再放入穴内，培土压实。切忌用脚踏实，以避免容器基质破碎影响造林成活率。栽植深度以容器袋顶部埋入土中3～5cm为宜。

四旁造林时，可选择2～4年生的普通基质容器苗，苗高100～150cm，栽植时需脱袋后再放入穴内，栽植深度以容器袋顶部埋入土中5～10cm为宜，培土

福建省邵武卫闽林场杉木人工林林下套种闽楠（马祥庆摄）

压实，浇足定根水后覆土培成丘形，必要时架设支柱，以防止苗木风倒。

（2）裸根苗造林

闽楠裸根苗造林成活率较低。裸根苗造林前应剪去苗木2/3枝叶，并对过长和损伤的根系进行适当修剪，种植前打泥浆蘸根，泥浆中加入2%～3%的钙镁磷肥。栽植时将苗木栽入穴中，第一次覆土后稍提苗，确保根系舒展、不窝根，然后踩实，再覆土，再踩实，最后覆上一层松土，穴面覆盖杂草保墒防旱。

5. 造林密度

（1）营造纯林

在Ⅰ类立地上纯林造林的初植密度一般为2800～3000株/hm^2，在Ⅱ类立地上初植密度宜为3000～3600株/hm^2。

（2）营造混交林

闽楠宜与杉木、马尾松等树种进行混交造林，初植密度3000～3600株/hm^2。根据伴生树种特性确定合理的混交比例，即一般闽楠所占比例75%～80%，行带混交，闽楠3～4行、伴生树种1行。

林冠下套种闽楠的初植密度为1500株/hm^2左右。

6. 幼林抚育

造林当年的8～9月除草培土抚育1次。造林第2～3年每年除草松土、扩穴抚育2次：第一次抚育在5～6月，追施复合肥250g/株；第二次抚育在9～10月。造林第4年～5年每年酌情劈草抚育1次。四旁造林宜采取单株抚育方法，进行修枝、扩穴、割草、涂白等，每年2次，连续3年，有缺株时应及时进行补植。

混交林应及时调整混交树种比例，若伴生树种抑制闽楠生长，应适当修枝或进行透光抚育。

7. 间伐

（1）纯林间伐

造林后8～10年，林分郁闭度0.8以上时应进行透光抚育伐，强度25%～30%，保留2100～2500株/hm^2；造林16～18年，当郁闭恢复到0.8以上时，应进行下层疏伐，间伐强度35%～40%，保留1200～1500株/hm^2。培育大径材时，应在第24～26年进行第三次疏伐，间伐强度40%～50%，保留株数600～750株/hm^2。有条件的地方首次间伐后可追施氮磷钾复合肥500g/株。

（2）混交林间伐

营造混交林或林冠下套种闽楠，应根据种间竞争状况适时间伐，以调控种间关系。首次间伐对象以伴生树种为主，确保目的树种闽楠的正常生长。随着闽楠生长，其需光性逐渐增强，20年生后宜在全光照条件下生长，可伐去所有伴生树种和弱小的闽楠，保留600～800株/hm^2。

五、主要有害生物防治

主要病害有立枯病、煤污病和溃疡病等，主要虫害有小地老虎、蛀梢象甲和鳞毛叶甲等。

1. 立枯病（*Rhizoctonia* sp.）

多发生于闽楠幼苗期，主要发生在根部。防治方法：注意种子及苗床消毒；用1：200波尔多液或5%明矾水进行喷洒。

2. 煤污病（*Capnodium* sp.）

主要发生在闽楠的枝叶。防治方法：通过

福建农林大学南平校区闽楠人工林林相（马祥庆摄）

修枝或间伐等措施降低林分密度，增加林分通风透光条件；释放杀虫剂，防治蚜虫和介壳虫；喷0.3波美度石硫合剂液，10～15天喷一次；或用50%托布津可湿性粉剂500倍液喷雾，7～10天喷一次。

3. 溃疡病（*Clonostachys* sp.）

主要发生在闽楠枝干部位，其幼苗及成林时期均可受害，严重时造成植株枯死，主要致病菌为粉红黏帚霉（*C. rosea*）。高温、高湿以及高郁闭度容易诱发闽楠溃疡病，故在苗圃和营林抚育时应注意通风透气，控制温度、湿度，防止病害发生；必要时可以利用氟硅唑、咯菌腈和多菌灵等化学药剂进行喷施处理，防止病害大规模爆发（郭朦朦等，2018）。

4. 小地老虎（*Agrotis ypsilon*）

多发生于闽楠幼苗期，主要危害植株根基部。防治方法：结合田间管理，人工捕杀幼虫；1～2龄幼虫喷雾或撒毒土，3龄以上幼虫可撒毒饵或灌根。

5. 蛀梢象甲（*Pissodes* sp.）

以幼虫钻蛀嫩梢危害，使被害梢枯死。防治方法：及时剪除受害嫩梢，集中烧毁；3月成虫产卵期及5月中下旬成虫盛发期喷施5亿个孢子/mL的白僵菌孢子液；成虫期释放烟雾剂熏杀成虫，或用80%的敌敌畏乳剂500倍液喷雾；4月上旬用林间喷雾或树干注射等方法释放内吸性杀虫剂，杀死梢中幼虫。不同时期应注意采用不同的防治方法。

6. 鳞毛叶甲（*Hyperaxis* sp.）

主要危害部位为闽楠嫩叶、枝梢和小枝皮层。防治方法：12月中旬至翌年3月中旬，结合抚育松土，破坏该虫化蛹场所；4月中下旬至5月中旬，释放烟雾剂防治成虫。注意一般在早晨和傍晚采取防治措施，效果最佳。

六、木材性质及用途

闽楠木材材质优良，具芳香，不蛀虫，历史上是古代修建皇家宫殿、陵寝、园林等重要御用之材，普通百姓不得私用。木材硬度适中，呈黄褐色，色泽强亮；管孔小，射线细，结构致密，光滑美观，弹性好，易加工，很少开裂和反翘；耐腐性能好，经久耐用，为建筑、家具和工艺雕刻等珍贵用材，广受人们喜爱；除制作几案桌椅外，主要用于制作箱柜，木材不上漆，越用越光亮；木纹伴有金丝或类似绸缎光泽的为上等材，市场上供不应求，价格不菲。闽楠为常绿高大乔木，树干圆满通直，是优良的绿化树种。闽楠枝叶还可入药，可以散寒化浊和利水消肿，主治吐泻、转筋、水肿等。闽楠干材和枝叶富含芳香油，蒸馏可得精油，是制造高级香料的原料。

（马祥庆，吴鹏飞）

102 桢楠

别　名 | 楠木（四川、重庆、云南、贵州、湖北）
学　名 | *Phoebe zhennan* S. Lee et F. N. Wei
科　属 | 樟科（Lauraceae）楠属（*Phoebe* Nees）

桢楠为我国二级重点保护野生植物，是我国特有的珍贵用材树种，素有“木中金子”之称。名闻国内外的“金丝楠”木材主要就是出自樟科楠属的桢楠。桢楠为中性偏阴的深根性树种，抗逆性较强，能耐间歇性的短期水浸，病虫害较少，能抗腐生菌、白蚁侵蚀，也能抗钻木动物的危害。桢楠木材为黄褐色泽中带着浅绿色，心材与边材区别不明显，纹理斜或交错，结构细密，重量、硬度、强度都适中，是上等的家具、建筑、装饰等用材，历来作为皇室建筑与家具用材，从现存的许多宫廷建筑中都能找到桢楠木材的身影，如北京市的大慈真如宝殿（明代）、天坛祈年殿（明代）等均是用桢楠木材建成。同时，桢楠树形挺拔、枝叶繁茂、四季常青，也是很好的庭园观赏和城市园林绿化树种。

一、分布

我国是世界桢楠分布的多样性中心，由于长期采伐和气候转寒，桢楠分布区持续缩小，现今主要集中分布于以四川为中心的四川、重庆、云南、湖南、湖北、贵州等长江流域及以南地区，最东可分布至湖南张家界，南至云南大关县，西抵四川凉山彝族自治州越西县，北可达陕西汉中，呈不连续分布。桢楠垂直分布一般在海拔200～1400m，最高分布海拔可达1500m。近年来，桢楠栽培范围进一步扩大，已引种栽培到浙江、江西、广东、福建等省份。

四川是桢楠的中心产区，分布在28°54′～30°45′N，102°49′～105°10′E，最南可达泸州古蔺县，东至广安邻水县，北至巴中南江县，西至凉山越西县，中心产区在川西平原的成都、眉山、雅安以及川南的宜宾、泸州、乐山等市。海拔分布范围在四川东部、北部一般不超过1000m，在西部和南部一般不超过1200m。

由于历代采伐利用，特别是明、清两代“木政”活动以来，桢楠天然资源日趋濒危。据记载，明、清两代单在四川采办“皇木”就达23次，运走“皇木”超过53000根。目前，桢楠林已经很难作为一种森林来描述。通过调查，现存桢楠资源主要为人工培育，以零星分布为主，主要集中分布在四旁、庙宇及公园等地块，成片分布较少。在四川宜宾的筠连县、珙县，雅安的荥经县，泸州的纳溪区、合江县，重庆的铜梁、永川等地，有小片状的上百年桢楠人工林，长势良好。

二、生物学和生态学特性

亚热带常绿高大乔木，高可达30m。树干通

四川省合江县桢楠纯林（龙汉利摄）

直。圆锥花序腋生，花带黄色。核果卵状椭圆形，黑色。花期4～5月，果期10～11月。桢楠为深根性树种，细根总长以2级根最长，其次是3级和4级根，1级根最短（李晓清等，2016）。桢楠为长寿树种，在四川成都、雅安都有上千年的桢楠古树，目前依然长势良好、挺拔健壮。桢楠人工林生长速度比天然林要快，故人工林是主要经营方向。

桢楠早期生长缓慢，中期生长迅速。四川省林业科学研究院研究发现，桢楠胸径前30年生长较为缓慢，30～90年生呈现比较快速的生长模式，90年生后生长速度开始稍有减缓；树高前20年生长较为缓慢，20年生后生长加速直至70年生左右，而后生长平缓。桢楠材积前50年左右生长缓慢，之后生长快速，90年生左右时生长也仅相对缓慢，还未达到峰值，说明桢楠的材积数量成熟年龄还未达到（龙汉利等，2011）。曾广腾等（2014）通过苗期苗高生长节律分析发现，3～6月为桢楠幼苗期，生长缓慢；7～9月为速生期，生长较快，尤其是8月，为生长高峰期；10～11月为硬化期，生长较缓慢。此外，桢楠种子有多胚现象，应及早间去过密的苗，以利于培养壮苗。

桢楠生长与海拔高度密切相关，海拔超过1000m后，生长缓慢；海拔超过1200m后，可能出现冻害。因此，在发展桢楠人工林时，建议造林海拔不超过1000m。光照条件对桢楠生长影响很大，幼林可适当进行庇荫以利于其生长，而桢楠成林时，需适度间伐，增强透光度，这是培育桢楠人工林必须注意的管理环节之一。因此，在培育优质桢楠人工用材林时，幼龄林造林密度可适当加大。4～5年生时，根据生长情况适当间伐，增加林分透光度，可有效促进桢楠径向生长。桢楠对土壤水分、肥力状况非常敏感。在山谷、山洼、阴坡下部及河边台地，土层深厚疏松、排水良好、中性或微酸性的壤质土壤上生长良好，45年生人工林平均胸径可达32.8cm，年生长量达到0.72cm，而在瘠薄、干旱的土壤上胸径平均年生长量不足0.40cm。

三、良种选育

1. 良种选育方法

针对桢楠遗传改良研究基础薄弱、良种资源缺乏、优良种质资源流失严重的现状，应重点开展桢楠种质资源收集与良种多性状和多层次联合选择技术研究。通过对桢楠全分布区的调查，重点开展桢楠选择育种研究，对生长量、枝下高、通直度、圆满度、抗逆性、木材材性等进行综合评价，选择桢楠表型优良的种源/家系/无性系，营建种源/家系/无性系与立地交互作用的子代测定林，通过测定和评价，及时为生产提供不同层次的良种。

（1）直接利用优良表型材料的途径

收集一批优良单株，以此为材料，用扦插的方法建立优树资源库，用优树资源库中收集的优良材料建立普通采穗圃，采穗进行扦插育苗，培育批量苗木供近期生产利用。

（2）先测评后繁殖利用的途径

通过对前期测定评选的优良无性系材料再选择、再测定，选出优良无性系或无性系品系；或从优树资源库中精选优树制造杂交组合，开展杂交后代测定，评选无性系繁殖材料；或通过种源间、家系间、家系内的选择，评选最优无性系或无性系品系。以最优无性系或无性系品系为材料，建立优良无性系采穗圃采穗育苗，或以最优无性系、无性系品系的材料直接组培，大量育苗使用。

（3）群体改良策略

开展桢楠全分布区的种源试验和种源选择，并进行种源区划，在优良种源区选择优良林分改建为采种母树林，开展采种母树林开花结实促进技术的相关研究。或在优良种源区选择优树，开展半同胞优良家系选择，筛选出优良家系。

（4）建立种子园，采取有性育种、无性利用的交互发展战略

有性育种与无性利用的交互发展，可使长期而系统的遗传改良与近期阶段性育种成果的快速利用相互结合、相互补充完善。因此，在

桢楠良种选育中，应坚持短期、中期、长期的遗传改良策略，坚持无性与有性育种交互发展，在不同的阶段提供不同层次的良种，供生产利用。

2. 良种特点及适用地区

目前，通过省级以上审定/认定的桢楠良种较少，四川省林业科学研究院和长宁县林业局共同选育了长宁县飞泉寺桢楠母树林良种，该良种2014年通过四川省林木良种审定委员会认定。

长宁县飞泉寺桢楠母树林总面积5.4亩，共有125株，平均胸径36.2cm、树高18.5m，平均年产种子1000kg以上；种子长度为（1.19±0.12）mm，种子宽度为（0.56±0.07）cm，千粒重为（415.98±49.34）g；种子发芽率在90%以上；1年生苗出苗率不低于90%，平均苗高超过0.30m，地径超过0.50cm；子代林测试结果表明，平均胸径年生长量为0.8～1.0cm，平均树高年生长量为80～100cm。该良种适宜在四川川西、川南地区海拔不超过1500m的土壤深厚、肥沃、微酸性的山谷、洼地阴坡中下部等地段栽植。

四、苗木培育

目前，桢楠生产上成熟应用的苗木培育技术以裸根苗和容器苗培育为主。

1. 裸根苗培育

（1）圃地整理

育苗前根据土壤情况分别采用药剂消毒、烧土、施肥等方法进行土壤处理，圃地土壤肥力差时要逐年增施有机肥。整地做到深耕细整、清除草根石砾等杂物。春季翻耕深度应在20cm以上，秋（冬）季翻耕深度应在30cm以上，及时平整和压实。结合整地施底肥，翻耕土壤时加入优质腐熟的有机肥（厩肥、堆肥或饼肥）4500～7500kg/hm^2、复合肥450～750kg/hm^2，通过翻挖使土、肥均匀混合。选用代森锌粉剂、多菌灵粉剂、甲基托布津、硫酸亚铁1%溶液等农药中的一种或两两混合使用对土壤进行消毒。采用高床育苗，苗床宽1.0～1.2m、高15～20cm，留步道30～50cm，长度随地形而定。

（2）播种育苗

选择20～60年生高大健壮的母树，在11～12月当果皮由青转为蓝黑色时可采种。采集的果实应及时处理，脱皮、洗净置室内阴干后用潮湿河沙进行层积贮藏。播种前将种子用0.1%的高锰酸钾液浸泡20min，再用清水浸泡24h，然后捞起在室内摊开晾至种子表面见干后，与细沙按1∶1比例混匀进行催芽。春季播种（宜在2月下旬至3月下旬进行），播种量250～300g/m^2，采用条播（行距15～20cm）或撒播（300g/m^2）。播后用过筛的细土进行覆盖，覆土厚度以不见种子为宜，一般厚约1.5cm，然后搭塑料拱棚及遮阳网保湿。

（3）苗期管理

幼苗出土后选择阴天傍晚进行揭棚。播种后40～50天种子开始发芽出土，50天揭开40%覆盖物或敞开遮阴棚两端，60天可全部揭去覆盖物或遮阴棚。常保持圃地湿润，尤其揭棚后要注意浇水保持苗床湿润。

除草应除早、除小、除了，除草松土深度以5～10cm为宜。幼苗长出3～4片真叶、苗高5cm左右时进行间苗移栽，一般在5月下旬进行。间苗遵循“间小留大、间劣留优、间密留稀”的原则。间苗移植按10cm×12cm株行距或移栽到10cm×12cm营养袋内，间苗或移栽后浇透定根水。间苗在阴天进行。

苗期施肥采用0.2%～0.3%尿素叶面喷施，幼苗长出3～5片真叶后每间隔7天进行1次，连续喷施3次；6～8月，每月施适量清粪水（10%～15%）1次，可加入0.2%～0.3%的尿素或0.4%～0.6%的硫酸铵；9月起停止施用速效肥，可适量施用钾肥。

2. 容器苗培育

桢楠容器育苗可在温室、大棚或野外进行。野外容器育苗时必须选择海拔1000m以下地势平缓、交通便捷、排水通畅和通风、光照条件好的半阳坡或半阴坡，忌积水的低洼地和风口处。海拔超过1000m时，可采用温室或大棚内育苗。容器可选择白色聚乙烯塑料袋、无纺布等容器，容器规格视培育苗木大小规格而定。如果培育大苗，可选择直径30cm、高20cm的容器；如果培育1～2年生苗木，可选择直径10cm、高10cm左右的容器。培养基质可采用泥炭、发酵谷壳、珍珠岩、壤土、缓释尿素等（按一定比例混合），也可采用森林腐殖土、黄心土、细沙土按6∶2∶2配置而成。种子采收、处理及播种时间同裸根苗培育。

（1）容器直播

若基质干燥，播种前一天灌透水。播种时，将种子播在容器中央，每袋1粒，播后覆盖1～2cm的基质，浇透水，并在出苗期间保持基质湿润。

（2）芽苗移植

每年4月上旬左右，桢楠子叶开始出土。4月下旬至5月中旬待萌发出2片真叶时，根据出苗早晚分期分批将芽苗移栽至已经配好的营养杯中，移植后及时浇透水，进行一般的田间管理即可。

（3）田间管理

桢楠病虫害相对较少，在育苗移栽后2～3天，用代森锰锌溶液喷雾预防1次即可，苗木培育后期视病虫害情况采取相对应措施。容器苗肥水管理可参照裸根苗培育方法。

此外，在天然更新良好、苗木资源丰富的地方，可以挖取天然更新苗进行移植，培育容器苗。一般可选择5～10cm高的优质天然更新苗为移植对象，其他方面参照上述育苗技术措施。

五、林木培育

1. 造林地选择

在四川、云南、贵州、湖北、湖南等桢楠适生栽培区，要求气候温暖湿润，年平均气温17℃左右，1月平均气温不低于0℃，7月平均气温不高于31℃。在适宜区域内，要求海拔高度不高于1000m，个别地块可适当放高到1200m，坡度≤25°，最好选择在山谷、山洼、阴坡下部及河边台地造林。土壤要求深厚（≥60cm）、肥沃、排水良好的中性或微酸性冲积土或壤质土，土壤类型主要为黄壤、山地黄壤、红壤、酸性紫色土等。在干燥瘠薄或排水不良之处，桢楠生长不良。

四川省泸县桢楠营养袋苗（龙汉利摄）

四川省成都市杜甫草堂桢楠花芽（辜云杰摄）

2. 造林地整理

地势平缓、土层深厚、肥力好的地块宜块状、带状或水平台整地；荒山荒地宜穴状整地；幼林下造林，根据郁闭度大小及林木分布情况，在林中空地采用穴状整地。由于桢楠在幼龄阶段耐阴，在清理造林地的地被物时可保留少量乔木。挖穴规格为50cm×50cm×40cm，去除石块、杂物等，心土和表土分开堆放。

3. 造林苗木规格

桢楠造林苗木需用生长正常、无病虫害和损伤、主梢明显的1年生或2年生苗木，要求色泽正常，充分木质化。1年生苗高≥20cm、地径≥0.3cm，2年生苗高≥50cm、地径≥0.7cm。根据最新研究，选择大规格的桢楠袋苗造林，可缓解“蹲苗”效应。因此，鼓励有条件的地方采用多年生、大规格的轻基质容器苗造林，种苗最好来源于初选优良单株、优良采种母树林供种或采用优树穗条经扦插繁殖的良种苗木。

4. 造林季节与栽植方法

裸根苗造林宜在冬、春季进行，未萌动之前造林效果最佳；容器苗一年四季均可栽植。

造林模式：可采用四旁单行或双行、人工纯林和混交林3种模式。根据目前研究结果，混交林一般可采用针阔混交、阔阔混交和竹类混交。针阔混交可选择马尾松或杉木作为混交树种，混交比例为混（6）楠（4），混交方式可选择带状或行状混交；阔阔混交可选择香樟、桤木等作为混交树种，混交比例为混（5）楠（5），混交方式宜选带状混交；竹类混交可选择楠竹作为混交竹种，混交比例为混（8）楠（2），混交方式一般根据实际造林情况，以桢楠散生于楠竹林中。

最好采取苗木分级造林。苗木分级后，要尽快将所有的苗木进行修枝打叶，主要是剪除2/3叶片以及离地面30cm处以下的侧枝，并适当修剪过长的主根。如果是容器苗，疏去1/3叶片即可。造林采用单株栽植（一穴一株），按照“三埋两踩一提苗”的方法进行栽植，严格掌握先表土、后底土，以及苗正、根舒、深栽、压实等技术措施，以保证成活率。

5. 造林密度

营造桢楠人工林除了注意选择适宜的林地，还必须注意造林密度。低密度的桢楠纯林有利于培养大径材。光照条件对桢楠生长影响较大，在培育桢楠人工林时幼林可适当庇荫以利于其生长，而培育桢楠成林时，需适度间伐，增强透光度。因此，桢楠人工造林初期适宜密植，2m×3m的株行距较适合。随林龄增长，壮龄期株行距可采用4m×3m，人工林保留密度为600～700株/hm^2。如果四旁造林，采用单行或双行栽植，初植密度可适当加大，采用2m×2m的初植株行距，最终保留密度为1000株/hm^2。混交造林初植株行距宜采取4m×4m，最终保留400株/hm^2。

6. 栽后管理

栽植后应浇一次透水，保持土壤湿润。造林第二年春季进行成活情况检查，并及时补植，造林成活率应在90%以上。基肥在造林前一个月施用，施后立即覆土，防止肥分散失。其中，每穴施厩肥等农家有机肥15～20kg、过磷酸钙0.5kg。追肥以复合肥为主，造林后前5年每年至少施肥1次，每株每年施尿素120g+过磷酸钙300g+硫酸钾100g，追肥时间应在5～6月。

7. 抚育间伐与修枝

桢楠幼年生长缓慢，易遭杂草压盖而影响生长和成活，应及时松土除草。造林前5年应及时剪除基部的萌芽枝和树干上的霸王枝，确保主干的生长。另外，由于桢楠幼树1年可多次抽梢，容易形成多个顶梢，影响主干生长，为实现培育优良用材的目的，在造林前5年要及时进行抹芽和剪除主梢侧边的次顶梢，以确保主梢的生长，进而加快主干高生长。抹芽是将离地面树高2/3处以下的嫩芽抹掉，以减少养分消耗。修枝主要是将树冠下部受光较少的阴枝除掉，修枝要保持树冠相当于树高的2/3，修枝季节宜在冬末春初。

造林后5年内，每年抚育2次：第一次在4～5月；第二次在7～8月，并结合第一次春抚补植。造林后5～10年，每年抚育1次。抚育时，严禁对幼树打枝和损伤树皮，确保幼树林冠发育。造林

10年后，桢楠间伐强度视林木生长情况而定，若林冠逐渐郁闭，林下杂草较少，这时应进行抚育间伐，伐去明显的被压木、双杈木以及优良木周围的竞争木。间伐强度视林木生长与土壤肥瘠而定，以确保培育大径材为原则，桢楠造林20年后经营密度不宜大于800株/hm²。

六、主要有害生物防治

桢楠病虫害防治要求预防和治理相结合，尤其要注重病害的平时预防，一旦出现病害就要及时防治，如果进入高发病期将很难控制病情。每年春、夏季，南方雨水过多、连续高温天气，容易引起各类病虫害，应加强排水。同时，可采用多菌灵等药剂进行喷洒，预防立枯病、根腐病等病虫害发生。

1. 蛀梢象鼻虫

蛀梢象鼻虫1年发生1代，以成虫越冬。3月桢楠抽梢时，成虫产卵于新梢中；卵孵化后，幼虫在当年新梢中蛀食危害。防治方法：3月成虫产卵期及5月中下旬成虫盛发期用621烟剂熏杀成虫，每亩用药0.5～1.0kg；4月上旬用化学药剂喷洒新梢防治。

2. 灰毛金花虫

以成虫啃食嫩叶、嫩梢及小叶皮层，严重的可使嫩梢枯萎。3月底至6月均有成虫出现，4月中下旬为盛发期。防治方法：4月下旬用621烟剂熏杀成虫，每亩用药0.5kg；4月中下旬用化学药剂喷洒枝梢防治。

七、材性及用途

桢楠木材为散孔材，边材和心材没有明显区别，木材导管为单管孔，少数为径列复管孔或管孔团，薄壁组织为环管状。木射线双列为主，射线细胞为异形Ⅰ和Ⅱ，射线细胞内可见油细胞。射线导管间纹孔主要为刻痕状、大圆形（薛晓明等，2016）。桢楠木材基本密度为0.4832～0.6209g/cm³，纤维宽度为26.80～33.85μm，纤维长度为1.0130～1.1803mm，属于中级长度纤维树种，其基本密度一般随年龄增大而增加（陈孝等，2013）。40年生的桢楠木材顺纹抗压强度、抗弯强度、冲击韧性、端面硬度属中等。其顺纹抗压强度、冲击韧性、抗劈力、顺纹抗剪强度、端面硬度随着树龄增大而增加，在80年生时木材冲击韧性属高等，端面硬度属很硬（李晓清等，2013）。

桢楠木材富含芳香物质，有香气，材质优良、坚硬、致密，纹理美观，不翘不裂，耐腐朽、耐水泡，不会被虫蛀。冬暖夏凉时，光照下会发出丝丝金光，是我国特有的珍贵用材树种，自古以来就被广泛用于高级建筑、高档家具，在制造精密仪器、胶合板面板、漆器、木胎、工艺雕刻以及船舶等方面也广泛应用。在一定条件下，桢楠的年轮带会呈金黄色，故将其称为“金丝楠木”。

桢楠树干通直圆满，树姿优美，寿命长达千年以上，历来被园林界视为风景观赏树之上品。早在宋朝，宋祁的《蜀楠赞》中就赞赏其“繁阴可庇，美干斯仰”；明代王煜在《楠树赋》中也夸赞“楠之茂也，势忝岱华，光拍沧溟，上悬三光，下蟠九地”。桢楠在我国南方城市园林绿化中可作为行道树、庭荫树、风景树，适宜配于植草坪中及建筑物旁，以庇荫，或与其他树种在园之一隅混植成林，以增景色。

桢楠木材精油的成分主要是烯烃类，以萜类居多，还含有少量的醇、酮、酸和芳香烃类物质，有较高的医药和香精香料的开发与利用价值（周妮等，2015）。

（龙汉利，辜云杰，李晓清）

103 华东楠

别　名｜薄叶楠、薄叶润楠、大叶楠（安徽）

学　名｜*Machilus leptophylla* Hand.-Mazz.

科　属｜樟科（Lauraceae）润楠属（*Machilus* Nees）

华东楠为常绿乔木，其树体高大，枝繁叶茂，四季常青，嫩叶呈粉红色或红棕色，是我国南方优良的观赏、绿化树种。华东楠心材红褐色，无特殊气味，纹理通直，结构细密，耐腐，硬度适中，广泛应用于家具制作和建筑装饰。由于其速生、萌芽更新能力强，木材纤维长、含量高，木质素含量低，是工业原材料林的优良造林树种。华东楠叶可提取精油，是优良的天然香料，树皮可提树脂。因此，华东楠是重要的多用途优良造林树种。

一、分布

华东楠广泛分布于长江以南地区，安徽、浙江、江西、福建、湖南、广西及广东北部等地为主要分布地，为亚热带常绿阔叶林的重要组成树种，特别在山谷地带，甚至成为常绿阔叶林的优势树种之一。在安徽境内垂直分布于海拔300～1200m的阴坡、谷地。喜湿润，幼年耐阴，成林树木稍耐阴，多生于山谷或溪旁。华东楠适生范围较广，可在多种气候和立地条件下生长，其适宜生境条件为：年平均气温13.3～22.7℃，最冷月平均气温1.6～15.2℃，最热月平均气温23.5～29.0℃，温暖指数为101.9～213.1℃，寒冷指数为0～6.5℃；年降水量为871～2435mm，湿润指数为-6.7～130.7（方精云等，2009）。在酸性至微酸性的山地红壤和黄壤条件下生长良好。在安徽歙县岔口镇井潭行政村盘余坞有1株百年以上的华东楠古树，树高达23.5m，胸径近50cm，树干通直圆满，树冠圆球形，长势旺盛。在长江以北的安徽桐城市青草镇胡湾村有3株华东楠大树，据说是中华人民共和国成立初期村民从附近山上移植到村内的，树高10～12m，胸径35～40cm，冠幅6～8m，树姿挺拔，显得十分秀丽。

二、生物学和生态学特性

树高达28m，树皮灰褐色。枝粗壮，暗褐色，小枝无毛。顶芽硕大，近球形，外部的鳞片宽卵形，长2mm，有小凸尖，除边缘外具早落的微小绢毛，内面的鳞片较长，有黄褐色绢毛。叶硬纸

华东楠叶和花序（李晓东摄）

华东楠树干（朱鑫鑫摄）

华东楠枝叶（武晶摄）

质，互生或在当年生枝上轮生，倒卵状长圆形，叶长12～24cm，宽3.5～7.0cm，先端短、渐尖，基部楔形，幼时叶背面有白粉及银色绢毛，老叶表面深绿、无毛，背面带灰白色，仍有疏生绢毛；中脉在表面凹下，在背面显著凸起；叶柄稍粗，长1～3cm，无毛。圆锥花序6～10个聚生于嫩枝基部，通常3朵生在一起，总梗、分枝和花梗略具微细灰色微柔毛。花长7cm，白色，花梗丝状，长约5cm；花被裂片几乎等长，有透明油腺，长圆状椭圆形，先端急尖。花期4～6月。果实球形，直径约1cm，果梗长5～10mm，成熟期8～10月，果皮由青绿色转变为红色并变蓝黑色，果序梗鲜红色。种子千粒重350～450g，含水量25%～40%，场圃发芽率达75%～90%。

华东楠幼树顶芽1年抽梢3次，一般春梢生长较慢，夏梢和秋梢相对生长快。在6月中下旬为新梢生长高峰期，10天可增高达30cm，为全年高生长的最高峰。9月上中旬也有1次生长高峰，其生长量低于夏季高峰期。2次高峰的生长量约占全年高生长总量的70%（张丽梅等，2013）。1年生华东楠苗木苗高可达30～50cm，2年生苗高80～100cm。

华东楠生长速度较快，抗寒性能较差，特别是苗期，在气温降至−7℃时，1年生苗木叶片冻害率达80%，2年生苗木70%叶片受害。随着生长，成年树木抗寒性显著增强，在−12 ℃下安然无恙。

华东楠对光照的适应性较强，幼树耐阴，可在较弱光照条件下生长（陈辰等，2011）；大树需充足光照，但仍有一定的耐阴能力。喜温暖湿润的生境条件，结实量高，具较好的天然更新能力，但因果实较大，不易远距离扩散，通常在母树周边存在大量实生幼苗。在天然次生林中，更新幼苗和幼树在阴坡多于阳坡，在溪沟两侧多于山坡，其更新及其生长在常绿落叶阔叶混交林中的表现要优于常绿阔叶林。

华东楠属深根性树种，主根发达，根系穿插力较强；土壤以排水良好的壤土至沙壤土为佳，也可在溪沟边的砾质土壤上生长。土壤水分是制约华东楠生长的重要环境因子。

三、良种选育

目前华东楠人工栽培规模小，多为园林绿化建设栽植，规模造林较少。其良种选育研究滞后，处于起步阶段。作为重要的绿化树种和珍贵用材树种，应加强种质资源收集和良种选育，为高效培育奠定基础。

四、苗木培育

华东楠苗木培育以播种育苗为主。

1. 播种育苗

种子采集 华东楠结实量较大，种子繁殖容易，目前生产上多以播种育苗为主。不同地区果实成熟期有所差异，果皮通常由青绿色转变为蓝黑色即达成熟。采种时，选择25年生以上的优良母树，用钩刀或高枝剪剪下果枝（不可剪切树枝采集果实）。如果母树周边比较干净，易于地面收集，也可在果实脱落后进行地面收集。果实采集后需及时处理，具体方法为：将果实放在箩筐或木桶中捣动，脱出果皮，再用清水漂洗干净，置室内阴干，待种子表面水干即可贮藏，切忌阳光下暴晒。一般地，每100kg果实可调制出种子35～40kg，种子纯度90%～99%，千粒重350～450g。经过处理的种子含水量多在25%以上，极易霉变，因此应及时贮藏。最常用的方法就是湿沙层积贮藏，可在室内层积贮藏，也可在室外进行坑藏。层积贮藏时，可用0.5%高锰酸钾溶液喷洒进行消毒。贮藏过程中应经常检查，注意保持细沙湿润，防止种子缺水抽干或发热霉变。翌春种子开始大量萌动时进行播种，场圃发芽率达75%～90%。如有条件，还可采用冷藏法贮藏，贮藏温度控制在3～5℃。因种子含水量高，不耐藏，也可随采随播。

苗圃整地 华东楠为深根性树种，主根明显，须根多而密，其幼苗初期生长缓慢，喜阴湿，宜选择日照时间短，排灌方便，土壤为肥沃、湿润、疏松的壤土、沙壤土地块作苗圃地。土质黏重、排水不良或土壤沙性重、易干旱缺水的地块，都不宜作苗圃地。播种前，苗

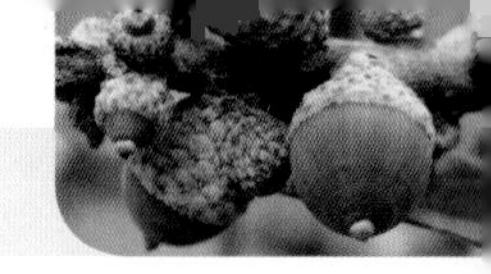

圃地要施足基肥，使用堆肥、绿肥、厩肥等腐熟有机肥时，施肥量3.5～4.5t/hm²，并施过磷酸钙300～450kg/hm²。精耕细整，整地深度在30～35cm，消毒杀虫，确保整地筑床的质量要求。

播种 可春播，也可秋播。播种方式有点播和条播，行距15～20cm，株距8～10cm，播种量225～300kg/hm²。为了促进发芽整齐、提前出土，播种前可用35℃左右温水浸种24h，然后下种。播种后覆盖黄心土或火烧土1.0～1.5cm，再覆盖稻草，以保持苗床湿润。

苗期管理 华东楠种子播后，一般8～15天开始出苗，待60%～70%的幼苗出土后，揭除覆盖物。由于其耐阴、不耐强光和高温，需搭建遮阴棚，用40%的遮阳网遮阴即可，以防幼苗茎叶被灼伤。幼苗出土后，田间管理要精细，及时进行除草、松土、施肥、灌溉和防治病虫害等常规管理工作。幼苗期如幼苗过密，可进行幼苗移栽。为提高移植成活率，可剪去1/3主根和部分叶片，以减少水分蒸腾和促进根系生长。按株行距10cm×20cm移栽，移栽后及时浇水，确保成活。6～8月为苗木速生期，应加强水肥管理，以加速苗木生长，提高苗木质量。在速生期的前期以水施0.5%～1.0%的尿素或稀人粪尿为主，后期以水施1.0%的复合肥为主，9月后停施氮肥，多施磷、钾肥。9月中旬拆去遮阴棚，促进苗木木质化，增强抗逆性。10月中旬后，可适量追施0.1%磷酸二氢钾1～2次，防止抽梢生长，以利于苗木安全越冬。亚热带北部地区冬季气温较低，为了使苗木安全越冬，可在霜冻、寒潮之前，及时搭建塑料大棚或小拱棚进行御寒，或以稻草覆盖幼苗防寒。每公顷产苗量为25万～30万株，通过精心管护的苗木，1年生苗高达20～30cm，地径0.25～0.45cm，可以出圃造林。用1年生苗

华东楠芽（朱鑫鑫摄）

造林，其造林成活率要比用2年生苗造林提高10%～15%。如果当年生苗木苗高达不到20cm，地径在0.3cm以下，应留床1年，继续培育，待2年生苗高达40～60cm，地径0.6～0.7cm，再出圃造林。

2. 扦插育苗

华东楠还可以采用插条育苗方式培育苗木。常用方法有硬枝扦插和嫩枝扦插2种。

硬枝扦插 即利用充分木质化的1年生健壮枝条作为插穗，插穗内适宜含量的可溶性糖、淀粉及可溶性蛋白质更有利于不定根的形成和发育（王东光，2013）。插穗长度12～15cm，保留上端2片叶，剪除叶片的2/3，同时剪除下部所有叶片，下端利用生长素或生根粉溶液处理后进行扦插。插后保持基质湿润，空气湿度90%以上，气温20～25 ℃。华东楠硬枝扦插生根缓慢，一般需要2～3个月甚至更长时间才能生根。

嫩枝扦插 利用当年生半木质化的枝条作为插穗，插穗长10～12cm，保留上端2～3片叶，下端经激素处理后扦插。插后保持基质湿润，空气湿度90%以上，气温25～28℃。生根时间需要2～3个月。

3. 大苗培育

在园林绿化建设中，通常使用大苗甚至幼树，因此需要进行大苗培育。培育大苗时，1年生苗起苗后，先进行苗木分级，不同规格苗木分区移植，以便于管理。1年生苗木移植，按株行距60cm×80cm定植。培育3年后再移植1次。为了提高移植成活率，应适当宿土移栽，按1.2m×1.6m的株行距进行定植。再经过3～4年培育，树高达3.5～4.0m，胸径4～5cm，树冠匀称，即可作为绿化大苗应用。苗木移植在早春苗木萌动前进行，或选择梅雨季节进行，以提高栽植成活率。

五、林木培育

1. 立地选择

根据华东楠的生态特性，其生长发育对土壤肥水条件要求较高，造林地宜选择土层深厚、排水良好的中性或酸性的黄壤、黄红壤、红壤，质地以沙壤至轻黏壤为宜，小地形选择山谷、阴坡至半阳坡，土层厚度在40cm以上。

2. 整地

造林整地应在造林前一年的秋、冬季进行。整地方式要因地制宜，坡度在15°以下的缓坡造林地可全面整地，坡度在15°以上的造林地应采用局部整地，根据造林地的具体实际可采用带状或块状整地。带状整地时，垦复带宽度3～5m，保留带宽度1～2m。在山地陡坡造林，宜采用鱼鳞坑整地。整地深度应大于30cm。土壤黏重的造林地需加大整地规格，以起到良好的改良土壤效果。

3. 造林

华东楠造林采用植苗造林，可选择1年生或2年生苗木，要求1年生苗木苗高不低于25cm、地径0.3cm以上，2年生苗木苗高50cm、地径0.6cm以上；生长健壮，根系完整，没有病虫害和损伤。造林时尽量做到随起苗随造林。裸根苗造林，起苗后及时蘸泥浆。造林时，严格做到苗正、根舒、适当深栽、分层踏实等，确保造林成活率。

考虑到华东楠属珍贵阔叶树种，适宜长周期经营，应低密度造林，避免高密度造林造成间伐损失。造林密度以株行距2m×3m为宜，造林时采用穴栽法，三角形配置。栽植穴规格50cm×50cm×30cm，适施基肥，每穴施半腐熟有机肥1.5～2.0kg或缓释复合肥300～400g。

4. 抚育

幼林抚育 由于华东楠造林初期生长缓慢，易遭杂草竞争而影响成活和生长，因此，在造林后需加强幼林抚育管理。造林后4年内，每年进行2次除草松土，分别于5～6月和8～9月实施，山坡下部及山谷杂草繁茂地带还应适当增加抚育次数。抚育方式为全抚或砍草块抚。全面和宽带状松土除草的林地，可实行林农间作，以豆类和矮秆作物为好，严禁间作藤蔓作物。间作年限2～3年，若种植绿肥可适当延长。华东楠树冠发育较慢，且幼年耐阴，因此幼林严禁打枝，抚育

时不能损伤树皮，否则会显著减弱其生长势。当林分基本郁闭，出现分化后，经营条件好的林地可陆续挖取一部分幼树用于园林绿化。

抚育间伐 间伐时间和强度与造林密度、经营目的密切相关，作为珍贵用材树种，以培育大径材为主，间伐年龄及强度以不影响林分生长为原则。如造林密度为2m×3m时，15年生左右郁闭，18~20年生时首次间伐，采用隔株间伐，强度50%，间伐后的密度为4m×3m。主伐年龄60年。

六、主要有害生物防治

华东楠寿命长，病虫害较少，主要虫害有蛀梢象鼻虫和毛金花虫，病害少见。

1. 蛀梢象鼻虫

以幼虫钻蛀树梢危害，使被害梢枯死。蛀梢象鼻虫1年发生1代，以成虫越冬。于3月华东楠抽梢时，成虫产卵于新梢中，卵孵化后，幼虫在当年新梢中蛀食危害。幼虫期为4月上中旬，幼虫老熟后即在嫩梢基部的蛀道中化蛹，5月中下旬成虫开始羽化。成虫期长，到翌年3月产卵后成虫死亡。

防治方法：①于4月幼虫期，在排粪孔注入青虫菌6号液20mL或塞入磷化铝后用盐水稀泥土密封。②在4月下旬用40%乐果乳油400~500倍液喷洒新梢，可杀死梢中幼虫。③在3月成虫产卵及5月中下旬成虫盛发期，用621烟剂熏杀成虫，每亩用药0.5~1.0kg（张丽梅等，2013）。

2. 毛金花虫

以成虫啃食嫩叶、嫩梢及小叶皮层，严重时可使嫩梢枯萎。3月底到6月均有成虫出现，4月中下旬为盛发期。

防治方法：在盛发期用621烟剂熏杀成虫，每亩用药0.5kg。对粉虱类病变枯叶，可用敌力脱和吡虫啉1000倍液对树木枝叶进行喷雾防治，每周1次，连续使用3次；同时应清除病树周围的枯枝落叶、杂草，对土壤进行消毒。

3. 苗木立枯病

立枯病是华东楠苗期的主要病害，多出现在未木质化的幼苗苗茎，有灼伤或腐烂，幼苗倒伏。

防治方法：在幼苗出土揭草之后，每周喷洒波尔多液1次，或用75%百菌清可湿性粉剂600倍液喷雾以预防立枯病。发现病株及时拔除，并用50%甲基托布津可湿性粉剂800倍液喷洒，防止扩散。

七、材性及用途

华东楠木材心材红褐色，无特殊气味，纹理通直，结构细密，耐腐蚀，硬度适中，容易加工，其纹理交错削面光滑美观，干燥后不易变形，是优良的胶合板和装饰单板原料，广泛应用于家具制作和建筑装饰（徐漫平等，2009），也是雕刻和精密木模的良材。

其生长较快、萌芽更新能力强，能达到丰产效果，且木材纤维长度长、木质素含量低、纤维素含量高，是造纸、纤维工艺的优良用材树种。

其木材、树皮可提炼胶质、褐色染料和单宁，用于制作润发剂、胶黏剂和特殊选矿剂、熏香的调和剂；其水浸黏液无特殊气味，加入石灰水中用于墙壁粉刷，可增加石灰的黏着力；其种子含油率达50%，榨油可制作蜡烛、肥皂、润滑油等；用其树叶制成的粉末称为香叶粉，可作为各种熏香、蚊香的黏合剂。树叶还可提取精油，是优良的天然香料，且具显著的抗菌、消炎、镇痛作用，还可抑制某些癌细胞的核糖核酸代谢，具有独特的药用价值。

（徐小牛，邓波）

104 润楠

别　名｜细果桢楠

学　名｜*Machilus pingii* Cheng ex Yang

科　属｜樟科（Lauraceae）润楠属（*Machilus* Nees）

润楠为国家二级重点保护野生植物（国务院1999年8月4日批准）。树干挺直，具伞状树冠，树形优美，是优良的园林和庭院观赏树种；木材带有清雅而浓郁的香味，有很强的杀菌功效；木质结构细致，易加工，加工后纹理光滑美丽，色泽亮丽；木材不易变形，耐湿不腐，是珍贵的建筑、家具、桥梁、船只和箱板的材料。

一、分布

润楠主要产于四川，孤立木或生于林中，在海拔1000m以下的山谷中较为常见，在峨眉山伏虎寺和白皮堂一带组成常绿阔叶混交林；当海拔超过1000m时，树高及枝下高随之降低。在年平均气温15.2～16.6℃、绝对最低气温6.5℃、年降水量为920mm左右的地区生长较好（胡希华，2006）。

二、生物学和生态学特性

乔木，高40m或更高，胸径40cm。当年生小枝黄褐色，1年生枝灰褐色，均无毛，树干通常呈蓝紫黑色。圆锥花序生于嫩枝基部，子房卵形，花柱纤细，均无毛，柱头略扩大。浆果，扁球形，黑色。4～6月开花，7～8月果熟。润楠为深根性偏耐阴、耐湿树种，喜湿润肥沃的山地红壤，土层深厚更佳，在胶质土壤上生长也很好，在短时积水的地方也能生长良好，散生于土壤湿润肥沃的山坡灌丛、山谷水边疏林或山谷阴处密林中。

三、苗木培育

润楠育苗目前主要采用播种育苗方式。当果皮由青转蓝黑色时核果成熟，应立即采种，过早或过迟都会影响圃地发芽率。润楠采种时正值盛夏，气温高，种子不易贮藏，宜随采随播。若不能即时播种，则采用混沙贮藏。一般采用大田育苗（温胜房和李祥云，2008）。

四、林木培育

1. 造林技术要点

林地选择　润楠适应性强，耐瘠薄，喜阴湿，在坡度25°以下、海拔500m左右的阴坡生长

华南农业大学润楠叶片（潘嘉雯摄）

华南农业大学润楠单株（李吉跃摄）

最好。

整地　采用穴垦。不宜全垦，尽可能多保留原生植被，穴规格为60cm×60cm×50cm。

栽植时间　冬末春初均可栽植，但以春季栽植为好。

栽植密度　①以庭院和城镇绿化为目的的栽植，株行距采用4m×4m为宜；②作为一般的山地造林绿化，可以营造纯林，也可与杉木、马尾松或其他阔叶树营造混交林，纯林株行距以2m×3m或3m×3m为宜，混交林采用株间混交，株行距一般4m×4m为宜。

苗木选择　造林时应选用1～2年生、苗高50cm、地径0.5cm以上的健壮苗木。

2. 抚育、更新

造林后3年内进行常规的除草松土，每年2次，分别于4～5月和9～10月实施。润楠幼龄期耐阴，宜采取块状抚育，铲草范围直径为1m左右。润楠具较强的天然更新能力，主伐或择伐后，翌春即可萌芽成林，且林分生长快于实生苗造林。伐桩高度10cm以下，用油锯采伐，避免撕裂树桩。伐后对伐桩进行松土，用细土覆桩（普绍林，2014；杨海东和詹潮安，2014）。

五、主要有害生物防治

1. 炭疽病

危害润楠的主要病害是炭疽病。炭疽病开始出现在老叶尖和叶的边缘。5～7月，可每隔15天喷波尔多液进行预防。发病后，每隔7天喷代森锌溶液进行防治，连续喷3次。

2. 灰白条小卷蛾（*Argyroploce aprobola*）

危害润楠的虫害是灰白条小卷蛾。灰白条小卷蛾以幼虫吐丝卷缩新萌发的嫩叶，躲在叶苞内咬食叶片。应掌握好幼虫的孵化期，在卷叶前进行喷药。药剂可用敌百虫液。如果已经卷合成苞，则人工摘除叶苞并将其烧毁。成虫有趋光性，可用黑光灯诱杀。

（李吉跃）

附：华润楠（*Machilus chinensis* Champ. ex Benth. Hems.）

华润楠为樟科润楠属，又名中华楠、八角楠、黄槁、荔枝槁。常绿大乔木，生长速度较快、干形好、出材率高、材质优良，是珍贵的用材林树种；木材坚硬，可作家具；具有树干通直挺拔、树姿大气优美、春叶红色绚丽等观赏特点，是优良的生态园林景观树种，被广东省林业厅列为重要的造林树种。

华南农业大学华润楠枝叶（潘嘉雯、何茜摄）

华南农业大学华润楠单株（潘嘉雯、何茜摄）

华润楠分布于亚洲东部和东南部的热带、亚热带地区，在我国分布于广东、广西、海南。乔木，高8～11m。叶倒卵状长椭圆形至长椭圆状倒披针形。圆锥花序顶生，花被裂片长椭圆状披针形，第三轮雄蕊腺体几无柄，子房球形，果球形。花期11月，果期翌年2月。华润楠常生于海拔500m左右的针阔叶或阔叶混交季雨林中，在山地常绿林也有散生，以山坡中、下部分布较多；喜温暖至高温，生育适温18～28℃；喜生于湿润阴坡山谷或溪边，在自然界多生于低山阴坡湿润处，常与壳斗科及樟科等树种混生，生长较快。华润楠较喜光，但幼树及幼苗喜阴，要求中等湿润肥沃土壤。

华润楠常采取种子育苗，也可扦插繁殖。造林地宜选择排水良好的平原和海拔800m以下的低山丘陵坡地，以土层深厚、疏松、湿润、肥沃的壤土或沙壤土为宜（杨海东和詹潮安，2014）。小苗及幼树喜阴，宜于山坡中下部、山脚、沟边、山谷种植。带状或穴状整地，穴规

50cm × 50cm × 40cm。初植密度以167～200株/亩为宜。造林宜在冬末、春季雨透后的阴雨天进行，避免在炎热、大风的晴天起苗栽植。栽植时，严格做到苗正、根舒、压紧等技术要点，以保证成活。

（何茜）

附：刨花润楠（*Machilus pauhoi* Kanehira）

刨花润楠为樟科润楠属，分布于我国中亚热带和南亚热带地区，寿命长，生长快，适应性强，是具有重要生态价值和经济用途的优质珍贵树种。其木材是家具、胶合板、建筑的优良用材。

刨花润楠分布于我国长江以南各省份，东起浙江北部地区，西至广西，南至海南，北达安徽南部、浙江西北部地区，包括浙江、福建、江西、湖南、广东、广西等省份。乔木，高达21m，直径可达80cm，木材呈黄白色，树皮灰褐色，小枝绿带褐色。叶常集生于小枝梢端，椭圆形或狭椭圆形，间或倒披针形，革质。聚伞状圆锥花序。果实球形。花期3～4月，果熟期6～7月。刨花润楠属深根性树种，主、侧根发达，细根少，寿命长，病虫害少，生长迅速，适应性强，在湿润的阴坡和微酸性或中性、富含腐殖质的沙壤土中生长良好，特别是在疏松、湿润、肥沃、排水良好的山脚、山沟边生长更快。幼时喜阴湿环境，林下天然更新良好，成年则喜光，侧枝发达，主干不高，树冠呈塔形。萌芽能力强，萌条当年可高达1.0～1.5m。

刨花润楠主要采用播种育苗方式（温胜房和李祥云，2008）。选择健壮通直的壮龄母树，7月上中旬果实成熟时采收。果实收集后，分开青果和黑果。黑果需当天处理，洗净后晾至表面无水迹即可播种或贮藏。造林地宜选择海拔800m以下，以中性或微酸性土壤为宜。一般采用林下补植或混交造林（同枫香、杉木等混交），郁闭度在0.7为宜。造林后3年内进行常规的除草、松土、施肥，每年2次，分别于4～5月和9～10月实施。幼龄期耐阴，宜采取穴状抚育，穴直径为1.0～1.5m（温胜房和李祥云，2008）。造林后3～5年，每年可对林地进行1次抚育，增加林地透光度。刨花润楠幼苗的耐阴性较强，采伐后可采用萌芽更新2～3代，其生长速度快于实生苗造林（陈国彪，2004）。

华南农业大学刨花润楠叶（徐一大摄）

刨花润楠苗期容易发生炭疽病、茎腐病、蚜虫等病虫害，可按常规办法进行防治。新造林地应注意卷叶蛾的危害。

刨花润楠心材坚实，稍带红色，弦切面纹理美观，是优良的胶合板和装饰单板原料，广泛应用于家具制作和建筑装饰；木材、树皮可提炼胶质、褐色染料和单宁，用于制作润发剂、胶黏剂和特殊选矿剂以及蚊香、熏香的调和剂；叶可提取精油，可作为各种熏香、蚊香的黏合剂及饮水的净水剂；其种子含油率达50%，榨油可制作蜡烛、肥皂、润滑油等（陈国彪，2004）。

（房瑶瑶，何茜）

105 滇润楠

别　名｜云南楠木（《云南主要树种造林技术》）、滇桢楠（《中国高等植物图鉴》）、云南楠、云南润楠、云南桢楠、白香樟、铁香樟、长梗润楠

学　名｜*Machilus yunnanensis* Lecomte（异名：*Machilus longipedicellata* Lecomte）

科　属｜樟科（Lauraceae）润楠属（*Machilus* Nees）

滇润楠是樟科中生态适应性较广、耐旱能力较强的种类，其树冠圆整、冠形较好；滇润楠四季常绿，但春季幼叶红艳，是滇中高原区优良的园林绿化、防风树种；其材质优良，可作建筑、家具、船舶、装修等多方面用材。此外，其叶、果可提取芳香油或油脂。

一、分布

滇润楠的名称与分布比较混乱，主要原因可能是樟科润楠属、楠木属的种类繁多，且形态特征比较近似，不易区别，加上采集标本的特征不完整而导致鉴定错误。

有关文献对本种分布的介绍较为简略，据笔者对有关文献、标本的整理综合，滇润楠产自云南以滇中高原为主的南部、中部、西部至西北部广大区域（昆明、富民、楚雄、双柏、维西、贡山、漾濞、大理、洱源、宾川、鹤庆、永平、云龙、保山、腾冲、凤庆、孟连、永德、双江、梁河、景东、景谷、元江、金平、绿春等），以及四川西部至西南部（会理、会东、木里、德昌、西昌、米易、普格、布拖、石棉、盐边、马边、平武、雅安、峨眉山等）。另外，贵州东南部（荔波、印江等）、广西西部（隆林）和西藏东南部（聂拉木、波密等）也有分布，但这些区域的分布以及部分云南、四川的分布点或标本记录可能都需进一步研究核实。

二、生物学和生态学特性

常绿乔木。叶片倒卵形或倒卵状椭圆形，革质，羽状脉，两面无毛，下面粉绿色，叶脉侧脉及网脉在叶片两面隆起形成明显的细小蜂窝状。花较大，花被片长椭圆形，长约5mm，外面无毛。核果椭圆形，成熟时蓝黑色，果皮外被白粉，长约1.4cm；花被片在果实宿存、反折。

滇润楠是亚热带暖性至温凉性、典型和偏干常绿阔叶林的代表种类之一，生长海拔在800～2900m，主要分布区域在1500～2500m，是我国润楠属植物中分布较西、海拔较高、适应

云南省昆明市黑龙潭滇润楠树干（覃家理摄）

偏干性气候的种类。生长地区一般年平均气温11～21℃，≥10℃的有效积温为3600～7000℃，无霜期220～330天，年降水量900～1200mm。总的气候特点是：冬季气温较高，夏季不炎热，日照充足，有较长的干季，体现了滇润楠对干旱有相对较好的耐受能力。在昆明市区2015—2016年冬季-5℃的低温寒潮和雪灾冻害中表现良好，室外栽培的大树、幼苗均未见明显冻害。但总体上，滇润楠喜温暖、背阴、湿润和土壤肥沃的环境。

滇润楠为深根性树种。自然状况下，滇润楠一般生长于沟谷中土壤湿润、深厚、土质较好的地段，在此环境中高生长和径生长均较快。虽然唐甜甜（2007）的研究表明，滇润楠幼苗的耐旱性较香樟强，在9天以内的控水并不会导致其各项生理指标出现明显的异常且恢复能力较强，适度的干旱锻炼有利于提高其抗旱能力，但在控水11天以后会出现永久性萎蔫，严重的水分胁迫会导致幼苗的内部结构严重受损，各种生理指标难以短期内恢复。实际调查表明，滇润楠在贫瘠、干旱和光照强烈的环境中生长缓慢，表现不佳。

滇润楠实生苗造林约20年后开始逐步进入结果期，开花结果受气候影响明显，并与个体差异、生长环境密切相关。在昆明地区，一般于3月至4月上旬进入芽膨大和伸展期及老叶换新叶期，4～6月为花期，8～10月为果实主要成熟期。果实成熟多为逐步成熟并脱落。

滇润楠分布虽然广泛，但一般不形成大面积群落，也很少成为群落的优势种，通常与其他樟科、壳斗科常绿或落叶阔叶树种混生。在云南昆明黑龙潭公园和晋宁的盘龙寺均保存有上百年的大树，区域内常见伴生树种包括元江栲（*Castanopsis orthacantha*）、高山栲（*Castanopsis delavayi*）、石栎（*Lithocarpus* spp.）、青冈（*Cyclobalanopsis glauca*）、滇青冈（*Cyclobalanopsis glaucoides*）、香叶树（*Lindera communis*）、云南樟（*Cinnamomum glanduliferum*）、银木荷（*Schima argentea*）、栓皮栎（*Quercus variabilis*）、麻栎（*Quercus acutissima*）、槲栎（*Quercus aliena*）、粗

云南省昆明市滇润楠果枝（覃家理摄）

云南省昆明市滇润楠结果植株（覃家理摄）

糠树（*Ehretia macrophylla*）、构树（*Broussonetia papyifera*）、四蕊朴（滇朴）（*Celtis tetrandra*）、旱冬瓜（*Alnus nepalensis*）、云南油杉（*Keteleeria evelyniana*）等。

三、苗木培育

滇润楠采用种子或扦插繁殖，也有人试验组织培养繁殖，但由于其结果量大、果实体积大、较易采集等特点，滇润楠育苗以种子繁殖较为普遍。根据陈强等（2009）、普绍林（2014）、杨泽雄等（2016）的研究及《云南主要树种造林技术》（1985）记载，滇润楠的主要造林技术如下。

1. 种子采集与贮藏

培育用材林的苗木，应选择干形通直、生长旺盛的植株采种；培育园林绿化苗木，应选择分枝较多、冠形开阔的植株采种。果实成熟期为7～10月，在昆明以8～9月比较集中，果实呈现蓝黑色即可采集。果实采收后应及时通过搓揉等方式去掉其外面的果肉以及高含油率的果皮，然后将种子用自来水冲洗干净、阴干并去除杂质，留取饱满、无霉变、无病虫害的完整种子待用。滇润楠可随采随播，无条件直接播种的可采用含水量30%左右的湿沙进行层积贮藏，但在室内常温下沙藏一般不宜超过25天，若贮藏时间过长，种子发芽率会明显降低。

2. 整地作床与播种

滇润楠播种宜在9月上旬至11月下旬进行。

云南省昆明市滇润楠果实和种子（覃家理摄）

播种后20～25天可发芽，2年生苗可出圃造林。育苗地应选择背风向阳、地势平坦、排水良好、土壤肥沃、土质疏松的沙壤土或壤土。苗地可采用甲敌粉、呋喃丹等处理预防地下害虫，4.5%的甲敌粉施用量15kg/hm^2，呋喃丹施用量75kg/hm^2（白平等，2012；曾绍林，2013，2014）。苗床整成1.2m宽，长度依地形而定，并对苗床喷施1%的多菌灵进行土壤消毒。播种采用点播，播种沟行距约10cm、深2～3cm，种子间距2～3cm，播后覆土1.5～2.0cm，并覆盖松针、草席或地膜，再喷施一次1%的多菌灵进行消毒。

3. 苗期管理

播种后搭建遮阳网，遮光率约80%为宜；若有0℃以下霜冻，可搭建简易的塑料薄膜拱棚以防冻。保持每天喷水1次，喷水时间可选择在中午太阳强烈时以增加湿度并保持地温，全部萌发后则每天早、晚各喷水1次。种子大部分萌发后，应除去覆盖的地膜，并逐步分次撤去大部分覆盖的松针等覆盖物，保留少量覆盖物起保温、保水、防晒、防冲刷作用，可降低幼苗损伤，有利于出苗整齐。

4. 移植苗培育

幼苗移植上袋时间以第二年的4月上旬至下旬、苗高10～15cm时为宜。由于滇润楠的耐移植性较差，移植前30天应做断根处理，并对苗木进行炼苗，以促进根系发育，提高种植成活率。由于断根影响地上部分生长，有利于促进新根发育，也可在出圃后采用一次性全部剪断侧根的方法，并在侧根断口处喷或浸生根粉，生根粉处理3个月后即可移栽。

育苗袋中的营养土可用90%苗圃本土和10%腐熟农家肥配制，并增施3%过磷酸钙和1%复合肥，然后装入15cm×（15～18）cm的营养袋内。装好的营养袋摆放于宽1.2～1.5m、步道宽30～40cm的苗床上，营养袋之间应紧靠并用细土将袋间隙填满。上好袋的苗木应适时浇水以保持湿润。移栽后约50天，待幼苗成活后施用0.2%～0.3%的氮磷钾复合肥，每隔10天喷施1次，连续施2～3次，也可用0.3%～0.5%尿素进行根外

云南省昆明市滇润楠群落（覃家理摄）

追肥。在经过330天左右、苗高达到25～40cm、地径0.3～0.5cm时可出圃造林。

四、林木培育

1. 造林地及混交树种选择

造林应选择温暖、背阴、湿润和土壤肥沃的地段，避免干燥、强光照、干旱的林地；以海拔1200～2500m的阴坡、半阴坡下部或沟谷地带为宜，海拔过高及过热、过湿的地区不适合滇润楠造林。如营造混交林，可选择与其适应性相似的树种，如云南、油杉、高山栲、青冈、栓皮栎、石栎、木荷等。

2. 造林技术

滇润楠目前主要应用在园林绿化，大规模用材林营造还较少见。造林时可采用容器苗，也可用裸根苗；还可采用大树移植，但因滇润楠耐移植性较差，一般较少采用。滇润楠造林可选择在雨季开始期（6～7月）进行，移植前对苗木进行枝叶修剪、断根、浆根或土球包扎处理，保护根系。

造林地可按2m×2m或2m×3m的株行距，开挖长、宽、高为30～40cm的栽植穴。据云南江城县的试验，实生容器苗种植于常绿阔叶林中，一年半后植株高度可达1.5m左右。

3. 修枝抚育

滇润楠分枝多，分枝位置较低，需要适当密植并加强抚育管理才可能获得良好的干形。如果用于园林绿化、作为行道树等，则需要增大株行距，种植在稍为向阳处，及时修剪下部弱枝并对主枝进行合理截枝，才能形成良好的冠形、增大冠幅。

五、主要有害生物防治

1. 滇润楠白脉病

病原菌为半知菌类腔孢纲黑盘孢目黑盘孢科盘星孢属的萨卡度盘星孢霉（*Asteroconium*

saccardio）。该树受害后树冠近下层叶片局部畸形，叶背主脉、侧脉及网脉出现白色霜霉状物，叶表皮破裂，叶片提早干枯脱落。病原菌以菌丝体及分生孢子在病叶上越冬，成为翌年的初侵染来源，以蚜虫为媒介昆虫，从伤口侵入。防治方法：①选择排水良好的苗圃地，播种前，进行种子检验后，用50%硫菌灵或退菌特200倍液消毒，晾24h后播种。②在远离木姜子林的地方育苗。③不能种植过密，树荫下不透气、不透光处滇润楠白脉病比较严重。滇润楠白脉病在苗圃中比较严重。④出圃苗应该是无病苗。要栽种无病苗，而且要精心养护。植株长大后，要适时、适度修剪，增加受光度。⑤发病初期及早喷洒杀菌剂控制，每隔7～10天喷一次，连喷2～3次。⑥冬季修剪病虫害枝条，清除病枝叶、落叶等并深埋或烧毁，杀死初侵染源，可预防翌年滇润楠白脉病的继续发生，连续2～3年的清除和烧毁可以获得较好的效果。

2. 叶斑病

叶斑病主要为叶圆斑病（*Ascochyta* sp.）、灰斑病（*Phyllosticta pirina*）。圆斑病主要症状是叶上半部易产生病斑，形成边缘色深、内部色淡的小圆斑，在小圆斑中心灰白处有几个小黑点；灰斑病的症状是叶上病斑暗褐色至灰白色，圆形，后期中央散生小黑点，病斑常密集相连成大斑，叶片焦枯。防治方法：①可以在发病早期及时剪除病梢、清除病源，控制发病范围，减轻危害。②施用0.5%～1.0%波尔多液的石硫合剂（一种由生石灰、硫磺及水熬制而成的杀菌剂）或1%的多菌灵、70%甲基硫菌灵可湿性粉剂1000倍液等进行防治。

3. 长脊冠网蝽（*Stephanitis svensoni*）

长脊冠网蝽以成虫和若虫群集于滇润楠叶背吮吸汁液，受害叶片密布黄白色斑点，同时虫体产生大量褐色分泌物和白色虫蜕，排出黑色粒状粪便。随危害加重，斑点不断扩大，污物持续增加，严重影响光合作用，致使叶片提前干枯脱落。防治方法：网蝽类害虫以越冬成虫开始活动期和第一代若虫盛孵期为防治重点，及时喷施化学药剂防治。

4. 白轮盾蚧（*Aulacaspis rosarum*）

白轮盾蚧主要寄生在滇润楠的叶片上。由于繁殖力强，严重发生时虫体布满叶片，相互重叠，吮吸寄主汁液，引起树势生长衰弱。此外，该虫分泌蜡质，致使叶片背面产生大量白色絮状物，严重影响滇润楠的生长和观赏价值。防治方法：①可施用化学药剂防治，采用喷雾、根施、注射及包扎等方式给药。结合使用植物叶面保护剂和触杀剂，对白轮盾蚧的防治更为有效。②在虫害早期及时剪除有虫枝梢、清除虫源，可减轻虫害。

六、材性及用途

滇润楠木材心材、边材的区别不明显，生长轮略清晰，宽度略均匀；属散孔材，管孔小，大小一致，分布均匀，单独或2～3个斜列；木射线细。木材纹理直，结构细而均匀。含水率12%时的木材密度0.571kg/cm^3，抗弯强度161.6MPa，顺纹抗压强度66.5MPa。干燥性略好，不翘裂，但节处易变形，干燥后性能稳定；加工性好，易旋切、刨，板面光滑、平整；油漆、胶黏性好，耐腐。适于作建筑、家具、船舶、车辆胶合板、室内装修、模具等用材。同时，滇润楠的叶、果可提芳香油，种子可提油脂。

（覃家理）

106 红润楠

别　名｜猪脚楠、小楠（四川）、楠仔木、楠柴

学　名｜*Machilus thunbergii* Sieb. et Zucc.

科　属｜樟科（Lauraceae）润楠属（*Machilus* Nees）

红润楠主要分布于长江流域及其以南的广大地区，生长迅速。红润楠为中等乔木，树干粗短，四季常绿，冠形优美，芽苞、新叶及果柄呈红色，十分醒目，因而得名。红润楠适应性广，可在多种气候和立地条件下生长，在中国、日本、韩国和印度尼西亚等的亚热带和暖温带地区均有分布和栽培，是重要的庭院、行道和绿化树种。其根、茎、叶、树皮、果实可作为特殊香料、油料和中药成分提取的原材料。另外，红润楠木材紫红色，纹理细密光滑，是高级家具、建筑和工艺品的上好用材，可作为商品林发展。它还有吸收有毒气体、杀灭病菌、驱虫等功效，可作为休闲区及厂矿区等的优良绿化树种。因此，红润楠是一种综合利用价值极高的多用途树种。

一、分布

红润楠是润楠属中分布最广的树种，在亚洲的日本、韩国和印度尼西亚均有分布。在我国主要分布于长江以南的地区，包括安徽、江苏、浙江、福建、江西、湖南、广东、广西、台湾等省份，最北可达山东崂山。垂直分布于海拔500～1300m的中低山和丘陵地区。喜湿润，稍耐阴，多生于阴坡山谷或溪旁。红润楠适生范围广，可在多种气候和立地条件下生长，对土壤要求不甚严格。但在年平均气温12.4℃、温暖指数101.5℃/月、寒冷指数-12.3℃/月、年降水量1016mm、土壤为酸性或微酸性山地红壤和黄壤条件下生长良好。

二、生物学和生态学特性

树皮黄褐色，树冠平顶或扁圆。枝条多而伸展，老枝粗糙、紫褐色，嫩枝紫红色，2～3年生枝条上有少数纵裂和唇形皮孔。叶倒卵形，长4.5～13.0cm，宽1.7～4.2cm，先端短突尖或短渐尖，革质，上面黑绿色，有光泽，下表面颜色较淡，带白粉，侧脉和主脉均呈红色。花序顶生或在新枝上腋生，在上端分枝。花期2月，果期7月。果扁圆形，直径8～10mm，初时绿色，后变为黑紫色，果梗鲜红色。

研究表明，相比于刨花楠和华东楠等楠木树种，红润楠的生长速度较慢，1年生、2年生和3年生的红润楠幼苗平均树高仅为0.4m、1.0m和1.6m（徐奎源等，2005）。还有研究表明，定植后，红润楠幼树从5月初至7月为苗木成活期和速生初期，此时苗木从土壤中吸收的养分较少，生长发育所需营养主要来自于苗木自身；7～9月为苗木的速生期，对养分的需求量加大。从生物量上来看，叶片积累的生物量最大，茎次之，根最

红润楠（刘仁林摄）

小，而且红润楠苗木叶片中的养分含量高于茎和根（徐嘉科等，2015）。在以红润楠为主的天然常绿阔叶林中，每年凋落物可达5.78～7.79t/hm²，其中，红润楠叶片可达4.39～5.65t/hm²，林地凋落物积累最多的季节为落叶后的5～6月和11～12月（江香梅和俞湘，2001）。童跃伟等（2013）还发现红润楠幼树的树高和地径生长存在自身初始大小依赖性，即其树高和地径的增长量随自身大小的增加而增加，二者间呈正相关幂函数（$Y=aX^b$）关系。

红润楠对光照条件的适应性较强，幼树耐阴，大树需充足光照，但也具有一定的耐阴能力。在山地环境中，红润楠幼树位于阴坡时，其生长速率和成活率均高于位于阳坡时。因此，地形是影响红润楠苗木成活和生长的重要因素（童跃伟等，2013）。在森林环境中，邻株植物种类也是影响红润楠苗木生长的生态因子之一。一般而言，红润楠幼树的树高和地径生长在不同功能型植物中的大小顺序为：落叶阔叶型＞常绿阔叶与落叶阔叶混交型＞常绿阔叶型＞常绿针叶型。

我国的东南沿海地区也广泛分布着红润楠，适应于海涂环境，具有较强的耐盐性。在低浓度盐胁迫下，红润楠苗木地上部分生物量稍有增加，但地下部分生物量下降；相反，在高浓度盐胁迫下，地上部分受到显著抑制，而地下部分无明显变化。进一步研究发现，低浓度盐胁迫下，红润楠苗木根系Na^+/K^+比增大；在高浓度条件下，根系增加了对K^+的吸收和向地上部分运输的能力，使Na^+/K^+比下降，从而减小高盐胁迫对植株的伤害。

红润楠喜温暖至高温，但幼苗具较强抗寒性，能耐−10℃的短期低温；深根性，主根发达，能抗风；土壤以壤土至沙壤土为佳，排水需良好。

三、良种选育

有关红润楠良种选育的研究报道较少，几乎处于空白状态，目前仅仅在优良种源的选择上进行了初步的研究。中国林业科学研究院亚热带林业研究所在浙江富阳开展了红润楠苗期性状地理种源变异规律的研究。结果表明，红润楠苗高表现出较高的遗传力，并筛选出舟山、崂山、九龙山和九连山4个优良种源。另外，象山、九连山、九龙山、天目山、五峰、开化、衡山、舟山和崂山9个种源红润楠幼苗的表型性状（果实大小、果实质量）与纬度呈显著正相关，而与年平均气温、年均无霜期呈显著负相关（姜荣波等，2011）。红润楠是重要的绿化树种，同时也是我国传统的珍贵用材树种，加强红润楠优良基因资源的收集和良种的选育势在必行。

四、苗木培育

红润楠目前主要采用播种育苗方式繁殖（王水平等，2010）。

1. 播种育苗

采种与调制 在天然林分中选择20年生以上的优良母树进行采种，核型浆果经搓揉、去杂、水洗后立即播种。红润楠种子含水率较高（45%），忌裸露陈放，种子失水将丧失发芽能力。实践证明，红润楠种子也不能进行长时间沙藏。若不能立即播种，应以湿沙短期贮藏（7～10天），湿沙含水量应以手握不滴水、松开不散

红润楠单株（刘仁林摄）

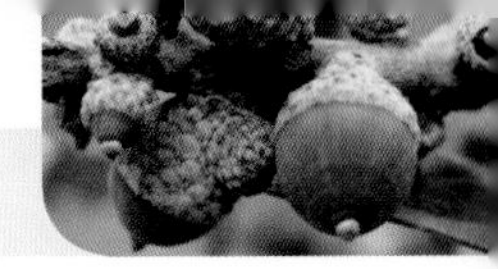

团为度（含水率约60%），湿沙与种子按体积比3∶1充分混合贮藏。

圃地选择和种子消毒　红润楠幼苗喜阴湿，圃地宜选择排灌方便、背风向阳、光照时间短、土壤肥沃湿润的地段。播种前进行整地、作床和消毒处理；施足基肥，用农家肥15t/hm^2，或过磷酸钙450～750kg/hm^2，将肥料翻入20cm深耕作层。播种时，种子以0.2%高锰酸钾溶液或5%生石灰水消毒。

播种　红润楠主要采用条播方式，条距25cm，播种沟宽10～12cm、深3cm，播种量375kg/hm^2，根据种子发芽率高低适当调整。播种时伴施适量钙镁磷肥，可促进发根。覆土2cm，再喷施化学除草剂50%乙草胺750mL/hm^2。喷药后盖草，以保持土壤湿润、疏松。

苗期管理　7月播种后，应搭棚遮阴，透光度保持在40%左右；8～9月当70%以上幼苗出土后，选择阴天或晴天傍晚揭除盖草，并加强水分管理，使苗床处于湿润状态，期间追肥2～3次（以复合肥为主）并做好除草工作；揭盖草后第二天傍晚以0.1%的敌克松溶液喷淋苗床，预防病害发生；8月下旬至9月下旬，当幼苗进入生长盛期，应分批进行间苗和定苗，保留30万株/hm^2，合格苗保持在18万株/hm^2；9月下旬撤除遮阴棚，增加光照，并停止施肥，以提高苗木木质化程度；11月中旬，叶面喷施磷、钾肥，继续促进苗木的木质化，提高抗寒能力；冬季霜冻、寒潮之前以稻草覆盖幼苗，防止冻害发生。

2. 扦插育苗

红润楠采用扦插繁殖，可以提高苗木质量，成活率通常可达80%以上。

（1）硬枝扦插

于12月至翌年早春红润楠苗木萌动前，从幼年母树上采集1年生木质化的健壮枝条作为插穗，长度12～15cm，顶端保留2片小叶。扦插后100～120天开始生根。

（2）嫩枝扦插

6月上中旬采集当年生半木质化、腋芽饱满的枝条作为插穗，长度10～12cm，带3个芽以上。扦插后应特别注意保湿，80～90天后开始生根。

3. 大苗培育

用于园林绿化的苗木，一般要培育5～6年，苗高达3～4m，胸径5cm以上，有完整匀称的树冠。可用播种苗或扦插苗进行移植。移植圃地可设在阴坡或半阴坡，选择土层深厚肥沃、排灌方便的壤土或轻黏土。移植株行距为1m×1m，树穴规格为50cm×50cm×40cm。红润楠幼苗分化严重，大小不均，移植前首先要将苗木分级，将不同规格的苗木分别栽植，使同一作业区苗木大小均匀，以便于管理。裸根苗移植前要适当修剪部分枝条，摘除大部分叶片，以减少苗木水分消耗。移植时间以早春苗木未萌动前为好，一旦萌动抽梢，移植成活率会降低。宜选择阴天或小雨天移植，以提高栽植成活率。大苗出圃前，每年要进3～4次除草松土，4～5月结合扩穴松土抚育，每株施复合肥150g。干旱季节要进行灌溉，以促进幼树生长。

五、林木培育

1. 立地选择及整地

红润楠喜阴耐湿，宜选择土层深厚、肥沃、排水良好、土壤为中性或微酸性黄红壤或红壤的山坡、山谷作为造林地，造林地条件差则生长不良。

在上一年的年底完成林地清理和整地工作。林地清理不炼山，采取纵向割带，割除杂草、竹类、灌木等。整地要求细致，一般林地用带状深翻，肥沃林地可穴垦，穴径40cm、深30cm以上。

2. 造林

株行距1.5m×1.5m～3m×3m，穴规格40cm×40cm×30cm，每个植穴施放复合肥250g和过磷酸钙100g作为基肥，然后及时回土，防止肥效散失。为防止肥料烧伤苗根，施放基肥15天后才可种植。最好在早春红润楠春梢萌动前选择阴雨天造林。采用2年生、苗高40cm以上、生长健壮、充分木质化、顶芽饱满无损伤的苗木，尽量做到随起苗随栽植，以防止苗木过度失水影响成活率。为提高造林成活率，栽植时适当剪去苗木部分叶片，适当修根，主根长度保留20cm，随即蘸泥浆栽植，并严格做到苗正、舒根、深栽、打紧。裸根苗采用“三埋两踩一提苗”的种植技术，保持苗木直立、根系舒展、深浅适当。种植2个月后，选择雨后及时对死苗或缺株进行补植。林冠下造林成活率更高，与马尾松等其他树种混交造林效果更好，并可作为培育绿化大苗兼用材林经营（黄锦荣等，2013）。

3. 抚育管理

造林的前3年进行常规除草、松土、施肥，每年2次，分别于4～5月和9～10月实施。除草主要是清除影响苗木生长的杂草、灌木等，随着苗木的生长范围逐年扩大，防止杂草与苗木争肥，并为苗木提供充足的生长空间。除草的同时进行松土。春季抚育时每株施复合肥250g，秋季抚育时不再施肥。待林木出现分化后，陆续挖取一部分苗木用于园林绿化。混交林则视林木生长的具体情况，必要时对影响其生长的邻近木在疏伐时先期伐除。

六、主要有害生物防治

1. 红润楠炭疽病

红润楠病害较少，主要为红润楠炭疽病。该病危害叶片、幼茎和嫩梢，发病初期病斑呈点状分布，严重时连成片，引起叶片和嫩梢枯死，甚至导致整株死亡。5～6月开始发生，7月进入发病盛期。该病的流行与高温、高湿密切相关，幼树及土壤干旱瘠薄的地方发病率也较高。防治方法：①注意通风透光，减少病害发生；②选择排水良好、土壤肥沃湿润的地块育苗，并施足基肥，平时增施磷、钾肥；③在萌发新叶、新梢时，定期喷洒1％等量式波尔多液进行预防；发病期用75％百菌清可湿性粉剂500～600倍液喷施；发病严重时可用80％炭疽福美可湿性粉剂800倍液或50％甲基托布津可湿性粉剂500～800倍液喷施，每周喷施1次，连续喷3～4次即可取得良好防治效果；④清除病株，集中烧毁（黄锦荣等，2013）。

2. 蛴螬

蛴螬是金龟子幼虫的统称，又名白土蚕，是危害红润楠幼苗的主要害虫。在地下咬断或咬伤幼苗的根系或嫩茎基部，使苗木枯黄甚至死亡。一般以3龄幼虫危害最严重。防治方法：①苗圃整地时施用30％敌百虫粉45kg/hm^{2}进行杀虫；②结合冬耕把幼虫翻出地面让其冻死；③幼苗出土后在危害严重时用50％马拉硫磷或25％乙酰甲胺磷乳油1000倍液200～250mL/株浇灌于被害苗木根际周围（黄锦荣等，2013）。

七、材性及用途

1. 观赏价值

红润楠树形优美，树干高大通直，树冠宽大，枝叶繁茂，终年常绿，是道路、公园、住宅区、厂矿等地的理想绿化树种。作为一种典型的乡土彩叶树种，红润楠具有独特的观赏价值：新叶随着生长期相继出现深红、粉红、金黄、嫩黄、翠绿等不同颜色的变化。红润楠与绿竹、女贞或其他常绿植物搭配种植，效果更佳，起到提升景观效果的作用。

2. 经济价值

（1）材用

红润楠木材紫红色，纹理细密光滑，硬度适中，耐腐朽，不易变形，且具有芳香气味和光泽，是楠木中材质较好的一种，符合高档家具、装饰、雕刻和特殊的要求。

（2）药用

红润楠的根、茎、叶、树皮、心材和果实中含有许多特殊成分，可作为中药材的原料。在《浙江天目山药植志》中记载其根、树皮可以入药。研究也证实，红润楠树皮中含有一种叫“胡巴克”（Hoo Bak）的成分，可以治疗头痛、中风和消化不良等症（江香梅和俞湘，2001）。

（邓波，刘桂华，徐小牛）

107 檫木

别　名｜檫树（江西）、檫木（浙江）、青檫（安徽）、桐梓树、梨火哄（福建）、梓木（湖南）、黄楸树（湖北）、花楸树（云南镇雄、四川）、鹅脚板（云南威信）、半风樟（广西）

学　名｜*Sassafras tsumu* (Hemsl.) Hemsl.

科　属｜樟科（Lauraceae）檫木属（*Sassafras* Trew.）

檫木原产于我国，属中亚热带树种，生长快、材质好、切面光滑美观、有香气、耐腐抗虫、用途广，是我国南方优良速生用材树种；树形挺拔，端正优美，晚秋红叶鲜艳悦目，也是良好的风景园林绿化树种。

一、分布

檫木主要分布在我国长江以南的13个省份，地理分布范围为23°~32°N，102°~122°E。水平分布东起江苏南端（宜兴）、浙江西北部（天目山）、福建闽北地区；南至广东北部（龙川、乳源），广西苍梧、邕宁、田林以北；西至云南、贵州南部、四川二郎山以东；北至安徽西北部，湖北南端。垂直分布一般在海拔800m以下的山区，偶有分布在海拔1500~1800m（陈存及和陈火法，2000）。檫木多系天然散生林，与杉木、马尾松、毛竹、油茶、樟树、苦槠、栲等树种混生。

江西省永丰县李山林场贯南分场义家源山场檫木果实（傅爱平摄）

二、生物学和生态学特性

落叶大乔木，树干通直。生长快，树高可达35m，胸径1.3m。树冠扩展，枝叶较稀疏。幼皮绿色或灰绿色，平滑不裂；老皮灰褐色，深纵裂，裂缝红褐色。树枝近对生或轮生。叶卵形，叶端1~3裂或全缘，秋季变红。两性花（王馨等，2015），鲜黄色，早春开花，先于叶开放。果实核果状，近球形，成熟时为紫黑色或蓝黑色；外果皮上有白蜡粉，着生于浅杯状的果托上；果托和果梗呈鲜红色。

江西省永丰县李山林场贯南分场义家源山场檫木结实情况（傅爱平摄）

檫木年生长节律明显，1月中旬至3月初为开花期，2月上旬为盛花期，花期长达30~40天；

3月初至4月中旬为展叶期；4月下旬至7月上旬为高径生长旺盛期；6月底至8月中旬为种子成熟期；8月下旬至9月上旬为生长停滞期；9月中旬至10月下旬为胸径生长回升期；11～12月叶色转红，为落叶期（陈存及和陈火法，2000）。

檫木是一种典型的早期速生树种，树高速生期为2～6年生，年均生长量可达1.5～2.0m，最高可达4m；胸径速生期为3～10年生，年均生长量1～3cm；材积速生期为6～10年生，10年生后明显下降。在适宜的立地条件，10年生檫木高10～20m，胸径10～40cm。

檫木喜光，适生于年平均气温12～20℃、年降水量1000～2000mm的温暖湿润、雨量充沛地区，在土层深厚、疏松肥沃、排水良好的酸性沙质壤土生长快、长势好。不耐旱，忌水湿，在过于潮湿的低洼地和瘠薄干燥地生长不良，且易得心腐病和烂根病。

檫木为深根性树种，主根和侧根均发达，7年生主根可深达2m，水平根幅4.5m，主根被切断不易再恢复，但能促使侧根发达。幼苗、幼树对霜冻敏感，往往枯梢，低温影响开花结实。现有天然林主要借助鸟类食檫籽排泄粪便而繁殖成林，其林分生长较稳定，少心腐病，生长良好，而人工林普遍发生“心腐”早衰，纯林尤其严重。树冠要求充足的光照条件，树干则喜庇荫环境，适宜“露头裹足”的生态环境，自然整枝强烈。稀疏林分或林缘木在高温季节阳光直射时，树皮易受日灼开裂，病菌随雨水从树皮裂口或伤口侵入木质部，引起心材腐烂。

三、良种选育

檫木良种选优主要进行种源选择，且可从第四年开始早期选择，以广东龙川、江西赣州和湖南平江等种源为好（孙鸿有等，1993）。檫木良种化途径主要为营建母树林。

1. 母树林营建

选择天然林或人工林的优良林分，优良母树不少于20%，通过留优去劣疏伐，使郁闭度降到0.6～0.7，母树树冠相隔1m左右；如果是混交林，则母树不少于50%，非目的树种应逐步伐除。母树林选留优良母树的条件：①类型好。檫木按木材性质可分为3种自然类型，即白心檫、红心檫、蓝心檫。白心檫的心材白色或黄白色，有韧性、不易干裂、材质好，树皮细嫩、裂纹浅、呈灰褐色，叶片大、深绿色，生长快速，是檫木优良类型。②树干通直，生长势旺盛，树冠均匀对称、发育良好，无病虫害，结实正常，是林分中生长粗壮的林木。

2. 采种

檫木6年生就开花结实，但种仁不饱满，空壳粒多，应选择10～20年生母树采种。通常檫木果实在6月底至8月中旬成熟。按季节划分，种子有大暑籽和立秋籽两种，大暑籽在“大暑”前后成熟，果实由红转紫黑色或黑色并带有白色蜡质，大部分果托由青色变红色；立秋籽在“立秋”前后成熟，果实成熟时颜色与大暑籽同，但果托颜色青黄色。檫木自然类型多，成熟期不一，同一母树、同一簇果实，也有先后。阳光充足、气温高则果实成熟早，分布区南端的果实比北端的成熟早。如在江西赣南7月上旬开始成熟，在赣北则7月中下旬才开始成熟，南部地区比北部地区要早熟10～15天。在垂直分布范围方面，海拔低（500～600m）的山区如湖南攸县漕泊，比海拔高的山区（1400m）如湖南炎陵大院果实成熟期要早10天左右。一般成熟后7～10天，种子就完全脱落，为此，当果实60%～70%成熟时就应采摘，成熟一批采一批。若过早采摘，青籽多、发芽率低；过迟则鸟类啄食，易干缩变质，丧失发芽率。

采种可用高枝剪、采种刀等工具，在地面铺布收集。檫木为肉质果，果皮上附着一层蜡质，易发霉腐烂。果实采集后应及时处理，若来不及当天处理，应薄薄地堆放在阴凉室内（厚度不超过3cm）或浸入水中，但时间不能超过1天。切忌把果实堆在一起，或置于阳光下暴晒，使种子丧失发芽力。颜色带青紫色的未成熟果实应带果柄进行后熟处理（可保留少量枝叶），薄薄地摊放在通风阴凉的室内，每天浇水1次，保持湿润，经7～8天后，未成熟的果实吸取果柄上的营养，由红转黑，果实即自然脱落。

果实处理可分去皮、脱蜡两步：把果实装入容器内至1/2容积，加水除去漂浮的劣质果实，然后搓洗，去掉果皮杂物，淘洗出干净的种子；再用5%～10%的草木灰或30%～50%的泥沙等与种子混合反复揉搓，至种壳乌黑发亮无白蜡即可。檫木出种率27%～30%，种子千粒重50～80g，纯度95%，发芽率70%～90%。

3. 种子贮藏

檫木种子成熟时含水率相对较高，不耐干燥，对脱水及温度高度敏感，通常需要260天左右的后熟期才能发芽，若贮藏不当，极易丧失活力。檫木种子早秋成熟，通常翌春播种，须混湿沙贮藏过冬。贮藏初期，正值高温干燥的秋天，种壳薄，种仁易失水离壳，丧失发芽力，贮藏温度应控制在20℃以下，确保种子发芽率。贮藏时用石硫合剂将室内或窖内消毒，沙子要过筛，用清水洗净污泥，再用0.5%高锰酸钾消毒。地上先铺3～5cm厚的湿沙（沙子湿度为饱和含水量的60%左右），然后按种子和沙1：（2～3）均匀堆积，最后盖上4～5cm厚的湿沙，堆高不超过50cm，经常保持沙的湿度。气温较高时，每10天翻堆1次，清除霉烂种子，将种子进行消毒，再照原法贮藏，以后随着气温下降可减少翻堆次数。11月以后，可不必翻堆。

檫木种子经过0～5℃的低温层积处理，可使90%以上的种胚解除休眠。在贮藏条件限制下，建议室内贮藏覆盖沙土厚10cm，使之有较好的温湿条件以利于种子后熟和催芽。

四、苗木培育

选择水源充足、灌溉方便、土层较厚、排水良好的酸性土壤（pH 4.5～6.0）作圃地，经过深耕整地，施足基肥后作高床播种。

1. 催芽

檫木种子的种皮透气性差，含有发芽抑制物质，使其具有生理休眠特性，属低度顽拗性种子。因此，檫木种子具有休眠期长、发芽不整齐、2～3年才能全部发芽出土的特点。播种前要做好催芽，催芽前先用冷水浸种24h，再用0.5%的高锰酸钾溶液浸种消毒20～30min，用清水洗净，倒入水温40℃左右的水中，浸种0.5h，然后进行催芽。在竹箩筐内垫一层用热水烫过的稻草，放入经过浸种消毒的种子，盖上一层热稻草，压实，定时翻动，每天用40℃的热水冲洗1次，种子保持在20～30℃，经4～5天种子开始裂嘴即可选播。

2. 播种

播种一般以2月至3月中旬为宜，最迟不超过“谷雨”。一般经过粒选催芽的，宜用开沟点播，沟距20cm，点距15～18cm，用黄心土或火烧土覆盖，厚度1～2cm，上盖一层薄薄的稻草，播种量15～23kg/hm^2。未经催芽的种子采用条播，条距20cm，播种量60～75kg/hm^2。

3. 苗期管理

播种后要经过20～30天才能发芽整齐，在此期间要经常检查幼苗出土情况，及时揭草，以免幼苗出土后生长孱弱弯曲，同时应加强田间管理。春、夏季雨水多，应注意雨后清沟排水。苗期除草7～8次，松土3～4次。间苗宜在5月下旬

江西省永丰县李山林场贯南分场义家源山场檫木优树（傅爱平摄）

江西庐山国家级自然保护区檫木红叶（裘利洪摄）

至6月初，幼苗10～20cm高时，选择阴雨天进行较好，间密留大。间出的幼苗带土移栽或补植，在加强抚育管理的情况下，同样可培育出壮苗。

苗期追肥应做到量少勤施，浓度逐渐增大。圃地贫瘠、基肥不足、苗木生长不良时，初期可用稀薄人粪尿或化肥追肥2～3次，促使根系发育；中期结合抗旱追施氮肥1～2次；苗木畏霜怕冻，秋后以施钾肥为主，停施氮肥，以促进苗木木质化，提高抗寒能力。檫苗生长快，1年生可达1m左右，但前期稍慢，9～10月长势旺盛。出圃时根据《主要造林树种苗木质量分级》（GB 6000—1999）进行分级，Ⅰ级苗高90cm以上，地径1.1cm以上，根系长20cm，＞5cm长Ⅰ级侧根数10根；Ⅱ级苗高60～90cm，地径0.7～1.1cm，根系长18cm，＞5cm长Ⅰ级侧根数4根。选用Ⅰ、Ⅱ级合格苗造林。

五、林木培育

1. 造林地选择

营造纯林时，宜选择土层深厚、疏松肥沃、湿润、排水良好的酸性或微酸性的山地红壤、黄红壤，不宜选用低洼积水地、干燥瘠薄的丘陵山地和阳光直射的西南坡等。营造混交林选择中等肥力的造林地即可。

2. 林地整理

整地 整地方式因立地而异。坡度平缓时，可采用带状整地；坡度20°以上时，宜采用穴状整地，穴规格60cm×40cm×40cm。

造林季节和方法 造林季节以1～2月为宜。多采用植苗造林，在干旱或冻害地区，可利用檫木萌芽力强的特点，采用截干造林。檫木芽苞萌动早，在冬季无严重冻害的地区，尽可能在檫木落叶之后造林。

造林密度 檫木为速生喜光树种，侧枝横长，需光量大，纯林应适当稀植。过密林木营养空间不足，自然整枝过于强烈，生长不良；过稀则枝叶稀疏，林地透光度大，杂草滋生，树皮易被灼伤，导致心腐早衰，生长不稳定。立地较好的，初植密度为900～1100株/hm²；立地中等的，初植密度为1200～1650株/hm²。

混交造林 多数檫木人工纯林早衰，效果欠佳（吴清坚等，1980；陈存及和陈火法，2000），但檫木与杉木、金钱松、锥栗、福建柏等树种混交效果好。檫木早期生长快，冠幅扩展，不论与何种树种混交，在造林初期，檫木均迅速占据上层营养空间，对其他混交树种生长的影响程度取决于檫木所占的比例。杉檫林中混交比例通常以7杉3檫的密度比较合理，两种树种共生互惠，生长良好（欧文琳，2000）。若采用星状混交，种植檫木以300株/hm²以下为好。若采用行间混交，则以450株/hm²左右为宜。行距以2.3～2.5m为宜。株距：杉木1.5～1.7m，最多不超过2m；檫木2.7m左右，最多不超过3m（牟大庆，2007）。杉檫混交林的单位面积蓄积量比杉木纯林大17.13%～32.19%；檫木和金钱松混交林单位面积蓄积量比檫木纯林高40%，土壤有机质含量增加1倍（欧文琳，2000）；檫木与锥栗混交林的土壤湿度、土壤容重大于檫木纯林，说明混交林可以改善土壤肥力状况；檫木与福建柏混交，混交比例1：（2～3），种间关系协调，生长稳定，也是一种比较安全、效果好的混交类型。鉴于南方各地营造檫木纯林效果较差，因此，应尽可能推广混交造林，避免营造檫木纯林。

3. 幼林抚育

造林前2年，每年除草松土1～2次，第三年后可改用劈草抚育、块状松土。6～9月是檫木生长旺盛期，其生长量占全年总生长量的70%以上，在5～6月或8月中下旬至9月进行抚育，抚育时切忌伤及嫩枝、新梢、树皮和根部，以免引起腐烂。

4. 抚育间伐

檫木5～6年生或7～9年生时郁闭度达0.8以上，自然整枝明显，可首次间伐，10年生以保存750～900株/hm^2为宜。以合理经营密度来确定间伐强度。檫木与杉木、福建柏等树种混交，应适时间伐，调整组成比例，以调节种间关系。例如，杉檫混交林，当檫木混交比例大于1/3时，间伐时檫木多砍，杉木少砍。

六、主要有害生物防治

1. 苗木茎腐病（*Sclerotium bataticola*）

该病多发生于夏季高温干旱年份，危害当年播种苗或2～4年生幼树。一般在雨季之后，夏季土温增高，使苗木茎基部被灼伤，病菌从伤口侵入。圃地低洼积水，苗木生长不良，也易发病，病苗基部初现褐色斑块，以后韧皮部腐烂碎裂，苗木枯死，皮层内有许多煤灰状小菌株。防治方法：夏季遮阴，隔行间作其他抗病的生长较快的树种，不要碰伤苗木，及时清除残枝落叶，搞好清沟排渍。

2. 檫木白轮蚧（*Aulacaspis sassafris*）

檫木白轮蚧1年发生3代，以2龄若虫和雄蛹在嫩梢上越冬，危害1～2年生的檫木上部嫩梢、枝条和叶片。初孵若虫少部分固定在幼茎和嫩枝上，大多至叶背面固定，分泌蜡质，形成介壳，此时虫体为淡黄色。受害枝干树皮凹凸不平，叶片失绿，卷曲萎缩，轻者影响林木生长，重者导致林木死亡。防治方法：营造混交林，冬季进行植株修剪以及清园，消灭在枯枝落叶、杂草与表土中越冬的虫源；5月底至6月上旬采用相关药剂防治；保护和利用红点唇瓢虫、牧鹿蛾等天敌。

3. 银杏大蚕蛾（*Dictyoploca japonica*）

银杏大蚕蛾1年发生1代或1年发生2代，以卵在树皮缝隙越冬。幼虫取食寄主植物的叶片成缺刻或食光叶片。1～2龄幼虫常数条或10余条群集于一片叶背面，头向叶缘排列取食；3龄后分散取食，危害部位波及全树；幼虫4龄之后食量增大，危害严重，直至化蛹后进入夏眠。防治方法：加强抚育管理，营造混交林；5～6月林间交替喷洒无公害药剂；利用灯光诱杀成虫等。

七、材性及用途

檫木以用材为主要用途。其木材光泽性强，芳香，为环孔材，年轮明显、宽而均匀；心材、边材区别明显，边材窄，浅褐色或浅黄褐色，略带红色，心材栗褐或暗褐色；材质软硬适宜，重量适中（气干密度0.584g/cm^3），性质坚韧，富有弹性；结构略粗，旋切面花纹美丽，易干燥，不翘不裂；抗压力强（顺纹抗压强度为50MPa），不受虫蛀，抗腐性强，耐水湿；加工容易，切面光滑，富有光泽，油漆后光亮性良好，胶黏牢固，握钉力中，不易钉裂。故檫木是家具良材，亦适宜于造船，还可作建筑、胶合板、车辆、农具等用材。

种子含20%的梓油，主要用于制造油漆，还可作塑料工业上的增塑剂。树皮和根含5%～8%鞣质，可供鞣皮制革。根入药有祛风去湿、活血散瘀的功效，还可作发汗利尿剂。全株含有油性细胞，尤其叶和果中含量很高，可作为香料资源。此外，檫木树形挺拔，晚秋红叶鲜艳悦目，是良好的风景树种。

（张露）

108 山鸡椒

别　名｜山苍树（广东、广西、湖南、江西、四川、云南），木姜子（广西、江西、四川），荜澄茄、澄茄子（江苏、浙江、四川、云南），豆豉姜、山姜子（广东），臭樟子、赛梓树（福建），臭油果树（云南），山胡椒（《台湾植物志》）

学　名｜*Litsea cubeba* (Lour.) Pers.

科　属｜樟科（Lauraceae）木姜子属（*Litsea* Lam.）

山鸡椒主要分布于我国长江以南各省份、台湾省、西藏自治区等省（自治区），东南亚各国也有分布，具有生长快、结实早、经济价值高等特点。其果实、叶、花等可蒸提精油，且果实蒸馏后可提炼核仁油，是制造香料、药品、食品增香剂与防腐剂、病虫害防治剂及润滑油添加剂等的优良经济林树种。其果实和加工产品曾是我国重要的出口创汇林产品。此外，山鸡椒适应性强，保持水土性能好，在退耕还林工程中被列为经济林兼防护林树种，是一种将生态、经济、社会效益高度统一的树种。

一、分布

主要分布于我国广东省、广西壮族自治区、福建省、台湾省、浙江省、江苏省、安徽省、湖南省、湖北省、江西省、贵州省、四川省、云南省、西藏自治区；东南亚各国也有分布。垂直分布在海拔500～3200m向阳的山地、灌丛、疏林或林中路旁、水边。

二、生物学和生态学特性

多年生落叶灌木或小乔木，高可达8～10m。枝、叶具芳香味，单叶互生。雌雄异株。核果具短柄，近球形。果期7～8月。

喜光，在向阳且微酸性的沙质土壤条件下生长良好，在黑色石灰土（微碱至碱性）和黏性土壤上积水的凹地，成活率低；在土层深厚肥沃的山腰、山坞地区生长良好，而在山脊、山麓顶部等地区，生长发育不良，枝条稀少。根系发达，各植株之间根系有连生现象，对外界适应性强，但若发生根腐病，也易互相感染导致成片死亡（刘德胜等，2011）。

山鸡椒叶背（刘仁林摄）

三、良种选育

良种选育工作最早由中国林业科学研究院亚热带林业研究所开展，于2009年开始收集山鸡椒优良种质资源，开展遗传多样性测定，并于2011年营建了种源/家系试验林，2016年营建了第二批家系子代测定林。

在同一立地条件下，对23个种源进行对比试验，两年数据表明，不同种源在生长特性、结实量、精油含量、柠檬醛含量等方面均有显著差异，其中贵州毕节种源在结实量（5kg）、精油含量（4.69%）和柠檬醛含量（85.34%）方面均表现优异，分别较对照高25%、87.6%和21.91%。

对30个家系进行对比试验，初步筛选出5个在果实结实量、精油含量、柠檬醛含量、百粒重等经济性状指标方面表现优异的优良家系，其中‘毕节1号’果实结实量（5kg）、精油含量（4.79%）、柠檬醛含量（84.32%）、百粒重（17.52g）均显著高于对照。

山鸡椒生长状（刘仁林摄）

山鸡椒果（刘仁林摄）

山鸡椒叶（刘仁林摄）

山鸡椒花（刘仁林摄）

四、苗木培育

1. 播种育苗

选择生长健壮、结果多、种粒大、无病虫害的植株作为母树，种子完全成熟后立即采收，并及时进行脱皮和脱脂处理，湿沙贮藏。播种时，选择地势平坦、土层深厚、肥沃、排水良好的微酸性沙壤土作为圃地，整地翻耕深25cm，苗床宽1～1.2m，苗床长10～12m，苗床高25～30cm。秋播和春播均可，秋播宜在11月进行，春播宜在2月底至3月初进行。采用条播方式，播种量一般为75～90kg/hm^2，播种后用细黄心土均匀覆盖，再盖一层稻草，保持圃地湿润、疏松、无草。6～8月追肥，当苗高达7cm时，进行一次性间苗补苗，保留密度为90株/m^2。1年生苗高达60～80cm，地径达0.3cm以上即可出圃（郭起荣，2011）。

2. 扦插育苗

插穗选择健壮母树根颈部位的1年生萌条或树冠上的嫩枝，于3月上旬进行扦插，基质采用椰糠、泥炭土、珍珠岩（8：10：2），插条长度8～15cm，顶端留一叶片，扦插深度2～3cm，插后淋透水，并用薄膜覆盖保湿。扦插30天后，可适当减少喷水次数。插后每隔10～15天用800～1000倍多菌灵喷施。扦插苗生根后选择在阴雨天或气温不高的傍晚移栽至苗圃地。

3. 组培育苗

利用枝条梢部作为外植体，分别在MS+

2.0mg/L BA+0.1mg/L IBA、MS+1.0mg/L BA+0.1mg/L IBA、1/2 MS+0.2mg/L IBA+0.4mg/L NAA上进行初代、继代和生根培养。组培苗生根后移至基质（沙子：黄心土：泥炭土=1：1：1）育苗。

五、林木培育

1. 人工林营造

选择土层深厚、结构疏松、排水良好的微酸性黄壤、红壤或山地棕壤土造林。根据立地条件和造林密度选择不同的整地方法：在平坦或缓坡地，可进行全面整地；在坡度小于20°的山坡上，如土壤肥沃时，可沿山坡等高线开垦4m宽带，留1m不开作为草带，在垦带内按2.5m×2.7m的株行距，栽植两行；在坡度较大、土壤肥力较差的山坡上，可开1.8m宽带，留0.7m不开作为草带，在垦带正中栽植1行（刘德胜等，2011）。栽植穴最好在上一年冬季挖掘，穴口40～50cm见方，深30～35cm左右。将有机肥和钙镁磷肥混合腐熟，每穴施入150g做基肥，并覆土5cm。造林应在苗木落叶后至发芽前进行，选择雨后阴天栽植最佳。栽前用1：5的磷肥黄泥浆或ABT6号生根粉25～50mg/kg 溶液蘸根。栽植后1个月施尿素50g/株，植后2～3个月施复合肥100g/株，均采用沟施法，沟深15～20cm。连续3年扩穴除草抚育，结合施复合肥；第4～5年时，进行去雄留雌（雌雄比例为10：1）（钟奕灵等，2011）。定植后第二年，幼树长至0.8～1m高时摘顶；投产后修剪病虫枝和枯枝，并适当短截新枝1/3（李秀珍等，2015）。

2. 天然林更新

对结实好、分布集中的天然林，可加强人工抚育管理。对树势衰老、结实差或分布不均的天然林地，可于果实成熟后，割除林地杂草、灌木，整地后将落在地上的种子翻入土内，待出苗后通过2～3年的抚育管理，使之成为一片高产的林分（赵婷等，2011）。

六、主要有害生物防治

1. 红蜘蛛（*Tetranychus cinnabarinus*）

世代重叠，以卵、成若虫在叶背等凹陷处及枝干皮层裂缝部位越冬。以吸吮方式危害叶片，造成叶片呈灰白色，严重时造成叶片早落。加强冬季修剪，刮树皮（木栓化粗皮），清除残枝落叶，翻土，压低越冬虫口基数。并在发芽前或展叶期，喷施无公害药剂防治，结合人工修剪，剪除危害严重叶片或枝条。

2. 桑绢野螟（*Diaphania pyloalis*）

贵州年发生3～5代，江苏、浙江、四川等省年发生4～5代，均以老熟幼虫在树干裂缝、蛀孔等处越冬。幼虫卷叶危害山鸡椒叶片。秋冬季节及时捕杀落叶和树干裂缝处的越冬幼虫。夏季结合人工修剪，摘除危害严重叶片，同时喷施无公害药剂防治。

七、综合利用

该树种是我国重要的经济林树种，其花、叶、果肉均可提取精油，主要成分柠檬醛是制造紫罗兰酮系列香精的重要原料，广泛用于生产高档化妆品、日用品、食品增香剂与防腐剂；精油还具有广谱抗菌性，在防治作物病害、储粮害虫、食品害虫、卫生害虫等方面具有突出优点；叶、果实和根均具有很高的药用价值，其根入药后可有效防治风湿病；核仁油富含脂肪酸，可用于生产机械工业部门的润滑油和航空润滑油。此外，其树型优美，枝繁叶茂，保持水土性能好，是理想的园林绿化树种和防护林树种。

（汪阳东，张党权，高暝，陈益存）

109 醉香含笑

别　名｜火力楠

学　名｜*Michelia macclurei* Dandy

科　属｜木兰科（Magnoliaceae）含笑属（*Michelia* L.）

醉香含笑是我国南方一个重要的乡土珍贵阔叶树种，适宜培育大径材。其木材为高档家具和建筑用材。假种皮和种子等富含植物油，在香料、医药、日用化工等方面有着重要用途。该树种亦适宜作为风景园林绿化及防火、水源涵养树种。

一、分布

醉香含笑天然分布于广东西北部和广西东南部的两广交界处，广东和广西各地均有种植。自20世纪70～80年代以来，广泛引种至湖南、福建、江西、浙江、云南、贵州、四川等省份，目前在长江流域以及长江以南各省份均有广泛种植（Jiang et al.，2017），在越南北部也有种植分布。醉香含笑生长于海拔600m以下的山谷至低山地带，呈小片纯林或散生。

二、生物学和生态学特性

因其芽、嫩枝、叶柄、托叶及花梗均被有光泽的红褐色短绒毛，从远观之似一团火焰，树干圆满通直、强劲有力，故又名“火力楠”。树高可达35m，胸径达1m以上。树皮呈灰褐色，表型上有粗皮和光皮两种。叶革质，长圆状椭圆形或椭圆状倒卵形，基部楔形或宽楔形，侧脉10～15对。聚伞花序，花被片白色，通常9枚。聚合果，蓇葖长圆体形、倒卵状长圆体形或倒卵圆形，沿腹背2瓣开裂。种子常见1～4粒，少见5粒或6粒，扁卵圆形（姜清彬等，2017）。花期3～4月，果期9～12月。

醉香含笑喜温暖湿润气候，要求年平均气温20℃以上，年降水量1500～1800mm，能耐-7℃低温（广东省林业局和广东省林学会，2002）；引种到长江流域一带适应性强，生长表现良好；生长较快，华南地区15年生林分平均胸径达20～30cm，30年生胸径可达45～60cm；对土壤适应性较广，在干旱贫瘠的地块也可以生长，因此常作为伴生树种与杉木、马尾松等针叶树种混交以改善林分结构（黄其城，2017）。

三、良种选育

目前醉香含笑生产用种大多来自采种母树

福建漳州醉香含笑（树龄26年，胸径45.0cm，树高25m，枝下高10m）（姜清彬摄）

广东高州醉香含笑果实（姜清彬摄）

林，这类母树林多为20世纪80年代营建的人工林经去劣留优改造而成。广西玉林市林业科学研究所收集20个种源60个家系，于1978年营建种源家系试验林，并于2004年筛选出12个家系进行推广示范，2个优良家系通过广西壮族自治区良种审定；2004年建立醉香含笑第1代种子园，已开始生产种子（陈剑成等，2011）。中国林业科学研究院热带林业研究所自2011年以来广泛收集种质资源约150份并建立种源家系试验林，通过4年生时早期评价，获得10余个优良家系和186个优良单株，营建了醉香含笑初级采穗圃并于2014年建成南方乡土珍贵树种醉香含笑研究与示范基地；2015年，攻克了醉香含笑组织培养外植体消毒、继代培养和生根等难题，建立了醉香含笑完备的组培快繁体系（刘英和曾炳山，2016），已于2016年10月选择15个优良无性系进行组培苗生产。

四、苗木培育

1. 种子采收及处理

选择干形通直圆满、生长旺盛、无病虫害的18～30年生母树采种。醉香含笑种子于10月下旬至12月上旬成熟，成熟时果皮呈淡黄色或红褐色。果实采收后置于阴凉干燥通风处摊开1～2天，果壳开裂后充分翻动，去除果壳，将种子用水浸泡12～24h，掺入河沙搓去红色假种皮，用清水冲洗去除杂质，即获得纯净种子。将其置于室内通风处晾干表面水分，忌暴晒失水而影响发芽率。种子千粒重110～170g，种子即采即播发芽率可达80%，亦可将种子与干净湿润河沙以1∶3的体积比分层贮藏至翌年播种，但随着贮藏时间的延长，种子发芽率会逐渐降低。

2. 播种育苗

播种宜选在早春，以1月左右播种较为适宜。宜选择交通方便、阳光充足、排灌良好的地方作为苗圃地，忌选择低洼积水及前作病虫危害严重的地方。可选用透水性好的沙壤土作为播种基质，起畦作床，畦宽1m左右，高20cm，畦与畦之间的宽度以30cm为宜。苗床整理好后，可用1%～3%硫酸亚铁水溶液进行土壤消毒和灭鼠工作。采用条播，条距20～25cm，种子间距12cm；也可采用撒播，将种子均匀播于畦上，播种量以100g/m^{2}左右为宜，播种后覆土1.0～1.5cm，以不见种子为度，淋透水，然后覆稻草或加盖遮阳网。天气晴朗时，每隔1～2天要洒1次水，保持土壤湿润。

3. 苗期管理及出圃

播种1个月后种子发芽出土，应注意揭开稻草、淋水、除草，防涝保湿，适当薄施1次经充分沤熟的有机肥。当幼苗长出须根，具3～5片叶，苗高4～5cm时，应及时移苗上袋，确保移植成活率。营养袋规格为14cm×16cm，营养土以60%黄泥心土、20%火烧土、15%塘泥和5%过磷酸钙充分混匀后碾碎配制而成，装袋后排成畦状，每畦宽不超1.2m，周围培土。移苗上袋前1～2天将营养袋淋透水，幼苗上袋后要淋足水，盖上遮阳网，遮光率为40%～50%，防止阳光灼伤幼苗。幼苗移植后应加强苗木的肥水管理，及时除草，做好病虫害防治。施肥以有机肥或复合肥为佳，以勤施、薄施为原则，视苗木生长状况确定施肥种类和次数。培育1年，苗高达40～50cm时即可出圃，可用于造林或转而继续培育大苗。

4. 无性系育苗

（1）扦插育苗

醉香含笑属扦插较难生根的树种，生根速度较慢。选用约1年生半木质化枝条作为插穗，粗细在0.15～0.35cm范围内为宜，用500～1000mg/L的IBA、IAA、NAA或ABT生根粉等激素溶液处理插穗基部15～60s，扦插于泥炭土或含有泥炭土的混合基质中，保持适宜湿度和温度，春、夏季扦插2～3个月后可生根。

（2）嫁接育苗

12月至翌年3月中旬嫁接。选抗逆性强的1～2年生壮苗作砧木。从采穗圃或优良母树上选生长健壮的当年生枝条作为接穗，接穗在运输或短暂贮藏过程中需要保鲜。采用切接或舌接等方法可获得80%以上嫁接成活率。

（3）组培快繁

醉香含笑嫩枝、嫩芽被绒毛，外植体消毒比较困难，需使用多种清洁除菌措施方可成功。组培继代培养中褐化较为严重，在培养基中需添加抑制或消除褐化的物质。组培增殖倍数2.5倍以上，芽增殖培养至3～5cm时，转入生根培养。生根培养产生3～5条根时，转入炼苗室进行炼苗2周后可移植到苗圃，田间移植成功率达85%。

5. 大苗的栽植与管理

（1）移植时间

一年四季均可移植，以早春移植效果最佳。

（2）树干处理

移栽前先对大树的主侧枝进行修剪，保留主干3.5～4.0m，锯除全部细枝，留大枝，保持树冠的基本形状。要求锯口平滑，树皮不撕裂，锯断面稍微倾斜，锯口用油漆、白乳胶或蜡封闭保护。

（3）起树包装

春季移植，树干可不做包装处理。夏季移植要用草绳或稻草包干。秋、冬季移植可用塑料薄膜或草绳对树干进行缠干。塑料薄膜包裹树干在秋、冬干燥低温季节保湿、保温防冻效果较好，且成本低、简便，但薄膜影响树体的透气、呼吸，在树木萌芽前（2月中旬）应及时撤掉。春、秋、冬季移植，土球边缘要求距树干边缘20cm左右，夏季移植距主干边缘20～30cm。起树时挖陀螺形深沟，深度50cm左右。粗根要用锯贴近土球锯平。土球用草绳包裹，如土壤较松散或运输较远，贴近土球处应加遮阳网包裹，然后再用草绳绑紧，尽量减少草绳接头。切断主根，使树侧倒，最后吊装运输。

广东新兴醉香含笑苗圃育苗（李清莹摄）

广西凭祥醉香含笑30年生人工林（姜清彬摄）

（4）栽植

挖运、栽植时要迅速、及时。栽植密度根据绿化设计而定。移植前挖好种植穴，如地下水位较高，穴底可铺厚15～20cm的粗沙，起到透气与渗水的作用。树坑可提前1～3天进行杀菌、除虫处理，可用50%多菌灵粉拌土（药剂拌土的比例为0.1%）。将挖出的醉香含笑苗木放置于已准备好的种植穴内，并保证定植深度适宜，无需撤除包裹在土球外的遮阳网或草绳，从周围填土入穴即可。分层填土，分层夯实，让土球与填土充分贴实，围堰之后，浇透定根水。

（5）栽植后管理

移栽后根据天气情况决定浇水次数，以保持土壤湿润为宜。在夏、秋高温或干旱季节，应早、晚向树体和地面喷水，增加环境湿度；应开排水沟，以免根部积水，导致烂根死亡。移植后第一年可不施肥，第二年早春和秋季可施1～2次复合肥，以提高树体营养，促进树体生长。移植后30～45天，树干开始长出大量萌芽，为集中养分培养树冠，在距主干顶部80～100cm处留萌芽，其余萌芽全部抹掉。

五、林木培育

1. 立地选择

造林地宜选土层深厚、腐殖质较多、通透性好、湿润的山坡下部或山谷的林地，不宜选山顶、山脊、干旱黏结的贫瘠土壤。

2. 整地

造林前清山挖穴，穴规格为50cm×50cm×35cm，株行距2m×2m～3m×3m，即1050～2250株/hm^2。造林前1个月回穴土、施基肥，每穴施用复合肥130g。坡度较大时，可在坡的中部沿等高线保留一个天然植物保护带。

3. 造林

造林时间一般在12月至翌年3月，湖南、江西等地造林宜早，广东、广西等地可晚至3月。在早春透雨后的阴天或小雨天进行种植，可适当深植。植后1个月检查成活情况，发现死苗及时补植。

4. 种植模式

醉香含笑可营造纯林，广东云浮、广西凭祥和福建等地约33hm^2 30年生的纯林未发现明显病虫害。醉香含笑属浅根性树种，对光照要求中等，可与杉木、马尾松、红锥、楠木、灰木莲、桉类等混交，造林效果理想（姜清彬等，2017）。以醉香含笑为主要树种混交，比例为2∶1或1∶1；反之，比例可为（3～5）∶1。混交方式可采用行状混交、块状混交等。

5. 抚育管理

造林后1年内有“蹲苗”现象，2年内应每年穴抚2～3次，即在植株1m范围内松土除草。有条件的每年4～5月或9～10月适当追肥1～2次。造林第3～4年可采用常规抚育措施。林分郁闭和出现分化后，可进行间伐，或挖取一部分用于园林绿化。

6. 萌芽更新

醉香含笑萌芽能力强，萌条生长速度快，萌芽植株通常比实生植株在前10～20年生长快3～5倍，采取萌芽更新及相应抚育管理措施，即采伐后当年除草抚育1次，第二年7～8月抚育1次，同时通过保留接近地面的1～2株生长旺盛的健壮萌芽植株，并加培土，可让其发育成林。

六、主要有害生物防治

醉香含笑适应性强、病虫害少，在适种环境条件下即使是纯林病虫害也很少发生。

1. 病害

主要病害为炭疽病（*Colletotrichum gloeosporioides*），初发病时在叶片出现针头大小的病斑，周围有黄色晕环，后扩展成圆形或不规则形病斑，布满大半叶片。病菌多从叶尖或叶缘侵入，病斑中央淡褐色至灰白色，边缘黑褐色，稍隆起，上生许多黑色粗大的斑点，呈散生或轮状排列。其病原菌以菌丝在感病叶片中越冬，翌春借风雨传播，在高温、高湿、通风不良的条件下发病严重。发病初期喷洒80%炭疽福美可湿性粉剂600～700倍液或75%百菌清可湿性粉剂400～600倍液，7～10天一次，连用2～3次；发病严重

时，及时剪除病枝、病叶，集中烧毁以减少侵染源。

叶斑病的病斑呈灰褐色或黑褐色，位于叶缘，呈半圆形或近似半圆形，个别病斑位于叶主脉与叶缘之间的叶肉组织，形成类似马蹄形的病斑。防治方法：①苗期可喷洒波尔多液预防；②发病初期，及时摘去病叶烧毁，增施磷、钾肥，增强植株抗病能力，或在80%的炭疽福美可湿性粉剂800倍液、50%退菌特可湿性粉剂800倍液、50%多菌灵可湿性粉剂600倍液中选择一种喷雾，也可用10%的世高水分散颗粒剂2000倍液喷洒，每隔10天喷一次，连续喷2～3次。

2. 虫害

醉香含笑林分鲜见有丽绵蚜（*Formasaphis micheliae*）虫害，一般在7～12月发生，虫口数量激增，可见树枝、树干布满一层白色如棉絮状物，是丽绵蚜的分泌物，轻者影响树木生长，严重的布满整株树可致树木枯死。防治方法：①用40%氧化乐果800倍液喷杀2～3次，每次间隔10天；②刮皮涂药，用40%氧化乐果刮皮涂干，用棉花浸药放到刮皮处，再用薄膜包扎。

七、综合利用

醉香含笑木材具光泽，纹理直、结构细，干缩中等，易加工，干燥后不易变形，耐腐性较好，心材浅黄色，边材浅白色，切面光滑、硬度中等，可作为高档家具用材，也是优良建筑用材，可制作枪托、乐器和木材工艺品等。木材亦具有较好的造纸性能，可生产国家标准B等、A等铜版纸等。其木屑可作为食用菌栽培的优良原料，培育的香菇朵大、肉厚、柄粗短、菌盖颜色深、产量高，富含粗蛋白质、粗脂肪及氨基酸等营养成分。

醉香含笑的叶、花、种子等器官含有丰富的植物精油成分（刘举和陈继富，2013），植物精油中富含大量高生物活性化合物，如β-榄香烯、石竹烯、β-谷甾醇、植物豆固醇等，在医药行业有着重要用途；植物精油中还富含异长叶烯、橙花叔醇、α-金合欢烯、桉叶醇等，是香料工业的重要原材料。红色假种皮含有的色素，亦是很好的天然植物色素。

醉香含笑树体高大通直，整齐宽广，枝簇紧凑优美、枝繁叶茂，花色洁白、花期长、花多而密且清香，有较高的观赏价值，是良好的园林风景树；还能吸收空中的有毒气体，且鲜叶水分含量高，对氟化物气体的抗性特别强，是公路、街道和休闲观光区的优良绿化树种。醉香含笑鲜叶着火点温度高达436℃，具有优良的防火、阻火性能，可用于营造永久性的生物防火林带，对树冠火和地表火均有良好的阻隔效果（卢启锦和魏开炬，2004）。

醉香含笑除本身具有多方面的用途外，在南方省份针叶人工林分布区被广泛用来营建混交林或作为轮作树种。其与马尾松和杉木等针叶树混交造林，可以有效提高林分生产力，增强林分抗逆性，提高木材的产量和质量，改善林地生态环境。通过在马尾松和杉木林冠下造林，对改造低产林十分有益（广东省林业局和广东省林学会，2002；Jiang et al.，2017）。

（姜清彬，李东泽，仲崇禄）

110 乐昌含笑

别　名｜南方白兰花、广东含笑、景烈白兰、景烈含笑

学　名｜ *Michelia chapensis* Dandy

科　属｜木兰科（Magnoliaceae）含笑属（*Michelia* L.）

乐昌含笑为我国亚热带常绿阔叶林主要组成树种之一，自然分布于江西、湖南、广东、广西、贵州，越南也有分布。生于海拔600～1500m的山地林中，喜温暖湿润的气候，能抗41℃的高温，也能耐寒。树干挺拔，树冠开展，较速生，适应性广，花芳香，是优良的园林观赏树种，适宜在城市园林种植。根据分布区的自然条件，乐昌含笑在我国中亚热带北部地区可以栽培，靠近长江南岸可以试种，特别在庭园绿化方面，更有发展前途，可作为木本花卉、风景树及行道树推广应用。其树干通直，木材纹理直、密度小、结构中而均匀、干缩差异小，具有易干燥、不翘曲、不弯裂等优点，也是营造纸浆材和胶合板材的优良速生树种。

一、分布

乐昌含笑自然分布于我国中亚热带偏南地区，由于原始林受人为砍伐的影响，现呈间断星散分布。水平分布西起贵州东南山区，东迄江西宜丰丘陵山区的常绿阔叶林中，北至湖南平江，南达广东怀集，包括江西、湖南、广东、广西、贵州5个省份。相当于23°55′～28°42′N，107°14′～114°47′E，南北纵贯4°47′，东西横跨7°33′。乐昌含笑的自然分布以南岭山系地区最为密集，为中心分布区。湖南资兴、醴陵及江西宜丰等地至今仍有乐昌含笑的小片群落，而其他地区多呈散生状，偶尔有小片的集群分布。乐昌含笑垂直分布的上限和下限自东向西呈逐渐增高的趋势，与我国地势的走向一致，一般分布在海拔300～1500m的深山沟谷两侧的常绿阔叶林中，而以海拔400～700m范围内分布较普遍。

二、生物学和生态学特性

株高30m，胸径1.2m。叶薄，革质，倒卵形或长圆状倒卵形，长6～15cm，宽3.5～6.5cm，先端聚短尖或渐尖，尖头钝，基部楔形，翠绿色，两面光洁无毛，侧脉9～12对；叶柄长1.5～2.5cm，无托叶痕。花芳香，花被片6枚，淡黄色，长约3cm。聚合果长约10cm，果柄长2cm。花期3～4月，果期8～9月。

乐昌含笑喜温暖湿润的气候，生长适宜温度为15～32℃，能抗41℃的高温，亦能耐寒。喜光，但苗期偏喜阴。喜土层深厚、疏松、肥沃、排水良好的酸性至微碱性土壤。能耐地下水位较高的环境，在过于干燥的土壤中生长不良。在江浙一带种植，冬末初春移栽成活率最高，适应性好。

乐昌含笑根系发达，为浅根性树种，但主根

浙江省林业科学研究院黄梅坞林场乐昌含笑林下更新小苗（焦昊摄）

浙江省林业科学研究院黄梅坞林场32年生乐昌含笑（焦昊摄）

较明显，根幅分布范围广。适应性较强，生长迅速，顶端优势较明显，前期生长稍快，5年生后进入速生期。树高生长高峰期在3～8年生，胸径生长高峰期在4～12年生。立地条件好的情况下，生长速度高于醉香含笑和乳源木莲。

三、苗木培育

1. 采种

选25～40年生的健壮母树，10月中旬当聚合果由绿色变为褐红色时，用采种刀或枝剪将果实采下，薄薄摊在阴凉通风的室内后熟，待果壳自然开裂后，取出种子。种子外有假种皮，当假种皮软化后，放在清水中擦去，洗净后在室内摊放数天，用湿沙贮藏。注意经常检查，发现有霉烂变质的种子应立即翻沙消毒。乐昌含笑种子较大，千粒重为142.7～148.7g。

2. 大田育苗

选择排灌条件较好、深厚肥沃的沙质壤土，播种前细致整地，施足基肥。于2月下旬或3月上旬播种。条播，条宽5cm，条距25cm，播种沟深1.5～2.0cm，播种后覆盖1～2cm厚的焦泥灰，以不露种子为度，再覆上塑料薄膜或稻草，以保温、保湿（LY/T 2208—2013）。每公顷播种120～150kg，播种后40～50天发芽出土。出土后做好松土、除草、抗旱、施肥、间苗等管理工作。当年生苗高40～50cm，地径0.5～0.7cm。产苗量20万～25万株/hm^2。

3. 容器育苗

播种时间为每年春季，将经过消毒催芽的种子均匀地撒播在苗床上或平底育苗盘内，覆盖厚度以不见种子为宜。待芽苗长到高7～8cm时，及时移植到容器中，每个容器内移苗1株。容器高和直径分别为15～18cm和6～8cm。每立方米基质配施2～3kg肥料，可用有机肥或复合肥、过磷酸钙或钙镁磷肥，也可使用缓释肥。

对用于秋季补植、冬季或翌年春季造林的容器苗，要在出圃前1～2个月进行炼苗；对用于梅雨季节造林的容器苗，要在出圃前1～2周进行炼苗。

出圃应与造林时间相衔接，做到随起、随运、随栽植。若一时不能完成栽植，应将容器苗排放在阴凉处，及时浇水。出圃前1～2天要浇透水，起苗当天不浇水。

四、林木培育

1. 立地选择

乐昌含笑是喜阴湿的树种，宜林地最好选择海拔800m以下、土壤肥沃、湿润的山谷地带。乐昌含笑是顶极群落的建群种之一，在林下可自然繁衍。

2. 整地

冬季或造林前1个月全面劈山清理林地，并将采伐物铺于林地让其自然腐烂。如采伐剩余物过多，可局部炼山清理。乐昌含笑苗木规格大，根系发达，人工造林可采用60cm×40cm×40cm

浙江省林业科学研究院黄梅坞林场乐昌含笑人工林（2018年，焦昊摄）

浙江省林业科学研究院黄梅坞林场乐昌含笑人工林（2008年，朱锦茹摄）

穴状整地。

3. 造林

根据不同经营目的，乐昌含笑可采用植苗造林和萌芽更新。植苗造林应细致整地，造林密度为2000～3000株/hm²。根据乐昌含笑幼林比较耐阴的特点，可适当增加造林密度。造林起苗前应修剪苗木枝叶，以减少苗木的水分丧失。选择阴天或小雨天造林，根系蘸泥浆，深栽（至根颈部4cm以上）、踏紧、扶正。

在采伐和火烧迹地上，可利用乐昌含笑萌芽力强的特性，采用封山育林及萌芽天然更新恢复，让其萌芽成林或人工促进天然更新。

与杉木等针叶树混交造林，每公顷2000～2500株，采用株间混栽或行间混栽。

4. 抚育

在幼林郁闭前应加强抚育。造林后前3年每年要及时松土除草2次，并及时除去多余的萌芽枝。造林后第四和第五年每年要劈草抚育1次，如果第四和第五年不抚育，会严重影响幼树生长，因此对乐昌含笑幼林一定要抚育5年。

林分郁闭后，结合林木生长状况进行适当的修枝和适时间伐，促进主干生长。

5. 采伐更新

乐昌含笑人工林材积增长速度10年生后明显加快，20年生后进入相对稳定的生长高峰期，但仍未见有减慢的现象。人工林主伐更新年龄在40年生左右。

五、主要有害生物防治

1. 炭疽病（*Colletotrichum*）

主要危害叶片，天气潮湿、多雨、暖热的6～9月为发病盛期。防治方法：冬季清除枯枝落叶集中烧毁，可以大大减少翌年初次侵染的来源；发现少量病叶要及时摘除烧毁；发病初期用75％的百菌清可湿性粉剂0.125％浓度的溶液或70％的甲基托布津可湿性粉剂0.1％浓度的溶液交替喷洒植株。

2. 地老虎（*Agrotis segetum*）

主要是夜蛾类或蝼蛄类的幼虫，白天潜伏土中，夜间出土活动，啃食叶芽、咬断幼苗嫩茎，造成幼苗枯死。防治方法：清除杂草，杀灭虫卵，防止杂草上的幼虫转移到幼苗上危害；早晨在苗圃地缺苗或断苗处的周围，将土扒开捕捉幼虫；用90％敌百虫1000倍液或20％乐果乳油300倍液喷雾杀虫。

六、材性及用途

乐昌含笑木材有光泽，为散孔材，心材、边材区别不明显，呈灰黄白色。导管间纹孔式为梯状，稀梯状对列成长椭圆形。与杨树相比，除冲击韧性和抗拉强度稍为偏低，硬度、横纹抗压强度和抗劈力稍高外，其余均较为接近，且其生长迅速，树干通直，木材纹理直、密度小、质软、结构中而均匀，并具有易干燥、不翘曲、开裂现象较少、易完钉、不劈裂和刨切面不发毛等优点，适于作纸浆、胶合板等用材。

此外，乐昌含笑树姿优美，花香幽雅，四季郁郁葱葱，特别适宜作风景林的配置树种。

（黄玉洁，江波）

111 深山含笑

别　名｜光叶白兰花、莫夫人含笑花

学　名｜*Michelia maudiae* Dunn.

科　属｜木兰科（Magnoliaceae）含笑属（*Michelia* L.）

深山含笑为常绿高大乔木，为我国特有树种，产于浙江南部、福建、湖南、广东（北部、中部及南部沿海岛屿）、广西、贵州，生于海拔300～1500m的密林中。喜温暖、湿润环境，有一定耐寒能力。自然更新能力强、生长快、材质好、适应性强、繁殖容易、病虫害少，为我国长江以南地区的珍贵乡土阔叶用材树种。其枝叶浓密，叶鲜绿，花纯白艳丽，树形美观，有较高的观赏和经济价值，为庭园观赏树种。花可提取芳香油，亦供药用。

一、分布

深山含笑自然分布于湖南南部、江西、福建、广西、广东北部、贵州东部和浙江南部。多散生于海拔300～1500m的常绿阔叶林中，偶有小片纯林，一般居于林冠上层，林下有小树，常见于山谷地带和山坡下部。分布区气候为中亚热带气候，有的地方分布海拔较高，气温较低。近20年在江苏中南部、安徽中部、上海、湖北等地有较为广泛的引种栽培。幼苗在安徽合肥、滁县冬季微有冻害。

二、生物学和生态学特性

常绿乔木，树高可达20m，胸径达45cm，各部均无毛。树皮薄，浅灰色或灰褐色。芽、嫩枝、叶下面、苞片均被白粉。叶革质，长圆状椭圆形，很少卵状椭圆形，长7～18cm，宽3.5～8.5cm，上面深绿色，有光泽，下面灰绿色，被白粉，托叶和叶柄离生，叶柄无托叶痕。花梗绿色，具3条环状苞片脱落痕；花芳香，花被片9枚，纯白色，基部稍呈淡红色，长5～7cm，宽3.5～4.0cm。聚合果长7～15cm，种子红色，斜卵圆形，长约1cm，宽约5mm，稍扁。花期2～3月，果期9～10月。

喜温暖湿润和阳光充足的环境，有一定耐寒能力，幼时较耐阴。自然更新能力强，生长快，适应性广。抗干热，对二氧化硫的抗性较强。喜土层深厚、疏松、肥沃而湿润的酸性沙质土。

浅根性树种，根量多，侧根发达。自然更新能力强，在母树分布较集中的林下、林缘，幼树生长较多。萌芽能力强，一株伐根常萌芽10株左右，1年生高达1m以上。幼树顶端生长优势明显，树干直；大树树冠呈卵圆形，分枝粗壮。3月中下旬芽开始膨大，4月中旬为展叶盛期。2月下旬花蕾出现，3月上中旬盛花，4月上旬结果。在天然林中，深山含笑常与红楠、木荷、虎皮楠、红皮树、薯豆、大果马蹄荷、蕈树及槠栲类壳斗科树种混生。深山含笑在一定林分中可占上层林冠而成为优势树。生长中速，不及乐昌含笑。

三、苗木培育

1. 采种

宜选择20～40年生的健壮母树采种。当聚合果由绿色变为褐红色时（一般在10月中旬）将其采下，摊在室内阴凉通风处，待小果全部开裂时用木棍轻敲或翻动，取出种子。种子外有红色肉质假种皮，待假种皮软化后，放清水中搓洗干净，于室内摊开晾干，用湿沙贮藏。贮藏期间注意经常检查，及时剔除变质种子，并翻沙消毒。深山含笑每50kg聚合果可得3kg左右种子，种子千粒重为51～75g。

2. 大田育苗

选择坡度平缓、土层深厚、肥沃、排灌条件好、交通便利的半阴或半阳坡的沙质壤土地块，在2月下旬或3月上旬播种。条播，条宽5cm，条距25cm，播种沟深1.5～2.0cm，播种后覆盖1～2cm厚的焦泥灰，再覆草。播种量90～100kg/hm^2。播后30～50天发芽出土。出土后做好松土、除草、抗旱、施肥、间苗等管理工作。当年生苗高50cm，地径0.7cm。产苗量20万～30万株/hm^2。

浙江省林业科学研究院午潮山林场深山含笑人工林（黄玉洁摄）

3. 容器育苗

播种时间为每年春季。将经过消毒催芽的种子均匀地撒播在苗床上或平底育苗盘内，覆盖厚度以不见种子为宜。待芽苗长到高7～8cm时，及时移植到容器中，每个容器内移苗1株。容器高和直径分别为15～18cm和6～8cm。每立方米基质配施2～3kg基肥，可用有机肥或复合肥、过磷酸钙或钙镁磷肥，也可使用缓释肥。

对用于秋季补植、冬季或翌年春季造林的容器苗，要在出圃前1～2个月进行炼苗；对梅雨季节造林的容器苗，要在出圃前1～2周进行炼苗。

出圃应与造林时间相衔接，做到随起、随运、随栽植。若一时不能完成栽植，应将容器苗排放在阴凉处，及时浇水。出圃前1～2天要浇透水，起苗当天不浇水。

四、林木培育

1. 立地选择

造林地宜选海拔800m以下，土层深厚、疏松、肥沃的酸性土壤及水分条件好的山坡下部及山谷和溪边两侧山坡地造林，一般要求Ⅰ、Ⅱ地位级。但与杉木等混交造林时，Ⅲ地位级也可。

2. 整地

秋、冬季劈山炼山后，穴状整地，穴宽50～60cm、深50cm，穴内施入适量基肥。基肥可用复合肥。

3. 造林

春季选择无风阴天起苗造林，起苗后将苗木适当修去部分枝叶。若造林时天气干旱，苗木定植后在离地面5cm处截去主干（切面要平

云和大坪山深山含笑（2年生容器苗）与木荷混交林（2005年，朱锦茹摄）

滑），可提高成活率。

深山含笑适合与杉木、马尾松、柳杉等针叶树混交造林，也可与细叶阿丁枫等落叶阔叶树混交造林。营造纯林栽植密度为1200～2000株/hm²，营造混交林密度为2000～2500株/hm²。杉木与深山含笑混交比例为1：1或2：1，采用株间混栽或行间混栽。由于深山含笑树冠较大，其株行距应大于杉木，这是混交造林的重要措施之一。

在丘陵地区适宜采用混交经营模式。混交林中杉木、深山含笑的平均胸径、平均树高均大于各自纯林。

4. 抚育

造林后，每年抚育2次，连续抚育4～5年。第一次抚育时间宜安排在4月底或5月初，有条件的可适量施肥，以促进林木生长。第二次抚育以8～9月为好。

造林7～8年后，较密林分中的林木开始分化，此时应开始第一次抚育间伐，以后每间隔5年左右进行1次。可采用弱度下层抚育法，以培育较大径级用材。杉木混交林中，杉木达到成熟龄时可将其大部分采伐，留下阔叶树和少量的杉木继续培育。

5. 采伐更新

深山含笑与乐昌含笑相似，人工林材积增长速度10年生后明显加快，20年生后进入相对稳定的生长高峰期，但仍未见有减慢的现象。人工林主伐更新年龄在40年生左右。

五、主要有害生物防治

深山含笑主要受地老虎危害。幼虫夜出活动，啃食叶芽、咬断幼苗嫩茎，造成幼苗枯死。防治方法：清除杂草，杀灭虫卵，防止杂草上的幼虫转移到幼苗上危害；早晨在苗圃地缺苗或断苗的周围，将土扒开捕捉幼虫；用90%敌百虫1000倍液或20%乐果乳油300倍液喷雾杀虫。

六、材性及用途

深山含笑木材纹理通直，结构细致。材色浅青灰色，心材嫩灰黄色，美观。硬度和干缩性中等，气干密度0.644g/cm³。深山含笑耐腐性中到强，易干燥，少开裂，少翘曲，不易变形；加工容易，刨面光滑；油漆后光亮性好，胶黏容易，握钉力强，不劈裂，是家具、建筑及细木工的优良用材。树形端庄，枝叶整洁，花大而洁白，是优良的园林造景树种。花有果香味，可提芳香油，出油率0.4%；亦有药用价值，花可用于散风寒、通鼻窍、行气止痛。根可用于清热解毒、行气化浊、止咳。

（黄玉洁，江波）

112 福建含笑

别　名｜木荚白兰花、牛皮柞

学　名｜*Michelia fujianensis* C. F. Zheng

科　属｜木兰科（Magnoliaceae）含笑属（*Michelia* L.）

福建含笑是我国南方的珍贵用材树种之一。其用途广泛，集木材、观赏于一体。福建含笑生长迅速，顶端优势明显，树干通直挺拔，树冠中型，顶端优势明显，枝繁叶茂，花美丽芳香，是庭园观赏及行道树的优良树种；同时，材质好，木材花纹细腻，心材呈紫色，易加工，干燥后少开裂，为良好的家具、建筑、雕刻、乐器及细木工等稀有珍贵用材（林金国等，1999）。

一、分布

福建含笑分布于福建、江西、广西、广东、海南、云南、贵州东南部和湖南南部等地，模式标本采自福建三明（永安），分布区地跨热带到亚热带南部。

二、生物学和生态学特性

福建含笑属常绿乔木，高可达30m，胸径100cm。树皮灰褐色或深褐色，平滑或稍粗糙；芽、嫩枝、叶柄及花梗、果柄均密被灰色或黄棕色绒毛。叶薄革质，长圆形或狭披针状椭圆形，长6～11cm，宽2.5～4.0cm，顶端尖或短尖，有时渐尖，基部阔楔形或圆形；上面仅中脉残留有短绒毛，下面密被淡棕黄色平伏绒毛；中脉在上面平贴，在下面隆起，侧脉8～9对，连同网脉在两面均隆起；叶柄长1.0～1.5cm，无托叶痕。花两性，单生于叶腋，具芳香，兰花香型，清香四溢；花蕾椭圆形，长1.5cm，密被黄棕色长绒毛；花梗粗壮，长约1.5cm；花被约15枚，匙形或倒卵状长圆形，无毛。聚合果长约3cm，果梗长约0.5cm；通常1～4个，阔倒卵形或圆形，长1.0～1.5cm，顶端圆钝，基部缩狭成短柄。花期2～4月，果期10～11月，10月下旬果实成熟，11月中下旬果实脱落。种子扁卵形，橘红色。

福建农林大学福建含笑叶片（陈世品摄）

其分布区要求气候湿润，年平均气温15.5～24.0℃，极端最低气温-8℃。1月平均气温8℃，7月平均气温28℃，大于10℃的生长期约300天。年降水量1200～1900mm。多散生在海拔300～800m的常绿阔叶林中。

为中性喜光树种，幼年耐阴，中年以后喜光。在山坡中下部、山坳土壤肥沃的地方生长很快，生长速度与醉香含笑差异不大。其适生环境与抗寒性类同观光木。

其顶端优势明显，主干通直圆满。萌芽力强。浅根性，主根不明显，侧根较发达，但侧根多为粗根，细根较少。侧根生长有较明显的趋肥现象，在疏松、湿润、肥沃的土壤中，侧根生长特别发达。10年生左右结实，种子千粒重81～88g，发芽率一般在50%以上。

三、苗木培育

福建含笑育苗通常采用播种育苗方式。其在天然林中几乎处于濒危状态，而人工林栽培历史普遍较短，数量较少，且存在或多或少的结实大小年现象。

1. 采种与调制

福建含笑尚未建立母树林和种子园，采种在普通林分中进行。开始结实年龄为10年生。10月下旬开始采种，在果实成熟未开裂之前及时采收。将采回的果实摊放在阴凉通风处阴干3～5天，待开裂后用木棍轻敲或翻动，种子即可脱出。进行筛选，然后用湿沙贮藏，或随采随播。

2. 种子贮藏

福建含笑种子属顽拗性种子，切忌干燥脱水，贮藏应采用湿沙层积贮藏。通常无明显休眠现象，贮藏时间不宜过长，一般不应超过1年。贮藏时要求空气相对湿度在85%～90%，并经常翻动保持通气，保持0～5℃低温。种子运输时应注意保湿，并保证一定的通气条件。

3. 播种

由于福建含笑幼苗较耐庇荫，圃地宜选择在阳光直射少、土壤较肥沃、排水良好、微酸性沙质壤土地块，于2～3月播种。可在播种前1周用2%～3%的硫酸亚铁溶液或其他有效方法进行土壤消毒。施足基肥，精细作床。开沟点播，沟间距25cm，深3～5cm，每米播种沟播种子20～30粒，播后用细土、火烧土、细沙或锯糠覆盖，再加盖稻草。

4. 苗期管理

应保持苗床土壤湿润，当60%苗木出土时，应分批揭去稻草。揭草的同时应搭遮阴棚，保证苗木正常生长。苗木出土后每15天喷1次1%波尔多液，连续喷3～5次。待苗木长出真叶后，可施适量的磷、钾肥，以促进苗木生长，增强其抗性，也可施以适量的尿素。在育苗过程中应注意及时除草，间苗2次。定苗时保证每米播种沟保留10～15株苗木，每公顷产苗15万株左右。因其

福建农林大学福建含笑花（陈世品摄）

主根较发达、侧根少，苗期培育时宜采用截根处理，以提高苗木质量。

四、林木培育

福建含笑较喜湿、喜肥。造林地宜选择在半阴坡或阳坡中下部，要求土层深厚、肥沃、疏松、湿润、酸性土壤，Ⅰ、Ⅱ级立地，植生组整地。

1. 纯林经营

造林密度为1200～2250株/hm^2。为保证造林成活率，可对苗木进行适当修枝剪叶，以减少水分蒸腾，保证苗木体内的水分平衡。同时，还应修剪过长或受伤的根系。栽植前可将苗根蘸以拌有适量磷肥的黄泥浆。造林后前3年，每年均应进行2次除草松土，时间分别在4～5月和8～9月，并逐步扩穴通带。有条件的地方应做到适当施肥和深翻。以后每年除草1次，直至林分郁闭。

造林后7～8年，较密林分中的林木开始分化，此时应开始第一次抚育间伐，以后每隔5年左右进行1次，直至达到主伐密度为止。主伐时保留密度为900～1200株/hm^2。混交林中，杉木达到成熟龄时可将其大部分伐除，留下福建含笑和少量的杉木继续培育；也可去杉留阔经营纯林，以福建含笑纯林的方式继续经营，至40年生左右主伐。

2. 混交林经营

因其与杉木等混交造林，立地选择可放宽要求，可选用中等立地。混交林2000～2500株/hm^2，混交比例以杉：阔＝2：1或1：1为宜，采用株间混交或行间混交。造林间距福建含笑大于杉木。在20年后将成熟的杉木伐除，而留下福建含笑继续培育，从而收到较高的生态、经济和社会效益。

其他方面遵循一般造林方法即可。

五、主要有害生物防治

福建含笑目前尚未发现严重的病虫害，较常见的是蚜虫危害，其他还有卷叶蛾、潜叶蛾、尾小卷蛾的危害，应注意防治。

六、材性及用途

福建含笑干形通直，冠幅中等，适宜营造用材林和防火林带以及和杉木、马尾松混交造林，同时因其花大芳香、树形优美，也是优良的园林绿化树种。其木材结构细、纹理直，颜色杏黄色、黄棕色等，耐腐性较好，较易加工，是优良的建筑、装饰、家具等用材。福建含笑是濒危的珍稀树种，对其进行保护及异地繁育，对保护物种多样性、丰富造林树种资源都具有非常重要的意义。

（陈礼光，郑郁善，陈存及）

113 鹅掌楸

别　名｜马褂木
学　名｜*Liriodendron chinense* (Hemsl.) Sarg.
科　属｜木兰科（Magnoliaceae）鹅掌楸属（*Liriodendron* L.）

鹅掌楸生长迅速，树干通直，叶形奇特，是著名的观赏树种，也是良好的工业用材树种。国家二级重点保护野生植物。

一、分布

自然分布于长江以南及西南地区，22°～23° N，103°～120° E，海拔700～1700m的地带。在海拔660m以下的低山、丘陵和平原地区多有引种栽培。

二、生物学和生态学特性

落叶乔木，高达40m，胸径1m以上。树冠圆锥状。树皮灰色或黑灰色，交叉纵裂。小枝灰色或灰褐色，具环状托叶痕。叶马褂形，长12～15cm，两边通常各具1裂，老叶背部有白色乳状凸点。花黄绿色，外面绿色较多而内侧黄色较多，单生于枝顶；异花授粉；有孤雌生殖现象，雌蕊不受精，可以发育。聚合果长7～9cm，翅状小坚果长约6mm，先端钝或钝尖。花期5～6月，果实成熟期8～10月。

喜光，喜温暖湿润气候，但有一定耐寒性，可经受−15℃低温。在北京地区小气候良好的条件下可露地过冬。喜土层深厚、肥沃、湿润而排水良好、pH 4.5～6.5的酸性或微酸性的土壤。在干旱土地上生长不良，亦忌低湿水涝。生长迅速，寿命长。定植后10～15年开花结实。对二氧化硫有中等抗性。

三、良种选育

20世纪60年代初，我国学者叶培忠用中国鹅掌楸与美国鹅掌楸杂交，在世界上首次获得了鹅掌楸属的种间杂交种，培育出杂交鹅掌楸，

鹅掌楸花（朱鑫鑫摄）

鹅掌楸叶（朱鑫鑫摄）

现在正式命名为亚美马褂木（*Liriodendron sino-americanum* P. C. Yieh ex Shang et Z. R. Wang）。

杂交鹅掌楸不仅生长迅速、材质优良，而且树形美观，叶形奇特，花朵艳丽，秋叶金黄，极具观赏性。同时，杂交鹅掌楸还具有较强的抗病虫能力、适应能力和无环境污染等优良特性。杂交鹅掌楸的成功培育，使得该树种的种植范围进一步扩大，已在北京"落户"和"开花结果"，成为2008年北京奥运会的指定树种（游娜，2018）。

杂交鹅掌楸是一种优良的人工林树种，既可以作为优良的园林绿化树种，又可用来培育造纸原料林及高质量的大径材林。

四、苗木培育

1. 扦插育苗

扦插育苗通常在落叶后至翌年3月上中旬，温暖地区在秋季落叶后扦插，较寒冷地区春季扦插。选择健壮母树，剪取1～2年生枝条，穗长15cm左右，每穗应具有2～3个饱满的芽，下端切成平口，株行距20cm×30cm，插入土中3/4。扦插时用ABT生根粉3号、7号，可促进不定根形成，提高扦插成活率。1年生苗高60～80cm时，即可出圃定植，部分小苗可留养一年，再用于造林。

北京林业大学校园杂交鹅掌楸行道树（赵国春摄）

2. 播种育苗

人工授粉 鹅掌楸种子发芽率一般不高，孤立木上采种只有0%～6%，群植的树上采种能达到20%～35%。采取人工授粉，种子发芽率可达70%以上。

采种 果实成熟期在10月，果实呈褐色时即应采收。母树宜选择生长健壮的15～30年生林木。果枝剪下后放在室内摊开阴干，经7～10天，然后放在日光下摊晒2～3天，待具翅小坚果自行分离去杂后，装入布袋或放在种子柜里干藏。每千克种子9000～12000粒。

圃地选择 应选择避风向阳、土层深厚、肥沃湿润、水源充足、排水良好的沙质壤土为育苗地。秋末冬初进行深翻。翌年春季，结合平整圃地施足基肥，挖好排水沟，修筑高床，床高25～30cm、宽1～1.5m，步道宽30～35cm。

播种 条播育苗，播种前要进行催芽，条幅宽20cm、深3cm，条距20～25cm。2月下旬至3月上旬播种，每亩播种10～15kg，播后覆盖细土并覆以稻草。播种时拌适量钙镁磷肥，有利于生根。一般经20～30天出土，揭草后注意及时中耕除草、间苗，适度遮阴，适时灌溉排水，酌施追肥。

苗木出圃 1年生苗高一般40cm，2年生苗可造林。培育大苗时在第二年分床，分床后应在冬季进行适当整形修剪，培养适宜冠形，4～5年生可出圃移植。

3. 组织培养

对鹅掌楸种子及冬芽进行诱导，通过初代培养、继代培养、生根培养及炼苗等育苗。冬芽诱导配方为WPM+0.2～2.0mg/L BAP；种子发芽诱导配方为MS+0.05mg/L BAP；继代培养配方为MS+0.2mg/L BAP+0.05mg/L NAA或WPM+0.2mg/L BAP，pH为5.6，光照16h/天，光

亚美马褂木人工林照片（王章荣摄）

鹅掌楸种源试验林照片（王章荣摄）

北京林业大学校园杂交鹅掌楸单株（赵国春摄）

照强度5000lx，温度（24±2）℃；生根培养配方为WPM或1/2WPM+（1.0～2.0）mg/L NAA，或1/2MS+0.2mg/L IBA+0.1mg/L NAA+0.1mg/L ABT；炼苗基质为蛭石（蔡衍等，2005）。

4. 嫁接繁殖

以鹅掌楸或杂种鹅掌楸为砧木，春季切接繁殖育苗。接穗最好随采随接。嫁接时选择阴天，先定砧后嫁接，接穗在嫁接前于1～4℃冷库中贮藏。嫁接后及时浇水、除草。6周后进行第一次抹芽。若套袋，则应在第一次抹芽时去袋。7月初进行第二次抹芽。注意及时排水。若遇嫁接时天气炎热，则需遮阴，待接穗成活后撤离遮阳网。

五、林木培育

造林 造林地应选择比较背阴的山谷和山坡中下部。作为庭院绿化和行道树栽培应选择土壤深厚、肥沃、湿润的地段。林地在秋末冬初进行全面清理，定点挖穴，翌年早春施肥回土后造林。造林株行距可采用2m×2m～2.5m×2.5m。庭院绿化宜用大苗，株行距4m×5m，或用株距3～4m行植。一般3月上中旬进行栽植。鹅掌楸可以和油松、山核桃、木荷、板栗等进行混交。

抚育管理 定植后，最好连续抚育4～5年，进行中耕除草、追肥、培土。为了促使树干端直粗壮，可于秋末冬初进行适度修枝。

六、主要有害生物防治

1. 日灼病

受害部位树皮裂开，阳坡及树干向阳面发生较多。栽植时可选择东北坡或与其他常绿树种混交、加强抚育、排水等措施进行预防。

2. 鹅掌楸黑斑病

病原菌为炭疽菌（*Colletotrichum* sp.）和交链孢（*Alternaria* sp.）。出现黑斑病始发症状为4月中旬左右，5～6月为病害发展期，7～8月病害发生达到盛期，8月以后病害发展逐渐停止，易引起叶片脱落。防治方法：可以应用百菌清、乾坤宝和保鲜克于3月底至4月初在苗圃及幼树阶段防治（孙辉，2003）。

3. 鹅掌楸叶蜂（*Megabeleses liriodendrovorax*）

鹅掌楸叶蜂是危害鹅掌楸的主要食叶害虫。鹅掌楸人工林大量叶片常被吃光。防治方法：可用40%氧化乐果乳油涂干对幼虫进行防治。在便于操作的部位以毛刷蘸取药液涂刷于树干周围，宽度15cm左右，药量以涂湿并略有下流为度（陈汉林，1995）。

4. 卷叶蛾（*Adoxophyes* sp.）

在杭州1年发生3代，以蛹越冬。幼虫危害叶片，老熟幼虫在枯梢内结茧化蛹。防治方法：可通过人工剪除枯梢，消灭幼虫和蛹。成虫期喷50%敌敌畏乳剂1000倍液。

5. 大袋蛾（*Cryptothelea variegata*）

1年发生1代，以幼虫在袋内越冬。雌虫羽化后留在袋内，雄蛾到雌蛾袋上交尾，雌蛾产卵在袋内，5月幼虫孵化后吐丝下垂，随风传播，爬上枝叶马上取叶吐丝做袋，袋随虫体长大而增大，取食时幼虫从袋口伸出来吃叶片，以7～9月危害最烈。防治方法：可人工摘除虫袋，或用90%敌百虫800～1000倍液或80%敌敌畏乳剂1000～1500倍液喷杀幼虫。

6. 樗蚕（*Philosamia cynthia*）

1年发生2代，以蛹越冬。幼虫在6月、9～11月危害叶片。防治方法：可人工摘茧或用黑光灯诱蛾，或用90%敌百虫2000倍液喷杀幼虫。

七、材性及用途

鹅掌楸生长快，树干通直圆满，纹理美观、通直，质软较轻等，结构细致，强度适中，干燥容易，不变形，容易加工。可供建筑、造船、家具和细木工等用，还可制胶合板；亦可用于营造纸浆林；叶、根、树皮均可入药。

鹅掌楸树体高大，冠形端正，花美叶奇，秋叶金黄，是著名的观赏树木。其树冠浓郁，病虫害少，对二氧化硫和氯气有较强的抗性，是城市绿化和行道树的很好选择。

（高捍东，李广德）

114 厚朴

别　名｜川朴，紫油厚朴，重皮，赤朴，油朴、厚朴花（四川），烈朴

学　名｜*Magnolia officinalis* Rehd. et Wils.

科　属｜木兰科（Magnoliaceae）木兰属（*Magnolia* L.）

厚朴原产于我国，是我国重要的药用类经济林树种，为我国著名的三木药材之一、国家二级重点保护中药材植物，具有温中理气、燥湿消痰、下气除满之功效，用于治疗湿滞伤中、脘痞吐泻、食积气滞、腹胀便秘、痰饮喘咳，还是治疗肠胃道疾病的重要药材。大量的药理研究和长期的临床实践表明，厚朴具有抗菌、抗溃疡、抗痉挛、抗过敏、抗肌肉松弛等功效，无毒、无副作用（胡芳名等，2006；王承南和夏传格，2003）。全国制药工业中，采用厚朴配方的中、西成药多达200余种，市场需求量大，且由于生产周期长，市场价格稳中有升（王承南和夏传格，2003）。

长期以来，药用厚朴主要利用野生资源。一方面因资源过度消耗，使日益枯竭的厚朴被列为国家二级重点保护中药材；另一方面因利用野生资源，与大多数中药材一样，存在有效成分含量不稳定，难以满足中药现代化、国际化对植物药品和产品提出的“安全、有效、可控、稳定”的要求。因此，扩大厚朴的药用资源产量和质量，科学化、集约化、标准化栽培种植是解决厚朴药用资源不足、药材有效成分含量不稳定等问题的主要措施和有效途径，同时，也可以有效地保护野生资源。

目前，国外一些医药企业大量进口我国的厚朴提取物——厚朴酚与和厚朴酚，而我国的厚朴提取物无法满足国际市场的需求，急需规范化、标准化、科学化厚朴种植技术指导厚朴生产，提高我国厚朴产量和质量。

一、分布

厚朴分布于我国亚热带地区，且大部分厚朴主要分布在中亚热带地区，少部分由于海拔原因可以分布到南亚热带和北亚热带边缘。在湖北、湖南、广西，厚朴与凹叶厚朴均有分布，为厚朴与凹叶厚朴的过渡带，从经度上看往西分布为厚朴，往东为凹叶厚朴。厚朴分布于四川、湖北、陕西、云南、贵州、广西等省份，主产区为四川、重庆、湖北等省份，习称“川朴”。凹叶厚朴分布于浙江、江西、福建、安徽、河南、湖南等省份，主产于江苏、浙江、江西，习称“温朴”（胡芳名等，2006）。

二、生物学和生态学特性

落叶乔木，高达10～15m，具宽而密的树冠。树皮厚，紫褐色，不开裂。枝开展，小枝淡黄色或灰黄色，幼时有绢毛。芽圆筒状卵形或三角形，先端微凹，具1枚被黄褐色绒毛的苞片。单叶互生，革质，7～9片集生于枝顶，长圆状倒卵形，长20～46cm，宽15～24cm，先端钝圆而有短尖头，基部楔形，全缘或呈微波状，上面绿色，无毛，背面蓝灰色，有白色灰状物，侧脉20～40对，于背面隆起；叶柄粗

厚朴花及叶（刘仁林摄）

壮，长2.5～4.0cm，托叶痕约为叶柄的2/3。花白色，有香气，直径10～15cm；花梗粗壮而短，密被丝状白毛；花被片9～12对，厚肉质，外轮3枚淡绿色，长圆状倒卵形，长8～10cm，宽4～5cm，盛开时常向外反卷，内两轮倒卵状匙形，长8.0～8.5cm，宽4.0～4.5cm，直立；雄蕊长2.0～2.3cm，花丝红色；雄蕊群长圆状卵形，长2.5～3.5cm，单生于枝顶；花与叶同时开放。聚合果长圆状卵形，长9～15cm，基部宽圆，蓇葖果具2～3mm的喙；种子三角状倒卵形，长约1cm，外种皮红色。花期4～6月，果期8～10月（胡芳名等，2006）。

1. 生物学特性

厚朴种子的外种皮富含油脂，内种皮厚而坚硬，水分不易渗入，从中阻碍种子萌发，因此，春播前需进行预处理才能及时发芽。种子寿命可保持2年左右。厚朴萌蘖力强，故常出现萌芽而形成多干条现象，影响主干的形成与生长，尤以凹叶厚朴为甚，如其主干被折断，会形成灌木状。厚朴生长速度较快，凹叶厚朴则更快。10年生凹叶厚朴成年树，最高可达11.5m；而厚朴10年生树平均树高仅5m左右，最高不超过7m。但10年生以上树高的增长均较缓慢。例如，凹叶厚朴25年生以上树高仅15m左右，50年生树高不超过20m；而厚朴增长高度则更低。厚朴寿命较长，100年生以上老树仍能开花结果。

2. 生态学特性

厚朴喜温暖、潮湿、雨雾多的气候，能耐寒，绝对最低气温在10℃以下也不受冻害；怕炎热，在夏季高温达38℃以上的地方栽培，生长极为缓慢。凹叶厚朴喜温暖湿润环境，也能耐寒，但不及厚朴，如海拔超过1000m，则生长缓慢；能耐炎热，在气温高达40℃的情况下还生长正常，只是在低海拔地区生长，病虫害多，需加强防治。

厚朴为喜光树种，但幼苗怕强光高温，育苗时应予适当遮阴，免受日灼高温危害。幼林较耐阴，成年树要求阳光充足，如遇荫蔽，则生长不良。

厚朴主根较粗大，深入土层达1m左右，侧根发达，多分布在10～30cm深的表土层里，在疏松、深厚、肥沃、湿润的土壤上，幼树年生长量最高可达60～70cm；在土壤瘠薄的地方生长较差，年高生长量30～40cm。厚朴对土壤的适应性较强，只要不是在强酸性或强碱性的土壤上均可生长，但以微酸性至中性土壤上生长为好（胡芳名等，2006）。

三、良种选育

凹叶厚朴、长喙厚朴、日本厚朴在我国也有分布，三者与厚朴有类似或接近的成分，但凹叶厚朴在栽培面积和产量上较大。

1. 凹叶厚朴［*Magnolia officinalis* ssp. *biloba*（Rehd et Wils）Law］

凹叶厚朴为厚朴的变种，又称庐山厚朴。落叶乔木，高达20m。树皮厚，灰色。小枝淡黄色或灰黄色。顶芽窄卵状圆锥形。叶近革质，7～9片集生于枝顶，长圆状倒卵形，成年树叶先端凹缺成2枚钝圆的浅裂片（幼苗叶先端纯圆，无凹缺），长24～26cm，宽15～24cm；叶柄长约2.5cm，托叶痕长约为叶柄的2/3。花白色，直径10～15cm；花梗粗短，具长柔毛；花被片9～12枚，厚肉质，长圆状倒卵形，长8～10cm，宽4～5cm，盛开时常向外反卷；雄蕊长2～3cm，花丝红色；雄蕊群长圆状卵形，长2.5～3.5cm；花单生于枝顶，花与叶同时开放。花期4～5月，果期10月。聚合果基部较窄，长9～15cm，基部宽圆，蓇葖果具2～3mm的喙；种子三角状倒卵形，长约1cm。分布于我国福建、浙江、江西、湖南、广西、广东等地，多栽于海拔800～1400m处的山麓和村舍附近（胡芳名等，2006）。

凹叶厚朴进入成年期比厚朴早，前者5年树龄就能开花，而后者则需8年以上才现蕾，现蕾后是否孕果与海拔高度有密切关系，生长在海拔800～1700m的地方能正常开花结果，海拔超过1700m只开花不结果（胡芳名等，2006）。

凹叶厚朴在我国栽培范围较广，形态特征与厚朴非常接近，其主要区别在于：叶片先端有凹陷，深达1cm以上而成2枚钝圆浅裂片（幼苗叶片先端不凹陷而为钝圆），这也是二者的区别标志；凹叶厚朴栽培区域主要分布在我国的华东、中南等地区，海拔分布范围在800~1400m，比厚朴种植的海拔范围低200~500m；立地条件相似的情况下凹叶厚朴比厚朴生长速度略快，但主要有效成分略比厚朴低。

凹叶厚朴除了地理区域和海拔与厚朴有一定的差异外，苗木培育、林木培育、主要有害生物防治等与厚朴基本相同。

2. 长喙厚朴（*Magnolia rostrata* W. W. Smith）

长喙厚朴又名大叶厚朴。落叶乔木，树高可达24m。树皮淡灰色。小枝粗壮，幼时绿色，后为褐色。芽圆柱形，灰绿色，无毛。叶坚纸质，5~7片集生于枝顶，倒卵形或宽倒卵形，长34~50cm，宽21~23cm，先端宽圆，具短急尖头，2/3以下渐宽，基部微呈心形，侧脉28~30对；叶柄4~7cm，初被毛，托叶痕明显凸起，长约为叶柄的2/3；花后于叶开放，芳香；花被片10~11枚，外轮3枚，背绿色，略带粉红色，腹面粉红色，长圆状椭圆形，长8~13cm，宽5~6cm，向外反卷；内两轮白色直立，倒卵状匙形，长12~14cm；雄蕊群紫红色、圆柱形，约隔成三角状尖头。聚合果圆柱形，直立，长11~18cm，蓇葖果先端具向外弯曲、长6~8mm的喙；种子扁，长约7mm，宽约5mm。花期4~5月，果期9~10月。分布于我国云南、西藏海拔2400~2800m的山地阔叶林中。缅甸也有分布（胡芳名等，2006）。

3. 日本厚朴（*Magnolia hypoleuca* Sieb. et Zucc.）

日本厚朴树高达30m。小枝紫色。芽无毛。叶集生于枝顶，倒卵形，长20~38cm，宽12~18cm，先端渐尖，基部宽楔形，上面绿色，下面苍白色；托叶痕为叶柄的1/2或1/2以上。花白色，杯状，芳香，直径14~20cm；花被片6~12枚，倒卵形，外轮3枚，红褐色，长约8cm，内两轮乳黄色，长约11cm；雄蕊长约2cm，花丝深红色。聚合果圆柱状长圆形，长12~20cm，直径约6cm，紫红色。花期6~8月，果期9~10月。原产于日本北海道。我国山东崂山、青岛有成片栽培（胡芳名等，2006）。

四、苗木培育

1. 种子繁殖

具备优质种子是育好苗的前提条件，采种、贮藏、播种、管理等各个环节都要有严格的要求（张中玉和张建华，2007）。

（1）采种

采种时间为每年的10~11月，当果鳞露出红色种子时，选择树龄在15年以上、粗壮、无病虫害母树，采下种果，用夹子启开每一个小果的皮，取出三角状倒卵形种子即可。

（2）贮藏

厚朴种子具有后熟性、坚实性，并具有水难渗入的蜡质层种皮。种子采回后，应将种子进行人工处理。将种子浸泡48h后捞起，用粗沙子将种子外面的红色蜡质层搓掉，将种子与细沙按1∶3混合，埋入温土中，平时注意适当洒水以保持室温和泥沙湿润。如发现有霉变的种子，要及时拣出处理掉。

（3）苗圃地的选择

苗圃地可选择在海拔300~600m的范围内。中南林业科技大学王承南的试验研究表明，立地条件与栽培技术相似的情况下，海拔高度与苗木生长高度有显著的负相关性：在300~1200m海拔范围内，海拔越高，苗木生长高度越低，这是因为高山的紫外线强度及水肥条件差异不利于苗木的高生长。坡向可选择半阴半阳环境，选择潮湿、黏度较轻、肥沃的平整地块作苗床。

（4）整地

播种前15天对苗床地施用除草剂，除去杂草，做成1.0~1.5m宽的畦，畦的高度为20cm，畦间留30~50cm的排水道或走道，畦面按2000~3000kg/亩的标准施入充分腐熟的有机肥（厩肥）作为基肥，施匀后，整细、整平畦面待播。

（5）播种

在“雨水”前后，将精选好的种子用初始温

度30～40℃的温水浸泡7～10天后，滤出种子在阳光下晒10min，使种皮自然裂开，这时即可进行播种。在整好的苗床地上按行距20cm开沟进行条播，在沟内间隔10cm播1粒种子，播后用细土（腐殖质细土最好）覆盖床面，然后浇透床地，覆盖稻草。

（6）苗期管理

幼苗出土前要勤除草。5月中旬90%以上的种子可发芽出土，苗木出齐后可施尿素或复合肥，施2kg/亩。7～9月为苗木速生期，占全年生长量的80%以上，进入速生期后要施足追肥，用尿素或复合肥均可，施肥2～3次，每次3kg/亩。9月后，苗木进入木质化期，此时不宜除草，施钾肥2kg/亩，促进苗木木质化，确保苗木顺利越冬。当年生厚朴苗高可达到50～90cm。

2. 压条繁殖或高压繁殖

（1）压条繁殖

选择10年生以上、蔸部萌发有幼苗、高70cm以上的厚朴，于立冬前或早春在幼苗基部从外侧用利刀横割约一半深的口子，握着幼苗中下部向切口背面攀压，使幼苗从切口处向上纵裂一条10～15cm长的裂缝，缝中夹一根小木棒，随即培土至高出地面约20cm，稍加压紧，施人畜粪水，促使生长。第二年“立春”至“雨水”间，将幼苗从母蔸部割下，即可用来定植。

（2）高压繁殖

在春天厚朴树芽没有萌动之前，选择靠近树下部粗1.0～1.5cm的枝条，在枝条高于树干（或大枝干）10～20cm的地方，用小刀环割0.5cm宽的一圈皮，或者横切断枝条一半，再沿枝条中心向枝顶端纵开1～2cm长的裂口，用小木棒夹在裂口内，再用湿润的腐殖质土和塑料薄膜把伤口处包扎好即成。如果较长时间天气干燥，可将塑料薄膜打开一个口子，适当浇一些水进去，以保持土壤湿润。到了秋末打开塑料薄膜，长根的枝条剪下来就是一株苗，这种方法常用来保持良种和补充苗木之不足。

3. 分蘖（株）繁殖

立冬前或早春，将伐桩或老根上35～50cm的萌蘖连同树皮劈开挖起，移植到苗圃地培育或直接造林。同时应在母株上保留一株健壮的分蘖苗，继续培育成林。

4. 嫁接繁殖

厚朴嫁接可保持优良种类和单株优势，且具有提早开花、增厚树皮、快繁良种等优点。砧木采用1～2年生的幼树苗，接穗采用具优良经济性状、生长健壮、发育充实、无病虫害的10～20年生母树的中上部1～2年生枝条。采穗应在阴天或早晨进行，采下后剪除叶片，保留叶柄长1cm左右，不伤芽眼，随采随接。如一次不能全部接完，剩余的可用湿润、清洁的河沙层积贮藏，但时间不宜超过5天。嫁接时间为3月下旬至4月上旬，也可在8月上旬至9月上旬。嫁接方法有枝接和芽接两种。

五、林木培育

1. 造林地的选择

海拔高度对厚朴有效成分有直接的影响，厚朴的海拔高度在1000～1500m，凹叶厚朴的海拔高度在800～1100m的范围内，选择土层深厚、质地疏松、富含有机质的山地或四旁种植。同时，造林地的空气、灌溉水、土壤要符合国家标准《环境空气质量标准（GB/T 3095）》《农田灌溉水质标准（GB/T 5084）》《土壤环境质量标准（GB/T 15618）》。

2. 整地与密度

根据厚朴的浅根性和早期速生性等特点，在选择宜林地的基础上，要十分重视科学整地，常规根据坡度由小到大采用梯土整地、撩壕整地和鱼鳞坑整地。

整地时间应在秋季入冬以前。栽植密度因立地条件、人工林组成的不同而略有差异。总的原则是：立地条件好的宜稀，立地条件差的宜密；混交林宜密，人工纯林宜稀。在立地条件好的造林地上营造混交林，每亩初植密度为111株（株行距2m×3m）；立地条件较差的，每亩初植密度为148株（株行距为2.5m×1.8m）。人工纯林立地条件好的，每亩初植密度为74株（株行距3m×3m）；立地条件差的每亩初植密度为111株（株行距2m×3m）；林下种植经济作物的，密度可适当降低（邹秉章，2006；张少华等，2006）。

3. 挖穴与定植

采用穴植，挖穴时间在入冬以前，挖40～60cm见方、深30～40cm的定植穴，穴底要平；定植前先在穴中回填部分表土，施足基肥，充分拌匀，然后回填少量表土，把苗放直，再回土，定植时要注意“三埋两踩一提苗”，这样能使根系舒展，提高造林成活率。由于厚朴苗木基部萌蘖能力强，故应适当深栽，一般以苗干入土10～15cm为宜（邹秉章，2006；张少华等，2006）。

4. 抚育管理

（1）除草

定植后头3年每年进行2次中耕除草。每年5～8月生长高峰期之前进行首次抚育，砍草抚育和垦抚同时进行，9～10月杂草种子成熟前进行第二次砍草抚育。有条件的地方可进行林粮（药）间种，以耕代抚。通过抚育，林地变得疏松，有利于根系生长发育，实现早期速生丰产（邹秉章，2006；张少华等，2006）。

（2）幼树施肥

为促进幼树生长和幼林郁闭，每年结合中耕除草适量施肥，一般郁闭前施尿素20kg/（亩·年），或人粪尿等农家肥（邹秉章，2006；张中玉和张建华，2007）。

（3）除萌、修剪

厚朴萌蘖力强，特别是根际部位和树干基部由于机械损伤、病虫害和兽害等原因，常出现萌芽而形成多干现象，这对主干的生长是极其不利的。因此，必须及时除蘖，只选留1个生长健壮的萌枝，其余都疏掉，以利于其正常生长（邹秉章，2006；张少华等，2006）。

（4）截顶、整枝和斜割树皮

为加快厚朴加粗生长，增厚皮层，在其定植10年后，当树高长到9m左右时，就可将主干顶梢截除，并修剪密生枝、纤弱枝、垂死枝，使养分集中供应主干和主枝生长。同时于春季用利刀从其枝下高15cm处起一直到基部，围绕树干将树皮等距离地斜割4～5刀，促进树皮薄壁细胞加速分裂和生长，使树皮增厚更快。

5. 厚朴采收加工

人工营造的厚朴林12～15年即可以采收，25～30年后产量、质量趋于稳定。一般在4月下旬至6月下旬采收，这时皮层与木质部接触不紧密，树皮容易剥落。可采取伐木剥皮、立木环剥再生技术。伐木剥皮是厚朴皮采收的主要方式，先在树干基部离地面5cm处环切树皮一圈，深至木质部，再在上部40cm或80cm处复切一圈，在两圈之间用利刀顺树干垂直切一刀，用小刀挑开切口，用手将皮剥下，再将树砍倒，按40cm或80cm长度将主干剥完。接着剥朴枝。伐木后保留树桩，炼山后培育厚朴矮林。剥皮过程中不要伤木质部和形成层，剥皮后立即用牛皮纸保护树干，剥面长度以便于操作为宜，一般不超过80cm。立木环剥再生技术，剥皮2年后再生皮可达到原生皮的厚度，且不影响药用价值。将剥下的鲜皮层叠整齐，置密室内堆积沤制几天，使其“发汗”变软，取出晒至汗滴收净，进行转筒，大张的树皮卷成双筒，再堆沤1～2天，使油性蒸发，然后交叉加码，通风阴干，小张树皮卷成单筒。采收花时，将含苞待放的花蕾连花柄采下，尽量不对树枝造成损害。采回后剥掉花瓣外面的叶片和苞片，在蒸笼中蒸5～10min，或在沸水中煮2～3min，取出后用文火烘干即可，量大时，传统的烘干有困难，可采用烘干机烘干。

六、主要有害生物防治

1. 苗木根腐病

该病的病原菌为尖孢镰刀菌（*Fusarium oxysporum*），主要危害苗期，6月下旬开始发病，7～8月为发病盛期。防治方法：首先选好圃地，选择排水良好、地下水位低、向阳的地段种植；其次精耕细作，在作苗床前，每公顷用敌克松原粉拌适量细土，均匀撒入圃地表土层中，进行土壤消毒；最后加强管理，发现病株马上拔除并集中烧毁，根据病情，将敌克松与黄心土拌匀后撒在

苗木根颈部，或将多菌灵液灌入病株附近苗木根部，可以控制病害蔓延（张少华等，2006）。

2. 厚朴煤污病

病原菌为子囊菌亚门的小煤炱属（*Meliola*）。发病时厚朴树干和叶面有一层煤烟状物，叶片脱落，生长衰弱。防治方法：可采用营林措施和化学防治相结合的方法，首先要防治厚朴新丽斑蚜、日本壶链蚧，控制诱发煤污病发生的虫源，其次要控制林分密度，使林地通风透气（张少华等，2006；徐良，2001）。

3. 叶枯病

叶枯病由真菌侵染引起，危害叶片，初期病斑黑褐色，后病斑变灰白色并扩展至全叶，病叶发脆死亡。防治方法：可通过冬季清园，集中烧毁枯枝落叶，减少翌年初侵病源，发病后及时摘除病叶，减少再次侵染；发病期间喷洒波尔多液（张少华等，2006）。

4. 猝倒病

幼苗出土不久，靠近土面的茎基部呈暗褐色病斑，病部缢缩腐烂，幼苗倒伏死亡。防治方法同根腐病（张少华等，2006）。

5. 天牛（Cerambycidae）

一般以幼虫或成虫在树干内越冬。成虫咬食嫩枝皮层，造成枯枝；雌虫喜在5年生以上的植株基部咬破皮后产卵，产卵处皮层多裂开凸起；初龄幼虫在树皮下蛀不规则虫道，继而蛀入木质部，也向主根蛀食，被害株逐渐凋萎枯死。防治方法：树干涂白防止产卵；八九月成虫羽化时，晴天上午进行人工捕杀；9月以后可从虫孔中注入乙硫磷、敌敌畏以毒杀幼虫（张少华等，2006；徐良，2001）。

6. 褐边缘刺蛾（*Latoia consocia*）

以幼虫咬食叶片，使叶片呈孔洞或缺刻，影响树木生长。防治方法：冬季打扫枯枝落叶并烧毁，减少越冬虫源；发生时喷洒鱼藤酮乳油液，或晶体敌百虫液，或杀灭菊酯乳油液（张少华等，2006；徐良，2001）。

7. 白蚁（Termitidae）

危害厚朴的白蚁有黄翅大白蚁和黑翅大白蚁。黑翅大白蚁巢穴筑于地下1～3m处，群飞多在4～5月；4月初工蚁在土中咬食林木和幼苗的根，出土后沿树干筑泥路蛀食树皮，侵害木材；11～12月群集于巢中越冬。黄翅大白蚁巢穴多筑于地下50～100cm深处，分群于4月中旬至6月中旬，盛期在5月中旬。防治方法：主要采用食物诱杀、压烟熏杀等防治方法（张少华等，2006）。

七、综合利用

厚朴主要以干皮、枝皮及根皮入药，中药名为厚朴。厚朴主要有效成分为厚朴酚及挥发油等。药理试验表明：其有效成分对7种血清型链球菌都有抑制作用。厚朴性温，味苦、辛，有温中、下气散满、燥湿、消炎、破积之功效，主治胸腹痞满胀痛、血淤气滞、呕吐泻痢、痰饮咳喘等症。花及果实也可入药，花具宽中理气、开郁化湿之功效，主治胸脘痞闷胀满等症；果实有理气、温中、消食等功效（王承南和夏传格，2003；徐良，2001）。

厚朴全身都是宝，除干皮、枝皮、根皮作药用外，芽可作妇科用药，其种子可治虫瘿，并有明目益气之效，还可供榨油。种子含油率高达35%，出油率25%，油可供制肥皂等。厚朴树皮有香气，是提取化妆品香料的重要原料。近年来，将皮用酸碱法提取出结晶状物，再配以基质，制成厚朴牙膏。厚朴牙膏能较好地防治龋齿、牙周炎，并能除口臭、止痛脱敏，是理想的健龈洁牙的卫生佳品。厚朴木材通直、轻韧，纹理细密、美观，材性稳定、不伸缩，加工简易，适宜制作图版、乐器、盆桶、铅笔杆、火柴梗等多种产品。厚朴制炭可供五金细工磨光之用（胡芳名等，2006；徐良，2001）。

厚朴树姿雅致，叶大浓阴，花大、味香、色艳，凹叶厚朴叶形大而奇特、花美香浓，因此它们是优美的风景园林观赏树种（胡芳名等，2006；徐良，2001）。

（王承南，李平，于咏）

115 望春玉兰

别　名 | 辛夷

学　名 | *Magnolia biondii* Pamp.

科　属 | 木兰科（Magnoliaceae）木兰属（*Magnolia* L.）

望春玉兰为落叶乔木，原产于我国（傅大立，2002），具有生长迅速、适应性强、分布和栽培范围广、寿命长等特征。望春玉兰树体高大、树冠圆整，花果鲜艳美丽，有观花赏果价值。木材可供家具、建筑等用。花蕾可药用，具有祛风散寒、温肺通窍等功能，主治风寒感冒、头痛鼻塞、鼻窦炎、鼻炎、牙痛等症（孙军，2008），辛夷药材指木兰属某些树种的干燥花蕾（于培明，2004）。

一、分布

望春玉兰主要分布于四川，甘肃南部小陇山、西秦岭，陕西秦岭、大巴山，湖北兴山、郧西等县，以及河南伏牛山，生于海拔400～2000m（～2400m）（杨钦周，1997）。目前，望春玉兰野生资源因过度消耗已日益枯竭，自然分布主要集中于105°20′～116°10′E，30°40′～34°06′N的一个东西走向的狭长区域。

二、生物学和生态学特性

落叶乔木，高达12m，胸径达1m。树皮淡灰色，平滑。小枝较细，无毛。顶芽卵形，密被淡黄色长柔毛。叶长圆状披针形，先端尖，基部宽楔形或圆钝，上面暗绿色，下面淡绿色，侧脉10～15对；叶柄长1～2cm，托叶痕长为叶柄的1/5～1/3。单花具花被片9枚，有萼、瓣之分，花先于叶开放，白色，外面基部带紫红色；雄蕊长8～10mm，花丝肥厚，稍短于花药，外面紫色，内面白色。聚合果圆柱形，稍扭曲，残留长绢毛；蓇葖果黑色，球形，两侧扁，密生凸起小瘤点。花期3月，果期9月。

望春玉兰喜温暖气候，在排水良好、土壤肥沃、坡度较缓的山脚、谷底、村旁、地边及山坡中下部的中性或微酸性沙壤土生长良好。

三、苗木培育

望春玉兰为两性花，由于雄蕊早落或雌、雄花花期不一致，自然繁殖力差（沈作奎，2006），现主要采用有性繁殖。

1. 砧木培育

种子采集与贮藏　选择30年生以上生长健壮

望春玉兰果（朱鑫鑫摄）

望春玉兰花（刘军摄）

望春玉兰叶（薛凯摄）

的成龄树于9～11月采集果实。果实经晾晒脱出种子后，用草木灰搓洗除去外种皮。筛选后，于室内堆藏。用含水量2%～4%的细沙分层贮藏，保持一定的温度，每15天检查1次，剔除霉烂种子。

整地与作床 选择地势平坦、疏松肥沃、排灌方便的沙壤土或壤土为圃地进行整地，施入腐熟的有机肥，用1%代森锌粉剂等的农药进行土壤消毒。2～3天后，将圃地按宽1.0～1.2m、高15～20cm、沟宽30～50cm作床，长度随地形而定。

种子处理 播种前用950mg/L赤霉素溶液浸种15～24h，捞出与细沙按1：3的体积比拌匀，沙的湿度以手握成团、松手稍散为宜。将拌好的种子均匀铺在10cm厚湿沙上，加覆7cm厚的湿沙，盖塑料膜并压紧周边，7天左右检查一次，上层沙干燥时立即喷水。15天后，选取露白种子播种。

播种与管理 秋季10月下旬至11月上旬、春季2月播种为宜。播种量以每亩7.5～10.0kg为宜。通常采用条播，将种子均匀地播撒在播种沟内，覆上2cm细土，盖上1.5～2.0cm稻草。苗床要保持土壤湿润，以不积水为准。如果遇长时间的阴雨天气，用托布津1000倍液或500倍代森锌液喷洒消毒。出苗后根据苗圃地情况确定留苗密度，每公顷以1万～1.3万株为宜。苗木生长初期，每亩施稀释农家肥800～1000kg；苗木速生期，每15天施1次农家肥，可少许加入适当要素肥。

2. 嫁接苗培育

接穗准备 选择品质优良纯正、现蕾早、产量高、生长健壮、花多、花枝短、无病虫害的18年生以上母树，取树冠外围当年生、已木质化的健壮发育枝为接穗。除去叶片，仅留叶柄，随采随接。或用蜡封好断口，用塑料薄膜或稍湿的干净河沙等保湿冷贮备用。

嫁接与管理 秋季9月至10月中下旬嫁接为宜，采用带木质芽接法（嵌芽法）。砧木嫁接高度离地10～15cm，嫁接处用塑料绑带绑扎。嫁接后，7～15天检查是否成活，并抓紧补接。翌年春季发芽前，将砧木剪去并将塑料绑带解除，及时除去砧木上萌发的芽；合理除草与松土，适时、适量灌溉；排除积水，做到内水不积、外水不淹。

苗木出圃 苗木出圃包括起苗、苗木分级、假植、包装和运输等工序，苗木质量应符合GB 6000-1999国家标准规定要求。

四、林木培育

林地选择与整地 选择土层中等或较深厚的山坡中下部酸性、微酸性土壤作为造林地，忌积水的低地和排水不良的平地。林地属迹地更新的要清除地表杂物，幼林期进行套种且坡度平缓的可进行全垦，坡度较大或不进行套种的可用挖掘

望春玉兰树姿（朱鑫鑫摄）

机带状整地。整地深度一般在30～50cm，带状整地宽度1m以上。每穴将表土混合5～10kg的农家土杂肥或腐熟的鸡粪回填穴内，栽植株行距为4m×5m或3m×2m。

栽植技术 秋、冬季落叶后或翌春萌发前移栽。在栽植前将苗木进行分级，同一个地块尽量栽植规格相近的苗木。栽时根系须蘸黄泥浆或带土团，苗木放入栽植穴内略低于地面，将苗盘四周压实，栽植时保证根系舒展、苗木端正。栽植后，浇透定根水。苗木成活后，要及时进行中耕、除草、施肥、灌溉等。每年松土3～4次，松土时在树干基部培土，并适时除去萌蘖苗。苗木成活后，适时补肥，适当多施磷肥。尤以花期前后重要，追肥时期为2月下旬与5月。

整形与修剪 整形修剪要根据培育目的而定。药用栽培，定植后于冬季落叶后离地面1.0～1.5m处剪去顶梢，促进侧枝萌发，经3～4年修剪成疏散分层形。修剪时间在开花后及大量萌芽前。修剪时，应剪去病枯枝、过密枝、冗枝、并列枝与徒长枝。平时应随时去除萌蘖。剪枝时，短于15cm的中等枝和短枝一般不剪，长枝剪短至12～15cm，剪口要平滑、微倾，剪口距芽应小于5mm。

五、主要有害生物防治

1. 望春玉兰枝枯病

病原菌为茎点霉属的一个种（*Phomopsis* sp.）。被侵染的小枝先湿腐，逐渐干腐，然后到雨季又湿腐。不但皮层受害，而且病斑表皮至木质部变色。当病斑绕小枝一周时，其上部的枝条均枯萎。病叶早落，病枝生出小黑点，空气湿度大时溢出黄色卷丝状物；另一些小黑点更细、更分散。防治方法：将病枝、病叶和其他病残部位修剪并及时烧毁。发病早期及早喷洒杀菌剂控制，每隔7～10天喷1次，连喷2～3次。冬季清除病叶、落叶，深埋，杀死初侵染源，可预防翌年再发生。

2. 蓑蛾（Psychidae）

蓑蛾又名袋蛾、避债蛾，以幼虫食叶肉，造成孔洞或缺刻，尤其在高温干旱时危害严重。防治方法：①人工防治，冬季人工摘除越冬虫袋，杀灭袋中虫体；②物理防治，夏季悬挂黑光灯诱杀雄蛾；③化学防治，大发生时喷洒10%杀灭菊酯2000～3000倍液或40%氧化乐果1000倍液或90%敌百虫1000倍液防治。

3. 扁刺蛾（*Thosea sinensis*）

扁刺蛾又名痒辣子，6～9月以幼虫取食叶片，造成缺刻或孔洞。防治方法：①人工防治，冬、春季敲击树干上的石灰质虫茧，杀灭茧内虫体；②生物防治，喷施孢子含量为100亿个/g的青虫菌粉剂300～500倍液防治幼虫；③化学防治，喷洒90%敌百虫800倍液防治幼虫。

4. 木蠹蛾（Cossidae）

木蠹蛾7月至8月上旬以幼虫先蛀入细枝，稍长大后转蛀粗枝及主枝梢部，常将枝梢蛀成孔，周围变黑褐色，树枝易折断，严重时枯死。防治方法：①物理防治，田间悬挂黑光灯诱杀成虫；②人工防治，及时剪除病虫枝，集中烧毁；③化学防治，幼虫进入木质部后用浸蘸乐果或敌敌畏乳剂的棉签塞入蛀孔，用泥巴封堵，熏杀幼虫。

六、综合利用

望春玉兰是名贵的园林观赏树种，树形高大，先花后叶，花色有红紫、白、黄多种颜色，现多作行道树和庭院绿化树种。花含芳香油，可提取配制香精或制浸膏，花被片可食用或用以熏茶，因此望春玉兰也是特用经济林树种。望春玉兰的花中药处方名为辛夷、辛夷花，来源为木兰科植物木兰属一些种的干燥花蕾，性平、味辛，主要用于治鼻炎、鼻塞、鼻窦炎等鼻疾。木材可作家具、建筑等用材。

（余凌帆，龙汉利，郭红英）

116 华木莲

别　名｜落叶木莲
学　名｜*Sinomanglietia glauca* Z. X. Yu et Q. Y. Zheng
科　属｜木兰科（Magnoliaceae）华木莲属（*Sinomanglietia* Z. X. Yu）

华木莲是我国特有的珍稀濒危树种，国家一级重点保护野生植物。华木莲早期速生，木材结构细密、纹理直、易干燥，可作建筑、家具、细木工等用材（俞志雄等，1999a），是优良的用材树种。华木莲树形端庄、枝叶扶疏、花朵美丽芳香，亦可作为公园、庭院绿化的园林树种。

一、分布

华木莲特产于我国，呈孤岛状狭域分布在江西省幕阜山地的宜春市明月山和湖南省武陵山区的永顺县。华木莲多散生于山麓、山坡或近山脊的腹地，少有小面积林分，分布海拔位于400～1100m，生长在由花岗岩、页岩发育而成的山地黄棕壤。

二、生物学和生态学特性

落叶乔木，高可达30m。树皮灰白色。小枝无毛。叶纸质，生于节上或集生于枝顶，长圆状倒卵形、长圆状椭圆形或椭圆形，长14～20cm，宽3.5～7.0cm；幼叶在芽中对折，螺旋卷叠。花顶生，黄色。聚合果成熟时呈棕红色，沿果轴从顶部至基部放射状开裂呈蒴果状，成熟心皮沿腹缝线完全开裂及沿背缝线开裂几达基部；种子近心形至宽倒卵形，红色。花期4～5月，果期9～10月（俞志雄，1994）。

华木莲属中性偏喜光树种，幼时稍耐阴，根系发达，主根明显，喜凉爽湿润气候和深厚肥沃、排水良好的微酸性土壤，忌干燥瘠薄或长期水淹之地（俞志雄等，1999b；黄芝云等，2009）。华木莲早期速生，树高、胸径的15年平均生长量可达0.82m和1.27cm（俞志雄等，1999a），用作园林绿化树种时，光照强、气温高的生境成活率低、长势弱（施建敏等，2013）。华木莲迁地保护的长期观测显示，我国中亚热带湿润气候地区是其适宜生长区。

三、苗木培育

华木莲育苗主要采用播种育苗方式。

1. 采种与调制

选树龄20～30年、生长健壮、结实多的优良

江西农业大学华木莲保育园华木莲树姿（裘利洪摄）

江西农业大学华木莲保育园华木莲花（裘利洪摄）

江西农业大学华木莲保育园华木莲果实（俞志雄摄）

母树采种。最佳采种期为10月中旬，当聚合果呈红褐色而微裂时即可采种。新鲜聚合果出种率3.78%～5.47%，种子千粒重64.10～81.62g，发芽率33.75%～84.75%。果实采回后摊放于室内风干，待蓇葖果开裂后取出种子。种子置于清水中浸泡2～4天，搓洗去除种子外层红色的肉质假种皮。种子洗净后晾干，可用洁净的湿河沙分层贮藏（湿度以手捏成团、松手即散为宜），待来年2～3月播种育苗（黄芝云等，2009）。

2. 播种

宜选土层深厚、肥沃、湿润、排水良好的沙质壤土作为育苗圃地。播种前施足基肥（菜枯饼或厩肥），采用条播，条距10～15cm，沟深约5cm，覆薄土遮盖种子，再用稻草覆盖，保持土壤湿润。每亩播种量为8～12kg，播种时间以2～3月日最低气温连续5～7天不低于10℃时为宜。

3. 苗期管理

播后20～30天幼苗出土，及时揭去稻草等覆盖物，如土壤表层干燥，可适当灌溉补充水分。出苗30天后，间密补稀，保持株间距7～8cm，亩产可达3万株左右。入夏需适当遮阴，待天气转凉可揭去遮阴棚。1年生苗木平均苗高达60cm以上、地径0.6～1.0cm，即可出圃用于造林（黄芝云等，2009）。

四、林木培育

1. 人工林营造

（1）林地选择

造林地宜选择海拔200～800m的山区、半山区，以土层深厚、腐殖质较丰富、水分充足、空气湿度较大的北坡、东北坡或山坡中下部为宜，忌在山顶干燥瘠薄之地或当风口造林（俞志雄等，1999b）。造林地采取全刈全砍法清除杂灌杂草。

（2）栽植技术

春季栽植，用1年生优质苗造林，苗高≥50cm，地径≥0.5cm，苗木应健壮、无病虫害、根系完好。栽植株行距为3m×2m，种植穴规格60cm×60cm×50cm，穴内施足基肥（每穴施复合肥1.0kg、菜枯饼1kg）。栽植时注意栽正、舒根、踏实、不吊蔸，蔸部土丘高于地面5～10cm（黄芝云等，2009）。

（3）抚育管理

苗木栽植当年秋季进行全刈杂草和杂灌，扩穴培蔸抚育，以后每年抚育2次（4～5月1次，9～10月1次）。华木莲栽植后第二年开始施肥，采用穴施，穴离蔸部25cm左右，穴深30cm，每穴施有机肥或复合肥0.5kg，及时覆土培蔸。在天气干旱时及时进行覆盖以保水，严重缺水时辅以人工浇水（黄芝云等，2009）。

2. 园林绿化栽植

由于华木莲对生境要求较高，适宜栽植在公园、小区等较向阳、凉爽、湿润的生境，而广场、街道等强光照、高气温生境不宜栽植（施建敏等，2013）。选用胸径5cm左右的健壮大苗，带土球移栽，栽植穴规格80cm×80cm×60cm，穴内施足基肥，栽植遵循“三埋两踩一提苗”规则。栽后第二年，可进行整形修剪，采用短截或

江西农业大学华木莲保育园华木莲林林分（裘利洪摄）

中短截，保证形成正常冠形。栽植后需注重水肥管理，追肥采用穴施，夏季高温和秋季干旱时期需及时浇水。

五、主要有害生物防治

1. 华木莲根腐病

病原菌主要危害苗木和幼树，受害初期叶色发黄，生长不良，根部皮层腐烂，后期全株枯死，根部皮层脱落。防治方法：可在播种前对土壤进行消毒；病害发生时，拔除病株，用石灰消毒；苗期上半年每隔10天左右喷洒一次1∶1∶1000的波尔多液，或在根部喷施多菌灵防治。

2. 华木莲白蚁

此虫营土居生活，是一种土栖性害虫，主要以工蚁危害根部，影响生长势。当侵入木质部后，树干枯萎，尤其对幼苗，极易造成死亡。防治方法：喷施敌百虫和根施呋喃丹；采用黑光灯诱杀；保护与利用螳螂、山青蛙、蝙蝠等天敌。

3. 华木莲斜纹夜蛾

该虫1年发生4～9代，以老熟幼虫或蛹在地被物中越冬。成虫夜出活动，飞翔力较强，具趋光性和趋化性，对糖、醋、酒等发酵物尤为敏感。卵多产于叶背的叶脉分杈处，卵块常覆有鳞毛而易被发现。初孵幼虫具有群集危害习性，3龄以后则开始分散，老龄幼虫有昼伏性和假死性，白天多潜伏在土缝处，傍晚爬出取食，遇惊就会落地蜷缩作假死状。当食料不足或不当时，幼虫可成群转移危害，故又有“行军虫”的俗称。防治方法：可通过人工合成并在田间缓释化学信息素及配套诱捕器诱杀雄蛾；利用黑光灯诱杀或配糖醋敌百虫诱杀；交替使用化学药剂喷杀幼虫或成虫；保护和利用小茧蜂和多角体病毒等天敌。

六、综合利用

华木莲除了可以作为优良的用材树种和园林绿化树种，还由于其在植物系统演化上的特有性和古老性，在公园、植物园以及学校栽培具有科教宣传意义。

（施建敏，裘利洪，俞志雄）

117 乳源木莲

别　名｜狭叶木莲（《广东植物志》）
学　名｜*Manglietia ruyuanensis* Law
科　属｜木兰科（Magnoliaceae）木莲属（*Manglietia* Blume）

乳源木莲为常绿乔木，主要分布在我国福建、浙江、安徽、江西、广东、湖南等亚热带地区，不仅是珍贵用材树种和优良庭园观赏及四旁绿化树种，也是改良土壤的优良树种，是人工林树种结构调整的首选树种之一。

一、分布

乳源木莲属古老孑遗树种之一，自然生长在海拔1300m以下沟谷台地、山沟中下部的山坡，常与红楠、杜英、木荷、槠栲类等常绿阔叶林混生。原产于美国南部，在我国自然分布于安徽（黄山）、浙江（南部）、江西、福建、湖南（南部）、广东（北部乳源），多分布于海拔700～1200m的林中。

二、生物学和生态学特性

乳源木莲为常绿大乔木，树高可达25m，胸径70cm。树皮灰褐色，枝黄褐色。除外芽鳞被金黄色平伏柔毛外，全株无毛。叶革质，倒披针形、狭倒卵状长圆形或狭长圆形，长8～14cm，宽2.5～4.0cm，先端稍弯的尾状渐尖，基部阔楔形或楔形，上面深绿色，下面淡灰绿色。花单生于枝顶，白色，花期3～5月。聚合果卵圆形，熟时鲜红色至暗红色，长2.5～3.5cm，果期9～10月。

喜温暖湿润气候环境，偏喜阴，幼树耐阴，天然更新良好，适宜在土层深厚、潮润、肥沃或中庸、排水良好的酸性黄壤土上生长。

三、苗木培育

乳源木莲育苗目前主要采用播种育苗方式。

采种与调制　乳源木莲一般在2月中下旬开始开花，直到5月上旬尚有开花。9月上旬后，乳源木莲的果壳将由浅绿色变为紫红色时，果实成

福建乳源木莲果（陈世品摄）

福建乳源木莲叶（陈世品摄）

熟但尚未开裂，正是良好的采种时间。刚采摘下来的果实要置于阴凉通风处阴干3～5天，等到其自然开裂后通过小木棍轻轻敲打，将种子取出并进行筛选，之后将筛选出来的种子浸入水中2～3天并通过拌沙除去种子的假种皮，清洗干净后置于阴凉干燥处2～3天，这样种子的处理工作就基本完成。

种子催芽 种子播前应经过湿沙催芽。用湿沙贮藏时要求相对湿度在85%～90%，并经常翻动保持通气，但贮藏时间不宜过长，一般不应超过1年。一般乳源木莲的果实出籽率大约为9%，种子的纯度在90%以上，含水量较低，约为8.943%。

播种 乳源木莲的播种时间一般都是在2～3月，选择阳光直射少、土壤较肥沃、排水良好、微酸性沙质壤土的半日照山垄田或沟谷地作圃地。播种之前需做好圃地的消毒工作，基肥也必须给足。播种时采用开沟点播的方式，一般沟间距为25cm，深3～5cm，播种密度为20～30粒/m^2。播后最好用细土、火烧土、细沙或锯糠覆盖，再加盖稻草，以确保种子的发芽率（发芽率为50%以上）。

苗期管理 为了防止由于圃地积水而引发的乳源木莲病害，必须筑成高床。一般从3月上旬到4月上旬为乳源木莲的出苗期，这时的幼苗娇嫩细弱，抗逆能力极差，必须得到及时有效的保护。因此，在幼苗开始出土时，就要及时取出覆盖的稻草，并搭盖遮阴棚，防止烈日与大雨对幼苗造成难以弥补的损失。还需注意的是，给出苗期的幼苗浇水时最好采用喷雾式浇灌。苗木出土后，每隔7～10天就需喷洒农药以防止病虫害（采用800倍液的多菌灵、甲基托布津等的效果都较好）。

一般从4月上旬到6月下旬为乳源木莲的幼苗期，且前40天生长速度都较为缓慢，之后生长会加快。幼苗期管理的关键是及时采取保苗措施，即在5月到6月初这段时间里，趁着阴雨天气进行间苗移植工作，使苗圃地的苗木均匀分布。到6月初时，需注意喷洒多菌灵，以防止这个月多发的乳源木莲焦枯病。要加强对乳源木莲幼苗的监控，一旦发现有病害苗木必须及时拔除。在这个多雨的季节，灌溉需做到适时适量，还要注意苗圃地的排水问题，防止积水烂根。在6月中旬左右可以为幼苗追施少量肥料，追肥可施用低氮高磷的混合肥，以促进地下根系生长，为之后的速生期打下良好的基础。

一般从6月下旬到9月下旬为速生期，约为90天，这段时间苗木地上部分和地下根系的生长都很快。苗高的生长量约为全年生长量的72%，枝叶也生长迅速，并形成完善的营养器官。这段时期对苗木的质量起关键作用，因此必须做好管理工作，及时为苗木补充肥水。7月末至8月初，需将遮阴棚拆除，每15天左右追肥1次，直到9月才停止对苗木的灌溉与追肥。每周定期进行1次喷药，防治苗木病虫害。

生长后期是育苗的最后时期，时间一般是从10月上旬到12月的中旬。在这段时间内，苗木的高生长速度会逐渐降低，并最终在12月趋于停止。这时的主要任务就是促进苗木木质化，提高苗木对低温和干旱的抗性。在正式入冬后，需对苗木采取如覆盖等合理的防冻措施。

苗木定植 平整土地后，挖明穴，穴大小统一为60cm×60cm×40cm，并将穴内的石块、树根、茅草头等杂物清理干净，每穴施钙镁磷约0.1kg；为了促进土壤熟化、积蓄水分，需将表土回填穴内并使之高出穴面10cm以上。于2月进行苗木的定植。对定植好的苗木定期进行1次锄草、松土抚育管理，在定植后的2～3年内的6～7月进行1次追肥，施肥量为每块复合肥0.1kg。

四、林木培育

1. 人工林营造

乳源木莲为中性喜光浅根性树种，幼树稍耐阴，主根不太明显，侧根非常发达。乳源木莲喜湿润疏松土壤，一般应选择水湿条件好的地方造林，对立地的要求与杉木接近。因此，造林地宜选择在阴坡、半阴坡或阳坡中下部，要求土层深厚、肥沃疏松的酸性土壤。在造林前一年的8月劈山，将杂草平铺于林地，任其自然腐烂。若杂草繁茂或采伐剩余物多，可酌情采取堆烧或局部炼山清理。造林密度2200～3000株/hm^2。整地采用挖大穴，穴面为60cm×60cm，深度40cm，回填表土。有条件的地方可在穴内施基肥，基肥可用磷肥或复合肥。造林季节宜在早春2月至3月上旬。造林前可对苗木进行适当修枝剪叶，以减少水分蒸腾，保证苗木体内的水分平衡。同时还应修剪过长或受伤的根系。栽植前可将苗根蘸拌有适量磷肥的黄泥浆。造林后前3年，每年在5月和9月分别进行锄草松土，并逐步扩穴通带，以后每年锄草1次，直至林分郁闭。有条件的地方应做到适当施肥和深翻。

2. 混交林营造

乳源木莲可与杉木、马尾松、马褂木、香樟等混交。在低山丘陵种植乳源木莲必须采取必要的营林措施，如营造混交林，可利用混交树种的侧方或上方庇荫，为乳源木莲创造适宜的生长环境，发挥其适应性和丰产性。杉木、马褂木与乳源木莲混交，种间关系比较协调，能够促进两树种的生长。采用株间混交或行间混交，混交比例以2∶1或1∶1为宜。

五、主要有害生物防治

1. 根腐病

在排水不良的圃地易发生根腐病，梅雨季节也易发生此病。防治方法：可用1%～3%的硫酸亚铁每隔4～6天喷1次，连续喷2～4次，并在苗床上撒生石灰，每亩15kg。还应及时拔除病苗烧毁。

2. 地老虎

幼虫夜出活动，咬断幼苗嫩茎，啃食叶芽，造成幼苗枯死。防治方法：当早晨看到新鲜苗木被咬断时，顺洞路扒开泥土找到地老虎幼虫后将其杀死，也可用90%敌百虫800～1000倍液喷治。

3. 介壳虫

多发生在树干枝条上，虫口密度大时，树皮像刷过石灰水一样，严重影响树木生长。防治方法：可用50%马拉松、40%乐果1000倍液或25%亚胺硫磷800倍液，在5～6月喷药防治初孵若虫。

六、材性及用途

乳源木莲为常绿乔木，树干通直，树冠浓郁优美，四季翠绿，花如莲花，色白清香，是优良庭园观赏和四旁绿化树种。乳源木莲木材色质兼优，纹理直，结构甚细、均匀，质轻柔、强度中，不翘不裂，加工容易、刨面光滑，油漆后光亮性良好，可供上等家具、工艺品、文具、仪器箱盒及胶合板、车船等用材。成熟干燥后的果实称“木莲果”，可治肝胃气痛、脘胁作胀、便秘、老年干咳等。花可供提取芳香油。树皮含厚朴酚及厚朴碱，可作为厚朴中药代用品。

（林晗，洪滔）

118 海南木莲

别　名 | 绿楠、龙楠树（海南）

学　名 | *Manglietia hainanensis* Dandy

科　属 | 木兰科（Magnoliaceae）木莲属（*Manglietia* Blume）

海南木莲为国家三级重点保护野生植物、海南热带乡土珍贵用材树种，也是良好的园林绿化树种。其木材结构细致均匀，材用价值高，且具有较高的观赏性和药用价值。

一、分布

海南木莲主要分布于海南中南部海拔300～1200m的热带季雨林和热带山地雨林中，广东、广西亦有零星分布，以溪边、山坡中下部以及谷地居多，常与肉实树（*Sarcosperma kachinese*）、山楝（*Aphanamixis polystachya*）、叶轮木（*Ostodes paniculata*）等树种混生（黄康有等，2007）。

二、生物学和生态学特性

常绿高大乔木，树高可达30m。树干通直，树冠卵圆形或伞形。树皮淡灰褐色，平滑、不脱落。小枝褐色或红褐色。单叶互生，叶薄革质，倒卵形或狭椭圆状倒卵形，下面淡绿色。单花顶生，白色。果实卵形或狭椭圆状卵形，由多个蓇葖果组成，每个蓇葖果里有多粒种子，种子有3棱；外种皮肉质红色，内种皮骨质灰黑色。

海南木莲幼苗早期喜阴湿环境和肥沃酸性土壤，耐阴，不耐干旱，中后期喜光，在微酸性沙壤土至轻黏土上均可生长。

三、苗木培育

1. 采种及种子处理

选择胸径20cm以上、生长健壮、干形通直、无病虫害的树木作为采种母树。8～9月当果实成熟变为褐红色时采种。采回的果实置于阳光下暴晒至部分果瓣开裂，移至阴凉通风处摊晾数日，直至果瓣全部开裂。经翻动、敲打使种子脱落，

海南枫木林场海南木莲幼苗（农寿千摄）

将种子放入草木灰（也可加少量洗衣粉）水中浸泡约12h，搓去假种皮，洗净阴干。海南木莲种子千粒重为45～65g，出种率30%左右（黄永芳和庄雪影，2007）。

2. 育苗

海南木莲以培育实生容器苗为主，每年9～10月播种。播种前先用60℃温水浸种12h，捞出晾干后进行沙藏处理。沙藏基质以河沙与表土1：3混合，湿度30%左右，基质与种子1：3为宜，沙藏15～30天，即可播种（陈国德等，2016）。

经沙藏处理后的种子按9～15g/m^{2}均匀撒播在苗床上，覆盖厚约0.5cm的沙土，加盖遮阳网或薄膜。

播种半个月后开始发芽，当小苗长出4片真叶、苗高5～7cm时即可分床或者移入育苗容器。分床的株行距以20cm×20cm为宜，分床后短期内应加盖遮阳网，待幼苗恢复后撤除。定期浇水以保持基质湿润。10～12个月后，当苗高50～70cm时便可出圃造林。

四、林木培育

1. 造林

在海南8～9月造林（周铁烽，2001），在广西、广东地区宜春季（2～3月）造林。造林前2～3个月进行林地清杂和整地，以穴状和带状清理为主。清理后挖穴，植穴按“品”字形排列，株行距以2m×3m或者3m×3m为宜，穴规格以50cm×50cm×50cm为宜。

种植前先施基肥，一般每穴施有机肥500～1000g或复合肥100～250g。宜选择苗高50cm以上的壮苗造林。

2. 抚育

造林后当年雨季末进行1次穴状松土和除草，第二、第三年每年需砍杂除草3次。在雨季初期抚育时，结合松土，每株施复合肥50～100g，以促进生长。可结合抚育进行修枝，以提高木材质量。

五、材性及用途

海南木莲木材纹理通直，美观雅致，结构细致均匀，材质很轻、稍软，易加工，少开裂、不变形，可作高档家具、器具用材，亦可作高档装饰用材，为南方重要的用材树种和绿化树种。

（龙文兴，邱治军）

119 灰木莲

别　名 | 桂南木莲、越南木莲

学　名 | *Manglietia conifera* Dandy（*Manglietia glauca* auct. non Blume.）

科　属 | 木兰科（Magnoliaceae）木莲属（*Manglietia* Blume）

灰木莲是热带、南亚热带速生用材树种，具有生长快、树干通直圆满、自然整枝好等特点。其木材材质优良、纹理通直、结构细致、干后不裂，可用于建筑、家具、胶合板及纸浆生产。灰木莲作为用材树种在华南地区广泛种植，具有良好的经济效益和生态效益。

一、分布

灰木莲天然分布于亚洲热带地区印度尼西亚的爪哇、苏门答腊、东加里曼丹桑达群岛等地，向北可延伸到中南半岛等（Kumar，2006）。我国种植的灰木莲20世纪60年代从越南引入，目前主要在华南一带如广东、广西和福建等地广泛种植和栽培（文珊娜等，2016）。我国对引入的灰木莲学名一直使用*Manglietia glauca* Blume，但国内分类学专家认为我国从越南引入种植的所谓灰木莲与桂南木莲（*Manglietia conifera* Dandy）形态特征接近，应与桂南木莲为同一种，并非真正的*M. glauca*。越南植物学家Pham Hoang Ho认为分布在越南中北部的灰木莲应为*M. conifera*，分布在印度尼西亚等地的灰木莲为*M. glauca*，但分布区不包含越南（Pham，1999；Le et al.，2011）。一直以来，我国灰木莲种质材料是从越南北部引进，故笔者建议我国引入种植的灰木莲学名可更正为*Manglietia conifera* Dandy（桂南木莲），但考虑到林业生产等基层单位长期习惯称之为灰木莲，所以保留灰木莲作为*M. conifera*的中文名。

二、生物学和生态学特性

灰木莲属常绿高大乔木，树干通直，高大挺拔，树高达30m，胸径达80cm。灰木莲在原产地花期4～5月，果期9～10月，成熟时假种皮红色（徐大平和邱佐旺，2013）。灰木莲适生于热带和南亚热带地区，喜暖热气候，其分布区平均气温在18℃以上，在年≥10℃的有效积温6000～8000℃、年降水量1200～2700mm的区域生长良好，不耐干旱，能耐短期-2℃的低温。灰木莲幼龄时比较耐阴，中龄后为中性偏阴，属深根性树种，在海拔800m以下的丘陵山地，土壤

灰木莲叶和花（姜清彬和文珊娜摄）

肥沃、土层深厚、土壤为疏松的沙壤土至轻黏土时生长良好，土壤干旱瘠薄则生长较差，也不耐水淹。灰木莲具有早期速生的特性，10年生以前高生长较快，年平均树高和胸径生长量分别达1.0～1.5m和2.0～3.5cm。灰木莲具有较强的萌芽能力，主伐后每个伐桩可发萌条3～5条。

三、良种选育

灰木莲在越南原产地能够正常开花结实，越南林业科学研究院经过种源家系选育，筛选优良种源家系材料并建立了灰木莲采种基地，每年可为基层林业生产单位提供良种造林。我国从越南引种的灰木莲在华南地区能够正常开花，但结实率极低，且果实不饱满，多为畸形果，无法满足我国灰木莲育苗造林提供材料（姜清彬等，2016）。因此，一直以来我国灰木莲育苗的种子依赖于越南进口，严重影响我国灰木莲用材林的发展。目前，中国林业科学研究院热带林业研究所等林业科研单位针对上述情况开展了灰木莲的扦插和嫁接等无性繁殖技术研究，为今后灰木莲的良种选育奠定基础。

灰木莲树姿（仲崇禄摄）

四、苗木培育

1. 种子采收及处理

在越南灰木莲采种园中，选取经矮化且生长健壮、无病虫害的母树进行采种。灰木莲果实于9～10月成熟，当聚合果由浅绿色变为黄绿色、假种皮变为红色时，即可采收。采回的果实摊晒1～2天，果壳微裂后，便可回收室内晾干，待果壳完全开裂，即可用木棍轻敲脱出种子，然后将种子混入细沙搓去假种皮并洗干净，一般出种率为23%，种子千粒重33～50g，发芽率70%～80%。种子宜用湿沙贮藏越冬。

2. 播种育苗

苗圃地选择 灰木莲幼苗耐阴，苗圃地宜阳光直射少、土壤肥沃、排水良好。

播种方法 灰木莲的种子无明显的休眠期，不易保存，适宜于随采随播，但在冬季温度较低的地区应沙藏至翌年回暖后再做催芽处理。播种前，将处理好的种子用0.5%的高锰酸钾或50%多菌灵可湿性粉剂500倍液浸种0.5h进行表面消毒，捞出沥干后播于沙床内。播种方式可为撒播或条播，播种量为500粒/m^2，25～30天即可发芽。苗木出土后每半个月喷施适量的磷、钾肥或尿素，以促进苗木生长和提高抗性。此外，也可直接点播，即将沙藏的种子在翌年开春后点播于育苗容器中。

苗期管理及出圃 灰木莲幼苗需要遮阳，适宜的透光度为50%～60%。当营养袋中的苗木长出2对真叶时，可追施0.3%的尿素，并及时清除杂草和病虫害植株。苗木1年生时即可出圃造林或转而继续培育大苗。

五、林木培育

1. 造林技术

造林地选择 灰木莲喜湿、喜肥，因此造林地宜选择土质疏松、肥沃的山坡中下部，土壤pH以6.5左右为宜。

8年生灰木莲用材林（姜清彬摄）

整地方式　种植穴规格为60cm × 60cm × 40cm，土壤条件好时不施基肥，土壤条件较差时，每穴施200g磷肥作为基肥。

种植密度　根据不同立地条件，株行距可为2m × 2m ~ 3m × 3m，每亩70 ~ 160株。

造林季节　一般3 ~ 4月造林。造林宜选择阴雨天气且林地已被雨水完全湿润时进行。

种植模式　灰木莲既可用于营造优质用材商品林，也可用于生态公益林的改造，还可培育大苗用于城镇绿化。既可营造纯林，也可营造混交林或景观林。

2. 抚育技术

种植的头3年，每年需铲草松土1次；植后约6年林木出现竞争，分化较严重，应及时进行抚育间伐，逐步伐去弱小和生长不良的植株，以促进林分健康生长，有利于培育中、大径级材。

六、材性及用途

灰木莲木材纹理通直、结构细致，易干燥，干后不裂、少变形，易加工、切面光滑美丽，是优良的建筑、家具和胶合板用材，具有很高的经济价值。木材学的研究结果表明（韦善华等，2011）：45年生灰木莲生材密度从髓心向外呈减小的趋势，随着树高的增加，亦呈减小的趋势，生材密度的平均值为$0.873g/cm^3$，基本密度平均值为$0.408g/cm^3$。灰木莲生材含水量的平均值为115.3%。树皮体积百分率及质量百分率均随着树高的增加而增加，平均值分别为16.6%和19.0%。灰木莲的心材率随着树高的增加而减小，心材百分率平均值为9.5%。

（姜清彬，仲崇禄，文珊娜）

120 合果木

别　名｜山桂花、拟含笑、大果白兰、合果白兰花、山缅桂（西双版纳）、黑心树（金平）、白木莲花（临沧）、埋章巴（傣语）、埋洪（傣语）、朴郎（爱尼语）、山白兰

学　名｜*Paramichelia baillonii* (Pierre) Hu

科　属｜木兰科（Magnoliaceae）合果木属（*Paramichelia* Hu）

合果木是热带山地季雨林、常绿阔叶林和亚热带中北部常绿落叶阔叶林的建群种类，是我国南方森林主要组成成分之一。合果木生长较快，干形通直、圆满，木材结构细，花纹美观，翘曲、开裂现象少，耐腐抗虫，为建筑、胶合板、木地板、刨切单板、家具等的优良用材。合果木对土壤要求不十分严格，既可用于山地造林，又是园林绿化与景观建设以及营建生态公益林的优良树种。

一、分布

合果木产于印度东北部、马来半岛、苏门答腊岛、泰国、缅甸、越南的热带常绿雨林，在国内为云南省特产，主要分布于勐腊、景洪、勐海、沧源、耿马、镇康、思茅、澜沧、孟连、瑞丽、陇川、盈江、金平、绿春、普洱、临沧等县。其垂直分布为海拔550～1700m（郭文福，1997），但在不同地区分布的海拔高度不一致，在西双版纳为600～1700m，而以1200m以下较为集中；在普洱市为900～1700m，在红河哈尼族彝族自治州为150～960m，在临沧地区为1200m以下，在德宏傣族景颇族自治州为270～1100m。合果木多为散生和零星分布，在局部地方亦能成为林分上层的优势树种。

二、生物学和生态学特性

合果木较喜温热，分布地区属热带、南亚热带，年平均气温17.0～21.6℃，最冷月平均气温11.0～16.2℃，绝对最低气温-3.4℃，≥10℃的有效积温6000～7900℃；空气相对湿度74%～87%，年降水量1100～1800mm（蒋谦才等，2008）。主要植被类型为热带山地雨林，其次在干性季节性雨林、南亚热带季风常绿阔叶林中亦有分布。常见的伴生树种有西南木荷、普文楠、黄樟、云南石梓、酸枣、山韶子、光叶黄杞、湄公栲、红锥、银叶栲、红椿、麻楝等，在普洱还见与思茅松混生。分布地区的土壤类型有砖红壤、砖红壤性红壤、红色石灰土、冲积土等。合果木要求土壤排水良好，对土壤肥力要求不严，在山脊土壤较瘠薄的地方亦能生长。

人工栽培的合果木，从苗期到定植后的2～3年内，生长比较缓慢，年平均高生长20～50cm、基径0.4～0.8cm；以后生长加速，到5～9年生时，树高年生长量可达1.4～1.6m，胸径年生长量达1.7～3.0cm。野生合果木在勐仑干性季节性雨林中，20年生树高20.8m、胸径37.7cm、单株材积0.844m^3，30年生左右单株材积可达1m^3；在勐

合果木叶（徐晔春摄）

合果木树干（武晶摄）

海季风常绿阔叶林中，62年生树高23.2m、胸径36.5cm、单株材积1.099m^3。从解析木资料看，树高和胸径的生长旺盛期均在20～25年生以前，树高可达1.7m，胸径可达2.5cm；材积生长在60年生左右时，连年生长量仍高于平均生长量，生长曲线仍在上升，尚未达到数量成熟龄期。

水热条件对合果木的生长影响较大，在活动积温高的地区合果木生长快，例如，5～9年生时，在勐仑（≥10℃的有效积温7920℃，水热系数2.0）比在普文勐旺（≥10℃的有效积温7590℃，水热系数1.9）的树高、胸径、材积生长量分别大19.7%、81.4%、31%；2～3年生时，在景洪（≥10℃的有效积温7810℃，水热系数1.5）比在普文的树高、基径生长量均快50%左右。野生的合果木20年生时，产于勐仑的与产于勐海（≥10℃的有效积温6520℃，水热系数2.2）的相比较，其树高、胸径生长量均快1倍左右，材积生长量相差6倍多，生长高峰期提早14～16年。如果将合果木与产区的某些用材树种比较：生长好的合果木在20年生时，材积生长比西南桦快2～3倍，为西南木荷的5倍多、毛麻楝的7倍左右，而为番龙眼的10倍。但合果木在林下更新较差，据勐仑1m×1m的200个样方调查，每公顷仅有更新苗100株。2～3年生的野生苗，一般高0.8～1.3m，基径1cm，主根长30～35cm，侧根7～8条，多分布于8～20cm深的土层中。

三、苗木培育

合果木从播种育苗到苗木出圃造林可分两个阶段，即芽苗培育阶段和袋苗（或容器苗）培育阶段。第一个阶段从播种到芽苗高3～5cm分床前，需2～3个月；第二个阶段即从芽苗移植入营养袋到苗木出圃，至少需4～5个月。

1. 芽苗培育

（1）种子采集

合果木3～4月开花，7～8月果实成熟。但产地不同，甚至在同一产地不同植株间种子成熟的物候期也有较大差别，以8月中下旬种子成熟较多。当果实由粉绿色渐变为暗褐色时，标志着果实开始成熟。成熟后果实呈不规则的开裂，露出种子或脱落，鸟类喜于啄食，老鼠和蚂蚁也会搬食，故应及时采集。采种时可爬树或用竹竿打落等方式采摘，收回的果实在阳光下晾晒1～2天，蓇葖果裂开，种子即可脱出，除去杂质后即得具红色假种皮的种子，然后于水中搓洗，去掉红色假种皮，晾干，置于通风处或随时播种。因合果木种子含有油脂，易丧失发芽力，故贮藏时间不宜过长，贮存方式以鲜湿种与湿细沙或湿椰糠（手抓不见有出水）混拌较好，切忌暴晒和干燥。湿藏可存放3个月，自然条件下干藏1个月种子即基本丧失发芽力（翁启杰，2007）。合果木的种子长0.60cm、宽0.35cm、厚0.30cm，千粒重为56.85g，净度为96.31%，场圃发芽率为76.32%（王卫斌等，2008）。

（2）圃地选择与苗床准备

苗圃地应选择地块平整，土壤疏松、深厚、肥沃、透气和排水良好，具有灌溉条件和周围没有牲畜危害的地方。苗床可直接在苗圃地上制作，方法是先铲去表皮土后将土挖松、破碎，平整成宽80～100cm、高10～15cm的备用床，然后再铺盖厚2～3cm的播种基质。播种基质以10%火烧土、60%黄心土和30%河沙混合均匀后过筛，然后用5～10g/kg的高锰酸钾溶液消毒，再用塑料薄膜覆盖1～2天后晾干。也可先将基质备好，待播种时用高锰酸钾溶液消毒。

（3）播种与水肥管理

播种采用撒播方式，尽量做到撒播均匀，播种量以使种子不重叠为度。然后用细沙和黄心土的混合土覆盖，厚度以不见种子为度。播种后按常规方法管理，种子发芽前保持床面湿润但又不能积水，每天早晚淋水1～2次。因合果木种子播种期在8月前后，各地气温较高，故保湿十分重要，同时注意适当用薄膜和遮阳网覆盖以避免雨水直接冲刷。合果木在幼苗生长时期对氮肥较为敏感，以0.3%尿素水溶液每月施1次为宜，每次7.0kg/hm^2（赵文书和龙素珍，1988）。芽苗生长约20天后可适当施些复合肥，浓度以0.1%～0.2%为宜。

2. 芽苗移植

合果木种子发芽出土后至生长到3～5cm高、有4～6片真叶、根系较发达且木质化程度较高的幼苗约需60天时间，之后方可移植入营养袋内进行培育。

（1）分床移植

营养袋可选用直径宽6～8cm、高12cm的黑色营养袋。营养土用黄心土+火烧土+复合肥或充分沤熟的鸡粪，搭配比例为9担[①]（黄心土）：1担（火烧土）：250～500g（复合肥）或半担（鸡粪），三者充分混合均匀后装袋。移植时间以阴天最佳，移植成活率最高，晴天以16:00后移植较好；雨天移植成活率低，尤其暴雨天移植效果最差。

（2）移植方法

起苗前先将苗床淋湿，然后用小木棒挖起幼苗。起苗时必须注意尽量多带些泥土和保持根系的完整性，以确保移植成活率。当天上午或提前1天先将营养袋土淋水湿透，移栽时一般用左手轻轻抓起一株幼苗，右手用小木棒在营养土袋中间挖开一个穴，然后将幼苗根系完全垂直地放入穴内，最后右手用木棒将穴一侧的营养土把幼苗根系轻轻压实至不见根系即可。

3. 袋苗管理

（1）光照控制

幼苗移植时因根系在起苗过程中会有所损伤，且幼苗移栽后有一段恢复生长的时间，这时需光照较少。因此，前15天内9:00～17:00必须用90%遮阴度的遮阳网覆盖，其余时间可打开见光。雨天也应盖好遮阳网，以免雨水冲击导致烂苗和营养土表面板结。移植20天后苗木已开始恢复正常生长，可逐渐撤掉遮阳网，气温低于10℃时应覆盖塑料薄膜保温。

（2）水肥管理

移苗后一定要淋足水分，同时将被冲倒的幼苗扶正，以后按常规方法管理。一般每天早、晚各浇水1次，20天后幼苗逐渐恢复生长。此后可适当追肥，一般每月施肥2次，以复合肥为主，浓度0.3%，有条件的用沼气渣液施肥效果更好。通常情况下，施肥应在下午进行。

4. 苗木出圃

合果木用30～50cm高苗木造林成活率高、效果较好。因此，当苗木长到30cm高时可出圃（需3～4个月时间）。出圃时应选择生长健壮、顶芽饱满的优良苗木，起苗时尽量少伤根系并进行适当修剪，这样可提高造林成活率。

四、林木培育

1. 林地选择与整理

除干燥瘠薄的地段外，合果木植苗造林比较容易成活。一般情况下，平原、山地、丘陵地等均可作为造林地，而更适生于气候温暖、湿润、土层深厚、土壤肥沃及排水良好的山坡和山脚地段。造林前于冬季开始整地，先清杂（即砍倒杂灌木），然后进行归堆。可采用带状或穴状整地，栽植穴规格50cm×50cm×40cm。株行距一般采用2m×2m或2m×3m，间种或套种农作物时可采用3m×3m的株行距。

2. 造林时间

在湿润地区，春季和雨季都可造林，但以春季造林生长较好。造林要选择生长健壮、顶芽饱满的优良苗木。起苗时尽量少伤根系，定植前进行适当修剪。定植时栽植不能过深，要保持植株

---

①1担＝50kg，以下同。

合果木树姿（宋鼎摄）

端正、根系舒展，一般回土以埋过苗木根颈处2cm为宜，并适当踩紧根部周围的土壤。

3. 幼林抚育管理

中耕除草和追肥在热带地区比较重要，郁闭前每年应进行2～3次，第一次在4～5月，第二次在7～8月，第三次在12月至翌年的1月。方法是：先将林木周围杂草铲除并松土，然后在林木两侧20～30cm处挖10cm左右深的小沟施肥，再回土并将铲除的杂草覆盖于树穴，以利于旱季保持土壤水分。抚育时间选在雨水来临之前，具体时间应根据当地雨季来临情况而定。

4. 萌芽更新

合果木具较强萌蘖能力，采伐后可考虑采用萌芽更新。

五、主要有害生物防治

从目前的幼林生长过程和天然林调查结果看，合果木病虫害危害程度较轻，主要是苗期遭受食叶害虫危害，可用0.5％的乐果或敌百虫溶液喷杀。王达明等（1988）指出幼苗期的病虫害有叶枯病、潜叶蛾或卷叶蛾等。防治方法：每半个月喷洒1次等量式波尔多液或400倍液退菌特或0.1%的氧化乐果。

六、材性及用途

合果木木材为散孔材，心材、边材区别明显，边材黄白色，心材绿褐色或深褐色，有光泽；生长轮明晰多结构细，纹理直或斜，径切面具交错纹理；气干密重中等（$0.656g/cm^3$），弦径向干缩比小，木纤维甚韧，木材富于弹性，力学指标比其他气干密度相近的树种高。

合果木纤维甚细，径面略具交错纹理，加工较难，锯解时有夹锯现象；干燥不易，速度缓慢，板面有时微有翘曲现象产生，不开裂；耐腐性及抗白蚁危害性强；切削不难，切面光滑；油漆后光亮性良好；胶黏容易；握钉力强，不劈裂。

合果木为滇南产区主要的优良速生用材树种之一。由于其树干圆满通直、径级大、出材率高，产区多喜使用。合果木适于作为建筑（如房架、屋顶、柱子、门、窗及其他室内装修）、枕木、木桩、桥梁、船舶、电杆、家具、车厢、各种农具、胶合板、造纸等用材；结构细至甚细，可供雕刻、车工（如鞋跟、玩具及其他美术工艺品）用；由于纤维甚切，可适作各种运动器械，在军工方面可适作枪托和手榴弹柄等（罗良才，1989）。

（尹五元）

121 观光木

别　名 | 香花木（《中国树木志》《海南植物志》）、香木楠（《中国高等植物图鉴》）、宿轴木兰（《广东植物志》）

学　名 | *Tsoongiodendron odorum* Chun

科　属 | 木兰科（Magnoliaceae）观光木属（*Tsoongiodendron* Chun）

观光木原产于我国长江以南地区及越南北部，分布于江西（南部）、云南、贵州、广西、湖南、福建、广东和海南等热带到中亚热带南部地区，是高档家具和木器的优良木材，也是著名园林绿化和香化植物，其花可供提取芳香油，种子可供榨油。为木兰科的单种属植物，是木兰科中较进化种类，对木兰科的分类系统研究有重要意义，也是我国特有的古老孑遗树种，对研究古代植物区系、古地理、古气候都有重要的科学价值，被列入国家珍稀濒危二级重点保护野生植物。对该树种进行保护及异地繁育，保护其物种多样性，丰富造林树种资源，具有非常重要的意义。

一、分布

观光木在我国的分布范围为26°N以南的亚热带（主要是南亚热带）和热带，包括福建、江西（南部）、贵州（南部）、广东、广西、云南（东南部）、海南的广大山区，垂直分布于海拔300～800m的常绿阔叶林和疏林中。其中心分布区气候温暖，年平均气温18～25℃，最低气温和最高气温分别为-3℃和40℃，无霜期300～310天，年均降水量1500～2000mm，相对湿度80%～85%（程世等，2008）。

二、生物学和生态学特性

观光木为多年生常绿乔木，高可达25.0m，胸径1.2m。树皮灰褐色，具深纵纹。幼枝、芽、叶柄、叶下面与花梗均密被黄棕色或棕褐色伏毛。叶全缘，纸质或薄革质，倒卵状椭圆形或长圆形，长10～17cm，宽4～7cm，先端尖或钝，基部楔形，托叶痕几乎达叶柄中部。花期3～4月，花淡黄白色、芳香；花被片外轮大，向内渐小；花两性，雄蕊多数，雌蕊群柄粗、具槽，密布糙伏毛（杜铃等，2001）。

观光木大多生长在气候湿润温暖和土壤肥沃、有机质含量丰富且疏松的地区，弱喜光树种，幼龄时期耐阴性比较强，根系较为发达，分布区大多为砂页岩发展的偏酸性山地黄壤或红壤（4<pH<6）。

福建省观光木花（陈世品摄）

福建省观光木立木（陈世品摄）

三、苗木培育

1. 种子采集与处理

观光木的采种时间一般在10～11月，即当果壳为暗紫色时结实率最高。具体步骤：将采回的果实摊放在阴凉通风处4～5天，待果实开裂后轻敲或翻动球果，让种子脱离，然后用清水浸泡带假种皮的种子8～12h。浸泡后的假种皮会软化，人工搓洗去除红色假种皮，即可得到淡黄褐色的净种。将滤出的种子摊于阴凉处晾干，然后沙藏，沙藏时要求沙子相对湿度在90%左右，每隔1周翻动1次，保持通风。观光木种子多无明显休眠期，种子可随采随播或经沙藏后于翌年2～3月播种。

福建观光木叶果（陈世品摄）

2. 容器育苗

为节省种子，保证出苗整齐、苗木质量好，宜采用容器育苗。育苗基质选用70%泥炭土、15%的砻糠灰和15%的珍珠岩组成。育苗基质配好后，1m^{3}基质施1kg复合肥作基肥，同时喷施少量的甲基托布津或敌克松对育苗基质进行消毒。育苗容器选用长20cm、直径6cm的塑料袋。如有自动灌装机器，则可选用中国林业科学研究院林业研究所工厂化育苗中心研制生产的无纺纤维容器，容器直径6cm，容器切割长度为12cm。当芽苗长出2片子叶，叶片转绿后进行移植。移苗时，将芽苗用手指轻轻摁住并从基部向上提起，注意保护芽苗不受损伤。芽苗取出后，整齐地摆放于容器内，用湿毛巾盖好备用。移植前，先用竹签在育苗容器的基质中央打1个小孔，深5～6cm，然后将苗轻轻放入孔内，使根系充分舒展、不弯曲。

3. 苗期管理

芽苗移植后，应搭好遮阴棚，加强水肥管理和病虫害防治。定植后有少数芽苗会因处理不当死亡，需及时补苗。当小苗郁闭以后，要实施分苗工作，以促进苗木生长，培育优质壮苗。分苗前将苗床整平、消毒，并盖上一层黑色地膜，以防苗床长草和容器苗的根系扎进苗床里。分苗时，为使容器袋能直立在苗床上，可用长30～35cm的竹签插入容器袋内，将容器苗“钉”在苗床上。容器苗摆放密度为80～100株/m^2。小苗分好后，用复合肥配成0.3%～0.5%的水溶液，施入容器的基质内，以满足苗木生长的需要。经过1年的精心管理，苗木可以在翌年的2～3月出圃造林，1年生苗苗高可达40cm以上。

目前观光木的繁殖主要是采用随采随播或经沙藏后于翌年2～3月播种的育苗方法。杜铃等（2001）指出，观光木育苗的关键技术是要采集成熟种子并及时播种以及注意幼苗期遮阴、保湿、病虫害防治等环节。池毓章（2007）指出，采用沙藏可促进观光木种子提早萌发和提高场圃发芽率，采用60株/m^{2}的密度进行育苗较好。罗在柒等（2010）认为，泥炭土：珍珠岩：蛭石＝5：4：1是培育观光木较为理想的培养基质配方。程世等（2008）对观光木播种苗生长规律及育苗技术进行研究，结果表明，观光木1年生播种苗生长可分为出苗期、幼苗期、速生期和生长后期4个时期，但各地区生长期的长短不完全一致，可能与试验地的地理位置或气候条件有关；速生期苗高、地径生长量均达到全年最大，冬播比春播提早萌发。欧斌（2004）的研究表明，为提高造林成活率，需适当摘除部分叶片后种植。刘春华等（1993）认为，造林密度不宜过大，营造观光木纯林以1830～2505株/hm^{2}最为适宜；营造混交林时，以观光木615株/hm^2、杉木1890株/hm^2、呈梅花形配置最为适宜。

四、林木培育

1. 人工林营造

观光木喜湿、喜肥，造林地宜选择阴坡、半阴坡或阳坡中下部，要求土层深厚、肥沃、疏松、湿润、酸性土壤。山场造林，应在造林前3个月或前一年秋、冬对山场进行全面清理。清理时，将杂灌及采伐剩余物平铺在林地上，让其自然腐烂。采用挖大穴整地，穴规格60cm×60cm×40cm，回填表土。有条件的地方可在穴内施基肥，施复合肥或磷肥0.4kg/穴。造林密度，纯林1500～1950株/hm^2，混交林1650～2505株/hm^2，杉木与观光木混交比例为（1～2）：1，采用株间或行间混交，但观光木的株行距应大于杉木的株行距，这是混交造林的关键措施之一。其他方面遵循一般造林方法即可。

2. 抚育管理

造林后应及时检查造林成活率，如有死亡苗木及时补植。造林当年8～9月除草松土、扩穴1次，以后每年进行除草松土1～2次，连续进行3～4年，直至林分郁闭为止。有条件的地方可结合松土施追肥。造林7～8年后，林木开始分化，对较密的林分可实施第一次疏伐，以后每隔5～6年间伐1次，直至达到主伐密度为止。主伐保留密度1050株/hm^2，主伐期约为40年。

福建观光木林分（陈世品摄）

3. 造林技术

观光木对水肥要求比较苛刻，造林地以土壤肥沃、土层较厚、空气湿润的谷底和中下坡地为宜。在造林前要进行炼山整地（株行距为2m×3m，穴规格为40m×40m×60m），造林前1个月每穴施入0.5kg复合肥，并与入穴表土搅拌。选择春季雨水较丰沛时植苗，以提高苗木成活率；造林后半年适当进行除草抚育；定植3～4年后可以郁闭成林，此时应进行抚育间伐，为留下的植株提供良好的生长空间。按照

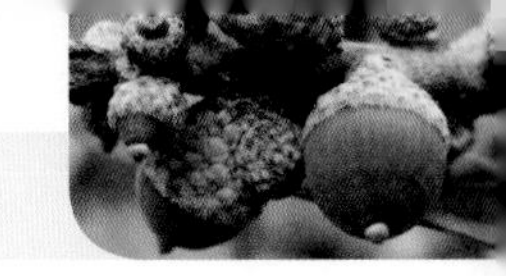

“去小留大，去弱留强，去密留稀”的原则，第一次间伐强度为30%；第一次间伐后5年进行第二次间伐，强度为20%～25%；若要培育大径材，还应进行第三次间伐，最后保留林分密度为750～900株/hm^2。此外，观光木适合与杉木、马尾松、米槠等小径材、用途广、生长快的速生树种混交（刘春华等，1993），并有研究表明，观光木与杉木混交能有效提高土壤养分及在一定程度上改善土壤结构。

五、主要有害生物防治

观光木小苗易患根腐病和茎腐病，防治方法：每隔1周要用敌克松、多菌灵或波尔多液喷洒一次防治，交替使用，以免病菌产生抗性。虫害主要是潜叶蝇幼虫及卷叶蛾幼虫。前者食叶肉，后者卷叶危害。防治方法：小面积发生时可人工摘除叶卷苞；大面积危害时，可用90%敌百虫500～1000倍液，或80%敌敌畏1000～1500倍液喷洒。

种子从10月播种至翌年4月极易遭受鼠害，所以要积极预防鼠害。在4～5月，幼苗易受地老虎等地下害虫危害。防治方法：一般可于晴天傍晚用99%敌百虫0.1%溶度的溶液进行地面喷药。6～8月，由于幼苗处在高温高湿环境中生长，如果圃地排水不畅，幼苗极易得根腐病、立枯病等病害。防治方法：一般以预防为主，应使排水通畅，每隔半个月喷杀菌剂，如多菌灵等，也可在肥水中加入井冈霉素等药液浇灌苗木，起到预防的作用，减少病害的发生。较常见的病虫害有蚜虫、潜叶蛾、卷叶蛾等。防治方法：蚜虫危害时用氧化乐果800倍液喷洒防治。

潜叶蛾用25%杀虫双水剂400～600倍液、2.5%敌杀死乳剂3000～4000倍液、20%杀灭菊酯8000倍液、20%灭扫利乳油2000倍液等防治。在喷药防治时注意不同种类的药剂要轮换使用，以免抗药性的产生。

六、材性及用途

观光木干形通直，木材轻软、结构细腻、干燥开裂小、纹理通直，果实形状独特，是优良的庭园观赏树种和行道树种，还可作家具、乐器及细木工等用材。其树冠浓密，花多而美观、具芳香味，可供提取香料。除此之外，观光木还具有重要的药用价值。郝小燕（1999）用GC-MS法定性定量地分析了观光木精油的化学成分，鉴定出3-乙烯-1-醇、莰烯、罗勒烯、柠檬烯、芳樟醇等30种化合物。宋晓凯等（2002）对观光木根皮、树皮的化学成分和生物活性进行研究，发现根皮、树皮乙醇浸膏的乙酸乙酯萃取部分、正丁醇萃取部分和木香烯内酯均具有抗肿瘤活性。何开跃等（2007）用有机溶剂萃取法鉴定出观光木叶片中的挥发油含38种化合物，主要成分为酯类、萜类、醇类和芳香族化合物，具有较强的抑制和清除超氧阴离子活性。因此，可进一步研究该植物的药用价值，了解其化学成分和生物活性。

（张国防，毕学琴）

122 槐树

别　名｜国槐、中国槐（北京、河南）、家槐（河南）、豆槐（湖南）、白槐（广东潮州）、细叶槐（江西）、金药树（福建）、黑槐（山东）、守宫槐（《群芳谱》）

学　名｜*Sophora japonica* L.

科　属｜蝶形花科（Fabaceae）槐属（*Sophora* L.）

槐树是我国栽培历史悠久的树种，全国各地槐树古树众多，是北京、西安、银川、兰州、太原、大连等城市的市树。其寿命极长，树冠浓密，绿阴如盖，是庭院绿化常用的特色树种。在我国北方多用作行道树，也经常配植于公园、街区建筑四周及草坪上，是我国北方城市重要的园林绿化树种。槐树材质优良，是建筑或制农具和家具的理想用材。槐树对二氧化硫等有害气体及烟尘等有较强的抗性。

一、分布

槐树原产于我国，在北自辽宁、内蒙古，南至广东、台湾，东自山东，西至甘肃、四川、云南等地区均有分布，在华北平原及黄土高原分布较为集中。日本、越南、朝鲜也有分布，欧洲、美洲各国均有引种。在华北、华中、陕西、湖北西部、四川东部及中部从平地到海拔1000m高山地带均能生长。

二、生物学和生态学特性

落叶乔木，高可达15～25m，胸径达1.5m。树冠圆形。主干树皮灰黑色，小枝绿色，皮孔明显。奇数羽状复叶，总柄长15～25cm，小叶9～15枚，卵状长圆形。圆锥花序顶生，花蝶形，花冠黄白色；雄蕊10枚，不等长。荚果肉质，于种子之间缢缩，呈串珠状，长2.5～5.0cm，不裂。种子1～6mm，深棕色至黑色。花期7～8月，10月果熟，经冬不落。

常见变种有4种。①龙爪槐（*Sophora japonica* var. *pendula*）：小枝弯曲下垂。采用嫁接繁殖，以槐树作砧木。园林栽植供观赏。②紫花槐（*Sophora japonica* var. *violacea*）：小叶15～17枚，叶被有蓝灰色丝状短柔毛；花期迟，花的翼瓣和龙骨瓣带玫瑰紫色。③五叶槐（*Sophora japonica* f. *oligophylla*）：小叶3～5枚，簇生，顶生小叶有时3裂，侧生小叶下侧常有大裂片。采用嫁接

北京市朝阳区和平里西街槐树行道树（彭祚登摄）

槐树果实和枝叶（彭祚登摄）

繁殖，砧木用槐树。河南、河北及北京等地庭院有栽植。④金枝槐（*Sophora japonica*‘Golden Stem’）：侧生小叶下部常有大裂片，叶背有毛，枝条黄色。园林观赏栽植。

槐树为深根性树种，根深而发达。幼龄时生长较快，1年生苗高达1m以上，因其顶部的节间短而密，故在幼苗期要合理密植，防止树干弯曲。以后中速生长，一般7～8年生高4～5m，胸径5～6cm；20年生胸径15～20cm；30年生可作檩材；50年生胸径50cm左右，可采伐利用。树龄过老易空心，影响材质，但潜伏芽寿命长，因此高龄古树树冠仍可见更新新枝。

槐树为温带树种，耐寒，喜光而稍耐阴，能适应较冷气候。对土壤要求不严，在酸性至石灰性及轻度盐碱土，甚至含盐量在0.15%左右的条件下都能正常生长。抗风，也耐干旱、瘠薄，尤其能适应城市土壤板结等不良环境条件。但在湿润、深厚、肥沃、排水良好的沙质土壤生长最好，在过于干旱、贫瘠、多风的地方难成高大良材。在低洼积水处生长不良，甚至落叶死亡。槐树对二氧化硫、氯气、氯化氢及烟尘等的抗性亦较强。

三、良种选育

经资源普查，进行优树选择可获得槐树优良品种。例如，聊城大学邱艳昌从槐树栽培苗中发现的新变异类型——‘聊红槐’。以下为目前选育出的良种。

‘鲁槐1号’（鲁S-SV-SJ-026-2013） 由山东省林业科学研究院等单位选育，树体丰满，树形优美，树干通直，叶片大，叶色浓绿有光泽，分枝角度小，4年生树高5.5m，胸径5.57cm（王开芳等，2014）。对盐碱有轻度抗性，对二氧化硫有较强的抗性，可在城市绿化中推广应用。适宜在北方盐碱含量0.2%以下区域栽培。

‘曹州槐1号’（鲁S-SV-SJ-046-2010） 由菏泽市林业局等单位选育，具有速生、干形通直、树皮光滑、抗性较强等优良特点，有较高的观赏价值。其材积生长量超过对照的普通槐树68.7%。适宜在全国各地栽培。除此之外，该单位还选育出了‘曹州槐2号’‘曹州槐3号’品种，并通过了鉴定，其材积生长量分别超过对照58%、56.5%（赵合娥等，2009）。

‘聊红槐’（国R-SV-SJ-001-2011） 由聊城大学邱艳昌等选育的槐树变异新品种，其花朵旗瓣为浅粉红色，翼瓣和龙骨瓣为淡紫色。在聊城地区花期为7月上旬到8月中旬，较普通槐树长14天左右。夏季‘聊红槐’满树红花，景观新奇，甚是美丽。‘聊红槐’耐寒、耐旱、耐贫瘠，适应性强，生长快，耐修剪，抗风，抗污染，耐烟尘，适应我国北方城市环境栽培。

四、苗木培育

1. 播种育苗

（1）采种与种实调制

肉质荚果成熟时呈暗绿色或淡黄色，失水皱缩后呈半透明状，悬于树上经久不落，也不开裂，从10月开始至整个冬季均可采种。30年生以上生长健壮的槐树单株出种率高，种仁饱满。果实采摘后，用水浸泡6～8天，搓去荚果肉质果皮，淘洗去杂，摊晾晒干，净种，可使净度达90%以上。槐树果实出种率约20%，千粒重120～150g，纯净种子粒数0.7万～0.8万粒/kg。

（2）种子催芽

种子的种皮透水性差，播种前需要采取热水浸种或层积催芽措施。热水浸种是在播种前用始温为80℃的水浸泡种子，自然冷却，24h后将膨胀种子取出。对未膨胀种子再用90～100℃的热水浸泡，同上处理方法。一般经3～4次处理，绝大部分种子都能膨胀。将膨胀的种子分次随捡随播。1986年中国林业科学研究院用此方法在蛭石上播种，发芽率可达66%以上。层积催芽是在发芽前1个月，先用始温为80℃的热水浸泡5～6h，捞出掺沙2倍并拌匀，将种沙混合物置于室内通风阴凉处，厚20～25cm，上面撒些湿沙盖严，避免种子裸露，再覆一层塑料薄膜。或埋放在室外干燥向阳处宽1m、深50cm的沙藏沟中，种沙混合物层厚50～60cm，在混沙种子堆中部放置通气装置，经常检查温度和湿度变化。待种子25%～30%裂嘴后，即可播种。层积催芽发芽率高，一般可达70%以上。

（3）播种

一般采用大田高垄育苗。播种前育苗地每亩施优质基肥2500kg、复合肥50kg，同时采用有效成分为种子量1%～2%的辛硫磷40%乳油拌种，或用2.5%辛硫磷微粒剂1.5～1.8kg/hm^{2}进行土壤处理防治地下害虫。土地要精耕平整，早春整地前浇水造墒。土地平整好后，喷乙草胺除草。按70cm行距做垄。

于3月下旬至4月上旬播种。顺垄开沟，条播，用种8～10kg/亩，覆土厚度2～3cm。压实后喷洒土面增温剂。出苗前，保持土壤湿润。7～15天幼苗萌发出土。也可用地膜覆垄，用打穴器打穴，深2～3cm，穴距20cm。将经催芽膨胀的种子点入穴内，每穴2粒，覆土厚度2cm。覆盖地膜，出苗快而整齐。

北京市工业设计研究院古槐树单株（彭祚登摄）

（4）育苗地管理

幼苗出齐后，4～5月分2～3次间苗，按株距10～15cm定苗，可产苗7000～10000株/亩。5～6月按每亩用硫酸铵5kg左右，追肥3～4次。当年苗高可达1.0～1.5m。5～8月每30～40天中耕除草1次，也可按每亩用25%除草醚0.75kg，掺湿润细土15kg撒于苗行间除草，可保持30～40天不生杂草。雨季要注意排涝。

槐树留床苗在3～4月要浇1次透水（返青水）。6～7月，应再浇1次透水。秋季适当减少浇水，控制苗木生长，促进木质化。秋末冬初，土壤结冻前，浇1次封冻水，以保证苗木顺利越冬。夏季雨天要及时排涝，防止因育苗地长时间积水造成苗木死亡。

为促进苗木加快生长，提高合格苗产量，可以根据苗木的生长情况和季节进行追肥。当发现苗木叶色变淡、植株细弱时，也应及时施肥；天气转冷，苗木进入休眠时施1次冬肥，以利于翌年苗木的生长发育；天气转暖，应追施1次化肥（冯京华，2016）。

2. 扦插育苗

（1）嫩枝扦插

刘荟（2004）在甘肃白银市平川区中心苗圃经过3年试验对槐树嫩枝进行扦插育苗，获得了50%以上的生根率。其所采取的育苗技术如下。

种条采集与处理 在白银市平川区于6月下旬至7月上中旬，选6～8年生优良槐树树冠外围的当年生枝条，在清晨、傍晚或阴雨天采条。嫩枝上保留1/4能够进行光合作用的成熟叶片。扦插前嫩枝种条用800倍复方多菌灵溶液浸泡5min，然后用质量分数为0.2% ABT 1号生根粉溶液速蘸5s。

扦插基质 选择蛭石、蛭石+素沙（1∶1）或素沙+腐熟锯末（2∶1），用0.5%高锰酸钾3～5L/m^{3}对基质进行消毒处理，控制基质含水量在10%左右。

扦插 嫩枝插条随采随插，扦插深度3.5～5.0cm，插后压实，边扦插边喷雾。

育苗环境条件 扦插在带自动喷雾装置的塑料拱棚内进行，外设2层遮阳网遮阴，开侧

窗通风，保持棚内气温25～35℃，相对湿度80%～90%。

（2）硬枝扦插

槐树插条具备愈伤组织生根的特性，插条一旦形成愈伤组织后，不定根就很快生出。秋季母树叶落后，采集当年生枝条在温室有补光条件下，于容器中扦插培育，插穗10天后开始生根发芽，20天后生根成活率达到97%。石进朝（2001）曾在北京市农业职业学院室外苗圃试验槐树硬枝扦插，春插和秋插都能达到87%以上的成活率，当年高生长量春插可以达到96cm以上，秋插翌年可达到131cm以上，秋插比春插有较大的高生长量。其所采用的关键技术如下。

插条采集与制穗　秋季槐树落叶后采条，选取1～2年生的健壮萌条或平茬条，截取长15cm、直径1～3cm的插穗。截制插穗时切口上平下斜，上切口在芽上方1.0～1.5cm处，下切口在芽下方0.5cm处，上下切口均平滑。

插床准备与土壤消毒　插前深翻土壤40cm，做成长10m、宽1.2m的低床。用5%多菌灵对土壤进行消毒。

扦插　春季和秋季均可扦插。秋插需在日光温室中进行，春插可在室外进行，但在插后需做拱棚，用遮光度80%～90%的遮阳网覆盖。扦插株行距5cm×20cm，插深10cm，上露5cm。直插和与地面呈45°角斜插均可。

插床管理　秋季扦插后每天8:00拉草席透光，16:00放席保温，依土壤墒情及时浇水。1～2月各喷1次5 %的多菌灵，4月当苗高30cm时喷1次5%的尿素并及时去掉草席。春季扦插后依土壤墒情每隔3～5天浇1次透水，4～5月各喷1次5%多菌灵，当苗高30cm时喷1次5%的尿素，6月中下旬撤掉遮阳网。苗期注意抹芽、灭虫、培育直干等工作。

3. 嫁接育苗

近年来，为满足城市绿化造林用高规格槐树大苗，在苗圃采用嫁接方式培育特色优质槐树苗木越来越多。槐树嫁接育苗一般可以选用2年生以上的普通槐树作为砧木，选取具有巨大市场前景的槐树自然变种为接穗。例如，在园林苗圃培育金叶槐树苗木时，常以普通槐树为砧木，以叶片色泽金黄的槐树变种为接穗进行嫁接繁殖。

槐树嫁接育苗多以高枝嫁接方法培育大规格苗木，但普通商品种苗培育时，为获取大的遗传增益和降低生产成本，也采取1年生或2年生槐树实生苗进行低枝嫁接培育。

（1）春季枝接

高接　在4月上中旬砧木苗尚未发芽前，树液将开始流动时进行。选取胸径3cm以上主干通直的槐树苗作砧木；入冬后或刚开春后选用当年生健壮槐树良种的枝条，剪取枝条中段长6～8cm的部分作接穗，将接穗放进90～95℃的融蜡中速蘸，使表皮蘸上一层薄蜡，并装进薄膜袋中冷藏或沙藏待用。可用劈接和插皮接两种方法。

劈接：在离地2m左右处将砧木锯断，削平茬口。在断面中心用嫁接刀由上至下垂直劈一刀，深度2.5cm左右。在接穗下端一个芽的两侧各削一个长2.5cm左右的楔形斜面，使有芽的一边稍厚，另一边稍薄，削面要平。用嫁接刀把砧木劈口撬开，将接穗厚边向外慢慢插入劈口内，使砧木劈口外侧形成层与接穗外侧形成层准确对接，并让砧木紧紧夹住接穗。一般可同时插2根接穗，较粗的砧木可劈“+”字形劈口，插4根接穗。在接口处涂上稠泥或湿土，然后用15～20cm长的薄膜条从下至上绑紧，在外面罩一个塑料薄膜袋。

插皮接：同劈接法选取、削平砧木。在树皮平滑的一侧，先用嫁接刀在砧木韧皮部斜削一个“V”字形小斜面。再在斜面中央部位切一深达木质部的竖口，切口长度稍短于接穗大削面。在接穗下部削一个长2～3cm的斜面，削面要求薄而平，在其背面的两侧，浅削去表皮。最后将接穗斜面面向木质部，顺砧木切口插入，深度以大斜面在砧木切口上微露为适。绑缚方法同劈接。

低接　适用于以2年生槐树苗作砧木的嫁接。在距地面15～20cm处进行，方法同上。一般1株砧木只插1根接穗。嫁接绑好后，自植株周围培土至将接穗盖严。

（2）夏、秋芽接

夏接在5月下旬至6月下旬进行，以当年成熟饱满的枝条作接穗，嫁接后当年可萌发生长成为成品苗；秋接一般在8月下旬至9月中旬进行，接后能充分愈合而当年不萌芽，为半成品苗。

芽接分为高芽接和底部芽接。高芽接一般在夏季进行，当年可成苗。底部芽接可夏、秋两季进行，夏接可培育成品苗，秋接主要培育半成品苗。

4. 组培育苗

槐树组培育苗具有较大难度，但相关研究已经有成功的报道。例如，袁秀云等（2007）采用MS+2.0mg/L 6-BA+0.2mg/L NAA+0.5mg/L KT胚状体诱导培养基诱导槐树种子子叶，75%实验材料产生了愈伤组织，并且在MS+1.0mg/L 6-BA+0.1mg/L NAA芽诱导培养基诱导产生了芽分化，在1/2MS+0.3mg/L NAA培养基上生根培养，促使60%的无根幼苗生根。刘桂民等（2012）以继代培养的无菌试管苗为实验材料，采用1/2MS+0.5mg/LIAA +2%蔗糖+0.65%琼脂的培养基诱导实验材料生根，生根率高达86%，且根系发达，嫩梢生长量大，苗木健壮。

5. 大苗培育

大苗培育用于城市绿化，一般5年生以上大苗才可出圃。培育大苗必须经过移植培育。在移植培育期间，因槐树苗木枝条顶端芽密节短，极易生长形成树干弯曲、枝条紊乱的劣质苗，因此必须经过养根、养干过程。

养根 在移植育苗地，每亩施5000kg优质有机肥作基肥，然后翻耕整平。春季土壤解冻后，将1年生苗木按70cm×40cm的株行距进行移植，移栽后及时灌水，并适时追肥除草，尽量不修剪，促使枝叶繁茂、树冠丰满。移植后1~2年地径达2cm左右时，秋末翌春，从地表3~5cm处截干。剪口要平滑，不使劈裂。截干后，每亩施有机肥5000kg作基肥，为翌年生长打下基础。

养干 苗木截干后的第一年是培养通直树干的关键阶段。主要措施包括除蘖和水肥管理。

当春季气温回暖、土壤解冻后，截干处萌发大量不定芽，长至20cm以上时，每株留一个直立向上、生长健壮的枝条，其余全部去掉。对新干必须加倍注意防止损伤，及时去掉侧枝和萌蘖芽。对影响主枝生长的过旺侧枝从基部剪掉，否则仍可养成直立主干。除蘖后要加强水肥管理。一般在雨季前，每隔7~10天灌水1次，每隔15~20天追施1次氮肥。

经过养干的槐树苗木高可达3~4m，树干通直、粗壮光滑，翌年即可再移植，加大株行距，继续培育，以达到定植规格。定植苗木的胸径20~45cm均可，但大苗移植时树冠要加强修剪，以利于成活。修剪后一般2~3年即能恢复丰满的树冠。

五、林木培育

1. 立地选择

槐树最适宜在肥沃、排水性良好、深厚的沙质壤土上生长，应避免选择盐碱地、低洼地以及重黏土地作为造林地或栽植地。

2. 整地

采用裸根苗大面积造林可用机械开沟或挖穴，以深0.4~0.5m、直径0.4~0.5m为宜。城市绿化采用大规格带土球苗造林，树穴必须足够大，一般深度在80~100cm，宽度为60~80cm，长度为80~100cm。可人工也可机械挖掘树穴。

3. 栽植

槐树一般采用植苗方法造林。裸根苗造林在每年3月下旬至4月进行。选用2~3年生截干苗。为提高造林成活率，并且为形成良好的树形打下基础，造林苗木移栽前要进行必要的修剪。在主干距顶部20~40cm选择主要骨架枝条，留取3~4个主枝，每个主枝留取30~40cm进行截取，将多余的枝条、病虫危害的枝条进行疏除，以平衡根系和树冠的比例。对修剪形成的伤口，一般采用油漆混合少量汽油进行涂抹或者以塑料袋包裹。最好在造林前一年秋季提前挖好穴，以便蓄积水分。

槐树造林可按株行距（0.5~1.0）m×（1.0~1.5）m，以“品”字形或长方形配置，行距的宽窄主要由所用机械的大小决定（冯京华，2016）。移栽时，应将树穴底部土壤提前松土以利于新栽

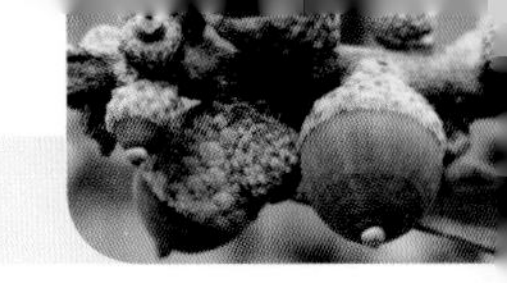

树木根系的定植。一般松土深度10～20cm，之后将生土回填树穴内。当穴土回填至离地面20cm时，轻轻摇晃树干以使根系与土壤密切接触，然后踩实，并将树干周围回填土修成倒漏斗形以利于蓄水。

栽植后应连浇2次透水。每次浇水时待水渗干后封穴，然后表面再置一层松土，以减少水分蒸发。也可用地膜覆盖树木基部四周，可以发挥保墒、保温作用，促进根系生长，提高苗木成活率（马传达，2015）。

槐树作为绿化树种应用较为广泛，在我国北方乡村四旁绿化、城市行道树、庭园树和环境保护林带栽培选用较多。槐树绿化栽植一般都用5年生以上、胸径大于4cm的带土球大苗，栽植株行距4m × 5m。大苗栽植时要根据土球的大小挖穴。栽植时保证填土细碎、根土密接、踏实土面、灌足底水。栽植完后架设支架固定树干，以防倒伏。当年雨季前灌水3～5次，并适当追肥。冬季封冻前要灌水封土，使之安全越冬。树冠郁闭后，对枯枝干杈要及时修剪，并对伤口采取封口措施。

4. 幼林抚育

松土除草 槐树栽植后，根据土壤墒情和林地杂灌草状况适时进行松土除草。在有灌溉条件的地方，每次浇水后都应及时进行松土。松土除草深度以不损伤苗木根系为宜。槐树栽植2年后，在每年的生长季节里应进行2～3次的松土除草。对水分不足、气候干燥、地力较差或杂灌草茂盛的地块，还应适当增加松土除草的次数和年限。

灌溉与排水 槐树苗木栽植后应及时浇2次透水，使土壤与根系紧密结合。6～7月苗木生长旺盛，根系吸收的水分通过地上部分不断蒸发，耗水量大，应再浇1次透水。秋季适当减少浇水，以控制苗木生长，促进木质化。秋末冬初，土壤结冻前，浇1次封冻水，以保证苗木顺利越冬。在栽植后的2～3年内，如果天气干旱，还应注意采取浇水措施。槐树在低洼积水处生长不良，夏季雨天要及时排涝，防止因长时间积水造成幼树死亡。

施肥 槐树苗木定植后的第二年和第三年雨季来临前，每年追肥1～2次。追肥采用沟施法，即在离苗木25cm处利用施肥机沟施尿素或磷酸二铵，施肥量120～150kg/hm^2。施肥应选择天气晴朗、土壤干燥时进行，施肥后立即浇水，第三年年底槐树幼树胸径可达4cm以上。

六、主要有害生物防治

1. 槐树腐烂病（*Macrophoma sophorae*）

通常发生在2～4年生苗木绿色主茎及大树的1～2年生绿色小枝上，3月初至4月末是发生严重阶段。该病害有两种类型，其一是由镰刀菌（*Fusarium*）引起，发病初期表现为黄褐色水渍状病斑，约20天后，病斑中央出现橘红色分生孢子堆，病斑可环切主茎致上部枝干枯死；其二由小穴壳菌（*Dothiorella*）引起，发病初期特征与前者相近，后期病斑上出现许多小黑点。病菌主要通过伤口或坏死的皮孔处侵入使槐树感病。防治方法：可在秋季和早春（3月初之前）用含有硫黄的生石灰水涂白树干预防；如已发生病斑，可涂药防治。同时，应加强水肥管理，保护伤口，提高树木生长势。

2. 槐树瘤锈病（*Uromyces truncicola*）

槐树瘤锈病病原菌为担子菌亚门的茎单胞锈菌（*Uromyces truncicola*），主要危害槐树叶片、叶柄及枝干。感病叶片背面和叶柄生有黄褐色粉状孢子。感病枝条病部形成纺锤形的瘿瘤，密布纵裂纹，秋天在裂纹中散生大量黑色粉状物。病原菌在瘤内可存活多年，病瘤枯死前可以每年产生大量的冬孢子。发病重的植株树冠枝叶稀疏。防治方法：在发病初期喷施杀菌剂防治，隔12～15天喷一次，连续喷2～3次。还可通过清理染病植株，或在冬孢子扩散前彻底剪除病枝等抚育措施进行综合防控。

3. 蚜虫

蚜虫种类很多，绝大多数对林木和果树有很大危害。刺槐蚜对槐树、刺槐、紫穗槐等豆科植物危害较严重。蚜虫一般每年可发生几代至数十代，繁殖速度和数量十分惊人。蚜虫营两性和孤雌交替生殖方式。春、夏两季以孤雌胎生繁殖，经若干代后，秋季产生雄蚜，两性交配产出受精卵越冬或孵化幼蚜越冬。但在亚热带地区，蚜虫可没有越冬，终年以孤雌方式繁殖。蚜虫的生活周期有3种类型：移迁寄生型，如刺槐蚜（*Aphis glycines*）；单一寄生型，如松大蚜（*Cinara pinea*）、葡萄根瘤蚜（*Phylloxera vitifolii*）；混合寄生型，如落叶松球蚜（*Adelges laricis*）。蚜虫生长繁殖一般要求温度15～25℃和空气相对湿度65%～80%的条件，在通风不良、生长茂密隐蔽的林内最易发生。蚜虫一般通过汲取枝条嫩梢、叶片、花序及果实汁液而引起梢叶卷曲、变色或形成虫瘿等影响寄主植物生长，同时还能引发煤污病。防治方法：可通过加强水肥管理、控制合理密度、清杂疏剪、通风透光等措施综合防控；冬季剪除带卵枝和叶或刮除枝干上的越冬卵，以消灭虫源；在成蚜、若蚜发生期，可喷施或在树干基部打孔注射无公害药剂防治，也可在刮去外表皮的树干上涂5～10cm宽的药环。

4. 槐树尺蛾（*Macaria elongaria*）

槐树尺蛾在北京地区1年至少发生3代，其第一代在5月下旬至6月上旬化蛹，第二代在7月化蛹，第三代在8月上旬至中旬化蛹，以蛹在树干基部及周围松土中越冬。越冬蛹在4月下旬至5月中旬羽化。槐树尺蛾主要以5龄幼虫取食叶片危害槐树。幼虫有吐丝下垂习性，常借风力迁移，故有“吊死鬼”之称。防治方法：可在幼虫入地化蛹时人工扫集或深处挖蛹除虫；也可在幼虫幼龄期，通过摇震树干，使幼虫吐丝下垂后集中杀死，或采用化学药剂喷雾防治。

5. 红蜘蛛

参见板栗。

6. 锈色粒肩天牛（*Apriona swainsoni*）

锈色粒肩天牛在山东、河南等地2年发生1代，以幼虫在枝干木质部蛀道内越冬，5月上旬开始化蛹，蛹期25～30天，6月上旬至9月中旬为成虫期，成虫取食新梢嫩皮补充营养。成虫不善飞翔，受到震动极易落地。初孵幼虫自韧皮部垂直蛀入边材，在蛀入5mm深时，即沿枝干最外年轮的春材部分横向蛀食，不久又向内蛀食。幼虫在蛀道内来回活动，蛀食木质部，危害期长达13个月，造成树干内的疏导组织被破坏，树叶发黄，枝条干枯。防治方法：可在成虫羽化高峰期，人工将蛹收集杀死。通过震动树干，将成虫震落捕捉。也可以利用天敌防治，花绒坚甲（*Dastarcus longulus*）是锈色粒肩天牛的主要天敌。在成虫较多时还可用化学药剂喷洒树冠杀虫，15天1次，连喷2次。幼虫可用化学药液注射入蛀孔内，然后用药剂拌成毒泥封口进行毒杀。对槐树树干进行涂白可以预防锈色粒肩天牛产卵。

7. 槐树叶小蛾（*Cydia tradias*）

槐树叶小蛾1年发生2代，以幼虫在树皮缝隙或种子中越冬。幼虫多从复叶叶柄基部蛀食，造成复叶枯干、脱落，严重时树冠出现秃头枯梢。以7～8月危害最为严重。冬季可在树干绑草把或草绳诱杀越冬幼虫，也可在虫害发生期喷洒化学药剂杀灭幼虫。

七、材性及用途

槐树木材为环孔材，有光泽，无特殊气味，边材黄褐色或浅灰褐色，心材深褐色或栗褐色；纹理直，加工易，结构不均匀；气干密度0.702～0.785g/cm^3，质硬，端面硬度662～782kg/cm^2；富有弹性，抗弯弹性模量10.30GPa；干缩及强度中，体积干缩系数0.503%～0.511%，顺纹抗压强度45MPa；冲击韧性126～140kJ/m^2；耐腐蚀，抗蚁性强。其木材适于作室外杆材、建筑、工具器材、家具、地板、车辆、薪炭材等用材。

槐树树皮、枝叶、花、果肉、种子均可入药，花、果药用有收敛、止血作用，根皮煎水可治烫火伤。花、芽和种子可食。花是优良的蜜源，还可作黄色染料。

（彭祚登，王艳晶，张青）

123 砂生槐

别　名｜沙生槐、西藏狼牙刺、刺柴、吉（蓟）瓦（藏语）
学　名｜*Sophora moorcroftiana* (Benth.) Baker.
科　属｜蝶形花科（Fabaceae）槐属（*Sophora* L.）

砂生槐是槐属多年生矮灌木，西藏特有树种，分布于藏东南和雅鲁藏布江中游及其支流，是这一带干暖河谷灌丛的主要代表植物；抗干旱、耐瘠薄、适应性强，具有显著的保持水土和防风固沙功能，是西藏“一江两河”地区退化生态系统恢复的重要防护林树种；其种子可入药，嫩枝叶是牛羊等的饲料，同时也是当地农牧民的重要薪材，也是能源林树种。

一、分布

在西藏，砂生槐广泛分布于东起波密西至昂仁、海拔2800～4400m的雅鲁藏布江流域的河谷地带，属于高原温带半干旱、半湿润季风气候区，但集中分布于西藏雅鲁藏布江中游泽当至拉孜段的两侧低山宽谷及拉萨河、年楚河等主要支流的河漫滩沙质地、石质干山坡，海拔高度一般为3500～4100m（中国科学院青藏高原综合科学考察队，1988）。这里气候温暖、干燥，年平均气温5～9℃，年降水量300～450mm，为高原温带半干旱季风气候。

二、生物学和生态学特性

砂生槐为落叶矮灌木，高30～100cm。多分枝，小枝密生灰白色短柔毛（吴征镒，1985）。强喜光树种，寿命可达50年。地上部分多呈丛生，以单体从生组合成群体簇生。其中，每丛枝条数在8根以上，最多的达30余根。一般每年4月中下旬返青，6月开花，7月结荚，8月左右种子成熟，种子硬实率高达95%。属深根性树种，主根发达、穿透力极强。其抗逆性强，广泛生长于高河漫滩砂质地、风积沙地、石质干旱山坡等各种立地。主要靠种子繁殖，但平茬后萌蘖能力很强。

三、苗木培育

砂生槐裸根苗造林成活率比较低，故生产中多采用容器苗造林。2007年以来，西藏自治区林木科学研究院在柳梧苗木基地开展了砂生槐塑料大棚容器苗培育技术研究。

1. 种子采集与调制

砂生槐尚未建立母树林，一般在拉萨、日喀则等半干旱气候区的野生群落中采种，选择健壮、丰满、无或极少病虫害感染的植株（辛福梅等，2015）。果实多数在夏末至秋季成熟，荚果成熟逐渐由青转黄至褐黄，完全成熟时果荚褐黄色，果皮扭曲开裂，种子脱落。当荚果变为黄褐色时，人工采摘干燥、尚未开裂的荚果。如果种子已经脱落，可收集植株下地面上的种子。将采集的荚果摊放在水泥地面，在太阳光下暴晒。荚果充分干燥后，用力锤搓使种子脱落。之后，通过风选、筛选、水选清除各类杂质。最后，将种子平铺在水泥地表晾干。砂生槐纯净种子千粒重35～45g，短期保存可室温干藏，长期保存可在0～5℃低温下干藏。

2. 种子播前处理

砂生槐种子硬实率高，可以采用温水浸种法处理种子。即先用60℃温水浸种1天，然后每天再用80℃高温水浸种，每天用高温水浸种前，要将吸胀种子漂出，置于保湿10～15℃低温条件

西藏江孜县雅江宽谷砂生槐灌丛林相（赵垦田摄）

西藏乃东县砂生槐封育类型的防沙治沙工程（赵垦田摄）

西藏山南市砂生槐灌丛与杨柳共同组成雅江护岸林（赵垦田摄）

下贮存备用。也可以每天直接用80℃高温水浸种，直至98%以上种子充分吸胀。处理少量种子，也可以采用酸蚀法，即用98%硫酸浸种30min左右，之后用清水将种子清洗干净。

3. 容器育苗技术

砂生槐幼苗根系生长快，一般采用深度15～18cm、直径10cm左右的黑色塑料营养袋。其幼苗喜透水性良好的沙性基质，生产中常用的基质配方有2种：一是沙土拌森林腐殖土，比例为3∶1；二是沙土拌森林腐殖土、农家肥（腐熟羊粪）和化肥（二铵+尿素），比例为2∶1∶0.8∶0.2。也可直接采用当地的农田土（耕种山地灌丛草原土）作育苗基质，基质经硫酸铜消毒后装容器并浇透水。播种时，每个容器播2粒吸水膨胀种子。覆土厚度为种子短轴的2～3倍，即1～2cm，之后喷水。出苗期环境温度控制在（25±2）℃，土壤湿度保持在田间持水量的70%左右。

砂生槐主根十分发达，育苗时最好将容器摆放在离地面20～100cm的架子上，以便发挥空气切根的作用，或者将容器摆放在水泥地面（或砖）上。播种当年6月底撤膜炼苗，第二年春季可将苗木移到大棚外继续培养，其中大苗可出圃，小苗仍需继续培养。

四、林木培育

1. 造林地选择

在西藏“一江两河”地区，

砂生槐主要用于退化灌草生态系统的恢复，其中包括裸地植被恢复、固沙造林、退化砂生槐灌丛的补植。造林地一般为海拔4100m以下河谷地带的高河漫滩、阶地、山麓坡地以及半固定风积沙地。

2. 造林地整理

西藏“一江两河”地区春季干旱多风，加之地形破碎、坡度较大、土壤砾石含量高，多采用秋季或春季穴状整地，但风沙严重的地段一般在春季结合造林进行整地，即边整地、边造林。栽植穴的规格为上口径30～40cm、深度40cm、下口径30cm。同时，要清除砾石，在砾石较多的困难立地需进行客土。

3. 造林技术

常采用春季植苗造林，初植密度为2500株/hm^2，株行距一般为2.0m×2.0m，“品”字形配置。造林时覆土厚度要高出容器基质2～3cm。栽植前坑中灌水，栽植后要浇足定根水。为了土壤保墒，栽植后要留好10～20cm左右的蓄水坑。同时，可就地取材，用整地时清理出来的砾石覆盖栽植穴。

4. 抚育管理

除正常除草松土外，主要抚育措施是封育和平茬。砂生槐造林后，林地需要封育，防止人为樵采与牲畜践踏。进入开花结实期后，可进行低强度放牧，以促进天然更新。同时，老龄砂生槐需平茬复壮。秋季停止生长后进行带状或局地平茬，留茬高度以10cm为宜，既可以促进萌蘖，也可获得一部分薪材（尼珍，2014）。对于种实虫害比较严重的砂生槐灌丛，也可通过平茬方法来防治。

五、主要有害生物防治

砂生槐出苗后，如果温室大棚环境温度高于30℃，容易发生猝倒病。另外，砂生槐开花结实后果荚易受刺槐小蜂、豆荚螟危害。

1. 苗木猝倒病

最常见的病原是腐霉属（*Pythium*）、丝核菌属（*Rhizoctonia*）、镰刀菌属（*Fusarium*）和疫霉属（*Phytophthora*）的一些种。防治方法：可用10%多菌灵可湿性粉剂拌土，施药量5kg/hm^2，1：200药土比，苗木发病，立即用药土施于苗木根茎部。也可喷洒50%多菌灵可湿性粉剂500～1000倍液，或者1：1：120的波尔多液，每隔10～15天1次。预防苗木猝倒病，也可喷施百菌清每周1～2次。发病期间，用立枯净+多菌灵、猝倒灵+多菌灵，每隔2天交替喷施，效果也比较好。对于发病比较集中的幼苗，可拔除以防止病情蔓延。施药后，马上用清水喷苗以防茎叶部受药害。

2. 刺槐小蜂（*Bruchophagus onois*）

刺槐小蜂的卵、幼虫、蛹均在砂生槐种子内发育，以幼虫取食种仁造成危害，被害的种子绝大多数不能发芽。危害严重时，种子受害率达70%以上。防治方法：①检疫防治，加强植物检疫，严禁在刺槐小蜂危害严重的林分采集和调拨砂生槐种子；②经营防治，在砂生槐种子小蜂发生严重地段，可通过2年内全部平茬1次以破坏其发生环境，达到防治目的；③物理防治，清水漂洗种子，将上浮的有虫种子及空种子去掉，并用温水浸15min，能够将刺槐小蜂的幼虫和蛹杀死；④化学防治，成虫发生期喷洒化学药剂防治。

六、综合利用

砂生槐不仅是西藏高原温带半干旱地区荒山造林、防风固沙和水土保持的优良先锋树种，而且还是重要的经济植物，具有开发利用价值，在农牧民生产生活中发挥不可替代的作用。其花呈蓝紫色，数量大、花期长，是“一江两河”地区重要的观赏植物，而且也是重要的蜜源植物。种子入药，味苦、性凉，主治湿热黄疸、白喉、痢疾、赤巴病（胆）、消化不良等症。砂生槐种子所含化学成分具有消炎、抑菌、抗病毒、解热镇痛、护肝、抗癌、升血、平喘和抗心律不齐的功效。当年生嫩枝叶、种子和豆荚的粗蛋白质、粗脂肪含量远高于其他高原作物和牧草，是牛羊等牲畜的良好饲料，且砂生槐灌丛还是农牧民的重要薪材。

（赵垦田，臧建成）

124 刺槐

别　名 | 洋槐（通称）、德国槐（青岛）

学　名 | *Robinia pseudoacacia* L.

科　属 | 蝶形花科（Fabaceae）刺槐属（*Robinia* L.）

刺槐原产北美，因其较强的适应性、生长的速生性和用途的多样性被许多国家广泛引种栽培，与桉树、杨树一起被称为世界上引种最成功的三大树种之一。在世界速生阔叶树种中，其栽培面积仅次于桉树，占第二位。刺槐于19世纪末开始引入我国，目前已成为我国温带地区的主要造林树种，栽培遍及华北、西北和南部的广大地区，并以黄河中下游和淮河流域为中心。垂直分布可达海拔2100m。其生长迅速，萌蘖性强，根系发达，具根瘤，有一定的抗旱、抗烟、耐盐碱能力，是优良的水土保持、防风固沙、改良土壤和园林绿化树种。刺槐木材坚韧，纹理细致，有弹性，耐水湿、抗腐朽、耐磨性能好，适于作桥梁构件、机械部件、农具、矿柱、车轴、运动器材等用材。刺槐木材热值高，燃烧火力旺，时间长，灰分少，是极好的能源树种。其枝叶含氮量高，花期较长且稠密芳香，可以作为很好的饲料、肥料和蜜源植物。

一、分布

刺槐原产美国东部阿帕拉契亚山脉和奥萨克山脉一带，1601年被引入欧洲，1877年作为庭院观赏树从日本首先引入到南京培育栽植，但数量很少。1898年，刺槐作为造林树种从德国大量引入中国青岛。刺槐引种到我国后被广泛栽培，现广布于辽宁铁岭，内蒙古呼和浩特、包头以南，福州以北，台湾、江苏、浙江沿海以西，新疆石河子、伊宁、阿克苏、叶城，青海西宁，四川雅安，云南昆明以东地区，栽培区域在23°～46°N，86°～124°E范围内的27个省（自治区、直辖市）。在黄河中下游、淮河流域的黄土高原塬面、沟坡、土石山坡中下部、山沟、黄泛细沙地、海滨细沙地及轻盐碱地（含盐量0.3%以下）多集中成片栽植，生长旺盛。垂直分布从渤海、黄海之滨到海拔2100m（甘肃省临洮县）的黄土高原都有广泛栽植，在华北地区以海拔400～1200m的地方生长最好。

二、生物学和生态学特性

1. 生物学特性

落叶乔木，高10～25m。树皮灰褐色至黑褐色，浅裂至深纵裂。小枝具托叶刺，长可达2cm。羽状复叶长10～25cm，小叶2～12对，常对生。总状花序腋生，长10～20cm，下垂；花蝶形多

河南洛宁国有吕村林场刺槐果枝（彭祚登摄）

数，芳香；花瓣白色。荚果褐色，或具红褐色斑纹，线状长圆形，长5～12cm，宽1.0～1.3cm，扁平，有种子2～15粒；种子褐色至黑褐色，近肾形，长5～6mm，宽约3mm，种脐圆形，偏于一端。花期4～6月，果期8～9月。

刺槐的生长发育与气候、土壤等立地因子的关系密切。一般在气候温暖，土壤深厚、湿润、肥沃的地方，刺槐生长旺盛，开花结实晚，数量少。在刺槐分布区内，各地刺槐的生长期为160～306天，其规律是：由西向东，由北向南，生长期逐渐递增。在北京地区的刺槐芽膨大及树液流动时的日平均气温为7.1～8.1℃，落叶的平均气温为3.1～4.2℃。在呼和浩特市，刺槐一般在4月10日左右萌芽，5月1日左右开花，花期可至5月24日。8月底至9月初果实开始成熟。

在苗圃春季播种培育刺槐苗，6月中旬到9月中旬苗高生长最快，8月中旬到9月底地径生长最快。

刺槐在栽植后的第二至第六年是树高快速生长高峰，树高连年生长量可达1.0～2.5m，约持续3～4年，以后即显著下降。直径的快速生长期出现在栽植后的第五至第十年，胸径连年生长量可达0.9～2.7cm。刺槐的直径快速生长和立地条件有关，较好立地条件下的快速生长期来得早，持续时间长。材积生长的旺盛期在15～20年，在较好的立地条件下能保持到36年以上。据在北京西山试验林场的解析木调查，刺槐的材积连年生长量和平均生长量快速上升均出现在栽植后的前10年。

春季带干栽植的刺槐1年生幼林，6月至7月中旬树高即可进入快速生长，7月中旬以后，一直到9月上旬为止，直径生长最快。截干栽植是刺槐造林的成功经验。一般截干栽植后当年6月中旬到7月中旬萌生条高生长即可进入速生期，直径生长在7月上旬至8月底最为旺盛。

刺槐可萌芽更新和根蘖更新，在无人为干扰的自然条件下，由刺槐单株平茬产生的部分萌蘖条到3～5年后会逐渐衰退死去，最后留存1～2株生长健壮条，整个林分重新形成刺槐林，完成萌蘖更新。刺槐萌生林高径生长的速生期来得较早，一般在第一至第四年，第五至第十年尚有较快生长，其后生长平缓，萌生林多培育中小径材，采伐较早。

2. 生态学特性

刺槐是温带树种，影响生长的气候因子主要是热量和水分因子。在年平均气温8～14℃、年平均降水量500～900mm的地区生长良好。在年平均气温14℃以上、年平均降水量900mm以上的地区，生长迅速，但树高和胸径旺盛生长期持续时间短，树干低矮、弯曲。在年平均气温5℃以下、年降水量400mm以下地区，地上部分年年冻死，来年春天又重新萌发新枝，多呈灌木状态，不能正常开花结实。

刺槐喜光，不耐阴，即使在幼苗阶段也不耐庇荫。耐干旱瘠薄，但对水分很敏感。在水分充足时生长迅速；在久旱不雨的特大干旱情况下，则产生落叶，甚至枯死。水分过多常发生烂根和紫纹羽病，以致整株死亡。地下水位过高，易引起烂根和枯梢。据江苏沿海防风林试验研究站对5年生刺槐林的调查，地下水位0.5～1.0m的地方，

河南洛宁县国有吕村林场刺槐优良单株（彭祚登摄）

枯梢较多，烂根率达45%，地下水位浅于0.5m的地方，烂根率达70%，枯梢木很多，刺槐在积水、通气不良的黏土地上生长不良，甚至成片死亡。

在干旱季节中，土层深度在20cm以下的石质山地，刺槐干梢，生长缓慢。据山东省肥城县牛山林场等单位调查，在1967年前后连续3年干旱中，有些山坡上的刺槐被旱死50%～80%，愈是生长旺盛的林木，抗干旱的能力愈低，所以刺槐的抗旱能力是有一定限度的。另据马履一等1984年在北京西山实验林场的调查显示，引起刺槐大面积成片死亡的主要原因是干旱，在山地，地形、坡向、土层厚度通过土壤水分影响着刺槐的干梢死亡。

刺槐对土壤要求不严，在沙土、沙质壤土、壤土、黏壤土、黏土，甚至矿渣堆和紫色页岩风化石砾土上都能生长，也适应中性、酸性和含盐量0.3%以下的盐碱土。在平原地区，影响刺槐生长的主要因子是土壤质地、地下水深度和含盐量。在水分充足的沙地山沟、土石山地、河漫滩地及渠道边生长很快，干形通直。在土层深厚肥沃、疏松湿润的山沟、丘陵和低山沟的坡地、黄土高原沟谷坡地、壤质间层河漫滩及海滩、方田道路及渠道边、河堤、院内村边是刺槐最速生丰产的地方。

在冲风口栽植的刺槐易发生风折、风倒、倾斜或偏冠，7～8级大风即可使刺槐发生风折。营造在风口的刺槐生长很慢，干形不良。据甘肃省天水市水土保持科学试验站在天水市田家庄7年生刺槐林中的调查，梁峁风口的刺槐林树高生长量只有背风沟谷坡地刺槐林的67.5%，胸径生长量只有54.6%。而且冲风口的刺槐林易早衰，顶部枯死，逐渐全株死亡后再根部萌生，形成多代林，这在北京山地上表现得非常突出。

刺槐的萌芽力和根蘖性都很强，主干平茬或枝、干和根受机械损伤后均能萌发生长大量健壮的萌蘖条。

三、良种选育

1. 良种选育方法

早在20世纪70年代我国就开始了刺槐的良种选育研究（荀守华等，2009）。从20世纪70年代初期至80年代末，主要开展对刺槐速生品种的选育研究；从80年代末到90年代末，主要开展刺槐用材林无性系定向选育；从90年代末至今，主要进行了刺槐饲用及观赏等专用品种的引进及选育（谢圣冬，2008）。我国各地开展刺槐良种选育研究普遍采取的做法是：在广泛搜集刺槐优良单株的基础上建立基因资源库。然后筛选具有特异性性状的刺槐优良无性系。再将选定的优良无性系进行多点栽植试验，建立无性系测定林，通过比较和测定确定这些无性系的性状表现，获得稳定优良性状的无性系，经过批准，即可用于扩繁和推广。到目前为止，国内10多个省（自治区、直辖市）的教学单位及林业科研机构共选育刺槐优良无性系100多个、优良家系10多个、优良次生种源3个。所采用的具体方法主要有：

（1）种源选择

中国林业科学研究院林业研究所牵头组织了全国刺槐种源选择协作组，利用国内多批来源、多种生境的人工林作试材，开展次生种源选择和生产力、适应性评价，选出天水、盖县和阜宁3个优良次生种源。

（2）家系选择

20世纪中后期，山东省烟台市林业科学研究所开展了刺槐优树子代测定研究，测定选出了‘烟刺73037’‘烟刺73001’‘烟刺014’‘烟刺73007’‘烟刺5001’‘烟刺1001’等6个优良家系，其材积具有显著增产效益，可提高木材产量16%～54%。山东省临沂市林业局开展了刺槐优树半同胞家系选择研究，通过子代测定和统计分析，选出‘临刺8’‘临刺10’‘临刺11’‘临刺13’‘临刺36’‘临刺39’‘临刺50’‘临刺103’等8个优良半同胞家系，材积遗传增益显著。

（3）优树选择

全国刺槐良种选育科技攻关协作组在“六五”“七五”期间，从山东、辽宁、北京、河南、江苏、安徽、河北和宁夏8个省（自治区、直辖市）选出980个优良单株，在10个省（自治区、直辖市）选择24个试验点建立无性系测定

林，经过7年的区域化试验和综合评定，选育出11个速生无性系，材积增益达50%以上；选育出6个耐寒抗旱无性系，材积增益达50%以上。

（4）种子园

山东省菏泽市林业局利用刺槐优良无性系初级种子园自由授粉的种子播种育苗，从中选出超级苗并进行无性系测定，选育出速生无性系‘菏刺1号’；利用优树家系选择优良单株，经无性系测定，评选出速生优良无性系4个。

（5）引种

从欧美国家引进花色艳丽、叶色金黄或冠形独特的观赏刺槐品种，如红花刺槐（*Robinia pseudoacacia* var. *decaisneana*）、金叶刺槐（*Robinia pseudoacacia* f. *aurea*）、伞刺槐（*Robinia pseudoacacia* f. *umbraculifera*）等，成为我国种苗市场上畅销的园林乔木品种。北京林业大学从韩国引进了饲料型和速生型四倍体刺槐品种，枝叶有效营养成分含量高，使刺槐的枝叶在牲畜饲料生产中有了更高的开发利用价值。同时，从匈牙利引进刺槐速生用材品种，适宜营造速生用材林。

（6）诱变育种

刺槐种子经“实践八号”育种卫星于2006年9月9日15:00搭载升空，种子返地后进行温室育苗和大田定植。在苗木长成后连续对实生苗进行观测，经过调查研究，筛选获得1株托叶刺形态明显变异的植株。其显著特征表现为主干和侧枝托叶刺退化，近于无刺或刺极短。

（7）倍性育种

韩国学者利用秋水仙素处理刺槐种子后，经播种育苗后进行选择，选育了具有饲用价值的四倍体刺槐无性系。我国学者用秋水仙素在组培条件下处理刺槐种子、子叶、下胚轴等材料，获得了一批多倍体刺槐单株及无性系，该方法可大幅度提高四倍体诱导率，其中，下胚轴诱导四倍体诱导率为53.33%，子叶诱导四倍体的诱导率为37.50%。

2. 良种特点及适用地区

‘四倍体刺槐K4’（国S-ETS-RP-003-2003） 由北京林业大学选育。抗旱及抗寒能力强，无刺或少刺，生物量大，为普通刺槐的1.6倍以上；叶片及嫩枝条中营养成分含量高，叶片粗蛋白含量高达27.27%，氨基酸营养和综合营养价值均高于普通刺槐，而单宁含量仅为0.2%，是优质的木本饲料。适宜在我国刺槐适生区推广应用。

‘北林槐1号’（新品种权号20130115） 由北京林业大学选育。由引种刺槐无性系K5的愈伤组织诱导产生，为体细胞组织培养后通过愈伤组织再生的植株中出现的基因型的变异株系。干形直，主干侧枝少，枝条斜展，树皮绿灰色，复叶中长、平展，小叶大、长卵形，叶尖钝形微凹，托叶刺褐色、短，不定根数多而长，株高、地径和茎节长较大，百叶干重较重。适宜在我国刺槐适生区推广应用。

‘北林槐2号’（新品种权号20130116） 由北京林业大学选育。由引种刺槐无性系K3的愈伤组织诱导产生，为体细胞组织培养后通过愈伤组织再生的植株中出现的基因型变异株系。选出的优良株系为同一株根段扦插扩繁后的无性系。主干直，枝条斜展，树皮褐灰色，复叶长度中等，小叶长卵形、中等大小，叶薄，叶尖钝形微缺，叶基钝形，托叶刺青褐色。适宜在我国刺槐适生区推广应用。

‘北林槐3号’（新品种权号20130117） 由北京林业大学选育。由引种刺槐无性系K1的愈伤组织诱导产生，为体细胞组织培养后通过愈伤组织再生的植株中出现的变异株系。主干微弯，树皮黄绿色，复叶长且下垂，小叶披针形、叶薄，叶尖钝形，托叶刺青褐色，不定根数多且长。适宜在我国刺槐适生区推广应用。

‘航刺4号’（新品种权号20130118） 由北京林业大学选育。由“实践八号”育种卫星搭载刺槐种子升空返地后育苗筛选获得。干形通直，分枝数少，枝条斜展，节间距大，主干和侧枝托叶刺退化，近于无刺或刺极小而软。幼树树皮灰绿色，复叶中长，小叶长卵形，叶尖微凹，叶片深绿色。适宜在我国刺槐适生区推广应用。

‘吉县刺槐1号’（J19）（晋S-SSO-RP-002-2001） 由山西吉县选育。刺小，窄冠，速生，树干圆满通直，树皮灰褐色、皮细，出材率高，抗性强。在吉县9年生平均高9.25m，胸径10.02cm，单株材积0.0329m^3，超出对照普通刺槐平均高38.4%、胸径26.2%、材积73.2%。适宜在我国刺槐适生区推广应用。

‘吉县刺槐2号’（S6）（晋S-SSO-RP-003-2001） 由山西吉县选育。速生，干直、尖削度小、出材率高。9年生平均高10.29m，胸径10.97cm，单株材积0.0425m^3，超出对照普通刺槐平均高54%、胸径38.5%、材积123.7%。抗蚜虫和白粉病。适宜在我国刺槐适生区推广应用。

‘吉县刺槐3号’（L13）（晋S-SSO-RP-004-2001） 由山西吉县选育。速生，树干圆满通直、材质好、出材率高，9年生平均高10.60m，胸径11.02cm，单株材积0.0425m^3，超出对照普通刺槐平均高58.7%、胸径39.0%、单株材积123.7%。抗病能力强。适宜在我国刺槐适生区推广应用。

‘吉县刺槐4号’（H12）（晋S-SSO-RP-005-2001） 由山西吉县选育。速生，树冠近圆形，占树高的1/3。刺小，树干通直、尖削度小，树皮灰褐色，不规则纵向开裂。9年生平均高9.47m，胸径8.01cm，单株材积0.019m^3，超出对照普通刺槐平均高39.4%、胸径34.8%、单株材积105.7%。耐低温能力强。适宜在我国刺槐适生区推广应用。

‘吉县刺槐5号’（A10）（晋S-SSO-RP-006-2001） 由山西吉县选育。速生，干直，9年生平均高8.96m，胸径9.11cm，单株材积0.0256m^3，超出对照普通刺槐平均高48.8%、胸径44.6%、单株材积143.8%。抗白粉病能力强。适宜在我国刺槐适生区推广应用。

‘豫刺槐9号’（豫S-SV-RP-030-2013） 由河南省林业科学研究院选育。优树选自河南省南阳湍河林场河滩沙地刺槐林，经过20年的培育和10年的区域化试验选育而成。9年生平均树高13.3m，平均胸径20.33cm，单株材积树高、胸径、材积比豫刺槐1号分别增益13.56%、17.72%、30.48%。适宜在河南、河北、山东、山西、陕西、甘肃等地栽培。

‘豫引1号刺槐’（豫S-ETS-RP-028-2015） 由河南省林业科学研究院选育。1995年自匈牙利引进，经过10余年的区域化试验选育而成。9年生平均树高12.2m，平均胸径19.30cm，单株材积树高、胸径、材积比豫刺槐1号分别增益12.21%、16.52%、26.74%，同时表现出较强的耐寒性和耐盐碱性。适宜在河南、河北、山东、山西、陕西、甘肃等地栽培。

‘豫引2号刺槐’（豫S-ETS-RP-029-2015） 由河南省林业科学研究院选育。1995年由匈牙利引进，经过10余年的区域化试验选育而成。9年生平均树高12.2m，平均胸径20.20cm，单株材积树高、胸径、材积比豫刺槐1号分别增益12.21%、17.48%、29.36%，同时表现出较强的耐寒性和耐盐碱性，为良好的沙区和盐渍地造林先锋树种。适宜在河南、河北、山东、山西、陕西、甘肃等地栽培。

‘豫刺槐3号’（豫S-SV-RP-030-2015） 由河南省林业科学研究院选育。优树选自河南洛宁吕村林场，经过10余年的区域化试验选育而成。7年生单株生物量为62.78kg，比豫刺槐1号增益25.94%。适宜在河南、河北、山东、山西、陕西、甘肃等地栽培。

‘豫刺槐4号’（豫S-SV-RP-031-2015） 由河南省林业科学研究院选育。优树选自河南洛宁吕村林场，于2000年保存在河南省林业科学研究院的刺槐基因库内，经过10余年的区域化试验选育而成。7年生单株生物量为65.79kg，比豫刺槐1号增益32.55%。适宜在河南、河北、山东、山西、陕西、甘肃等地栽培。

‘长叶刺槐’（豫S-SV-RP-002-2006） 由河南省林业科学研究院选育。优树选自河南通许县。叶子平均长度是一般刺槐的2～3倍，平均复叶长度60cm，最长可达72cm。是目前叶片粗蛋白含量最高的无性系，平均含量为23.85%，依次超过一般刺槐、韩国四倍体刺槐、匈牙利多倍体

刺槐39.66%、17.57%、7.90%。适宜在河南、河北、山东、山西、陕西、甘肃等地栽培。

'二度红花槐'（豫R-SV-RB-001-2001） 由河南省林业科学研究院选育。落叶大乔木，树干通直，生长季幼枝绿色，奇数羽状复叶，小叶9～21个，幼叶颜色黄中带红。总状花序腋生，每年开两次花，花大，呈粉红色，花长3.7cm，花期15天左右，花量多。生长速度快，1年生苗高达2m。在长江流域、黄河流域、东北、西北各地均能正常生长，适宜在河南、河北、山东、山西、陕西、甘肃等地栽培。

'风姿1号'（S-ETS-RP-036-2013） 由河北农业大学从德国引入的刺槐无性系中选育。单叶与复叶（3～5片小叶）并存，以单叶为主，平均叶面积可达52.99cm^2，是普通刺槐的3～5倍。树姿优美、枝条疏朗、花香浓郁、叶片宽阔、营养含量高、萌蘖能力强，适应性广，具有较强的抗旱、抗寒和耐盐碱能力，可作为园林观赏、饲料树种、水土保持树种应用。可在我国刺槐适生区推广应用。

'大叶红花槐'（S-SV-RP-008-2008） 由河北农业大学从德国引入的刺槐无性系中选育。复叶长25～35cm，小叶7～13片，小叶长5～12cm，宽2～5cm，近圆形及阔矩形。花玫瑰红色或淡紫色，分两次开花，花期4月下旬至5月上旬、6月下旬至7月中旬。无刺。叶片营养价值高。适应性广，具有较强的抗旱、耐盐碱能力，可作为园林观赏、饲料树种、水土保持树种应用，适宜在我国刺槐适生区推广应用。

'紫艳青山'（新品种权号20150116） 由山东省林业科学研究院和费县国有大青山林场选育。纵裂树皮窄、浅，平均分枝角度45°，托叶刺较短，叶片中等大小，花冠白色，花量大，结实量大。荚果在幼果期、中熟期和成熟期颜色变化多样，呈现为紫黑色、紫褐色和橙褐色。速生，干形好，可作为观花、观果、蜜源和生态防护树种。无性繁殖容易，适生区域广泛。

'壮美青山'（新品种权号20150117） 由山东省林业科学研究院和费县国有大青山林场选育。侧枝粗大，生物量高。6年生试验林胸径平均生长量16.3cm，树高平均生长量9.1m，单株材积平均生长量0.12331m^3。速生，粗生长快，可作速生用材林、城镇园林绿化和生态防护林树种。在华北、西北、东北南部等广大刺槐适生区域均能栽植。

'多彩青山'（新品种权号20150118） 由山东省林业科学研究院和费县国有大青山林场选育。树干通直圆满，树冠枝叶浓密，分枝粗度均匀，枝角较小，速生性好，6年生试验林树高平均生长量10m，胸径平均生长量14.1cm，单株材积平均生长量0.09399m^3。速生、树姿优美、观赏价值高，可作用材林、城镇园林绿化和生态防护林树种。在华北、西北、东北南部等广大刺槐适生区域均能栽植。

四、苗木培育

1. 播种育苗

（1）种子的采集与贮藏

结实早且产量较高，一般3～6年生的幼树即可开花结实，每隔1～2年种子丰收1次，15～40年生时，大量结实，40年后逐渐衰退。应选择生长健壮、树干通直、圆满、速生丰产、品种优良、无病虫害的中、壮龄林作采种母树。其荚果成熟期因地区不同而差异较大，在黄河流域和淮河流域多在8～9月成熟。当荚果由绿色变为赤褐色，荚皮变硬呈干枯状，种子发硬时是果实成熟的标志。通常提前几天即可采集，若采集不及时，种子容易被刺槐荚螟、种子小蜂和种子麦蛾等害虫蛀食。果实采集时采用击落法进行收集采种，晒干并除去荚果皮、秕粒和夹杂物，取得纯净种子。荚果出种率为10%～20%，千粒重约为20g，1kg约有46700粒，发芽率为80%～90%。将纯净的种子装入筐篓或麻袋等透气的容器中，放在干燥通气的室内干藏。贮藏方法适当，2～3年内仍有较高的发芽率。

（2）育苗地选择

育苗地宜选择排水良好，土层深厚、肥沃的沙壤土或沙土地，地下水位在1.5m以上。若盐碱地育苗，要选含盐量低于0.2%的地块。刺槐圃地不宜连作，前茬为蔬菜地、红薯地也不宜作圃

河南洛宁吕村林场刺槐温室嫩枝扦插育苗（李云摄）

河南省孟津县培育的1年生刺槐良种苗（彭祚登摄）

甘肃省天水市秦州区中梁林业站新造刺槐能源林当年林相（彭祚登摄）

地。与侧柏、杨树、松树、苦楝、臭椿、紫穗槐等轮作，苗木生长好，病虫害少。

（3）整地与施肥

育苗地选定后，最好是在秋末冬初进行深耕30～40cm，耕后不耙，有利于土壤风化、蓄水保墒和减少越冬病虫基数。冬耕后及时施腐熟的厩肥，施肥量45000～75000kg/hm^2。翌春土壤解冻后，及时耙地打垡保墒。

春季整地应提早，耕、耙、平同时进行。耕地深翻25cm以上，结合耕地均匀撒施腐熟有机肥45000～75000kg/hm^2、过磷酸钙450～600kg/hm^{2}或复合肥225～300kg/hm^2、25%多菌灵可湿性粉剂75～150kg/hm^2；或用225kg/hm^{2}黑矾（硫酸亚铁）粉拌入5%辛硫磷1kg，再掺入40倍的细土，撒入地中进行土壤消毒。

春季土地平整后作床或垄。苗床规格依当地立地条件而定，多雨和地下水位较浅地区采用高床或垄；干旱少雨和地下水位较深地区采用平床。

（4）种子处理

刺槐种皮厚而硬，透水性差，有15%～20%的硬粒种子不易发芽。为了使种子发芽快、出苗齐，播种前最好用逐次增温催芽法处理种子（方芳等，2013）。即选用耐100℃热水的缸或盆等容器，把种子倒入容器内，将80℃的热水注入，用木棍充分搅拌，边倒边搅直到不烫手为止，继续浸泡12～24h后，吸水膨胀的种子浮在硬粒种子的上面，把已吸水膨胀的种子捞出，摊晾去掉表面浮水后播种。未吸水膨胀的种子用刚烧开的开水按上述方法继续浸种处理。也可以进行混沙层积催芽，催芽坑选在背风向阳处，上覆塑料薄膜，待30%左右种子露出根尖时，用筛子筛出种子播种。

（5）适时播种

播种时间 以春播为主。春播时，在不受晚霜危害的前提下，越早越好。一般以3月下旬至4月上旬为宜。在春季特别干旱地区可雨季播种。在不受鸟、鼠危害，土壤墒情良好的地方，可进行冬季直接播种，使种子自然发芽出土。自然发芽出土的种子生长良好、抗自然灾害能力较强。

播种方法 一是开沟条播。按30～40cm的行距，沿行线开宽5～7cm、深2～3cm的播种沟，将种子均匀撒在沟内，踏实后用细湿土覆平；若土壤干旱，先于沟内浇水，待水渗下去后，把种子均匀撒在沟内，然后用细湿土覆平，用种量为30～45kg/hm^2。二是大田式播种。采用垄播，实行顺垄条播。沙地播后用镇压器镇压，使种子与土壤密接，用种量60～75kg/hm^2。

（6）育苗地管理

播种后要加强苗期管理。间苗、定苗和移苗，一般都在灌水后进行，当苗高3～4cm时进行第一次间苗，间去病弱小苗。以后再进行1～2次间苗。最后一次间苗可在苗高10～15cm时结合定苗、移苗进行。缺苗的地方可在阴雨天进行小苗带土移补，移栽后及时灌水。

苗圃地在雨季要及时排水，以免圃地积水受涝。幼苗长出3～4片真叶后，追施1次化肥，以后再追1～2次。8月下旬以后一般不再灌水、施肥，防止苗木徒长。

2. 扦插育苗

刺槐扦插繁殖比较容易，插条、插根均可育苗。河南省林业科学研究院曾系统研究了刺槐的扦插繁殖及其配套技术，提出了采用刺槐根和枝干快速扦插繁殖育苗的方法。

（1）育苗地选择及整地

刺槐无性繁殖圃地要选在土壤不黏、不盐碱、背风向阳、排水良好、肥沃的沙壤土，且有水浇条件。育苗地应在冬季进行深翻，翌年春季育苗前施腐熟厩肥45000～60000kg/hm²。耕耙前施180kg/hm²硫酸亚铁或22.5～37.5kg 2.5%敌百虫粉剂进行消毒，把地整平。在雨水少、土质疏松的地方低床育苗，床面长10m、宽1m；雨水多、土壤较为黏重区，采用高床育苗，床高20～25cm。大田平床育苗要注意排水。

（2）根插育苗法

①阳畦根插育苗

剪截根段 初冬或早春将刺槐优良无性系自根苗粗0.2cm以上的根全部挖出，剪成3～5cm长根段，细根宜长，粗根宜短；发芽快、发芽率高的无性系如8048、8059等宜短些；发芽慢、发芽率低的无性系宜长些。根段按粗、中、细分成3级，并随剪截随分级随播根。

阳畦催芽 选背风向阳、地势高燥、无鸟兽危害的地方作畦，于雨水至惊蛰开始催芽。畦宽1m，畦长视播根数量而定。畦土以细沙土、沙壤土为好。若土质过黏，应进行换土，畦面与地面相平，不宜作低畦，畦边埂高10～15cm。畦土整平耙细后撒播种根，可撒播根段300根/m²左右。覆土厚度以不露根为宜，然后喷足水，离畦面15cm以上盖上塑料薄膜小拱棚，四周封严，以保温、保湿。

阳畦管理 播根后大约20天开始发芽。前期气温低，阳畦内不宜过多地喷水。后期气温逐渐升高，特别是3月中下旬中午畦内温度高达30℃以上时，要及时进行侧方通风、降温，并勤喷水，严防幼苗日灼。当苗高5cm以上时，开始晾畦炼苗。晾畦要在早晨或下午太阳落山前后进行。炼苗3～4天后，可全部掀开薄膜，再停1～2天后进行移栽。阳畦催芽期间常有蝼蛄、地老虎、蛴螬等地下害虫危害，可用麦麸（或敲碎的菜籽饼、棉籽饼）5kg、99%敌百虫50g配制成毒饵防治。

芽苗移栽 当根萌芽苗高度长到5～10cm时，可取芽苗移栽。芽苗移栽宜早不宜晚、移大不移小。一般3月底至4月上中旬移栽，最晚不应晚于5月上旬。移栽芽苗最好选阴天，如在晴天，应于15:00以后进行，严忌雨天移栽。芽苗起出后，放入盛水的盆中，立刻栽植，株行距30cm×70cm，每株浇1L水。移栽时用小铲切出直壁，把芽苗贴直壁上覆土浇水（要适当深栽）。栽后3～4天内每天逐株点浇1次水，一周后浇透水1次，并松土保墒。后期管理与大田育苗相同。

该方法剪根简便，不存在大小头区分问题，繁殖系数高，一般在繁殖材料紧张时用。移栽后浇水次数多，时间性强。

②营养钵根插育苗

营养钵的制备 将表层熟土、优质土杂粪、细沙按1：1：1比例混合，边洒水边搅拌均匀，以达到手握成团、放下不散为好，放半天后即可用于打制营养钵。营养钵规格为直径7cm、高10cm。

插根 选背风、向阳、高燥处，挖深20cm、宽100～120cm、长度视需要而定的畦，畦底部铲平。畦底撒一层薄沙，把营养钵一个挨一个放入畦底。钵晒2天后喷透水（畦底也要喷透水），然后把粗0.2cm以上的根剪成3～5cm长，一边剪一边插入钵凹处（注意根上下端不要弄错），一钵插1根，插时粗细根分开，根的上端与钵上平面平，再往钵的上面撒一层1cm厚的沙壤土，喷少量水，盖好塑料薄膜，薄膜要距钵上平面10cm以上。插根时间宜早不宜迟，应于惊蛰前把根插上。

管理 3月中下旬发芽后，温度高时注意通风降温。芽苗长到5～10cm高时炼苗，炼苗后（3月底至4月上中旬）选阴天或晴天早上、15:00以后带营养钵移入整好的圃地，株行距30cm×70cm。移时不要损坏营养钵，移好后每株浇1L水。其他方面与前述阳畦催芽法相同。

该方法带营养钵移苗，省工省水，成活率高，没有缓苗期，苗木生长整齐，对土壤要求不严，便于管理。一般在繁殖材料少时用此法。但缺点是制作营养钵费工。

③直插埋根育苗

直插埋根法不仅适合于黏壤土、粉沙壤土，更适合于沙土。

剪截根段 将刺槐优良无性系苗粗0.4cm以上的根挖出，剪成长6cm的段，按粗0.4～0.6cm、0.6～0.8cm、0.8cm以上分级放好。

埋根 3月中下旬至4月上旬埋根，沙土地宜直插埋根，根粗不小于0.6cm，根长不短于6cm；粉沙壤土，根长不短于4cm，根粗不小于0.4cm。埋根时先把圃地按70cm行距开沟，沟深5cm左右。灌透水后按20cm株距插入根，根上端平于或稍高于地面。水渗后盖好，成苗率均达90%左右。

管理 埋根后需保持土壤湿润，土壤干旱时要及时浇水，浇后要适时松土，尤其保护好根芽。

该法简便、省工省地，但只能在繁殖材料充足、有浇水条件的情况下才能使用。如果管理不善，成苗率不高。

④根段直插地膜覆盖育苗

育苗前，育苗地先浇水后，整平耙细。用犁起垄。按株距15cm，插入长5cm、粗0.4cm以上的根，每垄2行。覆土镇压后覆塑料薄膜。幼苗出土后，及时剪破出苗处地膜，用土封好剪口，若土壤干旱应浇水。

该方法适宜较干旱地区采用，具有省工、成活率高、出芽早、出苗齐、苗木生长量大的优点。但投资较高。

⑤温床催根萌芽扦插育苗

温床准备 在背风向阳处挖深55cm、宽1m的土坑，长度根据需要而定，坑底铺一层15cm厚炉渣，炉渣上铺10cm厚沙，沙上铺10cm厚麦秸，麦秸上铺10cm厚未腐熟马粪，马粪上铺7cm厚肥土，肥土上铺3cm细沙。

埋根 将粗0.3cm以上的根剪成5cm长的根段，粗0.3cm以下的根剪成10cm长的根段。剪好的根于2月底3月初埋于温床最上层沙中，灌水后，加盖小塑料拱棚。

割芽与扦插 当根芽长出5片真叶、高5cm以上时，用锋利刀片在芽上部0.5cm处快速割下嫩芽，将芽用湿布包好。如芽高超过10cm，可截成2份扦插。将营养钵喷透水，插入割下的嫩芽，再喷少量水，盖上塑料拱棚。

芽苗管理 拱棚内温度超过40℃时，要喷水、盖草以降温。

移栽 扦插后一般10天后可生根3条，炼苗3天后移入苗圃地，每营养钵浇1L水。该项工作可持续到6月中旬。

割芽结束后的种根还可按照上述方法移栽育苗，平均1cm长的根可育1～2株苗，当年苗高达2m以上。

（3）插条育苗法

插条选择与制备 用1年根生苗干，插穗粗1cm以上，苗基部因芽不饱满一般不用。插穗长度15cm左右，春季剪后贮藏或春季随剪随插。

垄准备 育苗地做成上宽40cm、下宽60cm、高20cm的垄。做垄前7天灌透水1次，垄上盖塑料膜。

扦插 扦插前，将插穗用5000×10^{-6}mg/L浓度萘乙酸（NAA）或1000×10^{-6}mg/L浓度的ABT生根粉进行速浸处理，然后插入垄上，1垄2行，株距30cm，每亩需插穗6000根，一般插后1个月生根。从扦插到生根期间要注意浇水，保持土壤

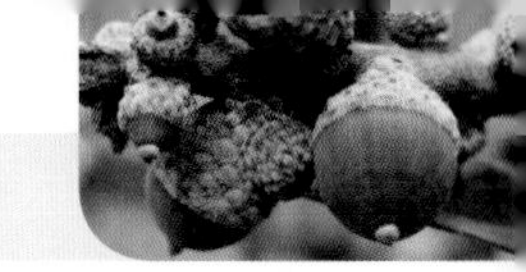

湿润，成活率可达90%。

扦插时要防止插穗失水，不能让插穗下端贴上薄膜，不伤及插穗下端韧皮部；生根前尤应注意浇水，加快生根进程。如果该段时间缺水严重，造成回芽，插穗就会死亡。

（4）苗期管理

从埋好根到根上芽出土为埋根成活期，该期的重点是防止蝼蛄等危害，做好保苗工作，干旱时适当浇水。从催好芽苗到移栽成活，为移栽成活期。该期重点是浇水，每天16:00后要逐株浇水，必要时遮阳，以保证芽苗成活，缩短返苗期。移栽5天后灌水、松土（营养钵直插育苗法除外）。

据1989年河南林业科学研究院在郑州市对刺槐无性系苗木生长节律的调查，从移栽成活到6月上旬前，苗木生长缓慢，高生长占年生长总量的10%左右，该期灌溉不可过早过多。苗圃地由于降雨或灌水板结后要及时松土。5～6月上旬正是田间杂草大量滋生季节，要及时除草。6月上旬结合松土，每公顷施75kg尿素或复合肥。该期苗茎、苗根幼嫩，易遭蝼蛄、蛴螬、地老虎、蚜虫、立枯病危害，要做好防治工作。

刺槐无性繁殖苗的快速生长期在6月上旬至8月下旬，生长特点是：苗木的地上部分和地下部分生长很快，高生长量占全年生长量的80%左右，侧枝形成较多。7月上旬、8月上旬各进行2次追肥，每次每公顷施112.5kg复合肥，无复合肥时最好第一次尿素、磷肥、钾肥混合使用，8月上旬这一次，不用氮肥或少用氮肥，8月上旬后不要施肥，以防后期徒长受冻。该期苗木生长快，肥、水要跟上，在土壤干旱时要及时灌水，灌水后进行松土、除草。同时防止蚜虫等危害。在雨季还要注意苗圃地排水。8月中旬后，随着气温的下降，刺槐苗逐渐停止生长。该期苗生长占全年的10%左右。在这个时期要停止施肥和灌水，防止苗木徒长，促使枝条充实，以提高苗木越冬能力。

3. 组织培养

刺槐大量优良新品种不断被选育出来，采用组织培养进行高效快速繁殖各种刺槐新品种受到广泛关注。刺槐的离体组织培养研究始于20世纪50年代末，80年代后达到高潮。现已在形成层、茎尖、茎段、叶培养、胚培养、原生质体分离和培养等方面取得成功的经验。

河南洛宁吕村林场新造刺槐人工林当年秋季林相（彭祚登摄）

河南洛宁吕村林场4年生刺槐人工幼林林相（彭祚登摄）

河南洛宁吕村林场刺槐成熟人工林林相（彭祚登摄）

（1）形成层离体培养

用成熟刺槐顶枝、徒长枝形成层组织接种于

MS+1.86mg/L NAA+5.5mg/L BA的培养基中，形成愈伤组织，再将其转接至MS+0.11mg/L BA上分化出芽，在1/2MS+0.2mg/L IBA上诱导出根。此外，刺槐根部形成层组织也能离体培养成苗。

（2）茎离体培养

利用茎尖和茎段进行组织培养是刺槐所有外植体培养中最定型的方法。一般从刺槐幼树或当年生枝条上采集的茎尖或茎段，通过嫩茎增殖法和茎基愈伤组织增殖法2个途径培养。

嫩茎培养法 幼树枝条及成年树嫩枝皆可用于离体培养直接成苗。在经选育的刺槐优良无性系母树上取当年生带腋芽嫩梢，在1/2MS+1.5mg/L IAA+3%蔗糖+0.1%活性炭的培养基上培养，生根率可达80%。另有报道，从2年生刺槐母树上采集枝梢和带腋芽枝节段，用0.2mg/L IBA处理可获得100%和93.3%的生根率，用0.6mg/L的IAA处理来自12年生母树的两种外植体，其生根率均达到90%。

茎基愈伤组织培养法 据报道，刺槐枝条在含有BA的MS培养基上产生的愈伤组织，在MS+0.2（或1.0）mg/L BA+0.5mg/L NAA（或0.2mg/L IBA）上可分化出枝条，在1/2MS上生根，据此建立了愈伤组织成苗的培养体系。除茎基通过愈伤组织增殖外，其他如形成层、叶片、胚、原生质体等外植体皆可通过愈伤组织成苗。

（3）叶片离体培养

成俊卿（1985）将成熟叶片切成8mm×8mm，置于MS+0.1mg/L NAA+1.0mg/L BAP+1.0mg/L 2,4-D上获得愈伤组织进行继代转接，在含各种浓度的6-BAP上茎得到发育，在1/2MS+1.0mg/L IAA+15g/L蔗糖上发育成良好的2倍体植株。另有报道，用刺槐种子子叶、胚萌发叶片以及玻璃化苗的叶片作外植体离体培养成功产生芽和根。

（4）胚培养

刺槐未成熟种子可离体培养形成体细胞胚并产生胚状体。胚状体是在形态上与合子胚相似并能长成植株的结构。胚状体结构完整，一旦形成，一般都可直接萌发形成小植株，因此成苗率较高。将刺槐从开花授粉4周的未成熟种子作外植体，在含有4.0mg/L 2,4-D和0.25mg/L BA的培养基中培养1周后移植到基本培养基上，能培养形成体细胞胚，具子叶阶段的体细胞胚的胚根能进行次生发育，从发育的胚中能形成大量植株。取刺槐各不同发育阶段的未成熟种子作为外植体，在开花2～3周将采集的种子培养在FN+40～90μmol/L 2,4-D+2.2μmol/L BA上3周，然后转移到FN上获得体细胞胚，再经过15天的冷处理可使裸胚状体存活率提高到95%，带膜的存活率提高到80%，小植株可在温室中驯化和生长。

（5）原生质体培养

通过原生质体融合进行体细胞杂交及用改建的质粒转化植物细胞以导入外源基因是生物技术在林木改良上的重要应用。通过取种子萌发10天后的下胚轴，在MS+1.1mg/L BA+1.86mg/L NAA上获得愈伤组织，再转接到多种酶液中处理10～12h，经黑暗振荡培养获得原生质体，置于WPM（矿质元素）+KM-8p（有机物和维生素）+0.3mg/L NAA+ 0.22mg/L BA+0.11mg/L 2,4-D+250mg/L水解蛋白上薄层培养取得了较好的效果。

4. 容器苗培育

（1）作床装袋

选地作床 选择地势平缓、交通便利、水源丰富的水浇地做圃地。床面宽度1m，深30cm，长10m，步道30cm，整平田面夯实，底部铺上一层2cm的粗沙。

营养土的配制 容器育苗基质全部采用熟土、腐殖土、鸡粪、复合肥，并按100：50：10：0.5的比例混匀，体现了重量轻、透气好、营养丰富的特点，保证了苗木的健康繁育。

容器规格及摆放 刺槐容器育苗营养袋规格：口径8cm、高16cm。摆放装填容器时土不要装的太多，也不要太紧，松紧适度即可，土装至与容器口平。将装好的营养袋整齐地摆放在床面上，做到横竖成行。摆好营养袋后，每袋四周有空隙，要用细土适当填充，以防止营养袋倾倒和风化。

（2）种子处理

用55℃左右的热水倒入盛种子的容器内，边

倒边搅，直到不烫手为止，浸泡一夜，用筛子捞出已膨胀的种子。余下的未膨胀的硬实种子再用85℃左右的水处理1～2次，直到绝大多数种子膨胀。

（3）播种

播种时间　一般在3月播种，这时气温低，有利于种子发芽。

播种方法　播种前把装好营养土的容器淋透水，使土下沉，用棍子捣个洞，把已做处理的种子点播于容器内，每个容器内播种3粒。然后将细绵沙均匀地撒在容器上面，盖土以看不见种子为宜。

（4）苗期管理

播种视天气情况，一般3天浇水1次，以保证出苗，随着苗木生长阶段不同，浇水量也有区别。苗子出土1个月后，就可以补苗、间苗，一般在补苗后进行间苗，每容器保留1株。要及时除草。幼苗出齐后每10天喷洒1%～2%的硫酸亚铁溶液防治立枯病，喷40%乐果溶液防治蚜虫。

五、林木培育

1. 立地选择

刺槐造林应根据培育目的选择适宜的造林地或基于现有造林地立地条件选择培育用材林、防护林还是能源林。培育一般用材林和短轮伐期能源林多选择中厚土层的山地、平原细沙地、黄土地区的梁峁或沟谷坡地。培育速生丰产用材林多选择坡地在15°以下，坡位中下部的深厚土层立地；山沟两侧壤质间层的河漫滩地；在地表50～80cm以下有沙壤至黏壤土的粉沙地、细沙地、黄土高原沟谷坡地的灰褐土地类；含盐量在0.2%以下，地下水位1m以上的轻盐碱地。培育防护林的造林地选择是基于防护的目标，适宜刺槐生长的地段均可作为造林地。

风口地、含盐量0.3%以上的盐碱地、过于干旱的粗沙地、地下水位高于0.5m的低洼积水地和过于干旱贫瘠的黏重土地不宜选作刺槐造林地。

2. 整地方法

整地的细致程度对刺槐的成活、成林与生长影响很大。尤其是在干旱瘠薄的石质山地、黄土丘陵和杂草繁茂、土壤黏重的地方，细致整地更为重要。

整地方式较多，应根据刺槐造林的目的因地制宜地采用。平原地区多采用全面、带状开沟、穴状等整地方式；山区、丘陵和沟壑常采用窄幅梯田、水平沟、反坡梯田及鱼鳞坑等整地方式；盐碱地常采用修筑台田、条田和开沟筑垄等整地方式。刺槐造林整地常用的方式如下。

带状开沟　适用于平原地区沿路或沟、渠挖0.5～0.7m深的沟，沟底松土深0.3m，在上面植树。沟宽0.7～1.0m的可栽1～2行树。每隔5～10m筑一横埂蓄水。

水平沟　适用于土层较厚、坡度较缓的坡地。沿等高线由上而下地修成宽0.4～0.8m、深0.3～0.5m、长3～6m的沟，两沟左右距离0.6～3.0m，上下距离1.5～2.0m。沟内修横埂蓄水。

鱼鳞坑　适用于土薄石多、地形支离破碎的陡坡上。一般坡面坑长1m左右，宽0.5～0.7m，深0.3～0.4m，里砌外垫，外缘用新土和石块围一半圆形土埂蓄水，相邻坑距0.7～1.0m，上下坑距1.3～2.0m，在造林地横坡成“品”字形配置。

反坡梯田　适用于土层较厚、坡度不大、坡面较为完整的地方。沿等高线由上向下刨土，里砌外垫地开挖1.0～1.6m宽的梯田，使田面形成里低外高的反坡。上下梯田距离0.6～1.0m，保留原有植被与土地状态。

最好提前一季或一年利用农闲时把地整好，但沙地宜随整随造。按规定顺序和技术规格深挖细整，保证质量。尤其是在干旱少雨、水土流失严重的地区要注意修好蓄水保土的工程。北京林业大学在黄土高原地区为渗蓄降水径流，采用窄带式反坡（反坡角度15°～18°）梯田或水平沟，以宽1m，深0.6m，每隔5m修筑0.2m高隔挡的规格整地，营造刺槐水土保持和用材兼用林，实现在年降水量410mm条件下，山地阳坡刺槐造林成活率达98.9%，林木生长量提高40%～80%，10～12年达到矿柱材要求。

3. 造林

（1）造林季节

刺槐萌芽力、根蘖力强，裸根苗春、秋季可造林。在冬春干旱、多风，比较寒冷，易遭冻害的地区，通常在秋后或早春将苗木截干后栽植；气候比较温暖、湿润和风少的地区，在春季苗木芽苞刚开始萌动时带干栽植，成活率较高，枯梢率低。容器苗造林时间还可选在6月或7月，宜在小雨或雨后湿润的阴天栽植。

（2）造林方法

刺槐主要采用植苗造林。宜选生长健壮，无病虫害，达到出圃规格的1～2年裸根苗或容器苗。裸根苗造林有带干和截干2种方式。带干造林方式适宜在气候温暖湿润少风的南方地区。在气候寒冷干旱多风的北方地区，常采用截干造林方式，不仅成活率高，生长快，而且干形也好。截干高度一般不超过3cm或与地面平齐，不露头或稍露头为好。栽植不宜过深，一般比苗木根颈高出3～5cm，干旱沙地可高出10～15cm，以免灼干切口。注意细致栽植，使根系舒展，苗放端正，分层填土，上覆虚土或培一土堆，秋植的到来年春季扒平土堆，春植的等天暖后扒平土堆。

在立地条件恶劣的地方，如干旱瘠薄的石质山坡、重黏土地、钙质土层等，可用容器苗造林，以保证成活、成长。塑料袋容器苗栽植时小心将塑料薄膜袋撕掉，放直，定植覆土时应从四周侧向压紧，忌垂直下压容器苗，以防压散容器苗中的基质。

（3）造林密度

刺槐造林密度要根据林种、立地条件和营林技术水平合理确定。由于刺槐第一侧芽萌枝力弱，往往由第二或第三个侧芽萌发出旺枝，容易形成多枝杈和弯曲干形，因此为促进树高生长，提早郁闭，培养优良干形，造林密度不宜过稀，一般要比其他阔叶树种稍大些。但是过密也会因营养空间限制，造成林木分化剧烈，个体生长衰弱。一般用材林在中等立地条件下，栽植密度220～330株/亩，厚层土220株/亩；速生用材林110～200株/亩；水土保持林、防风固沙林320～430株/亩；培育2～4年平茬的超短轮伐期能源林，初植密度可达到330～1340株/亩。另外，在气候温暖，土壤肥沃深厚湿润的山地、缓坡、山凹、冲积河滩培育檩材220～350株/亩；气候寒冷，干旱瘠薄山地、陡坡、山顶培育椽材400～500株/亩，培育水土保持林670株/亩以上，能源林1000～1340株/亩。

（4）混交造林

早期我国各地营造刺槐林多以纯林为主。但刺槐纯林中后期很不稳定，生长量显著下降，条件恶劣的往往形成“小老树”，且病虫害重，枯梢率很高。与其他树种合理混交可以减免这些缺点，促进林木生长良好。刺槐可与油松、华山松、侧柏、栎类、杨树、旱柳、臭椿、白榆、苦楝、楸树、核桃、紫穗槐、胡枝子、酸刺、黄栌等一般造林树种进行带状、块状、行间混交。在华北平原地区，刺槐一般可以与白蜡、杨树、臭椿、旱柳、苦楝、白榆、紫穗槐等进行带状混交，刺槐2～6行，其他树种4～6行；在山区刺槐可以与臭椿、麻栎、侧柏等进行块状混交。

混交造林时，一般速生树种可与刺槐同时栽植，慢生树种和立地条件较差处可先栽刺槐作先锋树种，然后引入目的树种。刺槐可塑性较大，在混交林中既能作主要树种，也可作其他优良树种的伴生树、辅佐木或下木（每年平茬成灌木状）。当慢生树种受到不同程度的压抑时，需对刺槐进行合理的修枝、疏伐或平茬更新，以保证目的树种的正常生长。

4. 抚育管理

（1）幼林抚育

造林后前3～5年，必须加强抚育管理，才能很快郁闭成林。幼林阶段的抚育主要包括松土、除草、抹芽、除蘖、定干、平茬、修枝、间作等工作。

松土除草 刺槐造林后忌杂灌草压，因此造林后前几年内的松土除草工作，对提高造林存活率和促进幼林生长有很大的作用。据试验，造林后连续进行松土、除草的3年生幼林，当年树高生长较对照提高32%，第二年提高55%，第三年

提高102%。松土除草在栽后前几年内进行，直到林分郁闭为止。一般连续进行3～4年，每年2～3次。第一年3次，5、6、7月各1次，松土稍浅，深10～20cm。第二年2次，5、7月或6、8月各1次，松土深20～30cm，结合在根际培土。第三、四年5月底1次。第二年以后，主要在行间进行松土。

抹芽、除蘖、定干　1～4年生幼林，尤其是截干栽植的幼林，抹芽、除蘖是培养优良干形的重要措施。在造林当年5～6月，对根株萌发的幼芽，一般当幼芽长到10cm高时，结合除草及时进行抹芽除蘖，摘劣留优；当幼树高50cm左右时，除去幼树上多余的萌条和部分侧枝，选留一健壮萌条培育成主干，其余的除掉，同时进行根部培土，以减少水分养分消耗，培育优良干形。

平茬　利用刺槐萌芽和萌蘖强的特点，对幼林进行平茬，可促进生长和培育干直良材。平茬是复壮幼林的有力措施，同时平茬也可以达到人工林无性更新的目的。饲料林或能源林也可以通过平茬经营获取饲料和薪材。平茬后刺槐萌条幼林呈丛状分布。平均每丛8～18株。

施肥　栽植前亩施厩肥500kg，栽植后追肥2次，1次在高生长速生期来到前，即5月中下旬追肥，1次在直径生长速生期来到前，即7月上中旬每亩追绿肥500kg或化肥2.5～3.0kg。

林粮间作　适用于缓坡和各种梯田，既能改良土壤，增加水分、养分，促进林木生长，又能节省幼林抚育，增产粮食。一般在造林后前2～3年，在幼林行间套种无蔓豆类、番薯、麦类、花生、生姜、中药、绿肥等农作物。其中，间种花生、豆类的效果最好。据资料显示，间作的林地土壤含水量比不间作林地多1.95%～3.73%，而且氮、磷、钾和有机质含量都有增加，对幼林生长有利。

（2）间伐修枝

间伐造林第三年可实施间伐作业1次，或待幼树成林郁闭度达到0.9时，进行合理抚育间伐。培育大中径材用材林，造林密度每亩栽220～330株的，间伐3次，第三、四年1次，伐去40%左右，以后每隔2～3年1次，共间伐2次，每亩保留80～90株。每亩栽300株左右的，第五、六年或第七、八年间伐1次，去劣留优，每亩留存250株左右，郁闭度不低于0.7，第10～12年第二次间伐，最后每亩留存80～120株；或于第一次间伐后，每隔3～5年间伐1次，10年生时每亩留存200株，15年生时留158株；每次间伐后，郁闭度都掌握在0.6左右。也可根据林分平均胸径确定间伐强度（表1）。

修枝　栽后2～3年开始修枝，修去根部萌生的多余枝、树干下部侧枝和影响顶梢生长的竞争枝。修枝强度一般不超过树高1/3，最大不超过1/2。连续修枝3～4年，直到幼林郁闭成林。以后减少修枝次数，每隔3～5年1次，结合间伐进行。修枝季节在5～6月间麦收前，比在冬春休眠期间进行好，可免萌发大量枝条，并能收获大量枝叶作饲料和绿肥。修枝茬口要平滑，不留茬子，加快愈合。对树干弯曲，生长不良，不能成材的“小老树”林子，可用平茬更新、挖除老蔸、改成混交林等办法进行改造。栽植后5年内，修枝以整形为主，培养优良树干。修枝强度可用冠干

表1　不同平均胸径的刺槐林间伐后保留株数

平均胸径（cm）	间伐后保留株数（株/hm^2）	平均胸径（cm）	间伐后保留株数（株/hm^2）
4	2400～3000	12	720～960
6	1800～2100	14	660～765
8	1200～1500	16	555～630
10	960～1200	18	435～495

比表示，树高3m以上的，冠干比保持3∶1；树高3~6m的，冠干比保持3∶2；6m以上的为2∶1或2∶3。

（3）主伐更新

刺槐达到所需材种的工艺成熟龄后，即可进行采伐。一般杆材等小径材林造后10年左右采伐；檩条、矿柱等中径材林和生长衰退的林地20年左右采伐；枕木、大梁等大径材林和生长正旺的好地30年左右采伐。在土、肥、水条件较好的速生丰产林中，主伐期可确定为15年左右；在一般管理的厚层土速生刺槐林中，主伐期可定在20~30年，以培养中径级材为目的；在立地条件较差、林木生长很快就衰退的刺槐林中，主伐期可定在10~15年，以培养小径级材和薪炭材为目的。在同龄林中宜采用块状小面积采伐，在异龄混交林中宜采用择伐方式。

六、主要有害生物防治

1. 紫纹羽病

又称紫色根腐病。病原为担子菌纲银耳目的紫卷担菌（*Helicobasidium purpureum*）。病原菌通过土壤侵染刺槐根部而传染蔓延。感病根表现为根表面呈紫色，病害首先从幼嫩新根开始，逐步扩展至侧根及主根。病株地上部分表现为顶梢不抽芽，叶形短小发黄，皱缩卷曲，枝条干枯，最后全株枯萎死亡。防治方法：可通过加强苗木检验检疫、严格选用健康苗木造林、林分适时修枝间伐、降低林分郁闭度等方式，增强林木抗病能力。初期感病植株，可将病根全部切除，切面及周围土壤用化学消毒剂消毒，然后盖土。

2. 刺槐干腐病

病原为鞭毛菌亚门卵菌纲霜霉目的肉桂疫霉菌（*Phytophthora cinnamomi*）。大树发病首先在干基部，少数在上部枝梢的分杈处。基部被害，外部无明显症状，剥开树皮内部已变色腐烂，有臭味，木质部表层产生褐色至黑褐色不规则斑。病斑不断扩展，包围树干，造成病斑以上枝干枯死，叶片发黄凋萎。幼树的主茎受害，病组织呈水渍状腐烂，产生明显的溃疡斑，稍凹陷，边缘紫褐色，随着病斑的扩展，造成病斑以上部位枯枝或整株枯萎而亡。防治方法：应避免刺槐林内积水，降低土壤湿度；修枝和截干后应涂药保护伤口；对树干基部周围土壤消毒或树干涂白，均有良好防治效果。感病株采取人工刮除病斑和划破病斑喷涂防腐剂2~3次，对病害有抑制作用。

3. 刺槐花叶病

由刺槐花叶病毒（Robinia Mosaic Virus，RoMV）引起，病毒由蚜虫传播。感病叶片表现为叶面呈现淡绿、深绿相嵌的不规则线条斑块，分布无定位，图案美丽。部分叶片变窄变长，严重者呈线条状；叶色变浅，色泽不均。叶腋不定芽萌发时，产生出节间极短的瘦弱小枝，小枝的腋芽又再次萌发抽生小枝叶，形成枝条丛生状。防治方法：消灭蚜虫可以减轻该病发生。

4. 豆荚螟（*Etiella zinckenella*）

在湖南、广西1发生5代，山东1发生3~4代。以老龄幼虫在土壤内结茧越冬，以第一、二代幼虫危害刺槐种子，第二、三、四代危害大豆等豆科植物。初孵幼虫在刺槐荚果上爬行15min左右开始吐丝做茧，在茧内约6h便蛀入荚果危害种子。老龄幼虫在荚果上咬一孔外出落地结茧化蛹。成虫多在晚间羽化出土，有趋光性。防治方法：在刺槐采种基地附近要少种大豆类作物，以免互相转移繁殖危害。在成虫产卵盛期，可放赤眼蜂灭卵；成虫羽化时以及水源缺乏区在幼虫入土化蛹前，可放熏烟剂进行熏杀。在第一代幼虫初孵时可用无公害化学药剂药杀。成虫可用灯光诱杀。

5.刺槐种子小蜂（*Bruchophagus caragana*）

在辽宁、北京、陕西等地，1年发生2代，以第二代幼虫在种子内越冬。在北京，越冬幼虫5月中旬开始化蛹，下旬出现成虫；6月上旬第一代幼虫出现，中旬化蛹，下旬出现第一代成虫；7月上旬出现第二代幼虫。幼虫一生只危害1粒种子，发生于刺槐种子成熟期，常在种子子叶内产卵，幼虫会危害种子子叶，导致种子失去生命力。防治方法：刺槐种子育苗前应严格检疫，或

用熏烟剂进行熏蒸处理。采种林每年应将荚果采净，以减少越冬虫源。成虫羽化盛期，在林内施放烟熏杀虫剂熏杀成虫。播种前用热水浸种，再加凉水降温浸泡，亦可灭虫。

6. 刺槐蚜（*Aphis glycines*）

参见槐树。

7. 刺槐尺蠖（*Napocheima robiniae*）

在河南1年发生1代，以蛹在表土层内结土茧越冬。翌春2月下旬成虫开始羽化，4月下旬羽化结束，成虫具趋光性。4月上旬至6月下旬为幼虫期，幼虫通过取食刺槐叶片，造成树木衰弱甚至枯死。幼虫共6龄。1～3龄期，食量小；4龄食量猛增。初卵幼虫有吐丝下垂习性，随风扩散。幼虫可日夜取食，受惊急速落地，过后上树继续取食叶片。5月中旬幼虫开始下树，6月上中旬结束。防治方法：营造混交林是防治刺槐尺蠖的有效途径。越冬蛹羽化前可挖树盘消灭蛹。在幼虫危害期摇树或震枝，使虫吐丝下垂坠地，集中杀灭处理或于各代幼虫吐丝下地准备化蛹时，人工收集杀死。在1～2龄幼虫期可直接对树冠喷施无公害化学药剂防治，也可以在地面喷洒化学药剂毒杀幼虫。保护胡蜂、土蜂、寄生蜂、麻雀、黑卵蜂、广肩步甲、寄蝇、小茧蜂、大山雀、白僵菌等刺槐尺蠖天敌，也是有效的防治方法。

8. 小皱蝽（*Cydopelta parva*）

1年发生1代，以成虫在杂草或石块下越冬。成虫及若虫均具有群集性和假死性，群集在1～3年生枝条和幼树基部的幼嫩部位吸食汁液，致使树叶变黄早落，枝条枯死，甚至整株死亡。成虫和若虫群集危害期在8～9月。防治方法：可冬季人工捕杀越冬成虫；早春成虫上树前在树干基部或在若虫大量孵化时喷洒化学药剂药杀成虫；6月下旬至7月上旬成虫产卵盛期，也可剪下带卵枝条烧毁。

七、材性及用途

刺槐木材纹理直，结构不均匀；生长轮明显，属环孔材；边材与心材区别明显，边材黄白色，心材栗褐色（纵面常呈金黄褐色）。晚材率可达72.2%。木材光泽性强，无特殊气味。径向、弦向干缩系数分别达0.158%～0.210%和0.207%～0.327%。

木材强度大，顺纹抗压强度53～64MPa。抗弯性强和弹性大，其抗弯强度124～137MPa，抗弯弹性模量13.7GPa。这种优良特性很适合作建筑支柱、桩木、坑木等用材。

刺槐木材的冲击韧性特别高，冲击韧性强度73～104kJ/m^2。因此，常用于桥梁构件、机械部件、车辆、工具把柄、车轴、运动器材等。但刺槐木材的抗剪力也大，其径面、弦面的顺纹抗剪强度分别为119～137MPa和128～146MPa，抗劈力径面14～16N/mm、弦面17～21N/mm，锯刨等加工很困难。

材质重而坚硬，具有耐磨的性能，木材的气干密度0.792～0.811g/cm^3，其径面硬度为6507～8938N，端面硬度为6713～7840N，弦面硬度为6723～9036N，是地板、滑雪板、木橇、农具零件等的理想用材。木材晚材导管管孔略小，在肉眼或放大镜下宛若单管孔，且分布不均匀。早材内导管大而多，具大量的侵填体，在肉眼下可见连续排列的浅色带；刺槐木材心材较宽，由于填满侵填体，所以耐腐朽力强，即使没有经过防腐处理，在土中或大气中也能使用几十年不腐。因此，刺槐木材很适于作水工、土工等用材。

刺槐木材的燃烧性能极好，其干重热值和去灰分热值可达19.31～21.18kJ/g和18.00～19.39kJ/g，而且刺槐枝丫和树根均易燃，火力旺，烟少，着火时间长，是优质的燃烧利用的能源林树种。

刺槐叶子是很好的饲料，叶子含氮素为其干重量的1.767%～2.33%，其粗蛋白含量为18.81%，蛋白质15.08%，粗脂肪4.16%，粗纤维12.12%，无论是鲜叶还是枯落叶，猪、羊、牛、骡等都爱吃，是很好的饲料。

刺槐种子含油量12.0%～13.88%，可供榨油、酿酒、制酱、制肥皂和油漆，也可供提取龙胶，供纺织、印染和造纸用。

刺槐花、槐米、果实（槐角）、叶、根等均可入药。刺槐花含芦丁10%～20%，果实含芦丁及槐实甙等。芦丁有改善毛细血管的功能，高血压、冠心病、糖尿病患者服之有预防出血的作用，还可防冻伤。槐花、槐米皆用于治疗吐血、便血、痔疮、出血、崩漏、风热目赤等。刺槐根有抗癌作用。槐米是槐树干燥的花蕾。槐米含有19种氨基酸，氨基酸总量达14.21g/100g。其中人体必需的氨基酸槐米中全部含有，总量高达4950mg/100g。必需氨基酸与主要水果相比，分别是苹果、橘子和葡萄的66.9倍、32.1倍和48.1倍；与保健珍品枸杞相比，是其2.16倍。槐米蛋白质含量高达19.03%，是常见保健食品银杏仁的2.2倍。槐米中还含有丰富的芸香甙和槲皮素，含量分别为20%～28%和2.25%，可治疗心脑血管疾病。

刺槐抗二氧化硫等有毒气体及烟尘能力强，在城市、工矿绿化中占有重要地位。刺槐生长迅速，根系发达，具根瘤，耐干旱瘠薄，改良土壤能力强，耐烟尘和盐碱能力强，成林快，是水土保持、防风固沙、退耕还林的优良树种。

（彭祚登，李云，曹帮华）

附：四倍体刺槐（*Robinia pseudoacacia* 'Tetra-ploid'）

四倍体刺槐，是由韩国人于1956年通过人工诱变育种方法，诱变出的多倍体刺槐新品种。1997年引进中国，后由北京林业大学成功选育出了适合中国生长的四倍体刺槐新品种（聂琳等，2013；李云和姜金仲，2006）。乔木，高10～20m。树皮灰黑褐色，深纵裂。托叶2枚，呈刺状，宿存。奇数羽状复叶，具小叶7～19枚，对生或互生，总状花序腋生，荚果扁平，深褐色，条状矩圆形。

四倍体刺槐分饲料型和速生用材型两种。饲料型四倍体刺槐为优质的木本饲料，其叶面积是普通刺槐的2倍以上，单叶和复叶的干重均为普通刺槐的1.5倍以上，营养价值高，且畜禽适口性好。速生用材型具有木材坚韧细致、有弹性、抗冲击、耐腐朽、耐盐、耐瘠薄土地、适生范围广等优点，可用于营造速生丰产用材林等。

四倍体刺槐属喜暖的树种，适合在降水量203～550mm、无霜期120～200天的沙壤土栽植。

繁殖方式：四倍体刺槐可以通过扦插、嫁接和组培等方式快速繁育。

栽植：经过试验，采用扦插方式栽植最经济，成活率最高。具体方法是：苗木调回后用水浸泡3天，以备栽植。栽植时间在4月上旬。一般采用水平沟整地。栽植方法采用穴植，栽植前穴内灌足底水。栽后留茬3～5cm，覆土并轻轻镇压以蓄水保墒。四倍体刺槐发芽时间在4月20日至5月5日，发芽率可达97%。

抚育管理：苗木成活后，及时中耕除草。遇到金龟甲危害，可以采用百虫灵喷施防治。生长期间部分生长区有蚜虫危害，可以用2.5%扑虱蚜可湿性粉剂2000～3000倍液喷施防治。叶片长到6～7片时应及时浇水，以防因干旱造成叶片发黄。5月下旬要及时中耕除草，并灌水以缓减旱情。6月下旬再次进行中耕除草并灌水。经过中耕除草、浇水、病虫害防治等适当的抚育管理，成活率能达到97%以上。

为防止抽梢，应在秋后平茬，留茬高度15cm，在入冬前灌1次防冻水，然后覆土以防冻害，覆土厚度10cm。

四倍体刺槐叶片和嫩枝是优良的禽畜饲料，广泛栽植可发展当地畜牧产业。另外，四倍体刺槐生长速度快，树干通直，木材坚韧，纹理致密，抗腐，可广泛用于建筑业，可用于营造速生丰产用材林。因其根系发达，萌蘖性强，具有根瘤菌，耐贫瘠、抗寒、耐盐碱，是优良的水土保持、防风固沙和荒山绿化树种，还可起到改良土壤的作用。四倍体刺槐枝干冬季采集后粉碎加工，可作为种植蘑菇的极好基质。

（彭祚登，李云）

125 印度紫檀

别　名 | 紫檀、花榈木（云南）、羽叶檀（广西）

学　名 | *Pterocarpus indicus* Willd.

科　属 | 蝶形花科（Fabaceae）紫檀属（*Pterocarpus* Jacq.）

印度紫檀是我国南方引种最成功、栽培最广泛的紫檀属树种，生长快，寿命长，树体高大，萌芽力强，截顶后树冠广伞形。该树种适应性强，且具固氮改土能力，是热带、南亚热带地区的重要珍贵用材树种，也是良好的生态公益林树种，还是优良的城市绿化、庭院绿化和四旁绿化及庇荫树种。印度紫檀木材归属于国标红木花梨木类，是高级家具和细木工材。

一、分布

印度紫檀原产印度、缅甸、菲律宾、巴布亚新几内亚、马来西亚、印度尼西亚等国海拔800m以下的低山和平地（谢继红，2011）。我国东起福建漳州沿海，西至云南西双版纳，南到海南三亚，北至北回归线的广大地区均有引种栽培。在我国北回归线以南引种栽培时，海拔应在600m以下，最低气温＞2℃（陈青度等，2004），以年平均气温23～25℃、年降水量1100～2200mm的地区最为适宜。

二、生物学和生态学特性

热带落叶或半落叶乔木，树高可达30m，胸径达1.5m。幼树树皮光滑、浅灰色，长大后变粗糙、浅褐色至黑褐色。树干较通直，多分枝，萌芽力强，因树冠广伞形而成为理想的庇荫绿化树种。奇数羽状复叶，下垂，互生小叶7～13枚，长达14cm，宽7.5cm，椭圆形至卵状椭圆形，坚纸质，先端急尖，尖头钝，基部圆形或宽钝，侧脉7～9条，小叶柄短，长约5mm。圆锥花序顶生或腋生，多花，黄色。荚果周围具翅，圆形，一侧生有锐短喙，荚果直径4～6cm，有种子1～3粒，稀4粒，种子千粒重95g。花期4～5月，果期8～10月。林分密度较大时自然整枝良好，能形成高干通直材，但林木分化明显；过于密植的行道树，容易形成偏干或偏冠，影响生长，降低材质。通常20年开始形成心材。

在湿润、炎热、光照充足的气候条件下胸径年生长可达4～5cm。根据中国林业科学研究院热带林业研究所的调查，海南三亚和尖峰岭的6年生印度紫檀行道树胸径达20～30cm。在高海拔或炎热夏季不长的地区，年生长量明显下降，遇旱季或冬季低温时会落叶。树皮含黏性树液，具很强的耐旱、耐高温特性，但不耐霜冻。生长受气温和水分影响，表现明显的节律性，在海南3月已开始快速生长，但在云南西双版纳则5月后生长才明显加快。低温是其生长主要限制因子，印度紫檀在16℃以上时才能生长正常。

印度紫檀对土壤要求不严，适生于我国热

中国林业科学研究院热带林业研究所尖峰岭试验站印度紫檀花（施国政摄）

带、南亚热带地区的赤红壤、砖红壤、沿海冲积土和沙壤。因其根系发达并具根瘤固氮，在多石砾的山坡地、滨海沙地亦能生长良好。能耐0℃以上的短暂低温，抗10级以下台风。遇强台风树枝可能出现风折，但很快能萌出新的枝条。印度紫檀有一定的耐盐碱和耐水淹能力，甚至在盐场附近的土地上也能正常生长。

三、良种选育

我国已引进种植8种紫檀属树种。早期的引种基本上是零星、自发、多渠道的，没有组织过系统引种，没有建立相应的引种档案。大量引进种植紫檀始于20世纪50年代初，60年代初为一个小高潮。早期引种栽培较多的单位是位于海南儋州的中国热带农业大学，随后是位于云南省勐腊县的中国科学院西双版纳植物园和位于海南省尖峰岭的中国林业科学研究院热带林业试验站。目前，在所引进的紫檀属树种中，表现优良且可准确定名的有印度紫檀、大果紫檀和檀香紫檀等。

国内尚未开展系统的印度紫檀选育种工作，已开展的只是部分的种源/家系试验。不同种源的印度紫檀在出芽时间和生长速度上存在显著的差异。

四、苗木培育

印度紫檀的育苗仍以播种培育实生苗为主，辅以扦插育苗。

1. 实生苗培育

（1）采种

印度紫檀的荚果9～10月成熟，果皮颜色由金黄色变为黄褐色时即可采摘。尽管荚果成熟后还挂在树上一段时间，但仍需及时采种，荚果掉到地上易发霉，影响发芽率。荚果不开裂，每果有1～4粒种子，种子千粒重85～100g。荚果经7个月的室温贮藏，种子发芽率无明显降低。

（2）播种

荚果可直接播种，一般不必将种子从荚果中取出。播前常将荚果边缘的夔翅剪除，以减少荚果面积，有利于播种和胚芽出土。播种前用0.3%的高锰酸钾溶液将荚果消毒5～10min。一般在高温季节播种，南亚热带地区在4月温度回暖后播种较好。采用新鲜河沙或沙土做播种基质，用木板刮平床面，铺一层荚果后再用木板轻压，再覆沙土0.5～1.0cm，可在苗床上搭建50～60cm高的薄膜拱棚保温保湿和防暴雨冲刷。播种后10天至2周开始发芽，初期苗木生长较慢，应精心管理。

（3）育苗

当幼苗具有2～3片真叶时进行移植。育苗基质常用70%森林土壤+30%火烧土或70%黄心土+30%塘泥，亦可用99.5%黄心土+0.5%钙镁磷肥或50%黄心土+50%椰糠（彭玉华等，2012）。用8cm×12cm～10cm×14cm的营养袋培育印度紫檀容器苗较为实用。

苗期应加强水肥管理，注意冬季防寒。40cm高以上的苗木越冬能力明显增强，遇0℃以上短暂低温一般不会出现寒害。在日最低气温高于16℃时，苗木生长加快。从移植至苗高40cm，在海南岛尖峰岭仅需2～3个月，在广州则需要3～4个月，在云南西双版纳普文试验林场则要5～6个月的时间。在光照强烈的6～8月，75%的遮光有利于苗木生长。苗木出圃前1个月应停止施肥，同时控制水分炼苗，提高幼苗木质化程度，增强苗木抗逆性，以提高造林成活率。

2. 无性繁殖

（1）插穗选择

在紫檀属树种中，印度紫檀比较容易扦插成活。一般选用1～2cm粗的枝条作插穗成活率较高，直径5cm左右的萌条甚至10cm以上萌条也常用于扦插直接培育绿化大苗。大多数插穗是愈伤组织生根，根系不及实生苗发达，主根也不明显。

（2）扦插技术

扦插常需借助植物生根剂处理，如生根粉（ABT1号）、吲哚丁酸（IBA）、吲哚乙酸（IAA）、萘乙酸（NAA）等，浓度一般控制在500～1000mg/L。扦插初期必须保持空气湿度在80%～95%，约1个月后才能生根，合适的生根剂浓度和精细管理是影响成活率的关键。

中国林业科学研究院热带林业研究所尖峰岭试验站印度紫檀满树花开金黄色（施国政摄）

五、林木培育

1. 立地选择

印度紫檀对水肥条件要求不严，但肥沃、排水良好的沙壤土、冲积土，或土层深厚的中下坡林地有利于其快速生长。最低气温应高于2℃（杨曾奖等，2008），以保证幼树安全越冬不受寒害，年降水量则应大于1100mm。

2. 整地

在坡度＜10°地形相对平整的地区可采用机械全垦，全面深耕（或深翻）30cm以上，然后挖40cm × 40cm × 30cm的小穴造林，既能满足基肥施放、根系生长，又能降低成本。在坡度＜15°平缓地区可采用机械水平带状深耕整地（带宽1m以上）后挖小穴造林，或直接人工挖大穴（60cm × 60cm × 50cm）造林。在＞15°坡地，采用人工穴垦，穴规格50cm × 50cm × 40cm，以减少水土流失。海南岛西南部和云南南部夏季雨后造林，其他地区适宜造林季节为春季和初夏。

每穴施用林业专用复合肥（以磷肥为主，氮磷钾含量32%以上）0.5kg，外加有机肥或农家肥1.5～3.0kg以上，基肥应与土混均匀。回土1周至半个月时种植最为理想，太长则可能造成肥效的损失，随施随种容易烧根，降低成活率。

3. 造林

印度紫檀常采用1年生Ⅰ级苗（苗高≥30cm，地径≥0.33cm）和Ⅱ级苗（30cm＞苗高≥20cm，0.33cm＞地径≥0.27cm）造林；同时，要求苗木粗壮、大小匀称，根系发达，顶梢完整，无机械损伤，无病虫害。造林前半个月，在圃地进行移苗断根，并按苗木大小进行分级。造林前3天对苗木进行一次病虫防治。裸根苗造林最好使用1m以上的苗木，才能有更高的木质化程度以提高造林成活率。

印度紫檀定植后7天开始发新根，10天后开始生长。容器苗一年四季均可造林，以春季和初夏为理想，植后能很快进入生长期。要求在透雨后1~2天内完成造林，最好在细雨条件下，这样可获得较好的造林效果。栽植时注意完全去除塑料袋，要求苗正、根舒；种植深度要适当，回土盖住根茎2~3cm为合适。栽植过浅，成活率降低且易风倒；栽植过深不利根系生长，造林成活率和林木生长量降低。种植后20天内适时补苗，保证成活率95%以上。

印度紫檀造林密度依立地条件、培育目标、抚育措施而定。立地条件好、培育集约度高的情况下可适当稀植，栽植500~625株/hm^2（株行距4m×5m、4m×4m），采伐年龄50~60年，可培育大径材。立地条件中等、培育集约度较高情况下栽植625~1111株/hm^2（株行距4m×4m、4m×3m、3m×3m），采伐年龄40~50年，可培育大中径材。立地条件较差，抚育管理条件相对困难或培育小径材时，栽植1111~1666株/hm^2（株行距3m×3m、2m×3m）。行道树的种植，其株距常为5m以上，庭院和四旁绿化考虑景观和庇荫的需要或单株或丛状种植。

4. 抚育

（1）幼林抚育

除草松土等抚育应一直进行到幼林郁闭为止。种植当年一般需除草松土2~3次。第二年建议抚育除草2次，第一次在3~4月间，第二次在7~8月间；种植后3~5年内每年抚育1~2次；5年以后视情况适时劈除杂草，只做轻度抚育。

种植后1~2年内每年需施肥2次，宜结合抚育进行。第一次施肥在2~5月进行，每株可追施尿素50g+氯化钾25g；第二次施肥在8月中旬至9月进行，每株可追施$N_{15}P_{15}K_{15}$的复合肥150~250g；追肥可在植株两侧各挖一个10~20cm深的施肥穴进行穴施，或在植株两侧开10~20cm深的沟进行沟施。施肥穴和施肥沟距植株的位置，适时对换方位。3~5年生时追肥适量增加，5年以后基本可以不再抚育施肥。

适当修枝是必要的，可在2年生时结合抚育施肥对部分分枝较多的幼树进行修剪，去除生长过快的侧枝，以保持顶端优势，培育较好的干形。3~4年生是修枝的主要时期，刚停止生长的晚秋是修枝的最佳季节，切口流出树液少，容易愈合。印度紫檀是自然整枝能力很强的树种，在林分充分郁闭后，可以不再进行人为修枝。

（2）密度控制

林分的密度控制可以通过初植密度、移除和间伐部分树木来达到。如果初植密度比较大，在幼林3年生时，可移除或砍伐部分植株，使林分大小更加整齐并有更加合理的空间。3年生后林分控制在750~900株/hm^{2}会比较理想。10年生以上才进行第二次的密度调整，以不影响林木生长为原则。

（3）主伐

印度紫檀一般在20年生时开始形成心材，因此其最短主伐年龄>40年，主伐期越长对心材的形成和品质越有利，其木材价值也越高。国外对紫檀属珍贵树木的经营周期为50~80年，80年生以上大树的心材品质更加优良。

（4）更新

印度紫檀萌芽更新能力强，但国内未有大面积成熟林进行萌芽更新试验。目前的种植主要用于行道树、庭院绿化或小面积种植。

六、主要有害生物防治

1. 炭疽病（*Colletotrichum gloeosporioides*）

炭疽病是印度紫檀苗期和幼林的主要病害之一，由真菌引起，主要危害叶片、嫩叶、叶柄、嫩梢，严重时导致整株落叶。病害初期为褐色小斑点，随后病斑不断扩大，形成大小不一、不规则的褐色病斑，叶尖受害时产生褐色尖枯。发病后期，病斑中央变为浅褐色至灰白色，病斑上

可见黑色小点，为病原菌的子实体。在高湿条件下，常在病部长出一层粉红色黏稠的孢子堆，受害病叶发生皱缩，使叶片过早脱落，影响苗木生长。病菌在芽内或皮孔潜伏越冬，该病主要发生于高温高湿的春夏两季。防治方法：加强苗木管理，及时剪除病残枝条，合理施肥，加强通风透光；设置合理的育苗密度；选用新苗圃；选用抗病品种。也可采用化学防治，自发病起，每10～15天喷1次药，连续2～3次。可选用炭疽福美、甲基托布津、百菌清、退菌特或代森锰锌等800～1000倍液喷雾防治，不同药物交替使用为好。

2. 紫檀尺蠖

紫檀尺蠖是印度紫檀的主要虫害之一，为鳞翅目害虫，以幼虫食叶危害，发生严重时，可吃光整株树叶，混交林稍好。在海南万宁和乐东，6～7月的闷热天气危害最为严重，一年可发生2～3次。防治方法：①营林措施，对于鳞翅目害虫，冬季可在树冠下浅翻土，清除枯枝落叶和杂草并烧毁，消灭越冬虫蛹；②化学防治，常用药剂有甲维盐的药、敌百虫、丹巴、吡虫啉以及菊酯类的农药。除选对合适的药剂外，还要选对防治的时机，关键在于做好越冬代幼虫的防治。

3. 扁刺蛾（*Thosea sinensis*）

扁刺蛾属鳞翅目刺蛾科。刺蛾是一类经常发生于林带、行道树、庭院树木的重要害虫，食性杂，能危害多种阔叶乔灌木。防治方法：①人工防治，清除虫茧，摘除虫叶。②化学防治，刺蛾幼虫对药剂抵抗力弱，可喷90%晶体敌百虫1000倍液、80%敌敌畏乳油、50%辛硫磷乳油、25%亚胺硫磷乳油1500～2000倍液或用拟除虫菊酯类农药3000～5000倍液进行喷杀。③生物防治，幼虫发生期施药喷洒青虫菌，每克含100亿孢子1000倍液，可使幼虫感病率在80%以上，如能混入0.3%茶枯或0.2%中性洗衣粉可提高防效；用每克含孢子100亿的白僵菌粉0.5～1.0kg，在雨湿条件下防治1～2龄幼虫；秋冬季摘虫茧；引放寄生蜂、寄生蝇，刺蛾的天敌主要有上海青蜂、黑小蜂、紫姬蜂、健壮刺蛾寄蝇等；保护好益鸟，对防治刺蛾也具有重要作用。④黑光灯防治，大多数刺蛾类成虫有趋光性，在成虫羽化期，设置黑光灯诱杀，效果明显。

4. 螺旋粉虱（*Aleurodicus dispersusRussell*）

螺旋粉虱属于同翅目粉虱科，2006年在海南陵水首次发现的刺吸式昆虫，吸食植物的叶汁，危害林荫紫檀树种。防治方法：可使用防治咀嚼式口器和刺吸式口器的敌百虫，也可用40%乐果乳油500～1000倍液或50%马拉硫磷乳油600～800倍液等进行喷雾防治。

七、材性及用途

印度紫檀木材心边材过渡明显，边材近白色或浅黄色，心材红褐色、深红褐色，常带深浅相间的深色条纹，结构细，纹理斜至略交错，易加工，新切面具光泽，其香气弱或很微弱，表面磨光后十分光亮。木材气干密度0.53～0.94g/cm^3，密度及心材比例与生境条件有关，生长快则密度小，心材比例也相对小，反之则大。心材比例与林龄大小有关，树龄越大，心材比例越高。一般直径1m时心材占7成左右，而直径60cm时常只有4～5成。心材通常用作高级家具用材，也有用于室内装饰，或雕刻工艺品、高级乐器部件等。边材可旋切加工制单板，并有良好的黏合性。

（杨曾奖，曾杰，曾炳山）

附：檀香紫檀（*Pterocarpus santalinus* L. f.）

檀香紫檀在世界20多个紫檀属树种中材质最好。檀香紫檀的木材又被称为小叶紫檀木，原产于印度，天然分布于干旱多砾质的丘陵山地，大多为页岩、石英岩、砂岩发育的土壤，其天然分布地海拔150～1000m，平均气温13～37℃，年降水量350～1350mm。我国海南、广西南部、云南西南部、台湾、广东北回归线以南地区及福建部分沿海温暖地区有少量引种栽培。

典型热带树种，喜光，耐干热气候，不耐

海南尖峰岭热带树木园的檀香紫檀（施国政摄）

檀香紫檀大树（施国政摄）

檀香紫檀果枝（罗水兴摄）

檀香紫檀花（罗水兴摄）

檀香紫檀叶片（罗水兴摄）

阴，在极端高温46℃、低温5℃均能生长良好。前期生长缓慢、后期速生。实生苗木10年生以上方能开花结实。喜肥沃、排水良好的沙壤土或冲积土，不耐涝，在极度干旱瘠薄、黏重及沼泽地等通气不良的立地上不宜种植。遇干旱或低温条件时会落叶，生长减缓或停滞，甚至死亡。

树干通直，高达25m，胸径可达50cm；心材是其最有价值的部分，工艺成熟期为50年。国内尚未有大片檀香紫檀的林分，所见病虫害较少。苗期有吸液性介壳虫和食叶性害虫危害，可用触杀类农药如菊酯类杀虫剂1000～1500倍液等防治食叶性害虫，用内吸性药物防治介壳虫。

附：大果紫檀（*Pterocarpus macarocarpus* Kurz）

大果紫檀为我国南方重要的外引珍贵树种。在紫檀属树种中，其心材形成最早，植后7年可见心材，并且生长表现良好，已成为目前推广种植的紫檀属首选树种。天然分布于泰国、缅甸、老挝、柬埔寨，越南有少量分布。主要在11.0°～22.5°N地带，海拔在100～800m的丘陵和季节性热带雨林和季雨林中，原产地为热带季风气候区，年平均气温22～27℃，年降水量1000～2000mm，有明显的雨季和旱季，全年无霜（邹寿青和郭永杰，2008）。多散生，多数成为林分上层的优势树种。我国热带地区适生，可推广至北回归线以南地区，低温是其主要限制因子。海拔500m以下的热带山地及南亚热带湿润气候区是大果紫檀的适生和丰产区。

大果紫檀为热带树种，喜光，喜温暖、湿润的热带气候，不耐阴，不耐寒，只能耐短暂低于2.5℃的低温，在年平均气温23～25℃，年降水量1400～2000mm地区生长表现良好；耐干旱，在海南西南部，虽然每年都有近半年的干旱期，但其长势旺盛，表现出极强的耐旱性能；耐10级以下大风，遇强台风易风折；对土壤要求不苛刻，在我国热带、南亚热带的砖红壤、赤红壤，及沿海沙土、冲积土均生长良好，并具根瘤固氮改土能力。

大果紫檀为半落叶树种，通过落叶度过干旱或低温期，温暖湿润条件下可缩短落叶期或少落叶，生长量明显提高。高温多雨的夏季是其生长高峰期。其树高一般可达20～30m。在良好立地，幼龄期年均树高、胸径生长量分别在2m、2cm以上。在粗放经营条件下，海南尖峰岭地区17年生的大果紫檀，平均树高20m，胸径23cm，年均树高、胸径生长量分别超过1m、1cm。

偶有尺蠖、刺蛾等危害，可以用稀释800倍的敌百虫药剂喷雾防治。苗期偶见有炭疽病，特别是在高温高湿季节，可用500倍的多菌灵+0.03%的农用链霉素喷雾防治。大树树干偶见天牛危害，可使用熏蒸剂或杀虫剂封堵洞口或诱杀。

（杨曾奖，曾杰，曾炳山）

福建漳州8年生大果紫檀林分（杨曾奖摄）

黄檀

黄檀属（*Dalbergia*）植物属蝶形花科（Fabaceae），分布于热带和亚热带地区，共有约250种，其中，亚洲有92种，非洲有60～70种，美洲有45～55种，大洋洲有4种。黄檀是重要的用材树种，红木8类33种中有16种黄檀，分为香枝木类（以降香黄檀*D. odorifera*为代表）、红酸枝木类（以交趾黄檀*D. cochinchinensis*为代表）和黑酸枝木类（以刀状黑黄檀*D. cultrata*为代表）。降香黄檀和东京黄檀（*D. tonkinensis*）可供提取多种药用成分，交趾黄檀可供提取多种糖类化合物。斜叶黄檀（*D. pinnata*）、两粤黄檀（*D. benthami*）和藤黄檀（*D. hancei*）被称为降真香，具有药用价值。

我国人工林较大面积种植的主要为降香黄檀、印度黄檀（*D. sissoo*）和黄檀（*D. hupeana*）。降香黄檀和印度黄檀种植在热带和南亚热带地区，黄檀种植在中北亚热带和暖温带地区。有一定种植面积的有滇黔黄檀（*D. yunnanensis*）、南岭黄檀（*D. balansae*）、交趾黄檀和刀状黑黄檀。近年来，我国大力发展珍贵树种的人工培育，黄檀类树种人工林面积不断增大，目前已经超过50万亩。黄檀类树种还被大量用于四旁种植。

黄檀类树种普遍耐土壤贫瘠和季节性干旱，但水肥充足会促进生长。早期普遍分枝多，且干形不好，人工林培育早期要重视干形培育。中幼林管理过程中密度调节有利于胸径生长。黄檀类木材利用主要是心材，中后期应采取相应栽培措施促进心材形成。

（徐大平）

126 降香黄檀

别　名 | 海南黄花梨、降香檀、花梨母

学　名 | *Dalbergia odorifera* T. Chen

科　属 | 蝶形花科（Fabaceae）黄檀属（*Dalbergia* L. f.）

降香黄檀为我国最珍贵的用材树种，其木材是我国名贵的特类商品材，为两种国产珍稀红木树种之首（另一种为产自云南的版纳黄檀），以心材材质紧密而坚硬、花纹美丽、具有独特的降香香味而著称。原产海南岛，现在华南地区广泛种植，人工林面积达30万亩以上。

一、分布

降香黄檀为海南特有种，全省各地都有天然分布（18°～20°N），垂直分布在海拔600m以下。中心分布区位于海南的西部及西南部的低山丘陵地区，多以零星或团聚状散生于半落叶季雨林中，少数可形成小片纯林。伴生树种为耐旱性较强的鸡尖、黑格和割舌罗等。

目前，广东、广西、福建、云南和贵州等地均有引种栽培。温度是降香黄檀引种的主要限制因子，能抵御-2～0℃的极端低温（徐大平等，2008）；而极度干热的气候也会限制其快速生长；对光照的要求较强，宜选择阳坡种植；不耐水涝。

二、生物学和生态学特性

高大乔木，树高可达20m，胸径达100cm。树皮褐色，粗糙，有纵裂纹。奇数羽状复叶，小叶9～13片，稀17片，近革质，卵形或椭圆形。圆锥花序腋生，分枝呈伞花序状；花白色或淡黄色，雄蕊9枚，子房长椭圆形，胚珠1～2个。荚果舌状长椭圆形，有种子处明显凸起，厚可达5mm；种子1～2粒，稀3粒。

降香黄檀为喜光树种，萌芽力强，砍伐后可萌芽更新；在过分荫蔽的密林中，幼苗细弱难以生长成林；在郁闭度较小的林分中能长成干较直的大树。结实虽然丰富，但天然下种时正值旱季，故林下幼树不多。侧根具根瘤，外表金黄色，呈球形或扁球形；耐干旱瘠薄，对土壤条件要求不严，在陡坡、岩石裸露的山地亦枝繁叶茂；孤立木2～4年生，片林3～6年生开花结实。

降香黄檀在干旱时叶全落，雨季长出新叶。花

广州降香黄檀育苗（杨曾奖摄）

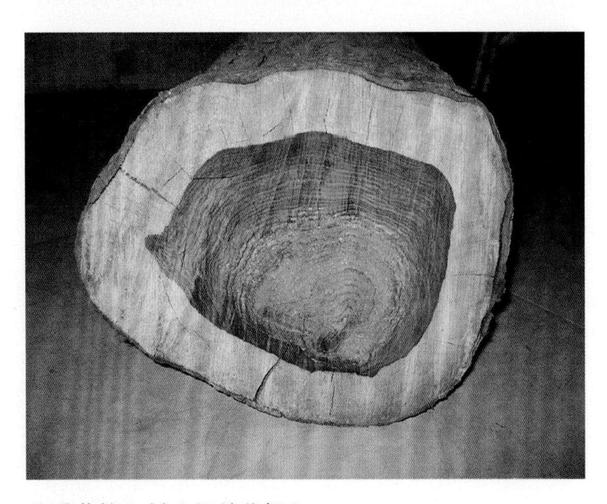

降香黄檀心材（杨曾奖摄）

期4～6月，11月至翌年1月果实成熟；12月下旬开始落叶，翌年2月上旬至3月中下旬为无叶期，展叶期3～4月，此时光照充足，日平均气温为25～27℃，芽萌动并抽新梢，5～10月径生长迅速并抽出多条新梢，11～12月径生长显著减慢。

在海南尖峰岭，天然林32年生树高16.50m，胸径22cm，在热带树木园内栽培的20年生人工林平均树高15.60m，胸径16.8cm，生长速度比天然林快。降香黄檀被成功地北移引种到广西南部南亚热带岩溶山地，生长良好。

三、良种选育

中国林业科学研究院热带林业研究所从2006年开始进行种质资源的收集、保存与评价，建立了降香黄檀种质资源库、种源/家系试验林和嫁接种子园，初步结果显示，来自海南白沙较高海拔的种源有较好的生长表现。

四、苗木培育

1. 播种育苗

（1）种子采收、处理与贮藏

降香黄檀天然林极少，采种主要在人工林中进行。宜选择10年生以上生长健壮、无病虫、树干通直圆满、结实状况好的优势木采种，也可在营建的降香黄檀嫁接种子园中采种。降香黄檀荚果11～12月大量成熟，当果皮由黄绿变成黄褐色时即可采收。采回荚果暴晒1～2天，待果荚干透即可揉搓，去除杂质后可获得带部分果荚的种子（因果夹与种子紧密相连难去除），稍阴干即可装袋保存或直接播种。种子在低温条件下（0～5℃）贮藏6个月仍具有较高发芽率；完全去除果荚的种子发芽率低于带果荚种子的发芽率，建议带果荚低温保存。

（2）播种

圃地要求通气排水良好、土质疏松的沙质壤土或轻壤土。为避免和减少病虫害，尽量不用熟耕地，如用熟耕地一定要严格消毒，且要反复消毒2～3次。

热带地区一般选择1月前后播种，南亚热带地区可在3～4月播种。播种前用清水浸种24h，清洗后捞出晾干，采用撒播的方法，将种子均匀撒播在床面上，然后覆盖细沙约1cm，淋透水后覆盖一层薄草，或用遮阳网搭棚遮阴。其播种适宜温度为25℃左右；如气温较低时，苗床需覆盖塑料薄膜增温。约半个月发芽，新鲜饱满种子发芽率可达90%以上。

（3）移苗

育苗基质一般用70%～80%黄心土+20%～30%火烧土+2%钙镁磷肥进行配制，如黄心土的黏度很高，可掺细沙1/3左右，将各组分充分混匀后用0.2%～0.3%高锰酸钾溶液消毒1～2天后装袋。亦可用35%锯末+15%炭化锯末+30%泥炭土+20%炭化谷壳配制轻基质。移植时需搭建阴棚，以保湿保温。1年后85%以上苗木地径大于0.5cm、苗高大于30cm；2年生时苗木地径大于1.0cm、苗

广州降香黄檀优树（杨曾奖摄）

广东高要10年生降香黄檀人工林开花林相（徐大平摄）

高大于70cm即可出圃造林。培育2年生苗所用营养袋的规格以（10～12）cm×15cm为宜，为培育壮苗可在1年后通过防穿根移苗适当增加营养袋之间的间距。

（4）水肥管理

移苗后待幼苗恢复生长，逐渐拆除阴棚，在南亚热带地区1月至3月上旬时一定要覆盖薄膜防寒。每天早晚淋水1次，2周后开始薄量追肥，施用0.2%～0.3%的尿素溶液，以后逐渐增加到0.4%～0.5%，淋肥后用清水喷洗叶面1次，以免造成肥害。在高温高湿或阴雨天气，每半个月用0.2%～0.3%多菌灵或百菌清、甲基托布津等溶液喷洒，可预防病虫害的发生。

降香黄檀苗期的生长表现出明显的“慢—快—慢”的“S”形曲线，苗高生长高峰期为6～10月，地径生长高峰期为7～10月，可在苗木生长高峰的中后期进行控肥、控水，使苗木木质化程度提高、根系发达。

接种根瘤菌有利于降香黄檀的生长，接种了从大果紫檀分离的一种根瘤菌的降香黄檀幼苗植株的株高、干重以及全氮含量均显著高于对照处理，且具有高效的固氮能力（陆俊锟等，2011），因此，可对降香黄檀苗木进行根瘤菌接种，有利于提高苗木的生长，并改善造林后林木的固氮能力。

2. 嫁接繁殖

降香黄檀嫁接成活率较高，一般采用“互”形接法和劈接法等，其中“互”形接法的成活率最高，比劈接法成活率提高了4.5%（杨曾奖等，2011）。“互”形接法为：嫁接时消毒接穗枝条，然后分段（双芽或单芽为1段，每段为1个接穗）待接，后在接穗芽眼下部削出约45°倾斜的斜口，斜口长约0.6cm，再在斜口的上部背面反斜刀少许形成小的反斜口，然后顺着反斜口轴向直劈开约1.8cm长的表皮，深达木质部，最后在斜口下方削去深达木质部的表皮约1.4cm，即处理好接穗。砧木用同样的反向处理，接穗和砧木处理好接口后，将形成层对准，贴合紧密，直劈未去除的表皮则互靠紧对方去皮后的部分形成“互”形，彼此形成层有最大面积的交互，左手捏紧，右手用宽约5cm的嫁接农膜条自下而上逐圈缠绕，包扎紧接合处，再包裹好接穗。

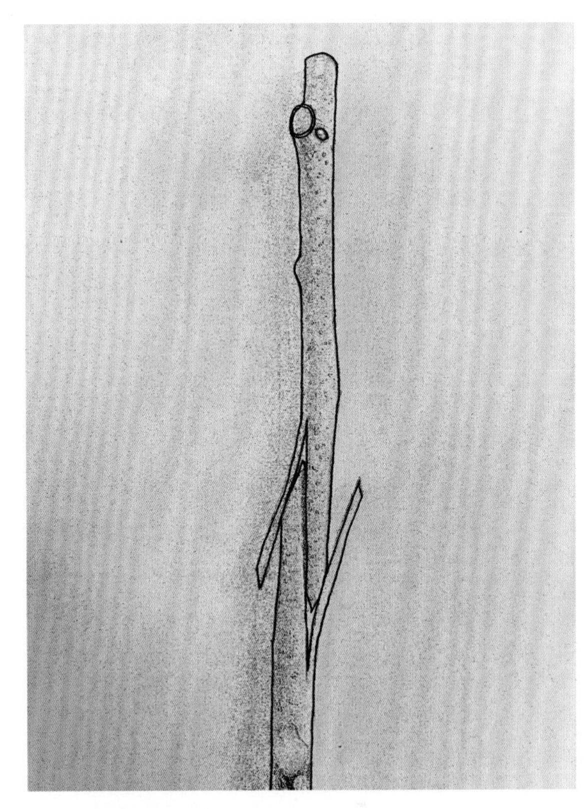

“互”形接法示意

3. 扦插繁殖

扦插最好在3～4月进行。降香黄檀扦插易成活，取1～2年生的枝条或苗主干作穗条扦插，成活率可达90%以上。扦插床可用沙床或黄泥心土掺入20%～30%的细沙，也可选用珍珠岩+黄心土（体积1：1），扦插株行距10cm×10cm。插穗基部可用200mg/L NAA浸泡1h或100mg/L ABT 1号溶液浸泡2h。插穗至少保留1片叶以上，叶多时剪成半叶。覆盖塑料薄膜和遮阳网遮阴保湿，温度超过28℃时要在塑料薄膜上喷水以降低床面温度，喷雾以保持床面湿度在80%左右。待扦插生根稳定后移入营养袋内继续培育。

4. 组织培养育苗

对降香黄檀组织培养技术的研究表明：8～9月是降香黄檀外植体诱导消毒的最佳季节，升汞的消毒效果稍好于次氯酸钠。可用改良的DCR+2.0mg/L BA+0.1mg/L NAA作为外植体诱导培养基，改良的MS1+0.5mg/L BA+0.1mg/L NAA适合继代增殖，改良的MS2+生长调节剂适合降香黄檀茎芽生根；生根培养基加活性炭0.5g/L有利于降香黄檀组培瓶内生根（陈碧华等，2010）。

5. 炼苗出圃

出圃前1个月炼苗，停止追肥，并逐渐减少水分，促进苗木的木质化，提高造林成活率。近年来，多用2～3年生苗木造林。2年生苗高60～80cm，3年生苗高90～110cm。用2～3年生苗木造林，能有效防止杂草对苗木生长的影响，可减少造林当年抚育次数，有效降低成本，提高造林成活率，并可在造林当年对苗木进行支撑和扶直。

五、林木培育

1. 立地选择

降香黄檀为喜光树种，喜温暖，不耐霜冻，对土壤要求不严，较耐旱耐贫瘠，在各种母岩发育的土壤上均能生长。

福建省南部云霄圆岭国有林场（24°05′N，117°25′E）不同海拔降香黄檀造林情况如下：在海拔500m以下时，2年生降香黄檀保存率达83%以上，年平均高生长可达0.7m，而且其冻害比较轻微；当海拔高度超过500m时，降香黄檀的保存率和生长量均较大幅度下降且冻害加剧。因此，降香黄檀在闽南丘陵山地造林适宜的海拔高度在500m以下。2008年的冰雪灾害为测试降香黄檀抗寒能力提供了机会，福建平和（24°40′N，117°35′E，海拔150m），最低气温1℃，当年未发现寒害，其外观上表现为黄叶和叶片脱落加速，没有枯梢现象；种植在广东肇庆怀集的新岗林场（24°12′N，112°12′E，海拔550m）的当年种降香黄檀有10%植株整株立枯，当时最低气温在-4℃左右；在广东肇庆广宁葵垌林场（23°57′N，112°33′E，海拔620m）的1年生降香黄檀，叶子变黄后落叶，但顶芽良好，回春后发叶生长，寒害影响不大，该地点短时最低气温在-3℃左右；在北回归线偏北的从化山区（23°46′N，113°50′E，海拔360m），最低气温约-2℃，仅出现落叶，长势良好。总体上看，降香黄檀能耐短暂-2℃低温，受冻后落叶而无枯梢，仍能恢复生机。适宜推广种植于24°N以南，海拔300m以下，极端最低温度大于-2℃的地区，凡霜冻较多较重的地区均不宜栽植。

2. 整地

多采用带状或块状整地，带宽1.5～2.0m，也可直接挖穴（50cm×50cm×40cm）。施基肥有利于降香黄檀的快速生长，一般每穴施2～3kg有机肥或200～300g复合肥+300g钙镁磷肥。

3. 造林

华南各地春季多雨，宜3～5月造林；海南、云南和贵州等地一般在6～9月雨季造林。降香黄檀为喜光树种，树冠宽大舒展，造林密度通常采用3m×4m或3m×3m，在交通方便的林地也可采用2m×3m的株行距，6～8年后移植一半树木。还可采用1.5m×2.0m的株行距，在4～5年和7～9年后分2批分别移植一半的树木。

4. 抚育管理

夏季种植后的当年雨季末期（9月）进行松土、除草1次。春季种植后当年抚育2次，一次在造林2个月左右，一次在雨季后。第二年起的3年内，每年抚育松土扩穴2次，分别在5～6月和10～11月进行。追肥宜结合抚育松土时进行。造林当年第一次追施尿素50g/株，第二次追施复合肥150～300g/株。第二年在雨季前和雨季末各追肥1次，每次施复合肥150～300g/株；第三至六年每年施肥1次，每株追250～300g复合肥。

5. 修枝间伐和密度控制

降香黄檀幼树新梢细、容易弯曲，若不及时扶直，将造成树干弯曲，分枝多且低，侧枝粗壮，导致主干不明显、弯曲甚至倒伏。因此，需对树干采取支撑措施，一般在造林当年秋冬季节，用尼龙绳将树干捆绑在竹竿或木棍上，幼树依靠竹竿或木棍直立生长。在绑扶主干的同时，将树冠1/3以下的侧枝全部剪除，修剪过后应及时抹芽。修枝应坚持3～5年，保障大树有4m以上的比较通直的主干。在水肥有保障的条件下，

降香黄檀幼林胸径生长超过2cm/年，最高可达4cm/年，早期生长过快将导致其未来锯材后板材中间年轮宽，影响板材承重能力和美观。通过密植和修枝，可控制胸径生长量在1.5cm/年，使前后年轮生长比较均匀，可提高心材质量。

降香黄檀树冠宽大，应根据不同培育目标调整林分密度，一般来说培养胸径50～60cm的大树，每亩保留13株左右；培育胸径40～45cm的树木，每亩宜保留20株左右；培育胸径30～35cm的树木，每亩可保留35株左右；培育胸径20～25cm的树木，每亩保留树木不宜超过50株。采用2m×3m株行距造林8年后平均胸径可达12～14cm，需分批移植一半的树木，为保留木腾出生长空间；13～14年前后平均胸径可达20cm以上，如培育目标是胸径30～35cm以上树木，需间伐或移植1/3左右林木。初始造林密度55株/亩，在培育胸径20～25cm的树木时可不进行间伐或移植。降香黄檀一般在胸径达到6～10cm时开始形成心材，平均胸径13cm时心材为3～5cm，但心材质量较差，此时不提倡间伐，可根据实际情况进行移植，3月末发叶之前带土团移植成活率可达95%以上，但树冠恢复需要2年左右的时间。带土团移植时只需少量修枝，裸根移植时需强度修枝。移植有利于心材的形成，同时可提高心材质量。胸径20～25cm的树木，心材在12～15cm左右，可根据情况决定是间伐或移植，虽然移植成活率较高，但移植成本较大。根据现在的经营水平推测，25年生集约经营人工林平均胸径在30～35cm，心材可达15～20cm。在采伐前5年减少降香黄檀水肥供给有利于提高心材产量和质量（贾瑞丰，2015）。

六、主要有害生物防治

1. 炭疽病

主要危害叶片、嫩茎，病原菌为胶孢炭疽菌（*Colletotrichum gloeosporioides*），防治方法：发病初期可喷施65%代森锌可湿性粉剂（或70%炭疽福美双可湿性粉剂，或75%百菌清可湿性粉剂500～600倍液或70%甲基托布津可湿性粉剂800倍液），每隔7～10天喷1次，连续喷3～4次，亦可交替或混合用药，病情可得到控制。如发现幼树茎炭疽病，可切除病部，切口用波尔多液涂封保护。

2. 黑痣病（*Phyllachora dalbergiicola*）

多发于苗期和幼树期，病斑主要出现在叶、枝和果荚上，雨季时蔓延极为迅速，严重时整个叶片均显黑色，致使叶片大量脱落，严重影响生长。在海南每年6～7月严重发生，造成叶片枯黄早落。在云南高海拔地区发病特别严重。防治方法：可在新叶开放后每隔15天喷1000倍的波尔多液2～3次。

3. 瘤胸天牛（*Aristobia hispida*）

多危害降香黄檀人工幼林，被害率达40%～50%，被害后的幼树往往造成风倒或枯死。防治方法：对成虫可摇树使其落地加以捕杀，对幼虫可用兽用注射器将40%乐果乳油300倍液虫孔注入，然后用黏泥封口。

4. 尺蠖

主要危害幼苗和幼树的叶片，严重时整株会被吃光。幼虫发生时可叶片喷施800～1000倍菊酯类杀虫剂，条件允许时可采用干粉喷雾打药机进行操作。

5. 卷叶蛾

主要危害叶片。幼虫将叶片卷成筒状，在里面吐丝做茧。防治方法：可用800～1000倍毒死蜱或敌百虫或菊酯类杀虫剂进行叶片喷洒。

6. 小地老虎（*Agrotis ypsilon*）

一种杂食性害虫，主要危害幼苗及幼林的叶片。防治方法：可用500～800倍敌敌畏进行叶片喷洒。

七、材性及用途

降香黄檀木材材质紧密而坚硬，木孔稍粗而长，轴向薄壁组织呈管带状或轮界状，径面斑纹略明显，弦面具波痕；心材呈红褐色到深红褐色，久则变为暗色，有光泽，花纹美丽，夹带有黑褐色条线（俗称“鬼脸”，是由生长过程中的结疤所致）；纹理斜或交错，清晰美观，有麦穗纹、蟹爪纹，纹理或隐或现，生动多变；材质硬重，气干密度为0.94g/cm^{3}左右，强度大，干燥后不开裂、不变形，结构细而匀，极耐腐耐湿；有淡淡的特殊香味且香气长存。

降香黄檀是制造名贵红木家具、工艺品、乐器、雕刻、镶嵌和名贵装饰的上等用材。

降香黄檀的药用部分主要为其树干和根部的心材部分。降香油具有行气止痛、活血止血之功，用于治疗心胸闷痛、脘胁刺痛等病症，外治跌打出血，是临床常用制剂如冠心丹参片、乳结消散片、复方降香胶囊等中成药的主要原料。此外，降香油中还含有大量含氧有机化合物，而这些含氧有机物在促进人体荷尔蒙的释放，提高甲状腺素的渗透能力等方面起着重要作用。降香中的黄酮类化合物是其重要活性成分，具有抗氧化、抗癌、抗炎、镇痛和松弛血管等作用。

降香黄檀根系发达，适应性强，是优良的岩溶山区造林树种，具有较强的抗风、遮阴、吸尘和降噪能力。降香黄檀适应性和萌芽力很强，是极具发展潜力的四旁绿化树种。

附：交趾黄檀（*Dalbergia cochinchinensis* Pierre ex Laness）

交趾黄檀木材名大红酸枝，天然分布于中南半岛（10°～22°N），包括泰国、老挝、柬埔寨、越南和缅甸。其与降香黄檀在形态上的差别主要在于小叶的形状和数量，降香黄檀小叶呈椭圆形至卵圆形，数量为9～13片，而交趾黄檀叶片多为卵圆形，小叶数量为7～9片，并且为常绿树种。交趾黄檀心材呈鲜红褐到暗紫红褐色，具光泽，锯解时有酸臭气味，经久消失，在高档家具制作及雕刻行业具有重要应用。

中国林业科学研究院热带林业研究所自2007年起陆续在海南、广东和福建等地进行了引种试种，其育苗和造林技术与降香黄檀类似，抗寒性与降香黄檀相当；但其早期生长速度较快，主干生长比降香黄檀明显。9年生林分平均树高和胸径分别约10m和15cm，是一种值得在南方地区推广种植的重要珍贵树种。

（徐大平，杨曾奖，张宁南，刘小金）

127 印度黄檀

别　名 | 茶檀（印度）
学　名 | *Dalbergia sissoo* Roxb.
科　属 | 蝶形花科（Fabaceae）黄檀属（*Dalbergia* L. f.）

印度黄檀是一种速生珍贵树种，其心材为圆柱形，黄棕色，切面较粗糙，综合品质系数为2309×10^5Pa，属于高等级木材。材质坚硬，不易折断，断面部整齐，强木质纤维性，入水不沉。气味较涩，火烧有香气，残留白色灰烬。木材色泽近黄褐色或红褐色，不带紫色色泽。因木材致密，花纹美丽，经久耐腐，抗白蚁，印度黄檀为印度主要用材树种之一，是制作高级家具、地板、精密仪器、室内装修、车辆板箱、车轴、雕刻、高档工具柄等优良木材。

印度产的木材具有浓烈香气，东南亚国家一般又作为供制佛香的原料，其商品材应属"香枝木"类，目前国内木材市场上无商品材可提供。印度黄檀不属于濒危植物，但随着国家标准《红木》（GB/T 18107—2000）的颁布实施，"香枝木"作为商品材的名称遂为红木爱好者所熟悉。现在将其归入"香枝木"，与家具行业（包括收藏界）习惯上称为"黄花梨"的名贵硬木并列。故世界公认的三种香枝木（《QB/T 16734-1997中国主要木材名称》），印度黄檀（亦称印度黄花梨）是其中之一，与海南黄花梨、越南黄花梨同属一类，是世界珍稀名贵木材。

一、分布

印度黄檀主要分布在印度、巴基斯坦、尼泊尔、不丹、马来西亚等国家的热带地区，高大的植株一般呈散生或者是小面积聚集状态，大多沿着森林边缘附近的溪流、高地生长，在海拔400～800m分布较为集中。这些地区年平均降水量500mm以上，年平均气温22～25℃，极端最高温超过40℃，并经常遭受台风影响，偶尔也会遭受较长干旱期的影响。有报道称，生长于马来西亚的印度黄檀与海南黄檀十分相似。中国福建、广东、海南、云南等地均有栽培，伊朗东部至世界各热带地区也有栽培。

二、生物学和生态学特性

1. 生物学特性

印度黄檀为落叶乔木，高可达30m，胸径超过1.0m。主根明显，根系发达。除叶柄、花序及子房略被银灰色短毛外，其余无毛。树皮灰褐色或褐色，粗糙。小枝近平滑，有微小苍白的皮孔，有近球形的侧芽。奇数羽状复叶，叶柄扭曲，长6～11cm，有小叶3～5片，一般多为5片，托叶早脱落；小叶近革质，叶柄长1～2cm，阔卵形或阔椭圆形，基部小叶常较小，顶端小叶较大，一般长2.5～6.0cm、宽2～4cm，顶端骤尖，基部圆或楔形，侧脉每边7～13条；互生，全缘，两面光滑。圆锥花序腋生，由多数聚伞

原国家林业局云南元谋荒漠生态系统定位研究站
印度黄檀果枝（刘方炎摄）

花序组成，长2.0～3.5cm、宽1.5～2.5cm，总花柄长0.5～1.5cm；花两性，细小，近无柄，萼长3～4mm，略被毛，先端有钝齿，下部近圆筒形；花淡黄色，旗瓣阔，翼瓣分离，龙骨瓣较狭长；雄蕊9～10枚，一束，花药小，直立；雄蕊和雌蕊基部相连，子房有胚珠1～2个。荚果舌状椭圆形或阔披针形，长3～4cm、宽7～10mm，成熟时不脱落，干燥时呈黄褐色或褐色，具柄，有种子1粒，少有2粒；种子肾形，扁平，长6～10mm、宽4～6mm，种皮薄，花褐或棕褐色。幼苗具子叶2枚，出土绿色，近似瓜子形，长11～13mm、宽4.5～6.5mm，黄绿色，柄长1.5～2.0mm。初生叶为单叶，广椭圆形，基部有2枚狭长的托叶，长6～10mm、宽4.5～6.0mm，柄长2～3mm；次生叶为三出复叶。

2. 生态学特性

印度黄檀属热带树种，喜温暖、不耐严寒，适于年平均气温20～27℃，极端最低气温0℃以上，极端最高气温39～43℃，年平均降水量500mm以上的地区。喜强光，忌荫蔽；喜湿润，忌积水；对土壤要求不严格，耐热、耐旱、耐瘠、耐风、抗污染，生长迅速。水肥条件好时，前10年年均树高生长量1.5m、胸径生长量2cm以上。在金沙江干热河谷地区引种试验结果表明：4年生印度黄檀的平均胸径4～11cm，平均树高5～10m，保存率达90%，结实率达97.5%。印度黄檀自然萌生力强，易移植，且露地树根能萌蘖植株，长成大树，可独木成林（唐勇和陈艳彬，2012；杨健全，2015）。

3. 适生条件

印度黄檀适于年平均气温20℃以上，年极端最低气温0℃以上，年平均降水量500mm以上的地区栽培。在云南适于在海拔1300m以下的热带、南亚热带引种栽培。对土壤要求不严格，红壤、燥红土和砖红壤均适于生长。从引种情况观察，在云南省元阳县南沙干热河谷阳光充足，海拔200～300m一带种植生长较快。在水肥条件好的坡地，前10年每年平均增高1.5m，增粗2.0cm以上；在水肥条件较差的地方种植也能正常生长，但长势较差，10年生树高11～12m、胸径14～16cm，且在前3年生长较慢。

三、苗木培育

1. 播种育苗

每年11月采种，去荚、净种后播种，也可带荚播种。开春后（翌年3月）即可整地育苗，选沙土地或土质疏松容易排灌的半阳坡地块，清理树根石块，将土壤耙碎整平。将采回的果荚揉搓成两段或数块（即使揉搓成数块也不会伤到种子），放入水中浸泡1天以上。泡种子的过程中，可将漂浮在水面上的空壳捞出去掉，其间更换1～2次水，可用温水也可用一般自来水，视浸泡时天气条件来选用水温。如果气温过低，可用60℃以下的水浸泡，自然冷却24h，中间换水2～3次，使种子快速吸收水分。之后可看到果荚里面饱满的种子因吸收水分而发胀，泡种子的水呈淡黄色。此时，可将种子捞出均匀地撒播到整的苗床上，不能太稀，以基本看不到土壤为宜。然后用细土覆盖约0.5～1.0cm，用松针、稻草或山草覆盖后浇透水，隔6～7天再浇1次，20天后可见种子发芽出土。发芽后1周开始喷施多菌灵或百菌清等防治立枯病，有地下害虫的地方要及时防治。苗高5～6cm时移入营养袋，移栽后最好用透光度30%的遮阳网搭建遮阴棚，并注意水分管理，及时拔除杂草。移栽后15天，苗木成活和生长稳定后即可拆除遮阴棚，保持苗圃通风透光，待苗高达到30cm时即可出圃。需要注意的是，种子如果没经水浸泡过，发芽率极低甚至不发芽。

2. 扦插育苗

采集休眠状态下的枝条，用0.02%吲哚丁酸或0.02%萘乙酸浸渍24h，扦插后50天左右能取得良好的生根效果。萌动状态下的插穗，以0.01%吲哚丁酸、0.01%萘乙酸或0.1%高锰酸钾浸泡24h，扦插后40余天时发根效果较好。用处于幼年发育阶段的枝条扦插育苗，比用壮龄阶段的枝条具有更高的发根率和育苗效果。不过，用壮龄阶段的优良母树上的枝条扦插，以建立无性系种子园，则可以在短期内获得较多的种实。另外，

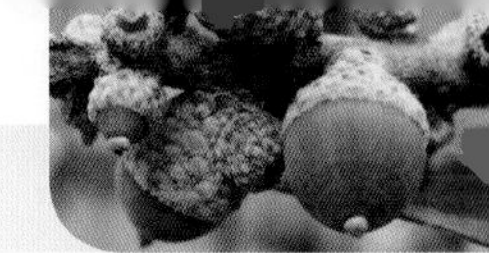

用萘乙酸0.01%和0.02%及高锰酸钾0.1%处理印度黄檀的根条，其发根率可达60.0%以上。扦插繁殖的印度黄檀幼苗主根和侧根均比较发达，在选择优树建立种子园，或优树无性系繁育和发展无性系林业，或在缺乏种子的地方，均可采用这种繁殖方法。

四、林木培育

1. 造林地选择与整理

印度黄檀对土壤要求不严，但选用土质疏松、肥沃、排水良好坡地种植生长更好。整地挖穴前清理林地，秋冬季翻土整地，栽植穴规格50cm×50cm×50cm，株行距配置以2m×3m为宜。

2. 施肥回穴

种植穴挖好后，施入腐熟的干糖泥或农家肥10kg加普通过磷酸钙200～300g，回填表土与肥料充分拌匀，再用细碎土回穴高于地面5cm左右待种。也可视地力和经济条件加减施肥量。

3. 栽植技术

宜秋冬季翻土整地，华南地区早春（4～5月）定植，四川、云南河谷地区宜雨季（6～8月）造林。选用Ⅰ、Ⅱ级苗，并选择阴天及小雨天气造林。苗木种植前一晚淋透水，保持容器内基质不松散，裸根苗根系完整，栽植端正不歪斜，分层回土压实，并用稻草、杂草覆盖保湿。初植密度1500株/hm^2，造林5年后根据立地条件和林木生长情况，通过抚育间伐将密度调整为1000～1200株/hm^2，10年后可调整并保持在800～900株/hm^2。

4. 管理措施

印度黄檀造林成活率较高，是热带强阳性树种，忌杂草淹没覆盖，轻则生长缓慢，重则死亡，故造林后前2年的及时松土除草非常重要。一般每年松土除草3次，雨季初期（5～6月）、雨季中期（8月）和秋末（10～11月）。同时，结合

原国家林业局云南元谋荒漠生态系统定位研究站印度黄檀单株（刘方炎摄）

前2次松土除草，追施高氮复合肥20～25g/株，第三次追施磷肥100～200g。距造林植株30～40cm，穴施或沟施，深度10～15cm。

造林当年秋冬季剪去低矮分枝、下垂枝、枯枝、病枝、徒长枝、根蘖枝、过密枝等，促进良好树干形成。连续进行4～5年，保证2.5m以下树干通直健壮。若作为印度檀香寄主种植，更需注意修枝整形。

种植1～2年后，树高基本能长到2m左右，但此时枝叶茂盛，主干细嫩，下雨时在雨水作用下，整株树会倒伏，不利于生长。应及时剪除下垂枝、弱枝和过密枝等，减轻树干承重，并可用竹子或木棍撑住树干，使主干笔直健壮生长。4年后，株高可达4～8m，林地郁闭，即可转为正常管理。

五、主要有害生物防治

印度黄檀引种到干热河谷地区病虫害相对较少，防治上以培育良好的林相和健壮的植株、减少病虫发生和提高抵抗力为主。引种到相对海拔高差400m以上的半山坡以后，病虫害随之增加，幼树时要注意施用杀虫剂来防治。病害则注意黑痣病和炭疽病（陈艳彬和沙万友，2015）。

1. 黑痣病

病原为黄檀黑痣菌（*Phyllachora dalberhiicola*）。高温高湿时节，通风不良的林地于幼林期易发生，症状表现为初期在叶片或小枝上产生斑点，逐渐扩大汇成黑色大斑，严重时整片叶枯死脱落。防治方法：可用1∶1∶100的波尔多液，或50%的多菌灵500～800倍液喷施预防。发病初，可用75%百菌清或甲基托布津800～1000倍液喷洒，隔5～7天1次，连续2～3次。

2. 炭疽病

病原为盘长孢属（*Gloeosporium* sp.）。真菌以菌丝体在病叶或病枝上越冬，当条件适宜时，则凭借空气或雨水从植株伤口侵入危害。防治方法：发病初可用80%的炭疽福美溶液800倍或50%的多菌灵或甲基托布津800倍液喷洒防治。

3. 钻心虫

对印度黄檀危害最大的是钻心虫（*Zeuzera* sp.），它喜欢在印度黄檀开裂的树干上产卵，卵孵化后幼虫会钻入树干啃食，危害极大，啃食后可见树根部有锯末样树屑排出，树干上流出褐红色的液体附在主干上，红色的液体附在主干上，如不及时施药杀虫可导致植株枯死。防治方法：①如果遇到钻心虫已经钻入树干，则用敌敌畏原药注入虫孔，再用土或树干上流出的液体封住虫孔将虫闷死。在实际操作中必须先用锐器捅开虫孔才能将药注入，如果直接用针筒插入虫眼注射药液，则注射1～2次后针筒就会被堵塞。钻心虫一旦钻入树干很难杀死，主要是预防。②在每年的4月底5月初虫卵孵化前或幼虫时，施用化学药剂杀死卵和幼虫，到八月至九月成虫会在树上过冬产卵，此时再施用1次农药即可。其他虫害，可按常规方法于初期喷药杀灭。

六、材性及用途

印度黄檀主要利用其心材，所以种植30年以后才有较高的木材利用价值。一般来说，生长时间越长，木材的价值越高。幼小植株的木材边材宽大，心材只占很小部分，随着生长时间延长，心材渐渐变大（与海南黄花梨相似）。生长成熟的树干边材很少，不超过3cm，浅黄色或银灰色并带有金丝荧光，与心材明显区分。刚锯开的心材呈黄褐色至红褐色，之后转至深红褐色，色泽深浅不均匀，富琥珀荧光，灿烂夺目，且杂有深紫色或黑褐色不规则条纹，纹理或隐或现，生动多变，有鬼脸、美人发丝、山水、行云、虎皮及瘿瘤等，给人鲜艳亮丽、神秘高雅的感觉，而且几乎没有相同纹理的树干。

印度黄檀心材坚硬不易开裂，宜作雕刻、细木工、地板及家具用材。而且材质细腻，油性高且木质坚硬，密度大，打磨至5000目时它本身的树脂（油性）被激发出来，形成一层水晶质膜填充了木材细胞管孔和表面，使得木材温润如玉，又如镜子可照影像。木材气香味淡稍苦，久后则消失。管孔内具深色树脂，加热后外溢，故木材

以红褐色材质致密，烧之有浓郁香气（火烧时有檀香气味，残留白色灰烬），表面无黄白色外皮者为佳。

木材干燥时宜缓慢，干燥需时长久，温度不宜超过50℃；木材稳定性强，不扭曲、不翘曲，木材耐腐、抗白蚁；耐磨性能良好，锯解略困难但加工后表面光洁平滑，光泽强；有刨削之刀痕，光滑有光泽，并有纵长线纹；如劈裂之，断面粗糙，强木质纤维性，纹理细而质坚硬，气香味淡稍苦，烧之香气浓郁；纹理交错，结构细，均匀甚重，甚硬，强度高（含水率12%时密度为1.05～1.15g/cm^3）。

在经营过程中，可结合进行森林抚育同时考虑木材的利用，分期分批地进行间伐利用。印度黄檀虽然一年四季均可进行采伐作业，但以冬季采伐为好，如此有利于植株萌发，以便再次利用，而且，萌发植株生长20年即可再次采伐。采伐时，把树木砍倒后，可视用途将圆木锯为若干段，木材用途的锯材长度多为2m，少部分为4m。药用或提取精油用途的木材，一般锯材长度均在1m以下。锯材应按大径材和小径材，干材和枝材，边材和心材等分开堆放，并进行相应的木材处理和包装待售。

印度黄檀心材可以提取食品防腐剂；根、干、叶均可入药，是一味名贵药材，其性辛、温，有活血化瘀、辟秽降逆、止血止痛之功效，主治风湿性腰腿痛、跌打肿痛、支气管炎、胃痛、疝气痛、冠心病等，为复方丹参注射液、活血通脉片的主要成分；印度黄檀也是高级香料，印度黄檀木材蒸馏可提取精油，含油量0.3％左右，油味清香持久，不易挥发，除用于制药工业，更作为高级香料的原料，广泛用于日用化工行业，成为很多高档化妆品必不可少的重要原料。

（李昆，刘方炎）

128 钝叶黄檀

别　名｜牛肋巴、牛筋木（云南）

学　名｜*Dalbergia obtusifolia* Prian

科　属｜蝶形花科（Fabaceae）黄檀属（*Dalbergia* L. f.）

钝叶黄檀是西南干热河谷的先锋造林树种，也是紫胶生产的优良寄主。夏代胶产量高，胶被丰厚，冬代胶保种效果好，是紫胶老产区传统的、常用的优良寄主树之一。我国每年80%的紫胶和90%的种胶均产于钝叶黄檀。

一、分布

钝叶黄檀主要分布在我国云南西南部以及越南、老挝和缅甸等国北部地区。在云南主要分布于哀牢山以西地区的李仙江流域和澜沧江中游、怒江中下游河谷地区，哀牢山以东地区仅有少量分布于红河支流的小河底河流域（李绍家等，1997）。从行政区划来看，主要分布在普洱市、西双版纳州、临沧市、保山市和德宏傣族景颇族自治州，另外，红河哈尼族彝族自治州的绿春、元阳、金平、石屏、红河、建水以及玉溪地区的新平、元江等县有少量分布。常分布于海拔500～1600m的区域，以900～1200m的南亚热带河谷两面山坡的中下部和低山为多。

20世纪60年代，钝叶黄檀被引种到四川攀枝花、广东梅州、广西百色以及贵州、江西和福建的部分地区，目前生长良好，可以天然更新。其中，引种到华南地区的钝叶黄檀，植株生长量远超原产地，但放养紫胶虫效果较差。

二、生物学和生态学特性

钝叶黄檀是热带、南亚热带干热河谷和河谷高地的次生林主要树种，多散生于砂页岩地区微酸性土壤的弃耕地、轮歇地、次生稀树草坡和农地边；无明显落叶现象，旱季有短暂落叶或换叶期（一般在4～5月）（陈玉德和侯开卫，1979）。该树种天然更新能力很强，是一种先锋次生树种。在云南紫胶老产区，农事活动造成了良好的天然更新环境，在有母树的地方，其周围往往能够长出许多实生幼苗，并逐渐形成稀树草坡的上层乔木。钝叶黄檀喜温喜光，耐寒力弱。在较冷年份里，幼苗和当年抽生的嫩梢及嫩叶有受寒害的现象。引种到四川、福建、广东、广西紫胶产区的钝叶黄檀，冬季出现枯梢现象，较冷年份，地上部分被冻死。

钝叶黄檀属于耐旱乔木，主根发达、侧根稀少，靠主根吸取深层土壤中的水分和营养。冠幅紧缩，叶片重叠，叶面角质层显著，蒸腾面小，水分平衡维持力强，具有很强的耐旱特性。因此，在干旱瘠薄的土壤上，钝叶黄檀也能生长。同时，萌发力强，经多次砍伐后仍能萌发。

在枝条生长方面，每年夏、秋两季枝梢增长明显，每次可达40cm以上。散生于农地中的植株，高生长每年可达1～2m、径增长可达2cm，这种增长速度一般能持续10年。一年中，3～5月生长缓慢，5～10月生长迅速，11月至翌年2月生长速度明显减慢甚至高生长几乎处于停滞状态。

三、苗木培育

1. 有性繁殖

种子采集　在云南紫胶产区，钝叶黄檀2月上旬开始开花，3月上旬或中旬出现幼嫩荚果，4月下旬至5月上旬荚果由绿变黄，种子成熟。结实有较明显的大小年现象。若要采种，可视果荚变黄即采，稍迟种子极易飘落。采种母树选择10～30年的低干、矮冠、枝条开展、无病虫害的健壮植株，且采种母树最好不要放养紫胶虫，使母树营养较为充分，以保证结实多、种子饱满。种子采收时最好将整个果序采下。采回的荚果要清除杂质，放于阴凉通风处避免发霉。一般情况下，种子生活力不到1年，若用瓦罐等容器密封贮藏，生活力可延长到1年左右。

整地与播种　由于钝叶黄檀耐旱而不耐涝，苗圃经细致整地并施足基肥后做成高床。在云南紫胶产区，适宜随采随播，采回的荚果晾干即播，种子发芽率高，苗木生长期长。如果有上年贮藏好的种子，苗圃地又能保证较高的土壤温度和良好的灌溉条件，可将播种期提前到2～3月更有利于苗木生长。播种方式以条播为宜，行距20cm左右，播种沟宽3～5cm，深约2cm。一般播种量，每亩2.0～2.5kg净种，每亩可产健壮苗木35000株左右。由于从荚果中取出种子比较费事，可直接将荚果播入土中，效果也很好。以荚果的播种量计算，每亩6.5～8.5kg。用荚果播种的可覆土1.0～1.5cm，最好用腐熟晒干后打细的家畜粪便与肥土1：1混拌后覆盖播种沟，更有利于苗木出土和生长。播种后，选用松针、稻草或山草等覆盖苗床，以不见床面为度，再浇透水。

播后管理　播种后应经常保持苗床湿润。幼苗出土前，应每天浇水1～2次，幼苗出土后至真叶展开前每天浇水1次，真叶展开后可视苗床土壤水分状况适时灌溉，并逐步撤除松针等覆盖物。苗床土壤板结时应在行间进行松土，追肥前也应先松土。除草应除早、除小、除了，次数和时间视杂草生长情况而定，但切忌雨天进行除草和松土。间苗可分2次进行，第一次在真叶展开后间去过密的、生长发育不健全的和病虫危害的幼苗；第二次在8～9月进行，这次间苗是在单位面积上留下一定数量（100～120株/m^2）的苗木，可比计划产苗量多20%左右，多余的拔掉。在种源比较短缺的地区或为了培育大苗，可在苗高10～15cm时进行移植。移植时间选择雨天或灌溉后为宜。在苗圃培育的苗木，应适当

云南省墨江县雅邑乡钝叶黄檀单株（卢志兴摄）

追施速效性为主的肥料，如氮素化肥或腐熟的人粪尿。苗期施肥应少量多次，真叶展开后至幼苗高10cm左右时开始施用腐熟人粪尿（加水5～6倍），或尿素（0.2% ～0.4%的水溶液），施于行间，不能接触叶子及苗干。整个生长期施4～5次。为提高苗木抗寒力并使苗木出圃后能适应造林地的环境条件，在苗木培育后期应减少肥料施用量（主要是氮肥），适当增施磷钾肥，干旱季节适当进行灌溉。

苗木出圃　经过1年左右的苗圃培育，苗高可达50cm、地径1cm，这种苗木出圃造林成活率高，成活后植株生长较快；若用苗高50cm以下、地径1cm以下的小苗造林，成活率虽较高，但成活后植株的生长速度就不如前者；若用苗高100cm以上、

地径1.5cm以上的大苗造林，成活后植株的生长速度更快。因而，在有条件的地方，宜在苗圃内培育2年生大苗再出圃造林。

2. 无性繁殖

在种源不足而有采条母树的地区可采用扦插育苗，插条在落叶期芽刚膨胀或芽膨胀前（2～4月）采集则扦插成活率较高。扦插试验表明，扦插成活率随采条母树年龄的增长而减低。6年以上植株上采取的插条成活率很低，只有用2～4年生苗干剪作插条扦插成活率较高。同一植株，下部枝条扦插成活率高、中部其次、顶部所采插条成活率低。故应尽量从发育阶段最年轻的植株下部采集刚木质化的茎段或枝条。

插条宜选粗1.0～1.5cm的1～2年生木质化枝条，剪成长约20cm、带2～4个芽的插穗。剪截时上切口距上芽1～2cm、平口，下切口靠近下芽、削成平背的马耳形，切勿撕破皮层。插条用生根粉或0.005%的α－萘乙酸水溶液浸泡下切口12～24h。

扦插苗床要细致整地，施足基肥，按30cm距离开沟，淋水后将插条按10cm株距倾斜放入，与床面成60°倾角，入土深度相当于插条长度的2/3。扦插后覆盖苗床并充分浇水，按苗床宽搭建高1.5m的小拱棚，保温保湿，其上再用透光率30%的遮阳网搭建荫棚，保持苗床温润，但不宜过湿。

扦插后不久便形成愈伤组织，6～7月长根。待苗高15cm时选留一个健壮枝发育成主干，其余剪去。第二年雨季初期，苗木可达到出圃标准。

云南省景东县紫胶试验站紫胶梗（李昆摄）

四、林木培育

1. 植苗造林

植苗造林成活率高，不仅能保证造林成功，而且幼树生长良好，是目前钝叶黄檀造林中最常用的方法。除一般造林技术外，植苗造林时应注意以下几点。

造林地选择 在紫胶虫的适生范围内，选择地形开阔的二半山坡地、荒地及河谷高地。在云南，气候受海拔的影响较大，宜选择海拔800～1300m之间向阳坡地（南坡、西南坡、东南坡），坡度小于35°，红壤、燥红土或砖红壤，土层厚40cm以上，地势相对平整地段造林。避开阴坡和冷空气容易沉积地段，避免遭受霜冻寒害影响。

造林地整理　应在上一年秋、冬季节完成。块状整地，规格50cm×50cm×40cm，株行距2m×3m或3m×3m。挖穴时将表土与底土分开，先回填表土；有条件地方，宜开挖宽1～2m水平台地，然后再挖穴造林。

造林时间选择　在云南和四川西南部，适宜的造林季节是雨季初期，以6～7月为宜。广东、广西、福建、湖南、贵州等地可以春季造林。选择阴天或小雨天气造林，可保证造林成活率。

保证起苗质量　起苗前1～2天或起苗时将苗木叶子和未木质化的嫩梢剪去，以减少苗木水分消耗。取苗时不要损伤苗木枝干，取出的苗木应放置于阴凉处，保持湿润。苗木分级并浆根后，50株札成一捆，远程运输需用湿润稻草席包扎根部。栽植前，将过长的主根剪去，当天取出的苗木应栽完，若有剩余苗木应作假植处理。

2. 直播造林

在宜林地带选择坡度不大，土壤比较肥沃、疏松、湿润的地段可进行直播造林。按既定株行距定点后，进行块状整地，先除草80cm见方，再碎土50cm、深约30cm。多雨地区，播种穴回土稍高于周围地面，一般地区与周围地面平齐。5～6月播种，但不宜在雨天进行。每穴播4～6粒，也可播荚果。播后覆土2cm左右。

3. 管理措施

无论是植苗造林或直播造林，管理工作都十分重要，直接影响到造林成活率和保存率。根据钝叶黄檀不同生长发育阶段的生长特点以及对环境条件的要求，采取不同抚育管理措施。

（1）抚育管理

造林当年和第二年，苗木从较优越环境条件的苗圃地移植于环境条件较差的造林地，苗木有一个适应过程，且移植时它本身的生理机能遭受破坏，需有一个恢复时期，维持苗木内部的水分平衡非常重要。这一阶段由于地上部分生长缓慢和被创伤的根系逐渐愈合或再生，对外界不良环境的抵抗力较弱，避免在太阳光下暴晒，最好有一定的遮荫条件。而且，山地灌溉较困难，主要开展以松土为主的土壤管理达到保墒效果。栽植当年的8～9月和10～11月进行2次松土，对种植穴周围的稀疏高草和不妨碍苗木生长的小灌木可暂时保留。栽植15天后进行成活率调查，死亡植株较多则应及时补植。

直播造林也应在夏末秋初检查残次缺苗情况，用移密补缺来保证造林成活率。从第二年开始，除继续以松土为主的土壤管理外，除去栽植穴内的杂草，逐步清除种植穴周围的高草和杂灌木，增加苗木的光照。直播造林者要间苗定苗，在雨季中期追施一次高氮复合肥。

苗木成活后到幼林郁闭前，幼树与杂草的竞争激烈。这一阶段，苗木已适应山地条件，根系迅速地生长，地上部分生长速度逐步加快，需要比较多的养分、水分和光照。如果杂草遮蔽了苗木，生长将受到抑制，甚至长不成林。因此，清除杂草、松土施肥可极大促进幼树生长。另外，逐步扩大范围方式进行长期的松土除草，使造林地形成沿等高线分布的水平台地，有利于防止牲畜为害和森林火灾。

（2）整形修剪

钝叶黄檀主干明显，侧枝自主干方向斜直伸展，冠幅紧缩，适于紫胶虫寄生和取食的枝条较少。因此，对苗木应进行整形和修剪，培育较多的宜胶枝条。首先要打顶定干，即将幼树顶梢剪去、留干150～200cm。接着进行疏枝，即在第一层分枝中选留3～5个枝条作骨干枝，其余剪去。骨干枝不放养紫胶虫，若爬上了紫胶虫、长了紫胶，可在收胶时将胶剥下。同时注意侧枝打顶，即留下的骨干枝应剪去其顶端，促进二级分枝萌发，每个骨干枝上留3～5个二级分枝；再在二级分枝上按上述方法培养三级分枝，用二级或三级分枝放虫，收胶时只砍这一部分枝条，不砍骨干枝，使树形不受破坏。

（3）林粮间作

幼林郁闭前，可间作粮食作物或绿肥。胶园中间作粮食作物既增加粮食收成，又抑制了杂草生长，对粮食作物的管理也能促进苗木生长。在我国云南紫胶产区，间作的粮食作物多为旱谷、玉米等。间作绿肥可以解决林地肥源，绿肥种类可因地

云南省墨江县紫胶寄主林林相（卢志兴摄）

制宜地选种，以不缠绕幼树的豆科绿肥为好。

（4）合理利用

培育健壮多枝的寄主树，为紫胶虫提供足够多的栖息空间和充足的营养，是提高紫胶产量的重要途径。钝叶黄檀造林后5～7年即开花结果，也就是可投产放养紫胶虫了。寄主树利用一般掌握以下。

适时投产 钝叶黄檀宜在胸径达8～10cm、树高5～7m开始放养紫胶虫。要达到这个标准，一般是在造林培育5年以后。过早、过小利用，对寄主树生长影响大，放虫稍过量还会造成死亡。

控制放虫量 刚投产的小树以养为主、养用结合，较大的树则以用为主、用养结合，其中放虫量是关键。放虫量多少视树体的大小、长势、利用方式和世代而定，树较大、长势旺盛又实行轮放制的可多放，夏代宜多放、冬代宜少放。夏代固虫量可占宜胶枝（枝径1.0～3.0cm的2～3年生枝条）70%～80%，冬代可占50%～60%。

建立轮放制 放养紫胶虫后，树势受到一定影响，收胶时砍去枝条又需一定时间才能萌发生长，所以需进行轮放，以恢复树势、生长新枝。轮放有分片轮放、分行轮放和分株轮放几种，以分片轮放管理方便，运用较普遍。一般可将林地分为3片，每年放1片、3年1轮。

（5）复壮与更新

利用超过20年或早衰的植株，树势不旺、萌发力减弱，可根据树龄与树势采取以下措施。

截枝复壮 壮龄钝叶黄檀因放虫时间长，树势减弱、宜胶枝较少，可从一级或二级分枝上截枝，截口在分叉之上约20～30cm。经截枝后萌条较多，到雨季末期（9月）选择保留3～5枝，二年后再截顶以培养放虫枝。

截干复壮 树龄不大而主干过高或经多次利用致使树势衰退，截枝不能达到复壮目的时，可用截干复壮。截干高度各地不一，无论截干高低，均应在第一层分枝或明显的休眠芽以上10cm左右，截干后要注意培养母枝使之重塑分枝多的树形。此法复壮所需时间长，可用截枝能复壮的一般不截干。

低伐桩复壮 已经衰老或因病虫害而致树势极弱、截枝截干都不能复壮时，可在距地面约50cm处砍去树干，树桩部位的潜伏芽萌发快而多，到雨季末期，选择保留1～2枝生长大而健壮的萌枝，培养主干植株。

树龄超过30年，或已放虫利用20年以上的植株，可在周围选择保留健壮幼株，或是人工补植2

年生大苗，在随后的5、6年内逐步伐除年老植株。

复壮更新需注意：①切口平滑而成倾斜状，以免积水；②勿撕破树皮，以防病菌侵入；③注意培养树形，1年生萌条不放虫，2年生萌条可在其上部轻放；收胶时剪去全长的2/3，留下1/3培养为放养紫胶虫新枝条的母枝；④截枝或伐干复壮，应结合冬代胶采收（4～5月）进行，随后进入雨季，潜伏芽很快萌发。加强树体管理。

五、主要有害生物防治

1. 黄檀黑痣病

病原菌为黄檀生黑痣菌（*Phyllachora dalbergiicola*）。病害初期，病斑呈黄色、半透明的小点，逐渐形成黑色子座，近长卵形，似痣，后期病斑边缘有黄、褐色晕圈，易成枯死斑。防治方法：在初春将落地叶片扫到林外烧毁或深埋，减少侵染来源，是较为有效的防治方法。若能在4～5月间每半月喷1次1%波尔多液保护叶片，则效果更好。

2. 山地木蠹蛾（*Dyspessa monticota*）

幼虫钻食茎干、枝条，危害较大，致使受害植株生长不良，危害严重时整株死亡。防治方法：①出现钻蛀孔时，可用棉球浸化学防治液塞入虫孔中，然后用泥土或树胶封闭虫孔，通过熏蒸杀死树干内幼虫；②用铁丝刺杀蛀孔内幼虫。

3. 黄檀蜡蚧（*Prosophora circularis*）

寄生在枝干上，吸食树汁营养，蔓延开后整株干枝布满以致成片成灾，使树枯萎不能放养紫胶虫，一经发现应立即消灭。防治方法：如受害枝条较少，将枝条剪下移出林外烧毁。最好是在若虫孵化期（5月底），用10%吡虫啉可湿性粉剂1000～1500倍液、40%杀扑磷乳剂1500倍液等喷杀。

4. 潜叶蛾（Lyonetidae）

幼虫食取叶肉，影响植株正常生长。可用3%啶虫脒乳油2000倍液和40%毒死蜱浮油1500倍液防治。

5. 天牛（Cerambycidae）

幼虫钻食茎干，成虫取食嫩尖，严重时造成整株死亡。防治方法：在6～7月晴天傍晚至22:00前在林地内点灯诱杀成虫。化学防治方法参考山地木蠹蛾的防治方法。

6. 金龟子（Scarabaeidae）

在苗圃，幼虫啃食苗木根系，成虫啃食叶片，危害严重时整个植株叶被吃光只剩下叶脉。防治方法：①用3%高效氯氢菊酯微囊或2%噻虫啉微囊500～600倍液喷杀食叶成虫；②用黑逛灯诱杀成虫。

六、综合利用

钝叶黄檀主干木材韧性强，不易折断，紫胶产区群众多用其作扁担、犁耙木把等农具用材；采收紫胶可收获枝干薪材约15000kg/hm^2，燃烧值达18.83kJ/kg，是优良的薪材树种。另外，钝叶黄檀也是进行林粮间作的良好树种。其根系上有很丰富的根瘤，通过根瘤菌的活动，钝叶黄檀可在贫瘠的土壤上良好生长，还可提高土壤肥力。幼嫩枝叶的氮、磷、钾含量分别为2.50%、0.27%、1.80%，紫胶林地每年的枯枝落叶量可达5000kg/hm^2，是解决林地肥源和实现林地自肥的一条有效途径。

（李昆，刘方炎）

附：思茅黄檀（*Dalbergia assamica* Benth.）

思茅黄檀是云南紫胶产区主要寄主树种，也是紫胶老产区传统的优良寄主树之一，在普洱市和临沧市的紫胶产区被广泛用于夏代产胶和冬代保种，分布区域与钝叶黄檀相同。由于思茅黄檀枝多冠大，且紫胶虫可寄生在枝径≤8cm的树枝上（其他树种只寄生于枝径≤2cm的宜胶枝），平均单株紫胶产量比钝叶黄檀更大。缺点是冬代受冬春低温或干旱的影响较大，种胶产量年际间不稳定。

思茅黄檀为落叶乔木，每年11月至翌年1月落叶，2～3月抽梢发新叶；花期4～5月，果期5～12月。11～12月果实成熟，挂果期较长，可延至翌年新叶长出。思茅黄檀较钝叶黄檀对立地条件要求更严，多生长于土壤深厚、水肥条件较好的半阴坡、箐沟两旁或冲积河滩地上，阳坡和

云南省景东县紫胶试验站思茅黄檀单株（李文良摄）

阴坡分布相对较少。对光有一定要求，不能在覆盖度超过50%的林内正常生长；喜温，耐寒和耐旱能力不如钝叶黄檀，引种到华南地区的植株很难度过阴冷潮湿的冬季。分布区土壤多为微酸性的红壤、赤红壤或砖红壤，只要土层深厚、水肥条件良好，无论发育于何种母岩（砂页岩、片麻岩、玄武岩和石灰岩）均生长良好。主根较浅、侧根发达，向四周水平展开，主要侧根分布于40～60cm深的土层中，故耐旱、耐瘠薄能力相对较弱；萌发能力强，耐砍，根蘖能力也很强，在农耕地上的植株一旦根系被切断即很容易萌发出植株。与钝叶黄檀类似，原来有思茅黄檀生长的山地，一旦弃耕多年以后将是很好的紫胶寄主林。而且，由于思茅黄檀本身的生物学特性以及生长地良好的水肥条件，当植株林龄超过20年以后，它不会像钝叶黄檀若不利用或更新就会逐渐自然死亡，其萌发力和萌蘖更新能力都比较强。

苗木培育、造林营林、经营管理及利用和病虫害防治等参照钝叶黄檀。

（李昆）

附：火绳树（*Eriolaena spectabilis* DC. Planchon ex Mast.）

火绳树是梧桐科（Sterculiaceae）火绳树属（*Eriolaena* DC.）树种。火绳树萌生力强、生长快，在紫胶生产上有重要应用，是紫胶老产区的传统优良寄主树种，病虫害少。夏代产胶好，冬代保种在云南南部的景洪、普洱、景谷、绿春等地较好，其他地区不太稳定。火绳树分布广、数量多，除我国有分布外，越南、老挝、缅甸和印度等国也有分布。我国主要分布于云南，其次是贵州南部，广西西北部也有少量的分布。数量较集中者为南盘江中游，元江支流小河底两岸，把边江中、上游和阿墨江上游和澜沧江中游等地，主要生长在河谷二半山区，海拔1700m以下。土壤母质以砂页岩和千枚岩为主。多散生于次生杂木林内，耐火耐旱，成片生长，或是散生于弃耕地或是皆伐林地。有母树处更易更新。

火绳树为中型落叶乔木，具有喜光、喜温、耐旱、耐瘠薄、萌发力强、生长快，以及早熟、结种多、繁殖力强和耐受较高放虫量等特性。主

云南省双柏县太河江林场火绳树单株（刘方炎摄）

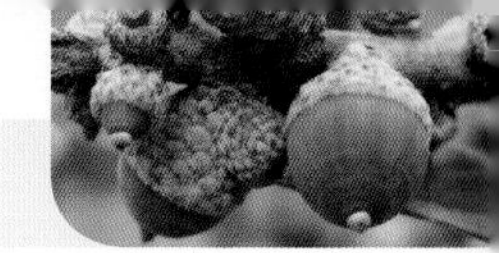

根不深而有膨大的贮水组织和较多的须根；叶为厚纸质，具星状绒毛；旱季（2～4月）落叶，4～5月发新生叶；花期4～7月，果期6～12月。12月果实开始成熟，至月底蒴果逐步开裂，种子飞落，但蒴果可挂至5月份。采种期最好选择每年11月下旬至翌年1月中旬。定植1～2年的幼树生长比较缓慢，3～8年幼树高生长和径生长最快，10年以后高生长逐渐缓慢。火绳树对立地条件要求虽然不高，但在土壤肥沃、土层深厚的紫色沙质岩地区生长快，其次是石灰岩地区，千页岩地区生长缓慢。在冲积肥沃的沙质壤土上每年高生长达2m多，在红壤或红黄壤上每年高生长约1m多，在板结、粘重的土壤或石砾浅层土上每年高生长不到1m。火绳树多采用有性繁殖进行苗木培育。种子生活力可保持3年，但种皮坚硬、不易发芽，且出苗不整齐。经草木灰水浸种24h后充分搓揉冲洗，或用沸水连续处理三次，经数次搓洗后用清水浸种24h，其发芽率和出苗整齐性可大大提高。造林地选择可参考钝叶黄檀。当幼树长至2m高时进行修剪整形，方法为从离地1.5m处截顶定干，第二年选留3～4个方向角度好、交错排列的枝条为骨干枝，培养自然开心形树冠。主干优势强的植株，也可在第三或第四年继续选留上层1～2个主侧枝为第二层，培养成疏散分层形树冠，并注意培养第二级枝条作宜胶侧枝。如此造林5年以后即可投产。

病虫害防治与利用可参照钝叶黄檀。

（李昆）

附：南岭黄檀（*Dalbergia balansae* Prain）

南岭黄檀是我国广东、广西、福建等紫胶新产区最常用和最优良的寄主树，繁殖栽培容易、生长迅速、萌发能力强，分枝多而长；木材黄色、坚硬致密，多用于家具、细木工等。在广东、广西、福建等地的紫胶产区，紫胶产量高而且产胶性能稳定，胶被丰满厚硕，色泽浅；是上述省份优良的冬代保种树种，种胶胶被平均厚≥0.6cm，怀卵量≥200粒/头。和思茅黄檀一样，枝条利用率很高，枝径≤8cm的枝条都可放养紫胶虫。茎皮纤维可代麻，又可以栽为遮阴树和观赏树。南岭黄檀主要分布在浙江、福建、广东、海南、广西、四川、贵州等长江以南地区，但以南岭山脉分布最多最广。此外，越南北部也有分布。

云南省双江县林化厂南岭黄檀及其紫胶生长情况（陈又清摄）

南岭黄檀为落叶乔木。3月上旬叶芽开始萌发，下旬展叶，11月中旬开始落叶；5月下旬始花，6月上旬进入盛花期；9月下旬果实成熟，10月下旬至12月为落果期。喜欢温暖湿润的气候，常生长于海拔120～900m的山谷、山坡下段的疏林、江河溪流两岸等较为潮湿的地方。较适应温暖潮湿的亚热带气候，要求年平均气温16℃以上，最冷月平均气温6℃以上，绝对最低气温-7℃以上，年降水量1200～1500mm，且年内分配比较均匀。土壤以通透性能良好的微酸性或近中性的砖红壤和红壤为主，喜水、喜肥，对前者要求更高一些，故种植在近水的地方的植株生长特别旺盛，而种植于干旱瘠薄山地的植株容易老化。

苗木培育、造林营林、经营管理及利用、病虫害防治等参照钝叶黄檀。

（李昆）

129 红豆树

别　名｜花梨木（浙江）、黑樟、红豆柴、胶丝、樟丝（福建）、鄂西红豆树（湖北）、红宝树、宝树（江苏）

学　名｜*Ormosia hosiei* Hemsl. et Wils.

科　属｜蝶形花科（Fabaceae）红豆属（*Ormosia* Jacks.）

红豆树，常绿或落叶乔木，为红豆属中树形最大、分布最北的树种，见于华东、华中、华南等区域的低山丘陵、河边及村落附近，是国家二级重点保护野生植物（国家林业局，1999）。天然生长的红豆树树干高大通直，是上等家具、工艺雕刻、特种装饰和镶嵌的珍贵用材，其树冠开展，枝叶繁茂、浓绿，树姿优雅，为很好的庭园树种，同时具有很高的药用价值，是集珍贵用材、庭园观赏、药用价值、景观文化于一体的珍贵用材树种。

一、分布

红豆树是红豆属中分布于纬度最北地区的种类，主要生长在我国福建、江苏、安徽、浙江、江西、湖北、湖南、贵州、四川、陕西及甘肃（高兆蔚，2004），常见于海拔200～900m的低山丘陵、河边及村落附近。红豆树生长过程中对水肥条件比较敏感，特别对土壤水分要求较高，在土壤肥沃，水分条件好的沟谷、山洼山脚、溪流河边、房前屋后等地生长迅速。

二、生物学和生态学特性

高大常绿或落叶乔木，高达30m以上，胸径可达1m以上。幼树皮灰绿色或暗绿色，有灰白色皮孔；大树皮暗灰褐色，微纵裂。小枝绿色，无毛。奇数羽状复叶，小叶5～9枚，对生，全缘，椭圆状卵形或矩圆状卵形，无毛，长5～12cm，宽3～5cm，先端急尖，基部楔形。圆锥花序顶生或腋生。荚果木质，扁平，厚2～3mm，圆形或椭圆形，长2.4～4.0cm，宽1.9～3.2cm，每荚内有种子12粒。种子红色，有光泽，扁圆形或椭圆形，长11.5cm，种脐长约7mm。花期4～5月，果期10月下旬至11月上旬。

红豆树结实年龄较迟，有大小年之分，甚至隔年结实。一般要在25年生以上才开始少量开花结果。属喜光树种，幼龄喜湿耐阴，中龄以后喜光。主根明显，根系发达，主要分布在15～120cm深的土层中，具根瘤菌。红豆树生长速度中等，主干矮，侧枝粗壮，且斜向上长，冠形呈伞状。树干分杈性强，萌芽率也较强。寿命较长，200多年生的大树，仍能旺盛生长，能天然下种更新。叶芽于3月中下旬萌动，4月上旬开

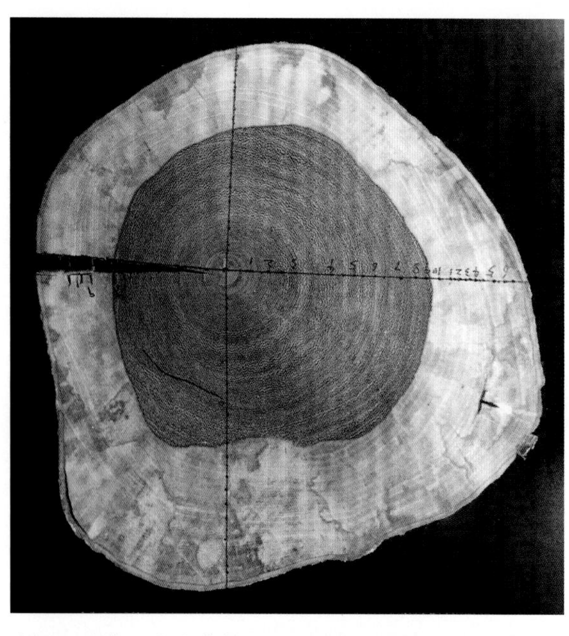

浙江丽水白云山生态林场40年生红豆树解析木圆盘（焦洁洁摄）

浙江龙泉市林业科学研究院苗圃——红豆树容器苗（焦洁洁摄）

始展叶；花于4～5月开放，10～11月荚果成熟。结实年龄较迟，并有隔年结实现象（郑天汉，2007）。

三、苗木培育

1. 母树采种

红豆树花期5月，荚果11月下旬成熟，当果由绿变黄，最后变为褐色时，种子成熟。采种应选择25～32年生以上的优良母树，当荚果快要开裂时采集。荚果出籽率30%～40%，种子千粒重约900g，每千克种子约1100粒。种子及时采收后，清除杂质，切忌暴晒，摊放室内让其开裂，脱粒阴干。播种前必须进行种子处理，用机械破皮或沸水烫种等破坏角质层，使种子吸水及时发芽，提高发芽率。

2. 大田育苗

播种育苗圃地应选择土层深厚肥沃、水源充足、排水良好的沙质壤土，播种时间以2～3月为宜，播种前进行选种、净种，并用0.5%的福尔马林喷洒后，闷0.5h，再用清水漂洗，晾干后即播。播种时采用开沟条播的方法进行，沟距20cm，种子间距7cm，沟深4～5cm。播种后立即用火烧土覆盖，覆土厚度一般为种粒直径的2～3倍，随后在床面上再盖上1层稻草，后淋湿稻草以保床面湿润，在种子萌发和苗木生长期间注意保持苗床湿润，一般播种量为225～300kg/hm^2。播种后要加强苗圃的田间管理，及时做好雨天清沟排水和干燥天气的浇水保湿工作。一般在40天之内，通过催芽的种子可出土发芽，发芽率可达85%以上。如不进行种子催芽处理，红豆树的种子发芽时间可能需要几个月，有的甚至需要1～2年。

3. 容器育苗

容器育苗可选用穴盘（32、50）孔，网袋容器（3～4）cm×（10～11）cm，基质配比为腐殖质土40%～60%、锯屑30%～50%、珍珠岩10%；或塑料薄膜容器（5～6）cm×（8～12）cm，软质塑料容器（6～8）cm×（4～6）cm×（10～13）cm，基质配比为30%～40%黄心土、20%～30%火烧土、20%～30%泥炭、10%～20%有机肥，春季播种，翌年春季造林。

四、林木培育

立地　红豆树适宜在海拔600m以下、土壤湿润肥沃的山坡地以及房前屋后、四旁地造林，以平原路旁、河岸最为适合。红豆树趋肥、趋水性强，对立地条件要求高，造林地必须选择土层深厚、肥沃的Ⅰ、Ⅱ级地。

整地　头年秋冬季或造林前一个月进行林地清理，劈除灌木和杂草，清理范围一般1.5m见方。整地方式宜采用块状穴垦，挖明穴、回表土，表土和心土分开堆放，穴规格60cm×40cm×40cm，造林前每穴施钙镁磷肥0.25kg作为基肥。

造林　可以营造混交林或纯林。通常在1～2月冬芽萌动前选择阴雨天造林，株行距2.0m×（1.5～2.0）m，每亩150～180株左右为宜，造林前适当修剪苗木部分枝叶和过长根系，打好泥浆，保证栽植时苗正、根舒、深栽、压实，可提高成活率。纯林造林每公顷2500～3600株，混交林造林每公顷1800～2250株。适宜与杉、柏行带混交，2～3行红豆树1行建柏（杉木）。红豆树幼苗根际部位含有糖分，造林前要在苗木根部浇拌药浆预防鼠害。

抚育　红豆树幼树生长速度中等，造林后

2018年浙江景宁林场造红豆树幼林（焦洁洁摄）

1974年浙江丽水白云山森林公园营造的红豆树林（尤根彪摄）

要加强前期管理，促进幼树生长发育，前4年每年除草、松土、抚育1～2次，第五年后每年抚育1次，直至幼林郁闭为止，做到除早、除小。松土、除草应做到里浅外深，不伤害苗木根系，深度5～10cm。首次抚育时间为5～6月，以松土、除草、埋青为主，对穴外影响幼树生长的高密杂草，要及时割除，结合扶苗、除蔓、除蘖、施肥，经济树种结合修枝与整形。第二次为8～9月，在主要草种种了成熟前进行，全面割除高密杂草，并集中覆土填埋或清理出林地，以防止冬季森林火灾的发生和蔓延。幼树为了获取生长所需的资源，主要出现在大树个体的斑块间隙等适合自身生长的环境，应尽可能地减少大树的影响，可在幼林郁闭后适当将林内幼树带土移出，作为四旁绿化树种。抚育时要结合修枝，以利于培养干形（尤根彪等，2016）。

间伐　红豆树自然整枝差，幼林郁闭后要进行适当修枝，修剪影响主干生长的部分侧枝。幼林郁闭后的五六年进行第一次抚育间伐，伐除被压木、枯死木及个别生长过密植株，间伐强度30%左右。

采伐更新　红豆树人工林材积增长速度14年后明显加快，23年尚未开花。红豆树纯林主伐更新年龄在40年左右；红豆树与杉木混交林，30年生时材积连年生长明显下降，达到成熟期，混交林的主伐更新年龄在30年左右。

庆元实验林场红豆树开花（左）、果实（右）（周生财摄）

五、主要有害生物防治

1. 角斑病

危害当年新叶，病叶初期叶面出现针头大小的褐色斑点，继而逐渐扩大成典型的多角形褐色斑点，后期许多小角斑连在一起形成不规则坏死型块斑，部分病叶焦黄脱落。5～6月为病害盛发期。防治方法：秋季结合抚育收集落叶烧毁或深埋，减少翌年病源。用波尔多液喷雾3次，初春展叶时1次，叶子长齐后1次，以后隔半月再喷1次，可防止病害蔓延。

2. 膏药病

主要危害阴湿地带的幼树树干，影响树干发育。防治方法：及时间伐，促进通风或用石硫合剂涂抹病斑，有抑制效果。

3. 堆砂蛀蛾

幼虫钻蛀嫩梢造成枯死。成虫产卵于新抽的嫩梢上，孵化后，幼虫咬破嫩皮钻入新梢，虫道长约5cm，虫道有一孔口，幼虫将粪粒堆在洞口。防治方法：4月喷洒40%乐果400～600倍液，剪除枯梢，消灭其中幼虫。

六、材性及用途

红豆树木材坚重，气干密度0.742g/cm³（陈俊卿等，1992），木材密度0.500～0.590g/cm³（骆文坚等，2010），收缩性小，强度中等。其边材淡黄褐色，心材深褐色，前者不耐腐，易受虫蛀，利用价值不高；后者坚硬细致有光泽，切面光滑，耐腐朽，且木材组织的色调和排列形成很别致的花纹，因此是上等家具、工艺雕刻、特种装饰和镶嵌的珍贵用材。著名的浙江龙泉宝剑，其剑柄和剑鞘即为红豆树的心材所制。红豆树树体高大通直，端庄美观，枝叶繁茂多姿，且病虫害较少，是优良的庭园树种。其树根、皮、茎、叶、种子均可入药，具有理气、通经、止痛之功效。

（焦洁洁，江波）

130 花榈木

别　名｜花梨木

学　名｜*Ormosia henryi* Prain

科　属｜蝶形花科（Fabaceae）红豆属（*Ormosia* Jacks.）

花榈木生长快、用途广、树体高大通直、外形美观耐看，为世界著名的珍贵用材树种，为国家二级重点保护野生植物。花榈木木结花纹圆晕如钱，色彩鲜艳，纹理清晰美丽，可作家具及文房诸器。花榈木也有老花榈与新花榈之分。老花榈又称黄花榈木，颜色由浅黄到紫赤，纹理清晰美观，有香味。新花榈的木色显赤黄，纹理色彩较老花榈稍差。由于其具有特殊用途，目前花榈木野生资源遭受大量破坏。

一、分布

花榈木产于我国亚热带地区的安徽、浙江、福建、江西、湖北、湖南、广东、海南、广西、云南东南部、贵州、四川东南部及陕西东部，分布于海拔1000～1300m的山地、溪边、谷地（针）阔叶林中，常与杉木、枫香、冬青、马尾松、樟树、栲树、合欢、映山红等混生。越南、泰国等地亦有分布。

二、生物学和生态学特性

花榈木为常绿乔木，树高可达16m多，胸径可达40cm左右。树皮灰绿色，平滑，有浅裂纹。小枝、叶轴、花序密被茸毛。奇数羽状复叶，长13.0～32.5cm；小叶2～3对，叶革质，椭圆形或长圆状椭圆形，长4.3～13.5cm，宽2.3～6.8cm，先端钝或短尖，基部圆或宽楔形，叶缘微反卷，上面深绿色，光滑无毛，下面及叶柄均密被黄褐色绒毛，侧脉6～11对，与中脉成45°角；小叶柄长3～6mm。花为蝶形，顶生圆锥花序，或腋生总状花序；花序长11～17cm，密被淡褐色茸毛；花长2cm，直径2cm；花梗长7～12mm；花萼钟形，5齿裂，裂至2/3处，萼齿三角状卵形，内外均密被褐色绒毛；花冠中央淡绿色，边缘绿色微带淡紫色，旗瓣近圆形，基部具胼胝体，半圆形，不凹或上部中央微凹，翼瓣倒卵状长圆形，淡紫绿色，长约1.4cm，宽约1cm，柄长3mm，龙骨瓣倒卵状长圆形，长约1.6cm，宽约7mm，柄长3.5mm；雄蕊10枚，分离，长1.3～2.5cm，不等长，花丝淡绿色，花药淡灰紫色；子房扁，沿缝线密被淡褐色长毛，其余无毛，胚珠9～10粒，花柱线形，柱头偏斜。荚果扁平，长椭圆形，长5～12cm，宽1.5～4.0cm，顶端有喙，果颈长约5mm，果瓣革质，厚2～3mm，紫褐色，无毛，内壁有横隔膜，有种子4～8粒，稀1～2粒；种子椭圆形或卵形，长8～15mm，种皮鲜红色，有光泽，种脐长约3mm，位于短轴一端。花期7～8月，果期10～11月。

花榈木果实（陈世品摄）

花榈木适应性较强，在酸性或中性土壤上都能正常生长，喜肥沃及湿润土壤，忌干燥，对光照要求弹性大，幼树比较适合阴凉的地方，大树比较适合光照强的地方，萌芽力强，生长快，根可固氮。

据观察，花榈木的树高速生期在4～10年，年平均高生长量为0.60m；胸径速生期在5～11年，年平均生长量为0.90cm；材积速生期从第13年开始。

三、苗木培育

花榈木育苗目前主要采用播种育苗方式。

采种 选择25年生以上、生长健壮、发育正常、干形通直、无病虫害的植株作为母树。每年12月，当花榈木果皮由黄绿色变成黄褐色时即可进行采种。果实采回后阴干，使其全部裂开，种子从果壳内掉出来，或将果荚揉碎，除去果荚边缘获得种子，干燥，切忌暴晒，平均每千克1000～1300粒，随采随播，否则会影响出芽率。采用沙藏或置于冷库贮藏，贮藏期间注意种子的温湿度。

播种 圃地宜选择地势平缓、水源充足、排水良好、土层深厚肥沃的沙质壤土或轻壤土，以靠近山脚的农田为好。于初冬深翻圃地，播种前做到“两犁两耙”，保证土壤精细、疏松。播种前整平苗床，每亩施进口复合肥50kg、钙镁磷肥100kg作基肥，浇透水，床面喷洒高锰酸钾或托布津或1000倍的50%多菌灵，并翻动土壤；然后进行开沟，沟距约25cm，种子间距约8cm，沟深约8cm。一般选在每年的3月初播种。播种前用40℃温水浸种24h，倒入簸箕中，盖上稻草，每天用30℃温水浇淋种子，进行催芽3天。待种子长出胚根后，将种子的胚根朝下放好，覆土4～5cm，浇透水，均匀覆盖一层薄稻草或秸秆，防止阳光暴晒，保持土壤温湿度。播种后加强苗圃的田间管理措施，雨天应及时清沟防涝，旱期应及时浇水保湿。一般40天之内即可发芽，发芽率达80%以上，未经种子催芽处理的种子发芽时间可能需要几个月，甚至1～2年。

苗期管理 花榈木苗出土后必须立即遮阴，一般而言，对苗木进行遮阴的时间为60天左右，最多不能超过90天。苗木生长初期（5月至6月上旬），应及时除草、松土，定期施肥，每月喷施1次0.1%尿素溶液，以促进苗木快速生长。梅雨季节清沟排水。生长盛期（6月中旬至9月中旬），天气晴朗时要注意及时浇水保湿，每15天左右都要追施复合肥、尿素、草木灰等，在施肥时一般在苗木根部附近20cm左右，采用沟施或者穴施。生长后期（9月下旬至11月），停止施肥，前期可每隔半个月喷施1次0.20%～0.50%的磷酸二氢钾溶液，并减少浇水的次数，促进苗木木质化，以保证安全过冬。

四、林木培育

1. 造林技术

整地 花榈木于1～3月造林，以土层深厚、肥沃、水分充足的山坡下部、山洼及河边冲积地为宜。在造林前一年冬季进行整地，使土壤充分风化，山地坡度超过20°的要开水平带。造林采用穴垦，规格为50cm×40cm×40cm，株行距为2.0m×2.0m或2.5m×2.5m。

造林 采用营养杯苗造林，成活率、保存率高。移栽造林不宜选在生长高峰期，依据“一提二踏三覆土”的栽植原则，将移栽苗竖放于穴内，并使根系自然展开，然后填埋一半土壤，待土壤盖满根部时轻提移栽苗，可使土壤和根系接触更加紧密，同时踏实移栽苗木四周的土壤，继续填埋土壤并再次踏实，最后在树头处填埋土壤成圆锥状以固定树体，避免因外界干扰而倒伏。

混交林营造花榈木可以与马尾松、枫香、栲树等混交。

2. 幼林抚育管理

除草松土 造林后需加强抚育管理，促进新造林地健康地生长，如造林当年应该根据林地实际情况进行松土除草并追肥，一般而言，当年除草2次，连续3年。注意防火及病虫害防治等。

施肥 可结合松土进行，每株施氮磷钾复合肥200g。

修枝 花榈木分枝较低，侧枝粗壮，抚育时要

福建省花榈木幼树、幼林（陈世品摄）

注意整形修枝，一般修枝不超过树高的1/3，培育优良干形。花榈木易倒伏，抚育管理也应在苗木旁插竹捆绑，以促主干垂直生长，形成优良干材。

间伐　幼林郁闭后4～6年可以进行第一次间伐，一般强度为20%～30%，重点采用下层抚育法，伐除被压木，并留疏去密。

3. 采伐与更新

宜采用择伐作业方式开展主伐，更新方式宜采用天然更新或人工促进天然更新方式。

五、主要有害生物防治

花榈木苗期和幼树易受黑痣病危害，病斑主要表现在叶、枝和果荚上，在雨季蔓延极为迅速，严重时整个叶片均显黑色，致使叶子大量脱落，严重影响幼树的生长。

在苗木生长期间需注意苗木病虫害防治，特别是在高温高湿季节，可用40%多菌灵悬浮剂稀释200倍进行喷雾防治病害，或用25%灭幼脲胶悬剂稀释200倍进行喷雾防治虫害，也可用百菌清或5%甲基托布津500倍液喷洒，每隔7天喷一次，共喷2～3次。花榈木嫩叶和嫩梢也会发生炭疽病，在叶片上，显现圆形褐色小病斑，其上有黑色小点；在嫩枝上，发病处显黑色，逐渐干枯；防治用百菌清或70%代森锌喷洒，每隔7天喷一次，共喷2～3次。花榈木人工幼林多出现瘤胸天牛危害，被害率达40%～50%，被害后的幼树往往容易风倒或枯死；在幼虫期用90%敌百虫或50%辛硫磷300～400倍液以注射器注入，然后用黏泥围封孔口。花榈木幼林蝗虫、食叶甲虫危害多于夏季出现，应采用90%敌百虫或乐果喷洒树冠叶面。

六、材性及用途

花榈木心材红褐色，材质致密硬重、纹理美丽、芳香有光泽、耐腐蚀、削面光滑，是制作各种珍贵高档红木家具及特种装饰品等的上等材料；其树皮青绿光滑、四季常青、繁花满树、荚果吐红、树姿优美，适合庭院美化种植，或者城市绿化种植，是优质的园林景观树种，具有良好的美化功能；其根、皮、枝、叶均可入药，有破瘀行气、解毒、通络、祛风湿、消肿痛的功能；其根部具有能固氮的根瘤菌，可以改良土壤，促进与之混交的其他树种的生长，具有很好的生态价值。

（曹光球，许珊珊，林思祖）

131 海南红豆

别　名 | 食虫树、胀果红豆、鸭公青、蟾蜍青（海南）、万年青（广州）
学　名 | *Ormosia pinnata* (Lour.) Merr.
科　属 | 蝶形花科（Fabaceae）红豆属（*Ormosia* Jacks.）

海南红豆因树形优美，嫩叶鲜艳翠绿，荚果熟时金黄色，种子鲜红色，备受人们所喜爱。自1990年以来，其作为道路和庭院绿化树种得到大力推广，为华南地区主要园林绿化树种之一（周铁烽，2001）。

一、分布

主要分布于我国海南、广东、香港及广西。越南、泰国等地亦有分布。

二、生物学和生态学特性

常绿乔木，树高达25m，胸径60cm。树皮暗灰色。小叶7～9片，披针形，先端短渐尖，基部楔形，侧脉5～8对。圆锥花序顶生，花冠淡粉红色带黄白色。果皮厚木质，具2～4粒种子，种皮红色。花期6～8月，果期11～12月。

适生区年均气温19～23℃，年降水量1600～2500mm，具有较强抗旱、抗寒和抗风性，气温降至-2～0℃时才停止生长。

海南红豆果枝（罗水兴摄）

三、苗木培育

1. 种子采收及处理

11月下旬至12月中旬种子成熟。选择树龄15～30年的优良母树采种，摊晒至开裂，种子堆沤1～2天，脱去种皮，洗净晾干。种子宜随采随播，千粒重为800～1000g。

2. 播种育苗

用消毒过的沙质壤土作育苗播种床。宜采用随采随播或于1～2月播种，撒播，覆土厚度1.0～1.5cm，遮阴；约20天开始发芽。

3. 容器育苗

长出2～3片真叶时移苗，容器规格为

海南红豆花（罗水兴摄）

12cm×14cm，以壤土为基质，盖遮阳网约15天。施有机肥或复合肥，6~7个月苗高40~50cm，即可出圃造林。

四、材性及用途

木材黄褐色，结构细致均匀，气干密度0.65g/cm^3，可作板材、建筑、门窗和家具等用材。

（罗水兴，杜志鹄，施国政）

海南红豆树姿（罗水兴摄）

132 紫穗槐

别　名｜棉槐（辽宁）、紫花槐（河南）、穗花槐、紫翠槐（山西、内蒙古）
学　名｜*Amorpha fruticosa* L.
科　属｜蝶形花科（Fabaceae）紫穗槐属（*Amorpha* L.）

紫穗槐在我国分布广泛，是保持水土和防风固沙的多用途防护林树种，耐盐碱、耐水湿、耐寒、耐旱、耐瘠薄、抗风沙，其根系发达，具有根瘤菌，能改良土壤、固沙保土。紫穗槐嫩枝叶可做肥料、饲料，枝条可作编织材料、燃料，也可用于造纸；花为蜜源；荚果和叶肉含有鞣质，可用于制革；荚果也含芳香油，可用于食品工业；种子油可用来制肥皂、漆、甘油和润滑油；种子也富含鱼藤酮等药用成分，具有显著的抗糖尿病、抗肿瘤作用（巫鑫等，2016）。

一、分布

紫穗槐原产北美，20世纪初引入我国。其分布范围北至黑龙江，南至广西，东至浙江，西至新疆、云贵高原。以黄河流域的陕西、甘肃、宁夏、内蒙古南部、河南东西部最为普遍，青海、新疆也有栽培；垂直分布在海拔1600m以下的各种立地上（罗伟祥等，2007）。

紫穗槐总状花序（王进鑫和王明春摄）

二、生物学和生态学特性

紫穗槐为落叶丛生灌木，高达4m，枝条直伸，树皮暗灰色，幼枝密被毛。奇数羽状复叶，小叶11～25枚，卵形、椭圆形或披针状椭圆形，叶内有透明油腺点。总状花序，顶生，直立。荚果弯曲，长7～9mm，棕褐色，密被瘤状腺点，不开裂，内含种子1粒。花期5～6月，果实成熟期9～10月。

紫穗槐是抗逆性极强的灌木，其最适的气候条件为年平均气温10～16℃，年降水量500～700mm。在1月平均最低气温-25.6℃的黑龙江省密山县尚能生长；在年降水量只有93mm、蒸发量达2000mm以上的新疆精河地区也能生长（罗伟祥等，2007）；在沙层含水量约2.7%、干沙层厚达30cm的生境也能适应。同时，又具有耐湿特性，短期被水淹而不死，林地流水浸泡1个月也影响不大。紫穗槐耐风蚀、沙埋的能力强，病虫害很少，并有一定的抗污染能力。

喜光树种，在郁闭度0.85的白皮松林或0.7的毛白杨林下虽能生长，但很少开花结果；对土壤要求不严，但以沙壤土生长较好；在土壤含盐量0.3%～0.5%的条件下，也能生长。

萌芽力强，耐平茬，枝叶茂密，侧根发达。平茬后，当年萌条高可达1～2m，每丛20～30根萌条，丛幅宽达1.5m，根系盘结在$2m^2$内深30cm的表土层。

三、良种选育

赵晨静等（2016）使用秋水仙素对紫穗槐根尖进行人工诱导处理的多倍体育种研究，发现秋水仙素浓度0.07%、胚根长度＜2mm、温度37℃、处理时间48h，诱导率最高。杨汉乔（2007）用$^{60}Co-\gamma$射线对紫穗槐进行辐射诱变育种，发现400～500Gy为干种子的适宜辐射剂量，20Gy为丛生芽辐射剂量。

四、苗木培育

可采用硬枝扦插繁殖，生产中仍以种子繁殖育苗为主。

1. 采种与种子处理

荚果成熟后采种，在阳光下晾晒5～6天后，风选去杂质，装袋干藏。种子千粒重10.5g，发芽率60%～70%。荚果果皮含油脂，种子坚硬，不易吸水，发芽缓慢。播种前可用碾子碾破荚壳，除皮后播种；也可用60～70℃的温水浸种24h（将种子倒入温水中，边倒边搅拌10～20min），捞出装入箩筐内，盖上湿布，每天洒温水2～3次，种皮大部分裂开时，即可播种。

2. 整地作床与播种

育苗地秋季应进行翻耕，施腐熟有机肥料22500～30000kg/hm^2、复合肥225kg/hm^2，并撒入硫酸亚铁粉末800kg/hm^2进行土壤消毒。耙耱平整，再培垄作床。苗床分大田式和平床两种。

北方地区土壤解冻后即可播种。播前灌足底水，2～3天后播种。播种沟深2～3cm，播幅宽6～8cm，行距18～20cm，覆土1～2cm，播种量45～75kg/hm^2。没有灌水条件的可在雨前或雨后播种，播后5～7天出苗。

3. 实生苗管理

苗出齐后10～15天开始间苗，保苗20株/m^2，留苗50万～60万株/hm^2。为促进苗木生长，应在6～7月进行追肥2～3次。幼苗期以氮肥、磷肥为主；苗木速生期氮、磷、钾适当配施；苗木硬化期以钾肥为主。生长期一般灌水3～5次，灌水后及时中耕除草，8月停止追肥、灌水。

4. 苗木出圃

一般在10月中下旬起苗，起苗前可灌1次水。起苗后进行选苗分级，每百株捆成一捆，一般可产合格苗45万株/hm^2。为减少苗根失水，要尽快假植，短途运苗也要包装。

五、林木培育

1. 造林地选择

紫穗槐适应性强，可以在干旱及湿润地区栽植，也能在山地、丘陵、平地、河滩、沙地、盐碱地上栽植；既可在土层薄，石砾多的荒山栽植，也能在公路、铁路两侧边坡，废弃矿场上栽植。

2. 整地与造林方法

造林前应进行带状或穴状整地。可因地制宜地采用植苗、插条、直播等方法。

（1）植苗造林主要在秋冬季或春季进行，单植或丛植。栽植时以比原土印深5cm为宜，栽后要踏实。在春季干旱、风大的地区，可用截干造林，将苗干从根颈以上5～10cm处截断，栽时使埋土与截干平齐。每公顷栽植6000株左右。在风沙区或易受冻害的地方，冬季栽植后要埋上土堆，以利成活。

（2）插条造林适用于梯田地埂、渠坎、河滩等立地条件好的地方；春、秋季均可进行，但秋季插条易成活、生长好。一般落叶后选择当年生健壮枝条，截成25～30cm长的插条，随截随插；亦可沙藏待春季挖穴或开沟插植，每穴3～5根，插深13～15cm，插后覆土踏实（河北科技师范学院，2009）。

（3）直播造林可在雨季前或下过透雨时进行。一般以条播为主，沿等高线在山坡开沟播种，沟深4～5cm，行距50cm，播后覆土2～3cm；也可以采取点播，株行距50cm×50cm，每穴播种6～8粒，播后覆土2～3cm。当苗高达10cm时，即可定苗，每穴4～5株。

3. 造林密度

一般4500～6000株（穴）/hm²。以采种、采条为目的，可稀植，密度3000～4500株（穴）/hm²为宜；以固沙、保土、割取绿肥或薪炭为目的，可密一些，密度6600株（穴）/hm²左右（罗伟祥等，2007）。

4. 混交造林

紫穗槐具有根瘤，又能耐一定的庇荫，是优良的混交灌木树种。紫穗槐可与油松、侧柏、刺槐、白榆、杨树、沙柳等混交，效果良好。如5年生紫穗槐与沙柳混交林，林地肥力较沙柳纯林提高36倍；10年生油松与紫穗槐混交林，根系重量比油松纯林大4.3倍，林地透水性比油松纯林大3倍。

5. 抚育管理

紫穗槐要及时平茬，每次平茬后要松土、培墩。以编织条林经营的紫穗槐林，在造林的第一年平茬后，应定期松土、除草、施肥。第二、三年，在平茬后要适时拥土培墩，扩大根

紫穗槐果（王进鑫和王明春摄）

紫穗槐林（王进鑫摄）

盘，争取多发条。在风蚀沙荒地上植苗造林的宜在第二年秋天落叶后平茬；直播造林的3年后平茬，以后每隔3～4年平茬一次；丘陵山坡的应沿等高线方向，进行隔带平茬。以饲料或肥料林经营的，宜在造林后的第二年秋季开始平茬，以后每年可割青2～3次，也可采取山东省“一条一肥”的办法，即麦收前割1次绿肥，秋季割1次条。

六、主要有害生物防治

紫穗槐茎叶内含一种特殊气味的物质和单宁等，本身能抑制病虫害的蔓延，因此病虫害相对少而轻。主要虫害有2种。

1. 大袋蛾（*Cryptothelea variegata*）

一般1年1代，以幼虫在袋囊内越冬。在陕西4月下旬化蛹，5月底成虫羽化、产卵，6月中下旬为幼虫孵化盛期，至10月下旬以老熟幼虫将袋囊悬挂于小枝上越冬。主要以幼虫危害紫穗槐叶片。防治方法：危害轻，数量较少时，可人工摘除虫袋。调运苗木时，注意摘除虫袋，防止越冬幼虫随苗木调运传播蔓延。成虫羽化盛期灯光诱杀，幼虫危害盛期喷洒化学农药进行防治。

2. 紫穗槐豆象（*Acanthoscelides pallidipennis*）

在黑龙江省1年2代，以2～4龄幼虫在紫穗槐荚果或仓储种子内越冬。翌年5月下旬至6月上旬在种子内化蛹，6月下旬为成虫羽化盛期，7月初成虫产卵于前一年宿存荚果的花萼与种荚间的缝隙内，7月上旬第一代幼虫孵化，7月下旬至8月上旬化蛹。8月上中旬第二代成虫羽化、产卵，8月下旬始见越冬代幼虫，9月下旬进入越冬期。主要以幼虫危害紫穗槐种子，受害种子失去发芽力，一般1头幼虫只危害1粒种子，对种子的产量和品质影响很大。紫穗槐豆象已被列入全国林业危险性有害生物名单。防治方法：在6月下旬和8月上中旬成虫羽化盛期，喷洒化学农药。对仓储种子进行熏蒸处理。

七、综合利用

紫穗槐枝条柔软细长，平滑匀称，性韧，是编织和工矿用笆材的好原料；枝条热值20247kJ/kg，是很好的燃料，也是人造纤维或造纸的原料；种子含油率15%，可用来制肥皂、漆和甘油；荚果含2.0%～2.5%的芳香油，可用于食品工业；花为蜜源。紫穗槐叶和种子的提取物是生物农药的好原料；荚果和叶肉含有鞣质，可用于制革；种子富含鱼藤酮、异黄酮等成分，具有显著的抗菌、抗糖尿病及抗肿瘤作用。

紫穗槐叶粉中粗蛋白的含量是紫花苜蓿的1倍以上、胡萝卜素含量达250mg/kg。每1000kg紫穗槐风干叶，含蛋白质23.7kg、粗脂肪31.0kg，粗加工后可成为猪、羊、牛、兔等家畜以及家禽的高效饲料。

紫穗槐有根瘤菌能固氮，是改良土壤的优良灌木；亦有“铁秆绿肥”之称；每1000kg嫩枝叶含氮13.2kg、磷3kg、钾7.9kg，仅氮肥的肥效约等于65kg硫酸铵。2年生的紫穗槐护坡林，可减少73.5%的径流量及62.7%的冲刷量；栽后5年能淤土8.7～9.8cm，是保持水土的好灌木。

（王进鑫，王明春）

133 柠条

别　名 | 中间锦鸡儿、明条、夏勒哈日格那

学　名 | *Caragana intermendia* Kuang et H. C. Fu

科　属 | 蝶形花科（Fabaceae）锦鸡儿属（*Caragana* Fabr.）

柠条是锦鸡儿属植物栽培种的通称，是欧亚草原植物亚区的典型植被，在我国黄河流域及三北地区广泛分布，其中仅三北地区自然分布和人工栽培面积就达数百万公顷，为优良固沙保土植物，且具有能源、饲用、绿肥、蜜源、药用、木质纤维等资源价值（丁崇明，2011）。

一、分布

全世界锦鸡儿属约105种，有20个分布区类型，主要分布于亚洲和欧洲的干旱和半干旱区，自欧洲北部经高加索及中亚向东，直达俄罗斯西伯利亚、蒙古、朝鲜、日本，南至尼泊尔、不丹及印度北部（牛西午，2003）。中国有66种，分为三大类群：第一类叶轴全部或大部脱落；第二类叶轴全部或大部宿存；第三类长枝叶轴宿存而短枝叶轴脱落或弱存（刘瑛心，1987）。主要分布在黄河流域以北的甘肃、宁夏、内蒙古、山西、陕西等干燥地区，西南和西北地区则以青藏高原为中心，少数种类分布在长江下游及长江以南。我国目前栽培较多的是柠条锦鸡儿（*C. korshinskii* Kom.）、中间锦鸡儿（*C. davazamcii* Sancz）和小叶锦鸡儿（*C. microphylla* Lam.）。其中，柠条锦鸡儿为南阿拉善—西鄂尔多斯分布种，分布于草原化荒漠和典型荒漠带的固定和半固定沙地上。小叶锦鸡儿为蒙古高原东部—松辽平原西部—华北山地分布种，适应分布于蒙古高原典型草原带和森林草原带以及华北山地落叶阔叶林带，在草原带高平原上可形成灌丛化草原景观，在草原带的沙地上可形成建群种的沙地灌丛植被。中间锦鸡儿为东戈壁—鄂尔多斯高原—黄土高原北部分布种，分布于蒙古高原荒漠化草原及草原化荒漠带、鄂尔多斯高原典型草原和荒漠化草原带的沙地及梁地上、黄土高原北部的黄土丘坡上，常形成建群种的灌丛植被。

二、生物学和生态学特性

落叶灌木，高0.5～1.5m，也可达2m。树皮灰黄色、黄绿色或黄白色。多年生老枝灰褐色，枝条细长，直伸或弯曲，长枝上的托叶宿存并硬化成针刺状。叶轴脱落，偶数羽状复叶，小叶10～18，椭圆形或倒卵状椭圆形，先端圆或锐尖，少截形，有刺尖，基部宽楔形。花单生，花梗长0.8～1.2cm，常在中部以上具关节，稀在中部或中部以下具关节，花萼筒状钟形，蝶形花冠黄色；子房扁，披针形，无毛或稀生短柔毛。幼枝、叶轴、叶面、花梗和萼筒均密被白色丝质柔毛。荚果披针形或矩圆状披针形，果皮厚，革质，腹缝线突起，顶端短渐尖，花期5月，果期6月，荚果长2.0～2.5cm，宽4～6mm（程积民和朱仁斌，2012；卢琦等，2012）。

耐旱、耐寒、耐高温，适生于海拔900～1300m的阳坡、半阳坡，在黄土丘陵区山坡、沟岔pH 6.5～10.5的土壤环境，以及肥力极差、含水率为2%～3%的流动沙地、丘间低地、固定半固定沙地上，广泛分布于山西、陕西、宁夏、内蒙古等地，可成为建群种，形成灌丛群落。柠条抗旱力强，对水分的要求不严格，水分过多反而生长不良，但在种子萌发和苗期必须有一定的水分条件。根系入土深度与生境、植株年龄有密切关系（赵一之，2005）。一般株丛大的中、老者，

陕西神木柠条灌丛结果状（高国雄摄）

根系入土深；生境干旱，地上部分较矮，枝条稀疏。

三、苗木培育

主要采用播种育苗，虽有学者采用组培育苗，但尚未产业化。

1. 大田育苗

采种　于6月中旬至8月上旬当荚果由暗红色变为黄褐色、种粒由软变硬时采种，及时晾晒至荚果干裂、种粒干硬，除去荚壳和夹杂物，通风干燥处存放贮藏。

整地　苗圃宜选择交通便利、土壤疏松、排灌方便、保墒能力强的地块。播种前一年秋季对圃地深耕翻晒，翌春土壤解冻后再深翻1次，耙平、磨实，结合翻地施腐熟农家肥30000kg/hm^2、尿素300kg/hm^2、过磷酸钙750kg/hm^2。

播种及苗期管理　播前种子用1%高锰酸钾溶液消毒0.5h，用60℃热水烫种3min，再于30℃温水中浸种12～24h。种子充分吸水膨胀后，倒掉水，把种子平铺在塑料布上，室温保持在13～18℃，晾干种皮，勤翻种子，防止发霉。在3～5月，当土壤5cm深处地温稳定在10℃或旬平均气温5℃时，即可播种。开沟条播，行距25～30cm，沟深6～8cm。均匀撒种后轻轻镇压，覆土3cm，播种量250～300kg/hm^2。苗高5cm时间苗，留苗密度150株/m^{2}左右。及时中耕松土，消灭杂草。灌水宜小水漫灌，要灌足灌透但不能超过幼苗的顶端，在无雨水情况下30～40天灌水一次，9月上旬停止灌水。出苗30～40天、苗高10～15cm时，追施磷酸二铵或尿素300kg/hm^2，8月上旬应停止追肥。幼苗期防治病虫害。

出圃　当苗龄1年、苗高30cm、地径0.3cm以上即可出圃造林。秋季落叶后或春季萌动前起苗，用平铁锹将主根铲断，保证根系完整，留主根30cm以上，不能及时装运的苗木应假植。起苗后检疫、分级，每200～300株打捆，用ABT3号生根粉500ppm液或磷肥泥浆（过磷酸钙1.5kg、水50kg、黄土10kg）蘸根后用草袋或塑料袋包装。运输过程中防止苗木受冻或失水。

2. 容器育苗

选择平坦、排灌良好、光照充足及无盐碱的地块作床，苗床长3.0～5.0m、宽1.2～1.5m、深16cm左右，底部应平整无石块，可平铺1.0～1.5cm厚细沙。5月上旬前，采用70%过筛后的中性沙壤土、20%细沙土及10%腐熟后的农家肥配制育苗基质，混合后装入10cm×15cm塑料容器中，依次摆放在苗床中，并用细土填充容器间隙。

5月中旬，用3%高锰酸钾热水溶液浸种2h，混沙催芽，待40%种子露白时即可播种。播前苗床灌透水，每穴点播3～4粒，覆细土1.5～2.0cm，播种量300kg/hm^2。

幼苗期管理一般在2～3片真叶、4～5片真叶及6月末进行3次除草和间苗。苗期保持土壤湿润，但不可过湿。6月中旬和7月中旬结合喷灌各施肥1次，可追施尿素225～300kg/hm^2。每周喷洒2次硫酸亚铁多菌灵液防治立枯病，连续喷洒2周；可用40%马拉硫磷1500倍液喷洒防治叶甲虫、蚜虫等虫害。

四、林木培育

降水较好地区多播种造林，干旱地区常植苗造林。

1. 播种造林

整地　在造林前一年伏天或当年造林前一个月（4～6月）整地。

造林　造林前用种子包衣机将抗旱种衣剂、种子按1：12～1：20的比例混合拌匀后进行晾晒，待种子充分晾干后包装入库。播种前用30℃水浸种12～24h，捞出后用10%磷化锌拌种。春、夏、秋季均可播种，以雨季最好，一般4月下旬到6月中下旬雨季来临前5～7天播种。农用播种机播种，深3cm左右，两行一带式，行距1m、带间距5m，每公顷7.5～15.0kg。人工穴状点播，每穴20～30粒，将种子放置于鱼鳞坑下边缘，覆土厚2～3cm，稍加镇压。犁耕带状播种，于雨季在犁耕的土埂半坡播种并覆土镇压，覆土不超过3cm。飞机播种，常与踏郎、沙打旺、草木犀等混播，每公顷15kg左右，混播比例根据立地条件和造林目的确定。

抚育　造林后林地封禁保护，每年中耕除草3～4次，幼苗期要防治蚜虫等。生长6年左右，应平茬，留茬高5cm左右，于土壤封冻后隔带或隔行平茬。老龄退化林应通过平茬实现复壮，随后平茬周期5年左右。

2. 植苗造林

造林　春季造林在3月下旬至4月上旬土壤解冻后、苗木萌动前适时早造；秋季在透雨后或连阴天进行栽植，最迟不晚于11月上旬。适宜与油松、侧柏、樟子松、沙地柏、新疆杨、沙棘、沙柳、紫穗槐等混交造林，造林密度纯林不小于4500株/hm^2；

山西省偏关县楼沟乡二台埝32年柠条人工林（播种造林）（贾黎明摄）

山西省河曲县万斛村柠条人工林根系（贾黎明摄）

与乔木隔行混交栽植不小于1800株/hm²，混交比例≤30%；与灌木株间或行间混交不小于2550株/hm²，混交比例≤40%。采用"穴植法"或"缝植法"，每穴2～3株苗丛状栽植。

容器苗造林采用1年生、高15cm以上容器苗，每杯苗木3株以上。一般在每年8月初起苗造林，栽植前挖坑深度应比容器高3～5cm，栽植时将幼苗放入坑内，用湿土回填至容器高度平齐，将周边踩实，洒上适量细沙土，再浇足水。沿水平沟外沿栽植，间距1m，密度1800穴/hm²。

抚育 栽后有条件时灌水，注意防涝、排涝。每年松土、除草1～3次，当幼树高度超过杂草层时即可停止。在当年秋季或次年春季苗木完全成活后间苗定株，每穴保留一个健壮植株。造林后3年内，应严禁放牧和人为采挖、践踏等破坏。造林4～5年以后，可平茬复壮，以后每隔5年左右平茬1次，留茬高5cm左右。

五、主要有害生物防治

1. 柠条叶锈病（*Uromyces laburni*）

又叫柠条黑锈病、赤锈病。主要危害柠条的叶子和幼苗，造成叶片枯黄提早脱落，严重时会使枝梢枯死。感染初期，在叶背面长出赤褐色粉末状小点，严重时连接成块状，呈赤褐色锈粉堆，布满整个叶片背面。连年重茬育苗发病严重，小苗过密或施用氮肥过多而徒长时易感病。防治方法：选择好苗圃地，增强苗木自身抗病力，不要重茬育苗。在苗木生长期，要及时拔除发病植株，清理枯枝落叶，消灭病原菌。做好检疫，严防病苗调入新造林区。柠条展叶后，可适当喷施杀菌剂。

2. 柠条豆象（*Kytorhinus immixtus*）

在内蒙古西部地区多为1年1代，以老熟幼虫在种子内越冬。翌年4月中旬开始化蛹，5月中旬成虫羽化，产卵于花萼下部的果荚、花瓣或枝条上。6月上旬为幼虫孵化盛期，6月下旬大部分幼虫老熟开始越冬。幼虫孵化后直接蛀入果荚内，幼虫侵入初期可见黄色粉末排出，种子种仁被食空，只剩种皮，被害种子枯黄，表面粗糙有颗粒状的小孔。1头幼虫一生只危害1粒种子，老熟幼虫随果荚开裂而散落，利用弹跳力钻入土中越冬。加强检疫，防止其随种子调运而扩散传播。根据造林地的立地条件，营造混交林。防治方法：成虫羽化盛期与柠条荚果幼荚盛期一致，可在柠条幼荚盛期喷施化学农药，或释放烟剂熏杀成虫。在6月上旬幼虫孵化盛期，喷施化学农药。在收购或播种前，水浸选种，杀死种子内的幼虫。

3. 柠条种子小蜂（*Eurytoma neocaraganae*）

1年2代，以第二代幼虫在柠条种子内越冬。翌年4月中旬越冬幼虫化蛹，5月上旬至6月下旬成虫出现，6月中旬第一代幼虫孵化，6月下旬化蛹，7月上旬第一代成虫羽化，持续至9月上旬，7月中旬第二代幼虫孵化。柠条种子小蜂卵、幼虫、蛹均在种子内发育，幼虫取食种仁，造成种子不能萌发。防治方法：加强种子检疫，绝对禁止带虫种子调进调出。虫害发生严重的柠条林地，可在1～2年内全部平茬1次，破坏小蜂的栖息场所，降低种群数量。适当推迟柠条播种期，待越冬代成虫羽化钻出种子，可防止其随种子携带传播。柠条开花时，即成虫的羽化期，喷施化学农药。

4. 柠条坚荚斑螟（*Asclerobia sinensis*）

在内蒙古地区1年1代，个别1年2代，以5龄幼虫在土中结茧越冬。翌年4月上旬化蛹，5月上旬出现成虫，产卵于花萼下的果荚皮上。5月下旬出现第一代幼虫，6月下旬多数幼虫入土结茧，小部分幼虫于7月上旬化蛹。7月中旬第二代成虫羽化、产卵，7月下旬出现幼虫，8月中旬幼虫入土结茧。该虫主要以幼虫取食柠条荚果内的种子，成虫羽化盛期与柠条幼荚盛期一致。防治方法：在成虫期进行灯光诱杀，或喷施化学农药，或在郁闭度大的林分采用烟雾剂进行熏杀。

六、综合利用

枝条含有油脂，燃烧不忌干湿，是良好薪炭材。根具根瘤，可肥土。嫩枝、叶含氮素，是沤

山西省偏关县黄土丘陵阴陡坡立地5年生播种造林柠条人工林（贾黎明摄）

制绿肥的好原料。种子含油，可供提炼工业用润滑油，干馏的油脂是治疗疥癣的特效药。根、花、种子均可入药，具有滋阴养血、通经、镇静等功效。树皮含有纤维，能代麻制品。花开繁茂，是蜜源植物。枝、叶、花、果、种子均营养丰富，是良好饲草饲料，在冬季雪封草地，是骆驼、羊的“救命草”。

附：毛条（*Caragana korshinskii* Kom.）

别名柠条锦鸡儿、白柠条、大柠条、明条、牛筋条、老虎刺、马集柴、查干哈日格那。落叶灌木，属于亚洲中部荒漠阿拉善地方种，为荒漠沙生旱生的较高灌木，一般高1.5～3.0m，最高达5m。枝干较端直，树皮金黄或黄绿色，有光泽，外被光亮蜡质薄膜，分枝能力较差，一般3～5枝，小枝有棱角，老枝光滑。幼枝、叶轴、叶面、花梗均密生绢毛。叶簇生或互生，偶数羽状复叶，小叶6～8对，倒披针形或长椭圆状倒披针形，长12～18mm，宽3～6mm，先端钝尖，基部楔形，两面密被长柔毛。叶轴、托叶脱落或宿存而硬化成针刺。花单生，花梗长15～25mm，中部以上有关节，蝶形花冠，黄色，少有带红色，花萼管状钟形，子房密生短柔毛。荚果披针形，长2～3cm，宽6～7mm，膨胀或扁干，先端急尖。种子椭圆或球形，红色。花期5～6月，果期6～7月。

喜光，不庇荫，为深根性树种，主根明显，侧根发达，具根瘤菌，萌芽力强，适应性强，耐旱、耐寒、耐瘠薄、耐沙埋，沙埋后能发不定根。对土壤要求不严，在湿润的土壤上生长良好，但过湿则生长不良。天然分布于甘肃、宁夏、内蒙古、陕西、山西、新疆等地，以腾格里沙漠、巴丹吉林沙漠东南部、西鄂尔多斯、毛乌素沙地、乌兰布和沙漠及陕西榆林地区分布较多，一般多以零星小片分布在半固定、固定沙地，或各种基质的薄土层以及岩石风化物上；也常散生于沙质荒漠草原群落中，与油蒿组成灌丛草场，是三北地区重要的水土保持、固沙造林树种和良好的饲草饲料。

毛条的育苗和造林技术与柠条相同。

（高国雄）

134 花棒

别　名｜细枝岩黄蓍、花柴、花帽（宁夏）、桦秧（甘肃）、牛尾梢（甘肃）

学　名｜*Hedysarum scoparium* Fisch. et Mey.

科　属｜蝶形花科（Fabaceae）岩黄耆属（*Hedysarum* L.）

花棒为沙生灌木，适于流沙环境生长，喜适度沙埋，抗风蚀，耐严寒酷热，极耐旱，生长迅速，根系发达，枝叶茂盛，萌芽力强，是优良的固沙造林先锋树种，也是优良的燃料、饲料和绿肥树种。

一、分布

花棒主要分布于巴丹吉林沙漠、腾格里沙漠及河西走廊沙地，以巴丹吉林沙漠为分布中心，在古尔班通古特沙漠和蒙古布苏湖一带皆有分布（丁崇明，2011）。分布区年平均降水量150～250mm，最低100mm。但在年平均降水量250～416mm的华北、西北草原及半荒漠地区引种栽培，生长良好。

二、生物学和生态学特性

灌木，高3～5m。茎直立，多分枝，幼枝绿色或淡黄绿色，茎皮亮黄色，呈纤维状剥落。茎下部叶具小叶7～11片，植株上部小叶常退化，仅存绿色叶轴，小叶片灰绿色，线状长圆形或狭披针形，长15～30mm，宽3～6mm。总状花序腋生，上部明显超出叶。花少数，长15～20mm，花冠紫红色。荚果2～4节，荚节球形，长5～6mm，宽3～4mm，两侧膨大。种子圆肾形，长2～3mm，淡棕黄色，光滑。花期5～10月，果期8～10月。树龄可达70年以上（刘瑛心，1987；丁崇明，2011）。

沙生、耐旱、喜光树种，适于流沙环境，喜沙埋，抗风蚀，耐严寒酷热，在流动沙地上各部位均能生长，但适于生长在风蚀较轻的迎风坡2/3以下或适当沙埋的落沙坡脚和丘间低地的四周。在低盐或微碱性沙地上能正常生长，但不喜过湿和黏重土壤。在固定沙地或荒地上造林，因沙层紧密、干旱，成活率低，生长缓慢（格日乐等，2013；卢琦等，2012）。主、侧根系均发达，根瘤明显，有固氮改土作用，枝叶茂盛，萌蘖力强，防风固沙作用大。

三、苗木培育

主要采用常规大田播种育苗。

1. 采种

8～10月，当荚果由绿变为黄褐色成熟时，选择5年以上的壮龄母树采种，及时晾晒，除去杂质和荚果皮，晒干后放在通风干燥处贮藏备用。种子可长期保存，保存至第五年发芽率仍可达80%。

2. 圃地选择及整地

苗圃地选择地下水位深、灌溉便利、排水良好的沙壤土为好。黏土、低洼地、盐碱地、白僵地及地下水位较高的土地，易发生根腐病，不宜作育苗地。于前一年秋季翻耕、施肥，灌足冬水。一般一次施足底肥，苗期不再追肥，结合耕翻每亩施腐熟的有机肥3000～4000kg、碳铵50kg、磷酸二铵15kg。播前一周整地做平床，并进行杀虫杀菌处理。

3. 播种及苗期管理

春季播种前种子用0.5%高锰酸钾浸泡，或40～50℃温水浸种24h后沙藏，按种子、河沙1：2混合均匀，湿沙层积催芽，每天洒水1次，

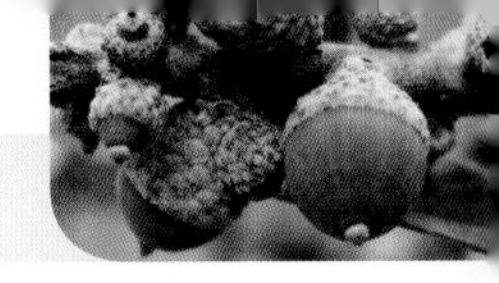

保持湿润，控制温度20℃左右，待约1/2种子露白时进行播种。4月下旬至6月上旬采用宽幅条播，行距30cm，带距40～50cm（3～4行一带）。播种前灌足底水，待水落干后拉线开沟条播，深3～4cm，覆土后轻轻镇压整平，10～15天苗木基本出齐。播种量75～120kg/hm^2，保苗75万～120万株。播后苗床要保持湿润，苗木出土后，每隔15天左右松土除草1次，7月底停止。苗期尽量少浇水，浇水过量常出现死苗现象。当年秋季可出圃造林。

四、林木培育

1. 植苗造林

选择在流动沙丘迎风坡2/3以下，或适当沙埋的落沙坡脚和丘间低地的四周造林。春季或秋季均可造林，以秋季为好，一般在10月下旬到11月初进行，成活率较高。春季造林一般4月上中旬起苗，置于贮藏窖内冷藏，以延长造林时间。

选用壮苗造林。根系不宜太短或过长，一般苗高60cm以上，留根35～50cm为宜；深栽50cm，栽时扒去干沙层，把根栽在稳定的湿沙层中，踏实；株行距采用1m×1m、2m×2m或3m×3m，每穴植苗1～2株，约1050穴/hm^2。

栽植后常规抚育管理。造林10年后应平茬抚育，在冬末春初土壤解冻、树木休眠期平茬，隔株、隔行或分年度平茬，避免大面积一次性平茬，留茬高10cm左右，平茬后加强水肥管理（康世勇等，1998）。

2. 飞机播种造林

选择地下水埋深在10m以上，7、8月有效降雨超过10mm，沙丘密度小于0.6，相对高度≤8m，沙土机械组成粒径0.05～1.00mm，春季沙丘风蚀深度小于20cm（风蚀强度大的沙丘要提前压沙障），天然植被盖度3%～12%的区域。播区上空有良好的净空条件，能落实禁牧围栏封护措施，距离机场50km以内。

播前对种子进行净种处理，并用多效复合剂进行包衣拌种和丸粒化，制成比原种子重0.6～2.0倍的种子丸。播前两周应防治鼠害。

选择在6月下旬风季以后，雨季之前播种，常将花棒、籽蒿、沙打旺、柠条等混播，播种量为每公顷15.0kg，混播比例2∶2∶2∶1∶1；或者单与籽蒿混播，混播比例5∶3。

播后用网围栏封禁播区5年，并开展防护。

五、主要有害生物防治

1. 花棒白粉病（*Leveillula leguminosarum*）

危害花棒叶片。发病初期，病叶表面出现淡绿色斑点，随后变成近圆形黄斑，并扩大连成片，叶片正反面均出现毛毡状的白粉层。入秋后在白粉层上出现黄褐色小颗粒，后变黑褐色。花棒白粉病以菌丝潜伏在芽内，或以闭囊壳在落叶上越冬，翌年春季，病芽展开时，产生分生孢子，借风传播侵染，主要危害苗木，6～10月都能发生，尤其在8、9月发病率最高，嫩叶、新梢最易感病。苗木过密、通风透光不良，圃地过湿，施氮肥过多都易感病。应及时扫除落叶，剪除病梢，集中烧掉，消灭病原。在春季发芽前，喷施石硫合剂1次，发芽后再连续喷施2～3次。盛夏时，可喷其他杀菌剂进行防治。

2. 灰斑古毒蛾（*Orgyia ericae*）

又名沙枣毒蛾、花棒毒蛾。在宁夏、内蒙

陕西神木花棒灌丛（高国雄摄）

古1年2代，以卵越冬。翌年6月下旬至7月上旬为幼虫孵化盛期，7月上中旬老熟幼虫大部分在花棒的枝干上结茧化蛹，7月中下旬成虫羽化、产卵。7月下旬至8月中旬为第二代幼虫发生期，8月下旬至9月中下旬成虫羽化产下越冬卵。幼虫共6龄，喜食嫩枝叶和花朵，低龄幼虫群集取食叶片的表皮和叶肉，大龄幼虫分散危害，大多在夜间取食，6～8月危害最重，几天可将树叶吃光。冬、春季在卵孵化前摘茧灭卵，在幼虫群居危害期人工剪除叶片集中烧毁，利用人工合成的性信息素或诱虫灯诱捕成虫，在幼虫危害期喷施化学农药。

六、综合利用

沙生优良饲料、油料、纤维、燃料树种。枝干坚硬，含油脂，火力强而持久，是速生高产燃料灌木，适于平茬获取薪材。枝条可用于编织，树干可作农具柄。茎皮纤维长、韧性强，可搓麻绳，能拧绳、织口袋。嫩枝稠密，木质化程度低，花序长而繁茂，牲畜适口性好，饲用价值大，牛、羊、马喜食幼嫩枝叶和花，骆驼一年四季喜食，可以放牧，嫩枝鲜叶花序可采收青饲或调制干草后补饲，也可作绿肥压青，肥田增产。花期长达4～5个月，异花授粉，是很好的蜜源植物。种子含油率高，可食用或榨油。

附：杨柴（*Hedysarum mongolicum* Turcz.）

别名羊柴、踏郎。多年生落叶灌木，耐寒、耐旱、耐贫瘠、抗风沙，适应性强，是干旱草原与荒漠草原区优良固沙先锋树种。主要分布于三北地区的沙地上，在毛乌素沙地、库布齐沙漠东部、乌兰布和沙漠以及浑善达克沙地西部的流动沙丘、半固定沙丘上大面积成片生长。喜欢适度沙压并能忍耐一定风蚀，一般越压越旺。根蘖能力很强，串根性强，自然繁殖很快，可天然下种，也可串根成林，常“一株成林”，是防风固沙、保持水土、改良土壤的良好植物。枝下部的小叶宽椭圆形，先端微凹或凹入，而上部的小叶条状矩圆形，先端具凸尖，小叶5～21枚，不退化，荚节扁或稍扁，子房与荚节被毛，荚果顶端无尖。种子卵圆形，黄褐色，千粒重8.5～15.0g，脂肪含量7%～8%，蛋白质含量26%～28%，可供榨油，也可作冬季的精饲料。

种子扁平，皮粗糙，播种时不易位移，提高了出苗率和保存率。可直播、植苗、扦插造林或封沙育林，生长3～5年后宜平茬，以促进生长。

杨柴的育苗和造林技术与花棒相同。

附：踏郎［*Hedysarum laeve*（Maxim.）］

陕西省榆林市踏郎花期（高国雄摄）

别名塔落岩黄蓍、羊柴、杨柴、山竹子。多年生落叶灌木，具有很强的根蘖能力，常“一株成林”，是干旱草原与荒漠草原区优良的固沙先锋树种。小叶5～21枚，条形或条状矩圆形，不退化，上萼齿2枚，较短，下萼齿3枚，较长，锐尖，种子圆形或扁平，荚果皮有皱纹，子房与荚果无毛。野生踏郎多与木蓼、沙蒿、柠条等混生，组成复合群丛，有时也在半固定沙丘上形成大而集中的单独群丛。踏郎分布区的年降水量一般为150～400mm，干燥度为1.48～4.00。

踏郎的育苗和造林技术与花棒、杨柴相同。

（高国雄）

135 木豆

别　名｜三叶豆、鸽子豆、千年豆、柳豆、树豆（台湾）、树黄豆

学　名｜*Cajanus cajan* (L.) Millsp.

科　属｜蝶形花科（Fabaceae）木豆属（*Cajanus* DC.）

木豆原产于印度，传入我国已有1500多年，我国以云南栽培最多。木豆繁殖与栽培容易，生长迅速，适应性强，是营造水土保持林和薪炭林的优良树种，也是优良的高蛋白粮食、蔬菜及家畜家禽饲料和绿肥植物。木豆能放养紫胶虫，茎干可作薪炭材。木豆能抗炎镇痛、治疗外伤，对烧伤感染和褥疮等有较好疗效。

一、分布

木豆已有2000多年的栽培历史，广泛种植于热带、亚热带地区。目前世界上有印度、中国、缅甸、尼泊尔、孟加拉国、马拉维、乌干达、坦桑尼亚、肯尼亚、海地、巴拿马、牙买加等90多个国家种植。我国木豆主要种植于云南、广东、广西、海南、福建、浙江、四川、湖南、江西等地的暖热地区。

二、生物学和生态学特性

多年生木本植物，直立矮灌木，高1～4m。多分枝，小枝有明显纵棱，被灰色短柔毛。小叶3枚，披针形；叶柄长1.5～5.0cm，上面具浅沟，下面具细纵棱，略被短柔毛；小叶纸质，披针形至椭圆形，长5～10cm，宽1.5～3.0cm，先端渐尖或急尖，常有细凸尖，上面被极短的灰白色短柔毛，下面较密，呈灰白色，有不明显的黄色腺点；托叶小，长2～3mm，被毛。总状花序腋生，长3～7cm；萼钟状，萼齿5枚，披针形，内外生短柔毛并有腺点；花冠黄红色，长约1.8cm，旗瓣背面有紫褐色纵线纹，基部有附属体；雄蕊（9+1）二组。荚果条形，略扁，长4～7cm，宽6～11mm，有黄色柔毛，种子间具明显凹入的斜横槽；种子3～6粒，近圆形，稍扁，种皮暗红色，有时有褐色斑点。花、果期2～11月，单株产种量0.2～0.7kg。

木豆属短日照或中日照植物，适应性强，具有喜光、喜温、耐干旱、耐贫瘠的特点。适生

印度ICRISAT木豆纯林（谷勇摄）

云南省元谋县苴林乡木豆豆荚（谷勇摄）

区年平均气温在15.5℃以上，绝对最高气温达42.3℃，最低气温-1.5℃，部分地区有轻霜，气温低于-5℃时，植株才遭受冻害（Gu et al., 2002）；年平均降水量600～1800mm，在降水量仅为380mm的地区也能生长，但以年降水量800～1200mm的地区生长最好。

木豆适宜在砖红壤、石灰土、红壤、河漫滩，甚至矿区废渣土上生长。木豆生长迅速，半年生可高达1.5～2.0m，根系发达，可深达3m以上，横向生长约60cm，且具根瘤，能固氮改良土壤，发挥防风固沙、保持水土等效益。

三、良种选育

我国通过杂交育种研究已成功培育出优良杂交品种。目前，多采用“三系”——不育系、保持系、恢复系进行杂交种制种（宗绪晓，2006）。中国林业科学研究院资源昆虫研究所选育了“CAF”系列木豆新品种，包含了早、中、晚熟品种。“CAF”系列木豆新品种适宜在我国南方年降水量600mm以上，最低气温0℃以上，无霜或轻霜地区种植，对土壤要求不高，但以排水良好的偏酸性土壤更为适宜。

四、苗木培育

1. 种子采集

选择栽培面积大、林相整齐、生长旺盛的林分采种。采种母树则应是结荚多且饱满、无病虫害、2～5年生的植株。豆荚80%左右成熟时可采收种子。

2. 苗木培育

种子处理 生产用种必须选择品种纯度高、无杂质、保管良好、无霉变、无虫蛀、发芽率达90%以上的种批。不论是自留种或购入种，均需先行去杂处理，然后用2%的石灰水或50%多菌灵粉剂1000～1500倍液浸种消毒2～3h，再用清水洗净后播种。

播种 木豆播种时间为3月。育苗基质采用3份红土与1份腐熟农家肥的混合基质；装入9cm×13cm规格的营养袋内，播种前浇透水，每袋播种2粒，播种深度约2cm，用茅草或松针覆盖保湿。

苗期管理 播种后注意浇水保湿，一般每天浇水1次。苗木出齐后，揭去稻草，每个营养袋保留1株，间出的幼苗可用于补植空袋，及时拔除杂草，每半个月用多菌灵和百菌清1000倍液交替喷洒防病。6～7月，苗木高30cm、地径0.3cm以上可出圃造林。

五、林木培育

1. 立地选择

选择地势较平坦、排水条件好、土层较厚、具有灌溉条件、终年无霜、日照短、四周200m之内没有木豆的林地或圃地营建木豆母树林或种子园。其他用途的造林地则要求不严，只要在木豆

印度ICRISAT木豆与向日葵间作（谷勇摄）

云南省元谋县苴林乡木豆结荚情况（谷勇摄）

适生区范围内即可。

2. 整地

直播造林的整地有全垦或种植沟（20cm×15cm）或挖穴（20cm×20cm×15cm），植苗造林采用穴状整地（40cm×40cm×40cm）。有条件的地方，尽量采用全垦整地的方法，其植株生长好、产种量高、效益好（谷勇等，2003）。

3. 造林

可直播造林或植苗造林。每年5月中下旬至6月上中旬进行直播造林，造林株行距根据木豆品种及地区而定，通常为（0.3～1.0）m×（0.8～1.5）m，每穴播种3粒，播种深度为2～3cm，种子发芽并长至约30cm高时进行间苗和补苗，每穴1株。植苗造林在雨季初期进行，株行距与直播造林相同，每穴定植1株。

4. 抚育管理

播种后20～25天除草1次，40～45天再除草1次，并进行间苗及追肥，每穴保留1株健壮植株，每株施复合肥30g或尿素10g；也可在播种后立即喷施草甘膦等除草剂，再于播后30～35天人工除草松土。盛花期需连续喷施菊酯类农药3次，每周1次（最好略注明喷药目的）。

六、主要有害生物防治

1. 白粉病（*Erysiphe polygoni*）

白粉病是一种多阶段病害，由真菌引起，即先感染后扩散。20～25℃范围内容易发病，25℃最适。主要感染病植株的地上部分，尤其是叶、花和荚有白色粉状真菌生长。严重感染时导致落叶。幼株染病后生长缓慢，接着在花期前见到白粉发生。初染病时，锈黄色病斑发生于个别叶片腹面，接着向叶背面发展扩散，并出现白粉斑块。当真菌形成孢子后，白粉完全覆盖叶背面。防治方法：在发病初期喷施杀菌剂进行预防和防治，每隔1月1次，共3～4次。

2. 根腐病（*Fusarium oxysporum*）

由尖孢镰刀菌（*Fusarium oxysporum*）引起。病原由种子和土壤传播，可在遗留于土壤中的染病植株残骸上存活3年。症状通常出现于开花和结荚期，有时也出现于1～2月的幼株。主要表现为当开花或结荚时，植株成片死亡，是致病的第一迹象。明显可见植株从主茎基部向上延伸一条紫带，而该紫带区域的内部茎组织变为褐色。植株有一半枯萎是另一项显著症状。劈开茎或枝条，可见木质部变黑。染病死亡的1～2月的幼植株，茎上看不到紫带，但内部组织明显变褐或变黑。染病植株死前，小叶还显示一系列症状，如：叶脉清晰易见，叶褪绿泛黄。防治方法：在发病初期喷施杀菌剂进行预防和防治，每隔1月1次，共3～4次。

3. 菜粉蝶（*Pieris rapae*）

在南方1年发生7～8代，属完全变态，发育分受精卵、幼虫（菜青虫）、蛹、成虫4个阶段。主要寄主为豆科等植物。以蛹越冬，成虫3月出现，以5月下旬至6月危害最重。成虫多产卵于叶背面，偶有产于正面。散产，每次只产1粒，每头雌虫一生平均产卵百余粒，以越冬代和第一代成虫产卵量较大。防治方法：当虫害发生时，喷施菊酯类药剂防治。

七、综合利用

木豆为世界第六大食用豆类，也是唯一的木本食用豆类，其籽实含蛋白质约20%、淀粉55%，含人体必需的8种氨基酸，是以禾谷类为主食的人类最理想的补充食品之一；木豆叶含蛋白质19%，是牛羊喜食的优质饲料；木豆具有耐旱瘠、生长快、繁殖栽培容易等特性，固氮量达200kg/（hm^2·年），是干热地区植被恢复和土壤改良的理想树种。随着紫胶生产在我国的发展，木豆作为紫胶虫优良寄主植物被大面积种植。木豆素的抗炎症作用显著优于水杨酸（孙绍美等，1995），治疗外伤、烧伤感染和褥疮等有较好疗效，并有镇痛作用。

（赵志刚，谷勇）

136 葛藤

别　名｜野葛、粉葛藤、甜葛藤、葛条（《中国植物志》）
学　名｜*Pueraria lobata*（Willd.）Ohwi
科　属｜蝶形花科（Fabaceae）葛属（*Pueraria* DC.）

葛藤为蝶形花科葛属多年生藤本植物，根部肥大、圆柱状，富含淀粉，茎基粗大、多分枝；广泛分布于山涧、树林丛中，寄生缠绕茎；长达数米或数十米，生长力旺盛；其根茎可入药，有平肝息风、清解热毒等功效，也是一种良好的水土保持植物。

一、分布

葛藤主要分布于湖南、浙江、河南、广东、四川、广西、云南、陕西等地，在我国除西藏和新疆外，其余各地均有分布；常成片垂直分布于海拔300～1500m的地区。

二、生物学和生态学特性

粗壮藤本，长可达8m。全体被黄色长硬毛。茎基部木质，有粗厚的块状根。葛藤喜温暖湿润气候，适应性强，在耐寒、抗旱、耐瘠薄，年降水量500mm以上的地区均可生长。在寒冷地区越冬时地上部会冻死，但地下部仍可越冬，翌年地下部萌发再生。在年降水量为800～1000mm、气温为22～26℃的条件下生长较佳，其中以27～28℃下生长最快。葛藤茎节落地生根，形成新株，伏地蔓延或缠绕他物，茎蔓最快生长速度达22cm/天。葛藤对土壤要求不高，微酸性的红壤、黄壤、花岗石砾土、砂砾土及中性泥沙土、紫色土均可生长，也能生长于石质山地、光山秃地、石骨子地、砾石地及喀斯特砾岩上，有缝隙即可扎根，长势好、分枝多，茎叶繁茂、重叠交错，根系发达、入土深且密生根瘤菌，固氮能力强，能吸收土壤深层水分，酷旱时期仍可继续匍匐蔓延；枝叶茂密，枯枝落叶量大，改良土壤作用强，能拦蓄地表径流，防止土壤侵蚀。

三、苗木培育

1. 播种育苗

（1）种子采集与调制

葛藤种子在9～10月成熟，葛藤种子较多，收种时最好选择荚果变黄时采摘，摘下荚果或割下整个果序及时晒干或晾干，脱粒后挑选大小一致的饱满种子贮藏以防霉烂，留备第二年播种。葛藤种子必须适时采收，过早会因荚果成熟不够，导致种子发芽率低；过晚又易炸荚造成损失，降低种子产量。

（2）种子处理与催芽

葛藤种子发芽时需要吸收充足的水分，所需水分为种子重量的120%～130%。由于葛藤种子的种皮较为坚硬，如果用干种子直接播种，土壤水分低于60%时种子则会因吸水不足而不易发

葛藤叶（徐晔春摄）

葛藤枝叶（徐晔春摄）

葛藤花（朱鑫鑫摄）

芽，在这种情况下，种子需要在灌溉或下雨后吸足水分才能发芽。因此，为增强种子的吸水能力和提高发芽率，在播种前需要预先经过特殊处理。预处理的方法有3种：①用细沙粒摩擦种皮使其变薄后播种；②用浓盐酸或浓硫酸处理10～15min立即清洗干净后播种；③把干种子放入30～35℃的温水中浸泡24h，捞出沥干后播种。经过处理的种子应立即播种在预先准备好的苗床或育苗袋中。处理后的种子种皮变薄，组织变得柔软、疏松，有利于充分吸收水分。播种后要覆盖稻草或茅草等物遮阴，并保持土壤湿润。种子发芽时所需要的适宜温度为10℃以上，经过预先处理的种子，只要水分充足，在18～22℃时8～10天就可发芽。

（3）整地作床与播种

播种前每亩需要施半腐熟或腐熟的猪、牛粪和有机质的农家混合肥1500kg、磷素化肥20kg，深翻耕40cm左右，打碎土块、清除杂草、耙细搂平。葛藤的播种期可分为春播（3～5月）、夏播（6～8月）、秋播（9～10月），大面积播种最好选在雨季来临时，各地可根据灌溉条件或雨季来临时间选择适时播种期。播种方式根据土地面积而定，小面积可坑穴点播，每穴下种4粒，覆土约4cm压实或轻踩即可；大面积可采用播种机或犁单行或双行条播，播后镇压1～2次。

2. 扦插育苗

从健壮的当年生茎、枝条上选取带有腋芽的节部将其截为长度8～10cm的小段作为插穗，立即插入预先准备好的苗床或育苗袋中，及时浇透水，并覆盖稻草或茅草等物遮阴保湿，20天左右即可生根萌芽（刘建林等，2003；张川黔等，2012）。

3. 压条育苗

可选取长而健壮的茎枝进行，方法有3种：①波状压条法，即把葛藤茎、枝条下拉伏倒地，每隔2～3节在茎枝节部处下挖直径和深度各20cm左右的坑穴，将节部压入坑穴内然后盖上细土，以此法分段埋土；②连续压条法，把葛藤茎、枝条拉下伏倒入预先挖好的深约15cm长度不限的条沟中盖实细土；③圆环状压条法，将选好的茎、枝条圈成圆环状，然后将环放入坑穴内用细土埋实。采用上述3种压条法繁殖时，只要在茎、枝条压埋时注意露出上部的幼叶和生长点，压埋后浇透水，并保持土壤湿润，经过15～20天待茎、枝节部长出新根新芽后分段切断脱离母株，即可形成单独的新株。

4. 分根育苗

葛藤的块根或老根上，在春季植株开始恢复生长时常有不定芽萌发产生新嫩枝芽。选择长有嫩枝的块根，将嫩芽连同周围的块根一起切下，或选择老根上长有嫩枝芽的支根将其从老根上切断，然后移入育苗床或育苗袋中进行培养，或直接种入大田中。

四、林木培育

1. 造林地选择与整理

葛藤的造林地应选择背风向阳、灌溉和排

水条件好的平坦疏松沙质壤土地段，每亩施优质腐熟农家肥2000kg、复合肥50kg或磷肥60kg、钾肥15kg作基肥。将底肥撒施到翻耕后的土壤上面，再将土壤整细、耙平，清除杂草石块，做成宽80cm的高垄，然后在垄上挖掘栽植穴（杨玉平，2008）。

2. 栽植技术

葛藤可在春季萌发前栽植，其方法有2种：①立架栽培法，预先在种植葛苗的垄上栽立柱或搭棚架，柱与柱之间用铅丝拉成网状，以利于葛藤茎枝缠绕攀缘向上生长。采用此法种植葛藤，可适当密植，一般株距为50cm×60cm或60cm×60cm，行距50～90cm，每亩种植1200～1300株为宜。②平栽法，将葛藤苗种植在垄上或平地上，任其茎枝平伏地面自由生长。采用此法种植葛藤不宜种植过密，一般株距为60cm×70cm或70cm×70cm，行距60～100cm，每亩种植800～1000株为宜。

3. 林分抚育

葛藤生长较快，早春发芽前除草即可，晚秋落叶后再除草，一般不需常除草。同时，可结合中耕除草进行追肥。返青后，以腐熟人粪尿为主，每亩施入1000kg，可适当配施尿素；落叶后施越冬肥，以农家肥为主。每年生长盛期可结合浇水，施少量钾肥以促进根系生长。葛藤生长期应控制茎藤生长，摘去顶芽，减少养分消耗，并要合理调整株形以充分利用阳光，还应及时剪除枯藤、病残枝。

五、主要有害生物防治

炭疽病在发病初期应及时除去病叶并烧毁，防止病害扩大；可用50%炭疽福美可湿性粉剂500倍液、75%百菌清500倍液、70%甲基托布津1000倍液等交替喷洒，每5～10天一次，连喷4～5次。防治叶斑病危害要注意加强管理，增强植株抗病力。药物防治，在田间病叶率为10%～15%时，应开始第一次喷药，药剂可选用50%多菌灵可湿性粉剂1000倍液、50%甲托可湿性粉剂2000倍液、80%代森锰锌400倍液或75%百菌清可湿性粉剂600～800倍液，每隔10～15天喷1次，连喷2～3次，每次喷药液75～90kg。

青虫危害，可采用化学药剂防治。螨类危害要搞好预测预报，特别在5月和8～9月，用放大镜及时检查叶面叶背，发现危害及时用化学药剂均匀喷雾防治，药剂交替使用，可防止产生抗药性。

六、综合利用

葛根供药用，有解表退热、生津止渴、止泻的功能，并能改善高血压病人的头晕、头痛、耳鸣等症状，其中有效成分为黄豆苷元、黄苷及葛根素等；茎皮富含纤维，可供织布和造纸用；葛粉用于解酒。葛藤易生易长，是良好的覆被植物；葛藤扎根深、根茎发达，特别适用于荒坡的开发利用，是优良的水土保持、改良土壤的植物。

（徐文晖，梁倩）

137 山槐

别　名｜怀槐（《本草纲目》）、朝鲜槐（《中国主要植物图说——豆科》）、黄色木（吉林）、高丽槐（《南满植物目录》）

学　名｜*Maackia amurensis* Rupr. et Maxim.

科　属｜蝶形花科（Fabaceae）马鞍树属（*Maackia* Rupr. et Maxim.）

山槐集中分布于中国东北小兴安岭和长白山林区，是温带阔叶红松林珍贵的阔叶伴生树种，是国家二级珍贵树种（《国家珍贵树种名录》，1992年10月1日林业部公布，也是国家林业局修订《中国主要栽培珍贵树种参考名录（2017年版）》中的192个珍贵树种之一）。

一、分布

山槐主要分布在小兴安岭和长白山山脉的张广才岭、老爷岭、完达山及太平岭山地阔叶红松混交林区，在内蒙古、河北、山东也有分布。在国外，俄罗斯远东地区和朝鲜及日本有分布。一般生长在海拔1000m以下的山地。

二、生物学和生态学特性

落叶亚乔木，高达15m，通常高7～10m，胸径可达60cm。树冠卵圆形。树皮薄片状剥裂，幼时淡绿褐色，老时暗灰色。奇数羽状复叶，小叶5～11片；雌雄同株同花。顶生总状花序，或复总状花序；花冠蝶形，白色。荚果扁平，椭圆形至长椭圆形，暗褐色，边缘有明显的浅棱；种子肾状长圆形，褐色或褐黄色。高生长速生期6～7月；花期6～7月；种子成熟期9月中旬；种子脱落期10月上旬。

山槐为喜光性树种，稍耐阴，耐寒，耐旱，喜深厚肥沃湿润的土壤，萌芽性强，寿命长。用种子或萌芽更新。常生于红松阔叶混交林下、林缘及河流两岸、山谷中，有时亦可生长于山坡灌丛中。多散生，少有成片生长的。在较干旱山坡也能生长。

三、良种选育

由于山槐在自然界中分布比较分散，环境变化多样，导致生长差异很大，因此，选优尤为重要。目前，以选择优良单株作为山槐选优的主要办法。黑龙江林业科学研究所在“九五”期间，采用形质和数量指标与单位面积生产力建立多元回归分析表明，胸径比值高、树干通直、窄冠、分枝角小者为山槐优树（梁燕和张铁奇，1992）。

四、苗木培育

山槐育苗目前主要采用播种育苗方式。

1. 采种与调制

山槐尚未建立母树林和种子园，采种在普通林分中进行。应根据培育目的不同，选择合适的优良母树采种。山槐种子9月中下旬成熟后即可采收，最佳时间为10月初，过早种子还没成熟，过晚荚果开裂，种子易脱落。荚果采回后，晾（晒）干，搓去外壳，拣出杂物和有虫害及不饱满的种子，放通风、干燥、低温处自然保存。

2. 种子育苗的经验参数

果实出种率（鲜果）20%～30%。种子净度60%～70%。种子千粒重：小兴安岭地区山槐28～35g；长白山地区山槐45～63g。种子发芽率70%～80%。

3. 种子催芽处理

采用常规催芽处理以及植物生长调节剂浸种处理。种子在播种前10天左右进行，用70～80℃的热水烫10～15min，慢慢搅拌，待自然冷却后，采用50mg/L的ABT3号溶液和50mg/L的GA_3溶液浸种24h，之后捞出混沙1：2或1：3低温贮藏至播种日。用ABT3号与GA_3浸种处理，不仅可提前出苗，而且苗木的高生长、主根长、地茎、根幅等各项指标均有很大提高（关欣等，2015）。

4. 播种作业

作床播种 先将圃地深翻一遍，然后作床，床宽1.1m，高15～20cm，将床面镇压后，灌足底水，待底水下渗后，再播种。播种方法采用条播，行距10cm，覆土厚1.0～1.5cm，播种量每亩15～20kg，然后镇压，遮盖苇帘子，保持土壤水分，防止地表板结，避免烈日照射等。当幼苗大量出土时，及时撤除苇帘子，以免引起幼苗黄化或弯曲。

做垄播种 垄底宽60～65cm，垄顶宽25～30cm，垅高20～25cm，做垄后，垄面也要镇压，然后双行开沟条播，播幅5cm，沟深2～3cm，播种量为每亩8～12kg，覆土厚1.0～1.5cm，镇压并覆盖苇帘子。当幼苗大量出土时，及时撤除苇帘子，以免引起幼苗黄化或弯曲。

土壤化学除草处理 施药时间在春季播种后首次灌水前，每1000m垄长使用施田补33%乳油100mL，加水60kg喷施，做土壤封闭处理。

黑龙江省林业科学院江山娇实验林场山槐天然散生状态（祁永会摄）

5. 苗期管理

防除春季霜冻危害 从播种后至春季霜冻结束，注意收集霜冻天气预报信息。霜冻到来时覆盖和灌水是有效的防霜手段。霜冻后立刻上方灌水，也可减轻危害损失。

苗期化学除草 幼苗在出苗后6周，每1000m垄长用拿捕净20%乳油60mL加水30kg喷施，杀灭杂草。

间苗与定苗 当山槐苗高4～5cm时，开始第一次间苗，间苗后垄播苗留苗25～30株/m^2，床播苗留苗100～120株/m^2，留苗数应比计划产苗量多20%，7月初定苗，床播苗定植密度80～100株/m^2为宜，垄播苗定植密度20～25株/m^2为宜。

水肥管理 定苗后要及时灌溉，苗期灌溉要本着少量多次的原则。由于山槐本身具有根瘤菌，因此，在育苗期内不需要进行人工施肥，这样苗木后期木质化较好，无旱、晚霜危害。

苗木越冬 山槐商品苗成

苗高30cm以上、地径0.5cm以上、主根长18cm以上，达不到标准的可继续培育1年。山槐播种苗在越冬时无需防寒即可安全过冬，也可10月下旬入假植场或窖藏越冬。

目前，虽然有关于山槐嫩枝扦插和组织培养育苗的研究，但还未形成生产应用技术。

五、林木培育

1. 人工林营造

选择土壤深厚、腐殖质丰富、无季节性积水的立地，且以山中下腹的半阴坡、半阳坡为最适宜立地条件。选用1～2年生长势旺盛的留床苗或移植苗造林。为了有效控制枝丫发育、培育良好干形，初植株行距以1.5m×1.5m或1.5m×2.0m为宜，也可采用植生组（块状）造林，植生组内株行距1m×1m或1.0m×1.5m。如果采用更大的株行距，则早期整形修枝就是必需的培育环节。山槐既可造纯林，也可造混交林，与其混交的适宜针叶树种有红松、红皮云杉、落叶松，适宜的阔叶树种有山杨、水曲柳等。窄带状混交效果好，带宽为6～10m。其他方面遵循一般造林方法即可。

2. 天然林改培

由于经过掠夺式采伐，优良干形及大径级植株目前已被砍伐殆尽，但小径级后备资源比较丰富。由于山槐属于亚乔木，受压弯曲和病腐现象严重，天然林急需实施定向改造。可选择山槐比例较大的林分，通过适当抚育间伐和修枝，进行密度和质量调整，对山槐资源开展定向培育，集约经营。

六、主要有害生物防治

山槐抗性强，很少发生病虫害。育苗过程中有时发生蚜虫和叶锈病危害。当植株上发现蚜虫或叶锈病时，要及时喷洒药剂防治。

七、材性及用途

山槐是具有木质材料和非木质材料（观赏、药用、食用等）等多种用途的优良资源树种。木材坚硬致密（比重0.89g/cm^3）、材质优良、纹理清晰、边材红白色、心材黑褐色、有光泽、颜色美观、耐腐。木材可用作雕刻、建筑、器具、地板、军械、细木工、薪炭材等用，特选材多出口日本和东南亚，价格高昂；树皮及叶含鞣质11%～15%，可供提取黄色染料、栲胶；树皮纤维还可作造纸或人造棉原料；种子含油量10%左右，可供榨油；花白色有清香且花期较长，是极好的蜜源植物；根系能固氮，具有较好的改良土壤特性；山槐含有的化学成分主要有黄酮类、生物碱类、芪类等化合物，它们具有抗氧化、抗辐射、抗肿瘤等药理作用；山槐心材中含有对木材腐朽具有天然抗菌作用的物质，可提取其中的抗腐物质制作抗腐剂；山槐因其树姿优美、叶形美丽、主干常剥裂呈金黄色，且具有固碳释氧、杀菌、对土壤中重金属污染修复能力强和抗环境污染等特点，可作行道树及公园、庭院绿化树种，也可栽植于池边、溪畔、山坡作为风景树种。

（祁永会）

138 格木

别　名 | 铁木（广西）、赤叶木（台湾）
学　名 | *Erythrophloeum fordii* Oliv.
科　属 | 苏木科（Caesalpiniaceae）格木属（*Erythrophloeum* Afzel. ex G. Don）

格木是国家二级重点保护野生植物，生长速度中等，30年生树高可达20m、胸径25cm，适应性较强，在华南和西南地区造林均表现良好。木材硬度高、耐腐蚀，可用于制作船舶、实木家具、地板、工艺品制作等，是优良的用材林树种；种子、树皮和叶内含萜类化合物，具有抗氧化、抗癌等功效，伐桩可天然产生赤芝（*Ganoderma lucidum*）。其枝叶浓密，树体优美，是优良的园林绿化树种；具根瘤能固氮，也是营建生态公益林的优良乡土防护林树种。

一、分布

格木喜温暖湿润气候，温度是限制其天然分布范围的主要因素，其天然林主要分布在16º～24ºN范围内，包括我国广西和广东中南部、福建南部及台湾等地，以及越南北部（黄忠良等，1997）。我国格木天然林多见于中下坡或沟谷地带，分布海拔较低，最高海拔可达600m（赵志刚等，2009）。人工种植区目前已扩展到福建中部、广东和广西北部、海南、贵州和云南南部。

二、生物学和生态学特性

常绿乔木。二回羽状复叶，羽片通常3对，对生或近对生，每羽片小叶8～12片，互生；由穗状花序所排成的圆锥花序长15～20cm；荚果长圆形，扁平，长10～18cm，宽3.5～4.0cm，厚革质；种子长圆形，稍扁平，长1.2～2.2cm，宽1.0～1.9cm。花期5～6月，果期8～11月，种子成熟期10～11月，成熟种子黑褐色，千粒重800～1000g。早期耐阴，中后期处于林冠上层，属于中等速生树种。喜温暖湿润气候，分布区年平均气温多在20℃以上，年≥10℃的有效积温7500℃以上，年降水量1500mm以上。格木适宜生长在土壤肥沃、土层深厚的中下坡和沟谷地带，以花岗岩或砂页岩发育的酸性土壤、疏松的冲积土及轻质黏土为宜。人工纯林早期蛀梢害虫危害严重，甚至影响成林；格木在林冠下虫害较少，发育良好。

三、良种选育

目前，格木尚未开展系统遗传育种工作。种子来源于天然林或早期引种人工林，采种母树宜选择树龄20年以上个体，选优时在胸径、树高、干形通直圆满等指标基础上，宜选择枝下高在8m以上的单株。格木主要利用心材，可辅助钻取树芯或用木材断层测定仪判断心材比例，一般树龄20年以上单株胸径处边材宽度小于10cm为好。

四、苗木培育

1. 播种育苗

造林以实生苗为主，播种宜在3～4月进行。格木种皮坚硬，且外部具可溶性胶质，播种前用3倍体积的清水将种子浸泡24h，待胶质层溶解后洗净种子，然后加入适量浓硫酸将种子完全浸没，搅拌数次并浸泡30min至种子吸水发胀时即可播种，也可以100℃开水浸泡处理至吸胀再播种。硫酸处理的种子出苗整齐。条播或撒播种子间距2cm左右为宜，均匀覆盖厚度0.5cm左右的细河沙。由于格木的羽片较大，因此每2个月移栽苗木1次，避免过度竞争，以提高出苗率。

广西壮族自治区中国林科院热带林业实验中心林下套种格木（无虫害且生长优良）（赵志刚摄）

2. 苗木分级

苗木出圃参照1年生格木轻基质容器苗分级标准，Ⅰ级苗为苗高≥23cm、地径≥0.41cm；Ⅱ级苗为23cm＞苗高≥19cm、0.41cm＞地径≥0.36 cm；Ⅲ级苗为苗高＜19cm、地径＜0.36cm。采用Ⅰ、Ⅱ级苗造林为宜，保存率可达90%～95%（贾宏炎等，2009）。条件允许时，可用2～3年生苗木造林，效果更佳。

五、林木培育

1. 立地选择

格木适宜在海南、广东和广西中南部、福建南部、云南南部、贵州南部及西南部种植。适宜海拔范围因地区而异，在广西海拔宜在600m以下，在云南南部海拔可高至1500m。造林地应选择山地的中下坡，以土层深厚、肥沃湿润、排水良好的轻黏土或沙质壤土为宜。

2. 整地

以带状整地为主，适当保留原有林木，以15～73株/亩为宜。

3. 造林

格木纯林蛀梢害虫危害严重，因此以营造混交林为主。格木早期耐阴，且适当荫蔽有利于控制虫害，故同龄混交的伴生树种以生长速度高于格木且冠幅较小或透光较好的树种为宜，如桉树、西南桦等。若与红锥、米老排等树冠浓密的树种混交，则株行距宜适当加大，避免中期种间竞争过强导致格木被压。混交模式以带状或块状混交为好，带状混交的格木带宽以10～15m为宜，块状混交的格木面积200～300m^2。林下套种时，上层林木郁闭度以0.3～0.5为宜，考虑到中后期林分管理，建议采取块状或带状套种模式。

4. 抚育

造林后3年内，每年抚育2～3次，以带状抚育为主。

5. 修枝间伐

格木人工林的主伐期为50～70年，5～7年时修除1/2树高以下的大枝和萌条，10～15年生时进行第一次间伐，每亩保留30～50株，伐除干形和生长较弱的林木，以及对目标树产生竞争较强的干扰木，同时对保留木进行修枝，修除1/2树高以下的大枝和萌条。30年生时进行第二次间伐，每亩保留目标树10～15株。

六、主要有害生物防治

荔枝异形小卷蛾（*Cryptophlebia ombrodelta*）在福建和广东等地1年4～5代，以蛹或老熟幼虫越冬，主要危害嫩梢、种实。格木纯林内荔枝异形小卷蛾的发生率极高，导致树体多分叉，严重时呈灌木状，难以成林（赵志刚等，2013）。防治方法：由于为钻蛀类害虫，对大面积人工林进行化学防治较为困难，宜采用营林技术进行防控，即与速生树种营建混交林或林下套种，通过控制格木在林冠层的位置和受光状况来调控虫害和生长。

七、材性及用途

格木属散孔材，心材、边材区分明显，边材浅黄色或黄褐色，心材红褐色或栗褐色，具光泽，无特殊气味，生长轮略明显。木材气干密度为0.857g/cm^3，绝干密度0.802g/cm^3，基本密度为0.746g/cm^3，体积干缩系数为0.615，顺纹抗压强度为67.59MPa，抗弯强度为141.82MPa，综合强度高，可达209.41MPa，端面硬度级别为硬，冲击韧性为中等（方夏峰和方柏洲，2007）。格木心材为高档木材，硬度高，耐腐蚀，花纹细腻，可用于制作船舶、建筑、名贵家具、实木地板、工艺品等。

（赵志刚）

139 铁刀木

别　名｜黑心树、挨刀树（西双版纳）、埋细裂（勐海傣语）、埋黑嘿（景洪傣语）、泰国山扁豆（德宏）、孟买黑檀、孟买蔷薇木（印度）、鸡翅木（《国际红木标准》）

学　名｜*Cassia siamea* Lam.

科　属｜苏木科（Caesalpiniaceae）铁刀木属（*Cassia* L.）

铁刀木生长迅速，木材结构细致、坚硬，属重材，心材耐腐，不受虫蛀，花纹美观，是名贵的硬木和红木树种，可用于作高级家具、手杖、工具柄、雕刻、象牙镶嵌、高级建筑及装饰材。其枝干燃烧值高，易燃、火力旺，是热区优质能源林树种。心材和叶入药，具有除风除湿、消肿止痛、杀虫止痒等功效；嫩叶和花含有丰富的维生素C，是极好的野生蔬菜，也是优良园林绿化树、防护林树种和紫胶虫寄主树。目前，国内外对铁刀木的研究不多，主要集中在化学成分分析、农林系统栽培模式以及在荒山荒地生态恢复过程中对土壤、水土流失的影响（吕泰省等，2001；吕泰省等，2003）。铁刀木终年常绿、叶茂花美、开花期长、病虫害少。树皮、荚果含单宁，可供提取栲胶，广泛用于国防、电气、涂料、橡胶、塑料、医药、制革、造纸、印刷、食品等工业部门。

一、分布

铁刀木原产于印度、缅甸、泰国、越南、老挝、柬埔寨、斯里兰卡等地海拔1300m以下的丘陵、河谷、平坝。我国引种铁刀木的历史悠久，云南、广东、海南、广西、福建等地均有栽培，其中，云南西双版纳景洪的能源林栽培已有400多年。

二、生物学和生态学特性

热带树种，耐热而喜温、喜光、不耐阴蔽，有霜冻、寒害的地方不能生长，在年平均气温21～24℃、极端最低气温2℃以上的热带地区生长最为适宜；在年平均气温19.5℃的南亚热带、极端最低温0℃以上的地区尚能生长。同时，铁刀木耐旱、耐湿、耐瘠、耐碱、抗污染、易移植。

铁刀木生长迅速，1年生树高1.6～3.0m、地径0.95～3.50cm；前5年，树高年生长量可达2m、胸径达2cm；5～10年，树高和胸径的生长量略有下降，每年树高生长1.5m左右、胸径1.5cm左右；一般10～15年树高达12～18m、胸径15～22cm，已可利用。铁刀木10年以前，在2500～6660株/hm^{2}范围内，密度与树高、胸径生长无明显相关，单位面积蓄积量随栽培密度增加而增加。因而，对铁刀木进行用材林经营时应适当密植，可在短时间内获得较多的小径级材。

铁刀木以培养能源林为目的，砍伐2年后萌枝高达5～6m、直径4～6cm，一般4～5年可再次砍伐。调查发现，当老桩30～40年、直径35～60cm，采后1.5～3.5年萌条的材积连年生长量随着树龄的增大而增长，老桩的萌条总蓄积量与保留的萌条数成正相关；30～40年保留15～30条为宜。如果每隔4年轮伐一次，经营好1hm^{2}铁刀木，平均每年可得52.5m^{3}的薪材，基本可够一户农村人口的烧柴。

三、苗木培育

1. 种子采集与贮藏

采种母树应选择10年以上生长健壮、无检疫性病虫害的植株，于每年3～4月果荚呈暗褐色时采收。采回的荚果摊开暴晒至果荚开裂，使种子自然脱落，也可用棍棒敲打荚果使留在其内的种子脱落。根据测定，铁刀木纯净种子千粒重为27.10g ± 1.35g。

铁刀木种子发芽率随着储藏时间的延长而下降，新鲜种子的发芽率可达95%以上，9个月后种子发芽率不到50%，1年后约为25%（林开文等，2009）。适于随采随播，应采用密闭容器储藏。

2. 种子处理与催芽

种皮坚硬、外层具蜡质，不易吸水膨胀，未经处理的种子萌芽不整齐，萌发期长达3～4个月甚至半年。因此，播种前需对种子进行处理。采用破伤种皮、80℃温水浸泡30min或80%浓硫酸浸泡15min等方法均可提高种子发芽率和整齐度，特别是80%浓硫酸浸泡和破伤种皮缩短萌发天数更为明显。但是，破伤种皮方法比较费时费力，生产上一般不采用，而多采用80%硫酸浸泡种子15min或80℃温水浸泡30min的方法进行催芽（郝海坤等，2001）。

3. 整地作床与播种

播种前深耕细耙后打碎作床，床宽1.0～1.2m、床高0.20～0.25m；4～8月播种，播量250g/m^2；采用撒播，均匀播种；播后覆盖火烧土1cm、淋足水，再用化学除草剂50%的丁草胺0.2%药液均匀喷洒苗床，然后用稻草覆盖床面。

4. 苗期管理与移植

播种后，晴天每日淋水1次。播种后15～20天左右，当10%以上的幼苗出土后揭去覆盖的稻草，随即喷淋50%百菌清0.167%～0.200%溶液，每7天喷1次。当70%以上的幼苗出土后，苗高3～5m时开始把幼苗移入营养袋。营养袋规格10cm × 15cm，营养土采用70%黄泥心土（或水稻土）、20%河沙、10%火烧土均匀混合。小苗上袋后用透光度50%的遮阳网搭棚遮阴，晴天每日淋水1次。移植15天后施0.5%尿素，每3天施1次。小苗上袋30天后拆除阴棚，及时做好除草管理工作。

5. 苗木出圃与运输

经过6个月的培育，苗木生长量达到要求标准时即可出圃造林或移植培育。其中，Ⅰ级苗为苗高≥50cm、地径>0.6cm，生长健壮；Ⅱ级苗为苗高≥40cm、0.6cm≥地径≥0.4cm，生长一般；Ⅲ级苗为苗高≥35cm、地径<0.4cm，生长较差。营养土黏实，同时苗木茎干粗壮、木质化程度高、健康、无病虫害的可出圃造林或移栽培育大苗；无法出圃的需移袋继续培育并炼苗。苗木运输时，采用竹筐分装，装车时叠放不超过2层；运输途中须使苗木遮光、通风、保湿，运输的时间一般不能超过24h。

四、林木培育

1. 造林地选择与整理

在热带地区，选择1200m以下土层深厚肥沃、排水良好的地段造林，道路两侧、庭院四旁等地段也可作为造林地。平缓地段应深耕作畦，宽2m、高0.4m，畦中间高出0.2m使两边平缓倾斜；山坡地不作畦，除杂后开挖种植穴，规格为40cm × 40cm × 30cm。栽植穴内施入复合肥100g。

2. 造林季节与密度

最佳栽植时间为5～7月，有灌水条件的全年

铁刀木树姿（杨德军摄）

任何时间都可栽植。株行距一般为1.5m × 1.5m，即4444株/hm²；2年后间苗50%，保留密度为2222株/hm²。随起随栽，栽植苗木选择出圃苗的Ⅰ、Ⅱ级苗；栽植时去除营养袋，回土踏实，栽后浇足定根水。

3. 幼林抚育

松土除草在栽植当年进行，直到幼林郁闭。风沙危害的地方，采用带状或穴状抚育；草少、风小、土壤肥沃的林地，采用全面机械除草松土。除草松土的次数和时间依当地具体条件而定，以保证林内土壤疏松、无杂草丛生为宜。目前，采用林农复合经营、以耕代抚效果很好。

幼林施肥采用半月状沟施，在离树干基部50cm处挖掘半月形施肥沟，于雨季开始初期施用，避免旱季温度过高导致肥害。定植成活后，第90天施第一次、以后每100天追施1次复合肥，施肥量为每株100g。除了松土、除草和施肥，还要注意排水和修枝。雨季要及时清通畦沟，确保不积水；及时剪除主干1.3m以下的侧枝，保持树干通直。

4. 经营方式

主要用作能源林，其经营方式与用材林有很大差异，即采用头木作业。造林后3～5年，主侧枝分明时，于树高0.5m左右处截去主干，在大量萌发枝中选健壮侧枝进行培育，经过2～4年后自每个侧枝基部一定距离处截枝取薪，樵桩供再次萌发新枝，最高樵桩高度可达4.5m左右。如此循环，多次利用（陈爱国，1991）。不同经营砍伐年龄对初期薪材产量影响较大，随着砍伐年龄的增加，虽然胸径和株高会增加，但单位面积的年蓄积量是先增加后减少。其最佳的砍伐年龄为第四年，年蓄积生长量可达17.74m³/hm²（刘泽铭等，2008）。

五、主要有害生物防治

1. 铁刀木煤污病

病原为铁刀木小煤炱（*Meliola aethiops*）。受病叶片、叶柄和枝条表面常被一层较厚的煤状物覆盖，这一层黑色煤状物就是病原菌的菌丝层。防治方法：对铁刀木煤污病的防治首先应加强抚育管理及时修枝间伐，使林内湿度降低，有利于减轻病情。对于发病较重而需药剂防治的应以杀灭蚧虫、蚜虫为主，在夏季使用0.5～1.0波美度、冬季使用3～5波美度的石硫合剂。

2. 苗期虫害

铁刀木生长旺盛、抗性很强，在苗期仅见蚂蚁和蟋蟀危害。防治方法：用80%敌敌畏乳油1500～2000倍液喷洒防治。

3. 幼林期虫害

在幼林阶段可见蛾类幼虫啃食叶片、天牛幼虫蛀食树皮或边材。防治方法：用90%敌百虫或马拉松1000～2000倍液喷雾防治蛾类幼虫。发现天牛钻蛀树干时，用铁丝戳杀或用杀虫剂原液或高浓度稀释液，插入蛀孔，用泥巴封堵熏杀幼虫。

六、材性及用途

铁刀木木材属散孔材，心材、边材区别明显，边材黄褐色，心材栗褐色或黑褐色，生长轮不明显。木材纹理直或斜，重量及强度适中（叶如欣等，1999）。木材坚硬致密、质重、高强度，耐水湿、耐腐、耐久性强、不受虫蛀，经久耐用，且花纹美观，是名贵的硬木和红木树种，可用于高级家具、手杖、工具柄、雕刻、象牙镶嵌、高级建筑及装饰材。老树心材黑色，纹理甚美，可作为乐器、装饰材料。在印度、马来西亚，铁刀木心材作为名贵的室内装饰材，用于制作高级家具和美术工艺品。

铁刀木易燃、火力大、燃烧值高，且萌芽力强、生长迅速，是极为优良的热区能源林树种，在西双版纳傣族已有悠久的种植历史。

铁刀木四季常绿、叶茂花美、开花期长，且抗风力强、少有病虫害，可作为观赏用的行道树和重要的防护林树种。其树皮、荚果含鞣质，树枝上偶尔可找到天然紫胶，可作为鞣料植物。

（王连春，杨德军）

140 洋紫荆

别　名｜羊蹄甲、红花紫荆、宫粉羊蹄甲、宫粉紫荆
学　名｜*Bauhinia variegata* L.
科　属｜苏木科（Caesalpiniaceae）羊蹄甲属（*Bauhinia* L.）

洋紫荆为半落叶乔木，花期全年，3月最盛。花开满树、花量壮观，叶片羊蹄形，是具有华南特色的观花赏叶树种及蜜源植物（魏丹等，2016）。木材坚硬，纹理直，结构细，可作家具建材；树皮含单宁，可作鞣料和染料；花芽、嫩叶、幼果可作蔬菜；树皮、花、根均可入药；种子可以制作农药，驱杀害虫。

一、分布

原产于中国南部和中南半岛，主要分布于福建、广东、广西、云南等地，在越南、印度等国也有分布。由于洋紫荆的花美丽而略有香味，花期长，生长快，为良好的观赏及蜜源植物，在热带、南亚热带地区广泛栽培。

二、生物学和生态学特性

半落叶乔木。树皮暗褐色。枝广展，硬而稍呈“之”字曲折。叶近革质，广卵形至近圆形，长5～9cm，宽7～11cm，基部浅至深心形，先端2裂达叶长的1/3，裂片阔，钝头或圆；叶柄长2.5～3.5cm。总状花序侧生或顶生；花大，近无梗；花蕾纺锤形；萼佛焰苞状，花瓣倒卵形或倒披针形，长4～5cm，紫红色或淡红色，杂以黄绿色及暗紫色的斑纹。荚果带状，扁平，长15～25cm，宽1.5～2.0cm，具长柄及喙；种子10～15颗，近圆形，扁平，直径约1cm。花期全年，3月最盛。

华南农业大学洋紫荆花叶（徐一大摄）

华南农业大学洋紫荆整株（贾朋摄）

洋紫荆为喜光树种，适应性强，不耐寒，抗大气污染，耐旱瘠，对土壤要求不严，但宜湿润、肥沃、排水良好的酸性土壤。栽植地应选阳光充足的地方，其萌生能力较强。

三、苗木培育

洋紫荆可采用播种育苗，但种子繁殖的苗木后代分化较大，苗木参差不齐，质量比较低。为了保障苗木质量，通常采用嫁接、压条、扦插育苗（陈定如，2006）。园林常用胸径约6cm的大苗栽植，易于成活和快速开花。嫁接是大量繁殖洋

紫荆最可取的方法，嫁接苗移栽后稳定性好，目前在生产上广泛应用（姚继忠，2004）。

1. 嫁接育苗

（1）接穗的选择和采集

一般剪取树冠外围健康无病虫害、枝条光洁、芽体饱满的发育枝做接穗。春季嫁接多采用1年生枝条，避免采用老枝，夏季嫁接多采用当年成熟的新梢。接穗以中段为宜，随采随用。接穗应立即剪去叶片，留下与芽相连的一小段叶柄，用湿布等包裹保湿。

（2）砧木的选择

生产上通常选择羊蹄甲作为砧木。在夏秋间采羊蹄甲种子后即可播种，也可贮藏到翌春播种，当羊蹄甲苗生长到地径为1～2cm时即可嫁接。

（3）嫁接季节及方法

春末夏初，洋紫荆接穗花后叶芽尚未萌发，且砧木大量萌芽前适宜嫁接。洋紫荆嫁接多采用传统的枝接法，成活率高，成形也快。枝接中的切接适用于羊蹄甲根颈1～2cm粗的地面嫁接，即在离地面3～5cm处剪除砧木，将砧木切面略削少许，再在皮层内略带木质部处垂直切下2cm左右，切口宽度与接穗直径相等；接着用长约5cm、具有2～3个芽眼的枝段，下端一侧削掉1/3以上的木质部（为长约2cm的大马耳形），背侧削小于1cm见方的小马蹄形；之后将接穗插入砧木的切口中，大削面靠木质部，小削面靠皮部，对准砧木和接穗的形成层，然后用3cm宽的塑料薄膜条由接口从上向下绑缚缠紧，切缝与截口全部包严实。绑缚牢后选用大小适宜的塑料袋，将接穗和接口全部套住。洋紫荆枝接苗一般在接后2周即可萌发新梢，若不套袋，可不解绑，芽自行冲破塑料薄膜而长出，套袋则要割破袋顶，让芽继续生长。

（4）嫁接苗初期管理

嫁接苗初期管理很重要，直接关系到嫁接苗成活率的高低。嫁接完毕后，要对当天嫁接的砧木根系压紧，踩实，以防因操作松动砧木根系，影响生长。浇足定根水，但要避免水滴溅到接口上，以免造成感染，导致嫁接不成功。抓紧铲除各种杂草，以免影响砧木对水分、养分的吸收。若阳光过强，可在中午遮阴，以减少蒸发量，提高成活率。注意及时发现害虫，保护好砧木根系完好。接口汁液渗出，会引来蚂蚁等害虫来取食，吸破薄膜，造成接口风干，因此应注意观察，及时用药。新梢长出后2周，可用淡肥水浇淋，以保证营养供给。嫁接成活率一般可达80%以上。

2. 高空压条育苗

在2～4月，气温不高、雨水较多时，洋紫荆可进行高空压条。由于洋紫荆枝条纤细、柔软，最好花后略剪枝叶，操作时防折断枝。选择1～2年生、径粗1～2cm、较直生、皮光滑的健壮枝条，进行环状剥皮，环剥宽1～2cm。环剥后可用5000×10^{-6}mg/L吲哚丁酸涂上切口，用苔藓加湿土或草泥等生根基质包裹扎紧；也可用5000×10^{-6}mg/L吲哚丁酸或300×10^{-6}～500×10^{-6}mg/L的ABT生根粉剂液浸泡过的苔藓包扎，薄膜包紧，保水力强，发根也快，生根率高（姚继忠，2004）。压条后注意环剥处的水分管理，防止害虫钻进危害，一旦发现包扎薄膜被咬破要及时补上。1个月后长出根，初生根比较脆弱，再生能力不强，等到长出3条根以上时，从下端剪断进行移植。剪时避免伤及新根，新苗稍作修剪，根不多的应先行假植“催根”，酌情浇水，置阴凉处，5～10天长出新根后再移植。高空压条成苗率约70%。

3. 扦插育苗

嫁接、高空压条2种繁殖方式往往需要耗费大量人力、物力，费时费工。春到夏季，利用洋紫荆落叶后再发新叶前，采集1年生充分成熟健壮枝条，用于扦插育苗。采用硬枝扦插法，一般硬枝插条长10～15cm，上端截成平面，剪口应在芽眼上1cm处，下端削成斜面，靠近茎节部，这样有利扦插生根，也好识别上、下端，不会导致倒插。用300×10^{-6}～500×10^{-6}mg/L浓度的ABT生根粉剂液，加黏土混匀搅成糊状，把剪好的插穗1/2浸泡到糊状泥中，蘸上糊泥浆后插到事先准备好的湿润沙床中或湿泥床上，盖上薄膜并遮阴，保持一定的温度湿度，隔2～3天掀开薄膜浇足水，继续盖上。1个月后插穗下剪口处有白色小点根尖长出，约再过半个月须根长出。扦插成活率约50%。

4. 大苗培育

（1）移栽定植

洋紫荆在用于园林绿化时，一般采用大苗（直径在10cm以上）移栽，成活率高。大苗移栽前必须进行截干处理，一般留主干3～5m，并保持一定冠形。适当疏枝和截短，分枝保留0.2～1.0m长。移栽大苗需带“泥球”，栽植不宜过深，否则会引起烂根，影响成活（陈勇等，2016）。苗木移植宜在早春2～3月进行，需定植于阳光充足、排水良好的地方。种植后须设立支架保护。在整个育苗期间，都要做好中耕除草、水肥管理。每年追施2～3次化肥。肥料以植物生长所需要的氮、磷、钾元素的肥料为主。

（2）苗木修枝

在栽培养护过程中，要根据主干的长势确定干高，及时进行抹芽整形，促进主干迅速生长。当树形出现偏长时可以采取立柱的方式加以扶正，以获得干形通直、树冠繁茂、匀称的优良苗木，确保其观赏价值。花期过后修整枝，促进其再生枝条的生长。

四、林木培育

1. 选择地块并进行整地

为使造林后的洋紫荆生长迅速，且方便进行抚育管理，造林地应选择在地势平坦、阳光充足、排水良好的地方。洋紫荆虽然对栽培土质不拘，但以肥沃壤土、沙质土为好。选择温暖湿润，土层厚度30cm以上，排水良好的中性或弱酸性土壤。在造林前清除林地上的杂灌草，实行块状整地。整地包括清理、打穴、施基肥、回土，宜于种植前1个月完成。造林季节宜在早春雨后阴天进行，成活率可达96%以上。

华南农业大学行道树景观（贾朋摄）

2. 栽植造林

栽植株行距2.0m×2.5m。植穴规格50cm×50cm×40cm。施肥以磷肥为主，每穴2kg有机肥和1.0～1.5kg磷肥作基肥。施肥方法：穴内先回填2/3表土，施入基肥，混匀，再回填表土满穴（马骁勇等，2016）。栽植时间以3～5月为宜。栽植方法：把植株放入穴内，培土、压实、覆土、压实。

3. 抚育管理

洋紫荆造林成活后应加强幼林培育管理，充分发挥其早期生长快的特性。每年除草松土2～3次，扩穴埋青，并及时除萌。种植后宜连续除草、松土、修剪施肥结合松土除草进行，每株施复合肥150g。

五、主要有害生物防治

1. 角斑病（*Cercospora chionea*）

真菌性病害，病原菌为尾孢菌。通常下部叶片先感病，逐渐向上蔓延扩展。多雨季节发病重，病斑呈多角形，黄褐色至深红褐色。严重时叶片上布满病斑，常连接成片，导致叶片枯死脱落。一般7月出现大量病斑，8月落叶，9月下部枝条叶片全部脱落。防治方法：①秋季清除病落叶，集中烧毁，减少侵染源；②发病时可喷50%多菌灵可湿性粉剂700～1000倍液，或70%代森锰锌可湿性粉剂800～1000倍液，或80%代森锌剂500倍液，10天喷一次，连喷3～4次有较好的防治效果（马骁勇等，2016）。

2. 煤污病

患煤污病的叶片有油煤状物，树干枝条乌黑，严重时不开花，叶片脱落至死。防治方法：①秋季清除落叶并集中烧毁，这样可以减少来年

侵染源；②用50%多菌灵可湿性粉剂700～800倍液或70%代森锰锌可湿性粉剂800～1000倍液，每隔10天喷一次，连续喷3～4次，有较好的防治效果。

3. 虫害

洋紫荆的虫害主要有相思拟木蠹蛾（*Arbela bailbarana*）。相思拟木蠹蛾以幼虫钻蛀枝干成坑道，咬食枝干外部时，常吐丝缀连虫粪和树皮屑形成隧道，幼虫白天匿居坑道中，夜间钻出，沿隧道啃食隧道前端的树皮，削弱树势；危害严重时，可致枝干枯干，幼树死亡（黎兆海等，2016）。防治方法：①在4～7月应用频振式诱虫灯诱杀成虫；在7月用80%敌敌畏1000倍药液直接喷杀相思拟木蠹蛾幼虫。②可用石硫合剂或硫磺悬浮剂500倍液进行喷施。

六、综合利用

洋紫荆为优良乡土树种，极具观赏价值，在其半落叶的仲春时节，先花后叶，满树繁花似锦，红绿交映，呈现一派春意盎然、生机勃勃的繁荣美景。此外，因为洋紫荆是半落叶乔木，故而可以在季节变换的过程中，欣赏春天萌发的新芽或美丽的花朵，夏天乘凉于绿荫之下，冬季落叶后观赏枝干的线条和透射枝丛的阳光，营造了冬暖夏凉的舒适环境（刘粹纯等，2012）。

洋紫荆的花美丽而略有香味，花期长，生长快，为良好的观赏及蜜源植物。洋紫荆的根、茎皮、叶和花均可入药，茎皮作为民间用药，可以治疗消化不良和急性肠胃炎；叶可掺作饲料；花和幼果富含矿物质、维生素及氨基酸等营养物质，花具有清热解毒、止咳平喘、消炎等功效。洋紫荆木材坚硬，可作农具。

（李吉跃）

附：羊蹄甲（*Bauhinia purpurea* L.）

别名玲甲花、紫羊蹄甲、红花羊蹄甲。主产于中国南部，分布于中国广东、广西、海南、福建、云南等地，且在印度、斯里兰卡、尼泊尔、不丹至中南半岛、马来西亚、印度尼西亚至菲律宾都有分布。华南各地可露地栽培，其他地区均作盆栽，冬季移入室内。适应性强，北回归线以南的广大地区均可以越冬。生长迅速，2年生的实生苗即可开花，3年生的幼树高可达3m左右。开花时花着生于树冠的表层，初冬时开花倍觉灿烂夺目，适合在山地边坡和开阔平地成片栽植观赏，远距离花感强烈，气势壮观。萌芽力和成枝力强，分枝多，极耐修剪。世界亚热带地区广泛栽培供庭园观赏及作行道树。树皮、花和根可供药用，为烫伤及脓疮的洗涤剂，嫩叶汁液或粉末可治咳嗽，但根皮有剧毒，忌服。羊蹄甲用种子和扦插繁殖易成活，以扦插繁殖为主，嫁接繁殖为辅。易患枯萎病和角斑病。

羊蹄甲和洋紫荆的主要区别为：羊蹄甲具能育雄蕊3枚，花瓣较狭窄，具长柄；而洋紫荆有能育雄蕊5枚，花瓣较阔，具短柄。前者的总状花序极短缩，花后能结果；后者总状花序开展，有时复合为圆锥花序，通常不结果（杨之彦等，2011）。

（李吉跃）

141 皂荚

别　名｜皂荚树（浙江）、皂角（河南、四川）、台树（江苏高淳）、胰皂、牙皂（四川）、悬刀（《外丹本草》）、刀皂（湖南）、乌犀（《本草纲目》）、猪牙皂荚（《唐本草》）、鸡栖子（《广志》）、大皂荚（《千金方》）、长皂荚（《本草图经》）

学　名｜*Gleditsia sinensis* Lam.

科　属｜苏木科（Caesalpiniaceae）皂荚属（*Gleditsia* L.）

皂荚在我国有悠久的栽培历史。皂荚树适应性强，耐瘠薄和轻度盐碱，能在石灰岩及石灰质土壤上生长，对二氧化硫、氯气、氧化氢有较强的抵抗力，抗病虫能力较强。皂荚荚果、种子、皂刺均可入药。因此，皂荚具有很高的药用价值、生态价值和工业原料利用价值，是较好的经济林树种、防护林树种和园林绿化树种。

一、分布

皂荚在我国暖温带和亚热带地区均有分布，水平分布范围为北至河北、山西，西北至陕西、甘肃，西南至四川、贵州、云南，南至福建、广东、广西；垂直分布范围为自平地到海拔2500m。

二、生物学和生态学特性

落叶乔木，高可达30m。在树干或树枝上具有粗壮而木质化的棘刺（枝刺）。一回羽状复叶，具小叶2～9对。花杂性，组成总状花序。荚果带状，长12～37cm，宽1.0～1.5cm，径直或扭曲，果肉稍厚，或有的荚果短小，长5～13cm，弯曲呈新月形，通常称"猪牙皂"，内无种子；果瓣革质，褐棕色或红褐色，常被白色粉霜；种子多粒，长圆形或椭圆形，棕色，光亮。花期3～5月，果期10月。

皂荚优株（林富荣摄）

性喜光而稍耐阴，深根性树种，喜温暖湿润的气候及深厚、肥沃的湿润土壤，但在石灰质、盐碱甚至黏土或沙土能正常生长；具有很强的抗逆性，抗旱、抗寒、抗污染、耐水湿及耐盐碱，能够适应恶劣的气候和土壤条件。皂荚生长速度慢但寿命长（达600～700年），6～8年开花结果，25～30年进入盛果期，结实期可长达数百年。

三、良种选育

中国林业科学研究院林业研究所自1990年左右开展北方7省（自治区、直辖市）皂荚资源调查、收集，并开展田间试验，于2001年鉴定了4个优良种源和4个优良家系（顾万春等，2001），其中，4个家系'皂荚家系G202'（国R-SF-GS-030-2002）、'皂荚家系G302'（国R-SF-GS-031-2002）、'皂荚家系G303'（国R-SF-GS-032-2002）、'皂荚家系G403'（国R-SF-GS-033-2002）于2002年通过国家级良种认定。这4个家系结荚量较高，产荚量高，出籽率高，结实量增益23%～27%，树木生长量大，苗木生长

量增益12%～19%；植物胶含量高，质量优良，抗旱，耐瘠薄，病虫害少，适合在我国华北及西北地区栽植。此后，于2012年开始在四川、重庆、湖南、湖北等南方分布区开展资源调查与收集工作，进行了皂荚遗传多样性、优良家系和优良单株选择研究，并建立种质资源保存试验林（李伟，2013）。

我国重视皂荚枝刺药用价值，开展了刺用皂荚良种选育研究，河南省林业科学研究院利用河南嵩县大皂荚树调查发现的2个类型的单株，嫁接繁殖选育出了‘密刺’皂荚（豫S-SP-GS-027-2012）和‘硕刺’皂荚（豫S-SP-GS-028-2012）2个品种（范定臣等，2013），并于2012年通过河南省品种审定；河南省嵩县林业局选育了‘嵩刺1号’（豫S-SV-GS-032-2014）、‘嵩刺2号’（豫S-SV-GS-033-2014）和‘嵩刺3号’（豫S-SV-GS-034-2014）3个品种，于2014年通过河南省级品种审定；山西省林业科学研究院等单位选育了‘帅丁’（晋S-SC-GS-026-2014）果刺两用品种，于2014年通过山西省级品种审定。

皂荚与同属的日本皂荚、三刺皂荚被列为温带优良的园林绿化栽培树种。引种的美国皂荚主要有‘金叶’皂荚（*Gleditsia triacaanthos* ‘Sunburst’）、‘无刺’皂荚（*Gleditsia triacaanthos* ‘Inermis’）等多个园艺栽培品种。

四、苗木培育

1. 播种育苗

种子采集自发育健壮、无病虫害的母株，选取饱满成熟的种子进行播种育苗。皂荚种子具有生理休眠和被迫休眠的特性，育苗前需对种子进行催芽处理，常见的催芽方式有酸蚀和层积催芽。酸蚀处理是用98%的浓硫酸酸蚀处理6～8h，直到种皮膨大软化为止，处理后及时清洗（兰彦平等，2007）。层积催芽参见常规方法。

选择土壤相对肥沃、排水灌溉方便的地块，在清明节前后进行播种。幼苗出土前，要加强防治地下虫害。皂荚苗生长较快，1年生苗高可达80～130cm，苗木生长期间（特别是6～8月速生期）注意浇水和施肥，中耕除草，适当间苗，防治病虫危害，保证苗木健壮生长。2～3年后，应进行修枝，以促进主干迅速生长。

2. 嫁接育苗

采用带木质部芽接方法进行嫁接。接穗选择生长健壮、无病虫害、无机械损伤的1年生枝条上的芽，嫁接最好的时间在春季5月底，以及秋季8月初到9月初。嫁接后10天左右去掉砧木顶梢，15天左右在嫁接1cm处去梢，成活率可达90%以上。嫁接苗成活后，应及时摘除砧木上的萌芽，促使接穗新芽生长。

五、林木培育

1. 立地选择

皂荚对土壤要求不严，但如要营造果用、刺用经济林，宜选择土层深厚、疏松、肥沃、排水

皂荚单株（林富荣摄）

皂荚荚果（林富荣摄）

良好的微酸性至微碱性沙质壤土。

2. 整地

根据立地条件和造林密度选择不同的整地方法：在平坦或缓坡地，可进行全面整地；在小于25°的坡地，可沿山坡等高线带状整地；坡度若大于25°，易造成水土流失，可采用穴状整地。种植穴大小视苗木规格而定，使用1～2年生苗造林可采用穴口40～50cm、深30～40cm。

3. 造林密度

该树种早期生长较快，且树冠扩张迅速，造林株行距最低为3m×4m。若营造果用经济林（如猪牙皂林），密度宜更小，株行距为4m×6m。

4. 造林季节

秋季或春季造林，秋季在落叶后至发芽前进行，春季造林宜选择雨后阴天栽植。

5. 栽植

栽植前用黄泥浆蘸根或用0.05‰生根粉溶液蘸根，以提高成活率。栽后修枝、截干或平茬，有条件的要及时浇定根水。

6. 抚育

造林后前三年，每年至少抚育4次，包括除草、松土、施肥、修枝、除蘖等。此后每年抚育1～2次。

六、主要有害生物防治

1. 立枯病（*Rhizoctonia solani*）

幼苗感染后根颈部变褐枯死，成年植株受害后，从下部开始变黄，然后整株枯黄以至死亡。防治方法：应实行轮作，增施磷钾肥，使幼苗健壮，增强抗病力；播种前，种子用多菌灵杀菌；出苗前喷波尔多液1次，出苗后喷多菌灵溶液2～3次；发病后及时拔除病株，病区用石灰乳消毒处理。

2. 褐斑病（*Cercospora insulana*）

主要侵害叶片，并且通常从下部叶片开始发病。发病初期病斑为大小不一的圆形或近圆形，发病严重时，病斑连接成片，整个叶片迅速变黄，并提前脱落。防治方法：及时清除病枝、病叶；加强栽培管理，使植株通风透光；发病初期，可喷洒多菌灵可湿性粉剂或代森锌可湿性粉剂。

3. 皂荚豆象（*Bruchidius dorsalis*）

每年发生1代，成虫产卵于荚果上，孵化后，幼虫钻入种子内危害，幼虫在种子内越冬，翌年4月中旬咬破种子钻出。防治方法：用90℃热水浸泡种子20～30s，或用药剂熏蒸，消灭种子内的幼虫。

4. 粉蚧（Pseudococcidae）

雌成虫和若虫群集固着在枝干上吸食养分，或在果实和叶片上危害。严重时密集重叠，被害株发育受阻，树势衰弱，甚至枝条或全株死亡。高温、高湿、通风不良的环境是蚧虫盛发的条件。防治方法：以物理防治为主，加强林地管理，改善通风透光条件；化学防治首选具有超强的内吸和渗透作用的药剂，如蚧必治750～1000倍液喷施，选择在温度较高的下午使用，连喷2次，间隔期为5～7天。

七、材性及用途

皂荚木材坚实，难干燥，易开裂，有光泽，具黄褐色或杂有红色条纹，气干密度0.762g/cm^3，难加工，切面光滑，稍耐腐，可作桩、柱、室内装修、农具、砧板、细木工、旋制品及工艺品等用材。

其荚果、种子、枝刺等均可入药。荚果入药可祛痰、利尿；种子入药可治癣和通便秘；皂刺入药可活血并治疮癣。种子内胚乳中含有丰富的半乳甘露聚糖胶，其胶体性质与瓜尔胶、香豆胶相近，植物胶及其衍生物属于最重要的水溶性聚合物，起着稳定剂、增稠剂作用，在石油、天然气、造纸、纺织、食品、炸药、矿业等部门得到广泛应用。此外，荚果中含有大量的非离子表面活性剂——三萜皂甙，具有一定的洗涤去污能力和较好的生物化工原料开发利用价值。

（林富荣）

142 任豆

别 名 | 任木、翅荚木、四料木、砍头树
学 名 | *Zenia insignis* Chun
科 属 | 苏木科（Caesalpiniaceae）任豆属（*Zenia* Chun）

任豆是我国特有珍稀树种，是国家二级重点保护野生植物。树干通直圆满，具有生长迅速、萌芽力强、根系穿透力强等特征，适宜在中亚热带以南地区种植，可作防护林树种、园林绿化树种。其木材用途广，被列为优质纸浆材树种，是营造短周期工业原料林的重要树种之一，亦是理想的用材林树种。

一、分布

任豆主要分布于中亚热带与南亚热带之间的广西、广东、湖南、贵州、云南等地，是我国西南喀斯特地区常见种，越南北部亦有分布。20世纪80年代，任豆作为石漠化治理的主要造林树种，在广西、广东等地的喀斯特地区推广造林，后来作为速生树种被引种到湖南、湖北、福建、江苏、江西、浙江、四川等省（何小勇等，2007）。任豆生长于海拔200～950m的山地密林或疏林中。

二、生物学和生态学特性

乔木，高15～20m，胸径约1m。小枝黑褐色，树皮粗糙，成片状脱落。叶长25～45cm，基部圆形，顶端短渐尖或急尖，背面有灰白色的糙伏毛。圆锥花序顶生，红色。花期5月，6～8月果熟。荚果长圆形或椭圆状长圆形，红棕色，长约10cm；种子圆形，平滑，有光泽，棕黑色。

任豆萌芽更新能力强，适应性强，能在石灰岩风化发育的酸性红壤和赤红壤上生长，以微酸或中性土壤生长最好。根系发达，穿透力强，在岩石裸露达80%以上的石灰岩山地，其根系可沿着岩石表面或岩石隙穿越数米。任豆为喜光树种，耐强光，耐高温，但忌积水（邝雷等，2014）。

三、苗木培育

采种时间8～10月，种子由青色变为棕褐色时采收。

1. 播种育苗

苗圃地深耕25cm，打碎作床，苗床宽1m，高0.25m，步道宽0.4m。施钙镁磷肥1500kg/hm^2，生

华南农业大学任豆枝叶（李吉跃、潘嘉雯摄）

石灰45kg/hm²，混合均匀，拌入土中。任豆种子坚硬具有蜡质，播种前采用80℃热水浸种催芽。春季在3～4月，秋季在10～11月，宽幅条播，幅宽15cm，条距20cm，播种量30.0～37.5kg/hm²。覆盖一层细火灰土，以不见种子为度。播种后灌足底水，畦底水高3～5cm，出苗前灌水2次。苗木出土后7天左右，少量施肥。7～9月对苗木进行截顶修剪，修剪高度为40～50cm，以促进苗木粗生长。8～9月为任豆苗生长高峰期，此时不宜追肥，尤其是氮肥，以促使苗木提前木质化。到11月底苗木基本落叶，木质化程度较高，为苗木过冬打好了基础（童方平等，2012）。

2. 容器育苗

营养土配制为黄心土40%，火烧土20%，石山表土38%，钙镁磷肥2%。育苗袋规格为8cm×10cm。根据造林时间而定，一般应于造林前5个月播种。播种前用0.5%的高锰酸钾对已装好营养土的育苗袋消毒，然后淋透水。选择经催芽裂嘴的种子进行点播，每袋2粒，盖土约1cm。苗木出土后10天，喷施1次0.1%尿素溶液，根外施肥每20天1次，浓度由0.1%逐渐增至0.4%。培育后，苗高达20cm以上，即可出圃造林。

四、林木培育

1. 立地选择

宜选择pH 5.2～8.2、土层厚1m左右、成土母质为钙质紫色砂岩、石灰岩的低山高丘或河流、山溪切割的山谷地带。在石灰土丘陵区、有机质含量3%以上、pH 6.0～8.5、土层厚1m左右的丘麓、洼地、盆地也可栽培（何小勇等，2007）。

2. 整地

穴垦整地，先清除造林地上的灌木、杂草。全面翻松，捡净草根和石块（童方平等，2005）。

3. 造林

（1）造林密度

纸浆材密度为1665～3000株/hm²，株行距3m×2m～1.6m×2.0m，胶合板材密度1100～1335株/hm²，株行距3m×3m～2.5m×3.0m。石山地区造林株行距可随地形而定，保持900～2250株/hm²。

（2）造林方式

①裸根苗造林。雨后阴天定植，起苗前先将嫩枝叶修剪1/3～1/2，起苗后及时用黄泥浆蘸根。

②截干造林。超过1m的大苗，则将主干截去，保留基部25～30cm。

③容器苗造林。撕破容器底部，不弄碎土团；置于定植穴内，回土将容器四周泥土踩实，再盖一层松土，覆土比原根际高3～5cm（童方平等，2005）。

4. 抚育更新

造林后结合除草、松土等抚育进行施肥，每次每株施复合肥250g，连续2年，每年1次。在石灰岩裸露的山地造林，宜砍杂或压草（童方平等，2005）。任豆萌芽能力极强，伐后需要人工除萌，一般每伐桩保留对角2条萌株即可（覃冬韦，2014）。

五、主要有害生物防治

1. 任豆猝倒病

从子叶长出到真叶形成这段时间，天气多为高温多雨时节，倘若播种过密，幼苗此时生长嫩弱，茎根极易感染病菌腐烂，发生大量死苗的猝倒病。防治方法：应严格遵循适宜的播种量；起畦作床要高，防止苗床积水，开好排水沟；苗木出土后即要防病，可喷施杀菌剂，如多菌灵、托布津、代森铵等，用敌克松或甲基托布津稀释液喷洒苗木根颈部（蔡乙东等，2006）。

2. 任豆锈病

锈病发生在苗木生长的中后期，叶背产生锈色斑点，且迅速蔓延，使得叶片枯黄脱落，嫩枝枯死，影响苗木生长。因此，出现病斑时要及时喷施多菌灵、粉锈宁等药剂。

3. 小地老虎（*Agrotis ypsilon*）

在黑龙江1年发生2代，在北京1年发生4代，在我国南方各省一般1年发生6～7代。幼虫在寄主心叶或附近土缝内，全天活动，但不易被发现，受害叶片呈小缺刻。小地老虎主要是其幼虫危害苗木的嫩茎，咬断茎基部，并把苗木拖入穴中啮食，从而造成苗木缺苗。防治方法：可在初

龄幼虫期喷敌百虫等药剂，也可在每天上午到圃地进行检查，发现苗木被害时，在附近扒开表土进行捕捉。

4. 八点灰灯蛾（*Creatonotus transiens*）

该虫1年发生4～5代，第一代、第二代、第三代较整齐，第三代以后世代重叠。以幼虫及部分蛹在石块缝内或落叶、杂草丛基部越冬，2月底至3月上旬越冬幼虫开始活动取食。成虫多昼伏杂草丛中或者寄主背，成块。全年以第二代、第四代危害较重。防治方法：冬季及早春清除林地中的杂草、石块，可消灭部分越冬幼虫及部分蛹；用来福灵或者Bt乳剂可控制幼虫危害，喷药应掌握在初孵幼虫群集时进行；用黑光灯诱杀成虫，可减少大量虫源；在成虫产卵盛期，可摘除卵块（张炎森，2007）。

5. 鞍象（*Neomyllocerus hedini*）

在陕西汉中地区1年发生1代。幼虫在土中越冬，2月当气温上升到10℃以上时开始活动和取食，3月下旬至4月上旬开始化蛹，5月上旬成虫出土活动，6月为成虫活动危害盛期。成虫啃食幼芽和叶片，专吃叶肉，有的甚至把全叶吃光，只剩主脉，不仅直接影响任豆的抽梢和生长，而且还影响开花结果。防治方法：可用灭幼脲淋浇，2～6月在林地施白僵菌；此外，保持林分合理密度，避免过伐、过疏；冬季及早春除杂草，消灭越冬幼虫；5月上旬成虫出土活动时铲除林地中的杂草、蕨类植物、青冈等第二寄主，阻止成虫补充营养；保护树蛙等，捕捉藏到叶子背面的成虫，晚上用塑料袋捕捉藏到叶子背面的成虫。

六、材性及用途

任豆树干通直、圆满，木材结构细密、抗压抗弯力强、色泽纯清、纹理通直，经水浸后不翘不裂，是优良的建筑用材；材色洁白、软硬适中，纤维长度平均为1010μm，可作为优良的纸浆材；枝繁叶茂，根系发达，能固定地表土壤，减少水土流失，还具有抗二氧化硫的作用（何小勇等，2007），是生态公益林的优良树种；木材热值高，枝丫燃烧性能好，可用作薪炭林树种；叶片营养丰富，适口性好，是值得开发利用的木本饲料；任豆花具蜜腺，能分泌清香可口的甜蜜，是良好的蜜源树种；枝干细长，光滑少节，树液营养丰富，是放养紫胶虫的优良寄主；木材可培养木耳、银耳和香菇，是优良的食用菌栽培基质（何小勇等，2007）。

（何茜）

143 油楠

别　名｜蚌壳树（《海南植物志》）、科楠、曲脚楠（海南）、柴油树（《中国树木志》）

学　名｜*Sindora glabra* Merr. ex de Wit

科　属｜苏木科（Caesalpiniaceae）油楠属（*Sindora* Miq.）

油楠是国家二级重点保护野生植物，是热带和南亚热带地区重要的经济林树种、珍贵用材林树种和园林绿化树种。油楠树干木质部受损后可分泌树脂油，稍加处理可作燃料油使用或用来开发护理产品和药物制剂；树形婆娑、叶片浓绿，是优良的庭园绿化树种；树干通直、材质优良，是家具、乐器、雕刻、美工装饰等上等用材。

一、分布

油楠分布于我国海南陵水、三亚、乐东、东方、昌江、白沙、五指山等地，垂直分布海拔为10～800m。云南、广西、广东和福建等地有引种。

二、生物学和生态学特性

大乔木，高20～30m，胸径1m以上。偶数羽状复叶，小叶对生2～4对，小叶革质，椭圆形或长椭圆形，先端急尖。花期为4～5月，顶生圆锥花序，密被黄色毛；花较小，两性；萼片4片，2片2合生，最上面的阔卵形，其他3片椭圆状披针形，外侧密被黄棕色绒毛，常有软刺（吴德邻等，1988）。荚果7～8月成熟，棕色至黑色，扁平，斜圆形至近椭圆形；果瓣坚硬，有散生、短直硬刺；种子1～6粒。

海南湿润的东南部和旱季明显的西南部均有分布，偏好花岗岩发育的山地黄壤和砖红壤，常见于海拔200～700m的热带低地雨林和沟谷雨林，大多零星分布，种群密度1～2株/hm^2。喜光，耐干旱，生长速度中等，有2个不同的生态类型：湿润谷地生长的植株，叶形较窄长，质地较薄，树皮颜色较深，心材较窄，木质部所含树脂较少，在吊罗山称科楠；较干旱处生长的植株，树皮近灰白色，心材较宽，木质部所含树脂多，称为油楠（吴忠锋等，2014）。

树干木质部受损后可分泌树脂油，可燃性与柴油接近。年产油量受生境的影响较大，变化幅度为2～4kg/株；也因单株不同而有较大波动，最低不足0.01kg/株，最高可达5.5kg/株，且随径级增大而呈单峰曲线变化，一般在61～70cm径级达到峰值（吴忠锋等，2014）。

三、苗木培育

目前主要采用播种育苗。

采种与调制　7～8月，选择25年生以上、生长良好、主干通直、无病虫害的单株作为母树。采集饱满、棕色至黑褐色的果荚，于室内通风干燥处晾干，待开裂后脱粒并去除种蒂、虫粒和杂质。种子可用密封的容器置于5～10℃的环境中贮藏。

种子催芽　播种前宜根据采集时荚果的种子成熟度进行不同的催芽处理：黄色或黄绿色的未成熟种子，可用0.2%的高锰酸钾溶液浸种4～6h；棕色或黄褐色的成熟种子，采用60～80℃的热水浸泡12～24h至自然冷却；黑色或黑褐色的过熟种子，因种皮致密坚硬和吸水性差，需用98%的浓硫酸浸泡20～25min。所有3种处理后，均用清水洗净。

播种及管理　可随采随播，也可贮藏至冬季或早春播种，播种量为1.5～2.0kg/m^2。播种前

海南省乐东县尖峰岭油楠花序（施国政摄）

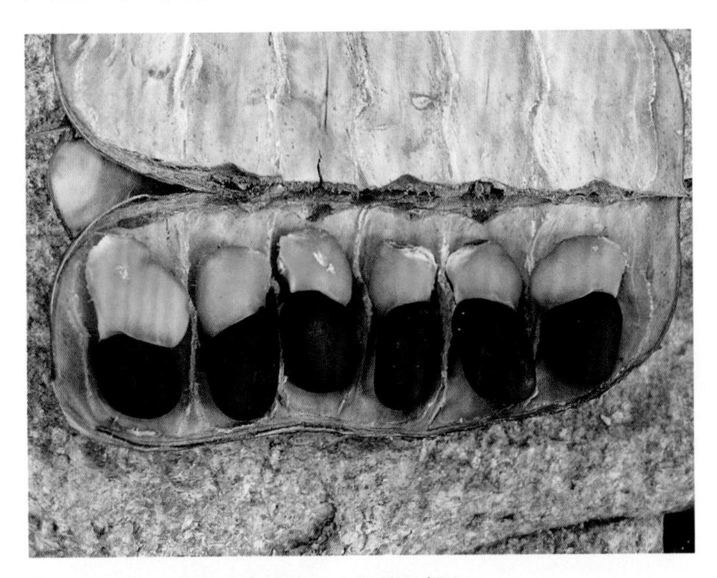

海南省乐东县尖峰岭油楠种子（杨锦昌摄）

海南省白沙县油楠成熟与近熟荚果（杨锦昌摄）

2～3天，用0.2%的高锰酸钾消毒播种沙床，将处理过的种子均匀撒播于床面，用木板压入土中，再覆细沙约1cm厚，并浇透水。出芽期需拱起50%的遮阳网，每天喷水1～2次。若遇5℃以下低温，需加盖薄膜保温。播种后，注意防范老鼠和地下害虫危害芽苗。

移苗与苗期管理 第一片真叶完全展开并呈现绿色时，即可移苗。移苗时，宜保留根长5～6cm。移苗后1个月内，苗床仍需拱起50%的遮阳网。若遇返潮季节，应用50%可湿性多菌灵500～800倍液喷雾，每周1～2次，连续2～3周。移苗当月末，可淋施0.2%的复合肥，随后逐步提高肥料浓度至1%，并于生长后期停止追肥。油楠苗主根明显而须根较少，主根穿袋后宜挪动容器袋以控制主根生长，之后每3个月挪动1次。当苗高超过35cm、地径超过0.4cm、充分木质化时，即可出圃造林。

四、林木培育

1. 人工林营造

林地选择 选择年平均气温高于21℃和极端低温0℃以上的区域，海拔500m以下的中下坡作造林地。以pH 5.0～6.5，厚度大于60cm，腐殖质含量高的砖红壤、红壤或黄壤为宜。

林地清理与整地 沿等高线带状清理，清理带宽1.0～1.5m，种植带宽3m。按2.0m或2.5m的间距沿种植带进行穴状整地，植穴规格50cm×50cm×40cm，基肥每穴施复合肥0.25～0.50kg或有机肥0.5～1.0kg+磷肥0.15～0.25kg。

定植与补植 选择1年生以上且苗高大于30cm、地径大于0.4cm、根系发育完整、木质化程度较高的苗木，按2m×3m或2.5m×3.0m的株行距定植。种植后1个月检查成活率，低于90%应及时补植。

抚育管理 连续抚育3年，造林当年

8～9月抚育1次，第二年和第三年分别于3～4月和8～9月各抚育1次。抚育时，铲除植株周围60～80cm内的杂草，并松土扩穴。每次抚育均需追肥，造林当年的抚育每株施尿素0.10～0.15kg，以后每次抚育施复合肥0.15～0.25kg/株。

2. 观赏树木栽培

园林绿化一般采用胸径2～4cm、高度2～3m的大苗栽植，于春季或秋季裸根起苗，保留40～50cm长的主根和尽量多的侧根，同时适当修枝和截干。栽植前，可用100mg/kg生根粉溶液浸泡根系12～24h。栽植穴直径应超过60cm，深度约为50cm。栽植后即时浇透定根水，随后需根据天气状况适时适量浇水，并做好除草松土和施肥等抚育管理。第二年夏季，可对植株进行整形修剪，适当控制强枝生长，促进弱枝生长，利于形成良好的冠形。

五、材性及用途

油楠木材为海南省二类材，心材气干密度0.682g/cm^3，栗褐色微绿，有光泽，纹理交错，结构细匀，耐腐，耐海水浸渍，既是制作船板、龙骨和肋骨等良材，也是制作家具、钢琴外壳、缝纫机台板、美术雕刻等上等用材。树干挺拔、树姿优美、枝叶婆娑，是华南地区重要的城市绿化和庭园观赏树种。油楠的树脂油具有动力性强、清洁性好、耐腐蚀和可再生等优点，是一种优良的能源树种（杨锦昌等，2011）；此外，树脂油的主要成分中含19种倍半萜类和2种二萜类（杨锦昌等，2016），其色泽、香气和密度比较稳定，开发天然香精香料、护理产品、药物制剂的前景良好。

（杨锦昌）

海南省五指山市油楠植株外观（杨锦昌摄）

144 凤凰木

别　名 | 凤凰花、红花楹、火树、火凤凰

学　名 | *Delonix regia* (Boj.) Raf.

科　属 | 苏木科（Caesalpiniaceae）凤凰木属（*Delonix* Raf.）

凤凰木是热带和南亚热带地区重要园林绿化树种，冠形如伞，复叶翠绿羽状若凤凰，花大且繁、色艳红，也是世界最壮观木本花卉之一。盛花期初夏至仲夏，状若彩霞，适逢学生毕业季，又称“毕业花”。《植物名实图考》记载该树种16世纪引种澳门凤凰山，故名凤凰木。凤凰木是其原产地马达加斯加的国树，也是福建厦门和四川攀枝花的市树，其花是广东汕头和台湾台南的市花。

一、分布

凤凰木原产于马达加斯加及热带非洲，世界热带地区及加勒比地区常有种植。我国云南、广西、广东、福建、台湾、海南等地广泛栽培（潘志刚和应天，1994）。

二、生物学和生态学特性

高大落叶乔木，高达20m，胸径1m。有板根。树皮粗糙，灰褐色。分枝多而舒展，小枝常被短柔毛并有明显皮孔，二回偶数羽状复叶，互生。总状花序顶生或腋生，花大，花萼绯红。荚果长带状，扁平；种子扁圆形，深褐色。富含有机质的沙质壤土为宜，干燥性红沙壤、砖红壤及黄壤上均可正常生长。自然更新能力强，1～5年生枝条扦插成活率可达90%。不耐盐碱，怕积水。生长迅速，喜高温、阳光，不耐寒冷、霜冻。浅根性但根系发达，抗风能力强，耐大气污染。根部有根瘤菌，能固氮，耐干旱贫瘠。

三、苗木培育

1. 采种

应选择10～20年生的母树，树干通直健壮、无病虫害的植株，于每年的10月下旬至12月中旬进行采种。晒干后置于阴凉处存放。种子千粒重600～700g。

2. 播种育苗

（1）播种方法

以3月中下旬至4月中旬播种为宜。种皮坚硬，播前用80℃水浸种，冷却后继续浸泡1～2天，中间换清水1～2次；或用浓硫酸拌种30min，再用清水洗净播种。一般采用条播或袋播，条播株行距以10cm×10cm为宜，播后覆土厚度1.0～1.5cm，盖上一层薄草，或用遮阳网遮阴，以保持苗床湿润和防杂草滋生，淋足水。袋播在已备好营养土的苗床或圃地里整齐排放，在袋中央直插1～2cm深的孔后放入种子并覆土压实，浇透水，适当遮阴。播种后6～7天开始发芽，20多天出齐苗，1年生苗高1.5m左右。

（2）苗期管理

播种时结合苗床准备，撒入适量甲基托布津粉剂预防蛴螬等地下害虫。播种后应保持苗床湿润，子叶出苗初期，忌施肥，待长出4～6片了叶时用0.3%尿素或0.3%复合肥叶面喷施2～3次。幼苗速生期可10～15天施肥1次，以稀薄肥水为主。苗床定期松土与除草。幼苗长到20～30cm高时，进行间苗，原则是“去弱留强、去密留疏”。间苗和移苗完成后，应浇一次透水，保证根系与苗木的紧密结合。

四、林木培育

1. 造林地选择

主要作为风景林和城镇绿化树种，种植6～8年始花。我国泉州以南水热适宜地区，土层深厚，土壤疏松、肥沃的地方均可栽培。

2. 整地挖穴

整地挖穴在植树前三个月进行，以利土壤风化。整地为穴状整地，栽植穴的大小视苗木规格，1年生苗50cm×50cm×40cm为宜。土壤瘠薄且结构紧实时，适当扩大种植穴并进行土壤改良。回土时每穴施腐熟肥2～3kg、过磷酸钙0.2kg，并与土壤充分拌匀。

3. 苗木选择

营养袋苗　未穿根或穿根苗经过移动炼苗的、1年生1.5kg营养袋壮苗（Ⅰ级苗）苗高50cm以上，根系完整发达、健壮、顶芽饱满和无枝干断裂、无病虫害。

假植苗　根系、主干和冠形良好，无枝干断裂、无病虫害。胸径6cm以上，苗木主干要求2.5～4.0m；胸径7cm以上，苗木主干要求3.0～4.5m。

4. 种植要求

3～5月透雨后阴雨期间栽植。袋苗种植时剥去营养袋，保持苗木根系土团完整，将苗置于种植穴中扶正并压实种植土，然后种植面回一层2cm厚的碎土，以防干旱失水，栽植深度比原苗木根茎部的土痕深2～3cm；假植苗种植时将苗木置于穴中扶正回土压实，支撑固定，修筑与坡面成100cm×100cm的反倾斜台面，然后在种植面回一层厚3～5cm的碎土，以防干旱失水和保水保肥，栽植深度比原苗木根茎部的土痕深6～8cm。

5. 抚育管护

袋苗种植后进行3年6次抚育，当年2次抚育分别在5～6月和8～9月进行，种植后第二年和第三年分别在3～4月和7～8月进行。每次抚育除杂

云南景谷凤凰木盛花期（贾黎明摄）

草、松土、扩穴、培土，每株苗追施尿素0.1kg、复合肥0.5kg；抚育时成活率低要及时补植，同时做好防人畜破坏、防火、防治病虫害和防除薇甘菊等工作。假植苗种植后，抚育措施依据园林绿化养护指引。

五、主要有害生物防治

食叶害虫有凤凰木夜蛾（*Pericyma cruegn*）、银纹淡黄粉蝶（*Catopsilia pomona*）和尺蠖类，危害时间4～5月。防治方法：喷洒50%螟松剂1000倍液或西维因可湿性粉剂500～800倍液。

病害有根腐病和白纹羽病，病原菌是褐座坚壳菌（*Roselinia necatrix*），在自然条件下难见其有性和无性孢子，常见菌丝体和白色菌索，发病植株地上部初期症状是黄叶枯梢，发叶迟，最后枝条枯萎植株死亡。防治方法：对轻病株进行环状根施、枝干施杀菌剂，并加强养护管理。

六、综合利用

集观姿、观叶、观花、观果、观根为一体的优良庭院园林绿化树种，树形伟岸，羽叶翠绿。花期5～7月，总状花序硕大、密集。花大、繁密且红艳，新叶初展时盛开，红云蔽日，极为绚丽、壮观。我国泉州以南各地常片林种植，亦适宜庭院孤植、丛植或道路绿化。

树皮富含单宁，可作染料；树脂能溶于水，用于工艺；木材轻软，富有弹性和特殊木纹，可作良好桩木、小型家具和工艺原料。另外，凤凰木的豆荚在加勒比地区被用作敲打乐器，称为沙沙（shak-shak）或沙球。

种子含溶血卵磷脂等磷脂类化合物，茎皮含赤藓醇、白矢车菊甙元可用于治疗肝阳上亢、高血压、头晕、目眩、烦躁；叶、花和树皮的提取物富含酚类，具有抗氧化、抗菌和护肝功效（Ghulam et al.，2011）。叶挥发油中含有大量的植醇、脂肪酸及其酯、烯、酮以及邻苯二甲酸酯类等，对心脏病、糖尿病、关节炎、肝炎及胃炎等均有疗效。

（孙冰，陈勇）

相思

相思为含羞草科（Mimosoideae）相思属（*Acacia* spp.）灌木或乔木。因原金合欢属为多起源，已拆分为相思属（*Acacia*）、金合欢属（*Vachellia*）、儿茶属（*Senegalia*）、灰合欢属（*Acaciella*）和合欢儿茶属（*Mariosousa*）。相思属分为*Alatae*、*Botrycephalae*、*Juliflorae*、*Lycopodiifoliae*、*Phyllodineae*、*Plurinerves*和*Pulchellae* 7个组，全世界有981种，仅12种在澳大利亚没有天然分布，另有7种既分布于澳大利亚，又分布至东南亚或太平洋岛屿。我国天然分布1种。相思树种最东分布至夏威夷，如柯阿金合欢（*A. koa*）；最西分布至留尼汪岛，即异叶相思（*A. heterophylla*）；最南分布至塔斯马尼亚的43°30′S，如银荆（*A. dealbata*）、黑荆（*A. mearnsii*）和黑木相思（*A. melanoxylon*）等；最北分布至我国台湾，即台湾相思（*A. confusa*），可引种至26°N。相思分布区的气候类型多样，生态生境也多样，既有干旱半干旱的稀树草原，也有热带雨林，既分布至海拔1800m的山地，也分布至沿海沙丘。

相思树种已被70多个国家引种栽培，全世界商品林面积约200万hm^2。我国成功引种20余种，人工林面积约20万hm^2。广东、广西、海南和福建已发展了大面积的相思人工林，浙江、江西、湖南、重庆、四川、贵州、云南等省份仍为小规模试种。我国栽培面积较大的相思树种有马占相思（*A. mangium*）、大叶相思（*A. auriculiformis*）、台湾相思、厚荚相思（*A. crassicarpa*）、卷荚相思（*A. cincinnata*）、黑木相思、灰木相思（*A. implexa*）、纹荚相思（*A. aulacocarpa*）、黑荆和银荆等。

相思树种用途广泛。许多种相思木材是优异的家具、用具、乐器、工艺品用材或薪材，许多种是良好的景观和生态恢复树种，不少种的树皮是良好的栲胶原料，有些种的叶片是良好的饲料，有些种的种子可以食用，个别种还是切花树种。知名的速生用材树种有马占相思、大叶相思、厚荚相思、卷荚相思、灰木相思等；知名的珍贵树种有黑木相思、坎贝格相思（*A. cambagei*）等，知名的栲胶树种有黑荆、银荆、绿荆（*A. decurrens*）等；知名的景观绿化树种有金花相思（*A. pycnantha*）、银荆、楔叶相思（*A. pravissima*）等；饲料树种有金环相思（*A. saligna*）、刺托相思（*A. victoriae*）、无脉相思（*A. aneura*）等；切花树种有蓓蕾相思（*A. baileyana*）等；良好的檀香寄主有尖尾相思（*A. acuminata*）、台湾相思等。

（曾炳山）

145 马占相思

学　名 | *Acacia mangium* Willd.

科　属 | 含羞草科（Mimosaceae）金合欢属（*Acacia* Willd.）

马占相思原产于澳大利亚昆士兰北部沿海、巴布亚新几内亚等地，具有干形通直、出材率高、耐干旱、耐瘠薄、耐酸性、病虫害少、固氮改土、速生丰产、用途广泛等优点。我国在20世纪80年代中期开始在热带、南亚热带地区大面积推广种植，现已成为广东、广西、海南和福建等地荒山造林的先锋树种，也是仅次于桉树的速丰林树种。马占相思能在干旱瘠薄的粗骨性红壤中快速生长，也适宜沿海营造水土保持林，是我国南方重要的用材林树种和防护林树种。

一、分布

马占相思原产于澳大利亚昆士兰东北部沿海、巴布亚新几内亚、巴西南部及印尼东部的伊里安查亚岛和马鲁古群岛等地，主要分布在8°～18°S，多生长在海拔300m以下的丘陵、台地、低山及沿海背风地区，是热带雨林边缘树种和低海拔树种。原产区属于热带湿润气候，最热月平均最高气温为31～34℃，最冷月平均最低气温为15～22℃，年降水量1500～3000mm。我国1979年从澳大利亚昆士兰开始引种，主要在海南、广东、广西、福建、云南五省（自治区）推广栽培。

二、生物学和生态学特性

常绿大乔木，高达25～30m，胸径达35cm。主干通直，树冠呈圆柱形。树皮粗糙纵裂，呈暗棕色至浅黄褐色。苗期真叶为羽状复叶，而后完全退化，由叶柄发育成叶状柄；叶状柄长15～27cm，宽5～10cm，互生，黄绿色，革质，长椭圆形或倒卵圆形，基部楔形，全缘，前端钝，有3～4条从基部长出的纵向平行主脉，粗度相近，平行脉之间有许多网状支脉，无毛或被细鳞片；叶柄短而肥大，长2～4cm，幼年时呈玫瑰红色，成年时呈绿色。单轴分枝，新枝呈不连续的三棱形。花序为疏松穗状，长8～10cm，由许多小白花或粉花组成，长于新枝较嫩的叶腋下，1个叶腋仅长1条花穗。异花授粉为主，但可以自花授粉，也可与大叶相思等其他相思杂交。荚果，初为绿色线形，成熟时变成不规则螺旋状。成熟荚果沿一侧开裂，种子黑色，表面蜡质，纵向椭圆形卵形至长椭圆形。种子附有橘黄色珠柄，可吸引蚂蚁及鸟类传播种子。不同地区的种子千粒重相差较大，昆士兰为12.5g，巴布亚新几内亚约8.4g，印度尼西亚约7.0g。

喜光树种，在全光照下生长良好，在庇荫条件下则长得细长且弯。马占相思也是浅根树种，无明显主根，侧根集中分布在30cm以内的土壤表层。根系具有丰富的根瘤，能从空气中吸收与固定氮素，以利于植株生长。在表土层深厚、疏松、排水良好的酸性土壤上生长迅速，但也比较

马占相思叶（何增丽摄）

耐干旱、耐瘠薄和耐酸性，当土壤pH为4.0或含磷低于0.2mg/kg时仍然能正常生长。不耐碱性土壤，很少在盐基性岩石风化的土壤上生长。不耐低温或霜冻，应选择我国热带、南亚热带无霜害地区发展。但抗风能力较弱，在我国热带沿海地区的发展受到台风危害的限制。相对耐火，直径10cm以上的植株一般难以被火烧死。

虽然马占相思适应的气候和土壤范围较宽，既耐瘠薄又耐干旱，但其生长对温度、水分、土壤肥力等条件敏感，不同立地条件下的生长速度可相差1倍以上。在我国热带、南亚热带严重缺磷的砖红壤和赤红壤营造用材林时，既要选择深厚疏松的土壤，基肥还要多施磷肥。因其具有根瘤固氮，后期追施氮肥的效果不十分明显。

马占相思是早期开花、结实丰富的树种，约9~10月开花，翌年5~6月果实成熟。其开花结实和生长一样均需高温与充沛的降水，纬度越向南，积温越高，始花越早，种子品质也较高。在海南一般3年生开始开花，结实量大，种子产量高，而在广东、广西和福建则多在5年生才开始开花，同时易受低温影响，荚果饱满率和种子产量低下。

马占相思花序（徐一大摄）

马占相思花枝（徐一大摄）

马占相思为中短寿命树种，在原产地寿命30~50年。在我国华南地区栽培，速生丰产林的材积生长成熟期7~8年。

三、良种选育

1. 种源选择

20世纪80年代，在海南和广东两省开展了马占相思全分布区的种源试验，结果表明，树高和胸径生长在种源间差异巨大，生长最快种源的树高是最慢种源的1.54~1.82倍，胸径为1.82~2.24倍。生长较好的种源主要分布在澳大利亚昆士兰17°30′S以南地区、Claudle河流域以及巴布亚新几内亚，而来自印度尼西亚和澳大利亚昆士兰16°30′~17°06′S的种源生长较慢。种源与环境之间存在一定的交互作用，但交互作用的方差分量占总表型方差的百分比要比种源方差分量小得多（潘志刚等，1989）。种源树高、胸径、材积生长与纬度成正相关，但与海拔相关关系不显著（杨民权等，1989）。

2. 种子园

1998年4月，中国林业科学研究院热带林业研究所在位于广东省新会区的国家级相思良种基地营建了$4hm^2$含有40个无性系的无性系种子园。在种源试验的基础上评选优树，并在1.5m处伐去优树顶部促生萌条，用萌条扦插繁殖无性系苗木，采用5m×8m的株行距建立种子园。无性系种子园生产的种子适宜于广东、广西、福建和海南栽培，但因种子园所处位置的积温略低，种子产量较低。

3. 无性系选育

在种源试验的基础上，根据生长和分枝指标评选优树，采集嫁接幼化分株的枝条繁育无性系测试苗木。选育出了生长迅速的优良纸浆材无性系，平均材积生长量可达$30.1\sim32.4m^3/hm^2$，增益达18.4%~27.5%，在华南地区具有良好的推广

应用价值（陈祖旭等，2006）。

4. 杂交育种

马占相思与大叶相思（*A. auriculiformis* A. Cunn. ex Benth）能够杂交，且具有较强的杂种优势，但后代分化较大，应通过先杂交、后无性系利用的技术路线选育与推广。我国和越南均培育了马大杂种相思优良无性系，既具有大叶相思耐贫瘠、分枝细小、树冠狭窄、抗风性强、抗寒等优点，又具备了马占相思速生、干形通直、耐酸性等优点，适合于华南沿海有台风危害的地区推广栽培。杂交时，父本大叶相思应选用直干型的优良单株，才能具有干形通直、侧枝细小和冠幅狭窄的优良特性。

四、苗木培育

通常采用播种和组培育苗的方法培育马占相思造林苗木。

1. 播种育苗

（1）采种

选择6年生以上生长健壮、无病虫害的母树，在果实成熟期的5～6月，当荚果由青绿色变为黄褐色时采种。采回的荚果置于阳光下暴晒2～3天，开裂后用棒敲打荚果使种子脱出，去除荚果壳和杂质即可获得纯净种子。种子晒干后，在常温条件下干藏，一年后的发芽率可保持在70%～90%。

（2）种子处理

马占相思种子外层被蜡质，不易吸水膨胀和发芽。一般用95%的浓硫酸浸泡几分钟，且边浸泡边搅拌，然后将硫酸冲洗干净，再用清水浸种12h后播种。也可用沸水处理，即以5～10倍于种子体积的沸水浸泡种子，自然冷却后更换清水2～3次，再浸泡12～24h后播种。

（3）播种

撒播法播种。播种时间因造林时间而定，若是春季造林，一般11月前后播种。在平整的苗床上均匀撒播种子，用火烧土覆盖，以不见种子为度，再覆盖一层稻草或松针，以利保湿保温和防止种子被雨水冲出土外。气温在25～30℃时，播种后3～5天便可发芽。若温度偏低，应搭棚覆盖薄膜保温。当子叶拱出土面约1cm时，揭去稻草或松针，以免压弯幼苗。

（4）移苗

育苗的营养土配方可为林地表土70%、黄心土20%、火烧土10%，再加入0.5%钙镁磷肥。为使苗木早形成根瘤，应从豆科植物林中采集含根瘤菌的林地表土。当幼苗高度达3～5cm和展开1对羽叶时即可移苗。

（5）苗期管理

因育苗期是干燥的秋冬季节，应注意浇水和保持基质湿润。另外，秋冬季气温偏低，还应注意保温和预防霜冻。当气温低于15℃时要盖薄膜保温，当气温低于5℃时，应在苗床四周生火增温。

幼苗移植1个月后，每旬施肥1次。单施尿素，苗木抽高快但木质化程度低，应尿素与复合肥混施。起初可用0.1%的尿素淋施，随着苗木的长大，尿素浓度可逐渐提高到0.3%。复合肥可在施肥前一天用水浸泡，第二天施肥时，把复合肥溶液搅匀，按0.1%的浓度加入配好的尿素溶液中即可。当苗木长出2片叶状柄假叶后，可淋施1次0.1%的磷酸二氢钾，以促进木质化程度的提高。每次施

马占相思植株（何增丽摄）

肥后，应用清水淋洗苗木，以免灼伤叶片。

（6）苗木出圃

造林苗要求苗高20～40cm，地径0.3cm以上，叶状柄假叶2片以上。出圃前5～7天，应将达到高度的苗木进行炼苗，促使其停止生长和适应缺水的状态，以提高造林成活率。马占相思苗期根系发达，对于穿根苗木应作截根处理。

2. 组培育苗

（1）外植体采集与消毒

将优树或无性系早期分株伐倒，或采集其枝条嫁接到本种砧木上，再采集生长旺盛、半木质化、无病虫的树桩萌芽条或接穗萌条做外植体。

剪去外植体枝条叶片，保留叶柄，用洗衣粉液浸泡20min，刷洗后流水冲洗10～15min。在超净工作台内，将外植体修剪成带1～2个腋芽的茎段进行消毒，先用75%酒精浸泡30s后以0.1%升汞浸泡消毒10～15min，再用无菌水漂洗3～5次后接种到丛芽诱导培养基上诱导腋芽萌发。

（2）丛芽诱导与增殖培养

丛芽诱导培养基为改良的MS+BA 0.5mg/L+NAA 0.1mg/L，增殖培养基为改良的MS+BA 1.0mg/L+NAA 0.05mg/L（黄烈健等，2012）。不同无性系适宜的丛芽诱导和增殖培养基不同，主要调整基本培养基的硝酸铵含量、氨态氮与硝态氮的比例，及根据增殖芽的数量和大小调整激素含量与配比。在从芽诱导培养基上诱导腋芽萌发并形成丛芽后，转接至增殖培养基上进行培养。培养条件为：光照强度2000～3000lx，光照时间10～12h，培养温度25～28℃。增殖培养的周期约为1个月。

（3）生根培养

选择2～3cm高、具有2～3片叶的增殖芽苗进行培养，培养基为1/2 MS + 1.0mg/L IBA+ 0.5mg/L NAA。应根据生根率和根的粗细调整不同无性系生根培养基的激素浓度。条件与增殖培养相同。

（4）温室炼苗

生根培养后期，约60%的苗木生根后，及时转移至温室炼苗。炼苗光照强度应为5000～10000lx，温度为10～30℃。炼苗时间因季节而异，初夏15～20天，早春和晚秋20～25天。

（5）田间移植

当组培苗的根长达2～5cm时移植。早期应注意水分和遮阳管理，保持湿度80%以上，光照强度不超过10000lx，15天后苗木基本稳定，然后逐渐加大光照强度，30天后可常规管理。两广地区适宜的组培苗移植季节为2～6月和9～11月，海南则除高温的6～9月外均可移植。

五、林木培育

1. 林地选择

马占相思对土壤要求不严，适应性较强，但在湿润疏松、微酸性的壤土或沙壤土上生长最好。土壤pH的适宜范围在4～6之间。年平均气温18℃以上、年≥10℃的有效积温6300℃以上、年降水量1300mm以上、无霜或偶有轻霜的气候是适生气候。

2. 整地

全面清理林地，穴状整地。种植穴的规格为50cm×40cm×35cm，株行距2m×3m或3m×3m。基肥以钙镁磷肥为主，一般林地每穴250～400g，瘠薄林地每穴500g。

3. 定植

广东、广西和福建的适宜造林季节在3～5月，海南为6～8月。

4. 抚育管理

一般造林2～3年后可郁闭成林，故除草和施肥等抚育管理主要在造林后2年内进行。

（1）除草

造林后前2年，每年除草砍杂2次，第一次在5～6月进行，第二次在8～9月进行。草根须挖起，灌丛的留桩高度不能超过5cm。

（2）追肥

追肥可结合第一次抚育在6月进行，造林当年追施高氮、高磷、低钾的复合肥，第二年追施高磷、中氮、低钾的复合肥。采用沟施法施肥，即在幼树一侧的30～40cm处开沟，沟长20～30cm，深10～15cm，每株施复合肥250～300g。

（3）扩穴

结合造林当年的第二次除草扩穴，以幼树为

中心向四周各扩50cm，深度20cm以上，土块须完全翻转过来并打碎。

5. 主伐更新

马占相思生长快，速生丰产林一般7～8年主伐，蓄积量约150m³/hm²。若不及时主伐利用，随着林龄的增加，空心比例可能增加，导致木材利用价值降低。培育大径材需选择心腐病发病率低的林分或地段，并间伐1～2次。

萌芽能力因年龄而异，差别较大。1～2年幼龄时，萌芽能力强，随后逐渐降低，至7年生时，需保留50cm高左右的伐桩来促进萌芽，否则萌芽更新难以保证。总体而言，主伐后萌芽更新效果不佳，尤其是大径材林分主伐后需要重新造林。

六、主要有害生物防治

1. 白粉病（*Oidium* sp.）

由相思白粉菌引起，未发现有性世代，主要危害苗木，幼林和成林危害较轻。12月初开始发病，3～5月的多雨季节是其发病高峰期。初期在叶片上产生半透明的斑点，中期叶片失去光泽，扭曲皱缩，变黄变褐，后期严重时干枯死亡，但不易脱落。防治方法：苗期可用0.1～0.2波美度石硫合剂或胶体硫喷洒防治。幼林和成林虽有发生，但多数情况下病情较轻，且仅阶段性流行，一般不需防治。如果较严重，幼林可用甲基托布津70%可湿性粉剂1000倍液+粉锈宁15%可湿性粉剂1000倍液+腈菌唑12.5%可湿性粉剂3000倍液常规喷雾防治（岑炳沾等，2004）。

2. 心腐病（*Trametes hirsuta*或*Schizophyllum commune*）

一般4年生以后才开始发病，7年生后发病率提高。刚发病时无明显外表症状，但木质部呈黄褐色，而后心材变色变软，木材组织逐渐崩溃，边缘形状呈不规则波浪形，比重下降，最后出现腐朽中空，树干的患病部位长出病原菌子实体。病原菌中，前者主要引起心材褐色腐烂，后者则主要引起灰白色腐烂。防治方法：病菌可由枯枝或间伐伤口侵入，而后逐渐扩展，因而3年生以前及早剪除下部侧枝，做到砍口垂直，减少雨水在伤口聚集可起到一定防治效果（岑炳沾等，2004）。另外，应注意加强抚育管理，促进林分迅速生长，使之在7～8年生就能主伐利用。

3. 白蚁（*Macrotermes barneiyi*）

白蚁主要危害刚定植的马占相思苗木和幼树树根及茎基部皮层，造成造林成活率降低和幼树直立枯死。另外，基部心腐植株也常伴有白蚁危害。防治方法：在上山定植前用绿僵菌复合剂等药液浸泡造林苗木容器内的基质，可有效防治白蚁对苗木和幼树的危害。

4. 大蟋蟀（*Brachytrupes portentosus*）

大蟋蟀主要危害苗圃和林地刚定植的苗木，可将苗木咬断，拖入穴中啃食，造成严重缺苗并大大降低造林成活率。防治方法：苗圃蟋蟀可用花生麸或炒黄的米糠与敌百虫按1：100的比例做成毒饵诱杀，而林地蟋蟀可采用略高大、茎基部已木质化、表皮已变黄的苗木造林来降低危害率。

七、材性及用途

马占相思适应性强、生长迅速、干形通直、材质优良，且枯枝落叶多，具根瘤固氮，能改良土壤，是集用材、薪材、纸材、饲料和改土于一身的多用途树种，生态效益和经济效益相当显著。

马占相思木材的气干密度为0.5～0.6g/cm³，端面、弦面、径面的硬度分别为3.88kN/cm²、2.48 kN/cm²、2.83kN/cm²，顺纹抗压和抗弯强度分别为41.8MPa和83.6MPa，木材热值20083～20501 kJ/kg，化学得浆率47%～57%（张方秋，2001）。不同树龄、不同径级、不同树形的木材的利用价值相差较大，若用于制造中纤板、刨花板，可选用3～5年生的间伐材或尾径5cm左右的小径材，可降低生产成本。用于制浆造纸或细木工板芯板条时，可选用5～7年生、径级8cm以上的间伐材或主伐材。经过2～3次间伐，至12～15年生时，径级一般可达26～32cm，可供制造胶合板、装饰单板和实木家具等，木材利用价值显著提高。此外，大径材的树皮容易剥取，用于浸提栲胶得率也较高。枝丫材和小尾梢等可作薪材，也能用于培育白木耳、黑木耳和香菇等食用菌。总之，马占相思具有较高的综合利用价值，是具有发展潜力的工业用材树种。

马占相思叶粉被誉为“空中饲料资源”，含有丰富的蛋白质、维生素、微量元素和天然色素。营养成分测定和喂养试验表明，风干叶粉的粗蛋白含量达16.6%～18.1%，比小麦麸高出1%，粗脂肪含量为4%～6%，粗纤维含量为22%～24%，粗灰分含量为5%。叶粉含氨基酸17种，且易被动物吸收，其中，赖氨酸含量1.11%，比柱花草含量的0.73%和小麦麸含量的0.61%高。叶粉还含有丰富的天然着色剂——胡萝卜素，能使饲养鸡、鸭的皮肤和蛋黄增色，用于制造配合饲料时可减少或不用昂贵的商品着色剂。叶粉的铁、铜、锰等微量元素含量也比小麦麸高。总的来看，马占相思叶粉的粗蛋白、赖氨酸含量比小麦麸高，富含的叶黄素具有较好的着色效果，同时兼有小麦麸及优质草粉的优点，作为一种新型的饲料资源，具有较大的开发价值。但其粗纤维含量偏高，需通过加工工艺剔除部分叶脉，以提高品质（谢左章，1998）。

（李吉跃，曾炳山）

附：黑木相思（*Acacia melanoxylon* R. Br.）

原产于澳大利亚东部及东南部的昆士兰至塔斯马尼亚，即16°～43°S，垂直分布从海平面至海拔1500m。我国福建中南部、广东、广西、海南等地为适生栽培区，江西南部、四川盆地、云南南部可局部试种。

喜光树种，耐干旱、耐瘠薄、较耐寒，整株可抗−6℃低温，嫩梢约在−4.0℃发生冻害。根系较浅，但侧根发达，具根瘤固氮。冠幅和干形变异幅度大，开阔地的单株冠幅大而干形不良，密植或郁闭后则粗大分枝显著减少，可形成通直的干形。不耐湿热的气候，在纬度低、海拔低的闷热山谷易感染树干白腐病等病害。在回归线附近种植，适宜的海拔为150～500m，而在25°～25.5°N种植，则应注意防止冻害，尽量选择海拔小于300m的南坡。

国内林分可大量开花和形成幼果，但具有

广东省紫金县中坝镇2年生黑木相思优良无性系示范林林相（曾炳山摄）

广东省紫金县中坝镇黑木相思优良无性系的通直干形（曾炳山摄）

种子的成熟果实较少，多从澳大利亚引进种子育苗，以昆士兰南部至新南威尔士北部的种源为佳。种子千粒重约15.6g，发芽率可达75%。头年10月或当年2月播种，种子需用沸水法或硫酸法处理，以促进整齐发芽和提高发芽率。也可采集优树约2.0cm粗的根，先繁殖根蘖苗，再采集根蘖苗的枝条作外植体繁殖组培苗。适宜的造林苗高为30～50cm，过小的苗木造林容易遭受大蟋蟀等虫害而导致成活率降低。

为调整干形，实生苗造林宜密植，株行距可为2.0m×2.5m。直干型无性系造林的株行距略大，为3m×3m或3.0m×3.5m。基肥和追肥均以磷肥为主，但第一年的追肥应有较高的氮肥含量，以促进生长和郁闭。郁闭前应修枝1～2次，将树冠中下部、与主梢齐头并进、基部粗度超过2cm的大枝修去，以培育良好干形。干形修枝仅修去大枝尾梢的1/3～2/3长，贴近树干修枝容易导致树干白腐病。培育大径材时，应在8～13年生时间伐1～2次，最终每亩保留35～45株。

黑木相思心材密度较大，呈棕色至黑棕色，间有鸟眼、雨点、斑点等美丽图案，是高档家具材和贴面板材，且声学性能优异，常用于制作小提琴等乐器。树冠苍翠宽大，观赏价值较高，对氟化氢、二氧化硫、氯气的抗性强，也是优良的绿化树种。

（曾炳山，何茜）

附：台湾相思（*Acacia confusa* Merr.）

别名台湾柳、相思仔。原产于中国台湾，遍布全岛平原、丘陵低山地区，菲律宾也有分布。海南、广东、广西、福建、云南和江西等地26°N以南的热带和亚热带地区均有栽培。台湾相思与黑木相思形态较相近，主要区别为黑木相思树皮纵向深裂，小枝幼时有毛，后光洁无毛，叶片深绿色，稍微下垂，叶片长8～13cm，宽0.7～2.0cm，纵脉3～5条，花白色至淡黄白色。台湾相思的树皮不裂不落，小枝无毛，叶片淡绿色，不下垂，长6～10cm，宽0.5～1.3cm，纵脉

台湾相思单株（黄烈健摄）

3～7条，花金黄色。

喜光树种，耐热、耐旱、耐瘠薄、抗风、抗污染，也抗河岸间歇性的水淹和浸渍，但在石灰质土壤上生长不良。具根瘤固氮，萌芽力和萌蘖力均强，可多次萌芽更新。

适宜种子发芽的气温约20℃，以3～4月或9月播种为宜。播种前用沸水法处理种子，沸水浸泡约3min，清水再浸泡18～24h后播种。春秋两季均可造林，株行距2m×2m左右。基肥和追肥均以磷肥为主，第一年的追肥应有较高的氮肥含量以促进生长和郁闭。如果培育用材林，应在6～10年生时间伐1～2次。

木材材质坚硬，干燥后少开裂，可制作人造板、家具、车轮、桨橹及农具等，也是较好的薪炭材。树皮含单宁，为栲胶原料。花含芳香油，可作调香原料。因抗台风和水土保持能力强，是优良的沿海防风和护坡林树种。树冠苍翠绿荫，也是优良的四旁绿化树种。

（李吉跃，曾炳山）

附：卷荚相思（*Acacia cincinnata* F. Muell.）

原产于澳大利亚昆士兰北部16°~18°S的凯恩斯、麦凯及其南部25°~28°S的弗雷泽岛、布里斯班等地，垂直分布从海平面附近至海拔750m。20世纪90年代初引入我国，海南、广东和福建南部有较大面积栽培。

喜温暖湿润气候，耐瘠薄、耐干旱，但不耐霜冻。原产地最冷月平均气温为6~9℃，有轻霜，年降水量700~1500mm。多生于片岩、花岗岩发育的酸性黄壤和红壤，肥力较低，偶见于排水良好、土层深厚的硅质沙土和泥炭沙土。

卷荚相思树姿（丁国昌摄）

卷荚相思林林相（丁国昌摄）

在华南地区12月开花，6月上旬采种。种子60000~100000粒/kg。11月前后播种育苗，播种前用95%的浓硫酸浸泡种子几分钟，冲洗后再用清水浸泡12h播种，以提高种子发芽率。

广东和福建在3~4月造林，海南在7~8月的雨季造林。穴状整地，株行距可为2m×3m。植苗造林时，应注意白蚁的防治。基肥和追肥均以磷肥为主，但第一年的追肥应有较高的氮肥含量，以促进生长和郁闭。

卷荚相思具有适应性强、速生、材质优良、根瘤固氮、干形好等优点，可作为造林绿化的先锋树种，也是短轮伐期的用材树种，立地条件较好时6~8年生便可主伐。木材气干密度为0.617g/cm^3，木纹美丽，可作实木家具和装饰贴面板，也是高质量的纸浆材。

（丁国昌，曾炳山）

146 儿茶

别　名｜乌爹泥、孩儿茶（《中国植物志》）
学　名｜*Acacia catechu* (L.) Willd.
科　属｜含羞草科（Mimosaceae）金合欢属（*Acacia* Willd.）

儿茶是热带药用植物，以其树干心材的水浸干膏入药，有止血、镇痛、消食化痰等功能（袁玮等，2009），在我国主要分布于西南地区，是适应性较强的喜光落叶小乔木。其木材坚硬、细致，可用于制作枕木、建筑、农具、车厢等。此外，还是提取栲胶的优良原料。

一、分布

儿茶产于热带地区，分布于印度、缅甸及非洲等国家。在国内，儿茶分布于云南西双版纳、临沧地区，广西、广东、浙江、四川（南部）及台湾均为引种栽培。自然状态下，儿茶分布于海拔500～600m的地区。

儿茶枝叶（曾云保摄）

二、生物学和生态学特性

落叶小乔木，树高6～10m。树皮棕色或绿褐色。小枝纤细棕色或绿褐色，有刺。二回偶数羽状复叶，互生；羽片10～20对，每羽片有小叶20～50对，小叶细长矩形。穗状花序腋生；花蝶形，黄白色。荚果扁而薄，成熟时褐色。

主产区年平均气温21.2～21.7℃，极端最低气温-0.5～2.8℃，年降水量1200～1500mm，相对湿度83%～85%。在四川米易县引种区，年平

儿茶花序（徐晔春摄）

儿茶树皮（朱鑫鑫摄）

均气温17.4℃，极端最低气温-2.2℃，年降水量944mm，相对湿度65%。

儿茶为适应性较强的速生喜光树种。喜温暖、湿润的气候环境，但也有一定的耐旱能力；要求阳光充足，特别是幼苗忌讳荫蔽；对土壤要求不严，疏松肥沃或瘠薄的土壤上均可生长，但以土层深厚、肥沃、湿润地段生长良好，在山坡、干旱瘠薄的土壤中生长缓慢。

三、苗木培育

1. 种子采集与调制

儿茶早春（主产地为3月）果实成熟，当荚果变为褐色且有光泽即时采收，这时种子的发芽率最高，采收过迟荚果掉落，发芽率也会急剧下降。采摘时用竹竿敲落收集，日晒1～2日，待荚果开裂将种子剥下，选大粒、饱满的种子用布袋贮藏，挂于通风干燥处，以待播种。种子当年采收，应当年播种；如越年播种，则发芽率显著降低。但如将种子置于冰箱（4℃左右），贮藏1年发芽率仍达70%（肖易杰和周正，1997）。

2. 种子处理与催芽

儿茶种皮致密，不易透水、透气，形成硬实种子，可用浓硫酸对种子进行浸种腐蚀种皮，增加种皮的通透性，有利于种子吸水，从而解除硬实效应使发芽率提高，促进发芽及其一致性。但用浓硫酸处理种子必须掌握好浸种时间，时间过短不能完全解除种子硬实效应，时间过长易引起酸害、产生畸形。通常情况下，以98%硫酸浸种15min效果为佳（方坚等，1991）。

3. 整地作床与播种

儿茶适宜的播种季节为春季或雨季，通常在4～6月，常用播种方式为条播，播种量每亩0.5～1.0kg。播种前，选择阳光充足、土层深厚肥沃、给水排水方便的地段整地作床，在苗床上按20cm左右的行距开挖播种沟，然后适当施入有机肥；播种深度通常为1～2cm，播种过深子叶难以出土；播后覆土，厚度以不见种子为宜。最后，对苗床进行覆盖以保湿、遮阴。出苗后，逐渐揭去覆盖物，并加强苗期管理（肖杰易等1997；王江民，2005）。

此外，儿茶也可以采用容器育苗。每个容器内播种4～5粒，播后做好间苗和遮阴保湿工作。间苗后，每个容器保留1～2株健壮苗木。

四、林木培育

1. 造林地选择与整理

儿茶造林宜选土层深厚、疏松、肥沃及光照较好的地段，并根据实际情况做好整地工作。在地势平缓地段可采用穴状整地，长、宽、深为40～50cm；在坡度较大的地段，先采用水平阶整地，然后沿等高线在水平阶上开挖栽植穴在山地种植。

2. 栽植技术

儿茶植苗造林通常在春季或雨季（3～6月）进行，常用造林密度为830株/hm^2、1110株/hm^2、1666株/hm^2，即株行距3m×4m、3m×3m、2m×3m。栽植后，每穴施堆肥或厩肥10～15kg。

儿茶也可以采用直播造林。首先，在挖好的种植穴内施入农家肥与钙镁磷肥混合物7.5kg作基肥。然后，每穴播入种子8～10粒，播种量255～315kg/hm^2。苗高约8cm时，进行第一次间苗，每穴留苗4株；苗高15cm时进行第二次间苗，每穴留苗2株。翌年雨季定苗，去弱留强，每穴留壮苗1株。6～9月，每月应除草1次。雨季末期，可将除掉的杂草覆盖植株根基周围，以利抗旱保苗（肖杰易等，1997）。

3. 幼林抚育

儿茶是喜光树种，忌荫蔽，幼苗期应注意除草。栽植后2～3年内，每年6～7月应除草1次，保持植株四周基本无杂草，除草后施人畜粪水或适量尿素作追肥。儿茶生长势较强，侧枝较多，应剪去侧枝留主枝，确保主干形成；幼树喜下垂，有条件的可插设支柱，使其直立生长。此外，注意防止牲畜践踏。一般移栽后5年左右，平均株高可达6.2m，无需较多管理也能成林。

五、主要有害生物防治

儿茶的主要病害为猝倒病，病原为卵菌

儿茶树姿（徐晔春摄）

纲霜霉目腐霉科腐霉属的瓜果腐霉（*Pythium aphanidormatum*）和半知菌类丝孢纲无孢目无孢科丝核属的立枯丝核菌（*Rhizoctonia solani*）。在苗木过密或阴湿环境容易发生。防治方法：造林时，应选阳光充足、通风、排水良好的地段。发病时，喷洒1∶1∶120波尔多液防治；也可在发病开始时立即拔除病株，用3∶1的石灰和草木灰撒于表土，并用50%多菌灵浇灌防止蔓延。

地老虎、粉蚧和蛾类为儿茶的主要虫害。地老虎在苗期咬断幼苗，造成缺苗。防治方法：①幼虫期用烟末25kg加草木灰20kg混合撒于苗木根部，或用化学药剂喷洒于苗床上，或用鲜苦楝叶2kg加水5kg煎煮取汁，灌注虫害发生的地方可杀死地老虎；②成虫出现时，傍晚以糖醋液诱杀。粉蚧聚集于枝杈上吸取汁液，导致植株生长不良。防治方法：可施用具有内吸作用的药剂液防治，采用喷雾、根施、注射及包扎等方式给药；使用植物叶面保护剂和触杀剂结合对粉蚧的防治更为有效。蛾类幼虫咬食叶片和嫩梢，7～9月发生，危害严重。防治方法：①幼虫期用化学药剂进行喷药防治；②成虫羽化盛期用黑光灯诱杀成虫，降低虫口密度。

六、综合利用

木材坚硬、细致，可用于枕木、建筑、农具、车厢等。心材碎片煎汁，经浓缩干燥即为儿茶浸膏或儿茶末，其中含有儿茶鞣酸、儿茶素、表儿茶素等活性成分，具有清热、生津、化痰、止血、敛疮、生肌、定痛等功能。此外，从心材中提取的栲胶也是工业上鞣革、染料的优良原料。

（梁倩，徐文晖）

147 南洋楹

别　名｜仁仁树、仁人木

学　名｜*Albizia falcataria* (L.) Fosberg

科　属｜含羞草科（Mimosaceae）合欢属（*Albizia* Durazz.）

南洋楹为著名速生树种，7～10年可主伐利用。我国的福建、广东、广西和海南有引种栽培，既可营造速生丰产林，也可用于庭园树和行道树，是优良的用材林树种和园林绿化树种。木材纤维含量高，是造纸、人造丝的优良材料，也可用于制作家具、室内建筑、箱板等。其幼龄树皮可供提取栲胶，段木可用于白木耳生产。

一、分布

南洋楹原产于马来西亚的马六甲及印度尼西亚的马鲁古群岛，天然分布范围10°S～5°N，垂直分布从海平面至海拔2000m。原产地为热带海洋性气候，高温高湿，年平均气温25～27℃，年降水量2000～3000mm，无明显旱季，且处于“赤道无风带”。南洋楹现广植于世界各热带地区，我国于1940年前后引种该树种（郑永光等，2003）。

二、生物学和生态学特性

常绿大乔木，高可达45m。嫩枝圆柱状或微有棱，被柔毛。托叶锥形，早落；羽片6～20对，上部通常对生，下部有时互生；总叶柄基部及叶轴中部以上羽片着生处有腺体；小叶6～26对，无柄，菱状长圆形，长1.0～1.5cm，宽3～6mm，先端急尖，基部圆钝或近截形；中脉偏于上边缘。穗状花序腋生，单生或数个组成圆锥花序；花初白色，后变黄色；花萼钟状，长2.5mm；花瓣长5～7mm，密被短柔毛，仅基部连合。花期4～7月。荚果带形，长10～13cm，宽1.3～2.3cm，熟时开裂；种子多粒，长约7mm，宽约3mm。

耐阴树种，喜高温、高湿、静风和光照充足的环境，宜选择肥沃、湿润、土层深厚的中下坡、山脚或溪河沿岸冲积土栽植，干旱瘠薄立地生长不良。对气候有较大适应性，在年平均气温20～28℃、极端最低气温-2～2℃、年降水量1500～2000mm的地区生长良好。根系发达，根瘤丰富，落叶多，易腐烂，枝叶含氮量105g/kg，其灰分含磷50～60g/kg、钾90～100g/kg、钙100～120g/kg，每克新鲜根瘤的固氮量为0.9156μg/h，是改良和提高土壤肥力的良好树种。速生性尤为突出，高生长的高峰期在1～6年生，粗生长的高峰期在4～9年生，材积生长的高峰期在8～12年生。可萌芽更新。

三、苗木培育

一般采用容器育苗，应于12月上中旬播种，以适应翌年3月中下旬至4月上中旬苗木出圃上山造林。南洋楹种子种皮坚硬，难吸水，播种前必须用10倍于种子的85～90℃的热水浸种至自然冷却，然后再用清水漂洗2～3次之后用清水浸种24h，使种子充分吸水膨胀，稍晾干后即可播种（梁卫芳，2007）。营养土采用黄泥心土50%、地表土20%、火烧土27%、磷肥或复合肥3%混合而成，充分拌匀堆沤10天后使用。为提高南洋楹根瘤菌数量，最好在林地取一些土壤与营养土混合入袋。当幼苗长至2片以上真叶且苗高5cm时，可移植到装有营养土的薄膜袋内培育，营养袋排列整齐，不能压扁，每排16袋。苗木出圃规格以苗

华南农业大学南洋楹树姿（潘嘉雯、何茜摄）

木高度20～25cm、地径0.25cm的Ⅰ级容器苗为宜；造林苗木必须选用粗壮、分枝少、顶芽完好、根系发达、无病害的苗木。

四、林木培育

1. 造林地选择

造林地宜选择北回归线以南地区，海拔400m以下丘陵、平缓地中下部，土壤为由花岗岩、砂页岩等发育的红壤、赤红壤，土层厚度大于80cm，且相对避风的环境。

2. 整地与种植

在造林前一年10月完成清山任务，栽植前两个月整地。采用水平带状开大穴，规格为60cm×40cm×40cm（水平长方形）。造林前十天应在栽植穴施基肥回土，每株施复合肥250g，然后在穴的上方、左方、右方穴边各锄40cm宽的表土，打碎（去掉石块、树根）放入穴底，再将挖出的心土填满穴面，然后筑成1.0m×0.8m、外高内低的反倾斜小平台。宜于3月至4月初进行栽植，一般按株行距3m×3m，即1110株/hm^{2}为宜。种植前将容器苗淋透水，种植时全部剥去薄膜袋，同时防止营养土破碎，以免降低造林成活率。种植深度15cm左右，并在营养土周围覆碎土压实。

3. 抚育管理

造林后宜立即封山，禁耕牛进入林地。造林当年7～8月、翌年5～6月结合施肥各进行1次松土、除草，在距植株20cm处开始松土，深度20cm。造林后20天应立即进行追肥，每穴施尿素25g，促进苗木生长，当年7～8月再施尿素1次，每穴75g；翌年5～6月再施1次复合肥，每穴50g。为培育干型较好的良材，造林后1～3年每年应适当抹芽修枝，将矮生的侧芽和侧枝抹、剪去，促进主干生长，提高枝下高的长度。修枝不宜过量，以树冠与树高之比为1∶2为宜，以免影响林木生长（邹寿明等，2011）。

五、主要有害生物防治

1. 棱枝槲寄生（*Viscum diospyrosicolum*）

槲寄生为大量枝条组成的丛状结构，枝条含有叶绿素，呈绿色，替代了退化的叶片进行光合作用。当槲寄生越长越多，南洋楹顶部的枝条因离根部最远，接受水分和矿质元素最难，而大量槲寄生对中部水分和矿质元素的拦截，使顶部成为最先干枯死亡的部分，此时下层仍有部分枝叶存活。每当暴风雨之后，特别是台风时，南洋楹下总能见到大量的枯枝断枝，原本在树冠中层生长的槲寄生逐渐“移动”到了上层。因此，要经常检查南洋楹的槲寄生情况，及早发现及时处理，避免蔓延扩大；去除荫枝、弱枝，减少病虫害的发生机率；对发生寄生严重的树木要进行全面的修剪（杨萍等，2016）。

2. 尺蠖幼虫等

4～5月常有尺蠖幼虫和小金龟子食叶，可用敌百虫喷杀。

六、材性及用途

南洋楹木材的木质素含量较低，纤维含量丰富且质量好；边材白色，心材红褐色；材质轻；韧性强，易加工，不翘曲，胶合和油漆性能佳；木材含有毒素，能抗虫蚀，但在潮湿环境中抗腐力较差。适于制作一般家具、室内建筑、箱板、农具、火柴杆等，也是制浆造纸以及制造胶合板、刨花板、硬质纤维板的优质原料。幼树树皮含单宁约130g/kg，可提取栲胶。叶子是很好的绿肥或饲料原料，段木及木屑可作食用菌菌材。南洋楹树冠宽阔、树体高大，树干浑圆而枝叶秀美，根系发达，具根瘤固氮，是速生用材及改良土壤、风景园林、绿荫、行道及四旁绿化的优良树种。

（何茜）

148 银合欢

别　名 | 白合欢、白相思子

学　名 | *Leucaena leucocephala* (Lam.) de Wit

科　属 | 含羞草科（Mimosaceae）银合欢属（*Leucaena* Benth.）

银合欢适应性强，生长迅速，用途广泛，被誉为“奇迹树”“蛋白质库”，是用材林、能源林、饲料及肥料原料树种，可作为生态恢复初期的先锋树种，因其姿态飘逸，枝繁叶茂，亦被作为边坡绿化树种栽植（拜得珍等，2004）。

一、分布

银合欢原产于热带美洲，主要分布于我国热带、南亚热带地区。银合欢在海拔1500m以下的干旱、半干旱地区，年降水量600mm以上，最冷月平均气温不低于10℃的地区均可种植。目前，在我国海南、台湾、云南、广东、福建等地都有较大面积种植。

二、生物学和生态学特性

小乔木或呈灌木状。树冠平顶。幼枝被柔毛，后脱落。羽片4～10对；小叶10～15对，条状椭圆形，长0.6～1.3cm，宽1.5～3.0mm，先端短尖，中脉偏于上缘；第一对羽叶着生处具1腺体；叶轴及叶片轴被柔毛。头状花序1～3腋生。果薄带状，长10～18cm，宽1.4～2.0cm。种子6～25cm。花期4～7月，果期10～11月。

银合欢花序（徐晔春摄）

银合欢为喜光树种，耐干旱瘠薄，适合荒山造林，宜在广东、海南、广西种植。主根深，抗风，萌芽力强，可多次萌芽更新；采伐周期3～10年。喜温暖湿润的气候条件，生长最适气温为25～30℃，低于10℃或高于35℃，停止生长，0℃以下叶片受害脱落，−4.5～−3.0℃时，植株上部及部分枝条枯死，−6～−5℃时地上部枯死。翌春，仍有部分植株抽芽生长。银合欢根系发达，1年生植株根系达1～2m，5年生可达5m以上。近地表侧根着生直径2～20mm，多浅裂，粉红色根瘤。在年降水量1000～3000mm地区生长良好，能耐南方旱季少雨条件。不耐水渍，长时间积水生长不良。

银合欢对土壤要求不严。适宜中性或微碱性（pH 6.0～7.7）土壤，在岩石缝隙中也能生长。在pH 7.2的石灰岩土壤上生长较好（刘国道，1995）。在酸性土壤上种植的银合欢，早花、早实、早衰。耐盐能力中等，当土壤含盐量0.22%～0.36%时，仍能正常生长。

三、苗木培育

1. 采种与种子处理

银合欢主要为种子育苗。选取树干通直圆满、无病虫害、生长健壮的母树采种。种子7～8月成熟，荚果呈紫褐色，果荚易开裂，及时采摘晾晒果荚1～2天，脱出种子，装袋贮藏。

2. 育苗

（1）容器育苗

将配制好的营养土（黑色石灰土：草皮灰：腐熟农家肥为8：1.5：0.5）装入规格为15cm×10cm的无纺布育苗袋。播前将种子用80℃温水浸种4min，或用细沙搓伤种皮。将经处理的种子点播，每袋点2粒，盖土厚1cm。或沙床催芽后移植。播种后保持营养土壤湿润。20天左右及时选、补苗，每袋保留一株健壮苗。可适量追施腐熟的粪水或化肥，同时注意做好病虫害的防治。

（2）大田育苗

苗圃地宜选择土层深厚、肥沃、靠近水源的地方，经犁耙后细致整地起畦，畦宽1.5m、长8～10m、高20cm。每亩施过磷酸钙15kg，腐熟农家肥500kg，肥料均匀撒施于畦上，将处理过的种子均匀撒播在畦面上，再盖一层肥沃的表土，厚度1cm左右。每亩播种量3～4kg。

银合欢果（宋鼎摄）

3. 出圃苗规格

30～45天容器苗高达20～25cm，即可出圃造林。苗床育苗，3个月苗高约30cm时，可用裸根苗造林，也可用1m高的裸根苗，选择春季雨后截干造林。育苗宜接种耐酸性土的菌根或根瘤菌。

4. 接种根瘤菌

银合欢在新开垦或从未种过银合欢的土地上种植，结瘤困难。接种根瘤菌时，先用清水将菌剂拌成糊状，然后与处理过的种子拌匀，并拌以钙镁磷肥、土灰等，即可播种。也可将菌剂稀释后淋入银合欢小苗根部。或用接种过根瘤菌的银合欢林下土壤拌种。

四、林木培育

1. 立地选择

银合欢在各种类型的土壤上几乎均能生长，石缝中也能扎根生长。如以饲料为目的，宜选择土层较厚、坡度较缓的山地，也可利用其他零星土地如村旁、宅旁、道路边坡等种植。

银合欢果枝（朱鑫鑫摄）

2. 整地

坡度在15°以下的林地，适宜培育饲料林。采

用机耕全垦，全面一犁一耙，深30cm，耙时用尾犁按行距开定植沟，行距1m，沟深30cm，按南北走向设置行间；沿定植沟按株间距施基肥。山地宜带状或块状整地，穴规格40cm × 30cm × 40cm。每穴施1kg有机肥、2kg过磷酸钙作基肥拌匀，雨后造林。

3. 造林

（1）容器苗造林

小心去除容器薄膜，切不可将土团破碎，放入穴内扶正并覆土。覆土高于苗根际1～2cm，回土后将泥土踩实，再盖一层松土。

（2）裸根苗造林

裸根苗造林可选在雨后阴天定植，起苗前灌溉至土壤湿透，将嫩枝叶剪去1/2，起苗后及时用泥浆蘸根并包装保湿，然后造林。切干造林时把1年生苗木主干截去，保留苗高25～30cm即可。

4. 抚育管理及施肥

银合欢前期生长慢，幼树易受杂草覆盖，牲畜践踏、啃食，造林后均应及时除草、松土，连续抚育1～2年。如果在石山地造林不便抚育，也应压草，促进幼树生长。有条件的地方可设立保护设施，防止人畜践踏。

银合欢适应性强，生长迅速，常忽略施肥管理。作为饲料林、肥料林来经营，经常收割嫩枝叶，消耗土壤养分，需要及时配合施用有机肥。基肥一般施腐熟厩肥15000kg、复合肥225kg/hm^2，为促进结瘤，同时施钼肥和硼肥。作为生态公益林，接种过根瘤菌以后可以不施肥。

五、主要有害生物防治

银合欢的主要虫害有银合欢异木虱（*Heteropsylla cubana*）及危害种子的银合欢豆象（*Acanthoscelides macrophthalmus*）。异木虱的危害一般发生在每年的干旱季节（11月至翌年4月），主要危害银合欢嫩枝、嫩叶、老叶主脉两侧，嫩枝叶产量损失可达90%以上（赵英等，2006）。

六、综合利用

银合欢木材边材黄白色，心材灰褐色，质地坚硬；具有生长快、产柴量高、燃烧值高等特点，可作能源林树种；也是家具、建筑用材、纸浆材；其树胶可用作食物乳化剂，树皮可供提制栲胶；也是荒山造林和边坡绿化的主要树种之一。

（王旭，邹耀进，申文辉）

149 五味子

别　名｜面藤、山花椒（《中药大辞典》）、辽五味子（《全国中草药汇编》）、五梅子（《辽宁主要药材》）、北五味子（《本草纲目》）

学　名｜*Schisandra chinensis* (Turcz.) Baill.

科　属｜五味子科（Schisandraceae）五味子属（*Schisandra* Michx.）

五味子为多年生落叶木质藤本植物，是一种多功能、多用途的药食兼用型经济林树种，主产于东北地区，是我国温带针阔叶混交林带区域或暖温带落叶阔叶林区域、经历第四纪冰川时期保留下来的第三纪古老孑遗植物之一。五味子果实具有甘、酸、辛、苦、咸五种药味，是著名中药，作为药用已经有2000多年的历史。五味子还可用于酿酒和食疗，可以药食两用；亦可用作油料、调味、纺织染料等生产原料用树种，以及用作垂直绿化观赏树种。

一、分布

五味子主要分布区从东北亚（俄罗斯远东、朝鲜半岛、日本）延伸至我国东北、华北和秦岭北坡。在我国，五味子地理分布范围为29°12′42″~53°21′00″N，103°51′45″~134°20′56″E，主要分布于黑龙江、吉林、辽宁、内蒙古、河北、山西、宁夏、甘肃、山东、河南等省份，在东北和华北分布于海拔1500m以下，内蒙古大青山、乌拉山1500m以下，河南伏牛山、太行山海拔500~1500m，秦岭北坡640~1800m。

二、生物学和生态学特性

多年生落叶木质藤本。长达8m，最高可达15m。茎、枝具有浓郁花椒味，茎皮灰褐色，皮孔明显，碎片状剥落。小枝褐色稍具棱角。叶互生，叶片薄，膜质。聚合果，小浆果球形，直径0.6~0.8cm，成熟时红色。种子椭圆形或肾形，长0.4~0.5cm，宽0.3cm。花期5~6月，果期8~9月。

五味子为浅根系植物，喜光、喜湿、喜肥，稍耐阴、耐寒，对土壤要求不严格，能适应贫

黑龙江省海林市新北村五味子人工种植园结果期（张顺捷摄）

黑龙江省牡丹江市三道关村五味子人工种植园果实成熟期（张顺捷摄）

瘠、灰化黏壤土、河滩沙壤土，在微酸性疏松肥沃、排水良好壤土条件下生长良好；怕涝，不耐沼泽化或长期过分潮湿土壤，也不耐长期浸水的土壤；常生于阔叶林或针阔混交林的林中、林缘、山沟灌丛或溪流两岸。幼苗阶段怕强光，需适度荫蔽，开花结果阶段需良好通风透光条件。

三、良种选育

五味子长期以来以野生资源为主，引种驯化工作从20世纪70～80年代开始，目前已经选育出一些品种（刘清玮和育延辉，2010），但多为民间品种，只有个别是地方审定品种。

'红珍珠' 为我国选育出的第一个北五味子新品种，由中国农业科学院特产研究所选育，2000年4月通过吉林省农作物品种审定委员会审定。果穗平均重12.5g，果粒近圆形，平均重0.6g，成熟果深红色，有柠檬香气和苦涩味，适于药用、酿酒或制汁。丰产性强，适宜在无霜期120天以上、年≥10℃的有效积温2300℃以上、年降水量600～700mm的地区大面积栽培。

'嫣红' 中国农业科学院特产研究所选育，2012年3月通过吉林省农作物品种审定委员会登记。花单性，雌雄同株，花被片黄白色，内轮花被片基部粉红色。果穗较紧密，穗长5.4～8.2cm，平均单穗质量18.07g，最大穗质量23.1g。果粒近球形，平均单粒质量0.59g，红色。种子黄褐色，千粒重29.37g。丰产性优于红珍珠，栽培区域与红珍珠同。

'长白红'（'大串红'） 由汪清县长白山中药资源开发研究所与延边大学农学院从野生北五味子中选育而成。幼茎茎皮光滑，老茎灰棕色，茎皮开裂。叶柄鲜红色。花单性白色。雌雄同株。果穗圆柱状，成熟果粒暗红色，果肉酸。种子有芳香气。植株抗寒力强，对黑斑病抗性强，白粉病抗性中等。

'白五味子' 主要特征是果实成熟时白色，种子较大，种脐白色，鲜果揉烂后略具芳香气。

其他还有粉红色变种，如'红珍珠2号'（辽宁桓仁）、'神五味'（黑龙江铁力）、'红珍珠2代'（辽宁凤城）、凤选系列（辽宁凤城）、'大串红'（吉林）、'长红紧'（吉林）、'辽五味'（辽宁抚顺）等。

五味子种内变异丰富，选育前景广阔。例如，黑龙江省林副特产研究所以13个不同地区的北五味子种质资源为试验材料，进行植株形态指标、果实产量测定的结果表明，北五味子木质化最好的为饶河种源，最差的为大梨树种源，黑龙江省内种源木质化程度好于吉林，吉林好于辽宁地区；同一年份内不同地域北五味子果实产量存在较大差异，干果重与鲜果重有相同的变化趋势；不同年份不同地域北五味子果实产量不稳定。黑龙江省带岭林业科学研究所对北五味子优树子代林3年生的产量进行初步分析结果表明，各家系产量之间差异极显著，最大的家系是最小家系的2.1倍。今后应加强国家或行业层面上的组织工作，强化良种选育，为五味子产业发展服务。

三、苗木培育

五味子育苗目前主要采用播种育苗方式，扦插、压条或组培方法目前尚不很成熟。

1. 播种育苗

采种与调制 选择生长健壮、无病害、果穗紧凑的植株，果粒大而多、成熟度均匀一致的果穗，在8月末至9月中旬果实成熟时采收（党常顺等，2016）。当果实成红褐色时，及时采集，不能采集过早，否则会影响种子质量。浆果采集后，堆沤2～3天，令浆果果肉充分腐烂，放入缸或桶内用水淘洗，滤出果肉、果皮和渣子，然后水选，去除空瘪种子，捞出水底部成熟种子，放在阴凉处晾干，装袋备用。

种子催芽 调制得到的洁净饱满种子用0.1%～0.3%的高锰酸钾水溶液浸泡约1h后用清水冲洗干净，捞出，用50mg/kg的GA_3浸泡24h，与3倍洁净的细沙混匀装入透气容器内，湿度50%左右（沙子用手攥成团但不滴水）；在10～15℃的温度下处理50天后，置于室外自然冷冻处理；翌年春季解冻后，在播种前半个月将种子起出，移入20℃左右室内催芽。或者12月中下旬用清水浸泡种子2～3天，每天换1次水，按1：3的比例将湿种子与洁净细河沙混合，放入木箱或花盆中贮放80～90天，温度保持在0～5℃，沙子湿度同上；在播种前半个月左右，将种子从层积沙中筛出，用凉水浸泡3～4天，每天换1次水；之后捞出种子，置于20～25℃条件下催芽10天左右。催芽过程中注意保持种子一定湿度，并注意翻动；随时检查种子裂口情况，当种子有2/3裂口时，即可开始播种。

大田播种育苗 选土质疏松、肥沃、水源方便、地势平坦、土壤湿润、排水良好的沙壤土地块，耙细整平，作高床。春季土壤表层5cm深处温度达到6～8℃时开始播种（张方春等，1999）。采用条播或撒播，播种量为20～25g/m^2。播种前进行土壤消毒。条播以床横向开沟，沟深2～3cm，播幅15～20cm，播后覆土1～2cm，然后镇压1遍，镇压后浇透水，在床面上覆盖稻草、松针、草帘等覆盖物，以保持土壤水分。播后经常浇水保持床面湿润，以利出苗。当出苗率达到约2/3时，撤去覆盖物，搭设20cm高的阴棚，及时松土除草，幼苗长出2～3片真叶时，及时间苗，按株距10cm定苗，当幼苗长至5～6片叶子时，喷施含氮肥叶面喷肥，浓度1%～2%，每半月1次。立秋后气温逐渐降低，停施氮肥，每隔7～10天喷施0.3%的磷酸二氢钾2～3次，促进苗木生长。

大棚容器育苗 3月末4月初建塑料大棚进行容器育苗，选择塑料薄膜袋、纸袋或其他适宜容器，容器规格以直径6～7cm、高10cm为宜。栽培基质选用细河沙比腐殖土1：1或其他合适配方，可适当添加腐熟农家肥及磷酸二铵（注意粉碎后应用）。播种前将基质浇透水，每个容器播种2粒，覆土厚1cm左右。播种时和播种后结合浇水可适当使用杀菌、杀虫药剂，例如，百菌清等。播种后每隔2～3天灌溉1次。保持大棚内温度低于30℃，温度过高时通风、遮阳或灌溉降温。

五味子幼苗对光照强度敏感，育苗早期注意遮光调节。在种苗前期至苗高生长期及苗高生长盛期，光照强度以30%～40%为宜（张方春等，1999）。

2. 扦插育苗

五味子还可利用扦插、压条、组培等无性繁殖方法进行繁殖。这里只简要介绍一下扦插育苗方法（谢晓春，2015）。

硬枝扦插 在5月中旬至6月初，将母树上1年生枝剪成长8～10cm插条，上部留1个3～5cm的新梢，插条基部用200mg/kg的NAA或IBA浸泡24h，或用2000mg/kg的NAA或IBA浸蘸3min。扦插基质上层为细河沙，厚5～7cm；下层为营养土，厚10cm左右。插条与床面成30°角，扦插密度5cm×10cm，苗床上扣遮阴棚，插条生根前，叶片保持湿润。

绿枝扦插 在6月上中旬，采集半木质化新梢，剪成长8～10cm插条，插条上留一片叶，用1000mg/kg生根粉液浸蘸插条基部15s或300mg/kg的NAA浸蘸3min。其他同上。

横走茎扦插 3年生以上五味子树可产生大量横走茎，分布于地表以下10～15cm的土层中，萌芽前结合清理萌蘖，把清理出的横走茎选取具有饱满芽部分，剪取长15cm左右的插条，插条基部5～7cm处用15～20mg/kg的NAA浸蘸，栽植于事先准备的育苗地。栽苗时开15cm深的沟，插条按株距10cm放入沟中，用细碎潮湿的土覆盖至沟深的1/2，不要踏实。边栽边浇水，待水渗下后覆土成原垄，上盖稻草或草帘保湿，12～18天芽眼萌发出嫩梢。

3. 苗木出圃

一般苗高20cm以上、地径0.4cm以上、根系3条以上、顶芽饱满，即达合格苗要求。秋季落叶后或翌年春天萌芽前起苗，起苗后及时假植。越冬假植需盖草帘。

四、林木培育

1. 种植园建设

选地应选择在疏松肥沃、土层深厚、通透性好、保水力强的沙壤土或腐殖质土壤，排水

黑龙江省亚布力林业局鱼池经营所五味子人工种植园篱架模式（张顺捷摄）

良好、靠近水源、交通便利的地块，区划、整地，每亩施入2500kg有机肥。选择1～2年生生长旺盛的苗木进行移栽，移栽密度为0.75m×1.20m或0.5m×1.5m，及时除草，保持栽植行内土壤疏松、无杂草。在行内立架杆，搭设单面架。每年五味子植株落叶后至第二年春植株萌动前进行修剪，7月中旬再复剪一次。修剪原则为剪除病虫枝、瘦弱枝、过密枝、短果枝和老枝，控制基生枝的大量发生。每年的秋季施入2kg/株有机肥，并在整个生长过程中进行3次追肥：第一次为5月下旬开花前，以速效氮肥为主，株施速成效氮肥（尿素）25～50g；第二次为6月末，株施氮钾磷复合肥50～100g；第三次为8月上旬，株施复合肥50～100g。9～10月果实呈鲜红色时进行采摘。

大型种植园要做好园区区划，设立栽培小区、道路系统、排灌系统、固定架杆系统等（党常顺等，2016）。

五味子栽培技术在不断发展完善中，因此，栽培主要注意采用新技术。

2. 野生群丛改造

五味子天然林常成片分布，成丛生长。在分布区内五味子的枝蔓密集，交叉重叠，形成杂乱无章的树冠，光照及通风不良，造成结实率低下、大小年现象严重，有时在一片五味子生长密集地区产量极少甚至绝产。对这些资源采取间密补稀、理顺枝蔓、修剪上架、更新复壮的原则进行人工经营，短期内因为环境条件的改善而使其营养结构发生改变，从而提高产量，使资源可以永续利用。

五、主要有害生物防治

五味子在苗期主要病害为立枯病和茎基腐病，生长过程中可能发生的病害为叶枯病、白粉病和茎基腐病。立枯病、叶枯病和白粉病可用波尔多液或其他药剂进行预防，茎基腐病用药剂进行根际浇灌防治。五味子虫害有女贞细卷蛾、卷叶蛾。其幼虫发生初期可用药剂防治，成虫可用杀虫灯或糖醋液进行诱杀。

此外，五味子特别易受除草剂危害，种植园应与一般农田隔离以防除草剂危害。

六、综合利用

五味子主要分布于东北、华北等地，以东北产五味子质量为最优。其在我国药用历史悠久，早在2000年前就有药用记载，《神农本草经》列其为上品。果实入药，是常用大宗名贵中药材，有效成分为木脂素，还含有挥发油、多糖类、有机酸、脂肪酸、蛋白质等多种成分。具有保肝作用，五味子多糖可显著降低肝脏指数，降低氨基转移酶、胆固醇、甘油三酯和低密度脂蛋白胆固醇的血清水平，提高高密度脂蛋白胆固醇的血清水平，显著降低肝脏组织中甘油三酯和胆固醇的含量，并改善NAFLD（非酒精性脂肪性肝病）；对呼吸系统有很好的疗效，具有收敛肺气、宁嗽定喘的功效，可起到兴奋呼吸中枢、镇咳祛痰的作用，用于治疗慢性咳嗽已有悠久历史；五味子醇甲可抑制中枢神经系统，有镇静、催眠、宁神安定的作用；对泌尿生殖系统的作用效果显著；具有一定的抗肿瘤功能，五味子素B有多种抗肿瘤作用；还具有抗氧化能力，五味子醇甲、五味子醇乙与抑制肝脏、脑脂质过氧化、DPPH清除能力有显著的相关性。

种子含脂肪油、挥发油、五味子素、五味子醇、维生素C、维生素E等。果实还可作五味子酒、五味子茶、五味子饮料等一系列食品。其枝蔓、根茎和花、叶都具有强烈香气，可制调味剂（其枝蔓在东北林区俗称"花椒藤子"，是牛肉萝卜汤必备调料）和化妆品。五味子是药食同源的药材之一，其嫩叶可作山野菜。目前，市场上有许多五味子产品，如五味子嫩叶茶、五味子食用色素、五味子香精和五味子食品防腐剂等。因此，五味子是一种多功能、多用途的野生经济林树种，综合利用价值高。

（佟立君，张顺捷，孟黎明）

附：华中五味子（*Schisandra sphenanthera* Rehd. et Wils.）

别名五味子、南五味子。作为鲜果食用，具独特的风味和保健功能，还可制成果脯、饮料、保健饮品；树皮或根含有黏胶质，可供割取或提取用胶。我国华中五味子以野生资源为主，是五味子属植物分布最为广泛的一个种，其水平分布东到江苏南京，西至甘肃天水，北达山西晋中，南跨湖南衡山直上云南、贵州；其垂直分布在海拔600～3000m的范围内。华中五味子一般沿着小溪或小河的两侧生长，生长环境的复杂化和多元化造就了其遗传多样性。在适宜栽培区内，选择土壤疏松、肥沃、富含腐殖质的壤土栽培为宜。砧木苗培育优先使用陕西渭南和宝鸡地方品种。从当地优良品种或生长健壮、无病虫害的母树上，剪取生长发育良好的1年生枝做接穗，采用劈接的方法嫁接。选择土地深厚肥沃、质地疏松、排灌条件便利的地方建园。株行距为（1.8～2.2）m×（2.5～3.5）m，平地建园行向以南北行向为好，山地建园行向与等高线走向一致。栽植沟深40～50cm，宽70～80cm，挖土时把表土和心土分侧放置，沟挖好后先填入一层表土，然后分层施足腐熟有机肥，与土壤拌匀后，分2～3次回填踩实，栽植沟回填后把全园平整好。架柱和架线的设立应在栽培前完成，架柱的行距与间距设立与株行距相同，架高2.0～2.5m，设3道线，最底线距地面10cm，间距60cm，架柱顶部用铁丝织成50cm×50cm的网格。华中五味子枝蔓柔软，不能直立，需依附架柱或支柱缠绕向上生长。在当年春季（5月上中旬）把2.0～2.2m的竹秆插在植株的基部，用细铁丝固定在架柱上，每株保留1个固定主蔓。3年生以上的华中五味子园要保持清耕，在萌芽前清除植株基部产生的萌蘖。成龄树及时引导主蔓分向两边行间分布，侧蔓（结果母枝）留得过长或负荷量较大时应给予必要的绑缚，以免枝条折断。秋季落叶后翌年萌芽前清扫枯枝落叶，深翻土壤。从植株落叶2～3周至翌年树液流动开始进行冬季修剪。离芽眼2.0～2.5cm、离地50cm不留侧枝。在枝蔓未布满架面时，对枝蔓延长枝只剪去未成熟部分。对侧枝的修剪以中短截保留10～20个芽，侧枝间距保持15～20cm，单株剪留侧枝量以6～8个为宜，叶丛枝原则上尽量保留。

主要病虫害防治见五味子。

（庄红卫）

150 连香树

别　名 | 紫荆叶木、山白果、五君树、圆槂

学　名 | *Cercidiphyllum japonicum* Sieb. et Zucc.

科　属 | 连香树科（Cercidiphyllaceae）连香树属（*Cercidiphyllum* Sieb. et Zucc.）

连香树通常生于海拔650～2700m的山谷边缘或林中开阔地的亚热带杂木林中。木材纹理直，结构细腻，淡褐色，心材与边材区别明显，且耐水湿，可供作建筑、乐器、细木工、绘图板、枕木、家具等用材。树皮及叶均含鞣质，可供提制栲胶，叶与果可作药用。树干挺拔，树叶春秋变换，色彩美丽，是良好的园林绿化树种。连香树系单种属树种，已被列为国家二级重点保护野生植物，属濒危珍稀物种，第三纪古老孑遗植物，在我国植物区系研究上具有一定的意义。

一、分布

连香树分布较广泛，南起湖南、江西，北至湖北、河南、陕西，西起四川、云南，东至浙江等省亚热带山区。适生于山谷阴湿、深山坡谷、溪涧旁的天然林中。在土层深厚、空气湿润之地，生长繁茂。在浙江临安等地分布于海拔800～1100m；在安徽岳西、霍山、金寨、黄山等地多分布于海拔700～1200m；在江西庐山、福建、武夷山等地分布于海拔800～1200m；在湖南龙山等地海拔1000～1600m的阔叶林中有少量散生；在四川分布于海拔1000～2600m；在湖北西部分布于海拔500～1000m。

连香树花枝（刘军摄）

二、生物学和生态学特性

落叶大乔木，树干通直，树体高大，树姿优美。单叶对生，宽卵形或近圆形，掌状叶脉5～7条，叶形奇特，为圆形，其大小与银杏叶相似，因而得名山白果。冬芽于3月上旬萌动。3月下旬至4月上旬为展叶期，10月中旬叶变色，11月中下旬开始落叶。其叶色季相变化丰富，春天为紫红色、夏天为翠绿色、秋天为金黄色、冬天为深红色，极具观赏价值，是园林绿化、景观配置的优良树种。树皮灰褐色，纵浅裂呈薄片状剥落。1年生枝赤色，2年生枝黑褐色。芽具2芽鳞，紫红色。雌雄异株，花单性，不具花萼和花瓣。聚

连香树叶枝（宋鼎摄）

连香树果枝（宋鼎摄）

合蓇葖果。花期4月，果期8月。中等喜光树种，喜温凉湿润气候，分布于年平均气温10～12℃、年降水量1500～2000mm、空气多雾湿、年平均相对湿度75%～85%的地段。要求湿润而不积水、深厚肥沃呈酸性的山地黄壤、山地黄棕壤。生长缓慢，结实稀少，种子很小，千粒重通常在0.58g左右（李文良等，2008）。萌蘖性强，整枝良好。病虫害较少。

三、苗木培育

1. 播种育苗

（1）采种

选择生长良好，进入结果盛期的连香树，在9～10月，当蓇葖果由绿色变为黄褐色，果实开始开裂时及时采回，先放置室内通风处晾至果实大都开裂，而后转到室外较弱阳光下晾晒至干燥，再用木棍轻轻敲打使其种子脱出。种子用布袋于干燥通风处贮藏。

（2）圃地选择及苗床制作

圃地应选择在土壤深厚、肥沃、排水良好的沙壤土地段。秋季翻土整地，经冬季霜雪冻裂风化后，春季播种前，细致平整作床，床高25cm左右，床面宽100cm左右。整地前，用硫酸亚铁进行土壤消毒。

（3）种子处理

播种前将种子用0.50%高锰酸钾溶液消毒1h左右，再用40℃左右的温水浸泡24h放入布袋中继续催芽（每天清水冲洗2次），种子约1/3发芽时，取出即时播种（杨荣慧等，2012）。

（4）播种

播种时间通常在3月中旬左右。在床面上开深1.0cm左右、行距30cm左右的播种沟。按每亩净干1kg左右的播种量将处理好的种子与湿沙一起充分混合后，均匀地条播于播种沟内，播后盖以细土，其厚度为0.3cm左右，并轻轻拍平，盖以稻草，喷水浇湿以防风吹和保持土壤湿度。

（5）苗木管理

播种后20天左右，幼苗开始出土。通常于4月底幼苗出土长出真叶时，选择阴天或傍晚揭去稻草，同时搭建遮阴棚，并在遮阴棚上铺2层遮阳网。幼苗生长期特别需要注意除草和保湿工作，晴天早晚喷水保湿，经常检查苗床，及时拔除杂草。当苗木长至3cm以上时，施薄粪喷水或0.3%的尿素溶液，7月上中旬可追施1次复合肥，追肥结合抗旱。1年生苗木地径一般达到0.3cm左右，高度在30cm左右。

2. 扦插育苗

连香树结实稀少，而且种子十分细小，采种难度大，所以在实际生产中，有条件的地方，可用扦插方式进行苗木培育。扦插又分为硬枝扦插和嫩枝扦插。

（1）硬枝扦插

圃地选择及苗床制作 圃地适宜选择在气候凉爽湿润、接近水源、土层深厚、排水良好的沙质壤土地带。通常于早春深翻圃地25cm，施以腐熟有机肥，平整作床，床高25cm左右，床面宽100cm左右，床面加盖3～4cm厚细黄心土。通常在扦插前5天用多菌灵（$6g/m^2$）对圃地土壤进行消毒处理。

插穗选择及处理 选取采穗圃或老树根部萌蘖的1～2年生粗度0.5cm以上的健壮穗条，剪成12～15cm长的插穗，每根插穗上至少具有2个饱满健壮的芽。用锋利剪刀或用利刃嫁接刀将插穗芽的上方平切，下端削成单马耳形。按50支一捆，将捆好的插穗下部以直立的方式浸入浓度为80～100mg/kg的ABT6号生根粉溶液中20h左右后，即可进行扦插。

扦插及苗木管理 株行距20cm×25cm，插前按行距开成2cm深的浅沟，并将土壤稍加喷湿，等其略干后将处理好的插穗按株距沿沟中插入4～5cm深，而后覆土压紧，覆土后再进行1次喷水，使床面湿透。扦插完毕，及时加盖拱形薄膜，四周用土块压实，使苗床保温保湿。扦插后的苗床要经常检查床面土壤湿度，如床面土壤出现干燥，及时揭开半边薄膜进行喷水，喷后及时盖严。5月上旬开始，白天将两头薄膜揭开透气，随着气温上升，晴天逐步揭开两侧薄膜散热，傍晚覆盖，5月下旬开始加盖遮阳网，中午遮阴，早晚揭除。6月初除去薄膜，晴天遮阴，早晚和雨天揭开遮阳网，床面自始至终保持一定湿度。9月下旬天气转凉，除晴天中午外，无需遮阴，10月下旬可全部撤除遮阳网。6月中旬开始根据苗木生长情况，薄施氮肥，7～8月结合抗旱浇灌稍施磷钾肥，可在幼苗行间开浅沟兑水灌施，施后覆土。

（2）嫩枝扦插

通常于5月底至以6月上旬，从健康母树上剪取当年生带3片叶的半木质化粗壮嫩枝，分成50支一捆，用浓度为80mg/kg的ABT6号生根粉溶液1～2h后扦插。先用直径1cm左右的竹棍在苗床上按照设计的扦插密度插孔，插孔深度通常为穗条长度的1/3，后将处理过的插穗放入插孔中压实基质并浇透水。及时搭棚遮阴，经常浇水保持苗床湿润。圃地选择和苗木管理等参考硬枝扦插。

四、林木培育

1. 立地选择

连香树天然分布常见于亚热带山区海拔较高的深山谷地，人工造林培育在立地选择上有其特定的要求。适宜选择在大气湿度较高、雾湿多雨、土壤肥沃、酸性或微酸性、土层深厚、排水良好的地段。土层深厚、海拔800～1600m的亚热带山区天然次生林，更是连香树人工林最佳的立地选择。

2. 整地

整地时间通常在造林前3个月完成。栽植点呈梅花状，要求栽植穴的规格为60cm×

连香树林分（喻勋林摄）

50cm×40cm。整地时表土和心土分开，并将其杂根和大的石块拣尽。整地翻出的土壤经过一段时间充分晒垡后方可回土，回土时要先回表土，后回心土。由于连香树对光照要求特殊，幼年需要一定的庇荫条件，因此，在天然残次林山坡，造林前不宜砍除杂灌烧垦，不适宜全面整地。利用疏林空地、林间隙地或在一定距离内伐除少量枯枝和用途不大的树木，创造小块人工林地天窗，进行块状整地，挖穴造林。采取与天然次生林混交的方式，见缝插针，也是连香树造林的常用配置模式。

3. 造林

在坚持良种壮苗原则的育苗圃地，选用1～2年生、苗高40cm以上、地径0.4cm以上、根系发达特别是须根多的优质苗木造林。苗木尽可能做到随起随栽，起运过程尽量采取防干保湿措施，在温度高、大气干燥的天气下，要防止根系失水。为防止窝根，对于主根过长的苗木，在栽植前适当截根。造林季节可选择11月中旬的深秋季节或翌年2月下旬左右的春季。栽植时要保持苗木端正、根系舒展，回土分层压实，里紧外松不积水。栽植深度适宜，一般深栽至苗木地上部分高度的1/2左右。栽植穴上面覆些松土至略高于地面，呈馒头形，防止雨季穴内积水。

4. 幼林抚育

连香树人工林的幼林抚育工作对其成林成材状况影响较大，幼林抚育工作主要包括林地管理和树体管理。由于连香树幼树时期需要一定的庇荫，同时又要保证林地土壤水肥状况良好。因此，通常在造林后的前3年，每年抚育1～2次，第一次抚育一般在夏季进行，包括扩穴培土和除草，同时在保证连香树幼树树冠具有足够的生长空间和需光要求的前提下，保护周边杂灌，使其营造一定的小气候。第二次抚育通常在秋冬季，主要是除去根际萌条和过大的侧枝。第四年以后，一般只进行1次全面劈草和除萌，直至林分郁闭。

五、主要有害生物防治

一般情况下，连香树病虫害较少。苗期主要病害是根腐病，发病原因主要是夏季高温、高湿，发病期在7～8月，主要症状为新梢和新叶停止生长、叶片小、根茎以下根系腐烂，严重者苗木枯死。1～3年苗木生均有发生。防治方法：用多菌灵1000倍液叶面喷施及甲基托布津200倍液灌根，可以控制病情的发展（杨荣慧等，2012）。

苗期主要害虫为蛴螬、地老虎、金针虫等，一般在苗木根部进行危害。防治方法：可采用10%吡虫啉乳剂1000～1500倍液浇灌根部防治。

六、材性及用途

连香树的木材纹理通直，结构细致，呈淡褐色，心材与边材区别明显，且耐水湿，是制作小提琴、室内装修、制造实木家具的理想用材，是稀有珍贵的用材树种，并且还是重要的造币树种。连香树的果、树皮等有较高的药用价值，果主治小儿惊风抽搐、肢冷，特别是树皮煎水服用，对治疗感冒、痢疾有特殊疗效。连香树的树皮与叶片含鞣质，可供提制栲胶。叶中所含的麦芽醇在香料工业中常被用于香味增强剂。连香树树体高大，树姿优美，叶形奇特，叶色季相变化也很丰富，是典型的彩叶树种，极具观赏价值，是园林绿化、景观配置的优良树种（李俊，2013）。

（刘桂华）

151 黄刺玫

别　名 | 刺玫花、黄刺莓、破皮刺玫
学　名 | *Rosa xanthina* Lindl.
科　属 | 蔷薇科（Rosaceae）蔷薇属（*Rosa* L.）

黄刺玫主要分布在北方温带和暖温带地区，耐干旱，是重要的园林绿化树种和水土保持防护林树种（王雅莉，2015）。其花可供提取芳香油，果实含有大量的中性纤维和果胶，含糖量较高，可作为食品工业以及保健品的原料；花、果药用，能理气活血、调经健脾。

一、分布

黄刺玫主要分布于吉林、辽宁、内蒙古、河北、山西、陕西、甘肃、青海等地。

二、生物学和生态学特性

灌木，高3m。枝粗壮，常拱曲，小枝常红棕色，有散生扁平皮刺。小叶7～13枚，椭圆形、卵宽形至近圆形，长0.8～2.0cm，有圆钝锯齿；叶柄和叶轴有稀疏柔毛和小皮刺。花单生叶腋，重瓣或半重瓣，黄色，直径3～4cm；花瓣宽倒卵形，先端微凹；花柱离生，被长柔毛微伸出萼筒，比雄蕊短。花期5～6月，果实成熟期7～8月。蔷薇果近球形或倒卵圆形，直径1.2～1.5cm，熟时紫褐色或黑褐色。喜光，稍耐阴，耐寒力强。对土壤要求不严，耐干旱和瘠薄，在盐碱土中也能生长。不耐水涝，不宜在低洼积水处、池塘边或沟渠边种植。

三、苗木培育

主要用分株育苗，对单瓣种也可用播种、扦插、压条和嫁接育苗。

分株育苗　最常用的繁殖方法。在3月下旬芽萌动前进行，分株前先将枝条重剪，将整个植株全部挖起，分成几份，每份至少要带1～2根枝条和部分根系。重新分别栽植，栽后加强肥水管理。分株育苗易于成活，管理方便，当年即能现花，不足之处是繁殖数量有限。

播种育苗　主要针对单瓣品种而言。在秋季果实成熟后，取出种子，经过沙藏越冬后，在第二年春季到来的时候进行播种育苗。

北京林业大学校园黄刺玫果（戴腾飞摄）

扦插育苗 主要集中在6～7月，剪取植株上当年生半木质化枝条，制作插穗，长10～15cm，并保持上部有2～3枚的叶片。扦插前需先用50mg/L吲哚丁酸溶液浸泡插穗48h，取出插入沙土，深度5cm左右，株行距8～10cm，保持土壤湿润，翌年春季进行移栽。

压条育苗 7月可进行压条育苗。利用当年生嫩枝压入到松软的土壤中，第二年春季将压条与母株进行分离移栽。

嫁接育苗 多在3月或10月进行，采用芽接方式。选取当年萌蘖和当年生侧枝中上部发育饱满的休眠芽。砧木选择易生根的野刺玫或2年生的蔷薇，嫁接完后10天左右进行成活检查（任雪梅等，2011）。

四、林木培育

一般在3月下旬至4月初栽植，需带土球栽植，栽植时，穴内施1～2铁锹腐熟的堆肥作基肥，栽后重剪、浇透水，隔3天左右再浇1次，便可成活。成活后一般不需再施肥，但为了使其枝繁叶茂，可隔年在花后施1次追肥。

日常管理中应视干旱情况及时浇水，雨季要注意排水防涝，霜冻前灌1次防冻水。花后要进行修剪，去掉残花及枯枝，以减少养分消耗。落叶后或萌芽前结合分株进行修剪，剪除老枝、枯枝及过密细弱枝，使其生长旺盛。对1～2年生枝应尽量少短剪，以免减少花数（王丽，2013；黄振宏，2012）。

五、主要有害生物防治

1. 白粉病

主要危害黄刺玫的嫩梢，引起嫩梢扭曲，叶小、畸形，后期叶和枝梢变褐枯死。其病原为*Sphaerotheca pannosa*，一年有2个发病高峰期，

黄刺玫花（徐晔春摄）

5～6月危害春梢，9月危害秋梢。防治方法：加强绿地管理，合理施肥，适量增施磷、钾、氮肥，以提高植株长势。结合修剪及时清除病枝、病芽和病叶，并集中烧毁，以减少病原和再侵染。要注意通风透光，及时排水，露地种植花卉尽量不要重茬。休眠期喷施石硫合剂，消灭病组织中的越冬菌丝或病部的闭囊壳，在发病初期及时喷施杀菌剂进行防治。

2. 月季黑斑病

主要侵染黄刺玫的叶片、嫩梢、叶柄及花蕾。发病初期，叶片正面出现褐色小斑点，随着病症的加重，小斑点逐渐扩大成为圆形或不规则的紫褐色至暗褐色病斑。其病原为*Actinonema rosae*，以菌丝在病枝、病叶或病落叶上越冬，翌年早春，形成分生孢子盘，产生分生孢子借风雨、飞溅水滴传播危害。防治方法：秋末冬初结合清园、防寒工作，彻底清除病落叶，修剪病枝，集中销毁。或早春黄刺玫发芽前清除地面病落叶，修剪病枝。也可以对植株和地面喷洒1次石硫合剂，或其他杀菌剂均能有效地减少初侵染来源。此外，初冬在重病区的地面或盆土表面覆盖一层肥土，加速地面病落叶的腐烂。

3. 黄刺玫瘿蜂（*Diplolepis rosae*）

1年1代，以老熟幼虫在落叶上的枯虫瘿内越冬。翌年4月初开始化蛹，4月下旬至5月上旬成虫羽化，产卵于叶芽和花蕾中。初孵幼虫于5月下旬老熟，然后在虫瘿内越夏越冬。主要以幼虫危害黄刺玫的叶和花果，分别形成叶瘿、果瘿和花萼瘿，严重影响植株生长，导致开花稀少、提前落叶，降低观赏价值。防治方法：在被害植株下翻土，破坏老熟幼虫的越冬环境，使其不能正常化蛹和羽化；也可在翻土时在地表撒石灰，增加防治效果。5月中下旬，在幼虫危害形成瘿瘤时，向树冠喷洒内吸性强的化学农药，杀死瘿内初孵幼虫或者未孵化的卵。

4. 蔷薇叶蜂（*Arge pagana*）

1年2代，以老熟幼虫在土中做茧越冬。翌年4～5月化蛹，6～7月成虫羽化，雌虫产卵时用产卵器在寄主新梢上刺成纵向裂口，呈“八”字形双行排列，几天后产卵痕外露清晰可见。以幼虫孵化后群集取食黄刺玫的叶片，导致新梢从产卵处折断。防治方法：冬春季在花木附近挖茧消灭越冬幼虫，在成虫产卵盛期剪除产卵枝梢，幼虫发生期人工捕捉，或喷施化学农药。

六、综合利用

花色金黄、艳丽，广泛应用于园林绿化。黄刺玫抗性强，也是重要水土保持树种。其果实酸甜可口，富含多种维生素和锌、锰、铜、铁、硒等微量元素，以及皂甙、黄酮、SOD等生物活性物质，具有较高的食用和药用价值。黄刺玫的果实除了可以直接食用以外，还可以制成果酱用。黄刺玫果还具有健脾理气、养血调经的作用，治疗消化不良、气滞腹泻、胃痛、月经不调等病症（王育水等，2014）。

（王迪海）

152 火棘

别　名｜火把果、救军粮、红子刺

学　名｜*Pyracantha fortuneana* (Maxim.) Li

科　属｜蔷薇科（Rosaceae）火棘属（*Pyracantha* Roem.）

火棘树形优美，夏有繁花，秋有红果，果实存留枝头甚久，是重要的园林绿化树种。

一、分布

火棘主要分布于中国黄河以南及广大西南地区。全属10种，中国产7种。国外已培育出许多优良栽培品种。在陕西、江苏、浙江、福建、湖北、湖南、广西、四川、云南、贵州、重庆等地均有栽培。

二、生物学和生态学特性

常绿灌木，高达3m。具枝刺，幼枝被锈色绒毛，老枝无毛。叶倒卵状长圆形或椭圆形，长1.5～6.0cm，具圆钝锯，中部以上最宽，下面绿色。复伞房花序，花径1cm，白色；果近球形，直径8～10mm，成穗状，每穗有果10～20个，橘红色至深红色。9月底开始变红，一直可保持到春节。属亚热带树种，喜温暖湿润、通风良好、阳光充足的生长环境，最适生长温度20～30℃。具有较强耐寒性，在−16℃仍能正常生长，并安全越冬。耐贫瘠，抗干旱。

火棘花（徐晔春摄）

三、苗木培育

1. 播种育苗

采种　果实10月成熟，可在树上宿存到翌年2月，采收种子以10～12月为宜。采收后及时除去果肉，将种子冲洗干净，晒干备用。

火棘枝和叶（李晓东摄）

火棘果（徐晔春摄）

播种 适宜第二年春季播种，种子不可贮存太久，不宜在20℃以下的环境中播种。用0.02%的赤霉素处理。3月上旬，将种子和细沙一起均匀地撒播于冬前准备好的苗床，覆盖细土，覆土不可过厚，并在苗床上覆盖稻草，浇足水。约10天开始出苗，去除稻草，并视苗床湿度进行水分管理。播种出苗率为80.6%。可秋播，播种前赤霉素处理种子，在整理好的苗床上按行距20～30cm，开深5cm的长沟，撒播沟中，覆土3cm。

苗期管理 苗期3个月内每天要查看温度、湿度。若低于20℃或高于30℃，均应升温或降温，主要措施有遮阴、喷雾等。若无异常，每周浇水1次即可。雨季要注意防水、排水。

2. 扦插育苗

硬枝扦插一般在2月下旬至3月上旬，选取1～2年生健康枝条剪成15～20cm的插穗扦插。嫩枝扦插一般在6月中旬至7月上旬，选取1年生半木质化带叶嫩枝，剪成12～15cm的插穗，下端马耳形，并用ABT生根粉处理。在整理好的插床上开深10cm小沟，将插穗呈30°斜角摆放于沟边，穗条间距10cm，上部露出床面2～5cm，覆土踏实，注意加强水分管理。一般成活率可达90%以上，翌年春季可移栽。

3. 压条育苗

春季至夏季都可进行。选取接近地面的1～2年生枝条，预先将要埋入土中的枝条部分刻伤至形成层或剥去半圈枝皮，以利生根。然后将枝条刻伤至形成层埋入土中10～15cm，1～2年可形成新株，然后与母株切断分离，于第二年春天定植（唐宇等，2003）。

四、林木培育

应选择土层深厚、土质疏松、富含有机质、

火棘树姿（朱鑫鑫摄）

较肥沃、排水良好、pH 5.5～7.3的微酸性土壤种植为好。火棘耐干旱，分别在开花前后和夏初各灌水1次，冬季干冷气候地区，进入休眠期前应灌1次封冬水。为促进生长和结果，应整形修剪。火棘成枝能力强，侧枝在干上多呈水平状着生，可将火棘整成主干分层形，离地面40cm为第一层，3～4个主枝，第二层离第一层30cm，由2～3个主枝组成，第三层距第二层30cm，由2个主枝组成，层与层间有小枝着生（赵国锦，2007；陶宏斌，2013）。

五、主要有害生物防治

1. 火棘白粉病（*Phyllactinia* sp.）

火棘白粉病是火棘的主要病害之一，侵害火棘叶片、嫩枝、花果。发病初期病部出现浅色点、逐渐由点扩展成近圆形或不规则形粉斑，形成一层白粉，后期白粉变为灰白色或浅褐色，致使火棘病叶枯黄、皱缩、幼叶常扭曲、干枯甚至整株死亡。白粉病多由光照不足，通风条件差，遮阴时间长而诱发引起。防治方法：可采用清除落叶，发病期间喷石硫合剂、波尔多液或退菌特等。

2. 黑刺粉虱（*Aleurocanthus spiniferus*）

1年发生4代左右，以若虫、伪蛹或卵在叶背面越冬。以成虫、若虫群集在叶片背面吸食汁液，被害叶出现失绿黄白斑点，随被害的加重斑点扩展成片，进而叶片发黄提早脱落，其排泄物能诱发煤污病，使叶片发黑，导致枝枯叶落，生长势减弱，抽梢量减少。防治方法：重视苗木检疫，在引进苗木时检查叶背面有无粉虱虫体，防止扩散蔓延。合理修剪，剪除虫枝、衰弱枝等，改善林地通风透光条件。注意保护和利用粉虱类天敌，如瓢虫、草蛉、斯氏节蚜小蜂和黄色蚜小蜂等寄生蜂，充分发挥天敌的自然调控作用。危害严重时可喷化学农药进行防治。

3. 日本龟蜡蚧（*Ceroplastes japonicus*）

1年1代，以受精后的雌成虫在枝条上越冬。主要以若虫和雌成虫在枝条和叶背中脉处刺吸汁液危害，排泄的蜜露常诱发煤污病，影响光合作用，使树势衰退，引起大量落叶，严重时可致枝条乃至全树枯死。防治方法：严格苗木检疫，防止人为传播。在幼虫期或蜡蚧数量较少时剪除虫枝或刷除虫体。合理修剪，改善林地条件。在若虫盛发期喷施化学农药。

六、综合利用

火棘木坚硬、韧性好，10年生以上火棘是上等木质材料，园林中主要作绿篱，在草坪、道路绿化带中点缀，作盆景和插花材料等。以果实、根、叶入药，性平，味甘、酸，叶能清热解毒，外敷治疮疡肿毒。根能自然生成奇形怪状，3～5年生树根可制作根雕艺术品（曾明颖等，2000）。

（王迪海）

153 花楸

别　名｜百华花楸（《河北习见树木图说》）、花楸树（《东北木本植物图志》）、马加木（《吉林中草药》）、红果臭山槐、绒花树（河北）

学　名｜*Sorbus pohuashanensis* (Hance) Hedl.

科　属｜蔷薇科（Rosaceae）花楸属（*Sorbus* L.）

花楸分布于我国东北、华北和内蒙古林区，为寒温性针叶林特有的伴生阔叶树种，是我国北方珍贵的园林绿化观赏树种，木材可供建筑、家具等用，果、茎及茎皮供药用，果可制饮料、果酒、果酱和护肤品等。

一、分布

花楸为我国花楸属分布较广的树种，其天然资源主要分布在我国的东北、华北地区，跨越36°10′～47°03′N，111°22′～129°45′E的范围，包括黑龙江、吉林、辽宁、内蒙古、河北、山西、山东、北京。在朝鲜北部和俄罗斯西伯利亚东部有零星分布。多数分布在暖温带落叶阔叶混交林区域，少数分布在温带针阔叶混交林区域。常生于海拔600～2500m的山坡、山谷、杂木林内、林缘或小河旁。

二、生物学和生态学特性

落叶小乔木，高达8m。树干灰褐色，密布横条状或横椭圆状凸起的皮孔。小枝粗，圆柱形。冬芽大，长圆状卵形，密被灰白色绒毛。奇数羽状复叶，小叶5～7对，叶缘有细锐单锯齿，基部或中部以下近全缘，上面具稀疏绒毛或近无毛，下面有密绒毛。复伞房花序。梨果小型，近球形，红色或橘红色，具宿存闭合萼片。花期5～6月，果熟期9～10月。浆果冬季宿存。

花楸喜光、半耐阴，对光照适应幅度宽。具有较强的耐性，可在冷（云）杉林中弱光下的腐殖土中萌发。耐酷寒，可耐−70℃低温。根系不耐水湿。抗旱性较强，尤其耐北方冬春干燥气候，但不耐盛夏高温高湿气候。喜湿润排水良好的微酸性土壤。

三、苗木培育

花楸繁殖主要采用播种育苗方式。此外，花楸嫩枝扦插、春季嫁接和组织培养等育苗技术研究已经取得了一定进展。其中组织培养育苗技术已经具备规模化生产水平。

1. 播种育苗

采种与调制　目前，我国尚未建立花楸的母树林和种子园，均在普通林分采种。根据培育目的不同，应选择合适的优良母树采种。花楸果实9～10月成熟即可采收，采收后及时搓洗，去除果肉及外种皮等杂物，阴干，使种子含水量降到10%以下可室温或低温贮藏种子（沈海龙等，2006）。

种子催芽　可春播或秋播。春播：种子需催芽处理。播种前90～120天，将种子用0.05%的高锰酸钾溶液浸泡30min，用水冲洗干净后用水浸泡24～48h；将细河沙用0.05%的高锰酸钾溶液浸泡30min，用水冲洗干净，沥去多余水分；将浸泡好的种子与河沙以1∶3的体积比例混合均匀，使种沙混合物含水量为60%～70%，置于层积窖中或装在木箱等容器内，于0～5℃的低温避光环境下层积处理，每周翻动1次，保持种沙湿润。播种前1周，检查种子萌动情况，种子裂口率不足处理种子1/4时，应白天翻晒种沙，并及时

黑龙江凤凰山花楸果实成熟期（郁永英摄）

黑龙江凤凰山花楸果实（郁永英摄）

黑龙江省森林植物园花楸开花初期（郁永英摄）

喷水保湿，夜间控制种沙温度在1～10℃之间，当种子裂口率达到1/4～1/3即可播种（杨玲，2008）。秋播：当年秋季采集的果实经调制，于10月上中旬将种子和清洗干净的细河沙按1∶3的体积比例混合后播种。

播种 选择平坦的壤土或沙壤土地块，翻深30cm，旋耕碎土，捡出杂草宿根。作高床，结合作床施基肥磷酸二铵15～18g/m^2，混10倍细土，拌入苗床表层6cm土中。每平方米施杀菌剂五氯硝基苯40%粉剂4g+福美双50%可湿粉剂4g，拌入苗床表层2cm厚土中。床面耙细整平，浇透水，待床面稍干即可播种。在春季温度升至15℃以上时播种，采用条播或撒播方法。播种量3～4g/m^2，条播沟深1～2cm，播幅5～6cm，幅距10cm，使用筛过的腐殖土混入等体积细沙覆盖，覆盖厚度1～2cm，然后镇压1遍，浇水，床面覆盖遮阳网或草帘，保持床面湿润（姜雁和李近雨，1998）。

苗期管理 播种后应保持床面湿润，一般均应覆盖草帘保持床面湿润且不板结，否则极易造成干芽而绝苗。春播种子经过1～2周发芽出土，秋播种子翌年春季4月下旬发芽出土。出苗后及时撤掉覆盖物，搭拱架覆盖遮阳网，待幼苗半木质化后去掉遮阳网。出苗3周后当苗木长到1.5～2.0cm高时可进行第一次间苗（一般在雨后进行），留苗200株/m^2；当苗木长到4～5cm高时可定苗，留苗100～150株/m^2。定苗后要及时浇水，苗期浇水要少量多次，在早晚进行，切忌中午大水漫灌。苗木速生期应适当追施氮、磷、钾肥，施肥量为10～15kg/亩；苗木木质化期以钾肥为主，停施氮肥。

留床育苗　花楸当年苗高可达30～50cm，地径0.3～0.6cm；1年生苗木可根据需要留床生长，留苗密度为100株/m^2，留床苗生长期，及时除草和松土。花楸2年生苗木高80～120cm，地径0.8～1.0cm，其苗木根系发达、株形好，适宜造林或用来培育大规格绿化苗木。

换床育苗　花楸1年生苗造林成活率和保存率低，通过移植栽培可使其根系发达、生长势旺盛，苗木株行距15cm×15cm为宜。

2. 组织培养育苗

于7月下旬至8月上旬采集幼果，流水冲洗，用75%乙醇消毒30s后用2.0%NaClO消毒15min，无菌水冲洗后在无菌台上挤碎幼果取出种子，切破种皮子叶端挤出幼胚作为外植体接种。丛生芽诱导培养基为MS+0.5mg/L BA+ 0.05mg/L NAA+15～20g/L 蔗糖+6g/L 琼脂；增殖培养基为WPM+0.3～0.5mg/L BA+20g/L 蔗糖+7g/L 琼脂；继代培养后每个幼胚可诱导出7～20个小茎丛。最佳的生根培养基为1/2MS+0.3mg/L NAA或0.2mg/L IBA；生根小植株移栽前，打开瓶盖驯化3～5天，移入装有珍珠岩的塑料钵中炼苗1周，然后移栽到草炭土和河沙以2∶1体积比例混合的基质中，保持环境温度为25℃，湿度大于80%，幼苗成活率可达80%以上（杨玲和沈海龙，2017）。

四、林木培育

1. 经济林营造

选择中性或微酸性土壤，且无季节性积水的立地，选用2年生留床苗或换床苗造林。为了培育良好冠形，增加结实量，初植株行距以2m×2m或1.5m×2.0m为宜，进入结实盛期株行距宜4m×4m或4m×6m。其他方面遵循一般造林方法即可。

2. 观赏树木培育

整地　圃地应在前一年秋季深翻、整平、耙细、起垄，垄台上面宽80cm、垄高20cm、垄底宽100cm。

栽植　移植时间根据花楸的生物学特性，应在早春土壤解冻后，苗木叶芽萌发前栽植。若培育胸径6cm左右苗木，株距应100cm、相邻两垄交错挖坑，坑深30～40cm、直径50～60cm。花楸移栽前要对其根系进行适当修剪，修剪后根系

黑龙江省宾西林场花楸苗木培育基地（郁永英摄）

应保留20～30cm。花楸大苗移植，应挖冻坨或带土坨。

管理 栽植后及时浇透水，苗木生长期根据天气和土壤情况适度浇水，保持土壤湿润；越冬前浇封冻水，翌年土壤解冻后及时浇返青水，避免春旱引起的枝条生理干旱。杂草控制本着“除早、除小、除了”的原则，避免除草时伤害苗木根系。及时中耕松土，增加土壤的透气性。

修剪 依据培育目的要求进行修剪。花楸一般作为二级行道树种，在幼树4～5年生时进行定干修剪，分枝点高度一般为1.0～1.5m。在初结实2～3年内应控制开花结实，剪去花序、果序，促进幼树生长发育，使树冠丰满、干型优美；早春或秋末应疏剪过密枝条、根部萌生枝条和病枯枝条。

五、主要有害生物防治

花楸幼苗易发生立枯病（*Rhizoctonia solani*），幼嫩枝叶易受蚜虫（Aphidoidea）危害。防治方法：立枯病可用化学药剂喷洒预防，每周喷1次，连续喷药3～5次；发病时喷施猝倒立枯灵，病情严重时以猝倒立枯灵600倍液灌根。当植株上发现蚜虫时，要及时喷洒药液防治。

六、综合利用

花楸是具有木质材料和非木质材料（观赏、药用、食用）等多种用途的优良资源树种。花楸的木材黄紫色，有红斑，质粗硬，供家具和建筑等用；花楸的花叶美丽，红果累累，为城乡街道、园林和庭院优良绿化观赏树种，在东北地区花楸株形丰满、果实经冬不落，为冬季主要观果树种；花楸的果、茎、茎皮供药用，有镇咳祛痰、补脾生津之功效，治疗咳嗽、胃炎、胃病等症；果可食，富含胡萝卜素、糖分、柠檬酸、维生素A（8mg/100g）、维生素C（40～150mg/100g），可开发果酒、果酱、果脯、饮料、化妆品等。因此，花楸可作为多用途经济树种栽培。

（郁永英，李长海，杨玲）

附：欧洲花楸（*Sorbus aucuparia* L.）

欧洲花楸是蔷薇科花楸属小到中等乔木树种，树高一般为5～15m，可达20m。树干端直，树皮光滑，胸径可达40～50cm。寿命可达80年以上。自然分布区遍布欧洲各国，南可达非洲北部，北到冰岛，西到葡萄牙马德拉群岛，东达俄罗斯远东地区（亚洲）；自然界集中生长于湿凉的山地森林地带，多与山地云杉林伴生。由于分布广泛，产生多种变型、变种和亚种，被广泛接受的亚种就有5种。目前，在欧洲已广泛驯化栽培于平原和山地区域。作为观赏树种被引种到北美洲，目前在美国华盛顿到阿拉斯加地区已经处于驯化状态，在加拿大东部和美国东北部已经广泛用于绿化栽培。我国自20世纪80年代开始引种试验，现在在黑龙江省森林植物园已经繁育到3代苗，黑龙江黑河和宁安有集中栽培的报道，辽宁干旱地区造林研究所从俄罗斯引进并进行了多方面试验研究，宁夏从欧洲引进欧洲花楸种子

黑河市中俄林业科技园欧洲花楸秋景（梁立东摄）

黑河市中俄林业科技合作园欧洲花楸栽培（梁立东摄）

黑河市中俄林业科技合作园欧洲花楸苗圃育苗（梁立东摄）

黑河市中俄林业科技园欧洲花楸秋景（梁立东摄）

黑河市中俄林业科技园欧洲花楸冬景（梁立东摄）

进行育苗和试验栽培等。

欧洲花楸适应性强，耐阴、抗霜冻、耐干旱、抗污染、抗风吹、抗雪压；在干旱、湿润、酸性、贫瘠、多石砾、黏重等各类土壤上均能生长，但不耐碱土和积水土壤，以疏松肥沃土壤上生长良好。在阳光充足的各类迹地和林缘、路边天然更新良好。欧洲花楸种源广、变种多、栽培品种繁多，引种时要进行适应性试验。欧洲花楸主要靠种子繁殖，技术可参照花楸。国内引种欧洲花楸后进行了扦插和组织培养育苗试验，但尚未建立实用技术体系（罗玉亮和李红艳，2017）。

欧洲花楸是具有木质材料和非木质材料（观赏、药用、食用）等多种用途的优良资源树种。欧洲花楸的边材金黄至淡黄色、心材褐色，为车辆、家具和雕刻等用材。欧洲花楸的花叶美丽，红果累累，果实经冬不落，树形密集，观赏性优于花楸，为城乡街道、园林和庭院优良绿化观赏树种。欧洲花楸的果、茎、茎皮供药用，食用价值等同或高于花楸，已开发有果酒、果酱、果脯、饮料、化妆品等产品。因此，欧洲花楸可作为优良观赏树种、果用树种、用材树种和生态防护树种进行引种栽培。

（杨玲）

154 杏

别　名｜杏子

学　名｜*Prunus armeniaca* L.

科　属｜蔷薇科（Rosaceae）李属（*Prunus* L.）

杏是蔷薇科植物，是我国北方耐瘠薄、适应性较强的落叶经济林树种，具有食用、药用、饲用、绿化、加工酿造、固沙固土等多种用途，经济价值高，生态作用大，产业化前景广阔。

一、分布

杏原产于我国，全世界自45°S～50°N都有杏的分布，其中栽培比较集中的地区在亚洲及欧洲南部、非洲北部。我国除南部沿海及台湾外，大多数省份皆有杏树栽培，但以河北、山东、山西、河南、陕西、青海、新疆、辽宁、吉林、黑龙江、内蒙古、江苏、安徽等地较多。其中，新疆和黄河流域各地为杏的中心分布区，垂直分布在大兴安岭南麓可达海拔1000m，在华北可达海拔1500m，在青海可达海拔3000m。

二、生物学和生态学特性

落叶乔木，高可达12m。树冠呈球形或椭圆形。树皮深灰褐色。多年生枝条浅褐色，当年生枝条呈红褐色，无毛。单叶，叶卵形、宽卵形或近圆形，叶长5～10cm、宽4～8cm，先端短尾状渐尖，基部近心形或圆形，边缘具细钝锯齿，两面无毛或仅背面脉腋具柔毛；叶柄长2.0～2.5cm，具有2个腺体。花单生于短枝端，花梗短或近无梗；花的萼筒钟形，暗红色，萼裂片卵形，先端急尖，比萼筒稍短；花瓣白色或淡粉红色，圆形或宽倒卵形；子房上位，密被短柔毛。果实球形，成熟时黄白色或黄红色，不开裂；果核扁球形，表面平滑。花期4月，果期6～7月。

杏树根系深广，根系垂直分布可达土层深7m以上。杏树喜光，在光照充足的条件下生长发育良好，而在光照不足的情况下枝条发育常常不充实；喜温，在冬季休眠期能耐-30～-25℃的低温，但解除休眠的杏树花芽在遇到-15～10℃的低温时常会受冻，杏花如遇-3℃以下的低温也常发生冻害；杏耐旱，一般在其他果树不宜栽植的干旱山坡地、沙荒地也能正常生长。

杏枝叶（徐晔春摄）

杏果实（徐晔春摄）

杏花（薛凯摄）

三、良种选育

1. 良种选育方法

（1）选择育种

利用现有种类、品种的自然变异群体，通过选择、提纯以及比较鉴定等手段育成新品种。一般分为“野生种群调查、选优”“优良类型对比试验”“新品种试验示范”“定名、鉴定”等步骤。

（2）杂交育种

通过两个遗传性不同的个体之间进行有性杂交获得杂种，继而选择培育以创造新品种。

2. 良种特点及适用地区

杏野生种和栽培品种资源都非常丰富。在长期的栽培过程中，由于自然变异和人工选择的交互作用，产生了大量而丰富、用途多样的杏树品种，按照用途的不同，将杏划分为鲜食杏、仁用杏、加工杏、观赏杏四大品种群。

（1）鲜食杏品种群

鲜食杏果实个大，肥厚多汁，甜酸可口，风味浓烈，着色鲜艳，主要供生食，也可加工用；在华北、西北各地的栽培品种约有200个以上。

‘骆驼黄杏’ 原产于北京门头沟区。果实6月初成熟，发育期55～60天。平均单果重50g。品质上乘，半离核，甜仁。极早熟，丰产。

‘仰韶黄杏’ 原产于河南渑池县。果实6月中旬成熟，发育期70～80天。平均单果重89.5g。离核，苦仁。花期较其他品种晚3～5天，果实在常温下可贮放7～10天。

‘华县大接杏’ 原产于陕西华县。果实6月上中旬成熟，发育期约70天。平均单果重84g。品质上乘，离核，甜仁。丰产，抗旱。

‘红丰’ 山东农业大学以“红荷包×二花曹”为亲本选育而成。果实5月底成熟，发育期近60天。平均单果重56g。半离核，苦仁。

‘金太阳杏’ 美国品种。果实5月底至6月初成熟。平均单果重66.9g。果肉离核，品质好，抗裂果，较耐贮。自花结实力强，丰产。

‘莱西金杏’ 山东莱西县杏实生品种。6月下旬成熟，果实发育70天左右。平均单果重85.3g。离核，甜仁。

‘凯特杏’ 山东省果树研究所1991年从美国加利福尼亚州引进的欧洲生态群品种。6月中旬成熟，果实发育期72天。平均单果重105.5g。品质上乘，离核，仁苦。丰产、耐贮运（杨庆山等，2001；楚燕杰，2002）。

（2）仁用杏品种群

仁用杏果实较小，果肉薄，种仁肥大，味甜或苦。

‘龙王帽’ 原产于北京门头沟区龙王村。平均单果重20～25g，出仁率27%～30%，单仁重0.8～0.9g。杏仁味香而脆，品质佳。对土壤要求不严，耐干旱。

‘一窝蜂’ 原产于河北张家口地区。平均单果重15g。出仁率30%～35%，单仁重0.62g，甜仁。抗旱、耐瘠薄能力强，极丰产，但抗晚霜能力较差。

‘优一’ 河北蔚县选育的良种。单果重9.6g，单仁重0.75g，出仁率42%～43%，杏仁香甜，品质佳。花期可耐-5℃的低温，丰产性好。

'超仁' 辽宁果树研究所选育。平均单果重16.7g，单仁重0.96g，出仁率41.1%，仁味甜。极丰产。

'油仁' 辽宁果树研究所选育。平均单果重15.7g，单仁重0.9g，出仁率38.7%，仁味香甜。丰产。

'丰仁' 辽宁果树研究所选育。平均单果重13.2g，单仁重0.89g，出仁率39.1%。仁味香甜，极丰产。

'国仁' 辽宁果树研究所选育。平均单果重14.1g，单仁重0.88g，出仁率37.2%。仁味香甜，丰产性好（魏安智等，2003）。

（3）加工用杏品种群

加工用杏果肉厚，糖分多，便于干制。有些甜仁品种，可肉、仁兼用。

'串枝红杏' 原产于河北巨鹿县。6月底7月初成熟，果实发育80天。平均单果重52.5g。果肉硬、耐贮运，离核，苦仁。

'红玉杏' 原产于山东历城县和长清县。果实6月上旬成熟，果实发育期70天。平均单果重80g，最大单果重105g。果肉橘红色，肉质韧细，可加工、鲜食兼用。

'金亚' 山东省农业科学院从亚美尼亚引进品种。果实7月上旬成熟，果实发育期90天左右。平均单果重80～90g。果肉厚，有香气，离核，甜仁。为优良的鲜食和加工品种。

'山苦2号' 西北农林科技大学从山杏中选育。果实6月上旬成熟，果实发育期70天左右。平均单果重19.32g。果肉较厚，果色橙黄、多汁。仁饱满，核出仁率31.75%，苦仁。丰产、耐寒，抗病性强，为优良的仁、肉兼用品种。

（4）观赏杏品种群

杏的常见栽培供观赏的树种，主要有垂枝杏、斑叶杏等。

'垂枝杏' 小乔木，高3～6m。树冠广圆形，枝条下垂，类似垂柳，十分美观。

'斑叶杏' 叶片基部楔形或宽楔形，叶有斑纹，秀丽美观，为上好的观叶树种。

四、苗木培育

1. 实生苗培育

（1）种子采集与处理

种子的采收与贮藏 要选择在生长健壮、无病虫害的成年树上采种。采种时间在果实完全达到生理成熟和形态成熟时进行。果实采收后，去除果肉与杂质，取出杏核，并摊放在阴凉通风处晾干。然后将干种子进行净选后，储藏于干燥、通风处。

种子催芽 选取饱满的种子，在清水中浸泡4～5天后，进行沙藏催芽。在秋末冬初土壤结冻前，选择通风、背阴地方，挖宽80cm、深80～100cm的沟，沟底铺一层10cm厚的细河沙。把浸种好的种子与沙按1：3的比例混拌均匀。拌种用沙的湿度保持在60%左右。把种子与沙拌好后，放入准备好的沙藏沟内，直至距地表15cm时，再用湿沙填平沟口，并在沟上培一高15～20cm、呈屋脊形的土堆，以防积水。第二年春季，当有30%左右的种子裂嘴后，可取出种子

杏植株（朱鑫鑫摄）

进行春播。

（2）圃地的选择与整地

圃地选择 选择地势平坦、具有灌溉条件、土层深厚、比较肥沃的壤土或沙壤土作圃地；为了防止“再植病”的发生，要避免在种过核果类果树的地块上育苗，也应避免选择重茬地作苗圃。

整地 播种前，对圃地进行深翻，然后每亩施腐熟的农家肥2500～3000kg，施辛硫磷1.0～1.5kg。施肥、撒药后再耕翻耙磨，并作成宽1～6m、长6～10m的苗床。

（3）播种与管理

播种 播种时间可分为秋季播种和春季播种。春季播种一般在清明节前后用经过层积催芽的种子进行播种。播种时，在整好的苗圃地上开沟点播。播种深度5～7cm，株距5～8cm，行距20～25cm。播种后要覆土镇压，使种子与土壤紧密接触。春季播种的播种量为每亩40～50kg。秋季播种一般在当年秋末至土壤封冻前进行。秋播种子不需沙藏。播种时，在整好的苗圃地上开沟点播。播种深度10cm，播种后要覆土镇压，并在临封冻前灌1次封冻水。

苗期管理 幼苗出土后长到2～3片真叶时，进行第一次间苗。当幼苗长出7～8片真叶时，进行第二次间苗，并结合间苗，在缺苗断垄处补苗。通过2次间苗，使苗间距保持在15～18cm。幼苗出土后，及时中耕松土，铲除杂草。5月下旬至6月上旬幼苗进入速生期，抓住雨前或雨后追施尿素或复合肥。一般尿素每亩追施20～30kg，复合肥每亩追施15～20kg。在苗木生长的后期应注意少施氮肥，并减少水分供应，以防止苗木贪青徒长。

2. 嫁接苗培育

杏树嫁接苗的培育要经过接穗采集、嫁接、抚育管理、苗木出圃等几个环节。

（1）接穗采集

选择品种优良、纯正、无病虫害、生长结果良好的成年树，采摘生长充实、健壮的1年生发育枝作为接穗。采集时间由落叶至萌芽前进行。采回的接穗按30～40cm剪成枝段，按品、粗细分别每50～100根一捆，放于山洞、地窖等冷凉处，用湿度60%的湿沙埋藏，储备待用。

（2）嫁接

多采用劈接、切接和切腹接方法进行嫁接。

劈接 干径达2～3cm以上的较粗砧木在不离皮的情况下，可采用此法。从春季萌芽期至盛花期均可进行。嫁接时，先将将砧木在距离地面10cm左右处剪断，断面宜平，然后沿断面中央纵切4～5cm长的切口，再用一竹楔子插入劈口中央，将砧木撑开；然后将接穗剪成带3～4个芽的小段，在基部3～5cm处削成对称的两个斜面，成内薄外厚、上宽下窄的楔形。削面要求平整光滑，且与砧木的夹角一致。最后，将接穗插入砧木切口内，使接穗厚边向外，砧、穗形成层对准，砧木上部留0.3～0.5cm的白茬，称为“露白”。插好接穗后，立即将竹楔拔出，用塑料条将嫁接部位捆扎紧。

切接 嫁接时，将带3～5个芽的接穗下端削成3cm左右长的大削面，再在大削面的背面削成长0.6cm左右的短削面。然后将砧木在距地面10cm左右处剪断，削平剪截面，再在砧木剪截面靠近边缘约1/3处垂直向下切，使其长、宽与接穗的大削面相近。最后将削好的接穗插入砧木切口内，对准形成层，并把砧木的皮包于接穗的外边，用塑料条将嫁接部位缠紧、封严。

切腹接 适用于粗度在0.6cm以上的砧木。嫁接时，先用剪刀在接穗顶芽同侧的下端先剪一长3cm的大斜面，大斜面的对面再剪一小斜面，使接穗的两斜面夹棱处稍厚、成契形。接穗剪成后，以其上有2～3个饱满芽为宜。然后，将砧木在距地面5～10cm处倾斜剪截，斜度为与直立约呈30°角。再在砧木截面顶部斜剪一鸭嘴口，该剪口倾斜度与直立方向约呈15°角，剪口深达砧木直径的1/3～2/5处。最后，随剪刀从砧木切口中的抽出而插入接穗，使砧木和接穗形成层对准吻合，并使接穗的削面露白0.1～0.2cm。用塑料条自上而下将嫁接部位捆紧、绑严。

（3）嫁接后的抚育管理

对春季芽接的半成品苗，在接芽成活后，要

随即剪去接芽以上的砧木。夏秋芽接的半成品苗，要在第二年春季萌芽前剪去接芽以上的砧木，以促进接芽的萌发和生长。春季嫁接苗经检查成活后，及时解除捆绑嫁接膜。夏秋季芽接成活苗，第二年春季萌发后解除嫁接膜。春季及时抹除砧木萌芽、接穗上的萌生分枝。6～7月苗木进入速生期时，结合灌水或雨水进行追肥。每亩追施氮肥10～20kg。

五、林木培育

1. 园址选择

杏抗寒、抗旱、耐瘠薄，适应性虽然很强，但在花期和幼果期易遭晚霜冻害。因此，选择园地时一定要注意小气候条件。应避开风口、选择背风向阳的阳坡或半阳坡建园；同时，要注意避开易积聚冷空气的低洼、沟谷川地和海拔高、温度变化剧烈、风大的山顶建园。为了避免“再植病”，还应避免重茬或在栽植过核果类果树的地方建园。

2. 整地

山地杏树建园最大的威胁是干旱缺水，由于水土流失形成冲刷，使土壤变得瘠薄、根系易于裸露，造成树势削弱、生长不良。整地对改善土壤理化性质、拦蓄地表径流、增加土壤水分和肥力具有重要作用。

（1）整地时间

对于计划春季栽植的杏园，要在栽植的前一年秋雨前整好地；计划秋季栽植的，要在当年秋雨前整好地。提前整地，有助于土壤蓄积雨水、促进苗木成活。

（2）整地方法

一般常用的整地方法有反坡梯田整地（较适合于坡面较平整的地块）、鱼鳞坑整地（适宜于坡度较陡、坡面又不平整的地块）等。

反坡梯田整地　在垂直于等高线的方向每隔一定距离，沿等高线里切外垫，修成宽1.5～2.0m、里低外高、长短随地形而定的水平阶面。

鱼鳞坑整地　在坡度陡、坡面又不平整的地块，根据地形，沿等高线挖成半圆形坑，用心土垒成外埂踩实，埂高30～40cm，坑深60～80cm。也可在鱼鳞坑上部两侧，沿坡面向上挖成深20cm左右的雁翅形集水沟，收集坡面降水。

3. 栽植

（1）栽植密度

杏栽植密度根据品种特性、立地条件来确定，原则是，在地势平坦、土层较深厚、土壤肥沃、水分条件好的地方，应当稀植；在干旱瘠薄、立地条件差的地块密度应当大一些；一般土壤肥沃。有水利条件的地方。树体易成大冠。应适当稀植。一般的栽植密度为（2～3）m×（3～5）m；根据立地条件的不同，按照高密度0.5m×1.0m、中密度lm×lm、低密度lm×2m进行栽植。低密度多用于间作及荒漠化沙地治理。

（2）栽植时间

栽植时期分为秋栽和春栽。春栽是在土壤解冻至仁用杏发芽前进行，秋栽在仁用杏苗落叶后至土壤封冻前进行。北方地区春季多干旱，而秋季湿度大、空气蒸发量小，在无灌溉条件的干旱山区宜秋季栽植，在有水利条件的地方，春季、秋季均可栽植。

（3）栽植方法

栽植时，先挖0.5～0.6m^{3}的定植坑，将表土与底土分放。每坑施入腐熟的有机肥30kg，与表土充分拌和，填入坑内踩实，灌足底水。栽植时，将苗木放入定植坑内，埋土并轻提苗木，最后踩实。

4. 幼林抚育管理技术

（1）施肥

5月左右，当幼树抽生出5～10cm以上新梢时，应及时追施速效氮肥，每株施尿素30～50g，施后灌水。生长旺季，可叶面喷施0.2%～0.3%的磷酸二氢钾或2%～3%的过磷酸钙浸出液，每半个月喷一次，喷洒重点是叶片背面。9～10月，控制肥水，防治病虫害，保护叶片完整、适期脱落，促进枝条充实，以利安全越冬。

（2）抚育管理措施

杏树栽植后，在苗木成活、展叶时，将苗干

茎部土堆扒开，做成树盘，促进苗木生长发育。进入雨季之前，修整梯田面和树盘，以积聚雨水，并应及时中耕除草。发现蚜虫、卷叶虫、红蜘蛛和天幕毛虫，应及时防治。

（3）树形培育

杏树定植后，在苗木高度70～80cm处定干，整形带内保留10～12个饱满芽，芽萌发后任其自然生长，新梢长到20～30cm时，从中选5～6个大小一致、方向合适、角度适中的新梢作为主枝继续培养，其余一律及早摘心。第一年冬剪时，将生长势强的主枝剪去枝条全长的1/3，对生长势弱的主枝剪去枝条全长的1/2，剪留长度50～60cm。剪口芽留外芽，第二、三芽留两侧。处于中心位置的主枝，剪留长度50～60cm。第二年冬剪时，对树冠中部的主枝剪留50～60cm，以便有利于向高处伸展，剪口芽留在迎风面。如树体健壮，可选留第二层主枝，并要与第一层主枝交错分布，对该层主枝一般剪留长度为40～50cm。在主枝上距主干50～60cm处，选留侧斜生枝为第一侧枝，侧枝与主枝的夹角为40°～50°，侧枝剪留长度为30～40cm。第三年冬剪时，各主枝的剪留长度为50cm左右。在主枝上距第一侧枝40cm处的对侧，选留第二侧枝。此时，要逐步培养主、侧枝上的结果枝组，可用短截、疏除、甩放等方法，多留枝组，但在同一大枝上过于靠近的地方，不要安排2个过于强旺的枝组，以避免造成卡脖。第四年冬剪时，处于中央的主枝留60～70cm短截，其他主枝的延长枝留50cm短截。各主枝上选留第三侧枝、继续培养结果枝组。经过4年的培养，树形可基本形成自然圆头树形。

杏树为喜光树种，树冠内膛光照较差时常会导致内膛空虚、结果部位外移。因此，要及时剪除内膛徒长枝、过密枝、病虫枝、重叠枝和枯枝等，以改善光照。

5. 成林管理技术

（1）施肥技术

杏树在果实采收后的秋季施入基肥。基肥以人粪尿、圈肥、饼肥、绿肥等农家肥为主，幼树及初果期的杏树每年每株施基肥50kg，盛果期的杏树每年每株施基肥100kg；在生长期进行追肥。一般在3月上旬花芽膨大期，每株追施尿素0.25～0.50kg，以促进花芽后期分化、提高完全花比例。在5月上旬果实膨大期，每株追施氮、磷、钾复合肥1.5kg，以促进果实发育、减少落果。在7～8月果实采收后，每株追施氮、磷、钾复合肥1.5kg以补充树体营养，使枝条发育充实，促进花芽分化。施肥可根据实际情况，采用环状沟施肥、放射沟施肥、条沟施肥、穴状施肥、全园施肥等方法进行。

（2）土壤改良

杏树栽植成活后，随着树冠的扩大，根系延伸，应当深翻扩穴、加深耕层、改良土壤，为根系的生长发育创造适宜条件。深翻时期最好安排在秋季，即9月，在白露、秋分前后进行。深翻时从定植穴向外，逐年翻深80cm左右、宽50～60cm的环状沟。每年的深翻沟应与上一年的相套连，中间不留隔层。

对于山丘地、旱薄地、沙荒地杏树，可在树冠下的地面覆盖草、秸秆、落叶等，以达缓温、保湿、控草、改土、肥地的作用。覆盖可在春、夏、秋进行，但以夏、秋两季最好。覆前宜适当补施氮肥，有助于土壤微生物活动，促进覆草腐烂。覆盖最好在雨后进行。覆草厚度以10～20cm为宜，要均匀撒布于地面上，草上压上散土，以防风吹、火灾。

（3）灌溉技术

杏树浇水的时期和灌水量应视气候条件、土壤水分状况和物候时期而定。在我国北方干旱少雨的地区，第一次浇水应在花芽开始萌动时进行，最迟不晚于花前7～10天。这次浇水量宜大，要使田间持水量达到70%左右。这次浇水可保证开花、坐果和枝条第一次生长的需求，可防止大量落果；第二次浇水应在硬核期进行。此时恰是杏树需水的关键时期，也是我国北方最为干旱的季节，浇水对果实发育、枝条生长至关重要。果实采收后我国大部分地区进入雨季，可不再浇水或减少灌水量。如此时施用采后基肥，可进行第三次浇水，浇水量视当时土壤含水量而定。在土壤封冻前可再浇1次封冻水。封冻水对于保障冬季根系正常生长发育和早春对水分的需求非常重要。在一般年份，这4次浇水可基本满足杏树的水分需求。在雨量充沛的南方地区，可适当减少浇水次数。在春天雨季时又要注意水涝。

（4）修剪技术

修剪的重点是保持中庸、健壮的树势，维护骨干枝的主从关系，改善冠内光照，调整更新枝组，提高结果能力。对各级骨干枝，可以不剪，使枝头成为结果枝结果，稳定树势。对树冠不够大，又有空间生长的各级延长枝，也可剪去延长枝的1/3～1/2，使其抽生健壮的新梢，对衰弱的主、侧枝和多年结果枝组、下垂枝，应在强壮的分枝处回缩更新或抬高角度，使其恢复树势。对树冠下部枝和内膛枝，要注意更新复壮。花束状果枝连续结果5～6年后，短枝会衰弱，结果量会渐少，结果部位发生外移，这时应在基部潜伏芽处回缩，促生分枝，重新培养花束状结果枝。对树冠内的长、中果枝，多进行短截，少缓放，以防止内膛空虚、光秃、对树冠外围多年生枝，宜放则放，宜缩则缩，以改善通风透光条件。对内膛发生的徒长枝，只要有空间，应尽量保留，并在生长季节连续摘心，或冬剪时重短截，以促生分枝，培养成结果枝组。

杏树盛果期过后会逐渐进入衰老期，各级骨干枝生长衰弱，新梢短，骨干枝下垂，内膛严重光秃，只在树冠外围结果。应更新骨干枝和枝组，增强树势，延长结果年限。对骨干枝可回缩到3～5年生或6～7年生枝的部位，以促发新枝，增加枝叶量，尽快培养形成结果枝组。

六、主要有害生物防治

1. 杏疔病（*Polystigma deformans*）

杏疔病又名杏疔叶病、红肿病、叶枯病、树疔、杏黄病、娃娃病等。该病的病原菌为杏疔座霉菌，以子囊壳在病叶或芽体内越冬。春季子囊孢子借助风雨或气流传播到幼芽上入侵危害，5月开始出现症状，9月下旬至10月上中旬在逐渐干枯的叶片上形成子囊壳越冬。该病主要危害杏树新梢、叶片，有时也危害花和果实。新梢染病后生长缓慢或停滞，严重时干枯死亡。发病部位节间短而粗，幼叶密集呈簇生状。花受害后，萼片肥大、不易开放，花萼及花瓣不易脱落。幼果受害后，生长停滞，后期干缩脱落或挂在树上。防治方法：结合秋冬季修剪，剪除病枝病叶、集中烧毁或深埋；早春萌芽、新梢开始生长、展叶后，喷施杀菌剂。

2. 根腐病（*Fusarium* spp.）

根腐病主要危害苗木及幼树，病原菌为茄属镰刀菌（*Fusarium solani*）和尖孢镰刀菌（*Fusarium oxysporum*）。病菌从须根侵染，发病初期，部分须根出现棕褐色近圆形小病斑。随病情加重，病斑扩展成片，并传到主根、侧根上，导致根部腐烂，韧皮部变褐色，木质部坏死。随后，地上部分出现新梢枯萎下垂，叶片失水，叶边焦枯，提前落叶。重茬地繁育苗木，易导致此病发生，因此避免在重茬地上育苗、建园。防治方法：苗木栽植前用硫酸铜溶液浸根；杀菌剂灌根防治已发病林木。

3. 褐腐病（*Monilinia fructicola*）

褐腐病又叫灰腐病、实腐病、菌核病，主要危害果实，其次是叶片、花及新梢。果实在接近成熟时最易感染此病，初侵染的病果产生圆形褐色斑，病斑下果肉变褐色、软腐，病斑上出现同心、轮纹状排列的白色和灰褐色的绒毛霉层（分生孢子）。病斑很快扩展至全果，病果脱落或失水干缩成褐色僵果。僵果是菌丝与果肉组织形成的大型菌核，可悬于枝头经久不落。幼叶受害后，幼叶边缘有水浸状褐斑，随后扩展至全叶，逐渐枯萎，但不脱落。枝受害时，先是菌丝通过叶柄蔓延到新梢，初期表现为长圆形灰褐色溃疡，严重时枝条枯死。防治方法：随时清理树上和树下的僵果和病果，清理杏园，剪除病枝，集中烧毁，以消灭病原；防治食心虫、蝽象、卷叶虫等易造成伤口的害虫，减少病菌侵染的机会；落叶后至发芽前、初花期、幼果期喷施杀菌剂，控制病菌感染。

4. 杏仁蜂（*Eurytoma samsonovi*）

杏仁蜂1年发生1代，少数个体2年甚至3年发生1代，以幼虫在地面落杏、杏核及树上的干果内越冬、越夏。4月下旬化蛹，杏花落后开始羽化，在杏核内停留一段时间后飞出，交尾产卵。成虫多从果面中部直接将卵产于幼果胚乳中。初孵幼虫在杏核内蛀食杏仁，可将杏仁吃光，造成果实干缩挂于枝上或大量落果，引起减产。防治方法：该害虫的防治策略以人工压低虫源为主，以化学防治为辅；栽植抗虫品种，人工捡拾园内受害落果、虫核，摘除树上僵果等，集中深埋或烧毁，以消灭其中的幼虫；深翻树盘，将落果埋入土中；使成虫不能出土；在地面施药，使药土混合，毒杀成虫；落花后向树上喷药剂杀灭成虫。

5. 杏虎（*Rhynchites anratus*）

杏虎又叫桃象甲。1年发生1代，以成虫在表土下5cm左右的蛹室内越冬。春季当日平均气温达15℃以上时，开始羽化出土，出土活动盛期在杏树盛花期。成虫多选择发育良好的幼果产卵。成虫体色与杏花的花萼、花托颜色非常相似，具有很强的假死行为。成虫咬食杏花、嫩叶和幼芽，对杏果无严重危害。初孵幼虫取食果肉，并钻蛀弯曲而不规则的孔道，随着幼虫不断长大，逐渐向杏果的果柄部位蛀食，老熟幼虫随着受害杏果落于地面后，咬破果皮钻出入土，做一个圆形的土室，到8月上中旬化蛹，9月羽化为成虫潜伏于土室内越冬。防治方法：利用成虫假死习性进行捕捉；捡拾落果后集中销毁，杀灭落果内的卵或幼虫；春季4月下旬杏树开花前后，成虫出土盛期，向树下喷施触杀性杀虫剂，或将粉剂撒施于树下，耙入土中，毒杀出土成虫。

6. 蚜虫

危害杏树的蚜虫有桃蚜（*Myzus persicae*）、桃粉蚜（*Hyalopterus arundimis*）和桃瘤蚜（*Tuberocephalus momonis*）。3种蚜虫均以卵在杏的腋芽处越冬，均以成蚜和若蚜群集于嫩梢、叶片背面及果实上吸食汁液，造成叶片向背面卷曲，影响新梢生长和花芽形成，导致叶片变黄脱落，并造成大量落果，其分泌物污染叶面和果面，引起煤污病。防治方法：结合冬季修剪，清除杏园内受害枝梢虫叶，集中深埋或烧毁，以降低虫口密度；发芽后树体喷施洗衣粉液或抗蚜威可湿性粉剂；保护和利用天敌。

7. 桃红颈天牛（*Aromia bungii*）

一般2年发生1代，少数3年发生1代，以幼龄幼虫第一年和老熟幼虫第二年越冬。成虫于5～8月间出现；各地成虫出现期自南至北依次推迟。成虫将卵产在枝干树皮缝隙中，幼虫孵出后向下蛀食韧皮部，随着虫龄的增加将虫道扩展至木质部。幼虫一生钻蛀隧道全长50～60cm，在树干的蛀孔外及地面上常大量堆积有排出的红褐色粪屑。受害严重的树干中空，树势衰弱，以致枯死。防治方法：在成虫羽化前进行树干和主枝基部涂白，防止成虫产卵；6～7月间用糖醋液诱杀成虫，或组织人工捕杀；成虫产卵期，发现有方形产卵伤痕，及时刮除或以木槌击死卵粒；对有新鲜虫粪排出的蛀孔，可在虫孔塞药熏杀幼虫，也可在蛀道内注射昆虫病原线虫侵染幼虫；保护和利用天敌昆虫如管氏肿腿蜂、花绒寄甲等。

七、综合利用

1. 食用价值

杏果实营养丰富，含有多种有机成分和人体所必需的维生素、微量元素及17种氨基酸、10%的糖类、23%～27%的蛋白质、50%～60%的粗脂肪，均高于苹果、桃、梨等北方传统水果的几倍，是滋补佳品。杏肉深加工可制成杏脯（糖水杏）、罐头、杏干、杏酱、杏酒、杏青梅、杏丹皮等；杏仁可制成杏仁露、杏仁霜、杏仁酪、杏仁点心、杏仁酱菜、杏仁油等，杏树中大扁杏仁的出油率最高为50%～60%，油质稳定，味道芳香、易消化，是一种极品的绿色植物油（安国凤和谷杰超，2012）。

2. 药用价值

杏果有良好的医疗效用，在中草药中居重要地位，主治风寒肺病、生津止渴、润肺化痰、清热解毒。杏仁具有润肠通便，增强心肌弹性、抗癌、美容等独特功能。苦杏仁和其他中药搭配，常用于治疗感冒咳嗽、气喘、慢性支气管炎等症；甜杏仁具有滋润养肺，下气止嗽，治虚劳之咳、胸闷不畅的功效。杏叶可治疗目疾、水肿。杏仁中含有的维生素B_{17}，具有抗癌作用。杏仁的干燥粉末能100%抑制强致癌性真菌——黄曲霉菌和杂色霉菌的生长。近年来杏仁已在临床上广泛用于肝癌、肺癌、支气管癌、乳腺癌并发骨转移等的治疗。

3. 杏仁油的利用价值

不同种类杏仁的脂肪含量为50%～60%，平均约为55%，比油菜籽高出17个百分点，比大豆高1.6倍，比花生仁高出15个百分点，与葵花籽仁和芝麻的平均脂肪含量相当。杏仁油的饱和脂肪酸含量较低，其中，软脂酸含量仅3.66%、不饱和脂肪酸含量高达96%以上、人体必需而不能合成的亚油酸和亚麻酸含量高分别高达24.75%和0.12%，不含硬脂酸。杏仁油食用品质好，且易贮藏，为高级食用油。杏仁油除食用外还可用作医药、化妆品、除锈剂、优质香皂、高极油漆的原料及精密仪器和军事工业的润滑油等（张华和于淼，2005）。

4. 杏壳的利用价值

杏核壳地坚硬，是生产高级活性炭的优质原料。杏壳活性炭的碘值高（900～1300mg/g）、质地坚硬（硬度达95%～98%）、孔隙密度大（总孔密积为0.70～1.00cm^3/g）、吸附能力强（苯吸附量为300～680mg/g）、比表面积高（1000～1500m^2/g）等优点，且可再生和重复使用。杏壳除可生产常规的净水炭、黄金炭、糖液脱色炭等产品外，目前已经试生产出超电容级电池电极专用活性炭和汽油吸附活性炭。其中，生产的高档电池活性炭主要技术指标，如放电时间、衰减度、电阻率等都达到了日本同类产品水平（张加延等，2005）。

5. 杏树木材的利用价值

杏木坚硬，纹理细致，色泽乌红，是制作家具和雕刻艺术品的原料，也可加工成木炭和绘画用的炭条、炭黑等。

6. 杏树枝叶的利用价值

杏树枝皮可提炼树胶和单宁。杏叶中含有12.14%的蛋白质和14%的粗脂肪，以及淀粉和粗纤维等，是饲料工业的好原料（魏安智等，2003；樊巍，2003）。

附：西伯利亚杏［*Armeniaca sibirica*（L.）Lam.］

又称作山杏，别名杏子、野杏，灌木或小乔木，主要分布于我国黑龙江、吉林、辽宁、内蒙古、甘肃、河北、山西等地，蒙古东部和东南部、俄罗斯远东和西伯利亚也有分布；生于干燥向阳山坡上、丘陵草原或与落叶乔灌木混生，海拔700～2000m。其用途广泛，经济价值高，可绿化荒山、保持水土，也可作沙荒防护林的伴生树种，亦可作砧木，是选育耐寒杏品种的优良原始材料。种仁供药用，可作扁桃的代用品，并可供榨油。

树高2～5m。树皮暗灰色。小枝无毛，稀幼时疏生短柔毛，灰褐色或淡红褐色。叶片卵形或近圆形，长5～10cm，宽4～7cm，先端长渐尖至尾尖，基部圆形至近心形，叶缘有细钝锯齿，两面无毛，稀下面脉腋间具短柔毛；叶柄长2.0～3.5cm，无毛，有或无小腺体。花单生，直径1.5～2.0cm，先于叶开放；花梗长1～2mm；花萼紫红色；萼筒钟形，基部微被短柔毛或无毛；萼片长圆状椭圆形，先端尖，花后反折；花瓣近圆形或倒卵形，白色或粉红色；雄蕊几与花瓣近等长；子房被短柔毛。果实扁球形，直径1.5～2.5cm，黄色或橘红色，有时具红晕，被短柔毛；果肉较薄而干燥，成熟时开裂，味酸涩不可食，成熟时沿腹缝线开裂；核扁球形，易与果肉分离，两侧扁，顶端圆形，基部一侧偏斜，不对称，表面较平滑，腹面宽而锐利，种仁味苦。花期3～4月，果期6～7月。

适应性强，喜光，根系发达，深入地下，具有耐寒、耐旱、耐瘠薄的特点。在−40～−30℃的低温下能安全越冬生长，在7～8月干旱季节，当

土壤含水率仅达3%～5%时，山杏却叶色浓绿，生长正常。在深厚的黄土或冲积土上生长良好；在低温和盐渍化土壤上生长不良。定植4～5年开始结果，10～15年进入盛果期，寿命较长。花期遇霜冻或阴雨易减产，产量不稳定。

山杏林一般密度为110株/亩，株行距为2m×3m。林地管理与病虫害防治同杏。

附：东北杏［*Prunus mandshurica*（Maxim.）Koehne.］

落叶乔木，极稀灌木，主要分布于我国的辽宁、吉林等地，俄罗斯远东和朝鲜北部也有分布；多生在开阔的向阳山坡灌木林及杂木林下，海拔400～1000m。

树高5～15m。树皮木栓质发达，深裂，暗灰色。嫩枝无毛，淡红褐色或微绿色。叶片宽卵形至宽椭圆形，长5～15cm，宽3～8cm，先端渐尖至尾尖，基部宽楔形至圆形，有时心形，叶边具不整齐的细长尖锐重锯齿，幼时两面具毛，逐渐脱落，老时仅下面脉腋间具柔毛；叶柄长1.5～3.0cm，常有2个腺体。花单生，直径2～3cm，先于叶开放；花梗长7～10mm，无毛或幼时疏生短柔毛；花萼带红褐色，常无毛；萼筒钟形；萼片长圆形或椭圆状长圆形，先端圆钝或急尖，边常具不明显细小锯齿；花瓣宽倒卵形或近圆形，粉红色或白色；雄蕊多数，与花瓣近等长或稍长；子房密被柔毛。果实近球形，直径1.5～2.6cm，黄色，有时向阳处具红晕或红点，被短柔毛；果肉稍肉质或干燥，味酸或稍苦涩，果实大的类型可食，有香味；核近球形或宽椭圆形，长13～18mm，宽11～18mm，两侧扁，顶端圆钝或微尖，基部近对称，表面微具皱纹，腹棱钝，侧棱不发育，具浅纵沟，背棱近圆形；种仁味苦，稀甜。花期4月，果期5～7月。

东北杏根系发达，树势强健，生长迅速，有萌蘖力，具有较强的耐寒性和耐干旱、耐瘠薄土壤的能力。可在轻盐碱地中生长。极不耐涝，也不喜空气湿度过高的环境。喜光。适合生长在排水良好的沙质壤土中。定植后4～5年开始结果。寿命一般在40～60年以上。

本种耐寒力强，可作栽培杏的砧木，是培育抗寒杏的优良原始材料；木树坚实，纹理美观，可制作各种家具；花可供观赏；种仁供药用和食品工业用。

附：山桃［*Amygdalus davidiana*（Carrière）de Vos ex Henry］

别名花桃，常见的观赏果树。落叶小乔木，广泛分布在吉林、辽宁、北京、山东、山西、江苏、安徽、河北等地；生于山坡、山谷沟底或荒野疏林及灌丛，海拔800～3200m。

山桃树高可达10m。树冠开展，树皮暗紫色，光滑。小枝细长，直立，幼时无毛，老时褐色。叶片卵状披针形，长5～13cm，宽1.5～4.0cm，先端渐尖，基部楔形，两面无毛，叶边具细锐锯齿；叶柄长1～2cm，无毛，常具腺体。花单生，先于叶开放，直径2～3cm；花梗极短或几无梗；花萼无毛；萼筒钟形；萼片卵形至卵状长圆形，紫色，先端圆钝；花瓣倒卵形或近圆形，长10～15mm，宽8～12mm，粉红色，先端圆钝，稀微凹；雄蕊多数，几与花瓣等长或稍短；子房被柔毛，花柱长于雄蕊或近等长。果实近球形，直径2.5～3.5cm，淡黄色，外面密被短柔毛，果梗短而深入果洼；果肉薄而干，不可食，成熟时不开裂；核球形或近球形，两侧不压扁，顶端圆钝，基部截形，表面具纵、横沟纹和孔穴，与果肉分离。花期3～4月，果期7～8月。

山桃花期早，花时美丽可观，并有曲枝、白花、柱形等变异类型。园林中宜成片植于山坡并以苍松翠柏为背景，方可充分显示其娇艳之美。在庭院、草坪、水际、林缘、建筑物前零星栽植也很合适。本种抗旱耐寒，又耐盐碱土壤，在华北地区主要作桃、梅、李等果树的砧木，也可供观赏。木材质硬而重，可作各种细工及手杖。果核可制作玩具或念珠。种仁可榨油供食用。山桃种子、根、茎、皮、叶、花、桃树胶均可药用。山桃花的种子，中药名为桃仁，性味苦、甘、平，具有活血行润燥滑肠的功能，用于治疗跌打损伤、淤血肿痛、肠燥便秘。山桃花的根、茎皮性味苦、平，具有清热利湿、活血止痛、截虐杀虫的功能，用于治疗风湿性关节炎、腰痛、跌打损伤、丝虫病。

山桃喜光，耐寒，对土壤适应性强，耐干旱、瘠薄，怕涝，对自然环境适应性很强。一般土质上都能生长，主要以播种繁殖。宜种植在阳光充足、土壤沙质的地方，管理较为粗放。

附：欧李［*Cerasus humilis*（Bge.）Sok.］

别名高钙果。灌木，分布于中国黑龙江、吉林、辽宁、内蒙古、河北、山东、河南等地。生于阳坡沙地、山地灌丛中，或庭园栽培，海拔100～1800m。欧李一般在变化较大的垂直高大山脉和背阴坡分布很少或没有，而在缓坡、丘陵区、梯田向阳面分布最多，分布与海拔高度无明显关系。

树高0.4～1.5m。小枝灰褐色或棕褐色，被短柔毛。冬芽卵形，疏被短柔毛或几无毛。叶片倒卵状长椭圆形或倒卵状披针形，上面深绿色，无毛，下面浅绿色，无毛或被稀疏短柔毛，侧脉6～8对。花单生或2～3朵花簇生，花叶同开；花瓣白色或粉红色，长圆形或倒卵形；雄蕊30～35枚。核果成熟后近球形，红色或紫红色，直径1.5～1.8cm；核表面除背部两侧外无棱纹。花期4～5月，果期6～10月。

欧李虽然抗旱耐瘠，但因产量大，有了充足的水肥才能保证欧李的高产稳产。一般每年追肥3次，分别在开花前、果实膨大期和采收后进行。根施以果树复合肥为好，并在肥料中加入5～10kg硫酸亚铁（黑矾），一般每次每亩60kg左右。采取顺行沟施比撒施效果好，每次追肥应结合浇水进行。

（魏安智）

155 巴旦木

别　名｜扁桃、八担杏、巴旦杏（《授时通考》）、巴旦姆（新疆）、婆淡树

学　名｜*Prunus dulcis* (Mill.) D. A. Webb

科　属｜蔷薇科（Rosaceae）李属（*Prunus* L.）

巴旦木原产于干旱半干旱地区，主要栽培在干燥的亚热带和暖温带地区，产区气候类型为地中海型和干燥大陆型，在我国主要于新疆南疆地区集中栽培，在甘肃、陕西、四川等省有零散分布。巴旦木适应性强，喜光、抗旱、耐寒、耐土壤瘠薄。巴旦木是世界干果之首及木本油料树种，是国际贸易中坚果类的畅销品。巴旦木仁含有丰富的蛋白质和油脂，既是营养滋补佳品，也是重要的药材，医药用途广泛。

一、分布

巴旦木原产于中亚细亚、小亚细亚等地，在世界范围内约有40个种。现仍存留的栽培和野生巴旦木种，主要分布在我国新疆的准噶尔盆地西部山地、阿尔泰山以及哈萨克斯坦、乌兹别克斯坦、土库曼斯坦、伊朗、阿富汗、土耳其等国的山区（朱京琳，1983；田建保，2008）。

我国现有巴旦木6种，其中，只有普通扁桃具有经济意义和栽培价值，主要分布在新疆天山以南的喀什地区，准噶尔盆地西部的巴尔鲁克山、塔尔巴哈台山和阿尔泰山；内蒙古乌拉山、大青山；宁夏贺兰山；陕西北部；青藏高原东端等地。

普通扁桃（*Amygdalus communis* L.）栽培种。落叶乔木，树干及多年生骨干枝的树皮为褐黑色，叶光滑，淡绿色，有托叶，两性花，花期3月底，开花后4~5个月成熟。主要分布于新疆南部的喀什及和田等地区。

矮扁桃（*Amygdalus ledebouriana* Schlecht.）野生种，又名新疆野巴旦木。矮灌木，树干及多年生骨干枝的树皮为红棕色、灰色或淡红灰色。叶片长卵圆形，种仁微苦，花期4月下旬至5月初，果实成熟期7月上旬至8月下旬。在我国主要分布于中国与哈萨克斯坦国边境的新疆塔城地区裕民县巴尔鲁克山的山地草原上。

西康扁桃（*Amygdalus tangutica* Batal.）野生种，又名四川扁桃、唐古特扁桃。灌木，叶倒披针形或长椭圆形，果核近球形。分布于四川西北部、甘肃东南部、青海等地。可供观赏，并可作栽培巴旦木的矮化砧。

蒙古扁桃（*Amygdalus mongolica* Moxim.）野生种，该种与西康扁桃的特性极为相近。叶广卵形，果小，微有茸毛。分布于我国内蒙古、宁夏、甘肃的北部沙区，抗寒抗旱，可供观赏，并可作育种材料和矮化砧。

长柄扁桃（*Amygdalus pedunculata* Pall.）野生种，又名野樱桃。矮灌木，叶缘有粗大锯齿，果实卵形或长卵形。主要分布于内蒙古及陕西北部沙漠，耐旱、抗寒，可用于杂交育种材料，并可作观赏树和矮化砧。

榆叶梅［*Amygdalus triloba*（Lindl）Ricker.］灌木，嫩枝无毛或微被柔毛，叶片宽椭圆形至倒卵圆形，果仁苦，花期4月中下旬，果实成熟期7月中旬。主要供观赏。

二、生物学和生态学特征

落叶乔木。树高5~8m。树冠开张，圆头形或圆锥形。芽具有早熟性和复芽，以越年中果

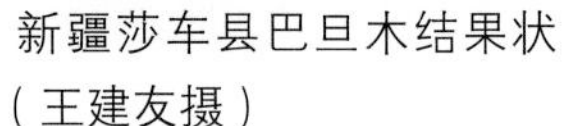

新疆莎车县巴旦木结果状（王建友摄）

新疆莎车县巴旦木开花（王建友摄）

枝、短果枝或短果枝群结果为主。叶片呈披针形或椭圆披针形，灰绿色，轻度革质；叶顶部渐尖，基部呈楔形或圆形，叶缘具细锯齿。两性花，白色或粉红色。扁桃具有开花早的习性，开花比桃早，与杏几乎同时。在新疆巴旦木主产区，巴旦木的花期主要集中在3月下旬至4月上旬，单花开放5～7天，开花后3～4个月果实成熟。有落果发生，整个生理落果过程分为2个阶段，第一个阶段从盛花后第7～27天，历经20天，此期落果数占总落果数的72.36%，为主要生理落果期；第二个阶段从盛花后第27天至第51天，历经24天，此期落果数占总落果数的27.64%。幼年期较短，实生苗3～4年开始结果，嫁接苗2～3年开始结果，8～12年进入盛果期，40～50年以后结果力开始下降。巴旦木的寿命为120～130年，甚至更长。

果实淡绿色，密被绒毛，形状纵扁；果肉薄，纤维质化，成熟时干缩开裂；果核黄色或褐色，有卵形、长卵形、椭圆形或镰刀形等；果核壳硬或呈疏松的海绵状，壳面有孔洞或沟纹，分薄、中、厚三类；一般果仁味甜或苦。

巴旦木根系发达，耐旱性强。其侧生根系庞大，主要分布在20～60cm土层。因砧木种类不同，巴旦木生长和分布特性及抗逆性、适应性均有所差异。新疆巴旦木主产区主要采用桃巴旦做砧木，根系生长速度快，适应性、抗寒性和生产性都较强。

巴旦木为喜光树种，不耐阴、不耐涝，耐盐性较强。适宜授粉温度15～18℃，当温度降到0.2～1.4℃时，花和花芽停止发育，花药不开裂。在-1.1℃时子房受害，-2.7℃时花受害，-3.3℃时花蕾受害。

适宜巴旦木栽培的生态条件为夏季炎热干燥，昼夜温差大，降水少，光照充足。

三、良种选育

巴旦木良种选育手段很多，但在实际使用中，引种和杂交选育最为有效。自1986年开始，新疆林业科学院主要通过国外引种和系统选育方法，选育并通过审定良种23个。主要有以下几种。

‘纸皮’ 树势强，树姿直立，树冠开心形，分枝角度小。树皮黄色。7年生树高7m，冠径2.5m。叶大，浓绿，宽披针形，叶缘平展。新梢直、斜生，丛状花芽占30%，以越年生短果枝群结果为主。4月初或上旬花芽萌动，4月中旬开花，花白色，4月底开始坐果，7月下旬至8月初坚果成熟，10月底落叶，生育期190天左右，属中花早熟型品种。丰产，5kg/株。自花结实率低，抗病虫，适于集中建园或林农混作。

坚果较大，长4.48cm，宽1.97cm，长椭圆形，先端渐尖，核面浅褐色，有浅沟纹，纤维可剥落。壳厚0.13cm，薄壳、露仁，手捏即裂。核仁味香甜，含油54.7%～57.7%。平均单果重1.3～1.4g，单仁重0.63～0.80g，出仁率48.7%～68.0%，少数双仁。

'晚丰' 树势强，树姿下垂，树冠开心形，分枝角度大。树皮红褐色。7年生树高4.5m，冠径5.5m。叶较小，绿色，长椭圆形，叶片簇生，较密。新梢直立，丛状花芽占50%，以越年生短果枝群结果为主。3月下旬花芽萌动，4月上旬开花，4月下旬开始坐果，9月下旬果实成熟，翌年1月落叶，生育期230天左右，属早花晚熟型品种。丰产，4.9kg/株。自花不实，较抗寒，可集中建园或林农混作。

坚果较大，长4.48cm，宽1.97cm，卵圆形，先端扁，核面褐色，孔点多，中壳，壳厚0.13cm。核仁味香甜，含油量58.7%～59.7%。平均坚果重1.9～2.2g，单仁重0.7～1.0g，出仁率42.1%～42.9%。

'小软壳' 树势中庸，树姿开张，树冠开心形，疏散，分枝角度大，以越年生小短果枝和短果枝结果为主。叶片大，淡绿色，阔卵形，叶缘稍有褶皱。4月初开花，花白色，4月中旬开始结果，8月下旬成熟，11月上旬落叶，生育期200天左右，属中花中熟型品种。产量中等，3.5kg/株。自花不实，较抗寒、抗旱、抗盐碱、抗虫。

坚果大小适中，长3cm，宽1.8cm，厚1.1cm，近圆形，先端短尖，核面褐色，孔点多而较深，软壳，壳厚0.05cm。核仁味美香甜，含油量57.0%～59.6%。平均坚果重1.1～1.5g，单仁重0.8～1.0g，出仁率55.6%～77.0%。

'浓帕烈' 树势强健，树姿较开张，枝条节间较短。叶深绿色。幼树以中短果枝结果为主，成龄树以短果枝结果为主。在新疆喀什地区，4月初始花，9月下旬果实成熟。栽后第2～3年进入结果期，丰产性较好，5.2kg/株。较抗霜冻。

果个大而均匀，核壳薄而软，壳厚0.06cm，平均单果重1.2g。果仁长扁圆形，表面平滑、整齐，外观好，味甜香，口感极佳。单仁重1.19g，出仁率60%～70%。

'米森' 树体直立，树冠中等。在新疆喀什地区，4月上旬开花，8月下旬至9月初果实成熟。丰产，5kg/株。

核壳硬，封闭性好，壳厚0.07cm。核仁饱满，光滑规整，单仁重1.20g，出仁率40%～45%。

四、苗木培育

巴旦木嫁接繁殖时对砧木品种的选择因地而异，我国喀什巴旦木产区多用桃巴旦、苦巴旦木或毛桃作砧木（王建友等，2004；郭春会等，2001）。

1. 实生苗培育

（1）种子处理

巴旦木砧木春，秋两季均可播种。秋播时，用45℃温水浸种48h后直接播种，种子在土壤中完成层积过程。土壤入冬前需浇足冬水，以利翌年开春时巴旦木砧木种子萌发。春播时，种子要进行人工层积催芽，待种子有70%裂嘴露白、胚根长出1～2cm时可播种。

（2）播种及幼苗抚育

春播 于上一年11月中旬进行深耕、耙平，11月底或12月初冬灌，翌年3月20日左右，结合整地，亩施充分腐熟的农家肥2000～4000kg，并将48%的毒死蜱乳油5g/m^{2}拌匀撒入圃地，防治地下害虫。翻耕后亩施磷酸二胺或磷酸一胺15kg。将地块深翻耙细作平床，覆膜，用打孔器在两边各打一行播种穴，两行播种穴中心距30cm。每个播种穴播1粒处理好的种子，胚根向下，覆适墒细土，亩播种量20～25kg。

秋播 土壤封冻前可以直接播种。为出苗整齐，不出现断垄现象，秋播时可先浸种漂去秕籽。然后用冷水浸种7～15天，待种仁膨胀，种皮与种仁用手易剥离时再进行播种。秋播时间因地而异，在新疆喀什地区一般在11月中旬至11月底灌冬水前播种，整地播种要求与春播相同。

（3）幼苗抚育

当幼苗出齐并长出5～6片真叶时，进行间

苗。疏除过密拥挤的小苗、弱苗和病态苗。结合间苗，要在缺苗断垄处补苗，补苗带土团起苗移植，移植后浇水并适当遮阴。及时中耕除草。生长后期，少施氮肥，并减少水分供应。6月下旬至7月上旬，苗高达到30～40cm时摘心，并将苗木下部10cm内（嫁接部位）的叶及嫩枝抹掉，以利嫁接。

2. 嫁接苗培育

（1）接穗选择与采集

选择良种母树树冠外围、无病虫害、枝条生长充实、芽体饱满的当年生枝做接穗。春季嫁接的接穗在冬季或第二年春季结合修剪采集，于冰窖中冷藏，使用时取出后用清水浸泡4h即可嫁接。

（2）嫁接繁殖技术

芽接 多采用“T”形芽接，夏、秋两季均可进行。夏季嫁接于6月中旬至7月中旬进行。秋季嫁接于9月上旬至10月中旬。适宜砧木粗度为0.8～1.0cm。

枝接 春季采用枝接法，从树液开始流动到萌芽前（约在3月中上旬至4月上旬），气温稳定在16℃左右时进行。适宜砧木粗度为2～4cm。

管理 嫁接前20天，去掉嫁接部位上下的分枝。嫁接前5天，对圃地灌溉一次透水。夏秋季芽接10～15天即可检查成活情况，凡接芽新鲜、叶柄一碰即掉的为成活芽，否则未活。对没有成活的应及早补接。夏季嫁接的苗木，成活后及时剪砧松绑。秋季嫁接的苗木，在翌年春季萌芽前剪砧，剪口于接芽上部1cm左右。秋季芽接苗当年不急于解绑，待第二年春秋剪砧萌发后再解除捆绑物。嫁接成活后，及时除去砧木基部的萌蘖。

3. 巴旦木苗木出圃

苗木在土壤封冻前或翌年春季土壤解冻后出圃。苗木品种纯正，地上部枝条健壮充实，具有一定高度和粗度，芽饱满，根系发达，无病虫害及机械损伤（表1）。

表1　巴旦木2年生苗木质量、产量标准

部位	指标	合格苗	产量标准	
			出苗量（株/hm^2）	Ⅰ、Ⅱ级苗率（%）
根系	主根长度（cm）	≥25		
	≥5cm侧根数（条）	≥15		
	根、干损伤	无劈裂，表皮无干缩		
茎干	高度（接口到顶部）（cm）	≥180	75000	80
	粗度（接口以上下10cm处直径）（cm）	≥1.6		
	接合部愈合程度	充分愈合，无明显勒痕		
芽	饱满芽个数（个）	≥20		

五、林木培育

1. 园地选择

（1）巴旦木栽培的气候条件

巴旦木喜光，种植区全年日照时数需达2500～3000h，绝对低温＞-24℃，≥10℃的有效积温3500～4000℃。巴旦木授粉适宜气温为15～18℃，盛花期能忍耐-2.2～-1.1℃的短暂低

温，幼果在-0.55℃时就会冻死。巴旦木成熟期7~8月，要求气候干燥炎热、无降雨的天气，以保证巴旦木种仁正常成熟和种皮自然开裂。

（2）巴旦木栽培的土壤条件

以土层深厚、土质好、土壤pH 7~8的肥沃沙质土或壤土上建园最为理想。在土层较薄的黏土、酸性土壤或过盐碱的土壤上不宜栽植。巴旦木耐旱、怕涝，其生长的土壤临界含水量为5%~12%。

（3）巴旦木适宜的栽培区域

新疆喀什地区叶尔羌河、喀什噶尔河流域沿岸灌区的莎车县、麦盖提县、泽普县、英吉沙县、伽师县、岳普湖县、巴楚县、疏勒县、疏附县等9个县，为新疆巴旦木的适宜栽培区域。

2. 巴旦木园建立

（1）小区规划

根据园地大小、走向，结合路、林、渠等永久性基础设施建设，在一个总体园内，巴旦木树栽植面积应占全园总面积的80%~85%，防护林地占5%，道路用地占5%，房屋等用地占3%~5%，绿肥用地占3%，贮藏及加工用地占3%。一般小区占地面积50~100亩。小区多为长方形，长宽比为2∶1或3∶2。

（2）道路规划

道路系统规划要结合地形、灌溉系统规划等进行设计。道路分主路、支路、作业道三级。面积在30~50亩的果园，一般主道宽8m，支路4~6m，道路规划要利于园区作业和机械耕作，适应巴旦木管理需要，方便巴旦木采收。

（3）防护林配置

防护林树种应适应性强，树冠高大、紧密、直立，生长快，寿命长，对邻近巴旦木树影响较小，为非巴旦木病虫害的中间寄主，具有一定经济价值。常用的乔木树种有杨树、沙枣等，常用

新疆莎车县巴旦木果园（王建友摄）

的灌木树种有杜梨、酸枣等。林带栽植应在巴旦木定植前1～2年进行。

3. 苗木定植

（1）栽植密度与授粉树配置

栽植密度 巴旦木适宜的株行距为4m×6m或5m×6m。

主栽品种 巴旦木开花早，易遭晚霜危害，应选择相对晚花、高产、优质的品种为主栽品种。

授粉品种 巴旦木多为自交不亲和树种，需合理配置适宜的授粉品种。授粉品种要求与主栽品种花期相遇、花粉量大、亲和力强，主栽品种与授粉品种配置比例为1∶1或4∶1。巴旦木生产园授粉品种至少应有2～3个，确保主栽品种在花期完全授粉受精。主栽品种和授粉品种分行交替轮换定植。

（2）定植时期

秋栽 于树体落叶后至土壤封冻前进行。秋季定植的巴旦木树，根系伤口愈合早，翌年生长发育也早，苗木长势旺。

春栽 于土壤解冻后至苗木萌芽前进行。栽植过迟，树液流动或叶芽萌发较迟，对幼树成活和生长不利。

（3）定植前苗木的处理

清水浸泡 将苗木根系放在清水中浸泡12h左右取出栽植。

生根粉处理 定植前将苗木根系放在30～50mg/kg的ABT 3号生根粉中浸泡0.5～1.0h或用其他药剂进行处理后，取出栽植。

泥浆处理 在干旱缺水地区栽植时，将苗木根系饱蘸泥浆后，立即栽植。

高分子吸水剂处理 将根系在200～300倍的高分子吸水剂中，浸泡5～10min后取出栽植。

需要注意，苗木在栽植后立刻浇透水，可有效提高栽植成活率。

（4）定植技术

栽植前，先按确定的株行距测定好栽植点，然后以点为中心挖定植穴，定植穴大小以80～100cm^{3}为宜。挖定植穴时，将表土和下层土分开堆放，每穴施腐熟优质有机肥10～20kg，与表土拌匀后，填入定植穴中，然后放入苗木，填土、提苗、顺根，再踏实，使根系与土密接。苗木定植完成后，浇1次透水，用塑料薄膜覆盖于定植穴上，四周用土压严。

（5）定植苗管理

浇水 定植7～10天后再浇一次透水。

定干 于70cm定干，剪口下需留6～7个饱满芽作为整形带，用于培养主枝。剪口用石蜡或油漆封口，以防枝条失水抽干。

越冬管理 冬季寒冷地区，秋季定植苗越冬前要埋土防寒或束草保温，也可涂白后束草防寒，把整个树干全部包起来，到翌年3月中下旬至4月上旬分2～3次分批放苗。

4. 行间间作技术

巴旦木行间间作主要以低矮作物为主，如小麦、棉花等。

5. 整形与修剪技术

（1）树形

巴旦木干性不强，开心形是国内外巴旦木生产园中普遍使用的树形。主干高70cm，无中心干，留3～4个主枝均匀分布呈开心状，主枝开张角度为50°～60°，每主枝上选留2～3个侧枝。

（2）整形修剪

幼树 于幼树定植2～3年期间进行。①定干：巴旦木幼树生长势强，树姿直立，根系浅，树冠多向背风面倾斜。于70cm处剪截定干，剪口下留有6～7个饱满芽。②抹芽、除萌：定植当年有利于树苗成活和生长，只抹芽而不整枝，抹掉或剪除主干70cm以下的萌枝。定植2～3年期间，幼树萌芽率高、成枝力强，若任其自然发展，常常出现枝条密集，甚至下垂，造成上强下弱，并且树冠内通风透光不良，影响主、侧枝生长发育。选留主干上相距一定距离、方向不同的强壮枝作为主枝，根据现有树形，主枝与主干的角度多为40°～50°，疏除其余枝条，其中，强枝要早除，弱枝可晚除，以利于幼树生长发育，之后的夏季修剪以平衡主枝之间的生长势为主。③整形：巴旦木定植第二年后开始整形。逐年选留各层主枝和侧枝。主枝剪留长度40～50cm，侧

枝30～40cm。主侧枝以外的枝条作辅养枝处理，采取短截或长放，逐年培养成结果枝组。

结果树 进入结实期的巴旦木树树形已基本成形，生长势缓和。由于大量结果，枝条开始下垂，细弱枝不易成花。中、短枝大量增加，长放枝条基部光秃，结果部位开始外移。坚持“适当重剪，强枝少剪，弱枝多剪，不密不疏枝”的原则，调整好生长与结果的关系，保持树势健壮，延长结果年限。对主、侧枝的延长枝，在饱满芽处剪以促发新梢，增强生长势。对下垂的主、侧枝，则在下部选一健壮的分枝进行回缩、换头更新。冬季修剪时对多年生辅养枝，下垂枝，在健壮的小枝处或隐芽较多处的枝段上回缩重剪，形成强壮枝条，对其下部着生的长、中枝进行部分回缩、缓放，以保证产量适中、连年丰产；对树冠内的长、中枝应多短截、少缓放，以保证其生长势；对外围枝进行回缩，做到“有放有缩，放缩结合”，以改善树体的通风透光条件；对内膛发生的徒长枝保留应用，可于生长季摘心或冬季重剪，以培养成结果枝。

衰老树 当树冠上部和外围结果枝组开始干枯，果枝为单花芽，产量显著下降，主枝和副枝上的隐芽萌生徒长枝时，应进行更新修剪。根据树的衰老程度，进行骨干枝的回缩修剪，回缩重截后第二年会产生很多萌蘖，应及时疏掉过密枝条，并用保留的萌蘖枝代替老而无产量的枝，使其更新复壮。在短截（回缩）侧枝的同时，疏除小而弱的枝条，充分利用徒长枝和新萌发的枝条，更新恢复树冠。

六、主要有害生物防治

1. 流胶病

巴旦木流胶病是巴旦木树最常见的重要枝干病害，树体发生流胶后长势变弱，严重者会引起死枝、死树。该病是多种因素引起的一种复合病害，其致病因子复杂多样。按流胶部位可分为皮孔流胶和伤口流胶；按发病部位可分为枝干流胶和果实流胶；按病因又可分为非侵染性和侵染性流胶。非侵染性流胶主要是冻害、日灼、雹灾、干旱、修剪过度、机械损伤、虫害造成的伤口、土壤黏重等造成的树体生理失调而引起的流胶。侵染性流胶主要是由病原菌侵染引起的，尤以主干、大枝发生为重。发病初期，病部略膨胀，溢出透明胶质，雨后流胶加重，其后树胶渐成冻胶状，渐失水而呈黄褐色，最后变成坚硬的琥珀状胶块。果实发病由核内流溢出黄色胶质，溢出果面，病部坚实，有时破裂，不能食用。防治方法：加强栽培管理，增强树势生长，提高树体抗病能力；保护树体，防止造成伤口；冬、春季树干涂白，预防冻害和日灼。冬季结合修剪清除园内枯枝、落叶、僵果等，集中于园外烧掉或深埋。早春萌芽前将流胶部位病组织刮除，涂杀菌剂和愈合剂。

2. 榆全爪螨（*Panonychus ulmi*）

榆全爪螨在辽宁1年发生6～7代，山东1年发生4～8代，河北1年发生9代，以暗红色的滞育卵在2～4年生的侧枝分叉处、叶痕、侧枝、果实萼洼等处越冬。翌年4月下旬至5月上旬，日平均气温高于8℃时，越冬卵开始孵化，幼螨开始陆续爬往新叶、嫩茎、花蕾、幼果上取食危害。5月底第一代夏卵孵化完毕，同时出现第一代雌成螨，8月以后开始产越冬卵。早春越冬卵孵化期较集中，螨量大，危害严重，会使新叶全部受害枯黄。6～7月是全年发生高峰期，出现世代重叠，造成严重的危害。高温、干燥是该害虫大量繁殖的主要因素。防治方法：巴旦木萌发前，清理树干，刮除老皮并涂白，喷施石硫合剂，可兼治蚜、蚧；秋季螨类越冬前，在树干上捆绑废塑料布引诱越冬成螨，春季于其活动前集中烧毁；对位于树干基部越冬的叶螨，于其早春开始活动前，在树干上涂胶阻止其上树危害；保护利用捕食螨；叶螨危害严重时期，喷施杀螨剂。

3. 皱小蠹（*Scolytus rugulosus*）

皱小蠹在新疆喀什等地1年发生2代，以幼虫越冬。翌年4月初开始化蛹，4月下旬成虫羽化，5月上旬为羽化盛期。第一代幼虫孵化盛期在5月下旬，第二代幼虫期在8月上旬。成虫首先在树表皮蛀成直径1mm的侵入孔，蛀入后在韧皮部和木质部间建造母坑道，并在母坑道两侧产卵，孵化后的幼虫向四周蛀食危害形成放射状的子坑道。受害树木引起流胶、水分蒸发，养分和水分的运输系统被破坏。防治方法：加强检疫，严禁调运虫害木，对虫害木要及时进行药剂或剥皮处理，以防止扩散；对于监测、测报中发现的虫害木要及时伐除，集中销毁；也可以设置饵木诱杀成虫；幼虫孵化盛期以药剂涂干，在成虫羽化初期喷洒生物药剂。

4. 印度谷螟（*Plodia interpunctella*）

印度谷螟1年发生4～6代，以幼虫在仓壁及包装物等缝隙中布网结茧越冬，世代重叠。幼虫蛀食干果孔洞、缺刻，常吐丝连缀干果及排泄物，并结网封闭其表面，使其结块变质。幼虫5～6龄，老熟后多离开受害物，爬到墙壁、梁柱、天花板及包装物缝隙或其他隐蔽处吐丝结茧化蛹。防治方法：清洁卫生，日光曝晒。干果仓储前，利用相关药剂熏蒸；成虫羽化期，利用性信息素诱捕器诱杀。

5. 吐伦球坚蚧（*Didesmococcus turanicus* Arch.）

吐伦球坚蚧1年发生1代，以2龄若虫在枝条裂缝，伤口边缘及粗皮处越冬。翌年3月变为雌雄两性，4月下旬至5月初产卵，5月中旬为若虫孵化盛期，9月下旬到10月初开始从叶片转移到1、2年生枝条上，进入越冬状态。以若虫刺吸食幼树主干或嫩枝条上的汁液，并分泌大量蜜露，使枝干上流满蜜汁，污染枝叶、堵塞皮孔，受害树体枝梢干枯、叶片变黄早落。严重时，枝上布满蚧壳。防治方法：冬剪时，剪除虫口密度大的枝条；保护和利用孪斑唇瓢虫、桑盾蚧黄金蚜小蜂等天敌；4月上旬、5月中旬，喷施相关药剂。

七、综合利用

巴旦木是一种高效益的经济树种。巴旦木仁营养丰富，既可直接食用，又可加工成高级糕点、糖果、干果罐头、饮料等。巴旦木仁油富含亚油酸，可溶解胆固醇，舒通血管，可用于防治高血压、冠心病等疾病，具有很高的医药价值。巴旦木仁是不可多得的滋补佳品，也是食品业、化妆品业和医药业的重要原料。

巴旦木抗旱性强，是一种具有水土保持、水源涵养、防风固沙作用的优良防护林树种。

巴旦木开花较早，形态美观，气味芳香，也是一种极具特色的绿化及观赏树种。

（王建友，王琴，曾斌）

156 杜梨

别　名 | 棠梨（《植物名实图录》）、海棠梨（《本草纲目》）、土梨（河南）、野梨子（重庆、江西）、豆梨（陕西）、灰梨（山西）

学　名 | *Pyrus betulaefolia* Bge.

科　属 | 蔷薇科（Rosaceae）梨属（*Pyrus* L.）

杜梨集中分布于我国东北南部、内蒙古、黄河流域及长江流域各地海拔2000m以下山区及平原地区（32°56′24″～39°44′24″N，107°32′24″～119°9′36″E），可作为梨树的主要砧木；由于其生长旺盛，适应性极强，抗旱、抗寒、抗盐碱，是理想的华北防护林树种和沙荒地造林树种，而且也是重要的园林绿化树种；其木材红褐色且坚硬致密，可制作多种器具、细木工、印刷模板等；其树皮含鞣质，可入药，并作为栲胶的工业原料。

一、分布

杜梨是梨属系统树上唯一单源的东方梨，属于比较原始的梨属野生种。杜梨主要散布于中国北方区域，包括西北、华北、东北南部地域，少部分存在于长江中下游地区，东至江苏，南至江西，西至新疆，北至辽宁，其中，山东、安徽、河南、甘肃、陕西、山西、湖北、河北均有分布。另外，野生杜梨主要集中分布在子午岭、伏牛山、太行山和蒙山等地区（宗宇等，2013）。主要生长于海拔50～1800m的平原或山地阳坡。

二、生物学和生态学特性

落叶乔木，高可达10m。树皮幼时灰褐色，不裂；老时灰色，网状裂。枝常具刺，幼枝及芽密被灰白色绒毛，2年生枝条近于无毛，紫褐色。叶菱状卵形或长圆状卵形，长4～8cm，宽2.5～3.5cm，先端渐尖，基部宽楔形，粗锯齿尖，幼叶两面密被灰白色绒毛，后渐脱落，老叶上面无毛而有光泽；叶柄长2～3cm，被灰白色绒毛。伞形总状花序，有花10～15朵，总花梗和花梗均被灰白色绒毛，花瓣宽卵形，白色，雄蕊20枚，花药紫色，长约为花瓣一半，花柱2～3个。果实近球形，直径0.5～1.0cm，2～3室，褐色，有淡色斑点，萼片脱落，基部具带绒毛果梗。花期4～5月，果期8～9月。

杜梨生长较慢，一般到9年生时生长速率达到最大，进入速生期后的胸径年生长可达0.4cm。杜梨喜光，常生长于平原或山坡向阳处，深根性，根系极发达，根部萌蘖能力强。杜梨适应性极强，抗寒、耐旱、耐涝、耐贫瘠，在各种土质及盐碱地和中性土上均可正常生长。

三、良种选育

杜梨是主要分布在中国北方的梨属野生种，被认为可能是东西方梨分化过程中的过渡类型，与东西方梨均有很好的嫁接亲和性，是使用范围最广的砧木类型之一，也是梨矮化砧木和抗性

北京市黄垡苗圃杜梨花（彭祚登摄）

北京市朝阳区孙河乡苇沟村杜梨果实（彭祚登摄）

育种中非常重要的亲本。杜梨目前主要的应用也是作为嫁接砧木，但是到目前为止，杜梨作为梨属重要的优良性状来源类型，其利用、保护及良种选育研究还并没有受到充分重视。据宗宇（2014）的研究，河南武钢、山东泗水、河南伏牛山具有资源富集、遗传多样性丰富的特点，可以作为良种资源加以重点保护，其中，河南伏牛山地理种源具有丰富的变异类型，可作为优良基因资源选出理想砧木类型的群体。陕西延安、河南确山、甘肃正宁3个地区的杜梨中的个体单株作为砧木选育的首选对象，从中可以选出更为优良的砧木类型。

四、苗木培育

杜梨育苗目前主要采用播种育苗方式。

1. 采种与调制

用于育苗的种子必须在秋季充分成熟后才能采收，不同地区成熟期可能略有差异。8月中旬至10月中旬，当果实呈深褐色、种子呈黑褐色时采集。果实采收后堆放于室内，使果肉自然变软，期间经常翻动，以免发酵时产生的高温降低种子活力。待果肉发软腐烂后，即可分批用清水揉搓淘洗，去除果肉，过筛将种子捞出，摊在阴凉通风处阴干。在土壤上冻前，装袋贮藏或混沙贮藏。混沙贮藏的湿沙与种子按3∶1均匀混合后放在室外背阴的贮藏池内，为防止种子脱水，可再盖10cm左右厚的湿沙。

2. 种子催芽

在12月末土壤上冻前，将净种后的杜梨种子先用30～40℃清水浸泡24h，捞出待种子稍干，然后用0.3%的高锰酸钾溶液消毒30min后用清水洗净。可采用在室内阴凉处沙藏层积方法催芽。堆置种沙层高30～50cm，为防止种子腐烂，在层积前期每7天翻动一遍，后期每3～5天翻动一遍。每次翻动时，最上面要用纯湿沙覆盖好。也可在早春播种前1个月，将贮藏的种子取出与清洁湿沙混合放置在1～5℃的条件下，每隔3～5天翻动一遍，稍加清水保持湿度，待种子萌动露白时播种。也可在4月初播种前，将种子放入30～40℃温水中浸泡一昼夜，然后捞出滤干，堆积闷种8～12h，之后每天用温水喷洒1～2次，保持种子湿润，或放在麻袋上摊晒，经常翻动，洒水保湿以加快种子萌动。

3. 播种

宜选沙壤土，采用高床育苗。床面耙细整平，然后浇透水，待水渗透、床面稍干时即可播种。可在播种前5～6天，用2%～3%的硫酸亚铁溶液或其他有效方法进行土壤消毒。

播种可秋播和春播。秋播要在土壤封冻前将种子播入土中。播种前先在准备好的苗床开沟，沟深5～6cm，施入基肥，再用开沟器覆土至沟深4～5cm。秋播种子不需进行催芽处理，可将种子与沙子拌匀后播种，覆土踏实并灌水，以利越冬。春季播种育苗时，种子需经冬季沙藏或春季催芽处理。在3月末至4月中旬，采用条播方法，条播播种沟深1.5～2.0cm，播幅4～5cm。播种量7.4～11.2kg/hm^2。播种时下种要均匀，播后覆盖一层湿沙至与播种沟平，稍加镇压，2～3天即可出苗。

4. 管理

苗木出土前要防止土壤板结，破土出苗期间可去掉部分覆土，并保持床面湿润。播种后经过1～3周种子发芽出土。待苗木出齐后，及时进行松土、除草，松土宜浅，将较大的土块拍碎。干旱时及时灌水，但不宜旱灌。

幼苗出齐后可分2～3次间苗，同时将出苗密度高的幼苗移栽至密度低的地方，使整个苗床上的苗木密度均匀，以利提高产苗量。当苗木长出

4～5片真叶进入速生期前定苗，定苗密度以15.0万～22.3万株/hm^2为宜。苗木进入速生期后每次灌水量不要太大，以防土壤过湿时幼根受涝变黑死亡。灌溉在早晚进行，切忌中午大水漫灌。8月底停止灌水，在土壤封冻前再灌1次越冬水。6～7月速生期前期适当追施肥料，促进幼苗生长。施肥宜氮、磷、钾适当配合追施，如尿素与磷酸二氢钾配合施用，施肥量为每亩10～15kg。苗木硬化期以钾肥为主，停施氮肥。

5. 移植育苗

杜梨属于深根性树种，为提高造林成活率，在苗木出圃前需要进行移植培育。移植分为幼苗移植和成苗移植。幼苗移栽在苗木长出4～5片真叶进入速生期时即可进行，可带土移栽幼苗。移栽前需整理育苗地，耙细整平后施入充足的底肥并浇透水，育苗地稍干后移栽。移栽前5～6天在准备好的育苗地施入2%～3%硫酸亚铁溶液。移栽幼苗最好在早晚进行。移栽株距为10～15cm，行距20～25cm。杜梨易分杈，应定期修剪侧枝，促进主枝生长，培育壮苗。如果出苗较稀，也可采用切根方式，一般在苗高40cm时，用铲子在距离苗木基部20cm处，斜角45°铲断主根。培育2年生以上大苗，需进行成苗移植，一般秋季起苗假植，春季土壤解冻后及时移栽。

除播种育苗外，杜梨还能采用堆土压条法育苗。具体做法是：一般在堆土压条前先剥开枝条节下的树皮，抹上生根剂后将上端露出地面，底端埋入土壤中，经过一段时间，底端生根发芽后与母株分开成为新苗。

杜梨一般为1～2年生出圃。如果用于嫁接砧木，一般2年生出圃。合格的1年生苗苗高应为1m，地径1.0cm，并伴有2～3根健壮侧根（殷文娟等，2013）。

五、林木培育

1. 立地选择

杜梨适应性强，无论在山地、平川、沟坡地均可生长。但土壤过旱、瘠薄和土壤石砾含量较大的荒山坡地，幼树生长缓慢。避免选择在潮湿和积水的沟道、河床上造林。在沿海地区和山区

北京市朝阳区孙河乡苇沟村杜梨林相（彭祚登摄）

应注意适当避风。杜梨在pH 5.0～8.5、含盐量不超过0.2%的条件下可以生长。但在土壤深厚、有机质含量丰富、无季节性积水、地下水位在1m以下、pH 5.5～6.5的条件生长最佳。

2. 整地

一般采用穴状、鱼鳞坑和水平沟整地。在土壤瘠薄、干旱的立地条件上，采用穴状整地，规格40cm×40cm×30cm；在荒山、灌木和杂草较密的立地条件上，应先进行割灌后再整地，规格为50cm×50cm×40cm，或采用水平沟整地，规格为沟长100～700cm，宽40～50cm，深30～40cm。由于杜梨属深根性树种，且根的水平伸展力强，对土层较瘠薄的坡地最好先采用壕沟改土或大穴定植，才能获得最佳生长量。培育嫁接砧木用杜梨造林，宜选择适宜园地，开深、宽各40cm的沟整地，并每亩施2000kg腐熟牛粪，与表土拌匀后，回填30cm土，起垄栽苗。

3. 造林

杜梨选择春、秋季节造林均可。南方地区秋季温度高，11月中旬前后栽种，苗根伤口愈合好，且易生新根，翌年春季根系活动早，成活率高；北方地区宜春栽，时间为3月下旬至4月下旬。

宜选用1～2年生生长旺盛的合格出圃苗进行造林。为了有效控制枝丫发育、培育良好干形，造林密度宜为220株/亩或160株/亩，株行距以1.5m×2.0m或者2m×2m为宜（薛周莲和白成喜，2011）。

在作为砧木嫁接培育经济林时，宜选择地径在1.0～1.5cm，具有4条以上15cm侧根的优良杜梨苗木并留茬20cm剪砧。深秋至翌春萌芽前起垄栽植，但以深秋栽植较好。起垄栽苗后浇水。将杜梨砧木埋严。翌春土壤解冻后扒开垄土，盖黑色地布。春季栽植的浇水后盖黑色地布。栽植密度为67～95株/亩，株行距为（3.5～4.0）m×（2.0～2.5）m。栽植方式有单行树篱式、窄幅带状式、宽幅畦式密植栽培等。配置方式有长方形、正方形、三角形、带状式及等高式。

在城市园林绿化中，应根据设计要求选择优质苗木栽植，一般多采用胸径3～6cm的大规格土坨苗，通过穴状整地，采用机械定点栽植。

4. 抚育管理

杜梨造林后3年内每年5月和8月各松土除草抚育1次，对杂草生长旺盛、灌木较密的地段，必须进行割灌等抚育措施，到幼树超出杂草层时即可停止。栽植成活后的苗木，应及时抹去多余的萌芽。造林成活2～3年后为确保有一个良好的树形，通常要进行修剪整形。结合中耕除草，于5、6、7月各施复合肥1次。同时，应注意合理灌溉，若遇大雨内涝积水应及时排水。

杜梨开花繁茂，对于采种林，需对花过多的植株进行疏花，从而提高坐果率。疏花时间以花序伸出到初花为宜。但有晚霜危害的地区以谢花后疏果较为稳妥。疏花量因树势、品种、肥水和授粉条件而定，旺树旺枝少疏多留，弱树弱枝多疏少留，先疏密集和弱花序，疏去中心花，保留边花。也可疏果，疏果可增加单果重，并提高果实品质，一般在早期落果高潮之后进行，以落花后2周左右进行为宜。每花序留1～2个果即可，疏去病果、畸形果，保留果形端正着生方位好的果。

对于作为砧木嫁接培育优质经济林，一般造林成活后在嫁接前对杜梨幼树开始进行早期整形修枝，通过多次修剪，形成主干双层五主枝扁圆形树形，树高控制在4m左右，全树留5个主枝，第一层3个，其中1个顺行向延伸，另2个斜行向延伸，不能垂直行间。第二层主枝2个，对生，并要求垂直伸向行间，与下层主枝插空排列，为下层让开光路。层间距离1.0～1.2m。下层每主枝留2～3个侧枝，上层每主枝留1～2个侧枝。第一个侧枝与主干距离40cm为宜，侧枝间相互距离40cm左右，主枝角度60°～70°，腰角50°～60°，侧枝与主枝夹角约50°。移栽2～3年内除主侧延长枝与部分空间大、需分条的枝条进行短截外，其余枝条均轻剪。

六、主要有害生物防治

1. 梨黑星病（*Venturia nashicola*）

别名疮痂病，为杜梨主要病害之一。病原菌无性态为半知菌亚门丛梗孢目的梨黑腥孢菌

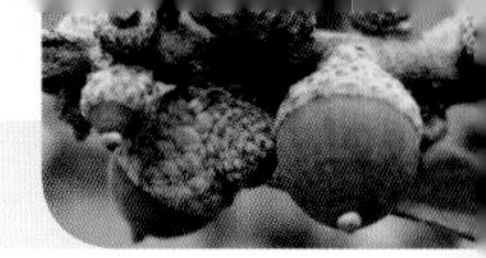

（*Fusicladium virecens*）；有性态为子囊菌亚门座囊菌目的梨黑星菌（*Venturia pirina*）。危害果实、果梗、叶片、叶柄和新梢等。染病后，初形成黄褐色或淡黄色病斑，以后产生黑霉层并逐渐扩展，严重时可造成新梢枯死，叶片脱落，果实畸形龟裂早落，树势削弱。防治方法：注意加强栽培管理，增强树势，提高抗病能力。及时摘除烧毁落叶、落果、剪除病梢或深埋。

2. 梨黑斑病（*Alternaria kikuchiana*）

病原菌属半知菌亚门链格孢属的池链格孢（*Alternaria kikuchiana*）。该病主要危害杜梨的果实、叶和新梢。叶部受害，幼叶先发病、形成褐至黑褐色圆形斑点，后逐渐扩大，中心灰白至灰褐色，边缘黑褐色，有时有轮纹。病叶即焦枯、畸形，早期脱落。天气潮湿时，病斑表面产生黑色霉层。果实受害，果面出现一至数个黑色斑点，渐扩大，发病后期病果畸形、龟裂，裂缝可深达果心，果面和裂缝内产生黑霉，并常常引起落果。防治方法：注意田园清洁，加强管理，增强树势。人工铲除树上越冬病菌。从5月上中旬进入生长期开始第一次喷施无公害药剂，15～20天一次，连喷4～6次。

3. 梨白粉病（*Phyllactinia pyri*）

病原物为子囊菌亚门的梨球针壳菌（*Phyllactinia pyri*）。该病为真菌疫病，病害发生时植株叶背面产生白色粉状霉斑，严重时布满叶片，相应的叶正面为黄色病斑。后期在霉斑上产生黄褐色至黑色的小粒点。防治方法：及时清除病株残体、病枝、病叶、病果等。也可根据植株发病程度，分别选用不同的化学药剂防治。

4. 梨茎蜂（*Janus piri*）

1年发生1代，以老熟幼虫在被害枝下的2年生小枝内越冬。翌年3月中下旬化蛹，杜梨花期时成虫羽化。幼虫孵化后向下蛀食嫩梢髓部，受害嫩枝渐变黑枯死，内充满虫粪。5月下旬以后蛀入2年生小枝继续取食，10月以后越冬。成虫具有假死性、群集性，白天活跃，早晚及夜间不活动，停息于杜梨叶背面。防治方法：结合林地抚育管理，将老树皮刮除烧毁，消灭越冬若虫。春季，越冬若虫开始活动尚未散到枝梢以前和夏季群栖时可喷化学药剂防治。

5. 金缘吉丁虫（*Lampra limbata*）

1年发生1代，以大龄幼虫在皮层越冬。翌年早春越冬幼虫在树干皮层纵横串食。北方梨区3年发生1代。以不同龄期幼虫在被害枝干皮层下或木质部蛀道内越冬。翌年早春树液流动时，第一至第二年越冬幼虫继续蛀食危害，第三年越冬的老熟幼虫开始化蛹。5～6月陆续化蛹，6～8月上旬羽化成虫。成虫有喜光性和假死性，产卵于树干或大枝粗皮裂缝中，以阳面居多。孵化的幼虫即蛀入树皮危害。长大后深入木质部与树皮之间串蛀。防治方法：可通过冬季刮除树皮，消灭越冬幼虫；及时清除死树、死枝，减少虫源。成虫期利用其假死性，于清晨振树捕杀。成虫羽化出洞前用药剂封闭树干或喷洒化学药剂在主干和树枝上，可连喷2～3次，药杀防治。

七、综合利用

杜梨木材坚硬致密、材质优良、光泽度好、纹理美观，可用作雕刻、车工、工农具柄、乐器等，同时又是文具、木梳、烟斗、图章、印版、木刻等的工艺用材及优良的家具用材。因其树干挺拔修长，花期满树洁白如雪，颇具观赏价值，是非常理想的行道树、城市绿化、庭园观赏树种，同时由于适应性极强，可作为华北与西北防护林、水土保持林造林的先锋树种。

杜梨作为白梨、沙梨、西洋梨等北方栽培梨的砧木，嫁接后可提高果实品质并实现丰产。

叶、果实和树皮均具有很高的药用和保健价值。叶片含较高的根皮苷、多种氨基酸与微量元素，嫩叶制成茶叶后饮用，具有敛肺涩肠、止咳止痢的功效，可作为药用树种栽培（赵小亮等，2007）；其果实含糖量较高，且含有单宁、有机酸、鞣质等，可食用、酿酒、制醋；树皮可作为黄色染料，还可提制栲胶，茎皮可作为人造棉及造纸原材料。

（彭祚登，余佩伦，张青）

157 悬钩子

别　名 | 牛迭肚（《北京植物志》）、托盘、马林果（东北）
学　名 | *Rubus crataegifolius* Bge.
科　属 | 蔷薇科（Rosaceae）悬钩子属（*Rubus* L.）

悬钩子是一种分布于中国、日本、俄罗斯远东以及朝鲜等地的野生树莓种质资源。其品种根系发达，互相连接密集成网状，是生态建设中水土保持、荒山绿化、退耕还林的优良树种。悬钩子也是重要的小浆果型经济林树种，果实营养丰富，是联合国粮食及农业组织推荐的健康小浆果，被誉为“第三代水果”，在欧美国家已实现现代化栽培。悬钩子适应性强，栽培周期短，收益早，用途广，开发利用前景广阔。

一、分布

悬钩子主要分布于黑龙江、辽宁、吉林、内蒙古、河北、河南、山西、山东。垂直分布于海拔300～1500m，多野生于向阳山坡灌木丛中或林缘，在山沟、路边成群生长。

二、生物学和生态学特性

落叶灌木。高可达3m。小枝红褐色，具棱，幼枝被柔毛及钩状皮刺。单叶，宽卵形或近圆形，长5～12cm，3～5掌状分裂，先端渐尖，基部心形或平截。花白色，2～6朵集生或成短伞房花序。聚合果近球形，红色，有光泽。花期6月，果期7～9月。

悬钩子在黑龙江哈尔滨地区于4月下旬开始萌动、发芽。5月初展叶，枝梢生长从5月中旬至9月下旬。5月下旬花序开始出现，6月上旬开始开花。6月中旬果实开始膨大，7月下旬果实陆续成熟。10月中旬落叶，进入休眠。全年生长期6个月左右。

黑龙江省尚志市悬钩子果实特征（刘如增摄）

悬钩子喜光，多生于较干的阳坡灌丛或林缘，在遮阴下虽能生长，但果实产量低；耐瘠薄干旱；耐寒性强，冬季无需埋土防寒便可越冬；不耐水湿。

三、良种选育

全世界悬钩子属植物约有750种，果实可食用的用于园艺栽培生产的悬钩子属植物常简称树莓。20世纪80年代以来，我国开始了树莓良种选育的研究工作，通过从国外引进和自主选育的方法选育出一批树莓优良品种。以下是近年来推广应用的优良品种。

‘海尔特兹’（‘Heritage’） 来自美国。果实硬，色、香、味俱佳，平均单果重3.02g，冷冻果质量高。夏秋两季结果，单季结果无需防寒。茎直立，无需支架，抗性强，根蘖繁殖力强，是商业化栽培的优良品种。该品种成熟较晚，在10月上旬有霜冻的地区，会导致部分不成熟，在河南黄河沿岸地区采果期可到11月底。适宜加工或鲜食，是东北、华北地区主栽品种。

'菲尔杜德'（'Fertod'） 来自匈牙利。树势健壮，基生枝长，平均长3.74m，平均单果重4.14g，单株结果量为1.11kg。在辽宁、黑龙江部分地区种植较多。

'托拉蜜'（'Tulameen'） 来自加拿大。夏果型品种，晚熟，口感好，有"夏蜜"美誉，平均单果重5.40g，采果期长达50天，是鲜食佳品。货架期长，在4℃下可维持良好外观达8天之久，非常适宜速冻。该品种耐寒力较差，分蘖少，在河北、河南、山东、陕西等省的大城市周边沙壤土上表现良好，也是设施栽培的首选品种。

'宝尼'（'Boyne'） 来自加拿大。强壮，分蘖多。果早熟，平均单果重3.00g，冷冻加工质量好。可耐-35℃低温，在吉林延边生长良好，是寒冷地区的优良品种。已通过吉林省品种审定，命名为'红宝玉'。

'秋福'（'Autumn Bliss'） 来自英国。植株生长健壮，平均单果重3.80g，双季结果，产量较高。果早熟，较双季品种'海尔特兹'早成熟10～14天，避开了秋季的霜冻，果实能够完全成熟。

'丰满红' 吉林省选育，1999年通过吉林省审定并命名。双季结果，果大，平均果重6.40g，鲜红色，果实酸甜适口，略带香气。早熟，高产，耐贮运，果实硬度和果面除污效果优，商品性极好，适于鲜食、加工和速冻。适应性强，抗高寒，可耐-40℃低温，适宜在无霜期125天，≥10℃的有效积温2700℃地区种植，冬季无需埋土防寒。

'黑水晶'（'Bristol'） 即黑树莓，来自美国。植株强壮，高产，果实早熟，平均单果重仅1.80g，但果硬，风味极佳，最适合制作果酱，也是鲜食佳品。适宜种植在华北、东北南部地区。

'金克维'（'Kiwigold'） 即黄树莓，来自澳大利亚。果大，质优，平均单果重3.10g。属秋果型黄树莓。在北京地区生长良好，产量中上，果色金黄，美观。

'柔伊特'（'Royalty'） 即紫树莓，来自美国。茎高、粗壮，产量高，抗病性强。果成熟晚，平均单果重5.10g。果实成熟时由红色到紫色。适宜华北、东北、西北较温暖地区种植。

'切斯特'（'Chester'） 来自美国。无刺，半直立，生长势强，丰产稳定。成熟果紫黑色，平均单果重6.0～7.6g，风味佳，酸甜。成熟期7月上旬至8月初。耐贮运，鲜食、加工皆宜。需冷量700～900h。江苏省中国科学院植物研究所已审定。江苏、浙江、江西主栽品种。

'赫尔'（'Hull'） 来自美国。无刺，半直立，生长势强。丰产稳产。成熟果紫黑色，平均单果重6.45～8.60g，果坚实，果味甜酸，汁多，品质优。成熟期7月初至7月下旬。需冷量750h。江苏省中国科学院植物研究所已审定。在江苏、浙江、江西种植较多。

'三冠王'（'Triple Crown'） 来自美国。无刺，半直立，生长势强。株型大，丰产稳产。成熟果紫黑色，平均单果重8.5～9.5g，最大可达20g以上。种子大。果坚实，味甜，品质佳。易采收。成熟期比'切斯特'早4～7天。江西主栽品种。

此外，还有一些地方品种。如由"红树莓之乡"黑龙江尚志于2002年选育的'尚早一号'红树莓，其特点是早熟、高产、抗寒抗病力强，是单季品种中成熟最早的，在7月初即可成熟，亩产量可达1200～1600kg。基生枝平均株高1.48m，平均茎粗0.85cm。每株结果枝着生20～27个花序，花序平均长度23.7cm。结果枝平均结果总数为350个，其中有效果为210个，单株结果量平均为0.95kg，亩产可达2t左右。果实横径平均为2.18cm，纵径平均为2.42cm，平均单果重4.51g，最大果重5.85g，平均糖度10.45%。

四、苗木培育

1. 圃地育苗

（1）苗圃地选择和整地

选取地势平坦、土壤肥沃而疏松、有良好排

灌条件的地块，结合深翻土地，每亩施优质有机肥2000～2500kg，磷酸二铵20～25kg。整平苗床，灌透底水，以备育苗。

（2）繁殖方法

圃地育苗主要有根蘖繁殖和压顶繁殖。红树莓类品种，包括黄树莓，一般都采用根蘖繁殖。黑树莓、紫树莓和黑莓靠压顶繁殖（李亚东，2010）。

根蘖繁殖育苗技术 根蘖繁殖是利用休眠根的不定芽萌发成根蘖苗。根蘖繁殖通常采用水平压根法。在早春土壤解冻后芽萌发前，从种植园或品种园里刨出根系，尽量不要剪断，注意防止根系风干失水。可随刨根随育苗。提前2天将苗床浇透水。取出根系，不要分开粗、细根，也不要剪断根系，按20～25cm行距，将1～3条根系并列成条状平放在苗床上，均匀覆土3～5cm全面盖住根系，浇水，保持床面湿润，直到出苗。

压顶繁殖育苗技术 黑莓具有茎尖（生长点）入土生根的特性。当年生枝条生长到夏末或秋初时，将茎尖压在土壤里并用湿土覆盖，此过程即称为“压顶繁殖”。

生产上直接在黑莓果园或专用苗圃利用株间和行间空地压顶。茎顶端被压入土后，很快产生许多不定根，并生长出新植株。新植株生长到休眠期，从母株上分离出来，贮藏越冬后春季栽植。压顶是黑莓、黑树莓和紫树莓的传统繁殖方法。

（3）田间管理

根据土壤湿度情况适时浇水。结合灌溉追肥1～2次，每亩施尿素10～15kg。及时清除杂草，确保土地疏松。

2. 生产园育苗

目前，生产上栽植的苗木普遍采用生产园根蘖繁殖。在除草时，行间适当保留蘖根产生的苗木，秋季防寒前进行起苗。该方法简单，而且能够有效地利用土地。

尚志市帽儿山树莓栽培示范基地（李长海摄）

3. 苗木出圃、贮藏和运输

为方便起苗，秋季在营养回流结束、枝条充分木质化后，将枝条剪短，保留长度20～30cm。地径＜0.5cm的苗木留圃露地越冬，再培养1年方可出圃。起苗时，在距离苗木10cm左右将锹直立插入，将苗木起出，这样不仅苗木根系完整，地下还能保留大部分蘖根。起苗后，随即将苗床裸露根系掩埋并灌水，翌年又可萌发大量的蘖根苗。

苗木起出，随起随捆扎，50或100根一捆，及时进行保湿包装处理。短时间可存放在5～10℃的房间内低温保湿备用；长时间存放应进行假植。苗木保存过程中切忌将根系在水中浸泡时间过长，造成根系发黑、腐烂，降低种苗成活率。

长途运输尽量选择密封的厢式车辆，防止运输过程中苗木风干死亡。

五、林木培育

1. 园地选择与整地

选择地势开阔、光照充足、土壤肥沃、灌水方便、远离污染源、交通便利的地块建园。进行深翻、耙细、起垄。

2. 苗木栽植

（1）栽植时间

栽植主要在春季和秋季，秋季栽植成活率高于春季，目前生产上主要采用秋季栽植。

春季栽植可选择在土壤解冻后至苗木萌发前；秋季栽植可选择在苗木完全木质化至土壤结冻前进行。栽后全株埋土越冬。哈尔滨地区春季栽植时间为4月下旬，秋季栽植时间为10月中下旬。

（2）栽植方法

多用穴状栽植。定植穴大小依苗木根系大小而定。采用行距2m、穴距1.5m、每穴3株、“品”字形栽植，穴内株距20cm。栽植深度尤为重要，直接关系到苗木是否成活。一般地上部分以高于苗木原生长地表2～3cm为宜，切忌栽培过深。培土、踩实、充分灌水后培少量浮土，减少水分蒸发和土壤板结（刘如增，2008）。

3. 抚育管理

（1）松土除草和水肥管理

生长期进行3～4遍除草、松土，防止土壤板结。

保持土壤湿润，浇水宜选择早晚无阳光直射的时段，果实膨大期应增加浇水量，入冬前浇1次封冻水。

施肥原则上以有机肥为主，化肥为辅。对于夏果型成年树莓，在春季每亩施尿素13～15kg，分2次施入，2/3在花茎萌芽期施入，1/3在结果枝生长和花序出现期施入，方法是距株丛基部15～20cm处挖坑或开沟施入。施后覆土，灌水。对于秋果型成年树莓，每亩施尿素13～15kg，2/3在初生茎生长10cm左右施入，1/3在开花前一周施入，施后灌水。果实采收后每亩施磷、钾复合肥15～20kg，促进基生枝木质化。秋季剪掉结果枝后，施入腐熟农家肥。

（2）树体管理

多数树莓品种干和枝的支持力差，但营养生长繁茂，自然生长状态下植株不能成形，严重影响生长发育和开花结果。因此，需要修剪和支架（引蔓和绑缚）有效控制植株生长，改善植株光照，提高叶片光合效率。修剪和支架是现代树莓栽培管理的重要技术。下面分别介绍不同类型树莓的修剪方法以及支架类型选择。

夏果型树莓的修剪　在栽植的第一年和第二年，果实采收后及时剪除结果枝。9月中下旬，对当年生枝条短截，剪截长度一般为枝条长度的1/6左右。

在第三年（盛果期）以后，1年内需要4次修剪（李亚东，2010）。

第一次修剪是在春季枝条展叶前进行。剪掉病株、损伤枝、抽干枝，然后再根据枝条的强弱适当剪留，每丛保留10～12株为宜。同时对枝条梢部进行短截，剪截长度一般为枝条的1/4～1/3。

第二次修剪是对结果枝的疏剪。当结果枝新梢生长3～4cm时疏剪，定留结果枝。原则上保留部位高的，剪去部位低的，留强去弱，留稀去密。主枝下部离地50～60cm高的萌芽和分枝全部清除。

第三次修剪是对基生枝（当年生枝条）的疏剪。基生枝全部萌发后生长到40～50cm时进行。修剪原则是留强去弱，每平方米保留10～15株生长强壮的枝条，使之分布均匀，其余全部剪掉。

第四次修剪是在果实采收后剪除结果枝，短截基生枝。果实采收结束后立即剪除结果枝，剪口与地面越近越好。对基生枝短截，即剪梢，促进枝条充分木质化和花芽进一步分化，同时便于防寒。剪梢时间不宜过早，黑龙江一般在9月中下旬进行。剪截长度视品种而定，一般为枝条长度的1/6左右。

秋果型树莓的修剪 秋果型树莓1年生枝条从茎的中上部到顶部当年秋季结果，结果枝保留越冬，翌年夏初在2年生茎的中下部再次结果，但这种“二次果”由于受当年生枝条的干扰，果实发育养分不足。另外，果实生长于枝条中下部，采收困难，严重影响果实的质量、产量和经济效益。同样，2年生枝条的结果也影响当年生枝条的生长和结果。所以，在规模栽植中，只选用秋果型树莓的秋果。将这种“双季树莓”改为每年只收1次果，需要通过修剪来实现。

修剪的基本方法是每年在休眠期进行一次性平茬，剪刀紧贴地面不留残桩。第二年苗木萌发后，生长期结合3～4遍田间除草，每平方米保留分布均匀的15～20株壮苗，后期蘖根苗全部剪除，使结果带枝条生长整齐、通风透光，确保产量的提高。

黑莓的修剪 黑莓以分枝结实力最强，花茎结实力弱，因此黑莓的修剪首先要定干修剪，培育强壮的分枝。当年生主枝高度达到90～120cm时截顶10cm，剪口留在芽上方，离芽3～4cm斜切。每株留2～4个分枝，每米栽植行保留当年生主枝7～9株，其余一并剪去。越冬防寒前短截分枝，剪去其长度的30%～40%，同时将病、损株从基部切除。在春季解除防寒枝条生长开始前，回缩、修剪分枝。

（3）支架和绑固

夏果型树莓的支架选择 夏果型树莓可根据实际情况选择单侧木桩（水泥桩）支架或“V”形支架。

单侧木桩（水泥桩）支架成本低。“V”形支架可将基生枝和结果枝分开引绑，避免彼此干扰，提高通透性，但成本较高。

单侧木桩支架最好是硬杂木，长度160cm，小头直径3cm。为延长使用时间，桩尖砍大头，砍面长8cm左右，呈三角形。水泥桩为8cm×8cm×180cm，行两侧支柱适当加粗至10cm×10cm×180cm。行两侧支柱固定可采用10～12号钢丝拉线加固。采用木桩时，木桩距离株丛70～80cm，木桩间距离为2.0～2.5m，钢线固定在距离地面1.2m左右。平地架杆架在株丛南面，坡地架杆架在株丛上坡。选择水泥桩时，将水泥桩固定在距离株丛基部80～90cm处，钢线固定在距离地面1.3m左右。

解除防寒后展叶前进行枝条引绑。引绑枝条以2个枝条绑在一起为宜，使之均匀地分布在架杆上，形成扇面，平地枝条向南，坡地枝条向山坡。

秋果型树莓的支架选择 秋果型树莓适于使用“T”形支架。“T”形支架可采用木桩或水泥桩做支柱，支柱上端用木条做横杆，用“U”形钉或铁丝固定，使之与支柱构成“T”字形。按植株高度固定横杆的高度，两端装上14号或16号线，将植株围在架线中，可有效防止倒伏。

木桩宜选用坚硬耐腐的树木，粗9～11cm，长2～3m，置于土中的约0.5m蘸沥青防腐。水泥桩长度同木桩，厚约9.5cm，宽约11cm。横杆宜选用宽5cm、厚3.0～3.5cm、长90cm的方木条。

如果植株直立性好，可以不用支架。在开花前用塑料细绳在作业道两侧枝条的中部将枝条拢起，每隔1.5～2.0m再用细线将塑料绳拢起，栽植带间保留80cm宽的作业道，以便果实的采收（刘如增，2008）。

黑莓的支架选择 黑莓适于采用“V”形支架。把各分枝平展在“V”形架面上，用塑料绳或麻绳捆扎固定。

“V”形支架用水泥柱、木柱或角钢架设。一

列2根木柱，下端埋入地下45～50cm，两柱间距离下端45cm，上端110cm，两柱并立向外倾斜成"V"字形结构。两柱外侧等距安装带环螺钉，使架线穿过螺钉的环中予以固定。可在"V"形垂直斜面上布设多条架线。

（4）越冬防寒

入冬前，要对夏果型树莓和黑莓的当年生枝条埋土防寒。埋土前灌一次透水。防寒时期，可根据土壤结冻时期而定，一般应在土壤封冻前结束。在黑龙江大部分地区，10月上旬在当年生枝条尚柔软时先将其拢绑，慢慢压倒触地，压少量土固定，小心不要折断或劈裂植株。11月初封冻前，在距株从基部50cm外取土，埋压植株以至全部无外露。注意先将植株基部堆土埋严，然后掩埋枝条。

秋果型树莓作为单季品种栽培时，可不用埋土防寒。果实采收后，将地上部枝条全部剪除，第二年基生枝即可于秋季结果。

第二年春季撤土解除防寒时间不宜过早也不宜太迟，一般在气温稳定在0℃以上时进行。北方4月中下旬开始分期撤除防寒土。用锹或铁耙将枝条扶起，防寒土撤回原取土处，地面耙平，应撤净枝条基部的浮土。解除防寒时间各地可根据本地气候条件灵活掌握。

六、主要有害生物防治

树莓抗性强，病虫害不严重，偶有绿盲蝽、金龟子、蟀象等虫害，但在生产中不会造成大的经济危害。除了通过控制栽植密度、耕作及时清除田间杂草等措施外，可按照通常采用的方法进行药物防治。

七、综合利用

悬钩子的果实也称为树莓，具有较高的营养价值及保健功能，被联合国粮食及农业组织列为全球第三代水果和保健食品。树莓果实营养丰富而齐全，维生素C的含量是苹果的5倍，氨基酸及铁、锌、磷等含量高于苹果和葡萄，糖含量与苹果、梨、柑橘三大水果相似。它含有比现有栽培水果及其他任何野生果树都高的维生素E、超氧化物歧化酶（SOD）、氨基丁酸等抗衰老物质，特别是抗癌物质鞣花酸含量超过蓝莓，居各类食物之首，对结肠癌、宫颈癌、乳腺癌和胰腺癌有预防作用和一定的疗效。树莓籽油中维生素E含量高，磷脂含量达2.7%，具有抗氧化、抗炎、防晒、防汗、滋润的功能，可供加工提炼香精油，也可以用在牙膏、洗发水、口红等化妆品中。日本检测证明，树莓中含有的大量覆盆子酮，具有较好的减肥功能，其减肥效果是辣椒素的3倍，且效果十分明显。此外，树莓枝叶可供提取栲胶；茎皮含纤维素，可供造纸及制纤维板；根、叶均可药用，补肝肾，祛风湿。因此，树莓不仅是一种美味水果，而且在医药、化妆品、保健食品加工等方面有着广泛的用途（张清华和董凤祥，2007）。

（王晓冬，李长海）

158 黑茶藨子

别　名｜茶藨子（《中国树木分类学》）、旱葡萄（大兴安岭）、黑穗醋栗、黑豆果、黑加仑（黑龙江）、黑果茶藨（《内蒙古植物志》《黑龙江树木志》）、哈日一哈达（蒙古族名）、兴安茶藨（《东北木本植物志》）

学　名｜*Ribes nigrum* L.

科　属｜虎耳草科（Saxifragaceae）茶藨子属（*Ribes* L.）

黑茶藨子为重要小浆果类经济林树种，目前全世界的栽培面积已超过700万hm^2，总产量达500万t。我国全国栽培面积已达5.4万hm^2，主要产区在黑龙江、新疆和辽宁，其栽培面积占全国栽培面积的80%以上，其中，黑龙江栽培面积占全国50%以上；吉林、内蒙古、甘肃等地少量引种栽培（刘凤芝等，2010）。黑茶藨子以其营养丰富、色泽好、风味独特而享有盛誉。除了少量用于鲜食外，已经开发出果汁、饮料、果酒、果酱、果糖、果冻和蜜饯等多元化产品，深受国内外消费者喜爱。

一、分布

黑茶藨子自然分布中心在欧洲，我国仅大兴安岭北部的呼玛、漠河和塔河等地有自然分布。栽培区域主要集中在欧洲、美洲和亚洲北部，欧洲的栽培面积和产量均居世界首位，其中，波兰产量占世界第一位。我国黑龙江阿城至牡丹江一带栽培历史较长、面积较广，吉林、新疆、辽宁、内蒙古、甘肃等地少量引种栽培。

黑龙江牡丹江军马场黑茶藨子栽培园花期（刘克武摄）

二、生物学和生态学特性

典型的多年生小灌木，高1～2m。树形圆形、半圆形或扁圆形，其地上部分由许多不同年龄的骨干枝构成株丛，地下部分为须根众多的根系。单叶、互生，叶片为掌状3裂或不明显的5裂。不同种类或品种的花略有区别，花为钟形、杯形或浅杯形。果实近圆形，直径8～10（～14）mm，熟时黑色，疏生腺体。花期5～6月，果期7～8月。

黑茶藨子枝条寿命8～10年，一般经济年限可达15年。喜光，耐寒，喜冷凉，不耐高温，适宜寒温带气候；生长最适宜的温度比较低，平均

黑龙江牡丹江温春黑茶藨子新品种‘丹江黑’（刘克武摄）

气温为17～18℃。黑茶藨子生长于高山疏林下、灌木丛中、河谷旁、草甸地等的灌湿地方。该立地水分充足，适合其对水分要求高的特性。对黑茶藨子来说，年降水量450～550mm即可以满足其生长和结果的需要（杨国慧等，2002）。黑茶藨子对土壤的要求不严格，水分充足、肥沃而疏松的壤土、黏壤土、沙壤土等皆可。

三、良种选育

目前，黑龙江栽培的主要品种及份额为：'寒丰'50%、'奥依宾'20%、'晚丰'10%、新育成品种（'绥研1号''丹江黑''亚德列娜亚''黛莎'等）10%、其他品种10%（张鹍等，2014）。其他品种有'丹丰''布劳德''利桑佳''大粒甜'等，俄罗斯引进的品种如'Y06-1''Y06-2''Y06-3''Y06-4''Y06-5'等，耐寒品种黑林穗宝杂交新品种'2011-6-5''优良无性系寒优1''德优2'等。这些品种也适合吉林和辽宁选用。'寒丰'和'奥依宾'的特性如下。

'寒丰'　树势中庸，树姿半开张，节间较长，株丛较大。果实近圆形，整齐，平均单果重0.87g，可溶性固形物16%。果实7月16日左右成熟，栽后第二年可见果，平均产量132kg/亩，5年生可达747kg。抗寒性极强，在我国东北大部分地区不埋土可安全越冬，抗白粉病能力强。

'奥衣（依）宾'　该品种生长强健，树冠紧凑，枝条坚硬，节间短，叶片密，株丛较矮小。2年生开始开花结果。物候期较早，果实大小整齐，平均单果重1.08g，可溶性固形物含量14%。果实成熟期7月中旬，熟期较一致。3年生产量为264kg/亩，4年生为775kg/亩。抗白粉病能力强。

四、林木培育

1. 育苗技术

生产上主要用营养繁殖，以硬枝扦插和绿枝扦插为主。硬枝扦插用500mg/kg的NAA处理插穗，成活率85%以上。此外，压条繁殖法及茎尖组织培养法，都能较快地繁殖大量苗木。种子繁育主要以研究为目的。因此，这里着重介绍黑茶藨子硬枝扦插育苗技术。

插条的采集　选择优良健壮的母株，剪取发育强壮、具有饱满芽的基生枝做插穗，剪下的枝条去除没有落尽的叶片，每50根或100根捆成一捆，剪下的插条应立即贮藏。

插条贮藏　贮藏方法有2种，即沟藏和窖贮，可根据需要进行选择。

沟藏：在露地选择干燥向阳处，挖宽1～2m、深50cm的沟，先在沟底铺15～20cm的湿润沙土，将捆好的枝条横放在沟内，每放一层插穗铺一层湿润的沙土，注意要填满枝条之间的空隙，以防干燥，一般放2～3层后用湿润的沙土覆盖、埋严，待上大冻以后再用土将沟全部封严。

窖贮：先在窖底铺一层湿沙，然后将枝条摆放在窖中，用湿沙埋严，注意不要将枝条堆得太厚，以防透气不良，发生霉烂，窖温控制在0℃左右，避免伤热和萌芽。

选地与整地　扦插地段应选择土壤肥沃、光照良好、灌水方便的地方。扦插地段前一年应准备好，深翻30cm，施足底肥，最好打成宽1.1～1.2m、长度根据地块条件而定的苗床。苗床南北向，苗床之间留30cm宽的作业道，春天土壤解冻时，把土耙平，盖上地膜，用来保墒并提高土壤温度，为扦插做好准备。

扦插方法　扦插时间在萌芽前，当苗床土温上升到6℃以上时，黑龙江大约在4月中旬，此时白天的最高气温为10～12℃。各地区因气温的差异可提前或延后几天，但扦插时间宜早不宜晚。插前将插条剪成长10～15cm，每2芽剪成一段，上剪口顶芽以上留1.5cm平剪，下剪口呈马蹄形，株行距10cm×（15～20）cm。扦插深度与插穗的长短有关，双芽插的一般直插，而插穗长的可以斜插，大致与地面呈45°角，插后马上灌透水。为了减少灌水次数，提高地温，抑制杂草生长，可采取地膜覆盖的扦插方法，提高苗木成活率。具体操作是扦插之前对苗床灌透水，盖上塑料地膜，打孔扦插。

苗床管理　插后2～3周即可生根，在此期间，应经常检查土壤的湿度情况，保持床内土

黑龙江省亚布力林业局鱼池经营所黑茶藨子3年生栽培园（刘克武摄）

黑龙江省牡丹江军马场黑茶藨子栽培园果期（刘克武摄）

壤湿度和温度。当苗木长到15cm左右时，用0.3%尿素进行根外追肥，促进幼苗迅速生长。隔7～10天喷1次，2～3次即可。后期要减少灌水，防止苗木贪青徒长，及时进行松土除草。

起苗 一般在10中下旬进行，此时苗高超过50cm。新梢结束生长。起苗时一定要注意把叶子打落，如土壤过于干旱，起苗前2～3天灌一次水，使起苗时即省力又不伤根。

2. 栽培管理技术

黑茶藨子宜选择中性或微酸性、pH 5.8～

7.2、有机质含量高、排水良好、疏松肥沃的土壤建园。在建园实施时，要考虑好品种合理搭配、园地规划、道路设置、防风林的设计、排灌系统配备、栽植的株行距等。

可在春（4月下旬）、秋（10月中旬）两季定植，株距0.75～1.00m，行距2～3m。挖40cm×60cm沟定植，每穴栽2株，单株间距离20cm。

黑茶藨子喜肥，定植时应施足底肥，以农家肥为主，30t/hm^2；成龄园追施尿素、磷酸二铵，按尿素：磷酸二铵1：1比例追施，肥量0.33t/hm^2。

在花期、果实膨大期加强肥水管理，在5月中旬、6月末、7月初注意防治黑茶藨子透翅蛾，整个生育期要及时中耕除草，适时采收。

黑茶藨子2～4年生枝均能结果，以2～3年生枝结果为主，结果后枝条较下垂。因此，要在采果后对多年生枝条（4年生以上）进行疏枝，病枝、老弱枝从基部剪去，保留壮枝饱满芽结果。冬季雪小地区需埋土越冬，在黑龙江一般埋土厚度10cm左右，埋严、无缝隙即可。

五、主要有害生物防治

黑茶藨子主要病害为白粉病、叶斑病等。目前主要用药剂防治。

黑茶藨子主要虫害有黑茶藨子透翅蛾、茶藨瘿螨等。黑茶藨子透翅蛾主要危害枝干。防治方法：利用自然天敌蜂类消灭幼虫，或利用雌蛾性诱剂诱杀成虫；6月上中旬成虫羽化高峰时，喷洒药剂防治。茶藨瘿螨主要危害茶藨子类果树的芽苞。防治方法：扦插繁殖时选择无虫枝条，并把枝条放在45℃温水中浸泡15min消毒，杀死越冬螨。越冬期间和开花前各检查一次枝芽，发现虫芽或只膨大不发芽的芽，应及时掰除。在盛花期、末花期和新梢加速生长期可选择合适药剂进行防治。

六、综合利用

黑茶藨子芽、花和嫩叶代茶用，具有清热、明目、润肝、利尿、强心、抗菌之功效；根和叶均含有黄酮类成分，该类成分具有软化血管、降血脂、调血压的功能，可进行保健药物的开发；民间验方用其根泡酒，用于治疗风湿症。黑茶藨子果实味酸，性温，具解表之功能；水煎服，主治感冒；果实含大量维生素C，具有防治坏血病和多种传染病的作用；果实中的氨基酸种类及含量也是相当丰富的，氨基酸总量为1.63%，8种人体必需氨基酸的含量较高，尤其是组氨酸和赖氨酸含量分别为108.2mg/kg和64.6mg/kg。黑茶藨子中的氨基酸是人体合成蛋白质重要成分，这也是黑茶藨子重要的营养特性。黑茶藨子种子含油16%～21.3%，含有多种对人体有益的不饱和脂肪酸，其中，亚油酸含量最高，达43.3%～47.2%，具有降血压、血脂和抗动脉硬化等作用。

（刘克武，陈宇，郭宇兰，张顺捷，陈爱华）

159 拟赤杨

别　名｜赤杨叶、冬瓜木、萝卜树

学　名｜*Alniphyllum fortunei* (Hemsl.) Makino

科　属｜野茉莉科（Styracaceae）赤杨叶属（*Alniphyllum* Matsum.）

拟赤杨为我国南方主要速生用材树种之一，生长快，干形直，适用于培养中大径材或定向培育短周期工业原料林，是胶合板和造纸的优良原料，也是制造火柴杆、冰棒棍、板料、铅笔杆、包装箱等的良好用材。

一、分布

拟赤杨是亚热带树种，在我国主要分布于江西、浙江、福建、湖南、湖北、四川、广东、广西、云南、贵州及台湾等地，江西婺源、德兴、铜鼓、宜丰、靖安、资溪、上犹、龙南等地有较多分布，常与青冈、泡花树、杜英、枫香、栲类、南酸枣、木荷、光皮桦等阔叶树混生，是亚热带常绿阔叶林中常见的落叶树种。拟赤杨过去多天然散生于常绿阔叶林中，呈零星及小片分布，在拟赤杨自然分布区，主要是林下天然下种更新。

二、生物学和生态学特性

落叶乔木，高可达20m，胸径可达40～50cm。树干高大通直，在林分中处于林冠上层，自然整枝良好。在天然林中40～50年生的大树，第一活枝高通常都在8～10m以上。喜光树种，但幼树稍耐阴，喜生于温暖避风处和湿润肥沃、排水良好的酸性土壤。不耐干旱和瘠薄。主根不明显，侧根发达，成年大树有4～6根粗大板状根，沿土壤表层10～40cm向水平方向伸展，大量侧须根向山坡下部土壤肥沃或山涧、山谷、水沟方向生长，在水沟旁则呈网状分布。

天然林中，树高生长40年前为速生阶段，15～25年为高峰期。胸径生长20年以后逐渐加快，20～45年为速生期，25～30年为高峰期。材积生长20年后渐渐加快，25～50年为速生期，40～45年为高峰期。人工栽培的拟赤杨比天然林生长快，前20年树高年生长量可达0.7～1.0m；胸径速生期为15～30年，年生长量可达1cm以上。广东信谊林场，18年生林木，树高18m，胸径21cm；江西武功山28年生林木，树高21.3m，胸径34cm，单株材积0.8m^3（江西省上饶地区林业科学研究所，1983）。

三、苗木培育

拟赤杨常采用播种育苗。

1. 采种与调制

采种前，严格选择优良母树。优良母树应具备以下条件：生长快速，树干通直圆满，冠形匀称完整，无病虫害，20～40年生正常开花结实的壮龄树。拟赤杨开花期4～5月，果实成熟期为10～11月，蒴果果壳呈深棕色，应及时采集。用高枝剪、采种刀等工具剪采，铺布收集。果实采回后，在阴凉通风处薄摊阴干。果实不易开裂，可将阴干的种实轻轻敲打，使蒴果果壳裂开，脱出种子。除去杂质，阴干后用种子袋封装，储存在干燥低温的环境下。种子极小，千粒重为0.6～0.8g，130万～160万粒/kg。发芽率30%左右。

2. 播种

圃地宜选择在山区日照时间较短、水源充足、排灌方便的立地。因种子细小，幼苗出土后1～2个月，抗性较差，暴雨、干旱、强光照、高

江西省婺源县紫阳镇上坦村由义岭天然林拟赤杨叶（胡松竹摄）

江西省婺源县紫阳镇上坦村由义岭天然林拟赤杨树干（胡松竹摄）

温、病虫害都易造成幼苗损伤和死亡。因此，整地要做到“三耕三耙”，苗床土壤细碎，床面平整，使种子落土深浅一致，分布均匀，出苗整齐。拟赤杨苗期生长较快，需要较多营养元素，应施足基肥，每亩施用菜枯饼100kg。

播种时间为2月上旬至3月初。播种方式为条播，播幅宽10～15cm，行间距离20cm。播种前整平床面，撒一层0.5cm厚黄心土。为方便播种均匀，可用黄心土或火烧土将种子拌匀，均匀撒在播种行上，然后立即覆土。覆土材料用黄心土或火烧土，覆盖厚度0.3～0.5cm，以不见种子为度。然后铺上薄薄的稻草，保持苗床表土湿润、疏松，利于种子发芽出土（郭起荣，2011）。

3. 苗期管理

播种后30～40天种子开始发芽出土，50～60天出齐苗，要随出苗情况及时揭去覆盖的稻草。幼苗出土后1～2个月地上生长缓慢，抗性差。因此，幼苗期要在苗木行间插不易落叶的枝条或在苗床上搭阴棚遮阴。6月上旬开始分2～3次间苗。定苗时间不迟于7月上旬，保留40～45株/m^2。幼苗前期高生长缓慢，至6月中旬幼苗只有10cm左右。6月下旬至9月下旬为苗木速生期，高、径生长量占全年生长量的70%以上。在此期间，每隔15～20天追肥1次，促进苗木快速生长，追肥主要施用复合肥，每亩每次施用量7～8kg；9月中旬以后，停止追施氮肥和灌水，以促进苗木木质化，提高苗木的越冬抗寒能力。1年生合格苗高0.6m以上，地径0.8～1.0cm，每亩产苗量1.5万～2.0万株。

拟赤杨有良好的天然下种能力，无论在火烧迹地或是挖垦松土之处，都长有大量野生苗。可在有优良母树，立地条件较好的地方，开辟天然苗圃。具体做法是：在种子成熟之前，把母树周围的杂灌清除，全面翻土15～20cm，把土块敲碎，拣出杂灌根系和石块，待种子落地后，稍稍锄松表土，使种子被细土薄盖。翌年春3～4月，幼苗出土后，即和圃地一样进行幼苗抚育管理。

四、林木培育

1. 造林

造林地应选在山坡中下部及山谷溪涧边，土层深厚、肥沃、湿润的地方。林地应在造林前

婺源县紫阳镇上坦村由义岭拟赤杨天然林（胡松竹摄）

几个月进行全面清理，按株行距定点挖穴，穴规格为50cm × 50cm × 40cm，敲碎土块后，表土回穴。培育大径材的株行距为3m × 3m或4m × 3m，每亩55～74株。定向培育短周期工业原料林的株行距为2m × 2m，每亩167株。造林选用1年生壮苗，苗高60cm以上，地径0.8cm以上。从起苗到栽植应保持根系处于湿润状态，尽量缩短从起苗到栽植的时间。造林应在2月底前完成。

据福建林学院等单位的研究表明，拟赤杨、杉木混交林种间关系较为协调，是具有较高生产力的针阔混交林模式。其林分地上和地下部分均具有一定成层性，林分结构合理，扩大了营养空间，有利于混交树种生长，7年生拟赤杨与杉木按1∶3带状混交，蓄积量和生物量分别比杉木纯林提高7.24%和18.22%。同时混交林还表现出比杉木纯林更好的培肥土壤、涵养水源、改善林内小气候等生态功能。江西靖安县大杞山林场17年生杉木林内星状混交拟赤杨（每亩杉木130株，拟赤杨20株），拟赤杨平均树高12.2m，平均胸径12cm，比同期拟赤杨纯林高生长多9.3%，胸径生长多28.19%，同时杉木生长良好。为尽量减少或避免杉木被压现象，不宜采用株间或行间混交，宜采用拟赤杨与杉木1∶3带状混交。也可采用杉木造林1～2年后，对缺株处用拟赤杨补栽，数量为每亩15～20株，形成拟赤杨与杉木的星状混交林（陈存及和陈伙法，2000）。

2. 抚育管理

拟赤杨幼林生长快，3～4年可郁闭成林，应连续抚育3年，每年2次。抚育时，应做好补植、除杂灌、松土培土等工作。结合抚育，每年应在原穴的周围加宽松土20～25cm。

五、主要有害生物防治

1. 立枯病（*Rhizoctonia solani*）

病菌以菌丝和菌核在土壤或寄主病残体上越冬，腐生性较强，可在土壤中存活2～3年，主要危害幼苗茎基部或地下根部。受害病苗，初为椭圆形或不规则暗褐色病斑，早期白天萎蔫，夜间恢复，病部逐渐凹陷、溢缩，有的渐变为黑褐色，当病斑扩大绕茎一周时，最后干枯死亡，但不倒伏。轻病株仅见褐色凹陷病斑而不枯死。苗床湿度大时，病部可见不甚明显的淡褐色蛛丝状霉。该病发生严重时，会造成幼苗大量死亡。防治方法：可通过土壤消毒，加强育苗地管理，雨季及时开沟排水。发病前坚持每10天喷波尔多液预防；发病时，用敌克松粉剂溶液喷施。

2. 白粉病（*Erysiphe* sp.）

白粉病发生在叶、嫩茎、花柄及花蕾、花瓣等部位，初期为黄绿色不规则小斑，边缘不明显。随后病斑不断扩大，表面生出白粉斑，最后该处长出无数黑点。染病部位变成灰色，连片覆盖其表面，边缘不清晰，呈污白色或淡灰白色。受害严重时叶片皱缩变小，嫩梢扭曲畸形，花芽不开。防治方法：清除病叶和病枝，消灭或减少越冬病菌的数量；在子囊孢子飞散的春季喷洒相关药剂，每隔10天喷一次。

3. 小地老虎（*Agrotis ypsilon*）

小地老虎1～2龄幼虫集中危害嫩叶，4龄幼虫危害幼苗嫩茎，5～6龄幼虫食量剧增，危害极大。防治方法：清除田间杂草，减少过渡寄主，翻耕晒垡，消灭虫卵及低龄幼虫；施用无公害药剂，灌根处理；结合黑光灯诱捕成虫；保护和利用夜蛾瘦姬蜂、螟蛉绒茧蜂等天敌。

六、材性及用途

木材横断面生长轮尚明显，心材、边材区别不明显，材色淡黄色。纹理直，结构稍粗，质轻软，气干密度0.431g/cm^3，易干燥，不耐腐，抗虫害，切削容易，刨面欠光滑，胶黏性良好，宜于作火柴杆、冰棒棍、家具、一般建筑用材和板料；种子可用于榨油，供工业用油；叶可供提制栲胶。

（胡松竹）

160 白辛树

别　名 | 鄂西野茉莉、刚毛白辛树、裂叶白辛树
学　名 | *Pterostyrax psilophyllus* Diels ex Perk.
科　属 | 野茉莉科（Styracaceae）白辛树属（*Pterostyrax* Sieb. et Zucc.）

白辛树属濒危物种，是我国三级重点保护野生植物，其木材纹理通直，结构细腻、材质轻软，易干燥，易胶黏，易加工，是制作家具、火柴杆、器具、纸浆等的优良用材林树种；树干通直圆满，树形优美，花序大且具芳香味，叶浓绿而光亮，也是很好的观赏、绿化树种。

一、分布

白辛树主要零星分布于我国大地形第二台阶向第三台阶的过渡带区域的云南、贵州、广西、四川、重庆、湖南、湖北等地山地阴坡，海拔150～1800m均有被发现记录，常与天然阔叶树种混生。日本也有分布。

二、生物学和生态学特性

白辛树为高大乔木，高可达25m以上，胸径达45cm以上；树皮灰褐色，呈不规则开裂；嫩枝被星状毛。叶硬纸质，长椭圆形、倒卵形或倒卵状长圆形，长5～15cm，宽5～9cm，顶端急尖或渐尖，基部楔形，少近圆形，边缘具细锯齿。顶生或腋生圆锥花序，花梗和花萼均密被黄色星状绒毛；花白色，长12～14mm。果实倒卵形，长1.2～2.2cm，具有5翅。

白辛树自然分布于我国亚热带山区，要求年降水量1000mm以上，是天然群落优势种，喜光，喜阴坡肥沃酸性土壤，可生长在长期积水的山区沟谷地带，耐阴湿环境（秦岭林区速生树种及适生立地条件课题组，1989）。

三、苗木培育

白辛树可采用种子和扦插方法进行苗木培育。

1. 种子育苗

采种　白辛树花期较长，9月中旬至11月上旬陆续成熟，成熟种子会不断脱落，因此采种需要认真观察，不要采用不成熟种子；选择30～50年生、树干通直、枝叶繁茂、无病虫害的健壮树木为采种母树，9月中旬至11月中旬采种；采后放在通风处阴干，并于土壤结冻前选择背风、向阳、排水良好的地方沙藏。

整地　选择山区向阳，土层深厚，排水良好地段为苗圃地，整地时，先深翻1次，翌年春结合施肥（每公顷撒施复合肥150kg）翻耕耙磨，清除杂草，捡净石块，作成1m宽的苗床。

催芽　白辛树种子外种皮较厚，经沙藏后种子依然不易发芽。催芽时，将混沙的种子筛出，用25～30℃的温水浸泡一昼夜，然后混沙堆放在室内，每天早、中、晚翻动并浇温水，经过7～8天，种壳吸水膨胀，开始萌动，此时即可播种，

播种　按行距20cm，将苗床开宽5cm、深3cm的浅沟，于4月上旬进行条播。播后覆土1～2cm。白辛树种子千粒重为7.13g，由于种子成熟度不好掌握，种子场圃发芽率一般低于50%，因此播种量需要150kg/hm^2。

管理　苗木的抚育和管理。4月上旬播种后，4月下旬开始出苗，至5月中旬苗基本出齐，此阶段每2天喷水1次。6月中旬和7月初，根据出苗情况及时进行间苗和补苗，共进行2次。6月底时喷洒高效、速效、多元素液体微肥（A型）1次，用量为3.75kg/hm^2，将该肥稀释300倍，于16:00以

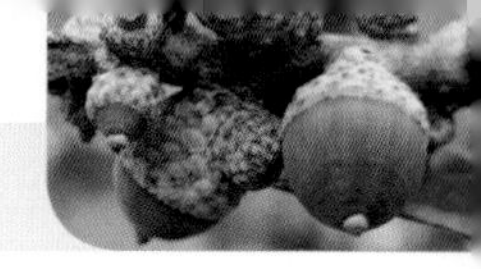

白辛树花、叶及全株（朱宁华摄）

后呈雾状喷施在叶面上。于7月上旬和8月中旬前后，施肥15～225kg/hm^2。

2. 扦插育苗

由于白辛树种子难以采集，扦插育苗在生产上显得尤为重要。扦插最佳时期是每年7～8月，高温是保证插穗生根所需生理生化反应最重要的基础条件。

扦插床准备 选择地势平坦、光照充足、交通便利、背风地带建立扦插苗床；苗床高出地面30cm，苗床宽100～120cm，长度视场地而定，使用粉碎过筛的河沙和黄心土为床面材料，用多菌灵500倍液喷洒淋湿床面不小于5cm进行土壤消毒；选择2m长竹条，每隔100cm在床面上搭拱棚，覆盖农膜。并在苗床拱棚上搭遮阳网，遮阳网高1.8m，遮光度在70%～80%。

穗条采集与处理 白辛树属于难生根的树种，年龄越小生根率越高，应选择无病虫害的幼年母树采集半木质化穗条，所采穗条，应及时用塑料袋密封以防止水分丧失。

插穗截制 用锐利刀具将穗条截制成长7～10cm插穗，每个插穗保留2～4个节，下切口剪成斜口，插穗不保留叶片。插穗截制完毕后用生根粉浸泡30min。

扦插 苗圃提前一天灌水，保持苗圃保水通气；插穗扦插深度5～8cm；插穗间距10～15cm，苗床扦插完毕后喷雾提高苗床空气湿度，最后用塑料膜密封。

插条苗床管理 密切关注扦插苗床空气湿度，当空气苗床内空气湿度低于75%时及时喷水补充水分。扦插1个月插穗基本生根成活，逐步撤掉塑料薄膜，扦插2个月后及时移植。

四、林木培育

1. 人工林营造

造林地选择与整理 选择土壤深厚肥沃且阳坡的酸性土壤地段，近溪流处最佳。在杂灌稀疏地段采用穴状整地或局部整地，穴状整地规格为50cm × 50cm × 60cm。在杂灌茂密地段应进行全

白辛树林分（朱宁华摄）

垦整地，整地深度为60cm。

造林季节与苗木栽植 白辛树仅适合春季造林；苗木栽植一定要做到苗木根系分布均匀，苗木自然直立，苗根部覆盖土壤紧密结实。

造林密度与种植点配置 白辛树人工纯林造林密度为每公顷1500～2000株，坡地采用三角形配置，平缓地可采用正方形或长方形配置。

幼林管理 造林第一年分别在5月中旬、7月中旬和9月中旬进行3次松土除草抚育，特别注意第一年在松土除草抚育中进行培兜以保证幼苗生长姿态。第二年、第三年分别在5月中旬与9月中旬展开松土除草抚育2次。

2. 天然林培育

白辛树天然林资源不算丰富，多散生状分布于天然阔叶林中；在一些白辛树比例较大的中龄林林分，可以采用透光伐作业，人工促进白辛树种子自然更新，形成近天然白辛树森林（陈进成等，2014）。

3. 观赏树木栽培

选择湖边或江河岸边水分条件良好的地段，采用大穴整地的方式种植白辛树观赏木。白辛树观赏木栽植应采用3年生以上大苗。苗木移栽时带包扎土球，栽植前2年夏季要采用遮阴棚，防止白辛树树苗过分被晒。

五、综合利用

白辛树具有用材林、风景林和生态防护林的多种用途，是尚未完全开发利用的树种。白辛树木材很特别，为散孔材，心材淡黄色，材质轻软，加工容易，可作为一般器具用材，其木材的其他用途尚待开发。白辛树具有萌芽性强、生长迅速和耐湿的特点，在湿地造林和河堤湖岸防护林营造上具有巨大的应用前景；花序较大，花期长且花芳香，果实形状特殊优美，亦是城市森林和风景林的重要应用树种。

（朱宁华）

161 山茱萸

别　名｜山萸肉、肉枣

学　名｜*Macrocarpium officinale* (Sieb. et Zucc.) Nakai

科　属｜山茱萸科（Cornaceae）山茱萸属（*Macrocarpium* Nakai）

山茱萸是传统的名贵中药材，是药用价值很高的经济林树种，也是绿化、美化的园林树种。因其果肉能入药治病，保健性能强，被赋予美名“红衣仙子”；又因其树龄长达二三百年而盛果不衰，素有“绿海寿星”之称。

山茱萸是山茱萸科山茱萸属植物，在历代本草和医籍方书中多以“山茱萸”名称作为药用正名，亦记载有很多异名，如：蜀枣（《神农本草经》），鼠矢、鸡足（《吴晋本草》），思益（《名医别录》），汤主（《药谱》），山萸肉（《小儿药证直诀》），实枣儿（《救荒本草》），肉枣（《本草纲目》），山萸（《本草经读》），枣皮（《会药医镜》），萸肉（《医学中参西录》），药枣（《四川中药志》），红枣皮（《新华本草纲要》）等。自明末清初以来，广泛流传的名称为山萸肉。中华人民共和国成立后在中医药专著和经营药材目录上已把山萸肉列为山茱萸的处方名、商品名。

目前全国有2000多万株，其中，人工栽培的幼树约1500万株，结果树约有250万株，总产量超过200万kg。河南西峡的山茱萸最多，有300多万株，总产量达120万kg，被国家林业局命名为“中国名特优经济林——山茱萸之乡”（陈延惠等，2012）。

一、分布

山茱萸自然分布在33°～37°N，105°～135°E之间的亚热带与北亚热带交界地带。原产于我国，日本、朝鲜和韩国有零星分布。在我国主要集中分布在浙江天目山和河南及陕西的秦岭山区。如浙江的临安、淳安、桐庐、萧山、建德、富阳等，河南的西峡、内乡、南召、嵩县、卢氏、桐柏、鲁山、栾川、济源、灵宝、淅川等，陕西的佛坪、周至、洋县、丹凤、宝鸡、太白、山阳、商南、华县、柞水等，安徽的歙县、石台、贵池、祁门等地都有山茱萸的分布。栽培面积以河南为最大，主要集中在河南的西峡、内乡、南召3县，面积和产量均占全省的95%以上，占全国的50%以上；其次是浙江，淳安和临安的面积和产量占全省的90%以上，占全国的30%～40%；安徽主产于歙县、石台；山西阳城和陕西丹凤、佛坪亦是主要产区。此外，山东、山西、四川、甘肃、江苏、河北、江西等地有少量分布（胡芳名等，2006）。

山茱萸自然分布在海拔200～2100m的地方，多在海拔250～800m的低山栽培，其中以在海拔500～800m处生长较为适宜。其主要生长在山区的阴坡、半阴坡及阳坡的山谷、山脚，在疏松、深厚、肥沃、湿润、排水良好的微酸性至中性壤土、沙壤土上生长最好。

二、生物学和生态学特性

山茱萸要求年平均气温8～16℃，3～6月平均气温9℃以上，7～10月平均气温25℃左右，1月平均气温2.5～7.0℃；年降水量600～1500mm，年平均相对湿度70%～80%；夏季不炎热而凉爽，冬季不严寒而温暖，特别是早春萌芽、开花期间，最怕低温、晚霜和雪冻。

山茱萸在种子繁殖情况下，进入结果期较晚，约需10年，如采用嫁接、压条繁殖可提早开花结果，一般7～8年开花结果，进入盛果期约20年，盛果期很长，寿命长达几百年。

年生长发育周期：在河南西峡自然生态条件下，花芽萌动期2月中下旬；初花期3月上旬，盛花期3月中下旬，花期25天左右；展叶期4月上中旬；新梢生长期4月下旬至7月中下旬；果实生长期4月上旬至9月上旬，约170天；果实成熟期9月中下旬至10月中下旬；落叶期11月中下旬；全年生长期约270天。

三、苗木培育

采用种子繁殖，很少采用嫁接、压条和其他方法。种子繁殖的关键是采用充分成熟的种子；播种前必须使种核早腐蚀，提高透水性，以利于种仁吸水。产区群众习惯把刚采收的新鲜种子倒入猪圈，让猪踩入猪粪沤制，直到翌年或第三年早春扒出播种，其发芽率高，出苗整齐。现在普遍采用漂白粉、草木灰、碱等腐蚀性强的水浸泡新鲜种子，2～3天捞出搓磨，再浸泡再搓磨，直到种核变薄变粗糙时，直接播种到地里；或用湿沙层积贮藏，待翌年春季播种。还有的用牛马粪搅拌层积处理。另外，为实现良种化，应提倡嫁接方法，采用优良品种的接穗，繁殖大批良种壮苗，或大树高接换头改用优良品种。

四、林木培育

1. 立地选择

应选择光照充足、土质肥厚疏松、排灌良好、土壤最好是酸性或中性的地块，山地造林时坡度应小于25°，土壤中应不含对人体有害的重金属离子、残留农药。

2. 整地

可根据实际情况采取块状或带状整地。若用块状整地，应对选好的地点四周100cm × 100cm范围内的碎石、杂草进行清理，深度至地下30cm以上。若用带状整地，应保持带距3～4m，做成

山茱萸（刘仁林摄）

宽约2m的条带。带间原有植被最好保留，以固定水土。每穴大小约为100cm×100cm×60cm。

3. 栽植

按600～750株/hm^{2}的密度定植。定植前要挖大穴，填好土，于早春栽植，栽后要浇水、培土、封穴。

4. 管理

定植后每年中耕除草4～5次；5、6月增施过磷酸钙，促进花芽分化，提高坐果率，冬季增施基肥，亦能平衡结果大小年差异。夏季培土1次，以防倒伏。幼树高40～60cm时，2月间打去顶梢，选留3～4个主枝，再在主枝上选留3～4个副主枝，形成自然开心形。幼树以整形为主，修剪为辅。又因山茱萸长、中短果枝均以顶端花芽结果为主，各类果枝不宜短截。成年树于春、秋两季修剪，调节生长与结果之间的矛盾，更新结果枝群，保留生长枝，进行短截，促进分枝。

五、主要有害生物防治

1. 角斑病

病原菌为*Ramularia* sp.，主要危害叶片，引起早期叶片枯萎，形成大量落叶，树势早衰，幼树挂果推迟。该病在新老园地均有发生，在山区调查，重病园地被害株率高达90%以上，叶片受害率在77%左右。病斑因受叶脉限制形成多角形，降雨量多，则危害严重，落叶后相继落果，凡土质不好、干旱贫瘠、营养不良的树易感病，而发育旺盛的树则比较抗病。防治方法：加强经营管理，增强树势，提高抗病能力；春季发芽前清除树下落叶，减少侵染来源，6月开始，每月喷洒1∶1∶100波尔多液1次，共喷3次，也可喷洒400～500倍代森锌；选择培育抗病品种。

2. 炭疽病

病原菌为胶胞炭疽菌（*Colletotrichum gloeosporioides*），主要危害果实，6月中旬就有黑果和半黑果的发生，产区群众称为“黑疤痢”。老区和新园地均有不同程度的出现，果实被害率为29.2%～50.0%，重则可达80%以上。果实感病后，初为褐色斑点，大小不等，再扩展为圆形或椭圆形，呈不规则大块黑斑。感病部位下陷，逐步坏死，失水而变为黑褐色枯斑，严重的形成僵果脱落或不脱落。病菌在果实的病组织内越冬，翌年环境条件适宜时，由风、雨传播危害果实而感病。病害的严重程度与种植密度、地势与地形有关，树荫下、潮湿排水不良、通风透光差的发病重，一般7～8月多雨高温为发病盛期。防治方法：秋季果实采收后，及时剪除病枝、摘除病果，集中深埋，冬季将枯枝落叶、病残休烧毁，减少越冬菌源；选育抗病品种，增施磷钾肥，提高植株抗病力；加强田间管理，进行修剪、浇水、施肥，促进生长健壮，增强抗病力；苗木运输过程中加强检疫，防止将病菌带入；在初发病期，喷1∶1∶100波尔多液；中期每月上中旬喷50%的多菌灵800～1000倍液；8～9月每隔半月喷1次，连续喷2次或及时喷施25%施保克乳油1000倍液或50%施保功可湿性粉剂1000～2000倍液进行防治；栽种前，用0.2%的抗菌剂401浸泡24h，以保证苗木健壮。

3. 白粉病（*Phyllactinia corylea*）

主要危害叶片，叶片患病后，自尖端向内逐渐失去绿色，正面变成灰褐色或淡黄色褐斑，背面生有白粉状病斑，以后散生褐色至黑色小粒，最后干枯死亡。防治方法：合理密植，使林间通风透光，促使植株健壮；在发病初期，喷50%的托布津1000倍液。

4. 木蠹蛾（Cossidea sp.）

属鳞翅目木蠹蛾科害虫，幼虫群集蛀入木质部内形成不规则的坑道，使树木生长衰弱，并易感染真菌病害，引起死亡。防治方法：①5～6月成虫羽化期用黑灯光诱杀；②化学防治，初孵幼虫期，用50%的硫磷乳剂400倍液喷洒树干毒杀幼虫当幼虫蛀入木质部后，用40%的乐果50倍液或80%的敌敌畏50倍液注入虫孔后用黏土密封，即可杀死幼虫。

六、材性及用途

1. 采收

山茱萸果实由青变黄、变红，轻轻摇动树

体，果实自然脱落时，表明已充分成熟，即可采收。具体采收时间，因各地自然条件和品种类型不同而有差异，一般成熟时间在10月中下旬（梁从莲等，2018）。

2. 果实初加工

加工过程：选果→软化→去核→干燥。把纯净的鲜果用85～95℃的热水翻煮（俗称汆枣）或用蒸气蒸煮几分钟或用微火烘烤法，直到果实膨胀发软时，用手挤压，果核自动滑出果皮（俗称捏枣皮）。

去核的果肉（俗称枣皮）要及时晾晒或烘干，经常翻动，直到手翻枣皮不黏手时，可收集贮藏。一般7～8kg鲜果可加工1kg成品。

贮藏在瓦楞纸箱、木箱或麻袋中，置阴凉干燥处，室温保持在28℃，相对湿度70%～75%，严防发霉、虫蛀、变色，维持果肉含水量13%～16%。

3. 药用

果肉内含有16种氨基酸，还含有大量人体必需元素。另外，含有生理活性较强的皂甙原糖、多糖、苹果酸、酒石酸、酚类、树脂、鞣质和维生素A、维生素C等成分。其味酸涩，具有滋补、健胃、利尿、补肝肾，益气血等功效，主治血压高、腰膝酸痛、眩晕耳鸣、阳痿遗精、月经过多等症。

成熟干燥果实，去核后即为名贵药材山萸肉。果药入药，为收敛性补血剂及强壮剂，可健胃，补肝肾，治贫血、腰痛、神经及心脏衰弱等症。其性味酸涩，入肝、肾经，酸涩收敛，有滋肝补肾、固肾涩精的作用，适用于肝肾不足所致的腰膝酸软、遗精滑泄、眩晕耳鸣之症。

茱萸肉含有丰富的营养物质和功能成分，明代李时珍的《本草纲目》集历代医家应用山茱萸的经验，把山茱萸列为补血固精、补益肝肾、调气、补虚、明目和强身之药。

（彭方仁）

162 灯台树

别　名｜瑞木（山东）、六角树（四川）、鸡肫皮（浙江）、乌牙树（安徽）、女儿木

学　名｜*Cornus controversa* Hemsl.

科　属｜山茱萸科（Cornaceae）梾木属（*Cornus* L.）

灯台树广泛分布于东亚、北美亚热带至北温带地区，其树冠呈圆锥形，侧枝层层展开宛如灯台，树形十分优美。灯台树嫩枝红绿色、花白色清雅、果球形紫红色，是优良的观树、观花、观果的园林绿化树种。另外，灯台树具有较高的经济价值，其木材黄白色、纹理直而坚硬、易切削，可作建筑、家具、雕刻、车厢、胶合板等用材；果肉和种子含油率高，可供榨油制皂及润滑油；灯台树的根、叶、树皮均含有吲哚类生物碱，具有镇静、消炎止痛等功效。

一、分布

灯台树广泛分布于东亚和北美广大地区，在我国主要分布于26.4°N，116.4°E，年降水量584mm以上的地区，包括辽宁、河北、陕西、甘肃、山东、安徽、河南、广东、广西、台湾等地。在垂直高度上，海拔300～2500m的河谷和较湿润的地区都有分布，在海拔500～1600m的地区生长良好。

二、生物学和生态学特性

落叶乔木。树皮暗灰色，平滑，老树浅纵裂。叶互生，宽卵形，稀长圆状卵形，长6～13cm，先端骤渐尖，基部楔形或圆形，上面无毛，下面浅灰绿色，密被白色“丁”字毛，侧脉6～7对；叶柄长2.0～6.5cm，无毛。花序径7～13cm，微被平伏柔毛；花径8mm；萼齿长于花盘，花瓣4枚，长圆状披针形；雄蕊4枚，稍伸出。果球形，紫红色至蓝黑色，直径6～7mm，核顶端有近方形小孔。花期5～6月，果期7～9月。

灯台树属暖温带树种，性喜光，稍耐阴，喜温暖湿润气候，多生于湿润山谷、河旁或阴坡的杂木林中，能自成小群落，在南方常与刺楸、喜树、香椿等树种混生。在强光环境下，灯台树能更好地进行光合作用，适合种植于光照充足的旷地或阳坡，可作为一种行道树栽植（王莲等，2010）。在吉林地区，灯台树于4月下旬开始萌

灯台树（刘仁林摄）

芽，较另外两种行道树种天花木兰、花楸的生长期更长，且生长速度更快，其树高生长高峰出现在6月末至9月上旬，最快为7月，最慢为6月（林玉梅等，2013）。灯台树适应性强，生长快，对土壤要求不严，在中性、酸性或微碱性土壤中均能生长，宜在肥沃、湿润、疏松、排水良好、pH为6～7的沙壤土中生长。研究表明，灯台树具有较强的抗寒性，其抗寒性大于复叶槭、流苏和山桐子，可在华北地区正常越冬（缴丽莉等，2006）。但是，在冬末春至季节性交替变温时期，东北地区的3～5年生人工栽培的幼树树干常发生冻裂现象，7年生以上的灯台树很少发生冻裂现象，园林绿化中可采取合理的植物配置技术和防冻措施达到防冻裂发生。

三、苗木培育

灯台树目前主要采用播种育苗繁殖，也可采用扦插繁殖。

1. 播种育苗

采种与调制 灯台树尚未建立母树林和种子园，采种在普通林分中进行，在阳坡或半阳坡、没有较大乔木遮阴及林分密度较低的地段，选择生长良好、无病虫害的30龄以上健壮母树采种。一般9月中下旬，果实由紫红色变为紫黑色时即可开始采种。由于灯台树果实成熟期短、脱落快、易飞散，因此应掌握好时机，及时采收。果实采收后，在清水中浸泡几小时，沤烂后搓去果肉部分，再用0.5%高锰酸钾或0.3%硫酸铜消毒，清水洗净后与湿沙按1∶3的比例混拌均匀贮藏，也可随采随播，但由于其种子的休眠特性，发芽率较低。

种子催芽 为打破灯台树种子的休眠，实现快速发芽和方便田间管理，宜进行低温层积催芽。在土壤冻结前，选择地势高、排水好、土质疏松的背风阴凉处挖宽1m、深60～80cm的坑，坑底铺一层10cm左右的湿润细沙，再将种子与湿沙按1∶3比例混合均匀后堆放入坑内，在中心竖一束秸秆，上铺20cm左右的沙子，再覆土踏实。层积期间定期翻动，防止种子发热霉烂，如缺水可喷雾保持湿润。翌年3月中下旬有30%～40%种子露白时即可播种。

播种 选择排灌方便、土壤肥沃、通气良好、pH 6～7的沙壤土地段为育苗地。秋翻或春翻地均可，翻地同时结合施足基肥，基肥一般以腐熟有机肥为主，施45～75t/hm^2。作床时施用硫酸亚铁粉末225～300kg/hm^{2}进行土壤消毒并灌足底水。生产上多采用撒播，播种量225kg/hm^2。覆土厚度0.8～1.0cm，稍镇压后浇水，使种子与土壤充分接触。播种后苗床撒1层稻草，以减少水分蒸发和提高地温或用遮阳网覆盖，并及时喷雾洒水，保持床面经常湿润。

苗期管理 出苗前和出苗后20天内少量多次喷水，经常保持床面湿润，还可调节地表温度，同时对幼苗适当遮阴，防止出现日灼，幼苗出齐、子叶完全展开后选择阴天撤去遮阳网，并喷800倍多菌灵溶液。苗木大量生长期间，松土、除草、追肥三者结合进行，同时保证土壤水分和空气湿度。浇水和施肥可同时进行，以早晚浇水为宜。生长后期减少浇水次数，停施氮肥，增施磷钾肥，也可叶面喷施0.2%～0.5%的磷酸二氢钾，以促进苗木木质化，培育优质壮苗，提高苗木抗寒性。另外，除草与松土保墒结合进行，苗木木质化后期应停止松土。期间共进行2～3次间苗，留优去劣，苗木间保持一定距离。第一次间苗在幼苗出齐至长出2片真叶时进行，留苗50株/m^2；第二次在苗木叶片相互重叠时进行，留苗40株/m^2，最终留苗30～35株/m^2，每亩产苗量1.2万～1.3万株。间苗时结合补苗，补苗最好在阴天或早晚进行。1年生苗应长至60～90cm高，翌年春季即可移栽，并按要求培育大苗用于园林绿化。

大苗培育 为保证造林或绿化栽植的成活率，当年培育的苗木必须移植，才能培育出根系发达的大苗。移栽于早春萌芽前或秋季落叶后进行，移栽株行距50cm×60cm～70cm×80cm，以利于培育良好的树形，一般2年后苗木可达1m以上，即可出圃定植造林。若用于园林绿化，大苗培育包括全冠苗培育和高冠苗培育。全冠苗树形

呈塔形，移植时株行距宜3m×3m，“品”字形排列，侧枝、顶芽和顶梢不能碰断，不做任何修剪；高冠苗用于行道树，侧枝需修剪，修剪时间宜在冬季休眠期，每年剪掉1轮，剪去3～4轮后干高可达1.8～2.2m，培育7年左右，胸径达6～8cm可出圃用于绿化。

2. 扦插育苗

一般情况下，灯台树的扦插生根率较低，而采用适当的扦插方法可提高生根率至78%（吴希从和温小玲，2005）。扦插育苗最好在春季3月中旬进行，此时尚未展叶，选择1年生健壮枝条，3个芽为一段，并将插穗浸泡，后以ABT1 600mg/kg速蘸处理，以1/2草炭和1/2珍珠岩为扦插基质，采用全光喷雾技术，扦插20天后开始出现愈伤组织，30天左右开始生根，45天左右大量生根，60天左右即可移植。

目前，虽然有关于灯台树组织培育育苗方面的研究和报道，但尚未形成生产应用技术。

四、林木培育

1. 立地选择及整地

根据灯台树耐干旱但不耐水涝的生物学特性，造林地宜选择土层深厚、水分条件好的沟谷地、坡麓灌丛地或荒山荒地的阳坡或半阳坡，坡度在30°以下为好。冬季挖穴整地，整地规格50cm×50cm×40cm。

2. 造林

按培育用材林或城市绿化树木两种用途相结合的原则，确定株行距2m×3m，初植密度为1500株/hm^2为宜。植树坑底先施入复合肥250g，选根系发达完整的Ⅰ级壮苗，苗木主根20cm以下剪去，表土还原，苗正根伸，土踏实，浇透定根水。

3. 幼林抚育

造林后的前三年进行适当的幼林地抚育是培育绿化大苗的关键，应每年中耕除草2次，第一次在6月上旬，采用全垦方式；第二次在8月下旬，采用割草方式。生长旺季每株苗木施复合肥0.2kg，以加快苗木生长。

灯台树定植当年即开始长出冠层。由于苗比较小、种植疏密不同、光照不均等因素，容易形成偏冠。出现偏冠后，在秋末冬初，缩剪凸出的枝杈，促进树木冠幅圆满、干形优美。一般灯台树长到高3m时树冠已有3～4层枝条，若冠层太低，最好在早春去掉60cm以下的枝条。在日常养护中还要注意掐青，以防止枝条徒长，使其木质充实，增强抗寒性。

五、主要有害生物防治

一般情况下，灯台树病虫害较少，危害程度轻微，可以不防治。其主要的病虫害如下。

1. 猝倒病

猝倒病危害幼苗，种芽至苗木木质化之前是危害的主要时期，造成受害苗木根系腐烂或根茎处呈水渍状并倒伏或枯死。防治方法：①选用0.1%的敌克松或用2%～3%的硫酸亚铁溶液于幼苗全部出土10～20天后定期喷洒；②及时清除发病株并烧毁。拔除病苗后地面用生石灰消毒，并用50%甲基托布津喷雾防治。

2. 白粉病

当苗木过密时易患白粉病，主要发生在叶片表面，尤其是叶背，叶面初现白色稀疏的粉斑，后不断增多，最后似绒毛状形成片状，严重时布满全叶，后期常现黑色小点，即病菌闭囊壳。防治方法：①在日常养护中，除加强水肥管理，提高植株抗病能力外，还应注意植株修剪，使植株在满足观赏需求的前提下，保持通风透光；②可在5月初每隔10天喷1次波尔多液；③在发病时喷施75％百菌清可湿性颗粒600倍液，每隔10天1次，连续喷3～4次。

3. 蛴螬

蛴螬是金龟子幼虫的统称，又名白土蚕，在地下咬断或咬伤幼苗的根系或嫩茎基部，使苗木枯黄甚至死亡，一般以3龄幼虫危害最严重。防治方法：①苗圃整地或作床时施用30％敌百虫粉45kg/hm^2进行杀虫；②结合冬耕，把幼虫翻出地面让其冻死；③幼苗出土后在危害严重时，每株用50％马拉硫磷或25％乙酰甲胺磷乳油1000倍液

200～250mL浇灌于被害植株根际周围。

4. 蝼蛄

蝼蛄是一种杂食性害虫，在春季危害作物种子，咬食幼果、嫩茎，根茎被害部成乱麻状。蝼蛄的活动受气温的影响呈现季节性变化，3～4月为春季苏醒阶段，4月中旬至6月中旬为出窝迁移危害猖獗阶段，6月下旬至8月下旬为越夏产卵阶段，9月上旬至11月上旬是秋季再危害高峰，11～12月为冬季休眠阶段。防治方法：①利用成虫金龟子的假死性震落捕杀；②100kg麦麸或磨碎的豆饼炒香后，用90%敌百虫晶体1kg，加水30kg，拌匀，按每亩用毒饵2～3kg施于地表毒杀成虫；③利用黑光灯、电灯或堆火，在天气闷热或将要下雨的夜晚设置，以晚上20:00～22:00诱杀效果最好。

六、材性及用途

灯台树的木材黄白色或黄褐色，心材与边材区别不明显，有光泽，纹理直而坚硬，细致均匀，易干燥，不耐腐，易切削，车旋性好，可作建筑、家具、玩具、雕刻、铅笔杆、车厢、农具及胶合板等用材。灯台树树形优美，具有很高的观赏价值，是优良的集观树、观花、观叶为一体的彩叶树种，适宜在草地孤植、丛植，或于夏季湿润山谷或山坡、湖（池）畔与其他树木混植营造风景树，也可在园林中栽植作庭荫树或公路、街道两旁栽植作行道树，更适于森林公园和自然风景区作秋色叶树种片植营造风景林；同时落叶层厚，具有改良土壤、涵养水源的功能。灯台树的根、叶、树皮均含有吲哚类生物碱，有毒，入药具有镇静、消炎止痛、化痰等功效。在我国民间，树皮可用来治头痛、伤风、百日咳、支气管炎、妊娠呕吐、溃疡出血等。此外，树皮含糖质，可供提制栲胶。种子含油率22%以上，可供榨油制肥皂及润滑油；茎、叶的白色乳汁还可以用作橡胶及口香糖原料；叶作饲料及肥料；花是蜜源。

（邓波，刘桂华，徐小牛）

163 光皮树

别　名 | 光皮梾木、马玲光、狗皮花、斑皮抽水树、油树

学　名 | *Cornus wilsoniana* Wanger.

科　属 | 山茱萸科（Cornaceae）梾木属（*Cornus* L.）

光皮树全果含油约30%，单株产油可达20～30kg，是我国特有的具有重要生态经济价值的木本油料树种之一，分布于黄河以南地区，是石灰岩山地的先锋树种，是我国南方石漠化造林的理想树种。光皮树是新型食用木本油料，原国家粮食部1981年鉴定光皮树油为一级食用油，2013年国家卫计委认定光皮树果实油为新食品原料。光皮树油也是理想的生物柴油原料，其生产的生物柴油与0号石化柴油燃烧性能相似。光皮树树皮斑驳，树形清秀，树干挺拔，有较高的园林观赏价值；其木材细致均匀、纹理直、坚硬、易干燥，具有较高的材用价值。2014年光皮树被明确写进《关于加快木本油料产业发展的意见（国办发〔2014〕68号）》加快发展。

一、分布

光皮树主要水平分布于长江流域至西南各地的石灰岩地区，黄河及以南流域也有分布，核心区域在湖南、江西、湖北、重庆、广西和广东北部等地（李昌珠和蒋丽娟，2013）。光皮树垂直分布于海拔1200m以下的河谷、溪流边、山谷和山坡上，自然分布以海拔400～800m的山谷、溪流边和石灰岩山地多见。

野生光皮树资源，主要集中在武陵山区和南岭区域，多呈散生分布，在湖南、江西等地少有小面积相对集中分布的群落，产量不高，据估算，目前湖南、江西两省有相对集中光皮树资源约5000hm^2（向祖恒，2013）。现存人工种植的光皮树约40万亩，主要为20世纪80年代在石灰岩山地种植和2007年以来全国各地新发展种植的，主要分布在湖南、江西、重庆、浙江、湖北、江苏等地。近年来，光皮树在河南、河北、陕西、山西、四川、山东、贵州等省引种栽培获得成功。

二、生物学和生态学特性

1. 生物学形态特征

自然状态下光皮树为乔木。近年来，湖南省林业科学院通过矮化技术，将其培育成近灌木状，提高了单位面积产油量。光皮树自然状态下，树干挺拔，树形清秀，5年左右树皮薄片状脱落，脱皮后树干光滑，绿白相间色。叶对生，叶全缘，椭圆或卵状椭圆形，长3～12cm，宽1.5～6.0cm，顶端短渐尖，基部呈楔形或宽楔形，被白色贴伏状的短柔毛，叶背面毛更紧密，叶柄细长，1.5～3.5cm，叶脉羽状，侧脉每边3～4条，在叶背稍凸起，新枝和叶背面密被“丁”字伏毛。雌雄同花，圆锥状聚伞花序着生于1年生枝条的顶端，花白色，直径约9mm；萼齿宽三角形，有短柔毛；花瓣4枚，披针形，有短柔毛；雄蕊4枚，略长于花瓣；柱头棒状，顶端稍膨大，稍短于花瓣，有短柔毛。果实为球形核果，有白色贴伏短柔毛，果径4.5～6.2mm，成熟时紫黑色，种子黄白色，直径2.5～4.5mm。萌枝性强，有强烈的分枝特性，树干多从地面1m内开始分杈，有的分枝多到9杈（李昌珠，2007）。

光皮树果实（张良波摄）

四旁地光皮树油料生态两用林（张良波摄）

石灰岩山地光皮树生态林林木树干（何祯祥摄）

2. 生长结果习性

光皮树喜光，是深根性阔叶树种，根系发达，穿透力强，侧根多，幼苗生长快，缓苗期较长，结果后树体生长变缓慢。当年春天萌芽的幼苗，一般到秋天高可达80cm左右；栽植当年生长量小，基本处于缓苗期；2～8年生长最快，3年生树最高可达3.5m，胸径最大为5cm；8年生以后，开始进入结果阶段，生长速度明显下降；12年左右进入盛果期，材积生长在6～14年有一个快速增长期，以后连年生长量逐年下降，在18年左右趋于稳定。为了光皮树提早结果，生产上通常采用嫁接苗造林，嫁接苗移栽后2～3年可开花结果，6年左右进入盛果期，一般条件下，盛果期每亩产鲜果500～1000kg，折合油90～180kg，盛果期50年以上，经济寿命可达200年。

光皮树开花期为4～5月，果实成熟期为9～12月，不同产地的光皮树物候特征略有区别，在北方光皮树成熟、落果、落叶都比南方要早。在广西、广东偏南地区光皮树不落叶；在湖南、江西、湖北等地光皮树落叶期很短，从12月中下旬到2月上中旬；在河南、河北、山东等地光皮树落叶期较长，从11月中下旬到3月中下旬。

光皮树是一种喜光树种，生长在开阔空旷地方的光皮树生长健壮，分枝多，生长势好，结果多；而生长在林中的植株则纤细，分枝少或不分枝，并伸长到上层以争取阳光；长在阴暗环境下，开始结实的年龄较晚，而且产量少，甚至不结实；此外，光皮树结果大小年明显，甚至隔年结实现象常有发生。

3. 适生条件及抗性特征

光皮树的适生海拔高度在900m以下，分布以400～800m最多，只有少量分布于1000m以上的山地，但在海拔1～2m的沿海滩涂地带亦有分布。不同海拔高度对光皮树树高、胸径生长均有显著影响，且随着海拔高度的升高，光皮树树高、胸径生长均呈现“低—高—低”的生长趋势，但海拔升高到900m以上时，不仅结果期推迟，而且结果量也相应减少。

光皮树为喜碱性深根性树种，最适宜在土层深厚、质地疏松、肥沃湿润、排水良好的土壤上

生长。在石灰岩山地上，光皮树能正常生长、更新，甚至可形成天然纯林；在pH 5.5～7.5的酸性、紫色页岩、轻度盐碱性等各类土壤中光皮树也可生长结实。若土质肥厚，光皮树会生长更旺盛，结实更多，籽粒更饱满，含油量也更高。土层厚小于40cm的立地条件下，侧枝数量、主干高度、地径、冠幅、叶面积及生物量等各项生长因子均减少。

光皮树喜欢光照，林缘的植株生长发育和结实皆优于林内植株，空旷的岗地、溪河两岸的散生木或孤立木显著优于林缘木，阳坡林木显著优于阴坡林木。

光皮树耐寒冷、耐高温天气、耐干旱瘠薄，并且病虫害较少。光皮树既能耐-25℃的严寒，又能耐42℃的高温。3年以上的光皮树，可以通过自身落叶、落果等调节，增强对自然干旱环境的适应性，在湖南可适应连续50多天的35℃的高温无雨天气。但研究也表明，光皮树幼苗速生期在田间持水量80%左右有利于苗木质量的提高。

三、良种选育

湖南省林业科学院李昌珠等（2010）依据光皮树生物学特性、经济性状调查分析结果，制定出光皮树优株选择标准，并经过初选、复选、决定和田间无性系测定等程序，最终选育出光皮树优良无性系6个（通过国家林业局组织的林木良种审定委员会认定为良种）。

无性系湘林G1号（国R-SC-CW-008-2007） 生长势旺，树冠为圆形，果实未成熟时为红黄色，成熟呈桃红色间灰白色，平均冠幅面积产鲜果1.46kg/m^2，鲜果千粒重126g，干果含油率为34.15%，连续4年（第四至第七年）平均亩产油量达80.16kg。适合光皮树分布区域种植。

无性系湘林G2号（国R-SC-CW-009-2007） 树体生长旺盛，树冠紧凑，分枝均匀；果实较小，果皮略薄，结实早，产量高，丰产性能好，出油率高。果实未成熟时深绿色，成熟后黑色，平均冠幅面积产鲜果1.37kg/m^2，鲜果千粒重116g，干果含油率为32.71%，连续4年（第四至第七年）平均亩产油量达90.16kg。

无性系湘林G3号（国R-SC-CW-010-2007） 树体生长旺盛，树冠紧凑，分枝均匀；果实较大，果皮厚，结实早，产量高，果实含油率高，丰产性能好，出油率高。成熟果实呈黑紫色，平均冠幅面积产鲜果1.43kg/m^2，鲜果千粒重138g，干果含油率为32.86%，连续4年（第四至第七年）平均亩产油量达70.26kg。

无性系湘林G4号（国R-SC-CW-011-2007） 树体生长旺盛，树冠紧凑，分枝均匀；果实成熟早，较小，果皮略薄，结实早，产量高，丰产性能好，出油率高，适应高海拔地区能力较强。果实呈紫黑色，平均冠幅面积产鲜果1.15kg/m^2，鲜果千粒重116g，干果含油率为33.12%，连续4年（第四至第七年）平均亩产油量达88.26kg。

无性系湘林G5号（国R-SC-CW-012-2007） 树体生长旺盛，树冠紧凑，分枝均匀；果实较大，果皮薄，结实早，在紫色页岩土壤上生长良好。成熟果实呈黑紫色，平均冠幅面积产鲜果1.76kg/m^2，鲜果千粒重146g，干果含油率为30.15%，盛果期平均亩产油量达100.10kg。

无性系湘林G6号（国R-SC-CW-013-2007） 树体生长旺盛，树冠紧凑，分枝均匀；果实略大，果皮薄，结实早，产量高。成熟果实呈深紫色略黑，平均冠幅面积产鲜果1.76kg/m^2，鲜果千粒重180g，干果含油率为30.75%，盛果期平均亩产油量达100.50kg。

四、苗木培育

1. 播种育苗

（1）种子沙藏层积催芽

果实成熟采收后，去果皮，随后用洗衣粉对种子进行1次清洗，洗去种子表面的油脂；稍晾干表面水分后，用0.1％多菌灵消毒，选择通气较好的室内，或选择地势高、排水良好、阴凉湿润的室外，底层铺10cm湿沙（含水60％，以沙子湿度以用手握紧不出水，手松沙散不成坨为好），然后将种子和沙按1∶3体积比例混合，匀撒在沙层上，高度30～40cm，堆好后上面再覆沙5～6cm或用湿麻布袋盖上，防止上面失水。要经常检查沙子湿度，不能太干和太湿，沙子湿度以用手握紧不出水，手松沙散不成坨为好。要定期检查翻藏，每7～10天检查翻动1次，酌情用喷雾器加水，忌失水干燥，注意保温和通气，防止霉变，当“裂嘴”种子数达3成时，即可播种。

（2）苗圃地的选择

苗圃地应选择地势平坦，近居民点，有方便的交通和水源、电力供应条件，土质肥沃，土层深厚，地下水位较低，排水通畅，pH 5.5～7.5，无病虫害、透气条件好的沙壤农田土。

（3）整地

做到及时耕耙，深耕细整，地平土碎，混拌肥料，清除石块、草根。土壤要增施石灰、草木灰、多菌灵等消毒，中和酸碱性。

（4）苗圃作床规格

宽1.3～1.5m，高15～25cm，长20～30m的宽床。要求苗床一定要达到土粒细碎，表面平整，上实下松。

（5）基肥

一般为农家有机肥或者复合肥，均匀撒施肥料，然后耕翻埋入耕作层。种子要避免直接与基肥接触。施肥：一般每亩施腐熟烂肥1500kg或腐熟饼肥100kg，另每亩增施复合肥50kg。追肥：苗木生长生期，前期、中期以施氮素化肥为主；后期以施磷、钾肥为主；追肥一般采用水施，化肥水施浓度以0.3%～0.5%，阴天或傍晚施为宜。苗圃追肥，一般2～3次，每次施尿素3～5kg。

光皮树优良无性系矮化丰产栽培（张良波摄）

（6）播种

将层积的种子过筛筛出，并置于0.5%的高锰酸钾溶液中消毒30h，然后于清水中冲洗干净，晾干。将晾干的种子均匀地撒播在已消毒的沙床上（种子不重叠），用消毒的黄沙或河沙覆盖，厚度以2～3cm为好。用背负式喷雾器进行床面喷淋，淋透床面后，再用毛竹片横向作弓架支撑，上用塑料薄膜覆盖封闭床面保温保湿。沙床内温度以30℃为上限，达30℃时应立即将沙床两头塑料薄膜揭开，通风透气，降温，防止烧伤幼芽（苗）。床面表层沙发白时表明缺水，应及时用喷雾器补水。通常20天左右即有小苗出芽，25～30天大量出苗。此时，应选择傍晚或阴天，揭除薄膜进行炼苗，并加强水分管理。如果种子已有20%～30%发芽，播种时把沙种一起播下，防止损伤已萌芽的种子。种子饱满度在60%以上，每亩播种量为10kg左右。

（7）芽苗移栽

沙床内芽苗在发芽后10～15天，刚开始长出真叶，根部侧根即将形成时移栽较好。芽苗取出沙床时动作应轻，防止损伤。移栽时应做到随起随栽，起苗的多少取决于栽植的速度，切忌起苗过多，造成芽苗失水而影响成活率。栽植时间以阴天或早、晚为主，此时温度较低，有利于芽苗恢复。栽植的深度以苗木的根茎处与地面相平为宜，栽植密度20cm×8cm左右，即2.5万～3.0万株/亩，栽植完毕及时浇透定根水，并用遮阳网覆盖3～5天，保持较高湿度，促进芽苗尽快恢复、适应。

（8）苗期管理

灌溉和排水　光皮树苗木喜土壤湿润，忌干旱。灌溉要适时、适量，速生期苗木生长快，气温高，应次少量大，一次灌透。生长后期，要控制灌溉。有条件的苗圃，可采用喷灌。灌溉时间应在早晨、傍晚和夜间进行。抗旱时，宜采用沟灌法，但水位不能漫至苗床面。降雨或灌溉后应及时排除积水，对苗床清沟培土。梅雨季节应保持沟系畅通，切忌积水。

追肥 随着苗龄增大，养分的需求逐渐增加，6月开始追肥，以氮肥为主，即6～7月每15～20天追施5％的人粪尿加0.3％尿素。8～9月每20～30天施用10％的人粪尿加0.5％尿素。10月增施磷钾肥1次，用量为每亩施过磷酸钙10kg、硫酸钾5kg。

除草和松土 揭除遮阳网后即开始进行除草松土工作，要求做到“除早、除小、除了”，保持苗床整洁、土壤疏松，除草松土作业时要求小心，切忌碰动、碰伤幼苗，要求采用人工除草。松土一般结合除草，在降雨和灌溉后及土壤板结的情况下进行。松土一般每年4～6次，灌溉条件差应增加次数。

间苗、补苗、定苗 在苗木生长过密的地方，除去弱苗、病苗，保留壮苗，使苗木分布均匀，生长整齐。间苗要及时，一般在幼苗出土后10～15天开始。光皮树生长快，抗性强，一般间苗1～2次，应结合移植补缺。当土壤干燥时，间苗、补株后应即进行浇水灌溉，保护苗木根系。定苗株数应略大于产苗量。

苗圃灾害防治 苗圃灾害防治要贯彻“预防为主，综合防治”的方针。对可能发生的灾害，要通过预测、预报和加强育苗技术，做好预防。对已发生的灾害，要及时采用化学、生物、物理机械等综合防治措施，经济、安全、有效地控制灾害。

病虫病防治 从增强苗木抗性入手，做好圃地选择，种苗检疫，种子、土壤消毒，杜绝病原菌侵染。要正确选用农药的品种、剂型、浓度、用量和施用方法，做到既能发挥药效，又不发生药害或人畜中毒。使用新农药要先试验后应用。

2. 嫁接繁殖（三刀法腹接）（李党训等，2005）

砧木 砧木选用1年生光皮树实生苗，接穗来自健壮的成年结果母树或者采穗圃，枝条健壮，芽饱满，随采随接，注意保湿。

嫁接时间 春接：2月中下旬至3月上旬（萌芽前）。秋接：8月下旬至10月中旬。接穗采用单芽。

削穗 在芽的背面或侧面光滑平直的上方或下方1.8cm处起，直削一平削面，长2.5～3.0cm，深达木质部（削面要削通接穗）。在芽的上方1.0cm切断接穗，形成平滑断口。下端在芽中点的另一侧下方1.8cm处，斜削成45°光滑斜面。

削砧 在砧木离地面10cm左右，选光滑的一侧，往下直削一刀，稍带木质部，长2.7～3.2 cm。

嫁接与包扎 将削好的接穗插入砧皮内，对准形成层，扶下贴皮，用塑料带扎紧扎牢，砧木伤口也要包扎严实，春接露出芽眼；秋接可露芽或不露芽。

嫁接接后管理 按常规方法管理，接穗成活后，剪砧。

3. 扦插繁殖

插穗材料的选择与处理 从采穗圃光皮树优良无性系枝条上（幼年采穗圃更利于扦插生根）剪取当年生木质化的枝条作插穗，要求枝条无病虫害，健壮，剪成8～10cm长、每根插穗2个节，上部带2片叶，每片叶只留1/2的叶片。

插穗材料的激素预处理 将接穗的基部在用1000mg/L的KIBA促生根溶液中进行速蘸5s处理。

扦插基质的配制 由泥炭土、珍珠岩和黄心土按一定体积比配制扦插基质（1∶1∶1配比效果较好）。

插穗材料的扦插 将激素预处理后的插穗材料，晾干10min后进行扦插。以每穴1根的密度，将插穗插入基质5～7cm深，适当压紧，浇透消毒药水，消毒药水采用58%瑞毒霉–锰锌可湿性粉剂与水重量比为1∶1000的溶液。

苗期管理 将扦插穴盘置于全自动喷雾大棚中，保证大棚内空气湿度在70％～80%，当棚内温度超过28℃时，通风降温。扦插30～40天后，生根率达90%以上，50～60天后，插穗生根形成完整植株，定期施肥、喷药培育出合格扦插苗。

五、林木培育

1. 造林地选择

海拔1000m以下，相对高200m。西南高山地区可以选择1800m海拔区域种植。坡度25°

以下，土层中至深厚，红壤、黄壤或黄棕壤，pH 4.0～8.6。在山区、谷地宽度不足50m，光照条件差的两侧山，不宜选用作为油料林经营。

2. 造林地清理

适用于杂草、灌木丛生，有采伐剩余物堆积，不进行林地清理无法整地或整地很困难的造林地。光皮树造林适宜带状清理、全面清理和团块状清理3种方式。

带状清理 岩石裸露比例较小、灌木密度较大的缓坡、斜坡（＜25°）采用带状清理，清除带内杂草、灌木，割带宽2～3m，保留带宽1m。

全面清理 岩石裸露比例较大、难以成片成行栽植的石灰岩地，适用灌木密度较小或经营集约度高的造林地。全面清除带内杂草、灌木。

团块状清理 以栽植点为中心，清除半径0.5～1.0m范围内的杂草、灌木。适用多种造林地。

3. 整地

一般应在苗木定植1个月前整好地，亚热带宜秋季或冬季整地，暖温带可在春季植苗前整地。山地、丘陵、平原一般采用穴状整地，规格为50cm×50cm×50cm（姚茂华等，2009）；当坡度＜35°采用带状整地，带宽60cm以上，带长根据地形确定，株行间应尽量保留自然植被。

4. 造林

造林苗木 优良种源种子繁育的实生苗；优良无性系嫁接苗和扦插苗，造林苗木规格，选用符合规格的Ⅰ、Ⅱ级苗，具体要求如表1。

苗木处理 造林前根据光皮树苗木的特点和土壤墒情，对苗木进行修根、修枝、剪叶、苗根浸水、蘸泥浆等处理；也可采用促根剂、蒸腾抑制剂和菌根制剂等新技术处理苗木。

造林密度 用材林：密度为1667株/hm^2（株行距3m×2m）、2500株/hm^2（株行距2m×2m）。

油料林：嫁接苗造林，密度为833株/hm^2（株行距4m×3m）。

油料和用材兼用林：实生苗造林，密度为1111株/hm^2（株行距3m×3m）。

造林时间 宜在冬季植苗，春季植苗应在苗木萌芽前半个月完成。冰冻严重地区及暖温带宜在春季冰冻解除、苗木萌芽前半个月完成。

造林方法 光皮树宜植苗造林，定植裸根苗。定植苗木时，先将苗木放入已回填土、肥

表1 光皮树苗木等级规格指标

苗木类型		苗木等级								综合控制指标
		Ⅰ级苗				Ⅱ级苗				
		苗高（cm）	地径（mm）	根系		苗高（cm）	地径（mm）	根系		
				长度（cm）	＞5cm长Ⅰ级侧根数（根）			长度（cm）	＞5cm长Ⅰ级侧根数（根）	
实生苗	大田播种苗	≥60	≥6	≥20	5～8	50～60	5～6	15～20	3～6	无检疫对象，苗木新鲜，色泽正常，生长健壮，充分木质化，无机械损伤，顶芽饱满、健壮
	容器播种苗	≥45	≥5	≥7	8～10	35～45	4～5	5～7	5～8	
	嫁接苗	≥60	≥5	≥30	5～8	40～60	4～5	20～30	3～6	
扦插苗	大田扦插苗	≥50	≥5	≥25	5～8	40～50	4～5	15～20	3～6	
	容器扦插苗	≥40	≥5	≥7	8～10	30～40	4～5	5～7	5～8	

注：嫁接苗的地径指嫁接口以上正常粗度处的直径。

的栽植穴内，苗根展开平放在穴内土面上。防止根系弯曲成团和根尖向上。苗放好后加土到根颈处，压紧苗木周围土壤，培土成圆形土盘。

补植 造林成活率不合格的造林地，应及时进行补植或重新造林。植苗造林的补植应用同龄大苗。

5. 整形修剪

用材林、防护林不需整形修剪。以生产果实为主要目的的油料林需采取必要的整形修剪措施，促进丰产的树体和群体结构的形成。实生苗造林，选择主干疏层形作为丰产树形；良种嫁接苗造林，选择自然开心形作为丰产树形；立地条件好、树势强的植株宜选择主干疏层形作为丰产树形。幼树修剪为整形的辅助措施，以促进整形任务的完成为目标。生长期以抹芽和摘芯为主，自萌芽基部抹除过密幼芽，对选留的主枝、副主枝、侧枝，在新梢先端30～40cm处摘芯，促发新的侧枝；休眠期以疏删和短截为主，自分枝基部剪除过密枝、重叠枝、交叉枝，对选留的主枝、副主枝、侧枝，剪去枝条先端不充实部分。结果树修剪以维护已成型的丰产树形及促进结果枝的更新为目的，主要在休眠期进行，主要措施为疏删和短截。疏删是为了维护丰产树形，疏删对象是徒长枝、病虫枝；短截是为了促发新的结果枝。衰老树则进行更新修剪。

栽植当年进行定干，干高为40～60cm。

自然开心形 定干抽梢后，在离地面30～60cm范围内选留生长势较强，着生角度合理，分布均匀，上下间距10～20cm的新梢3～4个作为主枝，构成树体骨架，其余强枝抹除，较弱枝留5～8片叶摘心作辅养枝。主枝一次性选留到位的，在最上主枝以上不再保留向上的中央主干；主枝一次性选留不到位的，应当在定干剪口芽中选留一芽接替原主干形成新的中央主干，再在新的中央主干上适当部位选留主枝，全部主枝选留到位后不再保留中央主干。主枝长30～40cm摘芯或断截，再以顶端健壮芽形成新的主枝延长枝，在主枝上按30～40cm间距，再选留副主枝2～4个，在副主枝上同理再选留侧枝，在主枝、副主枝、侧枝上疏密适当部位培育结果枝组或结果枝。树体骨架在1～2年内形成，主枝、副主枝、侧枝的培育应逐步形成，条件成熟一枝培育成形一支，争取边整形边结果。

主干疏层形 按自然开心形培育法培育第一层主枝3～4个，第一层主枝完全形成后，继续保留中央主干，使其向上延伸，在延长的主干上端距第一层（最上）主枝60～80cm处选留第二层主枝2～3个，与第一层主枝方向互向错开。第二层主枝选留到位后不再保留中央主干。副主枝、侧枝培育法同自然开心形。

6. 抚育管理

抚育 用材林、防护林造林后前3年，每年于夏、秋两季各进行1次抚育，采用带状或穴状方式砍除定植的苗木周围的杂草、灌木，可围蔸松土。油料林每年中耕除草2～3次，全面砍除或铲除林地内杂草、灌木，并结合施肥围蔸松土。树盘下宜割草覆盖保墒。

施肥 用材林、防护林成林前可适当施肥，成林后可不施肥。油料林必须长期施肥。

灌溉 光皮树春梢萌动期、开花期及果实膨大期需水量大，降水较少的地区或年份应及时灌溉。

排水 多雨季节或园地积水时应及时排水。秋季花芽分化期及果实成熟期多雨时，为促进花芽分化和提高果实含油率，需适当控水。排水和控水的主要方法为开沟排水。

7. 花果管理

疏花疏果 为提高果实品质，减少树体营养消耗，缩小大小年差异，应采取必要的疏花疏果措施，疏除部分花序或花序分枝。

营养液促果实增大 在光皮树开花坐果期叶面喷施2～3次营养液，如生产上常采用0.2%～0.5%尿素加0.2%磷酸二氢钾加0.1%～0.2%硼酸混合液等营养液肥，能显著提高花质。于果实膨大期，喷施0.3%～0.5%的磷酸二氢钾1～2次，有良好的壮果作用。

适度环割促果 盛果期在枝组上环割1～2圈，有利于促进果增大和含油率的增加，同时对夏梢有抑制作用。可以防止大小年的出现。

加强肥水管理 增施有机肥，保持土壤疏松、湿润，树势强健，为翌年防止生理落果打下基础；花期和幼果期出现异常高温干旱天气，对树冠喷水，可有效降温，提高着果率；第二次生理落果前减少氮肥的使用量，以减少夏梢抽发，减轻梢果矛盾，提高坐果率。

8. 采收技术

果实成熟期为每年的10～11月，果实颜色由绿色转为黑色时开始采摘。

六、主要有害生物防治

光皮树主要病虫害有烟煤病、浅翅凤蛾（*Epicopeia hainesi sinicaria*）幼虫、斑蛾（Zygaenidae）幼虫、红蜘蛛（*Panonychus citri*）、木蠹蛾（Cossidae）幼虫、介壳虫（scales）、白蚁（Termitidae）等。其中，浅翅凤蛾幼虫、斑蛾幼虫危害树叶，以光皮树叶为食；红蜘蛛危害嫩叶和嫩芽；木蠹蛾幼虫危害树干；介壳虫寄生于植物的枝干、芽腋、嫩梢和叶片，一般不活泼或固定不动，以雌成虫和若虫刺吸汁液获得营养和水分，导致树势衰弱，叶片早落；白蚁主要通过修筑泥被、泥线，将光皮树树干用泥土包裹，然后取食树皮甚至心材，破坏韧皮部，造成环蚀，树的根系将因得不到有机物的供给而死亡，不久后整棵树也将死亡。

1. 烟煤病

烟煤病防治方法以改善环境条件为主，主要是保持充足光照和通风良好，也可用70%甲基托布津可湿性粉剂1000倍液喷洒。

2. 食叶虫害防治

光皮树食叶害虫有浅翅凤蛾幼虫、斑蛾幼虫、红蜘蛛等。

（1）人工物理防治食叶虫害

人工收集地下落叶或翻耕土壤，以减少越冬蛹的基数，成虫羽化盛期应用杀虫灯（黑光灯）诱杀等措施，有利于降低下一代的虫口密度。

（2）药剂防治食叶虫害

蛾类食叶害虫在8月上旬至中旬成虫羽化期，用4.5%高效氯氰菊酯乳油4000～5000倍液、20%杀灭菊酯3000～4000倍液或50%辛硫磷乳油1000～1500倍液进行树冠喷洒。也可在幼虫3龄期前喷施生物农药和病毒防治。地面喷雾，用药量为Bt200亿国际单位/亩、青虫菌乳剂1亿～2亿孢子/mL、阿维菌素6000～8000倍。红蜘蛛可在发生期每隔15天喷40%乐果乳剂2000倍液，或喷20%三氯杀螨砜可湿性粉剂1000倍液进行防治。

3. 危害树干害虫防治

危害光皮树树干的主要虫害有木蠹蛾幼虫、介壳虫、白蚁、吉丁虫等。

（1）木蠹蛾（Cossidae）

可利用成虫的趋光性，以黑光灯诱杀。利用人工合成性诱剂诱捕蒙古木蠹蛾，能获较好效果。也可用久效磷、哒嗪硫磷及磷化铝等杀虫剂，于4～9月分别将药液注射虫孔毒杀已蛀入干部的幼虫；在干基钻孔，灌药毒杀干内幼虫；用磷化铝片剂堵塞虫孔熏杀根、干部的幼虫等。同时，要注意保护啄木鸟及其他天敌。

（2）介壳虫（Coccoidae）

用40%乐果乳剂1000～2000倍液喷杀，冬季或早春用150倍洗衣粉液喷杀，可一次性消灭介壳虫；若虫发生期喷洒0.3波美度石硫合剂，或50%敌敌畏乳油1000倍液，或40%乐果乳油800倍液，加0.1%洗衣粉。

（3）白蚁

对白蚁的防治，可用人工挖巢、熏蒸剂毒杀、灌药液泥浆、喷灭蚁灵粉剂、应用白蚁诱杀装置和投放白蚁诱饵剂进行诱杀。另用天敌防治，首先要了解各种害虫的天敌，然后引进、保护，利用天敌治虫。

（4）吉丁虫

应加强养护管理，不断补充水分，使之生长旺盛，保持树干光滑，杜绝成虫产卵；在成虫羽化前，及时清除枯枝、死树或被害枝条，以减少虫源和蔓延；成虫羽化前进行树干涂白，防止产卵；成虫羽化期往树冠上和干、枝上喷1500～2000倍的20%菊杀乳油等杀成虫；幼虫初在树皮内危害时，往被害处（如已流胶应刮除）涂煤油溴氰菊酯混合液（1∶1混合），杀树皮内的虫。

七、综合利用

1. 生产光皮树油

光皮树干果，全果含油率在30%左右，果肉含油52.9%左右，鲜果含油15%左右，干果出油率为25%～30%，由于全果含油，省去加工去壳工序，大大降低了成本，全果利用，经济利用系数100%。光皮树果实油脂肪酸组成以油酸和亚油酸为主，含量在70%以上，脂肪酸组成：棕榈酸（C16∶0）21.6%；十六碳乙烯酸（C16∶1）2.0%；油酸（C18∶1）32.5%；硬脂酸（C18∶0）1.4%；亚油酸（C18∶2）40.8%；亚麻酸（C18∶3）1.7%（李昌珠，2007）。光皮树果实油脂主要用于食用和工业应用。

（1）食用油

1981年6月，国家粮食部组织对光皮树果实制油、炼油技术进行鉴定，光皮树果实油由油酸（含量29.1%）、亚油酸（含量39.7%）、亚麻酸（含量2.3%）、棕榈酸（含量23.9%）等近10种脂肪酸组成，符合国家食用油脂标准。2013年7月3日，国家卫生和计划生育委员会办公厅通告，批准光皮梾木（光皮树）果油为新的食品原料，从法律上明确可以食用。另外，果实精炼油富含人体所需的不饱和脂肪酸，被国家粮食部鉴定为一级食用油，长期食用能有效降低胆固醇，防止血管硬化及预防冠心病，治疗高血脂症，湖南、江西等地有较长的利用光皮树果实或种子油的历史。2014年光皮树被明确写进《关于加快木本油料产业发展的意见（国办发〔2014〕68号）》加快发展。

（2）工业用油

光皮树是一种理想的生物柴油原料树种，湖南省林业科学院等单位开展光皮树果实油脂提取、油脂转化利用的系统研究工作，以光皮树油为原料转化制备出的生物柴油与0号石化柴油燃烧性能相似，启动性能良好、运转平稳、闪点高（>105℃），安全，灰分低（<0.003），洁净，是一种安全、洁净的优良柴油代用燃料油（李昌珠等，2005）。

除作生物柴油外，光皮树油还可作轻化工业的原料（制造肥皂、油漆等）。光皮树油工业应用，开拓了光皮树应用新方向，扩展了发展前景。

2. 生产木材

光皮树木材细致均匀，坚硬易干燥，车旋性能好，是建筑、家具、雕刻、农具及胶合板的良材。光皮树幼年生长成林快，15年生树高13m左右，胸径16cm左右，单株积材在0.085m^3左右。

3. 园林观赏

光皮树清秀，树姿优美，枝繁叶茂，树干挺拔、通直，树皮斑驳，5月银花满树，孤植或丛植都可以自然成景，是优良的园林、庭荫或行道景观树种，也可以用于荒山、路旁、宅边、市区、庭园等地的绿化，绿化美化的同时也可获得一定的油料收益。

4. 良好的生态造林树种

光皮树根系发达，落叶层厚，可改良土壤、改善气候，是水土保持、涵养水源的理想树种；耐瘠薄，在难以生长的石灰岩等山地条件下能正常生长结实，覆盖度可达80%，种植后不会影响到林业生态的平衡，是石山造林的重要树种之一。

5. 其他

光皮树的树叶是很好的牲畜饲料，将光皮树树叶沤在地里，增加有机质，能使土壤肥沃，因此它又是优良的绿肥。光皮树花是养蜂蜜源，可供蜜蜂采蜜。榨油后得到的油饼是良好的生物肥料或饲料，可以帮助农民发展畜牧水产业，促进农林牧副全面发展。

（李昌珠，张良波，何祯祥）

164 毛梾

别　名｜油树、瓦氏凉子木、车梁木、小六谷
学　名｜*Swida walteri* (Wanger.) Sojak
科　属｜山茱萸科（Cornaceae）梾木属（*Swida* Opiz）

毛梾是我国中部和北部习见树种，树形优美、树干端直、树冠圆满、白花满树，是优良的园林绿化树木，可作为行道树和孤植树；果实富含油脂，是产区传统的木本油料树种；材质坚硬，可制作车辋，属于特种珍贵用材树种。

一、分布

毛梾分布较广，东北起辽宁，南至湖南，西南到云南、贵州，东至江苏、浙江，西至甘肃、青海均有分布，其分布经纬度范围为29°～40°N，100°～123°E，主产于山东、山西、陕西、河南、河北等地，星散地生于林中或呈团块状分布，现全国多地有栽培。

二、生物学和生态学特性

落叶乔木。树皮黑灰色，粗糙、开裂成方块状。单叶对生，椭圆状卵形，全缘，羽状侧脉4～5对，弓形内弯。伞房状聚伞花序顶生；花瓣4枚，白色，花萼4裂，绿色，齿状三角形；雄蕊4枚，稍长于花瓣；花柱棍棒形，子房下位，密被灰白色贴生短柔毛。核果球形，直径6～7mm，熟后黑色，核骨质。花期5月，果期9月。

毛梾为深根性树种，根系扩展，须根发达，萌芽力强，对土壤要求不严，能在比较瘠薄的山地、沟坡、河滩及地堰、石缝里生长。较喜光树种，喜生于半阳坡、半阴坡，在光照条件差时，树冠发育不良，结实很少，甚至只开花不结实。对气温的适应幅度较大，能忍受-23℃的低温和43.4℃的高温。在年降水量450～1000mm、无霜期160～210天的气候条件下生长良好。

三、苗木培育

采种与调制　毛梾果实成熟期一般在9月上中旬，当果实由绿色变成黑色并发软时，即可采收。毛梾果肉中含有大量油脂，再加上坚硬的种皮，严重影响种子吸水膨胀和萌发。因此，在种子催芽处理前，应先除去种子外的果肉和种皮外的残留油脂。结合土法榨油分三步：第一，先将种子放在清水中浸泡1～2天，皮变软后即可捞出，铺在碾台上，厚约5cm，用碾子碾压，去皮，去过油皮后可放入筐内，置流水（河、渠）中冲去渣滓，所得种子的种皮上还黏有一层蜡质，如不脱蜡会影响发芽；第二，可在种子中拌入0.5～1.0倍的河沙，按4～6cm的厚度摊在碾台上碾压，直至种壳呈粉红色；第三，筛去河沙，再将种子放入洗衣粉或碱水中搓洗，最后用清水洗漂洗干净。

种子催芽　经过以上机械处理的种子，播种前还需进行催芽，以提高发芽率。催芽可用低温沙藏、温水浸种、火炕催芽和牛粪拌种等方法，其中以低温沙藏法效果最好。低温沙藏的方法同一般沙藏方法，沙藏时间以6个月至1年较好，不足6个月的效果不明显，超过2年时，种子发生霉烂，严重降低发芽率。若选用冰柜冷藏，在0～4℃的条件下，沙藏4～5个月，效果更佳，发芽较为整齐。温水浸种适用于春季播种，播前20～30天，每天用50～60℃温水浸泡2～3次，每

次30min，冷却后捞出置于温暖室内，上覆草帘或湿布，当种子有一半裂嘴即可播种，40～50天即可发芽出土。火坑催芽时，将混沙种子在火坑上铺一薄层，上覆塑料薄膜，坑温保持在20～30℃，最高勿超过40℃。经常翻动，约半数以上种子裂口时即可播种。牛粪拌种法与花椒种子处理相似。

播种 育苗地要选择深厚湿润的沙质壤土，并有灌溉条件。先深翻土地，碎土耙平，施足底肥，土壤消毒，然后修筑苗床。多数地区在秋季播种，春播也可，而以秋播效果较好。播种时按30cm行距，开沟条播，播幅3～5cm。经过催芽处理的种子，每亩可播10～15kg。秋播后覆土2～3cm，并稍加镇压，在土壤封冻前后灌水2～3次，以利来年种子发芽。必要时可在春季土壤解冻前后再灌水1次；春播经过催芽的种子后，可采用河沙或锯末覆盖，厚度2～3cm，必要时可覆盖一层薄麦糠，以保持土壤湿润（康永祥等，2012）。

插根育苗 春季从留床苗剪下的根插穗成活率较高。秋季采下的根要埋在沙土中越冬，翌年春再取出扦插。插穗一般长10～18cm，粗0.5～1.0cm。通常都在春季扦插，可直插、斜插和平埋，而以斜插和平埋较好。扦插时插穗露出地面约0.5～1.0cm，插后床面覆草，并经常洒水，保持湿润。

嫁接育苗 嫁接方法有枝接和芽接2类。枝接有劈接、切

陕西省宝鸡市宋家山林场毛梾丰产单株（康永祥摄）

西北农林科技大学校园毛梾果实（康永祥摄）

西北农林科技大学校园毛梾花（康永祥摄）

接、腹接等；芽接有“T”字形芽接和方块形（片状）芽接等，成活率较高，但生长不及枝接快。枝接一般在3月下旬至4月下旬，芽接在7月下旬至8月中旬。嫁接的砧木可选取1～2年生，地径为1～2cm的毛梾苗。

苗期管理 苗期要做好松土、除草、间苗、定苗、灌水、追肥和防治病虫害等各项工作。在干旱地区从5月下旬至6月中旬，每隔1～2周灌水1次。苗高5～7cm时可逐级逐次进行间苗，保持株距8～10cm。结合间苗，还可进行幼苗带土移栽，栽后及时灌水，极易成活。

四、林木培育

1. 人工林营造

造林地宜选在地势平坦、土层深厚、肥沃的山麓、沟坡、冲积河滩等地，以保证稳产高产。造林宜采用长1.5m、宽1m、深40～60cm的大鱼鳞坑整地，次春栽植效果较好，秋季也可直接造林。春季造林宜早，土壤刚解冻苗木尚未萌动时造林最好。毛梾造林一般采用2年生苗，如苗龄小，可采用截干造林，能显著提高成活率。截干后头2年应及时修枝抹芽，每年6～8月抹芽2～3次，以培育明显主干，促进幼树生长。以培育油料林为主要目的时，造林密度宜稀不宜稠。水肥条件好，管理比较细致的地方，每亩不超过20株，山地条件下每亩不超过30株。

毛梾萌芽力强，树冠内往往萌发出许多侧枝，影响生长。因此，从幼林开始要及时整形修枝，一般造林后2～3年定干，定干高度以1～2m为宜。

2. 天然林改造

毛梾野生状态下，多散生于林内或团块状分布于下坡位，纯林少见。根据毛梾的分布特点，

陕西省宝鸡市宋家山林场毛梾示范林（康永祥摄）

可采用低产单株的改造技术，主要通过抚育间伐等措施改善林内的营养空间，通过株体内透光修剪，改善光照条件，促进开花坐果率。

3. 观赏树木栽培

毛梾具有较高的观赏价值，是一种优良的园林树种，移栽成活率高，栽培管理简单。选择胸径为4～6cm的苗木，于春季或秋季树液停止流动时，裸根起苗，根幅直径50～60cm。苗木起出后，尽量保留好须根。栽植时，可适当进行修枝、修根及截干处理，注意截干后在截口处涂抹油漆，防止水分蒸发。栽植后第二年夏季，可对树冠进行整形修剪，适当控制强枝生长，促进弱枝生长，以保证树冠圆满。

五、主要有害生物防治

毛梾大树的病虫害目前还没有报道，仅在苗圃地受到地下害虫如蛴螬、地老虎、金龟子、蝼蛄等的危害。因此，在建立苗圃地时，要进行土壤处理；其次，加强苗木和林地管理，增强树势，提高抗病虫能力。对于危害严重的地下害虫，可依据其生物学特点，并参照其他林木地下害虫的防治技术进行防治。

六、综合利用

毛梾果肉和种仁均含有丰富的油脂，可食用。果实含油率达31.8%～41.3%，土法榨油出油率为25%～30%（袁立明等，1993）。除可供食用外，还可作为工业用油，如用来提制生物柴油、制造肥皂，机械、钟表机件的润滑油和油漆原料等。油渣可作饲料和肥料。毛梾材质坚硬，纹理细致，可供制作建筑、车轴、农具把柄、家具、雕刻等。毛梾木材花纹美观，尤其是独特的材色，适合于作高级家具、室内装饰、工艺美术制品等，也可作纺织器材。但木材耐腐性偏低，水湿环境下易腐朽和虫蛀（王传贵等，1994）。叶可作饲料，花可作蜜源。另外，毛梾树干端直，树冠圆满，寿命长，也是一种优良的园林绿化树种。

（康永祥）

165 蓝果树

别　名｜紫树、柅萨木、水结梨

学　名｜*Nyssa sinensis* Oliv.

科　属｜蓝果树科（Nyssaceae）蓝果树属（*Nyssa* Gronov. ex L.）

蓝果树是我国特有的优良速生用材树种，主要分布于我国长江流域及其以南的地区，属落叶乔木，高可达30m，胸径超过1.0m，生长较快，树姿挺拔，树冠呈宝塔形，宏伟壮观，叶茂荫浓，适宜作庭荫树，春季有紫红色嫩叶，秋日叶转绯红，分外艳丽，是园林观赏栽培中重要的秋色叶树种。

一、分布

蓝果树在我国长江流域及以南各地均有分布，包括江苏南部、安徽南部和西部大别山以及浙江、江西、湖北、四川东南部、湖南、贵州、福建、广东、广西、云南等地。在安徽的黄山、大别山、九华山，四川的峨眉山等地都有天然分布，垂直分布于海拔1700m以下的坡地、沟谷及溪边，多与马尾松、枫香、四照花、甜槠、青冈栎等混生。分布区年平均气温10.6～22.7℃，最冷月平均气温-0.2～15.1℃，最热月平均气温21.1～30.1℃，温暖指数为79.4～213.1℃，年降水量969～2435mm，湿润指数-5.0～147.0（方精云等，2009）。蓝果树分布较广，对土壤要求不甚严格，以酸性至微酸性山地红壤、红黄壤和黄壤条件下生长良好。

二、生物学和生态学特性

1. 形态特征

树皮淡褐色或深灰色，粗糙，常裂成薄片脱落。小枝无毛，当年生枝淡绿色，多年生枝褐色。皮孔显著，近圆形。冬芽淡紫绿色、锥形，鳞片覆瓦状排列。叶纸质或薄革质，互生，椭圆形或长椭圆形，叶长12～15cm，宽5～6cm，顶端短急锐尖，基部近圆形，边缘略呈浅波状。表面无毛，深绿色，干燥后深紫色，背面淡绿色，有稀疏的微柔毛；叶柄淡紫绿色，长1.5～2.0cm，上面稍扁平或微呈沟状，下面圆形。花序伞形或短总状，总花梗长3～5cm，幼时微被长疏毛；花单性；雄花着生于叶已脱落的老枝上，花梗长5mm左右；花萼的裂片细小；花瓣早落，窄矩圆形，较花丝短；雄蕊5～10枚，生于肉质花盘的周围，雌花生于具叶的幼枝上，基部有小苞片，花梗长1～2 mm；花萼的裂片近全缘；花瓣鳞片状，约长1.5mm，花盘垫状，肉质；子房下位，和花托合生，无毛或基部微有粗毛。核果矩圆状椭圆形或长倒卵圆形，微扁，长1.0～1.2cm，宽约6mm，厚4～5mm，幼时紫绿色，成熟时深蓝色，后变深褐色，常3～4枚；果梗长3～4mm，总果梗长3～5cm。种子外壳坚硬，骨质，稍扁，有5～7条纵沟纹。花期4月下旬至5月初，果期9～10月。

2. 生态特性

落叶喜光性树种，喜温暖湿润气候，耐干旱瘠薄，天然生长在山沟、山坡的向阳处。耐寒性强，在绝对温度-18℃时，仍生长旺盛，且具较强的抗雪压能力。根据蓝果树的叶解剖结构，其具有中生植物的特征。夏季，蓝果树叶片光合速率日进程呈“双峰”曲线型，有明显的光合“午休”现象；其暗呼吸日进程变化呈明显的“单峰”曲线，因此光照和气温是制约其光合同化速率及其光合有机物积累的主导因子（马金娥等，

2007）。蓝果树根系发达，根的萌芽能力强，能穿入石缝中生长。

3. 生长特点

蓝果树主干明显、通直圆满，在皖南牯牛降海拔350m、土层厚度50～60cm的坡地，以甜槠为优势树种的老龄常绿阔叶林中，混生大量蓝果树，树龄在100年生以上，树高达20m，胸径30～50cm。蓝果树高生长在幼林期较慢，速生期在10～30年生，具连年生长量在0.5～0.6m，随后高生长逐渐降低，到50年生之后，高生长缓慢，年生长量在0.2～0.3m。胸径生长表现出类似特点，幼林期生长较慢，速生期在20～50年生，胸径生长高峰期在20～30年生，其连年生长量在0.5～0.7cm，60年生之后，胸径年生长量降至0.3cm以下。材积生长在20年生之前十分缓慢，随后逐渐加快，30～80年生为速生期，其连年生长量一直维持在0.008m^3/年以上，50～60年生达生长高峰，连年生长量0.011～0.013m^3/年；材积平均生长量在100年生之前持续处于上升阶段，100年生后开始下降。可见，蓝果树材积生长高峰期持续时间长，适宜培育大径级用材。

蓝果树人工造林，由于其生长受到人为措施

蓝果树（刘仁林摄）

的调控，因此生长量会更高。如在Ⅱ类立地条件下，5年生幼林的平均胸径分别为5.7cm，平均树高4.6m；30年生人工林，林分平均高12m，平均胸径19cm，远高于天然林生长量。

三、良种选育

目前，蓝果树多为零星人工栽培，未见有规模造林。迄今没有其良种选育研究的相关报道。作为重要的珍贵阔叶用材树种，应加强种质资源收集和良种选育，为高效培育奠定基础。

四、苗木培育

由于蓝果树迄今没有规模化人工造林，生产上多利用本地种源，选择优树采种育苗。其他育苗方式，如插条育苗、组培苗培育，生产应用较少。

1. 播种苗培育

采种与调制 选择胸径在20~40cm的优良、健壮的母树采种。由于蓝果树分布较广，南北跨度较大，致使各地果实成熟期不一致，一般在9月以后，当外果皮由青绿色转变为蓝黑色时，表明果实已成熟，即可采种。将采回的鲜果薄摊在通风的阴凉处，待果皮软化后，放入箩筐中，搓去果皮、果肉，洗净阴干。调制后的纯净种子，可用湿沙层积贮藏，待翌年早春播种，也可随采随播。调制后阴干的种子亦可适当晾晒，降低含水量，置于箩筐、瓦缸中干藏。蓝果树鲜果出籽率在35%~40%，因产地不同，种子千粒重在140~190g，发芽率35%~40%。

苗圃整地 苗圃地选择土壤疏松、肥沃的沙质壤土。圃地要施足基肥，使用堆肥、绿肥、厩肥等腐熟有机肥时，每亩施肥量2500~3000kg，并每亩加施过磷酸钙15~20kg。精耕细整，整地深度在30~35cm，消毒杀虫，确保整地筑床的质量要求。

播种 多采用条播方法。条播行距25~30cm，播种沟深5cm。每亩播种量15~20kg。由于干藏的蓝果树种子发芽不整齐，播种前用温水浸种2~4天，每天换水，以促进发芽整齐。层积贮藏的种子清出后，直接播种，通常能够整齐发芽。播种时，将种子均匀地撒在播种沟内，再薄覆一层火烧土或黄心土1.5~2.0cm，再覆盖稻草，以保持苗床湿润。此外，还可利用地膜覆盖进行育苗。地膜覆盖育苗使土壤增温显著，可提早出苗，而且苗期可以免除繁重的除草松土工作，大大节省育苗成本，提高苗木质量。进行地膜覆盖育苗时，要求播种前圃地土壤湿润，水分充足。播种后需平整苗床，覆盖薄膜，四周压紧，不漏风。

苗期管理 常规条播育苗，播种后3~4周出苗，场圃发芽率20%左右，幼苗开始出土后分2~3次揭草。幼苗期需防止苗木猝倒病。苗木生长高峰期在6~8月，需加强水肥管理和病虫害防治。追肥是促进苗木生长、提高苗木质量的重要措施，追肥宜少量多次，在幼苗长出3~4片真叶时，进行第一次施肥，薄施尿素，每亩2.5~3.0kg；随后根据圃地土壤及苗木生长状况，结合中耕除草，追施氮肥；立秋前后，蓝果树苗木生长进入第二高峰期，结合中耕，追施氮肥，促其生长，10月中旬，适当追施磷钾肥、停施氮肥，促其木质化，以便安全越冬。每亩产苗量1.0万~1.2万株，苗高60~120cm、地径1.0~1.5cm。蓝果树主根、侧根发达，1年生苗木冠根比为0.52，远高于闽楠（3.60）和东京野茉莉（3.45）（刘志强等，2001）。

地膜覆盖育苗 芽苗出土达40%~60%时进行破膜或揭膜。一般多采用破膜方式，这样床面仍覆盖着地膜，能抑制杂草生长，因此在苗期管理中可以免除松土除草，减轻除草的繁重工作。苗期追肥采用浇施，直接浇入苗木根部；干旱时利用步道沟侧方渗灌或漫灌。如果采用揭膜方式育苗，揭膜后，按照常规播种育苗进行苗期管理。

2. 无性繁殖苗培育

蓝果树无性繁殖苗培育主要包括插条苗和组培苗培育，主要技术分述如下。

硬枝扦插 选择2~4年生蓝果树健壮幼树作为采穗母树，以母株上生长充实、芽饱满、无病虫害的当年生枝为插穗，穗长15～20cm，冬插或春插。扦插基质用3g/L高锰酸钾溶液消毒，插穗经100～200mg/L的ABT生根粉浸泡后，直插基质，深度为穗条的1/2，插后将穗条周围稍加压实，经常喷水保湿。有条件时，最好在温室中扦插，温度控制在25～28℃。没有温室设施时，可搭盖塑料拱棚，效果也很好。由于扦插生根缓慢，需要2～3个月，为此，夏季高温时节，利用遮阴度60%的遮阳网进行遮阴，防高温危害。扦插生根后，喷施0.8%过磷酸钙和0.1%尿素溶液2～3次。

插根 选择胸径10～15cm的壮龄植株作为母树，在3月上中旬采集种根。采集时，应注意不要造成母树过多损伤，为此需小心扒开母树根部土壤，使根系暴露出来，选取根径0.5～1.0cm的根系，剪取种根，截制成长度为8～10cm的根插穗，为了区分上、下端，两端截口有所不同。为了避免母树根部过度损伤，每株母树采种根15～30条。要求剪口平滑，种根皮无破损，剪好后洒少量清水放入密闭纸箱中，立即运往扦插地。种根采后，将土回填好压实，最好适当施肥，促进母树恢复生长。扦插前，将根插穗下端（小头）浸蘸1000mg/L的ABT生根粉溶液，不可颠倒。扦插密度为行距25～30cm、株距10cm左右，直插或斜插，根插穗小头朝下，注意不可倒插，上端略露出地表或覆土0.5～1.0cm。

组织培养 蓝果树组培快繁以半木质化枝条为好，经洗净、消毒灭菌后，切成1.0～1.5cm的茎段，每段带1个腋芽，接种培养，经过腋芽萌发、增殖培养、诱导生根、炼苗移植，形成组培苗，其萌芽率和生根率均达90%以上，炼苗移植成活率达65%～70%（王春荣等，2009）。①无菌体系：无菌水冲洗干净，再用0.1% $HgCl_2$灭菌5～8min。②茎段再生：单芽茎段可置于1/2MS（氯化钙全量）+ 1.0 mg/L 6-BA + 0.1mg/L IBA的培养基上启动萌发。③不定芽增殖培养：增殖适宜培养基MS + 1.0～2.0mg/L 6-BA + 1.0mg/L KT + 0.1～0.3mg/L IBA，不定芽平均月增殖系数为5左右；壮苗培养基MS + 0.5mg/L 6-BA + 0.2mg/L IBA，不定芽伸长迅速。④根诱导：适宜生根培养基为1/2 MS + 0.2～0.5mg/L NAA + 0.5mg/L IAA，生根率80%～100%。

3. 大苗培育

蓝果树干形挺直，适于栽植大苗作庭荫树。园林绿化大苗的最低标准：苗高3m、胸径5cm以上，有完整匀称的树冠。大苗培育圃地要求土层深厚，呈微酸性，深耕细整，按株行距0.8m×1.0m挖穴栽植，栽植前每穴适施基肥。选择长势健壮的1年生苗，剪除主根，在苗木尚未萌动时移植，苗木成活恢复长势后，按常规管理。培育3～4年后，胸径可达5cm、苗高3m以上，即可用于园林绿化。

五、林木培育

1. 立地选择

蓝果树对立地条件要求不甚严格，作为珍贵阔叶用材，培育大径材，最好选择在土层深厚、湿润的地段造林。立地条件对蓝果树生长影响很大，较好的立地下，5年生幼林平均胸径5.8cm、平均树高4.5m；而在较差的立地上，其胸径和树高生长量分别为4.2cm和3.5m（刘光正等，2000）。可见，蓝果树大径材培育应选择山坡中下部较好的立地条件。

2. 整地

为了提高造林成效，造林地坡度在20°以下时，有条件的情况下可进行全面整地。整地后，挖栽植穴，规格40cm×40cm×40cm。在造林地杂草灌木不很繁茂、土壤不板结黏重的情况下，可采用块状整地或带状整地。带状整地的带宽可根据造林行距大小来确定，如行距为3.0m，垦覆带宽可以2.0m，保留带宽1.0m。块状整地应适当加大规格，一般情况下整地规格为80cm×80cm×50cm。栽植穴规格40cm×40cm×40cm。

3. 造林

蓝果树造林一般采用植苗造林。由于幼林期间伐材利用价值不大，为了降低造林成本，初植密度应适当低些，株行距2.5m×3.0m（每亩90株）或株行距2.0m×3.0m（每亩110株）。

选择1年生合格苗木，要求苗高60cm、地径1.0cm以上；如果采用2年生苗木，苗高120cm、地径1.6cm以上；生长健壮，根系完整，没有病虫害和损伤。冬季或早春芽未萌动前造林，造林时尽量做到随起苗随造林，裸根苗造林，起苗后及时蘸泥浆；造林时，严格做到苗正、根舒、适当深栽、分层踏实，确保造林存活率。有条件情况下，造林时适施基肥，造林效果更好。

蓝果树混交造林，可以与杉木、马尾松混交，以带行混交方法为佳，即3行杉木（或马尾松）1行蓝果树，7年生混交林生长量明显高于杉木、蓝果树纯林（杨亮等，2007）。为了缓和混交林种间关系，造林时可适当加大蓝果树的株行距，以3m×3m为宜。

4. 抚育

幼林抚育 为防止杂草与苗木争肥争水而影响造林成活和幼苗生长，在造林后需加强幼林抚育管理。造林后，当年要及时抚育，确保成活，以后每年除草松土2次，分别于5～6月和8～9月实施，连续3年，到幼林开始郁闭时为止。抚育方式为全抚或砍草块抚。由于蓝果树生长较快，郁闭早，可不进行间作。幼林抚育时应不伤树，还要注意修枝整形，培养优良干形。

抚育间伐 间伐时间和强度与造林密度、经营目的密切相关，作为珍贵用材树种，以大径材培育为主，间伐年龄及强度以不影响林分生长为原则。造林密度为2.5m×3.0m时，10年生左右郁闭，郁闭后可通过修枝来调控林分结构，培养干形。15年生树高可达9～10m，胸径达15cm左右。15～18年生时首次间伐，强度30%～40%，间伐时，主要砍伐生长落后、干形不良的个体。主伐年龄50年。

六、主要有害生物防治

由于蓝果树人工造林规模有限，多混生于天然次生林中，病虫害少，目前尚未发现其严重的病虫害。但是，蓝果树幼苗期易感染猝倒病，病原为腐霉属中的一些真菌，腐生性较强，在我国长江流域，5、6月有梅雨，有利于病菌的生长发育和传播，而不利于幼苗的生长，导致幼苗感染。防治方法：①选好圃地，选择地势平坦、排水良好、疏松肥沃的土地育苗，忌用黏重土壤和前作为瓜类、蔬菜等土地育苗。应与抗病树种轮作，以减少病原。加强苗期管理，促其健壮生长。增强抗性。②药剂防治，发病初期，拔除病苗集中处理，然后喷洒1：1：120～150的波尔多液，每10天喷施一次；可用25%百菌灵800～1000倍或50%多菌灵可湿性粉剂800倍液进行防治；还可用草木灰、石灰按8：2混匀后撒于幼苗基部，均有较好的防治效果。

七、材性及用途

蓝果树木材属硬木类，气干密度0.615g/cm^3，淡黄白色，结构甚细而匀，纹理斜或交错，材质轻软适中，可作食品、茶叶包装箱用材。蓝果树木材油漆光亮度好，是制造家具、建筑物和室内装饰的好材料。根据徐漫平等（2009）的研究，蓝果树木材不适合刨切加工，装饰性不佳，其贴面板表面胶合强度小于0.4MPa，因此不适合作为贴面装饰。

蓝果树木材含水率38.6%，灰分23.37%，低位发热量78108kJ，可作为生物质能源备选树种（唐苏慧等，2016）。此外，从蓝果树树皮可提取的蓝果碱，有抗癌作用，为重要的制药原料。

（徐小牛，王勤）

166 喜树

别　名｜旱莲、千丈树、水白杂、天梓树、水桐树

学　名｜*Camptotheca acuminata* Decne.

科　属｜珙桐科（蓝果树科）(Nyssaceae) 喜树属（*Camptotheca* Decne.）

喜树是我国特有落叶乔木，属于第一批国家重点保护野生植物，是集用材、经济（药用）、生态观赏（园林绿化）等功能于一体的多用途树种，分布于我国长江流域及西南、东南各地。喜树为速生树种，具有根深、生长迅速、性喜温暖湿润、不耐严寒干燥等特点。其用途广泛，可作为用材林、药用经济林、风景林等优良树种。

一、分布

喜树是我国特有树种，广泛分布于长江流域及其以南各地，南至海南，北至陕西西安，西至云南漾濞，东至浙江，均有分布记载，跨越陕西、河南、安徽、湖北、湖南、江苏、江西、四川、重庆、贵州、云南、福建、广东、广西、海南等15个省份和直辖市。具体分布范围为34°30'～22°10'N，98°70'～121°30'E。喜树常生于海拔1000m以下低山、谷地、林缘、溪边，多为四旁栽植，很少成片造林。喜树除了在我国有广泛的栽培外，在美国的加利福尼亚州、得克萨斯州和路易斯安那州，英国的Kew植物园和越南北部的部分地区也有引种。

二、生物学和生态学特性

落叶乔木，树高25～30m，胸径可达100cm。单叶互生，纸质，长椭圆状卵形，长10～26cm，宽6～10cm，上面深绿色，下面淡绿色，有稀疏黄色毛；先端渐尖，基部圆或广楔形，全缘，边缘有纤毛，羽脉10～11对；叶柄红色，有疏毛。花单性同株，白色，无梗，多数排成球形头状花序；雌花球顶生，雄花球腋生。瘦果长三菱形，有窄翅，25～35枚集成球形辐射状。种子千粒重为33g。花期6月上中旬，果熟期11～12月。

喜光树种，幼苗、幼树稍耐阴，性喜温暖湿润，不耐严寒干燥，多生长于山脚的沟谷坡地。适生于年平均气温13～17℃，1月气温不低于0℃，年降水量1000mm以上，相对湿度较大（80%以上）的地区。喜肥湿，不耐干瘠，在酸性、中性、弱碱性土上均能生长。在石灰岩风化的土壤及冲积土上生长良好。在土壤肥力较差的粗沙土、石砾土、干燥瘠薄的薄层石质山地生长不良（李星，2004）。喜树一般于每年3月中下旬开始抽梢，7～8月为生长旺盛期，9月下旬高生长停止，径生长以7月上旬至8月最快，10月中旬径生长基本停止。喜树生长较快，速生期早。3～15年为树高生长速生阶段，连年生长量为1.0～1.8m，最大值出现在7～15年。15～30年间生长稍次，连年生长量0.7～0.8m；30年以上为生长缓慢阶段，年均生长0.4m左右。胸径生长在造林后的第四年加快，5～20年为胸径生长高峰期，连年生长量1.0～2.0cm，最大值出现于10～15年；20～35年喜树平均每年生长0.8～0.9cm；40年以后生长缓慢。材积速生期为5～20年，20年后生长下降。水肥条件较好的地方，主伐年龄20～25年。立地条件差的地方，一般在13年以后材积生长迅速下降，主伐年龄15年左右。

三、良种选育

喜树的良种选育，必须有计划地、系统地开展种源选择，进行优树、家系选择和杂交育种，

喜树（刘仁林摄）

并建立母树林、种子园及基因库，为其造林奠定物质基础。良种使用上，应遵循“适地、适树、适种源”的原则。苗期种源试验结果表明，苗高生长以南部、西南部（广东、云南）种源最快，中部（贵州、福建、湖南、江西）种源居中，而北部（安徽、江苏）种源生长最慢；地径生长以中部种源为快，南北种源较慢；从叶片喜树碱含量来看，西南部种源（四川、云南、贵州）含量较高。上述结果在种子使用和调拨上可以作为参考。母树选择的具体要求是：生长迅速、健壮，树干高大、通直，光照充足，树冠中等，无病虫害，15～25年生的壮龄林木作为采种母树。喜树11月上中旬果实成熟，瘦果熟时由青绿色变为淡黄褐色，即为种子成熟的特征。掌握好种子成熟期，适时采种。过早采集则瘪粒多，种子发芽率低；过迟则种子散落而失收。从种子成熟至散落约2周左右，应在种子成熟期，用布幕或草席等铺于树下，摇撼振动树枝，使种子落于布幕之上。种子采回后晒1～2天或摊放于通风干燥处阴干脱粒，筛去杂质后用筐篓、布袋盛装干藏或混沙湿藏。

四、苗木培育

喜树生产上一般采用大田育苗。因喜树苗期怕涝、怕旱、忌寒冻，喜肥湿，圃地应选择在排水良好、灌溉方便、土层深厚、土壤肥沃湿润的壤土或沙壤土。幼苗侧根不发达，忌过于黏重的土壤育苗。幼苗易遭根腐病、黑斑病危害，忌选择连作或前作为茄子、辣椒、烟草、红薯等作物的圃地。圃地选好后，应深耕细整，均匀碎土，清除草根、石块，结合土壤消毒（生石灰或硫酸亚铁溶液），施足基肥，作好苗床。播种前种子用0.5%高锰酸钾溶液消毒1～2h，漂洗干净后用35℃温水浸泡24h，使种子吸水膨胀。在自然温度下用河沙催芽，3天后见种子破胸萌芽后即可播种。催芽处理后的种子播后发芽整齐，发芽时间可提前15～20天。播种时间为早春，每公顷播种量60kg，多采用条播。播种后，采用未经耕作过的黄心土进行覆盖，覆盖厚度1.5cm。播种行

喜树高密度林（吴家胜摄）

喜树单株（吴家胜摄）

上面再盖上稻草。

当幼苗30%出土后，便要及时揭除盖草，注意加强中耕、除草、追肥、间苗、防治病虫害。播种初期还要注意圃地排水，减少根腐病的发生。间苗应于6月中旬苗木长到10cm左右时进行，最后一次定苗，每米条沟保留6～8株壮苗。如缺苗可在阴雨天或雨前进行小苗带土移栽补缺。苗木管理得好，1年生苗高1.1～1.5m，地径1.2～1.5cm，产苗量12万～15万株/hm^2。

1年生的苗木就可出圃造林。造林选用壮苗。苗木出圃时间要与造林时间相衔接，做到随起随造。起苗要有一定深度，做到少伤侧根和须根，不伤顶芽，不折断苗干。起苗后在无风庇荫处选苗，适当修剪枝叶和过长根系，并按规定标准分级扎捆。苗木在运输或上山造林过程中，应保持根部湿润。如不能及时栽植，应进行假植。

五、林木培育

成片造林应选择海拔800m以下，土层深厚、土壤肥沃的阳坡，坡度在25°以下，立地条件较好的丘岗沟谷坡地作为造林地。可采用穴垦整地，植穴规格50cm×50cm×40cm。也可采用水平带状整地，带宽1m、深40cm。

造林密度视经营目的而定，山区、丘陵成片造林，为了促进提早郁闭，有利于培育通直良材，可适当密植，采用2m×3m或3m×3m的株行距，待郁闭成林后，通过间伐调整密度。四旁植树可采用3m×3m的株行距，农田防护林带以2m×2m的株行距为宜。由于喜树抗风力不太强，在滨湖、平原区四旁营造防护林时，应选择生长速度比较一致、树冠较小的香椿、乌桕、白榆、水杉等树种混交，增强林带适应能力。

造林季节以早春1～2月，叶芽即将萌动时为宜。造林苗木应选择无病虫害、无机械损伤、地径1.2cm以上、苗高1m以上、根系完整的壮苗。栽植时每穴施基肥150g复合肥、100g磷肥，基肥须与回穴表土充分拌匀。为提高造林成活率，最好采用截干造林。截干造林不宜深栽，比苗木原土痕深3～5cm即可，截干露头不宜过高，离地2～3cm较好。

成片幼林抚育管理主要是中耕除草、抹芽修枝、追肥等工作。中耕除草一般是在造林后2～3年内、幼林没有郁闭时进行，每年进行2～3次。

第一次在4～5月进行，第二次在8～9月进行。喜树主根发达、萌芽力强，幼林期间应抹芽修枝。为培育优良干材，最好用春季抹芽代替修枝。喜树修枝应采取轻修枝重留冠的修枝方法，修枝不能过度，在冬季按冠干2∶1的强度，修去下部侧枝；有枯梢的要剪除，人工辅助换头。针对一般造林地有机质缺乏的特点，追肥应把化肥与有机肥配合使用，在栽植后第二年或第三年的6～7月进行，以促进林分的迅速生长。

适时间伐确保经营密度合理。间伐应根据造林密度、立地条件及培育目标来确定间伐开始年限、次数、强度。一般2m×3m成片造林地，第一次间伐可在造林后6～8年内进行，如果培育大径材，15年左右还要进行第二次间伐。各次间伐强度应视林分的生长情况而定，至主伐年龄时每公顷保留750～900株。防护林带的间伐，应以林带稀疏要求为准则，一般保持25%～40%的通风度。

六、主要有害生物防治

1. 根腐病

由真菌、线虫、细菌引起。真菌有腐霉（*Pythium*）、疫霉（*Phytophthora*）、丝核菌（*Rhizoctonia*）、镰刀菌（*Fusarium*）、核霉菌（*Sclerotinia*）等。线虫主要是短体线虫属（*Pratylenchus*）。

主要发生于苗期，由于雨水过多或圃地排水不良、土壤通气不良所致。防治方法：注意圃地选择，搞好圃地排水，同时加强松土除草，改善环境条件，施加追肥，加速苗木生长，增强抗病能力。发病初期应立即拔除病株，并用50%多菌灵500～600倍液喷施或灌根，50%代森铵300倍混合使用。

2. 黑斑病

多发生在苗期和幼林期，在滨湖地区较为普遍，一般发生在7～8月。雨水是病害流行的主要条件，降雨早而多的年份，发病早而重。低洼积水处、通风不良、光照不足、肥水不当等有利于发病。防治方法：育苗不要连作，发病后可用0.5%～1.0%的青矾液、0.3波美度石硫合剂或代森铵800倍液防治。

3. 扁刺蛾（*Thosea sinensis*）

常见的有黄刺蛾、绿刺蛾、青刺蛾等。防治方法：结合抚育，消灭越冬虫蛹；在羽化期用灯光扑灭成虫；幼虫盛发期喷洒50%辛硫磷乳油1000倍液、50%马拉硫磷乳油1000倍液、25%亚胺硫磷乳油1000倍液、25%爱卡士乳油1500倍液或5%来福灵乳油3000倍液。

七、材性及用途

喜树是我国的特有树种，也是第一批国家重点保护野生植物，集材用、药用、生态观赏等功能于一体。其木材呈浅黄褐色，结构细密均匀，材质轻软，容易干燥，适于作造纸原料以及胶合板、火柴、牙签、包装箱、绘图板、室内装修、日常用具等用材。其果实、根、树皮、树枝、叶均可入药。喜树主要含有抗肿瘤作用的生物碱，具有抗癌、清热杀虫的功能，主治胃癌、结肠癌、直肠癌、膀胱癌、慢性粒细胞性白血病和急性淋巴细胞性白血病；外用治牛皮癣。临床多提取喜树碱用（冯建灿等，2000）。其树干通直圆满，枝条向外平展，树冠呈倒卵形，枝叶繁茂，姿态优美，为我国阔叶树中的珍品之一，具有很高的观赏价值，适用于公园、庭院作绿荫树，街道、公路作行道树。喜树对二氧化硫、氟化氢抗性较强，可净化空气，是绿化、美化环境的优良树种（杨学义等，2007）。

（黄坚钦）

167 珙桐

别　名 | 水梨子（四川）、鸽子树

学　名 | *Davidia involucrate* Baill.

科　属 | 珙桐科（Davidiaceae）珙桐属（*Davidia* Baill.）

珙桐为我国特有的单属种植物，系第三纪古热带植物区系的孑遗树种，有“植物活化石”之称，被《中国植物红皮书》列为国家一级重点保护野生植物（陈迎辉等，2010），在植物系统发育和地史变迁研究上有很高的学术地位，多分布在丘陵和山地峡谷地带，坡度常在30°以上。珙桐树形优美，花姿奇特，头状花序基部有2枚对生的纸质叶状苞片，偶有3枚苞片或4枚苞片，远看像白鸽，故有“鸽子树”之称，是珍贵的园林绿化树种，被誉为植物界的“大熊猫”（王献溥等，1995）。由于自然和人为原因，珙桐的适宜生境日益缩小，导致基因交流受阻、自然更新困难。若不采取保护措施，珙桐有被其他阔叶树种更替的危险（雷妮娅等，2007）。

一、分布

珙桐的自然地理区域呈不连续块状，东起湖北宜昌，西迄四川盆地西缘山地，北至陕西镇坪县，南达贵州纳雍地区，在我国甘肃、陕西、湖北、湖南、四川、贵州和云南7个省40多个市（县）有星散分布，但在四川中西部和湘鄂西部分布较为集中。珙桐林的垂直分布范围较大，在其分布区的东部多见于海拔600（壶瓶山）~2400m的范围内，西部多见于1400~3200m（高黎贡山）的垂直带中。现已作为观赏树种在欧洲和北美很多地区广泛种植。

二、生物学和生态学特性

落叶大乔木，高可达20m。叶互生，纸质，边缘有粗锯齿。花期4月下旬至5月中下旬，果实10月中下旬成熟，核果椭球形，内含1~6枚较大的种子。浅根性树种，无明显的主根，侧根发达（傅立国等，1992）。一般15~18年开花结实，25年后进入盛果期，但种子败育现象十分严重，有大量未成熟的果实过早脱落，有“千花一果”特性（牛文娟等，2013）。果实较大，散布力差，果壳坚硬，落地2年后才能萌发，因此种子的天然更新能力较差。但其萌蘖能力很强，经常出现数株幼树围绕母树生长的情形，这是其种群呈集群分布的重要原因之一。

珙桐对生长环境要求苛刻，喜生长在气候温凉、湿润、多雨、多雾的山地环境，不能忍受38℃以上的高温，比较耐寒，在连续数天−10℃以下的低温下也不会受冻害。喜深厚、肥沃、湿

珙桐（刘仁林摄）

润而排水良好的酸性或中性土壤，忌碱性和干燥土壤。在10年生以前的幼年时期，喜较荫蔽的环境，进入中龄期后，对光照的需求增加，但仍不耐阳光暴晒，常与木荷、连香树等阔叶树混生。

三、苗木培育

1. 种子生产

10月下旬当外果皮由青绿色转为黄褐色或紫褐色时即可采收，可从地面捡拾掉落的果实。采集的果实堆沤5～7天，待中果皮变软后捣破果肉，用水漂去果皮与果肉，即可得到纯净的果核，即种子（国家林业局国有林场和林木种苗工作总站，2001；钱存梦，2016）。调制出的果核应混沙湿藏，遇有发霉的果核要取出进行清洗。

2. 播种育苗

采用种子繁殖。种子具有深休眠特性，有学者认为，厚而坚硬的种（果）皮以及较长的形态后熟期是造成其休眠的一个重要原因，雷泞非等（2003）和钱存梦等（2015）的研究表明，内源抑制物是造成珙桐种子休眠的重要原因。珙桐种子休眠较深，一般要在湿沙中层积2～3年才能萌发（牛文娟等，2013）。珙桐的果核壁较厚，酸蚀处理可促进种子萌发。种子破壳后有特殊的香味，会引来小动物吞食，所以破壳后的种子要尽快从沙床中取出，移栽到土壤中。由于休眠期长，发芽不整齐，加上鼠类等野生动物的啃食，自然条件下种子的出苗率极低，仅为3%左右，因此林下实生苗较少。

育苗时选择排水良好、肥沃且湿润的沙壤土或壤土作苗床，苗床四周开沟深度不得低于40cm。播种前苗床需用代森锌、多菌灵、托布津、福尔马林等药剂进行土壤消毒并深翻。

每个果核中有多粒种子，若采用点播法育苗，胚根常集中在一起成为一束，某一棵苗发病便殃及其他，致使成苗率降低，因此最好选择层积解除休眠后的种子进行芽苗移栽。移栽株行距10cm×15cm，栽好后浇透水。种子刚破壳萌芽至出现真叶前不耐水湿，幼苗若长时间在阴湿环境中，则根、茎、叶易腐烂。如遇长时间阴雨天气，除注意做好排水防涝工作外，还要喷托布津或代森锌。刚出土的幼苗不耐低温，最好架设小拱棚防寒。幼苗真叶出齐后，可喷施浓度较低的复合液肥。苗木生长期间要特别注意水分控制，注意“浇三水”措施，即生长期勤浇水、浇封冻水和浇萌动水。1年生苗高通常为30～50cm，第二年一般可达到120～150cm。

珙桐的生长主要集中在5～6月，8月以后高生长、直径的粗生长都趋于停止。

3. 扦插育苗

珙桐无性繁殖方法较多，如硬枝扦插、嫩枝扦插、埋条、嫁接、压条等，其中，扦插是最主要的方式。硬枝扦插时选择1～2年生（最好1年生）、基部直径达到1.0cm左右的枝条作插穗，采用一定浓度的萘乙酸、生根粉处理后，70%的插穗可以生根。嫩枝扦插多在6月上旬进行，采用50mg/L萘乙酸处理24h后再进行扦插，30～40天后即可生根，生根后不能过早移栽，否则难以成活。

目前，珙桐种子繁殖和扦插育苗仍存在一定困难，今后有必要进一步加强此方面的研究。

4. 组织培养

组织培养是解决珙桐种苗来源、扩大其种植面积的重要的途径。可以用冬芽、根、茎、叶或种子作为外植体材料进行组织培养。邹利娟等（2009）以冬芽为外植体，采用冬芽直接诱导形成丛生芽和冬芽诱导—带芽茎段—腋芽增殖2种方法，均诱导出了丛生芽，使诱导成苗的周期更短，从接种到移栽时间约为100天，增殖系数也比较高。

四、林木培育

1. 立地选择

造林时要特别注意栽植点的气候条件，夏季的高温和干热风以及空气湿度低都会严重影响苗木的成活。平原地区造林应尽量选择土层深厚、质地疏松、排水良好的沙壤土或壤土，在有适当遮阴的条件下栽培。珙桐山地造林有一定难度，一般在山坡中下部比较湿润的地方种植（牛文娟等，2013）。

珙桐单株（刘仁林摄）

2. 整地

宜穴状整地，保留0.2～0.4的庇荫，待苗木长大后，再行清除。

3. 造林

造林时一般选择2～3年生的苗木栽植，用当年出圃的苗木造林很难保证成活。宜随起随栽，株行距2m×2m，穴长、宽、深均为50cm，要求穴大底平，苗正根展。回填土要分层捣实，根颈处培土应比原土痕高出15～20cm。珙桐喜凉爽湿润气候环境，最好与其他树种混栽。

对珙桐造林的研究较少。在苗圃相对集中栽植的情况下，珙桐个体生长发育状况良好，而在分散栽植后个体生长状况则很差。但珙桐作为国家一级重点保护野生树种，对其生存环境的保护是最有效的措施，通过就地扩大繁殖和造林也是保护的有效方式，今后应该加大珙桐山地造林技术研究，探索山地造林困难的原因。

4. 抚育

栽培初期要注意及时浇水、除草、施肥，当夏天38℃以上的高温和日晒时，苗木会萎蔫，造成叶片枯黄脱落，要及时浇水降温。苗木基部常有较多的萌蘖产生，应将基部多余的枝条剪除，只保留一个主干，并注意控制侧枝的生长。幼苗较耐阴，但随年龄增加对光照要求逐渐增强，需要适度地对其进行人工干扰，如对一些伴生树种进行合理疏伐，形成适宜的林窗环境，以促进珙桐的生长。

五、主要有害生物防治

珙桐苗木的健康状况直接或间接影响造林质量，因此不可忽视苗木病虫害的防治。鳞翅目类是主要的食叶害虫，蛴槽和蟋蟀是主要的危害珙桐根系的地下害虫。防治方法：可喷洒氧化乐果乳剂或用杀螟松乳油。

珙桐的病害主要有叶枯病、叶斑病、菌核性根腐病等，其中，引起根系病害的较多，主要病原菌有丝核菌、镰刀菌和疫霉菌，其表现为猝倒和立枯两大类型。防治方法：病害可用代森锌可湿性粉剂雨季前每10～15天喷洒一次，连续喷2～3次，或用福尔马林每周喷雾1次，连续2～3次。

六、材性及用途

珙桐观赏价值极高，是重要的园林绿化树种，曾获得英国皇家园艺学会授予的AGM（Award of Garden Merit）奖，是我国乃至世界备受青睐的宝贵生物资源。珙桐材质沉重，纹理通直，不易腐烂，是建筑的上等用材，可供制作家具或作雕刻材料。另外，珙桐还具有较高的经济价值，种子、果皮可以用来榨油，油呈黄色，味道浓纯清香，是优质的食用油；果皮可供提炼香精，是食品加工时的香料。

（李淑娴）

168 刺五加

别　名｜五加参、刺拐棒、老虎镣子、刺花棒

学　名｜*Acanthopanax senticosus* (Rupr. et Maxim.) Harms

科　属｜五加科（Araliaceae）五加属（*Acanthopanax* Miq.）

刺五加是我国传统的药用经济林树种，具有补虚扶弱等多重功效。近年来，其食用价值得到重视，其嫩叶、嫩芽已经成为一种优质山野菜和保健茶原料。刺五加过去主要依靠天然资源，近年来人工栽培得到重视，栽培面积处于不断扩大状态。

一、分布

刺五加主要分布在我国的黑龙江、吉林、辽宁、河北、内蒙古、北京、陕西、山西、四川等地，俄罗斯远东、朝鲜和日本等地亦有分布和种植，主要生长于低山、丘陵、阔叶林或针阔混交林的林下林缘，喜温暖湿润气候，耐寒，地下茎发达，对土壤要求不严。

二、生物学和生态学特性

落叶灌木，通常高1～3m。多分枝。1～2年生枝常密生向下的针状刺，而老枝或花序附近的枝生刺较稀少或近于无刺。叶为掌状复叶，有小叶5枚。浆果状核果近球形，紫黑色，直径6～8mm，有5棱，内有5枚分核。种子扁平，半卵形。花期6～7月，果熟期9月上中旬。

刺五加喜湿润和较肥沃的土壤，多散生于针阔混交林或阔叶杂木下，采伐迹地和林缘也有分布。适度光照和湿润空气有利于刺五加生长发育，但光照过强、空气干燥不利于生长与结实。不同的生态环境直接影响到刺五加单株质量、株密度和鲜重，从而也影响到经济产量。无论是株密度，还是单位面积林地的经济产量，都是以针阔混交林最高，其次是阔叶杂木林、红松林，最少的是针叶纯林。而单株经济产量则以松林和阔叶杂木林较高。

三、苗木培育

刺五加育苗目前主要采用播种育苗、分根育苗以及埋枝育苗方式。

1. 播种育苗

刺五加种子千粒重10.4～11.4g。种子在自然条件下出苗率很低，野生主要为根蘖繁殖。

当刺五加浆果由绿色变为黑色，即可采集。然后用手揉搓或用木棒轻轻捣碎，使浆果与种子分离，水选法选出沉在水底的种粒，晾干后采用风选法选出饱满种粒，称重。采用混沙变温层积处理。按1：3种沙比混拌均匀，用300倍液多菌灵或百菌清杀菌剂灭菌，种沙湿度55%左右，在20℃下处理100天左右，经常翻动、浇水，观察其种胚形成情况，然后置于3～5℃低温处理。选择肥沃的中性沙壤土。具有排、灌条件的地块为育苗地，深翻耙平，作床育苗，作床前每亩施入1.5kg 5%甲拌磷颗粒或播后用50%辛硫磷乳油0.5kg加水5～10kg喷洒苗床灭虫。条播，覆土1cm，镇压。最后，覆盖草帘或稻草，经常浇水。春季随起苗随栽植成活率高。

2. 分根育苗

春季剪取具有潜伏芽的根段，长度12cm，根径粗11mm以上，用ABT1号生根粉0.05‰浸泡1h，然后用清水冲洗，在做好的苗床上以行距20cm横行开沟3～4cm，将根段平摆在沟内压实，覆土3cm。苗床表面覆枯枝落叶或杂草，保持苗床土

黑龙江省林副特产研究所刺五加人工种植园花期（张顺捷摄）

黑龙江省林副特产研究所刺五加人工种植园果实成熟期（张顺捷摄）

黑龙江省林副特产研究所刺五加人工种植园多年生株丛（张顺捷摄）

壤湿润。

3. 埋枝育苗

在秋季落叶后割取枝条，头尾一致，打捆放置阴凉处假植，防止暴晒风干。埋枝地点一定要选择北坡、东坡或西坡的疏林下。土壤要求湿润且排水良好，pH 5.5～6.5。埋枝地顺等高线开沟，沟宽80～100cm，间隔即沟埂宽100～150cm，沟深30～35cm，沟底要平。枯枝落叶、表土和底层土要分别放置。开完沟再将枯枝落叶的2/3回填沟底，再覆盖起出的表土15～20cm，踩平。秋埋枝应当年春季开沟，春埋枝应前年秋季开沟，这样可以消除杂草，使土壤得到风化。

枝条顺沟多列平行摆放，首尾相接，枝条间距10～12cm。摆完用表土覆土，表土中掺入过磷酸钙，每平方米用量50g，氯化钾15g，拌匀，覆土厚度5～7cm。其上再覆盖枯枝落叶2～3cm。

秋埋枝在土壤封冻前30～40天进行，春埋枝在土壤解冻25～30cm时进行。注意及时除草和排除沟内积水。

四、林木培育

1. 人工促进更新

选择刺五加自然分布较集中的林地，将上层林冠郁闭度调整到0.3～0.5，割除下层灌木，保留刺五加植株，在近地表10～20cm处进行短截促萌，并将刺五加植株周围的草皮刨松。还可以选择刺五加自然分布的林地，在人工抚育的同时，对生长密集的地块进行就地移栽，或用播种苗补栽，或埋条育苗移栽。

2. 阔叶疏林地造林

选择以柞、杨、桦为优势树种的次生疏林地，郁闭度0.1～0.5，土壤肥沃、湿润，东南坡向，坡度10°～15°，有刺五加自然分布，采用割灌造林法，穴状整地（50cm×50cm×20cm）带状造林（株

黑龙江牡丹江铁岭河镇刺五加播种育苗幼苗（张顺捷摄）

黑龙江宁安渤海镇杏山乡刺五加人工种植模式（张顺捷摄）

行距1m×1m）。当年进行3次抚育，第一次在栽植后10天内进行，主要是调整栽植深度，确保成活，第二、三次以割灌为主，以免影响苗木生长发育。

3. 混交造林

在皆伐迹地营造红松、刺五加混交林，隔行隔株同时混栽红松、刺五加，密度4400株/hm^2，按营林生产规程进行5年2-2-1-1-1，7次抚育。4～5年后刺五加根茎进入成熟期，并完成了对红松幼林的庇护作用，可及时采挖收获。

4. 裸露地造林模式

采用穴栽，密度穴行距0.5m×1.5m，每穴分单株、2株和3株3种植生组栽培模式，穴深度25～30cm，在穴底部施入农家肥1kg左右并与土壤混拌均匀，施入腐熟好的有机肥900kg/亩（程广辉，2007）。

五、主要有害生物防治

刺五加育苗过程中易发生立枯病、黑斑病，目前主要用化学药剂防治。

六、综合利用

刺五加具有重要的药用价值和食用价值，为中国北方特有的药食同源型植物资源。刺五加味辛、性温、无毒，具有类似人参的“扶正固本”作用，有良好的益气健脾、补肾安神的功效。其干燥根及茎、树皮、果实均可入药，具有抗疲劳作用。根茎含多种甙类和糖类，如三萜类皂甙，木质素皂甙，鹅掌楸甙，刺五加甙A、B、B$_1$、D、E、F、G，芝麻素，多糖。其花含有黄酮，果实含有水溶多糖，全株均含有挥发油。此外，刺五加种子含油率达12.3%，具工业价值（韩承伟等，2008）。刺五加叶中主要活性成分为皂苷类化合物和黄酮类化合物，还含有少量绿原酸、氨基酸、总糖等物质。刺五加叶具有调控心脑血管系统；抑制癌细胞增殖；降低尿糖、血糖；抗炎、抗菌、抗应激、增强免疫力、抗疲劳等药理作用。

截至2017年，我国已经研发出多种以刺五加为原料的药品、保健品和食品：如刺五加注射液、刺五加片、安神补脑胶囊、刺五加茶、刺五加酒等，产品远销日本、韩国、东南亚地区，以及俄罗斯、欧洲、北美洲等一些国家，是我国重要的出口创汇商品，具有较高的经济价值。

此外，刺五加不仅具有药用食用作用，还有较强的固土抗蚀能力，有很重要的生态作用。

（卫星，张顺捷）

附：短梗五加[*Acanthopanax sessiliflorus*（Rupr. et Maxim.）Seem.]

别名无梗五加、刺拐棒、乌鸦子，为五加科

五加属落叶灌木。高4m。枝干无刺或散生粗壮平直刺。掌状复叶，有5枚小叶。头状花序。果实倒卵状椭圆形，成熟时黑色。花期7~8月，果期9~10月。短梗五加为药膳两用经济林树种，其根皮、茎皮以及果实均是治疗心脑血管病常用的名贵中药材；其嫩茎和鲜叶营养丰富，是东北地区的保健山野菜。

短梗五加主要分布于我国黑龙江、吉林、辽宁、河北和山西等省份，朝鲜、俄罗斯远东地区也有分布，散生或丛生于海拔200~1000m针阔叶混交林或阔叶林内、林缘、灌木丛间和溪流附近。短梗刺五加为弱喜光树种，在庇荫度50%~60%条件下也能良好生长。喜温暖、湿润的环境，耐干旱，怕水涝。耐寒怕热，−40℃下能安全越冬，高温强光下叶片变黄，边缘日灼。对土壤要求不严，但喜腐殖质较多的壤土，适宜pH 5~7。

短梗五加苗木繁育方法主要有种子繁殖和扦插繁殖。选择4年生以上、生长健壮、无病虫害的植株，果实黑色、变软时采种，播种育苗。扦插繁殖主要是嫩枝扦插。短梗五加适宜生长在针阔混交林的过伐林地、疏林地或阔叶杂木林地。半阳坡、阴坡和半阴坡皆宜，不宜选择在向阳和干燥的陡坡荒山，同时还应避免选择沟塘、深谷和低洼地等霜害重的地方。适用于中龄林以后、郁闭度不大于0.6的天然次生林、红松和落叶松人工林，及红松、落叶松等新植林地（特别推荐在采取嫁接方式营建的红松无性系果林中进行间作）。对于菜用栽培（反复平茬，收获嫩茎芽）栽植的株行距为（0.3~0.5）m×（1.0~1.5）m；果用栽培方式（收获果实和部分茎芽）的株行距为（0.5~1.0）m×（1.5~2.0）m。选择2年生移植苗，栽植时避开上层林木根茎部0.5m范围内。光照不足时采取上层木抚育或修枝措施（修至“力枝”——树冠枝条最宽处以下）调整林木郁闭度。幼林抚育采取全割方式。农田（旱田）栽培时可采用宽垄栽培方式，垄面宽度30~40cm，垄高20~30cm，垄间距30cm左右（也可采用宽1.0~1.2m的床植）。单行栽植，株距30~50cm，床植采用双行交错方式栽植，株行距50cm。保护地大棚栽植定植前需施农家肥2500kg/亩后深翻，作床（1.0~1.2m宽，方向最好南北向），采用2年生移植苗按株行距20cm×30cm定植。定植后从根部平茬。翌年12月中下旬扣棚前先对植株进行平茬，扣棚后1~2周内白天温度控制在10~15℃，夜温不低于5℃。萌芽后白天温度控制在20~25℃，夜温不低于10℃。当嫩芽15~20cm时，即可采收第一茬。冷棚栽培定植方法同保护地大棚栽培，扣棚时间在3月上中旬，管理方法同保护地大棚栽培。

辽宁丹东短梗五加人工栽培（丁磊摄）

果用型栽植当年任其生长。第二年3~4月新芽萌发前，距地面10~20cm处剪掉（去年新枝保留2~3个健壮芽），当年保证留有2~3个新枝条。第三年以后重复上述作业。菜用型定植后即从根部进行平茬。第二年春季在植株生长前进行平茬（留茬高度<2cm），当嫩芽生长15~20cm时进行采收，保留当年新生枝条不少于2片叶，至当年5月中下旬收获嫩芽结束后，对植株进行疏剪，每株保留2~3个新梢。

短梗五加主要病害为霜霉病、黑斑病和煤污病，目前主要用化学药剂防治（谢永刚等，2007）。

短梗五加的根皮、茎皮、枝叶、花果均可入药，能补气益精、祛风湿、强筋骨、补气安神，具有人参的药理作用。种子可供榨取工业用油，果实及叶片可供制作果茶、饮料、药品和酿酒等。嫩叶（芽）质地脆嫩、味道鲜美、营养丰富，是餐桌上的上等佳肴；亦可用于制作农药、兽药，治牛风湿症及喉风症。

（丁磊，谭学仁，胡万良）

吉林省长白县十五道沟刺五加采种母树（刘继生摄）

吉林省长白县十五道沟刺五加天然种群林相（刘继生摄）

附：东北刺人参（*Oplopanax elatus* Nakai）

别名刺参，五加科刺人参属落叶小灌木。东北刺人参只在中国、俄罗斯、朝鲜三国境内有少量分布，其分布北起乌苏里江以东的锡霍特山南部，南至长白山脉，形成东北—西南走向的狭长分布带，南北跨4个纬度左右，靠近渤海与日本海。在我国，东北刺人参主要分布在吉林东南部（安图、抚松、临江、和龙及长白等地）和辽宁东部（宽甸、桓仁、新宾及本溪等地）的长白山区。常生长于吉林长白山海拔1300～1800m的针阔叶混交林带及辽宁东部山区海拔800～1000m的松杉林下。东北刺人参是一种珍贵的药用植物，极具开发前景，是重要的经济林树种。由于其天然结实困难、种子幼苗转化率低、生态环境恶化及人为干扰等因素导致的自然更新障碍，使其在自然界处于濒危状态。现已被列为国家二级重点保护野生植物、吉林省一级重点保护野生植物。

东北刺人参育苗目前主要采用播种育苗方式进行繁殖。种子经前期7个月变温层积处理、后期11个月露天埋藏催芽后在温室内进行播种，发芽6天时种子发芽势达到65.8%。采用腐殖土与细河沙3：1配制育苗基质，播种前用高压灭菌锅对基质消毒。在温室内，5月初播种后，4天开始出苗，15天内幼苗出齐。播种出苗后，每天需要用透光度30%的遮阳网调节光照强度。幼苗长出第一片真叶后，将幼苗带土移栽到上口宽16cm、高13cm的容器中，每个容器1株幼苗。移植后及时浇水，并保持土壤湿润。9月初将温室内的容器苗移至室外林下或阴棚下，常规管理，10月上旬苗木全部落叶；在11月初土壤结冻前，在室外背风处挖深50cm的坑，将所有容器苗放在坑中，用稻草覆盖后埋土防寒；翌年4月上旬表土化冻后，挖出移至温室，成活率100%。播种苗当年高生长不明显，地径为0.5～0.6cm。

东北刺人参可以选择其自然分布区生境条件下进行造林，也可以选择与自然分布区生境相似的林相进行造林，分布区以外的生境以海拔700m以上的针阔叶混交林为宜，林分郁闭度应在0.6以上。培育的东北刺人参苗木为容器苗，造林时间受季节影响较小，可选择在春季土壤解冻后至秋季落叶前进行。选择造林地后，可按照株距0.5m、行距1.0m进行挖穴，将容器苗带土坨放入穴中，再将原土回填压实即可。林下造林当年成活率在90%以上，4年时其保存率为50%以上。

东北刺人参播种苗幼苗期易发生立枯病，但使用杀菌剂可致使幼苗根系生长停滞。用物理法做好营养土消毒是其育苗成功的关键环节。

（刘继生，张鹏，刘迪）

169 辽东楤木

别　名｜龙牙楤木、刺龙芽、刺老鸦

学　名｜*Aralia elata* (Miq.) Seem.

科　属｜五加科（Araliaceae）楤木属（*Aralia* Linn.）

辽东楤木的根和树皮均可入药，为利尿剂，可以治疗糖尿病；其嫩芽风味独特，营养丰富，被视为山野菜珍品，是重要的经济林树种。

一、分布

辽东楤木主要分布在我国东北部的山林中，其中，辽宁本溪、桓仁、清原、丹东、抚顺、宽甸、新宾等，吉林柳河、长白、梅河、通化、集安、桦甸、和龙、安图、汪清等，黑龙江省的尚志、伊春、五常、密山、海林等地区分布较多，资源丰富。另外，朝鲜半岛、日本、俄罗斯的阿穆尔州、沿海边疆区、库页岛及千岛群岛等地亦有分布。辽东楤木属喜光树种，全光条件下生长良好。

二、苗木培育

辽东楤木育苗目前主要采用播种育苗方式。辽东楤木种子9月中下旬陆续成熟，果实成熟后快速脱落应及时采收，调制后获得的纯净种子在通风处充分干燥后低温密封干藏，贮藏9年的种子仍有较高的生活力。在播种前130天进行种子催芽处理，将干藏种子用冷水浸泡两昼夜，然后用1%$CuSO_4$溶液消毒3h，清水冲洗后混以5倍细沙装入透气容器内。首先置于8～25℃条件下35～40天，每天翻动并适当喷水，保持种沙混合物湿润。当有个别种子发芽时转入2～5℃温度下90天。此种方法催芽处理后种子发芽率在60%以上。于每年3～4月在温室内作床播种，温室温度控制在15～25℃。先对温室土壤进行消毒处理，然后采用撒播方式进行播种，播种量1g/m^2，随后覆盖0.5cm厚的细沙土。当幼苗长出2～3片真叶时，将整株幼苗移到高10cm、上口宽8cm的营养钵中，每个营养钵1株，移植后遮阴1周。当幼苗长出4～5片真叶时带土团定植于苗圃，采用高床育苗，株行距20cm×25cm。当年生苗平均地径1.5cm，平均苗高12.0cm。当年生辽东楤木实生苗露地越冬后，多数苗木地上部分干枯，平茬后翌年春季萌发数量不等的新生枝条。当根蘖条长到10cm左右时进行除蘖，每根保留1株枝条。2年生苗平均地径2.1cm，平均苗高97.0cm。

吉林省龙井市延边大学农学院苗圃辽东楤木反季节促成栽培（刘继生摄）

三、林木培育

辽东楤木2年生截干苗造林。造林地进行全面整地，结合整地在春季一次性施用腐熟的农家肥作基肥。造林时按株行距1.0m×1.5m定植。造林当年每株保留1个枝条，第二年以后每株保留

4～6个枝条。每年秋季落叶后，贴地面截取当年的枝条，用于反季节促成栽培生产食用嫩芽，枝条长度70～100cm。在造林后第四年秋季即根龄达到6年时挖出全部根系，清洗加工用于药用，每公顷林地可产干燥根皮1700kg左右。

四、主要有害生物防治

辽东楤木在野生状态下，未见有病害发生。但在栽培条件下，常因选地不当或栽植密度过大等原因引起病害发生。通过对延边大学农学院教学实验林地栽培的辽东楤木成株期发病枝杆进行病原分离和鉴定，确定其主要致病病原菌为*Fusarium larvarum*，该病菌引起辽东楤木回枯病病害。回枯病在延边地区于6月开始发病，在7、8月雨水充足时为发病盛期。该病主要危害枝干，起初在枝干中上部有黑色圆形凹陷病斑，后期病斑逐渐变大，病部隆起开裂为不规则形病斑，病斑大小不等，严重时病斑连成一片，一般叶片上不呈现病状。随着病情的发展，从枝干梢头回缩导致全株枯死，在田中表现为一片火烧迹象。

（刘继生，商永亮，金鑫，伊洪彬）

东北林业大学帽儿山实验林场3年生辽东楤木植株（沈海龙摄）

170 蓝靛果

别　名 | 黑瞎子果（黑龙江、吉林）、山茄子（勃利县）、羊奶子（大兴安岭）、鸟啄李（《中国东北经济树木图说》）

学　名 | *Lonicera caerulea* L. var. *edulis* Turcz.

科　属 | 忍冬科（Caprifoliaceae）忍冬属（*Lonicera* L.）

蓝靛果是珍贵的新兴小浆果类经济林树种，主要分布于欧、美、亚三大洲，是一个多变异的种。其果实中含有丰富的氨基酸、维生素、微量元素和花青素，具有很高的营养价值；还具有清热解毒、稳定血压、改善肝脏的解毒功能、抗疲劳、抗氧化甚至抗肿瘤的功效。果实可鲜食或加工成果汁、果酒、饮料、果酱及罐头等，也是加工天然食用色素的原料。此外，蓝靛果还是很好的蜜源植物和观赏植物，开发利用前景非常广阔。

一、分布

蓝靛果在我国东北、华北、西北及西南各地均有分布，北起大兴安岭，南到辽南地区，向南及西南延伸到河北、山西、宁夏、青海，以及甘肃南部、四川北部至云南西北部等地区。俄罗斯西伯利亚及远东地区、朝鲜半岛和日本等地也有分布。垂直分布于海拔200～1800m，可生长在林缘灌丛、疏林内及沼泽湿地，生境适应性比较广泛。其中，东北地区的大兴安岭、小兴安岭和长白山地区的野生资源贮藏量最大。具体分布在吉林柳河、浑江、靖宇、抚松、长白、蛟河、敦化、龙井、珲春、安图、汪清、和龙等地，黑龙江大兴安岭、黑河、伊春、佳木斯、牡丹江、哈尔滨所属山区县（区）等地，以及内蒙古赤峰、乌兰察布盟的兴和、锡林郭勒盟、呼伦贝尔盟、兴安盟的科尔沁右翼前旗等地（郭文扬，1990）。黑龙江黑河、伊春、勃利、大兴安岭和吉林的延吉等地栽培面积较大。

二、生物学和生态学特性

1. 形态特征

落叶灌木，高达3m。主茎不明显，多呈丛状。当年枝条通常浅绿色、浅褐色甚至深红色，这取决于皮层中花青素的含量。叶长圆形、卵状椭圆形，稀卵形。果熟时肉质，蓝黑色，椭圆形、罐状或纺锤形等，被白粉，果长1～3cm。花期5～6月，果期6～7月。

2. 生物学特性

（1）根系生长特性

蓝靛果属浅根系树种，一般不形成粗壮的主根，主根较短，没有侧根发达，密集的须根形成球形网状根系，分布在土壤10～25cm深处。根系生长具有明显的趋水和趋肥特性，吸收力强，耐严寒，寿命长。根系分生能力不强，尤其在萌芽期、新梢期及开花期，新根量均不大，新根呈褐白色。

（2）枝条生长特性

枝条上的芽大都能萌发成新的枝条。春季萌动后20～30天枝条开始生长。主枝和侧枝生长期的长短有所不同，主枝的生长期比侧枝长，历时3个月以上，侧枝生长停止较早，在7月中下旬停止生长。枝条旺盛生长期在5月，之后生长速度开始下降。枝条生长量的大小，除取决于树种本身的生物学特性外，还与水分、养分及其他环境因素有关。多年生新枝生长的时间与数量均比2年生蓝靛果新枝生长少。

（3）花芽分化

一般花芽多发生在当年生枝条基部2～3对叶

腋中，常双花并生成聚伞花序。花芽分化过程分为花芽分化时期、花序原基形成期、小花分化期和性器官形成期（吴秀菊等，2002）。花原基在顶芽和中下部的腋芽中形成，而上部的腋芽很少形成花芽。在5月末，苞叶、鳞片和叶原基开始形成。花芽分化始期为6月上旬，各种类相互间相差5～10天。花芽分化持续时间为35～45天。枝条上不同部位的芽花原基分化程度不同，末梢上的芽花原基发育好；枝条下部的腋生芽一般很少分化成花芽。在春季开花前5～7天进入减数分裂和小孢子形成期。

（4）开花结果习性

蓝靛果的花为两性花，具有雌蕊先熟特征，花药的成熟比雌蕊柱头的要晚20～28h，柱头

黑龙江省海林林业局夹皮沟林场蓝靛果花（孙强摄）

黑龙江省牡丹江市林业局东村林场蓝靛果果实（龙作义摄）

可以接受花粉直到花冠的展开。蓝靛果为虫媒花，自交亲和性较差，自花授粉结实率低，如采用单一品种建园会严重影响产量，经常会发生大量开花却不坐果的现象。所以，建园时需要配置授粉树，最好同时选择3～4个品种进行栽植。

结果枝主要集中在2年生枝基部，一般都分布在株丛外部，尤其在上部为多。在自然整枝好、光照充分的株丛内部，萌生枝条亦能结果。在一个株丛中，花开放顺序是先上后下、先外后内，这显然与光照条件有关。坐果后10～15天为果实迅速膨大期，20～25天之后果实陆续由绿色变成紫色，之后进入成熟期。在正常情况下，蓝靛果每年都大量开花结果，野生果每千粒重为300～500g。浆果皮薄多汁，成熟后即自然脱落，口感存在差异较大，有的酸，有的苦，还有的酸甜可口。种子较小，每一果实能够结出6～8粒能够正常萌发的饱满种子。

一般实生苗3年可结果，扦插苗和分株苗2年则可结果，5～6年可达到盛果期，亩产600～1000kg。

3. 生态习性

具有较高的抗寒性和抗晚霜能力，其枝条和芽在休眠状态下能耐-50℃低温，花蕾、花和子房能忍受-8℃的晚霜危害。对热量要求不严，只要0℃以上积温达到1300～1500℃，或有效积温达到700～800℃，即可满足其生长发育的需要。

属喜光树种，在自然条件下，常生长在火烧迹地、林中旷地或沼泽边缘，能忍受轻度遮阴，但在开阔地带生长良好，产量高。

典型的中生植物，喜湿，但土壤水分太多也会生长不良。栽培时，适当地增加空气和土壤湿度有助于形成大粒果实。

对土壤的要求并不严格，在沙壤土、壤土以及重壤土中都能生长。喜潮湿、微酸性的土壤环境，在含水量40%以上、pH 5.5～6.0、腐殖质含量丰富的土壤中生长良好。实验证明，在有机质充足的地块生长的植株比在森林中的长势强。

三、良种选育

我国蓝靛果的育种工作基础薄弱，起步较晚。20世纪80年代，勃利县率先从山地移栽种植，作为尝试。2000年，东北农业大学从俄罗斯引进10个优良品系，成立了国内第一个蓝靛果资源圃，开展相关研究，培育出国内第一个蓝靛果忍冬优良品种‘蓓蕾’，在黑龙江等寒地进行推广栽培（秦栋等，2011）。2005年起，黑河林业科学研究院陆续从俄罗斯引进40多个品种，经过多年连续试验观测，从中筛选出11个品种适合黑河地区栽培，通过区域化试验选育出3个优良品种：‘蓝心忍冬’（*Lonicera caerulea* ‘Lan Xin’）、‘伊人忍冬’（*L. caerulea* ‘Yi Ren’）和‘黑林丰忍冬’（*L. caerulea* ‘Hei Lin Feng’）。2010年，黑龙江省牡丹江林业科学研究所对黑龙江蓝靛果主要分布区资源进行了调查，收集优异种质资源200多份并建立了收集区，选育出4个优良品系。2010—2013年，黑龙江省森林经营研究所引进了加拿大蓝靛果12个优良品种，收集了国内26个种源地的种质资源，保存了80个家系，72个无性系。东北农业大学、北华大学和黑龙江省牡丹江林业科学研究所等多家单位开展了蓝靛果杂交育种，已获得以国内优良种源为母本，俄罗斯和加拿大品种为父本的20多个组合的杂交果实，杂交F_1代评比中发现具有优良性状的植株，有利于进一步筛选出杂交新品种。以下是近年来推广应用的良种特点及适用地区。

‘蓓蕾’（登记编号：黑登记2011037，品种代号EYL-1） 树丛紧凑，生长势强劲，果个大，平均单果重0.8g，最大单果重1.3g。营养价值高，果实中花青素含量是野生蓝靛果忍冬的2倍左右，糖含量7.2%，维生素C含量230.0mg/kg。产量高，定植当年即可零星结果，4年生树单丛产量2.3kg，每亩产量650kg以上。抗寒性、抗病性和抗虫性等抗逆性强。可在黑龙江各地栽培。

‘蓝心忍冬’（黑S-ETS-LCLX-039-2012） 株丛茂密，生长势较强，果实长1.69cm，平均单果重0.66g，最大单果重1.26g。果实深蓝色，果面带有蓝色果粉。果柄较长，果皮薄，果肉柔软，风味好，味甜，具轻微香味。可溶性糖含量4.43%，每100g鲜果含维生素C 4.78mg，可滴定酸含量2.21%，可溶性固形物含量11.91%。结果早，定植第二年开始结果，4年生树每亩产量357kg以上。落果率中等，抗寒性强，抗旱霜，抗病虫害，适合在高纬度寒冷地区栽培。果实硬度较低，可综合利用。

'黑林丰忍冬'（黑S-ETS-LCLX-041-2012） 株丛长势旺盛，果实长1.91cm，平均单果重0.75g，最大单果重1.56g。果实蓝黑色，有白粉，果皮厚度中等，果肉红色多汁，果味酸甜，带轻微苦味和香味。可溶性糖含量4.96%，每100g鲜果含维生素C11.32mg，可滴定酸含量1.48%，可溶性固形物含量14.35%。结果早，定植第二年开始结果。产量高，4年生树每亩产量410kg左右。落果率较小，具有适应性强、耐寒性强、耐旱霜、不易发生病虫害、栽培简单、管理方便等特点，适合我国高纬度寒冷地区营造经济林、城市绿化用。

'伊人忍冬'（黑S-ETS-LCLX-040-2012） 株丛长势旺盛，果实长1.95cm，平均单果重0.82g，最大单果重2.03g。果实紫黑色，果面带有浅蓝色果粉。果味酸甜，较苦。可溶性糖含量5.49%，每100g鲜果含维生素C29.71mg，可滴定酸含量2.97%，可溶性固形物含量12.54%。产量一般，定植第二年开始结果，4年生树每亩产量301kg左右。落果率较小，抗寒性强，抗病虫害，适合在高纬度寒冷地区栽培。

'龙蓝1号' 树体紧凑，生长势强，果实个大，平均单果重0.93g，最大单果重1.27g。果实深蓝色，果面带有蓝色果粉。果皮薄，果肉柔软，风味好，味酸甜。营养价值高，可溶性糖含量7.51%，每100g鲜果含维生素C15.70mg，可滴定酸含量2.04%，可溶性固形物含量12.20%。结果早，定植第二年开始结果，4年生树平均每亩产量259kg以上。抗寒性、抗病性和抗虫性等抗逆性强。可在黑龙江各地栽培。可综合利用。

'龙蓝2号' 树体紧凑，生长势较强，果实中等，平均单果重0.79g，最大单果重1.15g。果实深蓝色，果面带有蓝色果粉。果皮厚度中等，果肉多汁，味酸，带轻微苦味。可溶性糖含量5.69%，每100g鲜果含维生素C11.40mg，可滴定酸含量2.14%，可溶性固形物含量10.70%。产量高，定植第二年开始结果，4年生树平均每亩产量283kg以上。抗寒性、抗病性和抗虫性等抗逆性强。可在黑龙江各地栽培。适合加工成果汁、果酱等。

'龙蓝3号' 株丛茂盛，生长势较强，果实个大，平均单果重1.12g，最大单果重1.32g。果实蓝紫色，果面带有蓝色果粉。果皮薄，果肉柔软，风味好，味甜，微酸带少量苦味。营养价值高，可溶性糖含量8.08%，每100g鲜果含维生素C16.90mg，可滴定酸含量1.58%，可溶性固形物含量13.00%。结果早，定植第二年开始结果；产量高，4年生树平均每亩产量308kg左右。抗寒性、抗病性和抗虫性等抗逆性强。可在黑龙江各地栽培。可综合利用。

'龙蓝4号' 株丛茂密，生长势强，果实个大，平均单果重0.97g，最大单果重1.28g。深蓝色，果面带有蓝色果粉。果皮中等，果肉柔软多汁，风味好，味酸甜。可溶性糖含量6.83%，每100g鲜果含维生素C12.50mg，可滴定酸含量1.65%，可溶性固形物含量10.70%。结果早，定植第二年开始结果，4年生树平均每亩产量297kg左右。抗寒性、抗病性和抗虫性等抗逆性强。可在黑龙江各地栽培。可综合利用。

四、苗木培育

蓝靛果的苗木培育主要采用播种育苗和扦插育苗（国家林业局，2015）。

1. 播种育苗

（1）种子采集与处理

6月中旬至7月下旬，采集充分成熟的果实，人工洗种，漂出瘪粒，放阴凉处阴干。将要夏播的种子与细河沙按1：3比例进行混合，并放置于

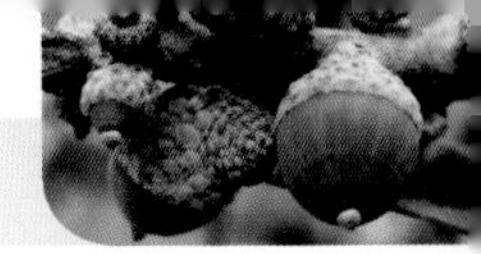

阴凉通风处，保持湿润，每天翻动2～3次，待苗床做好后即可播种。准备春季播种的种子需冷藏。具体方法为：12月初用清水浸种1～2天，每天换一次水，然后按1∶3的比例将湿种子与细河沙混合在一起，放入木箱或布袋中存放。河沙的湿度以用手紧握成团又不滴水为度，温度控制在0～5℃。在北方也可把木箱或布袋直接埋入雪中冻藏，播种前15天将木箱或布袋放入温床或温室内进行催芽，温度控制在25℃左右，当种了有1/3裂口即可播种。

（2）圃地准备

选择地势平坦、水源方便、排水良好、土壤疏松肥沃的地块。苗圃地应在上一年秋季土壤冻结前深翻25cm。结合秋翻，每亩施入腐熟农家肥2700～3000kg作为基肥。

（3）播种

夏季播种在8月上旬进行，播种前作床，床宽1.0～1.2m、高20～25cm、长度根据具体情况而定。将床面碎土、整平、镇压，播种前7天用立枯净溶液进行消毒。播前一定要浇透底水。采用条播，在苗床上按20～25cm行距开小浅沟，将用细河沙拌的种子直接播入沟中，上面覆1cm过筛腐殖土或草炭土，用木磙镇压一遍，浇透水，然后在床面上覆草帘保湿。春季播种在5月上旬进行，播种方法及苗床管理与夏季播种相同。

（4）苗期管理

播种后每天浇水1次，始终保持床面湿润。播种10天左右开始出苗，出苗后及时撤去草帘，搭建遮阴棚。待苗木长至5～6cm时，阴天或傍晚撤掉遮阴棚。定期除草，防止干旱、大风等危害。当幼苗长出3～4片真叶时间苗，每行留30株左右。苗期追肥2次，第一次在苗出齐后进行，施尿素25～30g/m^2、硫酸钾10～15g/m^2，在行间开沟施入；第二次在8月中下旬，施三料复合肥40～50g/m^2，施肥后浇透水。

（5）越冬管理

10月中旬，将苗床浇足水，在拱棚上覆盖塑料膜，再覆上遮阳网，四周压实即可越冬。但在冬天下大雪时，应及时清除棚上积雪，以免把拱棚压塌。翌年春季气温回升后，要注意及时通风浇水，待晚霜过后撤去塑料膜和遮阳网，进行正常的田间管理。

2. 扦插育苗

蓝靛果扦插育苗有嫩枝扦插和硬枝扦插两种方式。一般嫩枝扦插育苗好于硬枝扦插，是适宜的无性繁殖方法。该方法育苗速度快、成活率高，可达90%左右。

（1）扦插条件与基质

嫩枝扦插可在温室、大棚或小拱棚、全光喷雾条件下进行。扦插基质以珍珠岩和苔藓为最好，河沙、草炭土、沙壤土效果次之，但不宜用锯末与炉灰。将备用的基质洗净后平铺在扦插床上，厚度为10～15cm。

（2）插穗处理

6月中旬，在生长健壮、无病虫害的蓝靛果忍冬株丛中选取当年生或2年生的枝条作为插穗。当年生枝条剪成长10～12cm，上部留2对叶片，其余叶片剪掉。2年生枝条长度同当年生枝条，上部留2条当年生枝条，在当年生枝条下部留1～2对叶片，上部剪掉备用。扦插前用500mg/L的ABT生根粉溶液浸泡插穗基部2h或用1500mg/L的ABT生根粉溶液浸泡1min。

（3）扦插与管理

扦插株行距5cm×10cm，深度为2～3cm，插后立即浇透水。遮阴50%～70%，保持空气相对湿度在90%以上；空气温度控制在25～27℃；土壤温度以22～24℃为佳。在扦插的最初15～20天内，应每天浇4～7次水，叶面始终保持有小水滴存在。生根后可减少浇水量。棚内定期灭菌，每隔15天用0.5%高锰酸钾溶液对苗床进行消毒。7月下旬加大通风，8月去掉薄膜。

（4）移栽

嫩枝扦插15天生根，30天可以移栽。在苗圃地做宽1.3m、高20cm的苗床，移栽株行距10cm×20cm。选择阴天或傍晚，用移苗铲移栽，注意不要损伤根系，移栽后及时浇水。移栽苗可在圃地中自然安全越冬。

五、林木培育

1. 选地与整地

蓝靛果喜湿、喜光，选择坡度不超过5°、地势平坦、背风向阳、水源充足且排水良好的平缓地块建园。地类以林缘疏林地、河流两岸沼泽地、灌木杂草地及农田熟地较为理想。对土壤类型的要求并不严格，但以熟地为最好，未开垦的荒地栽植前必须先进行熟化。

采用全面整地或穴状整地。在较好的地块实行全面整地，深翻25cm；在较差的地块实行穴状整地，规格长80cm×宽80cm×深25cm，清除杂物。结合整地可施入有机肥以改善土壤理化性质，增加土壤养分，每亩施有机肥2500～3000kg。

2. 品种选择与配置

（1）种苗选择

根据适应性选择适合当地的已审（认）定的蓝靛果良种苗木。一般选用2～3年生苗木，苗木要健壮、根系发达、芽眼饱满、大小整体，苗高在25cm以上，地径0.3cm，主根长25cm以上，侧根多于10个。

（2）栽植密度

成龄的蓝靛果株丛高1.5～2.0m，冠幅可达2.0～2.5m。栽植密度根据品种特性可分别采用1.5m×2.0m、2m×3m、3m×3m、4m×4m株行距。实行间种或者为便于机械作业，可采用宽窄行配置，宽行4m，窄行2m，株距以2～4m为宜。

（3）品种配置

在适合栽培区的品种中，应根据主栽品种的特性，选择3～4个品种进行栽植，配置花期相遇、亲和性强的适宜授粉品种。

3. 苗木栽植

苗木可在春、秋两季定植，以秋季定植为最好，成活率在90%以上，苗木长势强壮。为促进形成株丛，每穴可定植3～5株苗木，栽植时要扶正、踏实、深浅适中、不窝根、浇透水。

4. 田间管理

（1）土壤管理

每年秋季落叶后翻耕1次，深度为12～15cm。春季5月初进行1次松土，深度约10cm。树下要手工除草和松土。蓝靛果的根系很浅，在行间用锯末、泥炭或树叶等覆盖，保持土壤湿润，有利于根系生长。

（2）施肥技术

栽植后前几年可不施肥，进入结果期后必须施肥，有利于提高产量。结合秋季深翻施入有机肥，每2～3年施1次，施肥量为8～10kg/m^2。无机肥料可在生长期追施3次，第一次在萌芽期追施氮肥，施入量为尿素20g/m^{2}或硝酸铵30g/m^{2}或者硫酸铵40g/m^2，促进枝条和叶的生长发育；第二次在果实采收后，可结合松土追施液体厩肥或无机肥料，可用硝酸钾或硫酸钾，浓度为2g/L，促进当年二次枝的生长和花芽分化；第三次在秋季，施入磷肥和钾肥，施肥量为15g/m^2，提高植株抗寒性，促进秋季和春季的根系生长。对于6～7年以上的结果植株一般每年在春、秋追肥2次，适当增加施肥量（艾军和沈育杰，2009）。

（3）水分管理

春季萌芽、果实膨大期各浇1次透水，入冬前灌越冬水。土壤含水量不足40%时及时灌水，有积水时应及时排除。

（4）中耕除草

幼龄期株丛小，行间空隙大，易生杂草，并影响通透条件，必须及时除草。果园除草可结合园地的中耕同时进行，中耕深度5～10cm，每年4～5次，使土壤疏松透气性好，并起到抗旱保水作用。株丛展开后，根据生长情况每年对影响生长的高棵灌木杂草割除1～2次，或将行间杂草高度控制在20cm以下。

（5）整形修剪

在苗木定植后对苗木截留20～30cm高，刺激基生枝的萌发。栽植的最初5年通常不用修剪，主要是整形育树，每个植株保留6～8个骨干枝构成丛状开张树形。疏除一些损伤或倒伏的枝条，不能对枝条进行短截，因为短截会剪掉花芽，影

响当年产量。修剪可在春季和夏季进行，提倡夏剪。在果实采收后，将株丛内各骨干枝上部衰弱枝剪掉，回缩到生长健壮分枝处，疏去内膛细弱枝和下垂枝。栽植5年后必须经常进行更新修剪。树龄超过20年的衰弱树，树冠分别剪留30～40cm进行大更新，几年后就可以恢复树势。

六、主要有害生物防治

由于蓝靛果人工栽培的年限较短，病虫害暂时未见表现，需要注意可能发生的叶枯病和黑刺粉虱的危害。

七、综合利用

蓝靛果是一种营养丰富的森林浆果，果实中富含糖类、有机酸、矿物质、黄酮类、多元醇及其他生物活性物质。含有18种人体所需的氨基酸，总氨基酸含量占果实总重的1.0%～1.5%，其中有8种氨基酸是人体不能合成且必须从饮食中摄取的，占总氨基酸的40%左右；还含有大量的维生素，维生素C含量比苹果多数十倍，维生素B_1、B_2含量比大多数水果、蔬菜高数倍，维生素PP含量也高出近百倍，每100g果实中维生素PP含量达2800mg；此外，还含有人体所需的锌、铁、钙、硒、锰等14种微量元素；黄酮类成分总含量1.3%，每100g果实中黄酮和黄酮醇的含量70mg。蓝靛果的果实不但可以鲜食，还可用于酿酒、制果浆和果汁等各类饮品，也可加工成果酱、果脯和罐头等功能保健食品。

蓝靛果苦凉，具有清热解毒、健脾开胃、养颜益寿、治疗心血管疾病、增加和补充少年儿童营养成分、改善肝脏的解毒功能、防止毛细血管破裂、增加白细胞、抗肿瘤、抗炎、抗病毒、抗疲劳、抗氧化、降血压等保健作用。蓝靛果的果汁对耐药葡萄菌等10种细菌具有明显抑制作用。蓝靛果中富含酚类物质，如酚酸、花色苷、原花青素和黄酮等，人食用后可预防如糖尿病、心血管疾病、癌症等慢性疾病。蓝靛果是天然抗氧化剂的良好资源。其中，含有大量的抗氧化物，花青素3-糖苷是抗氧化物中最有优势的，具有最大的抗氧化能力。蓝靛果提取物是神经酚类抗氧化剂的有效来源，具有预防神经性疾病（NDD）的潜能。

蓝靛果的果实是一种蓝黑色或紫色浆果，含有可食用的天然紫红色素，是提取可食用天然植物色素的良好资源。蓝靛果红色素主要为花青啶-3-葡萄糖。鲜果中花青甙含量较高，约为175.66mg/100g，是一种新型安全的食品添加剂。

蓝靛果忍冬还有一定的观赏价值，生长季节灌木丛的叶片深绿、浓密，秋季变成亮黄色；花序轴大，绽放出黄色的花朵；果实成熟时颜色呈浅蓝色至深蓝色，形态各异，且能在植株上保持较长的时间。这些特征非常适于园林绿化（霍俊伟等，2005）。

（李红莉，翁海龙，张启昌，胡秀云，龙作义）

171 枫香

别　名 | 枫树（《中国树木分类学》）
学　名 | *Liquidambar formosana* Hance
科　属 | 金缕梅科（Hamamelidaceae）枫香树属（*Liquidambar* L.）

枫香木材可用于制作箱板（作茶叶箱最好），是建筑、家具和胶合板等的理想材料，又是生产香菇、木耳等食用菌的优良材种。叶、果实（路路通）、树脂、根均可入药。枫香耐干旱贫瘠，抗性和适应性强，树高、干直、速生、枝叶繁茂，在湿润肥沃的立地生长尤为茂盛，是南方荒山先锋树种，也是优良的园林绿化树种和水土保持树种。

一、分布

枫香分布于中国秦岭—淮河以南各省份，北起河南、山东，东至台湾，西至四川、云南及西藏，南至广东。亦见于越南北部，老挝及朝鲜南部。

二、生物学和生态学特性

落叶乔木，高达30m，胸径最大可达1m。树皮灰褐色，方块状剥落。小枝干后灰色，被柔毛，略有皮孔。叶薄革质，阔卵形，长6～12cm，掌状3裂，边缘有锯齿，中央裂片较长，先端尾状渐尖；两侧裂片平展；基部心形；下面有短柔毛，或变无毛；掌状脉3～5条；叶柄长达11cm；托叶红褐色，线形，长1.0～1.4cm，早落。花单性，雌雄同株，雄性短穗状花序常多个排成总状，雌性头状花序有花24～43朵，花序柄长3～6cm，偶有皮孔，无腺体；萼齿4～7枚，针形，长4～8mm；子房下半部藏在头状花序轴内，上半部游离，有柔毛，花柱长6～10mm，先端常卷曲。头状果序圆球形，木质，直径3～4cm；蒴果下半部藏于花序轴内，有宿存花柱及针刺状萼齿。种子多数，褐色，多角形或有窄翅。

性喜阳光，多生于低山次生林中，及村落、庙宇附近。在海南常组成次生林的优势种，性耐火烧，萌生力极强。

枫香果实（陈世品摄）

枫香叶片（陈世品摄）

三、苗木培育

枫香育苗目前主要采用播种育苗方式。

采种与调制　枫香尚未建立母树林和种子园，采种在普通林分中进行。应根据培育目的

不同，选择合适的优良母树采种。枫香3～4月开花，果实10月下旬至11月中旬成熟，果实成熟后应立即采收，以免果实开裂后种子飞散。应选择15～40年生长良好、无病虫害的健壮母树作为采种树。当果实由绿色变成黄褐色且尚未开裂时击落收集。果穗采集后在阳光下晾晒3～5天，并翻动数次即可裂开散落种子。种子中含有大量杂质，用细筛将杂质除去即得纯净种子，置于通风干燥处袋藏即可。

圃地选择与准备 枫香育苗地应选择交通方便、灌溉方便、土层深厚、疏松、较肥沃的沙质壤土或中壤土，土壤黏重时，小幼苗易发生根腐病。2月底或3月初，将苗圃地进行翻耕整地。最后一次耙地时，施厩肥2250kg/hm^{2}及经过腐熟的饼肥2250kg/hm^{2}作基肥。南北方向作床，床宽1.0～1.2m、高15～25cm。

播种 枫香种子16万～30万粒/kg，发芽率20%～57%，播种量7.5～15.0kg/hm^2，播种时间一般在3月上中旬。播前将种子倒入清水中浸泡10min，捞去浮粒，取出下沉种子，再用0.5%的高锰酸钾溶液浸种消毒1～2h，用清水冲洗掉药液，阴干后待播。播种方式既可采用条播也可撒播。条播行距为20～25cm，沟底宽为6～10cm、沟深约2cm，播种时将种子均匀撒在沟内。撒播是将种子均匀撒在苗床上。播种后可用细土或草木灰覆盖在种子上，不能盖厚，以微见种子为度，并盖一层草，用洒水喷壶将圃地淋透，用棍子将草压好，以防风吹，同时在苗木出土前要做好保护工作，以防牲畜、鸟兽危害。

苗期管理 播后20～30天发芽出土，45天左右幼苗基本出齐。幼苗出齐时，应及时揭草，视出苗情况分2～3次揭草，第一次揭去1/3～1/2，之后逐渐揭去剩余部分，揭草动作要轻，以防带出幼苗。揭草后，幼苗出至3～5cm时，选阴天、小雨天间苗，保留70～80株/m^{2}为佳。根据播种年生长规律，5～9月要加强肥水管理，用复合肥或人粪尿等进行追肥。幼苗揭草后40天或移栽后30天，可适当追施氮肥，第一次浓度要小于0.1%（22.5kg/hm^2），以后视苗木生长情况而定，幼苗期每月施1次，速生期每隔7～10天追施1次，肥料浓度早期宜稀，后期逐渐加大。施肥应在15:00以后进行，施肥后及时用清水冲洗。下雨后要及时排除田地积水，防止烂根，天气持续干旱时，要对苗地及时浇灌。苗小时一定要人工拔草，苗长到30cm时，可以用化学除草，但注意喷雾器喷头对准条播中间，不能让药液洒到幼叶幼茎上。撒播枫香苗圃地不宜使用果尔溶液进行喷雾处理。如果育苗面积大，确需进行化学除草的，可用25mL果尔，加水1kg，与25kg细沙拌匀，堆放2h，摊开晾干，然后均匀撒在苗床上，并将枫香苗上的沙轻轻扫落。原则上不提倡化学药剂除草。

病害防治 枫香苗期病虫害较少，可在揭草前20～30天喷多菌灵800～1000倍液或百菌清1000倍液防治，出苗后注意防止地老虎危害，发生时可用甲胺磷1000倍液进行喷雾防治或灌注受害苗木处的土壤。苗木在生长过程中常遭枯叶蛾科的害虫危害，可用50%的敌敌畏乳油1000～1500倍液喷洒。

虽然目前有关于枫香枝条扦插和组织培养育苗的研究已有少量报道，但技术尚未得到推广应用。

四、林木培育

1. 人工林营造

枫香是先锋树种，适应性和生命力较强，无论在山区还是在丘陵都能生长，但以在温暖湿润、土壤深厚的山谷、山坡下部和中部生长较好，低山丘陵区以阴坡、半阳坡为好。整地可以从秋季开始，最好在冬季前完成。缓坡地以全垦加穴状整地为好，山地陡坡采取鱼鳞坑或穴状整地，整地规格为50cm×50cm×40cm，立地条件越差，整地质量要求越高。枫香树冠大、生长快，根据立地条件、经营目的等情况考虑栽植密度，一般株行距为（1.5～3.0）m×（1.5～3.0）m，密度为1110～4440株/hm^2。土壤条件好的可稀植，立地条件较差的可适当密植；培养用材林可稀植，培养饵料林、原料林、材苗兼用林可密植。

丘陵和低山区可营造混交林，与马尾松、杉木等树种混交，混交方式为带状或块状，混交比例枫香占30%～40%。杉木或马尾松采伐迹地更新，应营造以枫香为主的混交林，其比例达70%左右。造林应在春季进行，一般在3月上中旬气候较稳定时根据土壤墒情造林，过早易枯梢，过迟成活率低而影响生长。栽后1个月内进行检查，发现露根、积水要及时培土。

2. 幼林抚育管理

新造林地要严防人畜危害，造林后要连续除草松土2～3年，每年抚育2次，时间分别为5～6月和9～10月，第一年以除草为主，第二、第三年以扩穴为主，穴径60cm，深度15cm。除草松土不可损伤植株和根系。有条件的造林地，如丘陵、平缓地、退耕还林地，可以结合抚育进行施肥，用有机肥或复合肥进行条状沟施，幼林在9月至翌年5月都可进行，成林施肥最好在冬季进行。枫香主干明显，幼树侧枝也较发达，为了培育优良干形，提高木材品质，促进生长，从造林后第二年开始修除树木基部1/3以下枝条及双叉枝和竞争枝，直至郁闭成林。修剪时要选在树木休眠期进行，修枝切口要平滑，不伤树皮，不留桩。林分郁闭后，注意及时疏伐，减少自然整枝速度，避免树冠窄小，主干细长，生长衰退。当林分郁闭度达0.9以上时，被压木占总株树的20%～30%时，即可进行间伐。间伐起始年限一般在10年左右，主要采用下层抚育法，第一次强度为林分总株数的25%～35%，间伐后郁闭度不小于0.7，间伐间隔期不小于8年，以后间伐强度为20%～30%。30～40年后采取主伐。

五、主要有害生物防治

枫香林主要食叶害虫有缀叶丛螟、樟蚕、长须刺蛾、黄刺蛾、吹棉蚧等。物理防治方法：摘除叶面、枝干上的卵块集中销毁，翻耕土壤（深度5～10cm），消灭越冬虫茧，在成虫羽化盛期利用灯光诱杀成虫。生物防治方法：在阴天或小雨天气喷施白僵菌1亿～2亿个/mL孢子悬浮液进行防治。化学防治方法：缀叶丛螟可选用25%灭幼脲乳油800～1000倍液、50%杀螟松乳油1500～2000倍液、45%高效氯氰菊酯水乳剂1000～1500倍液、40%乐果乳油800～1000倍液等喷雾；樟蚕选用10%氯氰菊酯800～1000倍液、50%马拉硫磷乳油800～1000倍液进行喷雾防治；长须刺蛾选用2.5%鱼藤酮乳油300～500倍液、80%敌敌畏乳油800～1000倍液、40%辛硫磷乳油1500倍液、2.5%溴氰菊酯乳油3000～4000倍液等喷雾防治；黄刺蛾可选用2.5%天皇星3000倍液、25%敌杀死3000倍液、1%杀虫素2500倍液、20%米螨2000倍液、20%灭多威1000倍液5种药剂进行防治；吹棉蚧选用乐斯本1000～1500倍液、快克800倍液或速蚧克1000倍液进行喷雾防治。

六、材性及用途

枫香是具有多种用途的树种。枫香木材略重，硬度适中，结构细致均匀，力学强度中等偏高，纹理交错，干缩大，易翘曲变形，干燥速度慢，加工比较困难，刨削、起槽时牵丝，钉着力强，不开裂，胶着油漆性均好。根据枫香木材性质特点，枫香木材可作建筑材料如梁、柱、桁条，家具制造及室内装修材料，茶叶包装箱，车旋用材，小五金器材用材，胶合板，纺织线轴等，其木材还可用来培养香菇、木耳等食用菌。枫香是高大的落叶乔木，叶春夏嫩绿色、秋季鲜红色，适宜作园林景观树种。枫香脂及其挥发油有解毒止痛、止血生肌和抗血栓的作用；根、叶、果入药，有祛风除湿、通经活络之效。

（何宗明）

172 阿丁枫

别　名 | 蕈树、半边风、半边枫、枫荷、糠娘子、老虎斑、檀木、铁甲子、香梨、星霞树、中华蕈树、猪肝木、山荔枝、细青皮等

学　名 | *Altingia chinensis* (Champ.) Oliver

科　属 | 金缕梅科（Hamamelidaceae）蕈树属（*Altingia* Noronha）

阿丁枫树体高大，干形通直，出材率高，生长迅速，对立地条件要求不苛、病虫害少，属于我国南方有发展前途的优良速生用材树种。目前，阿丁枫天然资源遭受严重破坏，营造阿丁枫人工林分是维持其可持续利用的重要途径。

一、分布

阿丁枫主要分布在我国南部，主产于浙江、福建、湖南、广东、海南、江西、广西、云南、贵州等地，常生于海拔200～1000m的常绿阔叶林中的山谷、沟边（龙双畏等，2009）。

二、生物学和生态学特性

阿丁枫性喜阳光，生长迅速，萌发力强；干形通直，树冠圆锥形，枝繁叶茂，树形优美，材质致密、坚韧。树龄8～9年开始开花结实，正常结实期在20年以后，大小年较明显；4月初开花，10月下旬至11月上旬为果实成熟期；生长速度较快，年生长量高70～100cm，直径0.8～1.1cm（龙双畏等，2009）。

三、苗木培育

1. 采种

选择中龄以上母树采种。母树树干通直，冠形饱满匀称，生长良好，无病虫害。于11月中下旬至12月下旬，当头状果序颜色呈深褐色，蒴果发育饱满有少数微裂时采种。

2. 果实处理

采摘蒴果宜堆放3～5天，摊薄晾放，以利于少数种子的后熟。然后置日光下暴晒，暴晒开壳，上下翻动，蒴果开裂后稍加敲打，使种子散落，去杂得纯净种子。出籽率0.6%～1.1%，净度为80%～90%，千粒重为5～11g。

3. 种子贮藏

种子晒干后，干藏。贮藏期间经常检查，再翻晒1～2次为宜。阿丁枫种子贮藏期以干藏为宜，如采取0～4℃贮藏方法，贮藏1年后，种子发芽率严重降低。

4. 圃地选择

立地应选在交通方便，地势平缓，土层深厚，土壤为微酸壤土或沙壤土，排灌条件良好的地方（黄名广，2015）。

5. 整地作床

（1）大田育苗

播种前一年的12月下旬翻耕土壤1次，翌年1月中旬再翻耕1次，施花生枯饼肥2000kg/hm^2，

福建阿丁枫果实与叶片（陈世品摄）

将基肥均匀地施入深土层中，施后横向耙田1次，再纵向耙田1次。然后作苗床。苗床土壤及其黄心土基质均提前用0.1%的高锰酸钾液喷洒消毒后播种。一般情况下，畦宽1m，沟深20～25cm、长2m左右，沟沟相通，做到旱能灌、雨后沟不积水。

（2）容器育苗

容器育苗可以采用专用苗床，也可以选择灌溉（喷灌）方便的地方临时建立。临时育苗床的规格通常以床面宽100cm、床高15～20cm、步道宽20～50cm为宜。床面可以是泥面，整平后铺一层致密网状覆盖物，以防圃地杂草生长和容器苗的根系入土；育苗床如是硬质地面，可以将床面铺上10～15cm厚的新鲜细沙沙面，将容器袋直接放在沙面上即可；育苗床如为悬空苗床架，可直接将容器袋放入，利用空气修根。

育苗基质以黄心土为基质，按黄心土：泥炭土＝3：1体积比配制。容器袋大小以10cm×13cm的营养杯（袋）为宜。1年苗培育容器以5cm×6cm无纺布为宜，2年苗可选择35cm×（35～40）cm纸质育苗容器。

6. 播种

春播时间为惊蛰前后。大田育苗时，通常选择条播法播种，每条间隔20cm²，播种沟宽6～8cm；畦面整平后，最好加垫一薄层黄心土，用木板稍压实；然后用木条每隔20～25cm处印一痕沟下种。种子播种量4～5kg/亩。播种后盖一层黄心土（以盖住种子2mm为限），然后盖稻草或铁芒萁；遇到旱天应随即浇水，水浇在覆盖物上，让其渗入土中。

容器育苗时，则将催芽至胚芽开始露白的芽苗直接移到容器中。移栽时，用竹签在容器袋中间插一个深度约2cm的小洞，然后将芽苗植入小洞中，再将土覆盖好。要求根系舒展、苗正。

7. 苗期管理

（1）遮阴处理

大田育苗过程中，当种子发芽出土达40%以上时揭覆盖，分2～3次进行，宜在晴天傍晚或阴天；揭草后立即搭盖遮阴度70%～80%的遮阴棚或遮阳网，至翌年春霜期过后可拆除。

容器育苗中，当芽苗状喷头浇水1次，浇至基质湿润。温度高的夏季早晚各浇1次，秋、冬季节减少浇水次数，土壤不宜过湿。苗期施肥、病虫害防治及其他管护工作与大田直播育苗相同。

（2）除草间苗

大田育苗中，除草掌握“除早、除小、除了”的原则。春播苗木间苗1次，定苗1次。第一次间苗为5月前后，间苗选择阴雨天或晴天的傍晚时间，间苗后需在苗行培土，定苗时间为7～8月，定苗时间不能过迟。拔除生长过密、发育差的小苗，使幼苗分布均匀；同时，移栽补植稀疏地段，第一次间苗及时补栽成活率高，生长良好，定苗时保留55～65株/m²。

容器育苗需要换床，当容器育苗的第二年，将容器袋移换1次，以免主根穿过容器底孔扎入苗床，同时达到调整苗木光照条件的目的。容器袋换床的时间可在5月下旬和9月中旬，苗木生长高峰期结束后进行。对主根已扎入苗床的容器苗，用枝剪将容器底部伸到外部的主根部分剪去，再放置苗床继续培育。

（3）施肥

5月初开始追肥，雨后或灌溉后进行，掌握“量少次多、前轻后重”的原则，以氮肥为主。齐苗后20～30天即可施用少量速效氮，浓度一般掌握在0.1%～0.3%；如施用速效尿素，浓度宜0.1%。以后每隔15～20天浇施一次，3个月后，尿素浓度适当提高至0.5%～1.0%。最后一次追肥宜在立秋前10天，以利于促进苗木木质化，提高防寒抗冻能力。

四、林木培育

选择当年的采伐迹地或林下套种为造林地，于每年雨季初期进行造林。造林初植密度以2m×3m或2m×4m为宜。上山造林苗木，以容器苗最佳，造林成活率可达90%以上。阿丁枫属于山地造林比较容易的树种（杨绍增等，1996）。

五、主要有害生物防治

阿丁枫的育苗过程中，在4～5月需特别注意防治幼苗炭疽病、猝倒病，在久雨、高温天气更应注意茎腐病。防治方法：可用25%多菌灵500倍液喷施幼苗，7天一次，连续3～5次；或10%的井冈霉素500倍液浇幼苗根部。同时，5～9月间注意防治蓟马、蚜虫，可用吡虫啉1000～1500倍液喷施；7～9月下旬注意防治卷叶螟，出现有1%～2%的植株卷叶危害时，开始防治，7～10天防治一次，药剂可选用Bt可湿性粉剂600倍液，或1%阿维菌素乳油1000倍液，或2.5%敌杀死乳油3000倍液等。

六、材性及用途

阿丁枫为常绿阔叶树种，干形通直，树冠圆锥形，枝繁叶茂，树形优美，材质致密、坚韧，是优良材用、药用及园林绿化观赏树种，适宜在庭园、住宅小区孤植或群植供观赏，还可用于育香菇、制蕈香油（龙双畏等，2009）。

（吴鹏飞）

附：细青皮（*Altingia excelsa* Noronha）

金缕梅科（Hamamelidaceae）蕈树属（*Altingia* Noronha），别名：高阿丁枫、青皮树、榔头树、埋榄浪。细青皮为热带山地雨林和亚热带常绿阔叶林的建群种，常占据林冠最上层，形成单优群落，在印度尼西亚被称为“山地森林之王”。细青皮树体高大、树干通直、尖削度小、出材率高、材质细密、硬度高、密度大、颜色深、纹理美观，可用于制作高档家具、乐器、工艺品等实木制品及高档装饰、装修材料，具有较高的经济价值和广阔的市场前景。同时，细青皮生长迅速、适应性强，是我国热带和南亚热带山地培育大径级珍贵阔叶用材林的首选树种之一。

细青皮主要分布于印度、不丹、缅甸、泰国、老挝、越南、柬埔寨、马来半岛及印度尼西亚等地，我国西藏东南部（墨脱县）、云南南部及东南部（红河、临沧、思茅、西双版纳、德宏、保山等地）为其分布区北缘。在我国，细青皮垂直分布于海拔550～1700m湿润的热带和南亚热带山地；在云南，细青皮主要集中分布于滇南海拔1000～1300m，其中，在西双版纳傣族自治州最低可分布到海拔750m的热带季雨林中，在滇东南湿润山地则可达海拔1700m。

在云南，细青皮分布区水湿条件良好，年平均气温16～20℃，极端低温−3℃，年降水量1200mm以上，多者超过2200mm，水热系数均达2.0以上。细青皮对于温度的适应范围较广，而对湿度条件要求较高。细青皮喜深厚肥沃的酸性土壤，分布区的土壤种类较多但以山地黄壤及黄棕壤为主，在砖红壤性红壤上也有生长，在干燥瘠薄的土壤以及粗骨土上均生长不良，石灰岩山地的各类土壤上未见分布。细青皮在热带高温高湿条件下生长很快，而且要求较多的光照；海拔愈高、气温愈低或在林下荫蔽环境中，生长则减慢。细青皮的良种选育、苗木培育、林木培育技术、病虫害防治方法参见阿丁枫。

细青皮木材纹理直或斜，略交错，心材深灰褐色，边材色较浅，结构甚细、均匀；重而硬，气干容重0.615g/cm^3；干缩大，强度高，冲击韧性中，品质系数高；适于作建筑、造船、枕木、坑木、电杆、桥梁、纸浆、胶合板等用材。

（尹五元）

173 米老排

别　名｜壳菜果、三角枫、米显灵（广西壮语）、朔潘（云南苗语）
学　名｜*Mytilaria laosensis* Lec.
科　属｜金缕梅科（Hamamelidaceae）壳菜果属（*Mytilaria* Lec.）

米老排为我国南亚热带常绿阔叶林主要建群树种，树高达30m，胸径达80cm，是生态适应性较强、生长快、寿命较长的高大常绿乔木。树干通直圆满、枝叶密致、叶色浓密、冠形优美，是重要的工业用材、绿化美化和水源涵养等多用途优良树种。木材硬度和强度中等，易加工，色泽美观，抗虫蛀、耐用，胶黏和油漆性能好，适用于作建筑、家具、农具、室内装修、木地板和胶合板等用材。米老排凋落物量大，根系发达，在培肥土壤、保持水土和水源涵养方面具有重要作用（李夷荔和林文莲，2001），因此，也是我国南方松、杉、桉人工林换茬更新的优良树种或低产低效林改造的优良树种。

一、分布

米老排分布于20°30′～23°50′N，105°45′～112°00′E，主要包括广东西部的封开、信宜、阳春，广西西南部十万大山、龙州、那坡、德保、靖西和云南东南部的屏边、西畴、文山、砚山等地（广西林业局和广西林学会，1980）。越南和老挝也有分布。在广东和广西分布区内垂直分布于海拔250～1000m的低山、丘陵；在云南则分布在海拔1000～1900m的沟谷常绿阔叶林中。另外，在福建沿海一带、浙江平阳和江西赣州等地均有引种栽培，广西引种的北界已达桂林阳朔，生长正常，能良好开花结果。

二、生物学和生态学特性

米老排喜温热，属中性偏喜光树种。树干通直、圆满，树皮浅灰黄色、平滑，老树皮暗灰褐色，小枝粗壮无毛，具环状托叶痕。叶革质，宽卵状圆形，掌状浅裂。花期6～7月，果期10～11月。光照充足条件下5年生树木即开花结实，一般15年生树木的种子遗传品质和播种品种达到稳定，可供生产采用；林木早期生长迅速，据广西凭祥米老排人工林生长规律的研究（郭文

广西凭祥米老排30年生单株树木（郭文福摄）

福等，2006），初植密度2500株/hm^2的林分，林木树高和胸径连年生长量高峰期均出现在3～4年生阶段，12年生前平均树高连年生长量超过1m，26年生林分树高达25m；林木胸径生长高峰期的年生长量达3cm，4～7年生连年生长量达1.0～1.7cm，8～15年生连年生长量达0.5～1.0cm，较密的林分，16年生以后连年生长量下降，林分径向生长处于缓慢阶段。茂密的林分，幼林自然整枝剧烈，可形成通直圆满的干形，但枯死枝可在树上挂存3年以上，如任其自然枯落则着生部位会形成众多死节。

自然条件下，米老排种子传播主要依靠成熟果实自然开裂瞬间产生的种子飞弹力，一般可在母树中心50m范围内形成较好的种子天然更新植被层；萌生力强，林木采伐后能萌发3～5条以上萌条，因而可切干造林，也可萌芽更新，萌条年生长量一般树高达2m、直径达1.5cm左右。

天然分布区为湿热型季风气候区，年平均气温20～22℃，最冷月平均气温10.6～14.0℃，极端最低气温-4.3℃；年降水量为1200～1600mm，空气相对湿度78%～80%。雨季集中于5～10月，干湿季节明显。适生土壤为砂岩、砂页岩、花岗岩、流纹岩发育成的红壤，pH 4.5～6.0。喜湿润、肥沃、疏松、排水良好、偏酸性的土壤。一般在山坡下部、沟谷湿润肥沃的立地环境中，林木生长快，干形通直圆满，树冠浓郁，常为上层乔木，天然整枝良好；而在山脊、山顶则树体低矮，侧枝粗大密集，干形尖削。米老排属浅根系树种，侧根发达，抗风力不强，不宜在台风严重地区生长。

米老排引种至浙江平南、福建南平、江西赣州等地也有较好的生长表现，据江西赣州研究结果（何伟民和刘蕾，2010），19年生米老排林分平均胸径为19.2～22.7cm、平均树高17.7～21.3m。

三、苗木培育

1. 采种与调制

目前，米老排的树种改良工作仅限于种源/家系选择，初步结果认为生长快、适应性好的种源仍以当地种源为优，因此造林用种应以当地种源建立的母树林为主。采种母树宜选15～40年生，生长快、分枝细、干形通直圆满、无病虫害的优势木。采种期为10月中旬至11月上旬，即蒴果由青变绿，种子由青转为黑色且坚硬、有光泽时在树上采集较好。蒴果易开裂，采种要及时，以免种子散落。收果后，先摊晒几天，待果壳水分蒸发至缩微裂后，收回室内阴干自然脱粒。种子纯化，可用风选，也可水选去除杂质和空粒，风选纯度低，仅41.0%～61.3%，水选效果好，净度可达88.3%～94.2%。蒴果出种率为3%～5%；种子千粒重，水选约170g，风选仅140g左右。风选种子发芽率44.5%～63.3%，水选种子发芽率78.0%～89.4%，故种子采取水选效果最佳（朱积余和廖培来，2006）。

米老排种子含油脂较多，易变质，若非随采随播，则须及时适当贮存。净种处理后的种子宜选用具有一定透气性的软质材料如布袋或硬质容器如瓦罐进行封装。种子含水率控制在10%～15%，并置于4～10℃条件下冷藏，贮藏6个月的种子发芽率可维持在40%～60%。

2. 圃地选择

米老排幼苗喜阴凉、怕干旱、忌水渍，因此圃地应选近水源、坡度平缓、排水良好、土层深厚的沙质壤土或壤土，坡向以东南或东北，即半阴坡地为好，忌用重黏土和积水地。如育容器苗，苗圃的排灌及各种育苗设施条件好，则对圃地的土壤要求不严格，以较为平坦的地形为好。

3. 裸根苗培育

整地　先清杂堆烧，挖树头，清掉树根、石块后翻晒2周以上，播种前需犁耙几次，使土壤疏松细碎，同时施足基肥，每公顷圃地施有机肥如饼肥4000kg，厩肥农家肥12000kg，过磷酸钙3000kg，结合土壤消毒杀虫，每公顷施放生石灰750kg，施后耕耙2次，使之与表土充分混匀；起畦作床，床宽约100cm，高约20cm，长度依林地而定。

播种及苗期管理 播种期为1～3月。播种量10～13g/m²。播种前用0.2%的高锰酸钾或1.0%的硫酸铜溶液浸种30min，然后清水洗净，放入50℃温水浸泡24h；取出后进行催芽。催芽期间每天早晚浇温水，10天左右种子发芽后即可播种，发芽率可达90%。播种可点播也可撒播，但以点播好，行距25cm，沟深5cm，粒距8～10cm，覆土厚1～2cm，床面盖草或塑料遮阳网，以保持湿润。当种子发芽至第一片真叶完全展开，部分呈绿色，数量占播种量的30%～40%时揭除覆盖物。苗期要加强除草、松土和施肥。前期施氮肥为主，后期多施钾肥，以使苗木健壮。1年生苗木高达100cm左右，地径1.0cm，每公顷产苗20万株。

4. 容器苗培育

为适应不同天气的造林，提高造林成活率，有条件地方应培育容器苗。育苗基质可因地制宜，选取质优价廉的基质，一般可选取黄心土60%+森林表土30%+火烧土10%+少量过磷酸钙混合组成的基质。育苗容器的材料可用聚氯乙烯塑料袋或无纺布等其他材料，容器口径6～8cm，高约15cm；育容器苗播种期一般为5月，播种前种子的催芽处理方法与裸根育苗相同，催芽后的种子先在细沙基质的芽苗床上培育芽苗，待真叶完全展开，芽苗高达5～6cm后移植至育苗容器中；也可用催芽种子点播，每个育苗容器点播1粒种子，播种深1～2cm，盖土约1cm后浇水。芽苗移植或播种后须搭遮阴棚育苗，透光率约50%，移苗后经常浇水保持营养袋湿润：一般春季秋季在傍晚浇水1次；夏季，每天早晚浇水各1次。移苗后1个月内，幼苗宜用75％百菌清800～1000倍液或50％可湿性多菌灵500～800倍液消毒，每周1次，连续2次。移苗后第三周开始追肥，当月喷施0.1%的尿素薄肥1次；移苗后第2～4个月，每月淋施薄肥1次，施肥浓度可逐步提高，但最多不宜超过1%的浓度，每次施肥以淋透为准。当苗木高度接近30cm时，则应注意控水控肥，最后可施磷、钾肥1次，以促进苗木木质化。一般出圃时苗木平均高35cm、地径约0.3cm。

四、林木培育

1. 立地选择

米老排喜温，喜水肥，在适生区内选择海拔300～500m低山、丘陵酸性土壤山坡地造林为好，海拔300m以下造林效果较差；土壤以花岗岩、流纹岩发育的红壤生长好（郭文福，2009），砖红壤性红壤生长一般，沙泥岩发育土壤生长差。坡位以中、下坡土层厚，水肥条件好的立地为佳；上坡、山脊和山梁地带林木生长差、分化严重、产量低。

2. 整地

荒山或采伐迹地全光照条件下造林，如坡度25°以上，整地前的林地清理尽量避免炼山，以带状清杂为宜。以穴状整地为主，规格为50cm×50cm×35cm或60cm×60cm×40cm。立地质量一般的造林地，为加速幼林生长，整地后可施基肥，每穴施复合肥或磷肥100～150g，基肥放在要回土的草皮和表土层上，要求肥土混匀，以免出现肥害。利用米老排进行松杉等低产低效林改造，如在立地质量较好、土壤疏松的林冠下补植，为节约成本，可直接开挖小种植穴，规格为40cm×40cm×25cm。

3. 造林

初植密度 造林方式有荒山或采伐迹地全光照下营造纯林或混交林、低产低效改造在稀疏林冠下补植更新等。立地质量优良的造林地，全光照营造纯林或混交林初植密度一般为1370～1667株/hm²；立地质量一般的为2000～2500株/hm²。稀疏林冠下的补植更新，在林窗或林隙区内进行小块状（或丛状）种植，视面积大小，每个林窗种植4～16株，株行距以2m为宜。

造林季节 裸根苗造林最好是1～3月，容器苗受季节制约相对较小，但仍以1～4月造林为好，因5月以后光照强、气温高，影响造林成活率，且明显降低当年生长量。在稀疏林冠下补植更新则季节性影响较小，整个雨季均可栽植。

广西凭祥米老排19年生纯林（郭文福摄）

种植方法 宜在土壤透湿后进行，裸地栽植一般选择阴天或小雨天作业。裸根苗要求当天起苗当天种完，起苗时注意保护苗根，不伤顶芽，修剪叶子，随起苗随分级绑扎，然后浆根。定植时要深挖穴、深栽植，一般培土深度超过原土痕5cm左右；根系要舒展，松土踏实，苗基端正，再覆细土。塑料容器袋苗的种植，先挖小穴后去袋，回土压实再覆细土。

混交林营造 米老排可与杉木和马尾松等针叶树种营造针阔混交林，也可以与格木、火力楠、樟树等阔叶树种营造阔叶混交林；与杉木、格木等营建同龄混交林，也可以在马尾松等低产低效林改造中，在马尾松稀疏林冠下补植米老排，营建异龄混交林。如全光照下造林，可采用带状混交方式，林冠下补植更新采用小块状（丛状）方式。

4. 抚育

幼林抚育 造林当年夏季除草松土1次，秋季再除草一次；以后每年分别于4月和8月除草松土2次，连续3年，也可在林分平均高达2.5m后结束抚育。立地条件较差的造林地，为促进林分郁闭，结合幼林抚育在第二、三年春各追肥1次（含有氮、磷、钾的复合肥），施肥量100～150g/株。米老排造林幼树基部易长萌条，每年秋季抚育时及时修除，除萌时注意勿伤树干，最好培土覆盖除萌部位，以防萌芽来年再发。

成林抚育 一般种植第三年后林分开始郁闭，第五年开始抚育采伐，疏伐强度为立木株数的40%～50%，第二次间伐约10年左右，强度为立木株数的40%。采伐方法采取下层采伐法，原则是去弱留强，去密留稀，清除病虫木、被压木、弯曲木、低分杈木等。疏伐后郁闭度约保持0.5～0.6。如果生产中径材，一般进行2次生长伐，即5～6年时第一次，10～12年时第二次，最终保留600～900株/hm^2。若培育大径材，在林分10年生时，选择生长势好、培养潜力大的优势木为目标树进行单株定向培育，采伐目标为胸径50cm左右，每公顷约选择150株目标树，然后每隔5～8年进行干扰树定期伐除，并对目标树进行适当修枝，修枝高度至10m左右。

五、主要有害生物防治

米老排常见病有球毡病、角斑病、褐斑病及炭疽病等。

球毡病主要危害幼林叶部，发病率可达75%～100%，多出现在海拔400m以下丘陵地，每年5～10月时出现，可用20%三氯杀蜡醇1000～1500倍液毒杀，也可用烟雾剂防治。

角斑病为苗圃和幼林常见病害，每年5～8月出现；褐斑病和炭疽病是苗期病害，褐斑病多发生于5～7月，炭疽病多发生于5～9月。防控措施：选好圃地，合理调整密度，加强苗期管理，出现病害时剪叶，用50%的甲基托布津800倍液，50%多菌灵800倍液，75%的甲菌清等800～1000倍液等防治。

米老排的虫害主要有刺蛾、袋蛾、灯蛾、叶甲、金龟、蝗虫、蟋蟀等，其中，刺蛾、袋蛾和叶甲最多，用敌百虫800～1000倍液等喷杀，或用灯光诱引灭杀。科学营造混交林或小面积种植纯林是预防病虫害的重要途径。

六、材性及用途

木材为散孔材，纹理直，结构细，干缩小，质量系数高，硬度和强度中等，不劈裂，易加工，切面光洁。色泽美观，耐用而不受虫蛀，握钉力强，胶黏和油漆性能好，适用于建筑、家具、农具、室内装修、木地板和胶合板等用材；纤维长25968.16μm，宽39.3μm，是较好的造纸和胶合板加工的原材料。米老排枯落物较多，易腐烂，养分丰富，对林地肥力改善、林地水源涵养都有较大的促进作用（林德喜等，2000），因此也是南方松杉人工林地力恢复的优良换茬（代）树种；树形优美、枝叶繁茂，是城市园林绿化的优良树种，可在我国南亚热带地区特别是广东、广西、云南等地大量发展，在中亚热带地区的湖南、江西、福建等地也可适当发展。

（郭文福）

174 长柄双花木

学　名｜*Disanthus cercidifolius* Maxim. var. *longipes* Chang
科　属｜金缕梅科（Hamamelidaceae）双花木属（*Disanthus* Maxim.）

长柄双花木为我国特有的单种属古老孑遗植物，国家二级重点保护野生植物，因其观赏价值高，可作景观树种应用。双花木属仅双花木一种，产于日本南部山区，长柄双花木是它的变种，产于中国南岭山地。现在由于产地森林的砍伐破坏，长柄双花木不仅个体数量越来越少，而且适于其生存的区域也日渐狭窄，已成为濒危物种（李根有等，2002）。

一、分布

长柄双花木主要分布于江西、浙江南部和湖南南部、广东北部等地海拔600～1300m的低山至中山的山脊、坡地，其分布区狭窄，种群个体分布不均匀，残存数量较稀少，在自然条件或植被保护较好的林分中存活率高（张嘉茗等，2013）。

二、生物学和生态学特性

落叶灌木，高2～4m，胸径15cm左右。多分枝，小枝曲折。叶互生，卵圆形，长5.0～7.5cm，宽6～9cm，先端钝圆，基部心形，全缘，掌状脉5～7；叶柄长5cm。头状花序有2朵对生无梗的花，花序梗长1.0～2.5cm；花两性，萼筒浅杯状，裂片5枚，卵形，长1.0～1.5mm；花瓣5枚，红色，狭披针形，长约7mm；雄蕊5枚，花丝短，花药内向2瓣开裂；子房上位，2室，胚珠多数，花柱2个，极短，柱头略弯钩。蒴果倒卵圆形，长1.2～1.6cm，直径1.1～1.5cm，木质，室背开裂；每室有种子5～6粒；种子长圆形，长4～5mm，黑色，有光泽；叶柄细长，花序柄亦细长，花2朵并生，故被称为长柄双花木。长柄双花木冬芽于3月初萌动，4月上旬展叶，秋季树叶变红，花期在10月下旬，果实于翌年9～10月成熟，结实率、种子自然萌发率、成苗率等都很低。

长柄双花木分布区的气候特点是温凉多雨，云雾重，湿度大。成土母质多为花岗岩，土壤为山地黄壤，土层浅薄多岩块，酸性，pH 5.6左右。耐阴树种，长在林下的植株可形成主干，位于山脊陡坡的易受日灼，树干多弯曲，丛生。

江西官山国家级自然保护区长柄双花木花（裘利洪摄）

江西宜黄军峰山长柄双花木枝叶（裘利洪摄）

三、苗木培育

种子收集、处理与贮藏 果实为木质蒴果，果实成熟后能将种子弹出十几米远，当果实由绿色转为黄绿色或黄褐色时，要及时采收，置烈日下暴晒，晒至果实微裂时，再在果实上面覆盖薄膜或纱布，以免种子弹出很远而无法拾起。种子黑色，有光泽，表面具油脂，具有深休眠特性（史晓华等，2002），需用洗衣粉拌细河沙反复搓洗，将油去净后用沙层积催芽1年后再播种。

整地播种及苗期管理 苗床宽110cm，施入基肥，肥上盖上一层黄心土。种子用高锰酸钾液消毒，种壳上拌少量的生石灰吹干后均匀播下，上盖一层黄心土，厚度以不见种子为宜，床面覆盖稻草。幼苗出土后，须做好圃地管理工作，挖排水沟并适当加施肥水抗旱，及时中耕除草。

组织培养和嫩枝扦插存在一定困难，在离体再生培养过程中，不定芽和再生植株生长非常缓慢。以弯枝压条和空中压条成活率最高，达95%以上。

江西宜黄军峰山长柄双花木林相及植株（裘利洪摄）

四、主要有害生物防治

1. 叶枯病

病原菌为半知菌亚门链格孢菌（*Alternaria alternata*）。发病初期，叶片呈黑褐色，圆形，病菌在土壤中越冬，翌年借风雨传播。防治方法：合理密植，合理施肥，增强生长势。零星发生不防治，但要及时清除病残体。连片侵染发病时，可喷施硫悬浮剂液、铜高尚、多抗霉素、阿密西达悬浮剂。

2. 炭疽病

病原菌为胶孢炭疽菌（*Colletotrichum gloeosporioides*）。防治方法：增施有机肥，北方防寒；南方雨水多及时排水，防止湿气滞留，适量增施磷、钾肥；及时修剪病枝叶和清除病残体，集中深埋或烧毁；零星发生时不防治，连片侵染发病时，喷施石硫合剂、碱式硫酸铜液（发病前施药）、农抗120水剂、阿密西达悬浮剂、噻菌铜。

3. 褐斑病

病原菌为尾孢菌（*Cercospora insulana*）。防治方法：及时清除病残体，集中深埋或烧毁；合理密植，适量增施磷钾肥；连片侵染发病时，喷施多抗霉素、石硫合剂、铜高尚、农抗120水剂、武夷菌素。

五、综合利用

长柄双花木小枝曲折多姿，叶片秀丽，入秋叶常呈现红色，冬季开花鲜红艳丽，是一种优美的观赏树种。

（胡冬南）

175 悬铃木

别　名｜二球悬铃木、英国梧桐

学　名｜*Platanus hispanica* Muenchh.（*Platanus acerifolia* Willd.）

科　属｜悬铃木科（Platanaceae）悬铃木属（*Platanus* L.）

在植物分类学上，悬铃木属被子植物门双子叶植物纲蔷薇亚纲山龙眼目悬铃木科悬铃木属。悬铃木是悬铃木科悬铃木属约7种植物的通称。中国引种3种，以杂交种二球悬铃木（为一球悬铃木与三球悬铃木在英国杂交所得，也叫英国悬铃木）最常见，各地广泛栽培。另两种为原产于欧洲东南部及西亚的三球悬铃木（*P. orientalis*）（也叫东方悬铃木、多球悬铃木、裂叶悬铃木、鸠摩罗什树、净土树）和原产于北美的一球悬铃木（*P. occidentalis*）（多见于美洲，也叫美洲悬铃木）。悬铃木树形雄伟，生长迅速、繁殖容易，叶大荫浓，是世界著名的优良庭荫树和行道树，有“行道树之王”之称（张天麟，2005）。

一、分布

世界亚热带及温带地区有广泛栽培。悬铃木引入我国栽培已有一百余年历史，北起旅顺、北京、石家庄、太原，西到西安、武功、天水，西南至成都、昆明，南至南宁、广州等地均有栽培，以上海、杭州、南京、徐州、青岛、九江、武汉、郑州、西安等城市栽植的数量较多，生长较好，江西庐山和河南鸡公山海拔700～1000m处亦有引栽。

二、生物学和生态学特性

落叶乔木。高达35m，胸径1m。树皮灰绿色，成不规则薄块片剥落，内皮淡绿白色。芽生于叶柄基部内，具一片芽鳞。托叶圆领状。单叶互生，叶3～5裂，中部裂片长与宽近相等。花单性，雌雄同株，雌花及雄花各自集生成头状花序，雌花序具长柄。球形果序通常2个（稀1或3）生于长柄上，由多数小坚果组成；小坚果倒圆锥形，其顶端宿存刺毛状花柱，基部有褐色长毛。

三球悬铃木的叶片通常深裂至中部或中部以下，裂片窄长，球形果序通常3个（或2～6）生于一长柄上；一球悬铃木的叶片3～5浅裂，中裂片为宽三角形（宽大于长），球形果序常单生。三球悬铃木原产于欧洲东南部、亚洲西部，我国陕西户县有胸径达3m的大树，传为晋时引入。一球悬铃木原产于北美，我国山东、江苏等地栽作行道树。

二球悬铃木果枝（邓莉兰摄）

公路两侧二球悬铃木行道树（邓莉兰摄）

悬铃木喜温暖湿润气候，在年平均气温6～25℃，年降水量500～1200mm的地区生长良好。在我国适生的气候条件是，年平均气温13～20℃，年降水量800～1200mm，生长季的空气相对湿度平均在75%以上，无霜期200～300天。喜光速生树种，抗性强，能适应城市街道透气性差的土壤条件，对土壤要求不严，以在湿润肥沃的微酸性或中性土壤生长最盛，在微碱性土壤也能生长，但易发生黄叶病。在北方，春季晚霜常使花芽、幼叶和新梢遭受冻害，并使树皮冻裂。在北京，3～4年生的苗木易受冻害，需采取防寒措施，栽植在避风向阳的地方。生长得好的16年生植株高达17.8m，胸径31.7cm，但种子发育不良。在北京、太原以北生长不良。在延安、沈阳、哈尔滨等地曾试验栽培，因气候寒冷，不能成长。

最适于微酸性或中性，深厚、肥沃、湿润、排水良好的土壤（赵粱军，2002）。在微碱性或石灰性土上也能生长，但易发生黄叶病。在南京等市铺砌水泥板的路面上所栽植的行道树仍能生长，可见其根系能耐透气性较差的土壤条件，但其根系不发达，易受风害。在河岸有流动水源的地方生长较好，以地下水位低于1m为宜，短时间被水淹没后，能够较快恢复生长，但不耐积水。

萌芽性强，枝干伤口愈合及发枝能力均强，能通过修枝来控制和调整树形，以适应城市街道绿化的需要。抗风力中等。在土层深厚、透气性好、排水好的地方，生长健壮的植株抗风力较强，一般不会发生风歪、风倒的灾害；但在土壤排水和透气性不良的地方，由于根系发育不好，抗风力较差，沿海城市在夏秋台风季节，由于降雨使土壤湿透松软，因此树干就容易被大风吹歪或拔倒。抗空气污染能力较强。在轻度污染的地方，悬铃木的树叶能够吸收一部分有害气体和滞尘，具有较强的净化空气能力。在空气污染严重的地方也会受到伤害，但因其萌芽性强，在受害以后，如消除或减轻污染，仍能萌发新枝，恢复生长。据调查，悬铃木抗光化学烟雾、臭氧、苯、苯酚、光气、乙醚、硫化氢等有害气体的能力较强；抗二氧化硫和氟化氢的能力中等；抗氯气和氯化氢的能力较弱。

在长江中下游地区，3月下旬芽膨大开放，4月上旬幼叶与花序同放，4月中旬开花，10月下旬果实成熟，至12月上旬坚果全部散落，或部分悬挂树上，经冬不落。10月中旬开始落叶，到11月上旬落尽。在适宜的生长条件下，其生长发育过程1～10年生幼树高生长迅速，每年可达1～2m，胸径生长每年约1cm；11～20年生树木胸径生长加快，每年可达2cm；21～40年生树木胸径生长渐慢，但材积增长较高；41年以后生长减慢，但仍保持稳定的树形。100年以后渐趋衰老。4年生开花结果，以后逐年增多，直至树木衰老。

三、苗木培育

1. 育苗

使用扦插、播种方式均可进行繁殖，以扦插为主要繁殖方式。

北京林业大学校园美国梧桐（一球悬铃木）行道树（赵国春摄）

（1）扦插育苗

采集插条　在秋末冬初采条，以实生苗干或生长健壮的母树干处萌生的1年生枝条为好，树冠处1年生的萌条也可用。为保证种条供应，还可以用实生苗建立采穗圃。

插穗剪取及处理　种条采回后，立即在庇荫无风处截成15～20cm长的插穗，每个插穗保留2～3个饱满芽，上端剪口在芽上约0.5～1.0cm处，剪口略斜或平口；下切口要靠近节下，一般离芽基部1cm左右，以利于愈合生根，上切口距离芽先端0.5～1.1cm，以防顶芽失水枯萎。插穗每50～100根捆成一捆，然后在排水良好、高燥背风向阳处挖一个深60～80cm、宽80cm的坑，坑长以插穗多少来确定。坑底铺一层虚土，将插穗大头朝下，直立排放在虚土上，最后覆土掩盖成圆球形，以防雨水渗入，待第二年春季取出进行扦插。春季也可随采随插，试验显示，用实生苗干春季随采随插成活率也较高。

扦插　扦插前要选定排水良好、土质疏松、深厚肥沃的地块，深翻30～45cm，施足基肥，消毒，整平后做成扦插床。待3月上中旬将扦插床大水漫灌一遍，等水渗完后，整床覆地膜。此时，取出沙藏的插穗，置于TDZ生根剂1000倍液中浸泡2～3天，每24h换生根液1次。浸穗完成后，按株行距15cm×30cm进行扦插。插前先用与插穗粗细一致的硬棍打孔深约10cm，然后进行扦插，插穗露出地面5cm左右，上端的芽应朝南，整床插完后用细土封堵插穗周围，使插穗与土壤紧密接触。

育苗管理　插穗上主芽的两侧有副芽和潜伏芽，有时叶芽在未生根前萌发，形成假活现象，但抽出的新枝不久就会枯死，经10天左右，副芽又会萌发，这标志着新的幼根已经长出，插穗已经成活。生根后，萌芽条高6～10cm时，留一个强壮枝培育主干，其余均剪除。如发现有萎芽现象，可摘去1～2片叶，或摘去主芽条，保留副芽条。生长期间，枝叶过密时要适当剪去二次枝，摘除黄叶，保持通风透光。

在此期间的水肥、除草、病虫害防治等工作也很重要。要经常保持苗床湿润，以利于插穗生根。插穗生根后，在6～8月间适时施速效肥，以尿素为主。除草对保苗也很重要，不要等杂草长高再除，尽量做到“除早、除小、除了”。生长期的病害较少，但要注意防治蚜虫，发现蚜虫后可喷洒2000～3000倍液的阿维菌素或2000倍液的吡虫啉溶液。若精心管理，当年苗高可达1.5m以上，1年后可以定植大田，6年生时可以出圃用于城市绿化。

整形修剪　培育杯状行道树大苗时，扦插株行距30cm×30cm，1年生苗高约1.5m。第二年初春间行间株抽稀移栽，株行距为60cm×60cm，截干，使萌发新条，一般当年生高达2m以上，最高可达3m以上，疏除二次枝；第三年留床，冬季定干，在树高3.2～3.4m处截干，并将主干的侧枝疏除；第四年初春间行间株移栽，株行距为1.2m×1.2m，春季在主干截口下萌发10多根萌条，当萌条长达20～30cm时，留4～5根开张角度为40°～60°、生长健壮的萌条，各主枝间上下相距约10cm，疏除其余的萌条。当这些主枝长达1m时应摘心，抑制顶端生长，冬季截短主枝，留长30～50cm；第五年春萌芽后，在每一根主枝剪口附近留2根向两侧生长的萌条作为第一级侧枝，疏除其余萌条，当第一级侧根长达1m时也摘心，冬季在第一级侧枝的30～50cm处截短，此时5年生大苗胸径约5cm，形成“3股6杈12枝”的造型，已初具杯状冠形，符合栽植行道树的要求，翌春即可定植。

（2）播种育苗

头状果序（俗称果球）约120个/kg，每个果球有小坚果800～1000粒，千粒重（不带毛）4.9g，每千克小坚果（不带毛）约20万粒，发芽率10%～20%。首先，进行种实处理，12月间采果球摊晒后贮藏，到播种时捶碎，不要捶碎后贮藏，否则容易丧失发芽力，果实上附生的褐黄色毛可随同一起播种，播种前如将小坚果进行低温沙藏20～30天，可促使发芽迅速整齐。每亩约播种15kg。其次，整地施肥，苗床宽1.3m左右，床面细致平坦，每平方米床面施腐熟厩肥（或腐殖

质土）2.5～5.0kg。黏土宜掺沙改良。第三，在阴雨天播种，3月下旬至5月上旬趁阴雨天播种最好，3～5天即可发芽。晴天播种先将床面灌水湿透，播种前将小坚果浸泡2h，播后盖草喷水，保持土面经常湿润。第四，及时搭棚遮阴，种子发芽后揭草，幼苗遇骤雨暴晴，往往萎蔫，须及时搭棚遮阴，当幼苗具有4片真叶时即可拆除阴棚。播种育苗在发芽后至苗高30cm以内时期，如注意及时浇水灌溉，可以不搭阴棚。最后，苗高10cm时，可开始追肥，每隔10～15天施一次。

2. 栽植（城市行道树）

行道树要求用5年生胸径5cm以上的大苗，街道上的土壤条件往往很差，栽前需要换土；栽植点的确定需要考虑到地下管道的分布情形，地上及空中的线路种类和位置以及道路上的其他设施等情况，在城市主要干道上可用8m的株距，城郊道路可用4m株距。开穴大小根据苗木的大小而定，一般胸径5cm的要求1.0～1.5m^2，深80cm，下面垫松土20cm，树穴要上下一样大，不可口大底小，如遇石块、三合土、煤屑、化工厂下脚等杂质，则需放大并加深树穴，更换好土。同时施基肥于50cm深处，上面再盖5～10cm熟土。最好将各栽植点连成一条1.0～1.5m宽的生土带，有利于树根的发展，提高抗风能力，行人多的干道，在生土带上及栽植穴应加盖漏空水泥板。

行道树要做到随挖、随运、随栽，5年生苗可不带土，运输、搁放时应用湿草包覆盖根部。长江中下游地区宜在11月下旬至12月中旬以及2月中旬至3月上旬栽植，栽植前立好支柱，支柱距树干约20cm，支柱长约3.5m，埋入土中1.2m。放树苗前应在穴底垫入2层疏松的熟土。覆好土壤在根系周围，底土覆盖在上面，填土须分层踏实，填到离地面约10cm时，要浇透水，再覆松土，使土面略高出地面。栽后，在距支柱顶端20cm处与树干用绳按“8”字形扎缚，树干扎缚处需先垫上草帘，以免擦伤树皮。种植1周后进行复查，泥土下沉的要加土，摇动的要扶正踏实，再盖一层松土。

3. 养护（行道树）

如果有杂草丛生的，每年都需中耕除草。中耕深度5～10cm，干旱时要浇水，先松土，在树干周围开出浅潭，一次浇足水，再次松土。树穴土面应经常保持与人行道路面相平，中心部位应高出路面约10cm。每年冬季施基肥，在6～7月施追肥。

杯状式行道树的修剪 杯状行道树栽植后，4～5年内应继续修剪，方法与苗期相同，直至树冠具备4～6级侧枝时为止。以后每年休眠期对当年生枝条短截，保留15～20cm，称“小回头”，使萌条位置逐年提高；当枝条顶端将触及线路时，应回缩降低高度，称“大回头”。大小回头交替进行，使树冠维持在一定高度。此外，在5月底及6月中旬还要先后2次疏除萌条，当萌条长15～20cm尚未木质化时，容易剥离，一般在每侧枝上留2～3根萌条即可。

自然杯状式行道树的修剪 如果苗木出圃定植时未形成杯状树冠，栽植后按理想高度定干，等萌发后留3根分布均匀、生长粗壮的枝条作为主枝，冬季短截，以后也按上述修剪方法进行，先培养成有3～4级侧枝的杯状树冠，以后任其自然生长，如树冠上面有电线通过，在冬季整形时“开弄堂”，使线路在树冠内的空隙间通过，修剪时要疏除徒长枝、重叠枝、下垂枝、枯枝、病虫枝，短截向外伸展的枝条，应保留剪口下向外的芽；修剪时要求做到强枝弱剪、弱枝强剪，促使枝条向上向外扩展，以增加树冠的遮阴面积。夏天要剪除过多的萌条，从6月开始进行3～4次短截和疏枝，控制枝条的生长方向，以便避开电线；短截时要轻修勤剪。

乔木型行道树的修剪 在行道树上空没有线路的地方或在庭园、四旁栽植时，应用干形端直的大苗，可采用开心形树冠，使其长成高大乔木，并逐步剪除树冠下方的侧枝，以促进主干健康生长。在栽植定干后，选留4～6根主枝，每年冬季短截后，选留1个略向斜上方生长的枝条作为主枝延长枝，使树冠逐年上升，即可形成椭圆形内膛中空的冠形。修剪时应强枝弱剪、弱枝强剪，使树冠均衡发展。另外，悬铃木除作为行道树栽植外，还可作为庭荫树、孤植树。作为庭荫树、孤植树栽植时，以自然冠形为宜。

四、主要有害生物防治

1. 黄叶病

又称黄化病、缺素失绿病，是一种生理病害。通常在5～7月间呈现病症。防治方法：采用注射法和土壤施药法进行防治。①注射法，以胸径20cm具杯状树冠的植株为例，用1000mL药液，内含硫酸亚铁15g、硫酸镁5g、尿素50g，用类似挂盐水针的方法，注入树干基部边材部分，1～2周后树叶就可转绿，并能维持3年左右不发病；②土壤施药法，在树干基部四周根系分布范围内打孔20～30个，灌入1∶30的硫酸亚铁溶液20～50kg，并加入适量的硫酸铵等，约1个月叶可转绿。

2. 星天牛（*Anoplophora chinensis*）

星天牛蛀蚀树干。防治方法：①6～8月用黑光灯诱捕成虫；②6～8月成虫产卵期间，发现树干上有槽痕，可用小刀挑开树皮，把卵和初孵化的幼虫杀死；③在树干上发现有新鲜木屑虫粪的虫孔时，可将其掏尽，用80%敌敌畏100～300倍水溶液，用兽医用注射器注入虫孔，再用泥团封闭，也可用铅丝伸入虫孔以勾杀幼虫；④在星天牛产卵期用生石灰10kg、硫磺1kg、食盐1kg加清水40kg，搅拌均匀后，在树干基部涂刷至0.5m高度，可以拒避成虫产卵；⑤清除被害死树，连根伐除，妥善处理柴堆，以消灭害虫来源（徐明慧，1993）。

3. 吉丁虫（Buprestidae）

先在树皮下蛀食，以后蛀入木质部。防治方法：①人工捕杀，受害树皮呈红褐色、块状或宽带状干裂、松软剥落，刮去虫粪，将幼虫挑出杀死；②在树干基部涂刷白涂剂（见前述星天牛防治方法）。

4. 刺蛾

幼虫俗称“洋辣子”，食叶量很大，危害严

公园里二球悬铃木生长状（邓莉兰摄）

北京林业大学校园英国梧桐（左侧，二球悬铃木）和美国梧桐（右侧，一球悬铃木）行道树（赵国春摄）

二球悬铃木行道树（邓莉兰摄）

重。在长江中下游危害严重的有5种：黄刺蛾、丽绿刺蛾（绿刺蛾）、扁刺蛾、褐边绿刺蛾（青刺蛾、四点刺蛾）和桑褐刺蛾（褐刺蛾，在松土表层内结茧）。防治方法：①7月中下旬及冬季挖掘虫茧；②在幼虫危害期，喷施90%晶体敌百虫1000～1500倍液或80%敌敌畏1000～1200倍液，以杀死幼虫。

5. 大袋蛾（*Cryptothelea vartegata*）

袋蛾中危害最普遍最严重的一种，8～9月间食叶量大，危害严重。防治方法：①冬季摘除枝叶上的袋囊；②喷施药剂，6～7月间初龄幼虫的袋囊仅米粒大小，在枝上臂食树皮，可喷施90%晶体敌百虫或80%敌敌畏800～1000倍液毒杀。

6. 樗蚕（*Philosamia cynthia*）

又叫乌桕蚕，食叶量大，1年2代，以蛹越冬。越冬蛹在5月中下旬羽化为成虫，交配产卵，第一代幼虫在6月危害，7月初开始在树上结茧。第二代幼虫在9～11月间危害，并陆续老熟，化蛹越冬。初龄幼虫有群集性，3、4龄后分散危害。防治方法：①冬季在树上摘除虫茧；②用1000～1500倍90%晶体敌百虫液喷杀幼虫，或用1000～1200倍敌敌畏液喷杀；③5月中下旬用黑光灯诱蛾。

7. 介壳虫（Coccoidea）

寄生在树枝上，吮吸树液，又能分泌蜜露诱致烟煤病，使树势生长不良，叶色黄萎。危害悬铃木的主要有龟甲蜡蚧、红蜡蚧、角蜡蚧等。防治方法：5月若虫发生蜡壳尚未形成时，喷药效果最好；可用乐果800～1000倍液或80%百敌敌畏乳剂1000～1500倍液，7～10天喷一次，共喷2～3次。喷杀老熟的介壳虫需用松脂合剂30倍液或2%柴油乳剂30倍液。

五、材性及用途

悬铃木可作用材林树种、园林绿化树种。木材为散孔材，边材淡红褐色或黄白色，心材红褐色，木材有光泽，结构细致，硬度中等，较易干燥，如处理不当，易发生翘曲和开裂，不耐腐朽。

适于旋刨单板，制作胶合板、刨花板或纤维板的贴面，板材供作家具、食品包装箱、洗衣板、玩具和细木工等制品；树枝可用于培养银耳。

（汪贵斌，曹福亮）

176 杨梅

别　名｜山杨梅（浙江）、火实（浙江）、朱红、珠蓉（福建）、树梅（福建、台湾）

学　名｜*Myrica ruba* (Lour.) Sieb. et Zucc.

科　属｜杨梅科（Myricaceae）杨梅属（*Myrica* L.）

杨梅是我国特有的经济林树种，在长江流域以南地区广泛栽培，至今已经有7000多年历史。其果实风味独特，色泽鲜艳，汁液多，营养价值高，是天然绿色保健果品。杨梅四季常绿，树姿优美，耐干旱瘠薄，是园林绿化和荒山造林的优良生态树种和生物防火树种。杨梅果实可鲜食和加工，种仁可炒食或榨油，叶可供提取芳香油，叶、树皮、根皮可供提取栲胶以制革。此外，杨梅还可药用，具有重要经济价值。

一、分布

杨梅主要分布在18°~33°N，97°~122°E之间，东起我国台湾东岸，西至云南瑞丽，南起海南南端，北至陕西汉中。目前分布的地区有云南、贵州、浙江、江苏、福建、广东、湖南、湖北、广西、江西、四川、安徽和台湾等。日本、朝鲜和菲律宾也有分布。生长在海拔125~1500m的山坡或山谷林中，喜酸性土壤。

二、生物学和生态学特性

常绿乔木。高达5m以上，胸径达60cm左右。树皮灰色，老时纵向浅裂。树冠圆球形。叶互生，革质，无毛，生存至2年脱落，常密集于小枝顶端；萌发枝上叶长椭圆状或楔状披针形，长达16cm以上，顶端渐尖或急尖；结果枝上叶为楔状倒卵形或长椭圆状倒卵形，长5~14cm，宽1~4cm，顶端圆钝或具短尖至急尖；叶柄长2~10mm。花雌雄异株；雄花序单独或数条丛生于叶腋，圆柱状，长1~3cm，通常不分枝呈单穗状，稀在基部有不显著的极短分枝现象，基部的苞片不孕，孕性苞片近圆形，全缘，背面无毛，仅被有腺体，长约1mm，每苞片腋内生1雄花，雄花具2~4枚卵形小苞片及4~6枚雄蕊，花药椭圆形，暗红色，无毛；雌花序常单生于叶腋，较雄花序短而细瘦，长5~15mm，苞片和雄花的苞片相似，密接而呈覆瓦状排列，每苞片腋内生1雌花，雌花通常具4枚卵形小苞片；子房卵形，极小，无毛；顶端具极短的花柱及2个鲜红色的细长的柱头，其内侧为具乳头状凸起的柱头面，每一雌花序仅上端1（稀2）雌花能发育成果实。核果球状，外表面具乳头状凸起，直径1.0~1.5cm，栽培品种可达3cm左右；外果皮肉质，多汁液及树脂，味酸甜，成熟时深红色或紫红色；核常为阔椭圆形或圆卵形，略成压扁状，长1.0~1.5cm，宽1.0~1.2cm；内果皮极硬，木质。花期4月，果熟期6~7月。

杨梅喜温耐寒、怕冻、忌高温，最适宜年平均气温15~20℃，在长江以南温带和亚热带地区均能种植。能耐-10℃低温。花期遇0~2℃低温，花器遭冻，大量落花。幼树如遇高温烈日，会被晒死。喜阴耐湿，一般要求空气相对湿度在70%以上，空气湿度大，果实肉质厚，可溶性固形物含量高，糖度大，含酸量低。喜石砾较多的沙质红壤，但在质地黏重土壤也能较好生长。

三、良种选育

1. 良种选育方法

杨梅优株选择条件主要考虑：①果实性状。果形比原品种稍大，相对整齐，品质优良。②单

浙江杭州杨梅嫁接苗（陈友吾摄）

浙江杭州杨梅实生苗（陈友吾摄）

浙江上虞杨梅结果状（陈友吾摄）

产。单株产量较高，产量较稳定，大小年幅度小。③其他性状。如抗性强，成熟期早或较晚等特殊性状（王白坡等，2002）。‘深红种’‘水晶杨梅’优株选择条件为：单位面积冠幅产果量达2kg/m²以上、小年产量达年平均产量的50%以上；单果重10g以上、可食率92%以上、可溶性固形物9.5%以上。

2. 良种特点及适用地区

由原浙江农业大学园艺系、浙江省农业科学院园艺所等单位选育出的早熟杨梅优良品种‘临海早大梅’‘早荠蜜梅’‘早色’和‘桐子杨梅’，中熟杨梅优良品种‘荸荠种’‘丁岙梅’‘大叶细蒂’‘水梅’‘乌梅’‘大炭梅’‘水晶杨梅’，晚熟杨梅优良品种‘东魁杨梅’‘晚稻杨梅’‘晚荠蜜梅’，适合在浙江、江苏、福建、广东、江西、安徽、湖南、四川、贵州等我国主要杨梅产区栽培（康志雄等，2002）。

四、苗木培育

1. 实生苗播种育苗

种子采集与准备 5～7月采集充分成熟的野生杨梅堆烂或食用后的新鲜杨梅核，经反复清洗去除多余果肉后，晾干沙藏，注意控制湿度，防止过干或过湿。

播种育苗 11月播种，洗净沙粒后用50%多菌灵（或70%甲基托布津）可湿性粉剂0.6%溶液浸泡1h进行消毒杀菌，采用畦状撒播，每平方米用种子1.2～1.5kg，将种子均匀播于土面，密度以种子间略有间隙即可，然后用板辊压入土，上覆1～2cm厚的细土或焦泥灰，其上再盖稻草，并覆薄膜保温。翌年2月上中旬，种子发芽出土后需及时揭去稻草，把地膜抬高成小拱棚，并经常开启薄膜进行通风炼苗。4月中下旬，幼苗地上部高7cm左右时，可移栽于大田继续培育，苗期应及时

进行松土、除草、间苗、施肥、灌溉。

2. 嫁接育苗

砧木准备 3月中旬至4月上旬，选择头一年播种培育的实生苗（规格达到根颈上5cm处直径达0.5cm的苗木）作为砧木，按枝干粗细分级。

接穗准备 采集生长健壮的盛果期杨梅树上1～2年生的枝梢，剪下后去叶并截成长8cm左右的枝段，同样按粗细分级，与砧木对应。接穗要随采随用，不宜放置过久。

嫁接方法 将砧木带回室内，剪去根颈5cm以上部分，进行切接。嫁接时应注意切口平整，接穗和砧木至少有一边的形成层（鲜绿色部分）对准密接，然后覆好薄膜。把接好的苗木放在室内阴凉处堆放，高度不超过60cm，如天气较干燥，则须对苗根喷水，然后盖上薄膜以保湿。经1周后，嫁接口逐渐愈合，即可栽于大田培育或进行容器苗培育。

接后管理 栽苗时每公顷施复合肥30～40kg作基肥，但肥料不能与根直接接触。成活后再施追肥1～2次，最迟在8月上旬结束。圃地如发现有地下害虫及卷叶蛾、金龟子等危害时，需及时捕杀或喷药防治。

四、林木培育

1. 立地选择

选择土质疏松、排水良好、pH 4.0～6.5（pH 4.4～5.5最适宜），含有石砾的沙质红壤或黄壤的山坡地或丘陵地，坡度5°～30°，海拔高度500m以下。

2. 整地

坡度较缓的低丘缓坡采用水平带整地，带宽2～4m，向内倾斜1°～2°。山地陡坡可采用鱼鳞坑整地，每个鱼鳞坑的直径以稍大为宜，最好达到2m，外面稍高，内面稍低，以利于水土保持。一般每亩种植30～50株，根据种植密度挖定植穴，规格为1.0m×1.0m×0.8m。每穴施腐熟栏肥25～30kg或饼肥3～4kg。

3. 造林

苗木定植 定植时间一般以2月下旬至3月上旬为宜。定植前应适当剪去过长的主根，剪除大部分或全部叶片，短截主干，同时把嫁接时捆绑的薄膜全部解去。种植时采用深栽法，把苗木置于穴内紧靠上壁，使根系舒展，用细土填入根间，边填边压实，使根群与土壤充分结合，盖土至苗木嫁接口上10～15cm，用脚踏实苗木定植后，浇足定根水。在杨梅栽植新区应适当配植授粉树。

栽后管理 杨梅栽植当年根系不发达，容易被晒死，7～9月高温干旱期，应做好园地覆盖，以防旱、防晒。苗木栽植成活后，宜多施薄肥（即在每次新梢萌芽前追肥，以促进枝梢生长，尽快形成树冠），在秋季进行逐年扩穴施基肥以及培土，以利幼树根系伸展，扩大吸肥水范围，确保树势强健。在幼树期间必须搞好树冠整形，第一年在主干上选留方位分布均匀的3～4个新梢为主枝，其余枝条及早抹除。后在主枝上培养副主枝，在副主枝上培养侧枝等，造就自然开心形树冠。

4. 丰产栽培管理

土壤管理 杨梅每年应施2～3次肥料。第一次为促梢壮果肥，每年5月抽生结果预备枝（即春梢、夏梢）前施入，以速效氮、钾肥为主。一般一株20年生的杨梅树，在沙质土壤上需施5～7kg草木灰（或尿素1kg），加3kg硫酸钾；山下的冲积土壤和红壤需再加1kg硫酸钾。第二次为基肥，在10月根系生长高峰期施入，以腐熟肥和菜饼肥为主。株产50kg的杨梅树，沙质土壤，每株施菜饼3kg和腐熟肥10kg；山下冲积土、红壤土上每株施菜饼肥3kg和腐熟肥15kg。第三次为追肥，有隔年结果现象的盛产杨梅树，大年施足追肥，时间为6月底至7月上旬，以满足7～8月花芽分化，并补偿大量果实采收而引起树体营养空虚的状况，以及提高树体抵抗高温干旱的能力；一般小年可不施追肥。肥料以复合肥为主，严格掌握磷肥的使用量，每株每2年施用量不超过0.3kg。株产100kg的杨梅树，每株施复合肥2kg或草木灰10kg，加菜饼肥1.5kg。施肥时应注意：①氮、磷、钾三要素的比例，一般幼树为1：1：1，结果树为1：0.3：4。②不宜在夏季高

浙江上虞杨梅林分（杜国坚摄）

温时施肥。③施肥方法，宜采取表面撒施和条施，再加土覆盖，严禁开大穴或开环状沟施肥，以免伤根。

整形修剪 采用开心形或三主枝为主的主干形。杨梅幼树长势较旺，在修剪时要尽量利用缓和树势的修剪技术，如拉技，拉大主枝、副主枝的角度。对生长旺盛、结果迟的幼树可采用喷施多效唑提早结果，即在春梢萌发初期（春梢长0.5～1.0cm）喷1000mg/kg多效唑，在夏梢萌发前（6月初）喷1000～1500mg/kg多效唑。

5. 高位嫁接换种

杨梅品种繁多，性状良莠不齐，果品差别大，可通过高位嫁接改换品种技术迅速更换低劣品种，提高果园经济效益。

高位嫁接时间 春季气温回升至10℃左右，且春梢尚未萌发时为高位嫁接最佳时间。

砧木与接穗选择 砧木要求生长良好，无严重病虫害，尤其是无枝干病虫害（如杨梅癌肿病等）。接穗应在生长健壮、结果正常、无严重病虫害的优良品种母本树上剪取。一般以树冠中上部外围充分成熟、无病害的2年生枝为宜。接穗粗度以0.8～1.2cm为好。

嫁接方法 选择树体适宜高度，截去上部枝条上段，削平剪口，选择砧木树皮光滑平直的一侧，用嫁接刀向下做垂直切口，深2～3cm。然后用嫁接刀在接穗正面推削一长2～3cm的削面，深达木质部，削面保持平滑，再用嫁接刀在接穗反面斜削一长约lcm的短削面，整根接穗长度为7～10cm。随后，将接穗长削面向内紧贴切口插入砧木。插入时要注意2点：一是砧木和接穗的一侧形成层务必对齐，以利于砧穗形成层的联结和输导组织的沟通；二是接穗长削面上端应微露伤口，以利于接口愈合。最后用塑料薄膜绑紧伤口。

接后管理 嫁接成活后，用嫁接刀小心挑破薄膜，让接芽露出薄膜生长。8～9月应及时解开薄膜，避免薄膜的环缢作用影响接穗生长。定时除去接口下方砧木的萌芽，以节约养分，集中供应接穗生长。春季应对高位嫁接树施1次复合肥，株施1.0～1.5kg，夏季（6月中旬至7月中旬）株施腐熟有机肥10～20kg，加焦泥灰20～30kg。各次新梢展叶时，可酌情施根外追肥。

五、主要有害生物防治

1. 杨梅褐斑病（*Mycosphaerealla myricae*）

主要危害叶片，初期在叶菌上出现针头大小的紫红色小点，后逐渐扩大为圆形或不规则形病斑，中央呈浅红褐色或灰白色，边缘褐色，直径4～8mm。后期在病斑中央长出黑色小点，是病菌的子囊果，当叶片上有较多病斑时病叶就干枯脱落，受害严重时全树叶片落光，仅剩秃枝，直接影响树势、产量和易质。防治方法：①在冬季清园，清扫园内落叶，剪除病枝，集中烧毁或深埋。②发病严重的在10月至翌年2月下旬，喷施3～5波美度石硫合剂。③采果后喷施1：2：200波尔多液或70%甲基托布津可湿性粉剂700倍液。

2. 杨梅癌肿病（*Pseudomonas sy-or ingae*）

主要危害枝干，初期在被害枝上产生乳白色小突起，表面光滑，后渐扩展形成肿瘤，表面凸凹粗糙不平，林全质变坚硬，变成褐色或黑褐色，严重时造成病枝枯死。防治方法：①3～4月，用刀刮除病斑，并涂80%“402”抗菌剂50倍液。②抽梢前剪除病枝，集中烧毁。③实施果园深翻，增施含钾肥高的有机肥。

3. 杨梅干枯病（*Myxosporium corticola*）

主要危害树干，严重时使枝干枯死。初期病状为出现不规则的暗褐色病斑，后逐渐扩大，并沿树干向下发展，病部失水而成稍凹陷的带状病斑。发病严重时，可达木质部，当病部围绕枝干一圈时，枯干即枯死。在后期病斑表面出现很多黑色小粒点，为分在孢子盘，初埋于表皮下，成熟后突破表皮而出，使皮层出现纵裂或横裂的开口。防治方法：①早期刮除病斑，并涂80%“402”抗菌剂50倍液。②剪除病枝，集中烧毁。③保护树体，防止造成新的伤口，增施钾肥。

4. 杨梅毛虫（*Euproctis bipunctapex*）

毛虫1年发生1代。幼虫初孵化时，群集于新梢上食害嫩叶，仅留下表皮，约1周后，开始分散觅食，食量大增，严重时食尽杨梅叶因，仅留叶脉。防治方法：①发现幼虫时，即采取人工捕杀，防止扩散。②成虫有趋光性，于5月中下旬用灯光诱杀。③4月中下旬，用10%吡虫啉乳油2000倍液喷杀幼虫。

5. 杨梅卷叶蛾（*Adoxophyes cyrtosem*）

幼虫危害杨梅的叶片，在新梢嫩叶上吐丝囊叶，幼虫卷于当中食害叶肉，结茧化蛹。防治方法：①成虫有趋光性，羽化期用灯光诱杀。②幼虫期用2.5%敌杀死2500倍液喷雾防治。

6. 杨梅牡蛎蚧（*Lepidosaphes cupressi*）

该虫以雌成虫和若虫固定在杨梅枝梢和叶片上吸取汁液，造成落叶枯枝，危害严重时杨梅全株枯死犹如火烧。1年发生2代。防治方法：①11～12月剪去枯枝及带有越冬雌虫枝条集中烧毁。②5～6月用扑虱灵1000倍液喷施。③8月第二代若虫固定期用固体松碱合剂100～150倍液或扑虱灵1000倍液防治。

六、综合利用

杨梅是中国特有的经济林木，其果实风味独特，色泽鲜艳，汁液多，营养价值高，是天然的绿色保健果品。果实含糖量为10%～30%，果酸0.5%～1.2%，每100g果肉中含蛋白质0.7g、脂肪0.3g、粗纤维0.4g、灰分0.3g、钙12mg、铁0.6mg、钾141mg，以及丰富的维生素，热量为129.76kJ，是含钾量最高的水果之一；此外，还含有丰富的花色苷和类黄酮，具有较强的抗氧化和抗衰老的作用。杨梅的全身都是宝，其果实除供生食外，还可加工成果酱、汁、酒、蜜饯和罐头；杨梅核仁含油率高达40%，可炒食或供榨油；叶可供提取芳香油，作配制食品、化妆及皂用香精的原料；叶及树皮、根皮富含鞣质，可供提取栲胶以制革。此外，杨梅还有很高的药用价值，具有消食、御寒、消暑、止泻、利尿、治痢疾以及生津止渴、清肠胃、除烦愦恶气等功效，在医学上用作收敛剂、强心剂、健胃剂、驱风剂、胸肺药、皮肤药和创伤药等。因此，杨梅是食品、医药及酿造工业的重要原料，又是出口创汇的传统果品，具有极高的经济价值，已经成为山区农民脱贫致富的重要经济树种。

（陈友吾，杜国坚）

177 白桦

别　名 | 粉桦、桦树、桦木、桦皮树

学　名 | *Betula platyphylla* Suk.

科　属 | 桦木科（Betulaceae）桦木属（*Betula* L.）

白桦是一种分布较广的落叶阔叶树种，其树皮为灰白色，具有独特的观赏价值，常作为庭院树、行道树及街心绿地栽培。木材可用作胶合板、建筑、家具、矿柱、火柴杆及造纸的原材料，大径级的白桦是单板、胶合板生产的首选材料之一。白桦天然林分布广、面积大，因此，其人工造林和培育长期不受重视。为了充分利用白桦丰富的资源，我们既要重视白桦人工林培育问题，也要重视天然林资源的集约培育问题。

一、分布

白桦地理分布范围很广，北至俄罗斯远东及东西伯利亚地区；东至朝鲜、日本；西部与南部在我国境内的西藏及云南。在我国主要分布于东北地区的大兴安岭、小兴安岭、完达山、长白山海拔1000m以下地区；在内蒙古大青山、乌拉尔山海拔700～2700m有分布。在白桦的分布区内，越往北，越以其变种（东北白桦*B. platyphylla* var. *mandshurica*）为主，常形成纯林。另外，华北、西北、西南的高海拔山地也有连续分布。我国具体分布的省份有黑龙江、吉林、辽宁、内蒙古、河北、山西、陕西、河南、甘肃、宁夏、青海、四川、云南、西藏等共14个省（自治区）。

二、生物学和生态学特性

白桦为落叶乔木，树皮灰白色，成层剥裂；枝条暗灰色或暗褐色。单叶互生。花单性，雌雄同株；雄花序圆柱形，为下垂柔荑花序，雌花为圆柱形的柔荑花序。果序单生，下垂，圆柱形，长2～5cm，直径6～14mm；坚果小而扁，果翅与果等宽或稍宽。花期4月下旬至5月初，果期7月下旬至8月中旬。

白桦喜光、耐寒、耐水湿，在平缓坡、水分适中地带生长良好，在岩石裸露地段、沼泽化地段也能正常生长。白桦枝叶繁茂，枯枝落叶积累多且易于分解，改土能力很强。影响白桦天然林生长的主要立地因子依次为坡位、坡向、土壤A层厚和坡度，其中，坡位为主导因子；帽儿山地区适宜白桦栽培

辽宁省生态实验林场白桦子代测定林（姜静摄）

的立地条件为阳坡、中坡位、厚层土壤，低平地（草甸和沼泽）不适于白桦栽培（王鹏等，2010a）。对白桦人工幼林，由伐根和倒木等粗大木质残体构成的微立地对幼树的生长均产生明显的促进作用，凸地形微立地在下坡位、凹地形在上坡位有利于白桦幼树生长，灰烬堆微立地在中、下坡有利于白桦幼树的生长（王鹏等，2010b）。

白桦天然林15～20年生树木即可大量结实，结实间隔期1～2年。白桦种子靠风力传播，天然更新能力很强，是采伐迹地、火烧迹地、弃耕地、林道边缘等立地更新的先锋树种，常与山杨一起构成“杨桦林”，是东北林区次生林中非常普遍的一个类型。白桦还是林区沼泽地林木更新和演替的先锋树种，常从沼泽地边缘、局部高台或塔头开始更新，逐渐占领浅草沼泽地带，形成稠密白桦纯林。

三、良种选育

白桦遗传改良工作始于20世纪90年代初，主要包括白桦优良种源选择、家系选择、杂交育种、倍性育种等研究，筛选出了一批优良种源及家系等。

1. 种源选择

根据白桦天然分布情况，分别在全国17个种源地采种，在3个地点营建种源试验林，对14年生白桦试验林各种源的生长及碳储量等性状进行调查，选出帽儿山、凉水、小北湖及清源4个白桦优良种源（已被黑龙江省认定为林木良种），树高、胸径、材积、地上部分碳储量和树根碳储量遗传增益分别为6.35%～6.72%、3.13%～25.08%、16.84%～37.77%、87.00%～46.70%、10.68%～71.52%。这些优良种源还具有干形通直、速生、抗寒、抗旱、耐贫瘠等特点。

2. 家系选择

以东北林业大学强化育种园中的白桦优良子代为材料，在东北林业大学的帽儿山实验林场、吉林市林业科学研究院松花湖实验林场和黑龙江省朗乡林业局小白林场营建家系对比试验林，通过对11年生60个白桦家系的生长量、木材性状等进行测定分析和综合评价，选出1-7、4-7、3-12和4-13等4个优良白桦家系（已被原国家林业局审定为林木良种），树高、胸径、材积高于家系均值的7.08%～20.82%、6.42%～27.43%、18.55%～59.17%。上述家系还具有干形通直、速生、抗寒、抗旱、耐贫瘠等特点。

3. 倍性育种

用秋水仙素处理白桦种子获得四倍体，栽培白桦四倍体开花后，以四倍体白桦为母本与二倍体白桦父本杂交获得白桦三倍体。对获得的白桦三倍体进行多地点造林试验，选出3个生长适应能力强的家系。最优家系树高、地径均值分别为1.156m、1.348cm，高于群体均值的5.09%、2.90%。

4. 良种基地

在东北林业大学校园内和黑龙江大兴安岭森工集团建立2处棚式白桦强化种子园，种子已经供应市场。以东北林业大学强化种子园种子为基础，在帽儿山实验林场建立15hm^{2}的白桦1.5代无性系种子园，已被原国家林业局认定为白桦国家良种基地。

四、苗木培育

1. 营养杯播种育苗

（1）种子催芽处理

将白桦种子用0.5%的高锰酸钾浸泡30min，然后用清水冲洗净药液，将白桦种子与河沙按照种子：沙子＝1：1的比例进行混沙处理，放在木箱、其他容器或塑料袋里（塑料袋要通风）。在25～30℃温度（温室或大棚等）下进行催芽。4～5天，白桦种子裂口，当种子裂口达到30%时催芽结束，马上进行播种。

（2）容器和基质选择

选用直径8cm，高10cm左右的营养杯较为适宜；或采用轻基质容器。基质为草炭土：河沙＝3：1为宜，可添加适量的腐熟有机肥，体积比为（草炭土+河沙）：有机肥＝5：1。也可用化肥（磷酸二铵复合肥）作为底肥。用草炭土、木耳废弃菌棒、玉米腐熟秸秆、玉米腐熟穗芯等与松针腐殖质和蛭石以2：2：1的比例构成的轻基质也可以。将已装基质的营养杯灌透底水后，

内蒙古大兴安岭额尔古纳白桦次生林（沈海龙摄）

黑龙江省五常市雪乡公路白桦次生林（沈海龙摄）

在播种前七天采用代森锌消毒。

（3）播种

将已裂口的白桦种子播种到长30～40cm、宽25～30cm、高度10～15cm的育苗盘的基质表面，切记不能覆土；用喷雾器浇灌，保持种子和基质的湿润。一般3～5天，种子即可萌发。

（4）苗期管理

出苗期每天少量多次喷水，保持种子和幼苗的湿度，喷水次数要依实际情况而定。当播种一段时间后，杂草就会萌生，必须及时清除，否则一旦长大，清除杂草时就会损伤白桦幼苗。苗期定期喷洒多菌灵等药剂，防治立枯病的发生，随着苗木的生长，浇水量可以适当减少，由于容器储水量较少，一般每天要浇1～3次水，或视具体情况而定。春季施肥，在播种后4～9周施用氮、磷、钾混合肥，每种元素的比例为氮19%、磷5%、钾20%，将混合肥料浓度配制为0.1%，每15天喷施1次。夏季施肥在播种后10～15周施用氮、磷、钾混合肥，每种元素的比例为氮11%、磷21%、钾25%。将混合肥料浓度配制为0.1%，每15天喷施1次。秋季施肥：一般9月末施加氮、磷，每种元素的比例分别是16%和20%，将混合肥料浓度配制为千分之一或八百分之一，每15天喷施1次。每15天喷施1次杀菌剂，最好2种杀菌剂交替使用。

（5）炼苗

在黑龙江松花江以南，炼苗时间为8月中旬，将白桦苗木从温室或塑料大棚内移出即可，温度较高的地区可适当晚些，温度较低的地区要提前到8月初。

2. 大田播种育苗

（1）种子采集

夏季播种的白桦种子可于6月下旬至7月中旬采集。将采集的果穗在通风处摊晒，2～3天后将果穗揉碎，直接用于播种（揉碎的果穗中含成熟种子5%～10%）。春季播种白桦种子可于8月中下旬至9月初采集，调制出种子，出种率可达10%～20%。种子阴干至含水量7%～10%，0℃上下密封干藏至翌年5月播种。夏播不用催芽，秋播播种前要催芽，参照上述方法进行。

（2）整地作床

夏播在采种的同时进行，春播同常规育苗。白桦播种育苗采用高床育苗。选择湿润肥沃、腐殖质含量高的微酸性沙壤土，翻耕后作床。耕地和作床时，配合有机肥施底肥；作床后要进行土壤消毒处理，可用百克威、辛硫磷、五氯硝基苯等进行。夏播为防杂草过多影响白桦苗木生长，可在作床后用塑料薄面覆盖床面，促使杂草种子提早萌发，播种前人工或用除草剂去除杂草。

（3）播种

夏季播种随采随播，采种调制后用含种子的揉碎果穗直接播种。播种前苗床要灌足底水，床面土壤保持湿润。播种后覆土并轻微镇压。覆土厚度1～2mm。覆土材料必须经过杀草处理，不能带有有生活力的杂草种子。如果当年出圃，播种量（揉碎果穗）20g/m^2；翌年秋季出圃，播种量（揉碎果穗）60g/m^2。春季播种一般在采种后翌年5月上旬进行。使用催芽种子播种，播种量6～15g/m^2。其他要求同夏播。夏播出苗期一般为4周，春播出苗期一般为2周。

（4）苗期管理

夏播播种后床面上方用遮阳网遮阴处理，出苗后选择阴雨天撤掉遮阳网。撤去遮阳网后2周内注意保持床面湿润。注意防止立枯病和土壤害虫的危害。特别注意除草。密度过大时要进行间苗。越冬一般不需要防寒，但要注意防除春季生理干旱的危害。

（5）留床或移植育苗

白桦可以留床育苗，4月下旬对前1年夏播的白桦苗进行切根处理，其他育苗措施同常规。夏播苗木苗床密度一般较大，通常需要移植育苗。移植通常采用垄作，移植密度10株/m；也可以床作，移植密度120～150株/m。春播苗木一般当年出圃，不需要移植育苗。

白桦夏播育苗，通常翌年出圃时的苗木质量好于春播，但由于播种当年苗木木质化程度不够，可能对苗木质量造成影响。所以生产中宜采用春播，培育1年生苗用于造林。在能做好越冬防寒工作的情况下，可采用夏播育苗。干旱地区白桦造林，可以采用2年生苗。

3. 组培扩繁

（1）采集

选择白桦优树带有腋芽的枝条，剪切为5cm长的小段，流水冲洗2天，摘取腋芽置于70%乙醇中1min，无菌水漂洗1min，于超净台上剥去外层芽鳞，在0.1%（W/V）$HgCl_2$中浸泡8min，在10%的次氯酸钙$Ca(ClO)_2$中浸泡10min，经无菌水漂洗3～5次。消毒后的腋芽接种到WPM + 1.0mg/L 6-苄氨基嘌呤中进行初代培养。30天后转接至WPM + 1.0mg/L 6-BA + 0.02mg/L NAA中进行不定芽的继代培养，重复继代培养获得大量无根苗。

（2）生根培养

将配置好的生根基质（草碳土：黑土：蛭石：河沙＝ 3：2：1：1），放入瓶内，至瓶体的1/4左右，随后加入生根培养液（WPM+0.2mg/L IBA）浸透基质，于121℃条件下灭菌20min。高压灭菌后将培养瓶置于无菌操作台内备用。待生根基质冷却后用镊子将白桦无根苗转接到生根基质中进行无蔗糖生根培养，培养10天左右时无根苗基部可见白色密集纤细的不定根，30～40天时不定根可达6～8cm。

（3）炼苗及移栽

生根培养40天后，采用逐渐开瓶炼苗的方式分别在组培室和温室中炼苗。首先在组培室内将瓶盖打开1/5炼苗10天，随后将其移至温室置于散射光下（白天25～28℃，晚间15～20℃）继续炼苗5～10天，在此期间瓶口由打开1/5开口逐渐增大打开比例，直至完全打开后即可直接带土坨移栽。移栽前在育苗杯中加入适量消毒的草碳土、黑土与河沙（比例为1：1：1）混合基质，浇透水后备用，随后将生根苗带坨移栽到育苗杯中，移栽后散射光下缓苗3～5天，缓苗期间用65%的代森锌可湿性粉剂500～700倍液及多菌灵分别喷雾1～2次，随后移至塑料棚中进行常规管理。

五、林木培育

1. 人工林营造

白桦可以造林和植苗造林，目前的一些造林实践和试验以植苗造林为主。

白桦适应性较强，可在多种立地上造林，但优先选择阳缓坡（坡度30°以下）、中坡位、厚层土壤（30cm以上）的立地营造白桦人工林。东北山地选用1年生、西部干旱地区选用2年生的裸根苗或容器苗造林。初植密度2500～3300株/hm^2，宜稀不宜密。干旱地区造林，初期可以适当密植。白桦以春季明穴造林为主，穴直径30～60cm、深度30～50cm为宜。幼林抚育采用3-2-1-1-1模式，第一、二年主要是培土、除草、松土，第三、四、五年主要是修枝。其他参照一般技术要求。白桦人工林以培育优质大径材为主要目标，因此要注意培育过程中的抚育间伐。

2. 天然林抚育和改培

白桦天然林资源非常丰富，可以充分利用天然林资源，通过抚育间伐和改培，促进生长发育和优质大径材的形成。

选择具有用材林培育前途的优良立地上生长良好的幼、中龄白桦林，按照均匀或不均匀的间伐格局，通过目标树近自然培育，对其进行间伐抚育和改培。

六、主要有害生物防治

在白桦幼苗期危害最大的病害是立枯病。猝倒型、根腐型是白桦播种育苗最常见和最严重的病害。病害发生的主要原因有：土壤湿度过大、苗木生长不良、预防措施不到位等。防治应以预防为主，在幼苗出土后，每7天喷1次65%的代森锌可湿性粉剂500～700倍液或多菌灵，2种药剂可交替使用。7月中旬以后每10～15天喷1次。苗木生长期另一种常见的病害是叶锈病，可喷25%的三唑酮1000～1500倍液2～3次进行防治。白桦虫害主要有蚜虫、红蜘蛛、螨虫等，在幼虫期进行药剂防治，通过叶面喷药、灌根或毒土法进行。

七、综合利用

白桦的材质具有纹理细致，颜色洁白，表面光滑度高等独有特点。大径级白桦是单板、胶合板生产加工原料的首选材料，同时又可做工艺材、家具材、纸浆材等，特别是航空胶合板不可代替的树种。白桦树皮化学成分复杂，药理作用多样，其中含有大量的三萜类化合物，主要有白桦脂醇、白桦脂酸、羽扇醇、齐墩果酸、熊果酸等。白桦脂酸可以选择性地抑制黑色素瘤细胞的生长并抑制HIV病毒活性，齐墩果酸具有护肝降酶、降血糖、抗炎、抗肿瘤等功效，已用于某些肝病和高血糖等的临床治疗。白桦的树皮可供制栲胶，芽可药用，桦树汁可作饮料。

（姜静，沈海龙）

附：枫桦（*Betula costata* Trautv.）

别名黄桦、硕桦、臭桦、千层桦、驴脚桦。产于黑龙江伊春带岭阴坡、杂木林低湿地和吉林延边、安图奶头山、长白山，在小兴安岭、长白山林区常散生于红松、鱼鳞云杉混交林中。在辽宁千山，河北承德、东陵、南口、涞源、怀来老人沟、小五台山、雾灵山海拔1500～2500m区域，河南、陕西、宁夏、青海、四川、云南、西藏以及俄罗斯沿海地区、朝鲜、蒙古、日本均有分布。

枫桦为乔木，高达30m，树皮灰褐色，薄片剥裂。叶卵形或长卵形，长3～7cm，先端尾尖或渐尖，基部圆、平截或近心形。果序短圆柱状，长1.5～2.0cm，直径约1cm，果序柄长2～5mm；果苞长5～8mm，小坚果倒卵形，果翅与果等宽或稍窄。果期8～9月。

枫桦喜疏松、肥沃而湿润的土壤，在瘠薄之地生长不良。其心材黄褐色，边材白色，纹理直，供柱材、板料、胶合板等用。

育苗及病虫害防治参照白桦。

（姜静）

附：黑桦（*Betula davurica* Pall.）

别名棘皮桦、臭桦、千层桦、万昌桦。产于东北大兴安岭东南部海拔200～500m，小兴安岭、长白山海拔400～1300m，山西五台山，河北大海沱、小五台山海拔2400～3000m，雾灵山海拔850～1700m。俄罗斯乌苏里、朝鲜、日本也有分布。

乔木，高达20m，胸径50cm。树皮带紫褐色、褐灰或暗灰色，裂成不规则小块片剥落。叶卵圆形、卵状椭圆形，长3～7cm。果序短圆柱状，长2～3cm，果序柄长0.5～1.0cm；小坚果倒卵形或椭圆形，较果翅约宽1倍。花期4～5月，果期9月。

耐干旱瘠薄，常生于干燥山坡、山脊、石缝中，在土层深厚、光照充足之处生长良好。在东北林区常成小面积纯林或与山杨、蒙古栎混生，在华北高山地带常与白桦、山杨组成混交林。

黑桦木材材质重，心材红褐色，边材淡黄色，可作为火车车厢、车轴、车辕、胶合板、家具、枕木及建筑用材。

育苗及病虫害防治参照白桦。

（姜静）

178 光皮桦

别　名 | 亮皮树（广西）、亮叶桦（《中国森林树木图志》）、桦角（四川）
学　名 | *Betula luminifera* H.Winkl.
科　属 | 桦木科（Betulaceae）桦木属（*Betula* L.）

光皮桦是主要分布于秦岭—淮河流域以南的乡土阔叶树种，具有生长快、耐干旱瘠薄、天然更新能力强、材质优良、病虫害少、适应性强等优良特性。光皮桦根系穿透力强，具有固氮作用，是优良的水源涵养和水土保持树种；其木材是优质的家具和装饰用材，经济价值高，又是南方林区值得推广的优良树种。

一、分布

光皮桦为亚热带山地落叶阔叶林树种，分布于秦岭—淮河流域以南各地，东起浙江天台山，西至云南维西，南起云南文山，北至陕西户县，23°20′～34°10′N，99°10′～120°50′E，垂直分布于250～2900m，以700～1200m较为集中。

二、生物学和生态学特性

落叶大乔木。主干通直圆满，高达25m，胸径80cm。树皮暗棕色，致密光滑。幼枝密被带褐黄色绒毛，后渐脱落。叶卵形，长3.5～12.0cm，纸质，叶缘重锯齿；叶柄长1.0～2.5cm。花单性，雌雄同株。果序单生，长3～14cm，下垂；果苞长约4mm，中裂片长圆形，无毛；小坚果倒卵状，果翅较果宽1倍（郑万钧，1985）。花期3月下旬至4月上旬，果熟期5月上旬至6月上旬。光皮桦天然次生林是大气二氧化碳重要的汇，碳净固定量为3.58t/(hm^2·a)，相当于固定13.12t/(hm^2·a)的二氧化碳（高艳平等，2014）。光皮桦在天然林群落主要乔木中重要值最大，群落外貌反映出亚热带常绿阔叶林的特点（李建民，2000）。

光皮桦喜温暖湿润气候及肥沃性沙壤土；耐干旱瘠薄，在土层深厚、湿润、肥沃、排水良好的酸性土上生长迅速；多生于向阳山坡、林缘及林中空地，在火烧迹地上常与其他喜光树种组成次生混交林（郑万钧，1985；陈存及和陈伙法，2000）。

三、苗木培育

光皮桦育苗主要采用播种育苗方式。

采种与调制　采种时应选择生长健壮、无病虫害、树干通直、树龄20年以上的优势木为采种母树。光皮桦为异花授粉植物，种子成熟期早且不一致，必须切实掌握其成熟期，当果序由绿色转淡黄色至黄褐色时应抓紧采种（谢芳和李建民，2000）。采集的种子及时摊放在阴凉通风处，自然干燥3～5天后用手轻轻搓去果苞收集种子，净种后即可播种。因种子细小、含养分少，易丧失发芽力，常温下贮藏不宜超过30天；低温冷藏（1～5℃）3个月，发芽率降为12%左右，最好随采随播。适当的弱酸（pH 5.5～6.5）处理对光皮桦种子前期的萌芽速率有一定的促进作用，碱性条件下（pH 7.5～8.5）对光皮桦种子的萌发有一定的抑制作用（何海洋等，2013）。播种前，用0.3%～0.5%高锰酸钾溶液浸种1～2h，清水冲洗干净。

圃地整理　选择地势平缓、排水良好、光照充足、富含腐殖质、土壤厚度≥50cm、地下水位≥1.5m、微酸性（pH 5.5～6.5）的沙壤土或轻壤土作圃地。整地通常在秋季深翻25～30cm，并同时施充分腐熟的厩肥2.25～3.00t/hm^{2}或饼肥0.15～0.25t/hm^2。播种

前用0.3%～0.5%浓度高锰酸钾均匀地浇在土壤中并薄膜覆盖闷土2～3天或浓度1%～2%硫酸亚铁均匀地浇在土壤中。

播种　播种量15～30kg/hm²。播种前用适量湿润细锯末或细沙与种子充分拌匀。播种行距为12～25cm，播种后用细的火烧土或草木灰加黄心土拌匀粉碎，过筛后覆盖，以不见种子为度，然后搭建小拱棚，用塑料薄膜覆盖，两边通风，注意保持苗床湿润。播种后4～5天出苗，7～8天齐苗，覆土后待苗木长出5～6片真叶时揭去塑料薄膜。

苗期管理　出苗后即搭建透光度为20%～40%的遮阳棚，两边通风。在苗木培育期间晴天遮阳，阴天揭网。在芽苗时期，忌大强度喷水，防止叶片沾土，否则容易烂苗，但苗期需始终保持土壤湿润，田间无积水。当苗木长出真叶进入速生期时，开始追肥。通常情况下氮、磷、钾复合肥浓度为0.2%～0.5%，每20天浇施1次，9月下旬后停施追肥，10月中下旬可喷施0.2%～0.5%的磷酸二氢钾溶液2次，有条件的地方可施用稀释的腐熟人畜肥。除草以“除早、除小、除了”为原则，人工拔草为主，避免伤及幼苗。当苗木长出5～6片真叶时进行间苗移栽。间苗分3次进行，第一次在苗出齐后10天左右进行，第二次在第一次间苗后的15天左右，最后一次间苗在8月中下旬结束，间苗后的定植密度以60万株/hm²幼苗较合适。当年9月底逐步揭开遮阳网，增加光照时间和强度，光皮桦为喜光耐旱树种，一般情况下不必定期灌溉，只是在长时间干旱时才需要适当灌溉。当苗木达到苗高40～50cm、地径0.5cm以上时，即可出圃造林。

福建省邵武市洪墩镇8年生光皮桦人工林（李志真摄）

四、林木培育

1. 造林地选择

光皮桦适应性强，中、低山地或丘陵、荒山、采伐迹地均可选为造林地，但不同立地条件其生长量差异较大，以土层深厚、肥沃的山地生长为佳。林地在秋末冬初进行全面清理后进行穴状整地，挖穴规格50cm×50cm×40cm，营造纯林的初植密度1200～2000株/hm²，每穴施钙镁磷250～500g或复合肥150～200g，放入穴底，回填表土至高出穴面10～15cm。光皮桦适宜与杉木、福建柏、马尾松、柳杉等树种营造针阔混交林，杉桦混交例为1∶1或2∶1，行间或小块状混交。

福建省邵武卫闽国有林场4年生光皮桦杉木混交林（李志真摄）

福建省永安国有林场2年生光皮桦种源试验林（李志真摄）

贵州织金光皮桦林相（闫小莉摄）

2. 造林

裸根苗应在落叶后至翌年萌动前、土壤湿润后造林，云南、贵州东南等地宜在雨季造林，容器苗栽植时间可延长1～2个月。裸根苗种植前苗木用心土泥浆蘸根，可加入钙镁磷0.5%，或浓度为100～200mg/kg的生根粉。栽植前，要先往穴内回填一层表土，同时施150～250g复合肥或磷肥作底肥拌匀，如造林地附近有光皮桦时，应挖取其根部周围500～1000g带有根瘤的土壤，施入穴内，以接种根瘤菌，有利于造林成活和林木生长。定值时做到苗木直立，根系舒展，分层填土，提苗踩实，再覆盖松土，至高出苗木原土痕5cm以上。容器苗应连同网袋基质一并栽植，栽植时应做到“一回土、二栽苗、三覆土、四挤实、五培土”。光皮桦天然更新能力很强，在母树附近野生苗数量较多，造林时可就地取材，充分利用野生苗资源进行移栽。

3. 幼林抚育

光皮桦造林后，一般抚育3～4年，造林当年扩穴培土 1 次，全面块状锄草松土 1 次，结合幼林抚育施1次复合肥，促进幼树扎根生长；第二年至第三年全面锄草或块状锄草松土1～2次；第四年后采用劈除抚育，直至幼林郁闭。造林后追肥2年或3年，造林当年在栽植2个月后追肥，第二年和第三年5～6月雨后结合除草松土施肥1次。第一年在距离树干基部20～30cm处每株施氮磷钾复合肥或尿素100g，第二年、第三年在树冠投影边缘内侧，对称方向开挖宽、深10～15cm的弧形沟，每年每株施氮磷钾复合肥250～300g后覆土。光皮桦纯林侧枝扩展影响干形生长，为培育良好的主干，可适当修剪

下部枝条，或在造林后3年内的春季于树木根颈处进行1～2次的截干。

4. 抚育间伐

光皮桦生长快，早期速生，应以培育大中径材为主。根据光皮桦生长规律在8～10年生时林木开始分化，此时应及时进行疏伐，留优去劣，间隔期5～8年。根据初植密度的大小间伐1～2次，初植密度为1200～2000株/hm^2的林分，造林后第10年至第12年间伐1次，强度为20%～30%。

五、主要有害生物防治

光皮桦病虫害主要有炭疽病、星天牛、疖蝙蝠蛾和白蚁。炭疽病主要危害叶片，病斑常沿叶缘发生，多呈半圆形，黑褐色，边缘紫红色，后期病斑中心灰白色，内轮生小黑点。该病菌4～6月为病害高峰期。防治方法：可喷洒75%甲基硫菌灵800～1000倍液，或60%百菌通600～800倍液，10～15天喷1次，连喷2～3次。星天牛幼虫蛀食树干基部的木质部和主根，树干基部有成堆虫粪，致使植株生长衰退或死亡。防治方法：在5～8月成虫羽化期，在树干基部35～45cm处绑缚绿僵菌或白僵菌菌条，防治成虫；在6～9月低龄幼虫期，将白僵菌或绿僵菌1×10^8孢子/mL菌悬液5～10mL注入虫孔进行防治。疖蝙蛾幼虫钻蛀枝干，在韧皮部和髓部形成坑道，致使树势衰弱、断干，甚至枯死。防治方法：可在幼虫期将白僵菌或绿僵菌1×10^8孢子/mL菌悬液5～10mL注入虫孔进行防治。白蚂蚁危害光皮桦的根部、根茎部和树皮，可致苗木枯死。防治方法：可用诱饵剂诱杀；生产中根据土栖白蚂蚁取食活动常留下泥被、泥线等外露迹象等特点，进行挖巢灭蚁。

六、材性及用途

光皮桦木材纹理通直，淡黄色或淡红色，材质细致坚韧而富有弹性，切面光滑，不挠不裂；干燥性能良好，强度、硬度适中；耐磨不耐腐，需加防腐处理；易加工，涂饰后表面漆膜失重量小于香椿、杉木和马尾松，由其制成的实木家具用材表面的漆膜附着力较好，属于一级（胡吉萍，2013），是高档家具和室内装潢的优质用材，同时可用来制作纺织器材、枪托、航空、建筑、文具、家具、细木工、胶合板和纸。木屑可供提取木醇、醋酸。树皮含芳香油0.2%～0.5%，嫩枝含0.25%，可用来作化妆品、食品香料和代替松节油。树皮含鞣质，可供提制栲胶，又可供炼制桦焦油，树皮可作芳香油消毒剂，治皮肤病及作为矿石浮选剂。

（李建民，洪志猛，李志真，叶海燕）

179 西南桦

别　名｜西桦、蒙自桦木（云南）、桦桃木（云南双江、蒙自）、桦树（云南西畴）
学　名｜*Betula alnoides* Buch. –Ham. ex D. Don
科　属｜桦木科（Betulaceae）桦木属（*Betula* L.）

西南桦在我国天然分布于云南、广西、贵州和西藏，广东、福建成功引种。越南、老挝、泰国、缅甸、印度以及尼泊尔亦有天然分布。西南桦干形通直，生长迅速，幼林期年均胸径、树高生长量分别可达2cm和2m以上，30年生西南桦年平均胸径、树高生长量仍可达1cm和1m以上；其适应性强，是典型的南亚热带喜光树种，对土壤肥力要求不严，较耐干旱、贫瘠，不耐积水、重霜。西南桦不仅是一个珍贵用材林树种，亦是优良的生态公益林树种，具有较高经济和生态价值。其木材传统上作为家具、建筑和军工用材，现用于制作中高档家具、木地板、胶合板贴面、乐器；其树皮入药，可治疗感冒、风湿骨痛、消化道和眼部疾病等。

一、分布

我国西南桦天然分布于云南东南部、南部、西南部、西部及西北部的怒江峡谷地区，广西西南部、西部、西北部，贵州西南部红水河沿岸地区以及西藏墨托县喜马拉雅东部雅鲁藏布江大峡弯河谷地区。与我国西南部、西部接壤的越南、老挝、缅甸、印度和尼泊尔以及未接壤的泰国亦有西南桦天然分布。我国云南、广西、贵州与越南、老挝、泰国、缅甸的分布区连成一体，是西南桦的集中分布区，大致位于19°～26°N，97°～108°E。其东界位于我国广西，大致为南丹、河池、大化、平果、大新、龙州一线；南界在越南、老挝、泰国、缅甸境内，越南的西南桦最南可分布至凉山省，纬度与我国凭祥市差不多，泰国的西南桦分布在其北部清迈一带；西界在缅甸境内；北界位于我国的云南、广西和贵州，包括云南的泸水、保山、南涧、景东、新平、石屏、蒙自、西畴、广南、西林、隆林、册亨、天峨、南丹一线。自20世纪90年代中期以来，西南桦陆续在广西中部、东部，广东各地以及福建南部地区引种成功。

我国西南桦天然分布的最低海拔约为200m，位于广西百色市右江区的永乐和云南富宁县的剥隘；最高海拔可达2800m，印度的西南桦最高可分布至3350m，是迄今为止所报道的西南桦分布的最高海拔。西南桦分布的海拔上、下限与经度呈显著负相关，随经度的增大，分布的上、下限海拔随之减少，这与我国西高东低地势、地貌及其形成的特殊区域气候特征相符，亦是云南西南桦分布海拔整体远高于广西和贵州的主要原因。

二、生物学和生态学特性

西南桦为高大落叶乔木，高达30m，胸径可达1.5m。树皮随年龄增长逐渐由光滑变为纵向剥裂、片状剥落。果序呈长圆柱形，2～5枚排成总状，下垂；果苞上部具3裂片，侧裂片小或不甚发育；小坚果倒卵形，顶端密被短柔毛，具翅，翅宽为小坚果的2～3倍。

西南桦的生长速度在我国热带、南亚热带地区乡土阔叶树种中名列前茅，小于10年生的年平均树高和胸径生长量分别为1.0～2.5m和1.5～3.0cm，10～20年生为0.8～1.2m和1.0～1.5cm，20年生后生长缓慢，为0.2～0.5m和0.8～1.0cm。中国林业科学研究院热带林业实验中心（简称热林中心）于20世纪80年代在广西凭祥对西南桦幼

云南芒市茶马古道上的西南桦大树（胸径1.3m）（贾宏炎摄）

林连续5年的生长节律调查结果显示，幼林生长具有明显的季节性，在11月至翌年1月出现短期生长停滞，以后逐渐加快，4～10月为树高与胸径生长旺盛期；树高、胸径均在4～5月和8～9月出现两次生长高峰，在6～7月生长减缓，与高温制约生长有关。西南桦7月开始大量长出雄花序，9月开始落叶，雌花序10月开始发出并迅速生长，开花散粉期一般在10～11月，翌年2～3月种子成熟。

西南桦喜光，在郁闭林冠下难以天然更新，而在林区路边、便道两旁能够迅速更新成林，亦可在丢荒地上形成小片纯林。西南桦喜温凉，其生长的最适年均气温大致为16.3～19.3℃，1月平均气温9.2～12.6℃，7月平均气温21.4～24.2℃（曾杰等，1999）。在低海拔种植，常因夏季高温而生长不良，且易发生病虫害，但冬季也不耐严重霜冻。2004年底至2005年初，福建永安市出现为期1周多的低温天气，最低气温达-4℃，当年营造的西南桦种源家系试验林几乎全部冻死，约4年生的林木亦受害严重，树体1/3被冻枯。2008年南方发生百年一遇的雨雪冰冻灾害，广西隆林县海拔1400m的6年生西南桦人工林发生树皮冻裂枯死。西南桦较耐干旱，表现为旱季落叶，但不耐水淹或积水。西南桦分布区的年均相对湿度均在70%以上，最高可达90%。降水量一般在1000mm以上，分布区内干湿季节明显，每年有长达4～6个月的旱季。

三、良种选育

1. 良种选育方法

（1）选择育种

自20世纪90年代中期以来，中国林业科学研究院热带林业研究所（以下简称“热林所”）率先开展大规模的西南桦种质资源收集、保存与评价，相继于云南、广西、广东、福建营建了种源试验或种源家系试验林，依据适应性、胸径、树高、干形、生长势等指标为各地筛选优良种源、家系以及优良单株，在优良种源地营建采种母树林解决短期良种应用问题。同时通过嫁接、组培优良单株等无性繁殖方法，一方面营建无性系种子园，另一方面大规模生产无性系组培苗予以推广应用。

（2）杂交育种

西南桦树体通直高大，人工控制授粉困难。热林所通过物候期和花器官发生观测研究、花枝嫁接以及人工授粉试验，开发出西南桦大规模人工控制授粉技术：①以1～3年生健壮幼苗为砧木，其主干直径或枝条直径＞0.5cm；②9月中下旬从优树上采集具饱满、粗大雌花芽的花枝，采用半"互"形嫁接法将花芽嫁接到砧木上；③花序长出后，及时修剪枝叶，使其光照充足，待花序苞片张开、柱头露白时即进行控制授粉；④1周后解袋，加强水肥管理，待果序变成金黄色或黄褐色即可采种。应用此法已培育出西南桦与光皮桦杂种无性系，通过测试初步筛选出3个优良无性系。

2. 良种特点及适用地区

热林所在云南、广西、广东和福建多地点种源或种源家系联合试验基础上，初步筛选出一批优良种源（表1）、家系和单株，部分单株已无性系化。由于西南桦是中轮伐期树种，试验结果还需进一步验证。为加快良种检验和应用速度，采用边研究边应用的方式，一些优良种源、家系和无性系已在生产上推广，幼林年平均胸径、树高生长量达2cm和2m。

四、苗木培育

1. 实生苗培育

西南桦果穗2～3月成熟，其成熟期因年份、地区、海拔、植株而异。成熟种子呈黄色略带白色，种胚略微凸起，于白纸上或用指甲挤压可见油迹。果穗成熟后，种子在1周至半月内随风散落。

西南桦种子千粒重约为0.11g（曾杰等，2005）。由于种子细小，幼苗早期生长缓慢、柔弱、抗逆性差，生产上多培育移植容器苗，即采用两段式育苗。第一阶段可采用排水良好的塑料盆、菜篮子或木箱等容器，亦可用预先配备好的基质于圃地筑床育苗。此阶段的育苗基质至关重要，应疏松、透气和排水性能良好，可加入少许（0.5%）复合肥或腐熟磷肥作底肥。此阶段尤其需注意水分管理。播种后2～3个月，小苗长出4～6片真叶或苗高4～5cm时移苗。进入育苗的第二阶段，按照常规管理即可。

云南保山和德宏摸索出一套塑料大棚内培育西南桦百日苗的方法。3月种子成熟时随采随播，播种后约20天长出第二片真叶，高2cm时移苗，通过精细温度调节、水肥管理和病虫害防治等措施，7月出圃前约半个月移至露天炼苗，雨季时出圃造林。叶面喷施植物生长调节剂及接种菌根菌可促进苗木生长，提高抗性，缩短育苗时间。

2. 扦插育苗

西南桦成年大树上的枝条扦插难以生根，宜采幼苗及采穗圃母株上的半木质化枝条进行扦插。热林所以西南桦无性系采穗圃内2年生母株上的半木质化枝条为材料开展扦插试验，以黄心土+珍珠岩（体积比1：1）混合基质、1500mg/L IBA + NAA（IBA与NAA为9：1）生根促进剂的

表1　西南桦造林的用种建议

栽培地区	建议种源
云南西部、中南部	云南屏边、西畴、镇沅、凤庆、芒市，广西龙州
云南南部、东南部	云南屏边、西畴、勐腊、元阳，广西那坡、龙州
广西西部、贵州西南部	广西龙州、德保、凌云、靖西，云南西畴
广西东部、广东	广西田林、凌云、龙州、靖西、那坡，云南西畴、芒市
福建南部	广西凌云、东兰、龙州，云南腾冲、西畴

注：摘自曾杰（2010）。

中国林科院热带林业实验中心红锥–西南桦同龄混交林（曾杰摄）

中国林科院热带林业实验中心西南桦与红锥异龄混交林（李吉良摄）

扦插效果最好，生根率达87.50%，且偏根率最低（林开勤等，2010）。西南桦嫩枝扦插属于皮部生根型，易生根，在未用任何生根促进剂情况下生根率也可达78.75%。

3. 组织培养

刘英等（2003）研究表明，西南桦组织培养的关键环节在于外植体消毒和侧芽诱导。由于西南桦枝条细且多被毛，消毒难度大，采用靠近枝顶的半木质化枝条作为外植体，用0.1%的升汞（$HgCl_2$）消毒3min效果良好。侧芽诱导与初代增殖对基本培养基的要求严格，生长素组合与大量元素配比十分重要。西南桦对生长素反应敏感，宜选择低浓度（0.2mg/L）的NAA或IBA；大量元素配比满足K：Ca＝1：0.04～0.08、K：Mg＝1：0.02～0.04、N：P＝1：0.02～0.03（摩尔比）3个比例关系时，外植体侧芽能正常萌发生长，迅速进入增殖状态，40天便可转接到增殖培养基。继代增殖、生根培养和瓶苗移植相对容易，按常规方法即可取得良好效果。继代增殖30天可转接1次，增殖系数达4倍以上；瓶苗移植生根率在90%以上，瓶苗经半个月炼苗，移植成活率90%以上。

五、林木培育

1. 立地选择

西南桦喜温凉湿润气候，过于寒冷或炎热均将使其生长减缓乃至停滞。在低海拔，尤其在丘陵地区营造西南桦人工林，往往由于夏季温度过高而致林木生长慢，干形不良，且易发生病虫害。在丘陵、低山地区造林海拔不低于400m为宜，在水库、河流等较大水体附近造林，海拔可适当降低。在广西、广东和福建南部，造林时海拔不宜超过1000m，在云南不宜超过2000m，以免发生寒害。地形方面，宜选择开阔地、坡地营造西南桦，忌易发生霜冻的低洼地。尽管西南桦对土壤肥力要求不严，但要速生丰产，宜选择较好立地，如坡下部、腐殖质层较厚、石砾含量较低的土壤造林。

2. 整地

西南桦造林多在丘陵、山地，且多为坡地，整地方式除有利于西南桦早期生长，还需减少水土流失。

林地清理 目前生产上多采用砍杂炼山等方式全面清理造林地，也采用砍杂与除草剂相结合的林地清理方式。建议采用砍杂归堆方式，可适当保留原有乔木树种，将采伐剩余物以及杂草和灌木沿等高线每隔2～3m堆放成带，让其自然腐烂分解，带间清出约1m宽的裸土面，以便开展翻垦、挖穴。在利用西南桦改造低产低效人工林、次生林、稀疏灌丛，或林地坡度较大时，宜采取带状清理或块状清理方式。西南桦为喜光树种，带宽应大于1m，块的大小应视周围植被高度而定，避免西南桦生长受杂灌所压。

土壤翻垦 大多采用带垦，即沿山坡水平方向或等高线翻土开带，筑成台阶状或沟状带。带宽一般为0.6～1.0m，因坡度变化或植被条件而异，坡陡处宜窄，以免土面太宽造成塌方；带间距与造林行距一致。在土壤瘠薄、易板结的缓坡地，可采用小撩壕，壕宽0.5～0.6m，深0.4～0.5m，能够显著改善土壤结构和理化性质，促进幼林初期生长。也有采用穴垦方式，按照株行距确定栽植点。一般要求挖大穴，回表土。穴径0.5～0.7m，深0.3～0.5m。全垦适用于坡度小于15°的缓坡地，全垦深度通常为0.2～0.3m，往往间作其他经济作物，或种植香根草等以避免水土流失。

挖穴回土 种植穴的规格视立地条件和经营水平而定，普遍采用40cm×40cm×30cm（35cm）、50cm×50cm×40cm。对于黏重易板结土壤，宜挖大穴；对于疏松土壤，穴可适当减小。西南桦喜疏松土壤，挖大穴有利于生长，挖穴后约1个月回土。回土时先回表土，回至1/2～2/3穴深后放基肥，将肥与土混匀以免造成肥害，再回满土成馒头状，待雨后造林。一般施500g有机肥或100～300g复合肥或磷肥作基肥。

3. 造林

造林季节 云南及广西西部等春旱地区常采用雨季造林。广西中部和东部地区以及广东和福建南部，宜采用春季造林、雨季补植。处于气候过渡带的广西西部、西南部地区，雨季或春季造林皆可，春季比雨季造林的效果略好。春季造林初期西南桦尚处于生长恢复期，对不利气候的适应能力弱，具体造林时间还应考虑寒潮退却及气候转暖时间。

定植与补植 苗木出圃前通过水肥控制炼苗15～30天，提高造林成活率、缩短蹲苗期。若需要长途运输，应让苗木适应新环境，恢复生长势之后才能造林。可采用裸根苗造林，造林前应适当修根、浆根（或结合蘸一定浓度生根粉）、疏枝叶。采用容器苗造林，造林前应浇透水，亦可适当修剪枝叶，减少蒸腾。对于穿根以及营养袋较小的苗木，枝叶修剪尤为重要。定植时先挖一小穴，将裸根苗或去袋的小苗放入穴中，再回细土；然后压实或踩实根部周围土壤，消除空隙；对于容器苗踩实不能太靠近植株，以免压散附在根部的土团；然后再回松土覆盖地表以减少水分蒸发，提高造林成活率。造林后1～3个月若成活率低于90%，应及时进行补植。

初植密度 西南桦枝叶茂盛，属宽冠型树种，容易郁闭成林。营建生态公益林，往往采用西南桦与其他树种混交，初植密度应视其伴生树种而定，伴生树种耐阴、生长较慢，可适当密植，而伴生树种生长较快，宜稀植。对于用材林，为了培育优良干形，宜适当密植，但密植后，林分郁闭早，间伐也应提前。目前，西南桦小径材的利用尚待开发。较差立地的株行距宜采取2m×3m，较好立地则采用3m×3m。若考虑林下间作，造林株行距还可适当增大。

混交 营建混交林可减少蛀干害虫对西南桦的危害。西南桦与杉木、红锥、黑木相思混交是目前技术较为成熟的混交模式。在经济较发达地区，可在靠近城市且交通方便的林地，营建西南桦与绿化树种，如木兰科、山茶科、杜英科等树种的混交林，培育西南桦大径材的同时经营绿化大苗，提高林地的使用率，提前回收造林资金。云南临沧市营建西南桦与茶叶混交林，西南桦为茶叶提供适当的遮阴，能够提高茶叶的产量和品质，同时可以培育西南桦大径材。

4. 抚育

（1）幼林抚育

松土除草 西南桦喜光，郁闭前需适时抚育。一般在造林后3年内，每年抚育2次，在干湿季明显地区分别于雨季前和雨季后期进行；而其他地区宜在每年4～5月和10～11月各抚育除草1次。杂草生长特别旺盛地区，宜每年抚育3次。可采用带状或块状抚育方式，带宽1.0m，块规格1.0～1.5m，将带内或块内杂草清除干净，保留带或穴外的植被，促进林木生长的同时防止或减少水土流失，尤其在坡度较大的立地更应如此。

追肥 西南桦喜肥，施肥能够促进林木生长，加快林分郁闭，从而减少抚育成本。一般造林后每年追肥1次，连续3年。造林当年的追肥宜在定植后2个月左右进行，每株撒施50g尿素。第二、三年的追肥在4～5月进行，雨季造林地区可

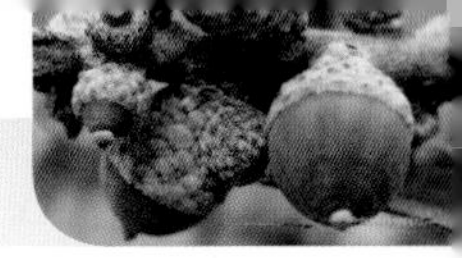

在5～6月初雨后，结合第一次除草松土追肥；第二年追施200g，第三年追施300g氮磷钾复合肥；一般采取沟施，于树冠外缘投影处开半月形沟，沟深10～15cm，宽10cm，长40～50cm，将肥料均匀撒在沟内后回土。

（2）林分管理

西南桦幼林期生长快，主干和枝条均脆而易折断，树皮薄而易擦伤。幼树被牲畜搔痒而擦破树皮后，伤口流胶而易感染病菌，形成伤疤和导致木质部裸露，轻者影响干形和材质，重者影响养分和水分输导导致整株死亡。另外，牛羊也会啃食西南桦嫩梢、嫩叶。因此，严禁林地放牧。

西南桦旱季落叶较为集中，林下落叶多且易燃，因此冬季防火十分必要。

（3）修枝间伐

间伐 西南桦造林密度一般为74～111株/亩，间伐1～2次。西南桦生长迅速，造林3～4年即可郁闭，但此时个体间竞争较弱，且竞争可促进林木高生长以及培育干形。一般可在造林后6～8年进行第一次间伐，伐去长势弱、干形差、感染病虫害的植株，间伐强度为25%～40%。第二次间伐多在造林后12～14年进行，主要是伐除被压、树冠生长差、干形弯曲、分杈严重的林木，培育大径材，缩短工艺成熟期。

人工修枝 考虑到兼顾无节良材的生产和蛀干害虫的防治，从造林后3年左右，树高达4m时开始第一次修枝。以后每隔2～3年修枝1次，可修枝到8m左右。修枝最好在落叶前的9～10月进行。树高为4m时，合理的修枝高度为树高的1/3，树高6m以上时，合理的修枝高度占树高的1/2。王春胜等（2012）的修枝试验结果表明，尽管修枝不能显著降低西南桦的感虫率，但能提升拟木蠹蛾在树干上的集中分布段1.5m以上，而且显著减轻修枝段拟木蠹蛾的危害，提高修枝段木材质量。

5. 主伐

西南桦适合培育大径材，用于制作木地板、家具以及单板贴面等，主伐年龄需根据经营目的、生长状态、市场状况等综合考虑而定。西南桦人工林15年生以后木材力学性质趋于稳定。市场上西南桦的价格以尾径大于30cm为界，上下价格差异较大。综合考虑生长速度和市场价格等因素，适宜的主伐年龄为20～25年。

考虑到西南桦的主要产区在云南和广西经济相对落后的地区，其采伐方式以皆伐为主；在山高坡陡地段，宜小面积块状皆伐；在地势较平缓地段，可大块状皆伐。在经济发达地区，可采用择伐。

六、主要有害生物防治

1. 溃疡病（*Phoma* sp.）

西南桦溃疡病的病原菌为茎点霉属（*Phoma* sp.）真菌，主要在低海拔地区发生。发病林木长势衰弱，病菌常侵染靠近树杈处的枝条和主干。发病初期在发病部位呈不规则肿胀，失水状龟裂，表皮如纸质状，向外翻卷，并伴随流胶，露出木质部；后期发病部位形成褐色斑或环状褐色斑。树干上的病斑一旦扩展至环割状，可导致植株死亡。防治方法：可通过清除染病侧枝并移出林地等措施，减少病原传染源。发病初期，可在病部喷施杀菌剂，控制病害发展。

2. 相思拟木蠹蛾（*Lepidarbela baibarana*）

相思拟木蠹蛾为鳞翅目（Lepidoptera）拟木蠹蛾科的一种钻蛀类害虫，是西南桦人工林危害最大的蛀干害虫。常在造林后2～3年开始发生，虫源主要来自林地附近的经济林或经济作物，如柑橘、荔枝等，高温干燥立地和林缘木易发生危害。其1年1个世代，3月中至下旬为化蛹期，4月为羽化期，5月幼龄虫开始危害，取食至12月，此后逐渐进入越冬。危害主要表现为：幼虫从西南桦树干伤口、树皮裂缝和树杈处钻蛀，导致受害林木生长势削弱，危害严重时容易发生风折断梢，严重影响木材产量和质量。防治方法：①对于初孵幼虫，可用杀虫剂进行喷雾防治，亦可采用磷化铝片剂对危害林分进行熏蒸；②幼虫蛀入树干后，可将杀虫剂注入虫孔，用泥土封堵洞口进行毒杀；③成虫4月羽化时，可用黑光灯诱杀。

3. 天牛（Cerambycidae）

目前，广西、广东、云南等地发现星天牛（*Anoplophora chinensis*）、咖啡旋皮天牛（*Dihammus cervinus*）等天牛危害西南桦人工林，危害部位往往在树干基部1m范围内。防治方法：①秋冬季节用石灰浆将树干基部1m刷白，可防止天牛成虫产卵，从而有效避免危害；②对于天牛幼虫，可采用毒签、毒液等在虫孔内进行毒杀；③于成虫羽化期可喷洒相关药剂杀灭，或采用诱捕器诱杀。

七、材性及用途

西南桦属中高档木材，纹理结构细致，颜色呈淡红色，重量和硬度适中，容易加工。20年以上西南桦人工林的木材密度和力学性质与天然林差异不大，只是在干缩比及硬度上差异明显（表2）。西南桦木材传统上常被用作家具和建筑用材，林区群众非常喜欢用其作屋梁、锯楼板，制家具。西南桦也是一种优良的军工用材，用于制作枪托和手榴弹柄等。目前，西南桦木材主要用来制作中高档家具和木地板、航空胶合板和装饰胶合板贴面等。由于其结构细致、年轮均匀、心材与边材区分不明显、共振性能良好，也是制作乐器的优良用材。

20世纪80年代以前，我国的西南桦主要用作薪材，其热值高、火力旺。现在云南的一些地区村民仍收集西南桦的枝条等采伐剩余物作为薪材。在越南、尼泊尔等国的一些地区，西南桦亦作为薪材。

西南桦树皮具有重要保健药用价值，据《中国佤族医药》记载，其树皮可通过水煎服或生嚼咽汁，用来治疗感冒、胃疼痛、风湿骨痛、消化不良和腹泻。在印度一些乡村地区，村民将西南桦树皮磨成粉状，与其他食物一起烹饪食用。在印度喜马拉雅中部地区Bhotiya部落，村民将西南桦树皮烧成灰，用于治疗眼疾或眼部感染。在泰国北部，村民将西南桦树皮用作一般保健药。西南桦树皮的单宁含量为7.0%～11.6%，可用于提取单宁。

在印度和尼泊尔，牛羊喜食西南桦嫩叶，村民利用西南桦树叶作为冬季牲畜饲料。

（曾杰）

表2　西南桦天然林与人工林木材主要物理、力学性质比较

木材来源	气干密度 g/（cm^3）	基本密度 g/（cm^3）	干缩系数（%）		抗弯强度（MPa）	抗弯弹性模量（GPa）
			径向	弦向		
天然林	0.666	0.530	0.243	0.274	105.742	12.642
人工林（23年生）	0.654	0.513	5.695	7.353	100.900	17.054
木材来源	顺纹抗压强度（MPa）	顺纹抗剪强度（MPa）		硬度（N/mm^2）		
		径向	弦向	径向	弦向	端面
天然林	52.038	11.564	13.132	46.354	49.098	62.720
人工林（23年生）	53.000	9.900	12.900	11.018	14.184	32.995

注：天然林资料摘自罗良才（1987），经过单位换算；人工林资料摘自吕建雄等（2006）。

180 桤木

别　名｜四川桤木、水青冈（四川、陕西）、水冬瓜、桤蒿（四川）

学　名｜*Alnus cremastogyne* Burkill

科　属｜桦木科（Betulaceae）桤木属（*Alnus* Mill.）

桤木是我国西南地区特有速生用材树种，也是非豆科固氮树种，根系发达、固氮能力强、固沙保土效果好，且生长迅速、繁殖较易、适应性强、材质优良。其木材硬度适中、密度适宜、易于加工，是人造板和家具的优良用材；木材纤维素含量高，纤维平均长度为1.02mm，灰分含量低、黑液黏度低、硅含量低，被列为优质造纸材树种；叶片产量高，含氮量丰富，是优良的天然肥料和绿色饲料；是我国中亚热带地区理想的速生用材林、生态防护林和混交造林树种。

一、分布

桤木自然分布区26°～33°N，102°～110°E。南起云南东北部、贵州北部山区即四川盆地与云贵高原的交接地带，北至甘肃南部的白龙江流域、陕西南部与四川交界的米仓山、大巴山区；西起四川盆地与川西高原交接地段的邛崃山、大相岭地区，东至鄂西与渝东交界山区；集中分布于四川境内的岷江、沱江、嘉陵江及其支流流域。桤木是自然分布区不大的树种，分布区内自然条件极其复杂，对气候、土壤条件的适应性较强。20世纪60年代以来，湖南、湖北、安徽、江西、福建、浙江、江苏、上海等长江中下游地区相继引种栽培成功（李邀夫和吴际友，2004），其栽培区已由四川盆地为主的长江上游扩大到长江中下游，西起四川康定（102°E），东至浙江丹山（121°49′E），南及云南东北部（102°E），北抵秦岭南坡（33°E）（杨志成，1991）。其垂直分布主要在海拔1200m以下，在四川岷江和青衣江流域有时亦可分布到海拔2000m左右的中山地区，雅安宝兴县硗碛乡海拔2470m的地方有桤木分布。

二、生物学和生态学特性

落叶乔木。树高可达25m以上，胸径可达50cm以上。小枝细弱，光滑无毛。单叶互生，倒卵状阔椭圆形、倒卵形或椭圆形，先端凸短尖或钝尖，基部近圆形或楔形，侧脉8～13对，叶缘具疏短锯齿。花单性，雌雄同株，柔荑花序，单生于叶腋。果序椭圆形，下垂。根据树皮形态变异，可将其分为薄皮型（皮青白色）、桦皮型（树皮呈环状剥落、果型特大）、栎树皮型（树皮呈块状剥落）、厚皮型。树皮特征与其适应性有一定的相关性，薄皮型较耐水湿，厚皮型较耐干旱，栎树皮型生长于较黏重的红壤土、耐干旱。树皮形态与年龄有关，不同产地中各种皮型比例有差别。

桤木为亚热带树种，喜温、喜光、喜湿、耐水，多分布于河滩及溪沟两旁，在气候较凉爽、土壤和空气湿度大的地方生长好，在土质较干燥的荒山、荒地亦能生长。在年平均气温

四川省金堂种源桤木典型小枝（黄振摄）

四川省林业科学研究院桤木矮化种子园杂交控制授粉（黄振摄）

14～18℃，年降水量700～1600mm的范围内均可生长，能耐受-14℃的短暂低温；以年平均气温15～18℃，极端低温-7℃，年降水量900～1400mm的地区生长为好。通常组成纯林，也是柏木、杉木、柳杉的良好伴生树种。

桤木对土壤酸碱度适应性强，对酸性、中性、碱性土壤都能适应，在潮土、冲积土和砂岩、石灰岩、板页岩、第四纪红壤发育的土壤上都能正常生长。对土层厚度和水分敏感，在土层深厚肥沃、常年湿润、通气良好的土壤上生长好。如四川灌县灵岩山，在土层深厚、风力小的谷地比在山脚石砾含量多的河滩地，其高生长多1/3；根据湖南南县桤木栽培试验，桤木可耐15天左右的流水浸淹，但常年地下水位偏高或死水潴滞会使根系上浮，生长停滞甚至死亡。由于桤木是浅根性树种，如种植在土层浅薄、干燥、瘠薄的紫色土、红壤及山脊等立地上，则生长表现差，在特大干旱年份幼林甚至会出现干死现象。

桤木生长迅速，成林快。1年生苗高可达1m以上，一般3年郁闭成林。造林当年生长量较低，至第二年后即能维持较高水平生长。人工林比天然林生长快，尤以初期更突出，在适宜条件下每年树高生长可达2m、胸径生长2cm以上。高生长最旺盛时期在5～15年，胸径生长最旺盛时期是10～15年；材积生长10年内缓慢，10年以后逐渐加快，25年前后生长最快，40年以后生长缓慢。桤木结实量大，种子可飞散到100m范围内，遇风可达500m，发芽快，天然更新能力强，在空旷的荒地、河滩及坡积土上常有飞籽成林现象。据调查，在四川灌县灵岩山塌坡地上，天然更新的3年生幼林中，100m^{2}的样方内有幼树400株，平均高1.8m，最高2.5m。

桤木固氮能力强，前10年的年均固氮量为16～40kg/hm^2，另外1hm^{2}林木一年的根瘤腐烂量可增加土壤有机氮6.5kg。发育阶段和环境条件影响桤木的固氮量，主要土壤因素是酸度，其次是有效磷、二氧化碳与有机质、二氧化碳与有效钼的联合效应。固氮活性季节变化明显，3～11月为活跃期，适宜温度为20～32℃。

三、良种选育

桤木遗传改良工作起步较晚，但潜力很大。首先，桤木自然分布区面积虽然不大，但地形复杂、气候及土壤条件千变万化，使得桤木产生了极其丰富多样的种内变异。其次，桤木3～5年即可开花结实，雌雄异花、易于杂交，结实量大、萌芽率高，非常适合做杂交育种。第三，桤木易于无性繁殖，通过选择育种或杂交育种等途径获得的优良材料可通过无性繁殖迅速推广应用。第四，桤木木材基本密度、纤维长度同生长性状的相关关系不显著，表明可以独立进行选择（王军辉等，2004）。基于这些规律，中国林业科学研究院林业研究所、亚热带林业研究所等单位相继开展了桤木种源/家系选择研究，湖南省林业科学院初步开展了无性系选育。四川省林业科学研究院收集保存了桤木全分布区31个种源逾300个家系的优良基因资源，初步开展了种质资源评价，营建了矮化杂交育种园，并在此基础上启动了桤木杂交育种和无性系选育。

1. 良种选育方法

（1）选择育种

中国林业科学研究院林业研究所从1996年起，先后在江西、福建、湖北、湖南、四川、浙江等地开展桤木种源/家系多点试验，为桤木优良种源的选择和推广提供了理论依据，并为每个参试地点所代表的区域选出了优良种源。王军辉

等（2006）应用生长量指标进行分析，发现树高、材积都存在着极显著的地点效应，树高、材积两个性状种源间差异极显著，家系间差异不显著；种源地点的交互作用显著，表明种源与环境存在互作效应。试验还表明：6年生和14年生的树高生长相关关系显著，揭示了桤木早期选择的可靠性。桤木种源的木材密度差异极显著，家系之间差异不显著，种源和家系的纤维长度的差异均极显著，进一步说明桤木种源材性选择的潜力较大。陈益泰等（1999）的研究表明，木材密度和果实形态特征，产地内株间差异明显大于产地间差异。卓仁英和陈益泰（2005）发现不同桤木群体间的遗传分化程度较低，群体内变异远丰富于群体间，认为桤木育种的优良单株选择更重要。综合中国林业科学研究院、四川省林业科学研究院等的研究结果，金堂、盐亭、宣汉、通江、巴中、沐川、邛崃天台种源表现较优良。

（2）杂交育种

2012年起，四川省林业科学研究院利用选择出的优树材料和种源/家系试验中初选出的优良个体营建了矮化杂交育种园。2016年，矮化杂交育种园进入开花结实期，已初步开展了桤木种内杂交，以及桤木、台湾桤木、川滇桤木、蒙自桤木、欧洲桤木的种间杂交。

（3）无性系育种

四川省林业科学研究院、湖南省林业科学院的研究表明，桤木高、径生长的株间变异大，优良个体的选择和优良无性系遗传增益潜力大。目前，四川、湖南均已初步培育出系列桤木无性系，营建了无性系对比试验林。桤木无性系选育工作才起步，无性系造林后的生长评价和遗传增益有待进一步研究。

2. 良种特点及适用地区

目前，桤木良种选育工作持续时间较短，大部分还处于选育评价阶段，已认定的良种仅有四川平昌桤木母树林、宣汉桤木母树林、巴州区桤木母树林、金堂桤木母树林4个省级良种，适用地区主要界定在四川省内。其中，四川省平昌县省级桤木良种基地已开始建设无性系种子园。

四、苗木培育

到目前为止，桤木繁育仍以实生繁殖为主，扦插、组培等无性繁殖尚处研究阶段。

1. 种子采集

桤木3年生左右开始开花结实，10年进入盛期，2～3月开花，5月果穗形成，11月中下旬种实成熟。采种宜选10～25年生健壮、无病虫害的母树，于12月至翌年1月上旬果苞微微开裂时采收，或果穗由青绿开始转为暗褐色时摘下，暴晒脱粒。种子装入袋中，置通风干燥处干藏或密封贮藏。根据测定：种子纯度为75%～90%，千粒重0.7～1.0g，优良度50%～75%，室内发芽率40%～70%，场圃发芽率30%～45%，纯种子100万～140万粒/kg。

2. 苗木培育

（1）大田裸根苗培育

采用条播或撒播育苗。撒播每亩播种量3.0～3.5kg，条播每亩用种2.0～2.5kg。春秋两季均可播种，但以春播为好；春播宜早，应在2月中旬至3月中旬，这样幼苗在夏季高温季节到来之前扎根较深，具备较强抗旱能力。

圃地应选在气候较凉爽、空气较湿润的地方，整地要细，播种后覆土要薄，用草覆盖并经常喷水保持苗床湿润。苗木前期生长缓慢，在6片真叶前属于“危险期”，要精心管理。在气候较干燥、春季气温变幅大的地区育苗，一定要盖

四川省成都市桤木菌根（郭洪英摄）

遮阳网，等幼苗长到6片真叶后再逐步撤去。当芽苗长出3～4片真叶可进行第一次间苗，原苗床每平方米保留100～120株。拔除发育不健全、感染病虫害的芽苗，将生长密集区域的芽苗移栽到新苗床或容器袋继续培育。当芽苗长出6～8片真叶时进行第二次间苗，原苗床每平方米保留50～60株。间出苗可移栽至新苗床、容器袋。其他方面按苗圃的常规管理。1年生苗每亩产苗量应控制在2.5万株左右。

（2）容器苗培育

采用两段式育苗，苗床播种及苗期管理同大田裸根苗培育，待幼苗生长稳定（6～8片真叶）时移栽到容器中，也可结合大田裸根苗培育，将间出的健壮苗木移栽到容器袋。育苗容器可采用穴盘或无纺布基质段，容器直径5cm左右、高度10cm左右。育苗基质最好采用轻型基质以利于苗木根系生长和运输造林，其中以草泥炭、树皮、木屑、椰糠砖为主要成分，稻壳、珍珠岩、蛭石为辅助成分，pH用生石灰石或硫磺调整到6.5左右为宜。基质混合均匀后，加入0.1%左右的杀虫剂（如辛硫磷）和0.5%的杀菌剂（如甲基托布津）并重新混合均匀，进行灭杀害虫和消毒，5～7天后即可使用。基质消毒液可采用0.3%高锰酸钾溶液浸泡12h后使用，移栽前用清水淋透基质。

四川省青川县桤木优良单株（郭洪英摄）

容器苗在苗高6～9cm时进行第一次分级，在苗高12～15cm时进行第二次分级。苗木分级后注意通过拉断容器底部苗木根系的方式断根，同时适当控水达到空气切根，促进苗木须根生长、形成良好根团。容器苗需在9月下旬至10月上旬进行炼苗。容器苗苗高20cm以上时，即可造林。

五、林木培育

1. 立地选择

营造桤木速丰林，一定要选择立地指数14以上（相当于杉木立地指数）、土层厚度60cm以上、土壤水分条件较好的林地，在当风的山脊、山坡迎风面及土层瘠薄的地方不宜营建桤木速丰林。

2. 造林季节

桤木萌动早，裸根苗造林应在落叶后萌动前的11月落叶后至翌年2月萌动前，最迟不应超过2月中旬。四川中部地区秋季气温高、湿度大、雨量充沛，也可秋季造林。容器苗造林时间可延长，春秋冬季均可造林，夏季光照不强、温度不高的地方甚至可雨季造林。

3. 苗木控制

生产上一般用裸根实生苗造林，选用Ⅰ、Ⅱ级苗，以降低林分分化程度，提高单位面积木材产量。桤木容器苗造林，尤其是优良无性系容器苗造林是下步发展方向。

4. 造林经营模式

（1）桤木纯林

短轮伐期工业原料林一般每亩栽植111株

（株行距2m × 3m），立地条件好的地方可适当稀植，如每亩89株（株行距2.5m × 3.0m）；大径材培育宜采用每亩栽植74株（株行距3m × 3m），或每亩栽植67株（株行距2.5m × 4.0m）。造林采用穴状整地，立地条件较差的地方宜采用大穴整地，整地规格为60cm × 60cm × 50cm；在立地条件好的地方，宜采用中穴整地，规格为40cm × 40cm × 40cm。一般在造林当年5月、9月各抚育1次（刀抚加蔸抚），第二年5月、9月再各抚育1次，如有必要第三年5月还需抚育1次。有条件的地方，造林时每株施基肥（饼肥或复合肥）0.5 ~ 1.0kg。追肥视林木生长情况和土壤肥力情况而定，追肥最好结合抚育同时进行。

（2）桤柏混交模式

经过长期生产实践和科学总结，20世纪70年代以来，桤柏混交林作为一种较成熟的经营模式在川中丘陵区得到大面积推广。桤柏混交林是以柏木为目的树种，桤木作为伴生树种的一种混交林。桤木有促进柏木生长、加速林分郁闭和增强地力的作用，但桤木和柏木都为喜光树种，生长速度差异极大，种间存在复杂而激烈的竞争，桤木所占的比例过大或过小都不利于柏木的生长。因此，桤木所占比例可随林龄增大而降低，随立地条件改善而减少，在桤木12 ~ 14年生时生长减慢，作为先锋和伴生树种的作用即将完成，可以进行间伐；达到成熟龄（18 ~ 20年）时，可以进行主伐。在水、养分、光照等条件一定的情况下，如果柏木密度过高，不仅会产生种内竞争，而且还会对柏木的单株材积和混交林的生物量、蓄积量产生负面影响。桤柏混交的合理模式为：1 ~ 6龄一般以4桤6柏或5桤5柏较宜，7 ~ 10龄以8柏2桤组成最优，11 ~ 16龄则以9柏1桤最佳，18龄以上主伐利用混交林中的全部桤木。

六、主要病虫害防治

1. 桤木叶斑病

病斑多呈圆形，多集中在叶肉和叶缘部分，多个病斑相连成不规则斑。病原为杆状钉孢霉（*Passalora bacilligera*）。防治方法：发病初期病情尚轻，应及早喷石硫合剂进行预防，夏天可用0.3波美度，冬季可用1 ~ 3波美度的石硫合剂喷杀，有较好的防治效果。秋冬季清除病叶、落叶，集中销毁或深埋，减少初侵染来源。

2. 煤污病

煤污病危害桤木叶片和枝条，阻碍叶面光合作用，严重影响桤木生长。防治方法：加强抚育，适时间伐，以利通风透光；防治桤木上的介壳虫、木虱；在若虫盛期喷洒50%马拉硫磷1500倍液，或255亚胺硫磷1000倍液，或2.5%溴氰菊酯3000倍液，或0.5 ~ 1.0度的石硫合剂，可达到治虫防病的目的。

3. 桤木叶甲（*Chrysomela adamsi ornaticollis*）

桤木叶甲又名桤木金花虫，在四川1年发生3代，以成虫越冬，虫态极不整齐。食性专一，成虫、幼虫均以桤木叶片为食，将叶片吃成网孔状或成缺刻。大发生时，每株树上常聚集成千上万头幼虫，将全株叶片吃光，幼树被害多形成枯梢，老树被害严重影响生长。1958年四川灌县曾大发生，受害株率达95%，但此后不常见。防治方法：①化学防治，2龄前幼虫可喷洒化学药剂防治。成片高大林分内，可施放杀虫烟剂，每亩用药0.5 ~ 1.0kg。大发生时，老熟幼虫下树，在石隙、杂草、灌木上化蛹，初羽化的成虫体弱，不能飞翔，抗药力差，可在化蛹场所用化学药剂喷杀。②生物防治，保护瓢虫、盗蝇、寄生蝇、小蜂等天敌，控制虫口密度。

四川省林业科学研究院桤木轻基质容器苗（郭洪英摄）

4. 铜绿金龟子（*Anomala corpulenta*）

铜绿金龟子是幼苗、幼林、成林的重要害虫。成虫危害桤木叶片，幼虫啃咬苗根、嫩叶。防治方法：①物理防治，灯光诱杀成虫；②人工防治，人工振落成虫加以杀灭；③化学防治，幼虫密度大的苗圃地，可撒化学药剂，再翻入土中。

5. 黄刺蛾（*Cnidocampa flavescens*）

黄刺蛾俗称洋辣子，1年1代，以老熟幼虫在枝干上石灰质茧内越冬，幼虫食叶危害。防治方法：①人工防治，人工捕杀群集初孵幼虫或毁茧；②物理防治，灯光诱杀成虫；③化学防治，用化学药剂喷杀幼虫。

七、综合利用

桤木是典型的多用途树种，干材是优良的人造板、家具、造纸等用材，枝、叶、干、皮均能合理利用，又能固氮肥土，是理想的混交树种，经济、生态效益俱佳。

1. 木材材性及其用途

桤木木材物理力学性质中等，木材易干燥，加工性能良好，易着色，刨、锯、旋切容易，油漆及胶黏性能良好，可作家具、人造板、建筑、矿柱等用材，也是造纸、纤维工业的优质原料。

桤木的木材基本密度大多在0.36～0.48g/cm^{3}之间，木材纤维长度在1.1～1.4mm之间，平均纤维长度符合国际木材解剖学会规定的中级长度纤维（0.91～1.61mm）标准。木材纤维素含量平均为49.62%，1%氢氧化钠抽出物为16.11%，木材基本密度为0.419g/cm^3，平均纤维长度为1.222mm，且分布集中合理，纤维宽度24.8μm，长宽比为49.2∶1，纤维形态、物理性质和化学成分均有利于造纸和降低成本，是一种优良的造纸纤维树种，树干不同高度间差异不明显，可进行全树干利用（周永丽等，2003）。据陈炳星等（2000）的报道，四川桤木木材灰分含量中等，热水和苯醇抽出物和木质素较低，聚戊糖含量适中，是一种优良的制漂白硫酸盐浆和机制法制浆的原料。不同年龄阶段的材性存在较大差异，9～13年间出现相对稳定，10～11年生后木材密度可达造纸材密度（0.4g/cm^3）以上的要求，即达到纤维用材工艺成熟期，可以采伐利用（王军辉等，2001；周永丽等，2003）。

2. 桤柏混交林及其效益

桤柏混交林效益可以概括为以下几点：①桤木具有较强的固氮能力，有利于改善土壤结构和性质、提高土壤肥力，为柏木提供充足的物质和适宜的环境条件，从而促进柏木生长；②桤木和柏木根系垂直分布层次不同，桤木的吸收根系主要分布在0～20cm土层，而柏木则主要是在0～40cm土层，这种营养生态位的分离有利于水分和营养物质的吸收与利用，降低根系的种间竞争压力；③桤木对柏木具侧方庇荫作用，有利于柏木幼苗的生长，进而促进混交林提早郁闭；④桤柏混交能形成复层结构，林内直射光减少、温差变小、湿度增大、风速减弱，有利于改善林内光、热、温、湿等生态因子，形成森林小气候，促进了桤柏木的生长。

3. 桤木改良土壤效应

桤木在传统农业生态系统中无论是轮作还是间作，其作用都十分显著，不仅增加系统生物量和氮含量，提高土壤肥力，而且能够加速系统中的养分循环、改善土壤理化性质、防止土地退化和土壤侵蚀。研究表明，桤木与农作物间作可显著提高农作物的产量，桤木根系特征非常适合混农林系统，其细根生物量（FRB）集中于土壤上层10cm范围内，在此范围内FRB在“树+农作物”间作条件下比在“只有树”条件下高5%，且60%以上的细根都分布于树干周围0.5m内。桤木凋落物降解速率比非固氮植物快，并且与其他植物凋落物混合后的降解速率与自身凋落物降解速率一样快，因此可加速系统的养分循环。用桤木替代自然林休闲在3～6年内即可恢复土壤肥力，改善土壤理化性质，显著缩短休闲周期。

（郭洪英，王泽亮，肖兴翠，黄振，陈炙）

181 旱冬瓜

别　名｜尼泊尔桤木

学　名｜*Alnus nepalensis* D. Don

科　属｜桦木科（Betulaceae）桤木属（*Alnus* Mill.）

旱冬瓜广泛分布于我国西藏、云南、贵州、四川、广西，生长迅速、适应性广，砍后伐桩萌芽力强，具有良好的天然更新和萌蘖更新能力；可与多种针叶树种混交，对于改善纯林结构、增加养分归还量、促进目的树种生长、减少病虫害及提升各种防护性能有重要作用，是营建生态林、用材林、多功能林的优良树种；根具根瘤菌，叶为优质绿肥，适用于林农间作；旱冬瓜林群落的抗径流能力和抗土壤侵蚀能力较强，可作为水土保持林、水源涵养林的主要造林树种；木材材质细、纹理直、木纹清晰，供制家具、器皿，如制作茶叶包装盒，无气味；树皮含单宁，入药可消炎止血（杨斌等，2011）。

一、分布

旱冬瓜分布于21°8′～30°25′N，80°4′～109°19′E，跨越了南亚热带、中亚热带、北亚热带、南温带及中温带。在贵州的西南部、四川西南部、西藏东南部、广西西部等地有分布。印度、不丹、尼泊尔等国家亦有分布，越南、印度尼西亚有人工栽培。在云南省每个县（市）均有分布，但以滇西和滇中为主。垂直分布于海拔800～3500m，但集中分布于海拔1500～2500m地带（云南省林业厅，2015）。

二、生物学和生态学特性

落叶乔木，性喜温凉湿润气候，分布区年平均气温12～18℃，极端最低气温-13.5℃，极端最高气温34℃，≥10℃的有效积温3000～6500℃；年降水量800～1500mm，相对湿度70%。林下土壤多为湿润肥厚的山地森林黄红壤及黄壤，其次有红壤及棕壤。

旱冬瓜具有生长快、耐贫瘠、适应性广的特点，树高可达25m，胸径50cm，树冠小、干形好、分枝高。在光照充足的林中空地、撂荒地及沟谷湿润地，天然更新能力很强，幼苗可达

旱冬瓜树冠（王连春摄）

旱冬瓜树干（王连春摄）

旱冬瓜幼树（王连春摄）

3万株/hm^2，10年的幼树可达1860株/hm^2。早期生长快，胸径、树高生长峰值都出现在5年以前，但材积速生期出现在5年以后。一般立地下，2年生人工林平均高1.0m、地径2.0cm；7年生人工林平均高13.0m、胸径11.0cm；20年生人工林平均高21.3m、胸径23.0cm，每公顷有林木800～1000株，蓄积量250～300m^3（云南省林业厅，2015）。

三、苗木培育

1. 种子的采收与处理

旱冬瓜种子12月上中旬成熟，当果序由绿色变为黄褐色即可采收。其种子成熟与否的鉴别方法是用手指捏挤，如冒出白浆则已成熟。将采回的果序置于通风干燥处铺晒1～2天后再移到通风干燥的地方阴干2天，待果序干燥后轻轻拍打即脱出种子。铺晒时，忌放在沥青地板、水泥地或塑料薄膜等易产生高温的物体上，以免脱出的种子丧失发芽能力。果序堆放的厚度一般不超过4～5cm，获取的种子应放置在通风、干燥、阴凉的地方保存。旱冬瓜种子的千粒重为0.26～0.29g，室内发芽率20%～30%。但种子在贮藏期间发芽率下降很快，贮藏1年的旱冬瓜种子发芽率将降至10%～15%。

2. 育苗技术

（1）苗圃地选择与作床

苗圃地应选择在沟边或箐边土壤疏松、排水良好、浇水方便的缓坡地，苗床采用平床或高平混合床。苗床宽80～100cm，高于步道15～20cm，长度依地形和育苗数量而定。床面土壤要整平，表土以黄豆般大小为好，上面均匀盖上约3cm厚的细土（史富强等，2011）。

（2）裸根苗培育

旱冬瓜种子贮藏到翌年春季（2～3月）播种，播种前在每平方米苗床施1.5g的50%可湿性多菌灵粉剂或用福尔马林50mL加水10kg均匀地喷洒在土表，然后盖上塑料薄膜进行土壤消毒。7天后揭去薄膜，使药气散发，2天后即可播种（史富强等，2011）。

播种之前，种子需用1200倍的高锰酸钾溶液消毒后再用冷水浸泡2天。为使种子撒播均匀，将种子与细土或细沙均匀混合后撒播。播种后用细土覆盖，厚度以不见种子为宜，再用稻草、松针叶适度覆盖苗床。播种完成后应及时用喷雾器喷1次透水。浇水应做到少量多次，保持苗床土壤湿润（史富强等，2011）。

旱冬瓜幼苗初期具有一定耐阴能力，适宜在遮阴度50%的条件下生长。播种后苗床可用竹签做成小拱棚，拱棚高30cm以上，上覆遮阳网或薄膜。当苗木开始出土时，为避免薄膜内地温过高灼伤苗木，每天中午应揭开薄膜2～3h降温。播后2周左右开始萌芽，约50天萌芽完全。发芽后15天左右长出第一片真叶，当长出第三片真叶时，可结合浇水施3%～5%的氮肥，以提高幼苗生长速度（史富强等，2011）。

（3）容器苗培育

容器苗的培育方法有2种：一是直接把种子播于容器内，每袋播种5～7粒，待出齐后间苗；

二是两段式容器苗培育，即先于苗床上播种育苗，待床苗长至4～5cm高时选择壮苗移入装满营养土的容器内继续培育（史富强等，2011）。

营养土的配制采用70%森林土+25%火烧土+5%钙镁磷肥，充分混合后消毒，半月后即可使用。所用容器以12cm×16cm为宜，营养土装袋时要求装满填实，移苗前浇透水，用竹片在袋土中心部位戳出植苗孔后，移苗于其中。移植时尽量不损伤苗的根系，根系舒展，移植后回土压实使根系与营养土充分接触，移植后应及时浇水（史富强等，2011）。

3. 苗期管理

苗期主要进行追肥、除草和病虫害防治。追肥遵循少量多次的原则，苗期主要的病害有立枯病，虫害主要是地老虎等。苗木立枯病可用70%的敌克松500倍液或高锰酸钾1000倍液喷洒，喷药后随即用清水喷洗苗木。也可用120～170倍的波尔多液喷洒2～3次，间隔期10天。虫害用1000～1500倍的辛硫磷液喷杀（史富强等，2011）。

四、林木培育

1. 造林地选择

旱冬瓜适宜种植的范围很广。根据其适宜性，一般选择山坡的中下部及沟谷地带造林。同时，旱冬瓜多作为混交树种，其林地选择应以主栽树种的适应范围和造林目的而定。

2. 造林地整理

在采伐迹地或杂草繁茂的荒山荒地采用全面清理，在杂草灌丛较低矮的低价值林地采用带状清理，中低产林改造用块状清理。整地宜在冬春进行，平地或缓坡地段采用全面整地，平缓或坡度虽大但坡面平整的山地采用水平带状整地或撩壕整地，但目前较为普遍采用的整地方法为穴状整地和鱼鳞坑整地（适用于水土流失较严重的地段）。其中，穴状整地的规格为50cm×50cm×40cm。

3. 栽植技术

各地造林时间有差异，一般遵循雨季造林的原则。裸根苗造林，一般在阴雨天进行。为提高植苗造林成活率，一般使用Ⅰ、Ⅱ级苗。栽植株行距一般为1.5m×2.0m或2m×2m。旱冬瓜苗木定植1个月后进行成活率调查，有死亡的要及时补植，补植时需用同龄大苗（云南省林业厅，2015）。

4. 幼林抚育

旱冬瓜造林后至郁闭成林约需5年，此期间要割灌、割草，以促进林木生长发育。郁闭后需要及时间伐，起始年龄、间伐周期及强度因具体情况而定。用材林采用全面抚育法，每隔5年间伐抚育1次，总计间伐抚育2～3次，间伐强度为50%～65%，最终保留800～1000株/hm^2。混交林采用带状间伐抚育法，由于旱冬瓜萌蘖力强，为此每隔3～5年要进行间伐抚育1次，在带内保留旱冬瓜，清除那些影响旱冬瓜生长的萌蘖植株，改善林内透光环境，其间伐强度为林木的30%左右；后期应适当控制旱冬瓜林木的数量，一般保

旱冬瓜单株（王连春摄）

留的株数仅为主栽树种的1/3，使其处于从属地位，以免影响主栽树种的生长。无论纯林还是混交林，间伐抚育坚持砍劣留优、砍密留稀、砍小留大的原则（云南省林业厅，2015）。

5. 主伐与更新技术

旱冬瓜人工用材林的主伐年龄为20~25年，采伐方式宜采用皆伐和择伐。由于旱冬瓜天然更新能力强，因此可采用萌蘖更新及人工更新两种。采用萌蘖更新，皆伐或择伐后应及时挖松伐桩周围的土壤，并培土到伐根上以促进伐桩的萌蘖。待新的萌生条长至50~80cm时按三角形选留3根长势旺盛的萌条进行培养，然后给伐根周围培上50cm厚的土使萌条有足够的空间长出再生根。此后，随时清除新萌生条。经2~3次间伐抚育后最终保留林木株数达原造林的初植密度即可。人工更新采用植苗造林，皆伐后第二年春即可进行，当年造林成活率应不低于85%。初植密度为2500~3000株/hm^2，经2~3次间伐抚育后最终保留株数为800~1000株/hm^2（云南省林业厅，2015）。

五、主要有害生物防治

1. 旱冬瓜白粉病

初发病时，嫩梢嫩叶上出现不规则的褪色斑，随后其上形成白色菌丝层和粉状分生孢子堆，可使嫩梢嫩叶生长延缓、畸形。入秋后，白色粉层上可形成黑褐色扁球形的小颗粒。病原为桤木叉丝壳（*Microsphaera alni*）。防治方法：发病初期病情尚轻，应及早喷石硫合剂进行预防，夏天可用0.3波美度，冬季可用1~3波美度的石硫合剂喷杀，有较好的防治效果。秋冬季清除病叶、落叶，集中销毁或深埋，减少初侵染来源。

2. 旱冬瓜毛毡病

被螨危害的嫩芽和叶尖细胞受刺激，叶面组织产生增生现象，密布增大增长的畸形细胞，初色浅，渐渐地颜色加深，病斑呈粉红色毛毡状。病原为赤杨绒毛瘿螨（*Eriophyes brevitarsus*）。防治方法：杀灭越冬螨，可喷洒2~3波美度石硫合剂。

3. 桤木叶甲（*Chrysomela adamsi ornaticollis*）

桤木叶甲是危害旱冬瓜林木的主要害虫，又名桤木金花虫，幼虫啃食叶片，使之形成网状而影响林木生长。防治方法：①化学防治，在1~2龄幼虫期、越冬或刚羽化成虫期喷洒农药防治；②人工防治，人工摘除卵块，或利用成虫的假死习性，震落捕杀；③生物防治，保护该害虫的天敌瓢虫、寄生蜂等，以控制其种群数量。

六、材性及用途

旱冬瓜木材属散孔材，浅红褐色，心材、边材区别不明显，有光泽；木材质细，纹理直，结构细至中等，材质轻软，气干密度0.523g/cm^3；干缩小，干缩系数0.441%（体积）；力学强度弱至中，抗弯强度76.1MPa，弹性模量99GPa，顺纹抗压强度39.9MPa，冲击韧性低43.4kJ/m^2。硬度：径面2502N、弦面2717N、端面3787N。木材干燥中等，耐久性弱，但易于防腐处理及易于加工。木材切面光滑，油漆后光亮性及黏胶性能良好，可供家具、木模、农具及建筑装修用材。因旱冬瓜木材无特殊的气味和滋味，又是理想的茶叶、食品包装及纸浆用材。

旱冬瓜是优良的鞣料植物，其树皮含丰富的单宁物质，树皮含单宁21.46%，纯度为62%，属水解类。旱冬瓜林木的树皮产量高，16~29年林木树皮的体积一般占材积（主干材积）的20%。树皮经适当粉碎后用于作高价值经济植物石斛、蝴蝶兰等的栽培基质，具有极好的保湿、透气作用。树皮还可入药，有消炎止血作用。此外，旱冬瓜林分具有改土增肥、涵养水源、抗烟尘等生态防护功能。

（王连春，杨德军）

182 台湾桤木

别　名｜台湾赤杨（台湾）、水柯仔（台湾）

学　名｜*Alnus formosana* (Burkill) Makino

科　属｜桦木科（Betulaceae）桤木属（*Alnus* Mill.）

台湾桤木原产于中国台湾省，几乎遍布全岛，适应性广，生长迅速，干形通直、高大，木材细软，纹理直，韧性好，易于加工、成型，可用于建筑、器具、箱板、家具和造纸等（王秀华和林晓洪，1993）。枝叶含氮量较高，具根瘤，生物固氮能力强，能有效提高林地土壤肥力（李明仁，1986）。1987年首次从中国台湾引入福建，继而在四川、湖南、广西等地均有引种分布，生长状况良好，是南方山区有推广价值的速生阔叶用材树种和生态绿化树种。

一、分布

台湾桤木是中国台湾省特有种，在原产地分布较为广泛，水平分布在21°50′～25°15′N，120°～122°E之间，垂直分布于海拔250～3000m的山区、平地、沟谷、溪边等，以海拔1000～2000m分布为多（朱万泽等，2005）。台湾桤木的栽培分布区域远较自然分布区域大，全属于人工引种栽培。福建、四川、湖南、广西、浙江、广东、湖北、重庆等地均有台湾桤木的引种分布（王金锡等，2013）。

二、生物学和生态学特性

台湾桤木为大乔木，高可达20m。树皮暗灰褐色。枝条紫褐色，无毛，具条棱；小枝疏被短柔毛。芽具柄，具2枚芽鳞。叶椭圆形至矩圆披针形，较少卵状矩圆形，长6～12cm，宽2～5cm，顶端渐尖或锐尖，基部圆形或宽楔形，边缘具不规则的细锯齿，两面均近无毛，有时下面的脉腋间具稀疏的髯毛，侧脉6～7对；叶柄细瘦，长1.2～2.2cm，沿沟槽密被褐色短柔毛。雄花序春季开放，3～4个并生，长约7cm，苞鳞无毛。果序1～4枚，排成总状，椭圆形，长1.5～2.5cm；总梗长约1.5cm；序梗长3～5mm，均较粗壮；果苞长3～4mm，顶端5浅裂。小坚果倒卵形，长2～3mm，具厚纸质的翅，翅宽及果的1/4～1/3（匡可任等，1979）。

台湾桤木为喜光树种，喜湿且耐湿，耐瘠薄，并具一定的耐干旱能力，在土壤湿润和空气湿度较大的溪边、河滩低湿地和河岸坡地上生长良好，在土质较干燥的荒山、荒地也能生长。台湾桤木对土壤适应性强，在山地黄壤、黄棕壤、棕壤、红壤灰化土、石质土和紫色土等类型上均可生长，常生于溪边、河谷、荒地、崩塌地（王金锡等，2013）。

三、苗木培育

1. 播种育苗

采种与调制　台湾桤木果实于当年11月成熟，翌年1月种子开始脱粒飞散，成熟的果穗为褐色，鳞片微裂，种仁白色蜡质状，在种子成熟的12月至翌年1月上旬适时采种。采用震击法或摘果穗法采收；果穗摊开晾干，抖出种子，忌暴晒。种子干藏或沙藏，沙藏种子可直接播种，干藏种子在播种前1个月进行沙藏或浸种24h后播效果更好。

浸种催芽　将种子装入布袋或编织袋，用30～40℃温水浸泡12～24h，沥干后用0.1%高锰酸钾溶液浸泡2min，清水冲净后摊晾至表面见干，与干细沙按1∶1比例混匀即可播种。

台湾桤木果（朱鑫鑫摄）

台湾桤木叶（朱鑫鑫摄）

台湾桤木树干（朱鑫鑫摄）

台湾桤木单株（朱鑫鑫摄）

台湾桤木枝叶（朱鑫鑫摄）

整地作床 作床前要细致整地、深耕细耙、施足底肥，并进行土壤消毒。土壤深耕时施腐熟的有机肥4500～7500kg/hm^2、复合肥450～750kg/hm^2，多次翻挖使土肥均匀混合。土壤消毒可用硫酸亚铁375kg/hm^2，或代森锌粉剂30kg/hm^2。整地时可施放除草剂，20天方可育苗。播种苗床宽120cm，移栽苗床宽度100cm，高20cm（干旱地区可适当降低高度，水湿地区可增加高度），长度随地形而定；床面要平，土粒要细。

播种 春秋两季均可播种，以春播为好。春播宜在2月中旬至3月上旬进行，平均气温宜为10～12℃。采用撒播或条播（行距15～20cm），将混有干细沙的种子均匀地撒在苗床上，然后用筛过的细土覆盖，厚度不超过5mm，以不见种子为宜。播种床面覆盖稻草，盖草厚度为1～2cm，浇水保持床面湿润，再加盖塑料薄膜拱棚和遮阳网，拱棚高度为30～40cm。播种量30～45kg/hm^2。

苗期管理春播后8～10天种子开始发芽出土，20～25天后幼苗出齐。播种后，每间隔2～3天，检查一次苗床的干湿度，适时用喷雾器在早晚喷洒清水1次，保持苗床湿润；当幼苗长出第六片真叶以后，每间隔7～10天在傍晚浇灌透水1次。

在播种后20～25天进行第一次揭草，揭去约40％的覆盖草，当幼苗长出第三片真叶时（一般为播种后30～40天），全部揭去覆盖草。揭草应选择阴天的傍晚进行（杨小建等，2007）。

当幼苗长出3～4片真叶时开始间苗和移栽，间出的壮苗可移栽，株行距为10cm×20cm。7月下旬至8月上旬定苗，留苗密度30万～45万株/hm^2。

第一次追肥在幼苗长出3～4片真叶时进行，叶面喷施浓度为0.2%～0.3％的尿素溶液，每月2次，每次15kg/hm^2；第二次追肥和第三次追肥

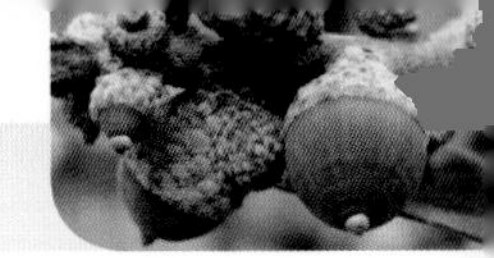

分别在幼苗生长6～8片真叶和开始分枝时进行，叶面喷施浓度为0.2％～0.3％的尿素溶液，每次30～45kg/hm^2，并在行间加施有机肥。9月起应停止施用速效肥，但可适量施用钾肥。

2. 扦插育苗

扦插季节　春季和秋季进行，春插扦插苗可当年出圃。

穗条选择　剪取生长健壮的半木质化枝条，截成10～15cm长的穗条，每根穗条应具有2个以上饱满的芽。

扦插方法　扦插基质采用黄心土或黄心土+腐殖土，将插穗浸入浓度为800倍代森锰锌液中消毒10min，再用100～400mg/kgGGR生根粉浸泡穗条基部切口10min后扦插，株行距15cm×20cm，扦插深度为穗条长度的2/3，扦插后遮阳保湿，生根率可达89.0%～96.5%。

3. 容器育苗

育苗基质　95%壤质黄心土+5%的过磷酸钙。

育苗容器　8cm×8cm×10cm的塑料营养袋。

幼苗移栽　基质用0.3%的高锰酸钾溶液消毒。用竹签在基质上打孔，将发育有4片真叶的幼苗植入，用土压实根部，再浇透定根水。

苗期管理　搭建遮阳棚，防止阳光暴晒；苗木生长稳定后在逐渐拆除。适时适量浇水灌溉，保持基质湿润。移栽后10天后开始施肥，第一次用0.1%的尿素+0.1%磷酸二氢钾喷施，随着苗木生长，肥料浓度控制在0.2%～0.5%。

组织培养育苗已经有个别研究成果，但尚未应用于育苗生产。

四、林木培育

1. 造林地选择

台湾桤木适宜在土层深厚、土壤湿润、排水良好的立地上生长，造林地应选择海拔800m以下的山坡下部及低山丘陵地，土层厚80cm以上，湿润的红壤、黄红壤、黄壤、赤红壤、紫色土等均可营造台湾桤木速生丰产林。坡位和坡向对台湾桤木幼树生长具有较大的影响作用。8年生幼树的平均胸径、树高和材积均是下坡大于上坡，南坡好于北坡，坡位是山中下及下部最好（邹高顺，1995）。因此，台湾桤木造林尽量选择南坡坡下土壤深厚的地方。

2. 整地

一般采用穴状整地，穴规格为40cm×40cm×30cm或60cm×60cm×45cm，在土壤深厚疏松的地方可挖小穴，在土层板结较薄的地方应挖大穴。每穴施过磷酸钙或钙镁磷400～500g，或含氮：磷：钾为20：10：10的复合肥250～400g，表土回穴。

3. 造林

立地条件好的地方培育大、中径材，株行距宜为2.0m×2.0m或2.0m×2.5m；立地条件较差的地方，可适当密植；水库、河渠护岸林，株行距为1.5m×2.0m。

造林时间1～2月为宜。造林主要用1年生苗木，造林分截干和不截干两种方式。不截干是先修剪苗木，删除较密的侧枝，长枝剪除1/3，每叶片剪去1/3～1/2；截干是把苗木切干仅留干基长40cm，栽植时入土1/3干基。山地造林尽量不营造纯林，提倡台湾桤木与杉木、马尾松、湿地松等混交，混交比例1：3。

4. 幼林抚育

造林后第一年3～4月进行扩穴培土1次，5～6月和7～8月各全面锄草1次，清除萌芽，挖除林地内茅草；第二年再全面锄草2次，第三年抚育1次。追肥应以磷肥（过磷酸钙）为主，氮：磷：钾＝2：1：1。林龄2年时，施肥量为250～300g/株；林龄3年时，施肥量为300～500g/株，追肥结合扩穴锄草进行。每年冬季可适当整枝，正常抚育管理2～3年可郁闭成林。

五、主要有害生物防治

台湾桤木易发生白粉病、煤污病等病害。防治方法：白粉病防治应及时清除、收集并烧毁病枝、病叶，采用0.3～0.5波美度石硫合剂，或25%粉锈宁1500～2000倍液喷施。煤污病防治要及时去除桤木蚜虫、介壳虫及木虱，以达到治病的目的。在5月上旬左右，喷射12～20倍的松脂合剂或1波美度的石硫合剂进行防治。

台湾桤木易遭受白蚂蚁、桤木叶甲、桤木汀蛾等虫害。防治方法：在造林时喷洒灭蚁灵或使用白蚁诱杀剂，防治率可达90%以上。桤木叶甲成虫具有假死性，受惊扰时，常蜷状下落。因此，可敲击树干捕杀成虫；成片高大的林内，可施放741杀虫烟剂，每公顷用药7.5～15.0kg。越冬前后的成虫是防治的重点，应抓紧防治，喷洒90%的敌百虫4000～6000倍液或50%敌敌畏2000倍液。桤木汀蛾防治可利用群居性及白天下树栖藏的特性，捕捉杀灭；在高大树内施放741烟剂，在低矮林分用马拉油超低量喷雾防治。

台湾桤木幼苗易感染立枯病、根腐病，定期喷施退菌特、多菌灵、甲基托布津等杀菌剂1000倍液防治。对小地老虎、金龟子、蟋蟀等虫害，可用敌百虫、敌敌畏1000倍液或50%马拉松乳剂800倍液喷杀或灌施。

六、材性及用途

台湾桤木木材无边材心材之分，年轮宽阔明显，散孔材，采伐当时木材白色，稍过时日渐变为淡红黄白色，横断面为褐色，轻软而具韧性，木理致密，加工容易，髓线宽广，有光泽，在径切面、弦切面或横断面上都很显著（王金锡等，2013）。9年生台湾桤木纤维形态分析显示：纤维长度为900～1700μm，纤维宽度为21.15～28.28μm，纤维双壁厚为5.54～9.49μm，纤维长宽比为40.68～53.46，纤维壁腔比为0.35～0.51，平均值为0.25，属于优质的纤维原料，非常适合用来造纸或制纤维板（王晶晶，2008）。

台湾桤木气干密度0.5g/cm^3，除耐腐性、耐蛀性能外，其他物理、机械加工性能良好，破坏系数和弹性系数与台湾檫木、樟树相近（王金锡等，2013）。

台湾桤木用途广泛，既可作为薪炭材和菇用材，也可作建筑、箱板、家具、火柴杆、铅笔杆等用，并且是造纸、纤维板的原料。

（叶功富，赖文胜，肖晖）

183 辽东桤木

别　名｜毛赤杨（《黑龙江树木志》）、水东瓜（东北）、水冬瓜赤杨（《东北木本植物图志》）
学　名｜*Alnus sibirica* Fisch. ex Turcz.
科　属｜桦木科（Betulaceae）桤木属（*Alnus* Mill.）

辽东桤木主要分布在我国东北地区，天然分布于河岸边、溪流旁排水不良的一级阶地及泛滥地。辽东桤木林内水湿，地表常有积水或季节性积水，为东北森林湿地上分布的主要森林类型，常与白桦、落叶松混交形成湿地森林景观，为护岸固堤、保持水土生态防护林的优良造林树种。辽东桤木有根瘤，具有改良土壤提高肥力的功效，研究表明，辽东桤木根际土壤中有机质，速效氮、磷、钾质量分数均比同年生根际外土壤中的质量分数高（刘丽娟等，2010）。

一、分布

辽东桤木分布于黑龙江、吉林、辽宁、内蒙古、山东。朝鲜、俄罗斯西伯利亚和远东地区、日本也有分布。

二、生物学和生态学特性

落叶乔木或小乔木；树皮灰褐色或暗灰色，光滑；当年生枝褐色，有毛，枝暗褐色或紫褐色，有毛或有蜡质层，皮孔形小，分散；冬芽卵形或卵圆形或椭圆状卵形，有柄，长达9mm，紫褐色或栗褐色，先端钝圆或钝尖，具黏质有光泽。叶近圆形、宽卵形、椭圆状卵形，长3.5～14.0cm，宽3～11cm，先端圆或短渐尖，基部圆形，阔楔形或截形，边缘浅裂，有钝齿或重锯齿，上面暗绿色，幼时有毛，老时近无毛，下面粉白色，常有锈色毛或无毛。花单性，雌雄同株；雄柔荑花序，裸露过冬，圆柱形。果序3～4个集生于一总柄，果序近球形或卵状椭圆形，长1.5～2.0cm，短柄或近无柄；小坚果倒卵形，有窄而厚的果翅。花期5月，果熟期8～9月。

黑龙江省伊春市小兴安岭植物园辽东桤木天然林景观（叶林摄）

喜光、耐水湿，常生于森林湿地、河岸两岸一级阶地、溪流旁季节性积水的泛滥地、湿润谷地或沼泽地上。在积水的水湿地上虽能生存，但生长不良，常呈丛生状；在山坡下部土层深厚、排水良好的肥沃土壤上生长最好。

三、苗木培育

辽东桤木常规扦插不易生根，采用播种育苗方式。

采种与调制 目前为止，辽东桤木的良种选育工作还没有相关的报道，采种工作只能在普通林分中进行。选择干形良好、生长健壮的优势木为母树采种，在小兴安岭辽东桤木种子9月末成熟，采集不及时果序干裂、张开，种子飞散落地无法收集。采回的果序晾干，待其干裂种子掉出，簸净杂质和空瘪种子后常温保存。

种子催芽 辽东桤木种子催芽容易、发芽速度快，发芽率66%。在20℃条件下种子第9～11天开始发芽，7～8天出齐；室温（13～15℃）条件下20天开始发芽。因此种子处理不宜过早，可在播种前2个月进行种子处理。种子处理方法：用0.15%高锰酸钾溶液消毒15min，用40～50℃的温水浸种、搅拌，自然冷却后浸泡24h，用湿沙按3：1的比例混合窖藏（温度3～5℃），定期翻动保持水分均匀和适当的湿度（湿度以用手攥成团，松开后不散开为宜），播种前一周取出室温催芽。

播种 播种时间在5月中旬，采用床作条播作业方式。千粒重0.7g、净度75%、发芽率66%情况下，播种量以8.37g/m^{2}为宜，此时苗床密度可达740株/m^2。

播种覆土厚0.3～0.4cm，压实、灌饱水、加盖草帘，根据天气状况定时灌溉保持苗床湿润。

黑龙江省伊春市小兴安岭植物园辽东桤木人工林（叶林摄）

苗期管理 播种苗出齐后，选择阴天或早晚时间撤去草帘；适时除草、松土、间苗。辽东桤木S_{1-0}苗平均高7.8cm。第二年春季换床育苗，换床同时作切根处理，每平方米植换床苗110～130株；辽东桤木S_{1-1}苗平均高0.73m，平均地径0.94cm。秋季起苗假植或窖藏，也可春季随起随造。

病害防治 育苗过程中，幼苗期易发生地下害虫蝼蛄的危害，可在作床时使用50%乳油辛硫磷1：800的水溶液按1.1kg/m^{2}处理土壤，或在幼苗期用毒饵诱杀的方法进行防治。

四、林木培育

造林地选择 作为用材林或原料林造林，在小兴安岭林区选择坡度平缓（＜7°）水分充足的山坡下部、土层深厚（＞40cm）的暗棕壤或腐殖质沼泽土。

整地和植苗造林 造林地秋季细致整地，穴径60cm、深25cm；植苗造林，株行距1.5m×2.0m，造林密度3300株/hm^2；在较为水湿的腐殖质沼泽土上可采用起大垄的整地方式。在土壤条件稍好，能够进行穴状整地的地段，秋季进行暗穴整地，穴径60cm、深25cm，注意打碎泥炭土和草根盘结层；造林密度1600～2500株/hm^2，株行距2m×2m或2m×3m。

直播造林 在不易整地的沼泽地上，可采用直播方式造林。直播造林宜在春季进行，采用铲草皮整地方式，穴面直径60cm、深至露出土壤。直播须用处理好的种子，每穴播种5～8粒，用细沙与壤土按1：1混合作为覆土，覆土厚0.3～0.4cm，踏实至覆土润湿。

五、综合利用

材质较硬，黄白色，氧化后变红褐色。可供建筑、乐器、铅笔、火柴杆、农具、家具或薪炭用材。果实和树皮可作染料；树皮含单宁10%；木炭可制黑火药。

（叶林，徐杰）

184 榛

别　名 | 榛子（中国）
学　名 | *Corylus heterophylla* Fisch.
科　属 | 榛科（Corylaceae）榛属（*Corylus*）

榛作为远古时期的木本粮食树种（经济林树种），在我国有数千年的利用历史，《诗经》等古书上有大量的记载。榛属植物资源丰富，全世界约有16种，分布于亚洲、欧洲和北美洲。其中，原产于中国的有平榛（*C. heterophylla*）、毛榛（*C. mandshurica*）等8个种和藏刺榛（*C. ferox* var. *thibetica*）、短柄川榛（*C. kweichowensis* var. *brevipes*）2个变种。目前，在生产上进行人工垦复利用的野生资源主要是平榛，面积达200万亩，年产量5万t；人工栽培的是平欧杂种榛（平榛与欧洲榛杂交种），全国现有人工园艺化栽培面积约120万亩，多为幼林，年产榛果3万t。

一、分布

我国榛属植物主要分布区的经纬跨度较大，纬度范围24°31′~51°42′N，北起黑龙江的呼玛县，南至云南省的安宁县；经度范围85°55′~132°12′E，西起西藏的聂拉木，东达黑龙江省东部宝清县，从东北—华北山区、秦岭和甘肃南部及河南—华中—西南高原，呈斜带状分布。海拔100~4000m都有榛属种质资源的分布，在东北三省、内蒙古地区，平榛和毛榛分布海拔范围为100~1200m，而在太行山区的河北、山西地界则分布在海拔1000m以上；滇榛主要分布在四川和云南1500m以上的高海拔区；维西榛主要分布在滇西北海拔3000~4000m深山林地。甘肃南部和秦岭沿线榛属植物种质资源较集中分布在海拔1000~3000m。

平榛和毛榛主要分布在辽宁、吉林、黑龙江及内蒙古、河北、山东、山西、陕西渭河以北地区、宁夏、甘肃东北部等北方区，集中分布在东北的大兴安岭、小兴安岭、燕山山脉、太行山脉等地区；川榛、华榛、绒苞榛、刺榛主要分布在从黄河、秦岭以南（包括秦岭）到长江以北，包括陕西南部秦岭地区、四川北部、河南、安徽、江苏、湖北西部、甘肃的南部；滇榛和维西榛主要分布在云南等西南部地区（霍宏亮等，2016）。

平欧杂种榛从2000年开始试种推广以来，在长江以北18个省（自治区、直辖市）栽培试种获取许多试验数据及栽培实践经验。根据各地表现将其主要栽培区划分4个栽培区即：北部栽培区、中部栽培区、南部栽培区和干旱地带栽培区。北部栽培区为我国41°~47°N地区中的中温带湿润大区、亚湿润大区；中部栽培区为我国35°~41°N，105°E以东部分，为我国暖温带亚湿润地区；南部栽培区为我国的31°~35°N，104°E以东部分，为我国暖温带南部及北亚地带，中亚地带长江以北海拔高的地区，基本处在长江、黄河流域及秦岭以南地区；干旱地带栽培区为我国的中温带亚干旱大区和中温带干旱大区。栽培平欧杂种榛优势区域的气候条件是中温带湿润地区，即从温度来说，气候冷凉但冬季没有严寒，年平均气温5℃以上，冬季极端气温不超过-30℃，全年空气较湿润，生长期空气湿度65%以上，休眠期空气湿度60%以上。风力较小，特别是早春风力不超过4级，在上述气候条件下，平欧杂种榛生长发育良好，结实多，丰产。

二、生物学和生态学特性

1. 生物学特性

平欧杂种榛为落叶大灌木或小乔木，自然生长为丛状，树高3.5～5.0m，栽培树形为单干形或少干丛状形。平欧杂种榛根系属于茎源根系（根状茎），分布浅且横向生长，一般分布于地下10～60cm的土层中，集中分布区是地下20～40cm的范围内。榛树的花为单性花，雌雄同株异花，雄花为柔荑花序，雌花为头状花序。雌花芽是混合芽，一般从6月底到7月上旬开始分化，最早于8月下旬至9月上旬、最迟于10月下旬至11月中旬分化完成。最早于6月上旬在叶腋间出现红色细长尖状物，逐渐长成幼小的雄花序，9月上旬到10月雄花序逐渐变成淡黄色或红褐色，此时其形态分化已经完成。雌雄花序从形态可见到分化完成需65～85天。雌花开花时，在花芽的顶端伸出一束柱头，呈鲜红色或粉红色，柱头长5～8mm，每一花序的柱头数量约8～30枚。雄花开放是以雄花序松软开始，然后柔荑花序伸长，花苞片开裂、花药散粉。榛树的雌花、雄花先于叶开放，通常情况下雄花单株开放持续6～14天，雌花开放持续10～14天。榛树品种自交不亲和，不同品种间的授粉亲和性也存在很大的差异，合理选择并配置授粉树是保证丰产、稳产的必要条件。从雌花授粉到幼果开始膨大需要60～75天，在此期间混合雌花芽萌发生长成结果枝，在其顶端露出果序，从幼果膨大到坚果成熟需要87～101天。

榛树全年分为两个主要时期，即营养生长期和休眠期。从开花、萌芽到落叶全年生长期195～240天。平欧杂种榛在大连生长期为205～215天，在沈阳生长期为190～200天。榛树的休眠期是从落叶后到翌年开花前。表1为平欧杂种榛在五个主要栽培区的物候期。

榛树开始结果年龄早，无性繁殖的1年生榛树栽植后1～2年生可形成雌雄花序，2～3年生开始结果，4～5年生具有经济产量，5～6年生进入盛果初期，7年生以上进入盛果期。盛果期可维持20～30年。

平欧杂种榛雄花序（北京）（王贵禧摄）

平欧杂种榛结果状（辽宁）（王贵禧摄）

表1 平欧杂种榛物候期

地 区	雄花开花期	雌花开花期	芽萌动期	子房开始膨大期	坚果成熟期	落叶期	备 注
黑龙江带岭	4月下旬至5月上旬	4月下旬至5月上旬	4月下旬	6月中旬	9月上旬至9月中旬	10月中旬	
辽宁沈阳	3月下旬至4月上旬	3月下旬至4月上旬	4月下旬	5月中旬	8月中下旬至9月上旬	10月中下旬	
辽宁大连	3月中下旬	3月中下旬	3月下旬至4月上旬	5月下旬	8月中旬至9月上旬	11月上旬	1987—1999年
山东安丘	3月上旬	3月上旬	3月下旬	5月中下旬	8月上中旬	11月中旬	2009年
安徽肥西	3月上旬	3月上旬	3月下旬	5月中下旬	8月下旬	11月下旬	

2. 生态适应性

平欧杂种榛在生态上有三个特点：首先，在气温方面具有平榛的抗寒遗传特性，最北可栽培至46°N，如黑龙江省佳木斯地区，年平均气温2.9℃，绝对最低气温-41.1℃。栽培南限为淮河以北，年平均气温15℃以下。其次，平欧杂种榛喜欢湿润的空气环境，特别在东北东部湿润区生长发育和结实良好。但经过十几年的栽培实践证明，在半干旱和干旱地区如果有灌水条件及防风林的环境，仍然生长结果良好。最后，在土壤方面，平欧杂种榛为浅根性树种，根系以水平分布为主，喜透气性良好的沙壤土上生长。但在壤土、轻黏土、轻盐碱土上生长发育也是良好的。在土壤酸碱度方面，从pH 5.5的酸性土到pH 8.2的碱性土上均可正常生长发育和结实。

温度 平欧杂种榛抗寒性强，最耐寒的品种如‘平欧28号’‘薄壳红’‘平欧15号’‘平欧11号’在冬季有雪覆盖的条件下可耐-42.1℃低温，在年平均气温1.4℃的严寒条件下基本可以正常越冬。冬季低温仍然是制约平欧杂种榛发展的主要因素。冬季低温可使雄花序冻死，芽受冻不能正常开放，没有充分成熟的枝条受冻、抽干。平欧杂种榛的栽培南界在淮河以北（江淮之间部分地区也可种植）、年平均气温15℃以下地区。年平均气温水平不同所采用的栽培品种也不一样，例如，在年平均气温3.2～7.5℃地区，适宜栽培抗寒品种有：‘达维’‘辽榛3号’‘平欧110号’‘玉坠’等；在年平均气温8℃以上，适宜栽培品种有：‘辽榛9号’‘平欧33号’‘辽榛4号’‘达维’‘辽榛3号’‘辽榛7号’。

水分和湿度 榛树总体喜湿润的气候。榛树雄花序是裸露的，叶芽和花芽的鳞片少而且松散，因此它要求在休眠期（深秋、冬、早春）的空气湿度较高。平欧杂种榛一般在空气相对湿度达到60%以上即可正常通过休眠。最适宜休眠期相对湿度65%～70%。因此，平欧杂种榛如果能栽植在有大的水面的地区，如临海、湖泊、江河或大水库附近，将更有利它的生长发育。在北方虽然冬季寒冷，但由于降雪多，常常有30～50cm厚的雪覆盖地面，对园地改善湿度环境起很大作用，春季雪的融化、蒸发增加了空气湿度，使雄花序、枝、芽很少抽干，有利于春季的开花、生长（李春牛等，2010）。平欧杂种榛生长地域年降水量700～1100mm为最适宜；年降水量500～680mm为稍有不足，需有1～2次人工补水；年降水量500mm以下地区栽培需有3～4次人工灌溉。榛树是浅根性树种，如果土壤过黏且积水，则根系呼吸不畅，树势衰弱；榛园如果积水达48h，部分根系会因呼吸受阻而死亡；如果根系积水72h以上，则大部分根系死亡，严重时全株死亡。

光照 平欧杂种榛喜光，在建园时要考虑年日照时数，一般要求年日照时数在2100h以上。在坡度25°以上建园要选南坡向。园地的栽植密度也要适当，栽植过密，园地郁闭，光照不足。

平欧杂种榛‘达维’坚果（辽宁）（梁维坚摄）

平欧种植榛雌花（北京）（王贵禧摄）

平欧杂种榛平地榛子园（沈阳）（王贵禧摄）

平欧杂种榛退耕还林山地榛子园（黑龙江）（王贵禧摄）

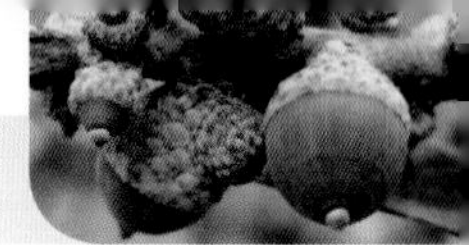

风 风对平欧杂种榛树有一定的影响，就休眠期（冬、早春）而言，大风使雄花序、枝条水分蒸发加剧，易产生抽干现象。在开花期，2～3级风有利于花粉的扩散和授粉。5级以上的大风易使雄花粉被快速刮走，不利于授粉。休眠期冬季的大风，尤其是早春的大风使雄花序及1年生枝失水，严重时抽干。春季萌芽、新梢生长期刮大风也不利于正常生长发育。因此，在冬、春季风大的地区建园，需建立防风林。

三、良种选育

我国科技工作者自20世纪80年代开展了榛属植物杂交育种工作，以平榛作母本、欧洲榛（*C.avellana*）作父本进行种间杂交并成功选育出具有大果、抗寒、丰产特性的平欧杂种榛（*C.heterophylla*× *C.avellana*）栽培种，俗称大果榛子。平欧杂种榛为大灌木或小乔木，树高3.5～5.0m，6～7年进入盛果期。平欧杂种榛适应性强，适于年平均气温3.2～15.0℃的范围，从黑龙江佳木斯地区南到淮河以北地区，以及西北部的新疆伊犁地区都可种植。平欧杂种榛除直接作为坚果食用（鲜食或炒食）外，还可榨油（含油率60%左右），生产糖果、饮料、榛子酱、糕点等各种类型食品。平欧杂种榛的选育成功，使我国榛子产业实现了两大转变，一是由野生资源利用向人工园艺化栽培转变，二是由传统的“小零食”向现代产业转变，从而开启了中国榛子产业快速发展的新阶段。

1. 杂交育种

我国原产平榛的缺点是果个小，平均单果重1g左右，果壳厚，出仁率只有25%～30%，产量低，但是平榛具有抗寒、抗旱、耐瘠薄、适应性强的优点。世界上其他国家栽培的基本都是欧洲榛，欧洲榛具有果个大（单果重2～4g）、壳薄（出仁率40%～50%）、产量高（每公顷1500～3000kg）的优点，但是不抗寒，适应性差。因此，我国的平榛和国外的欧洲榛的优缺点存在互补性。20世纪80年代，梁维坚等科技工作者以平榛作母本、欧洲榛作父本，开展了平榛和欧洲榛的种间杂交工作。经过20年的育种研究，从平榛×欧洲榛种间杂交获得的F_1代中，选出优良品系，然后对优良品系进行比较试验和区域试验，获得优良杂种，最终选出10余个平欧杂种榛优良品种。自此，我国结束了没有栽培榛品种的历史。当前，在实现第一代平欧杂种榛育种目标的基础上，中国林科院林业研究所等单位又开展了第二代育种目标的杂交育种工作，同时开展了以川榛为亲本、培育适合长江流域栽培的榛新品种的育种工作。

2. 平欧杂种榛主要品种（品系）

当前我国进行人工园艺化栽培的品种全部来自平欧杂种榛，下面对主要栽培品种（品系）做以介绍。

（1）‘达维’（‘Dawei’育种代号84-254，林木良种审定编号辽S-SV-CH-003-2000）

树势强壮，树姿幼树时直立，6～7年以后，结实量加大，逐渐变为半开张或开张树形。在沈阳，7年生树高3.2m，冠径2.9～3.0m。在山东安丘，9年生树高4.6m，平均冠径3.6m，多年生枝干灰褐色或褐色，1年生枝灰褐色，着生茸毛，皮孔白色，大而密。叶椭圆形，浓绿，叶侧脉6～7对，侧脉间具明显皱折，叶先端突尖并稍反卷，基部心形；叶柄短，密被茸毛；叶缘浅裂，具细尖锯齿。果苞较长，苞叶2片，半闭合。雌花柱头红色，雄花序黄色。开花期：大连3月下旬，沈阳3月底至4月上旬，山东安丘3月上旬。坚果成熟期：辽宁8月中下旬，山东安丘8月上旬。坚果椭圆形，浅褐色，单果重2.5～2.7g，果壳厚1.2～1.4mm，果仁重1.0～1.2g，果仁光洁，风味佳。出仁率42%～44%，果仁脱皮率70%。

该品种丰产，而且连续丰产性强。据沈阳市沈北新区榛园调查：8年生单株结实1273粒，有510个果序，平均每序结实2.5个，说明该品种非常丰产。而且从3年生开始结果，直到8年生产量逐年上升，8年生单株结实3.2kg。据辽阳县河栏镇榛园调查：5年生‘达维’平均单株结实1.6kg，7年生平均单株结实1.75kg，8年生平均单株结实3.8kg。在山东安丘6年生平均株产3.45kg。当然，上述产量需要良好的栽培管理措施。‘达维’抗寒适应性强，可以耐冬季-35℃低温，在冬季有雪覆盖条件下，可以在黑龙江桦南县南部（46°N）正常越冬结实。在干旱、半干旱地区，只要有灌水条件，仍然可以丰产。如在新疆察布查尔县4年生‘达维’结实0.8～1.0kg，在山西的太谷县也表现丰产。授粉树：‘辽榛7号’‘辽榛3号’‘辽榛8号’‘平欧21号’等均可。‘达维’易感染榛叶白粉病。对除草剂2,4-D丁酯敏感，耐受力弱，容易受害。在我国中南部地区，夏秋季有雄花序脱落现象。果实颜色偏暗是其不足。‘达维’是一个丰产、抗寒、适应地域广的品种，果仁光洁、质量好，是一个良好的加工型品种，在有雪覆盖条件下，可以在我国年平均气温4℃以南地区栽培，为重点推广品种之一。

（2）‘玉坠’（‘Yuzhui’育种代号84-310，林木良种审定编号辽S-SV-CH-004-2000）

树势强壮，树姿直立，树冠较大。在沈阳，6年生树高2.6m，冠径1.9～2.0m；在山东安丘，9年生树高4.1m，平均冠径2.9m。坚果椭圆形，红褐色。单果重2.0g，果壳厚度1.0mm，出仁率达48%～50%，果仁饱满、光洁、风味佳、品质上；脱皮率90%；丰产性强，穗状结实，在山东安丘6年生株产3.2kg，在辽宁沈阳7年生株产2.7kg。在山东安丘8月上旬成熟，在辽宁沈阳8月下旬成熟。适应性、抗寒性强，休眠期可抗-35℃低温，在有雪覆盖条件下，适宜年平均气温4℃以上地区栽培。该品种抗寒、丰产，适于北方寒冷地区栽培。果实较小，但果仁饱满。授粉树：‘达维’‘辽榛3号’‘平欧21号’等均可。

（3）‘辽榛3号’（‘Liaozhen 3’，别名平欧226号，育种代号84-226，林木良种审定编号辽S-SV-CHA-002-2006）

树势强壮，树姿直立。在沈阳，6年生树高3.2m，冠径1.8～2.0m；在山东安丘，9年生树高4.0m，平均冠径2.7m。坚果长椭圆形，黄褐色，外具条纹，平均单果重2.9g，果壳厚度1.3mm，出仁率47%，果仁饱满、光洁，脱皮率70%，丰产性强；在山东安丘6年生株产2kg，在辽宁沈阳7年生株产2.9kg。在山东安丘8月上旬成熟，在辽宁沈阳8月下旬成熟。授粉树：‘达维’‘辽榛7号’等均可。叶片抗白粉病，对除草剂2,4-D丁酯不敏感，榛园附近玉米地施用除草剂对该品种影响较小。该品种树势强，耐寒，休眠期可耐-35℃低温，在黑龙江桦南县南部（46°N）可正常生长、结实。在有雪覆盖条件下，可在年平均气温4℃以上地区栽培。其坚果大型、果壳薄、出仁率高，是带壳销售烤制型优良品种，为重点推广品种之一。

（4）‘辽榛7号’（‘Liaozhen 7’别名平欧110号，育种代号82-11，林木良种审定编号辽S-SV-CHA-001-2013）

树势中庸，树姿开张，树冠大。在沈阳，7年生树高2.8m，冠径3.0m；在山东安丘，9年生株高3.6m，平均冠径3.1m。坚果近圆形，红褐色，美观，单果重2.8g，果壳厚度1.4mm，出仁率40%，脱皮率65%；果仁饱满、光洁，风味佳；早果性、丰产性较强，定植后2～3年生开始结果；在山东安丘6年生株产2.1kg，在辽宁沈阳6年生株产1.9kg。在山东安丘8月中旬成熟，在辽宁沈阳8月下旬成熟。授粉树：‘达维’‘辽榛3号’‘平欧21号’‘辽榛8号’等均可。该品种在辽宁表现产量略低于‘达维’。但在黑龙江表现越冬性强、丰产，如在黑龙江桦南县南部（46°N）8年生树没有冻害，生长、结实正常，10年生最高株产4kg。该品种在黑龙江的东宁县、宁安县、林口县也表现耐寒，生长结实正常。在吉林的通化县生长、结实正常。在新疆察布查尔县、阿勒泰等地在冬季有雪覆盖条件下正常越冬结实。但在冬季无雪覆盖条件下，低温干旱有时有抽梢现象。该品种耐寒，休眠期可耐-35℃低温，在冬季有雪覆盖条件下，可在年平均气温4℃以南地区栽培。其坚果红色美观、果仁质量好、易脱皮，是良好的加工型品种，是重点栽培品种之一。

（5）‘辽榛8号’（‘Liaozhen 8’别名平欧210号，育种代号81-21，林木良种审定编号辽S-SV-CHA-002-2013）

树冠较小，树姿开张，为矮化树形。在沈阳，6年生树高近2.0m，冠径1.8～1.9m。坚果圆形，红褐色，外具纵条纹，美观，单果重

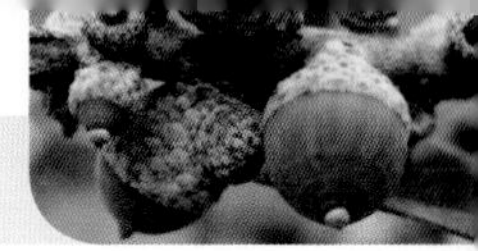

2.5～2.7g，果壳厚度1.25mm，出仁率43%，果仁饱满、光洁，风味香并略带甜味；早产、丰产，2～3年生开始结果，穗状结实，一序多果。在山东安丘6年生株产2.1kg，在辽宁桓仁县6年生株产3.1kg。在山东安丘8月上旬成熟，在辽宁沈阳8月下旬成熟。该品种为矮化树，株高2m左右，适于密植栽培，或与树冠大的品种配置授粉树，相间栽植，以调节园内的通风和光照。该品种耐寒性强，在有雪覆盖条件下，休眠期可耐-38℃低温，可在年平均气温3℃以上地区栽培。该品种缺点是，对肥水要求高，结实多，肥水跟不上时，果仁有不饱满现象，适于北方寒冷地区栽培。该品种大果、美观、丰产，是良好的加工型品种。

（6）'平欧28号'（'Pingou 28'育种代号85-28）

树势强壮，树姿直立，雄花序极少或没有。在沈阳，6年生树高2.5m，冠径1.9～2.3m；在山东安丘9年生株高3.61m，平均冠径2.91m。坚果圆形，黄色，单果重2.8g，果面绒毛密，具纵沟纹，果仁饱满、光洁、风味佳；果壳厚度1.7mm，出仁率40%；结果早，在山东安丘6年生单株产量2.9kg，在辽宁沈阳7年生株产2.7kg。在山东安丘8月中下旬成熟，在辽宁沈阳8月下旬成熟。该品种抗抽条能力很强，休眠期可耐-35℃低温，可在年平均气温4℃以上地区栽培。该品种果实圆形、果仁圆形，为优良加工型品种，是重点推广品种之一。

（7）'平欧21号'（'Pingou 21'育种代号B-21）

树势强壮，树姿半开张，冬季叶片宿存。在沈阳，6年生树高2.7m，冠径1.8～2.0m；在山东安丘，9年生树高3.69m，平均冠径2.5m。坚果长椭圆形，红褐色，单果重2.8g，果仁饱满、光洁、风味佳；果壳厚度1.3mm，出仁率44%，脱皮率50%；丰产性强，在山东安丘6年生单株产量2.7kg，在辽宁桓仁7年生株产2.6kg。在山东安丘8月中旬成熟，在辽宁沈阳8月下旬成熟。该品种抗寒性较强，休眠期可耐-35℃低温，可在年平均气温4℃以上地区栽培，可作授粉树使用，为烤制型品种。

（8）'辽榛9号'（'Liaozhen 9'别名平欧69号，育种代号84-69，林木良种审定编号国S-SV-CH-021-2017）

树势旺盛，树姿开张，枝量大，树冠大。在沈阳，6年生树近3.0m，冠径近2.0m；在山东安丘，9年生株高3.8m，平均冠径3.1m。坚果圆形，黄褐色，单果重3.2g，具条纹，美观；果壳厚度1.65mm，出仁率41.4%，脱皮率70%，果仁饱满、光洁；丰产性强，且稳产，在山东安丘6年生株产3.2kg，在辽宁沈阳8年生株产3.1kg。在山东安丘8月中旬成熟，在辽宁沈阳9月上旬成熟。该品种越冬性中等，休眠期可耐-30℃低温，可在年平均气温8℃以上地区栽培。该品种是一个丰产、大果仁用加工型品种，为南温带、北亚热带地区重点推广品种之一。

（9）'平欧545号'（'Pingou 545'育种代号84-545）

树势中庸，树姿开张。在大连6年生树高2.6m，冠径2.1m；在山东安丘，9年生株高3.6m，平均冠径2.7m。坚果椭圆形，金黄褐色，单果重2.8kg，美观，果壳厚度1.2mm，出仁率45%，脱皮率60%，果仁饱满、较光洁、风味佳；早实性强，2～3年生开始结果，丰产，在山东安丘6年生株产3.1kg。在山东安丘8月上旬成熟，在辽宁大连9月上旬成熟。该品种越冬性中等，可在年平均气温10℃以上地区栽培。该品种坚果大型、美观，可以带壳销售，为加工型、烤制型兼用品种。

（10）'辽榛1号'（'Liaozhen 1'别名平欧349号，育种代号84-349，林木良种审定编号国S-SV-CH-018-2017）

树势强壮，树姿半开张。在大连，6年生树高2.7m，冠径2.0m；在山东安丘9年生株高3.55m，平均冠径3.1m。坚果椭圆形，灰褐色，单果重2.6g，果壳厚度1.3mm，出仁率40%，脱皮率70%，果仁饱满、光洁、风味佳；丰产性强，一序多果，在山东安丘6年生株产2.4kg，在辽宁沈阳7年生株产3kg。在山东安丘8月下旬成熟，在辽宁沈阳9月上旬成熟。该品种越冬性中等，休眠期可耐-30℃低温，可在年平均气温10℃以上地区栽培，为加工型品种。

（11）‘辽榛2号’（‘Liaozhen 2’别名平欧524号，育种代号84-524，林木良种审定编号国S-SV-CH-019-2017）

树势中庸，树姿直立。在大连，6年生树高2.6m，冠径2.0m；在山东安丘，9年生株高3.84m，平均冠径2.6m。坚果圆形，黄褐色，单果重2.6kg，果壳厚度1.1mm，出仁率46%，脱皮率80%，果仁饱满、光洁、风味佳；早产，较丰产，2年生开始结果，在山东安丘6年生株产2kg。在山东安丘8月下旬成熟，在辽宁大连9月上旬成熟。该品种不耐寒，在大连常有抽梢现象，可在年平均气温10℃以上地区栽培。该品种坚果圆形、脱皮率高，为加工型品种。

（12）‘辽榛4号’（‘Liaozhen 4’别名平欧41号，育种代号85-41，林木良种审定编号国S-SV-CHA-020-2017）

树势强壮，树姿开张，雄花序少，树冠较大，9年生树高4.8m，冠幅直径3.2m以上。坚果圆形，黄色，具条纹，单果重2.5g，出仁率46%，果仁饱满，较粗糙，脱皮率80%；丰产，在山东安丘6年生株产3.0kg，在辽宁大连7年生株产3.1kg。在山东安丘8月中旬成熟，在辽宁大连8月下旬成熟；相比其他平欧杂种榛品种（品系），该品种具有果大、壳薄、出仁率高的特点，适合山东以南、淮河以北年平均气温8℃以上地区种植。

四、苗木培育

平欧杂种榛采用无性繁殖方法进行苗木培育繁殖，生产上普遍采用的是绿枝直立压条法，此外，也有嫩枝扦插、嫁接和组培微繁等方法。

1. 绿枝直立压条法

绿枝直立压条是利用平欧杂种榛的萌蘖特性，利用半木质化的萌蘖枝和基生枝进行直立压条的育苗方法。

（1）繁殖圃建立

交通便利、地势平坦（坡度不大于10°）、土质肥沃的沙壤土或壤土，pH 5.5～8.0，有灌溉条件，易于排水，地下水位2m以上。能满足压条后的苗木生长期不少于110天。风大的地点需设防风林。

（2）母本树定植

选择适合当地发展的平欧杂种榛优良品种进行苗木繁殖，母本树的定植方式采用单行单株直立栽植，株行距（1.0～1.5）m×（2.0～2.5）m，根颈在地面以下6～10cm，苗干与地面垂直，定干高度为40～60cm。为了提高单位面积的出苗率，生产上也出现了倾斜栽植、带状栽植、宽窄行栽植等模式。

（3）母本树管理

1年生树在秋季落叶后至翌年萌芽前进行整形。直立栽植树做单主干自然开心树形，剪口以下选留3个分布不同方向的分枝。对2年生树的修剪，保持单干树形，树干以上留不同方向3个分枝，其余枝条剪除。主枝留外芽轻短截（大约剪掉1/3）。对3年生及以上树龄的修剪，保持单干树形，剪掉树干上低于80cm的分枝。冠内枝宜采取疏除和重短截的修剪原则。栽植当年不育苗，第二年开始进行少量育苗，第三年以后可正常育苗。

自栽植的第二年起，每年施含氮、磷、钾的速效肥1次，在根蘖绿枝生长高度达到10～20cm时施用。采用沟施法，在根蘖丛外围一侧15～20cm处挖深度10～15cm的沟，沟内均匀撒入肥料，覆土平整。2～3年生母株每公顷施肥375～450kg，4年生及以上树龄每公顷施600～750kg。除复合肥外，每年施有机肥、土杂肥等基肥1次，以腐熟猪粪计算每公顷施60t。在南方地区，秋季起苗后至土壤封冻前，或春季土壤化冻后至萌芽前施用；在北方地区，春季土壤化冻后至萌芽前施用。在母株行两侧各开一条沟，沟距外围根蘖丛10～15cm，沟深20～30cm，肥料与土拌匀施入，覆土平整。

在年降水量500mm以下地区，根据水分状况及时灌水。在年降水量500～600mm地区，每年灌水1～2次。在寒冷无雪地区，入冬前母本树基部培土25～30cm，做好防寒处理。

（4）压条育苗

用于压条的当年生半木质化的绿枝高度达到60～80cm时，可进行压条，压条后苗木生长期110天以上（王贵禧等，2013b）。

单株压条　定枝除叶：剪除弱枝（高度低于40cm）和密枝（间距＜3cm），将绿枝基部25cm内的叶片去除。横缢：在绿枝基部地面以上1～3cm范围内用细铁丝（22～24＃）、捆扎线等材料进行横缢固定。喷涂生根剂：在横缢部位以上12cm范围内喷涂生根剂，如用3-吲哚丁酸，浓度为1000mg/kg。围穴：在绿枝（丛）周围距外层绿枝10～15cm处，用沥青纸、厚塑料膜等材料进行围穴，高度25cm。填充基质：在围穴内填充湿润的锯末、草炭土或沙土等基质至围穴高度。

带状压条　定枝除叶、横缢等处理同"单株压条"。用机械或者人工方法就地取土培埋绿枝基部，高度25cm，两侧培土宽度距外层绿枝10～15cm。用沥青纸、厚塑料膜、木板等材料在绿枝两侧10～15cm处围挡成槽状，高度25cm，在槽内填充湿润锯末、草炭土等基质，填充厚度同槽的高度。

压条处理后田间管理　保持围穴内基质或带状培土的湿润，干旱时需补充水分。当压条枝生长到120cm左右时进行摘心处理，对于摘心后仍然生长旺盛的压条枝需进行第二次摘心处理。

（5）起苗

秋季落叶后以木屑及草炭土为基质的应及时起苗，以沙壤土为基质的秋季或春季起苗均可。以木屑、草炭土等为育苗基质的，人工除掉围挡材料及表层基质后，手工拔出苗木。以沙土等为育苗基质的，先用锹挖出外围沙土，然后用齿钩清除根系周围的土，最后拔出苗木。有些根系扎入土内很深，需要用铁锹等辅助铲断，避免撕裂根系。

（6）苗木规格

合格苗规格参见相关标准。

（7）苗木假植与贮存

起出的苗木及时假植，用湿土培埋根系，培土厚度以不露根系为宜。土壤封冻前移至贮藏地点进行贮存。地窖贮藏时，窖温2℃以下，苗木斜放、根系着地，根系及近根系20cm主干培湿沙。地沟贮藏时，选择排水良好的地点，挖宽1.0～1.5m、深1.3～1.5m的地沟，苗木斜放、根系着地，根系及苗木50cm以下培埋湿沙、填实；严冬时地面加保温材料，将地沟盖严。在冬春湿润温暖地区，可采用露天贮藏，选避风、排水良好的地方挖假植沟，沟深40～60cm，将苗木根系朝下，茎干倾斜摆放，用湿沙或湿土培埋苗根及苗干，培土到苗干80～100cm处，培土厚度20～30cm，培严。

2. 其他育苗方法

（1）嫩枝扦插法

榛树的嫩枝扦插一般在6月中旬到8月上旬进行，扦插基质可以选用细河沙、草炭、珍珠岩、蛭石、碳化稻壳、苔藓等，一般做成1m宽、5～10m长、20cm高的插床。剪取半木质化的健壮新梢作插条，插条长10～15cm，一般保留3节2片叶，每片叶可以横向剪去一半。剪好的插条用浓度为1000mg/kg的3-吲哚丁酸浸蘸1～5min，也可用500mg/kg的3-吲哚丁酸浸30min。然后插入插床中，扦插株行距15cm×15cm。绿枝扦插必须在塑料拱棚或温室内进行，采用遮阳网进行适当的遮光处理，采用微喷或弥雾设施保持较高的空气湿度。榛树绿枝扦插生根率很高，一般正常处理时生根率可以达到90%以上，但当年扦插体向露地移植的成活保存率很低，必须留床培育1～2年才能成苗。榛树绿枝扦插具有单位面积产苗量高的优点，但因为需要塑料拱棚或温室等设施，并且2年才能成苗，所以成本相对较高，目前在我国栽培榛的苗木生产中仅有少量应用。

（2）嫁接法

榛树的嫁接一般采用平欧杂种榛的种子播种培育1年生实生苗作砧木，嫁接时间一般以3月下旬到4月上旬为宜。嫁接方法一般分为枝接和芽接两种类型，枝接可以采用劈接和舌接等方法，芽接的主要方法为嵌芽接。栽培榛的嫁接成活率很高，一般可达90%。目前，栽培榛嫁接繁殖方法在推广应用上存在的最大难题是缺乏合适的砧木资源，实生繁殖的平榛苗木由于萌蘖能力过强及有"小脚"现象，并不适合用作为栽培榛商品苗的砧木。选择合适的砧木是榛子嫁接育苗的一个重要问题。

（3）组培微繁法

组培微繁育苗技术在国外欧洲榛的商品苗生

产中已开始应用，如美国、意大利等国家成功地采用组培微繁方法生产榛子苗木。组培微繁育苗需经过外植体茎段剪取、消毒，外植体初代培养，外植体再生芽苗增殖培养，继代增殖培养，继代芽苗生根培养，生根组培苗温室练苗，然后移植到田间生长等一系列过程，本质上是一种微扦插方法。相对于其他方法，组培微繁育苗方法的技术要求高，是可周年生产的工厂化育苗方法，繁殖系数高，苗木生产速度快。中国林业科学研究院林业研究所组培微繁苗木已经成功，组培苗开花结果时间与压条苗相同，目前正在产业化推广中。

五、林木培育

1. 榛园规划

平欧杂种榛栽培地区首先要满足生态学特性要求，园地宜选择交通便利、光照充足、背风、土层厚度40cm以上的地块，土质以沙壤土、壤土及轻黏土为宜，pH 5.5～8.0，忌涝洼地。面积较大的榛园地应进行规划、设计，包括小区划分、道路规划、防风林设置、排灌设施及水土保持工程等（王贵禧等，2013a；梁维坚和王贵禧，2015；梁维坚，2015）。根据当地气候条件和品种特性，选择适栽品种（品系），主栽品种与授粉品种距离应在18m以内，主栽品种：授粉品种为4：1或3：1。平地株行距为3m×3m、2.5m×4m、3m×4m，坡地株行距为2m×3m、2m×4m、3m×3m。

2. 栽植前准备

清除园内杂树、杂草，土壤耕翻20cm以上，丘陵地修梯田等。定植穴（或沟）直径60～80cm、深50～60cm，底土、表土分开。底土混拌腐熟有机肥，每公顷20～40t，上部回填表层熟化土，填平，踏实或灌水沉实。

3. 栽植

黄河以北地区以春植为主，黄河以南地区还可以秋植、冬植。春栽时间在土壤化冻后至萌芽前，秋栽时间在苗木落叶后至土壤封冻前。栽植前，修剪苗木根系，保留根系长度10～20cm，剪口平滑。在准备好的定植穴中心挖一小穴，苗木根系放入并摆正，苗干与地面垂直。埋土深度以根颈在地面以下6～10cm为宜，培土、踏实、浇透水。在华北、西北等干旱、半干旱地区一般需要浇水2次，即栽植前1次、栽植后1次，或者栽植后浇2次。水渗下后，用土封树盘，在山地、沙地及干旱、半干旱地区栽植时，需要覆盖地膜保温、保墒，有利于提高成活率和苗木恢复生长。栽后即可定干，单干自然开心形定干高度40～60cm，少干（矮干）丛状形定干高度20cm，剪口下应在不同方位有3～5个以上的饱满芽。在东北地区有树干日灼问题，建议以少干（矮干）丛状形为主。

4. 栽培管理

（1）整形

整形修剪在春季萌芽前进行。单干自然开心形的修剪要点是，栽植第二年在主干上选留3～4个分布在不同方向的主枝，每个主枝枝头轻短截，剪口下第一芽留外芽；第三年在每个主枝上留2～3个侧枝，主、侧枝头轻短截；第四年在每个侧枝上留2个副侧枝，所有枝头均轻短截。少干（矮干）丛状形的修剪要点是，栽植第二年选留3～5个分布不同方向的基生枝和/或根蘖作主枝，其余枝剪除；第三年在每个主枝上留2～3个侧枝；第四年在每个侧枝上选留2～3个副侧枝；每年各枝头均轻短截，剪口下第一芽留外芽。

（2）修剪

幼树及初果期树的修剪：轻短截外围发育枝，保留树膛内小枝。盛果期树的修剪：各主枝的延长枝轻、中度短截，树膛内细弱枝、病虫枝、下垂枝剪除；保留其余小枝。老树更新的修剪：对衰老树回缩至3～4年生骨干枝部位，促发新枝，形成新的树冠骨架。

（3）除根蘖

当根蘖达20cm以上时，应及时剪除，每年除根蘖3～4次。

（4）人工辅助授粉

春季在雄花序已经伸长但尚未散粉前摘下雄花序，放入纸袋中带回室内，放于温暖、干燥房间（20℃左右），将花序松散摆放在光滑的纸上，及时收集散出的花粉，装于玻璃瓶中，用纱布或棉塞等封口。当年使用时放在0～5℃下短期贮藏；

长期贮藏放在-20℃以下低温环境中。当雌花盛开时，人工用细毛笔尖或棉签等蘸花粉点在柱头上；大面积人工授粉时，将花粉1份混合8～10份滑石粉（或淀粉）用授粉器进行人工辅助授粉。

（5）土壤管理

地表管理 定植当年6月上旬至6月中旬撤掉地膜，浇水1次，保持树盘无杂草或覆草，浇水后或下雨后疏松树盘土壤。对于1～4年生树，行间可以间作豆科等矮秆作物。对于1～6年生树，行间可生草或种绿肥作物，适时刈割，保持草高度在15cm以下。采用清耕制的榛园，应不定期除草，保持园内无杂草。

施肥 从3年生开始施腐熟有机肥。施肥时间为每年秋季果实采收后至土壤封冻前，采用环状沟法、放射状沟法、条沟法均可，有机肥与土混拌施入。3～4年生，每株施肥20kg/年；5～7年生，每株施肥30kg/年；8年生以上，每株施40kg/年。追施速效性化学肥料，应选择含有大量元素氮、磷、钾的复合肥。1年生不追肥，2年生以上追施时间为5月中下旬至6月上旬。追施复合肥数量，2年生每株150g、3年生每株200g、4年生每株250～300g、5～6年生每株600～800g、7年生以上每株1～2kg。生长季节可喷施叶面肥，如磷酸二氢钾（浓度0.2%～0.3%）等1～3次，间隔期20～30天。

灌水与排涝 年降水量在500mm以下的地区需灌水，根据土壤墒情和树体水分状况决定灌水的时期和次数。干旱、半干旱地区，或干旱年份，早春土壤解冻后灌透水1次。榛子不耐涝，榛园内积水应及时排出。

除草 每年中耕除草3～4次，保持园地较少杂草或无杂草，也可用割草机割草。用除草剂时，在风力2级以下天气，喷头加防护罩近地面喷洒，防止药液喷到树体上。

防抽条 首先，在冬季少雪、冬春季风大、空气干燥的地区或年份容易抽条，建立防风林对预防抽条有一定作用。其次是平欧杂种榛的品种特性，在主要推广的十几个平欧杂种榛品种中，有的抗抽条、有的易抽条，因此要根据不同地点的气候条件选择栽植品种。最后是栽培管理技术措施，生产上预防抽条的技术措施包括以下几个方面：幼果期将发育差的果及串枝果适当疏除，保持合理负载量，生产园禁止压条繁育苗木等强壮树势的措施；增加磷、钾肥的使用量，控制氮肥使用量，生长前期增加肥、水，后期控制肥、水的肥水管理措施；新梢生长后期摘除旺枝生长点的摘心措施；1年生幼树埋土越冬的措施，即在土壤封冻前，将幼树顺行向轻缓压倒，枝条上覆土厚度15cm左右；1～2年生幼树，入冬前在树的枝干部位缠薄塑料膜等的包覆措施；幼树或成年树喷涂高脂膜等防护剂的喷涂措施，在树体失水敏感期喷2次高脂膜100～200倍液，北京地区一般在1月下旬和2月上旬，辽宁阜新地区一般在2月下旬和3月初进行。

六、主要有害生物防治

平欧杂种榛的病虫害不是很多，常见的有以下几种。

1. 病害

（1）榛叶白粉病（*Microsphaera coryli*）

该病主要在高温高湿、通透性差的榛园发生。防治方法：可将过密的冠、丛适当疏枝，改善通风透光条件；5月中下旬、6月中旬分别喷洒三唑酮乳油各一次。

（2）果苞褐腐病（*Trichothecium roseum*）

果苞褐腐病为端聚孢霉菌危害，多发生在6月下旬至7月上中旬，果苞的苞叶尖端先变褐，白色幼果顶端变褐，进而脱落。防治方法：用代森锌、代森锰锌防治效果很好。

2. 虫害

（1）榛黄达瘿蚊（*Dasinura corylifalva*）

防治方法：在幼虫期（5月中旬至6月中旬）人工摘除虫瘿集中消灭；4月下旬至5月中旬，用DDV乳油浸泡棉球（直径4cm大小）和玉米棒（3～5cm），按1m×1m、2m×2m、3m×3m的距离撒在林分地表，也可挂于植株枝干的中部，可降低虫口密度。4月下旬至5月中旬，用DDV乳油+触杀剂（如高氯菊酯、溴氰菊酯等）按1∶1的比例溶液向地表和树冠上喷雾；5月中旬至6月中旬，用隔叶杀树冠喷雾。

（2）棒实象鼻虫（*Curculio dieckmanni*）

防治方法：采收榛果时，将果实集中堆放在干净的水泥地面，待幼虫脱果时集中消灭。5月中旬喷洒灭扫利乳油1次，6月初喷洒乐斯本1次，6月中下旬喷灭扫利乳油1次。

（3）毛虫类

榛树常见的毛虫类害虫包括天幕毛虫、美国白蛾、黄刺蛾等。防治方法：在幼龄虫未分散前，人工剪下虫枝或虫团集中消灭；当幼虫分散后用触杀剂或胃毒剂喷洒树冠；另外，吡虫啉对于防治毛虫的效果也很好。

（4）蒙古灰象甲（*Xylinophorus mongolicus*）

蒙古灰象甲在早春的发芽展叶时期是榛子的一大危害，专啃食新萌发的幼嫩芽叶。蒙古灰象甲的颜色与土壤相近，不易发现，需要特别注意防治。防治方法：用有机磷类或菊酯类药剂喷雾防治，在成虫出土危害期喷洒或浇灌马拉硫磷乳油或顺丰2号乳油、高效顺反氯氰菊酯乳油、辛氰乳油溶液；在成虫出土危害期喷洒或浇灌高效氯氰菊酯乳油或氟氯氰菊酯乳油、辛氰乳油溶液防治。

七、综合利用

1. 榛子的营养价值

榛子是世界四大坚果之一，具有极高的营养价值和经济价值（田文翰等，2012）。榛子仁的脂肪含量为53.80%～63.33%，榛子油脂中的脂肪酸组成以油酸含量最高，为67.69%～82.26%；其次是亚油酸，含量为11.37%～14.24%；不饱和脂肪酸含量为84.37%～94.31%，其中，单不饱和脂肪酸含量为83.61%～88.16%。单不饱和脂肪酸有助于降低血液中低密度脂蛋白，对防治心血管病有很好的作用；多不饱和脂肪酸在进入人体后可生成称之为脑黄金的DHA，可以提高记忆力、判断力，改善视神经，健脑益智。因此，榛子特别适合整日与电脑为伴的脑力劳动者食用。榛子中人体所需的8种氨基酸样样俱全，尤其富含精氨酸和天冬氨酸，这两种氨酸可增加精氨酸酶的活性以排除血中的氨，防止癌变，增强免疫力，消除疲劳。榛子中的钙、磷、铁含量高于其他坚果。每百克榛子果仁含钙316mg，是其他坚果的3～4倍；含磷556mg，高于其他坚果；含铁8.6mg，是其他坚果的1～3倍。榛子特别适合老人和儿童补充矿质元素的来源。榛子含丰富的维生素E（生育酚），维生素E是动脉粥样硬化、糖尿病和癌症的抑制剂；榛子里所富含的β－植物固醇对降低胆固醇和预防各种疾病例如癌症（结肠癌、前列腺癌、乳腺癌）都有很好的效果，能够防止肿瘤生长、启动细胞凋亡。榛子是优质木本坚果（tree nut），建议每天食用25～30g榛子。榛子果壳、果苞和叶片中含有单宁，可制栲胶；榛壳还可以做活性炭；榛子林下生长的榛蘑，可作为山珍类林下经济产业发展；乔木类型的榛子材质坚硬、纹理及色泽美观，是良好的木材；部分榛种树势姿态优美，可作园林绿化树种；榛林也具有良好的水土涵养能力，是理想的生态经济型树种。

2. 榛子的食用

（1）直接食用

榛子传统的食用方法是带壳烤制后，作为坚果直接食用。中国人有"嗑"的习惯，因此，过去我国90%的榛子都是带壳烤制后嗑食，而在欧美国家，榛子的嗑食比例仅占10%。带壳烤制的榛子，作为休闲食品还可加工成多种风味，如盐渍榛子、酸奶榛子、薄荷巧克力榛子、胡椒榛子、黑莓榛子等。除了带壳烤制外，干榛子也可直接食用，相对于烤榛子的浓香味，生干榛子的清香味也十分具有吸引性，而且也保持了更多的生物营养活性成分。近年来，随着我国观光采摘业的盛行，在采摘季节直接采食鲜榛子的消费方式也悄然兴起，很受消费者喜爱。

（2）榛子加工产品

作为食品原料，榛仁加工品种类繁多，归纳起来主要包括以下一些类型：榛仁巧克力（糖果）类、榛仁面点（点心、饼干）类、榛子酱类、榛子冰淇淋（奶制品）类、榛子油类、榛子粉类、榛子饮品类（如榛仁蛋白饮料、榛子咖啡伴侣等），因此榛子作为高端营养功能食品具有广阔的市场前景。